12판

RAVEN 핵심 생명과학

상(Ⅰ~Ⅳ)

저자 RAVEN, JOHNSON,
MASON, LOSOS, DUNCAN
대표역자 유시욱

Twelfth Edition

BIOLOGY

McGraw Hill

교문사

Biology, 12th Edition (Brief Edition)

1 2 3 4 5 6 7 8 9 10 GMS 20 21

Original: Biology, 12th Edition © 2020
By Peter Raven, George Johnson, Kenneth Mason, Jonathan Losos, Tod Duncan
ISBN 978-1-260-16961-4

This authorized Korean translation edition is published by Gyomoonsa. in arrangement with McGraw-Hill Education Korea, Ltd. This edition is authorized for sale in the Republic of Korea.

This book is exclusively distributed by Gyomoonsa.

When ordering this title, please use ISBN 978-89-363-2164-2

Printed in Korea

12판

RAVEN

핵심 생명과학

상(Ⅰ~Ⅳ)

저자 소개

Peter Raven 박사는 미주리 식물원의 이사이며, 세인트루이스에 있는 워싱턴 대학교의 식물학 교수이다. 국제적으로 인정받는 열대 식물학 정원의 연구 프로그램을 감독하고 있는데, 이는 멸종위기에 처한 열대 서식지의 연구 및 보존에 있어 크게 기여하고 있다. 그는 열대 보존 분야의 식물 연구를 통해 MacArthur Fellowship을 포함하여 수많은 영예와 상을 받았으며, 17권의 교과서와 400편 이상의 논문을 썼고, 미국립과학학술원(NAS)과 국립연구위원회의 회원이다.

George Johnson 박사는 뉴햄프셔의 다트머스 대학교에 진학했고 캘리포니아 주의 스탠포드 대학원을 졸업한 후, 세인트루이스에 있는 워싱턴 대학교의 의과 대학 교수로 인구 유전학과 진화학을 연구하며 50편 이상의 논문을 저술했다. 현재 워싱턴 대학의 명예 교수로서 학부생들에게 생물학과 유전학을 가르치고 있다. Raven과 함께 저술한 생명과학 교과서들은 미국 전 지역에서 인정받는 대학교 교재로 사용되고 있을 뿐만 아니라 30년 동안 그가 저술한 생물학 교과서로 300만 명 이상의 학생들이 배웠다.

Kenneth Mason은 현재 아이오와 대학교의 생물학과에서 교수로 재직하고 있다. 캔자스 대학교에서 전임교원으로서 유전학 연구실을 설계 및 설립한 후 유전학을 가르쳤으며, 양서류의 색소에 관한 책을 출판함으로써 연구자로서의 그의 학문적 위치를 자리매김하였다. 이후 퍼듀 대학교에서 대규모의 생명과학입문 과정을 성공적으로 개발하고 발전시켰으며, 미국립과학재단(NSF)의 지원으로 다른 교수진과 협력 하에 혁신적인 생물학, 화학 및 물리학 과정을 개발하였다. 그의 아내는 아이오와 대학교에서 대학 총장을 역임하였는데, 이 대학에서 그는 생명과학입문과 인간유전학을 가르쳤다. 그는 생명과학 연구에 뛰어난 업적을 이룬 학자들의 모임인 Phi Sigma의 회원이다.

Jonathan Losos는 현재 워싱턴 대학교 생물학과의 교수로 재직하고 있다. William H. Danforth 상을 수상한 저명한 학자로서 세인트루이스 동물원 및 미주리 식물원과 제휴하여 생물다양성 연구를 발전시키는데 헌신하는 학술 센터인 Living Earth Collaborative를 이끌고 있다. 그의 연구는 도마뱀의 적응방산 양상과 진화적 다양성에 중점을 두고 있다. 미국립과학학술원(NAS)과 미국예술과학협회(AAAS)의 회원이며, Daniel Giraud Elliot Medal을 비롯한 여러 상을 수상했다. 그는 또한 John Guggenheim 및 David and Lucile Packard Foundations로부터 연구기금을 받았고, 200편 이상의 과학 논문을 출판했으며, 2권의 책을 저술했다.

Tod Duncan은 현재 콜로라도 덴버 대학의 임상 조교수이다. 일반생물학 및 생명과학실험을 담당하고 있으며, 일반 미생물학, 바이러스학, 암생물학, 의학미생물학 및 세포생물학 등을 가르쳤다. 영국의 East Anglia 대학에서 식물 분자 및 세포생물학에 중점을 둔 세포생물학 학사 학위를 받고, 세포주기 조절에 대한 연구로 박사 학위를 수여했다. 박사 후 연구원으로 초파리 및 체외에서 DNA 알킬화 손상의 분자 및 생화학적 기작에 대한 연구를 하였다. 현재 그는 다양한 인구통계학으로부터 1학년 신입생들의 유지 및 성공에 영향을 미치는 요인에 관심을 두고 있다. 그는 콜로라도 주 볼더에서 에디와 헨리라는 2마리의 그레이트 데인 품종의 반려견과 함께 살고 있다.

창의적이고 비판적인 생각의 개발을 위한 구성

과학적 사고

모든 장의 주요 삽화는 가설과 실험의 조합에 의해 어떻게 이론이 만들어지고 지식이 확장되는지를 잘 나타내고 있다. '과학적 사고'는 가설로 시작하여 어떻게 명시적인 예측을 하고 이를 실험으로 검증한 후 마지막으로 어떤 결론을 도출할 수 있는지, 그리고 이것이 어떤 분야의 연구로 이어지는지 지식의 확장성을 보여준다. 또한 '과학적 사고'는 과학적 탐구의 논리에서 학생을 안내하는 일관된 틀을 제공하며, 개방형 질문을 던짐으로써 학생들의 흥미 유발과 과학적 탐구를 촉진한다.

자료 분석

학생들은 생명과학적 개념을 배우고 사실을 암기하는 것만으로는 충분하지 않다. 미래의 생명과학자로서 자질을 함양하기 위해서는 자료를 분석하고 그 지식을 적용할 수 있어야 한다. 본문 전체에 걸쳐 삽입된 '자료 분석' 질문은 학생들이 자료를 분석하고 실험 결과를 해석하도록 하여 더 깊게 이해할 수 있도록 유도한다.

탐구문제

생명과학을 공부하는 본질 중 하나는 탐구력 향상에 있다. '탐구문제'는 본문에서 설명한 배경지식과 내용을 토대로 학생들이 보다 정교한 수준에서 생각하고 참여할 수 있도록 유도하는 질문으로 구성되어 있다. '탐구문제'에 대한 답을 찾기 위해 고민하는 과정에서 생명과학의 여러 주제에 대해 깊은 통찰력을 갖는 계기가 마련될 것이다.

과학적 사고

가설: 원형질막은 단단하지 않고 유동성이 있다.
예측: 막이 유동적이라면, 막단백질은 옆으로 확산될 것이다.
실험: 생쥐와 사람 세포의 막단백질을 각각 표지한 다음 융합하여 시간이 지남에 따른 막단백질의 분포를 관찰한다.

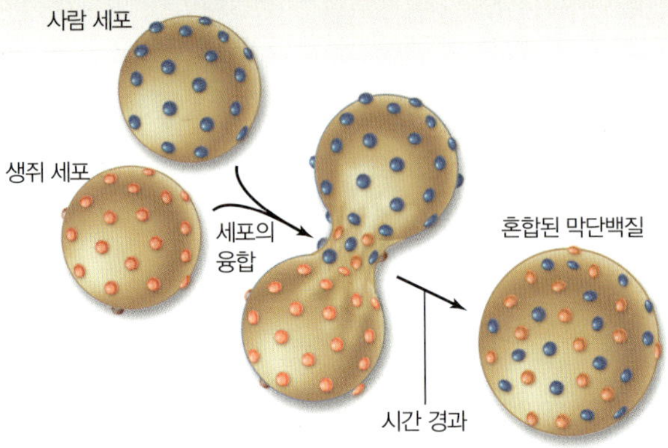

결과: 시간이 지남에 따라 혼합된 막단백질이 증가했다.
결론: 일부 막단백질은 막에서 측면으로 확산된다.
추가 실험: 이 결과에 대해 다른 해석을 할 수 있겠는가? 새로 합성된 단백질이 실험 중간에 막에 삽입되면 어떻게 되겠는가? 어떻게 하면 이 실험으로 다른 해석의 가능성을 배제시킬 수 있겠는가?

그림 4.5 막의 유동성 실험.

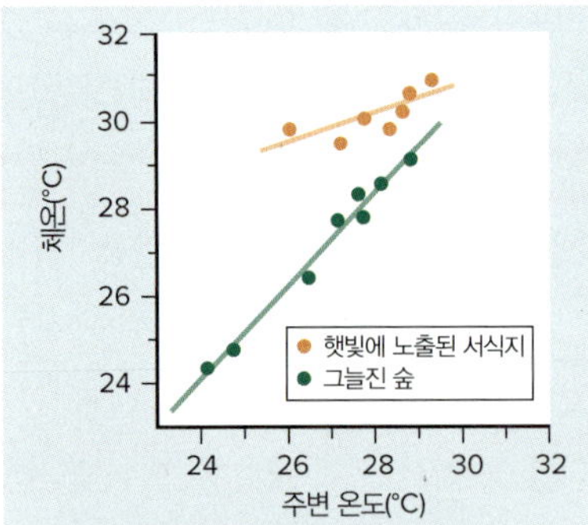

그림 36.3 행동적 반응.
푸에르토리코의 도마뱀(*Anolis cristatellus*)은 자주 햇볕에 나가 일광욕을 하는 방법으로 체온을 높인다. 그러나 그늘진 숲에서는 이런 행동이 불가능하기 때문에 체온을 주변 온도와 비슷하게 유지시키는 행동적 반응을 나타낸다.

탐구문제 주어진 조건하에서, 도마뱀은 몸의 생리적 기능을 최적화할 수 있는 온도를 유지하기 위해 그들의 체온을 조절한다. 그렇다면 햇빛에 노출된 서식지에서의 도마뱀과 그늘진 숲에서의 도마뱀의 회피행동은 다르게 나타나겠는가?

자료 분석 그래프 내의 직선의 기울기는 도마뱀 행동에 대해서 무엇을 말해주는가?

핵심 요약

본문은 해당 주제에 대한 배경 설명 및 폭넓은 사례를 들어 학생들이 쉽게 이해할 수 있도록 구성하였고, 각 절의 끝부분마다 '핵심 요약'을 두어 주요 내용을 간략하게 정리하였다. 또한 '핵심 요약'의 마무리는 각 주제에 대한 기본적인 질문을 제시함으로써 학생 스스로 내용 파악을 얼마나 잘하고 있는지 평가할 수 있도록 하였다.

핵심 개념 요약 및 연습문제

각 장의 마무리는 본문에서 다루어진 주제에 대해 학생들이 '핵심 개념 요약'을 통해 정리하고 개념적 틀을 완성할 수 있도록 구성되었으며, 공부한 내용을 복습할 수 있도록 '연습문제'를 제시하였다. 연습문제는 3단계로 구성되어 있는데, 1단계는 생명과학 지식에 대한 이해력을 측정하기 위해 객관식으로 구성하였고, 2단계는 보다 심화된 내용으로, 분석 및 적용 능력을 평가하는데 주안점을 두었다. 3단계에서는 주로 비판적 문제 해결 능력과 탐구력을 함양하는 데 초점을 맞춘 개방형 서술식 문제를 제시하였다. 이 책의 부록에 연습문제 해답을 함께 제시함으로써 학생 스스로 평가할 수 있도록 구성하였다.

역자 소개

강규호
충북대학교 생명과학부

고관수
성균관대학교 의과대학 기초의학

김명옥
경상대학교 생명과학부

김석준
조선대학교 의생명과학과

김영숙
동국대학교 의생명공학과

김영효
단국대학교 생명과학부

김정수
조선대학교 의생명과학과

김창섭
영남대학교 생명과학과

김 혁
동국대학교 한의약연구소

김홍자
경상대학교 생명과학부

문용환
부산대학교 분자생물학과

박동선
한국교원대학교 생물교육과

박선주
영남대학교 생명과학과

박준호
서울과학기술대학교 정밀화학과

석호영
영남대학교 생명과학과

송민석
영남대학교 생명과학과

엄안흠
한국교원대학교 생물교육과

유시욱
영남대학교 생명과학과

이경열
전북대학교 치의예과

이종구
인천대학교 생명과학부

이진성
경기대학교 생명과학전공

이철상
군산대학교 생물학과

이혜령
경상대학교 생명과학부

이효정
군산대학교 생물학과

장갑수
영남대학교 생명과학과

전용필
성신여자대학교 생명과학화학부

전정선
충북대학교 생명과학부

전택중
조선대학교 생명과학과

정효원
동국대학교 한의예과

진한준
단국대학교 생명과학부

차현철
단국대학교 생명과학부

최연자
동국대학교 생명신소재융합학부

태건식
단국대학교 생명과학부

피재호
단국대학교 생명과학부

허성운
군산대학교 생물학과

홍철암
영남대학교 생명과학과

역자 서문

현대사회에서 과학기술, 특히 생명과학의 발전 속도는 매우 가파르게 증가하고 있습니다. 생명과학은 작게는 분자 단위로부터 크게는 지구 전체의 생태계를 다루는 학문이기에 그 내용이 워낙 방대한데다가, 매년 엄청난 양의 새로운 자료들이 추가되기에 학생들이 공부하는 데 어려움을 겪기도 합니다. 이러한 때에 생명과학의 주요 개념 및 원리를 중심으로 한 'Raven 핵심 생명과학 12판'을 출판하게 되었습니다. 본 교재는 전면적으로 개정 · 보완된 'Raven 생명과학 12판'을 바탕으로 재구성한 것입니다. 'Raven 생명과학'은 1986년에 미국에서 처음 출간된 이후 생명과학 교과서로서 꾸준하게 수많은 독자층을 확보한 스테디셀러입니다.

전반적으로 이 책은 생명과학의 핵심 주제에 관해 풍부한 배경지식과 사례를 들어 이야기 식으로 풀어나가고 있기에, 읽는 동안 자연스럽게 기본 원리와 개념이 형성되도록 구성되어 있습니다. 또한 '과학적 사고'를 통해 주요 개념 및 이론에 대한 이해도를 높일 수 있도록 하였고, '자료 분석'과 '탐구문제'에서는 생명과학도에게 필요한 분석력과 종합적 사고력을 배양할 수 있게 하였습니다. 매 장의 말미에는 '핵심 개념 요약'과 '연습문제'를 통해 읽은 내용을 복습하고 스스로 평가할 수 있도록 하였습니다. 이 책은 세포학, 유전학, 발생학, 생리학, 분자생물학 등의 내용이 서로 유기적으로 연결됨으로써 독자들이 생명과학에 대한 통찰력을 갖는 데 도움을 주고 있습니다.

따라서 이 책은 생명과학 및 생명공학을 전공으로 하는 학생들뿐만 아니라 농학, 식품학, 환경학, 보건학, 의학 등의 생명과학적 지식과 사고력이 필요한 관련학과 학생들에게 좋은 길잡이가 될 것으로 생각합니다. 또한 생명과학을 강의하는 선생님들과 강사님들에게도 훌륭한 텍스트(text)가 되리라 확신합니다. 다만 이 책에 포함되지 못한 일부 주제에 대해서는 완역된 'Raven 생명과학 12판'을 참조하시길 바랍니다.

이 책에 사용된 용어는 고등학교 교육과정과의 연계성을 고려하여 교육부에서 발행한 '2015 개정 교육과정에 따른 교과용도서 개발을 위한 편수자료'를 우선으로 참조하였으며, 편수자료에 제시되지 않은 용어는 한국생물과학협회에서 편찬한 '생물학용어집' 및 전공 서적을 참조하여 많이 사용되는 용어들을 선택하였습니다. 일부 새로운 용어에 대해선 최근의 추세에 따라 원어 발음을 기본으로 하여 정하였고, 한자어보다는 우리말로 표현하기 위해 노력하였습니다. 통일된 표기법이 없는 현재의 과도기적 용어들은 조만간 정리될 것으로 기대합니다.

이 책이 출판되기까지 초안을 만들어 주신 각 분야의 전문 교수님들과 좋은 책을 만들기 위해 같이 고민하고 해결해 주신 교문사 영업 · 편집팀 선생님들께 감사의 말씀을 드립니다. 방대한 내용을 다루다 보니 의도치 않게 발생한 오탈자 및 오류 부분에 대해서는 전적으로 제 능력이 부족한 탓임을 밝히며, 지속적으로 정정해나가도록 하겠습니다.

예기치 않게 COVID—19로 인해 교육 현장의 많은 선생님들과 학생들이 어려움을 겪고 있는 시기에 'Raven 핵심 생명과학 12판'이 출간하게 되었습니다. 긴 진화의 시각으로 볼 때 인류는 끊임없이 질병과 전쟁을 치러왔으며, 이번 팬데믹도 결국 진화과정에서 극복될 것으로 생각합니다. '위기'는 곧 '기회'이기도 하기에 생명과학은 더욱더 발전할 것으로 기대하며, 모쪼록 이 책이 생명과학을 공부하는 독자들에게 조금이나마 보탬이 되기를 희망합니다.

2020년 12월
역자를 대표하여 유시욱 드림

간략한 차례

차례

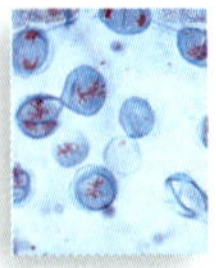

III 유전과 분자생물학

IV 진화

V 식물의 형태와 기능

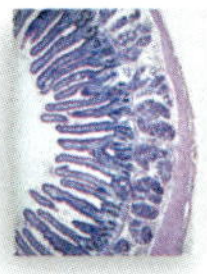

VI 동물의 구조와 기능

VII 생태학과 행동생물학

1 분자의 성질과 물의 특성

도입

약 125억 년 전에 거대한 폭발로 별과 행성이 만들어지면서 우주의 시작을 알렸으며, 약 45억 년 전에 마침내 지구가 탄생한 것으로 여겨지고 있다. 약 35억 년 전에 지구상에 최초의 생명이 출현되었고 다양한 생명계가 이루어지기 시작하였다. 지구상에 살고 있는 생명의 특성을 이해하기 위해서는 모든 생명의 단위체를 구성하는 물질들의 성질을 이해할 필요가 있다.

우리가 살고 있는 세상에 대한 가장 원초적인 의문은 "그것이 무엇으로 이루어져 있는가?"에 대한 것이다. 고대 그리스인들은 큰 것은 더 작은 것들로 이루어져 있다는 것을 인식하고 있었다. 이러한 개념은 20세기 초에 물리학자들이 원자를 깨뜨리려는 시도를 함으로써 확고한 실험과학적 사고가 형성되었다. 오늘날 물리학자들은 거대한 입자가속기를 이용하여 원자의 세계는 우리 주변에서 만질 수 있는 거시 세계와는 근본적으로 다르다는 것을 밝혀냈다.

생물체가 어떻게 이루어져 있는지를 알기 위해서는 먼저 원자의 구조와 원자들의 화학결합에 의한 분자의 형성에 대한 이해가 필요하다. 그리고 이들 작은 분자들이 서로 결합하여 생성되는 거대 분자인 세포와 더 나아가 유기체 형성에 대한 방식을 이해한다. 따라서 지구상의 생명에 대한 연구는 물리학과 화학의 이해로 시작된다.

1.1 원자의 성질

학습 목표

1. 원자와 관련된 용어들을 이해하고 정의할 수 있다.
2. 원자 구조와 화학적 특성의 상호관계를 설명할 수 있다.
3. 원자에서 발견되는 전자의 위치를 설명할 수 있다.

지구상에 존재하는 모든 **물질**(matter)은 질량을 가지고 일정한 공간을 차지하고 있으며, 그들은 극히 작은 입자인 **원자**(atom)로 이루어져 있다. 원자는 크기가 매우 작아 연구가 어려웠으나, 20세기 초에 들어서 과학자들은 원자의 물리적 성질을 규명하기 위한 실험을 최초로 수행하였다(**그림 1.1**).

원자 구조는 중심핵과 궤도를 도는 전자로 이루어져 있다

원자만큼이나 작은 물체는 **터널링 현미경**(tunneling microscopy)

과 같은 복잡한 기술을 이용하여 간접적으로 관찰할 수 있다(**그림 1.2**). 오늘날 원자 구조의 복잡성(complexities)에 대해 많은 것들이 밝혀졌지만, 원자 이론의 이해는 1913년에 덴마크의 물리학자인 보어(Niels Bohr)에 의해 시작되었다. 보어는 태양계의 행성들처럼 모든 원자는 하나의 중심부와 그 주위를 돌고 있는 **전자**(electron)라는 작은 입자의 궤도 구름으로 이루어져 있다고 제안하였다. 원자의 중심부에는 작고 밀도가 높은 핵(nucleus)이 위치해 있고, 핵은 **양성자**(proton)와 **중성자**(neutron)로 이루어져 있다(**그림 1.3**).

원자번호

원자는 양성자의 수를 나타내는 원자번호(atomic number)에 의해 구분되며, 동일한 원자번호를 가지는 원소의 원자는 동일한 양성자의 수와 동일한 화학적 특성을 보인다. 원소(element)는 화학적 수단으로 더 이상 나눌 수 없는 물질이다.

과학적 사고

가설: 원자는 음전하(전자)를 포함하는 양전하가 산재되어 있다.
예측: 헬륨 원자핵의 알파(α) 입자가 얇은 금박을 향해 발사되면 알파 입자는 산란된 양전하 또는 빛 전자에 의해 크게 굴절되지 않을 것이다.
실험: 입자의 부딪침을 확인할 수 있는 검출기로 둘러싸인 얇은 금박에 알파 입자를 발사한다.

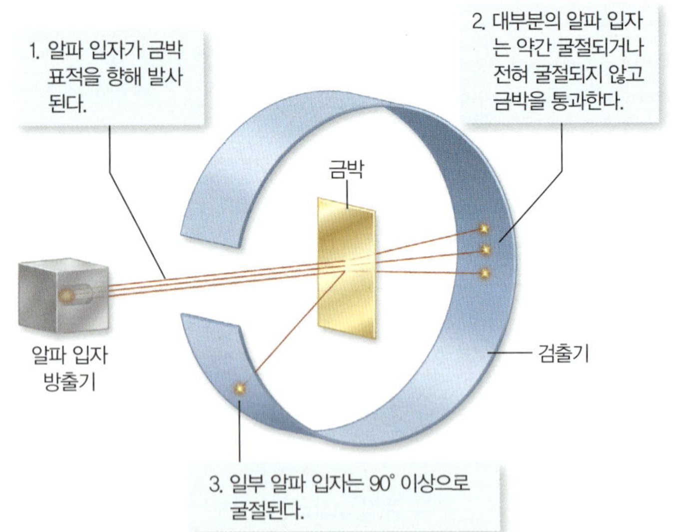

결과: 대부분의 알파 입자는 굴절되지 않았으나 일부 알파 입자는 90° 이상의 큰 각도로 굴절되었다.
결론: 가설이 뒷받침되지 않았다. 관찰된 큰 굴절은 매우 협소한 중심에 전자들로 둘러싸인 양전하(원자핵)를 가지는 원자의 모습을 나타낸다.
추가 실험: 전자가 양자화(quantized)된 에너지를 가지는 보어(Bohr)의 원자 모델을 러더퍼드의 산란 실험에 어떻게 적용시킬 수 있을까?

그림 1.1 러더퍼드의 산란 실험.
러더퍼드(Rutherford)는 알파(α) 입자가 큰 각으로 산란되는 것을 통해 원자핵의 존재를 제시하였다.

원자핵의 양성자와 중성자는 매우 짧은 거리에서만 작용하는 힘에 의해 서로 뭉쳐 있다. 양성자는 양전하(+)를 띠고, 중성자는 전하를 띠지 않고, 전자는 음전하(−)를 띤다. 일반적으로 원자는 양성자 1개당 1개의 전자를 가져 전기적으로 중성을 띤다. 원자의 화학적 성질은 전자의 수와 배열에 의해 결정된다.

원자질량

질량과 무게는 흔히 혼동되어 사용되기도 하지만 약간 다른 의미를 가진다. **질량**(mass)은 물질의 양을 의미하지만, **무게**(weight)는 물질에 가해지는 중력의 크기를 의미한다. 물체는 지구에서나 달에서나 동일한 질량을 갖지만, 달보다 지구의 중력이 더 크기 때문에 무게는 지구에서 더 크게 나타난다. **원자질량**(atomic mass)은 양성자와 중성자의 질량의 총 합과 같다. 지구상에서 자연적으로 생성된 원자들은 1에서부터 92개의 양성자와 최대 146개의 중성자를 가진다.

원자와 아원자 입자(subatomic particle)의 질량은 **돌턴**(daltons)이라는 단위로 측정되며, 6.02×10^{23}돌턴이 모여서 1 g(그램)이 된다. 양성자는 약 1돌턴(실제로는 1.007돌턴)이고, 중성자도 약 1돌턴(실제로는 1.009돌턴)이다. 그에 비해 전자는 1/1840돌턴으로 원자의 전체 질량에서 차지하는 비율은 무시될 정도로 작다.

전자

원자핵의 양전하는 원자핵 주위의 다양한 거리에 위치한 음전하를 띠는 전자들(electrons)에 의해 중화되는데, 이와 같이 원자핵 주위의 전자들이 위치한 영역을 **궤도**(orbital)라고 부른다. 동일한 수의 양성자와 전자로 이루어진 원자는 전기적으로 중성으로 순전하(net charge)를 띠지 않는데, 이를 **중성원자**(neutral atom)라고 부른다.

전자는 양전자를 띠는 원자핵의 인력에 의해 일정한 궤도에 놓일 수 있다. 이러한 인력을 초과하는 힘이 작용한다면 원자는 1개 또는 그 이상의 전자들을 잃는다. 또 다른 경우에는 원자가 전자를 얻기도 한다. 전자의 수가 양성자의 수와 같지 않은 원자를 **이온**(ion)이라고

그림 1.2 주사 터널링 현미경의 이미지.
주사 터널링 현미경은 비광학적 방식으로 원자의 상을 나타낸다. 이 상은 로듐 결정(밝은 청색) 위의 산소 원자(진한 청색)의 격자를 보여준다.

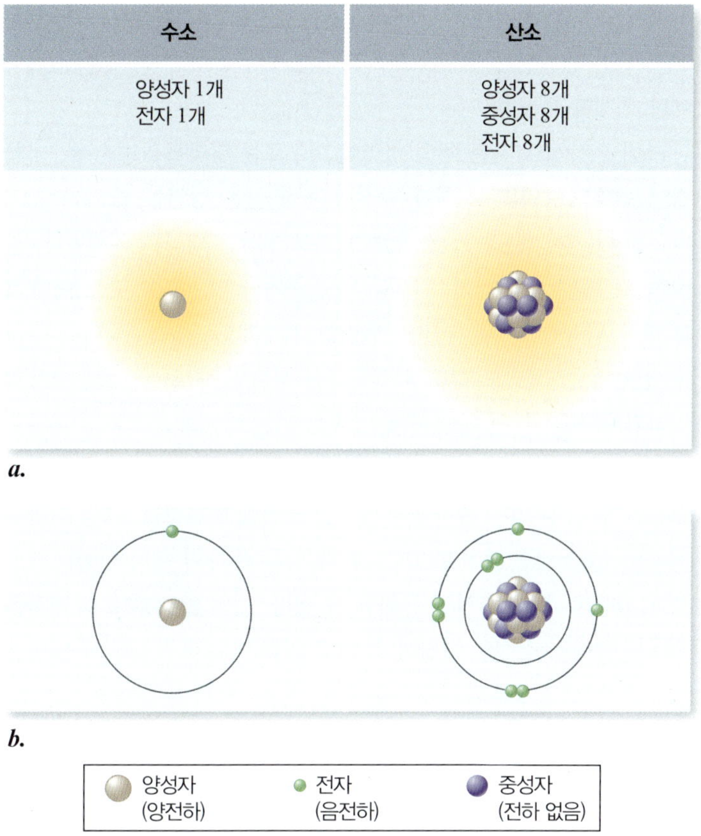

그림 1.3 원자의 기본 구조.
모든 원자는 양성자와 중성자로 이루어진 원자핵을 가진다. 예외로 가장 작은 원자인 수소는 원자핵에 1개의 양성자를 가지고 중성자는 없다. 산소는 일반적으로 8개의 양성자와 8개의 중성자를 가진다. 이 그림은 간단한 보어의 원자 모델로, 전자가 비교적 먼 거리에서 원자핵 주위를 돌고 있다. ***a.*** 원자는 전자구름을 가지는 원자핵으로 나타냈다. ***b.*** 전자들이 다른 에너지준위에 있음을 보여준다.

부르며, 이들은 전하를 가진다. 전자보다 더 많은 양성자를 가지는 원자는 양전하를 띠는데, 이를 **양이온**(cation)이라고 부른다. 예를 들어, 소듐 원자(Na)는 전자 1개를 잃어 +1 전하를 가지는 소듐 이온(Na^+)이 된다. 전자보다 양성자가 적은 원자는 음전하를 띠는데, 이를 **음이온**(anion)이라고 부른다. 염소 원자(Cl)는 전자 1개를 얻어 −1 전하를 가지는 염소 이온(Cl^-)이 된다.

동위원소

한 원소의 모든 원자들은 동일한 양성자의 수를 갖지만, 중성자의 수는 다를 수 있다. 이와 같이 서로 다른 수의 중성자를 가지는 원소를 **동위원소**(isotope)라고 한다.

자연계에 존재하는 대부분의 원소들은 여러 동위원소의 혼합물로 존재한다. 예를 들어, 탄소(C)는 6개의 양성자를 가지는 서로 다른 3개의 동위원소로 이루어져 있다(**그림 1.4**). 자연계에서 발견되는 탄소의 99% 이상은 6개의 중성자를 가지는 동위원소이다. 이들 동위원소의 총질량은 12돌턴(6개의 양성자와 6개의 중성자)으로 탄소-12 또는 ^{12}C로 표기한다. 그 다음으로 많이 존재하는 탄소 동위원소는 탄소-13이며, 7개의 중성자를 가진다. 가장 드문 탄소 동위원소는 탄소-14로 8개의 중성자를 가진다. 탄소-14의 원자핵은 탄소-12나 탄소-13과 달리 불안정하여, 더 낮은 원자번호를 가지는 원소로 쪼개지는 경향이 있다. 이와 같은 원자핵의 분열은 상당한 양의 에너지를 방출하는데 이를 **방사성 붕괴**(radioactive decay)라고 부르며, 이렇게 붕괴하는 동위원소를 **방사성 동위원소**(radioactive isotope)라고 부른다.

일부 방사성 동위원소는 다른 방사성 동위원소보다 더 불안정하여 더 빨리 붕괴되지만, 이들의 방사성 붕괴 속도는 일정하다. 붕괴 시간은 주로 **반감기**(half-life)로 나타내는데, 이는 시료의 원자가 반으로 붕괴되는 데 걸리는 시간을 말한다. 예를 들어, 탄소-14의 반감기는 5730년으로, 주로 화석과 다른 물질의 탄소연대 측정에 사용된다. 1 g의 탄소-14가 포함된 탄소 시료에는 지금으로부터 5730년 뒤에 0.5 g, 11,460년 뒤에는 0.25 g, 17,190년 뒤에는 0.125 g의 탄소-14가 각각 존재할 것이다. 생물 시료와 암석에서 탄소와 다른 원소들의 다양한 동위원소들 비율을 분석함으로써, 과학자들은 정확하게 그들의 형성 시점을 결정할 수 있다.

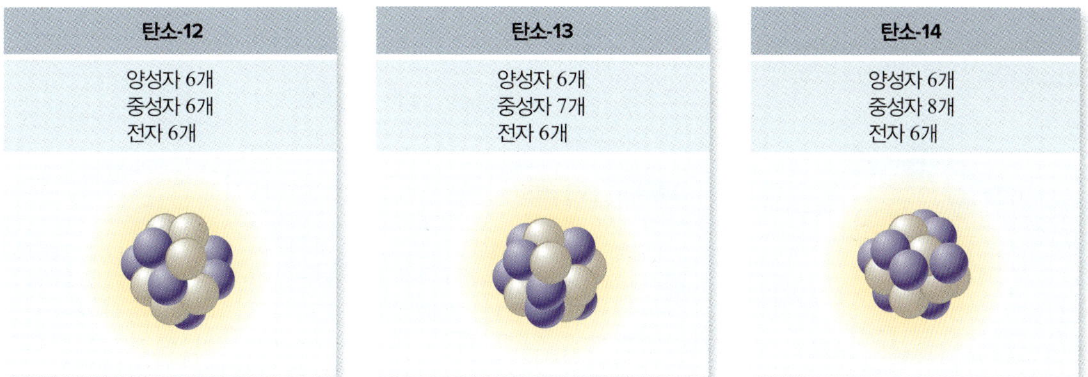

그림 1.4 가장 흔한 탄소의 3가지 동위원소.
한 원소의 동위원소는 서로 중성자의 수가 다르다.

방사성은 현대 생물학에 매우 유용하게 이용되고 있다. 방사성 동위원소는 특정 분자를 표지하는 유일한 방법으로 화학반응 또는 살아 있는 세포와 조직에서 그들의 진행을 추적할 수 있다. 그러나 방사성 물질에서 방출되는 강력한 아원자 입자는 살아 있는 세포에 심각한 손상을 초래하여 유전자 돌연변이와 세포사멸을 유발한다. 따라서 방사성 노출은 철저하게 제어하고 조절해야 한다. 방사성을 취급하는 과학자들은 엄격한 취급수칙을 준수하고 방사성 노출을 탐지할 수 있는 방사성에 민감한 배지를 착용하여 안전한 수준의 방사성 노출을 확인한다.

전자는 원자의 화학적 성질을 결정한다

원자의 화학적 성질은 궤도에 놓인 전자의 수와 배열 방식에 의해 좌우된다. 보어의 원자모델에서 각 전자들은 중심핵 주위의 환형 궤도에 놓여 있지만, 실제로는 이와 같이 단순하지는 않다. 현대 물리학에서도 특정 시기에 각 전자들의 위치를 정확하게 찾기는 어렵다. 실제로 전자는 원자핵에서 아주 가까운 곳에서 아주 먼 곳까지 어디에나 존재할 수 있다.

그러나 특정 전자는 어떤 영역에 머무르는 경향을 보이는데, 이와 같이 원자핵 주위의 전자가 발견될 가장 높은 영역을 궤도(orbital)라고 한다. 즉, 궤도는 전자의 확률 분포가 높은 영역을 의미한다. 원자핵 주위의 전자궤도는 구형(*s* 궤도)이거나 아령형(*p* 궤도)이다(**그림 1.5**). 원자핵으로부터 멀리 떨어진 전자궤도는 다른 형태를 가질 수 있지만, 전자궤도 형태에 상관없이 하나의 궤도에는 2개 이상의 전자가 존재할 수 없다.

전자는 원자핵으로부터 아주 멀리 떨어져 있기 때문에 원자의 대부분은 빈 공간이다. 원자핵을 골프공 크기에 비유하면, 가장 가까운 전자는 1.6 km쯤 떨어져 있다. 따라서 두 원자의 원자핵들이 서로 상호 결합할 수 있을 만큼 근접할 수 없다. 이와 같은 이유로 전자는 원자의 화학적 성질을 결정하고, 그로 인해 전자가 동일한 배열 방식을 가지는 모든 동위원소들은 화학적 성질이 모두 동일하다.

원자는 불연속적인 에너지준위를 가진다

전자는 양전하를 띠는 원자핵에 이끌리므로, 전자궤도에 전자를 유지시키기 위해서는 일이 필요하다. 이는 마치 중력의 끌림에 맞서 사과를 손에 쥐는 일과 같다. 에너지는 일을 할 수 있는 능력으로 정의된다.

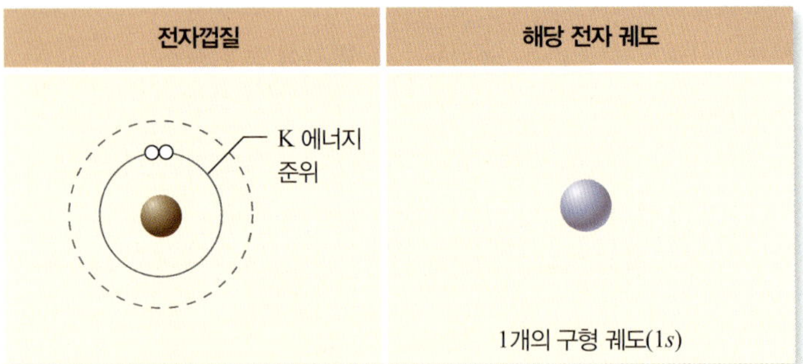

a.

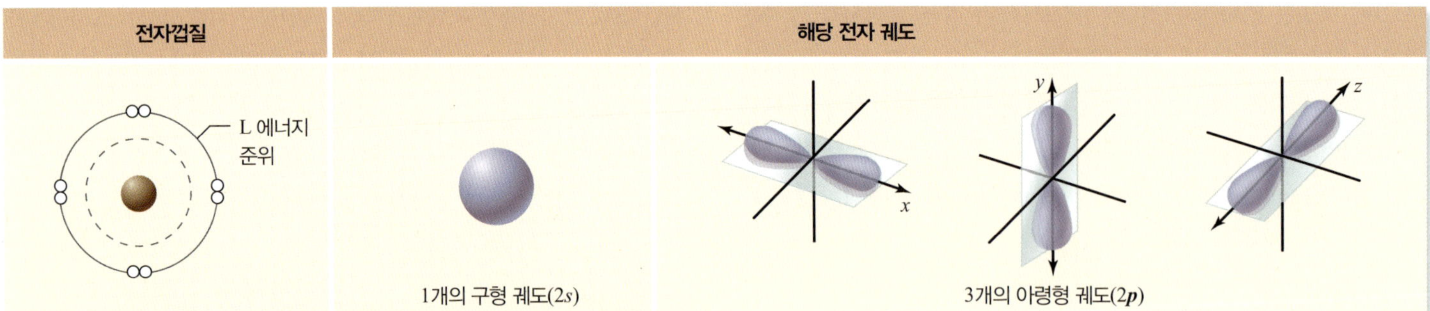

b.

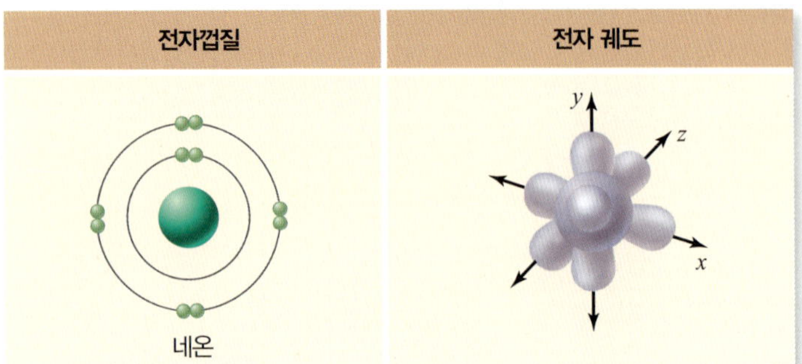

c.

그림 1.5 전자 궤도.
a. 가장 낮은 에너지준위 또는 원자핵에서 가장 가까운 전자껍질은 K 에너지준위이다. 이는 1개의 *s* 궤도에 의해 채워져 있으므로 1*s*로 표시한다. ***b.*** 다음으로 높은 L 에너지준위는 1개의 *s* 궤도(2*s* 궤도로 표시)와 3개의 *p* 궤도(각각 2*p* 궤도로 표시)로 이루어진 4개의 궤도로 채워져 있다. 각 궤도는 반대로 회전하는 2개의 전자를 가진다. 따라서 K 에너지준위는 2개의 전자를 가지고 L 에너지준위는 8개의 전자를 가진다. ***c.*** 네온 원자는 L 에너지준위와 K 에너지준위에 전자들이 모두 채워져 있으므로 화학반응이 일어나지 않는다.

손에 쥐고 있는 사과는 지상으로부터 **위치에너지**(potential energy)를 가진다. 사과를 떨어뜨리면 위치에너지가 감소한다. 그러나 사과를 건물 꼭대기로 옮긴다면 위치에너지는 증가한다. 이와 같이 전자도 위치와 관련된 위치에너지를 가진다. 원자핵의 인력에 저항하여 전자를 더 먼 궤도로 이동하기 위해서 에너지 유입이 필요하고, 결과적으로 전자의 위치에너지는 커진다. 이러한 방식으로 식물은 광합성을 통해 빛으로부터 엽록소의 전자를 들뜨게 하여 에너지를 얻는다(6장 참조). 전자가 원자핵에 가깝게 이동하면 반대되는 효과를 나타낸다. 에너지는 일반적으로 열 또는 빛으로 방출되고 전자는 더 낮은 위치에너지를 가진다(**그림 1.6**).

원자 구조의 놀라운 측면 중 하나는 전자는 특정 **에너지준위**(energy levels)를 가지는데, 이는 특정 양의 에너지를 의미하는 **양자**(quantum)에 해당한다. 이를 다시 사과에 비유하면, 사과는 건물의 특정 층으로만 옮길 수 있다. 따라서 모든 원자는 원자핵으로부터 특정 거리에 위치한 여러 궤도에 의해 계단식의 위치에너지 값을 가진다.

전자의 에너지 양은 원자핵으로부터 거리와 관련이 있으므로, 원자핵으로부터 동일한 거리에 있는 전자들은 서로 다른 궤도에 위치하고 있더라도 동일한 에너지를 가진다. 즉, 동일한 에너지를 가진 전자들은 동일한 에너지준위에 놓여 있다. 에너지준위는 K, L, M 등으로 나타낸다(**그림 1.6**). 이때 **전자에너지**(electron's energy)를 나타내기 위하여 그려진 원과 다양한 3차원 형태로 전자의 **위치**(loation)를 나타내는 궤도와 혼동하지 않도록 주의한다. 전자궤도는 각 에너지준위가 순서대로 채워지도록 배열되므로, 이와 같은 궤도와 에너지준위의 채움은 원소의 화학반응성을 좌우한다.

화학반응이 일어나는 동안에 전자는 한 원자에서 다른 원자로 이동하는데, 이때 전자의 잃음을 **산화**(oxidation)라고 부르며 전자의 얻음을 **환원**(reduction)이라 부른다.

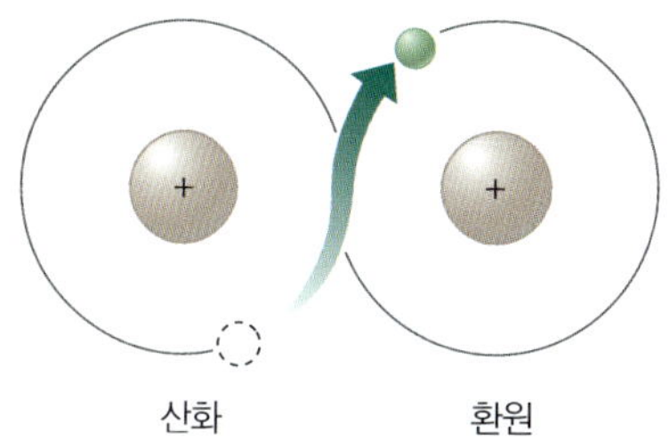

전자가 이와 같은 방식으로 이동할 경우에 전자의 위치에너지는 유지된다. 생물체의 화학에너지는 산화와 환원이 관련된 반응에서 한 원자에서 다른 원자로 이동할 수 있는 높은 에너지를 가지는 전자로 저장된다(5장 참조). 산화와 환원 과정은 동시에 일어나며 한 원자가 산화되면 다른 원자는 환원되는데, 이를 **산화-환원 반응**(redox reaction)이라고 부른다.

핵심 요약 1.1

원자는 양성자와 중성자의 중심핵과 그 주위를 둘러싸고 있는 전자의 구름으로 이루어져 있다. 원자의 양성자의 수는 원자번호이며, 동일한 원자번호를 가지는 원자들은 하나의 원소를 이룬다. 다양한 수의 중성자를 가지는 원소의 원자를 동위원소라고 한다. 원소의 화학적 특성을 결정하는 전자는 궤도에 놓여 있고 그들은 특정 에너지준위에서만 발견된다. 하나의 궤도에는 2개 이상의 전자들을 포함할 수 없지만 각 에너지준위는 여러 궤도로 이루어져 있어 동일한 에너지를 가지는 많은 전자를 포함할 수 있다.

- 양성자의 수가 중성자의 수보다 많을 경우에 원자의 전하는 양전하일까? 음전하일까?
- 양성자의 수가 전자의 수보다 많을 경우에 원자의 전하는 양전하일까? 음전하일까?

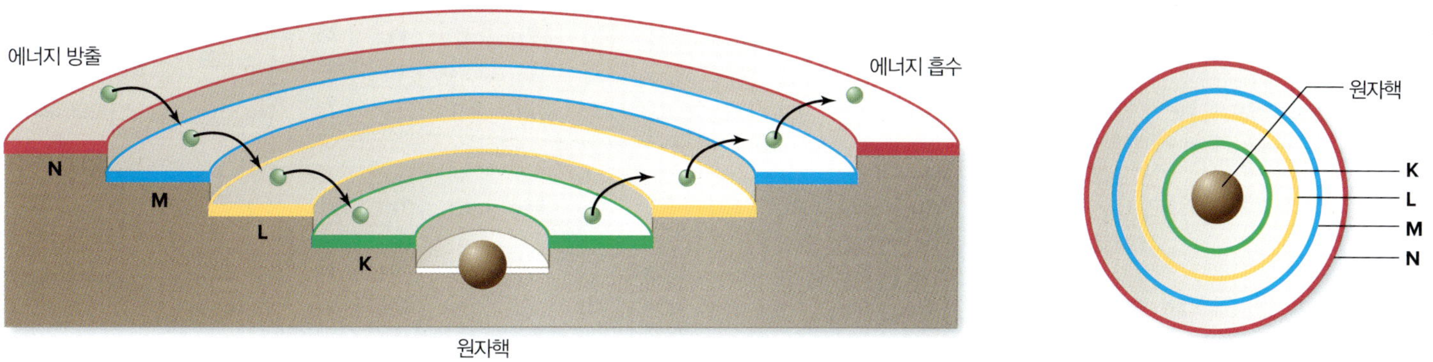

그림 1.6 원자의 에너지준위.
전자는 위치에너지를 가진다. 전자가 에너지를 흡수하면 전자는 원자핵에서 더 멀고 더 높은 에너지준위로 이동한다. 전자가 에너지를 방출하면 전자가 원자핵에 가깝고 더 낮은 에너지준위로 떨어지면서 에너지를 방출한다. K와 L 에너지준위는 **그림 1.5**와 동일하다.

1.2 생명계에서 발견되는 원소들

학습 목표

1. 원자 구조와 원소 주기율표를 관련지어 설명할 수 있다.
2. 생명계에서 발견된 주요 원소들을 기술할 수 있다.

자연계에는 94개의 원소가 존재하며, 이들은 서로 다른 양성자의 수와 전자 배열 방식을 가진다. 19세기에 러시아의 화학자 멘델레예프(Dmitri Mendeleev)는 알려진 원소들을 원자번호에 따라 표에 배열하면서, 원소들이 8개로 이루어진 그룹으로 반복된 화학적 특성 패턴을 나타낸다는 사실을 발견하였다. 이러한 주기적으로 반복되는 패턴을 가진 표를 원소 주기율표라고 부른다(**그림 1.7**).

주기율표는 원자번호와 특성에 따른 원소 배열을 나타낸다

멘델레예프가 발견한 8원소 주기성은 서로 다른 원자의 최외각 에너지준위에 있는 전자들의 상호작용에 근거한 것이다. 이들 전자를 **원자가전자**(valence electron)라고 부르며, 그들의 상호작용으로 원소의 화학적 특성이 달라진다. 생물체에서 중요한 대부분의 원자들은 원자가껍질(valence shell)에 8개 이상의 전자를 채울 수 없다. 최외각 에너지준위에 8개의 전자가 모두 채워진 원소(헬륨의 경우에는 2개)는 비활성 또는 반응성이 없다. 이러한 원소들 중에는 헬륨(He), 네온(Ne), 아르곤(Ar) 등이 있으며 이들을 비활성 기체라고 부른다. 그러나 최외각 에너지준위에 단지 7개의 전자로 채워진 원소들[예를 들어, 불소(F), 염소(Cl), 브롬(Br) 등]은 그들의 최외각 에너지준위를 채우기 위해 추가 전자를 획득하려는 경향이 있어서 반응성이 매우 높다. 최외각 에너지준위에 전자가 1개만 채워진 원소들[예를 들어, 리튬(Li), 소듐(Na), 포타슘(K)]은 그들의 최외각 에너지준위의 전자 1개를 상실하려는 경향이 있어서 반응성이 매우 높다.

원자는 최외각 에너지준위를 완전히 채우려는 경향을 갖는데, 이를 **8전자 규칙**(octet rule)이라고 부른다. 주기율표의 주요 원소들에서 8전자 규칙은 1개가 채워진 *s* 궤도와 3개가 채워진 *p* 궤도에 의해 완성된다(**그림 1.8**). 헬륨(He)을 제외하고 1*s* 궤도를 채우기 위해 2개의 전자가 필요하다. 생물체에서 대부분의 화학적 행동은 8전자 규칙으로 예측할 수 있으며, 즉 원자는 양전하와 음전하의 균형을 맞추려는 경향이 있다. 예를 들어, 소듐 이온(Na^+)과 염소 이온(Cl^-)이 반응하여 소금(NaCl)을 형성한다(1.3절 참조).

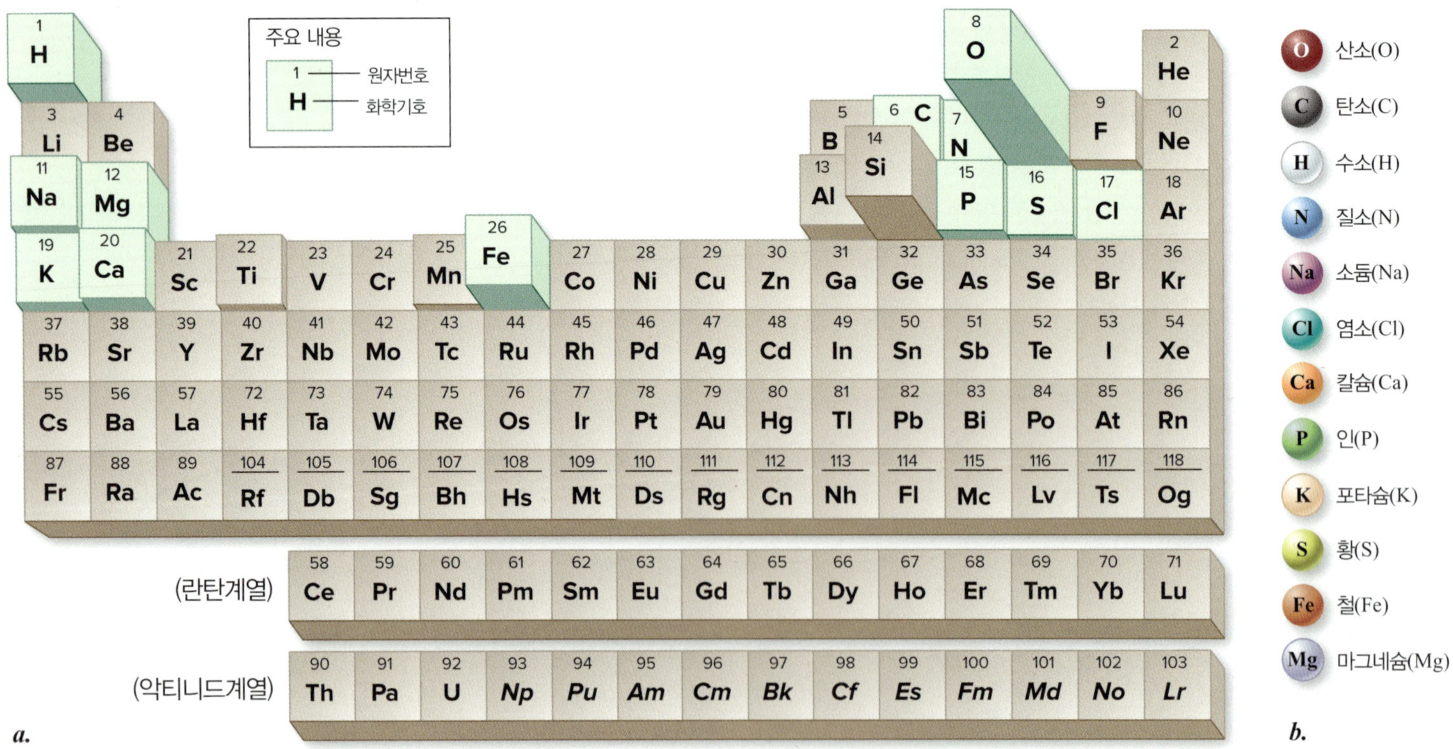

그림 1.7 원소 주기율표.
a. 원소 주기율표에서 블록의 높이는 지구 표면에서 생성되는 원소의 빈도를 나타낸다. 초록색으로 표시된 원소들은 생물계에서 미량 이상으로 발견된다. ***b.*** 생물계에서 흔하게 발견되는 12가지 원소들을 내림차순으로 나열하였다.

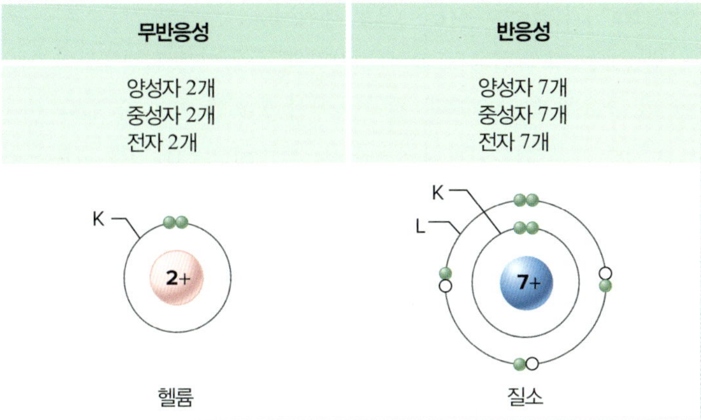

그림 1.8 **헬륨과 질소의 전자 에너지준위.**
초록색 공은 전자를 나타내고 분홍색과 파란색 공은 원자핵을 나타낸다. 원자핵에 표시된 수는 (+) 전하를 띠는 양성자의 수를 의미한다. 헬륨 원자는 K 에너지준위에 전자가 모두 채워져 화학반응이 일어나지 않는다. 그러나 질소 원자는 L 에너지준위에 5개의 전자 중 3개는 짝을 이루지 못하므로 화학반응이 일어나도록 만든다.

자연계에 존재하는 94개 원소들 중에 12가지[탄소(C), 수소(H), 산소(O), 질소(N), 인(P), 황(S), 소듐(Na), 포타슘(K), 칼슘(Ca), 마그네슘(Mg), 철(Fe), 염소(Cl)]는 극미량 이상으로 존재(0.01% 이상)한다. 이들 원소들 모두 21보다 낮은 원자번호로 인해 낮은 원자 질량을 가진다. 생물체에 존재하는 원자는 무작위로 분포되어 있지 않으므로, 세포의 가장 흔한 원소는 지구 껍질인 지각의 가장 풍부한 원소와 다르다.

12가지 흔한 원소 중에 4가지 원소[탄소(C), 수소(H), 산소(O), 질소(N)]는 우리 몸의 96.3% 이상 차지한다. 우리 몸에서 발견되는 대부분의 분자들은 유기화합물인 탄소화합물이다. 이들 유기화합물은 주로 4가지 원소(CHON)로 이루어져 있다. 물은 우리 몸에서 가장 흔한 분자이므로, 탄소(C)가 아닌 산소(O)가 우리 몸에서 가장 풍부한 원소이다. 아연(Zn)과 요오드(I)는 자연계에서 극미량으로 존재하지만 생명활동에 매우 중요한 역할을 한다. 예를 들어, 요오드 결핍은 갑상선이 확장되어 목이 부풀어 오르는 갑상선종(goiter)을 유발한다.

핵심 요약 1.2

주기율표는 원자번호와 반복적인 화학적 특성에 따른 원소를 보여준다. 생물체에서 오직 12개의 원소들만이 극미량 이상으로 존재한다: 탄소(C), 수소(H), 산소(O), 질소(N), 인(P), 황(S), 소듐(Na), 포타슘(K), 칼슘(Ca), 마그네슘(Mg), 철(Fe), 염소(Cl)

- 원소 주기율표에서 비활성 기체가 다른 원소들보다 더 안정한 이유는 무엇일까?

1.3 화학결합의 성질

학습 목표

1. 어떤 원소가 이온을 형성할 수 있는지 예측할 수 있다.
2. 공유결합에 의해 연결된 원자로부터 어떻게 분자들이 형성될 수 있는지 설명할 수 있다.
3. 극성과 비극성 공유결합의 차이를 비교하여 설명할 수 있다.

원자들은 에너지에 의해 서로 안정된 결합으로 뭉쳐 있는데, 이를 **분자**(molecule)라고 부른다. 1개 이상의 원소를 가지는 원자들이 포함된 분자를 **화합물**(compound)이라고 부른다. 한 분자에서 원자들은 **화학결합**(chemical bond)에 의해 연결되는데, 그들 결합으로는 반대 전하를 가지는 원자들이 서로 끌어당길 때 형성되는 이온결합(ionic bond), 1개 또는 그 이상의 전자쌍을 두 원자가 공유할 때 형성되는 공유결합(covalent bond), 또는 원자들이 그 밖의 다른 방법에 의해 상호작용하여 형성되는 결합들이 있다(**표 1.1**). 먼저 반대되는 전기적 전하(이온)를 가지는 원자들이 서로 끌어당길 때 형성되는 이온결합에 대해 살펴본다.

이온결합은 결정체를 형성한다

소금은 NaCl 분자로, 원자들이 이온결합으로 연결되어 격자를 이룬다(**그림 1.9**). 소듐은 11개의 전자를 가지는데, 2개는 내부 에너지준위(K)에 있고 8개는 다음 에너지준위(L)에 있고 1개는 최외각 에너지준위(M)에 위치한다. 짝을 이루지 못한 1개의 최외각 전자는 짝을 이루지 못한 전자를 가지는 다른 원자와 결합하려는 경향이 강하다. 즉, 최외각 전자가 상실되어 짝을 이루지 못한 전자를 가지는 다른 원자에 전달된다면 안정한 배열을 얻을 수 있다. 이러한 전자의 상실은 결과적으로 양전하를 띠는 소듐 이온(Na^+)을 형성한다.

표 1.1 결합과 상호작용

결합명	상호작용의 근거	세기
공유결합	전자쌍 공유	강함
이온결합	반대 전하의 인력	↑
수소결합	H 원자 공유	
소수성 상호작용	극성물질이 존재할 때 분자의 소수성 부위에 가해지는 힘	
반데르발스 인력	반대되는 극성 전자구름에 의한 원자들 간의 약한 인력	↓ 약함

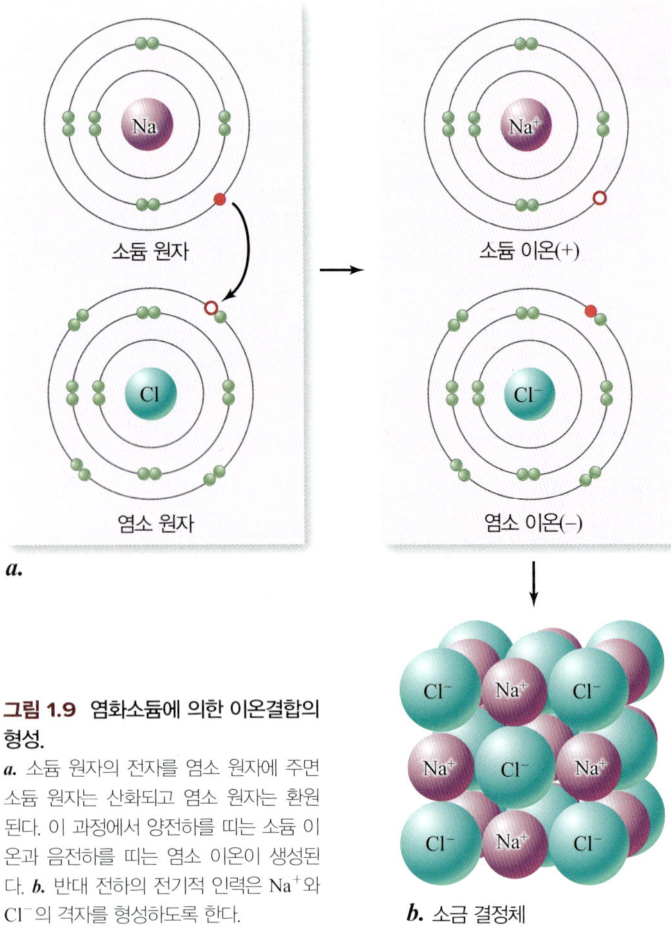

그림 1.9 염화소듐에 의한 이온결합의 형성.
a. 소듐 원자의 전자를 염소 원자에 주면 소듐 원자는 산화되고 염소 원자는 환원된다. 이 과정에서 양전하를 띠는 소듐 이온과 음전하를 띠는 염소 이온이 생성된다. ***b.*** 반대 전하의 전기적 인력은 Na^+와 Cl^-의 격자를 형성하도록 한다.

염소 원자는 17개의 전자를 가지는데, 2개는 K 에너지준위에, 8개는 L 에너지준위에, 7개는 M 에너지준위에 배열된다. **그림 1.9**를 보면, 최외각 에너지준위에서 짝을 이루지 못한 전자(붉은색) 1개를 가지고 있으며 다른 전자가 첨가되어 에너지준위를 채우면 음전하를 띠는 염소 이온(Cl^-)이 형성된다.

금속성 소듐과 기체성 염소를 함께 섞으면 빠르고 강하게 반응하여 소듐 원자는 산화되어 염소 원자에 전자를 주어 염소 원자를 환원시키고 소듐 이온(Na^+)과 염소 이온(Cl^-)을 형성한다. 소듐 이온(Na^+)과 염소 이온(Cl^-)은 서로 반대 전하의 전기적 인력으로 인해 서로 결합하여 전기적 중성을 띠는 **이온 화합물**(ionic compound)인 NaCl을 형성한다. 이때 전기적 인력은 소듐 이온(Na^+)과 염소 이온(Cl^-) 사이에서 개별적으로 직접 작용하지 않으므로, 개별적인 염화소듐 분자를 형성하지 않는다. 대신에 어떤 하나의 이온이 반대 전하를 띠는 모든 주변 이온들과 작용하여 기하학적인 특정 배열을 가지는 결정체로 뭉쳐진다. 이러한 결정체는 우리가 알고 있는 소금 결정체이다. 만약 소금(NaCl)을 물에 넣으면 물 분자의 전기적 인력이 소금 결정체를 이루고 있는 이온들의 결합을 방해하여, 소금은 소듐 이온(Na^+)과 염소 이온(Cl^-)으로 해리된다.

생명계는 항상 물을 포함하고 있기 때문에 이온 결정체보다 이온이 더 중요하게 작용한다. 생물체에서 중요한 이온 중 칼슘 이온(Ca^{2+})은 세포 신호전달에 관여하고, 포타슘 이온(K^+)과 소듐 이온(Na^+)은 신경자극 전도에 관여한다.

공유결합은 안정한 분자를 형성한다

공유결합(covalent bonds)은 두 원자가 1개 또는 그 이상의 원자가 전자들을 공유하면서 형성된다. 기체인 수소 원자는 짝을 이루지 못한 전자 1개가 최외각 에너지준위를 채우지 못해 수소 원자가 불안정 상태이다. 그러나 2개의 수소 원자가 근접하면 두 원자핵의 각 전자를 서로 공유하여 2원자 분자(diatomic molecule)의 수소(H_2)가 만들어진다. 수소 분자는 다음과 같은 3가지 이유로 안정하게 된다.

1. **순전하(net charge)를 띠지 않는다.** 전자의 공유로 형성된 2원자 분자는 2개의 양성자와 2개의 전자로 형성되어 전자를 띠지 않는다.
2. **8전자 규칙을 만족한다.** 2개의 수소 원자는 각각의 최외각 에너지준위에서 2개의 전자를 가지는 것과 같다. 공유된 전자는 두 원자핵을 돌고 두 원자의 최외각 에너지준위를 채우고 8전자 규칙을 만족시킨다.
3. **짝을 이루지 못한 전자가 없다.** 두 원자들 사이의 결합으로 2개의 자유전자들이 짝을 이룬다.

이온결합과 달리 공유결합은 두 원자들 사이의 결합으로 새로운 분자를 형성한다.

공유결합의 세기

공유결합의 세기는 공유된 전자들의 수에 좌우된다. 두 원자가 두 쌍의 전자를 공유하여 8의 법칙을 만족하는 **2중결합**(double bond)은 전자 한 쌍을 공유하는 **단일결합**(single bond)보다 더 강하다. 실제로 단일결합보다 2중결합을 끊는 데 더 많은 에너지가 필요하다. 가장 강한 공유결합은 **3중결합**(triple bond)으로, 2개의 질소 원자가 연결되어 질소 기체 분자(N_2)를 형성한다.

화학식에서 공유결합은 원자를 연결하는 선으로 나타내며, 두 원자들 사이에 연결된 각 선은 한 쌍의 전자를 공유하는 것을 의미한다. 수소 기체와 산소 기체의 **구조식**(structural formula)은 H−H와 O=O로 각각 나타내고, 그들의 **분자식**(molecular formula)은 H_2와 O_2이다. 질소(N_2)의 화학식은 N≡N로 나타낸다.

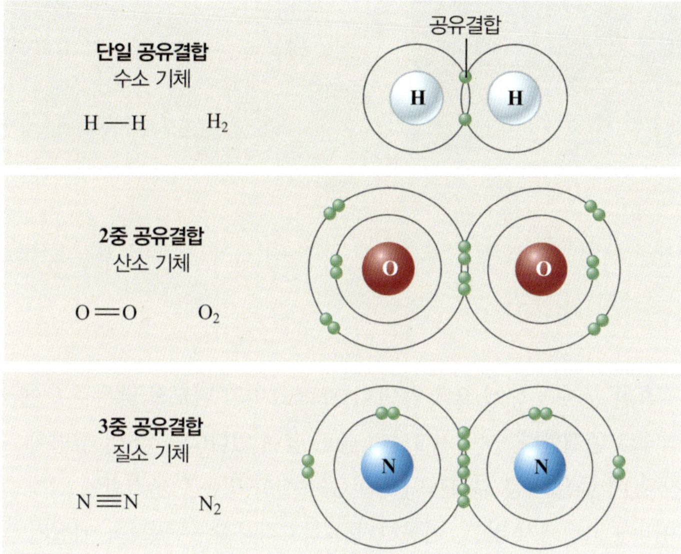

여러 개의 공유결합을 가지는 분자들

수많은 생체 화합물은 2개 이상의 원자로 이루어져 있다. 원자는 최외각 에너지준위를 완전히 채우기 위해서 2개, 3개 또는 4개의 전자를 추가적으로 요구하는데, 이들은 2개 이상의 다른 원자의 전자를 공유함으로써 얻을 수 있다. 예를 들어, 탄소 원자는 6개의 전자를 가지며 이들 중 4개는 최외각 에너지준위에 위치하고 짝을 이루지 않고 있으므로, 8전자 규칙을 만족하기 위해 탄소 원자는 반드시 4개의 공유결합을 형성해야 한다. 4개의 공유결합은 다양한 종류의 원자들과 결합하여 이산화탄소(CO_2), 메테인(CH_4), 에탄올(C_2H_5OH) 분자를 형성한다.

극성과 비극성 공유결합

원자는 전자에 따라 서로 다른 친화력을 갖는데, 이를 **전기음성도**(electronegativity)라고 한다. 일반적으로, 전기음성도는 원소 주기율표에서 왼쪽에서 오른쪽으로 갈수록 증가되고 위에서 아래로 갈수록 감소된다. 따라서 오른쪽 맨 위쪽의 원소들이 가장 높은 전기음성도를 가진다.

예를 들어, 2개의 수소 또는 2개의 산소 원자들 사이의 전자에 대한 친화력은 같으므로 전자들도 동등하게 공유되는데 이를 **비극성**(nonpolar) 공유결합이라고 한다. 이렇게 형성된 H_2와 O_2와 같은 화합물을 비극성 분자라고 한다.

전기음성도가 매우 다른 원자들은 전자를 동등하게 공유하지 않는다. 공유된 전자는 전기음성도가 더 큰 원자 쪽에 더 가까이 위치하고 전기음성도가 낮은 원자에 덜 가까이 위치하는 경향이 있다. 따라서 분자가 전기적으로 중성(동일한 수의 양성자와 전자)일 경우라도 전하의 분포는 균등하지 않다. 이러한 불균등한 분포는 전기음성도가 높은 원자 주위에 부분적으로 음전하 영역이 생기고 전기음성도가 낮은 원자 주위에 부분적으로 양전하 영역을 야기하는데, 이를 **극성 공유결합**(polar covalent bond)이라고 하고 이렇게 형성된 분자를 극성 분자라고 한다. 극성 분자의 부분적인 전하는 일반적으로 그리스어 소문자 델타(δ)로 나타낸다. 극성 공유결합에서 부분적인 전하는 이온 전하보다 훨씬 약하다. 생체 분자에서 몇몇 중요한 원자들의 상대적인 전기음성도를 고려하여 결합의 극성을 예측할 수 있다(**표 1.2**). 탄소와 수소의 전기음성도 차이는 낮아 무시될 수 있으므로 탄소(C)–수소(H) 결합은 비극성으로 간주한다.

표 1.2 주요 원자들의 상대적인 전기음성도

원자	전기음성도
O	3.5
N	3.0
C	1.5
H	1.1

물의 화학적 성질은 중요하므로 극성과 비극성 분자의 특성을 1.4절에서 다룬다. 물(H_2O)은 산소 원자 주위에 많은 전자들이 집중되어 있어 극성 분자이다.

화학반응은 화학결합을 변화시킨다

화학반응(chemical reaction)은 화학결합의 형성과 분해를 의미한다. 모든 화학반응은 한 분자 또는 이온 화합물의 원자가 다른 원자로 이동하는데, 이 과정에서 원자의 수 또는 성질은 변하지 않는다. 화학반응이 시작되기 전의 분자를 **반응물**(reactant)이라고 하고, 화학반응에서 생성된 분자를 **생성물**(product)이라고 부른다. 예를 들어,

$$\underset{\text{반응물}}{6H_2O + 6CO_2} \longrightarrow \underset{\text{생성물}}{C_6H_{12}O_6 + 6O_2}$$

위의 화학반응은 물과 이산화탄소가 결합하여 포도당과 산소를 생성하는 광합성 반응(6장 참조)을 단순화시킨 것이다.

화학반응은 3가지 주요 인자들에 의해 일어난다.

1. **온도**: 반응물에 열을 가하면 반응물들 사이의 충돌 빈도가 높아져 반응속도가 증가한다. (온도는 분자를 파괴할 정도로 높지 않아야 한다.)
2. **반응물과 생성물의 농도**: 반응물이 많을수록 충돌 빈도가 높아져 반응속도가 증가된다. 일반적으로 생성물이 축적되면 반응속도는 느려지고 가역반응에서 역방향 반응이 빨라진다.
3. **촉매**: 촉매(catalysts)는 반응속도를 증가시키는 물질이다. 반

a. 고체

b. 액체

c. 기체

그림 1.10 다양한 형태의 물.
a. 물은 0℃ 이하로 냉각되면 아름다운 결정체인 눈과 얼음을 생성한다. *b.* 얼음은 0℃ 이상일 때 다시 액체로 전환된다. *c.* 액체성 물은 100℃ 이상일 때 수증기가 된다[미국 옐로스톤국립공원(Yellowstone National Park)의 온천].

응물과 생성물 사이의 반응평형에 영향을 주지 않지만, 반응평형에 도달하는 소요 시간을 단축시킨다. 생물체에서 효소라고 불리는 단백질은 거의 모든 화학반응에 촉매 역할을 한다.

자연계에서 일어나는 많은 반응들은 가역반응으로, 생성물이 반응물이 되어 역으로 일어날 수 있다. 앞서 언급된 광합성 반응은 역으로 표현할 수 있다.

$$C_6H_{12}O_6 + 6O_2 \longrightarrow 6H_2O + 6CO_2$$

반응물 ⟶ 생성물

위 반응은 세포호흡(cellular respiration)에 의해 포도당 산화를 단순화시킨 것으로, 포도당이 분해되어 산소에 존재하는 물과 이산화탄소로 전환되는데, 이 반응은 거의 모든 생물체에서 일어난다.

핵심 요약 1.3

이온 화합물에서 이온결합은 반대 전하들 사이의 인력이다. 공유결합은 두 원자가 1개 또는 그 이상의 전자쌍을 공유할 때 형성된다. 복잡한 생체 화합물은 1개 또는 그 이상의 공유결합을 형성할 수 있는 대부분의 원자(C, H, O, N)들에 의해 형성된다. 극성 공유결합은 전자의 불균등한 공유에 의해 형성된다. 비극성 공유결합은 전자의 균등한 공유에 의해 형성된다.

■ 극성 공유결합은 이온결합과 어떻게 다를까?

1.4 물: 필수 화합물

학습 목표

1. 물이 수소결합을 할 수 있는 원리를 설명할 수 있다.
2. 물의 응집력과 부착력에 대해 설명할 수 있다.

흔한 분자들 중에 오직 물만이 지구 표면의 비교적 낮은 온도에서 액체로 존재한다. 지구의 3/4이 물로 덮여 있다(**그림 1.10**). 생명이 시작될 때 물은 다른 분자들이 강한 공유결합 또는 이온결합에 의해 한 자리에 고정되지 않고, 이동하거나 상호작용할 수 있도록 매질의 역할을 하였다. 생명은 육지로 이동하기 전 20억 년 동안 물속에서 진화했다. 현재에도 물은 생명에서 떼려고 해도 뗄 수 없는 관계에 있다. 물은 생물체의 약 2/3를 차지하고 있으며, 모든 생물체들은 성장과 증식을 위하여 생체 내부 또는 외부에 물이 풍부한 환경을 필요로 한다. 따라서 열대우림은 생기로 가득 차 있으나, 메마른 사막이 폭우가 지나간 이후를 제외하고 거의 생기가 없는 것은 우연이 아니다.

물 분자의 구조는 수소결합을 용이하게 한다

물 분자는 1개의 산소 원자와 2개의 수소 원자가 단일 공유결합에

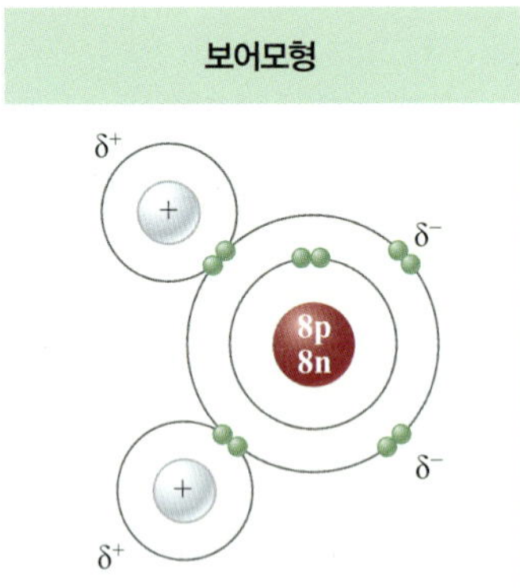

a.

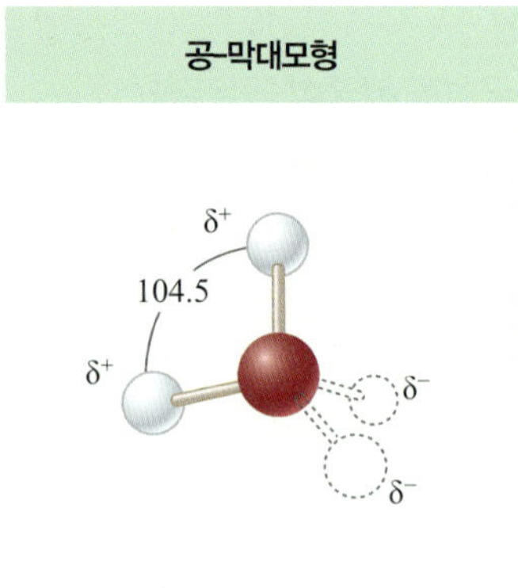

b.

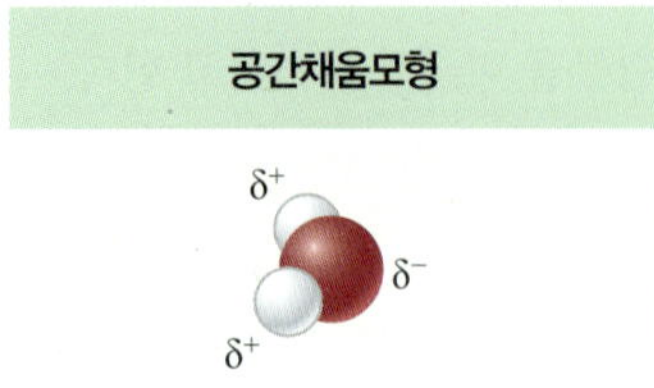

c.

그림 1.11 물: 단순한 분자 구조.
a. 물 분자는 1개의 산소 원자와 2개의 수소 원자로 이루어져 있다. 산소 원자는 각 수소 원자와 1개씩의 전자를 공유하고 있다. *b.* 산소 원자의 전기음성도가 더 크기 때문에 물 분자는 극성을 가진다. 물 분자는 산소 원자 근처에 2개의 부분적인 음전하(δ^-)와 각 수소 원자에 1개씩 2개의 부분적인 양전하(δ^+)를 가진다. *c.* 공간채움모형은 물 분자가 어떻게 보일 수 있는지를 나타낸다.

의해 연결된 단순한 분자 구조를 가진다(**그림 1.11**). 물 분자는 짝을 이루지 못한 전자가 없고 전기적 전하를 띠지 않아 매우 안정한 분자이다. 산소의 전기음성도는 수소보다 매우 크므로(**표 1.2**), 이들 사이의 결합은 극성이다. **이러한 물 분자의 극성은 화학반응과 생물체의 작용에 중요한 역할을 한다.**

물의 가장 중요한 화학적 성질 중 하나는 **수소결합**(hydrogen bond)인데, 이는 2개의 물 분자에서 부분적으로 음전하를 띠는 산소 원자와 부분적으로 양전하를 띠는 수소 원자 사이의 약한 결합이다. 이들 수소결합은 너무 약해 안정한 분자를 형성할 수 없지만, 다수의 약한 결합이 합쳐 단단한 결합을 형성할 수 있다. 수소결합의 강도는 공유결합의 5~10%에 불과하지만, DNA와 단백질 구조에 중요한 역할을 하고 생물체에서 대부분의 화학반응에 관여한다. 물 분자의 모양에서 2개의 공유결합은 양 말단에 부분적인 전하를 갖는데, δ^-는 산소 끝에 위치하고 δ^+는 수소 끝에 위치한다. 이들 전하들은 2개의 음전하와 2개의 양전하가 서로 거의 같은 거리에 있는 **정사면체**(tetrahedron, 바닥이 삼각형인 피라미드 모양)의 가장 안정한 배열을 가진다. 산소 원자는 정사면체의 중심에 위치하고 수소 원자는 두 꼭짓점에 위치하면서 부분적인 음전하는 나머지 두 꼭짓점에 위치한다(**그림 1.11***b*). 물 분자의 부분적인 음전하는 부분적인 양전하보다 더 많은 공간을 차지하고 있어 산소-수소(O-H)의 결합각도가 약간 압축되어 나타난다.

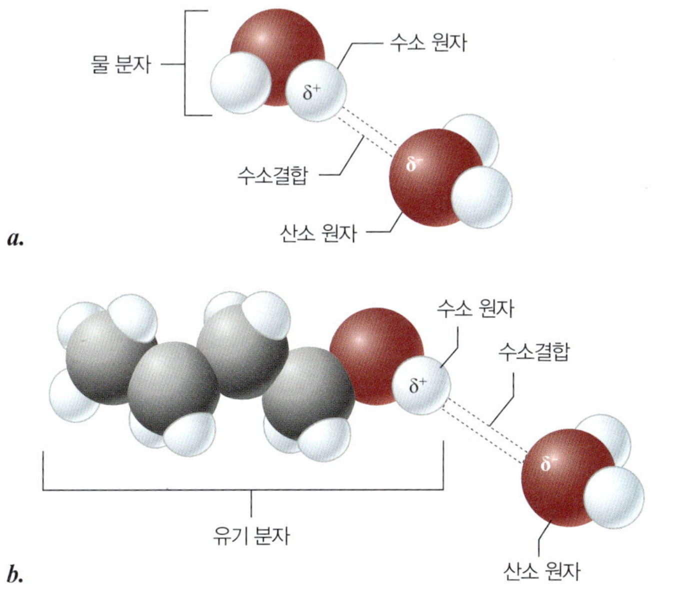

그림 1.12 수소결합의 구조.
a. 2개의 물 분자들 사이의 수소결합. ***b.*** 유기 분자(*n*-부탄올)와 물 분자 사의 수소결합. *n*-부탄올의 수소 원자는 물의 산소 원자와 수소결합을 형성한다. 이러한 수소결합은 수소 원자보다 전기음성도가 더 큰 원자와 만나면 언제나 가능하다(**표 1.2** 참조).

그림 1.13 응집력.
소금쟁이와 같은 일부 곤충들은 물위를 걸을 수 있다. 물의 표면장력이 한 다리의 힘보다 더 크기 때문에 소금쟁이는 물에 가라앉기보다 물 표면에서 미끄러지듯이 움직일 수 있다. 물의 높은 표면장력은 물 분자들 사이의 수소결합에 의해 생겨난다.

물 분자는 응집력을 가진다

물 분자의 극성으로 인해 물 분자들은 서로 끌어당기는데, 이를 물 분자의 **응집력**(cohesive force)이라고 한다. 이때 물 분자의 산소 말단(δ^-)은 다른 물 분자의 수소 말단(δ^+)을 끌어당겨 물 분자들 사이에 수소결합이 생성된다(**그림 1.12**). 수소결합은 매우 약하고 일시적이라 평균 10^{-11}초 동안만 유지된다. 그러나 다수의 수소결합이 함께 작용한다면 큰 힘을 발휘할 수 있다. 물 분자는 풍부한 수소결합을 가지고 있는데, 이는 물 분자의 중요한 물리적 특성들과 관련이 있다(**표 1.3**).

물 분자의 응집력은 적절한 온도에서 기체가 아닌 액체 상태로 유지시킨다. 액체 상태의 물 분자 응집력은 **표면장력**(surface tension)과 관련이 있는데, 이로 인해 공기와 접촉하는 표면의 물 분자들이 수면 아래에서 수소결합을 형성하여 작은 곤충들이 물 위를 걷을 수 있다(**그림 1.13**).

물 분자는 부착력을 가진다

물 분자는 극성으로 인해 다른 극성 분자에 끌려가기도 하는데, 이를 **부착력**(adhesive force)이라고 한다. 물은 수소결합을 할 수 있는 모든 물질에 부착할 수 있기 때문에 극성 분자를 포함하는 물질은 물에 넣으면 젖지만, 오일과 같은 비극성 분자는 물에 젖지 않는다.

물 분자가 표면 전하를 띠는 물질에 끌리는 것은 모세관 현상과 관련이 있다. 좁은 지름을 가지는 유리관을 비커의 물에 담그면, 유리관의 물은 비커의 물보다 높이 올라간다. 즉 유리 표면의 물 분자의 부착력이 중력보다 강하기 때문에 위로 끌려 올라가게 된다. 유리관이 좁을수록 물 분자와 유리 표면의 전기적 힘이 커져서 물 높이가 더 높이 올라간다(**그림 1.14**).

표 1.3 물의 특성

특성	설명	생명에 이로운 예
응집력	수소결합이 물 분자들을 뭉치게 한다.	잎이 뿌리에서 물을 끌어 올린다. 종자가 부풀고 발아한다.
높은 비열	수소결합이 끊어질 때 열을 흡수하고 형성될 때 열을 방출하여 온도 변화를 최소화한다.	물은 생명체와 환경의 온도를 안정화한다.
높은 기화열	다수의 수소결합이 끊어져야 물이 증발된다.	물의 증발은 몸 표면의 온도를 낮춘다.
얼음의 낮은 밀도	얼음 결정에서 물 분자는 수소결합 때문에 비교적 멀리 떨어져 있다.	얼음은 물보다 밀도가 낮으므로 호수의 물이 다 얼지 않아 물고기와 다른 생명체들이 겨울에 생존할 수 있다.
용해도	극성인 물 분자는 이온이나 극성 화합물을 끌어당겨 이들을 물에 녹인다.	많은 분자들이 세포 내로 자유롭게 이동하여 다양한 화학반응이 일어날 수 있도록 한다.

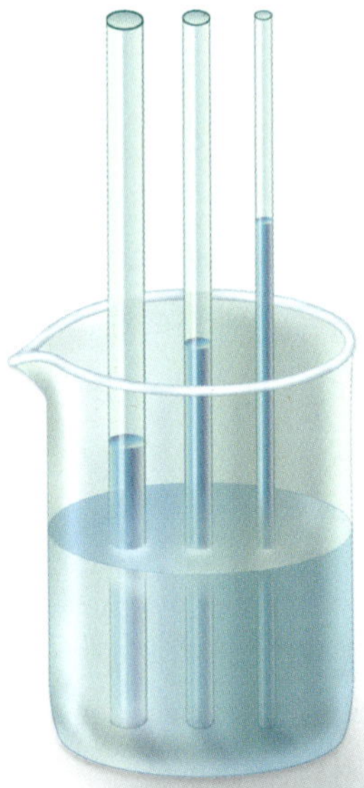

그림 1.14 부착력.
모세관 현상은 좁은 유리관의 물을 주변 물 높이보다 더 높게 상승시킨다. 이는 물이 유리관 표면에 부착되어 중력의 힘보다 더 강하게 물을 위로 끌어올리기 때문이다. 유리관의 직경이 좁을수록 일정량의 물이 부착할 수 있는 표면적이 더 커지므로 물은 유리관에서 더 높이 올라간다.

핵심 요약 1.4

물 분자의 극성 공유결합으로 인해 물 분자들 사이에서 또는 물 분자와 다른 극성 분자 사이에서 수소결합을 형성할 수 있다. 수소결합은 물의 응집력의 주된 원인이고, 이들 힘에 의해 물 분자들은 서로 잡고 있다. 물의 부착력은 다른 극성 분자와 서로 달라붙는 능력이다. 모세관 현상은 물의 부착력과 응집력에 의해서 발생된다.

- 물 분자가 수소(H)와 산소(O) 대신에 탄소(C)와 수소(H)로 이루어진다면 물의 응집력과 부착력이 여전히 존재할까? 그렇다면 혹은 그렇지 않다면 그 이유는 무엇일까?

1.5 물의 특성

학습 목표

1. 수소결합이 어떻게 물의 특성에 영향을 주는지 설명할 수 있다.
2. 생물체에서 물의 독특한 특성이 어떻게 작용하는지 설명할 수 있다.
3. 물이 해리되어 생성되는 산물을 설명할 수 있다.

물은 높은 비열과 높은 기화열을 통해 온도를 조절한다. 물은 액체보다 고체 상태일 때 더 낮은 밀도를 가지는 특이한 성질을 지닌다. 물은 극성 분자의 용매로 작용하고 비극성 분자를 모으는 역할도 한다. 이러한 물의 특성들은 물 분자의 극성 때문에 생겨난다.

물의 높은 비열은 온도를 일정하게 유지하는 데 도움을 준다

어떤 물질의 온도는 각 분자들이 얼마나 빨리 움직일 수 있는지를 나타내는 척도이다. 물 분자들은 수소결합에 의해 서로 연결되어 있는데 이를 끊으려면 많은 양의 열에너지가 필요하므로 물은 높은 **비열**(specific heat)을 가진다. 비열은 1 g의 물질을 1℃ 변화시키는 데 필요한 열량을 의미하는데, 즉 물질이 열을 흡수 또는 방출할 때 온도 변화에 대해 얼마나 견딜 수 있는지에 대한 척도이다. 극성 물질은 수소결합을 형성하는 경향이 있어 극성이 높을수록 비열이 높아진다. 물의 비열(1 calorie/g/℃)은 탄소화합물보다 2배, 철보다 9배가 높다. 물보다 더 높은 극성을 가지는 암모니아는 매우 강한 수소결합을 형성하므로 물보다 비열(1.23 cal/g/℃)이 높다. 물 온도가 0℃에서 100℃로 높아지면 20%의 수소결합이 끊어진다.

물은 높은 비열을 가지기 때문에 다른 화합물보다 더 느리게 가열되고 더 오랫동안 온도를 유지한다. 이러한 물의 높은 비열은 높은 물 함량을 가지는 생물체의 내부 온도를 비교적 일정하게 유지한다. 또한 물은 세포 내의 화학반응에 의해 생겨나는 열을 흡수하여 세포 파괴를 막는다.

물의 높은 기화열은 냉각을 용이하게 한다

기화열(heat of vaporization)은 물질 1 g을 액체에서 기체로 전환하는 데 필요한 열량으로 나타낸다. 예를 들어, 액체인 물이 기체가 되기 위해서는 수많은 수소결합을 끊어야 하는데 이때 대략 586 cal의 열량이 필요하다. 물이 증발되면 표면을 냉각시키는데, 많은 생물체들은 땀을 흘리는 것과 같이 증발 냉각에 의해 과다한 체열을 방출한다.

고체성 물은 액체성 물보다 밀도가 낮다

낮은 온도에서 물 분자들은 수소결합에 의해 결정체와 같은 격자로 고정되어 고체 얼음을 형성한다(**그림 1.10*a***). 흥미롭게도 수소결합은 얼음에서 물 분자들을 비교적 멀리 떨어져 있게 하기(부피 증가) 때문에 얼음의 밀도는 액체성 물보다 낮다. 이와 같은 특이적 성질은 빙산이 물에 뜰 수 있도록 한다. 물이 이러한 특성을 가지지 않았더라면, 지구상의 대부분의 물이 얼음으로 존재하고 매년 얇은 표면만이 녹을 것이다. 물이 위에서 아래로 얼기 때문에 얼음의 부력은 생태계에서 중요한 역할을 한다. 겨울의 호수 표면에 얼음이 떠 있고 얼음 아래의 물은 액체로 남아 있기 때문에 물고기와 다른 생물체들이 얼지 않고 살 수 있다.

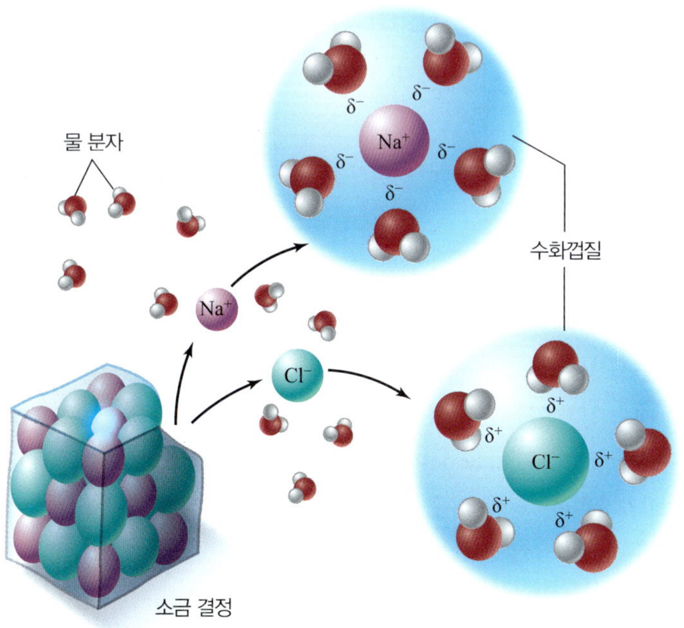

그림 1.15 소금이 물에 녹는 이유.
소금 결정이 물에 녹으면 Na^+와 Cl^-가 소금 격자에서 떨어지며 물 분자에 의해 둘러싸인다. 물 분자의 부분적인 음전하 극은 양전하를 띠는 Na^+ 주변으로 배치되고, 물 분자의 부분적인 양전하 극은 음전하를 띠는 Cl^- 주변으로 배치된다. 이처럼 수화껍질로 둘러싸인 Na^+와 Cl^-는 소금 격자로 다시 돌아갈 수 없다.

극성 분자와 이온 분자는 물에 잘 녹는다

물 분자는 이온 또는 극성 분자와 같은 전기적 전하를 가지는 물질을 가까이에 끌어모을 수 있다. 예를 들어, 설탕은 하이드록실기(OH)를 가지는 분자들로 이루어져 있는데, 이들 하이드록실기는 물 분자와 수소결합을 형성하여 설탕 결정체를 물에 쉽게 녹일 수 있다. 이를 설탕이 물에 **용해**(soluble)되었다고 하며, 이때 물은 **용매**(solvent), 설탕은 **용질**(solute)이라고 말한다. 설탕 분자가 녹거나 설탕 결정체로부터 깨져서 나오면 물 분자들이 그들 주위를 둘러싸 설탕 분자들과 뭉쳐지는 것을 막도록 **수화껍질**(hydration shell)을 형성한다. 수화껍질은 소듐 이온(Na^+) 및 염소 이온(Cl^-)과 같은 이온 주위에도 형성된다(**그림 1.15**).

물은 비극성 분자를 응집시킨다

물 분자는 항상 최대한 많은 수소결합을 형성하려는 경향이 있다. 기름은 물과 수소결합을 형성하지 않는 비극성 분자로 물 분자를 배척하여 서로 응집 또는 덩어리진다. 이처럼 물과의 접촉을 피하려는 비극성 분자를 **소수성**(hydrophobic, 그리스어로 "물"을 뜻하는 *hydros*와 "두려움"을 뜻하는 *phobos*가 합쳐진 글자)이라고 하고, 그에 비해 물과 쉽게 수소결합을 형성하는 극성 분자를 **친수성**(hydrophilic, "물을 좋아하는")이라고 한다. 비극성 분자가 물에서 응집하려는 성질을 **소수성배제**(hydrophobic exclusion)라고 한다. 이때 비극성 분자의 소수성 부위들이 강제로 뭉쳐져 비극성 분자들의 특정 형태를 취하도록 한다. 이러한 물의 특성은 단백질, DNA, 그리고 생체막 구조에 영향을 준다. 이러한 비극성 분자와 물의 상호작용은 생명계에서 매우 중요한 역할을 한다.

물은 이온화된다

물 분자의 수소 원자와 산소 원자를 연결하는 공유결합은 자발적으로 끊어진다. 25°C의 순수한 물에서 5억 5천만 물 분자 중 오직 1분자가 자발적으로 공유결합이 끊어져 양성자(수소 원자핵) 1개가 떨어진다. 이때 떨어져 나간 양성자는 공유할 수 있는 전자가 부족하여 더 이상 전하 균형을 맞추지 못하고 수소 이온(H^+)이 되고, 남은 분자는 공유결합에 의해 전자가 유지되어 음전하를 띠는 수산화 이온(OH^-)이 된다. 이러한 자발적인 이온 형성의 과정을 **이온화**(ionization)라고 한다.

$$\underset{\text{물}}{H_2O} \longrightarrow \underset{\text{수산화 이온}}{OH^-} + \underset{\text{수소 이온(양성자)}}{H^+}$$

25°C에서 1 L의 물은 10^{-7}몰의 수소 이온을 가진다. **몰**(mole)은 물질의 무게인 g(그램)으로 나타내는데, 이는 한 분자의 물질이 가지는 모든 원자의 원자량과 같다. 수소 이온(H^+)의 원자량은 1이므로 1몰의 수소 이온은 1 g의 무게를 가진다. 모든 물질의 1몰은 항상 6.02×10^{23}개의 입자를 포함한다. 따라서 순수한 물에서 수소 이온의 **몰농도**(molar concentration)는 $[H^+]$로 나타내며 수소 이온의 몰농도는 10^{-7} mol/L이다. (실제로 H^+는 일반적으로 다른 물 분자와 결합하여 하이드로늄 이온(H_3O^+)을 형성한다.)

핵심 요약 1.5

물은 높은 비열을 가지므로 물의 온도는 빠르게 변화되지 않는다. 이로 인해 생물체들은 거의 일정한 온도를 유지할 수 있다. 물의 높은 기화열 때문에 증발에 의해 온도는 낮출 수 있다. 고체성 물(얼음)은 물 분자들 간의 수소결합이 더 멀리 떨어져 있으므로 액체성 물보다 밀도가 더 낮다. 극성 분자는 물에 녹지만, 물 분자는 비극성 분자를 배제하려는 경향이 있다. 물 분자는 해리되어 수소 이온(H^+)과 수산화 이온(OH^-)을 형성한다.

- 얼음이 물에 뜬다는 사실은 호수의 생물체들에게 어떠한 영향을 주었을까?

1.6 산과 염기

학습 목표

1. 산, 염기, 그리고 pH 척도를 정의할 수 있다.
2. pH 변화에 따른 수소 이온(H^+) 농도의 변화를 설명할 수 있다.

용액에서 수소 이온과 수산화 이온 농도는 각각 **산성**(acidity)과 **염기성**(basicity)으로 나타낸다. 10^{-7} mol/L의 $[H^+]$를 가지는 순수한 물은 산성도 아니고 염기성도 아닌 중성이다. 물 분자가 해리되면

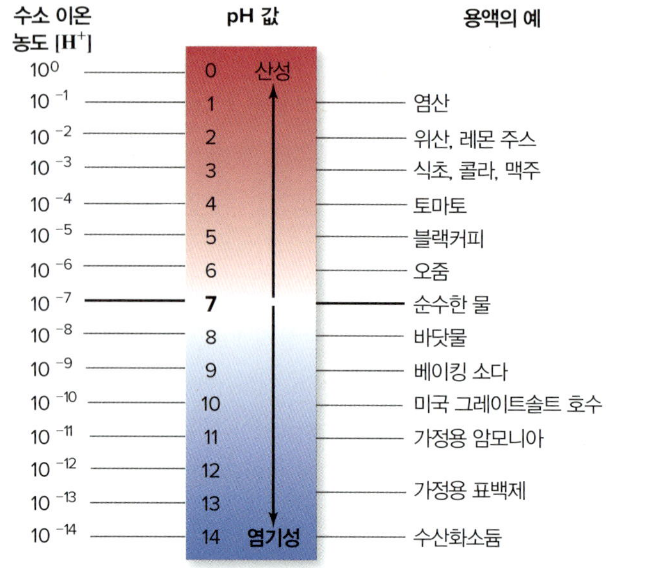

그림 1.16 pH 척도.
용액의 pH값은 수소 이온의 농도를 나타낸다. 용액의 pH가 7 이하이면 산성이고, 7 이상이면 염기성이다. pH는 로그함수이므로, pH 1의 차이는 수소 이온 농도의 10배 차이를 나타낸다. 따라서 레몬 주스는 토마토 주스보다 100배 더 산성이고 바닷물은 pH 7인 순수한 물보다 10배 더 염기성이다.

수소 이온(H^+)과 수산화 이온(OH^-)이 형성되므로 중성인 물은 동일한 양의 H^+와 OH^-를 가진다.

pH 척도는 수소 이온의 농도를 나타낸다

용액의 수소 이온 농도를 나타내는 **pH 척도**(pH scale)(**그림 1.16**)의 pH는 'power of hydrogen'의 약자로 수소 이온 농도의 음성 로그 함수로 나타낸다.

$$pH = -\log [H^+]$$

수소 이온 농도의 로그는 단순히 H^+의 몰농도 지수를 나타내며 pH는 지수 곱하기 -1과 같다. 따라서 물은 수소 이온의 농도가 10^{-7}이므로 pH7로 나타내는데, 이때를 H^+와 OH^- 사이의 균형을 이루는 중성점(neutral point)이라고 부른다. 이와 같은 균형은 물이 해리될 때 동일한 양의 H^+와 OH^-가 생성된다.

pH는 **로그**(logarithmic)함수이므로 pH값의 1 차이는 $[H^+]$의 10배 차이를 의미한다. 따라서 pH 4의 용액은 pH 5보다 10배의 $[H^+]$를 가지고 pH 6의 용액보다 100배의 $[H^+]$를 가진다.

산

물에 녹아 $[H^+]$를 증가시켜 pH가 낮아지는 물질을 **산**(acid)이라고 부른다. 산성이 강할수록 더 많은 수소 이온을 생성하여 pH가 더 낮아진다. 예를 들어, 사람의 위에 풍부한 염산(HCl)은 물에 완전히

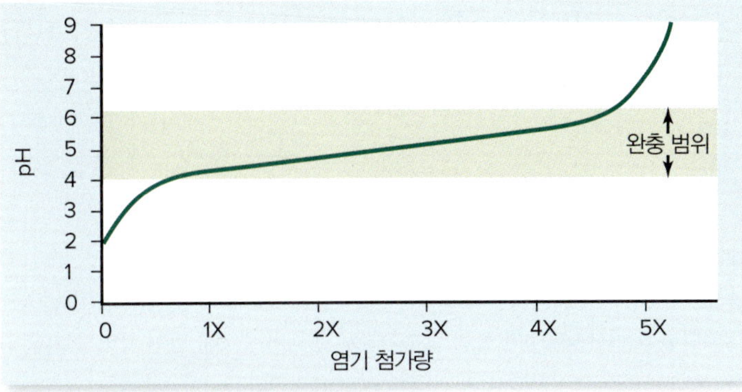

그림 1.17 pH 변화를 최소화시켜 주는 완충액.
용액에 염기를 가하면 산의 일부를 중화시켜 pH 값이 올라간다. 따라서 pH 곡선이 오른쪽으로 갈수록 더 많은 염기가 소요되고 pH가 점점 높아진다. 완충액은 pH 곡선이 아주 천천히 높아지거나 낮아지는 구간을 형성하는데, 이를 완충액의 완충 범위라고 부른다.

자료 분석 **x축의 간격을 염기 부피의 1이라고 한다면, pH가 4에서 6으로 변화되기 위해서 몇 염기 부피가 첨가되어야 하는가?**

이온화된다. 10^{-1} mol/L의 염산은 10^{-1} mol/L의 H^+를 생성하여 pH 1의 용액이 된다. 탄산이 녹아서 거품이 일어나는 샴페인의 pH는 약 2이다.

염기

물에 녹아 H^+와 결합하여 $[H^+]$를 낮추는 물질을 **염기**(base)라고 부른다. 따라서 염기(또는 알칼리) 용액은 pH 7 이상을 가진다. 매우 높은 염기인 수산화소듐(NaOH)은 pH 12 이상이며, 암모니아와 표백제는 pH가 높아 흔히 세제로 사용된다.

완충액은 pH 변화를 최소화한다

대부분의 살아 있는 세포 내와 다세포 주위의 pH는 거의 중성인 7에 가깝다. 생물체에서 대부분의 효소들은 pH에 매우 민감하여, 심지어 작은 pH 변화에도 모양이 변화되어 활성을 잃어버린다. 이러한 이유로 세포의 pH가 일정하게 유지되는 것이 매우 중요하다.

그러나 세포 내의 화학반응은 끊임없이 산과 염기를 생성한다. 더욱이, 많은 동물들은 산성 또는 염기성 물질을 섭취한다. 예를 들어, 콜라는 비교적 강산성으로 섭취 시 H^+와 OH^-의 농도가 변함에도 불구하고 생물체의 pH는 완충액에 의해서 비교적으로 일정한 수준을 유지한다(**그림 1.17**).

완충액(buffer)은 pH 변화에 저항하는 물질로, 염기가 첨가되면 수소 이온을 방출하고 산이 첨가되면 수소 이온을 흡수하여 비교적으로 일정한 수준의 $[H^+]$를 유지한다.

생물체에서 대부분의 완충액은 산과 염기가 짝으로 이루어져 있다. 사람의 혈액에서 중요한 완충액은 산성인 탄산과 염기성인 중탄산염이 산-염기 짝으로 이루어져 있다. 이들 두 물질은 한 쌍의 가역반응으로 상호작용하는데, 먼저 이산화탄소(CO_2)와 물(H_2O)이 결합하여 탄산(H_2CO_3)을 생성하고 다음으로 탄산이 해리되어 중탄산 이온(HCO_3^-)과 H^+를 생성한다.

산성 또는 다른 물질이 혈액에 녹아 H^+가 증가되면, HCO_3^-는 염기로 작용하여 과도한 H^+를 제거하기 위해 H_2CO_3를 생성한다. 비슷하게 염기성 물질이 혈액에 H^+를 제거하면 H_2CO_3를 해리하여 혈액에 H^+를 공급한다. 따라서 H_2CO_3와 HCO_3^-의 상호 전환에 의한 정반응과 역반응은 혈액의 pH를 안정하게 유지시킨다.

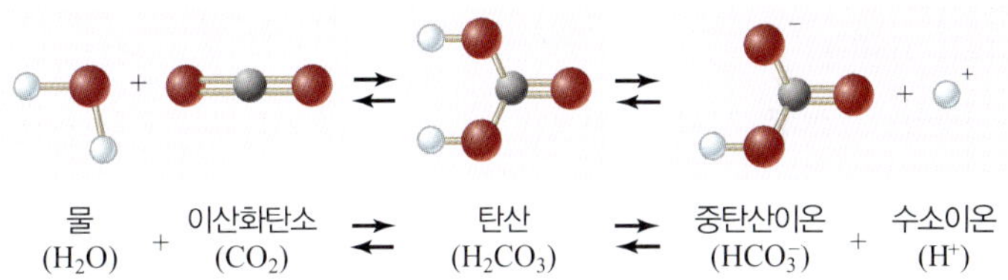

이산화탄소와 물이 탄산을 생성하는 반응은 생명에 필수적인 탄소를 대기에서 해양으로 공급하는 데 중요한 역할을 한다. 이로 인해 지구 해양은 탄소가 풍부해진다.

혈액 산성증(blood acidosis)은 혈액의 정상 pH를 7.4에서 7.1로 떨어뜨리는데, 이 경우에 즉시 치료하지 않으면 생명에 위험하다. 반대로 혈액 염기성증(blood alkalosis)은 혈액의 pH가 증가하는데, 이 역시 매우 심각하다.

핵심 요약 1.6

산성 용액은 높은 $[H^+]$를 가지고, 염기성 용액은 낮은 $[H^+]$ (높은 $[OH^-]$)를 가진다. 용액의 pH는 $[H^+]$의 음성 로그함수이다. 낮은 pH 값은 산성을 나타내고 높은 pH 값은 염기성을 나타낸다. pH의 작은 변화도 생명 유지에 위험을 줄 수 있다. 생물체의 완충액은 pH가 좁은 범위 내에서 유지될 수 있도록 도와준다.

- pH 값의 2 변화는 $[H^+]$에서 어떤 변화를 나타낼까?

핵심 개념 요약

1.1 원자의 성질

모든 물질은 원자로 이루어져 있다(**그림 1.3**).

■ 원자 구조는 중심핵과 궤도를 도는 전자로 이루어져 있다

전기적 중성인 원자는 동일한 수의 양성자와 전자를 가진다. 전자를 얻거나 잃은 원자를 이온이라고 부른다.

원자번호는 원소의 원자핵에 있는 양성자의 수로 정의한다. 원자 질량은 양성자와 중성자의 질량의 합이다. 동위원소는 중성자의 수 차이로 인해 하나의 원소에 다양한 원자 질량을 가진다. 방사선 동위원소는 불안정하다.

■ 전자는 원자의 화학적 성질을 결정한다

전자의 위치에너지는 원자핵에서 거리가 멀어질수록 증가한다. 전자궤도는 확률 분포이다. *s* 궤도는 구형이고, 다른 궤도는 아령형인 *p* 궤도와 같이 다양한 형태를 가진다.

■ 원자는 불연속적인 에너지준위를 가진다

에너지준위는 에너지의 양자와 관련이 있으며, 전자는 계단식의 에너지준위를 가진다.

원자로부터 전자를 잃는 것을 산화라고 부르며 전자를 얻는 것을 환원이라고 부른다. 전자는 산화-환원 반응에서 한 원자로부터 다른 원자로 이동할 수 있다.

1.2 생명계에서 발견되는 원소들

■ 주기율표는 원자번호와 특성에 따른 원소 배열을 나타낸다

원자는 최외각 전자를 완전히 채우는 경향이 있다(8전자 규칙). 가장 바깥쪽 궤도가 채워진 원소는 비활성을 나타낸다.

자연계에는 94개의 원소가 존재하며, 그들 중 12개 원소는 탄소(C), 수소(H), 산소(O), 질소(N), 인(P), 황(S), 소듐(Na), 포타슘(K), 칼슘(Ca), 마그네슘(Mg), 철(Fe), 염소(Cl)로, 생물체에서 미량 이상으로 발견된다. 탄소화합물을 유기화합물이라고 부른다. 생물체에서 주요 분자들은 탄소(C)가 수소(H), 산소(O), 그리고 질소(N)와의 결합으로 이루어져 있다.

1.3 화학결합의 성질

분자는 화학결합에 의해 연결된 2개 이상의 원자들을 포함한다. 화합물은 2개 이상의 서로 다른 원소들로 이루어져 있다.

■ 이온결합은 결정체를 형성한다

서로 반대 전하를 가지는 원자는 NaCl과 같이 이온결합을 형성한다(**그림 1.9*b***).

■ 공유결합은 안정한 분자를 형성한다

공유결합으로 형성된 분자는 전하를 띠지 않고 8전자 규칙을 만족하고 짝을 이루지 못한 전자가 없기 때문에 안정하다. 공유결합은 공유된 전자들의 수에 따라 단일, 2중, 또는 3중결합이 형성된다. 비극성 공유결합은 원자들 사이의 전자들이 균등하게 공유되어 있다. 극성 공유결합은 전자들이 비균등하게 공유되어 있다.

■ 화학반응은 화학결합을 변화시킨다

온도, 반응물 농도, 그리고 촉매의 존재는 반응속도에 영향을 준다. 대부분의 생체반응은 이산화탄소와 물이 탄수화물로 전환되는 것과 같이 가역적이다.

1.4 물: 생물체의 필수 화합물

■ 물 분자의 구조는 수소결합을 용이하게 한다

수소결합은 한 분자에서 부분적으로 양전하를 띠는 수소와 다른 분자에서 부분적으로 음전하를 띠는 산소 사이의 약한 상호결합이다(**그림 1.11**).

■ 물 분자는 응집력을 가진다

응집력은 물 분자들이 서로 수소결합으로 부착되는 경향이다. 물의 응집력은 표면장력의 주된 원인이다.

■ 물 분자는 부착력을 가진다

부착력은 물 분자들이 다른 극성 분자들에 부착할 때 일어난다. 모세관 현상은 물이 좁은 관 표면에 부착되는 물의 부착력과 응집력으로 인해 일어난다.

1.5 물의 특성

■ 물의 높은 비열은 온도를 일정하게 유지하는 데 도움을 준다

물 분자의 수소결합은 비열을 증가시키는 역할을 한다. 생물체는 주로 물로 이루어져 있어 온도가 빠르게 변화되지 않는다.

■ 물의 높은 기화열은 냉각을 용이하게 한다

액체성 물이 기화되기 위해서는 물 분자들 간의 수소결합을 끊어야 하는데, 이때 많은 양의 에너지가 필요하다. 대부분의 생물체는 땀을 흘리는 것과 같이 증발 냉각을 통해서 과도한 열을 방출한다.

■ 고체성 물은 액체성 물보다 밀도가 낮다

수소결합은 액체 상태보다 고체 상태에서 더 멀리 떨어져 있어 결과적으로 얼음이 물에 뜬다.

■ 극성 분자와 이온 분자는 물에 잘 녹는다

물은 물 분자의 극성으로 인해 극성 물질과 이온의 훌륭한 용매가 된다. 극성 분자 또는 분자의 일부는 물 분자를 끌어당긴다(친수성). 비극성 분자는 물 분자를 배제한다(소수성). 물은 비극성 분자를 서로 뭉치게 만든다.

■ 물은 비극성 분자를 응집시킨다

비극성 분자는 물을 피하기 위해 서로 뭉친다. 이것은 물 분자가 만들 수 있는 수소결합을 극대화한다. 이러한 소수성 배제는 DNA, 단백질, 그리고 생체막의 구조에 영향을 준다.

■ 물은 이온화된다

물 분자는 수소 이온(H^+)과 수산화 이온(OH^-)으로 해리된다. 수소 이온(H^+)의 농도는 $[H^+]$로 나타내며, 순수한 물의 $[H^+]$는 10^{-7} mol/L이다.

1.6 산과 염기

■ **pH 척도는 수소 이온의 농도를 나타낸다**

pH는 $[H^+]$의 음성 로그 함수이다. 순수한 물의 pH는 7이다. pH 값의 1 차이는 $[H^+]$의 10배 차이를 의미한다.

산은 높은 $[H^+]$로 인해 낮은 pH를 가지며, 염기는 낮은 $[H^+]$로 인해 높은 pH를 나타낸다.

■ **완충액은 pH 변화를 최소화한다**

이산화탄소와 물의 가역반응으로 탄산을 형성한다. 완충액은 수소 이온(H^+)을 흡수 또는 방출을 통해 pH 변화에 저항한다. 혈액의 주요 완충액은 탄산/중탄산염이다.

연습문제

■ **1단계: 이해력 확인하기**

1. 한 원소의 원자(예, 탄소)와 다른 원소(예, 산소)의 원자를 구분하는 특성은 무엇인가?
   a. 전자의 수
   b. 양성자의 수
   c. 중성자의 수
   d. 양성자의 수와 중성자 수의 총합
2. 한 원자의 최외각 에너지준위에 1개의 전자를 가진다면 무엇을 형성하겠는가?
   a. 하나의 극성 공유결합
   b. 2개의 비극성 공유결합
   c. 2개의 공유결합
   d. 이온결합
3. 양전하를 띠는 원소의 설명 중 옳은 것은 무엇인가?
   a. 중성자보다 양성자를 더 가진다.
   b. 전자보다 양성자를 더 가진다.
   c. 중성자보다 전자를 더 가진다.
   d. 양성자보다 전자를 더 가진다.
4. 탄소-12와 탄소-14의 동위원소의 차이점은 무엇인가?
   a. 중성자의 수
   b. 양성자의 수
   c. 전자의 수
   d. 양성자의 수와 전자의 수
5. 다음 중 생물체에서 흔히 발견되는 원소들의 특징이 아닌 것은 무엇인가?
   a. 낮은 원자질량을 가진다.
   b. 21 이하의 원자번호를 가진다.
   c. 최외각 에너지준위에 8개의 전자를 가진다.
   d. 최외각 에너지준위에 1개 또는 그 이상의 전자가 부족하다.
6. 다음 중 이온결합에 관한 설명으로 올바른 것은 무엇인가?
   a. 원자가전자의 공유에 의해 형성된다.
   b. 원자가전자 사이의 인력에 의해 형성된다.
   c. 원자가전자 사이의 전기적 인력에 의해 형성된다.
   d. 반대 전하를 가지는 이온 사이의 인력에 의해 형성된다.
7. 다음 중 고농도의 수소 이온을 가지는 용액에 관한 설명으로 옳은 것은 무엇인가?
   a. 염기라고 부른다.
   b. 산이라고 부른다.
   c. 높은 pH를 가진다.
   d. 산이라고 부르고 높은 pH를 가진다.

■ **2단계: 적용력 평가하기**

1. 원소 주기율표에서 양전하를 띠는 원자는 무엇인가?
   a. 플루오린(F)
   b. 네온(Ne)
   c. 포타슘(K)
   d. 황(S)
2. 그림의 원소는 몇 개의 공유결합을 형성할 수 있는가?

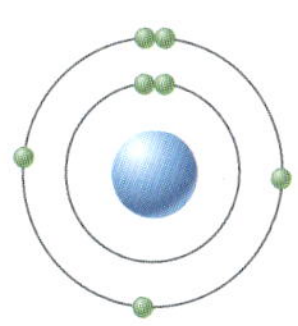

   a. 2개
   b. 3개
   c. 4개
   d. 0개

3. 다음 중 극성 공유결합을 가지는 분자의 설명으로 옳은 것은 무엇인가?

   a. 물에 녹는다.
   b. 물에 녹지 않는다.
   c. 매우 유사한 전기음성도를 가지는 원자들을 포함한다.
   d. 물에 녹지 않고 매우 유사한 전기음성을 가지는 원자들을 포함한다.

4. 다음 중 수소결합에 관한 설명으로 옳은 것은 무엇인가?

   a. 수소를 가지는 분자들 사이에서 형성된다.
   b. 물 분자들 사이에서만 형성된다.
   c. 수소가 극성 결합의 일부일 때 형성된다.
   d. 수소의 2개의 원자가전자들이 전자를 공유할 때 형성된다.

5. 오일과 식초를 잘 혼합한 후 놓아두면 두 층으로 나누어지는데 그 이유는 무엇인가?

   a. 비극성 오일이 물에 녹기 때문이다.
   b. 물이 오일과 수소결합을 형성하기 때문이다.
   c. 극성 오일이 물에 녹지 않기 때문이다.
   d. 비극성 오일이 물에 녹지 않기 때문이다.

6. 방사선 동위원소의 붕괴는 원자핵의 변화와 관련이 있다. 이것이 화학 반응 동안에 일어나는 원자의 변화가 어떻게 다른지 설명하시오.

■ 3단계: 사고력 함양하기

1. 원소 주기율표에서 어떻게 브로민(Br)과 리튬(Li) 반응을 예측할 수 있는가? 어떤 종류의 화합물이 생성되는가? 그리고 어떤 종류의 결합을 기대할 수 있는가?
2. 공상과학소설에서 인기 있는 주제는 현재의 탄소 기반의 생물체가 아닌 실리콘 기반의 생물체를 만드는 것이다. 실리콘 원자의 화학결합과 화학구조를 고려하여 실리콘 기반의 생물체의 가능성에 대해 설명하시오.
3. 화성에서 생명의 흔적을 찾기 위한 NASA의 노력은 생물체(살아있거나 화석의 증거)를 찾기보다 물의 존재에 더 집중하여 조사하고 있다. 지구에서 물이 생물체에 미치는 영향을 고려하여 이러한 NASA의 접근법에 대한 타당함을 설명하시오.

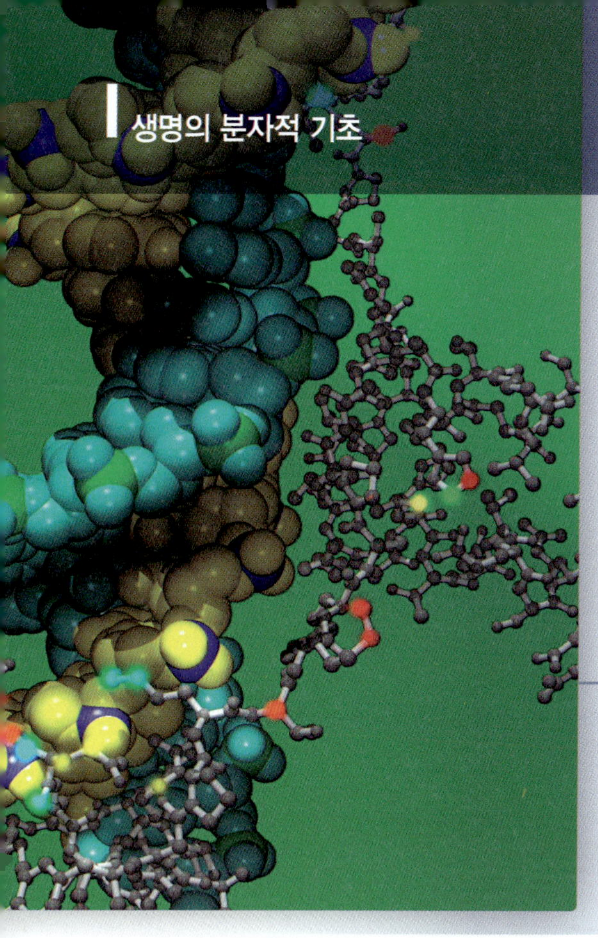

2

생명체의 화학적 구성

도입

한 컵의 물에는 하늘의 별보다 더 많은 분자들이 있다. 그러나 수많은 생체 분자들은 물 분자보다 훨씬 크며, 이들은 수천 개 또는 수십억 개의 원자를 포함하는 긴 사슬로 이루어져 있다. 생체 내에서 합성되는 거대분자(macromolecule)는 크게 탄수화물, 핵산, 단백질, 그리고 지질의 4가지 종류로 구분되는데 이들은 모든 생물체의 기본적인 화학적 요소들이다.

지금은 이들 거대분자들의 존재가 당연하게 여겨지고 있지만 19세기 후반까지만 해도 생물체 내에서만 "생명력"이 가능하다고 생각하였다. 이들 이론 중 하나는 세포는 생물체에서 화학반응을 담당하는 원형질로 이루어져 있으므로 세포 파괴는 원형질 파괴라고 생각한 것이다. 이러한 관점은 실험실에서(*in vitro*) 세포의 화학반응을 연구하는 것을 불가능하게 만들었다. 그러나 무세포 시스템(cell-free system)에서 발효가 증명되면서 현대 생화학 연구가 시작되었다(**그림 2.1**). 이들 접근법으로 세포 밖의 생체 분자들에 대한 연구를 통해 세포 내에서 이들 분자의 역할을 추론할 수 있게 되었다. 생체 거대분자는 모두 탄소를 포함하는 화합물이므로 탄소에 관련된 화학에 대해 먼저 다루고자 한다.

2.1 탄소: 생체 분자의 골격

학습 목표

1. 작용기와 거대분자 사이의 관계를 설명할 수 있다.
2. 다양한 종류의 이성질체를 구별할 수 있다.
3. 다양한 종류의 생체 거대분자들을 나열할 수 있다.

1장에서 기본적인 원자 구조와 화학결합에 대해 살펴보았다. 생물학적 시스템은 모든 화학 법칙을 따르므로, 화학은 생물체의 기반을 형성한다.

생체 분자의 골격은 주로 탄소 원자로 이루어져 있는데, 이들 탄소 원자는 다른 탄소 원자 또는 수소, 산소, 질소, 황, 인과 결합할 수 있다. 탄소 원자는 최대 4개의 공유결합을 형성할 수 있으므로 탄소가 포함된 분자는 선형, 가지형, 고리형, 둥근형, 튜브형, 코일형을 가진다.

탄소와 수소로만 이루어진 분자를 **탄화수소**(hydrocarbon)라고 부른다. 탄화수소 화합물의 산화는 에너지를 방출하여 이들은 훌륭한

과학적 사고

가설: 효모의 발효와 같은 화학반응은 효소에 의해 조절되고 살아 있는 세포는 요구되지 않는다.

예측: 효모 세포가 터져 흘러나온 효소들은 세포 밖에서도 작용할 것이다.

실험: 효모 세포를 석영 모래와 규조토와 함께 혼합한 후 막자사발과 막자를 이용하여 잘 으깬다. 으깬 액을 캔버스 천으로 감싸고 400~500 atm의 압력을 가한다. 추출된 용액에 발효 기질과 비발효 기질을 각각 넣고 배양한 후 이산화탄소(CO_2) 생성을 측정하여 발효 여부를 확인한다.

결과: 발효 기질(사탕수수당, 포도당)에서 CO_2가 생성되었다. 비발효 기질(락토스, 만노스)에서는 CO_2가 생성되지 않았다. 더욱이, 용액의 육안검사에서 효모 세포는 모두 다 보이지 않았다.

결론: 가설이 뒷받침되었다. 살아 있는 효모 세포가 없는 상태에서도 발효 반응이 일어났다.

역사적 중요성: 본래의 실험 의도에 부합되지는 않지만, 이 실험은 처음으로 무세포 시스템(cell-free system)을 이용하였다. 이와 같은 시스템은 실험실에서(*in vitro*) 생화학 반응과 관련된 단백질의 정제 연구를 가능하게 하였다. "발효 반응"은 사실상 일련의 복잡한 반응이다. 이러한 일련의 효소 반응이 무세포 시스템을 증명하기 위한 최초의 실험이라고 할 수 있는가?

그림 2.1 무세포 발효의 증명.
독일 화학자 부흐너(Eduard Buchner, 1860~1917)의 무세포 발효의 증명은 원형질 이론(protoplasm theory)에 대한 반박과 함께 세포 밖에서 생물체의 화학반응을 연구할 수 있는 방법을 생화학자들에게 제시하였다.

에너지 원료가 될 수 있다. 예를 들어, 휘발유와 프로판 가스는 탄화수소가 풍부하다. 프로판은 3개의 탄소 원자에 8개의 수소 원자가 결합하고 있으므로, 이들의 화학식은 C_3H_8로 나타낸다. 프로판의 구조식은 다음과 같다.

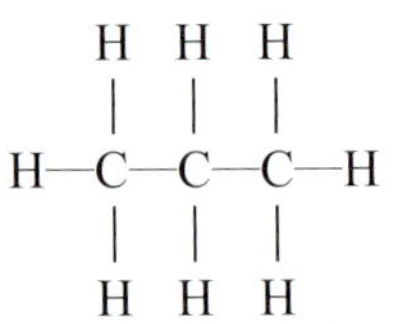

프로판 구조식

이론적으로 탄소 원자가 결합된 사슬 길이는 무한대로 늘어날 수 있다. 이 장에서 다룰 4개의 주요 생체 분자는 탄소가 포함된 화합물로, 긴 사슬로 이루어져 있다.

작용기에 따라 분자의 특성을 설명할 수 있다

탄소와 수소 원자는 매우 유사한 전기음성도를 가진다. 따라서 C−C와 C−H 결합의 전자는 균등하게 분포될 수 있어 이들의 표면전하는 큰 차이가 없으므로 탄화수소는 무극성을 가진다. 그러나 세포에서 생성되는 대부분의 생체 분자는 탄소와 수소 원자 이외의 다양한 원자들도 포함한다. 이들 원자들은 다양한 전기음성도(**표 1.2** 참조)를 가지므로 이들 원자가 포함된 탄화수소의 분자는 부분적으로 양전하 또는 음전하를 띠는 극성을 가진다. 이와 같이 다양한 원자를 포함하는 탄화수소의 분자는 C−H 중심에 **작용기**(functional groups)가 부착되어 있다고 생각할 수 있다. 이러한 작용기들 중 하나는 **하이드록실기**(hydroxyl group)라고 불리는 −OH이다.

작용기가 어디에 부착되어 있든지 작용기의 화학적 성질은 그대로 유지된다. 예를 들어, 하이드록실기와 카보닐기(C=O)는 산소 원자의 전기음성도로 인해 극성을 띤다(1장 참조). 다른 작용기들로는 산성인 카복실기(COOH)와 인산기(PO_4^-), 그리고 염기성인 아미노기(NH_2)가 있다. 대부분의 작용기는 수소결합에 참여하며, 이때 수소결합의 공여자와 수용자는 그들의 전기음성도(**표 1.2**)에 따라 예측할 수 있다. **그림 2.2**는 생물학적으로 중요한 작용기와 함께 이들 작용기가 발견되는 생체 거대분자들을 보여주고 있다.

이성질체는 분자식은 같지만 다른 구조를 가진다

동일한 분자식 또는 실험식을 가지는 유기분자들은 다른 형태로 존재할 수 있는데, 이를 **동위원소**(isomer)라고 한다. 이때 유기분자들이 서로 다른 탄소골격 구조를 가진다면, 이들을 **구조이성질체**

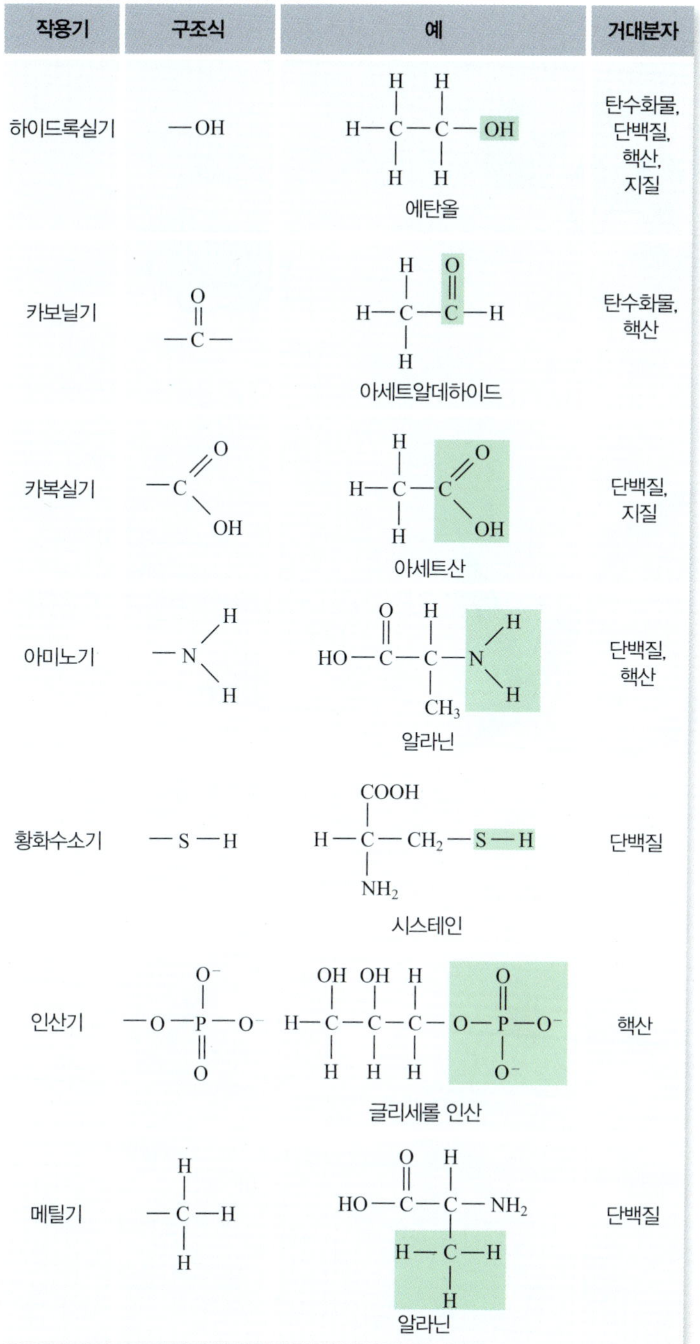

그림 2.2 주요 화학 작용기들.
작용기는 화학반응에서 반응기로 작용하는 경향이 있으며, 이를 가지는 분자는 독특한 화학적 특성을 가진다. 예를 들어, 아미노기는 분자를 더 염기성으로, 카복실기는 분자를 더 산성으로 만든다. 이러한 작용기는 위의 예시에 국한되지 않고 생체 분자에 널리 분포되어 있다.

(structural isomer)라고 한다. 포도당과 과당은 $C_6H_{12}O_6$의 구조이성질체이다(2.2절). 그러나 유기분자들이 동일한 탄소골격을 가지지만 이들 골격에 부착되는 작용기들의 공간적인 배열이 다르다면, 이를 **입체이성질체**(stereoisomer)라고 한다.

생물계에서 효소는 일반적으로 1가지의 특정 입체이성질체만을

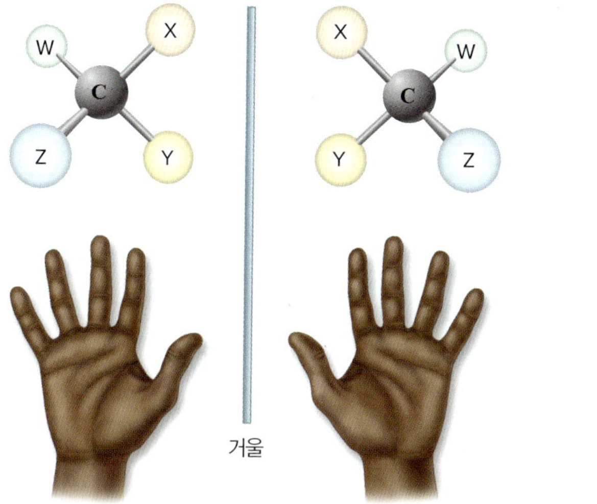

그림 2.3 키랄 분자.
탄소에 4개의 다른 작용기들이 결합되면, 이를 키랄이라고 부른다. 키랄 분자는 거울상을 가지는 입체이성질체이다. 두 분자는 4개의 동일한 작용기를 가지고 있지만 양손과 같이 서로 겹쳐지지 않는다. 이러한 입체이성질체를 거울상이라고 한다.

인식한다. 입체이성질체의 하위범주인 **거울상이성질체**(enantiomer)는 서로 정확히 거울에 비친 모습을 가지는데, 이처럼 거울에 의해 좌우가 바뀐 분자를 **키랄**(chiral) 분자라고 한다[손(hand)을 의미하는 그리스어 *cheir*에서 유래]. 탄소는 4개의 서로 다른 분자들이 결합될 때 대칭 구조가 만들어진다(**그림 2.3**).

키랄 화합물은 편광의 영향에 의해 그들의 특성이 결정된다. 키랄 분자의 평면 편광은 오른쪽(라틴어, *dextro*) 또는 왼쪽(라틴어, *levo*)으로 회전할 수 있는데, 이를 각각 **D**(dextrorotatory; **우회전성**)와 **L**(levorotatory; **좌회전성**)로 표기한다. 생물계는 오직 하나의 거울상이성질체를 생성하는 경향이 있다. 예를 들어, 대부분의 생물체에서는 주로 D-당과 L-아미노산이 발견된다.

생체 거대분자에는 탄수화물, 핵산, 단백질, 지질이 있다

생체 거대분자는 일반적으로 탄수화물, 핵산, 단백질, 그리고 지질로 구분된다(**표 2.1**). 대부분의 생체 거대분자들은 작고 비슷한 화학적 소단위라고 불리는 **단량체**(monomer)들이 서로 연결되어 만들어진 긴 분자의 **중합체**(polymer)로 이루어져 있다. 이것은 마치 각각의 객차가 서로 연결되어 기차를 형성하는 것과 같다. 중합체의 특성은 중합체를 이루고 있는 단량체에 의해 결정된다. 예를 들어, 복잡한 탄수화물인 녹말은 고리 모양의 당으로 이루어진 중합체이다. 핵산(DNA와 RNA)은 뉴클레오타이드의 중합체이고 단백질은 아미노산의 중합체이다(**그림 2.4**). 이러한 긴 사슬은 **탈수반응**(dehydration reaction)에 의해 만들어지고 **가수분해반응**(hydrolysis reaction)에 의해 분해된다. 지질은 생체 거대분자이지만, 단량체-중합체 관

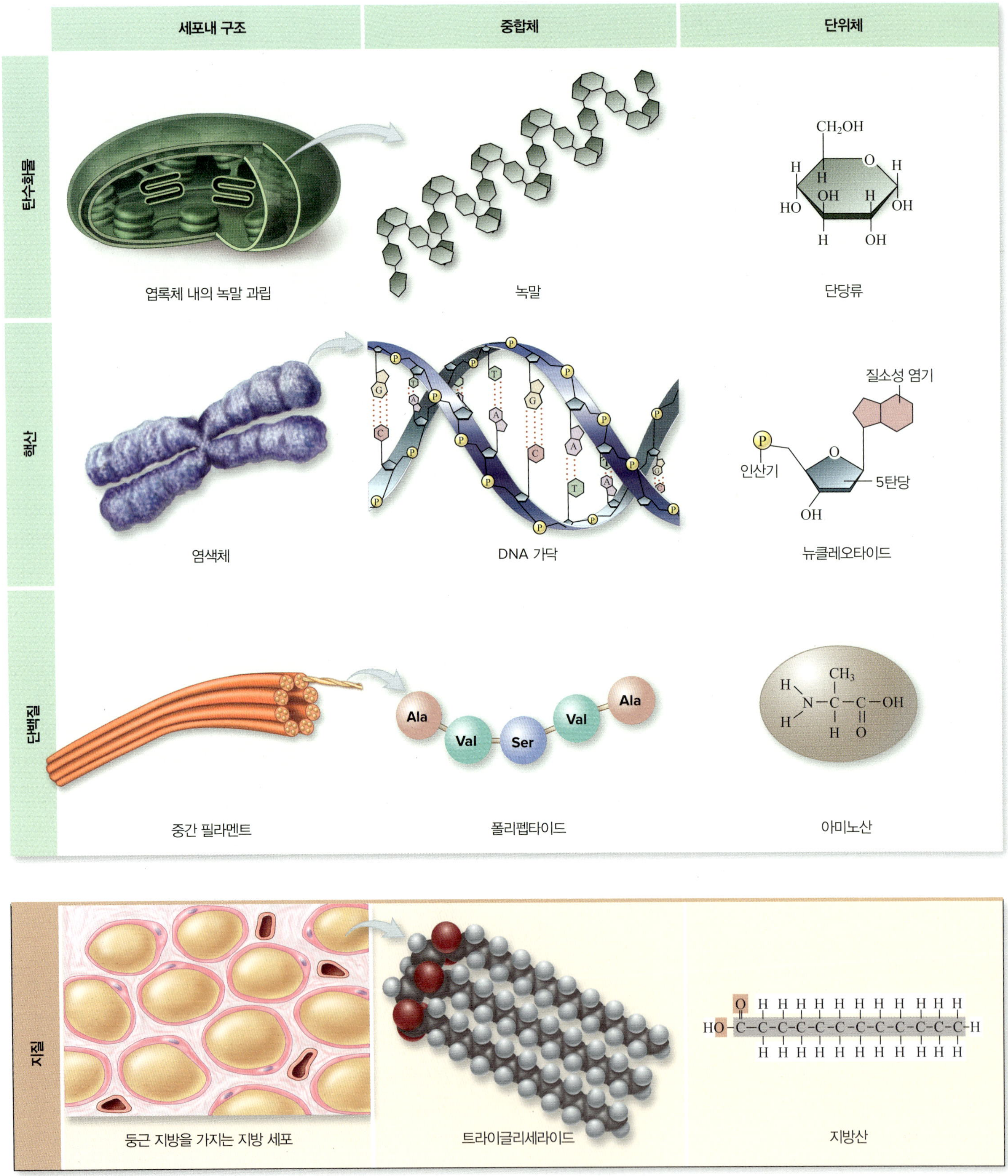

그림 2.4 중합체 거대분자.
주요 생체 거대분자들에는 탄수화물, 핵산, 단백질, 그리고 지질이 있다. 이들은 중합체를 형성하는데, 여기서는 이들을 만들기 위해 사용된 단량체도 함께 나타냈다. 그러나 지질은 단량체-중합체 관계로 형성되지 않는다. 트라이글리세라이드는 글리세롤과 지방산으로 구성되어 있다.

표 2.1	거대분자		
거대분자	소단위	기능	예
		탄수화물	
녹말, 글리코젠	포도당	에너지 저장	감자
셀룰로스	포도당	식물 세포벽에서 구조적 지지	종이, 샐러리 줄기
키틴	변형된 포도당	구조적 지지	게 껍질
		핵산	
DNA	뉴클레오타이드	유전자를 암호화함	염색체
RNA	뉴클레오타이드	유전자 발현에 필요	mRNA
		단백질	
기능적	아미노산	촉매; 수송	헤모글로빈
구조적	아미노산	지지	머리카락, 실크
		지질	
트라이글리세라이드(동물성 지방, 오일)	글리세롤과 3개의 지방산	에너지 저장	버터, 옥수수 기름, 비누
인지질	글리세롤, 2개의 지방산, 인산기 및 극성 R기	세포막	포스페티딜콜린
프로스타글란딘	2개의 비극성 꼬리를 가지는 5개의 탄소 고리	화학적 전달자	프로스타글란딘 E(PGE)
스테로이드	융합된 4개의 탄소고리	막, 호르몬	콜레스테롤, 에스트로젠
테르펜	긴 탄소 사슬	색소, 구조적 지지	카로틴, 고무

계를 따르지 않고, 대신에 지방산에 글리세롤을 연결하는 탈수반응을 통해 지질을 형성한다.

탈수반응

중합체를 이루는 단량체는 서로 다르지만 중합체를 합성하는 기본 화학반응은 유사하다. 예를 들어, 두 단량체 사이의 공유결합이 형성되기 위해서는 한 단량체의 하이드록실기(−OH)와 다른 단량체의 수소 원자(H)가 제거되어야 한다(**그림 2.5***a*). 이러한 화학반응으로 뉴클레오타이드들이 서로 연결되어 DNA를 합성하고 또는 포도당들이 서로 연결되어 녹말을 합성한다. 또한 지방산에 글리세롤을 연결하여 지질 합성에도 사용된다. 이와 같이 한 분자의 물(H_2O)이 제거되는 것과 같이 −OH기와 −H기가 제거되는 화학반응을 축합 또는 **탈수반응**(dehydration reaction)이라고 부른다. 거대분자에 단량체 하나가 첨가될 때마다 한 분자의 물이 제거된다. 이와 같은 화학 및 생화학 반응은 반응물질들이 서로 가깝게 있어야 하고 정확한 화학결합이 가해지고 끊어져야 한다. 이와 같은 위치 선정(positioning)과 가압(stressing)의 과정이 세포 내에서 효소에 의해 일어나는데, 이를 **촉매작용**(catalysis)이라고 한다.

가수분해반응

세포는 탈수반응의 역반응에 의해 거대분자를 단량체들로 분해할 수 있는데, 이 과정에서 물 분자의 제거 대신에 첨가가 일어난다(**그림 2.5***b*). 수소 원자(H)가 한 단량체에 결합되고 하이드록실기(−OH)가 다른 단량체에 결합하여 단량체들 사이의 공유결합이 끊어지는 화학반응을 가수분해(hydrolysis)반응이라고 부른다. 녹말(2.2절 참조)이 포함된 감자를 섭취할 때 우리 몸은 가수분해반응에 의해 녹말을 포도당 단량체로 분해한다. 감자는 기본적으로 탈수반응에 의해 녹말 분자를 만든다.

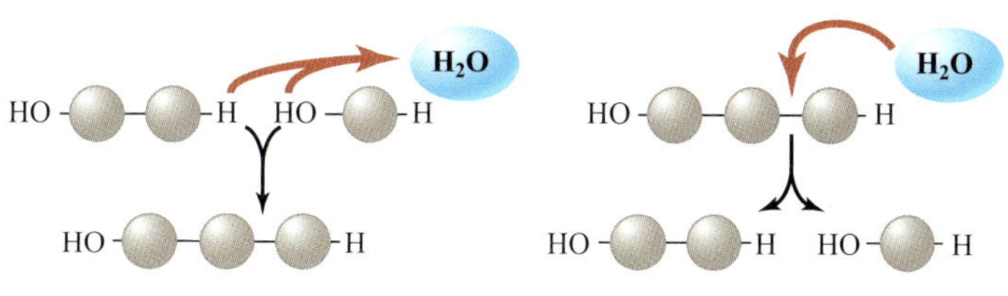

a. 탈수반응 ***b.*** 가수분해반응

그림 2.5 거대분자의 생성과 분해.
a. 생체 거대분자들은 탈수반응을 통해 각 단량체들이 서로 결합된 중합체이다. 이 과정에서 결합이 형성될 때마다 하나의 물 분자가 방출된다. ***b.*** 단량체들 사이의 결합 절단은 탈수반응에 의한 물 분자의 방출과 반대되는 가수분해 반응과 관련이 있다.

핵심 요약 2.1

유기분자들의 화학적 특성 차이는 작용기로 설명된다. 이성질체는 실험식은 동일하나 구조가 서로 다르며, 이들 차이는 생체 기능에 영향을 준다. 거대분자는 탈수반응에 의해 연결되거나 가수분해반응에 의해 분해될 수 있는 비슷한 단량체들로 이루어진 긴 사슬의 중합체이다.

■ 탈수반응과 가수분해반응은 어떤 관계일까?

2.2 탄수화물: 에너지 저장과 구조적 분자

학습 목표

1. 3개에서 6개의 탄소를 가지는 당의 구조를 설명할 수 있다.
2. 다당류의 구조와 기능의 관계를 이해할 수 있다.

단당류는 가장 단순한 탄수화물이다

탄수화물(carbohydrate)은 탄소, 수소, 그리고 산소의 몰 비가 1:2:1로 이루어져 있는 분자들로 폭넓게 정의한다. 이들의 구조식은 $(CH_2O)_n$으로 나타내며 n은 탄소 원자의 수를 의미한다. C—H 결합이 산화가 일어나면 에너지가 방출되기 때문에 탄수화물은 에너지 저장에 매우 적절하다. 가장 중요한 에너지 저장 분자들 중 당은 여러 형태로 존재한다.

가장 단순한 탄수화물은 **단당류**(monosaccharides)이다. 이들은 최소 3개의 탄소 원자를 가지지만 에너지 저장에 중요한 역할을 하는 당들은 6개의 탄소를 가진다(**그림 2.6**). 6개의 탄소로 이루어진 구조식은 아래와 같이 표현된다.

$$C_6H_{12}O_6 \quad 또는 \quad (CH_2O)_6$$

6개의 탄소로 이루어진 당은 곧은 사슬 형태로 존재할 수 있지만, 물에 용해되면 거의 대부분이 고리 형태를 가진다.

에너지 저장에서 가장 중요한 6개의 탄소로 이루어진 단당류는 포도당이다. 포도당은 7개의 에너지 저장할 수 있는 C—H 결합을 가진다(**그림 2.7**). 고리가 닫혀 있을 때 카보닐기(C=O)의 배열에 의해 포도당은 2가지 다른 형태인 알파(α) 또는 베타(β)로 존재할 수 있다.

당은 이성질체를 가진다

포도당은 $C_6H_{12}O_6$ 구조식을 가지고 있는 유일한 당은 아니다. 자연계에서 6개의 탄소 골격은 구조이성질체와 입체이성질체를 모두 가질 수 있다. 과당(fructose)은 카보닐기(C=O)의 위치가 다른, 포도당의 구조이성질체이고, 갈락토스(galactose)는 고리에서 —OH와 —H기의 위치가 다른, 포도당의 입체이성질체이다(**그림 2.8**). 이처럼 두 이성질체의 차이는 상당한 기능적 차이로 설명할 수 있는데, 두 당이 동일한 화학 조성을 가지고 있음에도 불구하고 과당은 포도당보다 더 달아 미각으로 그들을 구별할 수 있다. 효소는 6개의 탄소 골격의 구조이성질체와 입체이성질체를 모두 구별하여 작용한다. 포도당의 입체이성질체는 단량체인 포도당을 이용하여 만들어진 중합체에서 매우 중요한 역할을 한다.

2당류는 식물의 수송 분자이고, 동물의 영양 공급원이다

대부분의 생물체는 몸 안에서 당을 수송한다. 인간의 경우, 간단한 단당류인 포도당이 혈액을 통해 수송되지만, 식물과 대부분의 다른 생물체들은 포도당을 체내 이곳저곳으로 수송하기 위해서 수송 형태로 전환해야 한다. 이러한 포도당의 수송 형태로의 전환은 수송 과정에서 포도당의 대사 작용이 쉽게 일어나지 않도록 한다.

당의 수송 형태는 주로 2개의 단당류가 연결된 **2당류**(diaccharides)이다. 생물체에서 흔히 포도당을 기질로 사용하는 효소는 2개의 단당류가 연결된 결합을 끊을 수 없기 때문에 2당류는 포도당의 효과적인 저장소로서 역할을 한다. 2당류를 분해할 수 있는 효소는 일반적으로 포도당을 사용하는 조직에만 존재한다.

2당류의 수송 형태는 어떤 단당류로 연결되어 있는지에 따라 결정된다. 포도당의 수송 형태는 포도당 스스로 연결되어 2당류를 형성하거나 다른 단당류인 과당 또는 갈락토스와 연결되어 2당류를 형성한다. 포도당이 구조적 이성질체인 과당과 연결되면 2당류인 **설탕**

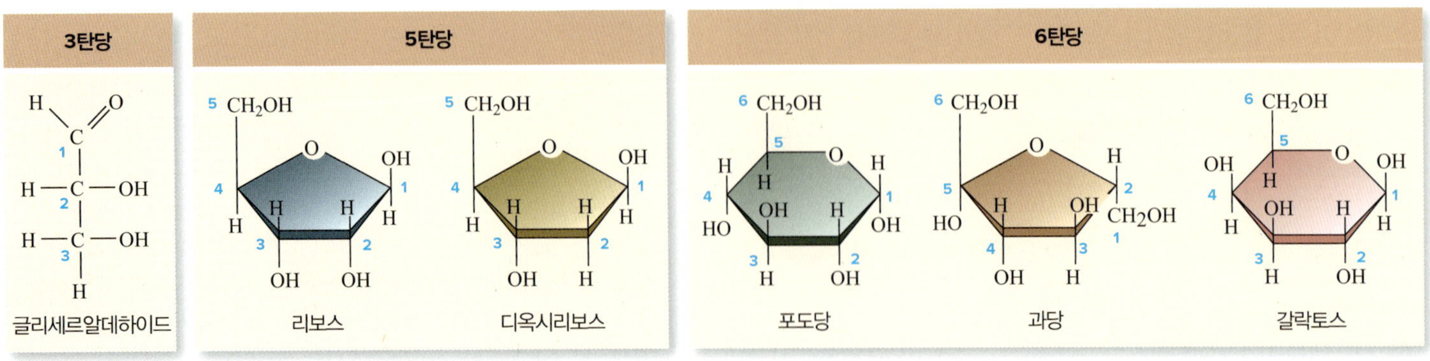

그림 2.6 단당류.
단당류 또는 당은 최소 3개의 탄소 원자를 가지며 더 큰 분자를 형성하기 위한 구성 단위체(building blocks)로 흔히 사용된다. 핵산은 5개 탄소로 이루어진 당인 리보스와 디옥시리보스로 구성되어 있다. 더 산화된 말단에서부터 각 탄소의 번호(파란색)를 붙인다.

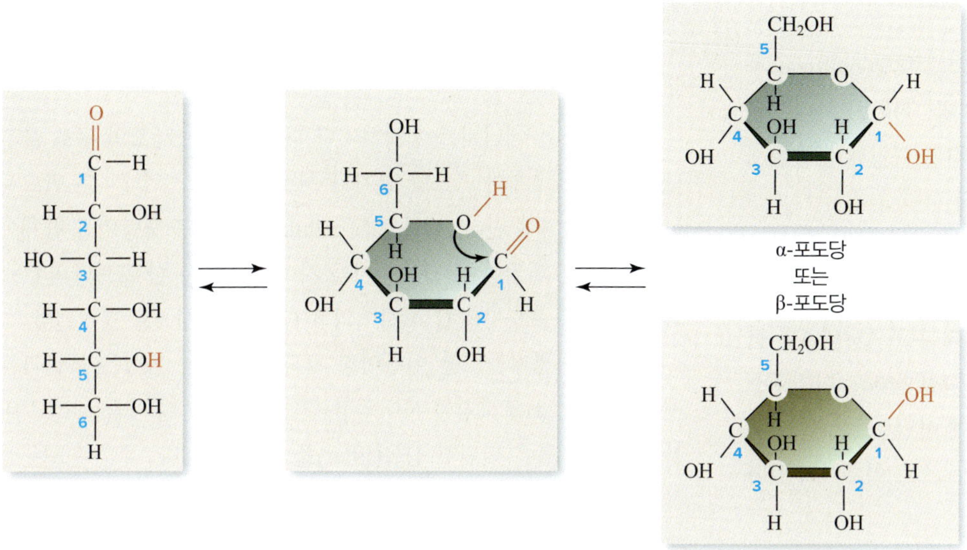

그림 2.7 포도당 분자의 구조.
포도당은 선형의 6개의 탄소를 가지는 분자로 용액에서 고리 구조를 형성한다. 고리 형성 과정에서 α-포도당과 β-포도당이 생성되는데, 이들은 1번 탄소에 결합된 −OH의 위치가 서로 다르다. 고리 구조는 여러 방식으로 나타낼 수 있는데 여기에서는 가장 흔한 방식으로 탄소에 번호를 표시하여 2종류의 포도당을 쉽게 비교할 수 있다. 고리 구조의 두꺼운 선은 지면에서 앞으로 돌출된 부분을 나타낸다.

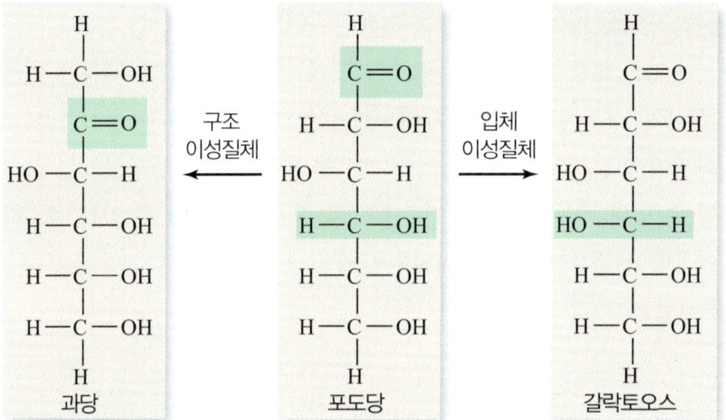

그림 2.8 이성질체와 입체이성질체.
포도당, 과당, 그리고 갈락토스는 분자식이 $C_6H_{12}O_6$로 동일한 이성질체이다. 과당과 포도당은 구조적 이성질체로 동일한 화학기(chemical group)들이 서로 다른 탄소에 부착되어 있다. 이로 인해 과당은 용액에서 5개의 탄소 원자를 가지는 고리가 형성된다(**그림 2.6**). 갈락토스와 같은 입체이성질체는 동일한 탄소에 같은 화학기가 결합되어 있지만 4번 탄소에 위치한 −OH기의 방향이 다르다.

(sucrose)이 된다(**그림 2.9***a*). 설탕은 대부분의 식물이 포도당을 수송하는 형태이거나 인간과 다른 동물들이 섭취하는 당이다. 사탕수수와 사탕무는 설탕이 풍부하다.

포도당이 입체이성질체인 갈락토스와 연결되면 2당체인 **젖당**(lactose) 또는 유당이 된다. 대부분의 포유동물은 젖당의 형태로 자식들에게 에너지를 공급한다. 성인은 젖당을 2개의 단당류 화합물로 분해하는 젖당분해효소(lactase)가 줄어들어 젖당 대사 작용을 효과적으로 할 수 없다. 이로 인해 인간은 젖당 소화장애증(lactose intolerance)이 생긴다. 젖당으로 전달되는 대부분의 에너지는 자손들을 위한 것이다. 이런 이유로 포유동물에서 젖당은 자손들을 위한 주된 에너지원이 된다.

다당류는 에너지 저장과 구조적 성분을 제공한다

다당류(polysaccharide)는 단당류들 사이의 탈수반응을 통해 연결된 긴 중합체이다. 저장 다당류인 **녹말**(starch)은 주로 α-포도당 분자가 긴 사슬로 연결되어 있으나, 구조 다당류인 **셀룰로스**(cellulose)는 β-포도당 분자가 긴 사슬로 연결되어 있다. 녹말은 α-포도당에 의해 생성되므로 α-결합이라고 하고, 셀룰로스의 결합을 β-결합이라고 한다.

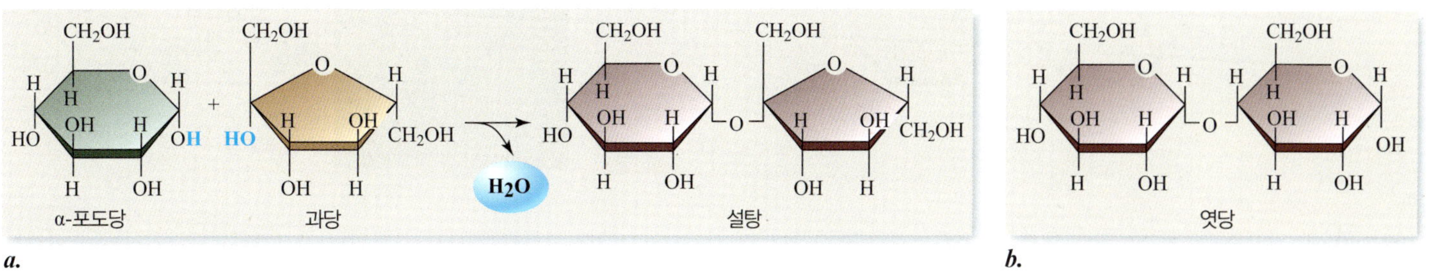

그림 2.9 2당류의 형성.
일부 2당류는 체내의 한 부분에서 다른 부분으로 포도당을 수송하기 위해 이용된다. 예를 들어, 설탕(***a***)은 사탕수수에서 발견된다. 다른 2당류인 엿당(***b***)은 곡류를 저장하기 위해 이용된다.

녹말과 글리코젠

생물체의 대사 에너지로 이용되는 단당류들은 **엿당**(maltose)과 같이 2당류로 전환하여 저장한다(**그림 2.9***b*). 이들 엿당들이 서로 연결되면 불용성 다당류인 **녹말**(starch)이 생성된다. 다당류는 중합체가 어떻게 분지(branch)되는지에 따라 달라진다.

가장 단순한 구조를 가지는 녹말은 **아밀로스**(amylose)이며, 이들은 수백 개의 α-포도당 분자들이 서로 연결되어 긴 사슬을 이룬다. 이때 각 연결은 한 포도당의 1번 탄소(C-1)와 다른 포도당의 4번 탄소(C-4) 사이의 α-(1 → 4)결합으로 형성된다(**그림 2.10***a*). 아밀로스의 긴 사슬은 물에서 꼬이는 경향이 있기 때문에 아밀로스는 물에 녹지 않는 특성을 가진다. 감자는 약 20%가 아밀로스로 이루어져 있다(**그림 2.10***b*).

대부분의 감자는 더 복잡한 아밀로스 변형체인 **아밀로펙틴**(amylopectin)으로 주로 이루어져 있으며 이들은 감자의 80%를 차지한다. 아밀로펙틴은 한 분자의 C-1과 다른 분자의 C-6 사이의 α-(1 → 6) 결합으로 형성된 가지를 포함하는 분지성 다당류이다. 아밀로펙틴의 짧은 가지는 20~30개의 포도당으로 이루어져 있다(**그림 2.10***b*).

동물에서 녹말과 상응하는 분자는 **글리코젠**(glycogen)이다. 아밀로펙틴과 같이 글리코젠은 아밀로스 사슬이 분지된 불용성 다당류이다. 글리코젠은 식물의 녹말보다 평균 사슬 길이가 더 길고 더 많은 가지를 가진다(**그림 2.10***c*).

셀룰로스

일부 당류는 에너지를 저장하지만 다른 당류는 세포의 구조 물질로 사용된다. 2개의 포도당 분자가 서로 연결되기 위해서는 반드시 동일한 형태여야 한다. **셀룰로스**(cellulose)는 β-포도당의 중합체이다(**그림 2.11**). 인접한 포도당 분자들 사이의 결합은 한 포도당의 C-1과 바로 다음 포도당의 C-4 사이의 β-(1 → 4)결합으로 형성된다.

β-포도당 분자들로만 이루어진 포도당 사슬의 특성은 녹말과는 매우 다르다. β-포도당들 사이의 β-결합으로 형성된 사슬은 길고 비분지이며, 이들은 단단한 섬유(fiber)를 만들 수 있다. 셀룰로스는 식물의 세포벽을 이루는 주요 성분이며(**그림 2.11***b*), 아밀로스와 화학적으로 유사하지만 한 가지 중요한 차이점이 있다. 예를 들어, 대부분의 생물체는 녹말을 가수분해하는 효소로 α-결합만을 인지하므로 β-포도당들 사이의 β-결합을 분해할 수 없다.

대부분의 동물들은 셀룰로스를 쉽게 분해할 수 없기 때문에 이들은 생체 구조 물질로 이용된다. 그러나 소와 같은 일부 동물들은 소화관에 있는 공생박테리아와 원생생물의 도움으로 셀룰로스를 분해할 수 있다. 이들 생물체는 β-(1 → 4)결합을 분해할 수 있는 효소를 이용하여 풍부한 양의 에너지원인 포도당을 생성한다.

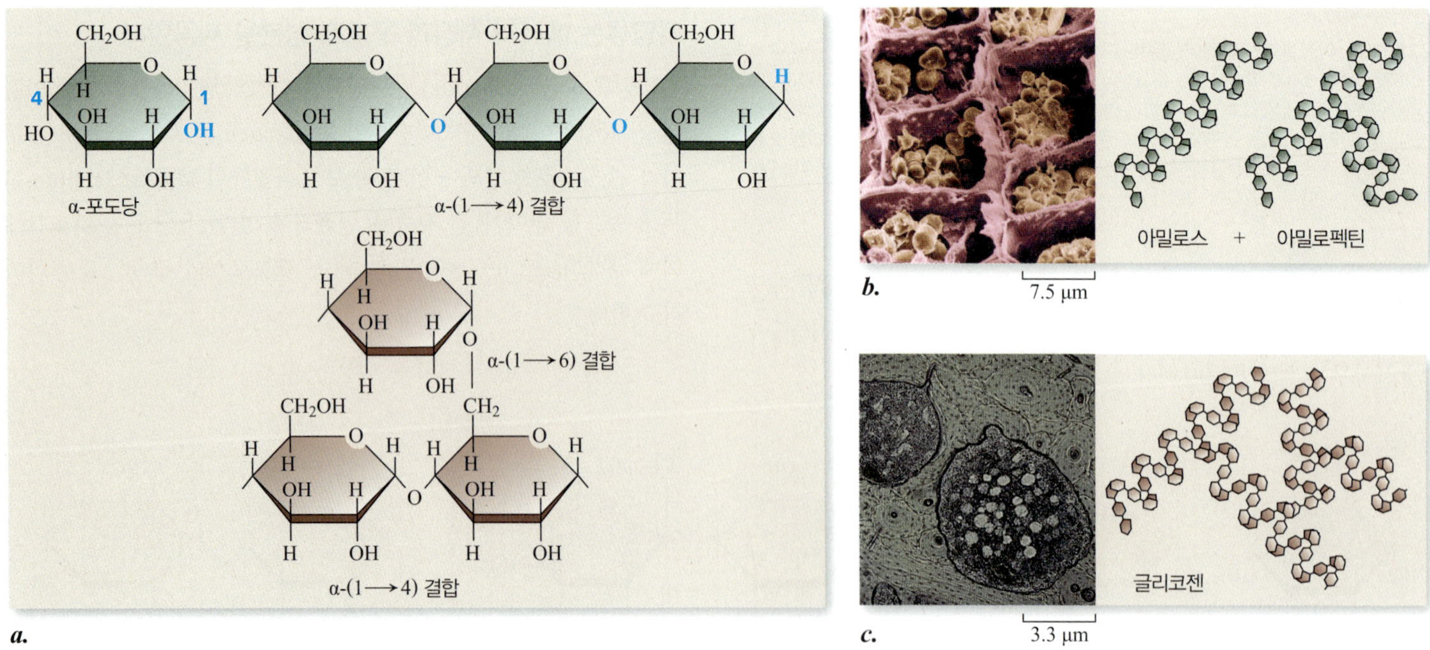

그림 2.10 포도당의 중합체: 녹말과 글리코젠.
a. 녹말 사슬은 α-포도당이 α-(1 → 4)글리코시드 결합에 의해 연결된 중합체이다. 이러한 사슬은 α-(1 → 6)글리코시드 결합에 의해 분지될 수 있으며, 분지되는 정도에 따라 중합체의 에너지 저장이 달라진다. ***b.*** 식물에서 발견되는 녹말은 선형의 아밀로스와 분지형의 아밀로펙틴으로 이루어져 있다. 따라서 식물 세포에서 분지형 녹말은 물에 녹지 않아 녹말 과립으로 존재한다. ***c.*** 동물 세포에서 발견되는 글리코젠은 매우 분지되어 있어 물에 녹지 않는다.

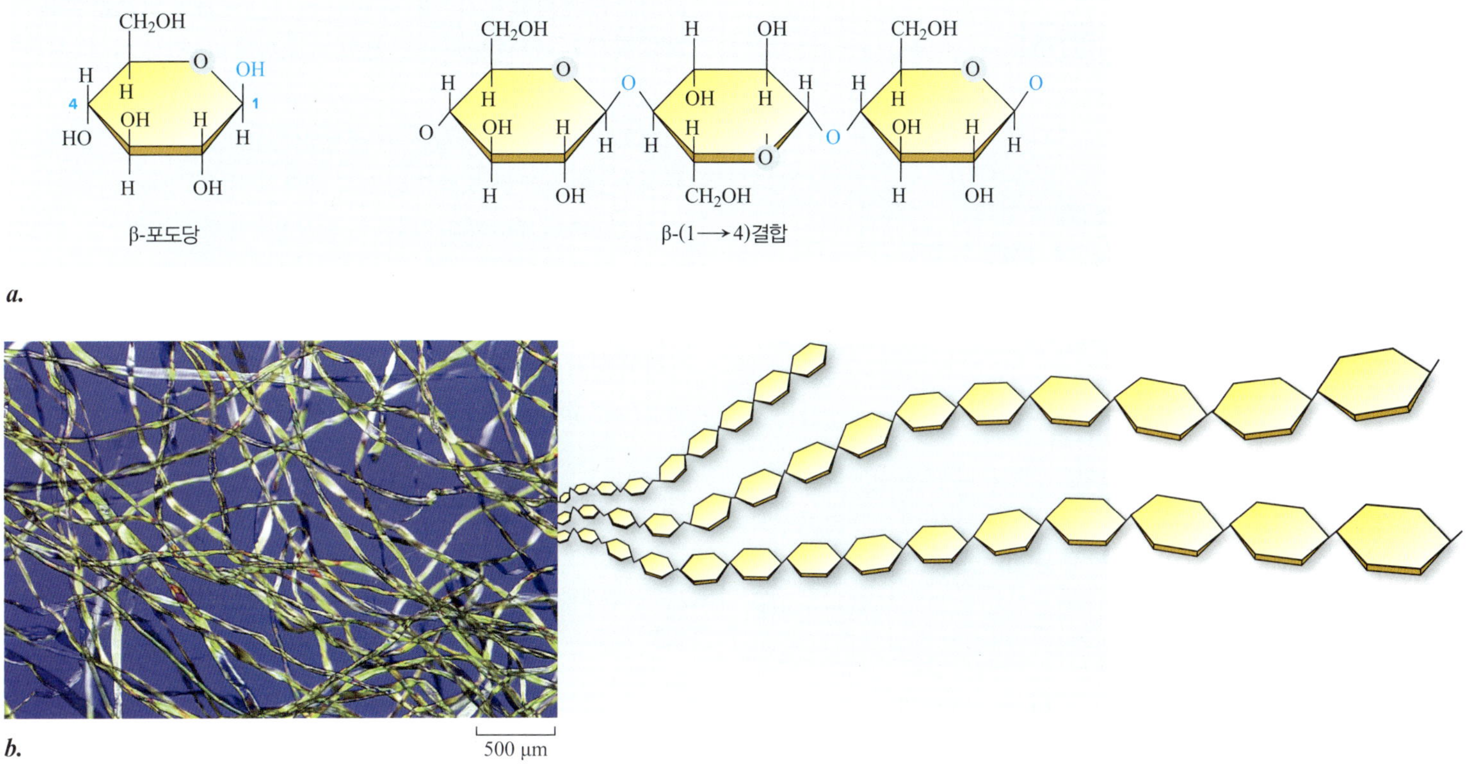

그림 2.11 포도당의 중합체: 셀룰로스.
녹말 사슬은 α-포도당으로 이루어져 있지만 셀룰로스는 β-포도당으로 이루어져 있다. ***a.*** 셀룰로스의 인접한 포도당 분자들은 β-(1 → 4)글리코시드 결합으로 연결되어 있다. ***b.*** 셀룰로스는 선형의 긴 섬유를 형성하며, 이들은 매우 강하고 대사과정에서 잘 분해되지 않으므로 좋은 건축자재가 된다.

키틴

키틴(chitin)은 절지동물과 균류에서 발견되는 구조 물질로 질소가 포함된 포도당 변형체인 *N*-아세틸글루코사민(N-acetylglucosamine)의 중합체이다. 키틴이 단백질에 의해 교차 결합되면 질기고 강한 물질이 생성되는데, 이들은 곤충과 갑각류의 단단한 외골격의 역할을 한다(**그림 2.12**). 키틴을 소화할 수 있는 생물체는 거의 없지만 대부분의 생물체는 균류로부터 자신을 보호하기 위해 키틴 분해효소를 가지고 있다.

그림 2.12 키틴.
키틴은 가재와 같은 많은 무척추동물의 외골격을 이루는 주요 구조 물질이다.

핵심 요약 2.2

단당류는 3개에서 6개 또는 그 이상의 탄소 원자를 포함하며 이들은 주로 고리형을 가진다. 2당류는 2개의 단당류들이 서로 연결되어 생성되고, 다당류는 단당류들로 이루어진 긴 사슬이다. 당의 이성질체들 사이의 구조 차이는 기능 차이를 야기한다. 녹말은 α-포도당의 분지된 중합체로 에너지 저장에 이용된다. 식물의 셀룰로스는 쉽게 소화되지 않는 β-포도당의 비분지된 사슬로 이루어져 있다.

- 녹말, 글리코젠, 그리고 셀룰로스의 구조는 그들의 기능에 어떻게 영향을 줄까?

2.3 핵산: 정보 분자

학습 목표

1. 뉴클레오타이드의 구조를 설명할 수 있다.
2. DNA와 RNA의 구조를 비교하여 설명할 수 있다.
3. DNA와 RNA의 기능을 설명할 수 있다.
4. 에너지 대사에 작용하는 다른 뉴클레오타이드에 관해 설명할 수 있다.

세포의 생화학 활성은 특정 서열을 가지는 수많은 단백질의 합성에 좌우된다. 단백질은 그 자체로 유전되지는 않지만 그들을 합성하기 위해 필요한 유전정보는 세대를 거쳐 전달된다.

세포 내에서 핵산은 유전정보를 다루는데, 이것은 디스크가 컴퓨터의 정보를 저장하거나 자동차의 GPS 시스템이 운전자에게 필요한 정보를 제시하는 것과 같다. 핵산은 **디옥시리보핵산**(deoxyribonucleic acid, DNA; **그림 2.13**)과 **리보핵산**(ribonucleic acid, RNA)으로 나뉜다.

유전정보는 DNA에 저장하고, DNA가 복제되어 짧은 수명을 가지는 RNA가 만들어지고, RNA는 유전자 발현 과정에서 직접적으로 단백질 합성에 이용된다(13장 참조). 거대분자들 중에 특이하게도 핵산은 정확하게 자신을 복제할 수 있는 주형의 역할을 한다. 이러한 특성은 세포분열과 생물체 번식 동안에 유전정보가 잘 보존될 수 있다.

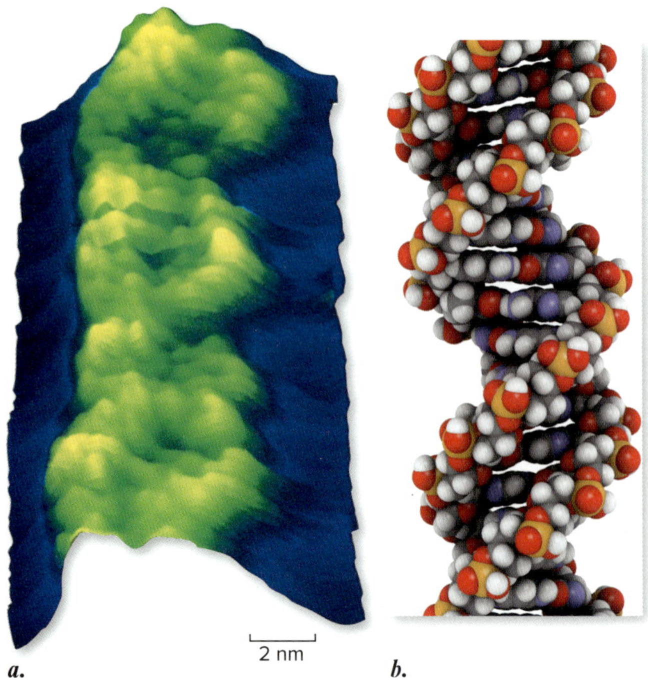

그림 2.13 DNA 이미지.
a. DNA의 주사터널링현미경 사진(2,000,000×)은 약 3번 회전된 DNA 2중나선을 나타낸다. *b.* DNA의 공간채움모형.

세포에서 RNA의 역할은 더 복잡하다. RNA는 단백질 합성을 위한 세포소기관의 한 부분이며, 최근 연구에 의하면 RNA는 유전자의 발현 조절에도 관여한다. RNA는 유전정보 전달자로서 전사에 의해 단일가닥으로 복제된 DNA 서열을 가지는데, 이들 RNA를 **전령** RNA(messenger RNA, mRNA)라고 한다. 이때 전사는 단백질의 아미노산 서열을 구체적으로 명시한 청사진의 역할을 한다. 이러한 과정은 13장에서 자세하게 설명되어 있다.

핵산은 뉴클레오타이드의 중합체이다

핵산은 **뉴클레오타이드**(nucleotide)라고 불리는 단량체들이 반복된 긴 중합체이다. 뉴클레오타이드는 당(5탄당), 인산기($-PO_4^-$), 질소가 포함된 염기로 구성되어 있다. DNA의 당은 디옥시리보스이고 RNA의 당은 리보스이다(**그림 2.14**). 한 뉴클레오타이드의 인산기는 다른 뉴클레오타이드의 당에 있는 하이드록실기와 축합반응으로 **폴리뉴클레오타이드**(polynucleotides)를 형성한다. 이처럼 2개의 당이 1개의 인산기로 연결된 결합을 인산디에스터 결합(phosphodiester bond)이라고 부른다. 따라서 **핵산**(nucleic acid)은 질소를 포함한 염기를 가지는 5탄당이 서로 인산디에스터 결합으로 연결된 사슬 구조이다(**그림 2.15***a*). 뉴클레오타이드의 중합체인 긴 사슬의 핵산은 한쪽 끝은 인산기를, 다른 쪽 끝은 당의 $-OH$를 가진다. 편의상 당의 탄소 번호에 따라 5′(5말단, $-PO_4^-$)과 3′(3말단, $-OH$)이라고 한다(**그림 2.15***a*).

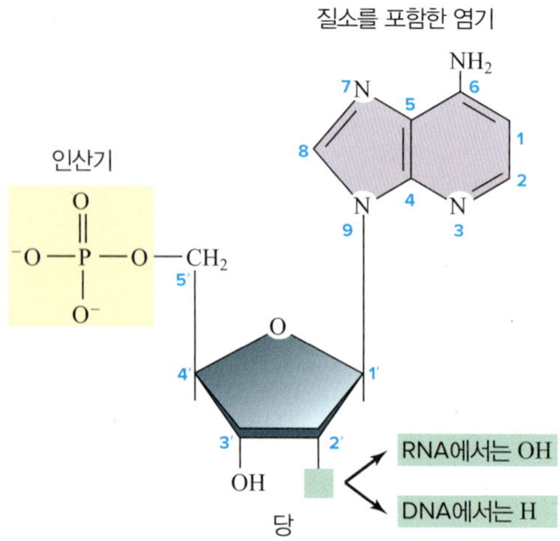

그림 2.14 뉴클레오타이드의 구조.
DNA와 RNA의 뉴클레오타이드는 3가지 요소로 이루어져 있다. 5개의 탄소를 가지는 당(리보스 또는 디옥시리보스), 질소를 포함한 염기(이 그림에서는 아데닌을 나타냄), 그리고 인산기이다. 당의 탄소 번호를 염기 고리의 번호와 구분하기 위하여 모두 프라임(1′, 2′ 등)으로 표시하였다.

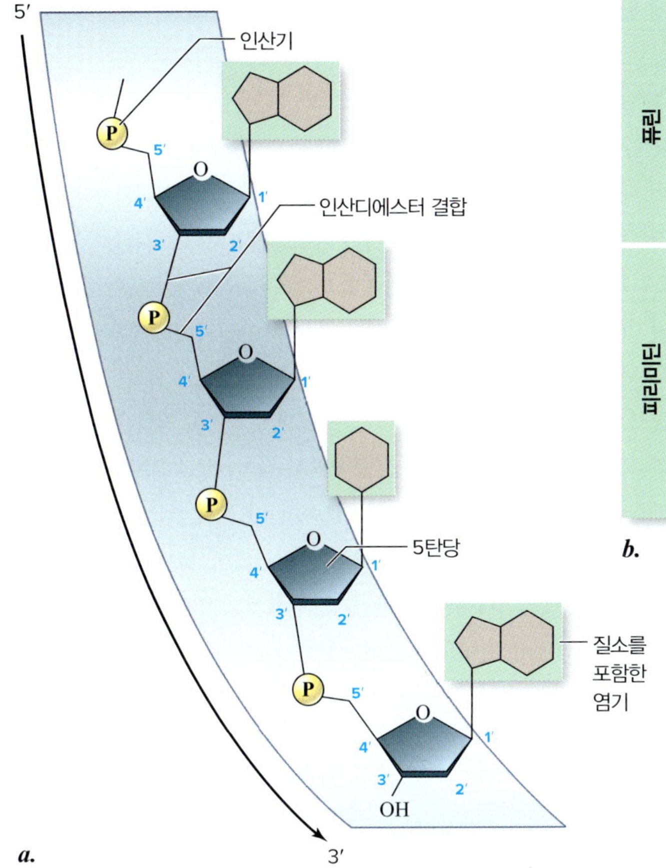

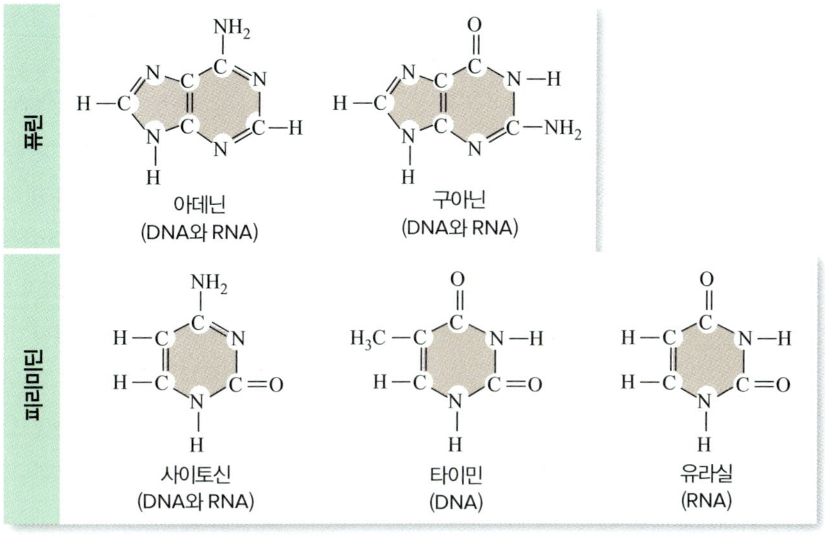

그림 2.15 핵산과 염기의 구조.
a. 핵산의 뉴클레오타이드들은 한 뉴클레오타이드의 인산기와 다음 뉴클레오타이드의 당이 서로 인산디에스터 결합으로 연결되어 있으며, 이를 당-인산 골격이라고 부른다. 이 골격에서 염기는 돌출되어 있고 양 끝 말단은 5′ 인산기 말단과 3′ 하이드록실기 말단(파란색 숫자는 당의 번호에서 유래)을 가진다. ***b.*** 질소를 포함하는 염기는 퓨린 또는 피리미딘이 있으며, 타이민은 DNA에서 발견되고 유라실은 RNA에서 발견된다.

뉴클레오타이드는 5종류의 질소가 포함된 염기들을 가진다(**그림 2.15***b*). 이들 중 2종류는 크기가 크고 2개의 고리를 가지는 분자로 이들을 **퓨린**(purine)이라고 부르며, 이들 염기로는 DNA와 RNA에서 모두 발견되는 아데닌(adenine, A)과 구아닌(guanine, G)이 있다. 다른 3종류의 염기들은 1개의 고리를 가지는 분자로 이들을 **피리미딘**(pyrimidine)이라고 부르며, 이들 염기들은 DNA와 RNA에서 모두 발견되는 사이토신(cytosine, C), DNA에서만 발견되는 타이민(thymine, T), RNA에서만 발견되는 유라실(uracil, U)이 있다.

DNA는 유전정보를 저장한다

생물체는 단백질의 아미노산 서열에 대한 정확한 정보를 암호화하기 위해 DNA의 뉴클레오타이드 서열을 이용한다. 이러한 정보의 암호화 방법은 문장에서 정보를 암호화하는 문자의 배열 방식과 매우 유사하다. 영어 문장은 26개의 서로 다른 문자들의 조합이 특정 순서로 나열된 것이다. DNA 분자의 암호는 CGCTTACG와 같은 4종류의 뉴클레오타이드들이 서로 다르게 조합된 특정 서열들로 이루어져 있다.

진핵생물에서 DNA 분자는 2개의 긴 선형의 폴리뉴클레오타이드 사슬이 서로 감겨 있는 구조이고, 원핵생물에서 DNA 분자는 주로

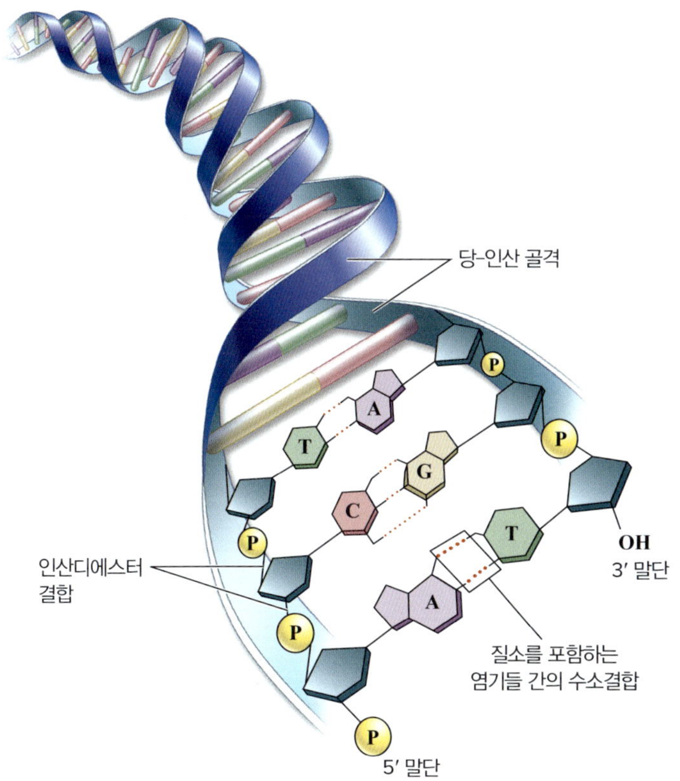

그림 2.16 DNA 구조.
DNA는 하나의 나선 축을 따라 서로 반대 방향으로 감고 있는 2개의 폴리뉴클레오타이드 사슬을 가진다. 질소를 포함하는 염기들 사이는 수소결합(점선)으로 연결되어 있는데, 이를 염기쌍 결합이라고 부른다. 이로 인해 2개의 DNA 사슬은 서로 결합하여 2중나선을 형성한다.

원형 구조이다. DNA 중합체의 두 가닥들은 나선형 계단의 안쪽과 바깥쪽 난간들처럼 서로 감겨 있다. 이와 같이 두 사슬이 나선을 이룰 때 이를 **2중나선**(double helix)이라고 부른다. DNA의 나선 계단의 각 층은 염기쌍으로 이루어져 있다. 염기쌍은 한 사슬의 염기가 마주 보고 있는 다른 사슬의 염기와 수소결합에 의해 연결되어 있다(**그림 2.16**).

염기쌍 법칙은 염기들 사이의 가장 안정된 수소결합 배열에 의해 일어난다. 아데닌은 DNA의 타이민과 염기쌍을 이루거나 RNA의 유라실과 염기쌍을 이루고, 사이토신은 구아닌과 염기쌍을 이룬다. 염기쌍을 이루는 염기들을 서로에 대해 **상보적**(complementary)이라고 부른다. DNA 구조와 단백질 합성에서 DNA가 어떻게 RNA와 상호작용하는지에 대한 추가적인 세부사항은 12장과 13장을 참조한다.

진핵생물에서 DNA는 단백질과 결합하여 염색체라고 불리는 구조를 생성한다. 이들 염색체는 고차원적인 구조로 유전자의 발현 조절에 관련된 DNA 기능에 영향을 준다(14장 참조).

RNA는 세포에서 많은 역할을 한다

RNA는 DNA와 비슷하지만 2가지 주요 화학적 차이점을 가진다. 첫 번째, RNA 분자는 C-2에 하이드록실기가 결합된 리보스 당을 가진다(DNA에서는 하이드록실기가 수소 원자로 대체됨). 두 번째, RNA 분자는 타이민 대신 유라실을 이용한다. 유라실은 탄소 원자에 메틸기($-CH_3$)가 없다는 점을 제외하고 타이민과 비슷한 구조이다.

RNA는 DNA으로부터 전사에 의해 생성되는데 이들은 항상 단일가닥으로 이루어져 있다(**그림 2.17**). 세포에서 RNA 역할은 굉장히 다양하다. 유전정보를 전달하는 **전령 RNA**(messenger RNA, mRNA), 리보솜을 구성하는 **리보솜** RNA(ribosomal RNA, rRNA), 아미노산을 전달하는 **운반 RNA**(transfer RNA, tRNA)가 있다. RNA는 효소처럼 기능을 가지거나 유전자의 발현 조절에 관여하는 여러 다른 형태의 RNA들이 규명되어 최근 RNA에 대한 새로운 인식의 큰 변화가 일어나고 있다(14장에서 더 자세하게 설명한다.).

다른 형태의 핵산들은 에너지 반응의 필수 성분이다

뉴클레오타이드는 세포에서 다양한 역할을 한다. 예를 들어, **아데노신 3인산**(adenosine triphosphate, ATP; **그림 2.18**)은 세포의 에너지 단위라고 부른다. 세포는 음식물 분자에 의해 생성된 ATP가 분해되면서 방출된 에너지를 사용한다. 우리가 사회에서 화폐를 사용하듯이 세포는 다양한 상호작용 과정에서 ATP를 가수분해하여 방출된 에너지를 사용한다. ATP 가수분해로 생성된 에너지는 열역학적으로 불리한 화학반응을 촉진시키거나 세포막을 가로지는 수송과 세포 이동에 사용된다.

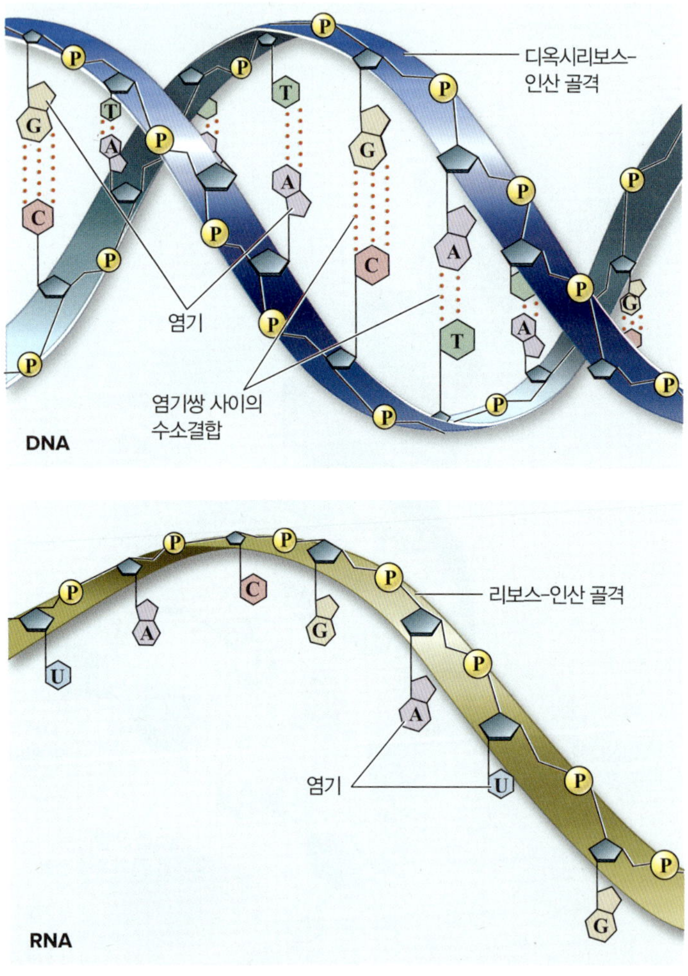

그림 2.17 DNA와 RNA 비교.
DNA는 2중나선 구조를 형성하며, 당-인산 골격에서 당은 디옥시리보스를 이용하고 질소를 포함하는 염기들 중에 타이민을 이용한다. RNA는 일반적으로 단일가닥이며, 당-인산 골격에서 당은 리보스를 이용하고 염기는 타이민 대신 유라실을 이용한다.

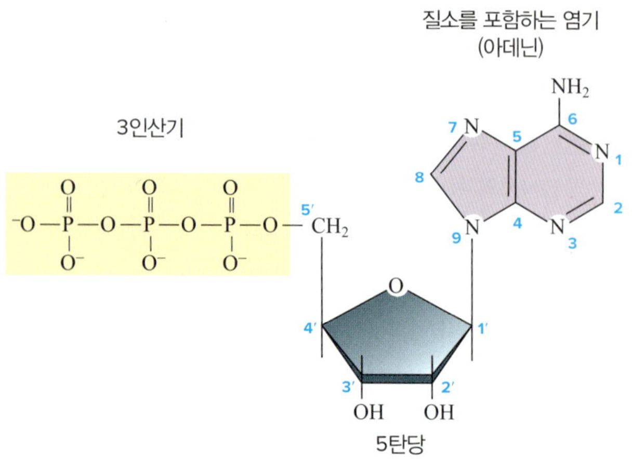

그림 2.18 ATP.
아데노신 3인산(ATP)은 아데닌, 5탄당, 그리고 3인산기로 이루어져 있다.

뉴클레오타이드가 포함된 2개의 다른 중요한 분자로는 **니코틴아미드 아데닌 디뉴클레오타이드**(nicotinamide adenine dinucleotide, NAD^+)와 **플라빈 아데닌 디뉴클레오타이드**(flavin adenine dinucleotide, FAD)가 있다. 이들 분자들은 다양한 세포내 과정에서 전자 전달체로서 작용한다. 이들 분자들의 활동은 광합성과 세포호흡을 다룰 때 보다 더 자세히 이해할 수 있을 것이다(5, 6장 참조).

핵심 요약 2.3

핵산은 인산과 돌출된 염기가 포함된 5탄당이 서로 반복된 긴 사슬의 중합체이다. DNA의 5탄당은 디옥시리보스이고, RNA의 5탄당은 리보스이다. RNA는 타이민 대신에 유라실 염기를 포함한다. DNA는 뉴클레오타이드 염기의 특정 서열로 유전정보를 저장할 수 있는 2중 가닥의 나선이다. 세포에서 RNA는 DNA로부터 유전정보를 전달하거나 리보솜의 일부를 형성할 수 있는 다양한 역할을 가진다.

- RNA 분자가 DNA 가닥으로부터 복사된다면 RNA와 각 DNA 가닥의 염기서열 사이의 관계는 어떻게 될까?

2.4 단백질: 다양한 구조와 기능을 가지는 분자

학습 목표

1. 단백질 구조에 대해 설명할 수 있다.
2. 모티프와 도메인이 단백질 구조에 어떻게 기여하는지 설명할 수 있다.
3. 아미노산 서열과 그들의 3차원적 구조의 관계를 설명할 수 있다.

단백질은 화학적이고 기능적으로 가장 다양한 생체 거대분자이다. 단백질은 세포에서 매우 다양한 기능을 하므로 그 기능을 모두 다 열거할 수 없지만, 다음과 같이 7개의 범주에서 단백질의 기능을 정리할 수 있다. 이들 범주는 생물학의 주된 내용과 관련된 단백질 기능을 요약한 것이다.

1. **효소 촉매작용**: 효소는 특정 화학반응을 용이하게 하는 생물학적 촉매이다. 따라서 효소의 출현은 생물의 진화에서 가장 중요한 사건들 중 하나이다. 대부분의 효소는 기질과 안정적으로 결합하기 위해 3차원의 구형 단백질을 가진다. 이처럼 구형 단백질은 기질과 특정 화학결합의 화학반응을 용이하게 한다.
2. **방어**: 다른 구형 단백질들은 외부의 미생물과 암세포를 인식한다. 이들 구형 단백질의 세포-표면 수용체는 몸의 내분비와 면역계에서 중요한 역할을 한다.
3. **수송**: 여러 다양한 구형 단백질들은 작은 분자와 이온을 수송한다. 예를 들어, 수송단백질인 헤모글로빈은 혈액에서 산소를 수송하고 막 수송단백질은 이온과 분자가 세포막을 통과하는 데 도움을 준다.
4. **지지**: 단백질 섬유는 구조적 역할을 한다. 이들 섬유에는 머리카락의 케라틴, 혈액응고의 피브린, 그리고 콜라겐이 있다. 콜라겐은 척추동물 체내에서 가장 풍부한 단백질로 이들은 피부, 인대, 힘줄 그리고 뼈의 기질을 형성한다.
5. **운동**: 근육은 두 종류의 필라멘트 단백질인 액틴과 마이오신의 활주 운동으로 수축한다. 수축성 단백질은 세포골격과 세포내 물질 이동에서 중요한 역할을 한다.
6. **조절**: 호르몬은 작은 단백질로 동물에서 세포들 사이의 전달자로서 역할을 한다. 예를 들어, 단백질은 발생 과정에서 유전자의 발현과 억제에 많은 조절의 역할을 한다. 또한 단백질은 세포-표면 수용체로부터 세포 외부의 정보를 받는다.
7. **저장**: 칼슘과 철은 이온 형태로 저장 단백질에 결합하여 우리 몸에 저장된다.

표 2.2에는 우리 몸에서 수행되는 단백질의 기능과 용례를 요약하였다.

단백질은 아미노산의 중합체이다

단백질은 20가지 아미노산들로 이루어진 선형 중합체이다. **아미노산**(amino acid)은 이름에서 알 수 있듯이 아미노기($-NH_2$)와 산성의 카복실기($-COOH$)를 포함한다. 아미노산의 특정 배열은 단백질의 구조와 기능을 좌우한다. 많은 과학자들은 아미노산이 초기 지구에서 생성된 첫 번째 분자들 중 하나라고 믿는다. 지구의 역사 초기에 존재했던 해양에는 매우 다양한 아미노산들이 존재했을 것이라고 여겨지고 있다.

아미노산의 구조

아미노산의 일반적인 구조는 아래와 같이 중심 탄소 원자에 아미노기, 카복실기, 수소 원자, 그리고 R로 표기된 작용기가 결합되어 있다.

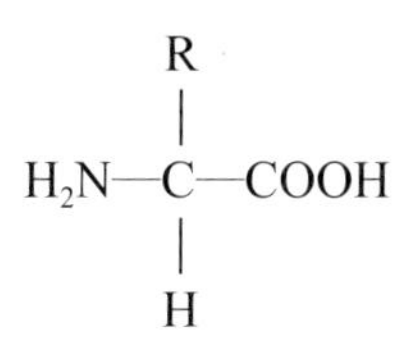

각 아미노산의 독특한 특성은 R기에 의해 결정된다. R기에 수소 원자를 가지는 글리신을 제외하고, 모든 아미노산은 키랄 분자로 2가지 입체이성질체인 D 또는 L 형태로 존재한다. 생물계의 단백질에서는 L-아미노산만 발견되고 D-아미노산은 극히 드물다.

R기는 아미노산의 화학적 성질을 결정한다. 세린은 $-CH_2OH$인 R기를 가지므로 극성 분자이다. 알라닌은 $-CH_3$인 기를 가지므로 무극성 분자이다. 20가지 아미노산은 R기에 따라 다음과 같이 화학적으로 5개의 그룹으로 구분할 수 있다.

1. 비극성 아미노산(예, 류신)의 R기는 $-CH_2$ 또는 $-CH_3$를 가진다.
2. 극성 비전하 아미노산(예, 트레오닌)의 R기는 산소 또는 $-OH$를 가진다.
3. 전하를 띠는 아미노산(예, 글루탐산)의 R기는 이온화될 수 있는 산성 또는 염기성을 가진다.
4. 방향족 아미노산(예, 페닐알라닌)의 R기는 단일결합과 2중결합이 번갈아가면서 나타나는 유기(탄소) 고리를 가진다.
5. 특수 기능을 가지는 아미노산은 독특한 성질을 가진다. 메싸이오닌은 주로 아미노산 사슬의 첫 번째 아미노산이고, 프롤린은 사슬의 꺾임을 야기하고, 시스테인은 두 사슬을 연결한다.

아미노산의 R기는 화학적 성질에 따라 단백질 구조에 서로 다른 영향을 준다. 예를 들어, 수많은 비극성 아미노산을 가지는 단백질 사슬 부위는 소수성배제에 의해 단백질 내부로 접히려고 하는 경향이 있다.

펩타이드결합

각 아미노산이 생리학적 pH에서 이온화되면 한쪽 끝은 양전하의

표 2.2 단백질의 기능

기능	단백질 종류	예	용례
효소 촉매	효소	글리코시데이스	다당류 절단
		프로테이스	단백질 분해
		중합효소	핵산 합성
		카이네이스	당과 단백질 인산화
방어	면역글로불린	항체	제거될 외래물질 표시
	독소	뱀독	신경기능 차단
	세포-표면 항원	MHC* 단백질	자기 인식
수송	순환형 수송체	헤모글로빈	혈액에서 O_2와 CO_2의 수송
		마이오글로빈	근육에서 O_2와 CO_2의 수송
		사이토크롬	전자전달
	막 수송체	소듐-포타슘 펌프	흥분성 막
		양성자 펌프	화학삼투
		포도당 수송체	세포내 포도당 수송
지지	섬유	콜라겐	연골형성
		케라틴	머리카락과 손톱
		피브린	혈액응고
운동	근육	액틴	근섬유 수축
		마이오신	근섬유 수축
조절	삼투 단백질	혈청 알부민	혈액 삼투압 유지
	유전자 조절자	*lac* 억제자	전사 조절
	호르몬	인슐린	혈당 조절
		바소프레신	신장의 물 재흡수
		옥시토신	자궁수축과 모유 생성의 조절
저장	이온결합	페리틴	비장에 철 저장
		카제인	우유에 이온 저장
		칼모듈린	칼슘 이온 결합

*MHC: 주조직적합성복합체(major histocompatibility complex)

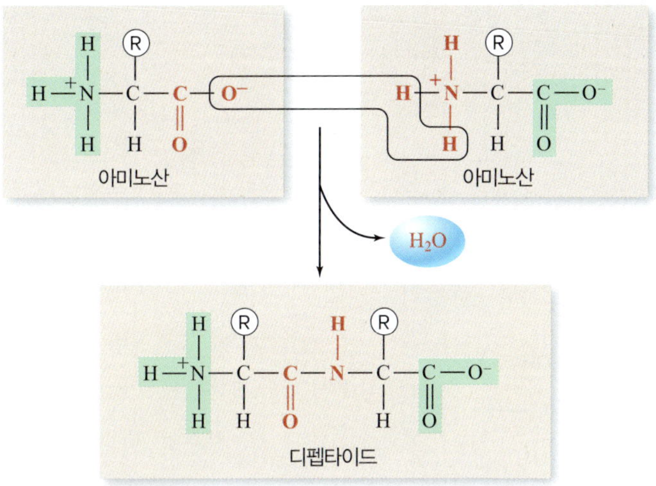

그림 2.19 펩타이드결합.
펩타이드결합은 아미노산의 아미노기 말단이 다른 아미노산의 카복실기 말단에 결합되어 형성된다. 이때 반응성 아미노기와 카복실기는 붉은색으로, 비반응성 아미노기와 카복실기는 초록색으로 표시하였다. 2개의 아미노산이 결합된 디펩타이드는 여전히 아미노기 말단과 카복실기 말단을 가지고 있다. 펩타이드결합은 부분적인 2중결합과 같은 특성으로 펩타이드 사슬은 자유롭게 회전할 수 없다.

아미노기(NH_3^+)와 다른 끝은 음전하의 카복실기(COO^-)를 가진다. 한 아미노산의 아미노기는 다른 아미노산의 카복실기와 축합반응을 통해 공유결합이 형성되는데, 이때의 공유결합을 **펩타이드결합**(peptide bond)이라고 부른다(**그림 2.19**). 펩타이드결합은 부분적으로 2중결합의 성격을 가지므로, 펩타이드결합에 의해 연결된 두 아미노산은 펩타이드결합의 N—C 결합을 자유롭게 회전할 수 없다. 이는 아미노산의 중심 탄소 원자에 결합된 N—C와 C—C 결합과는 다르다. 이와 같이 펩타이드결합의 회전 불가능은 아미노산 사슬에 의해 형성된 나선 형태와 다른 규칙적인 형태의 구조 특성을 결정한다.

단백질은 1개 이상의 긴 선형 사슬로 이루어져 있는데 이러한 사슬을 **폴리펩타이드**(polypeptide)라고 부르며, 이들은 펩타이드결합으로 연결된 아미노산들로 구성된다. **단백질**(protein)과 **폴리펩타이드**의 용어는 엄격하게 구분되지 않고 혼용해서 사용하는 경향이 있는데, 예를 들어 하나의 폴리펩타이드 사슬로만 이루어진 단백질에서 두 용어는 동일하다.

1950년대 초기 생거(Frederick Sanger)의 선구적인 업적은 각 단백질은 특정 아미노산 서열을 가진다는 사실을 처음으로 규명한 것이다. 생거는 연속적으로 아미노산을 제거하고 확인하는 화학적 방법을 이용하여 인슐린의 아미노산 서열을 성공적으로 분석하였다. 그렇게 함으로써 수용액에서 모든 인슐린 분자는 동일한 아미노산 서열을 가지고 있다는 것을 확인하였다. 자연계에서 다양한 아미노산들이 존재하지만, 단백질은 오직 20가지 아미노산에 의해 합성된다. 20가지 아미노산 중에서 8가지 아미노산은 인체에서 합성할 수 없고 반드시 음식을 통해서 얻을 수 있는데, 이러한 아미노산을 필수 아미노산이라고 부른다. **그림 2.20**에는 20가지 아미노산과 작용기를 나타냈다.

단백질 구조는 4단계로 구분된다

단백질의 형태는 기능을 결정된다. 단백질만큼 작은 물질의 형태를 연구하는 한 가지 방법은 X선과 같은 매우 짧은 파장의 에너지를 관찰하는 것이다. X선이 단백질 결정을 통과하면서 회절 패턴을 만드는데, 이 패턴을 분석하여 각 원자의 위치에 대한 3차원 상을 통해 단백질 구조를 확인할 수 있다. 이와 같은 과정으로 최초로 구조가 밝혀진 단백질은 마이오글로빈이며 뒤이어 헤모글로빈의 구조도 확인되었다.

더 많은 단백질들이 연구되면서 일반적인 원리가 규명되었는데, 모든 단백질 내부의 아미노산은 류신, 발린, 그리고 페닐알라닌과 같은 비극성을 가진다는 것이다. 물 분자는 비극성 분자를 소수성으로 배제하려는 경향으로 인해 아미노산 사슬의 비극성 부위를 단백질 내부로 밀어 넣는다(**그림 2.21**). 이로 인해 비극성 아미노산들은 서로 가깝게 근접하게 되어 단백질 내부에는 빈공간이 거의 없다. 극성과 전하를 띠는 아미노산들은 주요 기능적 역할을 하는 일부 아미노산을 제외하고 대부분 단백질 표면에 위치한다.

단백질 구조는 **1차**(primary), **2차**(secondary), **3차**(tertiary), 그리고 **4차**(quaternary)의 4단계로 구분된다(**그림 2.22**).

1차구조: 아미노산 서열

1차구조(primary structure)는 아미노산 서열이다. 아미노산을 구분하는 R기는 단백질의 펩타이드결합에 아무런 역할을 하지 않으므로 단백질은 어떠한 아미노산 서열로도 만들어질 수 있다. 따라서 20가지 아미노산은 모든 위치에 나열할 수 있으므로, 100개의 아미노산으로 20^{100}개의 서로 다른 아미노산 서열을 가지는 단백질을 만들 수 있다. 이러한 특성은 단백질의 엄청난 다양성을 부여하였다.

헤모글로빈 단백질은 혈액에서 산소 수송에 사용되는데, 그들은 2개의 α-글로빈 펩타이드 사슬과 2개의 β-글로빈 펩타이드 사슬로 이루어져 있다. α-글로빈 사슬은 β-글로빈 사슬과 아미노산 서열이 다르다. 더욱이, 이들 글로빈 중 어느 정상적인 아미노산 서열에서 하나의 아미노산만 바뀌더라도 단백질 기능에 중대한 영향을 준다.

2차구조: 수소결합 패턴

아미노산 작용기는 수소결합을 할 수 있는 단백질의 유일한 영역은 아니다. 아미노산이 반복적으로 이루어진 폴리펩타이드 골격에서 아미노기와 카복실기는 물 분자 또는 폴리펩타이드 골격의 다른 아

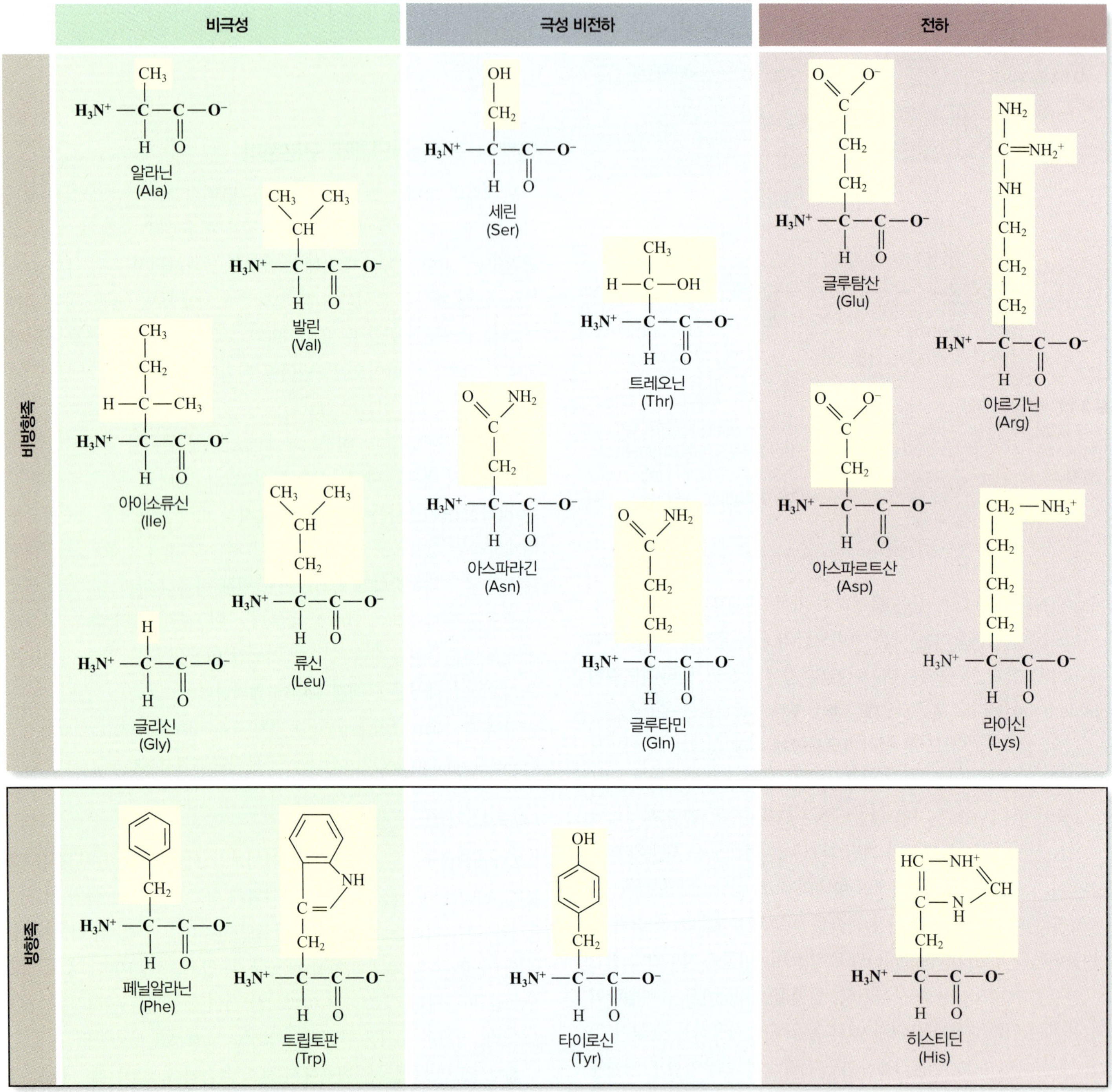

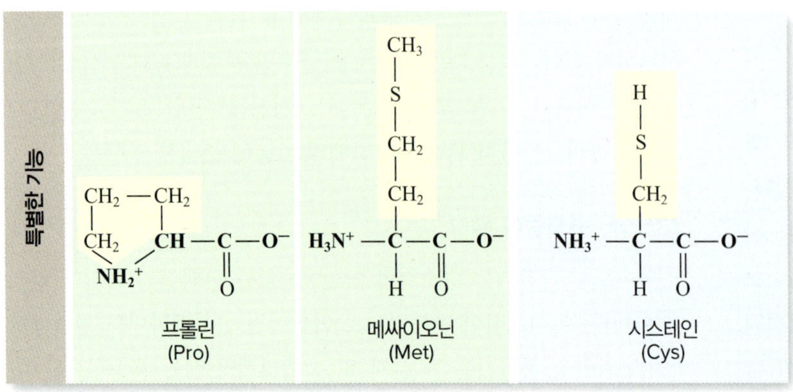

그림 2.20 20가지 아미노산.
아미노산들은 동일한 화학적 골격을 가지지만, 그들의 R기는 모두 다르다. 7가지 아미노산은 R기가 $-CH_2$ 또는 $-CH_3$를 가지므로 비극성이다. 이들 중 2가지 아미노산은 단일결합과 2중결합이 번갈아가면서 나타나는 고리 구조를 가지므로 방향족으로 분류된다. 다른 5가지 아미노산은 R기가 산소 또는 하이드록실기를 가지므로 극성이다. 그 외 다른 5가지 아미노산은 이온화되어 전하를 띤다. 남은 3가지 아미노산은 단백질 사슬 사이의 결합 또는 단백질의 구부러짐을 형성하는 데 도움을 주는 화학적 특성을 가진다.

미노산과 수소결합을 할 수 있다. 단백질에서 물 분자와 너무 많은 수소결합이 형성되면 단백질은 무작위 코일처럼 행동하여 흔한 구조인 구형을 가질 수 없다. 폴링(Linus Pauling)은 펩타이드가 나선형으로 꼬인다면 아미노기와 카복실기가 서로 결합할 수 있다고 제안하였고, 이를 **α 나선구조**(α helix)라고 부른다. 펩타이드 골격에서 아미노기와 카복실기의 규칙적인 상호작용을 **2차구조**(secondary structure)라고 한다. 2차구조의 또 다른 형태는 서로 나란히 배열된 펩타이드 사이에서 편평한 구조가 생성되는데, 이를 **β 병풍구조**(β sheet)라고 부른다. 이때 β 병풍구조는 인접한 펩타이드가 서로 같은 방향 또는 반대 방향으로 배열되는지에 따라 평행 또는 역평행을 가진다.

이러한 2가지 종류의 2차구조는 단백질의 원통형(α 나선)과 평면형(β sheet) 부분을 만든다. 단백질의 최종 구조는 각 형태의 2차구조를 포함한다. 예를 들어, DNA와 결합하는 단백질은 주로 α 나선구조 영역을 가지는데 이들 구조는 DNA를 가로질러서 DNA 염기와 직접적으로 결합할 수 있다. 포린 단백질은 β 병풍구조로 이루어져 있는데, 이들 β 병풍구조들은 세포막에 구멍을 형성하도록 배열된다. 마지막으로 헤모글로빈에서 최종 분자를 구성하는 α-와 β-글로빈 펩타이드 사슬은 2차구조의 독특한 영역을 가진다.

3차구조: 접힘과 연결

구형 단백질이 최종적으로 접힌 형태를 **3차구조**(tertiary structure)라고 부른다. 이러한 3차구조는 2차구조 영역을 포함하며 공간에서 2차구조가 어떻게 배열되어 전체 구조를 만들 수 있는지를 결정한다. 단백질은 물 분자로부터 소수성배제에 의해 초기의 3차구조가 유도된다. 정반대의 전하를 띠는 R기들 사이의 이온결합은 두 영역을 가깝게 근접시키고, 2황화결합은 시스테인 R기들 사이의 공유결합으로 특정 영역을 연결시킨다. 단백질의 최종 접힘은 1차구조의 R기의 화학적 성질에 의해 결정된다(**그림 2.21**과 **2.22**). 크기가 작은 단백질은 완전히 풀려진 후(변성) 자발적으로 원래의 형태로 다시 접힐 수 있다. 그러나 크기가 큰 단백질은 변성되면 서로 뭉쳐져 불용성 덩어리를 형성하는 경향이 있다. 이것은 마치 핫초코를 만들기 위해 우유를 가열할 때 얇은 막이 형성되는 것과 같다.

단백질의 3차구조는 서로 다른 아미노산의 R기들 사이의 수소결

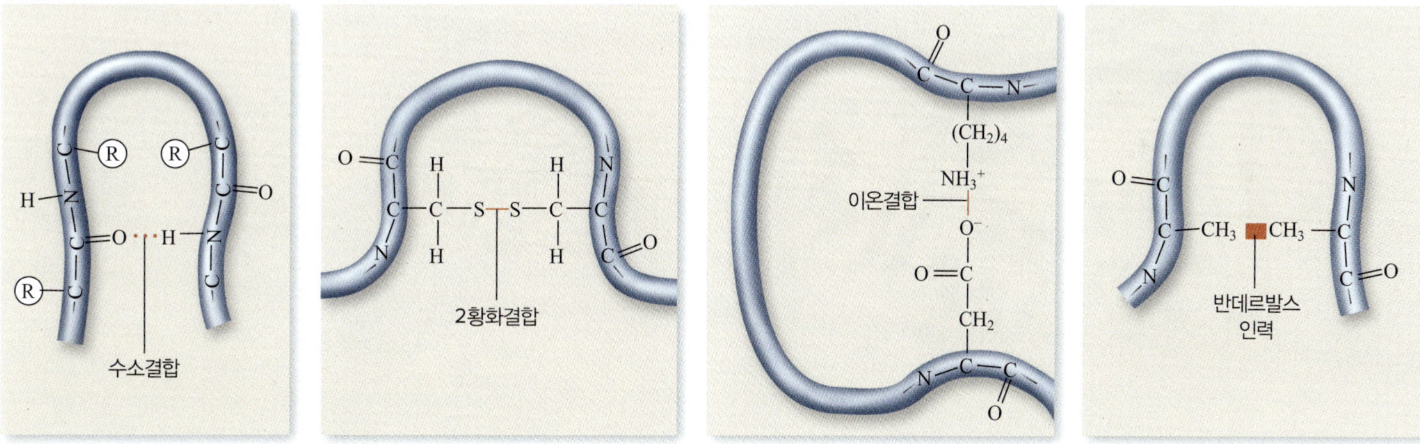

a. ***b.*** ***c.*** ***d.***

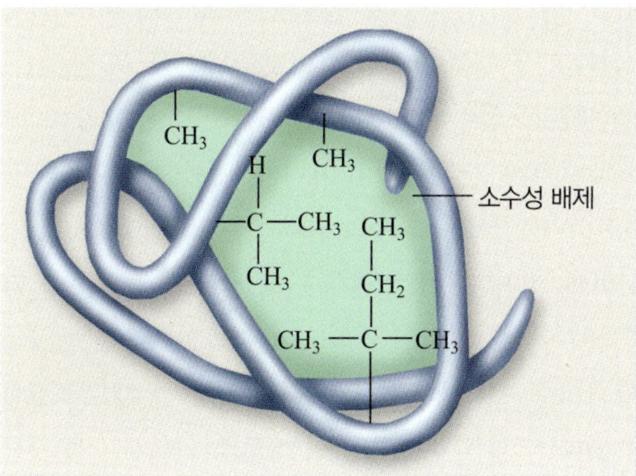

e.

그림 2.21 단백질 형태를 결정하는 상호작용
단백질은 아미노산을 서로 연결하는 펩타이드결합 외에 여러 다른 약한 힘과 상호작용으로 구조를 안정시킨다. ***a.*** 수소결합은 펩타이드 골격의 아미노기와 카복실기 사이, 아미노산의 R기들 사이에서 형성된다. ***b.*** 공유결합인 2황화 가교는 2개의 시스테인 곁사슬 사이에서 형성된다. ***c.*** 이온결합은 정반대 전하를 가지는 작용기들 사이에 형성된다. ***d.*** 반데르발스 인력은 반대의 극성을 가지는 전자구름으로 인해 원자들 사이에 일어나는 약한 결합이다. ***e.*** 단백질의 극성 부위는 외부로 배열되어 물 분자와 상호작용을 하지만, 비극성 아미노산이 포함된 소수성 부위는 단백질 내부로 밀어 넣어진다.

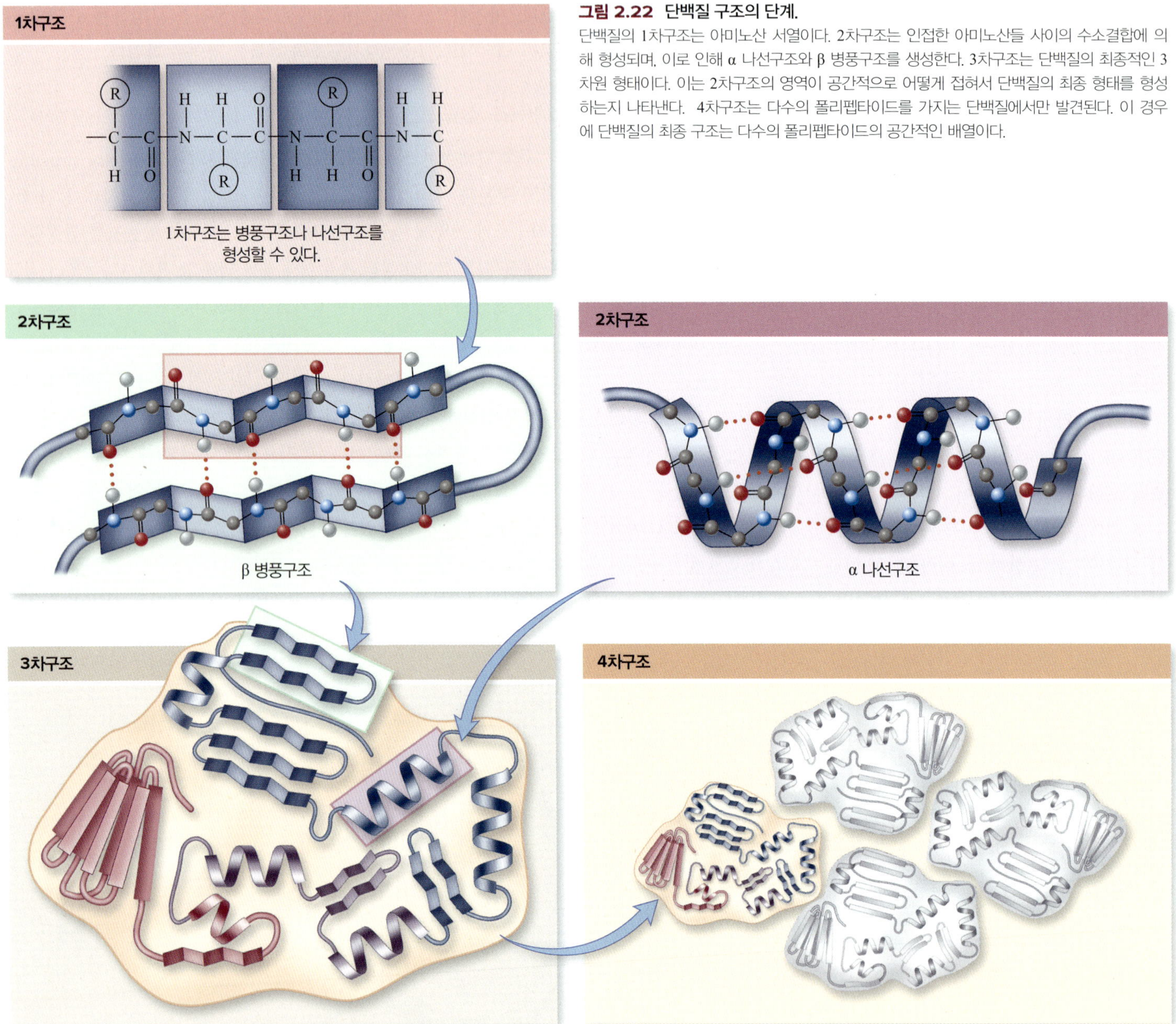

그림 2.22 단백질 구조의 단계.
단백질의 1차구조는 아미노산 서열이다. 2차구조는 인접한 아미노산들 사이의 수소결합에 의해 형성되며, 이로 인해 α 나선구조와 β 병풍구조를 생성한다. 3차구조는 단백질의 최종적인 3차원 형태이다. 이는 2차구조의 영역이 공간적으로 어떻게 접혀서 단백질의 최종 형태를 형성하는지 나타낸다. 4차구조는 다수의 폴리펩타이드를 가지는 단백질에서만 발견된다. 이 경우에 단백질의 최종 구조는 다수의 폴리펩타이드의 공간적인 배열이다.

합, 반대 전하를 가지는 R기들 사이의 정전기적 상호작용(이온결합), 비극성 R기의 소수성배제, 그리고 2황화결합을 형성하는 공유결합에 의해 안정화된다. 단백질이 일단 3차원 구조로 접히면 단백질의 안정성은 단백질 내부가 얼마나 서로 잘 맞는지에 따라 큰 영향을 받는다. 단백질 내부의 두 비극성 사슬이 매우 가깝게 근접할 때 분자적 인력이 작용하는데, 이를 반데르발스 힘이라고 부른다. 이 힘은 개별적으로 매우 약하지만 모이면 강한 인력을 형성한다. 이것은 마치 벨크로(Velcro) 표면의 수많은 갈고리와 걸림고리의 협동된 힘과 같다. 그러나 반데르발스 힘은 짧은 거리에서만 효과적이므로 단백질 내부의 빈 공간에는 작용되지 않는다. 각 R기의 고유한 형태로 인해 서로 다른 크기를 가지는 비극성 아미노산의 다양성은 단백질 내부에서 비극성 사슬이 매우 정확하게 잘 들어맞을 수 있도록 한다.

그러므로 하나의 아미노산이 달라지면 구조가 완전히 바뀌어 단백질 기능이 달라지는 것은 놀라운 일이 아니다. 예를 들어, 낫 모양의 헤모글로빈(HbS)은 β-글로빈 사슬의 글루탐산(glutamic acid)이 발린(valine)으로 바뀐 것이다. 이로 인해 단백질 표면에 전하를 띠는 아미노산이 비극성 아미노산으로 전환되어 결과적으로 단백질들이 서로 뭉쳐져 덩어리를 형성한다. 사람에서 가장 흔한 헤모글로빈의 또 다른 변종인 HbE는 β-글로빈 사슬의 다른 부위에서 글루탐산이 라이신으로 변화되어 유발된다. 이 경우에는 구조적 변화는 크지 않지만 여전히 기능에 결함을 주어 결과적으로 빈혈이라고 불리는 혈액 이상을 유발한다. 헤모글로빈에서 700가지 이상의 구조적 변종들이 잘 알려져 있으며, 전 세계 인구의 7% 이상이 의학적으로 중요한 유형의 보인자들이다.

4차구조: 소단위 배열

2개 또는 그 이상의 폴리펩타이드 사슬이 결합되어 기능성 단백질을 합성할 때 각 사슬을 단백질의 소단위라고 한다. 이러한 소단위 배열을 **4차구조**(quaternary structure)라고 한다. 소단위로 이루어진 단백질에서 소단위가 서로 접촉하는 경계면은 주로 비극성이며, 이는 각 소단위 활성에 관련된 소단위들 사이의 정보 전달에 중요한 역할을 한다. 헤모글로빈 단백질은 2개의 α-사슬 소단위와 2개의 β-사슬 소단위로 이루어져 있다. 각각의 α-와 β-글로빈 사슬은 아미노산의 특정 서열로 이루어진 1차구조를 가진다. 이로 인해 각각의 α 나선구조와 β 병풍구조로 구성된 독특한 2차구조를 추정할 수 있고 이들은 다시 각각의 α-와 β-글로빈 소단위의 독특한 3차구조로 배열할 수 있다. 마지막으로 이들 소단위들은 최종 4차구조로 배열되어 마침내 단백질의 최종 구조가 형성된다. 오직 하나의 펩타이드 사슬로 이루어진 단백질인 라이소자임(lysozyme) 효소는 단백질의 3차구조가 단백질의 최종 구조이다.

모티프와 도메인은 단백질의 구조 요소이다

단백질의 아미노산 서열을 직접적으로 분석하는 것은 매우 힘든 일이다. 분석 과정이 자동화되었지만 여전히 느리고 복잡하다.

DNA의 염기서열 분석은 단백질의 아미노산 서열 분석의 어려움을 매우 획기적으로 변화시켰다. 원래 DNA의 염기서열 분석은 수동적으로 수행되었지만 인간게놈프로젝트(Human Genome Project)는 자동화된 염기서열 분석의 발전을 이끌었다. 이로 인해 분석량이 증가되었지만, 차세대 염기서열 분석 기술의 출현은 결과적으로 유전체의 염기서열 분석을 비약적으로 증가시켰다. 오늘날 40,000종 이상의 박테리아 유전체가 완전히 분석되었고, 80종 이상의 포유류 유전체가 포함된 약 8000종의 진핵생물 유전체가 분석되었다. DNA의 염기서열은 단백질의 아미노산 서열을 결정하므로 현재 비교 분석이 가능할 만큼의 단백질 서열에 대해 거대한 데이터베이스가 구축되었다. 이와 같은 새로운 정보는 단백질 구조의 기본 패턴이 존재하는지 여부를 유전자 분석을 통해 확인할 수 있다는 생각을 자극하였다. 결과적으로 단백질 구조는 이들 결과와 함께 발전하였다. 연구자들은 여전히 단백질 구조 형성의 4단계를 중요하게 여기고 있지만, 모티프와 도메인이라는 두 용어가 새롭게 추가되었다.

모티프

생물학자들이 단백질의 3차원 구조를 발견했을 때(서열 분석보다 더 힘든 일), 전혀 서로 다른 것으로 여겨진 단백질들 사이에서 유사성이 발견되었다. 이러한 유사성 구조를 **모티프**(motif) 또는 초2차구조(supersecondary structure)라고 부른다. 모티프는 음악 또는 디자인에서 반복적인 주제 요소를 의미하는 용어에서 유래되었다.

β-α-β 모티프는 매우 흔한 단백질 모티프로서 뉴클레오타이드와 결합하는 단백질의 중심 부위에 접힘 또는 주름을 만드는데, 이를 '로스만 폴드(Rossmann fold)'라고도 부른다. 그 다음으로 흔하게 발견되는 단백질 모티프는 β 병풍구조가 서로 둘러싸여 관을 형성하는 β 배럴이다. 그 다음은 α 나선구조가 하나의 굽은 선의 양 끝에 연결되어 형성된 나선-꺾임-나선(helix-turn-helix)으로, 이들은 단백질이 DNA의 2중나선에 결합하는 데 용이하게 한다(**그림 2.23**; 14장 참조).

모티프는 밝혀지지 않은 단백질 구조를 규명하는 데 유용하다. 잘 작용하고 있는 모티프는 진화적으로 여러 단백질 합성에서 재사용된 것인가? 또는 모티프는 단백질이 뉴클레오타이드와 결합하는 것과 같은 문제를 해결하기 위한 최선의 해결책인가? 한 가지 생각할 수 있는 방법은 단백질이라는 언어에서 아미노산이 글자라면 모티프는 반복적인 단어 또는 구절을 나타낸다. 모티프는 밝혀지지 않은 단백질의 기능을 결정하는 데 매우 유용하다. 밝혀지지 않은 단백질은 규명된 모티프 서열의 데이터베이스를 비교함으로써 밝혀지지 않은 단백질의 기능을 알 수 있다.

도메인

단백질의 **도메인**(domain)은 모티프보다 더 큰 구조에서 기능적 단위로 3차구조의 하부구조(substructure)라고 생각할 수 있다(**그림 2.23**). 단백질이라는 언어에서 아미노산은 글자이고, 모티프는 단어 또는 구절이며, 도메인은 단락을 의미한다.

대부분의 단백질은 다양한 영역의 단백질 기능을 수행하는 다수의 여러 도메인으로 이루어져 있다. 대부분의 경우에 이들 도메인은 물리적으로 분리될 수 있다. 예를 들어, 전사인자는 DNA에 결합하는 단백질이며 전사를 개시한다. DNA에 결합하는 영역이 다른 전사인자로 바뀐다면 전사를 자극하는 능력에는 영향을 주지 않고 DNA에 대한 전사인자의 특이성은 변화된다. 이러한 '도메인-교환(domain-swapping)' 실험은 많은 전사인자들에 대해 시도되었으며, 특히 DNA와 결합하는 영역과 활성화 영역의 도메인은 기능적으로 분리된 것을 의미한다.

단백질의 기능성 도메인은 단백질이 적절한 형태로 접힐 수 있도록 도와준다. 폴리펩타이드 사슬이 접힐 때, 각 도메인은 서로 독립

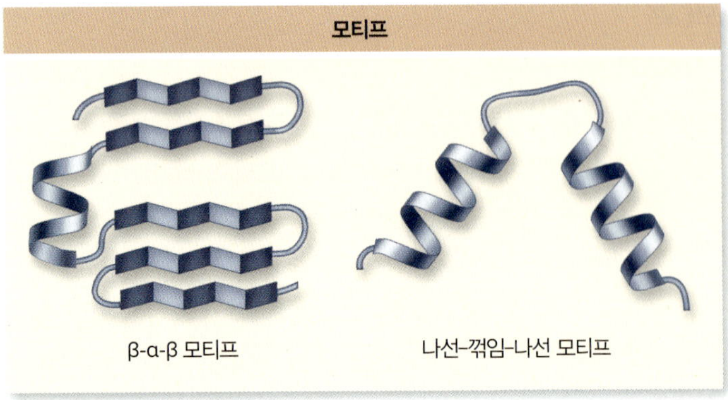

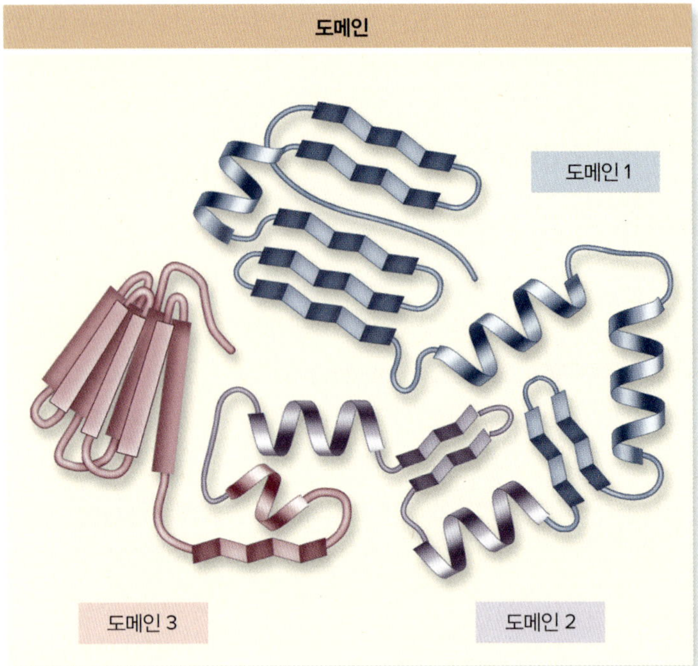

그림 2.23 모티브와 도메인.
단백질의 2차구조의 요소들이 결합, 접힘, 또는 주름으로 모티프를 형성한다. 이러한 모티프는 여러 다양한 단백질에서 발견되고 단백질 기능을 예측하는 데 이용될 수 있다. 또한 단백질은 기능적 영역인 도메인을 가진다. 이들 도메인의 공간적인 배열이 단백질의 3차구조이다.

적으로 적절한 형태를 취한다. 이러한 행동은 단백질의 도메인을 형성하는 폴리펩타이드의 조각을 인위적으로 합성한 후 이들 조각들이 단백질의 도메인과 동일한 구조로 다시 접힘을 실험적으로 확인하였다. 매듭으로 묶인 밧줄처럼 하나의 폴리펩타이드 사슬은 단백질 도메인들 사이를 연결한다.

도메인은 또한 유전자의 구조와 관련이 있다. 13장에서는 진핵생물의 유전자는 유전체에서 흩어진 조각들로 존재하여 이들 조각을 **엑손**(exon)이라고 부르며, 이는 주로 단백질의 기능적인 도메인을 암호화한다는 것을 배울 것이다. 이러한 발견은 단백질을 암호화하는 도메인들이 서로 섞임으로써 유전자가 진화할 수 있음을 의미한다.

단백질 접힘 과정은 샤페론 단백질에 의존한다

원래 생화학자들은 소수성 상호작용으로 비극성 아미노산을 단백질 내부로 밀어 넣는 것처럼 새롭게 합성된 단백질은 최종 구조로 도달할 때까지 자발적이고 무작위로 다양한 구조로 접힘을 시도할 것이라고 생각하였다. 지금 우리는 이들 견해가 너무 단순화된 것이라고 알고 있다. 단백질 사슬은 너무 많은 다양한 방법으로 접힐 수 있어 시행착오는 간단해 보이지만 너무 긴 시간이 걸린다. 더욱이 단백질 사슬이 최종 구조로 접혀지는 중간 단계에 있는 동안에 비극성의 '끈적한(sticky)' 내부 영역은 외부로 노출된다. 이러한 중간 단계의 단백질을 세포 내와 동일한 환경의 시험관에 넣어 두면 서로 뭉쳐서 거대한 덩어리를 형성한다.

세포는 어떻게 단백질 응집으로 거대해지는 것을 막을 수 있을까? 결정적인 실마리는 박테리아에서 바이러스의 복제를 억제하는 특별한 돌연변이 연구를 통해 얻어졌다. 박테리아에서 합성된 바이러스 단백질은 적절하게 접혀지지 않아 바이러스의 복제가 일어나지 않는다는 것을 확인하였다. 더 추가적인 연구로 정상 세포에는 단백질이 정확하게 접힐 수 있도록 도와주는 **샤페론 단백질**(chaperone proteins)이 있다는 것이 밝혀졌다.

분자생물학자들은 현재 샤페론처럼 작용하는 여러 수많은 단백질들이 존재한다는 것을 확인하였다. 이러한 수많은 종류의 샤페론 단백질은 하위 그룹(subclass)으로 나뉠 수 있으며, 모든 생물체에서 기본적으로 발견되는 대표 샤페론 단백질이 존재하였다. 일부 샤페론 단백질은 생물체의 생존에 필수적인 것으로 밝혀졌다. 열충격단백질(heat shock proteins)이라고 불리는 샤페론 단백질은 체온이 증가하면 많은 양이 합성된다. 높은 체온은 단백질 접힘을 풀어주므로 열충격 샤페론 단백질은 세포의 단백질이 적절하게 다시 접힐 수 있도록 도와준다.

샤페로닌(chaperonins)은 광범위하게 연구된 샤페론 단백질 가운데 한 종류이다. 예를 들어, 대장균(*Escherichia coli*, *E. coli*)의 GroE 샤페로닌은 필수 단백질이다. GroE 샤페로닌이 비활성화된 돌연변이에서는 결과적으로 박테리아 단백질의 30%가 적절하게 접혀지지 않았다. 샤페로닌은 원통형 용기를 닮은 큰 거대분자의 복합체를 형성한다. 단백질이 용기 내부로 이동하며 용기는 단백질 형태를 적절하게 변형시킬 수 있다(**그림 2.24**). 적절하지 않게 접힌 단백질은 샤페로닌 내부로 들어가 다시 접힐 수 있음을 실험적으로 증명

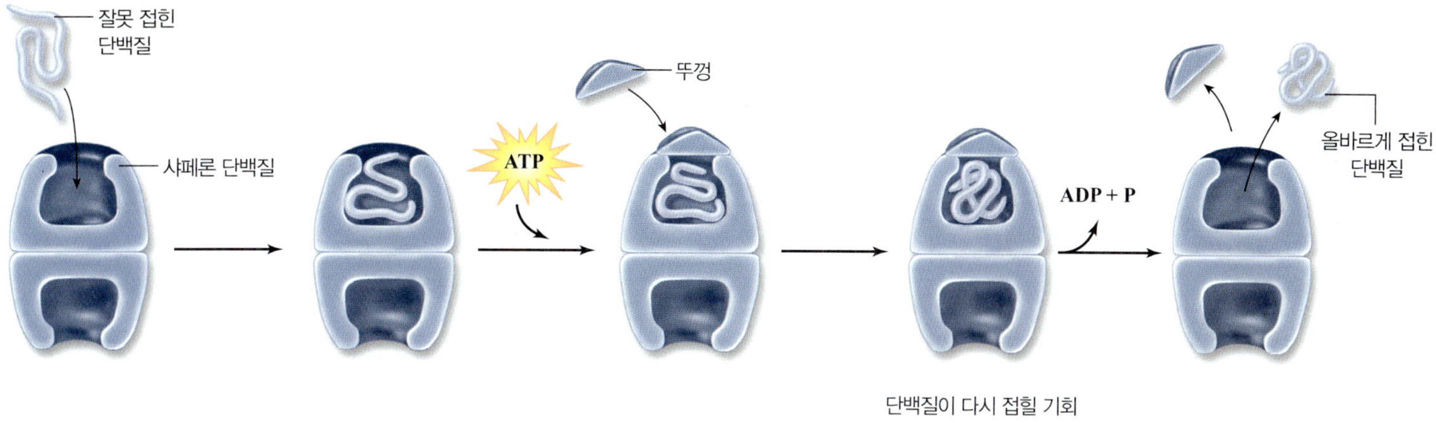

그림 2.24 샤페론 단백질의 작용방식.
원통 모양의 샤페로닌은 샤페론 단백질의 GroE 군에 속한다. 이는 2개의 동일한 고리를 가지며, 각 고리는 3개의 독특한 도메인을 가진 7개의 동일한 소단위 이루어져 있다. 잘못 접힌 단백질이 원통의 내부로 들어가면 뚜껑이 닫힌다. ATP 가수분해로 얻은 에너지는 원통의 구조 변경에 이용되어 원통 내부를 소수성에서 친수성으로 전환시킨다. 이러한 변화는 단백질이 다시 접히도록 한다. 짧은 시간 안에 단백질은 접힘 또는 풀림 상태로 방출되며, 이러한 과정들은 반복된다.

하였다. 이 작용이 어떻게 일어나는지 정확히 알 수는 없지만 용기 내의 소수성의 변화와 관련이 있는 것으로 여겨지고 있다.

샤페로닌 구조는 놀라운 유연성을 가진다. 단백질은 고정된 구조로 존재할 것이라고 생각하기 쉽지만, 샤페로닌의 경우에는 적용되지 않는다. 샤페로닌의 구조 유연성은 그들 기능에 필수적이다. 이와 같은 특성은 매우 큰 크기의 단백질에서 도메인들이 서로 멀리 떨어져 있더라도 여전히 기능적으로 연결되어 있음을 설명할 수 있다. 샤페로닌 내부의 접힘 과정은 ATP 가수분해에 의해 단백질 접힘에 필요한 구조로 변화된다. 이러한 과정은 적절한 단백질 구조를 얻을 때까지 반복적으로 진행된다. 세포는 기존 단백질의 접힘과 적절하지 않게 접힌 단백질의 복구를 위해 모두 샤페로닌을 이용한다.

적절하지 않게 접힌 단백질은 질병을 유발한다

샤페론 단백질의 결핍으로 적절하지 않게 접힌 단백질은 특정 질병의 유발과 관련이 있다. 낭포성섬유증(cystic fibrosis)은 이온이 세포막을 가로질러 이동할 수 있도록 하는 단백질의 돌연변이로 인해 유발되는 유전성 질병이다. 낭포성섬유증 환자는 정상인보다 더 두꺼운 점막을 가지므로 호흡 곤란, 폐질환, 소화불량을 초래한다. 이 질병의 분자 분석에서 흥미로운 특징은 사람마다 다른 돌연변이들이 발견된다는 것이다. 이들 대부분의 돌연변이들은 단백질이 적절하게 접히는 데 영향을 준다. 이로 인해 낭포성 섬유종은 단백질 접힘 이상과 관련이 있다.

변성은 단백질을 비활성화한다

단백질의 주변 환경이 바뀐다면 단백질은 형태가 변하거나 접힘이 완전히 풀릴 수 있는데, 이러한 과정을 **변성**(denaturation)이라고 부른다(**그림 2.25**). 단백질은 pH, 온도, 또는 이온 농도가 변하면 변성이 일어난다.

변성된 단백질은 보통 생물학적으로 비활성이 된다. 이는 효소의 경우에 특히 중요하다. 생물체의 모든 화학반응은 특정 효소에 의해 촉진되므로 세포내에서 효소의 적절한 활성은 생명 유지에 필수적

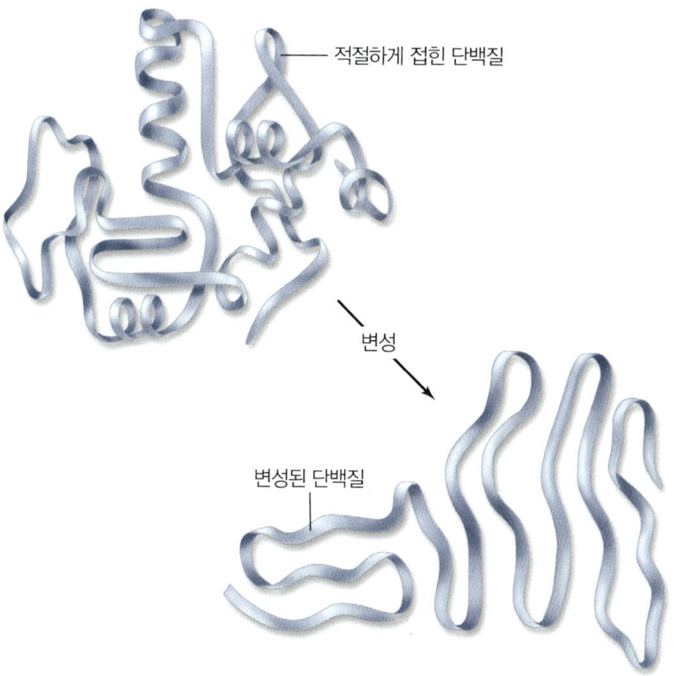

그림 2.25 단백질 변성.
온도 또는 pH 변화와 같이 환경적인 변화는 단백질을 풀리게 하거나 원래의 형태를 잃어버리게 한다. 이러한 단백질 구조의 손상을 변성이라고 부른다. 변성된 단백질은 생물학적으로 비활성이다.

이다.

식품 저장의 전통적인 방법인 염지(salting curing)와 절이기(pickling)는 단백질 변성과 관련이 있다. 냉장고와 냉동고가 보편적으로 이용되기 전에 식품에서 미생물 생장을 억제할 수 있는 현실적으로 유일한 방법은 식품을 고농도의 소금이나 식초에 담가두어 대부분의 미생물 효소들이 변성되어 식품에서 자라지 못하도록 하는 것이었다.

대부분의 효소들은 매우 좁은 범위의 조건에서만 활성을 가진다. 약 pH 7.4의 인체에서 작용하는 혈액 유래의 효소들은 위의 강산성 환경에서 쉽게 변성된다. 반대로 위의 pH 2 또는 그 이하의 pH에서 작용하는 단백질 분해효소들은 상대적으로 염기성인 혈액의 pH에서 변성된다. 이와 비슷하게 심해의 열수 분출공 근처에 서식하는 생물체들은 극한 온도(100℃ 이상)에서도 활성을 갖는 효소를 가진다. 이들 효소는 낮은 온도에서 제대로 작용하지 못하므로 차가운 물에서는 살 수가 없다. 생물체는 보통 pH, 온도, 그리고 염 농도의 내성 범위를 가진다. 이 범위 안에서 효소는 생물학적 기능을 수행하기 위한 적절한 형태를 유지한다.

단백질이 변성된 후 정상적인 환경으로 복구되는 경우에 크기가 작은 단백질은 비극성 아미노산과 물 분자 사이의 상호작용을 통해 자발적으로 원래의 형태로 다시 접히는데(**그림 2.26**), 이 과정을 **재생**(renaturation)이라고 부르며 리보핵산 가수분해효소(ribonuclease, RNase)에서 처음으로 밝혀졌다. 리보핵산 가수분해효소의 재생은 단백질의 1차구조가 3차구조를 결정한다는 원칙을 증명하였다. 그러나 크기가 큰 단백질은 구조가 복잡하기 때문에 자발적으로는 거의 재생되지 않는다.

몇몇 단백질이 자발적으로 재생된다는 사실은 단백질의 3차구조가 1차구조에 강하게 영향을 받는다는 것을 의미한다. 예를 들어, 대장균의 리보솜은 실험적으로 분해되고 다시 원래대로 조립될 수 있다. 이 과정에서 온도와 이온 농도를 변화시켜야 하지만 놀라울 정도로 자가조립(self-assembly)이 일어남을 보여준다. 현대 생물학의 연구에서 복잡한 구조가 자가조립에 의해 진행될 수 있다는 것은 중요한 개념이다.

변성과 **해리**(dissociation)는 정확히 구분되어야 한다. 단백질의 4차구조에서 소단위는 3차구조의 변형 없이 해리된다(분리된다). 예를 들어, 4개의 소단위로 이루어진 헤모글로빈은 4개의 소단위(2개의 α-글로빈과 2개의 β-글로빈)로 해리된다. 이들은 다시 4개의 소단위를 가지는 단백질의 4차구조로 쉽게 회복된다.

과학적 사고

가설: 단백질의 3차원 구조는 열역학적으로 안정한 구조이다. 이는 단백질의 1차구조와 용액 조건에만 따른다.
예상: 단백질을 변성시키고 원래의 조건에서 다시 접히도록 한다면 단백질은 원래의 구조로 다시 접힐 것이다.
실험: 리보핵산 가수분해효소에 환원제를 처리하여 2황화결합을 절단한 후 요소(urea)를 처리하면 단백질 접힘이 완전히 풀어진다. 단백질이 적절하게 다시 접힌다면 2황화 결합은 비변성 조건에서 재형성된다.

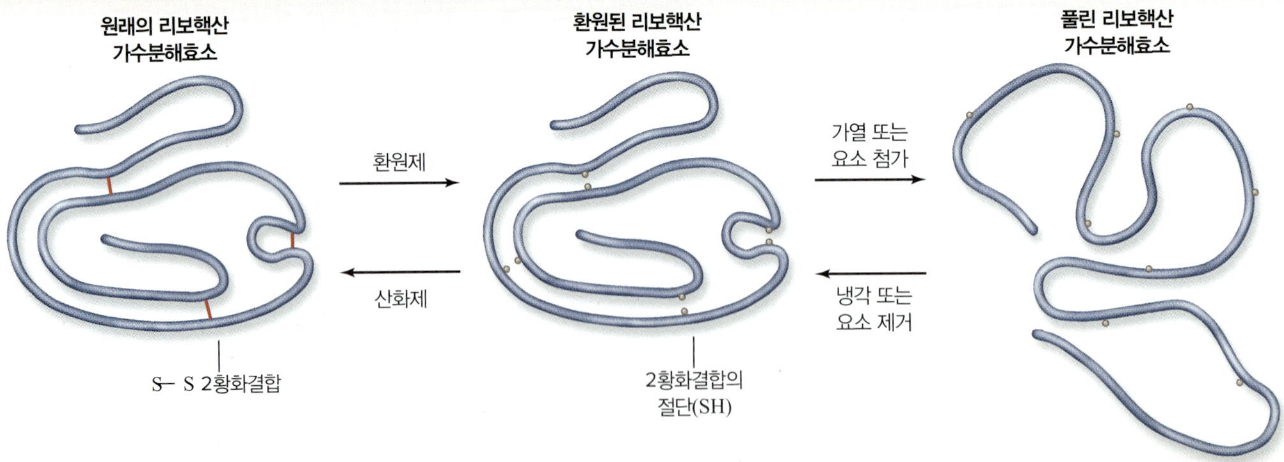

결과: 변성된 리보핵산 가수분해효소는 비변성 조건에서 다시 적절하게 접힌다.
결론: 가설을 뒷받침한다. 1차구조(아미노산 서열)의 정보만으로 단백질이 다시 접히는 데 충분하다. 이는 단백질 접힘이 열역학적으로 안정한 구조를 만든다는 것을 의미한다.
추가 실험: 변성 조건에서 2황화결합이 다시 형성된다면 동일한 결과를 얻을 수 있겠는가? 단백질이 완전히 변성되지 않아 일부 구조를 유지하고 있을 가능성을 어떻게 배제할 수 있겠는가?

그림 2.26 단백질의 1차구조는 3차구조를 결정한다.

핵심 요약 2.4

단백질은 다양한 기능을 가지는 분자이며, 이들은 20가지 아미노산으로부터 만들어진다. 단백질 구조는 아미노산 서열 또는 1차구조, 나선과 병풍의 2차구조, 3차원 형태의 3차구조, 각각의 폴리펩타이드 소단위들의 조립인 4차구조의 4단계로 구분된다. 여러 다양한 단백질은 모티프라고 불리는 유사한 하위 구조를 가지며, 기능적인 도메인으로 나누어 볼 수 있다. 단백질은 좁은 범위 안에서 적절하게 접힌다. 이 범위를 벗어나면 단백질은 풀리고(변성), 이전과 동일 조건으로 회복되면 변성된 단백질은 다시 접히고 기능은 회복(재생)된다.

■ 지금까지 학습한 내용을 바탕으로 밝혀지지 않은 단백질의 기능을 어떻게 예측할 수 있을까?

2.5 지질: 소수성 분자

학습 목표

1. 트라이글리세라이드의 구조를 설명할 수 있다.
2. 지방이 어떻게 에너지 저장 분자로 작용할 수 있는지 설명할 수 있다.
3. 인지질의 구조와 막 형성의 관계를 설명할 수 있다.

지질(lipid)은 물에 잘 녹지 않는 화학적 특성을 가진 분자들이 다소 느슨하게 모여 있는 것이다. 동물성 지방처럼 저장 지방은 지질의 종류 중 하나이다. 올리브, 옥수수, 그리고 코코넛의 기름도 지질이며 밀랍(beeswax)과 귀지(earwax)와 같은 왁스도 역시 지질이다. 심지어 일부 바이타민도 지질이다.

지질은 매우 높은 비율의 비극성 탄소－수소(C－H) 결합을 가지며, 이러한 긴 사슬의 지질은 비극성 영역이 수용성 환경으로부터 배제되기 위해 뭉치는 단백질처럼 접히지 않는다. 대신 지질을 물에 넣으면 많은 지질 분자들은 자발적으로 서로 뭉쳐지는데, 이때 뭉쳐진 외부는 주위의 물 분자와 접하는 극성(친수성)기가 노출되어 있으나 내부는 비극성(소수성)기로 갇혀 있다. 물이 있는 그릇에 기름을 떨어뜨렸을 때 기름방울이 물 표면에서 응집되어 구슬 모양을 만드는 것을 본 적이 있을 것이다. 이러한 지질의 자발적인 조립은 세포에서 매우 중요한 점이며, 세포막 구조를 이해하는 바탕이 된다.

지방은 지방산과 글리세롤로 이루어져 있다

대부분의 지질은 2종류의 주요 분자인 지방산과 글리세롤로 이루어진 단순한 골격으로부터 생성된다. 지방산은 한쪽 끝에 카복실기(COOH)를 가지는 긴 사슬의 탄화수소이다. 글리세롤은 3개의 탄소와 3개의 －OH기를 가지는 폴리알코올이다. 대부분의 지질 분자들은 3개의 지방산과 1개의 글리세롤로 이루어져 있으며, 글리세롤 골격의 각 탄소에 지방산이 하나씩 부착되어 있다. 이처럼 3개의 지방산이 포함되어 있기 때문에 지방 분자를 흔히 **트라이글리세라이드**(triglyceride)라고 하며[보다 더 정확한 화학명은 **트라이아실글리세롤**(triacylglycerol)이다] 기본 구조는 **그림 2.27**에서 보는 바와 같다. 트라이글리세라이드의 3개의 지방산은 모두 다 동일할 필요는 없고 서로 다를 수 있다. 지방산의 탄화수소 사슬 길이는 다양하며 주로 14개에서 20개의 짝수로 된 탄소 사슬을 가진다. 지방에서 수많은 C－H 결합은 장기적인 에너지 저장의 형태로 이용된다.

지방산의 모든 탄소 원자들이 2개의 수소 원자와 결합하고 있으면 이를 **포화**(saturated)지방산이라고 부르며, 이것은 지방산이 가능한 모든 수소 원자를 가진다는 것을 의미한다(**그림 2.27**). 연속적인 탄소 원자들 사이에서 1개 이상의 2중결합을 가지는 지방산은 적은 수의 수소 원자를 가지는데, 이를 **불포화**(unsaturated)지방산이라고 한다. 1개의 2중결합을 가지는 지방산은 단불포화(monosaturated) 지방산, 1개 이상의 2중결합을 가지는 지방산은 **다불포화**(polyunsaturated)지방산이라고 한다. 자연계에서 발견되는 대부분의 불포화지방산은 2중결합 전과 후에 동일한 면에 탄소 원자를 가지는 *cis* 배열을 가진다(**그림 2.27***b*에서 지방산의 2중결합은 모두 *cis*이다). 산업적으로 지방에 수소가 부분적으로 첨가되면, 2중결합 전과 후에 반대 면에 탄소 원자가 있는 *trans* 배열을 가지는 2중결합을 생산할 수 있는데, 이들을 트랜스 지방이라고 부른다. 트랜스 지방은 나쁜 콜레스테롤인 LDL(low-density lipoprotein)의 수치를 높이고, 좋은 콜레스테롤인 HDL(high-density lipoprotein)의 수치를 낮추어 관상동맥 심장질환(coronary heart disease)의 위험성을 증가시킨다.

트랜스 지방과 관상동맥 심장질환의 상관관계는 미국 FDA가 일반적으로 안전하다고 인식(generally regarded as safe, GRAS)되는 물질의 목록에서 트랜스 지방을 제외시켰다는 것으로 알 수 있다. 트랜스 지방은 식이보충제(dietary supplement)로 사용될 수 있으므로 금지 식품은 아니지만, 제품표시를 함으로써 트랜스 지방을 제외하는 데 도움을 주고 있다.

C－C 단일결합과 달리 C＝C 2중결합은 자유로운 회전이 일어나지 않으므로 2중결합은 분자의 행동을 변화시킨다. 이러한 특성은 주로 녹는점에 영향을 주어 실온에서 지방산이 고체 지방인지 액체 기름인지를 결정한다. 다불포화지방산의 지방산은 2중결합 부위가 굽어져 있어 지방 분자들이 서로 근접하게 배열되는 것을 막기 때문에, 다불포화지방산이 포함된 지방의 녹는점은 일반적으로 낮다. 대

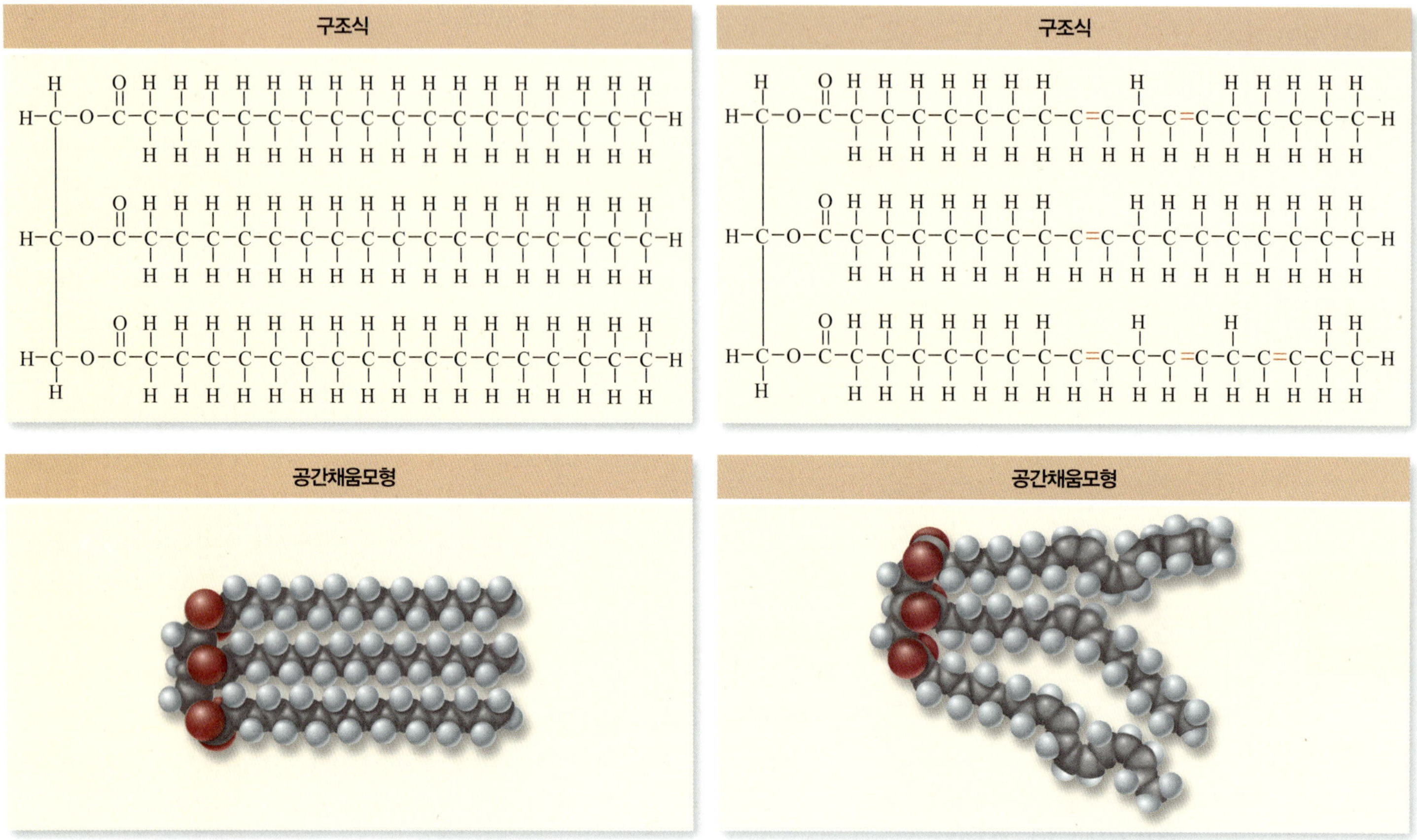

a. *b.*

그림 2.27 포화지방과 불포화지방.
a. 포화지방은 3개의 포화지방산(2중결합을 가지지 않음)을 가지는 트라이글리세라이드로 이루어져 있다. 따라서 포화지방산은 최대한의 수소 원자가 탄소 사슬에 결합하고 있다. 대부분의 동물성 지방은 포화지방산을 가진다. *b.* 불포화지방은 3개의 불포화지방산(1개 이상의 2중결합을 가짐)을 가지는 트라이글리세라이드로 이루어져 있다. 이는 탄소 사슬에 결합할 수 있는 최대 수보다 적은 수의 수소 원자를 가진다. 식물성 지방은 보통 불포화지방산을 가진다. 2중결합의 꺾임은 트라이글리세라이드가 밀착되어 배열되지 못하도록 하므로 실온에서 액체 상태를 유지한다.

부분의 포화지방산, 예를 들어 동물성 지방 또는 버터 지방은 실온에서 고체이다.

트라이글리세라이드를 물에 넣으면 자발적으로 서로 뭉쳐 둥근 지방 입자를 형성하는데, 이들 지방 입자는 트라이글리세라이드 분자의 크기에 비해 매우 크다. 지방산이 물에 녹지 않기 때문에 생물체에서 지방은 지방 조직의 소낭처럼 특정 부위에 저장될 수 있다.

생물체는 지방 이외에도 다른 종류의 수많은 지질을 포함한다(**그림 2.28**). **테르펜**(terpenes)은 긴 사슬의 지질이고 엽록소와 레티날(retinal)과 같은 생물학적으로 중요한 색소의 구성 성분이다. 고무 또한 테르펜이다. **스테로이드**(steroid)는 4개의 탄소 고리로 이루어져 있다. 대부분의 동물 세포막은 스테로이드성 콜레스테롤을 포함한다. 테스토스테론과 에스트로젠과 같은 다른 스테로이드는 다세포동물에서 호르몬으로 작용한다. **프로스타글란딘**(prostaglandins)은 2개의 비극성 '꼬리(tail)'가 부착된 5탄소 고리의 지방산이 포함된 지질들(약 20가지)이며, 이들은 수많은 척추동물 조직에 국소 화학전

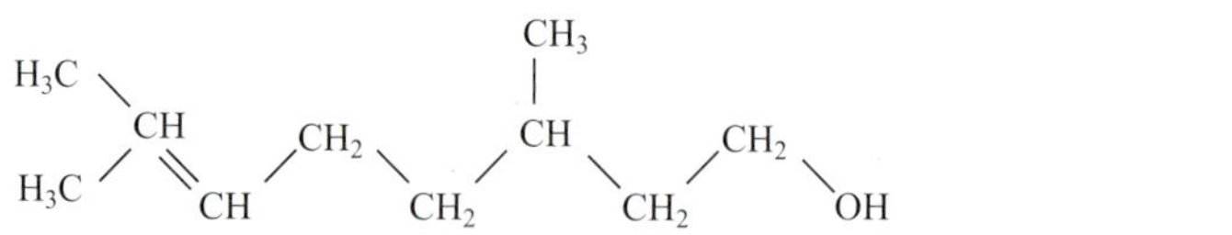

a. 테르펜(시트로넬롤)

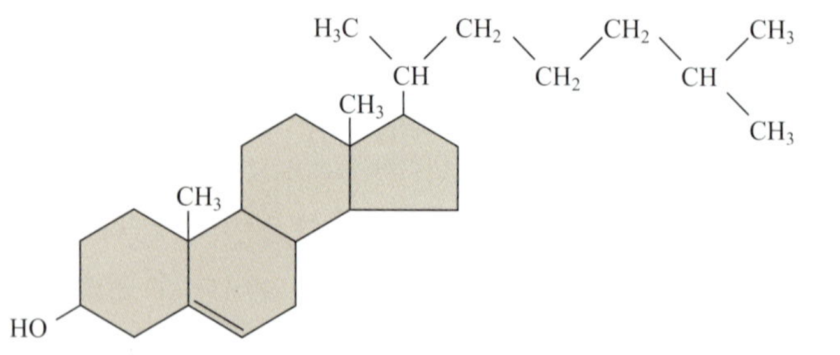

b. 스테로이드(콜레스테롤)

그림 2.28 다른 종류의 지질.
a. 테르펜은 엽록소와 레티날과 같은 생물학적 색소에서 발견된다. *b.* 스테로이드는 막에서 중요한 역할을 하고 화학적 신호전달에 관련된 호르몬을 생성한다.

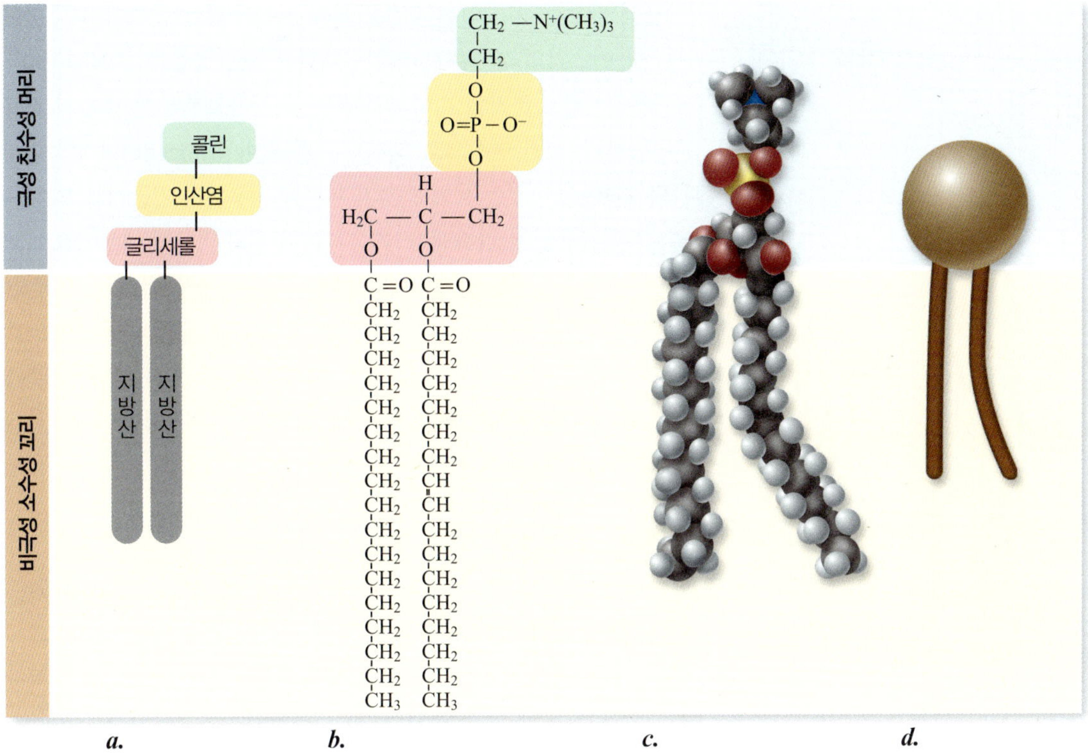

그림 2.29 인지질. 인지질의 일종인 포스파티딜콜린(phosphatidylcholine)의 모식도(***a***), 분자식(***b***), 공간채움모형(***c***), 그리고 생체막을 묘사하는 데 이용되는 아이콘(***d***)을 나타낸다.

달물질로 작용한다. 이러한 복잡한 지방산의 효과에 대해서는 28장에서 자세히 알아본다.

지방은 탁월한 에너지 저장 물질이다

대부분의 지방은 40개 이상의 탄소 원자를 포함한다. 지방의 C−H 결합 비율은 탄수화물보다 2배 이상이다(2.2절 참조). 이것은 산화과정에서 지방이 탄수화물보다 상대적으로 더 많이 감소하면서 더 많은 에너지를 방출할 수 있다는 것을 의미한다. 따라서 지방은 화학 에너지의 저장에 매우 효과적인 분자이다. 평균적으로 지방은 1 g당 약 9 kcal의 화학 에너지를 생산하는 반면에 탄수화물은 1 g당 약 4 kcal의 화학 에너지를 생산한다.

대부분의 동물 지방은 포화지방산이지만(일부 생선 기름은 제외), 대부분의 식물 지방은 불포화지방산이다(**그림 2.27** 참조). 예외적으로 열대식물 기름(팜 오일과 코코넛 오일)은 실온에서 액체 상태일지라도 포화지방산이다.

생물체가 탄수화물을 과잉 섭취하면 탄수화물은 녹말, 글리코젠, 또는 지방으로 전환되고 나중에 사용하기 위해 저장된다. 선진국의 대부분의 사람들은 나이가 들어 갈수록 필요로 하는 에너지양은 줄어드는 반면에 음식 섭취는 줄이지 않는다. 따라서 과잉의 탄수화물은 지방으로 전환되어 몸무게가 늘어난다.

지방이 많이 포함된 음식의 섭취는 동맥경화(atherosclerosis)와 같은 심장질환을 유발하는 여러 요인들 중 하나이다. 동맥경화는 흔히 '동맥경화증(hardening of the arteries)'이라고 부르며, 플라그(plaque)라는 지방이 많이 포함된 물질이 혈관 내벽에 부착되어 혈액의 흐름을 막는다. 또한 플라그에서 떨어진 조각들은 뇌로 가는 동맥을 막아 뇌졸중(stroke)을 유발한다.

세포막 형성의 인지질

복잡한 지질 분자라고 불리는 **인지질**(phospholipid)은 모든 생체막의 골격을 형성하기 때문에 세포의 가장 중요한 분자들 중 하나이다. 인지질은 변형된 트라이글리세라이드라고 생각할 수 있는데, 이는 트라이글리세라이드의 지방산 1개가 인산기로 치환되었기 때문이다. 인지질의 기본 구조는 3종류의 소단위를 포함한다.

1. **글리세롤**: 3개의 탄소를 가지는 알코올이며, 각 탄소는 하이드록실기를 가진다. 글리세롤은 인지질 분자의 골격을 형성한다.
2. **지방산**: $-CH_2$기(탄화수소 사슬)의 긴 사슬의 끝에 카복실기($-COOH$)를 가진다. 인지질 분자에서 2개의 지방산은 글리세롤 골격에 부착되어 있다.
3. **인산기**($-PO_4^{2-}$): 글리세롤의 한쪽 끝에 부착되어 있다. 전하를 띠는 인산기에 콜린, 에탄올아민, 또는 아미노산의 세린과 같은 전하를 띠는 유기분자가 연결되어 있다.

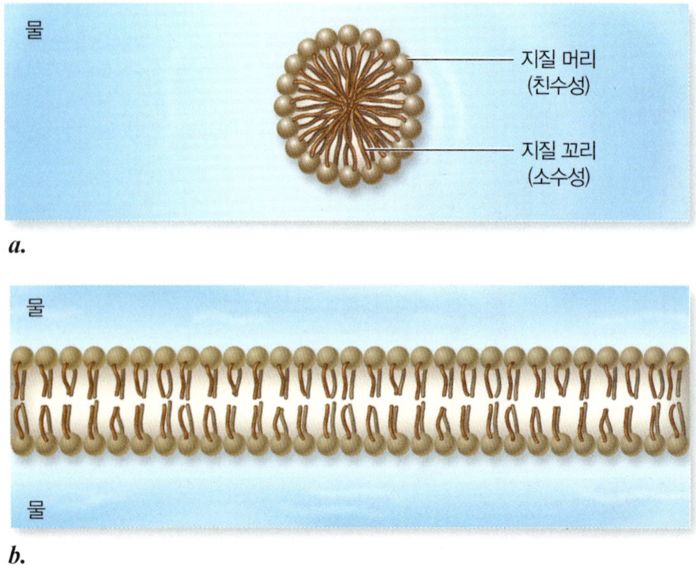

그림 2.30 **물에서 자발적으로 미셀 또는 지질 2중층을 형성하는 지질.** 수용액 환경에서 지질 분자의 극성(친수성) 머리는 극성인 물로 향하고 비극성(소수성) 꼬리는 물로부터 멀리 떨어져 뭉친다. ***a.*** 물방울 모양의 미셀. ***b.*** 인지질 분자들이 두 층으로 배열되어 인지질 2중층을 형성한다. 모든 구조에서 친수성 머리는 바깥쪽으로 향하고 소수성 꼬리는 안쪽으로 향하게 된다.

인지질 분자는 한쪽 말단에 인산기를 가지는 '머리(head)'와 다른 쪽 말단에 2개의 긴 비극성을 가지는 '꼬리(tail)'를 가진다(**그림 2.29**). 역설적으로 보일 수 있겠지만, 이러한 인지질 구조는 인지질 작용에 필수적이다. 왜 인지질은 물에 녹아야 하는 동시에 녹지 말아야 하는가? 막의 형성은 이러한 구조의 독특한 성질을 잘 보여준다.

물에서 지질 분자의 비극성 꼬리는 물 분자로부터 떨어져 서로 뭉쳐지면서 꼬리가 안쪽으로 향하는 구형의 **미셀**(micelle)이 형성된다(**그림 2.30***a*). 이것은 세제 분자가 어떻게 작용하여 기름기를 물에 녹일 수 있는지를 잘 나타낸다. 기름기는 미셀의 비극성 내부에서 녹고 미셀의 극성 표면은 물에 녹는다. 인지질을 물에 녹이면 두 층의 분자들이 배열된 복잡한 구조가 형성되는데, 이들 배열의 각 층의 소수성 꼬리는 안쪽으로 향하고 친수성 머리는 바깥쪽으로 향하는 2중층(bilayer)이 형성된다(**그림 2.30***b*). 생체막의 기본 골격인 지질 2중층은 4장에서 자세하게 설명한다.

핵심 요약 2.5

트라이글리세라이드는 지방산이 글리세롤에 연결되어 만들어진다. 지방은 탄수화물보다 C—H 결합의 수가 2배 많으므로 지방은 효율적으로 에너지를 저장할 수 있다. 지질의 C—H 결합은 비극성이므로 지질은 물에 녹지 않고 서로 뭉쳐진다. 인지질은 1개의 지방산이 친수성 인산기로 치환되었으며, 이로 인해 인지질은 자발적으로 생체막의 기본 구조인 2중층을 형성할 수 있다.

- 물에서 트라이글리세라이드는 불용성 방울을 형성하는 반면에 인지질은 어떻게 막을 형성할 수 있을까?

핵심 개념 요약

2.1 탄소: 생체 분자들의 골격

모든 생체 분자들의 골격인 탄소는 4개의 공유결합을 형성하여 긴 사슬을 만들 수 있다. 탄화수소는 탄소와 수소로 이루어져 있으며 이들 결합은 상당한 에너지를 저장한다.

■ 작용기에 따라 분자의 특성을 설명할 수 있다

작용기는 독립적인 작은 분자이며 이들이 부착되면 탄화수소는 특별한 화학적 특성을 가진다.

탄소와 수소는 비슷한 전기음성도를 가지므로 C—H 결합은 비극성이다. 산소와 질소는 큰 전기음성도를 가지므로 극성 결합이다.

■ 이성질체는 분자식은 같지만 다른 구조를 가진다

구조이성질체는 실험식은 동일하지만 서로 다른 구조를 가지는 분자이다. 입체이성질체는 작용기들(groups)이 어떻게 부착되는지에 따라 달라진다. 거울상이성질체는 거울상의 입체이성질체를 가진다.

■ 생체 거대분자에는 탄수화물, 핵산, 단백질, 지질이 있다

대부분의 중요한 생체 거대분자들은 단량체로 이루어진 긴 사슬의 중합체이다. 생체 중합체는 두 단량체로부터 물(H와 OH)이 제거되어 형성되며(축합반응), 이들에 물이 첨가되면 분해된다(가수분해반응).

2.2 탄수화물: 에너지 저장과 구조적 분자

탄수화물의 구조식은 $(CH_2O)_n$이며, 이들은 에너지 저장과 구조 분자로 이용된다.

■ 단당류는 가장 단순한 탄수화물이다

당은 3개 또는 그 이상의 탄소 원자를 포함한다. 예를 들어, 글리세르알데하이드는 3개의 탄소, 디옥시리보스는 5개의 탄소, 그리고 포도당은 6개의 탄소를 가진다.

■ 당은 이성질체를 가진다

6개 탄소를 가지는 당의 일반 화학식은 $C_6H_{12}O_6$이며, 이들은 많은 이성질체를 가질 수 있다. 생명계는 이성질체를 다른 형태로 전환할 수 있는 효소를 가지고 있다.

■ **2당류는 식물의 수송 분자이고, 동물의 영양 공급원이다**

식물은 식물체 내의 수송을 위해서 포도당을 2당류인 설탕으로 전환한다. 포유류 암컷은 새끼에게 영양분을 공급하기 위해 2당류인 젖당을 생산한다.

■ **다당류는 에너지 저장과 구조적 성분을 제공한다**

포도당은 3가지 중요한 중합체인 글리코겐(동물) 그리고 녹말과 셀룰로스(식물)를 생성하는 데 이용된다. 키틴은 절지동물과 균류의 구조 형성 물질이다.

2.3 핵산: 정보 분자

DNA와 RNA는 뉴클레오타이드 단량체들로 이루어진 중합체이다. 세포는 유전정보의 저장과 전달을 위해 핵산을 이용한다.

■ **핵산은 뉴클레오타이드의 중합체이다**

핵산은 4종류의 뉴클레오타이드 염기들을 포함한다. DNA에서는 아데닌, 구아닌, 사이토신, 그리고 타이민이며, RNA에서는 타이민 대신 유라실이다.

■ **DNA는 유전정보를 저장한다**

DNA는 아데닌과 타이민 그리고 구아닌과 사이토신이 결합하는 특정 염기쌍에 의해 서로 붙잡고 있는 2중나선 모양으로 존재한다. 핵산 염기서열은 유전암호를 구성한다.

■ **RNA는 세포에서 많은 역할을 한다**

RNA는 DNA 복제에 의해 만들어지며, 이들은 DNA 정보를 전달하고 리보솜의 일부를 형성한다. 또한 RNA는 효소로 작용할 수 있으며 유전자 발현에 영향을 준다.

■ **다른 형태의 핵산들은 에너지 반응의 필수 성분이다**

ATP 가수분해는 세포가 이용할 수 있는 에너지를 생성한다. NAD^+와 FAD는 세포내 과정에서 전자를 전달한다.

2.4 단백질: 다양한 구조와 기능을 가지는 분자

대부분의 효소들은 단백질이며 방어, 수송, 이동, 조절의 역할을 한다.

■ **단백질은 아미노산의 중합체이다**

아미노산은 펩타이드결합으로 서로 연결되어 폴리펩타이드를 생성한다. 20가지 아미노산들은 그들의 특성을 결정하는 R기에 따라 화학적 특징을 가진다.

■ **단백질 구조는 4단계로 구분된다**

단백질 구조는 1차(아미노산 서열), 2차(수소결합 패턴), 3차(3차원 접힘), 4차(2개 이상의 폴리펩타이드들 사이의 조립)로 구분된다.

■ **모티프와 도메인은 단백질의 구조 요소이다**

모티프는 여러 단백질들에서 발견되는 비슷한 구조이다. 이들은 접힘, 주름, 또는 원통 형태를 가진다. 도메인은 기능적인 소단위 또는 3차구조의 영역이다.

■ **단백질 접힘 과정은 샤페론 단백질에 의존한다**

샤페론 단백질은 단백질 접힘에 도움을 준다. 열충격 단백질은 샤페론 단백질의 한 예이다.

■ **적절하지 않게 접힌 단백질은 질병을 유발한다**

일부 낭포성 섬유증과 알츠하이머병은 잘못 접힌 단백질들과 관련성이 있다.

■ **변성은 단백질을 비활성화한다**

변성은 단백질의 4차구조가 풀림을 의미하며, 이때 단백질의 기능은 파괴된다. 이처럼 풀린 단백질은 정상적인 환경에서 다시 접히고 기능을 회복한다. 따라서 단백질의 1차구조는 3차구조에 강력하게 영향을 준다.

해리는 단백질의 4차구조를 이루는 소단위가 분리되는 것을 의미하며, 이때 소단위들의 3차구조는 변화되지 않는다.

2.5 지질: 소수성 분자

지질은 비극성 C−H 결합의 비율이 높기 때문에 물에 녹지 않는다.

■ **지방은 지방산과 글리세롤로 이루어져 있다**

대부분의 지질은 3개의 지방산이 1개의 글리세롤 분자에 결합된 트라이글리세라이드로 존재한다. 포화지방산은 최대 수의 수소 원자를 포함하며, 불포화지방산은 탄소 원자들 사이에 1개 이상의 2중결합을 포함한다.

■ **지방은 탁월한 에너지 저장 물질이다**

지방은 탄수화물보다 C−H 결합의 수가 2배이므로 지방 산화(9 kcal/g)는 탄수화물 산화(4 kcal/g)보다 더 많은 에너지를 생성한다. 이러한 이유로 과잉의 탄수화물은 지방으로 전환되어 저장된다.

■ **인지질은 세포막을 형성한다**

인지질은 2개의 지방산과 1개의 인산기가 글리세롤에 부착되어 있다. 인지질 2중층 막의 인산기 머리는 친수성으로 막의 두 면을 형성하고 소수성 꼬리는 안쪽에 위치한다.

연습문제

■ 1단계: 이해력 확인하기

1. 중합체들은 다수의 단량체로부터 어떻게 형성되는가?
   a. 탄소원자의 사슬 성장
   b. −OH기와 수소 원자의 제거
   c. −OH기와 수소 원자의 첨가
   d. 수소결합의 형성

2. 탄수화물이 에너지 저장에서 중요한 분자인 이유는 무엇인가?
   a. 탄수화물의 C−H 결합이 에너지를 저장한다.
   b. 탄소와 산소 사이의 2중결합이 매우 강하다.
   c. 산소 원자의 전기음성도로 인해 탄수화물이 많은 극성결합을 가진다.
   d. 세포의 수용액 환경에서 고리 구조를 형성할 수 있다.

3. 식물세포는 __________ 형태로 에너지를 저장하고, 동물세포는 __________ 형태로 에너지를 저장한다.

a. 과당; 포도당
b. 2당류; 단당류
c. 셀룰로스; 키틴
d. 녹말; 글리코젠

4. RNA 분자의 일부를 발견할 수 있는 탄수화물은 무엇인가?

a. 갈락토스
b. 디옥시리보스
c. 리보스
d. 포도당

5. DNA 또는 RNA 중합체를 형성하는 단위체는 무엇인가?

a. 단당류
b. 뉴클레오타이드
c. 아미노산
d. 지방산

6. 셀룰로스가 녹말과 다른 점은 무엇인가?

a. 녹말은 식물세포에 의해 만들어지고 셀룰로스는 동물세포에 의해 만들어진다.
b. 셀룰로스는 긴 섬유를 형성하고 녹말은 높은 분지성을 갖는다.
c. 녹말은 물에 녹지 않고 셀룰로스는 물에 녹는다.
d. a, b, c 모두 맞다.

7. 단백질을 구성하는 단위체는 무엇인가?

a. 단당류
b. 뉴클레오타이드
c. 아미노산
d. 지방산

8. 트라이글리세라이드는 __________ 로 이루어진 __________ 의 형태이다.

a. 지질; 지방산과 포도당
b. 지질; 지방산과 글리세롤
c. 탄수화물; 지방산
d. 지질; 콜레스테롤

■ 2단계: 적용력 평가하기

1. 에너지원으로 녹말 또는 글리코젠을 이용할 수 있지만 셀룰로스는 이용할 수 없다. 그 이유는 무엇인가?

a. 녹말과 셀룰로스는 유사한 구조를 가지고 있다.
b. 셀룰로스와 글리코젠은 유사한 구조를 가지고 있다.
c. 녹말과 글리코젠은 유사한 구조를 가지고 있다.
d. 우리 몸은 녹말을 만들 수 있지만 셀룰로스는 만들 수 없다.

2. 다음 중 DNA와 RNA의 차이점이 아닌 것은 무엇인가?

a. 디옥시리보스 당과 리보스 당
b. 타이민과 유라실
c. 2중가닥과 단일가닥
d. 인산디에스터 결합과 수소결합

3. 아미노산의 부위 중 단백질의 전체 구조에 가장 큰 영향을 주는 것은 무엇인가?

a. 아미노기($-NH_2$)
b. R기
c. 카복실기($-COOH$)
d. 아미노기($-NH_2$)와 카복실기($-COOH$)

4. 단백질에서 하나의 아미노산이 바뀐 돌연변이는 단백질의 어떤 구조를 바꿀 수 있는가?

a. 1차구조
b. 2차구조
c. 3차구조
d. 1차, 2차, 3차구조

5. 두 가지 다른 단백질이 동일한 도메인을 가진다면 이들로부터 알 수 있는 것은 무엇인가?

a. 동일한 1차구조를 가진다.
b. 유사한 기능을 가진다.
c. 매우 다른 기능을 가진다.
d. 1차구조는 같지만 기능은 다르다.

6. 트라이글리세라이드 구조의 어떤 측면이 물에 녹지 않도록 하는가?

a. 지방산의 COOH기
b. 지방산의 비극성 $C-H$ 결합
c. 글리세롤의 OH기
d. 불포화지방산에서 발견되는 $C=C$ 결합

7. 수용액 환경에서 지질 2중층의 자발적인 형성이 일어나는 이유는 무엇인가?

a. 인지질의 극성 머리가 물 분자와 상호작용을 할 수 있다.
b. 인지질의 긴 지방산 꼬리가 물 분자와 상호작용을 할 수 있다.
c. 인지질의 지방산 꼬리가 소수성이다.
d. a와 c 모두 맞다.

■ 3단계: 사고력 함양하기

1. 4가지 생체 거대분자들의 차이점은 무엇인가? 그리고 이들의 구조와 기능은 어떤 관련성이 있는가?
2. 수소결합과 소수성 상호작용은 생체 거대분자를 조직화하고 안정화하는 데 중요한 역할을 한다. 이들이 어떻게 거대분자의 형태와 기능에 영향을 주는지 설명하시오. 그리고 수소결합이 끊어지면 형태와 기능에 주는 영향을 주는가? 또한 소수성 상호작용이 끊어지면 어떻게 되는가?
3. 식물은 녹말과 셀룰로스를 모두 생성한다. 녹말 합성에 관여하는 효소를 셀룰로스 합성에 사용할 수 있는가? 효소의 기능과 구조 그리고 중합체의 합성에 기초하여 이를 설명하시오.

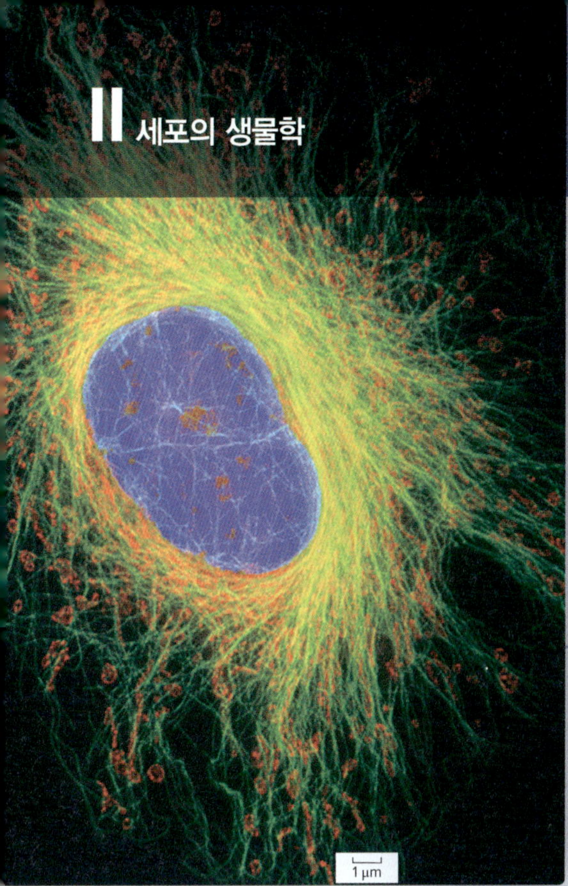

3

세포 구조

도입

모든 생물체는 세포로 구성되어 있다. 나비의 비단 날개는 얇은 세포 층이며 우리 눈의 반짝이는 외층도 마찬가지이다. 우리가 먹는 고기 또는 토마토 역시 세포로 구성되어 있으므로 그 내용물은 곧 세포의 일부가 된다. 어떤 생물체는 육안으로 볼 수 없는 아주 작은 1개의 세포로 구성된다. 인간과 같은 다른 생물들은 형광 현미경 사진에 보이는 섬유아세포 같은 많은 특성화된 세포로 구성된다. 세포는 생명체의 큰 부분이므로 우리는 사실상 세포가 아닌 생물체를 상상할 수 없다. 이번 장에서는 세포의 내부 구조를 자세히 살펴본다. 4~8장에서는 세포가 실제로 환경과 소통하고, 성장하고, 분열하는 세포 활동에 초점을 맞추어 알아본다.

3.1 세포론

학습 목표

1. 세포이론에 대해 설명할 수 있다.
2. 세포 크기를 제한하는 요인을 서술할 수 있다.
3. 세포의 구조적 및 기능적 유사성을 분류할 수 있다.

세포는 너무 작아서 사람의 눈으로 볼 수 없다. 예외가 있지만, 일반적인 진핵세포의 지름은 10~100 μm이고 대부분의 원핵세포는 지름이 1~10 μm에 불과하다.

이런 이유로, 17세기에 현미경이 발명되기 전까지 세포는 발견되지 않았다. 영국의 자연철학자인 훅(Robert Hooke)은 1665년에 처음으로 코르크 세포를 관찰하며, *cellulae*(라틴어로 작은 방이라는 뜻)라고 명명하였다. 이후 이것은 우리에게 **세포**(cell)로 알려졌다. 또 다른 초기 현미경학자인 네덜란드의 레벤후크(Anton van Leeuwenhoek)는 처음으로 살아있는 세포를 관찰했는데, 이를 미소동물(animalcules, 작은 동물)이라고 불렀다. 이러한 초기 노력 끝에 생물학자들이 세포의 중요성을 완전히 인식하기까지 한세기 반이 걸렸다. 1838년 독일의 식물학자 슐라이덴(Matthias Schleiden)은 모든 식물이 “완전히 개별화되고 독립적이며 분리된 존재, 즉 세포 자체의 집합체"라고 했다. 1839년 독일의 생리학자 슈반(Theodor Schwann)은 모든 동물 조직도 개별 세포로 구성되어 있다고 보고하며, 세포론이 탄생하였다.

세포론은 세포 생물학의 통합 기반이다

세포론은 모든 생물체가 세포로 구성되어 있다는 관찰을 설명하기 위해 제안되었다. 간단하게 들리지만, 생명체의 구성에 대한 광범위한 이론이다.

현대의 세포이론은 다음 세 가지 원칙으로 정리되었다.

1. 모든 생물은 하나 혹은 그 이상의 세포로 구성되며, 생명 활동에 필요한 대사 및 유전은 이 세포 내에서 일어난다.
2. 세포는 가장 작은 생물의 구성단위이다.
3. 모든 세포는 이미 존재하는 세포의 분열로부터 생긴다.

생명체는 초기 지구의 환경에서 자연적으로 진화했을 가능성이 있지만, 생물학자들은 현재 자연적으로 발생하는 추가 세포는 없다고 결론지었다. 오히려 지구상의 생명체는 초기 세포로부터 연속적으로 계승되었다.

세포의 크기는 제한적이다

대부분의 세포는 세포 내부와 외부의 물질 확산 때문에 비교적 크기가 작다. 확산 속도는 (1) 확산에 이용 가능한 표면적, (2) 온도, (3) 확산 물질의 농도 차, (4) 확산이 발생해야 하는 거리 등 여러 변수에 의해 영향을 받는다. 세포의 크기가 증가함에 따라 외막으로부터 세포 내부로의 확산 시간도 증가한다. 큰 세포는 더 많은 거대 분자를 합성하고, 이에 따라 더 많은 에너지가 필요하며, 더 많은 양의 노폐물이 생성된다. 에너지와 생합성에 사용되는 분자는 막을 통해 전달되어야 하며, 생성된 대사 노폐물 또한 막을 통과하여 제거되어야 한다. 이 이동 속도는 막까지의 거리와 이용 가능한 막의 표면적에 따라 달라진다. 이러한 이유로, 비교적 작은 세포로 구성된 생물체가 더 적은 수의 큰 세포로 구성된 생물체보다 유리하다.

작은 세포 크기의 이점은 **표면적-대-부피 비율**(surface area-to-volume ratio) 면에서 명백하다. 세포의 크기가 증가함에 따라 부피는 표면적보다 훨씬 더 빠르게 증가한다. 구형 세포의 경우 표면적은 반지름의 제곱에 비례하는 반면, 부피는 반지름의 세제곱에 비례한다. 따라서 두 세포의 반지름이 10배 차이가 나면, 큰 세포는 작은 세포에 비해 표면적은 10^2(100배), 부피는 10^3(1000배)가 된다(**그림 3.1**).

모든 물질이 세포 표면을 통해 들어오고 나가기 때문에 세포 표면은 환경과 상호작용할 수 있는 유일한 장소이다. 세포를 둘러싸고 있는 막은 세포 기능을 조절하는 데 중요한 역할을 한다. 작은 세포는

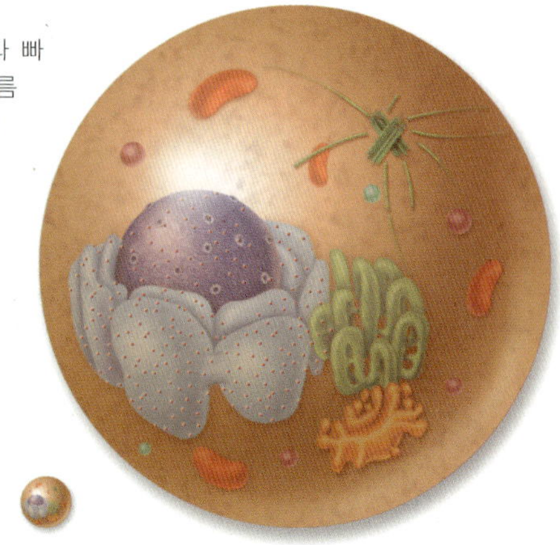

그림 3.1 표면적-대-부피 비율. 세포가 커질수록 부피가 표면적보다 빠른 속도로 증가한다. 만약 세포 반지름이 10배 증가하면 표면적은 100배 증가하지만 부피는 1000배 증가한다. 세포의 표면적은 부피의 대사 요구를 충족할 수 있을 만큼 충분히 커야한다.

세포 반지름(r)	r	10 r
표면적($4\pi r^2$)	12.57 r^2	1257 r^2
부피($\frac{4}{3}\pi r^3$)	4.189 r^3	4189 r^3
표면적 / 부피	3	0.3

큰 세포보다 부피 단위당 표면적이 더 크기 때문에 세포 내용물을 조절하는 것은 세포가 상대적으로 작을 때 더 효과적이다.

대부분의 세포는 작지만 꽤 큰 세포도 존재한다. 이러한 세포는 하나 혹은 그 이상의 적응 메커니즘을 통해 표면적-대-부피 문제를 극복하고 있다. 예를 들어, 골격근세포와 같은 일부 세포는 유전정보가 큰 세포 주위로 충분히 퍼질 수 있도록 하나 이상의 핵을 가지고 있다. 뉴런과 같은 또 다른 큰 세포는 가늘고 길기 때문에 세포 내의 어떤 지점이든 세포막에 가깝고, 이는 세포 내부와 외부 사이의 확산이 빠르게 이루어질 수 있도록 한다.

현미경을 통해 세포와 구성 요소를 볼 수 있다

난자세포 외에는 육안으로 볼 수 있는 세포가 많지 않다(**그림 3.2**). 대부분은 지름이 50 μm 미만이며 이 문장의 끝에 있는 마침표보다 훨씬 작다. 따라서 세포를 보려면 기술의 도움이 필요하다. 수세기에 걸친 현미경의 발달과 개선으로 우리는 세포를 더욱 자세히 탐구할 수 있게 되었다.

해상도 문제

세포가 너무 작아서 볼 수 없다면 어떻게 연구해야 할까? 핵심은 왜 우리가 볼 수 없는지를 이해해야 한다. 이러한 작은 물체를 볼 수 없는 이유는 인간의 눈은 해상도가 제한되어 있기 때문이다. 해상도는 2개의 개별 지점을 구별할 수 있는 최소한의 거리를 뜻한다. 두 물체가 약 100 μm 이내에 있을 때, 각 물체에서 반사된 빛이 눈 뒤쪽의 동일한 광수용체 세포에 닿는다. 물체가 100 μm 이상 떨어져

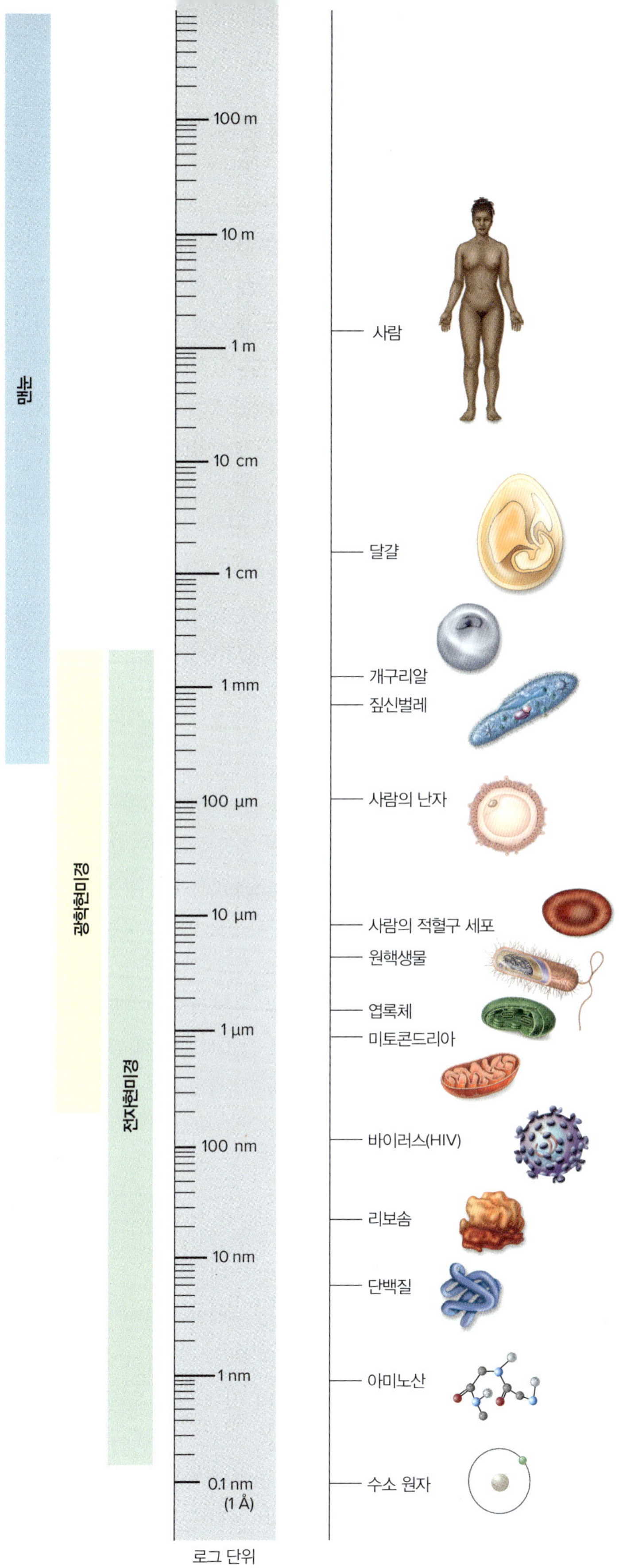

그림 3.2 세포와 구성 요소의 크기.
예외적으로 육안으로 볼 수 있는 척추동물의 알을 제외하고 대부분의 세포는 현미경으로 볼 수 있는 크기이다. 원핵세포의 크기는 일반적으로 1~10 μm이다.
$1\ m = 10^2\ cm = 10^3\ mm = 10^6\ \mu m = 10^9\ nm$

있을 때만 각각의 빛이 서로 다른 세포에 닿아 눈이 물체를 하나가 아닌 2개의 물체로 해석할 수 있다.

현미경의 종류

눈의 한계를 극복하는 한 가지 방법은 작은 물체가 크게 보이도록 배율을 높이는 것이다. 최초의 현미경 학자들은 유리 렌즈를 사용하여 작은 세포를 확대하여 인간 눈의 한계인 100 μm 보다 크게 보이게 만들었다. 유리 렌즈는 초점력을 증가시켜 물체가 더 가깝게 보이게 하기 때문에 눈 뒤에 맺히는 이미지는 렌즈가 없을 때보다 더 크게 보인다.

가시광선으로 작동하는 현대식 **광학현미경**(light microscope)은 매우 높은 배율과 선명도를 달성하기 위해 2개의 확대 렌즈(및 다양한 보정 렌즈)를 사용한다(**표 3.1**). 첫 번째 렌즈는 두 번째 렌즈에 있는 물체의 이미지에 초점을 맞추고 다시 확대하여 눈 뒤에 초점을 맞춘다. 여러 렌즈를 사용하여 단계별로 확대하는 현미경을 **복합현미경**(compound microscope)이라고 한다. 최소 200 nm로 분리된 구조를 구별할 수 있다.

광학현미경, 심지어 복합현미경도 세포 내의 많은 구조를 분석하기에는 역부족이다. 한 예로 세포막의 두께는 5 nm에 불과하다. 해상력을 높이기 위해 현미경에 또 다른 확대 단계를 추가하면 어떨까? 안타깝게도 두 물체가 수백 nm보다 가까우면 두 이미지에서 반사된 광선이 서로 겹치기 시작하므로 이 방법은 효과가 없다. 두 광선이 가까워도 겹침을 피할 수 있는 유일한 방법은 광선(beam of light) 대신 파장이 짧은 전자빔(beam of electron)을 쓰는 것이다. 전자는 훨씬 짧은 파장을 가지며, 전자빔을 사용하는 **전자현미경**(electron microscope)은 광학현미경보다 해상력이 1000배 높다. 전자가 표본을 투과하여 가시화되는 **투과전자현미경**(transmission electron microscope)은 심지어 수소 원자 지름의 2배만큼 작은 0.2 nm 떨어진 물체도 분석할 수 있다.

두 번째 전자현미경인 **주사전자현미경**(scanning electron microscope)은 전자가 표본을 투과하지 않고 표면을 주사한다. 전자를 표본에 주사하면 표본에서 반사되는 전자와 시료 표면에서 발생하는 2차 전자가 상호반응하여 표본의 표면 지형과 구성에 대한 신호를 확대, 전송하여 화면상에 3차원 이미지를 그려준다. 이 기술은 많은 생물학적 및 물리적 현상에 대한 이해도를 향상시켰다(**표 3.1**).

세포 구조 분석을 위한 염색

해상도는 물리적 한계로 남아있다 하더라도, 시료를 변경함으로써 더 나은 이미지를 얻을 수 있다. 특정 화학 염료를 이용하면 다른 세포 구성 요소 간의 대비를 증가시킨다. 세포내 구조물이 염료를 차등

표 3.1 현미경

현미경	
광학현미경	
명시야현미경(bright-field microscope): 빛은 표본을 통해 전달되므로 대비가 거의 없다. 염색 표본은 대비를 향상시키지만 세포를 고정(살아 있지 않음)해야 해서 구성 요소가 왜곡되거나 변경될 수 있다.	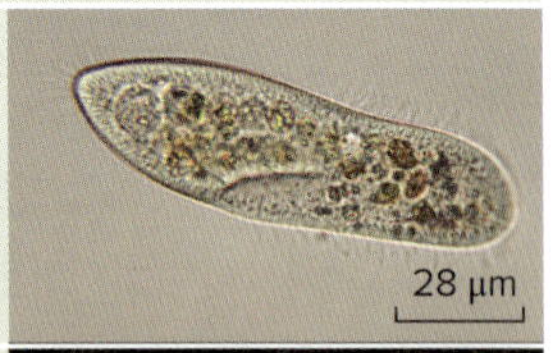
암시야현미경(dark-field microscope): 빛은 표본을 비스듬히 비춘다. 콘덴서 렌즈는 표본에서 반사된 빛만 투과한다. 시야는 어둡고 표본은 어두운 배경에 비해 밝다.	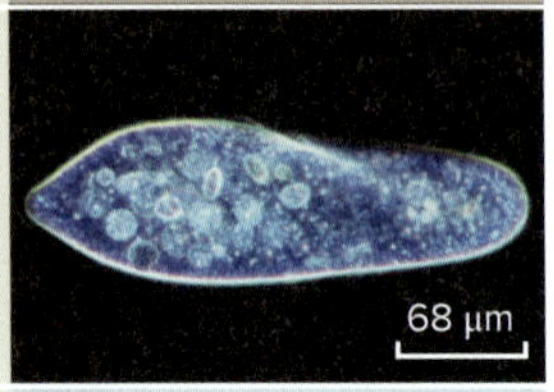
위상차현미경(phase-contrast microscope): 현미경의 구성 요소가 빛 파장을 위상에서 벗어나게 하여 빛 파장이 재결합할 때 대비와 밝기의 차이가 생긴다.	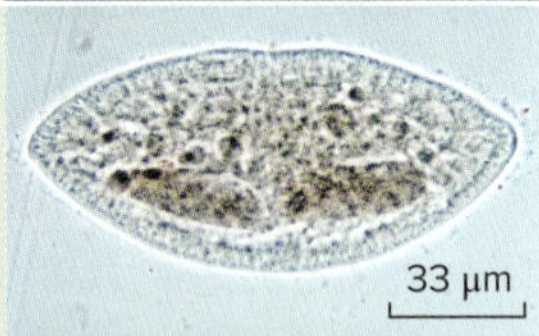
차등간섭현미경(differential-interference-contrast microscope): 편광된 빛은 시료를 통과하는 경로가 약간 다른 2개의 빔으로 분할된다. 이 두 빔을 결합하면 특히 구조물 가장자리에서 더 선명해진다.	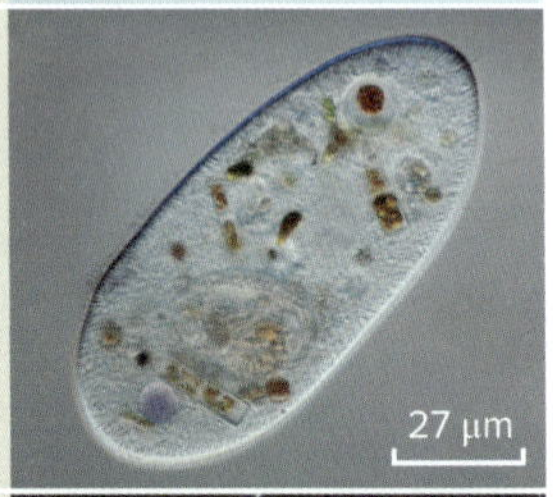
형광현미경(fluorescence microscope): 형광은 한 파장에서 빛을 흡수한 다음 다른 파장에서 방출한다. 필터는 방출된 빛만 투과시킨다.	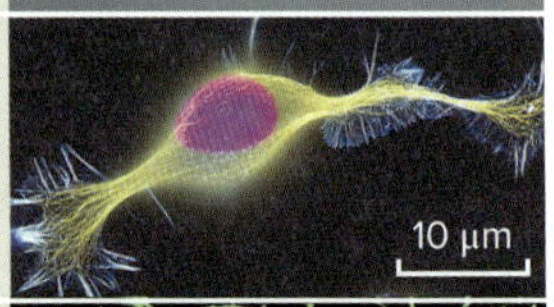
공초점현미경(confocal microscope): 레이저의 빛은 한 지점에 초점을 맞추고 형광 염색된 표본을 두 방향으로 스캔한다. 이것은 표본의 한 평면의 선명한 이미지를 생성한다. 이미지의 흐려짐을 방지하기 위해 표본의 다른 평면은 제외된다. 여러 평면을 사용하여 3D 이미지를 재구성할 수 있다.	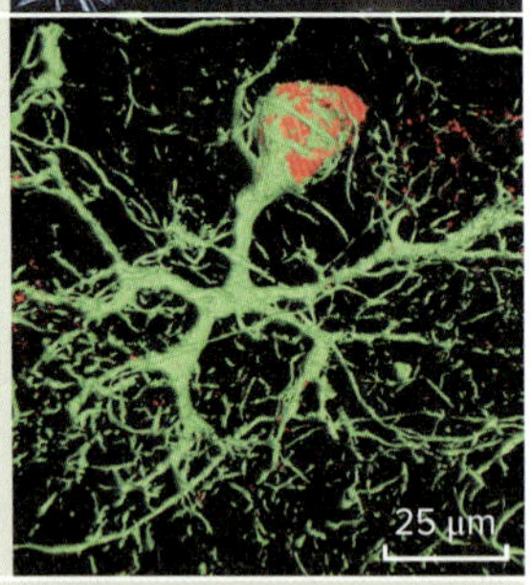
전자현미경	
투과전자현미경(transmission electron microscope): 전자빔이 표본을 통과한다. 통과하는 전자는 필름을 노출하는 데 사용된다. 전자를 산란시키는 표본 영역은 어둡게 보인다. 내부 구조가 잘 보이도록 임의의 색을 입힌다.	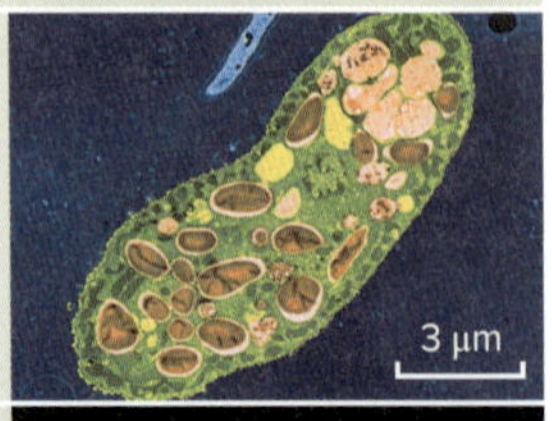
주사전자현미경(scanning electron microscope): 전자빔은 표본의 표면에 전자를 주사하여 표면 모양과 내용을 담은 입체이미지를 얻을 수 있다. 외부 구조가 잘 보이도록 임의의 색을 입힌다.	

적으로 흡수하거나 배제하여 명암을 형성하면 해상도에 도움이 된다.

특정 유형의 분자에 결합하는 염료는 이러한 기술을 더욱 발전시켰다. 예를 들어, **면역조직화학염색**(immunohistochemistry)이라는 방법은 특정 단백질에 결합하는 항체를 사용한다. 토끼나 생쥐 같은 동물에 특정 단백질을 주입하면 이런 항체가 생성되고, 이어 항체를 정제하고 화학적으로 효소나 염료, 형광 분자에 결합시킨다. 이런 항체를 포함하는 용액에서 세포를 배양하면 항체는 표적 분자를 함유하는 세포 구조에 결합하여 광학현미경으로 관찰할 수 있다. 이 접근법은 세포 구조 및 기능 분석에 광범위하게 사용되었다.

모든 세포는 간단한 구조적 특징을 공유한다

생명체마다 세포를 조직하는 데에는 차이가 있지만, 모든 세포는 기본적으로 동일한 구조적 특징을 가진다. 모든 세포는 공통적으로 (1) 유전 물질이 위치한 핵, (2) 세포질, (3) 단백질을 합성하는 **리보솜**(ribosome), (4) 원형질막을 가진다.

중앙에 위치한 유전물질

모든 세포에는 유전 분자인 DNA가 들어 있다. 가장 단순한 생물체인 **원핵생물**(prokaryote)은 대부분의 유전물질을 단일 원형 DNA에 가지고 있다. 그것은 주로 **핵양체**(nucleoid)라고 하는 세포 중심부에 위치하지만, 세포 내부의 나머지 부분과 막으로 분리되어 있지는 않다.

대조적으로 고등생물에 존재하는 진핵세포는 **핵막**(nuclear envelope)이라고 불리는 2중막 구조로 둘러싸인 핵에 DNA가 분리되어 있다. 이 둘 모두에서 DNA는 세포에서 단백질로 합성되는 유전암호를 가지고 있다(3.3절 참조).

세포질

세포질(cytoplasm)은 세포의 내부를 채우는 반유동성 기질(semifluid matrix)을 말한다. 세포질에는 세포가 일상 활동을 수행하는 데 사용하는 모든 당, 아미노산 및 단백질이 들어 있으며 단백질과 다른 고분자의 농도가 높기 때문에 물보다는 젤리에 가깝다. 세포질에 존재하는 특정 기능에 특화된 거대 분자 구조는 **소기관**(organelle)이라고 한다. 세포질에서 소기관을 제외한 유기 분자와 이온을 포함한 액상 부분을 **사이토졸**(cytosol)이라고 한다.

원형질막

원형질막(plasma membrane)은 세포를 둘러싸고 있는 경계로, 내용물을 주변과 분리한다. 원형질막은 약 5~10 nm 두께의 인지질 2중층으로 구성되며, 단백질이 그 안에 끼워 넣어져 있다. 전자현미경으로 단면을 보면 이러한 막은 밝은 영역과 구분되는 2개의 어두운 선으로 나타난다. 이 독특한 모양은 막을 구성하는 인지질 분자의 소수성 꼬리가 서로를 마주보고, 친수성 머리가 각각 세포질과 세포 외부와 접한 구조를 형성하며 만들어 진다(4장 참조).

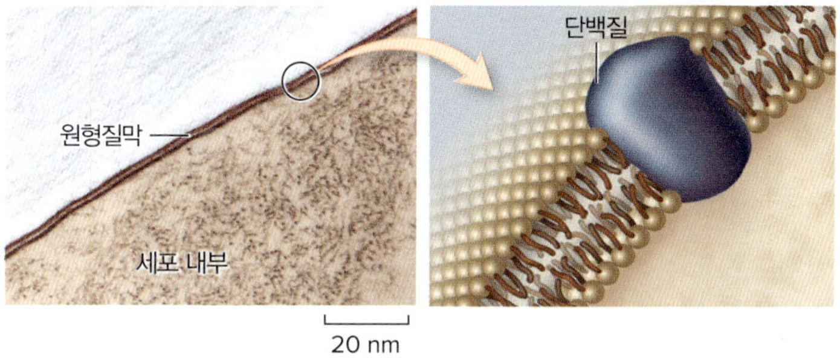

원형질막의 단백질은 일반적으로 세포가 환경과 상호작용하는 역할을 담당한다. 막 단백질은 세포의 정체성을 부여하고, 다른 세포 및 환경과의 수송 및 소통을 포함하여 다양한 기능을 제공한다. 세포 표면 분자 사이의 이러한 상호작용은 세포가 조직을 형성할 때 서로를 인식할 수 있어야 하는 다세포 생물체에서 특히 중요하다.

핵심 요약 3.1

모든 생물체는 단일 세포 또는 세포 집합체이며, 모든 세포는 기존 세포로부터 발생한다. 세포 크기는 주로 원형질막을 통한 확산 효율에 의해 제한된다. 세포가 커질수록 부피는 표면적보다 빠르게 증가한다. 세포가 너무 커지면, 확산에 의해 세포의 요구량을 충족시킬 수 없다. 모든 세포는 원형질막으로 둘러싸여 있고 세포질로 채워져 있다. 유전 물질은 세포의 중앙 부분에서 발견되고, 진핵 세포에서는 막으로 둘러싸인 핵에 들어있다.

■ 화성에서 생명체를 찾으면 세포론에 대한 우리의 관점이 바뀔까?

3.2 원핵세포

학습 목표

1. 원핵세포의 조직을 서술할 수 있다.
2. 박테리아와 고세균의 세포 유형을 구별할 수 있다.

세포를 현미경으로 살펴보면, 기본적인 세포 구조는 진핵생물과 원핵생물로 나뉜다. 이 용어는 각각 유전 물질을 함유한 핵을 둘러싼 막의 존재 유무에 따라 지칭된다. 원핵세포는 핵이 없는 것 외에도 막으로 둘러싸인 소기관이나 내부 막이 존재하지 않는다.

원핵세포는 비교적 간단한 조직을 가지고 있다

원핵생물은 가장 간단한 생물체이다. 원핵세포는 작다. 이들은 원형질막으로 둘러싸인 세포질로 구성되고, 단단한 **세포벽**(cell wall)

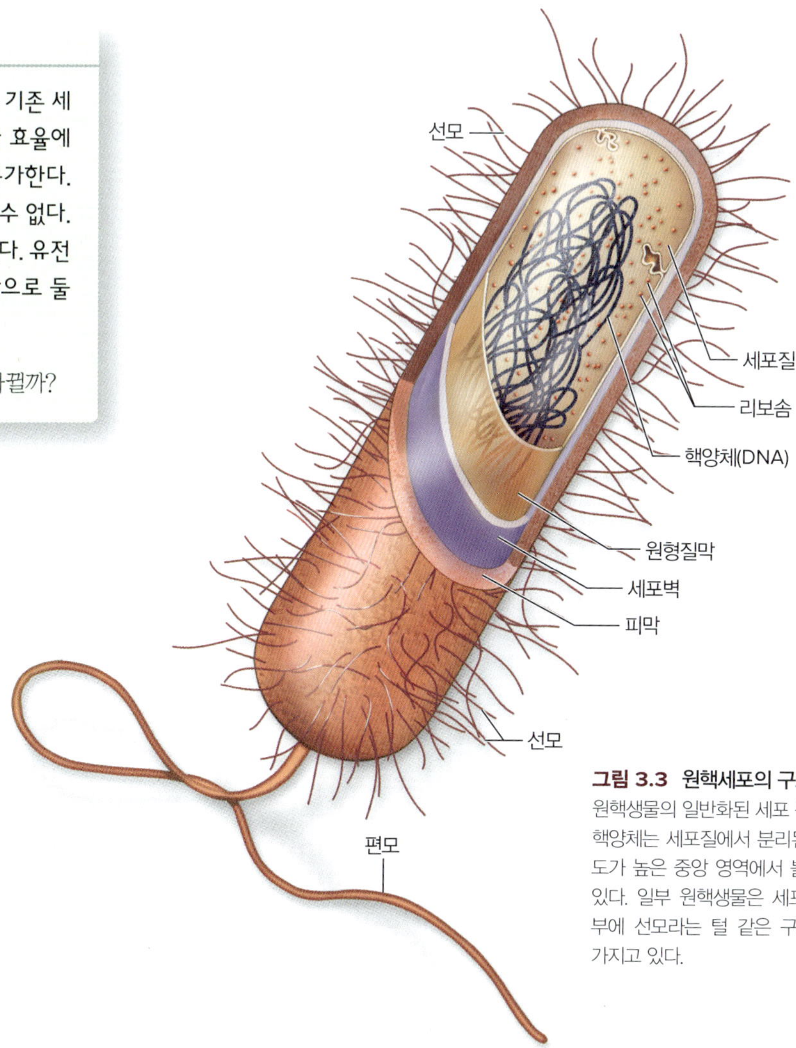

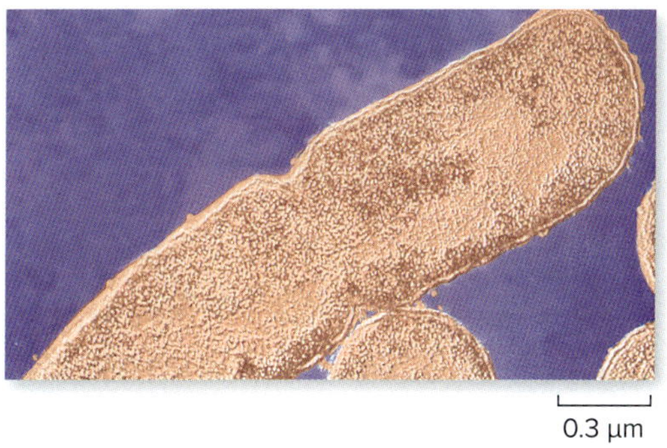

그림 3.3 원핵세포의 구조. 원핵생물의 일반화된 세포 구조. 핵양체는 세포질에서 분리된 밀도가 높은 중앙 영역에서 볼 수 있다. 일부 원핵생물은 세포 외부에 선모라는 털 같은 구조를 가지고 있다.

으로 둘러싸여 있으며, 내부 구획이 명확하게 구별되지 않는다(**그림 3.3**). 원핵세포는 한 공간에서 먹고, 자고, TV도 볼 수 있는 원룸과 같다고 볼 수 있다.

원핵생물은 살아있는 생물체의 생태에서 매우 중요하다. 일부는 광합성을 통해 빛을 이용하고 다른 일부는 죽은 생물체를 분해하고 구성 성분을 재활용한다. 또 다른 원핵생물은 질병을 일으키거나 많은 중요한 산업 공정에서 사용되기도 한다. 원핵생물은 크게 2가지(고세균과 박테리아)로 분류할 수 있다.

? **탐구문제** 세포를 최대한 크게 만들려면 어떤 것을 변형해야 하겠는가?

원핵세포는 단백질 합성을 수행하는 **리보솜**(ribosome) 같은 소기관은 포함하지만, 진핵세포에서 발견되는 대부분의 막으로 둘러싸인 소기관은 존재하지 않는다. 또한 원핵생물은 진핵생물에서 발견되는 정교한 세포골격(cytoskeleton)이 없다고 오랫동안 생각되어 왔다. 하지만, 현재는 세포골격 구성요소(3.6절 참조) 중 액틴 및 튜불린과 관련된 단백질을 원핵생물에서 발견했다. 세포의 모양과 단단함은 세포골격이 아니라 세포벽에 의해 결정되지만(**그림 3.3**), 세포벽 구조는 세포골격에 의해 영향을 받는다. 예를 들어, 액틴 유사섬유인 MreB가 길쭉한 세포벽 섬유를 유지해주어 막대 모양의 세포를 만들어 준다. 이 MreB 단백질을 제거하면 세포가 막대 모양이 아니라 구형이 된다. 세포분열 동안, 세포벽 재배치는 튜불린 유사단백질인 FtsZ의 영향을 받는다(8장 참조).

원핵세포의 원형질막은 진핵세포 소기관의 기능 중 일부를 수행한다. 예를 들어, 광합성 박테리아인 남세균 프로클로론(*Prochloron*)은 원형질막이 수없이 접어져서 세포 내부까지 뻗어있다(**그림 3.4**). 이러한 막 접힘(membrane folding)은 광합성에 관련된 박테리아 색소를 포함하고 있다. 진핵 식물세포에서, 광합성 색소는 엽록체의 내부 막에서 발견된다.

원핵세포는 막으로 둘러싸인 세포 소기관을 가지고 있지 않기 때문에, DNA나 효소, 다른 세포질 구성 성분은 세포의 모든 부분에 접근할 수 있다. 원핵생물은 진핵생물처럼 구획화되어 있지 않기 때문에 원핵생물 전체가 하나의 단위로써 반응한다.

박테리아 세포벽은 펩타이도글리칸으로 구성된다

대부분의 박테리아 세포는 강한 **세포벽**(cell wall)으로 둘러싸여 있다. 세포벽은 짧은 폴리펩타이드 단위에 의해 교차결합된 탄수화물 기질(당의 중합체)인 **펩타이도글리칸**(peptidoglycan)으로 구성된다. 세포벽은 세포를 보호하고 모양을 유지하며 과도한 수분 흡수 또

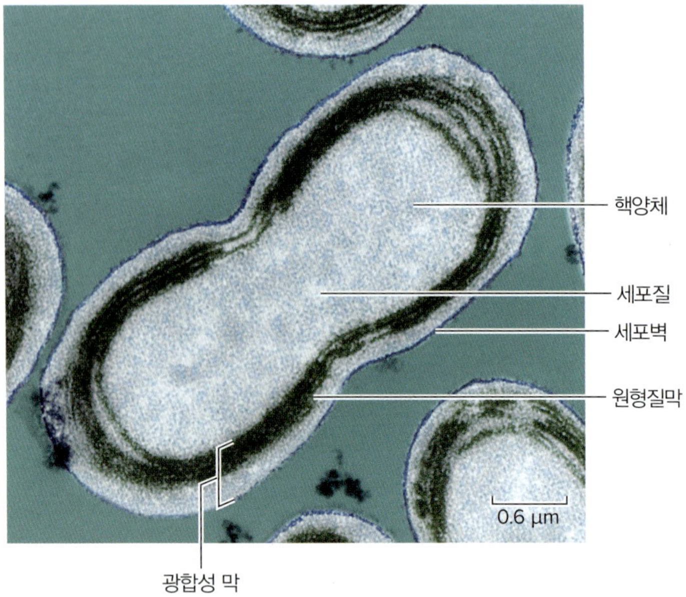

그림 3.4 광합성 박테리아 세포의 전자현미경 사진.
프로클로론 세포의 광범위하게 접힌 광합성 막이 전자현미경 사진에서 녹색으로 표시되었다.

는 손실을 방지한다. 예외적으로 마이코플라스마(*Mycoplasma*)속을 포함하는 몰리쿠테스강(Mollicutes)은 세포벽을 가지고 있지 않다. 식물, 곰팡이 및 대부분의 원생생물은 세포벽을 가지고는 있지만, 화학적 구조가 펩타이도글리칸과는 다르다.

항생제에 대한 박테리아의 민감성은 종종 세포벽의 구조에 따라 다르다. 예를 들어, 페니실린과 반코마이신은 박테리아가 펩타이도글리칸 세포벽에서 펩타이드를 교차결합시키는 능력을 파괴한다. 목조 주택에서 모든 못을 제거하는 것과 마찬가지로 이것은 기질의 견고함을 파괴하여 물이 들어와 세포가 터질 때까지 팽창하는 것을 막을 수 없다.

일부 박테리아는 세포 주위에 젤리 같은 다당류 보호 캡슐(피막)을 분비한다. 많은 질병을 일으키는 박테리아에는 이러한 캡슐이 있어 치아, 피부, 음식 또는 생존할 수 있는 거의 모든 표면에 붙을 수 있다.

고세균은 특이한 막지질을 가지고 있다

고세균의 생리와 구조는 여전히 연구 중이다. 이런 생물체의 대부분은 실험실에서 배양하기가 어렵기 때문에 아직 자세히 연구되지 않았다. 따라서 다른 특징보다 유전자 구성에 대해서 더 잘 알려져 있다.

고세균의 세포벽은 다당류와 단백질, 심지어는 무기물(inorganic components)을 포함하는 다양한 화학물로 구성되어 있다. 고세균과 박테리아를 구별하는 일반적인 특징은 막 지질의 특성이다. 고세균 지질의 화학적 구조는 박테리아의 지질과는 확연히 다르며, 포화 탄

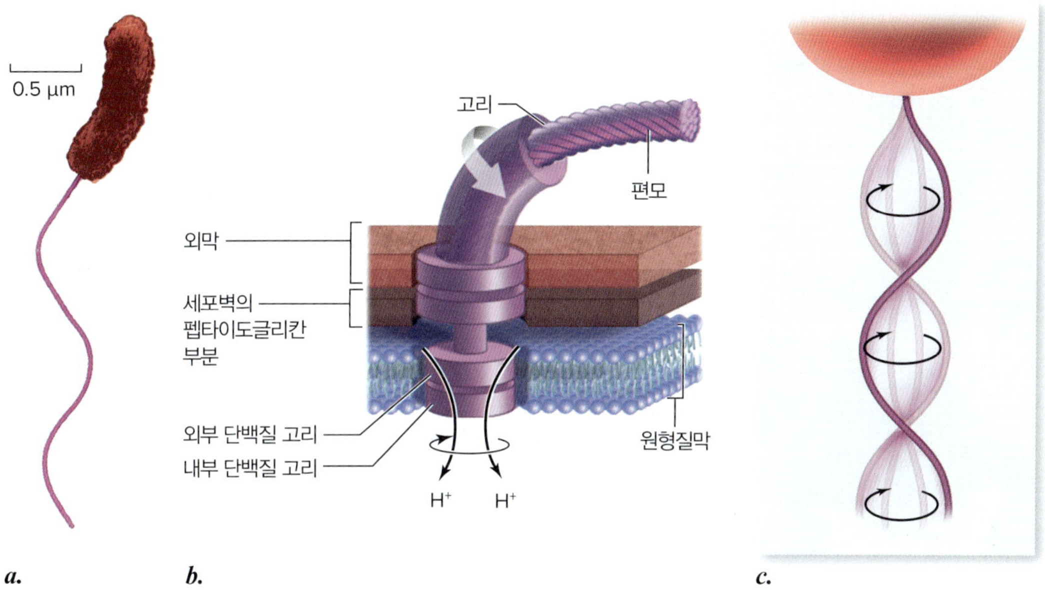

그림 3.5 일부 원핵생물은 편모를 회전시켜 움직인다.
a. 심각한 질환인 콜레라를 일으키는 미생물인 비브리오 콜레라. *b.* 박테리아 편모는 복잡한 구조이다. 양성자 농도 기울기에 의해 구동되는 운동 단백질은 원형질막에 고정되어 있다. 세포벽에는 2개의 고리가 있다. 운동 단백질은 전체 구조를 회전시킨다. *c.* 편모가 회전함에 따라 구조 아래로 나선형 물결이 생성된다. 이것은 세포를 앞으로 나아가게 한다. (역자 주: 진핵생물체의 편모는 튜불린으로 구성되어 있고 채찍처럼 움직이는 데 반해, 원핵생물의 편모는 플라젤린으로 구성되어 있고 프로펠러처럼 움직인다.)

화수소의 양쪽 끝에 글리세롤이 공유결합하여 양쪽 모두 친수성을 띠어 단층으로 이루어진 세포막을 갖는다. 이러한 특징 때문에 고세균 막은 높은 열안정성을 보이지만, 탄화수소의 포화도를 변화시키지는 못한다. 즉, 고세균은 환경의 온도 변화에 적응할 수 없음을 의미한다.

고세균에서 DNA를 복제하고 단백질을 합성하는 세포기작(cellular machinery)은 박테리아보다는 진핵생물 시스템에 가깝다. 고세균의 전반적인 세포 구조는 원핵생물과 유사하다 하더라도 분자 기반은 진핵생물과 더 밀접하게 관련되어 있다.

일부 원핵생물은 편모를 회전시켜 움직인다

편모(flagella)는 세포 표면에서 튀어 나온 길고 실 모양의 구조로 세포의 이동에 사용된다. 원핵생물 편모는 세포로부터 뻗어나온 섬유 단백질이다. 종에 따라 세포당 하나 혹은 그 이상이 있을 수도 있고 없을 수도 있다. 박테리아는 나사 같은 편모를 회전시켜 초당 최대 세포 70개의 길이의 속도로 헤엄칠 수 있다(**그림 3.5**). 회전 모터는 원형질막을 통과하는 양성자의 농도 기울기에 따른 이동을 통해 생성된 에너지를 사용한다. 흥미롭게도, 동일한 원리(양성자 농도 기울기에 따른 에너지 생산)가 진핵생물의 미토콘드리아와 엽록체에서 ATP를 합성하는 효소에 의해 사용된다(5장과 6장 참조).

핵심 요약 3.2

원핵생물은 복잡한 내부 조직을 가지고 있지 않은 작은 세포이다. 원핵생물은 크게 고세균과 박테리아로 분류된다. 박테리아의 세포벽은 펩타이도글리칸으로 구성되어 있으며, 이는 고세균에서는 발견되지 않는다. 고세균은 다양한 다당류와 펩타이드뿐만 아니라 특이한 지질을 함유하는 막으로 만들어진 세포벽이 있다. 일부 박테리아는 편모를 회전시켜 이동한다.

■ 박테리아와 고세균은 어떤 특징을 공유할까?

3.3 진핵세포

학습 목표

1. 진핵세포와 원핵세포의 구조를 비교할 수 있다.
2. 진핵세포에서 핵의 역할에 대해 설명할 수 있다.
3. 단백질 합성에서 리보솜의 역할을 서술할 수 있다.

진핵세포(**그림 3.6**과 **3.7**)는 원핵세포보다 훨씬 더 복잡하다. 진핵세포의 대표적 특징은 구획화(compartmentalization)이다. 이것은 세포 내부와 수많은 소기관에 의해 구성된 복잡한 **세포내막계**(endomembrane system)가 합쳐서 이루어진다. 이들 소기관은 다양

그림 3.6 동물세포의 구조.
대략적인 동물세포 그림에서 원형질막은 세포를 둘러싸고 있으며, 세포골격과 다양한 세포 소기관 및 내부 구조가 세포질이라고 하는 반유체 기질에 떠 있다. 어떤 종류의 동물세포에는 미세융모(microvilli)라고 하는 손가락 모양의 돌기가 있다. 다른 유형의 진핵세포(예. 많은 원생생물 세포)에는 움직임을 돕는 편모 또는 다양한 기능을 가지는 섬모가 있다.

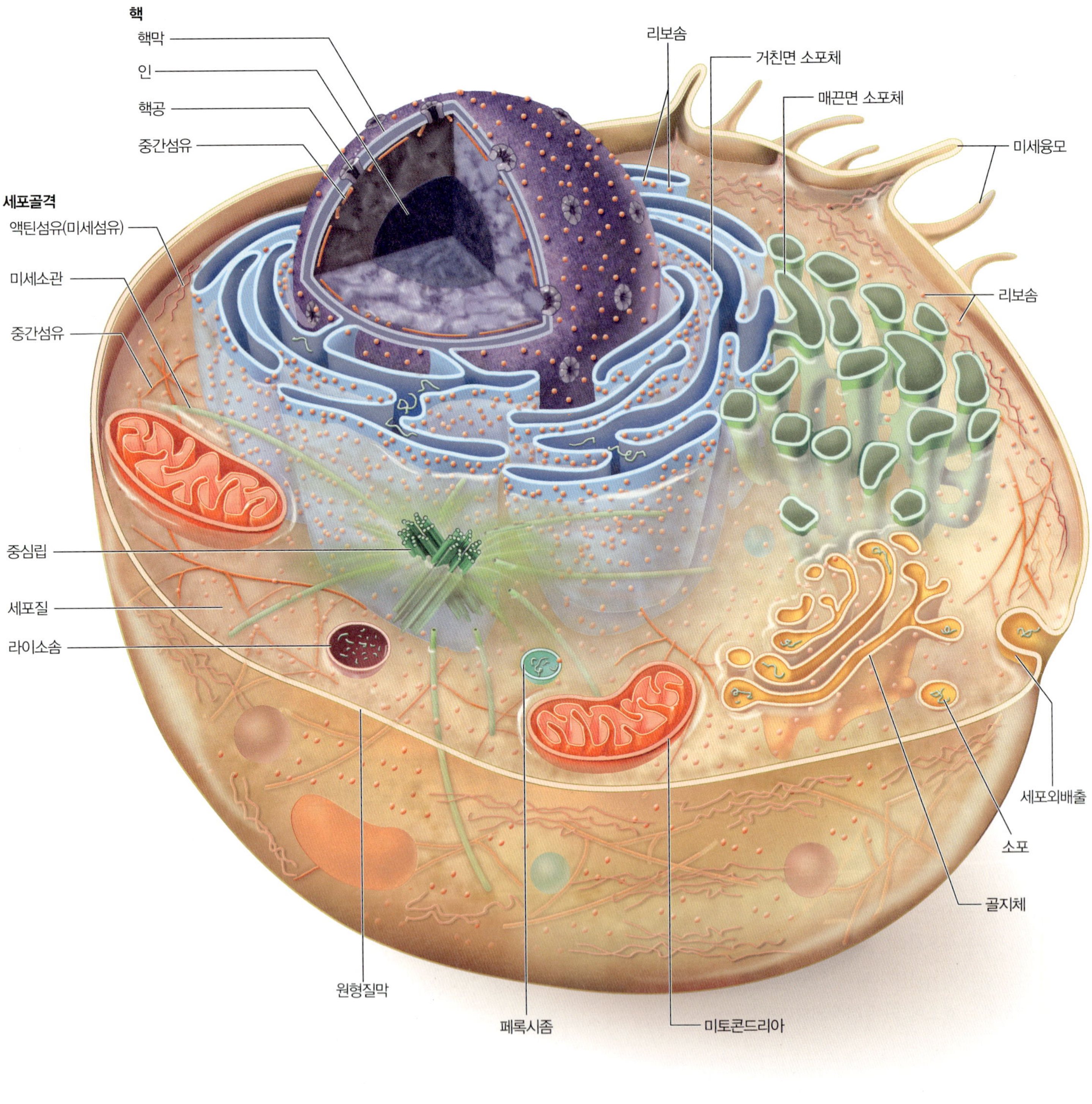

그림 3.7 식물세포의 구조.
대부분의 성숙한 식물세포에는 세포 내부 부피의 대부분을 차지하는 큰 중심 액포와 광합성이 일어나는 엽록체라는 소기관이 있다. 식물, 곰팡이, 일부 원생생물의 세포는 세포벽을 가지고 있지만 벽의 구성은 그룹마다 다르다. 식물세포는 원형질연락사(plasmodesmata)라고 하는 세포벽의 구멍을 통해 서로의 세포질이 연결된다. 편모는 몇 가지 식물 종의 정자를 제외하고는 식물이나 곰팡이 세포에서 발견되지 않는다. 중심립도 일반적으로 없다.

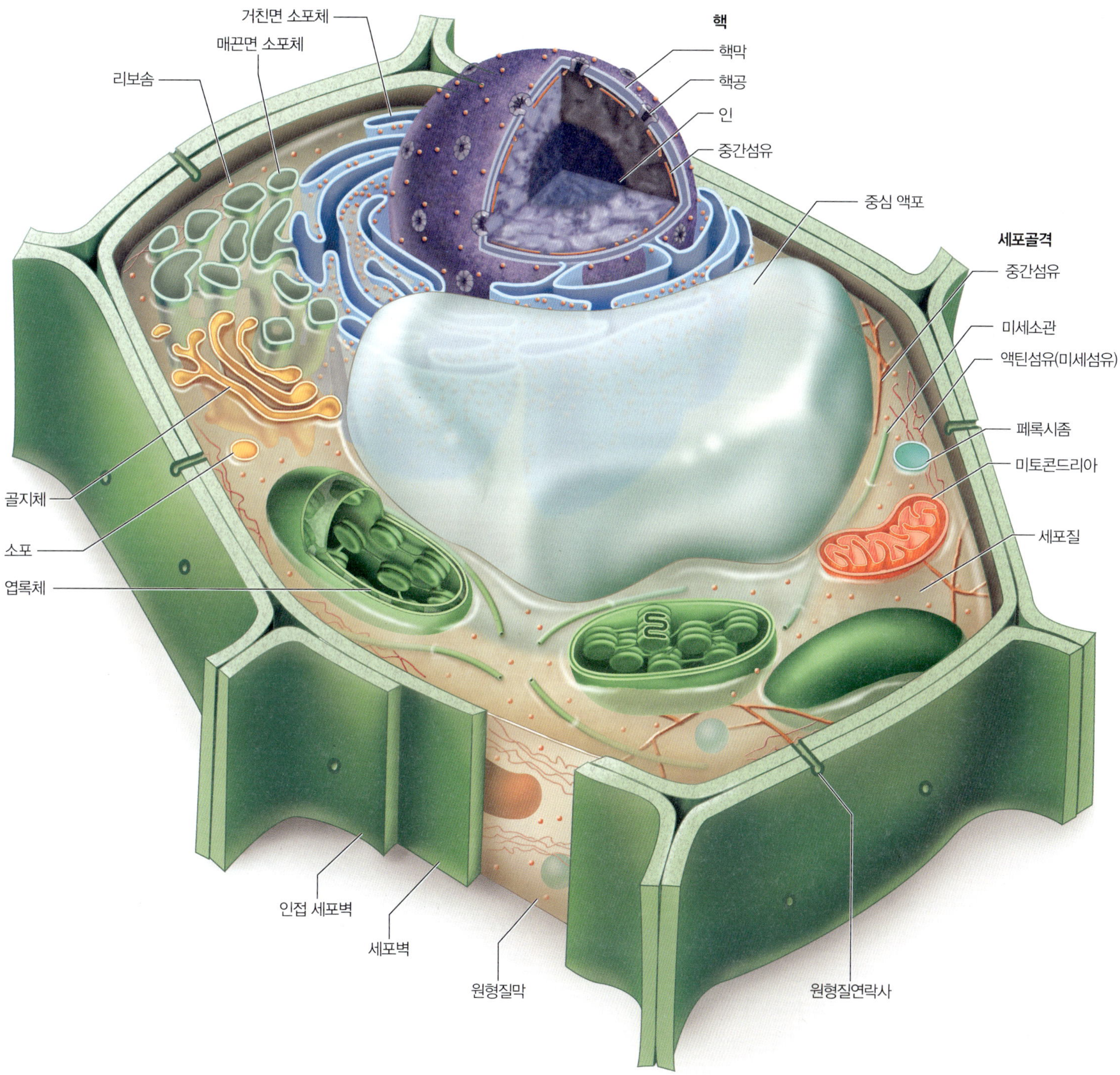

그림 3.8 핵.
a. 핵은 염색질을 포함하는 유체로 채워진 내부를 둘러싸고 있는 핵막이라고 하는 2중막으로 구성된다. 개별 핵공은 핵의 2중막을 통과한다. 핵공을 자세히 보면, 중앙 허브, 섬유가 있는 세포질 고리, 바구니가 있는 핵 고리가 보인다. *b.* 많은 핵공을 보여주는 세포핵의 동결 할단 전자 현미경 사진(**그림 4.4** 참조). *c.* 단일 핵공을 보여주는 핵막의 투과 전자 현미경 사진. 핵공 내의 어두운 물질은 단백질로, 핵공을 통한 접근을 제어하는 역할을 한다. *d.* 핵막층은 중간섬유로 만들어진 조밀한 섬유 네트워크로 보인다. 핵은 현미경 사진에서 보라색으로 착색되었다.

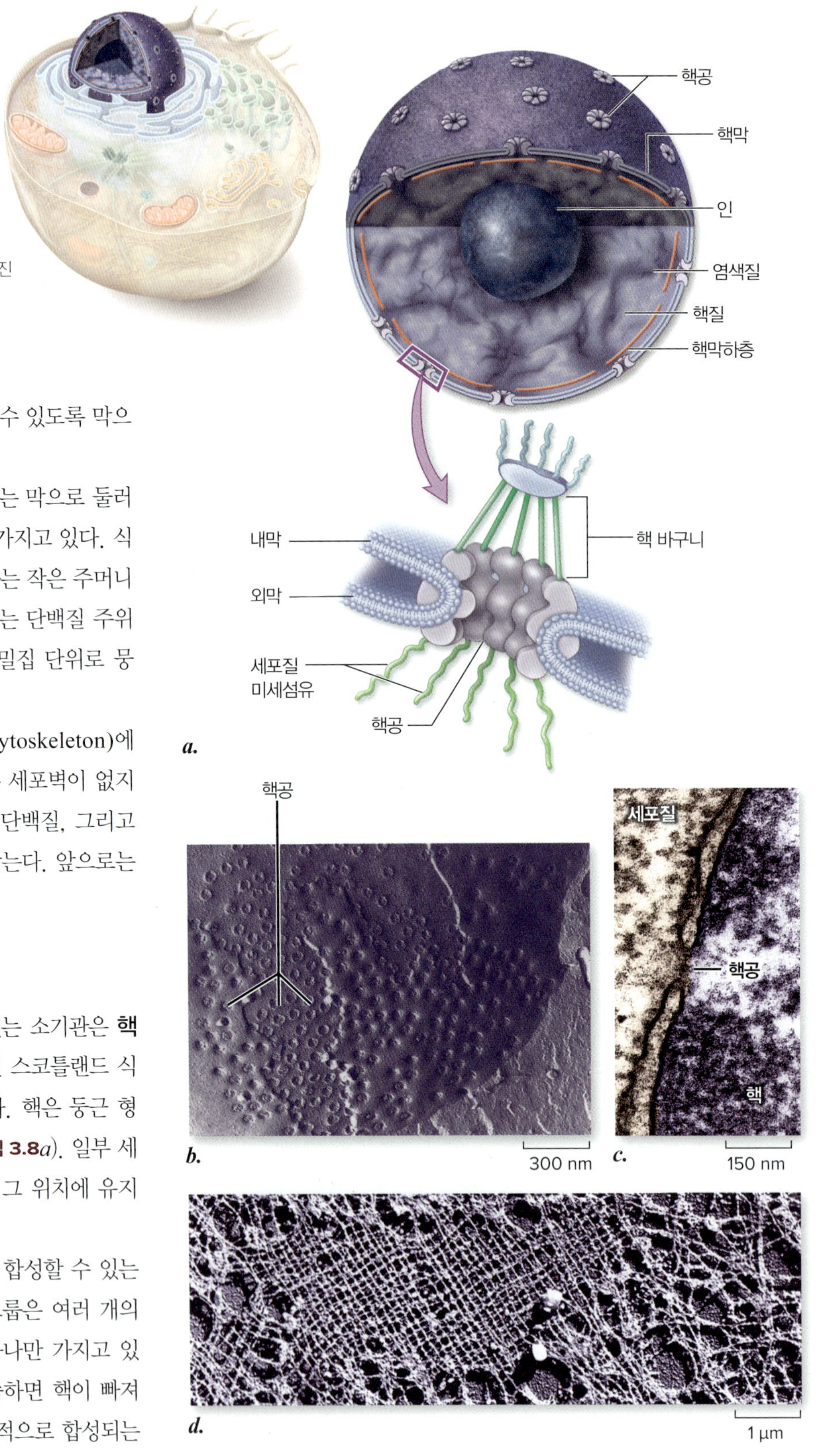

한 생화학적 과정이 동시에, 혹은 독립적으로 진행될 수 있도록 막으로 분리된 구조로 되어있다.

식물세포는 종종 단백질, 색소 및 노폐물을 저장하는 막으로 둘러싸인 커다란 주머니인 **중심 액포**(central vacuole)를 가지고 있다. 식물세포와 동물세포는 다양한 물질을 저장하고 운반하는 작은 주머니인 **소포**(vesicles)를 가지고 있다. 핵 내부에서 DNA는 단백질 주위에 단단히 감겨서 **염색체**(chromosomes)라고 하는 밀집 단위로 뭉쳐져 있다.

모든 진핵세포는 내부 단백질 뼈대인 **세포골격**(cytoskeleton)에 의해 지탱된다. 동물세포와 일부 원생생물 세포에는 세포벽이 없지만 곰팡이, 식물 및 많은 원생생물 세포는 다당류와 단백질, 그리고 셀룰로스 또는 키틴 섬유로 구성된 강한 세포벽을 갖는다. 앞으로는 진핵세포의 내부 구성 성분을 자세히 살펴본다.

핵은 정보센터의 역할을 한다

진핵세포 내에서 가장 크고 가장 쉽게 찾을 수 있는 소기관은 **핵**(nucleus, 라틴어로 씨앗, 견과라는 뜻)으로, 1831년 스코틀랜드 식물학자인 브라운(Robert Brown)이 처음 발견하였다. 핵은 둥근 형태로, 동물세포에서 일반적으로 중앙에 위치한다(**그림 3.8***a*). 일부 세포에서 미세한 세포질 필라멘트의 네트워크가 핵을 그 위치에 유지하는 것으로 보인다.

핵에는 살아있는 진핵세포의 거의 모든 단백질을 합성할 수 있는 유전정보가 들어 있다. 곰팡이 세포와 일부 다른 그룹은 여러 개의 핵을 가질 수 있지만, 대부분의 진핵세포는 핵을 하나만 가지고 있다. 포유류의 적혈구(erythrocytes)는 분화하고 성숙하면 핵이 빠져나와 없어진다. 대부분의 핵은 리보솜 RNA가 집중적으로 합성되는 **인**(nucleolus)이라고 불리는 어둡게 염색되는 영역을 가지고 있다.

핵막

핵의 표면은 2개의 인지질 2중층 막으로 둘러싸여 있으며, 이것이 **핵막**(nuclear envelope)을 구성한다(**그림 3.8**). 핵막의 외막은 **소포체**(endoplasmic reticulum)라고 불리는 세포질의 내막과 연결되어 있다(3.4절).

전자현미경 사진에서는 핵막 표면에 얕게 움푹 파인 모양이 흩어져 있는 것이 보이는데, 실제로는 **핵공**(nuclear pores)이라고 하는 구조이다(**그림 3.8**b, c). 핵공은 핵막의 두 막층이 함께 모이는 위치에서 50~80 nm 떨어져 형성된다. 이것은 핵막에 삽입된 8개의 단량체가 대칭으로 모인 구조로서, 세포질 쪽으로는 8개의 미세섬유를 부착하고 있고 핵 쪽으로는 중앙고리 아래에 바구니 모양의 복합고리를 형성한다. 핵공은 이온과 작은 분자가 핵질과 세포질 사이에서 자유롭게 확산되도록 하는 반면, 단백질과 RNA-단백질 복합체의 통과를 조절한다. 대부분의 경우 핵에서 작용하는 단백질은 핵으로 들어오고, 핵에서 만들어진 RNA와 RNA-단백질 복합체는 핵 밖으로 나가게 된다.

핵막의 내부 표면은 핵막하층(nuclear lamina)을 구성하는 섬유 네트워크로 덮여 있다(**그림 3.8**d). 이것은 중간섬유인 **라민**(lamins)으로 구성되어 있고, 핵의 모양을 유지하는 기능을 하며, 세포분열 시 핵막의 해체와 재구성에 관여한다.

염색질: DNA 포장

원핵생물과 진핵생물에서 DNA는 유전정보를 저장하는 분자이다. 진핵생물에서 DNA는 여러 개의 선형 염색체로 나뉘며, 단백질과 함께 **염색질**(chromatin)이라는 복잡한 구조로 구성된다. 여러 연구에서 염색질의 구조 자체가 DNA의 기능에 영향을 준다는 것이 분명해지고 있다. DNA 서열은 변하지 않은 채로 유전자의 발현이 변화하는, 즉 후성유전학적 변화는 염색질 구조의 변화로 야기된다(14장 참조). 이것은 아직 완전히 연구되지는 않았지만, 흥미로운 새로운 관점을 제공한다.

염색질은 아직 세부 사항이 명확하게 밝혀지지는 않았지만, 일반적으로 핵 안에서 길게 조직된 형태이다. 세포가 분열할 때, 염색질은 좀 더 고밀도로 압축되어야 광학현미경에서 볼 수 있는 X자형 염색체를 형성할 수 있다.

인: 리보솜 소단위 생산

세포가 단백질을 대량으로 만들기 전에, 먼저 이 합성을 수행하기 위한 다수의 리보솜을 합성해야 한다. 리보솜 RNA를 암호화하는 수백 개의 유전자 사본이 한 염색체 상에 모여 있어서 리보솜 합성을 용이하게 한다. 이 집단에서 RNA 분자를 전사함으로써, 세포는 리보솜을 합성하는 데 필요한 많은 수의 분자를 빠르게 생성한다.

리보솜 RNA 유전자의 집단, 이들이 생성하는 RNA 및 리보솜 단백질은 모두 리보솜 생산 동안 핵 내에 모여 있다. 이들 리보솜 조립 구역은 **인**(nucleous)이라고 불리는 하나 혹은 그 이상의 어둡게 염색된 영역으로서, 핵 내에서 쉽게 볼 수 있다. 염색체가 풀리더라도 인은 광학현미경으로 볼 수 있다.

그림 3.9 리보솜.
리보솜은 rRNA와 단백질로 구성된 크고 작은 소단위체로 구성된다. 개별 소단위체는 인에서 합성된 다음 핵공을 통해 세포질로 이동하여 mRNA를 번역하기 위해 조립된다. 리보솜은 단백질이 합성되는 부위이다.

리보솜은 세포의 단백질 합성 공장이다

세포 핵에 있는 DNA는 세포에 있는 각 단백질의 아미노산 서열을 암호화하지만, 단백질은 그곳에서 합성되지 않는다. 간단한 실험을 통해 이를 증명할 수 있다. 짧은 시간 동안 방사성 아미노산을 세포에 주입하면, 새로 합성되는 단백질과 연관된 방사능이 핵이 아닌 세포질에서 나타난다. 연구자들이 이러한 실험을 처음 수행할 때, 단백질 합성은 핵 외부의 거대한 RNA-단백질 복합체(리보솜)와 관련이 있음을 발견했다.

리보솜은 세포에서 발견되는 가장 복잡한 분자 조합 중 하나이다. 각 리보솜은 2개의 소단위체로 구성되는데(**그림 3.9**), 각각은 **리보솜 RNA**(ribosomal RNA, rRNA)와 단백질의 복합체로 되어 있다. 소단위체는 단백질을 적극적으로 합성할 때만 결합하여 기능적인 리보솜을 형성한다. 이런 복잡한 과정은 2가지 RNA가 추가로 필요한데, DNA의 암호 정보를 전달하는 **메신저 RNA**(messenger RNA, mRNA)와 아미노산을 운반하는 **운반 RNA**(transfer RNA, tRNA)이다. 리보솜은 단백질의 합성을 시작하기 위해 mRNA에 있는 정보를 사용한다. 이 과정은 13장에서 더 자세히 설명한다.

리보솜은 세포질에 자유롭게 존재하거나 내막에 붙어 있다(3.4절 참조). 자유 리보솜은 세포질에서 발견되는 단백질, 핵 단백질, 미토콘드리아 단백질 및 세포내막계와 관계되지 않은 다른 소기관에서 발견되는 단백질을 합성한다. 내막에 붙어있는 리보솜은 막 단백질, 세포내막계에서 발견되는 단백질 및 세포로부터 분비되는 단백질을 합성한다.

리보솜은 3종류의 역(domain), 즉 원핵, 진핵, 고세균의 모든 세포 유형에서 발견되기 때문에 보편적인 소기관(universal organelles)으로 생각할 수 있다. 세포의 생존에 필요한 최소한의 필수적 기능에 대해 생각해 볼 때, 리보솜은 최종 목록 안에 들어올 것이다. 생명은 단백질 기반이며, 리보솜은 단백질을 만드는 공장이다.

핵심 요약 3.3

원핵세포와 달리, 진핵세포는 구획화되어 있다. 진핵세포는 특수 기능을 수행하는 세포내막계와 소기관을 포함한다. 세포내막계에 연결된 2중막으로 구성된 핵에는 세포의 유전정보가 들어 있다. 핵과 세포질 사이에서 물질의 이동은 핵공을 통해 이루어진다. 리보솜은 핵의 DNA에서 전사된 mRNA를 단백질을 구성하는 폴리펩타이드로 번역한다. 리보솜은 모든 알려진 세포에서 발견되는 보편적인 소기관이다.

■ 복잡한 동물에서 서로 다른 기관의 세포가 동일한 구조를 가질 것으로 기대할 수 있을까?

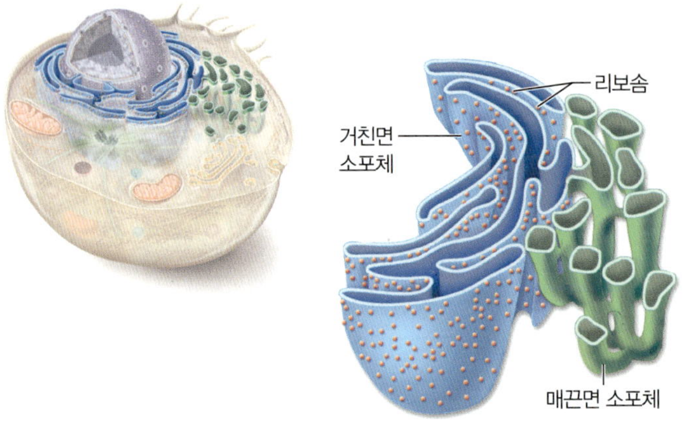

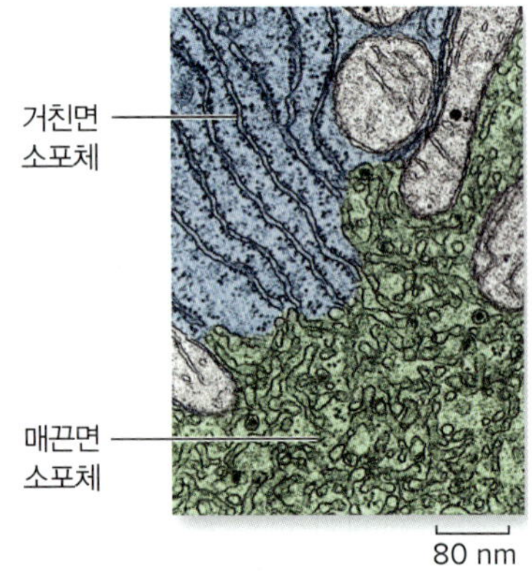

그림 3.10 소포체. 파란색으로 표시된 거친면 소포체(RER)는 편평한 주머니로 구성되어 있으며 세포질 전체에 구획을 형성한다. RER의 세포질 쪽의 표면에 결합된 리보솜은 새로 만들어진 단백질을 내강 또는 루멘으로 밀어낸다. 녹색으로 표시된 매끈면 소포체(SER)는 RER에 연결된 관 모양의 구조이다. 현미경 사진은 그림과 같은 색으로 착색했다.

3.4 세포내막계

학습 목표

1. 세포내막계의 여러 부분을 구별할 수 있다.
2. 내막과 구획의 다양한 기능을 대조할 수 있다.
3. 단백질 가공 경로에서 각 단계의 중요성을 평가할 수 있다.

진핵세포의 내부는 정교한 내부 또는 세포내막계를 형성하는 막으로 채워져 있다. 이 세포내막계는 세포를 채우고, 세포를 구획으로 나누고, 세포 내부를 통해 분자의 통과를 유도하고, 지질 및 일부 단백질의 합성을 위한 표면을 제공한다. 진핵세포의 세포내막계는 진핵생물과 원핵생물의 근본적인 차이점 중 하나이다.

소포체(endoplasmic reticulum, ER)는 가장 큰 내막계이다. ER은 단백질이 파묻힌 인지질 2중층으로 구성되어 있다. ER은 기능적인 여러 구역을 가지고 있는데, 접혀진 층에서부터 복잡한 관상 네트워크까지 다양한 구조를 형성한다(**그림 3.10**). 또한 ER은 세포골격과 연결되어 있어서 ER의 구조와 성장에 영향을 주고 있다. 진핵세포에서 가장 큰 2개의 구획은 내강이라고 하는 ER의 내부와 유기 분자와 이온들이 녹아 있는 사이토졸이라고 하는 ER의 외부이다.

거친면 소포체는 단백질을 합성하는 장소이다

거친면 소포체(조면소포체, rough ER, RER)는 표면의 자갈 같은 모양에서 이름을 얻었다. RER은 광학현미경으로 쉽게 볼 수 없지만, 전자현미경으로는 볼 수 있다. 리보솜 때문에 울퉁불퉁한 표면을 가진 편평한 주머니로 보인다(**그림 3.10**).

RER의 표면에서 합성된 단백질은 세포에서 분비되거나 라이소솜이나 액포(뒷부분에서 설명)로 보내지거나 원형질막에 삽입된다. 이들 단백질은 첫 번째 단계로 ER의 시스테나 공간으로 들어가고 이후 최종 목적지로 분류된다. 이 경로에는 또한 소포(vesicles)와 골지체(Golgi apparatus)가 포함되어 있다. 리보솜이 ER과 결합될 것인지 또는 세포질 리보솜으로 남을 것인지를 결정하는 것은 합성되는 단백질의 서열이다.

ER에서 새로 합성된 단백질은 단쇄 탄수화물(short-chain carbohydrates)을 첨가하여 당 단백질을 형성함으로써 변형될 수 있다. 이런 당단백질은 다른 단백질과 구별되는데, 소포로 포장되어 골지체로 이동한 후, 추가 변형과 분비가 이루어진다.

매끈면 소포체는 다양한 역할을 한다

상대적으로 적은 리보솜이 결합되어 있는 ER 부분을 **매끈면 소포체**(활면소포체, smooth ER, SER)라고 한다. SER의 구조는 관상 네트워크(network of tubules), 편평한 주머니(flattened sacs), 고차 관상 배열(higher-order tubular arrays)에 이르기까지 다양하다. SER의 막에는 다양한 탄수화물과 지질의 합성에 관여하는 많은 효소가 내포되어 있다. 스테로이드 호르몬도 SER에서 합성된다. 대부분의 막 지질은 SER에서 조립된 후 막 성분이 필요한 곳에 보내진다. 원형질막과 다른 세포막에 있는 막 단백질은 RER의 리보솜에 의해 삽입된다.

SER의 중요한 기능은 세포 내 Ca^{2+}를 저장하는 것인데, 세포질 내 Ca^{2+} 농도를 낮게 유지하여 Ca^{2+}가 신호 분자로 사용될 수 있게 한다. 예를 들어, 근육 세포에서 Ca^{2+}은 근육 수축을 유발하는 데 사용된다. 다른 세포에서는 SER 저장소에서 방출되는 Ca^{2+}이 다양한 신호전달경로에 관여한다.

SER 대 RER의 비율은 고정되어 있지 않지만 세포의 기능에 따라 달라진다. 인간과 같은 다세포 동물에서 이 비율은 크게 다를 수 있다. 정소, 장 및 뇌와 같이 광범위한 지질 합성을 수행하는 세포는 SER을 많이 포함하고 있다. 항체 같이 분비되는 단백질을 합성하는 세포는 훨씬 더 많은 RER을 가진다.

SER의 또 다른 역할은 외부 물질을 변형하여 독성을 줄여주는 것이다. 간에서 SER의 효소가 이러한 해독 작용을 한다. 이 기능은 페니실린 같은 치료의 목적으로 섭취한 약도 제거할 수 있기 때문에 해독작용을 고려하여 더 높은 농도의 약물을 처방하게 된다. 간세포에는 다양한 물질을 화학적으로 변형시켜 처리할 수 있는 효소가 포함된 다량의 SER이 있다.

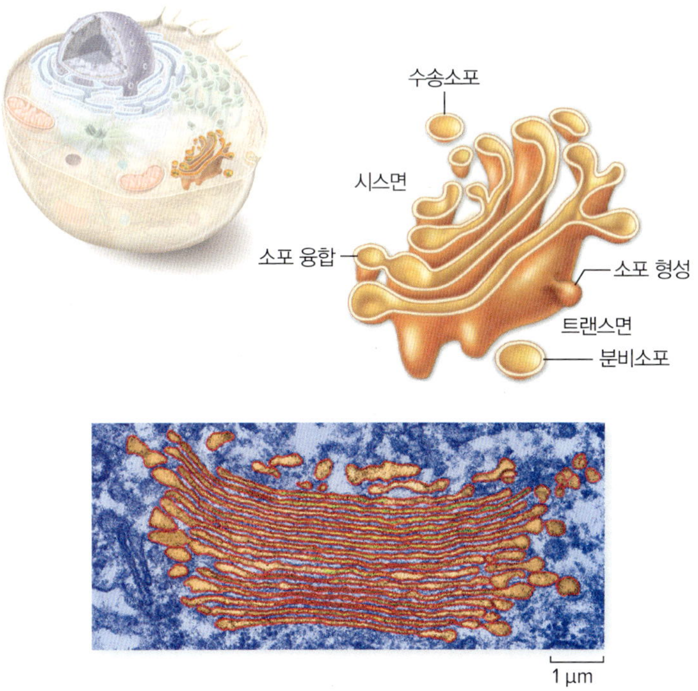

그림 3.11 골지체.
골지체는 매끄럽고 오목한 막 구조이다. 그것은 시스면의 수송소포에서 처리하기 위한 물질을 받고, 수송 또는 분비소포에 포장된 물질을 트랜스면으로 내보낸다. 소포의 물질은 세포 밖으로 내보내거나 동일한 세포 내의 다른 영역으로 배분된다.

골지체는 단백질을 분류하고 포장한다

편평한 막의 축적물은 **골지체**(Golgi body 혹은 Golgi apparatus)라고 하는 복합체를 형성한다(**그림 3.11**). 이 구조는 19세기 이탈리아 의사인 골지(Camillo Golgi)의 이름을 따서 명명되었다. 각각의 쌓인 막은 **시스터네**(cisternae, 라틴어로 수집 용기라는 뜻)라고 불리며, 원생생물에서 1~2개, 동물세포에서 20개나 그 이상, 식물세포에서는 수백 개가 존재한다. 척추동물에서는 개별 골지가 연결되어 골지 리본을 형성하는데, 특히 물질을 생산하고 분비하는 샘세포(glandular cells)에 풍부하다.

골지체는 한곳에서 합성되고 세포 내 · 외부의 다른 곳에서 사용되는 분자들을 수집, 포장하고 분배하는 일을 한다. 골지체는 앞면과 뒷면이 있으며 각각 뚜렷한 막 구성을 갖는다. 받는 쪽은 시스면(*cis* face)이라고 하며 일반적으로 ER 근처에 있다. 물질이 ER에서 수송소포로 떨어져 나와 시스면에 도착한 후, 분비소포로 포장되어 트랜스면(*trans* face)에서 배출된다(**그림 3.12**). 물질이 골지체를 통과하는 방식은 논쟁의 원천이었다. 모델로는 시스에서 트랜스로 이르는 개별적인 시스터네의 성숙, 소포에 의한 시스터네 사이의 수송, 직접적인 관상 연결이 제안되었다. 이들 모두에 의해 물질의 수송이 이루어질 가능성이 있지만, 현재 주요 메커니즘은 시스터네의 성숙인 것으로 보인다.

거친면 소포체와 매끈면 소포체에서 제조된 단백질과 지질은 골지체로 전송되어 골지체를 통과하며 수정된다. 가장 일반적인 변화는 짧은 당 사슬의 추가 또는 변형으로, 당단백질과 당지질을 형성한다. 많은 경우에 골지체의 효소는 ER에서 만들어진 기존의 당단백질과 당지질에서 당을 절단하거나, 하나 또는 그 이상의 당을 추가하여 변형한다. 그 후 소포는 골지의 트랜스면에서 떨어져 나온다. 이 소포는 세포 내의 다른 장소로 확산되어 새로 합성된 분자를 적절한 목적지로 분배한다.

골지체의 또 다른 기능은 세포벽 구성 요소의 합성이다. 식물 세포벽의 일부를 형성하는 비셀룰로스 다당류는 골지체에서 합성되어 원형질막으로 보내지고, 거기에서 세포 외부에서 조립된 셀룰로스가 첨가될 수 있다. 식물에서 분비되는 다른 다당류도 골지체에서 합성된다.

라이소솜은 소화효소를 포함하고 있다

라이소솜(lysosomes)은 골지체로부터 만들어지는 소화소포이다. 단백질, 핵산, 지질 및 탄수화물을 분해할 수 있는 다양한 효소를 많이 함유하고 있다. 이러한 효소는 세포를 파괴할 수 있으므로 분리해 두는 것이 중요하다. 진핵세포의 일생 동안 라이소솜 효소는 오래된

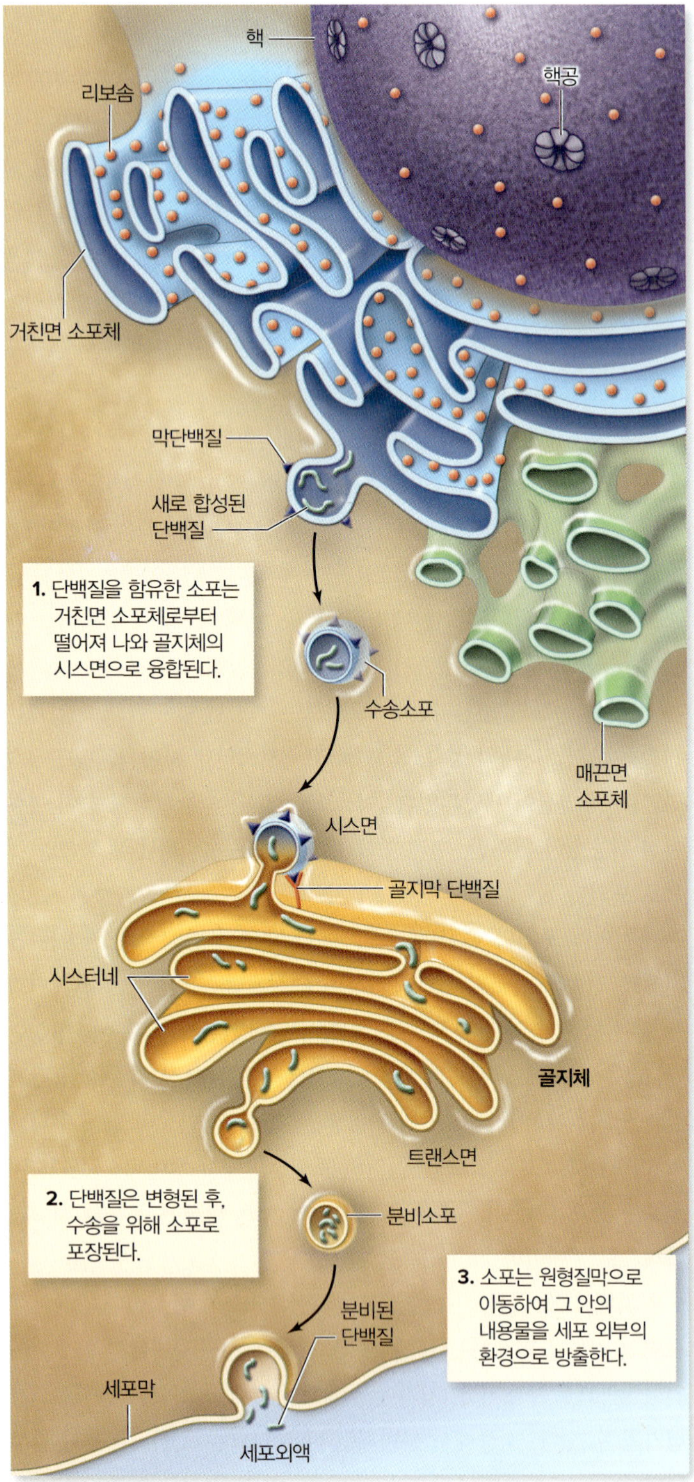

그림 3.12 세포내막계를 통한 단백질 수송.
RER에서 리보솜에 의해 합성된 단백질은 ER의 내부 구획으로 이동한다. 이러한 단백질은 세포 안의 먼 위치에서 사용되거나 세포에서 분비될 수 있다. 그들은 RER에서 떨어져 나온 소포로 운반된다. 이 수송소포는 골지체의 시스면으로 이동한다. 거기에서 변형되고 골지체의 트랜스면에서 빠져나오는 소포로 포장된다. 트랜스면을 떠나는 소포는 단백질을 세포의 다른 위치로 수송하거나 원형질막과 융합하여 그 내용물을 세포 외부로 방출한다.

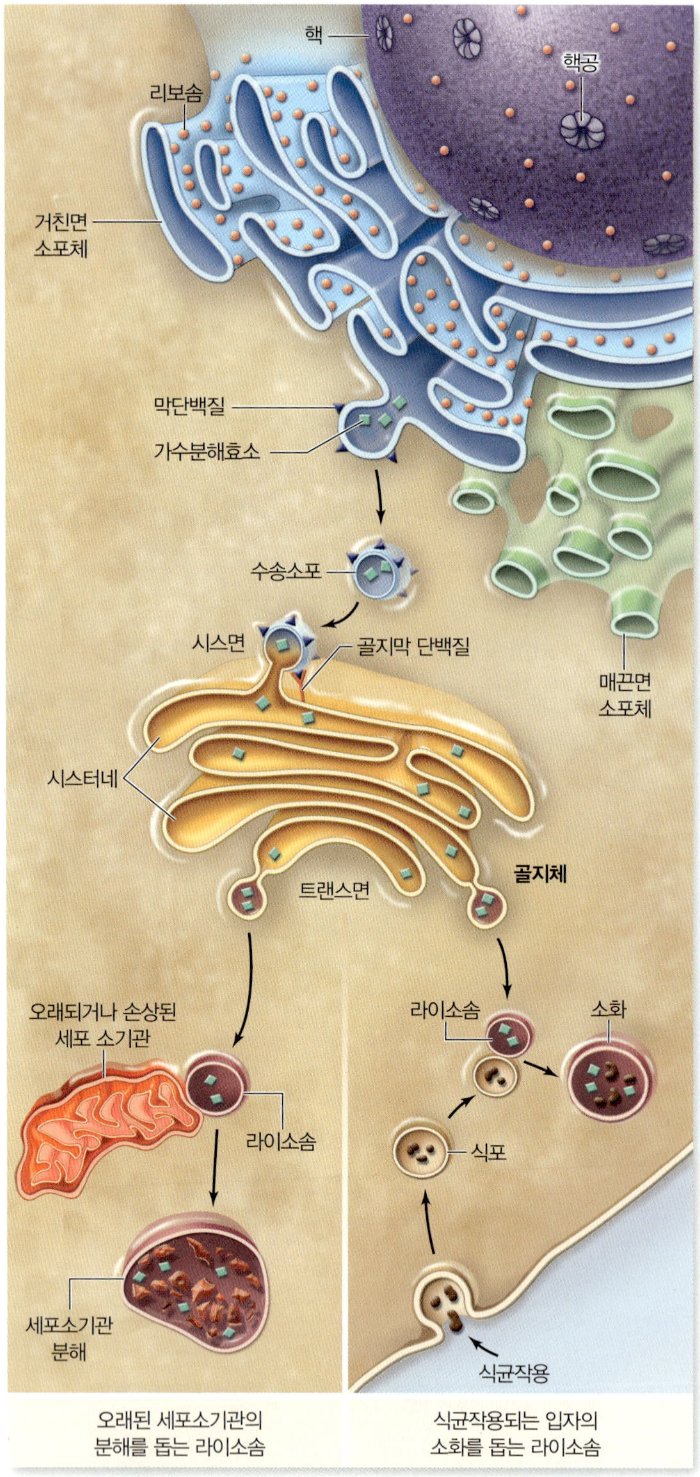

그림 3.13 라이소솜.
라이소솜은 골지체에서 떨어져 나온 소포로부터 만들어진다. 그들은 식균작용에 의해 세포로 들어온 입자나 세포를 소화하고, 오래된 세포소기관을 분해하는 가수분해효소를 가지고 있다.

세포 기관을 분해하고 구성인자를 재활용하여 새로 형성된 세포 기관을 위한 공간을 제공한다. 예를 들어, 일부 조직에서는 미토콘드리아가 10일마다 교체된다.

라이소솜의 소화효소는 산성 pH에서 최적으로 활성화된다. 라이소솜은 식균작용(phagocytosis)에 의해 생성된 식포(4장 참조)와 융합하거나, 오래되거나 낡은 세포 기관과 융합하여 활성화된다. 융합은 라이소솜 막에 있는 양성자 펌프를 활성화하여 내부 pH를 낮춘다. 내부 pH가 떨어지면 라이소솜에 포함된 소화효소가 활성화된다. 이것은 식포의 거대 분자의 분해 또는 오래된 세포 기관의 파괴로 이어진다.

총칭하여 라이소솜 저장 장애라고 하는 수많은 인간 유전질환은 라이소솜에 영향을 미친다. 예를 들어, 테이-삭스 병(Tay-Sachs disease)은 라이소솜 효소인 핵소사미니데이스(hexosaminidase) 하나의 기능상실로 인해 발생한다. 이 효소는 신경세포에서 발견되는 막 당지질을 분해하는 데 필요하다. 라이소솜에 당지질이 축적되면 신경세포 기능에 영향을 주어 발작 및 근육 경직과 같은 다양한 임상 증상을 유발한다.

라이소솜은 세포 내에 있는 소기관 및 기타 구조를 분해하는 것 외에도, 식균작용에 의해 삼켜진 다른 세포도 제거할 수 있다. 예를 들어 백혈구가 병원체를 식균할 때, 라이소솜은 식균작용으로 만들어진 "식포"와 융합하여 효소를 소포로 방출하여 그 안의 물질을 분해한다(**그림 3.13**).

지질 방울은 중성 지질을 저장한다

지질 방울(lipid droplet)은 나머지 세포내막계와 다른 구조를 가진 소기관이다. 이것은 인지질의 단일층으로 둘러싸인 중성 지질로 구성된다. 중성 지질은 소수성이며 트라이글리세라이드(triglycerides) 및 스테롤 지질(sterol lipids)을 포함한다. 이러한 중성 지질은 인지질로 둘러싸여 수용성 세포질에 용해된다.

지질 방울은 세포마다, 그리고 시간이 지남에 따라 크기가 다양해진다. 그들은 에너지 대사에 사용되는 지질을 저장하고 막을 형성한다. 지질 방울은 또한 단백질을 포함하거나 지질 합성과 관련된 단백질을 표면에 가질 수 있어서, 지질 합성의 두 번째 장소로 사용된다. 따라서 이 소기관은 에너지와 막 물질대사의 중심이 된다. 지질 방울의 크기는 세포의 필요에 따라 달라지며, 지질이 추가되거나 소비됨에 따라 성장하거나 축소된다.

미소체는 다양한 범주의 소기관이다

진핵세포에는 **미소체**(microbodies)라는, 효소를 포함하는 다양한 소포가 있다. 이들은 식물, 동물, 곰팡이 및 원생생물의 세포에서 발견된다. 소포체에 있는 효소의 분배는 진핵세포가 물질대사를 조직화하는 주요 방법 중 하나이다.

그림 3.14 페록시좀.
페록시좀은 커다란 단백질 결정 구조를 포함할 수 있는 구형 소기관이다. 페록시좀은 부산물로 과산화수소를 생성하는 소화효소와 해독효소를 가지고 있다. 페록시좀은 전자현미경 사진에서 녹색으로 나타냈다.

페록시좀: 과산화물 활용

페록시좀(peroxisomes, **그림 3.14**)은 지방산을 산화시키는 데 사용되는 효소를 포함하는 미소체이다. 이러한 산화효소가 세포질에서 자유롭다면, 간혹 산소에 수소 원자를 추가하는 것과 관련된 세포 대사에 혼선을 빚을 수 있다. 페록시좀은 산화효소 활동의 부산물로 생성되는 과산화수소(hydrogen peroxide)에서 이름을 따왔다. 과산화수소는 격렬한 화학적 반응성 때문에 세포에 위험하다. 하지만 페록시좀은 과산화수소를 물과 산소로 분해하는 반응을 촉매하는 효소인 카탈레이스(catalase)도 포함하고 있다.

많은 페록시좀 단백질이 세포질 리보솜에 의해 합성되기 때문에 소기관 자체는 지질과 단백질의 첨가에 의해 형성되어 성장하고, 커지면 분열하여 새로운 페록시좀을 생성한다고 오랫동안 생각되었다. 페록시좀의 분열이 여전히 발생하긴 하지만, 현재는 페록시좀이 ER에서 유래된 소포와의 융합으로 만들어진다는 것이 명백하다. 이 소포는 페록시좀 단백질을 가져와 성숙한 페록시좀을 형성한다. 유전학적 스크리닝을 통해 페록시좀의 생합성과 유지에 관여하는 단백질을 암호화하는 약 32개의 유전자를 분리했다. 페록시좀 형성장애(Peroxisome biogenesis disorders, PBDs)라고 불리는 인간 유전질환은 이 유전자들 중 일부의 돌연변이로 인해 발생할 수 있다.

그림 3.15 중심 액포.
식물의 중심 액포는 용해된 물질을 저장하고 크기를 확장하여 식물세포의 긴장성을 높일 수 있다. 현미경 사진은 임의의 색으로 표시하였다.

식물은 저장과 수분 균형을 위해 액포를 사용한다

식물세포는 **액포**(vacuoles)라는 특수한 막으로 둘러싸인 구조를 가지고 있다. 가장 눈에 띄는 예는 대부분의 식물세포에서 볼 수 있는 큰 중심 액포(central vacuole)이다(**그림 3.15**). 사실 **액포**는 실제로 광학현미경에서 보이는 빈 공간을 의미한다. 이 액포를 둘러싸고 있는 막은 세포의 긴장성(tonicity) 또는 삼투 균형(osmotic balance)을 유지하는 데 사용되는 물 통로를 포함하고 있기 때문에 **액포막**(tonoplast)이라고 불린다(4.4절 참조).

수년 동안 생물학자들은 여러 기능을 가진 액포의 유형이 한 가지뿐이라고 생각했다. 여기에는 수분 균형과 유용한 분자(설탕, 이온, 색소)와 노폐물을 저장하는 기능이 포함된다. 액포는 또한 거대 분자를 분해하고 이물질을 해독하는 데 사용되는 효소를 포함하는 것으로 생각되었다. 몇몇 사람들은 액포를 다양한 물질을 저장하는 세포의 다락방이라고 불렀다.

액포막 수송체(tonoplast transporter)에 대한 연구 및 다양한 세포 유형에서 액포를 분리함에 따라 액포에 대한 보다 복잡한 관점을 가지게 되었다. 즉 여러 세포에서 서로 다른 액포의 유형이 발견된 것이다. 이들 액포는 세포의 기능에 따라 특수화된다.

중심 액포는 모든 식물세포에서 분명히 여러 가지 중요한 역할을 한다. 액포막의 물 통로는 세포의 긴장성을 유지하여 조건에 따라 세포가 확장 및 수축할 수 있도록 한다. 중심 액포는 또한 세포 부피의 대부분을 차지함으로써 세포 성장에 관여한다. 식물세포는 세포질 부피를 증가시키는 대신 액포를 확장하여 성장한다.

다양한 기능을 가진 액포는 일부 곰팡이와 원생생물에서도 발견된다. 한 가지 형태는 일부 원생생물에서 발견되는 수축포(contractile vacuole)로, 세포의 수분 균형을 유지하기 위해 물을 퍼낼 수 있다. 다른 액포는 나머지 세포질에서 독성 물질을 저장하거나 분리하는 데 사용된다. 세포에서 발견되는 액포의 수와 종류는 특정 세포 유형에서 요구하는 것에 따라 달라진다.

핵심 요약 3.4

소포체(ER)는 세포의 생합성 활동을 공간적으로 조직화하는 광범위한 막 시스템이다. 지질과 막 합성은 매끈면 소포체에서 발생하며, Ca^{2+}도 저장한다. 거친면 소포체(RER)는 단백질을 합성하는 리보솜으로 덮여있고, 이는 소포에 의해 골지체로 운반될 수 있으며, 여기서 변형, 포장되어 최종 위치로 배분된다. 라이소솜에는 침입자나 낡은 세포기관 같은 물질을 분해하는 데 사용되는 소화효소가 포함되어 있다. 지질 방울은 중성 지질과 효소를 가지고 있다. 페록시좀은 과산화물을 생성하는 산화 대사를 수행한다. 액포는 식물에서 저장과 세포 성장의 역할을 담당하는 막으로 둘러싸인 구조물이다. 이것은 일부 곰팡이와 원생생물에서도 발견된다.

■ RER의 리보솜은 세포질 리보솜과 어떻게 다를까?

3.5 미토콘드리아와 엽록체: 세포의 발전소

학습 목표

1. 미토콘드리아와 엽록체의 구조를 서술할 수 있다.
2. 미토콘드리아와 엽록체의 기능을 비교할 수 있다.
3. 미토콘드리아와 엽록체의 기원에 대해 설명할 수 있다.

미토콘드리아와 엽록체는 구조적, 기능적 유사성을 공유한다. 구조적으로 둘 다 2중막으로 둘러싸여 있으며, 자체 DNA 및 단백질 합성 기구를 포함하고 있다. 기능적으로는 둘 다 에너지 대사에 관여하는데, 에너지 대사와 광합성에 대해서는 각각 5장과 6장에서 자세히 살펴본다.

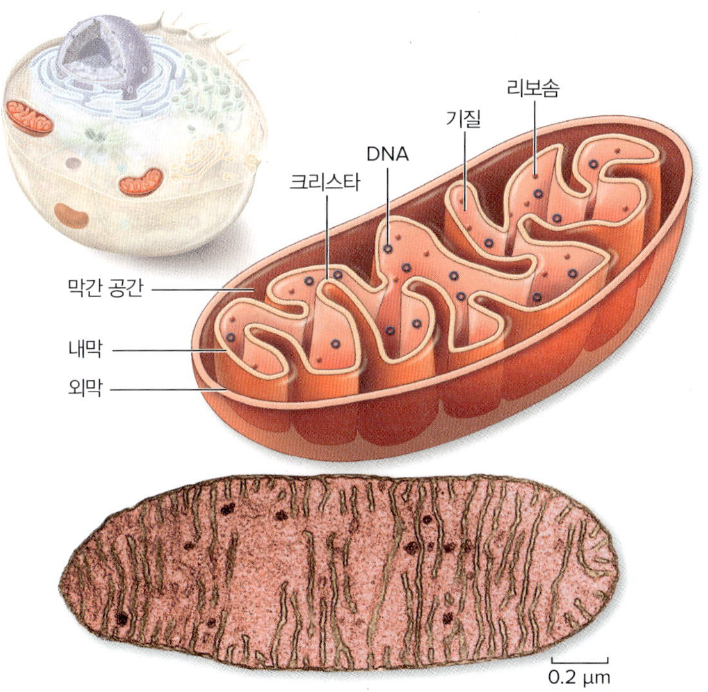

그림 3.16 미토콘드리아.
미토콘드리아의 내막은 크리스타(crista)라고 불리는 주름 모양으로 형성되어 산화대사를 위한 표면적을 크게 증가시킨다. 단면과 세로로 절단된 미토콘드리아는 현미경 사진에서 빨간색으로 표시했다.

미토콘드리아는 당을 사용하여 ATP를 생산한다

미토콘드리아(mitochondria)는 일반적으로 모든 유형의 진핵세포에서 발견되는 박테리아 크기 정도의 관 모양 또는 소시지 모양의 소기관이다(**그림 3.16**). 미토콘드리아는 매끈한 외막과 **크리스타**(crista)라고 하는 수많은 연속된 층으로 접혀있는 내막의 2가지 막으로 둘러싸여 있다.

크리스타는 미토콘드리아를 내막 내부에 있는 **기질**(matrix)과 2개의 미토콘드리아 막 사이에 있는 외부 구획인 **막간 공간**(intermembrane space)으로 분할한다. 내부 막의 표면에는 산화대사를 수행하는 단백질이 삽입되어 있으며, 산화대사는 산소를 사용하여 거대 분자의 에너지로부터 ATP가 생성되는 과정이다(5장 참조).

미토콘드리아는 자체 DNA를 가지고 있다. 이 DNA에는 산화대사에서 미토콘드리아의 역할에 필수적인 단백질을 생성하는 여러 유전자가 포함되어 있다. 따라서 미토콘드리아는 여러 측면에서 고유한 기능을 하는 특정 단백질을 위한 유전정보를 스스로 가지고 있는 세포 내의 세포 역할을 한다. 그러나 미토콘드리아는 완전히 자율적이지는 않다. 왜냐하면 산화대사에 사용되는 효소를 암호화하는 대부분의 유전자가 세포의 핵에 있기 때문이다.

진핵세포는 세포가 분열할 때마다 새로운 미토콘드리아를 생산하지는 않는다. 대신 미토콘드리아 자체가 분열로 인해 증식하여 새로운 세포로 나누어 진다. 미토콘드리아 분열에 필요한 대부분의 인자는 핵의 유전자에 암호화되어 있으며 세포질 리보솜에 의해 단백질로 번역된다. 따라서 미토콘드리아 복제는 핵의 참여 없이는 불가능하며, 따라서 미토콘드리아는 세포 없이 성장할 수 없다.

엽록체는 빛을 사용하여 ATP와 당을 생산한다

광합성을 하는 식물세포와 다른 진핵생물의 세포는 일반적으로 하나에서 수백 개의 **엽록체**(chloroplasts)를 포함하고 있다. 엽록체가 있는 생물체는 스스로 영양분을 생산할 수 있기 때문에 엽록체를 가진다는 것은 명백한 이점이다. 엽록체에는 대부분의 식물에 녹색을 나타내는 광합성 색소인 엽록소(chlorophyll)가 포함되어 있다.

미토콘드리아처럼 엽록체는 2개의 막으로 둘러싸여 있다(**그림 3.17**). 그러나 엽록체는 미토콘드리아보다 크고 복잡하다. 엽록체는 서로 밀접하게 연관되어있는 외막과 내막 외에도 내막 내부에 있는 **그라나**(grana)라고 하는 겹겹이 쌓인 막을 가지고 있다.

엽록체는 100개 이상의 그라나를 포함할 수 있으며 각 그라나는 **틸라코이드**(thylakoids)라고 하는 몇 개에서 수십 개의 원반 모양 구조를 포함하는데 틸라코이드의 표면에는 6장에서 자세히 논의할 빛

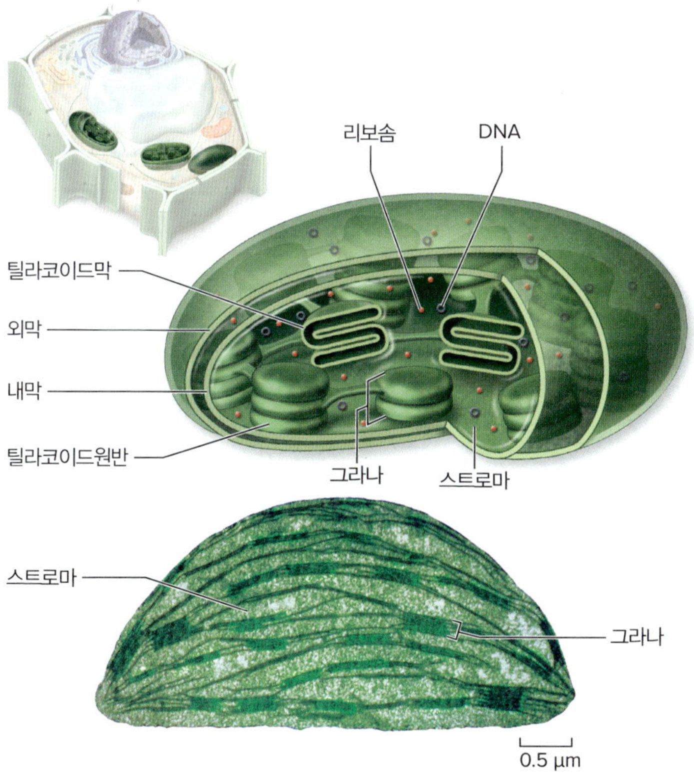

그림 3.17 엽록체 구조.
엽록체의 내막은 엽록소를 함유한 틸라코이드라는 소포의 층으로 이루어져 있으며, 그 안에서 광합성이 일어난다. 틸라코이드는 일반적으로 차곡차곡 쌓여 그라나를 형성한다. 엽록체는 현미경 사진에서 녹색으로 보인다.

을 포획하는 광합성 색소가 있다. 틸라코이드 주변에는 **스트로마**(stroma)라고 하는 수용성 기질이 있다. 광합성 중에 포도당을 합성하는 데 사용되는 효소는 스트로마에서 발견된다.

미토콘드리아와 마찬가지로, 엽록체에도 DNA가 포함되어 있지만 엽록체를 구성하는 다수의 단백질의 유전자는 핵에 있다. 광합성에 사용되는 일부 인자와 단백질들은 전적으로 엽록체에서 생산된다.

DNA를 함유하고 있는 식물의 또 다른 소기관인 **백색체**(leucoplasts)는 색소 및 복잡한 내부 구조가 없다. 뿌리세포와 다른 식물 세포에서 백색체는 녹말(starch)을 저장하는 장소로 쓰인다. 녹말(amylose)을 저장하는 백색체는 때때로 **전분체**(amyloplast)라고 불린다. 이러한 소기관(엽록체, 백색체 및 녹말체)을 총칭하여 **색소체**(plastids)라고 한다. 모든 색소체는 기존의 색소체가 분열하여 생산된다.

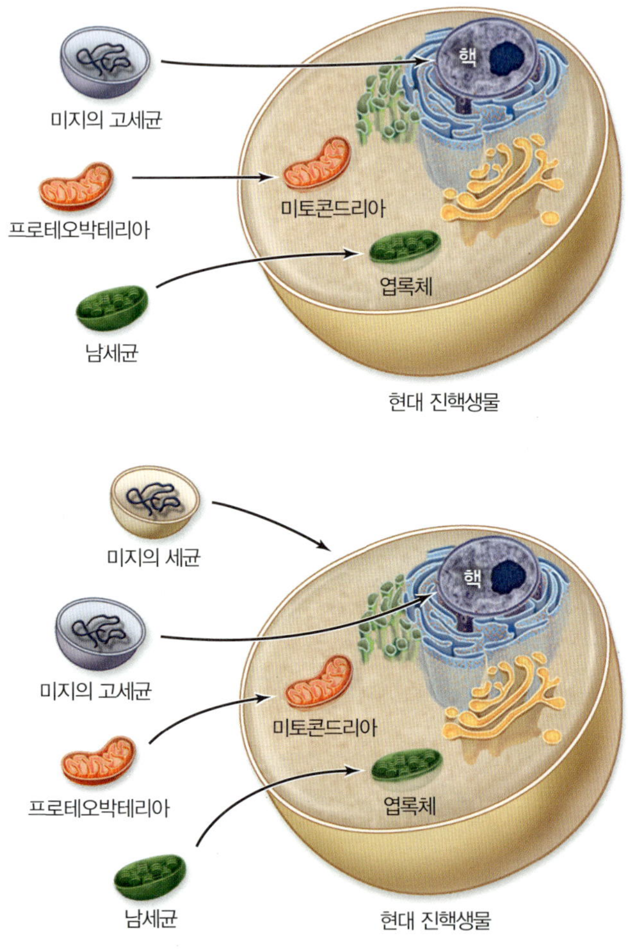

그림 3.18 진핵세포의 가능한 기원.
미토콘드리아와 엽록체는 모두 자유롭게 살아가던 세포가 흡수되었지만 소화되지 않았을 때 세포내공생에 의해 발생하는 것으로 생각된다. 삼키는 세포의 특성은 알려져 있지 않지만, 2가지 가능성은 다음과 같다. (1) 먹는 세포(위)는 핵 게놈과 세포질 내용물을 원래 가지고 있는 고세균이다. (2) 먹는 세포(아래)는 고세균으로부터 유래된 핵을 가지고 있는 박테리아 세포로 구성되었다. 이는 세포 융합이나 고세균이 박테리아를 삼킴으로써 발생할 수 있다.

? **탐구문제** 미토콘드리아와 엽록체는 둘 다 ATP를 생산한다. 어떤 구조적 특징을 공유하는가?

미토콘드리아와 엽록체는 세포내공생에 의해 발생하였다

공생(symbiosis)은 함께 사는 다른 종의 생물체 간의 밀접한 관계를 뜻한다. **세포내공생**(endosymbiosis) 이론은 오늘날의 진핵세포 기관 중 일부가 각각 독립된 두 세포 사이의 공생에 의해 진화했다고 제안한다. 원핵생물인 한 세포는 현대 진핵생물의 전구체(precursor)인 다른 세포에 잡아 먹혀서 그 일부가 되었다(**그림 3.18**).

세포내공생 이론에 따르면, 삼켜진 원핵생물은 숙주에게 특정 대사 능력과 관련하여 상당한 이점을 제공했다. 2가지 주요 진핵세포 소기관은 이러한 세포내공생 원핵생물의 후손으로 여겨진다. 산화대사를 수행할 수 있는 박테리아에서 기원한 것으로 생각되는 미토콘드리아와 광합성 박테리아에서 발생한 것으로 보이는 엽록체가 그것이다.

핵심 요약 3.5

미토콘드리아와 엽록체는 유사한 구조를 가지고 있으며 외막과 넓은 내막 구획이 있다. 미토콘드리아와 엽록체는 모두 자체 DNA를 가지고 있지만, 둘 다 일부 기능은 핵 유전자에 의존한다. 미토콘드리아와 엽록체는 모두 에너지 전환에 관여한다. 미토콘드리아는 당을 대사하여 ATP를 생성하는 반면, 엽록체는 빛 에너지를 이용하여 ATP와 당을 생산한다. 세포내공생 이론은 미토콘드리아와 엽록체 모두 원핵세포가 진핵 전구체에 먹혔을 때 생긴다고 제안한다.

- 미토콘드리아와 엽록체의 많은 단백질은 핵 유전자에 의해 암호화된다. 세포내공생 가설에 비추어 볼 때, 이것이 어떻게 이루어질 수 있을까?

3.6 세포골격

학습 목표

1. 세포골격에 있는 다양한 섬유의 구조와 기능을 대조할 수 있다.
2. 세포내 수송에서 미세소관의 역할을 설명할 수 있다.

모든 진핵세포의 세포질은 세포의 모양을 지탱하고 세포소기관을 지정된 위치에 고정시키는 단백질 섬유 네트워크에 의해 교차되어 있다. 세포골격(cytoskeleton)이라는 이 네트워크는 지속적으로 조립하고 분해되는 동적(dynamic) 시스템이다. 개별 섬유는 동일한 단백질 소단위의 중합체로 구성되는데, 서로를 끌어당기고 자발적으로 긴 사슬로 조립된다. 섬유는 동일한 방식으로 분해되는데, 소단위가 하나씩 사슬의 한쪽 끝에서 분리된다.

3가지 유형의 섬유가 세포골격을 구성한다

진핵세포는 다음과 같은 3가지 유형의 세포골격 섬유를 가지고 있으며, 각 섬유는 서로 다른 종류의 소단위에서 형성된다. (1) 액틴 필라멘트 또는 미세섬유, (2) 미세소관, (3) 중간섬유.

액틴 필라멘트(미세섬유)

액틴 필라멘트(actin filaments)는 지름이 약 7 nm인 긴 섬유이다. 각 필라멘트는 두 가닥의 진주 목걸이처럼 느슨하게 결합된 2개의 단백질 사슬로 구성된다(**그림 3.19**). 사슬의 각 "진주" 또는 소단위는 구형 단백질인 액틴이다. 액틴 필라멘트는 극성을 나타내는데, 다시 말해 플러스(+)와 마이너스(−) 말단을 가지고 있다. 이들은 필라멘트의 성장 방향을 지정한다. 액틴 분자는 시험관에서도 자발적으로 이러한 필라멘트를 형성한다.

세포는 스위치 역할을 하는 다른 단백질을 통해 액틴 중합 속도를 조절하여 필요한 경우 중합체를 만든다. 액틴 필라멘트는 수축, 기어가기, 세포질분열 및 세포 확장 같은 세포의 이동을 담당한다.

미세소관

세포골격 요소 중 가장 큰 **미세소관**(microtubules)은 지름이 약 25 nm인 속이 빈 튜브로, 각각 13개의 단백질 프로토필라멘트(protofilament) 고리로 구성된다(**그림 3.19**). **알파 튜불린**(α-tubulin)과 **베타 튜불린**(β-tubulin) 소단위의 2량체(dimer)로 구성된 구형 단백질은 중합되어 13개의 프로토필라멘트를 형성한다. 프로토필라멘트는 원 모양으로 나란히 배열되어 있어 미세소관의 특징적인 관(tube)을 만든다.

많은 세포에서 미세소관은 세포 중심 근처의 핵중심(nucleation centers)에서 형성되어 주변으로 퍼져나간다. 그들은 일정한 속도로 지속적으로 중합하고 분해된다. 미세소관의 평균 반감기는 최대 10분(분열하지 않는 동물세포)에서 최소 20초(분열하고 있는 동물세포)까지 다양하다. 미세소관의 끝은 플러스(핵중심에서 먼 곳) 또는 마이너스(핵중심쪽)로 지정된다.

세포 이동을 촉진하는 것과 함께 미세소관은 세포질을 구성하고,

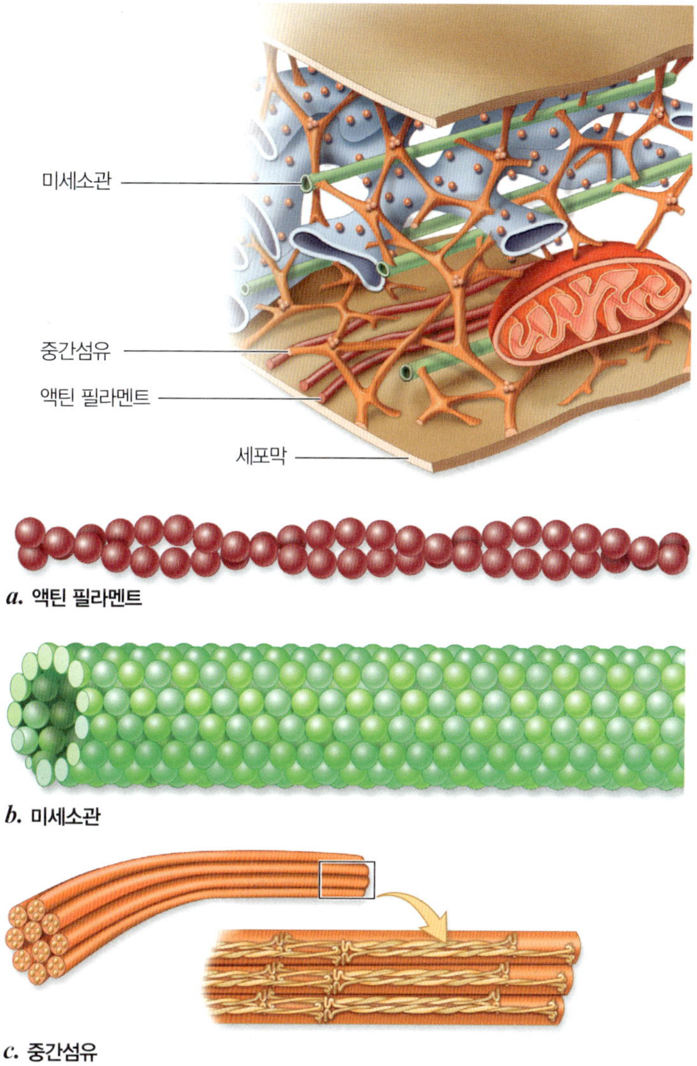

그림 3.19 세포골격을 구성하는 분자.
a. **액틴 필라멘트**: 미세섬유라고도 불리는 액틴 필라멘트는 함께 꼬인 두 가닥의 구형 단백질 액틴으로 구성된다. 이들은 종종 묶음이나 네트워크 형태로 존재한다. 많은 세포에서 액틴 필라멘트는 세포막 아래에 묶음 형태인 스트레스섬유로 집중되어 있고, 이는 수축 기능을 가지고 있다. *b.* **미세소관**: 미세소관은 α 및 β 튜불린 단백질 소단위가 번갈아 배열된 프로토필라멘트가 관을 형성한다. 이것은 비교적 뻣뻣한 세포골격 요소이며 세포내 수송 및 체세포분열 동안 염색체 분리를 포함하여 세포에서 많은 기능을 한다. *c.* **중간섬유**: 중간섬유는 엇갈려서 겹쳐진 단백질 4량체로 구성된다. 이 4량체는 서로 묶이고, 이러한 분자 배열은 세포에 엄청난 기계적 강도를 부여하는 밧줄 같은 구조가 된다.

다음에서 설명하는 것처럼 세포 내에서 물질을 이동시키는 역할을 한다.

중간섬유

동물세포에서 세포골격의 구성요소 중 가장 내구성이 강한 것은 **중간섬유**(intermediate filaments)로, 함께 얽혀고 겹쳐서 배열되어 있는 질긴 섬유질 단백질 분자이다(**그림 3.19**). 이 중간섬유의 지름은 액틴 필라멘트와 미세소관의 중간 크기인 8~10 nm이다. 중간섬유는 한번 만들어지고 나면 안정적이어서 잘 부서지지 않는다.

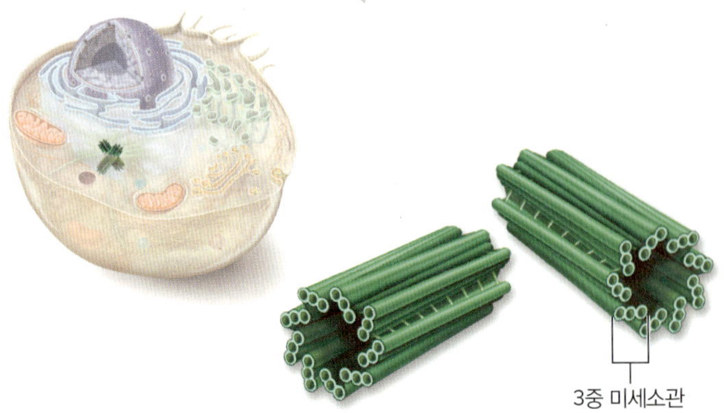

그림 3.20 **중심립.**
각 중심립은 3개의 미세소관으로 이루어진 9개의 덩어리가 모여 구성된다. 중심립은 일반적으로 식물세포에서는 발견되지 않지만, 동물세포에서는 미세소관을 구성하는 데 도움을 준다.

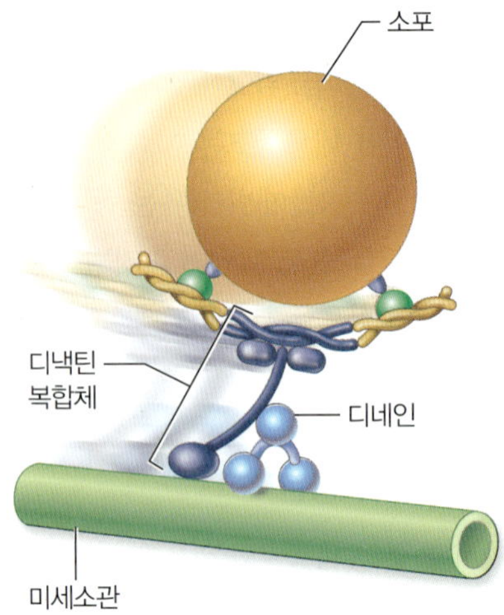

그림 3.21 **분자 모터.**
ATP를 사용하여 힘을 생성하는 모터 단백질을 통해 미세소관을 따라 소포를 운반할 수 있다. 소포는 여기에 표시된 디낵틴 복합체와 같은 연결 분자에 의해 운동 단백질에 부착된다. 모터 단백질인 디네인은 연결된 소포를 미세소관을 따라 이동시킨다.

중간섬유는 세포골격 섬유들의 혼합 그룹을 구성한다. **비멘틴**(vimentin)이라는 단백질 소단위는 가장 일반적인 유형으로 많은 종류의 세포에 구조적 안정성을 제공한다. 또 다른 종류의 중간섬유인 **케라틴**(keratin)은 상피세포(기관과 체강을 형성하는 세포)와 모발 및 손톱과 같은 구조에서 발견된다. 신경세포의 중간섬유는 **신경섬유**(neurofilaments)라고 한다.

중심체는 미세소관을 조립하는 센터이다

중심립(centrioles)은 동물과 대부분의 원생생물에서 발견되는 통(barrel) 모양의 소기관이다. 이들은 쌍으로 발생하며, 일반적으로 핵막 근처에서 서로 직각으로 위치한다(**그림 3.20**). 거의 모든 동물세포에서 중심립을 둘러싼 영역을 **중심체**(centrosomes)라고 한다. 중심체에서 중심립을 둘러싸는 것은 튜불린으로 구성된 고리 모양의 구조를 포함하는 **중심립주변물질**(pericentriolar material)이다. 중심립주변물질은 동물세포에서 미세소관의 조립을 촉진할 수 있다. 이 기능을 가진 구조물을 **미세소관형성중심**(microtubule-organizing centers)이라고 한다. 중심체는 또한 세포분열 중에 발생하는 미세소관의 재구성을 담당한다. 식물과 곰팡이의 중심체는 중심립이 없지만 여전히 미세소관형성중심을 포함하고 있다. 8장에서 세포분열 과정을 설명할 때 중심체의 작용에 대해 더 많이 배울 것이다.

세포골격은 세포내 물질 이동을 돕는다

액틴 필라멘트와 미세소관은 종종 자신의 활동을 조율하여 세포 과정에 영향을 미친다. 예를 들어, 세포분열 동안(8장 참조) 새로 복제된 염색체는 짧은 미세소관에 부착되어 있기 때문에 분열하는 세포에서 서로 반대쪽으로 이동한다. 그런 다음 동물세포에서 액틴 필라멘트가 복주머니의 끈처럼 수축하여 2개의 세포로 잘라낸다.

근육세포는 근육이 수축할 때 운동 단백질 마이오신의 필라멘트를 따라 미끄러지는 액틴 필라멘트를 사용한다. 속눈썹이 움직이고 독수리가 날아가고 아기가 어색하게 기어가는 것은 모두 근육세포 내의 세포골격 이동에 달려 있다.

세포골격은 세포의 모양과 움직임을 담당할 뿐만 아니라 ER 및 기타 세포질 거대 분자와 상호작용하는 토대를 제공한다. 세포 대사에 관여하는 효소는 리보솜처럼 액틴 필라멘트에 결합한다. 특정 효소를 이동하고 서로 가까이 고정함으로써 세포골격은 세포의 활동을 조직하는 데 도움을 준다.

동물과 곰팡이 모두에서 ER은 미세소관과 액틴 필라멘트와 연관되어 있다. 동물세포에서 형광으로 세포 구조를 보면 ER의 관이 미세소관과 나란히 나열돼 있다. 즉 미세소관이 ER의 성장과 분배에 관여할 수 있다는 것이다. 효모에서 미세소관은 세포분열 중에 ER의 분배에 관여한다.

분자 모터

모든 진핵세포는 물질을 세포질의 한 위치에서 다른 위치로 이동해야 한다. 세포가 이를 수행하는 한 가지 방법은 소포체의 통로를 세포내 고속도로로 사용하는 것이다. 또한 소포에 물질을 적재한 후, 세포골격을 철길처럼 이용하여 이동할 수도 있다. 예를 들어, 세포체(cell body)에서 멀리 뻗을 수 있는 축삭(axon)을 가진 신경세포는 소포가 세포체에서 축삭의 끝까지 미세소관의 트랙을 따라 이동할 수 있다.

미세소관을 통해 재료를 이동하려면 (1) 수송될 소포 또는 소기관, (2) 에너지 구동 운동을 제공하는 운동 단백질, (3) 소포를 운동 단백질에 연결하는 연결 분자, (4) 철도 위의 기차처럼 소포가 탈 수 있는 미세소관(**그림 3.21**)이 필요하다.

소포가 움직이는 방향은 관련된 운동 단백질의 유형과 미세소관

표 3.2 진핵세포의 구조와 기능

구조		설명	기능
원형질막	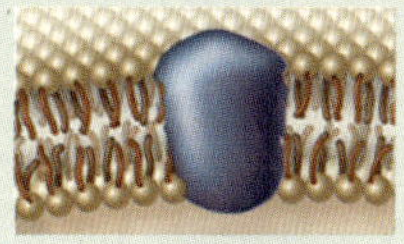	내재된 단백질을 포함하는 인지질 2중층	세포 안팎으로 전달되는 물질을 조절, 세포간 인식, 연결 및 접합, 세포간 소통
핵	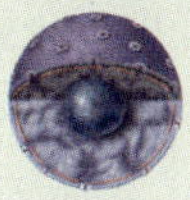	염색체를 포함하고 2중막으로 둘러싸인 구조(주로 구형)	단백질 합성과 세포분열을 지시, 유전정보 포함
염색체		단백질과 복합체를 형성하는 긴 DNA 가닥	단백질 합성을 지시하는 데 사용되는 유전정보를 포함
인		rRNA 합성을 위한 유전자들이 모인 장소	rRNA 합성과 리보솜 조립
리보솜		복잡한 단백질과 RNA의 집합체, 종종 ER에 붙어 있음.	단백질 합성 장소
소포체(ER)	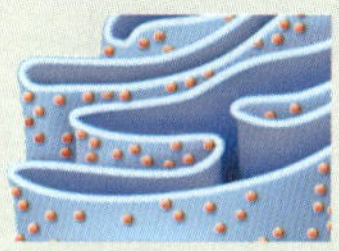	내부 막의 네트워크	수송소포를 형성하는 세포내 구획, 지질 합성 및 막 또는 분비 단백질 합성에 관여
골지체		납작한 소포의 층	세포에서 방출할 단백질을 포장, 분비소포 형성
라이소솜		골지체로부터 만들어지는 소포로 가수분해 소화효소를 포함	낡은 세포 기관과 세포 파편을 소화, 세포내섭취에 의해 흡수된 물질을 소화
미소체		지질과 단백질의 결합으로 형성되고, 산화효소 및 기타 효소를 포함하는 소포	세포의 나머지 부분에서 특정 화학적 활동을 분리
미토콘드리아	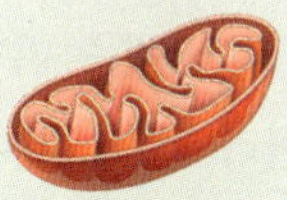	2중막을 가진 박테리아 같은 소기관	세포의 "발전소", 산화대사가 일어나는 장소
엽록체		광합성 색소인 엽록소가 포함된 세 번째 막인 틸라코이드를 둘러싸고 있는 2중막을 가진 박테리아 같은 소기관	광합성 장소
세포골격	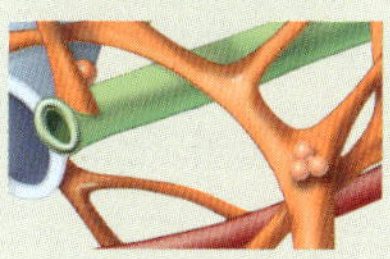	단백질 섬유의 네트워크	구조적 지지, 세포 운동, 세포내 소포의 이동
편모(섬모)	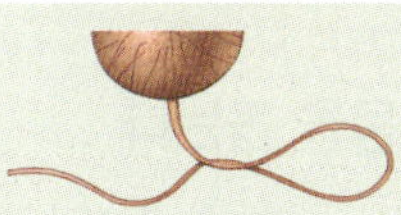	9+2쌍의 미세소관 배열이 있는 세포에서 뻗어나온 돌기	운동성 또는 세포 표면의 유체를 이동시킴
세포벽	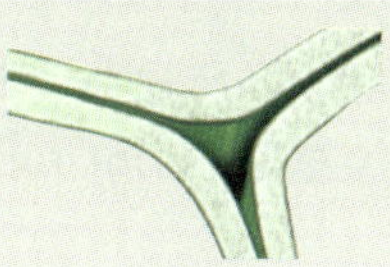	셀룰로스나 키틴으로 구성된 외막	보호, 지지

과학적 사고

가설: 키네신 분자는 분자 모터 역할을 하며, ATP의 에너지를 사용하여 미세소관을 따라 이동할 수 있다.

실험: 키네신을 정제하여 현미경 슬라이드에 편다. 정제된 미세소관과 ATP를 함유한 용액을 슬라이드에 넣는다. 현미경을 사용하여 미세소관의 움직임을 관찰하고 비디오 카메라로 찍는다.

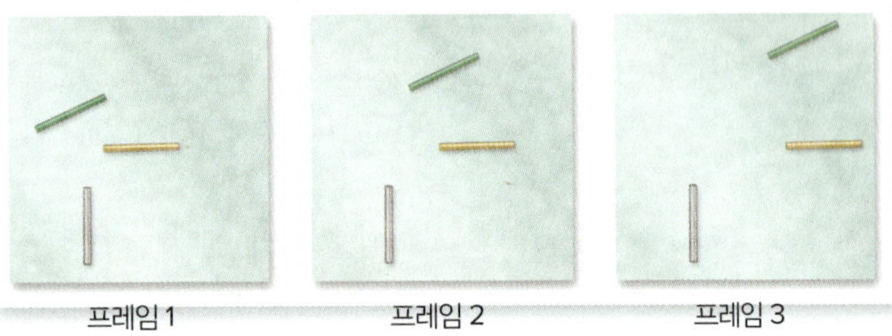

결과: 시간이 지남에 따라 개별 미세소관의 움직임을 현미경으로 관찰할 수 있다. 그림은 색으로 표시된 특정 미세소관의 움직임을 모식적으로 나타낸 것이다.

결론: 키네신은 미세소관을 따라 움직이는(이 경우 실제로 움직이는) 분자 모터 역할을 한다.

추가 실험: 이 실험에서 보여주지 않은 추가 대조군이 있는가? 슬라이드에 부착한 키네신의 양을 변경하면 어떤 추가 결론을 도출할 수 있을까?

그림 3.22 분자 모터로서의 키네신 작용.
키네신이 부착된 슬라이드 위로 미세소관이 움직이는 것을 관찰할 수 있다.

의 말단 방향에 따라 다르다. 한 예로 키넥틴(kinectin)이라는 단백질은 소포를 운동 단백질인 **키네신**(kinesin)에 결합시킨다. 키네신은 ATP를 사용하여 소포를 미세소관의 플러스 끝인 세포 주변부로 끌어당긴다(**그림 3.22**). 자연에서 가장 작은 모터로써 이 단백질은 미세소관 트랙을 따라 수송소포를 움직인다. 디낵틴 복합체(dynactin complex)라고 하는 또 다른 소포 단백질은 소포를 운동 단백질인 **디네인**(dynein)에 결합한다(**그림 3.21**). 이 단백질은 미세소관을 따라 반대 방향인 마이너스 끝을 향해, 즉 세포 중심을 향해 안쪽으로 이동한다. (디네인은 3.7절에서 논의된 바와 같이 진핵 생물체의 편모 이동에도 관여한다.) 따라서 특정 수송소포의 목적지와 그 내용물은 소포 막 내부에 포함된 연결 단백질의 특성에 따라 결정된다.

주요 진핵세포의 구조와 각각의 기능은 **표 3.2**에 정리되어 있다.

핵심 요약 3.6

세포골격의 3가지 주요 섬유는 액틴 필라멘트(미세섬유), 미세소관 및 중간섬유이다. 이 섬유들은 상호작용하여 세포 모양을 조절하고 세포 이동에 관여한다. 그들은 또한 세포질 내에서 물질을 이동시키는 역할을 한다. 큰 세포내에서 물질은 소포와 분자 모터를 사용하여 이동한다. 운동 단백질은 미세소관의 트랙을 따라 소포를 이동시킨다.

■ 세포골격은 큰 진핵세포에 어떤 이점을 제공할까?

3.7 세포외 구조 및 세포 이동

학습 목표

1. 세포가 어떻게 움직이는지 서술할 수 있다.
2. 세포운동에 관련된 다른 세포골격 요소를 찾아낼 수 있다.
3. 동물세포에서 세포외기질의 요소를 분류할 수 있다.

기본적으로 모든 세포 이동(cell movement)은 액틴 필라멘트, 미세소관 또는 둘 다의 이동과 관련이 있다. 중간섬유는 세포내 힘줄(intracellular tendons)로 작용하여 세포의 과도한 팽창을 방지한다. 액틴 필라멘트는 세포의 모양을 결정하는 데 중요한 역할을 한다. 액틴 필라멘트는 쉽게 형성되고 분해될 수 있기 때문에, 일부 세포는 빠르게 모양을 변화시킬 수 있다.

일부 세포는 기어갈 수 있다

세포질 내에서 액틴 필라멘트의 배열은 세포가 문자 그대로 기어갈(crawl) 수 있게 한다. 기어가기는 염증, 응고, 상처 치유 및 암 전이와 같은 다양한 과정에 필수적인 중요한 세포 현상이다. 백혈구(white blood cells)가 특히 이 능력을 나타낸다. 골수에서 생성된 백혈구는 순환계로 방출된 다음 혈관을 기어서 나간 후, 조직으로 들어가 잠재적 병원균을 파괴한다.

기어가는 세포의 앞쪽 가장자리에서 액틴 필라멘트가 빠르게 중합되고 확장되어 앞으로 나아갈 수 있게 한다. 이 확장된 영역은 미세소관이 여기에 중합되면 안정화된다. 세포의 전체적인 전진 운동은 근육 수축의 역할로 가장 잘 알려진 마이오신 단백질의 작용을 통해 이루어진다. 액틴 필라멘트를 따라 마이오신 모터가 수축하여 세포의 내용물을 새로 확장된 앞쪽 가장자리로 당긴다.

이러한 단계가 지속적으로 발생하면 앞쪽 가장자리가 확장되고 안정화되며 모터가 수축하여 나머지 세포를 끌어당겨서 세포를 기어갈 수 있게 한다. 세포 표면의 수용체는 세포 외부의 분자를 감지하고 특정 방향으로 확장하도록 자극하여 세포가 특정 표적을 향해 이동할 수 있게 한다.

편모와 섬모는 이동을 돕는다

3.2절에서 원핵생물 편모의 구조를 설명했다. 진핵세포는 완전히 다른 종류의 편모를 가지고 있는데, 2개의 중심 미세소관을 둘러싼 9개의 미세소관이 원으로 구성되어 있다. 이 배열을 **9+2 구조**라고 한다(**그림 3.23**).

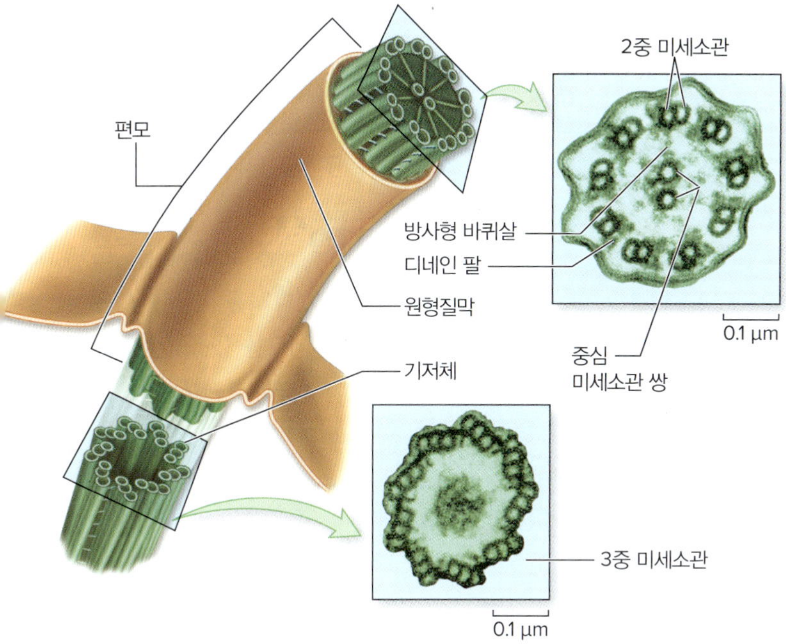

그림 3.23 편모와 섬모.
진핵세포 편모는 기저체에서 직접 유래한다. 편모는 중심에 2개의 미세소관이 있으며, 이는 방사형 바퀴살로 연결된, 디네인 팔을 가진 9쌍의 미세소관 외부 링에 연결된다(9+2 구조). 기저체는 짧은 단백질 분절로 연결된 9개의 미세소관 3중체로 구성된다. 섬모의 구조는 편모의 구조와 유사하지만 섬모가 일반적으로 더 짧다.

한 쌍의 미세소관이 운동 단백질 디네인의 팔을 사용하여 서로 지나갈 때, 진핵 편모는 회전하기보다는 위아래로 **물결친다**(undulates). 주의 깊게 살펴보면 각 편모는 세포질을 포함하고 원형질막으로 둘러싸인 구조로, 세포 내부가 외부로 돌출된 것이다. 편모의 미세소관은 편모가 세포 표면에서 돌출된 지점 바로 아래에 위치한 **기저체**(basal body)에서 파생된다.

편모의 복잡한 미세소관 기구(microtubular apparatus)는 초기 진핵생물에서 진화되었지만, 오늘날 많은 다세포 및 일부 단세포 진핵생물의 세포는 더 이상 편모를 가지고 있지 않고 이동 능력이 없다. **섬모**(cilia)라고 하는 또 다른 구조는 미세소관의 9+2 배열과 유사한 조직으로 여전히 여러 동물세포에서 찾을 수 있다. 섬모는 나란히 줄지어 조직되어 있는 짧은 구조물이다. 그들은 세포 표면에서 편모보다 더 많지만 내부 구조는 동일하다.

많은 다세포 생물체에서 섬모는 물속에서 세포를 나아가게 하는 본래의 기능과는 거리가 먼 작업을 수행한다. 예를 들어, 여러 종류의 척추동물 조직에서 줄지어 존재하는 섬모가 동시에 움직이면 조직의 표면위로 물이 이동한다. 척추동물 귀의 감각세포는 액틴을 기반으로 하는 부동섬모(stereocilia)로 둘러싸인 일반적인 섬모도 포함한다. 이러한 구조는 음파에 의해 구부러지면서 초기 청각 신호를 전달한다. 따라서 편모와 섬모의 9+2 구조는 진핵세포의 기본 구성 요소인 것으로 보인다(**그림 3.24**).

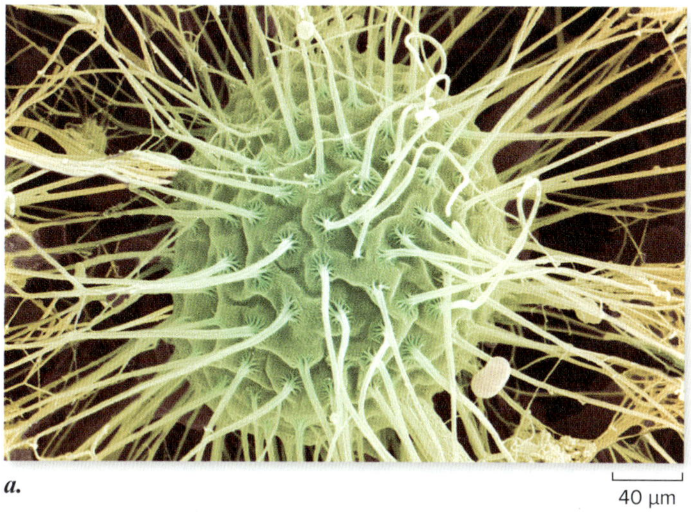

그림 3.24 편모와 섬모.
a. 물 속을 이동할 수 있는 수많은 편모가 있는 녹조류. ***b.*** 짚신벌레는 세포를 이동하기 위해 한꺼번에 움직일 수 있는 수많은 섬모로 덮여 있다. 섬모는 또한 물질을 섭취하기 위해 짚신벌레의 입으로 액체를 이동하는 데 사용할 수 있다.

식물 세포벽은 식물세포를 지탱하고 보호한다

식물, 곰팡이 및 여러 유형의 원생생물의 세포에는 세포를 보호하고 지지하는 세포벽이 있다. 이 진핵생물의 세포벽은 원핵생물의 세포벽과 화학적 및 구조적으로 다르다. 식물과 원생생물은 세포벽이 다당류 셀룰로스의 섬유로 구성되는 반면, 곰팡이에서는 키틴(chitin)으로 구성된다.

식물에서는 세포가 계속 성장할 때, **1차벽**(primary walls)이 형성된다. 인접한 세포의 벽 사이에는 **중엽층**(middle lamella)의 끈적한 물질이 세포를 서로 붙인다(**그림 3.25**). 일부 식물세포는 완전히 확장된 세포의 1차벽 내부에 쌓이는 강력한 **2차벽**(secondary walls)을 생성한다.

동물세포는 세포외기질을 분비한다

동물세포는 식물, 곰팡이 및 대부분의 원생생물을 감싸는 세포벽

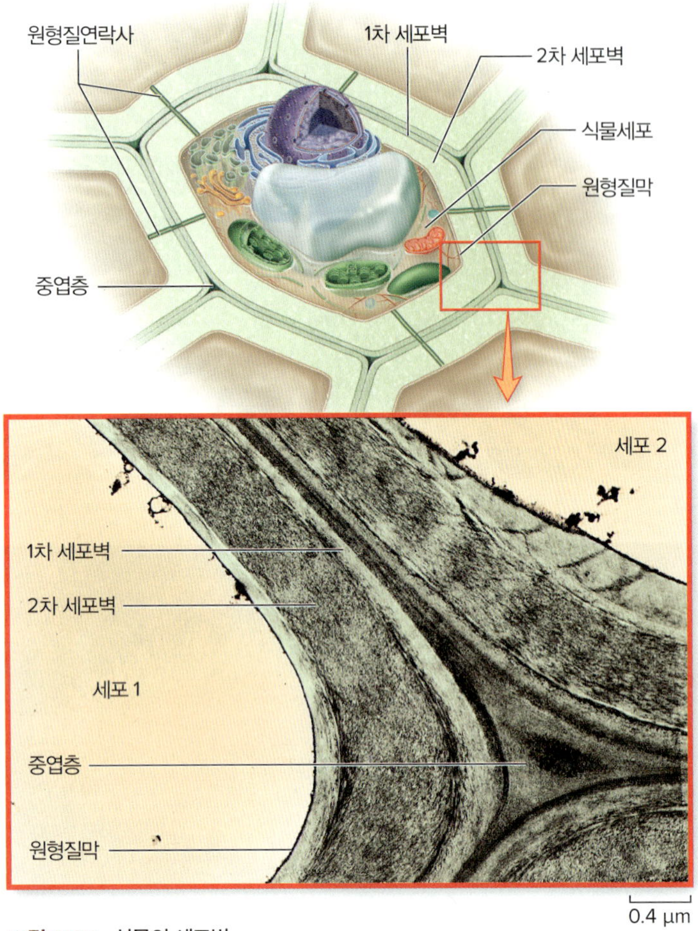

그림 3.25 **식물의 세포벽.**
식물 세포벽은 두껍고 튼튼하며 단단하다. 1차 세포벽은 세포가 성장할 때 만들어지고, 더 두꺼운 2차 세포벽은 세포가 충분히 자란 후 추가로 축적될 수 있다.

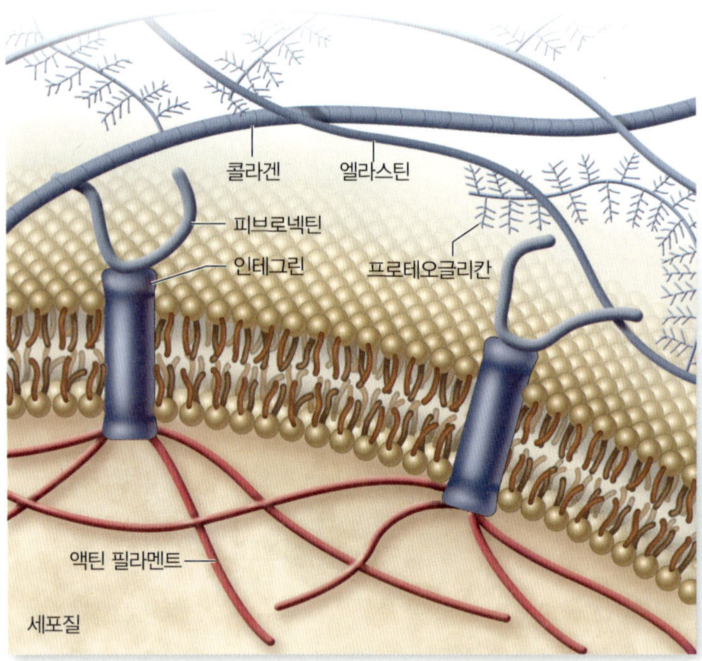

그림 3.26 **세포외기질.**
동물세포는 세포에 지지, 강도 및 탄력성을 제공하는 다양한 당단백질로 구성된 세포외기질로 둘러싸여 있다.

이 없다. 대신 동물세포는 정교한 당단백질 혼합물을 주변 공간으로 분비하여 **세포외기질**(extracellular matrix, ECM)을 형성한다(**그림 3.26**). 연골, 힘줄 및 인대에서 발견되는 것과 동일한 섬유질 단백질인 콜라겐(collagen)은 ECM에 풍부하다. 강력한 섬유인 콜라겐과

표 3.3 **원핵세포, 식물세포, 동물세포의 비교**

	원핵세포	동물세포	식물세포
외부 구조			
세포벽	있음(단백질-다당류)	없음	있음(셀룰로스)
세포막	있음	있음	있음
편모/섬모	있을 것으로 추정(9+2 구조가 아님)	있음(9+2 구조)	소수 종의 정자(9+2 구조)를 제외하고는 없음
내부 구조			
소포체	없음	일반적으로 있음	일반적으로 있음
리보솜	있음	있음	있음
미세소관	없음	있음	있음
중심립	없음	있음	없음
골지체	없음	있음	있음
핵	없음	있음	있음
미토콘드리아	없음	있음	있음
엽록체	없음	없음	있음
염색체	단일; 원형 DNA	다수; DNA-단백질 복합체	다수; DNA-단백질 복합체
라이소솜	없음	일반적으로 있음	있음
액포	없음	없거나 작음	일반적으로 커다란 단일 액포 있음

다른 섬유질 단백질인 엘라스틴(elastin)은 프로테오글리칸(proteoglycans)이라고 불리는 다른 당단백질의 복잡한 망에 삽입되어, 세포 표면 위에 보호층을 형성한다.

? **탐구문제** 기도의 통로(폐의 공기가 들어오고 나가는 길)에는 섬모 세포가 줄지어 늘어서 있는 것으로 알려져 있다. 이 섬모는 어떤 기능을 수행하는가?

일부 세포의 ECM은 세 번째 당단백질인 피브로넥틴(fibronectin)에 의해 원형질막에 부착되어 있다. 피브로넥틴 분자는 ECM 당단백질뿐만 아니라 **인테그린**(integrins)이라는 단백질에도 결합한다. 인테그린은 원형질막에 박혀 있는 단백질로서, 세포질로 돌출된 부분은 세포골격의 미세섬유 및 중간섬유와 결합하고 있다. 인테그린은 ECM과 세포골격을 연결함으로써, ECM이 세포 행동에 중요한 영향을 미칠 수 있도록 한다. 그들은 기계적 및 화학적 신호전달의 조합을 통해 유전자 발현과 세포 이동 패턴을 변경할 수 있다. 이러한 방식으로 ECM은 특정 조직에 있는 모든 세포의 행동을 조정할 수 있다.

표 3.3에는 3가지 유형의 세포의 특징을 비교하고 설명하였다.

핵심 요약 3.7

세포 운동에는 단백질이 포함된다. 세포는 내부적으로 액틴과 마이오신을 사용하여 기어가거나 외부적으로 섬모나 편모를 이용하여 이동할 수 있다. 진핵세포의 섬모와 편모는 9+2 배열의 미세소관 다발로 구성되어 있기 때문에 원핵세포의 편모와 다르다. 이들은 회전하기보다는 물결친다. 식물세포는 셀룰로스를 기반으로 하는 세포벽을 가지고 있다. 동물세포에는 세포벽이 없지만, 세포골격이 세포외기질이라고 하는 당단백질의 망에 연결되어 있다.

■ 미세소관과 미세섬유에 의해 수행되지만, 중간섬유는 하지 않는 세포 역할은 무엇일까?

3.8 세포간 상호작용

학습 목표

1. 표면 단백질의 역할을 설명할 수 있다.
2. 세포연접의 유형을 구별할 수 있다.

다세포 동물의 기본 특징은 세포가 특정 방식으로 조직화되어 피부, 혈액 또는 근육과 같은 다양한 종류의 **조직**(tissue)를 형성한다는 것이다. 세포는 또한 상호작용할 수 있어야하며 각각의 정체성을 나타내는 표지가 있어야 한다. 이러한 모든 기능(세포간의 연결, 세포 정체성 표지 및 세포 소통)은 막 단백질과 세포 분비 단백질을 포함한다. 생물체가 발달함에 따라 세포는 각 세포 유형의 기능에 필요한 단백질을 생산하는 특정 유전자의 발현을 신중하게 조절하여 정체성을 얻는다. **표 3.4**에는 세포간의 연결 유형에 대해 정리하였다.

표면단백질은 세포의 정체성을 부여한다

하나의 핵심 유전자 세트는 특정 유형의 세포에 정체성을 부여하여 세포 표면을 표지하는 기능을 한다. 세포가 접촉하면 서로의 세포 표면의 표지를 읽고 그에 따라 반응한다. 동일한 조직의 일부인 세포는 서로를 인식하고 표면 사이를 연결하여 기능을 더 잘 조정한다.

당지질

대부분의 조직 특이적 세포 표면 표지는 당지질(glycolipids), 즉 머리 부분이 탄수화물인 지질이다. 적혈구 표면의 당지질은 또한 A, B, O식 혈액형을 담당한다.

MHC 단백질

세포 표면의 표지는 면역 체계에서 "자기(self)"와 "비자기(nonself)"를 인식할 때 사용된다. 이 기능은 침입 또는 악성 세포로부터 스스로를 방어해야 하는 다세포 생물체에 필수적이다. 척추동물의 면역체계는 주조직적합성복합체(major histocompatibility complex, MHC)의 유전자에 의해 암호화된, 독특한 자기, 비자기 구별 표지 세트를 사용한다. 면역계의 세포인식은 34장에서 다룬다.

세포 연결은 세포간 접착을 매개한다

다세포성(multicellularity)의 진화는 세포를 서로 연결할 수 있는 분자를 얻는 것이 필요했다. 다세포성은 다른 계통에서 독립적으로 발생하는 것으로 보이지만, 세포간의 연결 유형은 분명히 보존되어 있으며 관련된 많은 단백질은 오래전부터 있어 왔다.

조직에서 세포 사이의 물리적 연결의 특성이 조직의 모습을 결정한다. 실제로 조직의 적절한 기능은 종종 개별 세포가 조직 내에 배열되는 방식에 따라 결정적으로 달라진다. 집이 못과 시멘트 없이는 구조를 유지할 수 없는 것처럼, 조직은 적절한 세포 연결(cell junction) 없이는 그 특징적인 구조를 유지할 수 없다. 세포 연접은 현미경에서 보이는 구조와 연접에 관련된 단백질 모두에 의해 특성화될 수 있다.

표 3.4	세포간 연결과 세포 정체성		
연결 유형	구조	기능	예시
세포표면 표지	원형질막에 존재하는 다양한 막내재단백질이나 인지질	세포에 정체성 부여	MHC 복합체, 혈액형, 항체
격벽연접 밀착연접	단단하게 결합되어 새지 않는 섬유 단백질 클라우딘은 세포 주변을 밀봉함	물질이 세포 사이를 통과하지 못하도록 세포를 함께 고정	내장에 있는 상피세포 사이의 접합
부착연접(데스모솜)	캐드헤린의 변이형과 데스모콜린은 세포골격 중 중간섬유에 결합	세포 사이에 강력하고 유연한 연결을 만듦. 척추동물에서 발견	상피세포
부착연접(접착연접)	고전적인 캐드헤린은 세포골격 중 미세섬유에 결합	세포를 함께 연결. 모든 다세포 생물체에서 발견되는 가장 오래된 형태의 세포연접	피부와 같은 높은 기계적 스트레스를 가지는 조직
부착연접(반데스모솜, 초점부착)	막내재단백질은 세포외기질에 결합	기질에 대한 부착점 제공	세포 이동과 관련되고 발생 과정에 중요함
소통연접(간극연접)	막관통 단백질 코넥손/파넥신 6개가 세포를 연결하는 막공을 만듦	조직에서 세포 간에 작은 분자의 통과를 허용	심장근육 같은 흥분성 조직
소통연접(원형질연락사)	인접한 식물 세포벽의 틈 사이의 세포질 연결	식물세포 간의 소통 접합	식물조직

부착연접

부착연접(adhesive junctions)은 처음으로 진화한 것으로 보인다. 이것은 세포의 세포골격을 다른 세포의 세포골격이나 세포외기질에 기계적으로 부착시킨다. 이 접합부는 근육 및 피부 상피와 같은 기계적 스트레스를 받는 조직에서 발견된다.

접착연접(adherens junctions)은 세포 표면에 있는 **캐드헤린**(cadherin) 분자에 의해 형성된다. 캐드헤린 대집단은 거의 모든 후생 동물에서 발견되는 Ca^{2+} 의존성 접착 분자의 집단이다. 최초의 캐드헤린 분자는 6억 년 전에 모든 동물의 마지막 공통 조상에서 나타났으며, 시간이 지남에 따라 널리 퍼졌다. 인간 게놈(genome)에는 이것과 관련한 114개의 대집단이 존재한다. 캐드헤린의 고대 기원을 감안할 때, 접착연접이 모든 후생동물, 심지어 기본적으로 한 층의 세포로 된 판형동물(Placozoans)과 자포동물(Cnidarians)에서 발견된다는 것은 놀라운 일이 아니다.

캐드헤린(cadherin)은 세포외 영역(extracellular domain)을 가진 단일통과(single-pass) 막관통단백질(transmembrane protein)로 인접한 세포에 있는 캐드헤린의 세포외 영역과 상호작용하여 세포를 함께 연결할 수 있다(**그림 3.27**). 이 접합부에서 발견되는 캐드헤린은 고전적인 캐드헤린이라고 불리며, I형과 II형으로 나뉜다. I형 또는 II형 캐드헤린을 보유한 세포가 섞이면 I-I 또는 II-II 상호작용에 의해 결합된 집단으로 분류된다. I형과 II형 캐드헤린 사이에는 약간의 상호작용이 있지만, 그렇게 강력하지는 않다. 세포질 측면에서 캐드헤린은 다른 단백질을 통해 액틴과 간접적으로 상호작용하여 세포간에 유연한 연결을 형성한다(**그림 3.27**).

데스모솜(desmosomes)은 척추동물의 고유한 캐드헤린에 기반한 접합부이다. 그들은 액틴 대신 세포골격의 중간섬유와 상호작용하는 캐드헤린, 데스모콜린(desmocollin)과 데스모글레인(desmoglein)을 포함한다. 데스모솜은 인접한 세포를 연결한다(**그림 3.28***b*). 이러한 연결은 기계적 스트레스에 대해 조직을 지탱한다.

반데스모솜(hemidesmosomes)과 **초점부착**(focal adhesions)은 세포를 기저판(basal lamina) 또는 기타 ECM에 연결한다. 이 경우

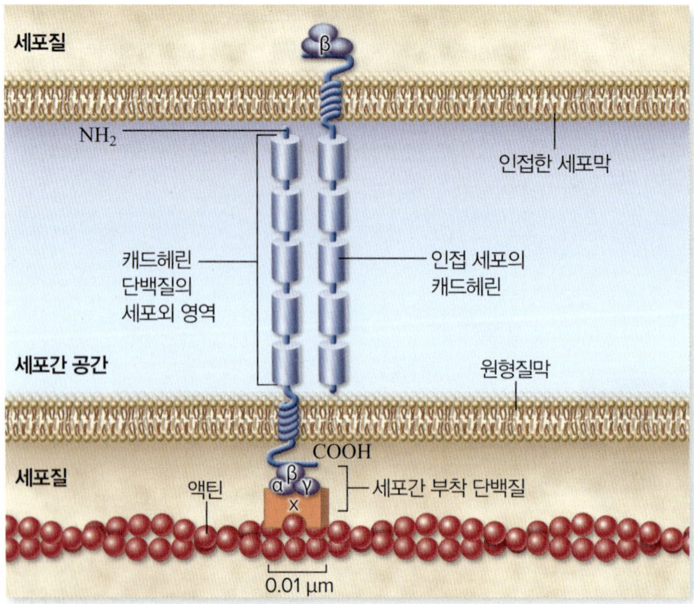

그림 3.27 캐드헤린-매개 연접.
캐드헤린 분자는 세포골격의 액틴에 고정되고 인접한 세포의 캐드헤린과 상호작용하기 위해 막을 통과한다.

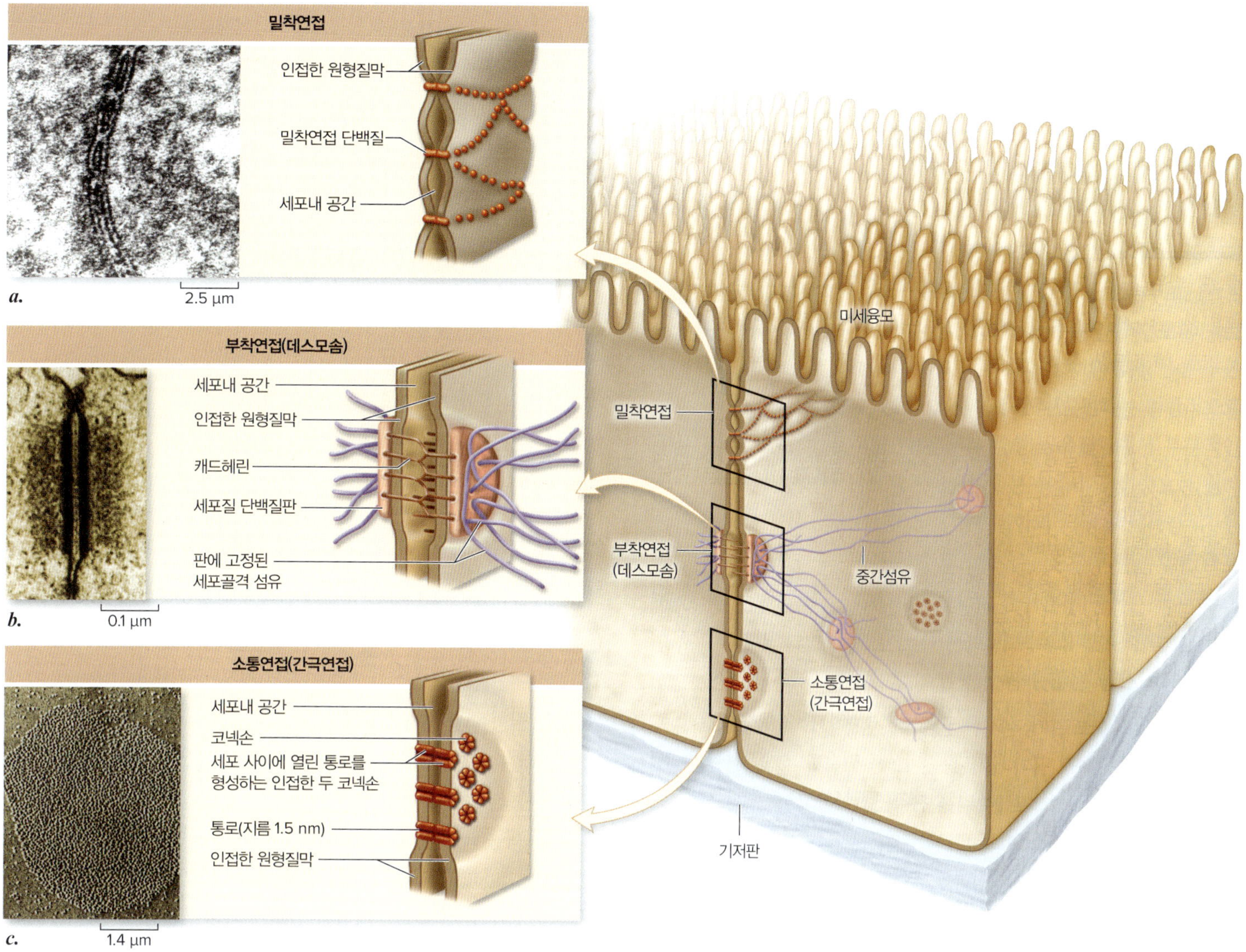

그림 3.28 동물 상피에서의 세포 접합 유형.
여기에서 오른쪽의 내장 상피 세포 그림은 일반적인 세포 연접부의 구조와 위치를 비교하여 보여준다. 왼쪽의 세부 그림은 세포 연접의 주요 3가지 유형의 구조이다. ***(a)*** 밀착연접. ***(b)*** 부착연접-표시된 예는 데스모솜이다. ***(c)*** 소통연접-표시된 예는 간극연접이다.

ECM과 상호작용하는 단백질을 인테그린(integrin)이라고 한다. 인테그린은 세포외기질의 단백질 성분에 결합하는 세포 표면 수용체의 대집단이다. 적어도 20개의 다른 인테그린이 존재하며, 각각은 다른 모양의 결합 도메인을 가지고 있다. 이 연접은 또한 세포의 세포골격, 즉 초점부착의 액틴 필라멘트와 반데스모솜의 중간섬유에 연결된다.

격벽연접 또는 밀착연접

격벽연접(seperate junctions)은 무척추동물과 척추동물 모두에서 발견되며 세포 층을 봉할 수 있는 장벽을 형성한다. 이 접합부에서 발견되는 단백질은 다른 시스템에서 다른 이름으로 불린다. 초파리에서 이들 단백질은 디스크 라지(Discs Large)와 뉴랙신(Neurexin)으로 불린다. 그들의 넓은 분포는 그들이 아마도 접착연접 직후 혹은 동시에 진화했음을 뜻한다.

밀착연접(tight junctions)은 척추동물에게 고유하며 세포 간에 물질이 통과하는 것을 차단(occlude)하는 능력 때문에 클라우딘(Claudins)이라는 단백질을 포함하고 있다. 이러한 세포 사이의 밀착연접은 조직 내에서 벽 역할을 하여 분자를 한쪽 또는 다른 쪽에 고정시킨다(**그림 3.28***a*).

세포 층 만들기: 동물의 소화관을 감싸는 세포는 세포 하나 두께의 층으로 구성된다. 층의 한 표면은 관 내부를 향하고 다른 표면은 혈관이 위치한 세포외 공간을 향한다. 사람의 허리를 꽉 묶은 벨

트처럼 단단한 접합부가 층의 각 세포를 둘러싸고 있다. 인접한 세포 사이의 접합부는 매우 단단히 부착되어 새어나갈 공간이 없다. 따라서 소화관의 음식에서 흡수된 영양소는 세포 사이의 공간을 통과할 수 없기 때문에, 세포층을 직접 통과하여 혈류로 들어가야 한다.

소화관을 감싸는 세포 사이의 밀착연접은 또한 세포의 원형질막을 별도의 구획으로 분할한다. 소화관 내부로 접해 있는 막의 수송 단백질은 영양분을 소화관의 내부에서 세포질 쪽으로 운반한다. 세포의 반대편의 막에 위치한 다른 단백질은 이러한 영양소를 세포질에서 세포 외액 쪽으로 운반하여 혈류로 들어갈 수 있게 한다. 밀착연접은 반대쪽에 있는 단백질을 효과적으로 분리하여 세포층 간에 이동하는 것을 방지한다. 밀착연접을 파괴하면, 세포층 간에 이동이 발생한다.

간극연접

이전에 설명한 연접부에 관련된 단백질은 일부 단세포 생물체에서도 찾을 수 있다. 다세포성의 진화는 또한 새로운 형태의 세포 연결인, **소통연접**(communicating junctions)으로 이어졌다. 소통연접은 작은 구멍을 통한 세포 간의 확산이 가능하다. 소통연접은 작은 분자 또는 이온을 한 세포에서 다른 세포로 전달한다. 동물에서는 세포사이의 이러한 직접 소통 채널을 **간극연접**이라고 하고 식물에서는 **원형질연락사**(plasmodesmata)라고 한다.

동물의 간극연접: 간극연접(gap junctions)은 무척추동물과 척추동물 모두에서 발견된다. 무척추동물에서는 파넥신(pannexins)으로 알려진 단백질에 의해 형성된다. 척추동물에서는 파넥신에 기반한 간극연접이 존재하고, 코넥손(connexons)이라는 유사한 단백질을 기반으로하는 유형이 추가적으로 존재한다. 각각의 경우 구조는 6개의 동일한 막관통단백질의 복합체로 형성된다(**그림 3.28***c*). 단백질은 원형으로 배열되어 세포 표면에서 수 nm 튀어 나와, 원형질막을 통해 통로를 생성한다. 두 세포의 코넥손/파넥신이 완벽하게 정렬될 때 간극연접이 형성되어 두 세포의 원형질막을 가로 지르는 열린 통로를 생성한다.

간극연접은 단당류나 아미노산 같은 작은 물질이 한 세포에서 다음 세포로 통과하기에는 충분한 통로를 제공한다. 그러나 단백질 같은 더 큰 분자의 통과는 막는다.

간극연접 통로는 Ca^{2+}나 H^+ 이온을 포함한 다양한 요인에 의해 열리거나 닫힐 수 있는 동적인 구조이다. 이 통로는 적어도 한가지 중요한 기능을 수행한다. 세포가 손상되면 원형질막이 종종 누출된다. Ca^{2+}와 같이 세포 외부의 농도가 높은 이온은 손상된 세포로 흘러 들어가 간극연접 통로를 닫는다. 이로 인해 세포를 격리시키고 손상이 퍼지는 것을 방지한다.

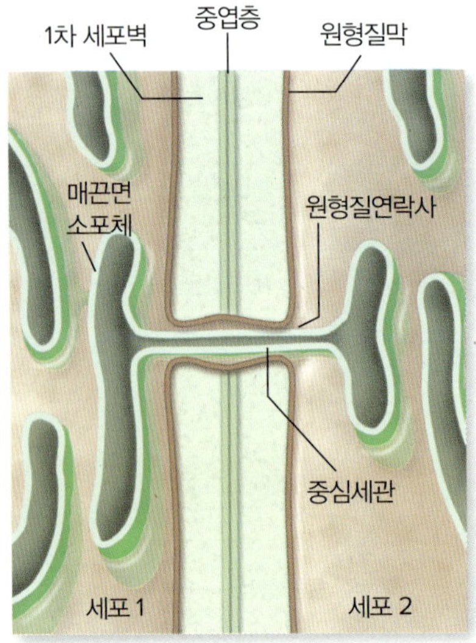

그림 3.29 원형질연락사.
식물세포는 인접한 세포의 세포질을 연결하는 원형질연락사라고 하는 세포벽의 특수 구멍을 통해 소통할 수 있다.

식물의 원형질연락사: 식물에서 세포벽은 모든 세포를 다른 세포로부터 분리한다. 세포간 연접은 인접한 세포의 원형질막이 서로 접촉할 수 있는 세포벽의 구멍이나 틈에서만 발생한다. 접촉하는 벽을 가로질러 형성되는 세포질 연결을 **원형질연락사**(plasmodesmata)라고 한다(**그림 3.29**). 고등식물에 있는 대부분의 살아 있는 세포는 이러한 연접에 의해 이웃 세포와 연결된다.

원형질연락사는 구조가 더 복잡하긴 하지만, 동물세포의 간극연접과 매우 유사한 기능을 한다. 간극연접과 달리 원형질연락사는 원형질막과 나란히 존재하며 두 세포의 소포체를 연결하는 중심세관을 포함한다.

핵심 요약 3.8

다세포성의 진화는 세포를 서로 연결하는 세포 접착 분자를 필요로 한다. 세포 연결은 다음과 같은 기본 범주로 나뉜다. (1) 부착연접은 강도와 유연성을 제공한다. (2) 격벽연접이나 밀착연접은 방수 밀봉을 형성하는 세포층을 만드는 데 도움이 된다. 그리고 (3) 동물의 간극연접과 식물의 원형질연락사를 포함하는 소통연접은 세포 사이에 일부 물질의 통과를 허용한다. 다세포 생물체의 세포는 뚜렷한 정체성과 세포간 연결성을 가지고 있다. 세포 정체성은 표면 당단백질에 의해 부여되는데, 면역계에서 중요한 MHC 단백질을 포함한다.

■ 세포연접은 조직 형성에 어떻게 도움이 될까?

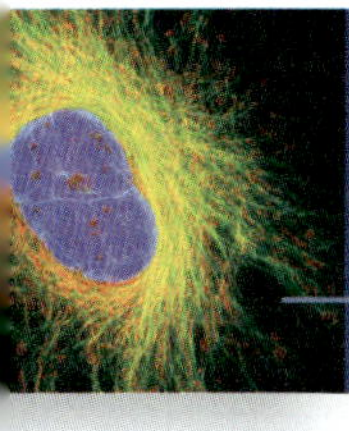

핵심 개념 요약

3.1 세포론

■ **세포론은 세포 생물학의 통합 기반이다**

모든 생물체는 하나 이상의 세포로 구성된다. 세포는 기존 세포의 분열에 의해서만 발생한다.

■ **세포의 크기는 제한적이다**

세포의 크기는 확산 거리에 의해 제한된다. 세포 크기가 증가함에 따라 확산의 효율은 감소한다.

■ **현미경을 통해 세포와 구성 요소를 볼 수 있다**

확대는 육안으로 보는 것보다 더 나은 해상도를 제공한다. 화학 물질로 염색하면 구조가 선명하게 대비된다.

■ **모든 세포는 간단한 구조적 특징을 공유한다**

모든 세포는 중앙에 위치한 DNA, 반유동체인 세포질, 그리고 이를 둘러싸는 원형질막으로 구성되어 있다.

3.2 원핵세포(그림 3.3)

■ **원핵세포는 비교적 간단한 조직을 가지고 있다**

원핵세포에는 DNA와 리보솜이 포함되어 있지만 핵, 내막계 및 막으로 둘러싸인 소기관이 없다. 단단한 세포벽이 원형질막을 둘러싸고 있다.

■ **박테리아 세포벽은 펩타이도글리칸으로 구성된다**

펩타이도글리칸은 짧은 펩타이드와 상호결합된 탄수화물로 구성된다.

■ **고세균은 특이한 막지질을 가지고 있다**

고세균의 세포벽은 펩타이도글리칸이 없으며, 독특한 원형질막을 가지고 있다.

■ **일부 원핵생물은 편모를 회전시켜 움직인다**

원핵생물 편모는 원형질막을 가로지르는 양성자 전달로 인해 회전한다.

3.3 진핵세포(그림 3.6과 3.7)

진핵세포는 막으로 둘러싸인 핵, 세포내막계와 다양한 소기관을 가지고 있다.

■ **핵은 정보센터의 역할을 한다**

핵은 2개의 인지질 2중층의 외피로 둘러싸여 있다. 외층은 ER과 인접한다. 핵공은 작은 분자의 교환을 허용한다. 인은 rRNA가 전사되고 리보솜이 조립되는 핵질의 영역이다.

대부분의 원핵생물에서 DNA는 단일 원형 염색체로 구성된다. 진핵생물에는 수많은 염색체가 존재한다.

■ **리보솜은 세포의 단백질 합성 공장이다**

리보솜은 mRNA를 번역하여 폴리펩타이드를 생성한다. 그들은 모든 세포 유형에서 발견된다.

3.4 세포내막계(그림 3.10~15)

소포체(ER)는 세포질을 구획으로 나누고 세포 내에 물질 수송 통로를 생성한다.

■ **거친면 소포체는 단백질을 합성하는 장소이다**

RER에는 분비될 단백질 또는 막단백질을 합성하는 리보솜이 박혀 있다. 이 단백질들은 RER에서 변형할 수 있다.

■ **매끈면 소포체는 다양한 역할을 한다**

SER에는 리보솜이 없으며, 탄수화물과 지질 합성 및 해독에 관여한다. SER는 또한 Ca^{2+}를 저장한다.

■ **골지체는 단백질을 분류하고 포장한다**

골지체는 ER로부터 소포를 받아 거대 분자를 변형 및 포장하여 운반한다.

■ **라이소솜은 소화효소를 포함하고 있다**

라이소솜은 거대 분자를 분해하고 오래된 세포 기관의 구성 성분을 재활용한다. 라이소솜 효소는 산성 pH에서 활성화된다.

■ **지질 방울은 중성 지질을 저장한다**

지질 방울은 인지질 단층으로 둘러싸인 중성 지질로 구성된다.

■ **미소체는 다양한 범주의 소기관이다**

■ **식물은 저장과 수분 균형을 위해 액포를 사용한다**

3.5 미토콘드리아와 엽록체: 세포의 발전소

미토콘드리아와 엽록체는 2중막 구조를 가지고 있으며, 자체 DNA를 포함하여 독립적으로 분열할 수 있다.

■ **미토콘드리아는 당을 사용하여 ATP를 생산한다**

미토콘드리아의 내막은 크리스타라는 층이 매우 심하게 접혀 있다. 표면과 내막의 단백질은 대사를 수행하여 ATP를 생성한다(**그림 3.16**).

■ **엽록체는 빛을 사용하여 ATP와 당을 생산한다**

엽록체는 그라나라고 불리는 층에 배열된 틸라코이드 막을 통해 빛에너지를 포획하여 포도당을 합성하는 데 사용한다(**그림 3.17**).

■ **미토콘드리아와 엽록체는 세포내공생에 의해 발생하였다**

세포내공생 이론은 미토콘드리아와 엽록체가 한때 다른 세포에 의해 삼켜진 원핵생물이었다고 제안한다.

3.6 세포골격

세포골격은 세포의 모양을 지지하고 소기관을 고정하는 교차된 단백질 섬유로 구성된다(**그림 3.19**).

■ **3가지 유형의 섬유가 세포골격을 구성한다**

액틴 필라멘트 또는 미세섬유는 세포 운동에 관여하는 길고 얇은 중합체이다. 미세소관은 세포 내에서 물질을 이동시키는 속이 빈 관 구조이다. 중간섬유는 다양한 기능을 수행한다.

■ **중심체는 미세소관을 조립하는 센터이다**

중심체는 동물세포의 핵분열 기구를 조립하는 데 도움이 된다(**그림 3.20**).

■ **세포골격은 세포내 물질 이동을 돕는다**

분자 모터는 철길의 기차처럼 미세소관을 따라 소포를 이동시킨다. 키네신과 디네인은 2종류의 운동 단백질이다.

3.7 세포외 구조 및 세포 이동

■ **일부 세포는 기어갈 수 있다**

세포 기어가기는 액틴 중합체가 세포막을 앞으로 밀고 마이오신이 세포체를 앞으로 당기면서 발생한다.

■ **편모와 섬모는 이동을 돕는다**

진핵생물 편모는 9+2 구조를 가지며 기저체에서 발생한다. 섬모는 편모보다 짧고 더 많다.

■ **식물 세포벽은 식물세포를 지탱하고 보호한다**

식물은 셀룰로스 섬유로 구성된 세포벽을 가지고 있다. 세포벽 사이의 중엽층은 인접한 세포를 함께 붙잡고 있다.

■ **동물세포는 세포외기질을 분비한다**

당단백질은 동물세포의 세포외기질(ECM)의 주요 구성 성분이다.

3.8 세포간 상호작용(그림 3.28)

■ **표면단백질은 세포의 정체성을 부여한다**

세포 표면의 당지질과 MHC 단백질은 자기와 비자기를 구별하는 데 도움이 된다.

■ **세포 연결은 세포간 접착을 매개한다**

세포연접에는 밀착연접, 부착연접 및 소통연접이 포함된다. 동물에서 간극연접은 세포 사이에 작은 분자의 통과를 허용한다. 식물에서 원형질연락사는 세포벽을 관통하여 세포를 연결한다.

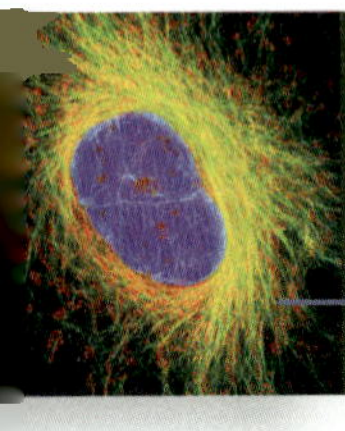

연습문제

■ 1단계: 이해력 확인하기

1. 다음 중 세포의 일부가 아닌 것은 무엇인가?
   a. 모든 생물체는 하나 이상의 세포로 구성된다.
   b. 세포는 분열에 의해 다른 세포에서 생긴다.
   c. 세포는 가장 작은 생물이다.
   d. 진핵세포는 원핵세포로부터 진화되었다.

2. 다음 중 모든 세포에 존재하지 않는 것은?
   a. 원형질막 b. 유전 물질
   c. 세포질 d. 세포벽

3. 진핵세포는 원핵세포보다 더 복잡하다. 다음 중 진핵세포에서만 발견되는 것은 무엇인가?
   a. 세포벽 b. 원형질막
   c. 소포체 d. 리보솜

4. 다음 중 박테리아와 고세균의 차이점은 무엇인가?
   a. 세포벽의 분자 구조
   b. 각각에서 발견되는 리보솜의 유형
   c. 고세균에는 박테리아에 없는 내막계가 있다.
   d. a와 b 모두 맞다.

5. 다음 중 세포골격에 해당하는 것은 무엇인가?
   a. 액틴 필라멘트로 만들어진 미세소관
   b. 튜불린으로 만들어진 미세섬유
   c. 비멘틴 및 케라틴의 꼬인 섬유로 만들어진 중간섬유
   d. 매끈면 소포체

6. 매끈면 소포체의 기능으로 옳은 것은 무엇인가?
   a. 단백질 합성
   b. 단백질의 당화작용
   c. 다양한 이온의 저장고
   d. 지질과 막합성

7. 식물의 원형질연락사와 동물의 간극연접은 기능적으로 어떻게 유사한가?
   a. 각각은 세포층을 고정시키는 데 사용된다.
   b. 그들은 세포 사이에 작은 분자의 확산을 허용하는 통로를 형성한다.
   c. 그들은 세포 사이에 긴밀한 접합을 형성한다.
   d. 이들은 세포외기질에 고정되어 있다.

■ 2단계: 적용력 평가하기

1. 세포의 크기를 제한하는 가장 중요한 요소는 무엇인가?
   a. 세포가 만들 수 있는 단백질과 소기관의 양
   b. 작은 분자의 확산 속도
   c. 세포의 표면적-대-부피 비율
   d. 세포에서 DNA의 양

2. 모든 진핵세포에서 발견할 수 없는 구조는 무엇인가?
   a. 미토콘드리아 b. 세포벽
   c. 세포골격 d. 핵

3. 캐드헤린을 포함하는 접착연접(adherens junctions)은 모든 동물에서 발견된다. 이 점을 감안할 때 다음 예측 중 가장 가능성이 높은 것은 무엇인가?

a. 캐드헤린은 모든 동물의 조상에서 찾을 수 없다.
b. 캐드헤린은 원핵생물에서 발견된다.
c. 캐드헤린은 모든 동물의 조상에서 발견된다.
d. 캐드헤린은 척추동물에서는 발견되지만 무척추 동물에서는 발견되지 않는다.

4. 키네신과 마이오신 같은 운동 단백질은 어떤 점에서 유사한가?

a. 미세소관과 상호작용한다.
b. 움직임을 일으키기 위해 ATP의 에너지를 사용한다.
c. 액틴과 상호작용한다.
d. a와 b 모두 맞다.

5. 다음의 소기관/구획에서 단백질 선별 경로를 순서대로 나타낸 것은?

a. SER, RER, 수송소포, 골지
b. RER, 라이소솜, 골지
c. RER, 수송소포, 골지, 최종 목적지
d. 골지, 수송소포, RER, 최종 목적지

6. 엽록체와 미토콘드리아의 공통적인 특징은 무엇인가?

a. 식물세포에 존재한다.
b. 세포내공생(endosymbiosis)에 의해 일어난다.
c. 포도당을 산화시키는 기능
d. 포도당을 생성하는 기능

7. 진핵세포는 3가지 유형의 세포골격 섬유로 구성된다. 이들 필라멘트는 어떻게 비슷한가?

a. 그들은 세포의 모양에 기여한다.
b. 그들은 모두 같은 유형의 단백질로 만들어졌다.
c. 그들은 모두 같은 크기와 모양이다.
d. 그들은 모두 똑같이 역동적이며 유연하다.

3단계: 사고력 함양하기

1. 매끈면 소포체는 세포의 모든 막, 특히 원형질막을 구성하는 인지질의 합성 부위이다. 인지질 분자를 SER에서 원형질막으로 운반하는 경로를 추적하여 동물세포(**그림 3.6**)에 표시하시오. 인지질이 통과하는 내막 구획은 무엇인가? 인지질 분자는 어떻게 막 구획 사이를 이동할 수 있는가?

2. 미토콘드리아와 엽록체가 한때 자유로운 원핵세포였다면 어떤 특성을 가졌을지 **표 3.3**에 제공된 정보를 사용하여 예측하시오. 여러분의 예측이 세포내공생(endosymbiosis)의 증거와 어떻게 일치하는가?

3. 진화론에서 상동형질이란 공통 조상에서 파생된 유사한 구조와 기능을 가진 것이다. 진화적으로 멀리 떨어진 생물체 사이에서 유사한 형질은 유사한 환경에의 적응을 나타낸다. 진핵세포와 원핵세포에서 발견되는 편모의 구조와 기능을 고려할 때, 편모는 상동(homologous) 또는 상사(analogous) 형질의 예인가? 답을 설명하시오.

4. 원생동물 지알디아편모충(*Giardia intestinalis*)은 수인성 설사병과 관련된 생물체이다. 지알디아는 미토콘드리아가 없는 특이한 진핵생물이다. 세포내공생 이론의 맥락에서 이를 설명하는 2가지 가능한 진화 시나리오를 설명하시오.

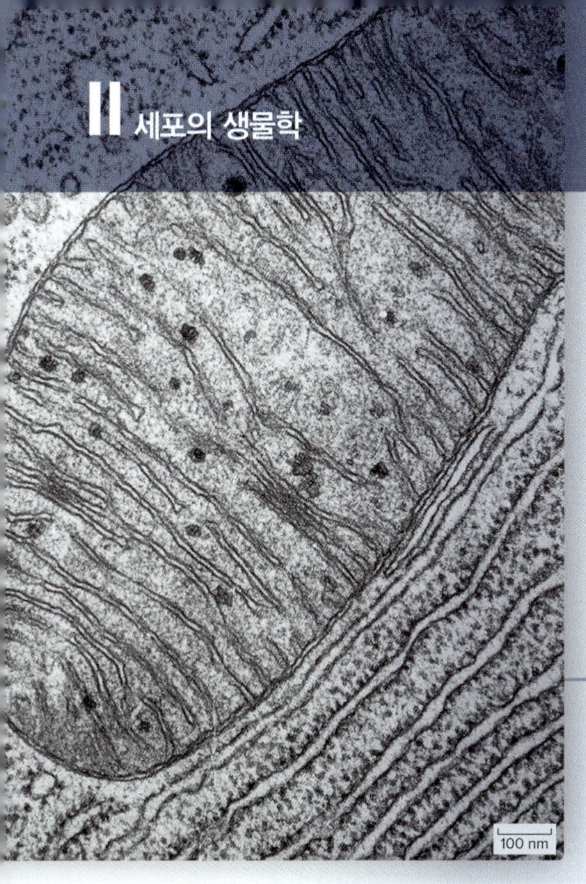

4

막

도입

주변 환경과 세포의 지속적인 상호작용은 매우 중요하다. 이러한 상호작용이 없으면 생명은 존재할 수 없다. 살아 있는 세포는 소수의 수용성 물질을 투과시킬 수 있는 지질의 막으로 둘러싸여 있다. 이 원형질막에는 특정한 물질이 세포 안으로 들어오거나 세포 밖으로 나가도록 하고 세포와 주변 환경과의 정보교환을 할 수 있는 단백질 통로가 있다. 또한 진핵세포에는 위 사진에서 보이는 미토콘드리아와 소포체 같은 내부 막이 있다. 이처럼 세포를 둘러싸고 있으며, 섬세한 피부와 같은 지질에 단백질 분자들이 내장된 것을 원형질막이라 부른다. 이번 장에서는 세포막의 구조와 기능에 대해 알아본다.

4.1 막의 구조

학습 목표

1. 생물학적 막의 구성요소에 대해 설명할 수 있다.
2. 막 구조의 유동모자이크모델에 대해 설명할 수 있다.

모든 살아 있는 세포를 둘러싸고 있는 막은 두께가 5~10 nm에 불과한 2개의 인지질 판(sheets)으로 구성되어 있고, 10,000개 이상의 인지질 판이 중첩되어야 이 책 용지 1장의 두께와 같아진다. 생물학자들은 생화학 분석을 통해 지질뿐만 아니라 단백질과 기타 분자가 막 구성요소임을 밝혔지만, 아직도 막 구성 요소들이 어떻게 조직되어 있는지에 대해서는 명확하게 밝혀져 있지 않다.

우리는 발전된 이론들을 바탕으로 원형질막의 구조와 막을 구성하는 구성 요소들에 대해 자세하게 알아본다.

유동모자이크모델은 유동성 지질 2중층 내의 단백질들을 보여준다

세포막의 근간이 되는 지질 2중층은 **인지질**(phospholipids)로 이루어져 있다. 이들 인지질은 주로 글리세롤 인지질(**그림 4.1**)과 스핑고마이엘린과 같은 **스핑고지질**(sphingolipid, **그림 4.2**)을 포함한다.

이것들은 표면적으로 비슷해 보이지만, 서로 다른 탄소 골격으로 만들어져 있다. 수년 동안 생물학자들은 세포막의 단백질 성분이 인지질 2중층의 내부와 외부 표면을 페인트처럼 덮고 있다고 생각하였다. 즉 초기 모델은 원형질막을 구형 단백질의 두 층 사이에 인지질 2중층이 존재하는 샌드위치 형태로 묘사하였다.

1972년 싱어(S. Jonathan Singer)와 니콜슨(Garth J. Nicolson)은 샌드위치 모델을 단순하지만 심오한 방식으로 수정하여 수정 모델을 제시하였다. 그들은 구형 단백질의 비극성 절편이 2중층의 비극성 내부와 접촉하여 **삽입**(insert)되어 있고 단백질의 극성 부분은 막 표면으로 돌출된 형태라고 생각하였다. **유동모자이크모델**이라 불리는 이 모델에서, 모자이크인 단백질은 연못의 보트와 같은 유동성 지질 2중층 내부에 또는 그 위에 떠 있는 것으로 제안되었다(**그림 4.3**).

막과의 연관성에 기초하여 막단백질은 2가지로 구분된다. **내재 막단백질**(integral membrane proteins)은 막에 매립되어 있는 종류이고, **주변부 막단백질**(peripheral membrane proteins)은 막의 표면에 부착되어 있는 종류이다.

세포막은 4가지 구성 요소로 구성된다

진핵세포는 많은 종류의 막을 가진다. 이들이 모두 동일하지는 않지만 동일한 기본 토대(fundamental architecture)를 가지고 있다. 세포막은 다음의 4가지 요소로 구성된다(**표 4.1**).

1. **인지질 2중층**: 모든 세포막은 인지질 2중층으로 구성된다. 막의 다른 구성 요소는 2중층에 내장되어 있어 유연한 기질을 제공하는 동시에 물질투과 시 장벽의 역할을 한다. 또한 동물세포막에는 극성인 하이드록실기(−OH)를 포함한 스테로이드인 콜레스테롤이 함유되어 있다. 식물세포막에는 다른 스테롤이 있지만, 콜레스테롤은 동물세포에 비해 거의 또는 전혀 없다.
2. **막관통단백질**: 모든 막의 주요 구성 요소는 지질 2중층에 부유하는 단백질들이다. 이 단백질들은 막을 가로지르는 수송 및 정보교환을 포함한 다양한 기능을 가지고 있다. 많은 내재 막단백질(막관통단백질)은 위치가 고정되어 있지 않고, 인지질 분자와 마찬가지로 막 내에서 이동할 수 있다. 일부 막은 단백질이 풍부한 경우도 있지만 다른 막은 단백질이 더 적게 분포될 수도 있다.

그림 4.1 인지질 구조에 대한 다른 견해. 인지질은 글리세롤(분홍색)에 2개의 지방산과 인산염 그룹이 연결되어 구성된다. 인산염 그룹(노란색)에는 양으로 하전된 콜린(초록색)과 같은 추가 분자가 부착되어있을 수 있다. 포스파티딜콜린은 막의 흔한 성분이다. *a.* 화학구조식. *b.* 공간채움모형. *c.* 이 장의 그림에서 인지질을 나타내는 기호.

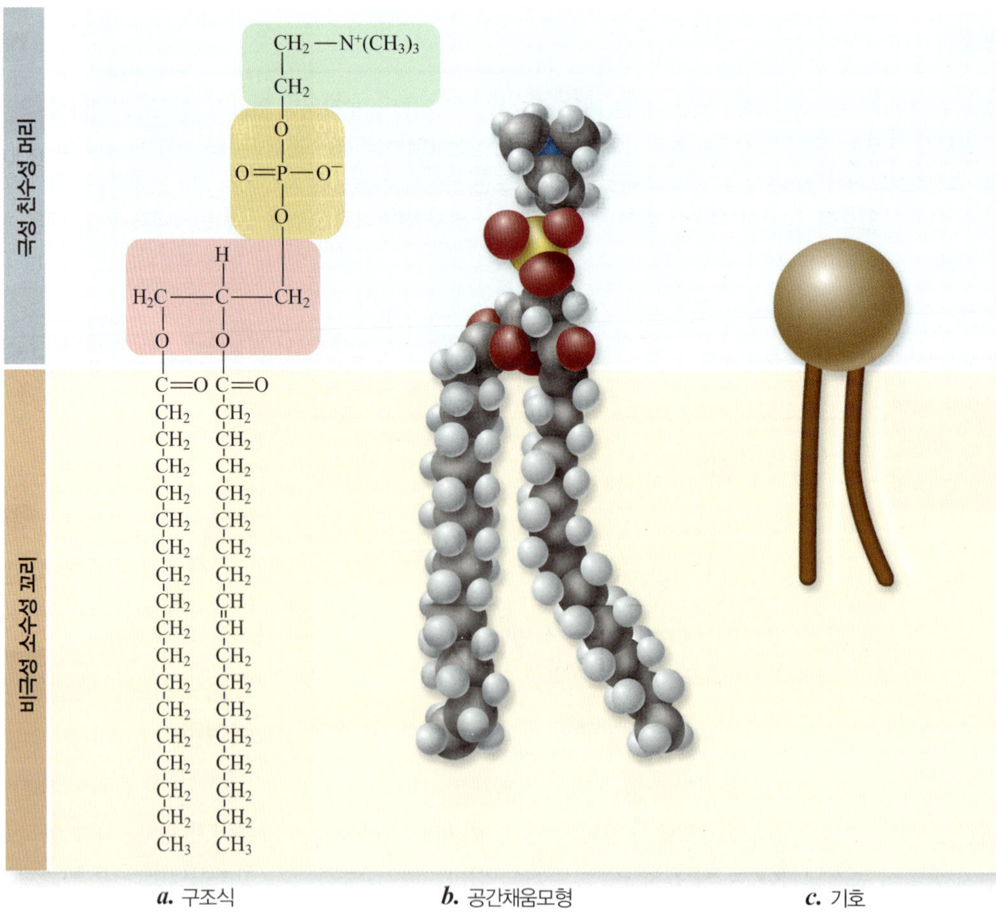

3. **내부 단백질망**: 막은 구조적으로 막의 형태를 강화시켜 주는 세포질내 단백질에 의해 지지된다. 예를 들어, 적혈구는 원형질막의 단백질이 **스펙트린**(spectrin)이라는 단백질로 만들어진 스캐폴드(골격구조 단백질)와 세포의 세포골격인 액틴 섬유를 연결시켜 구조를 형성하기 때문에 양쪽이 오목한 특징적인 모양을 가지게 된다.

   또한 막은 다른 단백질망을 사용하여 일부 주요 막단백질의 측면 이동을 제한하여 이들을 특정 부위에 고정시키는 역할을 한다.

4. **세포 표면 표지**: 3장에서 언급한 대로, 막 부분은 소포체에서 조립되어 골지체로 옮겨진 후 원형질막으로 운반된다. 소포체(ER)는 막단백질과 지질에 당 분자 사슬을 첨가하여 **당단백질**(glycoproteins)과 **당지질**(glycolipids)을 만든다. 상이한 세포 유형은 이들 막 표면에 상이한 당단백질 및 당지질을 나타내며, 이는 세포 정체성(identity) 표지로서 작용한다.

세포막은 조직화된 구조를 가진다

예전에는 지질과 단백질이 균일하게 구성된 원형질막의 유동성으로 인해 평면에서 빠르게 확산될 수 있는 것으로 생각했었다. 그러나 지난 10년 동안 축적된 증거들로, 원형질막이 독특한 지질 및 단백질 조성을 가진 미세영역(microdomain)들을 함유한, 균일하지 않은 막임이 입증되고 있다. 실제로 상피세포 막에서 막의 정점(외부 방향)과 기저막(내부 방향)의 지질 조성이 뚜렷하게 다르다는 것을 처

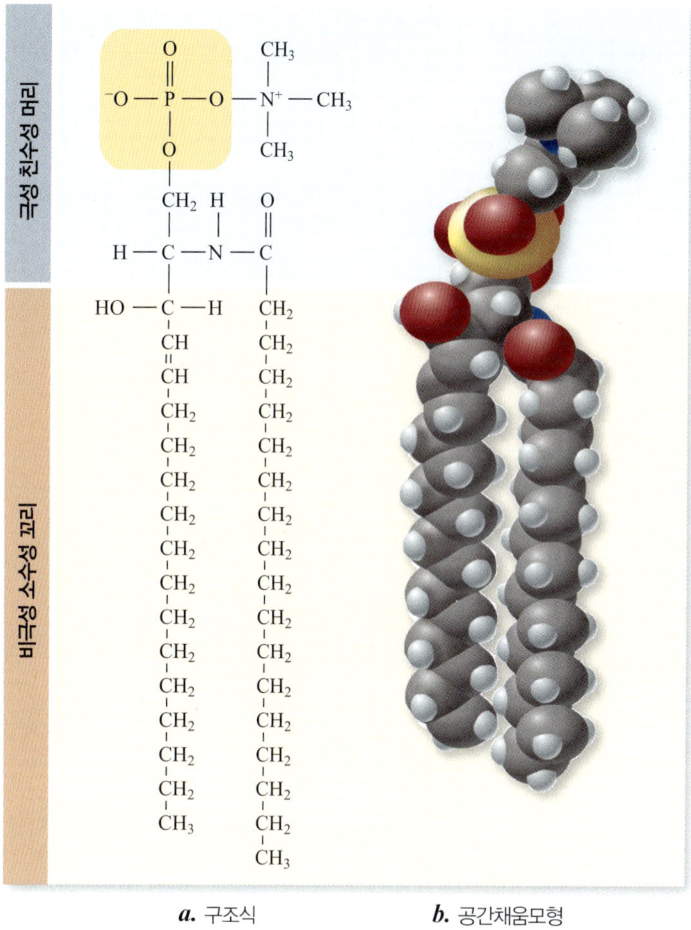

그림 4.2 스핑고마이엘린.
스핑고마이엘린은 동물세포에서 발견되는 스핑고지질이다. ***a.*** 구조식. ***b.*** 공간채움모형.

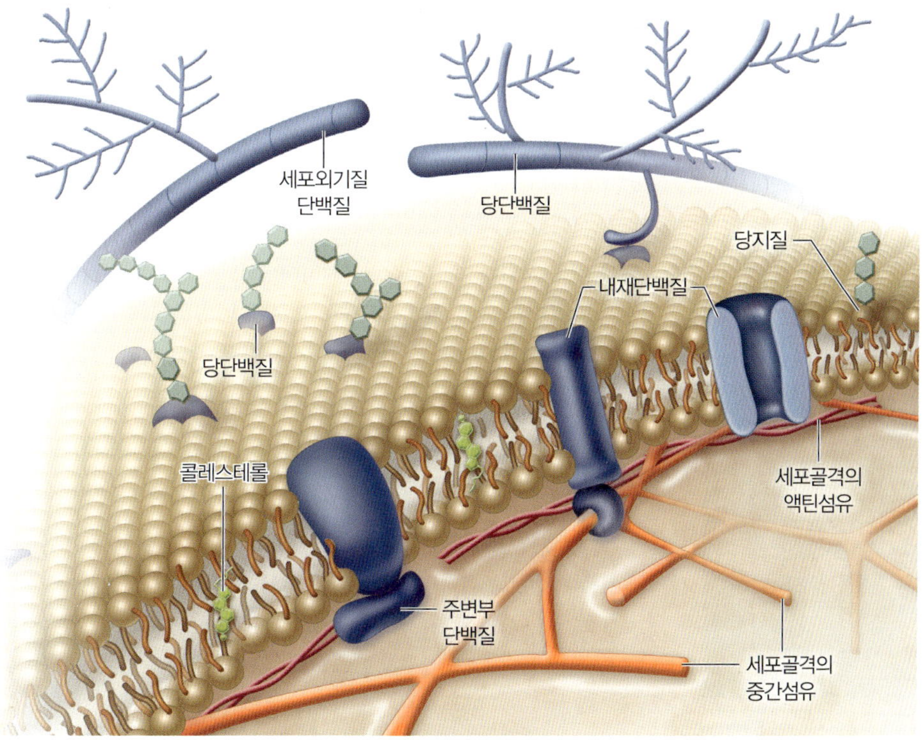

그림 4.3 세포막의 유동모자이크모델.
막관통단백질은 원형질막을 통해 튀어 나온 극성 영역은 외부와, 비극성 영역은 막의 소수성 내부와 연결되어 있다. 탄수화물 사슬은 종종 이러한 단백질의 세포밖 부분에 결합되어 당단백질을 형성한다. 주변부 단백질은 막의 표면과 결합되어있다. 막인지질은 탄수화물을 첨가하여 당지질을 형성함으로써 변형될 수 있다. 세포내에서, 액틴섬유와 중간섬유는 막단백질과 상호작용한다. 많은 동물세포는 세포 밖에서 주로 당단백질로 구성된 정교한 세포외기질 구조를 가진다.

표 4.1	세포막의 구성성분			
구성성분	**구성**	**기능**	**작용 방식**	**예**
인지질 2중층	인지질 분자	투과성 장벽 제공, 단백질에 대한 기질	2중층의 비극성 내부와 세포로부터 수용성 분자를 배제함	세포의 2중층은 포도당과 같은 큰 수용성 분자를 이동시키지 못함
막관통단백질	운반체	막을 능동 또는 수동으로 가로질러 분자를 수송	일련의 구조적 변화로 특정 분자를 막을 통과해 이동시킴	당류를 수송하는 글리코포린 운반체; Na^+/K^+ 펌프
	통로	분자의 수동적 수송	막을 가로지르는 통로로서 선택적 통로를 형성	신경, 심장, 근육세포의 Na^+/K^+ 펌프
	수용체	세포 안으로 정보 전달	신호 분자가 수용체 단백질의 세포 표면 부위에 결합하면 세포 안의 수용체 단백질 일부가 변화하여 활성화됨	특이한 수용체가 펩타이드 호르몬이나 신경전달물질과 결합
내부 단백질망	스펙트린	세포의 형태 결정	막 아래쪽에서 지지골격을 형성하고 막과 세포골격에 고정됨	적혈구 세포
	클라트린	단백질을 특정 위치, 특히 수용체-매개 세포내섭취에서 세포막 외부에 고정시킴	단백질이 함몰 부위를 둘러싸고 특정 분자에 결합하는 것을 촉진함	함몰 부위 안에 저밀도의 지질단백질 수용체를 위치시킴
세포 표면 표지	당단백질	자기 인식	개체의 특징적인 단백질/탄수화물 사슬 형태를 형성	면역계에 의해 인식되는 주조직적합성복합체(MHC) 단백질
	당지질	조직 인식	조직의 특징적인 지질/탄수화물 사슬 형태를 형성	A, B, O 혈액형 표지

음으로 관찰하였다. 이론적 연구도 2중층 내에서 지질이 무질서하거나 또는 질서 있는 형태로 존재할 수 있음을 보여 준다.

이것은 콜레스테롤과 스핑고지질이 풍부한 **지질 뗏목**(lipid rafts)이라고 불리는 지질 마이크로 도메인이라는 아이디어로 이어졌다. 이 지질들은 서로, 그리고 뗏목 관련 단백질과 상호작용하여 질서 있는 구조를 형성하는 것으로 보인다. 이러한 구조는 이제 기술적으로 "동적 나노미터 크기의 스테롤 및 스핑고지질 농축 단백질 어셈블리"로 정의된다. 34장에서 논의된 예를 들면 B-세포와 T-세포 수용체와 같은 신호 분자가 지질 뗏목과 관련이 있다는 증거가 있고, 이 연관성은 그들의 기능에 영향을 미친다.

전자현미경은 구조적 증거를 제공한다

전자현미경을 통해 생물학자들은 세포막의 섬세하고 얇은 구조를

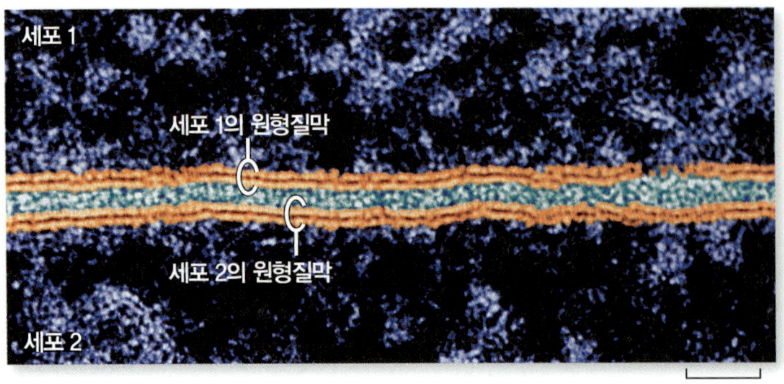

검사할 수 있게 되었다. 3장에서는 투과전자현미경(TEM)과 주사전자현미경(SEM)에 대해 논의했다. 둘 다 막 구조를 밝히는 데 유용하다.

세포막을 TEM으로 관찰하려면 시료(specimen)를 단단한 에폭시 기질(epoxy matrix)에 매몰시킨다. 그리고 나서 이 에폭시 블록을 매우 예리한 칼날을 가진 마이크로톰(microtome)으로 매우 얇고 투명한 두께 1 μm 미만인 "박편(epoxy shavings)"으로 절단한다.

이 박편을 그리드(grid) 위에 놓고, 그리드를 TEM에 장착한 후 전자빔을 통과시킨다. 전자현미경이 제공하는 고배율에서 막의 2중층이 선명하게 보이며, 이를 보다 자세히 관찰하기 위해서는 인공적으로 채색을 할 수도 있다.

시료의 동결-파쇄(freeze-fracturing)는 막 내부를 볼 수 있는 또 다른 방법이다(**그림 4.4**). 조직을 도구에 매립하고 액체 질소로 급속 냉동시킨 후, 냉동된 조직을 칼날(**그림 4.4**)로 "탭핑(tapped)"하여 막의 인지질층 사이에 균열을 일으킨다. 단백질, 탄수화물, 파인 곳, 구멍, 통로 등 막과 관련된 다른 구조들은 그대로 분리되어 노출된 채 분리되어 나온 막 중 어느 한쪽에 달라붙어 있게 된다(일반적으로).

그다음, 매우 얇은 백금으로 파쇄된 표면을 코팅하여 표면의 복제본 또는 "주형(cast)"을 만든다. 실제 조직은 녹이고, 막의 형상을 뜬 주형을 전자현미경으로 관찰하면 막의 3차원적인 형상을 얻을 수 있다.

그림 4.4 원형질막의 동결-파쇄 현미경 관찰법.

핵심 요약 4.1

세포막에는 4가지 성분인 (1) 인지질 2중층, (2) 막관통단백질, (3) 구조적 지지를 제공하는 내부 단백질망, 및 (4) 당단백질과 당지질로 구성된 세포 표면 표지가 포함되어 있다. 막 구조의 유동모자이크모델은 막의 유동성과 인지질 2중층에 떠다니는 단백질의 모자이크 조성물 둘 다를 포함한다. 투과전자현미경(TEM)과 주사전자현미경(SEM)은 유동모자이크모델을 지지하는 증거를 제공하였다.

■ 원형질막이 단지 인지질 2중층으로만 구성되었다면, 이것이 막의 기능에 어떻게 영향을 미칠까?

4.2 인지질: 막의 토대

학습 목표

1. 인지질의 다양한 구성성분에 대해 설명할 수 있다.
2. 막이 어떻게 스스로 형성되는지 설명할 수 있다.
3. 막의 유동성에 관여하는 요인들에 대해 설명할 수 있다.

지질의 생물학적 기능과 종류를 분석하는 지질체학(lipidomics)은 상당한 막 지질의 다양성을 드러내고 있다. 세포에는 1000가지가 넘는 고유한 지질이 있지만, 글리세롤 인지질(**그림 4.1** 참조), 스핑고지질(**그림 4.2** 참조)과 콜레스테롤과 같은 스테롤로 분류할 수 있다. 고전적인 인지질 2중층은 글리세롤 인지질과 스핑고지질의 조합으로 구성된다. 글리세롤 인지질은 가장 다양하며 양전하와 음전하(양쪽성 이온, zwitterionic) 또는 주로 음전하(음이온)를 모두 가질 수 있는 머리 부분이 있다. 인지질은 또한 포화 또는 시스-불포화 상태인 지방산 꼬리의 길이와 조성이 다양할 수 있다(2.5절 참조). 스핑고지질은 일반적으로 포화 탄화수소 사슬을 함유한다. 이들 성분은 생물학적 막에 균일하게 분포되지 않으며, 이 절의 후반에서 논의되는 바와 같이, 상이한 세포 구획은 상이한 막 지질 조성을 갖는다.

인지질은 자발적으로 2중층을 형성한다

인지질은 양친매성 구조이기 때문에 자발적으로 2중층을 형성한다. 비극성 탄화수소 꼬리는 소수성인 반면, 극성 머리는 친수성이다. 2개의 비극성 지방산은 서로 평행하며 한쪽 방향으로 뻗어 있고, 극성의 인산기는 이와는 반대 방향으로 배열된다. 이런 구조를 나타내기 위해 인지질은 종종 **그림 4.1***c*에서와 같이 극성의 머리와 비극성의 두 꼬리를 가진 형태로 묘사된다.

인지질 분자가 물속에 들어가면 어떤 일이 일어날까? 극성의 물 분자는 수소결합을 할 상대를 찾는 동안 긴 비극성의 인지질 꼬리를 밀어낼 것이다. 물 분자의 극성으로 인해 인지질의 비극성 꼬리는 서로 밀접하게 밀착되어 물로부터 가능한 한 멀어지려 할 것이다. 모든 인지질 분자는 극성의 머리를 물 쪽으로, 그리고 비극성 꼬리를 그 반대쪽으로 향하게 한다. 꼬리가 서로 마주 보도록 두 층이 형성될 때, 꼬리는 물과 접촉하지 않는다. 이 구조가 바로 인지질 2중층이다. 인지질 2중층은 물 분자가 최대한 수소결합을 형성하려는 경향 때문에 자발적으로 형성된다.

인지질 2중층의 비극성 내부는 2중층을 통해 수용성 분자가 통과하는 것을 방해하며, 이는 기름층이 한 방울의 물 통과를 막는 것과

과학적 사고

가설: 원형질막은 단단하지 않고 유동성이 있다.
예측: 막이 유동적이라면, 막단백질은 옆으로 확산될 것이다.
실험: 생쥐와 사람 세포의 막단백질을 각각 표지한 다음 융합하여 시간이 지남에 따른 막단백질의 분포를 관찰한다.

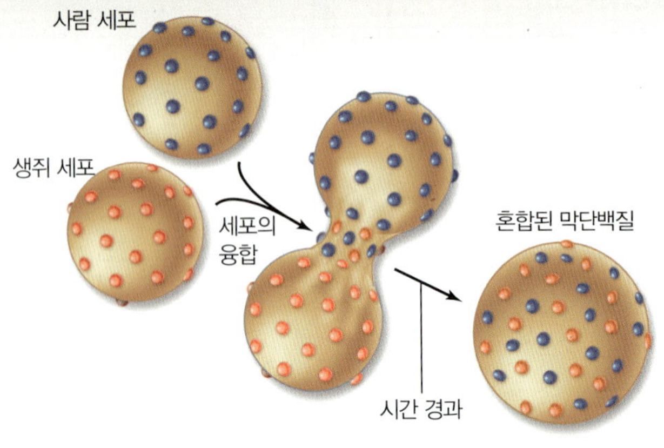

결과: 시간이 지남에 따라 혼합된 막단백질이 증가했다.
결론: 일부 막단백질은 막에서 측면으로 확산된다.
추가 실험: 이 결과에 대해 다른 해석을 할 수 있겠는가? 새로 합성된 단백질이 실험 중간에 막에 삽입되면 어떻게 되겠는가? 어떻게 하면 이 실험으로 다른 해석의 가능성을 배제시킬 수 있겠는가?

그림 4.5 막의 유동성 실험.

마찬가지이다. 수용성 물질에 대한 이러한 장벽은 지질 2중층의 핵심적인 생물학적 특성이 된다.

인지질 2중층은 유동성이 있다

지질 2중층은 물이 끊임없이 수소결합을 하고자 하는 성향 때문에 구조적으로 안정적이다. 표면장력(surface tension)이 비눗방울을 유지시켜주는 것처럼 물의 수소결합도 막을 계속 지지해준다. 물은 인지질을 2중층 형태로 계속 유지하게 하면서도 인지질 내에서의 지질성 및 비지질성 물질의 이동은 제한하지 않는다. 인지질은 서로 상대적으로 약하게 상호작용하기 때문에 개별적인 인지질 및 고정되지 않은 단백질들은 막 내에서 비교적 자유롭게 이동할 수 있다. 이는 융합된 세포의 단백질 구성원들이 시간이 지남에 따라 서로 섞이는 것을 관찰하여 확인할 수 있다(**그림 4.5**).

막 유동성은 지질 조성에 따라 달라진다

막의 유동성(fluidity)은 막 자체의 조성에 따라 변한다. 중성지방(triglycerides)이 실온에서 고체 또는 액체 상태로 있을 수 있는 것처럼 막의 유동성 역시 막 지방산 조성에 따라 변한다. 포화 또는 단일 시스-불포화(mono *cis*-unsaturated) 상태인 글리세롤 인지질은 이들이 촘촘히 배열될 때 막의 유동성을 감소시키는 경향이 있다. 유사하게, 일반적으로 불포화된 스핑고지질은 막을 덜 유동적으로 만든다.

환경의 변화는 박테리아와 같은 단세포 생물의 원형질막에 큰 영향을 줄 수 있다. 온도의 증가는 막을 보다 더 유동적으로 만들고, 반대로 온도의 감소는 유동성을 감소시킨다. 박테리아는 온도가 변화해도 막의 유동성을 계속 유지할 수 있는 기작을 진화시켜 왔다. 일부 박테리아에는 **지방산 불포화효소**(fatty acid desaturase)라고 하는 단백질을 생산하여 막의 지방산에 이중결합을 만든다. 이들 효소를 불활성화시키거나 또는 이 효소가 없는 세포에 이들 효소를 삽입하는 유전자 연구를 통해 이 효소가 박테리아에게 저온 내성을 가지게 해 준다는 것을 밝혔다. 즉, 저온에서는 지방산 불포화효소에 의해 생성된 이중 결합이 막의 유동성을 증가시켜 저온에 의한 유동성 감소 효과를 상쇄시켜 주는 것이다.

인지질 조성물은 막 구조에 영향을 미친다

대부분의 지질이 소포체에서 합성되기는 하지만, 소포체막, 골지체막 및 원형질막의 조성은 상당히 다르다. 세포는 그들 기능의 일부

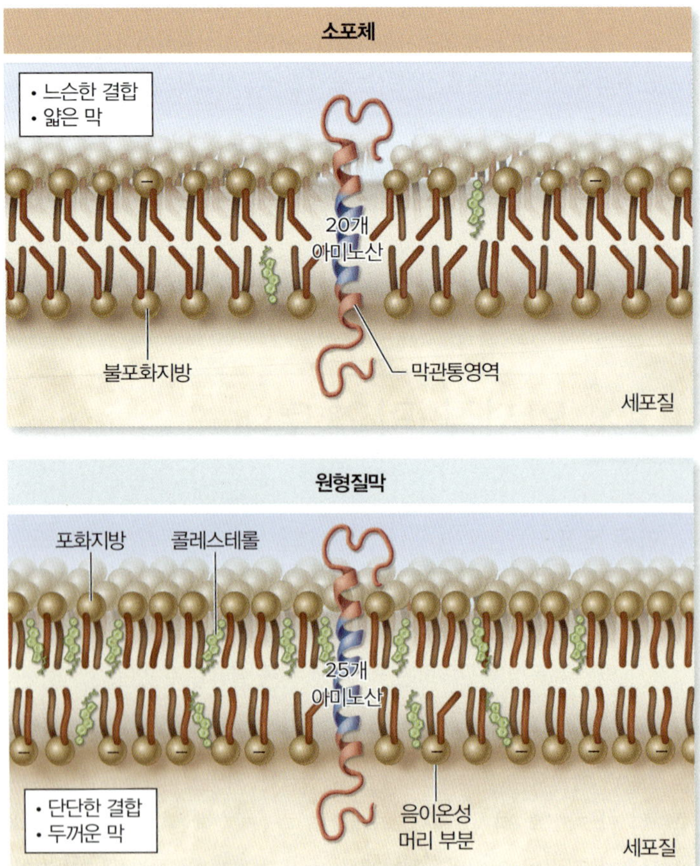

그림 4.6 소포체와 원형질막의 비교.
소포체와 원형질막에서 막지질의 상이한 조성으로 막 구조가 다르다. 원형질막은 두껍고 투과성이 낮다. 소포체막은 관 모양과 판을 형성하며 더 역동적이다.

로서 이들 소기관 사이에서의 수송에도 불구하고 이 별개의 지질 조성을 유지한다. 이러한 지질 조성의 차이는 각 막 구획의 구조와 기능에 영향을 미친다(**그림 4.6**).

원형질막은 고농도의 포스파티딜콜린과 스핑고마이엘린을 가지며, 둘 다 원통형이고 조밀한 젤형(gel-like) 막을 만든다. 이 막은 비극성 꼬리와 상호작용하는 콜레스테롤을 함유하여 유동성을 가진다. 세포질 쪽 막(cytoplasmic leaflet)과 비교하여 바깥쪽 막(outer leaflet)에 더 많은 콜레스테롤이 있다. 게다가 불포화 탄화수소 사슬 또한 두꺼운 막을 만들게 되는데, 이는 막단백질에서 막관통영역의 평균 길이가 약 25개 아미노산인 것을 보면 알 수 있다. 따라서 원형질막의 전체 구조는 유동체이지만 우수한 장벽을 형성하는 비교적 단단한 막이 될 수 있다.

소포체 막에는 주로 불포화된 인지질이 포함되어 있어 원형질막보다는 유동적으로 만들 수 있지만, 원통형보다는 원뿔 혹은 역원뿔을 형성하기 때문에 곡률(curvature)이 발생하게 된다. 소포체 막에는 콜레스테롤이 거의 없거나 전혀 없다. 그래서 소포체 막은 소포체 막단백질과 결합하는 막관통영역이 20개 아미노산 길이로 반영되기 때문에 원형질막보다는 얇다.

핵심 요약 4.2

생물학적 막은 글리세롤 인지질, 스핑고지질과 콜레스테롤을 함유한다. 물에서 인지질 분자는 자발적으로 2중층을 형성하며, 인산기 그룹은 물 쪽으로 향하고 지질 꼬리는 내부로 향하여 물에서 격리된다. 막 유동성은 조성과 조건에 따라 변한다. 불포화 지방은 지질 꼬리의 포장을 방해하고 고온에서와 마찬가지로 막을 더 유동적으로 만든다. 상이한 막 구획의 인지질 조성물은 구획 사이의 지질 이동에도 불구하고 다양하다.

■ 비극성 용매에서 인지질 2중층이 형성될까?

4.3 단백질: 다양한 기능을 가진 구성 요소

학습 목표

1. 막단백질의 기능에 대해 설명할 수 있다.
2. 단백질이 어떻게 막에 결합하는지 설명할 수 있다.
3. 막관통영역에 대해 정의할 수 있다.

세포막에는 다양한 종류의 단백질이 유동성인 인지질 내에서 떠다닌다. 이 유동적인 구조는 환경과의 광범위한 상호작용에 적합하고, 일부 막단백질이 직접 관여하는 경우가 있다.

단백질과 단백질 복합체는 핵심 기능을 수행한다

세포는 원형질막을 통해 다양한 방법으로 환경과 상호작용을 하는데, 이 장과 7장에서는 6가지 종류의 핵심적인 막단백질에 중점을 두고 소개한다(**그림 4.7**).

1. **수송단백질**: 막은 매우 선택적이며, 단백질로 구성된 통로나 수송단백질을 통해 특정 용질만이 세포로 들어오거나 나갈 수 있다.
2. **효소**: 세포는 막에 부착된 효소를 사용하여 원형질막의 내부 표면에서 많은 화학반응을 일으킨다.
3. **세포 표면 수용체**: 막은 표면에서 수용체 단백질을 통해 정교하고 민감하게 화학적 신호를 감지한다.
4. **세포 표면 정체성 표지**: 막은 세포 표면에 자신과 다른 세포를 구별할 수 있는 표지를 가진다. 대부분의 세포는 유형에 따라 고유한 표지를 가지며, 이는 당단백질 등 세포 유형에 특이적인 표면 단백질 또는 단백질 복합체에 의해 나타난다.
5. **세포 간 부착 단백질**: 세포는 특정 단백질을 사용하여 서로 부착되어 있다. 일부는 일시적인 상호작용을 형성하여 작동하고, 다른 일부는 보다 지속적인 결합을 형성하는 경우도 있다(3장 참조).
6. **세포골격에 부착**: 다른 세포와 상호작용하는 표면 단백질은 종종 연결 단백질을 통해 세포골격에 고정된다.
7. **막 구조에 영향을 미치는 단백질**: 물에서 막은 둥근 또는 편평한 모양을 형성하는 경향이 있다. 쐐기형 단백질은 막을 휘게 하여 관을 만들거나 접게할 수 있다.

막단백질의 구조적 특징은 기능과 관련이 있다

방금 자세히 설명했듯이 막단백질은 다양한 기능을 수행한다. 이러한 다양성은 이들 단백질의 구조적 다양성에 기인하지만, 막단백질은 그 역할과 관련되어 공통적인 구조적 특징을 가지기도 한다.

2중층에서 단백질의 고정

일부 막단백질은 인지질과 강하게 결합한 특정 분자에 의해 막 표면에 부착된다. 부두에 묶인 선박과 같이 이 고정된 단백질들은 인지질에 묶인 채 막의 표면을 자유롭게 떠다니게 된다. 고정시키는 분자는 변형된 지질로서, (1) 지질 2중층의 내부 부분으로 삽입되는 비극

그림 4.7 원형질 막단백질의 기능. 막단백질은 운반체, 효소, 세포 표면 수용체, 세포 표면 정체성 표지로 작용할 뿐만 아니라 세포-세포 부착이나 세포골격을 지탱하는 데도 도움을 준다.

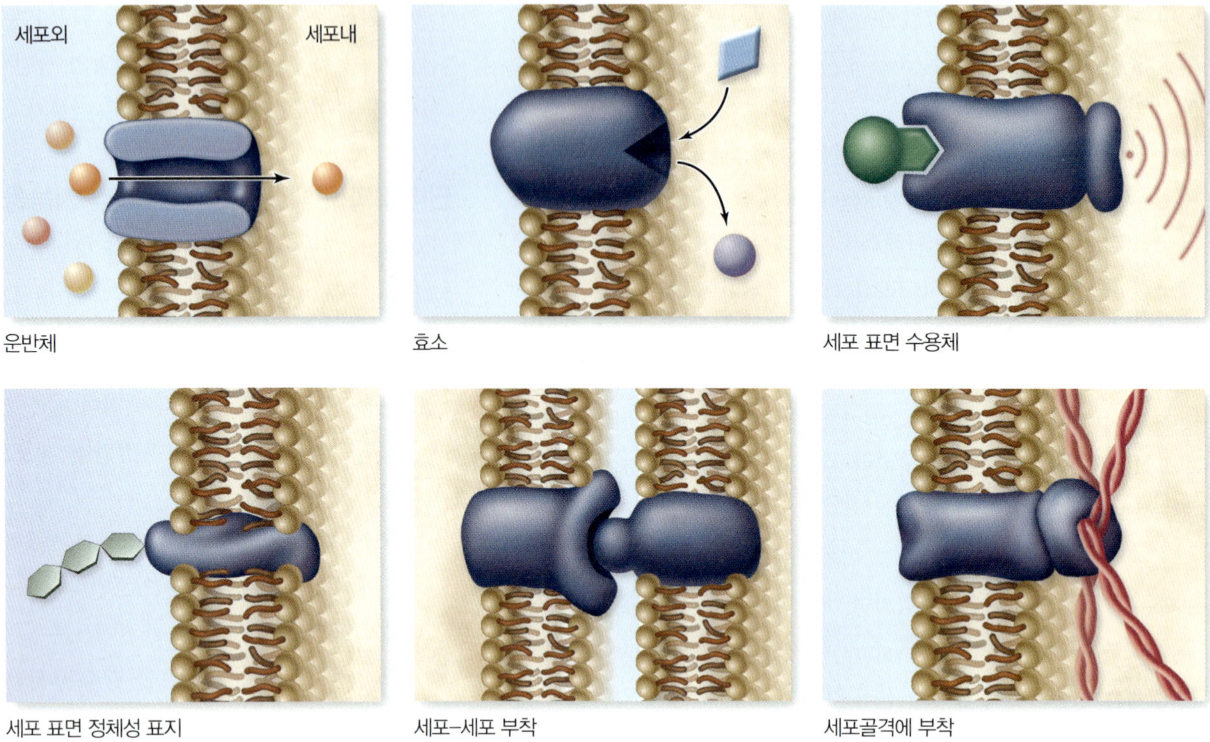

성 영역을 갖고, (2) 단백질에 직접 연결된 화학적 결합 도메인을 갖는다.

> **?** **탐구문제** 유동모자이크모델에 따르면 막은 소수성 상호작용에 의해 유지된다. 일부 세포가 받는 힘을 고려해 볼 때, 왜 동물이 움직일 때마다 막은 부서지지 않는가?

대조적으로, 다른 단백질은 실제로 지질 2중층을 관통하는 막관통단백질이다. 지질 2중층의 비극성 내부로 뻗어 있는 부분은 비극성 아미노산으로 구성된 α 나선구조 또는 β 병풍구조(2장 참조)이다. 물은 비극성 아미노산을 회피하기 때문에 단백질의 이 부분은 지질 2중층의 안에 들어간 상태로 유지된다. 극성 부분은 막의 양쪽 표면 밖으로 튀어나와 있다. 어느 방향으로든 막 밖으로 단백질이 이동하려면 단백질의 비극성 영역이 물과 접촉하게 되어 단백질이 내부로 다시 밀려 들어가게 된다. 이러한 힘 때문에 막관통단백질은 막에서 빠져나오지 않고 제자리에 있을 수 있다.

막관통영역

세포막에는 지질 2중층을 가로지르는 방식이 다른 다양한 막관통단백질이 있다. 주요한 차이점은 단백질이 막을 통과하는 횟수에 있다. 막을 관통하는 각각의 부분을 **막관통영역**(transmembrane domain)이라고 부르는데, 이들은 일반적으로 α 나선구조의 소수성 아미노산으로 구성되어 있다(**그림 4.8**).

단백질은 막에 부착하기 위해 하나의 막관통영역으로 충분하지만 종종 다수의 이 영역을 가지는 경우도 있다. 하나의 막관통영역을 가지는 단백질의 예로는 세포골격의 스펙트린으로, 원형질막 내부와 연결하는 단백질이다.

생물학자들은 막관통영역의 수에 따라 수용체를 분류한다. 예를 들어, G단백질연결수용체(G protein-coupled receptor)는 7개의

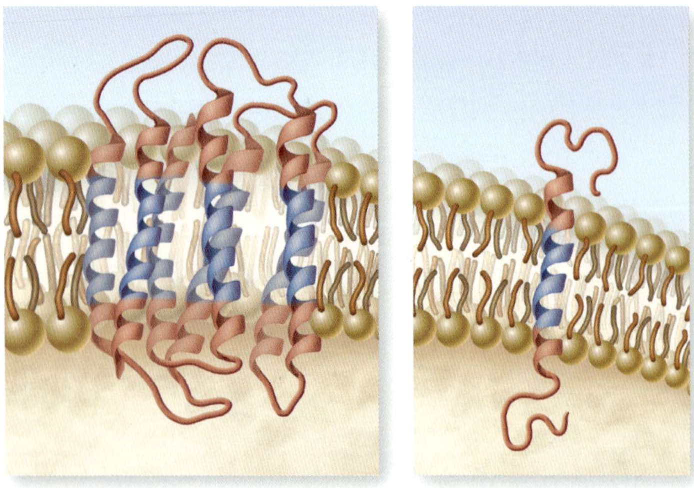

그림 4.8 막관통영역.
막관통단백질은 적어도 1개의 소수성 관통 영역(푸른색)이 막에 고정되어 있다. ***a.*** 7개의 막관통영역을 가진 수용체 단백질. ***b.*** 1개의 막관통영역을 가진 수용체 단백질.

막관통영역을 가지는 단백질이다(7장 참조). 이 수용체는 에피네프린과 같은 외부 분자에 반응하여 세포내부에서 일련의 반응을 유발한다.

다른 예로는 호염성 고세균에서 광합성을 수행하는 핵심 막관통단백질인 박테리오로돕신(bacteriorhodopsin)이 있다. 이 단백질 역시 막을 관통하는 7개의 비극성 나선구조 부위를 가지며, 양성자가 광구동(light-driven) 양성자 펌프를 통해 운반될 수 있는 구조를 형성한다.

막공(pores)

일부 막관통단백질은 α 나선구조 대신에 β 병풍구조의 2차구조를 갖는 광범위한 비극성 영역을 가진다(2장 참조). β 병풍구조는 원통 내에서 위아래로 접혀 막을 통과하는 독특한 관의 형태를 이룬다. 이렇게 해서 2중층을 관통하는 β 병풍구조 내부에 극성 환경이 형성된다. 이른바 **β 원통**(β barrel)이라고 하는 양쪽 끝이 열린 구조는 일부 박테리아의 외막에서 발견되는 포린(porin) 단백질에서 공통으로 나타나는 구조이다. 이 구조는 물질이 막을 통과할 수 있게 한다.

굽힘 막

많은 세포 안의 막은 소포체의 주름과 관상 네트워크와 같은 정교한 구조를 갖는다. 단백질은 여러 방식으로 막 구조에 영향을 줄 수 있다. 레티큘론(reticulons)이라고 불리는 쐐기 모양의 막관통단백질은 막을 구부러뜨리거나, 이 단백질이 충분한 경우에는 관을 형성한다. 이 단백질은 관형 영역과 막이 접히는 곳에 집중되어 있다. 편평한 영역은 막을 코팅하는 단백질에 의해 막이 구부러지는 것을 방지하고, 인접한 굽힘을 유지하는 접착 단백질에 의해 안정화될 수 있다.

핵심 요약 4.3

서로 다른 세포들의 막은 막단백질에서 주요한 차이점이 있다. 이들의 기능에는 수송, 효소 작용, 세포밖 신호 수신, 세포–세포 상호작용과 세포 정체성 표지가 있다. 주변부 단백질은 변형된 지질에 의해 막에 고정될 수 있다. 내재 막단백질은 막에 걸쳐 있고 막을 통과하는 막관통영역으로 불리는 하나 이상의 소수성 영역을 갖는다.

■ 막관통영역은 왜 소수성일까?

? **탐구문제** 아미노산 서열만을 기반으로 어떻게 내재 막단백질을 인식할 수 있겠는가?

4.4 막을 통한 수동수송

학습 목표

1. 단순확산과 촉진확산을 비교하여 설명할 수 있다.
2. 통로단백질과 운반단백질의 차이를 설명할 수 있다.
3. 삼투에 의한 물의 이동을 설명할 수 있다.

세포가 에너지를 소비하지 않고도 많은 물질이 세포 안팎으로 이동할 수 있다. 이러한 유형의 이동을 **수동수송**(passive transport)이라 한다. 일부 이온과 분자들은 막을 상당히 쉽게 통과할 수 있으며 이런 이동이 일어나기 위해서는 **농도기울기**(concentration gradient, 막 내부와 외부의 물질 농도의 차이)가 필요하다. 또한 일부 물질들은 막의 특정 단백질 통로를 통해 농도기울기에 순응하여 이동한다.

물질수송은 단순확산을 통해 일어난다

물에 용해된 분자와 이온은 항상 무작위 운동을 한다. 이러한 무작위 운동은 고농도에서 저농도로 물질의 순 이동을 일으키게 되며 이를 **확산**(diffusion)이라고 한다(**그림 4.9**).

확산에 의한 순 이동은 모든 지역에서 농도가 동일해질 때까지 지속적으로 일어난다. 물이 있는 용기에 잉크 한 방울을 떨어뜨리면 어떻게 되는지 생각해 보자. 시간이 지남에 따라 잉크 분자가 확산되어 용액 전체에 분산된다. 세포의 맥락에서, 우리는 세포 내부와 외부 물질의 상대적인 농도와 물질이 얼마나 쉽게 막을 통과할 수 있는지를 고려해야 한다.

생체막을 통과하는 데 있어 가장 큰 장애 요인은 극성 분자를 밀어내는 소수성 내부이다. 비극성 분자에 대한 농도 차이가 존재하는 경우, 이 분자는 농도가 양쪽에서 동일해질 때까지 막을 가로질러 지속적으로 이동한다. 이 시점에서 양방향으로의 움직임은 여전히 발생하지만 어느 방향으로든 순 변화는 없다. 여기에는 O_2와 같은 분자와 스테로이드 호르몬과 같은 비극성 유기분자가 포함된다.

원형질막은 작은 극성 분자에 대한 투과성은 일부 제한적이며, 큰 극성 분자와 이온에 대한 투과성은 더욱 더 제한적이다. 가장 중요한 극성 분자 중 하나인 물의 이동은 별도로 다룬다.

단백질은 막 확산을 선택적으로 허용한다

세포에 필요한 많은 중요한 분자들 중 원형질막을 쉽게 통과하지 못하는 종류도 많다. 내부보다 세포 외부에서 분자의 농도가 높은 경우, 이들 분자들은 원형질막에 매립된 특정 통로단백질 또는 운반단백질을 통한 확산에 의해 세포로 유입될 수 있다. 우리는 막단백질에 의한 이런 확산을 **촉진확산**(facilitated diffusion)이라고 한다. **통로단백질**(channel protein)은 친수성 내부를 가지고 있어 통로가 개방될 때 극성 분자가 통과할 수 있게 한다. 통로단백질과 달리, **운반단백질**(carrier protein)은 효소가 기질에 결합하는 것처럼 보조 분자에 특이적으로 결합한다. 이들 통로단백질 및 운반단백질은 일반적으로 한 유형의 분자에 대해서만 선택적이므로, **선택적 투과성**(selectively permeable)을 갖는다.

통로를 통한 이온의 촉진확산

1장에서 양성자와 전자의 수가 동일하지 않은 원자는 전하를 띠게 되며 이것을 이온이라고 배웠다. 양전하를 띠는 이온을 **양이온**(cation)이라고 하고 음전하를 띠는 이온을 **음이온**(anion)이라고 한다.

전하로 인해 이온들은 물과 같은 극성 분자와 잘 상호작용하지만 원형질막 내부의 비극성 분자와는 서로 반발한다. 따라서 이온들은 막 수송단백질의 도움 없이는 세포질과 세포 외액 사이에서 이동할 수 없다.

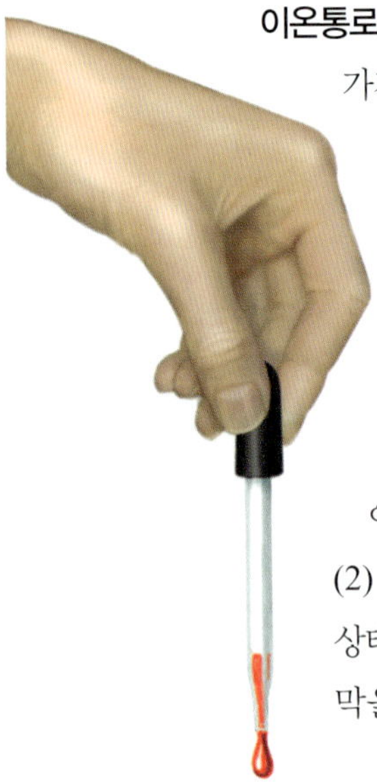

이온통로(ion channel)는 막에 걸쳐 있으며 친수성 내부를 가지고 있다. 이온들은 막을 가로지르는 농도 차이에 따라 통로를 통해 어느 쪽 방향으로든 이동할 수 있다(**그림 4.10**). 일부 통로단백질은 자극에 반응하여 열리거나 닫힐 수 있다. 이러한 통로를 **개폐형 통로**(gated channels)라고 부르며 통로의 특성에 따라 자극은 화학적 또는 전기적 신호일 수 있다.

이온의 순 이동 방향은 (1) 막 양면의 상대적 농도차, (2) 개폐형 통로와 막의 전위차, 그리고 (3) 막 통로의 상태(열림 또는 닫힘)의 3가지 조건에 따라 결정된다. 막을 사이에 둔 전위의 차이를 **막전위**(membrane potential)라 한다. 막 전위의 변화는 신경계와 일부 다른 조직에서 신호를 전달하는 기반이 된다. (이 주제에 대해서는 26장에서 자세히 설명한다.) 각 유형의 통로는 칼슘(Ca^{2+}), 소듐(Na^{+}), 포타슘(K^{+}), 혹은 염소 이온(Cl^{-})과 같은 특정 이온 또는 하나 이상의 양이온 또는 음이온에 따라 다르다. 이온통로는 신경계에서 신호전달 과정에 필수적인 기능을 한다.

운반단백질에 의한 촉진확산

운반단백질은 이온과 다른 용질, 예컨대 일부 당과 아미노산을 막을 가로질러 운반하는 것을 도울 수 있다. 운반단백질을 통한 수송도 역시 확산의 한 형태이므로 막 사이의 농도 차이를 필요로 한다.

운반단백질은 운반하는 분자에 결합해야 하므로 단순확산과는 농도기울기와 확산 속도의 관계에 있어 차이를 보인다. 농도가 증가함에 따라, 단순확산에 의한 수송은 확산 속도가 선형으로 증가한다. 그러나 운반단백질이 관여될 때, 농도 증가는 더 많은 운반체가 수송된 분자에 결합됨을 의미한다. 충분히 높은 농도에서 모든 운반체가 결합되면, 수송 속도는 더 이상 증가되지 않고 일정하게 유지된다. 이는 운반체가 **포화**(saturation) 상태임을 나타낸다.

이 상황은 관중으로 꽉 찬 운동경기장에서 사람들이 빠져나갈 때 회전문을 통과해야 하는 것과 같다. 비어 있는 회전문이 있으면 그곳을 통해 바로 통과할 수 있지만 모든 회전문이 차 있을 경우에는 기다려야 한다. 포화 상태에서는 아무리 많은 수가 기다려도 일정한 속도로 지나갈 수밖에 없다.

적혈구의 촉진확산

촉진확산의 몇몇 예는 척추동물의 적혈구(RBC) 원형질막에서 찾아볼 수 있다. 예를 들어, 하나의 RBC 운반단백질은 각 방향으로 다른 분자를 운반한다. 한 방향으로는 염소 이온(Cl^{-})을 반대 방향으로는 중탄산염 이온(HCO_3^{-})을 이동시킨다. 이 운반단백질은 이산화탄소의 흡수나 방출에 중요하게 작용한다(31장 참조).

포도당은 적혈구 원형질막에서 특정 운반단백질을 통해 촉진확산

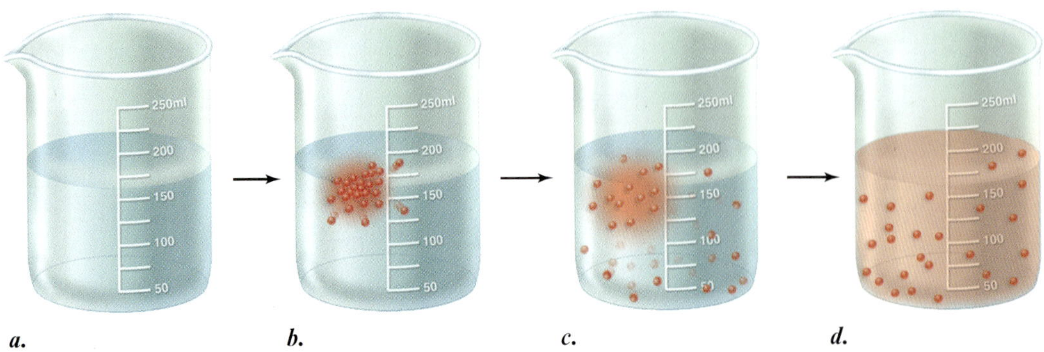

그림 4.9 확산. 잉크 한 방울을 비커에 담긴 물에 떨어뜨리면 ***(a)*** 잉크 분자들이 용해되어 ***(b)*** 확산되면서 ***(c)*** 잉크 분자가 물 전체에 균일하게 분포된다 ***(d)***.

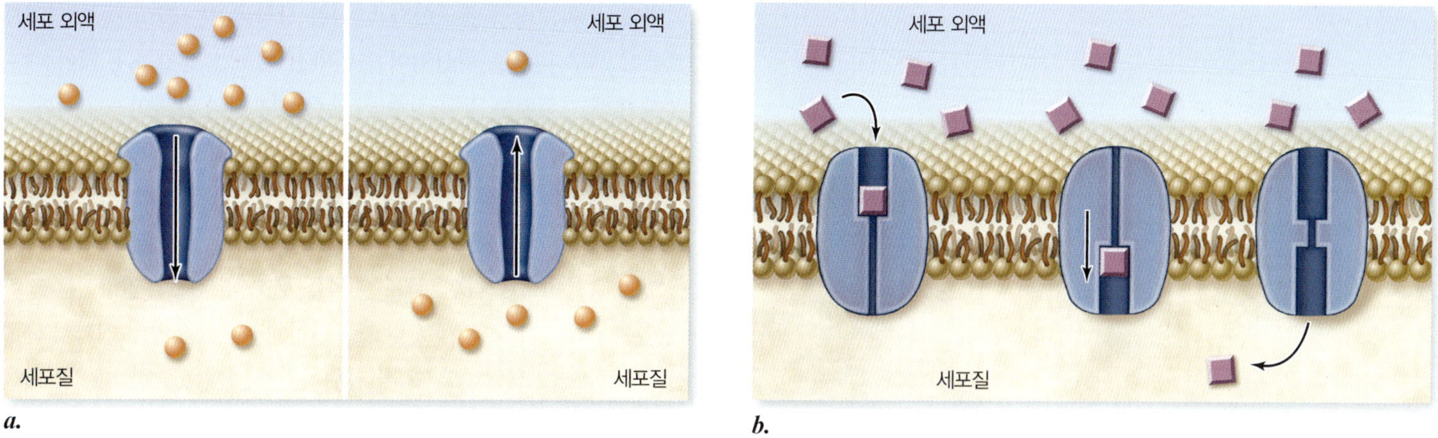

그림 4.10 촉진확산.
막단백질에 의해 확산이 촉진된다. ***a.*** 통로를 통한 이온 이동을 나타냈다. 왼쪽 그림에서 세포 외부에서 이온농도가 높아지므로 이온이 세포 안쪽으로 이동한다. 오른쪽 그림에서는 상황이 반전된다. 두 경우 모두, 막의 양쪽에서 농도가 같아질 때까지 이온의 운반이 계속된다. 평형 상태에서 이온은 양방향으로 막을 통해 계속 이동되지만 전체적으로는 이동이 없는 것처럼 보인다. ***b.*** 운반단백질은 이들이 수송하는 분자에 특이적으로 결합한다. 이 경우 세포 외부의 농도가 높으므로 분자는 외부에서 운반단백질에 결합한다. 운반단백질의 형태가 변하면서 분자가 막을 가로질러 막 안쪽으로 들어오게 한다. 이것은 가역적이므로 막의 양쪽에서 농도가 같아질 때까지 이동은 계속된다.

으로 운반된다. 적혈구는 포도당이 세포 내로 들어갈 때 인산화하여 내부 농도를 낮게 유지한다. 이것은 여러 가지 결과를 초래한다. 포도당 인산염은 더 이상 운반체에 결합되지 않으므로 세포를 떠날 수 없게 된다. 이는 해당과정에 들어가는 글루코오스의 형태이며(5장 참조), 막을 사이에 두고 인산화되지 않은 포도당의 높은 농도 차이가 계속 유지되어 포도당이 세포 내로 지속적으로 들어올 수 있게 된다.

포도당 운반체는 막에 통로를 만들지 않는 대신 포도당에 특이적으로 결합하는 운반단백질이 있다. 포도당이 운반체에 결합할 때 운반단백질의 형태를 변형시켜 2중층을 통과한 후 원형질막 안쪽에서 포도당을 방출한다. 포도당을 방출한 후에는 다시 원래의 형태로 돌아가 외부의 다른 포도당 분자를 받아들일 준비를 한다.

삼투는 막을 통한 물의 이동이다

세포의 세포질에는 당과 아미노산과 같은 이온과 분자들이 물에 용해되어 있다. 이러한 물과 물질들의 혼합물을 **수용액**(aqueous solution)이라고 한다. 물은 **용매**(solvent)라고 하며, 물에 용해된 물질은 **용질**(solute)이라 한다. 물과 용질 양쪽 다 모두 고농도에서 저농도로 농도기울기를 따라 확산한다.

막에 의해 농도기울기가 형성될 때, 용질이 막을 통과할 수 있는지 여부는 용질에 따라 달라진다. 대부분의 이온들과 당을 포함한 용질은 지용성이 아니므로 지질 2중층을 통과 할 수 없다. 이러한 용질의 농도기울기는 용매인 물의 이동을 유발한다.

삼투

물 분자는 용해된 용질 분자 주변을 둘러싸는 수화(hydration)된 껍질을 형성한다. 막이 농도차가 나는 두 용액을 갈라놓으면 각 용액에서의 **자유**(free) 물 분자의 농도는 달라진다. 용질 농도가 높은 쪽은 수화된 껍질에서 더 많은 물 분자를 묶어버리기 때문에 자유 물 분자의 농도는 더 낮아진다.

이런 차이의 결과로 자유 물 분자는 농도기울기를 따라 더 높은 용질 농도로 이동한다. 더 높은 용질 농도로 막을 가로지르는 물의 이러한 순 확산을 **삼투**(osmosis)라고 한다(**그림 4.11**).

한 용액 내에 있는 모든 용질의 농도에 의해 **삼투 농도**(osmotic concentration)가 결정된다. 두 용액이 다른 삼투 농도를 가질 때 삼투 농도가 높은 용액을 **고장성**(hypertonic; 그리스어 *hyper*, "이상") 용액, 삼투 농도가 낮은 용액을 **저장성**(hypotonic; 그리스어 *hypo*, "작음") 용액이라 한다. 두 용액의 삼투 농도가 같으면 두 용액을 **등장성**(isotonic; 그리스어 *iso*, "동일") 용액이라고 부른다. **고삼투성**(hyperosmotic), **저삼투성**(hypoosmotic)과 **등삼투성**(isosmotic)이라는 용어도 이러한 조건을 설명하는 데 사용된다.

어떤 환경에서든 세포는 원형질막에 의해 세포질과 세포 외액 2가지 용액으로 분리된다. 원형질막을 가로지르는 물의 이동 방향 및 이동 범위는 이들 용액의 삼투압에 따라 결정된다. 달리 말하면, 고장성 용액에서 물은 세포 밖으로 이동된다(즉, 세포질은 세포 외액과 비교하면 저농도이다). 이러한 물의 손실로 인해 세포질과 세포 외액의 삼투 농도가 같아질 때까지 세포가 수축된다.

아쿠아포린: 물통로

막을 통한 물의 수송체계는 복잡하다. 인공막을 이용한 연구에서 물 분자는 극성임에도 불구하고 물이 막을 통과하긴 하지만 이동이

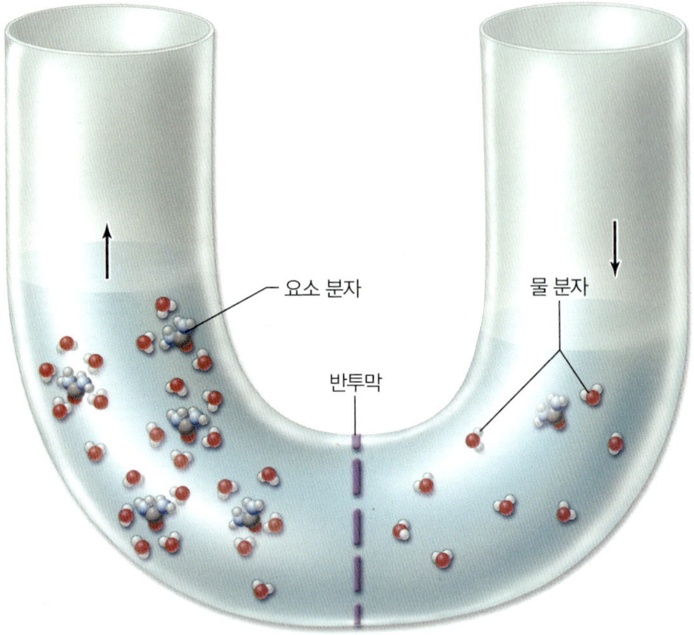

그림 4.11 삼투.
반투과성 막을 통과할 수 없는 하전 또는 극성 분자의 농도 차이는 물을 이동시켜 막을 통과하도록 한다. 물 분자는 하전 또는 극성 분자와 수소결합을 형성하여 용액에서 수화물을 형성한다. 그림에서 막의 왼쪽이 극성 분자(요소)의 농도가 더 높기 때문에 요소 분자 주위로 물 분자가 모이게 된다. 이 물 분자는 더 이상 막을 통한 자유로운 확산이 일어나지 않는다. 극성 용질은 자유 물 분자의 농도를 감소시켜 농도기울기를 만들게 된다. 따라서 U자관에서 오른쪽에서 왼쪽으로 물 분자의 확산이 일어나게 되며, 결과적으로 왼쪽은 높이가 상승하고 오른쪽은 하강하게 된다.

제한되고 있음을 보여준다. 살아 있는 세포에서 물의 이동은 물을 위해 특화된 통로인 **아쿠아포린**(aquaporin)에 의해 촉진된다.

간단한 실험으로 살펴보자. 양서류의 알은 저장성(세포의 용질 농도가 주변 물의 용질 농도보다 높음)인 물에 담가두어도 팽창하지 않는다. 그러나 아쿠아포린 mRNA를 알에 주입하면 통로단백질이 발현되어 알의 원형질막에 나타난다. 발현된 통로단백질에 의해 물이 알의 내부로 이동하여 팽창하게 된다.

현재까지 포유류에서 11종 이상의 아쿠아포린이 발견되었다. 아쿠아포린은 일반적으로 물에만 한정된 것과 글리세롤이나 요소와 같은 다른 작은 친수성 분자들의 통과도 허용하는 것으로 나눠진다. 후자는 일부 막이 어떻게 친수성인 작은 물질을 쉽게 통과시킬 수 있는지를 설명해준다.

사람의 유전질환인 신장성 요붕증(nephrogenic diabetes insipidus, NDI)은 아쿠아포린 단백질의 기능 이상에 의해 야기된다. 이 질병은 묽은 소변을 다량으로 배출하는 질병으로, 아쿠아포린 기능의 중요성을 보여준다.

삼투압

저장성 용액에서 세포는 어떤 변화를 보일까? (즉, 세포질이 세포외액에 비해 고장성 용액이다.) 이런 상황에서는 물이 세포 외액으로부터 세포 내부로 확산되어 들어와서 세포가 팽창하게 되어 세포막에 대해 가해지는 압력(정수압) 혹은 세포질의 압력이 증가하게 된다. 세포로 들어가는 물의 양은 세포와 세포 외액 사이의 용질 농도의 차이에 의해 달라진다. 이는 **삼투압**(osmotic pressure)으로 표시되며, 삼투 이동을 정지시키는 데 필요한 힘으로 정의된다.

막이 충분히 강하다면, 세포는 물을 세포 내부로 유입하려는 경향이 있는 삼투압과 물을 세포 밖으로 밀어내려는 정수압이 정확히 균형을 잡아 평형에 도달한다. 그러나 원형질막 자체는 강한 내부 압력을 견딜 수 없으므로 저장액 조건하에서 분리된 세포는 팽창해서 결국 공기를 너무 많이 넣은 과팽창된 풍선처럼 터질 것이다(**그림 4.12**).

따라서 원형질막만을 가지는 동물세포의 경우 삼투 평형을 유지하는 것이 매우 중요하다. 대조적으로 원핵생물, 진균, 식물 및 많은

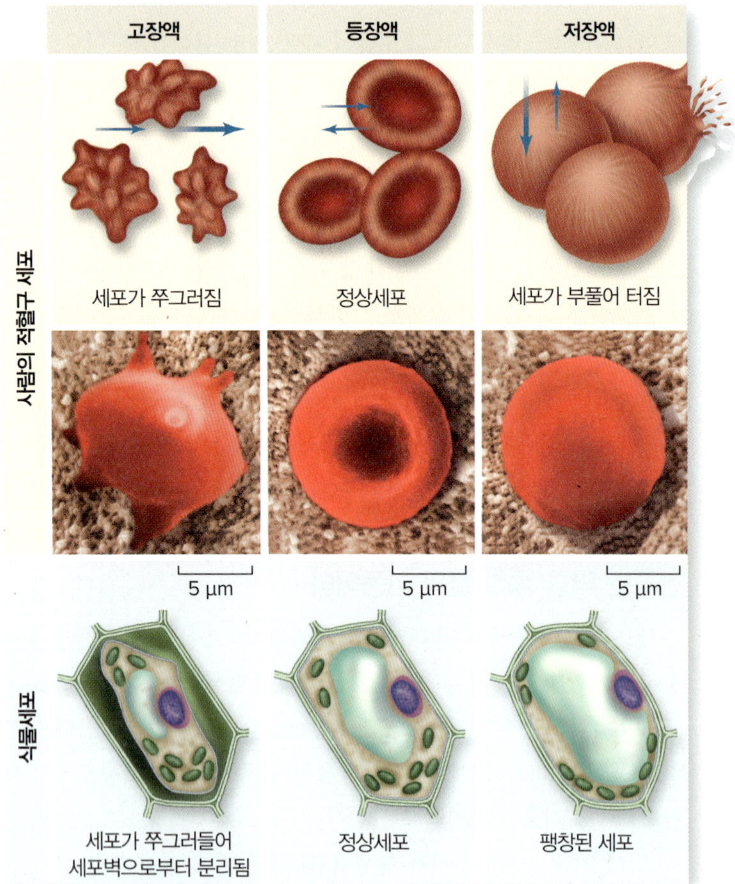

그림 4.12 용질이 삼투압을 만드는 방법.
고장액에서 물은 세포 밖으로 이동하여 세포가 쭈그러지게 된다. 등장액에서 물은 같은 속도로 세포 내외로 확산되어 세포 크기는 변하지 않는다. 저장액에서 물은 세포 안쪽으로 이동한다. 물의 이동 방향과 양은 파란색 화살표(위쪽)로 나타냈다. 저장액에서 물이 세포 안으로 들어옴에 따라 세포가 파열될 때까지 세포막에 압력이 가해진다. 세포 내의 높은 용질 농도로 인한 삼투압 때문에 물이 세포 안으로 들어온다. 삼투압은 삼투를 막는 데 필요한 압력으로 측정된다. 저장액에서 식물세포는 강한 세포벽 때문에 세포가 정수압을 견딜 수 있지만 동물세포는 부풀어 결국 터지게 된다.

원생생물의 세포는 강한 세포벽으로 둘러싸여 있어 파열 없이 높은 내부 압력을 견딜 수 있다.

삼투 평형 유지

생물체들은 저장성 환경에서 살아가면서 생기는 문제를 해결하기 위해 다음과 같이 삼투에 의한 물의 일정한 출입을 유지해 주는 많은 전략을 개발해 왔다.

배출: 원생생물인 짚신벌레(*Paramecium*)와 같은 일부 단세포 진핵생물은 수축포(contractile vacuoles)라고 하는 세포소기관을 사용하여 체내의 물을 배출한다. 각 액포(vacuole)는 세포질의 다양한 부분에서 물을 흡수하여 세포 표면에 있는 수축포로 운반한다. 수축포는 세포 외부로 열려 있는 작은 구멍을 가지고 있으며 주기적으로 수축함으로써 삼투압에 의해 세포 내부로 지속적으로 유입되는 물을 배출시킨다.

등삼투성 조절: 해양환경에 사는 일부 생물체는 내부 용질 농도를 주변 해수에 맞추어 조절한다. 따라서 환경과 비교하여 등삼투성(isosmotic)이기 때문에 이들 세포 내외부로의 순수한 물 이동은 발생하지 않는다.

많은 육상동물들은 순환계를 통해 세포들을 등장액에 잠기게 하여 삼투 문제를 해결한다. 예를 들어, 우리 몸의 혈액은 고농도의 알부민(albumin) 단백질을 함유하고 있어 세포질과 동등한 용질 농도를 유지하게 한다.

팽창: 대부분의 식물세포는 중심 액포에 고농도의 용질을 함유하고 있어 세포 주변 환경에 대해 고장성이다. **팽압**(turgor pressure)으로 알려진 내부 정수압(internal hydrostatic pressure)은 세포벽의 내부에서 원형질막으로 압력을 가하여 세포를 단단하게 만든다. 대부분의 녹색식물은 그 모양을 유지하기 위해 팽압에 의존하고 있으며 수분이 부족하면 시들게 된다.

핵심 요약 4.4

수동수송은 농도기울기가 필요하며 확산이 여기에 속한다. 소수성 분자는 막을 통해 직접 수송될 수 있다(단순확산). 또한 극성 분자들과 이온들은 막을 통해 수송될 수 있지만 통로 또는 운반단백질의 도움으로만 수송 가능하다(촉진확산). 통로단백질은 막을 관통하는 친수성 통로를 형성함으로써 수송하는 반면, 운반단백질은 그들이 수송하고자 하는 분자에 결합하여 수송한다. 물은 세포 내부와 외부의 용질 농도기울기 차이에 의해 막과 아쿠아포린을 통해 수송된다. 이 과정을 삼투라고 한다.

- 병원에서 정맥(intravenous, IV) 주사가 필요한 경우 IV 용액의 용질 농도는 혈액 세포와 관련이 있어야 할까?

4.5 막을 통한 능동수송

학습 목표

1. 능동수송과 확산의 차이점을 설명할 수 있다.
2. Na^+/K^+ 펌프의 기능에 대해 설명할 수 있다.
3. 공역수송의 역학에 대해 설명할 수 있다.

확산(diffusion), 촉진확산(facilitated diffusion), 삼투(osmosis)는 물질이 농도기울기에 따라 이동하는 수동적인 수송과정이지만, 능동수송은 세포가 농도기울기를 거스르면서 물질 수송을 할 수 있다. 이 과정은 주로 ATP 형태의 에너지를 소비해야 하므로 **능동수송**(active transport)이라 부른다.

능동수송은 에너지를 사용하여 물질을 농도기울기에 역행하여 이동시킨다

촉진확산과 같이 능동수송에서도 이온이나 단순한 분자, 예컨대 당, 아미노산, 뉴클레오타이드 등 단순한 물질과 선택적으로 결합하는 운반단백질이 관여한다. 이러한 운반단백질이 단일 유형의 분자를 운반하는 경우에는 **단일수송체**(uniporter)라고 하며, 서로 다른 2개의 분자를 함께 운반하는 경우에는 공동수송체 또는 역수송체라고 한다. **공동수송체**(symporters)는 두 분자를 같은 방향으로 운반하고 **역수송체**(antiporters)는 두 분자를 반대 방향으로 운반한다. 이들 용어는 촉진확산에 이용되는 운반단백질에서 설명하는 데 사용될 수 있다.

능동수송은 모든 세포에서 가장 중요한 기능 중 하나이다. 세포는 세포 외액보다 더 높은 농도의 분자가 세포질에 존재하더라도 능동수송을 이용해 계속 분자들을 세포 내부로 취할 수 있게 한다. 반대로 세포 외부 농도가 높더라도 세포질에서 세포 외액으로 물질을 이동할 수 있게 한다.

능동수송에서는 ATP의 에너지가 직접적이거나 간접적으로 사용된다. 먼저 ATP가 어떻게 농도기울기에 역행하여 물질을 이동시키는지 알아본다.

소듐-포타슘(Na^+/K^+) 펌프는 ATP를 이용하여 작동된다

활발하게 분열하지 않는 동물세포는 소비되는 모든 에너지의 1/3 이상을 소듐 이온(Na^+)과 포타슘 이온(K^+)의 능동수송에 사용한다. 대부분의 동물세포는 주변 환경보다 Na^+의 내부 농도가 낮고, K^+의 내부 농도는 높다. 이러한 농도 차이의 유지는 Na^+를 배출하고,

K$^+$를 내부로 수송하기 때문에 나타나는 현상이다.

세포막을 가로질러 2개의 이온을 운반하는 특이한 막단백질을 **소듐-포타슘 펌프**(Na$^+$/K$^+$ pump)라고 한다(**그림 4.13**). 이 운반단백질은 ATP에 저장된 에너지를 이용하여 2개의 이온을 이동시킨다. 이 경우 에너지는 운반단백질의 형태를 변화시키는 데 사용되며, 이는 Na$^+$ 혹은 K$^+$에 대한 친화력을 변화시킨다. 이것은 단백질 구조의 미묘한 변화가 그 기능에 어떻게 영향을 미치는지에 대한 훌륭한 예이다.

세포는 Na$^+$/K$^+$ 펌프를 사용하여 세포 외부에 고농도 Na$^+$와 세포 내부에 고농도 K$^+$를 유지시킨다. 농도기울기에 역행하는 수송은 능동수송에 의해서만 가능하지만, 확산에 의한 수동수송은 막을 가로지르는 농도를 동일하게 할 것이다. 신경세포는 이러한 Na$^+$와 K$^+$의 농도기울기 전위차를 사용하여 기능을 수행하기 때문에 중요하다(26장 참조). Na$^+$/K$^+$ 펌프는 막관통단백질에서 다음과 같은 일련의 형태 변화를 거치면서 작동한다(**그림 4.13**에 요약).

1단계: 펌프에 ATP가 결합된 상태에서, 3개의 Na$^+$가 단백질의 세포질 측면에 결합한다.

2단계: 결합된 ATP를 ADP로 가수분해하여 인산염을 펌프로 옮긴다. 단백질은 이제 인산화된 상태가 된다.

3단계: 인산화된 단백질은 구조 변화를 겪고, 3개의 Na$^+$를 외부로 노출시킨다. 이러한 구조에서, 펌프는 Na$^+$에 대한 친화성이 낮아지면서 3개의 결합된 Na$^+$가 세포 외액으로 확산될 수 있게 한다.

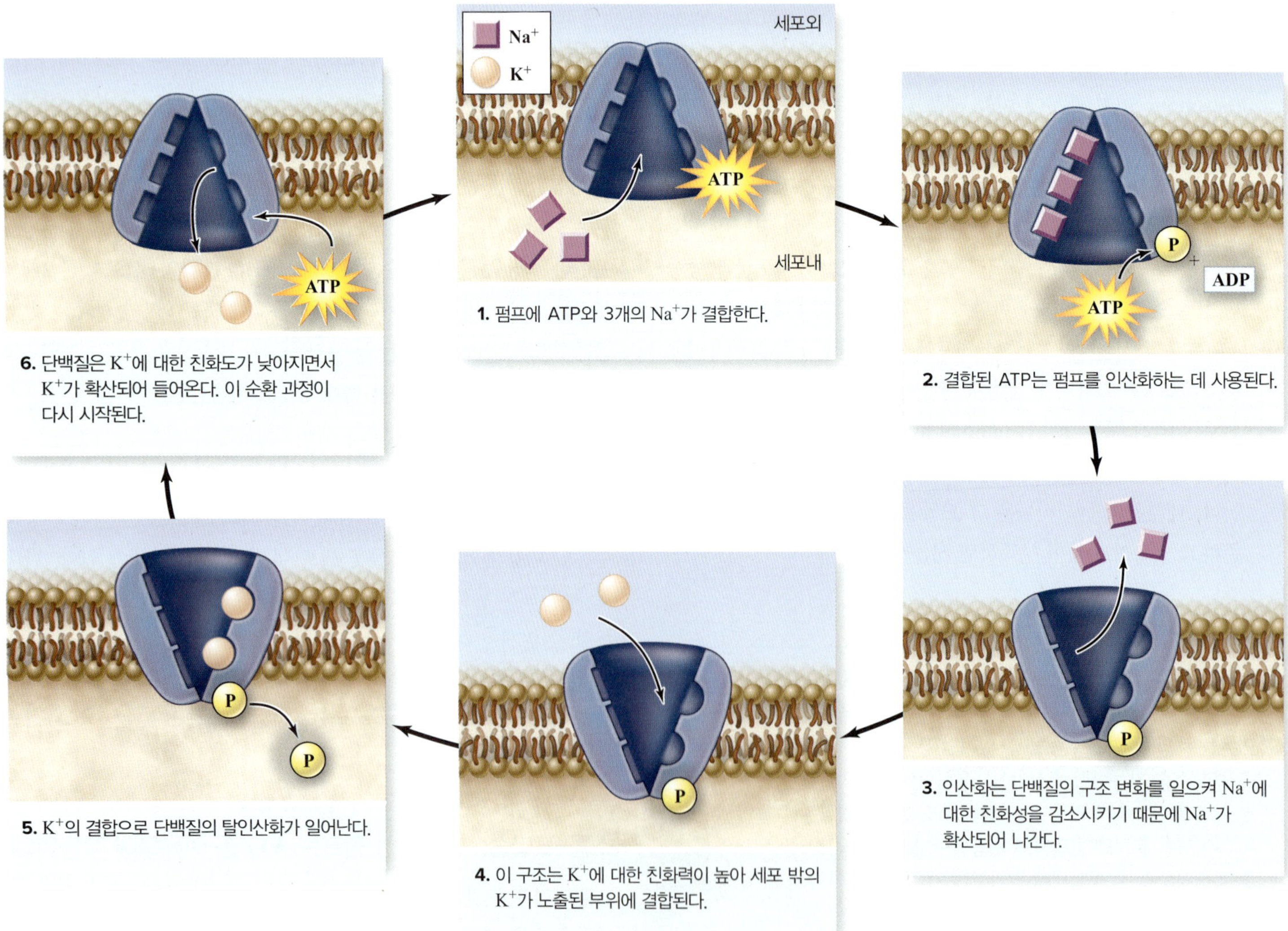

그림 4.13 **소듐-포타슘 펌프.**
소듐-포타슘 펌프는 원형질막을 가로질러 소듐(Na$^+$)과 포타슘(K$^+$)을 운반하는 운반단백질이다. 세포 밖으로 운송되는 3개의 Na$^+$마다 2개의 K$^+$가 운반된다. 이 과정 중 필요한 에너지는 ATP 가수분해에 의해 제공된다. 인산기가 붙고 떨어지는 과정에서 단백질의 구조를 변화시켜서, Na$^+$와 K$^+$에 대한 펌프의 친화력이 달라진다.

4단계: 인산화된 단백질은 K^+에 대해 높은 친화력을 가지게 되며, 이 중 2개는 Na^+가 확산된 후 펌프의 세포 밖 측면에 결합한다.

5단계: K^+의 결합은 결합된 인산기의 가수분해와 세포질을 향한 결합 포켓으로의 구조 변화를 야기한다.

6단계: 펌프는 ATP와 결합하여 K^+에 대한 친화력이 낮아지고 Na^+에 대한 친화력이 높은 상태로 돌아간다. 결합된 K^+는 확산되고, 3개의 새로운 Na^+가 결합하여 또 다른 사이클을 개시할 수 있다.

모든 주기에서 3개의 Na^+는 세포 외부로 나가고 2개의 K^+는 세포 내부로 들어온다. 이 과정 중에 일어나는 단백질의 구조 변화는 매우 빠르기 때문에, 각 운반단백질이 초당 300개의 Na^+를 운반할 수 있다. Na^+/K^+ 펌프는 모든 동물세포에 존재하는 것으로 보이지만 세포가 보유하고 있는 펌프 단백질의 수는 매우 다양하다.

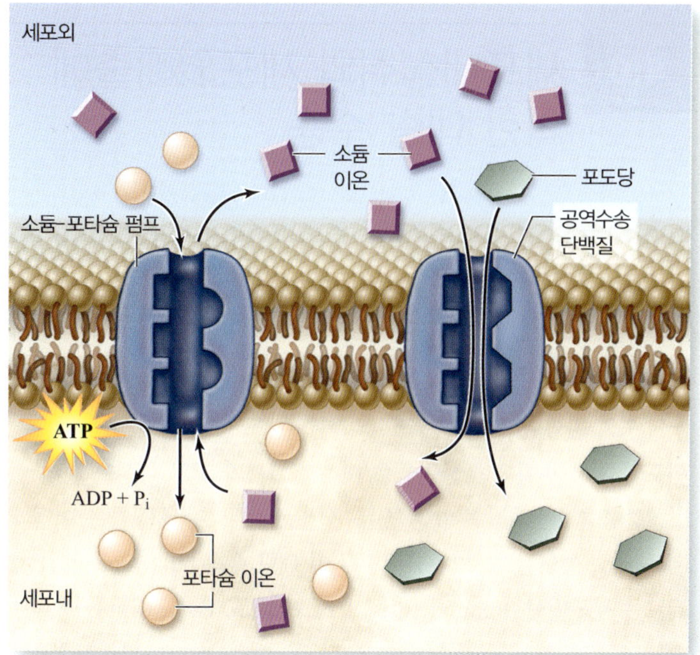

그림 4.14 공역수송.
막단백질은 농도기울기에 따라 Na^+과 포도당 분자를 동시에 세포 안쪽으로 운반한다. Na^+/K^+ 펌프에 의해 세포 외부에 고농도로 Na^+가 형성되면 공역수송이 시작되면서 포도당 분자의 농도기울기에 따라 세포 내부로 이동한다. Na^+ 기울기는 Na^+/K^+ 펌프에 의해 유지된다. ADP＝아데노신 디포스페이트, ATP＝아데노신 트리포스페이트, P_i＝무기 인산염

공역수송은 ATP를 간접적으로 소비한다

일부 분자들은 다른 분자들의 농도기울기로부터 저장된 에너지를 사용하여 농도기울기를 거슬러 수송된다. 이 과정을 **공역수송**(coupled transport)이라고 부르며, 하나의 분자가 농도기울기를 따라 이동하면서 방출되는 에너지를 모아 다른 분자를 농도기울기에 반해 수송한다. 앞서 언급한 바와 같이 ATP에 저장된 에너지는 막을 사이에 두고 Na^+과 K^+의 농도기울기를 형성할 수 있게 한다. 이 농도기울기는 막을 통한 다른 물질의 수송에 이용될 수 있다.

일례로 동물세포에서 막을 가로지르는 포도당의 능동수송에 대해 살펴보자. 포도당은 생물체에서 매우 중요한 분자이므로 이에 대한 다양한 운반단백질이 있으며 그중 하나인 수동수송에 대해서는 앞에서 알아보았다. 다세포 생물체의 소장 상피세포는 외부보다 훨씬 더 높은 농도의 포도당을 내부에 함유하고 있기 때문에 이들 세포는 농도기울기에 거슬러 포도당을 수송할 수 있어야 한다. 따라서 이는 촉진확산과는 다른 에너지와 능동수송을 위한 운반단백질을 필요로 한다.

활성화된 포도당 운반체는 Na^+/K^+ 펌프에 의해 생성된 Na^+의 농도기울기를 에너지원으로 사용하여 포도당을 세포 내로 수송한다. 이 체계에서 포도당과 Na^+는 모두 운반단백질에 결합하여 Na^+가 농도기울기를 따라 세포 내로 들어올 때 발생하는 에너지를 이용해 포도당을 세포 내로 수송한다. 이런 종류의 공수송(cotransport)에서 두 분자는 막을 가로질러 같은 방향으로 수송되고, 이 운반체는 공동수송체(symporter)가 된다(**그림 4.14**).

역수송(countertransport)이라고 하는 관련 과정에서 Na^+의 세포 내 수송은 Ca^{2+} 및 H^+과 같은 물질의 세포외 수송과 연결되어 있다. 공수송에서처럼 Na^+과 다른 물질 둘 다 동일한 운반단백질에 결합하지만, 서로 반대쪽에서 결합하여 수송하기 때문에 역수송체(antiporter)이다. 역수송에서 세포들은 Na^+의 농도기울기에 따른 이동으로부터 얻은 에너지를 이용해 다른 분자나 이온을 농도에 역행해 세포 외로 배출하게 된다. 공수송과 역수송 모두 한 물질의 농도기울기로부터 발생하는 퍼텐셜에너지를 이용해 다른 분자를 농도기울기에 역행해 수송한다. 다만 수송되는 두 번째 분자가 첫 번째 분자에 대해 움직이는 방향에서만 다르다.

핵심 요약 4.5

능동수송은 농도기울기에 역행하여 분자나 물질을 이동시키기 위해 보통 ATP 형태의 에너지와 운반단백질 둘 다를 필요로 한다. Na^+/K^+ 펌프는 ATP를 사용하여 Na^+는 세포 외로 수송하고 K^+는 세포 내로 수송하여 이들 이온의 농도 차이를 생성하고 유지시킨다. 공동수송은 Na^+에 의한 포도당의 수송에서와 같이 한 분자의 농도기울기에 역행하여 다른 분자를 수송시키는 데 사용된다.

- 능동수송은 통로단백질을 포함할 수 있을까? 그 이유는 무엇일까?

4.6 세포내섭취와 세포외배출에 의한 대량 수송

학습 목표

1. 세포내섭취와 세포외배출을 구별하여 설명할 수 있다.
2. 세포내섭취의 특징에 대해 설명할 수 있다.

세포의 원형질막에 있는 지질의 특성은 또 다른 문제를 야기한다. 세포의 생장에 필요한 물질들은 대부분 크기가 크고 극성을 지녀 지질 2중층을 통과할 수 없는 종류가 매우 많다. 이 물질들은 어떻게 세포 내로 들어갈 수 있는 것일까? 이 **대량 수송**(bulk transport) 체계로는 **세포내섭취**(endocytosis)와 **세포외배출**(exocytosis)이 있다.

대량의 물질은 소포에서 세포로 들어간다

세포내섭취(endocytosis)에서 원형질막은 먹이 입자와 유동액을 둘러싼다. 세포는 식균작용과 음세포작용 및 수용체에 의해 매개되는 세포내섭취 등 3가지 주요한 세포내섭취 기작을 이용한다(**그림 4.15**). 능동수송에서처럼 이 과정들에서도 에너지가 필요하다.

식세포작용과 음세포작용

세포가 섭취하는 물질이 생물체나 다른 유기물의 절편과 같은 미립자(개별 입자로 구성)일 경우(**그림 4.15***a*), 이 과정을 **식세포작용**(phagocytosis; 그리스어 *phagein*, "먹을 것"+ *cytos*, "세포")이라고 부른다. 섭취하려는 물질이 액체일 경우(**그림 4.15***b*) **음세포작용**(pinocytosis; 그리스어 *pinein*, "마실 것")이라 한다. 음세포작용은 동물세포에서 일반적으로 나타난다. 포유동물의 난세포는 주변 세포들이 양분을 분비하면 이를 음세포작용으로 섭취하여 성숙한다.

거의 모든 진핵세포는 입자나 세포 외액을 소포에 포획하여 세포 내로 들여와 소화하는 세포내섭취를 지속적으로 수행하고 있다. 세

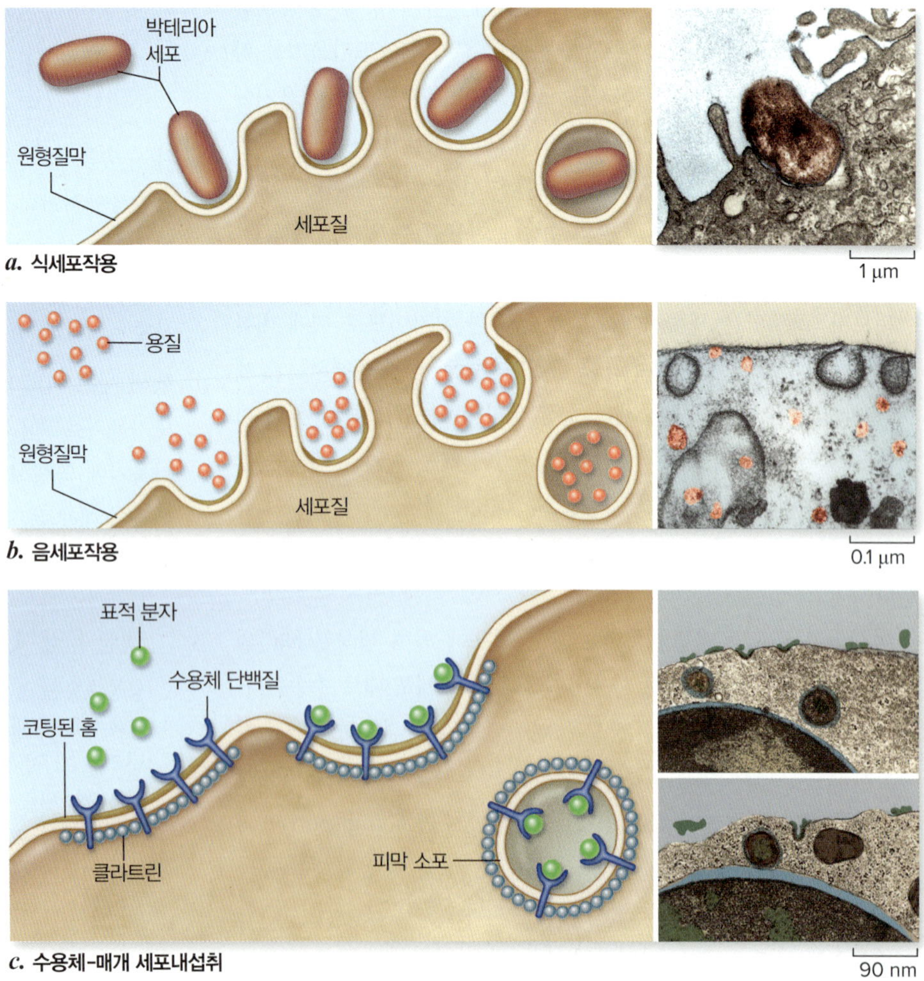

그림 4.15 세포내섭취. 식세포작용(***a***)과 음세포작용(***b***)은 모두 세포내섭취이다. ***c.*** 수용체-매개 세포내섭취 과정에서, 세포는 표적 분자가 원형질막의 수용체 단백질에 결합할 때 세포내섭취를 개시하는 단백질 클라트린으로 둘러싸인 홈을 갖게 된다. 사진(구조를 명확하게 구별하기 위해 채색함): (***a***) 생쥐 복막 중피세포에 의한 박테리아(*Rickettsia tsutsugamushi*) 식세포작용의 TEM 사진. 박테리아는 식세포작용에 의해 숙주세포로 들어가고 세포질에서 복제된다. (***b***) 평활근 세포에서 음세포작용의 TEM 사진. (***c***) 단백질 층으로 덮인 발생 중인 난자세포의 원형질막에 나타난 홈. 분자들이 피막 홈 부위에 적절히 모이면, 구멍이 깊어지고 결국 분리되어 피막 소포를 형성한다.

포내섭취 속도는 세포 유형에 따라 다르다. 백혈구의 경우 매 시간당 세포 체적의 25%까지 섭취할 수 있다.

수용체-매개 세포내섭취

진핵세포는 **수용체-매개 세포내섭취**(receptor-mediated endocytosis) 과정을 통해 분자들을 세포 내로 운반한다. 이들 분자들은 우선 원형질막에 있는 특이 수용체와 결합하는데, 분자의 구조는 수용체에 정확하게 들어맞게 된다. 세포 유형에 따라 각각 다른 종류의 수용체 조합을 가지며 각 수용체는 각각 다른 종류의 분자를 대상으로 작용한다.

수용체 분자에서 막 내부로 들어가 있는 부분은 세포질 쪽에 **클라트린**(clathrin)이라고 부르는 단백질로 둘러싸인 홈 부위에 부착되어 있다. 각 홈 부위는 분자의 쥐덫과 같은 기능을 하며 적절한 분자가 들어오면 이를 감싸 세포 내부로 소포를 형성하도록 닫힌다(**그림 4.15***c*). 이 덫의 방아쇠는 수용체에 적절한 분자가 결합했을 때 일어난다. 결합이 일어나면 세포는 세포내섭취를 시작하는데, 이 과정은 매우 구체적이며 빠르게 진행된다. 소포(vesicle)는 안에 대상물을 품고 세포 내로 들어가게 된다.

수용체-매개 세포내섭취에 의해 흡수되는 물질 중 하나로 저밀도 지질단백질(low-density lipoprotein, LDL)이 있다. LDL 분자는 콜레스테롤을 필요한 곳에 정확히 전달하여 삽입하는 기능을 한다. 콜레스테롤은 막의 견고함을 결정하는 데 중요한 역할을 하는 요소이다. 유전병인 가족성 고콜레스테롤증(familial hypercholesterolemia) 환자들은 LDL 수용체의 꼬리 부분이 결여되어 있어 클라트린 코팅 홈 부위에 고정이 되지 않으며 그 결과 소포가 형성되지 않는다. 따라서 콜레스테롤이 혈중에 계속 남아 있게 되고 동맥 내부에 축적되어 심장마비를 일으키기도 한다.

세포내섭취 자체가 물질을 세포의 세포질로 직접 수송하는 것이 아님을 이해하는 것이 중요하다. 섭취된 물질들은 여전히 소포의 막에 의해 세포질로부터 분리된다.

물질은 세포외배출에 의해 세포로부터 배출된다

세포내섭취의 반대가 세포 표면에서 소포내 물질을 방출시키는 **세포외배출**(exocytosis)이다(**그림 4.16**). 식물세포에서 세포외배출은 세포벽을 만드는 데 필요한 재료를 원형질막을 통해 전달하는 매우 중요한 수단이다. 원생생물 중에는 수축포에 의한 배출이 세포외배출의 한 예가 될 수 있다. 동물세포에서는 세포외배출이 다양한 호르몬, 신경전달물질, 소화효소 등의 물질을 분비하는 기작이다.

세포막을 통한 수송의 기작은 **표 4.2**에 요약되어 있다.

핵심 요약 4.6

커다란 분자와 대용량 물질은 세포내섭취에 의해 세포 내부로 들어가고 세포외배출로 세포 외부로 배출될 수 있다. 이러한 과정에는 에너지가 필요하다. 세포내섭취는 소포의 형성을 유발하는 막의 특이 수용체 단백질에 의해 매개될 수 있다.

- 수용체-매개 세포내섭취에 의한 수송, 운반단백질에 의한 수송 및 효소에 의한 촉매작용의 특징은 무엇일까?

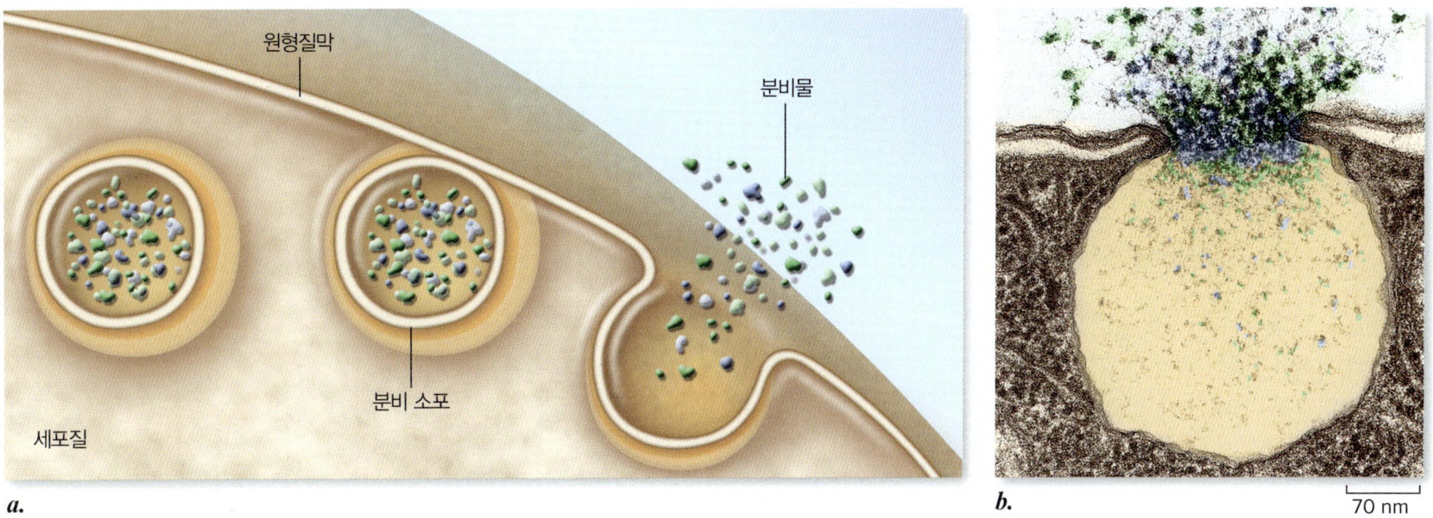

그림 4.16 세포외배출.
a. 단백질과 또 다른 분자는 작은 소포로 세포에서 분비되는데, 소포막은 원형질막과 융합하여 세포 외부로 내용물만 배출한다. ***b.*** 세포외배출을 나타내는 투과전자현미경 사진(시각적 효과를 위해 채색함)

표 4.2	세포막을 통한 수송기작		
과정		작용 방법	예
		수동적 과정	
확산			
직접	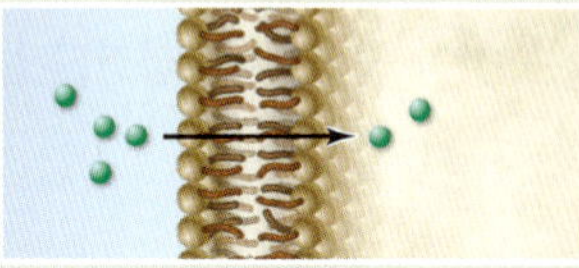	분자가 직접 이동하여 농도가 높은 곳에서 낮은 곳으로 비극성 분자를 이동시킴	세포 내로의 산소 이동
촉진확산			
단백질 통로	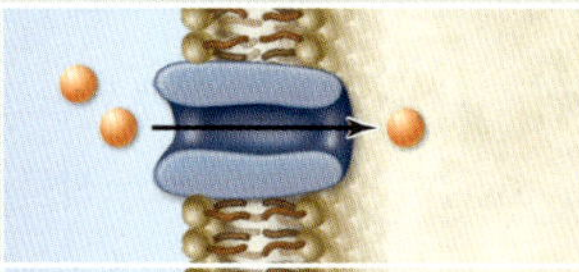	극성 분자나 이온이 단백질 통로를 통해 이동, 농도가 높은 곳에서 낮은 곳으로 이동	세포 안팎으로 이온 이동
단백질 운반체	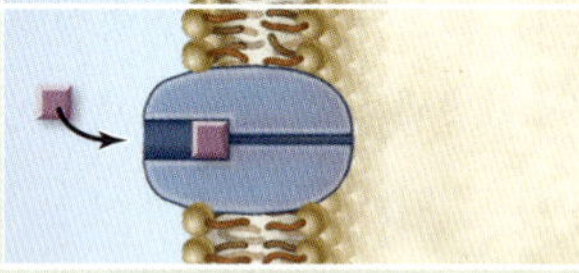	분자들이 막에 있는 운반단백질과 결합하여 수송됨, 농도가 높은 곳에서 낮은 곳으로 이동	세포 안으로 당 이동
삼투			
아쿠아포린	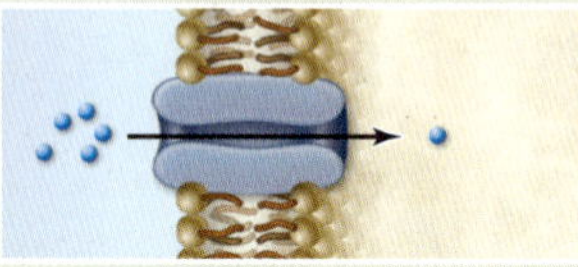	삼투에 의해 막을 통해 물이 이동, 용질의 농도 차이가 필요	저장액에서 세포 안으로 물 이동
		능동적 과정	
능동수송			
단백질 운반체			
Na^+/K^+ 펌프	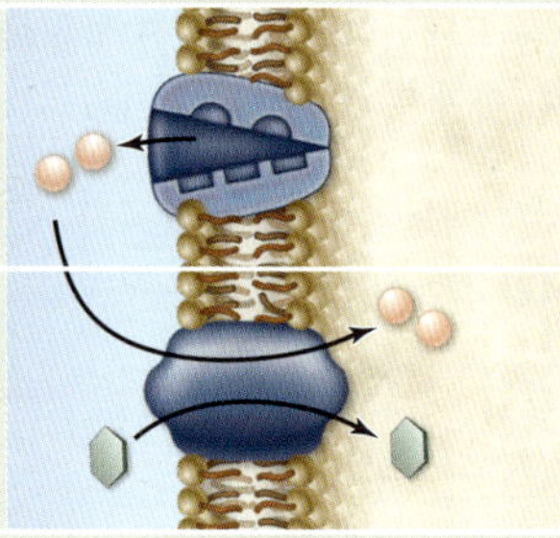	운반체가 농도기울기에 역행하여 에너지를 이용하여 물질 수송	농도기울기에 역행하여 Na^+와 K^+ 이동
공역수송		Na^+나 양성자가 수송될 때 분자가 농도기울기에 역행하여 함께 수송됨	Na^+의 농도기울기를 이용하므로 포도당은 농도기울기에 역행하여 세포 안으로 수송됨
세포내섭취			
막소포			
식세포작용	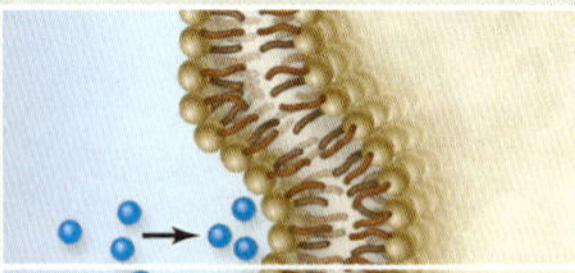	입자는 막으로 둘러싸여 소포를 형성	백혈구에 의한 식세포작용
음세포작용		유동물질이 막으로 둘러싸여 소포를 형성	사람 난세포의 영양 섭취
수용체-매개 세포내섭취	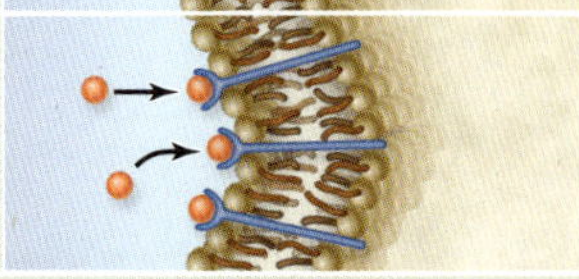	특별한 수용체에 의해 개시되는 식세포작용으로 클라트린으로 감싸인 소포 형성	콜레스테롤 섭취
세포외배출			
막소포	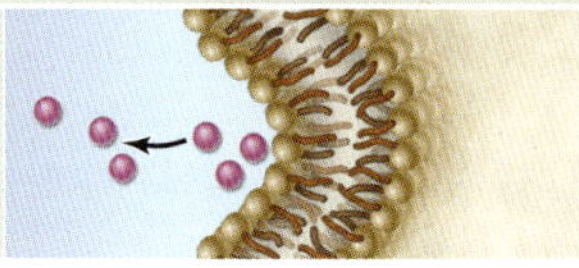	소포가 세포막과 융합되어 분비물을 방출	점액질 분비, 신경전달물질 방출

핵심 개념 요약

4.1 막의 구조

■ 유동모자이크모델은 유동성 지질 2중층 내의 단백질들을 보여준다

막은 단백질이 있는 인지질 2중층 판이다(**그림 4.3**). 막의 소수성 영역은 안쪽으로 향하고 친수성 영역은 바깥쪽으로 향한다. 유동모자이크모델에서 단백질은 지질 2중층 내에 또는 지질 2중층에 부유한다.

■ 세포막은 4가지 구성 요소로 구성된다

진핵세포에서 막은 인지질 2중층, 막관통단백질(내재 막단백질), 내부 단백질망과 세포 표면 표지의 4가지 구성 성분을 갖는다. 내부 단백질망은 세포골격섬유와 주변부 막단백질로 구성되며, 막과 관련되어 있지만 그 일부는 아니다. 막은 표면에 세포 정체성 표지로서 작용하는 당단백질과 당지질을 함유한다. 콜레스테롤과 스핑고지질은 연합하여 미세영역을 형성할 수 있다. 원형질막의 2개의 판(세포 외부 쪽과 세포 내부 쪽)은 동일하지 않다.

■ 전자현미경은 구조적 증거를 제공한다

투과전자현미경(TEM)과 주사전자현미경(SEM)으로 유동모자이크모델에 의해 예측된 구조를 확인할 수 있다.

4.2 인지질: 막의 토대

인지질은 글리세롤 분자에 연결된 2개의 지방산과 1개의 인산염으로 구성된다.

■ 인지질은 자발적으로 2중층을 형성한다

인지질의 인산기는 극성이고 친수성이며, 지방산은 비극성이고 소수성이며, 인지질의 극성 머리로부터 멀어지도록 배치된다. 지질 2중층의 비극성 내부는 물과 수용성 물질의 통과를 방해한다.

■ 인지질 2중층은 유동성이 있다

물의 수소결합은 막을 2층 구조로 유지시킨다. 그러나 막의 인지질과 고정되지 않은 단백질은 느슨하게 결합되고 측 방향으로 확산될 수 있다.

■ 막 유동성은 지질 조성에 따라 달라진다

막 유동성은 막의 지방산 조성에 의존한다. 불포화 지방은 지방산 꼬리에서 이중결합의 "구부러짐" 때문에 막을 더 유동적으로 만드는 경향이 있다. 온도는 유동성에도 영향을 준다.

■ 인지질 조성물은 막 구조에 영향을 미친다

상이한 막 구획은 상이한 인지질 조성을 갖는다. 이것은 서로 다른 막의 구조와 기능에 영향을 미치며 막의 이동에도 불구하고 지속된다.

4.3 단백질: 다양한 기능을 가진 구성 요소

■ 단백질과 단백질 복합체는 핵심 기능을 수행한다

운반체는 막을 통해 특정 물질을 운반하는 필수 막단백질이다. 효소는 종종 막의 내부 표면(세포질 쪽)에 위치한다. 세포 표면 수용체는 외부 화학신호에 반응하고 세포 내부의 상태를 변화시킨다. 표면의 세포 정체성 표지는 신체의 세포를 "자기"로 인식할 수 있게 한다. 세포 대 세포 부착단백질은 세포를 서로 접착시킨다. 다른 세포와 상호작용하는 표면 단백질은 세포골격에 고정된다.

■ 막단백질의 구조적 특징은 기능과 관련이 있다

표면 단백질은 인지질의 극성 영역과 관련된 비극성 영역에 의해 표면에 부착된다. 막관통단백질은 2중층을 여러 번 통과할 수 있으며, 각각의 막관통영역을 가지고 있다. 이러한 영역은 일반적으로 α 나선구조로 배열된 소수성 아미노산으로 구성된다. 특정 단백질에서 비극성 영역의 β 병풍구조는 극성 환경을 갖는 파이프형 통로를 형성한다. 포린 단백질류가 그 예이다.

4.4 막을 통한 수동수송

■ 수송은 단순확산을 통해 일어난다

단순확산은 화학적 또는 전기적 농도기울기를 따른 물질의 수동적인 이동이다. 생물학적 막은 친수성 극성 분자에 대해서는 장벽이 되지만, 소수성 물질은 자유롭게 이동시킨다.

■ 단백질은 막 확산을 선택적으로 허용한다

이온과 큰 친수성 분자는 인지질 2중층을 통과할 수 없다. 확산은 여전히 촉진확산에 의해 통로 또는 운반단백질을 통해 일어날 수 있다. 통로는 막에 단백질들이 친수성 통로를 형성함으로써 특정 이온의 확산을 허용한다. 운반단백질은 효소와 마찬가지로 운반하는 분자에 결합한다. 운반단백질에 의한 수송속도는 막 내 운반단백질의 수에 의해 제한된다.

■ 삼투는 막을 통한 물의 이동이다

삼투로 인한 이동 방향은 막의 양쪽에 있는 용질 농도에 달려 있다(**그림 4.11**과 **4.12**). 용액은 등장성, 저장성 또는 고장성일 수 있다. 등장액의 세포는 삼투압 균형을 이룬다. 저장액 속 세포는 물을 얻고, 고장액 속 세포는 물을 잃는다. 아쿠아포린은 물의 확산을 촉진하는 통로이다.

4.5 막을 통한 능동수송

■ 능동수송은 에너지를 사용하여 물질을 농도기울기에 역행하여 이동시킨다

능동수송은 에너지원을 운반하기 위해 결합된 특수 운반단백질을 사용한다. 그들은 운반하고자하는 분자의 수와 수송 방향에 따라 분류된다. 단일수송체는 특정 분자를 한 방향으로만 운반한다. 공동수송체는 같은 방향으로 동시에 두 분자를 운반한다. 역수송체는 동시에 반대 방향으로 두 분자를 운반한다.

■ 소듐-포타슘 펌프는 ATP를 이용하여 직접 작동된다

소듐-포타슘 펌프는 ATP를 이용하여 농도기울기에 역행하여 Na^+를 세포 밖으로 수송하고 K^+를 세포 내부로 수송시킨다. 펌프의 모든 사이클에서 3개의 Na^+가 세포 밖으로 나가고 2개의 K^+가 세포 내부로 들어온다. 이 펌프는 동물세포에서 거의 보편적인 것으로 보인다.

■ 공역수송은 ATP를 간접적으로 소비한다

공역수송은 한 분자의 농도기울기를 사용하여 다른 분자를 그 분자의 농도기울기에 역행하여 같은 방향으로 이동시킨다. 역수송은 비슷하지만 두 분자는 서로 반대 방향으로 움직인다.

4.6 세포내섭취와 세포외배출에 의한 대량 수송

대량 수송은 세포막을 통과할 수 없는 다량의 물질을 이동시킨다.

■ **대용량의 물질은 소포에서 세포로 들어간다**

세포내섭취에서 세포막은 물질을 둘러싸고 압박하여 소포를 형성한다. 수용체-매개 세포내섭취에서 특정 분자는 세포막의 수용체에 결합한다.

■ **물질은 세포외배출에 의해 세포로부터 배출된다**

세포외배출에서 소포 안의 물질은 소포가 세포막과 융합될 때 세포 밖으로 배출된다.

연습문제

1단계: 이해력 확인하기

1. 막의 유동성모자이크모델은 막을 어떻게 기술하고 있는가?
   a. 내부에 상당량의 물을 함유한다.
   b. 외부는 유동성 인지질로, 내부는 단백질로 구성되어 있다.
   c. 외부는 단백질로, 내부는 유동성 인지질로 구성되어 있다.
   d. 자유롭게 이동할 수 있는 단백질과 지질로 구성되어 있다.
2. 인지질 2중층의 내부를 특징 짓는 화학적 특성은 무엇인가?
   a. 소수성이다.
   b. 극성이다.
   c. 친수성이다.
   d. 포화상태이다.
3. 막관통단백질의 막관통영역에 대해 바르게 설명한 것은 무엇인가?
   a. 소수성 아미노산으로 구성된다.
   b. 종종 α 나선구조를 형성한다.
   c. 막을 여러 번 통과할 수 있다.
   d. a, b, c 모두 맞다.
4. 세포에서 막의 특정한 기능은 무엇에 의해 결정되는가?
   a. 인지질 2중층에 들어 있는 지방산의 포화도
   b. 세포내에서 막의 위치
   c. 지질 뗏목과 콜레스테롤의 존재 여부
   d. 막단백질의 유형과 수
5. 막을 통과하는 물의 이동은 어느 요인에 의존적인가?
   a. 용매의 농도
   b 용질의 농도
   c. 운반단백질의 존재
   d. 막전위
6. 소금과 설탕 용액에 잠긴 세포는 수축한다. 이것으로부터 유추되는 것은 무엇인가?
   a. 등장액이다.
   b. 고장액이다.
   c. 저장액이다.
   d. 알 수 없다.
7. 다음 중 세포 내부로 물질을 끌어들이는 기작이 아닌 것은 무엇인가?
   a. 세포외배출
   b. 세포내섭취
   c. 음세포작용
   d. 식세포작용

2단계: 적용력 평가하기

1. 지질에서 포화지방산과 불포화지방산의 조성을 변경할 수 있는 박테리아는 추운 환경에 적합하다. 이 박테리아가 따뜻한 환경으로 이동하면 어떻게 반응하겠는가?
   a. 막의 콜레스테롤 양을 증가시킨다.
   b. 막에 있는 단백질의 양을 변경시킨다.
   c. 막에서 포화지방산의 비율을 증가시킨다.
   d. 막에서 불포화지방산의 비율을 증가시킨다.
2. 비극성 분자가 수동적인 확산으로 막을 통과하는지 여부에 영향을 주는 변인은 무엇인가?
   a. 인지질 2중층의 구조
   b. 막을 통과하는 분자의 농도 차이
   c. 막 운반단백질의 존재
   d. a, b, c 모두 맞다.
3. 다음 중 생체막의 선택적 투과성에 영향을 주지 않는 요인은 무엇인가?
   a. 막에서 운반단백질의 특이성
   b. 막에서 통로단백질의 선택성
   c. 인지질 2중층의 소수성 장벽
   d. 물과 인산기 사이의 수소결합 형성
4. 능동수송과 공역수송은 어떤 연관성이 있는가?
   a. 모두 ATP를 사용하여 분자를 이동시킨다.
   b. 능동수송은 농도기울기를 만들지만 공역수송은 만들지 않는다.
   c. 공역수송은 능동수송에 의해 만들어진 농도기울기를 이용한다.
   d. 능동수송은 분자 1개를 이동시키나 공역수송은 2개를 이동시킨다.
5. 세포의 촉진확산 과정은 언제 일어나는가?
   a. 세포 내부의 포도당과 같은 분자를 농축할 때
   b. 한 세포로부터 독성 분자를 모두 제거할 때

c. 농도에 관계없이 막을 통과하는 이온이나 극성이 큰 분자를 이동시킬 때

d. 고농도에서 저농도로 이온이나 극성이 큰 물질을 이동시킬 때

■ 3단계: 사고력 함양하기

1. **그림 4.5**는 단백질이 세포의 원형질막 내로 이동하는 능력을 증명하는 고전적인 실험을 보여준다. 다음 표는 표지된 생쥐 세포와 사람 세포를 융합시키는 데 사용한 3가지 상이한 실험을 개략적으로 나타낸다.
이런 단백질의 움직임에 대해 어떤 결론을 내릴 수 있는가?

실험	조건	온도(℃)	결과
1	사람과 생쥐 세포의 융합	37	혼합된 막단백질 형성
2	ATP 억제자가 있을 때, 사람과 생쥐 세포의 융합	37	혼합된 막단백질 형성
3	사람과 생쥐 세포의 융합	4	혼합된 막단백질을 형성하지 않음

2. 한 세포의 세포내막계의 각 구획은 원형질막과 관계가 있다. 거친면 소포체, 골지체, 소포 및 원형질막을 포함하는 세포의 간단한 도표를 만드시오. 거친면 소포체에서 시작하여 다른 2가지 색으로 각각의 막에 대해 2중층의 안쪽과 바깥쪽을 나타내시오. 무엇을 관찰할 수 있는가?

3. 소포체막에 있는 지질의 분포는 대칭적이다. 즉, 막의 양쪽 얇은 판이 동일하다. 골지체와 원형질막에서는 막 지질이 대칭적으로 분포하지 않는다. 어떤 과정에 의해 이런 결과가 나타났는가?

II 세포의 생물학

5

세포의 에너지 획득

도입

생명은 에너지에 의해 움직인다. 박테리아의 움직임, 고양이의 가르랑거림, 심지어 이 단어들을 처리하기 위한 생각들과 같이 생물체가 하는 모든 활동에는 에너지가 사용된다. 이번 장에서는 세포가 유기분자에 저장되어 있는 화학에너지를 ATP로 전환하는 과정들을 다룬다. 이후 6장에서는 빛 에너지를 사용하여 화학에너지를 만드는 광합성에 대해 알아본다. 광합성을 하는 식물 및 식물을 먹는 유충(사진) 등과 같은 모든 생물체는 화학결합에서 에너지를 획득할 수 있기 때문에 화학에너지를 ATP로 전환하는 것을 먼저 고려해야 한다. 호흡을 통한 에너지 획득은 보편적인 과정이다.

5.1 호흡의 개요

학습 목표

1. 생물계에서 일어나는 산화-탈수소 반응을 설명할 수 있다.
2. 에너지 대사에서 전자운반체의 역할을 설명할 수 있다.
3. 생물계에서 ATP의 역할을 서술할 수 있다.

식물, 조류 및 일부 박테리아는 광합성을 통해 햇빛의 에너지를 수확하여 복사 에너지를 화학 에너지로 전환한다(6장 참조). 비슷한 방식으로 화학 에너지를 사용하는 다른 생물체들과 함께 이 생물체를 **독립영양생물**(autotrophs; "자가 영양 공급")이라고 한다. 그 외 다른 모든 생물체는 독립영양생물이 생산하는 유기화합물을 먹이로 사용하여 살고 있으며, 이 생물체를 **종속영양생물**(heterotrophs; "다른 것에 의한 영양 공급")이라고 한다. 모든 동물과 균류, 대부분의 원생생물과 원핵생물을 포함하는 지구상의 생물 종의 95% 이상이 종속영양생물이다. 독립영양생물 역시 유기화합물에서 에너지를 추출한다. 이들은 단지 화합물을 합성하기 위해 태양에너지를 사용할 수 있는 추가적인 능력을 가진 것이다. 화학결합에서 에너지를 추출하기 위해 유기물을 산화시키는 과정을 **세포호흡**(cellular respiration)이라고 한다.

유기산을 명명하기 전에 다음의 사항을 알아두자. 해리된(탈양성자화된) 산은 접미사로 "-ate"를 사용한다. 예를 들어, 피루브산(pyruvic acid)은 "pyruvate"와 "H^+"로 해리된다. 생리학적 조건하에서 대부분의 유기산은 탈양성자화될 것이다.

세포 산화는 일반적으로 탈수소화이다

대부분의 음식물은 에너지를 저장하고 있는 화학결합이 풍부한 탄수화물, 단백질, 지질을 함유하고 있다. 2장에서 살펴본 바와 같이 탄수화물과 지질은 많은 탄소-수소(C—H) 결합과 탄소-산소(C—O) 결합으로 이루어져 있다.

대부분의 식품에 존재하는 복잡한 유기물에서 에너지를 추출하는 작업은 단계적으로 처리된다. 먼저 소화 과정에서 소화효소들이 큰 분자들을 작은 분자들로 분해한다(30장 참조). 이어서 다른 효소들이 소화 과정 중에 만들어진 작은 분자들을 분해하여 C—H 결합과 다른 화학결합들에 저장되어 있는 화학에너지를 방출되도록 한다.

이러한 유기분자들의 분해 과정은 산화 반응으로, 에너지대사는 산화-환원 반응과 연관되어 있다. 이 과정을 이해하기 위해서는 음식물 분자들로부터 유래한 전자의 경로를 추적할 필요가 있다. 이화작용에서 일어나는 산화 반응은 단순한 전자전달 반응이 아니라 **탈수소반응**(dehydrogenation)으로 산화 반응에서 전자와 더불어 양성자도 잃게 되면서 수소 원자를 잃게 되는 것이다.

세포호흡은 포도당의 완전한 산화이다

생물계에서 산화반응과 환원반응이 서로 연계되어 있는데, 이와 같이 짝을 이루는 반응을 **산화-환원 반응**(redox reaction)이라고 한다. 세포는 효소가 촉매하는 산화-환원 반응을 통해 음식물 분자로부터 에너지를 획득하고 이를 ATP로 전환한다.

산화-환원 반응

산화-환원 반응은 생물계 내의 에너지 흐름에서 중요한 역할을 한다. 왜냐하면 한 원자로부터 다른 원자로 전달되는 전자는 자신이 가지는 에너지와 함께 전달되기 때문이다. 전자가 가지는 에너지의 양은 원자의 핵 주위에서 전자 궤도 위치 또는 에너지 준위에 의해 결정된다. 산화-환원 반응에서 전자가 이동될 때 에너지도 함께 전달된다.

그림 5.1은 효소가 에너지가 풍부한 기질 분자의 산화-환원 반응을 보조인자인 **니코틴아미드아데닌디뉴클레오타이드**(nicotinamide adenine dinucleotide; NAD^+)의 도움으로 촉매하는 과정을 보여주고 있다. 이 반응에서, 2개의 수소 원자가 기질로부터 제거되어 2개의 전자와 1개의 양성자는 NAD^+로 전달되어 **NADH**를 형성하고, 나머지 양성자는 용액으로 방출된다. 기질은 산화되고 NAD^+는 NADH로 환원되며 산화된 생성물 및 NADH는 효소의 활성부위에서 방출된다.

그림 5.1 산화-환원 반응에서 이용되는 보조인자. 세포는 NAD^+라 불리는 보조인자를 이용하여 산화-환원 반응들을 수행한다. 2개의 수소에서 유래한 2개의 전자와 1개의 양성자가 NAD^+로 전달되며, 동시에 나머지 1개의 양성자는 용액에 유리된다. 전자를 받은 분자는 환원되었다고 하고, 전자를 잃은 분자는 산화되었다고 한다. NAD^+는 전자를 받아서 에너지가 풍부한 분자를 산화시킨다(그림에서 이 과정은 1 ⟶ 2 ⟶ 3 방향으로 진행된다). NAD^+의 환원된 형태인 NADH는 전자를 다른 분자에 전달해서 그 분자를 환원시킨다(그림에서 이 과정은 3 ⟶ 2 ⟶ 1 방향으로 진행된다).

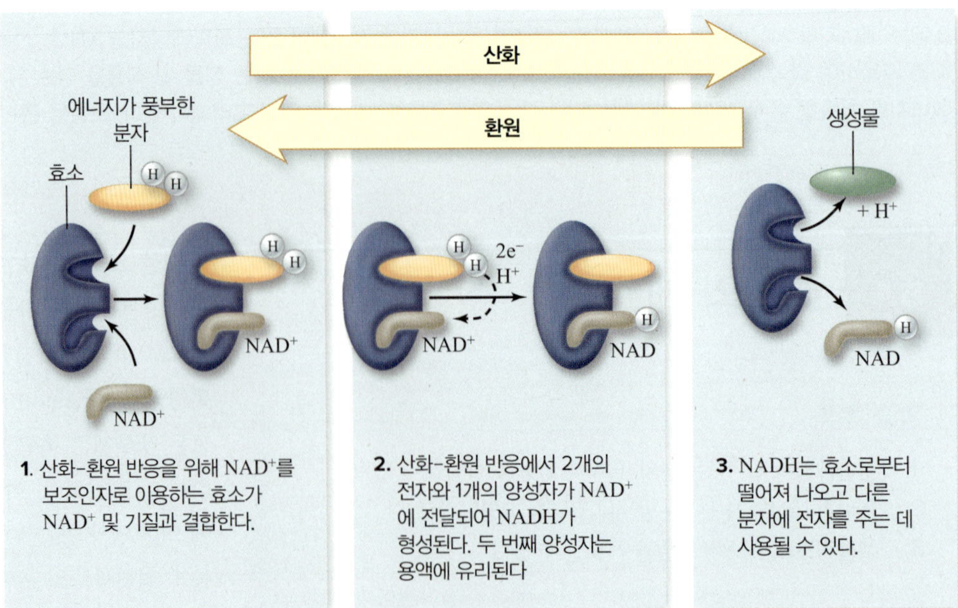

세포의 에너지 획득의 전체 과정에서 수십 개의 산화-환원 반응들이 일어나고 NAD^+를 포함하는 많은 분자들이 전자수용체로 역할을 한다. 각각의 산화-환원 반응에서 나오는 에너지는 ATP를 만들거나, 다른 화학결합을 형성하는 데 사용되거나 또는 열로 소실된다.

이러한 에너지 획득을 위한 산화-환원 반응 과정에서 최초의 화학결합으로부터 나온 고에너지 전자는 많은 에너지를 잃게 되고 마지막으로 최종 전자수용체에 전달된다(**그림 5.2**). 최종 전자수용체가 산소이면 이 과정을 **산소호흡**(유기호흡, aerobic respiration)이라 하고, 최종 전자수용체가 산소가 아닌 무기분자일 때는 **무산소호흡**(무기호흡, anaerobic respiration)이라 한다. 최종 전자수용체가 유기분자인 과정은 **발효**(fermentation)라고 한다.

탄수화물의 "연소"

세포 내에서 탄수화물의 이화작용과 벽난로에서 장작의 연소는 화학적으로 볼 때 거의 차이가 없다. 두 경우 모두 반응물은 탄수화물과 산소이고, 생성물은 이산화탄소, 물 그리고 에너지이다.

$$\underset{\text{포도당}}{C_6H_{12}O_6} + \underset{\text{산소}}{6O_2} \longrightarrow \underset{\text{이산화탄소}}{6CO_2} + \underset{\text{물}}{6H_2O} + \text{에너지(열과 ATP)}$$

이 반응에서 자유에너지 변화량은 표준조건(25°C, 1기압)에서 −686 kcal/mol(−2870 kJ/mol)이다. 세포 내의 조건에서 이 반응이 일어나면 1몰의 포도당에서 −720 kcal/mol(−3012 kJ/mol) 정도의 에너지가 나올 수 있다. 이것은 실제 세포 내 환경에서는 표준조건보다 더 많은 에너지가 이 반응에서 나온다는 것을 의미한다.

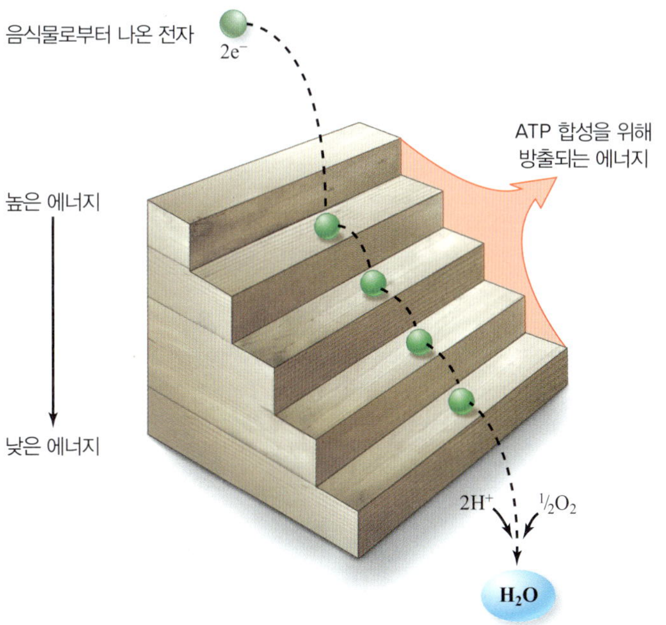

그림 5.2 전자전달 작동 방식.
그림은 전자가 한 에너지 준위에서 다른 에너지 준위로 전달될 때 어떻게 ATP가 생성되는지를 보여준다. 전자는 에너지를 한 번에 순간적으로 방출하는 것이 아니라, 보다 낮은 에너지 준위로 단계적으로 전달될 때마다 저장된 에너지를 단계적으로 방출하며, 결국 가장 낮은 에너지 준위(가장 큰 전기음성도를 가짐)의 전자수용체인 O_2로 전달된다.

포도당이 이화작용에 의해 분해되는 경우와 연소되는 경우 동일한 양의 에너지가 나오지만, 포도당이 연소되면 대부분의 에너지는 열로 방출된다. 세포는 포도당의 이화작용으로부터 나온 에너지의 일부를 이용하여 ATP를 생산함으로써 세포가 이용할 수 있는 에너지를 얻는다.

전자운반체가 에너지 대사에 중요한 역할을 한다

세포호흡 과정에서 포도당은 CO_2로 산화된다. 만약 포도당의 전자들이 한 번에 직접 산소로 전달되는 연소반응이 일어나면 발생되는 열에 의해 세포는 타버릴 것이다. 따라서 세포는 여러 단계에 걸쳐 여러 중간 전자운반체들을 통해 최종적으로 전자를 O_2에 전달한다.

다음과 같은 여러 형태의 전자운반체들이 이 과정에서 사용된다. (1) NAD^+와 같이 한 분자에서 다른 분자로 전자를 이동시키는 수용성 전자운반체, (2) 산화-환원 사슬을 형성하는 막에 결합되어 있는 전자운반체, (3) 막 내에서 이동하는 전자운반체. 이 모든 전자운반체들이 가지는 공통된 특징은 이들이 가역적으로 산화되고 환원될 수 있다는 것이다. 전자운반체는 철 이온을 포함하는 사이토크롬(cytochrome)과 같은 전자만을 이동시킬 수 있는 전자운반체와 전자와 양성자를 모두 이동시킬 수 있는 전자운반체로 구분된다.

전자운반체(양성자도 운반 가능한) 중 가장 중요한 것은 NAD^+이다. **그림 5.3**에서 보는 것처럼 NAD^+ 분자는 서로 결합되어 있는 2개의 뉴클레오타이드로 구성되어 있다. 이 2개의 뉴클레오타이드는 니코틴아미드 1인산(nicotinamide monophosphate; NMP)과 아데노신 1인산(adenosine monophosphate; AMP)으로, 인산기에 의해 연결되어 있다. NAD^+ 분자 안에서 이 두 뉴클레오타이드는 서로 다른 기능을 하는데, AMP는 핵심부위로 작용하며 효소가 인식할 수 있는 부위이고, NMP는 이 분자의 활성 부분으로서 산화/환원이 일어나는 부위이다.

NAD^+가 2개의 전자와 1개의 양성자를 효소의 활성부위로부터 받으면 NADH로 환원된다(**그림 5.3**, 오른쪽). NADH 분자는 에너지가 풍부한 2개의 전자를 갖게 되며, 그 전자를 다른 분자에 전달하여 환원시킬 수 있다.

고에너지 전자를 공급하는 NADH의 능력은 에너지대사 및 지방과 당을 포함한 많은 유기분자의 합성에서 중요하게 작용한다. 동물에서 ATP가 풍부할 때 축적된 NADH의 환원력은 지방산 전구물질에 고에너지 전자를 공급하여 환원시키는 데 사용된다. 그 결과 전구물질은 환원되어 지방을 형성하게 되고 지방 분자에 전자의 에너지가 저장된다.

그림 5.3 NAD⁺와 NADH. 디뉴클레오타이드는 세포호흡 동안 "전자운반체"로 작용한다. NAD^+는 거대분자들의 이화작용에서 나온 1쌍의 전자와 1개의 양성자를 받아 NADH로 환원된다.

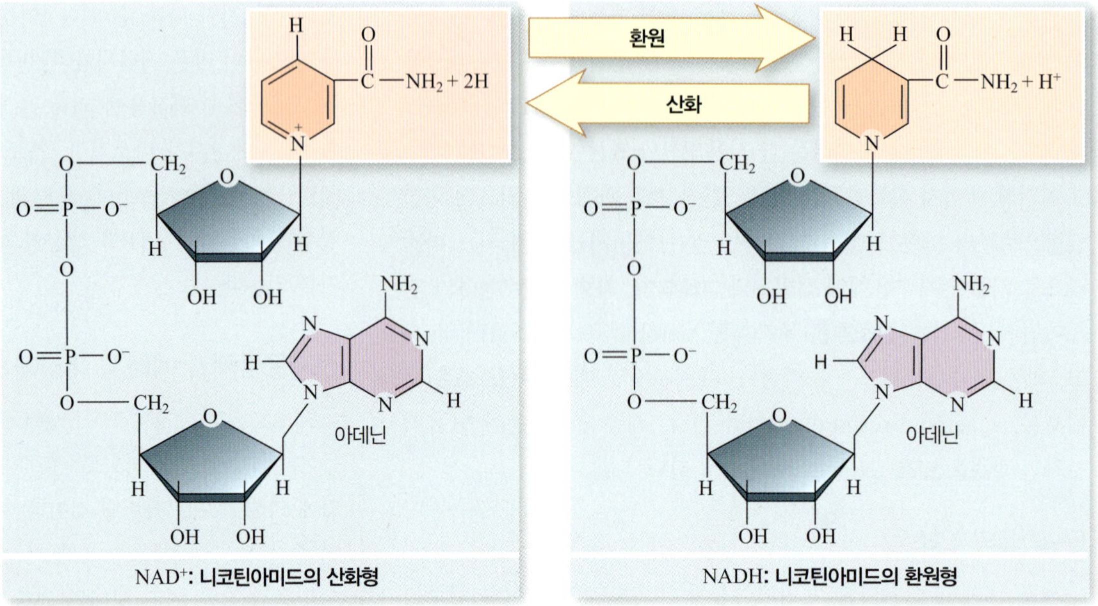

호흡은 단계적으로 에너지를 수확한다

일반적으로 한 단계에서 에너지의 방출이 크면 클수록 더 많은 에너지가 열로서 소실되고, 더 적은 에너지가 일에 사용될 수 있다. 휘발유의 연소에서 자동차의 연료통에 있는 모든 휘발유가 한 번에 폭발하는 경우와 실린더 안에서 일련의 매우 작은 폭발을 통한 연소에서는 모두 같은 양의 에너지가 방출된다. 휘발유에 저장되어 있는 에너지를 한 번에 조금씩 방출함으로써 더 많은 에너지가 엔진의 피스톤을 밀어내어 차를 움직이게 하는 데 사용될 수 있다.

같은 원리가 세포 내에서 포도당의 산화과정에 적용된다. 만약 포도당의 모든 전자가 한 번의 폭발 단계에서 산소로 전달되면, 즉 한 번에 모든 자유에너지가 방출되면 세포는 일에 사용할 수 있는 형태의 에너지를 매우 적게 얻을 것이다. 그러나 세포는 자동차에서 연소가 일어나듯이 연료를 한 번에 조금씩 연소시킨다.

포도당의 C−H 결합 내의 전자는 해당과정과 시트르산 회로라 부르는 일련의 효소에 의해 촉매되는 반응들에서 여러 단계에 걸쳐 NAD^+ 또는 다른 전자운반체에 전달된다. 전자는 앞에서 설명한대로 NAD^+ 또는 다른 전자운반체로 이동함으로써 제거된다. 이러한 산화반응들에서 나오는 에너지는 한 번에 모두 방출되지 않는다(**그림 5.2**). 전자는 미토콘드리아 내막에 위치한 **전자전달연쇄**(electron transport chain)라고 불리는 또 다른 전자운반체 세트로 전달된다. 이들 전자운반체의 순차적 산화-환원 반응은 전기화학적 기울기 형태의 퍼텐셜에너지로 전환되어 에너지를 방출한다. 이 과정은 5.5절에서 더 자세하게 살펴본다.

ATP는 대사에 중심적인 역할을 한다

세포는 ATP를 이용하여 운동과 같은 에너지가 필요한 대부분의 활동을 수행한다. 근육세포 내의 작은 섬유는 근육이 수축할 때 서로를 향해 당긴다. 이 미세한 움직임으로 매일매일 놀라운 일을 할 수 있다. 세포는 원형질막을 가로질러 물질을 이동시키거나 세포 내에서 세포소기관을 이동시켜 내용물을 조절해야 한다. 이것 또한 ATP

그림 5.4 기질수준의 인산화. 포스포에놀피루브산(PEP)과 같은 일부 분자들은 ATP에서와 유사한 고에너지 인산결합을 가진다. PEP의 인산기가 효소 작용에 의해 ADP로 전달되면 ATP가 생긴다.

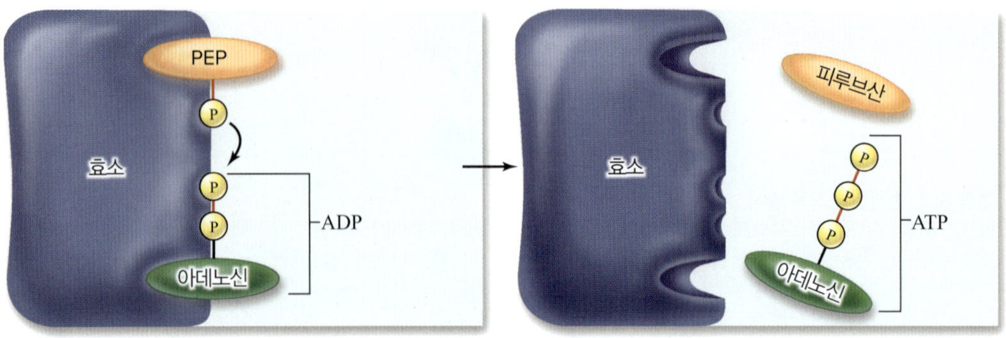

에 의해 일어날 수 있다. 세포는 또한 ATP를 사용하여 비자발적인 자유에너지증가성 반응을 유도한다.

ATP가 어떻게 자유에너지증가성 반응을 일어나게 하는 것일까? 특정 반응을 촉매하는 효소는 표면에 2개의 결합부위(반응물 결합부위와 ATP 결합부위)를 가진다. ATP 결합부위는 ATP 분자를 분해하여 7 kcal($\Delta G = -6.3$ kcal/mol) 이상의 화학에너지를 방출한다. 이때 나온 에너지는 두 번째 부위에 있는 반응물의 에너지 상태를 높이는 데 사용되어 자유에너지증가성 반응이 일어나게 한다. 따라서 ATP 가수분해와 짝지은 자유에너지증가성 반응은 열역학적으로 일어날 수 있게 된다.

세포호흡의 많은 단계는 ATP 생산을 궁극적인 목표로 한다. ATP 합성 자체는 세포호흡의 자유에너지감소성 반응으로부터 에너지를 사용하는 자유에너지증가성 반응이다.

세포는 근본적으로 다른 2가지 기작으로 ATP를 만든다

ATP의 합성은 2개의 서로 다른 기작에 의해 이루어진다. 첫 번째 기작은 인산기와 결합되어 있는 중간물질과의 직접적인 화학반응이며, 두 번째 기작은 ADP를 인산화시키기 위한 퍼텐셜에너지를 얻기 위해 양성자의 전기화학적 기울기를 이용하는 반응이다.

1. **기질수준의 인산화**(substrate-level phosphorylation)에서는 인산기를 가지는 중간물질 또는 기질에서 인산기가 직접 ADP로 전달되면서 ATP가 형성된다(**그림 5.4**). 포도당의 초기 분해 과정인 **해당과정**(glycolysis)에서 포도당의 화학결합은 반응 도중 위치를 변동하면서 기질수준 인산화 기작으로 ATP를 만드는 데 필요한 에너지를 낸다.
2. **산화적 인산화**(oxidative phosphorylation)에서는 양성자(H^+) 농도기울기의 에너지를 이용하여 **ATP 합성효소**(ATP synthase)에 의해 ATP가 합성된다. 포도당의 산화과정에서 나온 고에너지 전자가 전자전달연쇄를 통해서 산소로 전달되기 때문에 이와

그림 5.5 산소호흡의 개요.

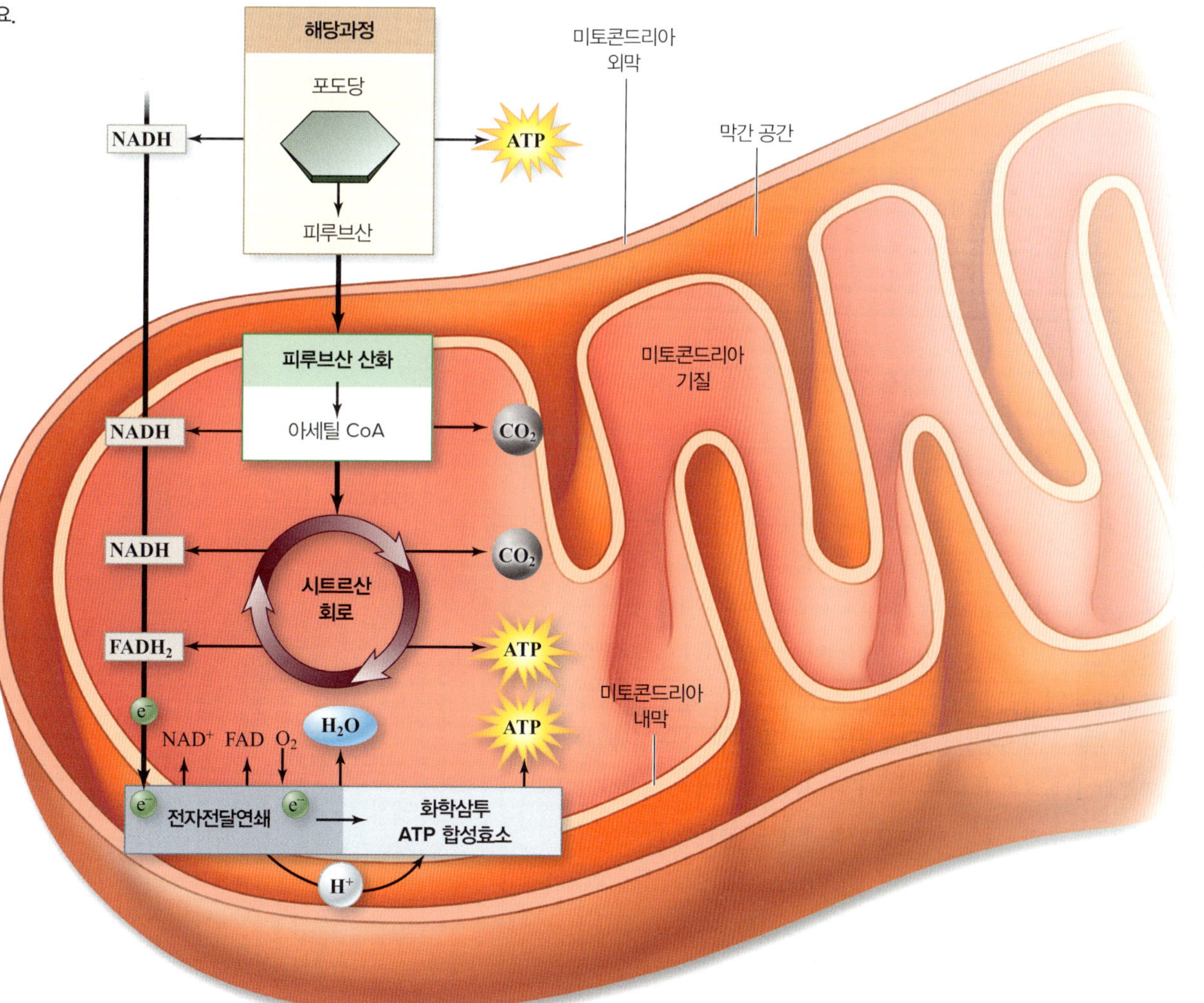

같이 ATP가 형성되는 과정을 **산화적 인산화**라 한다. ATP 합성 효소는 양성자 농도기울기의 에너지를 이용하여 다음의 반응을 촉매한다.

$$ADP + P_i \longrightarrow ATP$$

진핵생물과 호기성 원핵생물은 그들이 생산하는 ATP의 대부분을 이러한 방식으로 생산한다.

대부분의 생물에서 이 두 기작이 함께 일어난다. 세포는 포도당과 O_2를 CO_2와 H_2O로 바꾸고, 이때 방출된 에너지를 사용하여 ATP를 만든다. 이는 고에너지 전자를 전자전달연쇄를 통해 이동시키는 복잡한 일련의 산화반응을 포함하며 막을 가로질러 양성자를 운반하는 동안 전자운반체를 통해 이루어진다. 최종 전자수용체는 산소이며, 생성된 양성자 기울기는 ATP 합성 효소가 ADP를 ATP로 인산화하기 위한 퍼텐셜에너지를 제공한다(**그림 5.5**). 진핵생물에서, 전자전달연쇄는 미토콘드리아 내막에 매립되어 있고, 원핵생물에서는 원형질막이 접혀진 곳에서 발견된다. 진핵생물에서 이 과정의 세부 사항은 앞으로 더 자세히 살펴본다.

핵심 요약 5.1

세포는 포도당의 완전한 산화로부터 에너지를 얻는다. 이러한 산화-환원 반응에서, 전자와 양성자 모두가 이동되기 때문에 이것은 탈수소반응이다. 전자운반체는 급속한 연소보다는 산화를 통해 단계적으로 에너지를 방출하는 것을 돕는다. 그 결과, 이동이 쉬운 에너지원인 ATP가 합성된다. ATP 합성은 기질수준의 인산화 및 산화적 인산화의 2가지 기작에 의해 발생할 수 있다.

■ 왜 세포는 포도당의 산화를 에너지를 필요로 하는 세포 기능에 직접 연결하지 않을까?

5.2 해당과정: 포도당의 분해

학습 목표

1. 해당과정에 대해 설명할 수 있다.
2. 해당과정에서 나오는 에너지 산출량을 계산할 수 있다.
3. 산소호흡과 발효를 구별할 수 있다.

포도당 분자는 여러 방식으로 분해될 수 있지만, 원시생물은 효소 연계반응에서 ATP의 합성에 충분한 자유에너지를 방출시키는 포도당 이화과정을 진화시켰다. 해당과정은 세포질에서 일어나며, 이 과정을 통해 포도당은 3-탄소로 이루어진 2개의 피루브산으로 전환된다(**그림 5.6**). 포도당 1분자가 해당과정을 거칠 때 세포는 2분자의 ATP를 생산한다.

해당과정은 포도당을 2개의 피루브산으로 바꾸며, 2개의 ATP와 2개의 NADH를 형성한다

해당과정의 첫 단계는 5개의 연쇄반응으로 이루어져 있는데, 이 단계에서 포도당 1분자가 3-탄소 화합물인 **글리세르알데하이드 3-인산**(glyceraldehyde-3-phosphate, G3P) 2분자로 전환된다. 이러한 반응에서 ATP가 소비되므로, 이는 자유에너지증가성 반응이다. 해당과정의 후반부에서 ATP를 생성하는 에너지 획득 공정에서 5개의 반응이 G3P를 피루브산으로 전환한다.

준비 반응: 처음 3개의 반응은 포도당을 2개의 3-탄소 인산화 분자로 쉽게 분해될 수 있는 화합물로 변경함으로써 포도당을 "준비"시킨다. 이 3개의 반응 중 2개의 반응은 ATP에서 인산기를 전달하므로 이 단계에서는 세포가 2개의 ATP 분자를 사용해야 한다.

분해: 이 6-탄소 2인산 당은 2개의 3-탄소 1인산 당으로 나뉜다. 이 중 하나는 G3P이고 다른 하나는 G3P로 전환된다. 그런 다음 G3P는 준비과정에 소비된 것보다 더 많은 에너지를 생성하는 일련의 반응을 겪는다.

산화와 ATP 생성: 각 G3P는 산화되어 2개의 전자(및 1개의 양성자)를 NAD^+로 전달하여 NADH를 형성한다. 이 과정에서 1분자의 P_i 분자가 G3P에 첨가되어 1,3-2인산글리세르산(1,3-bisphosphoglycerate, BPG)을 생성한다. 이 때 첨가된 인산기는 나중에 기질수준의 인산화(**그림 5.4** 참조)에 의해 ADP에 전달되어 ATP를 생산하는 데 사용된다.

또 다른 4가지 반응은 BPG를 피루브산으로 전환시킨다. 이 과정에서, 인산기는 ADP로 전달되어 G3P당 2개의 ATP를 생성한다. 전체 반응과정은 **그림 5.7**에 자세히 나타냈다.

각 포도당 분자는 2개의 G3P 분자로 분리되므로 해당과정의 전체 반응에서 2분자의 ATP, 2분자의 NADH 그리고 2분자의 피루브산이 생산된다.

4 ATP(2개의 G3P로부터 생산된 ATP 개수)
−2 ATP(처음의 두 반응에서 사용된 ATP 개수)
―――――――――――――――
2 ATP(전체 해당과정에서의 ATP의 순생산량)

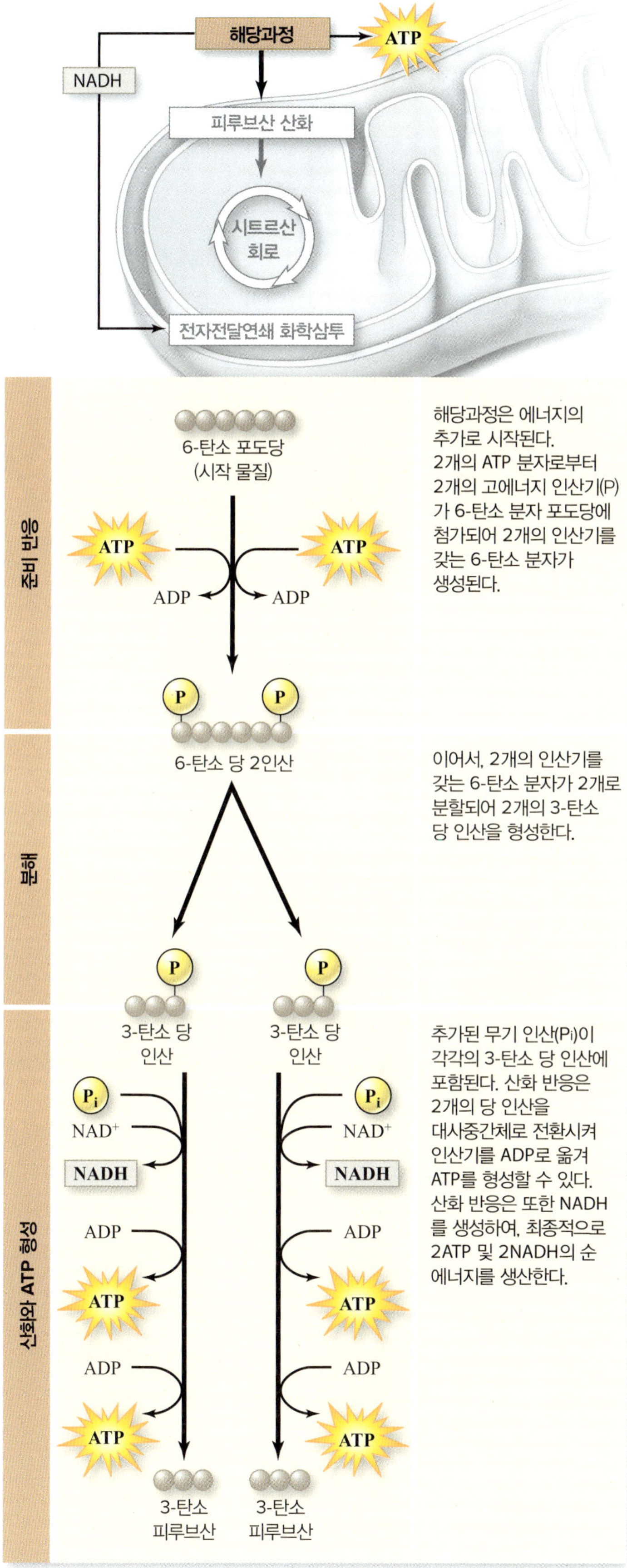

그림 5.6 해당과정의 개요.

1분자의 ATP가 가수분해될 때 표준조건에서의 자유에너지 변화량 (ΔG)은 -7.3 kcal/mol이다. 따라서 세포는 해당과정에서 포도당 1몰로부터 최대 14.6 kcal의 에너지를 수확한다.

해당과정의 간략한 역사

해당과정에 의한 ATP 수율은 낮지만 방출된 에너지의 40% 미만이 ATP에 저장되어 실제로 매우 효율적이다. 지구상에 생명체가 나타나고 산소가 없던 초기 10억 년 이상의 시기 동안에 해당과정은 종속영양생물이 유기분자로부터 ATP를 생성하는 주요한 방법이었다.

많은 생화학적 경로들과 마찬가지로, 해당과정은 역방향으로 진화되었다고 여겨지고 있다. 즉, 해당과정의 마지막 단계가 가장 오래전에 진화되어 나왔다는 것이다. 따라서 G3P가 분해되며 ATP가 나오는 해당과정의 후반기 반응들이 먼저 진화되었을 것이다. 포도당으로부터 G3P가 합성되는 해당과정의 전반기 반응들은 포도당이 아닌 G3P의 원료 분자가 고갈되었을 때 나중에 진화됐을 것이다.

산소가 없는 조건에서 해당과정이 일어나면 비교적 적은 양의 에너지가 생성되는데, 왜 해당과정은 현재의 생물에서 계속 일어나며 존재할까? 첫째, 해당과정은 에너지 효율이 뛰어나고 ATP가 없는 대안보다 낫다. 둘째, 진화는 과거의 성공적인 과정에 덧붙여져 개선되는 과정이다. 이화 대사에서, 해당과정은 하나의 필수 진화 기준인 개선을 만족시켰다. 해당과정을 수행할 수 없는 세포는 경쟁적으로 불리하였고, 해당과정이 가능한 세포만이 생존하였다. 산소가 산화제로서 이용 가능해짐에 따라 ATP의 수율을 증가시키기 위해 이 체계상에 그후 이화 대사의 개선이 이루어졌다. 한 단계의 반응이 다른 단계에 추가되면서 대사가 발전하였다. 거의 모든 오늘날의 생물체는 과거에 일어났던 진화적 산물인 물질대사를 통해 해당과정을 수행한다.

5.10절에서 대사의 진화에 대해 자세히 설명한다.

호흡을 계속하려면 NAD^+를 재생산해야 한다

해당과정의 순반응식은 다음과 같다.

$$\text{포도당} + 2\ ADP + 2\ P_i + 2NAD^+ \longrightarrow 2\ \text{피루브산} + 2\ ATP + 2\ NADH + 2H^+ + 2H_2O$$

해당과정에서는 다음과 같이 3가지 변화가 일어남을 볼 수 있다 (1) 포도당이 2분자의 피루브산으로 전환되고, (2) ADP 2분자가 기질수준의 인산화 과정을 통해서 ATP로 전환되며, (3) NAD^+ 2분자가 NADH로 환원된다. 해당과정은 세포에 2가지 문제점을 남기는데, 피루브산 2분자에 아직 남아 있는 에너지를 수확하는 것과 해당과정을 계속할 수 있게 NAD^+를 다시 생산하는 것이다.

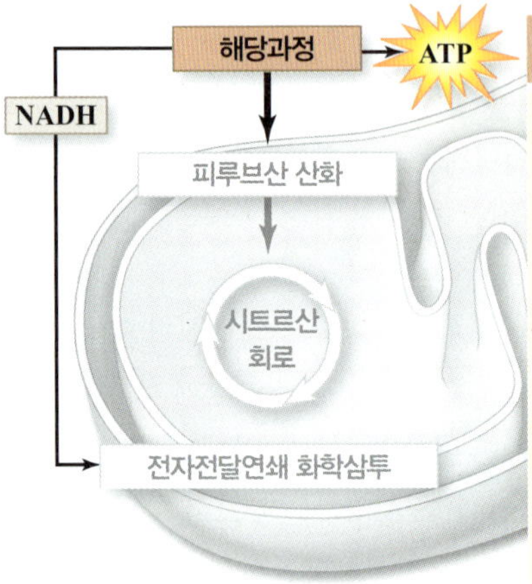

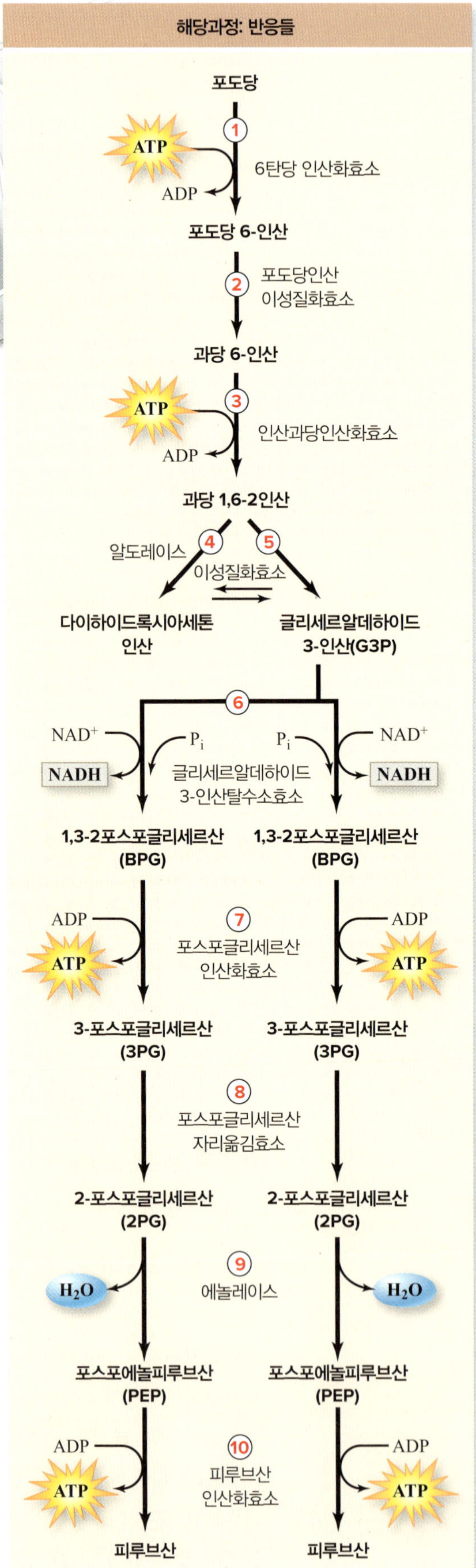

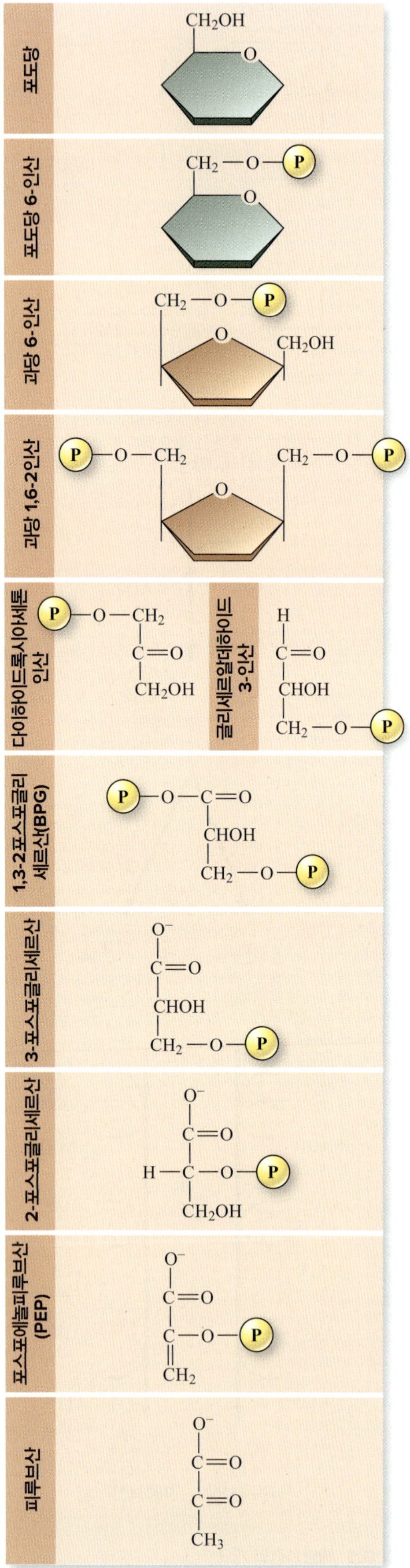

1. ATP에 의한 포도당의 인산화

2–3. 분자의 재배열과 두 번째 인산화

4–5. 6-탄소 분자가 2개의 3-탄소 분자로 분해됨. 하나는 G3P이고, 다른 하나는 다른 반응을 거쳐 G3P로 전환

6. 산화와 인산화 반응 결과 2NADH와 2BPG 생산. 각 BPG는 고에너지 인산결합 1개를 지님

7. 고에너지 인산결합이 ADP에 전달되어 두 분자의 ATP와 두 분자의 3PG 생성

8–9. 물이 제거되고 두 분자의 PEP가 생성됨. 각 PEP는 고에너지 인산결합 1개를 지님

10. PEP로부터 고에너지 인산결합이 ADP에 전달되어 2ATP와 2피루브산이 생산됨

그림 5.7 해당과정의 개요.
처음 5단계 반응에서 1분자의 포도당은 2분자의 G3P로 전환된다. 다음의 5단계 반응을 거치며 G3P는 피루브산으로 전환된다.

그림 5.8 해당과정의 생성물인 피루브산과 NADH의 운명.

산소가 있으면 NADH는 미토콘드리아의 전자전달연쇄에서 산소를 최종 전자수용체로 이용하여 산화된다. 이 과정에서 NAD^+가 재생산되며 해당과정은 계속하여 작동할 수 있다. 해당과정에서 생성된 피루브산은 산화되어 아세틸 CoA로 되고 아세틸 CoA는 시트르산 회로로 들어간다. 산소가 없으면 피루브산이 대신 환원되며 NADH를 산화시켜 NAD^+를 재생산함으로써 해당과정이 계속되게 한다. 근육세포에서는 피루브산이 직접 환원되며 젖산이 된다. 효모에서는 피루브산에서 CO_2가 떨어져 나와 생성된 아세트알데하이드가 환원되어 에탄올이 생성된다.

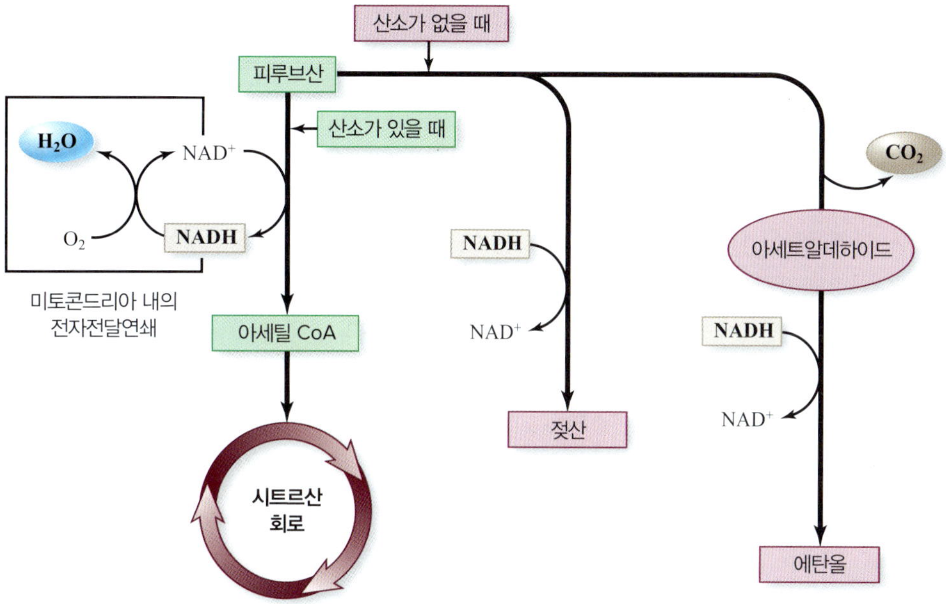

NAD^+의 재활용

포도당으로 전환될 수 있는 음식물 분자의 이용이 가능한 경우 세포는 계속적인 해당과정을 통해 세포 활동에 필요한 ATP를 생산한다. 그 과정 중에 NADH는 세포내에 축적되고, NAD^+는 고갈되게 된다. 세포내에는 많은 양의 NAD^+가 없기 때문에 해당과정이 계속되려면 NADH가 NAD^+로 전환되어 재활용되어야 한다. NADH는 다른 분자를 환원시킴으로써 NAD^+로 다시 산화된다. 세포는 2가지 방법으로 이를 수행할 수 있으며, 어떤 것이 사용되는지는 O_2의 사용 여부에 따라 다르다(**그림 5.8**).

1. **산소호흡**: 산소는 뛰어난 전자수용체(electron acceptor)이다. 일련의 전자전달 과정을 거쳐 G3P로부터 나온 전자는 산소로 전달될 수 있고, 그 결과물이 형성된다. 이 과정은 산소가 존재하는 조건에서 진핵세포의 미토콘드리아에서 일어난다. 공기에는 산소가 풍부하므로, 이 과정을 **산소대사**(aerobic metabolism)라고도 부른다. 이 과정에서 상당량의 ATP가 생산된다.
2. **발효**: 산소를 사용할 수 없는 경우 유기분자가 전자를 받아들일 수 있다. 사용되는 유기분자는 매우 다양하며 에탄올 발효에서는 아세트알데하이드 또는 젖산 발효에서는 피루브산 자체를 포함한다. 이 반응은 대부분의 생물체, 심지어 산소호흡이 가능한 생물체의 대사에도 중요한 역할을 한다.

피루브산의 운명

해당과정에서 생산된 피루브산은 산소호흡 또는 발효 경로에서 대사가 일어난다. 산소호흡 경로의 첫 반응은 피루브산이 아세틸 CoA(acetyl-CoA)로 산화되는 반응이다. 아세틸 CoA는 시트르산 회로라 불리는 일련의 반응들에서 더 산화된다. 반면에 발효 경로에서는 피루브산의 전부 또는 일부가 환원되어 NADH를 NAD^+로 다시 산화시킨다(**그림 5.7**). 다음 절에서는 산소호흡에 대해 알아보며, 발효는 5.8절에서 자세히 설명한다.

핵심 요약 5.2

해당과정은 6-탄소 분자 포도당을 3-탄소 분자 피루브산 2분자로 나눈다. 이 과정은 "준비"반응에서 2개의 ATP 분자를 사용하고, 그 후 4개의 ATP 분자를 생성하기에, 결과적으로 포도당 1분자당 2분자의 ATP가 얻어진다. 해당과정의 산화 반응에는 NAD^+가 필요하고 NADH가 생성된다. 산소가 풍부한 경우, O_2를 전자수용체로 사용하여 전자전달연쇄에서 NAD^+가 재생된다. 산소가 없으면, 유기 분자를 전자수용체로서 사용하는 발효 반응에서 NAD^+가 재생된다.

- 세포질에서 일어나는 해당과정은 미토콘드리아의 세포공생 기원을 지지할까? 아니면 반대할까?

5.3 피루브산의 산화에 의한 아세틸 CoA의 생성

학습 목표

1. 피루브산의 산화가 어떻게 해당과정을 시트르산 회로와 연결시키는지 설명할 수 있다.

산소가 존재할 때, 해당과정에 의해 생성된 피루브산은 추가로 산화될 수 있다. 진핵생물에서 피루브산은 추가 세포호흡 과정을 위해 미토콘드리아로 능동적으로 운반된다. 원핵생물에서 유사한 반응이 세포질 및 원형질막에서 일어난다.

세포는 피루브산에 있는 상당량의 에너지를 2단계에 걸쳐 수확한다. 첫 단계에서는 피루브산이 산화되어 2-탄소 화합물과 CO_2를 생산한다. 이 과정에서 나온 전자들은 NAD^+에 전달되어 NADH가 생산된다. 다음 단계에서 2-탄소 화합물은 시트르산 회로의 반응에 의해 CO_2로 산화된다.

피루브산은 "탈카복실화" 반응에 의해 3개의 탄소 중 1개가 CO_2의 형태로 떨어져 나간다(**그림 5.9**). 남은 2-탄소로 이루어진 아세틸기는 조효소 A(CoA)와 결합하여 아세틸 CoA가 형성된다. 이 과정에서 한 쌍의 전자와 이와 결합되어 있는 양성자 하나는 전자운반체인 NAD^+에 전달되어 NADH로 환원시키고, 두 번째 양성자는 용액에 유리된다.

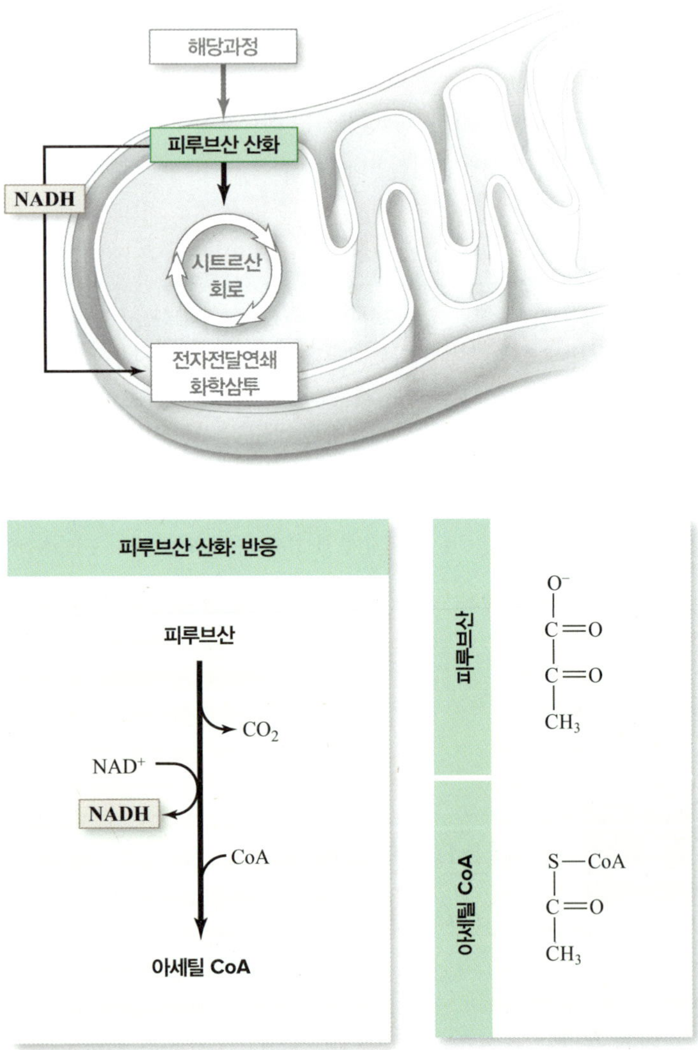

그림 5.9 피루브산의 산화.
복합 반응을 통해 NAD^+는 전자를 받아 NADH로 환원된다. 반응 생성물인 아세틸 CoA는 아세틸기를 시트르산 회로에 공급하고, CoA는 또 다른 피루브산의 산화를 위하여 재활용된다. NADH는 전자전달연쇄에 고에너지 전자를 공급한다.

이 반응은 3개의 중간 단계로 이루어져 있으며 미토콘드리아 내에서 **다효소복합체**에 의하여 촉매된다. 다효소복합체는 다단계 반응의 중간물질들이 확산되어 나가거나 다른 반응에 사용되지 않도록 일련의 효소반응 단계를 배열한다. 복합체 내에서, 소단위체는 기질을 방출하지 않고 한 효소에서 다른 효소로 기질을 통과시킨다. **피루브산 탈수소효소**(pyruvate dehydrogenase)는 피루브산으로부터 CO_2를 제거하는 다효소복합체로서 알려진 가장 큰 효소 중 하나이다. 이 복합체는 60개의 소단위체로 이루어져 있으며, 이 효소에 의해 촉매되는 반응은 다음과 같다.

$$\text{피루브산} + NAD^+ + CoA \longrightarrow$$
$$\text{아세틸 } CoA + NADH + CO_2 + H^+$$

이 반응에서 생산되는 1분자의 NADH는 나중에 ATP를 만드는 데 사용된다. 아세틸기는 시트르산 회로에 들어가서 사용되고 조효소 A는 다른 피루브산의 산화를 위하여 재활용된다. 시트르산 회로에서 포도당 유래 탄소의 산화가 완료된다.

핵심 요약 5.3

피루브산은 미토콘드리아에서 산화되어 아세틸 CoA와 CO_2를 생성한다. 아세틸 CoA는 해당과정과 시트르산 회로의 반응을 연결하는 분자이다.

- 다효소복합체의 장점과 단점은 무엇일까?

5.4 시트르산 회로

학습 목표

1. 시트르산 회로의 9가지 반응을 탄소 및 전자의 흐름과 관련시킬 수 있다.
2. 시트르산 회로의 산화 반응을 도표로 나타낼 수 있다.

시트르산 회로(citric acid cycle)는 조효소(coenzyme) A에 결합된 아세틸기 형태의 2-탄소 단위(아세틸 CoA)를 산화한다. 이들은 피루브산의 산화 또는 지방산의 산화에서 비롯될 수 있다(5.9절 참조). 아세틸기는 4-탄소인 옥살로아세트산(oxaloacetate)에 첨가되어 6-탄소인 트라이카복실산(tricarboxylic acid)을 생성한다. 이 중요한 경로는 다수의 명칭을 갖는데, 초기 대사중간체가 시트르산이기 때문에 시트르산 회로, 시트르산이 트라이카복실산이기 때문에 TCA 회로 그리고 발견자 중 한 명의 이름을 딴 **크랩스 회로**(Krebs cycle) 등이 있다. 시트르산 회로의 반응은 시트르산을 옥살로아세트산으로 다시 전환시켜 CO_2를 생성하고 전자 및 양성자를 전자운반체인 NADH 및 $FADH_2$로 전달한다. 시트르산 회로 동안 한 분자의 ATP가 생성되지만, 방출된 에너지의 대부분은 전자전달연쇄에 의해 NADH 및 $FADH_2$ 내의 전자 형태로 유지되며, 이는 ATP 합성을 유도하기 위한 **양성자 기울기**(proton gradient)를 생성하는 데 사용될 수 있다.

시트르산 회로의 개요

진핵생물에서, 시트르산 회로의 반응은 미토콘드리아 기질에서 일어난다. 그들은 아세틸 CoA에서 아세틸기를 취하여 CO_2로 전환하며 전자와 양성자를 NADH와 $FADH_2$로 전달한다(**그림 5.10**).

첫 번째 반응은 4-탄소 분자인 옥살로아세트산을 아세틸기와 결합하여 6-탄소 분자인 시트르산 분자를 생성한다. **그림 5.10**에 간략히 나타낸 것처럼 5단계의 반응에서 시트르산을 5-탄소 대사중간체로 전환한 다음, 4-탄소분자인 숙신산(succinate)으로 전환한다. 이러한 반응 동안, 2분자의 NADH와 1분자의 ATP가 생성된다.

숙신산은 또한 3단계의 추가 반응을 거쳐 옥살로아세트산이 된다. 이러한 반응 동안, 하나 이상의 NADH가 생성되며, 다른 보조인자인 플래빈아데닌디뉴클레오타이드(flavin adenine dinucleotide, FAD)는 $FADH_2$로 환원된다.

각 반응의 세부 사항은 다음과 같다.

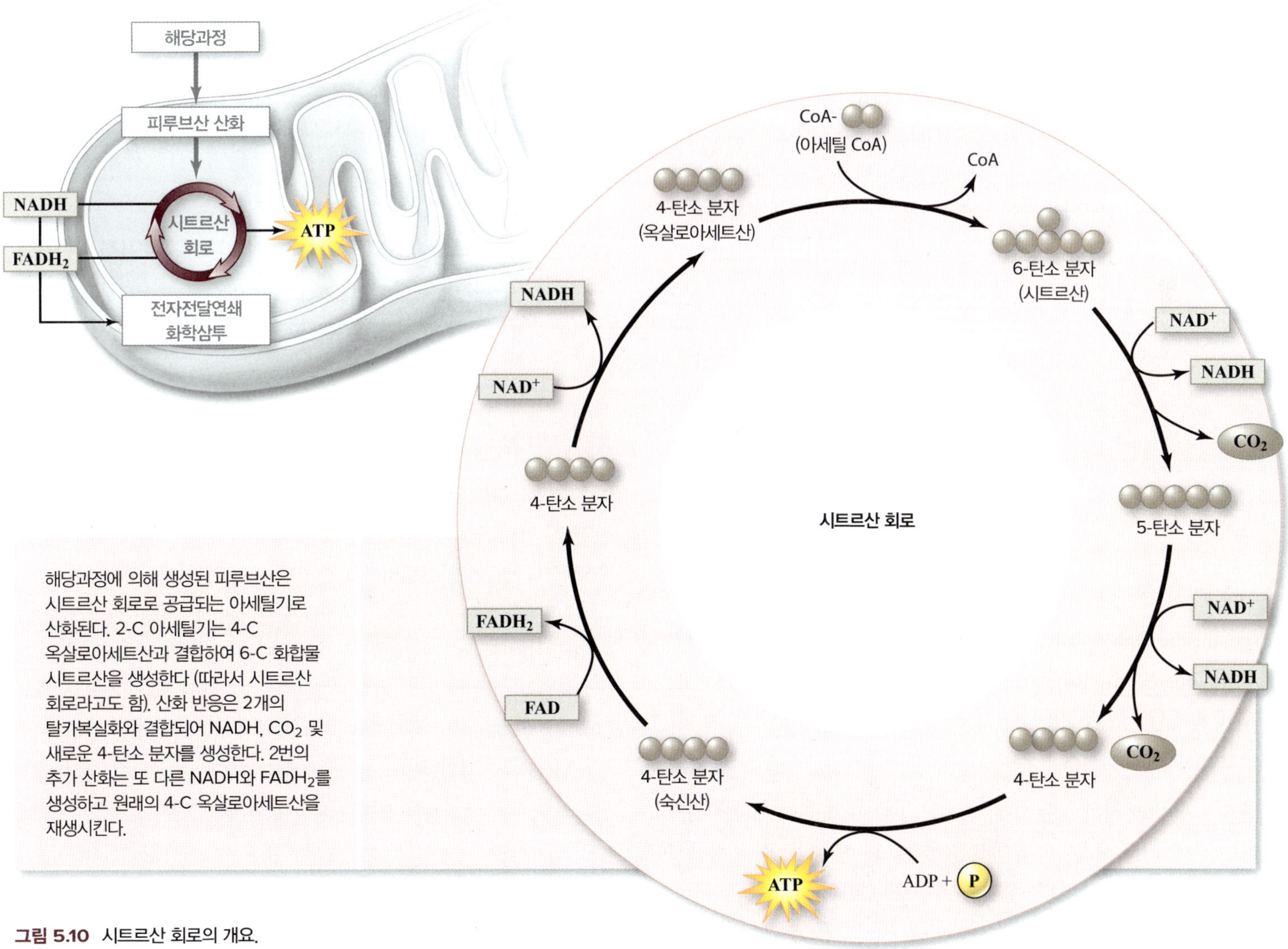

그림 5.10 시트르산 회로의 개요.

시트르산 회로는 전자를 추출하고 1개의 ATP를 합성한다

그림 5.11은 시트르산 회로 반응의 순서를 요약한 것이다. 아세틸 CoA의 2-탄소 그룹은 회로에 처음으로 들어가고, 2개의 CO_2 분자, 1개의 ATP 분자 및 4개의 전자쌍이 생성된다.

반응 1-축합: 시트르산은 아세틸 CoA 및 옥살로아세트산으로부터 형성된다. 이 축합 반응은 비가역적이며, 2-탄소 아세틸기를 시트르산 회로에 투입한다. 세포의 ATP 농도가 높으면 반응이 억제되고 낮으면 촉진된다. 결과적으로 세포에 충분한 양의 ATP가 있으면 시트르산 회로가 종료되고 아세틸 CoA가 지방 합성으로 보내진다.

반응 2와 3-이성질화: 산화 반응이 시작되기 전에, 시트르산의 하이드록실기(−OH)를 재배치해야 한다. 이러한 재배열은 2단계로 진행된다. 먼저, 물 분자가 하나의 탄소로부터 제거되고 물은 다른 탄소에 첨가된다. 결과적으로, −H 그룹 및 −OH 그룹은 위치를 변경한다. 이 생성물은 시트르산의 이성질체인 **아이소시트르산**(isocitrate)이다. 이러한 재배열은 후속 반응을 용이하게 한다.

반응 4-첫 번째 산화: 회로의 첫 번째 에너지 수확 단계에서, 아이소시트르산은 산화성 탈카복실화 반응을 겪는다. 먼저, 아이소시트르산은 산화되어 NAD^+의 분자를 NADH로 환원시키는 한 쌍의 전자를 생성한다. 이어서 산화된 대사중간체가 탈카복실화되고 중앙에 위치한 카복실기는 분리되어 CO_2를 형성하고 **α-케토글루타르산**(α-ketoglutarate)이라는 5-탄소 분자를 생성한다.

반응 5-두 번째 산화: 다음으로, α-케토글루타르산은 피루브산 탈수소효소와 유사한 다효소복합체에 의해 탈카복실화된다. CO_2를 제거한 후 남은 숙시닐(succinyl)은 CoA에 결합하여 **숙시닐 CoA**(succinyl-CoA)를 형성한다. 이 과정에서 2개의 전자가 추출되고 NAD^+의 분자가 NADH로 환원된다.

반응 6-기질수준의 인산화: 4-탄소 숙시닐기와 CoA 사이의 연결은 고에너지 결합이다. 해당과정에서 일어나는 것과 유사한 짝지은 반응에서 이 결합은 절단되고, 방출된 에너지는 구아노신 2인산(guanosine diphosphate, GDP)의 인산화를 유도하여 구아노신 3인산(guanosine triphosphate, GTP)을 형성한다. GTP는 인산기를 ADP로 전달하여 ATP로 전환할 수 있다. 남아 있는 4-탄소 분자를 **숙신산**(succinate)이라고 한다.

반응 7-세 번째 산화: 다음으로, 숙신산은 미토콘드리아 내막에 위치한 효소에 의해 산화되어 **푸마르산**(fumarate)이 된다. 이 반응에서 자유에너지 변화는 NAD^+를 환원시키기에 충분히 크지 않다. 대신, 전자수용체로 FAD를 사용하는데, NAD^+와 달리 FAD는 미토콘드리아 내에서 자유롭게 확산되지 않는다. 미토콘드리아 내막의 효소와 단단히 연결되어 있어서, 환원된 형태인 $FADH_2$는 전자를 내막의 전자전달연쇄에만 전달할 수 있다.

반응 8과 9-옥살로아세트산의 재생: 회로의 마지막 두 반응에서 물 분자가 푸마르산에 첨가되어 **말산**(malate)을 형성한다. 이어서, 말산을 산화시켜 **옥살로아세트산**(oxaloacetate)의 4-탄소 분자와 2개의 전자를 생성하여 NAD^+의 분자를 NADH로 환원시킨다. 회로를 시작한 옥살로아세트산은 아세틸 CoA의 2-탄소 아세틸기와 자유롭게 결합하여 회로를 다시 시작한다.

포도당은 CO_2와 퍼텐셜에너지가 된다

포도당은 산소호흡 과정에서 완전히 소비된다. 6-탄소 포도당 분자는 해당과정 동안 2개의 3-탄소 피루브산 분자로 분해된다. 각 피루브산의 탄소 중 하나는 피루브산의 아세틸 CoA로의 전환에서 CO_2로 손실된다. 아세틸 CoA의 2개의 다른 탄소는 시트르산 회로의 산화반응 동안 CO_2로 전환된다.

결국 포도당 분자가 6개의 CO_2 분자로 산화되면서 에너지가 나오는데, 에너지는 4개의 ATP 분자와 12개의 환원된 전자운반체에 저장된다. 이 전자운반체 중 10개는 NADH이고 나머지 2개는 $FADH_2$이다.

전자 흐름의 추적을 통해 전자전달의 방향을 확인할 수 있다

포도당을 산화시키는 반응들에서 전하의 변화를 조사할 때, 전자전달을 명확하게 하기 위한 좋은 전략은 **전자의 흐름을 추적**하는 것이다. 해당과정에서 한 효소가 포도당으로부터 2개의 수소(2개의 전자와 2개의 양성자)를 뽑아내어 2개의 전자와 1개의 양성자를 NAD^+에 전달하고, 나머지 양성자 하나는 주위의 용액에 방출된다. 이 결과 NAD^+가 NADH로 전환된다. 즉, 음(−)전하를 가진 2개의 전자($2e^-$)와 양(+)전하를 가진 1개의 양성자가 양전하를 띠는 NAD^+에 전달되어 전체적으로 중성인 NADH가 형성된다.

5.1절에서 살펴본 것처럼 NADH에 저장된 에너지는 전체가 한 번에 획득되지 않는다. NADH에 의해 운반되는 2개의 전자는 전자전달연쇄를 따라 전달된다. 전자전달연쇄는 대부분 단백질 성분의 전자운반체들로 구성되어 있고, 이들은 미토콘드리아 내막에 존재한다.

NADH는 전자전달연쇄의 첫 단계로 전자를 전달한다. 전자전달연쇄의 마지막 단계에서 전자는 산소로 넘겨진다. 이 산소는 수소 이온과 결합하여 물이 된다. 전자전달연쇄의 각 단계에서 전자는 전기음성도가 더 큰 전자운반체로 옮겨가며, 전자는 에너지수준이 낮은 단계로 이동한다.

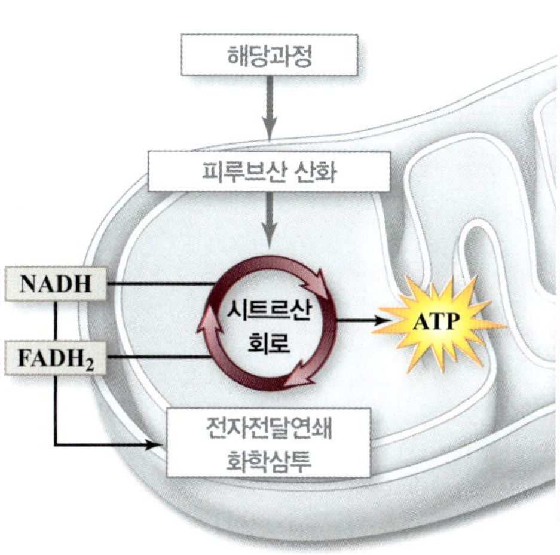

1. 반응 1: 축합반응

2–3. 반응 2와 3: 이성질화 반응

4. 반응 4: 첫 번째 산화 반응

5. 반응 5: 두 번째 산화 반응

6. 반응 6: 기질수준의 인산화

7. 반응 7: 세 번째 산화 반응

8–9. 반응 8과 9: 옥살로아세트산의 재생산과 네 번째 산화 반응

그림 5.11 시트르산 회로. 반응은 미토콘드리아 기질 내에서 일어난다. 1분자의 포도당이 완전히 분해(산화)되기 위해서는 해당과정과 피루브산 산화로 만들어진 2분자의 아세틸 CoA가 시트르산 회로를 따라 진행해야 한다.

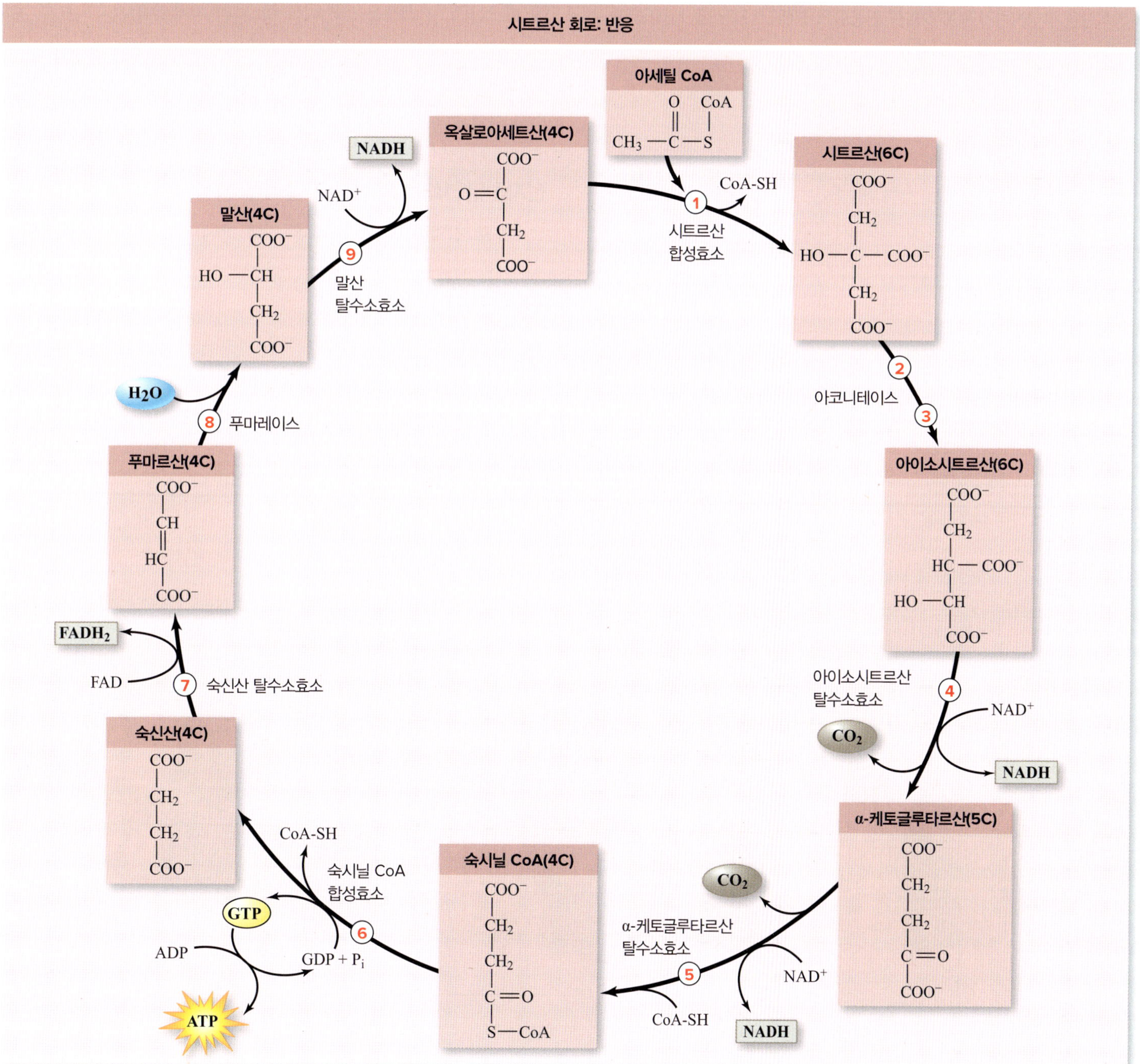

표준 조건에서 전자전달의 전 과정에서 53 kcal/mol(222 kJ/mol)의 에너지가 방출된다. 전자전달연쇄를 통해 여러 단계로 전자가 전달되는 과정에서 에너지가 점진적으로 획득된다. 다음으로, ATP 생산을 위해 이 에너지가 어떻게 작용하는지 알아본다.

핵심 요약 5.4

시트르산 회로는 해당과정으로 시작된 포도당의 산화를 완료한다. 첫 번째 반응에서, 아세틸 CoA가 옥살로아세트산에 첨가되어 시트르산을 생성한다. 다음 5개의 반응을 통해 숙신산 및 NAD^+로부터 2개의 NADH 및 1개의 ATP를 생성한다. 마지막으로 숙신산은 옥살로아세트산을 재생시키기 위해 3번 더 반응하여 1개의 NADH 및 FAD로부터 1개의 $FADH_2$를 생성한다.

■ 이 시점에서 포도당으로부터 제거된 전자는 어떻게 될까?

5.5 전자전달연쇄와 화학삼투

학습 목표

1. 전자전달연쇄의 구조와 기능을 설명할 수 있다.
2. 양성자의 농도 기울기가 전자전달과 ATP 합성을 어떻게 연결하는지 설명할 수 있다.

호흡의 모든 단계에서 생성된 NADH와 $FADH_2$는 전자전달연쇄에 도달한다. 진핵생물에서 이들 막 관련 전자운반체는 미토콘드리아 내막에 존재하고, 원핵생물에서 이들은 원형질막에 존재한다. 전자전달연쇄의 산화-환원 반응은 전자의 에너지를 양성자 기울기를 위한 위치에너지로 전환한다.

전자전달연쇄는 양성자 기울기를 생성한다

최초로 전자를 받는 단백질은 내막 안에 박혀 있는 **NADH 탈수**

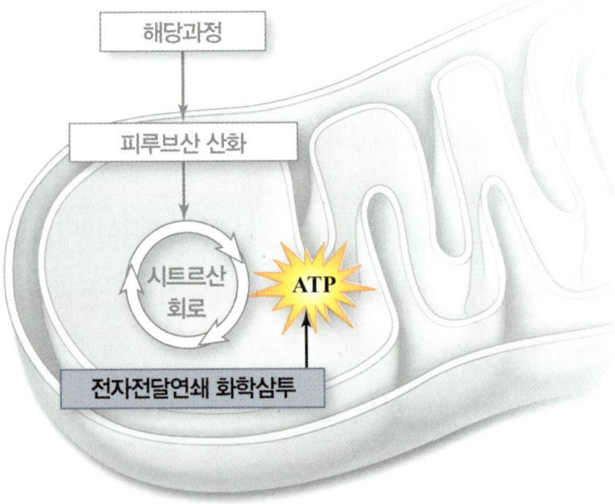

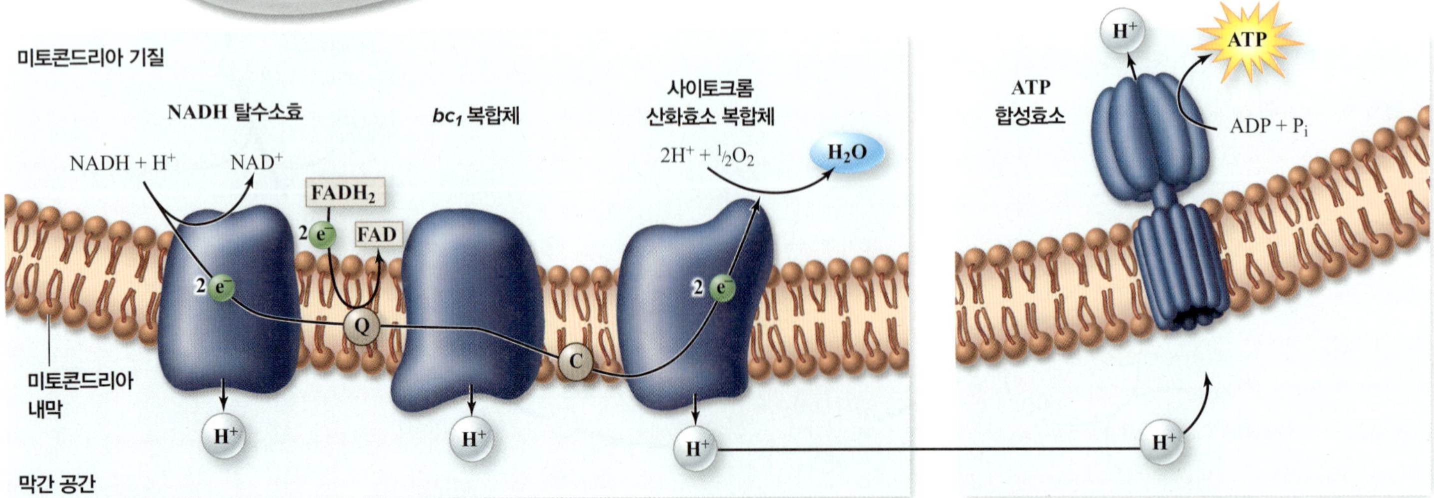

a. 미토콘드리아 내막

b. 화학삼투

그림 5.12 전자전달연쇄와 화학삼투.
a. 이화작용에 의해 분해된 분자들로부터 나온 고에너지 전자는 이동이 가능한 전자운반체들(Q, 유비퀴논; C, 사이토크롬 c)에 의해 3개의 막단백질 복합체들 간에 전달된다. 3개의 복합체들은 전자의 에너지의 일부를 사용하여 기질로부터 막간 공간으로 양성자를 퍼낸다. 전자는 최종적으로 산소에 전달되어 물을 형성한다. ***b.*** 이 과정에서 내막을 사이에 두고 양성자의 농도기울기가 형성된다. 이 전기화학적 기울기는 일종의 위치에너지로서 ATP 합성효소에 의해 이용된다. 이 효소는 양성자를 기질 방향으로 되돌아오게 하면서 ADP를 인산화시켜 ATP를 형성한다.

소효소(NADH dehydrogenase)이다. **유비퀴논**(ubiquinone)이라는 전자운반체가 NADH 탈수소효소로부터 전자를 **bc_1 복합체**(bc_1 complex)라는 단백질-사이토크롬 복합체에게 넘긴다. 전자전달연쇄에서 이 복합체들은 양성자 펌프로 작용해 양성자를 내막을 통해서 막간 공간으로 퍼낸다(**그림 5.12***a*).

그런 다음 전자는 다른 운반체인 **사이토크롬 c**(cytochrome c)에 의해 사이토크롬 산화효소 복합체에 넘겨진다. 이 복합체는 다음과 같이 4개의 전자를 이용하여 산소 1분자를 환원시킨다. 각 산소 원자는 2개의 양성자와 결합하여 물 분자를 만든다.

$$O_2 + 4H^+ + 4e^- \longrightarrow 2H_2O$$

NADH는 전자를 전자전달연쇄의 첫 단계인 NADH 탈수소효소에 전달하는 반면 미토콘드리아 내막의 숙신산 탈수소효소의 내부에 존재하는 $FADH_2$는 전자를 유비퀴논에 전달한다. 따라서 $FADH_2$ 유래의 전자는 전자전달연쇄의 첫 단계를 거치지 않는다.

강한 전자수용체인 산소가 풍부히 있어야 산화적 호흡이 가능하다. 6장에서 다루겠지만, 산소호흡에서 사용되는 전자전달연쇄는 광합성에서 사용되는 전자전달연쇄와 비슷하며, 따라서 아마도 광합성 전자전달연쇄로부터 진화되었을 것으로 여겨지고 있다.

내막에서 전자 수송은 양성자 펌프에 동력을 공급한다

호흡은 거의 모든 진핵세포에 존재하는 미토콘드리아 내에서 발

과학적 사고

가설: ATP 합성효소는 인산화 반응에 필요한 에너지를 공급하기 위해 양성자 농도기울기를 이용한다.

예측: 양성자 농도기울기가 어떻게 만들어졌는가는 중요하지 않다. 빛에 의해 작동하는 양성자 펌프인 박테리오로돕신(bacteriorhodopsin)에 의해 형성된 양성자 농도기울기는 빛이 있는 조건에서 ATP 합성효소에 의한 ADP의 인산화를 일으킨다.

실험: 박테리오로돕신과 ATP 합성효소를 막에 가지는 인공소포(artificial vesicle)와 대조군으로 ATP 합성효소만을 가지는 인공소포를 만든다. 제조된 인공소포에 빛을 비춘 후에 ATP 합성을 확인한다.

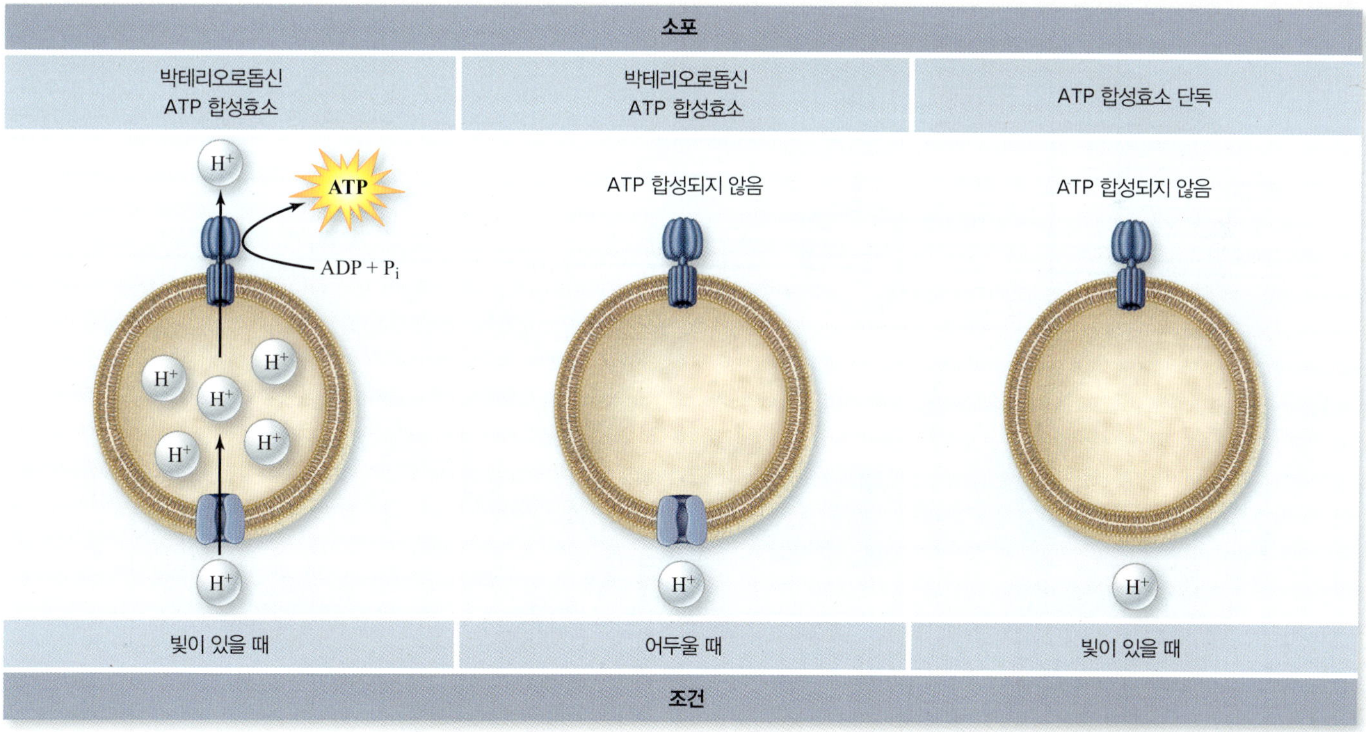

결과: 박테리오로돕신과 ATP 합성효소를 막에 가지는 인공소포는 빛이 있을 때 ATP를 합성하고, 어두울 때 ATP를 합성하지 못한다. ATP 합성효소만을 가지는 소포는 빛이 있어도 ATP를 합성하지 못한다.

결론: ATP 합성효소는 ATP를 형성하는 에너지로서 양성자 농도기울기를 이용한다.

추가 실험: 이 유형의 실험에 적합한 다른 대조군은 무엇일까? 왜 이 실험이 야겐도르프실험(Jagendorf acid bath experiment)보다 화학삼투 가설에 대한 직접적인 실험인지 설명해 보자(**그림 6.16** 참조).

그림 5.13 화학삼투를 이용한 ATP 합성효소에 의한 ATP 합성의 증거.

생한다. 미토콘드리아의 기질은 시트르산 회로의 반응을 수행하는 효소를 함유한다. 5.1절에서 언급했듯이, 전자가 NAD^+로 옮겨질 때 양성자(H^+)가 생성된다. 산화성 호흡에 의해 수확된 전자가 전자전달연쇄를 따라 전달됨에 따라, 방출된 에너지는 양성자를 기질에서 막간 공간이라 불리는 외부 구획으로 운반한다.

미토콘드리아 내막에 존재하는 전자전달연쇄의 3개의 막관통 복합체는 실제로 양성자 수송을 수행한다(**그림 5.12*a***). 고에너지 전자의 흐름은 펌프 단백질의 모양의 변화를 유도하여 막을 가로질러 양성자를 운반하게 한다. NADH에 의해 제공되는 전자는 이들 3개의 양성자 펌프를 모두 활성화시키는 반면, $FADH_2$에 의해 제공되는 전자는 이들이 전자전달연쇄로 들어가는 위치 때문에 단지 2개의 복합체만을 활성화시킨다. 이러한 방식으로, 막간 공간과 기질 사이에 양성자 기울기가 형성된다.

화학삼투는 전기화학적 기울기를 사용하여 ATP를 생성한다

미토콘드리아 기질은 막간 공간과 비교하여 음전하를 띠기 때문에, 양으로 하전된 양성자가 막간 공간에서 기질 방향으로 들어오려는 경향이 있다. 기질 외부의 양성자는 높은 농도로 인해 다시 기질쪽으로 확산되려는 경향이 있지만, 막은 이온에 대해 비교적 불투과성이기 때문에 이 과정은 매우 느리게 일어난다. 대신 기질로 다시 들어가는 대부분의 양성자는 ADP와 P_i부터 ATP의 합성을 촉매하기 위해 양성자 기울기 에너지를 사용하는 효소인 ATP 합성효소를 통과한다. ATP의 화학적 형성은 삼투와 유사한 확산력에 의해 일어나기 때문에 이 과정을 **화학삼투**(chemiosmosis)라고 부른다(**그림 5.12*b***). 새로 형성된 ATP는 효소의 자유에너지증가성 반응을 매개하기 위해 에너지를 필요로 하는 세포 내 많은 곳으로 촉진확산에 의해 운반된다. 전자 수송과 ATP 합성의 연관을 설명하는 화학삼투 기작은 처음 제

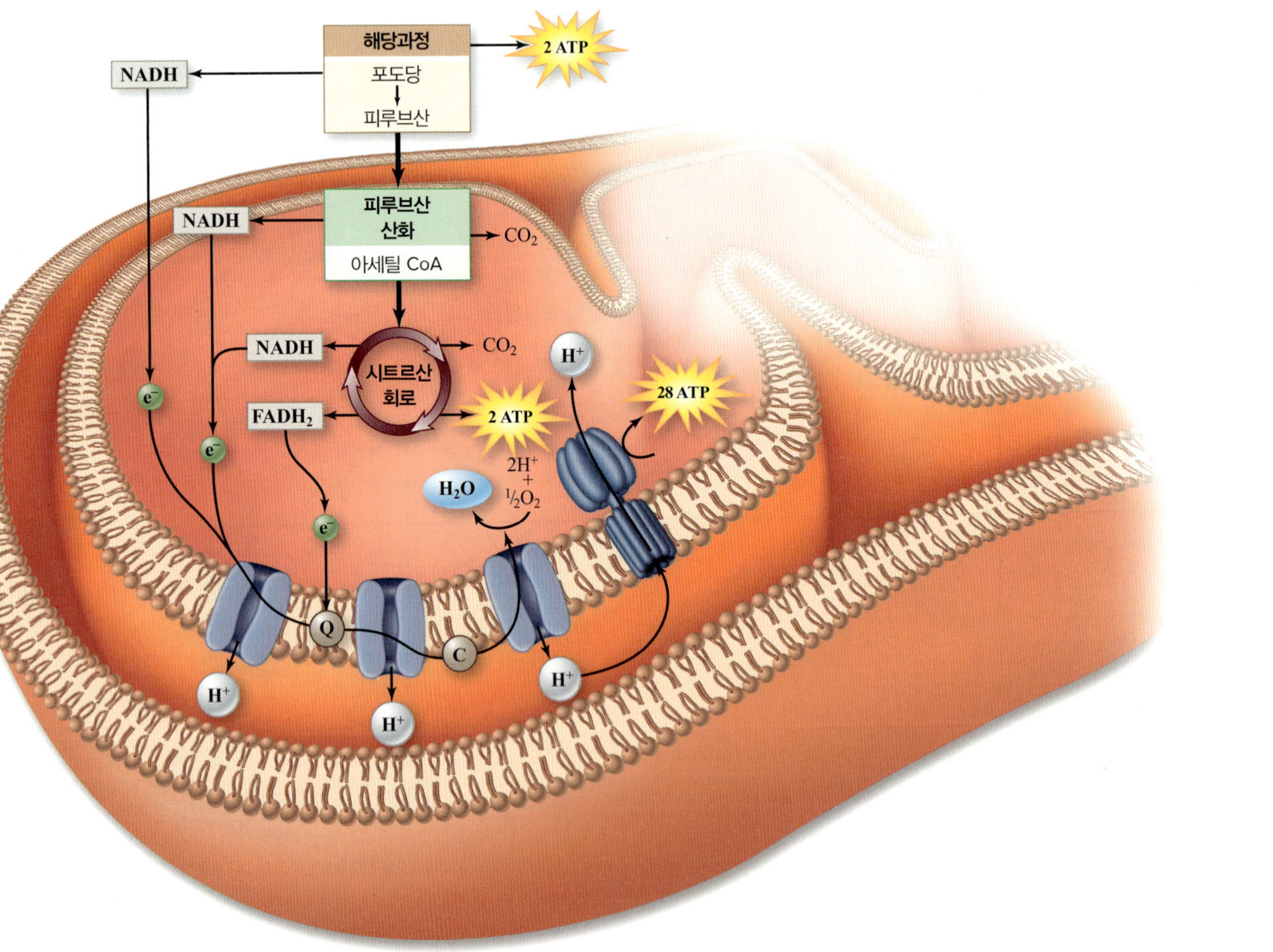

그림 5.14 미트콘드리아에서의 산소호흡.
해당과정은 세포질에서 일어나고, 여기에서 형성된 NADH와 피루브산은 미토콘드리아로 들어간다. 미토콘드리아에서 피루브산은 산화된 후 시트르산 회로에 들어가서 완전히 산화된다. 산화 반응들에서 나온 전자들은 NADH와 $FADH_2$에 의하여 전자전달연쇄로 전달된다. 전자전달연쇄는 전자전달 과정에서 나온 에너지를 이용하여 양성자를 막간 공간으로 퍼낸다. 이 과정을 통해서 전기화학적 기울기가 만들어지고, ATP 합성효소는 이를 퍼텐셜에너지로 이용하여 ADP를 ATP로 인산화시킨다.

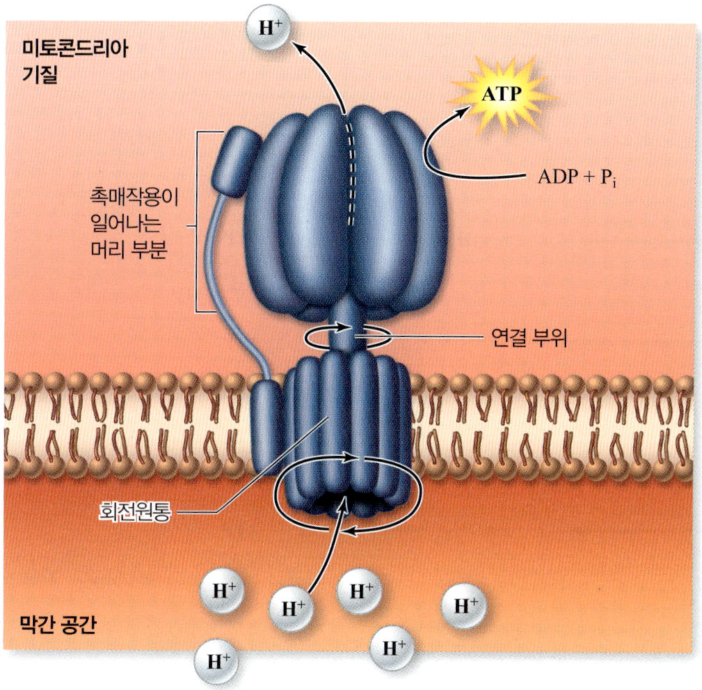

그림 5.15 ATP 합성효소.
양성자의 농도기울기를 감소시키는 방향으로 양성자는 ATP 합성효소를 통해서 막을 통과한다. 이 과정에서 나오는 에너지는 ATP 합성효소의 회전원통 부위와 연결 부위를 회전시킨다. 이 기계적 에너지는 ATP 합성효소의 모양을 변화시켜 ATP의 합성을 촉매하게 한다.

안되었을 때 논란이 되었다. 수년에 걸쳐 이 가설을 뒷받침하기 위한 실험적 증거가 축적되었다(**그림 5.13**).

세포호흡 반응으로 방출된 에너지는 궁극적으로 양성자 기울기를 생성하는 양성자 펌프를 작동시킨다. 양성자 기울기는 ATP 합성에 필요한 에너지를 제공한다. **그림 5.14**는 전체 과정을 요약한 것이다.

ATP 합성효소는 분자 회전모터이다

ATP 합성효소는 환상적인 분자 기작을 사용하여 ATP 합성을 수행한다(**그림 5.15**). 구조적으로 이 효소는 막-결합 부분과 동그란 손잡이 같은 촉매 부분을 연결하는 좁은 줄기를 갖는다. 이 복합체는 두 부분으로 분리될 수 있는데 F_0 막-결합 복합체와 줄기 및 머리 도메인으로 구성된 F_1 복합체이다.

F_1 복합체는 효소활성을 가지며, F_0 복합체는 양성자가 농도기울기에 따라 이동하는 통로를 포함하고 있다. 양성자가 이 통로를 통해 이동하면서 F_0 복합체의 일부 및 연결 부위가 고정된 머리 부분에 대해 회전하게 된다. 이 회전의 기계적 에너지가 사용되어 F_1 복합체의 촉매 도메인의 모양을 변화시킨다.

ATP 합성은 미세한 크기의 회전 모터에 의해 이루어지는데, 모터의 회전은 양성자의 농도 기울기에 따른 양성자의 이동으로 인해 일어난다. 양성자의 흐름은 수력발전소에서의 물의 흐름과 같다. 중력에 의해 일어나는 물의 흐름이 터빈을 회전시켜 전기를 만들어내는 것과 같이 양성자 농도기울기는 ATP 합성효소의 회전을 일으키는 에너지를 공급한다.

핵심 요약 5.5

전자전달연쇄는 NADH와 $FADH_2$로부터 전자를 받아 최종적으로 산소에 전달한다. 미토콘드리아 내막에 있는 전자전달연쇄에 존재하는 단백질 복합체는 전자 이동 에너지를 사용하여 양성자를 막을 가로질러 막간 공간으로 이동시킴으로써 전기화학적 기울기를 생성한다. ATP 합성효소는 양성자 기울기를 사용하여 ADP를 인산화하는 자유에너지 증가성 반응을 유도한다.

■ 외막에 작은 구멍을 내는 것은 ATP 합성에 어떤 영향을 미칠까?

5.6 산소호흡의 에너지 수율

학습 목표

1. 산소호흡에 의해 생산되는 ATP의 분자 수를 계산할 수 있다.

포도당이 산소호흡에 의하여 분해될 때 세포는 ATP의 형태로 어느 정도의 에너지를 얻게 될까? 이 간단한 질문은 실제로 생화학에 대한 논쟁의 근원이었다.

진핵생물의 이론적 수율은 포도당 분자당 30분자의 ATP이다

포도당 분자당 ATP 합성효소에 의해 생성된 ATP 분자의 수는 내막을 가로질러 수송된 양성자의 수와 ATP를 합성하기 위해 필요한 양성자의 수에 의존한다. NADH 및 $FADH_2$당 수송된 양성자의 수는 각각 10 H^+와 6 H^+이다. ATP를 합성하기 위해 4 H^+가 필요하므로 10/4 =2.5 ATP/NADH와 6/4=1.5 ATP/$FADH_2$가 된다.

해당과정을 통해 포도당을 피루브산으로 산화하면 2 ATP가 직접 생성되고 NADH에서 $2\times2.5=5$ ATP가 생성된다. 피루브산의 아세틸 CoA로의 산화는 NADH로부터 또 다른 $2\times2.5=5$ ATP를 생성한다. 마지막으로, 시트르산 회로는 2 ATP를 직접 생성하고, NADH로부터 $6\times2.5=15$ ATP와 $FADH_2$로부터 $2\times1.5=3$ ATP

그림 5.16 이론적인 에너지 수율. 이론적으로 산소호흡에 의해서 포도당 1분자로부터 총 32분자의 ATP가 생성된다. 진핵세포에서의 ATP 에너지 수율은 30 ATP로 감소한다. 그 이유는 세포질에서 일어나는 해당과정에서 만들어진 2 NADH가 미토콘드리아로 들어갈 때 2 ATP가 소모되기 때문이다.

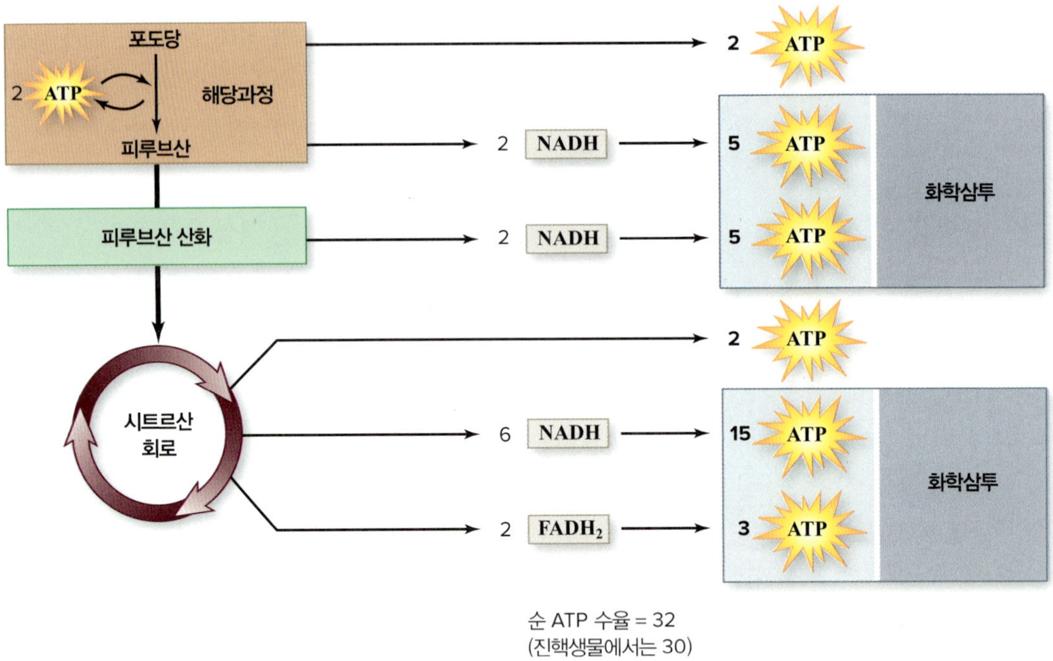

를 생성한다. 이 과정을 통해 총 32 ATP가 세포호흡 과정에서 형성된다(**그림 5.16**).

이 숫자는 박테리아에 대해서는 정확하지만, 진핵생물에서는 달라진다. 해당과정에 의해 세포질에서 생성된 NADH가 능동수송에 의해 미토콘드리아로 들어가야 하기 때문에 1개의 NADH 수송당 1개의 ATP가 필요하다. 이것 때문에 진핵생물의 예상 수확량은 30 ATP로 줄어든다.

P/O 비율의 산출은 시간이 지남에 따라 변경되었다

환원된 O_2 분자당 합성된 ATP의 양에 대한 값을 인산–산소 비율(P/O 비율)이라고 한다. 이 값의 이론적 계산과 직접 측정은 논쟁의 여지가 있다. 이론적 산출이 처음 도입되었을 때, 호흡 반응과 전자 수송을 ATP 합성에 연결하는 기작에 대한 자세한 지식이 부족했다. 산화–환원 반응은 NADH의 3개 부위와 $FADH_2$의 2개 부위에서 발생하기 때문에, NADH당 3개의 ATP가 생성되고 $FADH_2$당 2개의 ATP가 생성되었다고 가정하였다. 이제는 이 가정이 지나치게 단순하다는 것을 알고 있다.

현재는 양성자 기울기가 전자 수송과 ATP 합성 사이의 연결이라는 것을 이해하는 것으로 계산의 본질을 바꾸었다. 전자 수송 동안 NADH당 10 H^+와 $FADH_2$당 6 H^+ 등의 전달된 양성자 수를 알아야 한다. 그런 다음 ATP 1분자당 합성에 필요한 양성자 수를 알아야 한다. ATP 합성효소는 회전 모터이므로, 이 계산은 ATP 결합 부위의 수와 회전에 필요한 양성자의 수에 의존한다. ATP 합성효소에는 ATP를 위한 3개의 결합 부위가 있다. 1회전당 12개의 양성자가 사용된 경우, 이전 계산에서는 ATP 분자당 4 H^+의 값을 얻는다. 실제 P/O 비율 측정에 문제가 있었지만, 이제는 최대 2.5인 것으로 보인다.

또한 호흡이 포도당 산화에 의해 방출되는 자유에너지를 ATP 형태로 얼마나 효율적으로 획득하는지 계산할 수 있다. 포도당의 산화에 의해 방출된 자유에너지의 양은 686 kcal/mol이며, 각 ATP에 저장된 자유에너지는 7.3 kcal/mol이다. 따라서 진핵세포는 포도당에서 이용 가능한 에너지의 약 $(7.3 \times 30)/686 = 32\%$를 수확한다. (비교하자면 전형적인 자동차는 휘발유 에너지의 약 25%만을 유용한 에너지로 전환한다.)

산소호흡의 더 높은 에너지 수율은 종속영양생물의 진화를 촉진시키는 주요 요인 중 하나였다. ATP를 생성하기 위한 이러한 기작이 진화함에 따라 비광합성 생물체는 호흡을 이용하여 다른 생물체로부터 유래된 분자에서 에너지를 추출하는 데 더욱 효과적으로 되었다. 일부 생명체가 광합성에 의해 에너지를 포획하는 한, 다른 생명체는 그들을 먹음으로써만 존재할 수 있다.

핵심 요약 5.6

전자전달연쇄에 따라 높은 전자운반체에서 낮은 운반체로의 전자 통과는 NADH 분자당 대략 2.5 분자의 ATP를 생성한다($FADH_2$ 분자당 1.5 ATP를 생성한다). 포도당의 완전한 산화의 경우, 이 과정과 기질수준의 인산화는 최대 32 ATP를 생산할 수 있다. 진핵생물의 세포질에서 생성된 NADH는 미토콘드리아로의 수송 비용으로 2개의 ATP를 사용함에 따라 생산수율을 30 ATP로 낮춘다.

■ 화학삼투에서 정수가 아닌 ATP/NADH의 수가 어떻게 나올까?

5.7 산소호흡의 조절

학습 목표

1. 세포호흡의 조절점을 설명할 수 있다.

ATP 수준이 높을 때, 세포는 세포호흡에 의해 다량의 ATP를 생성할 필요가 없다. 이 과정은 매우 복잡하므로 조절할 수 있는 많은 단계가 있다. 시트로산 회로에서 높은 수준의 ATP와 대사중간체는 해당과정, 시트르산 회로 및 지방산의 분해를 억제하기 위해 피드백된다.

해당과정의 속도는 인산과당인산화효소의 다른자리입체성 억제인자인 ATP에 의해 직접 영향을 받는다. 시트르산도 이 효소의 저해제이며, 시트르산 회로 대사중간체의 축적이 해당과정을 피드백억제하도록 한다. 대조적으로, ADP는 이 인산과당인산화효소의 활성제로서 효소를 ADP와 ATP 수준에 민감하게 만든다(**그림 5.17**).

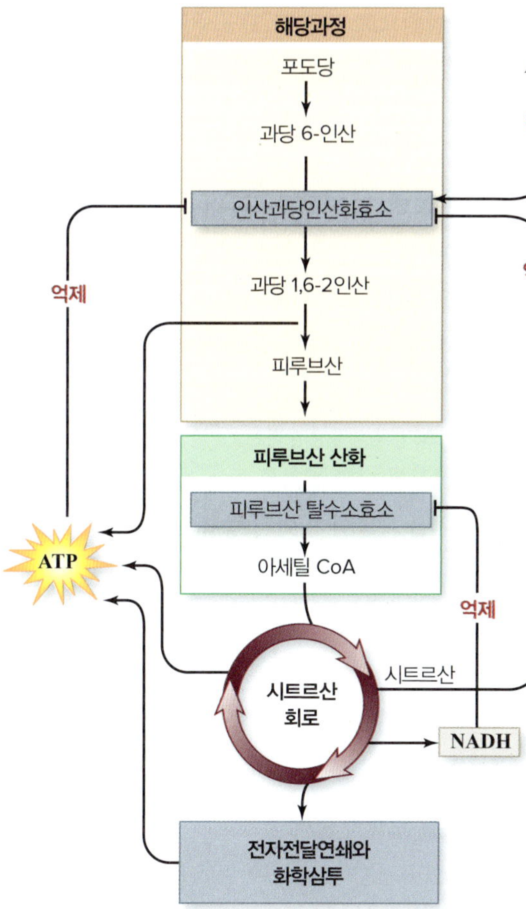

그림 5.17 포도당 이화작용의 조절.
ADP와 ATP의 상대적 양과 주요 대사중간체인 시트르산과 NADH에 의하여 이화대사 경로의 두 지점에서 조절이 일어난다.

피루브산의 산화와 시트르산 회로 자체에 대해서도 제어가 이루어진다. NADH가 충분히 빠르게 산화되지 않으면, NADH의 수준이 상승하여 피루브산탈수소효소(pyruvate dehydrogenase)를 억제하여 피루브산의 아세틸 CoA로의 전환을 막을 것이다. 시트르산 회로에 대한 조절은 시트르산을 생성하는 "첫 번째" 반응에서 발생하며, 시트르산 합성효소(citrate synthase)에 의해 촉매된다. 이 효소는 ATP와 NADH에 의해 억제된다. 시트르산 회로의 또 다른 효소도 ATP 및 NADH에 의해 억제되어, ATP 및 NADH가 과잉으로 존재할 경우 이 경로를 정지시키도록 돕는다.

지방산 분해에 대한 조절은 더 복잡하다. ATP가 과잉으로 존재할 경우, 아세틸 CoA는 지방산을 구축하는 데 사용되며, 세포가 ATP를 필요로 하는 경우, 지방산은 시트르산 회로에 아세틸 CoA를 제공하도록 분해된다. 시트르산 회로의 대사중간체의 축적은 지방산의 합성을 자극하고 분해를 억제한다. 낮은 수준의 아세틸 CoA와 시트르산이 존재할 경우, 그 반대의 결과를 초래하는데 지방산 합성이 억제되고 분해가 촉진된다.

핵심 요약 5.7

호흡은 세포의 ATP 수준과 주요 대사중간체 수준에 의해 제어된다. 해당과정의 조절점은 인산과당인산화효소이며, 이는 ATP 또는 시트르산(또는 둘 다)에 의해 억제된다. 피루브산 산화의 주요 제어점은 피루브산탈수소효소이며, NADH에 의해 억제된다.

- 피드백억제는 어떻게 ATP의 경제적인 생산을 보장할까?

5.8 무산소 조건에서의 산화

학습 목표

1. 무산소호흡과 산소호흡을 비교할 수 있다.
2. 무산소호흡과 발효를 구별할 수 있다.

산소의 존재하에서, 세포는 산소를 사용하여 다량의 ATP를 생성할 수 있다. 그러나 전자를 받을 산소가 없는 경우에도 일부 생명체는 무기 분자를 전자전달연쇄의 최종 전자수용체로 사용하여 **무산소 조건하**에서 호흡할 수 있다.

그림 5.18 황 호흡 원핵생물.
a. 고세균인 *Thermoproteus tenax*의 현미경 사진. 이 세균은 황 원소를 무산소호흡의 최종 전자수용체로 사용한다. ***b.*** *Thermoproteus*는 미국 옐로스톤 국립공원에 있는 Norris Geyser Basin과 같은 유황 온천에서 발견된다.

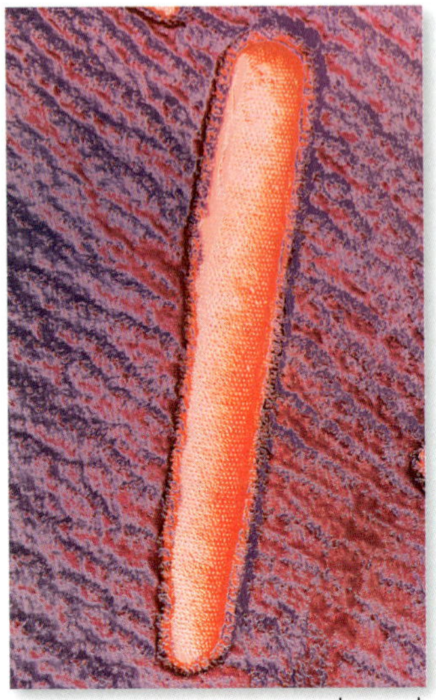

a.

b.

그 예로 많은 원핵생물들은 산소를 대신하여 황, 질산염, 이산화탄소 또는 무기금속을 최종 전자수용체로 사용한다(**그림 5.18**). 이러한 산소 이외의 분자들이 최종 전자수용체로 이용될 때 방출되는 자유에너지는 산소를 이용할 때만큼 크지 못하다. 그 이유는 그들이 산소에 비해 낮은 전자친화력을 갖기 때문이다. 생산되는 ATP의 양은 적지만 무기분자를 최종 전자수용체로 사용하기 때문에 이 과정은 발효가 아닌 호흡이다.

메테인생성균은 이산화탄소를 이용한다

무산소호흡을 수행하는 종속영양생물들 중에는 메테인생성균과 호열성 생물 같은 고세균이 있다. 메테인생성균은 이산화탄소를 전자수용체로 이용한다. 그 결과 CO_2가 환원되어 메테인(CH_4)가스가 형성된다. 환원에 필요한 수소는 다른 생물들에 의해 생산된 유기분자로부터 얻는다. 메테인생성균은 토양과 소와 같은 반추동물의 소화계를 포함한 다양한 환경에서 발견된다.

황세균은 황산염을 이용한다

원시 세균 중 두 번째 무산소호흡 과정의 증거는 약 27억 년 전의 암석 그룹에서 발견되는데, 이것은 캐나다 온타리오주의 Woman River의 철(iron) 형성과정과 관련되어 있다. 이 암석의 유기물질은 황의 무거운 동위원소인 ^{34}S에 비해 가벼운 동위원소인 ^{32}S가 풍부하다. 이는 보통의 지질화학적 과정으로는 일어나지 않지만 생물학적인 황 환원으로는 가능하며, 오늘날에도 특정 원핵생물에 의해 수행되고 있다.

이 황산염 호흡에서, 원핵생물은 황산염(SO_4)을 황화수소(H_2S)로 환원함으로써 에너지를 획득한다. 이에 필요한 수소 원자는 다른 생물체가 생산하는 유기분자로부터 얻는다. 따라서 황세균은 메테인생성균과 유사하지만, 전자수용체로서 CO_2 대신 SO_4를 사용한다.

초기의 황산염 환원으로 인해 H_2S가 풍부한 환경에서 광합성의 진화단계가 시작되었다. 첫 번째 형태의 광합성은 태양에너지를 사용하여 H_2S로부터 수소를 얻었다(6장 참조).

발효는 유기화합물을 전자수용체로 사용한다

산소가 없는 상태에서 호흡을 위한 대체 전자수용체를 이용할 수 없는 세포는 해당과정만으로 ATP를 만들어내야 한다. 이러한 조건에서 해당과정에서 나온 전자들은 **발효**(fermentation)라고 하는 과정을 통해 유기분자에 전달된다. 이 과정에서 해당과정에서 사용되는 전자수용체인 NAD^+는 재생산된다.

세균은 NADH로부터 나온 전자를 받는 전자수용체로 피루브산이나 피루브산 유도체를 사용하여 여러 종류의 발효 반응들을 수행할 수 있다. 피루브산과 그 유도체가 아닌 유기분자들도 전자수용체로 사용될 수 있다. 중요한 점은 이 과정에서 다음과 같이 NAD^+가 재생산된다는 것이다.

$$\text{유기분자} + \text{NADH} \longrightarrow \text{환원된 유기분자} + \text{NAD}^+$$

환원된 유기분자는 아세트산, 부틸산, 프로피온산, 젖산과 같은 유기산이나 알코올인 경우가 많다.

에탄올 발효

진핵세포 역시 몇 가지 발효 능력을 가지고 있다. 그중 한 가지가 효소에서 일어나는 것인데, NADH로부터 전자를 받아들이는 분자가 해당과정의 최종 생성물인 피루브산에서 유래된다.

효모의 효소는 탈카복실화 반응으로 피루브산의 말단 CO_2기를 떼어 내어 2-탄소인 아세트알데하이드를 만든다. 방출된 CO_2는 효모로 빵을 만들 때 빵을 부풀게 한다. 아세트알데하이드는 NADH로부터 한 쌍의 전자를 받아서 NAD^+와 에탄올을 만든다(**그림 5.19**).

에탄올 발효를 통해서 포도주와 맥주에 있는 에탄올이 만들어지기 때문에 에탄올 발효는 인간에게 큰 관심의 대상이 되어 왔다. 에탄올은 발효의 부산물로 효모에게는 독성을 나타내는 물질로 작용해 에탄올의 농도가 12% 정도 되면 효모가 죽기 시작한다. 따라서 자연 발효된 포도주는 에탄올의 농도가 약 12% 정도가 된다.

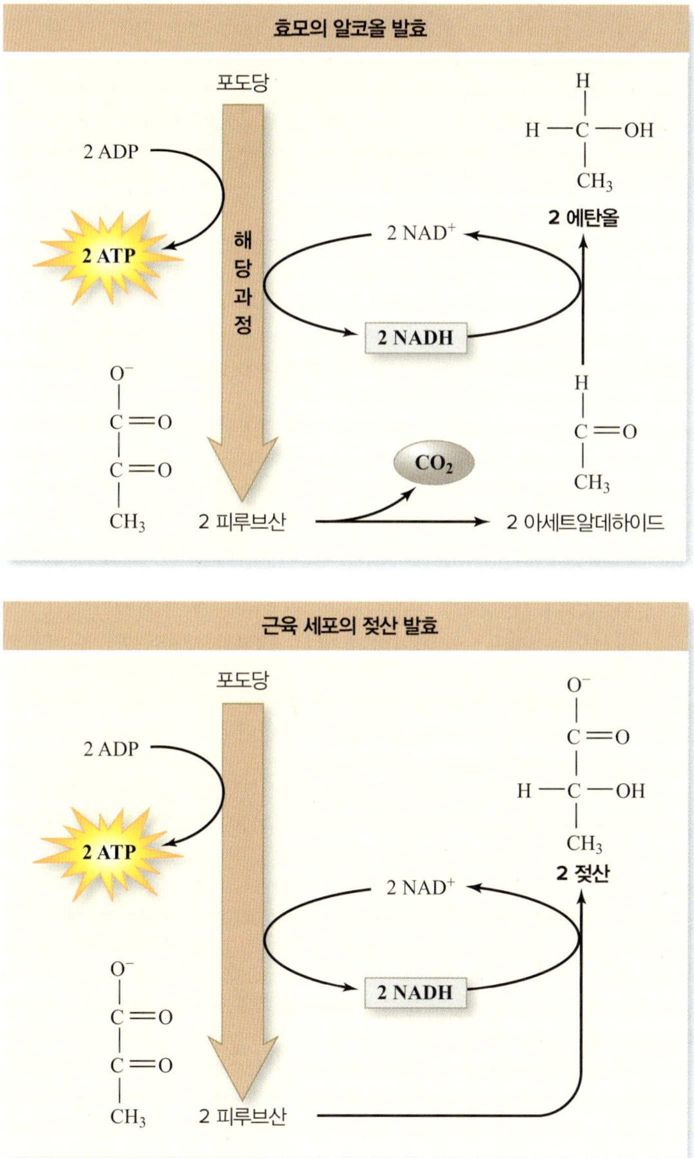

그림 5.19 발효.
효모는 피루브산을 에탄올로 전환시킨다. 근육세포는 피루브산을 에탄올보다 덜 독성이 있는 젖산으로 전환시킨다. 두 경우 모두 포도당의 대사물질(아세트알데하이드와 피루브산)이 NADH를 NAD^+로 재산화시켜 해당과정이 무산소 조건에서 계속 일어나게 한다.

젖산 발효

대부분의 동물세포는 탈카르복실화 작용이 없이 NAD^+를 재생시킨다. 예를 들어 근육세포는 젖산 탈수소효소를 이용하여 NADH로부터 전자를 해당과정에서 만들어진 피루브산으로 전달한다. 이 반응은 피루브산을 젖산으로 전환시키고 NADH로부터 NAD^+를 재생시킨다(**그림 5.19**). 이 반응은 대사회로를 폐쇄시켜서 포도당이 있는 한 해당과정을 계속 진행시킨다.

순환하는 혈액은 근육으로부터 과다한 젖산을 제거하지만, 젖산의 제거 속도보다 생산 속도가 더 빠르면 젖산은 축적되어 근육 기능을 방해하고 근육 피로를 일으킨다.

핵심 요약 5.8

질산염, 황 및 CO_2는 모두 다른 생물체의 무산소호흡에서 최종 전자 수용체로 사용된다. 유기분자도 NAD^+를 재생하는 발효 반응에서 전자를 수용할 수 있다. 발효 반응은 효모의 에탄올과 인간의 젖산을 포함한 다양한 화합물을 생성한다.

■ 어떤 종류의 생태계에서 무산소호흡을 기대할 수 있을까?

5.9 단백질과 지방의 이화작용

학습 목표

1. 단백질과 지방이 에너지 대사에 투입되는 지점을 식별할 수 있다.
2. 대사에서 주요 대사중간체들의 중요성을 알 수 있다.

지금까지 생물들이 탄수화물의 소화나 광합성으로부터 얻은 포도당을 산화하는 산소호흡에 이용하는 과정에 대해 알아보았다. 그러나 포도당이 아닌 단백질과 지방 같은 다른 유기분자들도 중요한 에너지원으로 이용된다(**그림 5.20**).

단백질의 이화작용은 아미노기를 제거한다

단백질은 먼저 아미노산으로 분해된다. 이어서 **탈아미노반응**(deamination) 과정에서 질소를 함유하는 아미노기가 아미노산으로부터 제거된다. 그리고 일련의 반응을 거쳐 남아 있는 탄소골격이 해당과정이나 시트르산 회로에 들어갈 수 있는 분자로 전환된다. 예를 들어 알라닌은 피루브산으로, 글루탐산은 α-케토글루타르산으로

그림 5.20 세포의 화학에너지 생성. 모든 진핵생물들과 많은 원핵생물들은 유기물 분자들을 산화하여 에너지를 얻는다. 고분자를 구성단위로 분해하는 첫 단계에서는 거의 에너지를 얻지 못한다. 두 번째 단계인 산화 또는 산소호흡 단계에서는 주로 고에너지 전자 형태로 에너지를 생성하게 되며, 물과 이산화탄소를 생산한다. 이 에너지대사 경로들의 주요 대사중간체들은 생합성 대사경로(역방향의 화살표로 표시)에서 사용된다.

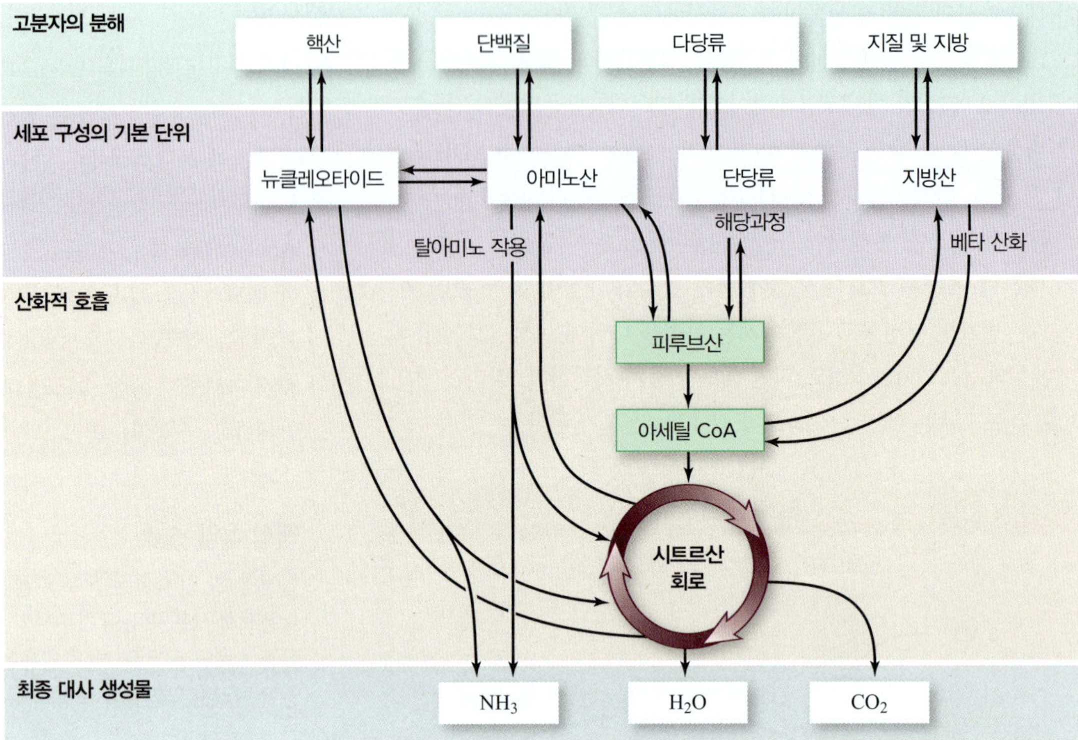

(**그림 5.21**), 그리고 아스파르트산은 옥살로아세트산으로 전환된다. 해당과정과 시트르산 회로의 반응들은 이 분자들로부터 고에너지 전자를 추출하여 ATP를 만드는 데 이용한다.

지방산의 이화작용은 시트르산 회로를 위한 아세틸기를 생성한다

지방은 지방산과 글리세롤로 분해된다. 긴 사슬 모양의 지방산은 일반적으로 짝수의 탄소 수를 가지며 많은 C—H 결합은 풍부한 에너지를 제공한다. 지방산은 미토콘드리아의 기질에서 산화되며, 효소들은 각 지방산의 말단으로부터 2-탄소인 아세틸기를 순차적으로 제거하여 전체 지방산을 아세틸기로 전환시킨다(**그림 5.22**). 각 아세틸기는 CoA와 결합하여 아세틸 CoA를 만든다. 이 과정을 **베타 산화**(β oxidation)라고 한다. 이 과정은 산소를 필요로 하기 때문에 유산소 운동은 지방을 분해하지만, 무산소 운동은 그렇지 못하다.

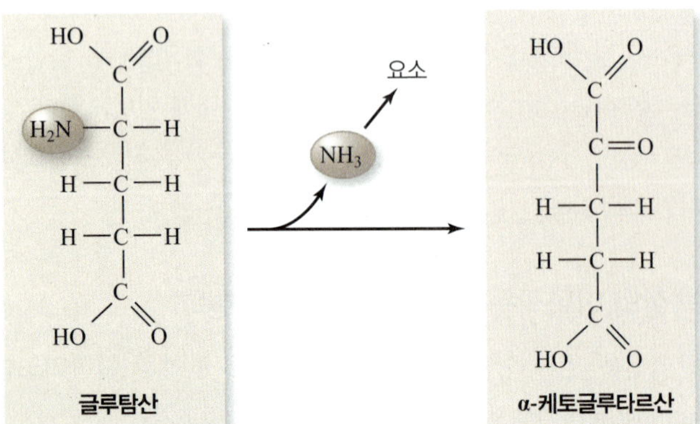

그림 5.21 탈아미노 작용.
단백질이 아미노산으로 분해된 뒤 아미노산으로부터 아미노기가 제거된다. 아미노기가 제거된 분자는 해당과정이나 시트르산 회로로 들어가 대사된다. 그 예로 아미노산인 글루탐산은 탈아미노 반응이 일어나면 시트르산 회로의 중간 분자인 α-케토글루타르산으로 전환된다.

지방산의 이화작용으로 얼마나 많은 ATP가 생산될까? 6-탄소의 지방산과 30분자의 ATP를 내는 6-탄소 포도당을 비교해 보자. 베타 산화가 2회 진행되면 지방산이 3개의 아세틸 CoA로 전환된다. 각각의 베타 산화에는 1개의 ATP가 필요하며 NADH 1분자와 $FADH_2$ 1분자가 생긴다. 이 분자들은 합쳐서 4개의 ATP를 만들어낸다(NADH에서 2.5개, $FADH_2$에서 1.5개).

시트르산 회로에서의 아세틸 CoA의 산화는 ATP 10분자를 만든다. 따라서 6-탄소의 지방산이 만들어내는 ATP는 8(2회의 베타 산화에서 나오는 2 NADH와 2 $FADH_2$로부터 만들어지는 ATP)−2(2회의 베타 산화에 사용되는 ATP)+30(3개의 아세틸 CoA의 산화로부터 만들어지는 ATP)=36 ATP이다. 따라서 6-탄소의 지방산의 호흡은 포도당 호흡에서보다 20% 더 많은 ATP를 생산한다.

게다가, 포도당과 같은 크기의 지방산의 무게는 포도당의 2/3 미만이므로 지방산 1 g은 포도당 1 g보다 두 배 이상의 열량을 가진다. 그래서 지방은 동물에서 잉여 에너지를 저장하는 분자의 역할을 하는데, 식물에서처럼 잉여의 에너지가 탄수화물의 형태로 저장된다면 동물체의 크기는 훨씬 커져야 할 것이다.

적은 수의 주요 대사중간체들이 대사경로들을 연결한다

음식물 분자들의 산화경로들은 서로 연결되어 있다. 예를 들어, 피루브산과 아세틸 CoA와 같은 대사중간체들이 서로 다른 시작점을 가지는 이화경로로 연결된다. 이러한 주요 중간체들은 당과 아미노산과 같은 다른 종류의 분자들 간에 상호 전환이 가능하게 한다(**그림 5.20**).

세포는 포도당, 아미노산, 그리고 지방을 외부로부터 얻을 뿐 아니라 스스로 만들 수도 있다. 이들의 합성을 위해 세포는 이화작용에 사용하는 반응들과 유사한 반응들을 이용한다. 많은 경우 반응의 자유에너지의 변화량이 작으면 합성반응은 분해를 할 때 사용한 동일한 효소들을 이용하기도 한다. 그 예로 피루브산으로부터 포도당을 만드는 과정인 포도당 신생과정(gluconeogenesis)에서는 해당과정에서 사용되었던 3개의 효소들을 제외한 다른 모든 효소들이 사용된다. 따라서 해당과정의 대부분의 반응들은 대사중간체의 농도에 따라 가역적으로 일어나고, 3개의 주요 단계만이 정반응과 역반응을 위한 서로 다른 효소들을 가진다.

아세틸 CoA는 많은 역할을 한다

여러 대사과정에서 아세틸 CoA가 만들어진다. 피루브산의 산화뿐만 아니라 단백질, 지방, 그리고 다른 지질의 이화과정 중에 아세틸 CoA가 생산된다. 실제로 에너지의 생산을 위해 이화되는 거의 모든 분자들이 아세틸 CoA로 전환된다.

아세틸 CoA는 동화대사에서도 역할을 한다. 아세틸 CoA로부터 유래한 2-탄소 단위는 지방산의 탄화수소 골격을 만드는 데 사용된다. 따라서 여러 경로로 생산된 아세틸 CoA는 세포 내의 ATP 농도에 따라 지방산의 합성이나 산화경로를 통한 ATP 생산을 위해 이용된다.

ATP 농도가 높으면 산화경로는 억제되고 아세틸 CoA는 지방산 합성을 위한 경로로 들어간다. 이것은 사람을 포함한 동물들이 활동에 필요로 하는 것보다 많은 음식을 먹었을 때 지방을 축적하게 되는 이유에 대한 설명이 된다. 반대로 ATP의 농도가 낮으면 산화경로는 촉진되고 아세틸 CoA는 에너지를 생산하는 산화적 대사과정에서 사용된다.

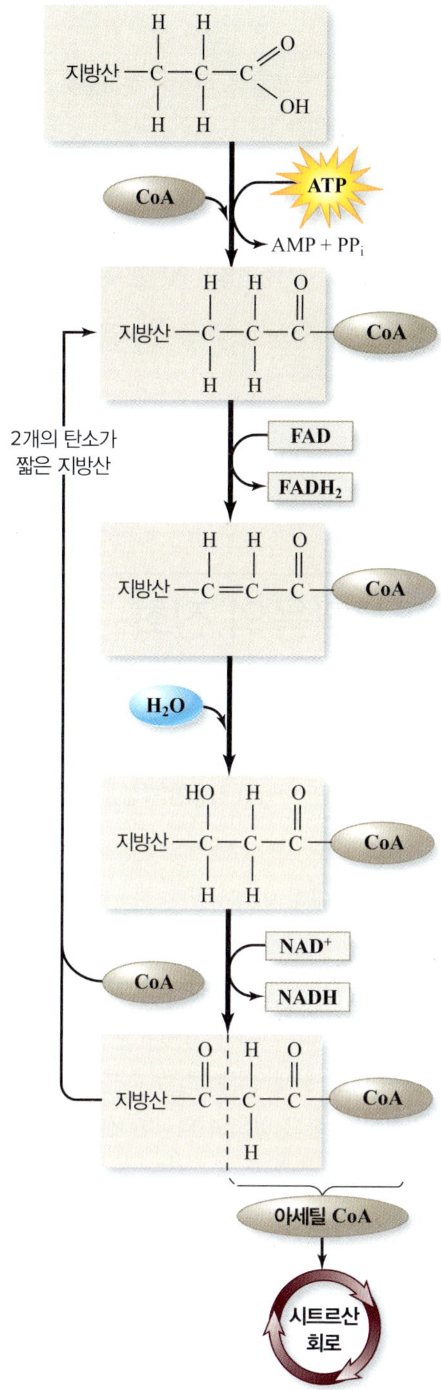

그림 5.22 베타 산화.
베타 산화라는 일련의 반응들을 통해 지방산 말단의 마지막 2개의 탄소가 CoA와 결합하여 아세틸 CoA를 형성하여 시트르산 회로로 들어간다. 탄소가 2개 짧아진 지방산은 다시 베타 산화 과정을 거치고 모든 탄소가 아세틸 CoA로 바뀔 때까지 반복한다. 베타 산화 과정이 한 번 일어날 때마다 1분자의 ATP를 소모하고 1분자의 $FADH_2$와 1분자의 NADH를 생산한다.

자료 분석 이번 장에서 배운 것을 감안할 때, 16개의 탄소를 가진 지방산은 산화에 의해 얼마나 많은 ATP가 생성되는가?

핵심 요약 5.9

단백질은 아미노산으로 분해될 수 있으며, 아미노산은 탈아미노화되어 해당과정 대사에 들어가거나 시트르산 회로의 다른 단계에 들어갈 수 있다. 지방은 베타 산화에 의해 아세틸 CoA 단위로 분해된 후 시트르산 회로로 공급될 수 있다. 많은 대사 과정을 가역적으로 사용하여 주요 생물학적 고분자를 합성하거나 분해할 수 있다. 피루브산과 아세틸 CoA와 같은 주요 대사중간체가 이러한 대사과정들을 연결한다.

■ O_2가 없는 상태에서 지방을 산화시킬 수 있을까?

5.10 대사작용의 진화

학습 목표

1. 대사의 진화에 대한 하나의 가능한 가설을 설명할 수 있다.

우리는 세포호흡에 대해 연속적인 일련의 단계로 이야기하지만, 이러한 단계는 시간이 지남에 따라 진화했으며 대사는 그 당시에 많은 변화를 겪었다. 동화과정과 이화과정은 서로 협력하여 진화했다. 우리는 이 생화학적 진화의 세부 사항이나 이러한 과정의 출현 순서를 모른다. 따라서 다음에 제시하는 진화 순서는 이용 가능한 지질화학적 증거를 기반으로 하고 있으며 엄격한 진화 순서라기보다는 가설을 나타낸다.

최초의 생물체는 환경에 존재하는 탄소 기반의 분자들을 분해했다

가장 원시적인 형태의 생물은 초기의 지구에서 생물이 생산하지 않은 탄소를 함유하는 유기분자들을 분해함으로써 화학에너지를 얻었을 것이다.

대사의 진화에서 일어난 최초의 중요 사건은 화학결합에 저장된 에너지를 이용할 수 있는 능력이 생긴 것이다. 초기 단계에서 생물들은 이 에너지를 ATP의 화학결합에 저장하기 시작했다.

해당과정의 진화는 초기에 일어났다

대사의 진화에 있어서 두 번째 중요 사건은 해당과정이다. 단백질들이 다양한 촉매 기능을 가짐에 따라 일련의 다단계 반응에서 화학결합을 끊어 유기분자로부터 더 많은 화학에너지를 얻는 것이 가능해졌다.

해당과정은 모든 생물들에 남아 있기 때문에, 분명히 해당과정은 지구상의 생물 역사에서 초기에 진화되어 나온 것이 틀림없다. 해당과정은 20억 년 이상 변하지 않고 남아 있는 화학적 과정이다.

빛 에너지를 획득하는 무산소성 광합성이 일어났다

대사의 진화에서 세 번째 중요 사건은 산소가 발생하지 않는 광합성이다. 생물 역사의 초기에 다른 방식으로 ATP를 생산하는 생물들이 진화되어 나왔다. 이들은 해당과정에서와 같이 화학결합을 재배열함으로써 ATP 합성에 필요한 에너지를 얻는 대신에 세포 밖으로 양성자를 퍼내는 데 필요한 에너지를 빛으로부터 얻는 능력과 그 결과 생긴 양성자 농도기울기를 화학삼투를 통해 ATP의 합성에 이용하는 능력을 개발하였다.

광합성은 산소가 없던 시기에 진화되어 나왔고 산소가 없이도 잘 수행되었다. 산소가 없는 대기를 가진 초기 지구의 해양에 녹아 있는 H_2S는 광합성을 통해 유기분자를 합성하는데 수소 공급원으로 이용되었고, 이 과정에서 황(S)이 부산물로 생성되었다.

산소를 생성하는 광합성은 다른 수소 공급원을 사용했다

대사의 진화 역사에서 네 번째로 중요한 사건은 광합성에서 H_2S가 H_2O로 대체된 것이다. 산소를 발생시키는 광합성에서는 H_2S 대신에 H_2O가 수소 원자와 전자의 공여체로서 사용된다. 따라서 광합성 과정에서 황 대신에 산소 기체가 발생한다.

20억 년 전에 남세균과 같은 산소를 발생시키는 광합성을 수행할 수 있는 작은 세포가 지구상에서 우점종이 되었다. 그 결과 산소 기체가 대기 중에 축적되기 시작하였으며, 이것이 지구상의 조건을 영구적으로 변화시킨 중요한 전환점의 시작이었다. 현재 지구상의 대기는 20.9%의 산소를 포함하고 있는데, 모든 산소 분자는 산소를 발생시키는 광합성 반응으로부터 만들어진다.

질소고정은 새로운 유기질소를 제공했다

질소는 죽은 유기물과 질소를 포함하는 유기분자로부터 얻을 수 있다. 지구 역사에서 생명체가 늘어나기 위해서는 새로운 질소원이 필요하였다. 질소고정은 대사의 진화에서 다섯 번째로 중요한 사건이었다. 생명체에 중요한 분자인 단백질과 핵산은 질소를 포함하고 있기 때문에 그들의 합성을 위해서는 고정된 질소원이 필요하다. **질소고정**(nitrogen fixation)이라 부르는 N_2 가스로부터 질소 원자를 얻는 과정에서 $N{\equiv}N$ 삼중결합이 끊어져야 한다.

질소고정 반응은 초기 지구의 산소가 없고 수소가 풍부한 대기에서 진화되었다. 산소는 질소고정을 억제한다. 따라서 질소고정은 산소가 없는 환경이나, 특정 원핵생물체 내의 산소가 없는 부분에서 일어난다.

산소를 이용하는 산소호흡이 나타났다

호흡의 출현은 대사의 역사에서 여섯 번째이고 마지막인 중요한 사건이다. 산소호흡은 광합성과 같은 종류의 양성자 펌프를 이용한다. 따라서 산소호흡은 기본적인 광합성 대사기구가 변형되어 진화되었다고 생각된다.

생물학자들은 H_2S를 사용하지 않는 광합성 능력은 H_2S 대신에 유기화합물로부터 수소를 얻는 홍색비황세균(purple nonsulfur bacteria)으로부터 처음 진화되어 나왔을 것으로 생각한다. 이러한 호흡을 하는 광합성세균의 후손들 중 일부는 유기분자들의 분해로부터 유래하는 전자와 에너지를 이용하며, 광합성을 수행하지 않고도 살아갈 수 있었을 것이다. 진핵세포에 있는 미토콘드리아는 이러한 세균들로부터 유래했을 것으로 여겨지고 있다.

자연선택에 의해 유기분자들로부터 에너지를 보다 효율적인 방법으로 얻는 생물들이 선택되는 과정에서 유기대사의 복잡한 과정은 오랜 지질학적 시간에 걸쳐 발달되었다. 광합성 과정도 오랜 기간에 걸쳐 발달되었고, 광합성의 출현은 지구상의 생물 구성을 변화시켰다. 6장에서는 광합성에 대하여 자세히 다룬다.

핵심 요약 5.10

대사의 중요한 단계에는 유기 화합물에서 에너지를 생성하는 경로, 광합성 경로 및 질소고정 경로의 진화가 포함된다. 광합성은 무산소성 과정으로 시작하여 산소를 생성하는 방향으로 진화하였고 이후에 유기대사의 진화를 가능하게 했다.

■ 대사 진화의 가설에 대해 어떤 증거를 인용할 수 있을까?

핵심 개념 요약

5.1 호흡의 개요(그림 5.5)

■ **세포 산화는 일반적으로 탈수소화이다**

■ **세포호흡은 포도당의 완전한 산화이다**

산소호흡은 산화-환원 반응의 최종 전자수용체로 산소를 사용한다. 무산소호흡은 무기분자를 수용체로 사용하고, 발효는 유기분자를 사용한다.

■ **전자운반체가 에너지 대사에 중요한 역할을 한다**

전자운반체는 가역적으로 산화 및 환원될 수 있다. 예를 들어, NAD^+는 2개의 전자를 획득함으로써 NADH로 환원되고 NADH는 이들 전자를 다른 분자에 공급하여 그 분자를 환원시킨다.

■ **호흡은 단계적으로 에너지를 수확한다**

진핵세포의 미토콘드리아는 에너지를 효율적으로 획득하기 위해 전자전달연쇄를 통해 단계적으로 전자를 이동시킨다.

■ **ATP는 대사에 중심적인 역할을 한다**

세포호흡의 궁극적인 목표는 대부분의 세포 활동을 강화하는 데 사용되는 ATP의 합성이다.

■ **세포는 근본적으로 다른 2가지 기작으로 ATP를 만든다**

기질수준의 인산화는 인산염을 ADP로 직접 옮긴다(**그림 5.4**). 산화적 인산화는 양성자 기울기에 의해 작동되는 ATP 합성효소를 통해 ATP를 생성한다.

5.2 해당과정: 포도당의 분해(그림 5.6, 5.7)

■ **해당과정은 포도당을 2개의 피루브산으로 전환하며, 2개의 ATP와 2개의 NADH를 형성한다**

준비 반응은 포도당에 2개의 인산염을 첨가한다. 이것은 글리세르알데하이드 3-인산(G3P)의 2개의 3-탄소 분자로 분해된다. G3P의 산화는 전자를 NAD^+로 전달하여 NADH를 생성한다. 4번 더 반응이 일어난 후의 최종 생성물은 2개의 피루브산 분자이다. 해당과정은 2개의 ATP, 2개의 NADH 및 2개의 피루브산을 생산한다.

해당과정은 에너지 수율이 낮은 아주 오래된 과정이지만 가용 에너지의 최대 40%가 ATP에 저장되어 있어 효율적일 수 있다. 해당과정은 아마도 최초의 이화작용 반응일 것이다.

■ **호흡을 계속하려면 NAD^+를 재생산해야 한다**

산소의 존재하에서 피루브산은 아세틸 CoA로 산화되며, 이는 시트르산 회로에 의해 산화될 수 있다. 이 과정은 많은 양의 ATP의 생성으로 이어진다. 산소가 없는 경우, 발효 반응은 피루브산의 전부 또는 일부를 사용하여 NADH를 산화시킨다.

산소의 존재하에서 NADH는 전자를 전자전달연쇄로 통과시킨다. 산소가 없는 경우, NADH는 전자를 아세트알데하이드(발효)와 같은 유기분자로 전달한다.

5.3 피루브산의 산화에 의한 아세틸 CoA의 생성(그림 5.9)

피루브산은 산화되어 1분자의 CO_2, 1분자의 NADH 및 1분자의 아세틸 CoA를 생성한다. 아세틸 CoA는 시트르산 회로에 2-탄소 아세틸 단위로 들어간다.

5.4 시트르산 회로(그림 5.10, 5.11)

- **시트르산 회로의 개요**
- **시트르산 회로는 전자를 추출하고 1개의 ATP를 합성한다**

첫 번째 반응은 시트르산을 생성하는 비가역적 축합인데, ATP가 많으면 억제된다. 두 번째와 세 번째 반응은 시트르산을 아이소시트르산으로 재배열한다. 네 번째와 다섯 번째 반응은 산화이며 각각의 반응에서, 1개의 NAD^+는 NADH로 환원된다. 여섯 번째 반응은 GTP를 생성하는 기질수준의 인산화이다. GTP는 ATP로 전환될 수 있다. 일곱 번째 반응은 FAD를 $FADH_2$로 환원시키는 또 다른 산화이다. NAD^+를 NADH로 환원시키는 최종 산화를 포함하여 여덟 번째와 아홉 번째 반응은 옥살로아세트산을 재생시킨다.

- **포도당은 CO_2와 퍼텐셜에너지가 된다**

포도당 분자가 CO_2로 분해됨에 따라 일부 에너지는 4분자의 ATP, 10분자의 NADH 및 2분자의 $FADH_2$에 보존된다.

- **전자 흐름의 추적을 통해 전자전달의 방향을 확인할 수 있다**

5.5 전자전달연쇄와 화학삼투(그림 5.12)

- **전자전달연쇄는 양성자 기울기를 생성한다**

미토콘드리아 내막에서, NADH는 NADH 탈수소효소에 의해 NAD^+로 산화된다. 전자는 유비퀴논과 bc_1 복합체를 통해 사이토크롬 산화효소로 이동하여 H^+ 및 O_2와 결합하여 H_2O를 형성한다. 이로 인해 3개의 양성자가 막간 공간으로 전달된다. $FADH_2$의 경우, 전자는 유비퀴논으로 직접 전달된다. 따라서 2개의 양성자만이 막간 공간으로 전달된다.

- **내막에서 전자 수송은 양성자 펌프에 동력을 공급한다**
- **화학삼투는 전기화학적 기울기를 사용하여 ATP를 생성한다**
- **ATP 합성효소는 분자 회전모터이다**

5.6 산소호흡의 에너지 수율

- **진핵생물의 이론적 수율은 포도당 분자당 30분자의 ATP이다**
- **P/O 비율의 산출은 시간이 지남에 따라 변경되었다**

5.7 산소호흡의 조절

포도당의 이화작용은 시트르산 회로에서 ATP 분자와 대사중간체의 농도에 의해 조절된다(**그림 5.17**).

5.8 무산소 조건에서의 산화

산소가 없으면 다른 최종 전자수용체가 호흡에 사용될 수 있다.

- **메테인생성균은 이산화탄소를 이용한다**
- **황세균은 황산염을 이용한다**
- **발효는 유기화합물을 전자수용체로 사용한다**

발효는 NADH의 산화와 유기분자의 환원에 의한 NAD^+의 재생이다. 효모에서 피루브산은 탈카복실화되고 에탄올로 환원된다. 동물에서 피루브산은 젖산으로 직접 환원된다.

5.9 단백질과 지방의 이화작용

- **단백질의 이화작용은 아미노기를 제거한다(그림 5.21)**
- **지방산의 이화작용은 시트르산 회로를 위한 아세틸기를 생성한다**

연속적인 베타 산화 반응에 의해 지방산이 아세틸기로 전환된다(**그림 5.22**). 이 아세틸기는 시트르산 회로로 공급되어 산화되고 전자 수송을 위해 NADH를 생성한다.

- **적은 수의 주요 대사중간체들이 대사경로들을 연결한다**
- **아세틸 CoA는 많은 역할을 한다**

ATP가 높으면 아세틸 CoA가 지방산으로 전환된다.

5.10 대사작용의 진화

대사 과정에서 중요한 단계들이 알려져 있는데, 각 단계의 순서는 가정적(hypothetical)이다.

- **최초의 생물체는 환경에 존재하는 탄소 기반의 분자들을 분해했다**
- **해당과정의 진화는 초기에 일어났다**
- **빛에너지를 획득하는 무산소성 광합성이 일어났다**
- **산소를 생성하는 광합성은 다른 수소 공급원을 사용했다**
- **질소고정은 새로운 유기질소를 제공했다**
- **산소를 이용하는 산소호흡이 나타났다**

연습문제

■ 1단계: 이해력 확인하기

1. 독립영양생물에 대한 설명 중 옳은 것은 무엇인가?
   a. 유기화합물로부터 에너지를 얻는다.
   b. 이산화탄소를 탄소원으로 이용할 수 있는 생물이다.
   c. 에너지원으로 다른 생물들이 생산한 에너지에 의존한다.
   d. a와 b 모두 맞다.
2. 다음 중 포도당의 완전한 산화를 위해 필요한 것은 무엇인가?
   a. 시트르산 회로
   b. 해당과정
   c. 피루브산의 산화
   d. a, b, c 모두 맞다.
3. 다음 중 해당과정의 생성물이 아닌 것은 무엇인가?
   a. ATP
   b. 피루브산
   c. CO_2
   d. NADH
4. 해당과정에서 어떻게 ATP가 생성되는가?
   a. 준비 반응에서 유기분자들을 인산화시킴에 의해
   b. 글리세르알데하이드 3-인산을 생성함에 의해
   c. 기질수준의 인산화에 의해
   d. NAD^+의 NADH로의 환원에 의해
5. 세포호흡에서 NAD^+의 역할은 무엇인가?
   a. 전자운반체로서 역할을 한다.
   b. 효소로서 역할을 한다.
   c. 무산소호흡의 최종 전자수용체이다.
   d. ATP 합성에 필요한 뉴클레오타이드 원료의 역할을 한다.
6. 시트르산 회로의 반응은 어디에서 일어나는가?
   a. 미토콘드리아 내막
   b. 미트콘드리아의 막간 공간
   c. 세포질
   d. 미토콘드리아의 기질
7. NADH와 $FADH_2$에 의해 운반된 전자에 대한 설명 중 옳은 것은 무엇인가?
   a. 미토콘드리아의 막간 공간으로 퍼내어진다.
   b. ATP 합성효소에 전달된다.
   c. 미토콘드리아 내막에 있는 단백질들 사이에서 전달된다.
   d. 미토콘드리아의 기질로 운반된다.

■ 2단계: 적용력 평가하기

1. 다음 중 세포호흡에 대한 설명으로 옳지 않은 것은 무엇인가?
   a. 효소들은 전자를 전달하는 반응을 촉매한다.
   b. 전자는 세포호흡 과정의 끝에서는 더 큰 퍼텐셜에너지를 갖는다.
   c. 이산화탄소는 세포호흡의 부산물이다.
   d. 세포호흡 과정은 다수의 산화-환원 반응들을 포함한다.
2. ATP 합성효소가 ATP를 생산하는 데 필요한 직접적인 에너지원은 무엇인가?
   a. 전자전달연쇄
   b. 양성자 농도기울기
   c. 기질수준의 인산화
   d. 호흡과정 중 일어나는 산화 반응
3. 무산소호흡이란?
   a. 산소가 없을 때 사람에게서 일어난다.
   b. 효모에서 맥주와 와인을 만들 때 일어난다.
   c. 최종 전자수용체가 산소보다 전자에 대한 친화력이 낮기 때문에 산소호흡보다 적은 에너지를 생성한다.
   d. 최종 전자수용체가 산소보다 전자에 대한 친화력이 높기 때문에 산소호흡보다 많은 에너지를 생성한다.
4. 발효가 세포 내에서 중요한 대사로서 기능을 하는 이유는 무엇인가?
   a. 세포 내에서 산소가 없는 조건에서 포도당을 생성하기 때문이다.
   b. 전자전달 과정에서 NADH를 NAD^+로 산화하기 때문이다.
   c. 산소가 없을 때 피루브산을 산화하기 때문이다.
   d. 산소가 없을 때 ATP를 생산하기 때문이다.
5. 다음 중 전자전달과 ATP 합성을 연결해 주는 것은?
   a. 포스포에놀피루브산처럼 고에너지 중간물질이다.
   b. ATP 합성효소로 전자가 전달되는 것이다.
   c. 양성자 기울기이다.
   d. 산소가 없는 조건일 때이다.
6. 미토콘드리아의 내막에 구멍을 만드는 화학물질에 대한 설명 중 옳은 것은 무엇인가?
   a. 전자전달연쇄를 따라 전자가 전달되는 것을 멈추게 한다.
   b. ATP 합성을 멈추게 한다.
   c. 시트르산 회로를 멈추게 한다.
   d. a, b, c 모두 맞다.
7. 해당과정의 효소 유전자에 돌연변이가 생긴 효모 세포는 글리세롤을 이용하여 성장할 수 있다. 이 효모가 글리세롤을 이용할 수 있는 이유는 무엇인가?

a. 글리세롤은 돌연변이에 의해 영향을 받은 반응 단계 다음에서 해당과정에 들어가서 대사되기 때문이다.
b. 글리세롤은 시트르산 회로에 들어갈 수 있고 전자전달과 화학삼투를 통해 ATP를 생성할 수 있기 때문이다.
c. 글리세롤은 발효에 의해 이용될 수 있기 때문이다.
d. 글리세롤은 전자를 직접 전자전달연쇄에 줄 수 있기 때문이다.

▪3단계: 사고력 함양하기

1. 다음 표를 이용하여 분자들과 대사반응과의 상관관계를 간단히 서술하시오.

분자	해당과정	세포호흡
포도당		
피루브산		
산소		
ATP		
CO_2		

2. 동물의 새끼와 겨울잠을 자는 동물 또는 추위에 적응이 된 동물들은 갈색 지방조직이 있어서 체온을 유지할 수 있다(**열발생**이라는 과정에 의해서). 갈색 지방조직의 세포에는 미토콘드리아가 많다. 이 세포의 미토콘드리아는 내막에 **열발생 단백질**(thermogenin)이라는 특수한 단백질을 가지고 있는데, 이는 양성자를 수동적으로 이동시키는 수송단백질로서 기능을 한다. 대사, 수송 그리고 미토콘드리아의 구조와 기능에 대한 지식을 기반으로 열발생에서 갈색 지방조직의 역할에 대해 제안해 보시오.
3. 최근 데이터는 추운 온도와 체중 감량 사이의 연관성을 나타낸다. 성인이 갈색 지방을 유지하는 경우, 이를 어떻게 설명할 수 있는가?

6

광합성

도입

광합성이 없다면 지구상에 현재와 같은 다양한 생명체들이 존재할 수 없다. 우리가 흡입하는 대부분의 산소 원자는 물분자의 한 부분으로, 예전에 광합성으로 방출된 것이다. 석탄, 장작, 휘발유, 천연가스 등이 연소할 때 나오는 에너지나 몸에서 섭취한 음식물을 연소시킬 때 나오는 에너지는 모두 광합성을 통해 포획한 태양의 에너지이다. 이러한 점에서 광합성을 이해하는 것은 매우 중요하며, 날로 증가 추세에 있는 세계 인구문제를 해결하기 위해서는 광합성 연구를 통해 작물 수확과 토지 이용도를 향상시켜야 한다. 5장에서는 세포가 음식물 분자로부터 세포활동에 필요한 화학에너지를 얻는 방법에 대해 살펴보았다. 이번 장에서는 해바라기(사진)와 같은 식물체가 태양에너지를 포획하여 화학에너지가 풍부한 음식물 분자를 생산하는 과정인 광합성에 대해 살펴본다.

6.1 광합성의 개요

학습 목표

1. 광합성 반응에 대해 설명할 수 있다.
2. 엽록체의 구조에 대해 서술할 수 있다.

생명체는 햇빛으로부터 에너지를 얻어 살아가고 있다. 대부분의 생명체가 이용하는 에너지는 궁극적으로 태양에서 유래한 것으로서 식물, 조류, 박테리아의 광합성 과정을 통해 포획된다.

지구상에 생명체의 다양성이 가능한 것은 지구가 태양으로부터 끊임없이 쏟아지는 에너지를 받기 때문이다. 지구 표면에 매일 도달하는 복사에너지는 히로시마에 투하된 원자탄 약 100만 개 분량의 에너지에 해당한다. 이 중에서 광합성으로 포획되는 에너지는 약 1%에 불과하며, 이로부터 지구의 모든 생명체가 에너지를 공급받는다.

광합성은 CO_2와 H_2O를 결합하여 포도당과 O_2를 생산한다

지구상의 생물체에서 일어나고 있는 광합성(photosynthesis)은 산소를 생산하지 않는 무산소(anoxygenic) 광합성과 산소를 생산하는 유산소(oxygenic) 광합성으로 구분된다. 무산소 광합성은 홍색세균(purple bacteria), 녹색황세균(green sulfur bacteria), 녹색비황세균

(green nonsulfur bacteria), 헬리오박테리아(heliobacteria) 등 4종류의 세균에서 볼 수 있다. 유산소 광합성은 남세균(cyanobacteria), 7가지 조류군 및 모든 육상식물에서 일어난다. 이들 2가지 유형의 광합성에서 빛에너지를 포획하기 위해 이용하는 색소 종류는 유사하지만 이들 색소의 배열이나 작용은 서로 다르다.

식물의 경우 광합성은 주로 잎에서 일어난다. **그림 6.1**은 식물 잎의 구조적 특징을 여러 수준에서 보여주고 있다. 3장에서 살펴본 바와 같이 식물의 잎 세포는 광합성을 수행하는 세포소기관인 엽록체(chloroplast)를 가지고 있다. 식물세포에서 엽록체 이외의 어떤 다른 구조도 광합성을 할 수 없다. 광합성은 다음과 같은 3단계를 거쳐 진행된다.

1. 햇빛으로부터 에너지의 포획
2. 포획된 에너지를 이용한 ATP의 생성과 전자운반체인 $NADP^+$의 NADPH로의 환원
3. ATP와 NADPH를 이용하여 대기 CO_2로부터 유기물 분자의 합성

처음의 두 단계는 빛을 필요로 하기 때문에 **광의존성 반응**(light-dependent reactions)이라고 한다.

세 번째 단계인 CO_2로부터 유기물 분자를 형성하는 과정은 **탄소고정**(carbon fixation)이라고 한다. 이 과정들은 일련의 순환반응을 통해 진행된다. ATP와 NADPH가 공급되는 한 탄소고정 반응은 빛의 유무와 상관없이 일어날 수 있으므로, 이들 반응은 **광비의존성 반응**(light-independent reactions)이라고 한다(**그림 6.2**).

광합성의 전체 과정은 간단한 식으로 요약할 수 있다.

$$\underset{\text{이산화탄소}}{6CO_2} + \underset{\text{물}}{12H_2O} + \text{빛} \longrightarrow \underset{\text{포도당}}{C_6H_{12}O_6} + \underset{\text{물}}{6H_2O} + \underset{\text{산소}}{6O_2}$$

이 반응은 호흡의 역반응임을 알 수 있다. 호흡에서는 산소를 전자수용체(electron acceptor)로 이용하여 포도당을 CO_2로 산화시키지만, 광합성에서는 물을 산화시켜 얻은 전자를 이용하여 CO_2를 포도당으로 환원시킨다. 물의 산화와 CO_2의 환원에는 에너지가 필요한데, 이 에너지는 빛에 의해 공급된다. 이러한 설명은 너무 단순화된 것일 수도 있으나 유용한 '지구적 관점(global perspective)'을 제공한다는 점에 의의가 있다.

식물에서 광합성이 일어나는 곳은 엽록체이다

5장에서 미토콘드리아(mitochondria)의 복잡한 내막 및 외막의 구조가 미토콘드리아의 기능 수행에 중요하게 기여하고 있음을 살펴보았는데, 엽록체의 구조도 마찬가지이다.

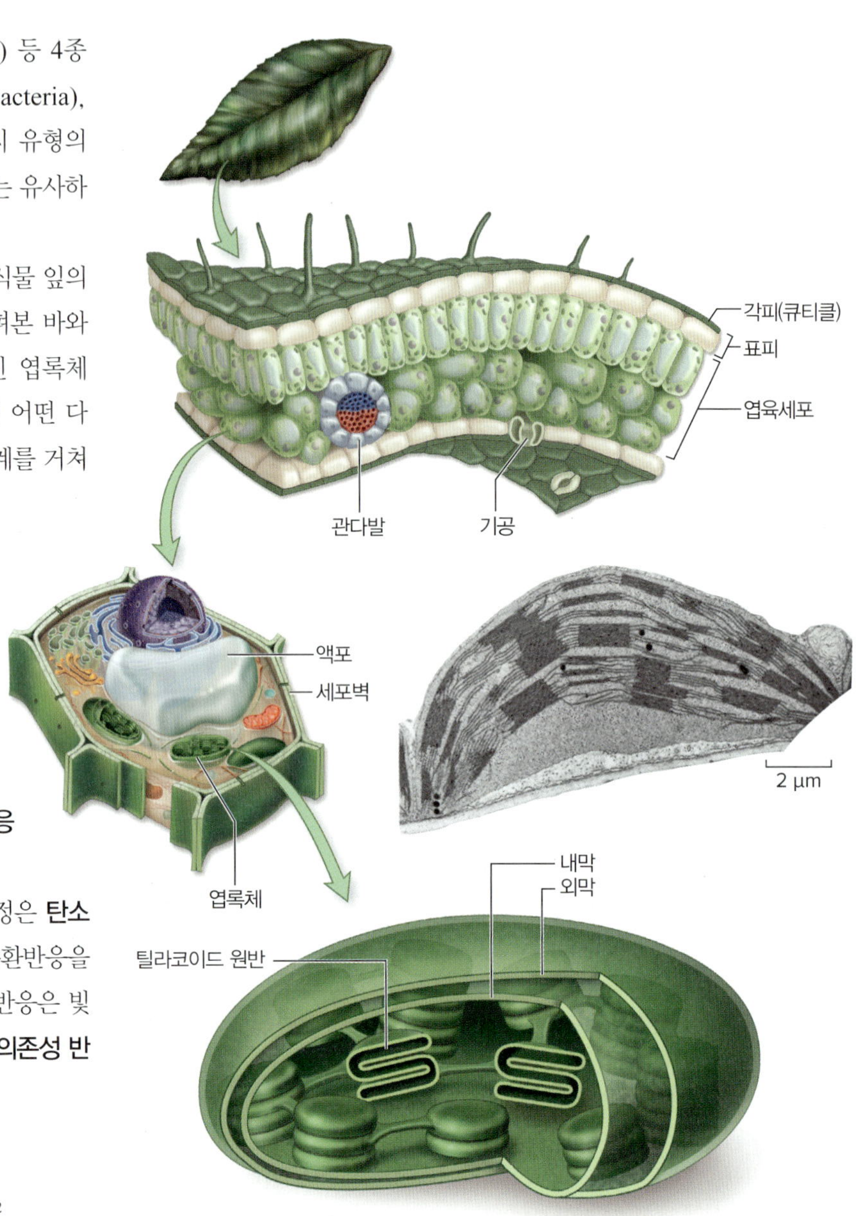

그림 6.1 잎으로의 여행.
식물의 잎에는 엽록체가 풍부한 엽육세포들이 두꺼운 층을 이루고 있다. 엽록체의 내막은 틸라코이드 원반(thylakoid disk)이라고 부르는 편평한 구조로 조직화되어 있으며, 틸라코이드 원반들은 그라나라고 하는 기둥 형태로 층을 이루고 있다. 내부의 나머지 부분은 스트로마라는 반유동성 물질로 채워져 있다.

틸라코이드막(thylakoid membranes)이라는 엽록체 내부의 막은 연속적인 인지질 2중층이 편평한 주머니를 이루면서 서로 차곡차곡 쌓인 형태인 **그라나**(grana)를 형성한다. 틸라코이드막에는 빛에너지를 포획하는 **엽록소**(chlorophyll)와 기타 광합성 색소, 그리고 ATP 합성 기구가 들어 있다.

틸라코이드막을 둘러싸는 반액체성 물질을 **스트로마**(stroma)라고 하며, 여기에는 ATP와 NADPH를 이용하여 CO_2로부터 유기물 분자를 합성하는 데 필요한 효소들이 들어 있다.

틸라코이드막의 광합성 색소들은 집단을 이루며 **광계**(photosys-

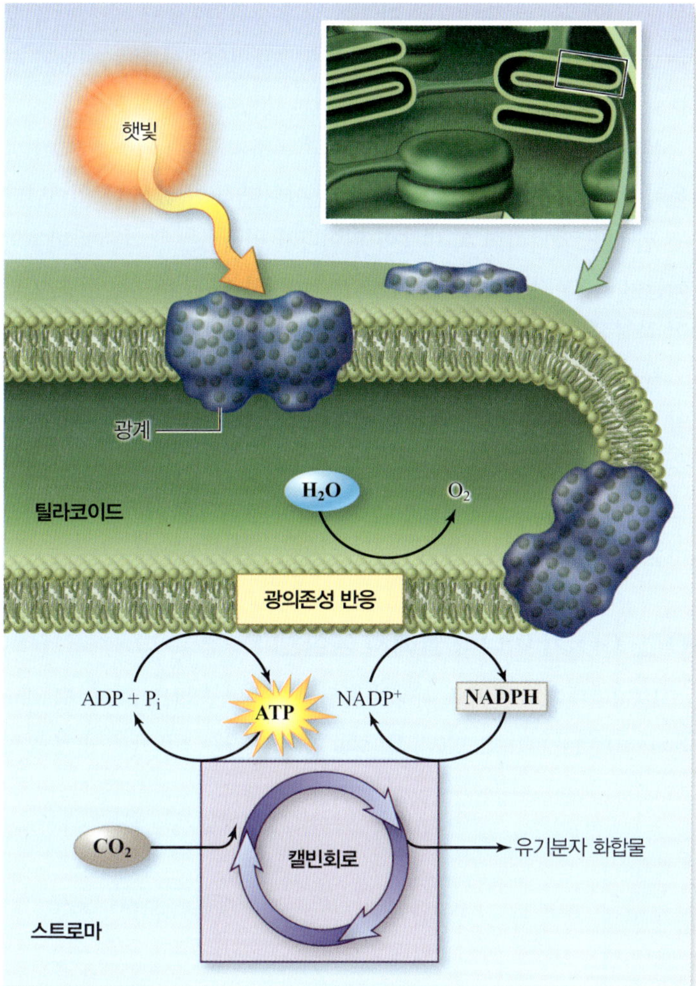

그림 6.2 광합성의 개요.
엽록소 분자들은 광계 내에 모여 있다. 이 엽록소가 햇빛의 광자를 수용하면서 광의존성 반응이 시작된다. 이 빛에너지는 ATP와 NADPH 생성에 사용한다. 광계에서 소실된 전자는 물의 산화로 대체되며, 부산물로 O_2가 생성된다. 광의존성 반응에서 생성된 ATP와 NADPH는 스트로마의 캘빈 회로를 통한 탄소고정에 사용된다.

tem)를 형성하는데, 광계는 틸라코이드막 안에 뚜렷하게 체계화되어 있다. 광계 안에 있는 각 색소 분자는 에너지의 다발인 광자(photon)를 포획할 수 있다. 적당한 파장의 빛이 광계 안의 색소 분자와 충돌하면 들뜬 에너지가 다른 색소 분자에게 전달되는데, 이때 들뜬 전자 자체가 물리적으로 이동하는 것이 아니라 그 에너지가 한 분자에서 다른 분자로 이동하는 것이다. 이러한 에너지 전달은 한 줄로 세워 놓은 도미노를 따라 운동에너지가 전달되는 것과 비슷하다. 처음 도미노 패 하나만 쓰러지게 하면 다음 도미노들이 연달아 쓰러져 마침내 전체가 다 쓰러지게 되는 것처럼 결국 에너지는 하나의 핵심 엽록소 분자에 도달하게 되는데, 이 핵심 엽록소 분자는 전자를 받을 수 있는 막결합 단백질과 접하고 있다.

에너지는 들뜬 전자의 형태로 결합 단백질로 이동하며, 이 단백질은 전자를 막에 결합된 일련의 다른 단백질들에게 차례로 전달하여 ATP와 NADPH를 생성한다. 이어서 ATP와 NADPH는 유기물 분자를 합성하는 데 사용된다. 이와 같이 광계는 많은 수의 개별 색소 분자가 포획한 빛에너지를 한군데로 수집하는 커다란 안테나처럼 작용한다.

핵심 요약 6.1

광합성은 햇빛을 필요로 하는 광의존성 반응과 CO_2를 유기분자로 전환하는 다른 반응으로 구성된다. 전반적인 반응은 본질적으로 호흡과 반대로 진행되어 부산물로서 O_2를 발생시킨다. 엽록체의 내막인 틸라코이드는 광합성 색소가 모이는 장소이고 하나의 분자에서 다음 분자로 에너지를 전달하는 경로가 된다. 틸라코이드막은 그라나라고 하는 기둥처럼 쌓여 있는 편평한 주머니들로 이루어져 있다.

■ 엽록체의 구조는 미토콘드리아의 구조와 어떻게 비슷할까?

6.2 광합성 과정의 발견

학습 목표

1. 광합성을 증명한 초기 실험들에 대해 서술할 수 있다.
2. 광의존성 반응과 광비의존성 반응을 비교하여 설명할 수 있다.

광합성에 대한 연구는 300년 이상 이루어져 왔으며, 현재도 진행 중이다. 초기 광합성 연구는 유기물질 무게의 증가를 통한 식물 생장이 어떻게 이루어지는지를 알고자하는 호기심에서 출발했다.

식물은 물과 토양만으로는 무게가 증가하지 않는다

그리스 시대부터 식물이 양분을 얻는 것은 문자 그대로 뿌리가 토양을 흡수하기 때문이라고 생각해 왔다. 벨기에의 의사였던 반 헬몬트(Jan Baptista van Helmont, 1580~1644)는 이러한 아이디어를 실험하기 위한 단순한 방법을 고안했다.

그는 작은 버드나무와 토양의 무게를 각각 잰 후 이 나무를 화분에 심고 몇 년간 물만 주면서 재배하였다. 5년 후 나무는 크게 자라 무게가 74.4 kg까지 증가하였다. 그러나 화분의 토양 무게는 겨우 57 g만 감소되는 데 그쳤다. 이러한 실험을 통해 반 헬몬트는 식물 무게의 증가 원인이 토양에만 있는 것이 아니라는 것을 입증하였다.

그럼에도 불구하고 그는 식물의 생체량이 증가한 주된 원인이 첨가해 준 물이라는 잘못된 결론에 이르렀다.

그 후 100년의 세월이 지나서야 광합성 연구의 진전이 나타나기 시작했는데, 그 핵심적 실마리는 영국 과학자인 프리스틀리(Joseph Priestly, 1733~1804)에 의해 발견되었다. 1771년 8월 17일에 그는 양초를 태운 공기에 살아 있는 박하나무 가지를 넣어 두었다. 같은 달 27일 그는 동일한 공기 안에서 새로운 양초를 태울 수 있다는 사실을 알게 되었고, 그 원인에 대해 박하 가지가 어떤 작용을 통해 공기를 복원시켰기 때문이라고 생각했다. 또 그는 양초를 태운 공기에서는 생쥐가 호흡할 수 없었으나, 박하 가지로 인해 "복원된" 공기에서는 생쥐의 호흡이 전혀 불편하지 않음을 알게 되었다. 즉, 핵심적 실마리는 **살아 있는 식물이 무언가를 공기에 첨가한다는 것**이었다.

그렇다면 식물이 어떻게 공기를 복원할 수 있는 것일까? 그로부터 25년 후 네덜란드 의사인 잉겐하우스(Jan Ingenhousz, 1730~1799)가 그 의문을 해결하였다. 그는 오직 햇빛이 주어질 때만 그리고 뿌리가 아닌 녹색 잎이 있을 때만 공기가 복원된다는 것을 입증했다. 그는 식물의 녹색 부위가 태양광을 이용하여 이산화탄소를 탄소와 산소로 분할시키는 과정을 수행한다고 주장하면서, 산소는 O_2 기체 형태로 공기 중에 방출되며 탄소 원자는 물과 결합하여 탄수화물을 형성한다고 제안하였다. 그에 이어 다른 연구들에 의해 이러한 결론은 보다 세련되어졌으며, 19세기 말에는 광합성의 전체 반응을 다음과 같이 기술할 수 있게 되었다.

$$CO_2 + H_2O + \text{빛에너지} \longrightarrow (CH_2O) + O_2$$

그 후 이 반응에 더 복잡한 내용이 있음이 밝혀졌고, 20세기에 들어와서 과학자들은 보다 상세한 광합성 과정의 연구를 통해 빛의 역할이 예상과 달리 매우 복잡하다는 것을 알게 되었다.

광합성에는 광의존성 반응과 광비의존성 반응이 존재한다

20세기 초 영국 식물생리학자 블랙만(F. F. Blackman, 1866~1947)은 광합성이 여러 단계를 거쳐 일어나는 과정으로 그중 한 단계에서만 빛을 직접 이용한다는 놀라운 결론에 도달하였다.

빛의 세기, CO_2 농도 및 온도가 광합성에 미치는 영향을 측정한 결과, 그는 빛의 세기가 비교적 낮을 때는 빛의 양을 증가시킴에 따라 광합성이 가속화되지만 온도나 CO_2 농도를 증가시키는 경우에는 그렇지 않다는 것을 알았다(**그림 6.3**). 그러나 빛의 세기가 높을 때에는 온도나 CO_2 농도를 증가시키면 광합성이 크게 촉진되었다.

이러한 실험 결과를 바탕으로 블랙만은 광합성이 온도와는 큰 상관없이 빛에 의존적인 소위 '명(light)' 반응(더욱 적절하게는 광의존성 반응)이라는 초기 반응과 더불어 빛과 상관없이 CO_2의 제한을 받는 소위 '암(dark)' 반응(더욱 적절하게는 광비의존성 반응)이라고 하는 두 번째 반응으로 이루어졌다고 결론 내렸다.

블랙만이 지칭한 '암' 반응에 대해 혼동하지 말아야 할 것은 이 반응이 어두운 곳에서 이루어지는 것이 아니라 빛이 있을 때 일어난다는 점이다. 왜냐하면 이 반응이 일어나기 위해서는 광의존성 반응의 산물이 필요하기 때문이다. 단지 암반응에서 '암'의 의미는 단순히 빛이 직접적으로 이 반응에 관여하지 않음을 의미할 뿐이다.

블랙만은 온도 증가에 따라 광비의존성 반응의 속도도 증가하나 약 35℃까지만 그렇다는 것을 알았다. 이보다 높은 온도는 반응 속도를 급속하게 떨어뜨렸는데 식물 효소들은 대부분 35℃에서 변성되기 시작하기 때문에 블랙만은 효소들이 광비의존성 반응에 관여한다고 결론지었다.

O_2는 CO_2가 아니라 물에서 생성된다

1930년대에 스탠퍼드 대학의 홉킨스 해양연구소(Hopkins Marine Station) 연구원인 반 닐(C. B. van Niel, 1897~1985)은 홍색 황세

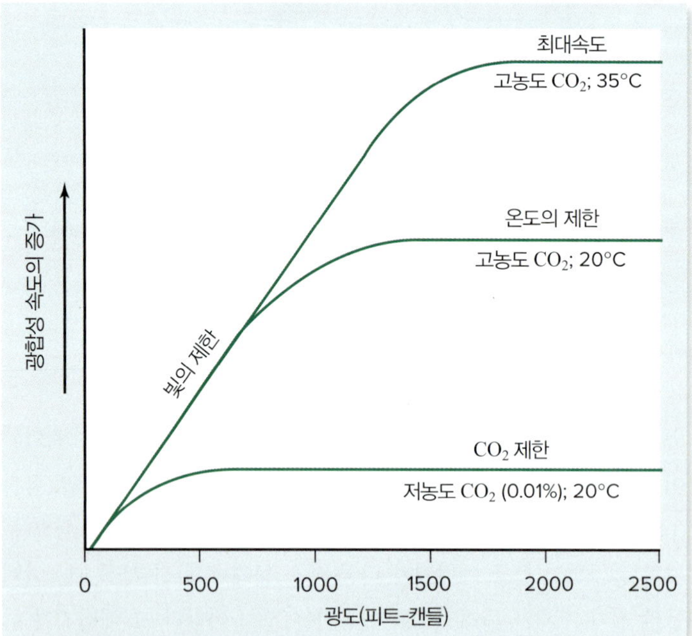

그림 6.3 광비의존성 반응의 발견. 블랙만은 서로 다른 광도, CO_2 농도 및 온도에서 광합성 속도를 측정하였다. 그래프와 같이 낮은 광도에서는 빛이 제한요인으로 작용하지만, 높은 광도에서는 온도와 CO_2 농도가 제한요인이 된다. 이것은 효소와 CO_2를 동시에 사용하는 반응이 존재함을 의미한다.

자료 분석 블랙만은 2000 피트-캔들(약 2000럭스) 이상 빛의 세기가 증가되면 더이상 광합성률이 높아지지 않는다는 것을 발견했다. 이것을 설명한 가설은 무엇인가?

균에서 광합성이 일어날 때 산소가 방출되는 대신 황화수소(H_2S)가 순수한 황 원소로 전환되어 체내에 축적된다는 것을 발견했다. 그가 관찰한 반응은 다음과 같은 식으로 나타낼 수 있다.

$$CO_2 + 2H_2S + \text{빛에너지} \longrightarrow (CH_2O) + H_2O + 2S$$

이 반응과 잉겐하우스의 식 사이에 보이는 놀라운 유사성을 바탕으로 반 닐은 광합성의 일반식을 다음과 같이 쓸 수 있었다.

$$CO_2 + 2H_2A + \text{빛에너지} \longrightarrow (CH_2O) + H_2O + 2A$$

이 반응식에서 물질 H_2A는 전자 공여체로서, 녹색식물의 광합성에서 H_2A는 물이고 홍색 황세균에서 H_2A는 황화수소이다. 반응 산물인 A는 H_2A가 분할되어 나온 것이므로 녹색식물 광합성에서 생성되는 O_2는 이산화탄소가 아니라 물이 분해된 결과이다.

1950년대 초 동위원소의 사용이 일반화되기 시작하면서 반 닐의 혁신적 가설이 실험에 부쳐졌다. 녹색식물에 무거운 산소(^{18}O)가 포함된 물을 공급하면서 광합성을 조사한 결과 ^{18}O 표지는 반 닐이 예측한 대로 탄수화물에서 발견되지 않고 산소 기체에 나타났다.

$$CO_2 + 2H_2{}^{18}O + \text{빛에너지} \longrightarrow (CH_2O) + H_2O + {}^{18}O_2$$

조류와 녹색식물에서 광합성으로 생산되는 대표적인 탄수화물은 포도당(glucose)이다. 이들 생물에서 일어나는 광합성 반응식은 다음과 같다.

$$6CO_2 + 12H_2O + \text{빛에너지} \longrightarrow C_6H_{12}O_6 + 6H_2O + 6O_2$$

광의존성 반응의 ATP와 NADPH는 당을 만들어 CO_2를 감소시킨다

광의존성 반응에 대한 선구적 연구를 통해 반 닐은 물이 분할되어 생성되는 H^+ 이온과 전자는 **탄소고정**(carbon fixation)이라는 과정을 통해 CO_2를 유기물질로 전환시키는 데 이용된다고 하였다. 1950년대에 힐(Robin Hill, 1899~1991)은 빛에너지가 수확되어 환원반응에 이용될 수 있다는 사실을 토대로 반 닐의 주장이 옳았음을 입증하였다. 잎 세포에서 분리한 엽록체는 빛에 반응하여 색소를 환원시키고 산소를 방출할 수 있다. 이후의 실험을 통해 물에서 방출된 전자는 $NADP^+$로 전달되며, CO_2가 고갈된 상태에서 빛을 조사받은 엽록체는 ATP를 축적함을 알게 되었다. 여기에 CO_2를 가해주면 ATP와 NADPH가 축적되지 않고 CO_2는 유기물 분자로 동화된다.

이러한 실험들은 3가지 이유로 중요하다. 첫째, 식물의 광합성이 엽록체에서 일어난다는 사실을 확실하게 보여준다. 둘째, 광의존성 반응이 빛에너지를 이용하여 $NADP^+$를 환원하고 ATP를 합성한다는 것을 보여준다. 셋째, 이러한 광합성의 초기 단계에서 생성된 ATP와 NADPH가 이산화탄소를 환원시켜 단순 당을 형성하는 반응에 사용된다는 사실을 보여준다.

핵심 요약 6.2

초창기 실험을 통해 식물은 햇빛이 있는 곳에서만 산소를 생성하여 공기를 사용 가능한 상태로 '복원'시킨다는 것이 밝혀졌다. 이후의 실험을 통해 광의존성 반응과 광비의존성 반응이 존재한다는 것이 밝혀졌다. 광의존성 반응은 H_2O로부터 O_2를 생산하고 ATP와 NADPH를 생성한다. 광비의존성 반응은 탄소고정을 통해 유기화합물을 합성한다.

■ 사람의 몸에 존재하는 탄소는 어디에서 온 것일까?

6.3 색소

학습 목표

1. 광합성에서 색소의 중요성에 대해 설명할 수 있다.
2. 색소의 흡수 스펙트럼과 그의 색깔을 연관시켜 설명할 수 있다.

식물이 태양에너지를 이용하기 위해서는 그 에너지를 흡수할 수 있는 어떤 생화학적 구조가 엽록체(chloroplast)와 틸라코이드(thylakoid)막에 존재해야 한다. 가시광선 영역의 빛에너지를 흡수하는 분자를 **색소**(pigment)라고 한다. 우리는 의복이나 다른 물질에 일정한 색을 부여하는 물감을 통해 색소를 친숙하게 알고 있는데, 우리 눈은 흡수되지 않은 반사된 색을 보고 있는 것이다. 식물이 빛에너지 포획을 위해 색소를 어떻게 이용하는지를 이해하기 위해서는 먼저 빛의 성질에 대해 살펴볼 필요가 있다.

빛은 에너지의 한 형태이다

그림 6.4에서 보는 것처럼 빛은 파동성으로 인한 파장(wavelength)으로 구분할 수 있는 전자기 스펙트럼(electromagnetic spectrum)을 생성한다. 우리는 이 스펙트럼 중에서 실제로 볼 수 있는 가시광선 영역과 가장 친숙하지만, 가시광선은 전체 스펙트럼의 작은 한 부분에 지나지 않는다. 가시광선은 파장에 따라 빛을 분리시키는 프리즘에 의해 개별 색으로 구분된다.

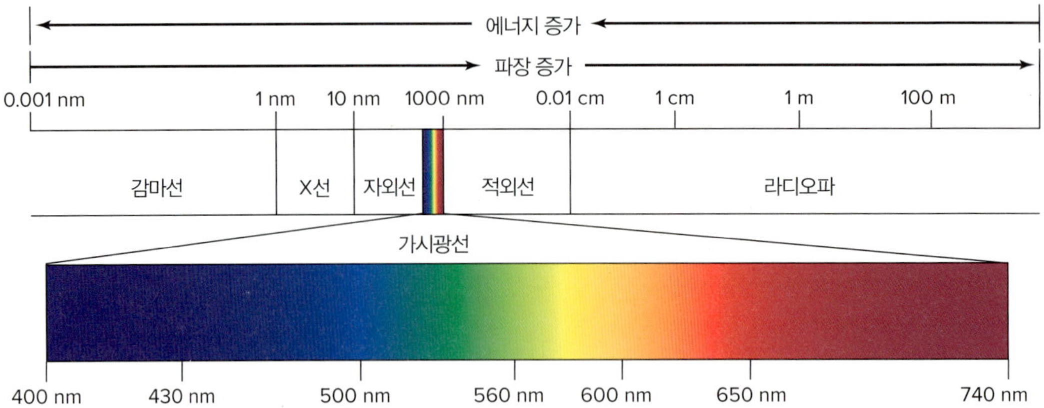

그림 6.4 전자기 스펙트럼. 빛은 흔히 파동으로 간주되는 전자기 에너지의 한 형태이다. 빛의 파장이 짧을수록 그 에너지는 커진다. 가시광선은 전체 전자기 스펙트럼 가운데 400∼740 nm 사이의, 일부 파장 범위에 있다.

광자(photon)라고 부르는 빛의 입자는 별도의 에너지 다발처럼 행동한다. 서로 다른 색의 빛을 이해하기 위해 빛의 파동 개념이 사용되고 있으며, 광합성에서의 에너지 전달을 이해하기 위해서는 빛의 입자 개념이 사용되고 있다. 따라서 이 장에서는 빛의 파장과 광자에 대해 알아본다.

광자의 에너지

광자의 에너지 함량은 빛의 파장에 반비례하며, 단파장의 빛은 장파장의 빛보다 더 높은 에너지를 가진 광자를 포함한다(**그림 6.4** 참조). 에너지 함량이 매우 높은 X선은 가시광선(visible light)에 비해 훨씬 짧은 파장을 가진다.

광선은 분자로부터 전자를 이탈시켜 전류를 생성할 수 있는데, 이러한 현상을 **광전효과**(photoelectric effect)라고 하며 광자가 전자에게 에너지를 전달할 때 발생한다. 광전효과의 세기는 빛의 파장과 관련 있으며, 짧은 파장의 빛일수록 에너지가 크기 때문에 효율적으로 광전효과를 생성한다.

광합성에서 엽록체는 마치 광전장치(photoelectric devices)와 같은 특성으로 햇빛을 흡수하여 들뜬 전자를 운반체에게 전달한다. 이러한 과정을 상세히 추적하면 이 과정에서 에너지가 어떻게 포획되며, 유기화합물 합성을 위해 그 에너지를 어떻게 사용하는지가 밝혀지게 된다.

각각의 색소는 특징적인 흡수 스펙트럼을 나타낸다

전자를 들뜨게 하는 데 필요한 에너지를 가진 광자가 분자와 충돌하면 분자는 그 광자를 흡수하여 자신의 전자를 보다 높은 에너지 수준으로 올려놓는다. 분자에 의한 광자 에너지의 흡수 여부는 광자에 포함된 에너지의 크기 및 광자와 충돌한 분자의 화학적 성질에 따라 결정된다.

1장에서 살펴본 것처럼 전자는 원자핵 주위의 자신의 궤도에서 특정 에너지 준위를 점유하고 있다. 전자를 다른 에너지 준위로 끌어올리려면 그에 맞는 적정량의 에너지가 필요한데, 그것은 마치 사람이 사다리를 올라갈 때 다음 계단으로 올라서기 위해서는 딱 알맞은 거리만큼만 발을 올려야 하는 것과 비슷하다. 따라서 특정 원자는 그 원자의 에너지 수준에 해당하는 특정한 빛의 광자만을 흡수할 수 있다. 그 결과 각각의 분자는 특징적인 **흡수 스펙트럼**(absorption spectrum)을 보이게 된다. 흡수 스펙트럼이란 어떤 분자가 흡수할 수 있는 광자의 범위와 그 흡수 효율을 나타낸 그래프이다.

앞에서 살펴본 것처럼 색소들은 가시광선을 잘 흡수하는 물질들이다. 생물체들은 다양한 색소들을 진화시켰는데 녹색식물의 광합성에는 엽록소(chlorophyll)와 카로티노이드(carotenoid)라는 두 종류의 색소만이 이용된다. 일부 생물에서는 다른 색소 분자가 빛에너지를 흡수하기도 한다.

엽록소의 흡수 스펙트럼

엽록소는 좁은 에너지 범위의 광자들을 흡수한다. 식물의 엽록소는 **그림 6.5**에서 보는 것처럼 보라색-청색광을 흡수하는 엽록소 *a*와 적색광을 흡수하는 엽록소 *b*로 구분된다. 이들 색소는 500∼600 nm의 파장을 갖는 광자를 흡수하지 못하고 반사시킨다. 이들 반사된 광자들이 사람 눈의 레티날(retinal) 색소에 흡수되면 녹색이 감지된다.

엽록소 *a*(chlorophyll *a*)는 식물과 남세균의 주요 광합성 색소로 빛에너지를 화학에너지로 직접 전환시킬 수 있는 유일한 색소이다. **엽록소 *b***(chlorophyll *b*)는 **보조색소**(accessory pigment)로 작용하는 2차적 광흡수 색소로서, 엽록소 *a* 의 빛 흡수를 보조하고 그 흡수량을 증가시켜 준다.

엽록소 *b*는 녹색 파장 쪽으로 이동된 흡수 스펙트럼을 가진다. 따라서 엽록소 *b*는 엽록소 *a*가 흡수할 수 없는 광자도 흡수할 수 있어 식물이 수확하는 태양광 광자의 비율을 크게 증가시켜 준다. 그에 부가하여 식물, 박테리아, 조류에서는 다양한 보조색소들이 발견된다.

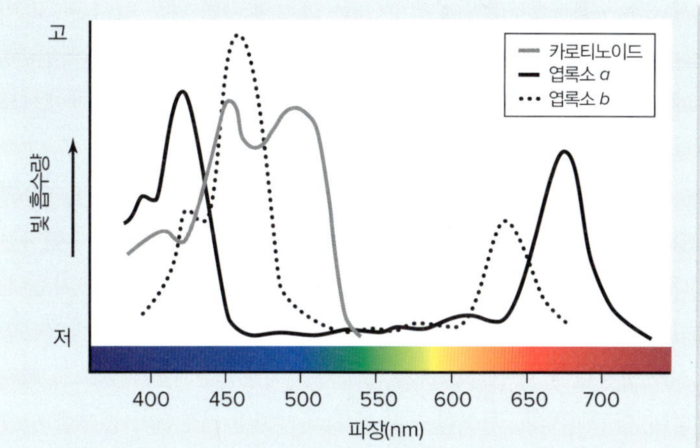

그림 6.5 엽록소와 카로티노이드의 흡수 스펙트럼.
그래프의 극대점은 광합성 색소의 2가지 공통형태인 엽록소 a와 b, 그리고 카로티노이드가 흡수한 태양광의 파장을 나타낸다. 엽록소는 스펙트럼의 2개의 좁은 밴드에서 주로 보라색-청색광과 적색광을 흡수하며, 스펙트럼 중간 부분의 녹색광을 반사한다. 카로티노이드는 대부분 청색광과 녹색광을 흡수하며 주황색광과 황색광을 반사한다.

엽록소의 구조

엽록소는 광전효과와 유사한 들뜨는 과정(excitation process)을 통해 광자를 흡수한다. 이들 색소에는 **포르피린 고리**(porphyrin ring) 구조가 들어 있는데, 이것은 단일결합과 이중결합이 교대로 나타나는 복잡한 고리 구조이다. **그림 6.6**에서 보는 것처럼 고리의 정중앙에는 마그네슘 원자가 들어 있다.

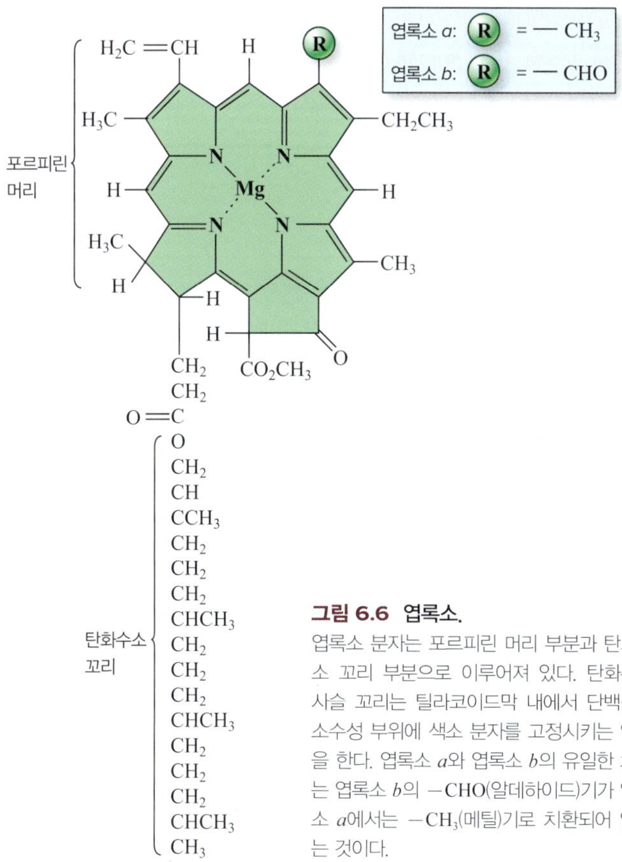

그림 6.6 엽록소.
엽록소 분자는 포르피린 머리 부분과 탄화수소 꼬리 부분으로 이루어져 있다. 탄화수소 사슬 꼬리는 틸라코이드막 내에서 단백질의 소수성 부위에 색소 분자를 고정시키는 역할을 한다. 엽록소 a와 엽록소 b의 유일한 차이는 엽록소 b의 $-CHO$(알데하이드)기가 엽록소 a에서는 $-CH_3$(메틸)기로 치환되어 있다는 것이다.

광자는 포르피린 고리의 전자를 들뜨게 해주며, 들뜬 전자들은 교대로 출현하는 탄소의 단일결합과 2중결합 시스템을 통해 이동한다. 고리 외부에 부착된 서로 다른 작은 측쇄는 여러 종류의 엽록소가 서로 다른 흡수 스펙트럼을 갖게 한다(**그림 6.6** 참조). 흡수 스펙트럼은 엽록소와 단백질의 결합에 의해 영향을 받기도 한다.

광합성의 **작용 스펙트럼**(action spectrum)이란 서로 다른 파장의 빛이 광합성을 일으키는 상대적 효율성을 나타낸 그래프로서 엽록소의 흡수 스펙트럼과 상응하는 개념이다. **그림 6.7**은 이에 대한 실험을 보여준다. 모든 식물, 조류 및 남세균은 엽록소 a를 1차적 색소로 사용한다.

색소 중에는 500~600 nm 범위의 흡수 스펙트럼을 갖는 레티날(retinal)과 같은 눈의 색소도 있지만 광합성 생물들은 이를 광합성 색소로 사용하지 않는다. 그 이유에 대해 의문이 있을 수 있는데, 그에 대한 가장 합리적인 가설로 **광효율**(photoefficiency)을 들 수 있다. 레티날이 넓은 범위의 파장을 흡수하기는 하지만 그 흡수 효율이 상대적으로 낮기 때문이라는 것이다. 그에 비해 엽록소가 흡수하는 파장은 단지 2개의 좁은 밴드에 불과하지만, 그 흡수 효율이 높기 때문에 식물과 대부분의 다른 광합성 생물들은 다른 색소보다는 엽록소를 이용한 에너지 포획을 선택하여 전체적으로 훨씬 많은 에너지를 흡수할 수 있게 된 것이다.

과학적 사고

가설: 모든 파장의 빛은 광합성을 촉진하는 효율이 같다.
예측: 프리즘으로 분산시킨 빛을 식물세포에 쪼이면 모든 파장의 빛에 의해 동일한 양의 O_2가 생산될 것이다.
실험: 슬라이드 위에 고정시킨 사상체 조류에 프리즘을 통과한 빛을 쪼인다. 이어서 생장을 위해 산소를 필요로 하는 운동성 박테리아를 슬라이드에 첨가한다.

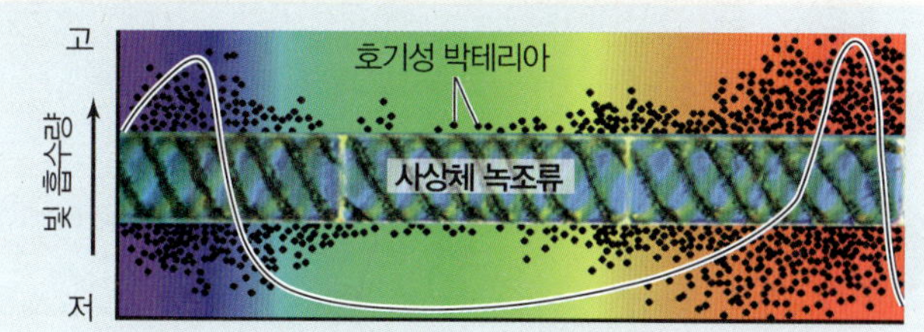

결과: 박테리아는 고농도 O_2 부위인 광합성이 가장 활발한 구역으로 이동한다. 광합성이 가장 활발한 부위는 스펙트럼에서 보라/청색광과 적색광 지역이다.
결론: 모든 파장의 빛이 광합성을 촉진하는 효율이 같지는 않다. 가장 효과적인 파장의 빛은 광합성의 작용 스펙트럼을 구성한다.
추가 실험: 작용 스펙트럼은 **그림 7.5**의 여러 가지 흡수 스펙트럼과 어떻게 연관되어 있을까?

그림 6.7 광합성의 작용 스펙트럼.

카로티노이드와 기타 보조색소들

카로티노이드(carotenoids)는 탄소 고리가 단일결합과 2중결합이 교대로 출현하는 사슬에 연결된 구조로 되어 있다. 카로티노이드는 흡수한 에너지를 항상 높은 효율로 전달하지는 못하지만 넓은 범위의 에너지를 가진 광자를 흡수할 수 있다. 이들 색소는 엽록소가 효과적으로 흡수하지 못하는 파장의 빛에너지를 포획함으로써 광합성을 돕는다(**그림 6.8**; **그림 6.5** 참조).

카로티노이드는 또한 자유 라디칼(free radical)을 제거해 주는 중요한 역할을 수행한다. 엽록체에서 일어나는 산화-환원 반응(oxidation-reduction reaction)에서는 다량의 자유 라디칼이 생성될 수 있는데, 카로티노이드는 자유 라디칼이 초래한 상해를 감소시키는 범용 항산화제(antioxidants)의 역할을 할 수 있다. 이와 같이 카로티노이드는 빛을 흡수하는 분자로서의 역할 이외에도 보호 기능을 제공해 주는데, 이러한 보호 기능은 그리 놀라운 일은 아니다. 그 이유는 엽록소와 달리 카로티노이드는 생명체 분류의 3가지 도메인(역)에 포함된 개체들을 포함하여 많은 종류의 서로 다른 생물체에서도 발견되기 때문이다.

대표적인 카로티노이드로서 β-카로틴(β-carotene)이 있다. 이 화합물은 2개의 탄소 고리가 단일결합과 2중결합이 교대로 출현하는 18개 탄소 원자의 사슬에 의해 서로 연결되어 있는 구조를 가진다. 한 분자의 β-카로틴을 정확히 반으로 나누면 두 분자의 바이타민 A가 생성된다. 바이타민 A가 산화되면 척추동물의 시각색소인 레티날이 만들어진다. 이러한 연관성으로 인해 β-카로틴이 풍부한 당근을 먹으면 시력 향상에 도움이 될 수 있을 것이다.

남세균과 일부 조류에서는 보조색소로서 **파이코빌리 단백질**(phycobiliproteins)이 발견된다. 이들 색소는 테트라피롤(tetrapyrrole)기와 여기에 부착된 단백질로 이루어져 있다. 또한 피롤 고리(pyrrole ring)는 전자를 전달하는 다른 색소나 분자에서 발견되는 바와 같이 교대로 출현하는 2중결합 시스템을 포함한다. 파이코빌리 단백질은 파이코빌리솜(phycobilisome)이라고 부르는 복합체를 조직함으로써 엽록소가 흡수하지 못하고 반사하는 녹색광을 흡수할 수 있는 또 하나의 광수확(light-harvesting) 복합체를 형성한다. 이들 복합체는 아마도 남세균으로 하여금 해양의 낮은 광도 조건에서 생존할 수 있게 도와주기 때문에 남세균에게 생태적 중요성을 가진 것으로 여겨진다. 이는 해수면에 보다 가까이 사는 녹조류가 적색광과 청색광을 흡수하기 때문에 남세균이 사는 장소에는 녹색광만 남아 있게 되기 때문이다.

그림 6.8 단풍의 색깔을 만드는 카로티노이드와 기타 보조색소.
봄과 여름에는 잎의 엽록소가 카로티노이드 및 기타 보조색소들을 덮어씌우고 있다. 선선한 가을의 기온은 잎의 엽록소 생산을 멈추게 하기 때문에 엽록소는 분해되어 더 이상 녹색광을 반사할 수 없으며, 잎은 카로티노이드 및 다른 색소들이 흡수하지 않는 주황색광과 황색광을 반사하게 되어 단풍 색깔이 나타나게 된다.

핵심 요약 6.3

색소는 빛에너지를 흡수할 수 있는 분자이며 흡수 스펙트럼은 에너지를 가장 효율적으로 흡수하는 파장을 보여준다. 색소의 색은 흡수되지 않은 파장으로 인해 발생한다. 주요 광합성 색소는 엽록소이며, 이들은 흡수 스펙트럼이 약간 다른 여러 가지 형태로 존재한다. 많은 광합성 유기체들은 엽록소와는 다른 흡수 스펙트럼을 가진 보조색소들을 가지고 있으며, 이것이 빛에너지의 포획을 증가시킨다.

- 작용 스펙트럼과 흡수 스펙트럼의 차이점은 무엇일까?

6.4 광계의 구성

학습 목표

1. 광계의 특성에 대해 설명할 수 있다.
2. 반응중심의 기능과 안테나 복합체의 기능을 비교하여 설명할 수 있다.

광합성에서 색소의 역할을 연구하는 한 가지 방법은 광합성 양과 광도 사이의 상관관계를 측정하는 것으로, 얼마나 많은 빛에 의해 얼마나 많은 광합성이 이루어졌는가를 측정하는 것이다. 식물에 대한 실험 결과 낮은 광도에서는 광합성 양이 빛의 세기에 비례해서 증가하지만 높은 세기의 빛에서는 더 이상 증가하지 않고 포화되는 것으로 나타났는데, 포화가 일어나는 것은 그 식물의 광흡수 능력이 모두 사용되고 있기 때문에 나타나는 현상이다.

O_2의 생성에도 다수의 엽록소 분자가 필요하다

빛의 세기가 증가될 때 광합성이 포화된다는 것이 밝혀진 다음, 제기되는 의문은 얼마나 많은 엽록소 분자들이 실제로 광자를 흡수했는지에 대한 것으로 그 질문은 다음과 같이 표현할 수도 있다. "모든 엽록소 분자들이 광자를 흡수했을 때 광합성은 포화상태에 이르는 것일까?" 이 질문에 답하려면 O_2 발생량을 기초로 하여 측정될 수 있는 광합성 양과 그때 존재하는 엽록소 분자 수를 측정할 수 있어야 한다.

연구자들은 단세포 조류인 클로렐라(*Chlorella*)를 이용하여 그 값을 구할 수 있었다. 클로렐라 배양액에 빛의 세기를 증가시켜 가면서 광을 조사하면 시스템이 포화될 때까지 섬광당 O_2의 발생량이 증가하는데, 이를 통해 O_2 발생량과 배양액에 존재하는 엽록소 분자의 수를 비교할 수 있다.

광합성이 포화된 상태에서 엽록소 분자당 관찰된 O_2의 양을 조사한 결과 엽록소 2500 분자당 한 분자의 O_2가 발생함을 알게 되었다(**그림 6.9**). 실험 결과는 원래의 예상과 다르게 나타났는데, 빛을 흡수하는 것은 개개의 독립적인 색소 분자가 아니라 엽록소와 보조색소의 클러스터인 광계(photosystem)라는 것이 제안되었다. 하나의 광계에 있는 수백 개의 색소 분자 중 어떤 색소 분자도 빛을 흡수할 수 있으며, 빛을 흡수한 각 색소 분자는 보다 낮은 에너지 준위를 가진 하나의 분자에게 자신의 들뜬 에너지를 전달한다는 것이다.

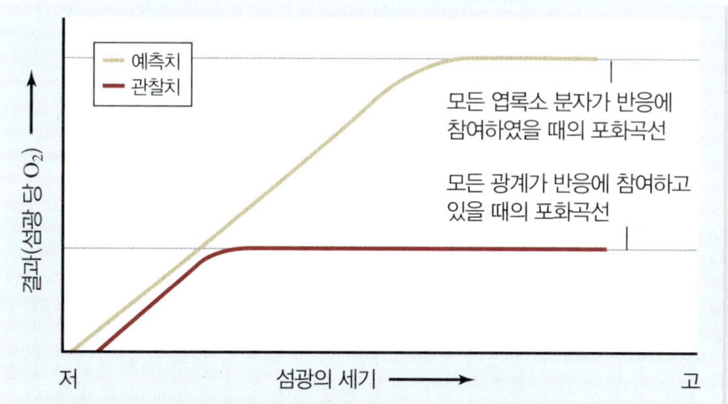

그림 6.9 광합성의 포화.
광합성이 포화점에 도달하면 빛의 세기를 증가시켜도 더 이상 광합성이 증가하지 않는다. 광합성의 포화점은 존재하는 엽록소 분자의 수를 토대로 예측한 값보다 훨씬 낮은 수준에서 형성된다. 이러한 결과는 많은 수의 엽록소 분자를 포함한 광계들이 조직화되어 있을 것이라는 개념을 도출시켰다. 이들 광계는 엽록소 분자의 수로부터 예측된 것보다 낮은 O_2 발생량에서 광합성이 포화된다.

자료 분석 제시된 그래프보다 엽록소 분자 수가 더 많거나 적은 광계의 그래프를 그려보시오.

일반적인 광계는 안테나 복합체와 반응중심으로 이루어진다

한 종류의 광합성 원핵생물을 제외한 모든 엽록체에서 빛에너지는 광계에 의해 포획된다. 각 광계는 광합성 막 표면의 단백질 기질 내에 있는 엽록소 *a* 분자, 보조색소 및 결합 단백질의 네트워크이다. 한 지점에 빛의 초점을 집중해 주는 확대경과 같이 광계는 자신의 색소 분자가 수집한 들뜬 에너지를 반응중심 엽록소(reaction center chlorophyll)라고 부르는 특수한 분자에게 집중시킨다. 반응중심 엽록소는 그 에너지를 들뜬 전자의 형태로 광계 밖으로 내보내고, 이동한 전자는 ATP와 유기화합물 분자의 합성에 사용된다. 따라서 광계는 다음과 같은 2개의 밀접하게 연관된 요소로 이루어져 있다.

1. 수백 개의 분자 색소로 이루어진 **안테나 복합체**는 광자를 수집하여 포획한 빛에너지를 반응중심에 집중시켜 준다.
2. 단백질의 기질 내에 하나 이상의 엽록소 *a* 분자로 이루어진 **반응중심**은 들뜬 전자를 광계 밖으로 이동시킨다.

안테나 복합체

안테나 복합체(antenna complex)는 광수확 복합체(light-harvesting complex)라고도 부를 정도로 그 역할이 잘 표현되어 있다. 이 광수확 복합체는 **그림 6.10**에서 보는 것처럼 태양광으로부터 광자를 포획하여 반응중심 엽록소에게 집중시켜 준다.

엽록체의 광수확 복합체는 엽록소 분자들을 서로 연결한 그물이 단백질 기질에 의해 틸라코이드막에 단단히 결합되어 있는 구조이

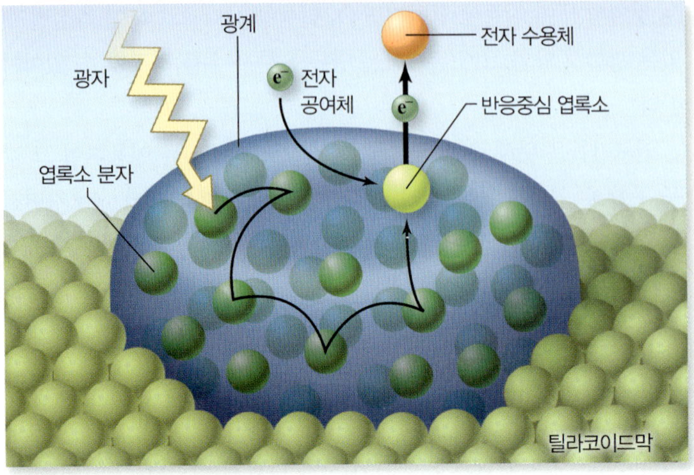

그림 6.10 안테나 복합체의 작용 방식.
적정한 파장의 빛이 광계의 색소 분자를 타격하면 색소 분자가 그 빛을 흡수하고, 그 결과 얻어진 들뜬 에너지는 반응중심의 엽록소 *a*에 도달할 때까지 집단을 이룬 색소 분자 사이를 이동한다. 들뜬 에너지가 반응중심 엽록소에 도달하면 전자전달이 개시된다.

며, 카로티노이드 보조색소도 다양하게 함유되어 있다. 단백질 기질은 각 색소 분자가 에너지 전달을 최적화할 수 있도록 색소 분자들과 결합되어 있다.

광자 흡수로 생성된 들뜬 에너지는 반응중심을 향해 가는 과정에서 인접한 색소 분자들을 통해 연속적으로 이동한다. 전자 전달이 끝나면 각 분자의 들뜬 에너지는 광자가 흡수되기 전의 낮은 에너지 준위로 되돌아온다. 결과적으로 색소 분자들 사이를 이동하는 것은 들뜬 전자 자체가 아닌 에너지로서, 안테나 복합체는 많은 전자 에너지를 수집하여 반응중심으로 전달해 주는 것이다.

반응중심

반응중심(reaction center)은 막을 관통하는 단백질-색소 복합체이다. 홍색 광합성 세균의 반응중심은 엽록체의 반응중심보다 구조가 단순하여 연구가 더 잘 이루어져 있는데, 한 쌍의 박테리아 엽록소 *a*(bacteriochlorophyll *a*) 분자가 광자 에너지의 덫(trap)으로 작용하며, 적정한 위치를 확보한 이웃 수용체에게 들뜬 전자를 전달한다. 여기서 유의할 것은 안테나 복합체에서는 에너지가 색소를 따라 이동하는 경우와 달리 반응중심에서는 에너지가 아닌 들뜬 전자 자체가 전달된다는 점이다. 이러한 차이는 광자로부터 흡수한 에너지가 엽록소를 이탈하는 것이고 이것은 빛을 화학에너지로 바뀌게 하는 핵심적 전환이 된다.

그림 6.11은 반응중심을 이탈한 들뜬 전자가 1차 전자 수용체로 전달되는 것을 보여준다. 빛은 반응중심 엽록소의 전자 에너지를 증가시킴으로써 이제까지 존재하지 않았던 강한 전자 공여체가 생겨나게 해주며, 엽록소는 에너지가 높아진 전자를 1차 전자 수용체인 퀴논

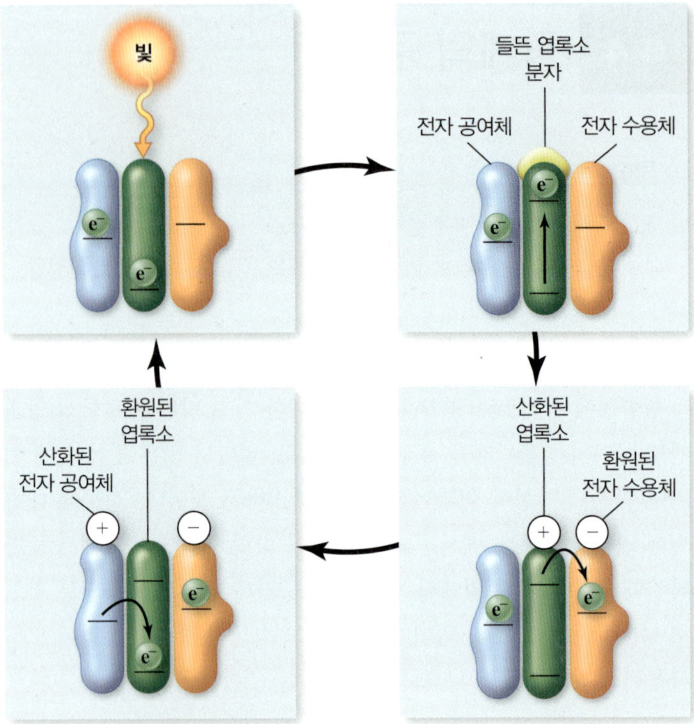

그림 6.11 빛에너지의 화학에너지로의 전환.
반응중심의 엽록소가 빛의 광자를 흡수하면 전자 하나가 고에너지 수준으로 들뜨게 되며, 빛에 의해 에너지가 증가된 전자는 1차 전자 수용체에게 전달되어 그것을 환원시킨다. 이어서 산화된 엽록소는 공여체 분자를 산화시켜 자신의 전자 "공백"을 채우게 된다. 이 공여체의 원천은 본문에서처럼 광계에 따라 다르게 나타난다.

(quinone) 분자로 전달하여 환원시킴으로써 퀴논을 강력한 전자 공여체로 변화시킨다. 주변의 약한 전자 공여체는 자신의 저에너지 전자를 엽록소에게 넘김으로써 엽록소를 원래 상태로 복귀시킨다.

식물 엽록체에서 이와 같은 약한 전자 공여체 역할을 하는 것은 물이며, 물이 이러한 방법으로 산화되면 2개의 양성자(H^+)와 함께 산소가 방출된다.

핵심 요약 6.4

엽록소와 보조색소는 틸라코이드막에서 발견되는 광계를 구성한다. 광계는 광수확과 관련된 안테나 복합체와 광화학 반응이 발생하는 반응중심으로 구분할 수 있다. 반응중심에서 들뜬 전자는 수용체로 전달되고, 이것이 에너지를 엽록소로부터 이동시키고 빛을 화학에너지로 전환시키는 열쇠가 된다.

■ 왜 광계가 예상치 못한 발견일까?

6.5 광의존성 반응

학습 목표

1. 녹색식물에서 두 광계의 기능을 비교하여 설명할 수 있다.
2. ATP와 NADPH를 생성하는 광의존성 반응(명반응)에 대해 설명할 수 있다.

앞에서 살펴본 것처럼 광합성의 광의존성 반응(light-dependent reaction)은 막에서 일어난다. 광합성 박테리아의 경우에 원형질막 자체가 광합성 막이며, 많은 박테리아는 원형질막을 반복적으로 접어 표면적을 증가시킨다. 식물과 조류의 광합성은 엽록체(chloroplast)에서 일어나는데 엽록체는 진화적으로 광합성 박테리아로부터 유래했다고 여겨지고 있다.

엽록체 내부의 틸라코이드막은 고도로 조직화되어 광의존성 반응에 참여하는 구조들을 포함하고 있다. 이 때문에 광의존성 반응을 틸라코이드 반응(thylakoid reaction)이라고도 부르는데, 틸라코이드 반응은 다음과 같은 4단계로 일어난다.

1. **1차 광작용**: 색소가 빛의 광자를 포획하는 1차 광작용은 색소 내의 전자를 들뜨게 한다.
2. **전하 분리**: 들뜬 에너지는 반응중심으로 전달되며, 반응중심은 고에너지 전자를 수용체 분자에게 전달함으로써 전자전달을 개시한다.
3. **전자전달**: 들뜬 전자들은 광합성 막 내에 묻혀 있는 일련의 전자전달 분자들을 따라 운반된다. 전자전달 분자 중 일부는 막을 가로질러 양성자를 수송하는 반응을 일으킴으로써 양성자 기울기를 생성한다. 전자들은 궁극적으로 최종 전자수용체인 $NADP^+$를 환원시켜 NADPH를 생성한다.
4. **화학적 삼투**: 막의 한쪽에 축적된 양성자는 ATP 합성효소를 통과하면서 막을 가로질러 되돌아온다. 이 과정에서 ATP 합성효소는 산소호흡에서와 같은 화학적 삼투 방식으로 ATP를 합성한다(5장 참조).

이들 4가지 과정은 앞에서 언급했던 광의존성 반응의 두 단계를 구성한다. 1~3단계는 빛으로부터 에너지를 포획하는 단계이며, 4단계는 ATP(그리고 나중에 살펴보겠지만 NADPH)를 생성하는 단계이다. 이 절의 나머지 부분에서는 광계의 진화와 더불어 광의존성 반응에서 광계의 기능에 대해 알아본다.

어떤 박테리아는 하나의 광계만을 사용한다

광합성 색소의 배열은 20억여 년 전에 오늘날의 홍색세균 및 녹색세균과 유사한 박테리아에서 진화된 것으로 추정되고 있다. 이들 박테리아는 전자전달을 통한 ATP 생성을 위해 하나의 광계를 사용하며, 전자는 다시 반응중심으로 되돌아가기 때문에 순환적 광인산화(cyclic photophosphorylation)라고 부르며, 광계에서 산소가 발생하지 않기 때문에 무산소 광합성(anoxygenic photosynthesis)이라고 할 수 있다.

홍색비황세균(purple nonsulfur bacteria)이 최대로 흡수하는 파장은 적외선에 가까워 사람 눈에는 보이지 않는 870 nm로, 반응중심 색소를 P_{870}이라고 한다. P_{870} 엽록소가 광자를 흡수하는 경우 전자의 에너지가 높지 않아 $NADP^+$로 전달되지 못하기 때문에 다른 방법을 통해 환원력이 만들어져야한다.

P_{870} 반응중심이 광자를 흡수하면 들뜬 전자는 전자전달연쇄를 경유하여 반응중심으로 되돌아오는데, 이 과정에서 ATP 합성을 위한 양성자 기울기가 생성된다(**그림 6.12**). 홍색세균 광계의 단백질들은 오늘날의 광계 II 단백질들과 상동성이 높다고 알려져 있다.

녹색황세균(green sulfur bacteria)이 최대로 흡수하는 파장은 840 nm이다. 광계를 이탈한 들뜬 전자는 NADPH로 전달되거나 혹은 홍색세균과 유사한 전자전달연쇄를 따라 반응중심으로 되돌아오게 되는데, 이때 NADPH로 이동한 전자를 보충하기 위한 전자 공여체로 황화수소를 사용한다. 녹색황세균 광계의 단백질들은 오늘날의

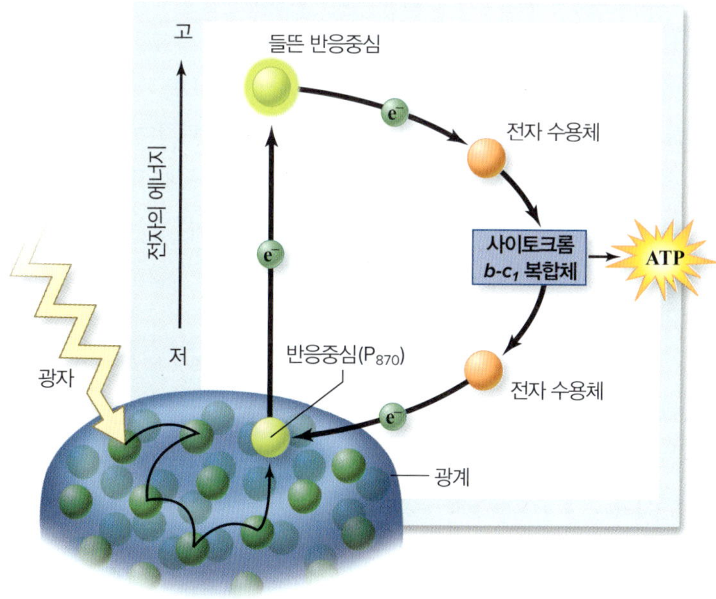

그림 6.12 홍색비황세균에서의 전자 경로.
빛에 의해 들뜬 전자는 광계의 반응중심(P_{870})을 떠난 후 ATP를 생성하는 순환적 경로를 경유하여 광계로 다시 복귀한다. 이 경로에서 NADPH는 생성되지 않는다.

광계 I의 단백질들과 상동성이 높은 것으로 밝혀져 있다.

이들 세균의 광계는 H_2O를 산화시키는 데 필요한 산화력을 충분히 만들지 못하기 때문에 산소를 발생하지 않으며, 무산소(혐기성) 조건에서 진행된다. 그에 비해 남세균과 식물 엽록체의 연결되어 있는 두 광계는 H_2O를 산화시키는 데 필요한 산화력을 만들며, 따라서 H_2O는 전자와 양성자 발생의 원천이 된다. 이러한 산소발생 광합성에 의한 O_2의 생산은 문자 그대로 지구상의 대기를 변화시켰다.

엽록체는 연결되어 있는 2개의 광계를 지닌다

황세균과 달리 식물은 연결된 2개의 광계를 가지기 때문에 물의 산화를 통해 전자의 공급원을 제공함으로써 순환적 광인산화의 한계를 극복한다. 또한 물의 산화는 O_2를 발생시키기 때문에 이러한 유형의 광합성은 산소발생 광합성(oxygenic photosynthesis)이라 부른다. 또한 비순환적 전자전달은 NADPH를 생성하는데, 이것은 탄수화물을 합성하는 데 쓰일 수 있다.

광계 I(photosystem I)은 700 nm에서 흡수 최대치를 갖기 때문에 그 반응중심 색소를 P_{700}이라고 부르며, 앞서 언급된 황세균의 광계와 유사한 방식으로 작동한다. **광계 II**(photosystem II)는 680 nm에서 흡수 최대치를 갖기 때문에 그 반응중심 색소를 P_{680}이라고 하며, 물을 산화시킬 수 있을 만큼 높은 산화 퍼텐셜(oxidation potential)을 만들어 낼 수 있다. 이 2개의 광계는 함께 작용하여 비순환적 전자전달을 수행하며, 이를 통해 ATP와 NADPH를 생성한다.

광계 I과 II는 발견 순서에 따라 명명된 것으로 광의존성 반응에서의 작용 순서와는 관계가 없다. 식물과 조류에서 2개의 광계는 전체 산소발생 광합성 과정을 통해 서로 다른 역할을 수행하도록 분리되어 있다. 광계 I에서는 최종적으로 전자가 $NADP^+$에게 전달되어 NADPH가 생성된다. 광계 I을 떠난 전자는 광계 II로부터 유래한 전자에 의해 보충되며, 높은 산화 퍼텐셜을 가진 광계 II는 물의 산화로 발생한 전자를 이용하여 광계 I로 이동한 전자의 부족분을 보충한다. 따라서 전자가 물을 떠나 NADPH까지 흘러가는 전체적인 전자의 흐름을 볼 수 있다.

이들 두 광계는 **사이토크롬 b_6-f 복합체**(cytochrome b_6-f complex)라고 하는 전자전달 복합체를 매개로 하여 연결되어 있다. 이 복합체는 전자 이동에서 유래하는 에너지를 이용하여 틸라코이드 막을 가로지르는 양성자 수송을 일으킬 수 있으며, 이때 생성된 양성자 기울기를 ATP 합성효소가 이용할 수 있게 한다.

2개의 광계는 비순환적 광인산화 과정 안에서 작용한다

2개의 광계가 작용한다는 증거는 두 종류의 서로 다른 파장의 빛

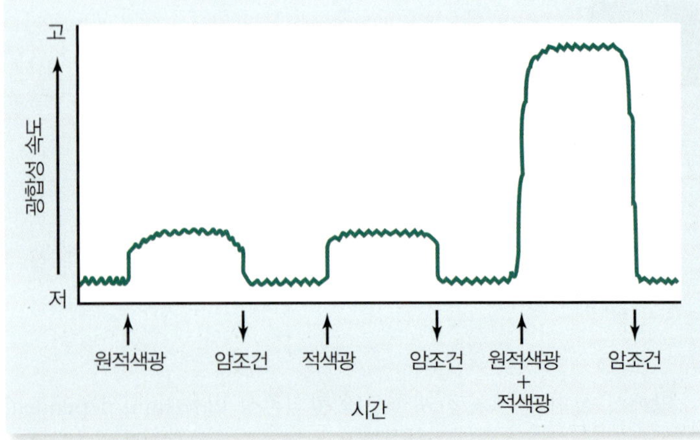

그림 6.13 증진효과.
적색광과 원적색광을 동시에 조사했을 때의 광합성 속도는 각 파장의 빛을 단독으로 조사했을 때의 각 광합성 속도의 합보다 크다. 이러한 결과는 1950년대의 과학자들을 당황하게 했지만, 오늘날에는 2개의 광계가 순차적으로 작용하여 광합성이 이루어진다는 것을 입증하는 중요한 증거로 이용되고 있다. 한 광계는 스펙트럼 중 원적색광 부분을 최대로 흡수하고 다른 광계는 적색광 부분을 최대로 흡수한다.

자료 분석 만약 원적색광과 적색광이 모두 켜진 경우의 광합성 속도가 각각의 빛에 대한 광합성 속도를 합한 값과 같다면 어떻게 결론을 내릴 수 있는가?

인 적색광(red)과 원적색광(far-red)을 이용한 광합성 속도 측정 실험에서 얻어졌는데, **그림 6.13**에서 보는 것처럼 두 종류의 빛을 동시에 조사하여 얻은 광합성 속도는 각 파장의 빛을 단독으로 조사할 때 얻어진 광합성 속도의 합보다 높다는 것이 밝혀졌다. 이러한 결과는 **증진효과**(enhancement effect)라고 하며, 적색광 흡수를 선호하는 광계와 원적색광 흡수를 선호하는 광계가 차례로 연계되어 작용하는 기작 때문임을 알게 되었다.

식물은 광계 II와 광계 I을 순서대로 이용하여 ATP와 NADPH를 생산한다. 이와 같은 두 단계의 과정을 **비순환적 광인산화**(noncyclic photophosphorylation)라고 한다. 왜냐하면 전자의 경로가 원을 그리는 순환이 아니라 광계를 탈출한 전자가 광계로 되돌아오지 않고 NADPH에서 흐름이 완료되는 비순환이기 때문이다. 광계의 전자 부족은 물의 분해를 통해 얻어진 전자로 보충된다.

그림 6.14에서 보는 모식도는 일명 **Z 모식도**(Z diagram)라고 하며, 두 광계에서 각각 전자가 높은 에너지 단계로 이행하는 것을 보여주고 있다. 가로축에는 광의존성 반응의 진행과 복합체의 상대적 위치가 나타나 있으며, 세로축은 전자의 상대적 에너지 준위를 보여준다. 전자를 내놓는 물은 전자를 매우 단단히 결합하고 있고(산화–환원 퍼텐셜 = +820 mV), 전자를 받아들인 NADPH는 전자를 훨씬 느슨하게 결합하고 있다(산화–환원 퍼텐셜 = −320 mV).

광계 II가 먼저 작용하여 광계 II에서 고에너지 전자가 생성되고 이

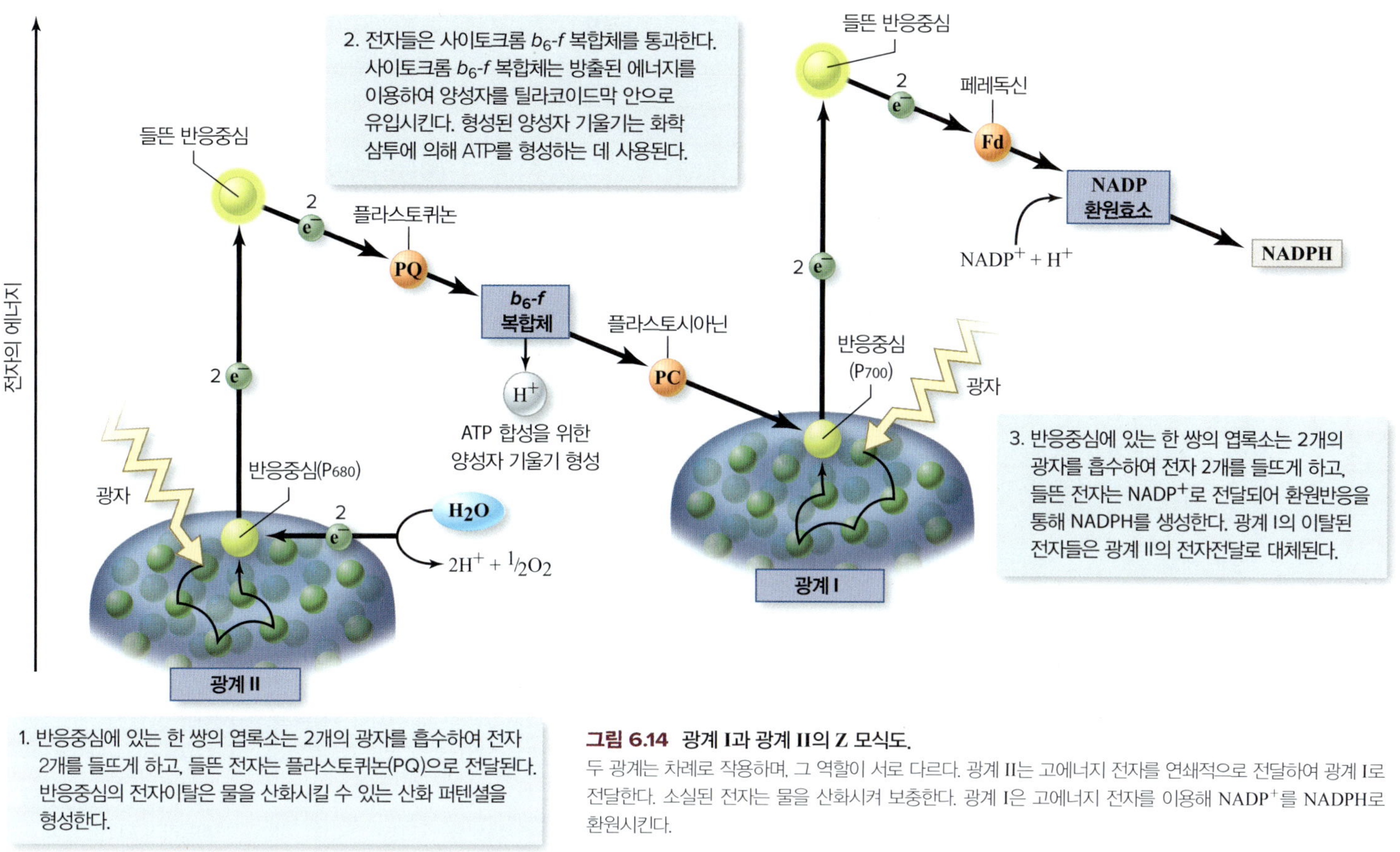

그림 6.14 광계 I과 광계 II의 Z 모식도.
두 광계는 차례로 작용하며, 그 역할이 서로 다르다. 광계 II는 고에너지 전자를 연쇄적으로 전달하여 광계 I로 전달한다. 소실된 전자는 물을 산화시켜 보충한다. 광계 I은 고에너지 전자를 이용해 $NADP^+$를 NADPH로 환원시킨다.

전자들은 ATP 합성에 사용되며, 이어서 광계 I로 전달되어 NADPH 생성을 추진한다. 1개의 물 분자에서 얻어진 1쌍의 전자가 전달될 때마다 한 분자의 NADPH와 한 분자보다 약간 많은 ATP가 생산된다.

광계 II

광계 II(photosystem II)의 반응중심은 홍색세균의 반응중심과 매우 유사하다. 반응중심 핵심부에는 전자전달 성분을 가진 10개의 막 관통 단백질 소단위가 있고 그 주위에는 두 분자의 P_{680} 엽록소가 배열되어 있다. 광수확 안테나 복합체는 몇몇 단백질 사슬에 결합된 엽록소 *a* 분자와 보조색소 분자들로 이루어져 있다. 광계 II 반응중심이 홍색세균의 반응중심과 다른 점은 4개의 망간 원자를 포함한다는 것이며, 망간 원자들은 물을 산화시키는 데 꼭 필요한 요소이다.

물의 산화에 대한 화학적 기작은 완전히 명확하지 않지만 대략적 내용은 밝혀지고 있다. 망간 원자가 4개 모인 클러스터는 반응중심 단백질에 결합되어 있으며, 2개의 물 분자가 이 망간 클러스터에 결합되어 있다. 광계 II의 반응중심이 광자를 흡수하면 P_{680} 엽록소 분자의 전자 하나가 들뜨고, 들뜬 전자는 수용체에 전달되며, 산화된 P_{680}은 망간 원자의 전자를 제거하는데, 그 결과 산화된 망간 원자는 반응중심 단백질의 도움을 받아 2개의 물 분자에 포함된 산소의 전자를 제거한다. 이 과정에서는 2개의 물분자가 산화되어 1개의 O_2 분자를 방출하려면 반응중심은 4개의 광자를 흡수해야 한다.

사이토크롬 b_6-f 복합체의 역할

빛에너지를 흡수하여 광계 II를 떠난 전자는 1차 전자 수용체인 퀴논 분자에게 전달된다. 전자 1쌍을 받아 환원된 퀴논 분자인 **플라스토퀴논**(plastoquinone)은 강한 전자 공여체로 들뜬 전자 1쌍을 틸라코이드막에 존재하는 **사이토크롬 b_6-f 복합체**(b_6-f complex)에게 넘겨준다(**그림 6.15**). 이 복합체는 5장에서 설명한 호흡의 전자전달연쇄의 사이토크롬 bc_1 복합체와 매우 유사하다.

에너지가 높은 전자 1쌍을 받은 사이토크롬 b_6-f 복합체는 양성자를 틸라코이드 공간 내로 펌핑하며, 구리를 포함하는 작은 단백질인 **플라스토시아닌**(plastocyanin)은 그 전자 1쌍을 광계 I에 전달한다.

광계 I

광계 I(photosystem I)의 반응중심은 12~14개의 단백질 소단위로 이루어진 막 관통 핵심 복합체와 2개의 P_{700} 엽록소 분자로 이루어져 있다. 엽록소 *a* 분자와 보조색소 분자로 이루어진 안테나 복합체는 광계 I에 에너지를 제공한다.

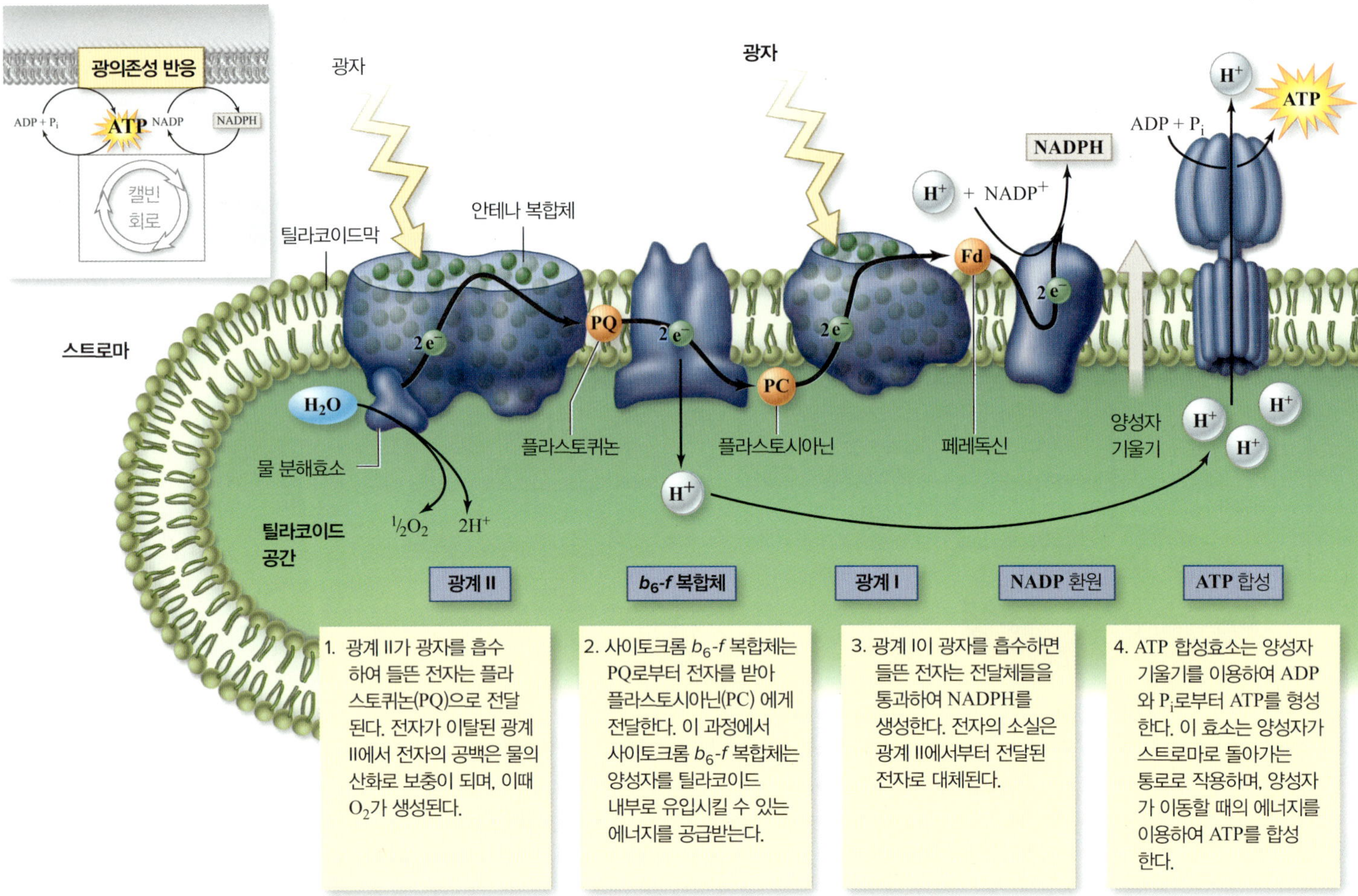

그림 6.15 광합성 전자전달계와 ATP 합성효소.
틸라코이드막에서 사이토크롬 b_6-f 복합체를 포함하는 전자전달계는 2개의 광계를 연결한다. 광계 I과 광계 II를 통한 전자전달의 상호작용으로 ATP 합성효소가 ATP를 합성하기 위해 필요한 양성자 기울기를 생성한다.

광계 I에서 빛에너지를 흡수한 들뜬 전자가 나가고 남은 빈 "구멍(hole)"은 플라스토시아닌에게서 받은 전자로 메워진다. 광계 I의 광자 흡수로 반응중심을 떠난 전자는 매우 높은 에너지 준위에 도달하면서 **페레독신**(ferredoxin)이라고 하는 철-황 단백질로 전달된다. 광계 II나 박테리아 광계와 달리 식물의 광계 I은 퀴논을 전자 수용체로 사용하지 않는다.

NADPH의 생성

광계 I은 틸라코이드막의 바깥쪽 측면인 스트로마 쪽에서 전자를 페레독신에게 전달한다. 환원된 페레독신은 매우 높은 퍼텐셜의 전자를 운반한다. 환원된 페레독신 2분자가 지닌 전자 2개는 한 분자의 $NADP^+$에게 전달되어 NADPH를 형성한다. 이 반응의 촉매작용을 하는 효소는 막에 결합된 **NADP 환원효소**(NADP reductase)이다.

이 반응은 막의 스트로마 쪽에서 일어나고, NADPH를 만들 때 양성자 흡수가 필요하므로 광합성 전자전달이 일어나는 동안 더 많은 양성자 기울기를 생겨나게 한다. **그림 6.15**에 두 광계의 기능이 요약되어 있다.

ATP는 화학적 삼투에 의해 생성된다

사이토크롬 b_6-f 복합체에 의해 양성자는 스트로마에서 틸라코이드 공간 안으로 들어가게 되며, 물이 분해되면서 양성자 기울기가 만들어진다. 이때 틸라코이드막은 양성자에 대해 불투과성이기 때문에 틸라코이드막을 사이에 둔 양성자의 농도 차이로 인해 ATP 합성에 쓰일 수 있는 전기화학적 기울기가 생겨난다.

ATP 합성효소

엽록체의 틸라코이드막에는 ATP 합성효소(ATP synthase)가 놓여 있는데, 이 효소는 통로를 형성하여 틸라코이드 공간의 양성자가 스트로마로 복귀할 수 있게 한다. 이 통로는 틸라코이드막 외부 표면에 도어의 손잡이 모양으로 돌출되어 있으며, 양성자가 ATP 합성효소의 통로를 통해 틸라코이드막 밖으로 빠져나옴에 따라 ADP가 인산화되어 ATP가 만들어져 스트로마로 방출된다(**그림 6.15**). 스트로

과학적 사고

가설: 광인산화는 양성자 기울기에 의해 전자전달과 연결되어 있다.
예측: 인위적으로 양성자 기울기를 형성시키면 분리된 엽록체는 암조건에서도 ADP의 인산화를 일으킬 것이다.
실험: 분리된 엽록체를 산성 용액에 보관한 후 암조건에서 알칼리 용액으로 옮겨 인위적인 양성자 기울기를 형성한다.

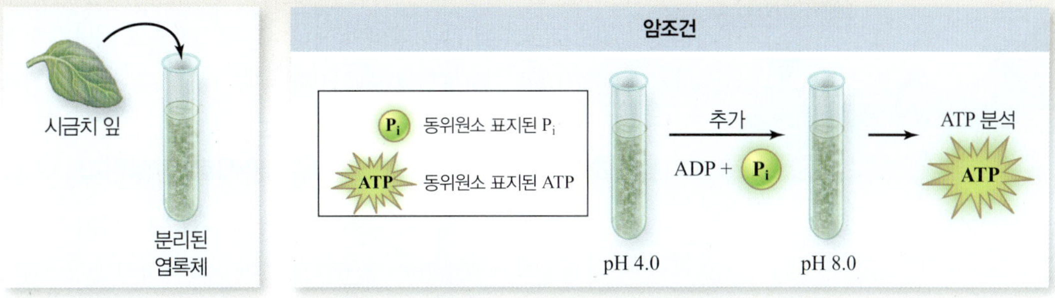

결과: 분리된 엽록체가 암조건에서 방사성 P_i를 ATP로 합성하는지 여부를 분석한 결과 ADP의 인산화를 일으킴을 알 수 있다.
결론: 엽록체의 전자전달 에너지는 양성자기울기를 매개로 한 ADP의 인산화와 연관되어 있다.
추가 실험: 이 실험에서 막에 양성자를 투과하게 하는 시스템을 추가하였다면 그 결과는 어떻게 될까? 이후의 광합성과 관련된 실험에서 그 결과는 어떻게 쓰일 수 있을까?

그림 6.16 야겐도르프의 산성 수조(Jagendorf acid bath) 실험.

마에는 탄소고정 반응인 캘빈회로(Calvin cycle) 반응의 촉매가 되는 효소들이 포함되어 있다.

그 메커니즘은 미토콘드리아 ATP 합성효소에서 살펴본 바와 같으며, 실제로 이 2종류의 효소는 진화적으로 관련이 깊다. 엽록체와 미토콘드리아에서 전자전달에 의한 양성자 기울기의 형성이나 화학적 삼투에 의한 ATP 합성에 유사성이 있다는 것은 이들이 구조적, 기능적으로 유사하다는 것을 말해준다. 실제로 광인산화 반응이 화학적 삼투에 의해 일어난다는 증거가 먼저 발견되었는데(**그림 6.16**), 이것은 미토콘드리아 ATP 합성효소를 이용한 실험의 배경이 되었다.

추가적인 ATP 생산

전자 1쌍이 물을 출발해 NADPH까지 이동하는 비순환적 전자전달에서는 한 분자의 NADPH와 한 분자보다 약간 많은 ATP가 생성된다. 뒤에서 다루겠지만 유기물 분자를 합성하기 위해서는 이보다는 더 많은 에너지가 필요하다. 즉, 탄소고정을 위해서 NADPH 1분자당 1.5분자의 ATP가 요구된다.

많은 식물들은 필요한 여분의 에너지 생산을 위해 광계 I을 연결시킴으로써 광합성을 **순환적 광인산화**(cyclic photophosphorylation)모드로 전환한다. 그 결과 빛에너지를 받아 광계 I을 탈출한 들뜬 전자가 NADPH 대신 ATP를 생성하게 된다. 여기에서 고에너지 전자는 $NADP^+$로 이동하지 않고 단순히 사이토크롬 b_6-f 복합체로 전달되며, 이 과정에서 사이토크롬 b_6-f 복합체는 틸라코이드 공간으로 양성자를 유입시킴으로써 양성자 기울기를 증가시켜 ATP의 화학적 삼투 합성이 유도된다. 식물에서 순환적 광인산화와 비순환적 광인산화의 상대적 비율은 유기물 분자를 합성하는 데 필요한 ATP와 NADPH의 상대적 함량을 결정한다.

틸라코이드 구조는 막 성분의 배열을 나타낸다

틸라코이드막 내에 분포하는 광의존성 반응에 관여하는 4개의 복합체들인 광계 I, 광계 II, 사이토크롬 b_6-f 복합체, ATP 합성효소는 무작위적으로 배열되어 있는 것이 아니다. 분자의 배열을 나노미터(nanometer) 단위의 해상력으로 관찰할 수 있는 원자력 현미경(atomic force microscope)을 이용한 연구를 통해 이들 복합체의 이미지가 밝혀지기 시작했다. 광계 II는 주로 그라나(grana)에서 발견되고, 광계 I과 ATP 합성효소는 스트로마 라멜라(stroma lamella)라고 부르는 그라나 사이의 연결부위에서 주로 발견되며, 중첩되지 않은 그라나 가장자리에서도 발견된다. 사이토크롬 b_6-f 복합체는 그라나와 스트로마 라멜라 사이의 경계 부분에서 발견된다. **그림 6.17**은 이들 복합체들의 배열에 대한 모델을 보여준다.

틸라코이드는 중첩된 원반으로만 이루어진 것이 아니다. 전자현미경과 기타 이미징 기법에 기초한 틸라코이드 모델에서는 그라나를 서로 연결된 스트로마 라멜라가 접혀진 구조로 묘사한다. 이런 배열은 박테리아 광합성에서 볼 수 있는 접힘구조와 비슷하며, 따라서 다양한 복합체들의 상대적 배열이 좀 더 유연해질 수 있다.

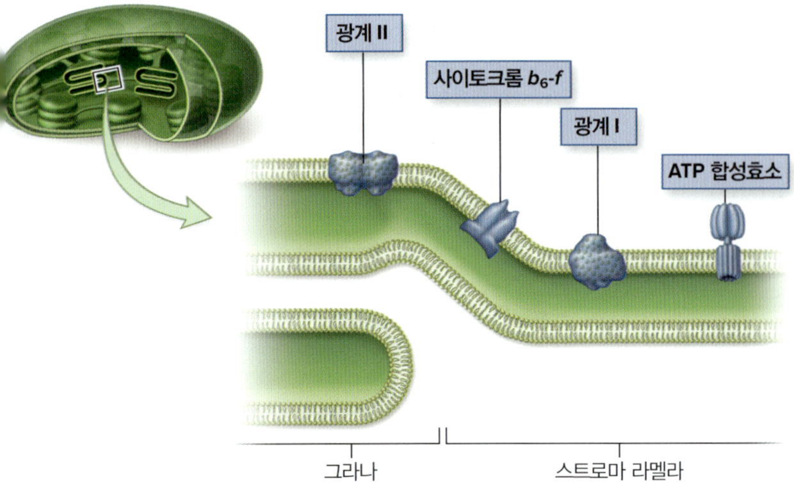

그림 6.17 틸라코이드막 내 복합체들의 배열 모델.
광합성에 관여하는 2종류의 광계와 여타 복합체들은 무작위적으로 배열되지 않는다. 광계 II는 그라나, 특히 중첩 부위에 집중 분포하며 광계 I과 ATP 합성효소는 스트로마 라멜라와 그라나 가장자리 부위에 집중 분포한다. 그리고 사이토크롬 b_6-f 복합체는 그라나와 스트로마 라멜라 사이의 가장자리에 있다. 그림은 이러한 배열에 관한 하나의 가능한 모델을 나타낸다.

핵심 요약 6.5

엽록체는 틸라코이드막에 전자전달연쇄로 연결된 2종류의 광계를 가진다. 광계 I은 NADPH로 전자를 전달한다. 이 전자는 광계 II의 전자로 대체된다. 광계 II에서는 물이 산화되면서 소실된 전자를 대체한다. 양성자 기울기는 틸라코이드 공간에 형성되고, 이 양성자 기울기로 인해 양성자가 ATP 합성효소를 통과하며 ATP가 생성된다.

■ 만약 틸라코이드막을 양성자가 통과할 수 있다면 ATP는 생성될까? NADPH의 형성은 가능할까?

6.6 탄소고정: 캘빈회로

학습 목표

1. 탄소고정을 서술할 수 있다.
2. 어떻게 6개의 CO_2 분자가 1개의 포도당 분자를 만드는 데 쓰이는지 설명할 수 있다.

탄수화물(carbohydrates)은 많은 C—H 결합을 포함하므로 CO_2에 비해 고도로 환원되어 있다. 세포는 탄수화물 합성을 위해 다음과 같이 틸라코이드막의 광의존성 반응에서 생산된 에너지와 전자 공급원을 사용한다.

1. **에너지**: 순환적 및 비순환적 광인산화에서 공급된 ATP는 자유에너지 흡수반응(endergonic reaction)을 진행시킨다.
2. **환원 퍼텐셜**: 광계 I에서 제공된 NADPH는 탄소 원자의 결합에 필요한 양성자와 고에너지 전자의 공급원을 제공한다. 광합성으로 포획된 많은 양의 빛에너지는 궁극적으로 에너지가 풍부한 당의 C—H 결합에 투입된다.

캘빈회로 반응은 무기탄소를 유기분자로 전환한다

초기 연구에서 광합성은 온도 의존적이라는 것이 밝혀졌으며 따라서 광합성에는 효소반응이 포함될 것이라고 예측되었다. 이들 반응은 마치 호흡의 시트르산 회로(citric acid cycle)에서처럼 효소 촉매반응 단계들이 회로를 이루고 있다. 그러나 시트르산 회로와 달리 탄소고정은 새로운 화합물을 생산하는 쪽에 방향을 맞추기 때문에 회로의 성격은 판이하게 다르다.

탄소고정 반응 회로는 발견자인 캘빈(Melvin Calvin, 1911~1997)의 이름을 따서 **캘빈회로**(Calvin cycle)라고 부르는데, 이 회로의 첫 번째 대사산물인 포스포글리세르산(phosphoglycerate)이 3개의 탄소 원자를 포함하므로 **C_3 광합성**(C_3 photosynthesis)이라고도 한다.

CO_2의 환원을 가능하게 하는 이 과정의 핵심 단계는 CO_2가 매우 특별한 유기물 분자에 결합하는 것이다. 광합성 세포는 과당 6인산(fructose 6-phosphate)과 글리세르알데하이드 3인산(glyceraldehyde 3-phosphate, G3P)을 해당과정에서 생성되는 2가지 중간물질을 재조합해서 만들고, 이를 이용해 다량의 에너지를 가진 5탄당 **리불로스 1,5-2인산**(ribulose 1,5-biphosphate, RuBP)을 생성한다.

CO_2는 RuBP와 반응하여 일시적으로 6-탄소 중간 대사산물을 생산하고, 이어서 바로 두 분자의 3-탄소 화합물인 **3-포스포글리세르산**(3-phosphoglycerate, PGA)으로 나누어진다. 이 전체 반응을 탄소고정 반응(carbon fixation reaction)이라고 하는데, 그 이유는 무기탄소(CO_2)가 유기물 형태인 유기산 PGA로 도입되었기 때문이다. 이 반응을 수행하는 효소인 **리불로스 2인산 카복실화효소/산소화효소**[ribulose bisphosphate carboxylase/oxygenase, **루비스코**(rubisco)]는 엽록체의 스트로마에서 발견되는, 16개의 소단위로 구성된 커다란 효소이다.

탄소는 중간 물질을 통해 전달되어 포도당을 생성한다

포도당이 바로 캘빈회로에서 생성되는 것은 아니지만, 캘빈회로가 어떻게 1분자의 포도당을 생성하는지 알아보자(**그림 6.18**). 일련의 반응에서 6분자의 CO_2는 루비스코(rubisco)를 통해 6분자의 RuBP와 결합하여 12분자의 PGA를 생성한다. (여기에는 총 $12 \times 3 = 36$개의 탄소 원자가 포함되는데, 6개는 CO_2에서, 30개는 RuBP에서 유래한 것이다.) 36개의 탄소 원자는 이어진 반응 회로를 거쳐 최초 단계에서 사용된 6분자의 RuBP를 재생성한다(6×5=30개의 탄소 원자 포함). 이를 통해 2분자의 **글리세르알데하이드 3-인산**(glyceraldehyde 3-phosphate, G3P) (각각 3개의 탄소를 가짐)이 얻어진다. (G3P는 5장에서 기술한 해당경로의 중간산물이기도 하다.) 이들 2분자의 G3P는 포도당 1분자를 만드는 데 사용될 수 있다.

캘빈회로의 순수 반응식을 정리하면 다음과 같다.

$$6CO_2 + 18\ ATP + 12\ NADPH + 물 \longrightarrow$$
$$2\ 글리세르알데하이드\ 3\text{-}인산 + 16\ P_i + 18\ ADP + 12\ NADP^+$$

캘빈회로가 6차례 순환하면 6분자의 CO_2가 회로에 진입하여 2분자의 G3P가 생산되고 6분자의 RuBP가 생성된다. 따라서 캘빈회로가 6번 회전되어 생성된 2분자의 G3P는 하나의 포도당 분자를 만드는 데 쓰일 수 있다. 또한 캘빈회로가 6차례 순환하면 6분자의 CO_2가 도입되는데, 탄소 원자 6분자가 모두 포도당 분자를 만드는 데 쓰이는 것은 아니지만, 포도당 합성에 필요한 충분한 탄소가 제공된다.

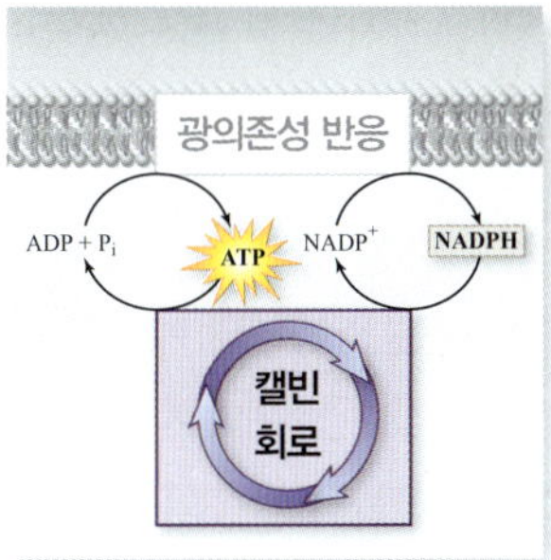

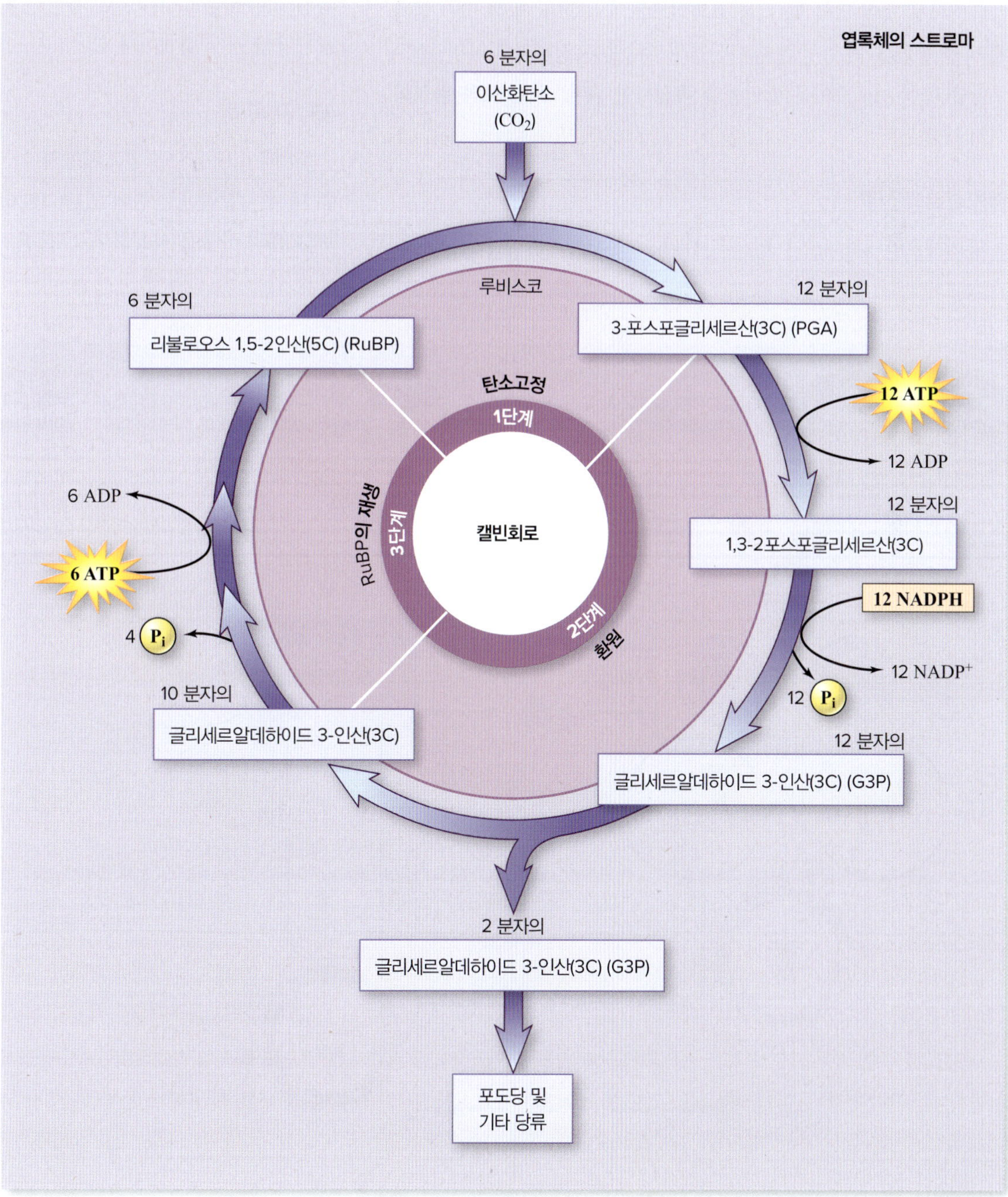

그림 6.18 캘빈회로.
캘빈회로는 탄소고정, 즉 CO_2 형태의 무기탄소를 탄수화물 형태의 유기탄소로 전환시켜 주는 과정이다. 회로는 (1) 탄소고정, (2) 환원, (3) RuBP의 재생으로 구성되어 있다. 캘빈회로가 고정하는 6분자의 CO_2로부터 환원 반응의 산물인 G3P를 경유하여 1분자의 포도당이 합성될 수 있다. 캘빈회로는 광의존성 반응에서 생성된 ATP와 NADPH를 사용한다.

캘빈회로의 단계

캘빈회로는 (1) 탄소고정, (2) 환원, (3) RuBP의 재생의 3단계로 나누어 생각할 수 있다. 탄소고정 반응은 3탄소의 유기산인 PGA 2분자를 생성하고, PGA는 해당경로의 역과정을 통해 G3P로 환원되며, 마지막으로 PGA는 RuBP를 재생하는 데 쓰인다. 회로를 3차례 순환하면 G3P 한 분자를 생산하기에 충분한 탄소가 흡수되며, 6차례 순환하면 포도당 한 분자를 생성하기에 충분한 탄소가 얻어진다.

CO_2 환원 반응의 여러 다른 단계에서 **간접적**으로 빛이 필요한데, 루비스코(rubisco)를 포함한 캘빈회로의 5가지 효소는 빛에 의해 활성화되므로 빛이 있을 때 더욱 효과적으로 작용한다. 빛은 또한 엽록체 막을 통한 3-탄소 중간 대사산물의 수송을 촉진하기도 하며, 스트로마를 향한 Mg^{2+} 이온의 이동을 촉진하여 루비스코를 더욱 활성화시켜 준다.

캘빈회로의 산물

글리세르알데하이드 3-인산은 3-탄소 당으로서 해당과정(glycolysis)의 핵심 대사산물이다. 이 화합물의 대부분은 엽록체 밖의 세포질로 수송된 후 해당과정의 역과정을 통하여 과당 6-인산과 포도당 1-인산으로 전환된다. 이들 산물은 식물 당의 주된 수송 형태인 설탕을 형성하는 데 사용된다(설탕은 과당과 포도당으로 이루어진 이당류이다).

광합성이 활발하게 일어날 때 엽록체 스트로마의 G3P 수준이 증가한다. 그 결과 엽록체의 일부 G3P는 포도당 1-인산으로 전환된다. 이 과정은 세포질에서 일어나는 해당과정과 유사하며, 해당과정과 유사한 몇몇 반응들의 역과정이다. 이후 포도당 1-인산은 불용성 중합체와 결합하여 긴 사슬의 녹말(starch)을 형성하여 세포질에 녹말과립(starch granule)으로 저장된다. 이 녹말과립은 나중에 사용될 포도당의 저장 형태이다.

에너지 회로

5장에서 배운 미토콘드리아와 이 장에서 배운 엽록체의 에너지 포획 대사는 밀접한 관련이 있다(**그림 6.19**). 광합성은 반응의 시작 물질로 호흡의 산물을 사용하며, 호흡은 광합성의 산물을 반응의 시작 물

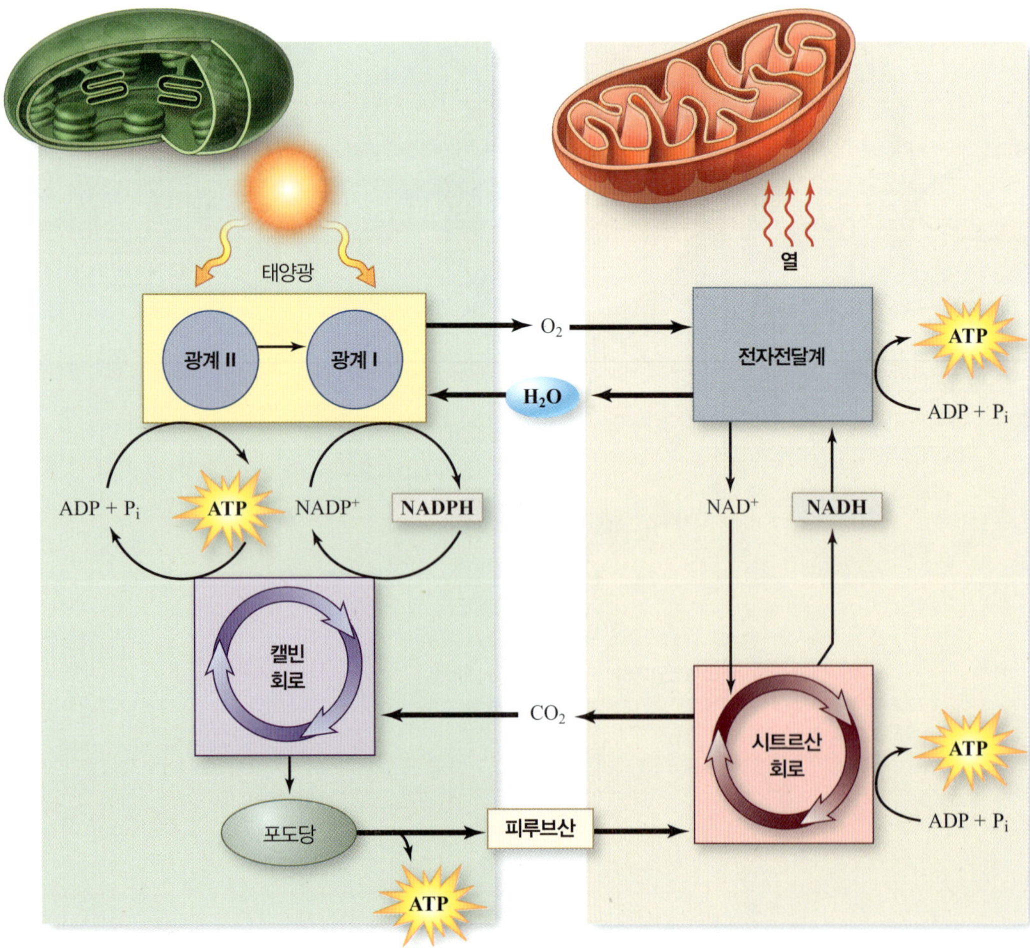

그림 6.19 엽록체와 미토콘드리아: 에너지 순환의 완성.
식물세포에서 물과 O_2는 포도당과 CO_2가 그러하듯이 엽록체와 미토콘드리아 사이를 순환한다. 엽록체를 가지는 세포는 CO_2와 H_2O를 활용하여 포도당과 O_2를 생성한다. 동물세포처럼 엽록체가 없는 세포들은 포도당과 O_2를 이용해 CO_2와 H_2O를 생성한다. 이것은 그림 51.1에서 볼 수 있듯 호흡과 광합성을 통한 탄소의 전체적인 순환이다.

질로 사용한다. 심지어 G3P로부터 포도당을 생산하는 과정을 보면 오래전에 만들어진 해당과정 일부를 거꾸로 돌려 사용하기도 한다. 또한 식물에서 전자전달과 ATP 생산에 참여하는 주요 단백질들은 미토콘드리아의 해당 단백질과 진화적으로 유연관계가 있다.

광합성은 식물의 한 분야이지만 중요하다. 20~24장에서 식물 전반에 대해 더욱 상세하게 다루게 된다. 이제까지 광합성을 세포생물학의 일부로 간주하여 논의해 왔는데, 그 이유는 광합성은 식물이 출현하기 오래전에 시작되었고, 대부분의 생물이 생명 활동의 에너지를 얻기 위해 직간접적으로 광합성에 의존하기 때문이다.

핵심 요약 6.6

탄소고정은 무기물인 CO_2가 유기분자로 합성되는 엽록소의 스트로마에서 진행된다. 핵심 중간물질은 루비스코 효소를 촉매로 이용하여 CO_2와 결합하는 5탄당인 RuBP이다. 이 순환과정은 탄소고정단계, 환원단계, RuBP의 재생단계의 3단계로 구분할 수 있다. 광의존성 반응을 통해 얻어진 ATP와 NADPH는 환원을 위한 에너지와 전자를 제공하여 G3P를 생성한다. 포도당은 2 분자의 G3P가 결합하면서 합성된다.

■ 캘빈회로와 해당과정은 어떻게 연관되어 있을까?

6.7 광호흡

학습 목표

1. 루비스코가 RuBP를 생성하는 방법과 RuBP를 산화시키는 것을 구분할 수 있다.
2. C_3, C_4 그리고 CAM 식물에서의 탄소고정을 비교하여 설명할 수 있다.

진화가 항상 생물계에서 가장 적절한 해결책을 제시해 주는 것은 아니며, 진화는 이미 존재하고 있는 모습으로부터 유도 가능한 실질적 해결책을 찾아내는 데 이용된다. 광합성도 예외가 아니며, 광합성의 핵심적 탄소고정 반응을 촉매하는 효소인 루비스코(rubisco)가 최선의 해결책을 제시해 주는 것은 아니다. 이 효소는 탄소고정 반응을 방해하는 또 다른 활성으로 RuBP를 **산화**시키는 활성을 지니고 있다. **광호흡**(photorespiration)이라고 하는 이 과정을 통해 O_2는

그림 6.20 기공.
담뱃잎의 닫힌 기공. 기공은 2개의 공변세포로 이루어져 있으며, 기공이 열리고 닫히기 위해서는 공변세포의 모양이 팽압에 따라 변해야 한다. 식물은 건조한 환경에서는 물을 보존하기 위해 기공을 닫는다.

RuBP에 도입된 후 추가적 반응들을 거치면서 CO_2를 방출한다. 광호흡에서는 탄소고정에 쓰여야 할 CO_2가 방출되는 것이다.

광호흡은 광합성의 수율을 감소시킨다

RuBP의 카복실화반응(carboxylation)과 산화반응(oxidation)은 루비스코의 동일한 활성 부위에 의해 촉매작용을 받으며, 이 부위를 놓고 CO_2와 O_2가 서로 경쟁한다. 25℃의 정상조건에서 카복실화반응 속도는 산화반응의 4배에 달하는데, 이것은 광합성을 통해 고정된 탄소의 20%가 광호흡을 통해 소실된다는 것을 보여주는 것이다.

이러한 소실은 온도 상승에 따라 더욱 증가하는데, 그 이유는 덥고 건조한 환경에서는 물을 보존하기 위해 잎의 **기공**(stomata)이 닫히기 때문이다(**그림 6.20**). 기공 폐쇄는 잎으로 들어가는 CO_2 공급을 차단하는 동시에 O_2가 빠져나오는 것을 허용하지 않기 때문에(**그림 6.21**), 잎 내부에 형성된 낮은 CO_2 및 높은 O_2 조건은 광호흡을 촉진하게 된다.

C_3 광합성(C_3 photosynthesis)만을 이용해 탄소를 고정하는 식물을 **C_3 식물**(C_3 plant)이라고 부른다(**그림 6.22*a***). 어떤 식물들은 포스포에놀피루브산(phosphoenolpyruvate, PEP)에 CO_2를 첨가하여 4-탄소 분자를 형성한다. 이 반응의 촉매로 사용되는 효소는 **PEP 카복실화효소**(carboxylase)이다. 이 효소는 루비스코에 비해 CO_2에 대한 친화도가 더 높고 산화효소 활성이 없다는 2가지 이점을 갖고 있다.

PEP 카복실화효소에 의해 생성되는 4-탄소 화합물은 추가적 변화를 통해 탈카복실화 되며, 그 결과 방출된 CO_2는 캘빈회로의 루비스코가 이용한다. 이것은 CO_2를 루비스코 부위에 직접 공급해 주는 것이기 때문에 O_2에 대한 CO_2 의 국부적 농도가 증가하여 광호흡이

그림 6.21 광호흡을 증가시키는 조건. 덥고 건조한 환경에서 수분을 보존하기위해 기공을 닫는데, 그 결과 CO_2의 흡수와 O_2의 배출이 차단된다. 고농도의 O_2 및 저농도의 CO_2 조건은 광호흡을 촉진한다.

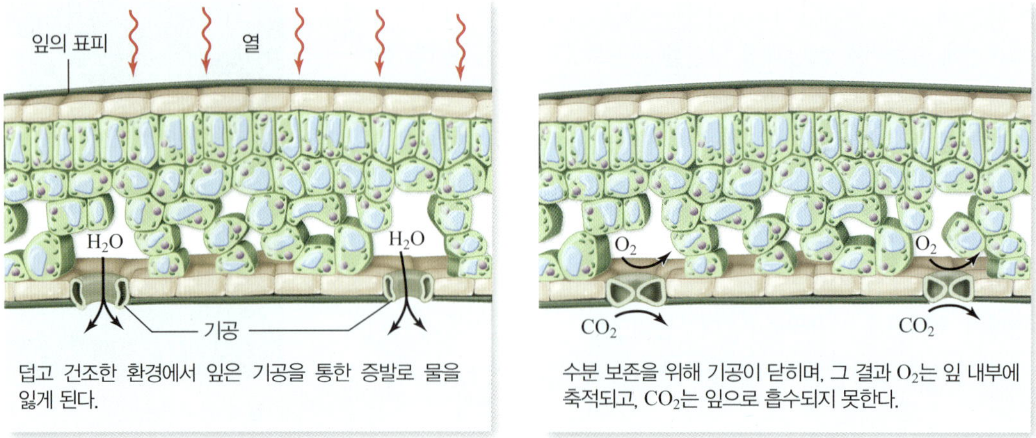

최소화된다. PEP 카르복실화효소가 생산한 4-탄소 화합물은 CO_2가 유기물 형태로 저장된 것으로, 이 CO_2를 다른 세포에서 혹은 다른 시간대에 방출하여 O_2에 대한 CO_2의 상대적 농도를 높게 유지시킬 수 있다.

C_3 식물은 자신이 광합성을 통해 고정한 탄소의 25~50%를 광호흡으로 소실하기 때문에 광호흡 결과로 탄수화물 생산의 감소를 초래한다. 광호흡 속도는 주로 온도에 의존하는데, 열대 기후 특히 기온이 자주 28°C를 상회하는 곳에서는 이 문제가 심각하며, 열대 농업에 중요한 영향을 미친다.

PEP 카복실화효소를 이용하여 CO_2를 처음 포획하는 주요한 두 그룹의 식물들은 O_2에 대한 CO_2의 농도를 높게 유지하는 방식에서 차이를 보인다. **그림 6.22***b*에서 보는 것처럼 **C_4 식물**(C_4 plant)은 CO_2 포획이 일어나는 세포와 탈카복실화가 일어나는 세포가 다르며 이들은 서로 인접해 있다. 이것은 광호흡 문제를 공간적으로 해결한

그림 6.22 C_3 경로와 C_4 경로. ***a.*** C_3 경로는 탄소고정을 위해 캘빈회로를 이용한다. 모든 과정은 기공을 통해 들어온 CO_2를 이용하여 엽육세포에서 일어난다. ***b.*** C_4경로는 엽육세포에서 CO_2를 결합시켜 4-탄소 분자인 말산을 만든다. 말산은 관다발초세포로 옮겨진 후 CO_2와 피루브산으로 다시 전환되어 고농도의 CO_2 상태가 된다. 이로 인해 캘빈회로의 탄소고정은 효율적으로 일어난다.

방식이다. 두 번째 그룹인 **CAM 식물**(CAM plant)은 동일한 세포에서 양쪽 반응을 다 수행하지만 야간에 PEP 카복실화효소를 이용하여 CO_2를 포획하고 주간에 탈카복실화 반응을 수행한다. CAM은 돌나물과 식물의 유기산 대사를 의미하는 **crassulacean acid metabolism**의 약어로, 이 과정이 처음 발견된 돌나물과(돌나물, 기린초)의 명칭에서 따온 것이다. 이것은 광호흡 문제를 시간대를 달리하여 해결한 방식이다.

C_4 식물은 광호흡을 최소화하는 방향으로 진화되었다

C_4 식물에는 옥수수, 사탕수수, 기장 및 많은 초본류들이 포함된다. 이들 식물은 엽육세포(mesophyll cell)에서 PEP 카복실화효소를 이용해 탄소고정을 시작한다. 이 반응으로 유기산인 옥살로아세트산(oxaloacetic acid)이 생성되며, 이것이 말산(malic acid)으로 전환되어 잎맥 주위를 둘러싸는 관다발초세포(bundle-sheath cell)로 수송된다. 관다발초세포에서 말산은 탈카복실화되어 피루브산과 CO_2를 생성한다(**그림 6.23**). 관다발초세포는 CO_2에 대해 불투과성이므로 국부적으로 내부의 CO_2 농도가 높아져 루비스코에 의한 탄소고정과 캘빈회로가 효율적으로 일어나게 된다. 탈카복실화로 생성된 피루브산은 엽육세포로 되돌아가 다시 PEP로 전환되면서 회로를 마친다.

C_4 경로를 통해 광호흡의 문제점이 극복되기는 하지만 여기에는 비용이 따른다. 피루브산이 PEP로 되돌아가는 전환반응이 일어나기 위해서는 2분자의 ATP가 소모되기 때문이다. 즉, 1분자의 포도당을 생성하기 위해서는 캘빈회로에 비해 추가로 12분자의 ATP를 필요로 하는 셈이다. 이러한 추가 비용에도 불구하고 C_4 광합성은 덥고 건조한 기후에서 유리하다. 왜냐하면 이러한 기후에서는 C_3 경로가 고정한 탄소의 절반 이상이 광호흡으로 소실되기 때문이다.

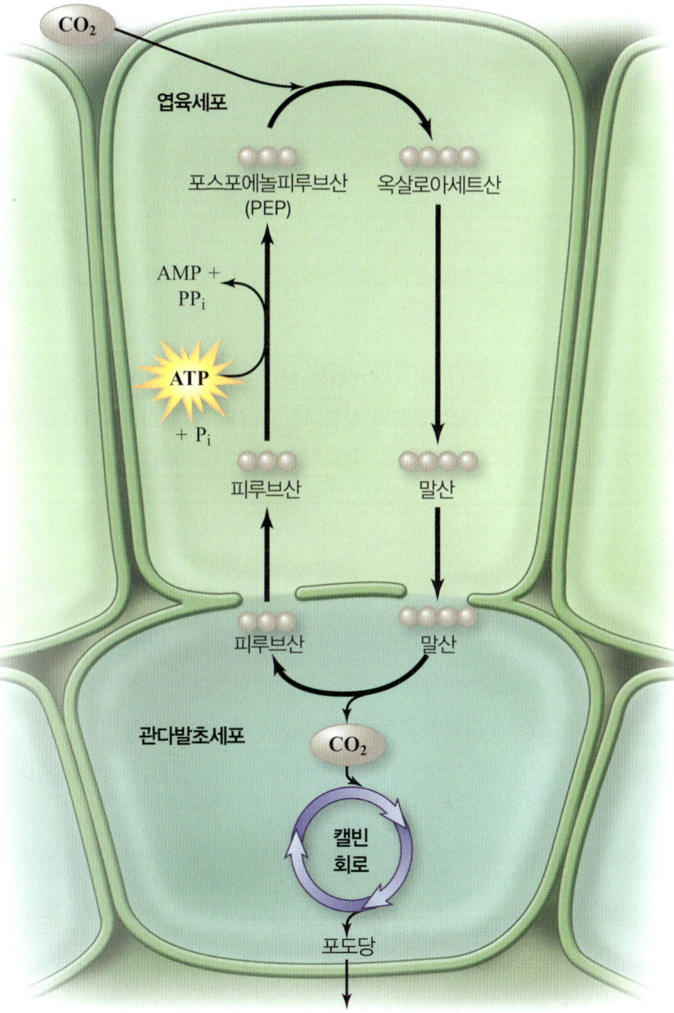

그림 6.23 C_4 식물의 탄소고정.
이 과정의 첫 반응에서 생성된 분자인 옥살로아세트산이 탄소 4개를 포함하므로 C_4 경로라고 한다. 옥살로아세트산은 말산으로 전환되어 관다발초세포로 수송되고 이어서 탈카복실화되어 CO_2와 피루브산으로 전환된다. 이로 인해 관다발초세포에는 고농도의 CO_2가 생성되며, 그 결과 캘빈회로는 광호흡을 거의 하지 않으면서 CO_2를 고정할 수 있다. 피루브산은 확산을 통해 엽육세포로 돌아간 후 PEP로 전환되어 또 다른 C_4 고정반응에 사용된다.

CAM 경로는 광합성을 밤과 낮으로 분할한다

CAM 식물은 더운 지방에서 광호흡을 감소시키는 두 번째 전략을 채택하였다. CAM 식물에는 선인장, 파인애플 및 20여 개의 서로 다른 식물군의 몇몇 식물들과 같이 물을 많이 저장하고 있는 다육식물(succulent plant)이 포함된다.

그림 6.24에서 보는 것처럼 이들 식물은 밤에 기공을 열고 낮에는 기공을 닫는다. 이러한 기공 개폐의 패턴은 일반 식물과는 반대이다.

그림 6.24 CAM 식물의 탄소고정.
CAM 식물도 탄소고정 시에 광호흡을 최소화하기 위해 C_4 경로와 C_3 경로를 모두 이용한다. CAM 식물에서 두 경로는 동일한 세포에서 일어나지만 시간대를 달리해서 일어나는데, 야간에는 탄소고정을 위해 C_4 경로를 이용하며, 주간에는 야간에 축적했던 저장물질로부터 CO_2를 방출하여 C_3 경로가 작동한다. 이러한 대사경로는 온도가 낮은 야간에 기공을 개방함으로써 물의 손실을 최소화하면서 동시에 광호흡을 최소화하는 효과가 있다.

CAM 식물은 PEP 카복실화효소에 의해 CO_2 고정을 시작하여 옥살로아세트산을 생성하며, 옥살로아세트산은 CAM 식물의 종류에 따라 다르기는 하지만 유기산으로 전환되고 이들 유기화합물은 밤에 축적되어 액포에 저장된다. 이어서 낮이 되어 기공이 닫히면 유기산이 탈카복실화되어 고농도의 CO_2를 방출한다. 이러한 고농도의 CO_2는 캘빈회로를 촉진하며 광호흡을 최소화시킨다.

CAM 식물은 C_4 식물처럼 C_3 경로와 C_4 경로를 모두 사용하지만 이들 2가지 경로를 동일한 세포에서 이용한다는 점이 C_4 식물과 다른 점이다. 즉, 밤에 C_4 경로를 이용하고 낮에는 C_3 경로를 이용한다. 그러나 C_4 식물에서 이 2가지 경로는 서로 다른 세포에서 일어난다.

핵심 요약 6.7

루비스코는 고농도의 O_2와 저농도의 CO_2 조건에서는 RuBP를 산화시킬 수도 있다. C_3 방식(캘빈회로)만을 사용하는 식물에서는 20% 이상의 고정된 탄소가 광호흡을 통해 소실된다. C_4 식물은 고온의 건조한 환경에 적응하여 4-탄소 분자를 이용하여 고농도의 CO_2를 만들어내 이러한 고정된 탄소 소실을 방지한다. CAM 식물에서는 CO_2가 밤에 C_4 유기물로 고정되고, 수분 보존을 위해 기공이 닫히는 낮에는 이 화합물을 통해 C_3 반응을 위한 CO_2를 얻는다.

■ C_4 식물과 CAM 식물의 차이점은 무엇일까?

핵심 개념 요약

6.1 광합성의 개요

광합성은 빛에너지가 화학에너지로 전환되는 것이다(**그림 6.2**).

■ 광합성은 CO_2와 H_2O를 결합하여 포도당과 O_2를 생산한다

광합성은 3단계로 구분된다. 광에너지의 흡수, 빛에너지를 이용하여 ATP와 NADPH를 만드는 과정, 그리고 ATP와 NADPH를 이용해 CO_2를 유기화합물로 바꾸는 과정이다. 첫 번째와 두 번째 과정은 광의존성 반응이고, 세 번째 과정은 광비의존성 반응이다.

■ 식물에서 광합성이 일어나는 곳은 엽록체이다

엽록소는 내부에 틸라코이드막과 반액체성 물질로 된 스트로마를 가진다. 에너지 포획 과정에 얽혀 있는 광계는 틸라코이드막에서 발견되며, 유기분자를 결합시키는 효소는 스트로마에 존재한다.

6.2 광합성 과정의 발견

■ 식물은 물과 토양만으로는 무게가 증가하지 않는다

초기 연구에서 식물이 광조건 하에서 CO_2와 물로부터 O_2를 생성한다는 사실이 밝혀졌다.

■ 광합성에는 광의존성 반응과 광비의존성 반응이 존재한다

광의존성 반응은 빛을 필요로 하지만 광비의존성 반응은 광조건과 암조건에 관계없이 일어난다. 광합성 속도는 빛의 양과 CO_2의 양, 온도에 따라 달라진다.

■ O_2는 CO_2가 아니라 물에서 생성된다

동위원소를 이용하여 광합성 반응에서 서로 다른 분자의 유래와 운명을 밝혀냈다.

■ 광의존성 반응의 ATP와 NADPH는 당을 만들어 CO_2를 감소시킨다

탄소고정은 광의존성 반응을 통해 만들어진 ATP와 NADPH를 필요로 한다. 이들을 활용할 수 있는 조건에서 단순 당을 만들기 위해 스트로마의 효소가 CO_2를 소모한다.

6.3 색소

■ 빛은 에너지의 한 형태이다

빛에는 입자성(광자)과 파장성이 있다. 빛은 광전효과를 통해 일부 금속에서 전자를 제거할 수 있고, 광합성에서 엽록체는 광전장치로 작용한다.

■ 각각의 색소는 특징적인 흡수 스펙트럼을 나타낸다(그림 6.5)

엽록소 *a*는 빛에너지를 화학에너지로 바꿀 수 있는 유일한 색소이다. 엽록소 *b*는 보조색소로, 광합성에 필요한 광자를 모으는 역할을 한다.

6.4 광계의 구성(그림 6.10)

■ O_2의 생성에도 다수의 엽록소 분자가 필요하다

방출되는 O_2의 측정은 광합성에 대한 아이디어로 이어졌다. 색소 분자 집단이 반응중심으로 에너지를 집약시키는 통로가 되어준다.

■ 일반적인 광계는 안테나 복합체와 반응중심으로 이루어진다

광계는 엽록소 *a*와 보조색소, 그리고 틸라코이드막에 박힌 단백질들의 연결이다. 안테나 복합체의 색소 분자들은 광자를 모아 빛에너지를 반응중심으로 전달한다. 반응중심은 단백질 층에 박힌 2개의 엽록소 *a*로 이루어져 들뜬 전자를 수용한다.

6.5 광의존성 반응

광의존성 반응은 1차 광작용, 전하분리, 전자전달, 화학적 삼투의 4단계로 나눌 수 있다.

■ **어떤 박테리아는 하나의 광계만을 사용한다(그림 6.12)**

들뜬 상태의 전자는 이동경로를 홀로 움직여서 결국 광계로 돌아온다. 이 전자전달연쇄는 양성자 기울기를 형성한다. 몇몇 박테리아에서 이것은 NADPH도 형성할 수 있다.

■ **엽록체는 연결되어 있는 2개의 광계를 지닌다(그림 6.14)**

광계 I은 전자를 $NADP^+$로 전달하여 NADPH를 형성한다. 광계 II는 전자를 광계 I로 전달하며 전자를 잃게 된다. 광계 II가 잃은 전자는 물의 산화를 통해 얻은 전자로 대체되며 이때 산소도 생성된다.

■ **2개의 광계는 비순환적 광인산화 과정 안에서 작용한다(그림 6.14)**

광계 II와 광계 I은 전자전달을 통해 연결되어 있다. 이 연결과정에 있는 b_6-f 복합체는 양성자를 틸라코이드 공간 내로 펌핑한다.

■ **ATP는 화학적 삼투에 의해 생성된다**

ATP 합성효소는 통로단백질이다. 미토콘드리아에서 일어나는 작용과 유사하게 양성자가 이 통로를 통해 흐르면서 그 기울기가 줄어들고, ADP가 인산화되어 ATP가 생성된다. 식물은 순환적 광인산화를 통하여 추가적인 ATP도 생성할 수 있다.

■ **틸라코이드 구조는 막 성분의 배열을 나타낸다**

이미징 기법을 통해 연구된 결과 광계 II는 주로 그라나에서 발견되는 반면, 광계 I과 ATP 합성효소는 스트로마 라멜라에서 발견된다.

6.6 탄소고정: 캘빈회로(그림 6.18)

■ **캘빈회로 반응은 무기탄소를 유기분자로 전환한다**

C_3 광합성으로 알려진 캘빈회로는 당 합성을 위해 CO_2, ATP, NADPH를 사용한다.

■ **탄소는 중간 물질을 통해 전달되어 포도당을 생성한다**

캘빈회로는 RuBP와 CO_2에 대한 루비스코 효소의 활성을 통한 탄소고정, 3탄소 PGA를 G3P로 만드는 환원과정, RuBP의 재생과정의 3단계로 구분할 수 있다. 6번의 사이클을 통해 얻어진 충분한 양의 탄소는 2개의 G3P를 생성하고, 이를 통해 포도당 1분자를 만들 수 있다.

6.7 광호흡

■ **광호흡은 광합성의 수율을 감소시킨다**

루비스코는 탄소고정과 반대로 RuBP의 산화작용을 촉매할 수 있다. 건조하고 더운 조건에서는 이러한 작용이 더욱 증가하는 경향이 있다.

■ **C_4 식물은 광호흡을 최소화하는 방향으로 진화되었다**

C_4식물은 3-탄소 분자에 CO_2를 추가하여 옥살로아세트산을 만드는 방식으로 탄소를 고정한다. 탄소는 C_4 방식으로 1개의 세포에서 고정된 후 다른 세포로 방출되어 캘빈회로에서 쓰인다(**그림 6.23**).

■ **CAM 경로는 광합성을 밤과 낮으로 분할한다**

CAM 식물은 기공이 닫혀 있는 낮에 C_4 방식을 활용하고, 동일한 세포에서 밤에 캘빈회로를 작동한다.

연습문제

■ 1단계: 이해력 확인하기

1. 광합성에서 광의존성 반응으로 생성되는 것은 무엇인가?
   a. 포도당
   b. CO_2
   c. ATP와 NADPH
   d. H_2O

2. 빛에너지의 포획과 관련 있는 엽록체의 부위는 무엇인가?
   a. 틸라코이드막
   b 외막
   c. 스트로마
   d. a와 c

3. 광합성에 가장 효과적인 빛은 어떤 색인가?
   a. 적색, 청색, 보라색
   b. 녹색, 황색, 오렌지색
   c. 적외선과 자외선
   d. 빛의 모든 색깔은 같은 효과를 나타낸다.

4. 비순환적 광합성 과정에서 광계 I의 기능은 ____________ 이고, 광계 II의 기능은 ____________ 이다.
   a. ATP의 합성; 산소의 발생
   b. $NADP^+$의 환원; H_2O의 산화
   c. CO_2의 환원; NADPH의 산화
   d. 반응 중심으로 전자의 복귀; 물로부터 전자의 획득

5. 광계의 반응중심 색소와 안테나 복합체의 색소는 어떻게 다른가?

a. 반응중심 색소는 엽록소 분자이다.
b. 안테나 복합체의 색소는 빛을 반사하기만 한다.
c. 반응중심 색소는 빛에너지를 흡수하면 전자를 잃는다.
d. 안테나 복합체의 색소는 단백질에 부착되어 있지 않다.

6. 광의존성 반응에서 유래한 ATP와 NADPH는 어디에 쓰이는가?

a. 뿌리의 해당과정
b. 세포내 대부분의 생화학 반응에 직접 사용된다.
c. 포도당 생산을 위한 캘빈회로 반응에 사용된다.
d. 엽록소 합성에 사용된다.

7. 탄소고정 반응에서 __________을(를) __________(으)로 전환한다.

a. 무기 탄소를 유기산으로
b. CO_2를 포도당으로
c. 불활성 루비스코를 활성 루비스코로
d. 유기산을 CO_2로

8. C_4 식물이 1차적으로 탄소를 고정하는 방법은 무엇인가?

a. C_3 식물과 같은 경로를 사용하지만 그 결과 생성된 산물을 변화시킨다.
b. CO_2를 도입하여 옥살로아세트산을 만들고 이것을 말산으로 전환시킨다.
c. 크랩스 회로에 따라 CO_2를 도입하여 시트르산을 생성한다.
d. 해당과정의 역과정으로 CO_2를 도입하여 포도당을 생성한다.

▪2단계: 적용력 평가하기

1. 광의존성 반응에서 전체적인 전자 흐름의 방향은 어떻게 되는가?

a. 안테나 색소로부터 반응중심으로
b. H_2O로부터 CO_2로
c. 광계 I로부터 광계 II로
d. H_2O로부터 NADPH로

2. 엽록체 내에서 pH를 측정할 수 있다면 가장 낮은 곳은 어디인가?

a. 스트로마
b. 틸라코이드의 내강
c. 엽록체 바로 바깥의 세포질
d. 안테나 복합체

3. 광계 I을 떠난 전자는 어떻게 되는가?

a. ATP를 생성하기 위해 반응중심으로 복귀된다.
b. H_2O의 산화를 위해 공급된다.
c. 광계 II에서 나온 전자가 그 자리를 대체한다.
d. a와 c 모두 맞다.

4. 캘빈회로가 6번 회전한 결과는 무엇인가?

a. 고정된 모든 탄소가 단일 포도당 분자에 들어 있게 된다.
b. 이 과정에서 12개의 탄소가 고정될 것이다.
c. 한 분자의 포도당을 생성하기에 충분한 탄소가 고정되나 이들 탄소가 같은 분자에 들어 있지는 않을 것이다.
d. 포도당 한 분자가 6분자의 CO_2로 전환될 것이다.

5. 미토콘드리아와 엽록체의 구조적, 기능적 특징이 유사한 것은 무엇인가?

a. 이들은 모두 전자전달을 통해 내부에 양성자 기울기를 생성한다.
b. 이들은 모두 산화반응을 통해 CO_2를 발생한다.
c. 이들은 모두 외막과 내막 시스템을 갖는다.
d. a와 c 모두 맞다.

6. C_4 방식을 이용하면 광호흡 문제를 해결할 수 있음에도 왜 모든 식물이 C_4 방식을 활용하지 않는가?

a. 더 최근의 방식이고 많은 식물들이 C_4 방식으로 진화하지 못하였기 때문이다.
b. 많은 식물들에게는 존재하지 않는 추가적인 효소가 필요하기 때문이다.
c. 많은 식물들에게는 존재하지 않는 특별한 운송조직이 필요하기 때문이다.
d. 추가적인 에너지 소비가 있기 때문이다.

7. 틸라코이드막에서 이온의 누출이 발생한다면 광의존성 반응의 결과는 어떻게 될 것으로 예측되는가?

a. ATP 생성이 멈춘다.
b. NADPH 생산이 멈춘다.
c. H_2O의 산화가 멈춘다.
d. a, b, c 모두 맞다.

8. 광합성의 전체 과정에 대해 올바르게 설명한 것은 무엇인가?

a. 결과적으로 CO_2가 환원되고 H_2O가 산화된다.
b. H_2O가 환원되고 CO_2가 산화된다.
c. O_2가 소비되고 CO_2가 생산된다.
d. CO_2로부터 O_2가 생성된다.

▪3단계: 사고력 함양하기

1. C_3 식물, C_4 식물, CAM 식물의 탄소고정을 비교하여 설명하시오.
2. 광합성과 호흡의 생성물과 반응산물 사이의 관계를 모식도로 표현하시오.
3. 식물세포에 미토콘드리아가 왜 필요한지에 대해 답하고 설명하시오.

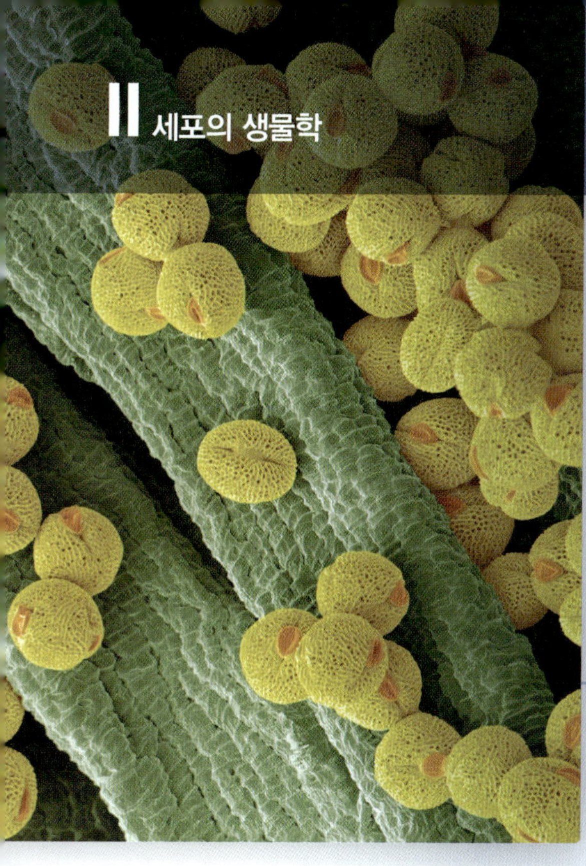

7

세포의 소통

도입

봄은 부활과 재생의 시간이다. 죽은 것만 같았던 나무에서는 잎과 싹이 나고 땅에서는 꽃이 핀다. 하지만 봄철 알러지로 고생하는 사람에게는 이 계절이 그다지 즐겁지만은 않을 것이다. 왜냐하면 현미경으로나 확인 가능한 꽃가루와 여러 알러지 유발 물질들로 인해 세포 신호를 생성하는 히스타민 및 다른 분자들이 생성되어 면역체계가 자극받게 되어, 이러한 신호들에 의해 염증반응, 점액분비, 혈관확장과 함께 시도 때도 없이 비정상적으로 콧물과 눈물이 흐르는 증상이 알러지 반응으로 나타나기 때문이다. 이와 같은 알러지로 고생하는 사람들은 위와 같은 증상을 완화하기 위하여 세포내 신호전달을 방해하는 항히스타민제를 사용하기도 한다. 한 예로 로라타딘(loratadine, 그러나 Claritin으로 더 잘 알려진)이라는 유명한 약은 히스타민 수용체를 막는 역할을 함으로써 위와 같은 알러지 반응을 막는 것으로 잘 알려져 있다.

이 장에서는 신호전달에 대한 전반적인 내용과 함께 신호에 대한 반응으로 세포가 이용하는 수용체에 관해서 알아본다. 또한 이렇게 다양한 종류의 수용체들이 어떻게 세포 반응을 이끌어 낼 수 있는지 그리고 다른 세포와 어떻게 연관되어 있는지에 대해서 자세하게 알아본다.

7.1 세포 소통의 개요

학습 목표

1. 신호 발신체와 수용체 사이의 거리에 따른 신호전달 방법을 구별할 수 있다.
2. 인산화가 어떻게 단백질의 기능에 영향을 미칠 수 있는지 설명할 수 있다.

세포간에 이루어지는 상호작용은 자연적인 현상이다. 세포간의 신호전달은 모든 다세포 생물에서 발생하며, 세포가 서로 영향을 미치는데 필수적인 메커니즘을 제공한다. 효과적인 신호전달을 위해서는 **리간드**(ligand)라고 부르는 신호전달 분자 및 이와 결합하는 **수용체 단백질**(receptor protein)이 필요하다. 이와 같은 두 가지 요소들의 상호작용은 **신호전달**(signal transduction) 과정을 개시하며, 신호전달 과정으로 인해 전달된 신호를 세포 반응으로 바꾸어 준다(**그림 7.1**).

다세포생물의 세포는 펩타이드(peptide), 대형 단백질(large

그림 7.1 **세포 신호전달의 개요.** 세포 신호전달은 리간드라 불리는 신호 분자, 수용체, 세포 반응을 생성하는 신호전달경로를 포함한다. 수용체는 세포 안 또는 세포막에 위치하며, 세포내 수용체는 막을 가로지르는 소수성 리간드를, 세포막 수용체는 막을 통과할 수 없는 친수성 리간드를 위해 존재한다.

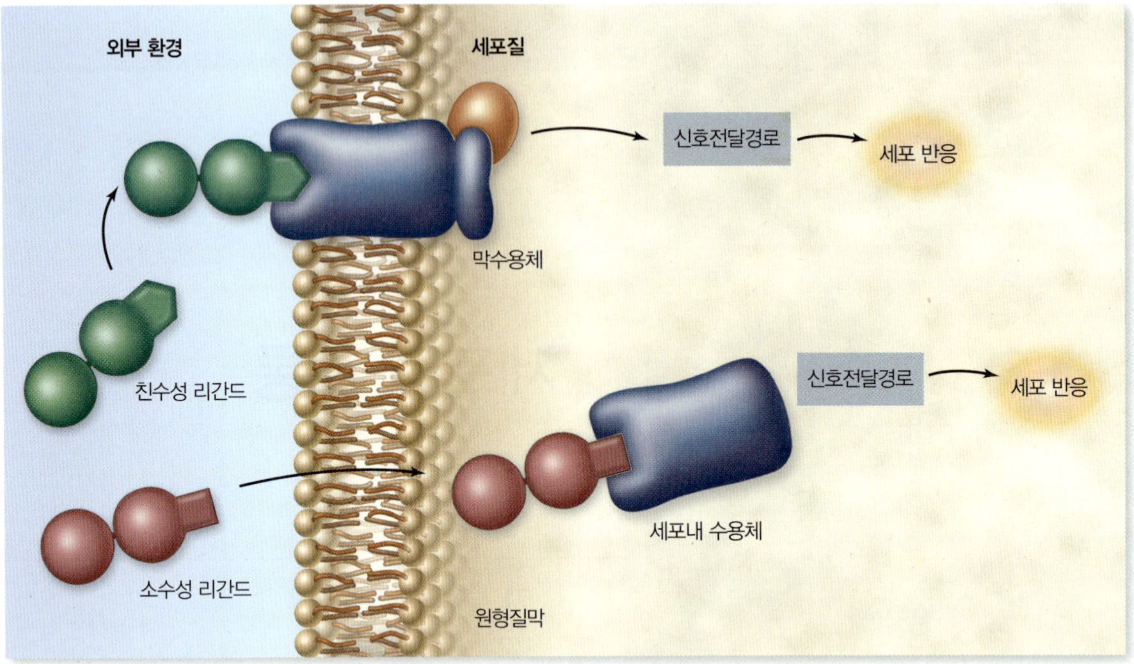

protein), 개별적인 아미노산(amino acid), 핵산(nuclotide), 스테로이드(steroid)나 그 외에 지질(lipid)과 같은 다양한 분자들을 신호로 이용한다. 또한 일산화질소(NO)와 같은 용해된 기체도 신호로 사용될 수 있다.

다세포생물의 세포는 일정한 신호 흐름에 노출된다. 언제든지 수백 가지의 다양한 화학 신호가 세포를 둘러싼 환경에 존재할 수 있다. 그러나 각각의 세포는 특정 신호에만 반응하고, 나머지 신호는 무시해 버린다. 이것은 마치 시끄럽고 북적이는 공간에서 1~2명과 대화하는 사람과 같다.

그렇다면 세포는 어떻게 특정 신호만을 선택하여 반응할 수 있는 것일까? 이는 세포에서 발견되는 다양한 수용체 분자의 수와 종류에 의해 결정된다. 리간드는 상보적 형태의 수용체에 결합하여 수용체-리간드 복합체를 형성하는데, 이는 효소-기질 복합체와 매우 유사하다. 리간드 결합은 수용체 단백질의 형태 변화를 유도하여 세포 반응을 일으키는 신호전달경로(signal transduction pathway)를 시작한다. 세포는 보유하고 있는 특정 수용체 단백질에 알맞은 신호 분자에만 반응하며, 그렇지 않은 것은 무시한다.

신호는 신호 발신체와 수용체 사이의 거리에 의해 정해진다

세포는 기본적으로 신호세포와 반응세포 사이의 거리에 따라 구분되는 다음과 같은 기본적인 기작 중 하나를 통해 소통할 수 있다(**그림 7.2**). 이러한 기작은 (1) 직접 접촉, (2) 국소분비 신호, (3) 내분비 신호 및 (4) 시냅스 신호가 있다.

이 4가지 기본 기작을 사용하는 것 외에도 어떤 세포들은 자신들의 세포막에 존재하는 특별한 수용체에 붙을 수 있는 신호물질을 분비하여 그들 자신에게 신호를 보내기도 한다. **자가신호**(autocrine signaling)라고 불리는 이 과정은 발생 동안의 변화를 강화하는 데 중요한 역할을 하는 것으로 생각되며, 면역계에서 신호전달의 중요한 구성요소이다(34장 참조).

직접 접촉

4장에서 보았듯이, 진핵생물 세포의 표면은 단백질, 탄수화물 및 지질이 풍부하게 세포막에 부착되어 있으며 원형질막 외부로 확장되어 있다. 세포가 서로 아주 가까울 때 한 세포의 원형질막에 있는 분자 중 일부는 인접한 세포의 원형질막에 있는 수용체에 의해 인식될 수 있다. 발생 초기 과정에서 세포와 세포 사이의 중요한 상호작용은 세포 표면의 직접 접촉을 통해서 이루어진다. 또한 세포는 간극연접(gap junction, **그림 7.2***a*)을 통해 신호를 전달한다.

국소분비에 의한 신호

세포가 방출한 신호 분자는 세포외액(extracellular fluid)을 통해서 다른 세포로 확산될 수 있다. 만약 이 분자들이 인접한 세포들에 의해 받아들여지고, 세포 밖에 존재하는 효소에 의해 분해되거나 다른 방식으로 세포외액에서 신속하게 제거된다면, 이 분자를 분비한 세포의 주변 세포만이 영향을 받을 것이다. 이처럼 짧은 시간 동안 국부적인 영향을 나타내는 신호를 **국소분비**(paracrine) 신호라고 한다(**그림 7.2***b*).

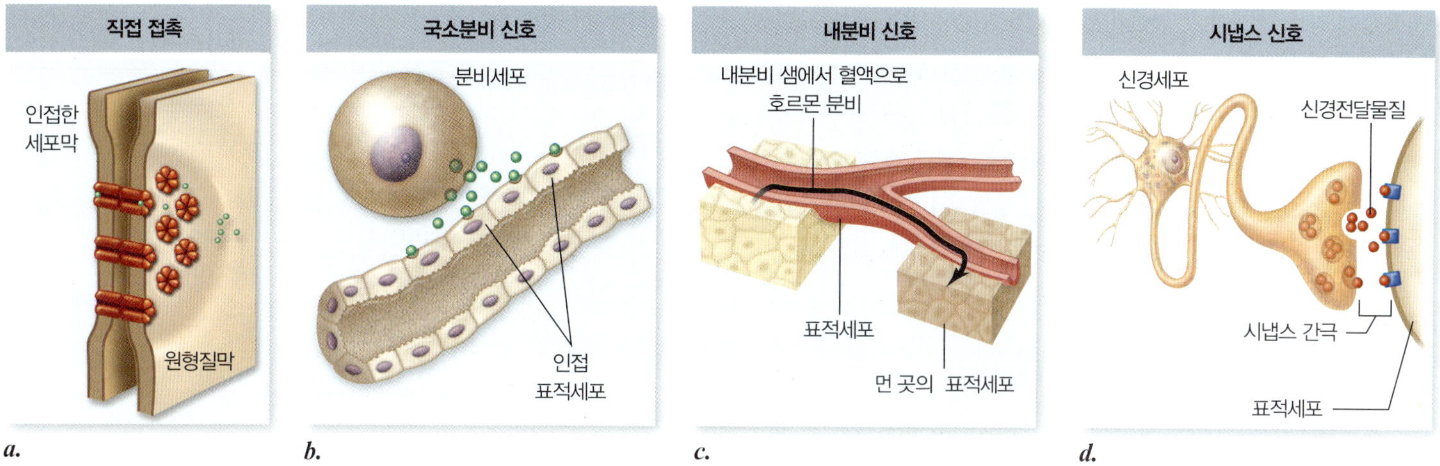

그림 7.2 세포 신호의 4가지 종류.
세포들간의 소통에는 여러 가지 방법이 있다. ***a.*** 직접 접촉. 서로 직접적으로 접촉한 두 세포는 간극연접을 통하여 신호를 보낸다. ***b.*** 국소분비 신호. 한 세포로부터 분비된 물질은 아주 가까이에 있는 세포에만 영향을 준다. ***c.*** 내분비 신호. 호르몬은 생물체의 순환계로 분비되어 표적세포로 운반된다. ***d.*** 화학적 시냅스 신호. 신경전달물질이라 부르는 신호 분자가 신경세포에서 작은 시냅스 간극을 건너 표적세포까지 도달한다.

국소분비 신호는 직접 접촉과 마찬가지로 발생 초기 단계에서 중요한 역할을 하며, 인접세포군의 활동을 조절한다. 척추동물에서의 면역반응은 면역세포 사이의 국소분비 신호와 관련이 있다(34장 참조).

내분비에 의한 신호

분비세포에서 분비된 신호 분자가 세포외액에 오랫동안 잔류할 수 있으면 이 신호 분자는 생물체의 순환계로 들어가서 몸 전체로 이동할 수 있다. 이처럼 오래 잔존하여 분비세포로부터 멀리 떨어진 세포에 영향을 줄 수 있는 신호물질을 **호르몬**(hormones)이라고 부르며, 이러한 유형의 세포 간 소통을 **내분비 신호전달**(endocrine signaling)이라고 한다(**그림 7.2***c*). 식물과 동물에서 이러한 신호 기작은 광범위하게 사용되고 있으며, 28장에서 내분비 신호전달에 관하여 자세하게 알아본다.

시냅스 신호

동물에서 신경계 세포들은 멀리 있는 세포들과 신속하게 소통할 수 있게 해준다. 시냅스 신호전달에서는 **신경전달물질**(neurotransmitter)이 신호 분자로서 작용한다. 그들의 신호 분자인 신경전달물질은 호르몬처럼 순환계를 통해 멀리 떨어져 있는 표적세포로 이동하지 않는다. 오히려, 신경세포의 긴 섬유 모양의 축삭 끝에서 신경전달물질을 매우 가까이 있는 표적세포로 방출한다(**그림 7.2***d*). 한 뉴런과 이의 표적세포의 연합을 **화학적 시냅스**(chemical synapse)라고 하며, 이런 유형의 세포 간 소통을 **시냅스 신호**(synaptic signaling)라고 한다. 국소분비 신호가 세포들 사이의 액체를 통하여 전달되는 것과는 다르게, 신경전달물질은 시냅스 간극을 가로질러 신호가 전달된다. 시냅스 신호는 26장에서 더욱 자세하게 알아본다.

신호는 세포 반응을 유발한다

신호의 종류들에 대해서는 앞에서 간략하게 알아보았지만, 세포가 신호에 어떻게 반응하는지에 대해서는 살펴보지 않았다. 신호를 받은 세포 내부에서 일어나는 현상을 **신호전달**(signal transduction)이라고 한다. 이러한 현상은 개별적인 경로를 형성하여 수용체들이 받아들이는 신호에 대한 세포 반응을 이끌어 낸다. 이러한 경로는 복잡하고 종종 다른 수용체에 의해 활성화될 수 있거나 동일한 수용체가 다른 형태로 활성화할 수 있다. 따라서 서로 다른 세포 유형은 서로 다른 신호에 대해 동일한 반응을 보이거나, 동일한 신호에 대해 서로 다른 반응을 보일 수 있다.

예를 들면 여러 종류의 세포에서 글루카곤(glucagon)이라는 호르몬이 신체 기작의 일부로 포도당(glucose)을 이용하여 혈당을 조절한다(28장 참조). 이것은 저장된 글리코젠을 포도당으로 분해하는 것과 포도당을 합성하는 데 필요한 효소의 유전자가 활성화되는 것을 포함한다. 반면, 호르몬 에피네프린(epinephrine)은 세포 종류에 따라 다른 영향을 나타낸다. 갑작스러운 일에 깜짝 놀라는 경우 심장 박동이 빨라지고, 더욱 기민해지고, 머리카락이 서는 느낌을 받을 것이다. 이와 같은 반응은 신체에서 아드레날린(adrenaline)이라고 부르는 에피네프린이 혈관으로 분비되어 나타나는 현상이다. 이렇게 되면 경계태세가 높아지고 심박수와 에너지가 증가하여 극한 상황에 대응할 수 있게 된다.

에피네프린의 이러한 다른 효과는 이 호르몬의 수용체를 가진 세포 유형에 따라 달라진다. 간에서는 세포가 자극을 받아 포도당을 동원하는 반면, 심장근육세포는 혈류를 증가시키기 위해 더욱 강하게 수축한다. 또한 혈관의 어떤 부위는 확장되고, 다른 부위는 수축하도록 하여 간, 심장, 골격근에 혈액이 부위마다 다르게 흐를 수 있도록 작용한다. 이러한 다양한 반응은 각각의 세포 종류가 에피네프린의 수용체를 가지고 있지만, 신호에 반응하는 단백질들의 집합이 다르다는 사실에 달려 있다.

인산화는 단백질 기능의 조절에 핵심이다

신호전달경로의 기능은 세포의 성질과 행동을 변화시키는 것이다. 이를 위해서는 세포를 이루는 단백질의 구성 변화나 세포 단백질의 활성 변화가 요구된다. 많은 단백질이 최초로 합성되었을 때 활성이나 기능이 없기 때문에, 활성을 가지기 위해서 합성된 이후에 변형(modification)이 필요하다. 다른 경우에는 단백질을 변형시켜 비활성화할 수 있다. 단백질 기능은 주로 인산기(phosphate group)를 첨가하는 **인산화**(phosphorylation)와 인산기를 제거하는 **탈인산화**(dephosphorylation)에 의해 조절된다.

5장과 6장에서 배웠듯이, 세포호흡(cellular respiraton)과 광합성 대사경로의 마지막 결과는 ADP에서 ATP로의 인산화였다. 이와 같은 경로로 합성된 ATP는 단백질에 인산기를 제공할 수 있다. 단백질의 인산화는 단백질의 활성을 켜거나 끄는 것으로 기능을 변화시킨다. 이것은 세포 외 신호의 정보가 세포활동에 변화를 가져올 수 있는 한 가지 방법이다.

단백질 카이네이스

ATP의 인산기를 단백질로 붙여주는 기능을 하는 효소들을 **단백질 카이네이스**(protein kinase)라고 부른다. 이들 인산기는 R기로 OH를 가지는 세린(serine), 트레오닌(threonine), 타이로신(tyrosine)과 같은 3가지 아미노산에 첨가될 수 있다.

우리는 단백질 카이네이스들을 그들이 바꾸어주는 아미노산에 근거하여 세린-트레오닌 또는 타이로신 카이네이스로 분류한다(**그림 7.3**). 대부분의 세포질 단백질 카이네이스들은 세린-트레오닌 카이네이스에 속한다.

인산가수분해효소

단백질 변형의 한 형태인 인산화의 다양성에 대한 이유 중 하나는 그것이 가역적이기 때문이다. **인산가수분해효소**(phosphatase)라는 또 다른 효소는 카이네이스의 기능과는 반대로 인산기를 떼어내는 역할을 한다. 따라서 카이네이스에 의해 활성을 가진 단백질은 인산가수분해효소에 의해 활성을 잃을 수 있으며, 카이네이스에 의해 활성을 잃은 단백질은 인산가수분해효소에 의해 활성을 가질 수 있다.

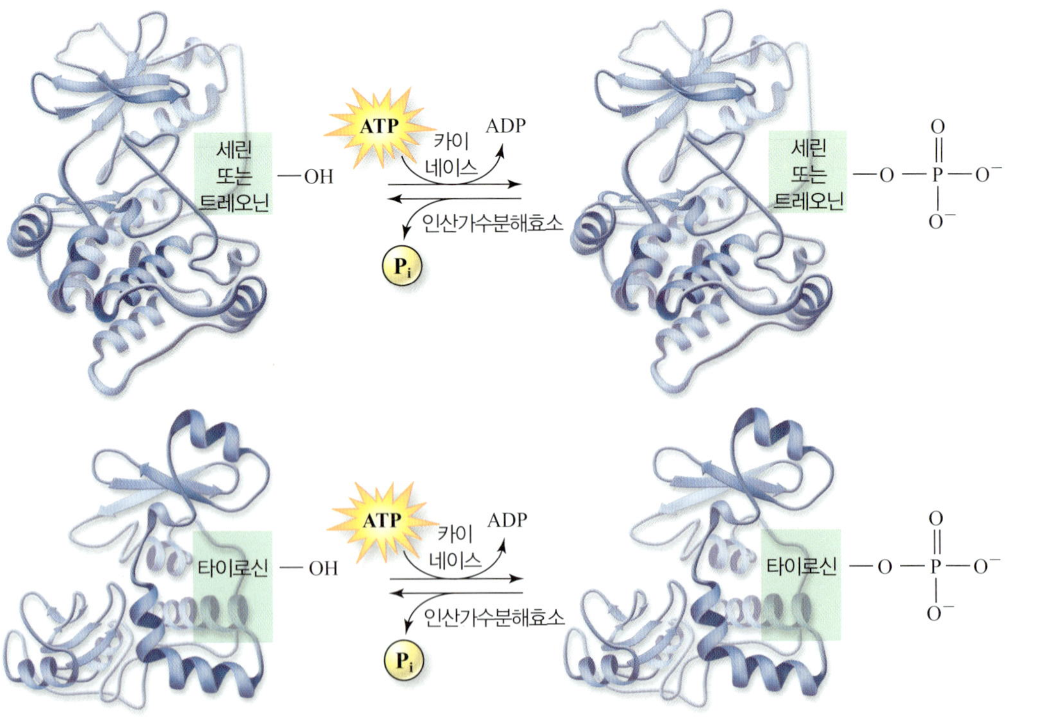

그림 7.3 **단백질의 인산화.**
많은 단백질은 인산화 상태에 의해서 기능이 조절된다. 인산화에 의해 활성을 가지거나, 탈인산화에 의해 활성을 잃을 수 있으며, 이와 반대되는 현상이 일어날 수도 있다. 인산기를 붙여주는 효소는 카이네이스라 부른다. 카이네이스는 인산기가 붙는 아미노산의 잔기에 따라 세린/트레오닌 카이네이스, 타이로신 카이네이스와 같이 두 가지 종류로 분류할 수 있다. 카이네이스는 인산가수분해효소와 반대되는 역할을 한다.

핵심 요약 7.1

세포의 소통에는 세포 수용체에 결합하는 화학 신호 또는 리간드가 포함된다. 수용체에 대한 리간드의 결합은 세포 반응을 유도하는 신호전달경로를 개시한다. 서로 다른 세포들은 하나의 신호에 대해 동일한 세포반응을 하거나 동일한 신호에서는 서로 다른 세포 반응을 도출할 수 있다. 신호전달경로에서 발견되는 단백질의 인산화-탈인산화는 단백질 기능을 제어하는 일반적인 메커니즘이다.

■ 수용체-리간드 상호작용은 효소-기질 상호작용과 어떻게 유사할까?

7.2 수용체의 종류

학습 목표

1. 다양한 수용체를 비교할 수 있다.

세포신호를 이해하기 위해서는 먼저 수용체 그 자체를 이해해야 한다. 세포가 특정 신호 분자에 반응할 수 있기 위해서는 신호 분자에 결합할 수 있는 수용체가 있어야 한다. 수용체와 리간드의 상호결합은 분자 인식의 한 예라고 할 수 있으며, 한 분자는 상보적인 형태를 기반으로 다른 분자와 상호작용한다. 이 상호결합은 수용체의 구조를 변화시키며, 그로 인해 수용체는 활성을 가지게 된다. 이것이 신호전달과정의 시작이다.

수용체는 위치에 의해 구분된다

수용체는 세포의 위치와 리간드의 화학적 특성에 따라 구분될 수 있다. 세포내 수용체는 소수성 리간드에 결합하여 원형질막을 쉽게 통과하여 세포 내로 들어간다. 이와는 반대로 세포표면 또는 막수용체는 이들 리간드가 쉽게 막을 통과할 수 없기 때문에 세포 외부의 친수성 리간드에 결합한다(**그림 7.1** 참조). 막수용체는 세포질 및 세포외 영역에 접하고 있는 막관통단백질(transmembrane protein)로 세포 내외의 다른 분자와 상호작용할 수 있다. **표 7.1**은 이 장에서 논의된 수용체 및 소통 기작의 유형을 요약한 것이다.

막수용체는 세 부류가 있다

막관통단백질이 수용체일 경우, 리간드는 수용체의 세포 밖 부위의 수용체에 결합하고 세포막을 통과할 수는 없다. 이 경우, 신호 분자가 아니라 수용체가 막을 통과하는 정보를 조절한다. 이러한 막수용체는 그들의 구조와 기능에 따라 구분된다.

통로와 연결된 수용체

화학개폐성이온통로(chemically gated ion channel)는 이온의 통과를 조절하는 수용체이다(**그림 7.4***a*). 다양한 신경전달물질이 결합하는 수용체 단백질들의 구조는 유사하다. 이들은 다중 막관통단백질(multiple transmembrane protein)로, 아미노산 사슬이 세포막 안팎으로 여러 번 왕복해 뻗어 있다. 단백질의 중심부에는 구멍이 있어서 세포외액과 세포질을 연결한다. 이 단백질의 구멍은 이온이 통과할 만큼 커서 **이온통로**(ion channel)로 기능한다.

이 통로는 화학적으로 개폐된다고 말하는데, 이는 화학물질(신경전달물질)이 결합했을 때만 열리기 때문이다. 화학적으로 제어된 이온통로가 열릴 때 막을 통해 흐르는 이온의 유형은 통로의 전하와 구조에 따라 다르다. 소듐, 포타슘, 칼슘, 염소 이온은 특정한 이온통로를 가지고 있다.

근육세포 막에서 발견되는 아세틸콜린(acetylcholine) 수용체는

표 7.1 세포 신호에 연관된 수용체들

수용체 유형	구조	기능	예
세포내 수용체	세포외 신호 결합 부위가 없음	지용성, 비극성 소형 분자로부터 신호를 받음	스테로이드 호르몬, 바이타민 D, 갑상선 호르몬 수용체
세포표면 수용체			
화학개폐성이온통로	중앙부에 통로를 형성하는 다중 막관통 단백질	화학적으로 자극받아 개폐되는 분자적 관문	뉴런
효소 수용체	단일 막관통단백질	세포외에서 신호와 결합. 세포내 반응을 촉매함	단백질 카이네이스의 인산화
G 단백질연결수용체	G 단백질과 세포질 내의 결합 부위를 가지며, 7번 막을 통과하는 막관통단백질	수용체에 신호가 결합하면 GTP가 G 단백질에 결합함. GTP가 부착된 G 단백질은 세포 내에서 신호를 전달함	펩타이드 호르몬, 눈의 간상세포

Na^+ 통로와 비슷한 기능을 한다. 아세틸콜린 수용체가 신경전달물질인 아세틸콜린 리간드에 결합하면 통로가 열리고 Na^+가 근육세포 안으로 흐르게 된다. 이것은 운동뉴런(motor neuron)에서 나오는 신호를 근육세포 수축으로 연결하는 중요한 단계이다(29장 참조).

효소 수용체

많은 세포표면 수용체는 효소처럼 작용하거나 효소와 직접적으로 연관되어 있다(**그림 7.4***b*). 신호 분자가 수용체에 결합하면 효소는 활성을 가진다. 대부분의 경우 이 효소들은 단백질에 인산기를 부착시켜주는 **단백질 카이네이스**(protein kinases)이다. 이러한 수용체에 대해서는 7.4절에서 자세히 다룬다.

G 단백질연결수용체

세포표면 수용체의 세 번째 종류인 **G 단백질**(G protein)은 세포막에서 원형질막의 효소 또는 이온통로에 간접적으로 영향을 주는 단백질이다. G 단백질은 GTP(구아노신 3인산, guanosine triphosphate)가 결합하기 때문에 붙여진 이름으로, 수용체와 효소(반응 단백질) 사이에 삽입된 것으로 생각할 수 있다. 즉, 리간드가 수용체에 결합하여 수용체가 활성화되면 수용체는 G 단백질을 활성화시키고, 활성화된 G 단백질은 반응 단백질(effector protein)을 활성화시킨다(**그림 7.4***c*). 이러한 수용체들은 7.5절에서 자세히 다룬다.

막수용체는 2차전달자를 생성할 수 있다.

몇몇 효소 수용체와 대부분의 G 단백질연결수용체는 또 다른 물질을 이용하여 세포질 내로 메시지를 전달한다. 여기서 말하는 '또 다른 물질'을 **2차전달자**(second messenger)라고 하며, 이것은 작은 분자 또는 이온의 형태로서 세포 속 단백질과 그들의 구조를 변하게 하여 기능을 변화시킨다. (원래의 신호 분자는 "1차전달자"로 간주한다.) **cAMP**(cyclic adenosine monophosphate, cyclic AMP)와 칼

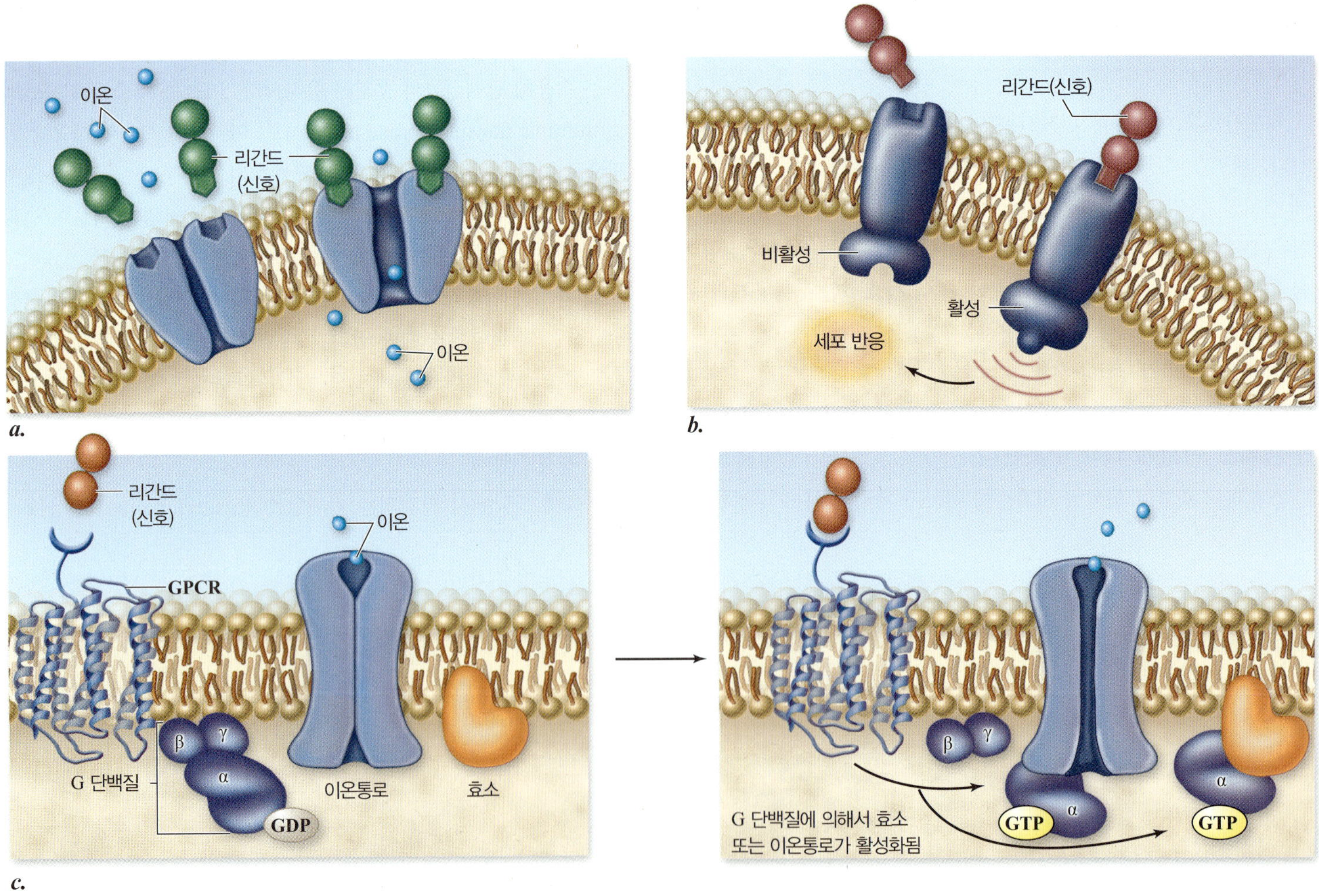

그림 7.4 세포 표면 수용체.
a. 화학개폐성 이온통로는 화학적 신호에 의해서 열고 닫히는 통로이다. 이들은 선택적으로 단 1가지 종류의 이온만 통과시킨다. ***b.*** 효소 수용체는 세포 밖 표면에서 리간드와 결합한다. 세포질 부분에 존재하는 촉매 영역은 세포질에서 효소처럼 작용하여 신호가 막을 가로질러 전달될 수 있도록 한다. ***c.*** G 단백질연결수용체(GPCR)는 세포 밖에서 리간드와 결합하여 세포내의 G 단백질과 결합한다. ***d.*** 그 결과 G 단백질은 효소 또는 이온통로를 활성화하여 세포 밖의 신호를 세포 안으로 전달한다.

슘 이온은 일반적인 2차전달자로 이들의 역할에 대해서는 7.5절에서 더 자세히 알아본다.

핵심 요약 7.2

수용체는 내부(세포내 수용체) 또는 외부(막수용체)일 수 있다. 막수용체는 통로-연결 수용체, 효소 수용체 및 G 단백질연결수용체를 포함한다. 막수용체를 통한 신호전달은 종종 세포 내에서 2번째 신호 분자 또는 2차전달자의 생성을 수반한다.

■ 소수성 분자는 세포 내부의 수용체와 막수용체 중 누구와 결합할까?

7.3 세포내 수용체

학습 목표

1. 세포내 수용체에 결합하는 리간드의 화학적 성질에 대해 설명할 수 있다.
2. 세포내 수용체를 통한 신호전달의 경로를 나타낼 수 있다.

지용성이거나 매우 작은 분자로 된 많은 세포신호는 표적세포의 세포막을 쉽게 통과하여 세포 속으로 들어가서 세포내 수용체와 결합할 수 있다. 이러한 리간드 중 일부는 세포질에 있는 단백질 수용체와 결합하기도 하고, 핵 속에 있는 수용체와 결합하기도 한다.

스테로이드 호르몬 수용체는 유전자 발현에 영향을 준다

이 장에서 논의된 모든 수용체 중에서 스테로이드 호르몬 수용체의 역할이 가장 단순하고, 직접적이다.

스테로이드 호르몬은 코티솔(cortisol), 에스트로젠(estrogen), 프로게스테론(progesterone), 테스토르테론(testosteron)과 같이 주로 비극성 구조를 공유하는 많은 종류의 화합물을 말한다. 에스트로젠, 프로게스테론, 테스토스테론은 성적 발달과 성적 행동에 영향을 준다(35장 참조). 코티솔과 같은 다른 스테로이드 호르몬은 포도당의 이동에서부터 백혈구의 염증반응 조절의 억제에 이르기까지 표적 조직에 따라 다양한 영향을 미치며 염증을 조절한다. 이들의 항염증반응 기능은 의학적으로 사용될 수 있다.

이들 호르몬은 비극성 구조 때문에 막을 쉽게 통과하여 세포내 수용체와 결합할 수 있다. 호르몬이 결합하기 전의 스테로이드 호르몬 수용체는 세포질에 위치하지만 1차적으로 활동을 하는 곳은 핵 안이다. 수용체에 호르몬이 결합하면 복합체는 세포질에서 핵 안으로 이동한다(**그림 7.5**). 이렇게 리간드-수용체 복합체가 세포의 핵에 도달

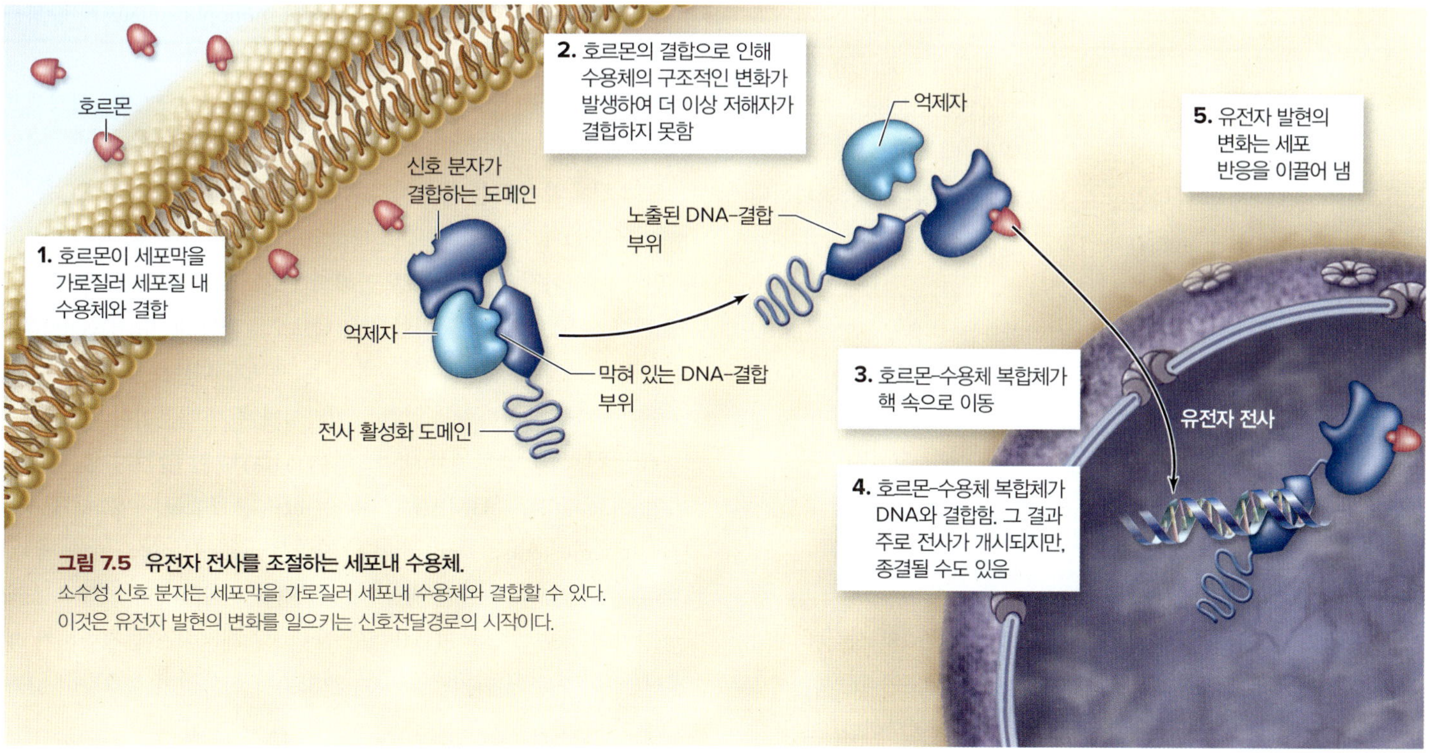

그림 7.5 유전자 전사를 조절하는 세포내 수용체. 소수성 신호 분자는 세포막을 가로질러 세포내 수용체와 결합할 수 있다. 이것은 유전자 발현의 변화를 일으키는 신호전달경로의 시작이다.

하기 때문에 이러한 수용체를 종종 **핵 수용체**(nuclear receptor)라고 한다.

스테로이드 수용체의 역할

바이타민 D 및 갑상선 호르몬과 같이 크기가 작고, 지용성인 신호 분자의 수용체와 스테로이드 호르몬 수용체의 주된 역할은 유전자 발현을 조절하는 것이다(14장 참조).

이들 수용체들은 모두 유사한 구조를 가지는데, 발현하는 유전자가 하나의 조상 유전자에서 진화하였기 때문이다. 이들의 구조적 유사성 때문에 **핵 수용체 집단**(nuclear receptor superfamily)에 포함된다.

이러한 각각의 수용체들은 다음과 같은 기능적 도메인(domain)을 가진다.

1. 호르몬 결합 도메인(hormone-binding domain)
2. DNA 결합 도메인(DNA-binding domain)
3. 유전자 전사 단계에 영향을 주는 보조활성자(coactivator)와 상호작용할 수 있는 도메인

불활성 상태일 때 수용체는 일반적으로 DNA와 결합할 수 없는데, 억제 단백질(inhibitor protein)이 DNA 결합 부위에 위치하고 있기 때문이다. 신호 분자가 호르몬 결합 부위에 결합하게 되면, 수용체의 구조적인 변화가 일어나고 억제자가 떨어져 나가서, DNA 결합 부위가 노출되어 수용체가 DNA의 특정한 뉴클레오타이드 서열에 붙게 된다(**그림 7.5**). 이러한 결합으로 호르몬이 결합한 서열과 인접한 곳에 위치한 특정 유전자의 발현이 활성화(또는 경우에 따라 억제)한다. 한 예로, 글루코코르티코이드(glucocorticoid) 호르몬인 코티솔은 세포 안의 포도당 농도를 증가시키는데, 이는 포도당을 합성하는 데 연관되어 있는 다양한 유전자가 이 호르몬-수용체 복합체(hormone-receptor complex)와 결합할 수 있는 영역을 가지기 때문이다.

세포내 수용체가 인식하는 지용성 리간드는 수용성 신호보다 훨씬 오래 혈액 내에서 지속되는 경향이 있다. 대부분의 수용성 호르몬은 수분 내에, 그리고 신경전달물질은 몇 초 또는 1000분의 몇 초 내에 분해된다. 그에 반해 코티솔 또는 에스트로젠과 같은 스테로이드 호르몬은 수 시간 동안 지속된다.

보조활성자의 특성과 역할

지용성 세포신호에 대한 표적세포의 반응은 세포의 성질에 따라 다양하게 나타나는데, 이러한 특징은 여러 표적세포가 동일한 세포내 수용체를 가지고 있음에도 불구하고 나타나는 현상이다. 모든 세포에서 수용체 단백질이 특별한 DNA 서열에 동일하게 결합되는 것을 고려해 볼 때, 이것은 이해가 잘 되지 않는 현상이 될 수 있다. 그러나 수용체가 그 수와 종류가 세포마다 다른 **보조활성자**(coactivators)와 함께 활동하기 때문에 위와 같은 현상이 나타날 수 있는 것이라고 생각한다면 쉽게 이해될 수 있을 것이다. 따라서 수용체뿐만 아니라, 보조활성자의 존재도 세포의 반응에 영향을 줄 수 있음을 짐작할 수 있다.

에스트로젠 호르몬은 유선조직(mammary tissue)과 자궁조직(uterine tissue)에 각각 다른 영향을 준다. 이와 같은 서로 다른 반응은 두 조직에 있는 수용체의 유무 때문이 아니라 보조활성자에 의해 조절되기 때문이다. 유선조직에서는 중요한 보조활성자가 없으며, 대신에 호르몬-수용체 복합체(hormone-receptor complex)가 유전자 발현을 감소시키는 다른 단백질과 상호작용한다. 자궁조직에서는 보조활성자가 존재하며 이에 의해 임신이 가능하도록 자궁을 준비시키는 단백질을 암호화하는 유전자가 발현된다.

다른 세포내 수용체들은 효소처럼 작용한다

흥미롭게도 일산화질소(NO)의 수용체에서 효소처럼 활동하는 수용체가 발견되었다. 작은 기체 분자인 NO는 세포에서 생성된 후 세포 밖으로 쉽게 확산되며, 주위의 세포를 직접 통과하여 구아닐산 사이클레이스(guanylyl cyclase)와 결합한다. NO의 결합은 구아닐산 사이클레이스를 활성화시키고, 평활근(smooth muscle) 세포의 이완과 같은 세포 특이적 반응을 이끌어내는 세포내 전달자(intracellular messenger)인 **cGMP**(cyclic guanosine monophosphate)의 합성을 촉매한다.

뇌에서 평활근 세포를 이완시키는 신경신호를 보낼 때, 신경세포에서 아세틸콜린이 분비되어 상피세포의 수용체에 결합한다. 이는 세포내 칼슘의 농도를 증가시켜 NO 합성효소를 자극하여 NO를 생성한다. NO가 평활근 안으로 확산되면 cGMP의 농도가 증가하여 이완으로 이어진다. 이완으로 인해 혈관은 확장되어 혈류가 증가하게 된다. 이러한 사실을 바탕으로 니트로글리세린(nitroglycerin)은 협심증 치료에 사용할 수 있는데 이는 세포가 니트로글리세린을 이용하여 NO를 생성하면서 혈관을 이완시켜 주기 때문이다.

위의 신호전달경로에서 비아그라(Viagra)로 잘 알려져 있는 실데나필(sildenafil)은 cGMP를 분해하는 cGMP 포스포디에스테레이스(phosphodiesterase)를 억제한다. 따라서 cGMP의 농도는 높게 유지되고, 이로 인해 NO의 생성이 계속된다. 비아그라의 선택적 효과는 성기의 세포에 있는 cGMP 포스포디에스테레이스에 결합하기 때문이다. 이 때문에 발기성 조직의 평활근이 이완되어 혈류량이 증가하게 된다.

핵심 요약 7.3

소수성 신호 분자는 막을 통과하여 세포내 수용체에 결합할 수 있다. 스테로이드 호르몬 수용체는 유전자 발현에 직접 영향을 줌으로써 작용한다. 일단 호르몬에 결합하면, 수용체-호르몬 복합체는 유전자 발현의 활성화(또는 억제)를 위해 핵으로 이동한다. 또한 호르몬-수용체 복합체와 함께 작용하는 보조활성자가 필요할 수도 있다. 따라서 호르몬에 대한 세포의 반응은 수용체와 보조활성자의 존재에 달려 있다.

- 이러한 유형의 세포내 수용체는 빠르게 작용할까? 긴 지속 시간의 효과를 가질까?

7.4 수용체 카이네이스를 통한 신호전달

학습 목표

1. RTK와 스테로이드 호르몬 수용체를 비교하여 설명할 수 있다.
2. 정보가 어떻게 RTK를 통해 막을 통과하는지 설명할 수 있다.
3. 신호전달에서 카이네이스 연쇄반응의 역할에 대해 설명할 수 있다.

7.1절에서 단백질 카이네이스가 단백질의 기능을 전환하기 위해 단백질을 인산화시키며, 대부분의 카이네이스는 세린, 트레오닌, 타이로신과 같은 아미노산에 인산기를 붙여준다는 것을 알았다. **수용체타이로신카이네이스**(receptor tyrosine kinase, RTK)는 세포주기(cell cycle), 세포 이동(cell migration) 및 세포 증식(cell proliferation)에 영향을 주며, 이 수용체를 통한 신호에 의해 대부분의 세포가 영향을 받는다. 이 수용체의 기능과 신호전달경로의 변화는 인간과 다른 동물에서 암을 유발하기도 한다.

암유발유전자 또는 종양유전자(oncogene)의 초기 사례 중 일부는 RTK의 기능과 연관이 있다(8장 참조). 조류 적아구증 바이러스(avian erythroblastosis virus)는 세포외 도메인의 대부분이 소실된 표피생장인자 수용체를 지니고 있다. 이 바이러스에 감염된 세포는 변형된 수용체를 생성하여 세포 내로 신호를 계속 전달하게 된다. 이와 같이 수용체에 발생하는 지속적인 신호에 의해 세포는 과대 성장을 조절하지 못하게 되는 것이다.

수용체 타이로신 카이네이스는 동물세포의 광범위한 막수용체로서 친수성 리간드를 인식한다. 식물체에서 발견되는 이와 비슷한 구조와 기능을 가지는 수용체는 세린-트레오닌 카이네이스(serin-threonine kinase)로 이는 **식물수용체카이네이스**(plant receptor kinase)라 부른다.

이들 수용체는 식물 및 동물세포에서 유사한 기능을 수행하지만 기질이 상이하기 때문에, 각 종류의 수용체 카이네이스의 복제 및 차이는 아마도 식물-동물 분기 후에 발생했을 것이다. 이들 유형의 신호전달 분자의 증식은 각 그룹에서 다세포 생물의 독립적 진화와 일치하는 것으로 생각된다.

여기에서는 다양한 동물세포에서 광범위하게 연구된 RTK 수용체 패밀리에 중점을 둔다.

RTK는 자가인산화에 의해 활성화된다

RTK는 막에 고정되어 있기 위한 단일 막관통 도메인, 세포 밖 리간드 결합 도메인 및 세포내 카이네이스 도메인으로 구성된 비교적 간단한 구조로 이루어져 있다. 카이네이스 도메인은 수용체의 촉매부위(catalytic site)를 포함하고 있으며, 이는 타이로신 잔기에 인산기를 부착하는 역할을 한다. 특정 수용체에 리간드가 결합하면, 2개의 수용체-리간드 복합체가 서로 모이게 되어(2량체화, dimerization) 서로를 인산화시키는데 이러한 과정을 **자가인산화**(autophosphorylation)라고 한다(**그림 7.6**).

수용체에 리간드가 결합하여 생성된 신호는 자가인산화 반응에 의해 막을 가로질러 전달된다. 다음 단계는 세포질 내로 신호를 전달하는 것으로 다양한 방식으로 신호가 전달된다. 신호가 전달되는 방식으로는 다른 세포 내부 표적을 인산화시키기 위해 타이로신 카이네이스 도메인(tyrosine kinase domain)을 활성화시키거나, 인산화된 수용체와 또 다른 단백질 사이의 상호작용을 증가시키는 방법이 있다.

세포내 단백질에 따라 활성화 이후에 일어나는 세포 반응은 달라진다. 서로 다른 두 세포가 동일한 수용체를 가질 수 있지만, 세포질 내에 어떤 단백질이 반응하는가에 따라서 다른 반응을 나타낼 수 있다. 예를 들어, 섬유아세포(fibroblast) 생장인자는 섬유아세포의 세포분열을 촉진하지만, 신경세포에서는 분열보다 분화를 촉진한다.

포스포타이로신 도메인은 단백질-단백질 상호작용을 매개한다

특이적으로 인산화된 수용체의 타이로신 잔기와 단백질과의 결합에 의해서 수용체가 받은 신호는 세포질로 전달된다. 수용체가 활성화되면 촉매 부위 외부의 단백질 영역이 인산화되는데, 이는 포스포타이로신에만 특이적으로 결합하는 단백질의 결합 부위를 만든다. 이와 같은 인산화된 타이로신 잔기에 결합하는 단백질에 의해 리간드로부터 오는 신호가 세포 반응으로 바뀌는 현상이 개시될 수 있다(**그림 7.6**).

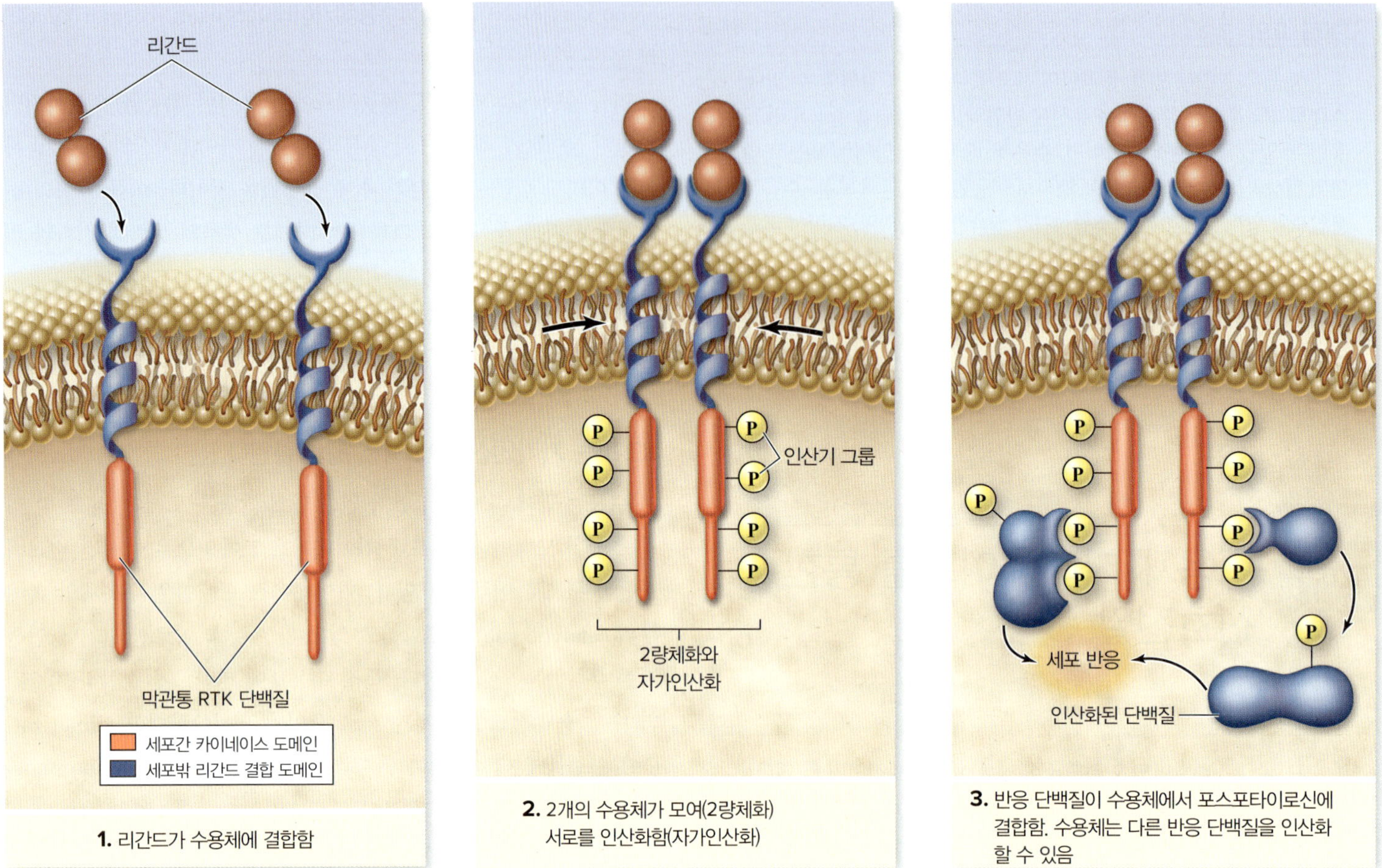

그림 7.6 RTK(수용체타이로신카이네이스)의 활성화.
막수용체는 막을 통과할 수 없는 친수성 호르몬 또는 생장인자와 결합한다. 이 수용체는 막관통단백질로 세포 밖 리간드 결합 도메인과 세포내 카이네이스 도메인이 존재한다. 반응 단백질이 수용체의 포스포타이로신에 결합하여 수용체에 의해 인산화됨으로써 신호전달경로가 시작된다.

인슐린 수용체

인슐린 수용체(insulin receptor)는 위와 같은 선착 단백질(docking protein)이 어떻게 이용되는지 보여주는 사례이다. 인슐린 호르몬은 혈당을 일정하게 유지하도록 하는 신체 조절 시스템 중 하나이며, 인슐린은 RTK에 결합하여 혈당을 낮춰주는 역할을 담당한다. **인슐린 반응 단백질**(insulin response protein)이라고 부르는 또 다른 단백질은 인산화된 수용체에 결합하여 인산화된다. 인슐린 반응 단백질은 포도당을 글리코젠으로 바꿔주는 글리코젠 합성효소를 활성화시켜 혈당이 떨어지도록 한다(**그림 7.7**). 인슐린 수용체에 의해 활성화되는 또 다른 단백질은 포도당을 만드는 데 관여하는 효소의 합성을 억제하며, 세포막에 존재하는 포도당 운송단백질의 수를 증가시켜 준다.

어댑터 단백질

또 다른 부류의 단백질 중 **어댑터 단백질**(adapter proteins)은 포스포타이로신과 결합이 가능하다. 이 단백질 자체가 신호전달에 참여하지는 않지만, 신호전달 하위 반응을 개시하는 단백질과 수용체 사이를 연결하는 역할을 한다. 예를 들면, 후에 논의하게 될 Ras 단백질은 수용체와 결합하는 어댑터 단백질에 의해 활성을 가지게 된다.

단백질 카이네이스 연쇄반응은 신호를 증폭시킬 수 있다

세포질의 카이네이스 중 **MAP 카이네이스**(mitogenactivated protein kinases)는 매우 중요한 단백질 중 하나이다. **유사분열물질**(mitogen)은 세포분열을 조절하는 일반적인 경로를 활성화시켜 세포분열을 촉진하는 화학물질이다. MAP 카이네이스는 **인산화 연쇄반응**(phosphorylation cascade) 또는 **카이네이스 연쇄반응**(kinase cascade)이라 부르는 신호전달모듈(signaling module)에 의해 활성화된다. 이 모듈은 하위 단계의 효소를 잇달아 인산화하는 단백질 카이네이스의 연속이다. 연쇄반응의 마지막 단계는 MAP 카이네이스 자체의 인산화에 의한 활성화이다(**그림 7.8**).

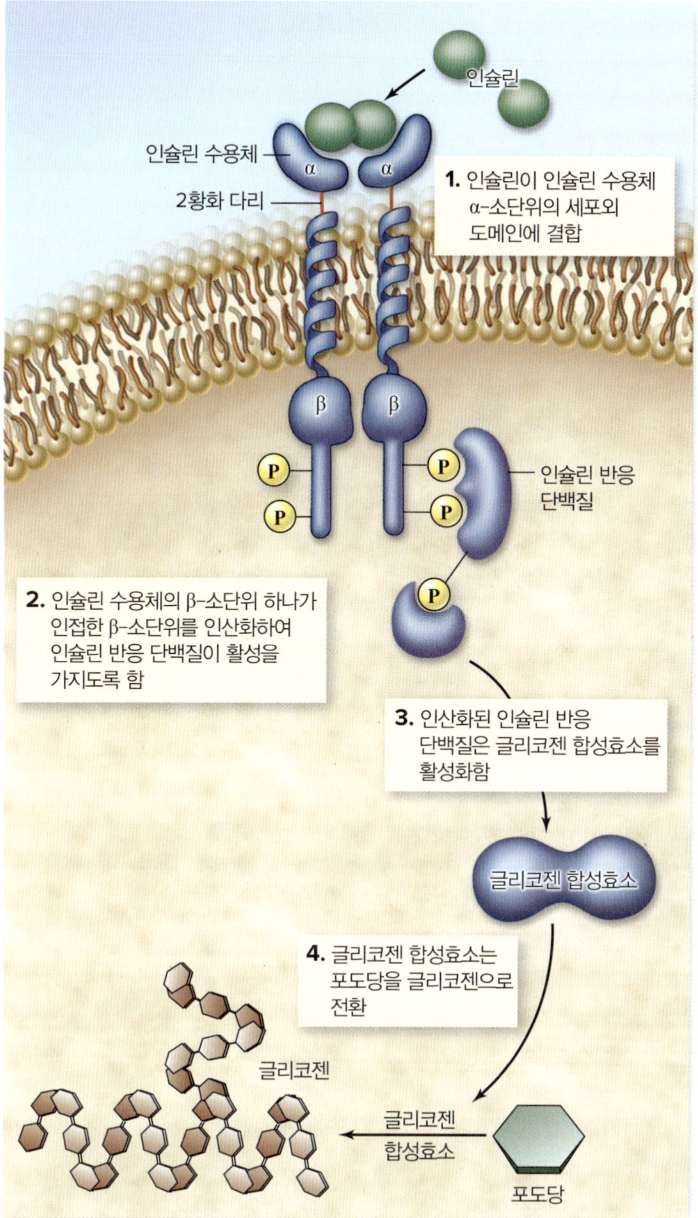

그림 7.7 인슐린 수용체.
인슐린 수용체는 포도당 대사과정에 연관이 있는 세포 반응을 시작하도록 하는 수용체타이로신카이네이스이다. 이 수용체가 영향을 주는 신호전달경로에 의해 글리코젠 합성효소가 활성을 가지게 되며, 효소는 포도당을 이용하여 글리코젠을 합성한다.

카이네이스 연쇄반응의 한 가지 기능은 원래의 신호를 증폭시키는 것이다. 연쇄반응의 각 단계에는 효소들이 위치하고 있어 다수의 기질 분자에 영향을 준다. 연쇄반응의 각각의 효소들이 많은 기질에 영향을 줌으로써 최종 산물이 많이 생산된다(**그림 7.8**). 이로 인해 적은 수의 초기 신호 분자로 큰 반응을 이끌어 낼 수 있게 되는 것이다. 어떠한 특정 세포의 연쇄반응에 대한 세포 반응은 어떤 MAP 카이네이스가 표적이 되는가에 따라 다르지만, 대부분의 경우 유전자 발현을 활성화시키는 전사인자(transcription factor)의 인산화에 영향을 준다(14장 참조). 이와 같은 생장인자 수용체(growth factor receptor)를 통한 신호의 예는 8장에서 다루어지며, 성장인자에 의해 시작되는 신호전달이 카이네이스 연쇄반응을 통한 세포 분열의 과정을 어떻게 조절하는지를 알아본다.

골격구조 단백질은 카이네이스 연쇄반응을 조직한다

카이네이스 연쇄반응의 단백질은 효과적이기 위해 순차적으로 작용해야 한다. 세포질 내에서 그들의 체계성을 높이는 것이 연쇄반응 과정의 효율을 높일 수 있는 한 방법이다. **골격구조 단백질**(scaffold protein)이라고 부르는 단백질은 카이네이스 연쇄반응의 구성요소를 하나의 단일 단백질 복합체(single protein complex)처럼 조직하는 것으로 생각된다. 이는 신호모델에서 궁극적이다. 구조(scaffold) 단백질은 개별적인 카이네이스와 결합하여, 그들을 공간적으로 분리함으로써 최상의 효과를 이끌어 낼 수 있게 해준다(**그림 7.9**).

이와 같은 체계화의 장점은 매우 크게 나타나는데, 이는 확산에 의해 순서에 맞는 적절한 반응을 이끌어 내는 것보다 물리적으로 순서가 잡혀 있는 것이 더 효율적이기 때문이다. 또한 이와 같은 체계화로 인해 세포질 내 다른 위치에서 일어나는 신호 모듈의 분리가 가능해진다.

이러한 체계화의 단점은 카이네이스 연쇄반응의 증폭 효과를 감소시킨다. 한곳에 묶여 있는 효소는 새로운 기질 분자를 자유롭게 찾을 수 없고 근처에 있는 기질에 의존해야 하기 때문이다.

발아 중인 효모에서의 짝짓기 행동에서 골격구조 단백질의 예를 찾아볼 수 있다. 효모 세포는 짝짓기 페로몬에 반응하여 세포의 형태와 유전자 발현의 변화가 일어나는데, 이는 단백질 카이네이스 연쇄반응에 의해 조절된다. Ste5라 부르는 단백질은 짝짓기 행동에 필요한 단백질이라고 밝혀졌지만, 어떠한 효소적 움직임도 확인되지 않았다. 이 단백질은 카이네이스 연쇄반응의 모든 단백질과 상호작용하며, 연쇄반응을 조절하고 다른 신호전달경로로부터 연쇄반응을 격리하는 골격구조 단백질처럼 행동한다고 밝혀졌다.

Ras는 분자 스위치 역할을 하는 소형 G 단백질이다

RTK와 MAP 카이네이스 연쇄반응은 **Ras**라고 부르는 GTP-결합 단백질(G 단백질)이 연결시켜 준다. 모든 G 단백질과 마찬가지로 Ras는 GTP에 결합할 때 활성화되고 GDP에 결합될 땐 불활성을 나타낸다. 많은 암에서 Ras 단백질의 돌연변이가 확인되고 있으며, Ras는 생장인자 수용체와 세포 반응을 연결해주는 중심 역할을 한다.

Ras는 인간의 게놈에서 150개 이상의 구성원을 가진 G 단백질의 큰 집단에서 확인된 최초의 단백질이다. 집단은 5개의 하위 그룹으

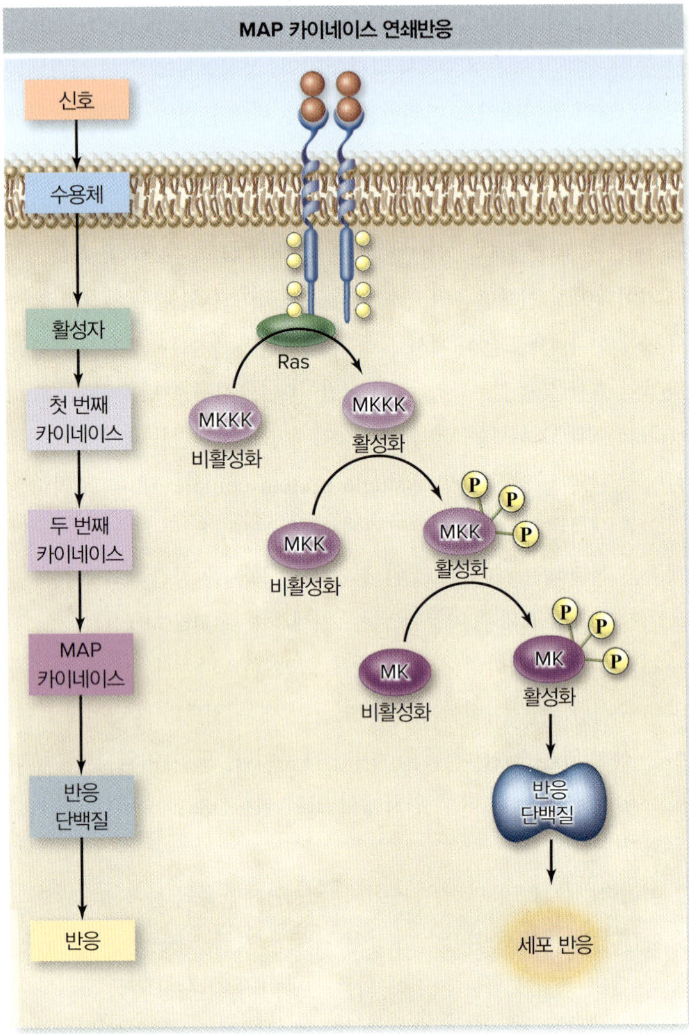

a.

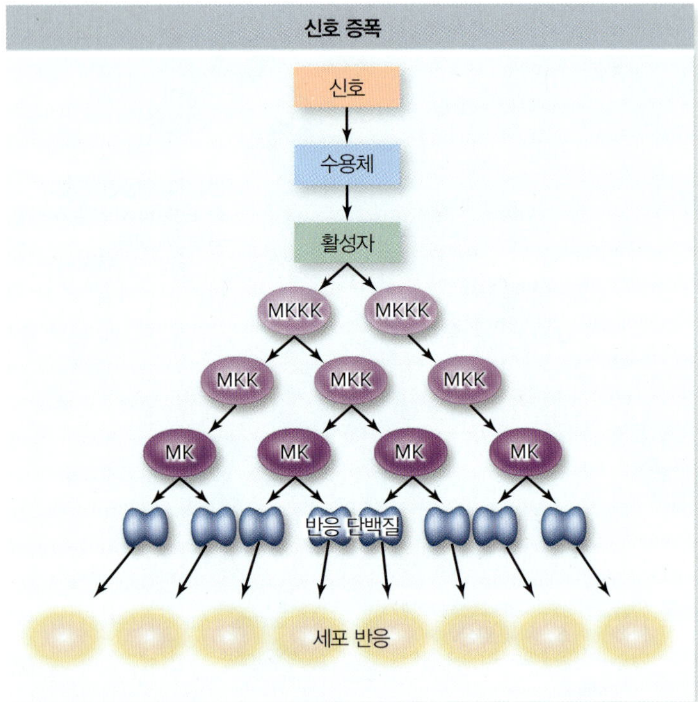

b.

그림 7.8 MAP 카이네이스의 연쇄반응에 의한 신호 증폭.
a. 왼쪽 그림은 인산화 연쇄반응을 보여준다. 이에 상응하는 세포 현상은 세포막에 존재하는 수용체에서 시작되며, 이를 오른쪽에 나타냈다. 각각의 카이네이스는 맨 마지막에 위치하는 MAP 카이네이스(MK)로부터 이름을 붙이는데, MK는 MKK(MAP kinase kinase)에 의해서 인산화되고, MKK는 MKKK(MAP kianse kinase kinase)에 의해서 인산화된다. 이러한 연쇄반응은 활성자 단백질에 의해 연결되어 있다. *b.* 다양한 기질에 의한 카이네이스의 효소 활성은 각 단계를 거쳐감에 따라 신호가 계속 증폭된다.

로 구성되며 그중 하나는 Ras 집단이다. 소형 G 단백질은 효모에서부터 척추동물에 이르는 진핵생물에서 발견되는데, 이것은 그들의 고대 기원을 보여준다.

이 작은 G 단백질의 역할은 다양하며 세포 증식, 세포 골격, 막 수송 및 핵 운반에 영향을 미친다. 이것은 어떻게 유전자 증폭과 다양성이 다재다능한 모듈을 만드는 진화를 가능하게 했는지에 대한 훌륭한 예이다. 집단 구성원 모두의 공통적인 특징은 외부 신호를 내부 신호 전달경로와 연결하는 분자 스위치로 작동하는 것이다(**그림 7.10**).

Ras 스위치는 GDP를 GTP로 교체하고, GTP를 GDP로 가수분해함으로써 전환된다. 이 스위치는 Ras의 활성화 및 불활성화를 조절하는 외부 신호에 민감하다. 구아닌 뉴클레오타이드 교환인자(GEFs)는 GDP를 GTP로 교체하여 Ras를 활성화시킨다. 생장인자 수용체가 활성화되면 GEF 역할을 하는 어댑터 단백질에 결합한다. 활성화된 Ras 단백질은 MAP 카이네이스 연쇄반응에서 가장 첫 번째 카이네이스를 활성화시킨다(**그림 7.8**과 8장 참조).

Ras의 작용은 내재된 GTP 가수분해효소의 활성에 의해 종결될 수 있다. 이것은 GAP 단백질에 의해 자극될 수 있으며, 이는 Ras 활성도의 지속시간을 기반으로 신호를 미세 조정할 수 있도록 한다. 이러한 단백질의 중요성은(신경섬유종과 같은 특정 암을 유발하는) GAP 단백질의 돌연변이에 의해 볼 수 있다.

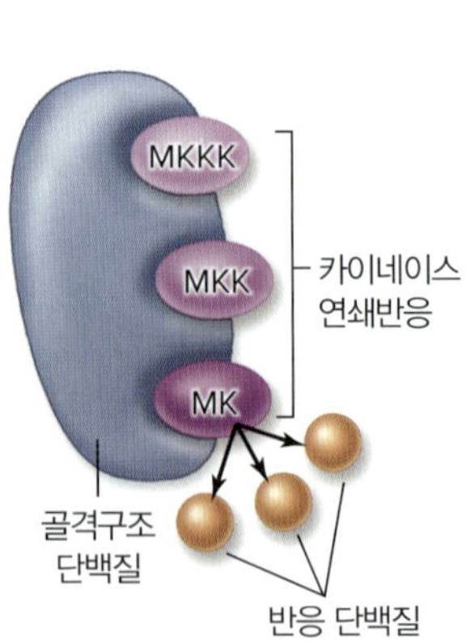

그림 7.9 골격구조 단백질에 의해 체계화되는 카이네이스 연쇄반응.
연쇄반응에서 골격구조 단백질은 각각의 카이네이스들과 결합하며, 기질이 효소 옆에 위치하도록 카이네이스들을 체계화한다. 또한 이러한 조직화로 인해 세포질 내의 다른 신호경로로부터 카이네이스가 분리할 수 있다.

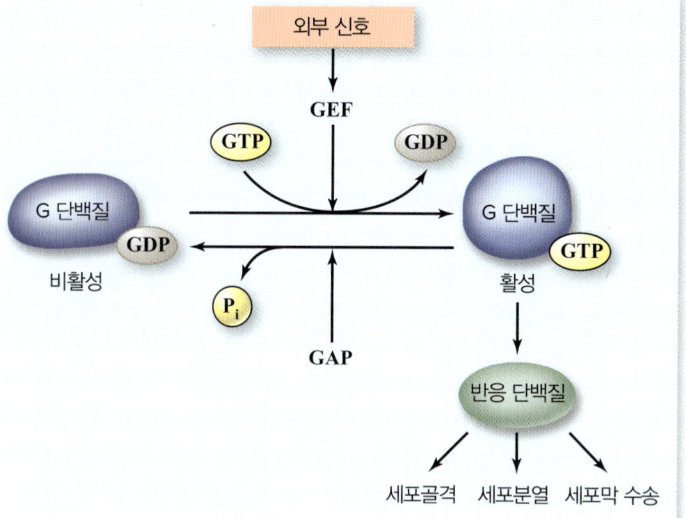

그림 7.10 분자 스위치로 작용하는 소형 G 단백질.
Ras와 같은 소형 G 단백질은 외부 신호를 내부 신호전달경로에 연결한다. 외부 신호는 G 단백질을 활성화시키는 구아닌 뉴클레오타이드 교환 단백질(GEF)을 활성화시킨다. G 단백질은 약한 고유 GTP 가수분해효소 활성에 의해 비활성화될 수 있으며, 이는 활성화된 단백질(GAP)에 의해 자극될 수 있다.

RTK는 내재화에 의해 불활성화된다

신호전달경로가 일시적으로만 활성화된다는 것은 세포에서 매우 중요하다. 활성화가 지속되면 세포는 다른 신호에 반응하지 못하거나, 더 이상 관련이 없는 신호에는 부적절하게 반응한다. 따라서 불활성화는 신호의 조절에 있어서 활성화만큼 중요하다. RTK는 탈인산화(dephosphorylation)와 내재화(internalization)의 2가지 기본적인 기작에 의해서 불활성화된다. 내재화는 세포내섭취(endocytosis)에 의해 일어나는데, 수용체는 소낭(vesicle)의 형태로 세포질 내로 들어가 분해되거나 재사용될 수 있다.

카이네이스 연쇄반응의 효소들은 인산가수분해효소(phosphatase)의 탈인산화 기능에 의해 조절된다. 이는 수용체와 반응 단백질의 적절한 수위를 인식하여 반응의 종결을 이끈다.

핵심 요약 7.4

수용체타이로신카이네이스(RTKs)는 타이로신을 인산화할 수 있는 막수용체이다. 활성화되면 자가인산화하여 다른 단백질을 위한 결합 도메인을 만든다. 이 단백질은 세포 내부의 신호를 전달한다. 신호전달경로의 한 가지 형태는 각각의 카이네이스가 다음 카이네이스를 활성화시키는 MAP 카이네이스 연쇄반응이다. 최종 단계는 유전자 발현을 바꾸기 위해 전사인자를 활성화시키는 MAP 카이네이스로 종결된다.

- 많은 암 환자에게서 Ras 단백질은 돌연변이되어 있다. 이것의 근거는 무엇일까?

7.5 G 단백질연결수용체를 통한 신호전달

학습 목표

1. GPCR과 RTK를 통한 신호를 구분할 수 있다.
2. 2차전달자의 기능과 신호전달경로를 연관지어 설명할 수 있다.

동물세포에서 수용체 종류의 가장 큰 단일 범주로 **G 단백질연결수용체**(GPCR, G protein-coupled receptor)가 존재하며, 이는 수용체가 G 단백질과 결합하여 작용하기 때문에 명명되었다. 이 수용체는 이온, 유기물질 냄새(organic odorants), 펩타이드, 단백질 및 지질을 비롯한 다양한 리간드에 결합한다. 빛 감지 수용체(light-sensing receptors)도 이 계열의 일부이기 때문에 광자를 "리간드"로 간주할 수도 있다.

이 단백질의 집단은 막에 수용체를 고정시키는 7개의 막관통영역을 가진 특징적인 구조를 가지고 있다. 7개의 막관통영역의 배열은 고도로 보존되어 있으며 게놈에서 새로운 GPCR 구성원을 찾는 데 사용된다. 많은 동물 게놈의 분석은 GPCR이 대부분의 동물에서 가장 큰 유전자군임을 보여준다. GPCR은 거의 모든 종류의 진핵생물에서 발견되는데, 복제와 다양성이 있는 고대의 기원을 나타내며, 다양한 신호전달경로로 이어진다.

인간의 게놈에서 GPCR을 암호화하는 850개 이상의 유전자가 있으며, 이 중 절반 정도는 후각과 연관된 수용체를 암호화한다. 쥐에서는 1000개가 넘는 다른 종류의 냄새 수용체가 후각을 감지한다. GPCR은 구조와 기능에 근거하여 로돕신, 세크레틴, 어드히션(Adhesion), 글루타민산염, Frizzled/Taste 2와 같이 5개의 그룹으로 세분화할 수 있다. 이 이름들은 각 그룹에서 가장 먼저 발견된 것의 이름을 따서 지었다. 그 실례로 로돕신은 포유류에서 빛을 감지하는데 연관이 있는 GPCR이다. 여기서는 활성화의 기본적인 기작과 가능한 신호전달경로의 일부를 집중적으로 다룬다.

G 단백질은 수용체와 반응 단백질을 연결한다

GPCR에 의한 신호에서 G 단백질의 기능은 신호를 받아들이는 수용체와 세포 반응을 이끌어 내는 반응 단백질(effector protein) 사이를 연결해 주는 것이다. G 단백질의 스위치로서의 기능은 수용체에 의하여 좌우되는데, G 단백질의 스위치가 켜진 상태에서는 반응 단백질이 활성을 가지게 되어 세포 반응이 나타난다.

모든 G 단백질은 GTP가 결합하면 활성을 가지고, GDP가 결합하면 활성을 잃어버린다. GPCR의 G 단백질과 7.4절에서 설명된 소형 G 단백질(Ras)의 주요 차이점은 이러한 G 단백질이 α, β 및 γ라 불리는 3개의 소단위(subunit)로 구성되어 있다는 점이다. 이 때문에 **이종3량체 G 단백질**(heterotrimeric G protein)이라고 불리기도 한다. 리간드가 GPCR에 결합하여 GPCR과 연관된 G 단백질을 활성화시키면, G 단백질은 GDP를 떼어내고 GTP와 결합하여 GTP가 결합되어 있던 G_α와 $G_{\beta\gamma}$로 나뉘게 된다. G_α 또는 $G_{\beta\gamma}$ 중 하나에 의해 신호가 전파되고 이에 반응 단백질은 활성을 가지게 된다. 결합된 GTP가 G_α에 의해 GDP로 가수분해되면 G 단백질은 이종삼량체(heterotrimer)로 재결합되고 시스템은 활성을 잃은 상태로 돌아가게 된다(**그림 7.11**).

반응 단백질은 거의 효소라고 보아도 무방하다. 반응 단백질은 신호를 직접 전파하기 위해 단백질을 인산화시키는 단백질 카이네이스로 작용하거나, 신호전달경로를 개시할 수 있는 2차전달자를 생성할 수 있다.

반응 단백질은 다중 2차전달자를 생산한다

흔히 G 단백질에 의해 활성을 가지는 반응 단백질은 2차전달자를 생성한다. 가장 유명한 2가지 반응 인자로는 cAMP를 생성하는 **아데닐산 사이클레이스**(adenylyl cyclase)와 IP_3, DAG를 생성하는 **포스포리페이스 C**(phospholipase C)가 있다.

고리형 AMP

지금까지 확인된 모든 동물세포들은 cAMP(고리형 AMP, cyclic AMP)를 2차전달자로 이용한다(28장 참조). 신호 분자가 **아데닐산 사이클레이스**(adenylyl cyclase)를 반응 인자로 사용하는 GPCR에 결합하면 많은 양의 cAMP가 세포 안에서 만들어진다(**그림 7.12***a*). 그 다음 cAMP는 단백질 카이네이스 A(PKA) 효소에 결합하여 세포 속 특정 단백질에 인산기를 첨가시켜 이를 활성화시킨다(**그림 7.13**).

세포의 기능적인 측면에서 이러한 인산화의 영향은 세포의 종류와 인산화되는 단백질이 무엇인가에 의해 달라질 수 있다. 예를 들어, 근육 세포에서 PKA는 글리코젠을 분해하는 효소를 활성화시키고 글리코젠을 합성하는 데 필요한 또 다른 효소를 불활성화시킨다. 이로 인해 근육에서 사용할 수 있는 포도당은 증가한다. 그에 비해 신장에서는 PKA에 의하여 세뇨관 세포(tubule cell)의 물에 대한 투과성을 증가시키는 물 통로(water channel)가 생성된다.

cAMP 신호의 중단은 매우 다양한 효과를 일으킨다. 위장 세포에서는 cAMP 수준이 바뀜에 따라 콜레라의 증상이 나타난다. 비브리오균은 위장 상피세포의 GPCR에 결합하는 독소를 분비하고, 그 결과 세포는 계속 활성을 띤 상태로 존재한다. 이로 인해 세포 속 cAMP 수위는 크게 올라가게 되어 Cl^-가 세포 밖으로 이송되면서 물이 함께 배출되어 설사와 탈수 증상이 나타난다.

cAMP는 세포 밖 신호로도 작용할 수 있다. *Dictyostelium discoideum*이라는 점균류(slime mold)에서 cAMP는 굶주린 상황에서 집

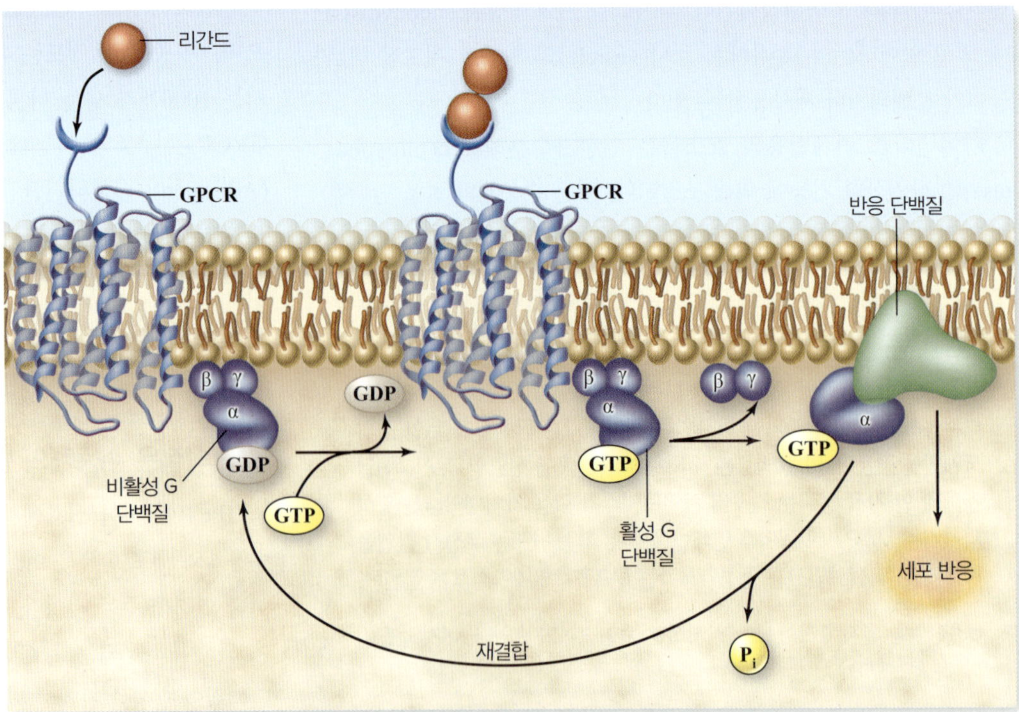

그림 7.11 G 단백질 연결수용체의 작용. G 단백질연결수용체는 수용체와 반응 단백질을 이어주는 이종3량체 G 단백질을 통해서 활동한다. 리간드가 수용체에 결합하면, G 단백질에 붙어 있던 GDP가 GTP로 바뀜으로써 G 단백질은 활성을 갖는다. 활성화된 G 단백질 복합체는 G_α와 $G_{\beta\gamma}$로 나뉜다. G_α 소단위는 반응 단백질을 활성화시킨다. 반응 단백질은 직접 세포 단백질에 영향을 주거나, 세포 반응을 야기하는 2차전달자를 생산할 수도 있다. G_α는 GTP를 가수분해하며, 이로 인해 이 시스템은 활성을 잃고 G_α는 $G_{\beta\gamma}$와 다시 재결합한다.

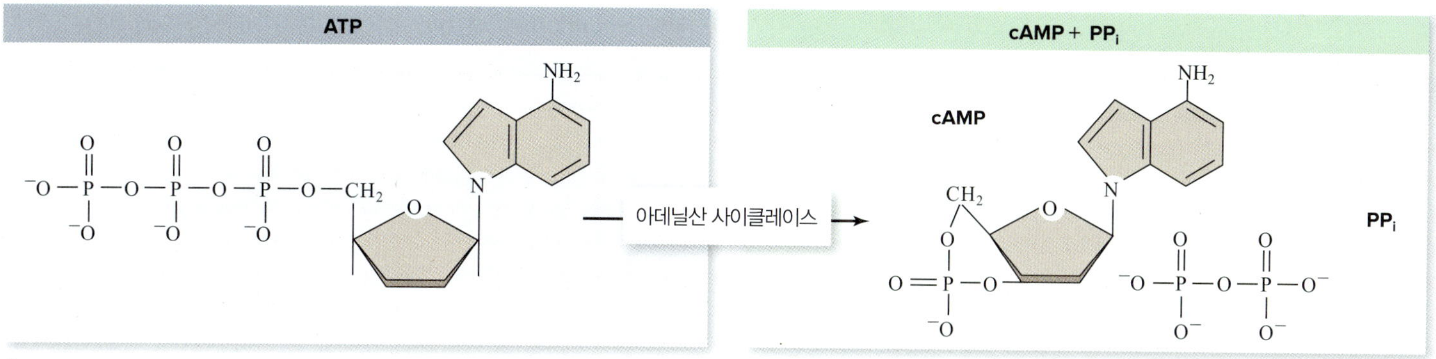

a.

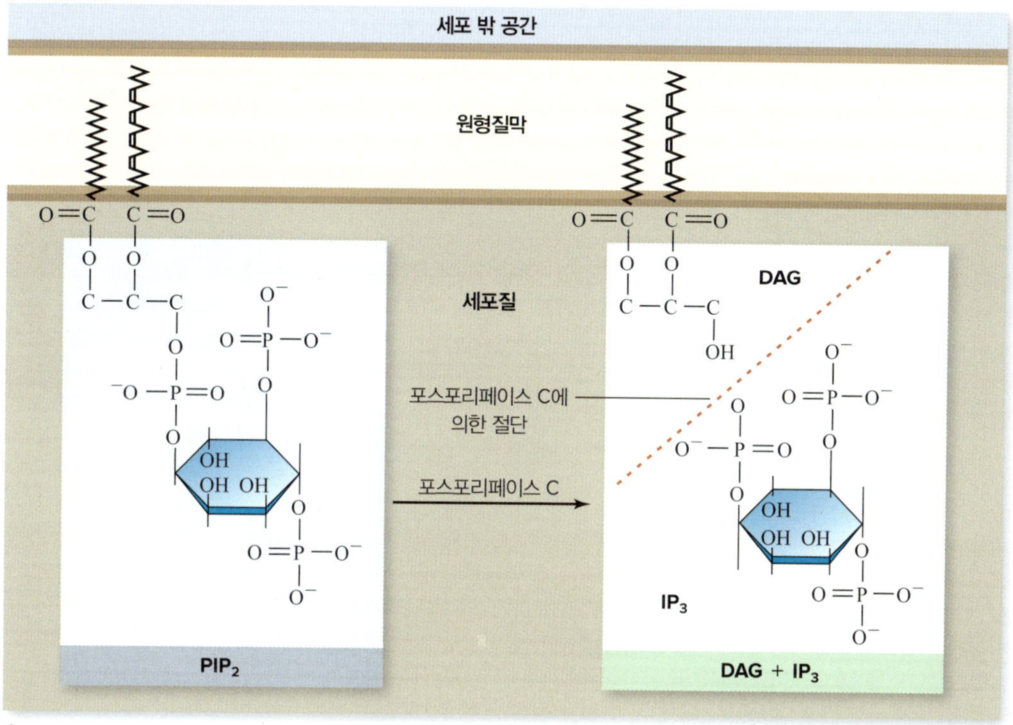

b.

그림 7.12 2차전달자의 생성. 2차전달자는 세포 안에서 신호 분자를 생성한다. ***a.*** ATP는 아데닐산 사이클레이스에 의해 cAMP와 PP_i(pyrophosphate)로 전환된다. ***b.*** 이노시톨 인지질(PIP_2)은 2개의 지질과 인산기가 붙어 있는 글리세롤로 이루어져 있다. 또한 이 인산기는 당 이노시톨에도 붙어 있다. 이 분자는 포스포리페이스 C에 의해 잘릴 수 있으며, 이로 인해 DAG와 IP_3와 같은 2가지 2차전달자가 생성되는데, 이들은 2개의 지질이 붙어 있는 글리세롤과 이노시톨 3인산이다.

합신호로 작용한다. GPCR은 또한 이 신호의 수용체이다(**그림 7.14**).

이노시톨 인산

일반적인 2차전달자는 이노시톨 인지질(inositol phospholipid) 분자를 주원료로 생성된다. 이노시톨 인지질에는 원형질막 안으로 삽입되는 지질 말단 부분과 세포질 내로 돌출되는 **이노시톨 인산**(inositol phosphate) 부분이 존재한다. 가장 일반적인 이노시톨 인지질로는 PIP_2(phosphatidylinositol-4,5-bisphosphate)가 있다.

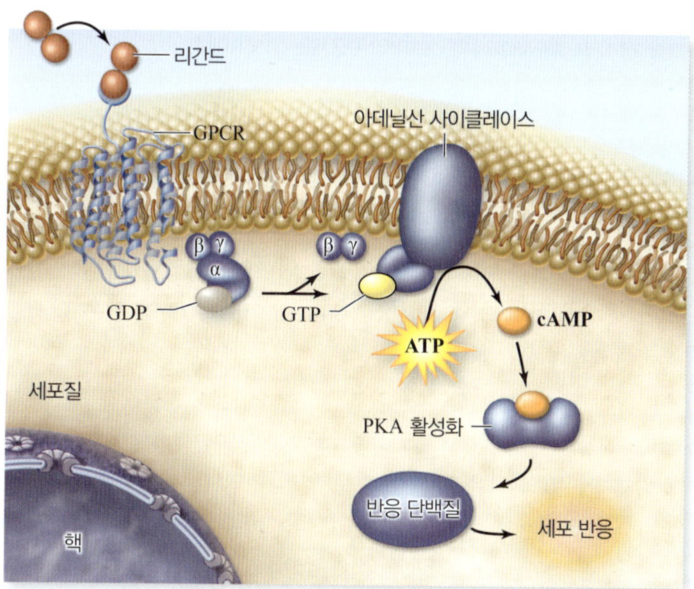

그림 7.13 cAMP 신호전달경로. 세포 밖 신호는 GPCR에 결합하여 G 단백질을 활성화시킨다. 이어서 G 단백질은 반응 단백질 아데닐산 사이클레이스를 활성화시키고, 이는 ATP를 cAMP로 전환시키는 것을 촉매한다. 그런 다음 cAMP는 단백질 카이네이스 A(PKA)를 활성화하여 표적 단백질을 인산화시켜 세포 반응을 일으킨다.

과학적 사고

질문: cAMP의 수용체는 무엇일까?

가설: 앞에서 살펴본 G 단백질연결수용체가 cAMP 수용체이다.

예측: 만일 cAMP 수용체의 기능이 없어진다면 굶주림 신호에 대한 세포의 집단 형성이 나타나지 않을 것이다.

실험: G 단백질연결수용체 유전자의 mRNA에 상보적인 안티센스 RNA를 세포 내로 주입한다. 이로 인해 G 단백질연결수용체의 유전자 발현이 나타나지 않는다.

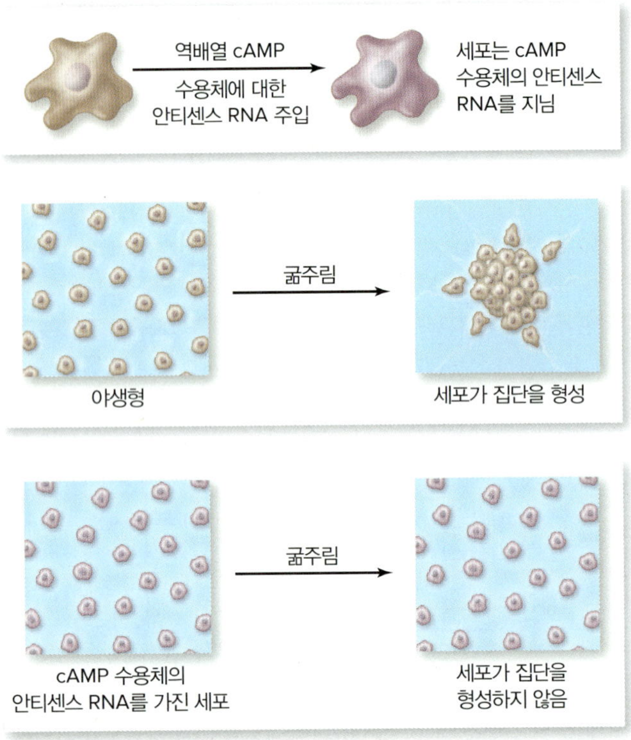

결과: 안티센스 RNA를 가진 세포는 정상적으로 뭉치지 않는다.

결론: 앞에서 살펴본 G 단백질연결수용체는 cAMP 수용체이며, 위와 같은 집단 형성 반응을 조절한다.

추가 실험: 이 신호 시스템의 또 다른 측면을 해석하기 위해서 이러한 종류의 실험이 어떻게 사용될 수 있겠는가?

그림 7.14 ***D. discoideum*의 cAMP의 수용체는 GPCR이다.**

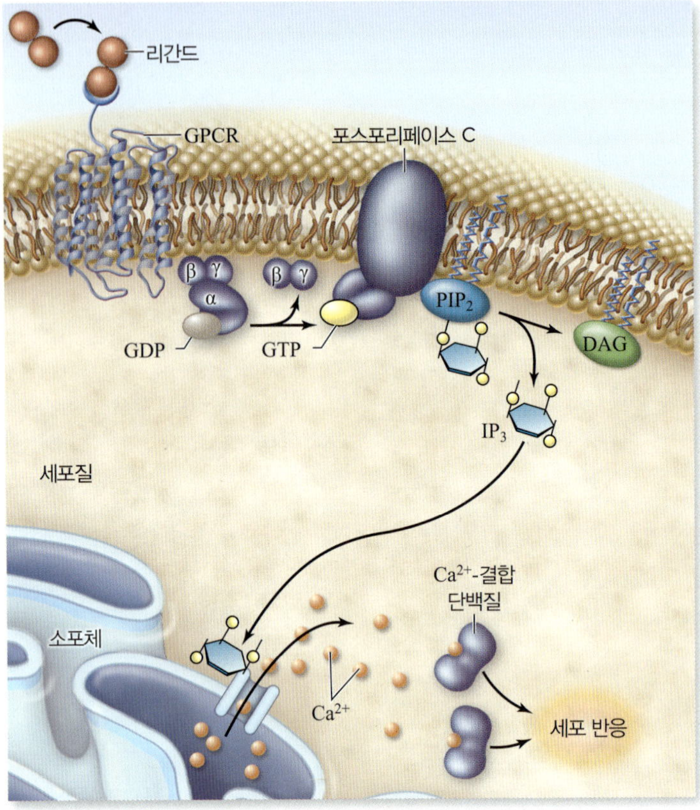

그림 7.15 이노시톨 인지질 Ca^{2+} 신호.
세포 밖 신호가 GPCR과 결합하여 G 단백질을 활성화한다. G 단백질은 반응 단백질인 포스포리페이스 C를 활성화시켜 PIP_2를 DAG와 IP_3로 전환한다. IP_3는 소포체 막에 존재하는 통로-연결 수용체에 결합하여 소포체에 저장된 Ca^{2+}를 세포질 내로 방출하도록 한다. 방출된 Ca^{2+}는 칼모듈린과 PKC 같은 Ca^{2+} 결합 단백질과 결합하여 세포 반응을 야기한다.

PIP_2는 포스포리페이스 C에 의해 잘려져 **DAG**(diacylglycerol)와 **IP_3**(inositol-1,4,5-trisphosphate)가 생성된다(**그림 7.12*b*** 참조).

이 두 화합물은 다양한 세포 반응을 이끌어내는 2차전달자로 사용되며, cAMP처럼 DAG도 PKC(protein kinase C)와 같은 단백질 카이네이스를 활성화시킨다.

칼슘

칼슘 이온(Ca^{2+})은 2차전달자로 널리 쓰인다. 세포질 내의 Ca^{2+} 농도는 일반적으로 매우 낮지만(10^{-7} M 미만), 세포 밖과 소포체의 Ca^{2+}의 농도는 꽤 높은 편이다(약 10^{-3} M). 소포체에는 Ca^{2+}를 방출하는 이온통로처럼 활동하는 수용체 단백질이 존재한다. 이와 같은 수용체는 2차전달자인 IP_3와 결합하여 Ca^{2+}를 방출하며 이노시톨 인산을 통한 신호와 Ca^{2+}에 의한 신호를 연결한다(**그림 7.15**).

소포체로부터 Ca^{2+}가 방출됨에 따라 나타나는 결과는 세포의 종류에 따라 차이를 보인다. 한 예로 골격 근육세포에서 Ca^{2+}는 근육 수축을 야기하지만 내분비세포에서는 호르몬 분비를 촉진한다.

Ca^{2+}는 **칼모듈린**(calmodulin)에 결합함으로써 다양한 세포 반응을 이끌어 낸다. 칼모듈린은 148개의 아미노산으로 이루어진 세포질 내 단백질로 Ca^{2+}가 결합하는 장소가 4군데 존재한다(**그림 7.16**). 4개의 Ca^{2+}가 칼모듈린에 결합하면 칼모듈린/Ca^{2+} 복합체는 다른 단백질과 결합하여 그 단백질을 활성화시킬 수 있다. 결합 가능한 단백질로는 단백질 카이네이스, 이온통로, 수용체 단백질 및 사이클릭 뉴클레오타이드 포스포디에스터레이스(phosphodiesterase) 등이 포함된다. 이와 같이 세포의 다양한 장소에서 Ca^{2+}가 이용되는 것으로 보아 Ca^{2+}는 가장 다재다능한 2차전달자 중 하나임을 알 수 있다.

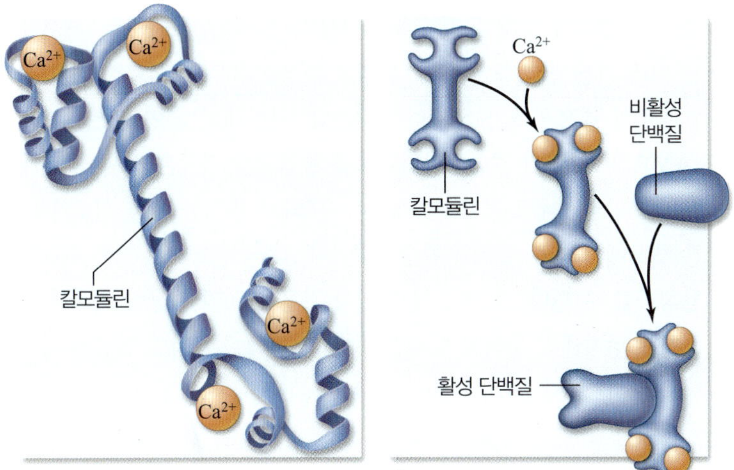

a. *b.*

그림 7.16 칼모듈린.
a. 칼모듈린은 Ca^{2+}의 기능을 조절하는 148개의 아미노산으로 구성된 단백질이다. *b.* 4개의 Ca^{2+}가 칼모듈린 분자에 결합하면 칼모듈린의 구조적인 변화가 일어나고, 이로 인해 다른 세포질 단백질과 결합하여 세포 반응에 영향을 준다.

다른 종류의 수용체는 동일한 2차전달자를 생산한다

7.1절에서 언급했듯이 호르몬인 글루카곤과 에프네프린은 간 세포를 자극하여 포도당의 이동을 야기할 수 있다. 이와 같이 다른 종류의 신호가 같은 현상을 불러올 수 있는 이유는 그들이 모두 글리코젠의 합성을 억제하고 분해를 촉진하는 동일한 신호전달경로를 활성화시키기 때문이다.

각각의 호르몬이 수용체에 결합하면 G 단백질이 활성화되어 아데닐산 사이클레이스가 자극을 받게 된다. 그 결과 생성된 cAMP는 PKA가 활성을 가지도록 하고, 그 결과 차례대로 또 다른 단백질 카이네이스를 활성화시킨다. 활성화된 인산화효소(phosphorylase)는 글리코젠 인산화효소를 활성화시켜 글리코젠 다량체가 분해되어 포도당 6인산(glucose 6-phosphate)이 생성된다(**그림 7.17**). 이처럼 다양한 카이네이스 활동의 결과에 따른 신호의 증폭은 작은 신호 분자로도 많은 수의 포도당 분자가 생성될 수 있게끔 도와준다.

이와 동시에 PKA는 글리코젠 합성효소를 인산화하여 불활성화되며, 이로 인해 글리코젠의 합성이 억제된다. 그리고 PKA는 다른 단백질을 인산화하고, 다른 단백질은 포도당 합성에 필요한 효소들을 암호화하는 유전자의 발현을 촉진한다. 이처럼 다른 수용체로부터 출발한 신호전달경로의 수렴 현상으로 인하여 포도당의 이동이라는 현상이 동일하게 나타나게 되는 것이다.

수용체 아형은 다른 종류의 세포에서 다른 효과를 이끌어 낸다

7.1절에서 에프네프린과 같은 하나의 신호 분자가 어떻게 각기 다른 세포에 다른 효과를 나타내는지에 대하여 살펴보았다. 이와 같은 현상은 동일한 수용체가 다양한 유형으로 존재함으로써 가능해진다. 사실 에프네프린 수용체에는 9가지의 다른 아형(subtype 또는 isoform)이 존재한다. 이들은 각기 다른 유전자에 의해 암호화되며, 사실상 다른 수용체 분자이다. 이들 수용체의 단백질 서열은 매우 유사하며, 특히 에프네프린이 결합하는 리간드 결합 도메인의 서열이 매우 유사하다. 하지만 이들은 주로 G 단백질과 상호작용하는 세포질 도메인(cytoplasmic domain)에서 차이를 보인다. 이것으로 보아 수용체의 다른 아형들은 다른 G 단백질을 활성화시키며, 그로 인해 다른 신호전달경로를 유도한다는 것을 알 수 있다.

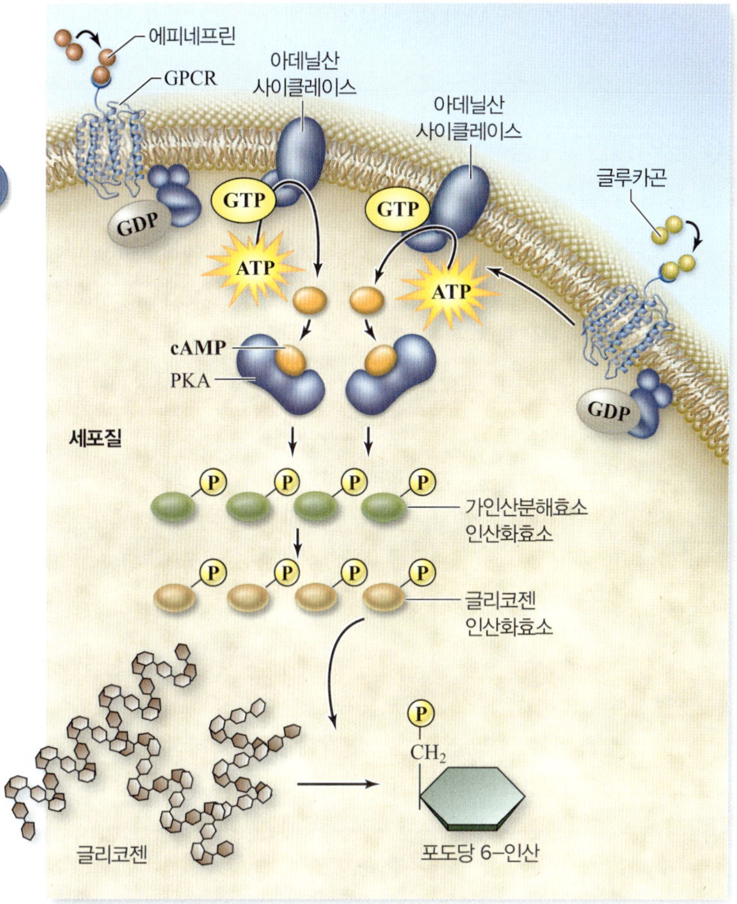

그림 7.17 동일한 신호경로를 활성화하는 다른 수용체.
글루카곤과 에피네프린은 GPCR을 통해 기능을 나타낸다. 이들 각각의 수용체는 G 단백질을 통해 cAMP를 생성하는 아데닐산 사이클레이스를 활성화시킨다. PKA의 활성화로 인해 카이네이스 연쇄반응이 시작되어 글리코젠이 분해된다.

심근세포에는 에피네프린이 결합하는 수용체 아형이 존재하는데, 이것은 아데닐산 사이클레이스 활성화하는 G 단백질을 활성화시켜서, 결과적으로 세포의 cAMP의 생성을 증가시킨다. 이로 인해 심장의 수축은 더 강렬해지고 빨라진다. 장의 평활근에는 에피네프린 수용체의 또 다른 아형이 존재하며, 에피네프린에 결합하면 다른 G 단백질을 활성화시키고 cAMP의 생성을 억제한다. 그 결과 평활근이 이완된다.

G 단백질연결수용체와 수용체타이로신카이네이스는 동일한 경로를 활성화시킨다

서로 다른 수용체들이 동일한 신호전달 모듈(signaling module)을 유발할 수 있다. 그 예로 RTK는 MAP 카이네이스 연쇄반응을 활성화하지만, 앞 절에서 언급한 GPCR도 동일한 연쇄반응을 활성화할 수 있다. 마찬가지로 포스포리페이스 C의 활성화 역시 RTK에 의해 야기될 수 있다.

이와 같은 교차 반응성(cross-reactivity)으로 인해 세포 기능은 매우 복잡하며, 신호에 대단히 유연하게 반응함을 알 수 있다. 세포에는 광범위하지만 제한된 수의 세포내 신호 모듈이 존재하며, 이들은 막 수용체의 종류에 따라 활성이 조절된다. 이로 인해 유입되는 다양한 신호와 세포 반응 단백질 사이를 연결하는 신호전달 네트워크(signaling network)가 형성된다.

인터넷은 다른 종류의 컴퓨터를 연결해 주는 세계적인 네트워크의 한 예이다. 이 네트워크는 서브네트워크(subnetwork)로 나눌 수 있다. 이메일 메시지는 이와 같은 연결에 의해 인터넷을 가로질러 여러 다른 경로를 통해 목적지에 도달할 수 있다. 마찬가지로, 세포에도 여러 다른 신호와 수용체, 그리고 반응 단백질이 서로 연결된 신호경로의 네트워크가 존재한다. MAP 카이네이스 연쇄반응 또는 cAMP 및 Ca^{2+}와 같은 2차전달자를 통한 신호전달은 전체 신호 네트워크의 서브네트워크로 존재한다. 따라서 동일한 특정 신호가 다른 세포에서 다른 경로를 활성화하거나, 다른 신호가 동일한 경로를 활성화할 수 있다. 그러나 아직 이와 같은 세포의 현상에 대해서 완벽하게 밝혀내지 못하고 있지만, 세포 기능의 전체적인 현상에 대한 연구는 시스템생물학(systems biology) 분야에서 이루어지고 있다.

핵심 요약 7.5

GPCR을 통한 신호전달은 수용체, G 단백질 및 반응 단백질을 이용한다. G 단백질은 GTP에 결합할 때 활성화되고 GDP에 결합할 때 불활성화된다. 수용체에 결합하는 리간드는 G 단백질을 활성화시켜 반응 단백질을 활성화시킨다. 반응 단백질은 아데닐산 사이클레이스를 포함하며, 2차전달자 cAMP를 생성한다. 또 다른 반응 단백질인 포스포리페이스 C는 이노시톨 인산을 절단하여 소포체에서 Ca^{2+}를 방출한다.

- 어떠한 다른 수용체 유형보다 GPCR이 훨씬 더 많다. 이에 대한 가능한 설명은 무엇일까?

핵심 개념 요약

7.1 세포 소통의 개요(그림 7.1)

세포소통에는 세포 반응을 일으키는 특정 수용체 단백질에 결합하는 리간드라고하는 신호 분자가 필요하다.

- **신호는 신호 발신체와 수용체 사이의 거리에 의해 정해진다(그림 7.2)**

직접 접촉 : 한 세포의 원형질막에 있는 분자는 인접한 세포의 수용체 분자와 접촉한다.

국소분비 신호 : 수명이 짧은 신호 분자가 세포외액으로 방출되어 주변 세포에 영향을 미친다.

내분비 신호 : 수명이 긴 호르몬이 순환계로 들어가서 멀리 떨어진 표적세포로 전달된다.

시냅스 신호 : 수명이 짧은 신경전달물질은 뉴런과 표적세포 사이의 시냅스 간극으로 방출된다.

- **신호는 세포 반응을 유발한다**

세포외 신호에 의해 시작된 세포내 신호를 신호전달이라 부른다.

- **인산화는 단백질 기능의 조절에 핵심이다**

단백질은 카이네이스에 의해 첨가되고 인산가수분해효소에 의해 제거되는 인산기에 의해 조절될 수 있다.

7.2 수용체의 종류(그림 7.4)

- **수용체는 위치에 따라 구분된다**

수용체는 세포내 또는 세포표면 수용체(막수용체)로 광범위하게 구분된다.

막수용체는 막을 가로질러 정보를 전달하지만 막 신호분자는 통과시키지 않는 막관통단백질이다.

- **막수용체는 세 부류가 있다**

통로-연결 수용체는 화학개폐성 이온통로로, 특정 이온들이 가운데 구멍을 통해 통과할 수 있다.

효소 수용체는 리간드와 결합함으로써 활성화되는 효소이며, 이들 효소는 일반적으로 단백질 카이네이스이다.

G 단백질연결수용체는 효소 또는 이온통로와 같은 반응 단백질의 기능을 제어하는 G단백질과 상호작용한다.

■ **막수용체는 2차전달자를 생성할 수 있다**

일부 효소와 대부분의 G 단백질연결수용체는 세포질에서 신호를 전달하기 위해 2차전달자를 생성한다.

7.3 세포내 수용체(그림 7.5)

많은 세포 신호는 지용성이며 원형질막을 통해 쉽게 통과하여 세포질의 수용체에 결합하거나 핵으로 이동한다.

■ **스테로이드 호르몬 수용체는 유전자 발현에 영향을 준다**

스테로이드 호르몬은 세포질 수용체에 결합한 다음 핵으로 운반된다. 따라서 그것들을 핵 수용체라고 한다. 이들은 유전자 발현에 직접적으로 영향을 줄 수 있으며, 일반적으로 그들이 조절하는 유전자의 전사를 활성화시킨다.

핵 수용체는 3가지 기능적 도메인, 즉 호르몬-결합, DNA-결합 및 전사-활성화 도메인을 갖는다.

리간드 결합은 수용체 형태를 변화시켜 DNA-결합 부위를 점유하는 억제자를 방출한다.

지용성 신호에 대한 세포의 반응은 호르몬-수용체 복합체 및 다른 보조활성자들에 달려 있다.

■ **다른 세포내 수용체는 효소처럼 작용한다**

7.4 수용체 카이네이스를 통한 신호전달

식물 및 동물의 수용체 카이네이스는 친수성 리간드를 인식하고 세포주기, 세포 이동, 세포 대사 및 세포 증식에 영향을 미친다.

이들이 성장조절에 관여하기 때문에, 수용체 카이네이스의 변형과 신호전달경로는 암으로 이어질 수 있다.

■ **RTK는 자가인산화에 의해 활성화된다**

활성화된 수용체는 또한 다른 세포내 단백질을 인산화할 수 있다.

■ **포스포타이로신 도메인은 단백질-단백질 상호작용을 매개한다**

어댑터 단백질은 포스포타이로신에 결합할 수 있고 수용체와 하위 신호전달 사이의 매개로서 작용할 수 있다.

■ **단백질 카이네이스 연쇄반응은 신호를 증폭시킬 수 있다**

■ **골격구조 단백질은 카이네이스 연쇄반응을 조직한다**

골격구조 단백질과 단백질 카이네이스는 효소가 순차적으로, 또한 최적으로 작용하기 위해 단일 복합체를 형성한다.

내부화된 수용체는 분해되거나 재활용된다.

■ **Ras는 분자 스위치 역할을 하는 소형 G 단백질이다**

소형 G 단백질은 외부 신호를 신호전달경로에 연결하는 분자 스위치로서 작용한다.

■ **RTKs는 내재화에 의해 불활성화된다**

7.5 G 단백질연결수용체를 통한 신호전달(그림 7.11)

G 단백질연결수용체는 G 단백질의 활성화를 통해 기능한다.

■ **G 단백질은 수용체와 반응 단백질을 연결한다**

G 단백질은 GTP에 결합하여 활성화되고 GDP와 결합하여 불활성화된다.

수용체는 GDP를 GTP로 교환하는 것을 촉진한다.

활성화된 G 단백질은 2개의 부분, 즉 G_α와 $G_{\beta\gamma}$로 해리되며, 이들 각각은 반응 단백질에 작용할 수 있다.

G_α는 또한 GTP를 GDP로 가수분해하여 G 단백질을 불활성화시킨다.

■ **반응 단백질은 다중 2차전달자를 생산한다**

2가지 일반적인 반응 단백질은 아데닐산 사이클레이스와 포스포리페이스 C이며, 알려진 2차전달자를 생산하는데 2차전달자로는 각각 cAMP, DAG와 IP_3가 있다.

Ca^{2+} 또한 2차전달자이다. Ca^{2+} 방출은 소포체에서 통로-연결 수용체에 결합한 IP_3에 의해 유발된다.

Ca^{2+}는 칼모듈린 단백질에 결합한 후 다른 단백질을 활성화시켜 세포질에서 다양한 반응을 일으킨다.

■ **다른 종류의 수용체는 동일한 2차전달자를 생산한다**

상이한 GPCR 수용체는 동일한 반응 효소를 활성화시키고, 동일한 2차전달자를 생산한다.

■ **수용체 아형은 다른 종류의 세포에서 다른 효과를 이끌어낸다**

에피네프린은 심장근육에서는 수축을 증가시키지만, 평활근에서는 이완을 유발시킨다.

■ **G 단백질연결수용체 및 수용체타이로신카이네이스는 동일한 경로를 활성화시킨다**

RTK와 GPCR 모두 MAP 카이네이스 연쇄반응을 활성화시킨다.

연습문제

■ **1단계: 이해력 확인하기**

1. 국소분비 신호는 리간드에 의해 묘사되는데 이 리간드에 대한 설명으로 옳은 것은 무엇인가?
   a. 세포 자체에서 생성된다.
   b. 이웃 세포에서 분비된다.
   c. 이웃 세포의 세포막에 존재한다.
   d. 먼 거리에 있는 세포에서 분비된다.
2. 신호전달경로에 대한 설명으로 옳은 것은 무엇인가?
   a. 막을 가로지르는 신호에 필요하다.
   b. 세포외 신호에 의해 활성화되는 세포내 활동을 포함한다.

c. 세포내 신호에 의해 활성화되는 세포외 활동을 포함한다.

d. 막을 가로지를 수 있는 신호에서만 발견된다.

3. ____________의 기능은 단백질에 인산기를 첨가하는 것인 반면, ____________의 기능은 인산기를 제거하는 것이다.

a. 타이로신; 세린

b. 단백질 인산화효소; 단백질 탈인산화효소

c. 단백질 카이네이스; 단백질 인산화효소

d. 수용체; 리간드

4. 다음의 수용체 종류 중 막수용체가 아닌 것은 무엇인가?

a. 통로-연결 수용체

b. 효소 수용체

c. G 단백질연결수용체

d. 스테로이드 호르몬 수용체

5. 세포내 수용체의 기능은 막수용체와 어떻게 다른가?

a. 세포내 수용체는 리간드와 결합한다.

b. 세포내 수용체는 DNA와 결합한다.

c. 세포내 수용체는 카이네이스를 활성화시킨다.

d. 세포내 수용체는 2차전달자처럼 활동한다.

6. 다음 중 수용체타이로신카이네이스를 통한 신호에 대한 설명으로 옳은 것은 무엇인가?

a. cAMP와 같은 2차전달자를 생성한다.

b. IP_3과 같은 2차전달자를 생성한다.

c. 유전자 발현을 직접적으로 활성화시킨다.

d. 카이네이스 효소의 연쇄반응을 활성화시킨다.

7. 타이로신 카이네이스 세포 신호가 진행되는 동안 Ras는 어떤 기능을 하는가?

a. 통로-연결 수용체가 열리도록 한다.

b. 2차전달자를 합성하는 효소로 활동한다.

c. MAP 카이네이스 경로와 수용체 단백질을 연결한다.

d. 다른 효소를 인산화한다.

8. G 단백질연결수용체에 리간드가 결합했을 때의 즉각적인 반응으로 가장 옳은 것은 무엇인가?

a. G 단백질 3량체는 GDP를 방출하고 GTP와 결합한다.

b. G 단백질 3량체는 수용체에서 떨어진다.

c. G 단백질 3량체는 반응 단백질과 상호작용한다.

d. G 단백질의 α-소단위가 인산화된다.

2단계: 적용력 평가하기

1. 스테로이드 호르몬의 작용이 펩타이드 호르몬의 작용보다 오래 지속되는 이유는 무엇인가?

a. 세포에서 더 오랜 기간동안 효소처럼 작용하기 때문이다.

b. 유전자 발현을 활성화하여 세포에 지속되는 단백질을 생성하기 때문이다.

c. 세포 과정에 직접 작용하는 2차전달자를 생성하기 때문이다.

d. 세포 과정에 직접 작용하는 G 단백질을 자극하기 때문이다.

2. Ca^{2+}는 2차전달자로서 활동하는데 그 이유는 무엇인가?

a. 칼슘 합성효소에 의해서 생성되기 때문이다.

b. 일반적으로 세포질에 높은 농도로 존재하기 때문이다.

c. 일반적으로 세포질에 낮은 농도로 존재하기 때문이다.

d. 세포질에 저장되기 때문이다.

3. 서로 다른 수용체는 세포에 대해 동일한 효과를 가질 수 있다. 그 이유는 무엇인가?

a. 대부분의 수용체는 동일한 2차전달자를 생성하기 때문이다.

b. 수용체의 아형(isoform)은 서로 다른 리간드에 결합하지만 동일한 신호경로를 자극하기 때문이다.

c. 신호전달경로는 교차하여, 동일한 경로는 다른 수용체에 의해 자극될 수 있기 때문이다.

d. 모든 수용체가 동일한 신호전달경로에 모이기 때문이다.

4. 소형 G 단백질인 Ras 및 GPCR 단백질을 비교할 때 옳은 것은 무엇인가?

a. 두 단백질 모두 신호전달을 중단하는 GTP 가수분해 효소 활성을 가진다.

b. 두 단백질 모두 GTP에 결합되어 있다.

c. Ras는 GDP에 결합되어 있고, GPCR은 GTP에 결합되어 있다.

d. a, b 모두 맞다.

5. 동일한 신호가 다른 세포에 다른 영향을 미칠 수 있다. 그 이유는 무엇인가?

a. 다른 신호전달경로를 개시하는 수용체 아형(subtype)이 존재하기 때문이다.

b. 다른 세포에 각기 다른 보조활성자(coactivator)가 존재하기 때문이다.

c. 다른 세포의 신호전달경로에 다른 표적 단백질이 존재하기 때문이다.

d. a, b, c 모두 맞다.

6. 스테로이드 호르몬과 펩타이드 호르몬의 수용체는 근본적으로 다르다. 그 이유는 무엇인가?

a. 분자 크기가 다르기 때문이다.

b. 펩타이드는 주된 4가지 다량체 중 하나이고, 스테로이드는 간단한 원형구조이기 때문이다.

c. 펩타이드는 친수성이고, 스테로이드는 소수성이기 때문이다.

d. 펩타이드는 소수성이고, 스테로이드는 친수성이기 때문이다.

3단계: 사고력 함양하기

1. 이 장에서 논의된 모든 세포신호에서 발견되는 공통적인 특징에 대해서 설명하시오. 그리고 그에 대한 예를 제시하시오.

2. 장의 상피를 이루고 있는 세포층은 접혀져 융모와 소낭샘(crypt)을 형성한다. 소낭샘에 존재하는 이 세포는 Netrin-1이라고 하는 단백질을 분비하는데, 이 단백질은 소낭샘에 농축된다. Nertrin-1은 모든 장 상피세포의 표면에서 발견되는 수용체 단백질의 리간드로서 작용한다. Netrin-1의 결합으로 인해 세포 생장을 촉진하는 신호경로가 개시된다. Netrin-1 리간드의 결합이 없어지면 장의 상피세포는 죽게 된다.

a. 이 시스템에서 발견되는 신호의 유형(자가신호, 국소분비 신호, 내분비 신호)을 어떻게 특성화할 수 있겠는가?

b. 장의 상피세포에서 세포 생장과 세포사멸이 가장 많이 발생되는 곳은 각각 어느 곳인가?

c. Netrin-1 수용체의 소실은 결장암에서 발견된다. 신호경로와 종양 생성 사이의 관계에 대해 설명하시오.

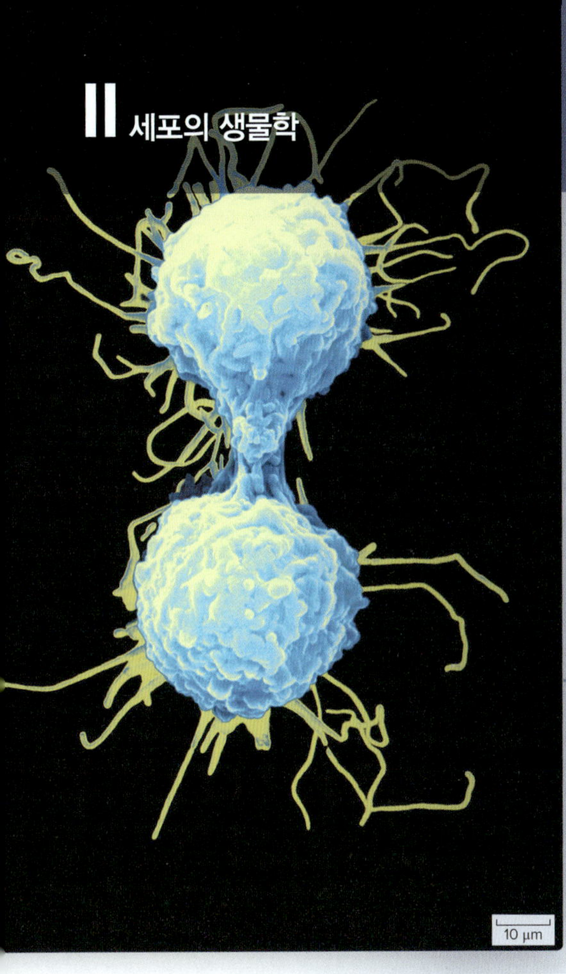

8

세포분열

도입

박테리아, 악어, 잔디밭의 잡초 등 모든 종류의 생물체가 성장하고 번식한다. 단세포 생물체에서 우리와 같은 복잡한 다세포 생물체에 이르기까지 모든 종은 자신과 같은 자손을 생산하고 자신을 만드는 유전정보를 전달한다. 이번 장에서는 백혈구(사진)와 같은 세포가 어떻게 분열하고 증식하는지 살펴본다. 세포분열은 생물체의 성장, 상처 치유, 피부와 장 내벽과 같이 정기적으로 손실되는 세포를 대체하는 데 필요하다. 세포 생식 메커니즘과 그 생물학적 결과는 지구상의 생명체가 진화하는 동안 크게 변경되었다. 이 과정은 염색체의 복제와 딸세포로의 분리를 모두 포함하는 진핵생물에서 복잡하다. 암의 원인에 대해 우리가 배우고 있는 많은 내용은 모든 진핵생물에서 동일하게 작용하는 세포가 이 과정을 조절하는 방법, 특히 분열하려는 경향성과 관련이 있다.

8.1 박테리아의 세포분열

학습 목표

1. 2분법에 의한 세포분열 과정을 설명할 수 있다.

박테리아는 스스로를 재생산하는 방식으로 분열을 한다. 박테리아는 DNA를 교환하지만 진핵생물과 같은 유성생식기를 갖지 않는다. 따라서 박테리아 집단의 모든 생장은 새로운 세포를 생산하기 위한 분열로 인한 것이다. 박테리아의 번식은 클론성이다. 즉, 세포분열에 의해 생성된 각 세포는 원래 세포의 동일한 복제품이다.

2분법은 단순한 형태의 세포분열이다

박테리아와 진핵세포 모두에서 세포분열은 원본과 동일한 유전정보를 가진 2개의 새로운 세포를 생성한다. 이러한 세포 유형의 차이에도 불구하고 분열 과정의 필수 요소는 동일하다. 즉 유전정보를 복제하여 딸세포로 분리하고 세포 내용물을 분할하는 것이다. 더 간단한 과정인 박테리아의 **2분법**(binary fission)을 살펴보는 것으로 시작해 보자.

대부분의 박테리아에는 단일 원형 DNA 분자로 구성된 게놈이 있다. 명백한 단순성에도 불구하고 대장균(*Escherichia coli*) 박테리아의 DNA 분자는 실제로 세포 자체보다 약 500배 더 길다. 따라서 이 "단순한" 구조는 실제로 세포에 끼워 맞추기 위해 매우 촘촘하게 포장된다. 핵에서 발견되지는 않지만 DNA는 주변의 세포질과 구별되는 **핵양체**(nucleoid)라고 하는 영역에 위치한다.

핵양체의 압축과 조직화는 SMC(structural maintenance of chromosome) 단백질이라고 하는 단백질 부류를 포함한다. 이들은 여러 계통에서 DNA의 조직화와 관련된 다양한 역할을 수행하기 위해 진화한 고대 단백질이다. 이 장 전체에서 논의될 코헤신(cohesion)과 콘덴신(condensin) 단백질은 진핵생물의 SMC 단백질이다.

2분법 분열동안 염색체가 복제되고 두 산물은 세포의 실제 분열 전에 세포의 양쪽 끝으로 나뉜다. 박테리아 세포분열의 한 가지 주요 특징은 염색체의 복제 및 분할이 같은 시기의 과정에서 발생한다는 것이다. 대조적으로 진핵세포의 DNA 복제는 분열 초기에 발생하고 염색체 분리는 훨씬 나중에 발생한다.

박테리아 세포는 염색체 분리와 격벽 형성을 조절한다

2분법은 특정 부위, 즉 복제원점(origin of replication, 12장 참조)에서 박테리아 DNA의 복제를 시작하여 원형 DNA의 특정 종결 부위까지 양방향으로 진행된다(**그림 8.1**). 세포는 길쭉하게 성장하고 분열은 대략 세포의 중간에서 발생한다. 수 년 동안 새로 복제된 대장균 DNA 분자는 막에 부착되고 세포가 길어짐에 따라 막의 성장에 의해 수동적으로 분리되는 것으로 생각되었다. 복제원점의 이동을 추적하는 실험을 통해 복제 이전에는 복제원점이 세포의 중간에 있다가 새로 복제되면서 세포의 양쪽 끝으로 이동함을 발견하였다. 이 이동은 신장률보다 빠르기 때문에 성장만으로는 충분하지 않다는 것을 보여준다. 원점은 전체 세포의 1/4과 3/4 지점에서 발견되었는데, 이는 만들어질 딸세포의 중간이 될 것으로 보인다.

염색체 분리의 실제 메커니즘은 명확하지 않지만 사건의 순서는 분명하다. 복제하는 동안, 원점이 먼저 이동하고, 그 다음으로 나머지 새로 복제된 염색체가 세포의 양쪽 끝으로 이동하며, 동시에 2개의 새로운 핵양체가 조립된다. 복제의 마지막 과정은 최종 복제품의 분리(decatenation, untangling)이다. 복제 및 분리 후, 중간 세포 영역에서 핵양체가 제거되고 분열이 발생한다. 염색체 분리의 힘은 DNA 복제 자체, 전사 및 액틴 유사 분자의 중합에서 기인한다. 현재 이 과정을 설명하는 단일 모델은 없으며, 하나 이상의 모델이 제

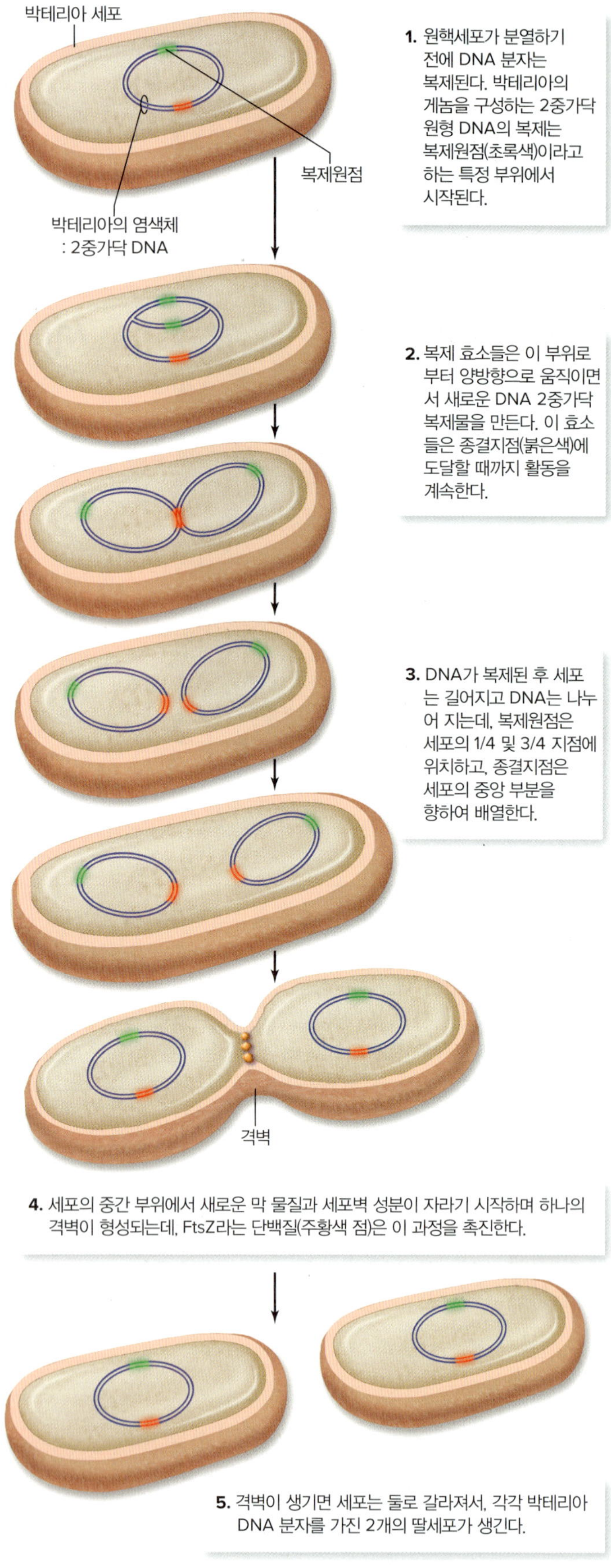

그림 8.1 2분법에 의한 분열.

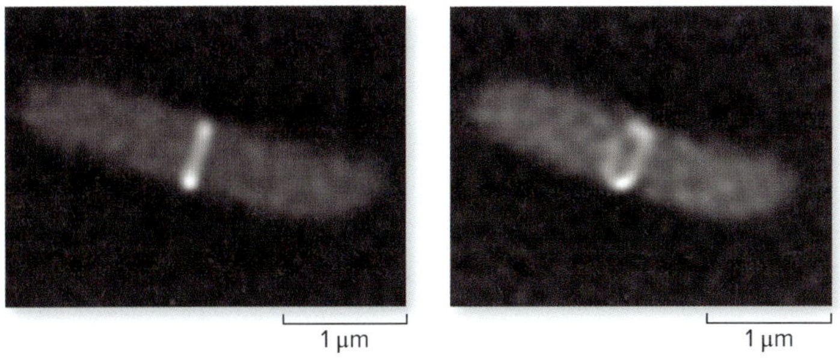

그림 8.2 FtsZ 단백질.
분열하는 *E. coli* 박테리아에서 FtsZ 단백질은 형광 염료로 표지되어 분열 동안의 위치를 보여준다. 이 단백질은 세포의 대략 중간지점에서 고리 모양으로 조립되어 분리와 세포분열을 촉진한다. FtsZ 유전자에 돌연변이가 있는 박테리아는 분열할 수 없다.

시될 수 있다.

세포의 다른 구성 요소는 새로운 막의 성장과 **격벽**(septum)의 생성에 의해 분할된다(**그림 8.1**). **격벽형성**(septation)이라고 불리는 이 과정은 일반적으로 세포의 중간 지점에서 발생한다. 그것은 FtsZ라는 단백질로 구성된 고리의 형성으로 시작된다(**그림 8.2**). 다음으로, 막에 삽입된 단백질을 포함하여 많은 다른 단백질이 축적된다. 이 구조는 세포가 꼬집어져서 2개의 새로운 딸세포로 분리될 때까지 방사형으로 안쪽으로 수축한다. FtsZ 고리가 세포의 중간에 위치하는 이유는 FtsZ 고리 형성을 억제하는 극에 존재하는 인자들 때문이다.

FtsZ 단백질은 고세균을 포함한 대부분의 원핵생물에서 발견된다. 그것은 필라멘트와 고리를 형성할 수 있으며, 3차원 결정구조는 진핵생물의 튜불린과 매우 유사하다. 그러나 박테리아 분열에서의 역할은 진핵생물의 체세포분열에서 튜불린의 역할과는 상당히 다르다.

진핵세포는 막으로 둘러싸인 핵에 포함된, 다중 선형 염색체로 구성된 훨씬 더 복잡한 게놈으로 진화되었다. 이러한 복잡한 게놈은 복제 후 염색체 분리를 지연시키는 메커니즘의 진화로 인해 가능할 수 있었다. 염색체를 함께 유지하는 이 능력이 어떻게 진화했는지는 불분명하지만, 이전에 생각되던 것보다 2분법과 더 밀접하게 관련되어 있는 것 같다(**그림 8.3**).

핵심 요약 8.1

대부분의 박테리아는 DNA 복제와 분리가 동시에 일어나는 2분법으로 분열한다. 이 과정은 단일 박테리아 염색체의 능동적인 분할 및 격벽의 위치 지정을 포함한다.

- 박테리아가 많은 염색체를 가지고 있다면 2분법이 잘 작동할까?

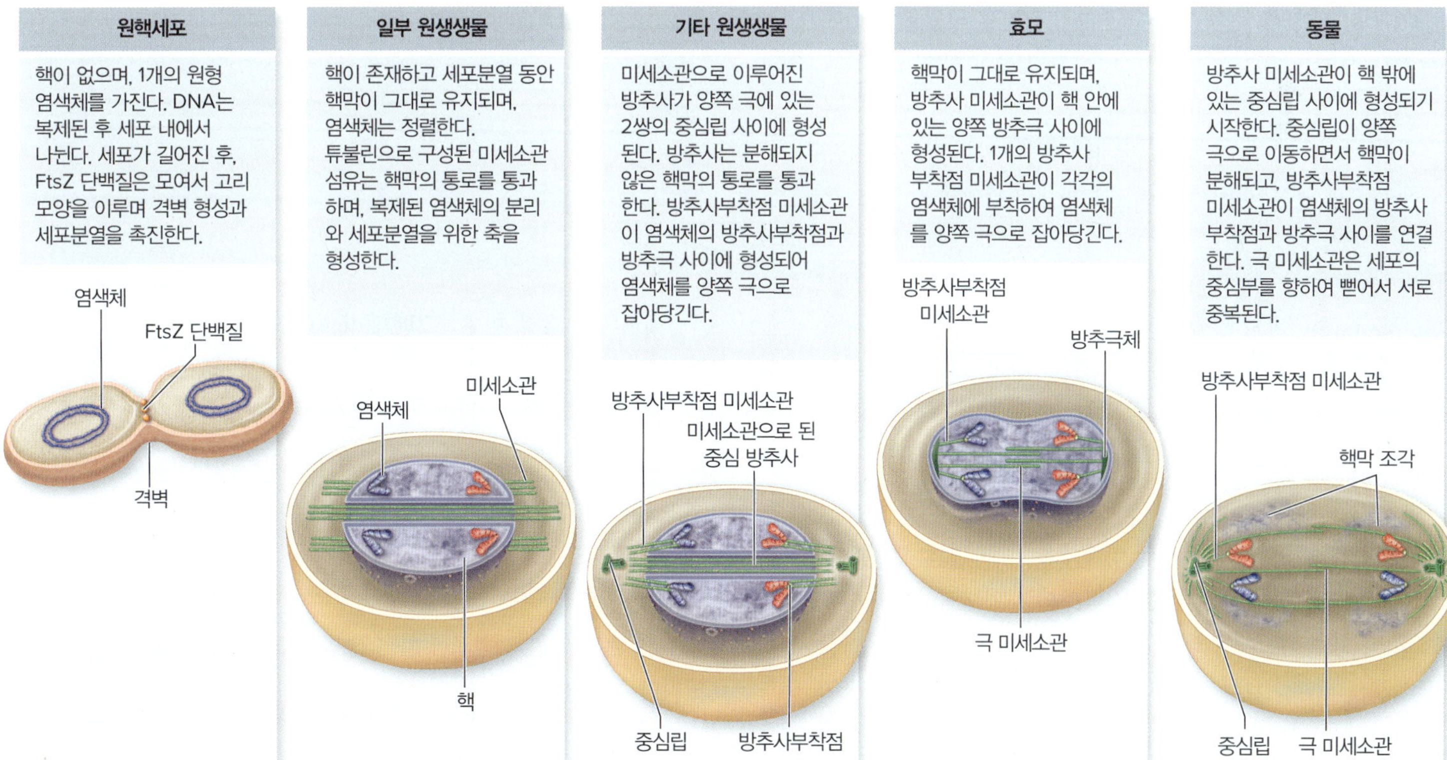

그림 8.3 다른 생물체 간의 세포분열 중 단백질 집합체 비교.
원핵 단백질 FtsZ는 진핵 단백질 튜불린과 유사한 구조를 가지고 있다. 튜불린은 진핵세포가 염색체를 분리하는 데 사용되는 방추체를 구성한다. 튜불린은 미세소관의 단백질 구성 요소이다.

8.2 진핵세포의 염색체

학습 목표

1. 코헤신과 콘덴신 단백질의 역할을 서술할 수 있다.
2. 상동염색체와 자매염색분체를 구별할 수 있다.
3. 복제된 염색체와 복제되지 않은 염색체를 설명할 수 있다.

염색체는 1879년에 독일 발생학자 플레밍(Walther Flemming, 1843~1905)이 빠르게 분열하는 도롱뇽 유생의 세포를 조사하여 처음으로 발견하였다. 다소 원시적인 광학현미경을 사용하여 플레밍은 길이 방향으로 분열하는 것처럼 보이는 핵 내부의 미세한 실을 발견했다. 플레밍은 이 분열을 **유사분열**(mitosis, 그리스어로 '실'을 의미하는 *mitos*에서 따옴)이라고 불렀다. (역자 주: 대부분의 유사분열은 감수분열과 대비되는 개념으로 사용할 때가 많은데, 이 경우 혼동을 피하기 위해 체세포분열로 용어를 통일한다.)

염색체 수는 종마다 다양하다

초기 발견 이래로 염색체는 모든 진핵생물의 세포에서 발견되었지만, 그 수는 종에 따라 엄청나게 다르다. 한 쌍의 염색체만을 가진 생물체가 발견되었으며 일부 양치류는 500쌍 이상을 가지고 있다(**표 8.1**). 대부분의 진핵생물은 체세포에 10~50개의 염색체를 가지고 있다.

인간 세포는 각각 46개의 염색체를 가지고 있으며 23개의 거의 동일한 쌍으로 구성된다(**그림 8.4**). 이 46개의 염색체 각각에는 사람의 신체가 어떻게 발달하고 작용하는지를 결정하는 데 중요한 역할을 하는 수백 또는 수천 개의 유전자가 포함되어 있다. 1염색체성(monosomy)이라는 상태인 염색체가 하나 없는 인간 배아는 거의 생존하지 못한다. 3염색체성(trisomy)이라고 불리는 한 염색체가 3개 존재하는 상태는 가장 작은 염색체가 관련된 경우를 제외하고는 일반적으로 치명적이다(11장 참조).

염색체는 크기, 염색 특성, 동원체(centromere)라고 하는 가시적인 잘록한 부분의 위치, 동원체 양쪽에 있는 두 팔의 상대적 길이 등이 다양하다. 개별 생물체가 보유하고 있는 염색체의 특별한 배열을 **핵형**(karyotype)이라고 한다. **그림 8.5**의 핵형은 정상적인 인간 세포의 염색체 세트를 보여준다.

한 종에서 염색체의 수를 정의할 때, 유전학자는 염색체의 **반수체**(haploid) 수(n)를 계산한다. 이것은 생물체를 정의하는 데 필요한 하나의 완전한 염색체 세트를 나타낸다. 인간과 다른 많은 종의 경우, 세포의 총 염색체 수를 **2배체**(diploid, $2n$)라고 하며, 이는 반수체 수의 2배이다. 인간의 경우 반수체 수는 23이고, 2배체 수는 46이다. 2배체 염색체는 부모가 각각 자손에게 동일한 유전적 기여를 하는 것을 반영한다. 모계 및 부계 염색체를 **상동성**(homologous)을 가지고 있다고 하며, 각 쌍을 **상동염색체**(homologue)라고 부른다.

표 8.1 일부 진핵생물의 염색체 수

그룹	총 염색체 수
곰팡이	
빵곰팡이(반수체)	7
효모(*Saccharomyces*)	16
곤충	
모기	6
초파리	8
꿀벌	2배체 암컷 32, 반수체 수컷 16
누에	56
식물	
하플로파푸스 그라실리스 (*Haplopappus gracilis*)	2
완두	14
옥수수	20
사탕수수	42
빵밀	80
속새	216
나도고사리삼 (Adder's tongue fern)	1262
척추동물	
주머니쥐	22
개구리	26
생쥐	40
인간	46
침팬지	48
말	64
닭	78
개	78

DNA는 염색질로 조직화된다

점점 더 다양하고 정교한 분석 방법을 도입한 지 100년이 지나고 있지만, 여전히 염색체의 정확한 구조와 세포주기 동안 이 구조가 어떻게 변하는지 알지 못한다는 것은 놀랍다. 그동안 많은 것을 배웠고 더 정확한 질문을 할 수 있는 능력도 향상되었지만, 사용 가능한 모든 데이터를 합리화할 수 있는 단일 모델은 없다.

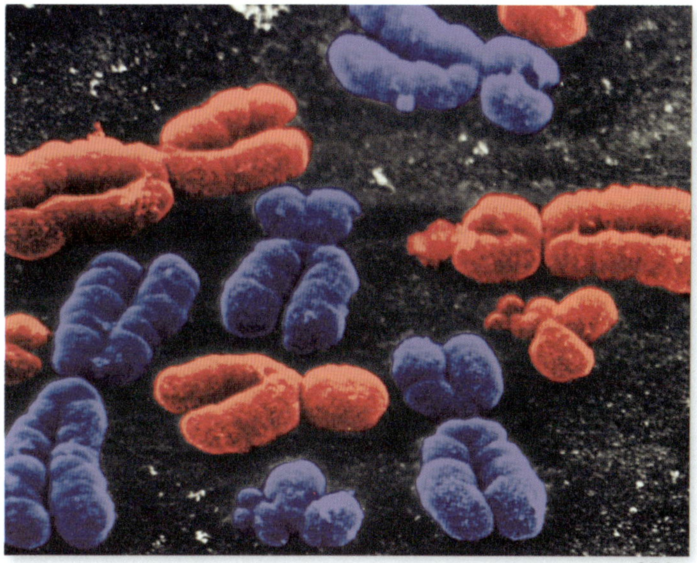

950×

그림 8.4 **인간 염색체.**
이 주사전자현미경 사진은 핵분열 직전에 나타나는 인간 염색체를 보여준다. 각 DNA 분자는 이미 복제되어 동일한 사본이 동원체라는 잘록한 부위에 함께 결합되어 있다. 염색체는 임의의 색으로 표시했다.

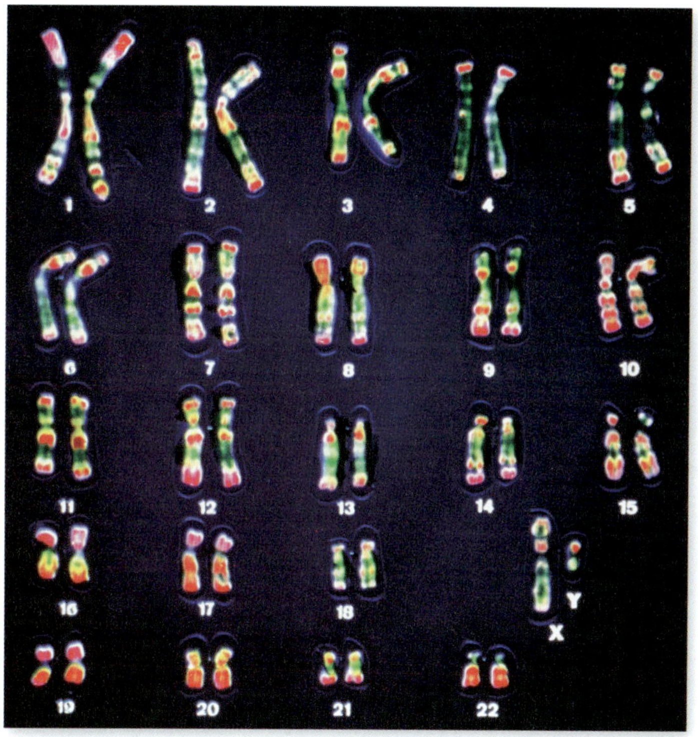

500×

그림 8.5 **인간 핵형.**
23쌍을 구성하는 염색체는 각각의 크기와 동원체 위치가 서로 다르다. 사진의 남성의 핵형에서 염색체는 구성의 차이를 나타내고 서로 명확하게 구별하기 위해 특별히 염색되었다. 염색체 쌍에서 각 염색체는 매우 유사하지만 동일하지는 않다.

염색체는 DNA와 단백질의 복합체인 **염색질**(chromatin)로 구성되며, 일반적으로 약 40%는 DNA, 60%는 단백질이다. 염색체는 RNA 합성이 일어나는 부위이기 때문에 상당한 양의 RNA도 염색체와 관련되어 있다. 각 염색체는 하나의 연속된 DNA 분자를 포함한다. 전형적인 인간 염색체는 DNA에 약 1억 4천 만(1.4×10^8)개의 뉴클레오타이드(nucleotide)를 포함한다. 각 뉴클레오타이드를 "단어"로 생각하면, 평균 염색체에 포함된 정보의 양은 페이지당 500개의 "단어"가 있는 1000페이지 책의 약 280권 분량이다.

인간 염색체에서 DNA 가닥을 잡아 늘리면 평균 길이는 약 4.3 cm이다. 이 길이의 DNA를 세포핵에 집어 넣는 것은 축구장 길이의 줄을 야구공에 넣는 것과 같다. 심지어 염색체 1개가 말이다. 그러나 세포에서 DNA는 압축되어 훨씬 더 작은 공간에 들어갈 수 있으며, 압축 수준은 세포주기에 따른 염색체의 이동성 필요에 따라 달라진다.

분열하지 않는 핵에서 염색질의 정확한 구조는 잘 알려져 있지 않지만, 유전학자들은 수년 동안 **이질염색질**(heterochromatin)이라고 하는 염색질의 일부 영역은 활성화되지 않고 **진정염색질**(euchromatin)이라고 하는 영역은 활성화되어 있음을 인식해 왔다. 우리는 이제 이 측정 가능한 유전적 상태가 염색질의 물리적 상태와 관련이 있다는 것을 알고 있다. 14장에서 살펴보겠지만 염색질 자체의 구조는 이른바 후성유전의 기초가 되는, 유전자 발현이 조절되는 방식 중 한 부분이다.

뉴클레오솜은 DNA를 조직한다

진핵생물의 핵을 파괴하고 전자현미경으로 DNA를 조사해 보면 마치 구슬의 끈과 닮았다는 것을 알 수 있다(**그림 8.6**). 구슬은 **뉴클레오솜**(nucleosome)이라는 구조로 DNA와 **히스톤 단백질**(histone proteins)로 구성된다. 히스톤은 염기성 아미노산인 아르지닌(arginine)과 라이신(lysine)이 풍부하기 때문에 양전하(+)를 띠고 있다. 따라서 그들은 음전하(−)를 띤 DNA에 강하게 끌린다. 히스톤 역할의 중요성은 매우 높은 수준의 진화적 보존으로 나타난다.

뉴클레오솜은 H2A, H2B, H3, H4의 4종류의 주요 히스톤을 포함한다. 이들은 서로 결합하여 소위 히스톤 8량체(histone octamer)라는 큰 복합체를 형성하며, 이는 DNA가 감겨있는 실패 역할을 한다. 각각의 히스톤 8량체는 약 10 nm 지름의 뉴클레오솜 핵심 입자를 형성하기 위해 왼손 방향으로 1.7회 감는 147 bp DNA로 감싸져 있다. 이들 각각은 연결 DNA라고 하는 20~80 bp인 다양한 길이의 DNA로 분리되어 있어서 "실에 꿴 구슬" 모양이 된다. 추가 히스톤인 H1은 연결 DNA와 상호작용할 수 있으며, 핵심 입자인 히스톤은 또한 뉴클레오솜이 상호작용할 수 있도록 튀어나온 "꼬리"를 가지고 있다. 둘 다 염색질의 고차원 구조에 영향을 미칠 수 있다.

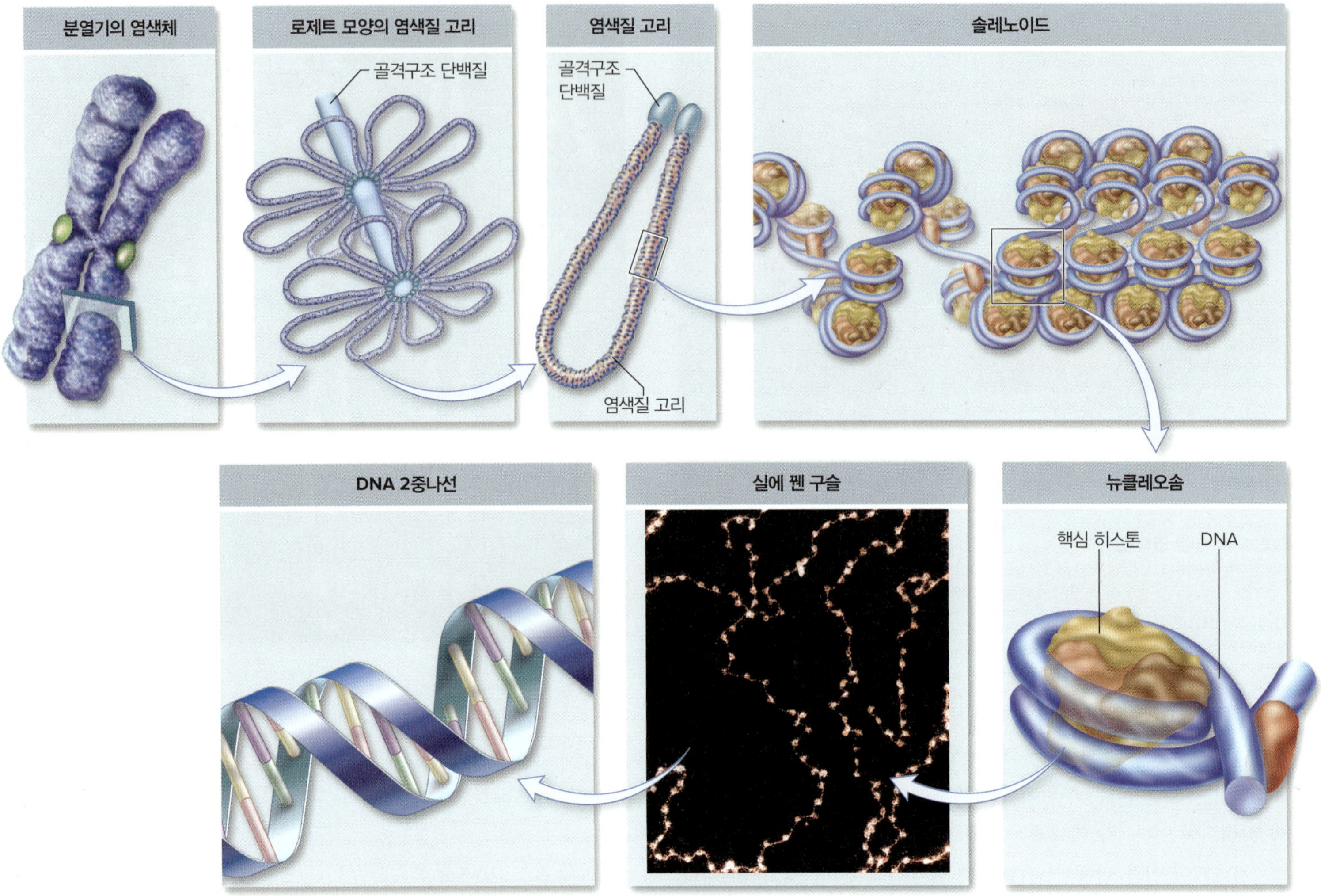

그림 8.6 **진핵세포 염색체의 조직화 수준.**
각 염색체는 단일 DNA 분자로 구성된다. 이들은 세포핵에 들어가도록 압축되어야 한다. DNA는 히스톤이라는 단백질 주위에 감겨져 뉴클레오솜을 형성한다. 이것은 EM 현미경 사진에서 나타나는 모양 때문에 "실에 꿴 구슬"로 불린다. 뉴클레오솜은 조직화된 염색질 고리로 보이는 고차원 구조로 되기 위해 더 응축된다. 분열기 염색체의 정확한 구성은 알려져 있지 않지만 그림은 하나의 모델을 보여준다. 여기에 표시된 배열은 많은 가능성 중 하나이다.

뉴클레오솜에 싸여있는 분리된 DNA를 H1과 함께 저염 조건에서 배양하면 지름 30 nm의 더욱 조밀한 구조를 형성한다. 이 소위 "30 nm 섬유"는 솔레노이드(solenoid)라고 하는 나선형으로 감겨지거나 동일한 지름의 지그재그 구조를 형성한다. 30 nm 섬유는 오랫동안 비분열 세포에서 일반적인 염색질 상태로 간주되어 왔는데, 온전한 세포에서 DNA의 상태를 보는 것이 불가능했기 때문에 이를 확인하기는 어려웠다.

염색체는 세포분열 동안 응축되고 탈응축된다

염색체 응축 상태는 동적이며 세포주기의 단계에 따라 변한다. 분열기 사이에서 염색질은 상대적으로 풀어지며, 세포분열 중에는 염색체 분리를 위해 응축되어야 하며 분열 후 다시 탈응축되어야 한다. 수년 동안 지배적인 모델은 30 nm 섬유를 형성하기 위해 연속적으로 꼬여있고, 단백질 골격에서부터 방사형 고리 형태로 추가로 응축된다는 것이었다(**그림 8.6**).

이 유형의 모델은 기각되지는 않았지만, 온전한 세포에서 30 nm 섬유와 다른 고차원 구조를 찾으려는 연구에서 상충되는 증거가 나타났다. 특정 모델에 관계없이, 단백질 복합체 **콘덴신**(condensin)이 관련되어 있음은 분명하다. 콘덴신은 2개의 SMC 단백질을 포함하며, 이는 핵양체 압축에 관여하는 박테리아 SMC 단백질과 관련된 것이다. 콘덴신은 ATP 가수분해의 에너지를 사용하여 DNA 고리를 만들고 이 고리를 조절한다. 온도 민감성 콘덴신 돌연변이를 가진 효모는 염색체 응축에 결함을 나타낸다.

단계적으로 꼬여 있는 모델에 대해 생각해 볼 수 있는 한 가지 방법은 구조가 크리스탈과 비슷하다는 것이다. 현재는 세포의 DNA가 크리스탈보다는 "액체"에 가깝다는 증거가 있다. 이 모델에서 DNA

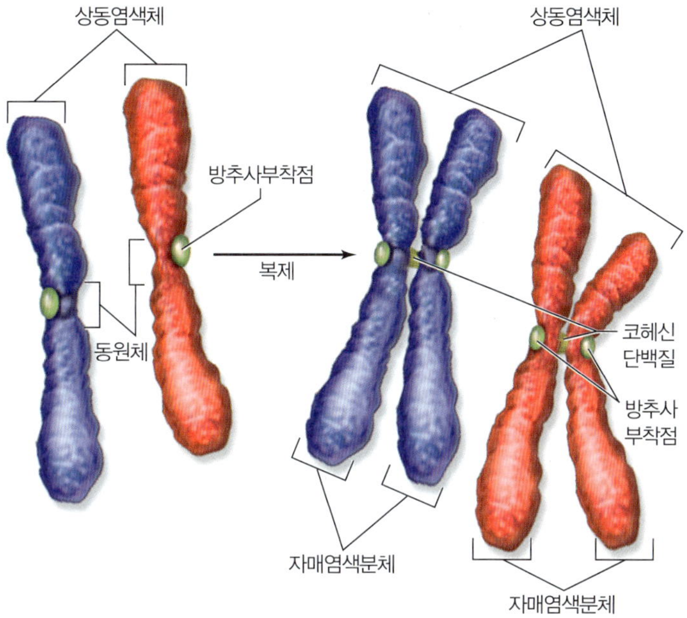

그림 8.7 상동염색체와 자매염색분체의 차이.
상동염색체는 동일한 염색체의 모계와 부계 사본이다(예를 들어 염색체 번호 16번). 자매염색분체는 DNA 복제 후 코헤신 단백질에 의해 동원체에서 함께 결합된 단일 염색체의 두 복제물이다. 방추사부착점(8.4절에서 나중에 설명됨)은 유사분열 동안 미세소관이 부착되는 동원체에서 발견되는 단백질로 구성된다.

는 뉴클레오솜으로 감싸인 다음 연결 히스톤의 상호작용을 통해 뉴클레오솜 자체가 "액체 DNA"의 밀도를 변경할 수 있다. 이상하게 들릴지 모르지만, 이것이 염색체 형태에 대한 많은 새로운 데이터에 더 적합하다.

염색체 복제

핵형에서 보이는 염색체는 세포가 분열하는 짧은 기간 동안만 존재한다. DNA가 복제될 때 각 염색체의 단일 분자는 **코헤신**(cohesin)이라는 단백질 복합체에 의해 동원체에 함께 결합된 2개의 동일한 DNA 분자가 된다. 각 염색체가 더 응축되면 핵형에서 X자 모양의 구조로 보인다. 이 때 우리는 여전히 이것을 하나의 염색체라고 부르지만 2개의 **자매염색분체**(sister chromatid)로 구성된다(**그림 8.7**).

복제 생산물이 함께 결합되어 있다는 사실은 분열 과정에 중요하다. 세포가 해결해야 하는 한 가지 문제는 각각의 딸세포가 완전한 염색체 세트를 받도록 하는 방법이다. 대부분이 컴퓨터에서 파일을 복제할 때 사용하는 라벨과 같이 각 염색체를 식별하기 위해 일종의 라벨을 사용할 수 있다. 그러나 염색체에 라벨을 붙이는 대신 세포는 복제 생성물을 동원체에 함께 붙여 놓는다. 그런 다음 유사분열 과정에서 이 모든 사본을 동시에 분리하여 각 딸세포가 각 염색체의 사본을 확실히 하나씩 얻도록 한다.

핵심 요약 8.2

진핵세포의 염색체는 세포분열을 위해 응축될 수 있는 복잡한 구조이다. 간기 동안 DNA는 단백질 주위에 감겨져 뉴클레오솜이라는 구조로 만들어진다. 염색질의 고차 구조는 조직화된 결정이거나 비조직화된 액체이다. 2배체 세포는 각 염색체에 대해 모계와 부계 사본, 즉 상동염색체를 포함한다. 염색체 복제 후, 각 상동염색체는 동원체에 코헤신이라고 하는 단백질에 의해 결합된 두 자매염색분체로 구성된다.

- 염색체 수는 생물체의 복잡성과 관련이 있을까?

8.3 진핵세포주기의 개요

학습 목표

1. 진핵세포주기를 서술할 수 있다.

원핵생물과 비교할 때, 진핵생물 게놈의 증가된 크기와 더 복잡한 구조는 복제된 게놈을 딸세포로 분할하는 데 급진적인 변화를 필요로 했다. 세포주기는 게놈의 복제, 정확한 분리 및 세포 내용물의 분할을 필요로 한다.

세포주기는 5단계로 나뉜다

세포주기는 게놈 복제와 분리의 주요 과정에 따라 단계가 나뉜다. 세포주기는 일반적으로 **그림 8.8**과 같이 표시된다.

- **G_1**(Gap 1)은 세포의 주요 성장 단계이다. 간기는 세포질분열(cytokinesis)과 DNA 합성 사이의 간극을 채우는 것을 의미한다. 대부분의 세포에서 가장 긴 단계이다.
- **S**(Synthesis)는 세포가 게놈의 복제품을 합성하는 단계이다.
- **G_2**(Gap 2)는 새로 복제된 게놈의 분리를 위한 두 번째 성장 단계이다. 이 단계는 DNA 합성과 유사분열 시작 사이의 간격을 채운다. 이 단계에서 미세소관이 재조직되어 방추(spindle)를 형성하기 시작한다.
- G_1과 S, G_2는 함께 세포분열 사이의 세포주기 일부인 **간기**(interphase)를 구성한다.
- **유사분열**(mitosis)은 방추체가 모이고, 염색체에 결합하고, 자매염색분체를 분리하는 세포주기의 단계이다. 유사분열은 두

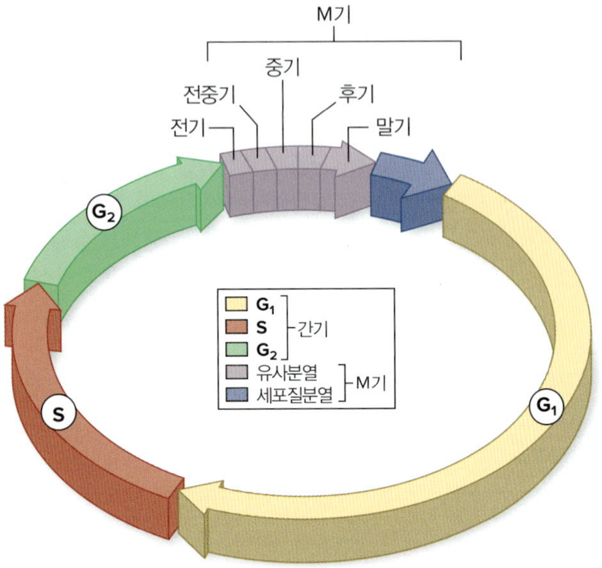

그림 8.8 세포주기.
세포주기는 원으로 표시된다. 첫 번째 간극 단계인 G_1은 DNA 합성을 위한 성장과 준비를 포함한다. S기 동안 게놈의 사본이 합성된다. 두 번째 간극 단계인 G_2는 유사분열을 위해 세포를 준비한다. 유사분열 동안 복제된 염색체가 분할된다. 세포질분열은 세포를 동일한 게놈을 가진 2개의 세포로 나눈다.

딸 게놈의 분리에 필수적인 단계이다. 전통적으로 전기(prophase), 전중기(prometaphase), 중기(metaphase), 후기(anaphase), 말기(telophase)로 세분된다.

- **세포질분열**(cytokinesis)은 세포질이 분열하여 2개의 딸세포를 생성하는 세포주기의 단계이다. 동물세포에서 미세소관 방추는 세포를 2개로 잘라내기 위해 졸라매는 끈처럼 수축하는 액틴의 수축 고리를 위치시키는 데 도움이 된다. 식물세포와 같이 세포벽이 있는 세포에서는 분열하는 세포 사이에 판이 형성된다.

유사분열과 세포질분열은 일반적으로 간기로부터 분열기를 구별하기 위해 집합적으로 M기라고 한다.

세포분열의 기간은 세포 유형에 따라 다르다

세포주기를 완료하는 데 걸리는 시간은 크게 다양하다. 동물 배아 세포는 20분 이내에 세포주기를 완료할 수 있다. 알려진 가장 짧은 동물의 핵 분열주기는 초파리 배아에서 발생한다(8분). 이 세포들은 세포 성장 없이 DNA를 복제할 수 있는 만큼, 빠르게 핵을 분열시킨다. 이 경우 본질적으로는 G_1과 G_2없이, 주기의 절반은 S, 절반은 M이 차지한다.

성숙한 세포는 성장하는데 시간이 필요하기 때문에 대부분의 주기는 배아 조직의 주기보다 훨씬 길다. 일반적으로 분열하는 포유류 세포는 약 24시간 내에 세포주기를 완료하지만, 인간의 간에 있는 어떤 세포는 1년 이상 지속되는 세포주기를 가지고 있다. 주기 동안 성장은 G_1 및 G_2기뿐만 아니라 S기에서도 발생한다. M기는 전체 주기에서 작은 부분인 약 1시간이 소요된다.

생물체 또는 세포 유형 사이의 다양한 세포주기 길이는 대부분 G_1기에서 발생한다. 세포는 종종 DNA 복제 전에 G_1에서 일시 중지하고 **G_0기**(G_0 phase)라고 하는 휴지 상태에 들어간다. 세포는 세포분열을 재개하기 전에 수일에서 수년 동안 이 시기에 남아있을 수 있다. 평소에 동물의 신체에 있는 대부분의 세포는 G_0기에 있다. 일부 근육 및 신경세포는 여기에 영구적으로 남아 있다. 간세포와 같은 다른 세포들은 손상 중에 방출된 인자에 반응하여 G_1기를 재개할 수 있다.

핵심 요약 8.3

진핵생물의 세포분열은 첫 번째 간극기(G_1기), DNA 합성기(S), 두 번째 간극기(G_2기), 유사분열(M), 염색분체가 분리되는 기간, 세포가 2개로 분리되는 세포질분열을 포함하는 복잡한 과정이다.

- 유사분열을 완료했지만 세포질분열을 완료하지 않은 세포는 어떻게 될까?

8.4 간기: 유사분열 준비

학습 목표

1. 간기 동안 발생하는 사건을 서술할 수 있다.
2. S기 후 자매염색분체 간의 결합을 설명할 수 있다.

간기(G_1와 S, G_2기) 중에 발생하는 사건은 유사분열을 성공적으로 완료하는 데 매우 중요하다. G_1기 동안 세포는 대부분의 성장을 거친다. S기 동안 각 염색체는 복제하여 2개의 자매염색분체를 생성하며, 이 염색분체는 동원체에 서로 붙어 있다. G_2기에서는 염색체가 훨씬 더 단단히 감겨 있다.

동원체(centromere)는 특정 단백질에 결합하는 반복된 DNA 서열을 포함하는 염색체의 잘록한 지점이다. 이 단백질은 **방추사부착점**(kinetochore)이라고 하는 원반 모양의 구조를 구성한다. 이 원반은 세포분열 중에 염색체를 분리하는데 필요한 미세소관의 부착 부

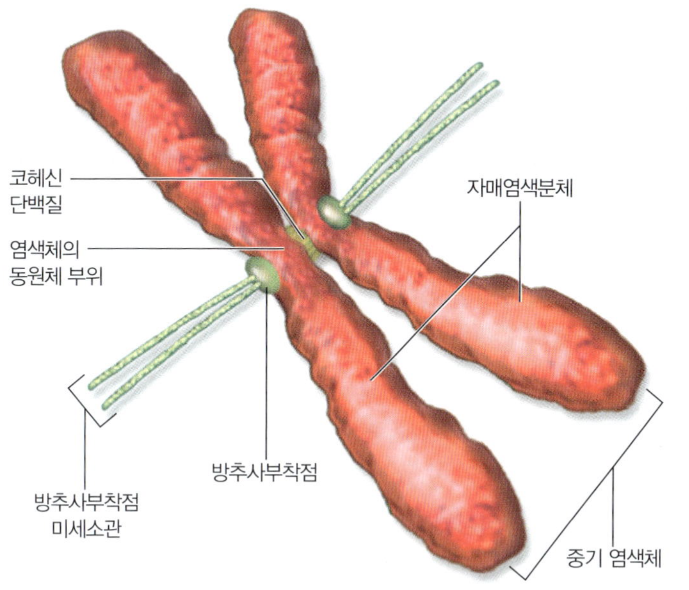

그림 8.9 방추사부착점.
유사분열 동안 자매염색분체의 분리는 방추사부착점에서 발견되는 단백질에 부착된 미세소관에 따라 달라진다. 이 방추사부착점 단백질은 염색체의 동원체에 조립된다. 두 자매염색분체의 동원체는 코헤신 단백질에 의해 결합된다.

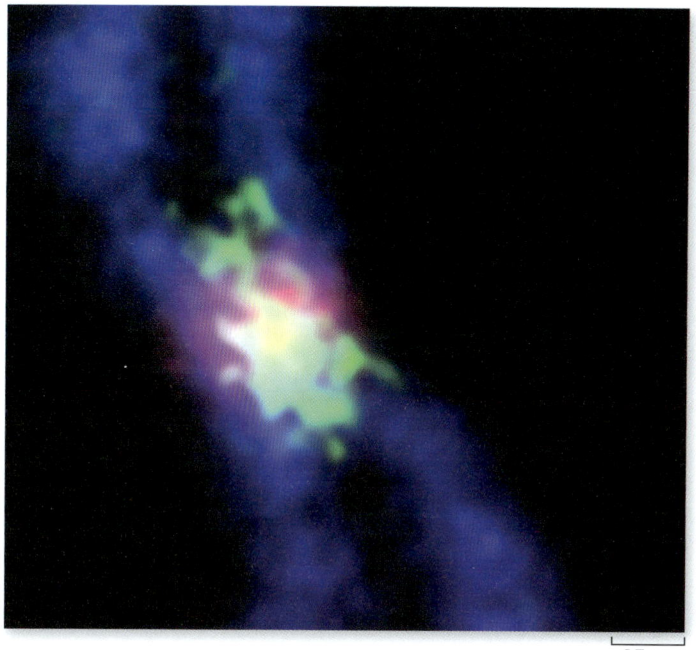

그림 8.10 동원체에서 발견되는 단백질.
이 사진에서 인간 유사분열 염색체는 콘덴신(파란색), 코헤신(녹색) 및 동원체 특이 히스톤 CENP-A(빨간색)으로 염색되었다. 코헤신 단백질은 자매염색분체의 동원체에 함께 결합되어 있다.

위 역할을 한다(**그림 8.9**). **그림 8.5**에서 볼 수 있듯이 각 염색체의 동원체는 염색체 길이에 따라 특징적인 위치에 있다.

S기 후 자매염색분체는 동원체를 공유하는 것처럼 보이지만 분자 수준에서 동원체의 DNA는 실제로 이미 복제되었으므로 2개의 완전한 DNA 분자가 존재한다. 이것은 2개의 염색분체가 동원체에서 코헤신 단백질에 의해 함께 유지되고, 각 염색분체는 자신의 방추사부착점 단백질 세트를 가지고 있음을 의미한다(**그림 8.10**). 다세포 동물에서 복제 후 자매염색분체를 함께 유지하는 대부분의 코헤신은 염색체가 응축됨에 따라 콘덴신으로 대체되는 것으로 보인다. 이것은 염색체가 동원체에서는 단단히 붙어 있지만 다른 곳에는 느슨하게 붙어 있게 한다.

세포는 간기 동안 자란다. 간기의 G_1기와 G_2기는 단백질이 합성되고 세포소기관이 생성되는, 활발히 성장하는 기간이다. 세포의 DNA는 세포주기의 S기에서만 복제된다.

염색체가 S기에서 복제된 후에는 코헤신 단백질이 복제된 염색체를 함께 유지하고 있기는 하지만 분산된 상태로 남아 있다. G_2기에서 그들은 응축 과정을 시작하여 훨씬 더 단단히 감긴다. 또한 G_2기 동안 세포는 나중에 염색체를 세포의 반대극으로 이동하는데 사용할 기구를 조립하기 시작한다. 동물세포에서는 **중심립**(centrioles)이라고 불리는 한 쌍의 미세소관형성중심이 복제되어 각 극에 하나씩 생성된다. 모든 진핵세포는 미세소관을 형성하는 단백질인 **튜불린**(tubulin)을 광범위하게 합성한다.

핵심 요약 8.4

간기에는 세포주기의 G_1과 S, G_2기가 포함된다. 간기 동안 세포는 성장하며, 염색체, 소기관 및 중심립이 복제되고, 튜불린을 포함하여 유사분열에 필요한 성분이 합성된다. 코헤신 단백질은 각 염색체의 동원체에서 염색분체를 함께 붙잡고 있다.

- 코헤신 단백질이 제거된 돌연변이는 세포분열에 어떤 영향을 미칠까?

8.5 M기: 염색체 분리 및 세포질 내용물의 분할

학습 목표

1. 유사분열의 단계를 서술할 수 있다.
2. 중기의 중요성을 설명할 수 있다.
3. 식물과 동물의 세포질분열을 비교할 수 있다.

유사분열 과정은 우리가 쉽게 관찰할 수 있는 가장 극적이고 아름다운 생물학적 과정 중 하나이다. 이 과정을 이해하기 위해 여러 단계로 나눴지만, 이것은 구별된 단계가 아니라 역동적이고 연속적인 과정이라는 것을 항상 기억해야 한다. 이 과정은 **그림 8.11**에서 현미경 사진과 그림으로 나타냈다.

전기 동안 유사분열 기구가 형성된다

G_2기에서 염색체 응축이 시작되어 광학현미경으로 처음 관찰되는 지점에 도달하면 유사분열의 첫 단계인 **전기**(prophase)가 시작된다. 응축 과정은 전기 내내 계속되는데, 결과적으로 미세한 실 모양으로 시작한 전기의 염색체는 이 단계가 끝나기 전에 상당히 부피가 커져 보인다.

방추체와 중심립

나중에 자매염색분체를 분리할 **방추체**(spindle apparatus)의 조립은 전기 동안 생긴다. 세포의 정상적인 미세소관 구조는 G_2기에서 분해되어 방추체로 대체된다. 동물세포에서 G_2기에서 형성된 2쌍의 중심립은 전기 초기에 떨어져 움직이기 시작하여 그들 사이에 방추사(spindle fibers)라고 불리는 미세소관 축을 형성한다. 중심립이 세포의 반대 극에 도달할 때까지 그들은 방추체라고 하는 미세소관의 다리를 그 사이에 형성한다. 식물세포에서는 비록 중심립은 없지만 유사한 미세소관 섬유 다리가 세포의 반대극 사이에 형성된다.

동물세포의 유사분열에서 중심립은 세포의 극에 도착했을 때 방사형 미세소관 배열을 만들어서 원형질막을 향해 뻗어간다. 이러한 미세소관 배열을 **성상체**(aster)라고 한다. 성상체의 기능이 완전히 이해되지는 않았지만, 아마도 중심립을 막에 지탱하여 방추사가 짧

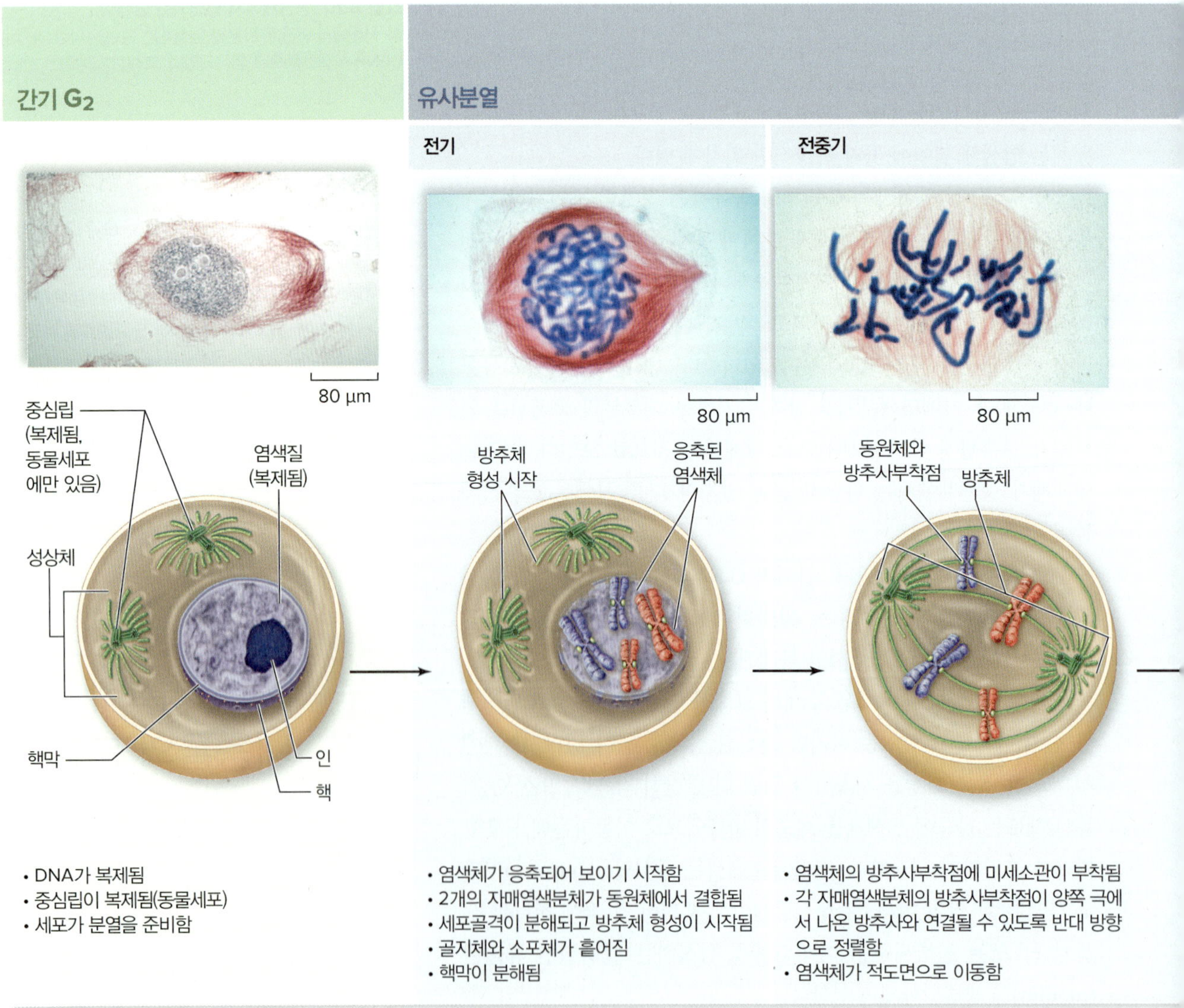

그림 8.11 유사분열과 세포질 분열. 유사분열은 전통적으로 5단계(전기, 전중기, 중기, 후기, 말기)로 나뉘어 복제된 염색체를 분리하는 역할을 한다. 이후 세포를 2개의 딸세포로 나누는 세포질분열이 뒤 따른다. 사진은 염색체가 파란색으로 염색되고 미세소관이 빨간색으로 염색된 식물(*Haemanthus katharinae*)의 유사분열과 세포질분열을 보여준다. 그림은 동물세포의 유사분열과 세포질분열을 나타냈다.

아지는 동안 미세소관 부착 지점을 강화할 것이다. 단단한 세포벽을 가진 식물세포는 성상체를 형성하지 않는다.

핵막의 분해

방추체가 형성되는 동안 핵막(nuclear envelope)은 부서지고 소포체가 구성 요소를 재흡수한다. 이 시점에서 미세소관 방추사는 한 극에서 다른 극으로 세포를 완전히 가로질러 확장된다. 그들의 방향은 방추체에 직각으로 세포의 중심을 관통하는, 세포가 분할되는 평면을 결정한다.

전중기 동안 염색체는 방추사에 부착된다

전기에서 전중기로의 전환은 핵막의 분해 후에 발생한다. **전중기(prometaphase)** 동안 응축된 염색체는 방추사부착점에 의해 방추사에 부착된다. 각 염색체는 2개의 방추사부착점을 가지고 있으며, 각 자매염색분체의 동원체에 부착되어 있다(**그림 8.9** 참조).

미세소관 부착

전중기가 계속됨에 따라 두 번째 미세소관 그룹은 세포의 극에서 동원체를 향해 성장한다. 이러한 미세소관은 각 자매염색분체 쌍의 방추사부착점에 의해 포착된다. 이로 인해 각 자매염색분체의 방추사부착점이 방추사의 반대 극에 연결된다.

이 양극성 부착은 유사분열 과정에 중요한데, 미세소관 위치 지정에 실수가 생기면 재앙이 될 수 있다. 예를 들어, 두 자매염색분체의 방추사부착점을 동일한 극에 부착하면 자매염색분체 분리는 실패하고 동일한 극으로 당겨져 한쪽의 딸세포로 들어가고 다른 딸세포는 해당 염색체가 누락된다.

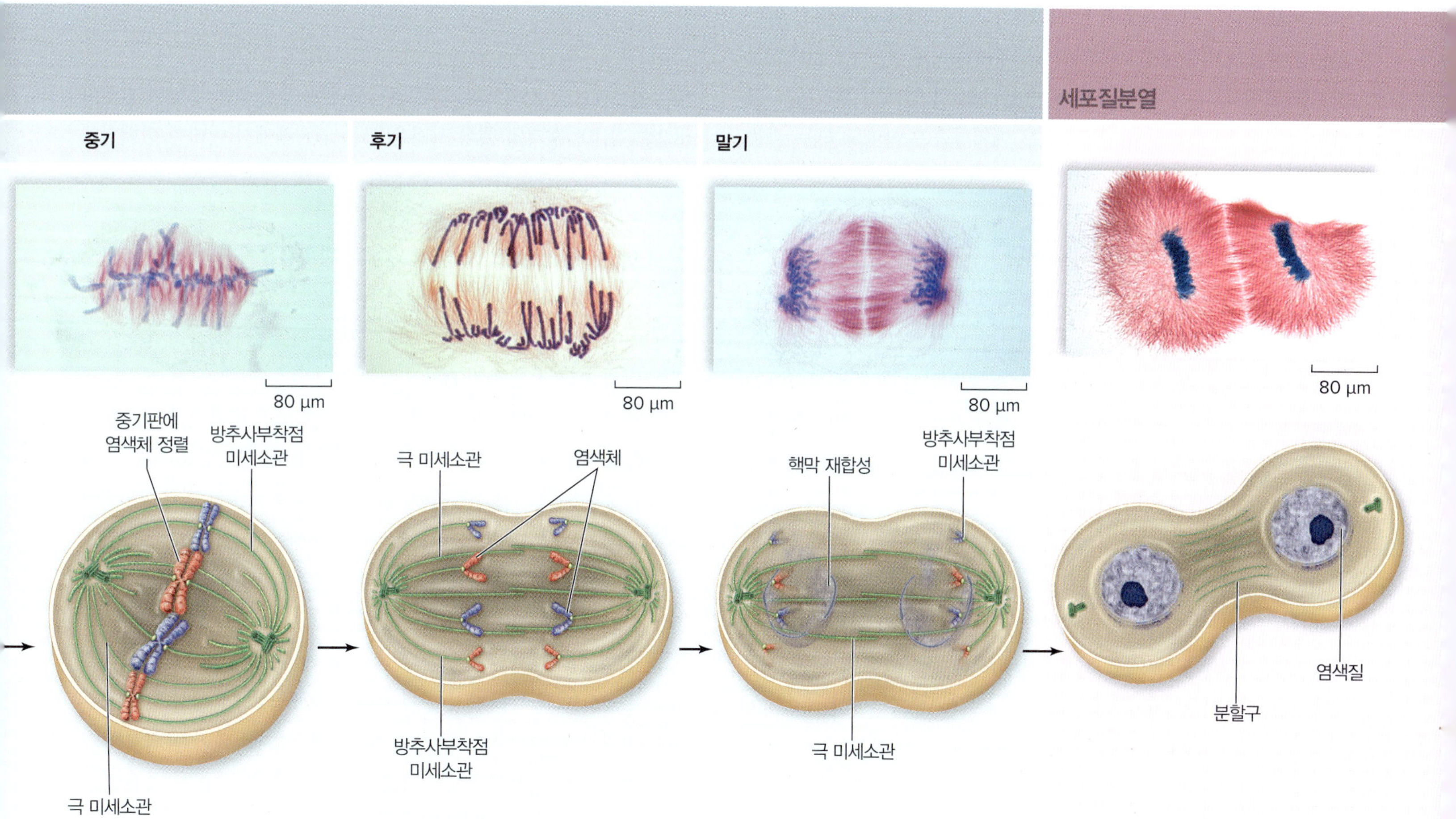

- 모든 염색체가 중기판이라고 불리는 적도면에 위치함
- 염색체가 양쪽 극에서 나온 방추사에 연결되어 팽팽해짐

- 자매염색분체의 동원체와 함께 결합한 단백질이 분해되어 염색체가 분리됨
- 염색체가 양극으로 당겨짐(후기 A)
- 방추극이 서로 멀어짐(후기 B)

- 염색체가 양쪽 극에 도달하고 응축이 풀리기 시작함
- 핵막이 염색체 주변에 재형성됨
- 골지체와 소포체가 재형성됨
- 방추체가 분해됨

- 동물세포에서 분할구가 형성되어 세포가 나누어짐
- 식물세포에서 세포판이 형성되어 세포가 나누어짐

세포 중심으로 염색체 이동

각 염색체는 양쪽극에서 자매염색분체의 방추사부착점으로 이어지는 미세소관 방추사에 부착된다. 염색체는 중앙을 향해 동시에 당겨져서 결국 모든 염색체를 세포의 적도로 끌어 당기는 갑작스러운 움직임으로 이어진다. 이 시점에서 염색체는 적도에 배열되어 있으며 자매염색분체는 장력을 받고 방추사부착점 미세소관에 의해 반대극을 향한다.

염색체를 움직이는 힘은 유사분열 과정이 처음 관찰된 이후로 큰 관심을 끌었다. 이를 설명하기 위해 2가지 기본 메커니즘이 제안되었다. (1) 미세소관의 조립 및 분해는 염색체를 이동시키는 힘을 제공하고, (2) 방추사부착점과 세포의 극에 위치한 운동 단백질이 미세소관을 당겨 힘을 제공한다. 실험 자료는 두 메커니즘을 모두 지지하고 있다.

분리된 염색체는 미세소관 분해에 의해 당겨질 수 있기에 미세소관-단축설을 지지한다. 방추사는 매우 역동적인 구조로, 중기 동안에도 미세소관이 방추사부착점에서 추가되고 극에서 단축된다. 여러 운동 단백질이 방추사부착점 단백질로 확인됨으로써, 운동 단백질설을 뒷받침했다. 운동 단백질 디네인(dynein)의 억제는 후기에서 염색체 분리를 느리게 한다. 따라서 두 메커니즘은 아마도 모두 작동하고 있을 것이다.

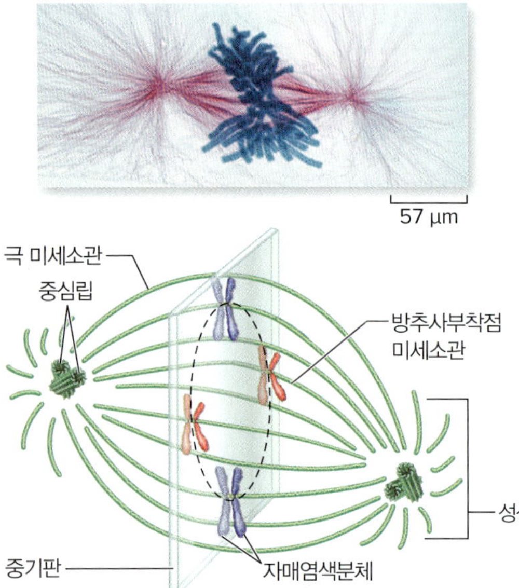

그림 8.12 중기.
중기에 염색체는 세포의 중간지점에 배열된다. 세포의 적도를 통과하는 가상의 평면을 중기판이라고 한다. 방추체 자체가 3차원 구조이기 때문에 염색체는 중기판에 원형으로 배열된다.

중기에 염색체는 적도에 정렬한다

세포 중앙으로의 염색체 정렬은 유사분열의 세 번째 단계인 **중기**(metaphase)의 신호이다. 광학현미경으로 보면, 지구의 적도처럼 염색체는 세포의 안쪽 둘레를 따라 원형으로 배열된 것으로 보인다(**그림 8.12**). 이 원을 통과하는 방추사의 축에 수직인 가상 평면을 **중기판**(metaphase plate)이라고 한다. 중기판은 실제 구조가 아니라 세포 분열의 미래 축을 나타낸다.

동원체의 방추사부착점에 부착된 미세소관에 의해 모든 염색체가 중기판에 정렬된다. 이 시점에서 동원체는 반대쪽 극을 향해 확장되는 미세소관에 의해 세포의 양쪽 극에서 같은 거리에 있도록 배열된다. 세포는 자매염색분체를 적절히 분리하여 각 딸세포가 완전한 염색체 세트를 받도록 준비한다. 따라서 중기는 세포분열이 계속되기 전에 모든 준비가 완료되었는지 확인되는 과도기적 단계이다.

후기에 염색분체는 분리된다

그림 8.11에 표시된 모든 유사분열 단계 중에서 **후기**(anaphase)가 가장 짧고 가장 놀랍다. 후기는 동원체에서 자매염색분체를 함께 붙잡고 있는 단백질이 제거될 때 시작된다. 유사분열의 이 시점까지 자매염색분체는 동원체에 집중된 코헤신 단백질에 의해 결합되어 있다(8.2절 참조). 후기의 핵심 사건은 모든 염색체에서 이러한 단백질을 동시에 제거하는 것이다. 이 과정의 조절 및 세부 사항은 전체 세포 주기의 맥락에서 8.6절에서 논의될 것이다.

서로로부터 해방된 자매염색분체는 방추사부착점과 연결된 극으로 빠르게 당겨진다. 이 과정에서 두 가지 형태의 움직임이 동시에 발생하며, 각각은 미세소관에 의해 주도된다. 이러한 움직임을 구별하기 위해 후기 A와 후기 B라고 불린다.

첫째, 후기 A 동안 미세소관이 짧아짐에 따라 **방추사부착점은 극쪽으로 당겨진다.** 이 단축 과정은 수축이 아니다. 미세소관은 더 두꺼워지지 않는다. 대신, 튜불린 소단위는 미세소관의 방추사부착점 끝에서 제거된다. 더 많은 소단위가 제거됨에 따라 염색분체를 잡고 있는 미세소관이 점진적으로 분해되고 염색분체가 세포의 극에 더 가깝게 당겨진다.

둘째, 후기 B 동안 물리적으로 반대극에 고정된 미세소관 방추사가 서로를 지나 활주하면서 밀기 때문에, 세포의 중심에서 양쪽 **극은 점점 멀어진다**(**그림 8.13**). 한편 다른 그룹의 미세소관이 염색체를 극에 부착하기 때문에 염색체도 서로 멀어진다. 만약 유연한 막이 세포를 둘러싼다면 세포는 눈에 띄게 길어질 것이다.

자매염색분체가 후기 단계에서 분리되면 유사분열의 필수 요소인 복제된 게놈의 정확한 분할이 완료된다.

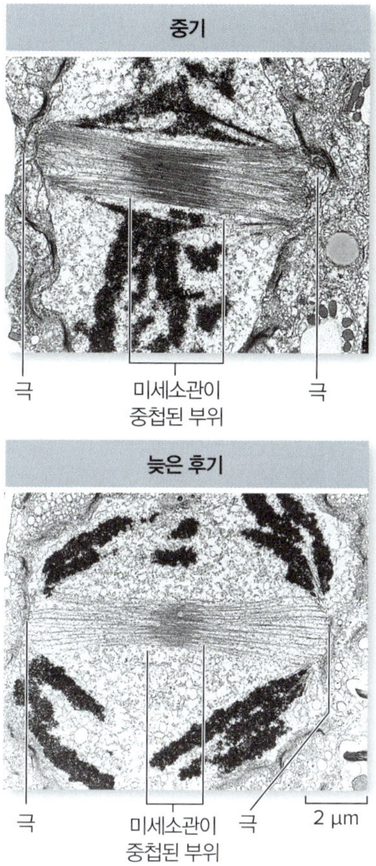

그림 8.13 **염색체가 분리됨에 따라 미세소관이 서로 지나쳐 간다.** 분열하는 규조류의 전자현미경 사진에서, 세포가 중기에서 후기로 이동함에 따라 방추사가 연장되는 동안 미세소관의 겹침이 현저히 줄어든다. 후기 B 동안 염색체가 극쪽으로 이동함에 따라 두 극이 더 멀어진다.

말기동안 핵이 재형성된다

말기에서 방추체는 미세소관이 딸세포의 세포골격을 구성하는데 사용할 수 있는 튜불린 단량체로 분해됨에 따라 해체된다. 자매염색분체의 각 세트 주위에 핵막이 형성되며, 염색분체는 더이상 동원체에 부착되지 않기 때문에 염색체라고 할 수 있다. 염색체는 곧 더 확장된 형태로 풀리기 시작하며, 유전자 발현을 허용한다. 유사분열이 완료된 후 발현되는 초기 유전자 그룹 중 하나는 인이 다시 나타나도록 하는 rRNA 유전자로 구성된다.

말기는 전기 과정의 반대로 볼 수 있으며 세포를 간기 상태로 되돌린다. 유사분열은 말기 끝에 완료된다. 진핵세포는 복제된 게놈을 세포의 반대쪽 끝에 위치한 2개의 새로운 핵으로 분할한다. 미토콘드리아와 엽록체(존재하는 경우)를 포함한 다른 세포질 소기관은 분리될 영역으로 재분류되어 딸세포가 된다.

그러나 세포질분열이 아직 시작되지 않았기 때문에 유사분열의 끝에서도 세포분열은 완료되지 않았다. 세포가 실제로 분열하는 세포주기의 단계를 **세포질분열**(cytokinesis)이라고 한다. 이것은 일반적으로 세포를 거의 동일한 절반으로 절단하는 것을 포함한다.

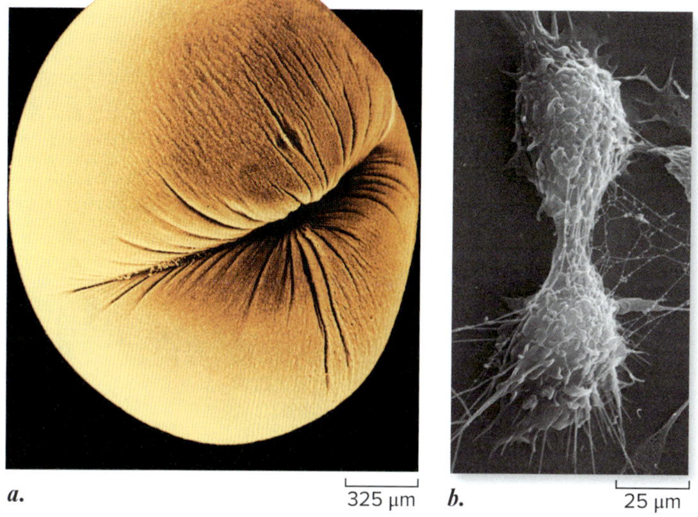

그림 8.14 **동물세포에서 세포질분열.**
a. 분열하는 개구리 알 주위에 분열구가 형성된다. *b.* 동물세포에서 세포질분열의 완료. 2개의 딸세포는 여전히 미세소관이 주로 차지하는 얇은 세포질 띠로 연결되어 있다.

동물세포에서 액틴 띠는 딸세포를 분리한다

동물세포와 세포벽이 없는 다른 모든 진핵생물의 세포에서 세포질분열은 액틴 필라멘트의 수축 띠를 통해 이루어진다. 이러한 필라멘트가 서로 지나갈 때 띠의 지름이 감소하여 세포 둘레에 **분열구**(cleavage furrow)가 생긴다(**그림 8.14***a*).

수축이 진행됨에 따라 분열구는 결국 세포의 중앙을 완전히 자를 때까지 깊어진다. 이 시점에서 세포는 2개로 나뉜다(**그림 8.14***b*).

식물세포에서 세포판은 딸세포를 분리한다

식물 세포벽은 너무 단단해서 액틴 필라멘트로는 2개로 압착할 수 없다. 대신, 이러한 세포는 방추체에 직각으로 내부에서 막 구성 요소를 조립한다. **세포판**(cell plate)이라고 하는 이 확장하는 칸막이는 원형질막의 내부 표면에 도달하여 융합될 때까지 계속 바깥쪽으로 성장하여 세포를 효과적으로 둘로 나눈다(**그림 8.15**). 그런 다음 셀룰로스가 새로운 세포막 위에 놓여져 2개의 새로운 세포벽이 생성된다. 딸세포 사이의 공간에는 펙틴이 주입되어 **중엽층**(middle lamella)이 생긴다.

곰팡이와 일부 원생생물에서 딸핵은 세포질분열 동안 분리된다

대부분의 곰팡이와 일부 원생생물 그룹에서는 핵막이 분해되지 않으며 결과적으로 모든 유사분열 사건이 전적으로 핵 내에서 발생한다. 이러한 생물체에서 유사분열이 완료된 후에야 핵이 2개의 딸핵으로 나뉜다. 그런 다음 세포질분열 동안 각각의 핵이 각 딸세포로

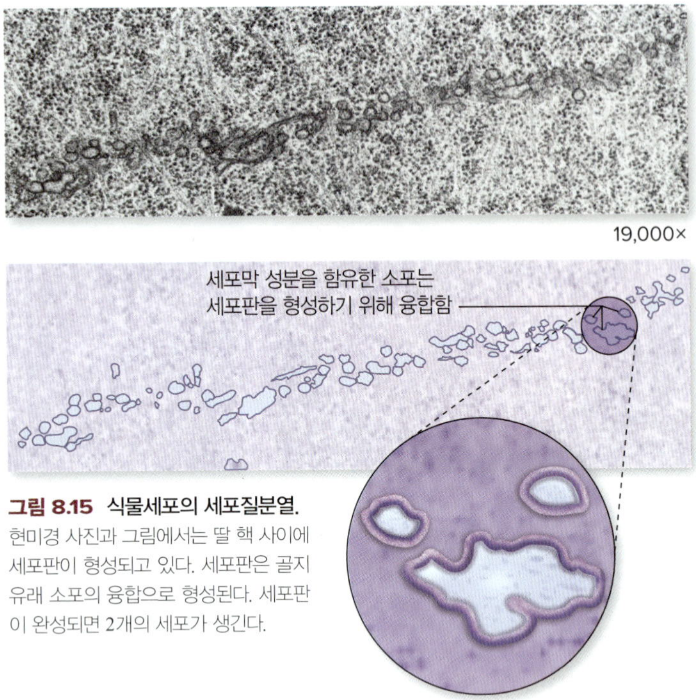

그림 8.15 **식물세포의 세포질분열.** 현미경 사진과 그림에서는 딸 핵 사이에 세포판이 형성되고 있다. 세포판은 골지 유래 소포의 융합으로 형성된다. 세포판이 완성되면 2개의 세포가 생긴다.

이동한다. 세포주기에서 이 분리된 핵분열 단계는 식물, 동물 또는 대부분의 원생생물에서는 발생하지 않는다.

진핵세포에서 세포질분열 후 두 딸세포는 완전한 세포의 모든 구성 요소를 가지게 된다. 유사분열은 두 딸세포가 염색체의 완전한 구성을 포함하도록 보장하는 반면, 미토콘드리아 및 엽록체와 같은 소기관이 딸세포 사이에 균등하게 분포되도록 보장하는 유사한 메커니즘은 없다. 그러나 각 소기관 중 적어도 하나가 각 세포에 존재하는 한, 소기관은 해당 세포에 적합한 수만큼 복제할 수 있다.

핵심 요약 8.5

유사분열은 전기, 전중기, 중기, 후기, 말기의 단계로 나뉜다. 초기 단계는 중기에서 염색체를 세포의 적도로 끌어 당기는 미세소관 방추사를 생성하기 위해 세포를 재구성하는 것을 포함한다. 각 염색체의 염색분체는 코헤신 단백질에 의해 동원체에서 서로 붙어 있다. 염색분체는 코헤신 단백질이 파괴되는 후기 동안 반대쪽 극으로 당겨진다. 핵은 말기에 재형성되고, 세포질분열은 세포질과 소기관을 분할한다. 동물세포에서 액틴의 띠는 수축하여 세포를 둘로 분리한다. 식물세포에서는 분열하는 세포의 중간에 세포판이 형성된다.

- 중기 전에 자매염색분체 사이의 코헤신 단백질이 소실된 염색체는 어떻게 될까?

8.6 세포주기 조절

학습 목표

1. 세포주기의 조절에서 확인점의 역할을 구별할 수 있다.
2. 유사분열에서 후기촉진복합체/사이클로솜의 역할을 설명할 수 있다.

세포분열 과정을 조절하는 것은 중요하다. 인간과 같은 다세포 생물체에서 이 통제의 상실은 암 질환으로 이어진다. 생물학자들은 다양한 학문과 관점에서 이 문제에 접근했다. 이를 통해 세포주기를 앞당기는 요인과 분열 과정을 지배하는 다른 요인을 밝혀냈다. 세포주기에는 2가지 비가역적 단계가 있다. DNA 복제 및 자매염색분체의 분리가 그것이다. 이 두 지점은 우리가 확인점(checkpoint)이라고 부르는 다른 특정 지점과 마찬가지로 엄격하게 통제된다. 이러한 확인점에서 과정의 정확성을 평가하고 오류가 있는 경우 중지할 수 있다. 이는 전체 과정에 대해 매우 높은 정확도를 제공한다. 또한 세포주기가 주요 확인점에 통합된 내부 및 외부 신호 모두에 응답할 수 있도록 한다.

연구를 통해 세포주기 조절인자가 밝혀졌다

세포주기 조절에 대한 조사의 역사는 2가지 면에서 교훈적이다. 첫째, 현대적 관찰을 전후 상황에 맞출 수 있다. 둘째, 매우 다른 접근법을 사용하는 생물학자들이 종종 같은 결과를 보여줄 수 있다는 것이다. 다음의 간략한 역사에서 3가지 관찰을 소개한 후, 이를 어떻게 단일 메커니즘으로 통합하는지를 보여준다.

MPF의 발견

개구리 난모세포의 활성화에 관한 연구에서 **성숙촉진인자**(maturation-promoting factor, MPF)라는 물질이 처음으로 발견되었다. 난세포가 되는 개구리 난모세포는 생식세포를 생산하는 감수1분열 이전인 G_2기의 끝부분에 멈추어져 있다(9장 참조). 그들은 정지된 상태로 남아 있으며 이 분열 과정을 완료하기 위해 호르몬 신호를 기다린다.

활발하게 분열하는 다양한 세포에서 채취한 세포질을 난모세포에 주입하면 조기에 세포분열을 유발할 수 있다(**그림 8.16**). 이 실험은 분열하는 세포의 세포질에 존재하는 세포주기 진행의 양성 조절인자(positive regulator)인 MPF의 존재를 나타냈다. 이 실험은 또한 분열기 및 간기 세포로 수행된 세포 융합 실험에도 적합한데, 그 결과

과학적 사고

가설: 세포주기를 촉진시키는 인자가 존재한다.

예측: 개구리의 난모세포는 감수1분열 이전의 G_2기에 정지해 있는데, 프로게스테론을 처리하면 성숙(감수분열 재개)하게 만들 수 있다. 만약 성숙한 난모세포에 세포주기를 촉진하는 인자가 있다면, 이 세포질을 미성숙한 난모세포에 주사하면 감수분열이 시작될 것이다.

실험: 프로게스테론으로 난모세포의 성숙을 유도하고, 이 성숙한 난모세포의 세포질을 미성숙 단계의 난모세포에 주사한다.

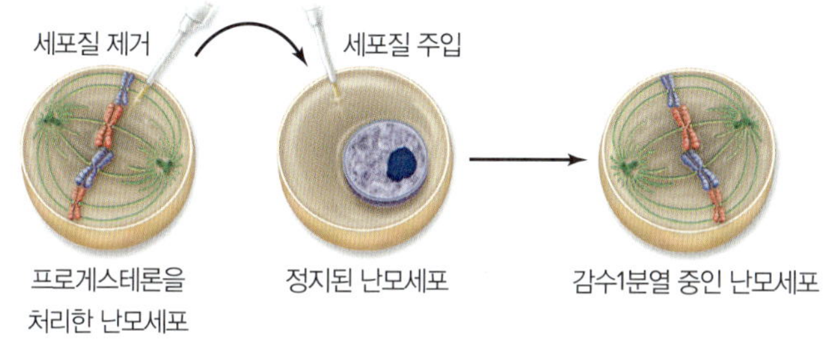

결과: G_2 시기에 있던 난모세포는 주사에 의해 감수1분열이 시작되었다.

결론: 프로게스테론 처리에 의해 성숙을 유도하는 양성 조절인자, 즉 성숙촉진인자(MPF)가 생성되었다.

예측: 만약 유사분열이 양성 조절인자에 의해 이루어진다면, 분열 중인 세포의 세포질은 G_1 상태의 세포를 분열기로 이끌 수 있다.

실험: M기의 세포를 G_1기의 세포와 융합시키고, G_1기의 세포에서 유래된 핵을 현미경으로 관찰한다.

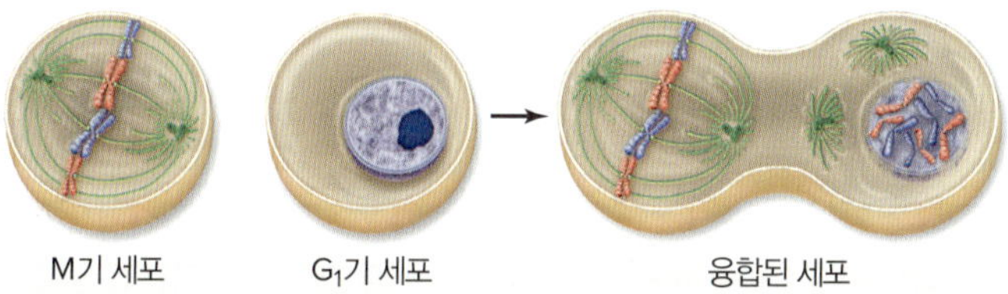

결론: M기의 세포질은 세포를 유사분열로 유도하는 촉진인자를 가지고 있다.

추가 실험: 어떻게 두 실험을 합리적으로 설명할 수 있을까? 이 인자를 규명하는 다음 실험은 무엇인가?

그림 8.16 세포분열 양성 조절인자 발견.

또한 유사분열을 유도할 수 있는 세포질 양성 조절인자를 나타냈다(**그림 8.16**).

추가 연구는 MPF의 2가지 주요 측면을 강조했다. 첫째, MPF 활동은 세포주기 동안 다양하다. 초기 G_2기에서 낮았다가, 점점 상승한 다음 분열기에서 최고점에 도달했다(**그림 8.17**). 둘째, MPF의 효소 활성은 단백질의 인산화와 관련이 있다. 이 두 번째 요점은 단백질 활성에 대한 가역적 스위치로서 인산화의 중요성을 고려할 때 놀라운 일이 아니다(7장 참조). 첫 번째 관찰은 MPF 자체가 항상 활성을 갖는 것이 아니라 세포주기에 의해 조절되고 있음을 나타내었고 두 번째는 MPF의 가능한 효소적 활성을 보여주었다.

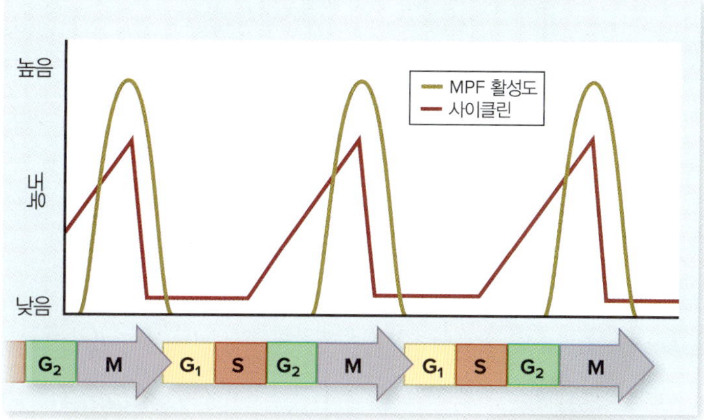

그림 8.17 MPF 활성, 사이클린 단백질의 양 및 세포주기의 상관 관계. 사이클린 농도 및 MPF 활성을 세포주기의 여러 단계에 대해 나타냈다. MPF 활동은 세포주기를 통해 반복되는 양상을 나타낸다. 이것은 또한 유사분열 사이클린의 수준과 관련이 있는데, 비슷한 양상을 보여준다. 이 상관 관계의 이유는 사이클린이 실제로 MPF의 한 구성 요소이고, 다른 하나는 사이클린 의존성 카이네이스(Cdk)이기 때문이다. 이들은 함께 세포분열의 양성 조절자로서 작용한다.

사이클린의 발견

다른 연구자들은 성게 배아의 초기 분열 과정에서 생성된 단백질을 조사했다. 그들은 세포주기와 동시에 생성된 단백질을 확인하고 **사이클린**(cyclins)이라고 명명했다(**그림 8.17**). 이러한 결과는 또 다른 해양 무척추동물인 함박조개(surf clam)에서도 나타났다. G_1/S와 G_2/M 경계의 최고점에 도달하는 주기를 가진 2가지 형태의 사이클린이 발견되었다. 많은 노력에도 불구하고 이들 단백질의 효소 활성은 밝혀지지 않았다. 그들의 특징은 생산 시기였으며 내재적인 활성이 아니었다.

세포주기의 유전분석

유전학자들은 2가지 다른 효모, 출아 효모(budding yeast)와 분열 효모(fission yeast)를 사용하여 세포주기 조절에 필수적인 유전자를 밝혀냈다. 분열 도중 중단되는 돌연변이를 분리하여 이 유전자가 세포주기 진행에 필요함을 밝혀냈다. 이 연구는 효모에서 2가지 중요한 조절 지점이 있음을 보여 주었다. 분열을 시작한다는 뜻으로 START라고 불리는 DNA 합성을 위한 지점과 유사분열에 대한 지점이 그것이다. 분열 효모에서 유래한 cdc2라는 이름의 특정 유전자는 이 두 경계를 통과하는 데 중요한 것으로 나타났다.

MPF는 사이클린과 cdc2이다

이러한 모든 발견은 다음의 관찰과 함께 명확한 방식으로 종합되었다. 첫째, cdc2 유전자에 의해 암호화된 단백질이 단백질 카이네이스(kinase)인 것으로 밝혀졌다. 둘째, MPF의 정제 및 동정으로 그것이 사이클린 인자와 카이네이스 인자로 구성되어 있음을 보여주었

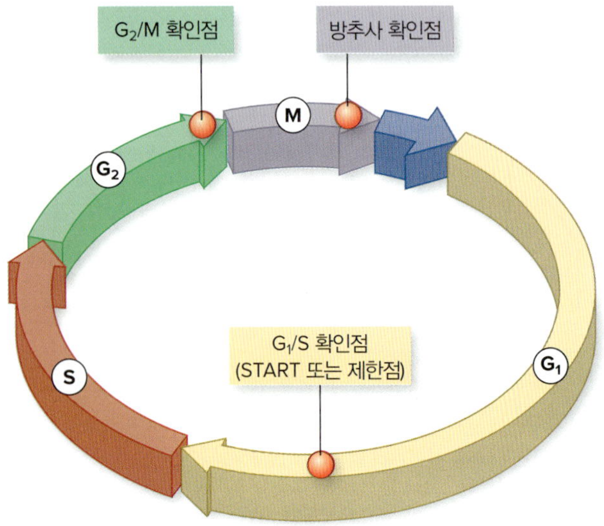

그림 8.18 세포주기 조절.
세포는 중앙 집중식 조절 시스템을 사용하여 세포주기에서 3가지 주요 확인점을 통과하기 전에 적절한 조건이 달성되었는지 확인한다.

다. 마지막으로 카이네이스 자체가 cdc2 단백질이었다.

cdc2 단백질은 처음으로 확인된 **사이클린 의존성 카이네이스**(cyclin-dependent kinase, Cdk), 즉 사이클린과 복합체를 형성할 때만 활성화되는 단백질 카이네이스 효소였다. 이 발견은 MPF의 역할이 단순히 개구리 난모세포의 성숙을 촉진하는 것보다 분명히 더 일반적이었기 때문에 MPF의 이름을 **유사분열촉진인자**(mitosis-promoting factor)로 바꾸도록 했다.

이 Cdk 효소는 세포분열 주기의 주요한 긍정적인 추진 요인이다. 그들은 종종 세포분열을 유도하는 엔진이라고 불린다. 고등 진핵생물의 세포주기 조절은 효모의 단순한 단일 엔진 주기보다 훨씬 더 복잡하지만, 효모 모델은 더 복잡한 조절을 이해하는 데 유용한 체제로 남아 있다.

세포주기는 3개의 확인점에서 조절된다

우리가 세포주기를 여러 단계로 나누고 유사분열을 더 세분화하더라도, 세포는 주기에서 확인점이라고 부르는 G_1/S와 G_2/M, 늦은 중기(방추사 확인점)의 3지점만 능동적으로 조절한다. 이러한 확인점을 사용하면 필요할 때 주기를 지연하거나 중지할 수 있다. 세포는 이 확인점을 사용하여 내부 상태를 평가하고 외부 신호를 통합한다(**그림 8.18**). 이 확인점을 통과하는 것은 이 장에서 설명하는 Cdk 효소에 의해 조절된다.

G_1/S 확인점

G_1/S 확인점(G_1/S checkpoint)은 세포가 분열 여부를 "결정"하는 주된 지점이다. 따라서 이 확인점은 외부 신호가 주기에 영향을 미칠 수 있는 초기 지점이다. 생장인자(뒷부분에서 설명)가 주기에 영향을 미치는 단계이며 세포분열을 세포 성장 및 영양과 연결하는 단계이기도 하다.

대부분의 세포주기 유전자 분석이 수행된 효모 시스템에서는 이 확인점을 START라고 하며, 동물에서는 제한점(restriction point, R점)이라고 한다. 모든 시스템에서 세포가 게놈을 복제하기 위해 비가역적 약속을 수행하면 분열이 시작된다. DNA 손상은 기아 상태나 생장인자 부족과 마찬가지로 이 시점에서 주기를 중단시킬 수 있다.

G_2/M 확인점

G_2/M 확인점(G_2/M checkpoint)은 유사분열에 대한 자극으로서의 복잡성과 중요성 때문에 많은 관심을 받았다. 역사적으로 이 확인점에서 활성화되는 Cdk는 최초의 MPF로 밝혀졌으며, 이 용어는 이제 **M기촉진인자**(M phase-promoting factor, MPF)로 발전했다.

이 확인점을 통과하는 것은 유사분열에 대한 약속을 나타낸다. 이 확인점은 DNA 복제의 성공을 평가하고 DNA가 정확하게 복제되지 않은 경우 주기를 멈출 수 있다. 세포분열은 DNA 손상 물질에 의해 이 확인점과 G_1/S 확인점에서 중단될 수 있다.

방추사 확인점

방추사 확인점(spindle checkpoint)은 모든 염색체가 후기에 대비하여 방추사에 부착되도록 한다. 세포주기의 두 번째 비가역 단계는 후기 동안 염색체를 분리하는 것이므로 중기판에 적절히 배열하는 것이 중요하다.

사이클린 의존성 카이네이스가 세포주기를 이끈다

세포주기 조절의 주요 분자 메커니즘은 인산화이며, 이는 단백질

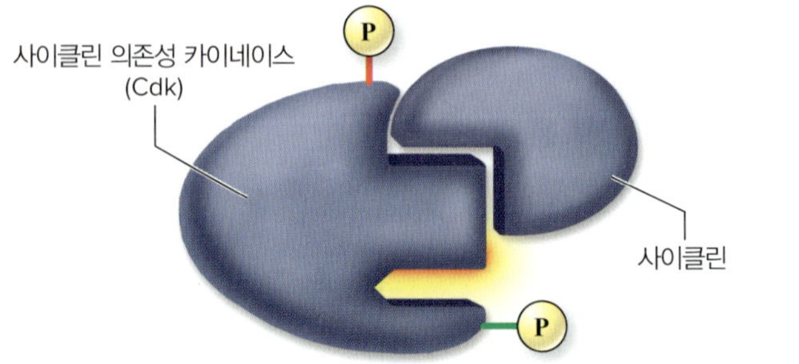

그림 8.19 Cdk 효소는 사이클린과 복합체를 형성한다.
Cdk는 수많은 세포 단백질을 인산화하여 활성화하는 단백질 카이네이스이다. 사이클린은 Cdk를 활성화하는데 필요한 조절 단백질이다. 이 복합체는 유사분열촉진인자(MPF)라고도 한다. Cdk의 활성은 또한 인산화 패턴에 의해 조절된다. 한 부위의 인산화(붉은색)는 Cdk를 비활성화하고, 다른 부위(푸른색)의 인산화는 Cdk를 활성화한다.

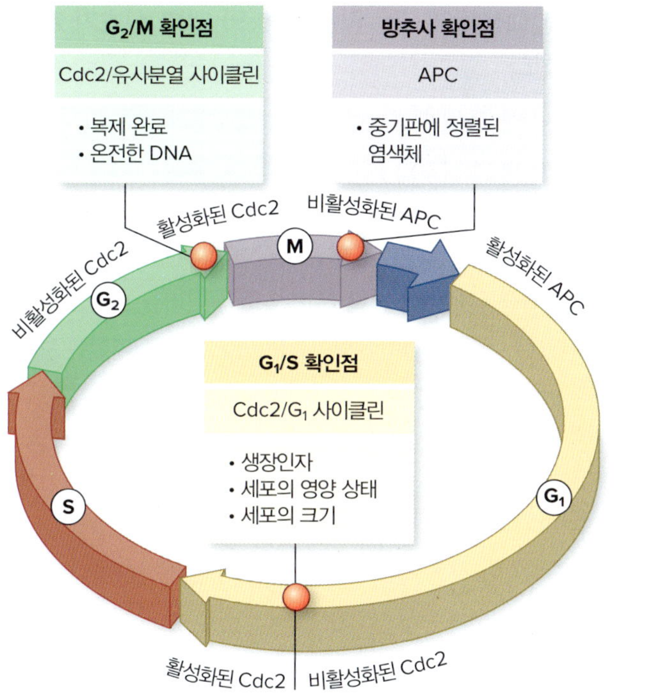

그림 8.20 효모 세포주기의 확인점.
자세히 연구된 가장 간단한 세포주기는 분열 효모이다. 이것은 3개의 주요 확인점과 Cdc2라고 하는 단일 Cdk 효소에 의해 조절된다. Cdc2 효소는 G_1/S 및 G_2/M 확인점을 조절하기 위해 다른 사이클린과 결합한다. 방추사 확인점은 후기촉진복합체인 APC에 의해 조절된다.

의 세린, 트레오닌 및 타이로신 아미노산에 인산염 그룹을 추가하는 것이다(7장 참조). 이 인산화를 수행하는 효소는 Cdk이다(**그림 8.19**).

Cdk의 활동

최초의 중요한 세포주기 카이네이스는 분열 효모에서 확인되었으며 Cdc2(현재는 Cdk1이라고 함)로 명명되었다. 효모에서 이 Cdk는 세포주기의 다른 지점에서 다른 사이클린과 결합할 수 있다(**그림 8.20**).

효모의 단순화된 세포주기에서조차도 주기 동안 Cdk의 활동을 조절하는 것이 무엇인지에 대한 중요한 질문이 남아 있었다. 수년 동안 공통된 견해는 사이클린이 세포주기를 주도한다는 것이었다. 즉, 사이클린의 주기적인 합성과 파괴가 시계 역할을 했다는 것이다. 나중에 Cdc2 카이네이스 자체도 인산화에 의해 조절된다는 것이 분명해졌다. 한 부위의 인산화는 Cdc2를 활성화하고 다른 부위의 인산화는 이를 비활성화한다(**그림 8.19** 참조). Cdc2 카이네이스의 완전한 활성화는 사이클린 및 적절한 인산화 패턴과의 복합성을 필요로 한다.

G_1/S 확인점에 다가감에 따라 효모의 촉발 신호는 G_1 사이클린의 축적인 것으로 보인다. 이들은 Cdc2와 복합체를 형성하여 활성화된 G_1/S Cdk를 생성하여 DNA 복제를 위한 효소활성을 증가시키는 여러 표적을 인산화한다.

MPF의 활동

MPF와 G_2/M 확인점에서의 역할은 다양한 실험에서 광범위하게 분석되었다. MPF의 통제는 복제를 방해하거나 지연시키는 물질과 DNA를 손상시키는 물질에 민감하다. 한때 MPF는 M기 특이적 사이클린의 수준에 의해서만 제어된다고 생각되었지만, 이제는 이것이 아니라는 것이 분명해졌다.

M기 사이클린은 MPF 기능에 필요하지만, 활성은 카이네이스 성분인 Cdc2의 억제성 인산화(inhibitory phosphorylation)에 의해 조절된다. 이 과정에서 중요한 신호는 단백질인 인산가수분해효소(phosphatase)에 의해 억제성 인산기를 제거하는 것이다. 이 작용은 활성화된 MPF가 자체 활성화 인산가수분해효소를 더욱 활성화하기 때문에 양성피드백을 기반으로 분자 스위치를 형성한다.

확인점은 억제성 인산기를 추가하는 카이네이스와 이를 제거하는 인산가수분해효소의 균형을 평가한다. DNA 손상은 손상 감지 및 MPF의 억제성 인산화 반응을 포함하는 복잡한 경로를 통해 작용한다. 다음 절에서는 일부 암이 이러한 억제를 어떻게 극복하는지 알아본다.

후기촉진복합체

방추사 확인점에서 감지 시스템의 분자적 세부사항은 명확하지 않다. 중기판에 모든 염색체가 존재하는 것과 반대 극 사이의 미세소관의 장력이 모두 중요하다. 신호는 **사이클로솜**(cyclosome, C) 또는 **후기촉진복합체**(anaphase-promoting complex; APC)를 통해 전송된다.

APC/C의 기능은 후기 자체를 촉발시키는 것이다. 중기의 자매염색분체는 여전히 단백질 복합체 코헤신에 의해 함께 유지된다(8.5절 참조). APC는 코헤신에 직접 작용하지 않고 분해하기 위해 **세큐린**(securin)이라는 단백질에 표식을 남김으로써 작용한다. 세큐린 단백질은 코헤신 복합체의 한 성분에 특이적인 **세퍼레이스**(separase)라는 또 다른 단백질분해효소(protease)의 억제제 역할을 한다. 일단 억제가 해제되면 세퍼레이스는 코헤신을 파괴한다.

이 과정은 출아 효모에서 자세히 분석되었으며, 세퍼레이스 효소가 Scc1이라고 불리는 코헤신의 한 구성 성분을 특이적으로 분해하는 것을 보였다. 이것은 자매염색분체의 분리로 이어지며 후기 동안 반대쪽 극으로 갑작스런 이동을 초래한다.

척추동물에서 대부분의 코헤신은 염색체 응축과정에서 자매염색분체로부터 제거되며, 코헤신은 콘덴신으로 대체될 수 있다. 중기에서 척추동물 염색분체에 남아 있는 대부분의 코헤신은 동원체에 집중되어 있다(**그림 8.10** 참조). 이 코헤신의 파괴는 염색체의 후기 이동과 동원체의 명백한 "분할"을 설명한다.

APC/C는 유사분열에서 2가지 주요한 역할을 한다. 즉 자매염색분체를 함께 유지하고 있는 코헤신을 제거하는 단백질분해효소를 활성화하고, 세포가 유사분열을 벗어나도록 만드는 유사분열 사이클린의 파괴에 필요하다. APC/C 복합체는 단백질의 분해를 조절하는 기능을 담당하는 소기관인 프로테아좀(proteasome, 단백질분해효소 복합체)에 의한 파괴를 위해 단백질에 표식을 남긴다(14장 참조). 단백질 분해를 위한 표식은 **유비퀴틴**(ubiquitin)이라는 분자를 추가하는 것이며, APC/C는 유비퀴틴 연결효소 역할을 한다. APC/C와 기능에 대해 더 많이 알게되면서 그 활동을 제어하는 것이 세포주기의 핵심 조절 기작이라는 것이 분명해졌다.

다세포 진핵생물에서는 많은 Cdk와 외부 신호가 세포주기에 작용한다

보다 복잡한 동물과 곰팡이 또는 원생생물과 같은 단세포 진핵생물 사이의 주요 차이점은 2가지이다. 첫째, 효모의 단일 Cdk와 달리 다중 Cdk가 주기를 조절한다. 둘째, 주로 생식에 필요한 신호에 반응하는 효모보다 동물세포는 훨씬 다양한 외부 신호에 반응한다.

고등 진핵생물에는 더 많은 Cdk 효소와 이러한 다중 Cdk와 짝을 이룰 수 있는 더 많은 사이클린이 있지만, 그 기본 역할은 효모 주기에서와 동일하다. 이러한 더 복잡한 조절 방식은 주기를 통제하는데 더 많은 신호를 통합할 수 있게 한다. 더 복잡한 형태의 구성(조직과 기관, 기관계)의 진화와 함께 더 복잡한 형태의 세포주기 조절도 진화했다.

다세포체의 조직은 세포 증식을 심각하게 제한하지 않고는 유지

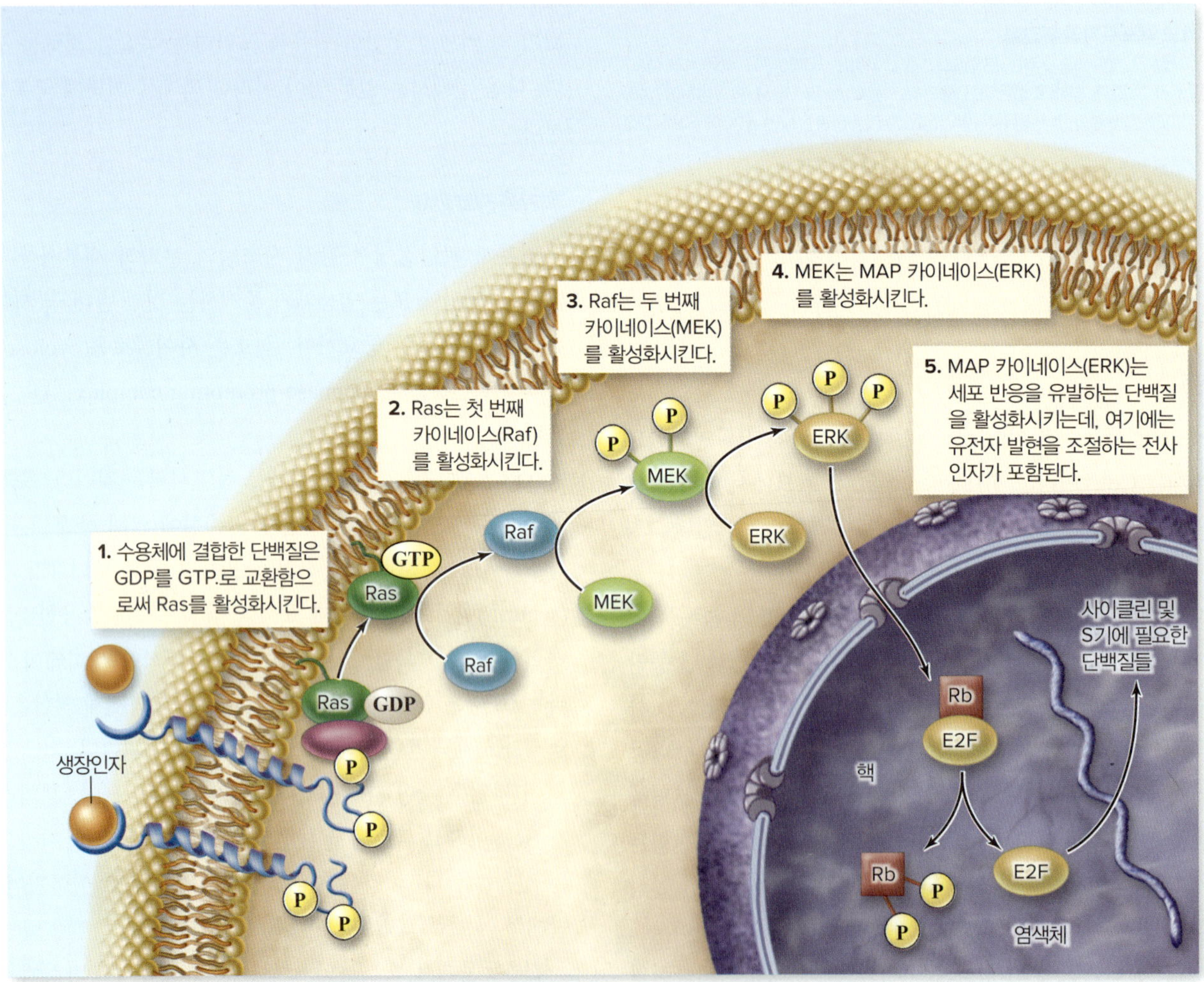

그림 8.21 세포 증식 신호전달경로.
생장인자의 결합은 MAP 카이네이스 세포내 신호전달경로(7장 참조)를 개시하여 세포분열을 유발하는 핵 조절 단백질을 활성화한다. 이 예에서 핵의 망막아종 단백질(Rb)이 인산화되면 또 다른 핵 단백질(전사 인자 E2F)을 방출하여 사이클린 및 S기에 필요한 다른 단백질의 생산을 자극할 수 있다.

될 수 없다. 따라서 특정 세포만, 그리고 필요한 시간에만 분열한다. 세포가 다른 세포의 생장을 억제하는 방식은 조직 배양 중인 포유류 세포에서 분명하게 나타난다. 단일 세포층의 세포는 배양 접시에서 인접한 세포의 경계에 접촉할 때까지 성장하여 뻗어나간 다음 분열을 멈춘다. 세포층의 한 부분이 사라진다면 인접한 세포가 해당 부분을 빠르게 다시 채우고 주변 세포와 접촉시 다시 분열을 중지한다.

세포는 주변 세포의 밀도를 어떻게 감지할 수 있을까? 세포가 서로 접촉하면 원형질막의 수용체 단백질이 Cdk 작용을 억제하는 신호전달경로를 활성화한다. 이것은 세포주기로의 진입을 방지한다.

생장인자와 세포주기

생장인자(growth factors)는 세포내 신호전달계를 촉발하여 작용한다. 예를 들어, 섬유아세포(fibroblasts)는 최초로 밝혀진 생장인자 중 하나인 **혈소판유래생장인자**(platelet-derived growth factor, PDGF)에 대한 수많은 수용체를 원형질막에 가지고 있다. PDGF 수용체는 수용체타이로신카이네이스(receptor tyrosine kinase, RTK)로 세포분열을 자극하기 위해 MAP 카이네이스 연쇄반응(MAP kinase cascade)을 시작한다(7장 참조).

PDGF는 섬유아세포가 성장배지에 혈청(serum)을 포함하는 경우에만 조직배양에서 성장하고 분열한다는 것을 연구자들이 알아냈을 때 발견되었다. 혈청은 혈액이 응고된 후 남아있는 액체이다. 혈액 응고 없이 세포가 제거된 액체인 혈장(blood plasma)은 이 실험에서 작동하지 않는다. 연구진은 혈전의 혈소판이 섬유아세포 생장에 필요한 하나 또는 그 이상의 인자를 혈청으로 방출한다고 가정했다. 결국 그들은 그러한 인자를 분리하고 PDGF라고 명명했다.

PDGF와 같은 생장인자는 세포분열을 억제하고 있는 세포의 조절을 무시할 수 있다. 조직이 손상되면 혈전이 형성되고, PDGF가 방출되면 인접한 세포가 분열하여 상처를 치유하는 데 도움이 된다. PDGF 수용체가 있는 세포에서 세포분열을 자극하는 데에는 소량의 PDGF(약 10^{-10} M)면 충분하다.

생장인자의 특성

생장인자 활성을 갖는 것으로 보이는 300개 이상의 다른 펩타이드가 확인되었다. 이들은 30개 이상의 관련 펩타이드 계열로 그룹화될 수 있다. 특정 세포표면 수용체는 각 생장인자를 인식하고, 그 생장인자에 정확히 맞는 결합부위를 제공한다. 이러한 생장인자 수용체는 MAP 카이네이스 연쇄반응을 시작하여, 최종 카이네이스가 핵으로 들어가 인산화에 의해 전사인자를 활성화하게 한다. 이러한 전사인자는 G_1 사이클린과 세포주기 진행에 필요한 단백질의 생산을 자극한다(**그림 8.21**).

특정 생장인자의 세포 선택성은 어떤 표적세포가 독특한 수용체를 가지고 있는지에 따라 다르다. PDGF 및 표피생장인자(epidermal growth factor, EGF)와 같은 일부 생장인자는 광범위한 세포 유형에 영향을 미치지만 다른 일부는 특정 유형에만 영향을 미친다. 예를 들어, 신경생장인자(nerve growth factor, NGF)는 특정 유형의 뉴런의 생장을 촉진하고, 적혈구생성인자(erythropoietin)는 적혈구 전구체(precursors)에서 세포분열을 유발한다. 대부분의 동물세포는 세포분열을 억제하는 다양한 통제를 극복하기 위해 여러 가지 생장인자의 조합이 필요하다.

G_0단계

세포에 적절한 생장인자가 없으면 세포주기의 G_1/S 확인점에서 중단된다. 성장과 분열이 중지되어 세포는 휴면기인 G_0기에 머물게 된다.

G_0에 진입하는 능력은 다른 조직에서 볼 수 있는 놀랍도록 다양한 세포주기의 길이를 설명할 수 있다. 인간의 소화관을 둘러싸는 상피세포는 하루에 2번 이상 분열하여 내벽을 지속적으로 재생한다. 대조적으로 간세포는 1~2년에 한 번만 분열하며 대부분의 시간을 G_0 단계에서 보낸다. 성숙한 뉴런과 근육세포는 일반적으로 G_0를 떠나지 않는다.

핵심 요약 8.6

사이클린 단백질은 세포주기와 동시에 생성된다. 이들 단백질은 세포주기를 구동하기 위해 사이클린 의존성 카이네이스와 복합체를 형성한다. 세포주기에는 G_1/S 확인점, G_2/M 확인점, 방추사 확인점이 있다. 분열과정이 정확하지 않은 경우, 이 확인점에서 세포주기를 멈출 수 있다. 후기촉진복합체/사이클로솜(APC/C)은 염색분체를 함께 유지하는 코헤신을 제거하는 단백질분해효소에 대한 억제를 해제하여 후기를 촉발한다.

■ 유사분열에서 MPF의 역할은 무엇일까?

8.7 암 유전학

학습 목표

1. 원종양유전자와 종양억제유전자를 구별할 수 있다.
2. p53 단백질의 역할을 설명할 수 있다.

동물에서 조절되지 않고 억제되지 않은 세포 생장은 **암**(cancer)이라는 질병을 유발한다. 암은 본질적으로 세포의 생장 장애이다. 이것은 정상적인 세포가 통제되지 않는 방식으로 생장하기 시작할 때 명백히 야기된다. 그 결과 종양(tumor)이라는, 계속해서 크기가 커지는 세포 군집이 생성된다. **그림 8.22**에서 덩어리진 분홍색 폐세포는 종양을 형성하고 있다. 악성 종양은 침습적이다. 이들 세포는 **전이**(metastasis)라는 과정을 통해 원래의 종양에서 신체의 다른 부위로 퍼질 수 있다.

2가지 유형의 유전자 돌연변이는 암으로 이어질 수 있다

담배 연기의 화학 물질이나 햇빛의 자외선과 같은 환경 요인처럼 DNA를 손상시키는 모든 것은 돌연변이로 이어질 수 있다. 무작위 돌연변이는 또한 DNA가 한번 복제될 때마다 발생한다. 세포분열 조절에 관여하는 단백질 중 하나를 암호화하는 유전자가 돌연변이되면 통제되지 않는 생장으로 이어질 수 있다.

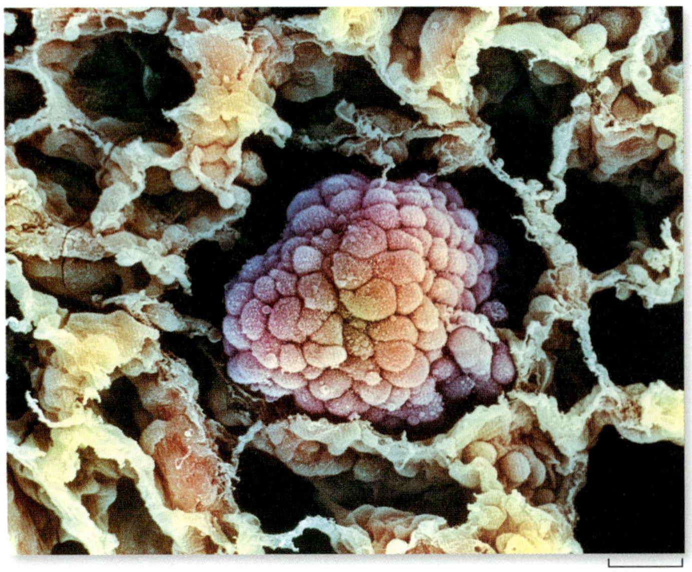

그림 8.22 폐암세포.
이 세포는 인간 폐의 폐포(공기주머니)에 위치한 종양에서 유래한다.

암 연구자는 암을 유발하는 유전자를 **종양유전자**(oncogenes)와 **종양억제유전자**(tumor-suppressor genes)라는 두 종류로 분류한다. 종양유전자는 암을 유발하는 바이러스에서 발견되었으며, 첫 번째는 라우스 육종 바이러스(Rous sarcoma virus)에 의해 운반되는 *Src* 유전자이다. 종양유전자가 세포에 들어가면 악성 형질전환을 일으킨다. 최초의 종양억제유전자는 가족성 암인 망막아종(retinoblastoma)의 원인으로 발견되었다. 우리는 이 두 종류의 암 유전자에서 유사점과 차이점을 살펴볼 것이다.

원종양유전자

종양유전자의 발견으로 암의 특징인 세포주기의 통제력 상실에 대한 간단한 유전적 근거가 마련되었다. 더욱 중요한 것은 이러한 종양유전자가 세포에서 발견된 것이다. 소위 **원종양유전자**(proto-oncogenes)는 정상적인 세포 유전자이지만 돌연변이되면 발암성이 되는 것이다. 단 하나의 대립유전자만 돌연변이가 될 때 이 유전자는 유전적으로 우성(dominant)인 방식으로 작용하며 기능획득(gain-of-function) 돌연변이가 된다.

생장인자에 의한 신호전달에 대해 방금 본 예를 생각해 보자(**그림 8.21** 참조). 일부 원종양유전자는 생장인자에 대한 수용체를 암호화하고 다른 일부는 많은 단백질 카이네이스 효소와 같이 수용체 이후에 작용하는 신호전달 관련 단백질을 암호화한다. 생장인자에 대한 수용체가 영구적으로 "켜져 있는" 상태로 돌연변이되면 생장인자가 없는 상태에서도 세포분열이 발생한다. 이것은 조명 스위치가 고장 나서 항상 조명이 켜져 있는 것과 유사하다. 이것을 상상하는 간단한 방법은 자동차에 비유하는 것이다. 종양유전자는 세포주기가 앞으로 나아가도록 밀어주는 가속기 역할을 한다.

종양억제유전자

종양억제유전자 또한 돌연변이가 발생하면 암으로 이어질 수 있는 정상적인 세포 유전자이지만, 이 경우 두 대립유전자 모두 기능을 상실하여야 암을 유발한다. 즉, 이 유전자는 열성(recessive) 방식으로 작용한다. 자동차로 비유하면 종양억제유전자는 브레이크가 된다.

처음으로 확인된 종양억제유전자는 **망막아종 감수성 유전자**(retinoblastoma susceptibility gene, Rb, **그림 8.21**)로, 눈의 망막에 영향을 미치는 희귀한 형태의 암에 취약하게 한다. 세포주기에서 Rb 단백질의 역할은 생장인자의 신호를 통합하는 것이다. Rb 단백질은 다른 단백질과 결합하는 포켓이 있기 때문에 "포켓(pocket) 단백질"이라고 한다. 따라서 그 역할은 중요한 조절 단백질에 결합하여 이들이 사이클린이나 Cdk 같은 세포주기-방출-단백질의 생산을 자극하지 못하도록 하는 것이다.

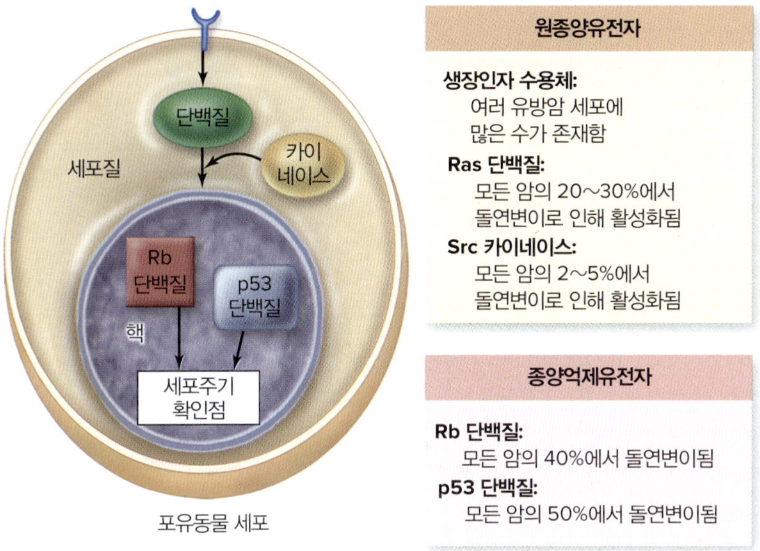

그림 8.23 인간 암과 관련된 주요 단백질.
세포분열 신호전달경로의 핵심 구성요소를 암호화하는 유전자의 돌연변이는 많은 암의 원인이 된다. 그중에는 생장인자 수용체를 암호화하는 원종양 유전자, Ras 단백질과 같은 단백질 릴레이 스위치, Ras 및 생장인자 수용체 다음에 작용하는 Src와 같은 카이네이스 효소가 있다. Rb 및 p53과 같은 종양 억제 단백질을 파괴하는 돌연변이도 암 발생을 촉진한다.

p53 유전자

인간 종양에서 가장 자주 변이되는 유전자는 종양억제유전자 *TP53*이다. 이 유전자는 "게놈의 수호자(guardian of the genome)"라고 불리는 단백질 p53을 암호화한다. 정상 세포에서 p53은 손상된 DNA로 인해 세포주기를 중단시키거나 손상이 심한 경우 세포자살(apoptosis)이라는 세포사멸 프로그램을 시작하는 G_1/S 확인점에 관여한다. 이로 인해 세포가 DNA를 복구할 시간을 제공하거나 암이 될 수 있는 세포를 신체에서 제거한다.

이러한 중요성 때문에 *TP53*은 집중적인 연구 주제였다. 이를 통해 p53이 많은 신호전달경로의 교차 중심에 있으며 생리학의 여러 측면을 통합하는 데 중요하다는 것을 밝혀냈다. p53 단백질은 DNA 손상을 포함한 다양한 스트레스 요인에 반응하며 다양한 양성 및 음성 전사인자에 영향을 미친다. p53의 작용은 세포주기와 세포자살에 영향을 미칠 수 있을 뿐만 아니라 염증과 신진대사에도 영향을 미칠 수 있다. 따라서 p53에는 많은 역할이 있으며, 그 중 일부는 종양 억제자로 작용한다.

그림 8.23은 다양한 암의 분석에서 발견된 여러 주요 유전자를 나타낸다.

전체 게놈의 염기서열은 암 유전학의 전망을 밝게 한다

암 발생의 대표적인 모델은 악성 종양으로 향하는 일직선으로 이어진 단계들에서 발생하는 일련의 돌연변이들 때문이다. 이것이 오류라고 입증되지는 않았지만 지나치게 단순한 것으로 판명되었다. 종양세포의 염기서열을 정상세포와 비교함으로써 암세포에서의 유전적 변화를 전례없이 찾아볼 수 있었다. 전통적인 염기서열 분석법 및 지도작성법을 사용한 초기 결과는 많은 수의 종양유전자 및 종양억제유전자를 발견하여, 상당한 수의 종양에서 돌연변이된 유전자를 "산(mountain)"유전자, 돌연변이가 빈번하지 않은 유전자를 "언덕(hill)" 유전자로 나눴다.

차세대 염기서열 분석 기술을 암세포의 게놈에 적용함으로써 다양한 암의 유전적 변화를 훨씬 더 자세히 분석할 수 있게 되었다. DNA 복구, mRNA 스플라이싱(splicing) 및 염색체 구조와 관련된 유전자의 새로운 범주가 확인되었다. 이러한 유전자는 아마도 돌연변이의 수를 늘리거나 세포 클론 내에서 유전자 발현의 변화를 통해 작용할 것이다.

또한 암마다 돌연변이된 유전자의 스펙트럼이 다르다는 것이 이제 분명해졌다. 이것은 진단과 특정 암에 대한 보다 구체적인 치료 측면에서 중요하다. 특정 종양 유형과 관련하여 현저하게 변형된 유전자(significantly modified genes, SMGs)가 발견되고 있다. 이러한 데이터는 개별 환자의 유전자형이 어떻게 암의 성장과 특정 종양에 효과적일 수 있는 약물에 영향을 미치는지에 대한 정보와 결합될 수 있다.

종양에서 개별 세포의 염기서열 분석은 또한 종양세포에서의 이질성(heterogeneity)을 밝혀 냈다. 이것은 종양이 하나의 형질전환된 세포에서 파생된 세포의 클론이 아니라는 것을 의미한다. 상이한 세포는 상이한 돌연변이 스펙트럼을 가질 수 있으며, 단일 종양 내의 세포에서 염색체 변화의 양과 종류가 다양할 수 있다. 이를 통해 심지어 게놈과 염색체를 손상시키는 새로운 메커니즘이 발견되었다.

핵심 요약 8.7

세포주기 조절 유전자의 기능상실은 암으로 이어진다. 이는 종양유전자가 되는 기능을 얻는 원종양유전자 또는 기능상실로 암을 유발하는 종양억제유전자 때문일 수 있다. 종양의 게놈 분석은 새로운 유전자를 밝혀냈으며 더 나은 진단과 치료로 이어질 수 있다.

■ 종양억제유전자와 원종양유전자를 어떻게 구별할 수 있을까?

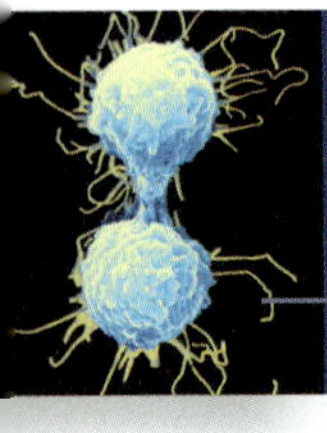

핵심 개념 요약

8.1 박테리아의 세포분열

■ 2분법은 단순한 형태의 세포분열이다

원핵세포 분열은 클론성이므로 2개의 동일한 세포가 생성된다. 박테리아 DNA 복제 및 염색체 분할은 동시에 일어나는 과정이다.

■ 박테리아 세포는 염색체 분리와 격벽 형성을 조절한다

DNA 복제는 복제원점이라는 특정 지점에서 시작하여 특정 종료 지점까지 양방향으로 진행된다. 새로 복제된 염색체는 복제되는 동시에 서로 반대쪽 극으로 분리된다. 새로운 세포는 세포의 중간 지점에 새로운 세포막과 여러 세포물질의 삽입을 포함한 격벽에 의해 분리된다. 세포막에 내재된 FtsZ와 단백질의 방사형 고리가 안쪽으로 확장되어 세포를 2개의 새로운 세포로 분리한다.

8.2 진핵세포의 염색체

■ 염색체 수는 종마다 다양하다

염색체의 획득 또는 손실은 일반적으로 치명적이다.

■ DNA는 염색질로 조직화된다

염색체는 염색질과 DNA 복합체, 단백질로 구성된다. 이질염색질은 발현되지 않고 진정염색질은 발현된다. 단일 염색체의 DNA는 매우 긴 2중가닥이다. DNA는 8개의 핵심 히스톤을 감싸 뉴클레오솜을 형성하며, 이는 간기 세포에서 30 nm 섬유로 더 감길 수 있다.

■ 염색체는 세포분열 동안 응축되고 탈응축된다

유사분열 동안, 염색체는 골격구조 단백질 주위에 방사형으로 감겨진 30 nm 섬유를 배열하여 추가로 응축된다.
새로 복제된 염색체는 반복된 DNA 서열로 구성된 동원체라는 수축된 영역에 부착된 상태로 유지된다. 복제 후 염색체는 코헤신이라는 단백질 복합체에 의해 동원체에서 함께 결합된 2개의 자매염색분체로 구성된다(**그림 8.7**).

8.3 진핵세포주기 개요(그림 8.8)

■ 세포주기는 5단계로 나뉜다

세포주기의 단계는 간극1(G_1), 합성(S), 간극2(G_2), 유사분열, 세포질분열(C)로 나뉜다. G_1과 S, G_2를 총칭하여 간기라고 하며, 유사분열과 세포질분열을 함께 M기라고 한다.

■ 세포분열의 기간은 세포 유형에 따라 다르다

세포주기의 길이는 나이, 세포 유형 및 종에 따라 다르다. 세포는 G_1기를 빠져나와 G_0이라는 비분열기로 들어갈 수 있다. G_0기는 일시적이거나 영구적일 수 있다.

8.4 간기: 유사분열 준비

G_1과 S, G_2는 간기의 3가지 하위 단계이다. G_1기는 1차 성장기이다. S기에서는 DNA가 합성된다. G_2기는 S기 후와 유사분열 전에 발생한다.
동원체는 유사분열 중에 미세소관이 부착되는 방추사부착점이라고 하는 원반형 구조로 조립된 단백질에 결합한다. 동원체 DNA도 복제되지만, 두 DNA 가닥은 코헤신 단백질에 의해 함께 유지된다.

8.5 M기: 염색체 분리 및 세포질 내용물의 분할(그림 8.11)

■ 전기 동안 유사분열 기구가 형성된다

전기에 염색체가 응축되고 방추체가 형성되고 핵막이 분해된다. 동물세포에서 중심립 쌍은 분리되어 세포의 반대쪽 끝으로 이동하여 핵분열의 축을 형성한다.

■ 전중기 동안 염색체는 방추사에 부착된다

■ 중기에 염색체는 적도에 정렬한다

각 염색체의 염색분체들은 방추사부착점 미세소관에 의해 서로 반대쪽 극에 연결된다. 이들은 극으로 당겨지는 장력에 의해 세포의 적도에 고정된다.

■ 후기에 염색분체는 분리된다

이 시점에서 동원체에서 자매염색분체를 함께 유지하고 있던 코헤신 단백질은 파괴되고 염색체는 서로 반대극으로 당겨진다. 이 움직임을 후기 A라고 하고, 점점 멀어지는 극의 이동을 후기 B라고 한다.

■ 말기동안 핵이 재형성된다

말기는 전기에 일어난 일들이 되돌아 가고 세포질분열을 위해 세포를 준비한다.

■ 동물세포에서 액틴 띠는 딸세포를 분리한다

막 아래 액틴의 수축 고리가 세포질분열 동안 수축한다.

■ 식물세포에서 세포판은 딸세포를 분리한다

세포의 중간에 세포판을 생성하기 위해 소포의 융합으로 새로운 막이 생긴다.

■ 곰팡이와 일부 원생생물에서 딸핵은 세포질분열 동안 분리된다

8.6 세포주기 조절(그림 8.18)

■ 연구를 통해 세포주기 조절인자가 밝혀졌다

실험에서 유사분열의 양성 조절인자가 있고 세포주기와 동조화된 단백질(사이클린)이 있음을 보여주었다. 양성 조절인자는 사이클린 의존성 카이네이스(Cdk)이다. Cdk는 카이네이스와 사이클린이라는 조절 분자의 복합체이다. 그들은 단백질을 인산화하여 세포주기를 유도한다.

■ 세포주기는 3개의 확인점에서 조절된다

확인점은 세포가 과정의 정확성을 평가하고, 필요한 경우 중지할 수 있는 지점이다. G_1/S 확인점은 분할에 대한 약속이다. G_2/M 확인점은 DNA의 온전함을 보장한다. 방추사 확인점은 모든 염색체가 양쪽 극 방향으로 방추사에 부착되도록 한다.

■ 사이클린 의존성 카이네이스가 세포주기를 이끈다

세포주기는 Cdk의 활동으로 진행된다. 효모에는 CDK 효소가 하나뿐이다. 척추동물에는 4개 이상의 효소가 있다. G_1기에서 G_1 사이클린은 Cdc2 카이네이스와 결합하여 S기로의 진입을 유발하는 Cdk를 형성한다.
후기촉진복합체/사이클로솜(APC/C)은 자매염색분체를 동원체에 함께 유지하는 코헤신을 제거하는 단백질분해효소를 활성화한다. 그 결과 후기를 촉진하여 염색분체를 분리하여 반대쪽 극으로 끌어 당긴다. APC/C는 또한 유사분열을 종료하기 위해 유사분열 사이클린의 분해를 유발한다.

■ **다세포 진핵생물에서는 많은 Cdk와 외부 신호가 세포주기에 작용한다** 혈소판유래생장인자(PDGF)와 같은 생장인자는 세포분열을 자극한다. 이들은 MAP 카이네이스 연쇄반응을 통해 작용하여, 조직 손상 후 섬유아세포에서 세포분열을 자극하기 위해 사이클린 생성과 Cdk의 활성화를 초래한다.

8.7 암 유전학(그림 8.23)

■ **2가지 유형의 유전자 돌연변이는 암으로 이어질 수 있다** 암을 유발하는 원종양유전자의 돌연변이는 우성인 기능획득 효과를 가지고 있다. 종양억제유전자의 돌연변이는 열성이다. 두 대립유전자의 기능상실은 암으로 이어진다.

■ **전체 게놈의 염기서열은 암 유전학의 전망을 밝게 한다** 새로운 범주의 유전자가 확인되었으며, 종양세포에서 커다란 유전적 이질성이 관찰된다.

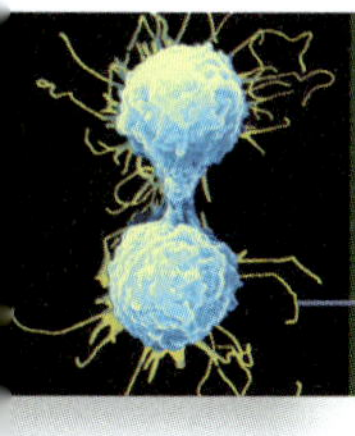

연습문제

■1단계: 이해력 확인하기

1. 다음 중 원핵생물의 2분법 분열에 필요하지 않은 것은?
   a. DNA 복제
   b. 세포의 신장
   c. 격벽 형성에 의한 딸 세포의 분리
   d. 핵막의 조립
2. 다음 중 염색질을 구성하는 것은?
   a. RNA와 단백질　　b. DNA와 단백질
   c. 자매염색분체　　d. 염색체
3. 뉴클레오솜이란 무엇인가?
   a. 진정염색질을 포함하는 세포 핵
   b. 히스톤 단백질 주위에 감긴 DNA
   c. 여러 개의 염색질 고리로 구성된 염색체
   d. 염색질에서 발견되는 30 nm 섬유
4. 세포분열에서 코헤신 단백질의 역할은 무엇인가?
   a. 염색체의 DNA를 고도로 응축된 구조로 조직한다.
   b. 자매염색분체의 DNA를 함께 붙잡는다.
   c. 세포가 2개의 딸세포로 나뉘도록 도와준다.
   d. 미세소관과 염색체를 연결한다.
5. 다음 중 방추사부착점의 기능은 무엇인가?
   a. 동원체를 미세소관에 연결한다.
   b. 중심립을 미세소관에 연결한다.
   c. 염색체 응축을 돕는다.
   d. 염색체 결합을 돕는다.
6. 자매염색분체의 분리는 언제 일어나는가?
   a. 전기　　b. 전중기
   c. 후기　　d. 말기
7. 왜 세포질분열이 세포분열의 중요한 부분인가?
   a. 유전정보의 적절한 분리를 담당한다.
   b. 세포질 내용물의 적절한 분리를 담당한다.
   c. 세포주기를 통해 세포의 이동을 유발한다.
   d. 세포가 확인점에서 멈출 수 있게 한다.
8. 세포주기의 어떤 단계가 돌이킬 수 없는 약속인가?
   a. S/G_2 확인점
   b. G_1/S 확인점
   c. 후기
   d. b와 c 모두 맞다.

■2단계: 적용력 평가하기

1. 다음 중 사이클린 의존성 카이네이스(Cdk)의 활성을 조절하는 것은?
   a. 사이클린의 주기적인 파괴
   b. 방추에 대한 염색체의 양극성 부착
   c. DNA 합성
   d. a와 b 모두 맞다
2. 유사한 구조를 공유하는 박테리아 SMC 단백질 및 진핵생물의 코헤신 단백질과 콘덴신 단백질의 기능으로 옳은 것은?
   a. 미세소관과 상호 작용한다.
   b. 카이네이스 효소로 작용할 수 있다.
   c. DNA와 상호작용하여 가닥을 압축하거나 고정한다.
   d. 염색체를 세포골격 요소에 연결한다.
3. 원종양유전자가 유전적으로 우성인 방식으로 작용하는 이유로 옳은 것은?
   a. 게놈에는 원종양유전자가 하나만 존재한다.
   b. 세포주기를 켜기 위해 기능획득 방식으로 작용한다.
   c. 세포주기를 끄기 위해 기능상실 방식으로 행동한다.
   d. 기능에 영향을 미치기 위해 두 게놈 사본이 변경되어야 한다.

4. 다음 중 중기에서 후기로의 전환에 필요한 것은 무엇인가?
   a. 염색분체를 분리하기 위해 새로운 힘의 생성
   b. 자매염색분체를 이동시키는 힘의 증가
   c. 염색체를 분리할 수 있도록 동원체의 DNA 복제를 완료
   d. 자매염색분체 간의 코헤신 상실
5. 다음 중 박테리아 세포분열과 진핵세포 분열의 주요 차이점은 무엇인가?
   a. 박테리아는 염색체가 하나뿐이기 때문에 염색체 수를 셀 수 있다.
   b. 진핵생물은 염색체를 식별하기 위해 염색체를 표시하고 박테리아는 그렇지 않다.
   c. 박테리아에서 DNA 복제와 염색체 분리는 동시 과정이지만 진핵생물에서는 시간이 지난 후에 분리된다.
   d. a, b, c 모두 옳지 않다.
6. 동물세포에서 세포질분열은 액틴을 포함하는 수축 고리에 의해 수행된다. 다음 중 박테리아에서의 과정으로 옳은 것은?
   a. 액틴 유사 단백질을 사용하는 염색체 분리
   b. 액틴 유사 단백질인 FtsZ 단백질 고리를 통한 격벽 구분
   c. 소포 융합을 통해 세포판의 형성을 필요로 하는 세포질분열
   d. 튜불린 유사 단백질인 FtsZ 단백질 고리를 통한 분리

▪3단계: 사고력 함양하기

1. 세포주기의 조절은 매우 복잡하며 여러 단백질을 포함한다. 효모에서는 cdc2와 유사분열 사이클린의 복합체가 G_2/M 확인점을 지나 세포를 다음 단계로 이동시키는 역할을 한다. 사이클린 의존성 카이네이스 cdc2의 활성은 카이네이스 Wee-1에 의해 인산화될 때 억제된다. Wee-1 돌연변이 효모의 표현형은 무엇인가? 세포가 정상적으로 작동하도록 하는 Wee-1 결핍 돌연변이 효모에서 어떤 다른 유전자가 변경될 수 있는가?
2. 신호전달경로에 대한 지식을 검토하자(7장 참조). 어떻게 생장인자(리간드)가 S기를 유발하는 사이클린 단백질의 생산으로 이어질 수 있는지를 설명하시오.
3. 세포의 원종양유전자와 종양억제유전자의 돌연변이가 어떻게 암세포로 이어질 수 있는지 비교하고 대조하여 설명하시오.

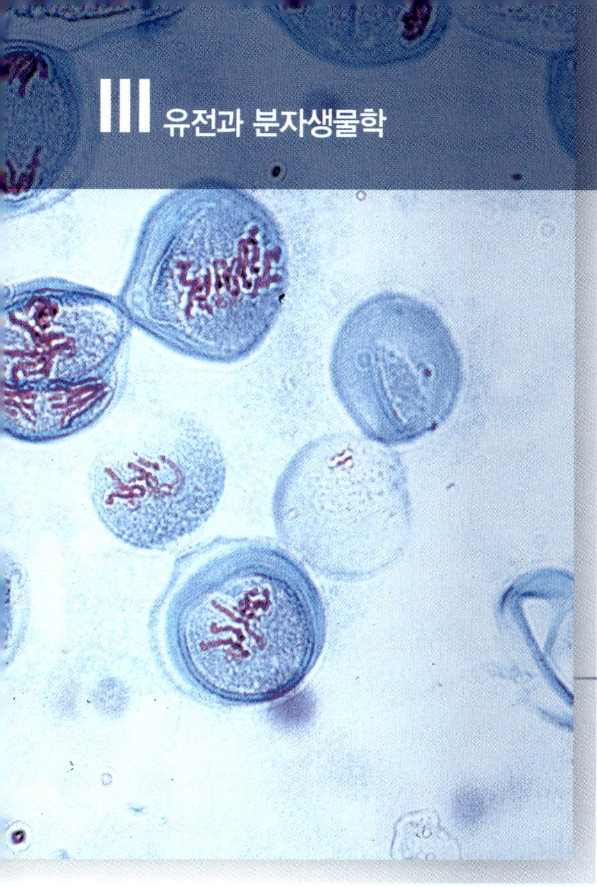

9

유성생식과 감수분열

도입

대부분의 동물과 식물은 유성생식을 한다. 상대 성의 배우자는 융합하여 수정란이 되고 이후 지속적인 체세포분열을 통하여 대략 100조 개 정도의 세포를 갖는 성체가 된다. 초기 세포 형태를 형성하는 생식세포는 이번 장의 주된 내용으로 감수분열(사진)이라는 특수한 분열형태로 생산된다. 감수분열은 체세포분열보다 더 복잡하고 그 기작에 대한 자세한 내용이 아직 많이 밝혀지지 않았으나. 그 기본적인 과정은 명확하다. 또한 유성생식이 엄청나게 중요한 것은 확실하다. 유성생식은 진화의 근본이 되는 수많은 유전적 다양성을 만드는 핵심 역할을 한다.

9.1 유성생식과 감수분열

학습 목표

1. 유성생식에서 감수분열의 기능을 특징지어 설명할 수 있다.
2. 생식세포계열과 체세포를 구별할 수 있다.

유성생식의 핵심은 2가지 세포의 유전적 기여이다. 이러한 유형의 생식 방법으로 인해 생물학자들은 유성생식 생물에 대해 이해하기 어려웠다. 최근 들어서야 감수분열 동안의 정교한 염색체 행동에 대한 기본 기작을 이해하게 되었다. 우선, 감수분열의 역사와 유성생식과의 관계를 간략히 알아본다.

감수분열로 염색체 수가 감소한다

1879년에 플레밍(Walther Flemming)이 염색체를 발견한 이후 몇 년 지나지 않아 벨기에의 세포학자 판 베네든(Edouard van Beneden)은 회충(*Ascaris*)에서 세포의 유형에 따라 각기 다른 염색체 수를 가지고 있음을 발견하고 놀랐다. 특히 **배우자**(gamete, 난자와 정자)는 2개의 염색체를 가지는 반면, 배아와 성충의 비생식세포, 즉 **체세포**(somatic cells)는 4개의 염색체를 가지고 있다는 사실을 발견했다.

이러한 발견을 토대로 1883년에 베네든은 체세포 염색체 수의 절반을 갖는 1개의 정자와 1개의 난자가 융합하여 **접합자**(zygote)가

된다고 제안하였다. 접합자는 접합자 유래의 개체를 구성하는 다른 모든 세포들과 마찬가지로 각 염색체의 2개 복사본을 갖는다. 새로운 세포를 만들기 위한 배우자의 융합을 **수정**(fertilization) 또는 **배우자 접합**(syngamy)이라고 한다.

체세포에서 발견되는 염색체 수가 반으로 줄어드는 어떤 기작이 생식세포가 형성되는 과정에서 반드시 관여한다는 것은 초기 연구자들에게도 분명한 것이었다. 만약 이렇게 되지 않는다면 수정할 때마다 염색체 수가 2배가 될 것이고, 몇 세대 지나지 않아서는 각 세포의 염색체 수가 극단적으로 많아질 것이다. 예를 들면, 사람 세포의 염색체 46개는 10세대 만에 47,000(46×2^{10})개로 증가할 것이다.

염색체 수는 **감수분열**(meiosis)이라 불리는 염색체 수를 감소시키는 특별한 분열로 인해 이러한 방식으로 증가하지 않는다. 정상 염색체 수의 반을 갖는 세포를 생성하는 감수분열은 배우자 형성 과정 동안에 일어난다. 이후 이들 두 세포의 융합은 한 세대에서 다음 세대로 일정한 염색체 수를 확실히 유지하도록 한다.

성 생활주기는 반수체 단계와 2배체 단계로 구성된다

감수분열과 수정은 번식주기를 구성하는 요소이다. 2세트의 염색체가 성체를 구성하는 개개의 체세포에 있어 **2배체**(diploid) 세포로 규정되는데, 생식세포에는 1세트만 있기 때문에 **반수체**(haploid)가 된다. 이러한 감수분열과 수정에 의한 염색체 수의 변화를 수반하는 생식을 **유성생식**(sexual reproduction)이라 한다. 이러한 독특한 특성으로 자식은 부모로부터 염색체를 전달받을 수 있다(**그림 9.1**). 예를 들면, 여러분은 어머니로부터 23개의 염색체(모계 상동염색체, maternal homologue)를, 아버지로부터 23개의 염색체(부계 상동염색체, paternal homologue)를 받았다.

모든 유성생식 생명체의 생활주기는 2배체 염색체 수에서 반수체 염색체 수를 번갈아가는(교번하는) 유형을 따르지만, 일정 부분 변경된 생활주기가 있다. 예를 들면, 대부분의 조류(algae)는 생활주기의 대부분을 반수체 상태로 산다. 접합자는 감수분열을 통하여 반수체를 생산하고, 반수체는 체세포분열을 한다. 일부 식물과 일부 조류는 다세포 반수체기와 다세포 배수체기를 교번한다. 대부분의 동물에서는 2배체 상태가 주를 이룬다. 접합자는 세포분열을 통하여 2배체 세포를 생성한다. 그 이후 생활주기 동안에 일부 2배체 세포가 감수분열을 수행하여 반수체인 생식세포를 생성한다(**그림 9.2**).

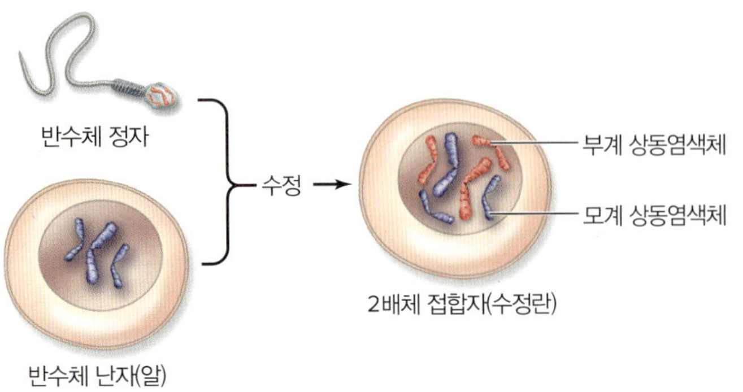

그림 9.1 양친으로부터 받은 염색체를 가진 2배체 세포.
2배체 세포는 어머니의 반수체 난자로부터 물려받은 모계 상동염색체와 아버지의 반수체 정자로부터 물려받은 부계 상동염색체의 상동염색체쌍을 갖는다.

동물에서 생식계열 세포는 발생 초기에 독립적으로 형성된다

동물에서 단일 2배체 접합자는 세포분열을 통해 성체 내 모든 세포를 형성한다. 감수분열을 통해 배우자를 만들 세포들은 발생 초기에 다른 체세포들과는 다르게 독립적으로 위치하게 된다. 이들 세포를 **생식계열 세포**(생식주 세포, germ-line cells)라 한다.

체세포와 생식계열 세포 모두는 2배체이다. 이 둘 간의 가장 큰 차이는 체세포는 세포분열을 통하여 유전적으로 동일한 2배체의 딸세

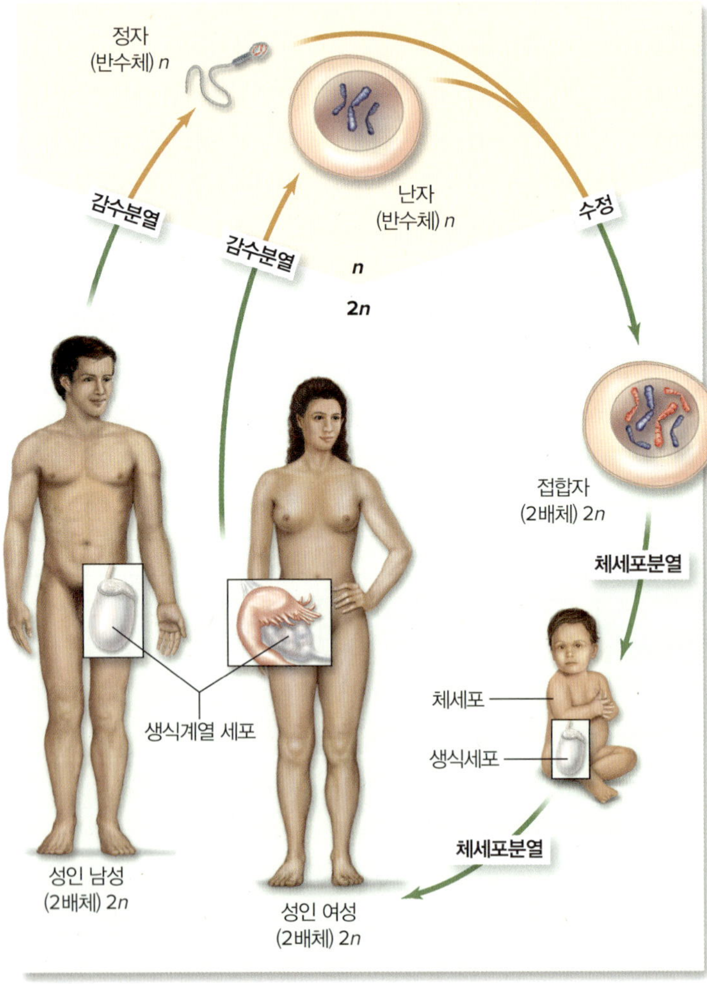

그림 9.2 동물의 유성생식 생활사.
동물에서 접합자는 세포분열을 통해 성체의 모든 세포로 된다. 생식계열 세포는 발생 초기에 독립적으로 형성되고 감수분열을 통해 반수체 배우자(정자나 난자)를 형성한다. 신체의 나머지 세포는 체세포라고 한다.

포를 생산하지만, 생식계열 세포는 감수분열을 수행하여 반수체 생식세포를 생산할 수 있다는 것이다(**그림 9.2**).

핵심 요약 9.1

유성생식은 서로 다른 개체에서 유래하는 2개의 세포가 유전적으로 관여하는 것을 의미한다. 감수분열은 염색체 수가 절반인 반수체 세포를 생산한다. 이들 반수체 세포는 이후 수정을 통하여 2배체의 다음 세대로 복귀한다. 생식계열 세포만이 감수분열을 하여 생식세포를 만들 수 있다. 신체의 다른 모든 세포는 체세포라 하는데, 이들은 체세포분열만을 수행한다.

- 생식계열 세포는 감수분열을 하는데 어떻게 신체는 생식계열 세포를 지속적으로 유지할 수 있을까?

9.2 감수분열의 특징

학습 목표

1. 감수분열 동안 어떻게 상동염색체가 쌍을 이루는지 서술할 수 있다.
2. 감수1분열이 왜 감소하는 분열로 불리는지를 설명할 수 있다.

감수분열하는 세포의 분열 기작은 생명체에 따라 그 주요 세부 과정이 다양하다. 이러한 다양함은 염색체 분리 기작에서 특히 뚜렷하다. 원생생물과 균류는 식물이나 동물과 매우 다른데 이를 알아보기로 하자.

2배체 생물의 감수분열은 **감수1분열**(meiosis I)과 **감수2분열**(meiosis II)이라는 2단계로 구성되며, 각 단계는 전기(prophase), 중기(metaphase), 후기(anaphase), 말기(telophase)로 구성되어 있다. 이 과정을 자세히 알아보기 전에, 체세포분열과 구분되는 감수분열의 특징을 우선적으로 알아보도록 하자.

감수분열 초기에 상동염색체는 쌍을 이룬다

감수1분열 전기의 초기 단계 동안에 상동염색체(homologous chromosomes)는 서로를 찾아 가까이 접근하는데, 이를 접합(paring) 또는 **시냅시스**(접합, synapsis)라 한다(**그림 9.3*a***). 연구 역사가 깊에도 불구하고, 분자적 수준의 자세한 사항은 불분명하다. 생물학자들은 시냅시스에 대한 이해를 도모하고자 전자현미경, 유전적 교배 자료, 생화학적 분석 등을 수행하여 왔으나 완전한 이해를 하는 것은 아직 역부족이다.

시냅시스복합체

전기 I 동안에 상동염색체가 그 짝을 찾아 매우 밀접하게 결합하는 것은 확실하다. 이 과정에서 많은 종은 쌍을 이룬 상동염색체가 접하는 **시냅시스복합체**(synaptonemal complex)라는 정교한 복합체를 형성한다. 시냅시스복합체는 두 세트의 상동염색체의 측면요소와 섬유로 연결된 중심 요소로 이루어져 있다. 시냅시스복합체의 구조는 아직 그 기능이 정확히 규명되지는 않았지만, 현재까지 연구된 모든 시스템에서 유사하게 나타난다. 대표적인 예를 **그림 9.3*b***에 나타냈다. 이는 이 단계의 감수분열 세포에서 상동염색체를 짝을 이루게 하고 각 상동염색체를 이루는 두 자매염색분체가 근접하게 위치하게 한

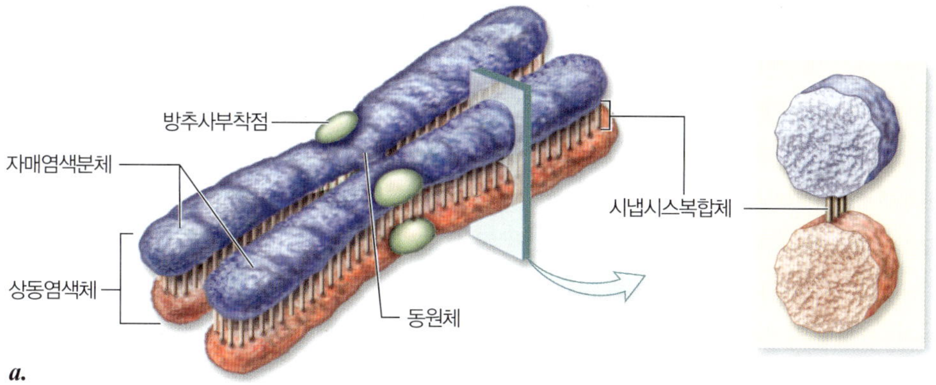

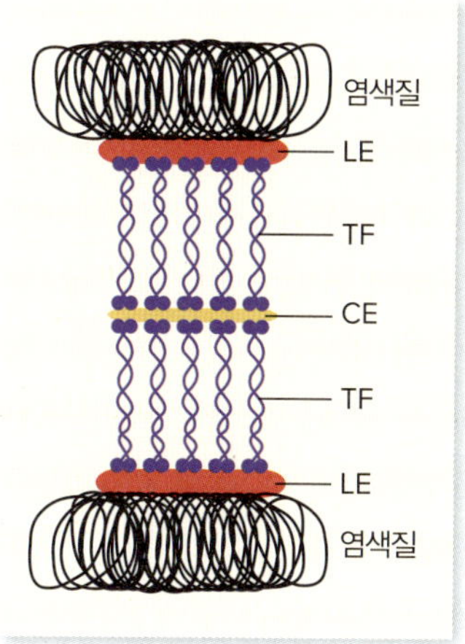

그림 9.3 감수분열의 특징.
상동염색체는 감수1분열의 전기에서 짝을 이룬다. 이러한 현상은 시냅시스라고 하고 시냅시스복합체라는 구조에 의해 결합된 상동염색체를 만든다. 결합된 상동염색체는 교차 과정에 의해 유전물질을 교환한다. ***b.*** 시냅시스복합체 모식도. 2개의 측면 요소(LE)가 횡필라멘트(TF)를 매개로 중심 요소(CE)에 결합한다. 각 상동염색체의 염색질은 측면 요소에 부착되어 있다.

다. 이 구조는 **4분염색체**(tetrad) 또는 **2가염색체**(bivalent)라 불린다.

상동염색체 간 유전물질 교환

상동염색체가 짝을 이루는 전기 I 동안 감수분열의 독특한 과정인 **유전자 재조합**(genetic recombination) 또는 **유전자 교차**(genetic crossing over)가 일어난다. 문자 그대로 이 진행으로 상동염색체가 염색체 일부를 교환할 수 있다.

이 현상은 세포학적으로 교차라 하고, 유전적으로는 재조합이라 한다. 왜냐하면 이러한 교차로 서로 다른 상동염색체 상에 있던 대립유전자가 동일 상동염색체 상에 위치할 수 있기 때문이다(11장 참조).

교차가 일어나는 부위는 **키아즈마**(chiasma, 교차점)라 하고, 이 부위는 후기 I 이전까지 유지된다. 교차에 의한 상동염색체 사이의 물리적 연결과 자매염색분체 간의 지속적 연결은 상동염색체가 함께 고정된 상태로 있게 한다.

상동염색체의 결합과 분리

상동염색체 간의 결합은 감수1분열 전 과정에 걸쳐 지속되며, 염색체의 이동에 영향을 준다. 중기에서 짝을 이룬 상동염색체는 중기판(metaphase plate) 쪽으로 이동하여 짝을 이룬 상태로 양극의 방추사에 연결된다. 이와는 달리 체세포분열에서는 상동염색체가 각각 독립적으로 움직인다. 짝을 이룬 상동염색체는 후기 동안 각각 분리되어 양극으로 끌려간다. 체세포분열에서는 상동염색체가 아닌 자매염색분체가 양극으로 끌려가게 되는 것에 차이가 있다. 딸세포는 짝을 이룬 염색체 한 쌍 중에서 하나의 상동염색체를 받기 때문에, 첫 번째 분열은 "감수분열(reduction division)"이라고 부른다. 감수2분열에서는 더 이상 염색체의 수를 감소시키지 않고, 오직 각각의 상동염색체에서 자매염색분체를 분리시키기만 한다.

감수분열은 1회 DNA 복제 이후 2번 연속적으로 분열한다

감수분열과 체세포분열의 가장 뚜렷한 차이는 감수분열은 분열 간에 유전물질의 복제 없이 2회 연속적 분열을 한다는 것이다. 유전물질 복제 없이 분열한다는 것은 두 연속 분열 중에 복제가 억제되어야 한다는 것이다. 이는 감수1분열 동안에 상동염색체가 분리된 결과, 세포는 이미 복제된 자매염색분체 1개씩만 가지기 때문이다. 감수2분열에서 DNA 복제 없이 일어나는 체세포와 같은 분열은 딸세포가 각 자매염색분체의 한 사본만을 가지게 되는 결과를 가져온다. 이것이 감수분열의 이해에 있어 핵심이 되는데, 감수2분열은 염색체 복제가 없는 체세포분열과 같다.

핵심 요약 9.2

감수분열은 제1 분열 전기에 상동염색체가 짝을 이룬다는 것이 특징이다. 대부분의 종에서 시냅시스복합체라 불리는 독특한 구조가 상동염색체 간에 형성된다. 짝을 이루는 과정에 상동염색체 간에는 키아즈마라 불리는 곳에서 염색체 일부를 교환한다. 감수1분열 중에 상동염색체는 서로 분리되어 염색체 수가 반으로 된다(따라서 감수분열이다). 이는 바로 염색체 복제 없이 다음 분열로 연결되는데, 이로 인해 자매염색분체가 분리된다. 감수분열의 결과로 4개의 반수체 세포가 형성된다.

■ 만약 자매염색분체가 감수1분열에서 나누어지면 감수분열이 지속될까?

9.3 감수분열의 과정

학습 목표

1. 감수분열 과정 중 염색체의 행동을 서술할 수 있다.
2. 중기 I 때 자매염색분체의 동일방향 부착의 중요성을 설명할 수 있다.
3. 감수분열의 후기 I과 후기 II의 차이점을 설명할 수 있다.

감수분열을 이해하기 위해서는 각 분열 동안 염색체가 어떻게 행동하는지 주의 깊게 살펴보는 것이 필요하다. 감수1분열은 각 상동염색체가 짝을 이루는 행동을 통하여 체세포분열에서처럼 개별적으로 행동하는 것이 아니라 단위체로서 행동한다는 것이다. 이는 이들이 분리되는 후기 I까지 상동염색체를 서로 결합시키는 복잡한 과정들에 의해 진행된다.

전기 I은 감수분열을 위한 준비 단계이다

감수분열하는 세포는 체세포처럼 G_1, S, G_2기의 간기를 가진다. 간기 이후, 생식계열 세포는 감수1분열로 진입한다. 전기 I(prophase I) 시기에 DNA는 응축되어 광학현미경상에서 뚜렷한 실 모양으로 볼 수 있게 된다. 감수분열 전에 DNA는 이미 복제된 상태이므로 각각의 실 모양 염색체는 실질적으로 동원체에 부착된 2개의 자매염색분체를 갖고 있는 것이다. 전기 I 동안 상동염색체들은 시냅시스를 통하여 서로 결합되어 있고 교차를 통해 절편을 교환하는데, 결과적으로 총 4개의 염색분체가 연합된 상태이다.

시냅시스

생식계열 세포는 간기 동안, 염색분체의 말단은 핵막의 특정 부위에 부착한 듯하다. 따라서 상동염색체가 결합하는 부위는 인접하게 위치하게 되어 전기 I 동안 짝을 이룬다. 그리고 각각의 상동염색체 쌍은 시냅시스 과정을 통하여 나란히 배열하게 된다.

서로 부착하기 시작한 상동염색체는 전체 길이를 따라 나란히 접하게 된다. 각 상동염색체의 자매염색분체는 코헤신(cohesin) 단백질을 매개로 부착되어 있다. 자매염색분체의 이러한 관계를 **자매염색분체 결합**(sister chromatid cohesion)이라 한다. 자매염색분체 결합은 체세포분열에서도 일어나지만, 감수분열에서는 감수분열 특이적 코헤신이 존재하여 감수분열 후반부에 중요한 역할(자매염색분체의 분리)을 한다.

교차

전기 I 동안 시냅시스복합체 형성(**그림 9.3**)과 동시에 재조합이 일어나는 다른 종류의 구조가 나타난다. 이는 **재조합소결절**(recombination nodule)이라 불리는데, 상동염색체의 염색분체를 절단하고 다시 붙이는 효소들을 포함하는 것으로 추정된다.

교차(crossing over)는 DNA가 단편으로 절단된 후 절단된 부위에서 다시 재결합하여 결과적으로 상동염색체 사이에 교환이 일어나는 것이다. 상동염색체의 절단과 재결합의 분자적 기작은 감수분열 당 하나 또는 몇 개의 교차가 보통 각 염색체 팔에 일어나도록 조절한다. 사람의 염색체에서는 전형적으로 2개 또는 3개의 교차가 진행된다.

교차가 진행된 후 시냅시스복합체는 분해된다. 상동염색체 간의 결합은 좀 느슨해지나 키아즈마에 의해 결합 상태를 유지하게 된다. 이 시점에, 각 염색체는 4개의 염색분체를 가지는 2가염색체로, 각 상동염색체 한 쌍은 각각 2개의 염색분체를 가지는 4개의 염색분체로 관찰된다.

4개의 염색분체는 다음과 같은 2가지 방식으로 묶인다. (1) DNA 복제로 형성된 각 상동염색체의 두 자매염색분체는 코헤신 단백질(자매염색분체 결합)로 서로 묶임, 그리고 (2) 상동염색체 간의 교차는 4개의 염색분체 모두를 서로 묶인 상태가 되게 한다.

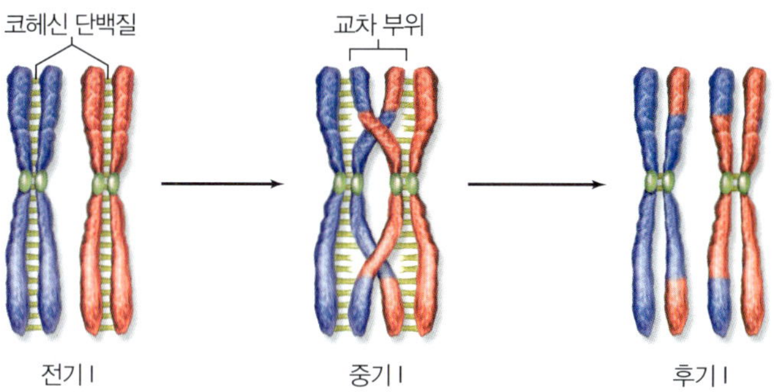

염색체가 정교하게 짝을 이루는 행동을 하는 동안, 전기 I 동안에는 다른 일들이 진행되어야 한다. 즉, 핵막과 간기의 미세소관은 분해되어야 한다. 미세소관은 체세포분열에서처럼 방추사로 재형성된다.

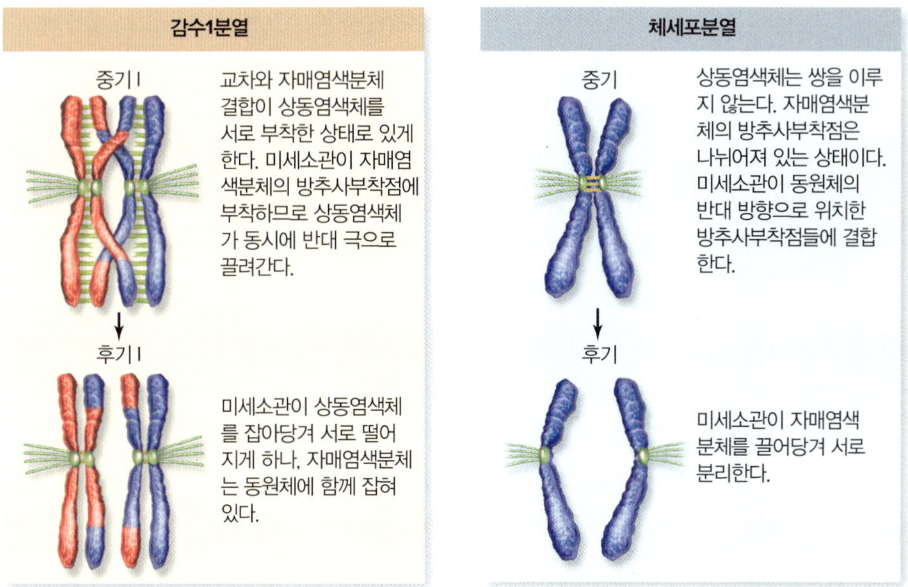

그림 9.4 감수분열과 체세포분열에서의 염색체 배열의 차이. 감수분열의 중기 I 동안, 자매염색분체 간의 결합과 키아즈마로 인해 상동염색체는 서로 근접하게 위치한다. 각 상동염색체의 자매염색분체 쌍과 짝을 이룬 동원체의 방추사부착점은 한쪽 극에서 유래한 미세소관과 결합하게 된다. 중기 I이 끝날 때, 미세소관이 짧아지면서 동원체의 중심절은 그렇지 않지만 자매염색분체 팔 사이의 결합이 깨지며 상동염색체가 떨어지게 된다. 체세포 분열에서는 서로 반대 극에서 온 미세소관이 각 자매염색분체의 동원체에 있는 방추사부착점과 결합한 후 자매염색분체 간의 연결이 깨지고, 미세소관이 짧아지면서 자매염색분체를 반대 극으로 끌어당긴다.

중기 I에 쌍을 이룬 상동염색체가 중기판에 배열한다

전기 I이 끝나갈 무렵, 각 상동염색체 쌍은 앞에서 언급한 것처럼 결합되어 있어 2가염색체처럼 보인다. 이들 2가염색체는 방추사와 결합한 후 세포의 중간 지역으로 이동하여 중기판인 적도면에 쌍을 이룬 상태로 배열한다.

체세포분열에서처럼 각 염색체의 자매염색분체들이 각 방향에서 유래하는 방추사에 결합하는 것이 아니라 상동염색체의 자매염색분체들은 한쪽 방향의 방추사에 결합하기 때문에 이러한 기작을 동일방향 부착(monopolar attachment)이라 한다. 동일방향 부착의 분자적 기작은 아직 밝혀지지 않았다. 일부 동감을 얻는 모델은 자매염색분체의 동원체(centromere)-방추사부착점(kinetochore) 복합체가 중기 I 때 형성되어 하나의 단위로 역할을 한다는 것이다.

자매염색분체의 동원체에 이러한 동일방향 부착은 체세포분열을 하는 세포에서는 비극이 될 수 있으나 감수1분열에서는 절대적으로 필요하다. 이것은 짝을 이룬 상동염색체에 장력을 형성하고 세포의 적도로 이끈다. 이러한 방식으로, 결합한 한 쌍의 상동염색체는 중기판에 일렬로 배열하게 된다(**그림 9.4**). 방추체 축에 이들 상동염색체 쌍이 위치하는 것은 무작위적이다. 또한 모계 또는 부계 상동염색체가 특정 극을 향하는 것도 무작위적이다(**그림 9.5**, **그림 9.6**)

후기 I 동안 상동염색체는 반대 극으로 끌려간다

후기 I 동안 방추사 미세소관의 길이는 짧아지기 시작한다. 따라서 키아즈마에서 두 상동염색체 간의 연결은 깨지게 되고 서로 반대 방향의 극으로 끌려가게 된다.

후기 I이 진행되면서 자매염색분체의 동원체 이외의 다른 부위에서의 자매염색분체 코헤신은 풀어져 서로 떨어진다. 이러한 풀어짐은 감수분열 특이적 코헤신의 파괴 결과인데 체세포분열 후기에서와 유사하게 진행된다. 차이점은 9.4절에서 논의되는 기작에 의해 동원체 부분에서는 억제된다는 것이다.

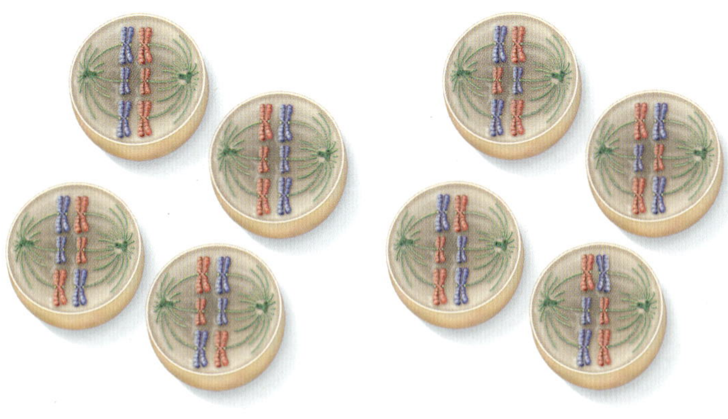

그림 9.5 중기판에서 염색체들의 무작위적 방향성.
가능한 염색체의 배열 방향은 2의 염색체 쌍 수의 승이다(2^n). 3쌍의 염색체 쌍을 갖는 이 가설적 세포는 8(2^3)가지의 가능한 배열이 존재한다. 각 배열에 따라 부모 염색체로부터 서로 다른 조합을 가지는 생식세포가 생성된다.

이러한 결과로 상동염색체는 양 극으로 끌리는 반면 자매염색분체는 그렇지 않다. 각 상동염색체는 동원체에서 서로 부착된 자매염색분체를 갖고 각각 양 극으로 이동한다. 방추사가 완전히 수축하면 각 극은 각 쌍의 상동염색체 중 하나를 갖는 온전한 반수체 세트의 염색체를 가진다.

중기판에 상동염색체가 무작위로 배열하기 때문에 한 극은 각 염색체 쌍에서 모계 또는 부계의 염색체를 받을 것이다. 결과적으로, 서로 다른 염색체상의 유전자들이 독립적으로 짜맞추어지게 되므로, 감수1분열의 결과, 모계와 부계의 염색체들이 **독립분리**(independent assortment)된 생식세포가 형성된다(10장 참조)

말기 I은 감수1분열의 완성이다

말기가 시작되면서 염색체들은 각각의 극에서 무리를 이룬다. 그리고 각 딸세포 핵 주변에 핵막이 재형성된다.

딸세포에 있는 각 염색체는 감수1분열 시작 전에 복제되었기 때문에, 1개의 공동 동원체에 부착된 2개의 자매염색분체를 가진다. 주의할 점은 이들 **자매염색체는 전기 I 동안에 교차가 일어났기 때문에 더 이상 동일하지 않다**는 것이다(**그림 9.6**). 이러한 변화는 유전적 다양성에 매우 중요한 영향을 끼친다.

이후 세포질이 나뉘는 세포질분열이 연속적으로 진행되거나 또는 진행되지 않는다. 두 번째 감수분열인 감수2분열은 매우 다양한 시간적 차이를 가지고 연속된다.

염색체 분리는 교차 없이 진행될 수 있다

감수1분열의 진행은 자매염색분체의 결합과 키아즈마에 의해 서로 붙들고 있는 상동염색체상에서 관찰되는 것이다. 이러한 연결은 중기 I과 후기 I 동안 염색체의 전형적인 행동을 가져와 짝을 이룬 상동염색체가 함께 중기판으로 이동하고 각각 반대 극으로 이동한다.

비록 이러한 상동염색체 간의 연결이 일반적이나 예외가 있다. 예를 들면, 초파리(*Drosophila*) 수컷의 경우에는 재조합 없이 감수분열이 정확히 진행되어 이를 **무교차 염색체분리**(achiasmate segregation)라고 한다. 아마도 이는 상동염색체 연결에서 변형된 기작이 관여하고 후기 I 때 분리하게 하는 것으로 추정된다. 말단소체(텔로미어) 및 다른 이질염색체 서열이 연루된 것으로 보고되었으나 아직 그 정확한 것은 알려져 있지 않다.

이러한 예외가 있으나, 실험 대상이 된 거의 모든 종에서는 후기

I의 분리때까지 키아즈마의 형성과 자매염색분체 코헤신에 의해 상동염색체가 서로를 잡고 있다.

감수2분열은 DNA 복제 없는 체세포분열과 같다

독특하게, 감수1분열과 감수2분열 사이의 간기는 S기가 없이 간단히 지나치고, 감수2분열은 정상적인 체세포분열과 닮았다. 전기 II, 중기 II, 후기 II, 말기 II가 연속된다(**그림 9.6**).

전기 II: 세포의 두 극 각각에서 염색체 무리가 짧은 전기 II에 들어간다. 새로운 방추체가 형성되면서 핵막이 붕괴된다.

중기 II: 중기때 각 극에서 오는 방추사가 각 자매염색분체의 동원체에 결합하여 중기판에 배열하고, 극미세섬유가 자매염색분체를 당기는 장력이 형성된다. 이러한 과정은 체세포 분열의 중기 과정과 동일하다.

후기 II: 방추사의 수축은 자매염색분체의 동원체 내 코헤신 복합체를 파괴하고 자매염색분체로 양극으로 이동할 수 있게 한다. 이 과정은 체세포분열 동안의 후기와 근본적으로 동일하다.

말기 II: 궁극적으로, 4세트의 딸염색체 주변에 핵막이 재형성되고 세포질분열이 뒤따라 진행된다.

이러한 분열은 최종적으로 4개의 세포를 형성하는데, 각각은 완전한 반수체의 염색체 수를 포함한다. 반수체 핵을 갖는 이들 세포는 동물에서 바로 배우자(생식세포)로 발달한다. 그렇지 않으면 식물, 균류, 원생생물에서처럼 이들이 스스로 체세포분열 방식으로 분열하여 엄청나게 많은 수의 생식세포를 생성하거나 또는 일부 식물이나 곤충에서처럼 염색체 세트 수가 다양한 세포로 구성된 성체를 만드는 것이 있다.

감수분열에서의 실수는 이수성의 배우자를 생성하는 결과를 가져온다

감수분열 과정에서 진행되는 모든 실수는 정확한 수의 염색체를 갖지 못하는 배우자가 생성되기 때문에 감수분열 과정의 정확성은 매우 중요하다. 감수1분열 또는 감수2분열 동안 반대극으로 염색체의 이동이 실패하는 것을 **비분리**(nondisjunction)라 하는데, 결과적으로 한 배우자는 염색체가 없고 다른 배우자는 2개의 염색체를 갖게 된다. 부정확한 염색체 수를 갖는 배우자를 **이수성 배우자**(또는 이수성 생식세포, aneuploid gamete)라 부른다. 사람에게서는 이러한 염색체수의 이상은 자연유산의 가장 일반적 원인이다. 이수성 배우자의 영향은 11장에서 보다 자세히 설명한다.

핵심 요약 9.3

자매염색분체의 결합과 교차에 의한 결합은 감수1분열 동안 상동염색체를 부착하게 한다. 각 상동염색체의 동원체는 동일방향 부착을 하고 중기 I 동안에 짝을 이룬 상동염색체를 배열하게 한다. 후기 I 동안에 상동염색체의 염색분체 팔 사이의 결합은 상실하나 동원체는 그렇지 않기 때문에 상동염색체가 반대 극으로 이동하게 된다. 후기 II 동안, 동원체에서 자매염색분체를 잡고 있는 코헤신 단백질이 제거되어 염색분체는 서로 반대 극으로 이동하게 된다.

■ 후기 I의 염색체 비분리 결과는 무엇일까? 후기 II 때의 비분리 결과는 무엇일까?

9.4 요약: 감수분열과 체세포분열

학습 목표

1. 감수분열의 독특한 특징을 서술할 수 있다.
2. 감수분열과 체세포분열에서 염색분체 결합의 차이점을 설명할 수 있다.
3. 감수분열 사이의 복제 억제의 중요성을 설명할 수 있다.

감수분열에서의 핵심은 체세포분열과의 차이점을 이해하느냐에 달려있다. 양 과정에서 기본 기작은 동일하나 염색체의 행동은 감수1분열 과정에서 뚜렷하게 다르다(**그림 9.7**).

체세포분열과 비교할 때 감수분열은 다음과 같은 4가지의 뚜렷한 특징의 차이가 있다.

1. 감수1분열 동안 상동염색체의 접합과 교차가 모계와 부계 상동염색체를 결합하게 한다.
2. 자매염색분체는 동원체로 연결되어 있는 상태를 유지하고 후기 I 동안 함께 이동한다.
3. 자매염색분체의 방추사부착점은 감수1분열 동안 동일방향으로 부착되는데 이는 체세포분열과 반대되는 것이다.
4. DNA 복제는 두 감수분열 사이에 억제된다.

비록 분자 수준에서의 이해가 완전하지는 않으나, 여기에서는 지금까지 알려진 사실에 대해 알아보고자 한다.

상동염색체의 접합은 감수분열의 독특한 현상이다

감수분열 전기 I에서 염색체의 짝이룸은 체세포분열과 다른 첫 번

감수1분열

전기 I

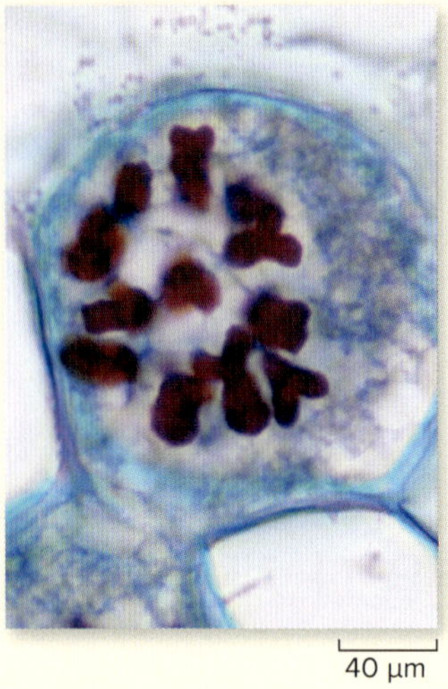

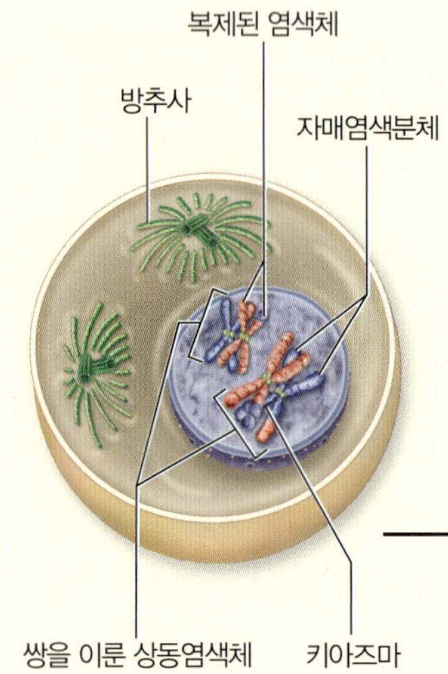

전기 I에 염색체들은 응축을 시작하고, 미세소관의 방추사가 형성되기 시작함. DNA는 복제된 상태이고 각 염색체는 동원체 부분에 부착되어 있는 2개의 자매염색분체로 구성되어 있음. 위 그림의 세포는 2쌍의 상동염색체(4개의 염색체)를 가지고 있음. 상동염색체는 시냅시스 동안에 전체 길이에 걸쳐 짝을 이룸. 교차가 일어나 키아즈마를 형성하고, 교차는 각 상동염색체를 함께 붙잡고 있음

중기 I

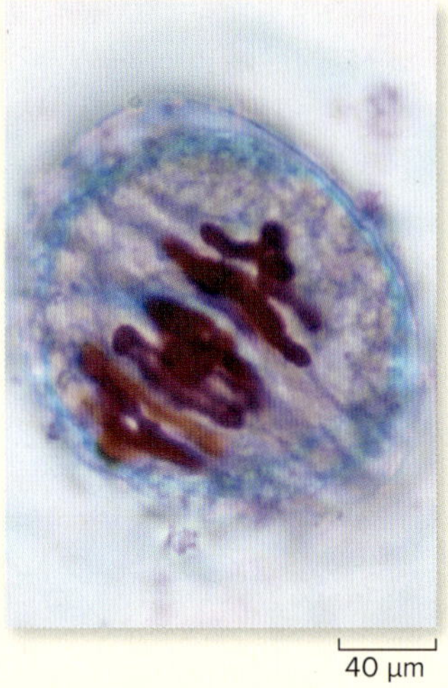

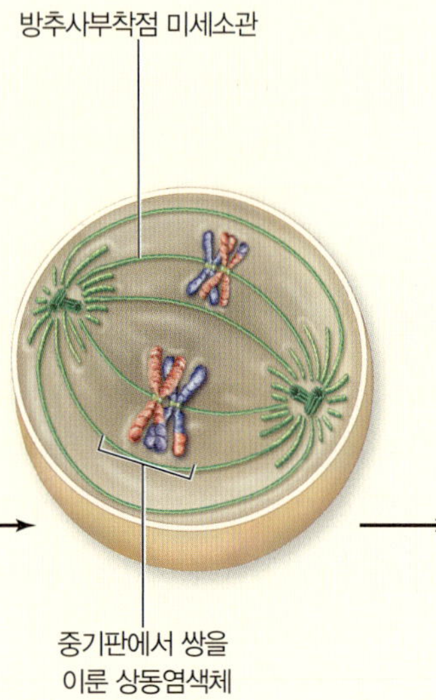

중기 I에 상동염색체 쌍은 세포의 적도에 배열함. 키아즈마가 상동염색체 쌍이 함께 붙어 있도록 유지시키고 서로 반대 극에서 유래한 미세소관이 각 상동염색체의 자매염색분체 방추사부착점에 부착하여 장력이 형성됨. 세포의 한 극으로부터 뻗어나온 방추사부착점 미세소관은 상동염색체 쌍의 한쪽에 부착하고 다른 극에서 유래하는 미세소관은 다른 상동염색체에 부착함

후기 I

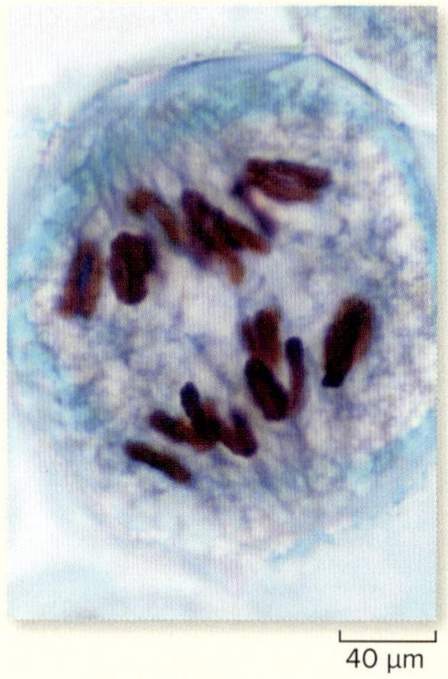

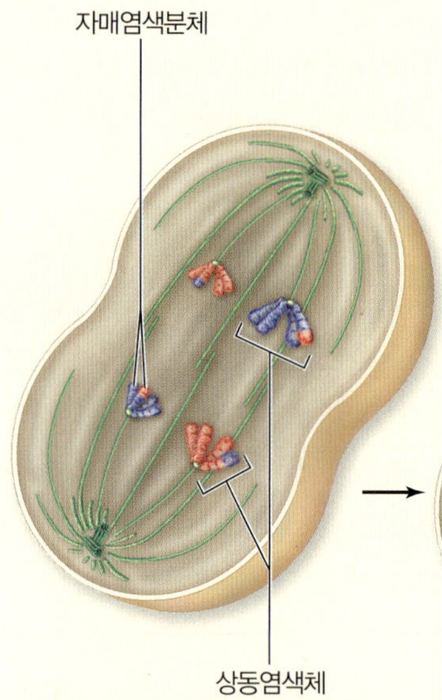

후기 I에 방추사부착점 미세소관은 짧아져서 결과적으로 상동염색체 쌍은 서로 반대 방향으로 끌려감. 하나의 복제된 상동염색체는 세포의 한 극으로 이동하고 다른 복제된 상동염색체는 다른 극으로 이동함. 자매염색분체는 나누어지지 않음. 이것은 체세포분열과 다른 점으로, 체세포분열에서는 복제된 각각의 상동염색체가 중기판에 배열되고 자매염색분체가 후기에 떨어짐

말기 I

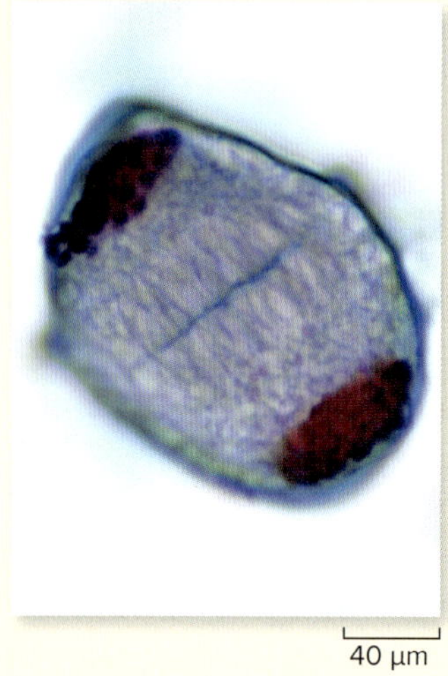

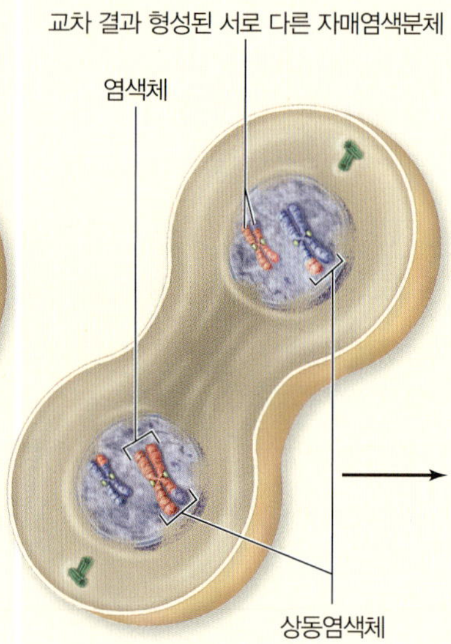

말기 I에 나뉘어진 상동염색체는 세포의 각 극에서 무리를 형성하고 딸세포의 핵 주변에 핵막이 재형성됨. 세포질분열이 일어날 것임. 결과적으로 두 세포는 모세포의 염색체 수의 반을 가지게 됨: 이 예로, 각 핵은 2개의 염색체를 가지게 됨(모세포는 4개의 염색체). 각 염색체는 2개의 자매염색분체로 구성되어 있으나 이들 자매염색분체는 교차가 진행되었기 때문에 서로 동일하지 않음

그림 9.6 감수분열의 단계. 식물세포(사진)와 동물세포(그림)의 감수분열

감수2분열

전기 II

짧은 간기를 이어 S기 없이 감수2분열이 시작됨. 전기 II 동안 각 세포에 새로운 방추체가 형성되고 핵막이 붕괴됨. 일부 종에서는 핵막이 말기 I에도 재형성되지 않아 핵막 붕괴가 없게 됨

중기 II

중기 II에 동원체에 결합된 자매염색분체는 각 세포의 중기판을 따라 배열됨. 체세포분열에서처럼 반대 극에서 유래한 방추사부착점 미세소관이 방추사부착점에 부착함

후기 II

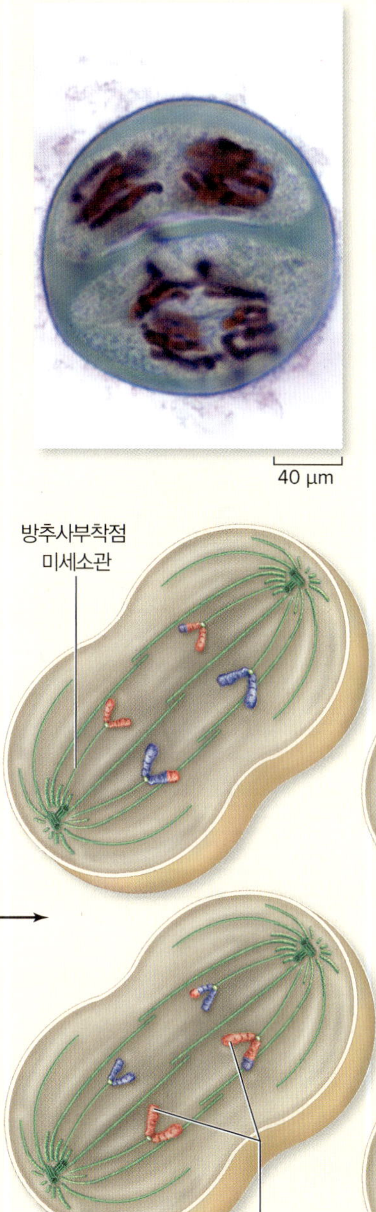

후기 II에 미세소관이 짧아지면서, 자매염색분체가 체세포분열에서처럼 세포의 반대 방향으로 끌려감

말기 II

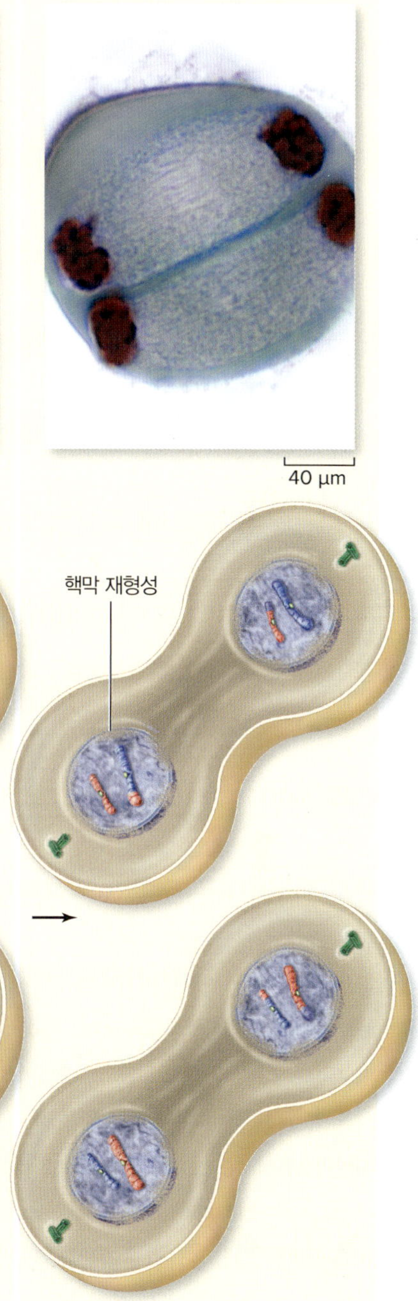

말기 II에, 4개의 서로 다른 염색체의 무리 주변에 핵막이 재형성됨. 세포질분열 이후, 결과적으로 4개의 반수체 세포가 만들어짐. 전기 I의 교차와 중기 I에서 상동염색체 쌍의 무작위적 배열로 비슷한 두 딸세포는 없음

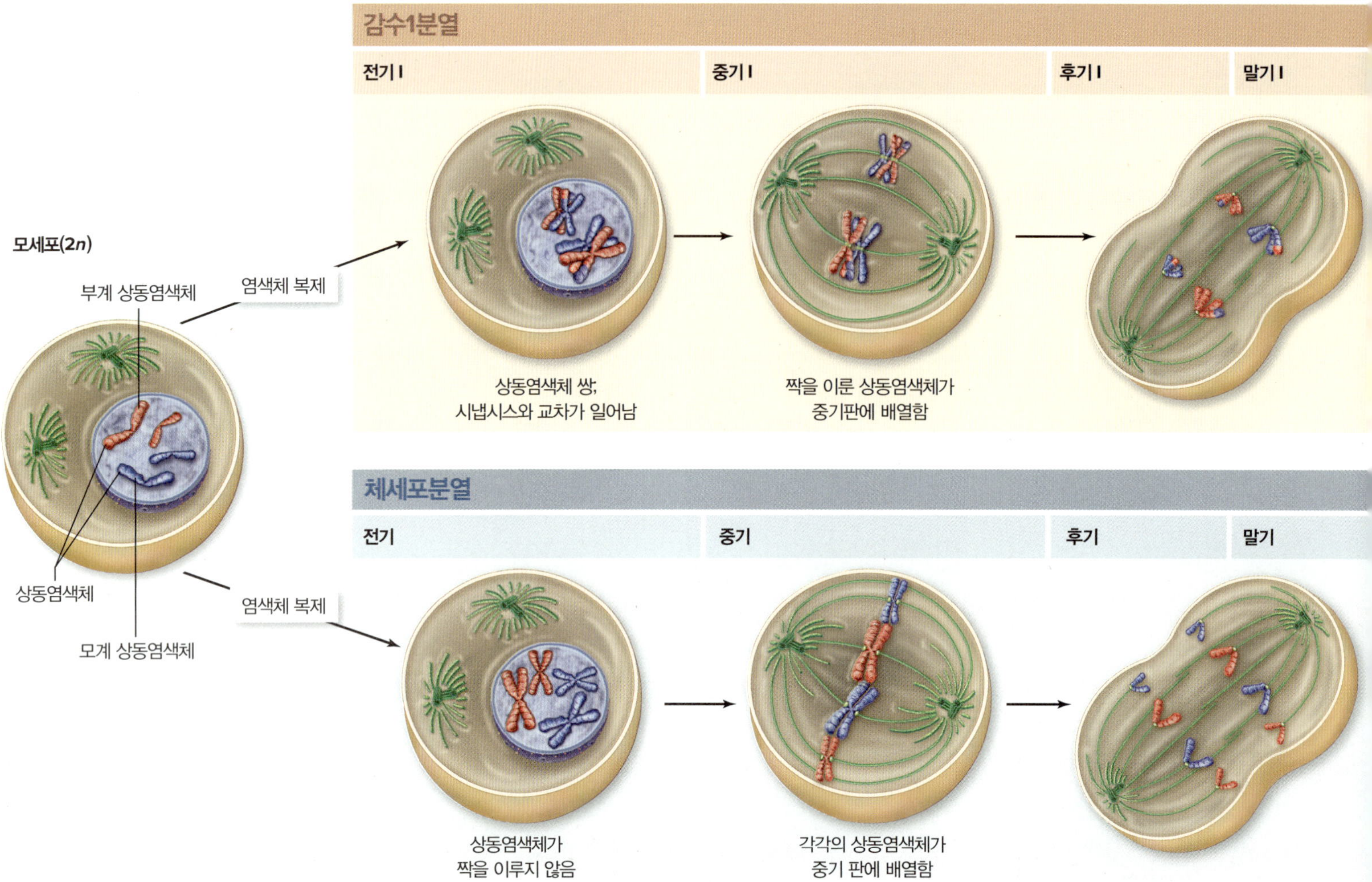

째의 것이고 이후 보이는 모든 차이를 결정한다(**그림 9.7**). 어떻게 상동염색체가 짝을 찾고 배열하는가는 감수분열에서 가장 큰 수수께끼 중의 하나이다. 몇몇 세포학적 증거는 짝을 이루는데 필요한 특별한 부위와 말단소체가 필요하다는 것이다.

자매염색분체 코헤신은 체세포분열과 유사하나 감수분열의 경우에는 코헤신 단백질 복합체가 감수분열에 특이적인 소단위체를 포함한다는 점이 다르다. 효모 코헤신 복합체의 Scc1 단백질이 감수분열에서는 Rec8로 대체된다. 8장에서 보았듯이 Scc1이 체세포분열 후기 동안에 파괴되어 자매염색분체가 반대 극으로 끌려갈 수 있도록 한다. 이 중요한 코헤신 복합체 구성물을 감수분열 특이적 단백질로 대체하는 것은 현재까지 분석된 감수분열에서 공통적 특징인 것으로 보인다.

시냅시스복합체 단백질이 다양한 종에서 발견되었으나, 이들 단백질 간의 보존된 아미노산 서열은 희박하다. 그러나 연구된 바에 의하면 이들 사이에 분자 구조의 유사성이 존재하기에 세포학적으로 관찰된 구조적 유사성을 설명할 수 있다. 횡필라멘트를 비교해 보면 아미노산 서열에서 보존된 특성이 없어도 단백질과 단백질 상호작용을 촉진하는 꼬인 나선 도메인(coiled-coil domain)을 갖는 구조적 특징을 공유한다.

교차에 의한 재조합 과정에서 분자적 기작은 복잡하지만, 이에 관여하는 많은 단백질들이 밝혀졌다. 이 과정은 우선 한 상동염색체의 DNA 2중가닥이 절단되는 것이 초기 과정이다. 이는 2중가닥 절단의 수선 과정에 관여하는 시스템과 감수분열 재조합에 필요한 시스템이 유사함을 의미한다. 아마도 재조합은 초기에 수선 기작으로 진화되었고 후에 염색체를 분리하는 데 활용되도록 선택되었을 것이다. 적절한 염색체 분리에서 재조합의 중요성은 많은 생물체에서 확인된다. 재조합 단백질의 기능상실 돌연변이 개체에서 감수분열의 비분리는 매우 높은 수준으로 증가한다.

자매염색분체의 동원체는 감수1분열을 통하여 자매염색분체를 결합된 상태로 유지하게 한다

감수1분열 후기의 특징은 자매염색체가 아닌 상동염색체가 분리

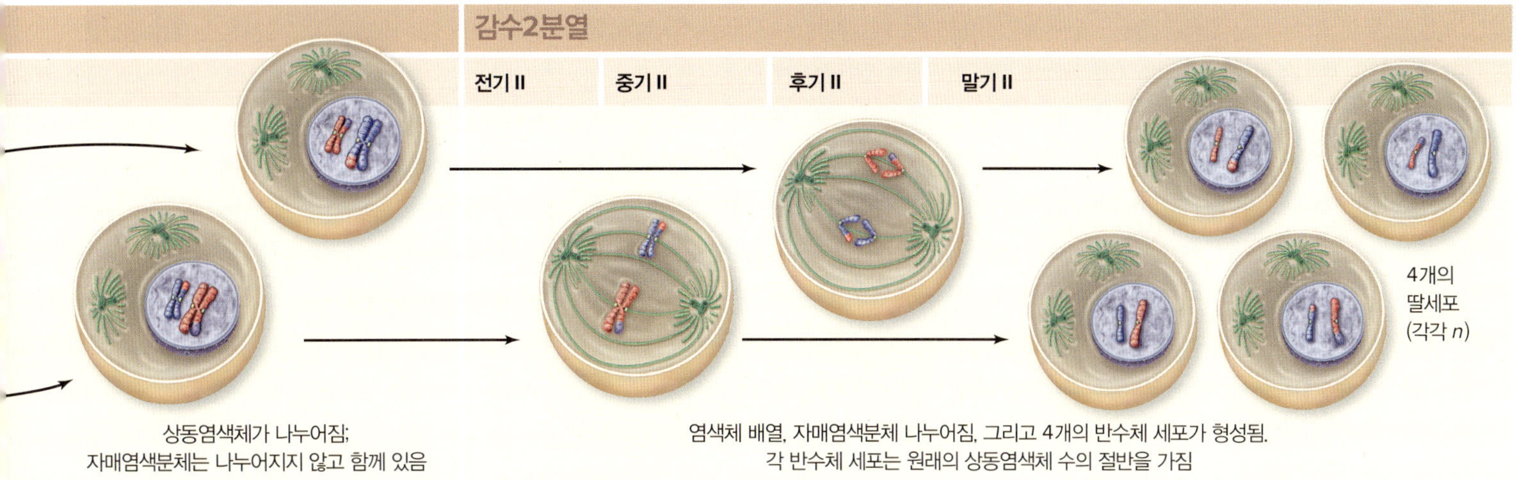

그림 9.7 감수분열과 체세포분열의 비교.
감수분열은 DNA 복제 없이 2번의 핵분열이 진행된다. 이로 모세포 염색체 수의 절반을 갖는 4개의 딸세포가 생성된다. 감수분열의 전기 I에 교차가 일어난다. 체세포분열은 DNA 복제 후 1번의 핵분열이 있다. 따라서 모세포 염색체 수만큼의 염색체를 가지는 2개의 딸세포가 생성된다.

? **탐구문제** 체세포의 염색체가 감수1분열의 염색체처럼 행동한다면 결과적으로 생성된 세포는 적정한 염색체 수를 가지겠는가?

되는 것이다. 이러한 분리가 되기 위해서는, 자매염색분체의 동원체는 후기 I 동안에 단위체로 함께 분리되거나 동일 극으로 이동하여야만 한다. 이것은 감수분열 특이적 코헤신 단백질이 우선적으로 염색체 팔에서 제거되어야 하고 이후에 자매염색분체의 동원체 중심절에서 제거되어야 함을 의미한다.

상동염색체는 키아즈마로 연결되어 있고 염색체 일부가 교환된 키아즈마 주변의 자매염색분체 코헤신은 상동염색체를 함께 잡아둔다. 염색체 팔 부분의 Rec8 단백질이 파괴되면 후기 I 시기에 염색체가 서로 분리되도록 한다.

감수1분열 내내 동원체에 자매염색분체 코헤신이 유지되고 염색체 팔 부분의 코헤신은 후기 I 동안에 상실되는 것은 감수분열과 체세포분열 간의 뚜렷한 주요 차이점이다(**그림 9.7**). 감수1분열 동안 코헤신 단백질이 세퍼레이스(separase)에 의해 분해되는 것을 억제하는 슈고신(Shugoshin, 일본어로 수호신을 의미)이라는 종간에 보존된 단백질이 밝혀짐으로써 일정 부분 사실들이 밝혀졌다(**그림 9.8**). 생쥐는 2개의 슈고신, Sgo-1과 Sgo-2를 가진다. Sgo-2의 기능상실은 감수1분열의 초기에 자매염색분체가 분리되는 결과를 가져온다. 이는 왜 Sgo-2가 후기 I 시기에 활성을 갖고 후기 II에는 그렇지 않은가의 숙제를 남기고 있다. 이에 대한 제안의 하나는 후기 II 동안에 형성된 장력이 Sgo-2가 동원체에서 방추사부착점으로 이동하는 원인이 된다는 것이다.

자매염색분체의 방추사부착점은 감수1분열 동안 동일 극에 결합되어 있다

자매염색분체의 방추사부착점이 공동분리되려면 감수1분열 동안 동일 극에 부착해야 한다. 이러한 부착은 자매염색분체의 방추사부착점이 반대 극에 부착해야만 하는 체세포분열(**그림 9.7**) 및 감수2분열과 대비를 이루는 것이다.

이러한 자매염색분체의 방추사부착점의 동일방향 부착에 대한 기본 이해는 부족하나 감수1분열과 체세포분열 간의 동원체-방추사부착점 복합체의 구조적 차이에 기인하는 것 같다. 체세포분열 동원체를 전자현미경으로 보면 더 안쪽으로 함입되어 있는데, 이는 양쪽 방

과학적 사고

질문: 감수분열의 후기 I에 왜 자매염색분체의 동원체에 있는 코헤신 단백질이 파괴되지 않을까?

가설: 감수분열 특이적 코헤신인 Rec8이 동원체에 있는 다른 단백질에 의해 보호받기 때문이다.

예측: 만약 Rec8과 동원체 보호 단백질이 체세포분열하는 세포에서 둘 다 발현된다면, 염색체 분열이 되지 않을 것이다. 결과적으로 이 분열하는 세포는 죽을 것이다.

실험: 분열효모종을 정상적인 체세포 코헤신 대신 Rec8을 발현하게 조작한다. 이들 세포를 모든 세포 단백질을 발현하는 cDNA 라이브러리로 형질전환시킨다. 형질전환된 세포를 죽은 세포를 염색하는 시약을 함유한 배양액(Rec8과 cDNA가 발현되도록 함)과 플라스미드 DNA를 상실하게 하는 배양액(Rec8만을 발현함)에서 증식시킨다. 보호단백질 cDNA를 갖는 세포는 Rec8이 있어 죽을 것이다.

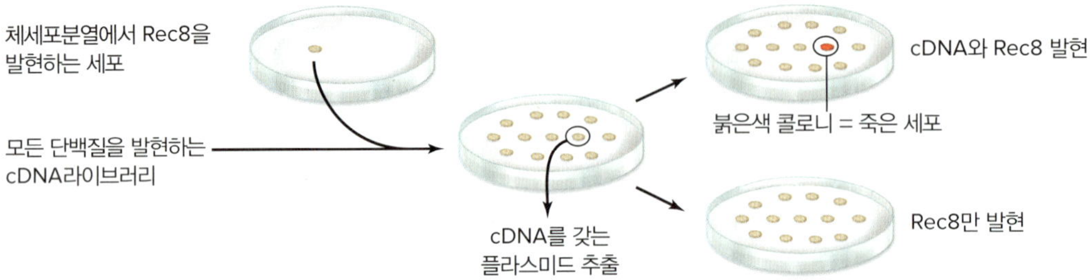

결과: 배양접시에서 죽은 형질전환된 세포는 Rec8이 보호단백질 cDNA와 함께 발현하였다. cDNA를 추출하여 분석하였을 때 감수분열 세포의 동원체에 위치하는 단백질을 암호화하고 있었다.

결론: 이 검사로 Rec8 보호 활성을 갖는 단백질을 동정하였다.

추가 실험: 보호단백질을 암호화하는 유전자가 세포에서 제거되면 어떤 표현형의 세포가 만들어질까? 체세포분열 세포에서는 어떤가? 감수분열 세포에서는 어떤가?

그림 9.8 감수분열 특이적 코헤신 보호 단백질 동정.

향에서의 부착이 잘 일어나도록 하는 것 같다. 감수1분열 동원체는 동일방향 부착이 용이하도록 보다 돌출되어 있다.

명확한 것은 동원체에서 자매염색분체의 응집력 유지와 동일방향 부착은 체세포분열과는 다른 감수1분열의 특성인 상동염색체의 분리에 필요하다.

감수분열 간에 DNA 복제는 억제된다

체세포분열 후, 새로운 DNA 복제가 다음 분열에 앞서 진행되어야 한다. 감수분열에서는 염색체 수를 반으로 나누기 위해서 두 분열 간에 이러한 DNA 복제는 억제되어야만 한다. 한 단초는 사이클린의 하나인 사이클린 B의 양이 체세포 분열에서처럼 완전히 없어지는 것이 아니라 감수분열 사이에 감소한다는 것이다.

체세포분열 동안, 다른 세포주기로 넘어가기 위해서는 체세포분열 사이클린이 파괴되어야 한다. 생식계열 세포에서 감수분열 간에 사이클린 B가 일정 수준 유지되는 것은 DNA 복제에 필요한 초기 복합체가 형성되지 못하게 한다. 이 초기 복합체 형성의 실패는 이 복합체가 DNA 복제를 억제함에 있어 절대적임을 의미한다.

감수분열은 동일하지 않은 세포를 생성한다

체세포분열을 통해 생성된 딸세포는 적어도 염색체 구성에 있어서 동일하다. 이러한 정확한 복사는 생장, 발생, 상처 치료를 위한 새로운 세포 생성에 절대적이다. 감수1분열 동안 서로 다른 염색체의 무작위적 배열 및 교차에 의해 감수분열은 동일한 세포를 거의 생성하지 않는다. 감수분열로 만들어진 배우자는 완전히 반수의 염색체를 가지지만, 이들 염색체는 모계와 부계의 상동염색체가 섞인 것이다. 게다가 상동염색체 간의 교차에 의해 염색체 일부분이 교환된 것들이다. 이렇게 형성된 유전적 다양성은 진화에 있어 중요하며, 유성생식하는 개체군이 무성생식하는 개체군에 비하여 그 다양성이 매우 큰 이유이다.

감수분열은 단지 유성생식 과정에서만 중요한 의미를 갖는 것이 아니라 유전의 기초를 이해하는 기반이 된다. 감수분열에 의해 생성된 유전적 다양성을 갖는 세포는 유전적 교배에서 관찰할 수 있는 유전 형질을 이해하는 기반을 형성한다. 10장과 11장에서 유전적 교배에 따른 형질의 유전에 대하여 알아볼 것이고 감수분열에서의 염색체 행동과 어떻게 연계되는지를 알아볼 것이다.

핵심 요약 9.4

감수분열은 상동염색체의 접합과 교차, 첫 번째 분열에서 자매염색분체의 결합이 팔 부분에서는 상실되는 반면 동원체에서는 상실되지 않음, 두 감수분열 사이에 DNA 복제가 억제됨, 자매염색분체의 방추사 부착점은 같은 극에서 나온 방추사에 결합함을 특징으로 한다. 만약 감수1분열과 감수2분열 사이에 DNA 복제가 억제되지 않으면, 배우자는 2배체가 되고 접합자는 4배체가 될 것이다.

- 생성된 세포에서의 유전적 다양성을 유도하는 감수분열의 특징은 무엇일까?

핵심 개념 요약

9.1 유성생식과 감수분열(그림 9.2)

■ 감수분열로 염색체 수가 감소한다

난자(알)와 정자는 반수체(n) 세포로, 한 세트의 모든 염색체를 가지고 있는 감수분열의 산물이다.

■ 성 생활주기는 반수체 단계와 2배체 단계로 구성된다

수정 또는 접합 동안, 두 반수체 배우자의 융합은 2배체($2n$)의 접합자를 만든다. 접합자는 두 세트의 염색체를 가진다. 성이 있는 개체는 감수분열과 수정을 통하여 2배체와 반수체 염색체 수를 번갈아 가지는 생식주기를 구성한다. 체세포분열을 통하여 분열하는 체세포는 개체의 몸을 구성한다.

■ 동물에서 생식계열 세포는 발생 초기에 독립적으로 형성된다

감수분열을 통하여 반수체 배우자를 만들 세포는 생식계열 세포이다. 이들 세포는 동물의 발생 초기에 특정 부위에 국한되어 형성된다.

9.2 감수분열의 특징

■ 감수분열 초기에 상동염색체는 쌍을 이룬다

시냅시스라 불리는 상동염색체의 접합은 전기 I의 초기에 일어난다. 짝을 이룬 상동염색체는 종종 시냅시스복합체에 의해 연결되어 있다(**그림 9.3**). 시냅시스 동안, 상동염색체 간에 교차가 일어나 염색체의 일부를 서로 교환한다. 상동염색체가 짝을 이루고 있기 때문에 한 단위로 중기 I 동안에 중기판으로 이동한다. 후기 I 동안에 각 쌍을 이루는 상동염색체는 서로 반대 극으로 끌려가고 완전한 한 세트의 염색체를 가지는 2개의 세포를 생성한다.

■ 감수분열은 1회 DNA 복제 이후 2번 연속적으로 분열한다

감수2분열은 체세포분열과 같지만 DNA 복제가 없다. 자매염색분체가 반대 극으로 끌려가 4개의 반수체 세포를 생산한다.

9.3 감수분열의 과정(그림 9.6)

■ 전기 I은 감수분열을 위한 준비 단계이다

감수분열 세포는 체세포분열 세포처럼 G_1, S, G_2 단계의 간기를 갖는다. 이후 전기 I이 진행되는데 이때 상동염색체의 길이를 따라 전체가 나란히 결합한다. 자매염색분체는 코헤신 단백질을 이용해 서로 붙잡고 있다. 상동염색체는 교차를 통해 염색체 일부를 교환하는데, 이는 감수1분열 동안 상동염색체를 서로 잡고 있게 도와준다. 핵막이 없어지고 방추체가 형성된다.

■ 중기 I에 쌍을 이룬 상동염색체가 중기판에 배열한다

방추사가 상동염색체의 동원체에 부착한다. 자매염색분체의 동원체는 한 단위체로 행동한다. 각 쌍의 상동염색체는 방추사부착점 미세소관이 서로 반대 극에 부착하고 상동염색체 짝은 한 단위체가 되어 중기판으로 이동한다. 적도면에서 각 상동염색체 쌍의 방향은 무작위적이어서 모계 상동염색체 또는 부계 상동염색체가 같은 극 쪽을 향하게 되기도 한다.

■ 후기 I 동안 상동염색체는 반대 극으로 끌려간다

후기 I 동안 상동염색체 각 쌍은 동원체 미세소관이 짧아지면서 반대 방향으로 끌려간다. 팔 부위의 자매염색분체 간의 결합은 상실되나 동원체 부분의 상동염색체는 계속 결합한 상태를 유지함으로써 자매염색분체가 부착된 상대로 있게 된다. 이는 팔 부분에 있는 코헤신 단백질은 없어지나 동원체에 있는 것은 없어지지 않기 때문이다. 후기 I의 후반에 각 극은 한 세트의 온전한 반수체의 염색체를 가지게 된다. 중기 I에 각 상동염색체 쌍은 무작위로 배열하기 때문에 감수1분열 결과 생식세포에 모계 또는 부계 염색체가 독립적으로 분배되는 결과를 가져온다.

■ 말기 I은 감수1분열의 완성이다

말기 I 동안 각 딸세포의 핵 주변에 핵막이 재형성된다. 이 단계는 모든 동물에서 일어나는 것은 아니다. 말기 I 이후 세포질분열이 일어날 수도 있고 일어나지 않을 수도 있다.

■ 염색체 분리는 교차 없이 진행될 수 있다

보통 상동염색체가 키아즈마에 의해 함께 묶여 있지만, 일부에서는 교차 없이 염색체 분리가 될 수 있다.

■ 감수2분열은 DNA 복제 없는 체세포분열과 같다

감수1분열 후 DNA 복제가 없는 짧은 간기가 있다. 감수2분열 동안, 자매염색분체를 잡고 있던 동원체의 코헤신 단백질이 깨지면서 각각을 반대 극으로 끌고 갈 수 있게 된다. 감수1분열과 감수2분열 결과 4개의 세포가 생성되고 각각은 서로 상이한 반수체의 온전한 한 세트의 염색체를 갖는다. 감수분열이 완료되면 반수체 세포는 배우자를 생성하거나 또는 체세포분열 방식으로 분열하여 더 많은 배우자 또는 반수체 성체를 생성한다.

■ 감수분열에서의 실수는 이수성의 배우자를 생성하는 결과를 가져온다

비분리에 의한 감수분열상의 오류는 염색체가 반대 극으로 이동하지 못하는 것이다. 이는 결과적으로 이수성 배우자를 형성한다. 한 배우자는 염색체를 가지고 있지 않고 다른 배우자는 한 염색체 2개를 갖게 된다.

9.4 요약: 감수분열과 체세포분열(그림 9.7)

감수분열의 4가지 특징은 다음과 같다. (1) 모계와 부계 상동염색체의 접합과 교차에 의한 유전정보의 교환, (2) 감수1분열 동안 자매염색분체의 동원체가 한 단위로 기능을 하여 후기 I 동안 자매염색분체가 공동분리됨, (3) 자매염색분체의 동원체가 감수1분열에서는 한쪽 극에 연결되나 체세포분열에서는 서로 반대 극에 연결됨, (4) 감수1분열과 감수2분열 사이에 DNA 복제가 억제됨. 이들은 체세포분열에서 관찰되지 않는다.

■ 상동염색체의 접합은 감수분열의 독특한 현상이다

감수분열 동안 어떻게 상동염색체가 서로를 찾는지는 아직 모른다. 시냅시스 복합체의 단백질은 다른 종간에 보존되어 있지 않은 것 같으나 감수분열 특이적 코헤신 단백질이 있다. 이들 단백질은 감수1분열 동안 염색체 팔과 동원체에서 서로 다른 시기에 파괴된다. 짝을 이룬 상동염색체 간의 재조합 과정은 잘 알려져 있다. 이 과정은 DNA 수선에 관여하는 단백질들을 사용하고 DNA 2중가닥이 끊어짐으로 시작된다.

■ 자매염색분체의 동원체는 감수1분열을 통하여 자매염색분체를 결합된 상태로 유지하게 한다

슈고신 단백질은 후기 I에서 동원체의 코헤신 단백질을 보호하여 자매염색분체가 연결된 상태를 유지한다. 염색체 팔 부분의 코헤신은 보호되지 않기에 후기 I 동안 파괴되어 상동염색체가 반대 극으로 이동할 수 있도록 한다.

■ 자매염색분체의 방추사부착점은 감수1분열 동안 같은 방향으로 부착되어 있다

자매염색분체의 동원체는 함께 분리되기 위해서 동일 방추사(동일방향 부착)에 부착되어야 한다.

■ 감수분열 간에 DNA 복제는 억제된다

복제 억제는 체세포분열의 끝 무렵에 파괴되는 몇 사이클린 단백질의 유지와 관련되어 있다.

■ 감수분열은 동일하지 않은 세포를 생성한다

상동염색체의 독립적 분리와 교차에 의해 배우자는 매우 큰 유전적 다양성을 가진다.

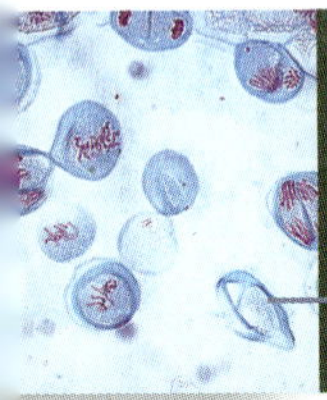

연습문제

1단계: 이해력 확인하기

1. 생식세포와 비교할 때, 체세포는 어떤 특징이 있는가?
   a. 반수의 염색체를 갖는 2배체
   b. 반수의 염색체를 갖는 반수체
   c. 2배의 염색체를 갖는 2배체
   d. 2배의 염색체를 갖는 반수체
2. 상동염색체에 대한 설명으로 옳은 것은?
   a. 복제된 염색체의 두 반쪽
   b. 한 부모에게서 유래된 2개의 동일한 염색체
   c. 각 부모로부터 유래된 유전적으로 동일한 염색체
   d. 각 부모로부터 유래된 유전적으로 비슷한 염색체
3. 키아즈마는 어디에서 형성되는가?
   a. 상동염색체 간에
   b. 자매염색분체 간에
   c. 동일 염색체의 복제된 복사본 간에
   d. 성염색체에서는 형성되나 상염색체에는 아님
4. 다음 중 교차와 관련되어 있지 않은 것은?
   a. 두 비자매염색분체 간의 DNA의 이동
   b. 두 자매염색분체 간의 DNA의 이동
   c. 시냅시스 복합체의 형성
   d. 상동염색체의 길이에 따른 배열
5. 후기 I 동안 일어나는 일로 옳은 것은?
   a. 자매염색분체는 분리되어 정해진 극으로 이동
   b. 상동염색체가 서로 반대 극으로 이동
   c. 상동염색체가 세포의 중앙에 배열
   d. 모든 염색체가 독립적으로 세포의 중앙에 배열
6. 중기 I 때 자매염색분체의 방추사부착점에 대한 설명으로 옳은 것은?
   a. 동일 극에서 온 미세소관에 부착
   b. 반대 극에서 온 미세소관에 부착
   c. 코헤신 단백질로 서로 붙음
   d. 어떤 미세소관과도 부착하지 않음
7. 감수2분열의 후기에 어떤 일이 일어나는가?
   a. 상동염색체가 길이에 따라 배열
   b. 자매염색분체가 서로 반대 극으로 끌려감
   c. 상동염색체가 서로 반대 극으로 끌려감
   d. 반수체 염색체가 배열함

2단계: 적용력 평가하기

1. 다음 중 유전적 다양성에 기여하지 않는 것은 무엇인가?
   a. 독립적 분리
   b. 재조합
   c. 감수분열 중기 II
   d. 감수분열 중기 I
2. 체세포분열과 감수분열 간의 DNA 복제 차이점은 무엇인가?
   a. 세포가 반수체이기 때문에 감수분열에서는 DNA 복제 시간이 짧게 걸림
   b. 감수분열 동안, 2번의 세포분열을 위해 단지 1회의 DNA 복제가 있음
   c. 체세포분열 동안, 2번의 분열에서 1회의 DNA 복제가 있음
   d. 체세포분열과 감수분열에서 DNA 복제는 완전히 동일함
3. 감수분열만의 독특한 특징이 아닌 것은 무엇인가?
   a. 상동염색체 간의 접합과 유전물질 교환
   b. 자매염색분체의 동원체에 방추사가 부착
   c. 자매염색분체가 동일 극으로 이동
   d. DNA 복제 억제
4. 감수1분열과 체세포분열을 비교할때 가장 유사한 시기는 어느 때인가?
   a. 전기 I
   b. 중기 I
   c. 후기 I
   d. 말기 I

5. 구조적으로 감수분열 코헤신이 체세포분열 코헤신과 다른 요소를 가지고 있기 때문에 생기는 기능적 차이는 무엇인가?

   a. 중기 I 동안 자매염색분체의 방추사부착점은 동일 방향으로 부착하고 있음
   b. 동원체는 감수분열 후기 I 동안 부착된 상태로 남아 있음
   c. 동원체는 두 분열 동안 계속 부착된 상태로 있음
   d. 동원체의 코헤신은 후기 I 동안 분해되고, 염색체 팔 부위의 코헤신은 후기 II에서 분해됨

6. DNA 수선에 영향을 미치는 돌연변이는 종종 감수분열의 정확성에도 영향을 미치는데 그 이유는 다음 중 무엇 때문인가?

   a. DNA 두 가닥이 절단된 것을 수선하는 단백질이 교차에도 관여함
   b. DNA 수선에 이용되는 단백질이 자매염색분체의 결합에도 관여함
   c. DNA 수선은 오로지 감수분열에서 발견되는 응축된 염색체에서만 일어남
   d. 코헤신 단백질이 DNA 수선에도 필요함

■ 3단계: 사고력 함양하기

1. 2배체 세포에 6개의 염색체를 가지는 가상의 세포가 감수분열하는 과정을 그림으로 나타내 보시오.

   a. 몇 개의 상동염색체가 있는가? 각 상동염색체 쌍을 구별하여 나타내시오.
   b. 각각의 상동염색체에 모계(M) 또는 부계(P)를 표시하시오.
   c. 감수1분열 중기 동안에 이들 염색체가 어떻게 배열할 것인가를 새로운 세포에 나타내시오. 모계 상동염색체가 세포의 한쪽 방향으로만 배열되게 그려야 하는가?
   d. 이 그림은 감수2분열 후기의 그림과 어떻게 다른가?

2. 노새는 말과 당나귀가 교배하여 태어난 새끼이다. 노새는 새끼를 낳을 수 없다. 말은 64개의 염색체를 가지고 당나귀는 62개의 염색체를 갖는다. 감수분열에 대한 당신의 지식을 이용하여 노새의 2배체 세포의 염색체 수를 예측하시오. 노새가 생식을 할 수 없는 이유는 무엇인가?

3. 염색체의 독립적 분리와 교차 과정을 비교하시오. 어떤 과정이 유전적 다양성에 가장 큰 영향을 주는가?

4. 이수성 배우자는 비정상적인 염색체 수를 갖는 배우자이다. 이수체는 감수분열 과정에서 비분리에 의하여 생긴다.

   a. 감수분열 과정의 어느 단계에서 비분리가 일어나는가?
   b. 4개의 염색체를 가지는 2배체 세포를 그리시오. 한 쌍의 상동염색체 비분리가 감수1분열 과정에서 일어나는 경우와 감수2분열 과정에서 일어날 경우 그 결과를 설명하는 그림을 그리시오.

10

유전법칙

도입

지구상에 모든 생명체는 진화라는 긴 역사의 산물이다. 모든 생명체는 이 역사를 공유하고 있지만, 인간만이 유일하게 그들의 기원으로 향하는 과정을 궁금해 하며 가능성을 탐구한다. 우리는 기원에 대한 모든 것을 완벽하게 알지 못하지만 많은 것들을 발견해 왔다. 부분적으로 완성된 퍼즐처럼 중요한 의문점들이 점점 밝혀지고 있다. 이번 장에서는 그 퍼즐의 한 부분인 유전의 수수께끼에 대해 논의한다. 우리는 모두 같은 종임에도 불구하고 사진 속의 아이들처럼 개개인의 외형은 왜 다를까? 왜 한 가족끼리는 다른 가족의 구성원에 비해 서로 닮았을까?

10.1 유전의 신비

학습 목표

1. 멘델 이전의 유전에 대해 설명할 수 있다.
2. 멘델의 실험적 모델의 이점을 설명할 수 있다.

유사 이래 가족의 구성원들 사이의 비슷한 생김새(**그림 10.1**)를 기록한 내용은 많았으나, 이러한 유형을 설명할 수 있는 일관된 모델이 없었다. 20세기 이전, 유전에 관한 2가지 개념이 있었는데 유전은 같은 종 내에서 일어난다는 것과 형질은 부모로부터 자손으로 직접 전달된다는 것이다. 이 2가지 개념을 바탕으로 유전은 일정한 생물종 내에서 형질들이 혼합되는 것으로 생각하였다.

유전은 체액(fluid, 일반적으로 혈액으로 여김)을 통해 전달된 형질이 혼합되어 자손에게 나타나는 것으로 생각하였다. 이 오래된 생각은 말과 같은 가축의 교배 시 "혈통(bloodlines)"이라는 용어로 오늘날까지 남아 있다.

하지만 이러한 2가지 고전적인 개념은 역설적인 문제점을 낳게 되는데, 만약 하나의 종에 어떠한 변이도 섞이지 않고 세대마다 종 내의 변이가 계속 혼합된다면 곧 하나의 종 내 모든 개체는 같은 모습을 하게 될 것이다. 그러나 이러한 일은 실제로 일어나지 않는다. 종

그림 10.1 유전과 서로 닮은 가족 구성원.
가족은 서로 많이 닮을 수 있다. 이는 유전의 기작을 시각적으로 보여주고 있다.

내의 개체는 서로 다르며, 세대 간에 전달되는 특징들도 다르다.

초기 식물학자들은 수수께끼 같은 결과를 나타내는 잡종을 만들었다

1760년 쾰로이터(Josef Kölreuter)는 서로 다른 담배 종을 교배하여 번식 가능한 자손을 만들어, 실험적으로 **잡종화**(hybridizations)에 성공하고 그 기록을 남긴 첫 번째 연구자가 되었다. 잡종인 자손은 부모 품종과 외형이 달랐으며, 잡종 세대의 개체 간 교배를 통해 만들어진 자손들은 더욱 다양한 외형을 보였다. 일부는 잡종 부모와 비슷하였고, 일부는 원래의 종(조부모)과 비슷하였다. 제2세대 자손에서 관찰된 다양성은 유전이 부모로부터 자손으로 직접 전달된다는 개념과 모순되었고, 이는 현대 유전학의 시작이었다.

그 후 수백 년간 다른 연구자들이 쾰로이터의 연구에 대하여 해석하였는데, 1823년 영국의 나이트(T. A. Knight)는 본인의 토지에서 완두(*Pisum sativum*, **그림 10.2**) 변종 2가지, 초록색 완두콩을 생산하는 품종과 노란색 완두콩을 생산하는 품종을 교배하였다. 2가지 변종은 모두 **순종**(true-breeding)으로 자가수정(self-fertilization)을 통해 부모와 동일한 형질을 가지는 자손을 생산한다. 두 변종을 교배하여 나온 잡종 자손은 모두 노란색 완두콩이었으며, 이 잡종 자손의 자손들도 대부분 노란색 완두콩이었으나, 적은 수이지만 초록색인 것도 있었다.

다른 연구자들 역시 나이트와 유사하게 관찰하는 형질의 대립 유형(alternative forms)이 자손들 사이에 나타나는 것을 관찰하였다. 현대 유전학자는 각 형질의 대립 유형이 교배 후 자손들에게 **분리**(segregating)되었다고 하며, 일부 자손은 한 형질에 대한 1가지 대립 유형(노란색 콩)을, 다른 일부 자손은 다른 대립 유형(초록색 콩)을 나타낸다고 설명한다. 이처럼 한 형질에 대한 대립 유형의 분리는 멘델에게 유전의 원리를 이해하는 중요한 단서를 제공하였다.

이와 같이 단순한 결과들 속에는 과학적 혁명이 포함되어 있으나, 분리의 과정이 완전히 이해되기까지는 1세기가 걸렸다.

멘델은 최초로 교배 결과를 정량화하였다

멘델(Gregor Mendel, **그림 10.3**)은 1822년 오스트리아의 한 농부의 아들로 태어나 수도원에서 교육을 받고 과학과 수학을 공부하기 위해 비엔나 대학으로 갔다. 교사 자격시험에 불합격한 뒤, 수도원으로 다시 돌아와 여생을 보냈고 대수도원 원장이 되었다. 멘델은 수도원 정원에서 식물 잡종 교배에 관한 실험을 시작하였고, 이 실험의 결과는 궁극적으로 유전에 대한 우리의 견해를 완전히 바꾸어 놓았다.

완두를 사용하게 된 배경

멘델은 나이트와 이전 연구자들이 사용했던 완두를 연구 대상으로 선택하여 실험을 수행하였다. 이는 여러 가지 측면에서 매우 좋은 선택이었는데, 첫 번째로 많은 초기 연구자들이 다양한 변종들을 교배하여 잡종을 생산하였으므로 멘델은 교배를 통해 생산된 자손에서 형질들이 분리될 것을 이미 알고 있었다.

그림 10.2
완두(*Pisum sativum*).
완두는 재배가 용이하고 다양한 변종들을 만들 수 있어서 멘델의 실험 1세기 이전에도 인기 있는 연구 재료였다.

그림 10.3 멘델의 실험 방법.
완두의 꽃밥(반수체 정자를 지닌 화분을 가짐)과 심피(암술, 반수체 난자를 지닌 밑씨를 가짐)는 꽃잎에 싸여 있고, 외부의 방해 요소가 없는 한 자가수정을 한다. 멘델은 흰색 꽃의 수술에서 화분을 모아 수술이 제거된 보라색 꽃의 심피에 묻혔다. 이와 같이 타가수정의 결과로 생산된 잡종 씨앗은 자라서 모두 보라색 꽃을 피웠으며, 보라색 꽃의 화분을 흰색 꽃의 심피에 옮겨도 결과는 동일하였다.

? **탐구문제** 만약 멘델의 실험에서 암술과 수술이 노출되어 있는 식물을 선택하였다면 어떤 문제가 있을 수 있는가?

두 번째로 완두의 경우 다수의 순종인 품종을 이용할 수 있는데 멘델은 처음에 34개의 변종들을 조사하여 종자가 둥근 것과 주름진 것 또는 노란색과 초록색과 같이 분명한 차이를 보이는 2가지 형질을 지닌 변종 7가지를 선택하였다.

세 번째로 완두는 식물의 크기가 작고 재배가 용이하며 세대가 짧은 편이다. 따라서 연구자들은 많은 개체를 재배할 수 있고, 또 한 해에 여러 세대를 재배하여 비교적 빠른 결과를 얻을 수 있었다.

마지막으로, 완두는 하나의 꽃에 암수 생식기관이 모두 있고 같은 꽃에서 생산된 배우자가 융합하여 생존 가능한 자손을 만들 수 있는 **자가수정**(self-fertilization)을 한다. 자가수정은 각각의 꽃 속에서 자발적으로 일어나지만, 타가수정도 가능하다. 자가수정이 일어나기 이전에 수술을 제거하여 자발적인 자가수정을 막고, 다른 변종의 화분을 떨어뜨려 잡종을 생산할 수 있다(**그림 10.3**).

멘델의 실험설계

멘델은 실험에 이용한 완두 사이의 몇 가지 특정한 차이점에만 초점을 두고 관찰하였으며, 그 외의 차이는 무시하였다. 또한 둥근 콩 대 주름진 콩, 보라색 꽃 대 흰색 꽃처럼 대립 유형을 보이는 형질에 집중하였다.

멘델은 다음과 같이 3단계로 실험을 진행하였다.

1. 멘델은 각양각색의 식물을 여러 세대에 걸쳐 자가수정하여 자신이 관찰하고자 하는 형질이 세대 간에 변하지 않는 확실한 순종을 확립하였다.
2. 멘델은 형질에 대하여 대립하는 유형을 보이는 순종 개체 간의 교배를 하였고, 또한 **상호교배**(reciprocal crosses)하였다. 다시 말해 흰색 꽃 완두의 화분을 보라색 꽃 완두의 심피에 수정하고, 반대로 보라색 꽃 완두의 화분을 흰색 꽃 완두의 심피에 수정하였다.
3. 마지막으로 멘델은 타가수정을 통해 생성된 자손(잡종)을 몇 세대에 걸쳐 자가수정하여 한 형질의 대립 유형들이 어떻게 유전되는지 관찰하였다. 가장 중요한 것은 멘델이 각 세대의 완두에서 각 형질을 보이는 자손의 수를 세었다는 것이다.

정성적인 차이점만을 기술한 이전의 연구자들에 비해, 멘델은 결과를 정량화함으로써 오늘날까지 사용하고 있는 유전법칙을 끌어냈다.

핵심 요약 10.1

멘델 이전의 유전 개념은 일관적인 모델을 제시하지 못했다. 부모의 형질이 체액을 통해 전달되어 자손에서 혼합된다는 "혼합" 가설이 지배적이었다. 그러나 멘델보다 앞선 식물학자들은 잡종에서 관찰된 특징이 제2세대 자손에서 바뀌는 것을 보고 이미 혼합 가설에 대한 의심을 품기 시작했다. 식물을 이용한 멘델의 실험은 자손의 유형을 정량화하고 수학적으로 분석하였다.

- 멘델의 접근 방식 또는 그의 연구 대상 선택 중 어떤 것이 실험의 성공에 더 중요했을까?

10.2 단성잡종 교배: 분리의 법칙

학습 목표

1. 단성잡종 교배의 결과를 계산할 수 있다.
2. 멘델의 분리의 법칙에 대하여 설명할 수 있다.
3. 대립유전자의 분리와 감수분열에서 상동염색체의 행동을 비교하여 설명할 수 있다.

단성잡종 교배(monohybrid cross)는 흰색 꽃과 보라색 꽃처럼 2가지 변이를 가지는 단일 형질에 관한 교배이다. 이 간단한 교배로 유전의 중요한 특성을 끌어낼 수 있다.

멘델이 실험에서 사용한 7가지 특징은 식별하고 판단하기 쉬운 서로 다른 2가지 변이를 가지고 있다(**그림 10.4**). 우리는 멘델의 교배 실험 중 꽃 색깔을 이용한 실험을 좀 더 자세히 알아보는데, 다른 특징에 대한 멘델의 실험도 이와 유사한 결과를 보였다.

F_1 세대는 혼합되지 않고 2가지 형질 중 하나만 나타난다

멘델이 흰색 꽃과 보라색 꽃 완두를 교배하여 얻은 잡종 자손들은 유전의 "혼합" 가설에 따른 중간색을 나타내지 않았다. 자손들을 통칭하여 **F_1 세대**(F_1, first filial generation)라 하며, 자손의 꽃 색깔은 항상 부모의 색깔 중 하나를 나타내었다. 흰색 꽃과 보라색 꽃 완두를 교배한 경우 멘델과 그 이전의 과학자가 관찰했듯이 F_1 자손들은 보라색 꽃을 피운다.

멘델은 F_1 식물에서 표현되는 형질을 **우성**(dominant)이라 하고

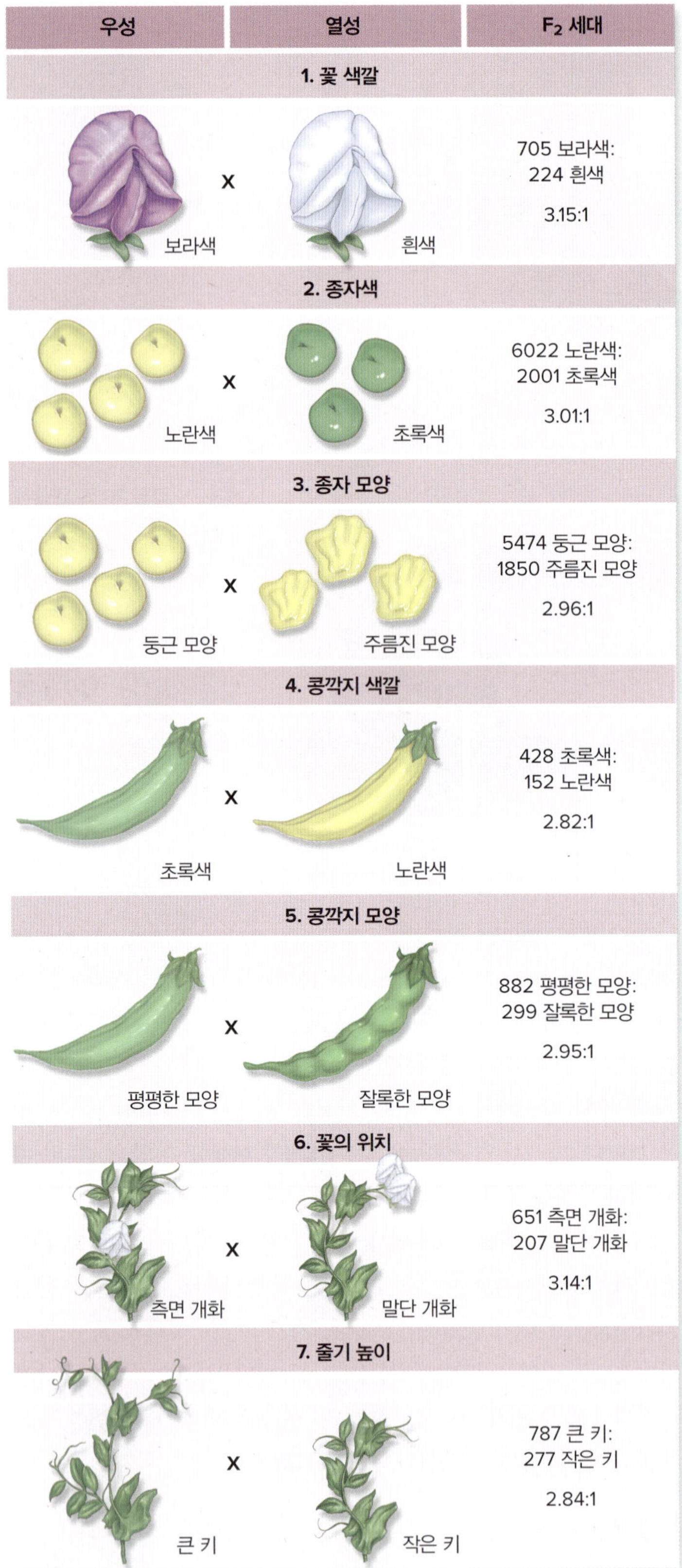

그림 10.4 멘델의 7가지 형질.
멘델은 완두의 변종을 교배하여 품종 간 차이가 어떻게 유전되었는지 연구하였다. 유사한 실험은 이전에도 있었지만, 멘델이 처음으로 결과를 수치화하였고 그 수치의 중요성을 인식하였다. 그림은 7가지 형질에 대한 단성잡종 교배의 결과를 보여준다. F_1 세대는 나타내지 않았다.

표현되지 않는 형질을 **열성**(recessive)이라 하였으며, 멘델이 조사한 7가지 특징에 대하여 대조되는 형질 중 하나는 우성, 다른 하나는 열성이다.

F_2 세대는 2가지 형질이 3:1 비율로 나타난다

멘델은 F_1 세대의 완두를 키워 자가수정한 뒤 얻어진 콩을 다시 심어 **F_2 세대**(F_2, second filial generation)의 자손을 관찰하였다. F_2 완두의 대부분은 보라색 꽃을 피웠지만, 일부는 열성 형질인 흰색 꽃을 피운 것을 발견하였다. F_1 세대에서 감춰졌던 열성 형질이 F_2 세대의 일부 개체에서 다시 나타났다.

멘델은 F_2 세대의 형질들의 비율이 유전의 비밀을 푸는 열쇠가 될 수 있다고 믿었고, 각 형질에 대한 개체 수를 세었다. 보라색 꽃의 F_1 완두의 교배를 통해 총 929개의 F_2 개체를 얻었으며, 이 중 705개(75.9%)는 보라색 꽃, 224개(24.1%)는 흰색 꽃을 피웠다(**그림 10.4**). 따라서 F_2 개체 중 약 1/4은 그 특징(character)에 대한 열성 형질을 나타내며, 멘델이 조사한 다른 6가지 형질도 같은 결과를 보였다. F_2 개체의 3/4은 우성 형질, 1/4은 열성 형질을 나타내며(**그림 10.4**), F_2 세대에서 우성 대 열성의 비는 항상 3:1에 가깝게 나타났다.

3:1의 실제 비율은 1:2:1이다

멘델은 형질이 F_2 세대에 어떻게 전해지는지 조사하였는데, 열성을 표현하는 개체는 항상 순종임을 발견하였다. 예를 들어 F_2 세대의 흰색 꽃 완두는 자가수정을 통해 항상 흰색 꽃 자손을 생산하지만, 우성 형질인 보라색 꽃의 F_2 완두는 1/3만 순종이고, 2/3는 순종이 아닌 것으로 나타났다. 순종이 아닌 개체는 제3세대(F_3)에서 3:1 비율의 우성과 열성 자손을 생산한다.

이러한 결과는 멘델이 F_2 세대에서 관찰하였던 3:1의 비율이 실제로는 우성 순종 1/4, 우성 비순종 1/2, 열성 순종 1/4, 즉 1:2:1 비율임을 보여준다(**그림 10.5**).

> **자료 분석** 앞서 본 일련의 교배에서 만약 보라색 꽃의 F_1을 흰색 꽃 부모와 교배한다면 표현형과 유전자형의 비율은 어떻게 되는가?

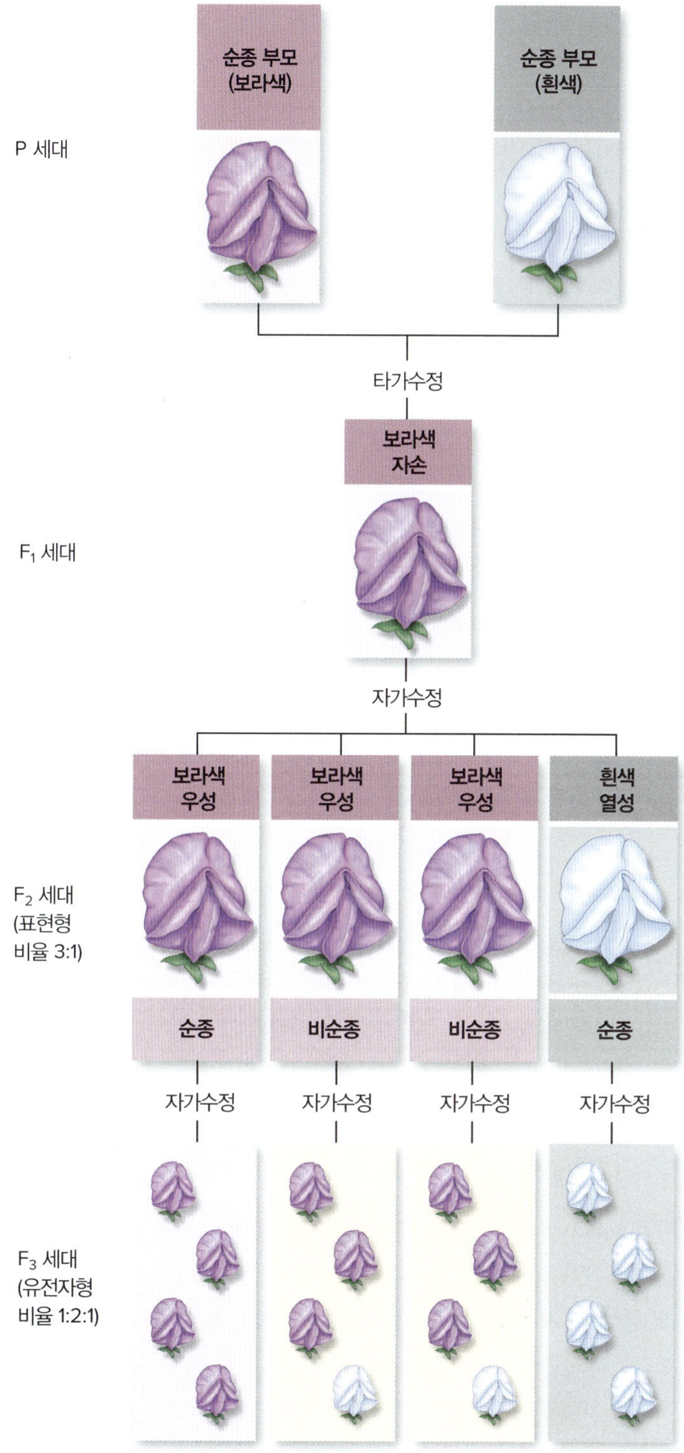

그림 10.5 F_2 세대의 비율은 실제로는 1:2:1.
멘델은 F_2 세대를 자가수정한 뒤 그 자손(F_3)을 관찰하여 F_2 세대가 우성 순종 1, 우성 잡종 2, 열성 순종 1의 비율이라는 것을 발견하였다.

멘델의 분리의 법칙은 단성잡종 교배의 결과를 설명한다

멘델은 실험을 통해서 유전의 4가지 특성을 이해할 수 있었다.

- 교배한 식물들은 중간 형질을 나타내지 않았으며, 이는 유전의 "혼합" 가설에서 벗어난 것이다. 식물의 각 형질은 서로 섞이지 않고 별개로 구분되어 유전된다.
- 한 형질에 대한 2가지 대립 유형 중 하나는 F_1 잡종에서 나타나지 않았다. (F_2에서 다시 나타나지만) **대립 유형은 사라진 것이 아니라 F_1에 존재하고 있지만 표현되지 않았다.**
- 형질에 대한 대립 유형은 분리되어 자손에게 전달되고 어떤 개

체는 한 대립 유형의 형질을, 어떤 개체는 또 다른 대립 유형의 형질을 나타낸다.

- F_2 세대에서 우성과 열성은 3/4과 1/4의 비율로 발현되며, 이 3:1 비율을 **멘델 비율**(Mendelian ratio)이라 한다.

5요소를 지닌 멘델의 모델

멘델의 결과는 간단한 모델로 설명될 수 있는데, 이를 좀 더 현대적인 유전학 용어를 사용하여 다음과 같이 5가지로 요약할 수 있다.

1. 부모는 생리적인 형질을 자손에게 바로 전해주는 것이 아니라 형질을 결정할 수 있는 개별적인 인자, 지금 우리가 유전자(gene)라 부르는 것을 전달한다.
2. 개체는 부와 모로부터 각각 유전자 1개만 받는데, 유전자는 염색체상에 있으므로 성체는 부와 모로부터 받은 염색체 1쌍을 가지는 2배체(diploid)이다.
3. 위와 같이 물려받은 유전자의 1개를 **대립유전자**(allele)라 하며, 각 특징에 대한 대립유전자는 늘 동일한 것은 아니다. 반수체 배우자 2개가 수정될 때, 동일한 대립유전자를 가지는 배우자일 경우 **동형접합성**(homozygous), 다른 대립유전자를 가지는 배우자일 경우 **이형접합성**(heterozygous) 자손이 만들어진다.
4. 두 대립유전자는 독립적으로 존재하며, 섞이거나 서로를 변화시키지 않는다. 그러므로 성체가 그들의 배우자를 만들 때, 대립유전자는 각각 분리되어 무작위로 배우자로 들어간다.
5. 어떤 특정 대립유전자가 있다고 해도 그 대립유전자가 반드시 발현되는 것은 아니다. 이형접합성 개체에서는 우성인 대립유전자만 표현되고 열성인 다른 대립유전자는 표현되지 않는다.

유전학자들은 한 개체가 가지고 있는 모든 세트의 대립유전자를 **유전자형**(genotype)이라 한다. 대립유전자의 발현 여부에 따라, 나타나는 개체의 외형 또는 관찰 가능한 특징을 개체의 **표현형**(phenotype)이라 한다. 다시 말해 유전자형은 청사진이며, 표현형은 눈에 보이는 결과물이다.

멘델 비율을 좀 더 현대적인 용어로 설명하면, 우성과 열성의 3:1 비율은 단성잡종 교배 결과의 표현형 비율이며, 1:2:1 비율은 우성 동형접합, 이형접합, 열성 동형접합의 유전자형 비율이다. 우성 대립유전자의 발현으로 인해 이형접합체의 표현형은 우성 동형접합체와 동일하므로 유전자형의 비율이 합쳐져 표현형의 비율로 나타난다.

분리의 법칙

멘델의 모델은 그가 관찰한 비율을 깔끔하게 보여준다. 주요한 결론은 하나의 특징에 대한 대립유전자 쌍은 배우자가 형성될 때 분리되어 존재하며, 이러한 결론은 다른 생물에서도 확인되었다. 이를 **분리의 법칙**(the Principle of Segregation)이라 하고, 다음과 같이 간단히 표현할 수 있다. **한 유전자의 2개 대립유전자는 배우자 형성 동안 분리되고, 수정될 때 부와 모로부터 나온 각각의 대립유전자는 무작위로 결합한다.**

대립유전자의 분리는 감수분열 시 염색체의 이동과 관련한다. 9장에서 본 바와 같이 각 상동염색체는 감수1분열 후기에 분리되며, 감수2분열 때 분리된 염색분체를 지닌 배우자가 형성된다. 멘델의 시대에는 염색체나 감수분열과 같은 것들이 알려져 있지 않았기 때문에 멘델은 유전의 기작에 대해서는 몰랐지만, 그의 분석은 올바른 결론에 도달하였다.

퍼넷 사각형을 이용한 분석

멘델은 형질을 나타내는 부호를 사용하여 그의 교배 실험 결과를 분석하였다. 이 분석법은 그 부호가 살짝 변형되긴 했지만 현재까지 사용되고 있다. 멘델의 보라색 꽃과 흰색 꽃 완두 교배 실험을 생각해 보자. 보라색 꽃의 우성 형질을 대문자 *P*로, 흰색 꽃의 열성 형질을 소문자 *p*로 표시하고, 이 책 전체를 통틀어 유전자형은 이탤릭체로 표시한다.

우리는 흰색 꽃을 피우는 식물의 열성 동형접합 유전자형을 *pp*로, 보라색 꽃의 우성 동형접합 유전자형을 *PP*로 표시할 수 있다. 그리고 보라색 꽃을 피우는 식물의 우성 이형접합 유전자형은 *Pp*(우성형질을 먼저 표시)로 나타낼 수 있다.

흰색 꽃 부모는 오직 *p* 배우자만을, 순종의 보라색 꽃 부모는 *P* 배우자만 형성할 수 있으므로, F_1 세대는 이형접합의 *Pp* 자손만 만들어진다. 이때 *P* 대립유전자가 우성이므로 F_1 세대는 보라색 꽃을 피운다.

F_1 세대를 자가수정하면 *P*와 *p* 대립유전자가 배우자 형성 시 분리되어 들어가므로 *P* 배우자와 *p* 배우자 둘 다 만들어지고, 배우자들은 무작위로 수정되어 F_2 개체를 만든다. F_2 세대의 모든 경우의 수를 **퍼넷 사각형**[Punnett square; 영국 유전학자 퍼넷(R. C. Punnett)의 이름에서 유래, **그림 10.6***a*]으로 분석할 수 있다. 멘델의 모델을 퍼넷 사각형을 이용하여 분석하면 F_2 세대는 보라색 꽃 3/4과 흰색 꽃 1/4로, 표현형 비는 3:1로 명확히 예측할 수 있다(**그림 10.6***b*).

사람의 형질은 우성/열성 유전을 따른다

인간의 많은 형질은 우성 유전 또는 열성 유전된다(**표 10.1** 참조). 사람은 완두처럼 교배를 조절할 수 없으므로, 유전학자는 이미 형성된 가족의 역사(family history)를 연구한다. 어떤 형질에 대하여 수 세대에 걸쳐 부부 관계 및 자손들을 그림으로 일관적으로 표시하는

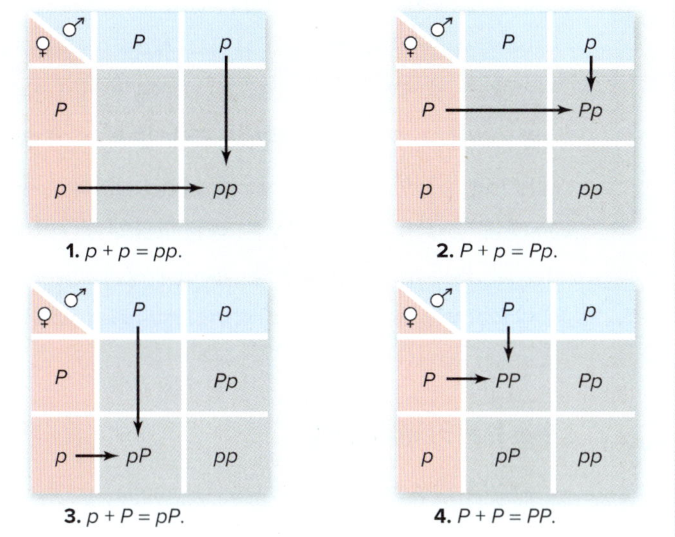

a.

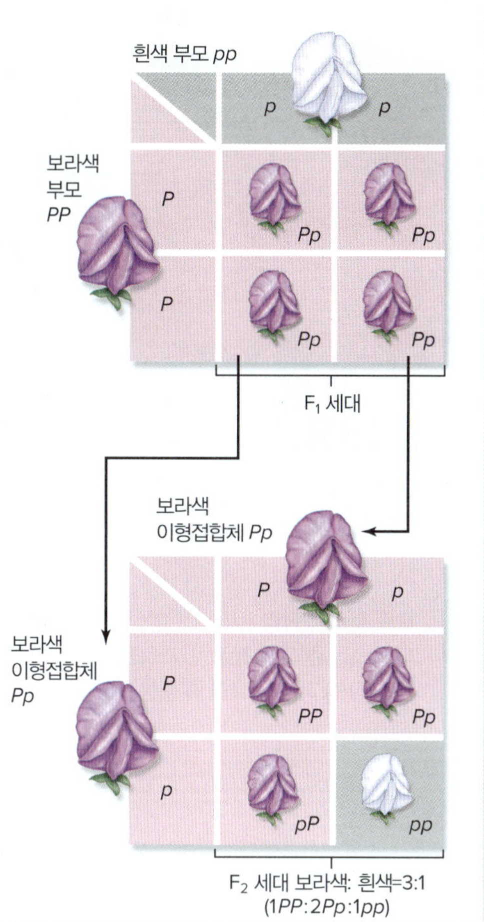

b.

그림 10.6 퍼넷 사각형을 이용한 멘델의 교배 결과 분석.
a. 퍼넷 사각형을 작성하려면 정방형의 측면에 서로 다른 암술 배우자를 배치하고, 사각형의 상부에 수술 배우자를 배치한다. 잠재적 접합자(수정에 의해 생산 가능)는 수직선과 수평선이 교차하는 지점에 표시한다. ***b.*** 멘델의 교배실험에서 흰색 꽃과 보라색 꽃의 각 부모는 1종류의 배우자만 생산한다. 그리고 모든 F_1은 보라색으로 *Pp* 이형 접합체이다. 이 F_1 자손은 2종류 유형의 배우자를 생산하므로, 이들이 수정할 경우 3종류의 F_2 자손을 생산할 수 있다. *PP* 동형접합 우성(보라색); *Pp* 이형접합(보라색); 그리고 *pp* 동형접합 열성(흰색)으로 나타난다. 그리고 표현형 비율은 보라색 3: 흰색 1이 되며, 유전자형 비율은 1*PP*:2*Pp*:1*pp*로 표현된다.

가계도(pedigree)를 방법론으로 사용하고 있다. 유전학자는 가계도 속 정보를 이용하여 사람의 형질의 유전 양상을 추론한다. 가계도 분석에 있어 일반 집단에서는 질병의 원인이 되는 대립유전자가 매우 드물다는 것을 인식해야 한다.

우성 유전 가계도: 소아 녹내장

지금까지 가장 큰 가계도 중 하나는 우성 대립유전자에 의해 발생하는 시각장애 유전 패턴을 추적하기 위한 가계도였다. 이 질환의 대립유전자는 유전성 소아 녹내장(juvenile glaucoma)을 일으키는데,

표 10.1 사람의 우성 형질과 열성 형질

열성 형질	표현형	우성 형질	표현형
백색증(albinism)	멜라닌 색소 결핍	중간 마디의 털(middigital hair)	손가락의 중간 마디에 털이 있음
알캅톤뇨증(alkaptonuria)	호모겐티신산을 대사하지 못함	단지증(brachydactyly)	손가락이 짧음
적록색맹(red-green color blindness)	붉은색 또는 초록색 파장의 빛을 식별하지 못함	헌팅턴병(Huntington disease)	중년기 이후 신경계의 퇴화
낭포성섬유증(cystic fibrosis)	분비선의 이상으로 인한 간 퇴화 및 폐의 기능 이상	페닐티오카바마이드(PTC) 감수성	PTC를 쓴맛으로 느낌
듀센형근위축증 (Duchenne muscular dystrophy)	유년기의 근육 소실	굴지증(camptodactyly)	새끼 손가락을 펼 수 없음
혈우병(hemophilia)	혈액이 응고되지 않거나, 응고 과정이 매우 느림	고콜레스테롤혈증(사람의 가장 흔한 멘델 유전 질환, hypercholesterolemia)	혈중 콜레스테롤 수치가 증가하며 심장마비 위험이 커짐
낫모양적혈구빈혈증 (sickle cell anemia)	헤모글로빈의 결함으로 적혈구는 굽은 혈관을 통과하지 못하거나 응집함	다지증(polydactyly)	손가락이나 발가락이 한쪽에 6개 이상 존재

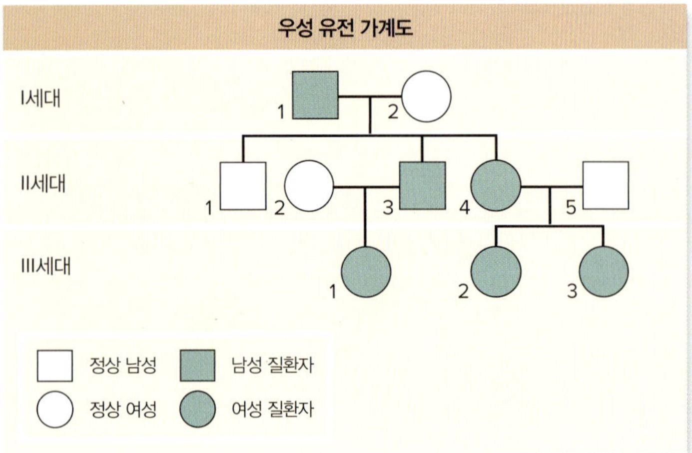

그림 10.7 우성 유전성 소아 녹내장 가계도.
남성은 사각형, 여성은 원으로 표시하였으며, 질환자는 색으로 나타내었다. 각 세대에서 질환 형질이 나타나는 것은 우성 형질의 특징이며, 이러한 특징이 이 가계도에서도 보인다.

자료 분석 만약 3세대의 여성 질환자 중 한 사람이 정상인 남자와 결혼한다면 정상인 자식을 낳을 수 있는가? 만약 그렇다면 정상인 자식을 낳을 확률은 얼마인가?

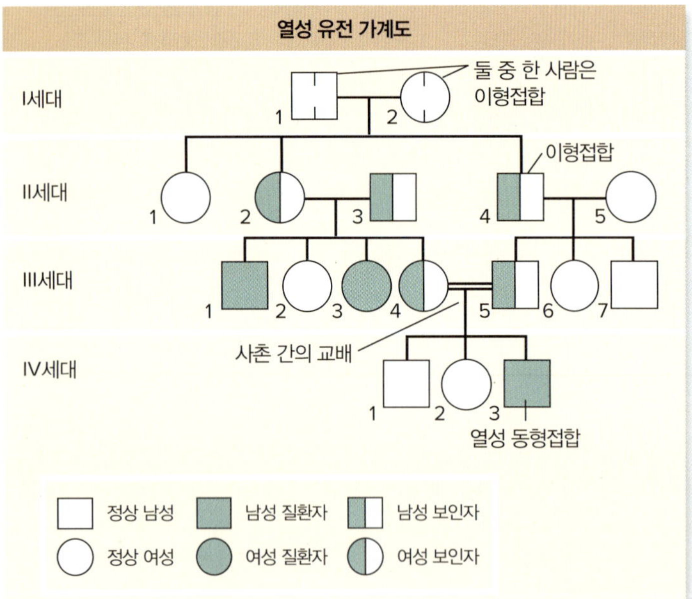

그림 10.8 열성 유전인 백색증 가계도.
I세대의 두 사람 중 한 사람은 이형접합임이 분명하며, II-2, II-4 사람도 이형접합체이다. 백색증 사람의 부모는 모두 백색증이기보다는 둘 다 이형접합체(보인자)이다. 2중선은 근친혼(두 사람은 혈연관계임)을 표시하며, 이 경우 백색증 자손이 출생하였다.

탐구문제 유전질환의 관점에서 가까운 친족끼리의 혼인과 자녀 출산이 바람직하지 않은 이유는 무엇인가?

시신경이 퇴화되어 시력이 소실된다.

이 가계도는 3세기에 걸친 유전을 추적하여 결국 1495년에 사망한 프랑스 북서부 작은 마을의 한 부부에 원인이 있음이 밝혀졌다. **그림 10.7**에 그 가계도의 일부가 나타나 있다. 이 가계도에 의하면 각 세대마다 질병이 나타나는 것으로 보아 이 형질이 우성으로 유전되는 것이 명백하다. 이런 현상은 열성 형질의 경우에는 거의 있을 수 없는데, 왜냐하면 열성 형질의 질환이 발생하기 위해서는 이 질환의 대립유전자를 가지고 있으며 혈연관계가 아닌 사람이 매우 많아야 하기 때문이다.

열성 유전 가계도: 백색증

사람의 열성 유전의 예로는 멜라닌(melanin) 색소가 잘 형성되지 않는 백색증(albinism)이 있다. 오랫동안 백색증은 1개 유전자로 인해 발생하는 것으로 생각되어 왔으나, 백색증은 여러 유전자의 변이의 결과이다. 백색증은 일반적으로 털, 피부 및 눈에 색소가 없다는 특징을 지니고 있으며, 색소가 결핍된 백색증 사람은 태양에 매우 민감하다. 태양광에 피부를 노출시켜 피부색이 진해지는 태닝 효과는 색소를 만드는 피부세포 수 및 생산되는 색소의 양 모두의 증가로 인한 것인데, 백색증 사람은 이러한 색소 자체가 만들어지지 않는다.

그림 10.8은 멜라닌 색소 형성에 관여하는 타이로시네이스(tyrosinase) 효소 유전자의 기능상실로 인한 백색증 가계도이다. 백색증의 유전적 특징은 남녀가 같은 비율로 발병하고, 대부분의 백색증 사람의 부모들은 백색증이 아니다. 부모 중 한 사람만 백색증인 경우 보통 자손은 백색증이 아니고 부모가 혈연관계에 있는 경우(근친교배) 자손은 백색증에 걸릴 확률이 높다. **그림 10.8**에 이러한 특징들이 나타나며, 이 모든 특징들은 열성 유전의 양상을 보여준다.

핵심 요약 10.2

멘델의 단성잡종 교배는 "혼합" 가설을 반박한다. 한 형질이 첫 번째 세대(F_1)에서 사라지고, 그 다음 세대(F_2)에서 예측 가능한 비율로 다시 나타났다. F_1 세대에서 나타난 형질을 우성이라 하고 그렇지 않은 형질을 열성이라 한다. F_2 세대에서 우성 자손과 열성 자손의 비율은 3:1이며, 이는 우성 동형접합 1: 이형접합 2: 열성 동형접합 1이다. 분리의 법칙은 대립유전자가 서로 다른 배우자에 무작위로 분리되고, 수정 시 다시 합쳐짐을 말한다. 분리의 법칙은 감수1분열 후기에 나타나는 상동염색체의 분리 현상을 바탕에 두고 있다.

■ F_2 세대에서 순종인 식물의 비율은 얼마일까?

10.3 양성잡종 교배: 독립의 법칙

학습 목표

1. 양성잡종 교배의 결과를 계산할 수 있다.
2. 멘델의 독립의 법칙에 대하여 설명할 수 있다.
3. 여러 유전자에 대한 대립유전자들의 독립적인 분리와 감수분열에서 나타나는 상동염색체들의 행동을 비교해 설명할 수 있다.

분리의 법칙은 단성잡종 교배에서 한 형질을 결정하는 대립 유형(즉, 대립유전자)의 움직임을 설명해주고 있다. 다음 단계는 이러한 법칙을 확장하여 **양성잡종 교배**(dihybrid cross), 즉 한 교배에서 다른 형질 2가지가 어떤 양상을 보이는지 설명한다.

멘델은 단일 형질의 양상을 이해한 뒤 여러 형질들이 잡종에서 서로 독립적으로 행동하는지 의문을 가졌다. 그는 연구를 위해 선택한 7가지 특징 중에서 2가지 특징에 대하여 순종을 만들고 상반되는 형질들의 순종을 교배하여 이형접합체를 만들었다. 이렇게 만들어진 이형접합체는 양성 이형접합체(doubly heterozygous), 즉 양성잡종(dihybrid)이다. 또한 멘델은 F_1 세대의 양성잡종을 자가수정하여 F_2 세대를 만들어 그 수를 세었다.

양성잡종 교배에서 형질은 독립적으로 분리된다

종자 모양을 결정하는 대립유전자(둥근 것 *R*, 주름진 것 *r*)와 종자 색깔을 결정하는 대립유전자(노란색 *Y*, 초록색 *y*)에 관한 교배를 살펴보자. 둥글고 노란색 종자를 만드는 완두(*RR YY*)와 주름지고 초록색 종자를 만드는 완두(*rr yy*)를 교배하면 이형접합인 F_1 개체들은 모두 같은 표현형(둥글고 노란색 종자)과 유전자형(*Rr Yy*)을 가진다. 양종잡종 F_1 개체를 자가수정하여 F_2 세대를 만든다.

F_2 세대의 표현형비 9:3:3:1

이 교배에서 나타날 수 있는 표현형의 수를 생각해 보자. 우선 부모의 표현형인 둥글고 노란색 그리고 주름지고 초록색 종자를 기대할 수 있다. 만약 형질이 독립적으로 행동한다면 각 부모로부터 하나의 형질만 물려받아 둥글고 초록색 그리고 주름지고 노란색 종자도 기대할 수 있다.

다음으로 F_1 개체가 생산할 수 있는 배우자의 종류를 생각해 보자. 우리는 *RY*와 *ry*의 2가지 배우자를 예상할 수 있는데, 만약 형질이 독립적으로 분리된다면 *Ry*와 *rY* 배우자도 기대할 수 있다. 현대적인 용어를 사용하면 두 유전자에 대한 2개의 대립유전자는 4가지 경우의 수로 조합되어 *RY*, *ry*, *Ry*, *rY* 배우자를 만들 수 있다.

양성잡종 교배의 퍼넷 사각형

이 배우자들로 만들 수 있는 모든 자손들을 퍼넷 사각형으로 알 수 있다. 4×4 정사각형으로 총 16개의 결과가 가능하고, 퍼넷 사각형을 채우면 나올 수 있는 모든 자손을 알 수 있다(**그림 10.9**). 9개의 둥글고 노란색 종자, 3개의 주름지고 노란색 종자, 3개의 둥글고 초록색 종자, 1개의 주름지고 초록색 종자가 생산되고, 이러한 결과로부터 독립적으로 행동하는 형질의 표현형 비는 9:3:3:1로 예측할 수 있다.

독립의 법칙은 양성잡종 교배의 결과를 설명한다

멘델은 양성잡종 교배로부터 무엇을 관찰하였을까? 멘델은 양성잡종을 자가수정하여 얻은 556개의 종자로부터 다음과 같은 결과를 관찰하였다.

- 둥글고 노란색 완두콩 315개(*R*__*Y*__로 표시함. 밑줄은 *R* 또는 *r* 대립유전자를 나타냄)
- 둥글고 초록색 완두콩 108개(*R*__*yy*)
- 주름지고 노란색 완두콩 101개(*rr Y*__)
- 주름지고 초록색 완두콩 32개(*rr yy*)

이 결과는 9:3:3:1에 매우 가깝다. 556개 자손에 대한 9:3:3:1 비율은 313:104:104:35가 된다.

두 유전자의 대립유전자는 서로 독립적으로 행동하며, 멘델은 이 현상을 두고 형질이 독립적으로 분리되었다고 하였다. 즉, **독립분리**(independent assortment)란 서로 다른 유전자는 서로의 대립유전자 쌍의 분리에 영향을 미치지 않는다. 둥근 것에 대하여 주름진 것의 비는 약 3:1(423:133)이며, 노란색과 초록색의 비도 3:1(416:140)이다.

우리는 이를 **독립의 법칙**(Principle of Independent Assortment)이라 한다. 간단히 말하면, **양성잡종 교배에서 각 유전자의 대립유전자들은 독립적으로 분리된다.** 더 정확히 말해 서로 다른 대립유전자 쌍의 분리는 독립적으로 일어난다. 독립적 분리는 감수분열 시 염색체의 행동과 밀접한 관련이 있다(9장 참조). 감수1분열 시 상동염색체들의 독립적 배열이 대립유전자 쌍의 독립적인 분리를 초래한다.

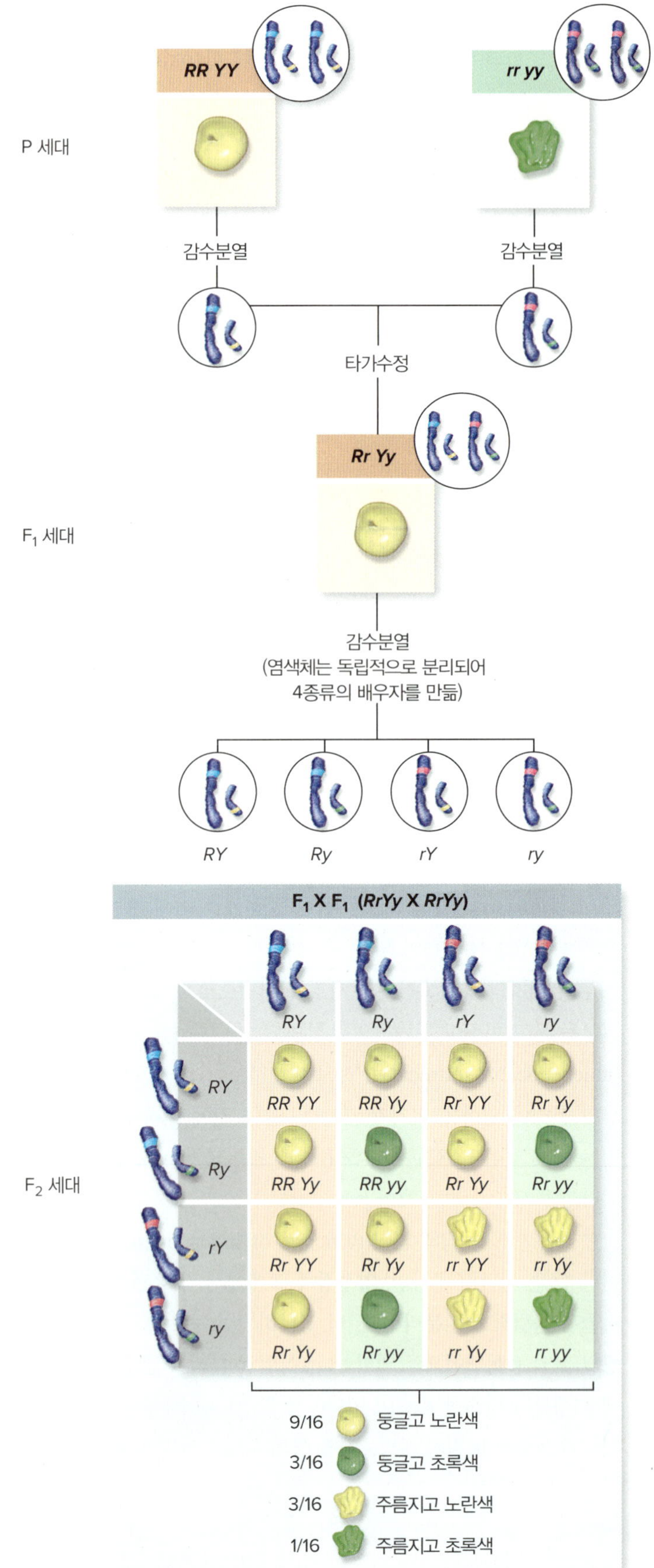

그림 10.9 양성잡종 교배 분석.
퍼넷 사각형은 멘델의 둥글고 노란색 종자와 주름지고 초록색 종자의 양성잡종 교배 결과를 보여준다. 멘델은 4가지 가능한 표현형의 비율이 9:3:3:1인 것을 발견하였다.

핵심 요약 10.3

양성잡종 교배에 대한 멘델의 분석은 서로 다른 특징에 대한 대립유전자는 독립적으로 분리됨을 보여주며, 이를 멘델의 독립의 법칙이라 한다. 2개의 특징에 대하여 서로 다른 개체를 교배하여 얻은 자손을 자가수정하면 9:3:3:1이라는 멘델의 양성잡종 교배 비율(Mendel's dihybrid ratio)을 얻을 수 있다. 이는 감수1분열 동안 상동염색체 쌍이 독립적인 행동을 보이는 것과 관련되어 있다.

- 멘델의 법칙을 설명하는 데 있어 감수1분열과 감수2분열 중 어느 것이 더 중요할까?

10.4 확률: 교배 결과 예측

학습 목표

1. 합의 법칙과 곱의 법칙을 설명할 수 있다.
2. 유전적 교배에 확률을 적용할 수 있다.

확률은 무작위로 발생하는 사건의 결과를 예측할 수 있는데, 감수분열 과정에서 서로 다른 염색체들의 행동이 독립적이기 때문에 교배 결과를 예측하는 데 확률을 이용할 수 있다. 확실하게 일어날 수밖에 없는 사건의 발생 확률은 1이며, 절대로 일어날 수 없는 사건의 발생 확률은 0이다. 따라서 그 외의 사건들은 발생 확률 0과 1 사이의 값을 갖게 된다. 예를 들어 동전을 던지면 2가지 결과가 가능한데, 그림이 나오는 것은 그 결과 중 하나에 해당하므로 확률은 1/2이다. 꽃 색깔의 대립유전자에 대한 이형접합체인 *Pp*를 생각해 보자. 이 개체는 감수분열 시에 염색체의 분리에 의해 두 종류의 배우자를 같은 수로 생산하게 된다. *P* 배우자가 생성되는 것은 이중 하나이며, *P* 대립유전자를 갖는 배우자가 만들어질 확률은 1/2, 즉 동전을 던질 때와 같은 확률이다.

2가지 확률 법칙에 의해 단성잡종 교배의 결과를 예측할 수 있다

간단한 2가지 확률의 법칙으로 유전적 교배의 결과를 예측할 수 있다. 이 법칙과 그 사용에 대하여 설명하기 전 우리는 다른 정의가 필요하다. 2가지 사건이 동시에 일어날 수 없는 경우 우리는 2개의 사건을 **상호 배타적**(mutually exclusive)이라 한다. 예를 들면, 동전 던지기에서 그림과 숫자가 나오는 것은 상호 배타적이다. 이것은 동전을 연속으로 2번 던져서 그림이 2번 나오거나 숫자가 2번 나오는 것과는 다르며, 각각의 동전 던지기는 서로 **독립적인 사건**(independent event)이다. 상호 배타적인 사건과 독립적인 사건의 정의는 앞으로 설명할 확률 법칙의 기본이 된다.

합의 법칙

동전 대신에 주사위를 던져 보자. 주사위를 던지면 한 가지 결과만 나오는데 각각의 결과들은 상호 배타적이다. 어떤 특정 값이 나올 확률은 1/6이다. 특정 두 가지 숫자 중 하나가 나올 확률은 각각의 확률을 더한 값이 되며, 이를 **합의 법칙**(rule of addition)이라 한다.

상호 배타적인 2가지 사건에 대하여, 2가지 사건 중 어느 하나가 일어날 확률은 각 사건의 확률의 합이다.

주사위를 한 번 던졌을 때 2 또는 6이 나올 확률은

$$1/6+1/6=2/6=1/3$$

이것을 이형접합체인 보라색 완두콩 F_1 세대의 교배($Pp\times Pp$)에 적용하면, 4가지 상호 배타적인 결과(PP, Pp, pP, pp)가 가능하다. 이형접합체가 될 확률은 Pp 또는 pP가 될 확률이므로 $1/4+1/4=1/2$이 된다.

즉, F_2 세대에서 이형접합체가 나올 확률은 $1/4Pp+1/4pP=1/2$

앞에서 나온 교배 결과에서 총 379개체 중 190개체가 이형접합체가 될 것으로 예측할 수 있다(실제 이형접합체 수는 189.5개체였다).

곱의 법칙

두 번째 법칙은 유전학에서 매우 유용한 것으로 독립적인 사건에 관한 확률 법칙이다. 이를 **곱의 법칙**(rule of multiplication 또는 product rule)이라 하며, 2개의 독립적인 사건이 둘 다 발생할 확률은 각 사건의 확률의 곱으로 나타낸다.

이 법칙은 단성잡종 교배에 적용할 수 있다. 특정한 결과는 2개의 독립적인 사건으로 인한 것으로, 각 부모의 배우자 형성을 독립적인 사건으로 보고 2가지 독립적 사건이 발생해 자손이 나오는 것을 결과로 생각하자. 앞에서 언급한 F_1 세대의 보라색 꽃의 완두(이형접합체)는 모두 Pp이므로, P 혹은 p의 배우자를 만들 것이며 그 확률은 각각 1/2이다. F_2 개체가 pp일 확률은 p 배우자를 한 부모(수컷)로부터 받을 확률 1/2과 p 배우자를 다른 부모(암컷)로부터 받을 확률 1/2을 곱한 값, 즉 1/4이 된다.

$$pp\ \text{동형접합체일 확률}=1/2p(\text{부})\times 1/2p(\text{모})=1/4\ pp$$

이것은 사실 퍼넷 사각형의 기본 원리이다. 퍼넷 사각형의 각 칸은 그 칸에 기여하는 배우자들의 확률의 곱이다. 그리고 각 칸을 채우는 상호 배타적 사건들의 가능성은 합의 법칙으로 계산한다.

이러한 확률 계산은 이형접합체 사이의 교배에서 열성 동형접합체의 수를 예측하는 데 사용할 수 있는데, 예를 들어 총 379개의 자손 중 열성 동형접합체는 95개체로 예측 가능하다(실제 계산값은 94.75).

양성잡종 교배의 확률은 단성잡종 교배 확률에 기초한다

확률 분석은 양성잡종 교배에도 적용될 수 있다. 단성잡종 교배의 경우 보라색 꽃 F_1 완두 사이의 교배 시 4가지 결과가 가능하며, 이 중 3개는 우성 형질을 나타낸다. 따라서 어떤 자손이 우성 표현형을 보일 확률은 3/4, 열성 표현형을 보일 확률은 1/4이다. 우리는 이를 이용하여 양성잡종 교배의 결과를 예측할 수 있다. 앞 절에서 언급한 종자의 모양과 색의 양성잡종 교배를 확률로 분석해 보자.

만약 종자의 모양을 결정하는 대립유전자와 종자 색을 결정하는 대립유전자가 독립적으로 행동한다면, 종자 모양에 대한 특정 대립유전자 쌍과 종자 색의 특정 대립유전자 쌍이 같이 존재할 확률은 각각의 대립유전자 쌍이 발생할 확률의 곱이 된다. 예를 들어, 주름지고 초록색인 종자($rr\ yy$)가 F_2 세대에 나타날 확률은 주름진 종자가 생길 확률 1/4과 초록색 종자가 생길 확률 1/4을 곱한 값이 된다.

$$rr\ yy\text{가 생길 확률}=1/4\ rr\times 1/4\ yy=1/16\ rr\ yy$$

독립의 법칙으로 인해 양성잡종 교배는 2개의 독립적인 단성잡종 교배로 취급할 수 있는데, 이 2가지 교배는 독립적인 사건이므로 곱의 법칙이 적용된다. 따라서 양성잡종의 각 표현형의 확률은 다음과 같이 계산할 수 있다.

$$\text{둥글고 노란색 종자}(R\_\_\ Y\_\_)=3/4\ R\_\_\times 3/4\ Y\_\_=9/16$$
$$\text{둥글고 초록색 종자}(R\_\_\ yy)=3/4\ R\_\_\times 1/4\ yy=3/16$$
$$\text{주름지고 노란색 종자}(rr\ Y\_\_)=1/4\ rr\times 3/4\ Y\_\_=3/16$$
$$\text{주름지고 초록색 종자}(rr\ yy)=1/4\ rr\times 1/4\ yy=1/16$$

종자 색깔 유전자와 종자 모양에 대한 유전자가 독립적으로 분리된다는 가정은 F_2 세대가 9:3:3:1의 표현형 비가 나올 것으로 예측 가능하게 한다. 이 비율은 전체 자손의 수에서 각 표현형의 수를 계산하는 데 사용될 수 있다. 확률의 기본적인 원리와 결과는 퍼넷 사각형의 원리 및 결과와 동일하다.

자료 분석 보라색 꽃과 둥글고 노란색 종자의 완두를 흰색 꽃과 주름지고 초록색 종자를 가진 완두와 교배하여 보라색 꽃과 둥글고 노란색 종자의 F_1을 얻었다. 만약 이 F_1을 자가교배한다면 보라색 꽃과 둥글고 노란색 종자를 얻을 확률은 얼마인가?

핵심 요약 10.4

합의 법칙은 두 사건 중 어느 하나라도 일어날 확률은 각 사건이 일어날 확률의 합임을 말한다. 곱의 법칙은 2개 독립적인 사건이 모두 일어날 확률은 각 사건이 일어날 확률의 곱임을 말한다. 이러한 법칙들은 유전학적 교배에서 특정 유전자형과 표현형이 나올 확률의 계산에 적용할 수 있고, 예상한 확률과 교배 결과를 비교할 수 있다.

- 만약 유전자 *A*와 *B*가 독립적으로 분리된다면, *Aa Bb*와 *aa Bb*의 교배 시 각 유전자에 대한 우성 표현형을 얻게 될 확률은 얼마일까?

10.5 검정교배: 유전자형 알아내기

학습 목표

1. 검정교배 자료를 해석하여 유전자형을 유추할 수 있다.

멘델은 그의 유전 모델을 검증하기 위해 **검정교배**(testcross)라는 간단하고 훌륭한 방법을 고안하였다. 검정교배는 미지의 유전자형의 개체와 열성 동형접합체(recessive homozygote)를 교배한다. 열성 동형접합체 부모는 오직 열성 대립유전자만 물려줄 수 있으므로 열성 동형접합체 부모가 자손의 표현형에 기여하는 바를 배제할 수 있다.

보라색 꽃의 완두를 생각해 보자. 우리는 이 식물이 동형접합인지 이형접합인지 알 수 없다. 유전자형을 알아내기 위해서 흰색 꽃의 완두와 교배하면 동형접합체와 이형접합체는 다른 결과를 보여 준다(**그림 10.10**).

경우 1: 미지의 개체가 우성 동형접합체(*PP*)인 경우
$PP \times pp$: 모든 자손은 보라색 꽃(*Pp*)
경우 2: 미지의 개체가 이형접합체(*Pp*)인 경우
$Pp \times pp$: 자손의 1/2은 흰색 꽃(*pp*), 1/2은 보라색 꽃(*Pp*)

검정교배에서 열성 형질의 자손이 나타나는 것은 시험 개체(미지의 개체)가 이형접합체임 보여준다.

멘델이 연구한 각 대립유전자 쌍에 대하여 F_2의 표현형은 3:1이며(**그림 10.4**), 검정교배 결과의 비율은 그가 예상한 것과 같이 1:1이다. 검정교배는 2가지 유전자에 대한 유전자형을 결정할 때에도 이용될 수 있다. 멘델은 종종 우성 형질을 보이는 F_2 개체를 확인하기 위하여 검정교배를 실시하였다.

우성 형질을 보이는 F_2 개체(*A*__ *B*__)의 유전자형은 *AABB*, *AaBB*, *AABb*, *AaBb*가 될 수 있다. 멘델은 이 개체를 열성 동형접합체와 교배하여(*A*__ *B*__ × *aabb*) 자손이 두 형질에 대하여 모두 또는 둘 중 하나만 순종인지 판단하여 부모인 F_2 개체의 유전자형을 결정하였다.

자료 분석 2가지 형질에 대하여 우성 표현형을 가지는 개체의 유전자형을 결정하기 위하여 가능한 4가지 검정교배를 모두 그리시오.

검정교배는 간단하게 유전적 분석을 하는 데 효과적인 기술이며 이 방법은 다음 장의 유전자 지도 분석(genetic mapping)에서도 사용한다.

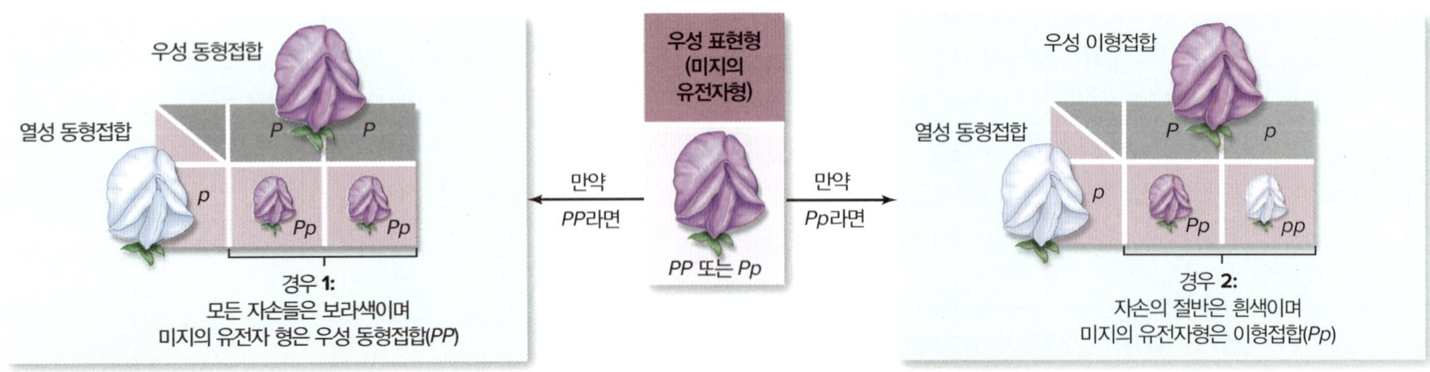

그림 10.10 검정교배.
보라색 꽃과 같은 우성 표현형을 가지는 개체가 우성 대립유전자에 대하여 이형접합인지 동형접합인지 알기 위하여 멘델은 미지의 개체를 열성 동형접합체(이 경우엔 흰색 꽃을 가지는 개체)와 교배하였다.

핵심 요약 10.5

우성의 표현형을 가지는 개체는 우성 동형접합이거나 이형접합일 것이다. 미지의 유전자형은 열성 동형접합체와의 교배를 통한 검정교배로 알 수 있다. 이형접합체일 경우 검정교배에서 우성과 열성 표현형이 동일한 비율로 나타난다.

- 양성 이형접합체(doubly heterozygous)에 대하여 양성잡종 검정교배를 할 경우 예상되는 표현형의 비는 무엇일까?

10.6 멘델 법칙의 확장

학습 목표

1. 멘델의 모델이 간단명료하게 성립될 수 있었던 전제 조건을 설명할 수 있다.
2. 연속변이를 유전적으로 설명할 수 있다.
3. 멘델의 비율과 다르게 관찰되는 경우에 대한 유전적 근거를 설명할 수 있다.

멘델의 연구 결과는 그 당시에는 큰 주목을 받지는 못했지만, 사망하고 16년 후인 1900년도에 3명의 연구자가 각각 그의 연구 결과를 재발견하였다. 그들은 멘델이 30년 전에 연구한 것과 유사한 연구 결과를 논문으로 출판하기 위하여 필요한 문헌을 찾던 중 멘델의 논문을 보게 된 것이다.

멘델 연구 결과의 재발견 후 수십 년 동안 많은 연구자들이 멘델의 법칙을 시험하였고, 멘델의 이론을 확인하고자 했던 과학자들은 때로는 멘델의 비율과는 다른 비율을 관찰하기도 했다.

멘델의 비율이 항상 나오지 않았던 이유는 다른 연구자들이 사용한 형질에 그 원인이 있었다. 단순명료한 멘델의 모델이 성립하기 위해서는 다음과 같은 많은 전제 조건들이 첨가되어야 한다. 각 형질은 2개의 대립유전자로 이루어진 단일 유전자에 의해 결정되어야 하고, 환경적인 영향을 받지 않아야 하며, 유전자의 산물은 서로 독립적으로 작용해야 한다. 앞으로 유전 현상을 좀 더 이해하기 위하여 멘델의 법칙이 어떻게 확장될 수 있는지 알아보자(**표 10.2**).

다인자유전: 하나 이상의 유전자가 단일 형질을 결정한다

하나의 대립유전자가 하나의 형질을 결정하는 것보다 실제 유전자형과 표현형의 관계는 더 복잡하다. 대부분의 표현형은 완두의 꽃 색깔처럼 보라색과 흰색으로 단순히 2가지 상태로만 나타나지 않는다.

멘델이 했던 키 큰 완두와 키 작은 완두의 교배를 생각해 보자. 실제로는 "키 큰" 완두는 정상 신장이며, "키 작은" 완두는 한 유전자에 대한 대립유전 자에 의해 신장이 짧아진 것이다. 하지만 인간을 포함한 대부분의 생물종에서 신장은 값의 차이를 극명하게 보이기보다 연속적인 값으로 나타난다. 어떤 표현형이 연속적인 분포를 나타내는 것은 한 가지 이상의 유전자가 작용하고 있기 때문으로 설명할 수 있는데, 이러한 유전의 형태를 **다인자유전**(polygenic inheritance)이라 한다.

실제로 단일 유전자에 의해 표현형이 결정되는 경우는 그리 많지 않으며, 대부분의 특징은 여러 유전자의 작용이 합쳐진 표현형으로 나타난다. 여러 유전자들이 함께 작용하여 특징에 영향을 미치는 경우, 그 특징의 표현형은 키나 몸무게처럼 미세한 차이를 가지는 값으로 분포한다. 이 유전자들이 독립적으로 분리된다면 한 집단을 구성하는 다수의 개체들은 그 특징에 대하여 단계적인 차이의 정도를 보일 것이다(**그림 10.11**). 이를 **연속변이**(continuous variation)라 하며 이러한 형질을 **양적 형질**(quantitative traits)이라 한다. 어떤 형질을 결정하는 유전자가 많으면 많을수록 그 표현형은 더 높은 연속성을 보인다.

이러한 연속변이를 보이는 형질은 여러 색깔의 페인트를 혼합하는 것과 같다. 예를 들어, 빨간색과 흰색을 1:7로 섞으면 5:3으로 혼합하여 나온 분홍색에 비해 훨씬 밝다. 빨간색과 흰색의 혼합비율을 다르게 하면 순수한 빨간색부터 순수한 흰색 사이에서 연속적인 미세한 색의 차이를 볼 수 있다.

다양한 변이들은 때로 구간으로 묶을 수 있다. 다양한 신장을 각 구간에 속하는 수로 표시하면 **그림 10.11**과 같은 곡선을 볼 수 있는데, 이를 **히스토그램**(histogram, 도수 분포도)이라 한다. 종 모양의 히스토그램은 이상적인 **정규 분포**(normal distribution)를 나타낸다. 중앙값은 평균을 나타내고, 곡선의 좌우 분포는 변이의 정도를 나타낸다.

하나의 유전자에 의해 결정될 것으로 생각했던 형질이 이제는 여러 유전자에 의해 영향을 받는다는 것을 알게 되었다. 사람의 눈 색깔은 파란색에 비해 갈색이 우성이라고 생각되어 왔으나 이는 잘못된 생각이었다. 정확히 몇 개의 유전자가 관여하는지 아직 모르지만, 눈의 다양한 색깔은 2~4개의 유전자의 작용으로 인한 것이다. 이러한 정보는 법의학 유전학(forensic genetics)이라는 새로운 분야에서 미지의 인물의 눈 색깔을 예측하는 데 사용되기도 한다. 표현형에 대한 유전학적 지식을 바탕으로 미지의 인물의 머리색, 피부색을 예상

표 10.2 멘델의 법칙이 적용되지 않는 경우

유전적 발생	정의	사례
다인자유전	1개 이상의 유전자가 1개 형질에 영향을 줌	• 눈 색깔을 결정하는 4개의 유전자 • 사람의 키
다면발현	1개의 유전자가 1개 이상의 형질에 영향을 줌	• 생쥐의 노란색 털을 결정하는 다면발현 우성 대립인자는 치명적인 발생 결함에 대하여 열성임 • 낭포성섬유증 • 낫모양적혈구빈혈증
복대립유전자	2개 이상의 대립인자를 가지는 유전자	사람의 ABO 혈액형
우성의 정도	• 불완전우성에서 이형접합체는 두 부모의 중간 형질을 가짐 • 공동우성에서는 어느 대립인자도 우성이 아니므로 이형접합체는 부모의 표현형을 모두 가짐	• 분꽃 • 사람의 혈액형
환경적 요인	유전자는 환경에 의해 영향을 받을 수 있음	샴고양이
유전자 간 상호작용	유전자의 산물이 서로 상호작용하여 유전적 비율을 변화시킴	• 옥수수의 보라색 색소의 생산 • 포유동물의 털 색깔

하기 위한 비슷한 노력이 행해지고 있으며, 이러한 노력들은 유전자형 분석을 바탕으로 몇몇 외형 추정 인자(externally visible characteristics, EVCs)의 확률적인 예측이 가능하게 한다.

다면발현: 하나의 유전자가 1가지 이상의 형질을 결정한다

여러 유전자가 단일 형질에 영향을 미칠 수 있지만, 하나의 유전자가 1가지 이상의 형질에 영향을 줄 수도 있다. 다세포 생물에서는

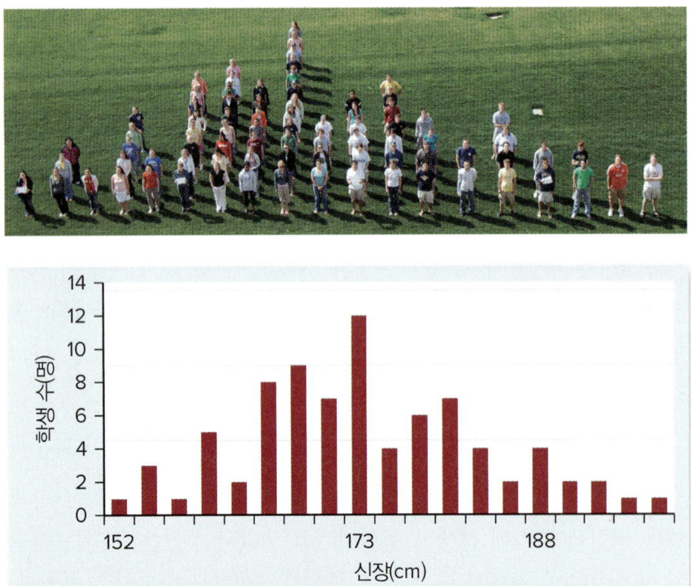

그림 10.11 연속변이로 표현되는 신장 형질.
사진과 그래프는 2005~2007년에 하이드 박사(Dr. Hyde)의 유전학 수업을 들은 노트르담 대학 학생 83명의 키의 변이를 보여주고 있다. 많은 유전자가 키에 영향을 주고, 또한 서로 독립적으로 분리되는 경향이 있기 때문에 상이한 대립유전자 조합의 누적된 영향은 키의 연속분포를 형성한다. 양쪽 극의 값(즉, 큰 키와 작은 키)은 중간 키인 학생 수보다 훨씬 적게 분포되어 있다. 이러한 변이는 영양과 환경 요인 등으로 인하여 발생할 수 있다.

생화학적 경로가 복잡하고 기관들의 기능들이 서로 연계되어 있기 때문에 이러한 복잡한 유전현상이 있는 것이 그다지 놀랍지 않다.

1가지 이상의 표현형에 영향을 미치는 대립유전자는 **다면발현성**(pleiotropic)이다. 프랑스의 선구적인 유전학자 퀴에노(Lucien Cuenot)는 생쥐의 우성 형질인 노란색 털을 연구하였는데, 그는 노란색 털을 가진 생쥐들을 교배해도 순종의 노란색 털 생쥐를 얻을 수 없음을 발견하였다. 노란색 털을 결정하는 대립유전자가 다면발현성이고, 노란색 우성 동형접합체는 죽게 되는데, 그 이유는 이 대립유전자가 노란색 털을 결정하는 것 외에 치명적인 발생적 결함도 나타내기 때문이다.

자료 분석 퀴에노가 노란색 털의 생쥐를 교배하였을 때 야생형(wild type) 생쥐와 노란색 털의 생쥐의 비율은 얼마인가?

다면발현 대립유전자는 한 표현형에서는 우성(노란색 털)일 수 있으나, 다른 표현형에서는 열성(치명적인 발생 결함)일 수 있다. 한 형질을 결정하는 유전자가 알려지지 않은 다른 기능들을 수행할 수 있으므로 다면발현은 예측하기 쉽지 않다.

다면발현은 낭포성섬유증(cystic fibrosis), 낫모양적혈구빈혈증(sickle cell anemia, 11장 참조)과 같이 사람의 여러 유전질환의 특징이다. 이러한 유전질환은 여러 가지 증상(표현형)이 나타나며, 이 모든 증상이 하나의 유전자의 결함으로 인한 것으로 볼 수 있다. 낭포성섬유증 환자는 혈관이 막히거나 끈적한 점액질, 염류가 높은 땀, 간 및 췌장의 기능 이상 등과 같은 다양한 증상을 보인다. 따라서 유전자 결함으로 인한 주된 증상이 어떤 것인지는 알아내기 힘들다. 낭포성섬유증의 원인은 세포막 투과성 염소 이온의 통로를 암호화하고 있는 유전자의 결함으로 밝혀졌다.

유전자는 2가지 이상의 대립유전자를 가질 수 있다

멘델은 항상 2가지 대립유전자를 가지는 유전자를 관찰하였다. 2배체인 개체는 한 유전자에 대하여 오직 대립유전자 2개를 가지지만, 한 유전자에 2가지 이상의 대립유전자가 존재할 수 있다. 뒤에서 알아볼 사람의 ABO 혈액형은 3가지 대립유전자가 관여하고 있다.

만약 DNA 분자의 뉴클레오타이드 서열이 유전자라고 생각한다면, 하나의 뉴클레오타이드의 변화로 새로운 대립유전자를 만들 수 있으므로 가능한 대립유전자의 종류가 매우 많아질 수 있다. 실제로는 가능한 대립유전자의 종류가 제한적이긴 하지만, 집단 밖의 구성원과 교배(outbreeding)를 하는 개체군에서 어떤 유전자는 2가지 이상의 대립유전자를 가지기도 한다. 이러한 대립유전자 사이의 우위성을 예측할 수는 없으나 이형접합의 다양한 조합에 의한 표현형을 관찰함으로써 결정할 수 있다.

불완전우성: 우성은 항상 완전하지 않다

멘델의 우성과 열성의 개념은 생화학적 관점에서 설명하기 쉽지 않다. 예를 들어, 열성 대립유전자에 의해 효소의 기능을 상실하여 나타나는 열성 형질이 있다면, 효소 활성이 절반뿐인 이형접합체는 어떻게 우성 동형접합체와 같은 표현형을 가지게 될까? 1가지 가능한 해답은, 만약 해당하는 화학 반응이 일어나기에 충분한 효소 활성이 하나의 기능적인 대립유전자에 의해서 제공된다면 완전한 우성 표현형을 보게 될 것이지만, 만약 1개의 대립유전자로 충분한 효소 활성을 제공하지 못한다면 표현형이 다른 이형접합체를 보게 될 것이다.

불완전우성

불완전우성(incomplete dominance)에서 이형접합체는 중간 형질을 나타낸다. 예를 들어, 붉은색 꽃 또는 흰색 꽃을 피우는 분꽃을 교배하면 **그림 10.12**에서 보는 것처럼 F_1은 모두 분홍색 꽃을 피운다. 이는 붉은색과 흰색 어느 것도 완전한 우성이 아님을 의미한다. F_1 세대만 보면 이러한 현상이 "혼합" 유전의 경우에 해당하는 것으로 보이지만, F_1 세대끼리 다시 교배하면 붉은색 꽃, 분홍색 꽃, 흰색 꽃을 피우는 개체가 1:2:1의 비율로 나타난다. 이 경우엔 자손의 표현형의 비가 유전자형의 비와 동일하다.

공동우성

대부분의 유전자는 여러 가지 다른 대립유전자를 가지며, 종종 특정한 우성 대립유전자가 없는 대신 각각의 대립유전자가 고유의 영향을 끼칠 수 있는데, 이때 이형접합체는 두 동형접합체의 표현형을 모두 가진다. 이를 **공동우성**(codominance)이라 한다.

과학적 사고

가설: 붉은색과 흰색 분꽃 교배를 통한 분홍색 F_1은 우성이 완전히 발현되지 않은 것이며, 혼합 유전의 예는 아니다.

예측: 만약 분홍색 F_1을 자가교배하면 자손은 멘델의 단성잡종 교배 시 나타나는 유전자형 비율과 동일하게 나타날 것이다. 그 비율은 붉은색 1 : 분홍색 2 : 흰색 1이 될 것이다.

실험: 교배하여 자손의 수를 센다.

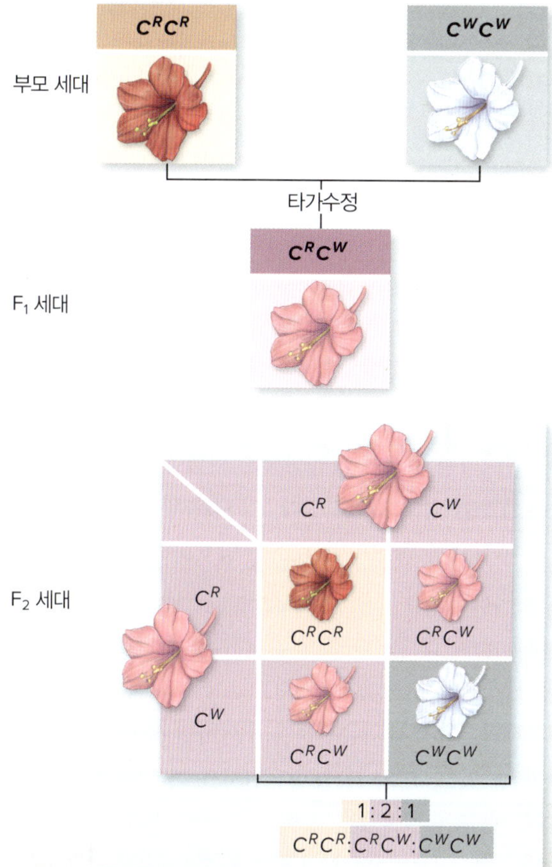

결과: 교배를 통하여 예측했던 결과를 관찰하였다.

결론: 분꽃의 꽃 색깔은 불완전우성이다.

추가 실험: 관찰된 비율에 확신을 갖기 위해서 얼마나 많은 자손의 수를 세어야 하는가?

그림 10.12 불완전우성.
분꽃의 붉은색 꽃(유전자형 C^RC^R)과 흰색 꽃(유전자형 C^WC^W)의 교배에서는 어떤 대립유전자도 우성이 아니다. 이형접합인 자손은 분홍색 꽃으로 나타나며, 유전자형은 C^RC^W이다. 이들 이형접합체끼리 교배하면 그 자손의 표현형은 1:2:1(붉은색:분홍색:흰색)로 나타난다.

공동우성은 이형접합체의 표현형에서 불완전우성과 구분된다. 불완전우성의 이형접합체는 2가지 동형접합체 표현형의 중간이지만, 공동우성의 이형접합체는 2가지 대립유전자의 표현형을 모두 볼 수 있는데, 사람의 혈액형이 그 예이다.

인간의 혈액형 표현형은 적혈구의 표면에 존재하는 단백질에 대한 면역반응에 기초하여 나타난다. 동형접합체의 경우 한 종류의 단

대립유전자	혈액형	표현된 당 성분	공여자와 수여자
I^AI^A, I^Ai (I^A는 i에 대해 우성)	A	갈락토사민	수여: A형, O형 공여: A형, AB형
I^BI^B, I^Bi (I^B는 i에 대해 우성)	B	갈락토스	수여: B형, O형 공여: B형, AB형
I^AI^B (공동우성)	AB	갈락토스와 갈락토사민 양쪽 모두	수여: 모든 혈액형 공여: AB형
ii (i는 열성)	O	당 성분이 없음	수여: O형 공여: 모든 혈액형

그림 10.13 공동우성과 복대립유전(multiple alleles)을 보이는 ABO 혈액형. ABO 혈액형을 결정하는 I 유전자에는 3가지 대립유전자 I^A, I^B, i가 있으며, I^A와 I^B는 모두 i에 대하여 우성이지만(A형과 B형 참조), 둘은 서로 공동우성이다(AB형 참조). 각 유전자형에 의한 혈액형은 적혈구 표면 단백질에 첨가된 당의 종류와 수혈 후 몸의 반응 같은 표현형과 관련이 있다.

백질이 존재하며, 이형접합체의 경우 2가지 단백질이 존재하는 공동우성을 보이고 있다.

사람의 ABO 혈액형

ABO 혈액형을 결정하는 유전자는 적혈구의 표면 단백질에 당을 첨가하는 효소를 암호화하고 있다. 이 당은 면역계가 인식할 수 있는 표지인자이다(34장 참조). 이 효소를 암호화하는 유전자를 I로 표시하며 일반적으로 3가지 대립유전자가 있는데, 단백질에 갈락토사민(galactosamine)을 첨가하는 I^A, 갈락토스(galactose)를 첨가하는 I^B, 어떤 당도 첨가하지 않는 i이다.

I 유전자의 3가지 대립유전자를 조합하면 6가지 다른 유전자형이 만들어질 수 있고, I^A와 I^B 대립유전자를 가지는 이형접합체는 2가지 효소를 모두 발현하므로 적혈구 표면에 갈락토사민과 갈락토스 모두 존재한다. 이형접합체는 2가지 대립유전자를 모두 발현하기 때문에 I^A와 I^B 대립유전자는 공동우성이다. I^A와 I^B는 i에 대하여 모두 우성인데, I^A와 I^B는 모두 당을 첨가하지만 i는 당을 첨가하지 못하기 때문이다. 3가지 대립유전자의 다양한 조합은 4가지 표현형을 만든다(**그림 10.13**).

1. A형은 갈락토사민만 첨가할 수 있다. I^AI^A 동형접합체이거나 I^Ai 이형접합체(2가지 유전자형)
2. B형은 갈락토스만 첨가할 수 있다. I^BI^B 동형접합체이거나 I^Bi 이형접합체(2가지 유전자형)
3. AB형은 2가지 당을 모두 첨가할 수 있으며, I^AI^B 이형접합체(1가지 유전자형)
4. O형은 당을 첨가할 수 없으며, ii 동형접합체(1가지 유전자형)

세포 표면에 나타나는 서로 다른 4가지 표현형을 **ABO 혈액형**(ABO blood groups)이라 한다.

사람의 면역계는 4가지 표현형을 구별할 수 있다. 만약 A형인 사람이 B형의 혈액을 수혈 받는다면 수여자의 면역계는 "외부"항원(여기서는 갈락토스)을 인식하여 공여자의 적혈구를 공격하고 결국 응집 반응을 유발할 것이다. AB형 혈액을 수혈하여도 마찬가지이다. 하지만 O형의 혈액을 수혈하면 갈락토스 항원이 없으므로 면역계는 어떠한 공격도 하지 않는다.

일반적으로 O형 혈액은 누구에게나 수혈할 수 있으므로, O형을 만능공여자(universal donor)라 한다. AB형인 사람은 갈락토사민과 갈락토스 둘 다 항원으로 인식하지 않으므로 어떤 혈액이든 수혈 받을 수 있어 AB형을 만능수여자(universal recipient)라 한다. 하지만 수혈 시에는 동일한 혈액형을 수혈하는 것이 가장 바람직하다.

표현형은 환경의 영향을 받는다

멘델의 실험이 성립하기 위한 또 하나의 전제 조건은 유전자형과 표현형의 관계에 환경이 아무런 영향을 미치지 않아야 한다. 예를 들어, 멘델이 실험을 수행한 수도원의 토양은 항상 일정하지 않았을 테지만, 형질 발현에 대한 토양의 영향력은 고려하지 않았다. 실제로는 유전자형이 발현되어 표현형이 되지만, 환경이 이 둘 사이에 영향을 미칠 수 있다.

환경적 영향은 외부 환경에만 국한된 것은 아니다. 그 실례로 열에 민감한 단백질을 암호화하는 대립유전자는 신체의 온도 차이에

그림 10.14 샴고양이.
털 색깔의 패턴은 온도에 민감한 타이로시네이스 효소를 암호화하는 대립유전자로 인한 결과이다.

영향을 받는다. 히말라야 토끼와 샴고양이의 *ch* 대립유전자는 열에 매우 민감한 타이로시네이스(tyrosinase, 백색증과 관련 있는 효소, **그림 10.14**)를 암호화하고 있다. 이 효소는 33℃ 이상의 온도에서는 불활성화되는데, 몸통 표면과 머리의 체온은 33℃ 이상이어서 타이로시네이스가 불활성화되고 그로 인해 흰색 털이 자라지만, 몸의 말단인 귀와 꼬리는 보통 33℃ 이하로 효소가 활성을 가지게 되므로 멜라닌이 형성되어 어두운 색 털을 가지게 된다.

? **탐구문제** 출생 직후 떨어져 자란 1란성 쌍둥이에 대한 많은 연구는 그들의 성장(신장, 몸무게 등)과 관련한 표현형의 차이가 있음을 발견하였다. 이들이 1란성 쌍둥이임에도 이러한 차이점을 보이는 이유는 무엇인가?

상위: 유전자 간의 상호작용은 유전 비율을 변화시킨다

멘델의 모델 성립을 위한 마지막 전제 조건은 유전자의 산물들이 서로 상호작용하지 않는다는 것인데, 사실 하나의 유전자 산물은 다른 유전자 산물에 영향을 끼칠 수 있다. 만약 유전자 산물이 서로 독립적으로 행동하지 않는다면 대립유전자들이 독립적으로 분리된다 하더라도 양성잡종 교배의 예측 가능한 비율은 바뀔 수 있다. 대사경로들이 서로 긴밀하게 연관되어 있는 것만 보더라도 유전자 산물에 의해 영향을 받는 유전자들이 많다는 사실은 당연하다. 예를 들어, 한 대사 경로에 있는 각각의 유전자는 앞선 유전자의 작용에 의존적이며, 이는 앞서 보았던 교배 결과와는 다른 결과를 보여줄 것이다.

그 예로 옥수수(*Zea mays*)의 몇몇 상업적 품종은 종자의 껍질에 안토시아닌(anthocyanin)이라는 보라색 색소를 가지고 있으나 다른 품종은 그렇지 않다. 1918년 유전학자 에머슨(Rollins Adams Emerson)은 안토시아닌 색소가 없는 순종인 옥수수 품종 2개를 교배하였다. 만약 이것이 멘델의 실험에 사용되었던 형질과 같은 성격이라면 우리는 색소가 없는 종자를 예상할 수 있으나, 그 반대로 F_1 식물은 보라색 종자를 생산하였다.

에머슨은 다시 색소를 형성하는 F_1 개체 2개를 수정하여 F_2 세대를 만들었는데 56%는 색소가 있는 종자였고, 44%는 무색의 종자였다. 이는 분명히 멘델의 단성 또는 양성잡종 교배 비율과는 다른 결과이다. 에머슨은 2개의 유전자가 색소 형성에 관여할 것이라 정확히 추론하였고, 두 번째 교배는 양성잡종 교배와 같은 것으로 추론하였다. 양성잡종 교배의 가능한 결과는 16개이므로, 에머슨은 각 자손의 비율에 16을 곱하여 (0.56) (16)=9, (0.44) (16)=7, 즉 보라색 색소 9: 무색 7의 비율을 구했다. 이는 결과적으로 멘델의 양성잡종 교배 비율인 9:3:3:1의 변형으로 볼 수 있는데(**그림 10.15**), 이때 3의 비율을 보이는 집단의 표현형이 모두 동일하다(무색). 표현형이 같은

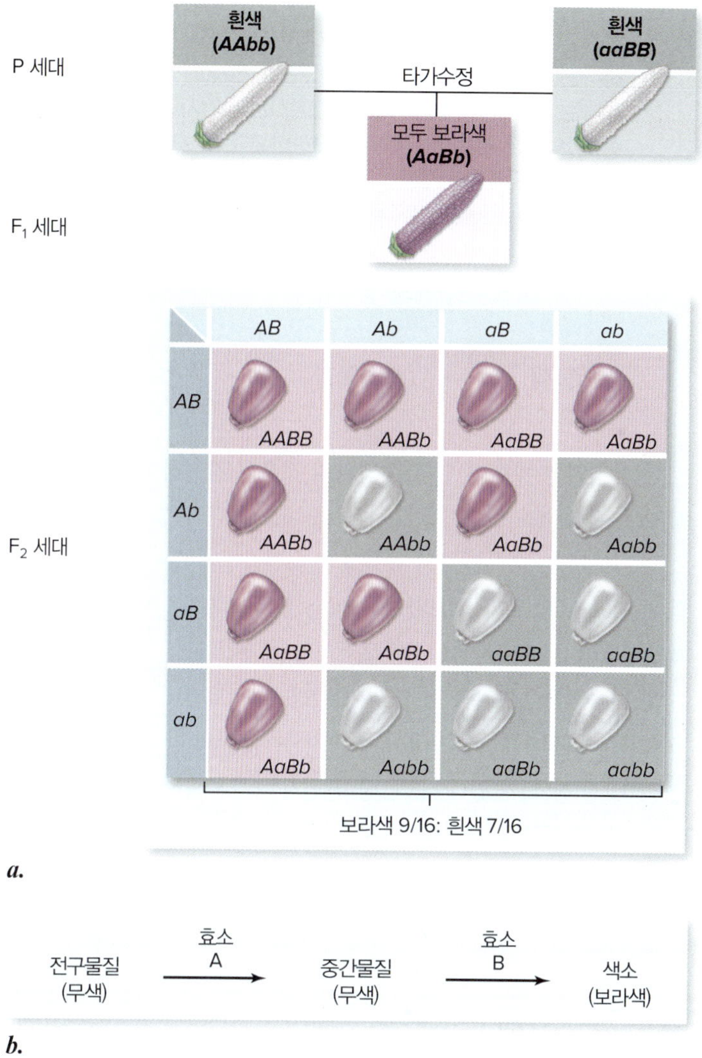

그림 10.15 상위는 곡물의 색깔에 영향을 준다.
a. 몇몇의 흰색 변종 옥수수를 교배한 결과 F_1 세대는 모두 보라색이고, F_1 개체를 자가수정하면 보라색 종자 9와 흰색 종자 7의 비율로 나온다. 이는 보라색 색소를 만드는 데 필수적인 효소를 암호화하고 있는 2가지 유전자로 인한 것이다. 모든 효소가 활성형(유전자형은 *A*_*B*_)이지 않으면, 색소는 형성되지 않는다. ***b.*** 색소를 형성하는 생화학적 경로는 *A*와 *B* 유전자에 암호화된 효소들로 구성되어 있다.

3개의 그룹을 더하면 3+3+1=7이므로 9:7의 비율이 성립한다.

이는 2개의 유전자 산물이 안토시아닌 색소를 생성하는 생화학적 경로에 순차적으로 작용하기 때문이며, 두 유전자 중 하나라도 제 기능을 하지 못하는 효소를 만들 경우 색소는 형성되지 않는다. 정상적인 기능에 대한 대립유전자에 비하여 불능의 대립유전자는 열성이며, 따라서 각각의 유전자는 최소 하나 이상의 정상 기능 대립유전자를 가지고 있어야 색소가 있는 종자를 만들어 낼 수 있다.

자료 분석 생쥐의 털 색깔은 여러 유전자의 영향을 받는데, 하나는 색소 자체를 만들지 못하는 유전자(백색증)이며, 다른 하나는 검은색 또는 갈색 털을 결정하는 유전자이다. 검은색 생쥐를 또 다른 검은색 생쥐와 교배하면 검은색 9: 갈색 3: 백색증 4 비율의 자손이 생긴다. 두 유전자가 독립적으로 분리된다고 가정하면 이 현상은 어떻게 설명될 수 있는가?

안토시아닌 색소는 2단계의 생화학적 경로의 산물이다.

출발물질 (무색) $\xrightarrow{\text{효소 A}}$ 중간물질 (무색) $\xrightarrow{\text{효소 B}}$ 안토시아닌 (보라색)

한 유전자의 발현이 다른 유전자의 작용을 간섭하여 가리는 것을 상위(epistasis)라 한다. 두 유전자 중 어느 하나가 열성 동형접합일 경우 나머지 다른 유전자의 표현형과 유전자형에 영향을 끼친다. 만약 우리가 무색 종자를 보았다면 이는 두 유전자 중 하나가 열성 동형접합이거나 또는 둘 다 열성 동형접합일 것이다.

또 다른 예로 생쥐의 털 색깔이 있다. 타이로시네이스 효소를 암호화하는 유전자에는 색소를 형성하지 못하는 변이 대립유전자(백색증, 10.2절 참조)가 있다. 또 다른 유전자는 검은색 멜라닌 또는 갈색 멜라닌을 형성할지 결정하는 유전자가 있다. 동형접합의 백색증 대립유전자를 가진 생쥐는 갈색 털 유전에 대한 유전자형을 알 수 없다. 이를 백색증 유전자가 털 색깔에 대한 유전자에 대하여 상위라고 말한다. 이런 논리는 생화학적 경로의 유전자 순서에 적용될 수 있다. 돌연변이의 표현형은 첫 번째로 작용한 유전자의 역할이 반영된 것이다(이 경우에는 백색증 유전자).

핵심 요약 10.6

멘델의 모델은 형질에 대한 대립유전자 쌍으로 이루어진 하나의 유전자에 의해 결정되며, 형질은 환경적 영향을 받지 않고, 유전자의 산물은 독립적으로 행동할 것을 전제해야 성립한다. 이 조건들은 모두 지나치게 단순화된 것이다. 형질은 여러 유전자의 작용에 의해 결정되기도 하며(다인자유전), 이때 표현형은 연속적인 분포를 보인다. 또는 하나의 유전자가 여러 가지 형질을 결정할 수 있으며(다면발현), 유전자는 때로는 우위성을 보이지 않는 2개 이상의 대립유전자를 가지기도 한다(공동우성). 불완전우성 유전에서 이형접합체는 동형접합체 부모의 중간적 표현형을 가지며, 공동우성 유전의 이형접합체는 동형접합체 부모의 표현형이 둘 다 나타난다. 따라서 이들은 멘델의 단성잡종 교배의 비율에서 벗어난다. 독립적으로 행동하지 않는 유전자의 산물들은 양성잡종 교배의 비율을 변화시킨다.

■ **그림 10.15**의 교배에서 2개 유전자 중 적어도 하나가 열성 동형접합이기 때문에 나타나는 F_2 세대의 흰색 자손의 비율은 얼마일까?

핵심 개념 요약

10.1 유전의 신비

■ 초기 식물학자들은 수수께끼 같은 결과를 나타내는 잡종을 만들었다

식물학자는 어떤 형질은 한 세대에서 사라지고 그 다음 세대에 다시 나타나는 것을 발견하였다. 이는 형질은 혼합되는 것이 아니라 분리됨을 보여준다.

■ 멘델은 최초로 교배 결과를 정량화하였다

멘델은 순종인 완두 식물 간의 상호교배 후 여러 세대에 걸쳐 자가수정하였다. 그는 실험 결과를 수학적으로 분석하였고, 현재의 유전 모델이 탄생하였다.

10.2 단성잡종 교배: 분리의 법칙

■ F_1 세대는 혼합되지 않고 2가지 형질 중 하나만 나타난다

멘델은 F_1 식물에서 표현되는 형질을 우성이라 하고, 표현되지 않은 형질을 열성이라 하였다.

■ F_2 세대는 2가지 형질이 3:1 비율로 나타난다

F_1 세대의 완두를 자가수정하여 얻은 F_2 세대는 일관되게 우성 3: 열성 1의 비율을 보이며, 이 3:1의 비율을 멘델의 단성잡종 비율이라 한다.

■ 3:1의 실제 비율은 1:2:1이다

멘델은 F_2 개체 중 열성을 표현하는 개체는 항상 순종이며, 우성 표현형 중 1/3만 순종임을 발견하였다. 이러한 결과는 멘델이 F_2 세대에서 관찰하였던 3:1의 비율이 실제로는 우성 순종 1: 우성 비순종 2: 열성 순종 1의 비율임을 보여준다.

■ 멘델의 분리의 법칙은 단성잡종 교배의 결과를 설명한다

형질은 유전자라 부르는 독립적인 인자에 의해 결정된다. 유전자는 서로 다른 형질을 나타내는 대립유전자로 이루어져 있다. 하나의 유전자에 대하여 동일한 2개의 대립유전자를 가지는 경우 동형접합성이라 하며, 2개의 다른 대립유전자를 가지는 경우 이형접합성이라 한다. 유전자형은 모든 유전자의 대립유전자 쌍을 나타내며, 표현형은 이러한 대립유전자의 발현으로 인한 개체의 형태이다.

분리의 법칙은 배우자가 형성될 때 하나의 유전자에 대한 2개의 대립유전자가 분리되어 들어감을 설명한다. 부모의 대립유전자들은 무작위로 합쳐져 2배체 수정란을 만든다. 분리의 법칙은 감수1분열 후기에 나타나는 상동염색체의 분리 현상을 바탕에 두고 있다.

■ **퍼넷 사각형을 이용한 분석**

퍼넷 사각형을 만들기 위해 부 또는 모의 배우자를 사각형 위에 배열하고 나머지 다른 부모의 배우자를 사각형 옆에 배열한다. 접합자는 사각형의 칸에 있는 배우자의 조합으로 만들어진다(**그림 10.6**).

■ **사람의 형질은 우성/열성 유전을 따른다**

사람의 특정 형질은 멘델의 법칙에 따른다(**표 10.1**). 수 세대에 걸친 가계도를 이용하여 가족 내 유전 양상을 분석하고 추론할 수 있다.

10.3 양성잡종 교배: 독립의 법칙

■ **양성잡종 교배에서 형질은 독립적으로 분리된다**

2가지의 서로 다른 형질을 지닌 부모를 교배하여 생성된 F_1은 우성을 나타낼 것이다. 이 F_1은 4가지 다른 종류의 배우자를 만들 수 있으며, 이들은 수정되어 16종류의 F_2 개체를 만드는데, 이들은 9:3:3:1의 4가지 표현형의 비율을 보인다.

■ **독립의 법칙은 양성잡종 교배의 결과를 설명한다**

독립의 법칙은 서로 다른 형질이 독립적으로 분리됨을 설명한다. 이는 감수1분열 동안 염색체의 상동염색체 쌍이 독립적인 행동을 보이는 것과 관련되어 있다.

10.4 확률: 교배 결과 예측

■ **2가지 확률 법칙에 의해 단성잡종 교배의 결과를 예측할 수 있다**

합의 법칙은 2개의 사건 중 어느 하나라도 일어날 확률은 각 사건이 일어날 확률을 더한 값이라는 의미이다. 곱의 법칙은 2개의 독립적인 사건이 모두 일어날 확률은 각 사건이 일어날 확률을 곱한 값이라는 의미이다.

■ **양성잡종 교배의 확률은 단성잡종 교배의 확률에 기초한다**

양성잡종 교배는 기본적으로 독립된 2개의 단성잡종 교배이다. 곱의 법칙은 양성잡종 교배의 결과를 예측하는 데 사용될 수 있다.

10.5 검정교배: 유전자형 알아내기(그림 10.10)

검정교배는 미지의 유전자형을 가진 개체를 열성 동형접합체와 교배하는 것으로, F_1 자손이 모두 같은 표현형을 보이면 미지의 개체는 우성 동형접합체이며, 우성과 열성 표현형이 1:1로 나타나면 미지의 개체는 이형접합체이다.

10.6 멘델 법칙의 확장

■ **다인자유전: 하나 이상의 유전자가 단일 형질을 결정한다**

사람의 키와 같이 어떤 형질은 여러 유전자의 복합적인 작용으로 결정되며, 그 결과 연속적인 표현형의 분포를 보인다.

■ **다면발현: 하나의 유전자가 1가지 이상의 형질을 결정한다**

다면발현은 하나의 대립유전자가 하나 이상의 형질을 결정하는 것으로, 그 결과를 예측하기 어렵다.

■ **유전자는 2가지 이상의 대립유전자를 가질 수 있다**

어떤 유전자는 2가지 이상의 대립유전자를 가지고 있다. DNA 서열의 경우의 수를 생각해 보면 그리 놀라운 사실이 아니다.

■ **불완전우성: 우성은 항상 완전하지 않다**

불완전우성 유전에서 이형접합체는 중간 표현형을 가지며, 단성잡종의 경우 유전자형과 표현형의 비가 같다(**그림 10.12**). 공동우성 대립유전자는 이형접합체의 표현형에 모두 기여한다.

■ **표현형은 환경의 영향을 받는다**

유전자형에 의해 표현형이 결정될 때 환경이 영향을 미칠 수 있다. 환경이란 생물체의 외부 및 내부 환경 모두를 뜻한다. 예를 들어, 샴고양이는 온도에 민감한 효소가 있어 체온이 상대적으로 낮은 몸의 말단 부위가 좀 더 까맣다.

■ **상위: 유전자 간의 상호작용은 유전 비율을 변화시킨다**

하나의 생화학적 경로에서 함께 작용하는 효소를 암호화하는 유전자는 서로 독립적이지 않다. 옥수수의 안토시아닌 색소는 2가지 효소의 작용으로 형성되는데, 이 효소들의 유전자에 대하여 모두 이형접합인 개체를 자가수정하면 9:7의 비율이 나타난다(**그림 10.15**).

연습문제

■ 1단계: 이해력 확인하기

1. 멘델의 연구가 이전의 연구들과 뚜렷한 차이를 보인 점은 무엇인가?
   a. 순종 완두콩을 사용하였다.
   b. 결과를 정량화하였다.
   c. 여러 가지 형질을 연구하였다.
   d. 형질의 분리를 연구하였다.

2. 보라색 꽃 완두(PP)와 흰색 꽃 완두(pp)의 단성잡종 교배에서 F_1 세대는 어떤 표현형을 나타내는가?
   a. 모두 흰색 꽃이다.
   b. 모두 연한 보라색 또는 혼합된 색 꽃이다.
   c. 모두 보라색 꽃이다.
   d. 3/4은 보라색 꽃이며, 1/4은 흰색 꽃이다.

3. 위 문제에서 F_1 세대를 자가수정하면 F_2 세대의 표현형의 비율은 얼마인가?
   a. 모두 보라색 꽃
   b. 보라색 1: 흰색 1
   c. 보라색 3: 흰색 1
   d. 흰색 3: 보라색 1
4. 다음 중 멘델 모델의 5가지 요소가 아닌 것은 무엇인가?
   a. 형질은 대립 유형(대립유전자)을 가지고 있다.
   b. 부모는 서로 섞이지 않는 형질을 자손에게 물려준다.
   c. 대립유전자가 존재하면 그것은 발현된다.
   d. 형질은 혼합되지 않는다.
5. 한 생물체의 ____________는(은) 그 생물체의 ____________에 의해 결정된다.
   a. 유전자형; 표현형
   b. 표현형; 유전자형
   c. 대립유전자; 표현형
   d. 유전자; 대립유전자
6. 사람의 키와 같이 표현형이 연속적인 형질을 보이는 이유는 무엇인가?
   a. 단일 유전자에 대한 복대립유전자(multiple alleles)로 인해 우위성이 변화했기 때문이다.
   b. 단일 유전자에 대하여 복대립유전자가 존재하기 때문이다.
   c. 하나의 유전자가 여러 가지 형질에 영향을 미치기 때문이다.
   d. 여러 가지 유전자가 하나의 형질에 영향을 미치기 때문이다.

2단계: 적용력 평가하기

1. 꽃이 붉고 키가 큰 분꽃과 꽃이 희고 키가 작은 분꽃을 교배하여 분홍색 꽃을 피우고 키가 큰 F_1을 얻었다. 이 유전자들이 독립적으로 분리된다고 가정하고 F_1을 자가수정하여 나오는 F_2의 표현형 비율을 예측한 것은?
   a. 키가 크고 붉은색 꽃 3: 키가 작고 흰색 꽃 1
   b. 키가 크고 붉은색 꽃 1: 키가 작고 분홍색 꽃 2: 키가 작고 흰색 꽃 1
   c. 키가 크고 분홍색 꽃 3: 키가 크고 붉은색 꽃 6: 키가 크고 흰색 꽃 3: 키가 작고 분홍색 꽃 1: 키가 작고 붉은색 꽃 2: 키가 작고 흰색 꽃 1
   d. 키가 크고 붉은색 꽃 3: 키가 크고 분홍색 꽃 6: 키가 크고 흰색 꽃 3: 키가 작고 붉은색 꽃 1: 키가 작고 분홍색 꽃 2: 키가 작고 흰색 꽃 1
2. 만약 1번 문제의 2개의 유전자가 완전 연관(complete linkage)을 보인다면 F_2 표현형 비율은 무엇인가?
   a. 키가 크고 붉은색 꽃 1: 키가 작고 분홍색 꽃 2: 키가 작고 흰색 꽃 1
   b. 키가 크고 붉은색 꽃 1: 키가 작고 붉은색 꽃 2: 키가 작고 흰색 꽃 1
   c. 키가 크고 분홍색 꽃 1: 키가 크고 붉은색 꽃 2: 키가 작고 흰색 꽃 1
   d. 키가 크고 붉은색 꽃 1: 키가 크고 분홍색 꽃 2: 키가 작고 흰색 꽃 1
3. 유전자형 *Bb*와 *Bb*를 교배하였을 때 유전자형 *bb*를 얻게 될 확률은 얼마인가?
   a. 1/2 b. 1/4
   c. 1/8 d. 0
4. *Aa Bb cc* × *Aa Bb Cc* 교배에서 유전자형 *AA Bb Cc*를 얻게 될 확률은 얼마인가?
   a. 1/16 b. 3/16
   c. 1/64 d. 3/64
5. 순종인 키가 큰 담배와 역시 순종인 키가 작은 담배를 교배하여 얻은 F_1은 키가 중간이다. 이 F_1을 자가수정하여 얻은 F_2 세대의 신장은 연속적인 분포를 보였다. 이러한 결과를 가장 잘 설명할 수 있는 것은 무엇인가?
   a. 키는 불완전 우성을 보이는 단일 유전자에 의해 결정된다.
   b. 키는 여러 대립유전자를 가지는 단일 유전자에 의해 결정된다.
   c. 키는 여러 유전자의 복합적인 작용에 의해 결정된다.
   d. 키는 상위 유전자(epistatic genes)에 의해 결정된다.
6. 멘델의 모델은 각 형질이 대립 유형을 지니는 하나의 요소에 의해 결정된다고 전제하고 있는데, 이는 지나치게 단순화한 것임을 우리는 알고 있다. 실제는 어떠한가?
   a. 하나의 유전자는 하나 이상의 형질을 결정한다.
   b. 하나의 형질은 하나 이상의 유전자에 의해 결정되기도 한다.
   c. 하나의 유전자는 항상 하나의 형질을 결정하지만, 형질은 하나 이상의 유전자에 의해 결정되기도 한다.
   d. 하나의 유전자는 하나 이상의 형질을 결정하기도 하며, 형질 역시 하나 이상의 유전자에 의해 결정되기도 한다.

3단계: 사고력 함양하기

1. 다음 교배에 대한 퍼넷 사각형을 만들고, 우성과 열성 표현형의 비율을 예측하시오. 우성 대립유전자는 대문자로 열성 대립유전자는 소문자로 표시되어 있고, b번과 c번은 확률과 곱의 법칙을 이용하시오.
   a. 유전자형 *Aa*와 *Aa* 사이의 단성잡종 교배
   b. 유전자형 *AaBb*와 *AaBb* 사이의 양성잡종 교배
   c. 유전자형 *AaBb*와 *aabb* 사이의 양성잡종 교배
2. 분리의 법칙과 독립의 법칙이 감수분열 현상에 근거하고 있음을 설명하시오.
3. 노란색 털을 가진 생쥐끼리 교배하여 노란색 2: 검은색 1의 자손을 얻었다. 이 결과를 어떻게 설명할 수 있는가? 또 이 교배를 어떻게 검정할 수 있는가?
4. 포유동물의 경우 여러 유전자가 털의 색깔을 결정한다. 이 유전자 중에 하나는 색소를 형성할 수 없는, 즉 백색증의 돌연변이 대립유전자이다. 또 다른 유전자는 색소의 명암을 결정하는 것으로 검은색 또는 갈색 대립유전자를 가지고 있다. 백색증 형질은 열성이며, 검은색은 갈색에 대하여 우성이다. 검은색 생쥐 2마리를 교배하여 검은색 털 9: 백색증 4: 갈색 털 3 비율의 자손을 얻었다. 이 결과를 설명하시오.

III 유전과 분자생물학

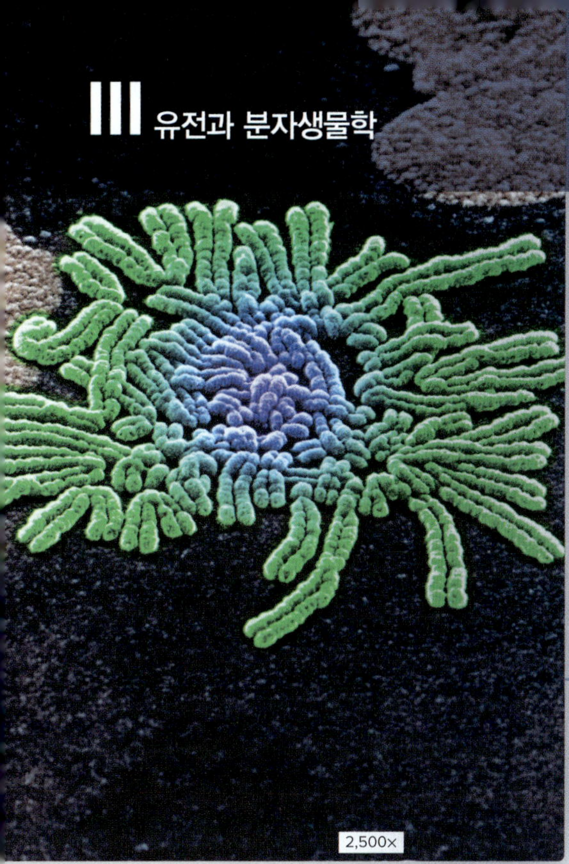
2,500×

11

염색체, 지도작성, 감수분열과 유전의 연계성

도입

멘델의 실험으로 유전 현상을 이해할 수 있게 되었으나, 여전히 많은 의문점이 남아 있었다. 20세기 초까지 사람들은 멘델이 설명한 유전에 관여하는 인자(factor)의 특성에 대하여 모르고 있었다. 20세기 초에 많은 연구자에 의해 염색체의 행동과 형질의 유전에 대한 정보들이 통합되었으며, 멘델의 분리의 법칙과 독립의 법칙은 감수분열 과정에서 일어나는 사건들에 그 근거를 두고 있다는 사실이 밝혀지게 되었다.

감수분열 과정에서 염색체의 행동은 멘델의 법칙을 설명해 줄 뿐만 아니라, 유전 연구를 새롭고 다른 방법으로 접근할 수 있게 해주었다. 유전자지도 작성을 할 수 있는 능력은 고전 유전학의 분석에서 훌륭한 도구가 되었다. 초파리를 비롯한 다른 생물들에서 개발된 유전자지도 작성법은 인간게놈프로젝트에서 얻어진 정보들과 더불어 유전질환에 관여하는 유전자들의 염색체상의 위치 결정과 해당 유전자의 분리를 가능하게 해준다.

11.1 성-연관과 유전의 염색체설

학습 목표

1. 초파리에서 성-연관 유전을 설명할 수 있다.
2. 유전자가 염색체에 존재한다는 증거를 설명할 수 있다.

유전에서 염색체가 중심적 역할을 한다는 것은 1900년에 독일 유전학자 코렌스(Carl Correns)가 멘델의 연구를 재발견한 논문에서 처음으로 제안한 바 있다. 그 후로 감수분열 동안에 유사한 염색체끼리 짝을 짓는다는 관찰 결과가 밝혀지면서 유전의 **염색체설**(chromosomal theory of inheritance)이 제안되었으며, 1902년에 미국의 서턴(Walter Sutton)에 의해 구체화되었다.

모건은 유전되는 형질과 성염색체를 연관시켰다

1910년에 모건(Thomas Hunt Morgan)은 초파리(*Drosophila melanogaster*)를 대상으로 유전 현상을 연구하면서 붉은색 눈이 아닌 흰색 눈을 가진 수컷 돌연변이체를 발견하였다(**그림 11.1**). 모건은 이 새로운 형질이 멘델 유전을 따르는지 알아보았다. 그는 이 돌연변이 수컷을 정상의 붉은색 눈 암컷과 교배하여 붉은색 눈과 흰색 눈 중 어느 것이 우성인지를 알아보려고 하였다. 교배 결과 모든 F_1 세

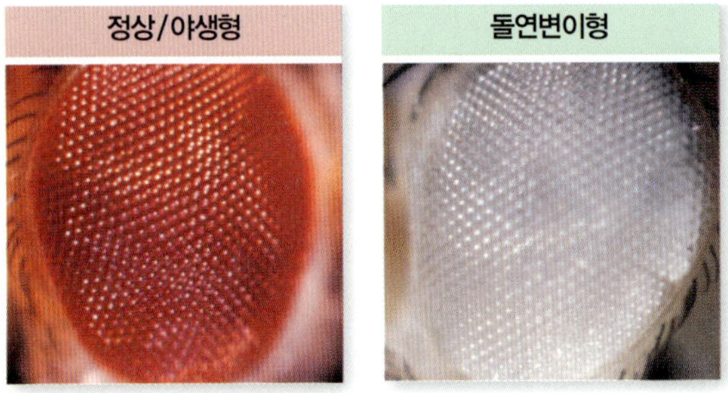

그림 11.1 **초파리의 붉은색 눈(야생형)과 흰색 눈(돌연변이).**
돌연변이는 유전물질에 생긴 유전적 변이이다. 초파리의 X 염색체상에 있는 흰색과 붉은색 눈 대립유전자들을 연구하여 모건은 처음으로 유전자가 염색체에 있다는 것을 증명하였다.

대가 붉은색 눈으로 나타나 모건은 붉은색 눈이 흰색 눈에 대하여 우성이라고 결론지었다.

F_1 교배

멘델이 오래전에 확립해 놓은 실험 방법에 따라서 모건은 F_1 세대의 붉은색 눈을 가진 초파리들을 서로 교배하였다. 그 결과 4252마리의 F_2 개체 중 782개체(18%)에서 흰색 눈이 나타났다. 이때 붉은색 눈과 흰색 눈의 비율이 3:1보다 높게 나타나기는 했지만, 이 결과는 눈 색깔이 분리되는 것을 보여주었다. 그러나 **F_2 세대의 흰색 눈 초파리가 모두 수컷이었다**는 점에서 멘델의 이론으로는 예측이 되지 않는 결과였다(**그림 11.2**).

검정교배

모건은 이러한 결과를 설명하기 위해 생각했다. 한 가지 가능성은 어떤 알려지지 않은 원인으로 흰색 눈의 초파리 암컷은 아예 존재하지 않을지도 모른다는 것이다. 이러한 생각이 맞는지 검정하기 위해 모건은 F_1 암컷과 원래의 흰색 눈의 수컷을 교배하였고, 흰색 눈과 붉은색 눈이 수컷과 암컷에서 각각 1:1의 비율로 나타나는 것을 관찰했다(**그림 11.2**). 결론적으로 흰색 눈 암컷이 존재하기 때문에, 모건은 이 결과를 설명하기 위해 암컷과 수컷 염색체의 성질에 관심을 가지고 연구를 계속하였다.

눈 색의 유전자는 X 염색체에 존재한다

초파리에서 각 개체의 성은 특정 염색체인 **X 염색체**(X chromosome)에 의해 결정된다. 초파리 염색체를 관찰해 보면 암컷은 2개를, 수컷은 오직 1개의 X 염색체를 갖고 있음을 알 수 있다. 수컷의 경우는 하나의 X 염색체가 다른 모양의 **Y 염색체**(Y chromosome)와 감수분열 동안에 짝짓는다. X와 Y 염색체는 성의 결정과 관련되어 있기 때문에 **성염색체**(sex chromosome)라고 부른다.

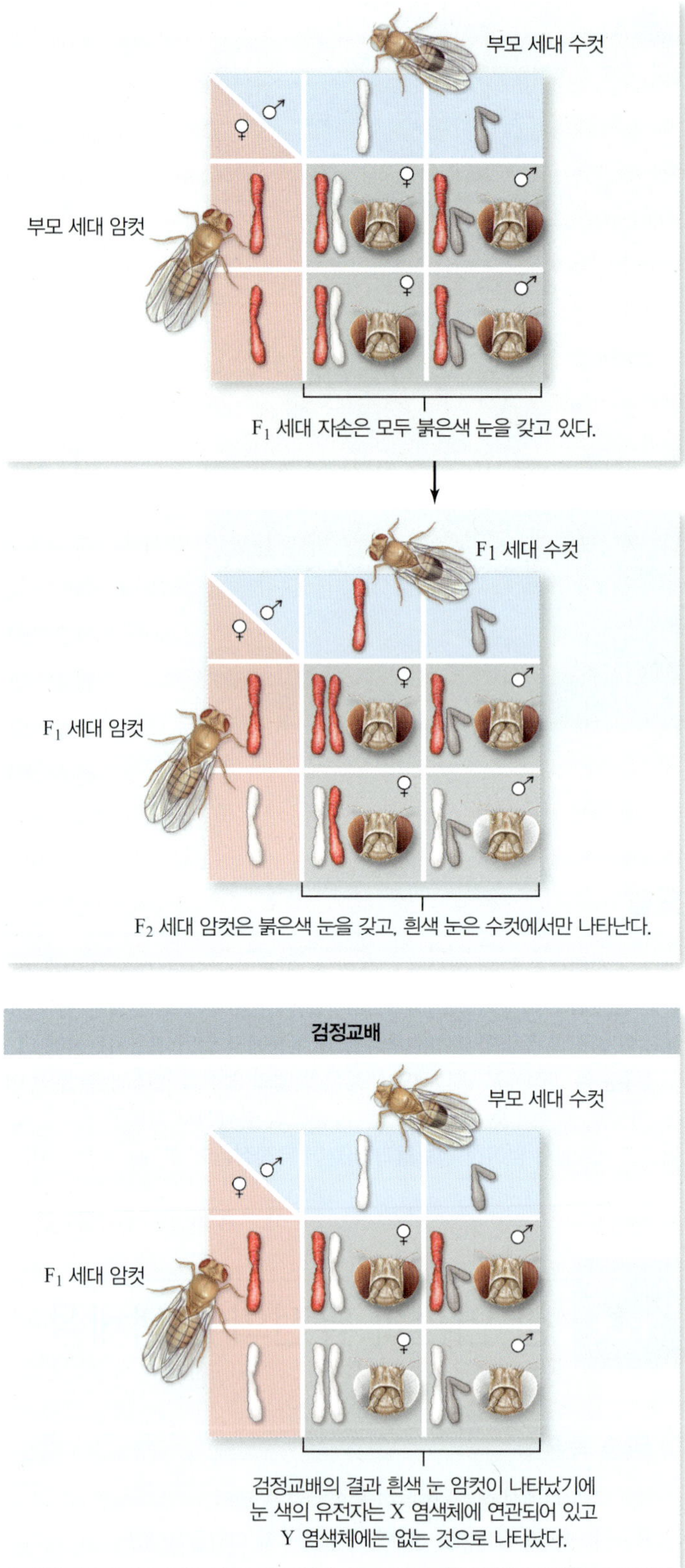

그림 11.2 **염색체에 기반을 둔 성-연관.**
흰색 눈 초파리 수컷과 붉은색 눈 초파리 암컷을 교배하였다. 흰색 눈의 대립유전자가 열성이므로 예상대로 F_1 세대는 모두 붉은색 눈으로 나타났다. F_2 세대에서 흰색 눈 초파리는 모두 수컷에서 나타났는데, 그 이유는 Y 염색체에는 흰색 눈 유전자가 없기 때문이다. 성염색체의 유전과 눈 색이 관련되어 있다는 것은 X 염색체상에 흰색 눈을 발현하는 유전자가 있다는 것을 보여줌으로써 증명이 되었다.

감수분열에서 암컷은 X 염색체를 가진 배우자만을 만드는 반면, 수컷은 X 염색체를 가진 배우자와 Y 염색체를 가진 배우자를 만든다. 따라서 X 정자가 수정을 하면 XX인 수정란이 만들어져 암컷이 되고, Y 정자가 수정을 하면 XY인 수정란이 만들어져 수컷이 된다.

모건의 수수께끼에 대한 해답은 다음과 같다. 초파리의 흰색 눈을 만드는 유전자는 X 염색체에만 존재하고 Y 염색체에는 존재하지 않는다(현재 Y 염색체에는 기능성 유전자가 거의 없는 것으로 알려져 있다). X 염색체에 있는 유전자에 의해 결정되는 형질을 **성-연관**(sex-linked) 혹은 **X-연관**(X-linked)이라 부른다. 흰색 눈 형질은 열성이므로 모건이 수행한 실험의 결과는 멘델의 분리의 법칙에 따른 정상적인 결과였던 것이다(**그림 11.2**).

모건의 실험은 유전학의 역사에서 가장 중요한 실험 중의 하나이다. 왜냐하면 서턴이 제안한 것처럼 형질을 결정하는 유전자가 염색체에 있다는 것을 명백히 보여주었기 때문이다. 교배 실험에서 형질이 분리되는 것은 배우자 형성 동안 상동염색체가 분리되기 때문이다.

핵심 요약 11.1

모건은 초파리의 흰색 눈 형질이 자손의 성에 의해 분리된다는 것을 보여주었다. X와 Y 염색체는 또한 성에 따라 분리된다. 따라서 이 발견은 형질과 염색체의 행동을 연관 지으며, 형질이 염색체에 의해 운반된다는 염색체 유전 이론을 지지했다.

■ 흰색 눈을 가진 암컷과 붉은색 눈을 가진 수컷을 교배하면 어떻게 될까?

11.2 성염색체와 성의 결정

학습 목표

1. 성염색체와 성 결정의 관련성에 대해 설명할 수 있다.
2. 포유동물에서 유전자량 보정의 유전적 결과를 설명할 수 있다.

성염색체의 구조와 수는 종에 따라 다르게 나타난다(**표 11.1**). 사람을 비롯한 다른 포유동물에서와 마찬가지로 초파리는 암컷이 XX이고 수컷이 XY이다. 그러나 조류의 경우는 수컷은 2개의 Z 염색체를 갖고 있으며, 암컷은 하나의 Z와 하나의 W 염색체를 갖고 있다. 메뚜기와 같은 곤충들은 Y 염색체를 가지지 않아 암컷은 XX이고 수컷은 XO이다(여기에서 O는 염색체가 없음을 의미한다).

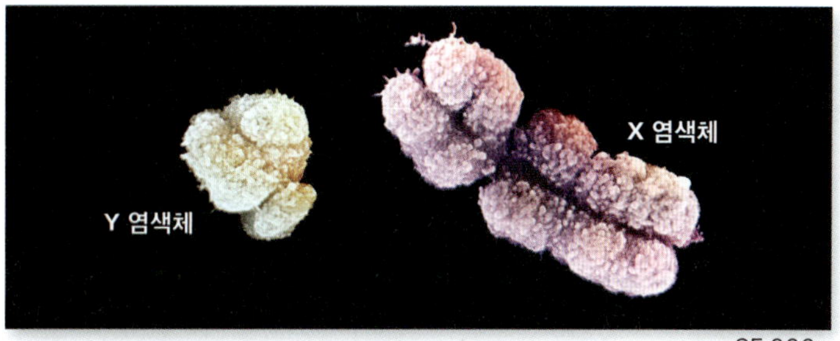

35,000×

표 11.1 몇몇 생물의 성 결정

		암컷	수컷
인간, 초파리	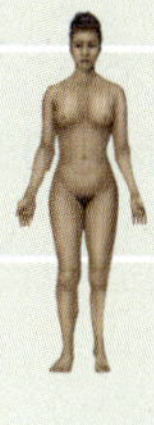 	XX	XY
조류		ZW	ZZ
메뚜기		XX	XO
꿀벌		2배체	반수체

인간의 경우, Y 염색체는 일반적으로 남성성을 결정한다

사람의 염색체는 46개(23쌍)로 이루어져 있으며(8장 참조), 그중 남성과 여성 모두에 존재하는 22쌍의 염색체는 **상염색체**(autosome)라고 부르고, 나머지 1쌍의 염색체는 성염색체로 여자는 XX, 남자는 XY이다.

남성에 있는 Y 염색체는 매우 응축되어 있다. Y 염색체에서는 소수의 유전자만이 발현되기 때문에 남성의 단일 X 염색체에 있는 열성 대립인자는 Y 염색체에는 없는 경우가 대부분이다.

사람의 배아에서 "기본 설정(default)"은 여성으로 발생하는 것이다. 남성과 관련된 특징은 Y 염색체에 있는 일부 활동적인 유전자들, 특히 *SRY* 유전자에 의한 생식기와 2차 성 기관들의 남성화로 인해 나타난다. 결과적으로 **최소한 하나의 Y 염색체**를 가진 사람은 남성이 된다.

이 법칙에 예외가 되는 경우를 통하여 성 결정의 기작을 알 수 있다. 예를 들어, Y 염색체의 일부가 X 염색체로 이동한 경우에 XX인 사람이 남성이 될 수 있으며, XY임에도 불구하고 남성호르몬인 안드로젠(androgen)에 반응하지 않는 안드로젠 불감증(androgen insensitivity syndrome)인 경우 여성으로 될 수도 있다. 마지막으로 *SRY* 유전자의 돌연변이는 XY 개체를 여성으로 만들 수 있다.

사람에게 나타나는 이런 유형의 성 결정은 포유동물에서 공통적이지만 모든 척추동물에 적용되는 것은 아니다. 어류와 파충류 중 몇 종류는 환경적인 요인이 성 결정 유전자의 발현에 영향을 미쳐 성체의 성을 결정한다.

인간의 몇몇 유전질환은 성-연관을 나타낸다

고대로부터 사람들은 여성보다 남성에게 더 많이 발생하는 질환이 있음을 알았다. 적록색맹은 유전자가 X 염색체에 있기 때문에 남성에게 더 많이 발생하는 잘 알려진 질환이다.

다른 예로는 혈액 응고의 연속반응에 관여하는 단백질 중의 하나가 잘못되어 발생하는 질환인 **혈우병**(hemophilia)이다. 혈우병 환자는 작은 상처에도 지혈이 되지 않는데, 혈우병은 X-연관 열성 대립인자에 의해 발생한다. 혈우병 대립인자에 대하여 이형접합인 여성은 증상을 보이지 않는 보인자(carrier)로 나타나며, 혈우병 대립인자가 있는 X 염색체를 받는 남성은 혈우병이 된다.

혈우병 대립인자는 영국의 빅토리아 여왕(Queen Victoria)에 의해 유럽의 여러 왕족에게 옮겨졌다. 이 왕족들은 산부인과적인 기록을 잘 보존하였기 때문에 이 질환에 대한 광대한 가계도를 갖고 있다. **그림 11.3**에서 보는 것처럼 빅토리아 여왕 이후 5세대에 걸쳐서 10명의 남성 자손들이 혈우병을 앓았다.

러시아의 로마노프 왕가에게는 빅토리아 여왕의 손녀인 알렉산드라(Alexandra Feodorovna)를 통하여 혈우병 유전자가 전해졌다. 그녀는 니콜라스 II세(Czar Nicholas II)와 결혼하였고 그들의 독자인 알렉시스(Alexis)가 혈우병을 앓았다. 그 가족 전체는 러시아 혁명

그림 11.3 왕가의 혈우병 가계도.
사진의 아래쪽 중앙에 보이는 빅토리아 여왕은 혈우병의 보인자였다. 여왕의 딸 4명 중 2명의 딸, 앨리스(Alice)와 베아트리스(Beatrice)가 혈우병 대립인자를 물려받았다. 사진에서 앨리스의 두 딸은 빅토리아 여왕의 뒤에 깃털 목도리를 두른 채 서 있는데, 오른쪽은 프러시아의 공주가 된 아이린(Irene)이고, 왼쪽은 곧 러시아의 황후가 될 알렉산드라(Alexandra)이다. 두 명 모두 혈우병의 보인자였다. 아래의 가계도에서 앨리스가 혈우병 대립인자를 러시아와 프러시아의 왕가에 들여온 것이 확실하며, 베아트리스는 스페인 왕가에 그 인자를 들여온 것이 확실하다. 빅토리아의 아들인 레오폴드(Leopold)는 혈우병 환자였으며, 이 병을 3세대로 전파했다. 가계도의 기호 중에서 반쪽만 색칠한 것은 정상 대립인자와 혈우병 대립인자를 각각 하나씩 가진 보인자이며, 완전히 색칠한 기호는 혈우병이 있는 가진 사람을 나타낸다.

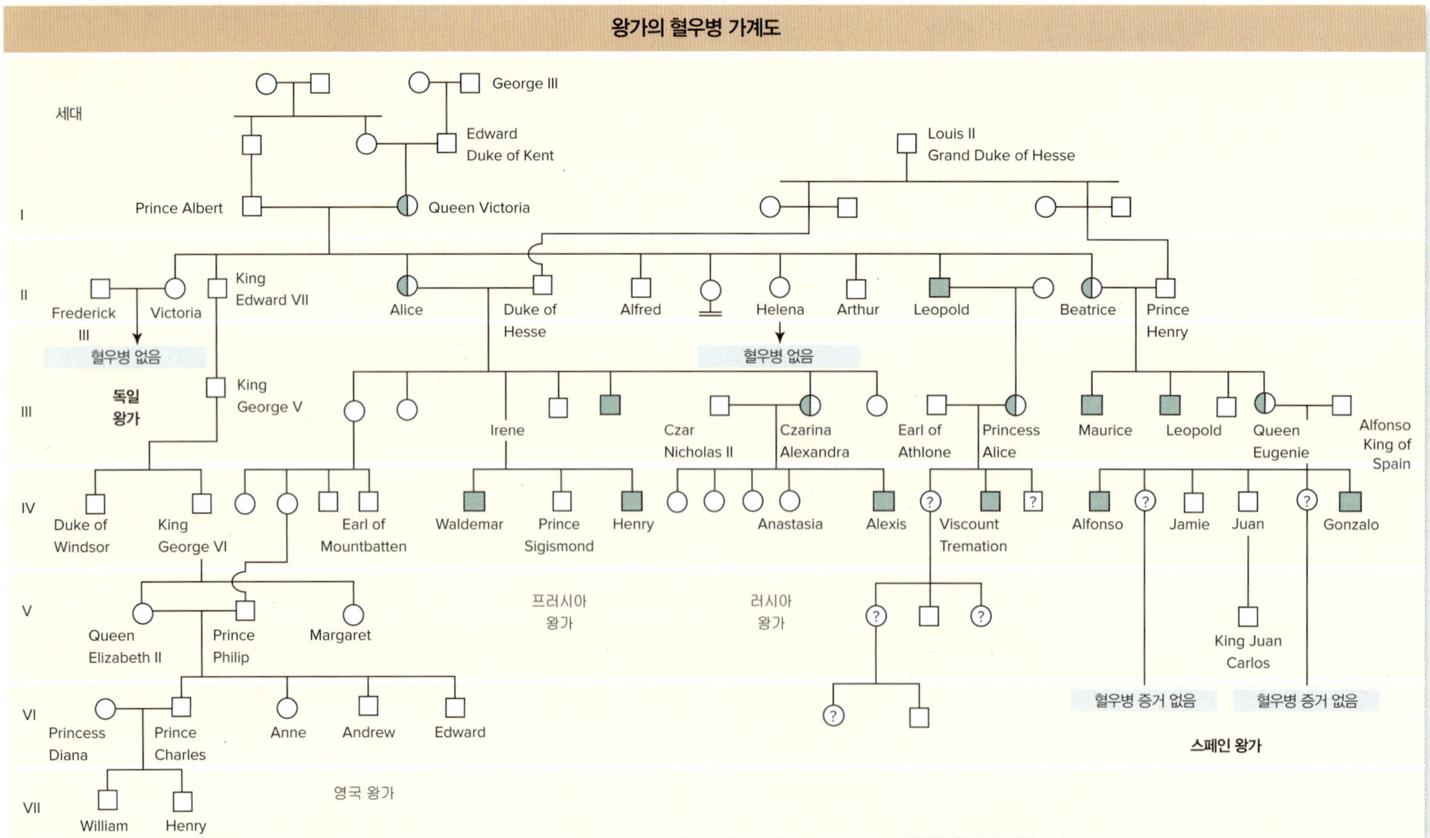

동안에 몰살당하였다. 최근 살아남은 딸이라고 주장하던 여자가 있었으나, 그녀가 죽은 후 유전자 검사를 한 결과 사실이 아님이 밝혀졌다.

아이러니하게도 혈우병이 현재의 영국 왕실에서는 존재하지 않는데, 그 이유는 빅토리아 여왕의 아들 에드워드 VII세(Edward VII)가 혈우병 인자를 유전받지 않았으며, 그의 후손들이 영국의 통치자가 되었기 때문이다.

유전자량 보정은 성-연관 유전자의 산물이 2배가 되는 것을 방지한다

남성은 하나의 X 염색체를 갖고 있고 여성은 2개의 X 염색체를 갖고 있지만, 여성의 세포는 X 염색체에 있는 유전자의 단백질을 남성보다 2배로 만들어 내는 것은 아니다. 이는 여성의 X 염색체 중 하나가 배아 발생의 초기 단계에서 불활성화되어 나타나는 현상이다. 이러한 불활성화는 **유전자량 보정**(dosage compensation)의 한 예로, 남성과 여성의 성염색체 수가 다름에도 불구하고 유전자 발현량을 동일하게 유지하기 위한 것이다. 이와는 대조적으로 초파리에서는 수컷 염색체의 발현수준을 증가시킴으로써 유전자량 보정 기작이 작동한다.

여성에서 어느 X 염색체가 불활성화될지는 세포에 따라서 무작위로 정해진다. 어떤 여성이 성-연관 형질에 대하여 이형접합체이면 어떤 세포는 2개의 대립인자 중 하나를 발현하고, 어떤 세포에서는 다른 대립인자가 발현되기도 한다. 불활성화된 X 염색체는 매우 농축되어서 핵막에 부착된 상태로 진하게 염색되어 다음 그림에서 보는 바와 같이 **바소체**(Barr body)로 관찰된다.

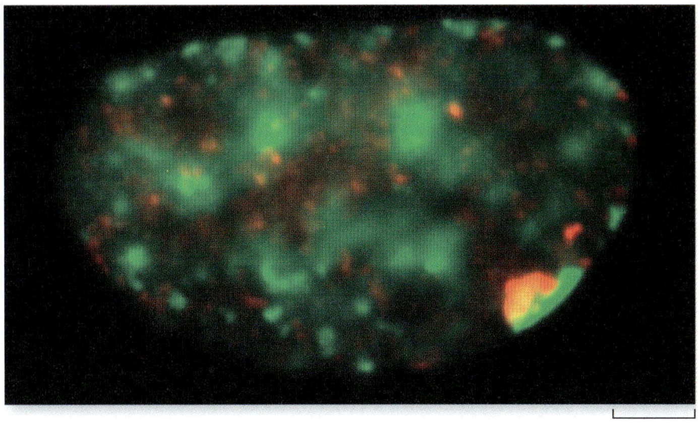

X 염색체 불활성화는 유전적 모자이크로 이어질 수 있다

X 염색체 불활성화에 의한 유전자량 보정은 사람뿐 아니라 모든 포유동물에서도 일어난다. X 염색체에 있는 대립인자들에 대하여

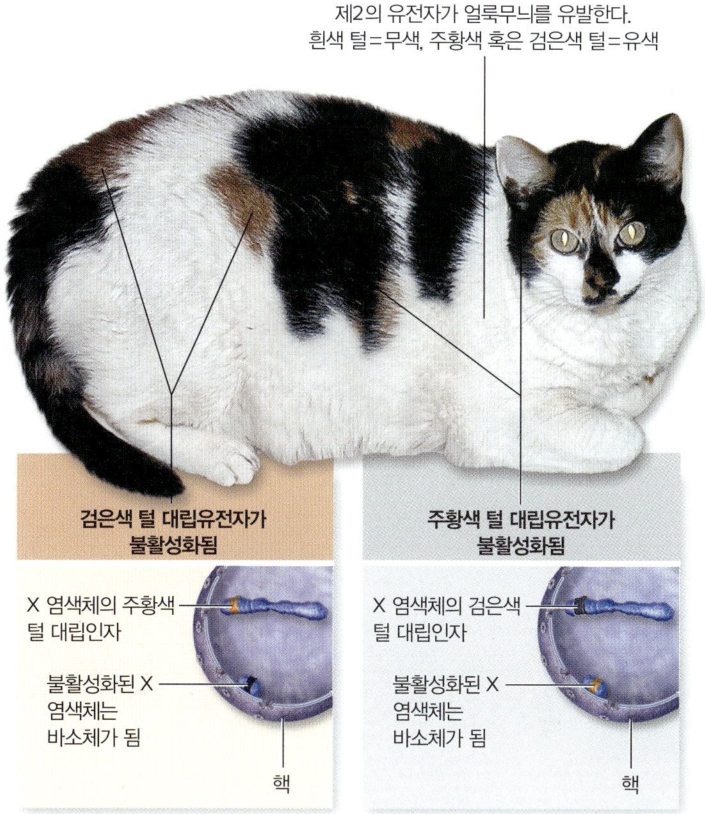

그림 11.4 삼색 고양이.
이 고양이는 검은색 혹은 주황색 털을 결정하는 털 색 유전자에 대하여 이형접합이다. 이 유전자는 X 염색체에 위치하며, 서로 다른 색은 X 염색체 불활성화 때문에 발생한다. 얼룩무늬와 흰색 털은 색깔 유전자에 대하여 상위 발현을 하여 그 효과를 막는 제2의 유전자에 의해 나타난 것이다.

이형접합체인 암컷들은 **유전적 모자이크**(genetic mosaic)로 나타나는데, 어느 X 염색체가 불활성화되는가에 따라 각 세포는 서로 다른 대립인자를 발현하게 된다.

그 실례로 검은색 털, 주황색 털, 흰색 털이 군데군데 섞여 있는 암컷 삼색 고양이(calico cat)를 들 수 있다(**그림 11.4**). 캘리코 고양이에서 검은색 털과 주황색 털은 X 염색체에 있는 색소 결정 유전자의 이형접합에 의해 나타나는데, 한 대립인자는 검은색 털을 만들고 다른 대립인자는 주황색 털을 만든다. 어느 X 염색체가 불활성화되는가에 따라서 특정 부위의 색깔이 정해지는 것이다. 주황색 대립인자를 가진 X 염색체가 불활성화되면 그 부분은 검은색 털로 나타나고, 그 반대이면 주황색 털로 나타나게 되는 것이다.

색깔의 분포와 흰색 털의 존재는 털 색깔 유전자에 대하여 상위(epistasis) 발현을 하는 제2의 유전자에 의해 결정된다(10장 참조). 즉, 제2유전자의 발현이 색소 유전자의 발현을 차단하기 때문에 색소가 전혀 없는 부분이 생겨서 흰색 털이 만들어진다. 이 고양이는 X 염색체 불활성화와 상위 발현을 동시에 볼 수 있는 좋은 예이다.

핵심 요약 11.2

성 결정은 성염색체라 불리는 특정 염색체의 존재 혹은 부재에 의해 시작된다. 다른 요인들은 다른 종의 성 결정에 영향을 줄 수 있다. 인간에서는 남성이 XY이므로 X 염색체상의 대립유전자에 대해 열성 형질이 나타난다. 포유류 암컷에서는 각 세포의 X 염색체 하나가 불활성화되어 유전자 발현의 균형을 맞춘다. 이 무작위 불활성화는 유전적 모자이크로 이어질 수 있다.

■ XXX 개체는 생존 가능할까? 그렇다면 그 사람은 남성일까? 여성일까?

11.3 유전의 염색체설에 대한 예외

학습 목표

1. 엽록체 또는 미토콘드리아 DNA에 포함된 유전자의 유전 양상에 대해 설명할 수 있다.

염색체설로 대부분의 유전 현상이 설명되지만 예외가 있다. 이러한 예외는 미토콘드리아와 엽록체와 같은 세포소기관에 있는 게놈의 DNA에 의해 발생한다. 세포소기관을 통한 비멘델성 유전은 많은 사람이 회의적으로 인식하고 있었음에도 1960년대와 1970년대에 단세포 녹조류인 클라미도모나스(*Chlamydomonas*)에 있는 엽록체의 유전자 지도작성을 한 새거(Ruth Sager)에 의해 심도 있게 연구되었다.

미토콘드리아와 엽록체는 감수분열 동안 핵 게놈과 함께 나누어지지 않기 때문에 이들 소기관에 있는 유전자에 의해 결정되는 형질들은 멘델 유전을 따르지 않는다.

미토콘드리아 유전자는 모계로부터 유전된다

세포소기관들은 일반적으로 부모 중 모친으로부터 유전된다. 수정란이 형성될 때 그 수정란은 부모로부터 각각 동일한 핵 게놈을 받게 되지만, 모든 미토콘드리아는 대부분의 세포질을 가진 난자로부터 받게 된다. 수정란이 분열함에 따라서 미토콘드리아들도 분열하여 무작위로 분배된다.

결과적으로 성체의 모든 세포에 있는 미토콘드리아는 난자에 있던 모계의 미토콘드리아에서 유래된 것이다. 이와 같이 모친으로부터 유전되는 현상을 **모계유전**(maternal inheritance)이라고 부른다.

사람의 경우 레버 유전성 시신경 장애(Leber's hereditary optic neuropathy, LHON)는 모계유전을 한다. 이 질환은 NADH 탈수소효소(dehydrogenase)의 소단위체의 돌연변이 때문에 일어난다. 이 돌연변이 유전자는 미토콘드리아 전자전달연쇄의 전자전달 효율을 감소시켜(5장 참조) 전반적으로 ATP의 생성이 줄어들게 하는데, 어떤 시신경 세포는 ATP 감소에 특별히 민감하여 신경 퇴화를 초래한다.

이 질환을 앓고 있는 모친은 그 질환을 모든 자손에게 물려주지만, 이 질환을 앓고 있는 부친은 자손에게 물려주지 않는다. 이 질환은 남녀에서 동일하게 나타나기 때문에 성-연관 유전과는 다른 현상이다.

엽록체 유전자 또한 한쪽 부모로부터 전달될 수 있다

부계 혹은 부모 모두에 의한 엽록체 유전이 몇몇 종의 식물에서 알려졌지만, 엽록체의 유전 형태도 보통 모계로 유전된다. 1909년에 코렌스(Carl Correns)는 처음으로 분꽃(*Mirabilis jalapa*)에서 식물의 얼룩무늬(초록색과 흰색이 섞인 잎) 유전이 엽록체 때문이라고 제안한 바 있는데, 이때 자손은 부계의 표현형과 상관없이 모계의 표현형을 나타냈다.

클라미도모나스를 이용한 새거의 연구에서 항생제 스트렙토마이신(streptomycin)에 대한 내성은 mt^+ 교배형의 엽록체 DNA를 통하여 유전되었으며, mt^- 교배형은 mt^+와 mt^- 배우자의 융합으로 인해 만들어진 접합자에게 아무런 엽록체 DNA도 전달하지 않는 것으로 나타났다.

핵심 요약 11.3

미토콘드리아와 엽록체의 게놈은 핵과는 독립적으로 분열한다. 이러한 세포소기관은 난자의 세포질에 존재하므로 이 게놈으로 인해 결정되는 특성은 모계유전을 따르며, 따라서 멘델의 법칙을 따르지 않는다. 그러나 몇몇 종의 엽록체는 부계 혹은 부모로부터 전해진다.

■ mt^+와 mt^-의 교배로 만들어진 클라미도모나스 접합체에서 mt^- 엽록체 DNA가 없는 것을 어떻게 설명할 수 있을까?

11.4 유전자지도 작성

학습 목표

1. 동일 염색체상에 있는 유전자들이 독립적으로 분리되지 않는다는 사실을 설명할 수 있다.
2. 재조합빈도와 유전자 사이의 거리 관계에 대해 설명할 수 있다.
3. 검정교배 자료에서 얻은 재조합빈도로부터 지도 거리를 구할 수 있다.

10장에서 멘델의 유전 법칙에 따르는 형질은 염색체에 위치한 유전자에 의해 결정된다는 것과 멘델의 형질들이 독립적으로 분리되는 것은 감수분열에서 염색체의 독립적 분리에 따른다는 사실을 살펴보았다. 그러나 이러한 사실에는 아직 불완전한 점들이 있다. **그림 10.4**에 제시된 멘델의 7가지 형질 중에서 같은 염색체에 2개의 유전자가 있는 두 가지 경우가 존재한다. 한 사례의 경우 멘델은 양성잡종 교배를 수행하였고, 두 유전자는 독립적으로 분리되는 것처럼 보였다. 같은 염색체에 있는 두 유전자는 서로 다른 염색체에 있는 두 유전자와는 다르게 행동할 것이다. 그러나 실제로 생물체에는 염색체의 수보다 훨씬 많은 수의 유전자가 독립적인 분리 현상을 보인다. 이것은 독립적인 분리가 감수분열 동안에 염색체의 무작위 짝짓기와 분리에 의해서만 발생하는 것이 아님을 의미한다.

탐구문제 멘델은 양성잡종 교배에서 식물의 키와 꼬투리의 모양에 대한 것을 조사하지 않았다. 이러한 형질을 나타내는 유전자들은 동일한 염색체상에서 매우 가깝게 위치한다. 그렇다면 멘델의 결과는 어떻게 나타날까?

이 문제에 대한 답은 9장에서 살펴본 관찰 결과에서 찾을 수 있는데, 그것은 바로 감수분열에서 상동염색체 간의 교차(crossing over)가 일어난다는 사실에 기인한다. 감수1분열 전기에 상동염색체는 교차로 인해 두 염색체 사이에서 물질교환이 일어나는데, 그 교환은 자매염색분체 사이에서 일어나는 것이 아니라 상동염색체 사이에서 일어나며(**그림 11.5**), 감수1분열 후기에 두 염색체는 분리된다.

유전자 재조합에 의해 상동염색체에 있는 대립유전자는 교환된다

멘델의 실험 틀을 이용하여 양성잡종 교배를 한다고 생각해 보자. 두 가지 형질에 있어서 서로 다른 두 가지 동형접합체를 교배하여 2중 이형접합체(double heterozygote)인 F_1을 만든다. 두 형질을 결정하는 유전자들이 같은 염색체에 있다면, F_1에서 감수분열 동안 2개의 유전좌위는 같이 분리되어 부모가 갖고 있던 2가지 형태의 배우자만 생산할 것이라고 예상할 수 있다. 그러나 2개의 유전좌위 사이에 교차가 발생한다면 각 상동염색체는 각각의 부모로부터 하나씩의 대립유전자를 받게 되어 부모의 형질들을 조합한 배우자가 만들어질 것이다(**그림 11.5**). 이때 새로운 조합을 갖는 배우자는 부모의 대립유전자가 재조합되어 형성되었기 때문에 **재조합**(recombinant) 배우자라고 부른다.

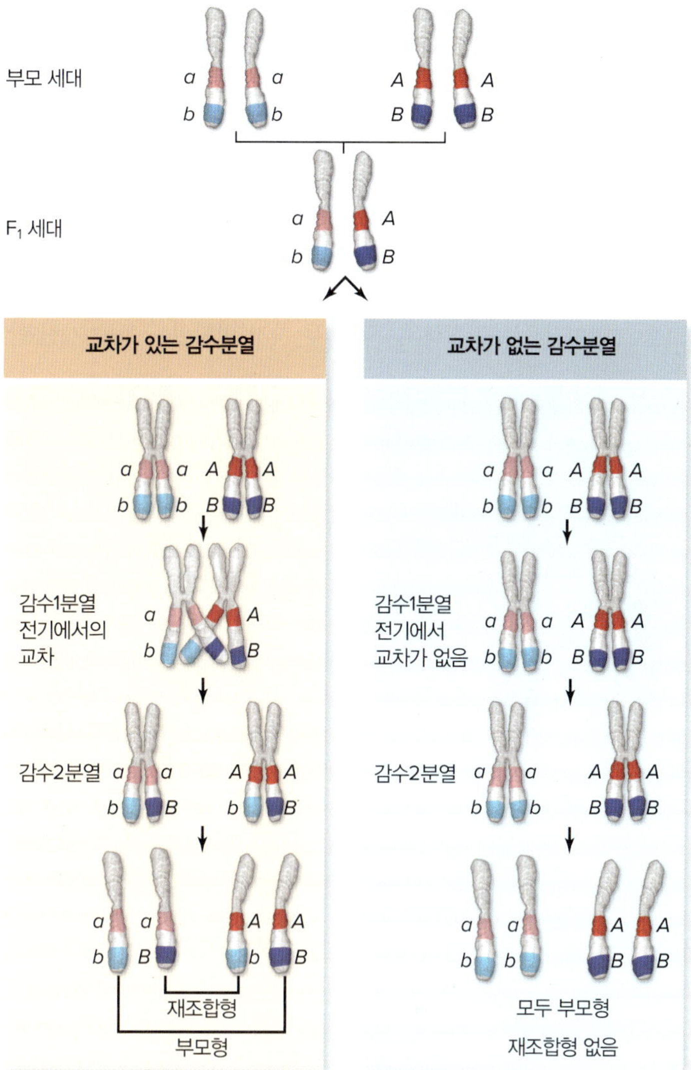

그림 11.5 교차에 의한 상동염색체상의 대립유전자 교환. 두 유전좌위 사이의 교차로 인해 재조합 염색체가 생긴다. 교차가 없으면 염색체는 부모형의 대립유전자 조합을 그대로 갖게 된다.

이러한 재조합에 대한 증거는 초파리의 X 염색체에 있는 3개 유전자의 연구를 통해 모건이 처음으로 제시하였다. 그는 세 가지 형질이 재조합된 자손 초파리보다 부모의 형질을 갖는 초파리가 훨씬 많음을 발견하고, 이는 3개의 유전자가 모두 X 염색체에 있어서 같이 유전되었기 때문이라고 설명하였다. 더 나아가 그는 재조합된 유전자형을 갖는 개체는 감수분열 동안 상동염색체 사이의 교차로 인하여 만들어진 것이라고 제안하였다.

맥클린톡(Barbara McClintock)과 크라이튼(Harriet Creighton)이 실험한 옥수수와 스턴(Curt Stern)이 실험한 초파리에서 유전물질이 서로 교환된다는 구체적인 증거가 제시되었다. 크라이튼과 맥클린톡의 실험은 **그림 11.6**에 상세하게 설명되어 있다. 이 실험에서 그들은 현미경으로 관찰할 수 있는 두 가지 변형된 구조를 가진 한 염색체(한쪽 끝에는 혹(knob) 표지가 있고, 다른 쪽 끝은 신장(extension) 표지를 가진 염색체)를 사용하였다. 이 염색체는 관찰 가능한 표지 외에도 낟알의 색깔(유색과 무색) 그리고 낟알의 질감[밀납질(waxy) 혹은 전분질(starchy)]을 결정하는 유전자도 갖고 있었다.

혹을 가진 긴 염색체는 낟알의 유색을 나타내는 우성 대립인자(C)와 낟알의 밀납질을 나타내는 열성 대립인자(wx)를 갖고 있었다. 이 형접합체는 이 염색체와 열성인 무색 대립인자(c)와 우성인 전분질 대립인자(Wx)를 가진 정상 모양의 염색체로 이루어져 있다(**그림 11.6**). 이 식물체는 두 유전좌위에서 이형접합이기 때문에 유색의 전분질 표현형을 갖고 있으며, 또한 2개의 구별되는 염색체를 가지고 있다.

유전자형과 염색체에 있어서 이형접합체인 이 식물을 정상 모양의 염색체를 가진 무색의 밀납질 식물과 검정교배하였다. 그 자손들의 표현형을 조사하여 유전적 재조합이 일어났는지, 그리고 현미경으로 염색체의 모양을 관찰하여 염색체의 교차가 일어났는지를 조사한 결과 놀라운 사실이 발견되었다. 유전적으로 재조합이 일어난 모든 자손(유색이면서 전분질인 개체와 무색이면서 밀납질인 개체)은 2가지 염색체 표지 중 하나의 표지만 갖고 있었는데, 이는 유전적 재조합에 염색체의 교환이 항상 동반된다는 사실을 입증한 결과였다.

과학적 사고

가설: 교차 혹은 재조합은 유전물질의 교환을 일으킨다.
예측: 염색체에서 눈에 보이는 표지자들의 재조합은 대립인자들의 재조합과 관련이 있다.
실험: 그림의 교배에서 2가지 가시적인 염색체 표지(노란색 표지와 초록색 표지)는 2가지 유전적 표지(낟알의 색깔과 질감)와 같이 결합되어 움직인다.

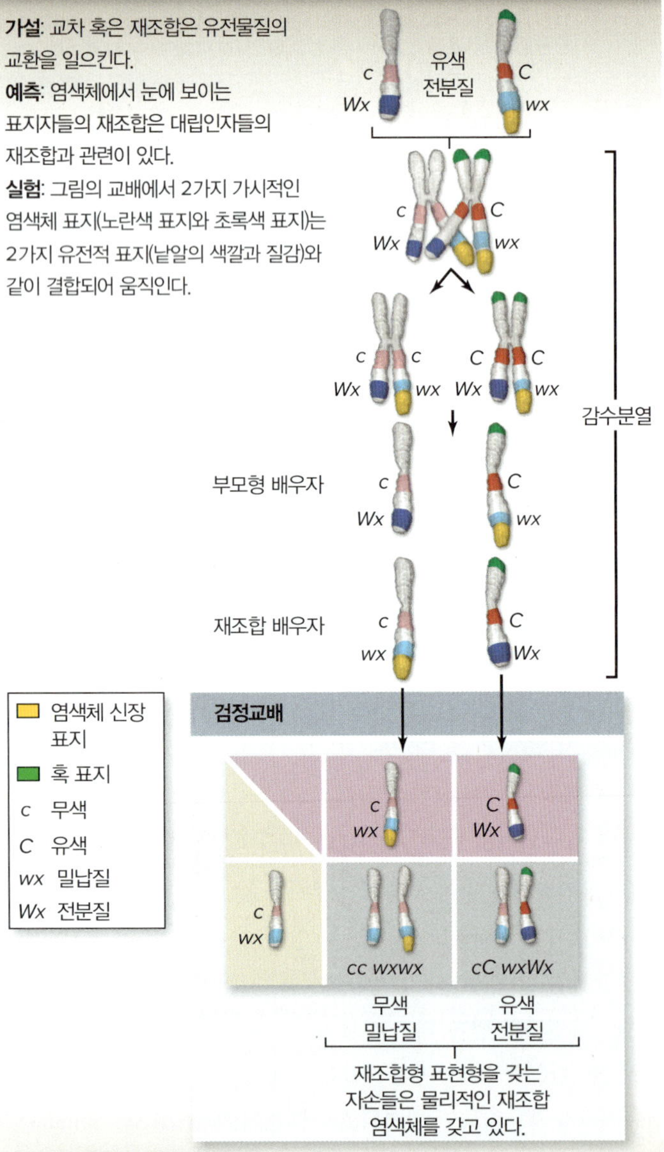

결과: 유전적으로 재조합된 자손은 물리적으로도 재조합된 염색체를 갖고 있다.
결론: 염색체의 물리적인 교환은 유전자 재조합을 수반한다.
추가 실험: 이 실험은 옥수수를 사용하여 수행하였다. 이러한 실험을 위해 어떤 다른 모델 동물을 사용할 수 있을까?

그림 11.6 크라이튼과 맥클린톡의 실험.

재조합은 유전자지도의 근간을 이룬다

유전적 교배로부터 나온 자료를 이용하여 염색체상의 유전자들의 위치를 결정하는 것은 유전학에 있어서 가장 유용한 기법 중의 하나이다. 이 기법이 가능하게 된 원리는 매우 간단하다.

모건은 자손들 중에서 재조합된 자손들의 출현 비율이 염색체상의 유전자들의 상대적인 거리에 따라 정해진다고 제안하였다. 모건의 실험실에 있던 학부생인 스터트반트(Alfred Sturtevant)는 양적으로 이러한 관찰 결과를 처리하여 교배에서 관찰되는 재조합의 비율이 유전적 거리의 척도로 사용될 수 있음을 보여주었다. 이는 염색체상의 거리가 증가함에 따라 두 유전좌위 사이의 재조합(또는 교차)의 확률도 증가한다는 논리로, 재조합 배우자의 발생 빈도는 염색체상의 유전자 사이의 거리를 측정하는 척도가 된다는 것이다.

연관자료

재조합빈도를 쉽게 측정하기 위해 연구자들은 검정교배를 사용하였다. 검정교배에서는 F_2 자손의 표현형으로부터 부모 세대인 F_1 2중 이형접합체에서 나타나는 배우자의 유전자형을 알 수 있다. 감수분열 시에 두 유전좌위 사이에 교차가 일어나지 않으면 자손은 부모의 형질을 나타내게 되고, 교차가 일어나면 자손은 부모와는 다른 재조합된 형질을 나타내게 된다(**그림 11.5**).

두 유전자 사이의 거리가 가까울수록 재조합된 표현형을 갖는 자손의 수는 부모의 형질을 갖는 자손 수보다 훨씬 더 적게 되며, 그 두 유전자는 서로 연관되어(linked)있다고 말한다. 재조합된 자손의 수를 총 자손의 수로 나눈 값을 재조합빈도(recombination frequency)라고 부른다. 이 값을 퍼센트(%)로 변환했을 때, 1%의 재조합빈도 단위를 지도단위라고 한다. 이 단위는 모건의 이름을 따라서 센티 모건(cM)으로 표시하기도 하고, 그냥 단순히 지도단위(map unit, m.u.)로 나타내기도 한다.

유전자지도 작성

유전자지도 작성은 2중 이형접합체와 열성 동형접합체를 교배하는 검정교배에서 재조합빈도를 결정하기 위해 자손의 수를 세기만 하면 되는 간단한 과정이다. 유전자지도 작성은 다음에 설명하는 바와 같이 2점교배(two-point cross)의 예에서 잘 볼 수 있다.

초파리에서 두 가지 돌연변이인 흔적 날개(*vg*)와 검은색 몸(*b*)에 대하여 동형접합체를 이들 유전자에 대해 야생형 대립인자(vg^+ b^+)를 가진 정상 초파리와 교배한다. 2중 이형접합체인 F_1 개체(vg^+ b^+/*vg b*)를 열성 동형접합체(*vg b*/*vg b*)와 검정교배하여 그 자손들의 수를 표현형별로 측정한 결과(**그림 11.7**), 다음과 같은 자료를 얻었다.

흔적 날개, 검은색 몸 (*vg b*) 405 (부모 표현형)
긴 날개, 회색 몸 (vg^+ b^+) 415 (부모 표현형)
흔적 날개, 회색 몸 (*vg* b^+) 92 (재조합 표현형)
긴 날개, 검은색 몸 (vg^+ *b*) 88 (재조합 표현형)
총 자손 수 1000

재조합빈도를 구하기 위해 재조합 자손들의 수를 합하여 총 자손 수로 나누면[(92+88)/1000] 0.18이 된다. 이것은 두 유전자 사이의 유전적 거리로 18 cM이 된다.

다중 교차는 독립적 분리와 같은 결과를 나타낸다

두 유전좌위 사이의 거리가 증가하면 감수분열 동안 이들 사이의 재조합 확률도 증가한다. 그렇다면 두 유전자 사이에 교차가 한 번 이상 발생하면 어떻게 될까?

상동염색체의 두 유전좌위 사이에 2번의 교차가 발생하게 되면 부모의 유전자 조합이 유지된다. 그렇게 되면 교차가 일어나지 않은 것처럼 보이므로 실제의 유전적 거리보다 작게 나온다. 그 결과 실제의 유전적 거리와 교차율은 정확하게 비례하지 않게 되는데, 그 관계식은 처음에는 직선으로 비례하지만 기울기가 점점 감소하여 재조합 비율 0.5에 접근하게 된다(**그림 11.8**).

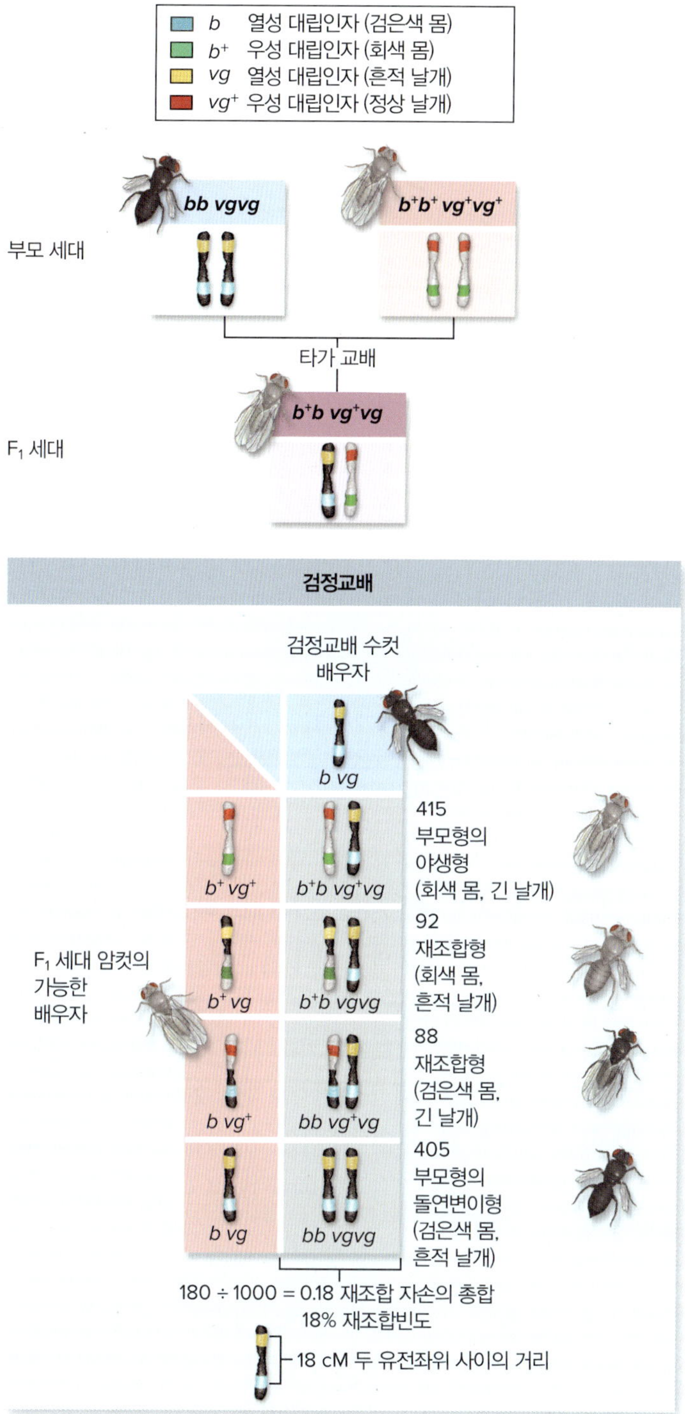

그림 11.7 **2점교배로 유전자지도 작성하기.**
긴 날개(vg^+)와 회색 몸(b^+)에 대하여 동형접합인 초파리를 흔적 날개(*vg*)와 검은색 몸(*b*)에 대하여 동형접합인 초파리와 교배하였다. 흔적 날개와 검은색 몸은 정상(야생형)인 긴 날개와 회색 몸에 대하여 열성이다. 지도작성을 위해 F_1 자손을 흔적 날개와 검은색 몸의 동형접합체와 검정교배를 하여 F_2 자손을 만들었다. 자료 분석 내용은 본문을 참조한다.

두 유전좌위 사이의 거리가 멀면 여러 번의 교차가 발생하는 경우가 많다. 이런 경우 교차가 홀수(1, 3, 5)로 일어나면 재조합 배우자를 만들게 되지만, 교차가 일어나지 않거나 짝수(0, 2, 4)로 발생하면 부모형의 배우자가 만들어지게 된다. 두 유전자 사이의 거리가 충

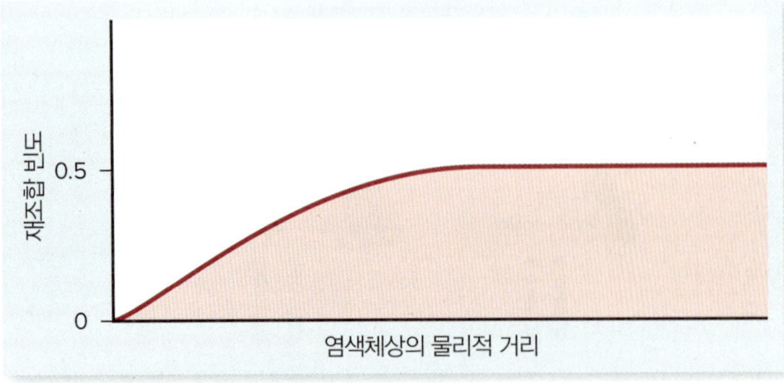

그림 11.8 실제 거리와 재조합빈도 사이의 관계.
염색체상의 거리가 증가함에 따라 2중교차로 인해 재조합체가 모두 다 탐지되지 않을 수 있다. 이로 인해 곡선은 0.5에 근접한다.

분히 멀면 두 가지 경우가 거의 같은 정도로 발생하여 재조합 배우자와 부모형 배우자가 같은 비율로 나타나게 되어 독립적 분리를 나타내게 된다. 이러한 이유로 멘델이 같은 염색체에 있는 두 유전좌위가 독립적으로 분리된 것을 관찰한 것이다.

자료 분석 염색체에서 2개의 좌위가 10 cM 떨어져 있다면 양성잡종 교배에서 멘델은 무엇을 관찰했겠는가? 이것이 멘델로 하여금 독립적 분리를 생각하도록 이끌었을 가능성이 있었겠는가?

3점교배를 사용하여 유전자를 순서대로 배열할 수 있다

두 유전자 사이의 거리가 멀면 여러 번의 교차가 발생하고, 그로 인해 관찰되는 재조합 자손들의 수는 실제로 나와야 하는 개체 수보다 줄어들게 된다. 따라서 지도상의 거리가 먼 것은 그만큼 부정확하다. 따라서 유전학자들이 여러 유전자들 간에 2점교배를 수행하여 유전자지도를 작성할 때, 유전자 순서를 결정하는 것에 문제가 있을 수 있다. 이러한 문제점은 3점교배(three-point cross)를 통하여 해결될 수 있다.

3점교배에서는 중간에 있는 유전자를 이용하여 양쪽에 있는 유전자와의 재조합 결과를 알 수 있다. 그 예로 양쪽에 있는 두 유전자 사이의 2중 교차는 중간 유전자와 양쪽에 있는 유전자 사이에 한 번씩 교차가 일어난 것이라고 볼 수 있다(**그림 11.9**).

두 번의 교차가 발생할 확률은 각각의 교차가 발생할 확률을 서로 곱한 값이다. 그러나 각각의 교차는 그 발생 확률이 비교적 낮은 편이어서 3점교배에서는 2번의 교차로 생겨난 표현형을 가진 자손의 수가 제일 적게 나타난다. 따라서 3점교배에서 자손 수가 제일 적은 표현형의 그룹을 분석해 보면, 어느 유전자가 두 유전자 사이에 위치하는지를 알 수 있다(**그림 11.9**).

실제로 유전학자들은 유전자의 순서를 결정하기 위하여 3점교배를 실시하며, 가장 가까이 있는 두 유전자 사이의 교차 결과를 사용

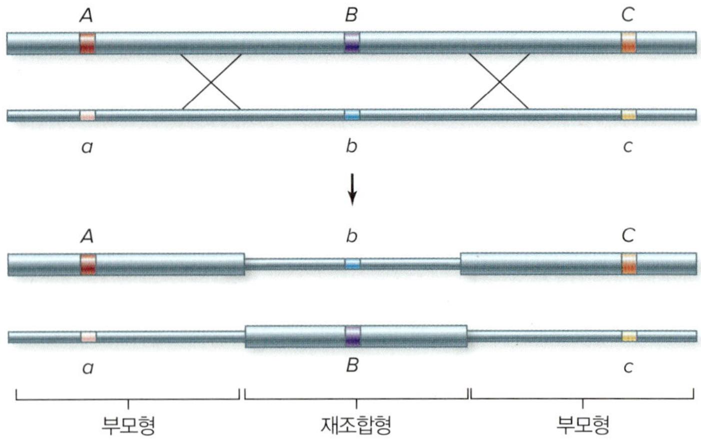

그림 11.9 유전자 순서를 정하기 위한 3점교배의 사용.
2점교배에서 2중 교차가 일어나더라도 바깥쪽의 두 유전좌위는 부모형처럼 보이게 된다. 여기에 제3의 좌위를 첨가하면, 두 번의 교차가 발생하더라도 중간 유전자 자리가 재조합형이 되기 때문에 각각의 교차를 탐지할 수 있다. 이 2중교차로 생긴 자손은 그 수가 제일 적으므로 이 대립인자는 항상 중간에 위치하게 된다.

하여 그 두 유전자 사이의 거리를 결정한다. 먼 거리는 가까운 거리의 합으로 계산하며, 그렇게 함으로써 멀리 떨어져 있는 두 유전좌위 사이의 2점교배 사이에서 여러 번의 교차로 인하여 발생할 수 있는 부정확성을 피할 수 있다.

인간 게놈에 대한 유전자지도를 만들 수 있다

사람의 경우 유전자지도도 작성할 수 있으나, 가계도로부터 나온 자료를 사용할 수밖에 없다. 적용되는 원칙은 동일하며, 유전적 거리는 재조합 비율에 비례한다는 것이지만 수많은 가계도의 자료를 통계적으로 분석해야 하는 어려움이 있다.

인간의 유전자지도 작성의 어려움

유전자지도가 실험동물에서 처음으로 만들어질 때, 대다수의 표지 유전자들은 초파리의 눈 색깔의 변화와 같이 가시적인 표현형에서 유발된다. 사람의 경우에 그러한 유전자들은 유전질환과 관련되어 있다. 이러한 유전질환은 집단 내에서 낮은 빈도로 발생하고 인류유전학의 초창기에서는 많이 알려져 있지 않기 때문에 유전자지도 작성에 어려움이 있다. 1980년대 초반 인간 유전체에서 표지자 수는 수백 개에 불과했다.

분자 표지자

이러한 상황은 표현형을 변형시키지 않는 개체 간의 DNA상의 차이점을 규명함에 따라 바뀌었다. 널리 사용되는 표지 종류 중 하나는 **짧은염기서열반복구간**(short tendom repeat, STR)이다. 이들은 2~4개의 짧은 염기서열이 반복된 것으로, 개인 간에 반복 횟수가 다르

다. STR은 유전자지도 작성에 사용되었으며, DNA 법의학 분석 자료의 근간을 형성한다(15장 참조). 분자 표지자는 기술 발전과 더불어 진화해 왔으며, 30년 전에는 상상할 수 없었던 인간 유전자지도를 만들 수 있었다(단순화한 X 염색체 지도는 **그림 11.10**에 나타냈다).

단일염기다형성(SNPs)

인간의 게놈 염기서열로부터 나온 정보는 개인 간에 서로 다른 염기를 찾아내고 그 위치를 알아내는 데 사용할 수 있다. 다형성은 어떤 집단의 구성원인 개인 간의 차이를 의미한다. 다형성 중에서도 어떤 유전자의 염기 하나가 다를 경우를 **단일염기다형성**(single nucleotide polymorphism, SNP)이라고 부른다. 인간 게놈에서 1억 개의 SNP가 확인되었다. 이중 대다수는 집단에서 매우 낮은 빈도를 보이며, 약 800만 개만이 0.5%를 넘는 빈도를 나타낸다. 이들은 국제 컨소시엄에 의해 식별되고 지도화되어 공개적으로 이용 가능하다.

게놈 차원의 연관 연구(GWAS)

SNP의 사용으로 가계도에 직접 의존하지 않는 게놈 차원의 연관 연구(genome-wide association study, GWAS)라는 유전적 분석이 생겨났다. 이런 연구에서는 관상동맥 질환같이 복잡한 질병의 표현형과 관련된 SNP를 찾을 수 있다. 각 SNP의 위치를 알면 해당 지역에서 후보 유전자를 동정할 수 있다. 관상동맥 질환의 경우 60개 이상의 유전적 변이를 동정하였는데, 대부분이 집단에서 낮은 빈도를 보인다. 몇몇 개의 더 큰 영향을 주는 유전자가 확인되었지만, 대부분의 변이형(variant)은 미미한 효과를 나타낸다.

유전적 변이가 표현형에 어떤 영향을 미치는지 측정한 것을 **유전율**(heritability)이라 부른다. GWAS를 사용한 연구는 표현형의 유전율을 알아내기 위한 것이다. 이 접근법을 이용하여 임상적으로 표현형에 큰 영향을 미치는 많은 유전자를 확인했지만, 아직도 유전율에 대해 설명하기 어려운 부분이 많이 남아 있다. 이 "사라진 유전율"에 대한 이유는 현재 명확한 답이 없는 큰 관심거리이다.

핵심 요약 11.4

감수분열 중 교차는 상동염색체의 대립유전자를 교환하는 것이다. 이 대립유전자의 재조합은 유전자의 위치를 지도로 작성하는 데 사용될 수 있다. 서로 가깝게 위치한 유전자는 연관되어있다고 말하며, 검정교배에서 재조합형에 비해 부모형이 많이 나타나게 된다. 검정교배에서의 재조합빈도는 유전적 거리의 척도로 사용한다. 멀리 떨어진 유전좌위는 여러 번의 교차점을 가지므로 서로 독립적으로 분리된다.

- 만약 2개의 유전자가 독립적으로 분리된다면, 그들이 하나의 염색체 안에서 떨어져 있는지, 아니면 2개의 다른 염색체에 존재하는지 알 수 있을까?

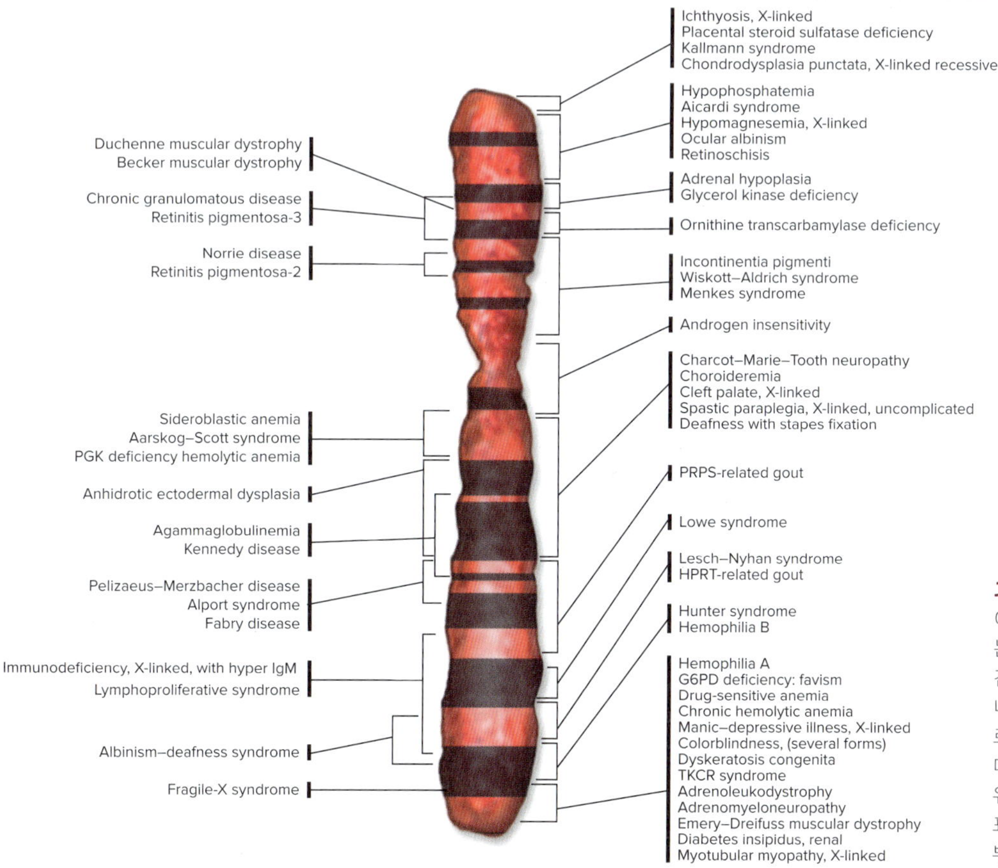

그림 11.10 인간의 X 염색체 유전자지도. 여기에서는 인간의 X 염색체 지도에서 일부분만 나타냈는데, 더 자세히 나타내려면 훨씬 더 큰 지도가 필요하다. 검은색 띠는 현미경에서 볼 수 있는 염색된 패턴을 나타내고, 수축된 부분은 동원체를 나타낸다. 염기서열 분석으로 X 염색체에 1805개의 유전자가 있는 것이 밝혀졌는데, 이들 중 821개는 질병에 영향을 주는 돌연변이 대립유전자를 가지고 있는 것으로 확인되었다. 각 묶음으로 표시된 바와 같이 59가지 유전 질병이 X 염색체의 특정 부위에 있는 유전자에 의한 것임이 밝혀졌다.

11.5 인간의 유전질환

학습 목표

1. 돌연변이가 어떻게 질환을 일으키는지에 대해 설명할 수 있다.
2. 인간에서 염색체 비분리 결과를 설명할 수 있다.
3. 유전체 각인에 의한 비멘델 유전에 대해 설명할 수 있다.

가족성 질환들은 오래전부터 알려져 왔다. 10장에서 멘델의 우성과 열성 돌연변이에 의해 나타나는 사람 형질의 예를 보았다. 이 유전적 변화의 본질에 대해서는 13장에서 논의한다. 여기서는 인간의 유전적 장애에 대한 개요를 제시할 것이다.

낫모양적혈구빈혈증은 변형된 헤모글로빈에 의해 발병한다

돌연변이 단백질로 인해 나타나는 질환 중 첫 번째로 알려진 사람의 유전질환은 낫모양적혈구빈혈증(sickle cell anemia)인데, 간헐적인 질병을 일으키고 수명을 단축시킨다. 이 질환은 산소 운반 분자인 헤모글로빈에 결함이 생겨서 초래된다. 낫모양적혈구 분자는 응집하는 경향이 있기에 막대 모양의 구조를 형성하여 적혈구를 변형시키고 산소를 운반하는 능력을 저하시킨다. 이 적혈구는 "낫모양적혈구"라고 부르는 독특한 모양을 가지고 있다(**그림 11.11**). 낫모양적혈구 대립유전자에 대하여 이형접합인 사람은 비록 산소 운반능력은 감소하나, 정상적인 산소 환경에서는 정상인과 차이를 보이지 않는다.

낫모양적혈구 대립유전자는 헤모글로빈의 구조 변형을 일으키는 유일한 유전자가 아니다. 사실 700가지 이상의 구조적 변형이 기록되어 있다. 세계 인구의 7% 정도가 서로 다른 헤모글로빈 질환을 가진 것으로 추정한다. 여기에는 글로빈(globin) 유전자의 발현을 변화시키지만, 구조적인 변형을 일으키지 않는 지중해 빈혈(thalassemia)이 포함된다.

낫모양적혈구 대립유전자는 아프리카인의 후손들에게 특히 많다. 아프리카의 어떤 지역에서는 인구의 45% 정도가 이 형질에 대하여 이형접합이며, 6%가 동형접합으로 나타난다. 이러한 이형접합체의 비율은 우연히 생길 수 있는 비율보다 높은 것인데, 이형접합인 사람들은 혈액에 기생하여 말라리아를 일으키는 말라리아 원충에 대하여 내성을 지닌다. 말라리아가 대유행하는 중앙아프리카 지역에서는 낫모양적혈구 대립유전자가 높은 빈도로 나타난다(16장).

인간에서 멘델식 표현형은 수많은 유전자에 의해 나타난다

표 11.2는 대표적인 유전병 사례를 제시한다. 이것은 분명히 일부만을 나타낸 것이기 때문에 인간에게 얼마나 많은 멘델 표현형이 존재하는지에 대해서는 의문이 남아 있다. 이에 대한 해답은 모델 시스템으로 생쥐를 사용하는 것이다. 생쥐에서 900개 유전자의 기능상실 돌연변이체가 만들어졌고, 그 표현형에 대해서 분석하였다. 이들 돌연변이체 중에서 최소 30%는 배아에서 치사 작용을 나타냈고, 대다수는 적어도 하나의 표현형을 가진다. 이것은 잠재적으로 대부분의 인간 유전자가 돌연변이 되었을 때 표현형이 나타날 수 있음을 의미한다.

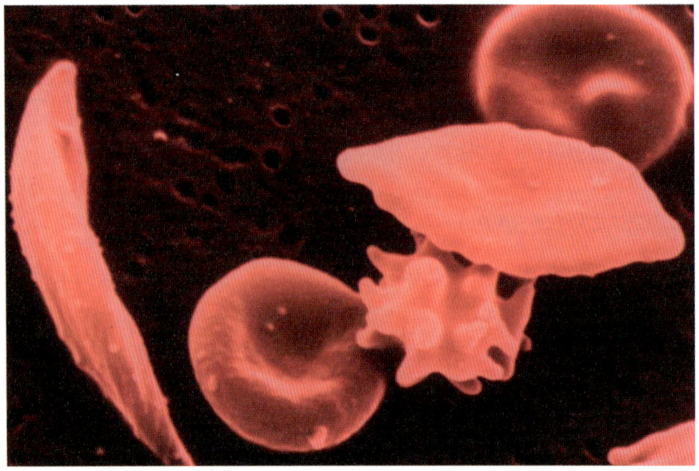

그림 11.11 낫모양적혈구빈혈증.
낫모양적혈구 형질에 대해 동형접합인 경우, 많은 적혈구가 맨 왼쪽의 세포와 같이 낫 모양이거나 불규칙한 모양을 가지고 있다.

인간 유전 변이에 대한 데이터의 증가와 함께 이 정보를 저장하는 데이터베이스 또한 증가되었다. 가장 오래된 것은 OMIM(Online Mendelian Inheritance in Man)이다. **Mendelian Inheritance in Man**은 1966년에 맥쿠식(Victor McKusick)에 의해 시작되었고, 여러 차례 인쇄판이 발행된 후 온라인으로 옮겨져 1987년에 대중이 이용할 수 있게 공개되었다. 2017년의 요약본에 따르면 6000가지 이상의 표현형이 멘델 기반으로 알려져 있다. 이 중 3000가지 이상이 단일 유전자 질환 또는 형질을 나타냈다. 많은 유전자는 다수의 표현형을 생성하는데, 2가지 표현형이 나타난 것은 700개였고, 3가지 표현형은 260개였으며, 4가지 또는 그 이상의 표현형이 나타난 것은 230개 유전자였다.

염색체의 비분리에 의해 염색체 수가 달라진다

지금까지는 단일 유전자 질환만 고려하였는데, 염색체 수의 변화로 인해 나타나는 임상 증후군도 있다. 감수분열에서 상동염색체 혹은 염색분체의 분리 실패를 염색체 **비분리**(nondisjunction)라고 한다. 그 결과 염색체 수가 하나 늘거나 줄어들게 되는데, 이러한 상태

표 11.2	사람의 중요한 유전질환			
질환	증상	결함	우성/열성	출생자 발생 빈도
낭포성섬유증	폐, 간, 췌장의 점액성 폐쇄	염소 이온의 수송 불능	열성	1/2500(백인)
낫모양(겸상)적혈구빈혈증	혈액순환 불량	비정상 헤모글로빈 분자	열성	1/600(미국 이주 흑인)
타이-삭스병	소아기 신경 중추 퇴화	효소 결핍(헥소스아미데이스 A)	열성	1/3500(아시케나지계 유태인)
페닐케톤뇨증	소아기 두뇌 발달 장애, 제한 급식으로 치료 가능	효소 결핍 (페닐알라닌 하이드록실레이스)	열성	1/12,000
혈우병	혈액응고 불능	혈액응고인자 VIII 결핍	X-연관 열성	1/10,000(백인 남성)
헌팅턴병	중년에 뇌 조직의 점진적 퇴화	뇌세포 대사 방해물질 생산	우성	1/24,000
듀센형근위축증	근육이 없어짐	근육을 자극하는 신경의 마이엘린 수초가 분해됨	X-연관 열성	1/3700(남성)
고콜레스테롤혈증	혈중 콜레스테롤 수준이 과다하여 심장마비 초래	콜레스테롤 세포 표면의 비정상 수용체	우성	1/500

를 **이수성**(aneuploidy)이라고 한다. 인간에서 이수성의 빈도는 임상적으로 확인된 임신의 7~10%로 추정된다.

상염색체의 비분리

상염색체 하나를 잃어버린 사람은 **1염색체성**(monosomic)이라고 하며, 일반적으로 배아 발생단계에서 살아남지 못한다. 일부 경우를 제외하곤 하나의 염색체가 늘어난 **3염색체성**(trisomic) 사람도 생존하지 못한다. 임상적으로 자연유산으로 판단된 경우 이수성이 35% 정도로 높게 나타난다.

사람의 염색체 중에서 가장 작은 상염색체에 속하는 5개 염색체(13, 15, 18, 21, 22번)는 3개가 존재해도 출산 때까지 생존할 수 있다. 그러나 13, 15, 18번의 3염색체성은 발생에 심각한 문제를 초래하여 생후 수개월 만에 죽게 된다. 그에 비해 21번, 혹은 드물긴 하지만 22번이 하나 더 많은 사람은 일반적으로 성인이 될 때까지 살아남는다. 이러한 사람들은 골격의 성장이 지연되어 키가 작고 근육이 약하며, 지적 발달 역시 영향을 받게 되어 21번의 3염색체성 어린이는 지적 장애를 가지고 있다.

21번 3염색체(**그림 11.12**)에 의해 초래된 발생 결함은 1866년 다운(J. Langdon Down)에 의해 처음 알려져 **다운증후군**(Down syndrome)이라고 부른다. 대략 750명의 어린이 중 1명꼴로 다운증후군을 보이며, 모든 인종에서 비슷한 발생 빈도를 나타낸다. 다운증후군과 비슷한 증상은 침팬지를 비롯한 다른 영장류에서도 볼 수 있다.

임상적으로 다운증후군이 나타나기 위해선 21번 염색체의 특정 부분이 3개의 복사본으로 존재하면 된다. 다운증후군의 97%는 21번 염색체 전체가 3개로 존재하고, 나머지 3%에서는 21번 염색체의 일부분이 전좌(translocation)에 의해 다른 염색체로 이동해 나타난다(13장 참조). 이것은 정상인 2개의 21번 염색체 이외에 특정 부분이 추가해서 나타나기 때문에 **전좌다운증후군**(translocation Down syndrome)이라고 부른다.

산모의 나이와 다운증후군이 나타날 위험 요소 사이에는 연관성이 있다. 다운증후군이 나타날 빈도는 20세의 여성에게서는 0.07%

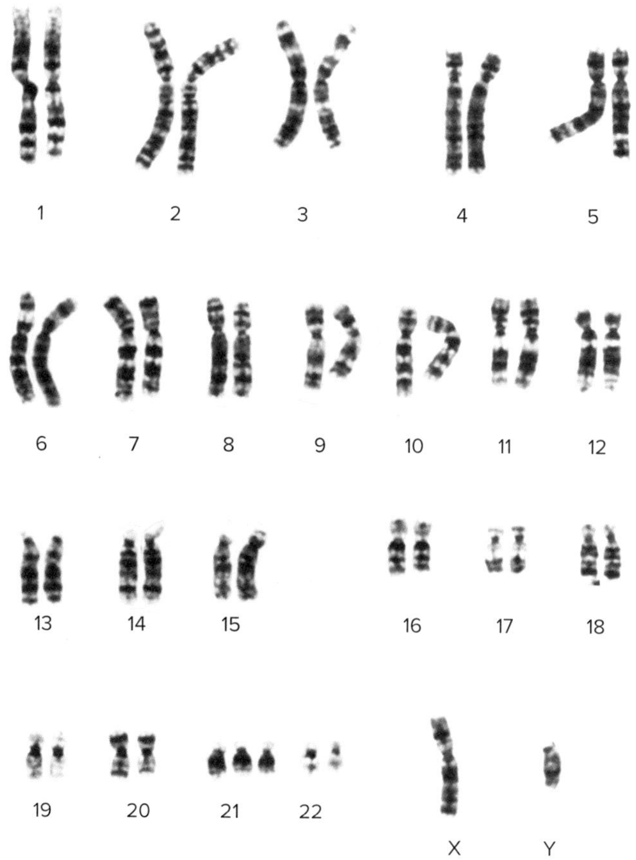

그림 11.12 다운증후군.
이 남성의 핵형에서 보는 바와 같이 다운증후군은 21번 염색체의 3염색체성과 관련되어 있다.

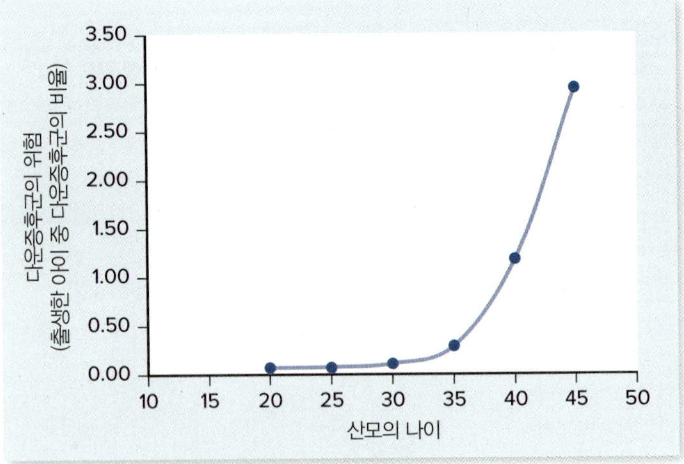

그림 11.13 산모의 나이와 다운증후군 발생의 상관관계.
산모의 나이가 증가함에 따라 다운증후군의 아이를 낳을 확률이 증가한다. 여성이 35세가 되면 다운증후군의 빈도는 급격히 증가한다.

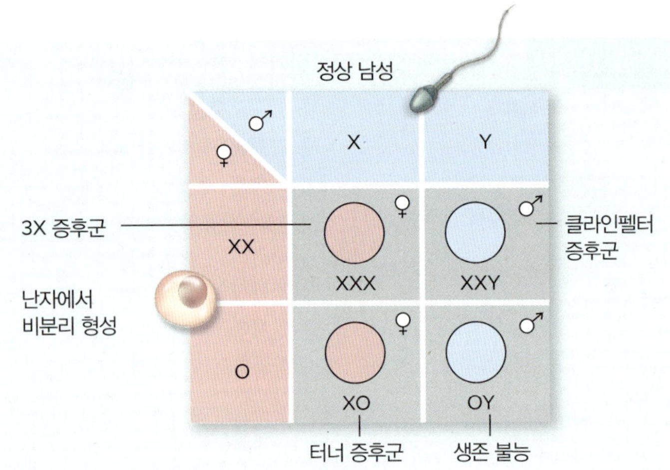

그림 11.14 염색체 비분리에 의한 성염색체 수의 이상.
난자 형성 과정에서 염색체 비분리가 발생하면, 2개의 X 염색체(XX)를 갖는 배우자는 클라인펠터증후군의 남성(XXY) 혹은 3중 X 여성(XXX)을 만들게 된다. X 염색체가 없는 배우자(O)는 터너증후군 여성(XO) 혹은 X 염색체가 없는 생존 불능의 OY 남성을 만든다.

자료 분석 20세에서 25세 사이의 5년 동안 다운증후군의 발생률은 대략 0.07%로 일정하다. 35세에서 40세 사이의 5년 동안 발생률은 0.29%에서 1.18%로 증가하여 5년간 4배, 25세에 비해서는 15배 증가한다. 두 경우에 있어서 기간은 동일한데, 무엇이 변하였는가?

이고, 산모가 30대가 되면 0.1%이고, 산모의 나이가 40대일 때 위험성은 1%이다(**그림 11.13**). 비정상적인 염색체는 여성 쪽에서 더 높게 나타나는데, 그 이유는 여성의 생식세포는 태아 시기에 생성되어 상동염색체가 접합된 상태로 감수1분열에 머물러 있기 때문이다. 따라서 이것은 산모 나이에 따라 이수성이 증가하는 현상을 설명하는 분자적 토대가 된다.

성염색체의 비분리

성염색체의 이수성은 상염색체의 이수성보다 발생 과정의 결함을 덜 겪게 된다. 유전자형에 따라 특이한 결과가 나타날 수도 있지만, 성염색체 이수성인 사람은 종종 정상적인 형질을 가진 성인으로 자라며, 드물게는 아이를 갖는 경우도 있다.

성염색체의 비분리는 남성 또는 여성의 감수분열에서 발생할 수 있다. 여성의 감수분열에서 성염색체 비분리는 2개의 X 염색체를 가진, 또는 X 염색체가 없는 난모세포를 생성할 것이다(**그림 11.14**). 남성의 감수분열에서는 비분리가 감수1분열 또는 감수2분열 동안에 발생하는지에 따라 XY 정자, YY 정자 및 성염색체가 없는 정자를 생성할 수 있다.

이러한 배우자와 정상 배우자의 다양한 조합은 XXX, XXY, XO, OY, XYY 등의 성염색체 이수성을 가진 접합자로 이어진다. 가장 극단적인 경우는 배아의 사망을 초래하는 X 염색체의 완전한 결핍(OY)이다. 이 스펙트럼의 다른 쪽 끝에 있는 XXX 개체는 하나의 기능적 X 염색체와 2개의 바소체를 가진 여성으로 발생한다(11.2절 참조). 그들은 키가 큰 편으로 나타나며, 그 외는 정상으로 보인다. 3중 X라 부르는 이 경우는 1000명의 여성당 약 1명꼴로 발생한다. 이와 유사하게, XYY 접합체는 정상으로 보이는 생식력을 가진 남자로 발생한다. XYY 유전자형(**제이콥증후군**, Jacob syndrome)의 빈도는 남성 1000명당 1명이다.

XXY와 XO 접합체의 경우에는 더 심각한 상태를 보인다. XXY 개체는 여성의 신체 특성을 많이 가진 남성으로 발생하고, 모든 경우는 아니지만 일부에서는 지적 능력이 떨어진다. **클라인펠터증후군**(Klinefelter syndrome)이라고 부르는 이 상태는 약 1000명의 남성 중 1명에게서 나타난다. XO 접합체는 키가 작고, 등이 굽을 뿐만 아니라, 사춘기에 생식기관이 성숙되지 않아서 불임 여성이 된다. XO 개체의 지능은 정상에서 낮은 범위에 있다. **터너증후군**(Turner syndrome)이라 부르는 이 상태는 5000명의 여성 중 1명의 빈도로 발생한다.

탐구문제 XXY 남성을 만드는 비분리는 어떤 것인가?

유전체 각인은 대립유전자의 부모 기원에 달려 있다

20세기 후반까지 유전학자들은 유전을 지배하는 기본 기작을 이해하고 있다고 자신하였다. 그래서 유전학자들이 현화식물과 포유동

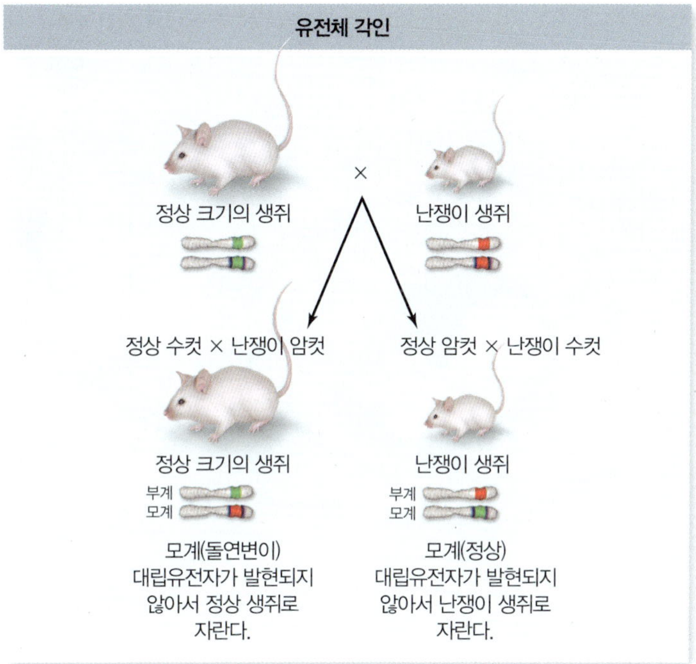

그림 11.15 생쥐에서 *igf 2* 유전자의 유전체 각인.

물에 독특한 것으로 보이는 멘델 유전의 예외를 발견한 것은 놀라운 일이었다. **유전체 각인**(genomic imprinting)에서는 돌연변이 대립인자에 의한 표현형이 부모 중 한 사람으로부터 그 대립인자를 물려받았을 때는 발현되지만 부모 중 다른 사람으로부터 물려받았을 때는 발현되지 않는다.

어떤 유전자는 부계의 생식세포에서 불활성화되어 자손에서 발현되지 않고, 어떤 유전자들은 모계의 생식세포에서 불활성화되어 자손에서 발현되지 않는다. 이러한 특징 때문에 자손은 각인된 유전자에 대하여 반수체와 같은 상태가 된다. 각인된 유전자의 발현은 부모 중 누구에게서 받았는지에 따라 달라지며, 각인된 유전자들은 게놈의 어떤 특정 지역에 모여 있는 것처럼 보이는데, 이 지역들에는 부계와 모계로 각인된 유전자들이 포함되어 있다.

생쥐의 *ifg 2* 유전자

확인된 최초의 각인된 유전자 중 하나는 생쥐의 인슐린-유사 생장인자 2(*igf 2*)의 유전자였다. 이 유전자는 태아의 발달과 성장에 중요한 생장인자를 암호화한다. *igf 2* 기능이 결핍되면 난쟁이 생쥐가 생성된다. 하지만 오직 부계의 대립유전자만 발현된다. *igf 2*의 염색체 각인은 **그림 11.15**에서 설명하고 있다. 정상 생쥐가 *igf 2*의 열성 동형접합인 난쟁이 생쥐와 교배하는 경우에는 부모 중 어느 쪽에서 돌연변이 대립유전자를 전달하는지에 따라 이형접합 자손의 표현형은 다르게 나타난다.

프래더-윌리 증후군과 엔젤만 증후군

인간 유전체 각인의 사례로 프래더-윌리 증후군(Prader-Willi syndrome, PWS)과 엔젤만 증후군(Angelman syndrome, AS)의 2개 질병을 들 수 있다. PWS는 호흡곤란, 비만, 단신, 경미한 정신 지체, 강박적인 행동을 유발한다. AS는 발달지연, 심한 정신 지체, 과다 활동, 공격적인 행동, 부적절한 웃음 등이 나타난다.

유전학 연구는 두 질환이 15번 염색체의 결실로 인해 일어났음을 시사했는데, 실제로 같은 결실 부위를 가진 염색체가 부모 중 어느 쪽에서 왔는지에 따라 어느 한쪽의 증후군을 일으킬 수 있다. 만약 결실이 있는 염색체가 부계일 경우 PWS를 일으키며, 모계일 경우 AS를 유발한다.

15번 염색체의 결실된 부위는 각인으로 인해 일부 유전자를 불활성화시킨다. PWS의 경우 모계의 생식세포에서 유전자가 불활성화되기 때문에, 부계로부터 유래한 대립유전자의 결실 또는 다른 기능 상실이 이 증후군을 일으킨다. 이와는 정반대로 AS는 부계의 생식세포에서 유전자가 불활성화되기에, 모계로부터 유래된 대립유전자에 결실이 생기면 이 증후군이 유발된다.

유전체 각인은 후성유전학의 한 예이다

유전체 각인은 보다 일반적인 현상인 **후성유전**(epigenetic inheritance)의 한 예이다. 후성유전학적 변화는 DNA 서열은 변하지 않은 채 유전자 기능이 변한 것으로, 체세포분열 혹은 감수분열을 통해서도 안정적으로 유지되는 것으로 정의한다. 이 장에서 언급한 예는 전체 염색체가 침묵하는 X 염색체 불활성화이며, 그 효과는 여러 번의 체세포분열을 통해서도 지속된다. 일부 생쥐 및 쥐 모델에서는 심지어 어미의 먹이가 F_2 자손에 대해 미치는 영향도 포함된다.

후성유전학적 메커니즘에는 DNA 메틸화 및 히스톤 변형이 포함된다. 비암호화 RNA 및 핵의 조직 또한 관련되어 있다. 염색질 구조와 DNA 접근성의 변화는 여러 후성유전학적 메커니즘에 대해 공통으로 적용되는 것으로 보인다(14장 참조). 수컷 또는 암컷 생식세포에서 발생하는 각인 양상은 수컷 또는 암컷 특이적 DNA 메틸화 양상 및 염색체 구조에 관여하는 단백질의 변형에 기인할 수 있다.

일부 유전적 결함은 임신 초기에 발견될 수 있다

비록 대부분의 유전병은 아직 치료할 수 없지만, 여러 경우에 성공적인 치료법이 발전되어 왔다. 치료법이 없다면 유전질환에 대처하는 한 가지 방법은 예방하는 것이다. **유전상담**(genetic counseling)은 질병 대립유전자를 가진 부모를 확인하는 데 도움을 줄 수 있으며, 태아 검진은 초기 배아의 유전 상태를 평가할 수 있다.

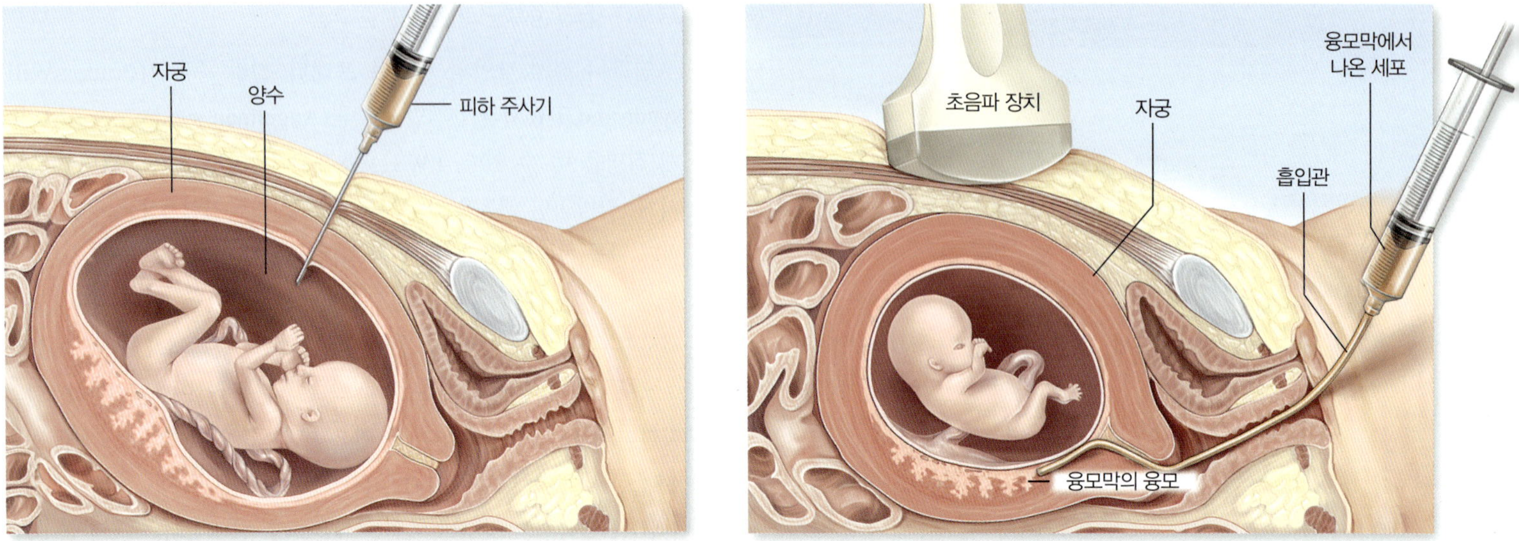

그림 11.16 태아 세포를 얻는 2가지 방법.
a. 양수검사는 주사기 바늘을 양막강에 삽입한 후 태아에서 나온 부유 세포를 양수로부터 채취한다. *b.* 융모막 시료 채취법은 8주에서 10주 정도의 임신 초기에 자궁경부를 통해서 삽입한 관으로 융모막의 융모 세포를 채취한다. 각각의 경우, 세포들을 배양하여 핵형을 조사하거나 유전학 또는 생화학적인 검사를 할 수 있다.

가계도 분석

위험도를 측정하는 한 가지 방법은 가계도를 분석하는 것이며, 종종 유전상담을 통해 이루어진다. 예를 들어, 유전상담을 받는 사람의 가계에서 어떤 친족이 낭포성섬유증(cystic fibrosis)과 같은 열성 유전질환을 앓은 적이 있다면, 피상담자는 그 질환의 열성 인자를 가진 이형접합체일 가능성이 있다. 어떤 부부가 아이를 갖게 될 예정이고, 부부 모두 어떤 해로운 질환에 대하여 이형접합체일 가능성이 높을 때, 그 임신을 고위험(high-risk) 임신이라고 한다. 그런 경우 아이는 그 질환에 걸릴 확률이 높다.

또 다른 고위험 임신으로서 산모의 나이가 35세 이상인 경우를 들 수 있다. 이미 언급한 바와 같이 다운증후군의 빈도는 나이 많은 여성이 임신하였을 때 극적으로 크게 증가한다.

양수검사

고위험 임신으로 진단되면 태아의 유전질환을 검사하는 **양수검사**(amniocentesis)를 받게 된다. 임신 4개월의 팽창한 자궁에 멸균된 주사기 바늘을 피하로 삽입하여 태아를 담고 있는 양수 시료를 소량 채취한다(**그림 11.16**). 양수액에는 태아로부터 떨어져 나온 세포들이 있는데, 이 세포들은 실험실에서 배양할 수 있다.

양수검사 동안에 바늘과 태아의 위치를 초음파(ultrasound)로 볼 수 있는데, 초음파 검사는 모체나 태아에 해롭지 않으며, 태아에 상처를 주지 않고 검사할 수 있다. 또한 초음파를 통하여 태아의 이상 유무를 알 수 있다. 그러나 양수검사 과정에서 200번에 한 번 정도는 태아 사망이나 유산을 일으킬 수도 있다.

융모막시료채취

융모막시료채취(chorionic villi sampling, CVS)는 산전 진단을 하기에 덜 외과적(침습적)인 방법이다. 이 방법을 사용하여 의사들은 태아에 영양을 공급하는 태반의 막 부분인 융모로부터 세포를 채취한다(**그림 11.16**). 이 방법은 임신 초기(8주까지)에 사용할 수 있고, 양수검사보다 더 빨리 결과를 알 수 있다. 융모막시료채취로 인한 위험은 양수검사와 비슷하다.

유전적 질환 검사를 하기 위해 유전 상담자들은 양수검사나 융모막 시료에서 얻은 세포에서 3가지 특성을 조사한다. 첫째, 핵형 분석으로 이수성이나 염색체의 전반적인 이상을 볼 수 있다. 둘째, 많은 경우 유전질환에 관여된 효소가 정상적으로 기능하는지 조사할 수 있다. 예를 들어, 당지질인 갱글리오사이드(ganglioside)를 분해하는 효소가 없으면 태이-삭스병(Tay-Sachs disease)이 있음을 나타낸다. 셋째, 알려진 유전자의 손상을 분석하기 위해 DNA를 직접 이용할 수 있다. 마지막 사례인 DNA의 직접 분석에서 멘델의 표현형을 나타내는 것으로 알려진 유전자의 수는 최근 몇 년 동안 폭발적으로 증가했다. 진단은 유전자 발견에 뒤지지만 수많은 질병의 변이를 검사할 수 있다.

비외과적 태아 검사

양수검사와 CVS는 모두 외과적인 절차로 간주된다. 다운증후군과 관련된 많은 생체표지자가 모체의 혈장에서 발견된 것은 이 특별한 3염색체성에 대한 비외과적 검사 방법으로 이어졌다. 최근에는 모체 혈장(무세포 DNA 또는 cfDNA, cell free DNA)에서 태아 DNA가 발견되어 비외과적 산전 검사의 새로운 방법이 개발되었다.

현재 이 방법은 13번, 18번, 21번 염색체의 3염색체성 검사와 성 결정 검사에 사용할 수 있다. 이러한 방법의 검사 범위를 확대하기 위해 수많은 노력을 기울이고 있으나, 얼마나 빨리 또는 얼마나 확대될지는 예측하기 어렵다. 이것은 검사 방법의 한 유형이지, 현재로서는 진단이 아님을 기억해야 한다. 진단을 위해서는 보다 외과적인 기법을 사용해야 정확한 결과를 얻을 수 있다. 현재는 부계 유전자(모계 유전체에 존재하지 않는 DNA로 인해)에 대한 진단만 가능하다.

핵심 요약 11.5

변형된 단백질을 생성하는 DNA의 돌연변이가 유전병을 일으킬 수 있다. 가계도 연구와 유전검사는 질병의 위험을 명확히 할 수 있다. 염색체 수준에서 감수분열 중 비분리에 의해 염색체 수가 너무 적거나 너무 많은 배우자를 생성할 수 있으며, 대부분이 생존 불가능한 자손을 생산한다. 각인이란 대립유전자가 어느 쪽의 부모에게서 왔는지에 따라 불활성화되는 것을 말한다. 각인이 발생하는 자손은 2배체임에도 불구하고 영향을 받은 유전자에 대해 반수체로 나타난다.

- 정자형성 동안에 감수1분열과 감수2분열에서 비분리가 일어난 결과의 차이는 무엇일까?

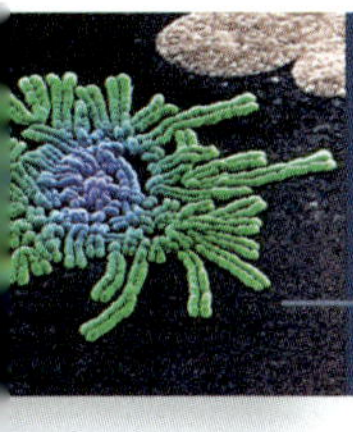

핵심 개념 요약

11.1 성-연관과 유전의 염색체설

■ 모건은 유전되는 형질과 성염색체를 연관시켰다

모건은 붉은색 눈의 초파리와 흰색 눈의 초파리를 교배시키고 자손의 성별에 따라 유전되는 차이점을 발견하였다. 흰색 눈의 자손은 모두 수컷이었지만, 검정교배에서는 흰색 눈의 암컷이 나온 것으로 보아 흰색 눈의 유전자가 X 염색체에 있다는 것을 보여주었다.

■ 눈 색의 유전자는 X 염색체에 존재한다

초파리에서 눈 색의 유전은 X 염색체에 의해 나타나고, 이러한 현상을 성-연관 유전이라고 한다.

11.2 성염색체와 성의 결정

동물의 성 결정은 대개 염색체의 차이와 관련이 있다. 몇몇 동물에서 암컷은 2개의 유사한 성염색체를 가지며, 수컷은 다른 모양의 성염색체를 가진다. 또 다른 종에서는 암컷의 성염색체가 다르다(**표 11.1**).

■ 인간의 경우, Y 염색체는 일반적으로 남성성을 결정한다

Y 염색체는 고도로 응축되어 있고 X 염색체에서 발현되는 대부분의 유전자가 Y 염색체에는 없다. Y 염색체상의 *SRY* 유전자는 생식기의 남성화 및 2차 성징을 담당한다. XY 개체는 *SRY* 유전자에 돌연변이가 생기거나 배아가 안드로젠에 반응하지 않아서 불임의 암컷으로 발생할 수 있다.

■ 인간의 몇몇 유전질환은 성-연관을 나타낸다

인간의 유전 질병은 관련된 유전자가 X 염색체에 있을 때 성-연관을 보인다. 그 예로 혈우병이 있다.

■ 유전자량 보정은 성-연관 유전자의 산물이 2배가 되는 것을 방지한다

초파리에서 수컷은 단일 X 염색체에 있는 유전자 발현을 2배로 증가시킨다. 포유동물에서는 여성의 X 염색체 중 하나가 발생 중에 무작위로 불활성화된다.

■ X 염색체 불활성화는 유전적 모자이크로 이어질 수 있다

X 염색체상의 대립유전자에 대해 이형접합인 포유동물 암컷에서, X 염색체 불활성화는 삼색 고양이의 몸 색에서 보이는 것처럼 모자이크 패턴을 형성한다(**그림 11.4**).

11.3 유전의 염색체설에 대한 예외

■ 미토콘드리아 유전자는 모계로부터 유전된다

미토콘드리아는 그들 자신의 게놈을 가지고 있으며 독립적으로 분열한다. 난세포의 세포질에 있는 미토콘드리아는 자손에게 전달된다.

■ 엽록체 유전자 또한 한쪽 부모로부터 전달될 수 있다

엽록체는 또한 세포질에 존재하고, 그들 자신의 게놈을 가지고 있으며, 독립적으로 분열한다. 그들은 대개 모계유전을 한다.

11.4 유전자지도 작성

멘델의 독립적 분리는 매우 단순하다. 같은 염색체상의 유전자들은 독립적으로 분리될 수도 있고, 분리되지 않을 수도 있다.

■ 유전자 재조합에 의해 상동염색체에 있는 대립유전자는 교환된다

상동염색체는 교차로 인해 대립유전자를 교환할 수 있다(**그림 11.5**). 재조합은 볼 수 있는 표지자와 유전적 표지자 둘 다를 가진 염색체에서 보여준 바와 같이 염색체의 절단과 재결합을 포함한다(**그림 11.6**).

■ **재조합은 유전자지도의 근간을 이룬다**

같은 염색체상에 가깝게 위치한 유전자들은 연관되어있다고 한다. 연관된 두 유전자가 멀리 떨어져 있을수록 재조합빈도는 커진다. 따라서 유전자지도는 재조합빈도에 근거하여 작성된다. 지도단위는 재조합 자손의 백분율로 표시한다.

■ **다중 교차는 독립적 분리와 같은 결과를 나타낸다**

다중 교차의 확률은 두 유전자의 거리에 따라 증가하며, 재조합빈도를 과소평가하는 결과를 초래한다. 재조합빈도의 최대치는 50%인데, 이는 독립적 분리의 결과치와 같다.

■ **3점교배를 사용하여 유전자를 순서대로 배열할 수 있다**

2개가 아닌 3개의 유전자를 사용한다면, 다중 교차의 자료를 사용하여 유전자 순서를 정할 수 있다. 지도 거리가 멀면 다중 교차의 영향을 반영하지 못하므로 실제 거리를 과소평가하게 된다. 교차율이 낮은 유전자들을 이용해서 보다 정확한 거리를 얻을 수 있다.

■ **인간 게놈에 대한 유전자지도를 만들 수 있다**

인간의 유전자지도 작성은 가족 내에서 여러 가지 질병을 유발하는 대립유전자를 분리해야 하기 때문에 어려웠다. 이 과정은 표현형을 나타내지 않는 식별 가능한 분자적 표지자, 즉 익명의 표지자를 사용함으로써 더욱 쉽게 이루어졌다. 단일염기다형성(SNP)은 개체 간의 차이를 탐지하는 데 사용할 수 있다.

11.5 인간의 유전질환

■ **낫모양적혈구빈혈증은 변형된 헤모글로빈에 의해 발병한다**

낫모양적혈구빈혈증은 적혈구의 모양에 영향을 주는 헤모글로빈의 구조적 변화로 인해 표현형을 모두 추적할 수 있다. 헤모글로빈 구조를 변형시키는 700개 이상의 변이가 확인되었는데, 그중 일부는 또한 장애를 유발한다.

■ **인간에서 멘델식 표현형은 수많은 유전자에 의해 나타난다**

생쥐의 실험은 대다수 인간 유전자의 돌연변이가 표현형을 생성한다는 것을 암시한다. OMIM과 같은 온라인 데이터베이스에는 인간의 유전질환이 정리되어 있다. 현재까지 3000개의 단일 유전자 질환이 알려졌다.

■ **염색체의 비분리에 의해 염색체 수가 달라진다**

비분리는 상동염색체 또는 자매염색분체가 감수분열 중에 분리되지 않는 것이다. 그 결과는 접합체의 어떤 염색체에서 1염색체성 또는 3염색체성이 나타나는 이수성이다. 대부분의 이수성은 치명적이지만, 사람의 21번 염색체의 3염색체성(다운증후군)과 같은 일부는 생존 가능한 자손을 낳을 수 있다. 성염색체 비분리는 XX, XY 또는 성염색체가 없는 배우자를 생성할 수 있다(**그림 11.14**). 비분리는 모계 쪽에서 더 일반적이며, 나이에 따라 빈도가 증가한다.

■ **유전체 각인은 대립유전자의 부모 기원에 달려 있다**

유전체 각인에서 유전자의 발현은 부모의 기원에 의존한다. 이것은 후성 유전의 한 사례인데, 표현형이 유전되는 것은 DNA 변화 때문이 아니다. 각인된 유전자는 메틸화에 의해 불활성화될 것으로 보인다. 각인은 반수체 표현형을 나타낸다.

■ **일부 유전적 결함은 임신 초기에 발견될 수 있다**

사람의 유전적 결함은 가계도 분석, 양수검사, 융모막시료채취 또는 비외과적 산전 검사로 확인할 수 있다.

연습문제

■ **1단계: 이해력 확인하기**

1. 흰색 눈 표현형이 항상 흰색 눈 대립인자를 가진 수컷에서만 관찰되는 이유는 무엇인가?
   a. 그 형질이 우성이기 때문이다.
   b. 그 형질이 열성이기 때문이다.
   c. 그 대립인자가 X 염색체에 있고, 수컷은 X 염색체가 하나밖에 없기 때문이다.
   d. 그 대립인자가 Y 염색체에 있고, 수컷만 Y 염색체를 갖고 있기 때문이다.
2. 생명체의 게놈에서 상염색체는 무엇인가?
   a. 남성과 여성 간에 다른 염색체이다.
   b. 성 결정에 연관된 염색체이다.
   c. 모계로부터만 유전된다.
   d. 성염색체 이외의 모든 염색체를 지칭한다.
3. 유전자 재조합은 어떤 과정에서 일어나는가?
   a. 감수1분열 동안 상동염색체 짝의 독립적인 배열
   b. 감수1분열에서 상동염색체의 분리
   c. 감수2분열에서 염색분체의 분리
   d. 상동염색체 사이의 교차
4. 두 유전자 사이의 지도 거리는 다음 중 어느 것에 의해 결정되는가?
   a. 재조합빈도
   b. 부모형의 빈도
   c. 염색체 길이에 대한 유전자의 길이 비율
   d. 재조합 자손에 대한 부모형 자손의 비율
5. 재조합빈도가 0.07이면 두 대립인자 사이는 지도단위로 얼마나 떨어져 있는가?
   a. 700 cM　　b. 70 cM
   c. 7 cM　　d. 0.7 cM

6. 미토콘드리아의 모계유전은 성-연관과는 어떻게 다른가?

   a. 미토콘드리아 유전자는 개체의 표현형에 아무런 기여도 하지 않는다.
   b. 미토콘드리아는 모계로부터 유전되므로 암컷만 영향을 받는다.
   c. 미토콘드리아는 모계로부터 유전되므로 암수 동일 비율로 유전된다.
   d. 미토콘드리아 유전자는 우성이며, 성-연관 형질은 열성이다.

7. 다음 성염색체의 비분리에 의한 유전자형 중에서 치사 작용을 일으키는 것은 무엇인가?

   a. XXX　　b. XXY
   c. OY　　d. XO

■2단계: 적용력 평가하기

1. 인간에서 땀샘의 결실을 유발하는 유전자는 열성이며 성-연관 유전자이다. 이 유전자에 대해 이형접합인 여성은?

   a. 땀샘이 없다.
   b. 정상 땀샘이 있다.
   c. 땀샘이 있는 피부와 없는 피부가 모자이크 형태로 나타난다.
   d. 땀샘이 과도하게 존재한다.

2. 다음 중 재조합빈도에 의해 계산된 거리 중 어떤 경우에 실제 거리가 증가하는가?

   a. 측정할 수 없는 다중 교차에 의해 재조합빈도가 너무 많이 측정되었을 때
   b. 측정할 수 없는 다중 교차에 의해 재조합빈도가 너무 적게 측정되었을 때
   c. 다중 교차로 인한 비율이 재조합빈도에 첨가되어 과소평가되었을 때
   d. 다중 교차로 인한 비율이 재조합빈도에 첨가되어 과대평가되었을 때

3. 다운증후군은 21번 염색체의 3염색체성에 원인이 있다. 이 3염색체성은 생존할 수 있고 다른 염색체의 3염색체성은 생존할 수 없는 이유는 무엇인가?

   a. 21번 염색체는 큰 염색체이고 많은 유전물질이 덜 해롭기 때문
   b. 21번 염색체는 감수1분열에서 다른 염색체와 다르게 행동하기 때문
   c. 21번 염색체는 작은 염색체로 유전자가 많지 않아서 게놈에 미치는 영향이 적기 때문
   d. 21번 염색체는 다른 염색체보다 염색체 비분리가 잘 일어나지 않기 때문

4. 같은 염색체에 있는 두 유전자는 다음 중 어느 경우에 독립적으로 분리하는가?

   a. 두 번의 교차가 발생할 수 있도록 유전자가 충분히 거리를 두고 있는 경우
   b. 짝수 번의 교차와 홀수 번의 교차가 같은 비율로 발생할 정도로 두 유전자 사이의 거리가 충분할 때
   c. 그 염색체에 대하여 재조합빈도가 낮을 때만
   d. 유전자가 각인되었을 때만

5. *A*와 *B* 유전자는 염색체에서 10 cM 떨어져 있다. *A B*/*a b*인 이형접합체가 *a b*/*a b*와 검정교배할 경우, 총 100명의 자손 중 각 그룹별로 몇 명의 자손을 예상하는가?

   a. *A B* 25, *a b* 25, *A b* 25, *a B* 25
   b. *A B* 10, *a b* 10
   c. *A B* 45, *a b* 45
   d. *A B* 45, *a b* 45, *A b* 5, *a B* 5

6. 정자 형성 동안 감수2분열에서 염색체 비분리가 1번 발생했을 때 다음 중 옳은 것은?

   a. 감수1분열의 비분리보다 더 나빠서 4개의 배우자 모두 이수체가 될 것이다.
   b. 4개의 배우자 중 2개만이 이수성이 되어 감수1분열의 염색체 비분리보다 나은 상태가 된다.
   c. 감수1분열의 비분리와 마찬가지로 4개의 세포 모두 이수성이 된다.
   d. 감수1분열의 비분리와 마찬가지로 2개의 세포만이 이수성이 된다.

■3단계: 사고력 함양하기

1. 색맹은 성-연관된 열성 유전자에 의해 발생한다. 만약 부친이 색맹인 여성이 정상적인 남성과 결혼하여 자식을 낳으면, 그 자식들 중 몇 퍼센트가 색맹이 되는가? 그리고 아들 중 몇 퍼센트, 딸 중 몇 퍼센트가 색맹이 되는가?

2. 종자의 색깔과 모양을 결정하는 유전자가 같은 염색체에 있다고 가정하자. 이 두 유전자에 대하여 이형접합인 개체를 주름지고 초록색인 개체와 검정교배를 하여 다음과 같은 결과를 얻었다면, 부모의 유전자형은 어떻게 되며, 두 유전자 사이의 거리는 어떻게 되는가?

초록색, 주름진 것	645
초록색, 둥근 것	36
노란색, 주름진 것	29
노란색, 둥근 것	590

3. 수컷 삼색 고양이는 빈도가 낮게 나타난다(약 1/3000). 이런 일이 어떻게 일어나는가?

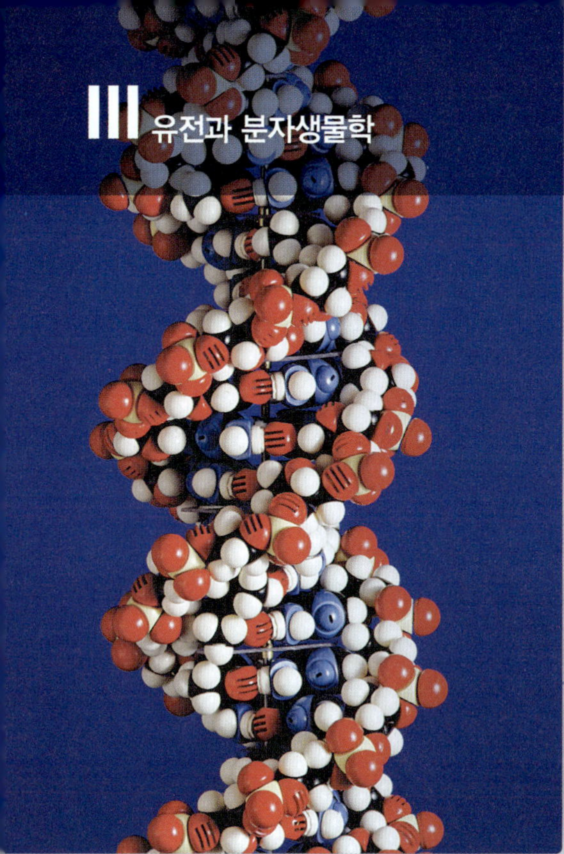

12

DNA: 유전물질

도입

20세기로 넘어오면서 멘델의 재발견은 10장과 11장에서 자세히 다룬 유전기작의 빠른 발견을 가능하게 했다. 50년 이상 궁금증을 불러일으켰던 "유전자는 무엇으로 이루어져 있는가"에 대한 대답은 사실 아주 간단한 것이었는지 모른다. 유전자가 존재한다고 알려진 염색체는 DNA, RNA 및 단백질로 구성된 복잡한 구조를 가지고 있다. 이번 장에서는 위 그림에서 모형화된 DNA 구조와 유전의 분자기작을 이해하게 된 일련의 실험들을 설명한다. 이 실험들은 과학계에서 가장 우아한 실험들 중 하나이다. DNA 구조에 대한 설명은 오늘날 가속화되고 있는 분자시대의 시작을 알렸다.

12.1 유전물질의 본질

학습 목표

1. 그리피스와 에이버리의 실험을 설명할 수 있다.
2. DNA가 유전물질이라는 증거에 대해 설명할 수 있다.

10장과 11장에서 유전의 본질과 형질들을 결정하는 정보를 가진 유전자들이 염색체에 어떻게 위치하는지 살펴보았다. 이 발견은 염색체의 어떤 구성성분이 실제로 유전정보를 가지고 있는가에 대한 질문을 이끌어낸다. 특히 생물학자들은 어떤 분자가 유전정보를 가지는지에 대한 궁금증을 가져왔는데, 염색체가 단백질과 DNA로 구성되어 있다는 것은 이미 알고 있는 사실이었다. 그렇다면 이러한 유기분자들 중 무엇이 실제로 유전자들을 만드는 것일까?

1920년대 후반부터 시작하여 약 30년 넘게 이 질문에 대한 답을 얻기 위해 일련의 연구들이 진행되어 왔다. DNA는 화학적으로 유사한 4가지 뉴클레오타이드(nucleotide)들로 구성되어 있다. 그에 비해 단백질은 핵산보다 화학적으로 더욱 다양한 20종류의 아미노산으로 구성되어 있다. 이런 특징들이 정보 능력에 있어서 DNA보다 단백질을 크게 부각시켰던 것으로 여겨진다. 그러나 실험들을 통해 DNA가 유전정보를 지닌 분자라는 증거들이 밝혀지기 시작했는데, 여기에서 그 주요 발견들에 대해 살펴본다.

그리피스는 세균 세포가 형질전환됨을 발견했다

첫 번째 단서는 1928년에 영국의 미생물학자인 그리피스(Frederick Griffith)의 실험에 의해 밝혀졌다. 그리피스는 폐렴균(*Streptococcus pneumoniae*)에 의한 것으로 여겨지던 독감(influenza)에 대한 백신을 만들고 있었다. 이 세균은 폐렴을 유발하는 독성형과 돌연변이인 비독성형, 2가지 형태가 있다. 독성형은 세균 배양접시에서 매끄러운(smooth) 콜로니를 형성하기 때문에 S형(S form)이라고 부르며, 돌연변이인 비독성형은 다당류 외피를 만드는 데 필요한 효소의 결핍으로 거친(rough) 콜로니를 만들기 때문에 R형(R form)이라고 부른다.

그리피스는 위 세균으로 생쥐를 감염시킨 후 질환의 증상을 관찰하는 단순한 실험을 수행했다(**그림 12.1**). S형으로 감염된 생쥐들은 폐렴으로 죽었지만, R형으로 감염시킨 생쥐에게는 어떠한 증상도 나타나지 않았다. 이 결과는 다당류 외피가 독성에 필수적이라는 것을 보여준다. 하지만 S형 균을 열로 가열하여 죽인 다음 생쥐들에게 감염시키면 어떠한 해로움도 주지 못했는데, 이것은 외피 그 자체만으로는 질환을 유발하기에 충분하지 못하다는 것을 의미한다. 마지막으로 그리피스는 열로 가열하여 죽인 S형과 살아 있는 R형을 혼합하여 생쥐들에게 감염시켰는데, 이 생쥐에서는 질환이 유발되는 것을 관찰하였다. 뿐만 아니라 죽은 생쥐의 폐에서 다량의 살아 있는 S형의 세균이 발견되었다.

이는 다당류 외피에 대한 특정 정보가 죽은 S형으로부터 살아 있는 R형으로 전달되어 외피가 없는 R형을 독성형인 S형으로 변형시킨 것이다. 그리피스는 한 세포에서 다른 세포로의 독성이 전달되는 이 현상을 **형질전환**(transformation)이라고 명명하였고, 현재 이 용어는 세포 간 유전물질의 이동을 일컫는 말이다.

에이버리, 맥레오드, 그리고 맥카티는 형질전환의 원리를 규명하였다

폐렴균을 형질전환하는 물질은 1944년이 되어서야 밝혀졌다. 고전적 실험과정을 통해 에이버리(Oswald Avery)와 그의 동료인 맥레오드(Colin MacLeod), 맥카티(Maclyn McCarty)는 그리피스 실험에서 형질전환을 일으킨 물질을 밝혀냈다.

그들은 먼저 그리피스가 사용했던 S형과 R형의 세균 혼합물을 준비한 후, 가능한 한 최대로 단백질을 제거하여 순도가 99.98%가 되게 하였다. 이 실험에서 거의 모든 단백질을 제거했음에도 불구하고 형질전환 활성이 그대로 남아 있음을 발견하였다.

또한 이때 형질전환을 일으키는 물질의 성질은 다음과 같이 몇 가지 측면에서 DNA와 유사하였다.

1. 원소 배열이 DNA의 원소 배열과 상당히 일치했다.
2. 초원심분리에서 형질전환 물질은 DNA와 같은 밀도로 분리되었다.
3. 지질이나 단백질의 제거로 형질전환 활성이 감소하지 않았다.

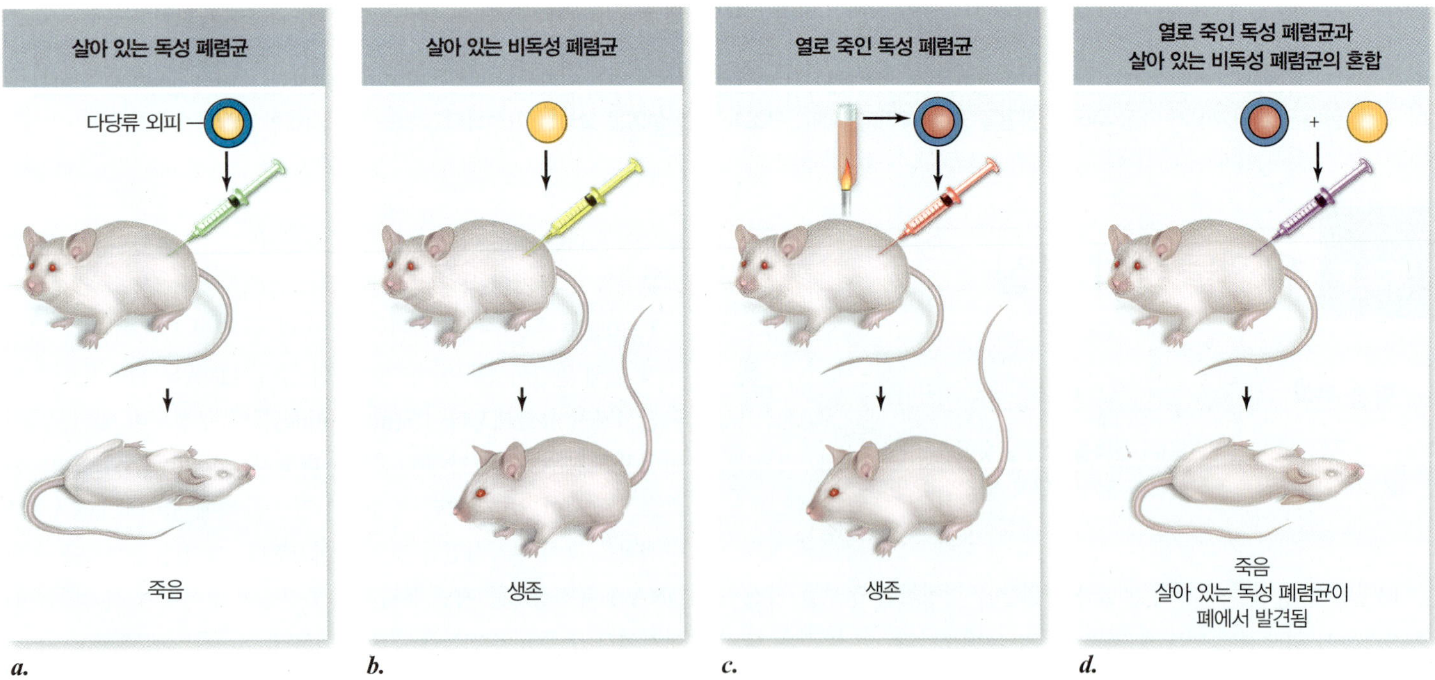

그림 12.1 그리피스의 실험.
그리피스는 폐렴 백신을 만드는 과정에서 형질전환을 발견했다. ***a.*** 살아 있는 독성균을 생쥐에 주입하여 생쥐가 폐렴에 걸리게 했다. 비독성균의 삽입(***b***)이나 열을 가해 죽인 독성균의 삽입(***c***)은 생쥐에게 어떠한 영향도 끼치지 않았다. ***d.*** 그러나 열을 가해 죽인 독성균과 살아 있는 비독성균의 혼합은 생쥐에게 폐렴을 일으켰다. 이것은 죽은 독성균의 유전정보가 비독성균으로 전달되어 비독성균을 독성균으로 형질전환했음을 나타낸다.

4. 단백질 분해효소나 RNA 분해효소가 형질전환 활성에 영향을 주지 않았다.

5. DNA 분해효소는 모든 형질전환 활성을 제거하였다.

이 실험들은 DNA가 형질전환에 의해 세포들 사이에서 전달되는 물질이라는 것을 지지해주며, 적어도 이 세균에서는 DNA가 유전물질이라는 사실을 암시해준다.

허쉬와 체이스는 파지의 유전물질이 DNA임을 증명하였다

많은 생물학자들은 단백질을 유전물질로 생각하고 있었기 때문에, 에이버리의 연구 결과는 쉽게 받아들여지지 않았다. 그러나 1952년에 허쉬(Alfred Hershey)와 체이스(Martha Chase)의 실험에 의해 에이버리의 결론이 받아들여지게 되었는데, 그들은 세균을 감염시키는 바이러스로 실험을 수행하였다. 이러한 바이러스는 **박테리오파지**(bacteriophage) 또는 간단히 **파지**(phage)라고 한다.

바이러스(virus)는 DNA 또는 RNA와 같은 유전물질과 이를 둘러싸고 있는 단백질 외피로 이루어져 있어 세포보다 훨씬 단순하다. 파지가 세균 세포를 감염시킬 때 먼저 세포 바깥쪽 표면에 결합한 후, 유전물질을 세포 안으로 들여보낸다. 세포 내부에 들어간 바이러스의 유전물질은 세균의 정보처리 장치들을 이용해 바이러스 단백질들을 만들어, 수천 마리의 바이러스를 생산한다. 결국 생산된 바이러스들은 세포를 용해시키고 파지의 자손들이 방출하게 한다.

허쉬와 체이스가 사용한 파지는 DNA와 단백질로만 구성되어 있어, DNA와 단백질의 역할을 구분할 수 있는 단순한 체계를 제공할 수 있었다. 이런 파지가 세균 세포 안으로 집어넣은 물질을 밝히게 된다면 바이러스의 유전물질을 확인하게 된다. 이를 위해 DNA와 단백질에 독특한 표지를 하는 방법을 사용하였다. 뉴클레오타이드는 인(phosphorus)을 포함하지만 단백질은 포함하지 않고, 몇몇 아미노산은 황(sulfur)을 가지지만 DNA는 가지지 않는다. 따라서 방사성 동위원소인 ^{32}P는 DNA를 특이적으로, ^{35}S는 단백질을 특이적으로 표지하게 된다. 두 동위원소는 붕괴(decay)될 때 방출되는 입자

과학적 사고

가설: DNA가 박테리오파지의 유전물질이다.

예측: 파지 생활주기는 파지 단백질을 만들기 위해 세포를 재프로그램해야 한다. 이를 위해 파지의 유전정보는 감염되는 동안에 세포 안으로 들어가야만 한다.

실험: DNA는 방사성 ^{32}P를 이용하여 특이적으로 표지할 수 있고, 단백질은 방사성 ^{35}S로 표지할 수 있다. ^{35}S 또는 ^{32}P를 포함하는 배양액에서 파지를 각각 배양한 후 두 실험에서 각각 세포를 감염시키는 데 이용하였다. 파지의 외피는 세포의 바깥쪽에 부착되어 있는데, 이를 혼합기에 넣어 잠깐 흔들어서 제거한다. 원심분리에 의해 세포 현탁액을 모으면, 파지의 외피는 상층액에 남아 있게 된다.

결과: 실험을 마쳤을때, 상당한 양의 ^{32}P만이 세포 침전물에서 검출되었다.

결론: 따라서 DNA가 세포를 재프로그램하는 데 이용되는 분자이다.

추가 실험: 형질전환 입자의 규명에 대한 에이버리의 연구를 어떻게 확장하거나 실험을 보완할 수 있을까?

그림 12.2 DNA가 파지의 유전물질임을 보여주는 허쉬와 체이스의 실험.

를 확인하면 쉽게 구별할 수 있다.

이들은 두 실험군을 만들었는데(**그림 12.2**), 첫 번째 실험군은 ^{32}P가 있는 배양액에서 바이러스를 배양하여 ^{32}P를 지닌 DNA를 가지도록 하고, 다른 실험군에서는 ^{35}S가 함유된 배지에서 배양하여 ^{35}S를 지닌 단백질 외피를 갖도록 하였다. 그 후 각각의 표지된 바이러스들로 세균을 감염시켰다.

감염 후, 혼합기를 이용해 강하게 흔들어 세균 세포 표면에 붙은 바이러스의 외피 입자들을 제거하였다. 이를 통해 세균 세포 내로 주입된 바이러스 부분만을 검출하여 유전물질로 결론내릴 수 있기 때문이다.

각각의 세균 부유액을 원심분리하여 침전물(pellet)을 얻어 분석하였다. 그 결과, ^{32}P를 가진 바이러스로 감염시킨 세포에서 다량의 방사성 인이 발견되었으나, ^{35}S로 표지된 바이러스로 감염시킨 세포에서는 방사성 황이 거의 탐지되지 않았다(**그림 12.2**). 허쉬와 체이스는 이 결과를 통해 바이러스가 세균 안으로 삽입한 유전정보는 단백질이 아니라 DNA라고 추정하였다.

핵심 요약 12.1

폐렴을 유발하는 세균에 대한 실험은 독성이 한 세포에서 다른 세포로 전달될 수 있음을 보여주었다. 이러한 형질전환을 일으키는 물질은 DNA로 밝혀졌다. 파지를 이용한 표지실험 역시 유전물질이 단백질이 아닌 DNA임을 나타냈다.

■ 단백질이 유전물질로서의 좋은 후보였던 이유는 무엇일까?

12.2 DNA 구조

학습 목표

1. 왓슨과 크릭이 DNA 구조를 밝히기 위해 유용하게 사용하였던 자료들에 대해 설명할 수 있다.
2. DNA 구조와 기능에서 상보성의 중요성에 대해 설명할 수 있다.

멘델의 연구가 알려진 지 4년 후인 1869년에 스위스 화학자인 미셔(Friedrich Miescher)에 의해 DNA가 발견되었는데, 그는 멘델의 실험들에 대해 알지 못하고 있었다. 미셔는 사람의 세포와 물고기 정자의 핵에서 흰색 물질을 분리하였는데, 그 물질은 세포에서 알려진 물질의 구성성분과는 다른 질소(nitrogen)와 인(phosphorus)의 비율을 보였기 때문에 새로운 생물학적 물질을 발견했다고 생각하였다. 그는 이 물질이 핵과 특별히 연관되어 있다고 생각하여 "핵질(nuclein)"이라고 명명하였다. 미셔가 발견한 핵질은 약산성을 띠고 있어, 후에 이 핵질은 **핵산**(nucleic acid)으로 불리게 되었다.

DNA의 구성요소는 잘 알려져 있었지만, 3차원 구조는 수수께끼였다

DNA의 3차구조가 왓슨과 크릭에 의해 알려질 때까지 DNA는 다음과 같은 3개의 구성성분으로 이루어진 것으로 알려졌다(**그림 12.3**).

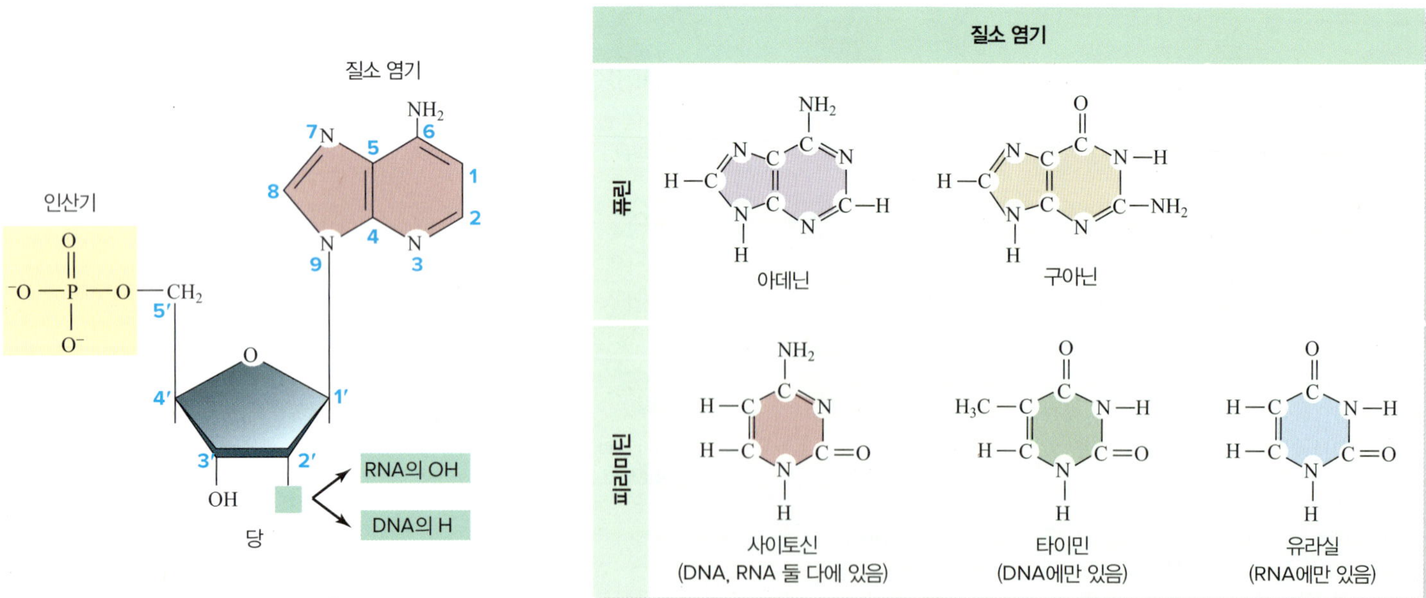

그림 12.3 DNA와 RNA의 뉴클레오타이드 소단위.
DNA와 RNA의 뉴클레오타이드 소단위는 5탄당(DNA는 디옥시리보스, RNA는 리보스), 인산기 그리고 질소염기(피리미딘 또는 퓨린)로 이루어져 있다.

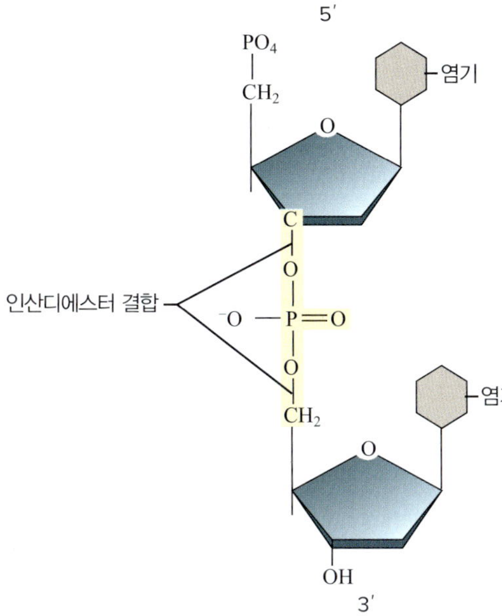

그림 12.4 인산디에스터 결합.

1. 5탄당(5-carbon sugar)
2. 인산기(phosphate group, PO_4^-)
3. 질소염기(nitrogenous base): 염기에는 2개의 고리를 가진 퓨린(purine)계의 아데닌(adenine, A)과 구아닌(guanine, G), 그리고 1개의 고리구조로 이루어진 피리미딘(pyrimidine)계인 타이민(thymine, T)과 사이토신(cytosine, C)이 있다. RNA는 타이민 대신에 유라실(uracil, U)을 갖는다.

뉴클레오타이드의 탄소 원자를 명확하게 구분할 수 있는 방법이 필요하게 되는데, 일반적으로 염기에 붙은 탄소 원자와 구분하기 위해 당에 붙은 탄소에는 프라임 기호(′)를 사용한다. 핵산에 있는 리보스(ribose) 당은 4개의 탄소 원자와 1개의 산소 원자, 총 5개로 구성된 고리(ring)를 형성한다. **그림 12.3**에서 보는 것처럼 탄소 원자들은 산소 원자에서 시계 방향을 따라 1번에서 5번으로 번호를 붙여 부른다.

이런 번호에 따라 인산기는 당의 5′ 탄소에 붙어 있고, 염기는 1′ 탄소 원자에 연결되어 있다. 그리고 하이드록실기(−OH)는 3′ 탄소에 부착되어 있다.

뉴클레오타이드 단량체(monomer)는 5′ 인산기와 다른 뉴클레오타이드의 3′ 하이드록실기의 탈수반응(dehydration reaction)에 의해 함께 연결될 수 있다. 이 연결은 한 쌍의 에스터 결합(ester bond)에 의해 2개의 당에 인산기가 연결되기 때문에 **인산디에스터 결합**(phosphodiester bond)이라고 부른다(**그림 12.4**). 수많은 뉴클레오타이드가 인산디에스터 결합을 통해 서로 연결되어 긴 핵산 중합체(nucleic acid polymer)를 형성한다.

한 가닥의 DNA 또는 RNA는 길이가 얼마나 길든 항상 한쪽 끝에는 5′ 자유인산기를, 다른 쪽 말단에는 3′ 자유하이드록실기를 갖는다. 그래서 모든 DNA와 RNA는 고유의 방향성을 가지게 되어 각 분자의 말단을 확인할 수 있다. 염기들의 서열은 관례적으로 5′에서 3′ 방향으로 표시한다.

샤가프, 프랭클린, 그리고 윌킨스는 몇 가지 구조적 증거를 얻었다

왓슨과 크릭이 제안한 모델을 이해하기 위해서 이 모델을 가능하게 해준 증거들을 알아보자.

샤가프의 규칙

샤가프(Erwin Chargaff)에 의해 수행된 연구는 DNA 분자의 뉴클레오타이드 조성이 DNA 출처에 따라 복잡하고 다양하다는 것을 보여준다. 이것은 DNA가 단순히 반복된 중합체가 아니라, 유전물질이 필요한 정보를 암호화하는 성질을 가지고 있음을 강력하게 시사해 주고 있다. 하지만 DNA의 복잡함에도 불구하고 샤가프는 천연 DNA에서 발견되는 염기 비율에서의 중요한 기본적 규칙성을 관찰하였는데, **DNA에 존재하는 아데닌의 양은 타이민의 양과 같으며, 구아닌의 양은 항상 사이토신의 양과 같다**는 것이다. 이 연구의 다음 2가지 중요한 발견을 **샤가프의 규칙**(Chargaff's rule)이라 부른다.

1. A의 비율은 항상 T의 비율과 같으며, G의 비율은 C의 비율과 같다. 즉, A=T, G=C이다.
2. G−C와 A−T의 비율은 종(species)에 따라 다르다.

DNA가 유전정보를 저장한다는 증거들이 축적됨에 따라 연구자들은 단순해 보이는 분자가 어떻게 복잡한 암호 기능을 수행할 수 있는지에 대한 퍼즐을 풀기 시작했다.

DNA의 X선 회절양상

X선 회절(X-ray diffraction) 기술은 DNA의 가능한 구조에 대해 보다 직접적인 정보를 제공하였다. X선 회절에서는 X선 빔을 분자의 결정체에 부딪히게 한다. X선이 부딪히는 분자들에 의해 선이 굴절되거나 회절되며, 이 회절 양상은 필름에 기록된다. 이 회절의 모양은 마치 수면에 던진 돌이 만드는 물결과 유사한데, 이 회절 양상을 수학적으로 분석하면 분자의 3차원적 구조에 대한 정보를 얻을 수 있다.

1950년대에는 천연 DNA의 완전한 결정체를 얻는 것이 불가능했기 때문에, 이 기술을 DNA에 접목시키기 어려웠다. 하지만 영국 연구자 윌킨스(Maurice Wikins)는 균일하게 배열된 DNA 섬유를 만

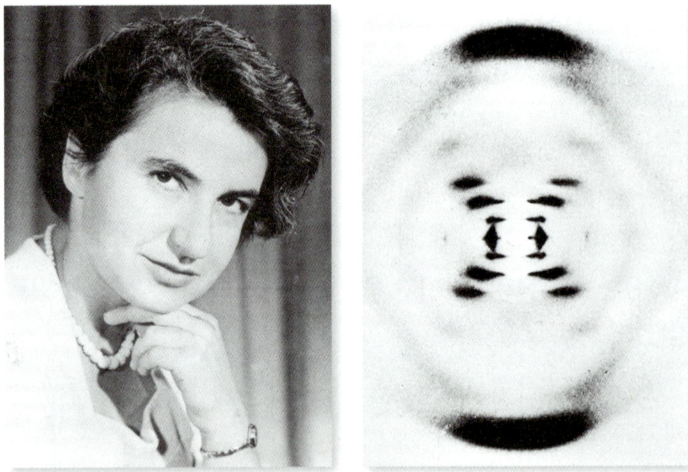

a. *b.*

그림 12.5 프랭클린의 X선 회절 양상.
a. 프랭클린(Rosalind Franklin). ***b.*** 1953년 프랭클린에 의해 만들어진 DNA 섬유의 X선 회절 사진으로 DNA가 나선구조로 되어 있음이 증명되었다.

드는 방법을 배웠고, 1950년 대학원생이었던 고슬링(Ray Gosling)과 함께 최초로 천연 DNA의 회절정보를 얻는 데 성공하였다. 그들의 초기 X선 사진은 DNA 분자가 나선(helix) 모양을 가지고 있음을 보여줬다.

이후 영국의 화학자인 프랭클린(Rosalind Franklin, **그림 12.5*a***)은 지속적인 연구를 통해 배열된 DNA 섬유의 더 선명한 "사진"을 얻기 위한 기술을 완성했다. 사진들 중 가장 선명한 이미지(**그림 12.5*b***)를 통해 DNA가 나선형이고, 지름이 약 2 nm이며, 매 3.4 nm마다 완전한 나선형 회전이 나타나는 분자임을 알 수 있었다.

염기의 호환성

왓슨과 크릭에게 중요한 정보 중 하나는 염기 그 자체의 형태였다. 염기에서 번갈아 나오는 2중결합과 단일결합 때문에 이 2개의 다른 형태가 수용액에서 평형 상태로 존재한다. 이 2가지 다른 형태는 염기에 붙은 케토(keto, C=O) 대 에놀(enol, C−OH), 그리고 아미노(amino, $-NH_2$) 대 이미노(imino, =NH)를 가져야 하는데, 이런 구조들을 **호변체**(tautomers)라고 부른다.

이런 화학적 차이의 중요성은 염기의 2가지 형태가 매우 다른 수소결합을 가질 수 있다는 데 있다. 염기는 케토와 아미노기(**그림 12.3**)를 주로 갖지만, 당시의 저명한 생화학 교재들은 틀린 반대의 정보를 싣고 있었다. 왓슨은 정확한 정보를 알고 있으면서도 당시 생화학자

그림 12.6 DNA 2중나선.
1953년 왓슨(왼쪽)과 크릭(오른쪽)은 염기의 적절한 호변 구조를 밝힌 샤가프의 법칙과 프랭클린의 회절 연구를 이용하여 DNA 구조를 추론하였다.

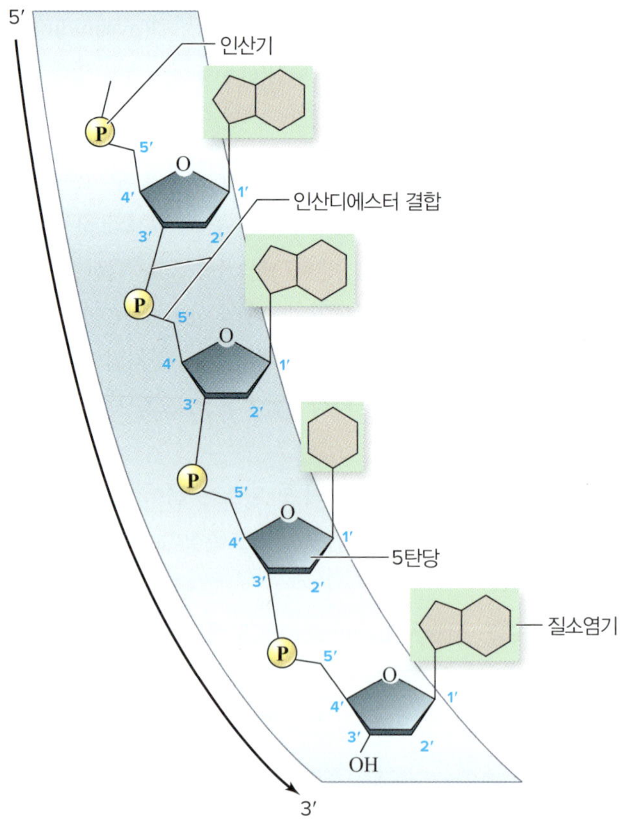

그림 12.7 단일 가닥 DNA의 구조.
인산디에스터 골격은 교대로 나타나는 당과 인산기로 구성되어 있다. 염기는 각각의 당에 연결되어 있다.

인 친구들과 점심을 즐겼다는 얘기도 있다.

왓슨-크릭은 알맞은 모델을 제시하였다

1953년 프랭클린의 연구결과가 출간되기 전에 비공식적으로 알게 된 영국 케임브리지 대학(Cambridge University)의 두 젊은 과학자인 미국 화학자 왓슨(James Watson)과 영국 분자생물학자 크릭(Francis Crick)은 현재 정확한 것으로 알려져 있는 DNA의 분자구조를 신속하게 추론해냈다(**그림 12.6**). 왓슨과 크릭은 DNA 구조와 관련된 실험을 한 번도 수행하지 않았지만, 유용한 정보에 기반하여 세밀한 분자모델을 만들었다.

이 모델의 핵심은 각각의 DNA 분자가 실제로는 두 가닥의 뉴클레오타이드 사슬이 서로 꼬여 2중나선(double helix)을 이룬다는 것이다.

인산디에스터 골격

2중나선의 두 가닥은 뉴클레오타이드의 긴 중합체로 구성되고, 각 가닥은 당과 인산이 반복해 인산디에스터 결합으로 연결되어 있다(**그림 12.7**). 이것을 분자의 **인산디에스터 골격**(phosphodiester backbone)이라고 부른다. 골격의 두 가닥은 공통 축의 중심을 감싸면서 2중나선을 이루는데(**그림 12.8**), 이 나선 구조의 두 가닥은 계단의 난간 같은 것으로 종종 나선형 계단에 비유된다.

상보적 염기

왓슨과 크릭은 각 가닥의 염기가 수소결합에 의해 2개의 가닥이 서로 결합되어 있다고 제안하였다. 이 결합은 특수한 **염기쌍**(base-pairs)을 형성하는데, 아데닌과 타이민 사이에는 2개의 수소결합에 의한 A－T 염기쌍을, 사이토신과 구아닌 사이에는 3개의 수소결합에 의한 G－C 염기쌍을 이룬다(**그림 12.9**).

이런 배열 형태는 고리 2개를 지닌 퓨린과 고리 하나를 지닌 피리미딘 사이에 쌍을 형성하게 되기 때문에 각 염기쌍 사이의 직경이 일정해지며, 이렇게 일정한 직경은 X선 회절 연구에서 이미 시사된 바 있다.

이런 염기쌍의 배열 양식을 **상보적**(complementary)이라고 하는데, 상보적이란 DNA 가닥이 같지는 않지만 염기쌍에 의해 다른 한 가닥을 규정한다는 것을 의미한다. 예를 들어, 한 가닥의 염기서열이 ATGC라면, 이에 대응하는 다른 한쪽의 염기서열은 TACG가 되는데 이런 특징은 DNA 복제와 발현에 매우 중요하다(12.3절).

왓슨과 크릭의 모델은 샤가프의 연구 결과도 설명할 수 있었다. 2중나선 구조에서 아데닌은 타이민과 2개의 수소결합을 형성하지만 사이토신과는 수소결합을 형성하지 않는다. 그와 마찬가지로 구아닌

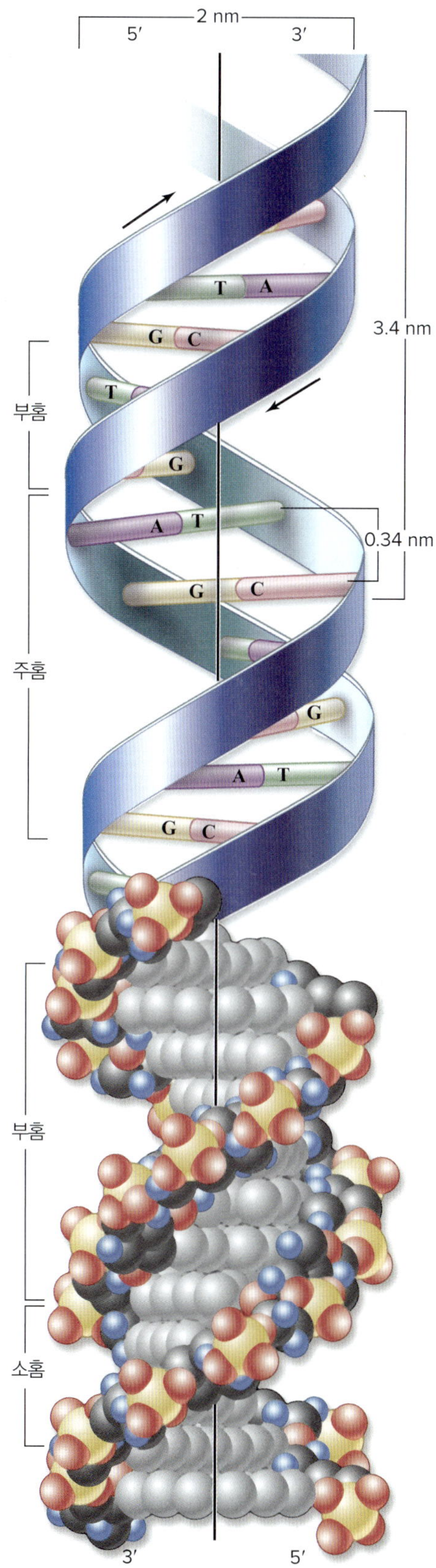

그림 12.8 2중나선.
인산디에스터 골격이 위쪽에는 리본 모형으로, 아래쪽에는 공간채움모형으로 표시되어 있다. 염기는 나선의 안쪽으로 돌출되어 있고, 거기서 염기들은 염기쌍을 이루어 나선을 붙잡고 있다. 골격은 큰 주홈(major groove)과 작은 부홈(minor groove)을 형성한다.

은 사이토신과는 수소결합을 형성하지만, 타이민과는 수소결합을 만들지 않는다. 이러한 염기쌍으로 인해 모든 DNA 분자에서 구아닌과 사이토신, 아데닌과 타이민은 항상 같은 비율로 존재한다.

역평행 배열

이 장의 앞부분에서 단일 인산디에스터 가닥은 본래의 방향성을 갖는다고 설명한 바 있는데, 이는 한쪽 끝은 3′ OH로 끝나고, 다른 쪽 끝은 5′ PO_4로 끝나는 것을 의미한다. 따라서 DNA 가닥의 방향성은 5′에서 3′ 또는 3′에서 5′이라고 부르고, 두 가닥은 같은 방향성을 갖는 평행(parallel) 또는 반대의 방향성을 갖는 역평행(antiparallel)의 2가지 방식에 의해 서로 결합할 수 있다. 본래의 2중가닥의 DNA는 한 가닥은 5′에서 3′으로, 다른 한 가닥은 3′에서 5′으로 역평행 배열(antiparallel configuration)을 갖는다. DNA의 상보성 외에도 이런 역평행은 DNA 복제에 중요한 영향을 미친다.

왓슨과 크릭의 DNA 분자

왓슨과 크릭의 모델에서 DNA 분자는 공통 나선축을 중심으로 둘러싸인 2개의 인산디에스터 가닥으로 되어 있으며, 나선의 안쪽으로 염기들이 뻗어 있다. 두 가닥의 염기서열은 서로 상보적이므로, 가닥들은 함께 묶여 염기쌍을 형성한다. 가닥들은 각각 5′과 3′ 말단을 가지며 반대 방향(역평행)으로 배열되어있다(**그림 12.8**과 **12.9**).

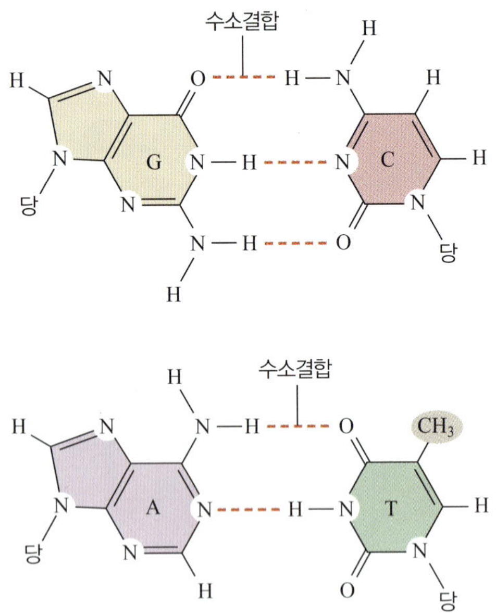

그림 12.9 **염기쌍에 의한 DNA 가닥 연결.**
A와 T, G와 C 사이의 수소결합이 점선으로 표시되어 있다. 이 수소결합들이 두 가닥을 연결하는 A–T와 G–C 염기쌍을 만든다. 이것은 항상 퓨린과 피리미딘으로 쌍을 형성하며, 2중나선의 지름을 일정하게 유지하게 한다.

자료 분석 왓슨과 크릭의 모델이 본문에서 논의된 자료를 어떻게 설명하였는가?

각각의 개별적인 수소결합은 낮은 수준의 에너지 결합이지만, 수천 혹은 수백만 개의 수소결합의 합은 매우 안정한 분자를 만들게 된다. 이러한 사실은 또한 DNA 분자가 전체 분자의 안정성에는 영향을 미치지 않으면서 나선이 "개방된(풀린)" 지역을 가질 수 있다는 것을 의미하게 되는데, 이것은 DNA의 기능에 매우 중요하다.

왓슨과 크릭의 모델이 DNA에 대한 합리적인 구조를 제안했지만, 연구자들은 세포분열에서 가장 중요한 단계인 DNA가 어떻게 복제될 수 있는지 그리고 세포가 손상되거나 변형된 DNA를 어떻게 복구할 수 있는지에 대한 대답을 찾아야만 했는데, 이 장의 나머지 부분에서 이런 질문들에 대해 살펴본다. 13장에서는 유전암호 및 암호와 단백질 합성 사이의 연관성에 대해 다룬다.

핵심 요약 12.2

샤가프는 DNA에서 아데닌의 양은 타이민과 같고, 구아닌의 양은 사이토신의 양과 동일함을 보였다. 프랭클린과 윌킨스는 X선 회절연구를 통해 DNA가 나선을 형성한다고 밝혔다. 왓슨과 크릭은 공통 축을 중심으로 나선형으로 감싸진 2개의 역평행 가닥으로 구성된 DNA 모델을 만들었다. 두 가닥은 염기 사이의 수소결합에 의해 함께 고정된다(아데닌과 타이민, 구아닌과 사이토신이 염기쌍 형성). 따라서 두 가닥은 서로 상보적이다.

- 왜 염기의 호변성 형태에 대한 정보가 중요할까?

12.3 DNA 복제의 기본 특징

학습 목표

1. 반보존적 복제의 생성물을 설명할 수 있다.
2. DNA 복제에 필요한 조건들에 대해 설명할 수 있다.

세포분열 전의 정확한 DNA 복제는 기본적이면서 중요한 기능이다. 이 복잡한 과정에 세포 내 수많은 단백질이 관여하는 것으로 밝혀졌는데, 유전학자들은 이런 것들의 세부 사항들을 밝히기에 앞서 일반적인 기작을 위한 기본 연구가 필요하다는 사실을 인식하였다.

메셀슨과 스탈은 반보존적 복제를 규명하였다

왓슨과 크릭의 모델은 유전정보의 복제가 상보적으로 일어남을 제시하였다. 따라서 DNA 분자의 한쪽 가닥의 염기서열을 알면 다른 쪽 가닥의 염기서열도 알 수 있게 된다.

DNA 복제에서 부모 DNA 가닥의 염기서열은 딸 가닥에서도 같아야 한다. 즉, 부모의 2중나선 DNA는 전체적으로 네 가닥인 2개의 딸 나선 DNA를 생산할 수 있어야 한다. 이 2개의 딸 DNA 분자는 세포분열 과정 동안 분리된다.

DNA 복제에 대해 다음과 같은 3개의 모델이 제안되었다(**그림 12.10**).

1. **보존적 모델**(conservative model): 부모 DNA 2중나선 가닥이 보존되고, 완전히 새로운 분자로 이루어진 새 DNA 복제물이 만들어진다. 딸 DNA 2중나선 가닥은 새로운 DNA 가닥으로 구성된다.
2. **반보존적 모델**(semiconservative model): 부모 2중나선 가닥 중 하나는 딸 DNA에서 보존되고(반보존), 각각의 부모 DNA 가닥에 대한 새로운 DNA 가닥이 만들어진다. 딸 DNA 가닥은 하나의 부모 DNA 가닥과 새로 합성된 다른 하나의 DNA 가닥으로 구성된다.
3. **분산 모델**(dispersive model): DNA 복제물들이 부모가닥과 새로 합성되는 가닥과의 혼합 형태로 구성된다. 즉, 새로운 DNA는 복제 후 2개의 딸 DNA 2중나선 분자의 각 가닥에 산재되어 분포하게 된다.

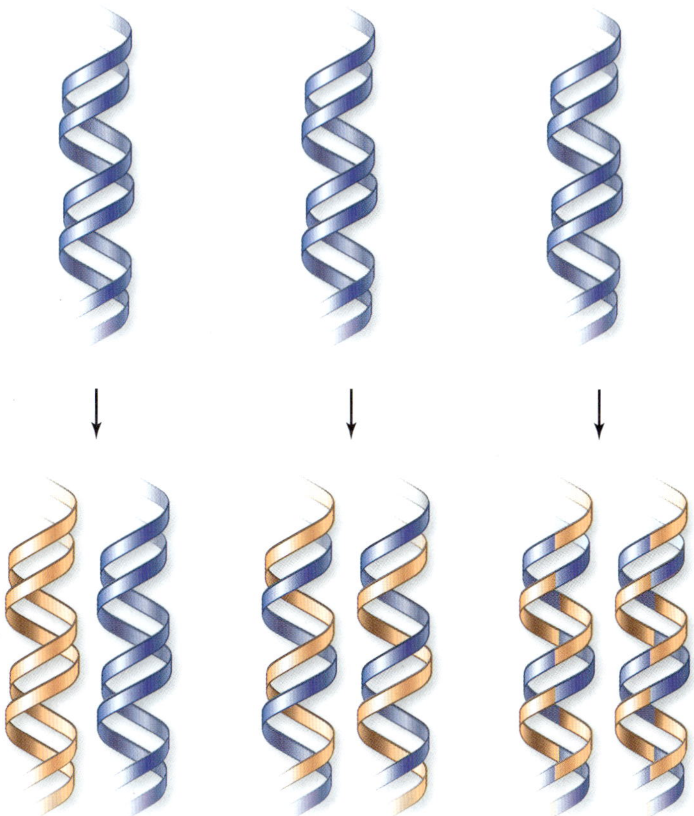

그림 12.10 DNA 복제에 대한 3가지 모델.
보존적 모델은 하나의 완전한 새로운 분자를 만들고 기존의 것은 보존한다. 반보존적 모델은 기존 가닥과 새 가닥의 2개의 혼성 분자를 만든다. 분산적 모델은 각각의 가닥이 새것과 기존의 것이 혼합된 혼성 분자를 만든다.

이 3가지 모델은 복제 과정의 분자적 세부사항에 대한 규명 없이 복제에 대한 일반적 기작을 제안하고 있다는 사실에 유념할 필요가 있다.

메셀슨과 스탈의 실험

DNA 복제에 대한 3개의 모델은 1958년 메셀슨(Matthew Meselson)과 스탈(Franklin Stahl)에 의해 평가되었다. 이 모델들을 구분하기 위해 그들은 두 번의 복제 과정 동안 DNA를 표지하였다(**그림 12.11**).

메셀슨과 스탈은 실험에서 질소 동위원소 중 무거운 ^{15}N(방사선 원소가 아님)을 이용하였다. ^{15}N을 가진 분자는 ^{14}N을 가진 분자보다 큰 밀도를 지니고 있는데, 초원심분리(ultracentrifugation)를 사용하여 다른 밀도를 갖는 분자들을 분리할 수 있다.

세균을 ^{15}N을 포함하는 배양액에서 배양하여 세균의 DNA로 ^{15}N이 혼입되도록 하면 몇 세대 후에는 ^{14}N을 포함하는 배지에서 배양한 세균의 DNA보다 더 큰 밀도를 갖게 된다. 메셀슨과 스탈은 ^{15}N 배지에서 배양한 세균을 ^{14}N 배지로 옮긴 후 시간차를 두고 세균의 DNA를 분리하였다.

이렇게 수집된 DNA를 무거운 염인 염화세슘(cesium chloride) 용액에 녹여 초원심분리기에서 매우 높은 속도로 분리하였다. 높은 원심분리력에 의해 세슘 이온이 원심분리 튜브의 바닥으로 이동되면서 세슘의 농도에 따른 밀도 기울기(density gradient)가 형성된다. 각각의 DNA는 이 세슘의 밀도 기울기에 의해 분리되는데, ^{15}N은 ^{14}N보다 무겁기 때문에 튜브의 아래쪽에 위치하게 된다.

^{14}N이 있는 배지로 옮긴 후 바로 채취한 세균의 DNA는 ^{15}N DNA만의 밀도를 나타내지만 한 번의 DNA 복제를 완전히 마친 후 채취한 세균의 DNA 밀도는 ^{14}N과 ^{15}N의 중간값으로 감소하였다. 두 번의 복제를 마친 후 채취한 세균의 DNA에서는 2종류의 DNA 밀도, 즉 ^{14}N 밀도 및 ^{15}N과 ^{14}N의 중간 밀도가 관찰되었다(**그림 12.11**).

메셀슨과 스탈의 실험 결과 해석

메셀슨과 스탈은 그들의 연구 결과를 3가지 모델의 예견될 수 있는 결과들과 비교해 보았다.

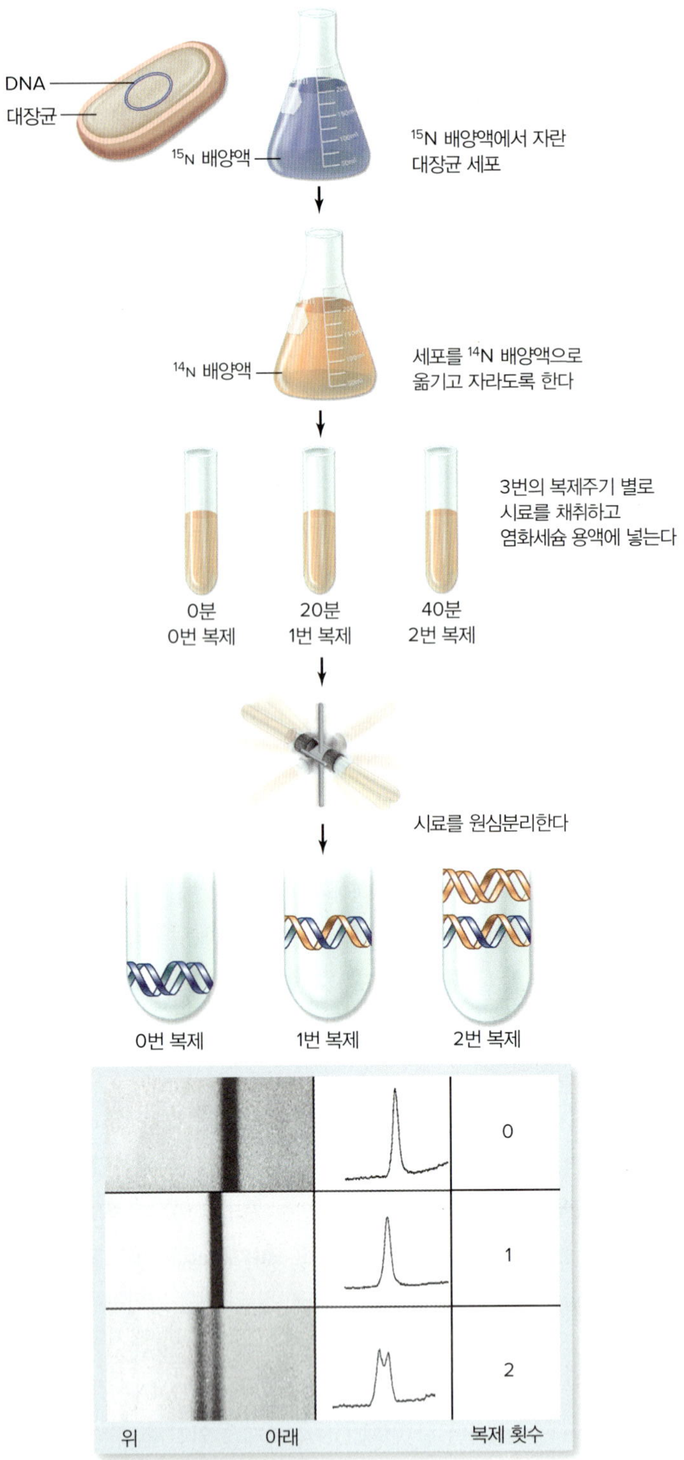

그림 12.11 메셀슨과 스탈의 실험.
무거운 ^{15}N 배지에서 자란 세균을 가벼운 ^{14}N 배지로 옮긴 후, 두 번의 복제주기를 거쳤다. ^{15}N 배지에서 시료가 채취된 시간을 상대적으로 0이라 하고, 두 번의 복제주기 후 농도 구배 형성을 위해 세슘이 첨가된 시험관에 세균을 넣고 원심분리했다. 실제 자료가 아래 그림에 나타나 있고, 이 결과는 반보존적 복제로 해석된다.

자료 분석 3번의 복제를 마친 복제물에 대해 예측하시오.

1. 보존적 모델과의 비교: 한 번의 복제 후에 DNA 가닥은 무겁거나(부모 DNA), 가벼운(딸 DNA) 2종류의 밀도가 관찰되어야 한다는 점에서, 이 모델은 연구 결과에 일치하지 않는다. 따라서 이 모델은 틀린 모델이다.
2. 반보존적 모델과의 비교: 한 번의 복제 후 모든 DNA 분자는 가벼운 가닥과 무거운 가닥으로 되어 있기 때문에 한 종류의 밀도가 예측된다. 두 번의 복제 후 DNA 분자들 중 반은 2개의 가벼운 가닥을, 나머지 반은 한쪽의 가벼운 가닥과 다른 한쪽의 무거운 가닥을 갖게 되어 두 종류의 밀도가 관찰되어야 한다. 따라서 이 모델은 모든 연구 결과와 일치한다.
3. 분산 모델과의 비교: 이 모델은 한 번의 복제주기 후 모든 DNA 분자들의 한 가닥이 1/2의 가벼운 가닥(새 가닥)과 1/2의 무거운 가닥(기존 가닥)의 혼합된 혼성 분자로 구성되어 있기 때문에 실험 결과와 일치한다. 하지만 두 번째 복제 후, 분산 모델에서는 DNA의 한 가닥은 3/4의 가벼운 가닥과 1/4의 무거운 가닥으로 구성된 오직 한 종류의 밀도만 만들어야 하는데, 실험 결과에서는 2개의 밀도가 관찰되었다. 따라서 이 모델은 틀린 모델이다.

DNA 복제의 기본 기작은 반보존적(semiconservative)이다. 이를 간단히 설명하면 DNA 나선을 풀어서 두 가닥의 복사물을 각각 만들어, 하나의 기존 가닥에 다른 하나의 새 가닥으로 이루어진 2개의 딸 나선구조를 복제하는 것이다.

DNA 복제는 주형, 뉴클레오타이드, 그리고 중합효소를 필요로 한다

DNA 복제에는 복제할 대상(주형), 복제를 수행하는 것, 그리고 복제물을 만들 수 있는 구성요소 등 3가지 사항이 요구된다. 부모 DNA는 주형(template)의 역할을 하고, 효소는 주형을 복제하는 역할을 수행하며, 구성요소로는 뉴클레오사이드3인산(nucleoside triphosphate)이 이용된다.

복제 과정에는 과정이 시작되는 지점, 뉴클레오타이드가 첨가되는 중간 지점, 그리고 과정이 끝나는 지점이 있는데, 이러한 생화학 과정을 **개시**(initiation), **신장**(elongation), 그리고 **종결**(termination)이라고 한다. 이들 과정은 단순해 보이지만 개시와 종결에는 신장에서 요구되지 않는 확실하게 구별되는 기능이 있다.

많은 효소들이 새로운 가닥을 조립하는 일에 함께 관여하지만, 실제로 기존의 DNA 가닥에 상보적인 뉴클레오타이드를 맞추고 연결하여 새로운 DNA 가닥을 만드는 일을 하는 것은 **DNA 중합효소**(DNA polymerase)이다(**그림 12.12**). 그간 밝혀진 모든 DNA 중합효

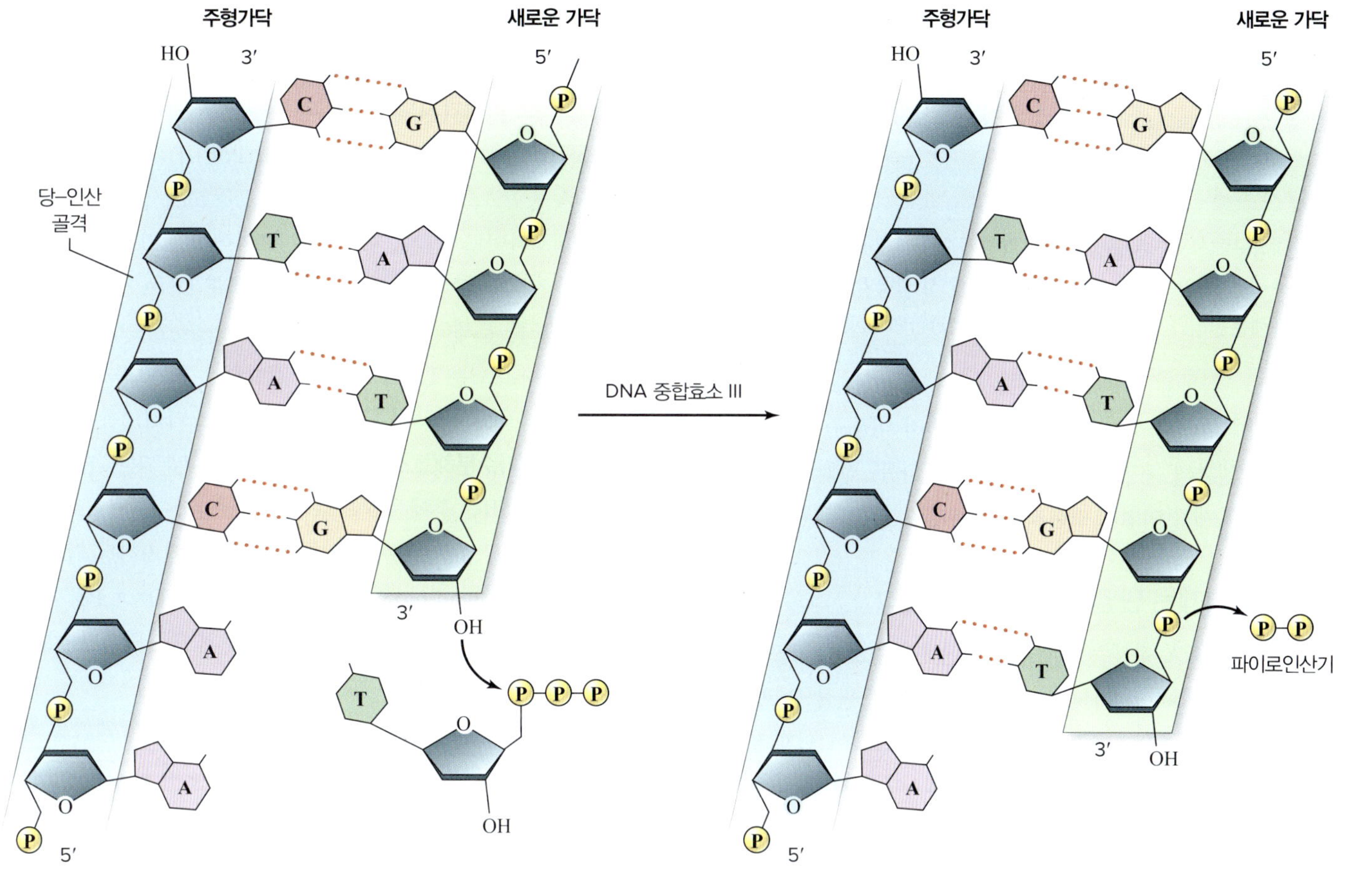

그림 12.12 DNA 중합효소의 작용.
DNA 중합효소는 자라고 있는 사슬의 3′ 말단에 뉴클레오타이드를 첨가한다. 첨가된 뉴클레오타이드는 주형가닥의 염기에 따라 다르다. 각각의 새 염기는 주형가닥 염기에 상보적이어야 한다. 각각의 새 뉴클레오사이드3인산이 첨가될 때 3인산 중 2개의 인산은 파이로인산기의 형태로 잘려 나간다.

? 탐구문제 왜 DNA의 당–안산기 골격은 공유결합으로 연결되고, 두 가닥의 교차 다리(cross-bridges)는 수소결합에 의해 결합되어 있는 것이 중요하다고 생각하는가?

소들은 여러 공통적 특징들을 지니는데, DNA 중합효소는 주형에 대해 5′에서 3′ 방향으로 염기쌍을 형성하면서 새 가닥을 합성한다. 모든 DNA 중합효소는 합성을 시작하기 위해 **프라이머**(primer)를 필요로 하는데, 프라이머 없이 주형에 DNA 또는 RNA 가닥의 염기쌍 형성을 시작할 수 없다. RNA 중합효소는 스스로 RNA 프라이머를 만들 수 있다.

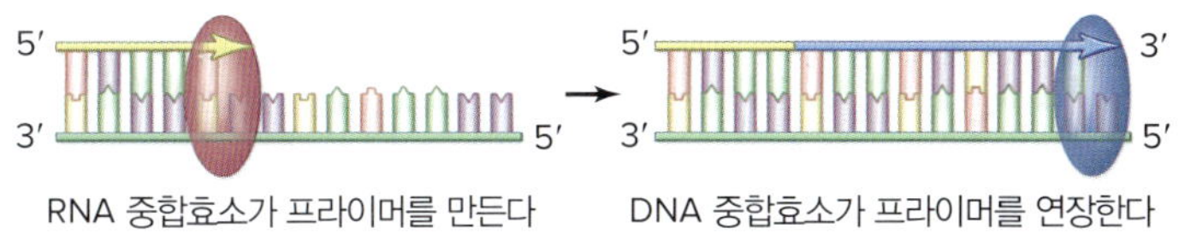

핵심 요약 12.3

메셀슨과 스탈은 반보존적 복제의 기본 기작을 밝혔다. 각각의 새로운 DNA 나선은 하나의 기존 가닥과 하나의 새로운 가닥으로 이루어진다. 복제 과정에는 복제할 주형, 뉴클레오사이드3인산, 그리고 DNA 중합효소가 필요하다. DNA 중합효소는 보통 RNA로 이루어진 프라이머로부터 5′에서 3′ 방향으로 합성한다.

- 메셀슨–스탈 실험에서 초원심분리에 의해 분리되기 전에 DNA가 변성된다면 어떻게 될까?

12.4 원핵생물의 복제

학습 목표

1. 대장균에서 DNA 중합효소의 역할에 대해 설명할 수 있다.
2. 복제가 왜 한쪽 가닥에서는 불연속적인지 설명할 수 있다.
3. 복제분원점에서 관찰되는 작용을 도식화하여 설명할 수 있다.

복제과정에 대해 자세히 이해하기 위해 먼저 대장균(*E.coli*)을 모델로 한 원핵생물의 복제과정에 대해 알아본 다음, 진핵생물과 원핵생물의 DNA복제가 어떻게 다른지 알아본다.

원핵생물의 복제는 단일 원점에서 시작된다

대장균에서 DNA 복제는 DnaA라는 단백질이 *oriC*라고 부르는 복제원점(replication origin)을 인식하여 결합할 때 원점으로부터 시작된다. 이 부위는 AT가 풍부한 서열로 DNA 가닥이 쉽게 벌어질 수 있어 복제를 위한 효소가 풀린 가닥의 DNA에 쉽게 접근할 수 있도록 한다. G－C 염기쌍의 3개의 수소결합에 비해 A－T 염기쌍은 2개의 수소결합만을 가지기 때문에 쉽게 벌어진다.

복제 개시 후 복제는 고유한 원점에서 특정 종결점을 향해 양방향으로 진행된다(**그림 12.13**). DNA 복제에서 하나의 원점에 의해 조절을 받는 DNA 부분을 **복제단위**(replicon)라고 부르며, 원핵세포에서는 염색체와 원점을 합한 것이 하나의 복제단위를 형성한다.

대장균은 최소 3개의 DNA 중합효소를 가진다

12.3절에서 언급했듯이 DNA 중합효소는 DNA 주형을 바탕으로 새로운 DNA 가닥을 만드는 효소의 종류를 지칭한다. 대장균에서 처음으로 분리된 중합효소는 **DNA 중합효소 I**(DNA polymerase I, Pol I)이었다. 처음에 연구자들은 이 중합효소가 DNA 복제에 관여된 모든 일을 하는 것으로 추측하였으나, 후에 활성이 없는 Pol I 돌연변이형도 여전히 염색체를 복제할 수 있는 것을 발견하였다. 그 후 대장균으로부터 2가지 중합효소가 더 분리되었고, 각각을 **DNA 중합효소 II**(Pol II)와 **DNA 중합효소 III**(Pol III)라고 명명하였다. 다른 DNA 중합효소처럼 이 3가지 효소 모두 5′에서 3′ 방향으로만 폴리뉴클레오타이드 가닥을 합성하며, 프라이머를 필요로 한다.

DNA 가닥을 합성하는 기능 외에도 일부 DNA 중합효소는 뉴클레오타이드를 분해하는 핵산분해효소(nuclease)로 작용할 수 있다. 이 핵산분해효소는 DNA 내부를 절단하는 **핵산내부가수분해효소**(endonucleases)와 DNA의 말단의 뉴클레오타이드를 제거시켜 주는 **핵산말단가수분해효소**(exonucleases)로 구분된다. DNA Pol I, Pol II와 Pol III는 3′에서 5′으로의 핵산말단가수분해효소의 기능을 가지며, 이는 합성된 부분을 "되돌아가" 잘못 짝지어진 염기를 제거하는 교정(proofreading)의 기능을 할 수 있다. DNA Pol I은 RNA 프라이머를 제거할 수 있는 5′에서 3′으로의 핵산말단가수분해효소의 기능을 가지고 있다.

3개의 중합효소는 각각 DNA 복제 과정에서 다른 역할을 하는데, DNA Pol III는 주된 복제효소로서 방대한 양의 DNA 합성에 관여한다. DNA Pol I은 지연가닥(lagging strand)의 프라이머를 없애고 그 자리에 DNA를 합성하여 대체한다. Pol II는 복제 과정에 관여하지 않는 듯하나 DNA 수선에 관여한다.

오랫동안 대장균에는 이 3가지 중합효소들만이 있는 것으로 여겨졌으나, 새로운 중합효소가 추가적으로 발견되었다. 비록 이들 모두가 DNA 복제에 관여하는 것은 아니지만 현재 모두 5개의 중합효소가 존재한다.

DNA를 풀려면 에너지가 필요하고 비틀림 변형이 일어난다

대부분의 DNA 중합효소가 합성 중에 DNA를 풀 수 있지만 중합효소보다 앞서 나선을 풀어준다면 복제가 더 효율적일 것이다. 이러한 DNA 풀기 기능을 하는 효소를 **DNA 풀기효소**(DNA helicase)라

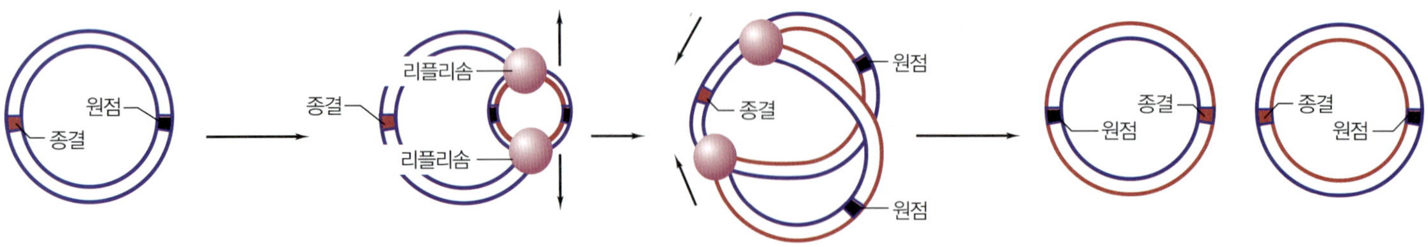

그림 12.13 복제는 하나의 고유 복제원점에서 양방향으로 복제된다.
복제는 하나의 특별한 복제원점에서 시작된다. 2개의 분리된 복합체인 리플리솜이 복제원점에 실리고, 염색체상의 반대 방향으로 복제를 시작한다. 이런 2개의 복제 복합체는 특별한 종결점에 도달할 때까지 반대 방향으로 복제를 계속한다.

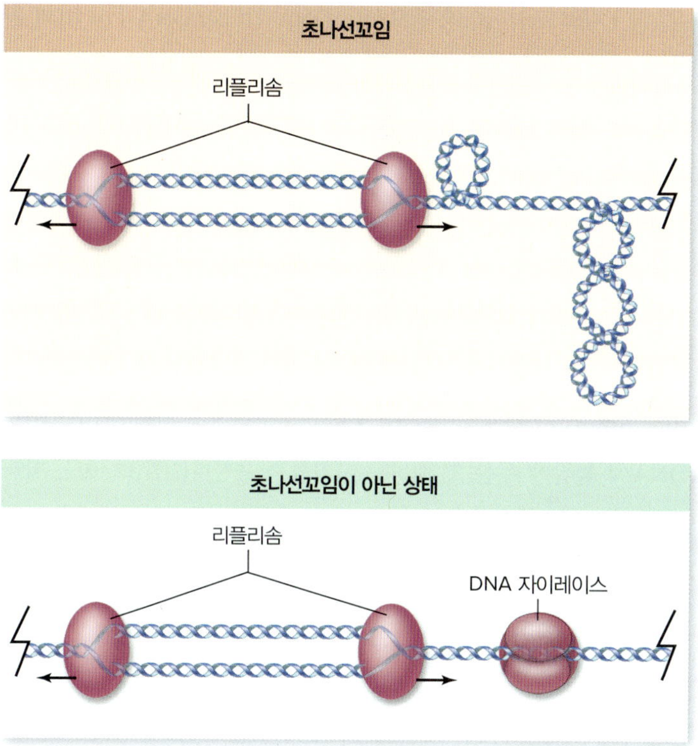

그림 12.14 나선의 풀림은 비틀린 가닥을 만든다.
선형 DNA 분자의 끝이 세포에 있는 것처럼 갇혀 있다면, 나선을 푸는 것은 비틀린 가닥을 만들게 된다. 나선이 풀리게 되면 공간의 나선을 더욱 꼬이게 한다. DNA 자이레이스가 이 초나선꼬임을 감소시켜 준다.

고 부른다. DNA 풀기 과정은 ATP 형태의 에너지가 필요하고, DNA를 풀어 단일가닥을 형성하게 한다. 이러한 단일가닥은 소수성 염기들이 물에 노출되기 때문에 매우 불안정한데, 이런 문제를 해결하기 위해 세포는 단일가닥 결합단백질(single-strand-binding protein, SSB)을 노출된 DNA 단일가닥에 붙인다.

DNA 2중나선 가닥을 푸는 것은 DNA 분자를 비틀어진 가닥으로 변하게 한다. 2개의 고무 밴드가 서로 꼬여 있다고 상상해 보자. 만약 이 꼬인 고무 밴드를 푼다면 어떤 일이 일어나겠는가? 이 고무 밴드는 이미 서로 꼬여 있고, 꼬인 가닥을 양쪽으로 벌려 풀게 되면 더욱 심한 꼬임이 생기게 된다. DNA에서의 이런 현상을 **초나선꼬임**(supercoiling)이라고 부른다(**그림 12.14**). 수학 분야에서는 공간에서의 꼬임이 어떻게 생기는지 연구하는 것을 **위상기하학**(topology)이라고 부르며, 2중나선의 이런 꼬임을 DNA의 **위상 상태**(topological state)라고 한다. 이 위상 상태는 어떻게 2중나선이 공간에서 스스로 꼬일 수 있는지를 설명해 준다. 8장에서 진핵생물 염색체에서 뉴클레오솜(nucleosome)에 있는 히스톤 단백질에 싸여 있는 DNA의 꼬인 모습을 살펴본 바가 있다.

DNA의 이런 위상 상태를 변형시키는 효소를 **위상이성질체효소**(topoisomerases)라고 부른다. 위상이성질체효소는 꼬임을 푸는 과정에서 생기는 DNA 가닥의 뒤틀림을 완화시켜 초나선꼬임이 생기는 것을 막아준다. **DNA 자이레이스**(DNA gyrase)는 DNA 복제에 관련된 위상이성질체효소이다(**그림 12.14**).

복제는 불연속적이다

앞에서 DNA의 한 가닥은 3′에서 5′ 방향으로, 다른 상보적 가닥은 5′에서 3′으로 배열되어 역평행(antiparallel)을 이루고 있다는 것을 살펴보았다. 중합효소의 성질과 함께 DNA의 역평행의 성질은 복제 과정에서 제약으로 작용한다. 중합효소는 오직 한 방향으로만 DNA를 합성하는데, DNA는 서로 반대 방향으로 있기에, 두 가닥에서의 중합효소는 서로 반대 방향으로 DNA를 합성해야 한다(**그림 12.15**).

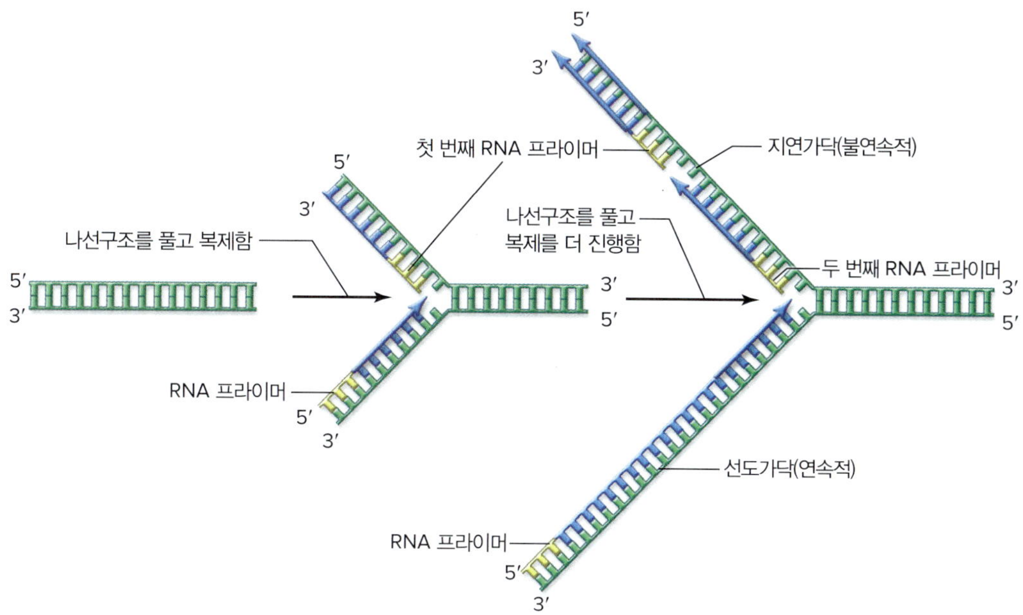

그림 12.15 반불연속적 복제.
DNA 중합효소의 5′에서 3′으로의 합성과 DNA의 역평행 특성은 오직 선도가닥만 연속적으로 합성하게 해준다. 다른 가닥인 지연가닥은 각각 자신의 프라이머를 갖는 절편으로 만들어져야 한다.

꼬인 DNA 나선이 풀어져서 열렸을 때, DNA 중합효소는 각 가닥에 결합한 프라이머를 필요로 한다(**그림 12.15**). 이것은 최초의 프라이머로부터 새로운 DNA 가닥이 연속적으로 합성될 수 있음을 의미하지만, 다른 한쪽 가닥은 여러 개의 프라이머와 짧은 조각의 DNA가 조립되어야 하는 불연속적인 방식으로 합성되어야 한다. 연속적으로 합성되는 가닥을 **선도가닥**(leading strand)이라고 부르고, 불연속적으로 합성되는 가닥을 **지연가닥**(lagging strand)이라고 부른다. 지연가닥에서 만들어지는 짧은 DNA 조각을 **오카자키 절편**(Okazaki fragment)이라고 하며, 이 명칭은 실험적으로 불연속적 합성을 증명한 사람의 이름을 따서 붙여졌다. 지금부터 지연가닥에서의 DNA 합성에 관련된 많은 효소에 대해 살펴본다.

합성은 복제분기점에서 발생한다

2개의 단일가닥을 만들기 위해 DNA 나선이 부분적으로 풀려 갈래모양을 하게 되는데, 이를 **복제분기점**(replication fork)이라고 한다. 지금까지 논의된 모든 효소 활성과 몇 개의 효소들이 복제분기점에서 더 발견되고 있다(**표 12.1**). 선도가닥과 지연가닥에서의 DNA 합성은 다른 방식으로 일어난다.

프라이머 붙이기

복제 동안 DNA 중합효소가 필요로 하는 프라이머(primer)는 **DNA 프라이메이스**(DNA primase)에 의해 만들어진다. 이 효소는 10~20 bp (base-pair, 염기쌍) 정도 길이의 짧은 RNA 가닥을 합성하고 이 짧은 가닥의 RNA가 DNA 중합효소에 필요한 프라이머의 기능을 하게 된다. 이후 RNA 프라이머는 제거되고 DNA로 대체된다.

선도가닥의 합성

선도가닥(leading strand)에서의 DNA 합성은 상대적으로 단순하다. 단 1개의 프라이머가 필요하며 DNA 가닥이 DNA Pol III의 활동에 의해 무한정으로 확장된다. 만약 DNA Pol III가 주형가닥에 붙은 채 남아 있게 되면, 이 효소는 원형 모양의 대장균 염색체 전체를 합성할 수 있다.

주형에 지속적으로 붙을 수 있는 이러한 중합효소의 능력을 **진행성**(processivity)이라고 한다. Pol III는 다수의 소단위 효소로 구성되어 있으며 그중 **β 소단위**(β subunit)에 의해 높은 진행성을 갖게 된다(**그림 12.16***a*).

β 소단위는 2개의 동일한 단백질로 구성되어 있고, 이 2개의 단백질이 원형을 이룬다. 이 원형은 DNA 주형가닥에 얹혀져, Pol III를 DNA에 붙잡아 두는 집게(clamp)처럼 작용한다(**그림 12.16***b*). 따라서 이 구조를 "활주집게(sliding clamp)"라고 부르고, 진핵생물의 중합효소에서도 이와 비슷한 구조가 발견된다. 이 집게가 작용하기 위해서는 활주집게가 열려 DNA를 둘러싼 다음에 닫혀야 한다. 다수의 단위로 구성된 집게적재기(clamp loader)가 이 일을 수행한다. 이 기능은 진핵생물에서도 발견된다.

지연가닥의 합성

지연가닥(lagging strand)에서의 합성은 불연속적이기 때문에, 이 가닥을 복제하기 위해서는 더 많은 단계가 필요하다. 각 오카자키 절

표 12.1 대장균의 DNA 복제 효소

단백질	역할	크기 (kDa)	세포당 분자 수
풀기효소	2중나선을 풀어줌	300	20
프라이메이스	RNA 프라이머 합성	60	50
단일가닥 결합 단백질	단일가닥 부분 안정화	74	300
DNA 자이레이스	비틀림을 덜어줌	400	250
DNA 중합효소 III	DNA 합성	≈900	20
DNA 중합효소 I	프라이머를 제거하고 간극을 채움	103	300
DNA 연결효소	DNA 조각의 말단을 연결; DNA 수선	74	300

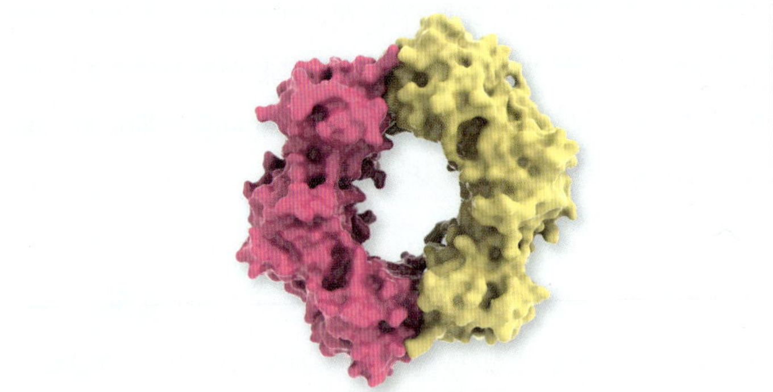

a.

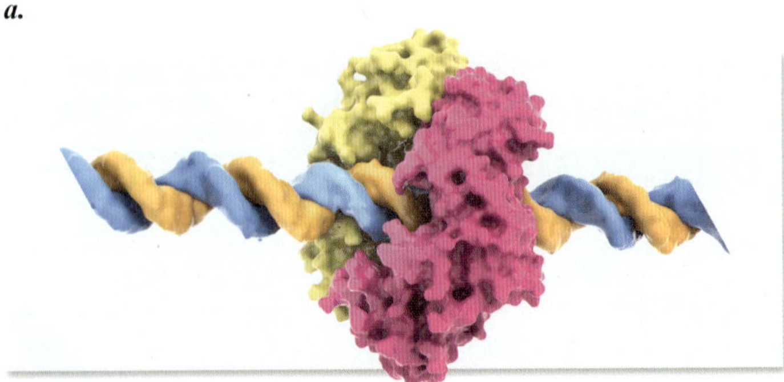

b.

그림 12.16 DNA 중합효소 활주집게.
a. β 소단위는 DNA를 감싸는 고리를 형성한다. ***b.*** DNA에 부착한 β 소단위를 보여준다. β 소단위는 중합효소가 주형가닥에 부착한 것을 유지하는 "활주집게"를 형성한다.

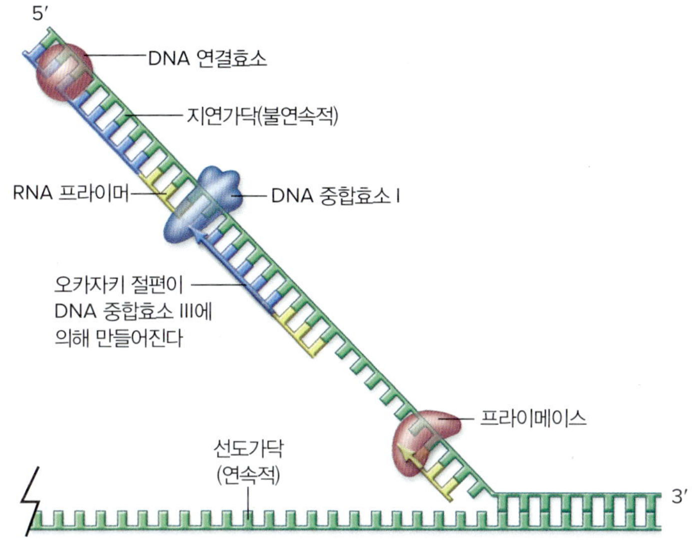

그림 12.17 지연가닥 합성.
프라이메이스의 작용은 DNA 중합효소 III(이 그림에서 나타나지 않음)에 의해 요구되는 프라이머를 만드는 것이다. 프라이머들은 DNA 중합효소 I의 5′에서 3′으로의 핵산말단가수분해효소 작용에 의해 제거되고, DNA로 대체되면서 오카자키 절편을 확장한다. 프라이머 제거 후의 오카자키 절편들 사이의 간극은 DNA 연결효소에 의해 봉합된다.

편에 대한 프라이머를 합성하기 위해 프라이메이스가 필요하고, 이 모든 RNA 프라이머는 제거된 후 DNA로 대체되어야 한다. 그리고 마지막으로 각 절편들을 서로 연결시켜야 한다.

오카자키 절편 자체는 선도가닥과 마찬가지로 DNA Pol III에 의해 합성되지만 프라이머의 제거와 대체는 DNA Pol I에 의해 이루어진다. 5′에서 3′으로의 핵산말단가수분해효소(exonucleases) 작용으로 Pol I은 프라이머를 제거한 다음 중합효소 기능으로 DNA로 대체할 수 있다. Pol I은 자기(효소) "뒤에서는" 오카자키 절편을 확장시키고, "앞에서는" RNA 프라이머를 제거한다.

Pol I에 의한 합성이 끝나면 마지막 인산디에스터 결합을 남기게 되는데, 완전한 가닥을 만들기 위해 **DNA 연결효소**(ligase)는 오카자키 절편들 사이의 틈새를 연결한다. 지연가닥에서의 모든 효소의 작용은 **그림 12.17**에 요약되어 있다.

탐구문제 DNA 연결효소의 역할은 무엇인가? 이 효소가 작동하지 않는다면 세포의 DNA 복제는 어떻게 되는가?

종결

종결(termination)은 *oriC*로부터 원형 염색체의 반대쪽에 위치한 특정 부위에서 일어난다. 복제의 마지막 단계에서는 2개의 고리처럼 사슬에 서로 감겨 있는 2개의 딸 분자가 만들어진다. 이렇게 서로 감겨 있는 분자는 복제분기점에서 비틀린 가닥을 완화하는 DNA 자이레이스(gyrase)와 같은 효소에 의해 서로 분리된다.

리플리솜은 복제에 필요한 모든 효소를 포함한다

DNA 복제에 관여하는 효소들은 **리플리솜**(replisome)이라고 부르는 거대분자 복합체를 형성한다. 이 복합체는 단백질을 합성하는 세포소기관인 리보솜처럼 "복제소기관(replication organelle)"이라고 볼 수 있다. 리플리솜은 2개의 주된 소구성원으로 이루어져 있는데, **프리모솜**(primosome)과 각각의 DNA 가닥에 대해 하나씩 해당

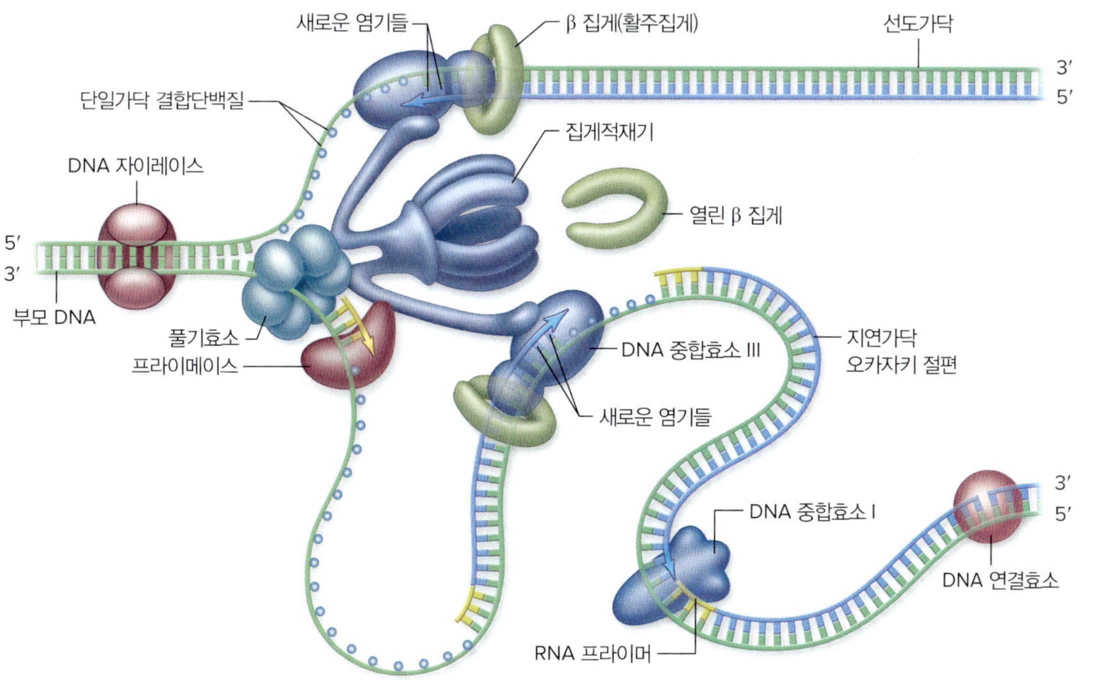

그림 12.18 복제분기점
큰 보조 단백질 복합체들에 의해 뭉쳐진 2개의 중합효소 III가 있는 복제분기점의 구조 모형. 이 모형에 지연가닥에 주기적으로 β 소단위 활주집게를 싣고 있는 집게적재기도 있다. 지연가닥의 중합효소 III는 주기적으로 주형가닥을 놓아주고, β 활주집게와 다시 뭉친다. 지연가닥 주형에서의 고리 형성은 DNA가 역평행임에도 불구하고 두 중합효소가 같은 방향으로 움직일 수 있도록 해준다. 지연가닥에서 프라이머를 만드는 프라이메이스와 풀기효소는 중심 복합체와 연관되어 있다. 중합효소 I은 프라이머를 제거하고 연결효소는 절편들을 연결해준다.

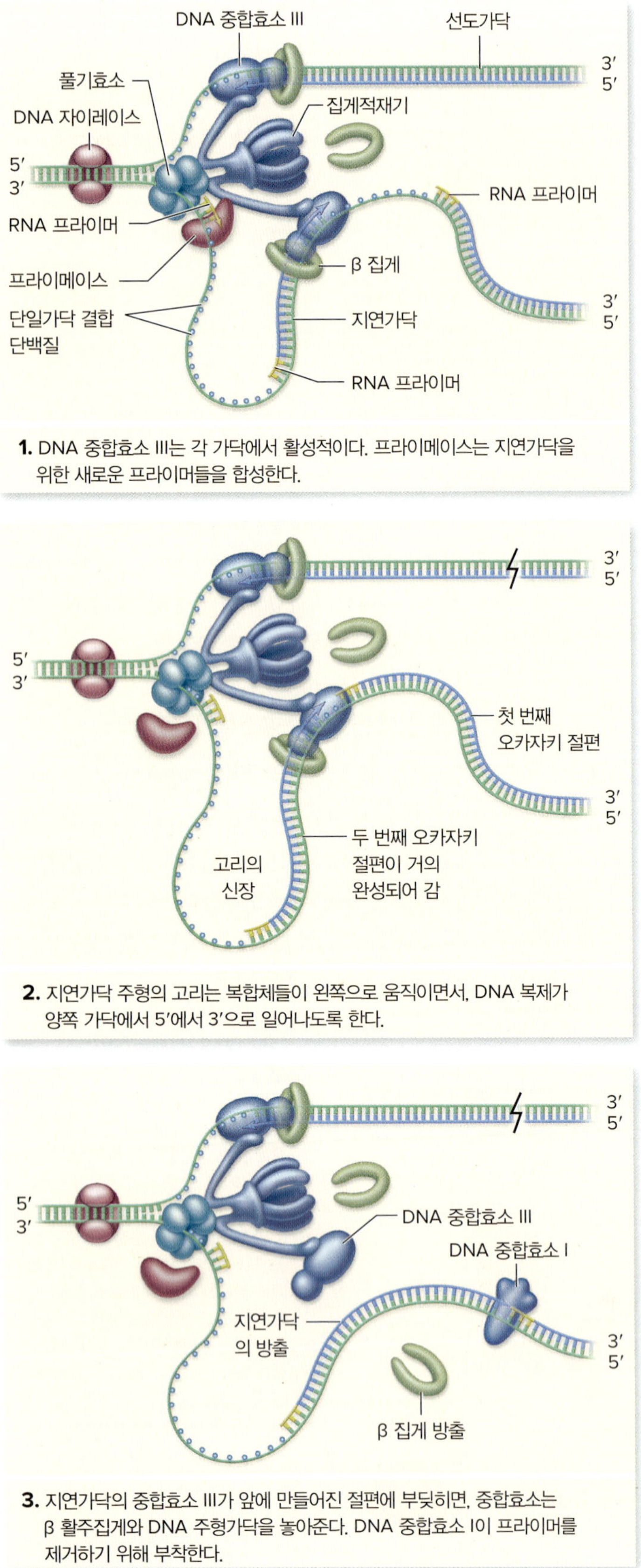

1. DNA 중합효소 III는 각 가닥에서 활성적이다. 프라이메이스는 지연가닥을 위한 새로운 프라이머들을 합성한다.

2. 지연가닥 주형의 고리는 복합체들이 왼쪽으로 움직이면서, DNA 복제가 양쪽 가닥에서 5′에서 3′으로 일어나도록 한다.

3. 지연가닥의 중합효소 III가 앞에 만들어진 절편에 부딪히면, 중합효소는 β 활주집게와 DNA 주형가닥을 놓아준다. DNA 중합효소 I이 프라이머를 제거하기 위해 부착한다.

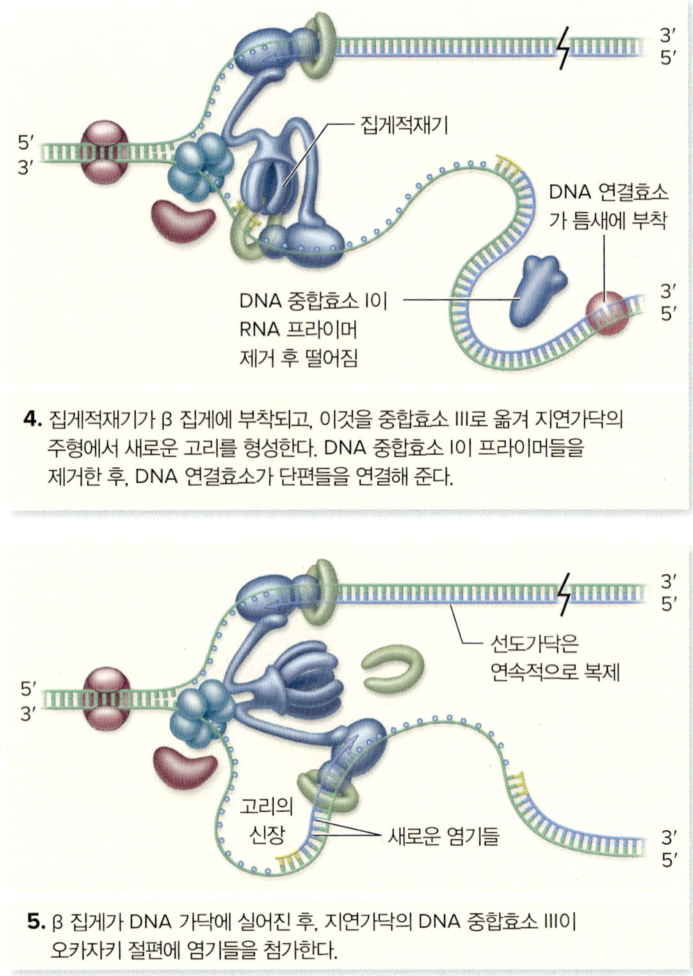

4. 집게적재기가 β 집게에 부착되고, 이것을 중합효소 III로 옮겨 지연가닥의 주형에서 새로운 고리를 형성한다. DNA 중합효소 I이 프라이머들을 제거한 후, DNA 연결효소가 단편들을 연결해 준다.

5. β 집게가 DNA 가닥에 실어진 후, 지연가닥의 DNA 중합효소 III이 오카자키 절편에 염기들을 첨가한다.

그림 12.19 리플리솜에 의한 DNA 합성.
DNA의 반불연속 합성을 **그림 12.18**의 모형을 이용하여 단계별로 나타내었다.

되는 2개의 DNA Pol III 효소 복합체가 그것이다. 프리모솜은 프라이메이스와 DNA 풀기효소, 그리고 많은 부속 단백질로 구성되어 있다.

한 가닥이 지연가닥이지만 리플리솜 내에서 2개의 Pol III 효소가 동시에 두 가닥 모두에서 활성을 갖게 된다. 두 가닥이 역평행한데 어떻게 같은 방향으로 합성할 수 있을까? 이것을 설명해주는 가장 좋은 모델은 지연가닥에서 고리를 형성해서 2개의 중합효소가 같은 방향으로 움직일 수 있도록 하는 것이다(**그림 12.18**).

2개의 Pol III 복합체는 각각 β 활주집게 소단위와 함께 2개의 합성 핵심 소단위(synthetic core subunit)를 지니고 있다. 리플리솜 복합체 전체에는 집게적재기를 포함한 많은 단백질들이 서로 뭉쳐 있다. Pol III가 오카자키 절편 합성을 완료하면 집게적재기가 β 소단위를 다음 절편에 올리고, 그 후 Pol III가 새로운 β 소단위로 이동하게 된다(**그림 12.18**).

최근 이 복잡한 복제 복합체가 DNA 가닥을 따라 움직이는 것이 아니라 정지되어 있고, 재봉틀의 실처럼 DNA가 복제 복합체를 통과한다는 증거가 제시되고 있다. 이 정지된 복합체는 새로 만들어지는 DNA 가닥을 밖으로 밀어내고 염색체의 분리를 돕게 되는데, 그 과정을 **그림 12.19**에 요약하였다.

핵심 요약 12.4

대장균은 DNA Pol I, Pol II, Pol III의 3가지 DNA 중합효소를 가지고 있다. DNA는 역평행하고, 중합효소는 5′에서 3′ 방향으로만 합성이 가능하기 때문에 한쪽 가닥의 합성은 불연속적이다. 복제는 두 가닥이 나눠지는 복제분기점에서 일어난다. 여기에는 DNA 중합효소 III, 프라이메이스, DNA 풀기효소 및 많은 단백질을 포함하는 거대한 복합체인 리플리솜이 있다. 지연가닥은 프라이머를 제거하고 DNA로 대체하기 위한 DNA 중합효소 I과 오카자키 절편을 연결하기 위한 연결효소를 필요로 한다.

■ 복제하는 동안 다른 중합효소의 핵산분해효소 기능은 어떻게 사용될까?

12.5 진핵생물의 복제

학습 목표

1. 진핵생물과 원핵생물의 복제를 비교하여 설명할 수 있다.
2. 말단소체의 기능에 대해 설명할 수 있다.
3. 텔로머레이스와 세포분열을 연관시켜 설명할 수 있다.

진핵생물에서의 복제는 2개의 주요 요인에 의해 복잡해진다. 하나는 많은 양의 DNA가 다수의 염색체 내에 조직화되어 있다는 것이고, 다른 하나는 염색체의 선형 구조(linear structure)이다. 복제과정에 염색체의 말단을 위한 새로운 효소의 작용이 필요하다는 것을 제외하면 기본적인 효소작용들은 동일하다.

진핵생물의 복제는 여러 원점을 사용한다

진핵세포에서는 엄청난 양의 DNA와 이들이 어떻게 짜임새 있게 구성되어 있는지가 핵심이다(**그림 12.20**). 진핵세포는 대장균의 염색체보다 훨씬 큰 다수의 염색체를 가지고 있다. 만일 더 큰 각각의 염색체가 하나의 특정한 개시점을 가진다면 복제에 매우 많은 시간이 필요하게 되는데, 이 문제는 개개 염색체가 다수의 원점(origin), 즉 여러 개의 **복제단위**(replicon)를 갖는 것으로 해결된다.

복제원점들은 대장균의 *oriC*에서와 같이 염기서열이 특이적이지 않고, 염기서열뿐만 아니라 염색체 구조도 함께 고려하여 복제원점으로 인식하는 것으로 알려져 있다. 진핵세포에서 사용되는 복제원점의 수는 발생과정에서 조정될 수 있는데, 발생 초기에 세포분열이 빠르게 일어날 필요가 있을 때 많은 복제원점들이 활성화된다. 각 원점들은 한 번의 세포주기당 한 번만 사용되어야 한다.

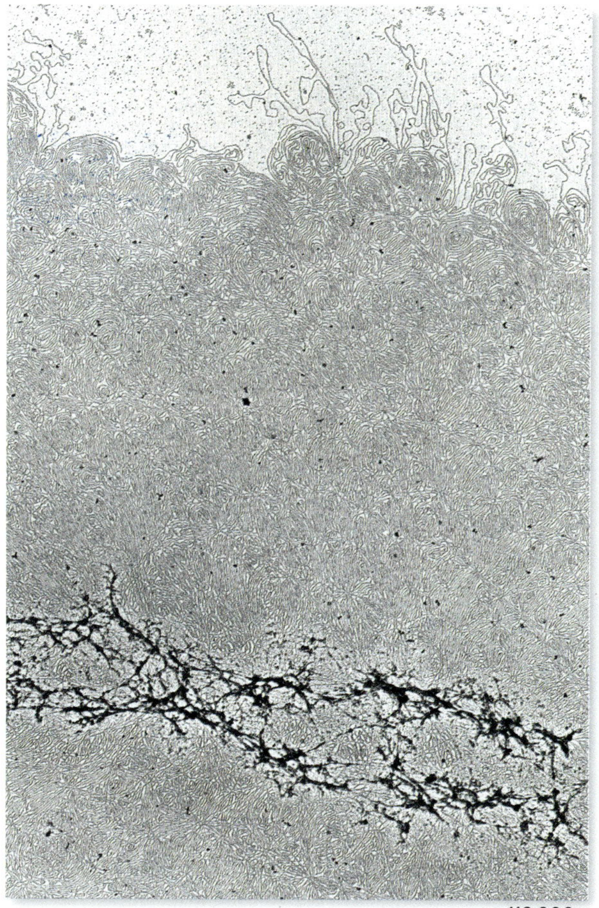

그림 12.20 사람의 단일 염색체 DNA.
이 염색체에서는 대부분의 포장 단백질이 제거된 DNA 본래의 모습을 보여주고 있다. 남아 있는 골격구조 단백질(protein scaffolding)은 현미경 사진 아랫부분에 검은 물질로 나타나 있다.

진핵생물의 복제분기점은 더 복잡하다

S기 이전에 DNA 풀기효소 복합체는 복제원점을 인식해 달라붙지만, 활성화되지는 않는다. S기 동안 이들 중 일부가 활성화되고 나머지 리플리솜이 조립된다. 리플리솜의 작용은 대장균과 다른데, 여기에서 살펴본다.

진핵세포에서의 프라이머 합성(priming)은 **DNA 중합효소 α**(DNA polymerase α)와 프라이메이스의 복합체에 의해 수행된다. 이 복합체는 먼저 RNA와 짧은 DNA로 구성된 프라이머를 합성한다. 선도가닥과 지연가닥에는 서로 다른 중합효소가 작용하는데, **DNA 중합효소 입실론**(DNA polymerase epsilon, Pol ε)은 선도가닥 합성을 담당하고, **DNA 중합효소 델타**(DNA polymerase delta, Pol δ)는 지연가닥을 합성한다. 이 중합효소 복합체가 주형에 붙어 있게 해주는 활주집게 소단위를 PCNA(proliferating cell nuclear antigen, 증식세포핵항원)이라고 부른다. 이 이름은 PCNA가 증식(분열)하고 있는 세포에서 항체유도 단백질(antibody-inducing protein)로 처음 알려졌기 때문에 붙여진 것이다. PCNA 활주집게는 3량체(trimer)로 형성되지만, β 소단위 활주집게의 구조 및 기능과 유사하다.

원핵세포의 DNA 복제와 가장 다른 부분은 지연가닥의 합성이다. 오카자키 절편은 1000 bp가 아닌 200 bp로 상당히 짧게 합성된다. 각 절편이 합성되면서 이전의 절편에 도달하게 되면 프라이머를 제거하고 DNA로 대체된다. 이전의 프라이머는 핵산가수분해효소(nuclease)에 의해 제거되고, DNA 연결효소에 의해 절편들이 연결된다.

고세균과 진핵생물의 복제 단백질은 진화적으로 연관되어 있다

두 가닥의 DNA를 동시에 복제할 수 있는 리플리솜은 DNA 풀기효소에 의한 DNA 풀기(unwinding), 프라이메이스와 중합효소에 의한 합성, 활주집게와 집게적재기에 의한 진행(processivity)을 포함한 다양한 기능을 하게 된다. 생명의 모든 영역에 걸쳐 이러한 기능은 잘 보존되어 있지만, 이들의 주요성분은 세균과는 다르게 고세균/진핵생물에서 독립적으로 진화된 것으로 보인다.

여러 DNA 중합효소들은 유사한 구조 및 상동성의 합성 도메인을 갖는다. 이들은 비상동성 부위(nonhomologous region)에 기초하여 7개의 하위 그룹으로 분류된다. 이 하위 그룹들은 진핵생물과 고세균은 동일하고 세균과는 구분된다. 모든 DNA 풀기효소는 비슷한 구조를 가지고 DNA의 단일가닥에 고리를 형성하지만, 세균과 고세균/진핵생물 간에는 DNA를 따라 반대로 움직이는 등 차이를 보인다. 마지막으로, 리플리솜의 프라이메이스 역시 세균과 고세균/진핵생물 간에 차이를 보인다. 활주집게와 집게적재기만이 모든 영역에서 명확하게 동일한 기능을 가지고 있다.

선형 염색체는 특수한 말단을 갖는다

진핵생물의 염색체 말단에서 발견되는 특이적 구조를 **말단소체**(telomere)라고 부른다. 이 구조는 핵산가수분해효소로부터 염색체

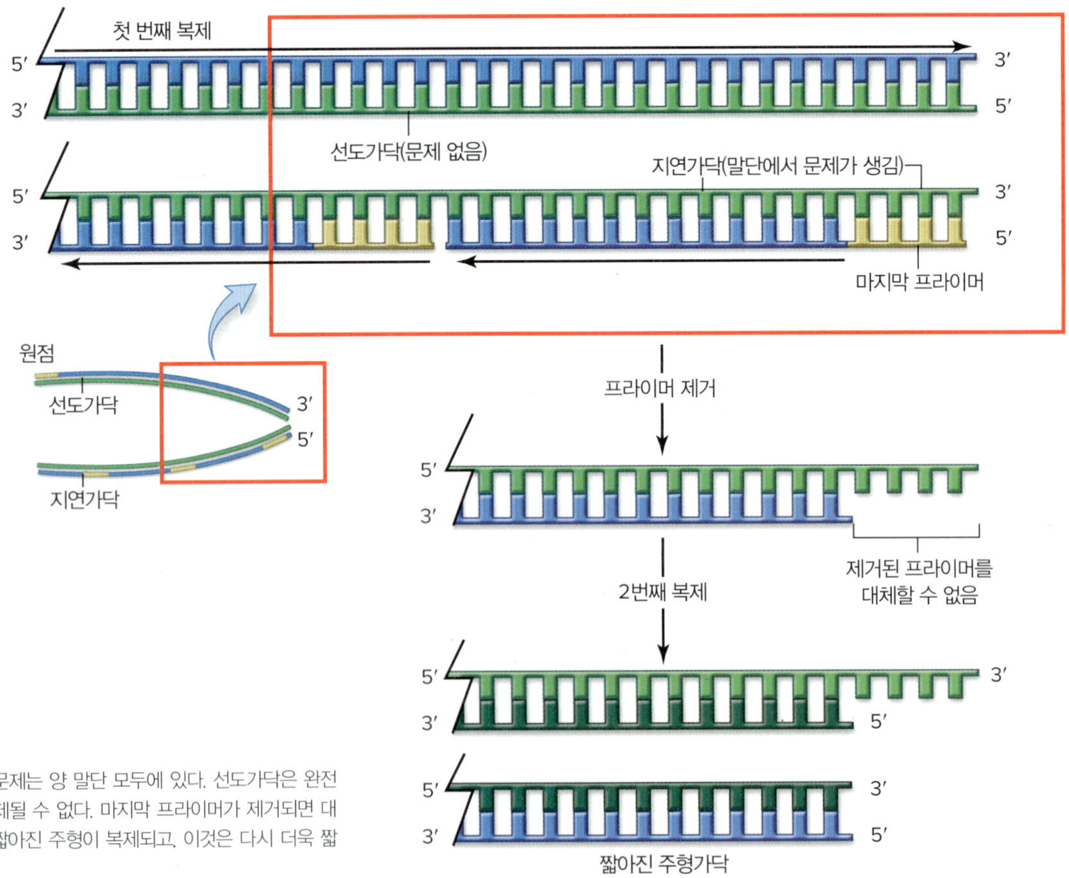

그림 12.21 선형 DNA 말단의 복제.
단순화를 위해 오직 한쪽 말단만 나타내었다. 문제는 양 말단 모두에 있다. 선도가닥은 완전히 복제될 수 있지만, 지연가닥은 완전하게 복제될 수 없다. 마지막 프라이머가 제거되면 대체될 수 없다. 다음 세대의 복제주기 동안 이 짧아진 주형이 복제되고, 이것은 다시 더욱 짧아진 염색체를 만들게 된다.

말단을 보호하고, 선형의 염색체 본래의 모습을 유지하도록 해준다. 말단소체는 특이 염기서열로 구성되어 있으나, 복제 복합체에 의해 만들어지지 않는다.

복제 말단

선형의 염색체 구조는 말단 부분을 복제하는 데 있어 세포에 문제가 되는데, 중합효소의 방향성과 프라이머에 대한 필요성이 이 문제를 유발한다.

그림 12.21에서 보는 것처럼 단순한 직선 모양의 분자를 고려해 볼 때, 각 주형가닥 말단의 복제는 단순히 선도가닥 주형의 5′ 끝이며, 중합효소가 5′에서 3′ 방향으로 DNA를 합성하면서 이 말단에 도달하면 결국 주형가닥이 끝나게 되고 복제는 종결된다.

그러나 다른 쪽 가닥인 지연가닥의 3′ 끝에서의 프라이머 제거는 간극(gap)을 남기게 되는데, 이 간극에는 프라이머가 붙을 수 없어 중합효소 복합체가 말단을 정확하게 복제할 수 없게 된다. 그 결과 매 세포분열마다 염색체가 점차 짧아지게 된다(**그림 12.21**).

텔로머레이스의 작용

말단소체는 DNA 가닥의 짧은 반복된 염기서열로, 이 반복염기서열의 특징은 텔로머레이스에 의한 합성에 의해 쉽게 설명될 수 있다. 이 말단소체는 DNA가 아닌 내부의 RNA를 주형으로 사용하는 **텔로머레이스**(telomerase)라고 부르는 효소에 의해 만들어진다(**그림 12.22**).

내부 RNA를 주형으로 사용하여 상보적 뉴클레오타이드 서열로 구성된 짧은 DNA를 합성한다. 이 반복된 가닥을 주형으로 복제 기구의 일반적인 작용에 의해 새로운 가닥이 합성된다.

텔로머레이스, 노화 그리고 암

염색체 말단의 점진적인 감소는 텔로머레이스 활성이 없을 때 일어난다. 사람의 배아와 유년기 발달 시기 동안 텔로머레이스의 활성은 높으나, 림프구(lumphocyte)처럼 기능상 분열을 해야 하는 세포를 제외하고는 성인 대부분의 체세포에서 이 효소의 활성은 낮다. 체세포에서의 텔로머레이스의 활성은 이 효소를 만드는 유전자의 발현이 억제되어 낮게 조절된다.

텔로머레이스의 역할을 조사하기 위해 텔로머레이스 활성이 완전히 결여된 생쥐를 생산하였다. 이 생쥐는 6세대까지는 정상처럼 보였으나, 점차 말단소체가 감소하면서 더 이상 살아 있는 자손을 만들지 못하게 된다. 이 발견은 세포 **노화**(senescence 또는 aging)와 말단소체 길이 사이에 관련성이 있음을 시사해 준다.

배양되는 정상세포는 일정 횟수만큼만 분열하게 되는데 이 한계성

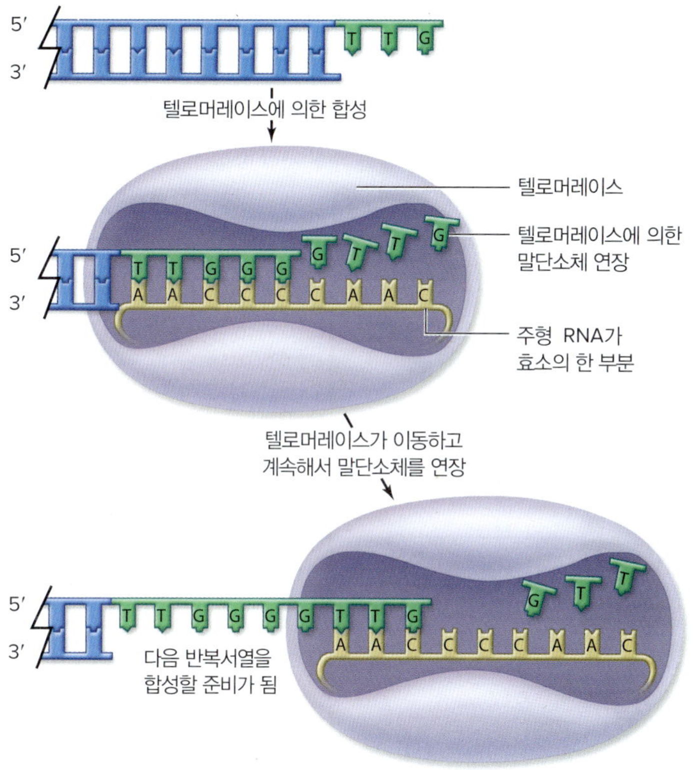

그림 12.22 텔로머레이스의 작용.
텔로머레이스는 고유 RNA를 가지고 있어서 이 RNA를 주형으로 염색체 말단의 DNA를 확장시킬 수 있다. 텔로머레이스에 의한 여러 번의 합성은 반복된 염기서열을 만든다. 이렇게 만들어진 단일가닥을 주형으로 정상 합성과정은 완료된다(이 그림에서는 나타내지 않음).

은 부분적으로 말단소체의 길이 때문이다. 세포의 노화와 말단소체의 길이 사이의 관계는 텔로머레이스를 섬유아세포(fibroblasts)로 이식시킨 실험에 의해 확인되었다. 이 세포들은 텔로머레이스를 이식받지 못한 대조군에 비해 수명이 증가하였다. 흥미롭게도, 이 세포들은 악성세포(malignant cell)의 특징을 보이지 않았는데, 이는 텔로머레이스 활성화만으로는 세포를 악성으로 만들 수 없음을 의미한다.

텔로머레이스와 암 사이의 관련성이 발견되었는데, 암세포는 무한정 분열을 하지만 이들 염색체가 지속적으로 짧아지면 이런 무한정 분열은 불가능해진다. 암세포들은 일반적으로 텔로머레이스의 활성을 보이며, 이 텔로머레이스가 말단소체의 길이를 유지할 수 있게 해준다. 그러나 이러한 특징은 정상적 성장 조절에서 벗어나게 하는 조건들 중 하나일 뿐이다.

? **탐구문제** 진핵생물의 유전체 구조는 복제에 어떠한 영향을 미치는가? 또한, 원핵생물은 직면하지 않는 어떤 문제를 야기하는가?

핵심 요약 12.5

진핵생물의 복제는 선형의 염색체 및 염색체로 조직된 DNA의 방대한 양에 의해 복잡하다. 진핵생물은 다수의 복제원점을 사용하여 짧은 시간에 많은 양의 DNA를 복제한다. 선형 염색체의 끝부분에는 말단소체가 있는데, 이 말단소체의 길이는 세포가 분열하는 능력과 관련이 있다. 텔로머레이스 효소는 말단소체를 합성한다. 암세포는 텔로머레이스의 활성을 보이고, 이는 세포의 분열을 더욱 활발하게 만든다.

■ 말단소체가 비정상적으로 짧아지거나, 텔로머레이스 활성이 부족해지면 어떤 결과를 예상할 수 있을까?

12.6 DNA 수선

학습 목표

1. DNA 수선이 세포에게 중요한 이유에 대해 설명할 수 있다.
2. DNA 수선의 여러 유형에 대해 설명할 수 있다.

DNA 복제의 정확도는 매우 높은 편이지만, 복제의 오류는 항상 발생한다. 만약 오류를 교정하는 기작이 없다면, 세포는 감당할 수 없는 수준의 유해하거나 치명적인 돌연변이를 축적하게 된다. 각 세포는 돌연변이에 의한 새로운 변이와 치명적인 돌연변이의 영향 사이의 균형을 반드시 유지해야 한다.

세포는 DNA 손상 유발물질에 지속적으로 노출된다

DNA 복제에서의 오류 외에도 세포는 방사선(자외선 및 X선)과 같은 DNA에 손상을 주는 물질들에 항상 노출되어 있다. DNA에 손상을 주는 물질들은 돌연변이를 유발할 수 있는데, 어느 정도 수준 이상의 돌연변이를 유발하는 요인을 **돌연변이원**(mutagen)이라고 부른다. 햇빛 자체는 자외선을 포함하고 있어 돌연변이원이 된다. 일반적으로 햇빛의 많은 자외선이 오존에 의해 차단되지만 일부는 어쩔 수 없이 통과된다. "오존 구멍(ozone hole)" 밑에 위치한 남반구 지역에서의 피부암 증가는 햇빛과 돌연변이가 상관성이 있음을 분명하게 보여주고 있다.

우리는 또한 오염된 음식물이나 천연 식물제품으로부터 돌연변이원을 접하게 된다. 돌연변이원을 검출하는 간단한 검사법이 고안되어 돌연변이원들을 검사한 결과 놀라울 만큼 많은 돌연변이원이 환경과 천연자원에 있음이 밝혀졌다. 인류에게 노출되어 있는 많은 양의 돌연변이원을 줄이기 위해 제품에 대한 검사를 수행하고 있으나, 천연자원으로부터는 벗어날 수 없다.

DNA 수선은 손상된 DNA를 복원한다

손상된 DNA를 원래의 상태로 복원하는 과정을 DNA 수선(DNA repair)이라고 한다. DNA 수선이 얼마나 중요한지는 세포 내에서 밝혀진 다양한 수선체계로부터 알 수 있다. 모든 세포는 손상된 DNA를 수선하고 복제 중 발생된 오류들을 되돌릴 수 있는 다수의 경로를 가지고 있다. 이러한 수선체계(repair systems)는 개체가 감당할 수 있는 수준으로 돌연변이의 양을 감소시켜 준다. 모든 생명체에서 나타나는 공통적인 DNA 수선 형태는 그들의 중요성을 나타낸다.

DNA 수선은 일반적으로 특이적 수선(specific repair)과 비특이적 수선(nonspecific repair)의 2개의 범주로 분류된다. 특이적 수선체계는 DNA상의 한 종류의 손상(lesion)만을 겨냥하여 수선하는 것을 의미하고, 비특이적 수선체계는 DNA상의 여러 종류의 손상을 수선하기 위해 한 가지의 기작만을 사용한다.

부정합수선

DNA 복제의 오류로 인한 돌연변이는 DNA 중합효소의 교정 작용으로 인해 예상보다 훨씬 적게 발생한다. 잘못된 염기를 제거하고 주형가닥을 복제하여 올바른 염기로 대체하는 것을 **부정합수선**(mismatch repair, MMR)이라고 한다. 이 수선체계가 작동하려면 주형가닥과 새롭게 합성된 가닥을 구별할 수 있어야 한다. 대장균에서는 5′GATC3′ 서열의 아데닌 염기를 메틸화시키는데, 이 서열은 회문구조(palindrome)이기 때문에 상보적 염기서열인 3′CTAG5′이 역시 마찬가지로 아데닌(A)이 메틸화된다. 메틸화효소(methylase)의 반응은 복제 직후에는 작용하지 못하기에 MMR 체계는 이를 이용하여 오래된 가닥과 새롭게 합성된 가닥을 식별할 수 있다.

광수선

DNA가 자외선에 노출되면 다양한 광화학 반응이 발생하게 된다. 그중 가장 대표적인 것으로 이웃한 타이민이 그들 사이에 공유결합을 형성하게 되는 **타이민 2량체**(thymine dimer)가 있다. 이렇게 손상된 것을 인지하고 복구하는 특이적 수선체계가 있는데 그것을 **광수선**(photorepair)이라고 부른다. **광분해효소**(photolyase)가 타이민 2량체에 결합한 후 가시광선의 에너지를 사용하여 2량체를 쪼개고 2개의 타이민 염기는 원래 상태로 복원된다(**그림 12.23**).

유전적, 생화학적 분석을 통해 서로 다른 광화학 반응 생성물을 인지하는 2개의 상이한 광분해효소를 밝혀냈다. 이들 효소는 가시광선을 흡수하지만 광분해효소 활성이 없는 크립토크롬(cryptochrome) 단백질과 진화적으로 관련이 있는 것으로 보인다. 포유류에서의 크립토크롬은 신진대사 활동과 하루의 명암주기를 연결하는 생화학 기작의 일부를 담당한다.

광수선은 세균부터 동물에 이르기까지는 광범위한 생명체에서 발견된다. 초기 보고서에 따르면 사람의 피부는 광수선이 가능한 것으로 알려졌지만, 후에 활성이 없는 것으로 밝혀졌다. 태반 포유동물은 어떠한 광분해효소 활성도 보이지 않는 것으로 알려져 있다.

절제수선

비특이적 수선인 절제수선(excision repair)의 일반적인 형태는 손상된 부위가 제거되거나 절제된 후 DNA 합성에 의해 대체되는 것이다(**그림 12.24**). 대장균에서 이 작용은 *uvr A*, *B*, *C* 유전자에 암호화된 단백질에 의해 이루어진다. 이런 유전자들이 자외선(UV light)에 대한 세포의 민감도를 증가시킨 대립유전자(그래서 "uvr"이라고 이름이 붙여짐)를 통해 밝혀지기는 했지만, 이 단백질들은 다른 돌연변이원에 의한 DNA 손상에 작용한다.

절제수선은 (1) 손상 인식, (2) 손상된 부위 제거, (3) 손상되지 않은 가닥을 주형으로 제거된 부위의 재합성의 3단계를 따른다(**그림 12.24**). 손상 부위의 인식과 제거는 UvrABC 복합체에 의해 이루어지는데, UvrABC 복합체가 손상된 DNA에 결합하고 손상된 부분의 단일가닥을 잘라 제거한다. 합성 단계에서는 DNA Pol I 또는 Pol II

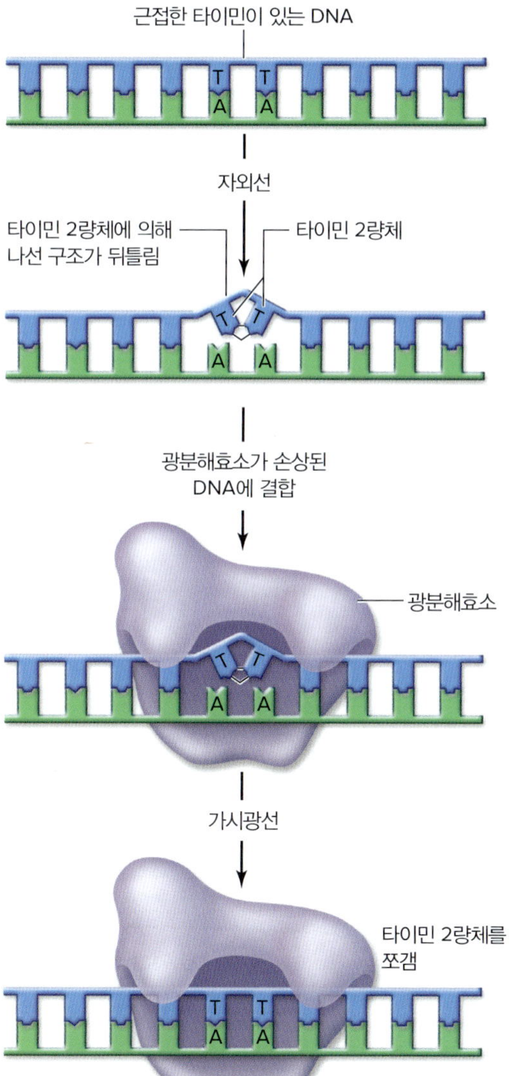

그림 12.23 광수선에 의한 타이민 2량체 수선.
자외선은 이웃한 타이민 사이의 공유결합을 만들기 위해 광화학 반응을 촉매한다. 광분해효소는 손상을 인지하고 타이민 2량체에 결합한다. 이 효소는 가시광선을 흡수하여 타이민 2량체를 자르는 데 이 에너지를 사용한다.

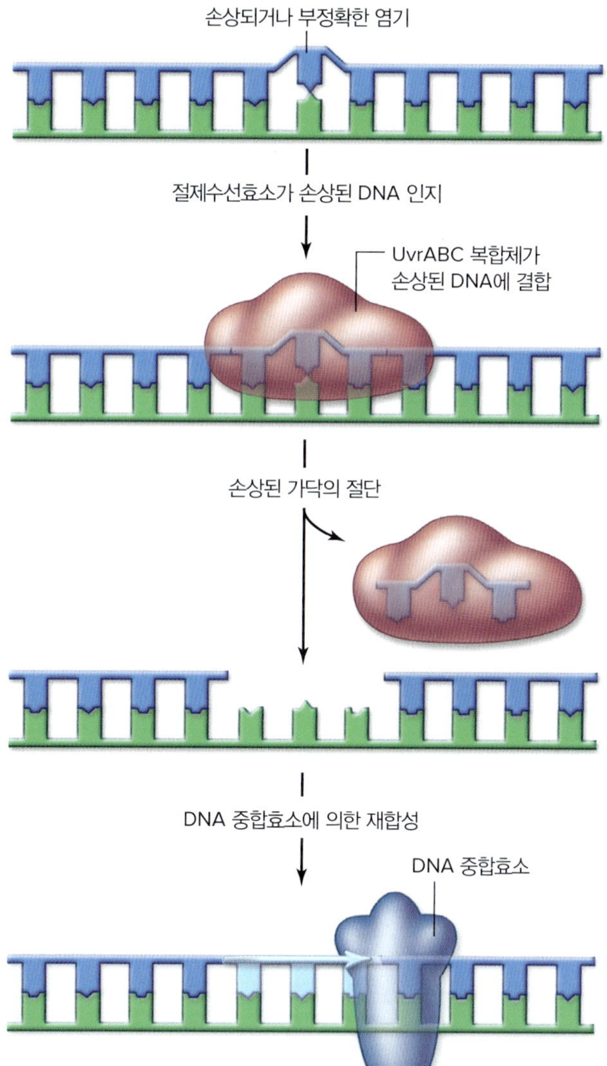

그림 12.24 절제수선에 의한 손상된 DNA 수선.
손상된 DNA는 UvrABC 복합체에 의해 인지되는데, 이 복합체가 손상된 부위에 결합하여 DNA 가닥을 제거한다. DNA 중합효소에 의해 손상된 영역이 대체된다. DNA 연결효소가 이 과정을 끝마친다(이 그림에 나타내지 않음).

가 제거된 DNA 부분을 대체하기 위해 DNA를 합성한다. 중합효소는 손상되지 않은 상보적인 가닥을 주형으로 제거된 부분을 채움으로써 본래의 염기서열이 재합성된 DNA를 만들게 된다.

다른 수선 경로

세포는 다른 형태의 특이적 및 비특이적 수선체계를 갖는다. 이들 중 대부분은 무오류(error-free)이지만, 오류유발체계(error-prone system)도 있다. 오류유발체계는 다소 이상해 보이지만 무오류체계를 압도하는 엄청난 손상에 노출된 세포를 살리기 위한 최후의 시도로 여겨지고 있다. 실제로 이러한 체계는 대장균의 "SOS 반응(SOS response)"의 일부분이 되고 있다.

세포는 DNA의 절단(break)에 의한 손상을 수선할 수 있는데, 이 수선체계에서는 감수분열동안 일어나는 재조합과 연관된 효소들을 이용한다(9장 참조). 이는 재조합이 본래 DNA 수선에서 진화해 온 효소들을 이용하는 것으로 여겨진다.

많은 다른 수선체계와 다양한 범위의 손상에 대한 수선은 유전체의 온전한 상태를 유지하는데 도움을 준다. 세포가 복제하는 동안 일어난 오류를 바꿔놓을 수 없거나, 환경에 의한 손상을 수선할 수 없다면, 유전체의 정확한 복제는 소용이 없게 된다.

? **탐구문제** 아데닌 메틸화효소 기능이 결여된 대장균 돌연변이(*deficient in adenine methylation, Dam*)를 분리하였다. *Dam* 돌연변이의 표현형을 어떻게 예상하는가?

핵심 요약 12.6

DNA 수선은 복제 오류를 제거하고, DNA 손상 유발물질의 영향을 되돌리는 데 중요하다. 복제 후 바로 부정합수선이 작용하여 오류를 제거한다. 수선체계는 특이적이거나 비특이적이다. 광수선은 특이적이며 자외선으로 인한 타이민 2량체를 제거한다. 절제수선은 비특이적이며 다른 종류의 손상을 제거하고 대체한다.

■ 세포가 DNA 수선 없이 생존할 수 있을까?

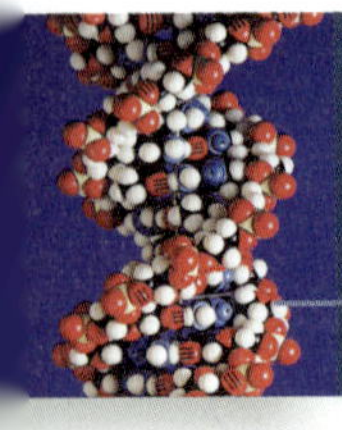

핵심 개념 요약

12.1 유전물질의 본질

■ **그리피스는 세균 세포가 형질전환됨을 발견했다**

비독성 폐렴균은 독성균주로부터 알려지지 않은 물질을 흡수하여 독성을 가지게 되었다.

■ **에이버리, 맥레오드, 그리고 맥카티는 형질전환의 원리를 규명하였다**

형질전환 물질은 단백질 분해효소가 아닌 DNA 분해효소에 의해 불활성되었다.

■ **허쉬와 체이스는 파지의 유전물질이 DNA임을 증명하였다**

방사성 표지는 파지의 감염원이 단백질이 아닌 DNA라는 것을 보여주었다.

12.2 DNA 구조

■ **DNA의 구성요소는 잘 알려져 있었지만, 3차원 구조는 수수께끼였다**

DNA의 뉴클레오타이드 구성요소는 디옥시리보스와 염기인 아데닌(A), 구아닌(G), 사이토신(C), 그리고 타이민(T)을 함유한다. 인산디에스터 결합은 한 뉴클레오타이드의 5′ 인산기와 다른 뉴클레오타이드의 3′ 하이드록실기 사이에 형성된다(**그림 12.4**).

■ **샤가프, 프랭클린, 그리고 윌킨스는 몇 가지 구조적 증거를 얻었다**

샤가프는 DNA에서 아데닌과 타이민, 사이토신과 구아닌이 같은 양으로 존재함을 발견했다. 염기는 주로 수소결합을 나타내는 케토와 에놀 형태로 존재한다. 프랭클린과 윌킨스의 X선 회절연구는 DNA가 나선형 구조를 가지고 있음을 나타냈다.

■ **왓슨-크릭은 알맞은 모델을 제시하였다(그림 12.8과 그림 12.9)**

DNA는 공통 나선 축을 중심으로 감싸진 2개의 역평행한 폴리뉴클레오타이드 가닥으로 구성된다. 이들 가닥은 특정 염기쌍(A－T와 G－C)을 형성하는 수소결합에 의해 함께 유지된다. 두 가닥은 상보적으로, 한 가닥은 다른 가닥을 규정할 수 있다.

12.3 DNA 복제의 기본 특징

■ **메셀슨과 스탈은 반보존적 복제를 규명하였다(그림 12.11)**

반보존적 복제는 DNA 분자의 각 가닥을 사용하여 새로운 가닥을 합성하는 것이다. 메셀슨과 스탈은 질소 동위원소를 사용하여 복제 산물의 분리를 통해 이를 증명하였다. 복제는 각각 하나의 새로운 가닥과 하나의 기존 가닥으로 구성된 2개의 새로운 분자를 생성한다.

■ **DNA 복제는 주형, 뉴클레오타이드, 그리고 중합효소를 필요로 한다**

모든 새로운 DNA 분자는 주형을 복제하는 DNA 중합효소에 의해 생성된다. 알려진 모든 중합효소는 5′에서 3′ 방향으로 새로운 DNA를 합성한다. 이 효소는 또한 프라이머를 필요로 한다. 복제에는 디옥시뉴클레오사이드3인산의 고에너지 결합을 사용하기 때문에 추가 에너지는 필요하지 않다.

12.4 원핵생물의 복제

■ 원핵생물의 복제는 단일 원점에서 시작된다

대장균의 원점은 쉽게 개방할 수 있는 AT가 풍부한 서열로 구성된다. 염색체와 원점은 복제단위를 구성한다.

■ 대장균은 최소 3개의 DNA 중합효소를 가진다

일부 DNA 중합효소는 한쪽 끝에서 DNA를 분해할 수 있는 핵산말단가수분해효소의 활성도 가지고 있다. Pol I, II, III 모두 잘못 짝지어진 염기를 제거할 수 있도록 3′에서 5′으로 핵산말단가수분해효소 활성을 가지고 있다. Pol I은 5′에서 3′ 방향으로도 염기를 제거할 수 있는데, 따라서 RNA 프라이머 제거에 중요하다.

■ DNA를 풀려면 에너지가 필요하고 비틀림 변형이 일어난다

DNA 풀기효소는 DNA를 풀기 위해 ATP로부터 에너지를 사용한다. DNA의 비틀림 현상은 DNA 자이레이스 효소에 의해 제거된다.

■ 복제는 불연속적이다

DNA 복제는 한 가닥에서 불연속적이다(**그림 12.15**). 연속적인 가닥을 선도가닥, 불연속적인 가닥을 지연가닥이라고 한다.

■ 합성은 복제분기점에서 발생한다

DNA 가닥에서 일부 개방된 부분은 복제분기점이라고 하는 2개의 단일가닥 영역을 형성한다. 분기점에서 선도가닥에서의 합성은 단일 프라이머를 필요로 하고, 중합효소는 β 소단위 활주집게로 인해 주형에 부착된 상태를 유지한다. 지연가닥에서는 DNA 프라이메이스가 주기적으로 프라이머를 첨가하고 DNA Pol III는 오카자키 절편을 합성한다. DNA Pol I은 프라이머 부분을 제거하고 DNA 연결효소는 절편들을 이어준다.

■ 리플리솜은 복제에 필요한 모든 효소를 포함한다

리플리솜은 2개의 Pol III, DNA 프라이메이스, DNA 풀기효소 및 여러 보조 단백질을 가지고 있다. 이것은 지연가닥에 고리를 형성하여 한 방향으로 움직이며, 역평행한 주형가닥에서 같은 방향으로 복제할 수 있게 한다(**그림 12.18**과 **12.19**).

12.5 진핵생물의 복제

■ 진핵생물의 복제는 여러 원점을 사용한다

진핵생물 염색체는 크기가 매우 크고 조직화되어, S기 시간 동안 모든 DNA를 복제하기 위해서는 여러 개의 복제원점이 필요하다.

■ 진핵생물의 복제분기점은 더 복잡하다

진핵생물의 프라이메이스는 짧은 RNA를 합성한 다음 DNA를 만들 수 있도록 전환된다. 이 프라이머는 2개 효소의 복합체인 주 복제 중합효소에 의해 신장된다. 활주집게 소단위는 증식세포에 의해 생성된 단백질로 동정되었기에 PCNA로 불린다.

■ 고세균과 진핵생물의 복제 단백질은 진화적으로 연관되어 있다

활주집게, 집게적재기 그리고 DNA 중합효소를 포함하여 고세균의 복제 단백질들은 원핵생물보다 진핵생물과 더 유사하다.

■ 선형 염색체는 특수한 말단을 갖는다

선형 염색체의 말단을 말단소체라고 부른다. 그들은 복제 복합체에 의해 만들어지는 것이 아니라 텔로머레이스에 의해 합성된다. 텔로머레이스는 염색체 말단의 DNA를 연장시키기 위해 주형으로 작용하는 RNA를 갖는다. 성체 세포는 텔로머레이스 활성이 없고 말단소체의 단축은 노화와 관련이 있다.

12.6 DNA 수선

■ 세포는 DNA 손상 유발물질에 지속적으로 노출된다

DNA 복제의 오류 및 자외선 및 화학적 돌연변이원과 같은 작용제에 의해 유발되는 손상으로 인해 돌연변이가 발생한다.

■ DNA 수선은 손상된 DNA를 복원한다

수선 기작 없이는 세포는 생존할 수 없을 때까지 돌연변이가 축적될 것이다. 수선은 특이적이거나 비특이적이다. 부정합수선은 새로 복제된 DNA를 식별하기 위해 메틸화를 사용하여 복제오류를 되돌린다. 광수선에는 가시광선을 사용하여 UV 유발 손상을 되돌릴 수 있는 광분해효소가 작용한다. 2종류의 광분해효소는 특정 종류의 DNA 손상을 인식한다. 절제수선은 비특이적이다. 원핵생물의 수선은 손상된 DNA 부위를 제거하고 대체할 수 있는 uvr 체계를 사용한다. 다른 수선체계로는 절단된 DNA 손상을 복구할 수 있으며, 일부는 오류유발체계를 사용한다.

연습문제

■ 1단계: 이해력 확인하기

1. 살아 있는 병원균과 가열해서 죽인 병원균을 이용한 그리피스의 실험에서 발견한 핵심은 무엇인가?
   a. S형 세균이 쥐를 죽인다.
   b. R형 세균은 치명적이지 않다.
   c. DNA가 유전물질이다.
   d. 유전물질은 죽은 세균에서 살아 있는 세균으로 이동이 가능하다.

2. 다음 중 DNA의 구성성분이 아닌 것은 무엇인가?
   a. 피리미딘 유라실 b. 5탄당
   c. 퓨린 아데닌 d. 인산기

3. 출처가 다른 DNA 구성요소들을 연구한 샤가프가 그 연구에서 발견한 사실은 무엇인가?
   a. 인산기의 수는 항상 5탄당의 수와 같다.
   b. A와 C, G와 T의 비율은 항상 같다.

c. A와 T, G와 C의 비율은 항상 같다.
d. 퓨린은 피리미딘과 결합한다.

4. 서로 상보적인 DNA 가닥과 연결되어 있는 결합은 무엇인가?
   a. 수소결합
   b. 펩타이드 결합
   c. 이온결합
   d. 인산디에스터 결합
5. DNA 복제의 기본 기작인 반보존적 복제에서 2개의 합성된 분자는 무엇인가?
   a. 각각이 모두 새로운 가닥이다.
   b. 하나는 완전히 새로운 가닥들이고, 다른 하나는 모두 오래된 가닥들이다.
   c. 각각 하나의 새로운 가닥과 오래된 가닥이다.
   d. 각각의 가닥은 오래된 가닥과 새로운 가닥의 혼합물이다.
6. 모든 DNA 중합효소의 공통된 특징은 무엇인가?
   a. DNA를 3′에서 5′ 방향으로 합성한다.
   b. DNA를 5′에서 3′ 방향으로 합성한다.
   c. 가닥을 바꿈으로써 양쪽 방향으로 DNA를 합성한다.
   d. 프라이머를 필요로 하지 않는다.
7. 다음 중 DNA 구조에 대한 왓슨과 크릭 모델의 설명 중 옳지 않은 것은 무엇인가?
   a. DNA는 2가닥으로 구성되어 있다.
   b. DNA는 5′에서 3′ 방향으로 평행하고 있다.
   c. 퓨린은 피리미딘과 결합한다.
   d. DNA는 2중나선 구조를 가진다.

■2단계: 적용력 평가하기

1. DNA의 한 가닥이 5′ ATCGTTAAGCGAGTCA 3′일 때, 상보적인 가닥은 무엇인가?
   a. 5′ TAGCAATTCGCTCAGT 3′
   b. 5′ ACTGAGCGAATTGCTA 3′
   c. 5′ TGACTCGCTTAACGAT 3′
   d. 5′ ATCGTTAAGCGAGTCA 3′
2. 허쉬와 체이스는 실험에서 방사성 인산염과 황을 사용하였는데, 그것은 무엇을 위한 것인가?
   a. DNA와 단백질을 같은 분자로 표지하기 위해서이다.
   b. 단백질과 DNA를 다르게 표지하기 위해서이다.
   c. 형질전환의 원리를 밝히기 위해서이다.
   d. b와 c 둘 다 맞다.
3. 메셀슨과 스탈은 밀도 표지를 통해 무엇을 가능하게 했는가?
   a. DNA 복제의 방향성을 알아냈다.
   b. DNA와 단백질을 다르게 표지할 수 있었다.
   c. 새로 복제된 가닥과 기존 가닥을 구분할 수 있었다.
   d. RNA 프라이머와 복제된 DNA를 구별할 수 있었다.
4. 선도가닥 대 지연가닥 합성의 차이점은 무엇 때문에 생기는가?
   a. 오직 DNA의 물리적 구조 때문에
   b. DNA 중합효소의 활성 때문에
   c. DNA의 물리적 구조와 중합효소의 작용 때문에
   d. 지연가닥의 커다란 크기 때문에
5. 만일 DNA 연결효소가 복제과정에서 제거된다면, 이것은 무엇에 큰 영향을 주게 되는가?
   a. 선도가닥에 비해 지연가닥 합성에 더 영향을 준다.
   b. 지연가닥에 비해 선도가닥 합성에 더 영향을 준다.
   c. 실질적인 DNA 합성에 비해 프라이머를 만드는 과정에 영향을 준다.
   d. DNA 복제에 비해 DNA 광수선에 영향을 준다.
6. 성공적인 DNA 합성을 위해 다음 중 필요한 요소가 아닌 것은 무엇인가?
   a. DNA 풀기효소
   b. 핵산내부가수분해효소
   c. DNA 프라이메이스
   d. DNA 연결효소
7. 말단소체의 합성에 대한 설명으로 옳은 것은 무엇인가?
   a. DNA 중합효소를 이용하지만, 활주집게는 사용하지 않는다.
   b. DNA 수선에 관여하는 효소들을 사용한다.
   c. 텔로머레이스가 필요하지만, 주형을 필요로 하지 않는다.
   d. 내부 RNA를 주형으로 사용하는 텔로머레이스를 필요로 한다.
8. DNA 복제에 영향을 미치는 돌연변이가 분리되었을 때, 두 종류가 발견되었다. 한 종류는 복제를 중단하였고, 다른 한 종류는 복제 과정을 천천히 중단하였다. 첫 번째 종류는 중합효소와 프라이메이스와 같은 복제분기점의 기능에 영향을 준다. 두 번째 종류는 어떠한 기능에 영향을 주는가?
   a. 선도가닥이 아닌 지연가닥의 신장
   b. 지연가닥이 아닌 선도가닥의 신장
   c. 개시: 세포가 복제를 완료하지만 새롭게 시작할 수는 없다.
   d. 활주집게: 중합효소를 느리게 만든다.

■3단계: 사고력 함양하기

1. 그리피스의 업적은 DNA가 유전물질이라는 것을 처음으로 제시한 것이다. 4개의 실험에 관한 개요가 **그림 12.1**에 나타나 있다. 그리피스의 실험에 아래와 같은 균을 적용했을 때, 나올 수 있는 결과를 예측하시오.
   a. 가열해 죽인 병원균과 가열해 죽인 비병원성균
   b. 단백질 분해효소가 있을 때 가열해서 죽인 병원균과 살아 있는 비병원성균
   c. DNA를 분해하는 효소(핵산내부가수분해효소)가 있을 때 가열해서 죽인 병원균과 살아 있는 비병원성균
2. 메셀슨과 스탈은 대조 실험에서 1회 복제 후의 혼성(hybrid) 밴드가 하나는 가볍고 하나는 무거운 2개의 완전한 가닥으로 되어 있는 것을 보여주었다. 본문에서 상세히 설명된 실험조건을 이용하여 어떻게 이것을 증명할 수 있겠는가?
3. 효소의 역할은 올바른 DNA 복제를 위해 매우 중요하다. 다음의 효소들이 기능을 상실했을 때의 결과를 예측하시오.
   a. DNA 자이레이스
   b. DNA 중합효소 III
   c. DNA 연결효소
   d. DNA 중합효소 I

III 유전과 분자생물학

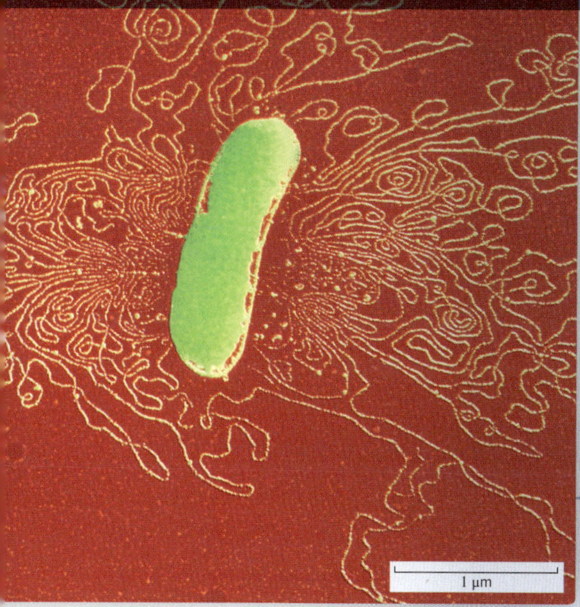

13

유전자와 그 작용

도입

앞에서 유전자들이 어떻게 형질을 결정하며, 그러한 형질들이 어떻게 유전적 교차를 따르는가에 대해 살펴보았다. 위의 그림은 대장균의 염색체에 존재하는 DNA를 보여준다. 유전정보는 DNA상에 존재하며 세포분열 시 복제되어 균등하게 나누어진다. DNA상의 정보는 건물의 설계도와 같다. 건물을 지을 때에는 설계도에 있는 정보들도 이용하지만, 다양한 건축자재, 도구들과 이를 다룰 수 있는 목수와 인부들이 또한 요구된다. 이와 마찬가지로 하나의 세포를 이루기 위해서는 건물설계도와 같은 DNA 유전정보가 필요하며, 뉴클레오타이드 및 아미노산, 다양한 형태의 RNA, 그리고 단백질들이 서로 조직화되어 작용해야 한다.

이 장에서는 유전자 자체의 특성 및 세포 내의 유전자 발현 과정에서 DNA 정보가 어떻게 이용되는지 알아볼 것이다. 이때 유전자 발현이란 DNA 상의 유전자형이 표현형으로 나타나는 것으로 볼 수 있다.

13.1 유전자의 특성

학습 목표

1. 1-유전자/1-폴리펩타이드 가설에 대한 증거를 설명할 수 있다.
2. 전사와 번역의 차이점을 구분하여 설명할 수 있다.
3. 유전자 발현에서 RNA의 역할에 대하여 설명할 수 있다.

우리는 DNA가 단백질을 암호화(encoding)한다는 사실을 알고 있지만, 이 지식만으로 DNA상의 유전정보가 세포의 기능을 조절할 수 있는지에 대하여는 설명하기 어렵다. 연구자들은 DNA 구조와 암호가 알려지기 오래전부터 유전자상의 돌연변이가 특정 효소와 같은 단백질에 영향을 준다는 것을 입증해 왔다. 이 절에서는 유전자와 효소 사이의 관련성에 대한 증거들에 대하여 알아본다.

가로드는 특정 효소에 의해 유전적 질환이 발생한다고 결론 내렸다

1902년, 영국의 내과의사인 가로드(Archibald Garrod)는 부모들의 어떤 질환이 특정 가족 구성원들에게서 좀 더 흔하게 나타나는 것을 알아냈다. 이런 가족에서 여러 세대를 검사한 가로드는 어떤 질환은 단순히 열성 대립유전자(recessive allele)의 결과로 나타난다는 사실을 발견했다. 그는 이런 질환이 멘델의 유전형질에 의해 질환을 가졌던 조상의 유전정보에서의 변화 때문에 나타나는 것으로 결론지었다.

가로드는 이런 종류의 여러 질환들을 면밀하게 조사했다. 알캅톤뇨증(alkaptonuria) 환자들은 소변 안에 호모겐티스산[homogentisic acid(alkapton)]이 포함되어 있어 공기에 노출되면 빠르게 산화되어 소변의 색깔이 검게 되지만, 정상인의 경우 소변 안에 호모겐티스산이 단순한 물질로 분해되어 있다. 가로드는 알캅톤뇨증 환자들이 호모겐티스산을 분해하는 데 필요한 효소가 없다고 가정하여, 다양한 질환들도 효소 결핍에 의한 것일 수 있다고 추정하였다.

비들과 타툼은 유전자가 효소를 지정한다는 것을 증명하였다

멘델 대립유전자와 효소와의 연관성에 대해 거의 40년 동안 증명하지 못하였기에 가로드의 효소와 유전자의 연관성에 대한 가정은 그 시대보다 앞선 결론이라 볼 수 있었다. 이러한 가로드의 가정은 스탠포드대학의 비들(George Beadle)과 타툼(Edward Tatum)의 실험에 의해서 유전자의 특성과 단백질 사이의 연관성이 존재한다는 것이 1941년에 증명되었다. 그들은 상세한 연구를 위해 돌연변이를 유도할 수 있는 X선을 이용하여 실험에 사용될 수 있는 일련의 돌연변이를 얻을 수 있었다. 그들의 실험은 **그림 13.1**에 요약하여 볼 수 있다.

붉은빵곰팡이

비들과 타툼이 실험에서 분명한 결과를 얻을 수 있었던 이유 중의 하나는 실험 재료로 사용한 붉은빵곰팡이(*Neurospora crassa*)를 선택한 덕분이다. 이 곰팡이는 탄소의 공급원인 포도당(glucose)과 바이타민(biotin), 그리고 무기염류로 구성된 배지에서 쉽게 배양할 수 있다. 성장에 최소한의 조건들만 필요로 하는 이런 유형의 배지를 "최소배지(minimal medium)"라고 부른다. 최소배지에서 자랄 수 있는 세포들은 모든 필수적인 생화학적 분자들을 합성할 수 있어야 한다.

비들과 타툼은 붉은빵곰팡이 포자에 X선을 쬐면, 돌연변이가 생겨 최소배지에서 자랄 수 없게 하는 어떠한 돌연변이가 있을 것으로 예측하였다. 이러한 돌연변이를 **영양요구성돌연변이**(nutritional mutants)라 하며 정상 성장에 필요한 물질을 합성할 수 있는 암호화된 영역에 손상을 받은 것이라고 결론을 내렸다.

영양요구성돌연변이

영양요구성돌연변이의 원인을 밝히기 위해서, 비들과 타툼은 영양배지(rich medium)에서 자라고 있는 곰팡이들을 최소배지로 옮겼다. 성장에 필요한 물질을 만들 수 있는 능력을 잃어버린 세포들이 최소배지에서 자랄 수 없다는 점을 이용하여, 비들과 타툼은 영양조건에 따른 각각의 돌연변이 곰팡이의 종류를 분리할 수 있었다. 비들과 타툼은 아미노산의 한 종류인 아르지닌(arginine)의 존재하에서만 자랄 수 있는 특정 돌연변이인 arg 돌연변이를 집중적으로 연구하였다.

그 다음 개개 돌연변이에서 결핍 원인을 규명하기 위해 아르지닌을 최소배지에 공급해 주어, 붉은빵곰팡이 돌연변이종들의 생화학적 경로상의 결핍 원인을 정확히 찾을 수 있었다

아르지닌 관련 유전자에는 4개의 유전자인 *argE*, *argF*, *argG*, *argH*가 있으며, 이들 유전자는 각각 다른 위치에 존재하는 것을 확인하였다.

1-유전자/1-폴리펩타이드 설

비들과 타툼은 다음 단계에서 각각의 돌연변이가 아르지닌 생합성 경로가 막혀서 생긴 것인지를 조사하였다. 이를 위해 아르지닌 생합성 경로에서 각각의 중간산물을 배지에 첨가하여 어떤 중간산물이 돌연변이종들의 성장을 가능하게 할 수 있는지를 알아보고자 했다. 생합성 경로에서 보충하여 추가된 중간산물 이전 단계에 작용을 하는 효소에 문제가 있는 돌연변이라면, 최소배지에서도 보충된 중간산물로 인해 성장은 일어날 것이지만, 중간산물 이후 단계에 영향을 미치는 돌연변이라면 성장하지 않을 것이다(**그림 13.1**).

이 접근법을 이용하여, 비들과 타툼은 아르지닌 생합성 경로에서 결함이 보이는 효소 각각의 돌연변이종을 분리해 낼 수 있었다. 그들이 연구한 각각의 돌연변이종들은 염색체상의 한 자리에서 일어난 돌연변이에 의해 유도된 한 효소의 결함에 의한 결과였다.

결과적으로 비들과 타툼은 하나의 유전자가 하나의 효소를 암호화한다고 결론지었다(**그림 13.1**). 이를 **1-유전자/1-효소 설**(one-gene/one-enzyme hypothesis)이라고 불렀다. 지금은 많은 효소들이 다양한 별개의 유전자에 의해 만들어진 각각의 폴리펩타이드 소단위를 가지고 있는 것이 밝혀져, 1-유전자/1-폴리펩타이드 설(one-gene/one-polypetide hypothesis)이라고 부르고 있는데, 이 가설은 유전자형과 표현형 사이의 분자적 관계를 분명하게 명시하고 있다.

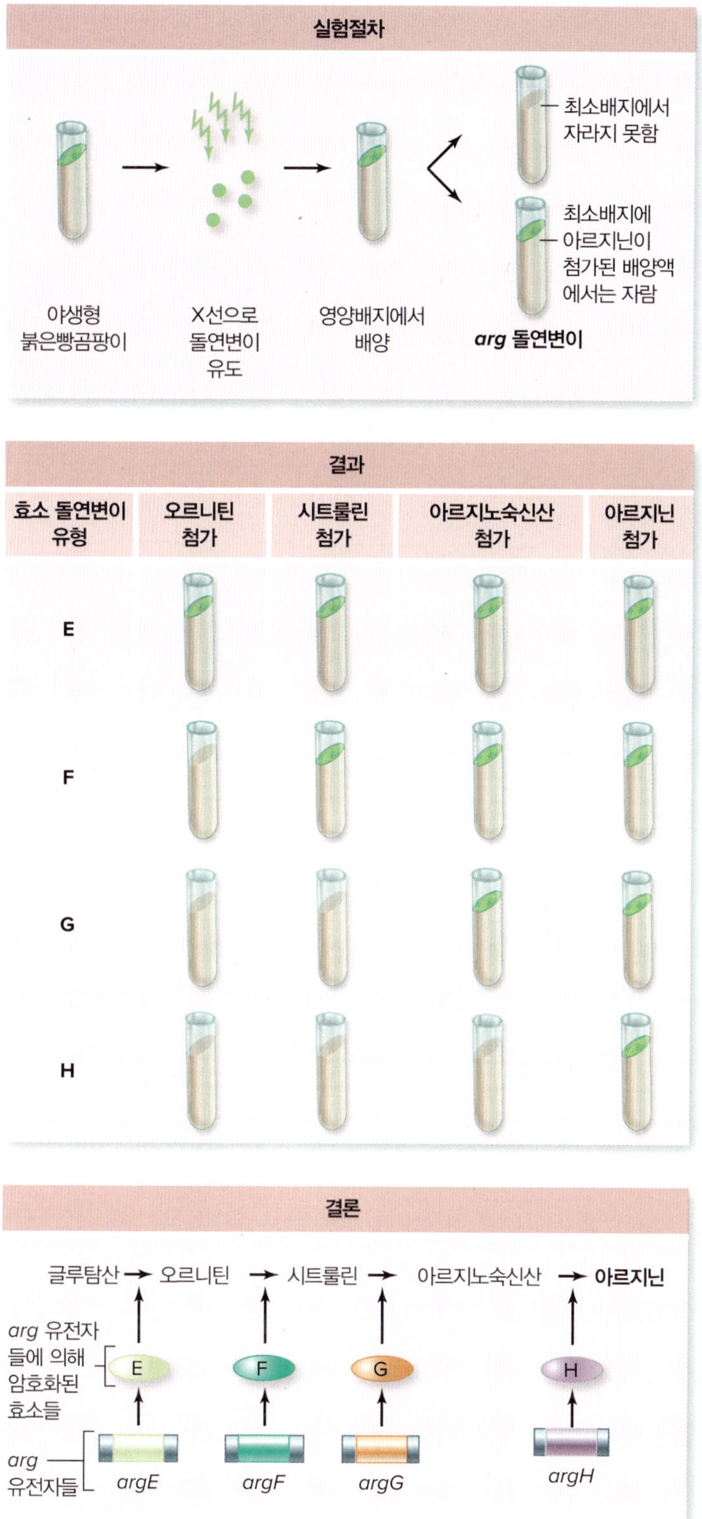

그림 13.1 비들과 타툼의 실험.
아르지닌 합성을 못하는 돌연변이형을 만들기 위해 야생형 붉은빵곰팡이에 X선을 쬐어 돌연변이를 유도하였다(위). 각 돌연변이형의 특이적인 결함은 아르지닌 생합성 경로에서 중간물질들이 공급된 배양액에서 자라는 것에 의해 밝혀졌다(중간). 돌연변이형은 이 생합성 경로에서 결함이 있는 효소 다음에 만들어지는 중간물질을 공급 받았을 때 자랄 수 있다. 이 생합성 경로에서 효소들은 염색체 상의 유전자들과 서로 연관되어 있다(아래).

게놈과 유전자 발현에 대해 알수록, 이 관계가 너무 단순하다는 것을 알 수 있다. 이 장의 후반부에서 살펴볼 내용인 진핵생물의 유전자는 원핵생물의 유전자보다 좀 더 복잡하다. 예를 들어, 어떤 효소들은 단백질의 합성과정 중 중간물질인 RNA의 형태로 이루어져 있다. 하지만 1-유전자/1-폴리펩타이드 개념은 유전자 발현에 대한 사고에 있어 좋은 시작점이 되고 있다.

자료 분석 만약 당신이 *argE*와 *argG*를 함께 이용한 2중 돌연변이를 만든다면, 어떤 종류의 배지에서 이 돌연변이가 자라날까? 일반적으로, 2중 돌연변이는 유전자의 순서에 대해 무엇을 말해줄 수 있는가?

중심원리는 세포에서의 정보가 DNA에서 RNA로, 그리고 단백질로 흐른다고 제안한다

유전자형이 표현형으로 전환되는 것은 DNA에 저장된 정보가 단백질로 전환되어야 가능해진다. 세포에서 정보 흐름은 크릭(Francis Crick)에 의한 **분자생물학의 중심원리**(central dogma of molecular biology)에서 처음으로 제안되었다. 정보는 유전자(DNA)에서 유전자의 복사본인 RNA로 흘러가고, RNA 복사본은 아미노산 사슬의 순차적인 결합을 지시하여 단백질을 생산한다(**그림 13.2**). 이를 간단하게 표현하면 DNA → RNA → 단백질로 나타낼 수 있다.

이 중심원리는 생물계의 정보 흐름을 설명하는 지적인 틀을 마련했다. 법정에서 속기사가 법정 안에서의 발언을 정확히 기록하고 적절한 상황에 이용하는 것처럼, DNA에서 RNA 복사본을 만드는 과정 또한 DNA의 정확한 복사가 요구되기 때문에 이러한 과정을 **전사**(transcription)라고 부른다. RNA에서 단백질을 만드는 과정은 **번역**(translation)이라고 하며, 이는 핵산에서 단백질 "언어(language)"로의 번역이기 때문이다.

중심원리의 체계화 이후 **레트로바이러스**(retrovirus)의 효소인 **역전사효소**(reverse transcriptase)를 이용하여 RNA 게놈으로부터 DNA를 복사하는 것을 발견하였다. 이 전환은 중심원리의 정보 흐름의 방향에 어긋났다. 이후에 아래 그림에서 보는 것처럼 RNA에서 DNA로의 "역방향(reverse)"을 포함하는 정보의 흐름이 새로 첨가되었다.

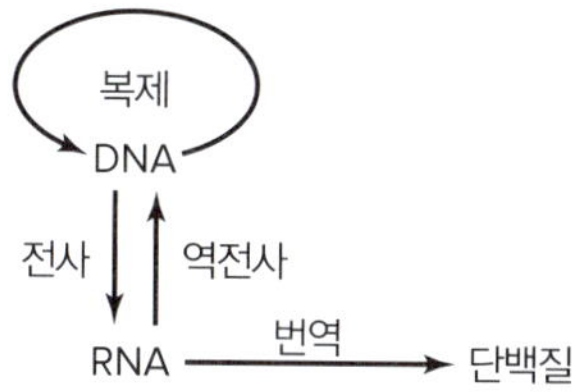

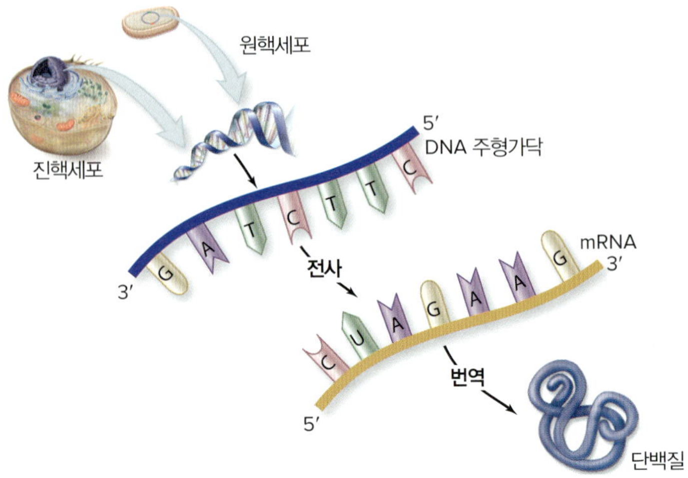

그림 13.2 분자생물학의 중심원리.
DNA는 mRNA로 전사되고, 이것은 단백질로 번역된다.

DNA에서 RNA가 복사되는 과정을 전사라 한다

전사 과정은 DNA의 유전정보가 RNA로 복사되는 과정으로, DNA의 지시에 따른 RNA 중합효소(RNA polymerase)가 RNA를 합성하는 과정을 의미한다(**그림 13.3**). 이 과정은 12장에서 설명된 것처럼 DNA를 주형으로 RNA를 만드는 상보성의 원칙에 따른다.

DNA는 2중가닥(double-stranded)이지만 RNA는 단일가닥(single-stranded)이다. 이 때문에 DNA의 두 가닥 중 한 가닥만 RNA 복사에 사용되는데, 복사에 이용되는 한 가닥을 **주형가닥**(template strand)이라고 부른다. RNA 전사체의 염기서열은 주형가닥에 상보적이다. 주형으로 사용되지 않는 DNA 가닥은 암호가닥(coding strand)이라고 부르며, 이 가닥의 염기서열은 DNA 암호가닥의 T(thymine, 타이민)가 RNA에서 U(uracil, 유라실)로 바뀐 것을 제외하고는 RNA 전사체의 염기서열과 동일하다. DNA 가닥의 또 다른 이름으로 암호가닥을 센스가닥(sense strand)이라고 하는데, 이는 RNA와 같은 염기배열을 갖는다는 점에서 RNA와 같은 "센스(sense)" 가닥이기 때문에 붙여진 것이며 주형가닥은 안티센스(antisense)가닥이 된다.

암호가닥(센스) 5′ –TCAGCCGTCAGCT– 3′ ┐ DNA
주형가닥(안티센스) 3′ –AGTCGGCAGTCGA– 5′ ┘
전사 ↓
암호가닥 5′ –UCAGCCGUCAGCU– 3′ mRNA

폴리펩타이드의 합성에 사용되는 RNA 전사체를 **전령 RNA**(messenger RNA, mRNA)라고 부르는데, 이 이름은 단백질 합성 과정에서 세포가 DNA의 메시지(message)를 리보솜(ribosome)에게 실어주기 위해 사용하는 것에서 기인한 것이다.

그림 13.3 RNA 중합효소.
DNA 가닥에 결합된 RNA 중합효소 분자를 보여주는 동결 파쇄 투과전자현미경(platinum shadowed electron micrograph)

? 탐구문제 RNA 중합효소는 교정 능력이 없다. 그렇다면 DNA 복사에 비해서 RNA 중합효소가 전사 오류율에는 어떻게 영향을 끼치는가? 또한 교정 능력에 있어 RNA 중합효소보다 DNA 중합효소가 더 중요하다고 생각하는 이유는 무엇인가?

단백질 합성을 위해 번역과정은 RNA 정보를 이용한다

번역 과정은 전사 과정보다 훨씬 복잡할 수밖에 없다. 이 경우 RNA는 단백질을 위한 주형으로 직접 사용될 수 없다. 이는 아미노산 서열이 RNA 서열과 상보성이 없어 "화학적 조화"를 이룰 수 없기 때문이다. 분자유전학자들은 RNA와 단백질 둘 다에 상호작용할 수 있는 중개자 역할을 가진 분자가 존재한다고 제안하였으며, 이때 **운반 RNA**(transfer RNA, tRNA)가 이 역할을 하는 것으로 밝혀졌다. DNA 복제 또는 RNA 전사에서 볼 수 없었던 중개자에 대한 필요성이 단백질 번역과정의 복잡성을 나타낸다.

번역은 세포 내부에 단백질 합성 기구인 리보솜에서 일어나고 이 과정에서 다양한 종류의 RNA와 단백질들이 요구된다. 먼저 이 과정의 개요를 살펴보고, 세부 과정에 대해 알아본다.

RNA는 유전자 발현에서 다양한 역할을 수행한다

대부분의 RNA는 DNA 주형가닥에서 전사과정에 의해 합성된다. 유전자 발현에는 다양한 종류의 RNA가 필요하고, 이 RNA들은 각기 다른 역할을 갖는다. 아래에 이들의 역할을 간단히 요약하였다. 세부적인 내용은 뒤에서 다룬다.

전령 RNA(mRNA): 유전자 발현의 세부 사항이 알려지기 전에 유전학자들은 DNA 정보의 중간 형태가 진핵세포의 핵 안에서 세포질에 존재하는 리보솜까지 이동하는 것을 인지하였다. 이 가설은 "메신저 가설(messenger hypothesis)"이라고 불렸고, 이 존재를 전령 RNA(messenger RNA)라고 명명함으로써 그 용어가 유지되고 있다.

리보솜 RNA(rRNA): 리보솜에서 발견되는 RNA 종류를 리보솜 RNA(ribosomal RNA)라고 부른다. 다양한 형태의 rRNA가 있으며 2개의 리보솜 소단위체가 발견되었다. rRNA는 유전자 발현 시 리보솜 기능에 필수적인 역할을 한다.

운반 RNA(tRNA): 앞에서 언급했듯이 mRNA와 단백질 사이의 중개 분자를 운반 RNA(transfer RNA)라고 부른다. tRNA 분자는 한쪽 끝에 공유결합을 이룬 아미노산을 가지고 있고, 다른 한쪽에는 mRNA 코돈(codon)과 염기쌍을 형성할 수 있는 안티코돈(anticodon)을 가지고 있다. tRNA는 mRNA 상의 정보를 해석하는 역할을 하고 리보솜에서 아미노산의 위치 결정을 도와준다.

소형 핵 RNA(snRNA): 소형 핵 RNA(small nuclear RNA)는 진핵세포의 핵에서 mRNA 전구체(pre-mRNA)를 가공하는 기구의 한 부분이다. 이러한 스플라이싱 반응에 대해서는 13.5절에서 알아본다.

SRP RNA: SRP(signal recognition particle)는 RNA와 단백질로 구성되어 있다. 진핵세포에서 특정 단백질은 거친면(조면) 소포체(rough endoplasmic reticulum, RER)에서 합성되고, 이 과정에서 SRP가 관계되어 반응을 매개하며 이에 대해서는 13.7절에 추가적으로 설명한다.

소형 RNA: 이 범주 안에 마이크로 RNA(micro-RNA, miRNA)와 **소형 간섭 RNA**(small interfering RNA, siRNA)가 포함된다. 이들이 유전자 발현에 하는 역할은 14장을 참조한다.

핵심 요약 13.1

가로드는 변형된 효소가 신진대사 장애를 일으킬 수 있다는 것을 보여주었으며 비들과 타튬은 하나의 유전자가 하나의 효소를 생성하는 것을 보여주었다. 유전자 정보는 mRNA를 중간체로 하여 DNA(유전자)에서 단백질(효소)로 진행된다. 번역은 DNA의 정보를 RNA 전사체로 변환하고, 번역은 이 RNA 전사체를 단백질로 바꾸어 준다. RNA는 다양한 기능을 가진 여러 가지 종류가 있는데, 여기에는 mRNA(전사체), tRNA(전달자), rRNA(리보솜)와 snRNA, SRP RNA 및 소형 RNA(miRNA, siRNA)가 포함된다.

■ 왜 세포는 RNA와 단백질 사이에 tRNA와 같은 어댑터 분자를 필요로 할까?

13.2 유전암호

학습 목표

1. 유전암호를 밝힌 실험들을 요약하여 설명할 수 있다.
2. 유전암호의 특징들을 서술할 수 있다.
3. 코돈과 아미노산의 관계에 대하여 설명할 수 있다.

DNA상의 뉴클레오타이드의 서열이 어떻게 폴리펩타이드상의 아미노산 순서를 명시화하도록 암호화할 수 있는가? 이 중요한 질문에 대한 답은 1961년에 크릭(Francis Crick)과 브레너(Sydney Brenner)의 실험에 의해 밝혀졌다. 이 실험결과는 이 장에서 자세히 다룰 유전정보를 이해하는 데 매우 중요하다.

유전암호는 3개의 그룹 단위로 해석되는 코드이다

크릭과 브레너는 유전암호가 **코돈**(codon, 하나의 코돈은 단백질에서의 하나의 아미노산에 해당)이라고 부르는 유전정보의 한 그룹으로 구성되어 있을 가능성이 높을 것으로 추정하였다. 더 나아가 그들은 하나의 코돈 내의 정보는 3개의 뉴클레오타이드 서열로 되어 있을 것이라는 가설을 세웠다. 만약 4종류의 뉴클레오타이드(G, C, T, A) 중에서 코돈 구성으로 2개가 이용된다면 4^2으로 16개의 다른 종류의 코돈을 만들 수 있지만 20개의 아미노산에 대한 암호로는 부족하다. 그러나 코돈 구성으로 3개의 뉴클레오타이드를 이용하면 4^3으로 64개의 조합이 되므로 아미노산의 서열을 암호화하기에 충분하게 된다.

코돈 사이에서 여백 여부

이론적으로 유전자의 코돈서열은 문장에서 단어를 분리하는 띄어쓰기처럼 역할을 할 수 있다. 대체적으로 코돈은 서로 인접하게 놓여 결국 뉴클레오타이드들은 연속된 서열을 이루게 된다.

다음에서 보는 것처럼 유전 메시지에서의 정보가 빈칸에 의해 분리된다면, 변이된 어떤 한 단어가 전체 문장에 영향을 주지 않게 된다. 그에 비해 모든 단어가 연결되어 있고 단지 3개의 그룹으로만 읽혀진다면, 그 그룹에서 일어나지 않은 변이에도 불구하고 변이된 하나의 단어가 전체 문장을 변형시킬 수 있다. 이러한 DNA에서 유전정보를 이용하는 이 2가지 방법은 단백질로 유전정보를 번역하는 다른 방법들이 있음을 암시해 준다.

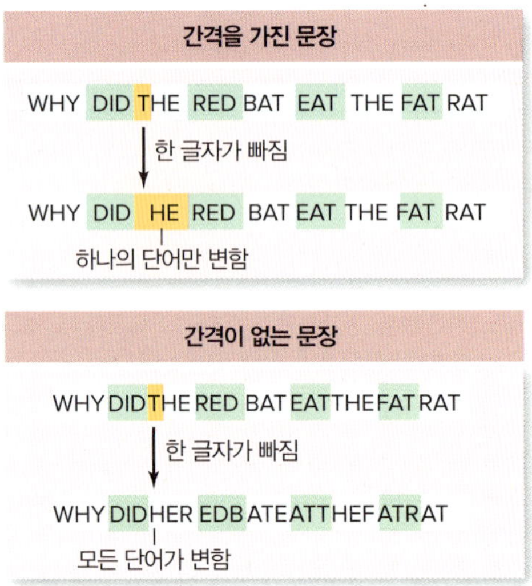

여백을 가지지 않는 코돈

위의 2가지 방법에서 하나를 고르기 위해, 크릭과 그의 동료들은 화학물질을 이용하여 바이러스 DNA에 1개의 염기 삽입(insertion) 또는 결실(deletion)을 유발하는 돌연변이를 만들었다. 비록 각각의 돌연변이는 기능의 손실을 나타냈지만 결실과 삽입이 함께 일어나면 기능이 복구된다. 이 경우 삽입과 결실 사이에 있는 부분만이 변하게 된다. 만약 기능에 핵심적이지 않은 단백질의 한 부분을 암호화하는 유전자의 영역을 선택하면 이 작은 변화는 표현형에서 변화를 초래하지 않는다.

한 염기의 결실 또는 연결된 두 염기의 결실을 조합하게 되면, 유전 메시지는 바뀌게 되고 결실된 부분 이후의 아미노산 모두가 변이되지만, 3개의 염기를 삭제하면 삭제 부위 이후의 부분부터는 정상으로 나타난다. 뉴클레오타이드를 1개, 2개, 3개를 첨가했을 때도 같은 결과를 얻었다.

이와 같은 결과를 통해 크릭과 브레너는 유전자 암호는 3개의 뉴클레오타이드 단위인 3자암호(triplet code)로 읽히며, 이 읽힘은 여백이 없이 계속된다고 결론지었다(**그림 13.4**).

이 실험은 유전 메시지에 대한 **번역틀**(reading frame)의 중요성을 보여주는데, 암호들 사이에 틈이 없기 때문에 염기서열에서 첫 번째 코돈에 의한 번역의 시작이 나머지 코돈이 어떻게 읽힐지를 결정한다. 크릭과 브레너에 의해 밝혀진 돌연변이의 종류를 **틀이동돌연변이**(frameshift mutation)라고 하는데, 그 이유는 그 돌연변이들이 유전 메세지 번역틀의 변이를 유도하였기 때문이다.

과학적 사고

가설: 유전암호는 3개의 염기가 한 그룹으로 읽힌다.
예측: 유전암호 3개가 한 그룹으로 읽히면, 1개 또는 2개 염기의 결실은 결실 다음 자리에서부터 번역틀을 이동시킨다. 그러나 3염기의 결실은 그 다음 염기서열의 변화 없이 한 아미노산의 결실을 가진 단백질을 만들 것이다.
실험: 1개의 염기결실을 갖는 돌연변이형들을 모았는데, 각각은 표현형을 갖는다. 한 영역에서의 이런 결실들은 3개의 염기결실의 영향을 평가하기 위해 조합되었다.

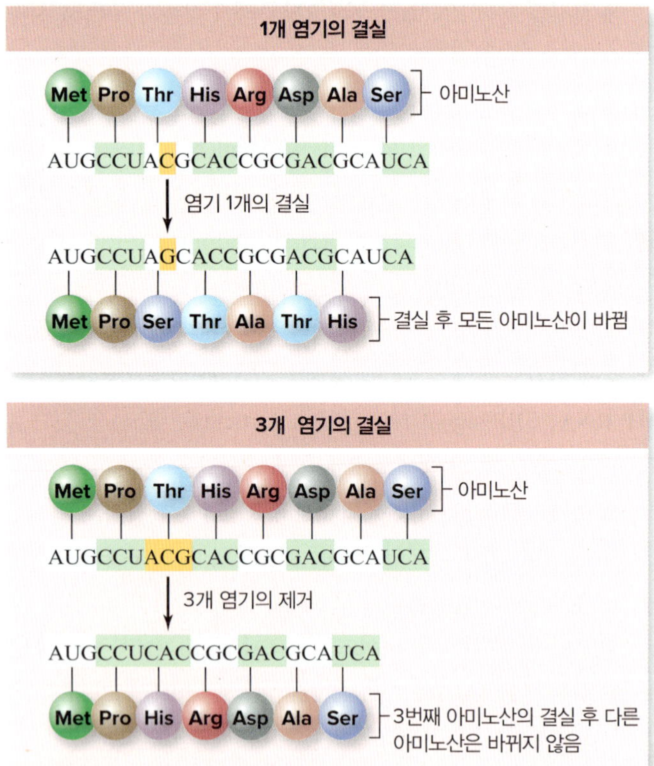

결과: 3개 염기 결실의 조합은 1개 또는 2개 염기의 소실과 같은 극단적인 결과를 보이지 않는다.
결론: 유전암호는 3개 염기가 한 그룹으로 읽힌다.
추가 실험: 1개 염기의 추가가 있는 돌연변이형이 있다면, 결실과 삽입을 조합한 돌연변이의 결과는 어떻게 나타날까?

그림 13.4 유전자 암호는 3개의 염기로 구성됨.

니렌버그와 동료들은 코드를 해독하였다

각각 특정한 아미노산을 암호화하는 64개 코돈의 결정은 20세기 생화학의 위대한 업적 중 하나이다. 이 해독의 성취는 다음과 같은 2가지 기술의 성공때문인데, (1) 하나의 정해진 RNA에서 단백질 합성을 할 수 있는 무세포 생합성 시스템 개발과 (2) 무세포 시스템에서 사용될 수 있는 합성 RNA를 만드는 능력이다.

1961년에서 1966년까지 5년 동안 미국의 생화학자 니렌버그(Marshall Nirenberg) 실험실에서 수행된 주요 업적은 유전암호의 해석이다. 처음에 니렌버그 그룹은 무세포 시스템에서 합성 RNA 분자인 polyU(유라실만으로 이루어진 RNA 분자)를 사용하여 페닐알라닌 아미노산으로만 이루어진 폴리펩타이드인 다중 페닐알라닌(polyphenylalanine)을 만들었다. 그래서 UUU가 페닐알라닌을 만든다는 것을 알아냈다.

다음에는 효소를 이용하여 하나 이상의 뉴클레오타이드로 이루어진 RNA 폴리머(polymer)를 만들었는데, 이 폴리머는 각 코돈의 염기서열은 아니지만, 가능한 많은 조합의 코돈을 추론할 수 있게 해주었다. 그 이후에, 그들은 3개의 염기서열을 합성할 수 있는 효소를 이용할 수 있었고, 이렇게 만들어진 3개 염기서열이 단백질 합성기구에 결합할 수 있는지를 검사하였다.

삼중 결합 분석(triple-binding assay)이라고 부르는 방법을 이용하여 64개의 가능한 조합에서 54개가 밝혀졌다. 유기화학자인 코라나(H. Gobind Khorana)는 정해진 염기서열의 인공적 RNA 분자를 만든 다음 무세포 시스템에서 그들이 만든 폴리펩타이드가 무엇인지 검사함으로써 퍼즐의 마지막 조각을 완성하였는데, 이런 실험 방법들의 조합에 의해 모든 64개의 가능한 3-뉴클레오타이드 서열을 밝혔고, 유전암호는 모두 해독되었다(**표 13.1**)

유전암호는 중첩성이 있지만 특이적이다

표 13.1은 암호의 분명한 특성들을 보여준다. 첫째로 64개의 가능한 코돈 중에서 61개가 아미노산을 지정하는 데 사용된다는 것이다. 3개의 코돈 UAA, UGA, UAG는 다른 기능인 "정지(stop)"를 신호하는 **종결코돈**(또는 정지코돈, stop codon)이며, 또 다른 형태인 AUG는 "시작(start)"을 신호하는 **개시코돈**(start codon)이라고 부른다. 개시코돈의 경우에는 메싸이오닌(methionine, Met)을 암호화하기 때문에 2가지 기능을 지니게 된다.

61개의 코돈은 20개의 아미노산을 암호화하기에 충분하다는 것을

표 13.1 유전코드(암호)

첫 번째 염기	두 번째 염기: U		C		A		G		세 번째 염기
U	UUU	Phe 페닐알라닌	UCU	Ser 세린	UAU	Tyr 타이로신	UGU	Cys 시스테인	U
	UUC		UCC		UAC		UGC		C
	UUA	Leu 류신	UCA		UAA	"종결"	UGA	"종결"	A
	UUG		UCG		UAG	"종결"	UGG	Trp 트립토판	G
C	CUU	Leu 류신	CCU	Pro 프롤린	CAU	His 히스티딘	CGU	Arg 아르지닌	U
	CUC		CCC		CAC		CGC		C
	CUA		CCA		CAA	Gln 글루타민	CGA		A
	CUG		CCG		CAG		CGG		G
A	AUU	Ile 아이소류신	ACU	Thr 트레오닌	AAU	Asn 아스파라진산	AGU	Ser 세린	U
	AUC		ACC		AAC		AGC		C
	AUA		ACA		AAA	Lys 라이신	AGA	Arg 아르지닌	A
	AUG	Met 메싸이오닌; "개시"	ACG		AAG		AGG		G
G	GUU	Val 발린	GCU	Ala 알라닌	GAU	Asp 아스파트산	GGU	Gly 글리신	U
	GUC		GCC		GAC		GGC		C
	GUA		GCA		GAA	Glu 글루탐산	GGA		A
	GUG		GCG		GAG		GGG		G

한 코돈은 위에 보이는 서열로 읽히는 3개의 뉴클레오타이드로 구성된다. 예를 들어, ACU는 트레오닌을 암호화한다. A는 첫 번째 염기열이고, C는 두 번째, U는 세 번째 염기열이다. 각각의 mRNA 코돈은 이에 상응하는 tRNA 안티코돈 서열에 의해 인식된다. 많은 아미노산들이 1가지 이상의 코돈으로 지정된다. 예를 들어, 트레오닌은 3가지 코돈에 의해 지정되는데, 이 코돈의 뉴클레오타이드의 세 번째 염기만 다르다.

알 수 있다. 생각해 보면 아미노산의 개수에 비해 많은 여유분의 코돈이 있게 되는데, 이런 풍족함을 조절하는 한 가지 방법은 61개의 코돈 중 오직 20개만을 이용하는 것이지만, 이것은 세포가 선택하여 할 수 있는 것은 아니다. 실제로 세포에서는 61개의 코돈이 모두 이용되고 있는데, 이는 암호가 **중첩**(degenerate)된 것으로 보이게 해준다. 다시 말하면, 어떤 아미노산은 한 개 이상의 코돈에 의해 지정되지만, 반대로 하나의 코돈이 하나 이상의 아미노산을 암호화하는 경우는 없다. 이런 중첩성은 균일하지 않게 나타나는데, 어떤 아미노산은 하나의 코돈을 가지고 있지만, 어떤 것은 6개의 코돈을 가지고 있는 경우도 있다. 더불어, 중첩된 염기는 일반적으로 세 번째에 위치하고 있어, 3개의 코돈 중에 앞선 2개의 염기가 같으면 같은 아미노산을 암호화한다. (리보솜에서의 단백질 합성에 이 코돈이 어떻게 작용하는지에 대해서는 13.7절에서 다룬다.)

보편적이기는 하지만 완전히 보편적이지 않은 암호도 존재한다

유전암호(genetic code)는 거의 모든 생물이 동일하다. 유전암호의 보편성은 모든 생명체가 공통의 진화적 유산을 공유한다는 것에 대한 가장 강력한 증거 중 하나이다. 암호는 보편적이기 때문에 유전자는 한 생명체에서 또 다른 생명체로 전달될 수 있고, 그들의 새로운 숙주에서 성공적으로 발현될 수 있다(**그림 13.5**). 유전자 발현의 보편성은 15장에서 다룰 유전공학 발전의 핵심 요소이다.

1979년에 연구자들은 사람, 소 그리고 생쥐의 미토콘드리아 유전체의 전체 염기서열을 밝혔다. 이러한 포유동물들의 미토콘드리아에서 유전암호의 유사성이 높지 않다는 사실은 "보편적 코드(universal code)"에 익숙한 생물학자들에게 충격적으로 다가왔다.

미토콘드리아 유전체에서 종결코돈이어야 할 UGA는 아미노산 트립토판(trytophan)으로 읽혀지고, AUA는 아이소류신(isoleucine) 대신에 메싸이오닌으로 읽혀졌다. 그리고 AGA와 AGG는 아르지닌(arginine) 대신 종결코돈으로 읽혀졌다. 이러한 보편적 암호에서의 일부 차이는 엽록체와 원핵세포의 한 유형인 섬모충류(ciliates)에서도 발견되었다.

이처럼 유전암호가 어떠한 경우에서는 보편적이 아닌 것으로 나타났는데, 이는 세포내공생(endosymbiosis)으로 존재하던 시절 이후 미토콘드리아와 엽록체에서 암호가 다르게 읽히기 시작했으며, 특히 정지신호와 연관된 부분이 다르게 읽혀지기 시작했던 것으로 생각되고 있다.

? **탐구문제** 유전암호는 거의 보편적이다. 왜 거의 보편적이라 표현하는지 생각해 보자.

핵심 요약 13.2

유전암호는 3개의 뉴클레오타이드 단위인 3자암호로 읽히며, 이 읽힘은 여백 없이 계속된다. 이 3개 염기는 아미노산을 암호화(코돈)한다. 총 64개의 코돈 중 61개는 아미노산을 지정하며 (이 중 1개는 "개시"를 나타냄) 나머지 3개는 "종결"을 나타낸다. 일부 아미노산은 하나 이상의 코돈에 의해 지정되기 때문에 중첩되어 있다고 하지만, 모든 코돈은 하나의 아미노산만을 암호화하는 것을 알 수 있다.

- 하나의 코돈이 하나 이상의 아미노산을 암호화한다면, 결과는 어떻게 될까?

그림 13.5 유전자 도입 돼지.
오른쪽은 일반적인 새끼 돼지이다. 왼쪽 새끼 돼지에는 초록색 형광단백질을 암호화하는 해파리의 유전자를 발현하도록 유전자를 이식하였다. 새끼 돼지의 코 색깔은 이식된 유전자 발현 때문이다. 이런 유전자 도입 동물들은 유전자 암호의 보편성을 보여주고 있다.

그림 13.6 세균의 RNA 중합효소와 전사개시.
a. 2가지 형태의 RNA 중합효소: 핵심효소와 완전효소. ***b.*** 완전효소의 σ 소단위가 프로모터의 –35에서 –10 nt를 인지해 DNA에 결합한다. 나선구조는 –10에서 열리고, 전사는 +1의 전사개시점에서 시작된다.

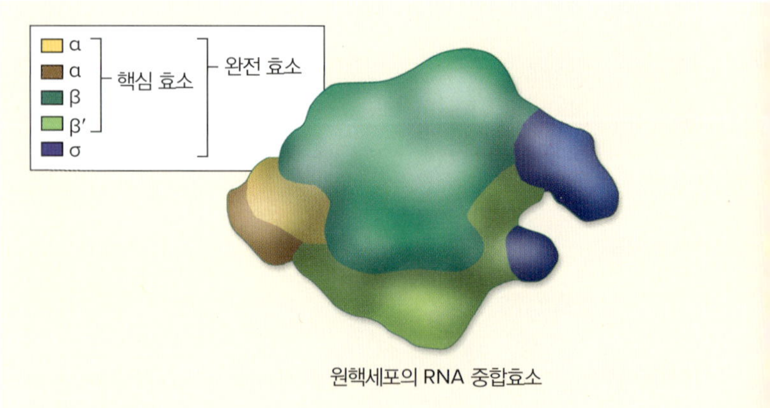

a.

13.3 원핵세포의 전사

학습 목표

1. 세균의 전사과정에 대해 서술할 수 있다.
2. 개시, 신장, 종결의 특징들을 구별하여 설명할 수 있다.
3. 원핵세포 전사의 특징에 대하여 설명할 수 있다.

이 절에서는 원핵세포 전사과정의 이해와 함께 원핵세포의 유전자 발현에 대해 알아본다. 특히 13.4절에 살펴보게 될 진핵세포의 전사과정에서는 원핵세포에서의 전사과정과 어떻게 다른지에 초점을 두고 설명할 것이다.

원핵세포는 하나의 RNA 중합효소를 가진다

원핵세포의 **RNA 중합효소**(RNA polymerase)는 **핵심 중합효소**(core polymerase)와 **완전효소**(holoenzyme)의 2가지 형태로 존재한다. 핵심 중합효소는 DNA 가닥을 주형으로 RNA를 합성할 수 있으나, 정확하게는 합성을 시작하지는 못하며, 완전효소는 합성을 시작할 수 있다.

핵심 중합효소는 2개의 동일한 α 소단위와 1개씩의 β와 β′ 소단위로 구성된 4개의 소단위를 가지고 있다(**그림 13.6***a*). 2개의 α 소단위는 개시 복합체를 하나의 구조로 뭉치도록 하는 역할을 하고, 조절 단백질에 결합할 수 있도록 해준다. 이 효소의 활성화 자리는 β와 β′ 소단위로 형성되어 있으며, 이 부위가 DNA 주형과 RNA 3인산 전구체(ribonucleotide triphosphate precursors)에 결합할 수 있다.

합성을 개시할 수 있는 완전효소는 σ(시그마, sigma) 소단위가 핵심 중합효소에 결합하여 형성된다(**그림 13.6***a*). DNA상의 특정 신호를 인지할 수 있는 σ의 능력이 RNA 중합효소가 유전자의 시작점에 위치할 수 있도록 함으로써, RNA 중합효소의 기능에 핵심적 역할을 하게 된다. mRNA 합성의 개시는 DNA 복제와는 달리 프라이머(primer)를 필요로 하지 않는다는 점에 유의한다.

프로모터는 전사의 개시가 일어나는 자리이다

전사(transcription)의 정확한 개시는 DNA상에 두 자리를 필요로 한다. RNA 중합효소를 인지하고 결합 부위를 제공하는 **프로모터**(promoter)와 실질적인 **전사개시점**(start site)이다. 또한 RNA 중합효소는 전사를 끝내는 신호를 필요로 하는데 이는 **종결자**(terminator)라고 부른다. 프로모터에서 종결자까지의 영역을 **전사단위**(transcription unit)라고 부른다.

DNA를 따라 움직이는 중합효소의 이동은 물줄기를 따라 흐르는 물과 비슷한 것으로 여겨진다. 그래서 DNA상의 위치를 표시하기 위하여, 전사개시점을 기준으로 "상부(upstream)" 또는 "하부(downstream)"라고 표현한다. 전사 단위에서의 위치를 나타내기 위해, DNA상의 염기에 번호를 부여하는 데에도 이 시스템을 이용한다. 첫 번째 염기는 **+1**이라고 하고, 이 숫자는 마지막 염기가 전사될 때까지 하부 방향으로 계속된다. 전사개시점의 상부 방향의 염기는 **−1**로 시작한다.

프로모터는 전사개시점의 상부에 위치한 짧은 염기서열로 중합효소에 의해 전사되지 않는다. 각각 6개의 염기서열로 구성된 2개의 부위가 세균의 프로모터 자리에 공통적인데, 하나는 전사개시점의 상부 방향으로 35 nt(−35) 떨어진 지역에 위치하고 있고, 다른 하나는 10 nt (−10) 지역에 위치하고 있다(**그림 13.6***b*). 이 두 자리는 개시 부위와 전사의 방향을 나타냄으로써, 프로모터의 비대칭성을 부여한다.

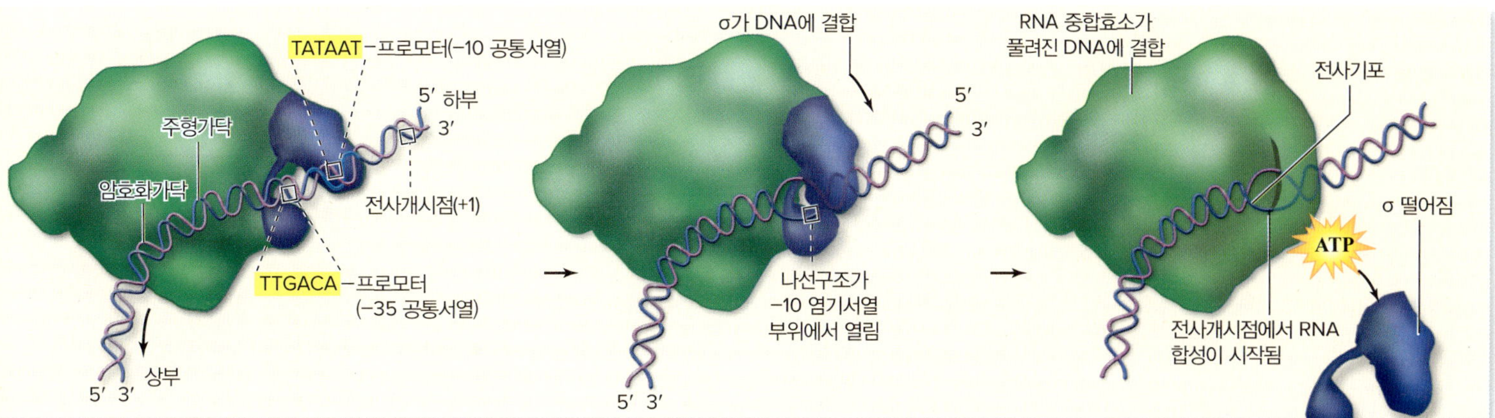

b.

프로모터에 RNA 중합효소가 결합하는 것이 전사의 첫 번째 단계이다. 프로모터 결합은 RNA 중합효소(완전효소)의 σ 소단위에 의해 조절된다. σ는 프로모터상의 –35 공통서열을 인지해서 RNA 중합효소가 올바른 방향으로 전사를 시작할 수 있도록 정확한 전사개시 부위에 위치하도록 해준다.

일단 프로모터에 결합하면 RNA 중합효소는 –10 nt 부위에서 DNA 나선구조를 풀기 시작하는데(**그림 13.6*b***), 중합효소는 약 75 bp를 덮고 있지만 대략 12~14 bp의 나선구조를 풀게 된다.

> **탐구문제** 원핵세포의 프로모터는 동일하지 않은 2개의 공통서열을 가지고 있는데, 전사를 시작할 때 이들이 얼마나 중요하게 작용하는가?

신장에 의해서 연속적으로 뉴클레오타이드가 첨가된다

원핵세포에서 RNA 전사는 일반적으로 ATP 또는 GTP로 시작되어, 염기서열의 5′에서 3′ 방향으로 신장하게 된다. RNA 중합효소가 프로모터 영역을 떠나게 되면, σ인자는 RNA 중합효소와 결합한 채로 있을 수도 있지만, 더 이상 필요한 것은 아니다.

결과적으로, **클리어런스**(clearance) 또는 **탈출**(escape)이라고 부르는 과정을 통해 RNA 중합효소가 프로모터를 떠나게 된다. 이러한 과정은 단지 전사체의 처음 몇 개의 뉴클레오타이드를 합성하고 움직이는 과정 그 이상을 포함하는데, 이는 효소가 개시 과정에서 DNA와 강하게 결합을 하고 있기 때문이다. 주형의 하부 방향으로 움직이기 위해 프로모터 영역에서의 이런 강한 결합을 끊을 필요가 있는데, 이는 클리어런스 단계 동안 효소가 구조적 변화를 통해 개시 단계에서의 프로모터에 대한 결합력보다 약해지게 됨으로써 탈출이 가능하게 된다.

RNA 중합효소가 결합한 주형 DNA의 부분과 신장하고 있는 RNA 전사체가 있는 부위는, DNA 2중나선이 풀어져 물방울처럼 부풀어 있게 되는데, 이를 **전사기포**(transcroption bubble)라고 부른다(**그림 13.7**). 이 기포 안에 새로 만들어진 처음 9개의 염기는 일시적으로 주형인 DNA와 나선을 형성한다. 중합효소는 활성부위의 하부 방향의 18 bp를 포함하여 DNA와 다양한 접촉을 하고 있다. 기포 자체는 8~10 bp의 RNA-DNA 혼성체를 포함하여 12~14 nt이며, 최종적으로 약 5 nt의 RNA가 중합효소의 출구와 접촉한다.

RNA 중합효소에 의해 만들어지는 전사기포는 초당 50개의 뉴클레오타이드를 합성하면서 일정한 속도로 세균 DNA를 따라 이동하고, 이때 기포에서 자라고 있는 RNA 전사체 가닥이 나오게 된다. 전사기포가 지나가고 나면 전사가 끝난 DNA 가닥은 방울에서 떠나면서 다시 자신의 상보적 가닥과 감기게 된다.

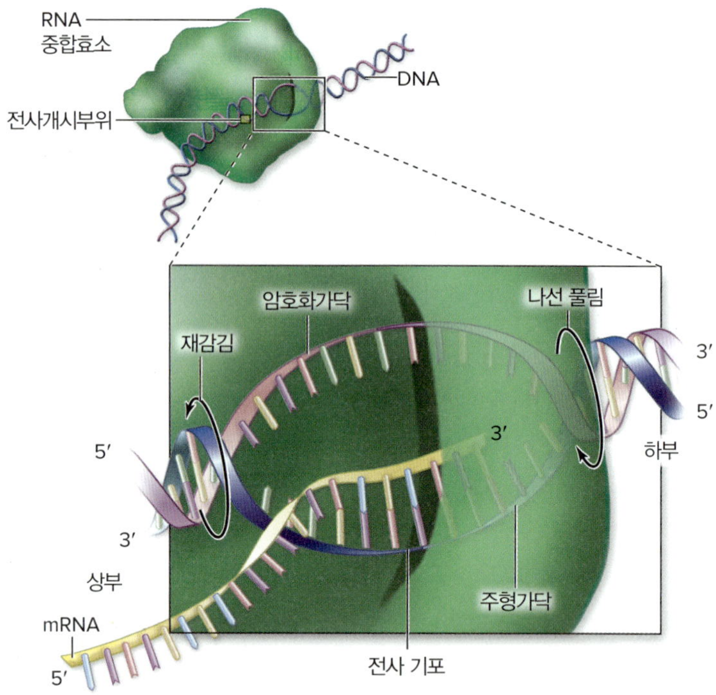

그림 13.7 전사기포의 모델.
DNA 2중나선 구조는 RNA 중합효소 복합체에 의해 풀리고 기포 끝에서 다시 감긴다. DNA 가닥 중 하나가 주형으로 작용하고, 뉴클레오타이드가 RNA의 3′ 말단에 첨가된다. 기포 안에는 짧은 구간의 RNA-DNA 혼성체가 있다.

종결은 특정 부위에서 일어난다

원핵세포의 전사단위의 끝은 중합효소에게 "정지(stop)" 신호인 종결서열에 의해 표지되어 있다. 이런 염기서열에 도달하게 되면 전사를 끝내기 위해 인산디에스터(phosphodiester)결합을 형성함으로써 전사기포 내의 RNA-DNA 혼성체는 풀어지고, RNA 중합효소는 DNA를 놓아주고, 전사기포 내 DNA는 다시 나선구조를 형성한다.

가장 간단한 종결 신호로는 일련의 G-C 염기쌍 뒤에 일련의 A-T 염기쌍이 오는 것이다. 이 종결부위에서 RNA 전사체는 GC 부위에서 **헤어핀**(hairpin)이라고 부르는 2중나선 구조를 형성하고, 그 뒤에 4개 이상의 유라실 리보뉴클레오타이드가 따라오게 된다. 헤어핀 구조의 형성은 RNA 중합효소를 멈추게 하여 RNA 중합효소가 4개의 유라실(UUUU)에 위치하게 한다(**그림 13.8**). DNA의 A와 U와의 염기쌍은 4종류의 염기쌍 중 결합이 가장 약해 중합효소가 멈추었을 때 DNA-RNA 결합가닥을 유지하기에 충분하지 못하게 된다. 그래서 전사기포 내 RNA 가닥은 DNA 가닥으로부터 분리되고, 전사는 멈추게 된다. 또한 다양한 종류의 단백질 인자들이 전사를 종결하는 것을 돕기 위해 종결자로 역할을 한다.

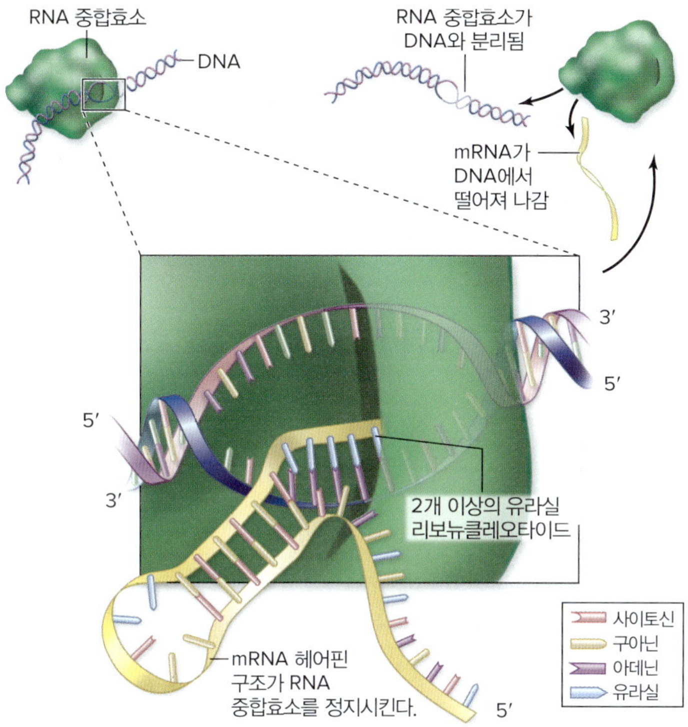

그림 13.8 세균의 전사종결자.
자기상보적인 G–C 영역은 헤어핀이라고 불리는 단일가닥으로 구성된 고리를 만들면서 2중가닥의 줄기를 만든다. 다수의 U는 덜 안정화된 RNA–DNA 혼성체를 만들어 효소들이 떨어져 나가게 된다.

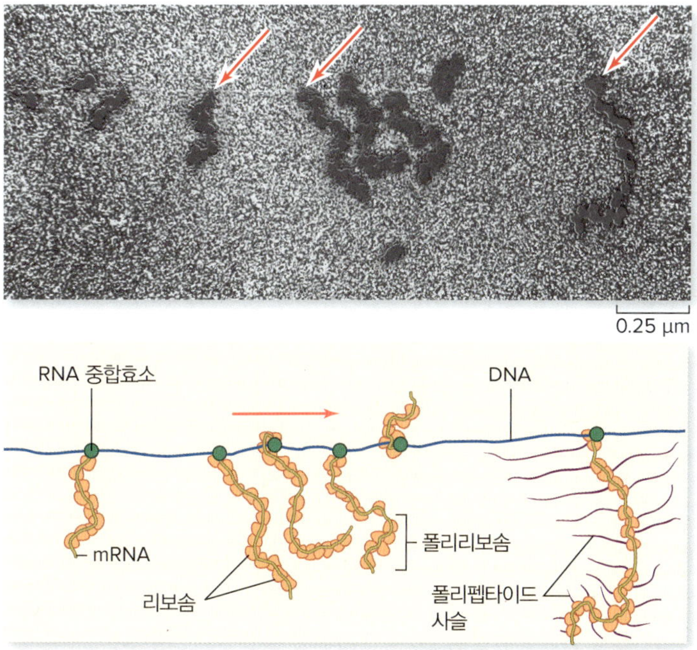

그림 13.9 원핵세포의 전사와 번역과정.
대장균의 유전자 발현 전사 사진에서 번역이 전사과정 동안 일어나고 있음을 알 수 있다. 화살표는 RNA 중합효소의 이동 방향을 가리키고 있고, 리보솜은 중합효소에서 뻗어 나오고 있는 mRNA에 결합되어 있다. 리보솜에 의해 합성되고 있는 폴리펩타이드는 현미경 사진에서는 볼 수가 없고, 그림의 마지막에 있는 mRNA에 그려 넣었다.

원핵세포의 전사는 번역과 함께 일어난다

원핵세포에서 전사과정에 의해 만들어지는 mRNA는 전사가 끝나기 전에 번역되기 시작하며, 전사와 번역은 **연결되어 있다**(**그림 13.9**). mRNA의 5′ 말단이 만들어지면서 번역을 시작하기 위해 리보솜이 mRNA에 붙게 된다. 그에 비해 진핵세포에서는 전사과정이 핵에서 일어나고 번역은 세포질에서 일어나기 때문에 서로 연결되어 있지 않다.

원핵세포와 진핵세포 유전자 발현에서의 또 다른 차이는 원핵세포에서 만들어진 mRNA는 다양한 유전자들을 가지고 있다는 것이다. 원핵세포의 유전자는 종종 서로 연관되어 있는 기능을 암호화하는 유전자들이 함께 무리를 이루어 조직화되어 있다. 기능적으로 연관된 집단을 **오페론**(operon)이라고 부르며, 오페론은 생합성 경로에 필요한 다양한 효소를 암호화하는 하나의 전사단위를 의미한다. 기능에 따른 유전자집단은 함께 조절되는데, 이 조절 기작은 14장에서 다룬다.

핵심 요약 13.3

세균에서 전사는 RNA 중합효소에 의해 이루어지며, 핵심 중합효소와 완전효소의 2가지 형태로 존재한다. 전사는 완전효소가 프로모터 서열을 인식하여 시작되며, 신장은 핵심 중합효소에 의해 RNA의 합성이 이루어지며, 합성이 중단되는 종결자에 도달할 때까지 RNA 뉴클레오타이드를 순서대로 첨가하고, 이후에 전사체가 분리된다. 원핵세포에서는 전사가 완료되기 이전에 RNA 전사체의 번역이 시작되어 전사와 번역이 연결되어 있다.

- 효모는 박테리아와 같은 단세포 생물이다. 이들은 박테리아처럼 전사와 번역이 연결되어 있을까?

13.4 진핵세포의 전사

학습 목표

1. 진핵세포의 3종류의 중합효소에 대한 프로모터의 차이점을 설명할 수 있다.
2. 진핵세포 전사체의 가공과정을 서술할 수 있다.
3. 원핵세포와 진핵세포의 전사에서 신장과정의 차이점을 설명할 수 있다.

RNA 중합효소에 의한 전사의 기본 기작은 원핵세포와 진핵세포에서 동일하다. 실제로 박테리아, 고세균 및 진핵생물의 RNA 중합효소는 모두 동일한 조상으로부터 유래된 것으로 보인다. 그러나 이 절에서 설명하는 진핵생물에서 RNA 합성과 관련된 세부 내용은 기본 기작과는 많이 다름을 알 수 있다.

진핵세포는 3종류의 RNA 중합효소를 가진다

한 종류의 RNA 중합효소를 가지고 있는 원핵세포와 달리 진핵세포는 3종류의 RNA 중합효소를 가지고 있고, 이 중합효소는 서로 다른 구조와 기능을 가지고 있다. RNA 중합효소 I은 rRNA를 전사하고, RNA 중합효소 II는 mRNA와 몇몇 소형 핵 RNA를 전사하며, RNA 중합효소 III는 tRNA와 다른 몇 종류의 소형 RNA들을 전사한다. 이 3종류의 중합효소가 함께 진핵세포 내의 핵에서 전사과정을 수행한다. 3종류의 RNA 중합효소는 각각이 전사를 시작하는 곳을 인지할 수 있도록 DNA상의 각기 다른 신호를 필요로 하기 때문에 각 중합효소는 서로 다른 프로모터 구조를 갖는다.

RNA 중합효소 I의 프로모터

생물들 간에 유사성이 보이지 않는 rRNA 유전자들 때문에 RNA 중합효소 I 프로모터는 생물학자들을 혼란스럽게 했다. 오늘날 이런 프로모터들은 종마다 다르게 존재하며, 이런 이유로 종들 간의 비교에서 유사성을 보이지 않았던 것으로 보고 있다.

RNA 중합효소 II의 프로모터

RNA 중합효소 II의 프로모터는 3가지 유형 중 가장 복잡한데, 이는 이 중합효소에 의해 전사되는 유전자들이 다양하기 때문인 것으로 여겨진다. 진핵세포의 유전자가 처음 분리되었을 때, 많은 것들이 전사개시점의 상부에 **TATA 박스**(TATA box)라고 부르는 염기서열을 가지고 있었다. 이 염기서열은 원핵세포에서의 –10서열과 유사해 TATA 박스는 프로모터 요소인 것으로 추정되었는데, 전체 게놈의 서열과 더 많은 유전자들이 분석됨에 따라 이 추정은 간단하게 증명되었다. RNA 중합효소 II의 프로모터는 TATA 박스를 포함한 많은 다른 요소로 구성되며, 핵심 프로모터(core promoter)의 개념으로 대치되었다.

RNA 중합효소 III의 프로모터

RNA 중합효소 III에 대한 프로모터는 진핵생물의 유전자 발현을 연구하는 초기의 분자생물학자들을 놀라게 한 바 있다. 조절 부위를 조사하는데 흔히 사용된 기술은 5′ 말단에서부터 순차적으로 뉴클레오타이드를 제거하면서 언제 이 결실이 특정 전사를 멈추게 하는지 알아보는 것이었다. 이 논리는 원핵세포에서 유전자의 5′ 말단에서 조절 부위를 발견한 경험에 근거한 것이었다. 그러나 tRNA 유전자의 경우 5′ 말단의 결실은 유전자 발현에 아무런 영향도 주지 않았다. RNA 중합효소 III의 프로모터는 실제로 유전자 그 자체 안에 있는 것으로 밝혀졌는데, 이는 모든 RNA 중합효소 III에 해당되지는 않지만, 대부분의 것에 해당되는 것으로 여겨지고 있다.

핵심 프로모터와 결합한 인자는 RNA 중합효소 II를 불러들인다

RNA 중합효소 II의 프로모터에서의 전사 개시는 원핵세포에서의 개시와 유사하지만, 그 과정은 더 복잡하다. 원핵세포에서는 한 가지 인자가 프로모터를 인지하는 데 비해, 진핵세포는 다수의 전사인자(transcription factor)들을 이용한다. 이런 단백질들은 RNA 중합효소 II가 프로모터에 결합하고 유전자 발현을 개시할 수 있게 하는 데 필요하다. 많은 전사인자들이 RNA 중합효소 II와 상호작용하여 개시복합체(initiation complex)를 형성하는데(**그림 13.10**), 이에 대해서는 유전자 발현 조절을 설명하는 14장에서 더 자세하게 다룬다.

전사체가 약 20 뉴클레오타이드 정도가 되면, 여기에 GTP가 5′ 인산기(PO_4^-)에 결합되어 변형이 일어나서 **5′ 캡**(5′ cap)이라고 알려진 구조를 형성하게 된다(**그림 13.11**). 캡에서의 G 뉴클레오타이드가 전사체 5′ 말단에 결합하여, 핵산에서만 발견되는 5′–5′ 결합을 만들게 된다. 또한 GTP에서의 G는 메틸기(methyl group)의 결합에 의해 변형되어 **메틸 G 캡**(methyl-G cap)이라고 부른다. 이 캡 구조는 번역, RNA 안정화, 그리고 RNA 가공과정에 있어 매우 중요하다.

초기 신장 중에 발생할 수 있는 또 다른 문제점은 중합효소가 일시 중지될 수 있다는 것이다. 이것은 일반적으로 전사개시 후 50 bp 내에서 발생하며 이제는 일반적인 현상인 것으로 보인다. 열충격 시 전사의 신속한 유도를 가능하게 하는 열충격 유전자에 대해 초기에 설명된 바와 같이, 프로모터 전체 분석을 통하여 다세포 생물체에서의 유전자 대부분이 일시 중지된 중합효소를 보유할 수 있음을 나타낸다. 그렇지만 이러한 자료는 합성이 중단된 짧은 전사체와 다시 시작할 수 있는 잠시 멈춘 중합효소를 구별할 수 없기 때문에 해석하기가 어렵다. 특히 후자의 경우는 프로모터 요소, 신장 인자, 뉴클레오솜 점유, 심지어 캡핑 효소의 복잡한 상호작용이 모두 참여한다. 전사 개시에 대한 통합 조절 및 프로모터 근처에서의 일시 정지에 대한 부분은 현 시점에서는 명확하지 않다.

전사 신장복합체는 다른 인자들을 필요로 한다

RNA 중합효소 II의 가장 큰 소단위체의 카복시 말단영역

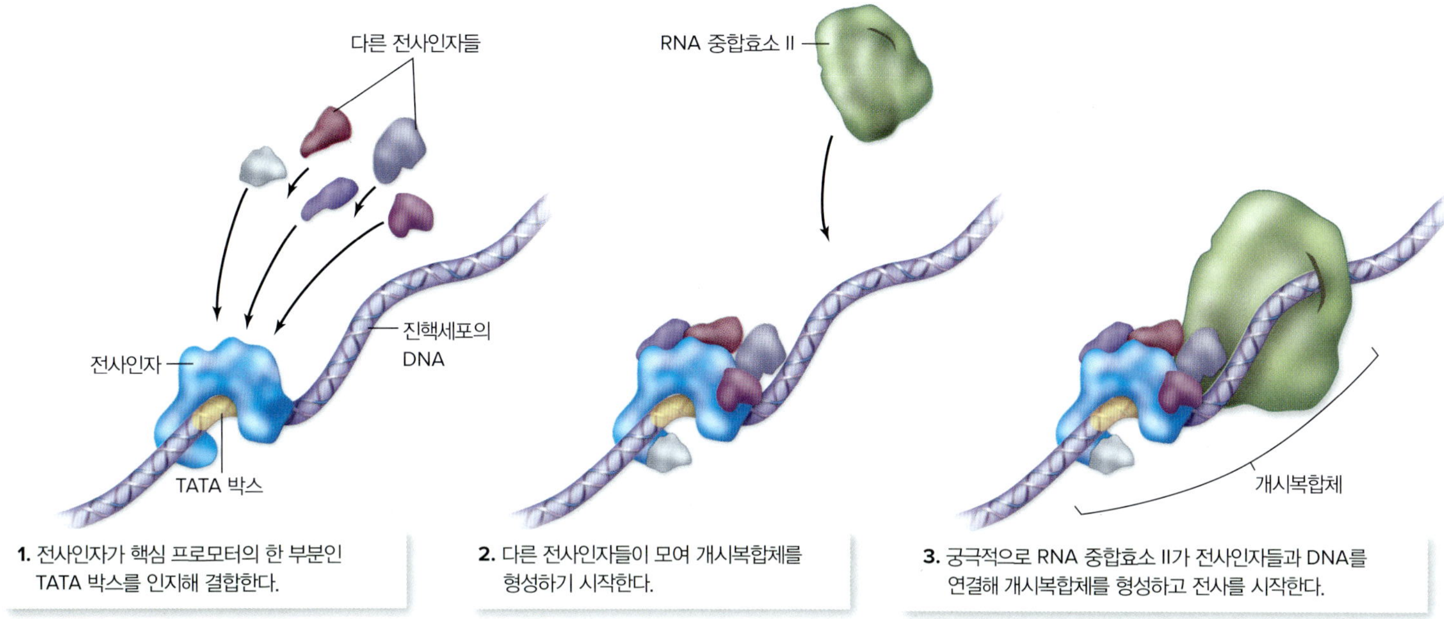

그림 13.10 진핵세포의 개시 복합체.
RNA 중합효소가 프로모터를 인지하고 결합하는 원핵세포에서의 전사와 달리, 진핵세포에서의 전사는 RNA 중합효소 II가 DNA에 결합하기 전에 전사인자들이 프로모터에 결합한다. 프로모터에서의 전사인자들과 RNA 중합효소 II가 결합한 것을 개시복합체라고 한다.

(carboxy terminal domain, CTD)은 중합효소와 함께 전사 신장복합체를 구성하는 다른 인자들을 유도하는 데 매우 중요하다. 이러한 CTD는 여러 번 반복된 7개의 아미노산으로 구성되는데(인간에서 52회 반복), CTD에는 인산화될 수 있는 세린이 들어 있으며, 이 세린은 신장 및 RNA 변형 효소에 관련된 인자와 상호작용한다. 예를 들면, 캡핑 효소는 개시 후 바로 CTD와 상호작용한다.

CTD와 결합하는 신장인자는 일시 중지를 해제하고 뉴클레오솜을 통과해서 신장이 일어나도록 하는데, 초기 시험관내 연구에서는 RNA 중합효소가 염색질과 결합된 DNA를 전사할 수 없었다. 이는 명백하게 생체 내에서 일어나는 경우는 아니었다. 즉 이것은 신장인자가 중합효소 및 뉴클레오솜과의 결합을 통하여 뉴클레오솜의 제거 및 재배열과 연관이 있기 때문이다. 이러한 인자에는 염색질 전사촉진(facilitates chromatin transcription, FACT) 인자와 히스톤 변형 인자 및 염색질 재구성 복합체가 포함된다(14장 참조).

폴리아데닐화는 mRNA 전사체의 종결에 관여한다

원핵세포와 진핵세포의 전사에서의 주요한 차이는 진핵세포에서 생성되는 전사체의 3′ 말단이 mRNA의 말단이 아니라는 것이다. 진핵세포의 전사체는 전사의 종결 부위 앞쪽에 있는 특수 부위(AAUAAA)의 아래쪽이 절단된 후, **3′ 폴리-A 꼬리**(3′ poly-A tail)

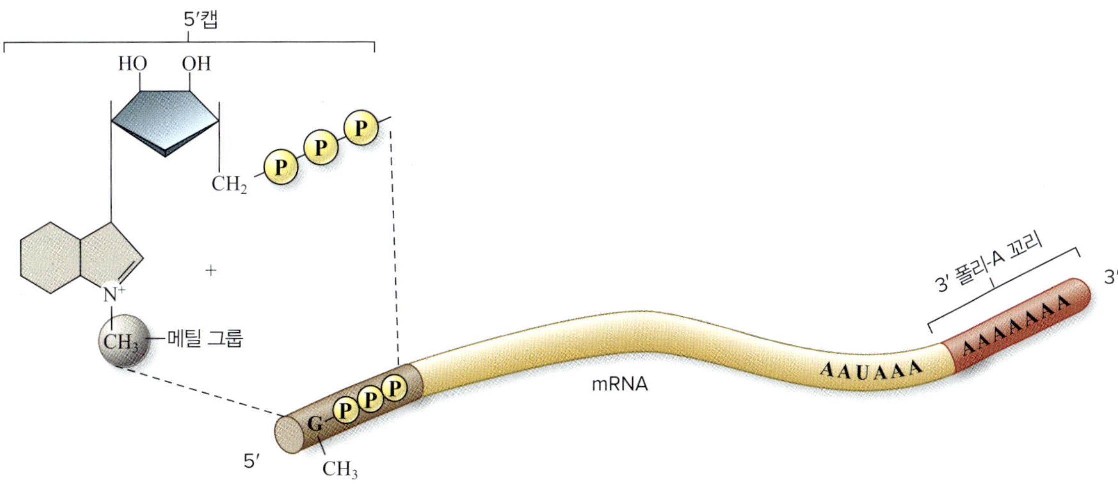

그림 13.11 5′와 3′ 말단에서의 전사 후 변형.
진핵세포의 mRNA는 5′ 말단에 캡이라고 부르는 메틸화된 GTP의 첨가와 3′ 말단에 폴리-A 꼬리라고 부르는 긴 사슬의 아데닌이 첨가되는데, 이러한 변형은 핵 안에서 일어난다.

라고 부르는 일련의 100~200아데닌(A)의 잔기가 이 폴리-A 중합효소(poly-A polymerase)에 의해 첨가된다(**그림 13.11**). 폴리-A 중합효소를 포함하는 인자들의 복합체는 인산화된 CTD를 통해 신장하고 있는 중합효소와 연결된다. 전사 종결의 실제 기작은 명확하지는 않지만, 폴리아데닐화가 일어나는 주위에 중합효소가 머물러 있고, 절단 후 떨어져 나간 mRNA가 폴리아데닐화되는 동안, 아직 중합효소와 결합한 나머지 전사체는 엑소뉴클레이스에 의해 점진적으로 제거되고 신장복합체는 해리된다. 폴리아데닐화가 되지 않은 전사체의 종결은 다른 인자들을 필요로 하기도 한다. 그러나 모든 시스템에서 전사 종결에 대한 하나의 공통적인 특징은 신장복합체가 분해될 수 있도록 RNA 중합효소를 정지시키는 것이다.

1차 전사체는 스플라이싱이라는 변형과정을 통해 mRNA로 생성된다

이전의 논의에서 진핵생물의 mRNA는 유전자의 1차 전사체와 동일하지 않다는 것이 명백하다. 변형된 5′ 말단과 다른 효소에 의해 생성된 3′ 말단 및 인트론의 제거 등과 같은 광범위하게 적용된 변형을 통해 1차 전사체로부터 mRNA가 생성되는 것을 알 수 있었다. 1차 전사체에 대한 가장 큰 변화는 비암호화(noncoding) 서열의 제거이며, 이러한 과정은 진핵생물의 유전자 발현에 대한 가장 큰 유연성을 제공한다. mRNA 전구체 스플라이싱(pre-mRNA splicing)이라고 부르는 이 과정은 **스플라이시오솜**(spliceosome)이라고 부르는 세포소기관에서 일어나는데, 이 주제는 다음 절에서 다룬다.

핵심 요약 13.4

진핵생물은 중합효소 I, II, III라고 불리는 3개의 RNA 중합효소를 갖는다. 이러한 중합효소는 각각 서로 다른 RNA를 합성하고 자체 프로모터를 인식하고 있다. RNA 중합효소 I의 프로모터는 종 특이적으로 존재하고, 중합효소 II의 핵심 프로모터는 다수의 요소를 가지고 있다. 중합효소 III의 프로모터는 유전자 내부에 존재한다. 특히 중합효소 II는 mRNA의 합성을 담당하고 있으며, 중합효소 II에 의한 신장은 여러 가지 다른 인자를 필요로 한다. 전사가 일어나는 동안 변형 효소는 전사체의 캡핑, 폴리아데닐화 및 스플라이싱에 작용한다.

- 진핵 생물은 게놈의 복잡성 때문에 3개의 중합효소를 필요로 하는 것일까?

13.5 진핵세포에서 mRNA 전구체의 스플라이싱

학습 목표

1. 원핵세포와 진핵세포에서 유전자와 단백질의 관계를 설명할 수 있다.
2. mRNA 전구체의 스플라이싱에 대해 서술할 수 있다.
3. 스플라이싱 과정이 유전자의 특성을 어떻게 변화시키는지 설명할 수 있다.

처음 분리된 유전자는 대장균과 그의 바이러스에서 분리된 원핵세포의 유전자였다. 진핵세포의 유전자가 분리되기 전에 세균과 바이러스에서 유전자 발현의 특성과 조절에 대한 밑그림이 그려졌다. 세부 내용이 다르기는 하지만 진핵세포 유전자 발현의 개요는 원핵세포와 유사할 것으로 추정되었다. 그러나 앞에서 보았듯이 이러한 의견은 잘못된 것으로 판명되었다.

진핵세포 유전자는 중단 부위를 가지고 있다

많은 진핵세포 유전자들은 mRNA에 없는 염기서열을 가지고 있는 것으로 밝혀져 충격을 주었다. 대장균에 기초를 둔 분자생물학의 기본 원리는 유전자는 단백질 산물과 **동일선상**(colinear)에 있다는 것으로, 유전자상의 염기서열은 mRNA상의 염기서열과 부합하고, 이것은 다시 단백질의 아미노산의 서열과 상응한다는 것이다.

진핵세포의 경우 유전자는 mRNA와 단백질에 나타나지 않는 서열에 의해 끊겨지게 되는데, 이에 대해 "분할 유전자(split gene)"라는 용어가 사용되었고, 이러한 명명은 염기서열의 이런 예상치 못한 특성을 설명해 준다. 유전자의 서열을 끊는 이 비암호화 DNA는 현재 **인트론**(intron, 또는 중재서열, intervening sequences)으로, 그리고 발현되는 암호화 서열(coding sequences)은 **엑손**(exon)이라고 부르고 있다(**그림 13.12**).

스플라이시오솜은 스플라이싱 소기관이다

진핵세포의 성숙한 mRNA는 생산물인 단백질과 1:1의 동일선상에 있지만, 인트론을 가진 유전자는 그렇지 않다. 위성을 통해 고속도로를 보고 있다고 상상해 보자. 실 같은 콘크리트 도로를 따라 무작위적으로 흩어져 있는 자동차들은 뭉쳐서 같이 이동하는 것도 있고, 하나씩 개별로 움직이는 것도 있지만 도로의 대부분은 텅 비어

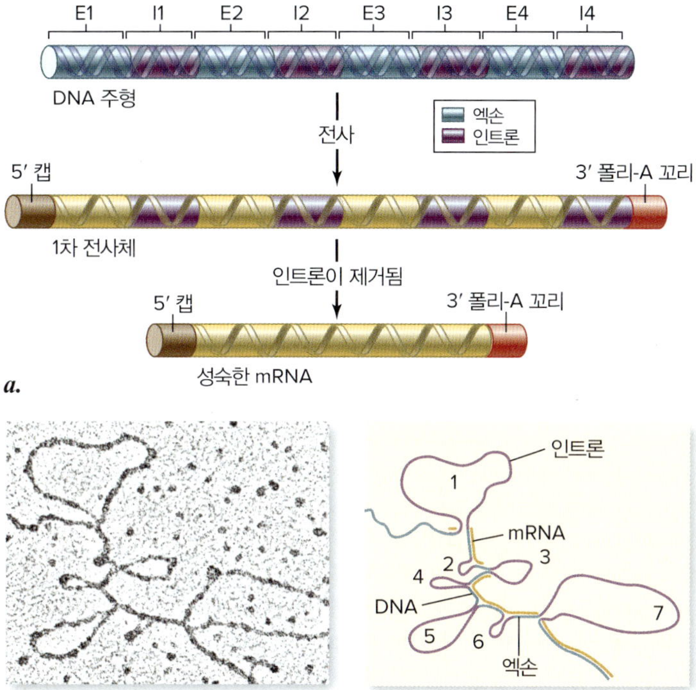

a. *b.* *c.*

그림 13.12 인트론과 엑손을 가진 진핵세포 유전자.
a. 진핵세포의 유전자는 엑손이라고 부르는 암호서열과 인트론이라고 부르는 엑손 사이의 서열을 가지고 있다. *b.* 전자현미경 사진은 7개의 인트론을 가진 오브알부민(ovalbumin)의 DNA와 mRNA의 혼성체를 보여준다. DNA 서열 내 인트론은 mRNA에 상보적인 서열이 없어 7개의 고리처럼 보인다. *c.* 현미경 사진을 도식화한 그림.

자료 분석 **그림 13.12의 유전자가 어떻게 여러 개의 전사체를 암호화할 수 있는지 설명하시오.**

있다. 이와 유사하게 진핵세포에서 유전자는 여기저기 흩어져 있는 엑손이 훨씬 긴 인트론에 박혀 있는 양상이다.

인간의 게놈의 1~1.5%만이 단백질을 만드는 엑손으로 사용되며, 24%는 엑손이 놓여 있는 번역되지 않는 인트론으로 되어 있다.

스플라이싱 반응

분명한 질문은 진핵세포가 번역되지 않는 인트론을 어떻게 다루느냐 하는 것이다. 그에 대한 답은 1차 전사체는 성숙한 mRNA를 만들기 위해 인트론이 잘려 엑손끼리 다시 연결된다는 것이다. 이 후반의 과정을 **mRNA 전구체 스플라이싱**(pre-mRNA splicing)이라고 하며, 이 반응은 mRNA가 세포질 내로 수송되기 전에 핵 안에서 일어난다.

인트론-엑손의 연결 부위는 **snRNPs**라고 부르는 소형 핵 리보핵산단백질입자**(small nuclear ribonucleoprotein particles)**에 의해 인지되는데, snRNPs(스너프, "snurps"로 발음)는 snRNA와 단백질로 이루어진 복합체이다. snRNPs는 다른 연관된 단백질과 결합하여 스플라이시오솜(spliceosome)이라고 부르는 커다란 복합체를 형성하고, 이 스플라이시오솜은 인트론을 잘라버리고 엑손을 서로 연결하는 작용을 한다.

스플라이싱이 정확하게 일어나기 위해서는 스플라이싱 복합체가 인트론과 엑손의 연결 부위를 인지할 수 있어야 한다. 모든 인트론은 동일한 2개의 염기로 시작하고, 다른 2개의 염기서열로 끝난다. 또한 스플라이싱 반응에 중요한 역할을 하는 **분지점**(branch point)이라고 부르는 아데닌(A)이 인트론 내에 잘 보존되어 있다(**그림 13.13**).

스플라이싱 과정은 인트론의 5′ 말단이 잘리면서 시작되는데, 5′ 말단은 분지점 A의 2′ OH에 부착되면서, **올가미**(lariat, 카우보이들의 올가미 밧줄과 그 구조가 유사하여 붙여진 이름)라 불리는 분지구조를 형성한다(**그림 13.13**). 첫 번째 엑손의 3′ 말단은 인트론의 3′ 말단을 대체하면서 두 엑손이 연결되고, 인트론은 떨어져 나가게 된다.

스플라이싱 과정은 전사가 일어나는 동안 일어난다. 전사체는 CTD 근처의 효소로부터 나와 스플라이싱 인자와 스플라이시오솜 RNP를 불러 모은다. 일정하지 않은 전사율은 스플라이싱 부위를 선택하는 데 영향을 미칠 수 있다는 증거가 있다. 특히 효소의 일시 정지와 전사체의 2차구조 형성은 스플라이싱이 일어나는 부위에 접근하지 못하게 하여 결국 스플라이싱이 일어나지 않게 한다.

인트론의 분포

유전자당 존재하는 인트론의 수와 크기 및 엑손의 크기를 정하는 어떤 규칙도 없다. 어떤 유전자는 인트론이 없고, 어떤 유전자는 50개 정도의 인트론을 가지고 있다. 엑손의 크기 또한 몇 개의 뉴클레오타이드에서 7500 뉴클레오타이드에 이르기까지 다양하고, 인트론의 크기도 다양하다. 인트론의 존재로 인해 진핵세포의 게놈에서 왜 암호화 서열이 매우 적은 부분인지 설명이 된다.

인트론의 존재에 대한 한 설명은 엑손이 단백질의 기능적 도메인이라는 것을 암시해 주는데, 유전자에서 인트론과 엑손의 배열은 오랜 시간에 걸쳐 일어난 진화에서 기능적 단위의 혼합 결과이다. "**엑손 섞임**(exon shuffling)"이라고 부르는 이 가설은 인트론의 발견 후 바로 제안되었으며, 오랜 시간에 걸쳐 논쟁의 대상이 되어 왔다.

최근 빠르게 늘고 있는 게놈 자료는 인트론의 배치 및 인트론과 엑손의 구조에 대한 통계학적 분석에 의해 이 논쟁의 쟁점에 대해 해결점을 제시하고 있다. 이 분석은 많은 유전자들에 대한 엑손 섞임 가설을 지지하고 있지만, 모든 단백질들이 같은 양식을 보이지는 않기 때문에, 이 가설이 명백하게 보편적이라고 할 수 없다. 이는 인트론이 하나의 기원을 갖지 않기 때문에 한 가지 가설로 설명할 수 없는 것일 수도 있다.

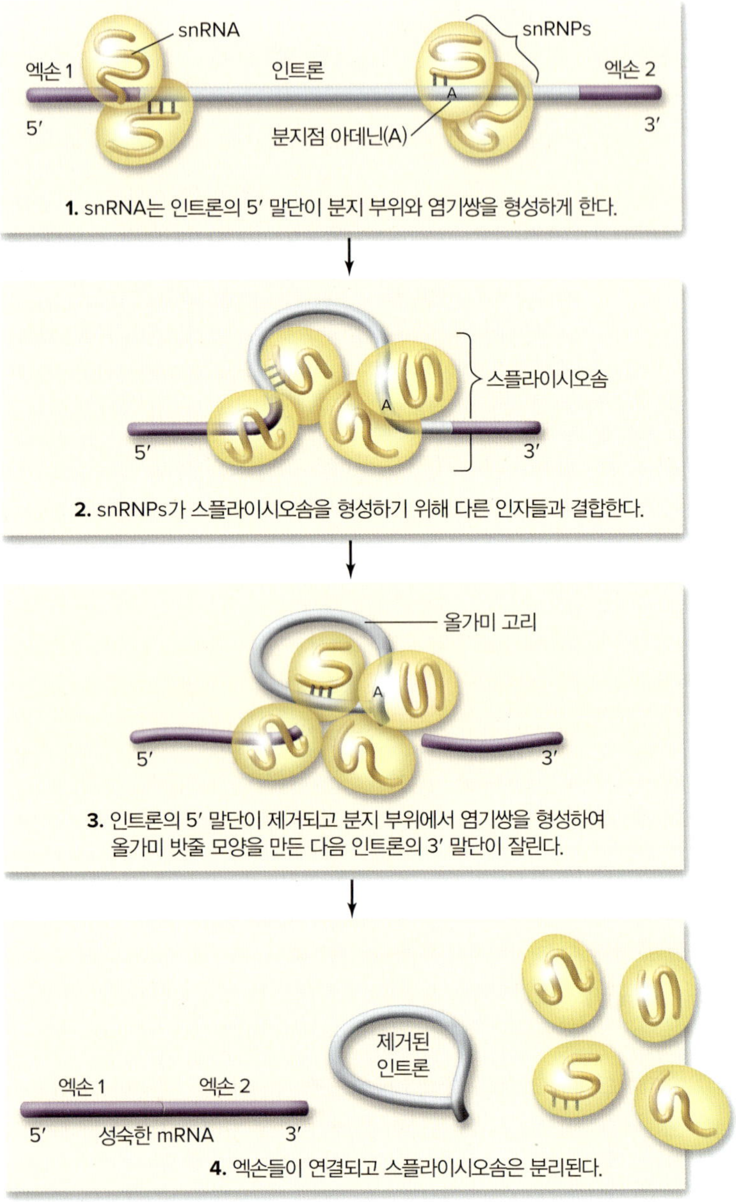

그림 13.13 스플라이시오솜(이어맞추기복합체)에 의한 mRNA 전구체 스플라이싱. snRNP라고 부르는 입자들은 인트론의 5′ 말단과 인트론 내부의 분지 부위와 상호작용하는 snRNA를 가지고 있다. 여러 개의 snRNP는 다른 단백질과 함께 스플라이시오솜을 형성한다. 인트론이 고리를 형성함에 따라 5′ 말단이 잘리고 인트론의 3′ 말단 근처 부위로 연결된다. 인트론은 올가미 밧줄 형태로 잘려 나가고 엑손은 서로 연결된다. 그 후 스플라이시오솜은 분해되고 이어 맞추어진 mRNA는 방출된다.

스플라이싱은 같은 유전자에서 다양한 전사체를 만들 수 있다

스플라이싱의 결과는 진핵세포의 유전자 발현에서 복잡하게 나타나는데, 단일 1차 전사체는 다른 종류의 엑손들을 연결하는 대체 가능한 **선택적 스플라이싱**(alternative splicing) 과정을 통해 다른 종류의 mRNA로 스플라이싱될 수 있다. 우리는 게놈에서 생성된 모든 RNA를 **전사체**(transcriptome), 게놈에서 생성된 모든 단백질을 **단백질체**(proteome)라고 부른다.

세포 내 RNA의 염기서열 분석을 위한 높은 처리량 시스템은 전사의 패턴에 대한 많은 데이터를 생성하였다. 그 결과 세포 내에 매우 높은 수준의 선택적 스플라이싱 결과가 있음을 확인해 주고 있는데, 포유류 유전자의 95%는 둘 이상의 스플라이스 변형을 가지고 있으며, 하나의 유전자는 25개의 서로 다른 mRNA를 생산할 수 있었다. 유전자 1개당 평균 전사체 개수의 추정치는 많게는 10개에서 적게는 1.5개까지 매우 다양하다. 게놈의 주석 정보에 따르면 9만 3000개의 단백질-암호화 전사체를 확인해 주고 있다.

이러한 스플라이스 변이체의 풍부함이 일부 세포에서 약 100,000 종류의 단백질에 대한 필요성을 시사하지만, 단백질-암호화 유전자의 80%가 1개의 두드러진 전사체를 가질 수 있다. 주요 전사체 및 소량의 전사체는 여러 다른 세포 및 조직 유형으로 전환될 수 있지만, 전사의 전체 수준은 동일하게 유지된다. 여러 다른 기능성 단백질을 생성하는 선택적 스플라이싱에 대한 부분이 잘 알려져 있지만, 여전히 생물학적 중요성에 대해서는 불분명하다.

정상적인 스플라이싱 양상이 중요하다는 것은 많은 인간 유전질환이 비정상적인 스플라이싱으로 인한 것으로 보인다는 여러 결과 때문이다. 그러나 선택적 스플라이싱은 하나의 전사체를 생성하는 하나의 유전자보다 훨씬 더 다양한 전사체를 생성한다는 것 또한 명백하다. 분명하지 않은 것은 선택적 스플라이싱이 단백질체의 다양성에 기여하는 정도이다. 수년 동안 선택적인 스플라이싱은 유전자의 수보다 훨씬 더 많은 전사체를 생성할 것이고, 이는 또한 더 많은 단백질체를 생성할 것이라고 추정하였다. 이 모델에 대한 가정이 틀렸다라고 생각하지는 않지만 게놈, 전사체 및 단백질체의 연구 결과를 확인해 보면 이와 상충하는 결과도 함께 존재하는 것을 알 수 있다.

핵심 요약 13.5

원핵세포의 유전자는 단백질의 생성과 동일선상에 있지만, 진핵생물의 유전자는 엑손이라고 하는 발현 영역과 인트론이라고 하는 엑손 사이의 서열을 함께 가지고 있다. 이러한 인트론은 스플라이시오솜에 의해서 제거되고 남은 엑손이 함께 결합된다. 선택적 스플라이싱은 여러 종류의 엑손을 통합하여 동일한 유전자라도 상이한 mRNA 및 단백질을 생성하게 만든다. 이러한 현상은 다세포 생물체에서 흔히 일어나는 현상이다.

■ 선택적 스플라이싱이 생물체에 가져오는 이점은 무엇일까?

13.6 tRNA와 리보솜의 구조

학습 목표

1. tRNA 충전이 번역 과정에 중요한 이유에 대해 설명할 수 있다.
2. 리보솜에서의 tRNA 결합 부위에 대해 설명할 수 있다.

리보솜(ribosome)은 번역에서 중요한 세포소기관이지만, mRNA와 tRNA 그리고 다른 인자들의 참여를 필요로 한다. 이 과정에서의 가장 중요한 핵심은 리보솜과 tRNA 및 mRNA와의 상호작용이다. 이에 대한 이해를 위해 tRNA 분자와 리보솜의 구조에 대해 알아보자.

아미노아실-tRNA 합성효소는 아미노산을 tRNA에 결합시킨다.

단백질 합성을 위해 각 아미노산은 자신에게 맞는 안티코돈의 tRNA에 붙어야 한다. 이 공유결합은 **아미노아실-tRNA 합성효소**(aminoacyl-tRNA synthetase)라고 부르는 활성효소의 작용에 의해 이루어지는데, 이 효소는 20개 아미노산 각각에 대해 존재하고 있다.

tRNA의 구조

운반 RNA(tRNA)는 mRNA 및 아미노산과 상호작용할 수 있는 2가지 기능을 가지고 있다. tRNA의 구조는 모든 살아 있는 시스템에 잘 보존되어 있고, 분자 내 염기쌍의 형성으로 2중가닥을 형성하게 되면서, 클로버잎 모양의 구조를 이루게 된다. 이 초기 구조는 다시 접혀 **아미노산수용고리**(acceptor stem)와 **안티코돈고리**(anticodon loop)의 두 기능 말단을 갖는 L자 모양의 분자를 형성한다(**그림 13.14**).

아미노산수용고리는 3′ 말단에 있고, 이는 5′ CCA 3′으로 끝나며, 아미노산이 여기에 붙게 된다. 안티코돈고리는 클로버잎 아래 고리에 위치하고, 이것이 mRNA의 코돈과 염기쌍을 이룬다.

tRNA에 아미노산을 연결하는 충전 반응

아미노아실-tRNA 합성효소는 특이적 tRNA와 이에 해당하는 아미노산을 모두 인지해야 하는데, 61개의 코돈이 아미노산을 암호화한다. 종마다 tRNA의 수가 다르기는 하지만 세포에는 실제로 61개의 tRNA가 존재하지 않는다. 따라서 어떤 아미노아실-tRNA 합성효소는 하나 이상의 tRNA를 인식해야 하지만 아미노산은 단 1개만 인식한다.

아미노아실-tRNA 합성효소에 의한 반응을 tRNA **충전 반응**(charging reaction)이라고 하며, 이 효소에 의한 생산물은 아미노산이 tRNA에 연결된 것으로 **충전된** tRNA라고 부른다. ATP가 자유에너지 증가반응(endergonic reaction)에 대한 에너지를 제공해주며, 이 반응에 의해 만들어진 충전된 tRNA는 에너지의 추가적 투입 없이 펩타이드 결합 형성 반응을 진행할 수 있는 활성화된 중간물질이 된다.

충전 반응은 아미노산수용고리에 아미노산의 카복실기 말단을 연결해 주며(**그림 13.15**), 각 펩타이드 결합은 한 아미노산의 아미노기와 다른 아미노산의 카복실기 사이에서 형성되기 때문에 이 방향을 기억하는 것은 리보솜의 기능을 이해하는 데 중요하다.

리보솜이 tRNA와 아미노산의 결합을 확인하지 않기 때문에, tRNA와 아미노산의 정확한 결합은 중요하다. 리보솜은 코돈과 안티코돈의 결합 여부만 확인한다. 정교한 실험에서 아미노산이 이미 tRNA에 결합한 충전 반응 후에 시스테인을 알라닌으로 화학적으로

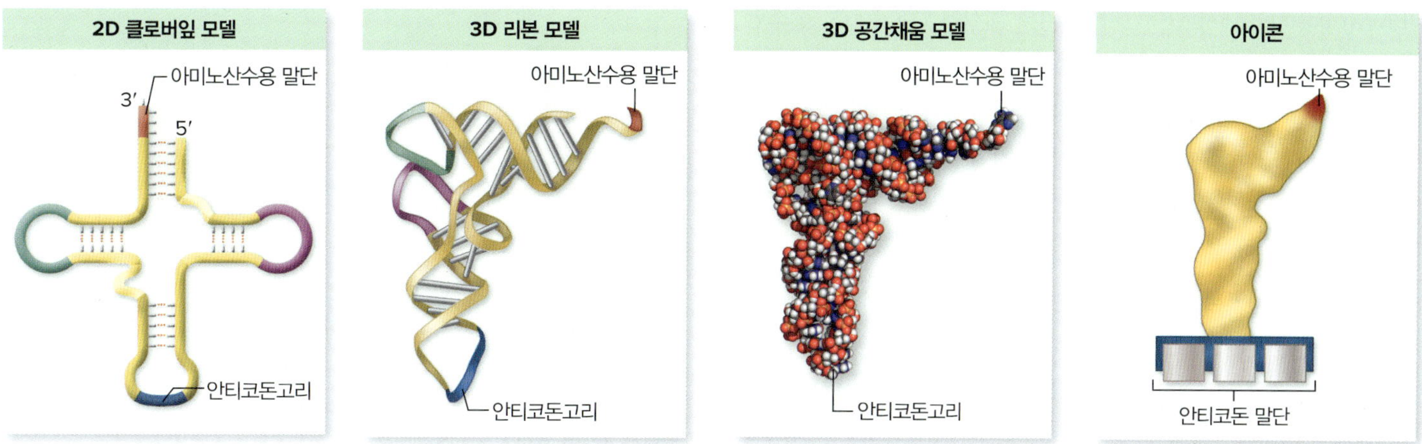

그림 13.14 tRNA의 구조.
RNA 단일가닥에서의 염기쌍의 형성은 특징적인 클로버잎 모양의 3개의 줄기와 고리를 만든다. 클로버잎 바닥의 고리는 안티코돈 염기서열을 가지고 있어 mRNA의 코돈과 염기쌍을 형성할 수 있다. 아미노산은 tRNA의 아미노산수용고리의 자유로운 단일 가닥의 —OH에 연결된다. 마지막 3차원 구조에서 tRNA의 고리는 L자 모양으로 접힌다.

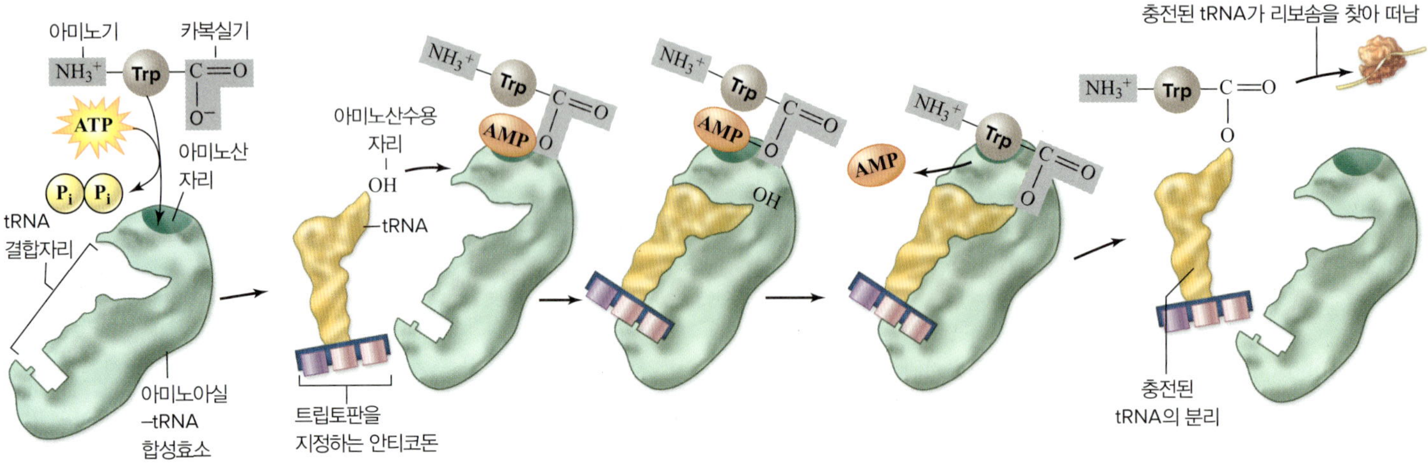

1. 반응의 첫 번째 단계에서 아미노산이 활성화된다. 아미노산이 ATP와 반응하여 아미노산의 카복실기 말단이 AMP에 연결된 중간물질을 만든다. 이 반응에서 ATP로부터 2개의 인산 말단이 잘려진다.

2. 아미노산–AMP 복합체가 효소에 결합한 채로 남아 있으며, tRNA가 효소에 결합한다.

3. 반응의 두 번째 단계는 AMP에서 아미노산을 tRNA로 전달하여 충전된 tRNA와 단일 개체의 AMP를 만들게 된다. 충전된 tRNA는 RNA의 3′ 아미노산수용고리 말단에 부착된 특이적 아미노산을 가지고 있다

그림 13.15 tRNA의 충전 반응.
각 아미노산에 특이적인 20종류의 아미노아실–tRNA 합성효소가 존재한다. 예를 들어, 트립토판(Trp)을 지정하는 안티코돈 ACC를 가진 tRNA를 효소가 인지해 결합해야 한다. 이 반응은 ATP를 사용하고, 펩타이드 결합 형성을 위한 에너지를 더 이상 필요로 하지 않는 활성화된 중간물질을 만든다.

전환시켰다. 시험관의 단백질 합성시스템에서 충전된 tRNA는 시스테인 자리에 알라닌을 위치시켰는데, 이는 리보솜이 tRNA에 결합하는 아미노산에 대한 교정을 할 수 없음을 보여주는 것이다.

그래서 충전 반응은 아미노산이 tRNA와 mRNA와의 상호작용에 의존하여 펩타이드 결합되는 실질적인 번역 단계인 것으로 여겨진다.

리보솜은 다양한 tRNA 결합 부위를 가진다

생물 고분자의 합성 단계는 개시, 신장, 종결로 구분되는데, 앞서 DNA 복제와 전사에서 확인한 바 있다. 번역 과정이나 단백질 합성의 경우, 이 3단계는 rRNA와 단백질의 커다란 거대분자 덩어리인 리보솜(ribosome)에서 일어난다. 번역의 개시에 2개의 리보솜 소단위체가 조립되는 세부 과정은 여기서는 간단히 언급만 한다.

리보솜은 역할을 수행하기 위해서는 13.1절에서 언급한대로 한 번에 적어도 2개의 충전된 tRNA와 결합하여 아미노산들 사이에서 펩타이드 결합을 형성할 수 있도록 해야 한다. 박테리아 리보솜은 **그림 13.16**에 요약된 3개의 결합 부위를 포함하고 있다.

- **아미노아실자리**(A): 다음에 첨가될 아미노산을 운반하고 있는 tRNA와 결합한다.
- **펩티딜자리**(P): 신장하고 있는 펩타이드 사슬에 결합된 tRNA와 결합한다.
- **출구자리**(E): 이미 펩타이드 사슬에 첨가된 아미노산을 가졌던 tRNA와 결합한다.

tRNA는 신장 과정 동안 이 부위들을 따라 연이어 움직인다. mRNA에 연관하여 이 부위들은 5′에서 3′ 순서로 E, P, A 순서로 배열되어 있다. 충전된 tRNA는 리보솜의 아미노아실자리(A)로 이동하여 아미노산을 전달하고, 펩티딜자리(P)로 이동하여 아미노산 간의 펩타이드 결합을 유도한 후 마지막으로 출구자리(E)를 통해 빠져나간다.

리보솜은 암호해독과 효소 기능을 함께 가진다

리보솜의 두 기능은 전사된 메시지를 해독하고, 펩타이드 결합을 형성하는 것이다. 암호해독 기능은 리보솜의 작은 소단위체(small

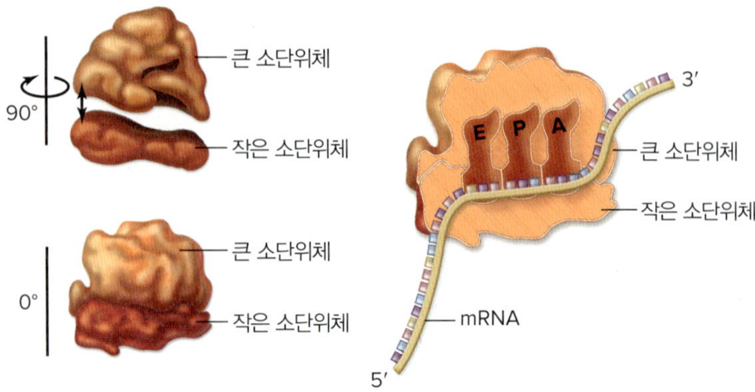

그림 13.16 두 소단위체로 구성된 리보솜.
리보솜 소단위체들은 조립되어 있다가 분리된다. 작은 소단위체는 큰 소단위체 표면의 오목한 곳에 꼭 들어맞는다. 리보솜은 아미노아실자리(A), 펩티딜자리(P), 그리고 출구자리(E)의 3개 tRNA 결합 부위를 지니고 있다.

그림 13.17 진핵세포 리보솜의 3차구조.
효모의 리보솜 큰 소단위체의 완전한 원자 구조를 보여준다. 리보솜 RNA는 베이지색, 파란색, 연녹색이며, 다른 모든 색깔은 리보솜 단백질로 구성되어 있다. 리보솜 소단위체의 면에는 tRNA, 아미노산 및 mRNA와의 상호작용이 모두 rRNA와 가능하도록 rRNA가 줄지어져 있다. 단백질은 활성부위에서는 떨어져 있지만, 표면적에서는 풍부하며, 인접한 RNA와의 상호작용을 통해 구조를 안정시키는 역할을 담당한다.

subunit)의 주기능이며, 펩타이드 결합의 형성은 큰 소단위체에 있는 **펩타이드기전달효소**(peptidyl transferase)에 의해 이루어진다.

리보솜에 대한 견해는 드라마틱하게 변해왔는데, 초기에 분자생물학자들은 리보솜의 단백질이 기능을 수행하고, rRNA는 단백질을 정확한 위치에 유지시키는 데 필요한 구조적 토대(scaffold)라고 추정했다. 그러나 지금은 리보솜에서 rRNA가 단백질에 의해 위치해 있는 것으로 바뀌었다. 서로 상호작용을 하는 2개의 소단위체의 면은 rRNA에 의해 연결되며, mRNA, tRNA 및 아미노산과 상호작용하는 부분 또한 rRNA가 주된 역할을 담당한다. 현재 펩타이드기 전달효소의 활성부위는 큰 소단위체에 있는 rRNA에 위치하고 있는 것으로 여겨지고 있다.

핵심 요약 13.6

운반 RNA는 2개의 기능성 영역을 가지는데, 하나는 아미노산과 결합하고, 다른 하나는 mRNA와 염기쌍을 이룰 수 있다. tRNA 충전 반응은 아미노산의 카복실기 말단을 tRNA의 3′ 수용고리에 결합시킨다. 충전된 tRNA가 없으면 번역이 이루어질 수 없다. 이 반응은 각 아미노산마다 하나씩 20종류의 아미노아실-tRNA 합성효소에 의해 촉매된다. 리보솜은 tRNA에 대한 3가지 상이한 결합 부위를 갖는데, 하나는 tRNA가 신장하는 펩타이드 사슬에 첨가하는 부위(펩티딜자리, P), 다음은 충전된 tRNA가 존재하는 부위(아미노아실자리, A), 하나는 아미노산이 없는 이전의 tRNA를 위한 부위(출구자리, E)이다. 리보솜은 해독 기능 및 효소 기능 둘 다를 갖는 것으로 생각한다.

■ 종결코돈에 상보적인 안티코돈을 갖는 돌연변이체 tRNA가 번역에 미치는 영향은 무엇일까?

13.7 번역의 과정

학습 목표

1. 번역의 개시 과정에 대하여 서술할 수 있다.
2. 신장 주기에 대해 설명할 수 있다.
3. 거친면 소포체와 세포질에서의 번역을 비교할 수 있다.

번역은 세포가 수행하는 가장 복잡하고 에너지 소모적인 과정 중 하나이다. 앞에서 살펴본 것처럼 유전자 발현 과정의 전반적 개요는 매우 간단해 보인다. mRNA는 리보솜을 통과하고 있는 실과 같은 구조이며, 아미노산을 운반하는 tRNA는 mRNA의 코돈과 염기쌍을 형성함으로써 리보솜에서 mRNA와 상호작용을 한다. 리보솜과 tRNA는 아미노산을 위치시켜 각각의 새로운 아미노산에서 펩타이드 결합들이 형성되어 폴리펩타이드가 신장되게 해준다.

개시과정은 보조인자들을 필요로 한다

13.2절에서 언급한 것처럼 개시코돈(start codon)은 AUG로 메싸이오닌(methionine)을 암호화한다. 리보솜은 대개 mRNA 가닥에서 만나는 첫 AUG를 번역 개시의 신호로 사용한다.

원핵세포에서의 개시

원핵세포에서 **개시복합체**(initiation complex)는 화학적으로 변형된 메싸이오닌인 **N-포밀메싸이오닌**(N-formylmethionine)을 가진 특이한 **개시 tRNA**(initiator tRNA)를 가지고 있다. 개시 tRNA는 $tRNA^{fMet}$로 나타낸다. 또한 개시복합체는 작은 리보솜 소단위체와 mRNA 가닥을 함께 포함하고 있다(**그림 13.18**). mRNA 5′ 말단의 보존된 염기서열인 **리보솜 결합서열**(ribosome-binding sequence, RBS)은 상보적인 서열을 가진 작은 소단위체에 있는 rRNA의 3′ 말단에 결합함으로써 리보솜의 작은 소단위체는 mRNA에 정확하게 위치할 수 있다.

개시복합체를 만들기 위해 많은 개시인자들이 리보솜, mRNA 그리고 $tRNA^{fMet}$의 상호작용을 매개한다. 이런 인자들은 개시과정에만 관련되어 있을 뿐 리보솜의 부분은 아니다.

mRNA, 개시 tRNA 그리고 작은 리보솜 소단위체의 복합체가 형성되면, 큰 리보솜 소단체위가 첨가되면서 번역이 시작된다. 완전한 리보솜의 형성과 함께 개시 tRNA는 P 자리에 결합하는데, 이때 A 자리는 비어 있다.

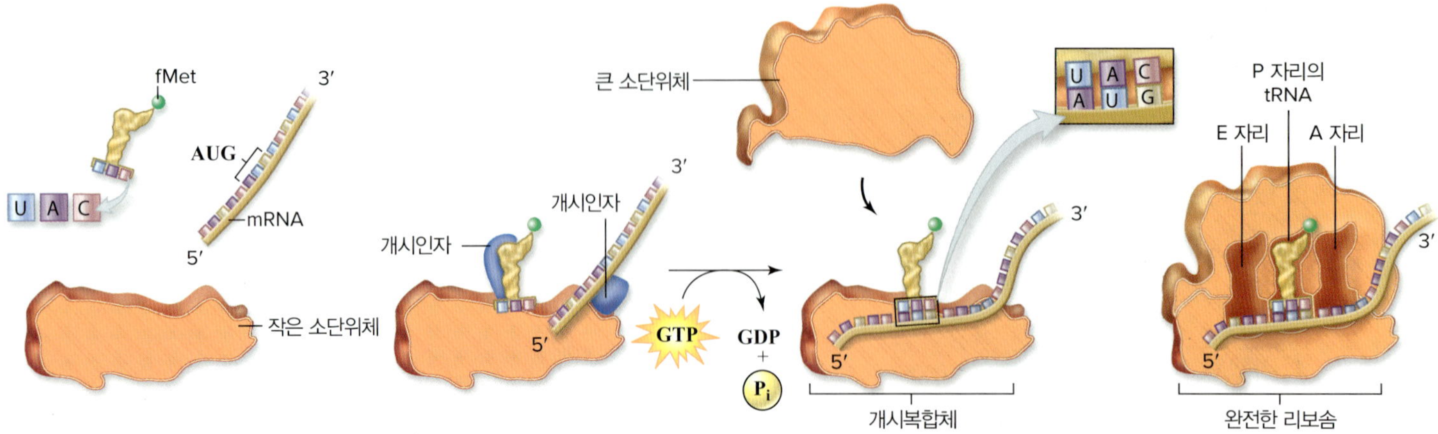

그림 13.18 **번역 개시.**
원핵세포에서의 개시인자들은 작은 리보솜 소단위체, 개시 $tRNA^{fMet}$, 그리고 mRNA의 위치를 정하는 중요한 역할을 담당한다. $tRNA^{fMet}$가 mRNA의 첫 번째 코돈인 AUG에 위치하면 큰 리보솜 소단위체가 결합하여 연속적으로 tRNA 분자가 리보솜에 결합하는 부위인 E, P, A 자리를 형성하고, 폴리펩타이드 합성을 시작한다. 그림은 횡단면으로 잘린 리보솜 소단위체이다.

진핵세포에서의 번역 개시

진핵세포에서의 번역 개시는 원핵세포와 유사하지만, 크게 2가지 면에서 다른 것을 알 수 있다. 첫 번째, 개시 아미노산이 N-포밀메싸이오닌이 아닌 메싸이오닌이며, 두 번째로 개시복합체가 9개 이상의 단백질 인자들과 여러 개의 소단위로 구성된 훨씬 더 복잡한 복합체라는 것이다. 또한 진핵세포의 mRNA에는 RBS가 없으며, 작은 소단위체는 mRNA의 5′ 캡에 결합한다.

신장과정은 연속적인 아미노산 첨가 과정이다

개시 tRNA와 mRNA 주변에서 전체 리보솜이 조립되면 두 번째 충전된 tRNA가 리보솜에 와서 비어 있는 A 자리에 결합한다. 이때 충전된 tRNA와 GTP를 결합시키는 **EF-Tu**라고 부르는 **신장인자**(elongation factor)가 필요하다.

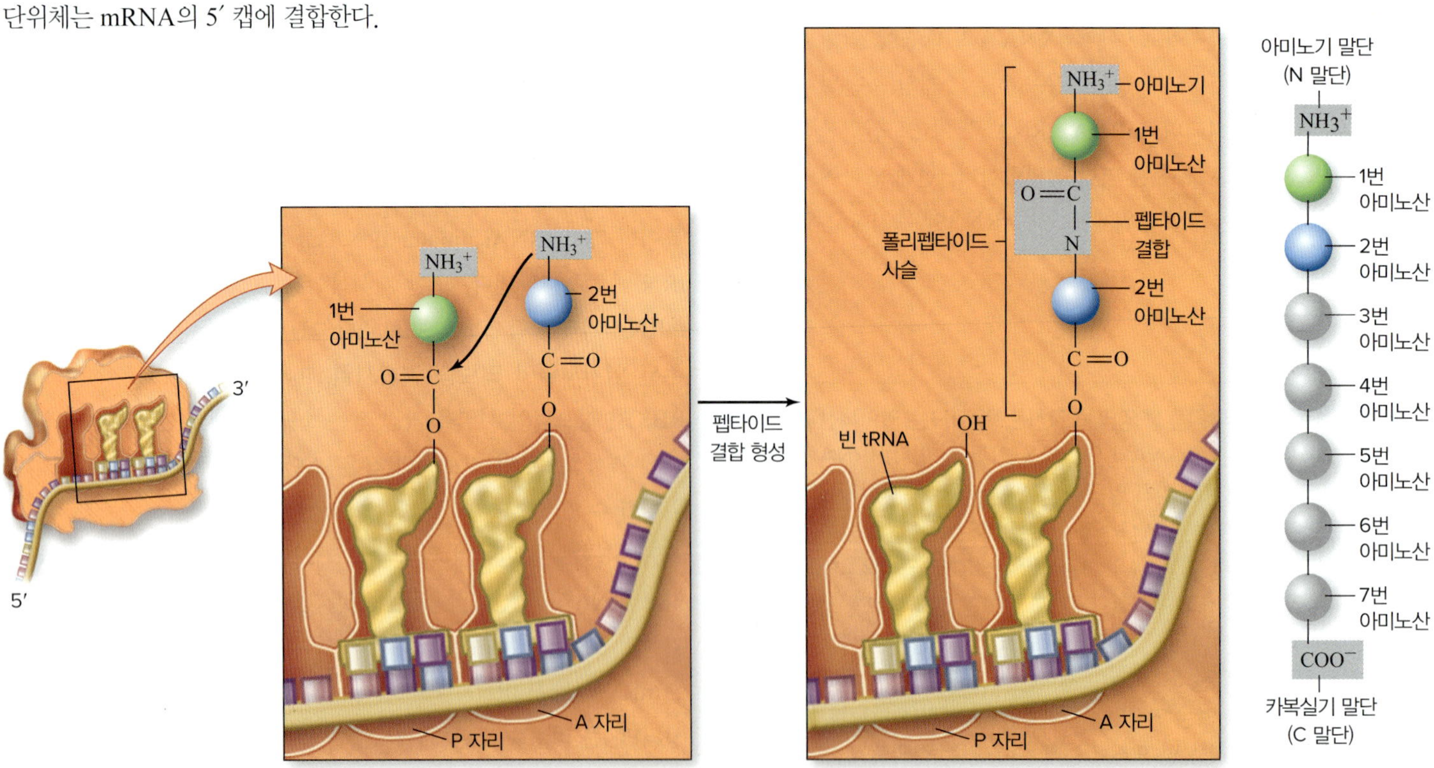

그림 13.19 **펩타이드 결합의 형성.**
A 자리에 새롭게 충전된 tRNA와 P 자리에 신장하고 있는 사슬이 부착된 tRNA 사이에서 펩타이드 결합이 형성된다. 새로운 아미노산의 아미노기와 신장하고 있는 사슬의 카복실기 사이에 결합이 생긴다. 이 펩타이드 결합은 신장하고 있는 사슬과 연결된 tRNA 사이의 결합을 깨고, 펩타이드 사슬을 A 자리로 옮김으로써, 새로운 아미노산은 자신의 tRNA에 부착된 채 남아 있게 된다.

개시 tRNA의 아미노산과 A 자리에 새로 도착한 충전된 tRNA의 아미노산에서 펩타이드 결합이 형성된다. 두 충전된 tRNA의 결합과 관련한 기하학적 구조는 이 과정을 이해하는 데 핵심이 되는데, 아미노산은 tRNA에 카복실기 말단을 통해 연결되어 있다는 점을 기억해 두자. A 자리에서 들어오는 아미노산의 아미노기 말단은 P 자리에서 신장하고 있는 사슬의 카복실기 말단과 펩타이드 결합을 형성한다(**그림 13.19**).

연속적인 아미노산의 추가는 순환 방식으로 일어나는 일련의 과정들로, **그림 13.20**에서는 신장 과정 주기의 세부 내역을 보여준다.

1. **mRNA 코돈과 일치하는 tRNA 안티코돈**: 새로 충전된 개별의 tRNA가 EF-Tu와 GTP에 결합한 채 리보솜으로 들어온다. 안티코돈이 A 자리의 mRNA 코돈에 상보적이면 충전된 tRNA는 A 자리와 결합한다.

   결합 후 GTP는 가수분해되고, EF-Tu-GDP가 리보솜에서 분리되어 다른 인자에 의해 재활용된다. 두 단계로 구성된 결합과 GTP 가수분해는 번역의 정확성을 증가시키는 것으로 여겨진다.
2. **펩타이드 결합 형성**: 큰 소단위체에 있는 펩타이드기 전달효소는 A 자리에 있는 아미노산의 아미노기와 신장하고 있는 사슬의 카복실기 사이에 펩타이드 결합 형성을 촉매한다. 이 효소는 또한 성장하는 사슬과 P 자리 tRNA 사이의 결합을 깨서 tRNA를 비게 만든다(P 자리에 있는 tRNA는 아미노산을 가지고 있지 않다). 이의 전반적 결과는 신장하고 있는 사슬을 A 자리의 tRNA로 전달하는 것이다.
3. **리보솜의 자리 이동**: 펩타이드 결합이 형성된 후 리보솜은 mRNA와 tRNA에 대해 이동한다. mRNA의 다음 코돈이 A 자리가 되고, 신장하고 있는 사슬을 가진 tRNA는 P 자리에 위치하고, 다음 단계에서 방출된다. 자리 이동 단계는 보조인자인 EF-G와 또 다른 GTP의 가수분해를 필요로 한다.

이러한 신장주기는 새로운 아미노산의 첨가와 함께 계속된다. 리

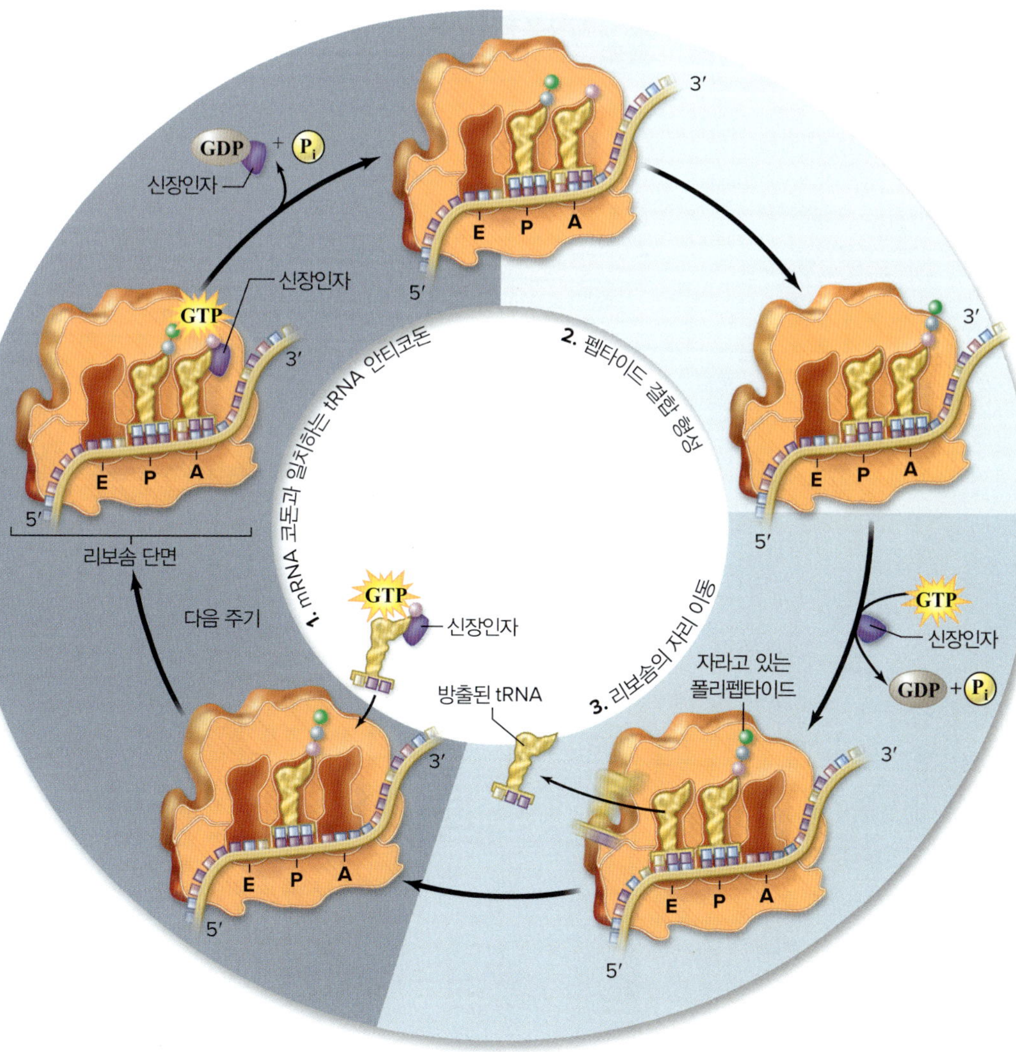

그림 13.20 신장주기.
신장주기의 번호는 본문의 번호와 일치한다. 회로는 mRNA의 A 자리 코돈에 맞는 안티코돈을 가진 새로 충전된 tRNA가 EF-Tu와 mRNA에 도달하면서 시작된다. EF-Tu는 GTP를 가수분해하고, 리보솜에서 떨어져 나간다. A 자리의 아미노산과 P 자리에서 신장하고 있는 사슬 사이에서 펩타이드 결합이 형성되고, 신장하고 있던 사슬을 A 자리로 옮기고, 빈 tRNA를 P 자리로 남겨 놓는다. 리보솜의 자리 이동은 또 다른 신장인자와 GTP 가수분해를 필요로 한다. 이것은 A 자리의 tRNA를 P 자리로 옮기고, mRNA상의 다음 코돈이 A 자리로 오고, 빈 tRNA는 E 자리로 가게 한다.

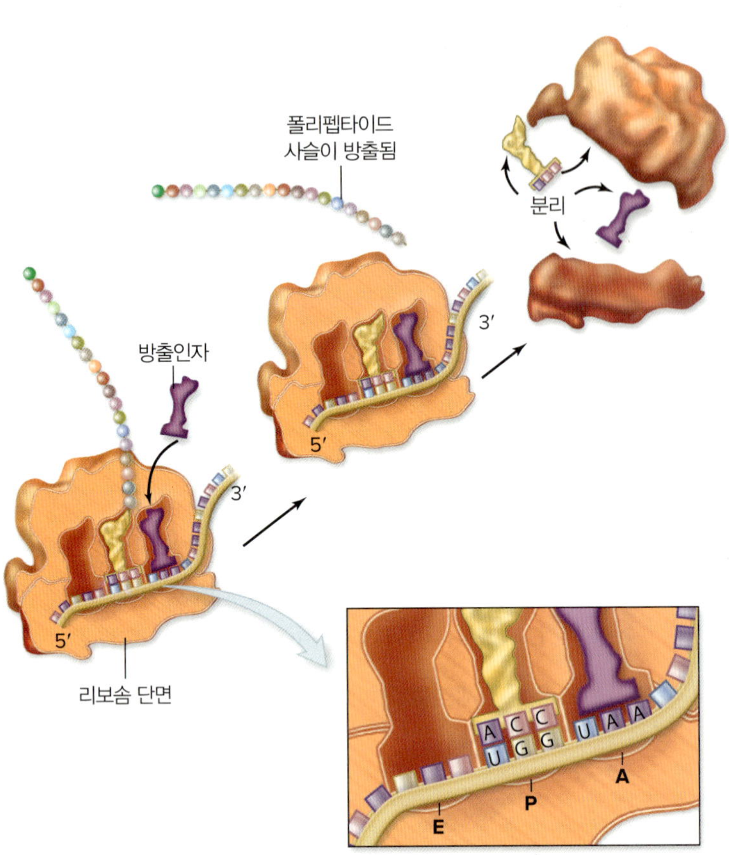

그림 13.21 단백질 합성의 종결.
3개의 종결코돈에 대해 상보적인 어떤 tRNA도 없다. 리보솜이 종결코돈을 만나게 되면, 리보솜은 자리를 옮기는 것을 멈춘다. 특별한 단백질 방출인자가 P 자리의 tRNA와 연결된 폴리펩타이드의 공유결합을 끊어 폴리펩타이드를 방출한다.

보솜은 mRNA의 5′에서 3′ 방향으로 이어진 코돈을 읽으면서 움직인다. tRNA는 리보솜을 통과해 반대 방향으로 움직이는데, A 자리에서 P 자리 그리고 빈 tRNA는 방출되기 전에 마지막 E 자리로 옮겨간다. 방출된 빈 tRNA는 또 다른 아미노산으로 충전되어 재사용된다.

와블 염기쌍

앞에서 살펴본 것처럼 tRNA는 코돈의 수보다 적게 존재하는데, 코돈의 3′ 염기와 안티코돈의 5′ 염기 사이의 결합은 다른 위치의 염기들 사이의 결합보다 덜 엄격하기 때문에 이러한 현상이 나타난다. 결과적으로, 어떤 tRNA에서는 안티코돈의 5′ 위치에서 변형된 염기가 존재하더라도, 정확하지 않은 염기쌍을 형성하는 결합의 융통성이 증가되는 것으로 생각할 수 있다. tRNA가 mRNA에 대한 결합에 있어 "와블"이 있고, 이 효과를 **와블 염기쌍**(wobble pairing)이라고 하며, 이 효과는 tRNA가 mRNA 상의 1개 이상의 코돈을 "읽을 수" 있게 한다.

> **?** **탐구문제** 와블 현상은 tRNA의 수 및 유전암호의 중첩성과 어떠한 연관성을 가지는가?

그림 13.22 거친면 소포체에서의 단백질의 합성.
거친면소포체에서 합성되는 단백질은 펩타이드 자체의 신호에 의해 소포체로 오게 된다. 폴리펩타이드의 아미노기 말단에 있는 이 신호는 신호인식입자(SRP)에 의해 인식된다. 이 복합체는 소포체 막의 채널과 연계되어 있는 수용체에 도킹한다. 펩타이드가 합성되면, 이 채널을 통해 소포체 내강으로 들어간다.

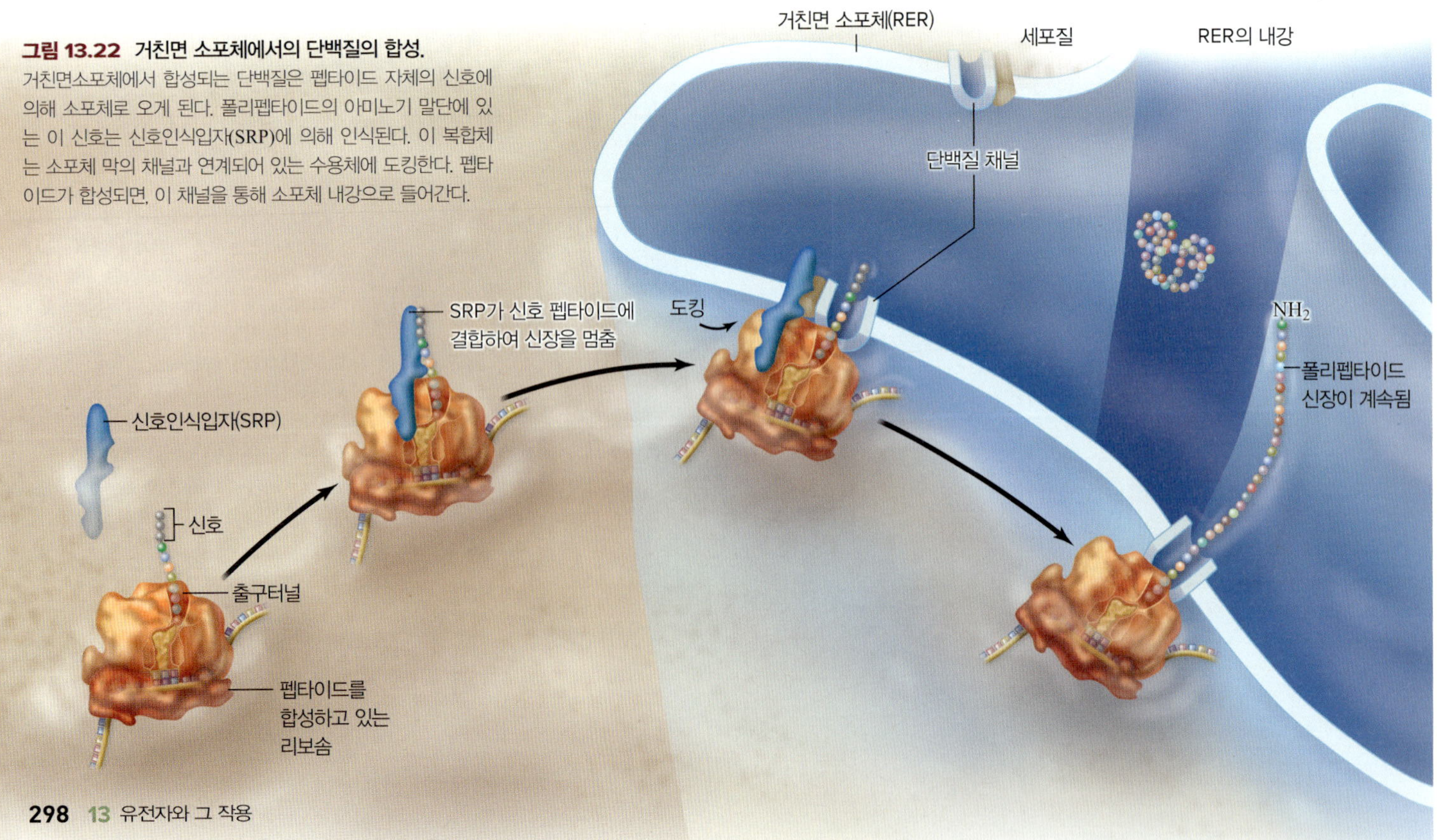

종결과정은 보조인자들을 필요로 한다

신장은 사슬이 종결코돈에 도착할 때까지 계속된다(예, **그림 13.21**에서 보여지는 UAA). 이런 종결코돈들은 tRNA에 결합하지 않고, 리보솜에서 새로 만들어진 폴리펩타이드를 내보내는 단백질인 방출인자(releasing factor)에 의해 인지된다.

번역 이후 단백질은 소포체로 이동한다

진핵세포에서 번역은 세포질 또는 거친면 소포체(RER)에서 일어난다. RER에서 번역될 단백질은 단백질 자체의 초기 아미노산 서열에 의해 RER로 가도록 정해진다. RER에서 발견되는 리보솜은 활발하게 번역을 하고 있지만, 소포체(ER)에 영원히 결합된 채로 남아 있을 수 없다.

신호서열(signal sequence)이라고 부르는 짧은 아미노산으로 시작되는 폴리펩타이드는 세포질에 존재하는 **신호인식입자**(signal recognition particle, SRP)라고 부르는 단백질 복합체에 의해 인지되어 결합된 다음, 신호서열과 SRP 복합체는 ER 막의 수용체 단백질(receptor protein)에 의해 인지된다. ER 수용체와 신호서열/SRP 복합체(signal sequence/SRP)와의 결합은 리보솜을 ER 막에서 단백질 번역을 하도록 고정시켜 주는데, 이런 과정을 **도킹**(docking)이라고 한다(**그림 13.22**).

단백질이 합성되면 도킹 복합체에 의해 형성된 채널을 통해 ER의 시스터나 내부(cisternal space)으로 들어가게 된다. 이때 리보솜은 실제로 ER 자체에 결합된 것이 아니라, 새로 합성되어 ER 내로 들어가는 단백질로 인해 ER에 결합한 것처럼 보이는데, 리보솜은 밧줄로 항구에 묶인 배와 같은 모습을 보인다.

SRP와 수용체 그리고 채널 복합체를 통해 막을 가로지는 단백질 전위의 기본 기작은 모든 3가지 유형의 생물(진핵생물, 원핵생물, 고세균)에서 보존되어 있다. 진핵세포만 세포내막계를 가지고 있다고 한다면 이 보편성은 매우 신기한 것처럼 보일 수 있으나, 세균과 고세균도 원형질막을 통해 단백질을 배출하고, 이들이 이용하는 기작도 진핵세포에서 단백질이 ER의 내강으로 움직이는 것과 유사한 방식이다.

ER의 시스터나 및 **내강**(lumen) 내로 새로 만들어진 단백질이 들어간 후 당의 첨가(glycosylation)에 의해 변형되고, 소낭(vesicle)에 의해 골지체로 수송된다(3장 참조). 이는 원형질막의 결합 또는 세포 밖으로의 방출과 같은 단백질-운송(protein-trafficking) 경로의 시작이 된다.

> **핵심 요약 13.7**
>
> 번역의 시작은 작은 리보솜 단위체와 mRNA 그리고 충전된 개시 tRNA가 주요하게 작용한다. 신장주기는 새롭게 충전된 tRNA를 리보솜의 A 자리로 가져오고, 아미노산 사이에 펩타이드 결합을 형성하며, mRNA 사슬을 따라 리보솜을 이동하는 일련의 과정을 말한다. tRNA는 번역의 과정 동안 A 자리에서 P 자리와 E 자리로 리보솜을 통해 이동한다. 진핵세포에서는 새로 형성되는 폴리펩타이드의 신호서열이 리보솜을 표적화하여 거친면 소포체로 이동시킨다. RER에 존재하는 폴리펩타이드는 세포질로 방출되지 않고, 내강으로 이동한다.
>
> ■ 번역의 어떠한 단계에서 에너지를 필요로 할까?

13.8 유전자 발현의 요약

유전자 발현 과정의 복잡성 때문에 다음과 같이 몇 가지 주요 내용을 요약해 볼 필요가 있다.

- 유전자 발현 과정은 유전자형에 있는 정보를 표현형으로 전환하는 것이다.
- mRNA 형태로의 유전자 복사는 전사과정에 의해 이루어지며, mRNA는 번역과정에 의해 단백질 합성을 지시하는 데 사용된다.
- 전사와 번역의 과정은 개시, 신장, 종결의 단계로 구분되며, 중합체를 만드는 과정이다(DNA 복제 과정도 마찬가지이다).
- 진핵세포에서의 유전자 발현은 원핵세포에서보다 훨씬 더 복잡하다.

진핵생물의 유전자는 유전자 발현 과정과 유전정보의 전달 모두를 복잡하게 만든다. 이는 전사와 번역 사이에 RNA 가공과정이 꼭 필요하고, 또한 하나의 유전자로부터 여러 종류의 mRNA를 생산할 수 있다는 것을 의미한다. 진핵생물에서의 번역은 세포질에서 일어나는 반면, 전사는 핵 내에서 일어난다. 이것은 번역하기 전에 mRNA를 핵공을 통해 세포질까지 운반할 필요가 있다는 것을 보여준다. 진핵생물에서 일어나는 전체 과정을 **그림 13.23**에 요약하였고, 원핵생물들과 진핵생물들 사이의 유전자 발현의 차이를 **표 13.2**에 요약하였다.

> **핵심 요약 13.8**
>
> 진핵세포의 유전자 발현이 더 복잡한 이유는 세포의 기능적 조직과 관련이 있는데, DNA는 핵에 존재하고, 리보솜은 세포질에 있기 때문이다. 원핵생물과 진핵생물의 유전자 발현 차이는 주로 세부적인 부분에서 나타나지만, 몇몇의 차이점은 기능적으로 의미를 가지고 있다.

그림 13.23 진핵세포에서의 유전자 발현의 개요.

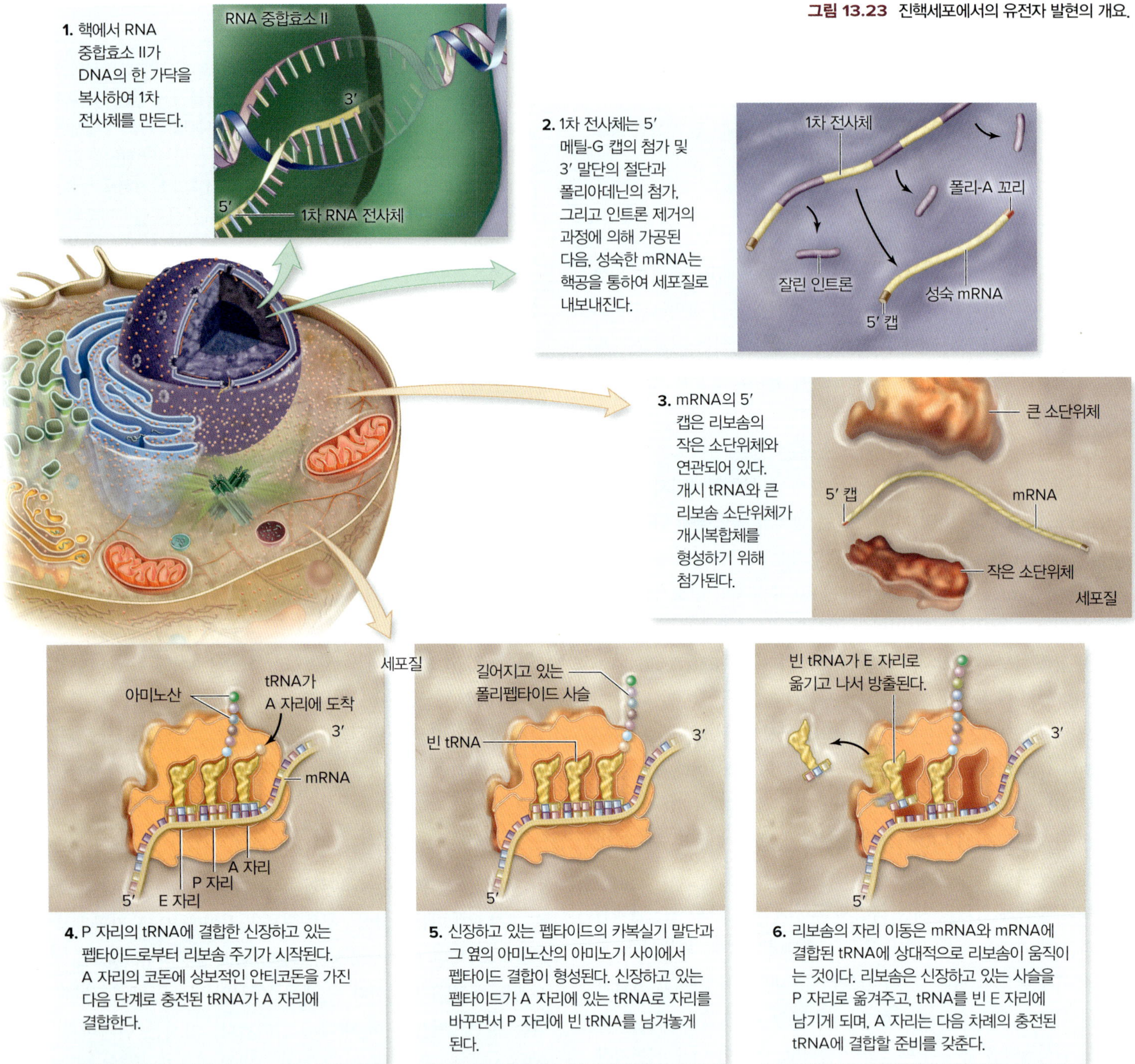

표 13.2 원핵세포와 진핵세포에서의 유전자 발현의 차이들

특징	원핵세포	진핵세포
인트론	같은 구조 유전자이지만 인트론이 없음	대부분의 유전자들이 인트론을 지님
mRNA에 포함된 유전자 수	몇 개의 유전자들이 단일 mRNA 분자로 전사될 수 있음. 이들은 생화학적 경로의 조절에 관여하는 오페론의 기능과 형태에 관련되어 있음	mRNA 분자당 하나의 유전자만이 있으며, 경로 조절은 다른 방법으로 인해 수행됨
전사와 번역 부위	막을 지닌 핵이 없어 전사와 번역이 연계되어 있음	전사가 핵 내에서 일어나며, mRNA가 번역을 위해 세포질로 이동함
번역 개시	리보솜과 결합한 특수 염기서열 다음의 AUG 코돈으로 시작됨	리보솜과 결합한 5′ 캡(메틸화된 GTP) 다음의 AUG 코돈에서 시작됨
전사 후 mRNA의 변환	없음. 전사가 끝나기 전에 번역이 시작되며, 전사와 번역이 연계되어 있음	mRNA는 핵에서 많은 변형이 일어남. 인트론이 제거되고 엑손끼리 결합하면서 5′ 캡과 폴리-A 꼬리가 첨가됨

13.9 돌연변이: 변형된 유전자

학습 목표

1. 다양한 점돌연변이의 영향에 대해 서술할 수 있다.
2. 3자암호 반복 확장에 대해 설명할 수 있다.
3. 염색체 돌연변이와 그들의 영향에 대해 설명할 수 있다.

돌연변이는 변형된 유전물질이 유전되면서 나타난다. 단일 염기가 치환되면 아미노산의 변화가 일어나고, 이는 결국 임상 표현형에 영향을 끼치게 된다. 우리는 11장에서 유전질환(예를 들어, 낫모양적혈구빈혈증)이 β-글로빈 유전자의 변화로 인해 생겨나는 것을 확인하였고, 이러한 낫모양적혈구빈혈증은 낫모양적혈구의 대립유전자에서 하나의 염기 A가 T로 바뀌어 글루탐산(glutamic acid)이 발린(valine)으로 바뀌어 나타나는 질환이다. 비극성 발린으로의 치환은 베타 사슬을 중합체로 뭉치게 하고, 이것이 세포의 모양을 바꾸어 질환이 발생하게 된다(**그림 13.24**).

여기에서는 DNA 염기서열 자체에서 발생하는 변화의 과정과 그 결과에 대하여 고찰하고자 한다. 또한 이러한 여러 변화에 대한 최근 자료를 이용하여 인간에게 미치는 여러 가지 문제점에 대해서도 논의하고자 한다.

점돌연변이는 DNA의 한 지점에 영향을 준다

하나의 염기가 바뀌어 나타나는 돌연변이를 **점돌연변이**(point mutation) 또는 **단일염기변이**(single nucleotide variation, SNV)라고 한다. 이 돌연변이는 한 염기를 다른 염기로 대체하거나 단일염기(또는 소수의 염기)를 삭제 또는 추가하는 것일 수 있다(**그림 13.25**). DNA에서 한 염기가 다른 염기로 바뀌는 것을 염기치환(base substitution)이라고 한다. 이러한 돌연변이 유형들은 유사형 염기치환과 교차형 염기치환으로 구분된다. 만약 그 변화가 퓨린을 다른 퓨린(예, A에서 G로)으로 대체하거나 피리미딘을 다른 피리미딘(예, C에서 T로)으로 대체한다면, 우리는 이것을 **유사형 염기치환**(transition)이라고 부른다. 그러나 만약 그 변화가 퓨린을 피리미딘 또는 그 반대로 대체한다면, 우리는 이것을 **교차형 염기치환**(transversion)(예, G에서 C)이라고 부른다.

과오돌연변이

유전암호의 중첩에 의해 염기치환은 암호화되는 아미노산을 변이시킬 수도 있고, 그렇지 않을 수도 있다. 염기치환으로 새로운 코돈이 동일한 아미노산을 암호화할 때, 이 돌연변이를 침묵(silent, **그림 13.25*b***)이라고 한다. 염기치환에 의해 단백질에서 아미노산이 바뀌는 경우를 비동의(nonsynonymous)라고 하며, 이를 **과오돌연변이**(missense mutation)라고 부른다. 이는 돌연변이 유전자가 전사 후 만들어진 코돈의 "센스(sense)"가 변하였기 때문에 붙여진 이름이다(**그림 13.25*c***). 다음과 같이 치환된 아미노산이 화학적으로 유사한 경우(예, 비극성에서 비극성으로) 또는 치환된 아미노산이 화학적으로

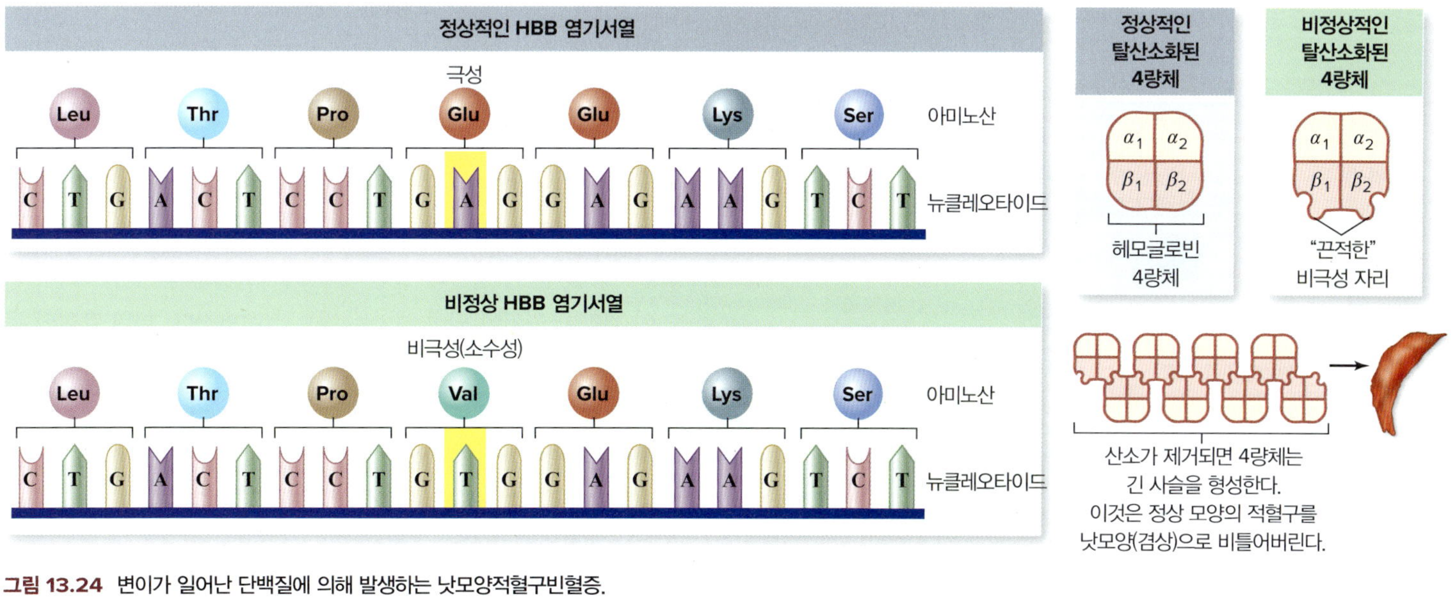

그림 13.24 변이가 일어난 단백질에 의해 발생하는 낫모양적혈구빈혈증.
헤모글로빈은 2개의 α-글로빈과 2개의 β-글로빈 사슬의 4량체로 구성되어 있다. β-글로빈의 겸상적혈구 대립형유전자에서 1개의 염기치환이 있고, 이것이 아미노산 하나를 글루탐산 대신 발린으로 바꾸어준다. 이것은 단백질 표면을 "끈적끈적한(sticky)" 소수성 영역으로 만들어 긴 사슬모양의 단백질을 형성함으로써 적혈구 모양을 일그러뜨린다.

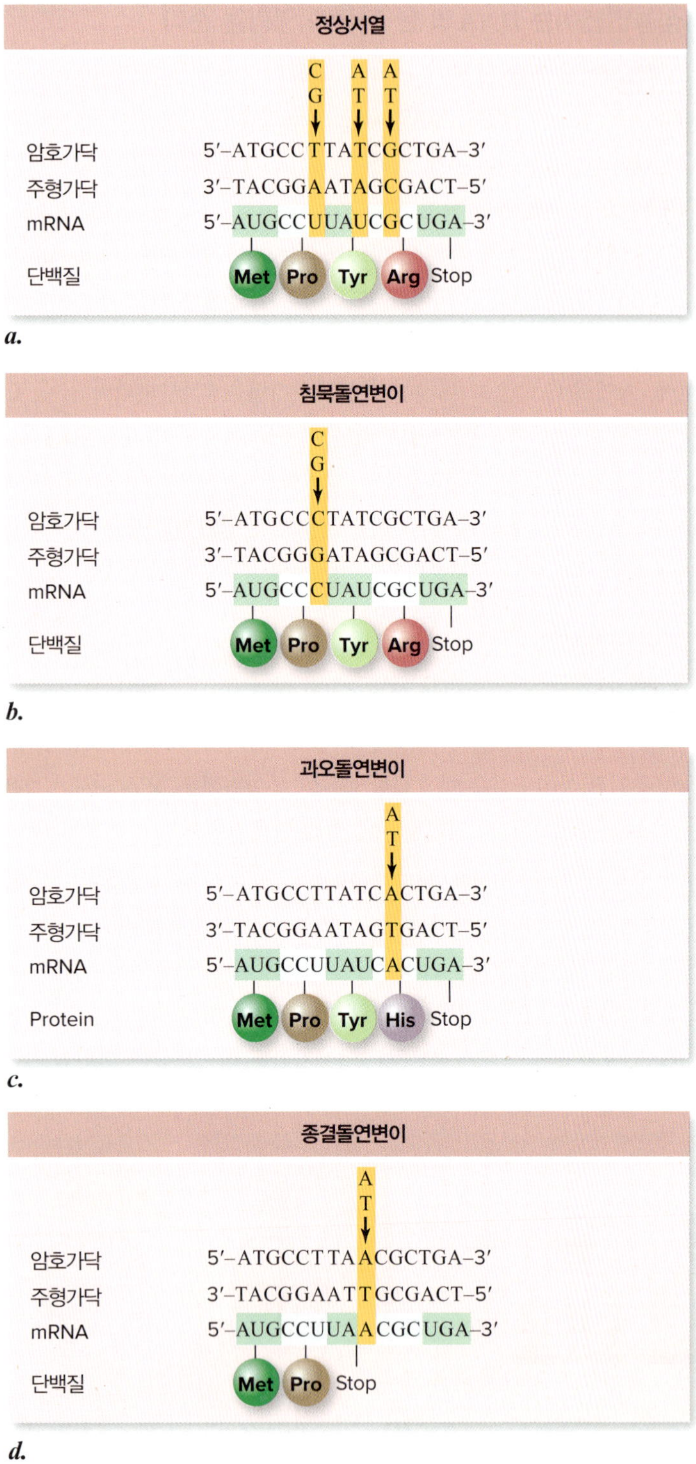

그림 13.25 점돌연변이의 유형.
a. 가상의 유전자는 암호화된 mRNA와 단백질을 보여준다. 유전자 위의 화살표는 나머지 그림에서 설명되는 돌연변이가 일어난 자리를 나타낸다. ***b.*** 침묵돌연변이. 코돈의 세 번째 위치에서의 변화는 종종 유전암호의 중첩성에 의해 표현형으로 나타나지 않는다. 이 경우 T/A에서 C/G로의 돌연변이는 암호화된 아미노산인 프롤린(proline)을 바꾸어 놓지 않았다. ***c.*** 과오돌연변이. G/C에서 A/T로의 돌연변이는 암호화되는 아미노산을 아르지닌(arginine)에서 히스티딘(histidine)으로 바꾸어 준다. ***d.*** 종결돌연변이. T/A에서 A/T로의 돌연변이는 mRNA상에 UAA 종결코돈을 만든다.

다른 경우(예, 전하가 없는 경우에서 전하를 띤 경우로)일 때, 좀 더 세부적으로 비동의의 변화들을 구별할 수 있다.

종결돌연변이

한 염기가 바뀌어 전사된 코돈이 종결코돈으로 전환됐을 때, 염기치환의 특이한 현상이 발생한다(**그림 13.25*d***). 돌연변이가 전사체로의 "센스"를 만들지 못해 이를 **종결돌연변이**(nonsence mutations)라고 부른다. 종결코돈은 번역에서 너무 이른 종결을 초래해 정상보다 짧은 단백질을 만들게 하는데, 단백질이 얼마나 짧은지는 유전자의 종결코돈이 만들어진 위치에 달려 있다.

틀이동돌연변이

한 염기의 첨가 또는 결실은 하나의 염기가 다른 염기로 치환되는 것보다 좀 더 심각한 결과를 가져온다. 이런 종류의 돌연변이는 돌연변이가 생긴 mRNA의 하부에서부터 번역틀(reading frame)을 변화시키기 때문에 **틀이동돌연변이**(frameshift mutation)라고 한다. 13.2절에 나왔던 크릭과 브레너가 유전암호의 본질을 알기 위해 이용한 돌연변이가 이에 속한다.

유전자 초기의 번역틀의 변화는 mRNA에서의 변화를 가져오고, 이것은 다수의 단백질에서 변이를 유발한다. 64개의 코돈 중 3개가 종결코돈인데, 틀이동은 번역의 조기 종결을 유발할 수 있고, 이것은 무작위로 추출되는 염기서열 중에서 틀이동에 의해 종결코돈이 많음을 나타낸다.

3자암호 반복확장 돌연변이

분자유전학의 연구를 고려해볼 때, 짧은 기간 동안 인간 유전에 대한 분자적 분석을 통해 많은 새로운 종류의 돌연변이가 발견된 것은 놀라운 일이다. 사람의 유전질환과 관련된 것으로 처음으로 분리된 유전자 중 하나인 **헌팅턴병**(Huntington disease) 유전자는 돌연변이의 새로운 유형을 제공하였다. 헌팅턴병 유전자는 반복되는 3개의 염기서열을 가지고 있고, 이 반복 단위는 정상 대립유전자에 비해 확장되어 있다. 이 질환의 발견 이후 적어도 20개의 인간 유전질환도 이 기작이 원인이 되어 생기는 것으로 여겨졌다. 이런 유형의 돌연변이의 유행 정도는 알 수 없지만, 인간과 쥐에서만 발견되는 것으로 보아 척추동물, 포유류에게만 일어나는 질환으로 추정된다. 이런 종류의 돌연변이는 초파리에서 발견되지 않는다.

3자암호 반복확장(triplet repeat expansion)은 전사될 암호화 영역 또는 비암호화 영역에서 일어난다. 헌팅턴병의 경우, 반복 단위는 글루타민(glutamine) 코돈이 있는 유전자의 암호화 영역에 있으며, 이 코돈의 확장은 단백질에서의 폴리글루타민을 만들게 된다. 많은

그림 13.26 염색체 돌연변이.
염색체에서 큰 단위의 변화도 가능하다. 염색체상의 한 부분이 결실(***a***), 중복(***b***), 역위(***c***)가 일어날 수 있다. 한 염색체가 끊어져 다른 염색체의 부분으로 옮겨질 때 전좌가 일어난다. 전좌는 두 염색체가 잘려 유전물질을 교환하는 곳에서 종종 일어나며, 이런 현상은 상호전좌(***d***)라 부른다.

여러 종류의 신경퇴행성 장애들도 이런 종류의 돌연변이를 가지고 있는데, 정신지체가 나타나는 유약 X 증후군(fragile-X syndrome)의 경우 DNA의 비암호화 영역에서 반복이 일어난다.

염색체 돌연변이는 염색체의 구조를 변화시킨다

점돌연변이는 염색체의 한 지점에 영향을 주지만, 보다 많은 변화는 염색체 자체의 구조를 변이시킴으로써 **염색체 돌연변이**(chromosomal mutation)를 만들게 된다. 인간의 많은 암(cancer)들이 염색체 기형과 관련되어 임상적 의미가 있다. 염색체의 구조 변이 유형은 **그림 13.26**에 요약되어 있다.

결실

결실(deletion)은 염색체 한 부분의 소실을 의미한다. **인델**(indel, insertion/deletion)이라 불리는 1~50 bp를 얻기도 하고 잃기도 하지만, 결과적으로 염색체에서 커다란 영역이 소실될 수도 있다. 그러나 결실에 의해 너무 많은 정보가 소실된다면, 생물체에 치명적이다.

결실에 의해 생긴 인간의 증후군 중 묘성(*cri-du-chat*)증후군은 이 증후군을 가진 아이들이 내는 소리에 의해 붙여진 이름으로, 불어로 "고양이 울음"이라는 뜻이다. 묘성증후군은 5번 염색체의 짧은 팔의 결실에 의해 생긴다. 이 증후군의 많은 사람들이 정상적 수명을 살기는 하지만, 일반적으로 어렸을 때 죽게 된다. 이 증후군은 호흡기 장애를 포함한 다양한 문제점을 유발한다.

중복

염색체 일부분의 중복은 표현형 변화를 유도할 수도 안 할 수도 있는데, 이런 결과물은 **중복**(duplication)이 일어난 부위인 "절단(breakpoint)" 위치에 따라 다르게 나타난다. 중복된 영역이 유전자 내에 있지 않으면, 어떤 영향도 나타나지 않을 수 있다. 원래의 부위 옆에서 중복이 일어나는 것을 **연속중복**(tandem duplication)이라고 부르며, 연속중복은 헤모글로빈을 암호화하는 글로빈 집단 같은 유전자 집단의 진화에 중요하다.

역위

역위(inversion)는 한 염색체의 부분이 2개의 지점에서 잘린 후, 거꾸로 다시 조립되는 경우에 생긴다. 역위가 일어난 자리가 한 유전자 내에서 절단을 만들지 않으면 표현형에 영향을 미치지 않을 수도 있다. 모든 인간은 동일한 게놈을 가지고 있지만, 다른 혈통에서 일어난 역위로 인해 개인에서의 유전자의 순서는 정확하게 같지 않게 된다.

전좌

염색체 한 조각이 절단되어 다른 염색체에 연결되는 현상을 **전좌**(translocation)라고 한다. 전좌는 2개의 상동염색체가 감수1분열에서 서로 짝을 형성할 때 문제를 일으키기 때문에 복잡하다.

전좌에서는 한 염색체의 절편에 있는 유전자가 다른 부분으로 이동하기 때문에 유전자 발현이 이동한 부분을 따라 변한다. 두 종류의 백혈병이 전좌와 연관되어 있는데, 이는 종양유전자(oncogene)가 혈액세포에서 부적절하게 발현되도록 하는 염색체의 부분으로 이동했기 때문이다.

돌연변이는 진화의 시작점이다

새로운 변화의 연속적인 원천이 없었다면, 생물의 진화는 일어나지 않았을 것이다. 그러나 이러한 새로운 변화가 언제나 좋은 것만은 아니고, 개개인에게 잠재적으로 해로움을 가져올 수도 있다. 그렇기 때문에, 한 종에서 일어난 새로운 변이와 그 종의 개체에서 나타나는 건강 사이에는 균형이 존재해야 한다. 이 주제에 대해서는 16장에서 자세히 알아본다.

염색체의 대규모의 변이는 진화에 중요하지만, 그 역할은 잘 이해하지 못하고 있다. 생물이 지니고 있는 유전자 집단(gene family)은 조상 유전자의 중복에 의해 생겨났고, 중복된 유전자 복사본들을 통해 기능적 차이가 생겨난 것이다. 가까이 연관된 종들에서조차 염색체상의 유전자들의 수와 배열은 분명히 다르게 나타나는데, 이는 큰 단위의 재배열이 일어났었다는 것을 보여준다.

인간 돌연변이율이 직접 측정되었다

인간의 돌연변이를 측정하기 위한 첫 번째 시도는 홀데인(J. B. S. Haldane)의 선구적인 연구에 의해서 이루어졌는데, 이 연구는 인간 집단에서 혈우병의 유행을 이용한 것이었다. DNA 염기서열 분석 기술이 발전함에 따라 많은 수의 가족(엄마, 아빠, 자식)을 대상으로 시퀀싱하고 이 결과를 토대로 돌연변이율을 측정하였다. 이 접근법은 세대당 $1.0 \sim 1.8 \times 10^{-8}$의 돌연변이율을 보여줬는데, 이것을 간단히 말하면 평균 게놈에서 44~82개의 새로운 SNV 변형을 나타내며, 그 중 1개에서 2개의 변형이 암호화 염기서열에 영향을 미친다는 의미이다. 이러한 자료는 또한 강한 부계 편향성을 보여주었다. 생식세포에서 새로운 점돌연변이의 약 80%가 부계의 게놈에서 발생한다. 이 비율은 또한 아버지의 나이가 증가함에 따라 증가한다. 모계의 생식세포에서 나타나는 이수성 비율도 이와 매우 유사한데, 이는 아마도 생식생물학의 관점을 반영하기 때문일 것이다. 즉 정자를 생산하는 줄기세포 집단은 나이가 듦에 따라 돌연변이를 축적하게 된다.

일반적으로 인델이라 불리는 50개 이하 염기의 작은 삽입과 결실은 SNV 비율의 약 1/5~1/10의 비율로 발생하고, **복제수 변이**(copy number variation, CNV)라고 불리는 훨씬 더 큰 결실이나 중복은 더 낮은 비율로 발생한다. 이는 출생아 42명당 약 1개의 새로운 CNV가 발생할 것으로 추정된다. 우리의 게놈에서 쓸모없는 부위에는 이동성 유전인자들이 있으며, 이러한 전이인자는 아직도 이동할 수 있다. 이러한 인자의 삽입 속도는 출생아 20명당 약 1명꼴로 나타난다.

이러한 새로운 자료는 특히 다른 영장류 종의 분석과 비교했을 때 인간의 진화를 계속해서 밝혀줄 것이다. 이것은 또한 인간 질병의 측면에서 관련이 있는데, 현재 새로운 유전적 변이가 이전에 생각했던 것보다 잠재적으로 더 크게 인간의 유전적 질병에 기여하는 것으로 보이기 때문이다.

핵심 요약 13.9

점 돌연변이(단일염기 변화, 삽입 또는 결실)에는 한 아미노산을 다른 아미노산으로 대체하는 과오돌연변이, 전사를 중단하는 종결돌연변이, 코돈을 정확하게 번역하지 못하는 틀이동돌연변이가 포함된다. 3개의 염기가 반복해서 생성되는 것은 각 세포분열마다 코돈이 비정상적으로 복제되기 때문이라 할 수 있다. 특히 염색체에 영향을 미치는 돌연변이는 결실, 중복, 역위, 전좌를 포함한다.

■ 역위나 중복의 돌연변이가 가지는 표현형을 예측할 수 있을까?

핵심 개념 요약

13.1 유전자의 특성

■ **가로드는 특정 효소에 의해 유전적 질환이 발생한다고 결론내렸다**

가로드는 알캅톤뇨증은 변형된 효소에 의해 생겨나는 것을 밝혀냈다.

■ **비들과 타튬은 유전자가 효소를 지정한다는 것을 증명하였다**

아르지닌을 합성할 수 없는 붉은빵곰팡이의 돌연변이들은 특정한 효소가 결실되었다. 비들과 타튬은 이를 통해 "1-유전자/1-폴리펩타이드" 가설을 발전시켰다(**그림 13.1**).

■ **중심원리는 세포에서의 정보가 DNA에서 RNA로, 그리고 단백질로 흐른다고 제안한다**

DNA 가닥에서 mRNA로 복사되는 가닥을 주형(안티센스)가닥이라 부르고 다른 가닥을 암호(센스)가닥이라고 부른다.

■ **DNA에서 RNA가 복사되는 과정을 전사라 한다**

■ **단백질 합성을 위해 번역과정은 RNA 정보를 이용한다**

운반 RNA인 tRNA는 mRNA의 정보를 아미노산의 순서대로 연결하기 위해서 필요하다.

■ **RNA는 유전자 발현에서 다양한 역할을 수행한다**

13.2 유전암호

■ **유전암호는 3개의 그룹 단위로 해석되는 코드이다**

크릭과 브레너는 암호가 겹치지 않고 3자암호로 이루어짐을 보여주었고, 번역틀의 개념을 확립하였다.

■ **니렌버그와 동료들은 코드를 해독하였다**

하나의 코돈은 3개의 뉴클레오타이드로 구성되며, 총 64개의 가능한 코돈이 있다. 3개의 코돈은 "종결" 신호를 나타내고, 1개의 코돈은 "개시" 신호를 나타내면서 메싸이오닌으로 번역될 수 있다. 따라서 61개의 코돈은 20개의 아미노산을 암호화한다.

■ **유전암호는 중첩성이 있지만 특이적이다**

많은 아미노산은 둘 이상의 코돈을 가지고 있지만, 각각의 코돈은 하나의 아미노산만을 지정한다.

■ **보편적이기는 하지만 완전히 보편적이지 않은 암호도 존재한다**

일부 미토콘드리아와 원생동물에서는 종결코돈을 아미노산으로 읽기도 한다. 이러한 경우를 제외하고는 유전암호는 보편적으로 사용된다.

13.3 원핵세포의 전사

■ **원핵세포는 하나의 RNA 중합효소를 가진다**

원핵 RNA 중합효소는 mRNA를 합성할 수 있는 핵심 중합효소와 정확하게 합성을 시작할 수 있는 완전효소(핵심 중합효소에 σ 인자가 결합)의 2가지 형태로 존재한다(**그림 13.6**).

■ **프로모터는 전사의 개시가 일어나는 자리이다**

전사의 개시에는 전사개시점과 프로모터를 필요로 한다. 프로모터는 전사개시점의 상부에 있으며, −35 부분에 완전효소가 결합하면 중합효소가 올바르게 자리잡게 된다.

■ **신장에 의해서 연속적으로 뉴클레오타이드가 첨가된다**

전사는 5′에서 3′ 방향으로 진행된다. 전사기포는 RNA 중합효소와 부분적으로 풀어져 있는 주형 DNA 및 신장하고 있는 mRNA 전사체가 포함되어 있다(**그림 13.7**).

■ **종결은 특정 부위에서 일어난다**

종결자는 2중나선으로 이루어진 헤어핀 고리를 생성하는 상보적 서열로 구성되며, 이것은 중합효소를 멈추게 만든다(**그림 13.8**).

■ **원핵세포의 전사는 번역과 함께 일어난다**

mRNA가 전사되는 동안에 단백질로의 번역이 일어난다.

13.4 진핵세포의 전사

RNA 중합효소 I은 rRNA를 전사한다. 중합효소 II는 mRNA와 여러 snRNAs를 전사한다. 중합효소 III는 tRNA를 전사한다.

■ **진핵세포는 3종류의 RNA 중합효소를 가진다**

■ **핵심 프로모터와 결합한 인자는 RNA 중합효소 II를 불러들인다**

일반전사인자는 프로모터에 중합효소를 유도하여 개시복합체를 형성하도록 한다. 전사체가 약 20개의 뉴클레오타이드에 도달하면 5′ 캡이 형성되고 중합효소가 중지된다. 만약 이렇게 중지된 중합효소가 다시 작동하기 위해서는 신장인자가 필요하다.

■ **전사 신장복합체는 다른 인자들을 필요로 한다**

개시복합체에 존재하는 몇몇 일반전사인자들은 신장인자로 대체된다. 카복시말단영역(CTD)은 신장인자 및 전사체를 변형하는 효소들과 결합한다.

■ **폴리아데닐화는 mRNA 전사체의 종결에 관여한다**

폴리-A 중합효소(poly-A polymerase)는 전사체를 절단하고, 3′ 말단에 일련의 100~200개의 아데닌 잔기를 붙인다.

■ **1차 전사체는 스플라이싱이라는 변형과정을 통해 mRNA로 생성된다**

mRNA는 5′ 캡과 3′ 폴리-A 꼬리를 가지며, 인트론이 제거되어야 한다.

13.5 진핵세포에서 mRNA 전구체의 스플라이싱

■ **진핵세포 유전자는 중단 부위를 가지고 있다**

암호화 DNA(엑손)는 비암호화 부분인 인트론에 의해 중단되어 있는데, 이 인트론은 스플라이싱에 의해 제거된다(**그림 13.13**).

■ **스플라이시오솜은 스플라이싱 소기관이다**

snRNPs는 인트론-엑손의 연결지점을 인지하고 스플라이시오솜을 유도한다. 스플라이시오솜은 결국 첫 번째 엑손의 3′ 말단과 다음 엑손의 5′ 말단을 결합한다.

■ **스플라이싱은 같은 유전자에서 다양한 전사체를 만들 수 있다**

13.6 tRNA와 리보솜의 구조

■ **아미노아실-tRNA 합성효소는 아미노산을 tRNA에 결합시킨다.**

tRNA의 충전반응은 tRNA의 3′ 말단에 아미노산의 카복실기를 붙여준다(**그림 13.15**).

■ **리보솜은 다양한 tRNA 결합 부위를 가진다**

충전된 tRNA는 먼저 A 자리에 결합한 후, 그 아미노산이 펩타이드 사슬과 결합된 P 자리로 이동하며, 마지막으로 아미노산이 없는 상태에서 방출되는 E 자리로 이동한다.

■ **리보솜은 암호해독과 효소 기능을 함께 가진다**

리보솜은 효소가 펩타이드 결합을 형성하기 위하여 tRNA와 mRNA를 붙잡고 있다.

13.7 번역의 과정

■ **개시과정은 보조인자들을 필요로 한다**

원핵생물에서 개시복합체는 리보솜의 작은 소단위체에 있는 rRNA와 상보적인 염기서열을 가지고 있는 mRNA의 리보솜 결합서열(RBS)의 도움을 받아 형성된다. 반면, 진핵생물은 같은 기능에 5′ 캡을 사용한다.

■ **신장과정은 연속적인 아미노산 첨가 과정이다**

리보솜이 mRNA를 따라 이동함에 따라, 충전된 tRNA의 새로운 아미노산이 신장되는 펩타이드에 결합된다.

■ **종결과정은 보조인자들을 필요로 한다**

종결코돈은 종결인자에 의해 인지된다.

■ **번역 이후 단백질은 소포체로 이동한다**

진핵생물에서 아미노산 말단에 신호서열을 가진 단백질은 SRP에 결합되고,

이 복합체는 결국 ER에 결합한다.

13.9 돌연변이: 변형된 유전자

■ **점돌연변이는 DNA의 한 지점에 영향을 준다**

염기치환은 하나의 염기를 다른 염기로 교체하고, 틀이동돌연변이는 염기의 첨가 또는 결실에 의해 생긴다. 3자암호 반복확장 돌연변이는 유전 질환을 유발할 수 있다.

■ **염색체 돌연변이는 염색체의 구조를 변화시킨다**

염색체 돌연변이는 삽입, 결실, 역위 및 전좌를 포함한다.

■ **돌연변이는 진화의 시작점이다**

■ **인간 돌연변이율이 직접 측정되었다**

세대당 약 70개의 새로운 돌연변이가 존재한다.

연습문제

1단계: 이해력 확인하기

1. 비들과 타툼에 의한 붉은빵곰팡이에서의 영양요구성돌연변이 실험이 제시한 증거는 무엇인가?
   a. 붉은빵곰팡이는 최소배지에서 배양될 수 있다.
   b. X선은 DNA에 손상을 줄 수 있다.
   c. 세포는 효소를 필요로 한다.
   d. 유전자가 효소를 지정한다.
2. 분자생물학에서 말하는 중심원리는 무엇인가?
   a. DNA가 유전물질이다.
   b. 유전정보는 DNA에서 단백질로 직접 전달된다.
   c. 유전정보는 DNA에서 RNA로 그리고 단백질로 전달된다.
   d. 한 유전자는 오직 1가지 단백질을 암호화한다.
3. 유전암호에서 하나의 코돈은 어떤 특징을 가지는가?
   a. 3개의 염기로 구성된다.
   b. 하나의 아미노산만 암호화한다.
   c. 1가지 이상의 아미노산을 암호화한다.
   d. a와 b 모두 맞다.
4. 진핵세포의 전사와 원핵세포의 전사는 어떤 점이 다른가?
   a. 진핵세포는 오직 1가지의 RNA 중합효소를 가지고 있다.
   b. 진핵세포는 3개의 RNA 중합효소를 가지고 있다.
   c. 원핵세포는 3개의 RNA 중합효소를 가지고 있다.
   d. a와 c 모두 맞다.
5. 안티코돈은 어느 RNA 유형에서 발견되는가?
   a. snRNA(소형 핵 RNA)
   b. mRNA(전령 RNA)
   c. tRNA(운반 RNA)
   d. rRNA(리보솜 RNA)
6. RNA 중합효소는 ____________와 결합하여 ____________을 개시한다.
   a. mRNA; 번역　　b. 프로모터; 전사
   c. 프라이머; 전사　　d. 전사인자; 번역
7. 번역 과정 동안 mRNA상의 코돈은 실제로 무엇에 의해 읽히는가?
   a. 리보솜의 A 자리　　b. 리보솜의 P 자리
   c. tRNA의 안티코돈　　d. 아미노산의 안티코돈

2단계: 적용력 평가하기

1. 동일한 생화학적인 경로에 영향을 끼치는 돌연변이를 가지고 있다. 만약 이러한 생화학적인 경로에서 성장할 수 있도록 중간 물질을 넣어 준다면, 돌연변이 유전자에 의해 생성된 효소는 어떻게 작용하는가?
   a. 사용된 중간 물질 이후에 작동한다.
   b. 사용된 중간 물질 이전에 작동한다.
   c. 반드시 중간 물질을 생산하도록 행동한다.
   d. 반드시 중간 물질을 생산하지 않도록 행동한다.
2. 스플라이싱 과정은 무엇인가?
   a. 원핵세포에서 일어난다.
   b. 인트론을 서로 연결시킨다.
   c. 동일한 전사체에서 다양한 mRNA를 만들 수 있다.
   d. 한 가지 방식으로, 각각의 유전자에 대한 엑손만을 연결한다.
3. 펩타이드 결합을 형성하는 효소는 펩타이드기 전달효소라고 불린다. 무엇을 전달하기 때문인가?
   a. tRNA의 새로운 아미노산을 신장하고 있는 펩타이드로 전달
   b. tRNA의 신장하는 펩타이드를 다음 아미노산으로 전달
   c. 하나의 아미노산에서 다른 아미노산으로 펩타이드 전달
   d. 리보솜에서 충전된 tRNA로 펩타이드 전달

4. 원핵세포와 진핵세포에서의 유전자 발현을 비교하면, 다음 중 옳은 설명은 무엇인가?

   a. 진핵세포의 유전자는 1개 이상의 단백질을 생성할 수 있다.
   b. 원핵세포의 유전자는 1개 이상의 단백질을 생성할 수 있다.
   c. 둘 다 그들의 유전자들과 1:1의 동일선상(colinear)이라는 점에서 유사하다.
   d. a와 c 모두 맞다.

5. 코돈 CCA에 돌연변이가 일어났을 때 나타날 수 있는 것은 다음 중 무엇인가?

   a. 침묵돌연변이화된다.
   b. Lys으로 번역된다.
   c. 번역의 이른 종결을 유도한다.
   d. a와 b 모두 맞다.

6. 돌연변이 중 역위는 무엇인가?

   a. 반드시 돌연변이체 표현형을 유발한다.
   b. 역위의 절단이 한 유전자 내에 있는 경우에만 돌연변이체 표현형을 유발한다.
   c. 염색체가 역위로 인해 방향이 거꾸로 되었기 때문에, 역위된 부분에서 전사가 멈춘다.
   d. 역위된 부분은 유전자 번역을 방해한다.

7. 돌연변이와 진화 사이는 어떠한 연관성을 가지는가?

   a. 돌연변이에 의해 더 나은 유전자를 만든다.
   b. 돌연변이는 새로운 대립유전자를 만든다.
   c. 돌연변이는 진화의 초기에 일어났고, 지금은 일어나지 않는다.
   d. 진화와 유전자 돌연변이 사이에서는 어떠한 연관관계도 존재하지 않는다.

3단계: 사고력 함양하기

1. 제시된 DNA의 주형가닥의 염기서열은 다음과 같다.

   3′ − CGTTACCCGAGCCGTACGATTAGG − 5′

   위의 염기서열 정보를 이용하여 다음 질문에 답하시오.

   a. 예측되는 유전자의 mRNA 염기서열을 결정하시오.
   b. 예측되는 단백질의 아미노산 서열을 결정하시오.

2. 틀이동돌연변이는 종종 끝이 잘린 단백질을 만드는데, 그 이유를 유전암호에 기초하여 설명하시오.

3. 맨 위에 제시된 주형가닥으로부터 다음의 각 돌연변이가 마지막 산물인 단백질에 어떻게 영향을 주는지를 설명하시오. (단백질은 개시코돈으로부터 시작한다.) 어떤 돌연변이의 유형이 나타났는가?

   3′ − CGTTACCCGAGCCGTACGATTAGG − 5′
   a. 3′ − CGTTACCCGAGCCGTAACGATTAGG − 5′
   b. 3′ − CGTTACCCGATCCGTACGATTAGG − 5′
   c. 3′ − CGTTACCCGAGCCGTTCGATTAGG − 5′

4. 원핵세포에서만 나타나는 특징들이 있고, 진핵세포에만 특별하게 나타나는 특징들이 있다. 이러한 특징 중 어떠한 것들이 진핵세포 또는 원핵세포만의 독특한 방식으로 유전자 발현을 조절할 수 있는가?

14

유전자 발현의 조절

도입

교향곡을 들어보면 여러 악기가 동시에 또는 단독으로 연주하는데, 이는 악보에서 각 악기가 연주할 구간이 서로 다르기 때문이다. 마찬가지로 생물체에도 DNA의 조절에 이용되는 "유전 악보(genetic score)"가 존재하여 서로 다른 유전자가 서로 다른 시간에 발현되도록 관여한다. 사진은 초파리 염색체에서 불룩하게 확장된 "퍼프(puff)"를 보여주고 있는데, 이 부분에서 유전자가 활발히 발현되고 있음을 나타낸다. 이번 장에서는 유전자 발현과 그 조절 기작에 대해 알아본다.

14.1 유전자 발현의 조절

학습 목표

1. 유전자 발현이 조절되는 시기를 확인할 수 있다.
2. 조절 단백질의 작용에 대하여 설명할 수 있다.
3. 원핵생물과 진핵생물의 유전자 발현 조절의 차이를 설명할 수 있다.

유전자 발현의 조절은 모든 생물체에 있어 매우 중요하다. 유전자 발현의 조절은 원핵생물에서 세포가 변하는 환경조건에서 살 수 있도록 해주며, 다세포 진핵생물에서는 발생의 방향과 항상성 유지에 절대적으로 필요하다. 사실, 다세포 생물체의 서로 다른 세포의 형태는 그들이 가진 다양한 기능의 단백질에 근거한다. 다세포 생물체의 세포는 항상 발현이 같은 "항존유전자(housekeeping genes)"를 공유하고 있지만 각 세포 유형을 구별하는 특정 단백질을 가지고 있기도 한다.

단세포 진핵생물은 막으로 구성된 핵이 존재하고 DNA를 염색체로 응축하는 등의 방법을 사용하여 원핵생물과는 다른 조절 기작을 가진다.

유전자 발현의 조절은 모든 단계에서 일어난다

앞 장에서 유전자 발현(gene expression)은 유전자형이 표현형으로 전환되는 것이라고 배웠는데 이는 DNA 정보 흐름이 기능적인 단백질을 생산해 세포의 활성을 조절하는 것이기 때문이다. 유전자 발현에 대한 전통적인 관점은 유전자의 전사 단계에서 유전자의 발현이나 단백질을 제어한다고 본다. 이러한 관점은 여전히 유효하지만 실제 다세포 생물체 내의 유전자 범위와 전사 조절 모두는 예상한 것보다 훨씬 복잡하다.

이 장에서는 유전자 발현 조절을 위해 현재에도 중요하게 연구되고 있는 전사의 시작에 관해 세부적으로 접근한다. 또한 틀이동(frameshift)으로 인한 염색질 구조의 변화가 어떻게 유전자 발현에 영향을 미치는지와 전사 후 조절과정에 대하여 상세하게 다룬다. 이 이후에는 조절 RNA 분자에 대해 살펴보고자 한다.

RNA 중합효소(RNA polymerase)는 전사과정의 핵심으로, 전사를 시작하기 위해 DNA 나선에 접근해 유전자의 프로모터(promotor)와 결합해야 한다. 더불어 **조절 단백질**(regulatory protein)은 RNA 중합효소가 프로모터에 붙을 수 있도록 조절해 주는 역할을 한다. RNA 중합효소가 프로모터로 접근하는 것을 조절한다는 것은 진핵생물과 원핵생물에 공통적이지만 실제 세부적인 내용은 상당히 다르다.

이러한 조절 단백질들은 일반적으로 10~15 nt 길이(커다란 조절 단백질이라도 20 nt 정도에 결합)의 특정 뉴클레오타이드 서열에 결합한다. 수백 개에 달하는 조절 단백질들의 특성은 밝혀졌으며, 각 단백질들은 특정 서열을 인식하여 결합하게 된다. 조절 단백질의 결합은 RNA 중합효소의 진행 경로를 차단하여 전사를 막기도 하지만, 프로모터와 RNA 중합효소의 결합을 용이하게 하여 전사과정을 활성화하기도 한다.

원핵생물은 환경 변화에 적응하는 것이 주요 조절 전략이다

원핵생물에서의 유전자 발현 조절은 진핵생물에 비해 매우 다르게 이루어진다. 원핵세포들은 가능한 빨리 자라고 분열하도록 진화하였기 때문에, 일시적 자원을 최대한 잘 활용할 수 있다. 이는 원핵세포의 단백질들이 재빠르게 전환되어 유전자 발현을 변화시킴으로써 생물체가 외부환경 변화에 빨리 반응할 수 있도록 해준다.

원핵생물에서 유전자 조절의 첫 번째 기능은 세포가 환경에 대해 즉각적으로 반응하는 것이다. 유전자 발현의 조절은 이용 가능한 영양분의 양과 종류, 산소의 양에 대한 변화를 인지하고 이를 통해 효소들을 변화시킨다. 이러한 변화의 대부분은 가역적이어서 세포는 환경 변화에 따라 효소의 수준을 증가 또는 감소하도록 조절할 수 있다.

진핵생물은 항상성 유지와 성장이 주요한 조절 전략이다

원핵생물과는 달리 대부분의 다세포 진핵생물들은 즉각적인 환경에 대한 일시적인 변화에 대해 보호되는 형태로 진화되어 대부분이 일정한 내부 환경을 유지한다. 이러한 환경으로부터 내부의 상태를 유지하려는 **항상성**(homeostasis)은 다세포 진핵생물의 주요한 특징이다. 진핵생물의 세포들은 유전자 발현 변화를 통해 생장인자 또는 호르몬 같은 직접적인 환경신호에 반응함으로써 신체 조절에 관여하게 된다.

아마도 유전자 발현이 조절되는 큰 이유는 생물체의 발생으로 볼 수 있는데, 실제 발생과정 동안 특정 유전자들은 적기에 해당하는 조직에서 발현된다. 이러한 복잡한 과정을 이해하는 것이 발생유전학의 주요 목표이며, 이 연구를 통해 오랜 진화의 기간을 걸쳐 형성된 유전자 발현 회로를 밝혀냈다. 또한 한 생물체에서는 동일한 유전자 조절 경로를 이용하여 서로 다른 발생 시기에 다른 장소에서 다른 구조를 형성할 수 있다. 예를 들면, 유전자 소닉 헷지호그(*sonic hedgehog*) 신호전달은 배아 초기에 신경관의 형성에 작용하지만, 그 이후에는 손가락과 사지의 발달에 관여한다.

핵심 요약 14.1

유전자 발현은 일반적으로 전사 개시 부분에서 조절된다. 조절 단백질은 특이적인 DNA 염기서열에 결합하고 RNA 중합효소가 프로모터에 결합할 수 있도록 도와준다. 원핵세포의 경우 세포의 환경변화에 적합하도록 유전자 조절이 일어나고 있지만, 다세포 진핵생물의 경우 내부 항상성 유지에 그 초점을 맞추어 유전자 조절이 일어난다. 이러한 현상은 단세포 진핵생물의 경우에도 동일하다. 이러한 조절은 핵 내에서 다수의 염색체가 관여한다.

- 원핵생물의 진화 과정은 다세포 진핵생물의 진화 과정과 어떻게 다를까?

14.2 조절 단백질

학습 목표

1. 단백질들이 어떻게 나선의 풀림이 없이 염기쌍과 상호작용을 할 수 있는지 설명할 수 있다.
2. DNA에 결합하는 모티프의 특징에 대해 설명할 수 있다.

특정 DNA 염기서열에 결합하는 조절 단백질은 유전자 발현 조절의 기본 도구로 전사 억제 및 RNA 중합효소와 결합하여 전사를 촉진하는 등의 역할을 하는 분자이다. 세포가 유전자 발현을 어떻게 조절하는지를 이해하기 위해서는 먼저 단백질의 분자 인식 과정에 대한 명확한 밑그림을 얻을 필요가 있다.

단백질은 주홈을 통해 결합한다

조절 단백질이 특정 염기에 결합하기 위해서는 DNA 나선이 꼭 풀어지지 않아도 된다. 이는 염기쌍의 가장자리를 따라 두 홈의 분자들이 염기를 노출하여, 단백질이 DNA에 결합할 수 있도록 하기 때문이다. DNA 분자를 주의 깊게 살펴보면, 나선의 원통형 구조에 2개의 홈인 **주홈**(major groove)과 부홈(minor groove)이 있다(**그림 12.8** 참조). 주홈이라고 부르는 깊은 홈에서 단백질은 뉴클레오타이드의 수소결합 제공자와 수용자에 접근할 수 있다. 이러한 화학기(chemical groups)에 의해 만들어진 양상은 4개의 가능한 염기쌍 배열에 특이적이기 때문에, 단백질이 염기서열을 읽기 위해 홈에 자리를 잡을 수 있도록 해준다(**그림 14.1**).

DNA-결합 도메인은 특정 DNA 서열과 결합한다

단백질-DNA 인식은 DNA의 기능과 복제, 유전자 발현 그리고 이러한 활동을 조절하는 것에 있어 매우 중요하다. 유전자 발현에 영향을 주기 위해 DNA와 상호작용할 수 있는 단백질의 수는 상당히 많지만, 이들 중 실제 구조를 결정하고 DNA와 결합하는 단백질 모티프는 매우 소수임을 알게 되었다. 이러한 모티프들은 진화 초기에 비교적 일찍 만들어졌을 것으로 생각되며, 다양한 단백질에서 변형되어 사용되었을 것이다(모티프와 도메인에 대해서는 2장 참조). 이러한 DNA 결합 모티프는 일반적으로 DNA 나선의 주홈을 통해 염기의 특정 서열과 상호작용을 하는 속성을 가지고 있다.

DNA-결합 모티프들은 조절 단백질들의 DNA-결합 도메인 내의 주요 구조이다. 도메인은 서열 특이적 방식으로 DNA에 결합하는데 요구되는 특정 단백질의 부분을 일컫는다. 조절 단백질은 전사인자들과 상호작용하는데 이는 조절 단백질의 다른 도메인에 의해 이루어진다.

같은 DNA-결합 도메인을 공유하는 두 단백질이 반드시 같은 DNA 서열에 결합할 필요는 없다. DNA-결합 모티프들의 유사성은 DNA와 결합하는 부분이 아니라, 그들의 3차원적 구조에서 나타난다.

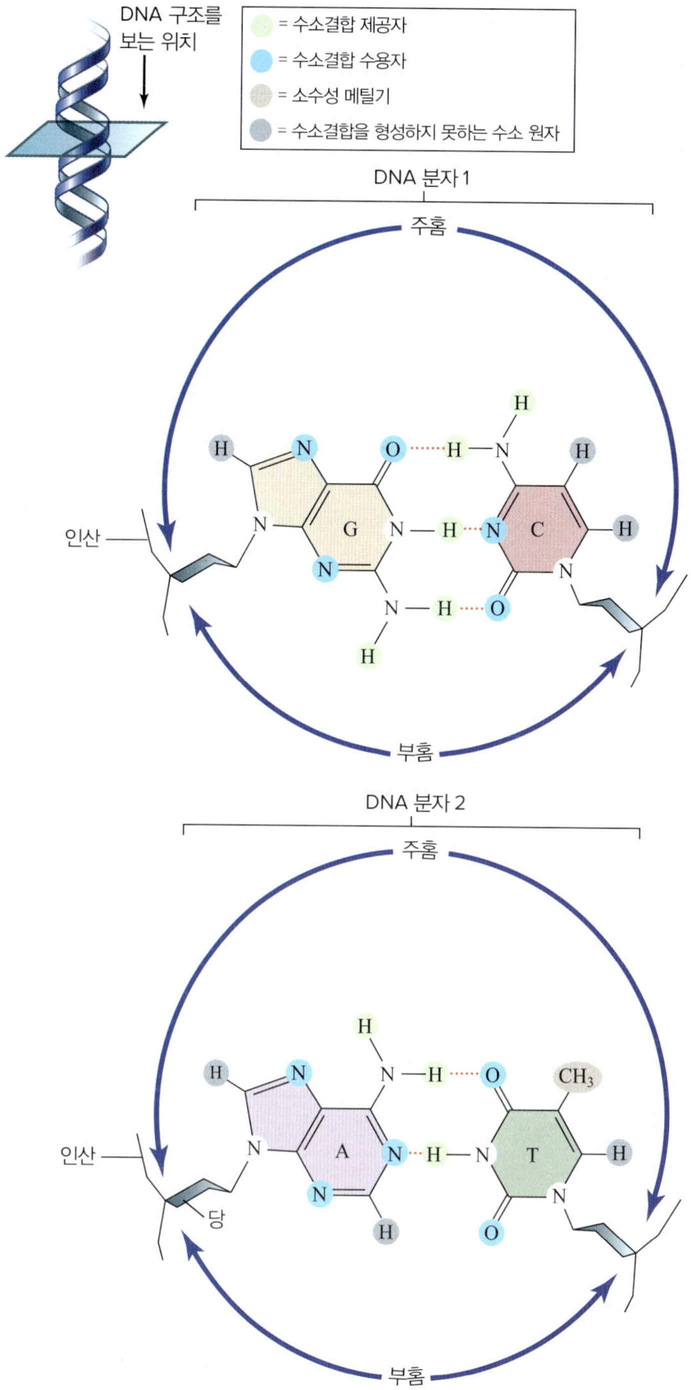

그림 14.1 DNA의 주홈 읽기.
DNA 나선의 주홈을 보면, 홈 안으로 돌출된 염기의 주변부를 볼 수 있다. 4개의 가능한 염기쌍 배열은 각각(여기서는 2개의 염기쌍을 보여주고 있음) 특이 화학기 세트를 홈으로 확장하고 있는데, 모식도에서 다른 색깔로 나타내고 있다. 조절 단백질은 이 화학기의 특징으로 인해 염기쌍 배열을 알아볼 수 있다.

여러 개의 공통 DNA 결합 모티프는 많은 단백질에서 공유하고 있다

DNA에 결합을 하는 다양한 종류의 단백질에서 공통적으로 존재하는 DNA-결합 모티프를 찾아볼 수 있다. 여기에서는 가장 잘 알려진 4개의 모티프가 어떻게 DNA와 상호작용하는지에 대하여 알아본다.

나선-꺾임-나선 모티프

가장 흔한 DNA 결합 모티프의 형태는 **나선-꺾임-나선**(helix-turn-helix) 구조로, α-나선구조 사이를 꼬이지 않은 짧은 부분이 연결하는데 이를 '꺾임(turn)'이라고 부른다(**그림 14.2**_a_). 나선-꺾임-나선 모티프(helix-turn-helix motif)는 DNA 결합 단백질에서 많이 발견되었다.

나선-꺾임-나선 모티프의 구조를 자세히 살펴보면 단백질이 어떻게 DNA 주홈과 상호작용하는지 밝혀낼 수 있다. 모티프의 나선 분절들이 서로 상호작용하는데, 그들은 대략 90° 각도로 유지된다. 이런 모티프가 DNA에 의해 눌려지면 하나의 나선 절편이 **인식나선**(recognition helix)이라고 부르는 DNA 분자의 주홈에 꼭 들어맞게 되고, 다른 쪽은 DNA 분자의 바깥쪽에 결합하여 인식나선이 적절히 자리를 잡도록 도와준다.

나선-꺾임-나선 모티프에 의해 인지되는 대부분의 DNA 조절 서열은 대칭적 쌍으로 발견된다. 이런 서열들은 2개의 3.4 nm(DNA 나선의 1회전에 필요한 거리) 간격으로 분리된 2개의 나선-꺾임-나선 모티프를 가진 단백질에 의해 결합된다(**그림 14.2**_a_). 2개의 단백질-DNA-결합 자리를 갖는 것은 단백질과 DNA 사이의 접촉 영역을 2배로 하고, 그들 사이의 결합을 크게 강화시킬 수 있다.

호미오도메인 모티프

나선-꺾임-나선 모티프 중 하나인 **호미오도메인**(homeodomain)은 사람을 포함한 다양한 진핵생물의 발생에 중요한 역할을 한다. 이 모티프는 초파리 연구에서 호미오돌연변이(homeotic mutation; 몸의 한 부분을 다른 부분으로 변화시키는 돌연변이)가 발견됨으로써 알려졌다. 여러 돌연변이 유전자를 분석하였을 때 대부분의 단백질에서 호미오도메인을 구성하는 60개의 아미노산 서열이 있음을 확인하였다. 호미오도메인에서 진화적으로 가장 잘 보존된 부분은 나선-꺾임-나선의 인식나선을 포함하고 있다. 발생 기작이 여러 계통에 걸쳐 공유될 만큼 오래되었다는 첫 번째 증거이다. 이를 통하여 우리의 유전자는 생각한 것보다 유전자 수준에서 초파리와 비슷하다는 것을 알 수 있다.

아연집게 모티프

DNA 결합 모티프의 또 다른 종류는 DNA에 대한 결합을 조성하는 데 하나 이상의 아연 이온을 이용한다. **아연집게 모티프**(zinc finger motif)라 불리는 이 모티프에는 여러 가지 유형이 있는데 이 중에 한

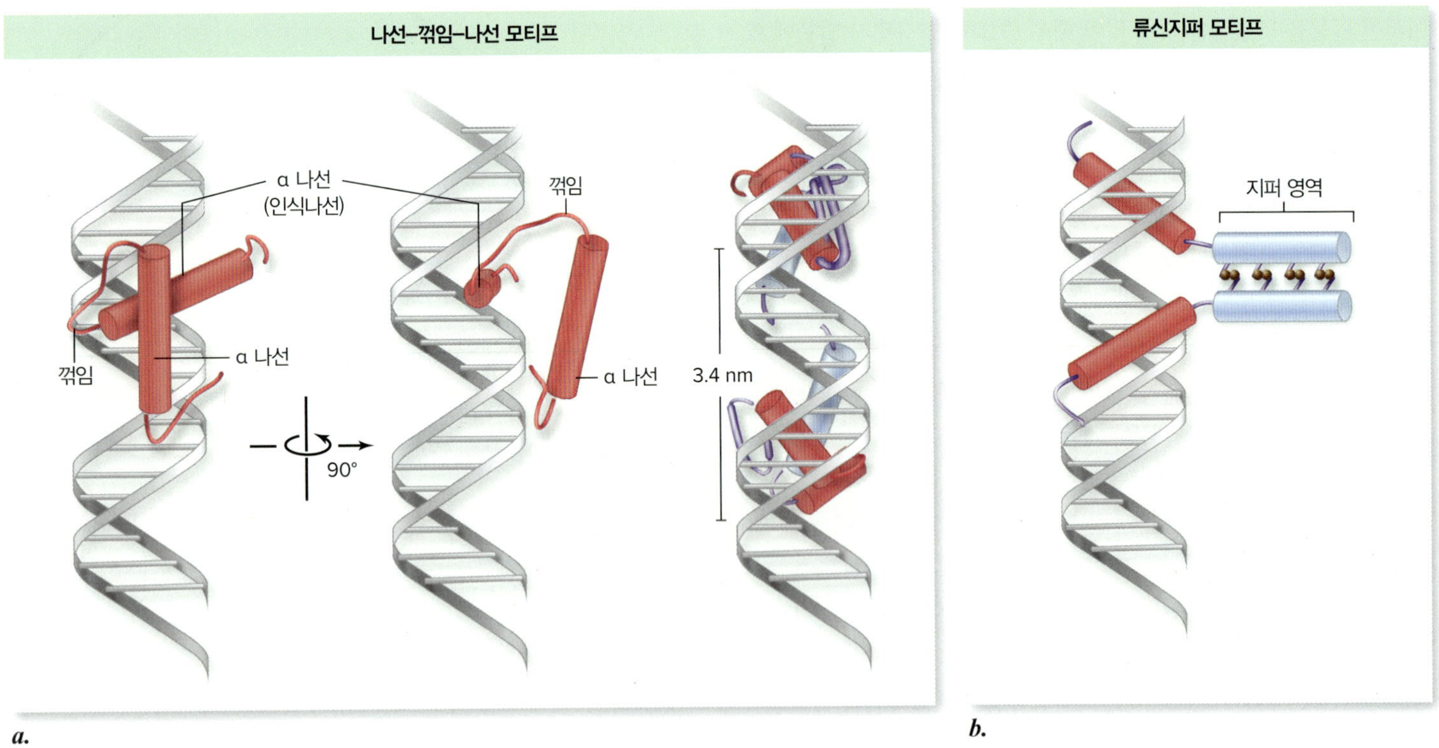

그림 14.2 주요 DNA-결합 모티프.
DNA와 상호작용을 하고 있는 2개의 다른 DNA-결합 모티프를 보여주고 있다. ***a.*** 나선-꺾임-나선 모티프는 주홈과 상호작용을 하기 위해 인식나선인 한쪽의 α 나선을 이용하여 DNA에 결합한다. 다른 쪽 나선은 인식나선의 자리를 잡아준다. 이 모티프를 가진 단백질은 일반적으로 2개의 동일한 소단위를 가진 2량체로 각각의 소단위는 DNA-결합 모티프를 가지고 있다. 2개의 모티프(빨간색)는 DNA 나선이 완전히 한 바퀴 돌 때의 길이인 3.4 nm의 간격으로 떨어져 있다. ***b.*** 류신지퍼는 다수의 소단위로 구성된 단백질에서의 두 소단위를 묶어 α 나선 부위가 DNA와 상호작용을 할 수 있게 해준다.

유형은 아연 원자가 α-나선(α-helix)구조와 β-병풍(β-sheet)구조를 연결하여 나선 조각이 DNA의 주홈에 들어맞도록 해준다.

이런 종류의 모티프는 종종 집단으로 발견되며, β-병풍구조는 나선구조들과 일정한 간격을 두어 각각의 나선이 주홈과 접촉할 수 있게 해준다. 이는 마치 이 모티프를 가진 단백질이 DNA의 주홈을 손가락으로 찌른 모습과 같다. 많은 아연집게가 존재하는 집단일수록 단백질은 DNA와 더 강하게 결합된다.

류신지퍼 모티프

또 다른 DNA-결합 모티프는 단백질의 2개 소단위가 DNA 결합자리를 만들기 위해 서로 상호작용을 한다. 이 모티프는 여러 개의 소수성 아미노산(일반적으로 류신)을 가진 한 소단위의 영역이 다른 소단위의 유사 영역과 상호작용을 하는 곳에서 만들어진다. 이 상호작용은 소단위를 함께 묶어 Y자형을 만드는데, Y자형의 팔에 해당하는 두 나선 부위는 각각 DNA의 주홈에 맞지만 반대쪽에서는 2량체를 형성하여(**그림 14.2***b*), DNA를 1쌍의 집게처럼 붙들고 있다.

핵심 요약 14.2

DNA 나선은 주홈과 부홈을 가지고 있다. 조절 단백질은 주홈을 따라 염기에 접근함으로써 DNA와 상호작용한다. 이러한 조절 단백질들은 모두 DNA와 결합하는 모티프를 가지고 있는데, 종종 하나 또는 2개의 α 나선 분절을 포함하고 있다. 이러한 모티브는 DNA-결합 도메인의 활성화 부위를 형성하며, 다른 도메인은 전사 기구들과의 상호작용을 유도한다.

- 나선-꺾임-나선 단백질에서 2개의 나선 사이에 간격이 변한 돌연변이가 생겼을 때 나타나는 영향은 무엇일까?

14.3 원핵세포에서의 조절

학습 목표

1. 유도에 의한 조절과 억제에 의한 조절의 차이점을 비교할 수 있다.
2. *lac* 오페론에서 유전자 발현의 조절에 대해 설명할 수 있다.
3. *trp* 오페론에서 유전자 발현의 조절에 대해 설명할 수 있다.

유전자 발현의 조절에 대한 세부 사항은 원핵생물이 전사 개시를 조절하는 기작을 연구함으로써 밝혀졌다. 원핵생물과 진핵생물은 일부 공통 주제들을 공유하지만, 크게 다른 점들도 지니고 있다. 14.4절과 14.5절에서는 진핵생물의 체계가 단순한 원핵생물에서의 체계와 어떻게 다른지에 대해서 논의한다.

전사 조절은 양성 또는 음성일 수 있다

전사 개시 단계에서의 조절은 양성적일 수도 음성적일 수도 있다. **양성조절**(positive control)은 개시의 빈도를 높여 주고, **음성조절**(negative control)은 개시의 빈도를 낮추어 준다. 각각의 조절 형태는 조절 단백질에 의해 중재되지만 그 단백질은 상반적인 효과를 지니고 있다.

억제인자에 의한 음성조절

음성조절은 **억제인자**(repressor)라고 부르는 단백질에 의해 조절되는데, 억제인자는 **작동유전자**(operator)라고 부르는 DNA 조절 부위에 결합해 전사의 개시를 막거나 줄여주는 단백질이다. 억제인자들은 중합효소가 효과적으로 전사를 개시하는 것을 막는 방어벽처럼 작용한다.

억제인자들은 혼자 작용하지 않고 각각 특이적인 효과인자(effector)에 반응한다. 효과인자의 결합은 억제인자의 입체구조를 바꾸어 DNA에 결합하는 것을 더 잘하거나 못하도록 한다. 이 억제 단백질들은 DNA에 결합하는 활성 부위와 효과인자에 결합하는 조절 부위를 가지고 있는 다른자리입체성 단백질(allosteric protein)이다. 효과인자의 조절 부위 결합은 DNA에 결합하는 억제인자의 능력을 바꿀 수 있다.

활성인자에 의한 양성조절

양성조절은 또 다른 조절 단위에 의해 중재되는데, **활성인자**(activator)라고 부르는 다른자리입체성 단백질은 DNA에 결합하고, 전사의 개시를 활성화시킨다. 이런 활성인자들은 프로모터에 대한 RNA 중합효소의 결합을 증가시켜 전사 개시 수준을 증가시켜 준다.

활성인자는 물리적으로 억제인자와 반대이며, 효과인자는 활성인자의 결합을 높이거나 낮출 수 있다.

원핵생물은 환경 조건에 따라 유전자 발현을 조절한다

세균과 고세균이 접하는 환경 변화는 유전자 발현에서의 변화를 초래한다. 일반적으로 분자를 잘게 부수는 경로인 이화작용 경로(catabolic pathways)에 관여하는 단백질을 암호화하는 유전자들은 분자를 중합하는 경로인 동화작용 경로(anabolic pathways)에 관여하는 단백질을 암호화하는 유전자들과 반대로 작용한다. 여기서는 젖당을 전달하고 이용하는 이화작용 경로에서의 효소에 대해 살펴본

다음, 아미노산인 트립토판(tryptophan)을 합성하는 동화작용 경로에 대해 알아보고자 한다.

13장에서 언급했던 것처럼 원핵생물의 유전자들은 오페론으로 조직화되어 있으며, 다수의 유전자들은 단일 프로모터를 가진 하나의 전사단위의 부분이다. 동일 대사경로에 관여하는 유전자들은 흔히 이런 방식으로 조직되어 있다. 젖당 이용에 필요한 단백질은 ***lac* 오페론**(*lac* operon)에 의해 암호화되고, 트립토판 합성에 필요한 단백질들은 ***trp* 오페론**(*trp* operon)에 의해 암호화된다.

> **?** **탐구문제** 만약 모든 유전자 생산물이 하나의 생화학적인 신호전달에 참여한다면, 하나의 오페론에서 여러 가지 연계된 유전자가 생성되는 것은 세균에서 어떠한 이점을 가져오는가?

유도와 억제

세균들이 젖당을 만나면 젖당 이용에 필요한 효소들을 만들기 시작하지만, 젖당이 없으면 이런 단백질들을 만들 필요가 없다. 따라서 단백질들의 합성은 젖당의 존재 유무에 의해 유도된다고 할 수 있는데, **유도**(induction)는 어떤 경로를 위한 효소들이 기질에 반응하여 만들어졌을 때 일어난다.

환경에 트립토판이 있을 때, 박테리아는 트립토판을 만드는 데 필요한 효소들을 합성하지 않게 된다. 트립토판 공급이 중단된다면 박테리아는 이런 효소들을 만들어 내기 시작한다. **억제**(repression)는 생합성 효소를 만들 수 있는 세균이 효소들을 만들지 않을 때 일어난다. 유도와 억제 두 경우에서 세균은 인근 환경에 적합한 효소의 생산을 조절한다.

음성조절

유전자 발현이 전사 개시 단계에서 조절된다는 것을 알아도, 그것이 양성적 조절인지 음성적 조절인지를 알 수 없다. 외견상으로 억제는 음성적이고 유도는 양성적인 것처럼 보이지만, *lac*과 *trp* 오페론 모두의 경우에서 조절은 억제 단백질에 의한 음성조절로 나타난다. 핵심은 2개의 조절 단백질이 DNA와 각각 결합하여 정반대의 방식으로 상호작용을 하기 때문에, 보이는 효과와는 상반된 결과를 가져온다.

억제성과 유도성 메커니즘이 작동하기 위해 젖산이나 트립토판 같은 환경의 분자는 조절되는 유전자에 대해 적절한 영향을 주어야만 한다. *lac* 유도성의 경우 젖당의 존재는 억제 단백질이 조절 염기서열에 결합하는 것을 막아야만 한다. 반대로 *trp* 억제성의 경우 트립토판의 존재는 억제 단백질이 조절 염기서열에 결합하도록 해야 한다.

이는 반대적인 현상인데 그 이유는 이화작용 경로와 동화작용 경로에서 세포가 요구하는 것이 반대이기 때문이다. 단백질-DNA 상호작용이 어떻게 세포로 하여금 환경 조건에 반응하도록 하는지를 보여주기 위해 다음에 각각의 경로를 자세히 살펴보기로 하자.

lac 오페론은 *lac* 억제인자에 의해 음성적으로 조절된다

lac 오페론에서 유전자 발현의 조절은 모노(Jacques Monod)와 자코브(François Jacob)의 선구적인 연구로 설명되었다.

lac 오페론은 젖당을 이용하기 위해 필요한 β-갈락토스 분해효소(β-galactosidase, *lacZ*), 젖당 투과효소(lactose permease, *lacY*), 젖당 아세틸전달효소(lactose transacetylase, *lacA*) 유전자들과 이 유전자들의 발현을 조절하기 위해 필요한 조절 영역으로 구성된다(**그림 14.3**). 이에 더하여, *lac* 억제인자의 유전자(*lacI*)는 *lac* 오페론의 나머지 영역에 연결되어 있어서, 자신의 프로모터를 가지고 있음에도 불구하고 *lac* 오페론의 부분으로 간주된다. 오페론과 직접 연결된 억제인자는 없지만, 암호화 영역 상부에 있는 조절 부위의 배열은 대부분의 원핵생물 오페론의 전형적인 모습이다.

억제인자의 작용

lac 오페론의 전사 개시는 *lac* 억제인자에 의해 통제된다. 억제인자는 프로모터에 인접한 작동유전자에 결합한다(**그림 14.4***a*). 이 결합은 RNA 중합효소가 프로모터에 결합하는 것을 막아준다. 이 DNA

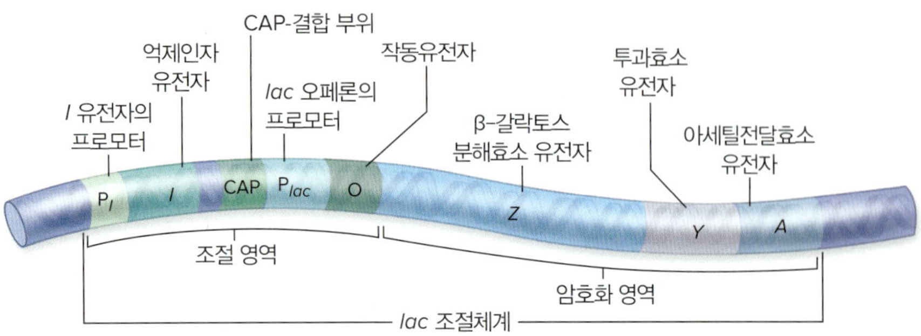

그림 14.3 대장균 염색체의 *lac* 오페론 부위. *lac* 오페론은 프로모터, 작동유전자, 그리고 젖당대사에 필요한 단백질을 암호화하는 3개의 유전자(*lac Z, Y, A*)로 구성되어 있다. 더불어, 이화물질활성화단백질(CAP)에 대한 결합 부위도 있는데, CAP는 RNA 중합효소가 프로모터에 결합하는 데 영향을 준다. *I* 유전자는 억제인자를 암호화하는데, 이 억제인자는 작동유전자에 결합하여, *lac* 오페론의 전사를 막아준다.

와의 결합은 젖당의 존재에 민감하여 억제인자는 젖당이 없을 때 DNA에 결합하지만, 젖당이 있을 때에는 결합하지 않는다.

억제인자와 유도자의 상호작용

젖당이 없을 때 *lac* 억제인자는 작동유전자에 결합하고, 오페론은 억제된다(**그림 14.4***a*). 억제인자의 DNA 결합을 조절하는 효과인자인 유사젖당(allolactose)은 젖당의 대사산물로, 젖당이 있을 때 생성된다. 유사젖당은 억제인자에 결합해 억제인자의 입체 구조를 바꾸어 더 이상 작동유전자에 결합을 할 수 없도록 한다(**그림 14.4***b*). 유사젖당이 오페론을 유도했기 때문에 유사젖당을 유도자(inducer)라고 부른다.

젖당의 양이 감소함에 따라 억제인자에 결합할 수 있는 유사젖당이 더 이상 존재하지 않게 됨으로써 억제인자는 다시 DNA에 결합을 할 수 있게 된다. 이와 같이 *lac* 억제인자와 그의 유도자, 유사젖당에 의한 음성조절 시스템은 세포가 환경에서의 젖당 변화에 반응하도록 한다.

젖당이 전혀 없는 상황에서도 *lac* 오페론은 아주 낮은 단계로 발현되는데, 젖당이 이용 가능해지기 시작할 때 젖당이 세포 내로 전달

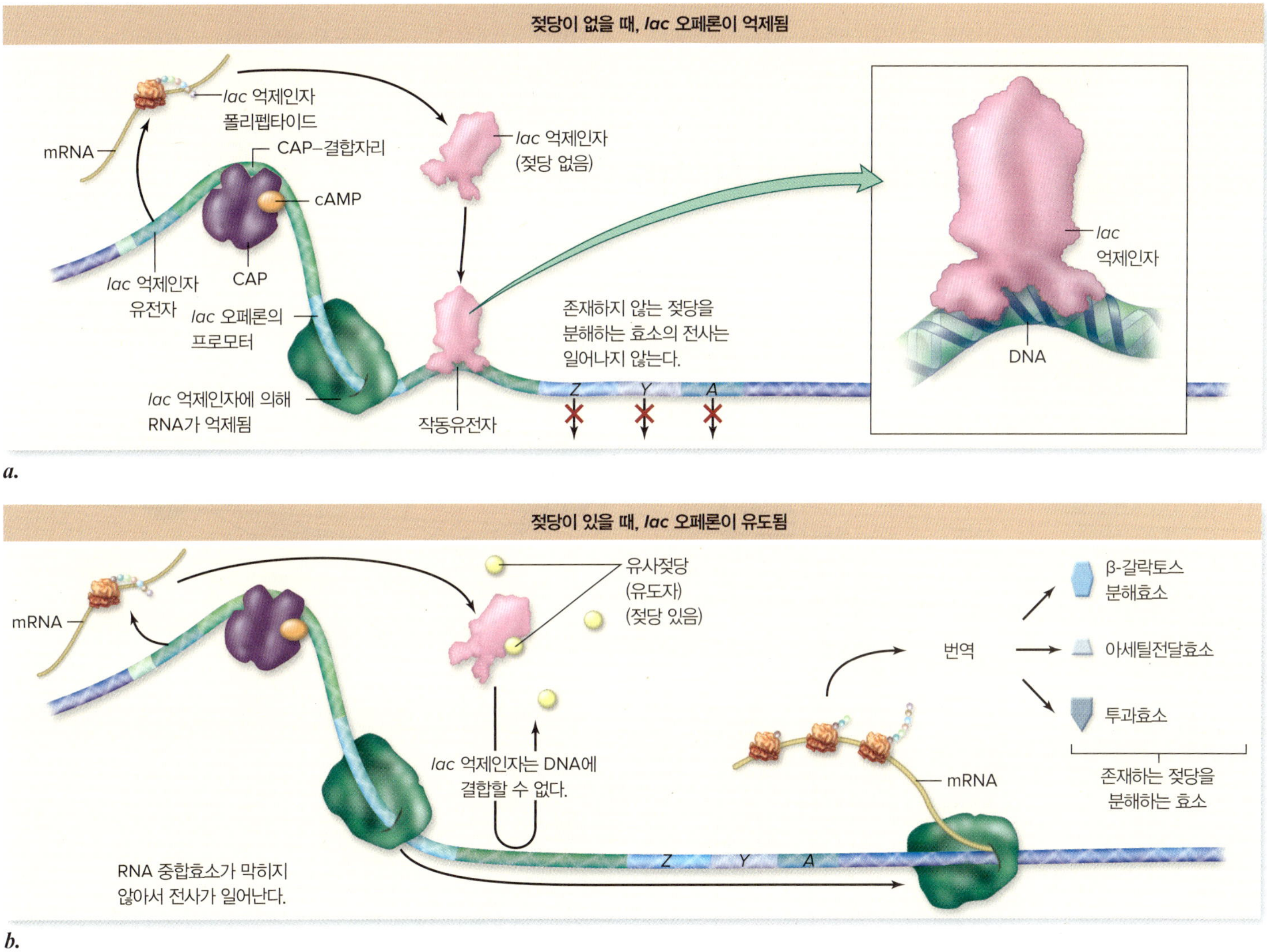

그림 14.4 *lac* 오페론 유도.
a. 젖당 부재 시에 *lac* 억제인자는 DNA의 작동유전자에 결합해 오페론의 전사를 막는다. 억제인자가 작동유전자에 결합하면 *lac* 오페론은 억제된다. ***b.*** CAP이 결합하고, 억제인자가 결합하지 않을 때 *lac* 오페론이 유도된다. 억제인자에 결합한 유사젖당은 억제인자의 구조를 바꾸어 억제인자가 작동유전자에 결합할 수 없게 하여 RNA 중합효소가 작용하도록 한다.

자료 분석 DNA 결합을 막는 억제인자의 돌연변이로 인한 표현형은 무엇인가? 유도자가 결합하는 부위의 돌연변이는 어떠한가? 이들은 억제인자와 결합하는 작동유전자의 돌연변이와 어떻게 비교되는가?

되고, 오페론의 유도가 일어날 수 있도록 충분한 유사젖당이 만들어진다.

포도당의 존재는 *lac* 오페론의 유도를 억제한다

포도당 억제(glucose repression)는 젖당 같은 다른 종류의 당이 존재할 때 포도당을 우선적으로 이용하게 하는 것이다. 세균을 포도당과 젖당이 있는 배지에서 배양하면 *lac* 오페론은 유도되지 않지만, 포도당을 다 쓰고 없을 때 *lac* 오페론이 유도됨으로써, 젖당을 에너지 자원으로 쓰도록 해준다.

포도당 억제라는 이름에도 불구하고 이 기작은 *lac* 오페론을 포함한 다양한 이화작용 오페론으로부터 전사를 자극할 수 있는 활성 단백질을 이용한다. 활성인자인 **이화물질활성화단백질**(catabolite activator protein, CAP)은 cAMP를 효과인자로 갖는 다른자리입체성 단백질이다. 이 단백질은 cAMP에 결합하기 때문에 **cAMP 반응 단백질**(cAMP response protein, CRP)이라고도 부르지만, 여기에서는 양성적 조절자로서의 역할을 강조하기 위해 CAP라는 이름을 사용할 것이다. CAP는 스스로 DNA에 결합할 수 없지만, 효과인자인 cAMP가 CAP에 결합하면 CAP의 입체 구조를 바꾸어 DNA에 결합할 수 있다(**그림 14.5**). 세포내 cAMP의 양은 포도당의 존재 시 감소되어 CAP-반응 오페론에서의 전사 자극이 일어나지 않는다.

CAP-cAMP 시스템은 포도당 억제의 유일한 메커니즘으로 오랫동안 연구되어 왔다. 최근 연구 결과들은 포도당의 존재가 세포 내로의 젖당의 수송을 억제한다는 것을 보여주고 있다. 이것은 세포 내에서 *lac* 오페론의 유도자인 유사젖당을 없애 억제인자가 작동유전자와 결합할 수 있도록 해준다. **유도자 배제**(inducer exclusion)라 부르는 이 기작은 *lac* 오페론의 포도당 억제의 주요 작용으로 여겨지고 있다.

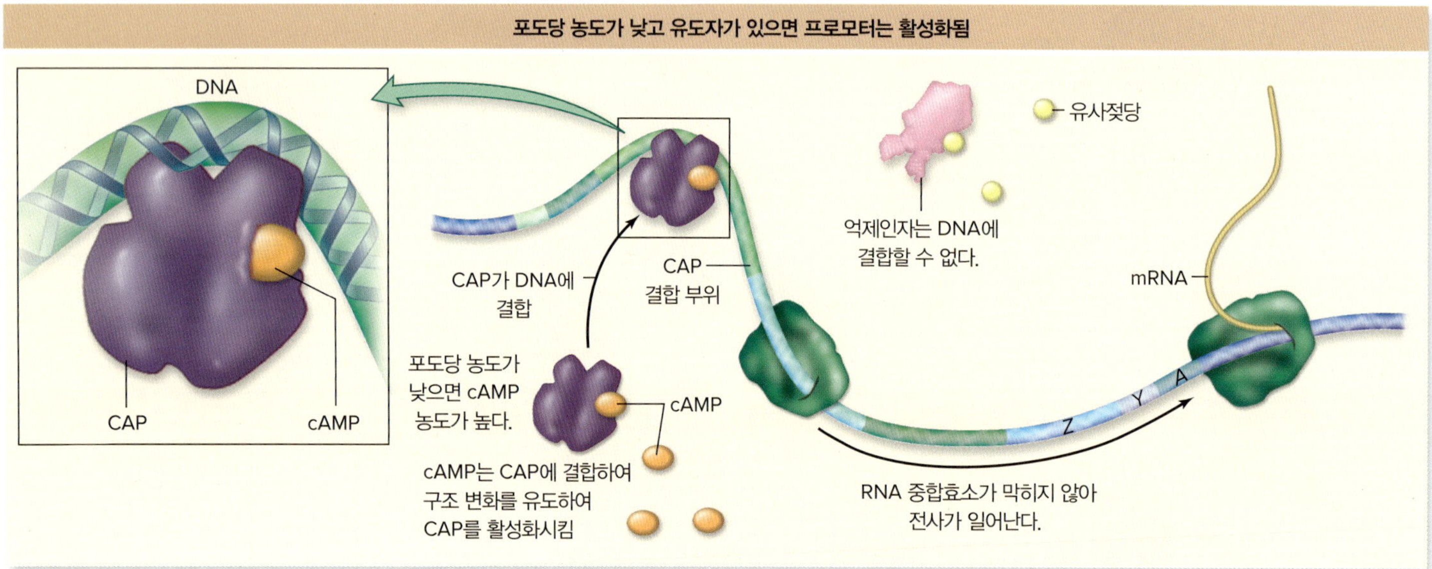

a.

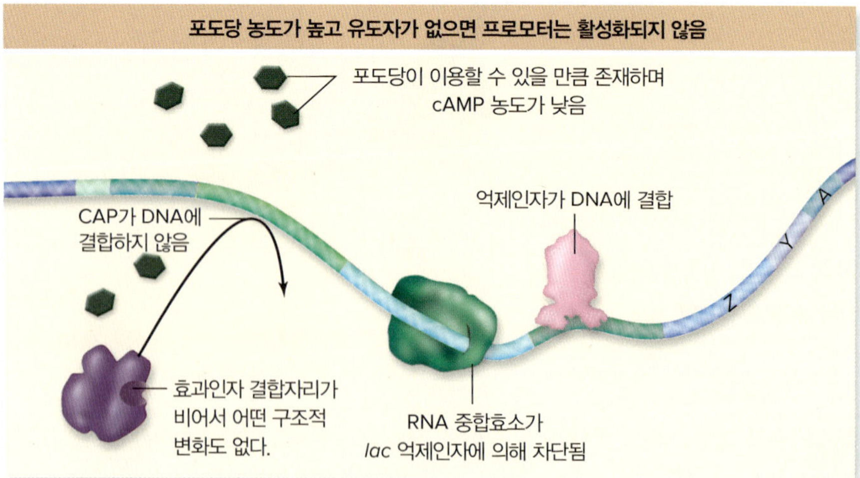

b.

그림 14.5 ***lac*** **오페론에 대한 포도당의 영향.**
lac 오페론의 발현은 음성적 조절인자(억제인자)와 양성적 조절인자(CAP)에 의해 조절된다. CAP의 작용은 포도당의 양에 민감하다. ***a.*** CAP가 DNA에 결합하기 위해서는 cAMP에 반드시 결합해야 한다. 포도당의 양이 적을 경우 cAMP는 풍부하여 CAP에 결합하기 쉬우며, CAP-cAMP 복합체는 DNA가 그 주변으로 구부러지도록 한다. 이것은 CAP가 RNA 중합효소와 접촉하여 중합효소가 좀 더 효율적으로 프로모터에 결합하도록 해준다(이 그림에서는 나타내지 않음). ***b.*** 많은 양의 포도당은 2가지 효과를 나타내는데, cAMP가 부족해서 CAP가 프로모터를 활성화하는 것이 불가능해지고, 젖당의 이동이 막히게 된다(유도자 배제).

유도자 배제가 일어나면 포도당 부재시 CAP의 역할은 불필요한 것으로 보이지만, 실제로 CAP-cAMP의 작용은 포도당이 없을 때 오페론의 발현을 극대화한다. *lac* 오페론의 프로모터 단독으로는 RNA 중합효소 결합에 효율적이지 못하기 때문에 이 비효율성은 CAP-cAMP 활성인자의 양성적 조절 활동으로 극복된다(**그림 14.5**).

trp 오페론은 *trp* 억제인자에 의해 조절된다

lac 오페론처럼 *trp* 오페론도 동일한 생화학 경로에 관여하는 효소를 암호화하는 일련의 유전자들로 구성되어 있다. *trp* 오페론의 경우 이런 효소들은 트립토판을 합성하는 데 필요하다. 이러한 유전자의 전사를 통제하는 조절 영역은 유전자의 상부에 위치하고 있다. *trp* 오페론은 *trp* 오페론의 외부에 위치한 유전자에 의해 암호화되는 억제인자에 의해 조절된다. *trp* 오페론은 트립토판이 없을 때 계속 발현되고, 트립토판이 있을 때에는 발현되지 않는다.

trp 억제인자(trp repressor)는 트립토판 프로모터에 이웃한 작동유전자에 결합하는 나선-꺾임-나선 단백질이다(**그림 14.6**). 이 억제

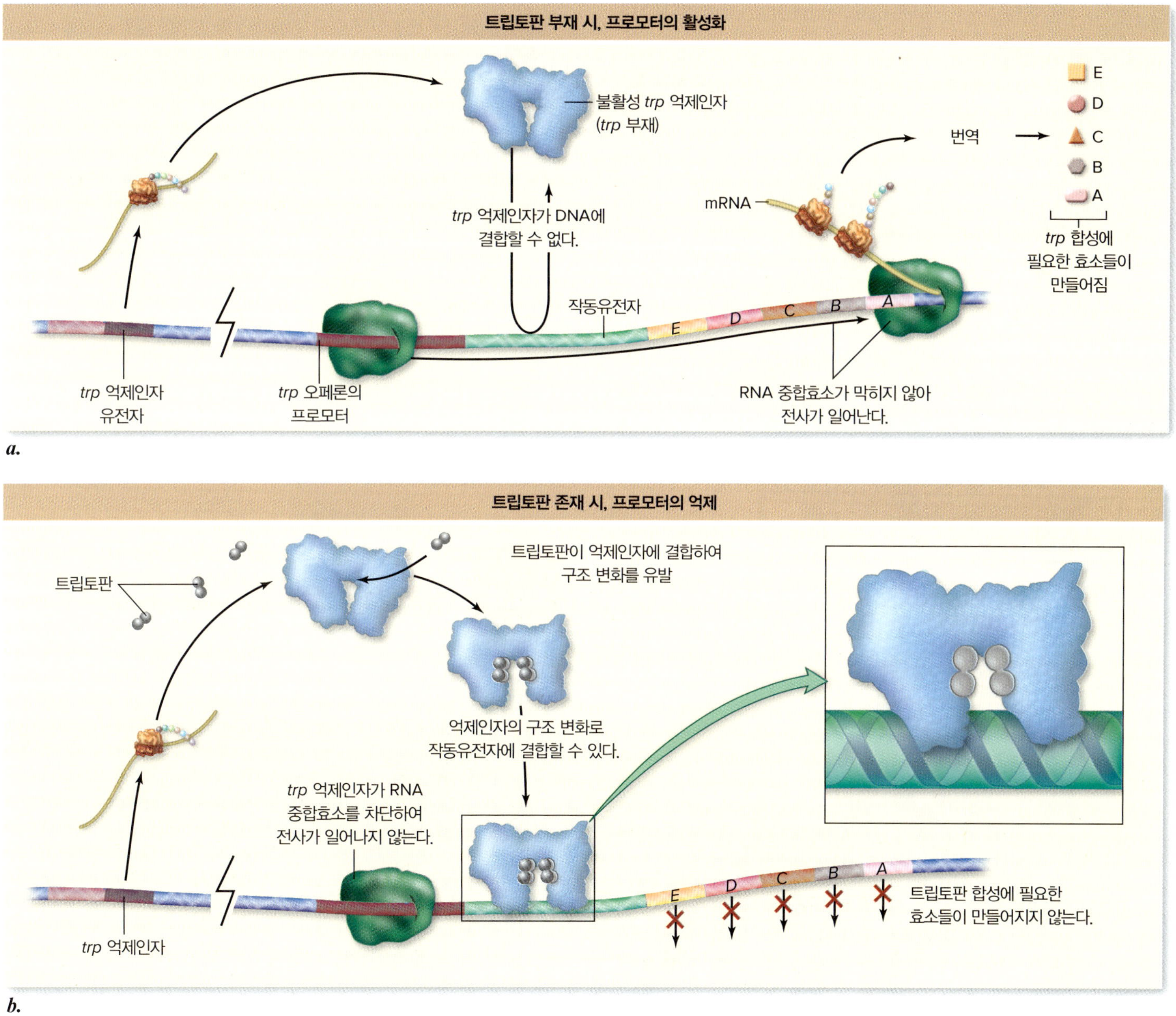

그림 14.6 *trp* **오페론의 조절.**
trp 오페론은 트립토판을 합성하는 데 필요한 효소를 암호화한다. ***a.*** *trp* 억제인자는 단독으로 DNA에 결합할 수 없다. 프로모터가 자유롭게 기능할 수 있어, RNA 중합효소가 오페론을 전사한다. ***b.*** 트립토판이 있을 때, 트립토판은 억제인자에 결합하여 DNA에 결합할 수 있도록 입체구조를 바꾸어 준다. 트립토판-억제인자 복합체는 작동유전자에 단단히 결합해 RNA 중합효소가 전사를 시작하는 것을 막아준다.

인자는 *lac* 억제인자와 반대 방식으로 행동한다. 트립토판이 없을 때 *trp* 억제인자는 작동유전자에 결합하지 않아 오페론의 발현을 가능하게 하며, 트립토판을 만드는 데 필요한 효소들을 생산한다.

트립토판의 양이 많아지면서 **보조억제인자**(corepressor)인 트립토판은 억제인자에 결합하여 억제인자의 입체 구조를 바꾸어 작동유전자에 결합하도록 한다. 작동유전자에 대한 억제인자-보조억제인자 복합체의 결합은 RNA 중합효소가 프로모터에 결합하는 것을 막아준다. 트립토판 결합에 의한 억제인자의 실제적 구조 변화는 인식나선(recognition helices)이 DNA의 인접한 주홈에 딱 들어맞게 하는 1쌍의 나선-꺾임-나선 모티프(helix-turn-helix motif)의 방향성을 바꾸어 준다(**그림 14.7**).

트립토판이 존재하여 억제인자와 결합해서 이 복합체가 작동유전자에 결합했을 때, 오페론은 **억제되었다**(repressed)고 할 수 있다. 트립토판의 양이 감소함에 따라 억제인자 단독으로 작동유전자와 결합하지 못하게 됨으로써 오페론이 발현된다. 이 상태에서는 오페론의 발현이 **탈억제되었다**(derepressed)고 표현하는데, 이는 유도와는 구분되는 개념이다(**그림 14.6** 참조).

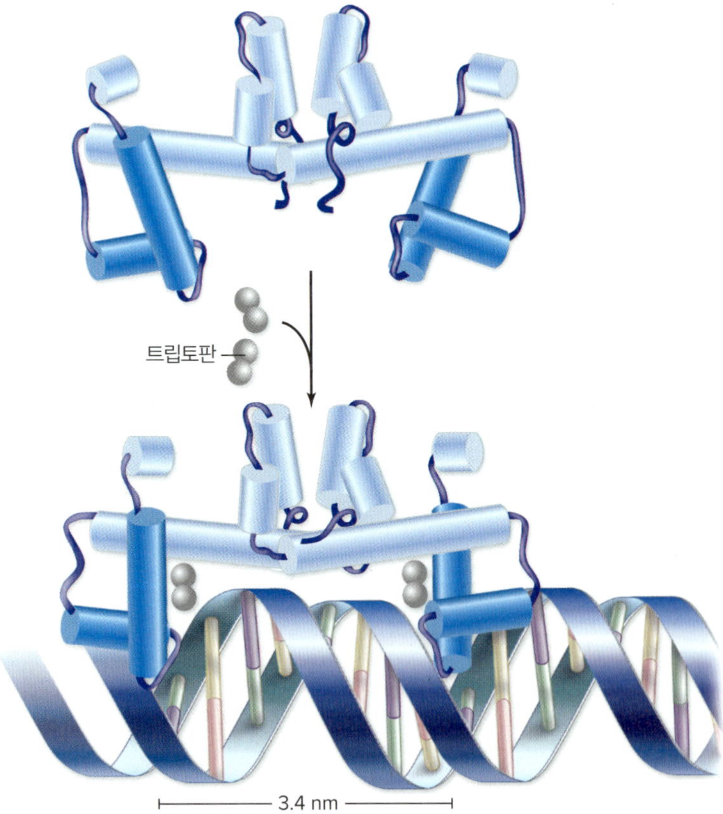

그림 14.7 ***trp*** **억제인자의 작용.**
억제인자에 결합한 트립토판은 억제인자의 인식나선들 사이의 거리를 증가시켜 억제인자가 DNA에서 2개의 인접한 주홈에 잘 맞도록 유도한다.

유도와 억제 두 단계가 어떻게 음성조절에 기인하는지를 이해하기 위한 핵심은 억제 단백질과 작동유전자들의 행동에 대해 이해하는 것이다. 유도에서 억제인자는 스스로 DNA에 결합하고, 유도자는 DNA 결합을 막는다. 억제의 경우에는 억제인자가 보조억제인자와 결합한 상태에서만 DNA에 결합할 수 있다. 유도와 억제는 분자의 상호작용이 어떻게 그들의 구조에 영향을 미치는지, 그리고 분자구조가 어떻게 기능에 중요한지를 보여주는 아주 좋은 예들이다.

핵심 요약 14.3

유도는 기질에 반응하여 경로 내 유전자의 발현이 일어날 때를 의미하며, 기질에 반응하여 발현하지 않게 되면 억제가 일어난다. *lac* 오페론은 음성적으로 조절되는데, DNA에 결합하는 억제 단백질이 존재할 경우 전사가 억제된다. 그러나 젖당이 있으면 유사젖당과 억제인자가 결합하여 DNA에 결합할 수 없게 된다. *lac* 오페론은 또한 활성 단백질로 인해 양성조절을 한다. *trp* 오페론은 DNA에 결합하기 위해 트립토판과 결합한 억제 단백질에 의해 음성조절된다. 그러나 트립토판이 없으면 억제 단백질은 DNA와 결합할 수 없으며, *trp* 오페론은 탈억제된다.

■ *trp*에 여전히 결합할 수 있지만 더 이상 DNA에 결합하지 않는 *trp* 억제인자 돌연변이는 *trp* 오페론을 어떻게 조절할까?

14.4 진핵세포에서의 조절

학습 목표

1. 일반전사인자와 특수전사인자를 구별할 수 있다.
2. pol II 개시복합체의 형성에 대하여 서술할 수 있다.
3. 전사인자들이 멀리 위치하는 DNA에서 어떻게 영향을 미칠 수 있는가에 대해 설명할 수 있다.

진핵세포의 전사 조절은 원핵세포의 조절보다 훨씬 복잡하다. 단백질-DNA 상호작용의 기본 개념은 서로 유효하지만, 상호작용하는 단백질의 유형과 수는 둘 사이의 분명한 차이 때문에 진핵세포에서 훨씬 많다. 첫째, 진핵생물은 염색질로 구조화된 DNA를 가지고 있고, 이것이 단백질-DNA 상호작용을 상당히 복잡하게 한다. 둘째, 진핵세포의 전사는 핵에서 일어나고 번역은 세포질에서 일어나는데,

원핵생물에서는 이 과정이 공간적, 시간적으로 연결되어 있다. 이것은 원핵세포보다 진핵세포에게 더 많은 조절 기회를 제공해 준다.

전사인자는 일반적이거나 특수할 수 있다

13장에서 전사인자의 개념들을 살펴보았다. 진핵세포의 전사는 다양한 전사인자를 요구하는데, 그들은 크게 **일반전사인자**(general transcription factors)와 **특수전사인자**(specific transcription factors)의 두 부류로 구분된다. 일반전사인자는 전사 장치의 조립 및 프로모터로 RNA 중합효소 II를 불러들이는 데 필요하다. 특수전사인자는 특정 세포 유형 또는 신호에 대한 반응에서 전사 수준을 증가시킨다.

일반전사인자

RNA 중합효소 II 주형(단백질을 암호화하는 대다수의 유전자들)의 전사는 전사를 개시하기 위해 RNA 중합효소 II 외에 요구되는 것들이 많다. **일반전사인자**는 RNA 중합효소 II를 프로모터로 불러들이고, 생산적인 시작을 하기 위하여 개시복합체를 만드는데 요구된다. 이러한 인자들은 전사를 일으키기 위해 요구되지만, 기본 속도 이상으로 전사를 증가시키지는 않는다.

일반전사인자들은 "전사인자 RNA 중합효소 II(transcription factor RNA polymerase II)"의 축약형인 TFII로 명명되었다(RNA 중합효소 I과 III는 각각을 TFI, TFIII로 명명). 이러한 일반전사인자는 프로모터를 인지하는 다른 인자들과 결합하여, 결과적으로 RNA 중합효소 II가 초기 전사를 시작할 수 있는 복합체를 구성하도록 한다.

특수전사인자

특수전사인자(specific transcription factor)는 기본 수준보다 높은 전사를 촉진하기 위해 조직 혹은 시간 의존 방식으로 작용한다. 특수전사인자들의 수는 많으며, 다양성이 높다. 어떠한 가닥은 특이인자에 반해 DNA-결합 모티프에 집중하여 전사인자들의 확산을 야기한다.

활성인자라고 불리는 특수전사인자를 분석한 결과 2가지 단백질 영역을 가지고 있는 것을 확인하였는데, 각 인자는 DNA-결합 도메인과 전사 기구와 상호작용하는 분리된 활성 도메인으로 구성되어 있고, 이러한 도메인들은 단백질 내에서 기본적으로 독립성을 지닌다. 이러한 영역의 독립성은 재조합 DNA를 사용하여 2개의 서로 다른 인자 사이에서 DNA 결합 도메인의 "교환(swap)" 실험을 통해 밝혀졌다. 이 실험을 통하여 DNA 결합 도메인이 인자들 사이에서 바뀌면 전사를 활성화하는 능력에 영향을 주지 않고, DNA 결합 특이성만 바꾸는 것을 알 수 있었다.

프로모터와 인핸서는 전사인자에 대한 결합부위를 형성한다

프로모터는 일반전사인자들을 위한 결합 장소를 형성한다. 이런 프로모터에는 여러 인자가 발견되지만, 모든 프로모터에 같은 부분이 발견되는 것은 아니다. "핵심 프로모터(core promoter)"라고 불리는 부위에는 다수의 보존된 요소를 갖고 있지만, 앞서 이야기한 것처럼 모든 프로모터가 이 부위를 가지고 있지는 않다. 가장 많이 보존된 요소는 TATA 박스로, TFIID는 많은 진핵세포의 프로모터에서 발견되는 TATA 박스 서열을 인지하는 TATA-결합 단백질을 가지고 있다. 다른 인자인 TFIIB는 TFIIB 인식부위(BRE)와 결합하고, 핵심 프로모터의 TATA 박스에 인접하며, RNA 중합효소와 상호 작용한다.

TFIID 결합에 뒤이어 TFIIE, TFIIF, TFIIA, TFIIB, TFIIH 결합 그리고 전사연관인자(transcription-associated factors, TAFs)라고 부르는 많은 부속 인자들의 결합이 이어진다. 그 결과 개시복합체(**그림 14.8**)는 프로모터에 결합하는 세균의 RNA 중합효소의 완전효소보다 훨씬 더 복잡하다. 그리고 또 다른 수준의 복잡성이 있는데, 특수전사인자의 참여 없이는 높은 수준의 전사를 달성할 수 없다는 것이다.

인핸서(enhancer)는 위치 또는 방향에 독립적으로 작용하는 높은 수준의 전사에 필요한 DNA 염기서열로 원래 정의되었다. 처음에 분자생물학자들은 조절 영역이 암호영역의 바로 옆 상부에 있을 거라 기대하게 만든 원핵생물 시스템에 익숙해 있었기 때문에, 이러한 개념은 반직관적으로 보였다. 인핸서는 특수전사인자들의 결합 부위

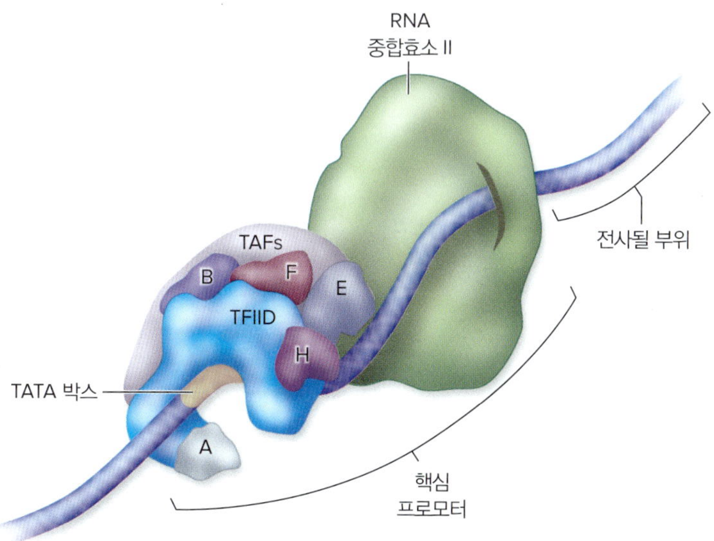

그림 14.8 진핵세포의 개시복합체 형성.
일반전사인자인 TFIID는 TATA 박스에 결합하고, 다른 일반전사인자인 TFIIE, TFIIF, TFIIA, TFIIB, TFIIH가 합류한다. RNA 중합효소 II를 핵심 프로모터로 불러오는 전사연관인자들(TAFs)은 이 복합체에 추가된다.

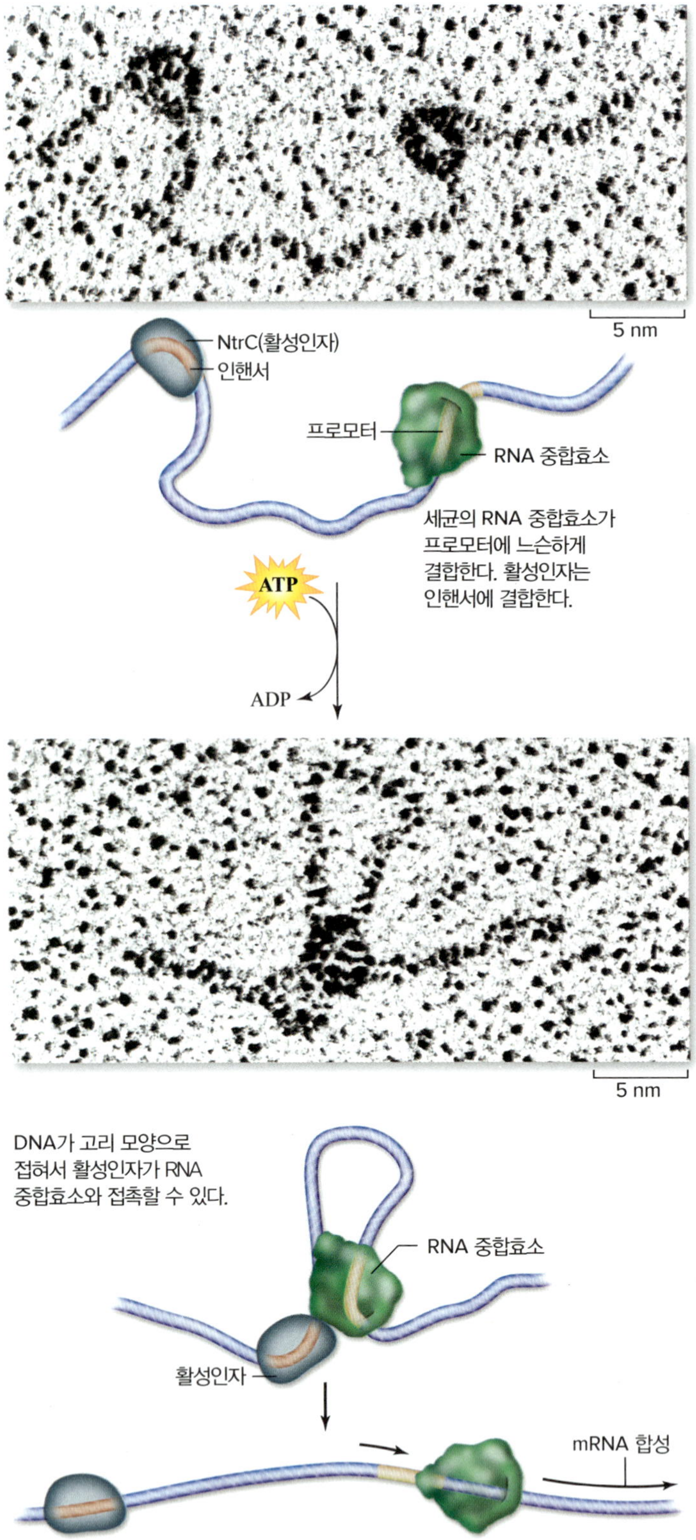

그림 14.9 단백질에 의한 DNA 고리 형성.
세균의 활성인자인 NtrC가 인핸서에 붙으면, RNA 중합효소가 붙어 있는 멀리 떨어진 곳으로 DNA를 구부린다. 이러한 역할을 담당하는 인핸서들은 원핵세포에서는 드물지만, 진핵세포에서는 일반적이다.

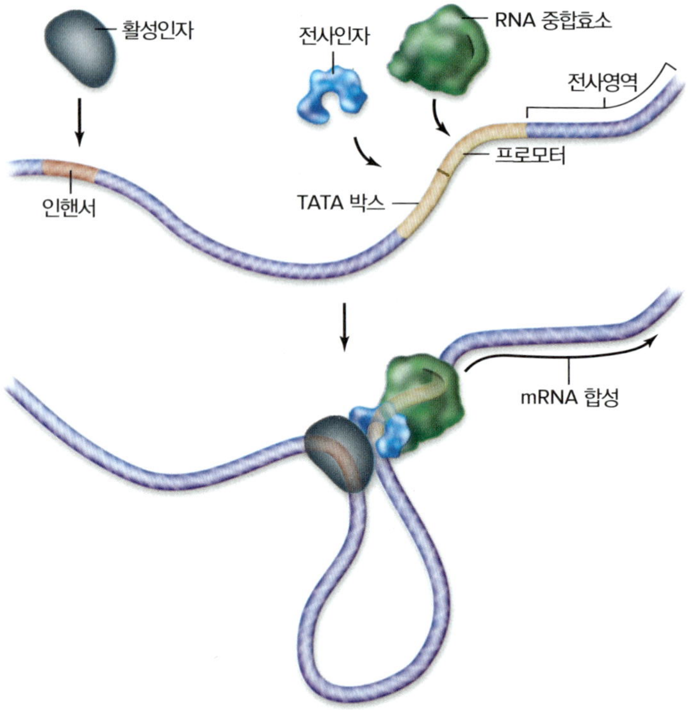

그림 14.10 인핸서의 역할.
인핸서는 부위는 유전자가 조절되는 부위에서 멀리 떨어진 곳에 있다. 인핸서에 활성인자(회색)가 결합하면 RNA 중합효소와 연계된 전사인자(파란색)와 활성인자가 상호작용하여 전사를 촉진한다.

라고 밝혀졌는데, 먼 거리에 걸쳐 작동하는 인핸서의 능력은 처음에는 수수께끼였지만, 지금 연구자들은 DNA가 굽어져 고리를 형성해 인핸서를 프로모터 가까이 위치시킬 수 있다고 생각하고 있다.

진핵세포 체계에서 이 고리 형성이 더 중요하지만, 이 고리 형성은 원핵세포의 DNA-결합 단백질에서 먼저 증명되었다(**그림 14.9**). 가장 중요한 점은 염색체상의 두 자리를 분리하는 직선의 거리가 먼 물리적 거리로 해석되지 않아야 한다는 것이다. 왜냐하면 DNA는 유연성으로 인해 휘고 고리 모양으로 구부러질 수 있기 때문이다. 따라서 인핸서와 결합한 활성인자는 먼 거리의 프로모터에 결합한 전사인자들과 접촉할 수 있게 프로모터 쪽으로 운반된다(**그림 14.10**).

보조활성인자와 매개자는 전사인자를 RNA 중합효소 II에 연결시켜 준다

특히 전사인자들의 활성을 조절해 주는 다른 인자들이 있는데, 이런 **보조활성인자**(coactivator)와 **매개자**(mediator)들은 전사인자에 의한 전사 활성에도 필요하다. 이들은 전사인자들에 결합하고 다른 전사 장치들의 부분에 결합함으로써 작용한다. 매개자는 일부 전사인자들한테는 필수 조건이지만, 모든 전사인자들이 요구하는 것은 아니다. 많은 보조활성인자는 전사인자들보다 적은데, 그 이유는 동

그림 14.11 **전사복합체의 다양한 인자들의 상호작용.**
모든 특수전사인자들은 프로모터에서 멀리 떨어진 인핸서 서열에 결합한다. 전사인자 단백질들은 DNA 고리 형성에 의해 개시복합체와의 상호작용을 할 수 있다. 본문에 자세하게 설명되어 있는 것처럼, 활성인자라고 부르는 어떤 전사인자들은 RNA 중합효소 또는 개시복합체에 직접 상호작용을 하는 반면, 다른 전사인자들은 추가적으로 보조활성인자들을 필요로 한다.

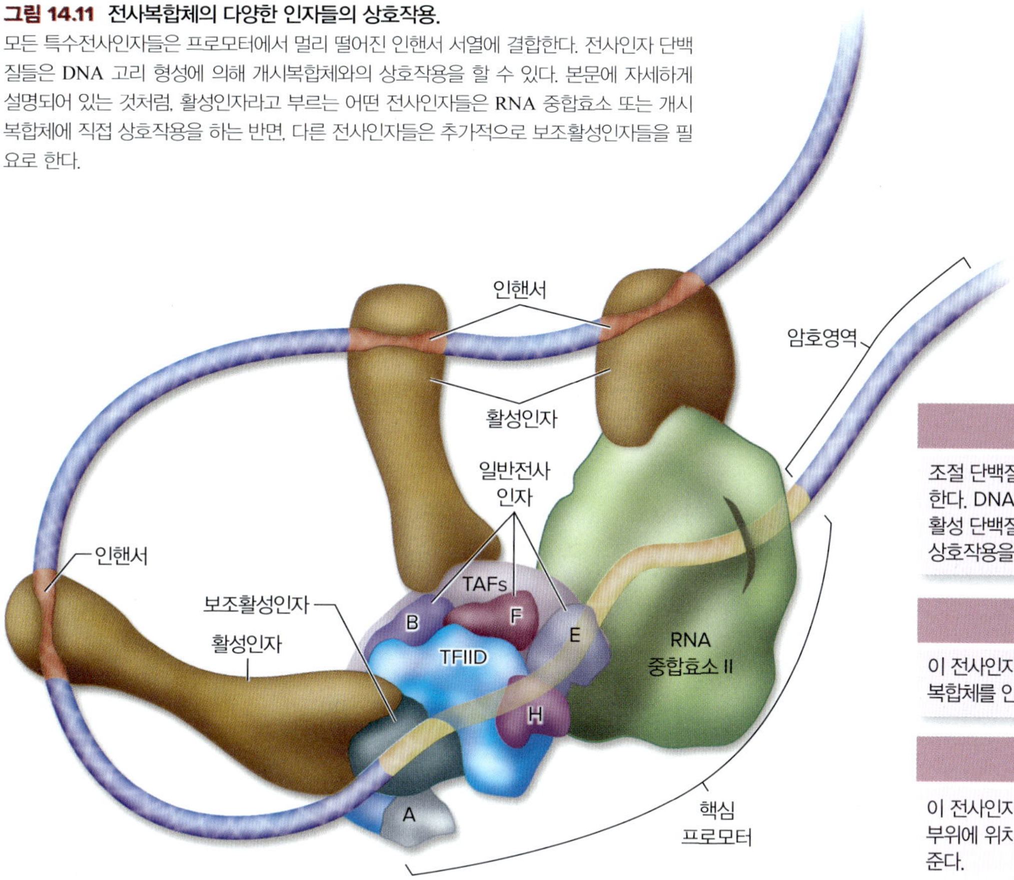

활성인자

조절 단백질은 인핸서라고 알려진 먼 거리에 있는 DNA에 결합한다. DNA가 접혀 인핸서를 개시복합체 가까이 가져오게 되면, 활성 단백질들은 전사 속도를 증가시키기 위해 개시복합체와 상호작용을 한다.

보조활성인자

이 전사인자들은 활성인자 단백질을 전사복합체에 연결함으로써 복합체를 안정화시킨다.

일반전사인자

이 전사인자들은 RNA 중합효소를 단백질 암호화 서열의 시작 부위에 위치시킨 다음 전사를 개시하기 위해 중합효소를 놓아 준다.

일한 보조활성인자가 다수의 전사인자들에 의해 이용될 수 있기 때문이다.

전사복합체는 전사 관련 기구들을 연계시켜 준다

몇 가지 일반적인 원칙이 다양한 범위의 상황에 적용될 수 있지만, 거의 모든 진핵생물의 유전자(또는 공동으로 조절되는 유전자 그룹)들에서 한 가지 특이한 현상이 나타난다. 실제로 RNA 중합효소 II에 의해 전사되는 모든 유전자들은 개시복합체를 조립하기 위해 동일한 일반전사인자의 그룹이 필요하지만, 이 복합체의 조립과 전사의 궁극적 수준은 **전사복합체**(transcription complex)를 구성하는 특수전사인자들에 의존한다(**그림 14.11**).

그래서 진핵세포 프로모터의 구성은 개시복합체에만 요구된다는 것을 고려해 보면 매우 간단하고, 복합체에 결합하고 전사에 영향을 미치는 요소들을 고려한다면 매우 복잡할 수 있다. 이런 종류의 조합 유전자(combinatorial gene)의 조절은 큰 유연성을 이끌어낼 수 있는데, 이것은 세포가 받는 많은 신호에 반응하여 전사에 영향을 끼쳐 이런 신호들의 통합을 허용하기 때문에 가능하다.

? **탐구문제** 진핵생물에서는 어떻게 많은 유전자가 동시에 전사되도록 조화롭게 조절할 수 있는가?

핵심 요약 14.4

진핵생물의 개시에서는 프로모터와 결합하고 RNA 중합효소 II를 불러들여 개시복합체를 형성하는 일반전사인자를 필요로 한다. 일반전사인자들은 기본적인 수준에서의 전사를 유도한다. 특수전사인자는 인핸서 서열에 결합하여 전사를 촉진한다. 인핸서는 DNA의 고리 형성으로 프로모터와 가까워질 수 있기 때문에 멀리서 작용한다. 게다가 추가적으로 보조 활성인자 및 매개자들이 특수전사인자와 RNA 중합효소 II의 결합을 촉진한다.

- 일반전사인자 또는 특수전사인자의 결실을 초래한 돌연변이가 전사에 미치는 영향은 무엇일까?

14.5 유전자 발현에 영향을 주는 염색질의 구조

학습 목표

1. 최소 2종류의 후성유전학적 표지자에 대해 기술할 수 있다.
2. 염색질재구성복합체의 기능에 대해 설명할 수 있다.

2배체의 인간세포에는 3×10^7개의 뉴클레오솜(nucleosome) 안에 6×10^9 bp의 DNA가 포장되어 있다. 또한 염색질의 경우에는 5~10 μm 크기의 핵에 약 2 m의 DNA를 보다 치밀하게 포장하여 존재한다. 이러한 구조는 분명히 전사의 과정을 더 복잡하게 만들게 된다. 세포는 이 난제를 해결하기 위하여 DNA와 히스톤을 변형하여 선택적으로 염색질의 구조를 조절함으로써 생명활동에 필요한 DNA를 이용한다. 염색질에 대한 이러한 변화는 DNA 염기서열은 그대로 둔 채 표현형이 유전되는 후성유전학의 기초가 되는 것으로 생각된다.

DNA의 메틸화, 히스톤의 변형 및 비암호화 RNA는 모두 염색질 구조에 영향을 끼친다

후성유전학적 변화의 정의는 개시의 자극이 없어도 지속성을 가져야 하고, 세포분열을 통해 유전되어야 한다는 것이다. 염색질의 구조에 대한 변형은 이러한 정의를 충족시킬 수 있지만, 세포분열을 통해 유전되는 기작에 대해서는 아직 명확하게 밝혀지지 않았다. 염색질의 구조는 DNA 메틸화뿐만 아니라 히스톤 단백질의 변형 그리고 비암호화 RNA에 의해 광범위하게 영향을 받는다.

DNA 메틸화

DNA의 **메틸화**(methylation)는 후성유전학적으로 작용하는 것으로 보이는 염색질 구조의 첫 번째 변형이었다. 메틸화 효소에 의해 사이토신에 메틸기의 첨가가 이루어지면 5-메틸사이토신을 만들지만, 이 변화는 구아닌과의 염기쌍 형성에 어떤 영향도 주지 않는다(**그림 14.12**). 그러나 DNA 메틸화가 높은 수준으로 일어나면, 유전자의 비활성화와 상관관계가 있고, 유전체 각인(11장 참조)에서 보이는 대립유전자의 발현에도 DNA 메틸화가 부분적으로라도 관련되어 있다.

메틸화는 잘 알려진 기작을 통해 후성유전학적 효과를 일으키는데, 두 가닥이 메틸화된 DNA의 반보전적 복제는 반메틸화된 DNA(hemimethylated DNA)를 생성하며, 이 DNA는 메틸효소의 작용에 의해 완전히 메틸화된다. 사람에게서 발견되는 DNMT1(DNA methyltransferase 1)은 메틸화를 유지시켜 주며, 다른 메틸효소 또한 이러한 역할을 하지만, 지속적으로 활성 상태를 유지할 필요는 없다.

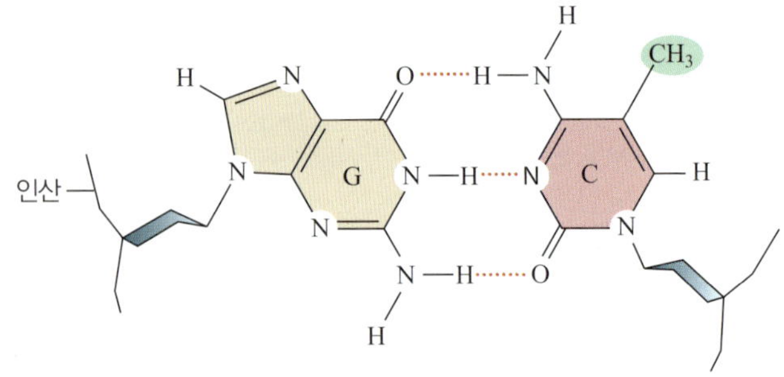

그림 14.12 DNA 메틸화.
사이토신이 메틸화되어 5-메틸사이토신이 된다. 메틸기(초록색)는 주변에 위치하기 때문에 G-C 염기쌍의 수소결합을 방해하지는 않지만, 단백질에 의해 인지될 수 있다.

X 염색체의 불활성화

포유류 암컷은 양 성별에서 X 염색체 발현을 균등하게 하기 위한 양적보상의 한 형태로 하나의 X 염색체를 불활성화한다. 이 분야는 1961년 라이온(Mary Lyon)에 의해 처음 제안된 이후 오늘날에도 활발한 연구의 영역이 되고 있다. 이것은 또한 유전자 발현을 조절하는 긴 비암호화 RNA의 첫 번째 예로 알려지고 있다. 불활성화 과정을 시작하는 염색체의 부분에는 단백질로 번역되지 않는 *Xist*(*X-inactivation-specific transcript*)라는 유전자가 들어 있다. 불활성화 과정은 꽤 복잡하지만, 결국 *Xist* 유전자는 전체 불활성 X 염색체를 "코팅"하고, 염색질 조절인자인 폴리콤 억제 복합체 2(polycomb repressive complex 2, PRC2)를 유도하는 역할을 한다. 이러한 과정은 결국 불활성화된 염색질과 관련된 히스톤의 변형으로 이어진다.

히스톤 단백질의 변형

히스톤 단백질의 변형은 복잡한 주제인데, 왜냐하면 변형이 가능한 경우가 많은 히스톤 단백질 4개로 구성되어 있기 때문이다. 더불어 변형 과정에는 라이신의 아세틸화 및 메틸화, 세린, 트레오닌, 타이로신의 인산화 등이 포함된다. 일반적으로, 특히 H3의 아세틸화는 조절 영역과 유전자 자체의 전사 영역에서 모두 전사 활성화와 상관관계가 있다. 그러나 같은 히스톤(H3)의 메틸화는 라이신 메틸화에 따라 정반대의 효과를 낼 수 있다.

일부 전사 활성인자는 염색질 구조를 변경한다

진핵세포의 전사 조절은 전사를 활성화하기 위해 많은 다른 인자

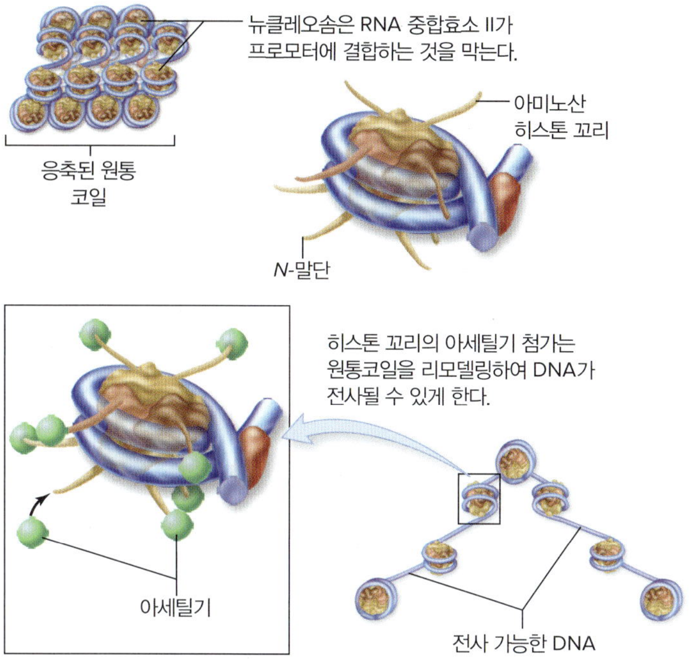

그림 14.13 염색질 구조에 영향을 미치는 히스톤 변경.
진핵세포 DNA는 최초 뉴클레오솜으로 구조화된 다음 더 높은 단계의 염색질 구조로 조직화된다. 뉴클레오솜의 핵심을 구성하는 히스톤은 튀어나온 아미노산 꼬리를 가지고 있다. 이 아미노산 꼬리들은 아세틸 그룹의 첨가로 변형될 수 있으며, 아세틸화는 염색질의 구조를 변형시켜 전사기구가 접근하게 만든다.

들이 필요하다. 일부 활성인자는 개시복합체 또는 보조활성인자와 직접 상호작용을 한다(14.4절 참조). 또 다른 경우는 일부 보조활성인자가 **히스톤 아세틸기 전달효소**(histone acetylases, HATs)의 역할을 한다는 것이다. 이 경우 전사를 막는 고차원의 염색질 구조를 제거함으로써 전사가 증가된 것으로 보인다(**그림 14.13**). 몇몇 보조억제인자들도 **히스톤 아세틸 제거효소**(histone deacetylases, HDACs)의 역할을 하는 것으로 보고되고 있다.

이런 관찰들은 유전암호와 유사한 "히스톤 암호(histone code)"가 존재할지도 모른다는 제안을 이끌어냈다. 히스톤 암호는 염색질 구조 조절의 기저를 이루어 전사기구들의 DNA 접근을 조절하는 기본 조절 기작으로 제안되고 있다.

염색질재구성복합체는 염색질의 구조를 변화시켜 준다

고차원의 염색질의 구조 변경에 대한 세부적인 것은 잘 알려져 있지 않지만, 이 구조가 유전자 발현에 영향을 끼치는 것은 분명했다. 이러한 의문을 해결할 수 있는 중요한 발견이 **염색질재구성복합체**(chromatin-remodeling complex)의 존재이다. 단백질로 이루어진 이 복합체는 히스톤과 DNA를 변형시키고, 염색질 구조 그 자체도 변형시키는 효소들을 포함하고 있다. 이런 재구성 인자들의 한 부류는 ATP 의존성 염색질 재구성 인자로, 이 ATP 의존성 재구성 인자들은 히스톤과 DNA의 관계를 바꾸기 위해 ATP 가수분해 에너지를 사용하며, 히스톤/DNA 결합에서 다음과 같은 4가지 다른 변화를 촉매한다(**그림 14.14**). (1) 뉴클레오솜이 DNA 가닥을 따라 미끄러져 움직여서, DNA상의 뉴클레오솜 위치를 변화시키고, (2) DNA가 더 접근 가능한 재구성 상태를 만들고, (3) DNA에서 뉴클레오솜을 제거하고, (4) 변형된 히스톤으로 히스톤을 대체한다. 이런 모든 기능은 조절 단백질이 DNA에 더 접근 가능하게 만들어 유전자 발현에 영향을 줄 수 있게 한다.

염색질 또한 전사가 신장되는 동안 지속적으로 변형된다. RNA 중합효소 II의 CTD 영역은 중합효소 앞쪽의 뉴클레오솜을 제거하고 중합효소 뒤에 재배치하는 데 도움을 주는 FACT(facilitates chromatin transcription) 라고 불리는 히스톤 샤페론 복합체를 유도한다.

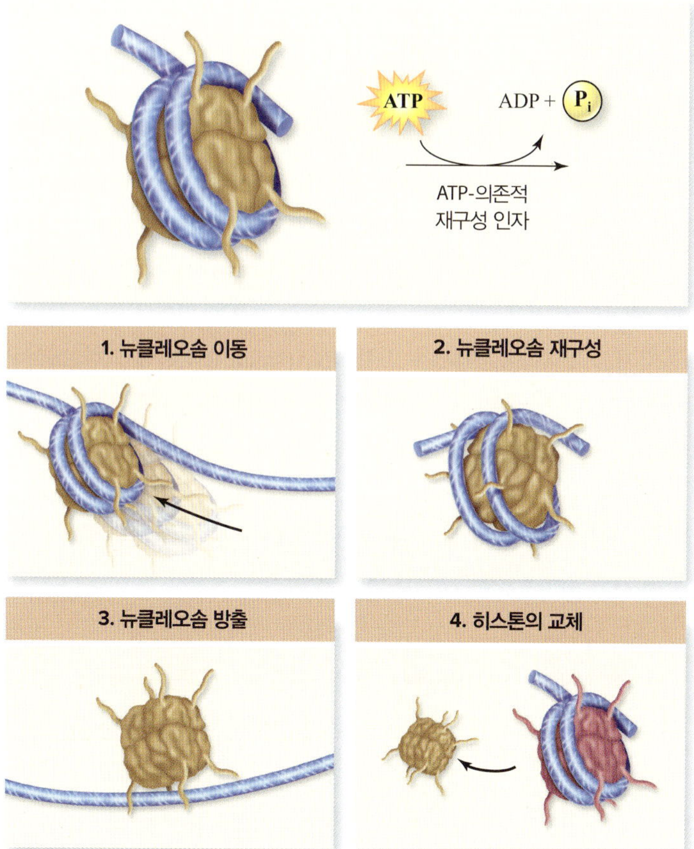

그림 14.14 ATP 의존적 재구성 인자들의 기능.
ATP 의존적 재구성 인자들은 염색질 구조를 바꾸기 위해 ATP로부터 에너지를 사용한다. 그들은 (1) 단백질에 대한 결합 부위를 드러나게 하기 위해 DNA를 따라 뉴클레오솜을 이동시킨다. (2) 접근 가능한 DNA 부분에 재구성된 상태의 염색질을 만든다. (3) DNA에서 뉴클레오솜을 완전히 제거한다. (4) 뉴클레오솜의 히스톤을 변형된 히스톤으로 대체한다.

핵심 요약 14.5

진핵생물 DNA는 염색질로 포장되어 전사에 구조적 어려움을 더한다. 염색질 구조의 변화는 DNA와 히스톤의 변형과 관련이 있으며, 후성유전학의 기초가 되는 것으로 생각된다. 일부 전사 활성인자들은 아세틸화에 의해 히스톤을 변형한다. 거대한 염색질재구성복합체에는 염색질의 구조를 바꾸는 효소가 포함되어 있어 조절 단백질이 DNA에 더 쉽게 접근하게 할 수 있다.

■ 왜 어떤 유전자들은 항상 발현되어야 할까?

14.6 진핵세포에서의 전사후조절

학습 목표

1. 소형 RNA가 어떻게 유전자 발현에 영향을 미치는가에 대하여 설명할 수 있다.
2. 다양한 전사후조절을 구별하여 설명할 수 있다.

진핵세포는 핵에서의 전사와 세포질에서의 번역이라는 과정의 분리로 인해 원핵생물에는 없는 유전자 발현 기작을 진행한다. 이 기작은 오랫동안 유전자 발현 조절의 "대안(alternative)"으로 생각되었는데, 현재는 이전에 예측했던 것보다 훨씬 중요한 역할을 하는 것으로 여겨지고 있다. 여기에서는 소형 RNA(small RNA)에 의한 조절이라는 흥미로운 새 분야와 함께 유전자 발현의 개시를 조절해 주는 여러 기작들에 대해 알아보도록 한다.

소형 RNA는 전사 후의 유전자 발현 조절에 작용한다

발생유전학에 대한 연구는 유전자 발현의 조절에 중요한 많은 관점들을 제시해 왔다. 그의 두드러진 예가 유전자 발현에 영향을 미치는 소형 RNA(small RNA)의 발견이다. 꼬마선충(*C. elegans*)으로부터 분리해낸 *lin-4*라고 불리는 돌연변이체는 꼬마선충의 발생 시간을 변경시키고, 이 유전자가 또 다른 유전자인 *lin-14*를 조절하는 것으로 밝혀졌다. 1992년에 암브로스 등(Ambros, Lee, Feinbaum)에 의해 분리된 *lin-4* 유전자는 단백질 산물을 암호화하지 않는 대신에 22 nt와 61 nt의 2개의 소형 RNA 분자를 암호화한다는 것이 밝혀졌다. 더욱이 22 nt RNA는 61 nt보다 긴 RNA로부터 유도되었으며, 더 나아가 이 소형 RNA가 *lin-14*의 한부분에 상보적이라는 것이 밝혀졌다. 이런 사실들로부터 *lin-4* RNA가 *lin-14* mRNA의 전사 억제인자의 역할을 한다는 모델을 만들었는데(**그림 14.15**), 당시에 이 모델이 관심 있게 받아들여지지 않았지만, 이를 통해 **마이크로 RNA**(micro RNA, miRNA)가 처음으로 확인된 것이다.

완전히 다른 연구 분야로 유전자 발현을 중단시키기 위해 2중가닥

과학적 사고

가설: *lin-14* 유전자에 상보적인 부위를 가지는 *lin-4* miRNA에 의해 *lin-14* 유전자의 발현이 조절된다.
예측: *lin-4* miRNA에 상보적인 부위를 가지고 있는 *lin-14*의 유전자 부위가 리포터 유전자에 삽입이 되면, 리포터 유전자는 *lin-14*와 같은 발현 양상을 나타낼 것이다.
실험: 2가지 종류의 리포터 유전자(β-갈락토스 분해효소)를 만들기 위해 재조합 DNA를 이용하였다. 형질전환된 꼬마선충(*C. elegans*)에서 리포터 유전자는 푸른색을 발현하도록 하였다.
1. *lin-14*의 3′ 비번역 부분에 *lin-4*에 상보적 영역이 있는 β-갈락토스 분해효소(그림에서 구조 확인)
2. 대조군으로 *lin-4*에 상보적 영역이 없는 3′ 비번역 영역을 가진 β-갈락토스 분해효소(그림에는 나타내지 않음)

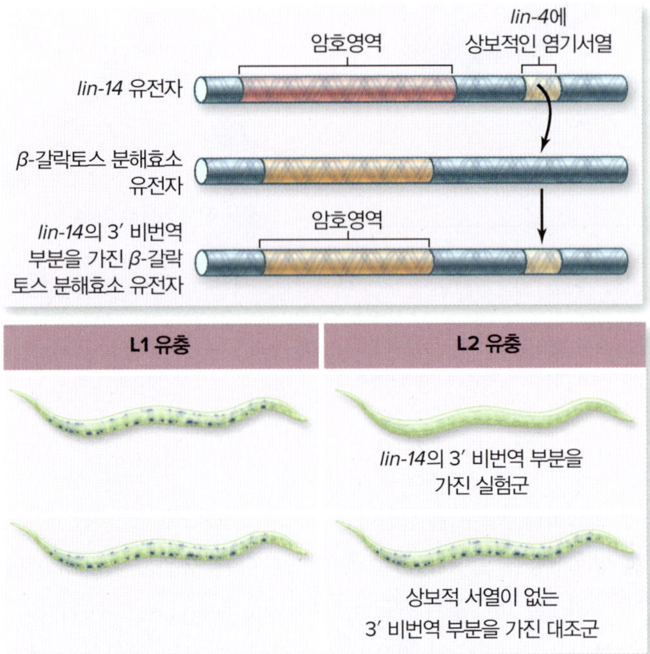

결과:
1. *lin-14*의 3′ 비번역 부분을 가진 리포터 유전자로 형질전환된 꼬마선충은 L1에서는 발현을 보였지만, L2 유충 단계에서는 발현을 보이지 않았다.
2. 3′ 비번역 부분에 *lin-4* 상보적 영역이 없는 리포터 유전자로 형질전환된 꼬마선충은 L1과 L2에서 발현이 나타났다.
결론: *lin-14*로부터의 3′ 비번역 부분은 L2 유충에서의 유전자 발현을 억제할 수 있다.
추가 실험: *lin-4*의 기능이 결실된 돌연변이에서 이 재조합 DNA의 어떠한 발현 양상을 예측할 수 있는가?

그림 14.15 ***lin-14* 유전자 발현의 조절.**
lin-14 유전자는 *lin-4* 유전자에 의해 조절된다. *lin-14* mRNA의 3′ 비번역 부분에 *lin-4* miRNA의 상보적인 부분이 결합하게 되면서 이러한 조절이 일어나게 된다.

의 RNA를 사용하는 것인데, 이것은 **소형간섭 RNA**(small inrerfering RNA, siRNA)라고 부르는 다른 부류의 작은 RNA를 통해 일어난다. 이것은 실험적으로 도입되거나 침입한 바이러스에서 유도되거나, 또는 게놈에서 암호화될 수 있다. siRNA는 소형 RNA를 통한 유전자 발현 조절에 대한 세포 수준에서의 메커니즘이 존재함을 보여준다.

이러한 발견 이후 소형 RNA에 의한 유전자 침묵(gene silencing)은 이들의 실험적 사용과 유전자 발현의 번역후조절에 대한 설명 둘 다에서의 커다란 흥미를 유발하였다. 소형 RNA가 다양한 시스템에서 연구됨에 따라 그들에 대해 설명하는 단어가 크게 증가하고 있다. 최근 연구는 많은 새로운 유형의 소형 RNA들이 밝혀지고 있지만, miRNA와 siRNA가 RNA 침묵기구로 잘 확립되어 실증되고 있기 때문에, 여기에서는 miRNA와 siRNA 2가지 종류에 대해서만 다룬다.

miRNA 유전자

선충(nematodes)에서 발견된 *lin-4* 유전자가 다른 시스템에서 전혀 상동성을 보이지 않았기 때문에 처음에는 유전자 발현에 대한 miRNA의 역할이 선충에 한정된 것으로 여겨졌었다. 7년 후 두 번째 *let-7*이 꼬마선충의 동일 경로에서 발견되었다. *let-7* 유전자는 번역에 영향을 주는 22 nt RNA를 암호화하는데, 이 경우 *let-7*의 동종 유전자가 초파리와 인간에서 곧바로 발견되었다.

다른 생물체에서 발견되는 miRNA의 수가 증가함에 따라 miRNA 유전자 발견은 **마이크로어레이**(microarray)나 차세대 염기서열 결정법과 같은 대용량 처리방법과 컴퓨터 검색을 통해 분석되고 있다. miRNA 전용 데이터베이스에는 현재까지 알려진 1881개의 인간 miRNA 서열이 저장되어 있다.

miRNA 유전자는 발현되는 유전자의 인트론을 포함해 다양한 위치에서 발견되고, 이들은 단일 전사단위 내에서 다수의 miRNA와 종종 클러스터를 이룬다. miRNA 유전자들은 이전에 전사되지 않는 부분이라고 간주된 부분에서도 발견되기도 하는데, 동물 유전체 전반에 걸친 전사를 조사한 다른 연구들에서 전사적으로 불활성화한 것으로 여겨졌던 것들이 실제로는 그렇지 않게 나타났기 때문에 이런 발견은 특히 흥미로운 결과로 받아들여지고 있다.

miRNA의 생성과 기능

기능성 miRNA 생성은 핵에서 시작되어 세포질에서 끝나는데, 약 22 nt RNA는 유전자 발현 억제의 기능을 한다(**그림 14.16**). RNA 중합효소 II에 의해 만들어진 miRNA 유전자의 초기 전사체는 pri-miRNA라고 부르는 전사체이다. 이 전사체는 miRNA를 포함한 부분이 스스로 접히고 염기쌍을 형성하여 줄기와 고리 구조가 만들어진 다음, 핵에서 드로샤(Drosha)라고 부르는 핵산분해효소(nuclease)에 의해 miRNA를 줄기와 고리 구조로만 손질하여 pre-miRNA를 만들게 된다. 이 pre-miRNA는 엑스포틴 5(exportin 5)라고 부르는 단백질에 결합한 상태로 핵공을 통해 세포질로 나가게 된다. 세포질에서 pre-miRNA는 또 다른 핵산분해효소인 **다이서**(Dicer)라는 효소에 의해 더 잘리게 되어, miRNA를 포함한 짧은 길이의 2중가닥의

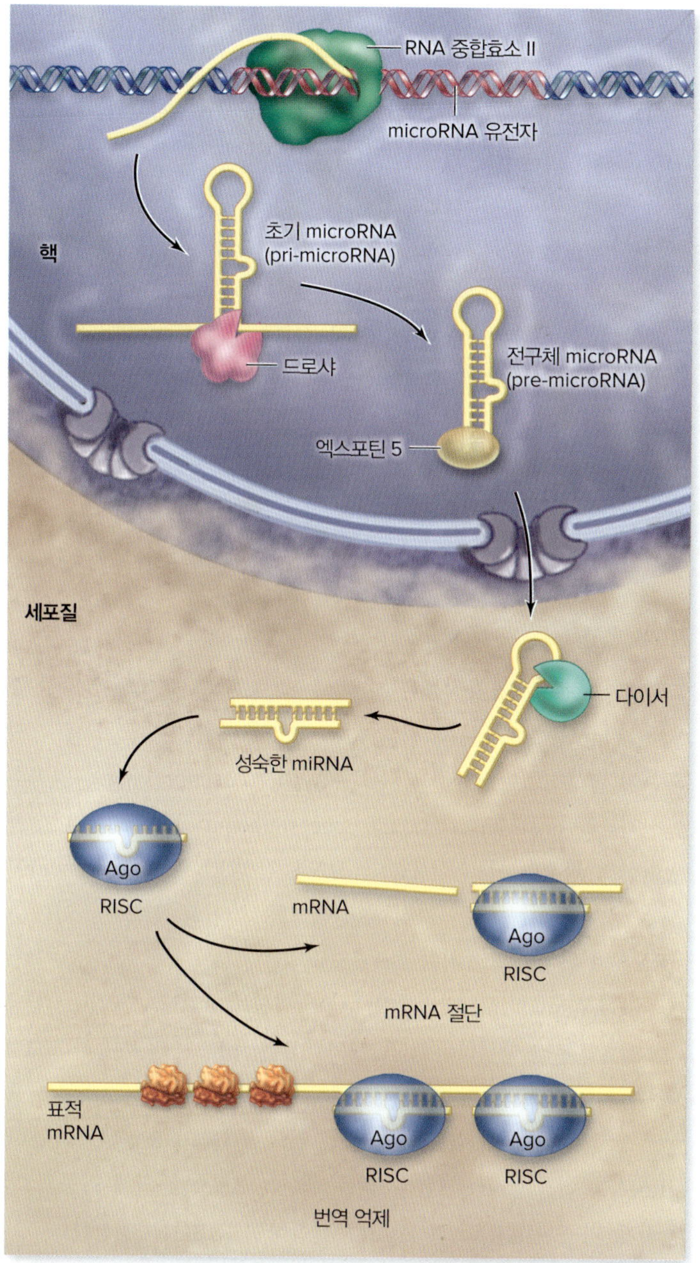

그림 14.16 miRNA의 생성 및 기능.
miRNA 유전자는 RNA 중합효소 II에 의해 전사되어 pri-miRNA로 생겨나게 된다. 이것은 Drosha 핵산분해효소에 의해 잘려져 pre-miRNA로 만들어지고, 핵 밖으로 내보내는 엑스포틴 5와 결합하여 핵으로부터 세포질로 이동한다. 세포질에 도달한 pre-miRNA는 성숙한 miRNA를 만들기 위해 다이서 핵산분해효소에 의해 잘려진다. miRNA는 RISC에 실려지고 이것은 표적 mRNA를 자르거나 번역을 막아준다.

RNA를 만들게 된다. miRNA는 **RNA-유도침묵복합체**(RNA-induced silencing complex, RISC)라고 불리는 단백질 복합체에 실려지는데, RISC는 miRNA와 상호작용하는 RNA 결합 단백질인 아고노트(Argonaute, Ago)를 지니고 있다. 상보적 가닥은 핵산분해효소에 의해 분해되거나 실어지는 과정 중에 제거된다.

이 시점에서 RISC는 miRNA의 상보적 가닥의 유전자 발현을 억제해 주는데, 상보적 영역은 일반적으로 유전자의 3′ 비번역 부분에 존재하며, 결과적으로 mRNA가 잘리거나 번역이 억제될 수 있다. 아직 번역 억제에 대한 자세한 기작은 불분명하지만, 동물세포에서는 miRNA에 의한 번역의 억제가 mRNA의 절단보다 더 일반적인 것으로 여겨진다. 식물에서는 RISC에 의한 mRNA의 절단이 더 일반적이고, 이는 동물 시스템에 비해 식물 miRNA와 이의 표적 사이에서 발견되는 더 세밀한 상보성을 가지기 때문인 듯하다.

RNA 간섭

수년에 걸쳐 유전자침묵을 매개하는 소형 RNA에 대해 알려져 왔으나, 다른 종들에서 관찰된 비슷한 현상에 대한 이름으로 몇 가지 혼란이 발생하였다. RNA 간섭, 공동 억제(cosuppression), 번역후 유전자침묵(posttranscriptional gene silencing) 등은 모두 비슷한 생화학적 과정을 통해 작용한다. **RNA 간섭**(RNA interference)이라는 용어가 최근에는 가장 일반적으로 쓰이고 있으며, 이에는 siRNA의 생성이 포함된다.

siRNA(small interfering RNA)의 생성은 miRNA가 긴 두 가닥의 RNA로부터 발생하는 것을 제외하고는 miRNA와 비슷하다(**그림 14.17**). siRNA는 자기 상보성을 갖는 아주 긴 RNA 또는 2개의 서로 상보적인 RNA에서 온 것이다. 이 긴 두 가닥의 RNA는 다양한 siRNA를 만들기 위해 다이서라는 핵산분해효소에 의해 가공되고, 이렇게 가공된 siRNA는 Ago와 결합하여 RISC를 형성한다. 이 siRNA는 보통 자신의 표적인 mRNA와 거의 완벽한 상보성을 가지고 있으며, 그 결과 RISC를 포함하는 siRNA에 의해서 mRNA가 잘리게 된다.

siRNA를 생산하는 2중가닥 RNA는 세포로부터 또는 세포 바깥으로부터 기원한다. 세포 자체에서 오는 경우 자기 상보성의 긴 영역을 가진 RNA를 만드는 유전자들이 있고, 이 상보성 영역은 접히게 되어 세포질에 있는 다이서에 대한 기질이 된다. 또한 **전이인자**(transposable element)를 가진 게놈의 반복된 부분에서 만들어지기도 한다. 세포 외부의 2중가닥 RNA는 실험적으로 또는 바이러스에 의한 감염으로 도입될 수도 있다.

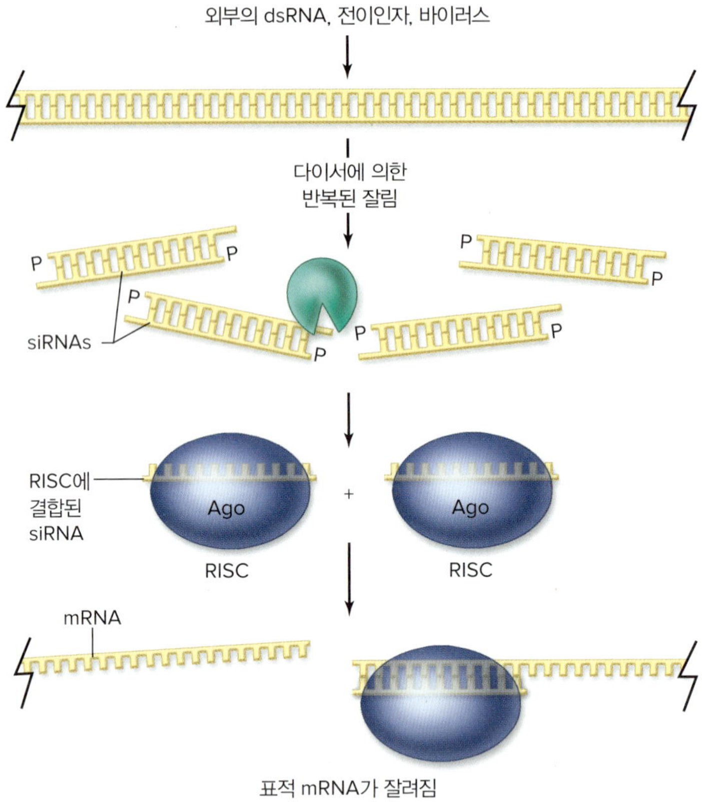

그림 14.17 siRNA의 생성 및 기능.
siRNA는 다양한 기원을 가지는데, 이들은 일반적으로 긴 2중가닥의 RNA에서부터 생성이 된다. 이 2중가닥의 RNA는 많은 siRNA를 만들기 위해 다이서라는 핵산분해효소에 의해 처리되고, siRNA들은 각각 자신의 RISC에 실린 다음, 표적 mRNA를 자른다.

소형 RNA는 유전체를 보호하기 위해 진화하였다

바이러스 RNA가 RNA 침묵 경로를 통해 분해될 수 있다는 관찰은 소형 RNA의 진화적 기원을 알려줄 수 있다. 여러 관찰을 통해 RNA 침묵은 전이인자의 작용 또한 조절이 가능하다는 것이 보고되었다. 특히 생쥐와 초파리에서 특정 유형의 소형 RNA가 정자와 난자 형성 동안 전이인자를 억제시키는 데 관여한다. 따라서 이러한 전이인자를 억제하는 RNA 침묵 신호는 결과적으로 유전체를 내, 외부의 공격으로부터 보호하기 위한 고대의 경로임을 알 수 있다. 또한 침묵에 관여하는 주요 단백질의 보존은 모든 진핵생물의 조상이 어떤 형태로든 RNA 침묵 경로를 가지고 있었다는 것을 암시한다.

miRNA와 siRNA의 구별

miRNA와 siRNA의 생성은 다이서에 의해 잘리는 것과 RISC 복합체와 결합하는 것을 포함한다. 두 유형의 분자를 구별하는 주요점은 그들의 표적인데, miRNA는 그들의 근원과 다른 유전자를 억제하는 경향이 있는 반면, 내생의 siRNA는 자신들을 만든 유전자를 억제하는 경향이 있다. 이에 더하여 siRNA는 유전자의 발현을 억제하는 데 실험적으로 사용된다. 이 기법은 관심 있는 유전자에 상보적인 2중가닥 RNA를 도입하여 유전자침묵을 유도하는 세포 기구를 이용하는 것이다.

소형 RNA의 두 유형은 서로 다른 차이점들도 지니고 있다. 다양한 종에서 miRNA는 진화적으로 보존되는 경향이 있지만 siRNA는 그렇지 않은 것으로 나타났다. 이들의 생성은 핵산분해효소를 이용한다는 점에서 유사하나, 2중가닥 RNA의 구조는 실제로는 같지 않다. miRNA 유전자의 전사는 miRNA를 포함하는 줄기-고리(stem-loop) 구조를 형성하지만, siRNA를 만드는 2중가닥 RNA는 아마도 두 분자이거나 매우 긴 줄기-고리일 것이다. 이렇게 더 긴 2중가닥의 부분이 다양한 siRNA를 유도하는 반면에, pre-miRNA는 오직 1개의 miRNA를 만든다.

소형 RNA는 이질염색질의 형성을 매개한다

RNA 침묵 경로는 분열 효모(fission yeast) 및 식물과 초파리에서 이질염색질(heterochromatin)의 형성과 관련이 있는 것으로 시사되어 왔다. 분열 효모에서 이질염색질 동원체의 형성은 다이서 핵산분해효소 활동에 의해 만들어진 siRNA에 의해 추진된다. 이 이질염색질 형성은 히스톤 단백질의 변형을 포함해 이 체계 내에서의 RNA 간섭을 염색질 재구성과 관련지어 준다. 이것이 얼마나 널리 퍼져 있는지는 아직 명확하게 밝혀내지 못하고 있다.

식물은 다양한 소형 RNA 종류를 가진 흥미로운 경우이다. RNA 간섭 경로는 다이서 핵산분해효소 단백질과 아고노트 RNA 결합 단백질의 다양한 형태를 가진 동물에서보다 더 복잡하다. 내생적인 siRNA의 한 부류는 DNA 메틸화와 히스톤 변형을 통해 이질염색질의 형성을 유도할 수 있다.

선택적 스플라이싱은 하나의 유전자로부터 다양한 단백질을 형성한다

13장에서 논의된 것처럼 빈도가 높은 대체 스플라이싱으로 인해 인간 유전체에서 100,000개 이상의 전사체를 만들어 낼 수 있다. 이러한 많은 수의 전사체의 기능을 알아보려면 특정 유전자를 대상으로 하는 분석이 필요하다. 이러한 스플라이싱 양상은 발생의 여러 단계에서나 여러 조직마다 다를 수 있다. 여기서는 2가지 예를 들어 확인해 보자.

먼저는 초파리에서 발생학상의 차이를 볼 수 있는데, 초파리에서의 성 결정은 수컷과 암컷에서 서로 다른 선택적 스플라이싱 사건의 복잡한 일련의 과정에 의해 나타난다.

다른 조직 특이적 선택적 스플라이싱 작용의 좋은 예는 사람의 갑상선과 시상하부에서 발견된다. 이 두 기관은 하나의 유전자로부터 칼시토닌(calcitonin)과 CGRP(calcitonin-gene-related peptide)라는 2개의 독특한 호르몬을 만든다. 칼시토닌은 칼슘 섭취 및 뼈와 치아 같은 조직에서의 칼슘의 균형을 조절해 주며, CGRP는 신경 및 내분비계의 많은 기능과 관련이 있다. 이 두 호르몬은 매우 다른 생리학적 특징을 지니고 있지만, 이들은 같은 전사체에서 만들어진다(**그림 14.18**). 이러한 칼시토닌과 CGRP의 경우 갑상선과 시상하부에서 존재하는 다른 스플라이싱 인자에 의해 조절된다.

사람의 유전체를 대상으로 한 모든 유전자에 대한 기능적 분석은 현재까지는 비현실적이다. 그렇기 때문에 많은 단백질을 한꺼번에 분석할 수 있는 대용량 질량 분석을 통해 이러한 해법들을 제시하고

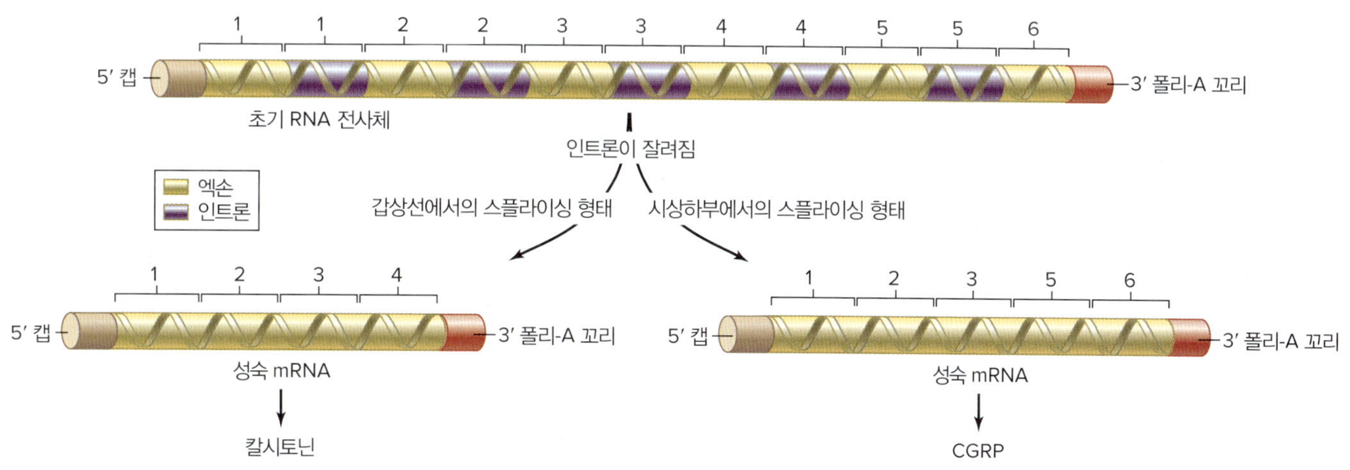

그림 14.18 선택적 스플라이싱.
많은 초기 전사체는 여러 mRNA로 만들어지기 위해, 다양한 방법으로 스플라이싱이 된다. 이 예에서는 갑상선에서의 초기 전사체는 칼시토닌 단백질을 암호화하는 4개의 엑손을 가지도록 스플라이싱된다. 시상하부에서는 갑상선에서 폴리-A 자리를 가졌던 네 번째 엑손은 생략되고, 2개의 추가적인 엑손이 결합하여 칼시토닌 유전자 관련 펩타이드(CGRP)를 암호화한다.

있다. 초기의 연구들은 얼마나 많은 전사체가 번역되는지에 대하여 잘 알지 못했지만, 이러한 단백질체 분석방법은 빠르게 발전하고 있고, 향후 많은 유전자의 기능을 분석할 수 있을 것이다.

RNA 편집으로 인해 전사후 mRNA가 변화될 수 있다

성숙한 mRNA 전사체의 편집은 게놈에서 암호화되지 않는 변형된 mRNA를 만들 수도 있다. RNA 편집은 원생동물의 몇몇 RNA 전사체에서 유라실 잔기의 삽입으로 처음 발견되었고, 이것은 비정상적인 것으로 여겨졌다.

다른 종류의 RNA 편집은 사람을 포함한 포유류에서 발견되고 있다. 이 경우 염기의 화학적 변형으로 염기쌍 형성의 성격을 바꾸게 되는 탈아미노화(deamination)에 의한 것을 포함한다. 예를 들어, 사이토신의 탈아미노화는 유라실을, 아데닌의 탈아미노화는 이노신(inosine)으로의 염기쌍 형성을 바꾼다(번역 동안 이노신은 구아닌과 염기쌍을 이룬다).

5-HT 세로토닌 수용체

RNA 편집은 인간에서 아편(opiates)에 대한 뇌의 수용체에서 관찰되고 있다. 이 수용체들 중 하나인 세로토닌(5-HT) 수용체는 전체 12개의 동형 단백질(isoforms)을 만들기 위해 다양한 위치에서 편집된다.

RNA 편집의 유형이 얼마나 널리 퍼져 있는지는 불분명하지만, 이런 RNA 편집은 유전자에 암호화된 정보가 단백질 생산을 위한 이야기의 끝이 아니라는 것을 보여주는 증거이다.

번역을 위해 mRNA는 핵 밖으로 이동한다

가공된 mRNA 전사체는 핵공을 통해 핵 밖으로 나간다(3장 참조). 핵막을 가로지르는 이 전사체의 통과는 핵공 내부에 늘어서 있는 수용체에 의해 전사체가 인지되어야 하는 능동적인 과정이다. 폴리-A 꼬리 같은 전사체의 특별한 부분은 인식에 중요한 역할을 하는 것으로 보인다.

그럼에도 불구하고 유전자 발현이 이 부분에서 조절된다고 보기는 어렵다. 평균적으로 1차 전사체의 대략 10%가 mRNA 서열을 구성할 엑손(exon)으로 구성되어 있고, 1차 전사체가 만든 전체 mRNA의 대략 5%만 세포질에 도착한다. 이러한 관찰은 1차 전사체 상의 엑손 중 대략 절반은 핵을 떠날 수 없음을 나타내 주지만, 이 mRNA의 사라짐이 선택적인지는 불분명하다.

번역의 개시가 조절된다

세포질의 리보솜에서 가공된 mRNA 번역에는 **번역인자**(translation factor)라고 부르는 단백질 복합체가 참여한다. 적어도 몇몇 경우에서 유전자 발현이 1개 이상의 번역인자들의 변형에 의해 조절된다. 다른 예로 **번역억제단백질**(translation repressor protein)은 전사체 앞부분에 결합하여 번역을 중지시켜 리보솜에 붙지 못하게 한다.

사람의 경우 페리틴(ferritin, 철분 저장 단백질)의 생산은 아코니테이스(aconitase)라고 부르는 번역 억제 단백질에 의해 차단된다. 아코니테이스는 페리틴 mRNA 앞부분의 30 nt 염기서열에 붙어 안정한 고리를 형성하여 리보솜에 결합하지 못하게 한다. 철 이온이 세포 안으로 들어올 때, 철이 아코니테이스와 결합하여 페리틴 mRNA에서 아코니테이스를 분리시킨다. 이때 페리틴 mRNA가 번역되고 페리틴 생성은 100배 증가한다.

mRNA 분해가 조절된다

유전자 발현에 영향을 주는 또 다른 측면은 세포질에서 mRNA의 전사체의 안정성이다. 3분 정도의 반감기(half-life)를 갖는 원핵세포의 mRNA 전사체와는 달리, 진핵세포의 mRNA 전사체는 매우 안정적이다. 예를 들어, β-글로빈 유전자 전사체는 10시간 이상의 반감기를 가짐으로써 빠르게 움직이는 세포의 대사주기에서 지속성을 갖게 된다.

그러나 조절 단백질과 성장 인자들을 암호화하는 전사체들은 일반적으로 1시간 미만의 반감기를 갖는 훨씬 불안정한 전사체들이다. 무엇이 이런 특정 전사체를 불안정하게 하는 것일까? 많은 경우 이 전사체들은 3′ 말단에 RNA 분해효소의 결합이 가능한 특이 서열을 가지고 있거나, 3′ 폴리-A 꼬리 근처의 A와 U 뉴클레오타이드 염기서열이 꼬리 제거를 촉진시켜 주고 이것은 mRNA를 불안정하게 만든다. 폴리-A 꼬리의 소실은 3′에서 5′ 방향의 RNA 핵산말단가수분해효소(exonuclease)를 통해 mRNA의 급격한 분해를 일으킨다. 이 소실의 또 다른 결과는 5′ 캡을 제거하는 캡 제거효소(decapping enzyme)를 자극하여, 5′ 캡을 제거해서 5′에서 3′으로 RNA 핵산말단가수분해효소에 의한 분해를 유도한다.

다른 mRNA 전사체는 3′ 말단 근처에 핵산내부가수분해효소(endonuclease)가 인지하는 염기서열이 있어 전사체를 빨리 분해시키게 된다. 이는 세포에서 조절 유전자들의 양을 급격히 변화할 수 있기에, 많은 조절 유전자의 mRNA 전사체의 짧은 반감기는 유전자의 기능에 결정적이다.

mRNA 수준에서 또 다른 조절 방법은 종결돌연변이 매개 분해(nonsense-mediated decay, NMD) 방법인데, 이 방법은 조기 종결신호(nonsense codon)로 mRNA를 제거하는 기작으로서 조기 종결로 인해 생긴 쓸모없는 단백질의 생성을 억제한다. 많은 대체 스플라이싱 전사체는 일반적으로 조기 종결코돈을 생성하는 경우가 많고, 따라서 세포질에서 제거된다.

핵심 요약 14.6

소형 RNA는 mRNA의 선택적 분해, 번역 억제 또는 염색질 구조의 변경에 의해 유전자 발현을 조절한다. 선택적 스플라이싱을 통해 단일 유전자는 다중 mRNA를 형성할 수 있으며, 조직 및 성장에 이용된다. mRNA 전사체의 서열은 RNA 편집에 의해 변경될 수도 있다.

■ 어떻게 RNA 간섭 현상이 약물 설계에 사용될 수 있었을까?

14.7 단백질 분해

학습 목표

1. 단백질 분해에 대한 유비퀴틴의 역할에 대해 서술할 수 있다.
2. 단백질분해효소복합체의 기능에 대해 설명할 수 있다.

세포의 생애 동안 만들어진 단백질이 모두 세포에 남아 있게 된다면 심각한 문제가 일어난다. 1970년대에 밝혀진 단백질 표지 연구에서 진핵세포는 단백질을 순환시키는 것이 밝혀졌다. 즉, 단백질은 계속적으로 합성되고 분해된다는 것이다. 이러한 단백질의 합성과 분해가 되는 회전율이 원핵세포에서 만큼 빠르지는 않지만, 단백질 회전율을 조절하는 시스템은 진핵생물에서도 중요하다.

단백질이 화학적으로 변화되어 제 기능을 하지 못하거나, 특정 단백질이 일시적으로 필요할 때도 있다. 단백질은 항상 정확하게 접히는 것이 아니고, 시간이 흐르면서 부정확하게 접힐 수도 있다. 이런 변화는 기능의 상실 또는 물에 녹지 않는 응집체로 되는 것 같은 다른 화학적 행동을 초래한다. 사실 알츠하이머 치매, 파킨슨병 그리고 광우병 같은 많은 신경퇴행성 질환이 뇌세포에서 특유의 플라크를 형성하는 응집된 단백질과 관련되어 있다. 따라서 단백질의 정상적 회전 외에, 세포는 오래되고 사용되지 않으며 부적절하게 접힌 단백질을 제거하기 위한 기작이 필요하다.

단백질분해효소(protease)는 단백질의 펩타이드 결합을 끊어 단백질의 구성물인 아미노산으로 바꾼다. 세포는 이런 효소들이 필요하지만, 이 효소들이 세포질 안에서 항상 활성을 가지는 상태로 존재하는 것은 아니다.

진핵세포가 이런 문제를 해결하는 한 가지 방법은 분해력을 지닌 효소를 특정 세포 구역에 가두고 있는 것이다. 라이소솜(lysosomes)이 단백질분해효소를 포함한 소화 효소를 가진 소낭이라는 것을 3장에서 살펴보았다. 라이소솜은 단백질과 오래되고 기능을 하지 못하는 세포소기관을 제거하는 데 사용되지만, 이 시스템이 특정 단백질에 특성화되어 있는 것은 아니다. 따라서 세포는 오래되거나 사용하지 않는 단백질을 제거하는 또 다른 조절 경로를 필요로 하지만, 나머지 세포질 단백질은 온전히 남겨 놓아야 한다.

분해될 단백질은 유비퀴틴에 의해 표지된다

진핵세포는 분해될 단백질을 표지하여 선택적으로 단백질을 분해함으로써 이 문제를 해결한다. 세포가 사용하는 표지는 **유비퀴틴**(ubiquitin) 분자를 붙이는 것으로, 기본적으로 모든 진핵세포에서 발견되기 때문에 붙여진 이름인 유비퀴틴[모든 곳에서 존재한다는 의미의 유비쿼터스(ubiquitous)로부터 유래]은 76개의 아미노산으로 이루어진 단백질로, 다른 단백질에 결합된 긴 사슬이나 따로 떨어진 분자 상태로 존재한다.

긴 사슬은 **유비퀴틴 연결효소**(ubiquitin ligase)에 의해 순차적으로 단백질에 첨가되는데(**그림 14.19**), 이 반응은 ATP와 다른 단백질을 필요로 하고, 다단계의 조절과정으로 일어난다. 유비퀴틴 사슬이 붙은 단백질을 **폴리유비퀴틴화**(polyubiquitinated)되었다고 하며, 이 상태는 세포에게 이 단백질을 분해하라는 신호가 된다.

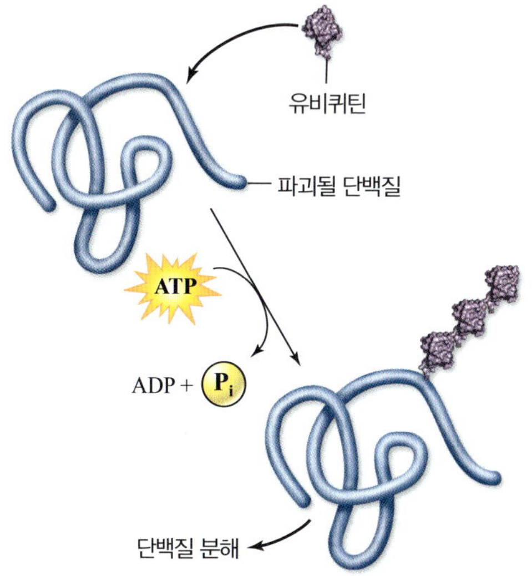

그림 14.19 단백질의 유비퀴틴화.
분해될 단백질은 유비퀴틴으로 표지된다. 유비퀴틴 연결효소는 ATP를 사용하여 유비퀴틴을 단백질에 붙인다. 여러 개의 유비퀴틴이 붙어서 생성되는 폴리유비퀴틴화된 단백질은 파괴된다.

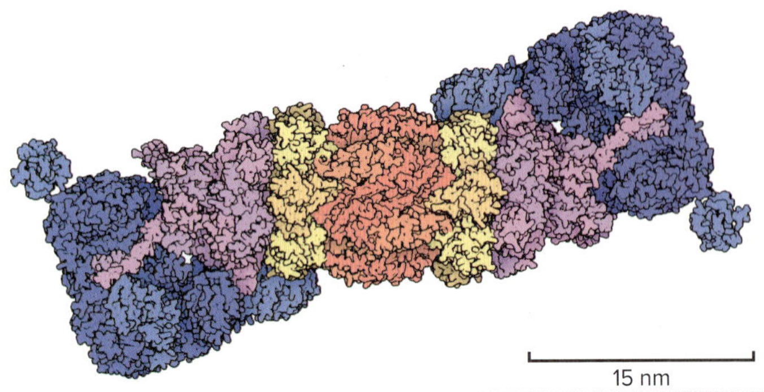

그림 14.20 초파리의 단백질분해효소복합체.
중앙의 복합체는 단백질 가수분해 활성 부분을 포함하고 있고, 측면지역은 조절자로 작용한다. 단백질은 원통의 한쪽 끝으로 들어가 펩타이드 조각으로 쪼개져서 다른 끝으로 나온다.

2가지의 기본 단백질 그룹이 유비퀴틴화되는데, 그들은 부적절하게 접혔거나 기능을 할 수 없기 때문에 제거되어야 할 것들과 세포에 의해 조절된 방식으로 만들어지고 분해되는 것의 두 부류이다. 후자의 예는 세포주기가 돌아가는 것을 돕는 사이클린 단백질(cyclin protein)이다(8장 참조). 이런 단백질들은 세포분열에서 자신들의 역할을 수행하고, 폴리유비퀴틴화되어 제거된다. 이런 방법으로 세포는 분열을 시작하거나, 분열하지 않는 상태를 유지하는 것을 조절할 수 있다.

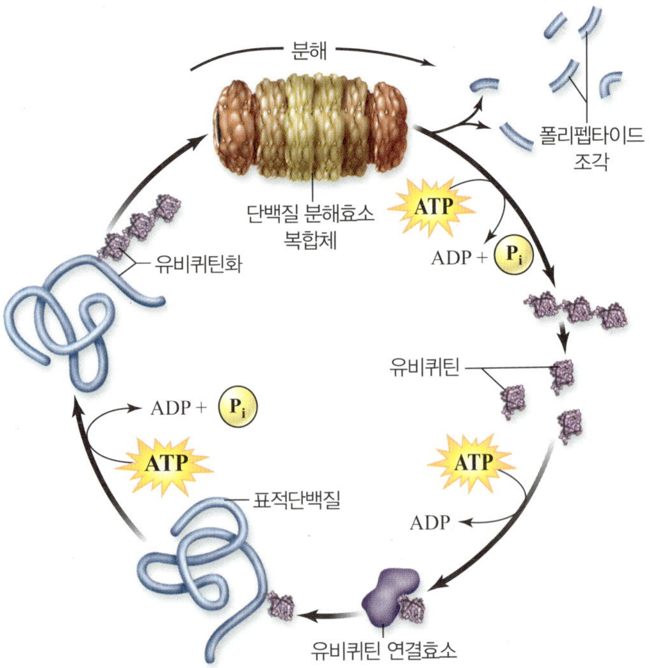

그림 14.21 유비퀴틴-단백질분해효소복합체 경로에 의한 분해.
단백질은 먼저 유비퀴틴화되고, 단백질분해효소복합체로 들어가 분해된다. 단백질분해효소복합체 내에서 폴리유비퀴틴은 제거되고, "탈유비퀴틴화"에 의해 단일 유비퀴틴 분자를 만들어 재사용한다.

단백질분해효소복합체는 다중 유비퀴틴화 단백질을 분해한다

유비퀴틴으로 표지된 단백질을 분해하는 세포내 소기관은 **단백질분해효소복합체**(proteasome)로, 단백질이 한쪽 끝에서 들어가고 다른 끝으로 아미노산이나 펩타이드 절편이 나오는 커다란 원통형의 복합체이다(**그림 14.20**).

단백질분해효소복합체는 중앙에 단백질 분해효소(protease) 활성 부분을 가지고 있고, 조절요소는 양쪽 끝에 붙어 있다. 이들은 막으로 경계가 지어져 있지는 않지만, 이 세포기관은 매우 작은 크기의 구획화된 형태로 되어 있다고 여겨진다. 이는 두 단계의 과정에 의해 일어나는데, 첫 번째 단계는 분해될 단백질을 표지한 다음 큰 복합체 속으로 표지된 단백질을 집어넣어, 분해될 단백질을 세포질 부분과 분리시켜 주는 것이다.

유비퀴틴화가 일어난 다음에 **유비퀴틴-단백질분해효소복합체 경로**(ubiquitin-proteasome pathway)라 부르는 단백질 분해효소에 의해 분해가 일어난다. 단백질에 첨가된 유비퀴틴은 단백질분해효소복합체에 의해 스스로 분해되지 않는다는 점에서 이것은 하나의 사이클로 생각된다. 단백질이 분해됨에 따라 유비퀴틴 사슬 자체는 단순히 유비퀴틴 단위체로 쪼개진 다음 다시 사용될 수 있다(**그림 14.21**).

그림 14.22에는 진핵세포의 유전자 발현을 조절하는 다양한 방법을 요약하여 나타냈다.

핵심 요약 14.7

진핵세포에서의 단백질 분해 조절에는 단백질을 파괴하기 위해 표시되는 유비퀴틴의 첨가가 중요하다. 또한 단백질 분해효소 활성을 가진 원통형 복합체인 단백질분해효소복합체(proteasome)는 유비퀴틴화된 단백질을 인식하고 문서를 파쇄하는 파쇄기처럼 단백질을 파괴한다. 더불어 유비퀴틴은 변화 없이 재활용된다.

- 만약 유비퀴틴 과정이 엄격하게 조절되지 않는다면, 이것은 세포에 어떠한 영향을 끼칠까?

탐구문제 세포가 폴리펩타이드를 폴리유비퀴틴화하는 2가지 이유는 무엇인가?

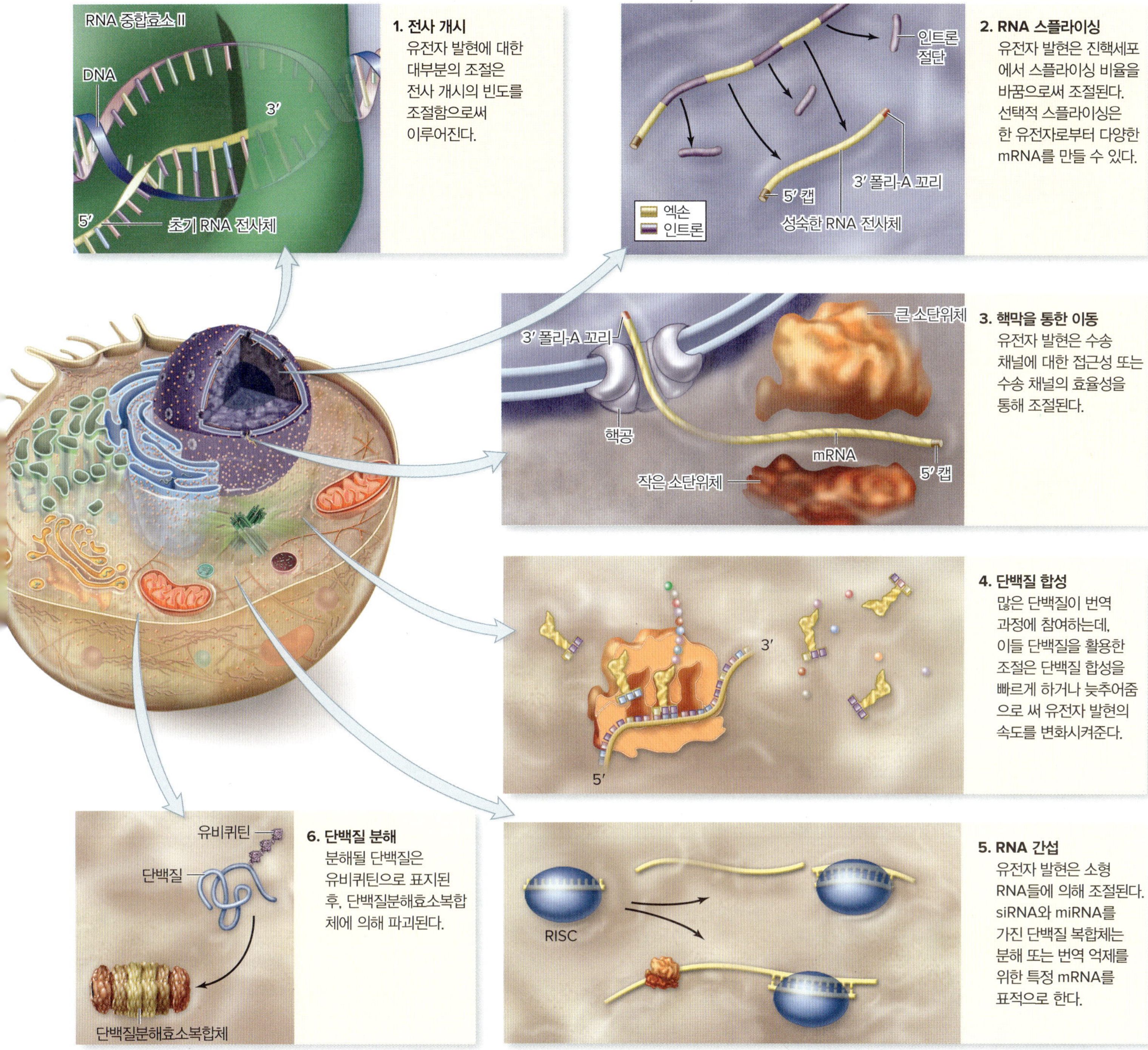

그림 14.22 진핵세포의 유전자 발현 조절 기작.

핵심 개념 요약

14.1 유전자 발현의 조절

■ **유전자 발현의 조절은 모든 단계에서 일어난다**

전사는 RNA 중합효소가 프로모터에 결합하도록 조율하는 조절 단백질에 의해 조절된다. 특히 조절 단백질은 전사를 억제하거나 촉진시킬 수 있다.

■ **원핵생물은 환경 변화에 적응하는 것이 주요 조절 전략이다**

■ **진핵생물은 항상성 유지와 성장이 주요한 조절 전략이다**

14.2 조절 단백질

■ **단백질은 주홈을 통해 결합한다**

DNA 2중나선은 주홈과 부홈을 가진다. 주홈의 염기는 조절 단백질과 결합할 수 있다.

■ **DNA 결합 도메인은 특정 DNA 서열과 결합한다**

DNA에 결합할 수 있는 조절 단백질의 영역을 DNA-결합 모티프라고 한다(**그림 14.2**).

■ **여러 개의 공통 DNA 결합 모티프는 많은 단백질에서 공유하고 있다**

일반적인 모티프에는 나선-꺾임-나선 모티프, 호미오도메인 모티프, 아연집게 모티프, 류신지퍼 모티프가 있다.

14.3 원핵세포에서의 조절

■ **전사 조절은 양성 또는 음성일 수 있다**

음성조절은 전사를 방해하는 억제인자라 불리는 단백질에 의해 매개된다. 양성조절은 전사를 자극하는 활성인자라 불리는 일종의 조절 단백질에 의해 매개된다.

■ **원핵생물은 환경 조건에 따라 유전자 발현을 조절한다**

lac 오페론은 젖당의 존재 여부에 따라 유도된다. 즉, 젖당을 이용하는 효소는 젖당이 존재하는 경우에만 생산된다. 반면에 *trp* 오페론은 억제된다. 즉, 트립토판이 존재하면 트립토판을 생성하는 데 필요한 효소가 발현되지 않는다.

■ ***lac* 오페론은 *lac* 억제인자에 의해 음성적으로 조절된다**

lac 오페론은 효과인자(유사젖당)가 억제인자에 결합하여 구조 변형을 일으켜 더 이상 DNA에 결합하지 않을 때 유도된다(**그림 14.4**).

■ **포도당의 존재는 *lac* 오페론의 유도를 억제한다**

lac 오페론이 작동하기 위해서는 이화물질활성화단백질(CAP)이 cAMP와 결합하여야 한다. 포도당이 없을 때 cAMP는 많아진다. 포도당 억제에는 유도자 배제 또한 포함되는데 유도자 배제는 젖당이 세포에 들어가지 못하게 하고 포도당 수준에서 CAP의 기능을 조절한다.

■ ***trp* 오페론은 *trp* 억제인자에 의해 조절된다**

trp 오페론은 트립토판이 있을 때 억제가 되는데, 트립토판은 보조억제인자 역할을 한다. 트립토판은 억제인자와 결합하여 억제인자를 변형하고 이는 DNA와 결합하여 결국은 오페론을 멈추게 만든다. 이러한 현상은 *trp*가 과도하게 있을 때 나타난다.

14.4 진핵세포에서의 조절

■ **전사인자는 일반적이거나 특수할 수 있다**

일반전사인자들은 전사를 시작하기 위하여 RNA 중합효소 II가 프로모터에 결합하여 개시하는 복합체를 만드는 데 요구되며, 특수전사인자들은 기본 수준보다 높은 전사를 촉진하기 위해 조직 혹은 시간 의존적 방식으로 작용한다.

■ **프로모터와 인핸서는 전사인자에 대한 결합부위를 형성한다**

일반전사인자들은 RNA 중합효소를 유도하기 위하여 프로모터에 결합한다. 특수전사인자는 먼 거리에 있는 인핸서와 결합하지만, DNA의 고리화를 유도하여 프로모터에 결합할 수 있다.

■ **보조활성인자와 매개자는 전사인자를 RNA 중합효소 II에 연결시켜 준다**

전부는 아니지만 일부 전사인자는 중재자를 필요로 한다. 보조활성인자의 경우 그 수가 많지 않은데, 그 이유는 보조활성인자가 다수의 전사인자를 조절할 수 있기 때문이다.

■ **전사복합체는 전사 관련 기구들을 연계시켜 준다**

14.5 유전자 발현에 영향을 주는 염색질의 구조

DNA가 뉴클레오솜에 포장되면 전사가 일어나는 것이 복잡해진다. 세포는 DNA나 히스톤을 변형함으로써 염색질의 구조의 변화를 가져올 수 있는데, 이것이 후성유전학의 기초이다.

■ **DNA의 메틸화, 히스톤의 변형 및 비암호화 RNA는 모두 염색질 구조에 영향을 끼친다**

DNA 염기의 메틸화는 일반적으로 사이토신(C)에 일어나며, 이러한 현상은 유전자의 억제와 연계되어 있다. X 염색체는 비암호화 RNA와 폴리콤 억제복합체에 의해 불활성화된다.

■ **일부 전사 활성인자는 염색질 구조를 변경한다**

히스톤의 아세틸화는 염색질을 활성화시킨다.

■ **염색질재구성복합체는 염색질의 구조를 변화시켜 준다**

염색질재구성복합체는 뉴클레오솜을 움직이게 하고, 위치를 변화시키며, 전달하는 효소를 포함하고 있다.

14.6 진핵세포에서의 전사후조절

■ **소형 RNA는 전사후의 유전자 발현 조절에 작용한다**

RNA 간섭현상을 일으키는 siRNA는 두 가닥의 RNA에서 다이서라는 핵산분해효소에 의해 잘리면서 가공되고, 이렇게 가공된 siRNA는 Ago와 결합하여 RISC를 형성한다. RISC는 mRNA 절단 또는 번역 억제를 한다. miRNA는 드로샤와 다이서라는 2개의 핵산분해효소에 의해 형성되며, RISC와 결합하여 mRNA 분해 또는 번역을 억제한다.

■ **소형 RNA는 유전체를 보호하기 위해 진화하였다**

생식세포에서 바이러스 RNA의 분해와 전이인자의 침묵은 RNA 간섭을 통해 일어날 수 있고, 이러한 일들은 소형 RNA의 진화적 기원을 알려줄 수 있다.

■ **소형 RNA는 이질염색질의 형성을 매개한다**

RNA 침묵 경로는 분열 효모 및 식물과 초파리에서 이질염색질의 형성에 관여한다.

■ **선택적 스플라이싱은 하나의 유전자로부터 다양한 단백질을 형성한다**

조직 특이적인 인자에 의해서 일어나는 mRNA 전구체의 선택적 스플라이싱은 다양한 단백질을 생성하게 해준다.

■ **RNA 편집으로 인해 전사후 mRNA가 변화될 수 있다**

■ **번역을 위해 mRNA는 핵 밖으로 이동한다**

■ **번역의 개시가 조절된다**

번역인자는 개시를 조절하기 위해 변형될 수 있다. 번역억제단백질은 전사체 시작부분에 결합되어 리보솜이 결합되지 못하게 한다.

■ **mRNA 분해가 조절된다**

mRNA 전사체는 비교적 안정적이지만, 세포의 필요에 따라 효소에 의해 보다 빠르게 분해될 수 있다.

14.7 단백질 분해

■ **분해될 단백질은 유비퀴틴에 의해 표지된다**

진핵생물에서 분해되는 단백질은 유비퀴틴을 표지자로 첨가한다.

■ **단백질분해효소복합체는 폴리유비퀴틴화된 단백질을 분해한다**

세포소기관(원통형 단백질분해효소복합체)은 이곳을 통과하는 유비퀴틴화된 단백질을 분해한다.

연습문제

1단계: 이해력 확인하기

1. 원핵세포에서 유전자 발현조절은 어떻게 일어나는가?
   a. mRNA 전구체에서 성숙한 mRNA로 스플라이싱이 일어남
   b. 번역개시
   c. 전사개시
   d. a, b, c 모두 맞다.

2. DNA와 결합하는 단백질들은 어떻게 상호작용을 하는가?
   a. 나선구조를 풀고 염기쌍의 양상을 바꿔서
   b. 2중나선의 당-인산 틀에 결합해서
   c. 나선을 풀고 염기쌍을 파괴해서
   d. 2중나선의 주홈에 결합하여 염기쌍과 상호작용을 해서

3. 대장균에서 *lac* 오페론 유도와 *trp* 오페론 억제는 어떤 예인가?
   a. 억제인자에 의한 음성조절
   b. 억제인자에 의한 양성조절
   c. 활성인자에 의한 음성조절
   d. 활성인자에 의한 양성조절

4. *lac* 오페론은 2개의 주요 단백질에 의해 조절된다. 이 단백질들은 어떻게 작용하는가?
   a. 둘 다 음성적 방식으로 작용한다.
   b. 둘 다 양성적 방식으로 작용한다.
   c. 하나는 음성, 다른 하나는 양성조절자로 상반된 방식으로 작용한다.
   d. 번역 단계에 작용한다.

5. 진핵세포에서 프로모터에 대한 RNA 중합효소의 결합에 필요한 것은 무엇인가?
   a. 특수전사인자
   b. 일반전사인자
   c. 억제인자 단백질
   d. 유도 단백질

6. 진핵세포에서 유전자 발현조절은 어느 단계에서 일어나는가?
   a. 전사단계에서만
   b. 번역단계에서만
   c. 전사개시 및 전사후 번역단계
   d. 전사후 번역단계에서만

7. *trp* 오페론에서 억제인자는 언제 DNA에 결합하는가?
   a. *trp*가 없을 때
   b. *trp*가 있을 때
   c. *trp*가 존재하거나 없을 때
   d. *trp*가 세포에서 필요할 때만

2단계: 적용력 평가하기

1. *lac* 억제인자, *trp* 억제인자, CAP는 모두 무슨 역할을 하는가?
   a. 전사의 음성조절자이다.
   b. 전사의 양성조절자이다.
   c. DNA와 효과인자에 결합하는 다른자리입체성 단백질이다.
   d. DNA와 다른 단백질에 결합하는 단백질이다.

2. 진핵세포에서의 특수전사인자들은 프로모터와 멀리 떨어져 있는 인핸서와 상호작용을 한다. 그 후 이런 전사인자들은 어떠한 역할을 하는가?
   a. 인핸서와 프로모터 사이의 DNA 구조를 바꾼다.
   b. 전사 기구와 상호작용을 하지 않는다.
   c. DNA 고리형성을 통해 전사 기구와 상호작용을 한다.
   d. 인핸서와 프로모터 사이에 존재하는 DNA를 제거하여 전사 기구와 상호작용을 한다.
3. *trp* 오페론에서 억제와 *lac* 오페론에서의 유도는 모두 어떤 기작인가?
   a. 양성조절일 때만 작동하는 기작
   b. 세포가 환경 조건에 맞는 효소의 양을 조절하도록 하는 기작
   c. 음성조절일 때만 작동하는 기작
   d. 세포가 항상 이 두 오페론으로부터 효소를 만들도록 하는 기작
4. 소형 RNA에 의한 조절과 선택적 스플라이싱은 어떤 점에서 유사한가?
   a. 전사후 작용
   b. RNA/단백질 복합체를 통한 작용
   c. 전사 기구 조절
   d. a와 b 모두 맞다.
5. 진핵세포의 mRNA는 어떤 점에서 원핵세포의 mRNA와 다른가?
   a. 일반적으로 1개 이상의 유전자를 가지고 있다.
   b. mRNA를 암호화하는 유전자와 1:1로 대응한다.
   c. mRNA를 암호와하는 유전자와 1:1로 대응하지 않는다.
   d. a와 c 모두 맞다.
6. 세포주기에서 사이클린 단백질들은 세포주기에 맞추어 만들어진다. 이것은 어떤 과정에 의해 가능한가?
   a. 사이클린 유전자의 전사개시 조절과 사이클린 단백질의 유비퀴틴화
   b. 다른 종류의 사이클린 단백질을 만들기 위한 사이클린 유전자의 선택적 스플라이싱
   c. 다른 종류의 사이클린 단백질을 만들기 위한 RNA 편집
   d. 짝 지어진 전사와 번역
7. 이 장에서 논의되지 않은 대장균의 조절 기작은 리보솜을 멈추게 하여 mRNA 상에 전사 종결자를 형성하는 것이다. 진핵세포인 분열 효모에서 이 기작은 어떠한가?
   a. 둘 다 단일세포이기 때문에 이 기작은 공통적이다.
   b. 둘 다 단일세포이기 때문에 이 기작은 공통적이지 않다.
   c. 전사는 핵에서 일어나고 번역은 세포질에서 일어나기 때문에 이 기작은 일어나지 않는다.
   d. 선택적 스플라이싱의 가능성으로 인해 이 기작은 일어나지 않는다.

3단계: 사고력 함양하기

1. *lac* 오페론 조절에 영향을 주는 일련의 돌연변이를 분리하였다. 이들 모두가 항상 *lac* 오페론을 발현한다. 또한 모든 조합에서 각각 돌연변이체에 대한 돌연변이와 야생형을 가지고 있고, 연관된 유전자들의 2배체 세포를 만들기 위해 세포로 도입된 F′ 플라스미드를 가지고 있다. 어떤 돌연변이체가 DNA 결합 부위에 영향을 주는지, 그리고 DNA에 결합하는 단백질에 영향을 주는지 결정하기 위해 위의 도구를 어떻게 사용할 것인가?
2. 전사의 양성조절과 음성조절의 예는 세균 오페론 *lac*와 *trp*의 발현 조절에서 찾아볼 수 있다. 이 두 오페론 시스템을 이용하여 음성조절과 양성조절 사이의 차이점을 설명하시오.
3. 진핵세포의 유전자 발현 조절의 어떤 형태가 진핵세포에 특이적인가? 원핵세포는 진핵세포가 가지는 특이적 기작을 이용할 수 있는가? 진핵세포에서의 유전자 발현의 특이적 형태들은 이들 진핵세포와 원핵세포에서의 차이점들 때문에 존재하는가?
4. 한 세포에서 발견되는 단백질의 수와 유형은 유전자 돌연변이 및 유전자 발현의 조절에 의해 영향을 받는다. 이 두 과정이 어떻게 다른지 설명하시오.

15

생명공학

도입

생명공학이 미래지향적인 것처럼 보일 수도 있지만 사실은 오랜 역사를 지니고 있다. 발효시킨 빵(leavened bread)을 만들기 위해 효모는 고대 이집트 때부터 사용되어 왔으며, 와인을 만들기 위한 발효기법은 수천 년 전에도 존재했던 것으로 보인다. 현대 생명공학은 선택적 육종과 잡종형성과 같은 전통적인 생명공학과 더불어 분자생물과 유전학에서의 최신의 발견들을 융합하고 있다. 현대 생명공학은 다양한 분야에서의 진보된 장점들을 더하고 있다. 컴퓨터공학에서의 발전은 DNA 염기서열분석 분야를 성장시켰고, 화학공학적 발견들은 나노 생명공학을 공상과학소설 밖으로 이끌어냈다.

이번 장에서는 플라스미드와 기타 재조합 DNA 기술의 활용과 같은 분자생물학과 유전학에서의 발전적 관점에서 현대 생명공학을 살펴본다. 또한 환경과학, 의료, 농업에서 발생하는 문제를 풀기 위해 어떻게 생명공학기술이 활용되는지에 대해 알아볼 것이다.

15.1 재조합 DNA

학습 목표

1. 제한효소와 연결효소가 재조합 DNA를 만드는 데 어떻게 사용되는지 서술할 수 있다.
2. 어떻게 DNA 조각이 전기영동 젤에서 나뉘고 왜 이것이 유용한지를 설명할 수 있다.
3. 재조합 DNA 라이브러리의 구축과 활용을 서술할 수 있다.

생명공학은 21세기를 대표하는 분야는 아닐 것이다. 예를 들어, 15,000년 전 사냥을 하던 우리 조상들은 늑대를 개로 가축화한 후에 선별적인 육종으로 180종 가량의 개 품종을 형성하였다. 이후에 농업을 하던 우리 조상들은 작물을 경작하기 시작했고, 20세기 초에는 잡종 옥수수를 개발하여 점진적으로 수확량을 증가시켰다. 유전학과 분자생물학에서의 최근 발견들은 생명공학적 혁신과 발견의 현 시대로 인도하고 있다. DNA를 추출하고 변형하는 능력은 혁명을 일으켰으며, 발견의 속도를 촉진하고, 기존에 존재하지 않았던 생명공학의 적용을 가능하게 하였다. 2개의 다른 원천(source)으로부터 만들어진 단일 DNA인 **재조합 DNA**(recombinant DNA)의 구축은

1970년대에 시작되었다.

1972년, 버그(Paul Berg)는 바이러스 DNA를 박테리아 DNA에 삽입하여 최초의 재조합 DNA를 만들어내었다. 1973년 버그의 연구를 기반으로 보이어(Herbert Boyer)와 코헨(Stanley Cohen)이 아프리카 발톱개구리(*Xenopus laevis*)의 유전자를 박테리아로 도입하였고, 이는 개구리의 유전자가 박테리아에서 발현되고 다음 세대로 전달된다는 것을 보여주었다. 이것은 결과적으로 느리게 번식하는 동물의 유전자가 보다 빨리 자라는 박테리아에서 복제되고 발현될 수 있다는 것을 보여주는 것이다. 지난 30년 동안 버그, 보이어, 그리고 코헨의 발견들은 전체 유전체 서열분석부터 박테리아를 활용한 인슐린의 생산까지 생명공학의 기초가 되었다.

제한효소는 정확한 위치에서 DNA를 자른다

초기 클로닝(cloning) 실험은 **제한효소**(restriction enzymes)라는 새로운 도구를 활용함으로써 시작되었다. 박테리아를 숙주로 하는 바이러스의 숙주범위가 어떻게 제한될 수 있는지에 대한 기초연구가 떠오르면서 그러한 효소들이 DNA의 특정 서열을 인지하고 잘라내는 핵산분해효소(nuclease)로서 작용한다는 것이 알려졌다. 원래 숙주제한현상(host restriction phenomenon)을 연구하던 아버(Werner Arbor)에 의해 발견된 것으로, 특정 인지 부위에서 DNA를 잘라내는 첫 효소는 박테리아인 *Haemophilus influenza*에서 스미스(Hamilton Smith)는 의해 동정되었고, 이를 HindIII라고 명명하였다. 아버, 스미스, 네이선스(Daniel Nathans)는 그 공로를 인정받아 1978년 노벨생리의학상을 공동 수상하였다. 제한효소의 발견은 2가지 이유로 중요하다. 첫 번째, 특정 조각으로 DNA를 잘라내는 제한효소의 능력과 두 번째, 유전자 지도에 활용 가능성이다.

어떻게 제한효소가 작용할까

3가지 유형의 제한효소가 있는데, 재조합 분자의 형성을 가능하게 하는 유형 2 제한효소만이 정확한 위치에서 DNA를 잘라낼 수 있다. 이러한 효소는 4~12개의 염기를 정확하게 인지하고 그 안의 특정 염기를 자른다(**그림 15.1**). 대부분의 유형 2 효소에 대한 인지부분은 회문구조(palindromes)이다. 언어학에서의 회문구조는 '기러기'라는 이름처럼 앞에서 읽으나 뒤로 읽으나 동일하게 읽히는 단어나 문장

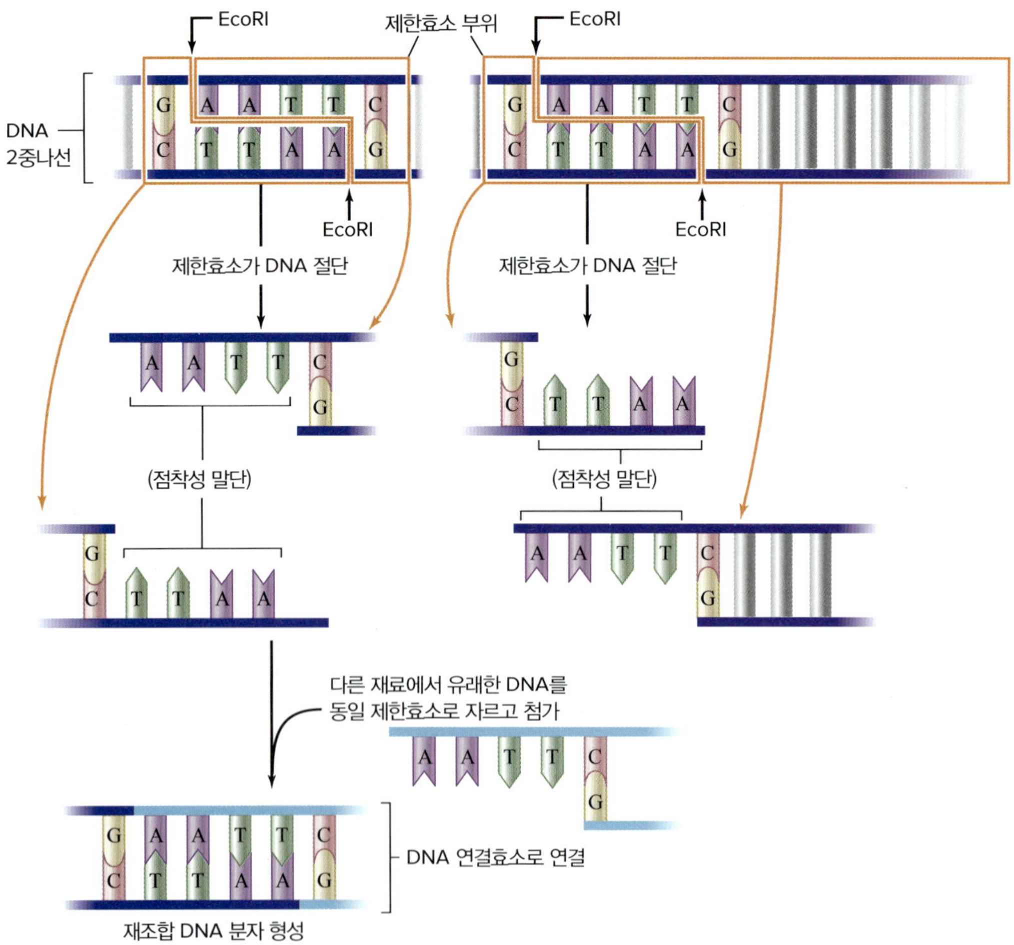

그림 15.1 많은 제한효소들은 점착성 말단 DNA 조각을 생성한다.
제한효소 EcoRI은 항상 5′-GAATTC-3′ 서열에서 G와 A 사이를 절단한다. 동일한 서열이 두 가닥 모두에 있기 때문에 둘 다 절단된다. 그러나 두 서열은 두 가닥에서 서로 반대 방향으로 있기에 결과적으로 점착성 말단이라고 불리는 단일 가닥이 서로 상보적이게 된다. 이러한 상보적인 말단은 동일한 효소로 절단된 다른 DNA의 단편에 연결될 수 있다. 이 두 분자는 DNA 연결효소(ligase)에 의해 결합되어 재조합 분자를 생성한다.

을 말한다. 회문구조 DNA 서열은 상보적 DNA와 마찬가지로 한 DNA의 5′에서 3′으로 동일하게 읽힌다.

주어진 서열에서 동일한 2가닥 DNA상에 엇갈린 DNA 조각을 만드는 것을 점착성 말단(sticky end, 잘린 DNA 가닥 말단에 염기가 튀어나온 형태) 또는 돌출부(overhangs)라고 하는데, 염기가 쌍을 이루지 않고 튀어나온 형태로 존재한다. 이 효소에 의해 잘린 다른 DNA상의 돌출부에도 상보적인 짧은 영역이 존재하기 때문에 2개의 DNA 분자가 쉽게 결합하도록 해준다(**그림 15.1**). 흔하지는 않지만, 몇몇 유형 2 제한효소들은 동일한 위치에서 비점착성 말단(blunt end, DNA 말단에 염기쌍이 반듯하게 잘린 형태)으로 두 DNA 가닥을 끊어줄 수 있다. 비점착성 말단은 다른 비점착성 말단으로 잘린 DNA 사이에서 연결될 수 있다.

젤 전기영동은 DNA 조각을 분리할 수 있다

재조합 DNA 조각을 형성하기 위해서 2개 또는 더 많은 DNA 조각들을 함께 결합해야 한다. 이를 위해 DNA 조각은 반드시 정제되거나 추출이 되어야 한다. 젤 전기영동은 잘린 DNA의 다양한 절편을 분리하기 위한 일반적인 기술이다. 이 실험기법은 음전하를 띠는 DNA의 특성을 활용한 것으로, DNA 분자를 크기별로 분리하기 위해 전기장을 이용한다.

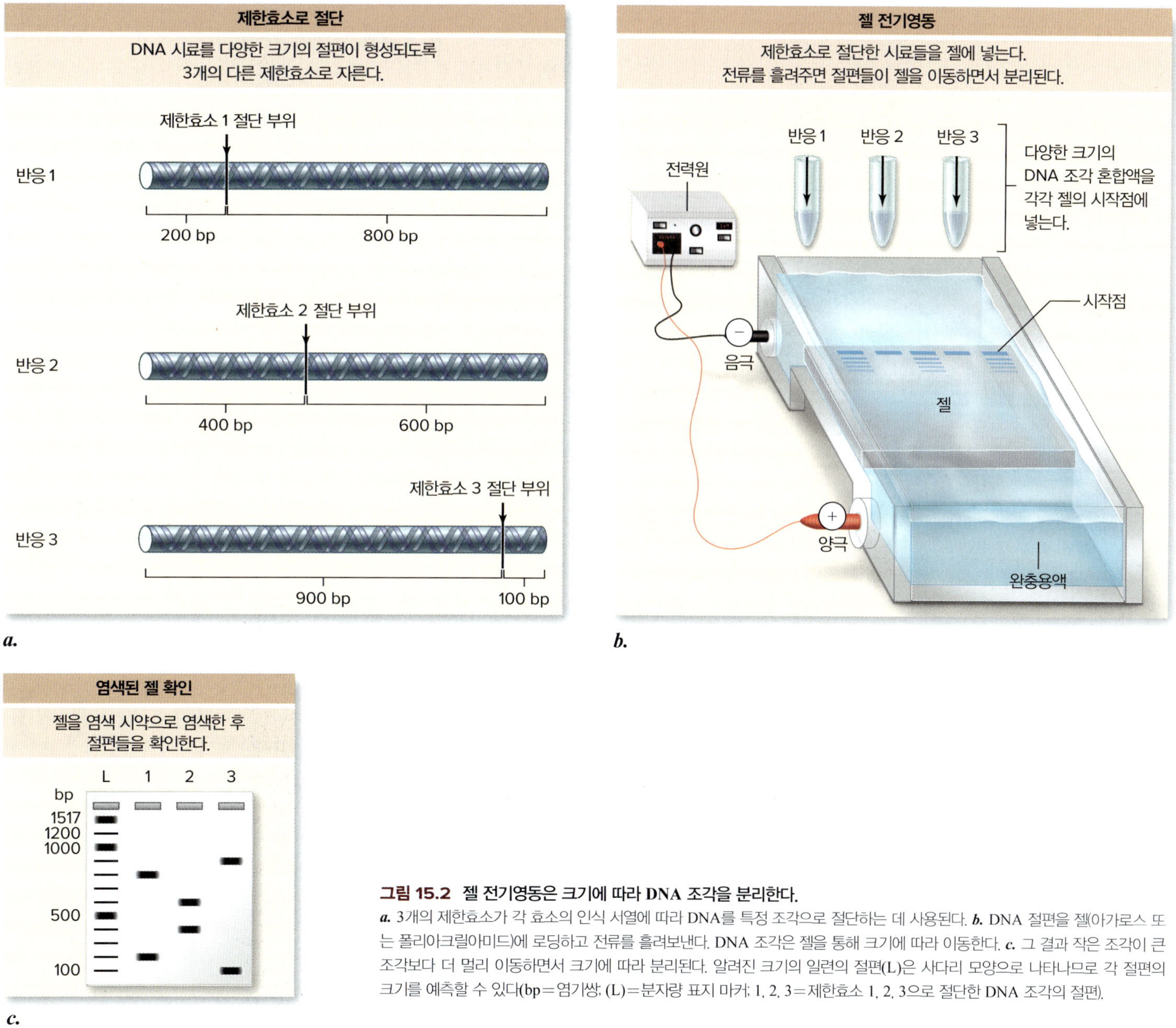

그림 15.2 젤 전기영동은 크기에 따라 DNA 조각을 분리한다.
a. 3개의 제한효소가 각 효소의 인식 서열에 따라 DNA를 특정 조각으로 절단하는 데 사용된다. ***b.*** DNA 절편을 젤(아가로스 또는 폴리아크릴아미드)에 로딩하고 전류를 흘려보낸다. DNA 조각은 젤을 통해 크기에 따라 이동한다. ***c.*** 그 결과 작은 조각이 큰 조각보다 더 멀리 이동하면서 크기에 따라 분리된다. 알려진 크기의 일련의 절편(L)은 사다리 모양으로 나타나므로 각 절편의 크기를 예측할 수 있다(bp=염기쌍; (L)=분자량 표지 마커; 1, 2, 3=제한효소 1, 2, 3으로 절단한 DNA 조각의 절편).

아가로스(agarose)나 폴리아크릴아마이드(polyacrylamide)로 만들어져 지지대에 얇게 펴진 젤은 크기에 따라 분자를 분리하는 3차원적 매트릭스를 제공한다(**그림 15.2**). 젤은 전류가 전달될 수 있고 전기장을 받을 수 있는 이온들이 포함된 완충용액에 담긴다. DNA 골격의 인산기(phosphate group)에 존재하는 강력한 음전하는 DNA가 양극을 향해 이동하게 한다. 젤은 DNA 분자를 크기에 따라 분류하는 체(sieve)와 같은 역할을 하는 것이다. 커다란 분자는 젤 메트릭스를 통해 좀 더 느리게 이동할 것이다. 주어진 시간 동안 작은 DNA 분자는 큰 DNA 분자보다 더 빨리 이동할 것이다. 젤상의 DNA는 DNA에 결합하는 형광염료(fluorescent dye)를 사용해서 볼 수 있다. 젤은 DNA 절편의 크기를 확인하는 용도로 사용되거나 각각의 DNA 조각을 젤에서 잘라내고 정제하여 다음 과정에 활용하기도 한다.

재조합분자를 만들기 위해 DNA 절편을 결합시킨다

하나의 재조합 DNA 분자를 구축하기 위한 다음 과정은 다양한 원천에서 얻어진 분자를 하나의 DNA 분자로 결합하는 것이다. 재조합 DNA는 일반적인 장내 세균인 대장균(*Escherichia coli*)과 같은 숙주 생물체에서 안정적으로 복제될 수 있다. 안정적인 재조합 DNA 분자를 형성하는 가장 흔한 전략은 연구하고자 하는 유전자 서열 DNA 절편을 박테리아 플라스미드상에 넣어주는 것이다. 그다음 재조합 플라스미드는 복제되고 안정화될 수 있는 대장균에 도입한다.

DNA 연결효소를 이용한 DNA 절편의 연결

제한효소로 잘리고 아가로스 젤로 정제된 DNA 절편들은 DNA 연결효소(DNA ligase)로 연결될 수 있다. DNA 연결효소는 DNA 한 가닥에 있는 5′ 인산기와 다른 DNA 가닥에 존재하는 3′ 하이드록실기 상에서 포스포다이에스터 결합(phosphodiester bond)을 촉매한다. 이것은 DNA 복제 시에 오카자키 절편(Okazaki fragments)이 연결효소에 의해 연결되는 것과 같은 반응이다(12장 참조).

만약에 잘린 DNA의 두 조각이 점착성 말단이면, 짧게 튀어나온 상보적인 돌출부(**그림 15.1** 참조)는 DNA가 함께 두 가닥으로 붙잡고 있을 것이고 이 동안에 DNA 연결효소는 포스포다이에스터 결합을 형성할 것이다. 특정 DNA 연결효소는 역시 비점착성 말단을 지닌 두 DNA 조각을 연결할 수 있다.

그림 15.3에서 외부 DNA 조각이 정확한 제한효소로 잘려서 플라스미드에 도입되어 있다. 외부 DNA는 동일한 제한효소로 잘렸고 플라스미드의 끝에 잘린 서열과 상보적이다. 이 점착성 말단은 두 DNA 분자를 붙잡을 것이고, DNA 연결효소는 하나의 재조합 플라스미드를 형성하기 위해 포스포다이에스터 결합을 형성할 것이다. 재조합 DNA 분자를 형성하는 전체 과정을 **분자클로닝**(molecular cloning)이라고 부른다.

역전사효소는 RNA에서 DNA를 만든다

분자생물학의 "중심원리(central dogma)"는 DNA에서 RNA, RNA에서 단백질로의 정보의 흐름을 의미하지만, 생물학에서 몇몇 경우에는 RNA 정보를 이용하여 DNA를 만들 수 있다. 레트로바이러스(retroviruses)의 한 종류에서 처음 동정된 역전사효소(reverse transcriptase)는 DNA 분자를 합성하는 데 RNA를 주형(template)으로 사용할 수 있다.

인간면역결핍바이러스(HIV) 같은 레트로바이러스는 RNA 게놈

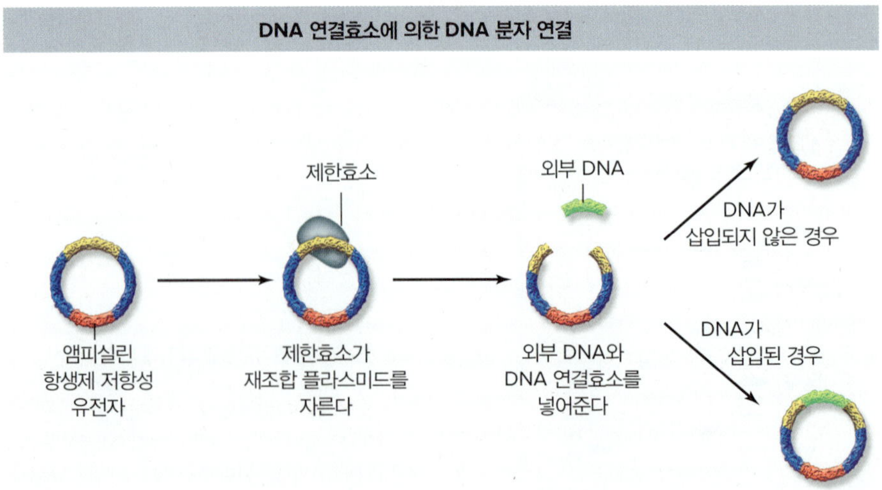

그림 15.3 벡터를 이용한 분자클로닝.
제한효소를 사용하여 특정 부위의 플라스미드를 절단하고 외부 DNA 및 DNA 연결효소를 첨가한다. 외부 DNA가 플라스미드에 성공적으로 도입되면, 재조합 플라스미드가 생성된다. 형질전환 과정에서, 플라스미드는 박테리아에 도입될 수 있다. 플라스미드가 포함된 형질전환 박테리아 세포를 선별하기 위해서 앰피실린 항생제가 든 배지에서 배양한다.

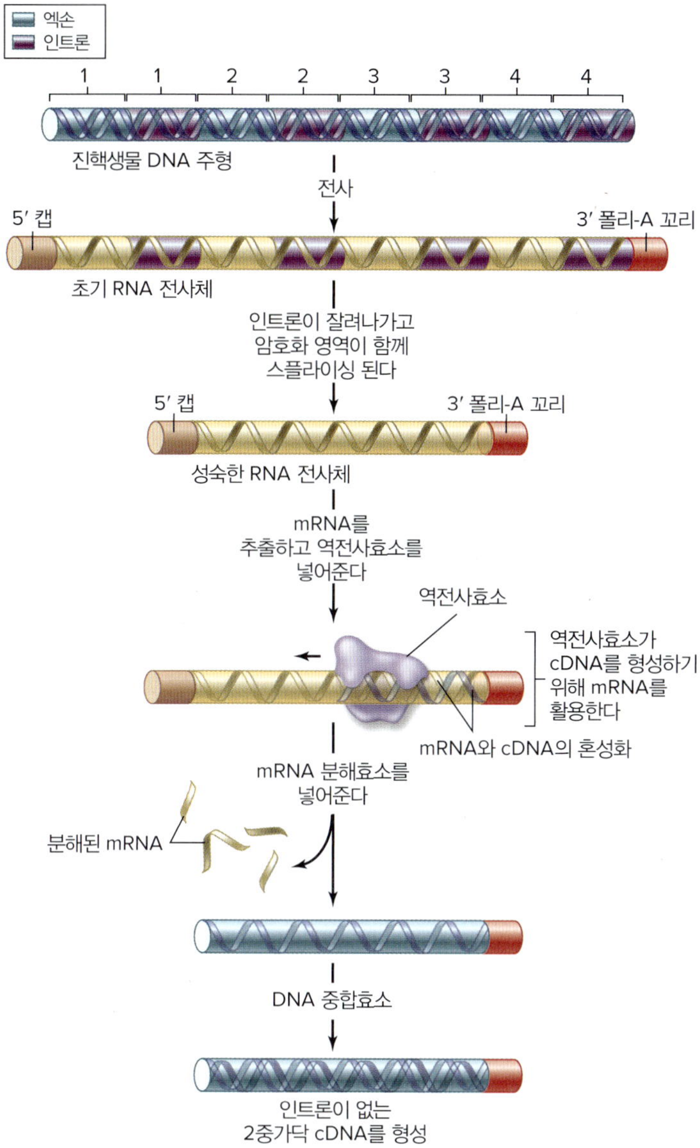

그림 15.4 **역전사를 사용하여 mRNA에서 cDNA 만들기.**
성숙한 mRNA 전사체는 일반적으로 인트론의 제거로 인해 이를 생성하는 유전자보다 훨씬 짧다. mRNA를 세포질로부터 추출한 후, 역전사효소로 mRNA에 상보적인 DNA 가닥을 만든다. 새로 만들어진 DNA 가닥은 DNA 중합효소의 주형으로 사용되어 cDNA(성숙한 mRNA의 2중가닥 DNA 버전)를 생성한다.

(genome)을 갖고 있지만, 바이러스가 숙주세포를 감염하면 RNA를 DNA로 변환하게 된다. 역전사효소는 주형으로 RNA를 사용하지만 DNA를 합성한다는 의미의 RNA-의존적 DNA 중합효소(RNA-dependent DNA polymerase)이지만, 또한 DNA를 주형으로 사용하여 DNA를 합성하기도 한다. mRNA로부터 만들어진 DNA를 **상보적 DNA**(complementary DNA, cDNA)라고 한다. 역전사효소는 진핵세포에서 추출한 mRNA를 주형으로 cDNA를 형성할 수 있다(**그림 15.4**). 이것은 단백질 합성에 직접 이용되는 실질적인 DNA 서열분석에 활용된다.

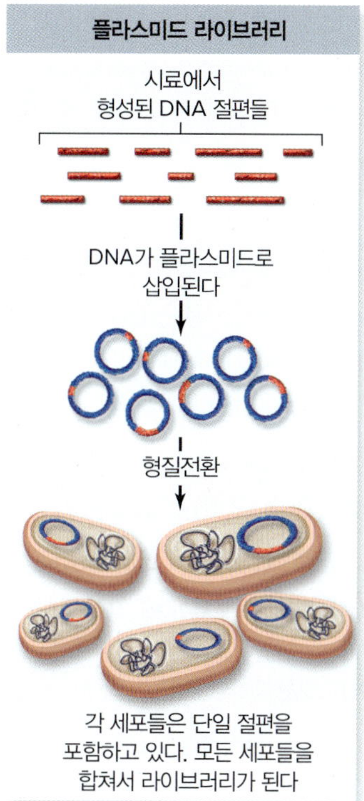

그림 15.5 **플라스미드 라이브러리 생성.**
정확한 점착성 말단을 갖는 DNA 절편들은 절단된 플라스미드 벡터와 연결되어 각 플라스미드가 상이한 DNA 조각을 갖게 된다. 재조합 플라스미드를 박테리아 세포로 형질전환하면, 각각의 박테리아에는 고유한 DNA 절편을 갖는 플라스미드가 있는데, 이를 총칭하여 박테리아 라이브러리라고 한다.

DNA 라이브러리는 재조합 DNA 분자의 집합이다

라이브러리(library)란 한 가지 원천에서 유래한 다양한 종류의 재조합 DNA 분자들의 집합으로, 적절한 숙주 생물체에서 안정적으로 유지되고 복제되는 것을 말한다. 원천은 전체 게놈이 될 수도 있고, 특정 세포 유형에서 만들어진 전체 cDNA가 될 수도 있으며, 또는 분석하기 원하는 DNA 분자의 어떤 집단이 될 수도 있다. 라이브러리는 스플라이싱(splicing)을 통해 가공 및 발현되는 유전자 정보를 갖고 있는 다양한 DNA 절편을 구축하는 것이다(**그림 15.5**). 이러한 DNA 절편을 증폭시키기 위해 특화된 DNA 분자를 사용하는데, 이를 클로닝 벡터(cloning vector)라고 하며, 플라스미드(plasmid)와 인공염색체(artificial chromosomes)가 포함된다. 라이브러리를 위해 사용되는 벡터는 그 용도와 DNA 조각의 크기에 따라 달라진다. 클로닝 벡터는 몇 가지 중요한 특징을 가지고 있다.

1. 숙주 생물체(대장균 또는 효모)에서 복제가 가능한 서열
2. 항생제 저항성과 같은 선별 표지자(selectable marker)
3. DNA 조각을 첨가할 수 있는 서열(제한효소 또는 재조합 부위)

한 번 라이브러리가 만들어지면, 관심 있는 특정 재조합 분자의 동정과 추출에 다양한 실험기법을 사용한다. 라이브러리는 연구하려는 단백질을 만들어낼 수 있고 DNA 서열 분석과 구조를 결정하거나 특정 유전자들을 추출할 수 있다.

DNA 라이브러리는 적절한 숙주 생물체에 도입된 상태로 보관할 수 있다(**그림 15.5**). 숙주세포의 성장은 라이브러리의 증폭(amplify)을 의미하며, 추출하거나 분석할 수 있는 재조합 분자를 많이 형성하게 된다. 라이브러리는 외부의 DNA가 쉽게 들어오도록 처리된 박테리아나 효모로 도입되는데, 이를 **형질전환**(transformation)이라고 한다. 라이브러리를 위한 숙주생물체는 사용되는 클로닝 벡터에 달려 있으며, 라이브러리의 목적에 따라 달라진다. 짧은 DNA 조각에 대해서는 박테리아 플라스미드가 잘 작동하며, 라이브러리에서 각각의 박테리아 세포는 각기 다른 재조합 플라스미드를 포함하게 된다. 배양을 통해 세포가 자라면, 동일한 DNA(cloned DNA)들이 복제를 통해 자연스럽게 증폭된다. 긴 DNA(게놈 조각)로 구성된 라이브러리에서는 박테리아 또는 효모 인공염색체(artificial chromosome)가 사용되고, DNA 라이브러리는 박테리아 또는 효모에 저장된다.

역전사효소는 cDNA 라이브러리를 만드는 데 사용한다

특정 발생시기의 세포나 조직은 cDNA 합성에 필요한 주형으로 사용하기 위한 mRNA를 추출하는 데 사용할 수 있다(**그림 15.4** 참조). 생성된 cDNA는 특정 시점에서 또는 특정 조직에서 발현되는 모든 유전자들을 포함하는 라이브러리를 구축하기 위해 활용된다. 한 생물체의 서로 다른 세포 또는 조직에서 만들어진 게놈 라이브러리는 유사한 서열을 모두 포함하지만, 이것은 cDNA 라이브러리에 대한 것이 아니다. 뇌로부터 만들어진 cDNA 라이브러리는 섬유아세포 cDNA 라이브러리에서는 발현되지 않은 수많은 뇌-특이적 서열을 가지고 있을 것이다. 이와 반대의 경우도 마찬가지다.

하나의 조직에서 만들어진 cDNA 집합은 그 조직에만 존재하는 mRNA를 반영하기 때문에, 다른 조직들에서 만들어진 cDNA들의 집합과의 비교는 상당히 유용할 수 있다. 다른 형태의 세포에서 유래한 cDNA 라이브러리들의 비교연구는 발현되고 있는 유전자들, 단백질체(proteome), 세포 구조와 기능 사이의 관계에 대한 정보를 제공할 것이다.

핵심 요약 15.1

유형 2 제한효소는 특정 위치에서 DNA를 자른다. 젤 전기영동은 크기에 따라 DNA 절편을 분리하기 위해 전기장을 이용한다. DNA 연결효소는 재조합 DNA를 형성하기 위해 서로 다른 원천으로부터 얻은 DNA 절편을 연결한다. 역전사효소는 mRNA를 cDNA로 변환한다. DNA 라이브러리는 다양한 종류의 유전분석에 활용하기 위한 재조합 DNA 분자의 안정적인 집합이다.

■ mRNA를 DNA로 변환할 수 있는 것이 왜 중요할까?

자료 분석 인간 게놈은 30억 개의 염기쌍을 포함하고 있다. 만약 여러분이 500 bp 조각의 DNA로 인간 게놈의 게놈 라이브러리를 구축한다면, 라이브러리에서 최소의 클론 수는 얼마나 되는가?

15.2 PCR을 활용한 DNA 증폭

학습 목표

1. DNA 복제과정을 PCR과 연관시킬 수 있다.
2. PCR, RT-PCR, qRT-PCR를 비교하고 대조할 수 있다.

1993년 PCR(polymerase chain reaction, 중합효소연쇄반응)의 개발은 재조합 DNA 분자의 구축을 촉진하였고 유전공학의 새로운 지평을 열었다. PCR은 클로닝 벡터로 DNA 조각을 넣거나 숙주세포에 도입할 필요 없이, 하나의 DNA 서열을 백만 개가량 만들기 위해 증폭(amplification)이라는 DNA 복제과정을 따라 한 것이다.

PCR의 중요한 이점은 증폭하고자 하는 DNA 서열을 정확히 선택할 수 있다는 것이다. 제한효소 절단으로 생성된 DNA 조각을 벡터에 클로닝하는 것은 제한효소 부위의 위치에 의해 이용 가능한 DNA 조각이 제한된다는 단점이 있다.

PCR로 DNA 서열을 증폭하기 위해서는 **프라이머**(primer)라고 불리는 2개의 20~25 염기 길이의 DNA 서열들을 화학적으로 합성해야 한다. 한 프라이머는 선택된 서열의 끝부분에 있는 DNA 가닥에 상보적이고, 다른 프라이머는 반대쪽 끝 DNA 가닥에 상보적이다. 만약에 프리이머들이 상보적인 선택된 DNA 서열에 붙게 되면, DNA 중합효소(polymerase)는 세포에서 일어나는 DNA 복제와 유사한 과정으로 두 프라이머를 연장하고, 새로운 두 가닥의 DNA를 형성하게 된다. 이렇게 형성된 두 가닥의 DNA는 상보적이고 원래 프라이머가 결합하는 부위까지 포함되어 있다. 이러한 과정이 반복되면 DNA 분자는 지수적으로 증가한다. 거의 10,000 염기쌍 길이까지 이러한 방식으로 DNA 서열을 증폭할 수 있다.

PCR은 DNA 복제를 따라 한다

PCR은 DNA 복제 과정을 따라 한 것이며, 각 반응은 DNA 복제의 일련의 단계와 유사한 형태로 순환하게 된다.

1. **변성**(denaturation): 열을 가하여 2중가닥 DNA를 단일가닥으로 분리한다.
2. **프라이머 결합**(annealing of primers): 프라이머들이 DNA 중합효소에 의한 DNA 연장에 요구되는 3′ OH를 제공한다.
3. **합성**(synthesis): DNA 중합효소가 새로운 DNA를 만든다.

각 단계가 반복될 때마다 새로 형성된 DNA 분자들은 지수방식(exponential manner)으로 합성된다. PCR 25회 사이클은 1개의 DNA 분자를 2^{25}개의 분자로 증폭시킨다. PCR 개발 초기에 각 단계는 증폭하고자 하는 DNA 분자(주형 DNA)와 프라이머를 혼합하여 수동적으로 이루어졌다. 혼합액은 DNA 변성을 위해 95°C로 열을 가하고 이후에 주형 DNA에 프라이머가 붙게 하기 위해 온도를 낮추어야 했다. 그리고 DNA 중합효소가 합성단계에 추가되었다. 안타깝게도 이러한 혼합액은 DNA 변성을 위해 다음 단계에서 열이 가해지면, 그 중합효소도 역시 변성되기 때문에 새로운 중합효소를 넣어주어야만 했다. 전형적인 PCR은 25~30 사이클이기 때문에 이러한 과정은 PCR을 지루하면서 노동집약적으로 만들었다.

PCR은 2가지 혁신을 통해 실용화되었다. 첫 번째는, 열에 안정한 DNA 중합효소인 **Taq 중합효소**(Taq polymerase)로서, 고온에서 사는 박테리아(*Thermus aquaticus*)에서 분리된 것이다. 변성단계에서 사용되는 온도에서 Taq 중합효소는 변성되지 않기 때문에 각 사이클마다 새로운 DNA 중합효소를 넣어줄 필요가 없어졌다. 두 번째 혁신은 히팅블럭(heating block)을 포함한 기기의 개발로 넓은 온도 범위를 정확하게 순환할 수 있게 된 것이다.

전형적인 PCR은 이제 주형 DNA, 2개의 프라이머, 뉴클레오타이드, 그리고 열에 안정한 DNA 중합효소를 포함한 1개의 튜브에서 할 수 있다. Taq 중합효소가 아직 일반적으로 사용되지만, 좀 더 열에 안정적인 다른 중합효소들 또한 활용되고 있다. 튜브는 변성온도, 프라이머 부착온도, 그리고 DNA 합성온도 사이를 빠르게 순환할 수 있는 PCR 기기에 놓게 된다(**그림 15.6**). PCR 25회 사이클은 1시간이면 가능하다. 이것은 다양한 용도를 위해 특정 DNA 분자를 생산하는 PCR을 가장 일반적인 기술로 만들어내었다. 기본적인 PCR 수행절차의 변화로 인해 질병 진단, DNA 서열분석, 그리고 유전자 발현 분석이 가능하게 되었다.

역전사 PCR은 mRNA로부터 DNA를 증폭한다

주형으로써 다양한 용도의 DNA(플라스미드, 게놈 DNA)를 사용하는 것 외에도, PCR은 mRNA에서 cDNA를 만드는 것 역시 가능하다. 추출된 mRNA는 역전사효소와 반응시키고, 그 결과 생성된 cDNA는 PCR 주형으로 사용된다. 이러한 두 실험 기법의 조합을 **역전사 PCR**(reverse transcription PCR, RT-PCR)이라고 한다. RT-PCR은 3가지 이유에서 유용하다. 첫째, 유전자의 엑손(exon, 유전정보가 포함된 유전자 영역)만이 포함된 DNA를 가진 재조합 DNA 분자를 만들 수 있다. 둘째, 유전자 산물의 구조와 기능을 연구할 수 있다. 셋째, 세포와 조직에서 유전자 발현의 상대적인 양을 확인하는 데 이용할 수 있다.

RT-qPCR은 mRNA의 발현량을 결정한다

세포들은 종종 내부 또는 외부 환경의 변화에 반응하여 유전자 발현을 변화시킨다. 유전자 발현의 분석에는 세포내 mRNA 수준의 정확한 정량도 포함된다. 유전자 발현의 상대적인 변화를 측정하는 가장 빠르고 손쉬운 것은 **RT-qPCR**(reverse transcription quantitative PCR)이다. 이것은 추출한 mRNA를 역전사효소를 사용해서 cDNA로 변환시키고, PCR로 유전자 특이적 프라이머를 활용해 특정 cDNA를 증폭시키는 것을 포함한다. 생성된 DNA의 양은 PCR 기기에 의해 실시간으로 측정할 수 있다. 이러한 이유로 qPCR은 실시간 PCR(real-time PCR)로 알려져 있다. 두 일반적인 기법에서는 형광염료를 사용한다.

DNA에 결합하는 형광 염료를 사용한 DNA 정량

RT-qPCR에서 PCR 동안에 만들어진 DNA의 양을 정량하는 가장 손쉬운 방법은 DNA에 비특이적으로 결합하는 염료를 사용하는 것이다. 만약 DNA가 존재하면, 그 염료는 DNA에 붙을 것이고, 레이저를 쏘아줄 때 형광을 낼 것이다. PCR의 각 사이클 후에 PCR 기기에 있는 레이저는 반응물에 레이저를 쏘고 그 형광의 양을 감지기가 측정한다. 각 PCR 사이클마다 증가한 DNA의 양만큼 더 많은 염료가 DNA에 붙게 되고, 형광은 증가한다. 이 데이터로부터 PCR 사이클 수에 대한 형광 그래프를 컴퓨터로 출력할 수 있다.

2개의 다른 세포 유형에서 추출한 동량의 mRNA로 만든 cDNA를 사용하여 두 qPCR 반응을 생각해 보자. qPCR 반응 동안 형광은 한 시료에서는 다른 샘플보다 더 빠르게 증가될 수 있을 것이다. 형광이 빠르게 증가하는 qPCR은 특정 유전자에 대한 mRNA가 초기에 더 많았다는 것으로, 이는 더 많은 DNA 분자들이 PCR이 진행됨에 따라 형성되었기 때문이다. 서로 다른 조건에서의 유전자 발현 차이를 조사하기 위해 샘플 간의 상대적 차이를 정량하는데 컴퓨터를 사용할 수 있다.

DNA에 결합하는 형광 부착 탐침을 사용한 DNA 정량

PCR 반응을 통해 형성된 DNA 양을 정량하는 보다 정확한 방법은 qPCR 반응 안에 형광으로 표지된 탐침(probe)을 포함시키는 것

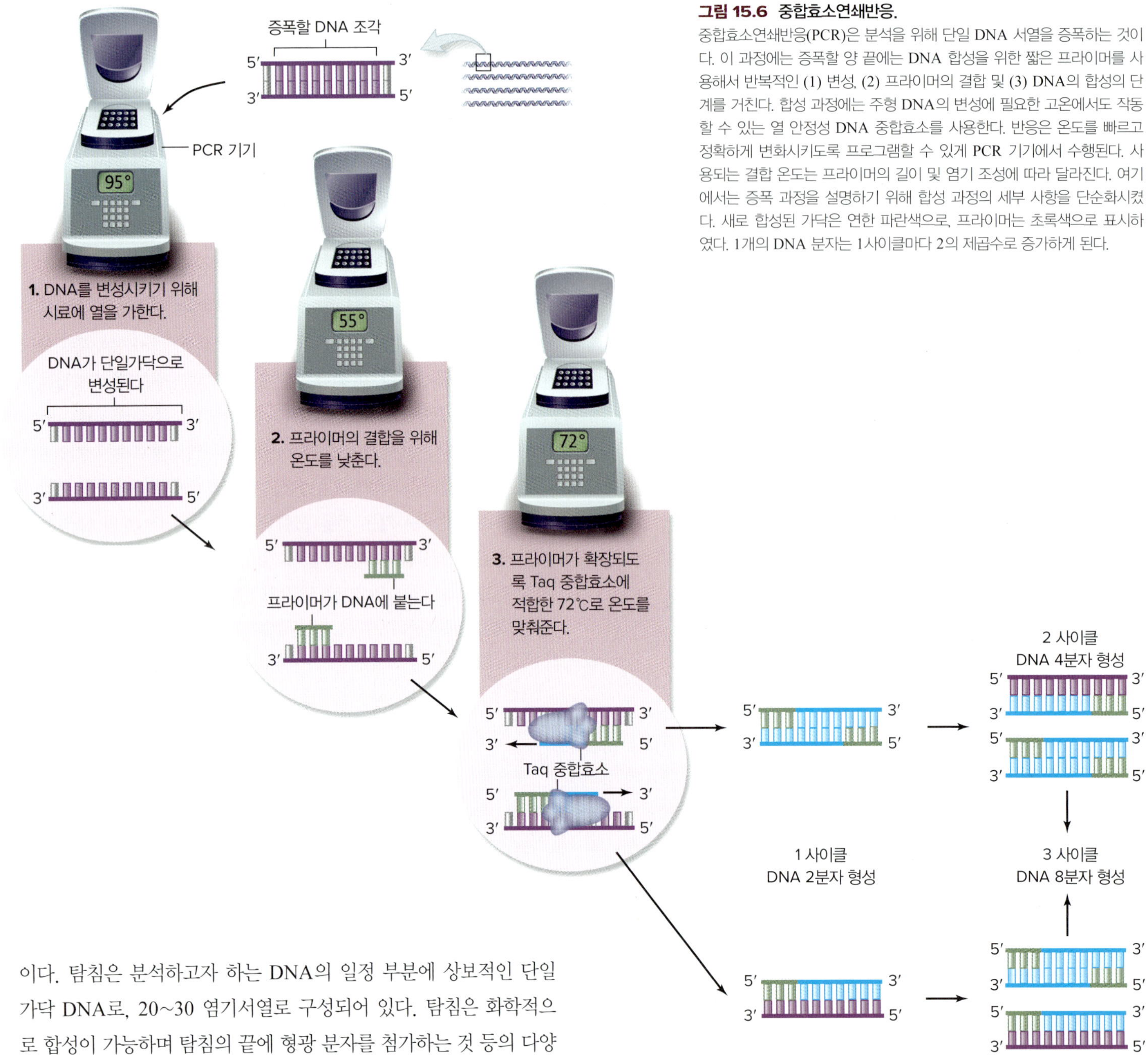

그림 15.6 중합효소연쇄반응.
중합효소연쇄반응(PCR)은 분석을 위해 단일 DNA 서열을 증폭하는 것이다. 이 과정에는 증폭할 양 끝에는 DNA 합성을 위한 짧은 프라이머를 사용해서 반복적인 (1) 변성, (2) 프라이머의 결합 및 (3) DNA의 합성의 단계를 거친다. 합성 과정에는 주형 DNA의 변성에 필요한 고온에서도 작동할 수 있는 열 안정성 DNA 중합효소를 사용한다. 반응은 온도를 빠르고 정확하게 변화시키도록 프로그램할 수 있게 PCR 기기에서 수행된다. 사용되는 결합 온도는 프라이머의 길이 및 염기 조성에 따라 달라진다. 여기에서는 증폭 과정을 설명하기 위해 합성 과정의 세부 사항을 단순화시켰다. 새로 합성된 가닥은 연한 파란색으로, 프라이머는 초록색으로 표시하였다. 1개의 DNA 분자는 1사이클마다 2의 제곱수로 증가하게 된다.

이다. 탐침은 분석하고자 하는 DNA의 일정 부분에 상보적인 단일가닥 DNA로, 20~30 염기서열로 구성되어 있다. 탐침은 화학적으로 합성이 가능하며 탐침의 끝에 형광 분자를 첨가하는 것 등의 다양한 적용이 가능하다.

주형이 되는 cDNA의 짧은 영역에 상보적인 탐침은 말단에 형광물질(fluorophore)을 포함하고 있다. 한 가지 파장을 주게 되면 형광물질은 PCR 기기에서 측정할 수 있는 다른 파장의 빛을 방출하게 된다. 소광물질(quencher)은 탐침의 반대쪽 끝에 첨가되는 물질이다. 이는 형광물질에 의해 방출되는 빛 파장을 흡수하는 역할을 하고 이로 인해 감지기가 방출된 파장을 측정할 수 없게 한다. 형광물질과 소광물질이 서로 같은 탐침에 부착되어 있는 한, 형광물질은 소광물질에 의해 형광 발산이 억제된다. 만약에 형광물질이 소광물질과 떨어지게 되면, 형광물질은 형광을 발산하고 PCR 기기에 있는 감지기에서 탐지가 된다.

탐침이 PCR 반응에 포함되어 있으면, 생성된 DNA의 양을 탐지하는 데 활용 가능하다. 변성과정 후에 프라이머를 주형 DNA에 붙이기 위해 온도를 낮출 때, qPCR 형광탐침 역시 두 PCR 프라이머와 함께 DNA에 결합하게 된다. 중합효소가 PCR 프라이머를 연장하면서 한 가닥의 DNA와 결합한 탐침과 만나게 된다. Taq 중합효소는 핵산말단가수분해효소 활성(exonuclease activity)을 갖고 있어서, 탐침을 분해시키고 주형을 완전하게 복제하게 된다. 탐침을 분해시킴으로써 형광물질은 소광물질로부터 분리되고, PCR 기기의

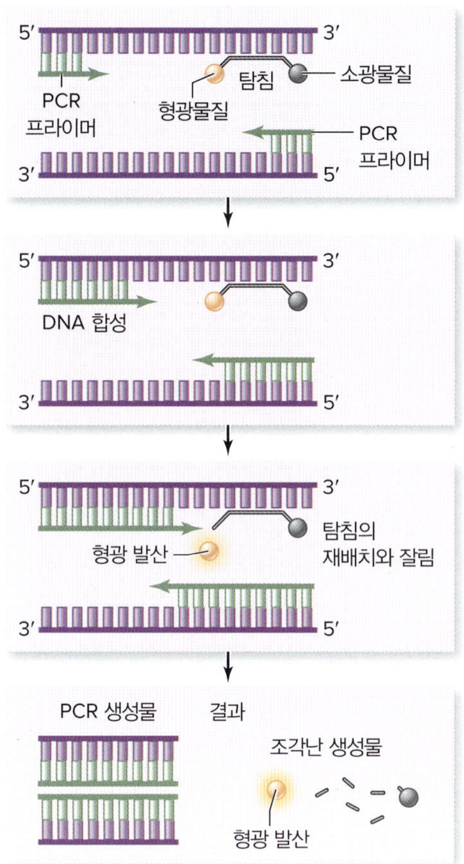

a.

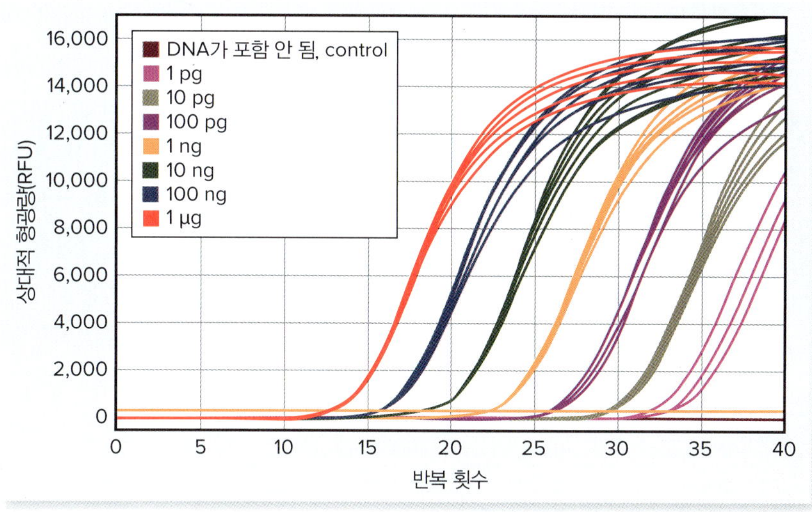

b.

그림 15.7 RT-qPCR에 의한 mRNA 수준의 정량.
a. 증폭이 일어날 때 형광 탐침의 분해는 형광의 증가를 초래한다. ***b.*** DNA가 증폭됨에 따라, 존재하는 DNA 분자의 수에 비례하여 형광의 양이 증가한다. 반응이 시작될 때 존재하는 DNA가 많을수록 PCR 동안 형광이 더 빨리 나타난다(pg, picograms; ng, nanograms; RFU, relative fluorescence unit).

감지기에서 형광이 탐지된다(**그림 15.7***a*). PCR 사이클이 계속 반복되고, 새로 형성된 DNA의 양에 비례하여 형광이 증가하게 된다. 시작할 때 더 많은 주형(mRNA로 만들어진 cDNA)이 있으면, 형광신호는 더욱 빠르게 증가할 것이다(**그림 15.7***b*).

PCR은 다양한 염기서열결정법의 기초이다

인간게놈서열을 완성하기까지 약 27억 달러의 비용이 들었고 1990년부터 2003년까지 13년의 시간이 걸렸다. 오늘날에는 약 1000 달러면 3일 안에 인간게놈서열을 얻을 수 있다. DNA 염기서열 분석은 게놈에서 형성된 DNA 조각에 대한 많은 복사체(copy)를 필요로 한다. 초기 인간게놈프로젝트에서는 DNA의 염기서열을 분석하기에 용이한 방법으로 게놈 DNA의 작은 절편들을 클로닝 벡터들에 넣는 것을 활용하였다. 이러한 클론들은 적절한 숙주에서 키워야 했고, 이후 염기서열 분석을 위해서 DNA를 추출했다. 이러한 과정은 노동집약적이며 시간 소모적이다.

PCR은 염기서열 분석에 필요한 충분한 DNA를 얻기 위해 클로닝 벡터를 사용하는 번거로움을 극복하였다. 차세대 염기서열분석(next-generation sequencing, NGS)과 같은 다양한 새로운 기술들은 염기서열 분석을 하기 위한 DNA를 만들어내기 위해 PCR의 변화를 활용하였다. PCR 없이, 빠르고 저렴한 게놈 염기서열 결정은 불가능하다. 빠르고 저렴하게 게놈 염기서열을 비교 확인하는 방법은 유전자형(genotype) 사이의 비교를 가능하게 하고 질병, 특정 약물에 대한 영향, 일반 보건에 연관된 유전적 변이를 동정할 수 있다는 이점이 있다.

핵심 요약 15.2

PCR은 소량의 DNA 분자에서 특정 DNA 염기서열을 빠르게 증폭하는 데 사용된다. RT-PCR은 발현된 mRNA로부터 DNA 복사본을 증폭하는 데 사용하고, 특정 mRNA의 상대적인 정량화를 가능하게 한다. NGS에서 PCR을 활용함으로써 한 게놈의 염기서열을 결정하는 데 걸리는 시간과 비용을 절감할 수 있었다.

- PCR과 DNA 복제는 어떻게 유사할까? 둘은 어떻게 다를까?

? **탐구문제** 인트론와 엑손이 포함된 진핵생물 게놈의 한 부분에 대한 복사본을 확보하고 싶다고 가정해 보자. cDNA를 사용하는 것은 좋은 방법인가? 설명하시오.

15.3 유전적 변이의 생성, 교정, 분석

학습 목표

1. 개체를 식별하는 데 어떻게 유전정보를 이용할 수 있는지 설명할 수 있다.
2. 어떻게 체외(*in vitro*)에서 유전자 돌연변이를 형성할 수 있는지 설명할 수 있다.
3. RNA 간섭과 직접적인 유전체 편집의 장단점을 설명할 수 있다.

유성생식 집단의 각 개체들은 표현형(phenotype)적으로는 다양하지만, 종의 모든 구성원들은 동일한 유전자 세트를 가지고 있다. 집단에서 나타나는 대부분의 다양성(diversity)은 유전적 변이(genetic variation), 후성유전학적(epigenetic) 차이, 그리고 환경적 변동성들 사이에서의 복잡한 상호작용에 의해 형성된다. DNA 조작과 분석의 발달은 표현형 차이를 만드는 유전적 변이를 연구하는 새로운 방식을 열어주었다. 유전적 변이 분석은 한 종간에 각 개체사이의 차이를 이해하는 데 있어 중요하다. 최근에 DNA 기술이 발전함에 따라 대립유전자에 돌연변이를 일으키거나 복구함으로써 유전자의 기능을 연구하는 것이 가능하게 되었다.

법의학에서는 개인을 식별하기 위해서 DNA 지문을 이용한다

소량의 조직이나 체액을 기반으로 개체를 식별해야 할 때가 있다. 이는 범죄를 조사하거나 재난사건 후에 희생자를 식별할 때 필요하다. 더 민감도가 높은 수사기법이 개발되었지만, 법의학(forensics)에서는 주요 기법으로 DNA 지문(fingerprint)을 활용하고 있다. 이것은 부분적으로는 법집행기관에 의해 정리된 막대한 데이터베이스가 있기에 가능한 방법이다.

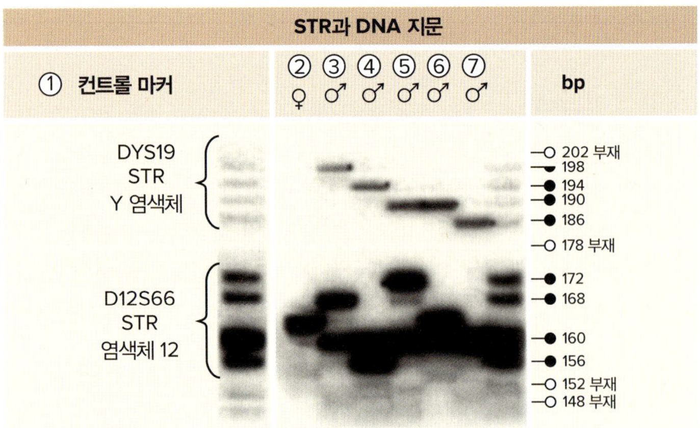

그림 15.8 STR 및 DNA 지문을 사용하여 개인 식별.
Y 염색체 STR은 여성에게는 없기 때문에 남성과 여성을 구분한다(위). STR은 반복 횟수(3~7열)에 따라 남성에서 다른 길이로 형성된다. 염색체 12에서 발견된 두 번째 STR은 남성과 여성 모두에서 나타난다(아래).

DNA 지문은 개인들 사이에서 다양하고, 짧으면서 반복적인 서열을 이용한다. STR(short tandem repeats, 짧은염기서열반복구간)은 유전자 조절 영역이나 유전암호가 없는 곳에 존재하는 전형적으로 2~4개의 염기쌍이며, 반복되는 길이가 다양하고, 세대를 거치며 돌연변이가 생긴다. 따라서 집단은 분자표지자에 대해 다양성이 있다고 이야기한다. 이러한 분자표지자의 조합은 범죄 수사 및 다양한 신원 확인을 위한 DNA '지문'으로 사용될 수 있다(**그림 15.8**).

이것은 PCR의 유연성과 유용성을 보여주는 또 다른 예이다. 프라이머는 STR이 포함된 영역의 측면에 위치하도록 디자인한다. 이들 프라이머는 초기의 아주 적은 시료에서 STR을 포함한 영역을 증폭하는 데 활용된다. 이후 자동화 염기서열결정법을 활용하여 분석하게 된다. 1997년부터 13개의 STR이 법정에서 개인식별을 위한 하나의 증거 기준으로 성립되었고, 승인된 식별키트는 상업적으로 이용할 수 있다. 그 13개의 STR은 미국 연방프로파일링데이터베이스(Combined DNA Index System, CODIS)의 기초를 형성한다. 새로운 DNA 지문은 CODIS에 등록된 개인의 것들과 비교할 수 있다.

DNA 지문은 DNA 분석이 널리 이용되기 전에 유죄로 수년간 수감된 사람들의 무죄를 입증하고, 재난 발생 후에 희생자의 신원을 파악하는 데 활용되었다. 2001년 9월 11일 뉴욕에서 발생한 911테러 이후, DNA 지문은 일부 희생자들의 신원을 파악하는 유일한 수단이 되었다. 2010년 아이티 공화국에서 발생한 엄청난 지진 후에도 DNA 지문으로 혼란 속에서 가족과 떨어진 아이들이 가족과 재회할 수 있었다.

PCR은 특정 유전자에 점돌연변이를 형성할 수 있다

게놈에서의 위치에 따라 1개 또는 몇 개 염기의 변화는 표현형에 영향을 주기도 하고 안 주기도 한다. 표현형에 변화를 초래하는 게놈상의 어떤 변화를 우리는 돌연변이라고 인지한다. 오랫동안 유전학자들은 화학물질(mutagens, 돌연변이유발원)을 사용해서 무작위로 돌연변이들을 만들어냈으나, 현재는 실험관내(*in vitro*)에서 돌연변이들을 형성할 수 있다. 돌연변이 연구는 변화된 DNA의 기본적인 기능을 좀 더 이해하는 계기가 되었다. 이 방식의 궁극적인 활용은 야생형 유전자를 돌연변이 유전자로 대체하여 돌연변이 유전자의 기능을 테스트하는 것이다.

PCR 기반 위치 특이적 돌연변이 유발

PCR에 의해 DNA의 한 부분을 증폭시킬 때에는 주형으로 사용하는 cDNA나 유전자가 필요하고, DNA 합성 개시에 사용되는 한 쌍의 프라이머가 필요하다. 만약 프라이머의 염기서열을 살짝 바꾼다면 PCR로 증폭된 대부분의 DNA 단편은 특정 부위에 돌연변이 염기를 갖게 될 것이다. 이런 방법으로 유전자나 cDNA에 다양한 돌연변이를 도입할 수 있다. 이러한 돌연변이의 효과는 이 절에서 언급한 다양한 방법에 의해 분석할 수 있다.

PCR 기반 무작위 돌연변이 유발

이전에 논의한 것처럼 PCR에 사용되는 중합효소 중에는 Taq 중합효소라는 것이 있었다. 세포 안에서 DNA를 복제하는 중합효소와는 다르게 Taq 중합효소는 DNA 합성 동안에 잘못 복제된 것을 교정하는 기능이 없다. Taq 중합효소는 합성되는 거의 매 45,000개의 염기당 하나의 돌연변이를 임의적으로 도입한다. PCR의 화학적 조건 변화는 PCR의 반복적인 사이클이 수행될수록 더욱 더 돌연변이 비율을 증가시킬 수 있어 임의로 돌연변이를 가진 유전자나 cDNA를 얻을 수 있다. 유전자 생성물의 기능상에 그러한 돌연변이의 영향은 다양한 방식을 통해 분석할 수 있다.

RNA 간섭은 유전자 생성물을 감소시킨다

세포 내에서 돌연변이를 만들고 분석하는 능력이 강력하더라도, 모든 실험시스템에서 표현형에 미치는 영향을 평가하기 위해 살아 있는 세포에 다시 조작된 DNA 플라스미드를 도입하는 것이 모두 가능한 것은 아니다. RNA 간섭(RNA interference, RNAi) 실험방법은 실험자가 살아 있는 세포나 생물체에서 유전자의 양을 감소시키는 것이 가능하다. 이것은 유전자의 기능을 제거한 돌연변이와 동일한 효과를 나타낸다. RNA 간섭은 암호화된 단백질의 수준을 감소시키는 것으로, 세포 내의 특정 mRNA의 분해 또는 번역(translation)을 방해한다. 이 기법은 전사후(post-transcription)의 유전자 발현 수준을 조절하기 위해 세포가 진화적으로 소형 RNA를 사용하는 시스템을 활용한 것이다(14장 참고).

특정 단백질의 생성을 감소시키거나 제거하기 위해 RNAi를 사용하려면, 단백질을 암호화하고 있는 mRNA에 상보적인 짧은 dsRNA (double-stranded RNA)가 필요하다. dsRNA를 생성하고 세포나 생물체에 도입하는 다양한 방법들이 존재한다. RNAi는 14장에서 설명한 것처럼 세포기작에 의존적이다. 완전한 게놈 서열을 가지는 모든 생물체에서 짧은 형태의 dsRNA 분자의 라이브러리가 게놈상에 있는 모든 유전자를 타겟하도록 만들 수 있다. 이러한 라이브러리는 개개의 단백질 또는 단백질의 조합을 시스템적으로 감소시킬 수 있고, 따라서 세포와 생물체에서 특정 유전자의 기능을 연구할 수 있다.

새로운 기술은 게놈의 직접적인 편집을 가능하게 한다

PCR 기반 돌연변이 유발은 세포 내에서 유전자 서열의 변화를 가능하게 하고, RNAi는 유전자 산물의 감소를 가능하게 한다. 이러한 방법들은 둘 다 살아 있는 세포 내에서 유전자의 기능을 탐색하기 위한 간접적인 방법을 제공한다. 유전자의 서열을 빠르고 쉽게 변화시키거나, 유전자를 불활성화시키거나, 또는 세포 내에서 직접적으로 유전자의 발현을 방해하는 것이 지금은 가능하게 되었다. 이러한 방식으로 전체적으로 유전자를 변형함으로써, 우리는 생체내(*in vivo*)에서보다 더 유전자의 기능을 이해할 수 있을 것이다. 생체내(*in vivo*)에서 유전자를 편집하기 위한 2가지 주요 방법으로 **TALE**(transcription activator-like effector) 단백질과 **크리스퍼**(clustered regularly interspaced short palindromic repeats, CRISPR) **Cas9** 시스템이 있다.

TALE 단백질

TALE 단백질은 DNA에 결합하는 기능과 식물병원균인 *Xanthomonas*의 질병 유발 역할 때문에 동정되었다. 이 단백질은 TALE 반복 도메인이라고 불리는 34개 아미노산이 반복되는 형태를 가지고 있다. 도메인 사이에 있는 아미노산의 쌍은 매우 다양한 반면, 주변의 아미노산은 거의 동일하다. 중간 위치에 존재하는 두 아미노산이 어떤 뉴클레오타이드가 반복 도메인에 의해 결합될지를 결정한다.

다양한 TALE 반복 도메인을 조합함으로써, DNA의 다른 서열이 TALE 단백질에 의해 결합 될 수 있다. 만약 재조합 DNA 분자가 핵산분해효소(nuclease)를 암호화하고 있는 DNA와 TALE 단백질을 암호화하는 DNA의 융합으로 구성이 되면, 이것은 이제 새로운 서열에 특이적인 핵산분해효소를 암호화하게 된다. 이 재조합 DNA에서 생성된 단백질을 TALE-핵산분해효소 융합(TALE-nuclease fusion) 또는 탈렌(TALEN)이라고 한다. 탈렌을 암호화하고 있는 재조합 DNA는 세포 내에 도입이 가능하고 탈렌은 게놈상의 특정 유전자로 향하게 되고, 핵산분해효소는 그 부위에서 DNA를 절단할 수 있다. 세포가 잘린 DNA를 복구하려고 할 때, 때때로 오류가 생기거나 서열을 잃어버리게 된다. 만약 이러한 일이 발생하면, 유전자는 불활성화될 것이다. 이 전략의 다양성은 TALEN에 의해 인식되는 서열을 가진 유전자를 완벽하게 교체하기 위해 개발되었다.

CRISPR/Cas9 시스템

박테리아에서 숙주제한(host restriction)에 대한 연구가 제한효소의 발견으로 이어진 것처럼, 바이러스 감염에 대한 박테리아의 면역

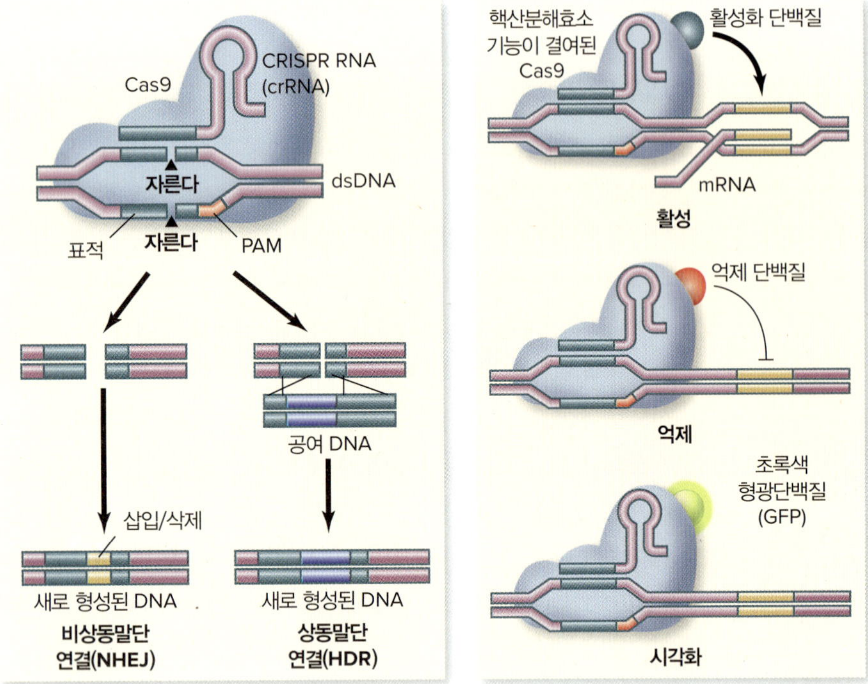

a. *b.*

그림 15.9 CRISPR/Cas9 게놈 편집 시스템. ***a.*** 서열 특이적 가이드 RNA는 Cas9을 표적 서열로 이끌어서 절단하게 한다. 복구가 부정확하면 유전자 불활성화를 초래하거나, 공여자 DNA 서열이 존재하면 정확하게 DNA 표적 서열을 공여자 서열로 대체할 수 있다. ***b.*** 재조합 DNA 기술을 사용하여 Cas9을 표적 유전자로 유도하여 유전자를 켜거나(활성화), 끄거나(비활성화), 게놈에서 그 위치를 밝힐 수 있다. (NHEJ, nonhomologous end joining; HDR, homology-directed repair; GFP, green fluorescent protein)

연구에서 CRISPR/Cas9(크리스퍼/카스나인) 시스템이 발견되었다. 일부 박테리아는 자신의 게놈에 바이러스 게놈의 일부분이 포함되도록 진화한 일종의 적응면역(adaptive immunity)을 가지고 있는 듯하다. 이 바이러스성 DNA는 동일한 DNA 서열을 가지는 바이러스를 표적으로 삼아, 재침입시에 대응한다. 박테리아는 이 바이러스성 DNA를 RNA로 전사시켜 가이드 RNA(guide RNA, gRNA)를 만드는데, gRNA는 핵산분해효소(Cas9)를 동일한 서열을 가진 DNA로 '안내'하는 역할을 한다. 탈렌(TALEN)을 만드는 것보다 가이드 RNA를 디자인하고 합성하는 것이 훨씬 간단하므로 CRISPR/Cas9 시스템이 보다 간단하고 유용해 보인다.

가이드 RNA와 Cas9 단백질이 결합하여 세포 내로 들어가게 되면, 가이드 RNA 서열과 일치하는 서열을 갖는 유전자에 붙게 된다(**그림 15.9***a*). Cas9 핵산분해효소는 가이드 RNA가 결합한 곳에서 DNA를 절단하게 된다. 절단된 DNA는 부정확한 복구(repair)로 인해 게놈 서열상에 조그만 결실 또는 삽입돌연변이를 초래하고, 이로 인해 유전자의 기능을 잃게 될 수 있다. 또는 선형의 dsDNA를 사용할 수 있는 경우에는 HDR(homology-directed repair, 상동재조합 수선체계)에 의해 잘린 부위가 복구된다. 이것은 돌연변이 대립유전자(allele)를 야생형으로 복원하거나, 흥미 있는 유전자에 돌연변이를 형성하게도 한다. CRISPR/Cas9은 더 작고 쉽게 전달이 가능한, 다양한 박테리아에서 추출된 Cas9 단백질로 계속 개선되고 있다. Cas9 단백질은 더 유용하고 효과적인 시스템을 만들기 위해 개발되고 있다. 이 기술은 시험관내(*in vitro*)에서 키운 T세포에 통합된 HIV 게놈을 비활성화시키는 데 활용되었는데, 이는 유전질병 치료제로서 가능성을 나타낸다.

CRISPR/Cas9은 또한 유전자 발현 조절에도 사용될 수 있다. 핵산분해효소 활성이 없는 Cas9과 전사조절 활성자(activator) 또는 억제자(repressor)를 융합한 DNA를 구성함으로써 유전자의 발현을 선택적으로 활성화 또는 비활성화시킬 수 있다. 또한 형광단백질과 핵산분해효소가 없는 Cas9 단백질 사이의 융합형태를 만드는 것이 가능해서, 이것으로 간단하게 특정 암(cancer)에서 증폭되는 종양유전자(oncogene)의 검출과 분석을 할 수 있다.

핵심 요약 15.3

DNA 지문을 이용하여 각 개체를 식별할 수 있다. STR 좌위의 특정 세트는 CODIS 데이터베이스를 구성한다. PCR은 DNA 상에 위치 특이적 또는 임의적 돌연변이를 만드는 데 사용할 수 있다. RNA 간섭은 유전자 산물의 발현 수준을 감소시키기 위해 이용될 수 있다. 게놈 편집 기술은 유전자 기능을 제거하거나 염색체에 새로운 대립유전자를 도입하는 데 사용될 수 있다.

- 게놈 편집은 시험관내(*in vitro*)에서 특정 돌연변이를 만드는 것과 어떤 점에게 다를까?
- 게놈 편집의 TALE와 CRISPR/Cas9 시스템을 비교하고 대조해 보자.

15.4 형질전환 생물체의 설계와 활용

학습 목표

1. 유전암호의 보편적 특성이 어떻게 형질전환을 가능하게 하는지 설명할 수 있다.
2. 유전자 제거, 유전자 삽입, 그리고 조건부 유전자 제거 생쥐를 비교하고 대조할 수 있다.
3. 형질전환 식물을 어떻게 만드는지 설명할 수 있다.

이번 절에서는 이미 확인해 본 일부 기술들이 어떻게 형질전환 생물체를 구축하는 데 활용되는지에 대해 알아보고자 한다. 이것들은 다른 종으로부터 한 개 또는 여러 개의 유전자를 삽입함으로써 변형된 생물체이다. 전통적인 육종방법 이외의 기술을 통한 게놈의 어떤 변경은 때때로 유전자 변형 생물체(genetically modified organism, GMO)를 만들어낸다. 첫 번째, 우리는 어떻게 형질전환체가 개별 유전자의 기능분석에 사용되는지 살펴볼 것이다. 그 다음에는 의약, 환경생물학, 농업에서의 응용을 살펴볼 것이다.

유전암호의 보편성은 형질전환을 가능하게 한다

인간 유전자를 생쥐의 게놈에 삽입하면 생쥐의 세포에서 인간 유전자는 발현할 것이다. 이와 유사하게, 인간 유전자는 *E. coli* 박테리아의 게놈으로 들어갈 수 있고 박테리아는 암호화된 단백질을 만들 수 있다. 이것은 다른 종의 생물체 세포에서도 동일하게 유전적 정보가 해석되기 때문이다. 유전자의 정보를 해독하는 데 사용되는 유전암호는 박테리아, 고세균, 그리고 진핵생물에서 사용되는 것과 동일하다. 예를 들어, 아미노산 페닐알라닌은 코돈 UUU로 암호화되어 있다. 이것은 인간에서 유전암호를 보든 *E. coli*에서 유전암호를 조사하든 같다. 하지만 거기에는 약간의 유전암호의 변형이 있다. 미토콘드리아의 유전암호는 핵 유전자를 해석하는 데 사용하는 유전암호와는 약간 다르다.

유전자의 제거나 추가를 통해 기능을 연구할 수 있다

재조합 DNA를 만들기 위한 기술은 유전자를 제거하거나 추가한 생물체를 형성하기 위해 다른 실험기법과 혼합할 수 있다. 몇 가지 경우, 하나의 유전자가 제거되고 유전적으로 변형된 버전의 유전자로 대체된다. 이러한 동물과 식물의 연구에서 과학자들은 유전자형(genotype)과 표현형(phenotype) 사이의 연관성을 더 잘 이해할 수 있다. 생물체에 돌연변이 대립유전자를 도입함으로써, 질병 유발 과정에서 특정 돌연변이의 효과를 전체 생물체에서 연구할 수 있다.

유전자 제거 생쥐

유전자 제거(knockout) 동물은 유전자의 기능이 상실되도록 유전자가 불활성화되어 있다. 이런 방법으로 다양한 실험 생물체에서 유전자를 불활성화시키는 것이 가능하다. 인간의 유전과 가장 연관 있는 것은 풍부한 유전학적 역사를 가진 생쥐이다. 유전자 제거 효과는 다 성장한 생쥐에서 평가할 수 있다. 또는 만약 어떤 유전자가 생존에 필수적인 것이라면, 그 유전자의 기능이 필요한 발생 단계에서 확인할 수 있다. 유전자 제거 생쥐를 만들어내는 간략한 과정은 **그림 15.10**에 설명하였다.

1. 클로닝된 유전자는 재조합 DNA 기술을 사용해서 표적이 되는 유전자의 일부분을 표지 유전자로 대체한다. 표지 유전자는 박테리아에서 항생제 네오마이신(neomycin)에 저항성을 갖는 유전자를 암호화하고 있고, 이는 네오마이신과 관련된 G418 약물이 포함된 배양액에서 생쥐 세포가 자랄 수 있게 한다. 재조합 DNA는 염색체상에 표적이 되는 유전자 DNA 부위를 양쪽에 포함하게 된다.
2. 표적 유전자 내에 항생제 표지자가 끼어들어 간 유전자는 **배아줄기세포**(embryonic stem cell, ES cell)로 도입된다. 초기 배아에서 유래한 이러한 세포는 다른 성체 조직으로 발달할 수 있다. 이 세포에서 클로닝된 유전자는 양측면의 DNA를 기반으로 유전자가 있는 염색체로 재조합이 된다. 이 재조합은 유전자지도를 작성하는데 사용하는 것과 동일한 것이다(11장 참조). 약물 저항성 유전자를 지닌 클로닝된 유전자는 DNA 복제 기능이 없어서 유전자재조합이 되지 않으면 사라지게 된다. 유전자재조합이 완료된 세포를 구별하기 위해서 세포는 G418 약물이 포함된 배지에서 배양한다(오직 표지 유전자를 포함한 세포만이 G418 약물에 있는 배지에서 성장한다).
3. 제거된 유전자를 포함한 ES세포는 생쥐의 초기 배아세포에 주입하고 가상 임신 중인 암컷 생쥐(정관 수술한 수컷과 교배한 암컷 생쥐로, 자궁을 제공하게 된다)에 이식한다. 이 암컷 생쥐에서 태어난 새끼 중의 일부 세포에서는 표적 유전자가 제거된 하나 또는 2개의 대립유전자를 갖게 되며, 이러한 동물을 키메라(chimera)라고 한다. 키메라 생쥐는 정상 생쥐와 교배를 하고 이들 자손의 일부는 이형접합(heterozygous)이 될 것이다. 이 경우, 이형접합체(heterozygosity)가 생물학적 기능에 영향을 미치면 표현형이 있을 수 있기에 이를 확인하고 분석할 수 있다. 만약 돌연변이가 열성(recessive)이고 치명적이지 않으면

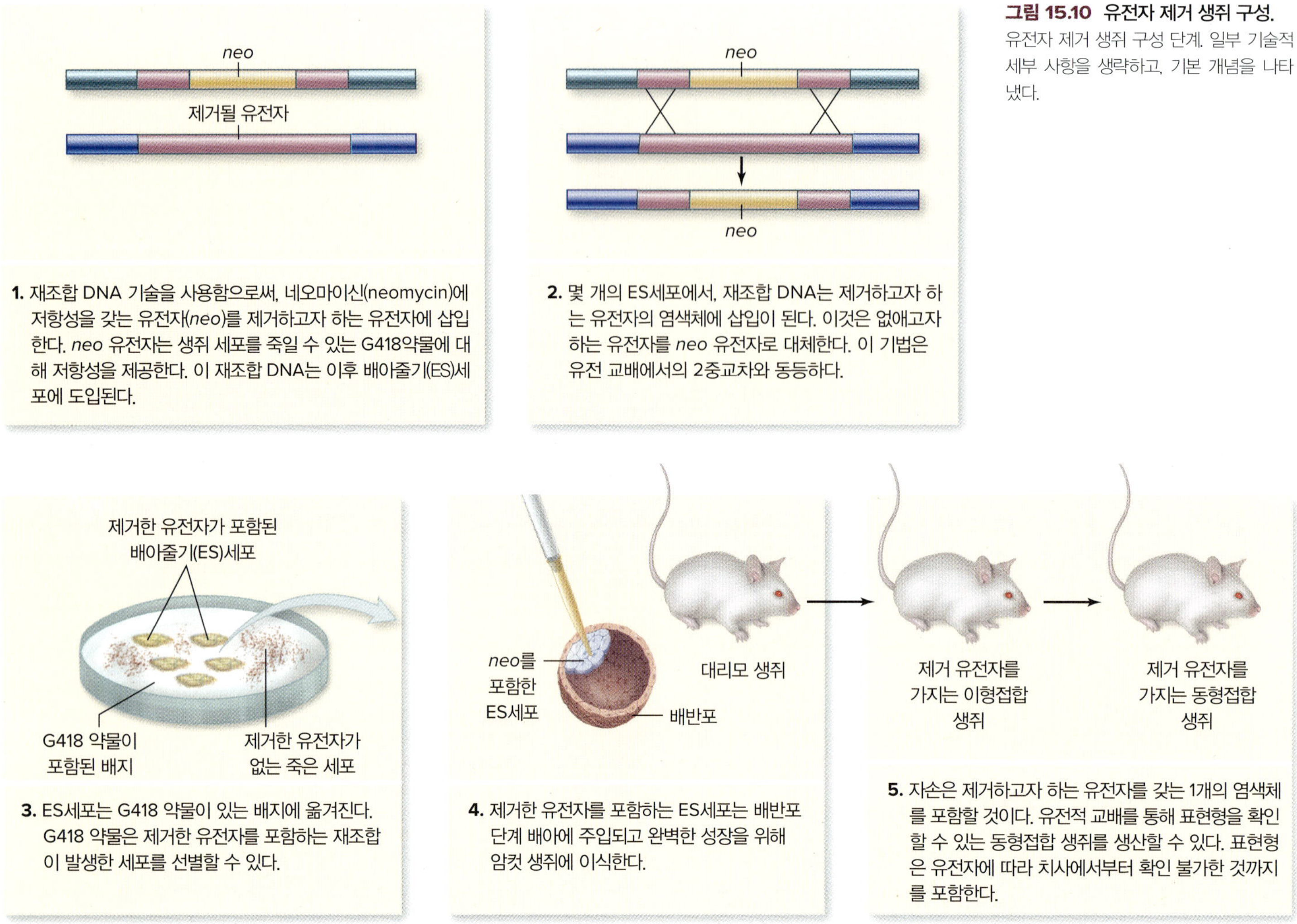

1. 재조합 DNA 기술을 사용함으로써, 네오마이신(neomycin)에 저항성을 갖는 유전자(*neo*)를 제거하고자 하는 유전자에 삽입한다. *neo* 유전자는 생쥐 세포를 죽일 수 있는 G418약물에 대해 저항성을 제공한다. 이 재조합 DNA는 이후 배아줄기(ES)세포에 도입된다.

2. 몇 개의 ES세포에서, 재조합 DNA는 제거하고자 하는 유전자의 염색체에 삽입이 된다. 이것은 없애고자 하는 유전자를 *neo* 유전자로 대체한다. 이 기법은 유전 교배에서의 2중교차와 동등하다.

3. ES세포는 G418 약물이 있는 배지에 옮겨진다. G418 약물은 제거한 유전자를 포함하는 재조합이 발생한 세포를 선별할 수 있다.

4. 제거한 유전자를 포함하는 ES세포는 배반포 단계 배아에 주입되고 완벽한 성장을 위해 암컷 생쥐에 이식한다.

5. 자손은 제거하고자 하는 유전자를 갖는 1개의 염색체를 포함할 것이다. 유전적 교배를 통해 표현형을 확인할 수 있는 동형접합 생쥐를 생산할 수 있다. 표현형은 유전자에 따라 치사에서부터 확인 불가한 것까지를 포함한다.

그림 15.10 유전자 제거 생쥐 구성. 유전자 제거 생쥐 구성 단계. 일부 기술적 세부 사항을 생략하고, 기본 개념을 나타냈다.

이형접합체로부터 동형접합(homozygous) 생쥐를 만들기 위해서 교배를 할 수 있다. 동형접합 생쥐는 표현형에 대해 분석할 수 있다.

유전자 삽입 생쥐

유전자 삽입(knockin) 생쥐는 정상 대립유전자를 특정한 유전적 변이가 있는 대립유전자로 대체한 것이다. 대립유전자를 제거함으로써 기능이 완전히 상실된 대립유전자(null allele)에 대한 연구를 할 수 있지만, 유전자 기능이 완전히 제거되지 않으면 분석할 수 없다. 특정 돌연변이는 체외(*in vitro*)에서 제작이 가능하고 이후 변화에 대한 효과를 증명하기 위해서 생쥐에 도입할 수 있다. 이를 통해 연구자는 자연발생적 대립유전자, 어떤 정보에 기반을 둔 목적된 돌연변이, 또는 문자 그대로 어떠한 돌연변이라도 사용할 수 있다. 도입된 돌연변이는 완전한 기능상실, 부분적인 기능상실, 또는 유전자 산물에 대한 새로운 기능획득 등을 초래할 수 있다.

조건부 불활성화는 필수 유전자 연구를 가능하게 한다

생쥐에서 유전자 제거 기법에는 2가지 주요한 결점이 있다. 첫 번째, 한 유전자의 제거는 이것의 불활성화로 영향받는 모든 조직의 모든 세포에 효과를 미친다. 이것은 한 조직 이상에 영향을 주는 생산물을 갖는 유전자에 대해서는 문제가 있다. 여러 조직에 영향을 주는 유전자 제거의 표현형 분석은 복잡해질 수밖에 없고 가능하지 않을 수도 있다. 두 번째 문제점은 발생에 있어 중요한 유전자들이다. 초기 발달에 필수적인 유전자는 배아에서 죽음을 초래할 수 있고 분석 자체가 불가능할 수 있다. 이러한 제한적 특성으로, 특정 조직이나 발생 과정상 특정 시기에 게놈으로부터 유전자를 제거하는 방법들이 개발되었다. 조건부 불활성화(conditional inactivation)는 특정 조직이나 발생 과정상의 특정 시점의 세포에서 유전자 게거가 가능하다.

조건적으로 유전자 제거에 흔히 P1이라고 알려진 박테리아 바이러스에서 유래한 Cre-Lox 재조합(recombination) 시스템을 사용한다. Cre는 Lox라고 알려진 짧은 DNA 서열 사이에서 재조합을 촉진하는 효소이다. 연구하고자 하는 유전자가 Lox site를 양옆에 끼고 있으면, Cre 효소처리 시 Lox site 사이에서 유전자재조합이 일어나 원형(circular) DNA인 중간 서열(연구하고자 하는 유전자 DNA)은 제거된 후 분해된다(**그림 15.11**).

조직 특이적 유전자 제거

Cre-Lox 시스템을 활용한 조건부 불활성화를 수행하기 위해서, 두 종류의 형질전환 생쥐가 필요하다. 첫 번째 종류는 원하는 조직에서만 활성화시킬 수 있는 프로모터(promoter)로 Cre 효소를 발현하게 하는 형질전환 생쥐이다. 이 생쥐에서, Cre는 오직 원하는 조직에서만 형성된다. 두 번째 생쥐는 Lox 서열을 양옆에 끼고 있는 표적 유전자를 포함한 형질전환 생쥐이다. Lox 서열을 양쪽에 가지고 있는 DNA 서열을 플록스('floxed', Lox flanked의 약자)라고 한다.

일단 두 종류의 생쥐가 준비되면, 생쥐의 모든 세포에 Cre 재조합효소와 제거하고자 하는 대립유전자가 포함된 자손을 만들어낸다. 하지만 Cre 효소를 발현하는 조직에서만 플록스 DNA를 제거하기 위한 재조합이 일어난다. 생쥐의 다른 조직에서는 정상적인 대립유전자가 유지되고 유전자의 결손에 따른 표현형에는 관여하지 않게 된다(**그림 15.11**)

발생 특이적 유전자 제거

발생과정의 특정 단계에서 유전자를 제거하기 위해 조직 특이적 유전자 제거 방법과 유사한 전략을 사용한다. Cre 발현 형질전환 생쥐의 유일한 차이는 특정 조직에서 발현되는 것이 아니라 특정 발생 과정상에서만 Cre가 발현되도록 변형한 것이다. 이 전략에서 추가적인 기발한 아이디어는 생쥐가 특정한 물질을 음식이나 물을 통해 섭취하였을 때 작동하는 프로모터를 Cre 유전자에 달아준 것이다. 이것은 생쥐가 출생 후 발생과정 분석을 가능하게 한다.

식물은 유전적 변형에 다양한 기술을 요구한다

유전적으로 변형된 식물은 동물에 사용된 기술과는 상당히 다른 기법으로 탄생했다. 형질전환 식물은 전기 천공 이용(electroporation), 물리적인 DNA 삽입(bombardment), 화학처리, 그리고 박테리아를 통한 전달(bacterial transfer) 등으로 DNA를 식물세포로 도입함으로써 형성된다. 어떤 기술이 사용되든, 일반적으로는 특정한 유전자 서열을 특이적으로 표적화하는 것이 불가능하고 식물 게놈상에 형질전환 유전자의 삽입이 무작위로 일어난다. 비록 이러한 방법이 식물체 내에 발현시키고자 하는 형질전환 유전자를 도입할 수 있게 하여도, 특정한 유전자의 제거에서는 문제가 된다. 작물에 병, 서

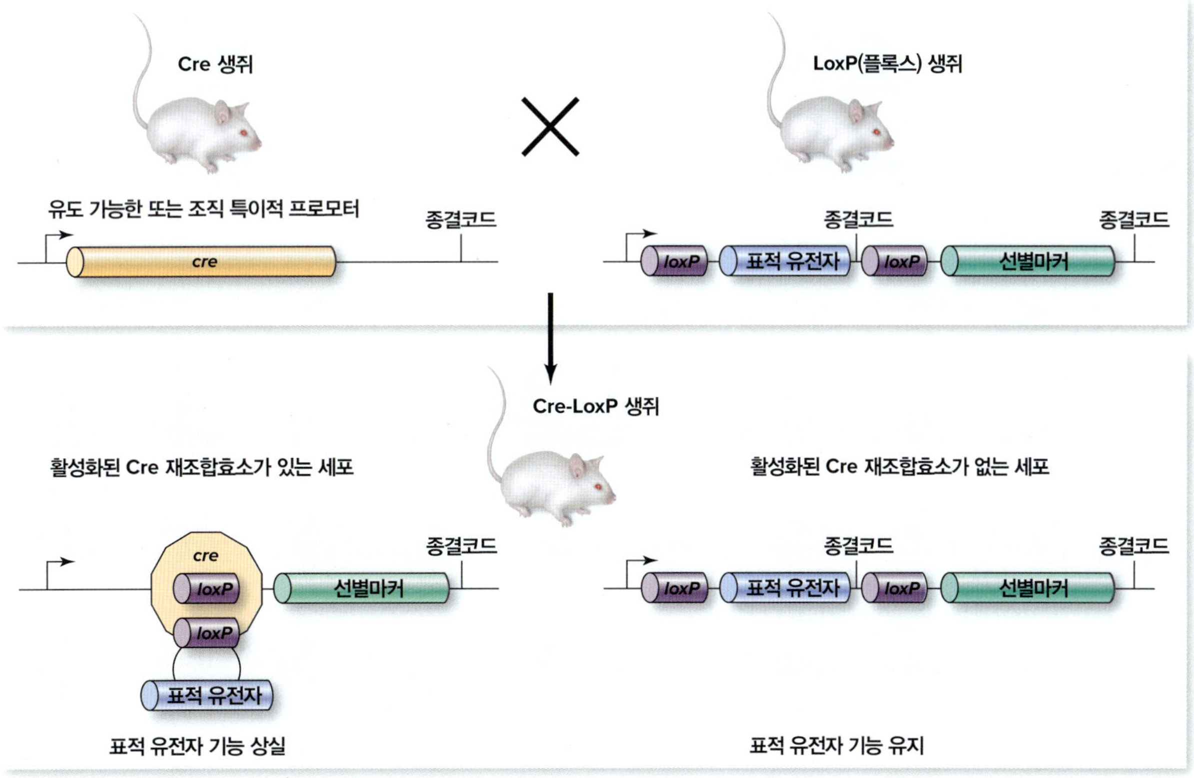

그림 15.11 조건부 및 조직 특이적 유전자 제거 생쥐 만들기. 유도성 또는 조직 특이적 프로모터로부터 Cre 재조합효소를 발현하는 Cre 생쥐를 "플록스(floxed)" 표적 유전자를 함유하는 생쥐와 교배한다. "플록스" 생쥐는 유전자 제거 생쥐를 만드는 동일한 기술을 사용하여 만들어진다. 자손은 Cre- 발현 유전자 및 "플록스" 표적 유전자 둘 다를 함유하게 된다. Cre를 발현하는 프로모터는 유도 분자의 존재 하에 또는 특정 조직에서 발현된다.

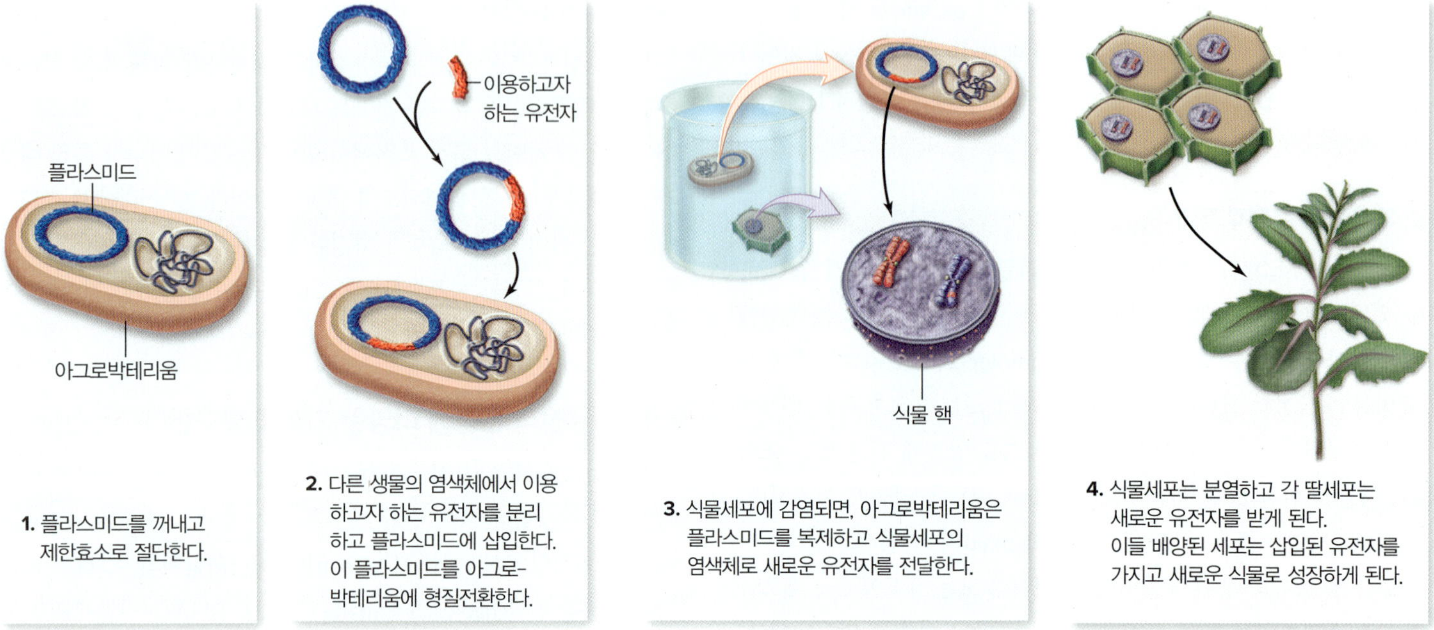

그림 15.12 아그로박테리움을 이용한 형질전환 식물 생성.
Agrobacterium tumefaciens 이용한 형질전환 식물의 생성 단계

리, 제초제, 그리고 가뭄에 대해 저항성을 증가시킬 수 있는 형질전환 유전자가 도입된다면 좋을 것이다. 또한 영양물질 구성을 변화시킨 작물 개발은 영양결핍으로 힘든 집단에게는 도움이 될 것이다.

세균성 병원균을 통한 식물의 형질전환

형질전환 유전자(transgenes, 생물체에 전달하려는 외부 유전자)는 식물병원균의 하나인 아그로박테리움(*Agrobacterium tumefaciens*)을 통해서 특정 식물종의 게놈으로 전이가 가능하다. 아그로박테리움은 **Ti(tumor-inducing) 플라스미드**를 가지고 있다. 이 Ti 플라스미드는 감염된 식물의 조직에 식물 혹(gall)을 형성하는 원인이 되는 유전자를 포함하고 있다. 이 플라스미드는 역시 박테리아에서 식물세포로 플라스미드의 특정 부분을 전이시킬 수 있는 유전 서열을 가지고 있다. Ti 플라스미드는 아그로박테리움에서 추출이 가능하고 식물 암 형성에 관여하는 유전자는 제거하고 활용하고자 하는 유전자로 대체할 수 있다. 관심 있는 유전자를 포함한 재조합 Ti 플라스미드는 다시 아그로박테리움에 도입한 후에 식물에 감염시키게 된다. 감염이 진행되는 동안에 아그로박테리움은 관심 있는 유전자를 포함한 Ti 플라스미드의 부분을 식물세포에 전달하고 식물세포 게놈상에 이 DNA 조각이 삽입된다(**그림 15.12**). 이 과정을 형질전환(transformation)이라고 한다. 풍부한 영양분과 성장을 촉진시킨 조건에서, 감염된 식물세포는 뿌리와 슈트(shoot, 뿌리 위의 모든 부분)를 유도한다. 결국 모든 세포가 형질전환 유전자(transgene)를 포함한 식물체로 자라난다.

DNA 전달 방법으로 입자를 통한 형질전환

아그로박테리움은 모든 식물종을 감염할 수 없으므로 앞서 설명한 형질전환 방법이 통하지 않는다. 아그로박테리움을 통한 식물세포의 형질전환이 불가하면, DNA를 물리적인 방법을 통해서 직접 식물세포 내로 도입할 수 있다. 식물세포로 재조합 DNA를 도입하는 물리적인 일반적인 접근은 재조합 DNA를 금 입자(gold particle)나 텅스텐 나노입자(tungsten nanoparticle)에 입혀서 식물세포 일부에 그 입자를 발사하는 것이다. DNA는 미세한 입자와 함께 세포로 전달되고 DNA는 식물의 게놈상에 삽입된다. 그 식물 조직은 시험관내(*in vitro*)에서 성장하고 분화하여 결국엔 완전한 식물로 성장한다.

핵심 요약 15.4

유전암호의 보편적 특성은 유전자가 서로 다른 종으로 이동하는 것을 가능하게 한다. 유전자 제거 생쥐는 게놈으로부터 특정한 대립유전자를 제거한 것이다. 유전자 삽입 생쥐는 변형된 유전자로 특정 대립유전자를 대체한 것이다. 대립유전자상의 조건부 유전자 제거는 특정 조직이나 발생과정 동안의 특정 시기에 활성화된다. 식물은 아그로박테리움을 통해 Ti 플라스미드 DNA로, 또는 나노입자를 활용한 DNA 삽입을 통해 형질전환될 수 있다.

- 어떤 조건에서 조건부 유전자 제거 생쥐나 일반적인 유전자 제거 생쥐를 만드는 것이 적절할까? 그리고 언제 유전자 삽입 생쥐를 만들 필요가 있을까?

15.5 환경적 적용

학습 목표

1. 조류를 통한 바이오 연료 생산의 이점을 설명할 수 있다.
2. 자연환경에서 탄화수소의 미생물성 분해를 제한하는 요인을 설명할 수 있다.
3. 폐수 처리 시 미생물의 중요성을 설명할 수 있다.

환경생명공학은 인간이 환경에 미치는 영향을 방어, 복구, 그리고 감소시키거나, 또는 존재하는 자원의 지속가능성을 증가시키기 위해 생물학적 과정을 활용하는 것이다. 환경과학에서 생명공학의 다양한 적용은 버려진 재료의 재활용에 중점을 두고 있다. 또한 현재는 재생 가능한 연료 자원을 생산하는 생물학적 공정에 많은 이목이 쏠려 있다. 환경생명공학은 19세기 중반부터 폐수를 관리하기 위해 생물학적 공정으로 사용되었으므로 새로운 분야는 아니다. 화학, 유전체학, 유전학, 그리고 물리학의 기술적인 진보는 글로벌 에너지 위기와 물 부족 문제와 같은 인간이 만들어낸 환경적 재앙을 해결하기 위한 기술개발의 잠재력을 가속했다.

조류는 바이오연료 제조에 사용될 수 있다

바이오연료(biofuels)는 화석연료와 같은 오래된 바이오매스(biomass)에서 유래한 것이 아닌, 최근에 고정된 탄소원으로부터 만들어진 바이오매스에서 추출한 연료이다. 바이오연료를 만들기 위한 바이오매스의 흔한 원료로는 작물과 조류가 사용된다. 두 가지 형태의 액체 바이오연료가 있는데, 에탄올은 식물성 탄수화물의 발효를 통해서 얻어지고, 바이오디젤은 식물이나 조류에 있는 지질의 화학적인 변형으로 생산된다. 바이오디젤을 만들어 낼 수 있는 다양한 종의 조류가 있지만 대부분이 3~30 μm가량의 미세조류들로 구성된다.

미세조류에서 생산된 바이오연료는 석유 같은 화석연료와 비교하면 몇 가지 장점이 있다. 이산화탄소가 광합성에 의해 바이오매스에 고정될 수 있는 한 재생이 가능하다. 연료의 탄소가 기후 변화에 주범인 대기 중의 이산화탄소에서 유래한다는 점을 고려하면 화석연료보다 환경친화적이다. 미세조류로부터 바이오디젤 생산은 폐수 처리와 같은 공정과 결합하거나 화석연료 연소 공장의 이산화탄소 포집 시스템과 결합될 수 있다.

미세조류는 다양한 방식으로 배양된다. 가장 간단한 시스템은 큰 야외 연못을 만드는 것이다. 이 연못은 건설 및 유지 보수 비용이 비교적 저렴하지만, 환경 미생물 또는 조류 포식자에 의한 오염으로 어려움을 겪을 수 있다. 또한 조밀한 조류 배양을 유지할 수 없기 때문에 넓은 면적의 토지가 필요하다. 더 비싸지만 더 쉽게 제어할 수 있는 것은 자급식 배양시스템으로, 물 공급원에 용해된 영양분을 공급하고 조류 배양이 순환배양을 통해 광수확 시스템과 결합하는 것이다(**그림 15.13**). 이 광생물 반응기(photobioreactors)는 더 쉽게 제어되는 조건이며 폐수를 공급받을 수 있다. 이산화탄소는 광합성에 의해 고정된 탄소의 일정한 원료를 제공하기 위한 시스템을 통해 섞이게 된다. 광합성은 지방산의 빌딩블록인 아세틸CoA(acetyl-CoA)로 대사적으로 전환될 수 있는 환원된 탄소를 생성한다.

일부 미세조류종은 또한 종속영양전략(heterotrophic nutritional strategies)을 사용할 수 있다. 이 종들은 배양액에서 당을 흡수하고 그 당을 성장을 위한 바이오매스의 형성 또는 지질의 생성에 활용한다. 그러나 다른 종은 종속영양과 광독립영양전략(photoautotrophic

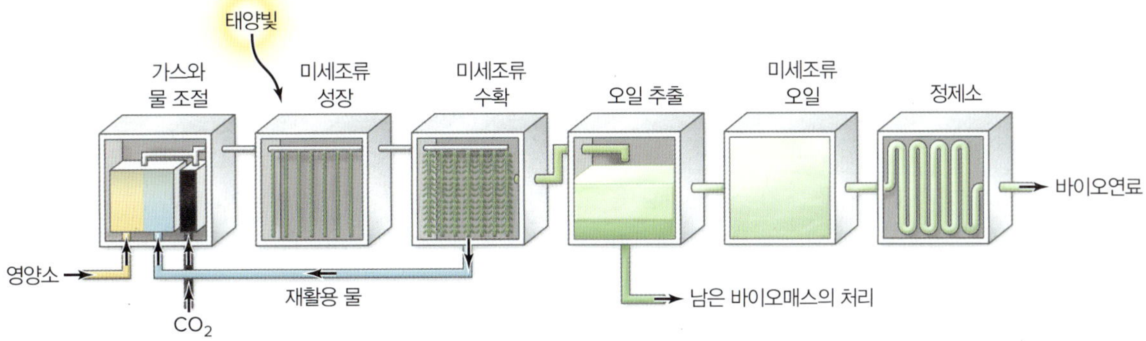

그림 15.13 미세조류를 이용한 바이오연료 생산.
특수 조건에서 자란 미세조류는 바이오매스의 최대 50%를 지질로 축적한다. 성장은 연못에서 또는 여기에 표시된 바와 같이 광생물 반응기에서 일어난다. 때에 따라, 이산화탄소는 산업 공장에서 광생물 반응기로 공급될 수 있다. 조류로부터 수확된 지질은 가공되어 바이오연료 정제과정을 거친다.

nutritional strategies)을 동시에 사용할 수 있으며 이 종은 세포에서 가장 높은 농도의 지질을 생성할 수 있다. 스트레스 조건에서 조류 세포는 40~50%의 트라이아실글리세라이드(triacylglycerides)를 형성할 수 있다.

조류로부터 지질을 수확하기 위해 다양한 기술이 사용될 수 있으며, 이는 조류 바이오디젤 생산에서 가장 중요한 부분의 하나이다. 일단 지질을 조류로부터 분리하고 화학적 처리를 통해 글리세롤을 트라이글리세라이드의 지방산 사슬로부터 분리한다. 더 정제하면 바이오디젤이 얻어진다.

> ? **탐구문제** 바이오연료를 만드는 데 사용되는 지질을 보다 효율적으로 만들기 위해 미세조류를 어떻게 유전자 변형할 수 있을까?

미생물은 환경에서 탄화수소를 분해할 수 있다

우리가 석유 또는 바이오연료 기반의 탄화수소 유래 연료에 대해 의존하는 것은 불가피하지만, 이는 심각한 결과를 초래할 수 있다. 이러한 연료는 생태계에 유입되어 환경파괴를 일으킬 수 있다. 특정 탄화수소는 수십 년 동안 육상, 수생 및 해양 생태계에서 지속해서 생물체에 축적되어 죽음에 이를 수 있다.

환경에 잔류하는 탄화수소는 휘발성 화합물의 증발, 수분이 많은 환경에서의 용해 및 분산, 빛이 있는 곳에서의 산화에 의해 차츰 분해될 수 있다. 중요한 점은 특정 미생물은 탄화수소 오염 물질을 대사할 수 있다는 것이다. 미생물에 의한 탄화수소 오염 물질의 분해 또는 대사를 **생물정화**(bioremediation)라고 한다. 이들 미생물의 탄화수소 대사 속도는 오염 물질의 온도, 물리적 및 화학적 특성, 산소 이용도, pH, 염도, 다른 미생물의 존재 여부, 그리고 아마도 가장 중요한 영양소 이용 가능성을 포함한 여러 변수의 영향을 받는다.

실험실 연구에 의하면 특정 미생물에 영양물질을 보충함으로써 탄화수소 오염 물질의 대사 속도가 크게 증가하는 것으로 나타났다. 오염된 환경에 특정 영양소 및 기타 화학 첨가제를 추가하면 탄화수소 오염 물질의 생물학적 정화 속도가 크게 향상될 수 있다. 불행히도 환경에서 보이는 오염 제거 효율은 실험실 결과만큼 크지는 않다. 미생물에 의한 오염 제거 속도를 증가시킬 수 있는 가능성은 바로 유전공학으로 탄화수소 흡수와 이화작용에 관련된 경로를 최적화시키는 것이다.

탄화수소의 생물정화는 탄화수소 오염 정화 계획의 중요한 부분이다. 중요한 것은 미생물에 의해 대사될 때 탄화수소가 바이오매스로 대사되거나 이산화탄소로 대사되어 환경에 추가 독성 화합물이 방출되지 않도록 하는 것이다.

폐수 처리는 미생물의 활성에 의존한다

천연자원의 오염을 제거하기 위해 미생물을 사용하는 또 다른 예는 산업과 상업 폐수 처리이다. 폐수는 인간 및 기타 동물 배설물을 포함하는 하수도와 산업 오염물로 구성된다. 이 폐수가 처리되지 않고 방출되면 생태계를 혼란에 빠뜨리고 질병을 퍼뜨릴 것이다.

폐수는 1차, 2차 및 고급 처리라고 하는 2단계 또는 3단계로 처리된다. 미생물은 2차 및 때로는 고급 처리 단계에서 중요한 역할을 한다. 1차 처리에는 크고 작은 미립자 물질을 제거하기 위한 물리 화학적 기술이 이용된다. 2차 처리는 혐기성 박테리아, 호기성 박테리아 또는 둘을 활용한 처리가 포함될 수 있다(**그림 15.14**).

폐수의 호기성 처리

1차 처리 시설의 재료는 남아 있는 유기 재료의 산화 파괴가 발생하면서 지속적으로 돌고 있는 대형 공기주입 탱크에 공급된다. 호기성 탱크의 박테리아와 다른 생물체는 플록(floc)이라고 불리는 응집체를 형성한다. 폐수에 남아 있는 탄소 함유 화합물의 분해는 이 플록에서 발생하며, 나중에 침전 탱크에서 제거된다. 폐수는 또한 바이오필름(biofilms)이라고 하는 박테리아 공동체를 포함하는 쇄석 암층에서 처리된다. 이들은 교반 탱크의 플록과 동일한 기능을 수행한다.

호기성 분해 수조에서 처리된 물은 환경으로 방출되거나 추가 처리되어 식수로 이용된다. 인과 같은 무기 오염 물질을 제거하기 위해 고급 처리 공정이 활용된다. 이는 화학적 첨가제 또는 용해된 인을 대사할 수 있는 박테리아 종을 사용하여 수행할 수 있다. 대사된 인은 박테리아에서 세포질 과립에 축적되어 처리된다.

폐수 배출의 혐기성 처리

폐수의 혐기성 분해는 슬러지 반응조라는 밀봉된 반응기에서 일어난다. 슬러지 반응조에서 혐기성 박테리아는 1차 처리 후 남아 있는 다당류, 지질 및 단백질을 구성 단량체로 이화시킨다. 생성된 지방산, 아미노산 및 당은 아세테이트, 수소가스 및 이산화탄소와 같은 생성물로 대사된다. 슬러지 반응조의 고세균은 분자들을 메테인, 이산화탄소 및 물로 전환할 수 있다. 메테인은 연소하여 폐수 처리장을 가열하거나 전력을 공급할 수 있다. 반응조에서 생성된 슬러지 일부는 시스템으로 순환되어 반응에 필요한 박테리아 개체군을 유지하는 데 쓰인다.

그림 15.14 미생물을 사용한 폐수 처리.
a. 폐수의 유기물은 혼합기의 호기성 박테리아에 의해 분해될 수 있다. ***b.*** 또 다른 방식은 폐수를 분쇄된 암석 위로 흘리면 암석 표면의 박테리아가 폐수의 유기 물질을 호기적으로 분해하는 것이다. ***c.*** 혐기성 미생물의 작용을 통해 폐수에서 유기물을 제거할 수도 있다. 이 과정에서 메테인이 생성된다.

핵심 요약 15.5

환경생명공학은 생물학적 과정을 활용하여 환경을 보호하거나 복원한다. 미세조류는 바이오연료 생산에 사용될 수 있다. 이 방법은 지속가능성이 크며 폐수 처리와 연료 생산이 결합된다는 이점이 있다. 오염된 환경에서 영양물질을 보충함으로써 탄화수소 분해를 자극할 수 있다. 미생물을 이용한 폐수 처리 공정은 여러 단계로 이루어지며, 이 중 호기성 및 혐기성 분해에는 미생물이 사용된다.

■ 유전공학이 폐수 처리를 개선할 수 있을까?

15.6 의학적 적용

학습 목표

1. 치료 및 진단에 재조합 DNA가 어떻게 사용되었는지 설명할 수 있다.
2. 질병 진단을 위한 FISH 및 유전자 칩 기술을 비교하고 대조할 수 있다.
3. 면역 분석법을 사용하여 바이러스 감염을 진단하는 방법을 설명할 수 있다.

생물학적 시스템의 조작으로 의료 분야는 큰 도약을 이루었다. 구체적으로 말하자면 생명공학은 새로운 진단 도구를 제공하여 이전에는 고칠 수 없는 유전자 상태와 전염병을 치료할 수 있게 되었으며, 새로운 약을 만드는 길을 제시하였다. 생명공학을 의학에 적용하는 것은 새로운 시도가 아니다. 그러나 유전학, 유전체학 및 재조합 DNA 기술의 발전으로 인해 지난 20년 동안 발전 속도가 빨라졌다.

재조합 DNA를 사용하여 중요한 단백질을 생산할 수 있다

일부 질병은 몸에서 특정 단백질을 생산할 수 없어서 발생한다. 우리는 부족한 단백질을 공급해줌으로써 이러한 질병을 치료할 수 있다. 과거에는 이러한 단백질들을 동물 조직에서 분리하였지만, 이제는 재조합 DNA를 사용하여 박테리아 및 기타 시스템에서 단백질을 발현시킬수 있다. 인슐린이 바로 이러한 방식으로 생산된 최초의 의료제품이다. 인슐린은 췌장에서 생산된 다음 혈류를 통해 운반된다. 표적조직에서 인슐린은 수용체에 결합하여 포도당의 흡수로 이어진다. 제1형 당뇨병은 췌장이 충분한 인슐린을 생산할 수 없을 때 발생하며, 궁극적으로 혈당 상승의 원인이 된다. 고혈당의 증상으로는 갈증, 잦은 배뇨 및 배고픔이다. 장기 합병증에는 실명, 신경 손상, 혼수상태 등이 있고 사망에 이를 수 있다. 제1형 당뇨병은 매일 인슐린 주사를 맞음으로써 관리할 수 있다.

오랫동안 돼지에서 인슐린을 채취 및 정제하여 제1형 당뇨병 치료에 사용하였다. 1980년대에 대장균과 효모에서 인간 유래 인슐린을 발현하는 것이 가능해졌다. 이 인슐린은 제1형 당뇨병을 치료하기 위해 돼지 유래 단백질 대신 정제되고 사용될 수 있다. 인슐린은 인간 세포에서 단일 폴리펩타이드로 번역되는 단일 mRNA로 발현된다. 폴리펩타이드는 세포질에서 절단되어 2황화결합에 의해 연결된 2개의 짧은 사슬을 생성한다(**그림 15.15***a*).

인슐린 유전자의 암호화 영역에 해당하는 cDNA가 대장균에서 발현되는 경우, 대장균은 인간 세포와 같은 방식으로 번역 후 단백질을 처리할 수 없어서 하나의 긴 폴리펩타이드가 생성된다(**그림 15.15***a*). 이 문제를 해결하기 위해 하나의 긴 cDNA 대신 2개의 짧은 cDNA가 사용된다. 이 짧은 cDNA는 기능성 인슐린 분자를 구성하는 2개의 개별 폴리펩타이드에 대한 유전자 서열로 구성된다. 이들 cDNA는 대장균에서 발현될 수 있는 개별 발현 플라스미드에서 발현되고 통합된다.

각각의 인슐린 폴리펩타이드를 발현하는 2종의 대장균 단백질을 정제하고 함께 혼합하여 기능성 인슐린 분자를 만들 수 있다(**그림 15.15***b*). 다른 박테리아 단백질이 인슐린을 오염시키지 않도록 정제하면 인슐린은 매우 높은 농도에 도달한다. 그러나 불행히도 이러한 고순도 조건에서 인슐린 분자는 서로 달라붙고, 세포 표면에서 포도

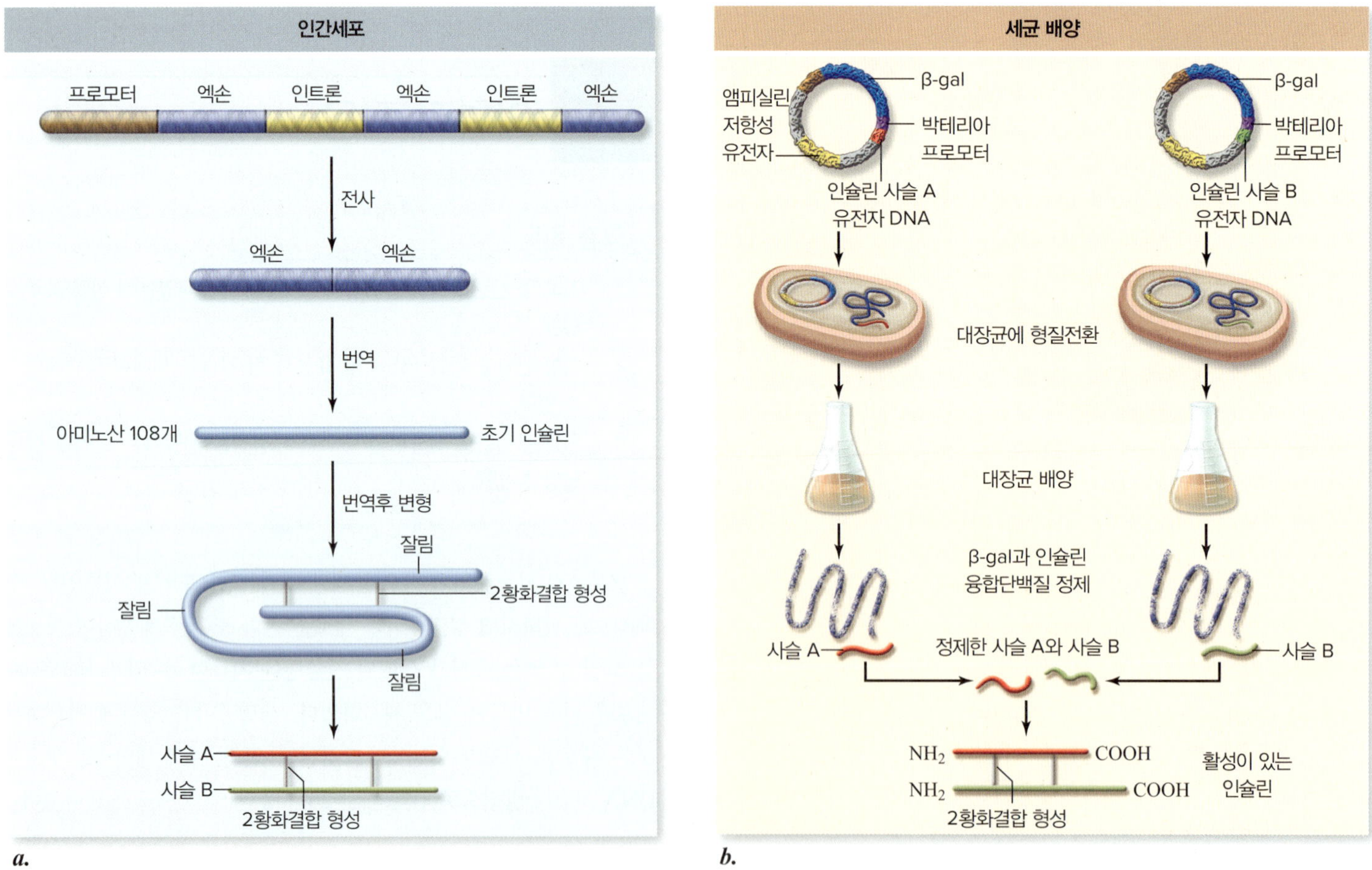

그림 15.15 유전자 변형 대장균에서 인슐린 생성.
a. 인간 세포에서, 하나의 초기 인슐린 폴리펩타이드는 성숙한 인슐린을 형성하기 위해 번역후 변형 과정을 통해 사슬 A 및 사슬 B로 잘린 뒤 완전한 인슐린을 형성하게 된다. ***b.*** 인슐린 사슬 A 및 사슬 B에 대한 유전자 서열에 상응하는 2개의 cDNA가 플라스미드에 클로닝되고 2개의 다른 대장균에 도입된다. 두 종류의 대장균은 배양을 거쳐 사슬 A 또는 사슬 B를 발현한다. 사슬 A 및 사슬 B는 서로 다른 대장균으로부터 정제되고, 혼합되면 완전한 활성을 지닌 인슐린으로 결합한다.

당 수송체를 활성화하는 능력이 심각하게 감소한다. 이전에 설명한 것과 같은 유전공학 기술은 만들어진 단백질이 서로 달라붙지 않도록 인슐린 cDNA 서열에서 특정 코돈을 돌연변이시키는 데 사용된다. 이를 통해 고농도, 고효율 인슐린을 얻을 수 있다.

제자리형광혼성화는 전체 염색체의 재배열을 탐지할 수 있다

제자리형광혼성화(fluorescent in situ hybridization, FISH)는 DNA가 가역적으로 변성되고 재생되는 능력을 이용한다. 분자 생물학의 많은 기술은 복잡한 혼합물에서 특정 DNA를 탐지하기 위해 혼성화(hybridization)를 사용한다. 혼성화는 관심 서열에 상보적인 탐침 및 형광 또는 방사성 표지를 활용한다. 탐침과 표적 DNA는 변성되고 함께 혼합된다. 조건이 바뀌어 복원(renaturation)이 일어나면, 탐침은 혼합물에서 임의의 상보적 서열을 찾아 하이브리드를 형성하는 것이다. FISH의 경우, 표적 DNA는 실제 중기에 있는 염색체 또는 세포의 온전한 염색체 자체이다. 이를 통해 큰 결실, 역위, 중복 및 전좌와 같은 전체 염색체 이상을 탐지할 수 있다(13장 참조).

이수성(aneuploidy) 및 염색체 이상은 많은 형태의 암과 관련이 있다. 침습성(invasive) 유방암의 약 25%에서 *HER2*라는 유전자가 중복되어 있다. 2배체 세포에서 예상되는 일반적인 2개의 사본 대신 수백 개의 사본이 있을 수 있다. *HER2*는 세포 증식을 유도하는 신호전달경로를 활성화하는 수용체 단백질이다. 따라서 *HER2*의 더 많은 복제본은 제어되지 않은 세포 성장 및 종양 형성을 초래할 수 있다. 일부 약물은 *HER2* 단백질을 통한 세포 신호전달을 차단하여 이러한 종류의 종양이 자라는 것을 막거나 막을 수 있다. 그러나 이러한 약물은 *HER2* 유전자가 중복된 유방 종양 치료에만 유용하다. 따라서 *HER2*의 중복 여부에 대한 지식은 약물을 처방하는 임상의에게 매우 중요하다. 이러한 방식으로, 환자의 특유의 유전적 프로파일에 기초해 치료를 개인맞춤형으로 할 수 있다.

FISH는 종양 표본에서 채취한 세포에서 *HER2*를 검출하는 데 사용할 수 있다. 종양세포에 염색체를 노출시키기 위한 처리과정을 거친다. 형광 표지된 *HER2* 탐침이 첨가되고, 탐침 DNA 가닥은 염색체에서 상보적인 DNA 서열과 혼성화된다(**그림 15.16***a*). 그런 다음 슬라이드의 세포에 UV 빛을 비추면 탐침이 형광을 방출하는데, 현미경을 통해 볼 수 있다.

정상 세포 또는 *HER2* 유전자의 다중 사본을 갖지 않는 유방암 세포에서는 현미경상에 단지 2개의 작은 형광 점이 표시된다(**그림 15.16***b*). 유방암 세포에 유전자의 사본이 2개 이상 포함된 경우 훨씬 더 큰 형광 점이 나타난다(**그림 15.16***c*). 이러한 종류의 정보는 다른 검사와 함께 의약품을 개인맞춤화하여 필요시에만 약물을 이용할 수 있도록 했다.

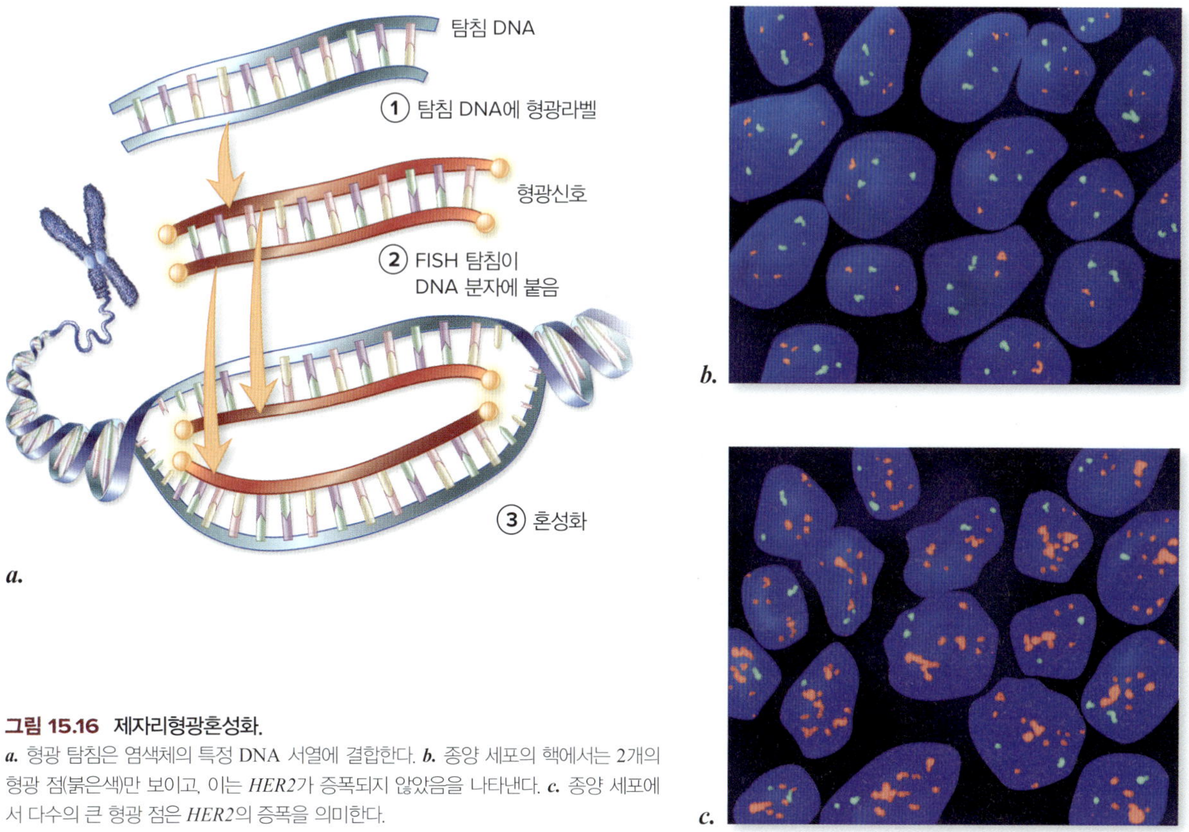

그림 15.16 제자리형광혼성화.
a. 형광 탐침은 염색체의 특정 DNA 서열에 결합한다. *b.* 종양 세포의 핵에서는 2개의 형광 점(붉은색)만 보이고, 이는 *HER2*가 증폭되지 않았음을 나타낸다. *c.* 종양 세포에서 다수의 큰 형광 점은 *HER2*의 증폭을 의미한다.

> **자료 분석** 텔로미어 DNA(염색체 끝의 DNA)를 인식하는 탐침을 사용하여 세포주기의 G_2에서 인간 세포에 대해 FISH 분석을 수행한 경우 현미경으로 볼 수 있는 지점은 몇 개인가?

유전자 칩은 질병에 대한 유전적 표지자를 동정할 수 있다

DNA 마이크로어레이(microarray)라고도 알려진 유전자 칩은 현미경 슬라이드와 같은 고체 표면에 수백에서 수천 종류의 서로 다른 DNA 서열을 묶어서 배치한 것이다. DNA 서열은 일반적으로 화학적으로 합성된 짧은 DNA 조각으로, PCR 또는 RT-PCR에 의해 증폭된 짧은 DNA 서열이다. 여러 유전자 칩과 실험조건을 활용함으로써 다양한 종류의 문제를 확인해 볼 수 있다.

질병 표지자 또는 바이오 표지자는 특정 조건에서는 발견되지만 다른 조건에서는 발견되지 않는 생물학적 분자이다. 예를 들어, 일부 분자는 질병 상태에서만 생성되는 반면 다른 분자는 건강한 상태에서만 발현된다. 따라서 바이오 표지자는 질병 상태를 진단하거나, 질병의 진행에 대해 정보를 제공하거나, 치료에 대한 반응을 확인하는 데 도움이 된다. 유전자 칩의 경우, 바이오 표지자는 특정 유전자로부터 합성된 mRNA가 된다. 예를 들어, 특이 자가면역질환 또는 만성염증을 갖는 개체는 면역세포에서 건강한 개체와는 다른 유전자 세트를 발현할 것이다. 유전자 칩은 어떤 유전자가 발현되고 있는지 그리고 다른 유전자에 대한 상대적인 발현 수준을 밝히는 데 사용될 수 있다.

유전자 칩은 또한 유전장애를 진단하는 데 사용될 수 있다. 일부 유전질환은 단일 유전자 문제로 인해 발생하는 반면 다른 유전자 질환은 다양한 유전자의 변이에서 일어난다. 단일 유전자에서 돌연변이를 확인하거나 개별 유전자와 함께 특정 유전장애를 더욱 취약하게 만드는 많은 유전자 변화를 탐지할 수 있는 유전자 칩을 만들 수 있다. 특정 전염병의 원인이 되는 특정 박테리아 종을 식별할 수 있는 유전자 칩을 만들 수도 있다. 어떤 경우에는 병원균이 가지고 있는 항생제 내성을 알아낼 수 있다. 특정 병원균 및 항생제 내성 상태를 알면 병원균을 제거하고 질병을 치료할 가능성이 큰 항생제를 투여할 수 있다.

종합하면, FISH 및 유전자 칩과 같은 기술은 의약품 관리 방식에 혁명을 일으켰다. 개별적으로 질병의 특정 근본 원인에 대해 알 수 있는 만큼, 더 구체적이고 개인화된 건강관리 방법이 제공될 수 있다. 그러나 이러한 기술에는 몇 가지 문제가 있다. 첫째, 이것이 성공적으로 활용되려면 훌륭한 기술이 필요하다. 둘째, 이 기술은 비교적 비싸다. 셋째, 모든 질병이 개인의 특정한 요인에 의해 유발되거나 영향을 받는 것은 아니다. 예를 들어, 일부 면역 및 염증 질환은 우리 몸과 몸에 사는 박테리아와의 관계가 중단되어 발생한다. 이 경우 유전학이나 생리학에 대해서만 배우면 질병에 대한 완전한 답을 얻을 수 없다.

면역 분석은 바이러스 감염을 신속하게 진단할 수 있다

면역 분석(immunoassays)은 항체(antibody)의 사용을 통해 분자를 검출하는 기술이다. 유전자 칩 또는 FISH와 달리 면역 분석은 비교적 저렴하고 사용하기 쉽다. 항체는 병원균에 의한 감염에 반응하여 동물 대부분에서 생성되는 단백질 분자이다. 항체는 병원균을 매우 구체적으로 인식하고 면역계(immune system)를 활용하여 제거하는 것을 목표로 한다.

생명공학회사는 다양한 바이러스와 박테리아에 대한 항체를 만들 수 있다. 이들 항체는 환자로부터 수집한 시료에 바이러스가 있는지를 확인하기 위한 면역 분석에 사용된다. 특정 바이러스에 대한 항체를 마이크로타이터 플레이트(microtiter plate)의 플라스틱 벽면에 코팅할 수 있다(**그림 15.17***a*). 환자의 시료가 주입되고 여기에 바이러스가 존재하면 항체에 의해 결합한다. 결합된 바이러스는 형광 분자가 붙어 있거나 특정 **기질**(substrate)에 색이 변하는 효소가 붙은 2차 항체(second antibody)를 사용하여 확인할 수 있다. 효소에 의해 생성된 형광 또는 색깔 변화는 존재하는 바이러스의 양에 비례한다.

이 기술은 응용되어 인간면역결핍바이러스(HIV) 감염의 진단에도 사용된다(**그림 15.17***b*). HIV 면역 분석에서 HIV를 인식하는 항체 및 HIV가 생성하는 특정 단백질은 마이크로타이터 플레이트의 벽면에 코팅된다. 환자의 시료가 첨가되면 바이러스는 HIV 항체에 결합하거나, 감염에 반응하여 만들어진 혈액에 존재하는 항체가 HIV 단백질을 인식하고 이에 결합한다. 세척 후, HIV 단백질을 인식하는 효소와 결합된 항체 또는 효소가 부착된 특정 HIV 단백질을 혼합하여 첨가한다. 추가적인 세척 후, 효소와 결합된 항체 또는 HIV 단백질은 색깔 변화로 쉽게 감지할 수 있다.

유전자와 줄기세포 치료 및 유전자 편집이 모두 임상으로 이동하고 있다

1970년대 초 "유전공학"의 초기부터 생물학자들은 이 기술을 사용하여 인간의 결함 유전자를 복구하거나 교체하는 것을 상상했다. 유전자 치료에서 미국 최초의 임상시험은 1990년에 심각한 면역결핍 유전에 대한 것이었다. 이 시험은 결함 유전자의 정상적인 사본이 추가된 자가(환자로부터) T세포를 사용하였다. 이 시험은 부분적으로 성공했으며, 첫 번째 시험 이후 전 세계적으로 2200건이 넘는 임상시험이 진행되었고 미국에서는 다수(63%)가 승인되었지만 유전

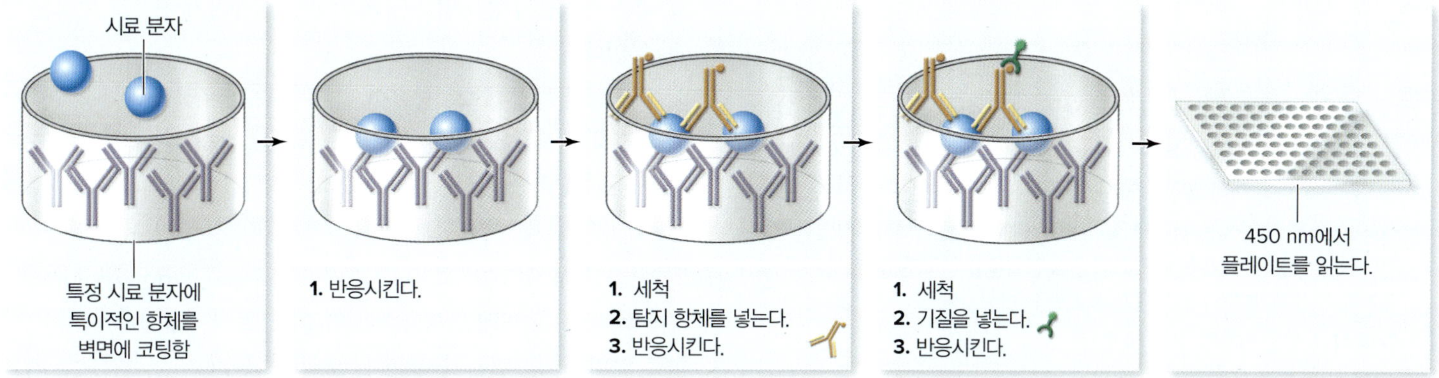

a.

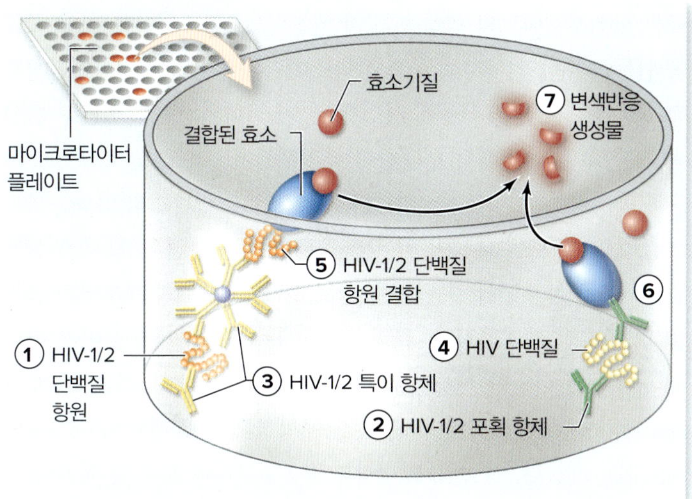

b. 4세대 HIV 항체와 p24 ELISA 테스트. (1) HIV 단백질과 (2) HIV 포획 항체들을 벽면에 부착한다. (3) 첨가된 환자 시료는 HIV 단백질과 결합할 수 있는 항체를 포함하고 있거나 (4) HIV 포획 항체에 의해 결합될 HIV 단백질을 포함하고 있다. (5) 효소가 부착된 HIV 단백질을 첨가하거나 (6) HIV 단백질의 항체에 대한, 효소가 부착된 2차 항체를 넣는다. 마지막으로 (7) 효소에 의해 작용하는 기질을 첨가하게 되면 이것이 색깔이 있는 생성물로 변환된다.

그림 15.17 면역 분석을 이용한 바이러스 탐지.
a. 시료에서 바이러스를 탐지하기 위한 면역 분석 단계. *b.* 현대의 HIV 면역 분석법은 바이러스 단백질 및 플레이트의 벽면에 결합된 바이러스에 대한 항체를 모두 갖는다. 시료에서 바이러스 및 바이러스에 대한 항체는 플레이트에 결합하고 색을 갖는 기질을 생성하는 2차 항체를 사용하여 검출할 수 있다.

자 치료 제품은 현재까지 몇 개만 승인되었다.

유전자 치료는 유전질환을 목표로 하지만, 줄기세포 치료법은 손상된 조직을 대체함으로써 퇴행성 질환 또는 상해로 인한 조직 손상을 치료를 목표로 한다. 줄기세포의 가장 일반적인 용도는 1960년대에 시작된 골수이식으로 2016년 미국에서 약 20,000명의 환자에게 적용되었다. 골수에는 다양한 종류의 혈액 세포를 생산하는 줄기세포가 포함되어 있으며 이식할 수 있다. 다양한 종류의 백혈병 및 빈혈을 포함한 여러 가지 혈액 장애를 치료한다. 또한 이 기술을 통해 일부 환자에서 다발성 경화증(multiple sclerosis)의 진행을 억제하는 데 성공하였는데, 이는 면역계의 완전한 재프로그래밍(reprogramming)이 가능했기 때문이다.

승인된 줄기세포 치료법의 대부분은 **간충직 줄기세포**(mesenchymal stem cells)를 사용한다. 이들 줄기세포는 뼈 및 연골과 같은 결합조직을 형성하는 세포 유형으로 분화될 수 있다. 이 치료법은 결합조직의 형성 및 복구를 촉진하고 염증을 줄일 수 있다. 심장 마비로 인한 조직 손상 치료를 위한 줄기세포 치료법도 임상시험을 통해 진행되고 있다. 일부 성공에도 불구하고, 줄기세포 치료법은 연구자들이 잠재력을 알기도 전에 상당한 장애물에 직면했다.

이 두 종류의 치료법은 새로운 유전체 편집(genome editing) 기술(15.4절)에 의해 확장될 수 있다. 이 치료법의 가장 광범위한 형태인 환자로부터 유래한 유도만능줄기세포(induced pluripotent stem cell)는 환자에게 재도입되기 전에 결함 유전자를 회복시킬 수 있다. 이는 이미 실명을 초래하는 수많은 유전적 질병에 적용할 것을 고려하고 있다. 특정 조직에 영향을 미치는 유전질환은 이 방법론의 모든 잠재적 목표이다. 당뇨병 및 낫모양적혈구 빈혈증(sickle-cell anemia)과 같은 혈액 질환 치료를 위한 연구가 진행 중이다.

이러한 종류의 치료법은 감염원이 이용하는 세포내 수용체를 표적화하여 감염성 질환을 치료하는 데 사용될 수 있다. 2014년 임상시험에서 연구원들은 환자에서 얻은 CD^{4+} T세포에서 *CCR5* 유전자를 파괴하기 위해 TALEN 기법을 사용하였다. 이 세포들을 주입하면 HIV 감염의 영향을 줄이는 데 도움이 될 것으로 보인다. T세포에서 *CCR5* 유전자를 변형하기 위한 유전자 편집이 다수의 임상시험으로 진행 중이다.

높은 치료 비용을 포함한 윤리적 문제 때문에 이 기술은 연구를 위해서만 많이 활용되고 있다. 특정 질병을 앓고 있는 환자로부터 채취한 세포를 사용하여 일종의 "배양되는 질병"을 나타내는 줄기세포를 만들 수 있다. 이 세포는 질병 메커니즘 및 잠재적 약물 치료법에 관한 연구에 사용될 수 있다.

핵심 요약 15.6

재조합 DNA 기술은 인간 유전자 산물의 대량 생산을 가능하게 하였다. FISH는 암과 관련된 염색체 등의 염색체 재배열을 탐지하는 데 사용된다. 이 진단 정보는 개인맞춤형 치료를 가능하게 한다. 유전자 칩은 한 번에 수백 개의 유전자에 대한 유전자 발현 패턴을 결정하는 데 사용된다. 면역 분석은 HIV와 같은 바이러스 감염을 빠르고 저렴하게 진단하는 기술이다. 유전자 치료법은 유전질환을 치료할 수 있게 하고, 유전자 편집과 조합된 줄기세포 치료법은 만성질환 또는 부상으로 인한 조직 손상을 치료할 수 있게 한다.

■ 유전공학을 활용하여 특정 단백질 제품을 어떻게 생산할 수 있을까?

15.7 농업적 적용

학습 목표

1. 유전자 변형 작물 제작의 이점을 설명할 수 있다.
2. 유전자 변형 식물의 가장 일반적인 형태를 확인할 수 있다.
3. 유전자 변형 작물 논쟁에서 양쪽 주장에 대해 평가할 수 있다.

아마도 생명공학의 가장 큰 영향은 농업에 적용된 것일 것이다. 질병저항성, 그리고 제초제와 가뭄에 내성이 있으며 영양 품질이 개선된 유전자 변형 작물(transgenic crops)이 만들어지고 있다. 식물은 또한 의약품을 생산하는 데 사용되고 있으며, 가축은 생물학적으로 활성을 지닌 화합물을 생산하기 위해 유전자가 변형되고 있다.

제초제 내성 작물은 토양을 갈지 않고 파종하여 작물을 재배하게 하였다

경작은 토양 재배를 위해 토양을 뒤집는 과정이다. 이것은 잡초와 경쟁하는 작물에 영양분을 주고 관개 수로를 개선해 잡초를 제거하는 역할을 한다. 경작되지 않은 토양은 더 많은 양의 유기영양소와 무기영양소를 가지고 있어 성장을 촉진하고 종종 더 많은 물을 보유하며 토양 침식이 덜 발생한다. 경작은 고가의 장비가 필요하고 수행하는 데 시간이 걸리기 때문에 경제적인 비용이 든다. 잡초는 제초제를 사용하여 밭에서 제거할 수도 있지만, 대부분의 일반적인 제초제는 특별한 구분 없이 다양한 식물종을 죽이게 된다. 만약 경작이 필요 없는 작물을 심는다면 농장의 효율성이 높아져 경제적 이익을 얻을 수 있다.

콩과 같이 농업적으로 중요한 넓은 잎을 갖는 식물은 가장 활발하게 성장하는 식물을 죽이는 강력한 생분해성 제초제인 **글리포세이트**(glyphosate)에 내성을 지니도록 유전자 변형이 이루어졌다(**그림 15.18**). 글리포세이트는 식물이 방향족 아미노산을 만드는 데 필요한 5-에놀피루빌시키메이트-3-포스페이트(5-enolpyruvylshikimate-3-phosphate, EPSP) 합성효소를 억제함으로써 작동한다. 동물은 방향족 아미노산을 만들지 않는다. 오히려 먹이에서 얻어지므로 작물 주변에서 사는 동물이나 작물에서 나오는 물을 받는 수로에 있는 동물은 글리포세이트의 영향을 받지 않는다. 글리포세이트 내성 식물을 만들기 위해 연구자들은 Ti 플라스미드를 사용하여 EPSP 합성유전자의 추가 사본을 식물에 삽입했다. 이 변형된 식물은 EPSP 합성이 정상 수준의 20배를 생성하여 글리포세이트의 효소 억제에도 불구하고 방향족 아미노산을 합성하고 성장할 수 있다(**그림 15.18**).

글리포세이트에 내성이 있는 작물은 경작을 통해 잡초 제거가 불필요하므로 농부들의 큰 관심을 끌고 있다. 대부분의 제초제는 잡초를 몇 종류만 제거하지만, 글리포세이트는 광범위 제초제이기 때문에 농부들은 다양한 제초제를 사용할 필요가 없다. 또한 다른 많은 제초제와 달리 글리포세이트는 환경에서 쉽게 분해된다. 옥수수, 면화, 대두, 캐놀라, 사탕무, 알팔파와 같은 6가지 중요 작물 식물이 글리포세이트 내성을 갖도록 변형되었다. 글리포세이트 내성 콩의 사용은 전 세계적으로 재배된 형질전환 작물의 60%를 차지하며 특히 인기가 있다. 미국에서는 현재 재배되는 콩의 90%가 유전자 변형작물이다. 보리, 쌀 및 밀과 같은 상업적으로 중요한 다른 작물은 다양한 제초제에 내성이 있다.

Bt 작물은 일부 해충에 저항성이 있다

많은 상업적으로 중요한 식물들은 해충에 민감하고 이에 대해 방어하기 위해 일반적으로 살충제(insecticides)를 사용한다. 오늘날 사용되는 화학 살충제 중 40% 이상이 바구미류, 솜벌레유충 등 면화 식물을 먹는 여러 곤충을 대상으로 한다. 연구자들은 많은 살충제를 사용할 필요가 없는 해충에 강한 식물을 만들고 있다.

이 접근법은 해충에는 해로운 단백질을 암호화하지만 다른 생물체에는 해를 끼치지 않는 유전자를 작물에 삽입하는 것이다. 가장 일반적으로 사용되는 단백질은 토양 박테리아 *Bacillus thuringiensis*(Bt 독소)에 의해 생성된 독소이다. 곤충이 Bt 독소를 섭취할 때, 곤충 내부에 존재하는 효소는 곤충 특이적 독소로 변환하게 하여 마비와 죽음을 일으킨다. 이러한 효소는 다른 동물에서는 발견되지 않기 때문에 문제가 없다.

과학적 사고

가설: 페추니아는 EPSP 합성효소를 과발현함으로써 제초제 글리포세이트에 대해 후천성 내성을 갖게 된다.
예측: 강한 프로모터에 키메라 EPSP 합성 유전자를 형질전환시킨 식물은 글리포세이트에 내성을 가질 것이다.
실험:

1. 제한효소와 연결효소를 사용해서 꽃양배추 모자이크 바이러스 프로모터(35S)를 EPSP 합성 유전자와 Ti 플라스미드에 넣는다.
2. 재조합된 플라스미드를 아그로박테리움에 형질전환시킨다.
3. 페추니아 세포를 감염시키고 식물로 키운다. 대조군으로 감염되지 않은 식물도 키운다.
4. 글리포세이트를 식물에 처리한다.

결과: 글리포세이트가 대조군 식물을 죽이지만 형질전환체는 살아남는다.
결론: 추가된 EPSP 합성 유전자가 글리포세이트 내성을 제공하였다.
추가 실험: 형질전환 식물은 내성이 있지만 완전한 저항성을 보이지는 않았다(싹 끝이 탈색됨). 추가적인 유전자 삽입이 내성을 더욱 증가시킬 것인지 어떻게 알 수 있을까? 페추니아에 과량의 EPSP 합성효소가 축적되면 어떤 문제점이 생길까?

그림 15.18 유전자 변형 제초제 저항성.

제초제 저항성을 지닌 다수의 작물이 Bt 독소로 곤충 저항성을 지니게 변형되었다. Bt 옥수수는 두 번째로 가장 일반적인 유전자 변형(genetically modified, GM) 작물로, 전 세계적으로 9개국에서 재배면적의 14%를 차지하고 있다. 이러한 작물의 전 세계 분포는 제초제 저항성 작물과 유사하다.

이 2가지 방법의 작물 변형이 일반화되면서, 옥수수와 면화에서 소위 스택형(stacked, 여러 유전자를 넣어서 1개의 작물을 만드는 것) GM 작물로 발전된 것은 놀라운 일이 아니다. 스택형 작물은 이제 전 세계 GM 작물의 9%를 차지한다.

황금쌀은 유전자 변형 작물의 잠재력을 보여준다

황금쌀(Golden Rice)은 쌀의 유전자 변형 품종으로 바이타민 A의 전구체인 베타카로틴(β-carotene)을 발현하도록 유전자가 변형된 것이다. 섭취한 베타카로틴은 체내에서 바이타민 A로 전환되어 바이타민 A 결핍 증상을 완화한다. 세계보건기구(WHO)는 바이타민 A 결핍이 전 세계 1억 4천만~2억 5천만 명의 미취학 아동들에게 영향을 미치며, 그중 250,000~500,000명은 실명 가능성이 있는 것으로 추정한다. 주요 식품이 쌀인 개발 도상국에서는 특히 더 심각하다.

황금쌀은 배젖(endosperm, 쌀의 외층)에 베타카로틴이 존재하는 독특한 색상으로 알려졌다. 쌀은 일반적으로 배젖 조직에서 베타카로틴을 만들지 않지만, 베타카로틴을 생성하기 위해 3가지 효소(phytoene synthease, phytoene desaturase, lycopene β-cyclease)에 의해 변형될 수 있는 GGPP(geranyl-geranyl diphosphate)를 생성한다. 이 세 유전자는 배젖에서 발현되도록 재조합 DNA 기술을 사용하여 변형되었고 배젖에서 베타카로틴을 생산하는 생합성 경로를 완성하기 위해 쌀에 도입되었다(**그림 15.19**).

이 유전공학 사례는 2가지 이유로 흥미롭다. 먼저, 형질전환 식물에 새로운 생화학적 경로를 도입했다는 것이다. 둘째, 알려진 쌀 품종이 배젖에서 이러한 효소를 생산하지 않기 때문에 배젖에서 베타카로틴의 발현은 종래의 육종으로는 달성할 수 없었다. 원래의 수선화 유전자 대신 옥수수에서 파이토엔(phytoene) 합성유전자를 사용함으로써 훨씬 더 높은 수준의 베타카로틴을 만드는 2세대 벼 품종이 생산되었다.

황금쌀은 원래 스위스의 공공시설에서 만들어졌으며 상업적 수수료 없이 무료로 제공되었다. 황금쌀을 만든 후 공공단체와 업계 과학자들에 의해 개선되었으며, 이러한 개선된 버전은 추가 비용 없이 제

그림 15.19 황금쌀의 구성.
3개의 수선화 유전자를 쌀 게놈에 첨가하여 배젖에서 베타카로틴의 합성이 가능하게 하였다. 유전자 원천과 합성 경로를 보여주고 있다. 결과적으로 배젖에 풍부한 수준의 베타카로틴을 함유한 황금쌀을 만들었다.

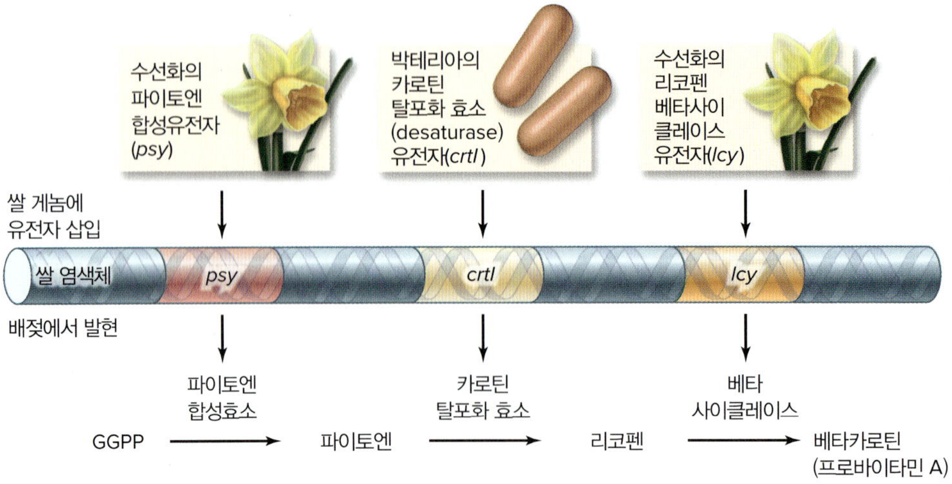

공되고 있다.

유전자 변형작물은 많은 사회적 문제를 일으킨다

유전자 변형작물의 채택은 여러 가지 이유로 다양한 곳에서 거부되고 있다. 일부 사람들은 이러한 작물을 소비하는 인간에 대한 안전성, 변형 유전자의 야생으로의 이동 가능성, 이러한 작물과 관련된 생물 다양성의 상실 가능성에 대해 걱정하고 있다.

유전자 변형작물을 장려하는 측면에서 다국적 기업은 이러한 기술을 사용하여 다양한 유전자 변형작물의 종자를 만들어낸다. 또한 이러한 측면에는 개발 도상국의 굶주림을 해결하고 영양 결핍을 예방하는 데 있어 황금쌀과 같은 유전자 변형작물의 이점을 언급하는 단체들이 있다. 반대편에는 유전자 변형 식품의 생태 및 건강 영향에 대한 우려를 제기하는 다양한 정치단체 및 사회단체가 있다. 논쟁의 양쪽에는 과학자들이 존재한다.

논란은 원래 도입된 유전자를 함유한 음식을 섭취하는 사람의 안전성에 초점을 두었다. 미국에서는 이미 언급된 농작물에 대해 이 문제가 "정착"되었으며 대량의 형질전환 콩과 옥수수가 소비되었다. 인체 건강의 부작용에 대한 명확한 증거는 없지만, 앨러지 반응 및 장기간 영향의 위험이 여전히 남아 있다. 기존 형질전환 작물은 부작용에 대해 추적조사가 이루어질 것이고 각각의 새로운 변형에 대해서는 소비 규제 승인이 필요하다.

또한 형질전환 작물에서 비형질전환 작물로 형질전환 유전자(transgene)가 퍼질 가능성이 있다. 같은 식물종 사이의 교차수분(cross-pollination)은 다양하다. 콩은 제한된 교차를 통해 자기수분(self-pollination)을 하는 경향이 있다. 그러나 옥수수는 자유롭게 유전자 변형 식물의 유전자가 비변형 옥수수 식물로 더 자주 이동한다. 현재 유기농 인증에 관한 규정에는 유전자 변형 작물이 제외되기 때문에 유전자 변형 옥수수밭에 가까운 논을 가진 유기농 농부에게는 우려가 될 수 있다. 교차수분이 일어나는 양은 작물의 근접성, 풍속 및 방향, 온도 및 습도에 따라 다를 수 있다. 번식을 위해 꽃가루 매개자에 의존하는 식물의 경우, 매개자가 방문하는 종의 범위와 그것이 이동하는 거리 또한 요인이 될 수 있다.

유전자흐름은 혼성화를 통해 관련 종사이에 발생할 수 있다. 미국에서는 최소 15개의 잡초가 작물과 교잡했다. 미국의 2대 주요 농작물인 옥수수와 콩의 경우, 밀접하게 관련된 잡초종이 그들과 함께 번식하지 않기 때문에 잡초가 제초제 저항성을 얻을 수 있는 기작은 없다. 그러나 해바라기는 미국에서 처음 키우면서, 전이 유전자가 잡초 개체로 이동하는 위험을 우려하고 있다. 한 연구에 따르면 야생 해바라기의 10~33%가 작물품종과 섞였다는 사실이 다시 입증되었다.

제초제 저항성 형질전환 작물의 경우, 수년에 걸쳐 단일 제초제를 반복적으로 적용하면 잡초종에 대한 선택적 압력이 발생한다. 시간이 지남에 따라 제초제에 대한 내성이 있는 잡초의 빈도가 증가하고 제초제는 효과가 없어지게 된다. 전 세계 약 200종의 잡초가 하나 이상의 제초제에 대한 내성을 획득했다. 제초제 사용을 줄이고 사용된 제초제를 다양하게 하는 관리가 있어야 제초제 내성을 낮출 수 있다.

핵심 요약 15.7

현재까지 제초제 저항성, 병원균으로부터의 보호, 영양분 향상 및 약물 생산은 농업 유전공학의 목표였다. 형질전환 식물의 활용에 관한 논쟁은 인간의 건강과 환경에 대한 예측할 수 없는 영향의 가능성에 중점을 두고 있다.

- 글리포세이트에 내성이 있는 잔디가 만들어졌지만 제품으로 출시되지 않았다. 잔디 종자 회사가 이것을 출시하지 못하는 이유는 무엇일까?

핵심 개념 요약

15.1 재조합 DNA

■ **제한효소는 정확한 위치에서 DNA를 자른다**

동일한 종류의 유형 2 제한효소를 사용한 절단으로 인해 생성된 서로 다른 DNA 단편은 재조합될 수 있다(**그림 15.1**).

■ **젤 전기영동은 DNA 조각을 분리할 수 있다**

DNA 단편은 전기장에 의해 구동되는 젤 매트릭스를 통해 크기에 따라 분리될 수 있다(**그림 15.2**).

■ **재조합분자를 만들기 위해 DNA 절편을 결합시킨다**

재조합 DNA 분자는 서로 다른 DNA로 구성된다. 재조합 DNA 분자는 DNA 연결효소(ligase)를 사용하여 DNA 단편을 결합하여 만들어진다(**그림 15.3**).

■ **역전사효소는 RNA에서 DNA를 만든다**

역전사 효소는 RNA를 주형으로 사용하여 DNA 분자를 만든다. 이 DNA를 cDNA라고 한다(**그림 15.4**).

■ **DNA 라이브러리는 재조합 DNA 분자의 집합이다**

DNA 라이브러리는 DNA 조각을 보유하며 숙주 생물체에 저장 및 복제될 수 있다(**그림 15.5**).

15.2 PCR을 활용한 DNA 증폭

■ **PCR은 DNA 복제를 따라 한다**

PCR은 증폭될 영역에 인접한 짧은 프라이머를 사용하여 작은 DNA 단편을 증폭시킨다. PCR은 열 안정성 중합효소(thermostable polymerase)와 함께 가열, 냉각 및 합성 주기를 반복한다(**그림 15.6**).

■ **역전사 PCR은 mRNA로부터 DNA를 증폭한다**

역전사 효소를 사용하여 cDNA를 만들 수 있다. PCR과 결합하여 단백질을 암호화하는 서열을 증폭시킬 수 있다.

■ **RT-qPCR은 mRNA의 발현량을 결정한다**

형광 DNA 결합 염료 또는 표지된 프라이머를 사용하는 RT-PCR은 특정 mRNA의 정량을 가능하게 한다(**그림 15.7**).

■ **PCR은 다양한 염기서열결정법의 기초이다**

많은 DNA 염기서열 분석기술은 출발 물질을 생성하기 위해 PCR의 변형에 의존한다. 이로 인해 비용이 크게 절감되었다.

15.3 유전적 변이의 생성, 교정, 분석

■ **법의학에서는 개인을 식별하기 위해서 DNA 지문을 이용한다**

DNA 지문은 개인마다 숫자가 다른 짧은 염기서열반복구간(STR)을 가지고 있다. CODIS 데이터베이스는 13개의 다른 STR 좌위에 대한 데이터를 저장한다(**그림 15.8**).

■ **PCR은 특정 유전자에 점돌연변이를 형성할 수 있다**

PCR 프라이머에서 뉴클레오타이드를 변경하는 것은 부위 특이적 돌연변이를 생성하는 데 사용될 수 있다. PCR에 사용된 일부 DNA 중합효소의 더 높은 오류 발생률은 무작위 돌연변이를 생성하는 데 사용될 수 있다.

■ **RNA 간섭은 유전자 생성물을 감소시킨다**

세포 내로 도입된 짧은 2중가닥 RNA는 특정 유전자의 발현을 감소시킨다. 이 간섭 RNA의 라이브러리는 생물학적 과정에 관여하는 특정 단백질을 동정하기 위해 분석될 수 있다.

■ **새로운 기술은 게놈의 직접적인 편집을 가능하게 한다**

유전자는 TALEN 효소 또는 CRISPR/Cas9 시스템을 사용하여 생체 내에서 편집될 수 있다. 이 시스템은 DNA의 특정 부위를 절단하여 새로운 결실을 일으키기 위한 오류유발수선 또는 대립유전자를 변경하기 위한 DNA 직접 수선을 가능하게 한다(**그림 15.9**).

15.4 형질전환 생물체의 설계와 활용

■ **유전암호의 보편성은 형질전환을 가능하게 한다**

유전자 암호의 보편성은 한 생물체의 유전자가 다른 생물체에서 발현될 수 있음을 의미한다.

■ **유전자의 제거나 추가를 통해 기능을 연구할 수 있다**

유전자 제거 생쥐에서, 유전자 기능을 연구하기 위해 유전자는 비활성화된다(**그림 15.10**).

유전자 삽입 생쥐에서, 유전자는 특정 유전자의 변화 효과를 평가하기 위해 변이체로 대체된다.

■ **조건부 불활성화는 필수 유전자 연구를 가능하게 한다**

특정 조직 또는 특정 발생 시점에서 유전자 기능을 제거하면 필수 유전자를 연구할 수 있다. 사용된 기술 중 하나는 Cre-Lox 시스템이다(**그림 15.11**).

■ **식물은 유전적 변형에 다양한 기술을 요구한다**

형질전환 식물은 아그로박테리움 및 재조합 Ti 플라스미드 또는 입자 충격 기법에 의해 형질전환함으로써 생성될 수 있다(**그림 15.12**).

15.5 환경적 적용

■ **조류는 바이오연료 제조에 사용될 수 있다**

미세조류에서 수확한 지질은 바이오디젤로 전환될 수 있다. 일부 미세조류는 지질에서 바이오매스의 최대 50%를 생산한다(**그림 15.13**).

■ **미생물은 환경에서 탄화수소를 분해할 수 있다**

다양한 환경에서의 영양물질 보충은 일부 박테리아를 자극하여 탄화수소를 분해함으로써 독성 기름 성분을 제거할 수 있다.

■ **폐수 처리는 미생물의 활성에 의존한다**

폐수의 유기물 대부분은 혐기성 또는 호기성 박테리아에 의해 제거된다. 추가 처리는 일부 무기 오염 물질을 제거할 수 있다(**그림 15.14**).

15.6 의학적 적용

■ **재조합 DNA를 사용하여 중요한 단백질을 생산할 수 있다**

재조합 DNA는 박테리아나 효모에서 인간 단백질을 발현시키기 위해 사용될 수 있다. 당뇨병을 치료하는 인슐린이 이러한 기술로 만들어진 최초의 제품이다(**그림 15.15**).

■ **제자리형광혼성화는 전체 염색체의 재배열을 탐지할 수 있다**

FISH는 염색체에서 상보적 서열에 혼성화되는 형광 표지된 DNA 탐침을 사용한다. 이것은 개인맞춤 치료를 설계하는 데 도움을 줄 수 있는데, *HER2* 유전자의 증폭처럼 질병과 관련된 염색체 변경을 식별할 수 있다(**그림 15.16**).

■ **유전자 칩은 질병에 대한 유전적 표지자를 동정할 수 있다**

유전자 칩은 질병에 걸린 조직과 건강한 조직에서 유전자 발현 패턴을 분석하는 데 사용된다. 이것은 임상적 개입에 도움이 될 수 있다.

■ **면역 분석은 바이러스 감염을 신속하게 진단할 수 있다**

임상 또는 실험 시료에서 특정 분자를 검출하기 위해 항체를 사용할 수 있다. 고체 표면에 부착한 항체는 특정 분자와 결합하는데, 이는 효소에 연결된 두 번째 항체에 의해 검출된다(**그림 15.17**).

■ **유전자와 줄기세포 치료 및 유전자 편집이 모두 임상으로 이동하고 있다**

유전자 치료법은 유전질환을 치료할 수 있게 하고, 유전자 편집과 결합한 줄기세포 치료법은 만성질환 또는 부상으로 인한 조직 손상을 치료할 수 있게 한다.

15.7 농업적 적용

■ **제초제 내성 작물은 토양을 갈지 않고 파종하여 작물을 재배하게 하였다**

제초제 내성 작물은 경작지의 흙을 뒤집는 수고와 화석 연료 소비를 모두 줄여준다(**그림 15.18**).

■ **Bt 작물은 일부 해충에 저항성이 있다**

곤충 저항성 Bt 식물의 개발은 살충제의 사용을 줄여 준다.

■ **황금쌀은 유전자 변형 작물의 잠재력을 보여준다**

황금쌀은 바이타민 A의 전구체인 베타카로틴을 생산한다(**그림 15.19**). 이를 통해 영양실조로 인한 실명을 줄일 수 있다.

■ **유전자 변형작물은 많은 사회적 문제를 일으킨다**

형질전환 식물로 인한 앨러지 반응에 대해 우려가 있지만, 공인된 것은 없다. 비형질전환 식물로의 전이유전자의 확산이 계속되고 있다. 제초제의 과다 사용으로 인한 내성이 문제가 되고 있다.

연습문제

■ **1단계: 이해력 확인하기**

1. 여러분이 심장 발달의 초기 단계에서 중요한 것으로 알려진 하나의 유전자를 연구하고자 한다. 그 유전자의 상실은 또한 폐암을 유발하는 역할을 하는 것으로 의심된다. 생체 내에서 그 유전자를 연구하기 위해 어떤 종류의 형질전환 생쥐를 사용하겠는가?
   a. 유전자 제거 생쥐
   b. 유전자 삽입 생쥐
   c. 조건부 유전자 제거 생쥐
   d. a, b, c 모두 맞다.

2. 젤 전기영동에 의해 서로 다른 DNA 단편을 분리하는 원리는 무엇인가?
   a. DNA에 대한 양전하
   b. DNA 조각의 크기
   c. 조각의 순서
   d. 염료의 존재

3. 10개의 주형 DNA를 사용하여 PCR을 시작하면 10회 주기 후에 몇 개의 DNA가 존재하는가?
   a. 약 100개
   b. 약 1000개
   c. 약 10,000개
   d. 약 10^{10}개

4. *HER2* 유전자에 대한 유방 종양 조직검사의 FISH 분석에서 세포는 2개의 형광 점을 나타낸다. 이 자료는 종양에 대해 어떤 결론을 지지하는가?
   a. 높은 수준의 *HER2* mRNA를 포함할 가능성이 있다.
   b. 높은 수준의 *HER2* 단백질을 함유할 가능성이 있다.
   c. *HER2* 유전자는 증폭되고, *HER2* 단백질을 표적으로 하는 치료는 적합하지 않을 수 있다.
   d. *HER2* 유전자는 증폭되지 않으므로, HER2 단백질을 표적으로 하는 특정 처리는 적합하지 않을 수 있다.

5. 유전자 기능 연구 측면에서 RNAi에 비해 게놈 편집의 주요 이점은 무엇인가?
   a. 게놈 편집은 유전자 기능을 제거할 수 있다. RNAi는 단순히 유전자 산물의 수준을 감소시킨다.
   b. 게놈 편집은 재조합 DNA의 생성을 요구하지 않지만 RNAi는 항상 생성된다.
   c. 게놈 편집은 항상 작동하지만 RNAi는 거의 작동하지 않는다.
   d. 게놈 편집은 RNAi가 수행되는 진핵세포보다 변형하기 쉬운 박테리아에서 수행된다.

6. 아그로박테리움(*Agrobacterium*)의 Ti 플라스미드는 일반적으로 감염된 식물에서 혹(gall)을 유도한다. 아그로박테리움이 유전자 변형 식물을 만드는 데 사용될 때 종양이 형성되지 않는 이유는 무엇인가?

a. 도입된 전이유전자는 종양 유도 유전자의 작용을 차단한다.

b. 종양 유도 유전자는 제거되고 전이유전자로 대체된다.

c. 형질전환 식물을 제조하는 데 사용되는 아그로박테리움으로부터 Ti 플라스미드를 제거한다.

d. Ti 플라스미드는 감염된 식물에서 복제될 수 없도록 PCR에 의해 돌연변이된다.

■ 2단계: 적용력 평가하기

1. 전체 RNA의 양이 동일한 4개의 RT-qPCR 반응을 설정하였다. 반응이 완료된 후, 시료 A의 20사이클, 시료 B의 25사이클, 시료 C의 18사이클 및 시료 D의 22사이클이 끝난 후 10,000 단위의 형광이 있음을 알 수 있다. RT-qPCR의 시작에서 표적 mRNA가 가장 많았던 시료는 어떤 것인가?

   a. 시료 A

   b. 시료 B

   c. 시료 C

   d. 시료 D

2. 다음 중 PCR에서는 아니지만, 세포에서의 DNA 복제에 대해 정확한 설명은 무엇인가?

   a. DNA 프라이머가 필요하다.

   b. DNA 중합효소(polymerase)는 고온에서 안정적이다.

   c. 연결효소(ligase)는 필수적이다.

   d. dNTP가 필요하다.

3. 게놈 DNA에서 분리된 인간 인슐린 유전자로 인슐린을 생산하기 위해 유전자 변형 박테리아를 만들 때 어떤 잠재적인 문제를 고려해야 하는가?

   a. 박테리아의 유전암호는 인간의 유전암호와 크게 다르다.

   b. 박테리아 세포는 번역 후 인슐린 펩타이드 서열을 처리할 수 없다.

   c. 박테리아가 높은 수준의 인간 유전자를 전사할 수 있는 방법은 없다.

   d. a와 b 모두 문제가 있다.

■ 3단계: 사고력 함양하기

1. 헤모글로빈과 같은 많은 인간 단백질은 다수의 소단위로 구성된 조립체로서만 기능한다. 이들 기능 단위의 조립은 진핵세포의 소포체 및 골지 장치 내에서 형성된다. 유전자 변형 헤모글로빈을 대규모로 생산하는 데 어떤 제한이 있는지 토론하시오.

2. 아밀로이드 베타는 뇌에서 아밀로이드 전구체 단백질(APP)이라고 하는 단백질의 분해 산물이다. 고농도에서는 아밀로이드 베타가 서로 응집되어 알츠하이머병의 원인이 될 수 있다. 생쥐 모델에서 APP의 정상적인 기능을 유지하면서 APP에서 파생된 아밀로이드 베타의 덩어리를 막는 특정 돌연변이를 연구하는 방법은 무엇인가?

16

집단 내의 유전자

도입

대부분 집단의 개체는 표현형과 유전자형이 매우 다양하다. 종종 개체의 특정 형질이 생존, 생식 기회 및 자손의 번성에 중요한 영향을 미친다. 진화는 이러한 요인들에 의해 집단 내에서 서로 다른 대립유전자 빈도가 증가하거나 감소함으로써 일어난다. 언뜻 보기엔 간단한 이 문제는 진화 생물학의 핵심이 되는데, 이것이 16~19장의 주제이다.

16.1 유전적 변이와 진화

학습 목표

1. 진화와 집단유전학을 정의할 수있다.
2. 집단 내 변이의 중요성과 규모를 설명할 수 있다.

유전자 변이(genetic variation)라는 용어는 집단의 개체에서 발견되는 유전자의 서로 다른 대립유전자를 의미한다. 자연 집단 내에는 이러한 변이를 보이는 유전자가 많이 존재한다. 이번 장에서는 자연 집단에서의 유전적인 변이 및 집단 내 대립유전자의 빈도를 변화시키는 진화의 힘에 대해 알아본다.

진화(evolution)라는 용어는 현재 자연과학과 사회과학에서 널리 사용되고 있다. 진화는 각 집단이 시간이 지남에 따라 어떻게 변화되는지를 나타낸다. 생물학에서 현대적 진화의 개념은 다윈의 대표 저서인 〈종의 기원(On the Origin of Species)〉에 언급되었지만, 다윈은 5판까지 진화라는 용어를 사용하지 않았고, 오히려 "변이의 유전(descent with modification)"이라는 표현을 사용했다.

더 많은 복잡한 정의들이 제안되었지만, 다윈의 표현이 생물학적 진화의 본질을 가장 잘 나타낸다. 시간이 지나면서 종이 변이를 축적하고, 그 결과 자손은 조상과는 달라지며, 이러한 방식으로 현존하는 종으로부터 새로운 종이 탄생하게 된다.

많은 과정이 진화적 변화로 이어진다

다윈이 진화론을 처음 제안한 것은 아니었다. 오히려 그는 우리 주변의 많은 종류의 생물체가 진화의 과정에 의해 생성된다고 추론한 선대 철학자들과 자연주의자들의 맥을 따른 것이다.

그러나 다윈은 이전 학자들과 달리 자연선택을 진화의 메커니즘으로 제시했다. 자연선택은 집단 내에서 몇몇 개체가 조상으로부터 물려받은 특정 형질을 소유하고 이러한 특성이 없는 개체보다 생존한 자손이 더 많을 때, 즉 더 살아남기 쉬운 많은 생존 자손을 낳을 때 진화적 변화를 만든다. 그 결과 집단에는 점진적으로 유리한 형질을 가진 개체가 더 많이 분포하게 된다. 이런 방식으로 집단은 진화하고 주어진 환경에 더 잘 적응하게 된다.

한 집단이 시간이 지남에 따라 어떻게 변하는지 모니터링하는 한 가지 방법은 한 세대에서 다음 세대로 유전자의 대립유전자 빈도의 변화를 보는 것이다. 자연선택은 특정한 대립형질을 가진 개체를 선호함으로써 **대립유전자 빈도**(allele frequencies) 변화를 유도하지만, 이런 변화는 다른 요인에 의해 일어날 수도 있다. 돌연변이가 반복적으로 일어나거나, 이주 집단에 의해 새로운 대립유전자가 도입되는 경우에도 변화가 일어날 수 있다. 또한 집단이 아주 작을 때 우연적인 효과에 의해 무작위로 변화할 수도 있다. 자연선택이 이런 다른 요인들을 압도하는 경우가 많기는 하지만, 그렇지 않은 경우도 흔하게 나타난다.

진화는 한 집단의 유전적 구성에 변화를 일으키는 어떤 과정으로부터도 발생할 수 있다. 그러므로 우리는 **집단유전학**(population genetics)을 고려하지 않고 진화에 대해 말할 수 없으며, 집단 내 유전적 변이에 대한 연구를 할 수 없다.

집단에는 풍부한 유전적 변이가 존재한다

진화가 일어나려면 유전적 변이가 필요하다. 결과적으로, 생물학자들은 항상 자연 집단 내에 얼마나 많은 유전적 변이가 존재하는지 알고 싶어했다. 이제는 단백질, 유전자, 게놈 등 다른 수준에서 변화를 분석할 수 있는 좀 더 정교한 도구들을 이용하여 집단 내의 유전적 변이에 대해 알아낼 수 있게 되었다.

초기 접근법은 가장 명백한 차이점인 형태적 변이를 조사했다. 많은 경우에, 이러한 표현형 변이는 근본적인 유전적 차이의 결과물이

그림 16.1 다형적 변이.
루핀(*Lupinus*) 자연집단의 꽃 색깔은 상당한 변이를 보인다. 개체의 차이는 유전되고 자손에게 전달된다.

그림 16.2 인간 집단 내의 변이.

다. 이 경우 자연 집단은 **그림 16.1**처럼, 일반적으로 상당한 유전적 변이를 보인다.

인간의 모든 변이를 고려해 보자. 피부색, 눈색, 머리색, 키, 눈과 코 모양, 혈액형, 배꼽 모양, 그리고 이 외에도 더 많은 변이들이 있다. 대부분의 인간의 변이는 근본적인 유전적 차이의 결과물이다(**그림 16.2**).

집단 내 유전적 변이를 직접 분석하기 위해 첫 번째로 접근한 방법은 효소 인코딩 유전자의 대체 대립유전자에 의해 생성된 단백질을 분리하기 위해 전기영동을 사용한 것이다(15장 참조). 각 실험실에서 개발한 DNA 분석 도구를 이용하여 자연 집단에서 수집된 시료들을 모아 분석하였다. 이를 통해 세부적으로 **제한효소단편길이다형성**(restriction fragment length polymorphism, RFLP; 15장 참조) 및 특정유전자의 염기서열과 최근에는 전체 게놈의 염기서열까지 검토하게 되었다.

유전자 지도와 집단 수준 변이의 분석을 위한 가장 유용한 도구 중 하나는 단일염기다형성(single-nucleotide polymorphism, SNP)이다. 이는 집단에 1% 이상 존재하는 개인들 사이의 단일 염기 차이로 정의된다. 초기 대규모의 국제적 노력으로 인간 게놈에서 수백만 개의 SNP가 발견되었으며, 이는 현재 우리가 알고 있는 바로는 매우 적게 추정된 수치이다.

이러한 변이는 다른 많은 관심 종에서도 분석되고 있다. 대부분의 종에 대한 결과는 인간의 결과와 비슷하며, 보다 면밀히 볼수록 더 많은 변화가 나타난다. SNP가 흥미를 불러일으키는 한 가지 이유는 여러 표본의 분석을 자동화할 수 있기 때문이다. SNP 데이터는 현재 300종 이상에 대해 이용 가능하며, 대부분의 유전적 변이의 보편성을 나타내고 인간 및 자연 집단의 패턴을 평가하기 위한 도구를 제공한다.

게놈의 염기서열을 보다 명확히 분석함에 따라 점점 더 많은 변이가 발견되고 있다. 개인의 완전한 게놈을 염기서열화 하는 것이 더 쉽고 저렴해졌다. 결과적으로, 연구자들은 이제 전체 게놈 분석을 통해서 집단 내에서의 유전자 변이 정도를 비교하고 있다.

당연히 이러한 노력은 인류에게 가장 진보된 것이다. 1000 게놈 프로젝트는 초기에는 1000명의 게놈 염기서열을, 궁극적으로는 세계의 5개 주요지역의 2500명의 염기서열을 분석하는 목표를 세웠다. 2015년에 완료된 이 프로젝트는 집단 내와 집단 간의 광범위한 변이를 기록하였다. 전체적으로 이 프로젝트를 통해, 개인 사이에서 8500만 개의 SNP, DNA가 삽입 또는 결실된 360만 개의 짧은 부분, 생산하는 단백질이 달라 개인 간의 대립유전자의 차이를 나타내는 6만 개의 유전자 등을 알게 되었다. 또한 각각의 개체는 평균적으로 유전자를 작동하지 못하도록 하는 250~300개의 대립유전자 및 희귀 유전 장애와 연관된 것으로 알려진 24~30개의 대립유전자를 갖는 것으로 밝혀졌다. 게다가, 게놈의 어떤 부분은 다른 부분보다 훨씬 더 많은 변이를 가지고 있다. 조사된 집단에서 유전적 변이는 비교적 차이가 없었지만, 몇 가지 유전자에서 약간의 차이가 발생했으며 그중 일부는 다른 환경에 대한 적응과 관련이 있는 것으로 보인다. 수만, 심지어 수십만 명의 게놈 염기서열 분석을 위해 보다 야심찬 노력이 진행되고 있다.

자연 집단의 유전적 변이에 대한 연구도 진행 중이다. 실험용 초파리(*Drosophila melanogaster*)에서 1000개가 넘는 게놈이 완성되었다. 이들 게놈은 광범위한 변이를 보였다. 하지만 흥미롭게도 게놈의 일부 영역은 인간과 마찬가지로 다른 영역보다 더 변화가 많았으며 변이의 양상은 집단 간에 차이가 있었다. 또 다른 연구에서는 133마리의 붉은털원숭이(*Macaca mulatta*) 게놈의 서열을 분석하여 이들 원숭이들 사이에 상당한 변이가 있음을 밝혀냈다. 의심할 여지없이, 앞으로 몇 년 안에 많은 종의 생물들의 염기서열 분석이 진행될 것이며, 이를 통해 집단 변이에 대한 이해를 크게 향상시킬 것이다.

핵심 요약 16.1

진화는 변이의 유전으로 설명될 수 있다. 진화가 일어나기 위해서는 변이가 필요하며, 대부분의 집단은 광범위한 표현형 및 유전적 변이를 포함한다. 집단유전학은 이러한 변이성을 연구한다.

- 진화가 일어나기 위해 집단의 유전적 변이가 필요한 이유는 무엇일까?

16.2 대립유전자 빈도의 변화

학습 목표

1. 하디-바인베르크 원리를 설명할 수 있다.
2. 하디-바인베르크 평형 상태에 있는 집단의 특징을 설명할 수 있다.
3. 진화 과정이 어떻게 작동되는지에 대해 설명할 수 있다.

1800년대 중반 다윈(Charles Darwin)과 그 시대 사람들에게 자연 집단 내의 유전적 변이는 수수께끼였다. 멘델(Gregor Mendel)이 같은 기간 동안 실험을 수행했지만, 그의 작업은 거의 알려지지 않았다. 그 후 과학자들은 선택은 항상 최적의 형태를 선호해야 하며, 따라서 변이는 제거되는 경향이 있다고 생각했다. 더욱이, 자손은 양쪽 부모의 표현형의 중간에 있을 것으로 예상되는 **혼합유전**(blending inheritance) 이론이 널리 받아 들여졌다. 만약 혼합유전이 맞다면, 새로운 유전적 변이의 효과는 세대를 거듭할수록 빠르게 사라지게 될 것이다. 예를 들어, 돌연변이로 인해 개인의 키가 평균치보다 10 cm 더 크다면 그 돌연변이가 없는 개인과 교배한 결과인 그 자손은 5 cm만 더 클 것이고, 다음 세대의 자손은 그 효과가 완전히 사라질 때까지 2.5 cm만 더 클 것이다.

하디-바인베르크 원리는 유전자형의 빈도를 예측할 수 있게 한다

멘델의 유전법칙의 재발견에 이어 집단 내에 유전적 변이가 어떻게 유지되는지는 1908년 영국 수학자인 하디(Godfrey H. Hardy)와 독일 물리학자인 바인베르크(Wilhelm Weinberg)의 연구에 의해 밝혀졌다. 이들은 처음에는 왜 많은 세대를 거듭한 후에도 집단이 지배적인 표현형을 가진 개체들만으로 구성되지 않는지에 대해 의문을 가졌다. 이들이 내린 결론은 한 집단에서 다음과 같은 전제 조건이 충족된다면 원래의 유전자형 비율은 세대가 거듭되어도 일정하게 유지된다는 것이다.

1. 돌연변이가 발생하지 않는다.
2. 다른 곳으로 유전자가 전이되지 않는다(유전적 교류가 일어나지 않는다).
3. 교배가 무작위로 이루어진다(개체는 표현형 또는 유전자형에 따라 짝을 선택하지 않는다).
4. 집단의 규모가 매우 크다.
5. 선택이 일어나지 않는다.

유전자형의 비율이 변하지 않기 때문에 **하디-바인베르크 평형**(Hardy-Weinberg equilibrium)이라고 한다.

두 개의 대립유전자가 있는 하디-바인베르크 식: 이항 정리

하디-바인베르크 원리는 하나의 수학적인 식으로 나타낼 수 있다. 예를 들어 검은 고양이 84마리와 흰 고양이 16마리로 이루어진 100마리의 고양이 집단에서 2가지 색의 고양이 비율은 0.84(84%)대 0.16(16%)이 된다. 이 표현형의 빈도로부터 집단 내 유전자의 대립유전자 빈도(allele frequency)를 계산해 낼 수 있을까?

흰 고양이는 열성인 동형접합자(homozygote)를 가진다고 가정하여 대립형질을 b로 표시하고, 검은 고양이는 우성으로 동형접합자를 가진 것을 BB로, 이형접합자(heterozygote)를 가지는 것을 Bb로 나타낸다. 집단이 하디-바인베르크 평형 상태에 있다는 가정하에 두 대립유전자의 빈도는 검은 고양이와 흰 고양이의 비율로부터 계산해 낼 수 있다.

p가 B 대립유전자의 빈도를 지정하고 q가 다른 대립유전자의 빈도를 지정한다고 하자. 이를 대립유전자 빈도라 부른다. 대립유전자는 2개뿐이므로 $p+q$는 항상 1(즉, 전체 모집단)이어야 한다. 또한, 3가지 유전자형 빈도의 합도 1이 되어야 한다. 어떤 개체가 2개의 B 대립유전자를 가질 확률은 단순히 각각의 대립유전자가 모두 B일 경우이다. 두 사건이 독립적으로 일어날 확률은 각 사건의 확률의 곱과 같다. 이 경우 개체가 아버지로부터 B 대립유전자를 받을 확률은 모집단 p의 대립유전자 빈도 p와 동일하며, 개체가 어머니로부터 B 대립유전자를 받을 확률도 p이므로 확률은 2가지 모두 $p \times p = p^2$이다(**그림 16.3**). 같은 추론으로 한 개체가 2개의 b 대립유전자를 가질 확률은 q^2이다.

한 개체가 이형접합자일 확률은 얼마일까? 이형접합이 되는 방식은 2가지가 있다. 한 개체가 아버지로부터 B를 물려받고 어머니로부터 b를 물려받는 경우와 그 반대인 경우가 있다. 첫 번째 경우일 가능성은 $p \times q$이고, 두 번째 경우일 가능성은 $q \times p$이다. 두 경우 모두 이형접합이 되므로 결과는 그 합인 $2pq$가 된다.

이를 요약하면 한 집단이 p와 q의 빈도로 하디-바인베르크 평형을 따른다면,각 개체가 3가지의 가능한 표현형을 따를 확률의 합은 $p^2+2pq+q^2$가 되는데, 이는 다음과 같은 이항식으로 나타낼 수 있다.

$$(p+q)^2 = p^2 + 2pq + q^2$$

마지막으로,이 확률을 사용하여 집단이 하디-바인베르크 평형에 있다는 가정하에 집단 내의 유전자형 분포를 예측할 수 있다. 어떤 개체가 이형접합체일 확률이 $2pq$라면, 집단 내에서 이형접합 개체의 비율은 $2pq$가 될 것이고, 유사하게 BB 및 bb 동형접합체의 빈도는 p^2 및 q^2으로 예상할 수 있다.

위의 예로 돌아가면, 고양이의 16%는 흰색이다. 흰색이 열성 형질이라면, 이는 그러한 개체가 유전자형 bb를 가져야 함을 의미한다. 이 유전자형의 빈도가 $q^2=0.16$(흰 고양이의 빈도)이면 q(B 대립유전자의 빈도)$=0.4$(0.4는 0.16의 제곱근)이다. 따라서 $p+q=1$이므로 대립유전자 B의 빈도 p는 $1.0-0.4=0.6$이 된다(빈도는 모두 더해 1이 되어야 함을 기억하자). 이제 예상되는 **유전자형 빈도**(genotype frequencies)를 쉽게 계산할 수 있다. 우성 동형접합체인 BB 고양이는 p^2 그룹을 구성할 것이며, 100마리의 고양이 집단에서

$p^2=(0.6)^2=0.36$, 또는 36개의 우성인 동형접합체 *BB* 개체가 될 것이다. 이형접합성 고양이는 *Bb* 유전자형을 가지며, $2pq$, 또는 $(2\times0.6\times0.4)=0.48$, 또는 48개의 이형접합성 *Bb* 개체에 상응하는 빈도를 가질 것이다.

하디-바인베르크 식을 이용한 다음 세대의 빈도 예측

하디-바인베르크 식은 10장에서 설명한 퍼네트 사각형(Punnett square)을 표현하는 방법으로 빈도수 p와 q로 정의된 2개의 대립유전자를 사용한다. **그림 16.3**에서처럼 유성생식 동안에 발생한 유전적 재배열을 추적할 수 있고, 다음 세대에서 *B*와 *b* 대립유전자의 빈도에 어떤 영향을 미치는지 알 수 있다.

이 그림에서 고양이의 정자와 난자 간 결합은 무작위라고 가정했다. 따라서 대립유전자는 원래 발생 비율대로 다음 세대에 나타난다. 각 세대의 개별 난자 또는 정자는 *B* 대립유전자를 받을 확률이 $0.6(p=0.6)$이고, *b* 대립유전자를 받을 확률이 0.4이다$(q=0.4)$.

따라서, 다음 세대에서 *B* 대립유전자끼리 조합할 가능성은 p^2, 0.36(즉, 0.6×0.6)이며, 집단 내 개체의 대략 36%가 계속해서 *BB* 유전자형이 된다. 반면 *bb* 개체의 빈도는 $q^2(0.4\times0.4)$이므로 계속 약 16%이며, *Bb* 개체의 빈도는 $2pq(2\times0.6\times0.4)$, 평균 48%가 된다.

표현형으로 집단의 규모가 100마리의 고양이 집단에서 대략 84마리의 검은 고양이(*BB* 또는 *Bb* 유전자형이 있는)와 16마리의 흰 고양이(*bb* 유전자형이 있는)를 볼 수 있다. 감수분열과 유성생식 동안 발생하는 유전자의 섞임에도 불구하고 대립유전자, 유전자형 및 표현형 빈도는 한 세대에서 다음 세대로 변하지 않고 남아 있다.

기억해야 할 중요한 점은 "우성" 및 "열성"이라는 용어는 이형접합체의 표현형만을 지칭하며, 어떤 대립유전자가 다른 대립유전자보다 선택적으로 우월하다는 것을 의미하지는 않는다. 이러한 이유로 하디-바인베르크 평형에서는 선택이 작동하지 않을 때 한 형질이 다른 형질보다 우세한지 여부에 관계없이 대립유전자 빈도가 변화되지 않을 것으로 예상된다.

하디-바인베르크 원리는 진화 과정의 입증에 적용된다

검은 고양이와 흰 고양이의 예에서 알 수 있는 것은 앞부분에서 제시한 5가지 가정이 모두 충족되면 대립유전자와 유전자형 빈도가 한 세대에서 다음 세대로 바뀌지 않는다는 것이다. 그러나 실제로 자연 집단에서는 5가지 가정이 모두 충족되는 경우가 거의 없다. 대신 하디-바인베르크 식은 어떤 진화 과정이 한 집단 내에서 일어나고 있는지의 여부를 알아보고, 또한 그것이 어떤 것일지에 대한 가설을 설정하는 데 이용될 수 있다.

예를 들어 *BB*, *bb*, *Bb* 유전자형의 빈도가 각각 0.6, 0.2, 0.2인 고양이 집단을 가정해 보자. 이 집단에서 B에 대한 대립유전자 빈도는 다음과 같다. *B* 인자 2개를 가진 고양이가 60%(0.6), *B* 하나를 가진 고양이가 20%(0.2), 하나도 없는 고양이가 20%(0.2)이다. 즉,고양이 한 마리는 평균적으로 $1.4[(0.6\times2)+(0.2\times1)+(0.2\times0)]$개의 *B* 대립유전자를 가진다. 각 고양이는 *B* 유전자에 대해 2개의 대립유전자를 가지므로 빈도는 $1.4/2.0=0.7$이 된다. 이에 따라 *b* 대립유

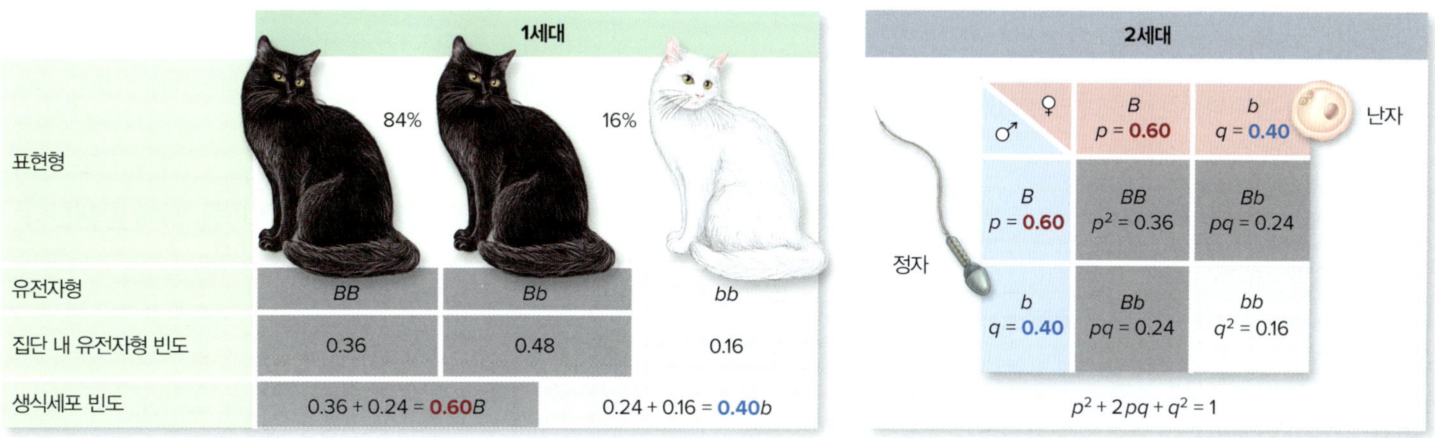

그림 16.3 하디-바인베르크 평형.
변화의 요인이 없다면 세대가 지나도 생식세포, 유전자형 및 표현형의 빈도는 일정하게 유지된다.

자료 분석 만약 흰 고양이가 모두 죽었다면, 다음 세대의 새끼 고양이 중 흰 고양이의 비율은 얼마나 되겠는가?

전자의 빈도는 0.3이 된다.

하디-바인베르크 식에 따르면 *BB* 유전자형의 빈도는 $0.7^2=0.49$로 나타나야 하지만, 실제로는 이보다 높게 나타나기에 예상보다 적은 이형접합체와 더 많은 *bb* 동형접합체가 있다고 계산할 수 있다. 그렇다면 분명히 그 집단은 하디-바인베르크 평형 상태에 있지 않으므로 하디-바인베르크 식을 따르지 않고 있는 것을 알 수 있다.

그렇다면 왜 동형접합체가 많고 이형접합체는 적게 나타나는 것일까? 그 이유를 설명하기 위해 다음과 같은 여러 가능성이 제시될 수 있다. (1) 이형접합체보다 동형접합체를 선호하는 자연선택, (2) 유전적으로 유사한 개체와의 교배 선호($BB \times BB$와 $bb \times bb$는 언제나 동형접합 자손을 낳으며, $Bb \times Bb$의 경우 절반만 이형접합 자손을 낳으므로, 이 경우 동협접합 자손이 훨씬 많아지게 된다), (3) 외부집단으로부터 동형접합체의 유입(또는 반대로 이형접합체의 유출)이다. 이와 같이 하디-바인베르크 식이 적용되지 않는 집단이라는 것을 알게 되면 가능한 잠정적 가설을 세운 후 직접적으로 조사하게 된다.

진화 과정의 작동은 다른 방법으로 측정할 수도 있다. 앞에 제시된 하디-바인베르크 가정이 모두 만족된다면 대립유전자의 빈도가 세대를 거쳐도 동일할 것이기 때문에 세대 간 대립유전자 빈도의 변화는 가정 중 하나가 맞지 않는다는 것을 보여준다.

예를 들어 *b*의 빈도가 한 세대에서는 0.53이고 다른 세대에서는 0.61이라면, 이에 대해 다음과 같은 여러 가지 설명이 가능할 것이다. (1) *B*보다 *b*를 가진 개체를 선호하는 자연선택, (2) 집단 내로 *b*가 유입 또는 집단 밖으로 *B*가 유출되는 경우, (3) *b*가 *B*로 바뀌는 돌연변이보다 *B*가 *b*로 바뀌는 돌연변이가 많은 경우이다. 또 다른 가능성은 집단이 작고, 단순히 우연에 의해 어떤 개체가 다른 개체보다 유전자를 많이 물려줌으로써(물려주기 때문에 발생하는) 변화는 무작위적 변동을 나타낸다. 이제부터는 이러한 각각의 과정이 어떻게 연구되는지에 대해 알아보자.

핵심 요약 16.2

하디-바인베르크 원리에 따르면 선택과 무작위 교배가 없는 대규모 집단에서 대립유전자의 비율은 세대에 따라 변하지 않는다. 집단이 하디-바인베르크 평형에 있지 않다면 하나 이상의 진화 인자가 작동하고 있음을 나타낸다.

- 집단의 유전자형 빈도를 알고 있다면, 그 집단이 하디-바인베르크 평형 상태에 있는지 여부를 어떻게 결정할 수 있을까?
- 하디-바인베르크 평형에서 벗어난 집단을 발견하면 어떻게 결론을 내릴 수 있을까? 그 다음 단계는 무엇일까?

16.3 진화적 변화의 5가지 요인

학습 목표

1. 진화적 변화를 일으키는 5가지 과정을 정의할 수 있다.
2. 5가지 과정들에 의해 집단이 하디-바인베르크 평형으로부터 벗어나게 하는 방식에 대하여 설명할 수 있다.

하디-바인베르크 원리의 5가지 가정은 집단의 진화적 변화를 초래할 수 있는 5가지 요인을 나타낸다. 5가지 요인은 돌연변이, 유전자 흐름, 비무작위적 교배, 유전적 부동, 자연선택 압력이다. 이들 중 어느 하나가 대립유전자 또는 유전자형 비율의 변화를 가져올 수 있고, 이들에 의해 집단이 하디-바인베르크 평형을 이루지 못하게 될 수 있다.

돌연변이는 대립유전자를 변화시킨다

대립유전자에 변화를 주는 돌연변이(mutation)는 집단의 특정 대립유전자의 비율을 변화시킬 수 있다. 일반적으로 돌연변이 비율은 매우 낮아서 대립유전자의 하디-바인베르크 비율에 큰 영향을 주지는 않으며, 평균적으로 전형적인 유전자에는 10만 번의 세포분열당 1번의 빈도로 돌연변이가 일어난다. 이 비율이 너무 낮기 때문에 대립유전자 빈도가 어떻게 변하는지를 결정하는데 다른 진화 과정이 더 중요하다.

그럼에도 불구하고 돌연변이는 유전적 변이의 궁극적 원천으로서 진화가 일어날 수 있게 하는 요인이다(**그림 16.4***a*). 한 가지 염두에 두어야 할 것은 특정 돌연변이가 일어날 가능성은 자연선택의 영향을 받지 않는다는 점이다. 즉, 특정 돌연변이가 자연선택에 의해 선택된다고 해서 더 자주 일어나는 것은 아니다.

유전자 흐름은 대립유전자의 집단 간 이동 시에 발생한다

유전자 흐름(gene flow)이란 한 집단에서 다른 집단으로 대립유전자가 이동하는 것을 의미하며, 집단 변화의 강력한 요인이 될 수 있다. 동물이 한 장소에서 다른 장소로 이동할 때 유전자가 따라서 이동하게 된다. 그리고 새로 들어온 개체가 기존의 개체들과 다른 유전자를 가지며, 전입한 개체들이 새로운 곳에 적응하여 살아남고 교배까지 성공적으로 한다면 원래 집단의 유전적 구성이 변화될 수 있다.

유전자 이동이 명확하지 않은 경우도 있다. 이런 감지하기 힘든 움직임에는 생식세포나 미성숙 단계 식물의 이동, 해양생물 등이 한 장소에서 다른 장소로 이동할 경우 등이다(**그림 16.4***b*). 식물의 수컷

a. 변이의 궁극적 원인. 일반적으로 돌연변이율은 매우 낮아서 대립유전자의 빈도에 영향을 주는 일은 별로 없다.

b. 변화의 중요한 잠재적 요인. 집단 간에 개체나 생식세포가 이동한다.

c. 근친교배가 가장 일반적 형태. 대립유전자의 빈도를 변경하지 않지만 이형접합체의 비율을 감소시킨다.

d. 통계적 사고. 집단의 크기가 작아질수록 대립유전자 빈도의 무작위적 변동이 증가한다.

e. 적응을 위한 진화적 변화를 유발하는 유일한 요인.

그림 16.4 진화적 변화의 5가지 요인.
a. 돌연변이. ***b.*** 유전자 흐름. ***c.*** 비무작위적 교배. ***d.*** 유전적 부동. ***e.*** 선택.

생식세포에 해당하는 꽃가루는 곤충 등 꽃을 찾아다니는 동물에 의해 먼 장소를 이동하기도 한다. 종자는 바람에 날리거나 동물에 의하여 멀리 떨어진 새로운 집단으로 이동할 수 있다.

대립유전자 빈도가 초기에 다른 두 집단을 고려해 보자. 집단 1은 $p=0.2$, $q=0.8$, 집단 2는 $p=0.8$, $q=0.2$라 하자. 유전자 흐름은 공급집단의 유전자 빈도에 비례하여 수용집단으로 이동한다. 각 집단의 유전자 빈도가 서로 다르기 때문에 수용집단에는 대립유전자가 불균형적으로 도입되는 셈이다. 따라서, 대립유전자 빈도는 세대가 변하면서 변화할 수 있고 집단은 하디-바인베르크 평형을 만족시키지 못하게 된다. 두 집단에서 두 대립유전자에 대해 각각의 빈도가 0.5에 도달할 때만 평형을 이룰 것이다(유전자 흐름의 속도가 양방향으로 동일하다고 가정). 또한 이 예는 유전자 흐름이 집단 사이에서 대립유전자 빈도를 균일하게 하는 경향이 있음을 나타낸다.

비무작위적 교배는 유전자형의 빈도를 변화시킨다

어떤 유전자형을 가진 개체는 때때로 무작위로 예상할 수 있는 것보다 더 일반적으로 서로 짝을 이루는데, 이것은 비무작위적 교배라 알려진 현상이다(**그림 16.4***c*). **동류교배**(assortative mating)는 표현형적으로 유사한 개체가 짝을 이루는 것으로, 비무작위적 교배의 한 유형이며 특정 유전자형의 빈도가 하디-바인베르크 원리에 따른 예측과는 상당히 다른 결과를 보일 수 있다.

동류교배는 개체의 생식적 성공보다는 교배 대상을 변화시키기 때문에 개별 대립유전자의 빈도를 변화시키지는 않는다. 이는 표현형이 유사한 개체가 유전적으로 유사할 가능성이 높고, 따라서 동일한 대립유전자 2개를 가진 자손을 생산하기 쉽기 때문에 동류 교배는 다음 세대에서 동형접합체들의 빈도를 증가시킬 것이다.

근친교배는 서로 밀접한 관계가 있는 개체가 서로 교배를 할 때 발생한다. 친척은 유전적으로 유사하기 때문에 근친교배는 동류교배와 동일한 결과를 가지며 동형접합체의 비율을 증가시킨다. 사실, 친척이 표현적으로 유사한 경향이 있기 때문에 동류교배는 근친교배로 이어질 수 있다.

이와는 대조적으로 표현형적으로 다른 개체가 교배를 하는 **이류교배**(disassortative mating)는 이형접합체를 다량 생산한다.

유전적 부동은 소규모 집단에서 대립유전자의 변화를 일으킨다

소규모 집단에서 대립유전자의 빈도는 우연에 의해 크게 변할 수 있다. 이와 같은 무작위적인 대립유전자 빈도의 변화는 마치 빈도가 표류하는 것과 같이 보이기 때문에 **유전적 부동**(genetic drift)이라고 한다(**그림 16.4***d*). 이러한 이유로 하디-바인베르크 평형에 이르려면 집단이 커야 한다. 집단이 작을수록 유전적 부동으로 인한 세대 간 대립유전자의 빈도 변화가 커진다.

소수의 개체로부터 나온 생식세포가 다음 세대를 형성하게 된다면 그들이 운반하는 대립유전자는 **그림 16.5**에서 보는 것처럼 집단의 빈도를 대표하지 않을 수도 있다. 그림의 예에서처럼 많은 개체 중 소수 개체만 병에서 나오는데 우연히 밖으로 나온 대부분의 개체가 녹색이며 따라서 새로운 집단은 모집단보다 녹색 개체의 비율이 훨씬 더 높게 된다.

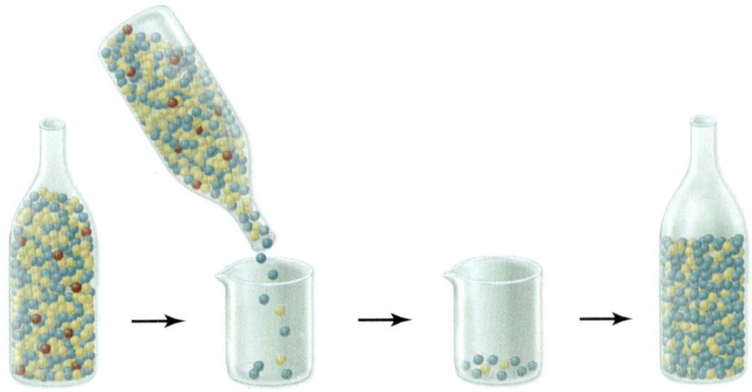

그림 16.5 **유전적 부동: 병목 효과.**
모집단은 대략 같은 수의 녹색과 노란색 개체와 소수의 적색 개체를 가지고 있다. 우연한 사건으로 소수의 개체만이 남아 다음 세대를 이루는 것은 대부분 녹색이다. 병목 효과는 전염병이나 재앙적인 폭풍 후에 일어날 수 있는 것처럼 다음 세대를 형성하는 개체들이 거의 없기 때문에 발생한다.

? 탐구문제 희귀 대립유전자가 특히 집단 병목 효과로 인해 손실될 가능성이 있는 이유는 무엇인가?

이 결과는 다음과 같은 중요한 결론으로 이어진다. 유전적 부동은 고립된 개체군에서 대립유전자의 상실을 초래할 수 있다. 초기에 흔하지 않은 대립유전자는 특히 취약하다(**그림 16.5**).

원래 집단에서 떨어져 나와 고립된 소규모 집단은 두 집단에서 똑같이 자연선택이 일어나더라도 유전적 부동의 결과 완전히 다른 모습이 될 수 있다. 소집단에서 유전적 부동 때문에 때로는 유해한 대립유전자의 빈도가 증가할 수 있으며, 유리한 대립유전자는 선택적으로 유리함에도 불구하고 소실될 수 있다.

유전적 부동은 모든 집단에서 발생하지만 그 영향은 집단 규모와 반비례한다. 따라서 특히 작은 개체로 이루어진 집단이나 과거의 어느 시점에 그 수가 크게 감소된 집단에서 관찰되기 쉽다. 창시자 효과와 병목 효과는 특히 유전적 부동의 명확한 예이다.

창시자 효과

하나 또는 소수의 개체들이 모집단으로부터 공간적으로 떨어진 곳으로 이주하여 고립된 새로운 집단을 시작할 수 있다. 창시자(founder)는 모집단에서 나타나는 모든 대립유전자를 갖지 않을 수도 있는데, 어떤 대립유전자는 새로운 집단에서 소실될 수도 있고 다른 인자는 빈도가 극적으로 변화할 수도 있다. 어떤 경우에는, 이전에는 집단의 희귀 대립유전자였던 것이 새로운 집단의 유전적 자질의 상당한 부분을 차지할 수도 있는데, 이런 현상을 **창시자 효과**(founder effect)라고 한다.

창시자 효과는 자연계에서 드물지 않게 나타난다. 많은 자가수분(self-pollinating) 식물은 한 종자로부터 새로운 집단을 창출한다. 창시자 효과는 하와이나 갈라파고스 군도와 같이 격리된 지역에서 생물의 진화에 특히 중요한 역할을 해왔다. 그런 지역의 대다수의 생물들은 소수의 창시자로부터 생겨났을 것이다. 드물기는 하지만 그런 일들이 종종 관찰되기도 하는데, 1996년 카리브해의 앙귈라(Anguilla) 섬 해안에 소수의 이구아나(iguana)가 운반되어 새 집단을 형성, 정착하여 오늘에 이르고 있다.

비슷한 방식으로, 소수로부터 시작된 고립된 인간 집단은 창시자들의 유전적 특징을 잘 나타나는 경우가 있다. 미국의 아미쉬(Amish) 집단에서는 다지증(여섯번째 손가락의 존재) 등의 특정 현상이 매우 높은 빈도로 나타나고 있는 것이 그 실례이다.

병목 효과

생물이 한 장소에서 다른 장소로 이주하지 않더라도 홍수, 가뭄, 전염병 및 기타 자연적인 힘이나 환경 변화로 인해 집단의 크기가 갑자기 감소될 수 있다. 창시자 효과에서 보았듯이, 생존하는 소수의 개체는 우연히 전체 집단의 대립유전자 빈도와 다른 대립유전자 빈도를 가질 수 있으며 일부 대립유전자는 완전히 상실될 수 있다(자연선택은 대립유전자 빈도의 변화를 담당할 수도 있지만 여기서는 작은 집단 규모로 인한 임의의 변화를 말한다). 이와 같은 개체수 감소로 인해 나타나는 유전적 다양성의 감소를 **병목 효과**(bottleneck effect)라고 한다.

일부 생물 종의 유전적 변이는 과거 병목 효과의 결과로 심하게 고갈되어 있는 상태이다. 예를 들어, 북아메리카의 서쪽 해안과 인근 섬에서 거주하는 코끼리바다물범(elephant seal)은 19세기에 사냥으로 인해 거의 멸종되다시피 했고, 캘리포니아 바자(Baja) 앞바다의 과달루페(Guadalupe) 섬에 20마리 가량만 살아남았다. 지금은 코끼리바다물범 집단이 다시 커져 수만 마리가 되었고 샌프란시스코 근처에서까지 번식하고 있지만, 병목 효과의 결과 코끼리바다물범 집단 내에서의 유전적인 변이는 대부분 상실되었다(**그림 16.6**).

멸종위기종의 경우처럼 언제나 한 집단의 수가 극적으로 감소하는 일이 일어날 수 있고, 이 경우 병목 효과는 잠재적인 문제가 된다. 집단의 크기가 다시 커지더라도 변이성이 결여되어있다는 것은 이 종이 소멸되기 쉽다는 것을 의미한다.

자연선택은 특정 유전자형을 선호한다

다윈이 지적한 바와 같이 어떤 개체들은 다른 개체들보다 더 많은 자손을 남기는데, 자손을 남기는 정도는 표현형에 의해 영향을 받는다. 하나의 표현형을 가진 개체가 다른 표현형을 가진 개체보다 평균적으로 다음 세대에 더 많은 생존 자손을 남길 때, 이러한 과정의 결과를 **선택**(selection)이라고 한다(**그림 16.4***e*). **인위선택**(artificial selection)에서는 양육자가 원하는 특징이 선택되지만, **자연선택**(natural selection)에서는 환경적인 조건에 의해 어느 개체가 선택되어 더 많은 자손을 낳을 수 있을지가 결정된다.

자연선택에 의한 진화가 발생하기 위해서는 다음과 같은 조건이 부합되어야 한다.

1. **집단 내 개체 사이에는 표현형 변이가 존재해야 한다.** 자연선택은 어떤 특정한 형질을 가지는 개체들을 다른 형질을 가지는 개체들보다 더 선호함으로써 작용한다. 만약 변이가 존재하지 않는다면 자연선택은 작동하지 않는다.
2. **개체 사이의 변이의 결과로 다음 세대의 자손의 수에 차이가 나타나야 한다.** 이는 자연선택의 본질이다. 표현형과 행동 때문에 일부 개체는 다른 개체들보다 더 성공적으로 자손을 생산한다. 한편 여러 형질에서 변이를 보인다고 해서 개체 간에 생존이나 성공적인 생식에서 반드시 차이를 보이는 것은 아니다
3. **표현형 변이에는 유전적 근거가 있어야 한다.** 자연선택(항목 2 참조)이 진화적 변화를 일으키기 위해서는 선택된 차이가 유전적 근거를 지녀야 하지만, 모든 변이가 유전적 근거를 가지는 것은 아니다. 유전적으로 동일한 개체들도 환경이 다를 경우 표현형적으로 차이를 보이기도 한다. 이와 같은 환경적 영향은 자연계에서 흔하게 일어나는 일이다. 그 예로 습기가 많은 토양에서 부화한 새끼 거북은 건조한 곳에서 부화한 것들보다 무거우며, 길고 넓은 껍질을 가지고 있다.

표현형적으로 차이를 보이는 개체들이 유전적으로는 다르지 않다면 자손의 수적 차이는 다음 세대 집단의 유전적 조성을 변화시키지 못할 것이며, 진화적 변화도 일어나지 않을 것이다.

자연선택과 진화의 두 개념은 종종 같은 것으로 오인되지만, 자연선택과 진화는 같지 않다는 것을 기억해야 한다. 자연선택은 과정(process)이며, 진화는 시간에 따른 변화의 역사적 산물(historical record)이다. 자연선택(과정)은 진화(결과)를 이끌 수 있지만, 이는 진화적 변화를 초래할 수 있는 여러 과정 중 하나에 불과하다. 게다가, 자연선택은 진화적인 변화를 일으키지 않고도 일어날 수 있다. 변이가 유전적 변이에 기초한 경우에만 자연선택은 진화를 이끌어낼 수 있기 때문이다.

포식자의 회피를 위한 선택

자연선택에 의한 진화의 결과는 집단이 자신의 환경에 더 잘 적응하게 된다는 것이다. 포식자에 의해 먹힐 가능성이 줄어들도록 적응한다는 것이 그 좋은 예의 하나이다. 일반적인 유황나비(*Colias eurytheme*)의 애벌레 유충은 보통 연한 녹색을 띠며, 그들의 먹이인 알팔파 식물과 색이 비슷해서 눈에 띠지 않는다. 그에 비해 연노란색 유충은 식물과 훨씬 잘 구별되어 포식자인 새의 눈에 띠기 쉬우므로 그 수가 줄어들게 된다(**그림 16.4***e* 참조).

그림 16.6 병목 효과: 사례 연구.
코끼리바다물범은 매우 찬 물에서 살기 때문에 두꺼운 지방층이 있어서 좋은 사냥 대상이었으며, 19세기 말에는 거의 멸종 위기에 이르렀다. 한때 20개체 정도로 구성된 한 집단만이 과달루페 섬에 남아 있었는데, 임의적 유전적 부동에 의해 유전적 변이가 소실되었다. 이후 보호를 받기 시작하여 현재는 그 지역 대부분의 서식지에서 집단이 회복되었고, 개체 수도 수만 마리로 늘어났지만, 유전적 변이는 오랜 기간 동안 돌연변이가 축적되어야 서서히 회복될 것이다.

그림 16.7 미국 뉴멕시코 툴라로사(Tularosa) 분지에 사는 주머니쥐의 2가지 체색형. 용암이 굳은 검은색 암석이 사막에 둘러싸여 있고, 이런 환경에서는 주위 환경과 일치하는 털색을 가진 주머니쥐들이 선택을 받게 된다. 체색의 차이는 단일 유전자의 대립유전자 간 DNA의 작은 차이로 인해 생긴다.

미국 남서부의 사막에서 고대 용암이 흐른 흔적은 배경 일치의 가장 극적인 예들 중 하나이다. 이 지역에서 용암이 식으면서 생성되는 검은 암석은 주변의 밝은 모래 빛과 극명하게 대비된다. 이 화산암에 서식하는 도마뱀, 설치류와 여러 가지 곤충 집단은 검은색을 띠지만 주변의 모래에 사는 집단은 훨씬 밝은색을 띤다(**그림 16.7**).

이와 같은 색깔의 차이는 포식이 만들어낸 결과로 보인다. 독수리 같은 포식자들은 배경색과 일치하지 않는 개체들을 능숙하게 골라낸다는 사실을 알아낸 실험적 연구가 이를 뒷받침해 준다.

기후 조건에 적응하기 위한 선택

효소는 대립유전자 빈도 변화가 생물에 주게 될 영향을 직접 평가할 수 있다는 점 때문에 선택에 대한 많은 연구는 효소를 암호화하는 유전자에 집중되어 왔다.

효소 대립유전자 빈도는 위도에 따라 변하기 때문에 한 대립유전자가 북쪽 집단에서 더 흔하지만 남쪽에서는 덜 흔하다는 내용의 연구 결과가 나타난다. 어류의 일종인 은연어(*Fundulus heteroclitus*)는 북아메리카 동쪽 연안을 따라 분포하는데, 이 어류에서 피루브산을 젖산으로 전환시키는 효소인 젖산탈수소효소를 만드는 유전자의 대립유전자 빈도는 지리적으로 큰 차이를 보인다(5.8절 참조).

생화학적 연구 결과 이 대립유전자에 의해 만들어지는 효소들은 온도에 따라 기능적 차이를 보이는 것으로 밝혀졌다. 북쪽에서 더 흔한 효소는 남쪽에서 더 흔한 효소보다 저온에서 촉매작용이 더 활발하며, 저온에서 북방형 대립유전자를 갖고 있는 개체들은 다른 대립유전자를 가지는 개체들보다 유영 속도가 빠르고 생존율이 더 높은 것으로 보고되고 있다.

살충제와 미생물 내성의 선택

곤충의 살충제에 대한 내성은 자연 개체군에서 선택의 확실한 예이다. 살충제의 광범위한 사용은 500종 이상의 해충에서 살충제 내성의 신속한 진화를 야기하였다. 이러한 진화에 의한 농작물 손실과 살충제 사용량 증가에 따른 비용의 증가는 연간 30~80억 달러로 추정된다.

집파리에서 *pen* 유전자에 있는 내성 대립유전자는 살충제 흡수를 감소시키고, 반면 *kdr* 및 *dld-r* 유전자에 있는 대립유전자는 표적 부위의 수를 감소시켜서 살충제의 결합 능력을 감소시킨다(**그림 16.8**). 또 다른 대립유전자는 살충제 분자를 식별하고 해독하는 효소의 능력을 증진시킨다.

단일 유전자가 내성을 유발하는 경우도 있는데, 그 예로 노르웨이쥐는 혈액응고를 막아 치명적 출혈을 일으키는 살충제 와파린에 대해 일반적으로 민감하다. 그러나 단일 유전자에 존재하는 내성 대립유전자가 와파린이 표적 효소와 결합하는 능력을 감소시켜 와파린의 효과가 없게 만든다.

인간에 의한 선택은 또한 많은 질병 유발 병원체에서 항생제에 대한 내성의 진화로 이어졌다. 그 예로, 화농성 감염을 일으키는 포도상구균(*Staphylococcus aureus*)은 처음에 페니실린으로 치료하였으며, 페니실린은 *S. aureus*에 달라붙어 세포벽을 분해하고 박테리아를 죽게 했다. 그러나 약물의 대량 생산 후 4년도 지나기 전에 *S. aureus*

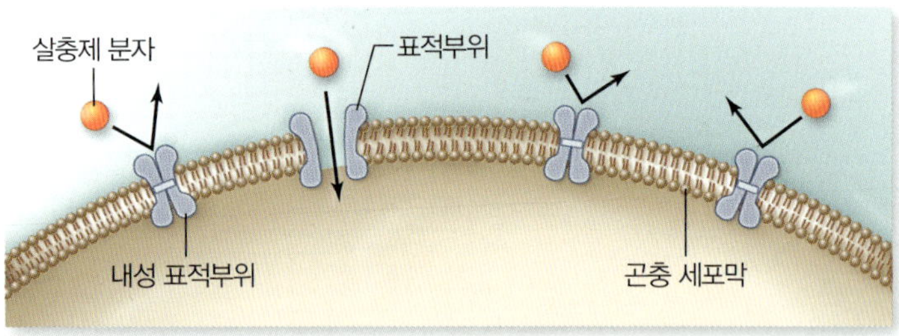

a. *pen* 유전자의 내성 대립유전자가 있는 곤충 세포: 살충제의 흡수를 감소시킨다.

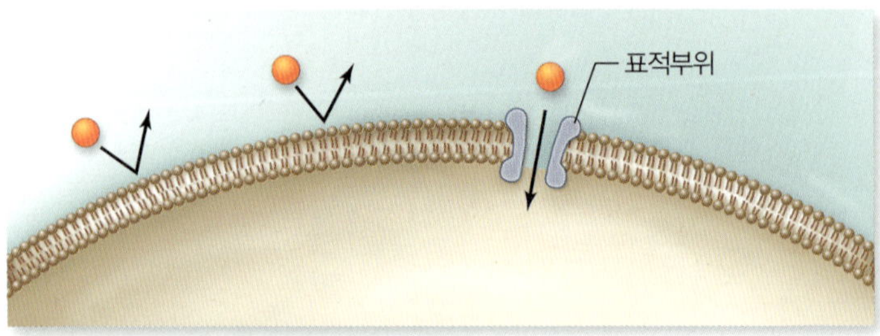

b. *kdr* 유전자의 내성 대립유전자가 있는 곤충 세포: 살충제 표적 부위의 수를 감소시킨다.

그림 16.8 살충제 내성에 대한 선택.
*pen*과 *kdr* 같은 유전자에 있는 내성 대립유전자는 곤충의 살충제에 대한 내성을 증진시킨다. 이들 내성 대립유전자를 가지고 있는 곤충들은 선택을 통해 더 많아진다.

는 페니실린분해효소라는 효소를 변형시켜 페니실린을 공격하게 했다. 그래서 페니실린이 *S. aureus*에 부착할 수 없게 하여 항생제 효과가 없게 만들었다. 그 이후로, 미생물을 공격하기 위해 여러 가지 다른 약물이 개발되었으며, 그때마다 그에 대한 내성 역시 생겨났다. 그 결과 포도상구균의 감염은 건강을 위협하는 주요인으로 재조명되었다. 적응이 일어나는 속도는 놀랍지만, 미생물들은 엄청난 수의 개체수를 가지고 있다는 것을 기억하자. 돌연변이 비율이 낮더라도 이러한 개체군의 방대한 크기는 자연선택이 활용할 수 있는 새로운 돌연변이의 꾸준한 공급을 보장한다. 그러한 진화가 인간의 건강에 미치는 영향은 엄청나다. 미국에서만 매년 200만 명이 항생제 내성균으로 병에 걸리고, 23,000명이 이런 감염으로 사망한다.

핵심 요약 16.3

5가지 요인은 예측된 하디-바인베르크 유전자형 빈도에서 차이를 가져올 수 있다. 이 중 선택만이 규칙적으로 적응적 진화 변화를 일으키지만, 집단의 유전적 구성과 진화 과정은 돌연변이, 유전자 흐름, 비무작위적 교배 및 유전적 부동의 영향을 받을 수도 있다.

- 이러한 각 과정은 어떻게 집단을 하디-바인베르크 평형으로부터 달라지게 만들까?

16.4 자연선택의 정량화

학습 목표

1. 진화적 적응도를 정의할 수 있다.
2. 적응도의 여러 요소들을 설명할 수 있다.
3. 표현형들의 진화적 성공 여부를 상대적 적응도를 이용하여 비교할 수 있는 방법을 제시할 수 있다.

어떤 표현형을 가진 개체들이 다른 표현형을 가진 개체보다 다음 세대에서 더 많은 자손을 남길 때 선택이 일어난다. 진화생물학자들은 생식적 성공을 통해 **적응도**(fitness)를 측정하는데, 이는 다음 세대에 살아남은 자손의 수를 의미한다.

적응도는 상대적인 개념으로 가장 적응도가 높은 표현형은 평균적으로 가장 많은 자손을 남기는 표현형이 된다.

적응도가 높은 표현형은 대개 빈도가 증가한다

녹색과 갈색의 두 표현형이 있는 두꺼비 집단에서 녹색 개체가 다음 세대에 평균 4마리의 자손을 남기고 갈색 개체는 2.5마리의 자손을 남긴다고 가정해 보자. 통상적으로 가장 적응을 잘하는 표현형의 적응도는 1이고, 다른 표현형은 상대적인 비율로 표현된다. 이 경우, 녹색 표현형의 적응도는 $4.0/4.0 = 1.000$이고 갈색 표현형의 적응도는 $2.5/4.0 = 0.625$이다. 적응도의 차이는 $1 - 0.625 = 0.375$가 되는데, 이 차이는 매우 큰 것이므로 자연선택에 의하여 녹색이 강하게 선호된다.

만약 색의 차이가 유전적 근거를 가지고 있다면, 녹색 두꺼비가 세대를 거듭하면서 크게 증가하는 진화적 변화를 예상할 수 있다. 게다가 두 표현형의 적응도가 변하지 않고 유지된다면, 결국 갈색 표현형의 대립유전자가 개체군에서 사라지게 될 것이다.

? 탐구문제 색 차이에 유전적 근거가 있어도 녹색 두꺼비의 빈도가 다음 세대에 증가하지 않는 이유는 무엇인가?

적응도는 많은 요소로 구성된다

선택을 흔히 "적자생존(survival of the fittest)"이라고 규정하지만, 생존의 차이는 적응도의 한 요소일 뿐이다.

생존율의 차이가 없을 경우에도 일부 개체들이 다른 개체들보다 이성을 더 잘 유혹한다면 선택이 작용할 수 있게 된다. 여러 육상동물에서는 몸이 큰 수컷이 작은 수컷보다 더 많은 암컷과 교배한다. 교배의 성공과 관련된 선택은 **성적 선택**(sexual selection)이라고 부르며, 이 주제에 대해 다음 부분에서 더 자세히 설명한다.

또한 교배 시 생산되는 자손의 수도 중요하다. 큰 암컷 개구리와 물고기는 작은 암컷보다 더 많은 알을 낳기 때문에 다음 세대에 더 많은 자손을 남길 수 있다.

적응도는 생존율, 교배의 성공률 그리고 자손 수의 조합이다. 가장 큰 적응도를 가지는 표현형이 선택될 가능성이 높지만 적응도를 한 가지 요인만으로 측정하는 것은 맞지 않을 수도 있는데, 그 이유는 적응도의 한 요인으로 유리할 수 있는 형질이 다른 요인에 대해서는 오히려 불리한 경우도 있기 때문이다. 그 실례로 소금쟁이는 몸이 큰 암컷일수록 매일 더 많은 알을 낳는다(**그림 16.9**). 따라서 이 단계에서의 자연선택은 몸이 큰 암컷을 선호하지만, 몸이 큰 암컷은 일찍 죽기 때문에 생식 기회가 줄어든다. 결과적으로 2가지 상반되는 선택 방향이 함께 작용하여 중간 크기의 암컷이 가장 많은 자손을 남기게 된다.

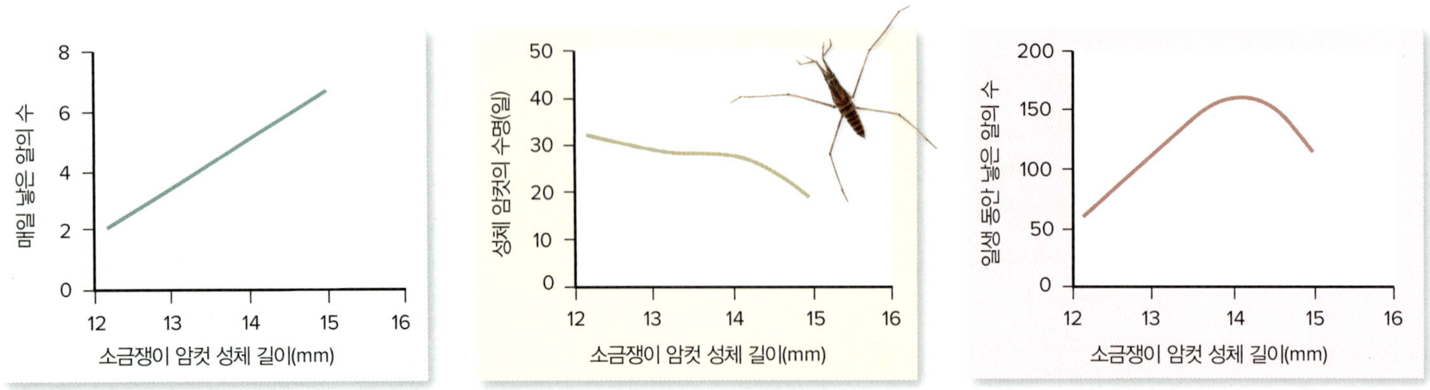

그림 16.9 소금쟁이 몸의 크기와 산란.
몸이 큰 소금쟁이 암컷은 매일 더 많은 수의 알을 낳지만 생존기간이 짧다. 결과적으로 중간 크기의 암컷이 일생 동안 가장 많은 자손을 생산하여 적응도가 가장 높게 된다.

탐구문제 몸의 크기에 있어서 어떤 진화적 변화를 기대할 수 있는가? 만약 하루에 낳는 알의 숫자가 몸의 크기에 영향을 받지 않는다면, 예측은 바뀔 것인가?

자료 분석 x축의 값이 최종 몸 크기를 나타내고 y축이 생존하는 동안 낳는 전체 알의 수를 나타낸다고 가정할 때 12 mm인 소금쟁이가 얼마나 많은 알을 낳을 것으로 예상할 수 있는가? 15 mm인 소금쟁이는 어떤가?

핵심 요약 16.4

적응도는 집단 내 다른 개체에 대한 한 개체의 번식 성공으로 정의된다. 이 성공은 수명, 교배 빈도, 교배횟수당 자손의 수에 따라 결정된다. 상대적인 적응도는 최고의 적응도를 가진 표현형에 대해 상대적 수치로 표현된다.

- 위의 요인 중 생식 성공 여부를 결정하는 데 가장 중요한 요인이 있을까? 이에 대해 설명해 보자.

16.5 생식 전략

학습 목표

1. 양육투자가 짝 선택에 미치는 영향에 대해 설명할 수 있다.
2. 성내 선택과 성간 선택의 차이점을 설명할 수 있다.
3. 성적 선택이 어떻게 2차 성징의 진화와 관련이 있는지 서술할 수 있다.

수컷과 암컷은 자신이 생산하는 자손의 양과 질을 향상시킨다는 공통의 목표를 가지고 있지만, 대개 적응도를 최대화하려는 방법에는 차이가 있다. 이러한 생식 행동의 차이는 짝짓기에서 분명히 나타난다. 다윈은 암컷이 처음 만나는 수컷과 교미하지 않고 오히려 수컷의 질을 평가한 다음 교미 여부를 결정하는 것처럼 보인다는 것을 처음으로 관찰했다. 암컷 공작(peahen)은 정교한 꼬리 깃털에 눈구멍이 더 많은 공작새와 짝짓기를 선호한다(**그림 16.10**b, c). 비슷하게, 암컷 개구리들은 노래 소리가 더 복잡하고, 따라서 매력적인 수컷들과 짝짓기를 선호한다. 짝 선택이라고 불리는 이 행동은 많은 무척추동물과 척추동물 종에서 잘 알려져 있다.

암컷과 수컷은 서로 다른 생식 전략을 갖는다

수컷에 의한 짝 선택은 암컷에 비해 흔하지 않다. 그 이유는 무엇일까? 두 성 간의 생식 전략 차이는 암컷과 수컷 간 양육투자를 비교하면 쉽게 이해할 수 있다. **양육투자**(parental investment)는 자손을 낳고 기르는 데 "투자"하는 에너지와 시간을 말한다. 이는 사실상 각 생식에서 암컷과 수컷이 소비하는 에너지를 의미한다.

일반적으로 양육투자는 수컷보다는 암컷에서 훨씬 크게 나타난다. 그 한 가지 이유는 난자가 정자보다 크기 때문인데, 사람의 경우 195,000배에 이른다! 난자에는 난황에 있는 단백질과 지질 등 많은 영양소가 들어있으나, 정자는 아주 작은 움직이는 DNA 운반자 정도라고 말할 수 있다. 일부 동물군(예, 포유동물)에서는 암컷만이 임신과 수유라는 많은 에너지를 소비하는 생식 기능을 담당한다.

이와 같이 암컷의 생식적 투자가 매우 크기 때문에 성에 따른 선택압(selection pressures)이 생겨날 수밖에 없다. 수컷은 생식에 한 번 참여하는데 에너지 손실이 많지 않기 때문에 적응도를 높이는 방법은 가능한 한 많은 암컷과 교미하는 일이며, 수컷의 적응도는 생산하는 정자의 양에 의해 제한을 받는 일이 거의 없다. 이와는 달리 암

a.

b.

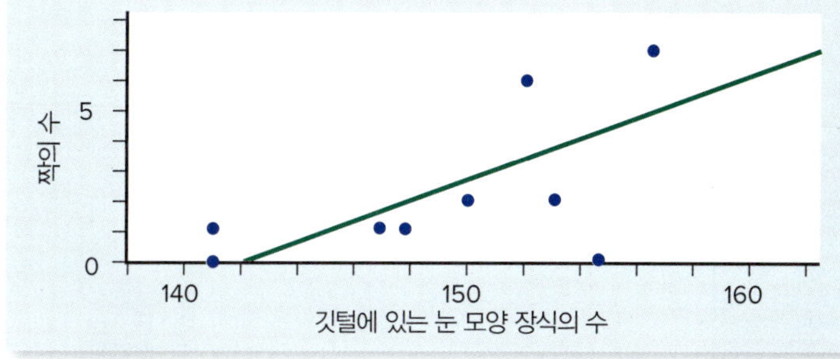

c.

그림 16.10 성적 선택의 산물.
새 종류인 ***(a)*** 극락조(*Paradisaea raggiana*)와 ***(b)*** 공작새(*Pavo cristatus*) 수컷은 아주 긴 꼬리 깃털을 구애에 사용한다. ***c.*** 암컷 공작은 깃털에 있는 눈 모양의 반점이 많은 수컷을 짝으로 선호하는 경향이 있다.

? 탐구문제 암컷이 반점이 더 많은 수컷을 선호하는 이유는 무엇인가?

자료 분석 수컷이 155개의 반점(eyespot)을 가졌다고 가정해 보자. 얼마나 많은 암컷과 짝짓기를 할 수 있겠는가? 만약 155개의 반점을 가진 수컷이 여러 마리라면, 그들이 모두 같은 수의 암컷과 짝짓기를 할 것이라고 생각하는가?

컷은 한 번 생식하는데 많은 에너지 손실이 생기며, 생산할 수 있는 난자의 수가 번식 성공을 제한하게 된다. 이 때문에 암컷의 선택은 까다로워야 하며, 암컷은 자손에게 가장 많은 이익을 줄 수 있는 수컷을 선택하여 적응도를 높이기 위해 무척 신중해져야 한다.

이러한 결론은 암컷의 생식적 투자가 수컷의 것보다 훨씬 클 경우에만 성립된다. 암컷과 수컷이 모두 자손을 양육하는 종에서 수컷은 새끼를 키우는 노력에 동등하게 기여한다. 이 경우에 수컷과 암컷의 짝 선택의 정도가 비슷할 수 있다.

어떤 경우에는 수컷의 투자가 암컷의 투자보다 큰 경우도 있다. 예를 들어, 수컷 모르몬귀뚜라미는 짝짓기 동안 단백질이 들어 있는 **정포**(spermatophore)를 암컷에게 전달한다. 정포의 무게는 수컷 체중의 30% 정도나 되며, 암컷에게 영양원이 되어 알을 발생시키는 데 도움을 준다. 수컷을 차지하기 위해 암컷들은 서로 경쟁하며, 수컷은 암컷을 선택할 때 주로 몸집이 큰 암컷을 선택한다. 이러한 전략은 몸집이 큰 암컷이 더 많은 난자를 소유하고 있기 때문에 수컷은 더 많은 자손을 남길 수 있기 때문이다.(**그림 16.11**).

해마, 수많은 조류(새)와 곤충 등 많은 종에서 수컷이 알을 돌보고 새끼를 기른다. 모르몬귀뚜라미와 마찬가지로 이 수컷들은 종종 암컷을 선택한다. 그래서 암컷은 수컷을 차지하기 위해 경쟁한다.

성적 선택은 경쟁과 짝 선택을 통해 나타난다

개체의 생식 성공 여부는 개체 수명, 교배의 빈도, 교배 횟수당 자손의 수에 따라 결정된다. 이러한 요인 중 두 번째 요인인 짝에 대한 경쟁을 **성적 선택**(sexual selection)이라고 한다. 일부 학자들은 성적 선택이 자연선택과 구별되는 것으로 생각하지만, 다른 학자들은 자연선택의 한 부류로 보며 생명체의 적응도에 영향을 미치는 여러 요인 중 하나라고 생각한다.

성적 선택은 **성내 선택**(intrasexual selection), 즉 한 성별의 구성원끼리의 경쟁(다윈이 말한 것처럼 "전투에서 다른 남성을 정복할 수 있는 힘") 및 **성간 선택**(intersexual selection), 즉 짝 선택(mate choice)의 또 다른 이름("매력의 힘")으로 다른 성별 간의 경쟁적 상호작용을 포함한다. 성적 선택은 다른 수컷들과 겨루는 데 이용하는 사슴의 뿔이나 산양뿔 등의 구조물, 또는 상대방 성을 교미에 응하도록 유인하는 데 이용되는 장식, 예를 들면 긴 꼬리나 화려한 깃털 등을 진화시켰다(**그림 16.10***a*, *b* 참조). 이러한 형질들을 **2차 성징**(secondary sexual characteristics)이라고 한다.

선택 과정은 짝을 얻기 위한 경쟁을 유리하게 만드는 형질의 진화를 유도한다. 큰 덩치가 영역 싸움에서 짝을 얻는데 중요하다면 큰 이득이 될 수 있다. 이러한 종들에서 수컷은 암컷보다 훨씬 크다. 이러한 암수 차이를 **성적 이형성**(sexual dimorphism)이라고 한다. 어떤 종들에서는 뾰족한 뿔이나, 갈라진 뿔, 강한 이빨 등이 특히 수컷에 발달된 경우가 있는데, 이러한 구조물이 동성끼리의 경쟁에서 이점이 되기 때문이다.

암컷이 여러 수컷과 교배를 하는 경우 다른 수컷의 정자들 간에 **정자 경쟁**(sperm competition)이 발생하기도 한다. 짝짓기 후에 일

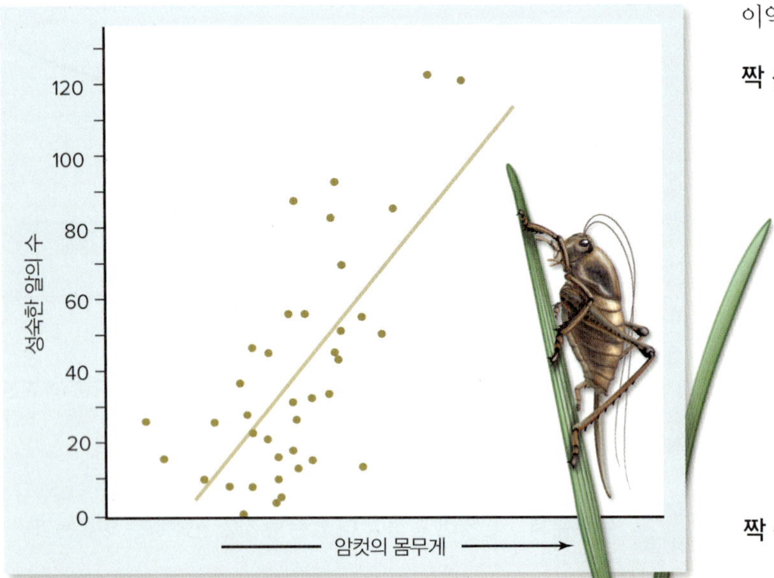

그림 16.11 수컷의 짝 선택에서의 이득.
수컷 모르몬귀뚜라미(*Anabrus simplex*)는 덩치 큰 암컷을 짝으로 선호하는데, 이는 큰 암컷이 더 많은 알을 가지고 있기 때문이다. 짝 선택으로 수컷은 적응적 이득을 높일 수 있다.

? 탐구문제 암컷이 큰 수컷과 짝짓기를 하면 어떤 이득이 있는가?

어나는 이러한 유형의 경쟁은 수컷의 정자가 난자에 수정될 확률을 높이는 기능을 선택했다. 이러한 특징에는 이전 교배의 정자를 제거하도록 설계된 정자 전달 기관, 교배시 더 많은 정자를 생산하는 큰 정소 및 더 빠른 속도로 난자를 향해 돌진할 수 있도록 서로 연결되는 정자 등이 포함된다.

성내 선택

많은 종에서 한쪽 성(보통 수컷)의 개체들은 상대 성의 개체들과의 교배 기회를 얻기 위하여 서로 경쟁한다. 수컷 사이의 경쟁은 암컷이 서식하는 영역의 소유권을 얻기 위하여 또는 암컷들을 직접 차지하기 위하여 일어난다. 성공한 수컷 몇 마리는 짝짓기 횟수가 많지만 대부분의 수컷은 짝짓기를 전혀 하지 못한다. 예를 들어, 코끼리바다물범 수컷은 번식 해변 지역에서 영역을 구축한 소수의 우세 수컷이 대부분의 암컷과 교미한다(**그림 16.12**). 한 해안에서 8마리의 수컷이 348마리의 암컷을 수태시킨 반면, 나머지 수컷은 생식에서 완전히 배제된 예도 있다.

성간 선택

성간 선택은 짝을 고르는 행동과 관련이 있다. 짝 선택으로 직접 이익이나 간접 이익을 얻게 된다.

짝 선택의 직접적인 이익. 어떤 경우에는, 암컷이 짝을 선택함으로써 직접적으로 이익을 얻기도 한다. 만약 수컷이 자손을 기르는 데 도움을 준다면, 암컷은 최상의 보살핌을 제공할 수 있는 수컷을 선택함으로써 이익을 얻는다. 즉, 부모가 더 잘 돌볼수록, 더 많은 새끼가 태어날 가능성이 있다. 어떤 종에서는 수컷이 자손을 돌보지 않지만, 먹이, 보금자리, 그리고 포식자 피난처를 제공하는 영역을 유지한다. 붉은 사슴에서는 가장 질 좋은 풀과 영역을 가진 수컷이 가장 많은 암컷과 교미를 한다. 이 경우 암컷이 양질의 먹이를 별 문제 없이 먹을 수 있는 직접적 이득의 기회가 되기 때문이다.

짝 선택의 간접적인 이익. 그러나 많은 종에서 수컷은 암컷에게 어떤 종류의 직접적인 혜택도 제공하지 않는다. 그러한 경우, "선택"함으로써 암컷이 무엇을 얻게 되는지 직관적으로 알 수 없다. 다시 말해, 꼬리가 매우 길거나 복잡한 노래를 부르는 수컷을 선택하면 어떤 이점이 있을까? 짝 선택의 간접적인 이점 중 하나는 더 좋은 자손을 낳을 수 있다는 것이다.

이것이 어떻게 작동하는지에 대한 많은 이론이 제안되었다. 한 가지 아이디어는 암컷이 가장 건강하거나 나이가 많은 수컷을 선택한다는 것이다. 예를 들어, 큰 수컷은 아마도 오래 살면서 많은 먹이를 얻고 기생충과 질병에 저항하는 데 성공했을 것이다. 다른 종에서는 크기 이외의 특징이 수컷의 상태를 나타낼 수 있다. 거피와 일부 조류의 경우 수컷 색상의 밝기는 식단의 질과 전반적인 건강상태를 반영한다. 암컷은 가장 건강한 수컷

그림 16.12 수컷 북부 코끼리바다물범은 영역을 차지하기 위해 서로 싸운다. 가장 큰 수컷만이 많은 암컷을 포함하고 있는 영역을 가질 수 있다.

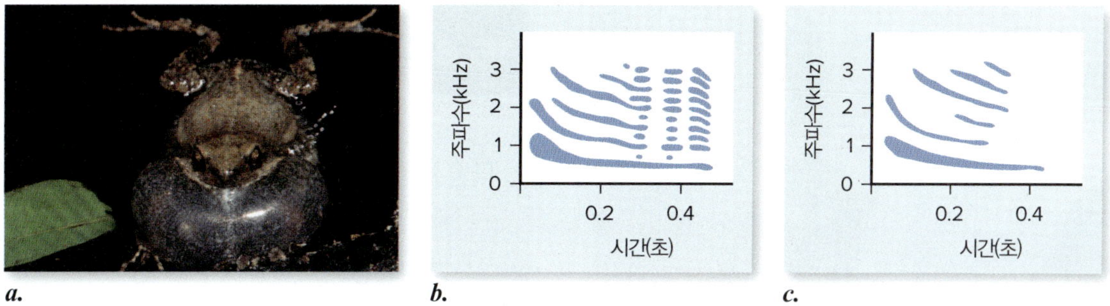

그림 16.13 퉁가라개구리(*Physalaemus pustulosus*) 수컷의 구애 소리.
같은 속 내 몇몇 근연종들의 암컷들 역시 이 종의 수컷이 내는 잡음(chuck)을 좋아한다. 하지만 이런 소리는 퉁가라개구리(***a***)만 낼 수 있으며(***b***), 다른 종의 수컷(***c***)은 낼 수 없다.

과 짝을 이루어 2가지 이점을 얻을 수 있다. 첫째, 건강한 수컷은 병을 가지고 있을 확률이 낮기 때문에 교배 중 암컷에게 병을 옮길 가능성이 적다는 것이다. 이것은 짝 선택의 직접적인 이익이다. 둘째, 수컷이 장수하고 번성할 수 있는 이러한 우수성은 유전적 바탕에 의한 것일 가능성이 크기 때문에 수컷의 우수한 유전자를 자손이 물려받게 하는 간접적인 이익을 확신하게 될 것이다.

물고기와 나방에 대한 여러 실험 연구에서 암컷이 짝을 선택하는 것이 더 큰 생식 성공으로 이어지는지 여부를 조사했다. 이 실험에서 한 그룹의 암컷은 짝짓기를 할 수 있는 수컷을 선택할 수 있도록 허용되었고, 반면에 수컷은 다른 그룹의 암컷과 무작위로 짝짓기를 하게 되었다. 짝을 선택한 암컷의 자손은 선택의 여지가 없는 암컷의 자손보다 더 활기차고 잘 살아 남았는데, 이는 암컷이 더 좋은 유전적 조성을 가진 수컷을 선호한다는 것을 보여준다.

이로부터 변형된 이론은 한 단계 더 나아간다. 몇몇 동물들의 경우 암컷이 생존에 불리한 형질을 가진 수컷을 선택한다(**그림 16.10***c* 참조). 공작새 수컷의 긴 꼬리는 비행에 불리하고 포식자들에게 쉽게 노출되게 만드는 형질이다. 왜 암컷은 이러한 형질을 가진 수컷을 선택하는 것일까? **장애 가설**(handicap hypothesis)에 의하면 유전적으로 우수한 개체들만이 이런 장애가 있어도 이를 극복하고 정상적으로 생존할 수 있다. 그리고 암컷이 커다란 장애를 가진 수컷을 선택하면 암컷의 자손이 훌륭한 유전자들을 받을 수 있게 되기 때문이다. 이런 이유로 진화 생물학자들은 여전히 이 가설의 장점을 논하고 있다.

짝 선택의 진화에 대한 대체 이론. 일부 구애 표현(display)은 암컷이 특정 자극에 반응하는 감각체계의 경향성으로부터 진화한 것으로 보인다. 예를 들어, 암컷은 특정 주파수에서 특정 색상이나 소리를 더 잘 감지할 수 있으므로 그러한 신호에 끌릴 수 있다. **감각 이용**(sensory exploitation)은 이러한 기존의 편향을 "이용"하는 신호를 가진 수컷의 진화를 포함한다. 예를 들어, 암컷이 특히 붉은 물체를 감지하는 데 능숙하다면, 수컷에게서 붉은 색상은 구애 표현의 일부분으로 구애 과정에 이용되도록 진화할 수 있다.

구애 요청의 진화를 이해하기 위해서 퉁가라개구리(Túngara frog)의 울음을 살펴보자(**그림 16.13**). 근연종(related species)과 달리 수컷은 울음이 끝날 때 "척(chuck)"하는 짧은 소리를 낸다. 최근 연구에 따르면 이 종의 암컷만 이런 잡음이 섞인 수컷의 울음소리를 좋아하는 것이 아니라 이런 잡음을 내지 않는 다른 근연종의 암컷의 경우에도 마찬가지였다. 이 패턴은 모든 종의 조상에서 어떤 이유로 선호도가 진화한 다음 퉁가라 개구리의 수컷에서만 "척"의 진화로 이어졌다는 것을 암시한다. 왜 다른 종의 수컷이 "척"을 생산하도록 진화하지 않았는가 하는 것은 아직 답을 알지 못하고 의문으로 남아 있다.

널리 퍼져 있는 감각 이용의 기회. 예를 들어, 연구자들은 애완 조류 중 하나인 금화조를 사용하여 조류가 특정 자극에 대해 잠재적 선호를 가지고 있는지 확인하기 위해 실험을 수행했다. 실험을 수행하기 위해 연구자들은 긴 깃털을 수컷 새의 머리 꼭대기에 수직으로 붙였다(**그림 16.14**). 그 결과 수컷은 자연에서 볼 수 있는 것과 완전히 다른 높은 볏을 가졌다. 그리고 나서 그들은 암컷이 다른 색보다 한 색을 선호하는지를 보기 위해 다른 색의 볏을 가진 수컷을 암컷에게 제시했다. 놀랍게도 암컷은 흰색 볏이 있는 수컷에게 강하게 끌렸지만 녹색이나 붉은색 볏에는 끌리지 않았다. 이런 일이 왜 가능한지는 명확하지 않다. 그것은 금화조의 신경계에 어떤 이유로 흰색이 녹색이나 빨간색보다 훨씬 더 매력적이라고 생각하는 무언가가 있음을 암시한다. 선호도의 원인은 명확하지 않지만, 이런 발견은 수컷이 머리에 흰색 볏을 갖도록 하는 돌연변이가 일어났을 때, 돌연변이는 큰 이점을 부여하고 집단을 통해 빠르게 퍼질 것이라는 것을 시사한다. 아마도 종에는 그러한 잠재적 선호가 많이 있을 것이다. 그러나 우리가

그림 16.14 인공볏이 있는 수컷 금화조(zebra finches).
연구자들은 암컷이 어떤 한 가지 색을 선호하는지 확인하기 위해 수컷 금화조 머리에 다른 색의 깃털을 붙였다.

이것을 예측하거나 설명하기는 어려울 것이다. 집단에서 적절한 변이가 발생하면 암컷이 이것을 선호할 수 있다. 이런 연구는 아주 초기 단계지만 흥미로운 연구 분야이며, 이러한 짝 선택 선호가 어떻게 그리고 왜 진화하는지 이해하기 위해서는 신경생리학과 행동에 대한 통합 연구가 필요하다.

짝짓기 선호도의 진화를 설명하기 위해 다양한 다른 가설이 제안되었다. 이러한 가설 중 많은 부분이 어떤 상황에서는 정확할 수 있지만, 동물 세계에서 짝짓기 과정의 모든 변이를 설명할 수 있는 것은 없는 듯하다. 그래서 이 분야는 계속해서 새로운 발견이 나타나는 활발한 연구 영역이다.

핵심 요약 16.5

생식에 더 많이 투자(양육투자)하는 성이 짝을 선택하는 경향이 있다. 자손을 돌보는 자손돌봄(parental care)에 바치는 에너지와 시간에 의해 암컷 또는 수컷이 선택할 수 있다. 성적 선택은 짝짓기 성공에서 동성 개체 간의 차이를 나타낸다. 성내 선택은 같은 성별의 개체가 짝짓기를 위해 경쟁할 때 발생하는 반면, 성간 선택은 한 성별의 구성원이 짝을 맞출 다른 성별의 개체를 선택할 때 발생한다. 성적 선택은 표현형과 경쟁적 성공을 바탕으로 짝을 선택한다는 점에서 2차 성징의 진화를 좌우한다.

- 실고기 수컷은 새끼들을 새끼 주머니에서 양육한다. 어떤 성별이 짝 선택을 보여줄까? 그 이유는 무엇일까?

16.6 변이 유지에서 자연선택의 역할

학습 목표

1. 빈도의존적 선택, 진동 선택 및 이형접합 우위에 대해 설명할 수 있다.
2. 이 과정들이 집단에서의 유전적 변이에 어떻게 영향을 미치는지 설명할 수 있다.

자연선택은 유전자 좌위에서 하나의 대립유전자를 다른 대립유전자보다 선호함으로써 집단의 변이를 제거하는 과정으로 논의되어왔다. 그러나 어떤 환경에서는 선택이 상반된 결과를 초래하고, 실제로 집단 내 변이가 유지될 수도 있다.

빈도의존적 선택은 희귀 표현형이나 일반적인 표현형을 모두 선호한다

한 표현형의 적응도는 집단 내에서 그 표현형의 빈도에 따라 달라지는 경우가 있는데, 이런 현상을 **빈도의존적 선택**(frequency-dependent selection)이라 한다. 이 유형의 선택은 얼마나 자주 또는 드물게 발생하는지에 따라 특정 표현형을 선호한다.

음성 빈도의존적 선택

음성 빈도의존적 선택에서는 희귀 표현형이 선호되어 선택된다. 적응도는 표현형 빈도와 음의 관계를 가지고 있어서 **음성 빈도의존**(negative frequency-dependent)이라는 용어가 사용된다. 표현형 변이의 유전적 기반을 가진 경우 이러한 선택으로 희귀 대립유전자가 더 흔해지므로 변이가 유지될 수 있다.

음성 빈도의존적 선택은 여러 가지 이유로 나타날 수 있다. 동물이나 사람은 어떤 형태를 찾을 때 "수색 이미지(searching image)"를 형성하여, 특정 물체를 더 쉽게 골라낸다. 그 결과 포식자는 흔한 피식자 표현형에 대하여 수색 이미지를 만들기 때문에 희귀 표현형이 덜 포식된다.

그 예로 어류에 의한 물벌레(water boatman)의 포식이다. 이들은 3가지 체색형을 가지고 있는데, 실험에서 각 체색형 중 가장 흔한 형이 주로 포식되는 것이 관찰되었다(**그림 16.15**).

음성 빈도의존적 선택의 다른 예는 먹이 경쟁이다. 많은 식물에서 볼 수 있듯이, 유전자형마다 다른 양분을 필요로 한다면 희귀 유전자형일수록 경쟁자가 적을 것이다. 따라서 여러 가지의 양분이 동일하게 풍부하게 존재한다면 희귀 유전자형은 흔한 유전자형보다 상대적

과학적 사고

질문: 음성 빈도의존적 선택이 집단 내의 변이를 유지시켜 줄까?
가설: 물고기가 일반적인 체색을 띠는 물벌레(수서곤충)를 포식한다.
실험: 체색형의 빈도가 다른 물벌레가 있는 각각의 수족관에 포식자인 물고기를 넣어 준다.
결과: 각 수족관에서 일반 색깔을 지닌 물벌레들이 불균형적으로 포식된다. 드문 색깔을 지닌 물벌레가 가장 잘 생존한다.

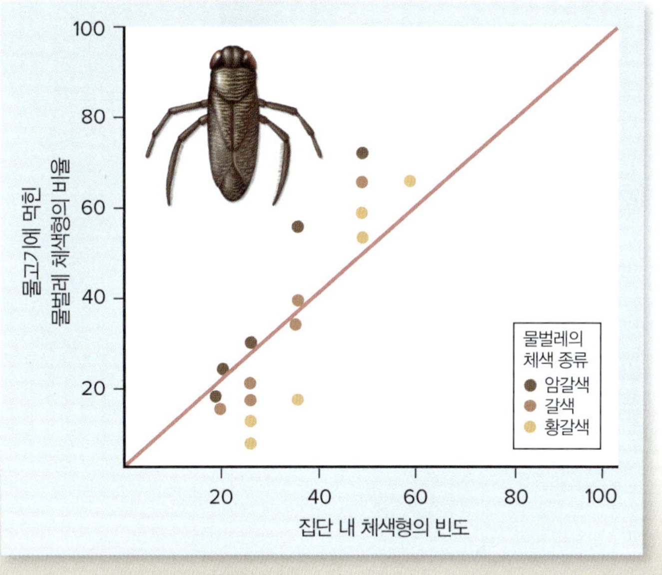

그림 16.15 빈도의존적 선택.

자료 분석 이 실험은 빈도의존적 선택과 방향 선택을 어떻게 구별할 수 있는가?

으로 유리하게 된다.

양성 빈도의존적 선택

양성 빈도의존적 선택에서는 앞의 경우와 반대의 효과가 나타난다. 예를 들어, 포식자가 항상 흔한 유전형을 선택하는 것은 아니다. 어떤 경우에는 "괴짜(oddballs)"가 전체에서 두드러져서 주의를 끌게 된다(**그림 16.16**).

선택의 강도는 빈도의존적 선택의 결과로 시간이 지남에 따라 변화된다. 음성 빈도의존적 선택에서는 희귀 유전자형이 점점 증가하게 되면서 포식자에 대한 선택적인 장점이 오히려 감소하게 될 것이다. 반면 양성 빈도의존적 선택에서는 희귀해질수록 선택적인 약점이 더 커지게 될 것이다.

진동 선택에서 선호 표현형은 환경에 따라 달라진다

경우에 따라, 한 시기에는 한 가지 표현형이 선택적으로 선호되고

그림 16.16 양성 빈도의존적 선택.
어떤 경우 소수의 개체가 두드러져서 포식자의 관심을 끌기 때문에, 이런 경우 일반적인 표현형이 유리하다(양성 빈도의존적 선택).

다른 시기에는 다른 표현형이 선호되는 현상을 **진동 선택**(oscillating selection)이라고 한다. 선택이 반복적으로 일어나면 집단에서 유전적 변이가 유지되는 효과를 나타낼 수 있다.

17장에서 다루는 예는 갈라파고스 군도의 중간 크기의 땅핀치새(medium ground finch)에 관한 것이다. 기후가 가물 때는 작고 부드러운 씨의 공급이 고갈되지만 큰 씨는 남아 있다. 그 결과 큰 부리를 가진 새가 선호된다. 그러나 우기가 되면 작은 씨가 많아져서 작은 부리를 가진 새가 선호된다.

진동 선택과 빈도의존적 선택은 두 경우 모두 선택의 형태가 시간에 따라 변한다는 공통점이 있지만 두 경우가 같은 것은 아니다. 진동 선택에서 표현형의 적합성은 빈도가 아닌 환경의 변화에 따라 달라진다. 그에 비해 빈도의존적 선택에서는 빈도의 변화가 여러 표현형의 적합성을 결정한다.

어떤 경우에는 이형접합자가 동형접합자보다 더 큰 적응도를 보인다

이형접합자가 동형접합자보다 더 선호되면 자연 선택은 집단 내에 변이가 유지되도록 한다. **이형접합자 우세**(hyterozygote advantage)는 2가지 대립유전자를 가지는 개체가 선택되는 경우를 일컫는다. 이형접합자 우세는 자연계에 만연하며 자연 집단에서 발견되는 높은 수준의 다형성을 설명할 수 있다고 하는 진화생물학자들도 있다. 하지만 이형접합자 우세는 상대적으로 드물다고 믿고 있는 학자들도 많다.

이형접합자가 우세한 예로서 가장 잘 알려진 것은 낫모양적혈구

빈혈증(sickle cell anemia)이다. 이 질환은 사람의 헤모글로빈에 영향을 준다. 낫모양적혈구 빈혈증을 가진 사람은 심한 빈혈 증세를 보이며, **그림 16.17**에서 보는 것처럼 비정상적인 낫 모양(sickle-shaped)의 적혈구를 가진다. 낫모양적혈구 변이(*S*)가 낫모양적혈구를 만드는 이유는 11장에서 소개했다.

중앙아프리카에서 낫모양적혈구 인자의 평균적 빈도는 약 0.12로 나타난다. 하디-바인베르크 법칙으로 계산하면 중앙아프리카 사람 5명 중 1명이 *S* 대립유전자에서 이형접합이고, 100명 중 1명은 이 인자가 동형접합이며 치명적인 형태의 장애로 진행된다. 동형접합인 낫모양적혈구 빈혈증 환자는 대부분 생식 연령에 도달하기 전에 사망하므로 자손을 만들지 못한다.

그럼에도 불구하고 왜 *S* 인자는 중앙아프리카 인구 집단에서 소멸되지 않고 남아 있는 것일까? 중앙아프리카에서 특히 어린이에게 있어 말라리아는 주요한 사망 원인 중 하나이다. 낫모양적혈구 대립유전자를 이형접합으로 보유하는(따라서 낫모양적혈구 빈혈로 고통받지 않는) 사람은 낫모양적혈구 증세를 보이지도 않고, 또한 말라리아에 잘 걸리지 않는다. 그 이유는 말라리아를 일으키는 병원충(*Plasmodium falciparum*)이 적혈구에 침입하면 적혈구 내의 산소 농도를 낮추고, 그 결과 동형접합이나 이형접합인 사람의 적혈구는 낫모양으로 변하기 때문이다. 이런 세포는 비장(spleen)에서 신속히 제거되는데, 이때 그 속에 들어 있는 병원충도 함께 제거된다. (비장의 여과 작용으로 많은 낫모양의 적혈구가 제거되기 때문에 낫모양적혈구 대립유전자에 동형접합인 사람은 빈혈이 유발된다. 이형접합인 경우, 나머지 세포는 영향을 받지 않고 말라리아 병원충을 함유하는 세포만 영향을 받아, 빈혈이 발생하지 않는다.) 따라서 낫모양적혈구 대립유전자를 갖는 동형접합자는 모두 빈혈로 사망하고, 이형접합자의 경우 병원충이 있는 적혈구만 제거되므로 빈혈증이 일어나지 않는다. 그러므로 동형접합자는 말라리아에 취약하고, 이형접합자는 가장 높은 적응도를 갖는다.

그래서 많은 동형접합자가 생식 연령에 도달하기 전에 사망하지만, 이형접합자의 경우 말라리아에 대한 저항성으로 인해 여성의 가임능력이 증가하므로 낫모양적혈구 대립유전자는 해당 인구 집단 내에서 높은 비율로 유지되고 있다. **그림 16.17**은 낫모양적혈구 빈혈증 발병지역과 말라리아 빈발지역 사이의 중첩된 부분을 보여준다.

말라리아가 빈발하는 지역에 사는 사람들에게는 이형접합으로 낫모양적혈구 세포를 보유하는 것이 적응에 도움이 된다(**그림 16.17**). 그러나 많은 조상들이 중앙 아프리카 출신인 아프리카계 미국인들 사이에서, 환경은 말라리아에 대한 저항력을 강화하지 않는다. 왜냐하면 말라리아는 현재 미국에서 근본적으로 존재하지 않기 때문이다. 결론적으로, 어떤 적응적 가치도 질병의 부작용을 상쇄시키지 않는다. 이 말라리아가 없는 환경에서, 선택은 *S* 대립유전자를 제거하기 위해 작용하고 있다. 375명의 아프리카계 미국인 중 1명만이 낫모양적혈구 빈혈증 환자로 나타나고 있는데, 이는 중앙 아프리카에 비해 훨씬 적은 것이다.

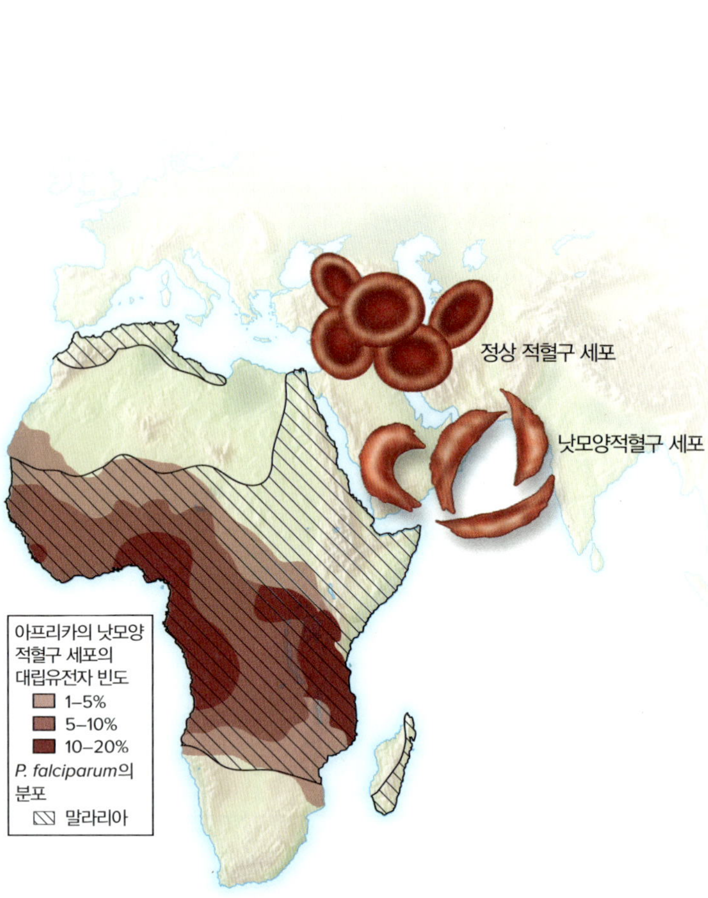

그림 16.17 낫모양적혈구 대립유전자의 빈도와 말라리아 병원충(*Plasmodium falciparum*)의 분포.
낫모양적혈구 대립유전자를 동형접합으로 가지는 사람의 적혈구는 혈액 내 산소 농도가 떨어지면 낫모양으로 변해 손상된다. 아프리카에서 낫모양적혈구 대립유전자의 분포는 *P. falciparum*의 분포와 거의 일치한다.

핵심 요약 16.6

선택은 다양한 방법으로 집단 내에서 변이를 유지할 수 있다. 음성 빈도의존적 선택은 희귀한 표현형을 선호하는 경향이 있다. 진동 선택은 다른 시간에 다른 표현형을 선호한다. 일부 경우에, 이형접합체들은 동형접합체 상태일 때 해롭게 작용하는 대립유전자를 유지하는 선택적 이점을 가지고 있다.

- 이형접합체의 적응도가 가장 낮다면 집단의 유전적 변이가 어떻게 변할까?
- 음성 빈도의존적 선택과 진동 선택의 차이를 설명해 보자. 오랜 기간에 걸쳐 집단의 변이를 유지할 가능성이 더 높은 것은 어느 것일까?

16.7 다중유전자에 의해 영향받는 형질에 작용하는 선택

학습 목표

1. 분단성, 방향성, 안정화 선택을 비교하여 설명할 수 있다.
2. 각 선택 유형의 진화적 결과를 설명할 수 있다.

본질적으로 많은(아마도 대부분) 형질이 하나 이상의 유전자에 영향을 받는다. 10장에서 보듯이 유전자의 상호작용은 전형적으로 복잡하다. 예를 들어, 사람의 키를 결정하는 데에는 다양한 유전자의 대립유전자가 중요한 역할을 한다(**그림 10.11** 참조). 그러한 경우, 선택은 모든 유전자에 작용하는데, 표현형에 가장 크게 기여하는 유전자에 가장 큰 영향을 미친다. 이러한 특성은 여러 다른 별개의 표현형(예, "빨간색" 및 "검은색")보다는 "종" 모양의 정규분포곡선에 부합하는 표현형의 연속적 분포를 나타낸다.

과학적 사고

질문: 분단성 선택이 아프리카 씨깨기핀치새(*Pyrenestes ostrinus*)의 부리 크기의 차이를 촉진시킬까?

현장연구: 한 집단에서 새들을 포획하고 부리를 측정한 후 놓아준다. 그리고 새들의 수명을 관찰한다.
결과: 큰 부리와 작은 부리를 가진 새가 중간 부리를 가진 새보다 생존율이 훨씬 높다.
해석: 씨의 크기와 단단한 정도의 분포가 변하면 어떤 일이 일어날까?

그림 16.19 큰 부리와 작은 부리를 만드는 분단성 선택.
서아프리카 씨깨기핀치새의 부리 크기의 차이는 분단성 선택의 결과이다.

분단성 선택은 중간형을 제거한다

분단성 선택(disruptive selection)은 자연선택이 중간적 형질을 제거하는 방향으로 작용하는 경우를 일컫는 말이다(**그림 16.18***a*). 그 명확한 예 중 하나는 아프리카의 씨깨기핀치새(seedcracker finch)이다(**그림 16.19**). 이 새의 집단 중에는 부리가 큰 것과 작은 것은 흔

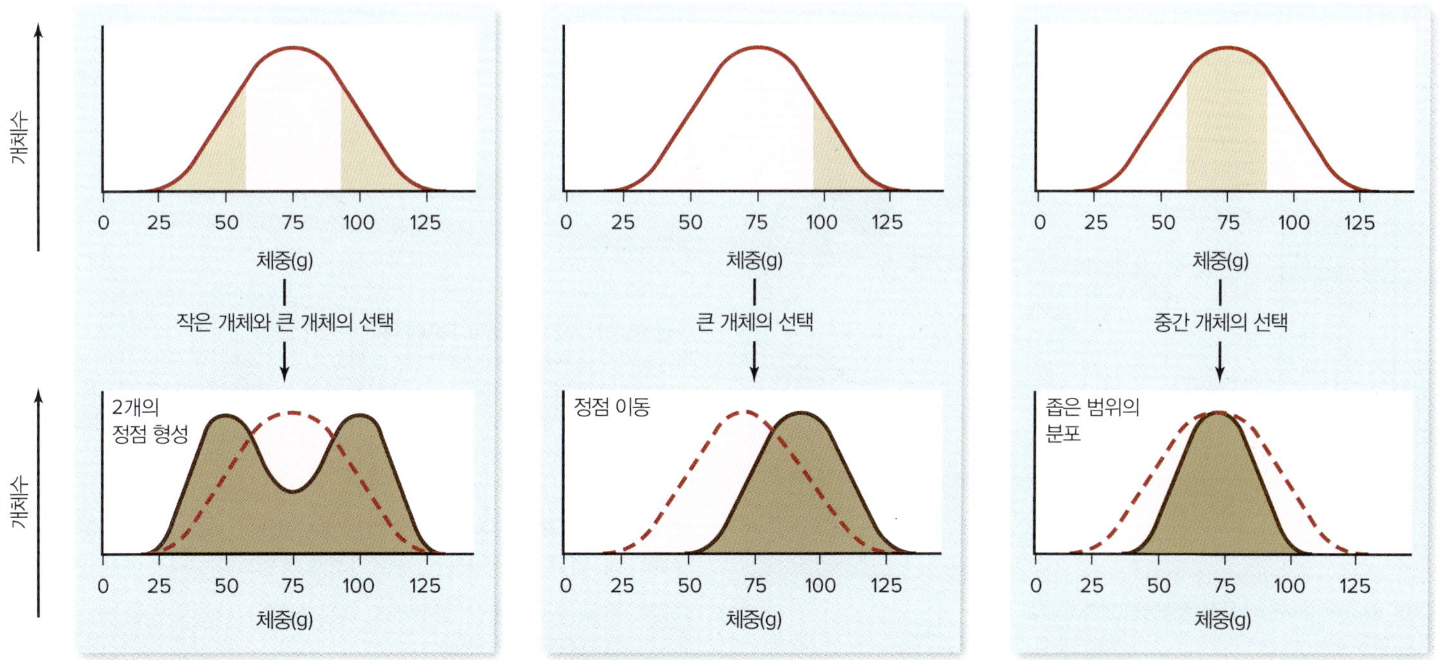

a. 분단성 선택 *b.* 방향성 선택 *c.* 안정화 선택

그림 16.18 자연선택의 3가지 유형.
윗부분의 그래프는 선택이 이루어지기 전의 집단을 보여준다(빨간색 실선). 집단 내에서 선택에 의해 선호되는 개체는 옅은 갈색으로 표시된다. 아래 그래프는 다음 세대에서 집단이 어떻게 생겼는지 나타낸다. 빨간색 점선은 원래 집단의 분포이고 진한 갈색의 실선은 다음 세대 집단의 실제 분포이다. *a.* 분단성 선택에서는 표현형 범위 중간에 있는 형질을 가진 개체가 불리하며, 극단의 형질이 선호된다. *b.* 방향성 선택에서는 표현형이 한 극단쪽으로 집중된 개체가 선호된다. *c.* 안정화 선택에서는 중간 범위 표현형을 가진 개체가 선호되며, 양쪽 끝의 표현형은 불리하다.

하지만, 중간 크기의 개체는 매우 드물다.

씨깨기핀치새는 종자를 먹고 사는데, 이들이 먹는 씨앗은 큰 것과 작은 것 2가지여서 부리가 큰 새는 큰 씨앗을 먹고 부리가 작은 새는 작은 씨앗을 먹고 산다. 부리가 중간 크기인 새는 큰 씨앗을 깨지 못하고 작은 씨앗을 다루는데도 서툴다. 그 결과 자연선택은 중간 크기의 표현형을 제거하고 집단에서 두 표현형을 양분화(disrupting)하는 방향으로 작용하게 된다.

방향성 선택은 한쪽 끝의 표현형을 제거한다

자연선택이 여러 표현형 중에서 한쪽의 극단적인 표현형을 제거하는 방향으로 작용하면, 이 극단적 형질을 만드는 유전자는 점점 줄어들게 된다. 이러한 유형의 자연선택을 **방향성 선택**(directional selection)이라고 한다(**그림 16.18***b*). **그림 16.20**에 예시된 초파리 집단에서 빛을 향하여 날아가는 초파리를 제거하면, 시간이 지남에 따라 그러한 행동을 촉진하는 대립유전자를 가진 소수의 개체만 남게 된다. 이후 후대의 초파리를 무작위로 선택하면, 원래 집단에서보다는 빛을 향하는 초파리를 잡을 가능성이 훨씬 줄어든다. 인위선택의 결과 빛을 향해 날아가는 개체가 드물게 된 경우이다. 방향성 선택은 종종 자연에서 환경이 변화할 때 일어난다. 살충제 내성의 광범위한 진화도 한 예가 될 수 있다.

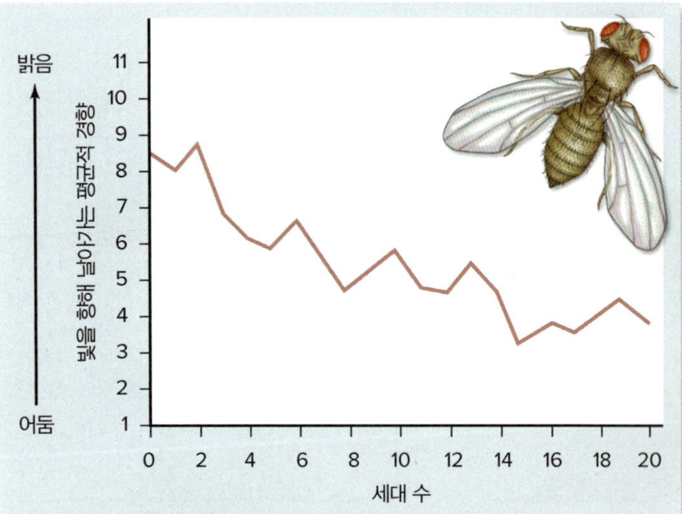

그림 16.20 초파리의 음성 굴광성을 만든 방향성 선택.
빛을 향해 날아가는 초파리를 제거하고, 빛을 피하는 개체만을 선택하여 다음 세대를 생산한 결과, 20세대가 반복된 후 커다란 진화적 변화가 이루어졌다.

탐구문제 실험자들이 빛을 향해 움직이는 초파리를 선택하고 다른 초파리를 제거하면 20세대가 지난 후 어떻게 되겠는가?

안정화 선택은 중간 표현형을 선호한다

자연선택이 양쪽 극단적인 형질을 도태시키는 방향으로 작용하면 결과적으로 중간적 형질의 빈도가 높아지는데, 이러한 선택의 유형을 **안정화 선택**(stabilizing selection)이라고 한다(**그림 16.18***c* 참조). 자연선택은 중간 영역으로부터 벗어난 변화를 막는 작용을 한다. 이 경우 자연선택은 집단에서 가장 흔한 표현형을 변화시키는 것이 아니라 극단을 감소시킴으로써 훨씬 비슷하게 만든다. 그 실례로 사람의 신생아에서 체중이 평균인 경우 출생 시 사망률이 낮은 반면 체중이 너무 작거나 너무 큰 아이는 사망률이 높다(**그림 16.21**). 오리나 닭에서도 알의 크기가 중간인 경우에 부화율이 가장 높게 나타난다.

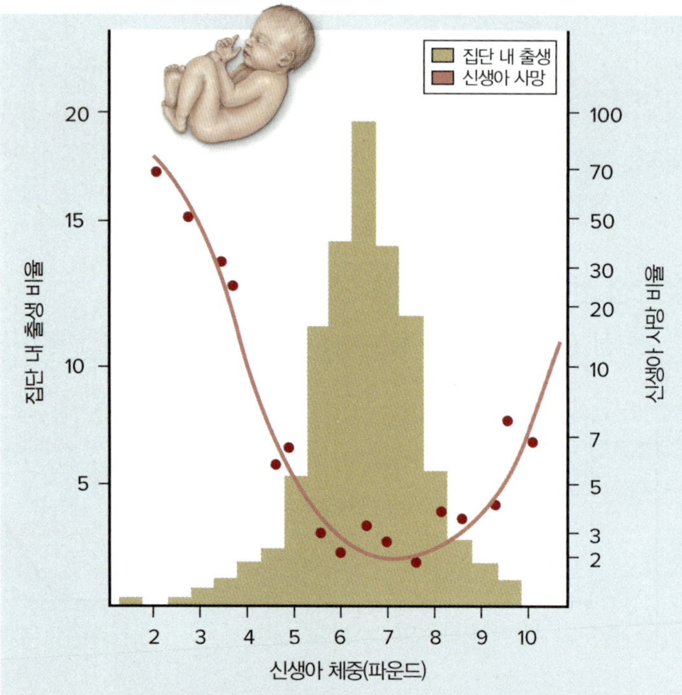

그림 16.21 사람의 신생아 체중에 대한 안정화 선택.
태어날 때 중간 체중을 가진 신생아의 사망률이 가장 낮다(빨간색 곡선, 오른쪽 y축). 더 크거나 작은 신생아는 7~8파운드(3.2~3.6 kg)의 가장 흔한 체중(황갈색 영역, 왼쪽 y축)을 가진 신생아보다 사망률이 더 높다. 최근 의학적 진보로 작거나 큰 신생아의 사망률은 줄어들었다.

탐구문제 의료 기술이 개선되어 신생아 사망률이 감소함에 따라, 인구의 출생 체중의 분포가 어떻게 변화할 것으로 예상되는가?

자료 분석 출생 몸무게에 따른 신생아 사망자 수를 보여주는 그래프를 그리시오.

핵심 요약 16.7

분단성 선택에서 중간 형태의 형질은 감소한다. 안정화 선택에서 중간 형태는 증가하지만 분단성 선택에서는 감소한다. 방향성 선택은 빈도를 한쪽 끝 또는 다른 쪽 끝으로 이동시켜서 결국 대립유전자를 완전히 제거할 수 있다.

■ 방향성 선택은 빈도의존적 선택과 어떻게 다를까?

16.8 자연선택의 실험적 연구

학습 목표

1. 진화적 가설을 검증하기 위한 실험을 설명할 수 있다.

진화 연구를 위해 학자들은 수백만 년 전에 일어난 사건 등 과거에 일어난 일들을 조사해 왔다. 공룡에 대해 알기 위해 고생물학자들은 공룡 화석을 본다. 인간 진화를 연구하기 위해 인류학자들은 인간 화석을 보고, 수백만 년 동안 인간 DNA에 축적된 돌연변이의 가계도(family tree)를 조사한다. 진화생물학자들은 천문학이나 역사학과 유사하게 과거 사건에 대한 조사를 위해 실험보다는 관찰에 의존하는 전통적 접근을 택해 왔다.

그럼에도 불구하고, 진화생물학은 완전한 관찰과학은 아니다. 다윈은 많은 사실에 대해 옳았지만 진화가 일어나는 속도에 대해서는 잘못 이해하고 있었다. 다윈은 진화가 감지할 수 없는 매우 느린 속도로 일어난다고 생각했지만, 일부 환경에서는 변화가 빠르게 일어날 수 있다는 사실을 입증하는 최근 연구들이 많이 있다. 그 결과 지금은 진화적 가설을 검증하는 실험 연구가 고안되어 실행되고 있다.

초파리 등의 생물에 대한 실험 연구가 거의 한 세기 동안 이루어졌지만 과학자들은 최근에 들어와서야 진화에 대한 실험 연구를 하기 시작했다. 자연계의 관찰이 어떻게 실험실에서의 철저한 실험 및 현장 연구와 결합될 수 있는지를 보여주는 좋은 예는 거피이다.

다른 환경에 사는 거피의 체색 변이는 자연선택이 진행 중임을 알려준다

거피(guppy)는 밝은색과 다산성 때문에 인기 있는 관상어이다. 자연계에서 거피는 남아메리카 북동쪽의 작은 개울과 근처 트리니다드(Trinidad) 섬의 많은 산간의 작은 하천에서 발견된다. 이 하천들의 특징 중 하나로 폭포들이 있다는 점이 흥미로우며, 신기하게도 거피와 다른 어류들이 폭포 위의 하천에서 대량 서식하고 있다.

킬리피쉬(killifish)는 새로운 서식지를 잘 찾는데, 비오는 밤에는 개울 밖으로 빠져나가서 축축한 나뭇잎 더미를 타고 이동하는 것으로 보인다. 거피는 그런 재주를 가지고 있진 않지만, 상류로 거슬러 오르는 데 능하다. 홍수가 날 때 강은 때때로 둑을 넘쳐흐르고, 이때 숲을 통해 이동하는 다른 경로가 생겨난다. 거피는 이런 경로를 통해 위로 거슬러 헤엄쳐서 폭포 위의 수역으로 들어갈 수 있다.

대조적으로, 어떤 종들은 그런 확산이 불가능하여 처음 나타나는 폭포 아래에 있는 개울에서만 발견된다. 확산이 폭포에 의해 엄격히 제한되어 있는 종의 하나로 거피를 포함한 다른 어류를 게걸스럽게 먹는 포식자인 파이크 시클리드(pike cichlid)가 있다.

거피는 분산에 대한 장벽 때문에 형성된, 2가지의 매우 다른 환경에서 서식하게 된다. 즉, 폭포 아래쪽 웅덩이에는 파이크 시클리드의 포식 때문에 거피의 생존율이 낮다. 반면 폭포 위쪽의 웅덩이에서는

그림 16.22 거피가 지닌 보호색의 진화.
포식자인 파이크 시클리드가 있는 폭포 아래 웅덩이에 사는 수컷 거피는 체색이 단조로우나, 포식자가 없는 위쪽 웅덩이의 수컷 거피는 체색이 더 화려하고 암컷의 눈을 끈다. 킬리피쉬도 포식자이지만 거피를 거의 먹지 않는다. 이 차이는 실험으로 검증될 수 있다.

포식자가 킬리피쉬뿐인데, 이 종은 거의 거피를 포식하지 않는다.

이에 따라 폭포 위쪽과 아래쪽의 거피 집단은 여러 가지 차이를 나타낸다. **그림 16.22**에서 보는 것처럼 포식률이 높은 아래쪽에서 거피의 체색은 단조롭고, 보다 빠른 시기에 성체가 되어 생식을 하며, 성체의 크기도 작다. 반면 폭포 위쪽 웅덩이에 사는 집단은 수컷의 체색이 매우 화려하고, 성체는 완전히 성숙한 다음 생식하며, 몸의 크기도 크다.

이러한 차이는 자연선택이 작용하고 있음을 알려준다. 포식률이 낮은 환경에서는 수컷이 화려한 체색으로 암컷을 유혹한다. 더욱이 큰 수컷은 암컷과 교배하는데 가장 성공적이며, 몸집이 큰 암컷은 더 많은 알을 생산한다. 따라서 포식자가 없는 곳에서는 크고 화려한 수컷이 선택된다.

폭포 아래쪽에서는 다른 형질이 자연선택된다. 화려한 수컷은 포식자인 파이크 시클리드에게 발각되기 쉽고 포식률이 높다는 것은 대부분의 물고기가 수명이 짧다는 것을 의미한다. 따라서 개체들의 체색은 단조롭고 보다 이른 나이에 생식하도록 선택된다.

실험으로 자연선택의 요인들을 알 수 있다

위쪽과 아래쪽에 사는 거피 집단의 차이는 포식률의 차이에 따른 진화적 반응을 나타내는 것이라고 볼 수 있지만, 이와 다른 설명도 가능하다. 가령 몸이 큰 거피만 폭포 위쪽으로 기어 올라갈 수 있다고 볼 수도 있다. 그래서 새로운 집단이 창시자 효과로 폭포 아래쪽 집단과는 다르게 빨리 진화했다고 할 수도 있다. 이런 가능성은 통제된 실험을 통해서만 배제할 수 있다.

연구실 실험

첫 번째 실험은 실험실 온실에 큰 웅덩이를 만들어 실행되었다. 실험 초기에 2000마리의 거피를 10개의 웅덩이에 똑같이 나누어 넣었다. 4주 후 이 웅덩이 중 4개에 파이크 시클리드를 추가로 넣고, 다른 4개에는 킬리피쉬를, 그리고 나머지 2개의 웅덩이에는 "포식자를 넣지 않고" 거피만 살게 하였다.

거피의 10세대에 해당하는 14개월 후 각 집단을 비교하였다. 킬리피쉬를 넣은 웅덩이와 포식자가 없는 웅덩이에서는 거피가 크고 화려하였으며, 뚜렷한 차이가 관찰되지 않았다. 그에 비해 파이크 시클리드를 넣은 웅덩이에서는 거피가 작고 색깔이 단조로웠다(**그림 16.23**).

이러한 결과는 포식이 급속한 진화적 변화로 이어질 수 있다는 것을 입증했지만, 이 실험실 실험은 자연에서 일어나는 일을 반영하고 있을까?

현장 실험

실험실 결과가 자연에서도 일치하는지 알아보기 위해서 폭포 아래에는 거피가 살고 폭포 위쪽에는 거피가 없는 하천 두 곳을 찾아냈다. 다른 트리니다드의 하천에서처럼 폭포 아래에는 파이크 시클리드가 있었고, 위쪽은 킬리피쉬만 있었다.

연구자들은 거피를 폭포 위쪽으로 이주시킨 다음 수년마다 한 번씩 집단을 확인하였다. 포식률이 높은 곳에서 서식하는 거피를 이주시켰음에도 불구하고, 폭포 위쪽으로 이주된 집단은 원래의 집단과는 다르게 몸이 크고 화려한 색깔을 가지도록 변화하였다. 대조적으로 폭포 아래쪽의 대조군 집단은 단조로운 색이 유지되고 더 작은 크기에서 성숙하였다. 실험실 분석을 통해서 두 집단 간 변이는 유전적 차이 때문임이 드러났다.

과학적 사고

질문: 포식자의 존재가 거피 체색의 진화에 영향을 줄까?

가설: 화려한 체색의 개체가 포식되므로 체색이 단조로운 쪽으로 진화한다. 반대로 포식자가 없으면 화려한 체색과 반점을 가진 개체가 증가한다.

실험: 큰 웅덩이에 포식자가 있는 경우와 없는 경우의 거피의 실험 집단을 만든다.

결과: 포식자가 있는 집단은 반점이 거의 없고, 포식자가 없는 집단은 반대로 반점이 더 많은 쪽으로 진화했다.

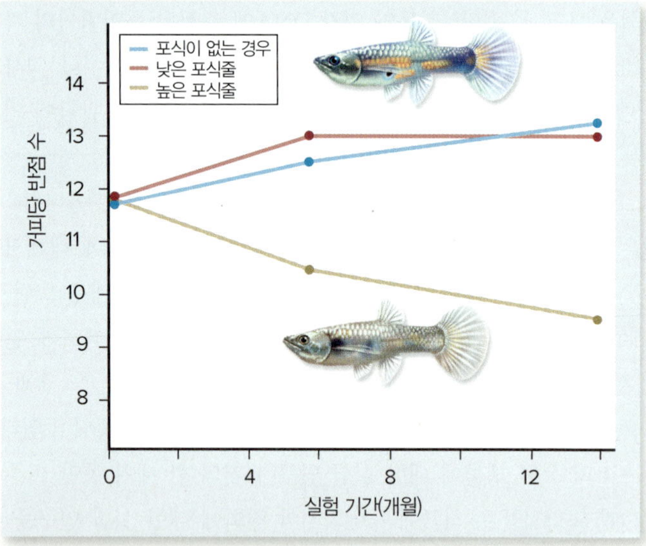

해석: 왜 포식자가 없는 경우 화려한 체색과 반점이 증가할까? 이 가설을 어떻게 검증할 수 있을까?

그림 16.23 반점 수의 진화적 변화.
포식이 없거나 포식률이 낮은 환경에서 10세대를 기른 거피는 반점의 수가 많았고, 포식성이 큰 파이크 시클리드가 있는 더 위험한 환경에서 기른 거피는 반점의 수가 적었다. 폭포 위와 아래의 웅덩이에서 수행된 야외 실험에서도 이와 동일한 현상을 보인다.

? **탐구문제** 이러한 결과는 거피 포식자들이 먹이를 찾는 방식에 따라 어떻게 달라지는가?

이 결과는 상당한 진화적 변화가 불과 몇 년 이내에 일어날 수도 있음을 보여준다. 이러한 연구는 과학자들이 진화가 어떻게 발생하는지에 대한 가설을 공식화한 후 자연 조건에서 이러한 가설을 시험할 수 있는 방법을 나타낸다. 결과는 자연선택에 의한 진화설을 강력하게 뒷받침해 준다.

핵심 요약 16.8

진화론의 많은 부분이 관찰로부터 얻어지지만, 때때로 자연 환경에서도 실험이 가능하다. 연구에 따르면 비교적 짧은 시간 내에 집단의 형질이 바뀔 수 있다. 진화 실험에서 얻은 데이터는 이론적 가정을 구체화하고 다듬는 데 사용될 수 있다.

- 살충제 내성의 진화나 배경색 일치와 같은 자연선택의 다른 예를 검증하기 위해 어떤 실험을 설계할 수 있을까?

16.9 진화력의 상호작용

학습 목표

1. 진화 과정이 어떻게 동시에 다른 방식으로 일어날 수 있는지를 설명할 수 있다.
2. 진화에서 여러 과정이 동시에 일어날 때 무엇이 진화적 결과를 결정하는지를 평가할 수 있다.

한 집단에서 유전적 변이의 정도는 여러 진화 요인들의 상대적 강도에 의해 결정되는데, 이 요인들은 함께 작용하기도 하지만, 서로 반대로 작용하기도 한다.

돌연변이와 유전적 부동은 선택과 반대로 작용하기도 한다

이론적으로 자연선택에 의해 대립유전자 *B*가 선호되더라도 *B*에서 *b*로 돌연변이가 일어나는 속도가 충분히 높을 경우 대립유전자 *b*는 집단에서 유지될 수 있다. 그러나 자연계에서는 돌연변이가 자연선택의 효과를 상쇄할 만큼 높은 속도로 일어나는 일이 거의 없다.

자연선택의 효과는 유전적 부동에 의해서 상쇄될 수 있으며, 이 두 과정이 함께 집단 내의 변화를 제거하도록 작용할 수도 있다. 그러나 선택은 생존과 생식의 성공을 향상시키는 대립유전자가 많이 나타나도록 작용하는 무작위적인 과정이 아닌데 비해, 유전적 부동은 어떤 대립유전자를 증가시키는 무작위 과정이다. 따라서 어떤 경우는 부동이 선택에 의해 선호되는 대립유전자의 빈도를 감소시킬 수 있다. 극단적인 경우 유전적 부동이 집단으로부터 선호되는 대립유전자를 사라지게 할 수도 있다.

그러나 부동의 크기는 집단의 크기에 반비례하기 때문에 집단이 아주 작을 때를 제외하고는 자연선택이 부동을 압도할 것으로 예상된다.

유전자 흐름은 진화적 변화를 촉진하거나 제약한다

유전자 흐름은 자연선택을 강화하거나 제약하는 힘으로 작용할 수 있다. 유전자 흐름에 의해 한 집단이 다른 집단으로 이로운 돌연변이를 퍼뜨릴 수도 있지만, 반대로 열성 대립유전자를 지속적으로 퍼뜨려서 적응을 지연시킬 수도 있다.

그 실례로 서로 다른 환경에 사는 같은 종의 두 집단이 있을 때, 어떤 집단은 대립유전자 *B*를, 다른 집단은 대립유전자 *b*를 선호하는 경우를 들 수 있다. 유전자 흐름과 같은 다른 진화요인이 없다면 *B*의 빈도가 한 집단에서는 100%가 될 것이고, 다른 집단에서는 0%가 될 것이다. 그러나 두 집단 간에 유전자 흐름이 이루어지면, 덜 선호되는 대립유전자가 각 집단으로 지속적으로 들어오게 된다. 그 결과 집단에 있는 대립유전자의 빈도는 유전자 흐름에 의해 한 집단으로 유입되는 열성인자의 비율과 자연선택에 의해 제거되는 열성인자의 비율 사이에 균형을 이루게 된다.

자연선택에 반하는 유전적 흐름의 고전적인 예는 영국의 폐광에서 볼 수 있다. 몇 백 년 동안 광산 활동이 중지된 후에도 토양의 금속 이온 농도는 주위보다 훨씬 높다. 중금속의 높은 농도는 식물에게 독이 되지만 어떤 대립유전자를 가진 개체는 중금속이 많은 땅에서 자랄 수 있는 능력이 생긴다. 중금속을 견딜 수 있는 능력은 대가를 치르게 된다. 즉, 내성 대립유전자를 가진 개체는 오염되지 않은 땅에서 잘 자랄 수 없다. 결과적으로 내성 대립유전자는 광산에서는 100% 빈도를, 다른 곳에서는 0% 빈도를 보이게 된다.

중금속에 대한 내성은 가늘고 잘 휘는 초본류를 집중 대상으로 많이 연구되었는데, 이 풀의 내성 대립유전자는 많은 지역에서 중간 정도의 수준으로 발견된다(**그림 16.24**). 이 풀의 번식은 꽃가루가 바람에 의해 퍼지는 방식에 의해 이루어진다. 따라서 꽃가루에 의해 운반되는 대립유전자는 멀리 이동할 수 있고, 광산과 다른 지역 사이의 유전자 흐름이 자연선택의 효과를 충분히 상쇄시킬 수 있게 된다.

일반적으로 유전자 흐름이 자연선택의 효과를 저해하는 정도는 두 과정의 상대적인 강도에 따라 다르다. 새나 바람에 의해 수분이 되는 식물 같이 유전자 흐름이 강한 종에서는 자연선택에 의해 덜 선호되는 대립유전자의 빈도는 상대적으로 높고, 그에 비해 달팽이처

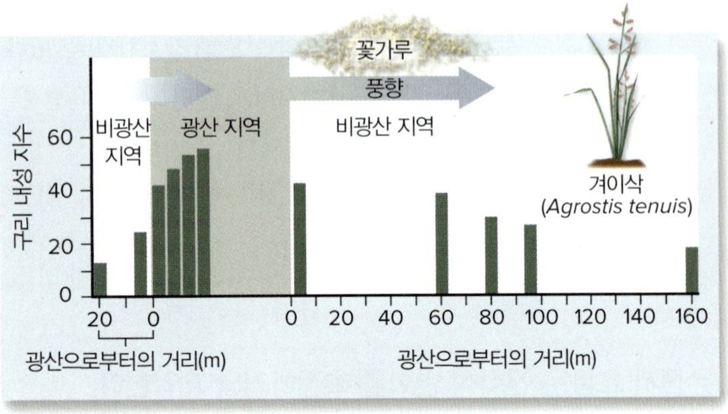

그림 16.24 **광산 지역 부근에 서식하는 초본의 구리 내성 정도.**
내성 인자를 가진 개체는 비오염 토양에서 성장비율이 낮으므로, 구리 내성은 광산 지역에서 100%, 비광산 지역에서는 0%일 것으로 예상된다. 그러나 바람은 비내성 대립유전자를 광산지역으로, 내성 대립유전자를 인근 지역으로 운반한다. 거리에 따라 옮겨지는 꽃가루의 양이 감소하므로 내성의 정도가 변화한다. 구리 내성 지수는 구리 농도가 낮은 토양에서의 성장률에 대한 구리 농도가 높은 토양에서의 성장률로 계산한다. 지수가 높을수록 중금속에 대한 내성이 높은 식물이다.

자료 분석 비광산 지역의 구리 내성 지수를 조사하시오. 원인이 되는 요인에 대해 무엇을 시사하는가? 특히, 내성 지수는 오른쪽 광산과의 거리의 함수로서 어떻게 변화하는가? 그리고 광산의 양쪽에서 거리와 내성 지수 값의 관계는 어떻게 다른가? 어떤 과정 때문에 이러한 양상이 보여지는 것인가?

럼 잘 이동하지 않아서 유전자 흐름이 낮은 종은 선호하는 대립유전자가 거의 100%의 빈도로 나타난다.

핵심 요약 16.9

대립유전자 빈도는 때때로 상반되는 과정 사이의 균형을 반영한다. 예를 들어, 유전자 흐름은 일부 대립유전자를 증가시키는 반면 자연선택은 그것들을 감소시킬 수 있다. 여러 요인이 관련된 경우, 관찰되는 대립유전자 빈도는 각 요인의 상대적 강도에 따라 달라진다.

- 진화 과정은 어떤 상황에서 같은 방향으로 작동할 수 있으며, 그 결과는 어떻게 될까?

16.10 자연선택의 한계

학습 목표

1. 다면발현과 상위에 대해 정의할 수 있다.
2. 다면발현과 상위가 선택압에 대한 진화적 반응에 어떻게 영향을 주는지 설명할 수 있다.

자연선택이 유전자 변화의 가장 강력한 주요인이지만 이에는 한계가 있다. 이러한 한계는 대립유전자에 의한 여러 표현형의 발현, 자연선택이 일어날 수 있는 유전적 변이의 부족, 그리고 유전자 간 상호작용 때문에 나타난다.

유전자는 다면효과를 나타낸다

대립유전자는 표현형의 여러 면에 영향을 준다(10장의 다면발현 참조). 이러한 효과는 표현형이 얼마나 변할 수 있는가에 대한 한계를 말해 준다.

예를 들어, 닭의 경우 동일한 유전자가 암탉의 닭볏 크기와 알을 낳는 속도 모두에 영향을 미치고, 그 대립유전자는 큰 닭볏을 만들고 알 낳는 속도를 높인다고 하자. 그러면 이러한 연관성 때문에 알은 많이 낳고 볏이 작은 암탉이 선택되는 것은 매우 어려울 것이다.

진화는 유전적 변이가 필요하다

유전적 변이는 진화적 변화의 전제 조건이다. 그것이 없다면, 자연선택은 진화를 일으킬 수 없다.

서러브레드(thoroughbred) 품종 경주마의 유전자풀 중 80% 이상은 18세기 후반에 31마리의 조상에서 나왔다. 경주마에 대한 철저한 교배를 통한 강력한 직접적인 선택에도 불구하고, 그들의 능력은 지난 60년 이상의 기간 동안 향상되지 않았다(**그림 16.25**). 수십 년의 강한 선택은 돌연변이가 보충해줄 수 있는 것보다 더 빠른 속도로 집단으로부터 변이를 제거하기 때문에 유전적 변이가 거의 남아 있지 않고, 진화적 변화가 불가능할 것으로 추정된다.

한 형질에 대한 표현형의 변이가 유전자에 전혀 기초하지 않는 경우도 있다. 곤충의 겹눈(compound eye)은 낱눈(ommatidia)이라는 수백 개의 시각 단위로 이루어져 있다. 왼쪽 눈이 오른쪽 눈보다 더 많은 낱눈으로 되어 있는 개체도 있고, 오른쪽 눈이 왼쪽 눈보다 더 많은 낱눈을 지닌 개체도 있다(**그림 16.26**). 그러나 실험실에서 강한 선택 실험에도 불구하고 과학자들은 지속적으로 일관되게 오른쪽 눈보다 왼쪽 눈에 더 많은 낱눈을 가진 초파리들을 생산해 낼 수 없었다.

그 이유는 왼쪽 눈과 오른쪽 눈에 대한 독립된 유전자가 존재하지 않기 때문이다. 오히려 같은 유전자가 두 눈 모두에 영향을 주며, 발생 단계에서 눈이 생길 때 나타나는 차이가 낱눈 수의 차이를 만든다. 이와 같이 표현형의 변이가 존재하더라도, 선호하는 선택을 위한 근본적인 유전적 변이는 없는 경우가 있다.

유전자 상호작용은 대립유전자의 적응도에 영향을 준다

11장에서 살펴본 것처럼 **상위**(epistasis)는 한 유전자의 대립유전

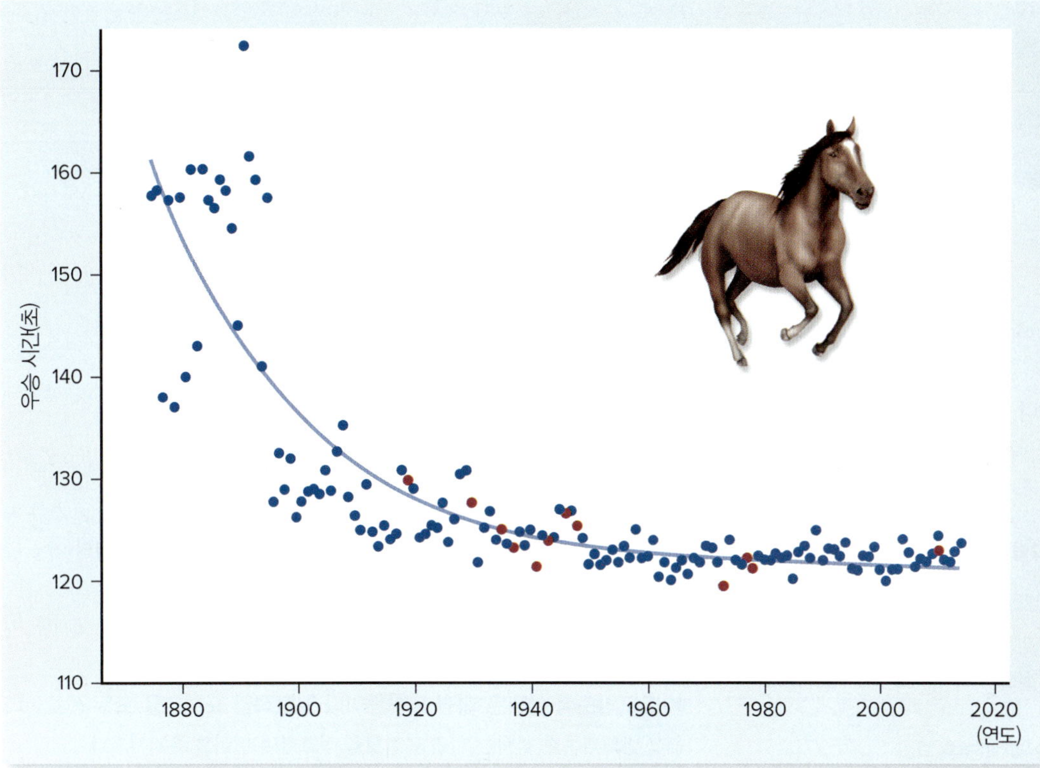

그림 16.25 경주마의 속도 증가를 위한 선택 효과성 검증.
켄터키 더비(Kenturcky Derby)에서 경주마의 우승 속도는 1950년 이후에 크게 향상되지 않았다.

? 탐구문제 경주마 우승 속도에 변화가 없는 이유는 무엇인가?

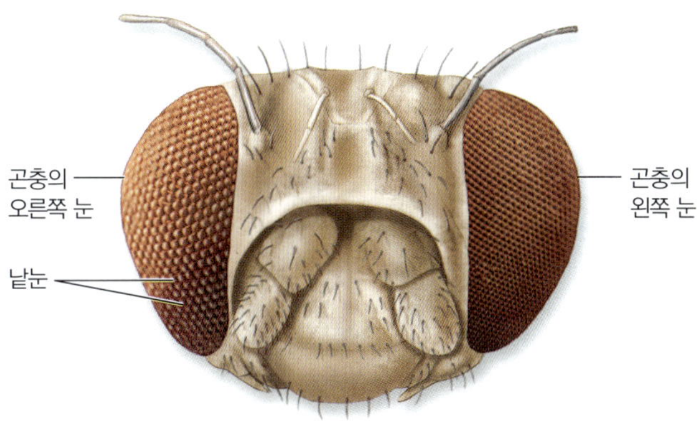

그림 16.26 곤충 낱눈의 표현형 변이.
어떤 개체들은 왼쪽 눈의 낱눈의 수가 오른쪽 눈의 낱눈 수보다 많다.

자가 다른 유전자에 존재하는 대립유전자의 영향을 받아 다른 효과가 나타날 수 있는 현상이다. 상위로 인해 특정 유전자의 대립유전자에 대한 선택적 이점은 유전자형마다 다를 수 있다. 어느 집단이 두 번째 유전자에 대해 다형성을 가지고 있다면, 한 집단 내에서는 이 유전자에 대해 개체마다 다른 대립유전자가 선호될 수 있기 때문에 첫째 유전자에 대한 선택에 제약이 가해진다.

박테리아에 대한 연구는 한 유전자에 대한 대립유전자의 선택이 다른 유전자에 어떤 대립유전자가 존재하느냐에 따라 어떻게 달라질 수 있는지를 보여준다. 대장균(*E. coli*)에서는 글루콘산(gluconate)을 분해하는 2가지 생화학적 경로가 존재하는데, 각각 다른 유전자에 의해 생성된 효소를 이용한다. 한 유전자는 6-PGD 효소를 생성하는데, 그 효소에는 여러 개의 대립유전자가 있다. 다른 생화학적 경로를 암호화하는 두 번째 유전자에 대한 일반적인 대립유전자가 존재할 때, 선택은 6-PGD 유전자에서 특정한 대립유전자를 선호하지 않는다. 그러나 일부 대장균에서는 두 번째 유전자에 있는 대립유전자가 작동하지 않는 경우가 있다. 이런 대립유전자가 있는 박테리아는 6-PGD 경로에만 의존할 수밖에 없으며, 이 경우, 선택은 6-PGD의 측정 대립유전자를 다른 것보다 선호하게 된다. 그래서 두 유전자 사이에는 상위의 상호작용이 존재하고, 6-PGD에 대한 자연선택의 결과는 두 번째 유전자의 대립유전자에 따라 달라진다.

핵심 요약 16.10

다면발현에서 단일 유전자는 여러 가지 형질에 영향을 미친다. 상위에서, 다른 유전자의 대립유전자 간의 상호작용은 단일 형질에 영향을 미친다. 이 두 조건 모두 자연선택의 영향을 제약할 수 있다.

- 다면발현과 상위가 자연선택에 대한 진화적 반응을 어떻게 제한할 수 있을까?

핵심 개념 요약

16.1 유전적 변이와 진화

■ **많은 과정이 진화적 변화로 이어진다**

다윈은 종의 진화는 자연선택 과정에 의해 일어난다고 제안했다. 다른 과정 역시 진화적 변화를 이끈다.

■ **집단에는 풍부한 유전적 변이가 존재한다**

집단에서 진화가 가능해지려면 반드시 유전적 변이가 있어야 한다. DNA 테스트는 자연 집단에 일반적으로 상당한 변이가 존재함을 보여준다.

16.2 대립유전자 빈도의 변화(그림 16.3)

■ **하디-바인베르크 원리는 유전자형의 빈도를 예측할 수 있게 한다**

관찰된 유전자형의 빈도가 계산하여 예측한 빈도와 일치할 때 하디-바인베르크 평형이 이루어진다. 이는 진화적 과정이 집단의 유전자형이나 대립유전자의 분포를 변화시키지 않을 때만 발생한다.

■ **하디-바인베르크 원리는 진화 과정의 입증에 적용된다**

유전자형의 빈도가 하디-바인베르크 평형에 이르지 못할 때 진화가 일어난다.

16.3 진화적 변화의 5가지 요인(그림 16.4)

■ **돌연변이는 대립유전자를 변화시킨다**

돌연변이는 유전적 변이의 궁극적 원천이다. 돌연변이율은 매우 낮기 때문에 돌연변이가 하디-바인베르크 평형에서 벗어나게 하는 주된 요인은 아니다.

■ **유전자 흐름은 대립유전자의 집단 간 이동 시에 발생한다**

유전자 흐름은 집단으로 새로운 대립유전자를 이동시켜 유전적 변이가 도입되며, 집단 간의 대립유전자의 빈도가 균일해지도록 한다.

■ **비무작위적 교배는 유전자형의 빈도를 변화시킨다**

표현형적으로 비슷한 개체들이 짝을 이루는 동류교배는 동형접합자를 증가시키고 이류교배는 이형접합자의 빈도를 증가시킨다.

■ **유전적 부동은 소규모 집단에서 대립유전자의 변화를 일으킨다**

유전적 부동은 무작위적으로 대립유전자의 빈도가 변하는 것을 말한다. 소규모 집단에서 큰 효과를 나타낸다.

■ **자연선택은 특정 유전자형을 선호한다**

자연선택에 의한 진화가 일어나려면 유전적 변이가 존재하고, 생식 성공에 있어서 차이가 있으며, 이 변이가 반드시 유전되어야 한다.

16.4 자연선택의 정량화

■ **적응도가 높은 표현형은 대개 빈도가 증가한다**

적응도는 개체의 생식 성공으로 정의된다. 상대적 적응도는 한 유전자형의 성공적 적응에 대한 다른 유전자형의 상대적 값을 의미한다. 높은 상대적 적응도를 가진 유전자형은 다음 세대에 빈도가 증가한다.

■ **적응도는 많은 요소로 구성된다**

생식적인 성공은 한 개체의 생존 기간, 교배 횟수, 생식 횟수 당 자손의 수에 의해 결정된다.

16.5 생식 전략

■ **암컷과 수컷은 서로 다른 생식 전략을 갖는다**

한쪽 성은 다른쪽 성을 가진 개체를 선택할 수 있는데, 이는 대개 양육투자의 정도에 따라 달라진다.

■ **성적 선택은 경쟁과 짝 선택을 통해 나타난다**

성내 선택은 동성 내에서 교배의 기회를 얻기 위한 경쟁을 의미한다. 성간 선택은 한쪽 성이 짝을 선택하는 것이다. 짝 선택은 직접적 이익(자원의 이용 증가, 자손돌봄)과 간접적 이익(양질의 유전자)을 제공한다.

16.6 변이 유지에서 자연선택의 역할

■ **빈도의존적 선택은 희귀 표현형이나 일반적인 표현형을 모두 선호한다**

음성 빈도의존적 선택은 희귀 표현형을 선호하며 변이를 유지시킨다.
양성 빈도의존적 선택은 일반적인 표현형을 선호하며 변이를 감소시킨다.

■ **진동 선택에서 선호 표현형은 환경에 따라 달라진다**

만약 환경 변화가 주기적이면, 주기에 따라 선호되는 표현형이 달라지면서 변이가 유지된다.

■ **어떤 경우에는 이형접합자가 동형접합자보다 더 큰 적응도를 보인다**

이형접합자 우세는 2가지 대립유전자를 모두 가진 개체를 선호한다.

16.7 다중유전자에 의해 영향받는 형질에 작용하는 선택

■ **분단성 선택은 중간형을 제거한다**

중간형의 표현형 개체가 불리하면 집단은 양극단의 특성을 가진 표현형 분포를 보인다.

■ **방향성 선택은 한쪽 끝의 표현형을 제거한다**

방향성 선택은 선호되는 표현형의 방향으로 집단의 평균치를 이동시킨다.

■ **안정화 선택은 중간 표현형을 선호한다**

안정화 선택은 양극단의 표현형을 제거하여 중간 표현형의 빈도를 증가시킨다. 집단의 평균치는 변하지 않으나 변이는 감소한다.

16.8 자연선택의 실험적 연구

자연선택이 진화적 변화를 이끈다는 가설은 실험적으로 검증될 수 있다.

■ **다른 환경에 사는 거피의 체색 변이는 자연선택이 진행 중임을 알려준다**

■ **실험으로 자연선택의 요인들을 알 수 있다**

다른 종류의 포식자와 함께 사는 각 집단의 거피는 세대를 거쳐 체색의 변화를 보인다.

16.9 진화력의 상호작용

■ **돌연변이와 유전적 부동은 선택과 반대로 작용하기도 한다**

이론적으로 높은 돌연변이율은 자연선택과는 반대로 작용할 수 있지만, 이는 거의 일어나지 않는다. 유전적 부동 역시 자연선택과 반대로 작용할 수 있다.

■ **유전자 흐름은 진화적 변화를 촉진하거나 제약한다**

유전자 흐름이 다른 집단에 이로운 돌연변이를 퍼뜨릴 수 있지만, 반대로 환경에 적응도가 낮은 대립유전자를 유입시켜 적응을 지연시킬 수도 있다.

16.10 자연선택의 한계

■ **유전자는 다면효과를 나타낸다**

다면발현 유전자는 표현형이 얼마나 변할 수 있는가에 대한 한계를 나타낸다. 하나의 특성이 선호될지라도 다른 특성은 그렇지 않을 수 있다.

■ **진화는 유전적 변이가 필요하다**

강한 선택압은 유전적 변이를 제거할 수 있다.

■ **유전자 상호작용은 대립유전자의 적응도에 영향을 준다**

상위에서, 한 대립유전자의 적응도는 두 번째 유전자의 유전자형에 따라 변화된다.

연습문제

■1단계: 이해력 확인하기

1. 동류교배에 대한 설명으로 옳은 것은?
   a. 하디-바인베르크 평형하에서 예상되는 유전자형 빈도에 영향을 미친다.
   b. 하디-바인베르크 평형하에서 예상되는 대립유전자 빈도에 영향을 미친다.
   c. 개체군에서 대립유전자의 상대적 비율에 영향을 미치지 않기 때문에 하디-바인베르크 평형하에서 예상되는 유전자형 빈도에 영향을 미치지 않는다.
   d. 이형접합체의 빈도를 하디-바인베르크 기댓값보다 크게 증가시킨다.
2. 매년 환경이 변하고, 다른 표현형이 다른 환경에서 다른 적응도를 가질 때, 자연선택은 어떻게 일어날까?
   a. 자연선택은 빈도의존적 방식으로 작용할 것이다.
   b. 자연선택의 효과는 다른 해에 다른 표현형을 선호하면서 매년 진동할 수 있다.
   c. 자연선택에 의해 진화적 변화를 얻기 위해서 유전적 변이를 필요로 하지 않는다.
   d. a, b, c 모두 옳지 않다.
3. 많은 요인이 진화적 변화를 일으키는 자연선택의 능력을 제한한다. 그런 요인에 해당하는 것은?
   a. 트리니다드 거피에서 보듯이 생식과 생존 사이의 충돌
   b. 유전적 변이의 부족
   c. 다면성
   d. a, b, c 모두 맞다.
4. 안정화 선택은 방향성 선택과 다르다. 그 이유는 무엇인가?
   a. 안정 선택에 있어서, 표현형 변이는 감소되지만 평균 표현형은 같이 유지된다. 반면에 방향 선택에 있어서 변이와 평균 표현형은 변한다.
   b. 안정 선택은 유전적 변이를 필요로 하지만, 방향 선택은 아니다.
   c. 중간 표현형은 방향 선택에서 선호된다.
   d. a, b, c 모두 옳지 않다.
5. 창시자 효과와 병목현상에 대한 설명으로 옳은 것은?
   a. 큰 집단에서만 예상된다.
   b. 어떤 집단에서 유전적 변이를 증가시키는 기작이다.
   c. 자연선택의 2가지 다른 방식이다.
   d. 유전적 부동의 형태이다.
6. 상대 적응도에 대한 설명으로 옳은 것은?
   a. 한 표현형의 생존율과 다른 표현형의 생존율을 비교하는 것을 말한다.
   b. 한 개체의 형제와 사촌의 물리적 조건이다.
   c. 한 표현형의 생식 성공을 말한다.
   d. a, b, c 모두 옳지 않다.
7. 자연선택이 진화적 변화를 가져오기 위해서 요구되는 것으로 옳은 것은?
   a. 집단 내에 변이가 있어야 한다.
   b. 서로 다른 표현형의 생식 성공은 달라야 한다.
   c. 변이는 한 세대에서 다음 세대로 물려져야 한다.
   d. a, b, c 모두 맞다.
8. 수컷 공작의 정교한 꼬리 깃털이 나타내는 진화적 의미는?
   a. 수컷과 암컷의 생식 성공을 높인다.
   b. 수컷의 생존율을 향상시킨다.
   c. 생존율을 감소시킨다.
   d. a, b, c 모두 옳지 않다.

▪2단계: 적용력 평가하기

1. 하디-바인베르크 평형에 있는 빨간색 꽃(우성 대립유전) 또는 흰색 꽃의 개체군에서, 빨간색 꽃의 빈도는 91%이다. 빨간색 대립유전자의 빈도는 얼마인가?

   a. 9%
   b. 30%
   c. 91%
   d. 70%

2. 유전적 부동과 자연선택은 모두 빠른 속도의 진화를 이끌 수 있다. 위의 두 과정에 대한 설명으로 옳은 것은?

   a. 유전적 부동은 큰 집단에서 가장 빠르게 작용한다.
   b. 오직 부동만이 적응을 이끈다.
   c. 자연선택은 집단에서 새로운 변이를 만들기 위해서 유전적 부동을 필요로 한다.
   d. 진화의 양쪽 과정은 유전자 흐름에 의해 느려질 수 있다.

3. **그림 16.21**을 참고하여 출생 체중과 신생아 사망률 사이의 관계에 대해 다음과 같이 가정해 보시오. 중간 체중의 신생아 사망률이 최소가 아니라 5파운드(2.3 kg) 또는 10파운드(4.5 kg)로 태어난 아기의 생존율이 가장 높고, 그 사이의 7.5파운드(3.4 kg)로 체중인 아기의 생존율이 낮도록 변화되었다고 할 때, 시간이 지남에 따라 출생 체중 분포가 어떻게 변할 것으로 예상되는가?

   a. 변화가 없을 것이다.
   b. 분포는 오른쪽으로 이동할 것이다.
   c. 2개의 정점을 가진 분포를 보이고, 평균값이 변하지 않는다.
   d. 2개의 정점을 가진 분포를 보이고, 평균값이 오른쪽으로 이동한다.

4. 암컷 공작은 눈 모양 장식이 더 많이 있는 꼬리 깃털(즉, 더 긴 꼬리 깃털)을 갖는 공작새와 짝짓기를 선호한다. 꼬리 깃털이 길수록 수컷이 날아오르는데 지장이 있다. 암컷이 왜 이런 수컷을 선호하는지에 대한 하나의 가설은 가장 긴 꼬리 깃털을 가진 수컷이 가장 심한 장애를 경험하고, 그럼에도 불구하고 그들이 생존할 수 있다는 것은 그들의 "활력"을 반영한다는 것이다. 이런 발상을 시험할 수 있는 몇 가지 연구를 제안하시오. 설명에는 측정할 형질의 종류와 그 이유가 포함되어야 한다(**그림 16.10** 참조).

▪3단계: 사고력 함양하기

1. 트리니다디안 거피의 실험실과 현장실험을 통해 체색과 생활사 형질에 있어 포식자-유도 진화적 변화에 대한 설득력 있는 사례가 확인되었다. 포식자의 존재 여부와 상관없이 폭포의 위와 아래 지역에 다른 차이가 있을 수 있다. 위의 해석을 강력하게 지지하는 추가적 연구는 무엇인가?

2. 미국 남서부 사막의 크고 검은 화산암 지역에 있는 여러 동물 집단은 주로 검은 개체로 구성되어 있다. 대조적으로, 작은 화산암 지역의 집단은 밝은 색깔을 띠는 개체가 비교적 높은 비율로 존재한다. 이러한 차이를 어떻게 설명할 수 있는가?

3. 인위적인 선택이 경주마의 속도에 대한 유전적 변이를 얼마나 강하게 제거하는 데 도움을 주었는지를 고려하면, 왜 속도(연속적 형질)와 같은 많은 특성들에 대해 풍부한 유전적 변이가 있는지에 대한 의문이 남는다. 이것은 강한 선택하에 있는 형질에 대해서도 적용된다. 유전적 변이는 궁극적으로 어디에서 오는가? 그리고 변이가 만들어지는 비율은 자연선택의 강도와 비교해서 어떠한가? 자연 집단의 유전적 변이를 유지하고 증가시킬 수 있는 다른 메커니즘은 무엇인가?

17 진화의 증거

도입

다윈(Darwin)이 자연선택에 의한 진화라는 자신의 혁명적인 이론을 제안했을 때 그 주장을 뒷받침할 수 있는 실제 증거는 거의 없었다. 대신에 자연계에 대한 관찰, 논리 그리고 가축을 키우는 사육자들에게서 얻은 결과에 의존했다. 그러나 그 이후로 다윈의 이론을 뒷받침하는 증거들이 압도적으로 증가했다.

이는 두 가지 핵심 증거를 기반으로 한다. 첫 번째는 자연선택이 진화적 변화를 일으킬 수 있다는 증거와 두 번째는 진화가 일어났음을 보여주는 화석 기록에서 얻어진 증거이다. 사진의 고래 골격은 북아메리카에서 발견된 가장 오래된(4천만 년 전) 조지아케투스(*Georgiacetus vogtlensis*)의 화석이다. 골반 뼈와 뒷다리는 육지 포유류와 고래의 연결 고리를 보여준다. 자연선택과 화석 연구에서 얻어진 증거와 함께 해부학, 분자생물학, 그리고 생물지리학처럼 서로 다른 많은 생물학의 분야에서 얻어진 정보는 진화의 결과라는 과학적인 해석만이 가능할 뿐이다.

17.1 다윈의 핀치새 부리: 자연선택의 증거

학습 목표

1. 다윈의 핀치새 종이 어떻게 서로 다른 먹이에 적응할 수 있었는지를 설명할 수 있다.
2. 다양한 기후가 어떻게 중간 크기 핀치새의 진화적 변화를 유도하였는지 설명할 수 있다.

16장에서 배웠던 것처럼 다양한 과정이 진화적 변화를 일으킬 수 있다. 그러나 대부분의 진화생물학자들은 진화에서 자연선택이 가장 중요한 과정이라는 다윈의 생각에 동의한다. 비록 시간을 거슬러 올라갈 수는 없지만, 오늘날의 증거를 이용해 진화과정에 대한 가설을 검증할 수 있으며, 진화적 변화의 한 요인으로서 자연선택의 영향력을 증명할 수 있다. 이 증거는 현장과 실험실 그리고 자연과 인간이 변화시킨 상황 모두로부터 얻어진다.

다윈의 핀치새(Darwin's finches)는 자연선택에 의한 진화의 대표적인 예이다. 다윈이 1835년 에콰도르 해안의 갈라파고스 제도에 방문했을 때, 3개의 섬에서 31종의 핀치새를 채집했다. 새 전문가가 아

딱따구리 핀치새(*Cactospiza pallida*)

큰 땅 핀치새(*Geospiza magnirostris*)

선인장 핀치새(*Geospiza scandens*)

휘파람 핀치새(*Certhidea olivacea*)

채식하는 나무 핀치새(*Platyspiza crassirostris*)

그림 17.1 다윈의 핀치새.
다윈의 핀치새들 사이에서 이들 종은 부리와 먹이를 먹는 습관에서 차이를 보인다. 이러한 다양성은 핀치새의 조상이 섬에 살기 시작하고 다른 작은 새가 없는 서식지에 맞게 분화했을 때부터 나타났다. 몇몇 종의 부리는 본토의 서로 다른 새 무리와 비슷하다. 예를 들어, 휘파람 핀치새는 관련성이 많지 않은 휘파람새와 부리가 매우 비슷하다.

닌 다윈은 종을 동정하는 데 어려움을 겪었다. 새의 부리를 보고 자신이 채집한 새들이 굴뚝새, "큰부리참새" 그리고 찌르레기라고 믿었는데, 이들은 모두 자신의 고향인 영국에서 친숙한 종들이었다.

다윈이 고향으로 돌아온 후 조류학자인 굴드(John Gould)는 다윈이 채집한 새들이 사실은 서로 다른 종들이 가까운 관련성을 가지는 집단으로, 부리를 제외하면 거의 유사하다고 알려주었다. 지금은 14종 모두가 확인이 되었다.

갈라파고스 핀치새는 먹이 수집과 관련이 있는 변이를 보여준다

다윈의 핀치새의 다양성을 **그림 17.1**에 나타내었다. 땅 핀치새는 강력한 부리를 이용해 씨앗을 부수어 먹는다. 휘파람 핀치새와 같이 작고 좁은 부리를 가진 종은 곤충을 먹는다. 다른 종들은 과일이나 싹을 먹거나 선인장 열매와 열매 주변의 곤충을 먹는다. 뾰족한 부리를 가지는 땅 핀치새의 일부 집단에는 종종 바닷새의 몸 위로 기어 올라가 날카로운 부리로 바닷새의 피부를 찔러서 피를 마시는 "흡혈종"도 있다. 가장 독특한 종은 아마도 도구를 사용하는 종일 것이다. 딱따구리 핀치새는 잔가지, 선인장 가시 또는 나뭇잎의 줄기를 집어서 부리를 이용해 모양을 만들고 죽은 가지 속으로 찔러 넣어 유충을 잡는다.

핀치새 종들의 부리 모양과 그들의 먹이가 일치하는 것을 관찰한 다윈은 자연선택이 이러한 모양을 만들었다는 것을 알게 되었다. 〈**비글호의 항해**(The voyage of the Beagle)〉에서 다윈은 다음과 같이 기술하였다. "하나의 작고 직접 관련 있는 새 집단 내에서의 이 단계적인 변화와 다양한 구조를 보면, 갈라파고스 제도의 원래 많지 않았던 새들 중에 선택된 한 종이 다른 종들로 변화하였다는 것에 매우 놀라게 될 것이다."

현대의 연구가 다윈의 자연선택 가설을 증명하였다

다윈이 관찰한 것에 따르면 종들이 서로 다른 크기와 모양의 부리를 가지는 이유는 그 종들이 서로 다른 종류의 먹이에 적응하여 진화해왔기 때문이다. 그러나 이 가설을 증명할 수 있을까? 16장에서 본 것과 같이 자연선택에 의한 진화설은 다음의 3가지 조건을 만족해야 한다.

1. 집단 내에 표현형적 변이가 존재하여야 한다.
2. 이 변이는 개체들 간에 일생 동안의 생식 능력 차이로 이어져야 한다.

3. 개체들 사이의 표현형적 변이는 반드시 다음 세대로 전달되어야 한다.

다윈이 제안한 것을 성공적으로 증명하기 위해서 가장 필요한 것은 인내심이었다. 프린스턴 대학교(Princeton University)의 그랜트 부부(Peter and Rosemary Grant)와 학생들은 1973년부터 40년이 넘도록 갈라파고스 제도의 중심부에 위치하는 다프네(Daphne Major)라는 작은 섬에서 중간 크기 땅 핀치새를 연구했다. 이들 핀치새는 비가 많이 오는 해에는 식물에서 풍부하게 생산되는 작고 부드러운 씨앗을 즐겨 먹었다. 그리고 식물이 씨앗을 적게 생산하는 건조한 날씨가 이어져서 작은 씨앗을 먹을 수 없을 때에만 부수기 어려운 크고 마른 씨앗을 먹었다.

그랜트 부부는 조심스럽게 각 개체의 부리 깊이(부리의 기저부에서 제일 높은 곳부터 가장 낮은 곳까지의 길이)를 측정하여 다프네 섬에 사는 중간 크기 땅 핀치새의 부리 모양을 정량화했다. 매년 많은 새를 측정하여 처음으로 실제 이루어지고 있는 진화에 대한 자세한 모습을 구성할 수 있었다. 그랜트 부부는 집단 내 구성원들 사이에서 부리 깊이에 큰 변이가 존재할 뿐만 아니라, 해마다 평균 부리 깊이가 변화하는 방식을 예측할 수 있다는 것을 발견했다.

가뭄이 들면 식물들은 씨앗을 적게 생산한다. 그리고 먹을 수 있는 작은 씨앗은 모두 빠르게 없어지고, 주요한 먹이원으로 커다란 씨앗이 남는다. 결과적으로 짧고 깊으며 더 강한 부리를 가진 새가 큰 씨앗을 잘 부수어 열 수 있기 때문에 더 많이 살아남을 수 있다(**그림 17.2***a*). 반대로, 비가 특히 많이 와서 식물들이 잘 자라고 많은 양의 작은 씨앗을 생산하는 해에는 길고 얕은 부리를 가진 새들이 늘어났으며, 부리가 점점 더 뾰족하게 변화하였다.

이처럼 부리의 크기 변화가 자연선택에 의한 진화의 증거가 될 수 있을까? 그렇다면 각 개체들의 부리 크기 변이에 대한 유전학적 기초가 필요하다. 또 다른 가능성은 부리 깊이의 변화가 유전자 빈도의 변화에 의한 것이 아니고 단순히 식습관을 반영한다는 것이다. 예를 들어, 커다란 씨앗을 부수는 행동이 자라나는 새의 부리를 더욱 크게 만들 수 있다는 것이다.

이러한 가능성을 없애기 위해서 그랜트 부부는 여러 해 동안 많은 계통을 조사하여 새끼의 부리 크기에 대한 어미 부리 크기의 관련성을 측정하고, 부리 크기 변이에 대한 유전적 기초를 분석하였다. 환경적인 조건과 상관없이 부모 새와 새끼 새의 부리 깊이는 거의 같았다는 것은 개체 간 부리의 크기 차이가 유전적 차이 때문이라는 것을 말한다(**그림 17.2***b*). 이 결과는 앞에서 제시한 3가지 조건을 만족하

a. *b.*

그림 17.2 **자연선택이 중간 크기 땅 핀치새(*Geospiza fortis*)의 부리 모양을 변화시켰다는 증거.**
a. 크고 거친 씨앗만을 먹을 수 있는 건조한 해에는 부리의 평균 깊이가 증가한다. (*y*축은 전체 연도에 걸친 평균 부리 모양에 대해 상대적인 부리 모양을 측정) 작은 씨앗을 많이 먹을 수 있는 습도가 높은 해에는 평균 부리 깊이가 줄어든다. ***b.*** 부리의 깊이는 어미로부터 자손에게 유전된다.

탐구문제 만약 부리 모양이 다른 것이 유전적 차이에 의한 것이 아니고 성장기 어린 새의 먹이와 같이 환경적인 요소 때문이라면 **그림 17.2***b*의 유연관계를 어떻게 볼 수 있는가?

자료 분석 부리의 깊이가 10 mm인 수컷이 부리의 깊이가 8 mm인 암컷과 짝짓기를 했다고 가정하면 예상할 수 있는 자손의 부리 깊이는 얼마인가? 암컷의 부리가 10 mm이고 수컷의 부리가 8 mm라면 문제가 되는가?

며, 해마다 변화하는 부리의 평균 깊이는 자연선택에 의한 진화적 변화의 결과로 볼 수 있다.

핵심 요약 17.1

다윈의 핀치새 가운데, 자연선택은 이용가능한 먹이에 맞도록 부리 모양을 변화시켰다. 부리 모양이 유전적으로 전달될 수 있는 형질이기 때문에, 이용할 수 있는 씨앗의 분포에 더 잘 맞는 부리가 다음 세대에서 더 많아지게 될 것이다.

- 단단한 씨앗을 먹는 행동이 새의 부리가 커지도록 한다고 가정하면, 이 행동이 가뭄이 지나간 후에 자손의 부리 크기에 진화적 변화를 일으킬까?

17.2 회색가지나방과 공업암화: 선택의 또 다른 증거

학습 목표

1. 회색가지나방의 색깔 진화와 오염의 관계를 설명할 수 있다.
2. 진화가 일어났다는 것을 증명하는 것과 진화를 일으킨 기작을 이해하는 것을 구별할 수 있다.

환경이 변하면 자연선택은 종종 이전에는 좋아하지 않았던 형질을 선택할 것이다. 전형적인 예가 회색가지나방(*Biston betularia*)이다. 성체는 검은 반점을 가진 밝은 회색(따라서 후추나방이라고도 불린다)에서 짙은 검은색(melanic)까지 다양한 몸 색깔을 가진다.

대규모 유전자 분석에서 나방의 몸 색깔은 유전 형질 중 하나이며 한 유전자에 존재하는 서로 다른 대립인자에 의해 달라진다는 것이 밝혀졌다. 최근의 분자유전학 연구는 검은색 개체들이 단일 돌연변이로 인해 나타났다고 밝혔다. 이 우성 대립인자는 1850년 이전에는 매우 드물었다. 그 후로 산업화된 지역의 중심부에 서식하는 나방 집단에서 검은색 나방의 빈도가 거의 100%까지 증가하였다. 생물학자들은 검은색 나방이 많은 산업화 지역에서는 나무 몸통에 붙어 있는 밝은색의 이끼를 죽이는 공해물질의 검댕 때문에 나무의 색이 거의 검은색인 것을 확인하였다.

밝은색 나방은 오염 지역에서 감소하였다

1850년 대에 검은색 나방이 더 잘 살아남을 수 있었던 이유는 무엇일까? 1896년 영국의 아마추어 나방 수집가인 터트(James William Tutt)는 밝은 색깔의 나방이 줄어든 이유를 설명하는 가장 일반적으로 인정받은 가설을 제안하였다. 그는 후추 형태의 나방이 이끼가 사라진 검은 나무표면에서 포식자들에게 더 잘 보일 수 있다고 설명했다. 따라서 새들이 낮 동안 나무 몸통에 앉아 있는 회색가지나방을 잡아먹었다. 이와는 대조적으로 검은 개체들은 몸을 감출 수 있었기 때문에 유리했다(**그림 17.3**).

비록 터트는 처음에 아무런 증거도 가지고 있지 않았지만, 1950년대 영국의 생태학자 케틀웰(Bernard Kettlewell)이 같은 수의 검은 개체들과 밝은 개체들을 한쪽은 매우 공해가 심한 버밍엄(Birmingham) 주변 숲에, 또 다른 하나는 오염되지 않은 도싯의 숲(Dorset woods)에 풀어주어 가설을 검증했다. 만약 터트가 맞다면, 검은색 나방은 버

그림 17.3 공업암화를 설명하는 터트의 가설. 이 사진들은 나무 위에 올려 놓은 후추나방(*Biston betularia*)의 보존표본이다. 터트는 검은색 나방이 오염되지 않은 나무에서 포식자에게 더 잘 보이며(왼쪽), 반면에 밝은색의 후추나방은 산업공해로 인해 검게 변한 나무 껍질 위에서 포식자에게 더 잘 보인다고(오른쪽) 제안하였다.

밍엄의 숲에서 생존해야 하며, 밝은색 나방은 도싯의 숲에서 살아남아야 한다. 다음으로 케틀웰은 어떤 종류의 나방이 얼마나 살아남았는지를 볼 수 있도록 나방을 유인하고 포획하기 위해서 나무에 전구를 설치했다. 케틀웰은 자신이 풀어줬던 나방을 확인하기 위해서 새가 볼 수 없는 나방의 날개 아래쪽에 페인트로 점을 표시했다.

버밍엄 근처의 오염지역에서 케틀웰은 단지 19%의 밝은색 나방을 다시 붙잡았지만, 검은색 나방은 40%를 붙잡았다. 이러한 결과는 검은색 나방이 나무의 몸통이 검게 오염된 숲에서 더 잘 생존할 수 있다는 것을 보여주었다. 케틀웰은 비교적 오염이 덜 된 도싯 숲에서 12.5%의 밝은 나방을 다시 붙잡았지만, 검은색 나방은 6%만을 다시 붙잡을 수 있었다. 이는 나무 몸통의 색이 밝은 곳에서는 밝은색 나방의 생존력이 검은색 나방에 비해 2배 높다는 것을 보여주는 결과이다.

나중에 케틀웰은 나방을 나무에 붙여놓고 먹이를 잡는 새를 촬영하여 자신의 주장을 확고히 했다. 먹이를 찾는 새들은 종종 주변과 같은 색깔을 가지고 있는 나방을 찾지 못하고 지나쳤다.

최근에 5천 마리의 나방을 풀어주는 6년간의 대규모 연구를 통해서 케틀웰이 발견한 것을 증명했다. 오염되지 않은 숲에서 수행된 이 연구에서 검은색 나방이 밝은색 나방보다 10% 더 높은 비율로 사라진다는 것을 발견했다. 또한 250번의 먹이 포획 상황을 직접 관찰하여 새들이 밝은색 나방보다 검은색 나방을 훨씬 더 많이 잡아 먹는다는 것을 밝혔다.

환경 조건이 뒤바뀔 때 선택압도 반대가 된다

유라시아와 북아메리카의 공업지역에서, 서로 다른 12종의 나방이 회색가지나방과 동일한 방법으로 진화했다. **공업암화**(industrial melanism)라는 용어는 검은 개체가 밝은 종보다 압도적으로 많아지는 현상을 말한다.

1956년 영국에서 청정대기법(Clean Air Act)을 제정하면서 공업암화를 일으킨 대기오염이 줄어들기 시작했다. 1959년부터 리버풀 외곽의 칼디공원(Caldy Common)에서 매년 가지나방(*Biston*) 집단의 표본을 수집했는데, 검은색 나방의 빈도가 1959년 최고 93%에서 2002년 5% 이하로 떨어졌다(**그림 17.4**).

감소폭은 우성인 검은 대립인자를 가진 나방에 대하여 15%의 선택적 불이익(selective disadvantage)이 작용하는 것과 일치했으며, 나무를 검게 만들었던 이산화황과 부유입자들이 현저하게 줄어드는 것과 특히 관련이 있었다.

미국에서도 동일한 현상이 일어났다. 1959~1961년 디트로이트(Detroit) 근처 실험 장소에서 채집된 576개체의 회색가지나방 중에서 89%인 515개체가 검은색이었다. 2001년에 다시 표본을 채집하였을 때, 같은 곳에서 채집된 검은 개체의 빈도는 5% 이하로 떨어졌으며 비슷한 경향을 펜실베이니아(Pennsylvania)에서도 관찰하였다(**그림 17.4**). 리버풀, 디트로이트, 펜실베이니아의 나방집단은 모든 동일한 자연 실험의 일부로서 자연선택의 강력한 증거이다.

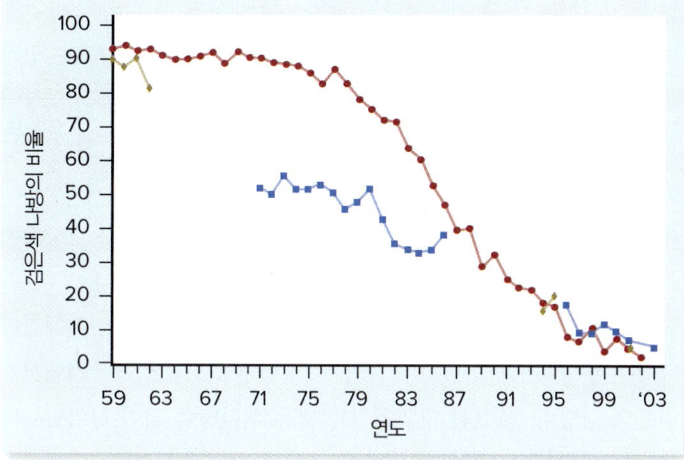

그림 17.4 암화에 대한 선택.
붉은색 원은 영국 칼디 공원의 검은 후추나방의 빈도를 나타낸다. 노란색 다이아몬드모양은 미시간의 검은색 후추나방의 빈도를 나타내며, 파란색 사각형은 펜실베이니아의 검은색 후추나방의 빈도를 보여준다.

탐구문제 두 장소에서 검은색 나방의 빈도가 비슷한 정도로 줄어든 사실에서 얻을 수 있는 결론은 무엇인가?

선택의 요인을 정확히 확인하기 어려울 수도 있다

비록 회색가지나방의 예를 자연선택의 강력한 증거로 볼 수도 있지만, 색이 두드러지는 나방을 잡아먹은 것이 선택의 근본 기작이라는 터트의 가설이 최근 재평가를 받고 있다. 연구자들은 암화(melanism)에 대한 최근 선택이 밝은색의 나무 이끼가 풍부한 정도와 관련이 없어 보인다는 점에 주목해 왔다.

칼디 공원에서 나무에 이끼가 다시 나타나기 훨씬 전부터 밝은색 회색가지나방의 빈도가 증가하기 시작했다. 디트로이트의 현장 연구소에서, 검은색 나방은 처음에는 우세하다가 이후 30여 년에 걸쳐서 감소하였지만, 이끼는 유의미한 변화를 전혀 보이지 않았다. 실제로 연구자들은 디트로이트의 나무가 이끼로 덮여 있는지 여부에 관계없이 회색가지나방을 한 마리도 발견할 수 없었다. 몇 가지 증거는 나방들이 낮 동안에 나무 꼭대기의 나뭇잎에 매달려 있었다고 말하지만, 아무도 확신할 수 없었다. 새가 잡아먹은 것이 아니고 오염 물질에 의한 중독이 나방에게 작용한 자연선택의 요인이라고 볼 수 있을까? 아직까지는 새들의 포식으로 인한 선택만을 확인할 수 있었다.

새의 포식 가설을 지지하는 연구자들은 나방을 감지하는 새들의 능력은 이끼의 존재 여부보다는 산업공해 때문에 주변 환경이 검게 변한 곳에서 다른 방법에 더 의존할 것이라고 지적했다. 공해는 입자성 먼지로 이루어진 세밀한 층으로 주변의 모든 물체를 덮는 경향이 있으며, 밝은 표면에서 반사되는 빛의 양을 감소시킨다. 또한 공해는 밝은색의 자작나무에 특히 심각한 영향을 미친다. 이 2가지 효과 때문에 주변 환경이 더 검게 변한다. 따라서 검은색을 가진 나방들이 포식자인 새들의 공격에서 보호를 받아 더 많이 살아남는다.

비록 선택을 일으킨 요인을 정확하게 찾을 수 없었지만, 전체적인 경향은 분명하게 나타났다. 케틀웰의 실험에서 오염된 거주지에서는 검은색 나방이, 깨끗한 자연에서는 밝은색 나방이 많이 살아남는다는 것을 확실히 입증했다. 검은색 나방의 빈도가 두 대륙 모두에서 오염 정도에 따라 증가한 후 다시 감소한 것은 이러한 선택이 진화적 변화를 이끌었다는 것을 분명하게 보여준다.

자연선택의 원인을 지금에 와서 다시 검토하는 것은 과학이 어떻게 발전하는지를 잘 보여준다. 즉 터트의 경우처럼 가설을 세우고 이후에 증명한다. 만약 가설이 기각되면 새로운 가설을 제안하고 이 과정을 다시 시작한다.

핵심 요약 17.2

자연선택으로 인해 대기오염이 매우 심각한 지역에서 검은 회색가지나방이 더 많이 생존하였다. 이것은 검게 변한 나무에서 나방을 잡아먹는 새의 눈에 검은색 나방들이 잘 보이지 않았기 때문일 것이다. 공해가 줄어들면서 밝은색 나방들이 더 많이 살아남기 시작했다. 선택은 분명히 일어났지만, 새가 나방을 잡아먹는 것이 선택의 원인이었는지를 이해하려면 추가적인 연구가 필요하다.

- 새의 포식 활동에서 선택 요인이 나방의 색깔이라는 것을 어떻게 확인할 수 있을까?

17.3 인위선택: 인간이 시작한 변화

학습 목표

1. 인위선택과 자연선택의 과정을 비교할 수 있다.
2. 자연선택의 힘에 대해 인위선택을 통해 무엇을 입증할 수 있는지 설명할 수 있다.

인간은 문명이 시작되었을 때부터 식물과 동물을 선택해왔다. 자연선택과 마찬가지로 이 **인위선택**(artificial selection)은 어떤 특정 표현형을 가진 개체를 선호하며, 이 개체는 자손을 생산하여 자신의 유전자를 다음 세대로 전달할 수 있다. 표현형의 차이를 유전적으로 결정할 수 있다고 가정하면, 이 방향성 선택은 진화적 변화를 일으킬 수 있을 것이며 실제로도 그렇게 이루어져 왔다.

연구실에서 이루어지는 실험, 농업, 가축을 사육하는 과정에 작용하는 인위선택은 이러한 선택과정을 적용할 수 있는 대부분의 경우에서 큰 변화를 가져왔다. 이렇게 성공적인 결과가 선택이 효과적인 진화과정이라는 강력한 증거이다.

실험적 선택은 집단의 변화를 일으킨다

1920년대와 1930년대에 유전학이 과학의 한 분야로 발달하면서 연구자들은 선택이 진화적 변화를 일으킬 수 있다는 가설을 검증하기 위한 실험을 시작했다. 가장 관심을 받은 실험 대상은 실험실의

과학적 사고

질문: 인위선택이 커다란 진화적 변화를 만들 수 있는가?
가설: 강력한 방향성 선택은 집단의 평균값을 빠르게 변화시킬 수 있을 것이다.
실험: 한 집단에서 각 세대마다 가장 많은 강모를 가진 개체들 가운데 20%를 추출해 번식시켜 다음 세대를 구성했다. 또 다른 집단에서는 가장 적은 수의 강모를 가진 20%를 대상으로 동일한 과정을 실시하였다.

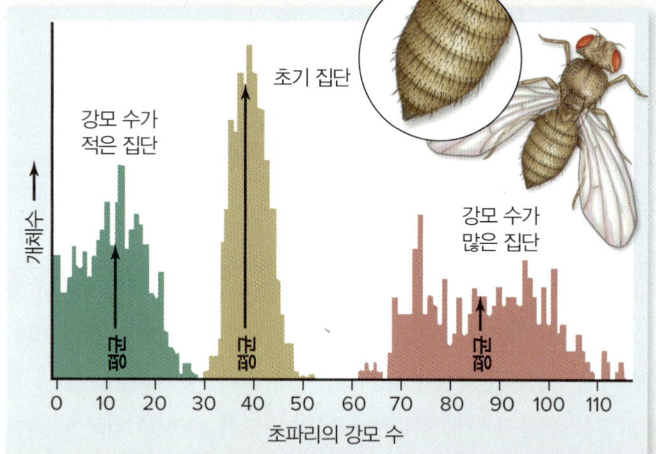

결과: 35세대가 지난 후, 두 집단 모두에서 평균 강모의 숫자가 크게 변화하였다.
해석: 실험이 끝나면 변이의 범위는 처음 집단에서 볼 수 있었던 범위의 바깥쪽에 위치한다. 돌연변이와 재조합을 통해 새로운 변이가 집단 내에 계속 만들어지기 때문에 선택이 한 집단을 원래의 범위 바깥으로 움직이게 한다.

그림 17.5 인위선택은 빠르고 커다란 진화적 변화를 일으킬 수 있다.

탐구문제 집단 내에서 중간 크기를 제외하고 큰 개체들과 작은 개체들을 번식시킨다면 어떤 일이 일어나겠는가?

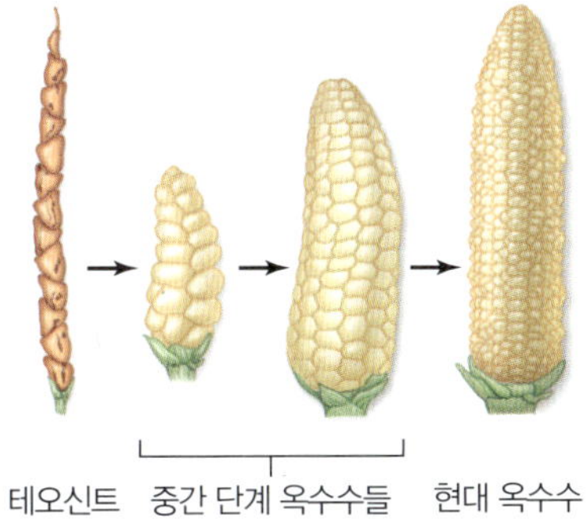

그림 17.6 옥수수는 조상형과 매우 다른 모습을 가진다.
오늘날 멕시코의 외딴 지역에서 발견할 수 있는 테오신트(Teosinte)는 현대 옥수수의 조상형과 많이 닮았다. 인위선택은 이 테오신트를 현재 우리가 알고 있는 옥수수로 변형시켰다.

그림 17.8 길들인 여우들.
인위선택은 가장 길이 잘 든 개체들을 선택적으로 번식시켜 40년이 지난 후에, 애완용 개들처럼 친숙할 뿐만 아니라 여러 개 품종에서 관찰할 수 있는 다양한 물리적 특징을 가지는 은여우를 만들었다.

초파리(*Drosophila melanogaster*)였다. 유전학자들은 몸의 크기, 눈의 색깔, 성장률, 수명, 탐색 행동 등 초파리의 가능한 모든 측면에서 선택에 대한 실험을 실시했으며 비슷한 결과를 얻었다. 형질을 선택하면 예상할 수 있는 강한 진화적 반응이 일어난다.

한 대표적인 실험에서 과학자들은 배에 많은 강모를 가진 초파리를 선택했다. 실험을 시작할 때, 평균 강모의 수는 9.5개였으며, 각 세대에서 가장 많은 강모를 가진 집단의 20%를 선택하여 번식시켰다. 이러한 방향성 선택이 86세대 동안 이루어진 후, 강모의 평균 숫자는 약 40개로 4배가 증가하였다. 또 다른 실험에서, 한 초파리 집단에서는 강모 수가 많은 개체들을 선택하고 다른 사육장에서는 강모 수가 적은 개체를 선택하였다. 35세대가 되기 전에, 이 두 집단은 전혀 다른 범위의 변이를 가지고 있었다(**그림 17.5**).

유사한 실험들이 다양한 종류의 서로 다른 실험 생물을 대상으로 이루어졌다. 한 가지 예로, 충치가 잘 생기지 않는 쥐들을 선택하여 20세대가 되기 전에 100일을 겨우 넘겼던 충치의 평균 발병 시기를 500일 이상으로 증가시킬 수 있었다.

그림 17.7 개의 품종.
개 품종들 간의 차이는 야생의 갯과(canids) 동물들 사이에서 볼 수 있는 차이보다 더 크다.

농업선택은 작물과 가축의 광범위한 변화를 이끌었다

소와 돼지처럼 우리에게 익숙한 가축 그리고 옥수수, 딸기와 같은 작물들은 그들의 야생 조상형과 많이 다르게 생겼다(**그림 17.6**). 이러한 차이는 더 많은 우유와 더 큰 옥수수 낟알을 생성하는 것과 같이 원하는 특성을 만들기 위해 여러 세대에 걸쳐 인간이 선택한 결과이다.

옥수수 실험은 인위선택이 농작물에서 중요한 변화를 얼마나 빠르게 일으킬 수 있는지 보여준다. 1896년에 농업과학자들은 낟알의 초기 기름 함량이 4.5%인 옥수수를 선택하여 초파리 실험과 마찬가지로 상위 20%의 개체를 번식시켰다. 90세대가 지난 뒤인 1986년, 옥수수 알의 평균 기름 함량은 거의 450%까지 증가하였다.

가축 품종들은 인위선택으로 생겨났다

인간은 선택을 이용하여 매우 다양한 품종의 고양이, 개(**그림 17.7**), 비둘기, 그리고 여러 가축들을 만들었다. 몇몇의 경우에 특별한 목적에 맞는 품종들을 개발하였다. 예를 들어서 그레이하운드는 최고의 달리기 능력을 갖도록 선택한 결과로 긴 다리, 균형을 잡기 위한 긴 꼬리, 보폭을 늘릴 수 있도록 구부러진 허리, 그리고 많은 근육량을 가지고 있었다. 이와는 대조적으로 볼품 없는 닥스훈트의 이상한 비율은 좁은 구멍에 들어가 오소리를 쫓을 수 있도록 선택한 결과이다. 다른 예로 화려한 색을 가진 비둘기 또는 고양이 품종의 경우에는 우선적으로 겉모습의 변이들을 선택하였다.

야생동물을 사육하면서 몇몇 형질에 대해 의도하지 않은 선택도 일어났다. 최근 몇 년 동안 러시아의 과학자들은 은여우를 길들이기 위해 각 세대에서 가장 온순한 동물을 골라서 번식시켰다. 40년 안에 대부분의 여우가 유난히 잘 길이 들었는데, 자신을 어루만질 수 있게 할 뿐 아니라 주의를 끌기 위해 낑낑거리며 자신을 돌보는 사람의 냄새를 맡고 핥기도 했다(**그림 17.8**). 많은 측면에서 은여우는 가정에서 키우는 개들과 비슷했다.

그러나 그들의 습성만 바뀐 것이 아니었다. 이 여우들은 서로 다른 색깔, 축 처진 귀, 구부러진 꼬리, 그리고 짧은 다리와 꼬리처럼 개의 일부 품종에서 볼 수 있는 여러 특징들을 나타내기 시작했다. 아마도 온순한 습성과 관련이 있는 유전자들이 이러한 성질에도 영향을 주었거나 또는 이러한 형질을 나타내는 유전자와 가깝게 연관되어 있을 것이다(다면발현 현상과 연관은 10장과 11장에서 논의하였다).

선택이 주요한 진화적 변화를 만들 수 있는가?

비교적 짧은 시간 동안 작용한 선택의 결과를 관찰할 수 있다는 점에서, 대부분의 과학자들은 화석 기록에 나타난 진화적 변화의 원인이 자연선택이라고 생각한다. 진화의 일부 비평가들은 선택이 종 안에서의 변화를 이끌 수 있지만, 그 변화는 상대적으로 범위가 작으며 화석기록에서 확인할 수 있는 커다란 변화를 이끌 정도는 아니라고 주장했다. 다시 말해서, 초파리의 강모의 숫자나 옥수수 낱알의 크기를 변화시키는 것과 완전히 새로운 종을 만드는 것은 전혀 다른 것이다.

이 주장은 인위선택이 만들 수 있는 변화의 범위를 완전히 인정하지 않고 있다. 예를 들어서, 기존에 있었던 개의 품종들을 보면 이들 대부분이 약 15,000년 전 늑대를 처음 길들인 후 수천 년 동안에 걸쳐 만들어졌을 것이다. 만약 다양한 개 품종들이 모두 사라졌고 고생물학자들이 닥스훈트, 그레이하운드, 마스티프, 치와와 등의 동물 화석을 발견했다면, 그들은 이 동물들을 서로 다른 종으로 생각했을 것이다. 사실, 이들 품종에서 나타난 크기와 모양은 500만 년~1000만 년간 따로따로 진화한 코요테, 자칼, 여우와 늑대처럼 갯과(family Canidae)의 다른 속들 간에 나타나는 것보다 차이가 더 크다. 결과적으로, 인위선택이 작은 변화만을 만들어낼 수 있다는 주장은 분명히 틀린 것이다. 단지 몇 천 년의 기간 동안 선택이 작용해서 이렇게 큰 변화가 만들어졌다면 그 선택은 수백만 년의 시간 동안 오늘날 우리가 주변에서 보는 생명의 다양성을 만들 수 있을 만큼 충분히 강력할 것이다.

핵심 요약 17.3

인위선택에서는 인간은 원하는 형질을 보존하기 위해 어떤 식물이나 동물을 짝짓기할 것인지를 결정한다. 종종 몇 세대의 매우 짧은 시간에 빠르고 많은 결과를 얻을 수 있다. 여기에서 자연선택이 중요한 진화적 변화를 일으킬 수 있다는 것을 알 수 있다.

■ 어떤 환경에서 인위선택이 원하는 변화를 만들지 못할까?

17.4 진화의 화석 증거

학습 목표

1. 화석이 만들어지는 과정을 설명할 수 있다.
2. 과도기 화석(transitional fossil)을 찾는 것이 중요한 이유를 설명할 수 있다.
3. 말의 진화를 연구하여 밝힌 진화적 경향을 명명할 수 있다.

진화의 가장 직접적인 증거는 화석 기록에서 찾을 수 있다. 오늘날에는 다윈의 시대보다 화석 기록에서 더 많은 증거를 찾을 수 있다.

화석은 한때 지구상에 살았던 생물의 일부가 남은 것이다. 암석에 남아 있는 일반적인 화석과 함께 호박, 시베리아의 영구 동토층, 그리고 건조한 동굴 안에서 발견할 수 있는 표본들이 여기에 속한다.

암석 화석은 3가지 사건을 통해서 만들어진다. 첫째, 생물이 죽어서 퇴적층 속에 묻혀야 한다. 다음으로 뼈나 다른 딱딱한 부분에 있는 칼슘이 광물화하여야 한다. 마지막으로 주변의 퇴적층이 단단한 암석으로 변해야 한다.

화석화 과정은 매우 드물게 일어난다. 보통은 동물이나 식물은 화석화 과정을 시작하기 전에 부패하거나 다른 동물이 먹어 버린다. 또한 많은 화석들이 암석 속에 있기 때문에 과학자들이 발견하지 못한다. 화석이 겉으로 드러났을 때에도, 종종 침식이 일어나거나 다른 자연적 과정으로 인해 수집하기 전에 사라져 버린다. 결과적으로, 과거에 살았던 종(최대 5억 종으로 추정하는 사람도 있다)들 중에서 아주 일부만이 화석으로 발견된다. 그럼에도 불구하고 지금까지 발견된 화석은 시간을 통한 진화 과정에 대한 자세한 정보를 제공하기에 충분하다.

화석의 연대를 측정할 수 있다

화석이 발견된 암석의 연대를 추정하여 그 화석이 얼마나 오래되었는지 정확하게 알 수 있다. 다윈 시대에는 서로에 대한 각각의 위치에 따라 **상대적 연대측정**(relative dating)으로 암석의 연대를 측정했다. 일반적으로 최근에 생성된 암석이 오래된 암석의 위쪽에 위치하기 때문에 낮은 지층에 있는 암석이 더 오래된 것이다. 19세기 지리학자들은 퇴적암의 상대적인 위치와 서로 다른 환경에서 여러 종류의 퇴적암의 침전 정도를 연구해서 암석의 상대적 나이를 매우 정확하게 측정하였다.

오늘날의 지리학자들은 동위원소 연대 측정법을 이용해 절대적 연대를 결정할 수 있다. 암석이 형성되는 시점에서 일부 원소들은 서

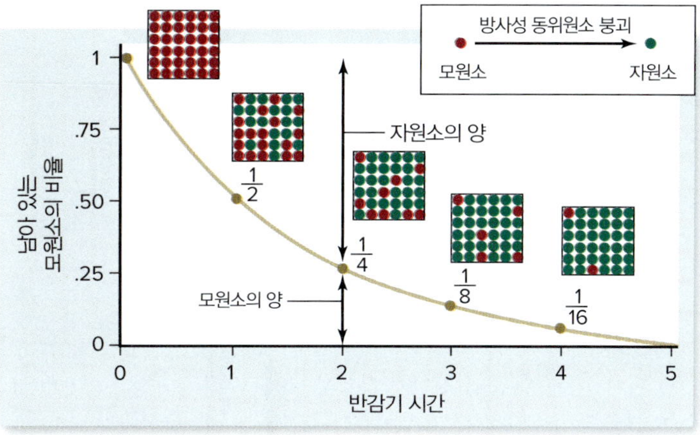

그림 17.9 동위원소 붕괴.
동위원소는 반감기라고 부르는 알려진 속도로 붕괴한다. 한 번의 반감기가 지난 후에, 원래 모원소(parent isotope) 양의 50%가 자원소(daughter isotope)로 변한다. 각각의 반감기마다 원래 원소에 남아 있는 양의 1/2이 변한다.

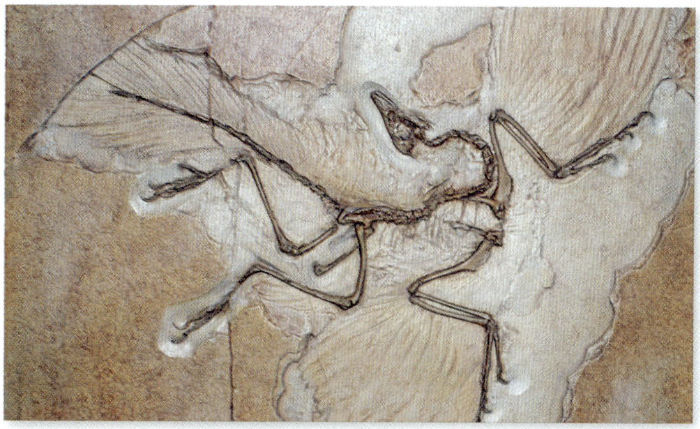

그림 17.10 최초의 새인 시조새의 화석.
이 표본은 화석에서 일반적으로 발견하기 어려운 부드러운 부분들까지 매우 잘 보존하고 있다. 공룡의 특징들을 많이 가졌음에도 불구하고 깃털을 보면 시조새가 분명히 조류였다는 것을 알 수 있다. 공룡에서부터 새의 진화적 자손을 보여주는 화석 증거는 19장에서 자세하게 다루었다(**그림 19.12** 참조).

로 다른 동위원소로 존재한다. 시간이 지남에 따라 불안정한 동위원소가 또 다른 동위원소로 바뀌면서 두 형태의 비율이 달라진다.

예를 들어, 포타슘(K)은 생명체에서 가장 흔한 원자 중 하나이다. 모든 포타슘(K) 원자는 같은 수의 양성자를 가지고 있다. 그러나 포타슘의 동위원소들은 가지고 있는 중성자의 숫자가 다르다. ^{40}K는 19개 양성자와 21개 중성자를 가지고 있으며, ^{39}K나 ^{41}K보다 덜 안정하다. ^{40}K는 시간이 지나면서 붕괴(전환)하여 ^{40}Ar(아르곤)을 형성한다. ^{40}K의 반감기는 12억 5천만 년이다. 즉, ^{40}K가 50%로 감소하는 데 걸리는 시간은 12억 5천만 년이다. 긴 반감기는 ^{40}Ar에 대한 ^{40}K의 비율을 결정해서 원시 화석의 연대를 측정하는 데 매우 유용하다(**그림 17.9**).

좀 더 최근에 일어난 사건의 경우는 방사성 탄소연대 측정법을 이용할 수 있다. 대기 중에서 CO_2의 형태로 존재하는 탄소는 동위원소 ^{14}C와 ^{12}C가 혼합되어 있으며, 광합성을 통해서 식물로 흡수된다. ^{12}C에 대한 ^{14}C의 상대적인 양이 약 5700년의 반감기로 감소한다. 다른 동위원소들을 이용하여 좀 더 중간 단계의 연대를 결정할 수 있다.

화석은 진화적 변화의 역사를 보여준다

화석을 각각의 연대에 따라 가장 오래된 것부터 최근의 것 순으로 배열하면, 연속된 진화적 변화의 증거를 얻을 수 있다. 가장 커다란 범위에서 화석 기록은 원핵생물의 기원으로부터 이후 진핵생물의 탄생, 물고기의 진화, 육지에 서식하는 생명체의 증가, 공룡의 번성, 그리고 인간의 기원에 이르기까지 시간을 통한 생명의 진화과정을 보여준다. 또한 화석 기록은 생존하는 종의 수를 감소시킨 주기적인 대멸종(mass extinction)과 같이 시간에 흐름에 따라 생물학적 다양성이 증가하였거나 감소한 것을 보여준다.

화석은 진화적 전이과정을 기록한다

화석이 현재까지 남아 있거나 발견할 가능성이 낮다는 것을 생각하면, 화석기록이 불완전하다는 것이 놀라운 일은 아니다. 그럼에도 불구하고, 과도기 형태들은 종종 생명의 중요한 변화가 일어난 과정을 보여줄 수 있다.

이 중 가장 잘 알려진 것이 1억 6500만 년 전에 살았던 가장 오래된 새인 시조새(*Archaeopteryx*, 원시 깃털을 의미)이다(**그림 17.10**). 이 종은 분명히 새와 공룡의 과도기 형태를 보인다. 시조새의 깃털은 여러 가지 측면에서 현대 조류의 깃털과 유사하며, 이 종이 조류라는 것을 명확하게 보여준다. 그렇지만 다른 많은 측면, 예를 들어 치아를 가지고 있다거나, 뼈를 가진 꼬리, 그리고 다른 해부학적 특징들은 일부 육식 공룡과 매우 비슷하다. 사실 깃털이 남지 않은 일부 표본은 공룡과 상당히 비슷하기 때문에 잘못 분류하여 이 실수가 밝혀지기 전까지 수십 년간 자연사 박물관의 엉뚱한 표본장에 보관한 경우도 있다.

시조새는 과도기 화석에서 쉽게 볼 수 있는 경향을 보인다. 모든 특징이 과도기 형태를 가지는 것은 아니며, 보통 일부는 그 조상형과 같고 다른 것은 그들의 자손과 같다. 다시 말해서, 여러 형질은 서로 다른 비율과 시간으로 진화하기 때문에 과도기적 형태의 모든 형질이 과도기에 있을 거라고 기대하는 것은 옳지 않다.

최초의 시조새 화석은 다윈이 〈**종의 기원**(On the Origin of Species)〉을 출간한 1859년에 발견되었다. 그 이후로 고생물학자들은 지속적으로 화석 기록의 빈틈을 채우려고 했다. 오늘날의 화석 기록, 특히 진핵생물의 화석 기록은 훨씬 더 완전하다. 중요한 군을 연결하는 화석은 모두 발견되었다.

최근 몇 년간 진핵생물의 진화와 관련하여 우리가 아직까지 이해할 수 없었던 틈을 메워주는 극적인 발견들이 이어졌다. 예를 들어, 육상에 거주하는 발굽을 가진 조상에서 기원한 고래와 돌고래의 진화와 관련하여 중요한 사실을 알려준 4개의 다리를 가진 수중 포유동물을 최근에 와서야 겨우 발견할 수 있었다(**그림 17.11**). 이와 마찬가지로 다리를 가진 뱀의 화석은 뱀의 진화에 대한 실마리를 제공하였는데, 뱀은 도마뱀에서 기원하였으며 몸이 점점 더 길어지고 동시에 다리가 줄어들다가 결국 없어졌다.

보다 세밀한 규모에서 몇 종류의 동물들의 진화적 변화가 매우 상세하게 알려져 있다. 예를 들어서, 약 2억 년 전 굴(oyster)은 작고 구

그림 17.11 고래의 "잃어버린 고리들".
암불로케투스, 로도케투스 그리고 파키케투스를 발견하면서 고래와 발굽을 가진 고래 조상들 사이의 틈을 메울 수 있었다. 파키케투스의 특징은 중간 형태가 모든 특징에서 중간 단계가 아니며, 오히려 몇몇 특징은 다른 것보다 먼저 진화할 수 있다는 것을 보여주었다. 고래 진화의 경우, 다리의 진화적 변형이 일어나기 전에 두개골이 먼저 변하였다. 이들 3종의 화석들이 모두 4500만 년~5500만 년 전인 시신세에 나타났다.

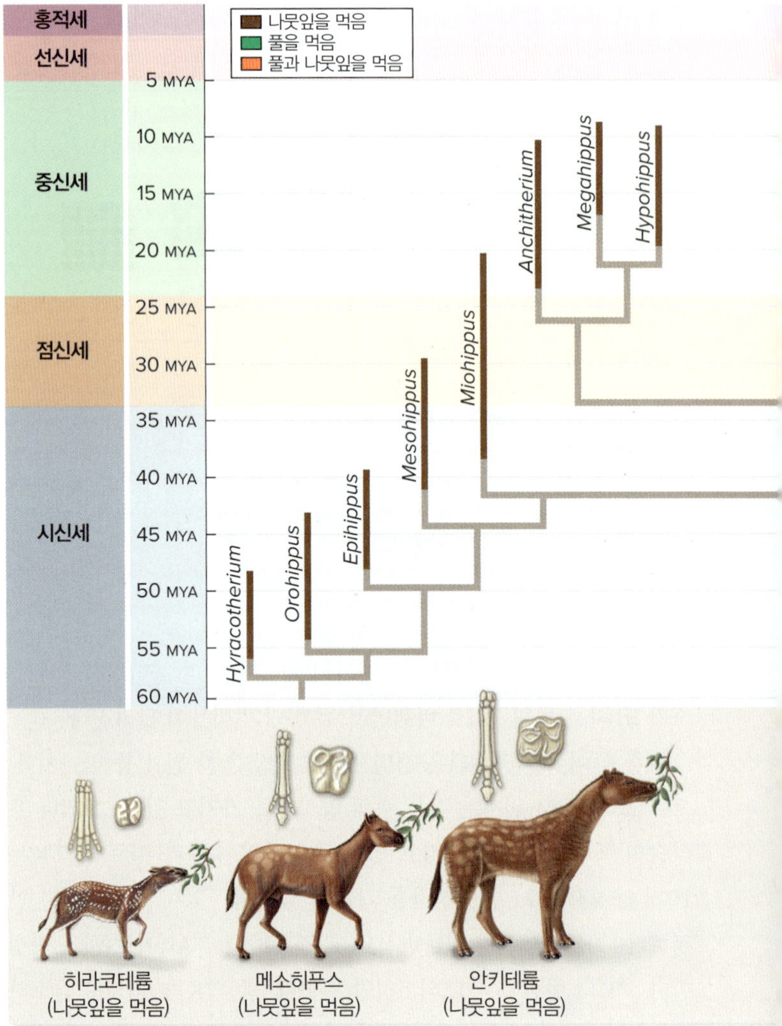

그림 17.12 말 크기의 진화적 변화.
직선은 말과의 진화적 유연관계를 나타낸다. 말의 계통수는 하나의 나무 몸통보다는 덤불과 같다. 현재보다 과거의 다양성이 훨씬 크다. 일반적으로 몸이 더 커지고, 어금니가 더 복잡해지고, 발가락이 줄어드는 방향으로 변화하는 경향이 있었지만 예외적인 것도 있었다. 예를 들어서, 비교적 최근의 형태인 나니푸스(*Nannippus*)는 반대 방향, 즉 몸이 더 작아지는 쪽으로 진화했다.

? 탐구문제 진화과정에서 나니푸스의 몸 크기가 작아진 이유는 무엇인가?

부러진 껍질에서 더 크고 좀 더 평평한 껍질로 변화했는데, 1200만 년이 넘는 기간 동안 조금씩 더 평평해지는 화석들을 발견했다. 다른 많은 예에서 연속적 변화에 대한 유사한 기록을 찾을 수 있다. 이처럼 연속적인 변화를 볼 수 있다는 것이 진화가 일어났었다는 가장 강력한 하나의 증거가 될 수 있다.

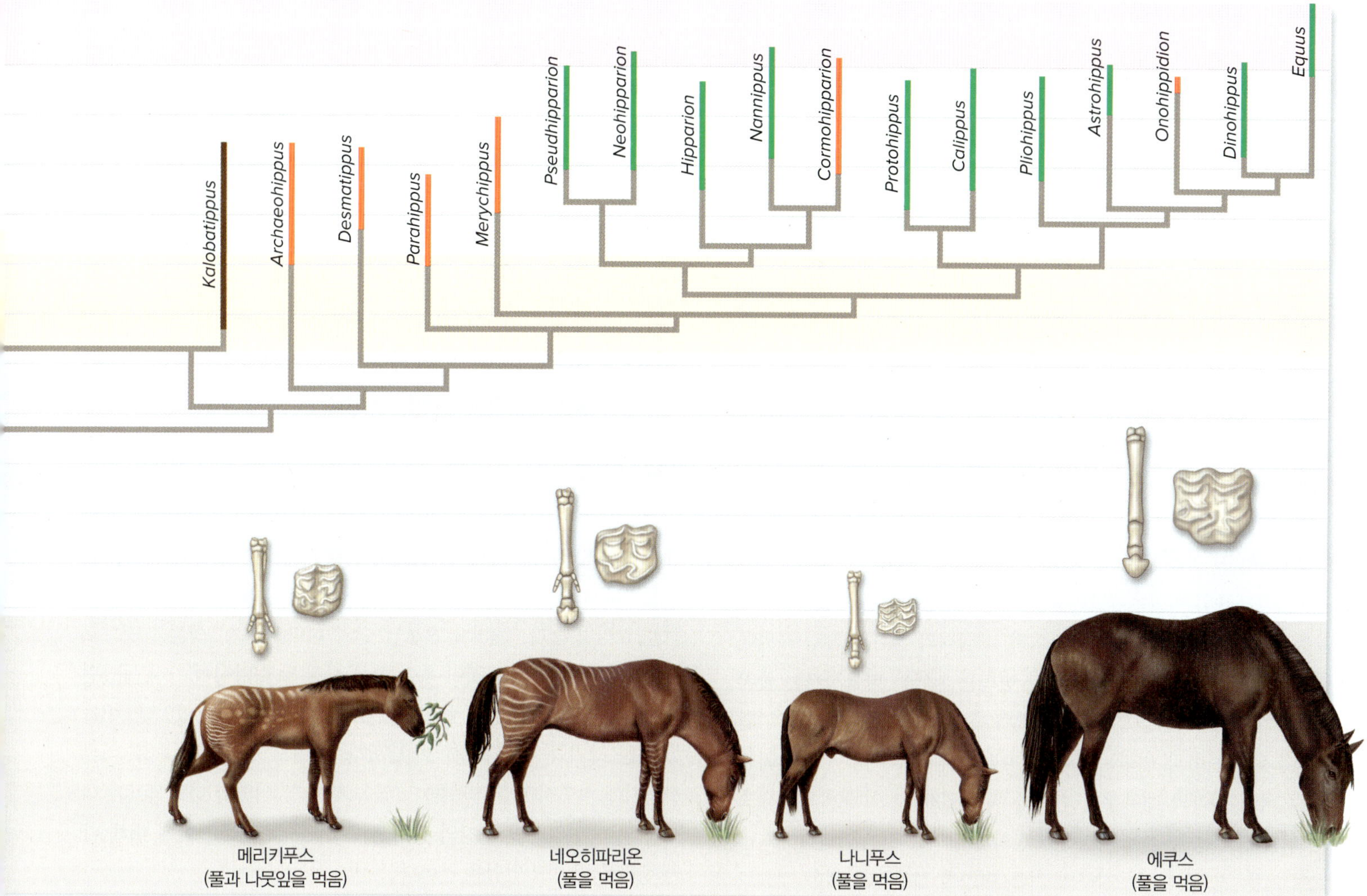

말의 진화는 화석에서 얻어진 증거의 대표적인 예이다

화석 기록을 가장 많이 연구한 예 가운데 하나가 말의 진화에 관한 것이다. 현대 말과(family Equidae)에는 말, 얼룩말, 당나귀가 속하는데, 모두가 몸이 크고 다리가 길며 넓은 초원에 살도록 적응한 매우 빠른 동물이다. 말속(genus *Equus*)에 모두 속하는 이들 종은 5500만 년 전 시신세(Eocene)에서 기원한 이후로 34개 속을 생산한 오랜 계통의 마지막 살아 있는 자손들이다. 말 화석에 대한 연구는 변화하는 환경에 적응하면서 진화가 이루어졌다는 잘 정리된 사례를 보여준다.

최초의 말

말과에서 가장 먼저 알려진 종은 현재의 말의 모습과는 많이 다른 히라코테륨속(genus *Hyracotheirum*)의 한 종이다. 짧은 다리 그리고 넓은 발을 가진 이 작은 종들은 나무가 많은 서식지에서 살았으며, 잎과 풀에 숨어서 주변을 살피며 수풀의 틈을 통해 포식자로부터 몸을 피해 빠르게 달아났다. 아주 작은 이 생물로부터 오늘날의 말까지 진화하는 과정에서 몸의 크기, 발가락 수 감소, 그리고 치아의 크기 및 모양과 같이 다양한 형질들이 변화했다(**그림 17.12**).

크기의 변화

최초의 말종(species)은 집 고양이나 중간 크기 개와 비슷했다. 반대로 현대 말과의 동물들은 몸무게가 500 kg이 넘는다. 화석 기록을 연구하면 초기 3000만 년 동안 몸의 크기가 많이 변하지 않았다는 것을 알 수 있다. 그러나 그 이후로 많은 수의 서로 다른 계통들이 빠르게 커졌다. 그러나 진화는 한쪽 방향으로만 이루어지지 않았으며 나니푸스(*Nannippus*)가 보여준 것과 같이 몸의 크기가 줄어드는 경향이 말과 계통수의 일부 가지에서 나타났다.

발가락 수 감소

현대 말의 발은 거칠고 뼈로 이루어진 발굽으로 둘러싸인 1개의 발가락을 가지고 있다. 이와는 대조적으로 히라코테륨은 앞발에 4개의 발가락과 뒷발에 3개의 발가락을 가졌었다. 발굽이 아니라 발가락이 개나 고양이의 것과 같이 발바닥 살에 파묻혀 있었다.

화석을 연구하면 시간이 지나면서 이루어진 변화들, 즉 가운데 발가락 길이의 일반적인 증가, 뼈로 된 발굽의 발달, 다른 발가락의 소실을 확실하게 확인할 수 있다(**그림 17.12**). 몸의 크기와 함께 이러한 경향은 몇몇 말 계통수의 서로 다른 가지에서 동시에 발생하였다. 그러나 모든 계통에서 나타나지는 않았다.

발가락 수가 줄어든 것과 동시에 이들 말 계통들은 다리의 길이와 뼈의 모양이 변화하면서 진화했으며, 먼 거리를 빠른 속도로 달릴 수 있었다.

치아의 크기와 모양

히라코테륨의 치아는 작고 모양이 비교적 단순했다. 시간이 흐르면서 말의 치아는 길이가 길어졌으며, 어금니와 작은 어금니 표면이 복잡한 모양으로 발달했다. 이러한 변화는 치아를 마모시키는 풀처럼 거칠고 질긴 식물을 잘 씹을 수 있도록 하는 것이다. 몸의 크기와 마찬가지로 진화적 변화는 시간에 따라 일정하게 이루어지지 않는다. 오히려 치아의 대부분의 변화가 지난 2000년 이내에 일어났으며, 모든 말 계통들 간에 일정하게 변화가 일어난 것은 아니다.

이 모든 변화는 모두 지구의 기후 변화에 적응하기 위한 것으로 이해할 수 있다. 특히 후기 중신세(Miocene)과 전기 점신세(Oligocene) 동안(약 2500~2000년 전), 북아메리카에는 대부분의 말들이 진화한 초원이 점점 더 늘어났다. 말들이 숲에서 초원으로 이동하면서 포식자에게 도망치기 위해서 빠른 속도로 이동하는 것이 더 중요해졌다. 이와는 대조적으로 여러 개의 발가락과 짧은 다리로 인한 엄청난 유연성은 복잡한 숲의 나무들 사이로 몸을 구부려 피하는 데 유리했지만 더 이상 도움이 되지 않았다. 동시에 말은 작은 돌과 단단한 물질이 섞여 있는 풀과 다른 식물을 먹었다. 따라서 이러한 물질을 견디기에 적합한 치아를 선호하였다.

진화의 경향

여러 해 동안, 말의 진화를 시간을 통한 지속적인 변화의 한 예로 생각해 왔다. 몇몇 연구자들은 말의 진화 증거에 대한 기록을 통해서 말의 다리가 길어지고, 발가락 수는 줄어들며, 치아는 크고 복잡해지는 것처럼 한쪽 방향으로 일정하게 진화가 이루어진다고 보기도 했다. 지금은 이러한 관점이 틀렸으며, 수백만 년 동안 이루어진 진화적 변화 과정이 그렇게 간단하지 않다는 것을 알고 있다.

오히려 화석들은 비록 전체적인 경향이 다양한 특징에서 뚜렷하게 나타났지만, 진화적 변화는 시간이 흐르면서 일정하거나 단일한 형태로 이루어지는 것과는 거리가 멀었다. 대신에 진화율은 오랜 기간 동안에 변화가 거의 없거나 짧은 기간에 큰 변화가 관찰될 수 있는 것처럼 매우 다양하다. 더욱이, 한번 변화가 발생하면 이 변화가 말의 계통수에 위치하고 있는 서로 다른 계통에서 동시에 일어나기도 한다.

마지막으로 어떤 경향이 존재해도 말의 일부 계통에서 나타난 것처럼 진화 과정에서 몸의 크기가 줄어드는 예외적인 경우가 흔하게 나타난다. 이러한 경향은 일반적으로 광범위한 화석 기록이 존재하는 모든 동물과 식물군에서 찾을 수 있다.

말의 다양성

처음에 말의 진화 과정이 시간을 따라 직선을 이룰 것이라고 생각한 이유는 현대 말의 다양성이 비교적 제한적이기 때문일 것이다. 이러한 이유로 머릿속에 히라코테륨에서 현대 말을 연결하는 하나의 선을 그리기 쉽다. 그러나 오늘날 단지 하나의 속이 생존할 정도로 말의 다양성이 낮다는 것이 특이하다. 사실 말 다양성이 가장 높았던 중신세에 13속의 말들은 북아메리카에서만 발견할 수 있었다. 이들 종은 몸 크기와 여러 특징들이 달랐다. 아마도 이 종들은 서로 다른 서식지에 살면서 다른 먹이를 먹었을 것이다. 이러한 다양성이 현대까지 남아 있었다면 초기의 진화생물학자들은 말의 진화에 대해 다른 생각을 가지고 있었을 것이다.

핵심 요약 17.4

화석은 생물이 호박, 영구동토층, 또는 바위와 같은 기질에 남아 있을 때 만들어진다. 화석은 오랜 시간에 걸친 진화적 변화를 연구하는 데 이용할 수 있으며, 진화 과정에서 중요한 변화가 일어난 원인을 이해할 수 있게 해준다. 말의 광범위한 화석 기록은 그 양상이 일정하거나 단일하지 않으며 예외적인 경우가 있을 수 있지만, 이들 집단이 진화적으로 다양하게 변화하는 과정을 잘 알려준다.

■ 진화적 변화의 비율과 방향이 시간에 따라 달라지는 이유는 무엇일까?

17.5 진화의 해부학적 증거

학습 목표

1. 상동기관과 흔적구조의 진화적 중요성을 설명할 수 있다.
2. 초기 발생 과정이 진화의 증거가 되는 이유를 서술할 수 있다.

진화론의 가장 큰 장점은 생명의 다양성을 이해할 수 있도록 합리적인 틀을 제공할 수 있다는 것이다. 생물학 전반에서 얻어진 많은 발견들은 진화 결과의 관점으로 보지 않으면 어떤 의미 있는 방법으로도 쉽게 이해할 수 없다.

상동구조는 같은 기원에서 유래한다

척추동물은 진화하면서 같은 뼈를 종종 다른 용도로 사용한다. 이 뼈들은 과거의 형태를 계속 유지하고 있지만 기능이 다르다. 예를 들어서, 척추동물의 앞다리는 대부분 서로 다른 모양과 기능을 가지지만, 모두 공동조상의 같은 신체 부분에서 분화한 **상동구조**(homologous structures)이다.

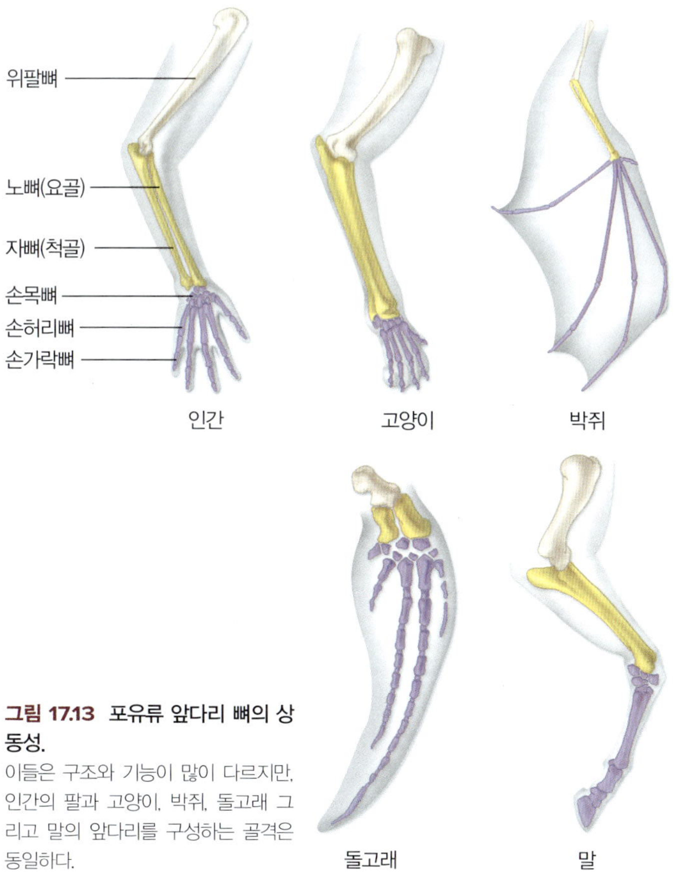

그림 17.13 포유류 앞다리 뼈의 상동성.
이들은 구조와 기능이 많이 다르지만, 인간의 팔과 고양이, 박쥐, 돌고래 그리고 말의 앞다리를 구성하는 골격은 동일하다.

그림 17.13에서 앞다리뼈가 어떻게 여러 포유류에서 서로 다른 방향으로 변화했는지 볼 수 있다. 이와 같이 매우 상이한 구조가 동일하게 1개의 위쪽 팔뼈, 한 쌍의 아래쪽 팔뼈, 여러 개의 작은 손목뼈 그리고 하나 또는 여러 개의 손가락뼈들을 가지는 이유는 무엇일까? 만약 진화가 일어나지 않았다면, 이것은 사실 수수께끼였을 것이다. 그러나 이 동물들이 모두 공동조상에서 기원했다고 생각하면, 자연선택이 처음 시작이 같았던 기관을 전혀 다르게 사용할 목적으로 변형시켰다고 쉽게 이해할 수 있다.

초기 배아발생은 일부 집단에서 유사성을 보여준다

진화를 뒷받침하는 가장 강력한 해부학적 증거 중 일부는 생물의 발생과정을 비교하여 얻을 수 있다. 예를 들어, 서로 다른 척추동물의 배아는 초기에는 대체로 유사하게 시작하지만 발생을 진행하면서 점점 더 달라진다. 발생 초기에 척추동물의 배아는 서로 다른 구조로 발달하는 인두낭(Pharyngeal pouches)을 가진다. 사람의 인두낭은 다양한 분비샘(gland)과 관(duct)으로 바뀌고, 물고기에서는 아가미틈(gill slit)으로 발달한다. 이후 단계에서 영장류 배아는 모두 긴 꼬리를 가진다. 그러나 원숭이와 대부분의 영장류가 꼬리를 계속 유지하는 반면, 사람과 유인원 종은 척추 끝부분에 꼬리뼈를 가진다. 사람의 태아는 발생 후 다섯 번째 달 즈음에 몸에 솜털[**배냇털**(lanugo)]도 가진다.

마찬가지로 대부분의 개구리가 올챙이 단계를 거치지만, 몇몇 종은 작지만 완전한 형태의 개구리로 직접 발생하여 알에서 깨어난다. 그러나 이들 종의 배아는 여전히 처음 개구리가 되기 전에 사라지는 꼬리를 가지는 것처럼 올챙이의 특징을 보인다(**그림 17.14**).

이처럼 발생적 형태가 남아 있다는 것은 조상의 발생 양식을 변형시키는 새로운 방법으로 생물의 발생과정이 진화했다는 것을 잘 보여준다.

몇몇 구조는 사용하기에 완전히 적합한 것은 아니다

자연선택은 집단 내에 다양성이 존재할 때만 작용하기 때문에 일부 생명체가 주변 환경에 완벽하게 적응하지 못하는 경우도 많이 발생한다. 예를 들어서, 목이 긴 대부분의 동물은 유연성을 증가시키기 위해 많은 수의 목뼈를 가지고 있다. 거위는 최대 25개, 공룡시대에 바다를 돌아다녔던 목이 긴 파충류인 플레시오사우루스(Plesiosaurs)는 무려 76개나 되는 목뼈를 가졌었다. 이와는 대조적으로 기린은 불과 7개의 매우 긴 목뼈를 가진다. 기린이 목뼈가 많은 동물처럼 좀 더 진화하지 않은 이유는 무엇인가? 대부분의 포유류는 7개의 목뼈를 가지는 것으로 밝혀졌다. 포유류는 각 집단의 개체들이 같은

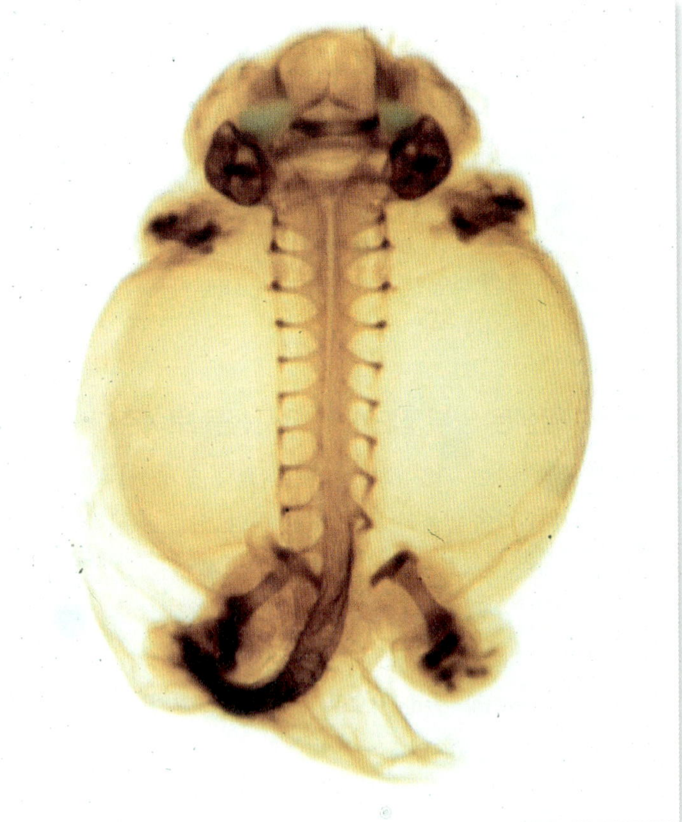

그림 17.14 발생의 특징에서 진화적 조상을 찾을 수 있다.
일부 개구리 종은 올챙이 단계가 없다. 그럼에도 불구하고 알에서 발생하는 과정에서 처음에 올챙이의 특징이 나타났다가 나중에 사라진다.

수의 척추뼈를 가지 때문에 자연선택이 작용할 수 없으며, 그렇기 때문에 척추뼈의 수를 증가시킬 수 없다(다른 유형의 동물들이 왜 더 다양한가라는 질문에 대해 아직까지 답을 하지 못하고 있다). 목뼈의 수가 같은 기린은 긴 목을 만들기 위해서 선택을 통해 척추 뼈의 크기를 진화적으로 증가시켰다.

완벽하지 않은 구조의 가장 좋은 예가 척추동물의 눈인데 광수용체가 뒤쪽인 눈의 벽을 마주하고 있다(**그림 17.15***a*). 결과적으로 신경섬유가 뇌를 향한 뒤쪽이 아니라 앞쪽으로 연결되어 약간의 빛을 차단한다. 더욱이 이들 섬유다발이 모여 시신경을 형성하고 눈의 뒤쪽 구멍을 통해 나가면서 맹점(blind spot)이 만들어진다.

반대로 오징어와 문어 같은 연체동물의 눈은 좀 더 적합한 구조를 가진다. 광수용기가 앞쪽에 존재하고 신경 섬유가 뒤쪽으로 빠져나가기 때문에 빛을 가리거나 맹점이 만들어지지 않는다(**그림 17.15***b*)

이러한 예는 자연선택이 주어진 임무에 대해 가장 좋은 제품을 만들기 위해 계획하고 작업을 하는 기술자라기보다는 어떤 재료가 주어지든 간에 적당한 방법을 찾아 일하는 동네 수선공과 같다는 것을 보여준다. 척추동물의 눈처럼 작동은 하지만 불완전한 구조는 자연선택에 의한 진화에서 예측되는 결과물이다.

흔적구조는 과거의 유물로 설명할 수 있다

많은 생물들은 특별한 기능이 없지만 조상들이 가지고 있었던 기관과 비슷한 **흔적구조**(vestigial structures)를 가진다. 예를 들어, 인간은 다른 여러 포유류와 같이 귀를 움직이는 데 필요한 근육을 모두 가지고 있다. 다른 포유류들은 이 근육을 이용해 귀를 움직여 포식자가 이동하거나 으르렁거리는 소리를 정확하게 듣지만, 인간에게는 재미(귀 움직임) 외에 별 의미가 없다.

다른 예로 보아 뱀은 엉덩이뼈와 원시적인 뒷다리를 가지고 있다. 매너티(manatees, 수생 포유류의 한 종류로 종종 바다소라고 불린

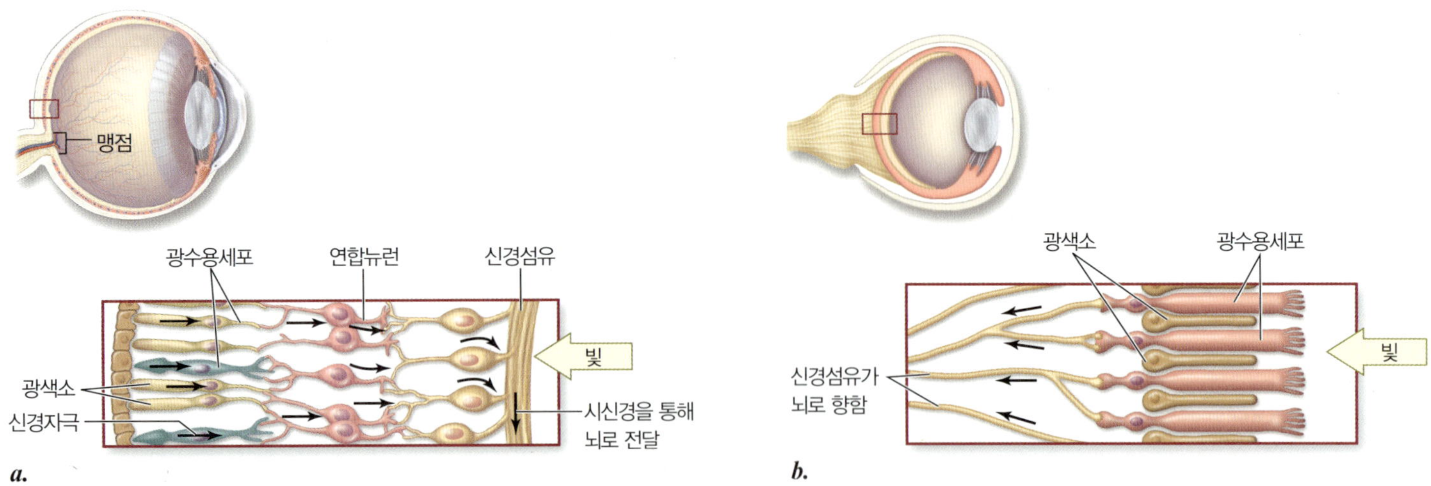

그림 17.15 척추동물과 연체동물의 눈.
a. 척추동물의 광수용기는 뒤쪽에 있는 반면에 (*b*) 연체동물의 광수용기는 앞쪽에 존재한다. 그 결과 척추동물의 신경섬유가 광수용기의 앞을 지난다. 그리고 신경섬유가 다발을 이루어 눈에서 빠져나가는 곳에 맹점이 생긴다. 연체동물의 눈은 이 2가지 문제를 모두 가지고 있지 않다.

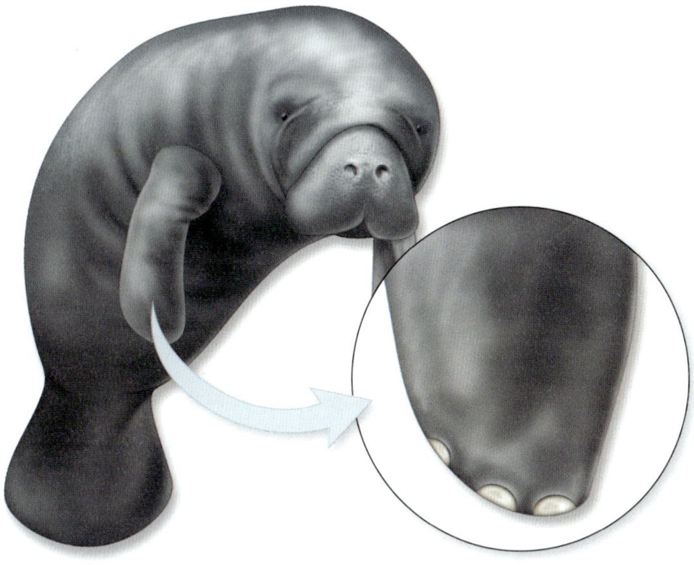

그림 17.16 흔적구조.
코끼리의 친척이고 육지 포유류의 후손인 서인도 매너티(*Trichechus manatus*)는 항상 물속에서 생활하는데도 불구하고 여전히 물갈퀴에 발톱이 남아 있다.

다)는 다리에서 진화한 물갈퀴에 손톱을 가지고 있다(**그림 17.16**). 햇빛을 본 적이 없는 장님동굴물고기 중 일부는 작고 기능이 없는 눈을 가진다(다른 장님동굴물고기는 눈이 완전히 퇴화하였다).

사람의 충수는 분명한 흔적구조이며, 대장이 시작되는 맹장(한쪽 끝이 막힌 장)의 퇴화한 말단 부위에 붙어 있다. 쥐처럼 다른 포유류는 맹장이 대장에서 가장 크고 일반적으로 초식동물에서 많은 양의 섬유소를 저장하는 기능을 한다. 일부 기능이 있는 것으로 알려져 있긴 하지만, 현재까지 인간 충수의 역할은 밝혀지지 않았다. 여러 가지 측면에서 위험한 기관이라 할 수도 있다. 충수가 감염되어 발생하는 충수염은 치명적인 경우도 있다.

그림 17.17 빙어.
거의 투명한 이 물고기는 남극의 차가운 물에서 발견된다.

흔적형질도 많은 생물의 유전체에서 볼 수 있다. 그 예로 빙어(**그림 17.17**)는 남극의 차가운 물속에 사는데 몸이 투명하게 보이는 특이한 모습이다. 빙어의 몸이 투명한 이유는 몸의 구조 안에 색소가 부족할 뿐만 아니라 혈액이 거의 보이지 않기 때문이다. 사람의 혈액은 산소를 조직으로 보내주는 분자인 헤모글로빈을 가진 적혈구로 인해 붉은색이다(31장 참조). 그러나 물속에서 산소 농도는 온도가 내려가면 높아진다. 남극의 물 온도는 거의 0°C에 가까워서 매우 많은 산소를 함유하기 때문에 물고기들은 산소를 운반하기 위해서 특별한 분자가 필요하지 않다. 결과적으로 이 물고기들은 헤모글로빈이 없기 때문에 혈액의 색깔이 투명하다. 그럼에도 불구하고 빙어의 DNA를 분석하면, 다른 척추동물들처럼 헤모글로빈을 생산하는 유전자를 찾을 수 있다. 그러나 빙어의 헤모글로빈 유전자는 다양한 돌연변이로 인해 기능을 하지 않아 헤모글로빈을 만들지 못한다. 빙어에게 지금은 사용하지 않는 헤모글로빈 유전자가 남아 있다는 것은 그 조상들이 헤모글로빈을 가졌었다는 것을 의미한다. 그러나 빙어의 조상이 남극의 차가운 물속에 살기 시작하면서 헤모글로빈이 더 이상 필요하지 않았고, 다른 종에서는 자연선택으로 없어질 이 돌연변이가 집단 내에 남아 있을 수 있었다. 시간이 지나면서 이들 돌연변이의 일부는 우연히 집단 내에서 그 빈도가 증가했으며(16장에서 논의한 유전적 부동의 과정), 결국 모든 개체들이 돌연변이를 가져서 물고기의 헤모글로빈을 생산하는 능력이 사라졌다.

빙어의 헤모글로빈 유전자처럼, 과거에 기능을 하던 유전자의 흔적이기 때문에 **화석 유전자**(fossil gene)라고 불리는 **위유전자**(pseudogene)는 실제 대부분 생물의 유전체에 아주 많다. 형질이 없어져도 유전자는 간단하게 유전체에서 사라지지 않는다. 오히려 일부 돌연변이는 이들 유전자를 불활성 상태로 만들며, 한번 돌연변이가 발생하면 또 다른 돌연변이들이 축적될 수 있다.

이와 같은 흔적구조를 과거로부터의 유물, 진화의 잔존물 외의 다른 것으로 이해하기는 쉽지 않다. 그러나 흔적구조가 존재하는 것은 그 집단이 이후에 얼마나 달라졌는지에 상관없이, 그들이 공유하는 집단 구성원의 공동조상을 확실하게 보여준다.

이들 상동성, 발생과정 및 불완전한 흔적구조와 같은 모든 해부학적 상의 증거들이 조상으로부터 변화해 내려온, 즉 진화의 결과라고 쉽게 이해할 수 있다.

핵심 요약 17.5

살아 있는 서로 다른 동물들을 해부학적으로 비교하여 종종 공유된 조상에 대한 증거를 얻을 수 있다. 상동기관은 동일한 기관이 서로 다른 기능을 하도록 진화한 것이다. 또 다른 경우는 아직까지 기관이 존재하지만 일반적으로 퇴화한 형태이며, 기능을 모두 잃은 경우도 있다. 이러한 구조를 흔적구조라고 한다.

- 상동기관과 흔적구조가 진화적으로 변형되어 내려온 결과라는 것 이외에 어떻게 설명할 수 있을까?

17.6 수렴진화와 생물지리학적 기록

학습 목표

1. 수렴진화의 원리를 설명할 수 있다.
2. 섬에서 식물과 동물 종의 생물지리학적 분포가 어떻게 진화적 다양화에 대한 증거를 제공하는지를 설명할 수 있다.

종의 지리적 분포를 연구하는 **생물지리학**(biogeography)에 따르면 거의 관련 없는 서로 다른 지역에 살고 있는 식물과 동물군이 종종 매우 비슷한 겉모습을 가진다.

이렇게 많은 유사성을 우연의 결과로 설명하기 어렵다. 대신에 자연선택으로 인해 비슷한 환경에서 진화적으로 동일하게 적응한 것으로 보인다. 이러한 경우에 선택은 두 집단을 좀 더 비슷하게 만들려는 경향이 있기 때문에, 이 생물들의 표현형이 닮아간다. 이런 형태의 진화적 변화를 **수렴진화**(convergent evolution)라고 한다.

유대류와 태반류는 수렴을 보여준다

가장 잘 알려진 수렴진화의 예로서, 포유류의 두 주요한 집단인 유대류(marsupials)와 **태반류**(placentals)는 지구상의 서로 다른 지역에서 매우 비슷하게 진화했다. 유대류는 새끼가 거의 성숙하지 않은 상태로 태어나며, 세상 밖으로 나올 준비가 될 때까지 주머니에서 성장한다. 반대로 태반류의 경우는 새끼가 어미의 많은 보살핌을 받으면서 외부 환경에서 안전하게 생존할 수 있을 때 태어난다.

호주는 7000만 년 전에 다른 대륙에서 떨어져 나왔으며, 그때부터 유대류와 태반류 모두가 서로 다른 지역에서 진화했다. 특히 유대류는 호주에서만 찾을 수 있다. 이렇게 서로 나뉘어서 진화한 결과로 오늘날 호주의 유일한 태반류는 박쥐와 비교적 최근에 서식하기 시작한 설치류뿐이며, 호주에는 유대류가 주류를 이루고 있다.

호주의 유대류는 무엇을 닮았을까? 유대류는 놀라울 정도로 오늘날 다른 대륙에 살고 있는 태반류와 비슷하다(**그림 17.18**). 이 2종류 포유류의 일부 개체들 간의 유사성은 서로 다른 고립지역에서 비슷한 환경으로 인해 동일한 선택적 압력을 받아 비슷하게 진화한 수렴진화의 결과이다.

수렴진화는 흔하게 나타나는 현상이다

어떤 종들이 서로 유사한 환경에서 살아갈 때, 종종 비슷한 선택적 압력을 받는다. 그렇기 때문에 이 종들이 진화적으로 동일하게 적응하는 경우가 많다. 예를 들어, 빠르게 움직이는 해양 포식자를 생각해 보자(**그림 17.19**). 물속에서 이동하는 경우 유체역학적으로 마찰을 최소화하기 위하여 몸의 모양이 유선형이어야 한다. 가장 빠른 해양종 가운데 돌고래, 상어 그리고 참치가 모두 같은 기본 형태를 가지고 진화했다는 것은 우연이 아니다. 또한 공룡시대에 살았던 해양 파충류인 어룡(ichthyosaurs)도 역시 유사한 생활양식을 가졌을 것으로 추측할 수 있다.

섬의 나무들도 비슷한 현상을 보인다. 대부분의 섬은 나무로 덮여 있는데 사람이 거주하기 전까지는 그러했다. 그러나 이 나무들을 조심스럽게 살펴보면 우리가 잘 아는 나무들과는 밀접한 관련이 없다는 것을 알 수 있다. 이 나무들은 키가 크고 거친 표면을 가지는 것처럼 나무의 모든 특징을 가지고 있지만, 대부분의 경우에 다른 지역에서는 꽃, 관목 또는 다른 작은 덤불로 존재하는 식물군에 속한다. 예를 들어, 많은 섬의 자생나무들이 해바라기과에 속한다.

섬에서 이들 식물이 나무로 진화한 이유는 무엇일까? 아마도 나무의 씨앗이 멀리 떨어진 섬에 닿기 어려웠기 때문일 것이다. 결과적으로 멀리 떨어진 섬에 서식할 수 있는 종들은 섬에 도착하자마자 비어 있는 생태계를 맞이하였다. 다른 나무 모양의 식물들이 없으면, 자연선택은 보통 광합성을 하기 위해서 햇빛을 많이 받아들이는 식물들이 잘 자라며, 그 결과로 전 세계 섬에 나무를 닮은 형태들이 진화할 수 있었다.

수렴진화는 인간에게서도 볼 수 있다. 대부분의 사람은 우유를 분해하는 효소인 젖당분해효소를 유년기의 어느 시점이 되면 더 이상 생산하지 않는다. 그러나 소를 키우는 아프리카와 유럽 집단의 사람들은 평생 동안 젖당분해효소를 만든다. DNA 분석을 통해서 성인이 될 때까지 젖당분해효소를 계속 생산하는 것이 아프리카와 유럽의 서로 다른 돌연변이 때문이라는 것이 알려졌으며, 이는 이 두 집단이 독립적으로(수렴하여) 적응하였다는 것을 보여준다.

그림 17.18 수렴진화.
호주에 살고 있는 다양한 종의 유대류들이 나머지 대륙의 어딘가에서 비슷한 생태학적 위치를 차지하고 있는 태반 포유류를 닮았다. 유대류는 호주가 다른 대륙에서 떨어져 나온 후 홀로 진화했다.

생물지리학적 연구는 또 다른 진화의 증거를 제공한다

다윈은 세계를 항해하면서 몇 가지 중요한 것들을 관찰하였는데, 여러 대륙에서 쉽게 볼 수 있는 식물 및 개구리나 육지 포유류와 같은 동물을 섬에서 발견할 수 없었다는 것에 주목했다. 우연히 사람이 들어와서 이들 종을 섬에 풀어주면 살 수 있다는 것을 확인했기 때문에 적당한 서식지가 부족하다는 것은 원인이 아니다. 또한 섬에 살고 있는 종들은 보통 대륙에 살고 있는 그들과 같은 종에서 갈라져 나왔으며, 때로는 다윈의 핀치새와 방금 논의한 섬의 나무들과 마찬가지로 대륙의 다른 종들이 사용하는 생태학적 위치를 차지하고 있다. 마지막으로 섬에 거주하는 종들은 일반적으로 대륙과 가까운 섬의 환경이 많이 다르더라도 가까운 대륙의 종들과 좀 더 밀접한 관련이 있는 경우가 많다.

다윈은 이러한 현상에 대한 설명을 추론했다. 많은 섬들이 대륙 지역들과 연결된 적이 없다. 거기에 서식하는 종들은 물을 건너 퍼지면서 도착했다. 날거나, 물에 뜨고, 헤엄칠 수 있는 일부 종들은 다른 종들보다 섬에 갈 가능성이 더 높다. 개구리처럼 몇몇은 특히 탈수로 인해 소금물에서 헤엄칠 수 없기 때문에 섬에서 번식할 가능성이 거의 없다.

몇몇 형태의 식물과 동물이 없기 때문에 섬에 도착한 종들은 좋은 기회를 가질 수 있다. 그 결과 일반적으로 가까운 지역에서 온 이주

그림 17.19 빠르게 헤엄치는 포식자 사이의 수렴진화.
물속에서 빠르게 움직이기 위해서는 수없이 진화한 유선형의 몸이 필수적이다.

종들은 종종 생태 및 형태적으로 변이를 크게 보이는 많은 종으로 진화한다. 적응방산(adaptive radiation)이라고 불리는 이 현상은 18장에서 논의한다.

핵심 요약 17.6

수렴은 비슷한 선택적 압력에 노출되었을 때 서로 다른 계통이 비슷한 모양으로 진화하는 것이다. 종들의 생물지리학적 분포는 보통 인근 지역의 가까운 관련 종과의 진화적 다양화의 결과를 보여준다.

- 수렴진화가 발생하는 이유는 무엇일까? 그리고 다른 지역에서 비슷한 환경을 가지는 종들이 때때로 수렴진화를 보이지 않은 이유는 무엇일까?

17.7 다윈의 비평가들

학습 목표

1. 진화론에 대한 비판이 무엇인지 알아보고 이에 대한 반론을 나열할 수 있다.
2. 과학적인 목적으로 사용하기 위해서 가설과 이론을 구분할 수 있다.

다윈이 진화론을 발표한 이후 한 세기 반 동안, 생물학자들은 다윈의 자연선택에 의한 진화론을 거의 보편적인 것으로 받아들였지만 일부 일반 대중들 사이에서는 논란의 대상이었다. 여기에 생물학적 사실로서 진화론을 가르치는 것에 대해 비평가들이 이의를 제기한 7가지 주요한 사항과 이에 대하여 과학자들이 제시한 몇 가지 답에 대해 논의한다.

1. **진화가 확실하게 증명되지 않았다.** "진화는 이론일 뿐이다." 다윈의 비평가들은 이론은 지식이 부족하거나 일종의 추측을 의미할 뿐이라고 지적한다.

   그러나 과학자들은 이론이라는 단어를 일반 대중과는 매우 다른 의미로 사용한다. 과학자들은 중력 이론이나 진화론과 같이 다양한 증거를 통해 확실하게 증명할 수 있는 경우에만 이론이라는 단어를 사용한다. 진화와 중력 모두가 "단지 이론"이라는 것을 인식하는 것이 중요하다. 이론이라는 용어는 직감이나 개념, 심지어 초기 가설이라는 말과 같은 의미를 갖지 않는다. 오히려 사용할 수 있는 정보를 합리적으로 만드는 잘 검증된 현상이라고 할 수 있다.

2. **화석 중간체가 존재하지 않는다.** 비평가들은 화석 기록 사이에 빈틈이 많다는 것을 지적하면서 "다리로 변해가는 지느러미를 본 사람이 아무도 없다."라고 주장했다.

   그러나 그 후로 척추동물 진화에서 실제 많은 화석 중간체를 발견하였다. 뚜렷한 화석을 통해 지금은 발굽을 가진 포유류와 고래, 파충류와 포유류, 공룡과 새, 영장류와 사람 사이의 변화를 추적할 수 있다. 하나의 주요한 형태에서 다른 것으로 진화한 화석 증거는 설득력이 있다.

3. **지적설계 논쟁.** "살아 있는 생명체의 기관들은 무작위적인 과정으로 만들어졌다고 보기에는 너무 복잡하다. 시계가 존재하는 것은 시계를 만드는 사람이 존재한다는 증거이다."

   자연선택에 의한 진화는 무작위적인 과정이 아니다. 이와는 정반대로 가장 생식 적합성이 높은 변이들이 다음 세대로 전달되는 방법인 자연선택은 한 세대에서 다음 세대로 조금씩 더 나아지면서 매우 복잡한 기관들을 만드는 비무작위적 과정이다.

   예를 들어서, 포유류 귀 진화의 중간체는 화석에서 찾을 수 있다. 그리고 많은 중간 체 "눈"이 다양한 무척추동물에서 알려졌다. 이러한 중간 형태는 가치가 있기 때문에 생겨났다. 빛을 약간이라도 볼 수 있는 것이 전혀 빛을 보지 못하는 것보다 낫다. 눈과 같이 복잡한 구조는 조금씩이지만 꾸준히 개선되면서 진화하였다. 더욱이 척추동물의 눈과 흔적구조처럼 비효율적인 구조가 존재하는 것은 지적설계라는 생각과 맞지 않는다.

4. **진화가 열역학 제2법칙을 위배한다.** "뒤섞인 탄산음료 캔은 스스로 깔끔하게 정리될 수 없다. 물건들은 더 정리되지 않고 무작위적인 과정을 통해서 점점 더 무질서해진다."

   생물학자들은 이러한 논쟁이 제2법칙이 정말 말하고자 하는 것을 무시한다고 지적했다. 무질서도는 닫혀 있는 계에서 증가하는데 지구는 분명히 닫혀 있는 계가 아니다. 에너지는 지속적으로 태양으로부터 생물권(biosphere)으로 들어와서 생명 및 생명을 구성하는 모든 과정을 일으킨다.

5. **단백질은 개연성이 매우 낮다.** "헤모글로빈은 141개의 아미노산을 가진다. 첫 번째로 류신이 올 확률은 1/20이며 141개 모두가 우연히 자신의 자리에 맞는 아미노산이 올 확률은 $(1/20)^{141}$로 불가능할 정도로 드문 사건이다."

이 논쟁은 확률과 통계를 잘 이해하지 못해서 나타난다. 확률은 거꾸로 논쟁하는 데 사용할 수 없다. 교실에 있는 학생이 특정한 생년월일을 가질 확률은 1/365이다. 이러한 방법으로 논쟁하면, 교실에 있는 50명 모두가 자신의 생년월일을 가질 확률은 $(1/365)^{50}$이지만 교실에는 실제 생년월일을 가진 학생들이 앉아 있다.

6. **자연선택은 진화에서 주요한 변화를 설명할 수 없다.** "물고기가 개구리로 진화하고 포식자로부터 뛰어올라 달아나는 실험을 생각한 과학자는 없다."

자연선택이 종내 집단에서 관찰할 수 있는 비교적 작은 변화들을 만든다는 사실을 근거로 종과 종 사이에서 관찰할 수 있는 주요한 차이를 추론할 수 있는가? 이 문제를 연구한 대부분의 생물학자들은 그렇다고 생각한다. 치와와, 마스티프, 그레이하운드처럼 인위선택으로 만들어진 품종 간의 차이는 야생종 사이의 차이보다 더 뚜렷하다. 그리고 실험실에서 이루어지는 선택 실험은 종종 상호교배가 불가능한 형태를 만들고, 따라서 자연에서 서로 다른 종으로 간주된다. 이처럼 서로 다른 종이 빠르게 만들어지는 것을 실제 반복적으로 관찰하였다. 이러한 변화는 일반적으로 수백만 년이 걸린다. 그리고 화석 기록에 확실하게 나타나 있다.

7. **더 이상 단순하게 만들 수 없는 복잡성 논쟁.** "혈액응고처럼 복잡한 세포기작의 각 부분이 전체 과정에서 중요하기 때문에, 세포의 복잡한 장치는 더 단순한 단계에서 진화한 것이라고 설명할 수 없다. 모든 부품이 기능을 하지 않으면 장치가 작동하지 않는다. 결과적으로, 모든 부품이 자리를 잡지 못해서 기능을 하지 못하는 중간 단계는 자연선택이 선호하지 않기 때문에 진화적 구조를 만들 수 없다."

이 주장에서 잘못된 것은 복잡한 분자 기계의 각각의 부품이 전체 시스템의 한 부분처럼 진화하였다는 것이다. 진화의 모든 단계에서 이 장치가 작동하기 때문에 복잡한 장치에 자연선택이 작용할 수 있으며 기능이 향상된 부품을 추가할 수 있다. 이후에 다른 부품들이 달라지거나 없어지기도 해서 처음에는 중요하지 않았던 부분이 필수적인 것으로 진화한다. 이런 방법으로 "더 이상 단순하게 만들 수 없는 복잡한(irreducibly complex)" 구조는 자연선택에 의해 진화할 수 있다. 같은 과정이 분자 수준에서도 작용한다.

예를 들어서, 뱀독은 처음에는 뱀이 먹이를 치아로 물고 몸으로 감아서 질식시켜 잡은 커다란 먹잇감의 소화를 돕는 효소였다. 이후에 이 소화효소는 점점 더 치명적으로 진화했다. 방울뱀들은 커다란 먹이에 독을 주입한 후 도망가게 한다. 이후에 먹이를 추적하여 죽은 먹이를 잡아먹는다. 이를 위해서 방울뱀은 독성이 극도로 강한 독, 고도로 변형시킨 주사기 형태의 앞 치아 및 많은 다른 특성들을 가지도록 진화하였다. 송곳니 또는 독을 제거하면 방울뱀은 먹이를 먹지 못한다. 처음에는 중요하지 않게 진화하기 시작했던 부분이 현재는 필수적이다. 더 이상 단순하게 만들 수 없는 복잡성은 자연선택으로 진화하였다.

마찬가지로 포유류의 혈액응고 과정도 훨씬 단순한 장치에서부터 진화했다. 핵심 응고 과정은 5억 년보다 더 이전 포유류가 처음 나타났을 때부터 진화하기 시작했으며, 오늘날에는 칠성장어와 같이 원시어류에서도 발견된다. 척추동물이 계속 진화하면서, 1억 년이 지나고 단백질들을 응고과정에 추가하여 손상을 입은 조직에서 분비하는 기질을 잘 감지할 수 있게 했다. 5000만 년이 지난 후에, 세 번째 요소를 추가하여 상처로 생긴 울퉁불퉁한 표면에 닿으면 응고를 시작할 수 있게 하였다. 이 단계에서 응고 과정이 점점 더 복잡하게 진화하면서 전체적인 성능이 새롭게 추가한 요소에 따라 달라졌다. 그러므로 혈액응고가 다윈의 진화를 통해 더 이상 단순화할 수 없을 정도로 복잡해졌다.

다양한 구조들을 자연선택으로 만들 수 없다는 주장이 지난 150여 년 동안 반복적으로 이루어져 왔다. 많은 경우에서, 과학적으로 자세하게 연구가 이루어진 후에 그러한 구조가 진화했을 가능성이 있는 경로를 발견하였다.

핵심 요약 17.7

다윈의 진화론은 일부 일반 대중에게 논쟁거리였다. 반대 주장은 보통 이 이론을 제대로 이해하지 못하기 때문에 나타난다. 과학적 어법에서 가설은 공부한 것을 기초로 한 추측이지만 이론은 적합한 증거를 가지고 엄격한 검증을 거친 설명이다.

- 어떤 사람이 인간은 처음 화성에서 왔다고 제안했다고 하면 이 제안을 가설 또는 이론이라고 할 수 있을까? 그리고 어떻게 검증할 수 있을까?

핵심 개념 요약

17.1 다윈의 핀치새 부리: 자연선택의 증거

■ **갈라파고스 핀치새는 먹이 수집과 관련이 있는 변이를 보여준다**

부리 모양과 먹이를 먹을 때 사용하는 방식이 일치하는 것을 보고 다윈은 핀치새 종이 서로 다른 먹이를 먹기 위해 다양하게 적응했다는 것을 깨달았다.

■ **현대의 연구가 다윈의 자연선택 가설을 증명하였다**

자연선택은 부리 모양의 다양성에 영향을 미치는데, 심한 가뭄 동안은 커다란 부리의 새들이, 그리고 오랫동안 많은 비가 오는 기간은 작은 부리를 가진 새들이 많이 번식하도록 한다.

이 변이가 유전적이기 때문에 다음 세대의 부리 크기 빈도에 진화적 변화가 일어난다.

17.2 회색가지나방과 공업암화: 선택의 또 다른 증거

■ **밝은색 나방은 오염 지역에서 감소하였다**

나무의 몸통에 검댕이 붙어 있는 공해지역에서는 검은색 회색가지나방이 더 많아진다. 공해가 적은 지역에서는 밝은색을 가진 형태가 우세하게 살아남는다.

실험을 통해 새가 잡아먹는 것이 원인이었다고 제안하였다. 밝은색의 나방은 검은 몸통의 나무에서 두드러지며, 밝은색 몸통에서는 검은색 나방이 잘 보인다.

■ **환경 조건이 뒤바뀔 때 선택압도 반대가 된다**

지난 50년간 많은 지역에서 공해가 줄어들었으며, 밝은색의 나방 수가 다시 늘어났다.

■ **선택의 요인을 정확히 확인하기 어려울 수도 있다**

일부 연구자들은 새가 잡아먹는 것이 선택의 요인이라는 것에 의구심을 가졌다. 그러나 최근 연구는 이들 가설을 지지한다. 말할 것도 없이, 검은색 나방이 공해가 많았던 기간 동안 증가하였으며 공해가 줄어들면서 감소한 것은 나방의 착색에 자연선택이 역할을 했다는 것을 보여준다.

17.3 인위선택: 인간이 시작한 변화(그림 17.5)

■ **실험적 선택은 집단의 변화를 일으킨다**

방향성 선택에서 실험실 실험은 커다란 진화적 변화가 이들 실험 집단에서 일어날 수 있다는 것을 보여주었다.

■ **농업선택은 작물과 가축의 광범위한 변화를 이끌었다**

■ **가축 품종들은 인위선택으로 생겨났다**

농작물과 사육 동물 품종은 보통 그들의 야생형 조상과 크게 다르다.

만약 인위선택이 짧은 시간 동안 커다란 변화를 빠르게 만들 수 있다면, 자연선택은 수백만 년이 넘는 시간에 걸쳐서 지구 생명체의 다양성을 만들 수 있었다고 가정하는 것이 합리적이다.

17.4 진화의 화석 증거

■ **화석의 연대를 측정할 수 있다**

표본들은 서로 다른 방법으로 화석이 된다. 암석 속의 화석은 알려진 동위원소의 반감기를 기초로 방사성이 감소한 정도를 측정하여 연대를 추정할 수 있다.

■ **화석은 진화적 변화의 역사를 보여준다**

■ **화석은 진화적 전이과정을 기록한다**

지구상 생명의 역사는 화석 기록을 통해서 추적할 수 있다. 최근 몇 년간 새로운 화석을 발견하여 진화적 전이과정에 대해 더욱 자세하게 이해하게 되었다.

■ **말의 진화는 화석에서 얻어진 증거의 대표적인 예이다**

화석 기록은 말이 숲에 살던 작은 동물에서 현재의 평야에 사는 크고 빠른 종으로 진화했다는 것을 보여준다.

5000만 년이 넘는 기간 동안 진화는 일정하거나 한 가지 모습으로 일어나지 않았다. 오히려 가끔은 빠르게 다른 때는 느리게 변화해왔다. 비록 일반적인 경향은 몸의 크기가 커지는 쪽이었던 것이 확실하지만, 몇몇 종들은 크기가 더 작게 진화했다.

17.5 진화의 해부학적 증거

■ **상동구조는 같은 기원에서 유래한다**

상동구조는 동일한 공동조상의 신체 부분에서 기원하였음에도 불구하고 서로 다른 모양과 기능을 가진다.

■ **초기 배아발생은 일부 집단에서 유사성을 보여준다**

배아발생 과정은 성체 표현형이 매우 다른 종들 사이에서도 발생양상이 비슷하다는 것을 보여준다.

조상형에 존재했던 특징이 사라진 종은 보통 배아가 발생하는 동안 그 특징이 나타났다가 다시 사라진다.

■ **몇몇 구조는 사용하기에 완전히 적합한 것은 아니다**

자연선택은 집단 내에 존재하는 변이에만 영향을 줄 수 있다: 그렇기 때문에, 진화는 종종 척추동물의 눈과 같이 사용할 수 있지만 불완전한 구조를 만든다.

■ **흔적구조는 과거의 유물로 설명할 수 있다**

흔적구조는 이 기관을 공유하는 생물 사이의 공동조상 개념을 뒷받침한다.

17.6 수렴진화와 생물지리학적 기록

■ **유대류과 태반류는 수렴을 보여준다**

수렴진화는 유사한 선택적 압력에 노출된 종 또는 집단에서 나타날 수 있다. 호주의 유대류는 다른 지역의 그들의 상대 종인 태반류의 특징과 비슷하게 진화하였다.

■ **수렴진화는 흔하게 나타나는 현상이다**

물속에 사는 종의 유체역학적인 유선형 몸과 나무가 아닌 조상형에서 진화한 섬의 나무 종이 수렴진화의 예이다.

■ **생물지리학적 연구는 또 다른 진화의 증거를 제공한다**

섬에 거주하는 종들은 비록 환경이 다를지라도 일반적으로 주변 대륙의 종과 밀접하게 관련되었다. 초기에 섬에 정착한 종들은 경쟁하는 종이 드물기 때문에 보통 다양한 종으로 진화한다.

17.7 다윈의 비평가들

다윈의 자연선택에 의한 진화론은 생물학자들에게 거의 보편적이라고 인정을 받았다. 역사적으로 그리고 최근에 많은 비판이 있었지만 대부분은 과학적인 원리, 이론의 실제 내용, 또는 진화와 관련한 시간의 범위를 잘 이해하지 못해서 발생한 것이다.

연습문제

1단계: 이해력 확인하기

1. 인위선택이 자연선택과 다른 이유는 무엇인가?
   a. 인위선택은 커다란 변화를 만들 수 없기 때문이다.
   b. 인위선택은 유전적 변이가 필요하지 않기 때문이다.
   c. 자연선택은 새로운 종을 만들 수 없기 때문이다.
   d. 사육자(인간)가 원하는 특징을 기초로 하여 번식시킬 개체들을 선택할 수 있기 때문이다.
2. 화석 기록의 빈틈은 무엇인가?
   a. 지리적 단층의 연대를 결정하는 능력이 부족하다는 것을 보여준다.
   b. 어떤 생명체가 화석이 되는 과정이 매우 드물기 때문에 예상할 수 있다.
   c. 새로운 화석들이 발견되면서 채워지지 않고 있다.
   d. 진화론을 약하게 만든다.
3. 현대 말(*Equus*)의 진화를 가장 잘 설명하는 것은 무엇인가?
   a. 시간의 흐름에 따른 한 종의 끊임없는 변화와 다른 종으로의 대체
   b. 오랜 시간에 걸쳐 많은 수가 멸종하면서 변화하는 계통들의 복잡한 역사
   c. 항상 현존하는 말들을 닮은 계통들의 단순한 역사
   d. a, b, c 모두 옳지 않다.
4. 상동구조는 무엇인가?
   a. 공동조상의 동일한 구조에서 기원한 둘 이상의 종에 있는 구조들이다.
   b. 서로 다른 종에서 똑같이 보이는 구조들이다.
   c. 서로 다른 종에서 다른 기능을 할 수 없다.
   d. 서로 다른 종에서는 무조건 기능이 달라야 한다.
5. 수렴진화는 무엇인가?
   a. 안정적 선택의 한 예이다.
   b. 서로 다른 종이나 집단에서 비슷한 표현형적 반응을 독립적으로 만들기 위해서 자연선택에 의존한다.
   c. 섬에서만 발생한다.
   d. 서로 다른 계통이 매우 다른 선택 환경을 맞이했을 때 발생할 수 있다.
6. 다윈의 핀치새는 자연선택에 의한 진화의 주목할 만한 사례 연구이다. 다음 중 다윈의 연구가 제공하는 증거에 해당하는 것은 무엇인가?
   a. 그들이 갈라파고스에 서식하고 있는 많은 다른 종들의 자손이다.
   b. 그들이 갈라파고스에 서식하고 있는 한 종에서 퍼져나갔다.
   c. 그들이 서로보다 본토에 거주하는 종과 더 가까운 관련이 있다.
   d. a, b, c 모두 옳지 않다.
7. 5개월 된 사람의 태아가 솜털을 가지는 것이 의미하는 것은 무엇인가?
   a. 임신이 되는 시점의 자궁이 차갑다.
   b. 인간은 털이 많은 조상에서 진화했다.
   c. 털은 포유류를 정의하는 특징이다.
   d. 태아의 일부는 다른 곳보다 빠르게 자란다.

2단계: 적용력 평가하기

1. 다윈의 핀치새에서 알 수 있는 것은 무엇인가?
   a. 건기와 우기가 발생하여 부리 크기를 변화시키는 유전적 다양성이 유지된다.
   b. 시간이 지나면서 부리가 커지는 것은 부리 크기가 유전한다는 것을 증명한다.
   c. 항상 큰 부리를 선택한다.
   d. a, b, c 모두 맞다.
2. **그림 17.5**에서와 같이 실험실에서의 인위선택 실험은 다음 중 무엇의 예인가?
   a. 안정화 선택
   b. 음성 빈도의존적 선택
   c. 방향성 선택
   d. 분단성 선택
3. 수렴진화는 서로 다른 섬의 종들 사이에서 자주 볼 수 있다. 그 이유는 무엇인가?
   a. 섬 집단이 일반적으로 더 작고 유전적 부동의 영향을 더 많이 받기 때문이다.

b. 섬에서는 분단성 선택이 흔하게 일어나기 때문이다.

c. 섬 종들이 일반적으로 서식지가 비슷한 다른 지역의 종과 가장 가깝게 관련되기 때문이다.

d. 섬에 처음으로 동물들이 살기 시작했을 때 사용하지 않은 생태자원이 많이 남아 있어서 그 자손들이 다양하게 변화하고 환경의 다른 많은 부분에 적응할 수 있었기 때문이다.

■ 3단계: 사고력 함양하기

1. 자연선택에 의한 진화에 필요한 조건은 무엇인가?
2. **그림 17.2***a*와 *b*에 나타난 결과가 1번 질문에서 확인된 조건과 어떠한 관련이 있는지 설명하시오.
3. 중간 크기 땅 핀치새에서 부리 깊이에 대한 유전적 근거가 없다고 할 때, **그림 17.2***b*에서 자손 부리의 깊이와 부모 부리 깊이 사이의 유연관계를 그리시오.
4. **그림 17.5**의 실험에서 초파리의 한 집단은 강모 수가 적은 개체들을 선택하였고 다른 쪽은 강모 수가 많은 개체를 선택했다. 집단의 평균 강모 수가 35세대 동안 급격히 변화했을 뿐 아니라 양쪽의 실험집단 모두가 초기집단의 범위 밖에 위치한다는 것을 주목하자. 선택의 방향이 바뀌어 적은 수의 강모를 가진 집단이 많은 수의 강모를 가진 개체를 선택하거나 그 반대로 선택한다면 어떤 일이 일어날 것인가? 선택이 변하기 전 실험의 초기와 비교할 때 진화의 변화율은 어떻게 되겠는가?
5. 말의 조상은 숲속에 살았던 작고 발가락이 많은 동물이었다. 반면에 오늘날의 말은 광활한 평원에 사는 하나의 발굽을 가진 커다란 동물이다. 일련의 중간 화석들은 이 전이가 어떻게 일어났는지를 보여주며, 이런 이유로 말의 진화에 대한 많은 오래된 논문들은 이 진화를 시간이 지날수록 발가락 수가 꾸준히 줄어들고 몸 크기가 지속적으로 커지는 것으로 묘사하였다. 이 해석이 옳지 않은 이유는 무엇인가?

18 종의 기원

도입

다윈(Darwin)은 자신의 저서에 〈종의 기원(On the Origin of Species)〉이라는 제목을 붙였지만, 실제 자신의 저술에서 "신비들 중의 신비(mystery of mysteries)"라고 언급한 한 종이 다른 종을 생기게 하는 방식에 대해서는 결코 논의하지 않았다. 오히려 그의 주장은 자연선택에 의한 진화, 예컨대 변화하는 환경에 적응하기 위해 한 종이 어떻게 진화하는가를 설명한 것이다. 적응은 진화적 변화의 중요한 요인이지만, 종분화라고 일컫는 과정, 다시 말해 한 종이 어떻게 다른 종이 되는지는 설명하지 못한다. 우리가 이미 알고 있듯 적응은 종분화 과정에 포함되긴 하지만 꼭 그래야만 하는 것은 아니다.

한 종이 다른 종을 어떻게 발생시키는가에 대한 논의를 하기 전에 종이 무엇인지 정확히 이해할 필요가 있다. 종에 대한 정의는 진화생물학에서 근본적으로 중요하지만, 이 정의에 관한 문제는 아직 완전히 해결되지 않았으며 현재에도 상당한 연구와 토론의 대상이다.

18.1 종의 본질과 생물학적 종의 개념

학습 목표

1. 생물학적 종 개념이 왜 모든 관찰에 일치하지 않는지 이해할 수 있다.
2. 생식 격리 기작의 종류를 정의할 수 있다.
3. 생식 격리의 기작과 생물학적 종 개념의 관계를 설명할 수 있다.

한 종의 개념은 단일 지역에서 함께 서식하는 종 사이의 차별적 특성과 서로 다른 지역에 살고 있지만 동일한 종에 속하는 집단 사이에 존재하는 2가지 현상을 연결하여 설명할 수 있어야 한다.

동소성 종은 같은 지역에 서식하지만 구분이 가능하다

발코니나 뒷마당에 여러 종류의 먹이가 든 새 모이통을 내 놓으면 다양한 종류의 새들을 끌어들일 수 있다. 예를 들어 미국 중서부 지역에서는 흔하게 홍관조(cardinals), 큰어치(blue jays), 솜털 딱따구리(downy woodpeckers), 그리고 멕시코양지진이(house finchs)를 볼 수가 있으며, 여름철에는 벌새들(hummingbirds)도 발견할 수 있다.

며칠 동안의 주의 깊은 관찰이 필요하지만, 우리는 곧 많은 종의 새들을 쉽게 구별할 수 있게 될 것이다. 그 이유는 한 지역에 여러 종이 함께 서식하는 **동소성**(sympatric)이 나타나지만, 이러한 종은 표현형이 구분되고, 동일한 지역이라도 서로 다른 영역을 이용하며, 종에 따라 행동 양식이 독특한 개체이기 때문이다. 이러한 관찰은 일반적으로 조류뿐만 아니라 대부분의 다른 유형의 생명체에도 적용된다.

때때로 거의 동일한 것으로 보이는 두 종이 한 지역에 함께 서식한다. 그러한 경우에는 시각적 유사성을 넘어서 종을 구분해야 하는데, 예를 들어 짝짓기에 쓰이는 호출이나 각각의 종에 의해 배출되는 화학물질과 같은 표현형의 다른 측면을 조사하였을 때 대체로 큰 차이를 발견할 수 있다. 그러므로 인간이 시각 정보에 의존하여 서로 다른 종을 구별하는 데 어려움을 겪을지라도 생명체 스스로는 서로를 구분할 수 있다.

한 종의 집단은 지리적 변이를 나타낸다

하나의 단일 종 내부에서도 집단 속 개체들은 지리적으로 서식 장소가 다른 경우 개체들 사이에서 차이를 나타낼 수 있다. 이러한 집단이 인접한 지역에서 서로 가까이 서식하게 되면 개체는 종종 두 집단의 특징을 조합한 형태를 보인다(**그림 18.1**). 다시 말해, 지리적으로 멀리 떨어진 개체는 서로 뚜렷하게 달라 보일 수는 있지만 일반적인 특성상 중간 지역의 개체에 의하여 서로 연결된다.

생물학적 종 개념은 유전자 교환 능력에 집중한다

같은 지역에 살면서 서로 큰 차이를 보이는 동소성 종과 지리적으로 격리되었으나 같은 종의 집단이 서로 연결되는 특수성은 무엇일까? 한 가지 분명한 가능성은 각 종이 보유한 유전물질을 오직 같은 종의 다른 구성원과 교환한다는 것이다. 일반적으로 동소성 종 사이에는 유전자 교환을 하지 않지만, 만일 그들 사이에 보편적 유전자 교환이 이뤄진다면 이러한 종은 급속하게 종의 개별적 특성을 잃게 되고 다른 종의 **유전자풀**(gene pool, 즉 종에 따라 존재하는 모든 대립유전자)이 균질화될 것으로 예상할 수 있다. 반대로 유전자 이동 과정을 통하여 유전자를 공유할 수 있는 단일 종의 능력은 지리적으로 격리된 상태일지라도 이들 집단을 동일한 종의 구성원으로 통합할 수 있다.

이러한 아이디어를 바탕으로 1942년에 진화생물학자인 메이어(Ernst Mayr)는 **생물학적 종 개념**(biological species concept)을 제시하였는데, 그에 따르면 종은 "다른 집단과 생식적으로 격리되어 있으며 실제 또는 잠재적으로 번식을 할 수 있는 자연 집단"으로 정의할 수 있다.

다시 말해 생물학적 종 개념에 따르면 종은 서로 교배 또는 접촉을 통하여 번식 가능한 자손을 생산하는 집단으로 구성되어 있다. 반대로 집단이 교배를 통하여 번식 가능한 자손을 생산할 수 없는 경우에는 **생식적으로 격리**(reproductively isolated)된 상태로 그들은 서로 다른 종이다.

생식적 격리의 원인은 무엇일까? 생물체가 서로 교배할 수 없거나 번식 가능한 자손을 생산할 수 없다면 분명히 다른 종에 속한다. 그러나 어떤 집단은 서로 다른 종이지만 교배를 통하여 번식이 가능한 자손을 생산할 수도 있다. 하지만 자연 조건에서는 일반적으로 일어나지 않는다. 그들 중 한 종의 유전자가 전체의 유전자풀에 유입되지 않기 때문에 여전히 생식적으로 격리된 것으로 간주된다.

표 18.1은 성공적인 생식에 장애가 되는 단계를 요약한 것이다. 이와 같은 장벽은 종 사이에 유전자 교환을 차단시키기 때문에 **생식 격리의 기작**(reproductive isolating mechanisms)이라고 한다. 이어서 **접합전격리기작**(prezygotic isolating mechanisms)이라 불리는 접합체(zygotes) 형성 차단의 예를 시작으로 생식 격리의 기작에 관한 논의에 들어간다. 접합체가 형성된 후 접합체의 기능을 방해하여 번식을 적절하게 차단하는 것은 **접합후격리기작**(postzygotic isolating mechanisms)이라고 한다.

접합전격리기작은 접합체의 형성을 차단한다

접합체의 형성을 방지하는 기작에는 생태적 또는 환경적 격리, 행동적 격리, 시간적 격리, 기계적 격리 및 생식세포의 융합 차단 등이 있다.

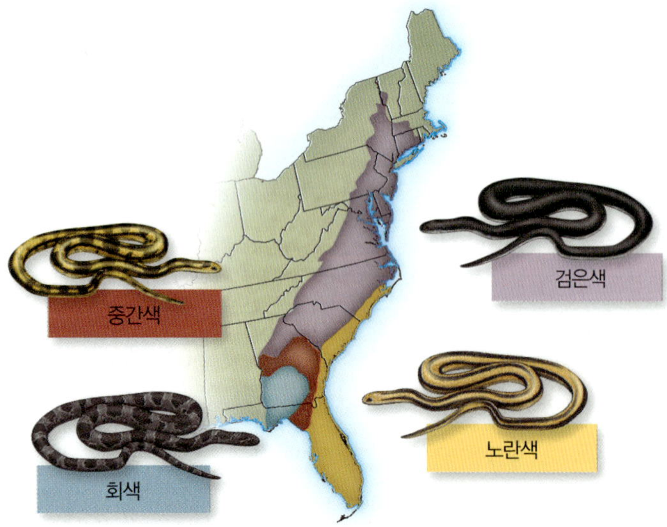

그림 18.1 지리적 변이를 나타내는 동부쥐잡이뱀(*Pantherophis alleghaniensis*). 같은 종의 범위에 있는 동부와 서부, 그리고 북부 끝에 있는 쥐잡이뱀의 개체군은 표현형적으로 매우 다른 모습을 나타내지만 중간형의 집단에 의해 서로 연결이 된다.

표 18.1 생식 격리의 기작

기작		특성
접합전격리기작		
생태적 격리		종들이 같은 지역에서 나타나지만 서로 서식지가 다르고 매우 드물게 만난다.
행동적 격리		종들의 짝짓기 의식이 서로 다르다.
시간적 격리		종들이 서로 다른 계절 또는 하루 중의 다른 시간에 번식을 한다.
기계적 격리		종들 사이에 구조적인 차이로 인하여 짝짓기가 차단된다.
생식세포 융합의 차단	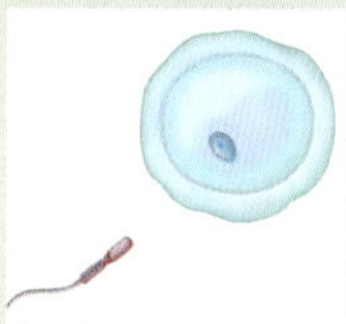	한 종의 생식세포는 다른 종의 생식세포에서 또는 생식관 내에서 기능이 제대로 작동하지 않는다.
접합후격리기작		
잡종의 생존 불가능 또는 불임		잡종의 배아는 발생하지 않으며, 자연상태에서 잡종 성체는 생존하지 못하거나 불임 또는 감소된 생식 능력을 가진다.

생태적 격리

두 종이 동일 지역에 분포하더라도 서식지의 다른 환경을 활용하게 되면 서로 만날 수 없기 때문에 교배가 일어나지 않는다. 예를 들어, 인도에서는 150년 전까지 사자와 호랑이의 영역이 서로 겹쳤다. 그럼에도 불구하고 사자와 호랑이의 자연적 잡종은 기록된 적이 없다. 사자는 주로 개방된 초원 지역에 서식하며 집단적으로 사냥하지만, 호랑이는 숲속에 혼자 거주하는 경향이 있다(**그림 18.2**). 사자와 호랑이는 그들의 생태학적 및 행동학적 차이로 인하여 수천 km^2 이상의 넓은 서식지 범위가 겹치더라도 서로가 직접 마주칠 일은 거의 없었다.

그림 18.2 생태적으로 격리되어 있는 사자와 호랑이.
인도에서는 사자와 호랑이의 서식 범위가 겹친다. 그러나 사자와 호랑이는 서식하는 곳의 서로 다른 부분을 이용하기 때문에 잡종이 형성되지 않는다. 범사자(tiglon)와 같은 잡종은 포획되어 우리 안에서 잡종을 형성할 수 있지만, 야생에서는 일어나지 않는다.

또 다른 예를 보면 두 종의 두꺼비인 *Bufo woodhousei*와 *B. americanus*는 서식지가 서로 겹친다. 이러한 두 종의 두꺼비는 잡종의 자손을 만들 수도 있지만 번식을 위한 서식지를 서로 달리 이용하기 때문에 일반적으로 상호 교배를 하지 않는다. *B. woodhousei*는 개울에서 번식하는 것을 좋아하고, *B. americanus*는 빗물이 떨어져 만들어진 물웅덩이를 더 선호한다.

식물에서도 유사한 상황이 만들어진다. 캘리포니아에는 두 종류의 참나무인 계곡참나무(*Quercus lobata*)와 졸참나무속 스크럽참나

그림 18.3 구애 행동의 차이로 격리할 수 있는 조류 종.
갈라파고스의 푸른색 발을 가진 부비새(blue-footed boobies)는 정교한 구애 행동을 한 후에 짝을 선택한다. 위의 수컷 부비새는 밝은 푸른 빛의 발을 과시하는 의식으로 다리를 들어 올리고 있다. 갈라파고스에 사는 다른 두 종류의 부비새와는 발의 색깔 및 행동이 매우 다르다.

무(*Q. dumosa*)가 널리 분포하는데 계곡참나무는 낙엽이 우아한 나무로 높이가 35 m에 달할 수 있으며 완만한 경사를 갖는 계곡 지대의 개방된 초지와 비옥한 토양을 통해 발생한다. 반대로 스크럽참나무는 상록관목으로 대개 1~3 m 정도의 높이로 자라며 종종 수풀로 알려진 밀도의 덤불을 형성하며 덜 비옥하고 가파른 지역에서 발견된다. 서로 다른 두 종의 참나무 사이에서 완벽한 잡종이 형성되기도 하지만 매우 드물게 일어난다. 두 종류의 참나무는 어버이의 서식지가 뚜렷하게 구분되어 두 종의 접근이 제한적이며, 잡종이 번성할 수 있는 중간 형태의 서식지가 드물다.

행동적 격리

조류와 같은 생물체는 종종 구애 의식에 차이가 나타나는데, 같은 장소에 서식하더라도 자연적으로 이들 종을 구분하는 경향이 있다(**그림 18.3**). 동소성 종은 다양한 방법으로 다른 종의 구성원과 잘못된 교배를 회피하며, 상상할 수 있는 모든 소통 방식은 일부 종에 의하여 사용되는 것으로 여겨진다. 앞서 본 것처럼 시각적 신호의 차이는 일반적인 것이지만 다른 유형의 동물은 의사소통을 위하여 감각 형태에 더 의존한다. 개구리, 새, 그리고 다양한 곤충과 같은 많은 종은 소리를 사용하여 짝을 끌어들인다. 이들 동물의 동소성 종들은 서로 다른 소리를 만드는 것으로 추측한다. 풀잠자리(lacewings)의 구애를 위한 "노래"는 그들이 앉아 있는 바닥 표면에 복부를 진동시킬 때 생성되고, 동소성 종은 다른 방법으로 다양한 진동을 생산한다(**그림 18.4**).

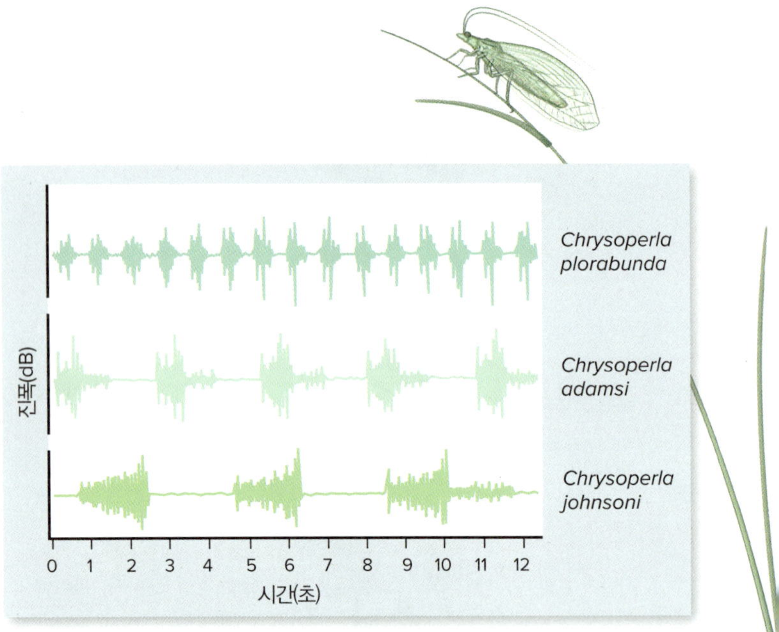

그림 18.4 동소성 종 풀잠자리의 구애를 위한 노래의 차이.
풀잠자리는 작은 곤충으로 짝을 유인하기 위하여 그들의 복부를 움직여 앉아 있는 곳의 표면을 진동시켜 생성된 신호에 의존한다. 기록에서 알 수 있듯이, 동소성 종에 의해 생성되는 진동의 형태는 매우 다르게 나타난다. 암컷은 나뭇잎과 같은 딱딱한 표면을 통한 진동 신호가 전달될 때 같은 종의 부름을 구분하고 오로지 자신과 같은 종의 수컷이 보내는 신호에만 응답할 수 있다.

어떤 종들은 **페로몬**(pheromones)이라고 불리는 화학적 신호를 감지하는 방식에 의존한다. 나방에서의 페로몬 연구는 특히 잘 알려져 있으며, 암컷 나방이 짝짓기 준비를 마치면 페로몬을 방출하게 되는데 수컷은 아주 먼 거리에서도 이를 감지할 수 있다. 동소성 종은 다른 종류의 페로몬을 만들게 되는데, 페로몬은 화학적 조성이 다르거나 같은 종류의 화학물질을 사용하더라도 비율을 달리 쓰게 된다. 실험실 연구에서 수컷 나방은 그들 종의 페로몬을 다른 종의 화학물질과 구분하는 데 능숙하였으며, 심지어 동일하지는 않지만 유사하게 합성된 화합물을 그들 종의 페로몬과 구별하였다.

일부 종은 전기적 신호를 사용한다. 아프리카와 아시아 남부의 전기물고기(electric fish)는 꼬리에 독립적인 특수 기관을 진화시켜 전기적 방전을 일으키며, 피부에 있는 전기자극 수용체가 이러한 방전을 감지한다. 방전은 전기물고기의 사회적 연결에 통신 수단으로 이용되며, 현장에서의 실험은 아마도 수컷이 전기 충격의 시간 차이에 기초하여 동시에 발생하는 다른 종에 의해 생성된 신호를 구분하는 것으로 여겨진다.

시간적 격리

두 종류의 야생 상추 *Lactuca graminifolia*와 *L. canadensis*는 미국 남동부 전역의 길가에 함께 자란다. 이 두 종 사이의 잡종은 실험적으로 쉽게 만들어지며, 완벽한 생식력을 갖는다. 하지만 *L. graminifolia*의 꽃은 이른 봄에 피고, *L. canadensis*는 여름에 꽃을 피우기 때문에 잡종의 발생은 자연 상태에서 드물다. 가끔 그들의 개화 시기가 겹쳤을 때에는 두 종은 잡종을 형성할 수가 있으며, 그 지역에서 잡종은 번성할 수 있다.

서로 밀접하게 연관된 양서류의 많은 종은 교배의 계절을 달리하여 잡종의 발생을 차단한다. 예를 들어, 라나(*Rana*)속에 포함되는 5종의 개구리는 거의 대부분 미국 동부에 함께 서식하지만 종에 따라 교배를 위한 계절의 최적 순간이 다르기 때문에 잡종을 거의 형성하지 않는다.

기계적 격리

상호 연관성이 있는 동물 종 사이에 구조적 차이는 짝짓기를 방해한다. 크기와 같은 명백한 차이 외에도 수컷과 암컷의 교미 기관 구조가 일치하지 않을 수 있다. 성기는 많은 곤충과 다른 절지동물의 집단에서 매우 다양하기 때문에 기본적으로 종을 구분하기 위한 수단으로 사용되며, 특히 수컷의 경우에 더욱 뚜렷하다.

식물 역시 관련된 종 사이에 꽃의 비율과 구조가 크게 다르다. 이러한 차이에서 비롯된 일부 종은 한 식물에서 다른 식물 종으로 꽃가루의 이동을 제한한다. 예컨대 꿀벌은 몸체의 특정 부위에 어느 한 종의 꽃가루만 이동시킬 수가 있는데, 만일 벌이 이 지역에서 서식하는 다른 종의 꽃가루 수용 구조와 접촉하지 못한다면 수분은 이루어지지 않는다.

생식세포 융합의 차단

생식세포를 물속에서 직접 방사하는 동물에게 다른 종에서 유래한 난자와 정자는 서로 유인되거나 융합할 수 없다. 체내에서 수정을 시키는 많은 동물들은 한 종의 정자가 다른 종의 생식 기관 내에서 제대로 작동하지 못해 수정이 일어나지 못하므로 성공적인 융합을 못하게 된다. 식물에서 화분관의 성장은 다른 종 사이의 융합을 방해할 수 있다. 식물과 동물 모두에서 이와 같은 생식세포 격리의 기작은 성공적인 짝짓기 이후에라도 생식세포의 융합을 차단하게 된다.

접합후격리기작은 성체로의 정상적인 발달을 차단한다

지금까지 논의한 모든 생식적 차단 요소는 생식세포의 정상적인 융합을 방해하는 경향이 있다. 하지만 만일 융합 교배가 발생하고 접합자가 생성되는 경우일지라도 여러 가지 요인에 의해 접합자는 정상적인 기능을 발휘하는 개체로의 건강한 발달을 방해 받는다.

발생(development)은 매우 복잡한 과정이다. 잡종에서 두 종의 유전자 보체는 배아 발달 과정 중 정상적인 기능을 할 수 없을 정도로 서로 상이한 경우가 있다. 예컨대 양과 염소의 혼성화는 일반적으로 배아를 형성하지만 발생의 초기 단계에서 죽게 된다.

미국 동부의 표범개구리(*Rana pipiens* 복합군)는 유사 종이 집단을 이루고 있어 오랫동안 단일 종으로 여겨져 왔다(**그림 18.5**). 그러나 주의 깊게 조사한 결과 표범개구리는 서로 비슷해 보이는 경향이 있으나 수정란이 발달할 때 발생하는 문제로 인하여 다른 종 사이의 성공적인 짝짓기는 거의 드물게 나타난다. 실험실에서조차 많은 수의 잡종 조합을 만들 수 없다. 위와 같은 종류의 예시는 식물에서 일반적으로 오직 잡종교배 실험의 결과로 다양한 종의 존재가 인식된다.

잡종은 배아 단계에서 살아남게 되더라도 여전히 정상적인 발달 과정을 진행할 수 없게 된다. 잡종의 경우에는 어버이보다 생존 능력이 약하면 그들 대부분은 확실하게 자연계에서 제거될 것이다. 암컷 말과 수컷 당나귀 사이에 잡종으로 태어난 노새의 경우와 같이 비록 잡종이 활발하고 강력한 신체적 특성을 갖더라도 여전히 불임일 수 있으며, 따라서 후속 세대를 생산하는 데 기여할 수 없다.

잡종은 생식기의 발달 과정이 비정상적이기 때문에 감수분열 시기에 각각의 어버이로부터 유래된 염색체가 적절한 쌍을 이룰 수 없거나 다른 다양한 원인에 의하여 불임이 된다. 노새의 경우를 예를 들면 어버이 종은 염색체의 수가 다르며, 결과적으로 노새의 염색체들은 감수분열 동안 올바른 정렬을 할 수 없으므로 불임 상태의 동물 종으로 남게 된다.

그림 18.5 표범개구리에서 접합후격리.
그림의 개구리는 외부 특성이 매우 유사하다.
실험실 조건에서 쌍을 이룬 이들 종의 일부에서 결함이 있는 잡종이 생겨나는 것을 발견하였을 때 종의 분리 상태에 대한 첫 번째 의심이 생겨났다. 후속 연구에서 실질적으로 이들 4종이 짝을 이루기 위한 호출 신호가 상당히 다르다는 것이 드러났고 이는 접합 전과 접합 후의 격리 기작을 둘 다 가지고 있다는 것을 시사한다.

생물학적 종 개념으로 모든 관찰을 설명할 수 없다

생물학적 종의 개념은 자연계에서 종의 존재를 이해하는 데 효과적인 방법으로 입증되었다. 그럼에도 불구하고 생물학적 종 개념은 모든 관찰을 포함하지 않으므로 일부 생물학자들은 종의 대체 개념에 대한 주장을 제안해 왔다.

생물학적 종 개념에 대한 비판 중 하나는 모든 종이 실제로 생식적 격리를 일으키는 정도에 관한 것이다. 생물학적 종 개념의 정의에 따르면 서로 다른 종은 교배를 통하여 건강한 자손을 생산할 수 없다. 그러나 최근 생물학자들은 이전에 별개의 생물학적 실체로 공존하는 것으로 여겨지던 집단 사이에서 발생하는 것보다 훨씬 더 많은 양의 이종간(interspecies) 혼성화, 즉 서로 다른 종 사이에서 일어나는 잡종을 발견했다.

식물학자들은 식물 종이 종종 상당한 양의 혼성화 현상을 겪는다는 사실을 항상 인지하고 있었다. 예컨대, 어떤 연구에 포함된 캘리포니아 식물 종의 50% 이상은 유전자 격리에 의해 종의 개념이 잘 정의되지 않았다. 유전적 격리가 없는 이러한 공존은 오랫동안 지속될 수 있다. 화석 자료에 따르면 발삼포플러(balsam poplars)와 미루나무는 1200만 년 동안 표현형을 통하여 구별되어 왔지만, 이 기간 동안 정기적으로 잡종을 생산해 왔다. 따라서 많은 식물학들은 생물학적 종 개념이 잘못 명명되었으며 동물에게만 해당되는 것으로 오랫동안 생각해 왔다.

하지만 혼성화 과정이 동물에게서 흔하지 않은 것은 아니라는 새로운 증거가 늘어나고 있다. 최근 동물의 종 사이에서 실질적인 잡종 형성에 대한 많은 사례가 보고되고 있다. 한 조사에 따르면 전 세계적으로 10,000종이 넘은 조류 집단 중 거의 10%는 자연적인 교배를 통하여 혼성화된 것으로 알려져 있다.

갈라파고스 핀치새는 특별히 잘 연구된 사례를 제공한다. 다프네 메이저 섬에 있는 중형 핀치새, 선인장 핀치새 및 소형 핀치새는 형태적으로 뚜렷하게 구분이 되며, 서로 다른 생태학적 지위를 차지하고 있다. 피터 그랜트(Peter Grant)와 로즈마리 그랜트(Rosemary Grant)가 지난 30년 동안 연구한 결과에 따르면 평균적으로 중간 정도 크기의 부리를 갖는 중형 핀치새의 2%와 선인장 핀치새의 부리를 갖는 종의 1%는 매년 다른 종과 짝을 이루는 것으로 나타났다. 더구나 이들 잡종의 자손은 생존 또는 자손을 생산하는 측면에서 불리한 것으로 나타나지 않았다. 이러한 결과는 사소한 양의 유전자 교환으로 볼 수 없으므로 유전적으로 변화가능한 집단의 한 종으로 여겨질 수 있지만, 각 종은 여전히 고유성을 유지하고 있다.

그러나 혼성화를 통한 잡종의 생산이 동물계에 만연한 것은 아니다. 대부분의 조류 종은 혼성화하지 않으며 예상하는 것보다 훨씬 적은 양에서 잡종을 생산한다. 그럼에도 불구하고, 혼성화를 통한 잡종의 생산은 생식 격리가 종의 완전성을 유지하는 유일한 수단인지에 대한 의문을 제시하는 것에는 충분한 상징적 가치가 있다.

자연선택과 종의 상이성 유지

대체 종의 개념인 **생태학적 종 개념**(ecological species concept)은 종 사이의 구별이 자연선택에 의해 유지되는 것으로 제안하고 있다. 이러한 생각은 각기 다른 종이 환경의 특정 부분에 적응했다는 것으로 설명한다. 16장에서 설명한 안정화 선택은 종 사이에서 독특한 적응 방식을 유지시킨다.

유전자의 흐름과 자연선택 사이의 상호작용이 많은 결과를 초래한다는 사실은 16장에서 다루었다. 때로는 강력한 선택 작용이 유전자의 흐름에 대한 영향을 압도할 수 있다. 이것은 자연선택이 유전자의 흐름에 대하여 종의 차이를 유지시키는 방법이다. 하지만 다른 상황에서의 유전자 흐름은 자연선택이 집단으로부터 덜 성공적인 대립유전자를 제거하지 못하게도 할 수가 있다. 이러한 경우 생물학적 종 개념 적용이 가능하다.

생물학적 종 개념의 다른 약점

생물학적 종 개념은 또 다른 이유에서 비판을 받아왔다. 예를 들어, 지리적으로 격리된 집단 속의 개체는 생물학적 종 개념을 적용하기가 어렵다. 이들 집단의 개체들은 서로 만나지 않기 때문에 자연에서 교배되는지 여부를 관찰할 수 없기 때문이다.

실험실 환경에서 생산되는 잡종이 건강한지에 대한 여부는 조사할 수 있지만 뚜렷한 한계가 있다. 자연 상태에서 교배할 수 없는 많은 종은 실험실이나 동물원에서의 인위적 환경에서 쉽게 혼성화될 수 있다. 결과적으로 그러한 잡종 개체군이 또 다른 종을 구성하는지에 대한 여부를 결정하는 것은 궁극적으로 신중한 판단을 요구한다. 또한 이러한 개념은 종이 의미하는 것보다 더욱 제한적이다. 다른 많은 생물체들은 무성생식을 통하여 짝짓기 없이 번식을 한다. 따라서 생식의 격리는 무성생식을 통해 자손을 생산하는 생명체에게 의미가 없다.

위와 같은 여러 가지 이유로 종의 정의에 대한 기준을 설정하기 위한 다양한 노력이 제안되었다. 제안 중 다수의 경우는 특정 형질의 생명체에만 적용되며, 보편적으로 적용 가능한 것은 실제로 없다. 따라서 종의 정체성을 유지하는 것에 대한 단 하나의 설명은 존재하지 않는다. 생물학의 모든 측면에서 식물, 동물 및 미생물에 나타나는 놀라운 변화들을 고려할 때 여러 가지 상이한 과정이 생명체에 작동한다는 사실을 발견하는 것은 더 이상 놀라운 일이 아니다.

일부 과학자들은 종의 차이를 유지하는 과정을 강조하는 것에서 이제는 집단의 진화 이력을 조사하는 방식으로 전환하고 있다. 이러한 계보적 종 개념은 현재 아주 커다란 논쟁거리이며, 19장에서 논의된다.

핵심 요약 18.1

한 종은 다른 공동의 발생 종과 구별이 되고, 지리적으로 상호 연결이 되어 있는 생명체 집단이다. 따라서 생물학적 종의 개념은 상호 교배 능력에 기초한 정의를 내린다. 생식 격리의 기작은 종 사이의 성공적인 교배를 방지한다. 또 다른 접근 방식은 종의 격리를 유지시키는 힘이 적응 및 자연선택의 역할에 있다고 강조한다.

- 한 지역에서 집단으로 서식하는 종이 왜 구분되는지와 지리적으로 분리된 같은 종의 개체군들이 어떤 방식으로 서로 연결되는지를 유전자 교환 능력으로 설명할 수 있을까?
- 자연선택은 이러한 현상을 어떻게 설명할 수 있을까?

18.2 자연선택과 생식적 격리

학습 목표

1. 생식 격리의 개념에서 강화를 정의할 수 있다.
2. 부분적으로 생식적 격리가 된 두 개체 집단이 동소성 환경이 되었을 경우 가능한 결과를 설명할 수 있다.

진화 분야에서 가장 오래된 질문 중 한 가지는 '하나의 조상 종이 어떻게 2개의 자손 종으로 나눠는 것일까?'이다. 만약 종이 생식 격리의 기작에 의해 정의된다면, 종분화 과정의 특성은 생식 격리 기작의 진화와 동일할 것이다.

선택은 격리 기작을 강화시킬 것이다

종의 형성은 지속적인 과정으로, 두 집단이 다른 종이 되기 위하여 갈라질 수 있으며, 따라서 부분적인 생식 격리가 일어날 수 있다. 예컨대, 행동적 또는 생태적 차이로 인하여 두 집단의 개체는 자신이 속한 집단 구성원과 교배할 가능성이 높지만, 집단 사이의 교배는 여전히 발생할 수 있다. 교배 후 수정으로 인하여 접합체가 생성될 때 경우에 따라 접합 후 장벽이 불완전할 수가 있다. 이러한 발생 문제로 인하여 배아의 생존율이 낮거나 출산율이 감소할 수도 있지만, 일부 개체에서는 생존과 번식이 가능하다.

강화가 종의 분화 과정을 완성시키는 방법

다른 두 집단이 접촉에 의해 일어날 수 있는 현상은 격리 기작이 이미 진화한 정도에 의존하게 된다. 격리 기작이 전혀 진화하지 않았다면 두 집단은 자유롭게 상호 교배를 할 것이며, 유전자 교환이 집단을 균질화시킴에 따라 집단 사이에 진화된 모든 개체의 특성들이 사라지게 될 것이다. 반대로 만일 집단이 완전한 생식적 격리를 통하여 유전자 교환이 일어나지 못하는 경우 두 집단은 다른 종으로 남게 된다.

잡종이 생산되지만 부분적으로 불임이거나 그들의 부모처럼 기존의 서식지에 잘 적응하지 못하는 경우에 발생하는 중간 상태는 더욱 흥미롭다. 잡종화에 관여하지 않은 개체가 더욱 성공적인 자손을 생산하기 때문에 자연선택은 잡종 생산을 막는 어버이 집단의 대립유전자를 선호할 것이다.

결과적으로 두 집단이 생식적으로 완전하게 격리될 때까지 자연선택이 접합 이전의 격리 기작을 증가시킬 것이다. 처음의 불완전한 격리가 완벽하게 효과적으로 나타날 때까지 자연선택에 의하여 기작이 증대되므로 이러한 과정을 **강화**(reinforcement)라고 한다.

강화의 예는 플록스(phlox)라고 불리는 야생화의 경우에서 살펴볼 수 있다(**그림 18.6**). 대부분의 플록스 꽃은 옅은 분홍빛의 푸른색을 띠는데, 고속도로를 따라 풍부하게 자라는 아름다운 드럼몬드 플록스(Drummond's phlox)종도 마찬가지다. 한 가지 예외는 다른 종과 함께 서식하는 동소성의 경우로, 텍사스의 특정 지역에서 발견되는 돌출형의 플록스(pointed phlox)이다. 두 종의 플록스가 함께 서식하는 경우 돌출형 플록스는 옅은 푸른색을 유지하지만, 드럼몬드 종은 빨간색으로 음영이 짙어진다.

이러한 색깔의 차이는 어떻게 진화되었으며, 그 이유는 무엇일까? 이들 꽃의 색은 빨간색과 파란색을 띠는 색소들의 결과로서 서로 다른 유전자들에 의해 연한 파란색과 옅은 분홍색을 생성하고, 또 다른 유전자는 모든 색소의 생성에 있어 색의 강도에 효과적인 영향을 미치게 된다. 드럼몬드 플록스의 동소성 집단에서는 색소의 생성을 증가시킬 대립유전자가 옅은 푸른색이나 연한 빨간색으로 표현하는 정상적인 유전자를 대체하였다. 이러한 자체적 변화는 빨간색 및 파란색 색소의 생산을 증가시켜 동일한 색깔이 훨씬 더 깊은 색조를 나타내도록 할 것이다. 하지만 새로운 두 번째 대립유전자가 파란색 색소의 생산을 중단시키므로 빨간색이 우세한 형질로 남겨졌다. 결과적

그림 18.6 플록스에서 나타나는 강화.
드럼몬드 플록스(*Phlox drummondii*)는 대부분 그들의 영역에서 연한 파란색에 분홍빛을 더한 색조를 나타낸다(왼쪽 아래). 하지만 돌출형 플록스(*D. cuspidata*, 오른쪽 아래)와 동소성일 때는 진한 빨간색(오른쪽 위)을 나타내는데, 나비가 두 종을 쉽게 구분하여 수분시킬 수 있다.

으로 동소성 상태의 드럼몬드 플록스 꽃은 짙은 붉은색으로 표현되는 것이다.

이러한 변화의 원인은 무엇일까? 해답은 두 종의 플록스 사이에서 일어나는 상호작용에 있다. 두 종의 플록스는 서로 수분이 가능하지만 자손을 생산하는 능력이 매우 낮다. 그러므로 두 종 사이에 수분을 감소시키도록 하는 요인들은 자연선택에 의하여 선호될 것으로 예측된다. 그것이 바로 색깔이 수행하는 임무이다. 2가지 종류의 꽃 모두 한 꽃에서 다른 꽃으로 이동하는 나비에 의존하여 수분이 결정되며, 나비는 개별적으로 선호하는 색이 다른 것으로 밝혀졌다. 결과적으로 일부 종류의 나비는 파란색 꽃에만 방문하고, 다른 나비들은 진한 빨간색 꽃에만 머무르므로, 서로 다른 색깔을 가진 플록스 사이에서 수분이 일어날 수 없다. 이러한 예시는 접합 후 불임의 결과로 나타난 생식 격리가 어떻게 접합 전 격리의 진화로 강화될 수 있는지를 보여준다.

유전자 흐름이 종의 분화에 반대로 작용하는 방법

하지만 강화는 필연적으로 일어나는 것이 아니다. 불완전하게 고립되어 있는 집단이 서로 모여 있을 때, 유전자 흐름은 그들 사이에서 즉시 일어난다. 잡종이 열등할 수 있겠지만 완전히 생존할 수 없거나 자손을 남기지 못하는 것은 아니다. 만약 잡종이 죽거나 불임이라면 그들 종은 이미 완벽하게 생식적으로 격리되었을 것이다. 살아남은 잡종이 하나의 집단 속에서 다른 개체들과 번식을 할 때 결국 잡종은 집단 사이에서 유전자 교환의 통로 역할을 할 것이며, 그들이 속한 두 집단은 유전적 특징을 잃게 되는 경향을 보이게 된다. 그런데 유전자 흐름이 두 집단 사이의 차이를 없애기 전에 완전한 생식 격리는 진화될 수 있는 것일까? 해답은 그 종의 초기 조건 및 특징적인 자연 역사에 의존하겠지만, 많은 전문가들은 일반적으로 강화가 더 일어나기 어려운 것으로 해석한다.

핵심 요약 18.2

동소성 집단들 사이에서 접합후격리가 초기에 존재하고 접합 전 격리가 단지 부분적일 때 자연선택은 접합 전 생식 격리를 증가시키는 진화의 방법을 선호할 수 있다. 이러한 현상을 강화라고 하며 집단의 완전한 생식 격리로 이어질 수가 있다. 반대로 집단 사이의 빈번한 유전자 교환은 개체들 간의 유전적 차이를 감소시켜 종의 다양성을 차단하게 된다.

- 동소성에 속하는 두 집단에서 강화가 일어날 확률에 생식 격리의 초기 빈도는 어떤 영향을 주는 것일까?

18.3 종분화에서 유전적 부동과 자연선택의 역할

학습 목표

1. 집단에서 유전적 부동의 영향을 설명할 수 있다.
2. 유전적 부동과 자연선택이 어떻게 종의 분화로 이어질 수 있는지 설명할 수 있다.

종 분화의 과정에서 자연선택의 역할은 무엇일까? 확실한 것은 자연선택이 완전한 생식 격리의 진화에 유리하도록 강화를 주도하는 것이다. 강화 이외의 상황에서 자연선택은 생식 격리 기작의 진화에 어떤 중요한 역할을 수행하는 것일까?

무작위 변화는 생식 격리의 원인이 된다

16장에서 다루었듯 집단은 유전적 부동(genetic drift)의 결과로 격리될 수 있다. 작은 집단에서 창시자효과(founder effects) 및 집단 병목(bottlenecks)과 같은 무작위 변화는 모두 생식적 격리를 유발시키는 특성으로 형질의 변화를 일으킨다.

예를 들어, 하와이의 섬들에서 밀접하게 연관된 초파리(*Drosphila*)의 종은 구애 방식에 큰 차이가 있다. 이러한 초파리가 새로운 섬에 정착되는 것은 창시자 효과와 관련 지을 수 있는데, 한 섬에서 수정된 암컷 초파리 중 몇 개체가 강한 바람에 의하여 새로운 섬으로 날려간 것으로 추정할 수 있다. 따라서 초파리의 조상과 자손 사이에 구애 행동이 다른 것은 창시자효과의 결과일 수가 있다.

충분한 시간이 주어지면 고립된 두 개체군은 유전적 부동으로 인하여 분기가 될 것이다. (대규모 집단도 부동을 경험하지만 소규모 집단보다 낮은 속도로 발생하는 것을 기억하자.) 경우에 따라 이러한 임의적 분기는 생식 격리를 담당하는 특성에 영향을 줄 수 있으며 종 분화가 발생할 수도 있다.

적응은 종분화를 일으킨다

무작위 변화가 때때로 기능을 하더라도 많은 경우 자연선택이 종의 분화 과정에 결정적 역할을 수행한다. 한 종의 집단이 다른 환경적 요인에 적응함에 따라 다양한 차이는 축적이 되어 생식적 격리로 이어질 수 있다. 이와 같이 강화 과정과는 달리 자연선택은 다른 종과의 잡종화를 피하는 경우를 선호하지 않는다. 오히려 생식 격리의 증가는 다른 집단 속에서 상이한 적응의 변화 과정을 통한 우연한 결

그림 18.7 카리브 지역의 서로 다른 *Anolis* 도마뱀의 턱주머니.
수컷 도마뱀은 영역의 보존과 구애 행동에 모두 턱주머니를 과시하는 방법을 이용한다. 같은 지역에 공존하는 종은 턱주머니가 거의 매번 다르며, 이는 종을 인식하기 위한 것이다. 왼쪽의 2가지 종처럼 어두운 색깔의 턱주머니를 가진 도마뱀은 개활지에서 보다 쉽게 눈에 띄는 반면 오른쪽의 밝은색을 띠는 턱주머니를 가진 2종의 도마뱀은 어두운 환경에서 더 잘 보인다.

과로 진화된다. 예를 들어, 파리의 한 집단이 습한 서식지에 적응하고 다른 집단은 건조한 지역에 적응한다면, 자연선택은 생리 및 감각적 특성의 다양성에 상응하는 차이를 선호할 것이다. 이러한 차이는 생태적 행동적 고립을 일으킬 수 있으며, 두 집단이 생산하는 모든 잡종은 어느 한 서식지에 적응하지 못할 수 있다.

또한 짝짓기 행동에 대한 선택은 우연하게도 생식 격리의 진화로 이어질 수 있다. 예컨대, 수컷 *Anolis* 도마뱀은 목구멍 아래에 위치한 피부의 덮개, 즉 **턱주머니**(dewlap)의 화려한 색상을 이용하여 암컷의 환심을 사려 한다(**그림 18.7**). 한 도마뱀이 다른 도마뱀의 턱주머니를 인식하는 능력은 턱주머니의 색깔뿐만 아니라 도마뱀이 서식하는 환경에 의존한다. 턱주머니의 밝은 색깔은 어두운 숲속에서 빛을 반사하는 데 가장 효과적이며, 반대로 어두운 색깔은 밝은 서식지의 빛 조건에서 더욱 분명하게 자신을 드러낼 수가 있다. 결과적으로 자연선택은 도마뱀들이 새로운 서식지를 점령할 때 턱주머니가 부각되지 않는 수컷들이 암컷 짝을 유혹할 수 없기 때문에 턱살의 진화적 변화를 선호하게 된다. 그렇지만 또한 도마뱀은 자신이 속한 집단의 종 구성원과 다른 종을 턱주머니의 색깔로 구별하기도 한다. 새로운 환경에서 짝짓기 신호의 적응적 변화는 다른 종과 구분할 수 있는 가시성을 향상시켜 조상 환경의 집단으로부터 생식적 격리가 일어날 수 있다. 만일 두 집단의 개체가 서로 접촉을 하게 된다면 다른 색깔의 턱주머니 때문에 같은 종으로 인식하지 못할 수가 있다.

실험실의 과학자들은 초파리 및 자손을 빠르게 재생산할 수 있는 생물체를 대상으로 공간의 격리를 통한 생식 격리가 얼마나 일어나는지에 대한 실험을 수행하였다. 이러한 관찰은 유전적 부동 자체가 어느 정도의 생식적 격리를 유발할 수는 있으나, 일반적으로는 한 집단이 다른 실험실의 환경(예를 들어, 온도 또는 먹이 유형의 차이)에 적응하도록 강제되면 생식 격리가 더욱 빠르게 진화한다는 것을 확인시켜 주었다. 비록 실험에서 자연선택은 생식적 격리로 이어지는 형질을 직접적으로 선호하지 않았으나, 우연히 일어난 적응분기(adaptive divergence)로 인해 다른 환경의 집단과 생식적으로 격리된다는 사실을 보여주었다. 이러한 이유로 일부의 생물학자들은 **격리 기작**(isolating mechanisms)이라는 용어가 잘못 사용되고 있다고 믿고 있는데 그 이유는 유전적으로 종을 분리할 목적으로 형질이 진화했다고 암시하기 때문이다. 그러나 대부분의 경우(강화를 제외한), 이는 틀린 말이다.

핵심 요약 18.3

유전적 부동은 모집단의 유전적 구성에서 무작위로 생성된 변화를 말한다. 격리된 집단은 결국 유전적 부동 때문에 분기가 일어날 것이다. 또한 상이한 환경에서의 적응은 각자 다른 집단으로부터 생식적 격리를 이끌 수 있으며, 일반적으로 적응은 생식 격리를 만드는 강력한 원동력이 된다.

- 다른 환경에 적응한 개체군에서 생식적 격리가 일어나는 진화는 강화 과정과 어떻게 다를까?

18.4 종분화의 지리학

학습 목표

1. 동소성 종분화와 이소성 종분화를 대조 및 비교할 수 있다.
2. 동소성 종분화에 필요한 조건에 대하여 설명할 수 있다.

a. *b.* *c.*

그림 18.8 여러 가지 이유로 지리적 격리를 나타내는 집단.
a. 하나 또는 소수의 개체에 의해 멀리 떨어진 지역으로 이주한 후 서식화된 경우. *b.* 물리적 장벽에 의해 조상 종의 집단이 2개의 고립된 집단으로 나뉜 경우. *c.* 중간 지역 집단의 멸종으로 인하여 남은 집단 사이가 격리된 경우

종의 분화는 두 부분으로 구성된 과정이다. 첫 번째, 동일한 집단에서 분기가 시작되어야 하고, 두 번째, 차이를 유지하기 위하여 생식적 격리가 진화하여야 한다. 살펴본 바와 같이, 이러한 과정이 유지되기 어려운 이유는 집단들 사이에서 유전자 흐름으로 인한 균질화 효과가 유전적 부동 또는 자연선택에 의하여 발생할 수 있는 모든 차이를 제거하기 위하여 끊임없이 작용하기 때문이다. 유전자 흐름은 서로 다른 집단이 접촉하면서 발생하지만, 다양한 이유 때문에 지리적으로 고립될 수 있다(**그림 18.8**). 결과적으로 진화생물학자들은 지리적인 고립을 겪는 집단에서 종분화의 가능성이 높다는 것을 오래전부터 인식해 왔다.

이소성 분화는 집단이 지리적으로 격리되었을 때 일어난다

메이어(Ernst Mayr)는 지리적으로 격리되어 있거나 **이소성**(allopatric)인 집단들이 상이하게 진화하여 종분화로 이어질 가능성이 매우 높다는 것을 처음으로 언급한 생물학자이다. 그는 다양한 생물체 및 지역들에서 정렬된 기록을 수집하여 종분화의 주요한 수단으로 이소성에 대한 강력한 근거를 제시하였다.

예컨대, 작은낙원물총새(little paradise kingfisher)는 뉴기니 섬의 지형과 다양한 기후에도 불구하고 넓은 지역 범위에서 큰 변화가 없다. 대조적으로 인근 섬에 고립된 집단에서는 뉴기니 본섬의 집단과는 크게 다른 양상을 나타낸다(**그림 18.9**). 그러므로 지리적 격리는 서로 다른 집단의 차이를 나타내는 진화의 중요한 전제 조건으로 여겨진다.

다른 많은 예들에서 종분화는 이소성 조건에서 발생할 수 있다는 것을 나타낸다. 우리는 지리적으로 고립된 집단이 시간이 지남에 따라 유전적 부동 또는 자연선택에 의해 분기될 것으로 예상할 수 있으므로 사실상 놀라운 결과는 아니다. 오히려 더욱 흥미로운 질문은 다음과 같다. 종의 분화를 위하여 지리적 격리는 필요한 것인가?

동소성 종분화는 지리적 격리 없이 일어난다

수십 년 동안 생물학자들은 지리적으로 격리되지 않은 한 지역에서 하나의 종이 두 종으로 분화할 수 있는지에 대하여 논쟁해 왔다. 연구자들은 이러한 동소성 종의 분화가 순간적이거나 여러 세대에 걸쳐 일어날 수 있을 것이라고 제안했다. 지금까지 제시된 가설의 대

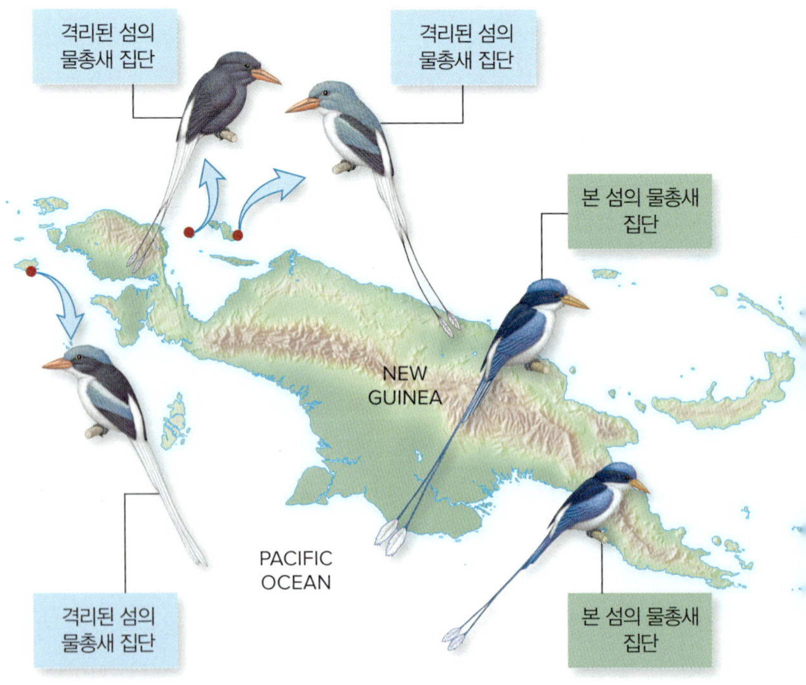

그림 18.9 뉴기니에서 작은낙원물총새(*Tanysiptera hydrocharis*)의 표현형적 분화.
고립된 군도의 집단(왼쪽)들은 꼬리 깃털의 구조 및 길이, 깃털의 채색 형태 및 부리의 크기에 다양성을 나타내는 반면, 본 섬(오른쪽)의 물총새는 변이가 거의 없다.

부분은 논란의 여지가 많지만, 즉각적인 동소성 분화의 한 유형은 일반적으로 배수성의 결과로 일어나는 것으로 알려졌다.

배수성을 통한 즉각적인 종분화

동소성 종의 즉각적인 분화는 집단의 다른 모든 구성원으로부터 생식적으로 격리된 개체가 태어날 때 일어난다. 대부분의 경우 돌연변이는 한 개체가 다른 개체들로부터 큰 차이를 나타내는 원인이 되고, 변이가 발생한 개체는 대부분의 유전자의 다면발현 효과로 인한 부작용(10장 참조)으로 생존할 가능성은 낮다. 그러나 식물에서 흔하게 나타나는 한 예외는 **배수성**(polyploidy)의 경우로 2벌 이상의 염색체를 가진 개체가 생산된다.

배수성 개체는 2가지 방식에 의해 만들어진다. **동질배수성**(autopolyploidy)의 경우 모든 염색체는 한 종으로부터 나온다. 예를 들어, 세포분열 중 염색체의 배가를 일으키는 과정의 오류로 인하여 동질배수성이 발생할 수 있다. 그러한 개체들은 **4벌의 염색체**(tetraploids)를 가지기 때문에 다른 4배체와 자가 수정 또는 짝짓기를 할 수 있으나, 정상적인 2배체(diploid)와는 수정을 하거나 건강한 자손을 생산할 수 없다. 왜냐하면 4배체의 종이 2배체의 반수체와 결합하게 되면 3가지 종류의 염색체를 가진 **3배체**(triploid)의 자손을 생산하기 때문이다. 홀수의 염색체는 감수분열 과정에서 적절한 짝을 이룰 수 없기 때문에 3배체는 생식 능력이 없다.

보다 일반적인 유형의 배수성 종분화는 **이질배수성**(allopolyploidy)이며, 이는 두 종이 잡종화 과정을 일으킬 때 발생하게 된다(**그림 18.10**). 수정의 결과로 감수분열 중에 올바른 짝짓기를 하지 못한 염색체를 갖는 자손은 일반적으로 불임 상태이다. 하지만 그러한 개체일지라도 종종 건강한 상태를 유지하게 된다. 동질배수성에 대해 설명한 바와 같이 위와 같은 개체의 염색체는 가끔 2배가 될 수 있다. 따라서 생성된 4배체의 염색체는 각 벌에 2개씩 사본을 갖게 되며, 감수분열 동안의 염색체 짝짓기는 더 이상 문제가 되지 않는다. 결과적으로 이렇게 생성된 4배체는 유사한 경우의 4배체 종과 교배를 할 수 있고, 따라서 새로운 종이 만들어진다.

빵밀, 면화, 담배, 사탕수수, 바나나 및 감자와 같은 상업적 가치가 중요한 작물을 포함하여 약 26만 종의 식물 중 거의 절반은 그들의 역사에 있어 배수성 과정을 겪는다. 배수성에 의한 종분화는 식물에서보다 훨씬 드물게 나타나지만 곤충, 물고기 및 도롱뇽을 포함한 다양한 동물 종에서도 발생하는 것으로 알려져 있다.

분단성 선택에 의한 동소성 종의 분화

일부의 과학자들은 동소성 종이 분단성 선택(disruptive selection)이라는 과정을 통하여 여러 세대에 걸쳐 종의 분화가 일어나는 것으로 믿고 있다. 16장에서 설명한 바와 같이 분단성 선택은 한 집단에서 2가지의 다른 표현형을 보이는 개체를 포함하게 된다.

선택이 충분하게 강하다면 2가지의 표현형은 여러 세대를 걸쳐 각기 다른 종으로 진화할 것이라고 예측할 수 있다. 하지만 둘의 표현형이 서로 다른 종으로 되기 전에 생식 격리의 기작을 진화시켜야만 한다. 처음에는 2가지 형태의 표현형들은 전혀 생식적인 격리가 없을 것이고, 두 표현형을 가진 개체들 사이의 유전자 교환은 짝짓기 선호

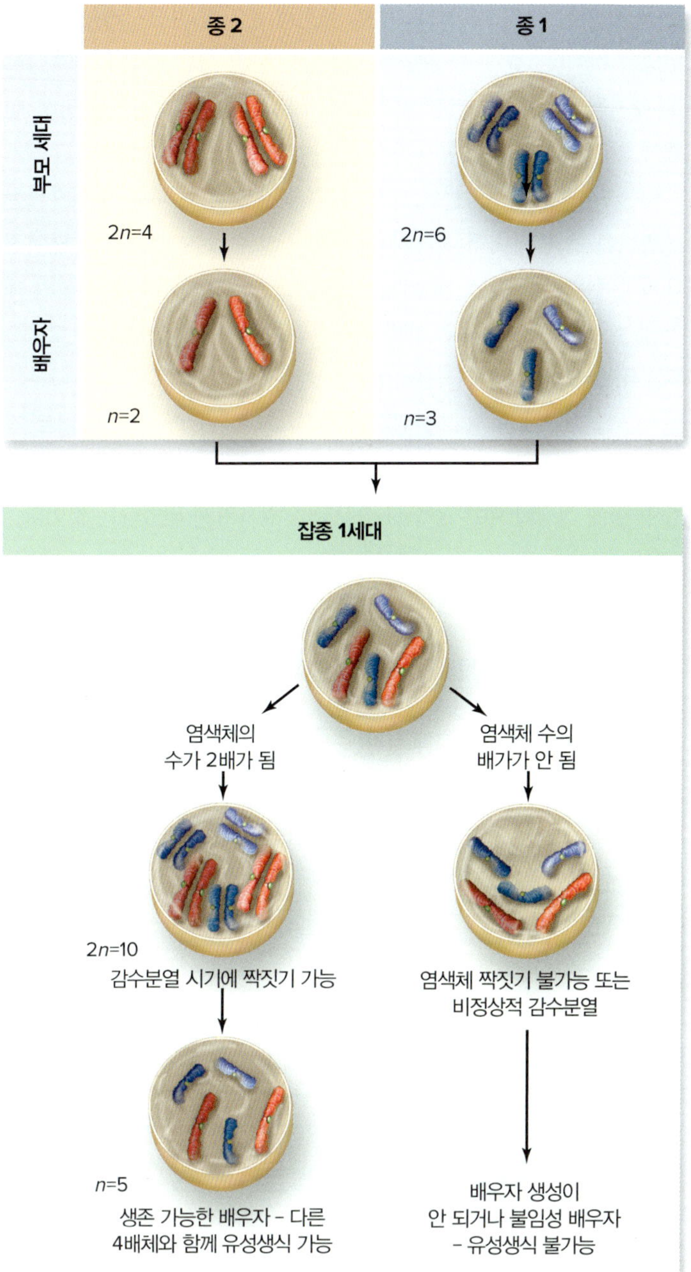

그림 18.10 이질배수성 종분화.
염색체의 수가 다른 부모로부터 생성된 잡종의 자손은 대개 성적 불임을 보인다. 때때로 이러한 잡종 자손의 염색체 수가 2배가 되는 과정을 통하여 4배수성의 개체가 생성되면 감수분열을 진행하고 4배체와 유사한 자손 개체를 만들 수 있다.

도 또는 다른 격리 기작으로 인한 유전적 분기를 차단시키는 경향이 있었을 것이다. 결과적으로, 두 표현형은 단일 집단 내에서 다형성으로 유지될 것이다. 이러한 이유로 대부분의 생물학자들은 분단성 선택에 의한 동소성 종분화가 드물게 일어나는 것으로 간주한다.

하지만 최근 몇 년 동안 동소성 종의 분화 외의 다른 방식으로는 설명하기 어려운 여러 사례가 등장했다. 호주로부터 600 km 떨어진 태평양에 위치한 작은 섬(16 km^2)인 로드 하우(Lord Howe) 섬의 예를 들 수 있다. 로드 하우 섬에서 발견되는 야자속의 *Howea*는 2종으로, 서로 다른 토양에 적응하여 살아간다. 섬의 크기가 작고 나무의 꽃가루가 바람에 의해 분산된다는 점을 고려하면, 두 집단이 서로 격리될 기회는 거의 없었을 것이다. 가장 합리적인 추론은 그들의 조상 종이 섬에 정착한 이후 동소성 종분화를 일으키게 되었다는 것이다.

핵심 요약 18.4

동소성 종분화는 지리적인 격리 없이 일어나는 반면, 이소성 종분화는 지리적으로 고립된 상황의 집단에서 발생하게 된다. 배수성과 분단성 선택은 동소성 조건에서 한 종이 종분화를 일으키는 두 가지 방법에 해당한다.

- 동소성 종분화의 과정에서 배수성과 분단성 선택의 작용은 어떻게 다를까?

18.5 적응방산과 생물다양성

학습 목표

1. 적응방산에 대하여 설명할 수 있다.
2. 적응방산으로 이어지는 조건을 나열할 수 있다.

진화의 가장 가시적인 징후 중 하나는 최근 공통 조상으로부터 진화하여 다양한 환경에 적응한, 서로 밀접하게 연관된 종의 집단이 존재한다는 사실이다. 이러한 **적응방산**(adaptive radiations)은 특히 주변에 다른 종이 없고 활용 가능한 자원이 많은 환경에서 발생하는 것이 일반적이다. 예를 들어, 하와이나 갈라파고스 섬과 같이 화산 활동으로 인하여 새로운 섬이 만들어진 경우나, 대부분의 종이 멸종으로 이어지는 치명적인 사건으로, 18.7절에서 다루는 **대멸종**(mass extinction)이라 불리는 현상이 여기에 해당한다.

또한 적응방산은 **핵심혁신**(key innovation)이라고 일컫는 새로운 형질이 진화한 종 내에서 이전에는 접근할 수 없었던 자원이나 다른 환경의 측면을 사용하게 될 때 발생할 수 있다. 적응방산으로 이끄는 핵심혁신의 고전적인 예로는 조류와 곤충의 날개 및 어류의 폐 진화인데 이 2가지의 경우 모두가 후손이 되는 종의 다양성과 활용 가능

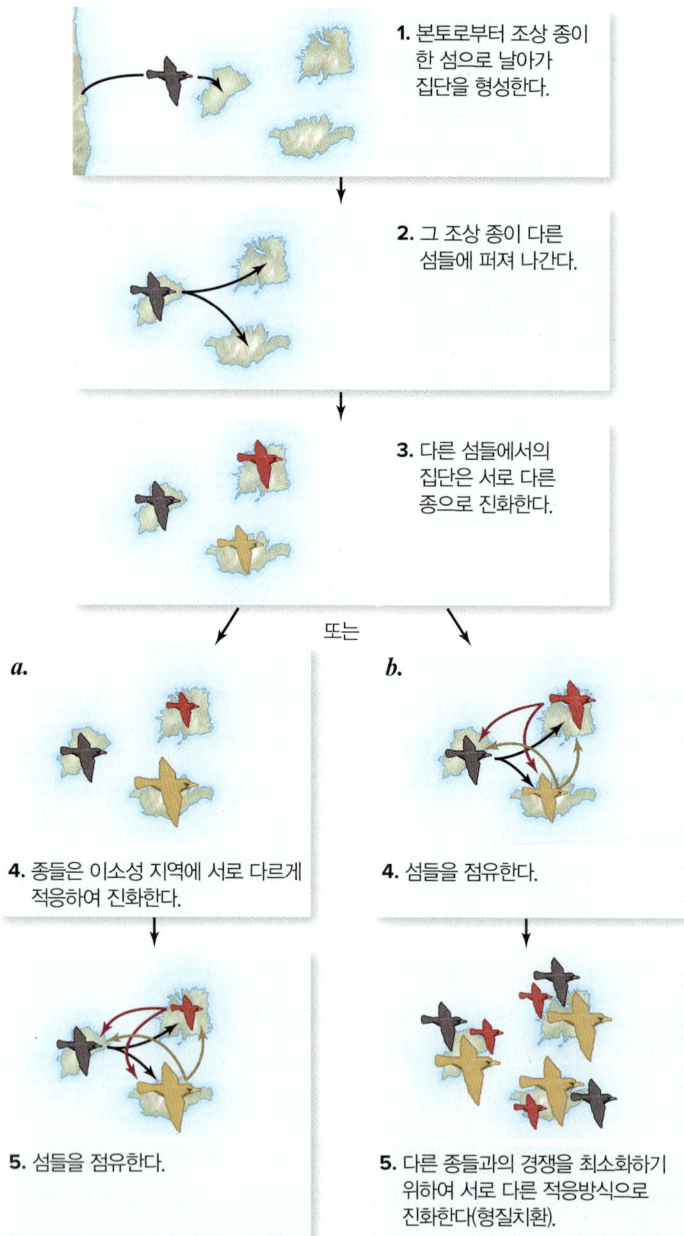

그림 18.11 군도의 각 섬에서 적응방산의 고전적 모델.
(1) 군도의 한 섬에 조상 종이 대량으로 서식하게 된다. **(2)** 나중에 그 집단은 다른 섬을 점령하게 되며, **(3)** 이후 다른 섬의 집단들은 이소성으로 새로운 종을 만들게 된다. 그리고 새로운 종의 일부는 또 다른 섬에 정착하여 둘 이상의 종으로 이루어진 군집 사회를 이룬다. 적응성의 차이는 서로 다른 이소성 환경 조건에 대한 반응(***a***), 또는 형질치환의 과정으로 인하여 종 사이에서 일어나는 생태적 상호 작용의 결과로 진화할 수 있다(***b***).

한 새로운 환경의 많은 부분에 적응할 수 있도록 한다.

적응방산은 종분화와 다른 서식지에 대한 적응을 필요로 한다. 전통적인 모델에서는 한 종이 군도의 여러 섬을 점유한다고 가정하고 있으며, 이후 이소성 종분화가 일어나고 이로 인하여 새롭게 발생한 종은 다른 섬을 점유하여 섬마다 여러 종을 생성하게 된다(**그림 18.11**).

새로운 서식지에 대한 적응은 종이 다른 섬의 이질적 환경에 반응하는 이소성 단계에서, 또는 두 종이 동소성으로 된 후 일어난다. 후자의 경우, 이러한 적응은 다른 종과 가용 자원에 대한 경쟁을 최소화시킬 필요성에 의해 추진될 수 있다. **형질치환**(character displacement)이라고 불리는 이 과정에서 생식적인 격리가 존재하지만 생태학적으로는 유사한 두 종이 접촉하게 된다. 이들 두 종은 동일한 자원을 이용하기 때문에 각 종에서 자연선택은 다른 종이 사용하지 않는 자원을 이용하는 개체를 선호하게 된다. 그러한 개체들은 더 큰 적응도를 가지게 될 것이고, 따라서 가용자원을 이용할 수 있게 하는 어떤 유전적 형질의 빈도가 집단 내에서 증가할 것이기에, 시간이 지남에 따라 종분화가 일어나게 된다(**그림 18.12**).

형질치환의 한 예로는 북반구의 온대 호수에서 발견되는 작은 물고기인 큰가시고기(three-spined sticklebacks)와 연관이 있다. 캐나다 서해안의 브리티시 컬럼비아 주에는 12,000년 전인 빙하기 말에 녹은 빙하로부터 만들어진 많은 호수가 있다. 바다 근처에 있는 이들 호수 중 일부에 해안 지대의 바다 큰가시고기가 침입했다. 바다 큰가시고기는 호수 서식지를 통틀어 발생하는 경향이 있었으며, 바다의 조상과는 다르게 진화해 왔다. 두 번째 점유가 일어난 몇 개의 호수에서 두 집단의 큰가시고기는 매우 높은 수준으로 생식적 격리를 진화시켰다. 결과적으로, 자연선택은 먹이에 대한 경쟁을 최소화하기 위한 두 집단의 차이를 진화시켰다. 큰가시고기의 한 집단은 개빙구역(open water, 빙하가 없이 열려 있는 장소) 장소에서 서식하는 동물성 플랑크톤을 걸러 내는데 유리한 보다 빠르고 효과적인 아가미 구조를 만들기 위해 몸의 구조를 유선형으로 발전시켰으며, 다른 집단은 호수의 가장자리와 바닥 근처에서 커다란 무척추 동물을 더 잘 먹도록 입의 형태를 바꾸는 것으로 진화했다(**그림 18.13**). 7곳의 이중 침입 호수에서 유사한 형태의 형질치환이 발생하였다.

대안적 가능성으로는 반복적인 동소성 종분화를 통해 적응방산이 발생하여 다른 서식지 환경에 적응된 종이 집단을 생성할 수 있다는 것이다. 18.4절에서 논의된 바와 같이 이러한 가설은 뜨거운 논쟁의 대상이다.

여기서는 적응방산의 4가지 사례에 대해 알아본다.

과학적 사고

문제: 형질치환은 자원의 경쟁으로 인하여 일어나는가?

가설: 유사한 종들과의 경쟁으로 인하여 자연선택은 진화적 확산을 촉진한다.

실험: 다른 종의 유사한 어류가 있는 연못에 한 종의 어류를 넣고 선택의 형태를 측정한다. 대조군으로 동일한 종의 집단을 두 번째 종이 없는 연못에 둔다. 이들 어류가 선호하는 먹이의 크기는 물고기의 크기와 관련 있음을 주지할 필요가 있다.

결과: 두 종이 함께 서식하는 연못에서 방향성 선택은 다른 종으로부터 극명하게 상이한 표현형을 가진 개체들을 선호하고, 따라서 이용하는 자원 또한 대부분 다르다. 대조군집단에서는 방향 선택이 일어나지 않았다.

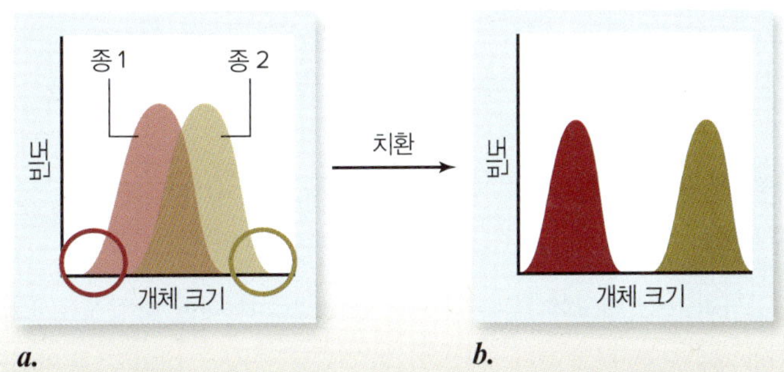

이해: 만약 자원이 무한정이라면 형질치환은 일어날 것으로 예상할 수 있을까?

그림 18.12 형질치환.
a. 초기에는 두 종이 유사하므로 따라서 이용하는 영역이 크게 겹쳐지고, 두 종은 비슷한 크기를 나타낸다(많은 종에서 개체의 크기와 먹이의 크기는 밀접한 관련이 있음). 각 종 안에서 다른 종류와 확연하게 구분되는 개체들(원으로 표시)은 그들 안에서 경쟁 구도에 있지 않으므로 자연선택에 의하여 선호될 것이다. 예컨대, 한 종 안에서의 가장 작은 개체와 다른 종의 가장 큰 개체는 먹이를 두고 경쟁하지 않으므로 선호되는 것이다. *b.* 결과적으로, 종은 자원의 사용에 의해 분기될 것이고 종 사이에 경쟁을 최소화시킬 것이다.

탐구문제 종분화가 일어나는 경우에 적응방산에 대한 시나리오는 이소성 또는 동소성에 따라 어떻게 다를까? 형질치환과 동소적 종분화의 관계는 무엇일까?

그림 18.13 서로 다른 서식지를 이용하는 데 적응된 가시물고기.
개빙구역에 사는 물고기는 체형이 유선형에 더 가까운 반면 바닥 근처에 서식하는 물고기는 체형이 크며 입의 모양이 호수 바닥에 사는 무척추 동물을 흡입하기에 적합하다.

a. *b.*

그림 18.14 하와이의 초파리.
하와이 제도에서 진화한 수백 종의 초파리는 모양이 매우 다양한데, 특히 사진 속 2종의 머리 모양과 몸체의 색깔에 주목해 보자. ***a.*** *Drosophila heteroneura*, ***b.*** *Drosophila silvestris*

a. *b.* *c.* *d.*

그림 18.15 하와이의 로벨리아드.
a. 하와이 몰로카이(Molokai) 해안 절벽에 서식하는 *Brighamia rockii*종, ***b.*** 마우이(Maui)에서 발견되는 *Cyanea hamatiflora*의 큰 나무 형태, ***c.*** 오아후(Oahu)의 *Cyanea koolauensis*의 작은 나무, ***d.*** 늪지 서식지인 카우아이(Kauai)의 *Lobelia villosa*종

하와이의 식물과 동물은 풍부하고 다양한 서식지 환경을 이용한다

하와이 제도(Hawaiian Islands)에는 초파리(*Drosophila*)속의 파리가 1000종 이상 서식한다. 하와이에서는 새로운 초파리 종이 여전히 발견되고 있지만, 초목의 빠른 파괴로 인하여 이들을 찾아내는 일이 더욱 어려워지고 있다.

하와이의 초파리 종은 엄청난 형태적 다양성과 행동적 형질을 갖고 있다(**그림 18.14**). 초파리의 조상들은 처음으로 하와이에 도착했을 때 다른 종류의 곤충과 동물들이 점령하지 않은 "빈" 서식지를 점유했다. 결과적으로 이 종은 모든 과일파리의 생활사(포식자, 기생충 및 초식동물)에 적응을 했으며, 뿐만 아니라 어떤 초파리 종은 꽃의 즙과 잎의 찌꺼기를 먹는데 특화되었다. 다양한 초파리 종의 유충은 식물의 썩은 줄기, 과일, 나무껍질, 잎 또는 뿌리에 서식하거나 수액을 먹는다. 하와이 초파리 종과 같은 다양성은 세계 어느 곳에서도 볼 수 없다.

하와이에 서식하는 종의 큰 다양성은 군도의 지질학적 역사의 산물이다. 이 지역의 바다에서는 새로운 섬들이 계속해서 생겨났다. 그렇게 해서 오래된 섬에 존재하던 초파리의 집단은 새로운 섬에 성공적으로 이주한 것으로 보인다. 신생의 초파리 종이 새롭게 생겨난 섬에 정착하면서 진화를 거듭했다.

또한 하와이 제도는 세계에서 화산 활동이 가장 활발한 섬들 중 하나이다. 정기적인 용암의 흐름은 때때로 "바다"로 둘러싸인 암석 덩어리인 불모지의 섬 안에 초파리의 서식처를 형성하게 한다. 이러한 섬들은 키푸카(*kipukas*)라고 불린다. 키푸카에 격리된 초파리 집단은 종종 종분화를 겪는다. 생태학적으로 적절한 기회와 함께 무성한 종분화는 곤충의 생활에 전대미문의 다양성을 만들어 왔다.

다른 많은 동물과 식물의 집단에서도 유사한 형태를 관찰할 수 있다. 예컨대 로벨리아드(Hawaiian lobeliads)는 하와이 고유종으로 125종의 집단으로 구성되어 있으며, 키가 작은 덩굴 식물과 키가 큰 관목으로부터 절벽, 고지대, 우림지역, 사막 그리고 해안선 등의 다양한 서식 환경에서 성장하는 형태로 방산을 해왔다(**그림 18.15**).

다윈의 핀치새는 서로 다른 먹이 자원을 이용하는 데 적응해 왔다

갈라파고스 제도에 있는 다윈의 핀치새들에 대한 다양성은 17장에서 처음으로 다루었다. 다윈의 핀치새들 조상은 아마도 육지에서 서식하는 다른 조류보다 일찍 이 섬에 도착했을 것이며, 결과적으로 다른 종류의 새들이 본토에서 이용하는 다양한 형태의 서식지가 비어 있는 상태였다.

새로 도착한 새들이 이렇게 비어 있는 생태계의 틈새로 이동하여 새로운 생활 방식을 채택함에 따라 여러 종류의 선택적 압력이 가해졌다. 이런 상황하에 갈라파고스 군도의 많은 섬들로 인한 지리적 격

그림 18.16 다윈의 핀치새들의 진화 계통수.
다윈의 핀치새들의 완전한 유전체 염기서열을 통한 진화 계통수 분석에서 휘파람핀치새가 초기에 발생한 것으로 나타났다. 이후 땅핀치새와 나무핀치새가 갈라졌고, 각 집단 내의 종은 서로 다른 자원을 사용하도록 특화되어 왔다. 유전체 염기서열 데이터 분석은 *G. difficilis*와 같이 몇몇 종의 경우 여러 섬에 살고 있는 단일종으로 인식되던 것이 서로 밀접한 연관이 없는 여러 종임을 제시하였다. 이런 사실을 증명하기 위해서는 추가적인 연구가 필요하다.

리로 조상 종의 핀치새들은 일련의 다양한 집단으로 급속히 갈라졌고, 일부는 별개의 종으로 진화를 했다. 이 종은 현재 갈라파고스 섬의 여러 서식지를 점령하고 있으며, 본섬에서 나타나는 새들과 비교하여 서식지에 따라 몇 종류의 새들로 구분할 수 있게 되었다. **그림 18.16**은 14종의 핀치새를 4개의 집단으로 나누어 나타낸 것이다.

1. **땅핀치새와 선인장핀치새들**: *Geospiza* 땅핀치새는 모두 6종류가 있다. 땅핀치새들은 대부분 씨앗을 먹는다. 길고 납작한 부리의 크기는 먹이가 되는 씨앗의 크기와 관련이 있다. 땅핀치새 중 일부는 주로 선인장의 꽃과 과일을 먹으므로 다른 종보다 길고 크며 뾰족한 부리를 갖고 있다.
2. **나무핀치새들**: 곤충을 먹이로 하는 나무핀치새는 5종이 있다. 이 중 4종은 곤충을 먹기에 적합한 부리를 가지고 있다. 딱따구리 핀치새는 끌과 같은 부리가 있는데 이 특이한 핀치새는 나뭇가지나 선인장 가시를 물고 나무 틈 속 깊은 곳의 곤충을 찾는 데 이용한다.
3. **초식성 나무핀치새들**: 이 종의 매우 육중한 부리는 나뭇가지에서 새싹을 떼어 먹는 데 사용된다.
4. **휘파람핀치새들**: 이 특이한 새들은 본 섬의 휘파람새들과 동일한 생태학적 역할을 수행하는데 갈라파고스의 숲에 있는 잎과 나뭇가지 위를 지속적으로 날아다니며 곤충을 찾는다. 이들은 가늘고 날렵한 부리를 갖고 있다.

최근 과학자들은 진화론적 역사를 연구하기 위해 다윈의 핀치새들을 대상으로 완전한 유전체 염기서열을 조사하였다. 이러한 연구는 핀치새가 진화 계통의 가장 밑 부분에 있는 휘파람핀치새로부터 이어진다는 것을 발견했으며, 이는 휘파람핀치새가 가장 먼저 섬에 정착하여 진화한 첫 번째 종 중 하나임을 암시한다. 지상에 서식하는 종은 모두 나무핀치새들과 마찬가지로 서로 밀접한 관련을 갖는다. 그럼에도 불구하고, 각 집단 내에서 나무핀치새들은 종마다 부리의 크기와 속성뿐만 아니라 자원을 이용하는 방식이 모두 다르다.

17장에서 논의된 것과 같이 현장에서 수행된 연구는 땅핀치새 종이 자원을 놓고 경쟁한다는 것을 보여 주는데, 이러한 종의 차이는 초기 단계에서 유사한 종 사이에 경쟁 압력을 최소화하기 위해 분기가 일어나는 형질치환(character displacement)에 기인한 것으로 여겨진다.

최근 연구는 다윈 핀치새의 분기화에 대한 근본적인 원인을 유전학 및 발생학을 기초로 밝히기 시작했다. 현재까지의 연구는 땅핀치새들의 부리에 중점을 두고 있다. 종 사이의 변화는 부리의 높이, 너비 및 길이 등이 다른 속도로 성장한 결과이다. 연구자들은 부리의 성장에 영향을 미치는 5가지의 유전자인 *Bmp4*, *CaM*, *TGFβIIr*, *β-catenin* 및 *Dkk3*를 확인하였다. 이들 유전자의 상이한 조합으로 인한 유전적 변화가 성체의 부리와 관련된 이종간의 차이를 나타낸다.

빅토리아 호수의 시클리드 물고기는 매우 빠른 속도로 다양화되었다

빅토리아 호수는 적도 지방의 동아프리카 중심에 있는 스위스 국토 크기의 거대하고 얕은 담수성 바다이다. 최근까지 이 호수에는 450종이 넘는 엄청나게 다양한 시클리드(cichlids) 물고기의 집단이 살고 있었다.

지질학적 요인의 최근 방산

시클리드 종의 무리는 최근 아주 신속하게 진화한 것으로 보인다. 과학자들이 호수에 서식하는 많은 수의 시클리드 물고기에서 사이토크롬 *b* 유전자의 염기서열을 분석한 결과 약 20만 년 전에 빅토리아 호수로 처음 시클리드가 유입된 것으로 추정하였다.

호수의 수위가 급격하게 변하게 됨에 따라 종의 형성이 촉진되었다. 호수의 면적이 커지면서 새로운 지역이 침수되었고 새로운 서식지가 개발되었다. 14,000년 전 호수가 마른 후 다시 수위가 상승될 때까지 격리되었던 작은 호수에서 많은 종이 생겨났다.

a.

b.

그림 18.17 빅토리아 호수의 시클리드 물고기.
a. 시클리드 물고기들은 다양한 서식지를 이용하도록 진화적으로 적응해 왔다. 이 물고기의 목구멍에 위치한 커다란 두 번째 턱 조합은 진화적 유연성을 제공하여 구강의 턱을 여러 방식으로 수정할 수 있다. ***b.*** *Labeotropheus fuelleborni*의 짧은 주둥이와 *Maylandia zebra* 종의 긴 주둥이는 턱의 모양을 담당하는 두 유전자의 차이로부터 유래한다.

시클리드의 다양성

시클리드는 길이가 5~25 cm인 작은 농어 모양의 물고기이며 수컷의 색깔은 무한할 정도로 다양하다. 시클리드의 생태학적 및 형태학적인 다양성은 특히 짧은 시간 동안 진화한 것을 감안하였을 때 놀랄 만한 현상이다.

시클리드가 어떤 먹이를 먹는지를 살펴봄으로써 광범위한 종류의 유형을 구분할 수 있다. 그들은 진흙을 먹거나, 조류를 걸러 먹는 종류(algae scraper), 잎을 뜯어 먹는 종류(leaf eater), 달팽이를 걸러 먹는 종류(snail eater), 동물성 플랑크톤을 먹는 종류(zooplankton eater), 곤충을 먹는 종류(insect eater), 새우를 먹는 종류(prawn eater), 그리고 물고기를 포식하는 종류(fish eater)가 있다. 달팽이를 포식하는 시클리드는 천천히 기어가는 달팽이를 공격하는데, 달팽이가 단단한 껍질로 숨기 전에 길고 구부러진 이빨을 이용하여 부드러운 부분을 찌른다. 비늘 시클리드(scale scraper)는 다른 어류의 비늘을 긁어 찢는다. 시클리드 중에는 다른 시클리드 종의 치어를 먹는 종도 있다.

시클리드 어류는 진화적 방산에서 중대한 역할을 수행할 수 있는 주목할 만한 혁신적 도구를 갖추고 있는데, 그것은 바로 두 번째의 기능성 턱이다(**그림 18.17***a*). 이러한 형질은 다른 많은 종류의 물고기에서도 발견되지만 시클리드 어류에는 특히 대규모로 확장되었다. 두 번째의 턱의 먹이를 씹고 가공할 수 있는 능력으로 인하여 구강의 턱이 서로 다른 목적으로 진화할 수 있게 되었으며, 그 결과 시클리드가 가득한 호수에서 생태학적 역할의 방대한 다양성을 갖게 되었다.

최근 몇 년 동안 과학자들은 이 물고기들의 형태학적 다양성의 기초가 되는 유전학적 차이를 발견하기 시작했다. 예를 들어, 광범위한 유전자 분석 방법을 이용하여 *β-catenin*, *Bmp4*, *Ptch1* 및 *Lbh* 등 여러 유전자들이 시클리드의 턱 크기와 모양을 결정한다는 것을 확인하였다(**그림 18.17***b*). 조상 종의 시클리드에서 이들 유전자의 돌연변이는 개체들이 서식지 환경의 다른 영역에서 먹이에 접근 가능하도록 진화적 분기 및 적응방산을 진행시켜 왔다.

지난 수십 년 동안의 갑작스러운 멸종

최근 들어 시클리드 다양성이 많이 사라졌다. 1950년대에는 빅토리아 호수에 서식하는 커다란 상업 목적의 식용 어류인 나일 퍼치(Nile perch)가 도입되었다. 그 이후로 인간은 호수에 넓게 퍼져 있던 시클리드를 포식해 왔다.

1990년에는 개빙구역의 시클리드 종뿐만 아니라 수심이 얕은 암석 지역의 시클리드가 멸종되었다. 빅토리아 호수에 서식하는 모든 시클리드 종의 70% 이상이 사라졌으며, 아직 분류되지 않은 종마저도 없어졌다.

핵심 요약 18.5

적응방산은 종이 다양화될 경우 발생하며, 환경의 많은 다른 부분을 이용하도록 적응된 자손을 생산한다. 적응방산은 되풀이 되는 격리의 조건에서도 발생할 수 있으며, 이로 인하여 종분화의 속도가 증가하고, 화산섬과 같은 경쟁자가 적고 활용 가능한 자원이 많은 지역을 점유할 수 있다. 또한 혁신적인 진화의 주요한 열쇠로 이전에는 이용할 수 없었던 환경의 일부에 적응할 수 있는 능력이 개발되었다.

■ 군도의 모델과 대조적으로 분단성 선택에 의한 동소종의 경우 적응방산은 어떻게 진행되는 것일까?

18.6 진화의 속도

학습 목표

1. 정체를 정의하고 점진적인 진화적 변화와 비교할 수 있다.
2. 단속평형 가설의 구성 요소를 설명할 수 있다.

앞서 종분화가 일어나는 방식에 대해 논의하였지만 종의 내부에서 발생하는 종분화와 진화적 변화 사이의 관계는 아직 고려하지 않았다. 이러한 관계를 설명하기 위해 **점진진화**(gradualism)와 **단속평형**(punctuated equilibrium)이라는 2가지 가설이 발전되어 왔다.

점진진화는 작은 변화의 축적이다

〈종의 기원(On the Origin of Species)〉 논문이 출판된 후 1세기 이상 진화에 대한 표준 견해는 진화가 매우 느리게 일어난다는 것이었다. 진화적 변화는 세대마다 거의 인식할 수 없지만 수천, 수백만 년에 걸쳐 중대한 진화가 일어날 수 있도록 변화는 축적될 것이다. 이러한 견해를 **점진진화**(gradualism)라고 한다(**그림 18.18***a*).

단속평형은 오랜 정체 상태 이후의 상대적으로 빠른 변화이다

또 다른 가능성은 종은 거의 진화적으로 변화가 없는 오랜 **정체**(stasis) 기간을 가지다가 지질학적으로 짧은 시간 동안에 수많은 진화적 변화를 겪는 것이다. 이러한 현상을 **단속평형**(punctuated equilibrium)이라고 하며(**그림 18.18***b*), 일부에서는 오직 종분화 과정에서만 이와 같이 급격한 변화 기간이 존재하는 것으로 주장한다.

16장과 17장에서 자연선택이 강력할 때 진화적 변화가 급속하게

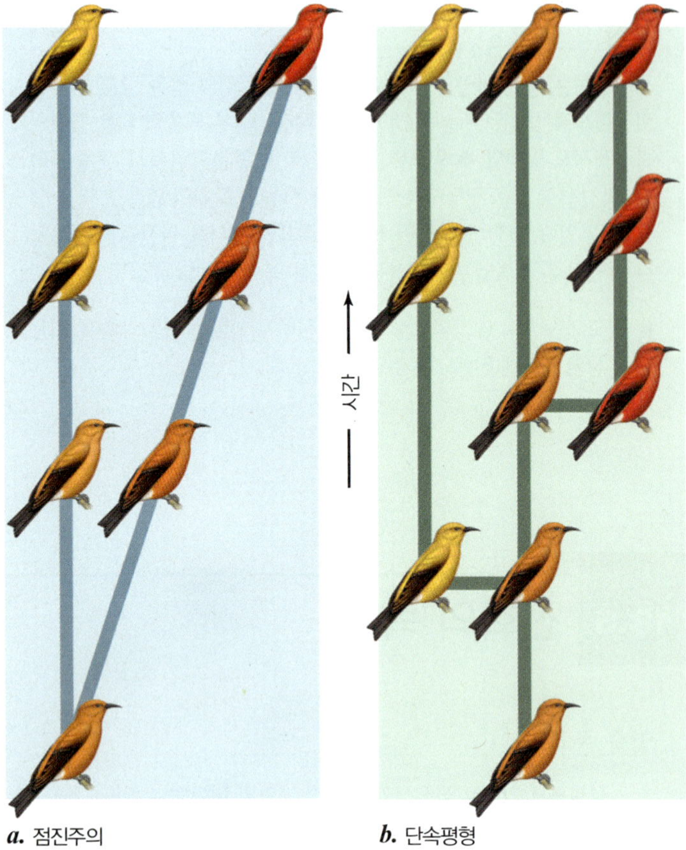

그림 18.18 대진화 속도에 대한 2가지 견해.
a. 시간이 지남에 따라 천천히 발생하는 진화적 변화이지만 종분화와는 연결되지 않은 것으로 제안되는 점진주의. *b.* 반대로 단속평형은 오랜 기간 동안 표현형의 변화가 거의 또는 전혀 없이 돌발적인 종분화가 요구된다.

일어날 수 있기 때문에 가설의 "단속된(평형이 깨진)" 부분에는 논란의 여지가 없었다. 더 어려운 문제는 오랜 기간 동안의 정체(평형)와 관련이 있는데, 왜 종은 변화가 없이 수천 또는 수백만 년 동안 존재할 수 있었을까?

여러 가지 가능한 이유들이 제시되었으나, 현재 대부분의 연구자들은 안정화(stabilizing)와 진동 선택(oscillating selection)의 조합이 정체를 가져오는 것으로 믿고 있다. 만일 오랜 시간이 경과하는 동안 환경이 변하지 않았거나 환경 변화가 진동하는 경우 긴 기간의 정체가 발생할 수 있다. 이러한 정체를 강화시킬 수 있는 한 가지 요소는 종의 분포 범위를 이동시키는 것이다. 예를 들어, 빙하기 동안 전 세계가 냉각되었을 때 많은 종은 지리적 범위를 남쪽으로 이동하였으며, 따라서 종은 예전의 환경과 비슷한 조건을 경험할 수 있게 되었다.

? 탐구문제 지리적 범위의 변화가 왜 진화적 정체를 촉진시키는가?

진화는 두 가지 유형의 변화를 모두 포함할 수 있다

아프리카 포유류와 같이 잘 기록되어 있는 일부 집단은 급속한 진화가 아니라 점진적인 진화를 했다. 그에 비하여 해양 이끼벌레류(marine bryozoa)와 같은 다른 집단에서는 단속평형 모델에 의해 예측된 불규칙적인 진화적 변화의 형태를 나타내는 것으로 보인다. 사실 점진진화와 단속평형은 연속선상의 두 끝으로 여겨진다. 일부 집단은 점진적으로만 진화하고 다른 집단은 단속평형 형태로만 진화해 왔으나 어떤 종은 그들 집단의 진화적 역사에서 서로 다른 시기에 점진진화 및 단속평형 모두를 보여주는 증거가 있다.

하지만 종분화가 반드시 표현형의 변화와 관련이 있다는 생각이 우세하지는 않다. 다른 한편으로는 상당한 수준의 표현형의 변화가 없어도 종분화가 일어날 수 있음이 명백하다. 예컨대, 유연관계가 상당히 가까운 많은 도롱뇽의 종은 거의 구분을 할 수가 없다. 반면 종분화가 없이도 표현형의 변화가 일어날 수 있다는 것도 사실이다.

핵심 요약 18.6

점진진화는 거의 눈에 띄지 않는 변화가 축적되어 결국 중요한 차이를 만들게 된다. 단속평형은 장기간의 정체가 급격한 변화의 주기에 의해 중단되거나 단속되는 것을 의미한다. 어떤 집단에서는 점진진화와 단속평형 모두가 발견되기도 한다. 정체는 진화적 변화가 거의 또는 전혀 발견되지 않는 기간을 말한다. 결과적으로 정체는 안정화 또는 진동 선택으로부터 발생할 수 있다.

■ 시간에 따라 신속하고 일시적인 단속성을 나타내지만, 종분화와 연관이 없는 진화적 변화는 가능할까?

18.7 시간에 따른 종분화와 멸종

학습 목표

1. 시간에 따른 종 다양성의 방식을 설명할 수 있다.
2. 대멸종을 정의하고 주요한 대멸종이 발생한 시기를 구분할 수 있다.

생물학적 다양성은 지난 6억 년 동안 크게 상승했으나 증가 경향은 일관적이지 않다. 생물다양성이 급격하게 증가한 이후 약 2억 년 동안 안정기에 도달했지만 그 이후는 느리게 증가하였다. 종의 수적 변화는 기존의 종이 사라지는 비율에 대한 새로운 종의 발생을 반영하기 때문에 이러한 장기적 추세는 일반적으로 종분화가 멸종을 능가하였음을 나타낸다.

그럼에도 불구하고 종의 분화가 항상 멸종을 앞지른 것은 아니다. 특히 종 다양성의 장기적인 증가에 산재해 있는 위협적 요소는 많은 종의 급격한 감소를 일으키는 **대멸종**(mass extinctions)이다.

다섯 번의 대멸종이 먼 과거에 일어났다

현재까지 다섯 차례의 대멸종이 확인되었으며, 약 2억 5천만 년 전인 페름기(Permian period) 말기에는 가장 심각한 멸종이 일어났다(**그림 18.19**). 그 당시에는 지구상의 모든 식물과 동물의 절반 이상과 모든 종의 96%가 멸종했다고 여겨진다.

페름기 말기처럼 급격하지는 않았지만 가장 유명하고 잘 연구된 멸종은 백악기(Cretaceous period, 6500만 년 전) 말에 일어났으며, 당시 공룡을 포함한 많은 생명체들이 멸종을 맞았다. 최근에 밝혀진 사실은 이러한 멸종의 원인으로 커다란 소행성이 지구와 충돌하여 전 지구의 숲에 산불이 발생하였으며, 공기 중에 산란된 연기의 입자가 몇 달 동안 태양을 가렸다는 가설을 지지한다. 다른 대멸종의 사건들은 원인이 확실하지 않다. 일부의 과학자들은 소행성이 몇몇 대멸종의 사건 중 적어도 일부에서 핵심적인 역할을 했다고 제시한다. 다른 가설은 지구의 기후 변화와 몇몇 원인들이 연관되어 있음을 주장한다.

대멸종에서 한 가지 중요한 결과는 멸종이 모든 생명체 집단에 동일한 영향을 준 것이 아니라는 것이다. 예를 들어, 백악기 말기의 멸종에서는 공룡뿐만 아니라 해양 및 하늘을 나는 파충류(어룡과 익룡), 그리고 연체동물의 일종인 암모나이트가 멸종되었다. 주머니를 갖는 유대류(marsupials), 꽃을 피우는 현화식물(flowering plants), 조류(birds)와 일부 형태의 **플랑크톤**(plankton)은 다양성이 크게 감소했다. 반대로 거북류(turtles), 악어류(crocodilians), 양서류(amphibians)는 타격을 입지 않은 것으로 보였다. 일부 집단이 다른 집단들보다 더 강한 충격을 받은 이유가 분명하지는 않지만, 한 가지 가설은 생존한 집단은 지하나 물속으로 피난할 수 있는 동물들이며 햇빛 차단으로 발생된 차가운 기후 환경에서 적은 먹이로 생존 가능하거나 서로를 포식하였다고 제안할 수 있다.

대멸종의 결과는 이전에 지배적인 집단이 멸망하여 진화의 과정을 변화시킬 수 있다는 것이다. 백악기의 멸종 역시 마찬가지이다. 백악기 동안 태반포유류(placental mammals)는 집고양이(house cat) 집단보다 크지 않은 종으로 구성된 작은 집단이었다. 백악기가 끝날 무렵까지 1억 년 이상 지구를 지배해 왔던 공룡이 사라졌을 때 태반포유류는 상당히 큰 적응방산을 겪게 되었다. 겸손하게 생각하자면, 만약 6500만 년 전 소행성이 지구를 강타하지 않았다면 인간은 결코 생겨나지 못했을 것이다.

오늘날 우리를 둘러싼 세계가 보여주듯이 종의 다양성은 대멸종 이후에 반등하고 있지만 회복 추세가 빠른 것은 아니다. 화석 기록을 조사한 결과는 종의 회복 속도가 멸종 후 즉각적으로 증가하지 않고 최댓값에 도달하는 데 약 1000만 년이 걸린다는 것을 보여준다. 이

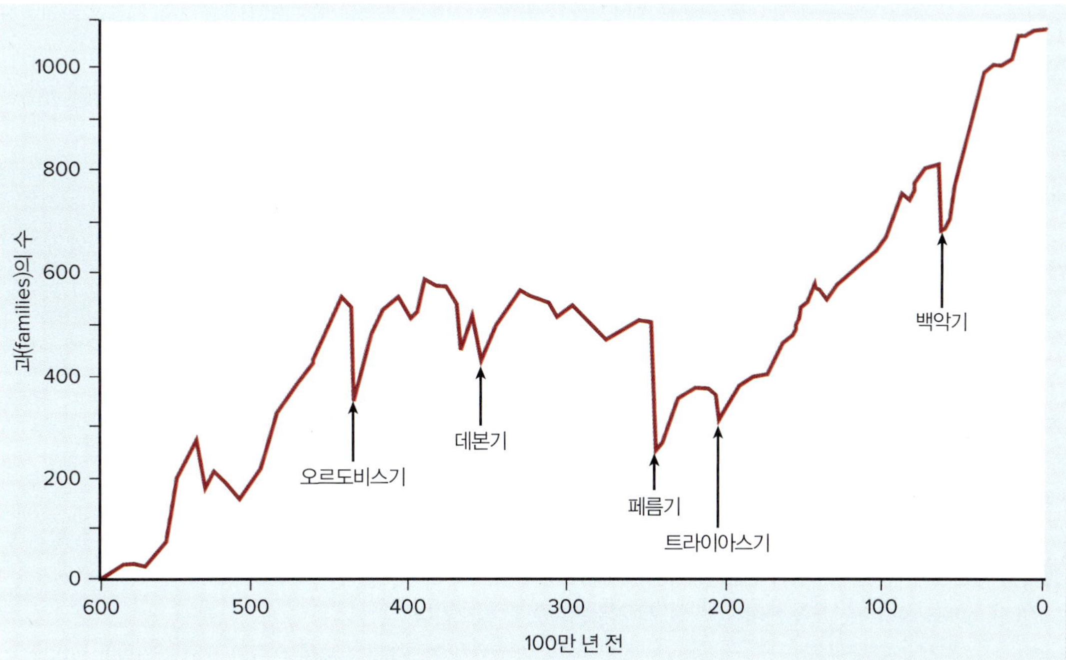

그림 18.19 시간에 따른 생물다양성. 해양 동물군의 분류학적 다양성은 때때로 침체기가 있었으나 시간이 지나면서 증가되었다. 해양 생물이 육상 생물보다 더욱 쉽게 화석화되기 때문에 화석 기록은 거의 완벽하다. 종(species)보다는 과(families)로 표시한 이유는 많은 종이 하나의 표본에서만 알려져 있고 따라서 특정 시점에 존재하는 종의 수에 오류가 발생할 수 있기 때문이다. 화살표는 다섯 번의 주요한 대멸종 사건을 나타내었다.

러한 지연의 원인이 명확하게 밝혀지지는 않았지만, 생태계가 복구되고 종분화와 적응의 다각적인 과정이 시작되기까지 얼마 정도의 시간이 걸리는 것으로 추측하고 있다. 결과적으로 종의 다양성을 이전 수준으로 끌어올리기 위해서는 1000만 년 또는 훨씬 더 긴 시간이 필요할 수 있다.

여섯 번째 멸종은 이미 진행 중이다

최근 지구상에서 종의 수는 그 어느 때보다 많다. 하지만 불행하게도 그 숫자는 인간의 활동으로 인하여 급속하게 감소하고 있다.

일부 연구자들은 가까운 미래에 지구상 모든 종의 1/4 정도가 멸종될 것이라고 추측하고 있으며, 이러한 관측은 백악기의 대멸종 이후 지구에서 나타나지 않았던 비율이다. 더군다나 종의 다양성 반등은 이전에 일어났던 대멸종 사건 후보다 느리게 진행될 것이며, 그 이유는 예전에는 생태학적으로 빈곤하지만 에너지가 풍부한 환경을 가졌지만, 지금은 세계 자원의 상당 부분이 이미 인간의 활동에 의해 소모되어 적응방산에 이용될 자원이 고갈될 것이기 때문이다.

핵심 요약 18.7

일정한 속도는 아니지만 종의 수는 시간이 경과함에 따라 증가해 왔다. 다섯 번의 주요한 멸종 사건은 잠시 동안이지만 지구에 있는 종의 수를 크게 감소시켰다. 종 다양성은 반등하고 있지만 회복 속도가 빠르지 않으며, 다양성을 구성하고 있는 집단 중 일부는 이전에 존재했던 집단과 동일하지 않다. 불행하게도 인간은 현재 여섯 번째의 대멸종 사건을 일으키고 있다.

■ 현재의 대멸종 사건은 과거에 발생한 대멸종과 무엇이 다를까?

핵심 개념 요약

18.1 종의 본질과 생물학적 종의 개념

■ **동소성 종은 같은 지역에 서식하지만 구분이 가능하다**

대부분의 동소종은 표현형과 생태학적 특성으로 쉽게 구별할 수 있다. 다른 경우에는 보통 신중한 연구를 통해 확인한다.

■ **한 종의 집단은 지리적 변이를 나타난다**

표현형이나 생태학적 특성이 크게 다른 집단의 경우 일반적으로 지역의 중간에 있는 집단에 의해 연결된다.

■ **생물학적 종 개념은 유전자 교환 능력에 집중한다**

생물학적 종 개념에서, 종은 서로 짝짓기를 하거나, 할 가능성이 있고 건강한 자손을 생산하는 집단으로 정의된다. 생식 격리의 기작은 종 사이의 유전자 교환을 차단한다.

■ **접합전격리기작은 접합체의 형성을 차단한다**

접합전격리기작은 접합체가 형성되는 것을 방지한다. 이러한 기작에는 생태학적, 행동적, 시간적 및 기계적 격리뿐만 아니라 접합체를 형성하기 위한 생식세포의 융합을 차단하는 것을 포함한다.

■ **접합후격리기작은 성체로 정상적인 발달을 차단한다**

접합후격리기작은 접합체가 생존 및 수정 가능한 개체로 발생하는 것을 방지한다.

■ **생물학적 종 개념으로 모든 관찰을 설명할 수 없다**

생물학적 종의 개념으로 설명할 수 없는 종에 대한 대안적인 설명은 자연선택의 역할과 그들의 생태학적 요구에 의한 종 사이의 차이에 초점을 둔다.
실제로, 어떠한 종의 개념도 생명체의 모든 다양성에 대하여 설명할 수 없다.

18.2 자연선택과 생식적 격리

■ **선택은 격리 기작을 강화시킬 것이다**

집단은 이소성 상태에서 완전한 생식적 격리를 진화시킬 수 있다. 만약 부분적으로 생식적인 격리를 진화시킨 집단이 접촉할 경우 자연선택은 "강화"라고 하는 과정을 통하여 생식적 격리를 증가시킬 수 있다.
이와는 다르게 집단 사이에 유전자 교환은 균질화로 이어질 수 있으며, 그 결과 종분화를 차단한다.

18.3 종분화에서 유전적 부동과 자연선택의 역할

■ **무작위 변화는 생식 격리의 원인이 된다**

소규모 집단에서 일어나는 유전적 부동으로 인하여 집단이 분화될 수 있는데, 진화의 차이로 인하여 집단은 생식적으로 격리될 수 있다.

■ **적응은 종분화를 일으킨다**

낯선 상황 또는 다른 환경에 적응하게 되면 우연히 생식적 격리가 일어날 수 있다. 강화와는 대조적으로, 생식적 격리는 잡종을 방지하기 때문에 자연선택에 의해 직접적으로 선호되지는 않는다.

18.4 종분화의 지리학(그림 18.9)

■ **이소성 분화는 집단이 지리적으로 격리되었을 때 일어난다**

이소성 또는 지리적으로 고립된 집단들 사이에서는 유전자의 이동이 발생하지 않기 때문에 집단은 다른 종으로 분리, 진화할 수 있다. 대부분의 종분화는 대개 이소성이다.

■ **동소성 종 분화는 지리적 격리 없이 일어난다**

동소성 종은 2가지 방법으로 분화가 일어난다. 하나는 다배체 형성으로 새로운 종을 즉각적으로 생성하는 경우이다. 분단성 선택 또한 하나의 종을 둘로 나눌 수 있지만 과학자들 사이에서 이 경우가 얼마나 일반적인지에 대해 논란의 여지가 있다.

18.5 적응방산과 생물다양성

적응방산은 어떤 종이 풍부한 자원 및 경쟁 종이 거의 없는 새롭거나 갑자기 변화된 환경을 발견할 때 일어난다(**그림 18.11**).

"핵심혁신"이라고 불리는, 이전에 접근할 수 없었던 환경의 부분을 사용할 수 있는 개체들이 새로운 형질의 진화 또는 적응방산을 유발할 수 있다.

■ **하와이의 식물과 동물은 풍부하고 다양한 서식지 환경을 이용한다**

적어도 1000종의 하와이 초파리가 확인되었다.

식물들의 여러 집단들도 많은 서식지를 점령하기 위하여 다양해졌다.

■ **다윈의 핀치새는 서로 다른 먹이 자원을 이용하는 데 적응해 왔다**

다윈의 핀치새는 먹이의 종류에 따라 4곳의 다른 서식지를 이용하기 위해 4가지 속의 14종으로 진화해 왔다.

■ **빅토리아 호수의 시클리드 물고기는 매우 빠른 속도로 다양화되었다**

시클리드는 매우 빠른 방산으로 450종 이상이 진화해 왔지만, 오늘날 적어도 이들 종의 70% 이상이 멸종되었다.

18.6 진화의 속도

■ **점진진화는 작은 변화의 축적이다**

역사적으로 볼 때 연구자들은 매우 작은 변화를 누적시키는 과정을 통하여 종분화가 점진적으로 일어난다는 입장을 취해왔다.

■ **단속평형은 오랜 정체 상태 이후의 상대적으로 빠른 변화이다**

단속평형 가설은 일시적이고 신속한 변화일 뿐만 아니라 종분화의 과정과도 관련이 있는 것으로 보여진다.

■ **진화는 두 가지 유형의 변화를 모두 포함할 수 있다**

과학자들은 양 극단에 있는 점진적 진화와 단속평형이 포함된 연속상태에서 진화적 변화가 일어난다는 데에 일반적으로 동의한다.

18.7 시간에 따른 종분화와 멸종

일반적으로 종의 수는 시간의 흐름에 따라 증가해 왔다(**그림 18.19**).

■ **다섯 번의 대멸종이 먼 과거에 일어났다**

대멸종은 생물 종 다양성의 급격한 감소를 가져 왔으며, 이를 회복하기 위해 수백만 년의 시간이 걸렸다. 대멸종 사건들 중에서도 소행성 충돌과 전 지구적인 기후 변화로 인하여 다섯 번의 대멸종이 일어났다.

■ **여섯 번째 멸종은 이미 진행 중이다**

인간은 최근 여섯 번째 대멸종의 원인이 되고 있다.

연습문제

■ **1단계: 이해력 확인하기**

1. 다음 중 접합전격리의 기작에 포함되지 않는 것은 무엇인가?
   a. 잡종의 불임
   b. 구애 행동
   c. 서식지 분리
   d. 계절에 따른 교미
2. 생식적 격리의 의미를 바르게 설명한 것은 무엇인가?
   a. 서로 짝짓기를 하지 않은 결과이다.
   b. 특정 유형의 접합후격리기작을 말한다.
   c. 생물학적 종 개념에 의한 것이다.
   d. a, b, c 모두 맞지 않다.
3. 생물학적 종의 개념에 대한 문제점으로 옳은 것은 무엇인가?
   a. 많은 종이 무성생식을 한다.
   b. 접합후격리의 기작이 잡종의 생존력을 감소시킨다.
   c. 접합전격리의 기작은 매우 드문 현상이다.
   d. a, b, c 모두 맞다.
4. 이소적 종분화에 관한 설명으로 옳은 것은 무엇인가?
   a. 동소적 종분화보다 덜 일반적이다.
   b. 지리적 격리와 연관되어 있다.
   c. 식물에서 일어나는 유일한 종분화의 형태이다.
   d. 배수성을 필요로 한다.

5. 점진진화와 단속평형에 대한 설명으로 옳은 것은 무엇인가?

a. 시간에 따른 진화적 변화 속도의 연속체 상의 양 끝을 말한다.
b. 모든 진화적 변화가 일어나는 방식에 대한 상호 배타적인 견해이다.
c. 생식 격리의 기작이다.
d. a, b, c 모두 맞지 않다.

6. 접합전격리에 대한 설명으로 적합한 것은 무엇인가?

a. 항상 다른 종의 구성원과 교배를 막기 위한 기작을 필요로 한다.
b. 수정 후 접합체의 빠른 사망을 포함한다.
c. 식물에서만 발생하는 현상이다.
d. 강화의 결과로 강해진다.

7. 이질배수성에 의한 종분화의 결과로서 옳은 것은 무엇인가?

a. 오랜 시간이 소요된다.
b. 조류(birds)에서 일반적으로 나타난다.
c. 염색체의 수가 감소한다.
d. 두 종 사이에 잡종이 만들어진 후 종분화가 일어난다.

8. 적응방산에 대한 의미를 바르게 설명한 것은 무엇인가?

a. 발전소에서 사용되는 농축 우라늄의 결과이다.
b. 환경의 다른 부분을 사용하도록 밀접하게 연관된 종의 진화이다.
c. 유전적 부동의 결과이다.
d. 적응 형질의 유지에 유리한 안정화 선택의 결과이다.

9. *Rana pipiens* 복합군 중 다른 지역의 개체군으로부터 넘어 온 표범개구리에 대한 설명으로 옳은 것은 무엇인가?

a. 개구리들은 매우 유사해 보이기 때문에 단일종의 구성원이다.
b. 접합전 및 접합후격리의 기작을 갖는 다른 종이다.
c. 생존할 수 있는 잡종을 만들기 위해 상호 교미의 빈도가 높다.
d. 효율적인 생식 격리 때문에 유전적으로 동일하다.

10. 형질치환에 대한 설명으로 옳은 것은 무엇인가?

a. 자연선택 및 경쟁을 통하여 발생하며, 자원 사용의 다양성을 선호한다.
b. 자연선택 및 경쟁을 통하여 발생하며, 자원 사용의 수렴을 선호한다.
c. 종분화를 촉진하지 않는다.
d. 갈라파고스 핀치새에서 종분화의 비율을 감소시켰다.

11. 지구의 생물학적 역사에 관한 설명으로 적합한 것은 무엇인가?

a. 주요한 멸종 사건이 발생하였다.
b. 생물종의 다양성이 꾸준하게 증가하고 있다.
c. 생물종의 다양성이 상대적으로 일정하게 유지되었다.
d. 생물종의 멸종 비율은 종분화의 비율에 의해 완전히 상쇄되었다.

2단계: 적용력 평가하기

1. 만약 강화가 약하고 잡종이 완전한 불임이 아닐 때 나타날 수 있는 현상은 무엇인가?

a. 집단 사이에 유전적 다양성은 유전자의 흐름에 의해 나타날 수 있다.
b. 그 시간에 종분화는 100% 일어날 것이다.
c. 집단들 사이의 유전자 흐름은 불가능할 것이다.
d. 잡종이 완전하게 불임인 경우보다 종분화의 가능성이 높다.

2. 자연선택의 역할로 옳은 것은 무엇인가?

a. 종분화의 확률을 높인다.
b. 생식적 격리를 강화시킨다.
c. 잡종의 생식과 생존을 불리하도록 한다.
d. a, b, c 모두 맞다.

3. 불완전하게 격리된 집단에서 일어날 수 있는 잡종에 대한 설명으로 옳은 것은 무엇인가?

a. 잡종의 열등성으로 인한 강화가 항상 일어난다.
b. 집단들 사이에 유전자 흐름을 보존하는 기작으로, 종분화를 막는다.
c. 오직 식물에서만 발생한다.
d. 종분화의 비율에는 영향을 미치지 않는다.

4. 자연선택이 종분화로 이어질 수 있는 이유로 적합한 것은 무엇인가?

a. 작은 집단이 큰 집단보다 더 많이 확산하도록 함으로써
b. 서로 다른 서식지에 적응하면서 두 집단이 습득하는 진화적 변화가 생식적으로 격리시키는 효과를 가질 수 있기 때문에
c. 여러 집단에서 동일한 진화적 변화를 선호함으로써
d. 중간의 표현형을 선호함으로써

3단계: 사고력 함양하기

1. 자연선택이 접합전격리 기작의 진화를 유도할 수 있지만, 접합후격리 기작을 진화시키지 못하는 이유에 대하여 설명하시오.

2. 종의 기원에서 자연선택은 어떤 역할을 하는가? 종을 정의하는 방법에 따라 정답이 어떻게 달라지는가?

3. **그림 18.6**을 참조하시오. 텍사스 지역에서 드럼몬드 플록스는 옅은 푸른색의 돌출형 플록스와 같이 있을 때 진한 빨간색으로 나타난다. 플록스의 자체 색깔은 옅은 분홍빛이 도는 파란색이다. 이 경우, 다른 형질의 확산에서처럼 생태학적 자원의 경쟁은 없다. 왜 드럼몬드 플록스는 돌출형의 플록스와 같은 지역에 있을 때 색깔을 진화시켰는가?

4. **그림 18.16**을 참조하시오. *Geospiza fuliginosa*와 *Geospiza fortis*는 적어도 갈라파고스의 한 섬에서 동소성으로, 그리고 같은 군도의 여러 섬에서 이소성으로도 발견된다. 먹이에 대한 경쟁이 이 집단의 적응방산에 큰 역할을 한다는 가설을 고려하였을 때, 위 2가지 상황에서 두 종의 형태학적 유사성에 대한 기대 결과를 비교하시오. 밀접한 관련이 없는 두 종의 핀치새에 대해서도 기대치는 동일한지 설명하시오.

Ⅳ 진화

19

계통분류학, 계통학 그리고 비교생물학

도입

모든 지구의 생명체들은 많은 생물학적 특성들을 공유한다. 생명체는 하나 또는 다수의 세포들로 구성되어 있고, 대사과정을 수행하며, ATP를 이용하여 에너지를 운반하고, DNA에 새겨진 유전정보를 가진다. 그러나 세균과 아메바처럼 작은 것부터 고래와 세쿼이아(sequoia tree) 같은 거대한 종까지 생명체는 엄청나게 다양하다. 여러 세대에 걸쳐 생명과학자들은 생명체들을 그들이 공통적으로 갖는 특성에 따라 묶으려고 노력하였다. 가장 적절한 묶음 방식은 생물들 간의 진화적 관계에 대한 연구를 기반으로 하는 것이다. 계통수를 작성하는 새로운 방식과 분자 서열 자료의 축적은 생명체의 다양성을 설명하는 진보된 진화적 가설들을 만드는 데 도움을 준다.

19.1 계통분류학

학습 목표

1. 계통수가 나타내는 것이 무엇인지 설명할 수 있다.
2. 표현형이 유사하다고 반드시 가까운 진화 관계에 있다고 말할 수 없는 이유를 설명할 수 있다.

현대 과학의 커다란 도전 중 하나는 초기 단세포 생명체에서 오늘날 우리가 볼 수 있는 복잡한 생명체에 이르기까지 지구상의 모든 생명체들 사이의 조상-후손 관계의 역사 과정을 이해하는 것이다. 화석의 기록이 완전하다면 종의 진화적 역사를 추적하고, 어떻게 종이 생성되고 확산되었는지 알아내기 쉬울 것이다. 그러나 실제로는 17장에서 살펴본 것처럼 화석기록은 완전하지 못한 것이 대부분이다. 따라서 화석만으로 생물의 다양성에 대한 질문에 어느 정도는 답이 가능한 것도 있지만, 사실은 전혀 불가능한 것도 많다.

결과적으로 과학자들이 생물의 진화적 관계에 대한 최선의 가설을 세우기 위해서는 다른 유형의 증거에 의존할 수밖에 없다. 많은 생물의 진화적 관계에 대한 연구 결과들이 아직은 가설의 수준이며 추가 연구를 통한 증명이 필요하다. 새로운 자료들을 통해 이 가설들이 증명될 것이고, 결국 보다 나은 그리고 더 정확한 과학적 사고로 거듭날 것이다.

생물의 진화적 관계를 연구하는 분야가 **계통분류학**(systematics)이다. 종 사이의 유사성과 차이를 바탕으로 과학자들은 진화의 나무를 만드는 **계통학**(phylogeny)적 방법론을 이용하는데, 계통학은 종들의 유연관계 양상에 대한 하나의 가설을 제시하는 방식이다.

진화적 관계를 나타내는 분지도

다윈은 **그림 19.1**처럼 모든 생물 종들은 하나의 공통조상으로부터 생겨났으며 이 생명의 역사는 분지도(계통수)로 묘사할 수 있다고 생각하였다. 다윈의 관점에서 계통수의 잔가지들은 현존하는 종들을 나타낸다. **계통수**(phylogenetic tree)를 따라가면 잔가지나 가지들이 한 부분에 모이게 되는데 이는 역사를 거슬러 가면서 하나의 공통조상을 찾는 과정과 같다. 역으로 공통조상에서 변화가 생겨나고 현재의 모든 종들이 탄생하는 과정은 이 가지들이 단계적으로 나누어지는 양상을 의미하기 때문에 분지도(branching diagram), 과학적 용어로는 계통수를 사용하면 진화적 역사의 과정을 묘사할 수 있다. **그림 19.1*b***는 어떻게 진화적 관계가 분지도에 의해 묘사될 수 있는지를 보여준다. 인간은 침팬지와 가장 진화적으로 가까우며 공통조상을 공유한다(공통조상의 위치는 1번 분지점이다). 그리고 인간과 침팬지와 고릴라는 더 오래 전에 공통조상을 공유하였으며(2번 분지점), 모든 유인원을 고려하면 이들 종들은 훨씬 더 오래 전에 공통조상을 공유하였다(3번 분지점).

계통수를 해석하는 한 가지 중요한 열쇠는 계통수의 윗부분에 종들이 어떻게 배열되었는지를 보기보다 현존하는 종들이 얼마나 최근의 공통조상을 공유하는가를 검사하는 것이다. **그림 19.1*b***에서 보여주는 계통수의 세 유형을 비교해 보면 이들은 모두 똑같은 계통수임을 알 수 있다. 침팬지와 인간은 이 세 유형에서 모두 가장 서로 밀접한 관계를 보여주고 있다.

그림 19.1*b*의 유형 1 그림을 보면 인간이 긴팔원숭이의 옆에 있지만 계통수의 연결에서 긴팔원숭이보다는 고릴라와 오랑우탄과 더 가까운 관계임을 알 수 있다(다시 말하자면 고릴라나 오랑우탄이 긴팔원숭이보다는 더 최근의 공통조상을 공유한다). 계통수는 유형 3에서 보는 것처럼 위로 뻗지 않고 옆으로 뻗도록 작성하기도 하는데, 이러한 형태 차이는 해석에 영향을 주지 않는다.

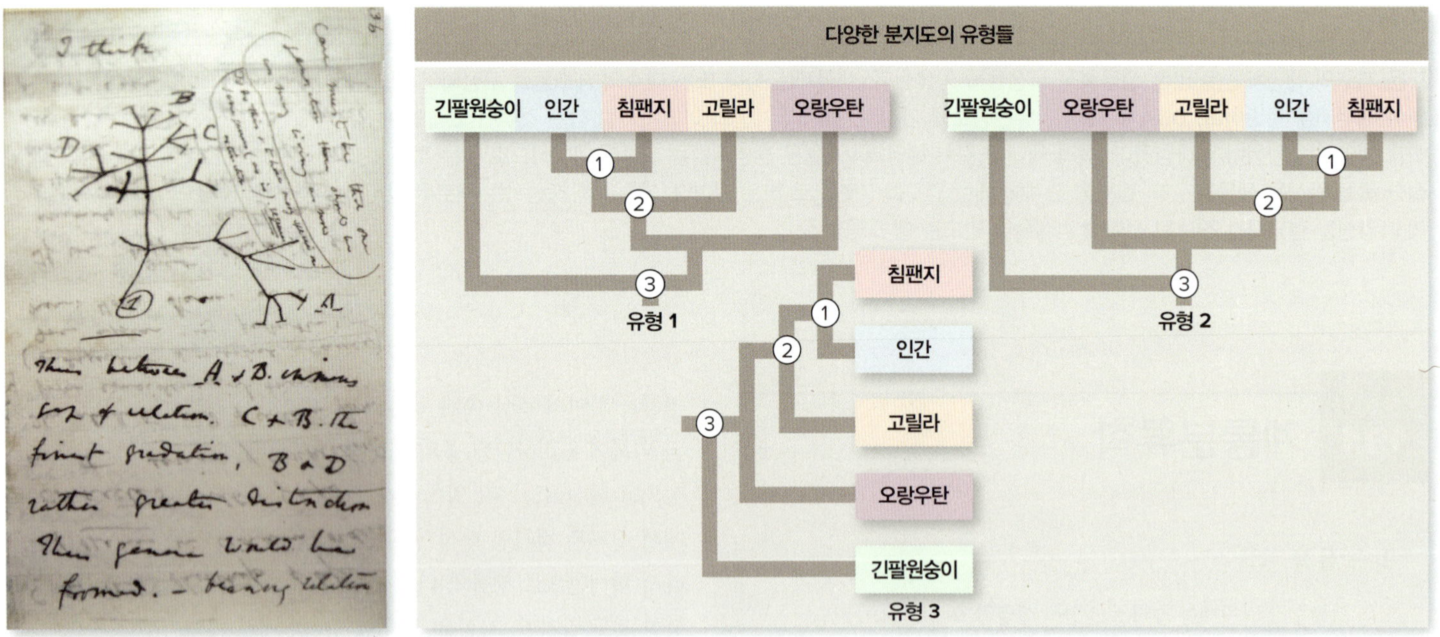

a. ***b.***

그림 19.1 계통수는 진화적 유연관계를 나타내는 그림이다.
a. 1837년 쓰여진 다윈의 노트에 수록된 그림으로 그의 저서 <종의 기원>의 바탕이 된 개념. 다윈은 생명계를 나무처럼 가지가 퍼져 나가는 모습으로 보고 종들을 잔가지의 끝에 매달려 있는 것으로 표현하였으며, 진화적 변화를 나무가 자라면서 가지를 만드는 양상으로 표현하였다. ***b.*** 계통수의 예. 인간은 침팬지와 가장 유연관계가 깊은데, 이는 다른 종들보다 서로 가장 가까운 공통조상(1번 분지점)을 가지기 때문이다. 유사하게 인간과 침팬지와 고릴라는 서로 가장 가까운 공통조상(2번 분지점)을 가지며 오랑우탄은 이 공통조상을 공유하지 못한다. 모든 유인원 종들이 공유하는 공통조상은 3번 분지점에 위치한다. 각 분지점에서 두 후손들의 좌우 또는 위아래 위치가 바뀌어도 무방하다. 예를 들면, 유형 1과 유형 2의 차이는 2번 분지점에서 회전이 일어난 것처럼 위치가 바뀌면서 만들어졌는데, 유형 1에서 고릴라는 인간과 침팬지의 오른쪽에 위치하였지만 유형 2에서는 왼쪽으로 이동하였다. 그러나 이러한 위치의 차이가 인간이나 침팬지 중 어느 하나가 고릴라와 진화적으로 더 가깝다는 것을 나타내는 것은 아니라는 점을 유의해야 한다.

유사성만으로는 진화적 관련성을 예측할 수 없다

한 공통조상으로부터 분화한 두 종 간 차이는 분화 이후의 시간이 길면 길수록 더 클 것이라고 예측할 수 있다. 초기 계통분류학자들은 이런 논리에 근거하여 평균 유사성에 기초한 계통수를 만들었다. 만약 종들이 일정한 속도로 진화한다면 두 종 간 다름의 정도는 분화된 이후 얼마나 오랜 시간이 흘렀는지를 의미하며, 따라서 유사성의 정도에 기초한 계통수는 가장 정확한 방식이 될 것이다. 그렇다면 침팬지는 인간보다는 자신과 더 닮은 고릴라와 진화적 유연관계가 더 가깝다고 봐야 한다.

그러나 18장에서 살펴본 바와 같이 진화는 급격히 일어날 수도, 아주 느리게 일어날 수도 있다. 새로운 서식지에 정착하는 종은 새로운 선택압(selective pressures)을 경험하며 큰 변화를 겪을 수도 있지만, 조상 때부터 같은 서식지에 머무는 종은 역사적으로 작은 변화만을 겪을 수도 있다. 이러한 이유들 때문에 변화의 정도는 분류군들마다 차이를 나타내는 것이다. 결과적으로 어떤 분류군들은 다른 분류군들에 비해 분화의 정도가 클 수도 있고, 따라서 유사성 그 자체로는 두 종이 공통조상을 공유했다가 분화된 후 얼마의 시간이 지났는지 추정할 수 없다.

근본적인 문제가 하나 더 있는데, 진화가 항상 분기하는 방식으로만 진행되지는 않는다는 것이다. 17장에서 다루었던 수렴진화에서는 서로 다른 두 종이 독립적인 방법으로 같은 특징을 갖도록 진화한다. 종종 유사한 서식지를 이용하는 종들은 유사한 방식으로 적응하여 수렴진화를 한다. 그 결과 유연관계가 가깝지 않은 두 종이 가까운 친척관계의 종보다 더 높은 유사성을 가질 수도 있다. 또한 종이 조상종의 특성으로 진화하게 되는 역진화(evolutionary reversal)가 있다면 종들 간 유사성으로 진화적 유연관계를 따질 수 없게 된다.

핵심 요약 19.1

계통분류학은 진화적 연관성을 연구하는 학문이다. 계통학(phylogeny)과 계통수(phylogenetic tree)는 종들 간 연관성을 시각적으로 표현하는 방식이다. 종들 간 유사성은 진화적 유연관계와 정확히 일치하지 않는 경우가 많은데, 진화적 변화율과 방향성은 일관적이지 않기 때문이다.

- 한 종이 어떤 종과 진화적으로 별로 관련이 없지만 유사한 표현형을 공유하는 경우가 있는데, 그 이유는 무엇일까?

19.2 분지론

학습 목표

1. 유사성에 있어서 조상형과 파생형이 가지는 차이를 기술할 수 있다.
2. 공유 파생형질만이 가까운 진화적 관계를 의미하는 이유에 대하여 설명할 수 있다.
3. 분지도를 어떻게 만드는지 설명할 수 있다.

앞에서 언급한 바와 같이 표현형적 유사성만으로는 정확하지 않을 수 있기 때문에 대부분의 계통분류학자들은 표현형에만 의존하는 계통진화적 가설을 세우지 않는다. 대신 이들은 최근의 공통조상으로부터 그대로 물려받은 유사성[**조상형**(ancestral)]을 일부 분류군들만 공유하는 새로 생긴 유사성[**파생형**(derived)]과 구분한다. **분지론**(cladistics)은 **공유파생형질**(shared derived characters)만 진화적 관계의 설정에 필요한 정보를 가지고 있다고 간주한다.

분지론적 방법에서 모든 형질 변이는 조상형인지 파생형인지의 구분 대상이다

분지론적 방법의 적용을 위해 계통분류학자들은 먼저 연구하고자 하는 종들의 수 많은 형질 자료들을 수집한다. 형질 자료에는 형태, 생리, 행동, DNA 등과 관련된 특징들이 포함된다. 유전체학(genomics) 혁명으로 엄청나게 방대한 자료들이 이용 가능하며, 형질 변이를 찾고 구분하는 기술은 획기적으로 발전하였다.

구분이 쉬운 **형질상태**(character states)로 존재하는 형질들이 이 분석에서 이용하기 편리하다. 척추동물의 '꼬리' 형질을 예로 들어보자. 이 형질은 '있다'와 '없다'의 2가지 상태로 존재한다. 인간과 유인원 그리고 개구리 등에서는 없지만 나머지 대부분의 척추동물에는 있다.

분지 분석(cladistic analysis)은 먼저 각 **분류군**(taxon; 종일 수도 있고 속이나 과를 의미하는 것일 수도 있다)에서 수많은 형질들의 상태를 결정하는 것부터 시작한다. **그림 19.2**의 예에서 6개의 형질들이 7개의 분류군에 대해 이용되었다. 첫 형질은 턱(jaw)인데 칠성장어(lamprey)만 이 형질이 없고(0으로 표시) 나머지 종들은 모두 이 형질을 가진다(1로 표시). '털(hair)'의 경우 포유류 3종만 가지며 나머지는 없는 형질이다.

형질: 동물의 종류	턱	폐	양막	털	꼬리 소실	직립 보행
칠성장어	0	0	0	0	0	0
상어	1	0	0	0	0	0
도롱뇽	1	1	0	0	0	0
도마뱀	1	1	1	0	0	0
호랑이	1	1	1	1	0	0
고릴라	1	1	1	1	1	0
인간	1	1	1	1	1	1

a.

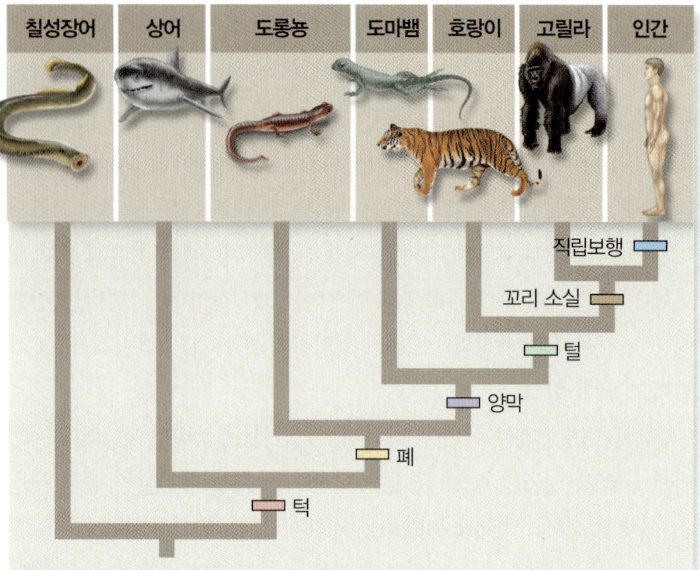

b.

그림 19.2 분지도.
a. 7종의 척추동물의 형태학적 특징 자료를 표로 나타냄. "1"은 파생형질이 존재함을 "0"은 파생형질이 존재하지 않음을 나타낸다(꼬리 소실은 꼬리가 없는 것이 파생형질이라는 뜻이다. 그 외의 다른 형질에서는 그 형질이 존재하지 않는 것이 조상형질이다). *b.* 파생형질의 유무로 생물체 간의 관계를 도식화한 분지도. 가지가 나누어지는 곳에 표시된 파생형질은 분지점 위 모든 종이 공유하지만 분지점 아래의 종에서는 나타나지 않는다. 외군(칠성장어)은 어떤 파생형질도 가지고 있지 않다.

조상형질과 파생형질의 실례

포유류에 있어 털의 존재는 공유 파생형질이다(**그림 19.2**). 그에 비해 폐는 (도롱뇽과 도마뱀으로 대표되는) 양서류와 파충류도 가지고 있기 때문에 포유류의 공통조상에 앞서 진화된 것으로 볼 수 있으므로 조상형질로 간주된다(**그림 19.2**). 따라서 폐를 가지고 있다는 점만으로 포유류 사이의 유연관계가 포유류와 양서류 또는 포유류와 파충류와의 유연관계보다 더 깊다고 할 수는 없다. 반면에 공유 파생형질인 털의 존재는 모든 포유류의 공통조상이 포유류, 양서류, 파충류의 공통조상보다 더 나중에 생겼다는 것을 보여준다.

다시 돌아가서 인간과 침팬지 및 고릴라 사이의 관계를 살펴보면, 인간과 침팬지는 형태와 DNA에서 고릴라나 다른 유인원에서는 볼 수 없는 많은 파생형질을 공유하고 있다. 이는 침팬지와 인간의 공통조상(**그림 19.1***b*, 1번 분기점)이 고릴라, 침팬지와 인간의 공통조상보다 더 나중에 생겼다는 것을 의미한다(2번 분기점).

조상형질과 파생형질의 구분

자료 수집 다음 단계는 형질을 **극성화**(polarization)하는 일인데, 말하자면 형질의 상태가 조상형인지 아니면 파생형인지를 구분하는 과정이다. 꼬리 형질을 극성화하기 위해 계통분류학자들은 가장 최근에 존재했던 공통조상에게 꼬리가 있었는지 없었는지를 판단한다.

일반적으로 화석은 가장 최근의 공통조상을 대표하는 것이 아니기 때문에(화석 정보 그 자체만으로 공통조상인지 여부를 확신하기는 어렵다), 형질의 극성 파악을 위해 **외군 비교법**(outgroup comparison)이 사용된다. 외군(outgroup)으로 이용되는 분류군은 연구 대상 분류군에는 속하지 않으나 유연관계가 깊은 인접 분류군이다.

연구 대상 분류군들에서 여러 가지의 형질상태가 나타날 때 외군이 그중 하나의 형질을 나타낸다면 그 형질은 조상형질이 될 것이고, 다른 형질은 파생형질이 될 수 있다. 그러나 외군에 속하는 종들은 그들의 조상들로부터 진화되었으므로 조상형질상태를 항상 가지지 않는 경우도 있다. 따라서 극성의 판단은 어떤 형질상태가 몇몇의 다른 외군들에서도 나타나는 경우에만 정확할 수 있다. 앞의 예에서 언급한 꼬리는 척추동물의 가장 가까운 외군들에서도 일반적으로 나타난다. 그러므로 척추동물의 꼬리는 조상형질이고 꼬리가 없는 것은 파생형질인 것으로 결론지을 수 있다.

분지도 작성

모든 형질의 극성이 결정되면 이를 이용하여 진화적 관계의 가설을 묘사하는 **분지도**(cladogram)를 작성한다. 파생형질들을 가진 종들은 공통조상을 공유하는 것으로 판단하며 하나의 **분기군**(clade)을 구성한다. 분기군은 하나의 공통조상과 후손 모두를 묶는 진화적 단위이며, 하나의 분기군에 연결된 모든 생물이 공유하는 파생형질을 **공통파생형질**(synapomorphy)이라고 한다. **그림 19.2***b*의 분지도에서 각 분기군은 서로 포함하고 포함되는 관계에 있으며, 각각 특정 공통파생형질을 지닌다. 이 분지도에서 양막류(amniotes)는 양막(amni-

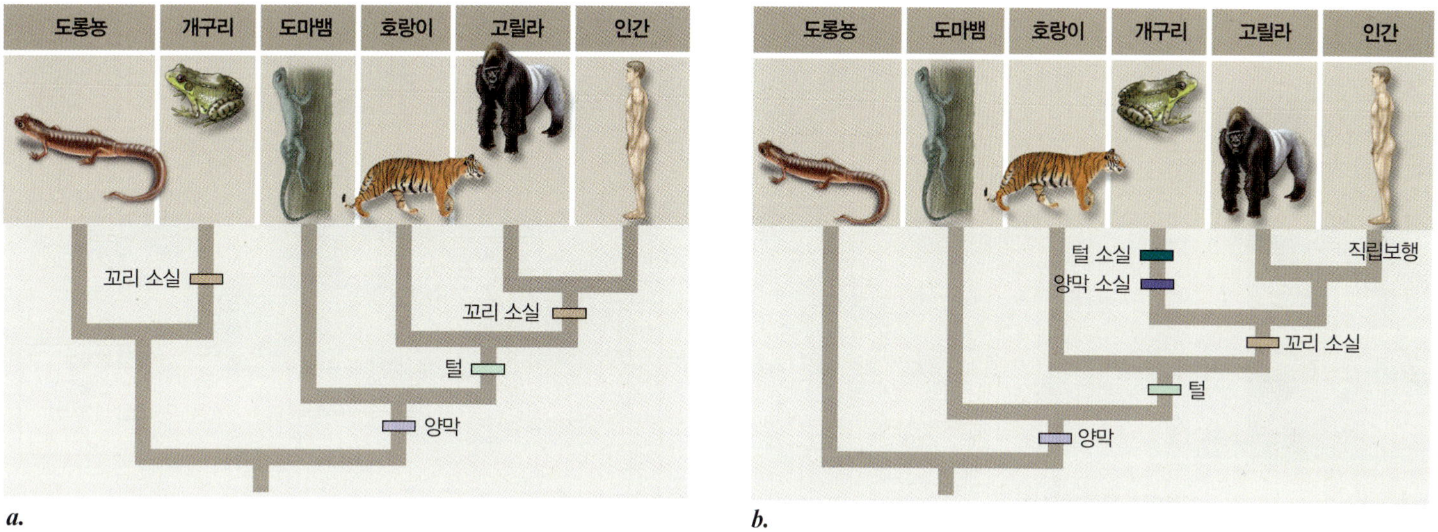

그림 19.3 최소화와 상사성.

a. 개구리와 도룡뇽을 가까운 유연관계에 놓게 되면 그림에서 꼬리 소실이 2번 일어나야 한다(상사성). ***b.*** 개구리가 고릴라와 인간과 가까운 유연관계에 있으려면, 꼬리 소실만 1번 일어나야 했다. 하지만 이런 방식으로 개구리는 양막과 털의 소실이라는 2가지 변화가 더 필요하다(호랑이와 인간과 고릴라의 분지에서 각각 털이 독립적으로 진화되었다고 해석할 수도 있겠지만 이렇게 간다면 개구리의 털이 생겼다가 사라진다는 2번의 변화를 필요로 한다). 최소화 원칙에서는 더 적은 진화적 변화가 선호된다. 이 경우에 *a*는 4번의 변화가, *b*는 5번의 변화가 각각 필요하다. 따라서 *a*의 진화적 관계 가설이 더 타당해 보인다.

자료 분석 그림 19.2와 같이 털, 양막 그리고 꼬리 형질들을 이용하여 6종의 형질상태를 나타내는 표를 만들어 보시오.

otic membrane)을 공통파생형질로 가지는 분기군이 되고, 그중 포유류 분기군은 털이라는 공통파생형질을 가진다.

조상형질의 상태를 **원시형질**(plesiomorphy)이라고 하고, 공통된 조상형질 상태를 **공통원시형질**(symplesiomorphy)이라고 한다. 공통원시형질은 공통파생형질과 달리 계통진화 관계에 대한 정보를 제공하지 못한다.

칠성장어와 상어, 도룡뇽, 도마뱀, 호랑이가 모두 가지는 꼬리의 존재에 대해 다시 한 번 생각해 보자. 꼬리를 가진 호랑이가 유인원이나 사람 등 다른 포유류보다 도마뱀이나 상어와 더 가까운 유연관계를 가진다는 것일까? 물론 아니다. 공통원시형질은 먼 조상으로부터 물려받은 것이기 때문에 이를 공유한다고 해서 서로 가까운 유연관계를 보여주는 것을 의미하지는 않는다.

상사성은 분지분석을 복잡하게 만든다

계통분류 연구는 실제로 앞에서 본 예들처럼 그리 단순하지 않다. 왜냐하면 어떤 비슷하게 생긴 형질이 여러 조상으로부터 독립적으로 진화할 수도 있기 때문이다. 이런 형질들이 공유파생형질로 분류될 경우 잘못된 해석을 불러일으킬 수 있다. 게다가 동일 분기군내 종들이 조상 상태로 역진화하는 경우 파생형질이 없어지는 경우도 있다.

공통조상으로부터 물려받지 않았지만 동일한 형질상태를 나타내는 현상을 **상사성**(homoplasy)이라고 부르는데, 수렴진화(convergent evolution)나 역진화(evolutionary reversal) 때문에 나타날 수 있다. 예를 들어, 개구리에 꼬리가 없는 것은 사람과 고릴라와 함께 묶일 수 있는 공통파생형질이 될 수 있지만, 개구리는 고릴라와 사람이 속한 분기군의 공통파생형질인 양막과 털이 없다.

이와 같이 형질 사이의 불일치가 생길 경우 계통분류학자는 **최소화 원칙**(principle of parsimony)을 적용한다. 최소화 원칙이란 최소의 진화적 사건이 포함된 가설을 진화적으로 분류군 간 관계를 나타내는 최고의 것으로 선택한다는 뜻이다(**그림 19.3**). 개구리와 도룡뇽을 하나의 분기군으로 묶을 경우 개구리에서 꼬리의 소실이라는 진화가 한 차례 일어났다고 볼 수 있다. 그러나 꼬리가 없다고 해서 개구리를 고릴라와 사람이 속하는 분기군에 함께 묶으면 개구리에서 양막과 털의 소실이라는 두 차례의 진화가 일어났다고 보아야 한다. 따라서 개구리를 도룡뇽과 묶을 때의 진화적 가설이 더 간단하며, 최소화 원칙에 의하면 이 가설이 더 합당해진다.

앞의 예들은 형태학적 형질을 이용한 것이지만, DNA 서열 자료를 이용하면 훨씬 더 많은 특성을 얻을 수 있기 때문에 계통분류학자들은 점차 DNA 서열 자료의 이용을 선호하고 있다. 분지론에서도

염기서열 부위	DNA 서열									
	1	2	3	4	5	6	7	8	9	10
종 A	G	C	A	T	A	G	G	C	G	T
종 B	A	C	A	G	C	C	G	C	A	T
종 C	G	C	A	T	A	G	G	T	G	T
종 D	A	C	A	T	C	G	G	T	G	G
외군	A	T	A	T	C	C	G	T	A	T

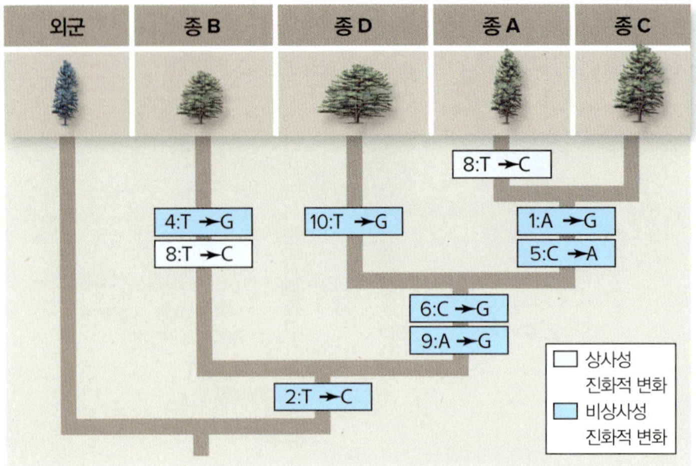

그림 19.4 DNA 염기서열 자료의 분지론적 분석.
염기서열 자료도 다른 형태적 자료처럼 동일하게 분석된다. 가장 최소화한 DNA 서열 자료 해석은 9번의 진화적 변화를 필요로 하며, 각 변화는 계통도에 표시된다. 서열 8번 지점에서의 변화는 상사성의 변화이다. 종 A와 종 B는 각각 그 지점에서 타이민을 사이토신으로 변화시켰다. 모든 대상 종들이 공통조상에서 기원한 파생형질 형태의 형질을 가지고 있는 상황이면 비상사성 형질이라고 간주할 수 있다. 이러한 형질을 상동성(homologus)이라고 표현하기도 한다.

다른 자료와 마찬가지로 DNA 서열 자료가 자주 이용되는데, 형질 상태를 외군의 서열 자료에 의해 극성화하고, 이로부터 형질 진화의 수를 최소화해 주는 분지도를 작성할 수 있다(**그림 19.4**).

어떤 상황에서는 다른 계통학적 방법론이 분지론보다 더 좋을 수 있다

한 상태에서 다른 상태로의 형질 변화가 종 분화에 비해 느리게 일어난다면, 최소화 원칙은 진화적 관계의 재구성에 잘 적용될 수 있다. 이 원칙은 공유파생형질이 유사하다는 것은 가까운 공통조상을 가짐을 의미한다는 가정하에 적용될 수 있다. 그러나 최근 계통분류학자들은 어떤 형질들은 매우 빠르게 진화하여 최소화의 원칙이 잘못된 해석을 줄 수도 있다는 것을 알게 되었다.

빠르게 변하는 진화적 변화와 상사성

유전체에서 진화하는 속도가 빠른 특정 부위가 있다는 점을 주목해야 한다. DNA의 특정 부위는 기능을 나타내지 않기 때문에 이런 부분에 나타난 돌연변이는 자연선택에 의해 제거되지 않고, 유전적 부동에 의해 새로운 형질상태로 진화 속도가 매우 빠르게 나타날 수 있다.

그에 부가하여 4가지 염기(A, C, G, T)에 의해서는 4가지의 파생형질들만 가능하기 때문에 두 종이 어떤 특정한 염기의 위치에서 동일한 파생형질이 독립적으로 진화할 가능성이 높다. 그런 상사성이 형질 자료의 많은 부분을 교란하면 최소화 원칙의 전제가 잘 지켜지지 않게 되고, 그 결과 계통수는 부정확한 것이 될 수도 있다.

? **탐구문제** 진화적 변화율이 크지만 제한된 수의 형질상태 정보만 있으면 최소화 원칙에 의한 분석이 어렵다. 그 이유는 무엇인가?

통계적 접근

진화의 속도가 지나치게 빠른 경우 최소화의 원리를 적용하기 어렵기 때문에, 최근 계통학자들은 계통수 추론에 최대우도법(maximum likelihood) 등의 통계적 접근법을 이용하기 시작했다. 최대우도법은 형질의 진화 속도에 근거한 하나의 가정을 세우고, 자료들을 여러 모델들에 대입하여 만들어진 계통수들 중 가정에 가장 적합한(maximally likely) 것을 통계적으로 고르는 방법이다.

이 방법은 형질에 따라 진화 속도의 차이가 날 수 있다는 가정이 성립할 경우 적용하는 것이 유리하다. 예를 들어, 어떤 DNA 특성이 자연선택에 의한 제약 때문에 다른 특성보다 훨씬 느리게 진화한다면, 각 형질들에 대해 각각 다른 진화의 모델을 적용하여 분석하는 것이다. 이 접근은 진화적 변화의 속도가 빠를 때 상사적 형질들이 포함된 자료를 다루는 데 있어 최소화의 원칙보다 효과적인 것으로 알려져 있다.

분자시계

일반적으로 분지도를 통해 진화적 분지 사건의 순서는 알 수 있지만, 그 시기는 정확히 알 수 없다. 그러나 화석에 의해 또는 형질 변화의 속도에 대한 가정을 세워서 분지가 일어난 시간을 어느 정도 추정할 수 있다. 현재 널리 사용되고 있지만 아직 약간의 논란이 있는 개념이 **분자시계**(molecular clock)이며, 분자시계는 분자의 진화 속도는 시대가 변하더라도 일정하다는 가정에 기반을 두고 있다. 분지 사건이 일어난 시대를 계산하는 데 DNA의 변화가 이용되는데, 이를 위해서는 최소 하나 이상의 분지 시대(시기)가 정확하게 추정되어야 한다. 예를 들어, 특정 시기에 두 분기군이 공통조상으로부터 갈라졌다는 것을 화석기록으로 알 수 있든지, 두 분기군의 분리 시기가 큰 산맥의 융기처럼 분리를 유도하는 지질학적 사건에 의해 추정될 수 있어야 한다. 이러한 정보를 통해 두 분기군 간의 DNA 서열의 변화 정도를 두 분기군이 갈라졌던 시간으로 나누면 단위시간(대개, 100만 년)당 DNA 변화 속도를 추정할 수 있으며, 분자시계를 기반으로 이 속도는 분지도에서 다른 분리 시기를 결정하는 데 사용할 수 있다.

분자시계가 들어맞는 경우도 있지만, 많은 경우 진화계통수의 모든 가지에서 시대에 관계없이 진화 속도가 동일하지는 않았음이 최근 알려지고 있다. 이런 이유로 분자시계를 이용한 진화적 시간 추정은 주의를 요한다. 최근 진화적 사건의 추정을 위해 분자 진화가 시계처럼 일어나지는 않는다는 가정에 입각한 방법들이 개발되고 있으며, 이러한 이 방법들은 진화 시기를 보다 신뢰성 있게 측정할 수 있게 해 줄 수 있을 것으로 전망되고 있다.

핵심 요약 19.2

분지론에서 파생형질은 조상형질과 구분되며 종들의 무리는 파생형질 상태에 근거하여 만들어진다. 파생형질은 연구 대상군과 가장 진화적으로 가까운 종 무리들, 다시 말해 외군과의 비교에 의해 결정될 수 있다. 하나의 분기군은 하나의 공통조상의 모든 자손들을 포함하는 개념이다. 분지도는 파생형질에 근거한 진화적 관계에 대한 가설적 묘사라고 말할 수 있다. 상사성은 진화적 관계에 대한 잘못된 해석을 줄 수 있다.

- 분지론이 계통적 관계를 추정하는데 다른 방식에 비해 이득이 되는 경우가 있는데 그 이유는 무엇일까?
- 파생형질 중에서도 공유파생형질이 계통수 제작에 더 유용한 이유는 무엇일까?

19.3 계통분류학과 분류

학습 목표

1. 분류 체계를 설명할 수 있다.
2. 단계통군, 측계통군 및 다계통군의 차이를 설명할 수 있다.
3. 계통학적 종개념과 그에 대한 논란에 대해 설명할 수 있다.

계통분류학(systematics)이 진화적 관계를 추정하는 연구라면 **분류**(classification)는 종과 상위 분류단위인 속(genus), 과(family), 강(class) 등을 어떻게 정하는지에 대한 연구 분야이다.

분류 체계는 계층성이 있다

분류학(taxonomy)은 생명체들을 체계적으로 배열하는 과학이다. 분류 체계(classification system)에서는 특정 수준에서 생명체들의 한 무리를 **분류군**(taxon)이라고 한다. 전 세계의 분류학자들은 약속에 따라 두 단어로 종을 표현하는 이명법을 쓰는데, 앞의 단어는 그 생명체가 속하는 속(genus)의 이름이고 항상 대문자로 시작한다. 한 종을 부를 때 앞 그리고 뒤의 단어를 합쳐서 부른다. 이 2개의 단어로 만들어진 이름(**2명법**, binomial name)을 소위 학명(scientific name)이라고 하며 항상 이탤릭체로 써야 한다(예, *Homo sapiens*). 어느 글에서 이미 학명이 한 번 언급이 되었다면 그 다음에는 속명을 줄여서 쓰는 것이 일반적이다. 예를 들면, 한 번 언급된 *Tyrannosaurus rex*를 줄여서 *T. rex*로 쓰는 것이다.

또한 전 세계 분류학자들의 약속에 따라 모든 동물, 식물 그리고 미생물 종들은 같은 학명을 가질 수 없다. 전 세계 어디에서든 하나의 종은 하나의 학명으로 불리기 때문에 지역마다 다르게 부를 수 있는 일반명에서 나오는 혼돈을 피할 수 있는 것이다[다른 계(예를 들어, 식물계와 동물계)에 있는 종들이 같은 학명을 가지는 경우도 있지만 이는 아주 드물게 발견되는 우연(실수)이다].

분류 체계는 계층성이 있어서 낮은 단계의 많은 분류군들을 묶어가며 더 높은 단계의 소수 분류군이 존재하는 형식으로 되어 있다. 종(species)은 속(genus)에 속하는 단위이고, 비슷한 특성을 가진 속들이 모여 과(family)가 된다. 비슷한 과들이 모여 **목**(order)을 형성하고, 목들이 모여 **강**(class)이 된다. 비슷한 강들이 모여 **문**(phylum)을 형성하고, 또 문들이 모여 마침내 **계**(kingdom)가 된다. 계 위에 **역**(domain)이라는 단위도 있다. **그림 19.5**는 이 분류 체계의 계층구조를 회색청설모(eastern gray squirrel)를 이용하여 표시하였다.

각 계층 단계에서 하나 혹은 서너 개 또는 꽤 많은 종류의 분류군

그림 19.5
생명체를 분류할 때 사용되는 계층적 구조.
이 그림의 예로 사용된 회색청설모는 진핵생물(진핵생물영역)이다. 이 영역 내에서도 동물이며(동물계), 척추동물에 해당한다(척삭동물문, 척추동물아문). 털이 있는 가죽을 가지고 있으므로 포유류이며(포유강). 이 중에서도 갉아먹는 치아를 가지므로 설치류라 할 수 있다(설치목). 4개의 앞발가락과 5개의 뒷발가락은 청설모류의 특징이다(Sciuridae과). 그 중에서도 이 종은 나무청설모류이며(*Sciurus*속), 가죽과 털의 형태로 미루어 *Sciurus carolinensis*이다.

이 포함될 수 있다. 예를 들어, Ornithorhynchidae(오리너구리과)에는 단 하나의 (현생) 속이 있지만 Fagaceae(자작나무과)에는 여러 속이 있다. 분류학에 익숙하거나 적절한 참고 자료를 이용할 수 있는 사람들은 한 분류군을 어떤 특성을 가지는지 그리고 어떤 상위 분류군에 속하는지에 대한 2가지 정보로 인지한다.

현재의 분류 체계는 진화적 관계를 정확히 반영하지 못할 수 있다

계통분류학과 전통적 분류는 항상 일치하지는 않는다. 이를 논하기 위해 앞서 언급한 종들을 계통적 관계에 의거하여 묶는 방식을 기억해야 한다. **단계통군**(monophyletic group)은 대상 분류군의 가장 최근 공통조상과 그 후손 모두를 포함한다. 정의에 따르면 하나의 분기군은 하나의 단계통군을 의미한다. **측계통군**(paraphyletic group)은 대상 분류군의 가장 최근 공통조상은 포함하지만 그 후손 모두를 포함하지는 않으며, **다계통군**(polyphyletic group)은 대상 분류군의 가장 최근 공통조상을 포함하지 않는다(**그림 19.6**).

분류 체계는 공통된 형질에 기초하며, 이상적으로는 진화적 관계를 반영해야 한다. 그러나 전통적인 분류군은 계통진화적 관계를 이해하는 데 그리 적합하지 않을 때도 있다. 그 실례로 새는 조류(Aves)로, 공룡은 파충류(Reptilia)로 분류되어 왔다. 하지만 최근의 계통진화적 연구를 통해 새는 공룡에서 진화했으며, 모든 새와 일부 공룡의 조상은 육식 공룡이었다는 것이 확실해지고 있다(**그림 19.6**).

따라서 조류와 파충류(공룡, 악어, 도마뱀, 뱀, 거북)를 서로 다른 두 분류군으로 나누는 것은 계통진화의 관점으로는 맞지 않다. 조류와 파충류라는 용어가 너무 익숙해서 당장 새를 공룡의 한 형태, 즉 파충류의 한 형태라고 하기가 지금은 어려울 수도 있다. 그럼에도 불구하고, 새를 공룡의 무리인 파충류에 속하는 것으로 분류하는 생명과학자들이 최근 들어 급격히 증가하고 있다.

이런 상황은 다른 분류군에서도 나타나는데, 전통적으로 식물은 **그림 19.7**에서 보는 것처럼 조류(algae), 선태류(bryophytes), 관다발

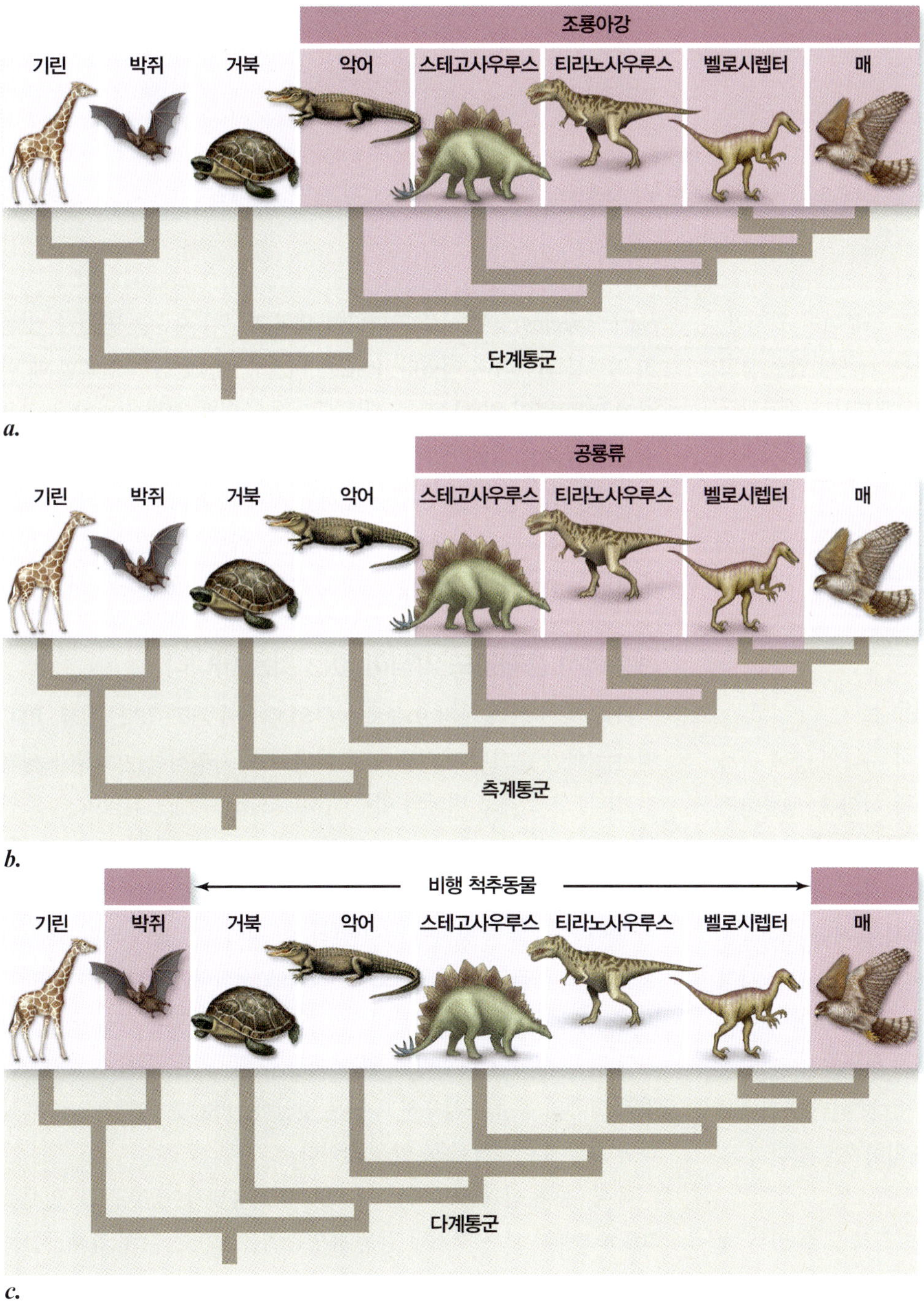

그림 19.6 단계통군, 측계통군, 다계통군.
a. 단계통군은 최근 공통조상과 그 후손 모두를 포함한다. 그 실례로 "조룡류(Archosaurs)"는 악어, 스테고사우루스, 티라노사우루스, 벨로시렙터와 매를 포함하는 단계통군이다. ***b.*** 측계통군은 최근 공통조상과 그 후손 중 일부를 포함한다. 전통적으로 "공룡(dinosaurs)"은 스테고사우루스, 티라노사우루스, 벨로시렙터를 포함하는 측계통군이다. 이 군은 최근 조상의 또 다른 후손인 조류(새)가 무리에 포함되지 않았으므로 측계통군으로 간주해야 하는 것이다. 일부 분류학자들은 공룡 안에 새를 포함시키는데, 그 이유는 사실 티라노사우루스, 벨로시렙터가 다른 공룡보다는 조류와 진화적으로 가깝기 때문이다. ***c.*** 다계통군은 가장 최근 조상을 포함하지 않는다. 겉모습과 해부학적 특징, 서식지가 유사하다는 이유로 "비행 척추동물" 무리에 박쥐와 새를 같은 군으로 넣어 분류하는 사례가 있다. 그러나 새와 박쥐의 유사성은 공통조상으로부터 유래한 것이 아닌 수렴진화의 결과이다.

? **탐구문제** 새와 박쥐가 가지고 있는 날개의 존재를 설명하는데, 수렴진화 말고 다른 계통학적 가설은 없는가? 어떤 종류의 자료를 이용하면 이 가설들을 제대로 검토할 수 있는가?

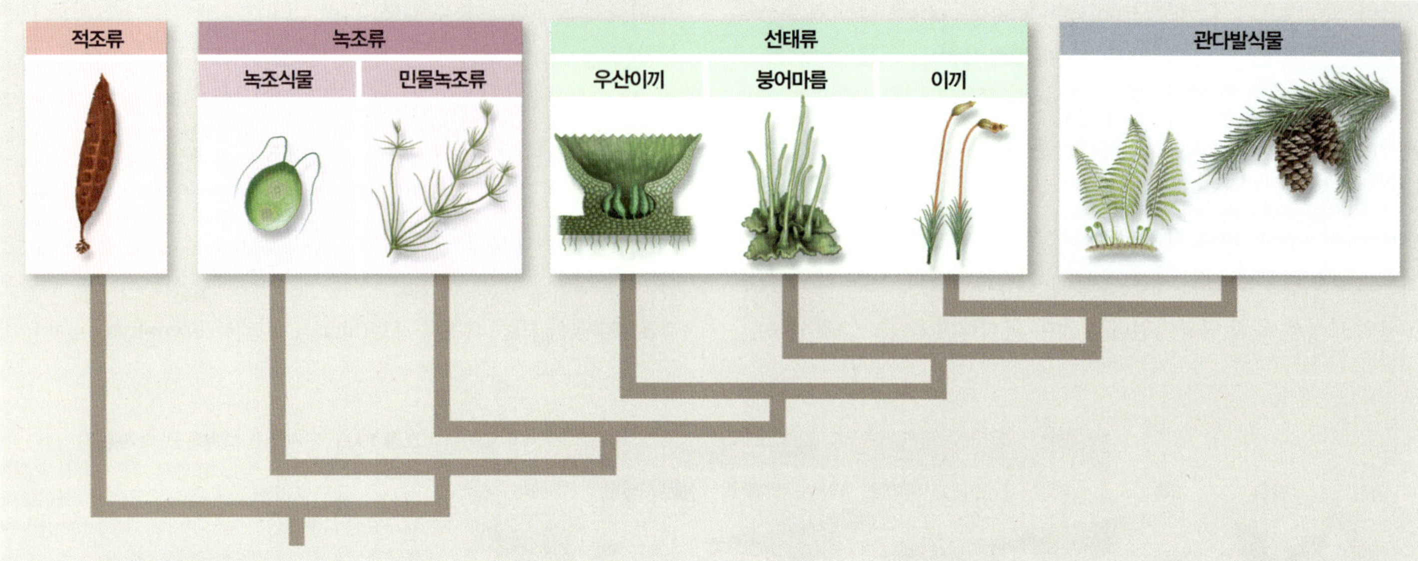

그림 19.7 식물의 분류 체계를 바꿀 수 있는 계통진화 정보.
전통적으로 녹조류와 선태류는 각각 하나의 큰 분류군들로 인식되어 왔지만 최근의 연구 결과 더 이상 단계통군이 아니라는 것이 분명해졌다. 따라서 식물계통학자들은 이제 녹조류와 선태류의 경계를 무시하고 새로운 분류 체계를 발전시켜 나가고 있다.

식물(vascular plants)의 3가지 주요 분류군으로 구분되어 왔지만, 녹조류나 선태류가 단계통으로 구성되지 않는다는 최근의 연구 보고가 있다. 그 보고에 따르면 어떤 선태류는 다른 선태류보다 관다발식물에 가깝고, 어떤 녹조류는 다른 조류보다 선태식물이나 관다발식물과 유연관계가 더 가깝다. 그 결과 계통분류학자들은 더 이상 녹색조류(green algae)나 선태류를 하나의 고유한 진화적 계통으로 간주하지 않으며, 진화적 관계를 반영하는 새로운 분류 체계를 구축하기 위해 노력하고 있다.

계통학적 종개념은 공유파생형질에 주목한다

18장에서 2개의 다른 개체군들(populations)이 하나의 종에 속하는지를 결정하는 여러 가지의 개념에 대해 공부를 하였다. 생물학적 종개념(biological species concept, BSC)이란 다른 무리와는 생식적으로 격리되어 있는 개체군으로 정의된다. 최근에는 계통학적 관점이 종의 개념에 도입되기 시작하였다. **계통학적 종개념**(phylogenetic species concept, PSC)의 주창자들은 종이라는 개념이 역사적으로 독립적인 진화의 과정을 겪은 개체군들의 무리로 종의 개념을 재설정할 것을 주장하기도 한다. 게다가 계통학적 방법론은 종의 경계를 구분할 수 있는 좋은 방법이라고 제안하고 있다. 이런 관점에서 종은 하나 이상의 공통된 파생형질에 의해 특징지어지는 일련의 무리로 정의된다.

이 견해는 BSC가 가질 수 있는 2가지 문제를 극복할 수 있는 해법을 제시해 준다. 첫째, BSC로는 절대 만나지 못하는 이소종(allopatric species)들이 서로 교미하여 생식 가능한 자손을 만들 수 있는지 여부를 판단하기 어렵다. PSC는 이소종 개체군들이 접촉할 때 미래에 어떤 일이 일어날까를 예측하는 대신 어떤 개체군이 각각 고유한 파생형질을 발달시키기 위해 충분히 긴 시간 동안 독립적으로 진화해 왔는지를 판단할 수 있는 근거를 제시해 준다.

둘째, BSC는 유성생식을 하는 종만을 다루는 반면, PSC는 유성생식과 무성생식에 관계없이 동일하게 적용될 수 있는 장점이 있다.

계통학적 종개념도 약점이 없는 것은 아니다

PSC 역시 여러 가지 이유로 논란의 대상이 되고 있다. 첫째, PSC에서는 약간 분화된 무리를 모두 다른 종으로 인식하는 오류가 생기기 쉽다. 그 실례로 미국의 미주리(Missouri) 주에는 전역이 탁 트인 사막 같은 지역(흔히 glade라고 부른다)들이 군데군데 분포하는데, 이 지역들에는 여러 온대성 식물과 동물들이 살고 있다(이 생명체들은 숲이 아닌 뚫린 평지에 서식한다). 이 지역들은 숲에 의해 수천 년 동안 서로 격리되어 왔으므로 각 지역에 서식하는 동식물들의 유전체 중 빠르게 진화하는 부분이 차이가 나타날 수 있는 충분한 시간이 지났다. 그렇다면 미주리에 있는 이런 수백, 또는 수천의 지역들에 각각 고유의 종들이 분포하고 있는 것일까? PSC를 극단적으로 해석하면 그렇게 이해될 수도 있을 것이다.

둘째, 종이 단계통이 아닐 때 PSC가 적용되기 어렵다. 그 실례로 **그림 19.8**에서 보는 것처럼 같은 유연관계를 보이는 다섯 개체군들로 구성된 한 종의 식물을 살펴보자. 개체군 C가 어떤 원인에 의해 독립

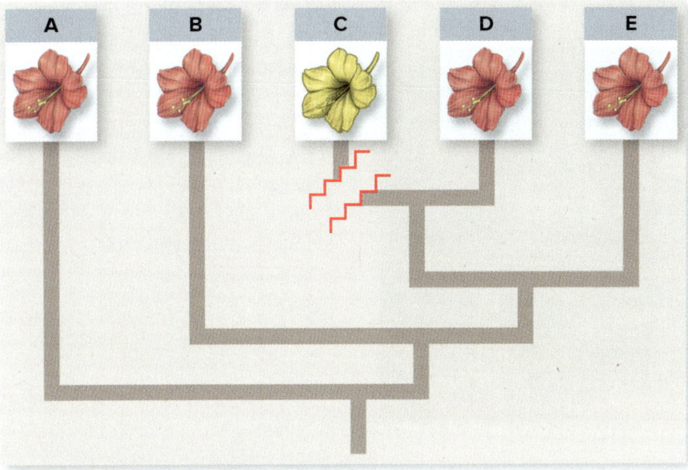

그림 19.8 측계통성과 계통학적 종의 개념.
5 개체군들은 분지도에 의한 역사적 관계로 볼 때, 초기에는 같은 종의 구성원이었다. 그 후 개체군 C가 어떤 경로로 다른 개체군들로부터 생태학적, 생식적으로 크게 분화되었다. 어떤 종 개념을 적용하든 이 개체군은 다른 종으로 구분될 것이다. 그러나 남은 4 개체군은 단일한 분지를 형성하지 않는다. 4 개체군들은 개체군 C가 다른 종이 되자마자 측계통적인 것으로 해석될 수밖에 없다. 이런 상황은 자연계에서 흔히 발생할 수 있고, 계통학적 종개념만을 적용해서는 이런 측계통 문제를 해결할 수 없다.

된 종으로 격리되어 진화되었다고 가정한다면 남은 개체군들은 서로 유전자 교환에 전혀 문제가 없더라도 결과적으로는 측계통군을 형성하게 된다. 이런 상황은 자연세계에서 종종 발생할 수 있다.

계통학적 종개념의 적용 범위가 넓어지고 있지만, 위와 같은 이유로 논쟁의 여지가 있다. 진화생물학자들은 역사를 중시하는 PSC와 과정을 중시하는 BSC의 융합을 위해 노력을 하고 있다.

핵심 요약 19.3

전통적인 분류 방식은 각 종을 계층화된 분류군 내로 집어넣는 방법이라고 규정할 수 있다. 이런 전통 방식은 현대에 이르러 체계화된 종들 간 계통적 관계를 정확히 반영하지 못할 수도 있다. 하나의 분기군은 단계통적이라고 말한다. 측계통군은 가장 최근의 공통조상과 그 후손을 포함하지만 모든 후손을 포함하지 못한다. 다계통군은 가장 최근의 공통조상을 포함하지 않는다. 계통적 종개념에서는 생식적 격리를 강조하는 생물학적 종개념과는 달리 공유 파생형질의 존재에 집중한다. 계통적 종개념의 도입으로 생물학적 종개념에서 나타나는 문제점 일부를 해결할 수 있지만, 이 개념 자체가 가지고 있는 문제도 있다.

■ 생물학적 종개념에서 하나의 종이 다계통일 수도 있을까?

19.4 계통학과 비교생물학

학습 목표

1. 진화적 변화 양상을 파악하는데 상사성의 중요성을 서술할 수 있다.
2. 계통수가 어떻게 상사성의 존재를 밝힐 수 있는지 설명할 수 있다.
3. 계통수에 의해 종 분화의 시기를 알 수 있는 방법을 논의할 수 있다.

계통학은 종들 사이의 진화적 유연관계에 대한 정보를 제공할 뿐 아니라 진화가 어떻게 일어났는지를 이해하는 데 중요한 정보를 제공해 준다. 계통적 유연관계에서 종들 사이의 형질 분포의 조사를 통해 진화가 진행되는 방식과 원인을 알 수 있다. 이런 점에서 계통학은 모든 비교생물학의 기초가 된다.

상동적 특징은 공통조상에서 기원한 것이지만 상사성은 그렇지 않다

17장에서 상동성 구조(homologous structure)는 공통조상의 같은 신체의 일부로부터 분화된 구조임을 알게 되었다. 돌고래의 앞지느러미와 말의 앞다리는 같은 조상 척추동물의 뼈에서 유래되었기 때문에 상동성을 가진다고 볼 수 있다. 그에 비해 새의 날개와 잠자리의 날개는 다른 조상의 다른 구조에서 유래되었기 때문에 상사성 구조(homoplastic structures)라고 할 수 있다. 계통학적 분석은 이들 구조가 상동성인지 또는 상사성인지를 구분할 수 있게 해 준다.

공룡, 악어 그리고 새의 상동적 모성 본능

최근의 화석 연구에서 공룡 중 많은 종류가 자식을 돌보는 특징을 지니고 있었다는 보고가 있다. 이 공룡들은 둥지에 알을 낳아 부화시키고, 아직 스스로를 지킬 능력이 없는 새끼 공룡이 무사히 자랄 수 있도록 보살폈다. 현재 새가 새끼를 보호하는 모습과 똑같은 모습으로 둥지에 앉아 있는 공룡의 화석도 최근에 발견되었다(**그림 19.9***a*). 처음에는 이러한 발견들이 주목받지 못하였고 공룡의 이런 행동적 특징은 독립적으로 진화된 것으로 여겨졌었다. 하지만 공룡의 계통학적 위치(**그림 19.6**)를 보면 공룡이 모성 본능을 가지는 현존 동물인 악어와 새에 가장 가까운 유연관계를 가지는 것을 알 수 있다(**그림 19.9***b*).

따라서 악어, 공룡과 새에서 나타나는 모성 본능은 모성 본능이 없는 각기 다른 조상들로부터 수렴진화한 것이 아니라, 새끼를 돌보

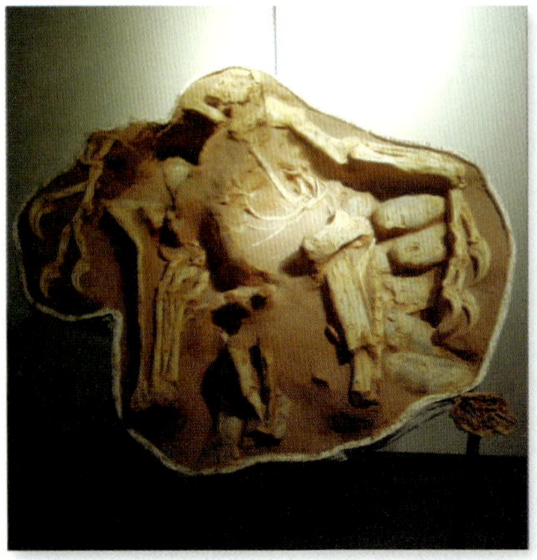

a.

b.

그림 19.9 공룡과 악어의 모성 본능. *a.* 알을 품는 화석 공룡. 랩터(Oviraptor) 화석은 공룡이 현재 닭처럼 알을 품는다는 것을 보여준다. 공룡이 둥지에 앉아 있을 뿐 아니라 앞다리를 펴서 알을 가리는 모양을 하고 있다. *b.* 모성 본능을 보이는 악어. 암컷 악어가 둥지를 만들고 알이 부화되는 동안 가까이에 머물며 알을 지킨다. 부화할 준비가 되면 새끼 악어는 소리를 낸다. 암컷이 알을 밖에서 쪼아주고 물로 새끼를 옮긴다.

는 공통조상으로부터 물려받은 상동적 행동으로 볼 수 있다.

상사적 수렴: 검치와 관다발식물

계통학적 분석은 유사한 형질이 다른 분지에서 각각 독립적으로 진화되어 왔다는 것을 보여준다. 다른 조상으로부터 기원한 소위 수렴진화(convergent evolution)된 특징들을 상사성이라고 한다. 그 실례로 지금은 사라진 육식 포유류들 가운데 많은 종류의 화석에서 긴 칼 모양의 치아(검치, saber teeth)가 발견된다. 이 치아가 실제로

과학적 사고

질문: 육식동물에서 검치는 몇 번 진화하였는가?

가설: 검치는 상동성이며, 포유류에서는 단 1번 진화했다(혹은 반대로, 검치는 수렴하였고, 여러 번 진화하였다).

계통분석: 포유류의 계통수에서 검치의 분포를 살펴보고 검치의 진화 역사를 추정하기 위해 최소화 원칙을 사용해 본다(유대류와 태반포유류의 모든 가지가 계통도에 나타난 것은 아니다).

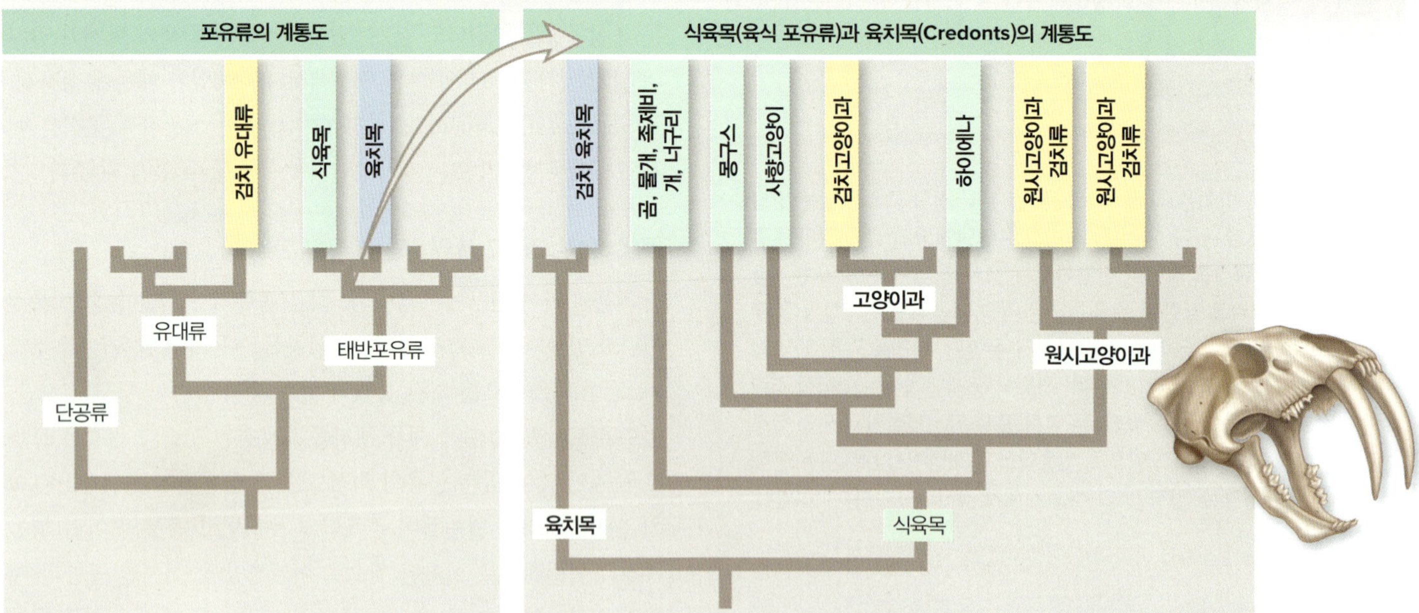

결과: 검치는 포유류에서 적어도 4번 진화하였다. 유대류에서 1번, 고양이과에서 1번, 멸종된 육치목에서 1번 그리고 원시고양이과에서 1번 진화하였다.

해석: 검치가 원시고양이과에서 2번 진화하는 것이 가능하다는 것을 참고하자. (같은 진화 사건 수로 설명할 수 있는, 즉 최소화 원칙에 입각한 또 다른 설명은) 검치가 원시고양이과의 공통조상에서 2번 진화하고, 그 후손 중 한 계통에서는 없어지는 경우이다.

그림 19.10 검치 포유류의 계통학적 분포.

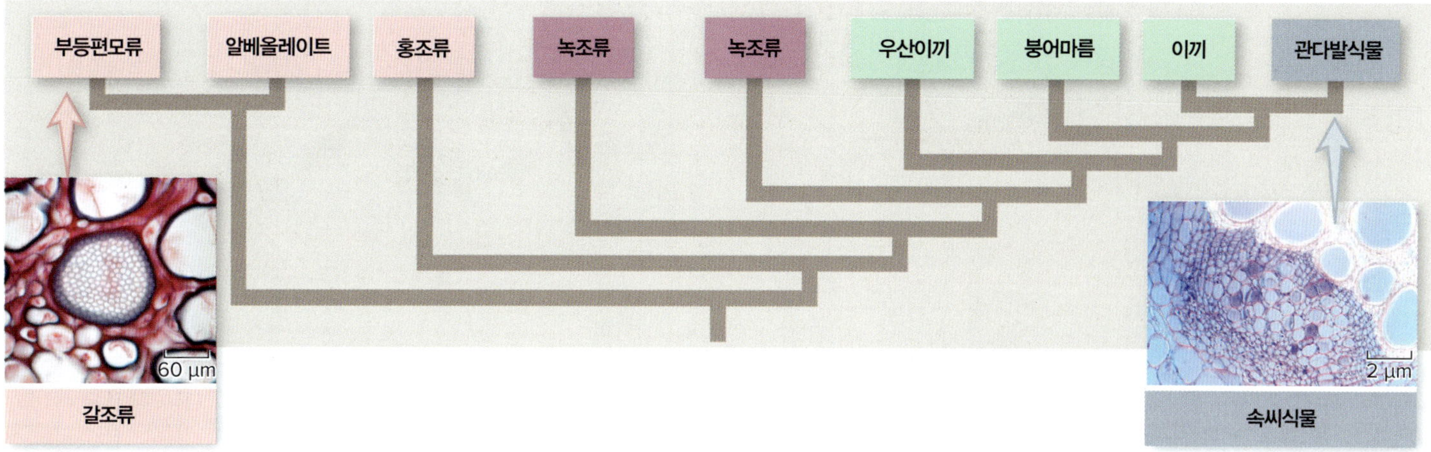

그림 19.11 관다발식물 수송관의 수렴진화.
식물에서 호르몬 및 다른 물질을 전달하는 체관은 유연관계가 상당히 먼 두 식물군에서 진화되었다[갈조류는 부등편모류(stramenopiles)이며, 속씨식물은 관다발식물(tracheophytes)이다].

어떻게 사용되었는가에 대해서는 논란이 있지만 모든 검치류는 고양이과의 동물과 유사한 신체 비율을 가졌기에 육식동물의 특징을 가진 다양한 종류였을 것으로 여겨진다. 계통학적 측면에서 검치라는 형질은 적어도 4번 독립적으로 진화되었다는 추정이 가능하다(**그림 19.10**).

그와 유사한 예로 식물의 관다발을 들 수 있다. 관다발식물(tracheophytes)은 끝이 뚫려 있는 세포벽을 가진 긴 관 모양의 세포를 이용해서 광합성 산물과 호르몬을 수송한다. 이 구조는 중첩되어 체관(sieve tube)이라는 관을 생성한다. 체관은 키가 큰 육상생물의 생존에 필수적인 장거리 물질수송을 용이하게 한다.

켈프(kelp)를 포함한 갈조류(brown algae) 종 대부분도 물질의 신속한 수송을 돕는 체요소(sieve elements)를 지니고 있다(**그림 19.11**). 육상식물과 갈조류는 유연관계가 멀고(**그림 19.11**), 이들의 최후 공통조상은 다세포 수송체계를 지니지 않았던 단세포 생물이다. 이 식물들에서 볼 수 있는 체관의 구조적, 기능적 유사성 역시 수렴진화의 한 예이다.

진화적 변화를 통해 나타나는 복합 형질

대부분의 복잡한 형질은 한 단계의 진화에 의해 완성되지는 않는다. 대신 일련의 진화적 과정을 거쳐 단계적으로 형성되는데, 계통학적 분석은 이런 진화적 과정을 알아낼 수 있게 해준다.

현대의 조류들은 날개, 깃털, 가벼운 뼈와 가슴뼈를 가져 날기 위해 적응한 세련된 비행 기계와 같다. 최근 발견된 화석 증거를 이용하여 이러한 특징의 진화 과정을 재정립할 수 있게 되었다. 화석들을 계통학적으로 정렬해 보면 현대 조류가 지닌 특정 형질들이 동시에 진화된 것이 아니라는 것이 명백하게 나타난다. **그림 19.12**는 비행에 필요한 중요한 특징들이 조상새로부터 순차적으로 긴 시간을 두고 어떻게 진화했는지를 보여준다.

초기 단계에서는 현재와는 다른 어떤 환경에 의한 선택 압력에 대한 적응을 위해 진화되었다는 보고가 있다. **그림 19.12**를 살펴보면 최초의 깃털 구조는 앞다리가 날기 위해 변형된 상태는 아니었던 수각아목(theropod) 공룡 계통에서 진화한 것을 알 수 있다. 초기 깃털 같은 구조는 날기 위한 목적이 아닌 단열이나 장식 등의 목적을 위해 진화되었으며, 시간이 지나면서 이러한 구조가 변화되어 기체역학적인 기능을 하는 현대적 깃털이 되었을 것으로 추정되고 있다.

계통학은 경쟁 가설들 중 가능성이 가장 높은 것을 찾아내는 방식이다

생물이 지니는 다양한 형태들은 여러 다른 과정을 거쳐 생겨나기 때문에, 오늘날 관찰되는 생물학적 다양성의 근원을 밝히는 것은 쉽지 않은 일이다. 많은 경우 계통학적 방법들은 이에 대한 여러 가설들을 검증하고 가능성이 높은 것을 구분하는 데 이용될 수 있다.

해양 달팽이 유생의 분산

앞서 이야기한 계통학적 방법의 좋은 예 중 하나는 해양 달팽이의 유생 형태의 진화에 대한 것이다. 해양 달팽이 대부분의 종들은 현미경으로나 볼 수 있는 작은 크기의 유생을 생산하는데 이 유생들은 성체가 되기 전 조류를 따라 해양을 떠다니며 수백, 수천 km를 표류한다. 그러나 일부 종들은 유생이 되자마자 빠르게 바닥에 붙어 정착하며 태어난 장소에서 그리 멀리 이동하지 않는 유생을 진화시켰다. 화

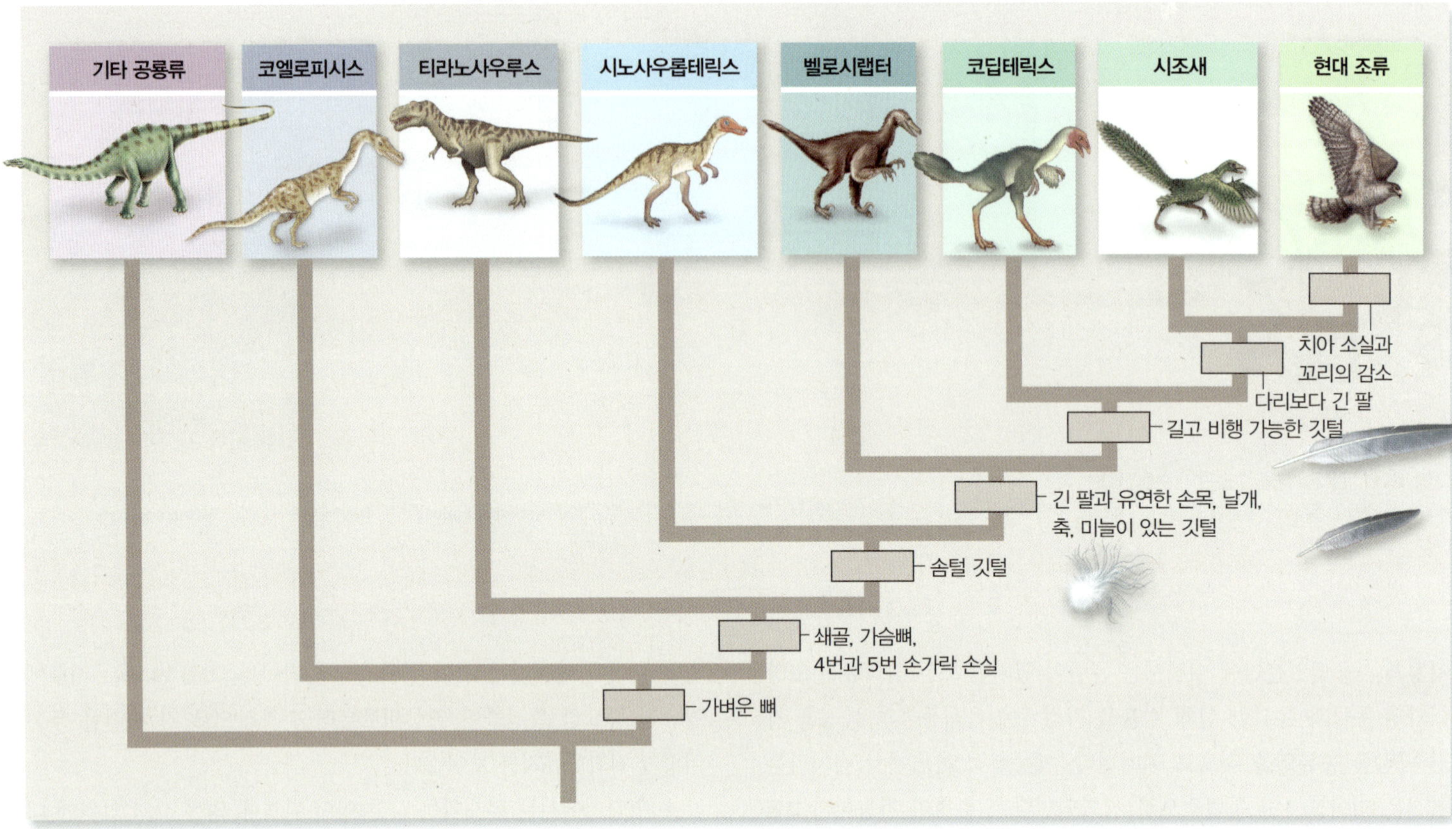

그림 19.12 새의 진화.
현재 조류의 특징이 되는 형질은 수백만 년 동안 여러 단계를 거쳐 진화되었다.

석 연구로부터 유생을 분산시키지 않는 종의 비율이 지질 시대를 거쳐 계속 증가되었음을 알 수 있었다(**그림 19.13**).

분산되지 않는 유생이 증가되는 과정은 2가지가 있다. 첫째, 분산으로부터 비분산으로의 진화적 변화가 자주 일어나 비분산종의 비율이 증가하는 과정이다.

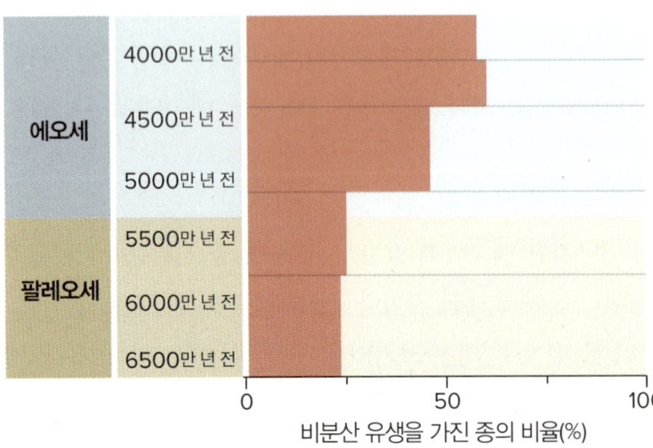

그림 19.13 해양 달팽이 유생의 분산.
유생이 출생지로부터 퍼지지 않는 종의 비율이 시간이 지남에 따라 증가한다.

두 번째 과정은 비분산종이 분산종보다 더 빠른 종분화를 하거나 덜 멸종되면서 비분산종의 비율이 시간이 지남에 따라(비분산종의 자손도 비분산종이라는 가정하에서) 증가하는 것이다. 후자의 경우 비분산종이 분산종보다 유전자 이동의 양이 적어서 지리적으로 격리되기 쉽고 이소적 종분화를 겪을 것이기 때문에 합리적인 가설이 될 수 있다(18장 참조).

이 두 과정은 서로 다른 계통학적 양상을 나타내게 되는데, 분산종 조상으로부터 비분산종의 자손들이 생겨나는 비율이 그 반대의 경우보다 더 많게 된다면 이는 진화적 계통수에 **그림 19.14***a*처럼 반영될 수 있다. 그에 비해 비분산종이 더 많은 종분화를 거치면 비분산종의 분기군은 분산종의 분기군보다 더 많은 종을 포함하게 될 것이다(**그림 19.14***b*).

두 과정에 대한 증거는 종의 30%가 비분산 종인 *Conus*속 해양 달팽이의 계통수 분석 결과에서 찾을 수 있다(**그림 19.14***c*). 계통학적 분석은 비분산종으로부터 분산종으로의 진화에 대한 증거는 없고, 분산되는 유생을 만드는 것이 조상형질 상태이며, 비분산 유생은 8번의 진화를 거쳤다는 것을 보여준다.

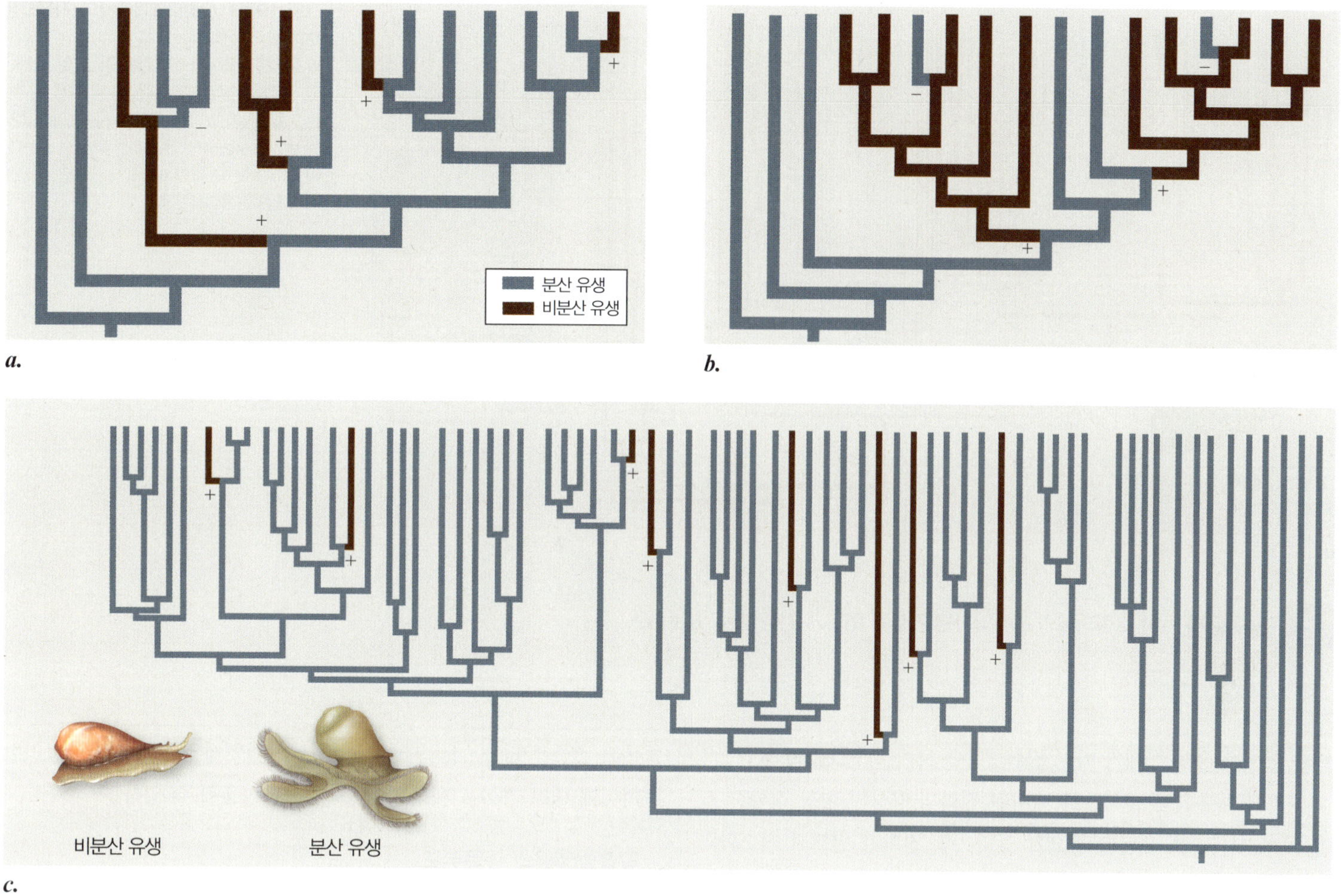

그림 19.14 비분산 유생의 진화에 대한 계통학적 조사.
a. 이 가설적 예에서 분산 유생으로부터 비분산 유생으로(4회, + 표시) 진화적 변화는 역과정(1회, − 표시)보다 더 자주 일어난다. ***b.*** 반대로, 비분산 유생을 가지는 분기군은 높은 종분화 비율이나 낮은 멸종 비율 때문에 더 많이 분화한다(멸종된 형태는 그림에 나타내지 않는다는 가정하에). ***c.*** 해양 달팽이인 *Conus*의 계통수. 비분산 종은 분산종으로부터 8번 진화하였으며, 역과정은 일어나지 않았다. 하지만 이 계통수가 모든 종을 나타내는 것은 아니다. 비분산 유생을 만드는 분기군은 분산 유생을 만드는 분기군의 평균 3.5배나 되는 종을 포함하고 있다.

그와 동시에 비분산 유생을 만드는 분기군은 분산 유생을 만드는 분지의 평균 3.5배나 되는 종을 포함하고 있는데, 이는 비분산종에서 종분화의 비율이 더 높거나 멸종의 비율이 낮거나 또는 두 경우 모두에 해당된다는 것을 시사한다.

이러한 분석은 비분산 유생의 시간에 따른 진화적 증가와 비분산 유생 분지의 빠른 다양성 증가 속도 모두 다 가능성 있는 설명임을 증명하고 있다.

비분산 유생이 많아지도록 진화가 진행될 때 해양의 흐름에 따라 표류하면서 섭식을 하는 데 이용되는 다양한 구조를 상실한다는 것을 고려한다면 역방향으로의 진화가 다시 일어나지 않는 것은 그리 놀라운 일이 아니다. 대부분의 경우 한 종에서 특정 구조가 없어지면 다시 생기는 것은 진화적으로 불가능에 가깝다. 따라서 비분산 유생 진화에서 분산 유생으로 역진화가 거의 되지 않는다는 것이 학자들의 일반적인 견해이다.

해양 무척추동물에서 유생 단계의 소실

앞서 제시한 예와 비슷하게 많은 해양 무척추동물에서 유생단계가 완전히 소실되는 현상은 적지 않게 나타난다. 달팽이, 불가사리, 말미잘 같은 다양한 해양 무척추동물은 발생단계에서 유생 상태를 거치지만, 많은 다른 생물군에서는 유생단계 없이 알에서 직접 성체가 된다.

진화에 의한 유생단계의 소실은 비가역적인 진화적 변화의 또 다른 예로 아직 논쟁의 여지가 있기는 하지만, 일단 유생단계가 소실되면 다시 역진화하여 만들어지기가 어렵다. 그러나 달팽이와 연관이 있는 해양생물인 해양 삿갓조개류는 약간 다른 경우이다. 삿갓조개는 여러 번의 진화를 겪었지만, 계통학적 분석에서 그중 3번은 역진

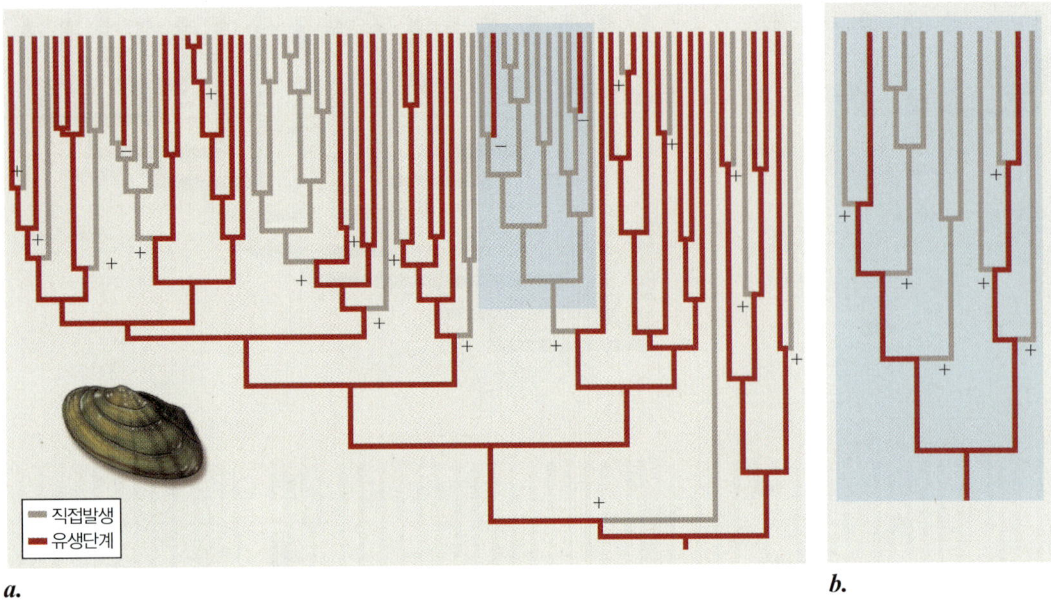

그림 19.15 삿갓조개과에서의 직접발생(성체화)의 진화.
a. 직접발생으로의 진화가 여러 번 일어난 반면, 직접발생으로부터 유생 발달로의 역진화는 3차례 일어났다. ***b.*** 옅은 파란색으로 표시된 분지에서는 최소화 원칙을 따르지 않는데, 이 경우 역진화 없이 6차례의 직접발생의 진화가 있었음을 보여준다.

? 탐구문제 이 그림의 *a*와 *b*에 나타낸 가설을 어떻게 검증할 수 있는가?

화가 일어나 유생 상태가 다시 진화했음을 보여준다(**그림 19.15***a*).

따라서 계통학적 분석으로 제시된 진화의 양상이 항상 정확한 것은 아니라는 것을 유념할 필요가 있다. 즉, 진화가 반드시 최소화의 원칙을 따를 필요는 없다. **그림 19.15***b*의 옅은 파란색 box에서 보듯이 삿갓조개류의 연구에서 유생의 존재가 조상형질로 유지되고, 직접발생(direct development, 알에서 깨어난 유충이 변태를 거치지 않고 성체의 모습을 지니는 것)이 6번에 걸쳐 독립적으로 일어났다고 보는 것도 가능하다. 비록 최소화의 원칙이 덜 적용되었다 해도 계통학적 분석이 이런 가능성을 배제하는 것은 아니다.

소실된 형질의 역진화가 일어나지 않았을 것이라고 가정한다면, 다른 가설로 진화가 계통의 뿌리 근처에서 1번 일어나고 역진화가 2번 일어난 게 아니라 독립적으로 6차례에 걸쳐 직접발생의 진화가 있어났을 가능성도 고려할 수 있다. 직접발생한 종에 대한 형태학 또는 발생학의 연구로 진화적 구조가 상동성인지 수렴진화에 의한 것인지를 밝힐 수 있다. 실험실에서 인위선택이나 유전적 조작에 의해 소실된 구조는 재진화되기 어렵다는 가설을 실험해 볼 수 있는데, 계통학적 분석의 결론은 다른 연구 결과에 의해 지지될 때 더 강력해질 수 있다.

계통학은 종 다양성에 대해 설명할 수 있다

진화생물학이 추구하는 주요 목적 중의 하나는 종 다양성의 양상을 설명하는 것이다. 왜 특정 유형의 식물이나 동물이 다른 유형보다 높은 종풍부도(species richness)를 보일까? 계통학적 분석은 그러한 차이에 대한 가설을 세우고 검증하는 데 이용될 수 있다.

딱정벌레류의 종풍부도

딱정벌레류(Coleoptera목)는 동물 중 가장 다양한 분류군이다. 전체 동물 종의 60% 정도가 곤충이고, 그중 80% 정도가 딱정벌레류이며, 특히 초식성 딱정벌레류의 종풍부도(species richness)가 가장 높다.

계통학적 조사를 통해 딱정벌레가 진화적으로 다양화되는 과정을 알 수 있다(**그림 19.16**). 초식성 딱정벌레 종을 가장 많이 포함하는 Phytophaga 중에서 가장 깊게 갈라지는 분기군은 침엽수에 특화되어 있는 딱정벌레과들이다. 이는 침엽수가 가장 초기에 진화된 종자식물군에 속한다는 화석기록과 일치하고 있다. 그와 대조적으로 현화식물(flowering plants)은 더 최근인 백악기(Cretaceous)에 발달되었으며, 이에 특화된 딱정벌레과 동물들은 더 짧은 진화적 가지를 가져 상대적으로 최근에 진화되었음을 보여준다.

계통학적 위치와 식물이 기원한 시기를 비교해 볼 때, 딱정벌레는 식습관이 매우 보존적이라는 걸 알 수 있다. 예를 들어, 바구미류인 Nemonychidae과는 약 2억 1천만 년 전 쥐라기 초기 이래로 침엽수에만 특화되어 온 것으로 보인다.

딱정벌레 다양성에 대한 계통학적 설명

딱정벌레류의 다양성은 계통학적으로 설명할 수 있다. Phytoph-

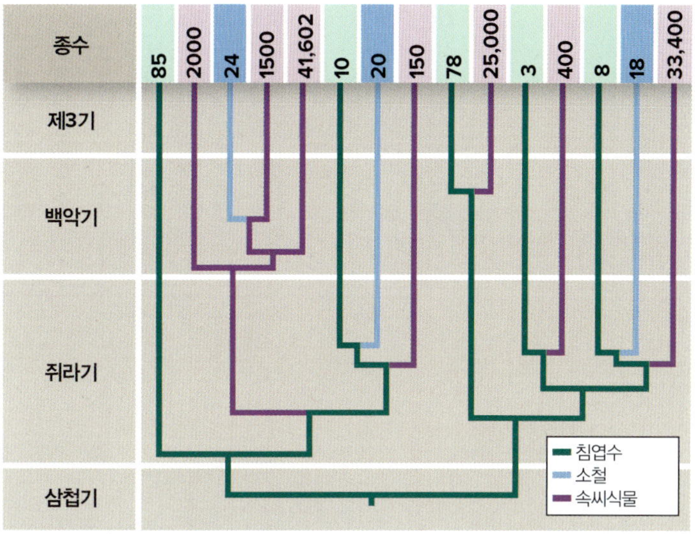

그림 19.16 초식 딱정벌레류 중 가장 거대한 분기군인 Phytophaga의 진화적 다양화. 계통수에서 가장 깊은 분기군의 생물들은 침엽수를 먹는다. 속씨식물을 먹는 분기군의 동물들은 더 최근에 진화했다. 분기군의 나이는 딱정벌레 화석의 조사에 의해 추정되었다.

aga의 계통은 초식성의 진화 자체가 종의 풍부도와는 관련성이 없음을 보여주지만 속씨식물에 대한 특화가 종 다양성을 높일 수 있었던 전제 조건으로 보인다. 속씨식물에 대한 초식 딱정벌레(herbivorous beetles)의 특화는 5차례에 걸쳐 독립적으로 일어난 것으로 보인다. 분지가 일어난 각 경우를 보면 속씨식물에 특화된 분기군은 다른 종류의 식물에 특화된 **자매 분기군**(sister clade)보다 더 높은 종풍부도를 보인다.

속씨식물에 대한 특성화가 다양성을 높이는 이유는 아직 명백하게 밝혀지지 않고 있지만 현재 연구의 초점이 되고 있다. 한 가지 가능성은 다양성이 속씨식물 자체의 종풍부도와 관련이 있다는 것으로 딱정벌레가 30만 종류 이상의 속씨식물에 특화함으로써 보다 다양한 먹이에 적응할 수 있는 기회를 가지게 되고, 이로부터 다양성과 분화가 촉진되어 나왔을 것이라는 것이다.

핵심 요약 19.4

상동 형질은 공통조상이 가진 형질에서 유래된 것이지만, 상사 형질은 아무리 닮았다고 해도 공통조상의 산물이 아니다. 계통학적 분석으로 어떤 형질이 상동성인지 아니면 상사성인지 밝힐 수 있다. 이미 알려진 진화적 현상과 계통수의 가지들을 맞추어 보면 어떤 분류군들이 분화된 원인과 시기를 추정해 볼 수 있다.

- 하나의 분기군 내에 존재하는 분류군들이 비슷한 형질들을 가지고 있다는 것은 그 분기군의 조상이 반드시 그 형질을 가지고 있었다는 것을 뜻할까?

19.5 계통학과 질병의 진화

학습 목표

1. 계통적 분석을 통해 질병 전파의 양상을 파악할 수 있다.

앞에서 계통학적 분석을 이용하여 종 사이의 진화적 유연관계를 조사할 수 있다는 것을 살펴보았다. 이러한 분석은 진화가 유전적 교환이 거의 없는 생물군들 간 진화적 분기(evolutionary divergence)에 의해 일어난다면, 어떤 생물군에 대해서도 다 적용할 수 있다. 그 실례로는 후천성면역결핍증(aquired immunodeficiency syndrome, AIDS)을 일으키는 바이러스의 진화를 들 수 있다.

HIV는 유인원 바이러스로부터 진화했다

AIDS는 1980년대 초에 처음 발견된 후 인간 집단에 급속도로 확산되고 있다. 현재 3600만 명이 인간면역결핍바이러스(human immunodeficiency virus, HIV)에 감염되어 있고, 매년 100만 명 이상이 사망하고 있다.

초기에 과학자들은 HIV가 어디서 기원했고, 어떻게 인간에게 감염되는지 몰라 당혹스러워하다가 1980년대 중반에 실험실 원숭이에서 유사한 바이러스를 발견하였고, 이를 원숭이면역결핍바이러스(simian immunodeficiency virus, SIV)라고 명명했다. 바이러스들은 유전적 차이는 있지만 생화학적으로는 매우 유사하다. SIV는 36종의 영장류에서 발견되었으며, 이들은 모두 아프리카 사하라 이남 지역에서 발견되는 종들이다. 흥미롭게도 성적으로 전달되는 SIV는 영장류들에게 어떤 질병도 일으키지 않는 것으로 보인다.

학자들은 SIV의 균주 간 유전적 분화의 정도에 기초하여 SIV는 영장류에 100만 년 이상 존재해왔었기 때문에 영장류가 이 바이러스에 적응할 충분히 많은 시간이 있어서 SIV의 공격을 막을 수 있도록 진화한 것으로 추정하고 있다.

계통학적 분석으로 질병의 전파 경로를 밝히다

HIV와 SIV의 계통학적 분석은 3가지 분명한 사실을 알려준다. 첫째, HIV는 명백하게 SIV의 후손이라는 것이다. HIV의 모든 균주들은 SIV 균주들의 분기군 안에 자리잡고 있는데, 이는 HIV가 SIV로부터 유래되었다는 것을 보여준다(**그림 19.17**).

둘째로, HIV에는 많은 균주들이 존재하고, 그들은 서로 다른 영장류 종들로부터 독립적으로 파생되어 나온 것으로 보인다. 인간에

그림 19.17 **HIV와 SIV의 진화.**
HIV는 여러 영장류(각 종들을 서로 다른 색으로 표시)의 SIV 균주로부터 여러 차례의 진화를 거쳐 생겨났다. 붉은색 박스 표시는 영장류로부터 인간으로의 전이 경로를 표시한다.

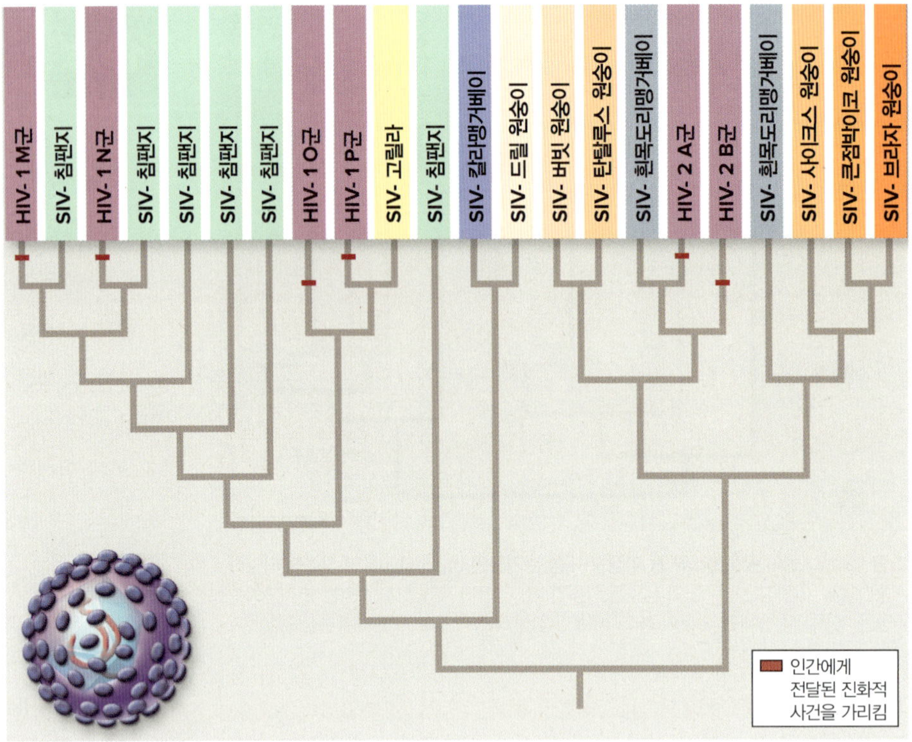

존재하는 균주들은 서로 다른 HIV 균주들보다는 각각의 SIV 균주에 더 가까운 유연관계를 보이는데, 이는 HIV 균주의 기원이 하나가 아니라는 것을 보여준다.

마지막으로, 인간의 HIV는 여러 종의 숙주로부터 유래되어 나왔다. HIV-1은 세계적으로 문제가 되는 바이러스로 4가지 아형(subtype)이 있다. 이들 중 2개의 아형들이 침팬지의 특정 SIV 균주들과 유연관계를 보이는 것으로 미루어 침팬지로부터 인간으로 바이러스가 전달되었음을 의미한다. 그에 비해 제3의 아형은 고릴라에 있는 균주와 유사한 것으로 보이기 때문에 침팬지나 고릴라 모두로부터 HIV가 기원했다고 볼 수 있다. 제4의 아형의 기원은 아직 불분명해서, 침팬지나 고릴라의 균주로부터 기원한 기존의 아형들과 근연 관계인지 보다 면밀히 조사해 볼 필요가 있다.

HIV-2 균주 아형들은 훨씬 덜 퍼져 있는데(어떤 아형은 지금까지 단 1명의 사람에게서만 발견되었다), 서아프리카의 원숭이류, 주로 흰목도리맹거베이 원숭이(*Cercocebus atys*)에서 발견된 SIV와 관련이 있을 것으로 생각된다. 더구나 HIV-2의 아형들은 여러 종 사이의 전파를 거쳐 인간으로 전달된 것으로 보인다.

영장류에서 사람으로의 전달

SIV가 어떻게 침팬지나 원숭이로부터 인간에게 전달되었을지에 대해서는 여러 가설이 있다. 가장 가능성이 높아 보이는 가설은 인간이 원숭이나 유인원을 죽일 때 혈액이 접촉되면서 전달되었다는 것이다. 최근 중부와 서부 아프리카에서 "야생 동물고기(bushmeat)"라고 불리는, 시장에 팔리기 위해 사냥되는 영장류(primates)의 수가 크게 증가했다. 이는 인구의 증가로 더 많은 양의 단백질원이 요구되고 도로 건설과 경제 발달로 인간이 영장류의 서식지에 접근하기가 쉬워졌기 때문이기도 하다. 그 결과 인간과 가장 가까운 종들을 포함하는 많은 영장류의 집단의 크기가 멸종의 위기에 처할 만큼 감소했다. 또한 인간과 이 동물들의 체액이 접촉할 기회가 늘어나게 되었는데, 사냥에서 잡은 동물의 혈액이 사냥할 때 생긴 피부의 상처를 통해 인간의 혈관으로 들어올 가능성이 있다.

교차 시기와 장소의 확인

이와 같은 종 간의 질병 전달이 언제 어디에서 일어난 것일까? HIV 균주들은 대부분 아프리카의 균주들이고, HIV의 발생도 아프리카에서 가장 높다. 아프리카 영장류에서 HIV가 SIV와 연관되어 있다는 증거로 보아 AIDS는 아프리카에서 처음 시작된 것이 확실하다.

다른 영장류에서 인간에게로 이동한 시기에 관해서는, 1980년대까지 AIDS가 인식되지 않은 점으로 보아 HIV는 최근에 발생한 것으로 보인다. 19세기 서아프리카로부터 북아메리카로 건너온 노예의 후손은 이 질병이 없었는데, 이는 이 질병이 노예 시기에는 없었음을 말해 준다.

1980년대에 질병이 인식된 후 과학자들은 혈액의 샘플 저장소를 샅샅이 뒤져서 과거에 혈액 샘플에서 HIV가 존재하는지를 추적하였다. 가장 초기의 HIV 양성반응은 1959년 샘플에서 발견되었는데, 이는 HIV 출현을 20년을 앞당기는 결과이다. 학자들은 분자시계가 작동한다는 가정하에 1959년 샘플의 균주를 포함한 HIV-1 균주 사이의 유전적 차이에 기초하여 AIDS 균주가 1940년 이전에 인간에게 전달된 것으로 추정하고 있다.

계통학적 분석으로 개체 간 AIDS의 진화 과정을 추적할 수 있다

AIDS 바이러스는 매우 빠르게 진화하기 때문에 한 집단 내에도 다양한 균주들이 존재할 수 있다. 그렇기 때문에 계통학적 분석은 매우 유용한 방식이 될 수 있다. 즉, 계통학적 분석이 HIV의 기원을 찾는데 유용했던 것처럼 개인 간의 바이러스 전달 과정에 대해서도 정확한 답을 줄 수 있다.

1998년 루이지애나의 법정에서 한 치과의사의 전 여자친구가 치과의사가 HIV 감염환자의 혈액을 그녀에게 수혈했다고 고소했다. 그 치과의 기록을 살펴보니 의심스러운 방법으로 환자로부터 혈액을 받아 수혈했음을 알 수 있었다. 과학자들은 피해자, 해당 환자 및 그 지역사회의 HIV 감염자들로부터 얻은 바이러스 균주들의 염기서열을 밝혔다. 계통학적 분석에서 피해자의 바이러스 균주는 **그림 19.18**에서 보는 것처럼 환자의 것과 가장 유사한 것으로 밝혀졌다. 이 계통학적 분석은 미국 법정에서 최초로 법적인 증거로 인정받은 경우였으며, 치과의사는 유죄 판결을 받아 현재 살인미수로 50년형을 받고 복역 중이다.

핵심 요약 19.5

현대의 발달된 계통학적 분석법으로 특정 질병의 진화 과정을 밝히고 기원이 어디인지 어떤 경로를 통해 퍼져나갔는지 알아낼 수 있다. HIV는 가장 좋은 예이다. HIV의 염기서열들을 분석해서 영장류의 SIV가 어떻게 여러 차례에 걸쳐 인간으로 오게 되었는지 알 수 있었다. 계통분석은 인간 질병의 전이 과정을 추정하는 데 유용하다.

- HIV가 인간에게 나타나기 시작한 뒤 다시 다른 영장류 종으로 전이되지는 않았을까?

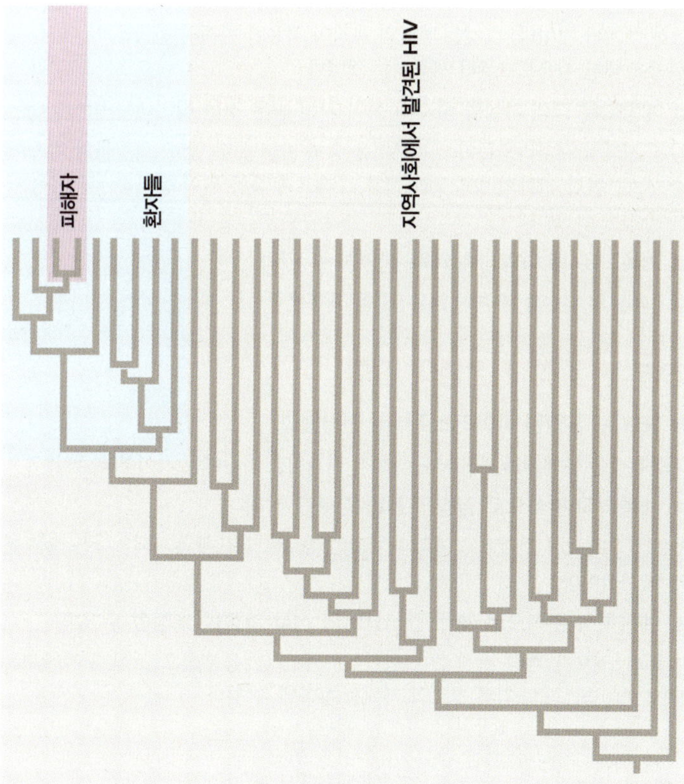

그림 19.18 감염의 경로를 보여주는 HIV 균주의 진화.
HIV는 빠르게 돌연변이를 일으킬 수 있어 단일 HIV에 감염된 사람이라도 몸속에 여러 유전자형이 나타난다. 하지만 일정 지역에 나타나는 HIV 균주의 계통수를 만들어 특정한 개인의 감염경로를 추적하는 것이 가능하다. 이 경우 피해자의 HIV 균주는 환자들에서 발견되는 균주 내에 포함되거나 근처에 위치하게 된다. 다른 HIV 균주는 지역사회 감염자들의 것이다.

? 탐구문제 만약 피해자가 환자들의 HIV와 접촉한 적이 없었다면 계통수는 어떻게 달라졌겠는가?

핵심 개념 요약

19.1 계통분류학

■ **진화적 관계를 나타내는 분지도**

계통분류학은 진화적 관계를 연구하는 분야로 진화적 관계는 소위 계통수라 불리는 진화적 가지 형태로 묘사된다.

■ **유사성만으로는 진화적 관련성을 예측할 수 없다**

진화의 속도는 종마다 다르며 심지어는 방향이 달라질 수도 있다. 그렇기 때문에 아주 가까운 근연종들도 매우 다른 표현형을 가질 수 있다.

반대로, 수렴진화의 결과로 조상을 공유하지 않는 진화적으로 매우 먼 종들도 유사한 형태를 나타낼 수 있다.

19.2 분지론

■ **분지론적 방법에서 모든 형질 변이는 조상형인지 파생형인지의 구분 대상이다**

파생형질 상태란 현생 분류군이 가지는 형질이 그 조상이 가지고 있는 상태와 다른 경우를 뜻한다. 공유파생형질만 계통수 작성에 유용하다.

형질의 극성은 외군, 다시 말해 연구의 대상이 되는 분류군과 매우 근연관계에 있는 분류군을 사용하여 알아낼 수 있다.

외군이 보여주는 형질의 상태는 원시적(조상이 가지고 있었던) 형질로 추정할 수 있고, 다른 형질 상태들은 파생적인 것으로 간주할 수 있다.

분지도는 진화적 관계의 가설을 도식적으로 나타내는 방식이다.

■ **상사성은 분지분석을 복잡하게 만든다**

상사성이란 형질의 상태는 유사하지만 이 유사성이 공통조상에서 기인한 것이 아닐 때를 일컫는 말이다.

분지도는 최소화 원칙에 입각하여 만들어진다. 최소화의 원칙이란 여러 분지의 가설들 중 최소한의 진화적 변화를 요구하는 계통수를 우선적으로 받아들인다는 원칙이다.

■ **어떤 상황에서는 다른 계통학적 방법론이 분지론보다 더 좋을 수 있다**

진화적 변화의 속도가 매우 빠른 경우 통계적 접근을 시도하거나 분자시계를 사용하는 등 분지론 이외의 다른 방식을 사용하는 것이 보다 효과적일 수 있다.

19.3 계통분류학과 분류

■ **분류 체계는 계층성이 있다**

종들은 속으로 그리고 과로 무리 지어질 수 있으며 이런 식으로 차례로 목, 강, 문, 계, 영역의 점차 포괄적인 무리에 속할 수 있다.

■ **현재의 분류 체계는 진화적 관계를 정확히 반영하지 못할 수 있다**

단계통군이란 가장 최근의 공통조상과 그 모든 자손들을 의미한다.

측계통군이란 가장 최근의 공통조상과 그 일부 자손들을 의미한다.

다계통군이란 그 무리에 가장 최근의 공통조상을 포함하지 못하는 경우를 의미한다.

현재 알려진 분류군들은 단계통군이 아니다. 예를 들면, 파충류는 조류에 대한 측계통군이다.

■ **계통학적 종개념은 공유파생형질에 주목한다**

생물학적 종개념은 생식적 격리 여부에 집중하지만, 계통학적 종의 개념은 공유 파생형질을 가지는지에 초점을 맞춘 개념이다. 계통학적 종의 개념에서 종이란 단계통군이어야 한다.

■ **계통학적 종개념도 약점이 없는 것은 아니다**

계통학적 종의 개념을 이용하면 생명체들의 구분이 비현실적으로 이루어질 수도 있고, 자연선택이 어떻게 작용했는지 볼 수 없다는 단점도 있다.

19.4 계통학과 비교생물학

■ **상동적 특징은 공통조상에서 기원한 것이지만 상사성은 그렇지 않다**

계통분석을 통해 같거나 다른 상태의 형질이 같은 조상으로부터 나온 것인지 여부를 판단할 수 있다.

■ **진화적 변화를 통해 나타나는 복합 형질**

한 생명체가 가진 복잡한 특징들은 한 단계가 아닌 여러 단계의 변화 과정을 통해 생겨난 것이다. 그것은 하나의 특징이 적응한 현재의 선택압과는 다른 선택압에 대한 적응으로부터 시작되는 것이다.

■ **계통학은 경쟁 가설들 중 가능성이 가장 높은 것을 찾아내는 방식이다**

다른 진화적 시나리오들이 계통분석을 통해 밝혀질 수 있다. 형질들의 최소 횟수 진화, 형질 진화의 방향성과 시간 그리고 분화의 원인 등이 계통분석을 통해 추정될 수 있다.

■ **계통학은 종 다양성에 대해 설명할 수 있다**

종풍부도의 원인과 관련된 의문점들은 계통분석으로 해소될 수도 있다.

19.5 계통학과 질병의 진화

■ **HIV는 유인원 바이러스로부터 진화했다**

계통분석을 통해 HIV와 SIV는 진화적 연관성을 가진다는 것이 밝혀졌다.

■ **계통학적 분석으로 질병의 전파 경로를 밝히다**

HIV가 SIV에서 기원했고 여러 독립적인 경로로 인간에 전파되었다는 것은 분명한 사실이다.

■ **계통학적 분석으로 개체 간 AIDS의 진화 과정을 추적할 수 있다**

아무리 HIV가 빠른 속도로 진화한다고 해도 계통분석으로 현재 관찰되는 HIV 바이러스들의 감염 경로와 기원을 찾아낼 수 있다.

연습문제

1단계: 이해력 확인하기

1. 표현형의 공통 유사성이 항상 진화적 관계를 반영하지 않을 수도 있는 이유는 무엇인가?
   a. 수렴진화 때문에
   b. 다른 종류의 형질에 대한 진화적 변화율의 다양성 때문에
   c. 상사성 때문에
   d. a, b, c 모두 맞다.
2. 분지론에 대한 설명으로 옳은 것은?
   a. 표현형의 종합적인 유사성에 기반을 둔다.
   b. 유사성이 공통조상으로부터 물려받은 것인지 아니면 다른 이유가 있는 것인지에 대한 구분이 요구된다.
   c. 상사성의 영향을 받지 않는다.
   d. a, b, c 모두 옳지 않다.
3. 최소화의 원칙은 무엇인가?
   a. 진화생물학자들이 경쟁하는 여러 계통학적 가설들을 구분, 평가하는 데 도움을 준다.
   b. 형질의 극성 결정을 필요로 하지 않는다.
   c. 계통발생 분석에서 외군의 이용을 피할 수 있는 좋은 방법이다.
   d. 분자적 특성에는 적용될 수 없다.
4. 새, 악어 및 몇몇 공룡에서 공통적으로 관찰되는 부모의 돌봄 행동에서 최소화 원칙이 제안하는 것은 무엇인가?
   a. 수렴진화에 의해 독립적으로 여러 번 진화되었다.
   b. 하나의 조상으로부터 공통적으로 진화된 형질이다.
   c. 상사형질이다.
   d. 상동형질이 아니다.
5. 새의 앞다리와 코뿔소의 앞다리는 다음 중 무엇인가?
   a. 상동형질이고 공통원시형질이다.
   b. 상동형질이 아니지만 공통원시형질이다.
   c. 상동형질이고 공통파생형질이다.
   d. 상동형질이 아니지만 공통파생형질이다.
6. 여러 상태를 나타내는 한 형질의 극성을 결정하기 위해서 필요한 것은 다음 중 무엇인가?
   a. 관련 분류군들의 화석기록이 꼭 필요하다.
   b. 유전자 서열 자료가 반드시 필요하다.
   c. 해당 분류군들 무리를 부를 수 있는 이름이 필요하다.
   d. 적절한 외군이 반드시 필요하다.
7. 측계통군에서 다음 중 어떤 일이 가능할 것인가?
   a. 무리 내 모든 종들은 무리 밖의 종들보다 서로 매우 가까운 유연관계를 나타낼 것이다.
   b. 역진화(evolutionary reversal)가 자주 나타난다.
   c. 다계통군이 일반적으로 만들어진다.
   d. 몇몇 종들은 무리 내 어떤 종들보다 무리 밖의 종들과 가까운 근연관계를 나타낼 것이다.
8. 측계통군이란 다음 중 어떤 것에 해당하는가?
   a. 하나의 조상과 그의 모든 자손
   b. 하나의 조상과 그 자손의 일부
   c. 하나의 공통 조상보다 많은 자손
   d. a, b, c 모두 맞다.
9. 체관(sieve tube)과 체요소(sieve elements)는 다음 중 무엇인가?
   a. 다른 기능을 갖기 때문에 상사적이다
   b. 유사한 기능을 갖기 때문에 상동적이다.
   c. 그들의 공통조상인 단일 세포로부터 나왔기 때문에 상사기관이다.
   d. 동물에서 수송에 관여하는 구조이다.

2단계: 적용력 평가하기

1. 수렴진화 때문에 유사한 표현형을 갖는 종을 포함하는 분류군은 다음 중 무엇인가?
   a. 측계통성이다.
   b. 단계통성이다.
   c. 다계통성이다.
   d. 하나의 좋은 분기군(cladistic group)이다.
2. 종 분화 속도에 비해 빠른 형질 변화의 속도가 분지론에 문제를 초래할 수 있는데 그 이유는 무엇인가?
   a. 진화적 유연관계가 먼 종에서 공유파생형질이 진화하는 빈도가 높기 때문이다.
   b. 역진화가 자주 일어날 수 있기 때문이다.
   c. 상사성이 공통이 될 수 있기 때문이다.
   d. a, b, c 모두 맞다.
3. 다음 중 계통학적 종개념으로 인지될 수 있는 종에 대한 설명인 것은 무엇인가?
   a. 때때로 생물학적 종개념으로도 구분될 수 있다.
   b. 때때로 측계통군이다.
   c. 공통원시형질로 특징지어진다.
   d. 동물보다는 식물에서 빈번하게 나타난다.

3단계: 사고력 함양하기

1. **그림 19.2**에서 공통파생형질과 이에 의해 정의된 분류군을 나열하시오. 어떤 종류의 형질이 그 무리를 정의할 수 있는 정보를 제공해 줄 수 있는가?

2. “외군”을 확인하는 것은 계통분석의 주요 요소이다. 19.2절에 묘사된 것처럼 외군은 현재 관심을 가지는 분류군과 근연관계에 있지만 이에 속하지 않는 분류군을 선택해야 한다. 관심 있는 분류군 구성원들끼리의 관계도 모르면서 어떻게 외군이 적절하게 선택되었는지 알 수 있는가? 잘못된 외군 선택의 영향을 최소화하는 접근법에 대하여 생각해 보자.
3. 분지론은 계통분류학에서 널리 활용되는 방법이며, 현행 분류 체계는 점점 진화적 관계에 대한 정보를 더 많이 반영해 가고 있다. 새를 예로 들어, 새들을 파충류와 동등하게 보거나 다르게 보는 것의 장점과 단점을 논의해 보시오.
4. 삿갓조개류의 많은 종 사이에서 유생기 소실이나 직접발생(성체화)으로부터의 역진화 등이 여러 번에 걸쳐 나타난 것으로 보인다. 최소화 원칙하에 각 방향으로 변화가 가장 단순한 가설을 평가하는 데 동등하게 적용될 수 있겠는가? 만약 직접발생으로부터 역진화하는 것보다 유생 시기를 잃는 것이 더 쉽게 나타난다면 그 사실을 고려 대상으로 해야 하겠는가? 그렇다면 어떻게 해야 하겠는가?
5. 새, 익룡(백악기에 살았던 날아다니는 파충류의 한 종류), 박쥐는 모두 날개의 역할을 하도록 변화된 앞다리를 가졌지만 다른 방법으로 사용되었다. 이 구조는 상동기관인가? 만약 그렇다면 그들은 어떻게 상동성과 수렴성을 모두 가질 수 있었겠는가? 어떤 생물이 수렴적이지만 상동이 아닌 날개를 가지고 있는가?
6. 생물학적 종개념에 중심을 둔 진화 기작과 진화 및 분화 양상에 주안점을 둔 계통학적 종개념이 가지는 의미의 차이는 무엇인가? 어떤 것이 보다 올바른 것인가?

정답

1장

핵심 요약

1.1 양성자의 수가 중성자 수를 초과하면 전하에 영향을 주지 않지만, 양성자의 수가 전자 수를 초과하면 전하는 (+)이다.

1.2 원자는 최외각 전자 껍질이 채워지지 않을 때 반응한다. 비활성 기체는 최외각 전자 껍질을 채웠으므로 반응하지 않는다.

1.3 전자가 이동하면 이온결합이 생겨 양이온과 음이온이 서로 끌어당긴다. 공유결합은 두 원자가전자를 공유한 결과인데, 극성 공유결합은 전자를 불평등하게 공유한다. 이것은 부분적으로 전하를 생성하지만, 이온은 생성하지 않는다.

1.4 C와 H는 전기음성도가 거의 같으므로 비극성 공유결합을 형성한다. 따라서 이것은 응집력과 부착력을 생성하지 않는다.

1.5 얼음이 뜨기 때문에 호수는 위에서부터 아래로 얼어붙는다. 따라서 물이 호수 바닥에 액체 상태로 남아 있어 생물체가 겨울을 보낼 수 있다.

1.6 pH는 로그 척도이므로 $[H^+]$는 100배의 변화가 있다.

탐구문제 및 자료 분석

15쪽 자료 분석: 그래프로부터 pH를 4에서 6으로 변경하기 위해 약 4배의 염기가 추가되어야 한다.

연습문제

■1단계: 이해력 확인하기

1. b 2. d 3. b 4. a 5. c 6. d 7. b

■2단계: 적용력 평가하기

1. c 2. b 3. a 4. c 5. d 6. 화학 반응은 원자의 전자 구성이 변하는 것인데, 방사성 붕괴는 핵 자체의 실제 붕괴를 포함하여 다른 원자를 생성하고 방사선을 방출하는 것이다.

■3단계: 사고력 함양하기

1. Li은 1가이고, Br은 7가이기 때문에, Li은 Li^+를 형성하고 Br은 Br^-를 형성하여 산화/환원 반응을 할 것으로 예상한다. 이러한 이온은 이온결합으로 인해 결정을 형성한다.
2. 실리콘의 원자 번호는 14이다. 이는 (탄소와 비교할 수 있는) 최외각에 짝을 이루지 않은 4개의 전자가 있음을 의미한다. 이 사실을 바탕으로 탄소와 같은 실리콘이 4개의 공유결합을 형성할 수 있다는 결론을 내릴 수 있다. 실리콘은 또한 생물학적으로 중요한 분자의 형성에 참여하는 것으로 알려진 원소의 속성인 원자 질량이 21 미만인 원소 그룹에 속한다. 흥미롭게도 실리콘은 지구상의 탄소보다 훨씬 더 널리 퍼져 있다. 이산화규소는 식물의 세포벽과 규조류라는 단세포 생물체에서 발견되지만, 지구에서는 실리콘 기반의 생명체가 확인되지 않았다. 지구상의 실리콘이 풍부하다는 것을 고려할 때, 이 원자의 다른 화학적 측면이 살아있는 생명체를 구성하는 분자의 형성과 양립할 수 없다는 결론을 내릴 수 있다.
3. 물은 지구 생명체의 진화에 중요한 분자로 간주한다. 다른 행성의 물이 비슷한 역할을 할 수 있다고 가정하는 것이 합리적인데, 생명의 진화에서 그 역할을 뒷받침하는 물의 주요 특성은 다음과 같다.
   - 물의 용매로서의 능력: 살아있는 생명체에서 발견되는 것과 같이 물에 용해된 분자는 더 크고 복잡한 분자를 형성할 수 있는 방식으로 움직이고 상호작용할 수 있다.
   - 물의 높은 비열: 물은 온도를 조절하고 유지할 수 있기에, 다른 행성의 중요한 특징인 극한 온도로부터 그 안에 있는 분자나 생명체를 보호할 수 있다.
   - 얼음과 물의 밀도 차이: 얼음이 떠다니는 것은 살아있는 생물체가 얼음 표면 아래에서 보호되면서 머물 수 있기에, 이는 물 환경의 단순하지만 중요한 특징이다. 목성의 위성인 유로파에서 최근에 얼음으로 덮인 바다가 발견되었다는 점에서 이 가능성은 특히 흥미롭다.

2장

핵심 요약

2.1 가수분해는 탈수반응의 역반응이다. 탈수반응은 물이 손실되면서 2개의 분자를 하나로 합성하는 반응이며, 가수분해는 물의 첨가에 의한 절단반응이다.

2.2 녹말과 글리코겐은 모두 에너지 저장 분자이다. 그들의 고도로 분지된 성질은 방울 입자를 형성하고, 인접한 포도당 분자를 함께 묶는 결합의 유사성은 글리코겐 분해효소가 녹말을 분해할 수 있다는 것을 의미한다. 그러나 같은 효소가 셀룰로스를 분해하지는 못한다. 셀룰로스는 질긴 섬유 구조를 형성한다.

2.3 RNA의 염기서열은 U가 T(A에 상보적) 대신에 있다는 점을 제외하고는 DNA의 한 가닥과 같고 다른 가닥과는 상보적이다.

2.4 밝혀지지 않은 단백질이 밝혀진 단백질과 서열이 유사하면 그 기능도 유사하다고 추론할 수 있다. 밝혀지지 않은 단백질에 이미 알려진 기능을 담당하는 도메인이나 모티프가 있는 경우, 이를 사용하여 기능을 예측할 수도 있다.

2.5 인지질은 중성 지방의 지방산 중 하나를 전하를 띤 그룹으로 대체하여 가지고 있다. 따라서 인지질은 소수성 및 친수성 영역을 모두 가진 양친매성 분자인데, 물에서 자연적으로 2중층의 막을 형성한다.

연습문제

■1단계: 이해력 확인하기

1. b 2. a 3. d 4. c 5. b 6. b 7. c 8. b

■2단계: 적용력 평가하기

1. c 2. d 3. b 4. d 5. b 6. b 7. d

■3단계: 사고력 함양하기

1. 생물체에서 발견되는 4가지 거대분자는 모두 구조와 기능이 다르다. 탄수화물, 핵산, 단백질을 비교할 때 이들은 각각 서로 다른 단량체를 가진 고분자이다. 탄수화물의 경우 고분자는 모두 단순당인 포도당이다. 탄수화물은 에너지 저장 분자(많은 C−H 결합 포함) 및 질긴 섬유를 만드는 셀룰로스와 같은 구조 분자를 포함하고 있다.
   핵산은 뉴클레오타이드 단량체로 구성되며, 각각 리보스, 인산염 및 질소 염기로 구성된다. 이 분자들은 염기서열로 정보를 암호화하는 정보 분자이다. 염기는 특정 방식으로 상호작용하는데, A는 T와 염기쌍을 이루고, G는 C와 염기쌍을 이룬다. 이것이 정보 저장의 기본이다.

단백질은 아미노산 중합체로 형성된다. 아미노산은 20종류가 있어서, 엄청난 수의 다른 단백질을 만들 수 있다. 단백질은 거의 무제한의 기능을 가질 수 있는데, 이러한 기능은 단백질 사슬 구조의 놀라운 유연성에서 비롯된다.

2. 핵산: 2중나선의 가닥 사이에 상보적인 염기쌍은 수소결합으로 인해 생긴다. 상보적 염기쌍은 RNA 분자의 단일 핵산 가닥 내에서도 발생할 수 있다. 이웃한 염기 사이의 소수성 상호작용도 2중나선을 안정화시킨다.

   단백질: 2차 구조의 α 나선 및 β 병풍 구조는 아미노산 골격의 아미노기와 카복실기 사이의 수소결합 형성으로 인해 안정화된다. R 그룹 사이의 수소결합 형성은 3차 구조 수준에서 단백질의 3차원 접힘을 안정화시키는 데 도움이 된다. 소수성 상호작용은 또한 3차 구조를 안정화시킨다.

   탄수화물: 탄수화물에서 수소결합은 덜 중요하다. 그러나 이러한 결합은 식물 세포벽을 구성하는 셀룰로스 섬유의 형성에 관여한다.

   지질: 지질은 수소결합을 형성하지 않지만, 소수성 상호작용이 중요하다. 지방산의 소수성 특성으로 인해 막 구조가 형성된다.

3. 물은 지구 생명체의 진화에 중요한 분자로 간주한다. 다른 행성의 물이 비슷한 역할을 할 수 있다고 가정하는 것이 합리적인데, 생명의 진화에서 그 역할을 뒷받침하는 물의 주요 특성은 다음과 같다.
   - 물의 용매로서의 능력: 살아있는 생명체에서 발견되는 것과 같이 물에 용해된 분자는 더 크고 복잡한 분자를 형성할 수 있는 방식으로 움직이고 상호작용할 수 있다.
   - 물의 높은 비열: 물은 온도를 조절하고 유지할 수 있기에, 다른 행성의 중요한 특징인 극한 온도로부터 그 안에 있는 분자나 생명체를 보호할 수 있다.
   - 녹말에 결합하는 효소의 활성부위는 결합 모양이 달라서 셀룰로스와 결합할 것으로 예상되지 않는다. 따라서 이러한 효소는 셀룰로스 합성에 관여하지 않을 것이다.

3장

핵심 요약

3.1 모든 세포는 기존의 세포로부터 나온다는 설명을 수정해야 할지도 모른다. 이는 화성의 생명체가 지구의 생명체와 유사한 분자/세포 기반을 가지고 있는지 여부에 달려 있다.

3.2 박테리아와 고세균은 둘 다 핵막이 없고 광범위한 내막계가 없는 단일세포이다. 구성은 다르지만 둘 다 세포벽을 가지고 있다. DNA 복제 및 세포분열에 관여하는 단백질은 다르지만, 둘 다 세포분열에 방추사가 관여하지 않는다.

3.3 각각의 기관에서 발견되는 특수한 세포 유형은 각 기관의 고유한 정체성을 나타낸다. 그렇다고 공통적인 세포 유형(예, 표피세포)이 없는 것은 아니지만, 각 기관은 특수한 세포 유형을 갖는 경향이 있다.

3.4 다르지 않고 동일하다!

3.5 세포소기관 단백질을 암호화하는 핵의 유전자는 세포소기관에서 핵으로 이동했을 것이다. 생물 역(domain) 간에 "수평적 유전자전달"이 많이 일어났다는 증거가 존재한다.

3.6 특히 세포벽이 없는 동물세포에서 큰 세포에 대해 구조적으로 지지하고 지원한다.

3.7 미세소관과 미세섬유는 모두 세포의 운동과 세포 주변의 물질 이동에 관여한다. 반면에 중간섬유는 이러한 동적인 역할 대신에, 더 구조적인 역할을 한다.

3.8 세포연접은 세포를 서로 다른 방식으로 조직하고 결합하여 더 높은 수준의 구조를 만드는 데 도움이 된다. 기능적으로 다양한 목적을 위해 다양한 종류의 연접을 사용할 수 있다.

탐구문제 및 자료 분석

52쪽 탐구문제: 세포에 대해 늘이기, 움푹 파이게 하기, 둘둘 말기, 접기, 하나 이상의 핵 추가 등을 포함하여 세포질과 외부 환경 사이의 확산(표면적)을 증가시키는 모든 것을 변형할 수 있다.

64쪽 탐구문제: 미토콘드리아와 엽록체는 모두 고도로 접힌 내막을 가지고 있으며, 여기서 많은 반응이 일어나 ATP가 생성된다. 이들은 또한 효소를 포함한 내부 방(기질)을 가지고 있다.

71쪽 탐구문제: 폐(기관)의 섬모 세포는 호흡기에서 미립자 물질을 제거한 후, 소화관에서 배출하거나 삼켜지도록 도와준다.

연습문제

1단계: 이해력 확인하기

1. d 2. d 3. c 4. a 5. c 6. d 7. b

2단계: 적용력 평가하기

1. c 2. b 3. c 4. b 5. c 6. b 7. a

3단계: 사고력 함양하기

1. 순서는 SER에서 시작하여 RER, 골지체, 마지막으로 원형질막으로 이동해야 한다. 2개의 막 구획 사이에서 인지질 분자는 수송소포를 통해 운반된다. 수송소포는 인지질 2중층으로 구성된 작은 "막의 기포"이다.
2. 이 세포소기관이 독립적으로 생존하는 박테리아라면, 박테리아에서 발견되는 특징을 가질 것이다. 미토콘드리아와 엽록체는 모두 DNA가 있지만, 핵은 없으며 진핵생물에서 발견되는 복잡한 세포소기관이 없다. 언뜻 보기에 크리스타는 내막계처럼 보일 수 있지만, 실제로는 안쪽 막이 접혀진 구조이다. 세포내공생이 생기면 이것(내막)은 공생체의 원형질막이 되고, 외막은 삼키는 세포의 원형질막에서 유래할 것이다. 또 다른 검증 방법은 이 세포소기관의 DNA를 현재 박테리아와 비교하는 것이다. 이는 실제로 공생체의 정체성을 확신할 수 있게 하였다.
3. 원핵생물과 진핵생물 편모는 상사 형질의 예이다. 두 편모는 화학에너지를 기계적 힘으로 전환하여 주변 환경에서 세포의 추진력을 제공한다. 주요 차이점은 편모의 구조에 있다. 박테리아 편모는 세포의 원형질막 내에 고정된 기저체에서 나오는 단일 단백질로 구성되며 양성자 기울기 에너지를 사용하여 회전(프로펠러) 운동을 일으킨다. 대조적으로, 진핵생물의 편모는 다양한 단백질이 복잡한 축 미세소관으로 조립된 구조인데, ATP 에너지를 사용하여 물결치는 운동을 일으킨다.
4. 미토콘드리아와 엽록체의 기원은 산소호흡 원핵생물 또는 광합성 원핵생물이 진핵생물에 의해 삼켜졌지만, 일부만 소화된 결과라고 가정한다. 이 정보에 근거하여 지알디아(Giardia)의 기원에 대해 2가지 시나리오가 가능하다. 첫 번째 시나리오는 지알디아의 조상이 핵이 진화한 후 미토콘드리아를 획득하기 전에 진핵생물 계통에서 분리되었다는 것이다. 두 번째 시나리오는 지알디아의 조상은 미토콘드리아를 획득한 후 분리된 다음 미토콘드리아를 잃었다는 것이다. 현재는 이 두 가지 시나리오 중 어느 것도 제외할 수 없는 상황이다. 첫 번째 사례가 가장 좋은 설명이라고 오랫동안 생각되었지만, 최근에는 두 번째 시나리오를 지지하는 증거가 발견되었다.

4장

핵심 요약

4.1 세포는 세포의 내용물을 조절할 수 없을 것이다. 비극성 분자는 작은 극성 분자처럼 확산으로 인해 막을 통과할 수 있지만, 특정 분자의 통과를 조절하는 단백질이 없으면 반투과성 막으로 작용하지 않을 것이다.

4.2 아니다. 2중층의 비극성 내부는 비극성 용매에 용해될 것이고, 인산염의 음전하끼리는 서로 밀어낼 것이기에 인지질 2중층은 형성되지 않을 것이다.

4.3 막관통영역은 단백질을 막에 고정시킨다. 즉 이 영역은 막의 소수성 내부와 결합하므로 소수성이어야 한다. 만약 막의 내부로부터 빠져나온다면 물에 의해 튕겨 나갈 것이다.

4.4 정맥 주사액의 농도는 혈액 세포와 등장이어야 한다. 만약 저장성이라면 혈액 세포는 물의 유입으로 터질 것이고, 고장성이면 혈액 세포가 수분을 잃고 수축할 것이다.

4.5 통로단백질은 촉진확산을 하는 수용성 통로이기 때문에, 이온을 능동적으로 수송할 수 없다. 운반단백질은 기질에 결합한 후, 어떤 형태의 에너지와 연결하여 이온을 능동수송할 수 있다.

4.6 모든 경우에 단백질에 의한 분자(기질)의 인식 및 특이적 결합이 일어난다. 각각의 경우 이 결합은 생물학적 기능에 필수적이다.

탐구문제 및 자료 분석

86쪽 탐구문제: 유동모자이크모델의 이름에서 알 수 있듯이 세포막에는 어느 정도의 유동성을 가지고 있다. 유동성의 정도는 막의 구성성분에 따라 다르지만, 모든 막에서 인지질은 막 내에서 움직일 수 있다. 또한 인지질 분자의 양 말단 쪽에 있는 소수성 및 친수성으로 인해 인지질 2중층이 활발하게 형성된다. 따라서 막이 손상되면 인접한 인지질이 자동으로 이동하여 개구부를 채운다.

87쪽 탐구문제: 막관통단백질은 막 구조 내에 내재되어 막을 가로지르는 통로를 제공한다. 막관통단백질은 인지질 2중층의 극성 및 비극성 영역을 모두 통과해야 하기에, 비극성 지방산으로 된 막의 내부에 있는 단백질 부분도 비극성이어야 한다. 막관통단백질의 아미노산 서열은 양쪽 끝에 극성 아미노산이 있고, 단백질의 중간 부분에 비극성 아미노산이 존재한다.

연습문제

▪1단계: 이해력 확인하기

1. d 2. a 3. d 4. d 5. b 6. b 7. a

▪2단계: 적용력 평가하기

1. c 2. b 3. d 4. c 5. d

▪3단계: 사고력 함양하기

1. 막단백질은 에너지 분자인 ATP가 없는 상태에서도 혼합되기 때문에 운동에 화학에너지가 필요하지 않다는 결론을 내릴 수 있다. 단백질은 온도가 낮을 때 움직이지 않고 섞이지 않기에 움직임이 온도에 민감하다는 결론을 내릴 수 있다. 즉 분자의 수동 확산은 온도에 따라 달라지며 화학에너지가 필요하지 않다. 따라서 막 유동성이 수동 확산의 결과로 발생한다고 결론을 내릴 수 있다.
2. 다양한 세포내막계를 구성하는 2중층의 안쪽 층은 원형질막 2중층의 바깥쪽 층이 된다.
3. 지질은 한 층에서 삽입되어 비대칭을 생성할 수 있다. 지질이 SER(매끈면 소포체)에서 합성되면 비대칭 막으로 조립될 수 있다. 그러나 소포체에는 한 층에서 다른 층으로 지질을 옮길 수 있는 효소가 존재하기에 대칭적으로 분포할 수 있다.

5장

핵심 요약

5.1 세포는 다양한 기능을 위해 에너지가 필요하다. 포도당의 산화와 관련된 반응은 복잡하며, 이를 에너지가 필요한 다른 대사 기능과 연결하는 것은 비효율적이다. 따라서 세포는 ATP를 재사용 가능한 에너지원으로 만들고 이용한다.

5.2 해당과정의 장소는 미토콘드리아의 공생적 기원을 지지하거나 반대하는 것과 상관없다. 해당과정은 이전에 미토콘드리아에 있다가 세포질로 옮겨졌거나, 이전부터 진핵생물의 세포질에 항상 있었을 수 있다.

5.3 피루브산탈카복실효소 같은 경우, 복합체는 반응의 여러 단계에서 기질의 확산 거리를 줄여주기에, 원치 않는 부작용을 최대한 방지한다. 또한 반응은 하나의 단위체 내에서 발생하므로 조율된 방식으로 통제할 수 있다. 가장 큰 단점은 효소 모두가 복합체 일부이기 때문에, 각각 독립적으로 존재하는 경우보다 진화가 더 제한적이라는 것이다.

5.4 시트르산 회로가 끝나면 포도당에서 제거된 전자는 모두 전자운반체에 의해 운반된다. 이들 중 대부분은 NADH에 있고 일부는 $FADH_2$에 있다. 이들 모두는 유산소 조건에서 전자전달연쇄로 공급되어 양성자 기울기를 생성하는 데 사용된다.

5.5 외막에 구멍이 있으면 막간 공간의 양성자가 누출될 수 있다. 이것은 내부 막을 가로지르는 양성자 기울기를 파괴할 수 있어 ATP 합성효소에 의한 ADP의 인산화를 중단시킬 수 있다.

5.6 화학삼투는 ATP/NADH 비율이 "펌프"의 수에 의존하지 않는다. 대신, 효소의 회전에 필요한 양성자의 수와 ADP/ATP에 대한 효소의 결합 부위 수에 따라 달라진다.

5.7 당에서 호흡의 시작점인 해당과정은 인산과당인산화효소에서 조절된다. 이 효소는 6-C 골격이 2개의 3-C 분자로 분리되기 직전에 작용한다. 이 효소의 다른자리입체성 효과에는 ATP와 시트르산이 관여한다. 따라서 "최종 산물"인 ATP와 크렙스 회로의 중간체는 모두 이 과정의 첫 번째 부분을 억제하기 위해 피드백되기에 ATP의 효율적인 생산을 보장한다.

5.8 첫 번째로 가장 가능성이 큰 유형의 생태계는 산소가 제한적이거나 존재하지 않는 생태계일 것이다. 여기에는 해양, 수생 및 토양 환경이 포함된다. 산소가 부족한 곳은 무산소성(혐기성) 생물체가 우점할 것으로 예상되며, 호흡은 발효보다 더 많은 에너지를 생성한다.

5.9 아니다. 그 이유는 두 가지인데, 먼저 지방산의 산화로 인해 아세틸 단위체가 크렙스 회로에 공급된다. 크렙스 회로에서 나온 전자는 화학삼투에 의한 ATP를 생성하기 위해 전자전달연쇄로 공급된다. 두 번째 이유는 아세틸 단위체를 생성하는 β 산화 과정도 산소 의존적이라는 것이다. β 산화는 FAD를 보조인자로 사용하여 $FADH_2$를 생성하고, $FADH_2$는 전자전달연쇄에 의해 산화되기 때문이다.

5.10 물질대사의 기원에 대한 증거는 간접적이다. 대기 중 O_2의 존재는 광합성의 결과이므로, 환원 대기에서 산화 대기로 갔을 때의 연대기는 산소 광합성의 증가를 나타낸다. 당분해는 거의 모든 유형의 세포에서 발견되는 보편적인 경로이다. 이는 다른 유형의 에너지 대사 이전에 진화했을 가능성이 큰 고대의 경로임을 나타낸다. 질소고정은 산소의 독성에 의해 방해받고 환원 대기의 도움을 받기 때문에 산소 광합성에 앞서 환원 대기에서 진화했을 것이다.

탐구문제 및 자료 분석

123쪽 자료 분석: 지방의 이화작용 동안 β 산화의 각 주기는 ATP 한 분자를 사용하고 $FADH_2$ 및 NADH를 각각 한 분자씩 생성한다. 탄소가 16개인 지방산의 경우, 7번의 β 산화로 인해 8개의 아세틸-CoA 분자를 생성한다. 크렙스 회로에서 각 아세틸-CoA의 산화는 10개의 ATP 분자를 생성한다. 따라서 16-탄소 지방산의 전체 ATP 수율은 7회의 β 산화로부터 21개 ATP(주기당 4 ATP-

초기 반응에서 1회당 1개의 ATP)+8개의 아세틸-CoA 산화로부터 80 ATP=101개 ATP 분자를 획득하게 된다.

연습문제

1단계: 이해력 확인하기

1. d 2. d 3. c 4. c 5. a 6. d 7. c

2단계: 적용력 평가하기

1. b 2. b 3. c 4. c 5. c 6. b 7. b

3단계: 사고력 함양하기

1.

분자	당분해	세포호흡
포도당	반응의 시작 물질	포도당을 직접 사용하지 않는다. 그러나 포도당에서 추출한 피루브산을 사용한다.
피루브산	해당과정의 최종 생성물	세포호흡을 위한 출발 물질
산소	필요하지 않음	산소호흡에는 필요하지만 무산소호흡에는 필요하지 않다.
ATP	기질 수준의 인산화를 통해 생성됨	산화적 인산화를 통해 생성된다. 해당과정보다 더 많이 생산된다.
CO_2	생산되지 않음	피루브산의 산화 및 크렙스 회로 동안 생성된다.

2. 미토콘드리아 내막의 전자전달연쇄는 양성자를 막간공간으로 내보내 수소이온 농도기울기를 생성하는 기능을 한다. 전형적인 미토콘드리아에서 양성자는 오직 ATP 합성효소를 통해 이동하면서 ATP를 생성함으로써 농도기울기를 감소하는 방향으로만 확산할 수 있다. 양성자가 다른 수송 단백질을 통해 이동할 수 있다면 수소이온 농도기울기의 위치에너지가 열로 "손실"된다.
3. 갈색 지방이 성인에게 지속되면 위에서 설명한 열을 생성하는 짝풀림(uncoupling) 기작으로 인해 추운 환경에서 체중이 감소할 수 있다. 현재는 몇몇 증거로 인해 이것이 사실로 나타나고 있다.

6장

핵심 요약

6.1 엽록체와 미토콘드리아는 모두 외막과 정교한 내막을 가지고 있다. 이러한 내막계에는 화학삼투에 의한 ATP 합성을 위해 막을 가로질러 양성자를 이동시키는 전자전달연쇄가 있다. 또한 둘 다 다양한 효소가 반응을 수행하는 구획된 공간을 가지고 있다.

6.2 신체의 모든 탄소는 독립영양생물에 의한 탄소고정에서 비롯된다. 따라서 신체의 모든 탄소는 식물에 의해 고정되기 전의 대기 중 CO_2였다.

6.3 광합성을 위한 작용 스펙트럼은 가장 효과적인 파장을 나타낸다. 개별 색소의 흡수 스펙트럼은 서로 다른 파장에서 흡수되는 빛의 양을 보여준다.

6.4 광계가 발견되기 전에는 각 엽록소 분자가 광자를 흡수하여 여기된 전자를 생성한다고 가정했기 때문이다.

6.5 양성자 기울기가 없으면 화학삼투에 의한 ATP 합성이 불가능할 것이다. 그러나 NADPH는 여전히 합성될 수 있는데, 그 이유는 광자가 흡수되는 한 전자전달이 여전히 발생하기 때문이다.

6.6 캘빈 회로의 일부는 해당과정의 역순이다(3-포스포글리세르산에서 글리세르알데하이드 3-인산으로의 환원).

6.7 C_4 식물과 CAM 식물 모두 CO_2를 4-탄소 말산에 통합하여 탄소를 고정한 다음, 이를 사용하여 캘빈 회로 동안 높은 농도의 CO_2를 생성한다. 주요 차이점은 CO_2 생성이 C_4에서는 다른 세포에서 발생하고 CAM에서는 다른 시간에 발생한다는 것이다.

탐구문제 및 자료 분석

132쪽 자료 분석: 빛에너지는 NADPH와 ATP를 생산하는 데 사용되며, 이들은 CO_2를 줄이는 데 사용할 수 있다. 엽록소 분자는 빛에너지의 광자를 흡수하므로 빛의 강도를 높이면 광합성이 증가하지만 모든 엽록소 분자가 사용 중이면 포화된다.

137쪽 자료 분석: 그래프에 나타낸 관찰치 곡선과 유사하지만, 각각 더 높은 수준과 더 낮은 수준에서 포화될 것이다. 더 높은 수준조차도 모든 엽록소 분자가 사용되는 예측 포화곡선보다 낮을 것이다.

140쪽 자료 분석: 두 광계가 순차적으로 작동하지 않고 함께 작동한다는 결론을 내릴 수 있다.

연습문제

1단계: 이해력 확인하기

1. c 2. a 3. a 4. b 5. c 6. c 7. a 8. b

2단계: 적용력 평가하기

1. d 2. b 3. d 4. c 5. d 6. d 7. a 8. a

3단계: 사고력 함양하기

1. C_3 식물에서 CO_2는 리불로스 1,5-2인산(RuBP)과 반응하여 2분자의 PGA를 생성한다. 이 반응은 루비스코(rubisco)에 의해 촉매되는데, 이 효소는 또한 RuBP의 산화를 촉매하기도 한다. 어떤 반응이 우세한지는 반응물의 상대 농도에 따라 다르다. 캘빈 회로의 반응은 PGA를 G3P로 생성하여 RuBP를 포함한 다양한 당을 만드는 데 사용할 수 있다. C_4 및 CAM 식물에서 초기 고정 반응은 CO_2를 말산에 통합한다. 그런 다음 말산은 탈카복실화되어 피루브산을 만드는데, 국부적으로 높은 수준의 CO_2를 생성할 수 있다. 높은 수준의 CO_2는 루비스코에 의한 RuBP의 산화를 억제한다. C_4 식물에서 말산은 한 세포에서 생산된 다음 기공이 없는 인접한 세포로 이동하여 높은 수준의 CO_2를 생산한다. CAM 식물은 기공이 열려있는 밤에 탄소를 말산으로 고정한 다음 낮에 이것을 사용하여 캘빈 회로에 연료를 공급한다. 둘 다 탄소를 보다 효율적으로 고정하고 건조를 방지하기 위해 덥고 건조한 기후에서 발생한 진화적 혁신이다.
2. 이 관계는 그림 6.19에서 볼 수 있다. 광합성에 의해 생성된 산소는 호흡에서 전자전달을 위한 최종 전자 수용체로 사용된다. 포도당(또는 지방산)의 산화로 인해 발생하는 CO_2는 캘빈 회로를 통해 유기화합물에 통합된다. 호흡은 또한 물을 생산하고 광합성은 물을 소비한다.
3. 필요하다. 식물은 엽록체를 사용하여 빛에너지를 화학에너지로 전환한다. 명반응 동안 ATP와 NADPH가 생성되지만, 이 분자는 캘빈 회로에 의해 소비된다. 캘빈 회로에 의해 생성된 G3P는 명반응의 화학에너지를 저장한다. 궁극적으로 이 에너지는 포도당에 저장되고 해당과정과 세포호흡을 통해 세포에서 사용되기에 미토콘드리아가 필요하다.

7장

핵심 요약

7.1 리간드는 수용체에 상보적인 구조를 가지고 있기에 수용체와 결합한다. 분자 인식에 기반한 이 상호작용은 효소가 리간드와 상호작용하는 방식과 유사하다.

7.2 소수성 분자는 막을 통과 할 수 있으므로 내부 수용체를 가질 가능성이 더 크다.

7.3 세포내 수용체는 유전자 발현에 직접적인 영향을 미치는데, 일반적으로 더 긴 시간의 효과로 이어진다.

7.4 Ras 단백질은 생장인자와 관련된 신호전달경로에서 중심적인 역할을 한다. 다양한 종류의 생장인자가 Ras를 통해 작용한다. 따라서 돌연변이된 Ras 단백질이 여러 암의 요인이라는 것은 놀라운 일이 아니다.

7.5 GPCR은 매우 오래되고 유연한 수용체/신호경로이다. 이 수용체를 암호화하는 유전자는 중복된 후 진화를 통해 다양해졌으므로, 이제는 이 유전자 집단의 구성원이 많이 존재한다.

연습문제

1단계: 이해력 확인하기

1. b 2. b 3. c 4. d 5. b 6. d 7. c 8. a

2단계: 적용력 평가하기

1. b 2. c 3. c 4. d 5. d 6. c

3단계: 사고력 함양하기

1. 모든 신호전달은 수용체에 결합하는 리간드로 시작된다. 수용체는 궁극적으로 세포 행동의 변화로 이어지는 일련의 사건을 개시한다. 몇몇 경우에는 변화가 즉시 일어난다(예, 이온통로 개방). 다른 경우에는 변화가 생기기 전에 더 많은 시간이 필요한데, 예로 MAP 카이네이스 경로가 활성화될 때 여러 카이네이스가 활성화 및 비활성화되는 것을 들 수 있다. 일부 신호는 짧은 시간 동안만 세포에 영향을 주지만(예, 통로 단백질), 다른 신호는 유전자 발현을 변화함으로써 세포를 영구적으로 변경할 수 있으므로 세포에서 발견되는 단백질의 수와 종류가 달라진다.
2. a. 이 시스템은 Netrin-1이 그 생산을 담당하는 소낭샘 내의 세포와 인접 세포에 영향을 미칠 수 있기 때문에 자가분비 및 국소분비 신호를 모두 포함한다.
   b. Netrin-1이 수용체에 결합하면 세포 생장 신호가 생성된다. 이 신호는 가장 많은 양의 Netrin-1이 있는 조직 영역, 즉 소낭샘에서 가장 강할 것이고, Netrin-1의 농도기울기가 존재하여 융모 끝에서 가장 낮을 것이다. 결과적으로 융모 끝에서 가장 많은 양의 세포사멸이 발생한다.
   c. 종양은 세포 생장이 조절되지 않을 때 발생한다. Netrin-1이 없으면 Netrin-1 수용체가 세포사멸을 촉발하여 상피조직을 구성하는 세포 수를 조절할 수 있다. 세포 수를 조절하는 이 기작이 없다면 종양을 형성할 가능성이 더 크게 나타날 것이다.

8장

핵심 요약

8.1 동시에 일어나는 염색체의 복제 및 분리는 하나의 작은 염색체에서는 잘 작동하지만, 많은 염색체가 있는 경우에서는 잘 작동하지 않을 가능성이 크다.

8.2 관련이 없다.

8.3 유사분열을 완료한 세포는 DNA를 복제하고 염색체를 분리했을 것이다. 이 세포가 세포질분열을 거치지 않으면 염색체 수가 2배인 4배체가 된다.

8.4 코헤신의 소실은 DNA 복제 산물이 함께 결합되지 않음을 의미한다. 이는 정상적인 유사분열을 불가능하게 하여 이수성 세포를 만들고, 아마도 치명적일 것이다.

8.5 코헤신을 잃은 염색체는 중기에서 더이상 서로 부착된 상태를 유지할 수 없기에 무작위로 분리될 것이다. 이로 인해 딸세포에서 이 염색체가 있거나 손실되는 결과를 초래할 것이다.

8.6 MPF는 세포를 G2기에서 유사분열로 유도하는 촉진인자이다.

8.7 종양억제유전자는 유전적으로 열성이지만, 원종양유전자는 우성이다. 종양억제유전자의 기능상실돌연변이는 암을 유발하는 반면, 원종양유전자의 부적절한 발현 또는 기능획득돌연변이는 암으로 이어진다.

연습문제

1단계: 이해력 확인하기

1. d 2. b 3. b 4. b 5. a 6. c 7. b 8. d

2단계: 적용력 평가하기

1. a 2. c 3. b 4. d 5. c 6. d

3단계: 사고력 함양하기

1. Wee-1이 없으면 세포는 인산화에 의해 Cdk를 억제하지 않는다. Cdk가 활성 상태로 유지되면 G2/M 확인점을 통과하도록 세포에 계속 신호를 보내서, 이제는 통제되지 않은 방식으로 세포분열이 진행된다. 세포는 G2기에 일어나는 성장 과정 없이 여러 차례의 세포분열을 겪기에 딸세포는 분열할 때마다 점점 더 작아질 것이다. 따라서 단백질의 이름이 이렇게 명명되었다. (wee는 '아주 작은'이란 뜻이다.)
2. 생장인자=리간드
   1. 리간드는 수용체에 결합한다(생장인자는 생장인자수용체에 결합함).
   2. 신호가 세포질로 전달된다.
   3. 신호전달 연쇄반응이 촉발된다. 여러 개의 중간 단백질 또는 2차전달자가 영향을 받는다.
   4. 전사인자가 활성화되어 DNA의 특정 부위에 결합한다.
   5. 전사가 일어난 후, mRNA가 세포질로 들어간다.
   6. mRNA가 번역되고 단백질이 형성된다.
   7. 단백질은 세포질 내에서 작용하여 S기를 유발한다.

   그림 8.21을 살펴보면 생장인자에 의해 수용체-리간드 결합이 일어난 후 S기 단백질을 형성하는 유사한 경로를 볼 수 있다. 궁극적으로 전사인자 E2F를 조절하는 Rb 단백질은 인산화되어, E2F가 S기 단백질 유전자와 사이클린 유전자에 결합할 수 있게 한다.
3. 원종양유전자는 세포분열을 조절하는 신호전달경로에서 작용하는 단백질을 암호화한다. 이러한 단백질의 조절이 비정상적이거나, 돌연변이에 의해 "작동(on)" 상태로 되면 암으로 이어질 수 있다. 반면에 종양억제유전자는 세포분열을 활성화하는 대신 억제하는 단백질을 암호화하는 경향이 있다. 따라서 종양억제유전자의 기능상실은 암으로 이어진다.

9장

핵심 요약

9.1 줄기세포는 체세포분열을 하여 또 다른 줄기세포와 감수분열을 하는 세포를 생성한다.

9.2 아니다. 첫 번째 분열에서 자매염색분체를 함께 유지하는 것이 감수분열의 핵심이다. 상동염색체는 첫 번째 분열에서 분리되어 염색체 수를 절반으로 줄인다.

9.3 후기 I에서 부적절하게 분리하면 4개의 이수성 배우자(2개는 여분의 염색체가 있고 2개는 염색체가 결실됨)가 된다. 후기 II에서 비분리는 2개의 정상적인 배우자 및 2개의 이수성 배우자(1개는 여분의 염색체가 있고 1개는 염색체가 결실됨)를 만들 것이다.

9.4 중기 I에서 상동염색체 쌍의 독립적인 배열 및 교차 과정. 첫 번째는 전체 염색체 수준에서 유전체를 섞고 두 번째는 개별 염색체 수준에서 유전체를 섞는다.

탐구문제 및 자료 분석

207쪽 탐구문제: 아니다. 감수1분열이 끝나면 각 세포에는 각 상동염색체 쌍의 한쪽만 있다. 따라서 감수1분열 후에 자매염색분체가 서로 부착되어 있지 않더라도 결과는 체세포분열과 같지 않을 것이다.

연습문제

▪1단계: 이해력 확인하기

1. c 2. d 3. a 4. b 5. b 6. a 7. b

▪2단계: 적용력 평가하기

1. c 2. b 3. b 4. d 5. b 6. a

▪3단계: 사고력 함양하기

1. 각자 그린 그림과 그림 9.6을 비교해보자.
   a. 이배체가 6인 생물체에는 3개의 상동염색체 쌍이 있다.
   b. 각 상동염색체 쌍에 대해 모계 및 부계 염색체가 각각 있어야 한다.
   c. 다양한 배열이 가능하다. 핵심은 중기 적도판을 따라 단일 염색체가 아닌 쌍으로 정렬된 상동염색체를 표시해야 한다는 것이다. 모계 및 부계 염색체는 세포의 같은 쪽에 정렬할 필요가 없다. 독립적 분리는 상동염색체 쌍에서 모계 및 부계 염색체가 혼합될 수 있음을 의미한다.
   d. 상동염색체 쌍은 감수1분열 후기 동안 분리되었기에 중기 II에는 포함되지 않는다. 따라서 중기 I에는 반수체인 염색체 수(이 경우 3개)가 중기 적도판을 따라 정렬된 그림으로 표시해야 한다. 감수2분열은 체세포분열과 유사하다는 것을 기억하자.
2. 노새의 2배체 염색체 수는 63개이다. 노새는 말의 부모($2n=64$, $n=32$)로부터 32개의 염색체를 받고 당나귀 부모($2n=62$, $n=31$)로부터 다른 31개의 염색체를 받는다. 즉 $32+31=63$. 따라서 노새의 반수체 수는 이배체 수의 절반($63 \div 2=31.5$)이 된다. 0.5개의 염색체가 존재할 수 있을까? 보장할 수는 없지만, 말과 당나귀 염색체가 쌍을 이룬다고 해도 파트너 없는 염색체 하나가 있을 것이다. 이것은 생존할 수 없는 이수성 배우자로 이어질 것이다.
3. 독립적 분리는 감수1분열 동안 생성된 딸세포로 모계 대 부계 상동염색체의 무작위 분포가 일어나는 것을 포함한다. 가능한 배우자 수는 $2n$이며, 여기서 n은 염색체의 반수체 수이다. 교차점은 상동염색체 간에 유전 물질을 물리적으로 교환하여 단일 염색체에 새로운 유전자 조합을 생성하는 것이다. 교차는 커다란 영역의 유전 물질에 영향을 미치는 비교적 드문 사건이므로, 독립적 분리가 유전적 다양성에 가장 큰 영향을 미칠 가능성이 있다.
4. a. 비분리는 염색체가 반대쪽 극으로 당겨지는 지점에서 발생하기에, 후기 동안에 생긴다.
   b. 그림 9.6과 같은 이미지를 사용하여 후기 I 대 후기 II의 비분리 결과를 그려라.

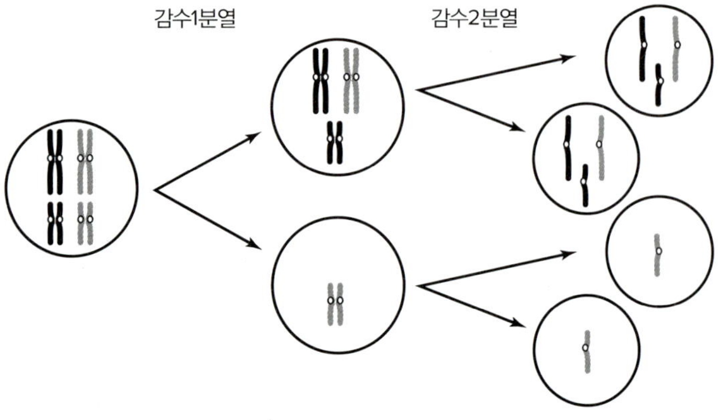

10장

핵심 요약

10.1 둘 다 중요했지만, 아마도 접근 방식이 가장 중요했을 것이다. 이론적으로 그의 접근 방식은 모든 식물 또는 동물에 적용될 수 있다. 완두콩의 교배와 자가수분의 용이성은 실제로 도움이 되었다.

10.2 키가 큰 F_2 식물의 1/3이 순종이다.

10.3 멘델의 법칙을 설명하는 데 감수1분열의 사건이 훨씬 더 중요하다. 중기 I에서 서로 다른 상동염색체 쌍 사이의 정렬은 독립적이며, 후기 I에서 상동염색체는 분리되어 딸세포로 들어간다.

10.4 교배는 $Aa\,Bb \times aa\,Bb$이고, $(A_B_)=(1/2)\times(3/4)=3/8$의 확률이다.

10.5 $Aa\,Bb \times aa\,bb$ 교배에서, 우성－우성 : 우성－열성 : 열성－우성 : 열성－열성＝1 : 1 : 1 : 1

10.6 7/16

탐구문제 및 자료 분석

215쪽 탐구문제: 멘델의 연구에서는 식물이 자가수분 또는 타가수분되는지를 통제하는 능력이 가장 중요했다. 통제되지 않은 타가수분으로 인한 결과는 특정 표현형을 가진 자손 수를 예측하는 데 혼란을 주었을 것이다.

217쪽 자료 분석: 자주색 F_1을 흰색 부모와 역교배를 한 경우, 표현형 비율은 자주색 1 : 흰색 1이고, 유전자형 비율은 잡종 우성(이형접합) 1 : 순종 열성(동형접합) 1일 것이다.

220쪽 자료 분석: 그렇다. 여성 질환자의 부모 중 한쪽은 정상이므로, 이 여성은 이형접합자이다. 따라서 이 여성의 자손 중 정상은 50%라는 것을 의미한다.

220쪽 탐구문제: 열성 상태로 감추어져 잠복한 이형접합체의 유전적 결함은 친족 사이의 결합으로 인한 동형접합 상태에서 드러날 가능성이 더 크다.

223쪽 자료 분석: 보라색 꽃 및 둥글고 노란 콩이 될 확률은 3가지 형질 모두에 대해 우성일 확률과 같다. 두 이형접합체의 교배에서 각 우성 표현형에 대한 확률은 3/4이므로, 이 교배에서 얻은 F_2 중 3가지 형질 모두에 대해 우성일 가능성은 $(3/4)\times(3/4)\times(3/4)=27/64$이다.

224쪽 자료 분석:

	양성잡종 검정교배	
실제 유전자형	**검정교배 결과**	
	형질 A	**형질 B**
AABB	모두 발현하면 A는 순종	모두 발현하면 B는 순종
AaBB	절반만 발현하면 A는 잡종	모두 발현하면 B는 순종
AABb	모두 발현하면 A는 순종	절반만 발현하면 B는 잡종
AaBb	절반만 발현하면 A는 잡종	절반만 발현하면 B는 잡종

226쪽 자료 분석: 퀴에노는 노란 생쥐 2마리: 야생형 1마리를 관찰했을 것이다. 이는 동형접합의 노란 생쥐가 죽고 2마리의 이형접합체와 1마리의 동형접합 열성이 생존했기 때문이다.

229쪽 탐구문제: 쌍둥이의 주요 표현형 형질의 차이는 식단과 같은 환경 요인 때문임이 거의 확실하다.

229쪽 자료 분석: 이것은 상위(epistasis)의 경우인데, 백색증 유전자가 검은색 또는 갈색 유전자의 효과를 가려주기 때문이다. $aaB\_$(백색증을 a로 지정)인 자손은 aabb 자손과 동일하게 나타난다. 따라서 전체 비율은 검은색 9 : 갈색 3 : 백색 4(3＋1)이다.

연습문제

▪1단계: 이해력 확인하기

1. b 2. c 3. c 4. c 5. b 6. d

▪2단계: 적용력 평가하기

1. d 2. d 3. b 4. a 5. c 6. d

▪3단계: 사고력 함양하기

1. 이러한 유형의 문제를 풀기 위한 접근 방법은 가능한 모든 배우자를 식별하는 것이다. 가능한 배우자 조합을 표의 상단과 측면에 기입한 후, 각 부모의 대립유전자를 결합하여 퍼넷 사각형을 채우면 된다.

   a. 유전자형 *Aa*와 *Aa*를 가진 개체 간의 단성잡종 교배

	A	*a*
A	*AA*	*Aa*
a	*aA*	*aa*

   표현형 비율: 우성 3 대 열성 1

   b. 유전자형 *AaBb*를 가진 두 개체 간의 양성잡종 교배

	AB	*Ab*	*aB*	*ab*
AB	*AABB*	*AABb*	*AaBB*	*AaBb*
Ab	*AAbB*	*AAbb*	*AabB*	*Aabb*
aB	*aABB*	*aABb*	*aaBB*	*aaBb*
ab	*aAbB*	*aAbb*	*aabB*	*aabb*

   표현형 비율: 우성-우성 9 대 우성-열성 3 대 열성-우성 3 대 열성-열성 1
   곱의 법칙을 사용: 확률$(A_B_)=(3/4)\times(3/4)=9/16$
   확률$(A_bb)=(3/4)\times(1/4)=3/16$
   확률$(aa\ B_)=(1/4)\times(3/4)=3/16$
   확률$(aa\ bb)=(1/4)\times(1/4)=1/16$

   c. 유전자형 *AaBb* 및 *aabb*를 가진 개체 간의 양성잡종 교배

	AB	*Ab*	*aB*	*ab*
ab	*aAbB*	*aAbb*	*aabB*	*aabb*

   곱의 법칙을 사용: 확률$(A_\ B_)=(1/4)\times(1)=1/4$
   확률$(A_\ bb)=(1/4)\times(1)=1/4$
   확률$(aa\ B_)=(1/4)\times(1)=1/4$
   확률$(aa\ bb)=(1/4)\times(1)=1/4$

2. 모든 유전자에 대해 서로 다른 대립유전자의 분리는 상동염색체 쌍의 결합 및 후속 과정으로 후기 I 동안 상동염색체의 분리로 인해 생긴다. 형질의 독립적 분리, 보다 정확하게는 서로 다른 대립유전자 쌍의 독립적 분리는 감수분열의 중기 I 동안 염색체의 독립적인 정렬 때문이다.
3. 교배 결과는 노란색 2 : 검은색 1 밖에 없기에, 유전자형의 손실이 있을 것으로 보인다. 노란색 유전자는 털 색깔에 있어서는 우성이지만 동형접합일 때 치사작용을 하기에 이런 결과를 설명할 수 있다. 따라서 노란색 생쥐는 이형접합이며, 이들끼리 교배하면 동형접합 노란 생쥐(죽음) 1 : 이형접합 생쥐 (노란색) 2 : 검은색 생쥐 1의 비율이 나타난다. 노란색 생쥐를 동형접합 검은색 생쥐와 교배하여 이를 검증할 수 있다. 이 결과는 노란색 1 : 검은색 1의 비율로 나타나며, 이때 검은색 자손은 모두 순종이고, 노란색 자손은 모두 이형접합으로 나타나게 된다.
4. 2개의 유전자가 관련되어 있으며, 그중 하나는 다른 하나에 상위성을 나타낸다. 하나의 유전자에는 검은색과 갈색의 2개 대립유전자가 있고, 다른 유전자에는 흰색과 유색의 두 대립유전자가 있다. 백색증인 알비노 유전자는 갈색 유전자에 대해 상위에 있기에, 알비노에 대해 열성 동형접합자인 동물은 다른 유전자에서 검은색이든 갈색이든 상관없이 알비노로 나타난다. 따라서 멘델의 교배에서 알비노 4의 비율로 나타난다.

11장

핵심 요약

11.1 암컷은 모두 야생형(붉은색 눈)이고, 수컷은 모두 흰색 눈을 가질 것이다.

11.2 생존이 가능한 여성이다.

11.3 mt^- DNA는 박테리아가 침입하는 바이러스를 처리하는 방식과 유사한 핵산분해효소에 의해 분해될 수 있다. 또는 mt^-를 포함하는 미토콘드리아는 접합자에서 제외될 수 있다.

11.4 유전자 교배에 의해 알 수 없다.

11.5 감수1분열에서의 비분리는 4개의 이수성 배우자를 생성하지만, 감수2분열에서는 2개의 이수성 배우자만 생성한다.

탐구문제 및 자료 분석

239쪽 탐구문제: 재조합이 거의 없을 것이므로 예상되는 비율은 9 : 3 : 3 : 1에서 많이 벗어났을 것이다.

242쪽 자료 분석: 4가지 유형의 배우자가 동일한 비율로 나타나는 대신, 2종류의 부모 유형이 각각 45%로 나타나고, 2종류의 재조합 유형이 각각 5%로 나타날 것이다. 이것이 양성잡종 교배에 미치는 영향(상인 또는 상반)은 원래의 부모에 따라 다르지만, 9 : 3 : 3 : 1 표현형 비율이 완전히 모호해지는 결과를 나타냈을 것이다. 실제로 두 유전좌위가 독립적으로 행동한다고 결론을 내리는 것은 불가능했을 것이다.

246쪽 자료 분석: 바뀐 것은 산모의 연령이다. 여성이 나이가 많을수록 감수분열 동안 비분리의 위험이 커진다. 따라서 그녀는 다운증후군을 가진 아이를 낳을 위험이 훨씬 더 크다.

246쪽 탐구문제: 비분리된 XX 난자가 정상 Y 정자에 의해 수정되었거나 비분리에 의해 생성된 XY 정자가 정상 X 난자에 의해 수정되었을 때 XXY가 생성된다. XX 난자를 생성하는 비분리는 감수1분열 또는 감수2분열일 수 있지만, XY 정자를 생성하는 비분리는 감수1분열이어야 한다.

연습문제

▪1단계: 이해력 확인하기

1. c 2. d 3. d 4. a 5. c 6. c 7. c

▪2단계: 적용력 평가하기

1. c 2. b 3. c 4. b 5. d 6. b

▪3단계: 사고력 함양하기

1. 이론적으로 이 교배의 자손 중 25%가 색맹이다. 모든 색맹은 남자에게 나타나는데, 남성의 50%가 색맹이다.
2. 이형접합 식물의 부모는 주름지고 녹색×둥글고 노란색이다. 재조합빈도는 $36+29/1300=0.05$ 지도 거리$=5$ cM이다.
3. 캘리코 고양이의 색은 X 염색체 불활성화의 결과이다. X 염색체 불활성화는 X-연관 유전자의 양적 보상에 대한 반응으로 암컷에서만 생긴다. 수컷 캘리코를 얻을 수 있는 유일한 방법은 색 유전자에 대해 이형접합이고 클라인펠터 수컷(XXY)일 때이다.

12장

핵심 요약

12.1 20종류 아미노산의 구성 요소는 화학적 복잡성을 제공하기에, 정보의 복잡성도 제공하는 것으로 보였기 때문이다.

12.2 제대로 된 호변이성질체(토토머) 형태는 DNA 구조에 중요한 제대로 된 염기쌍을 이루는 데 필요하기 때문이다.

12.3 가벼운 N(즉, ^{14}N)에서 복제하기 전에는 띠가 하나만 있을 것이다. 한 번의 복제 후 변성된 DNA에서 2개의 띠(하나는 무겁고 하나는 가벼운)가 나타날 것이다.

12.4 5′에서 3′으로의 활성은 RNA 프라이머를 제거하는 데 사용되고, 3′에서 5′으로의 활성은 잘못된 염기를 제거(교정)하는 데 사용된다.

12.5 염색체 말단이 짧아지는 것은 궁극적으로 중요한 기능을 암호화하는 DNA를 제거하게 되기에 치명적일 것이다.

12.6 생존할 수 없다. 복제 오류 외에도 수많은 DNA 손상 물질은 치명적인 손상을 일으킬 수 있다(효모에서 검증됨).

탐구문제 및 자료 분석

260쪽 자료 분석: 왓슨-크릭의 나선형 구조는 프랭클린의 X선 회절 사진에서 측정한 결과에 적합하다. 염기쌍은 샤가프의 G=C 및 A=T의 규칙성을 설명하고, 염기쌍은 염기의 제대로 된 호변이성질체 형태에 의존적이다. 종합하면 이 모델은 이러한 모든 자료를 수용한다.

262쪽 자료 분석: 메셀슨-스탈의 실험이 3번 복제한 후에 진행되면, 띠의 양상은 두 번째 복제(가벼운 분자 및 혼성 분자의 띠)와 같지만 가벼운 ^{14}N 띠는 더 두꺼워진다. 이는 가벼운 분자($^{14}N/^{14}N$)는 모두 ^{14}N으로만 구성된 생성물을 만드는 데다가, 혼성 분자($^{15}N/^{14}N$)의 생성물은 혼성 분자($^{15}N/^{14}N$) 및 모두 ^{14}N으로 이루어진 분자($^{14}N/^{14}N$)를 생성하기 때문이다.

263쪽 탐구문제: 공유결합은 DNA 분자의 강력한 골격을 생성하여 파괴하기 어렵게 만든다. 하지만 개별 수소결합은 더 쉽게 끊어지기에 효소는 DNA 분자의 고유한 구조를 파괴하지 않고 두 가닥을 분리할 수 있도록 한다.

267쪽 탐구문제: DNA 연결효소는 DNA 복제 중에 오카자키 단편을 연결하는 데 중요하다. 그것 없이는 지연가닥을 완전하게 만들 수 없을 것이다.

271쪽 탐구문제: 진핵생물 염색체의 선형 구조는 본문에서 논의된 말단의 문제를 만든다. 중합효소는 RNA 프라이머가 필요하고 한 방향으로만 진행하기에 선형 염색체의 끝을 완성하는 것은 불가능하다. 또한 진핵생물 유전체의 크기는 복제하는 데 필요한 시간이 유전체가 작은 원핵생물보다 훨씬 길다는 것을 의미한다. 따라서 여러 개의 복제원점를 사용한다.

274쪽 탐구문제: 세포에는 손상된 DNA를 정상적인 구성으로 복원할 수 있는 다양한 DNA 수선경로(특히 부정합수선 기작 참조)가 있다. DNA 수선경로가 손상되면 세포는 더 높은 돌연변이율을 갖게 된다. 이것은 인간과 같은 다세포 생물체에서 더 높은 암 발병률로 이어질 수 있다.

연습문제

■ 1단계: 이해력 확인하기

1. d 2. a 3. c 4. a 5. c 6. b 7. b

■ 2단계: 적용력 평가하기

1. c 2. b 3. c 4. c 5. a 6. b 7. d 8. c

■ 3단계: 사고력 함양하기

1. a. 두 세균이 모두 열처리로 사멸되면 DNA의 전달은 효과가 없다. 왜냐하면 병원성은 DNA에 의해 암호화된 단백질의 생산이 필요하기 때문이다. 단백질 합성은 죽은 세포에서 일어나지 않는다.
   b. 비병원성 세포는 병원성 세포로 형질전환된다. 단백질의 손실은 DNA를 변형시키지 않는다.
   c. 비병원성 세포는 비병원성 상태로 남아 있다. DNA가 분해되면 전달되지 않고 형질전환이 발생하지 않는다.
2. DNA 분자의 두 가닥에 대해 알아보려면 두 가닥을 분리해야 한다. 초원심분리에 의해 분리하기 전에 DNA를 변성시키면 단일 가닥의 밀도를 평가할 수 있다. 첫 번째 복제 후에 DNA가 변성되면 2개의 띠를 생성해야 한다. 밀도기울기 방법을 사용하면 DNA의 단일 가닥은 무거운 띠와 가벼운 띠의 위치에서 나타날 것이다.
3. a. DNA 자이레이스는 DNA의 비틀림 변형을 완화하는 기능을 한다. DNA 자이레이스가 작동하지 않으면 DNA 분자는 초나선을 형성하기에, DNA가 스스로 감겨 복제에 필요한 중합효소의 지속적인 결합을 방해할 것이다.
   b. DNA 중합효소 Ⅲ은 신장하는 중합체에 새로운 뉴클레오타이드를 추가하여 당-인산 골격을 구성하는 인산디에스터 결합의 형성에 관여하는 중요한 효소이다. 이 효소가 작용하지 않으면 새로운 DNA 가닥이 합성되지 않고 복제도 없을 것이다.
   c. DNA 연결효소는 오카자키 단편 사이의 인산디에스터 결합 형성에 관여한다. 이 효소가 작용하지 않으면 단편은 분리된 상태로 유지되고 핵산분해효소에 더 취약할 것이다.
   d. DNA 중합효소 I은 DNA 중합효소 Ⅲ 기능에 필요한 RNA 프라이머를 제거하고 대체하는 역할을 한다. DNA 중합효소 I을 사용할 수 없는 경우 RNA 프라이머는 남게 되고, 복제된 DNA는 RNA와 혼합물이 된다.

13장

핵심 요약

13.1 아미노산이 뉴클레오타이드를 직접 인식할 수 있는 분자적 근거는 없다. 따라서 tRNA를 활용하는데, tRNA는 염기쌍을 통해 핵산과 상호작용할 수 있으며 효소에 의해 아미노산과 공유결합할 수 있다.

13.2 유전암호에 특이성이 없을 것이다. 비록 아미노산은 하나 이상의 코돈을 가질 수 있지만 각 코돈은 단일 아미노산만을 지정해야 한다.

13.3 아니다. 두 과정이 시공간적으로 분리된 진핵생물에서는 전사/번역이 동시에 일어날 수 없다.

13.4 아니다. 이것은 진핵생물의 진화 역사의 결과이지만, 게놈 복잡성에 의해 필요하게 된 것은 아니다.

13.5 선택적 스플라이싱은 정보의 암호화에 유연성을 제공하기에, 하나의 유전자가 여러 단백질을 암호화할 수 있다.

13.6 이 tRNA는 종결코돈을 "읽을" 수 있다. 이것은 종결돌연변이를 생존할 수 있게 하지만, 정상 단백질보다 긴 단백질을 만드는 문제를 유발할 수 있다. 대부분의 박테리아 유전자는 실제로 유전자 끝에 하나 이상의 종결코돈이 있다.

13.7 아미노산을 tRNA에 부착하고, 충전된 tRNA를 리보솜으로 가져오고, 리보솜의 자리 이동에는 모두 에너지가 필요하다.

13.9 예측할 수 없다. 역위 또는 중복에서 표현형은 절단 부위가 어디냐에 따라 다르다. 또한 중복의 경우 중복되는 유전자에 따라 표현형이 다르다.

탐구문제 및 자료 분석

279쪽 자료 분석: 이 2중 돌연변이 균주는 아르지노숙신산을 제외하고 어느 한 중간물질만 보충된 배지에서는 성장하기가 어려울 것이다. 왜냐하면 ArgE 돌연변이로 인해 첫 번째 단계에서 차단되기 때문이다. 일반적으로 이러한 종류의 2중 돌연변이를 사용하면 경로의 초기에 어떤 유전자가 작용하는지 확인할 수 있다. 2중 돌연변이는 경로의 가장 초기 지점에 돌연변이가 있는 생물체처럼 보인다.

280쪽 탐구문제: DNA 복제에 비해 전사는 오류가 더 많이 발생할 것으로 예상된다. DNA 복제의 오류는 돌연변이로 자손에게 전달되기 때문에 교정은 DNA 복제에서 중요하다. 그러나 RNA는 세포질에서 수명이 매우 짧으므로 실수가 영구적이지 않다.

284쪽 탐구문제: 유전암호의 보편성은 지구상의 모든 생명체가 동일한 기원을 가진 후손이라는 것을 의미한다.

286쪽 탐구문제: 프로모터는 RNA 중합효소가 결합하는 부위이다. 프로모터의 구조는 결합 위치와 전사 방향에 대한 정보를 제공한다. 두 부위가 동일하다면 중합효소는 전사 방향에 대해 다른 단서가 필요할 것이다.

291쪽 자료 분석: 스플라이싱은 동일한 유전자에서 여러 전사체를 생성할 수 있다. 아래 그림은 스플라이싱에 의해 서로 다른 색상의 엑손이 결합하는 것을 나타냈다.

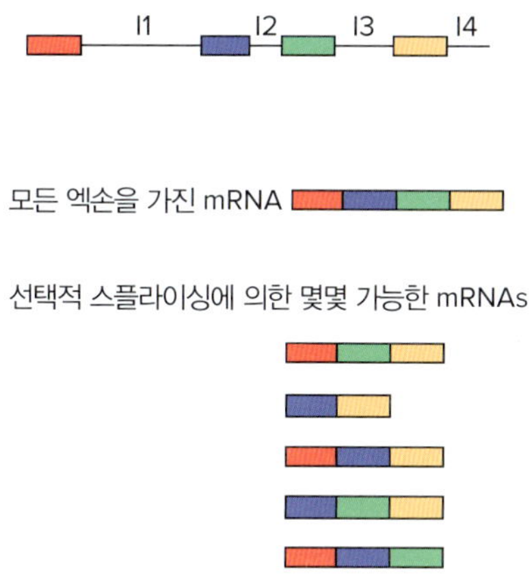

298쪽 탐구문제: 와블은 안티코돈의 5′ 위치에서 유연성의 증가로 인해 관찰되는 tRNA의 수를 설명할 뿐만 아니라 유전암호에서 관찰되는 중첩성도 설명한다. 중첩 염기는 와블 위치에 있는 염기이다.

연습문제

▪1단계: 이해력 확인하기

1. d 2. c 3. d 4. b 5. c 6. b 7. c

▪2단계: 적용력 평가하기

1. b 2. c 3. b 4. d 5. a 6. b 7. b

▪3단계: 사고력 함양하기

1. a. 이 유전자에 대한 mRNA의 예측된 서열은 다음과 같다.
   5′-GCAAUGGGCUCGGCAUGCUAAUCC-3′
   b. 단백질의 예상 아미노산 서열은 Met-Gly-Ser-Ala-Cys-STOP이다.
2. 틀이동돌연변이는 기본적으로 염기서열을 "무작위" 서열로 바꾼다. 유전암호를 고려하면 64개의 코돈 중 3개가 종결코돈이므로 임의의 서열에서 종결코돈을 만들 확률은 3/64 또는 20개 코돈당 약 1개이다.
3. a. mRNA = 5′-GCA AUG GGC UCG GCA UUG CUA AUC C-3′
   아미노산 서열은 Met-Gly-Ser-Ala-Leu-Leu-Iso-이다.
   종결코돈이 없는데, 이는 틀이동돌연변이의 예이다. 뉴클레오타이드의 추가로 인해 "번역틀"이 바뀌어 이 단백질의 아미노산 종류와 수를 변경한다.
   b. mRNA = 5′-GCA AUG GGC UAG GCA UGC UAA UCC-3′
   아미노산 서열은 Met-Gly-STOP이 될 것이다. 이는 종결돌연변이의 예이다. 단일 뉴클레오타이드 변화는 Ser에 대한 코돈을 종결코돈으로 변경하여 단백질 합성이 조기에 종료되도록 한다.
   c. mRNA = 5′-GCA AUG GGC UCG GCA AGC UAA UCC-3′
   아미노산 서열은 Met-Gly-Ser-Ala-Ser-STOP이 될 것이다. 이 염기치환은 정상적으로 Cys(UGC)를 암호화하는 코돈에 영향을 미쳐서 Ser(AGC)으로 변경했다.
4. 진핵생물의 유전자는 원핵생물에는 존재하지 않는 스플라이싱 과정에 의해 조절되며, 또한 폴리아데닐화가 일어나서 유전자 발현을 조절할 수 있다. 원핵생물은 전사/번역이 연결되어 있어서 번역과정이 전사에 영향을 미칠 수 있다.

14장

핵심 요약

14.1 일반적으로 원핵생물은 단일 세포의 생장 속도를 높이라는 선택적 압력을 받고 있으며, 이는 간결한 게놈, 단백질의 빠른 회전율 및 빠른 생장을 위한 기타 적응을 생성한다. 다세포 진핵생물에서는 빠른 분열에 대한 압력은 없지만, 세포의 신호전달을 위한 복잡한 시스템이 진화했다.

14.2 2개의 나선은 모두 DNA와 상호작용하므로 나선 사이의 간격은 둘 다 DNA에 결합할 수 있는 데 중요하다.

14.3 오페론은 항상 켜져 있을 것이다(항시 발현).

14.4 일반전사인자의 손실은 모든 전사에 영향을 미치므로 치명적일 수 있다. 특수 전사인자의 손실은 인자에 의해 조절되는 유전자에만 영향을 미친다.

14.5 이런 유전자는 세포의 일반적인 기능에 필요한데, 여기에는 세포 대사에 관여하는 단백질을 암호화한 유전자가 포함된다.

14.6 RNA 간섭 현상을 이용하여 siRNA로 만든 약물은 유전자 발현에 특이적으로 영향을 미치기 때문에 약물 설계에 사용할 수 있다.

14.7 세포에는 다양한 기능을 수행하는 단백질이 많은데, 단백질 분해가 조절되지 않는다면 세포에 치명적일 수 있다.

탐구문제 및 자료 분석

314쪽 탐구문제: 오페론에 하나 이상의 유전자가 존재하면, 오페론 작용 경로의 인자와 그에 따른 생성물에 대한 조절이 증가한다. 원핵생물의 단일 조절 시스템은 여러 인접 유전자를 조절할 수 있다.

315쪽 자료 분석: DNA에 결합하는 것을 방지하는 억제인자의 돌연변이는 항상 젖당 대사를 위한 유전자를 발현할 것이다(억제인자와 결합하지 않는 작동유전자 돌연변이와 동일한 표현형). 유도자가 억제인자에 결합하는 것을 방지하는 돌연변이는 항상 억제인자가 DNA에 결합하여 젖당 대사를 위한 유전자를 발현하지 않는다(유도 불가능).

321쪽 탐구문제: 다양한 유전자가 동일한 단백질에 결합하는 동일한 조절 서열을 가지기 때문이다.

330쪽 탐구문제: 기능이 없기에 제거해야 하는 단백질이나 정상적인 세포주기 과정에서 분해되는 단백질에 유비퀴틴이 추가된다.

연습문제

▪1단계: 이해력 확인하기

1. c 2. d 3. a 4. c 5. b 6. c 7. b

▪2단계: 적용력 평가하기

1. c 2. c 3. b 4. d 5. c 6. a 7. c

▪3단계: 사고력 함양하기

1. 단백질과 결합하는 DNA 부위의 돌연변이는 결합 부위와 연결된 유전자의 발현을 조절한다. 플라스미드에 야생형 결합 부위를 도입해도 이에 영향을 미치지 않는데, 이것을 시스-우성(cis-dominant)이라고 한다. DNA에 결합하는 단백질의 돌연변이는 플라스미드에 도입된 야생형 유전자에 대해 열성일 것이다. [역자 주: 작동유전자의 돌연변이로 인해 억제인자가 결합하지 못할 때 오페론이 발현되는데, 이때의 돌연변이 효과는 같은 가닥의 구

조유전자에 대해서만 작용하며(시스 효과), 2배체 유전자 중 한쪽에서만 돌연변이가 일어나도 오페론은 작동한다(우성). 억제인자의 경우는 염색체에 있는 유전자에 돌연변이가 일어나도 플라스미드의 유전자가 정상이라면 오페론을 억제할 수 있는데(돌연변이가 열성으로 작용), 그 이유는 정상 억제인자가 플라스미드뿐만 아니라 염색체의 작동유전자에 결합할 수 있기 때문이다(트랜스 효과).]

2. 전사의 음성조절은 전사를 시작하는 능력이 감소할 때 발생하고, 양성조절은 전사를 시작하는 능력이 증가할 때 발생한다. *lac* 오페론은 락토스의 유무에 따라 조절된다. 오페론 내에서 암호화된 단백질은 락토스의 이화작용(분해)에 특이적이다. 이러한 이유로 오페론 발현은 환경에 젖당이 있을 때만 작동한다. 알로락토스는 젖당이 세포에 존재할 때 형성된다. 알로락토스는 억제인자에 결합하여, 억제인자의 구조를 변형하고 RNA 중합효소가 DNA에 결합할 수 있게 한다. 락토스 외에도 *lac* 오페론의 조절에 있어 활성인자인 CAP의 역할도 있다. cAMP 수준이 높으면 CAP가 DNA에 결합하여 RNA 중합효소가 프로모터에 더 쉽게 결합할 수 있게 한다. *lac* 오페론은 양성 및 음성조절의 예이다.
   trp 오페론은 세포에서 트립토판을 생성하는 단백질을 암호화한다. 이 오페론은 세포의 트립토판 수치가 낮을 때 발현되어야 한다. 반대로 세포에서 트립토판을 사용할 수 있는 경우, 즉 트립토판이 많이 축적된 경우는 오페론을 전사할 필요가 없다. 트립토판 억제인자는 반드시 트립토판과 결합해서 구조가 변형되어야만 작동유전자와 결합할 수 있다. 이것은 음성조절의 예이다.
3. 진핵생물에 고유한 유전자 발현을 조절하는 형태는 선택적 스플라이싱, 염색질 구조 조절, 핵에서 세포질로의 mRNA 수송 조절, 소형 RNA에 의한 번역 조절, 유비퀴틴의 유도 파괴에 의한 단백질 양의 조절이 포함된다. 이들 중 대부분은 분명히 진핵세포의 독특한 특징이다. 원핵생물에서 작용하는 유일한 메커니즘은 소형 RNA에 의한 번역 조절과 단백질의 파괴로 인한 조절이다.
4. 돌연변이는 DNA의 영구적인 변화이다. 조절은 세포에 의해 통제되는 단기 변화이다. 돌연변이와 마찬가지로 조절은 세포의 단백질 수를 변경하거나 단백질의 크기를 변경하거나 단백질을 완전히 제거함으로써 일어난다. 주요 차이점은 유전자 조절이 세포 환경의 변화에 반응하여 빠르게 증가/감소할 수 있는데 반해 돌연변이는 이런 종류의 빠른 반응이 일어나지 않는다.

15장

핵심 요약

15.1 mRNA는 클로닝하거나 쉽게 조작할 수 없기에 cDNA로 변환되어야 한다. mRNA를 출발점으로 하여 어떤 조직 또는 발생 시기에 발현되는 유전자를 분석할 수 있다.

15.2 PCR과 DNA 복제는 모두 DNA 복사본을 생성한다. 이를 위해서 DNA의 두 가닥을 분리해야 하는데, DNA 복제에서는 효소가 사용되고 PCR에서는 DNA에 열을 가하여 수소결합을 끊는다. 둘 다 주형가닥이 필요한 DNA 중합효소를 사용하고, 상보적 가닥을 만들기 위해 뉴클레오타이드를 결합한다. 모든 DNA 중합효소는 DNA 합성을 시작하기 위한 프라이머가 필요한데, 세포에서는 효소에 의해 RNA로 만들어지는 반면, PCR에서는 인공적으로 합성된 DNA 조각이다. PCR은 열에 안정한 중합효소를 사용하는 반면, DNA 복제에 사용되는 대부분 효소는 열에 민감하다. PCR은 수십억 개의 DNA 복사본을 만들 수 있지만, DNA 복제에서는 세포분열당 각 DNA 분자의 사본 하나만 만들어진다.

15.3 **#1** 게놈 편집은 TALEN 또는 CRISPR/Cas9 시스템을 사용하여 세포 내부의 게놈 DNA 서열에 직접 작용한다. 시험관내 돌연변이 유발은 종종 cDNA 서열에서 시험관에서 이루어지며, 그다음 세포로 다시 도입된다. 체외에서 돌연변이된 유전자 또는 cDNA는 염색체 DNA에 통합될 수 있지만, 쉬운 것은 아니며 항상 정상 대립유전자를 대체할 수 있지 않다.
#2 두 시스템은 관심 유전자가 표적화되는 방식이 다르다. TALE 시스템에서 TALE 단백질의 반복 도메인에 있는 특정 아미노산은 특정 뉴클레오타이드를 표적으로 하기 위해 변형된다. 또 다른 TALE-반복 도메인을 연결하면 특정 DNA 서열을 표적으로 삼을 수 있다. CRISPR/Cas9 시스템에서 표적화는 관심 있는 유전자의 짧은 영역과 일치하는 가이드 RNA를 사용하여 수행되기에 실험자가 더 쉽게 조작할 수 있다.

15.4 조건부 유전자 제거(knockout) 생쥐는 초기 발달 과정에서 필수적인 유전자가 후기 발달 과정에서 어떤 역할을 하는지 연구하는 데 유용하다. 조건부 유전자 제거 생쥐는 특정 조직에서의 효과를 분석함으로써 많은 조직에 영향을 미치는 유전자를 연구하는 데 사용할 수 있다. 유전자 삽입(knockin) 생쥐는 생체 내에서 특정 유전적 변화를 분석할 수 있다. [역자 주: 만약 표적 유전자가 생존에 필수적이라면 일반적인 knockout 방법으론 생쥐가 죽기 때문에 연구를 진행할 수가 없다. 따라서 특정 시기, 특정 조직에서 유전자를 제거할 수 있는 조건부 방법을 사용한다. 또한 표적 유전자의 발현 조직이나 시기나 확인하기 위해서 표적 유전자 자리에 형광단백질 등의 리포터 유전자를 삽입하여 사용한다.]

15.5 박테리아는 유전자 조작이 쉽기에, 대사 경로를 변화시킴으로써 유기 폐기물을 호기성 또는 혐기성 조건에서 어떻게 분해를 증가시킬 수 있는지 구상할 수 있다. 우려스러운 점은 그러한 변형 유기체가 우연히 자연환경으로 방출되어 생태계 교란을 일으킬 수 있다는 것이다.

15.6 관심 있는 유전자 또는 cDNA는 PCR에 의해 증폭되고, 적절한 벡터에 클로닝한 후, 적절한 숙주 생물체에 도입할 수 있다. 클로닝된 DNA의 발현은 클로닝 벡터의 프로모터, 또는 전체 유전자 서열을 사용한 경우, 자체 프로모터에서 유도할 수 있다.

15.7 대부분 풀은 바람을 사용하여 식물 간에 꽃가루를 운반한다. 바람에 의해 산포되는 꽃가루를 생산하는 유전자 변형식물은 글리포세이트 내성 유전자를 다른 풀 개체군에 빠르게 전파할 수 있기에 출시에 제한적이다.

탐구문제 및 자료 분석

340쪽 자료 분석: 클론 단편당 500 bp로 나누면 3×10^9 염기쌍은 600,000개의 서로 다른 단편을 얻을 수 있고, 이는 전체 유전체의 크기에 해당한다.

343쪽 탐구문제: 좋은 방법이 아니다. cDNA는 mRNA로부터 만들 수 있는데, 사용된 mRNA는 스플라이싱을 통해 인트론 서열을 제거했기 때문에, 결과적으로 게놈 서열을 확보할 수 없다.

352쪽 탐구문제: 조류는 식물과 유사한 도구를 사용하여 유전적으로 변형할 수 있다. 지방산 합성을 증가시키기 위해 아세틸 CoA 합성 및 지방산 생합성에 관련된 유전자의 사본을 추가할 수 있다. 유전자 제거 기술을 사용하여 지방산 생합성의 음성 조절자를 제거하는 것이 가능하다. 광수확 또는 이산화탄소 고정의 효율성을 높이는 유전자를 추가하거나 발현을 증가시킬 수도 있다.

356쪽 자료 분석: 184개이다. 2배체 인간세포에는 23쌍의 염색체가 있다. 각 염색체의 말단은 2개가 있으므로 2개의 점을 생성한다. 즉 23쌍은 46개의 염색체와 92개의 점을 의미한다. 세포가 G2에 있기에 DNA 복제 후이므로, 이 숫자는 2배로 증가할 것이다.

연습문제

■1단계: 이해력 확인하기

1. c 2. b 3. c 4. d 5. a 6. b

■2단계: 적용력 평가하기

1. c 2. c 3. b

▪ **3단계: 사고력 함양하기**

1. 내막계가 없는 대장균과 같은 박테리아는 번역 후에 소단위체가 결합하여 기능적 헤모글로빈을 만드는 과정이 제대로 작동하지 않아서, 성숙한 헤모글로빈 분자는 형성되지 않을 수 있다. 또한 헤모글로빈의 작용에는 4개의 철 원자가 필요한데, 과다발현된 단백질에 사용할 철이 충분하지 않을 수 있고, 단백질의 올바른 접힘에 필요한 2황화결합이 형성되지 않을 수도 있다. 효모와 같은 비동물성 진핵세포조차도 올바른 접힘을 보장할 수 없다.
2. APP 유전자에 돌연변이를 만들고, 이 유전자를 다른 돌연변이를 가진 생쥐에 삽입할 수 있다. 이 생쥐를 활용하여 특정 돌연변이로 인한 표현형의 변화에 대해 분석할 수 있다. 또한 정상 및 돌연변이 APP를 대장균, 효모 또는 배양된 인간 세포에서 발현시켜 비정상적인 구조(덩어리)가 생기는 수준을 평가할 수 있다.

16장

핵심 요약

16.1 자연선택은 어떤 개체가 다른 개체보다 자신이 처한 환경에 더 적합할 때 발생한다. 이 개체들은 더 오래 살고 더 많이 번식하여 더 많은 자손에게 번성할 수 있는 형질을 남긴다. 본질적으로, 집단 내의 유전적 변이는 자연선택이 작용하여 진화로 이어지는 원자재를 제공한다.

16.2 **#1** 집단이 하디-바인베르크 평형에 있는지 확인하려면 먼저 실제 대립유전자 빈도를 결정해야 하며, 이는 유전자형 빈도를 기반으로 계산할 수 있다. 변수 p와 q를 대립유전자 빈도에 대입한 후, 하디-바인베르크 식 $p^2+2pq+q^2=1$을 사용하여 예상 유전자형 빈도를 결정한다. 실제 및 예상 유전자형 빈도가 같거나 적어도 크게 다르지 않은 경우, 집단은 하디-바인베르크 평형에 있다고 말할 수 있다.

#2 평형 상태를 유지하는 5가지의 전제 조건 중 하나 이상이 비평형 상태를 유발하는 작용을 한다고 결론을 내릴 것이다. 그다음 단계는 어떤 전제 조건이 충족되지 않았는지 검증하는 연구를 고안하는 것이다.

16.3 진화 유발 요인에는 자연선택, 돌연변이, 유전자 흐름(이동), 유전적 부동, 비무작위적 교배의 5가지 메커니즘이 있다. 일반적으로 대립유전자 빈도의 변화는 하나 이상의 요인이 공동으로 작용해서 발생하지만(예, 유익한 새로운 대립유전자를 집단에 도입하는 돌연변이 및 해당 대립유전자를 선택해서 그 빈도가 여러 세대에 걸쳐 증가하는 자연선택), 각각의 요인은 단독으로도 집단 내에서 대립유전자 빈도를 변경할 수 있다. 첫 번째 메커니즘이자 아마도 진화적 변화를 가져오는 데 가장 영향력 있는 자연선택은 또한 적응적 변화, 즉 집단이 환경에 더 잘 적응하도록 하는 변화를 생성하는 유일한 방법이다. 돌연변이는 새로운 대립유전자가 도입될 수 있는 유일한 방법이며, 모든 변이의 궁극적인 원천이다. 돌연변이는 상대적으로 드문 사건이기 때문에 그 자체로는 대립유전자 빈도를 변화시키는 강력한 요인은 아닐지라도, 다른 요인, 특히 자연선택과 함께 작용하면 집단에서 대립유전자 빈도를 크게 변경할 수 있다. 유전자 흐름은 같은 종의 여러 집단 간에 새로운 대립유전자를 도입할 수 있으므로 수용자와 공여자 집단 모두에서 대립유전자 빈도를 변경할 수 있다. 유전적 부동은 무작위적인 진화의 기회 요인이다. 유전적 부동의 결과는 대규모 집단에서는 무시할 수 있을 정도로 크지 않지만, 소수 집단은 이 요인으로 인해 대립유전자 빈도에서 급격한 변화를 겪을 수 있다. 마지막으로, 비무작위적 교배는 대립유전자 빈도를 변경하는 것이 아니라 유전자형 빈도를 변경함으로써 하디–바인베르크 평형과는 다른 집단을 만든다. 비무작위적 교배는 집단에서 이형접합자의 비율을 감소시킨다.

16.4 개체군 내에서 다른 개체와 비교한 상대적 번식 성공도를 그 개체의 적응도라고 한다. 개체의 적응도는 수명, 교배 빈도 및 각 교배를 통해 생산하는 자손의 수에 의해 결정된다. 이러한 요인 중 어느 것도 번식 성공을 결정하는 데 항상 가장 중요하게 작용하지는 않으며, 대신 개체의 번식 성공은 세 요인 모두의 누적 효과로 인해 결정된다. 예를 들어, 수명이 매우 길지만 교배 빈도가 드문 개체는 수명이 절반에 불과하지만 더 자주 짝을 이루고 더 큰 성공을 거두는 동종의 개체보다 적응도가 낮을 수 있다. 이 절의 소금쟁이 예에서 볼 수 있듯이, 적응도의 한 요소로서 선호하는 형질(예, 장수하는 것)은 적응도의 다른 요소(예, 평생 번식하는 것)에 불리할 수 있다.

16.5 수컷은 양육투자 및 에너지 소비가 더 많은 성이기 때문에 수컷이 짝을 선택해야 한다. 따라서 대부분 생물 종의 암컷처럼 그들은 "선택하는" 성이어야 한다.

16.6 **#1** 이형접합체의 적응도가 가장 낮은 집단에서 자연선택은 두 동형접합 형태를 모두 선호해야 한다. 이것은 집단 내에서 형질의 분단성 선택 및 이원화된 분포(양쪽으로 치우친)를 초래할 것이다. 따라서 충분한 시간이 지나면 종분화가 발생할 수 있다.

#2 음성 빈도의존적 선택은 희귀 대립유전자가 일반 대립유전자보다 적응도에 이점이 있을 때 발생한다. 결과적으로 변이는 유지되는데, 왜냐하면 대립유전자가 희귀해지면 선택이 작용하여 빈도를 높이기 때문이다. 진동 선택은 환경이 변하는 상황을 의미하며, 환경에 따라 먼저 하나의 대립유전자를 선호한 다음, 환경이 바뀌면 다른 대립유전자를 선호하게 된다. 장기적으로 음성 빈도의존적 선택이 희귀한 대립유전자를 항상 선호하기 때문에 변이를 보존할 가능성이 더 크다. 이와 대조적으로 진동 선택에서는 환경이 비정상적으로 오랫동안 변하지 않으면(진동하지 않으면), 불리한 대립유전자가 개체군에서 사라질 수 있다.

16.7 방향성 선택은 모집단 내에서 한 표현형이 상대적인 빈도에 상관없이 모집단의 다른 표현형보다 적응적 이점을 가질 때 발생한다. 반면에 빈도의존적 선택은 흔한(양성 빈도의존적 선택) 또는 드문(음성 빈도의존적 선택) 형질이 단순히 공통성 또는 희소성으로 인해 선택적인 이점을 가질 때 생긴다. 즉, 돌연변이가 새로운 대립유전자를 집단에 도입하는 경우, 방향성 선택은 대립유전자가 드물기 때문이 아니라 유리하기 때문에 진화를 유발할 수 있다.

16.8 배경색 일치는 포식을 피하기 위해 많은 종이 사용하는 위장 전략의 한 형태이다. 그러나 이 자연선택의 예는 성적 선택에 반하는 것인데, 즉 수컷은 포식자에게는 눈에 띄지 않지만, 잠재적인 짝에게는 매력적이기를 원하는 것과 같다. 예를 들어, 나비 종의 배경색 일치에 대한 포식의 영향을 검증하기 위해 정상적인 체색 변이를 가진 나비를 포획하여 사육장에 넣을 수 있다. 몇 세대 후에 사육장의 절반에 자연 포식자를 추가한 후 여러 세대가 지나면, 포식 환경의 나비는 포식을 피하려고 높은 수준의 배경색 일치를 가질 것으로 예상하는 반면, 비포식 환경에서는 짝짓기 성공과 상관관계가 있는 밝은색의 개체가 많아질 것이다.

16.9 서로 다른 진화 메커니즘 간의 역학은 매우 복잡하기에, 각 과정이 집단 내에서 어떤 방향으로 작동하는지 식별하기가 불가능하지는 않더라도 어렵다. 따라서 다양한 요인의 최종 누적 효과를 보는 것이 훨씬 쉽다. 그러나 어떤 경우에는 진화론적 변화를 유발하는 하나 이상의 진화과정이 동일한 방향으로 작동할 수 있으며, 그 결과 집단은 단 하나의 진화 메커니즘을 가졌을 때보다 더 빠르게 변화하거나 진화할 것이다. 예를 들어, 돌연변이(한 과정)는 유익한 대립유전자를 집단 내에 도입할 수 있고, 유전자 흐름(다른 과정)은 새로운 대립유전자를 다른 집단으로 퍼뜨릴 수 있다. 이 경우 자연선택이 각 집단 내에서 이 대립유전자를 선호한다면, 그 결과 새로운 표현형은 (하나의 과정이 작용했을 때보다) 상대적으로 빠른 진화적 적응을 초래할 수 있다.

16.10 대부분 유전자는 다면발현 효과를 나타낸다. 다른 말로 하나의 유전자는 개체의 표현형에 여러 가지 영향을 미친다. 다면발현 유전자에 대해서 자연선택은 특정 측면을 선호한다면 같은 유전자의 다른 측면에 대해 반대되는 선택을 할 수 있기에, 다면발현은 종종 자연선택에 의해 표현형이 변경될 수 있는 정도를 제한한다. [역자 주: 어떤 다면발현 유전자가 A와 B 형질에 영향을 준다고 할 때, 자연선택이 A 형질을 선호하면 B 형질은 비록 생존에 불리

하더라도 따라갈 수밖에 없어서 표현형이 나타나는 범위가 제한된다는 의미이다.] 상위는 한 유전자의 발현이 다른 유전자의 존재 또는 발현에 의해 조절되거나 변경될 때 생긴다. 따라서 자연선택의 결과는 한 유전자의 유전자형뿐만 아니라 다른 유전자형에도 달려 있다.

탐구문제 및 자료 분석

369쪽 자료 분석: 그림 16.3의 예에서 열성 백색 유전자형의 빈도는 0.16이다. 집단의 나머지 84마리 고양이(100마리 중)는 동형접합 또는 이형접합의 검은색이다. 16마리의 흰 고양이가 죽으면 열성 흰 고양이 유전자를 다음 세대에 기여하지 않는다. 이형접합 검은 고양이만이 검은색과 흰색의 3:1 비율로 흰 고양이를 생산할 수 있다. 검은색 대립유전자의 동형접합×동형접합 및 동형접합 × 이형접합 고양이는 모두 검은 고양이를 생산할 것이다. 현재 동형접합 검은 고양이 36마리와 이형접합 검은 고양이 48마리, 총 84마리의 고양이가 있기 때문에 동형접합 검은 고양이의 새로운 빈도는 36/84(43%)이며, 이형접합 검은 고양이는 전체 집단의 57%를 차지한다. 따라서 $p^2=0.43$이면, 대략 $p=0.65$이고, $1-p=q$에서 $q=0.35$이다. 다음 세대 흰 고양이의 빈도인 q^2는 0.12 또는 12%이다.

372쪽 탐구문제: 희귀 대립유전자는 특히 드물기 때문에 집단의 병목 현상에서 소실될 가능성이 더 크다. 즉 작은 집단에서 이 대립유전자를 가진 개체가 존재할 가능성은 상대적으로 낮기에, 이러한 이유로 희귀 대립유전자가 소실될 위험이 있다. 그러나 우연히 희귀한 대립유전자를 가진 개체가 작은 집단에 있다면, 집단의 개체 수가 적기 때문에 이 대립유전자의 빈도는 훨씬 더 커질 것이다.

375쪽 탐구문제: 차별적 포식은 녹색 두꺼비보다 갈색 두꺼비를 선호할 수 있는데, 녹색 두꺼비는 여러 가능성 중에서 질병에 더 취약하거나, 기후 변화에 더 민감할 수 있어서 빈도가 증가하지 않을 수 있다.

376쪽 탐구문제: 중간 크기의 소금쟁이가 가장 높은 수준의 적응도(평생 낳는 알의 수)를 가지고 있기에, 중간 크기가 집단에서 더 널리 퍼질 것으로 예상한다. 하루에 낳는 알의 수가 몸의 크기에 영향을 받지 않는다면, 작은 소금쟁이는 큰 소금쟁이보다 더 오래 사는 경향이 있기에 선호될 것이다.

376쪽 자료 분석: 12 mm 소금쟁이는 하루에 약 2개의 알을 낳고 약 32일을 산다. 따라서 예상되는 전체 알의 수는 64개이다. 15 mm 소금쟁이에 해당하는 숫자는 각각 6개와 18일이므로 총 108개의 알을 생산할 것이다.

377쪽 탐구문제: 이 질문은 현재 많은 연구의 주제인데, 꼬리가 더 긴 수컷(따라서 더 많은 반점이 있음)이 더 좋은 상태에 있을 가능성이 있다(열악한 상태의 수컷은 꼬리로 인한 불이익에서 살아남을 수 없기 때문). 암컷이 더 나은 상태의 수컷과 짝짓기할 때의 이점은 수컷에 기생충이 없어서 암컷에게 기생충을 전달할 가능성이 작거나, 수컷이 더 나은 유전자를 가질 수 있어서 자손에게 전달할 수 있다는 점이다. 또 다른 가능성은 시각 시스템이 어떤 이유로 긴 꼬리를 가진 수컷을 더 잘 감지할 수 있다는 것이다. 따라서 긴 꼬리가 더 쉽게 감지되고 반응하기 때문에 암컷이 긴 꼬리 수컷을 선호할 수 있다.

377쪽 자료 분석: 짝의 수를 얻으려면 x축에서 155를 찾은 다음 이에 해당하는 y축 값을 확인하면 된다. x축의 155에서 수직선을 그린 다음 회귀선(기울기선)과 교차점에서 수평선을 그려 구할 수 있다. 수평선이 y축을 가로지르는 곳은 예측된 값으로, 대략 4이다. 회귀선은 자료들로부터 가장 적합한 값을 결정하여 계산되는데, "최적선"은 선에서 각 점의 수직 거리의 제곱을 최소화하는 선이다(최소자승법).

그러나 대부분 점은 선에 일치하지 않는다는 것을 유의하자. 즉, 집단에 변이가 있고 모든 변이가 회귀선에 의해 설명되지 않는다. 결과적으로 회귀선은 특정한 수의 반점을 가진 수컷에 대해서 예측치를 제공할 수 있지만, 실제로 대부분 수컷은 그 선에서 예측하기 어려운 정도로 벗어나 있을 것이다. 결과적으로 동일한 수의 반점을 가진 여러 수컷이 같은 수의 짝을 가질 것이라고 기대하기 어렵다.

378쪽 탐구문제: 이익이 있다. 수컷이 클수록 교미 전의 혼인 선물인 정포를 크게 만들 수 있기에 암컷이 알 생산에 이용하는 에너지를 더 많이 제공하게 된다.

381쪽 자료 분석: 빈도의존적 선택에서 표현형의 적응도는 빈도와 관련이 있다. 따라서 각 체색의 유형에 대해 적응도는 빈도와 관련이 있어야 하며, 체색 유형은 적응도에서 일관된 차이를 나타내지 않아야 한다[역자 주: 빈도가 바뀌면 적응도가 달라진다는 의미이며, 따라서 포식자가 특정 색상을 선호해서 그 빈도가 줄어들어 적응도가 감소하면, 포식자는 다른 색상을 선호하게 되기에 빈도가 늘어나서 적응도가 올라가는 현상을 말함]. 반대로 방향성 선택은 빈도에 의존하지 않는다. 따라서 각각의 체색 유형은 서로 다른 적응도를 가져야 하며, 이러한 차이는 빈도의 영향을 받지 않아야 한다.

384쪽 (그림 16.20) 탐구문제: 빛을 향해 이동하는 파리의 비율(양성 주광성)은 후속 세대에서 다시 증가하기 시작할 것이다.

384쪽 (그림 16.21) 탐구문제: 인간의 집단에서 출생체중 분포는 체중이 높은 쪽과 낮은 쪽 신생아가 더 많이 포함되도록 다소 확장될 것이다.

384쪽 자료 분석: 영아 사망률은 출생체중이 매우 낮거나 매우 높을 때 가장 높으며, 중간 체중에서 가장 낮다. 따라서 양극단 쪽의 출생보다 중간 체중으로 태어나는 신생아가 훨씬 더 많을 것이다. 예를 들어, 6.5파운드(2.95 kg)로 태어난 아기는 2파운드(0.9 kg) 아기보다 40배 더 많다. 결과적으로 2파운드 아기의 사망률은 6.5파운드 아기보다 8배 높지만, 중간 체중에서 절대 사망자 수는 더 높을 것이다(단순히 태어나는 아기 수가 많으므로). 전반적으로 사망자 수와 출생체중 사이의 관계는 중간 출생체중에서 최고치를 보일 것이다.

386쪽 탐구문제: 거피 포식자는 시각적 신호를 사용하여 먹이를 찾는다. 거피가 더 화려할수록 눈에 띌 가능성이 커져서 먹이가 될 확률이 높아진다.

388쪽 자료 분석: 오른쪽에서 내성 지수는 광산과의 거리가 멀수록 감소하는데, 이는 어떤 과정이 작용하든지 그 효과가 광산으로부터의 거리에 대해 음성적인 관련이 있음을 시사한다. 내성 지수 값은 광산으로부터 양방향으로 주어진 거리에 대해 오른쪽에서 더 높기에, 그쪽에서 작용 기작이 더 강하다는 것을 나타낸다. 바람 방향에 의해 유도된 내성 대립유전자의 산포는 왜 내성 대립유전자의 빈도가 광산에서 멀어짐에 따라 감소하는지, 그리고 왜 광산에서 바람을 타는 오른쪽에서 내성 지수가 더 높은지를 설명할 수 있다.

389쪽 탐구문제: 순종 말 사육자들은 수십 년 동안 특정 형질에 대해 선택적 육종을 해 왔으며, 순종 말 개체군에서 변이를 효과적으로 제거해 왔다. 돌연변이가 더 빠른 말을 생산하지 않는 한, 우승 속도가 향상될 것 같지 않다.

연습문제

▪1단계: 이해력 확인하기

1. a 2. b 3. d 4. a 5. d 6. a 7. d 8. d

▪2단계: 적용력 평가하기

1. d 2. d 3. d 4. 여기서 핵심은 꼬리깃이 장애라면, 이 수컷은 장애를 극복함으로써 자연스럽게 꼬리깃이 짧은 수컷에 비해 생존율을 높여야 한다는 것이다. 실험 설계의 논리는 간단하다. 긴꼬리 깃털을 가진 수컷이 우월하여 긴꼬리 깃털의 부정적 효과를 이겨낼 수 있다면, 그 우수한 표현형은 꼬리깃을 제거하거나 축소했을 때 "나타날" 것이다. 꼬리깃은 비행을 방해한다고 생각했기 때문에 꼬리깃 제거 시 우수한 성능의 다양한 측면을 측정할 수 있다. 즉 꼬리깃이 제거된 수컷과 자연적으로 짧은 꼬리를 가진 수컷 중에서 누가 더 빨리 나는지, 또는 방향 전환을 더 빨리할 수 있는지를 측정할 수 있다. 궁극적으로 꼬리가 짧은 수컷이 조작되지 않은 긴꼬리 수컷보다 더 잘 생존하는지 여부를 측정할 수 있다.

▪3단계: 사고력 함양하기

1. 결과는 거피의 색상에 따라 달라지며, 포식자의 눈에 잘 띄는 개체의 생존 가능성은 칙칙한 색상의 개체보다 낮게 나타난다. 실험실에서는 시뮬레이

션(모사) 환경을 만들어서 시험할 수 있다. 포식 가설에 근거하여 포식자가 둘 다에 접근할 때 단조로운 형태보다 화려한 형태를 더 많이 잡을 것이다. 시뮬레이션 환경의 설계는 분명히 중요하지만, 이러한 실험의 결과가 성공하면 기존의 이론에 새로운 사실을 추가하게 될 것이다.

2. 배경이 거의 완전히 검은색인 큰 용암류에서 서식하는 개체군은 검은색을 띠는 개체가 포식자에게 더 은폐되어 있기에 선택적인 이점이 있다. 반면에 작은 용암류는 밝은 모래와 녹색 식물 사이로 흘러내렸기 때문에, 어두운 개체는 같은 이유로 적응에 불리하게 작용한다. 17장을 참조해 보면, 검은후추나방은 이끼가 없는 나무에 유리하지만, 이끼로 덮인 나무에서는 불리한 것을 볼 수 있다.
3. 궁극적으로 유전적 변이는 돌연변이 과정에 의해 생성된다. 그러나 자연선택이 적응도와 밀접하게 관련된 형질의 변이를 빠르게 줄일 수 있는 속도와 비교할 때, 돌연변이만으로는 강한 선택에 있는 형질의 유전적 변이의 지속성을 설명할 수 없다. 강력한 선택하에서 유전적 변이가 지속될 수 있다는 것을 설명하는 과정에는 유전자 흐름이 포함된다. 집단은 종종 특정 유형의 환경 기울기를 따라 분포된다. 약간씩 다른 환경에서는 약간 다른 변이를 가진 표현형이 선호되는데, 서식지 기울기가 있는 이들 영역 간의 유전자 흐름은 새로운 유전적 변이를 도입하거나 기존 변이를 유지하는 데 도움이 될 수 있다. 마찬가지로, 서식하는 범위에 걸쳐 다른 선택적 환경을 자주 접하는 집단처럼(트리니다드의 폭포 위와 아래에 사는 거피를 생각해 보자), 단일 집단도 시간에 따른 선택적 환경의 변화(진동 선택)에 직면한다. 올해 선호되는 형질은 내년에 선호되는 형질과 같지 않아 자연선택의 전환과 유전적 변이 유지로 이어질 수 있다.

17장

핵심 요약

17.1 아니다. 딱딱한 씨앗을 먹어서 부리가 더 커진다면 이 표현형은 유전자형의 변화가 아니라 환경의 결과이다. 자연선택은 유전적 요소가 있는 특성에만 작용할 수 있다. 보디빌더가 일생 동안 근육을 발달시키지만, 그의 자손은 잘 발달된 근육이 없는 것처럼, 일생 동안 큰 부리를 발달시킨 새가 반드시 큰 부리를 가진 자손을 가지지는 않는다.

17.2 이 가설을 검증하기 위한 실험 설계는 아주 간단한데, 배경색이 다른 나방 사육장을 만들어서 같은 수의 나방과 포식 조류를 넣어보면 된다. 하나의 사육장은 대조군으로 사용할 수 있는데, 한 사육장은 배경을 어둡게 하고 다른 하나는 밝게 한다. 몇 세대 후에 나방의 표현형 빈도를 측정하면 매우 분명한 경향성을 보일 것이다. 어두운 배경의 사육장은 대부분 어두운 나방으로 구성될 것이고, 밝은 배경의 사육장은 대부분 밝은 나방으로 구성될 것이다. 중간색의 사육장은 밝은색과 어두운색의 나방이 거의 같은 비율을 가질 것이다.

17.3 인위적으로 선택되는 형질이 유전자형에 기반을 둔 것이 아니라 환경 때문이라면, 선택된 개체가 그 특성을 반드시 자손에게 물려 주지는 않을 것이다.

17.4 대부분의 경우, 자연선택의 주요 선택 요인은 환경이다. 따라서 기후 변화, 주요 대륙 이동 및 기타 주요 지질학적 변화는 선택압의 극적인 변화를 초래할 것이다. 이 시기에 진화적 변화의 속도와 방향은 대부분은 아니더라도 많은 종에 영향을 줄 것이다. 반면에 상대적인 환경 안정 기간에 선택압은 변하지 않으며, 따라서 많은 주요 진화 사건이 일어날 것으로 기대하지 않는다.

17.5 상동형질과 흔적구조를 설명하는 데 사용할 수 있는 다른 유일한 설명은 돌연변이일 것이다. 특히 흔적구조가 다면발현 효과를 나타내는 돌연변이에서 비롯되었고, 그 유전자 돌연변이의 다른 효과가 선택되었다면, 흔적구조는 국회 법안의 부칙처럼 선택될 것이다. [역자 주: 어떤 유전자의 돌연변이로 인해 나타난 여러 효과 중에서 한 가지가 자연선택된다면 다른 효과, 즉 흔적기관의 생성과 같은 효과는 부수적으로 따라간다는 의미이다.]

17.6 수렴진화는 멀리 떨어져 있는 종들이 유사한 환경 압력을 경험하고 자연선택을 통해 유사한 방식으로 반응할 때 발생한다. 예를 들어, 펭귄(새), 상어(물고기), 바다사자(포유류), 심지어 멸종된 어룡(파충류)도 모두 유선형 몸체를 가지고 있다. 이 동물들 각각은 모두 수생 포식자이며 물속을 빠르고 민첩하게 움직일 수 있어야 한다는 점에서 유사한 환경 압력을 가지고 있다. 분명히 그들의 가장 최근의 공통조상은 방추형 체형을 가지고 있지 않을 것이다. 따라서 유사성은 상동성(조상)보다는 수렴(환경) 때문이다. 그러나 유사한 환경 압력이 항상 수렴진화를 초래하는 것은 아니다. 가장 중요한 것은 그 계통에서 처음으로 형질이 나타나기 위해서는 돌연변이가 있어야 한다는 것이다. 그러나 돌연변이는 드물고, 유익한 돌연변이는 더 드물게 일어난다. 이미 특정 생태적 지위를 차지하고 있는 다른 종들도 있을 수 있다. 이 경우 자연선택이 두 종 간의 경쟁을 증가시키는 형질을 선호할 가능성은 작다. [역자 주: 이미 특정 서식지를 차지하고 있는 종은 먹이 경쟁을 통해 유선형 몸을 가져야 할 이유가 없기에 수렴진화를 하지 않을 수 있다.]

17.7 그것은 실제로 가설도 이론도 아니다. 이론은 과학 지식의 구성 요소이고, 가장 엄격한 검증과 검토를 거쳐 나온 것이다. 반면에 가설은 질문에 대한 임시 답변인데, 좋은 가설은 검증할 수 있고 반증할 수 있어야 한다. 불행히도 인간이 화성에서 왔다는 것은 현실적으로 검증하거나 반증할 수 없기에, 그것은 생물학의 영역에서 의미 없는 진술이다.

탐구문제 및 자료 분석

395쪽 탐구문제: 부모가 자손에게 먹인 씨앗의 크기가 부모의 부리 크기와 관련이 없다고 가정하면, 부모와 새끼의 부리 깊이 사이에는 아무런 관련이 없을 것이다. 그러나 우연히 더 작은 씨앗을 먹은 새끼가 더 얕은 부리 깊이를 가질 수 있는 반면, 더 큰 씨앗을 먹은 새끼가 더 깊은 부리가 나타날 수 있다. 이 결과는 부리 깊이가 유전적으로 결정된 특성이 아님을 시사한다. 다른 한편으로 만약에 더 깊은 부리를 가진 부모가 자손에게 더 큰 씨앗을 먹이고, 만약에 씨앗 크기가 부리 깊이를 결정했다면, 그림 17.2*b*에 표시된 것과 같은 관계가 생긴다. 이 경우 유전자와 환경은 상관관계가 있다고 나타나는데, 연구자들은 부리 깊이에 영향을 미치는 요인이 유전자인지 혹은 환경인지 알지 못할 것이다. 이 둘을 구별하기 위해 연구자들은 새끼를 실험실로 가져와서 다른 크기의 씨앗을 먹여서 먹이가 부리 깊이를 결정하는지 확인할 수 있다(다윈의 핀치새가 엄격하게 보호되는 갈라파고스에서는 어려울 것이다).

395쪽 자료 분석: 부모의 평균 부리 깊이는 9 mm이므로 자손의 부리 깊이는 약 9 mm가 될 것으로 예상되지만, 이 수치로부터 부모 중 어느 쪽이 중요하게 작용했는지는 판단할 수 없다. 그러나 선 주위에 분산이 상대적으로 적다는 사실(즉, 대부분 점이 회귀선에 가깝게 있음)은 부모의 성별(즉, 어느 부모가 더 큰지)이 실질적인 영향을 미치지 않음을 나타낸다.

397쪽 탐구문제: 이러한 동일한 추세는 유사한 과정이 두 지역 모두에서 작동하고 있음을 시사한다. 따라서 유사점이 무엇인지 식별하기 위해 연구가 필요할 것이다. 이 경우 두 지역 모두 대기 오염이 우연히 감소했는데, 이것이 진화의 경향이 유사한 원인일 수 있다.

398쪽 탐구문제: 큰 개체와 작은 개체가 서로 번식한다고 가정하면 중간 크기의 자손이 여전히 태어날 것이다(작은 초파리와 큰 초파리 사이의 교미 결과). 그럼에도 불구하고, 큰 개체와 작은 개체도 많이 있을 것이다(작은 초파리끼리 또는 큰 초파리끼리의 교배 결과). 따라서 몸 크기의 빈도 분포는 그림의 분포보다 훨씬 더 넓을 것이다.

402쪽 탐구문제: 진화 과정에서 이렇게 크기가 감소한 것은 여러 가지 이유로 발생할 수 있다. 예를 들어, 나니푸스(*Nannippus*)는 숲이 우거진 서식지에 적응했기 때문에, 열린 초원 서식지로 이동하기 전의 조상 말처럼 더 작은 크기를 선호했을 것이다. 또 다른 가능성은 그 당시 많은 종의 말이 있었고 다른 크기의 말이 다른 유형의 음식을 먹었기 때문일 수 있다. 즉 작은 크기로 진화함으로써 나니푸스는 다른 말들이 먹지 않는 종류의 음식을 먹을 수 있었을 것이다.

연습문제

▪1단계: 이해력 확인하기

1. d 2. b 3. b 4. a 5. b 6. b 7. b

▪2단계: 적용력 평가하기

1. a 2. d 3. d

▪3단계: 사고력 함양하기

1. 간단히 말하면 다음과 같다.
   a. 집단 내에서 개체 간의 변이가 있어야 한다.
   b. 개체 간의 변이로 인해 자손을 생산하는 번식 성공도는 차이를 나타내야 한다.
   c. 평생 번식 성공과 관련된 변이는 유전적 근거(유전 가능함)를 가져야 한다.
2. 그림 17.2*a*는 부리 깊이가 해마다 달라지는 것을 간접적으로 보여준다. 아마도 이것은 부리 크기에 있어 개체 간의 변이 때문일 것이다. 그러나 그림 17.2*a*에서 가장 중요한 점은 선택 결과를 보여준다는 것이다. 즉, 1번에서 언급한 3가지 조건이 유지되면 강수량이 해마다 다르기 때문에 평균 부리 깊이가 그에 따라 변할 것으로 예상할 수 있다. 그림 17.2*b*는 자연선택이 일어나기 위해 언급된 조건과 직접적으로 더 관련이 있다. 그림은 부리 크기가 개체에 따라 다르며 유전되는 경향이 있음을 보여준다.
3. 관계는 어느 방향으로도 뚜렷한 경향성이 없는 점들로 나타날 것이다. 즉, 추세선은 대략 둥그런 형태로 모인 점들을 통과하는 수평선이 될 것이다. 이러한 자료는 부모(들)의 부리 크기와 새끼의 부리 크기가 관련이 없음을 시사한다.
4. 진화의 방향은 역전될 것이고 두 개체군은 차이가 완전히 사라질 때까지 강모 수가 비슷하게 진화할 것이다. 그러나 진화의 속도는 첫 번째 실험보다 느릴 것이다. 선택은 처음에 두 개체군에서 낮은 강모 수와 높은 강모 수를 선호했기 때문에, 중간 강모 수를 제거하면서 진행되어서 중간 수에 대한 일부 유전적 변이는 아마도 개체군에서 소실되었을 것이다. 결과적으로 중간 숫자가 재진화되는 속도는 사용 가능한 적절한 유전적 변이가 적기 때문에 더 느릴 것이다.
5. 말의 진화는 일직선으로만 일어난 사건이 아니었다. 대신 그것은 34속의 후손들을 포함한 5천 5백만 년 이상에 걸쳐 일어난 일이다. 화석 기록을 살펴보면 말의 진화가 점진적이고 꾸준히 일어나지 않았음을 알 수 있다. 대신 환경 압력의 급격한 변화에 대응하여 몇 가지 중요한 진화 사건이 발생했다. 말 진화에 대한 화석 기록은 매우 상세하며 특정 형질에 대한 경향이 있기는 했지만, 변화가 시간이 지남에 따라 유동적이고 일정하지 않았으며, 모든 말 계통에서 완전히 일관되지 않았음을 보여준다. 예를 들어, 일부 계통은 지질학적으로 비교적 짧은 기간 동안 몸 크기가 급격히 증가했지만, 다른 계통에서는 실제로 몸 크기가 감소했다.

18장

핵심 요약

18.1 **#1** 생물학적 종개념은 서로 다른 종들이 짝짓기하여 생존 가능하고 생식력 있는 자손을 생산할 수 없다고 정의한다. 만약 동소성 종이 그렇게 할 수 없다면, 그들은 생식적으로 격리되어서 별개의 종으로 남을 것이다. 같은 계통을 따라 같은 종에서 개체군 사이의 유전자 흐름은 두 개체군의 동질화를 통해 같은 종을 유지하게 한다.

#2 생태학적 종개념은 동소성 종들이 환경의 서로 다른 부분을 사용하도록 적응되어 있으므로 그들 사이의 잡종은 양쪽의 어느 서식지에도 잘 적응하지 못하여 생존하지 못할 것이라고 말한다. 그들이 살아남아 번식을 하더라도 다른 종의 유전자풀에 들어간 유전자는 자연선택에 의해 제거될 가능성이 크다. 이 개념은 어떤 종의 지리적 집단들의 연결 고리를 설명한다. 결과적으로 이러한 집단은 유사한 환경을 차지하므로 유사한 선택적 압력을 경험한다.

18.2 강화가 일어나고 종 분화 과정을 완료하기 위해서는 두 개체군이 동소성에 앞서 일부 생식 장벽이 있어야 한다. 이 초기 생식 격리가 없으면 유전자의 신속한 교환과 유전자 흐름으로 인한 균질화가 나타날 것이다. 반면에 두 개체군이 이미 다소 생식적으로 격리된 경우(혼성 불임 또는 행동 격리와 같은 접합 전 장벽으로 인해) 자연선택이 비잡종 자손의 적합성을 지속적으로 개선하여 결국 종 분화를 초래할 것으로 예상한다.

18.3 다른 환경으로 인해 발생하는 생식적 격리는 자연선택의 요인이다. 즉 환경압으로 인해 자연선택은 그 환경에 가장 적합한 개체를 선호한다. 고립된 개체군이 계속 발전함에 따라 자연선택으로 인한 차이가 축적되어 결국 두 개체군이 매우 다르게 되기에 생식적으로 격리된다. 반면 강화는 특히 생식 격리와 관련된 과정으로, 자연선택이 잡종 불임 때문에 비잡종을 선호하거나 단순히 자손이 부모보다 덜 적합할 때 발생한다. 이러한 방식으로 일부만 생식적으로 격리되었을 수 있는 개체군은 완전히 생식적으로 격리된다.

18.4 배수성의 결과는 즉시 발생하므로, 한 세대에서 두 종의 자손은 생식적으로 분리될 수 있다. 그러나 배수체가 자가수정이 가능하다면 생물학적 종개념에 따라 새로운 종이 될 것이다. 반면에 분단성 선택은 두 개체군 사이의 생식 장벽이 진화하고 강화되어야 두 개체가 별개의 종으로 간주되기 때문에 많은 세대가 필요하다.

18.5 군도 모델에서 적응방산은 각 섬의 집단이 서로 다른 환경 압력에 적응할 때 발생한다. 다른 한편으로, 분단성 선택으로 인한 동소적 종분화에서 선택된 형질은 반드시 새로운 환경에 가장 적합하지는 않지만, 다른 개체와의 경쟁을 줄이는 데 가장 적합하다. 핵심혁신(새로운 형질)으로 인한 적응방산이 가장 많이 발생하는 것은 후자의 시나리오이다.

18.6 주어진 종을 정의하는 데 사용하는 개념에 따라 다르다. 확실히 진화적 변화는 단속적일 수 있지만, 환경 압력이 변화하는 시기에 적응이 일어날 것으로 예상한다. 그러나 적응이 반드시 종의 분화로 이어질 필요는 없는 대신, 종은 단순히 주어진 환경 변화에 따라 적응할 수 있다. 이것은 분기되는 것과 반대인 비분기 진화의 예이다. 그러나 다시 말하지만, 최종적으로 생긴 생물체가 단속 사건 이전의 조상 생물체와 다른 종인지 여부는 해석의 대상이 된다.

18.7 가장 큰 차이점은 과거의 대멸종은 소행성 충돌과 같은 자연현상으로 인해 발생하였지만, 현재는 인간의 인위적인 활동으로 인해 생태계가 급격히 파괴되고 있다는 것이다.

탐구문제 및 자료 분석

427쪽 탐구문제: 격리된 집단이 유전적 부동 또는 선택으로 인해 시간이 지남에 따라 분기될 가능성이 더 크기 때문에 종분화는 이소적 조건에서 발생할 수 있다. 적응방산은 소수의 다른 종만이 거주하거나 서식지의 많은 자원이 사용되지 않는 곳에서 발생하는 경향이 있다. 적응 방산의 전형적인 다양한 환경 조건은 집단 내에서 특정 형질을 선호하는 경향이 있기에 이소적 조건은 일반적으로 적응방산을 선호한다.

형질치환에서 각 종의 자연선택은 다른 종이 사용하지 않는 자원을 사용할 수 있는 개체를 선호한다. 두 종은 같은 환경에 위치한 같은 종(동소종)의 두 집단에서 진화했을 수 있다. 각 집단의 극단에 있는 개체는 다른 그룹이 사용하지 않는 자원을 사용할 수 있다. 따라서 이들 개체는 자원에 대한 경쟁이 줄어들어서 생존에 유리하고, 새로운 자원을 사용하는 경향이 선택될 것이다. 따라서 형질치환은 동소적 종분화를 보완하는 경향이 있다.

432쪽 탐구문제: 한 지역에서 불리한 기후 변화가 나타나면 이동성 종은 변화 전의 기후와 같은 다른 지역으로 움직일 것이다. 이곳에서 자연선택을 유도하는 환경 변화가 거의 없다면, 그 종 내에서 정체가 선호될 것이다.

연습문제

1단계: 이해력 확인하기

1. a 2. c 3. a 4. b 5. a 6. d 7. d 8. b 9. b 10. a 11. a

2단계: 적용력 평가하기

1. a 2. d 3. b 4. b

3단계: 사고력 함양하기

1. 두 종 사이의 잡종에게서 생존력이나 번식력이 감소하면, 자연선택은 잡종 교배를 막는 모든 형질을 선호할 것이다. 이렇게 하면 개체는 그러한 짝짓기에 시간, 에너지 또는 자원을 낭비하지 않고 자신의 종족과 짝짓기하는 데 시간, 에너지 및 자원을 소비할 경우 적응도가 더 높아질 것이다. 이러한 이유로 자연선택은 교잡 가능성을 감소시키는 모든 형질을 선호한다(접합전격리 기작 유도). 대조적으로, 일단 잡종화가 발생하면 시간, 에너지 및 자원이 이미 소비되었기에, 덜 적합한 잡종이 더 적합한 잡종보다 선호될 이유가 없다. 유일한 예외는 알을 품고 새끼를 키우는 데 상당한 시간과 에너지를 투자하는 종의 경우이다. 그러한 종의 경우, 부모가 자손에게 더 이상 시간과 에너지를 낭비하지 않을 것이기 때문에 자연선택은 잡종의 생존력을 감소시키는 것을 선호할 것이다.
2. 생물학적 종개념에서 종은 집단 내 개체끼리 서로 교배할 수 있지만, 다른 집단과는 생식 적으로 격리된 집단이다. 이 관점에서 자연선택이 생식 격리 메커니즘의 진화에 관여할 수 있는 여러 가지 방법이 있지만, 그러한 진화는 자연선택이 관여하지 않고도 발생할 수 있다. 생태학적 종개념에서 자연선택은 서로 다른 종에 다르게 작용하기 때문에 이들은 구별될 수 있다. 이 견해는 또한 새로운 종이 거의 항상 개체군마다 서로 다른 적응을 촉진하는 자연선택의 영향으로 발생한다는 것을 암시한다.
3. 원리는 형질치환과 동일하다. 같은 지역에 있는 닮은 두 종의 개체는 서로 교배할 수 있다. 종간에 생식 능력이 불완전한 경우, 잡종 개체는 선택적으로 불리할 것이다. 한 종에서 자신과 같은 종의 구성원을 더 쉽게 인식하여 잡종화를 피할 수 있도록 하는 형질이 나타나면, 해당 형질을 가진 개체는 더 높은 적합성을 갖게 되고, 그 형질은 집단 전체에 퍼질 것이다.
4. 이들 섬의 먹이 자원이 동일하다고 가정하면, 두 종은 함께 있을 때(동소성)보다 따로 있을 때(이소성) 더 유사한 형태를 가질 것으로 예상된다. 이것은 두 종이 동소적일 때 먹이 경쟁 가설하에서 예상되는 형질치환의 결과일 것이다. 유연관계가 먼 두 종은 형태적으로 (그리고 아마도 생태 및 행동에서도) 큰 차이를 보여주기 때문에 형질치환 양상이 나타나지 않을 것으로 예상할 수 있는데, 이는 형질분기를 유도하기 위한 경쟁 가능성이 줄어들었기 때문이다. [역자 주: 두 종이 이소성일 경우 같은 먹이를 먹기에 형태적 유사성이 나타나는 반면, 동소성일 때는 먹이 경쟁이 심해지므로 서로 다른 먹이를 먹는 쪽으로 선택압이 작용하여 다른 형태가 나타날 가능성이 크다. 반면 유연관계가 먼 두 종은 서로 다른 생태적 지위를 차지하기에 먹이 경쟁이 심하지 않을 것이다.]

19장

핵심 요약

19.1 수렴진화 때문인데, 동일한 환경 압력을 받는 유연관계가 먼 두 종은 서로 다른 환경 압력을 받지만 더 최근의 공통 조상을 가진 두 종보다 표현형적으로 더 유사할 수 있다. 유연관계가 밀접한 종들이 비슷하지 않은 또 다른 이유는 종들이 새로운 생태적 지위에 빠르게 적응하는 진동 선택과 빠른 적응방산 때문일 것이다.

19.2 #1 종분화 빈도에 비해 형질이 빠르게 분지하는 경우에는 가장 간결한 계통 발생이 가장 정확하지 않을 수 있기 때문에 분지론을 사용하여 계통발생을 구성하는 것이 어려울 수 있다. 그러나 대부분 경우에 분지론은 생물체 집단 간의 계통발생 관계를 추론하는 데 매우 유용한 도구이다.

#2 공유파생형질만이 2개 이상의 분류군이 한 조상(해당 형질을 소유하지 않은 분류군의 조상이 아님)으로부터 유래한 자손임을 나타낸다. 따라서 형질을 소유한 분류군은 형질이 없는 분류군보다 서로 더 밀접하게 관련되어 있다. 본문에서 설명하듯이 이 가정은 일반적으로 옳지만, 상사성의 비율이 높을 때는 그렇지 않다.

19.3 일부 경우에는 가능하다. 예를 들어, 한 종의 두 집단이 유사한 환경에서 지리적으로 고립되고, 각 집단이 분지하여 종분화가 일어난 후, 한 집단은 조상의 형질을 유지하고 다른 집단은 새로운 형질을 파생했다고 가정해보자. 각 집단의 조상 그룹은 동일한 생물학적 종일 수 있지만 다계통으로 간주된다. 그 이유는 이들 집단의 공통조상으로부터 파생된 (생식적으로 격리될 수 있을 만큼 충분히 분지된) 다른 종들도 있기 때문이다.

19.4 반드시 그런 것은 아니다. 공통조상 이후로 그 형질이 변하고 수렴진화로 인해 각 그룹에 존재할 수 있다. 가장 최근의 공통조상이 그 형질을 가진 것이 가장 간결하고 따라서 가장 가능성이 큰 설명이지만(최소화의 원리), 특히 작은 분기군의 경우 진화 과정 중에 유사한 환경 압력으로 인해 동일한 형질상태가 반복적으로 출현했을 가능성이 있다.

19.5 가설로서 가능하지만, 바이러스 분석과 계통발생 분석 결과는 HIV 출현이 그 반대라는 강력한 증거를 보여준다. HIV는 유인원 질병으로 시작되어 인간 형태로 변이되었고, 여러 번 발생했다.

탐구문제 및 자료 분석

441쪽 자료 분석: 표는 다음과 같을 것이다.

	형질		
생물체	**털**	**양막**	**꼬리**
도롱뇽	0	0	1
개구리	0	0	0
도마뱀	0	1	1
호랑이	1	1	1
고릴라	1	1	0
사람	1	1	0

442쪽 탐구문제: 계통발생에 대한 최소화 분석에서는 가장 단순한 설명을 선호한다. 진화적 변화율이 높고 형질상태가 거의 없으면 문제가 복잡해진다. 높은 비율의 진화적 변화(가령 DNA의 비암호화 부분에서 돌연변이가 발생하는 것처럼)는 계통발생을 구성할 때 잘못된 결론을 이끌 가능성이 있다. 비암호화 DNA에서 발생하는 돌연변이는 기능적 DNA를 암호화하는 돌연변이와 같은 방식으로 자연선택에 의해 제거되지 않는다. 또한 새로운 형질상태의 진화는 비기능적 DNA에서 매우 높을 수 있으며, 이는 유전적 부동으로 이어질 수 있다. DNA에는 4종류의 뉴클레오타이드(4개의 형질상태)만 있기 때문에, 두 종이 특정 염기 위치에서 동일한 파생 형질을 진화시킬 가능성이 크다. 이것은 계통발생 관계에 있어 가장 적은 진화적 사건이 최상의 가설이라는 최소화의 가정을 위반하고 결과적으로 계통발생은 부정확하게 된다. [역자 주: DNA상의 변화는 결국 뉴클레오타이드의 변화를 말하며, 4종류밖에 없기에 우연히

같은 형질로 치환된 경우, 진화적 변화가 일어났음에도 겉으로는 드러나지 않게 되기에 최소화 원칙에 의한 계통발생에 어려움이 생기게 된다.]

445쪽 탐구문제: 유일한 다른 가설은 새와 박쥐의 가장 최근의 공통 조상도 날개를 가졌다는 것이다. 물론 이 시나리오는 수렴 가설보다 훨씬 덜 간결하며(따라서 가능성이 훨씬 작다), 특히 날개가 없는 수많은 파충류와 포유류를 고려할 때 더욱 그렇다. 대부분의 계통발생은 최소화 원칙에 따라 구성된다. 다른 날개 달린 동물의 화석 증거 및 전에 생각했던 것보다 새와 박쥐 사이가 더 가까운 관계임을 뒷받침하는 분자 자료가 없는 경우 새와 박쥐의 날개가 상사적이지 않고 상동적이라는 가설을 검증할 방법이 없다.

452쪽 탐구문제: 한 가지 가능성은 다른 종의 발생 양상을 면밀히 조사하는 것이다. *a*에서 직접발생한 파란색 상자의 모든 종은 공통조상으로부터 그 형질 상태를 물려받았을 것이기에, 결과적으로 발생 양상이 비슷할 것이라고 기대할 수 있다. 대조적으로, *b*에서 직접발생은 이들 종에서 여러 번 진화했는데, 직접발생이 다양한 방식으로 진화했을 가능성이 있다. 따라서 이러한 종에서 발생하는 방식을 비교하고 다른 종에서 다양한 발생 양상이 있음을 발견하면 *b* 부분의 가설이 더 가능성이 있을 수 있다. 그러나 모든 종이 공통조상으로부터 직접발생 형질을 물려받았다고 하더라도(*a*), 종은 진화적으로 분화할 수 있으므로 공통조상에서 분화한 후에 차이가 발생했을 가능성이 항상 있다. 따라서 이와 같은 상황에서는 확실한 결론을 내리기가 항상 어렵다.

455쪽 탐구문제: 피해자가 환자가 아닌 다른 출처로부터 HIV에 감염된 경우 두 균주의 가장 최근 공통조상이 훨씬 더 떨어져 있을 것이다. 그림에서 보는 바대로 이 계통수는 피해자와 환자의 균주가 비교적 최근의 조상을 공유하며 피해자의 균주가 환자의 균주에서 파생되었음을 보여준다.

연습문제

▪1단계: 이해력 확인하기

1. d 2. b 3. a 4. b 5. a 6. d 7. d 8. b 9. c

▪2단계: 적용력 평가하기

1. c 2. d 3. a

▪3단계: 사고력 함양하기

1. 각 집단 이름은 다를 수 있는데, 여기에 제시된 이름은 단지 예이다. 턱-상어, 도롱뇽, 도마뱀, 호랑이, 고릴라, 인간 (턱이 있는 척추동물); 폐-도롱뇽, 도마뱀, 호랑이, 고릴라, 인간 (육상 4지동물); 양막-도마뱀, 호랑이, 고릴라, 인간 (양막 4지동물); 털-호랑이, 고릴라, 인간 (포유류); 꼬리 소실-고릴라, 인간 (인원류); 2족보행-인간 (인간).
2. 이는 다소 어려운 문제처럼 보인다. 관심 있는 종의 관계조차 알지 못하는 경우, 밀접하게 관련된 종을 외군으로 선택한다. 외군에 대한 잘못된 선택을 막는 한 가지 방법은 여러 종을 외군으로 선택한 후, 각각의 외군에 따라 관심 그룹에 대한 계통발생 가설이 어떻게 변하는지 조사하는 것이다. 어떤 외군을 선택하든지 별 차이가 없다면 관심 종에 대한 계통발생 가설에 대한 확신을 높일 수 있다. 반면에, 외군 선택이 큰 차이를 만든다면(다른 외군을 선택할 때 다른 계통발생 가설이 생김) 적어도 더 많은 정보를 수집하지 않고는 관심 종에 대한 강력한 계통발생 가설을 추론할 수 없다는 결론으로 이어질 수 있다.
3. 새가 파충류라는 것을 인식하면 새와 파충류의 생물학에 대한 통찰력을 얻을 수 있다. 예를 들어, 조류의 일부 특성은 깃털(변형된 비늘), 부리의 염류샘, 삼투조절 및 배설 전략(질소 노폐물로 요산 배출)과 같은 파충류 기원으로, 조류에서 지속적으로 유지되는 조상형질이다. 다른 한편으로, 다른 파충류와의 일부 차이점(예, 깃털)은 생물학적으로 매우 중요한 의미를 가지고 있어 공통조상형질에서 볼 수 있는 유사성을 압도한다(차이점이 더 크다는 의미). 예를 들어, 현존하는 비조류 파충류는 날 수 없고 내온성이 없는데, 이 두 가지 형질은 많은 생물학자의 마음에 파충류와 조류는 근본적으로 다르다는 인식을 만들어 냈다. 실제로, 많은 척추동물학자는 분류에 도움이 되는 분지 분석의 힘을 인식하고 있음에도 불구하고, 조류와 파충류의 유사성을 강조하기보다는 이들을 계속 구별하는 것을 선호한다. 결국, 일부 생물학자들이 전통적인 분류 체계에 대한 선호도를 갖는 것은 습관에 불과하다.
4. 사실, 그러한 진화적 전환(유생 시기의 소실 및 직접발생에서 유생발생으로의 역진화)은 최소화 원칙에서는 동일한 비중으로 처리된다. 그러나 발생생물학 등의 방법으로 한 종류의 변화가 다른 종류(소실 대 역진화)보다 일어날 가능성이 작다고 밝혀지면, 이러한 변화는 다양한 방식으로 고려되어야 한다. 가장 간단한 방법은 가능성에 따라 가중치를 할당하는 것이다. 즉 2번의 유생발생에서 직접발생으로의 전환은 1번의 직접발생에서 유생발생으로 전환하는 것에 해당하는 식이다. 실제로 이러한 방법은 존재하며, 이는 단순한 최소화 원칙에 의존하기보다는 진화적 변화의 특정 모델을 구축하기 위해 사용되는 통계적 접근 방식과 유사하다.
5. 앞다리의 구조는 상동성이고 날개의 기능은 수렴성을 가진다. 즉, 새, 익룡, 박쥐의 가장 최근의 공통조상은 이들 생물체가 소유한 것과 비슷한 형태의 앞다리를 가지고 있었으며 뼈와 관절이 비슷했다. 따라서 이러한 생물체의 앞다리 자체는 상동적이다. 그러나 날개는 분명히 수렴진화한 것이기에, 가장 최근의 공통조상은 분명히 날개가 없었다(또는 최소화 원칙을 위반하기는 하지만 다른 모든 포유류와 파충류는 날개를 잃었을 것이다). 또 다른 예로, 곤충의 앞다리는 척추동물 앞다리와 상동성을 갖지는 않지만, 날아다니는 곤충의 날개는 척추동물 날개와 온전히 수렴하는 것을 들 수 있다.
6. 생물학적 종개념은 과정, 특히 조상 집단에서 생식적으로 격리될 정도로 집단의 진화를 초래하는 과정에 초점을 맞춘다. 생물학적 종개념에 의해 활용되는 종분화 과정은 자연선택, 돌연변이 및 유전적 부동과 같은 진화 메커니즘의 상호 연관성을 통해 발생한다. 다른 한편으로, 계통학적 종개념은 과정이 아니라 역사, 집단 간의 차이를 초래한 진화 패턴에 초점을 맞추고 있다. 어느 종의 개념도 더 옳거나 더 틀린 것은 아니다. 종의 개념은 본질적으로 주관적이기에 잠재적으로 논란의 여지가 있다.

찾아보기(한글)

ㄱ

ㄴ

ㄷ

ㄹ

ㅁ

ㅂ

ㅅ

ㅇ

ㅈ

ㅊ

ㅋ

ㅌ

ㅍ

ㅎ

기타

찾아보기(영문)

A

B

C

D

E

F

G

H

I

J

K

L

M

Q

R

S

T

U

V

W

X

Y

Z

기타

12판

RAVEN
핵심 생명과학
하(V ~ Ⅶ)

저자 RAVEN, JOHNSON,
MASON, LOSOS, DUNCAN
대표역자 유시욱

Twelfth Edition

BIOLOGY

McGraw Hill

교문사

Biology, 12th Edition (Brief Edition)

1 2 3 4 5 6 7 8 9 10 GMS 20 21

Original: Biology, 12th Edition © 2020
By Peter Raven, George Johnson, Kenneth Mason, Jonathan Losos, Tod Duncan
ISBN 978-1-260-16961-4

This authorized Korean translation edition is published by Gyomoonsa. in arrangement with McGraw-Hill Education Korea, Ltd. This edition is authorized for sale in the Republic of Korea.

This book is exclusively distributed by Gyomoonsa.

When ordering this title, please use ISBN 978-89-363-2164-2

Printed in Korea

12판

RAVEN

핵심 생명과학

하(Ⅴ～Ⅶ)

저자 소개

Peter Raven 박사는 미주리 식물원의 이사이며, 세인트루이스에 있는 워싱턴 대학교의 식물학 교수이다. 국제적으로 인정받는 열대 식물학 정원의 연구 프로그램을 감독하고 있는데, 이는 멸종위기에 처한 열대 서식지의 연구 및 보존에 있어 크게 기여하고 있다. 그는 열대 보존 분야의 식물 연구를 통해 MacArthur Fellowship을 포함하여 수많은 영예와 상을 받았으며, 17권의 교과서와 400편 이상의 논문을 썼고, 미국립과학학술원(NAS)과 국립연구위원회의 회원이다.

George Johnson 박사는 뉴햄프셔의 다트머스 대학교에 진학했고 캘리포니아 주의 스탠포드 대학원을 졸업한 후, 세인트루이스에 있는 워싱턴 대학교의 의과 대학 교수로 인구 유전학과 진화학을 연구하며 50편 이상의 논문을 저술했다. 현재 워싱턴 대학의 명예 교수로서 학부생들에게 생물학과 유전학을 가르치고 있다. Raven과 함께 저술한 생명과학 교과서들은 미국 전 지역에서 인정받는 대학교 교재로 사용되고 있을 뿐만 아니라 30년 동안 그가 저술한 생물학 교과서로 300만 명 이상의 학생들이 배웠다.

Kenneth Mason은 현재 아이오와 대학교의 생물학과에서 교수로 재직하고 있다. 캔자스 대학교에서 전임교원으로서 유전학 연구실을 설계 및 설립한 후 유전학을 가르쳤으며, 양서류의 색소에 관한 책을 출판함으로써 연구자로서의 그의 학문적 위치를 자리매김하였다. 이후 퍼듀 대학교에서 대규모의 생명과학입문 과정을 성공적으로 개발하고 발전시켰으며, 미국립과학재단(NSF)의 지원으로 다른 교수진과 협력 하에 혁신적인 생물학, 화학 및 물리학 과정을 개발하였다. 그의 아내는 아이오와 대학교에서 대학 총장을 역임하였는데, 이 대학에서 그는 생명과학입문과 인간유전학을 가르쳤다. 그는 생명과학 연구에 뛰어난 업적을 이룬 학자들의 모임인 Phi Sigma의 회원이다.

Jonathan Losos는 현재 워싱턴 대학교 생물학과의 교수로 재직하고 있다. William H. Danforth 상을 수상한 저명한 학자로서 세인트루이스 동물원 및 미주리 식물원과 제휴하여 생물다양성 연구를 발전시키는데 헌신하는 학술 센터인 Living Earth Collaborative를 이끌고 있다. 그의 연구는 도마뱀의 적응방산 양상과 진화적 다양성에 중점을 두고 있다. 미국립과학학술원(NAS)과 미국예술과학협회(AAAS)의 회원이며, Daniel Giraud Elliot Medal을 비롯한 여러 상을 수상했다. 그는 또한 John Guggenheim 및 David and Lucile Packard Foundations로부터 연구기금을 받았고, 200편 이상의 과학 논문을 출판했으며, 2권의 책을 저술했다.

Tod Duncan은 현재 콜로라도 덴버 대학의 임상 조교수이다. 일반생물학 및 생명과학실험을 담당하고 있으며, 일반 미생물학, 바이러스학, 암생물학, 의학미생물학 및 세포생물학 등을 가르쳤다. 영국의 East Anglia 대학에서 식물 분자 및 세포생물학에 중점을 둔 세포생물학 학사 학위를 받고, 세포주기 조절에 대한 연구로 박사 학위를 수여했다. 박사 후 연구원으로 초파리 및 체외에서 DNA 알킬화 손상의 분자 및 생화학적 기작에 대한 연구를 하였다. 현재 그는 다양한 인구통계학으로부터 1학년 신입생들의 유지 및 성공에 영향을 미치는 요인에 관심을 두고 있다. 그는 콜로라도 주 볼더에서 에디와 헨리라는 2마리의 그레이트 데인 품종의 반려견과 함께 살고 있다.

창의적이고 비판적인 생각의 개발을 위한 구성

과학적 사고

모든 장의 주요 삽화는 가설과 실험의 조합에 의해 어떻게 이론이 만들어지고 지식이 확장되는지를 잘 나타내고 있다. '과학적 사고'는 가설로 시작하여 어떻게 명시적인 예측을 하고 이를 실험으로 검증한 후 마지막으로 어떤 결론을 도출할 수 있는지, 그리고 이것이 어떤 분야의 연구로 이어지는지 지식의 확장성을 보여준다. 또한 '과학적 사고'는 과학적 탐구의 논리에서 학생을 안내하는 일관된 틀을 제공하며, 개방형 질문을 던짐으로써 학생들의 흥미 유발과 과학적 탐구를 촉진한다.

자료 분석

학생들은 생명과학적 개념을 배우고 사실을 암기하는 것만으로는 충분하지 않다. 미래의 생명과학자로서 자질을 함양하기 위해서는 자료를 분석하고 그 지식을 적용할 수 있어야 한다. 본문 전체에 걸쳐 삽입된 '자료 분석' 질문은 학생들이 자료를 분석하고 실험 결과를 해석하도록 하여 더 깊게 이해할 수 있도록 유도한다.

탐구문제

생명과학을 공부하는 본질 중 하나는 탐구력 향상에 있다. '탐구문제'는 본문에서 설명한 배경지식과 내용을 토대로 학생들이 보다 정교한 수준에서 생각하고 참여할 수 있도록 유도하는 질문으로 구성되어 있다. '탐구문제'에 대한 답을 찾기 위해 고민하는 과정에서 생명과학의 여러 주제에 대해 깊은 통찰력을 갖는 계기가 마련될 것이다.

과학적 사고

가설: 원형질막은 단단하지 않고 유동성이 있다.
예측: 막이 유동적이라면, 막단백질은 옆으로 확산될 것이다.
실험: 생쥐와 사람 세포의 막단백질을 각각 표지한 다음 융합하여 시간이 지남에 따른 막단백질의 분포를 관찰한다.

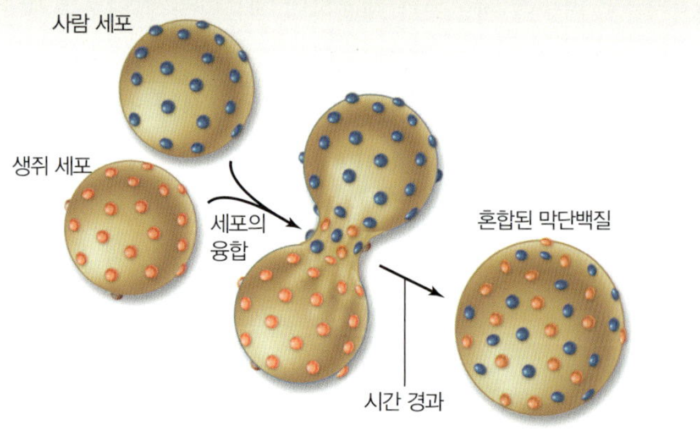

결과: 시간이 지남에 따라 혼합된 막단백질이 증가했다.
결론: 일부 막단백질은 막에서 측면으로 확산된다.
추가 실험: 이 결과에 대해 다른 해석을 할 수 있겠는가? 새로 합성된 단백질이 실험 중간에 막에 삽입되면 어떻게 되겠는가? 어떻게 하면 이 실험으로 다른 해석의 가능성을 배제시킬 수 있겠는가?

그림 4.5 막의 유동성 실험.

그림 36.3 행동적 반응.
푸에르토리코의 도마뱀(*Anolis cristatellus*)은 자주 햇볕에 나가 일광욕을 하는 방법으로 체온을 높인다. 그러나 그늘진 숲에서는 이런 행동이 불가능하기 때문에 체온을 주변 온도와 비슷하게 유지시키는 행동적 반응을 나타낸다.

탐구문제 주어진 조건하에서, 도마뱀은 몸의 생리적 기능을 최적화할 수 있는 온도를 유지하기 위해 그들의 체온을 조절한다. 그렇다면 햇빛에 노출된 서식지에서의 도마뱀과 그늘진 숲에서의 도마뱀의 회피행동은 다르게 나타나겠는가?

자료 분석 그래프 내의 직선의 기울기는 도마뱀 행동에 대해서 무엇을 말해주는가?

핵심 요약

본문은 해당 주제에 대한 배경 설명 및 폭넓은 사례를 들어 학생들이 쉽게 이해할 수 있도록 구성하였고, 각 절의 끝부분마다 '핵심 요약'을 두어 주요 내용을 간략하게 정리하였다. 또한 '핵심 요약'의 마무리는 각 주제에 대한 기본적인 질문을 제시함으로써 학생 스스로 내용 파악을 얼마나 잘하고 있는지 평가할 수 있도록 하였다.

핵심 개념 요약 및 연습문제

각 장의 마무리는 본문에서 다루어진 주제에 대해 학생들이 '핵심 개념 요약'을 통해 정리하고 개념적 틀을 완성할 수 있도록 구성되었으며, 공부한 내용을 복습할 수 있도록 '연습문제'를 제시하였다. 연습문제는 3단계로 구성되어 있는데, 1단계는 생명과학 지식에 대한 이해력을 측정하기 위해 객관식으로 구성하였고, 2단계는 보다 심화된 내용으로, 분석 및 적용 능력을 평가하는데 주안점을 두었다. 3단계에서는 주로 비판적 문제 해결 능력과 탐구력을 함양하는 데 초점을 맞춘 개방형 서술식 문제를 제시하였다. 이 책의 부록에 연습문제 해답을 함께 제시함으로써 학생 스스로 평가할 수 있도록 구성하였다.

역자 소개

강규호
충북대학교 생명과학부

고관수
성균관대학교 의과대학 기초의학

김명옥
경상대학교 생명과학부

김석준
조선대학교 의생명과학과

김영숙
동국대학교 의생명공학과

김영효
단국대학교 생명과학부

김정수
조선대학교 의생명과학과

김창섭
영남대학교 생명과학과

김 혁
동국대학교 한의약연구소

김홍자
경상대학교 생명과학부

문용환
부산대학교 분자생물학과

박동선
한국교원대학교 생물교육과

박선주
영남대학교 생명과학과

박준호
서울과학기술대학교 정밀화학과

석호영
영남대학교 생명과학과

송민석
영남대학교 생명과학과

엄안흠
한국교원대학교 생물교육과

유시욱
영남대학교 생명과학과

이경열
전북대학교 치의예과

이종구
인천대학교 생명과학부

이진성
경기대학교 생명과학전공

이철상
군산대학교 생물학과

이혜령
경상대학교 생명과학부

이효정
군산대학교 생물학과

장갑수
영남대학교 생명과학과

전용필
성신여자대학교 생명과학화학부

전정선
충북대학교 생명과학부

전택중
조선대학교 생명과학과

정효원
동국대학교 한의예과

진한준
단국대학교 생명과학부

차현철
단국대학교 생명과학부

최연자
동국대학교 생명신소재융합학부

태건식
단국대학교 생명과학부

피재호
단국대학교 생명과학부

허성운
군산대학교 생물학과

홍철암
영남대학교 생명과학과

역자 서문

현대사회에서 과학기술, 특히 생명과학의 발전 속도는 매우 가파르게 증가하고 있습니다. 생명과학은 작게는 분자 단위로부터 크게는 지구 전체의 생태계를 다루는 학문이기에 그 내용이 워낙 방대한데다가, 매년 엄청난 양의 새로운 자료들이 추가되기에 학생들이 공부하는 데 어려움을 겪기도 합니다. 이러한 때에 생명과학의 주요 개념 및 원리를 중심으로 한 'Raven 핵심 생명과학 12판'을 출판하게 되었습니다. 본 교재는 전면적으로 개정 · 보완된 'Raven 생명과학 12판'을 바탕으로 재구성한 것입니다. 'Raven 생명과학'은 1986년에 미국에서 처음 출간된 이후 생명과학 교과서로서 꾸준하게 수많은 독자층을 확보한 스테디셀러입니다.

전반적으로 이 책은 생명과학의 핵심 주제에 관해 풍부한 배경지식과 사례를 들어 이야기 식으로 풀어나가고 있기에, 읽는 동안 자연스럽게 기본 원리와 개념이 형성되도록 구성되어 있습니다. 또한 '과학적 사고'를 통해 주요 개념 및 이론에 대한 이해도를 높일 수 있도록 하였고, '자료 분석'과 '탐구문제'에서는 생명과학도에게 필요한 분석력과 종합적 사고력을 배양할 수 있게 하였습니다. 매 장의 말미에는 '핵심 개념 요약'과 '연습문제'를 통해 읽은 내용을 복습하고 스스로 평가할 수 있도록 하였습니다. 이 책은 세포학, 유전학, 발생학, 생리학, 분자생물학 등의 내용이 서로 유기적으로 연결됨으로써 독자들이 생명과학에 대한 통찰력을 갖는 데 도움을 주고 있습니다.

따라서 이 책은 생명과학 및 생명공학을 전공으로 하는 학생들뿐만 아니라 농학, 식품학, 환경학, 보건학, 의학 등의 생명과학적 지식과 사고력이 필요한 관련학과 학생들에게 좋은 길잡이가 될 것으로 생각합니다. 또한 생명과학을 강의하는 선생님들과 강사님들에게도 훌륭한 텍스트(text)가 되리라 확신합니다. 다만 이 책에 포함되지 못한 일부 주제에 대해서는 완역된 'Raven 생명과학 12판'을 참조하시길 바랍니다.

이 책에 사용된 용어는 고등학교 교육과정과의 연계성을 고려하여 교육부에서 발행한 '2015 개정 교육과정에 따른 교과용도서 개발을 위한 편수자료'를 우선으로 참조하였으며, 편수자료에 제시되지 않은 용어는 한국생물과학협회에서 편찬한 '생물학용어집' 및 전공 서적을 참조하여 많이 사용되는 용어들을 선택하였습니다. 일부 새로운 용어에 대해선 최근의 추세에 따라 원어 발음을 기본으로 하여 정하였고, 한자어보다는 우리말로 표현하기 위해 노력하였습니다. 통일된 표기법이 없는 현재의 과도기적 용어들은 조만간 정리될 것으로 기대합니다.

이 책이 출판되기까지 초안을 만들어 주신 각 분야의 전문 교수님들과 좋은 책을 만들기 위해 같이 고민하고 해결해 주신 교문사 영업 · 편집팀 선생님들께 감사의 말씀을 드립니다. 방대한 내용을 다루다 보니 의도치 않게 발생한 오탈자 및 오류 부분에 대해서는 전적으로 제 능력이 부족한 탓임을 밝히며, 지속적으로 정정해나가도록 하겠습니다.

예기치 않게 COVID－19로 인해 교육 현장의 많은 선생님들과 학생들이 어려움을 겪고 있는 시기에 'Raven 핵심 생명과학 12판'이 출간하게 되었습니다. 긴 진화의 시각으로 볼 때 인류는 끊임없이 질병과 전쟁을 치러왔으며, 이번 팬데믹도 결국 진화과정에서 극복될 것으로 생각합니다. '위기'는 곧 '기회'이기도 하기에 생명과학은 더욱더 발전할 것으로 기대하며, 모쪼록 이 책이 생명과학을 공부하는 독자들에게 조금이나마 보탬이 되기를 희망합니다.

2020년 12월

역자를 대표하여 유시욱 드림

간략한 차례

차례

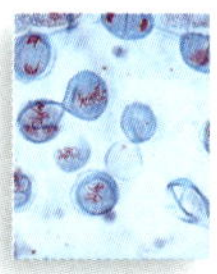

III 유전과 분자생물학

IV 진화

V 식물의 형태와 기능

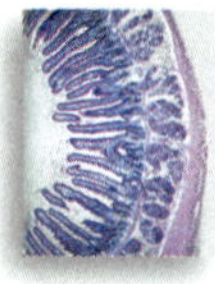

VI 동물의 구조와 기능

VII 생태학과 행동생물학

V 식물의 형태와 기능

20

식물의 형태

도입

얼핏 보기에 선인장과 난 그리고 떡갈나무 사이에는 유사성이 없어 보이지만 대부분의 식물은 기본적인 공통구조를 가지고 있다. 이러한 통일성은 식물이 어떻게 구성되고 자라는지, 어떻게 양분을 만들고 수송하는지, 그리고 식물의 발달이 어떻게 조절되는지 잘 반영해 주고 있다. 이번 장에서는 관다발식물이 어떻게 만들어지는지에 대한 의문을 풀어 본다. 또한 성숙한 식물체를 구성하는 세포, 조직 그리고 기관에 대해 자세히 살펴볼 것이다. 식물체에서 뚜렷이 구분되는 지상부 구조인 슈트와 지하부 구조인 뿌리는 배아 발생 동안 최초로 설계된 기본적인 체제의 최종 산물인데, 이 과정에 대해서도 자세하게 다룬다.

20.1 식물의 구조: 개요

학습 목표

1. 식물체에서 3종류의 조직의 기능을 설명할 수 있다.
2. 발아 후 분열조직이 꼭 필요한 이유를 설명할 수 있다.
3. 1기 생장과 2기 생장의 기원을 비교할 수 있다.

식물계에는 문(phylum) 사이에서뿐만 아니라 종(species) 내에서도 다양한 변이가 존재한다. 멸종되어 현존하지 않는 초기의 관다발식물(vascular plant)에서는 뿌리 및 잎 등의 기관이 뚜렷하게 분화되지 않았다.

현재의 관다발식물 중 특히 육상에 존재하는 식물 종에서 이렇게 뚜렷한 기관이 존재한다는 것은 급격한 특수화가 진행되었음을 의미한다. 실례로 식물에게는 수분을 확보하는 것이 중요한 과제였으며 뿌리는 토양에서 수분을 흡수하기 좋은 형태로 적응하였다. 잎, 뿌리, 가지 그리고 꽃은 식물에 따라 크기와 수에서 큰 변이를 보인다. 이러한 기관들의 형태와 구조의 발달은 정확하게 조절되지만 잎, 줄기와 뿌리의 발달은 상당 부분 유연성을 보여준다. 이번 장에서는 현화식물(flowering plant)을 모델로 식물체의 형태에 있어서 통일성을 살펴보고자 한다.

관다발식물은 뿌리와 줄기를 지닌다

관다발식물은 근계와 슈트계를 가지고 있다. 뿌리와 슈트는 각각 그 끝부분이 신장되는데 이 부위를 **정단부**(apex)라 한다(**그림 20.1**).

근계(root system)는 식물체를 고정시키고 토양으로 뿌리를 내려 수분과 식물 영양에 필수적인 이온을 흡수한다. 근계는 종종 넓게 퍼진 뿌리가 자라고 확장함에 따라 큰 힘을 발휘하여 토양내의 물질을 움직이도록 한다. 식물이 토양에 적응하기 위해 뿌리가 슈트계보다 나중에 진화된 것으로 보인다.

그림 20.1 식물체의 모식도.
분지하는 뿌리와 슈트 체계가 식물체의 구조를 결정한다. 뿌리와 슈트는 신장을 하는 정단을 가지고 있다. 잎은 슈트의 마디에서 생기며, 마디에는 곁눈이 있는데, 이는 휴면하거나 자라서 곁가지를 형성하거나 꽃을 만든다. 잎은 단엽 또는 그림에서와 같이 여러 부분으로 구성된다. 뿌리, 슈트 그리고 잎은 관다발(수송)조직에 의해 연결되어 있다.

슈트계(shoot system)는 줄기와 잎으로 이루어져 있다. 줄기는 광합성을 수행하는 주 기관인 잎이 부착하는 뼈대 역할을 한다. 잎의 배열, 크기, 그리고 여러 특성은 식물체의 양분 생산에 매우 중요한 역할을 한다. 꽃과 다른 생식기관, 최종적으로 열매와 종자는 슈트에서 형성된다(꽃의 형태학과 식물의 생식은 24장에서 다룬다).

영양지(vegetative shoot)를 구성하는 반복 단위는 마디사이, 마디, 잎, 곁눈 등이며, 생식구조는 제외된다. 곁눈(axillary bud)은 줄기의 측면에 형성된 슈트 끝눈으로서 주 슈트(main shoot)가 초식동물에 먹혔을 경우 이를 대체하거나 가지를 낼 수 있도록 한다. 영양 곁눈은 1차 슈트(primary shoot)를 대체할 능력을 지니고 있다. 식물체가 생식단계로 전환되면 곁눈은 꽃 혹은 화기 슈트를 형성한다.

뿌리와 슈트는 세 유형의 조직으로 구성된다

식물세포의 유형은 성숙기에 살아 있는 세포인지 죽은 세포인지에 상관없이 액포의 크기와 식물세포의 뚜렷한 특징인 세포벽의 두께에 의해 구별될 수 있다(3장 세포구조 참조). 일부 세포는 셀룰로스(cellulose)로 구성된 1차 세포벽만 지니는데, 셀룰로스는 세포막 근처의 원형질체(protoplast)에서 합성된다. 미세소관(microtubule)은 세포막 바로 아래에 배열되어 있으며 셀룰로스 섬유(fiber)의 방향을 결정한다(**그림 20.2***a*). 식물체를 지탱해 주는 세포는 여러 겹의 셀룰로스로 되어 있고, 리그닌(lignin)과 펙틴(pectin)을 포함한 강화 분자가 있어서 더욱더 견고한 세포벽을 지닌다. 셀룰로스 층은 합판과 같이 인접한 층이 직각으로 쌓여 있는데 이러한 구조가 세포벽의 견고성을 높여준다(**그림 20.2***b*).

뿌리, 줄기, 그리고 잎 모두 기본적인 3가지 조직인 표피조직, 기본조직, 그리고 관다발조직을 지닌다. 이들 각각의 조직이 뿌리와 줄기를 통해 신장하기 때문에 이들을 합쳐서 **조직계**(tissue system)라 부른다. 1차적으로 표피를 구성하는 **표피조직**(dermal tissue)은 대부분의 식물에서 두꺼운 한 층으로 되어 있고 가장 바깥에서 식물체를 보호하는 역할을 한다. **기본조직**(ground tissue)의 세포는 식물체를 지탱하고 보호하는 섬유를 형성하는 기능 외에도 저장, 광합성 그리고 분비의 기능을 수행한다. **관다발조직**(vascular tissue)은 물과 물에 녹은 물질을 식물체 각 부위로 전달하는 역할을 한다. 이들 조직의 구조와 기능은 다음에서 자세히 다룬다.

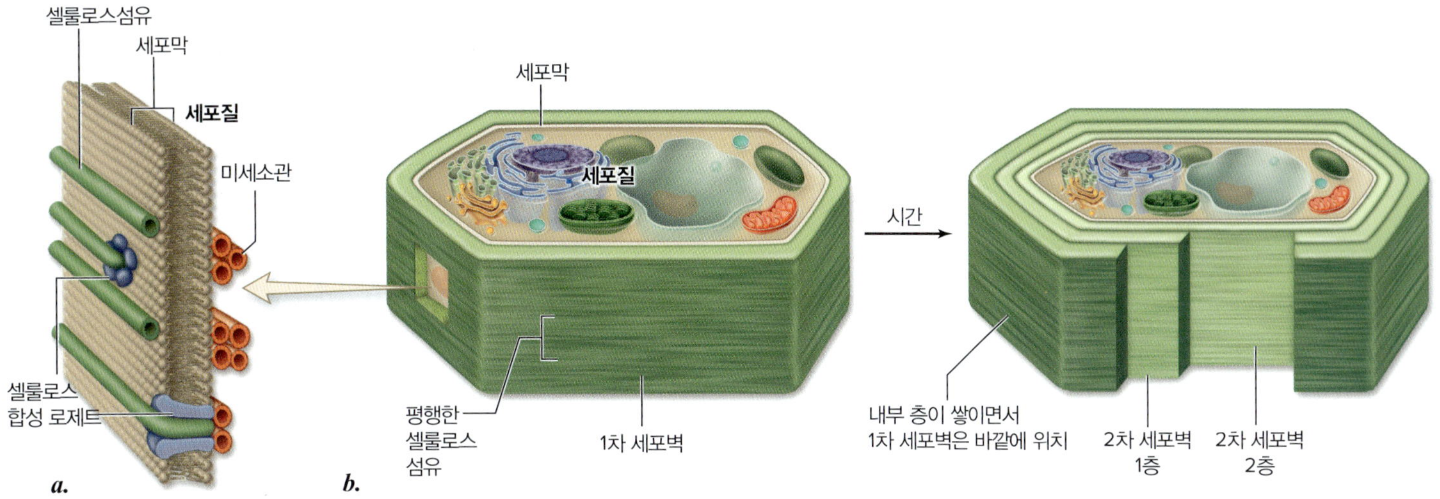

그림 20.2 식물 세포벽의 합성.
a. 셀룰로스(섬유소)는 세포벽을 형성하는 세포막의 셀룰로스 합성 로제트(rosette)에서 생산되는 다당류이다. 셀룰로스 섬유는 세포막 안쪽의 미세소관들과 평행하게 놓여있다. 같은 세포 유형에서 세포벽을 강화하고 방수 기능을 하는 추가적인 물질들이 세포벽에 더해진다. ***b.*** 어떤 세포들은 몇 겹의 셀룰로스 층으로 세포벽의 기계적 강도를 증가시킨다. 새로운 셀룰로스는 세포막에서 생산되기 때문에 오래된 셀룰로스 층은 세포벽의 바깥쪽에 있게 된다. 모든 세포는 1차 세포벽을 가지고, 추가적인 셀룰로스 층이 2차 세포벽에 첨가된다.

새로운 생장은 분열조직에서 일어난다

종자가 발아하면 성숙한 식물체의 아주 작은 부분만 존재한다. 배아(embryo)의 세포가 분열과 분화를 통해 여러 형태의 세포를 만들기는 하지만 대부분 성체 세포의 운명은 이미 정해져 있다. 이후의 식물체 발달은 슈트와 뿌리의 정단부 및 다른 부위에 분포해 있는 **분열조직**(meristem)의 활동에 달려 있다. 정단분열세포는 미분화된 세포로서 무한히 분열할 수 있고 다양한 유형의 분화된 세포를 만들 수 있다.

분열조직의 개요

분열조직은 조밀한 세포질과 비교적 큰 핵을 지닌 작은 세포 덩어리인데, 이는 동물의 줄기세포와 유사하다. 즉, 한 세포가 분열하여 2개의 세포가 되는데, 이 중 하나는 분열을 계속하고 다른 하나는 분화를 거듭하여 식물체를 구성하게 된다(**그림 20.3**). 이러한 방식으로 분열조직의 세포 집단은 지속적으로 새롭게 유지된다. 분자유전학적 증거는 동물의 줄기세포와 식물의 분열조직 세포가 유전자 발현과정에서 일부 경로를 공유한다는 가설을 지지한다. 예를 들어, 동물의 줄기세포의 분열은 망막모세포종(Retinoblastoma) 단백질에 의해 일부 조절되며, 이의 상동인 망막모세포종-유사(RETINOBL-ASTOMA-RELATED) 단백질은 분열조직 세포의 증식 조절에 유사한 기능을 한다. 뿌리와 슈트의 신장은 **정단분열조직**(apical meristem)의 지속적인 세포분열과, 뒤이은 세포 신장의 결과로서 나타난다. 목본식물에서는 **측생분열조직**(lateral meristem)이 뿌리와 슈트의 지름을 증가시킨다.

정단분열조직

정단분열조직은 줄기와 뿌리의 끝에 위치한다(**그림 20.4**). 생장기 동안 정단분열조직의 세포들은 끊임없이 분열하여 정단부에 더 많은

그림 20.3 분열조직의 세포분열.
식물의 분열조직은 분열하여, 분화되는 딸세포를 만드는 세포와 분열세포로 남아 있는 세포로 구성된다.

세포들을 첨가한다. 정단분열조직으로부터 유래된 조직을 **1기 조직**(primary tissues)이라 하며 뿌리와 줄기로 연장되어 소위 **1기 식물체**(primary plant body)를 만든다. 1기 식물체는 교목이나 관목에서 어린 연약한 슈트나 뿌리로 되어 있거나 어떤 식물에서는 전체 식물체로 된다.

뿌리와 슈트 정단분열조직은 보호가 필요한 연약한 세포로 구성되어 있다(**그림 20.4**). 뿌리 정단분열조직은 뿌리골무에 의해 보호되며, 이 구조는 20.3절에서 살펴본다. 뿌리골무 세포는 뿌리 분열조직에 의해 생기며 뿌리가 토양에서 움직일 때 벗겨지고 보충된다. 대조적으로 **잎원기**(leaf primordia)는 자라는 슈트 정단분열조직을 보호하는데, 이 분열조직은 대기와 태양에 노출되면 쉽게 탈수가 되기 때문이다.

정단분열조직은 먼저 **1기 분열조직**(primary meristem)을 만들고 이에 의해 3가지 조직계가 생겨난다. 3가지의 1기 분열조직은 표피를 형성하는 **전표피**(protoderm), 1기 관다발조직(물의 수송을 담당하는 1기 물관부와 양분 수송을 담당하는 1기 체관부)을 생성하는 **전형성층**(procambium), 기본조직으로 분화되는 **기본분열조직**(ground meristem)이다. 속새나 옥수수와 같은 식물은 줄기 마디사이(절간; 잎 부착점 사이의 구역)에 **절간분열조직**(intercalary meristem)이 생겨서 마디사이의 길이를 증가시킨다. 조용한 여름밤에 옥수수 밭을 거닐면 무릎 높이의 키를 지닌 옥수수에서 약한 터지는 소리를 들을 수 있다. 이 소리는 절간분열조직의 빠른 생장 때문에 생긴다. 아주 짧은 시간에 일어나는 줄기의 신장은 매우 놀랍다.

그림 20.4 정단분열조직.
슈트와 뿌리의 정단분열조직은 지상 및 지하로 식물체를 신장시킨다. 잎원기는 연약한 슈트 분열조직을 보호해 주며, 뿌리 분열조직은 새로운 뿌리조직을 더 만들고, 보호 기능을 하는 뿌리골무를 형성한다.

측생분열조직

많은 초본식물(나무가 아닌 다육질의 줄기를 지닌 식물)은 1기 생장만 하지만 다른 식물은 **2기 생장**(secondary growth)을 해서 상당히 굵어진다. 2기 생장은 측생분열조직에 의해 수행되는데, 이는 겉씨식물과 대부분의 속씨식물에서 줄기와 뿌리의 둘레(지름)를 증가시키는 주변부의 원통형 분열조직이다. 측생분열조직은 정단분열조직에서 유래한 기본조직으로부터 형성된다. **외떡잎식물**(monocot)은 특이하게 예외적이다(**그림 20.5**).

2기 생장이 일부 나무가 아닌 식물의 둘레를 크게 하지만 이의 효과는 목본식물에서 가장 뚜렷하며, 목본은 2가지 측생분열조직을 지닌다. 목본 줄기의 수피(bark)에는 **코르크형성층**(cork cambium)이 있는데, 이것은 나무의 외수피를 만드는 측생분열조직이다. 수피 바로 밑에는 **관다발형성층**(vascular cambium)이 있는데, 2기 관다발조직을 형성하는 측생분열조직이다. 관다발형성층은 관다

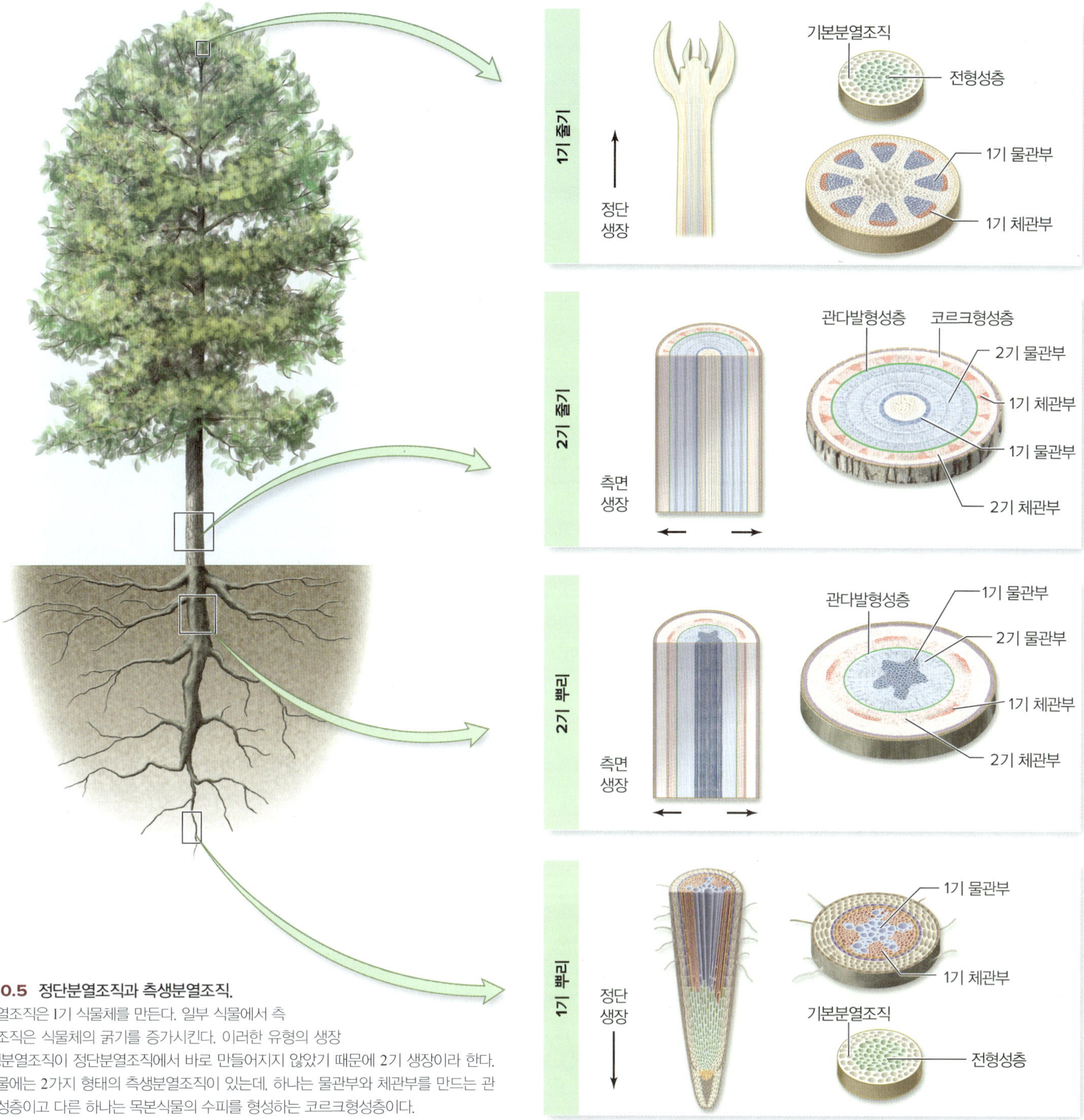

그림 20.5 정단분열조직과 측생분열조직. 정단분열조직은 1기 식물체를 만든다. 일부 식물에서 측생분열조직은 식물체의 굵기를 증가시킨다. 이러한 유형의 생장은 측생분열조직이 정단분열조직에서 바로 만들어지지 않았기 때문에 2기 생장이라 한다. 목본식물에는 2가지 형태의 측생분열조직이 있는데, 하나는 물관부와 체관부를 만드는 관다발형성층이고 다른 하나는 목본식물의 수피를 형성하는 코르크형성층이다.

발내 물관부와 체관부 사이에 형성되며, 이들 옆에 2기 관다발조직을 첨가한다. 물관부는 관다발형성층의 내부에, 체관부는 외부에 첨가된다.

2기 물관부는 목재(wood)의 주 구성원이다. 2기 체관부는 목본 줄기의 외표면과 아주 가까이 있다. 교목의 수피를 제거하면 체관부가 손상되어 결국 그 나무는 죽는다. 측생분열조직으로부터 형성된 조직은 교목과 관목에서 줄기, 가지, 늙은 뿌리의 대부분을 차지하며, 이 조직을 **2기 조직**(secondary tissue)이라 하고, 전체를 **2기 식물체**(secondary plant body)라 부른다.

핵심 요약 20.1

근계는 식물을 고착시키며 물과 양분을 흡수하는 반면, 줄기, 잎, 꽃 등으로 구성된 슈트계는 광합성과 유성생식을 한다. 뿌리와 슈트는 표피조직, 기본조직, 관다발조직을 공통적으로 지니고 있다. 1기 생장은 뿌리와 슈트의 끝에 있는 정단분열조직에 의해 이루어지고, 2기 생장은 주변부와 둘레를 증가시키는 측생분열조직에 의해 만들어진다.

- 목본식물의 슈트에 있는 상이한 분열조직의 위치와 기능을 비교하고 대조해 보자.

20.2 식물의 조직

학습 목표

1. 기본조직을 이루는 3가지 세포 유형과 이들의 기능에 대해 설명할 수 있다.
2. 물관부와 체관부의 구조와 기능을 구별하여 설명할 수 있다.

고도로 분화된 세포 유형은 3가지 조직계를 구별하며 조직의 기능과도 상관이 있다. 각 조직은 여러 유형의 세포로 구성된다. 여기서는 식물세포의 구조와 기능에 대해 살펴본다.

표피조직은 환경과 접하는 보호층을 형성한다

배아와 정단분열조직에서 유래한 표피조직은 **표피**(epidermis)를 형성한다. 이 조직은 대부분의 식물에서 한 층의 두께로 구성되며, 식물체 외부를 감싸는 보호층의 역할을 한다. 어린 식물체의 노출된 표피는 **각피**(cuticle)를 형성하는 밀랍같은 **각피질**(cutin) 층으로 덮여 있다. 사막의 다육식물은 여러 겹의 밀랍(wax) 층이 각피에 덮여 있는데, 이는 수분 소실과 자외선으로부터 식물체를 보호하는 기능을 한다. 표피조직은 나무의 수피를 형성하기도 한다.

전표피(protoderm)에서 유래한 **표피세포**(epidermal cells)는 1기 식물체의 모든 부위를 감싸고 있다. 표피조직에는 **공변세포**, **세포모**, **뿌리털** 등과 같은 여러 가지 유형의 특수화된 세포들이 포함된다.

공변세포

공변세포(guard cell)는 입 모양의 기공을 둘러싸고 있는 한 쌍의 소시지 모양의 세포로서 다른 표피세포와는 달리 엽록체가 있다.

기공은 잎의 표피세포에서 발생하는데(**그림 20.6***a*), 줄기나 열매 등의 다른 조직에서도 발생하기도 하며, 2가지 기능을 한다. 기공을 통한 산소와 이산화탄소의 이동은 광합성에 필수적이다. 또한 기체 상태로의 수분의 확산은 거의 기공을 통해 이루어져서 뿌리에서 잎까지 수분과 무기염류의 이동을 가능하게 한다. 잎 표면 1 cm^2당 기공의 수는 0~6만 개의 분포를 보인다. 많은 식물에서 기공은 잎의 상표피보다 하표피에 많이 분포하는데, 이는 수분의 소실을 줄이기

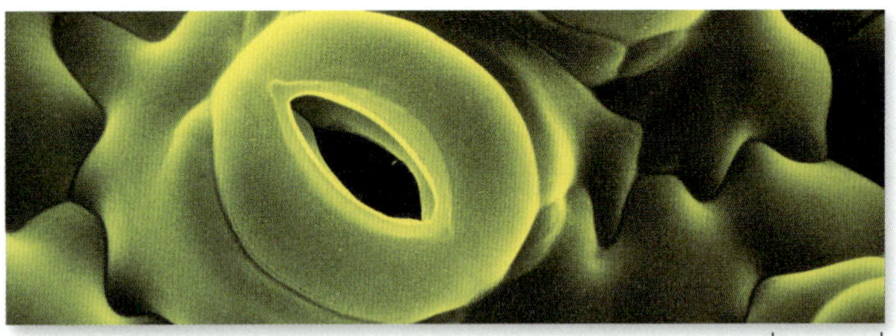

a. 4 μm

b. 200 μm

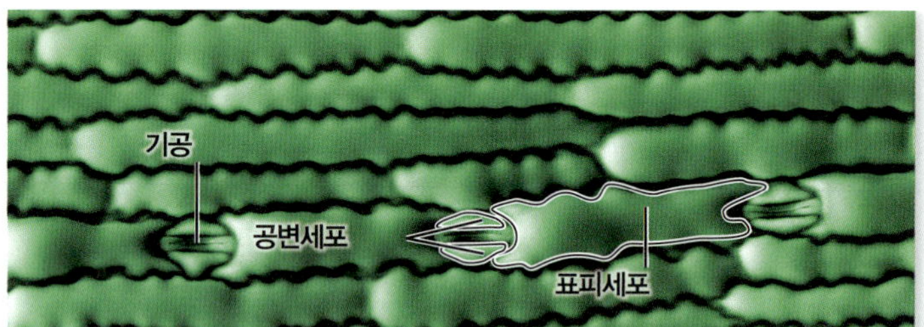

c. 200 μm

그림 20.6 기공.
a. 기공은 구멍의 크기를 조절하는 2개의 공변세포 사이에 있는 공간이다. 기공은 외떡잎식물과 진정쌍떡잎식물의 표피에 고르게 분포하고 있으나 그 양상은 매우 다르다. *b.* 완두(진정쌍떡잎식물)의 잎에는 기공이 무작위로 분포한다 *c.* 옥수수(외떡잎식물)의 잎에는 기공이 줄지어 균일한 간격으로 분포한다. 이 사진들은 기공의 다양한 모양을 보여주는데, 어떤 세포는 옥수수에서와 같이 상자 모양이고(*c*), 다른 식물에서는 퍼즐조각 모양을 한 완두 표피세포처럼 불규칙적으로 배열되어 있다(*b*).

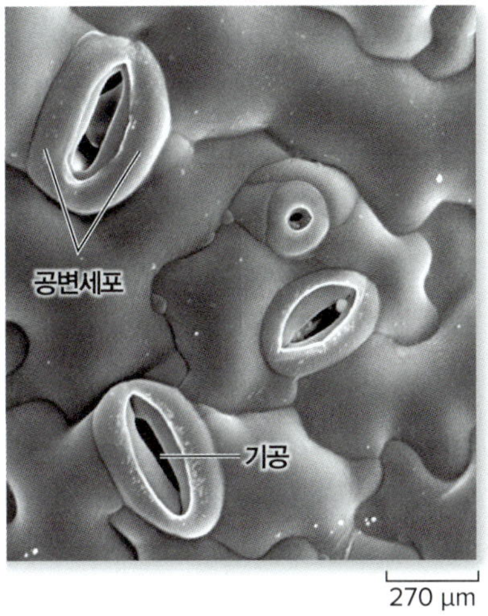

그림 20.7 너무 많은 기공을 지닌 돌연변이체.
이 애기장대 돌연변이 식물체는 기공을 공간 배열하는 데 필수적인 신호가 결핍되었다. 일반적으로 분화되는 한 쌍의 공변세포는 인접한 세포가 공변세포로 분화되는 것을 방해한다.

그림 20.8 세포모의 일종인 분비모.
이 토마토 식물에서 끝부분이 갈색이며 둥근 형태의 세포모는 분비모로서, 식물의 표면에서 곤충이 들러붙는 끈적끈적한 풀과 같은 물질을 분비한다.

위해서이다. 일부 식물은 기공이 잎의 하표피에만 존재하고, 수련 등 몇몇 식물에서는 기공이 잎의 상표피에만 존재하는데, 이는 기체 교환을 극대화기 위한 것이다.

공변세포의 형성은 공변세포와 기공의 개폐에 도움을 주는 부세포(subsidiary cell)를 만드는 과정에서 세포분열이 비대칭적으로 일어난 결과이다. 기공의 분포 결과로 나타난 이러한 비대칭 분열의 양상은 발생생물학자의 흥미를 끌기도 했다(**그림 20.6***b*, *c*).

기공의 위치에 대해 "혼란한" 돌연변이체 연구는 기공 발생의 시기와 공변세포 형성을 촉발하는 세포간 소통의 종류에 대한 정보를 제공하고 있다. 예를 들어, 애기장대(*Arabidopsis*)에서 *too many mouth*(*tmm*) 돌연변이는 공간적으로 기공을 분리하는 정상적인 세포분열의 양상을 깨뜨린다(**그림 20.7**). 이 유전자 및 다른 기공 패턴 관련 유전자에 대한 연구로 한 세포가 다른 세포와의 상대적인 위치에 따라 위치정보를 받고 운명을 결정한다는 세포-세포 소통(7장 참조)의 협업 네트워크를 알게 되었다. *TMM* 유전자는 비대칭 세포분열을 조절하는 신호전달경로의 일부인 막결합 수용체를 암호화한다.

세포모

세포모(trichome)는 표피가 외부로 돌출된 단세포 또는 다세포의 털과 같은 모양의 구조를 일컫는다(**그림 20.8**). 이들은 줄기, 잎 그리고 생식기관에 발생한다. '솜털'이나 '양털' 같은 것을 지닌 잎은 세포모들로 덮혀 있는데 현미경으로 저배율에서도 뚜렷이 볼 수 있다. 세포모는 기공의 입구를 덮어 수분의 증발량을 줄여주기도 한다. 또한 고강도의 빛과 자외선으로부터 잎을 보호하며 잎의 급격한 온도 변화에 대해 완충작용을 할 수 있다. 세포모는 다양한 형태로 나타나는데 단세포 세포모와 다세포 세포모로 구분된다. 일부는 선상(glandular) 분비모로, 초식동물로부터 자신을 보호하기 위해 끈적끈적한 물질이나 독성 물질을 분비하기도 한다.

세포모 발생을 조절해주는 *GLABROUS3*(*GL3*)를 포함한 유전자들이 동정되었다(**그림 20.9**). 세포모억제단백질에 비해 GL3와 같은 세포모개시단백질이 역치 수준에 이르면 표피세포가 세포모로 전환된다. 세포모 세포로부터 오는 이러한 신호는 인접 세포들의 세포모 촉진유전자의 발현을 억제한다(**그림 20.9**).

뿌리털

뿌리털(root hair)은 각각의 표피세포가 관 모양으로 뻗어 나온 것으로 어리고 생장 중인 뿌리 끝 바로 아래 부위에서 나타난다(**그림 20.10**). 뿌리털은 단순히 표피세포에서 돌출한 것으로 별개의 세포가 아니며 털과 세포를 격리하는 격벽이 존재하지 않는다. 뿌리털은 뿌리를 주위 토양 입자와 접촉하게 하고 표면적을 증가시켜 양분의 흡수를 효율적으로 높인다.

뿌리가 자라지만 뿌리털 구역의 크기는 거의 일정한 수준으로 유지되는데, 이는 정단부에서 새로운 뿌리털이 발생하고 오래된 뿌리털은 없어지기 때문이다. 초본식물의 경우 수분과 양분의 흡수는 거의 뿌리털을 통해 이루어진다. 뿌리털은 뿌리 내부에서 유래하는 다세포로 이루어진 곁뿌리(lateral root)와는 혼동하지 말아야 한다.

최초의 육상식물은 뿌리가 없었고, 나중에 슈트로부터 뿌리가 진화되었다. 슈트의 표피세포에서 세포모와 기공의 분화에 필요한 일부 유전자들은 진화기간 동안 뿌리털의 발생을 같이 선택하였다.

? **탐구문제** 육상생활에서 적응된 표피조직의 3가지 특성을 기술하고, 이들 특성의 장점을 설명하시오.

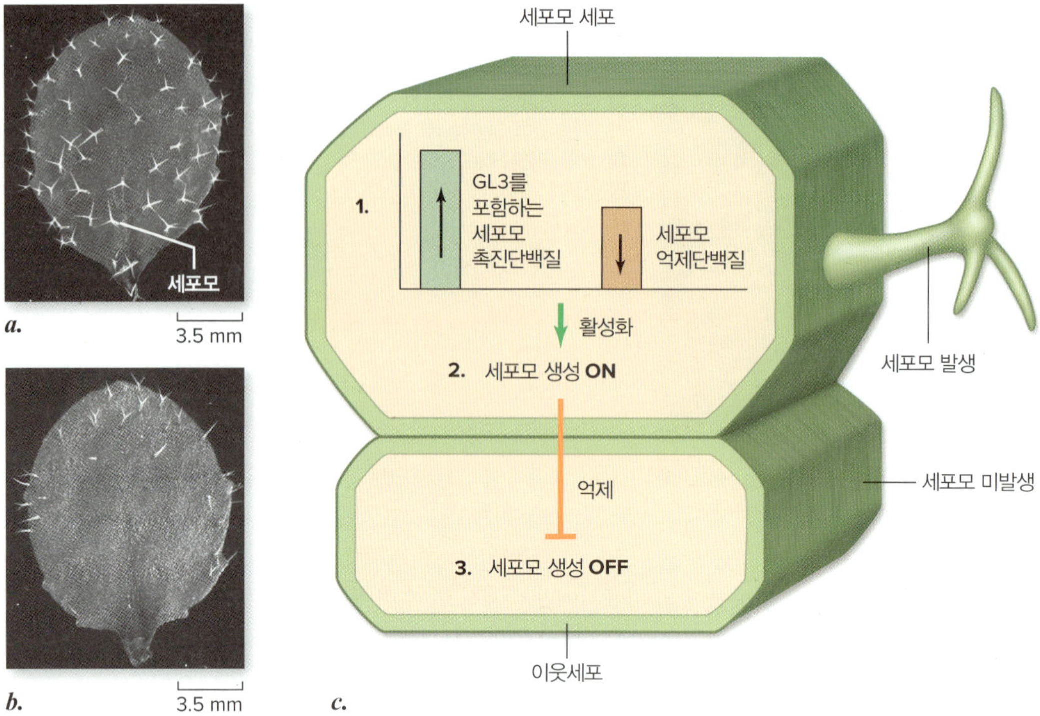

그림 20.9 세포모의 양상. 돌연변이체 연구를 통해 애기장대에서 세포모의 공간적 배열과 발달에 관여하는 유전자를 밝혀냈다. ***a.*** 야생형. ***b.*** 세포모 발달이 유도되지 않는 *glabrous3* 돌연변이체. ***c.*** 세포에 충분한 GL3가 있고 세포모억제단백질의 수준이 낮을 때, 세포모는 발생한다. 일단 세포가 세포모 분화를 개시하면 인접 세포에 신호를 보내 세포모를 만들지 못하게 한다.

그림 20.10 뿌리털. 뿌리털은 물과 영양분의 흡수를 증대시키기 위해 뿌리의 표면적을 증가시키는 표피세포의 일종이다.

기본조직의 세포는 저장, 광합성, 지지 등의 다양한 기능을 한다

기본조직은 주로 저장, 광합성, 분비의 기능을 수행하는 얇은 세포벽을 지닌 **유조직세포**로 구성된다. 그 외 기본조직은 **후각조직세포**와 **후벽조직세포**로 구성되는데 지지와 보호 기능을 한다.

유조직

유조직세포(parenchyma cell)는 식물에서 가장 흔한 세포이다. 큰 액포와 얇은 세포벽을 가지며, 처음에는 다소 둥근형태를 보이지만, 곧 각 세포의 원형질들이 서로를 밀쳐서 다른 형태가 되는데, 보통 11~17면체가 된다.

유조직세포는 수년간 사는데 일부 식물(선인장의 경우)은 100년을 넘게 살기도 한다. 이들은 양분과 물의 저장, 광합성, 분비의 기능을 한다. 1기 조직에서 가장 풍부한 세포이며, 훨씬 적은 양이지만 2기 조직에도 존재한다(**그림 20.11***a*).

대부분의 유조직세포는 1차벽만 지니는데, 1차벽은 세포가 성숙하는 동안 축적되는 세포벽이다. 비록 화밀(nectar)과 수지(resin)의 분비, 유액(latex), 단백질, 대사노폐물의 저장 등의 특수한 기능을 지닌 변이체가 많다고 해도, 유조직은 다른 식물세포보다 덜 특수화되어 있다. 일부 유조직은 특히 잎과 초본 줄기의 바깥 부위에서 엽록체를 지닌다. 이러한 광합성 유조직을 **엽록조직**(chlorenchyma)이라 한다.

후각조직

샐러리를 먹다가 치아 사이에 실 같은 것이 낀 적이 있을 것이다. 이것이 바로 유연한 **후각조직세포**(collenchyma cell)이다. 유세포와 마찬가지로 후각세포는 살아 있는 원형질체를 지니며, 2차벽이 없고

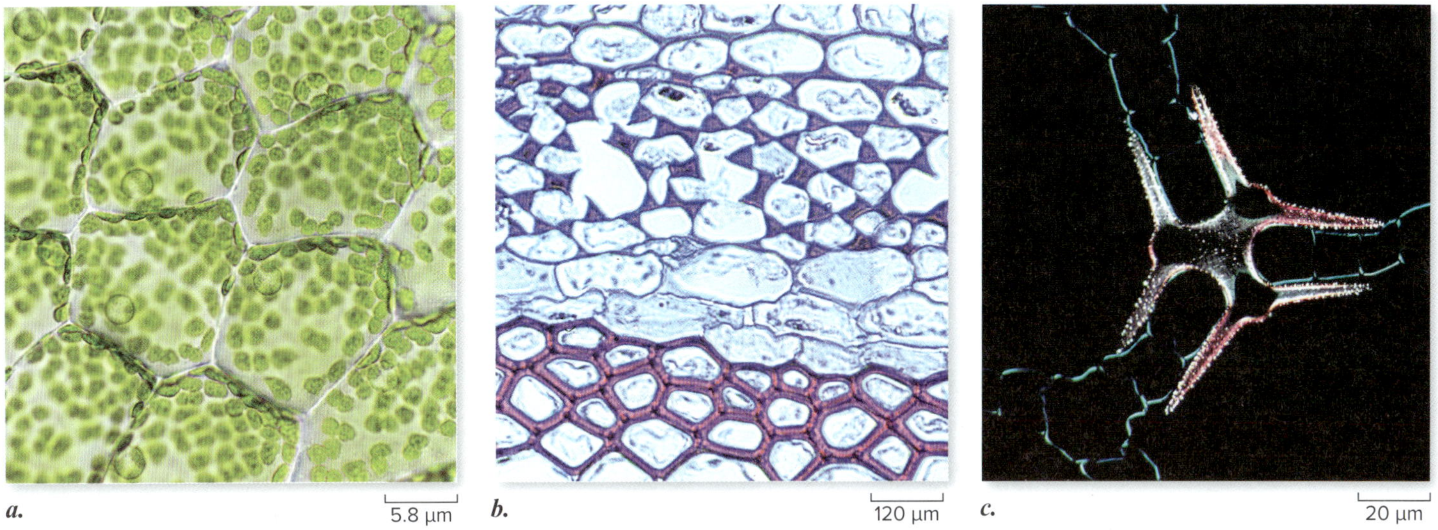

그림 20.11 **3가지 유형의 기본조직 횡단면.**
a. 유조직세포. 화본과식물의 유조직세포에서는 1차 세포벽만 관찰된다. *b.* 후각조직세포. 딱총나무(*Sambucus*)의 어린 가지에 분포하는 후각조직세포를 관찰하면 두꺼워진 세포벽이 보인다. 다른 종류의 후각조직에서 두꺼워진 부분은 세포의 모퉁이에서 나타난다. *c.* 붉은색으로 염색된 부분이 후벽세포(돌세포) 집단이고, 녹색으로 염색된 주위의 얇은 세포벽이 유조직이다. 후벽세포는 후벽조직의 한 유형인데, 또 다른 유형은 섬유이다.

오랫동안 살 수 있다. 이들 세포는 길이가 폭보다 약간 길며, 세포벽의 두께가 균일하지 않다(**그림 20.11***b*).

유연한 후각세포는 식물 기관을 지탱하여 이들이 부러지지 않고 휘게 한다. 이들은 종종 줄기나 잎자루(엽병)의 표피 아래, 잎의 잎맥을 따라서 줄 모양 또는 연속적인 원통으로 형성된다. 줄 모양의 후각조직은 1기 식물체의 줄기를 지탱하는 주된 역할을 한다.

후벽조직

후벽조직세포(sclerenchyma cell)는 질기고 두꺼운 벽을 지닌다. 유조직이나 후각조직과는 달리 성숙한 후벽조직세포는 전형적으로 죽은 상태다. 이들의 2차벽은 **리그닌**(lignin)을 많이 함유하는데, 고도로 분지된 구조의 중합체로서 세포벽을 더욱 단단히 한다. 예를 들어, 리그닌은 목재의 중요한 구성성분이다. 리그닌을 가진 세포벽을 **목질화되었다**(lignified)고 한다. 리그닌은 구조적 및 기계적인 기능을 하는 세포벽에 공통적으로 존재한다.

후벽조직은 일반적으로 섬유(fiber)와 후벽세포(sclereid)의 형태로 존재한다. **섬유**는 길고 가는 세포로 함께 모여 띠를 이룬다. 실례로 린넨(linen)은 후벽조직의 섬유들이 엮인 것인데, 아마(flax)의 체관부에서 발견된다. **후벽세포**는 형태가 다양하며 종종 분기되어 있다. 후벽세포는 단독 또는 집단으로 존재하고 길지는 않지만 별 모양 등 다양한 모양이다. 배의 과육조직은 푸석푸석한 모래 같은 질감인데, 이는 과일의 과육에 퍼져 있는 후벽세포 집단 때문이다(**그림 20.11***c*). 후벽세포는 딱딱한 종피에도 존재한다. 이 거칠고 세포벽이 비후된 종류의 세포는 조직의 구조를 강화해 주는 역할을 한다.

관다발조직은 식물체 전체에 물과 양분을 운반한다

20.1절에서 언급한 바와 같이 관다발조직은 2가지 수송조직을 포함한다. (1) **물관부(목부)**는 물과 용해된 무기물을 수송하고 (2) **체관부(사부)**는 식물의 양분으로 사용되는 탄수화물 용액, 주로 수크로스를 수송한다. 체관부는 또한 식물호르몬, 아미노산, 그리고 식물 생장에 필요한 물질도 수송한다. 물관부와 체관부는 구조와 기능에서 차이가 있다.

물관부

식물체에서 물의 주 수송조직인 **물관부**(xylem)는 대개 **물관**(도관, vessel)과 **헛물관**(가도관, tracheid)으로 되어 있는데, 물관은 속이 빈 원통 모양의 죽은 세포들이 서로 끝과 끝이 연결되어 형성된 연속된 관이며, 헛물관은 끝이 가늘어지면서 서로 중첩된 죽은 세포이다(**그림 20.12**). 1기 물관부는 정단분열조직에서 만들어진 전형성층에서 유래하고, 2기 물관부는 측생분열조직인 관다발형성층으로부터 형성된다. 목재는 2기 물관부로 구성된다.

겉씨식물(현화식물이 아니라) 같은 일부 식물은 헛물관이 유일한 물의 통로가 되는데 물이 뿌리로부터 위쪽으로 슈트를 통해 잎으로 끊기지 않고 전달된다. 물이 잎에 도달하면 대부분은 수증기의 형태로 세포간극으로 확산되고 기공을 통해 잎 밖의 대기로 방출된다. 이러한 식물에서의 수증기의 확산을 **증산**(transpiration)이라고 한다(21장 참조). 물관부는 수분 이외에도 용해된 무기물과 질산염(nitrate)과 인산염(phosphate) 같은 무기 이온의 이동과 식물체를 지탱하는 역할을 한다.

그림 20.12 헛물관과 물관요소의 비교. 헛물관에서는 물이 벽공을 통해 세포에서 세포로 이동한다. 물관요소에서는 물이 천공판을 통해 이동한다. 겉씨식물은 헛물관을 지닌 반면, 속씨식물에는 헛물관 외에 물관도 존재한다. 이 두 유형의 세포가 물을 이동시키고, 섬유는 부가적인 지지역할을 한다. 이 단풍나무(*Acer rubrum*)는 헛물관과 물관을 같이 갖고 있다.

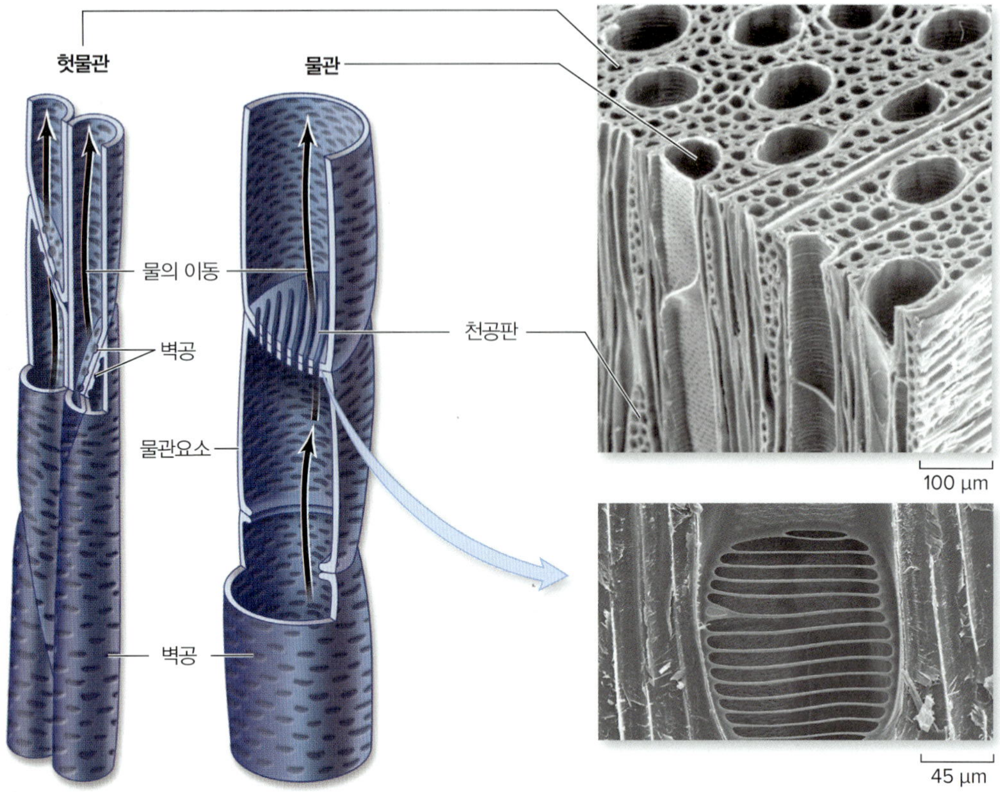

물관요소(vessel member)는 헛물관보다 더욱 짧고 폭이 넓은 편이다. 물관은 물관요소가 연결된 것으로 현미경으로 보면 물관은 양쪽 끝이 잘려나간 음료수 캔과 비슷한 모양이다. 물관과 헛물관 모두 두껍고 목질화된 2차 세포벽을 가지고 있으나 성숙기에 살아 있는 원형질체는 없다. 리그닌은 세포에서 만들어지고 분비되어 원형질체가 죽기 전에 섬유소 세포벽을 강화해 주고 세포벽만을 남기게 된다.

헛물관은 **벽공**(pit)을 지니는데, 이는 2차 세포벽물질이 침적되지 않은 작은 부위이다. 벽공에는 1차벽이 존재하여 물에 투과성이다. 이웃하는 세포의 벽공은 서로 마주 보는데, 물줄기는 이러한 벽공을 통해 헛물관에서 다른 헛물관으로 끊임없이 이동한다. 그에 비해 물관요소는 끝과 끝이 연결되어 있는데 양 끝이 완전히 열려 있거나 열린 끝부분에 벽물질이 가로지른 막대기 혹은 줄 형태로 나타난다(**그림 20.12**). 물의 이동에는 중첩된 헛물관보다 물관이 더 효율적이다. 이러한 이유 중에는 여러 식물군에서 독립적으로 물관요소가 헛물관으로부터 진화되었으며, 이는 자연선택에서 보다 유리하기 때문이다.

물관은 특이하게 통도세포 외에 섬유와 유조직세포(기본조직세포)를 가지고 있다. 몇몇 섬유조직은 헛물관에서 진화된 것으로 보이며 수송보다는 조직을 단단하게 하는 역할을 하도록 특수화되었다. 유조직세포들은 관다발형성층의 특별한 **방사시원**(ray initial)**세포**에 의해서 **방사조직**(ray)이라는 수평적인 방사열로 형성되는데 측면으로의 수송과 양분 저장의 역할을 한다. [시원세포(initial)는 분열조직세포의 또 다른 이름으로, 분열을 통하여 다른 시원세포와 분화하는 세포를 만든다.]

나무의 줄기와 뿌리의 횡단면을 관찰해 보면 방사조직이 바퀴의 살처럼 물관의 중앙부에서 외부로 뻗어 나오는 것을 볼 수 있다. 참나무(*Quercus* sp.)와 같은 목재는 섬유를 풍부하게 간직하고 있는데, 이로 인해 목재가 무겁고 조직이 치밀해진다. 물관부에서 이런 세포와 또 다른 세포들의 배열로 인해 목재의 구조만으로도 대부분의 속(genus)과 많은 종들의 동정이 가능하다.

약 2000년 전에 종이가 중국에서 만들어졌는데, 그 방법은 초본식물을 물에 갈고 체로 걸러서 얇은 체관부 섬유를 분리하는 것이었다. 3세기까지 이 종이 제작기술의 비밀은 중국 외부로 유출되지 않았다. 오늘날은 참나무류보다 방사조직 섬유가 적어서 상대적으로 부드러운 가문비나무 등 나무의 물관부 섬유를 추출하여 꾸준히 증가하는 종이에 대한 수요에 대처하고 있다. 리그닌이 풍부한 세포벽은 종종 표백처리하여 갈색종이를 만드는데 쓴다. 케나프(kenaf)와 대마 등 여러 다른 식물들도 종이의 원료로 개발되었다. 미국 화폐는 75%의 목화와 25%의 아마로 되어 있다.

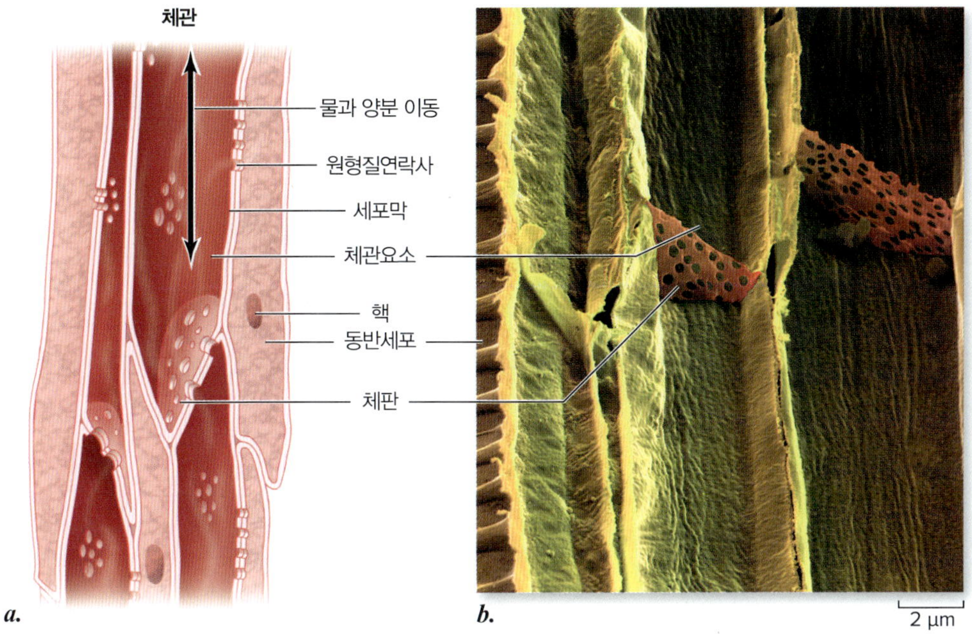

그림 20.13 체관요소.
a. 체관요소 세포는 겹쳐 있으며, 체판이 연결 통로가 된다. 체관요소의 오른 쪽에 핵을 가진 좁은 세포는 동반세포이다. 이 세포는 원형질막은 가지고 있으나 핵이 없는 체관요소에 양분을 공급한다. *b.* 호박의 체관부의 체판을 들여다보면 수크로스와 호르몬의 이동통로인 천공(perforation)들이 보인다.

체관부

체관부(phloem)는 뿌리와 줄기의 바깥쪽에 위치하며 관다발식물의 주된 양분수송조직이다. 식물체를 **환상박피**(girdle, 수피를 관다발형성층까지 둥글게 띠 모양으로 제거)하면 뿌리의 영양결핍으로 결국 죽게 된다. 이는 또한 수피를 먹는 동물이 교목을 죽게 하는 이유이다.

체관부에서의 양분 수송은 두 종류의 긴 세포를 통해 이루어지는데 **체세포**(sieve cell)와 체관요소(sieve-tube member)이다. 겉씨식물, 양치식물, 속새류는 체세포만 지니고, 대부분의 속씨식물은 체관요소를 지닌다. 두 종류의 세포는 체역(sieve area)이라 알려진 밀집된 구멍을 지니는데 이는 세포벽이 체(sieve)와 닮았기 때문이다. 1차 세포벽을 지닌 물관부의 벽공과는 달리, 체공은 완전히 뚫려 있다. 체역은 세포의 중첩된 끝부분에 더욱 많고 이웃하는 체세포와 체관요소의 원형질체를 연결한다. 두 종류의 세포는 살아 있지만 대부분의 체세포와 체관요소는 성숙 시 핵이 소실된다.

체관요소에서 일부 체역은 더욱 큰 구멍을 지니며, 이를 체판(sieve plate)이라고 한다(**그림 20.13**). 체관부에서 체관요소는 끝과 끝이 서로 쌓여서 세로로 연속된 체관을 이룬다. 체세포는 체관요소보다 특수화가 덜 되어 체역에서의 구멍의 크기는 거의 지름이 같다. 체관요소는 더욱 특수화되어 체세포보다 더욱 효율적이다.

각 체관요소는 이웃하는 특별한 유세포인 **동반세포**(companion cell)와 연결되어 있다. 동반세포는 이웃한 체관요소를 유지하는 데 필요한 일부 대사기능을 수행하는 것으로 보이는데, 이러한 이유는 체관요소는 핵이 없기 때문이다. 속씨식물에서 공통의 시원세포가 비균등분열하여 체관요소와 동반세포를 생성한다. 동반세포는 핵을 비롯하여 정상적인 유조직세포의 모든 구성성분을 지닌다. 많은 원형질연락사(인접하는 세포의 세포질 통로)가 동반세포의 세포질과 이웃하는 체관요소의 세포질을 연결한다.

꽃을 피우지 않는 식물의 체세포는 동반세포와 같은 기능을 하는 알부민 세포(albuminous cell)를 지닌다. 동반세포와는 달리 알부민 세포는 이웃한 체세포와 같은 모세포로부터 항상 유래하지는 않는다. 섬유와 유세포가 종종 체관부에 풍부하다.

핵심 요약 20.2

표피조직은 환경으로부터 식물체를 보호하고 공변세포, 세포모, 뿌리털과 같은 특별한 세포를 지닌다. 기본조직은 저장(유세포), 광합성(엽록조직이라 부르는 특수화된 유조직), 구조적인 지지(후각조직과 후벽조직) 등의 여러 기능을 한다. 관다발조직은 물관부(1차적으로 물관)를 통해 물을, 체관부(1차적으로 체관요소)를 통해 양분을 운반한다.

■ 성숙한 물관과 체관요소의 구조와 기능을 비교해 보자.

20.3 뿌리: 고착과 흡수

학습 목표

1. 전형적인 뿌리의 4개 구역에서 일어나는 주요 변화를 기술할 수 있다.
2. 뿌리털의 기능을 설명할 수 있다.
3. 변형된 뿌리의 기능을 기술할 수 있다.

뿌리는 줄기보다 더욱 간단한 체제와 발달 양상을 나타내는데 이에 대해 먼저 살펴본다. 그러나 뿌리는 슈트 이후에 진화되었고 육상 생활을 위한 주된 혁신이란 것을 염두에 두어야 한다.

뿌리는 지하부로의 생장 및 물과 용질을 흡수할 수 있도록 적응되었다

발달하는 뿌리는 **뿌리골무**, **세포분열대**, **신장대** 및 **성숙대**의 4개의 구역으로 구분되는데, 뿌리골무를 제외한 나머지 세 구역은 그 경계가 명확하지 않다(**그림 20.14**).

정단시원세포가 분열하면 뿌리의 말단부분에 있는 딸세포가 뿌리골무세포가 된다. 뿌리골무와 반대 방향으로 형성되는 세포들은 분화가 끝나기 전에 다른 세 구역을 통과하게 된다. 뿌리가 왕성히 자람에 따라 뿌리 끝이 토양 내로 더욱 깊이 움직이는 것을 볼 수 있다. 이는 그림이나 사진이 보여주는 뿌리의 정적인 이미지와 정반대이다.

뿌리골무

줄기에는 **뿌리골무**(root cap)와 유사한 조직이 없다. 뿌리골무는 두 종류의 세포로 구성되는데, 안쪽의 **주축세포**(collumella cell, 이들은 기둥처럼 보인다)와 바깥쪽 측면의 **뿌리골무세포**인데, 이는 뿌리의 정단분열조직에 의해 끊임없이 보충된다. 큰 뿌리를 지닌 일부 식물에서 뿌리골무가 분명하게 관찰되는데, 뿌리골무의 주된 기능은 뿌리가 자라서 연마재와 같은 거친 토양입자를 지나칠 때 뒤쪽에 위치한 연약한 조직을 보호하는 것이다.

바깥의 뿌리골무세포의 골지체에서 **뮤씨겔**(mucigel)이란 끈적한 물질을 분비하여 세포벽을 통하여 외부로 방출한다. 이는 뿌리가 땅속으로 쉽게 침투하도록 해주며 평균수명이 7일 미만인 뿌리골무세포는 안쪽의 세포로 지속적으로 교체된다. 이 끈적한 물질은 콩과식물의 뿌리 주변에 서식하는 유익한 질소고정세균의 생육에 필요한 영양분이 된다. 기존의 뿌리골무가 인위적이거나 우연히 뿌리로부터 떨어져 나가면 새로운 뿌리골무가 발생된다.

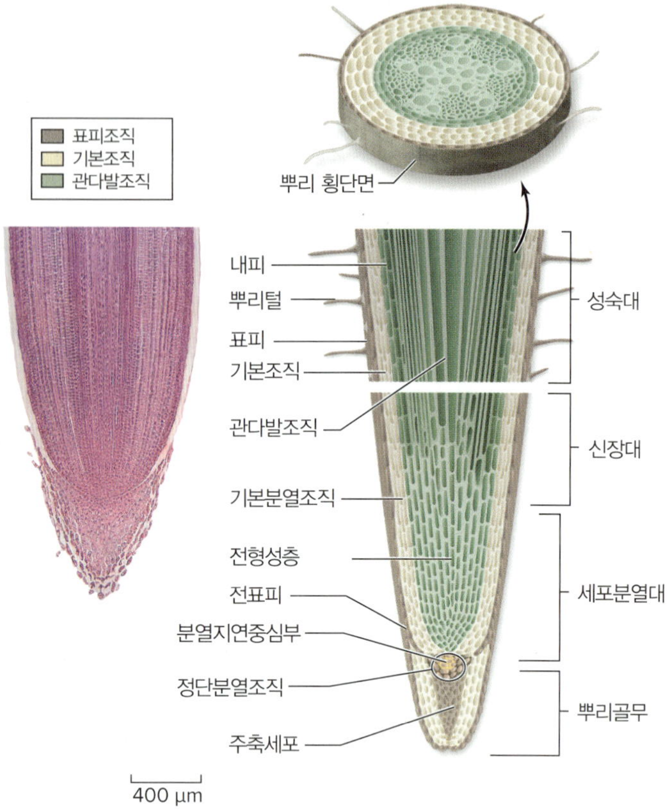

그림 20.14 뿌리의 구조.
옥수수(*Zea mays*)의 근단.

뿌리골무는 또한 중력을 감지하는 기능을 가진다. 주축세포는 고도로 특수화되어 있으며, 소포체가 세포의 주변부에 핵은 중심 혹은 위쪽에 위치한다. 뿌리골무의 액포는 크지 않고, 주축세포는 **전분체**(amyloplast, 전분립을 지닌 색소체)를 가지는데 전분체는 세포에서 중력이 당기는 쪽에 축적된다. 화분의 식물을 옆으로 눕히면 전분체는 중력의 근원지에 가장 근접한 쪽으로 쏠리게 되며, 뿌리는 그쪽으로 휘게 된다.

레이저를 이용하여 애기장대에서 개개의 주축세포들을 제거했는데, 그 결과 2개 이상의 주축세포만 있어도 중력을 감지하는데 충분한 것으로 나타났다. 중력을 감지하는 정확한 기작은 알려져 있지 않으나 전분체에 있는 칼슘 이온이 생장호르몬(이 경우는 옥신)의 분포에 영향을 미쳐 일어나는 것으로 여겨지는 증거가 있다. 옥신이 없어도 뿌리가 휘어지는 것을 볼 때 여러 신호전달 기작이 존재하는 것으로 보인다. 현재의 가설은 전기신호가 주축세포에서 신장대의 세포로 이동한다는 것이다.

자료 분석 만약 뿌리 정단분열조직의 가장자리에 10개의 세포가 있고, 이들이 끊임없이 100개의 뿌리골무세포를 보충한다면 각각의 분열조직세포가 몇 번 분열하여야 100개의 세포를 만들 수 있는가?

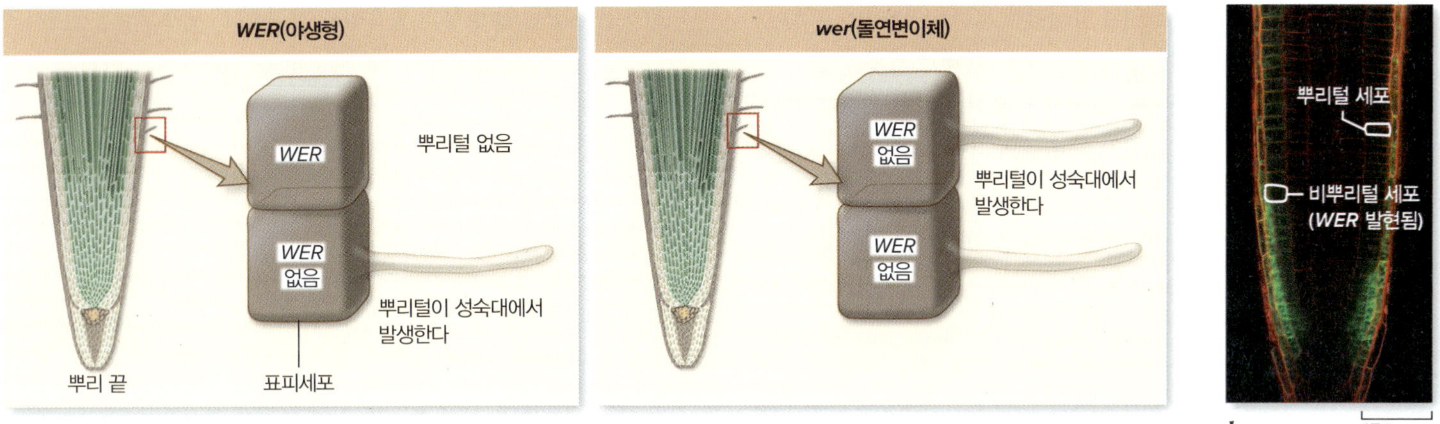

a. b.

그림 20.15 조직 특이적 유전자 발현.

a. 애기장대의 *WEREWOLF* 유전자는 전체는 아니지만 일부 표피세포에서 발현되며 뿌리털의 발달을 억제한다. *wer* 돌연변이체는 뿌리털로 덮여 있다. *b. WER* 유전자의 프로모터를 녹색 형광단백질을 만드는 유전자에 부착한 형질전환체를 제작했다. 녹색 형광은 유전자가 발현되는 뿌리털이 없는 표피세포에서 탐지된다. 붉은색으로 보이는 부분은 세포 경계인데 이는 세포벽이 스스로 형광을 발하기 때문이다.

세포분열대

정단분열조직은 뿌리골무에 의해 보호받는 뿌리 끝의 중앙에 위치한다. 이 **세포분열대**(zone of cell division)에서의 대부분의 활동은 분열조직의 가장자리 쪽으로 일어나고, 이곳에서 세포는 매 12~37시간마다 분열하는데, 가끔은 위치에 따라 최고조에 이르면 하루에 한 번 또는 두 번씩 분열한다.

대부분의 세포는 주로 입방체이며 액포가 작고 핵은 상대적으로 크고 중앙에 위치한다. 이렇게 빠르게 분열하는 세포는 정단분열조직의 딸세포이다. 뿌리의 정단분열조직의 중앙에 있는 일군의 세포는 **분열지연중심부**(quiescent center)라 하는데, 매우 드물게 분열한다. 분열지연중심부의 존재는 단단한 공의 팽창 시 바깥 표면적이 중심부보다 더욱더 빠르게 증가하여야 한다는 것을 생각하면 쉽게 이해할 수 있다.

정단분열조직의 딸세포는 20.1절에서 논의된 바와 같이 전표피, 전형성층, 및 기본분열조직 등 3종류의 1기 조직으로 다시 나눌 수 있다. 이러한 조직계의 양상을 조절하는 유전자들이 애기장대의 비교적 단순한 뿌리에서 동정되었다. 이러한 세포들의 양상은 이 세포분열대에서 시작하며, 이 양상의 해부학적, 형태학적 표현은 세포가 성숙대에 이르기까지는 완전하게 드러나지 않는다.

예를 들어, *WEREWOLF*(*WER*) 유전자는 2가지 형의 표피세포, 즉 뿌리털을 가진 것과 가지지 않는 표피를 패턴화하는 데 요구된다(**그림 20.15**). *wer* 돌연변이 식물체는 뿌리털이 과다하게 발생하는데, 이러한 이유는 *WER*가 비뿌리털 표피세포에서 뿌리털 발생을 억제

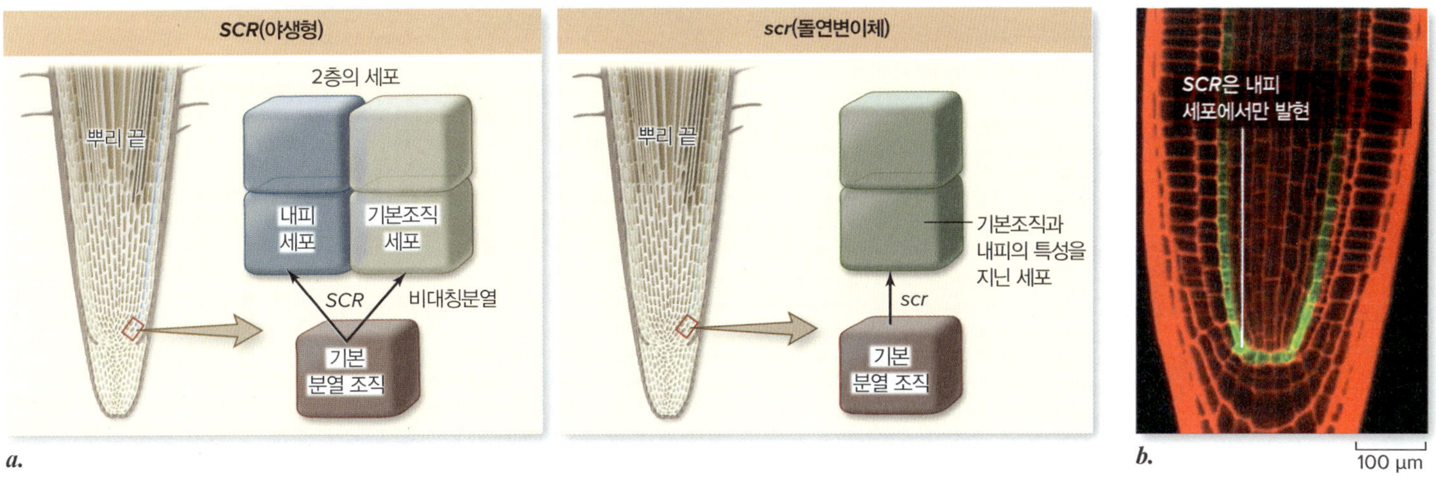

a. b.

그림 20.16 Scarecrow 유전자가 비대칭 세포분열을 조절한다.

*a. SCR*은 딸세포가 내피세포와 기본조직 세포로 분화하는 데 필요한 비대칭 세포분열에 필요하다. *b. SCR* 유전자의 프로모터를 녹색 형광단백질을 만드는 유전자에 부착하여 *SCR* 유전자가 야생형 뿌리의 어느 조직에서 발현되는지 실험한 결과, *SCR*은 기본조직 세포가 아닌 내피세포에서만 발현되었다.

하는 데 필요하기 때문이다. 이와 유사하게 *SCARECROW*(*SCR*) 유전자는 기본조직의 분화에 필요하다(**그림 20.16**). 기본분열조직은 *SCR* 유전자가 존재할 경우 비대칭분열을 통해 하나의 세포에서 2개의 원통형 세포를 만든다. 바깥쪽 세포층은 저장기능을 하는 기본조직이 되고, 안쪽의 세포층은 내피(endodermis)를 형성하는데, 이는 물과 용질이 세포간 이동을 통해 뿌리의 관다발 핵심부로 이동하는 것을 조절해 준다(**그림 20.5** 참조). 그에 비해 *scr* 돌연변이체는 내피와 기본조직 세포의 특성, 둘 다 가진 하나의 세포층을 형성한다.

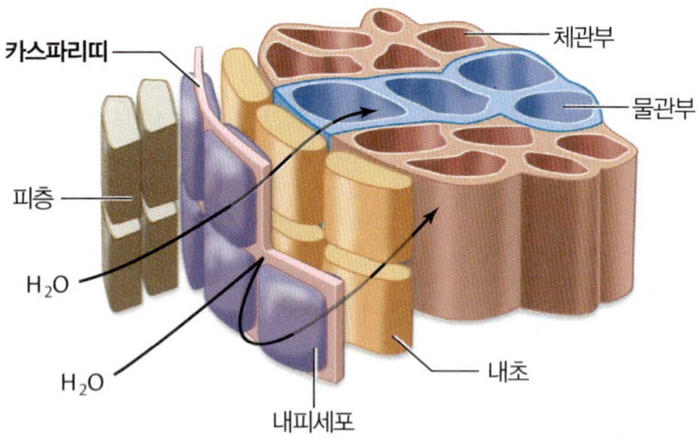

*SCR*은 세포분열 방향의 중요성을 알려준다. 세포분열과정에서의 실수 혹은 인접 세포가 제거되어 세포의 상대적 위치가 바뀌게 되면 세포는 새로운 위치에 의해서 발달한다. 대부분의 식물세포의 운명은 다른 세포에 대한 상대적 위치에 의해 결정된다.

신장대

신장대(zone of elongation)에서 뿌리는 신장되는데, 이는 1기 분열조직에 의해 만들어진 세포가 길기 때문이다. 각 세포의 액포 부피가 세포의 90% 또는 그 이상 차지할 때까지 작은 액포들이 합쳐지고 커진다. 신장대 위쪽의 세포들은 더 이상 크기가 증가하지 않는다. 뿌리의 성숙 부위는 둘레가 커지는 것 외에는 일생동안 그대로 유지된다.

그림 20.17 성숙대의 횡단면.
외떡잎식물인 청미래덩굴(*Smilax*)과 진정쌍떡잎식물인 미나리아재비(*Ranunculus*)는 횡단면에서 보는 바와 같이 둘 다 카스파리띠를 가지고 있다. 카스파리띠는 방수 띠로써 물과 무기물이 세포벽의 공간이 아니라 원형질막을 통해 지나가도록 해준다.

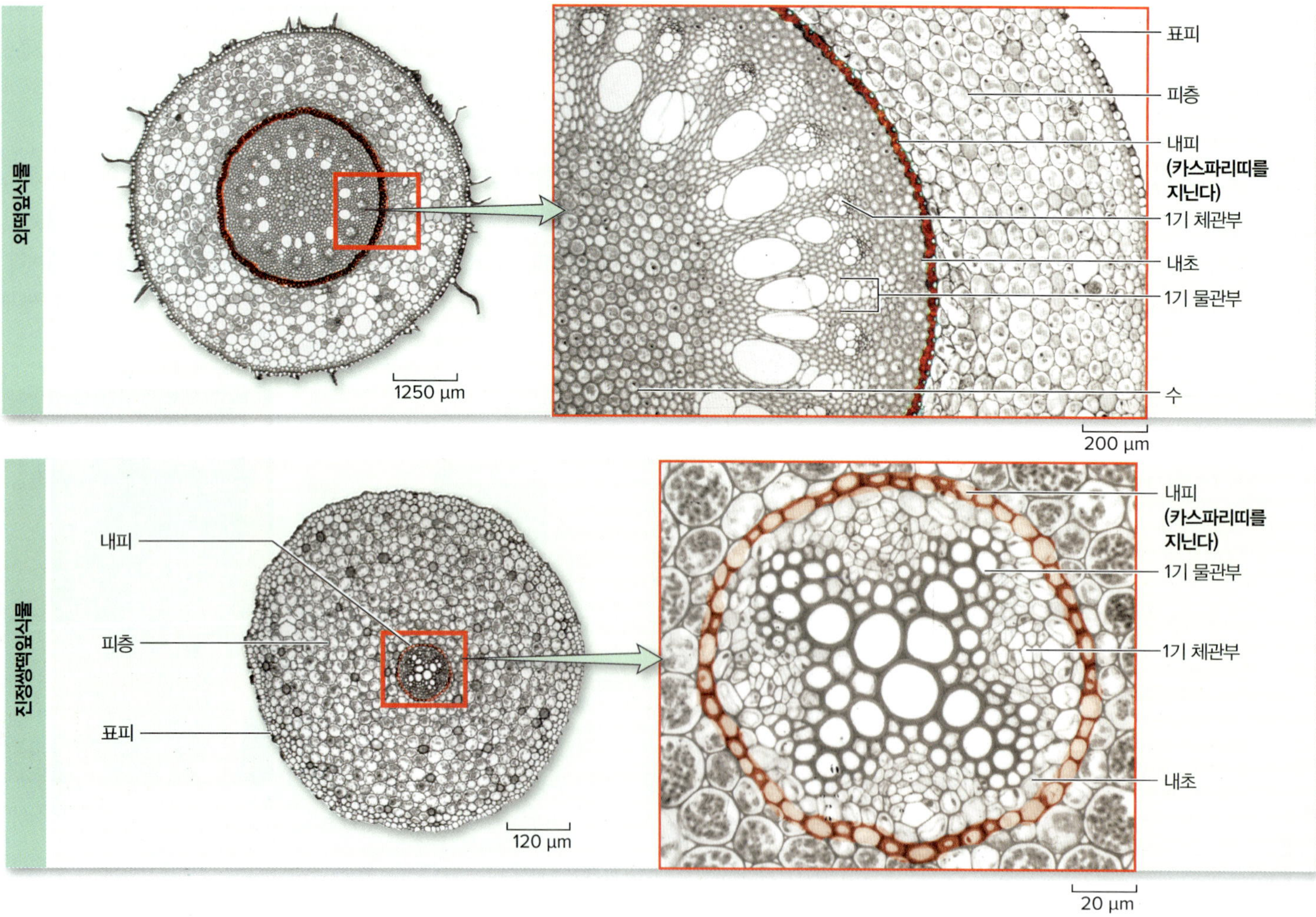

성숙대

신장대에서 신장한 세포는 **성숙대**(zone of maturation)에서 특정한 세포 형태로 분화된다(**그림 20.17**; **그림 20.14** 참조). 뿌리 표면의 원통형 세포는 성숙하여 **표피세포**(epidermal cell)로 되는데, 이 세포는 각피가 매우 얇으며 뿌리털이 있거나 또는 없는 세포를 포함한다. 비록 이 발달 단계에 이르기까지 뿌리털은 보이지 않지만, *WER* 유전자의 발현양상에서 본 것처럼 이들의 운명은 초기에 이미 결정되어 있다(**그림 20.15** 참조).

한 식물체당 뿌리털은 수십억 개이며, 뿌리 표면에서 뿌리털의 표면적은 37,000 cm^3 이상이다. 이들은 표면적을 증가시키고 따라서 뿌리의 흡수능력을 증가시킨다. 콩과식물에서 대기 중의 질소를 사용할 수 있는 형태로 고정시키는 공생세균은 뿌리털을 통해 식물체로 들어가서 식물체가 그 주변에 질소고정 뿌리혹을 만들도록 지시한다(22장 참조).

표피 바로 안쪽에는 기본분열조직에 의해 유조직세포가 생성된다. **피층**(cortex)이라 불리는 이 조직은 넓게 많은 세포층으로 되어 있고 양분 저장의 역할을 한다. 앞서 설명한 바와 같이 피층의 안쪽 경계는 *SCR*에 의해 조절되는 비대칭 세포분열을 한 후 한 층의 원통형인 **내피**(endodermis)로 분화한다(**그림 20.17**; **그림 20.16** 참조). 내피의 1차벽은 물에 대해 불투과성의 지방산 물질인 **수베린**(suberin)으로 침적되어 있다. 수베린은 띠 모양으로 생성되는데, 이를 **카스파리띠**(Casparian strips)라 하며, 이 띠는 뿌리 표면과 수직인 개개의 인접 내피세포벽을 감싸고 있다(**그림 20.17**). 이 띠는 세포 간의 물질 이동을 차단한다. 뿌리 표면과 평행인 두 표면만이 뿌리의 관다발조직으로 가는 길이 되고, 원형질막이 물질의 통과 여부를 결정한다. *scr* 돌연변이체는 방수인 카스파리띠가 나타나지 않는다.

내피 안쪽의 모든 조직을 집합적으로 **중심주**(stele)라 부른다. 내피 바로 안쪽의 인접하고 있는 세포는 **내초**(pericycle)라는 원통형의 유세포들로 이루어져 있다. 내초세포는 성숙된 후에도 분열하는데 곁뿌리(또는 곁가지)를 만들거나 진정쌍떡잎식물에서는 두 측생분열조직인 관다발형성층 및 코르크형성층을 만든다.

1기 물관부의 물 수송세포는 어린 진정쌍떡잎식물 뿌리의 중심에서 단단한 핵심부로 분화한다. 진정쌍떡잎식물 뿌리의 횡단면을 보면 1기 물관부의 중심 핵심부는 종종 내초를 향해 뻗어 있는 2개 또는 여러 개의 팔을 지닌 별 모양이다(**그림 20.17**). 외떡잎식물의 뿌리에서 1기 물관부는 비연속적인 관다발조직이 고리 모양으로 배열되어 있는데 이 고리는 **수**(pith)라고 부르는 뿌리 중앙의 유조직세포를 둘러싸고 있다(**그림 20.17**). 1기 체관부는 양분 수송을 담당하는 세포로 구성되어 있는데, 진정쌍떡잎식물 및 외떡잎식물 둘 다에서 물관부에 인접한 별개의 세포군으로 분화된다.

진정쌍떡잎식물과 2차 생장을 하는 식물에서 체관부와 물관부 사이에 있는 유조직세포와 내초 일부는 뿌리의 관다발형성층이 되는데, 이는 안쪽에 2기 물관부, 바깥쪽에 2기 체관부를 생산해 결국 2차 조직은 동심원의 원통형 모양을 지니게 된다. 2차 조직이 계속 추가되면서 1기 체관부, 피층 그리고 표피는 붕괴되어 벗겨진다.

목본식물의 내초에서 코르크형성층은 바깥의 수피(bark)를 만드는 데 기여하는데, 이에 관한 상세한 내용은 줄기에서 다룰 것이다. 진정쌍떡잎식물 뿌리의 2차 생장에서 중심주 바깥의 모든 것은 없어

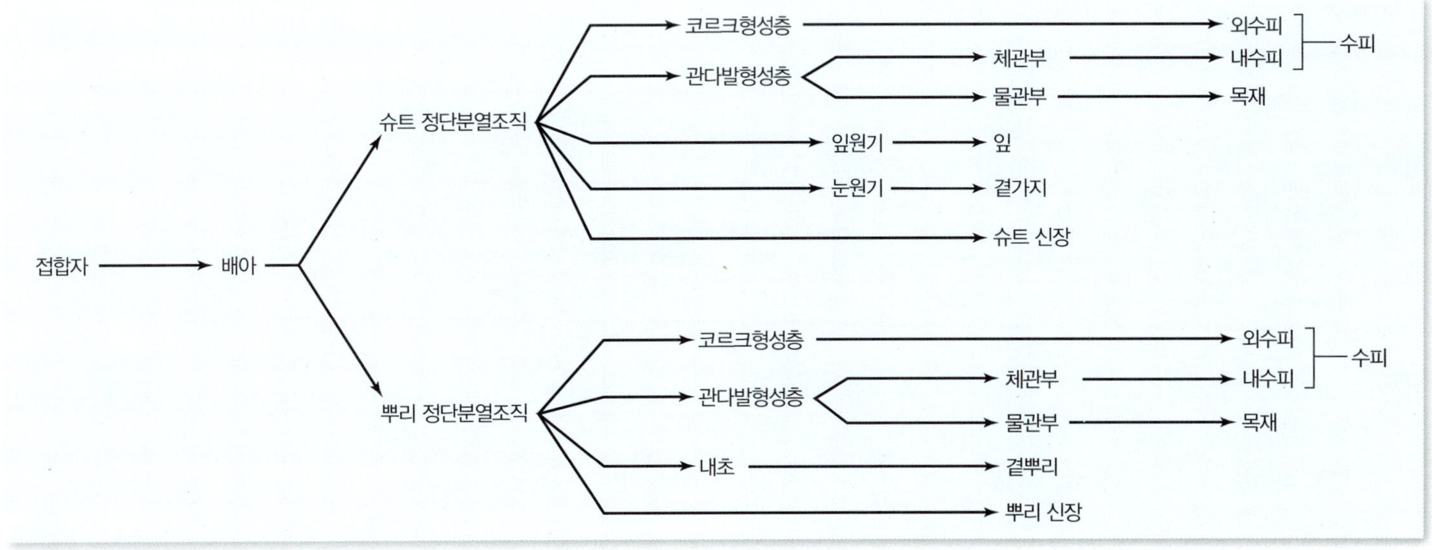

그림 20.18 식물조직의 분화 단계.

그림 20.19 5가지 유형의 변형된 뿌리.
a. 옥수수의 지주근은 줄기에서 발달하며 식물체를 위로 곧게 서 있도록 한다. *b.* 기생난은 열대 토양 위의 나무에 부착한다. 뿌리는 토양보다는 대기에서 수분을 흡수하도록 적응되었다. *c.* 호흡근은 땅속의 뿌리로부터 돌출한 해면체 모양을 하고 있다. *d.* 무게가 25 kg 이상 되는 수분 저장뿌리. *e.* 열대 무화과나무의 판근.

a.

b.

지고 주피로 대체된다. **그림 20.18**은 식물조직에 일어나는 분화과정을 요약한 것이다.

변형된 뿌리는 특수한 기능을 수행한다

대부분의 식물은 작은 곁뿌리들을 지닌 하나의 커다란 뿌리가 특징인 직근계(taproot system)나 비슷한 굵기의 많은 작은 뿌리들로 이루어진 수근계(fibrous root system)를 생성한다. 그러나 일부 식물은 고정과 흡수 이외의 기능을 지닌 흥미로운 뿌리의 변형을 지닌다.

모든 뿌리가 기존의 뿌리로부터 발생하지는 않는데, 줄기를 따라 생긴 뿌리나 뿌리 이외에 조직으로부터 발생하는 뿌리를 **부정근**(adventitious root)이라 부른다. 그 실례로 담쟁이덩굴과 같은 덩굴손 식물에서는 줄기에서 뿌리가 발생하여 이 뿌리들이 줄기를 나무의 몸체나 벽돌벽에 고착시켜 준다. 변형된 뿌리의 기능을 다음과 같이 정리할 수 있다.

지주근(prop root): 옥수수 등의 일부 외떡잎식물은 줄기의 아래쪽에 두터운 부정근이 발생한다. 이들 지주근은 토양 아래로 자라는데, 바람에 식물체가 쓰러지지 않도록 지탱하는 역할을 한다(**그림 20.19***a*). 부정근은 습지식물에서 보편적으로 나타나는데, 식물이 습한 조건을 견딜 수 있게 해준다.

기근(aerial root): 착생하는 난과 같은 식물은 토양과는 접촉하지 않은 채 나뭇가지에 부착하고 있으면서(그러나 기생은 아닌) 대기로 뻗은 뿌리를 가지고 있다(**그림 20.19***b*). 일부 기근은 여러 세포층으로 된 표피를 가지는데, 이는 수분 손실을 감소시키는 적응이다. 바닐라난(*Vanilla planifolia*)과 같은 식물에서 이러한 기근은 녹색이며 광합성을 한다.

호흡근(pneumatophore): 늪이나 습한 지역에 서식하는 일부 식물은 물속에 있는 뿌리에서 **호흡근**이라 부르는 스펀지 형태의 돌출물을 만든다(**그림 20.19***c*). 호흡근은 보통 수면 위 수십 cm로 약간 자라는데, 이는 아래에 있는 뿌리가 쉽게 산소를 흡수하도록 한다.

수축근(contractile root): 백합과 민들레와 같은 식물의 구근에서 나온 뿌리는 나선형으로 수축하여 식물체를 해마다 조금씩 땅속으로 당겨서 비교적 안정된 온도 지역에 도달하도록 한다. 세포가 두꺼워지고 압축됨으로써 나선형으로 수축하여 원래 길이의 약 1/3까지 줄어든다.

기생근(parasitic root): 새삼(*Cuscuta sp.*)과 같이 엽록소가 결핍된 몇몇 식물의 줄기는 **흡기**(haustoria)라는 못 같은 뿌리를 만드는데, 이것은 이들이 감싸고 있는 숙주식물을 파고 들어간다. 흡기는 숙주식물의 수송조직과 접촉함으로써 숙주에게 효과적으로 기생한다. 새삼은 자라면서 여러 숙주식물에 접촉하여 이들을 약하게 할 뿐만 아니라 병을 퍼트릴 수 있다.

양분저장근(food storage root): 고구마와 이와 유사한 식물에서 곁뿌리의 물관부는 다량의 탄수화물을 저장하는 여분의 유조직세포를 만든다. 당근, 비트(beets), 파스닙(parsnips), 순무는 줄기와 뿌리에서 양분을 저장하는 기능을 하는데, 이들 뿌리의 횡단면을 보면 2차 생장을 보여주는 다수의 테가 있다.

수분저장근(water storage root): 박과(family Cucurbitaceae) 식물 중에서 특히 건조한 지역에서 자라는 식물은 50 kg 이상 되는 수분 저장뿌리를 만든다(**그림 20.19***d*).

c.

d.

e.

판근(buttress root): 무화과와 다수 열대 나무들은 동체의 기부에 거대한 판근을 만드는데 이는 식물에게 상당한 안정성을 부여한다(**그림 20.19***e*).

핵심 요약 20.3

뿌리골무는 뿌리의 정단분열조직을 보호하고 중력 감지를 도와준다. 세포분열대에서 새로운 세포가 생성되고, 신장대에서 세포가 길게 자란다. 세포는 성숙대에서 분화하고 뿌리털은 이곳에서 나타난다. 변형된 뿌리는 식물로 하여금 지지, 통기, 양분과 물의 저장을 포함하여 다양한 추가적인 기능을 갖게 한다.

- 뿌리털 형성이 감소되는 돌연변이 대립형질은 어떠한 환경에서 지속 가능할까?

20.4 줄기: 지상부의 지지

학습 목표

1. 곁눈이 식물 형태에 어떠한 기여를 하는지 설명할 수 있다.
2. 외떡잎식물의 줄기와 진정쌍떡잎식물의 줄기의 차이를 설명할 수 있다.
3. 변형된 줄기의 3가지 기능을 설명할 수 있다.

관다발식물의 슈트계를 지탱해 주는 구조는 지하부 뿌리계로부터 대기로 높게 뻗은 커다란 줄기다. 중력을 거슬러 위로 자라는 뻣뻣한 줄기는 식물이 오래 전에 육상생태계로 옮겨져 적응한 결과이다.

줄기는 잎과 꽃을 달고 식물체의 무게를 지탱한다

뿌리와 마찬가지로 줄기는 3가지 유형의 조직을 가지고 있다. 줄기는 또한 정단 및 측생분열조직에서 세포분열을 통해 생장한다. 줄기는 축으로써 이로부터 다른 줄기나 기관이 자란다고 생각할 수 있다. 슈트 정단분열조직은 새로운 줄기와 기관을 생성할 수 있다.

줄기의 외부 구조

슈트의 정단분열조직은 줄기조직을 만들고 잎, 다른 줄기, 또는 꽃으로 발달할 수 있는 원기(primordia)를 생성한다(**그림 20.20**). 잎은

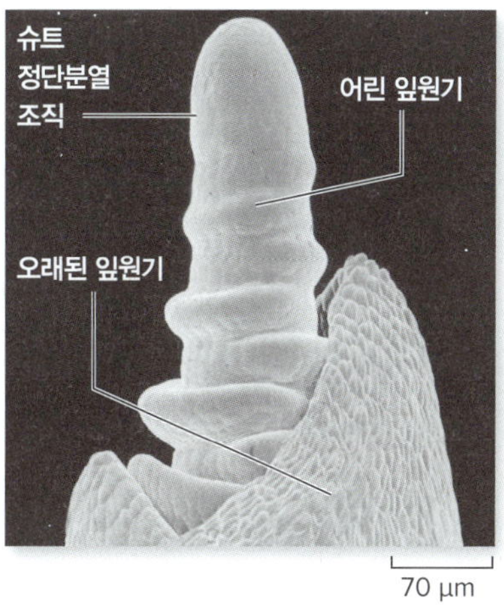

그림 20.20 슈트 정단. 밀(*Triticum*) 정단분열조직의 주사전자현미경 사진.

그림 20.21 잎의 배열 유형.
가장 널리 분포하는 3종류의 잎 배열은 호생, 대생, 윤생이다.

줄기 둘레로 나선형으로 배열하거나 서로 쌍으로 마주보거나(대생, opposite), 혹은 교대로(호생, alternate)으로 발생하거나 또는 3개 이상의 잎들이 둥글게(윤생, whorl) 발생하기도 한다(**그림 20.21**). 나선형 배열이 가장 보편적인 유형이며, 이유는 아직 잘 모르지만 순차적으로 발생하는 잎은 137.5°로 떨어져 위치한다. 이 각도는 자연계에서 발견되는 수학적인 비율인 황금비율과 관계 있다. 이 각도는 달팽이 껍질이 감기는 각도와 동일하다. 황금비율은 고대 건축물(그리스 파르테논 신전 벽의 치수)과 현대미술(예, 몬드리안의 회화)에서도 이용되고 있다. 식물에서 **잎차례**(엽서, phyllotaxy)라 부르는 잎의 이러한 배열 양상은 태양에 대한 잎의 노출을 최적화한다.

줄기에 잎이 붙어 있는 지점을 **마디**(node)라 하며, 두 마디 사이의 부위를 **마디사이**(internode)라고 한다. 잎은 일반적으로 납작한 잎새(엽신)와 잎자루(엽병)로 구성되어 있다. 잎자루와 줄기 사이의 각도를 **잎겨드랑이**(엽액, axil)라고 한다. **곁눈**(측아, axillary bud)은 잎겨드랑이마다 생기는데 이는 1기 슈트 분열조직의 산물이고, 그 자체가 슈트 정단분열조직이다. 곁눈은 보통 잎을 지닌 가지로 발달하고 꽃을 형성하기도 한다.

외떡잎식물과 초본성 진정쌍떡잎식물은 모두 코르크형성층을 만들지 못한다. 이들 식물의 줄기는 대개 녹색으로 엽록체를 지닌 피층의 바깥쪽 세포에서 광합성을 한다. 초본식물의 줄기는 기공을 갖고 있으며 세포모를 지닌다.

목본 줄기는 여러 해 동안 생존할 수 있으며 더 이상 부착되지 못하는 눈이나 잎의 흔적을 포함한 뚜렷한 표식을 보여준다(**그림 20.22**). 끝눈(정아, terminal bud)은 보통 생장 기간 동안 슈트계의 길이를 신장시킨다. 제라늄과 같은 일부 식물의 눈에는 보호층이 없지만 대부분의 목본의 눈은 보호 역할을 하는 동아린(winter bud scale)을 가져서, 눈이 신장할 때 떨어지는 것과 마찬가지로 이 아린이 떨어지면 작은 아린흔(bud scale scar)을 남긴다.

일부 작은 가지에는 작은 흔적들이 존재하는데 이들의 유래는 다르다. **턱잎**(탁엽, stipule)이라고 하는 한 쌍의 나비 모양의 돌기물이 일부 잎의 기부에 발달한다. 턱잎은 떨어지면 턱잎흔을 남기게 되며,

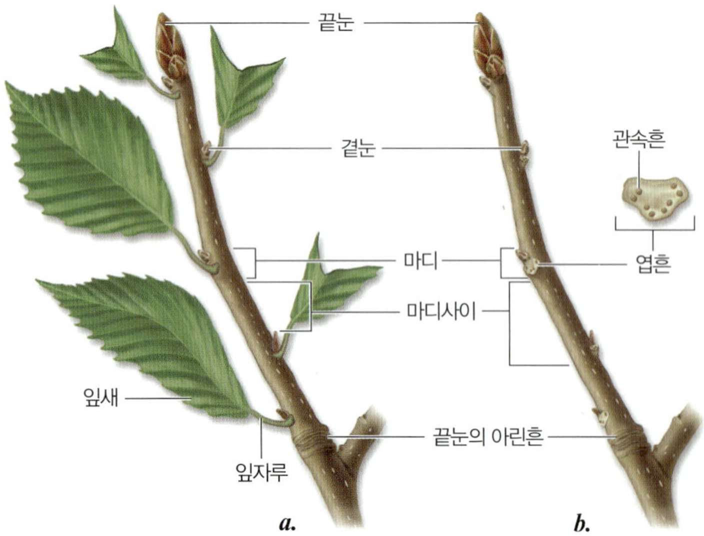

그림 20.22 목본의 잔가지.
a. 여름철. ***b.*** 겨울철.

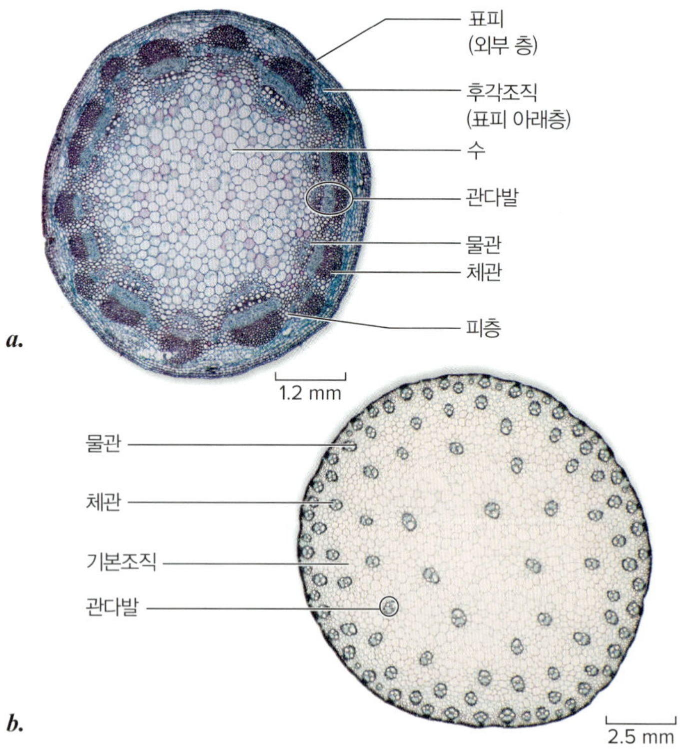

그림 20.23 줄기.
어린 줄기의 횡단면. ***a.*** 관다발이 줄기의 바깥쪽에 둥글게 배열된 진정쌍떡잎식물인 해바라기(*Helianthus annuus*). ***b.*** 산재된 관다발 배열이 특징인 외떡잎식물인 옥수수(*Zea mays*).

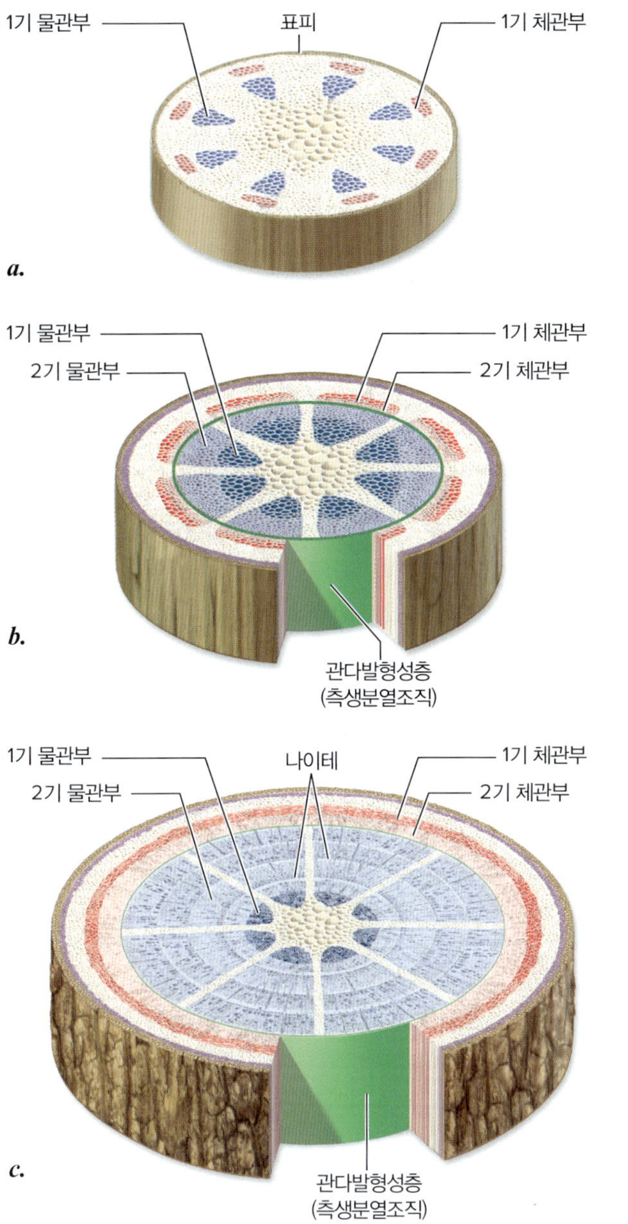

그림 20.24 2기 생장.
a. 진정쌍떡잎식물에서 2기 생장이 시작되기 전에 1기 조직은 정단분열조직이 1기 생장을 하면서 계속 신장한다. ***b.*** 2기 생장이 시작되면서 관다발형성층이 2기 조직을 만들고 줄기의 직경이 증가한다. ***c.*** 이 4년생 줄기에서 2기 조직은 계속 넓어지고 몸체는 두꺼워지며 목질화된다. 주목할 점은 관다발형성층은 원통형을 형성하는데 이 원통형은 뿌리와 줄기에서 주축(위아래)으로 이어진다.

가을에 낙엽성 목본 잎이 떨어질 때 작은 관속흔(bundle scar)을 지닌 엽흔(leaf scar)을 남기는데, 이는 이곳에서 관다발이 연결되었었다고 알려주는 표식이다. 엽흔은 형태나 크기, 그 외의 특성이 매우 독특하기 때문에 잎이 없는 겨울철에 이들 낙엽성 식물들을 동정하는 데 충분히 이용될 수 있다(**그림 20.22**).

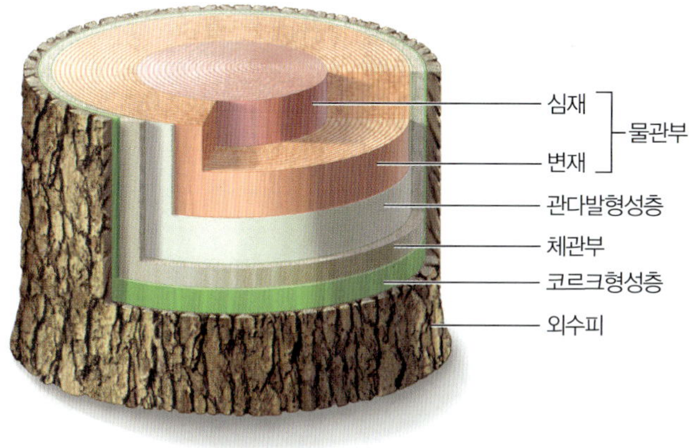

그림 20.25 나무 그루터기.
관다발형성층은 원형의 물관부(변재와 수송기능이 없는 심재)와 체관부를 형성하고 코르크형성층은 코르크층을 형성한다.

줄기의 내부 구조

외떡잎식물과 진정쌍떡잎식물의 주 차이점은 관다발조직의 체제이다(**그림 20.23**). 대부분의 외떡잎식물의 관다발은 기본조직계 전체에 산재되어 있는 반면, 진정쌍떡잎식물의 관다발은 링(ring)으로 되어 있으며 내부의 기본조직(**수**, pith)과 외부의 기본조직(**피층**, cortex)을 가진다. 관다발의 배열은 줄기가 2기 생장을 할 수 있는지의 여부와 직결된다. 진정쌍떡잎식물에서 관다발형성층은 1기 물관부와 1기 체관부 사이에 발달하는데(**그림 20.24**), 많은 경우에 있어서, 각 점들을 이어나가는 놀이처럼 관다발형성층이 링 모양의 1기 관다발에 연결된다. 외떡잎식물에서는 1기 관다발조직이 서로 연결되지 않으므로 둘레가 일정하게 증가하지 않는다. 따라서 관다발형성층이 없는 외떡잎식물에서는 2기 생장을 하지 못한다.

나무 그루터기의 나이테는 매년 관다발형성층의 생장 양상을 보여주는데, 생장조건에 따라 세포의 크기가 다르다(**그림 20.25**). 풍부

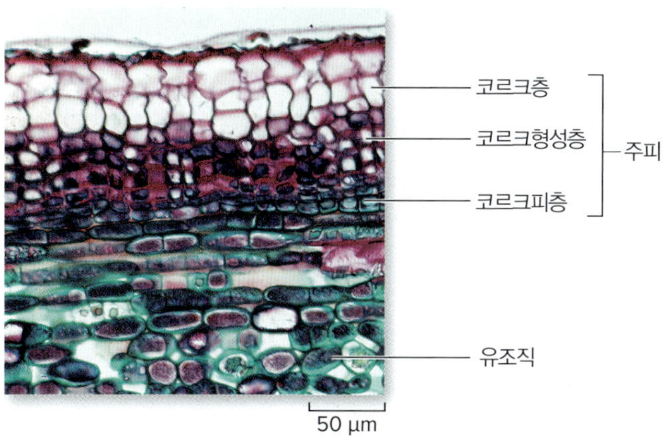

그림 20.26 주피의 박편.
미루나무(*Populus* sp.) 주피의 발달 초기단계.

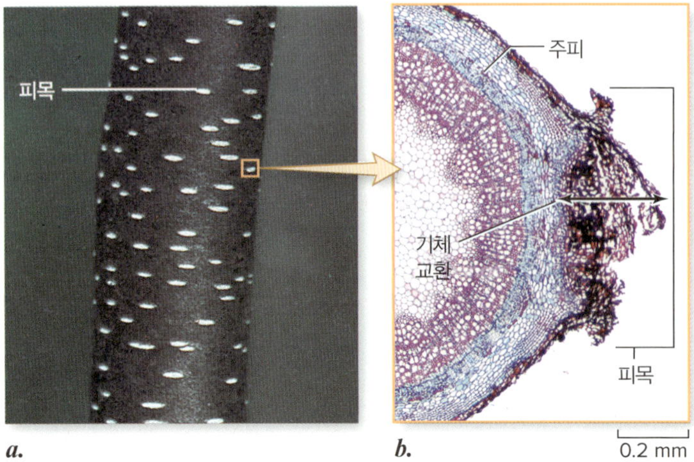

그림 20.27 피목.
a. 사진에서 보는 것처럼 체리(*Prunus cerasifera*) 수피 위에 있는 옅은 회색의 작고 부푼 부위인 피목을 통해 외부대기와 생체조직 간의 기체 교환이 이루어진다. *b.* 엘더베리(*Sambucus canadensis*) 줄기 피목의 횡단면.

한 강우량 등 좋은 환경에서는 큰 세포가 형성되지만 환경이 좋지 않은 해에는 작은 세포의 나이테가 형성된다. 목본 진정쌍떡잎식물과 겉씨식물에서 두 번째 형성층인 코르크형성층은 바깥쪽 피층(때로는 표피나 체관부)에서 생겨나서, 바깥쪽으로 상자 형태의 코르크세포를 만들고 안쪽으로 유조직 같은 코르크피층을 만든다(**그림 20.26**).

코르크형성층(cork cambium), 코르크층(cork) 그리고 코르크피층(phelloderm)을 합쳐 **주피**(periderm)라 부른다(**그림 20.26**). 코르크조직은 형성 후에 얼마 안 가서 방수성인 수베린이 침적되고, 이후 죽으면 **외수피**(outer bark)를 형성한다. 코르크조직에 의해 물과 양분의 이동이 차단된 표피는 죽어 탈락된다. 어린 줄기에서는 줄기조직과 대기 간의 기체 교환은 기공을 통해 일어나지만, 코르크형성층이 코르크층을 형성함에 따라 기공 밑에 비목전화된 세포군(unsuberized cells)들이 형성된다. 이러한 비목전화된 세포를 통해 기체 교환이 계속되는데, 이를 **피목**(lenticel)이라고 한다(**그림 20.27**).

변형된 줄기는 영양번식과 양분저장을 한다

대부분의 줄기는 곧게 자라지만 일부는 영양생장 등의 특수한 기능을 위해 줄기가 변형된다. 실제로 널리 퍼진 인공적인 식물의 영양번식법은 상업적으로든 개인적으로든 변형된 줄기를 절편으로 잘라 심어서 새로운 식물이 생겨나게 하는 것이다. 변형된 줄기라 해도 각 줄기는 마디에 잎을 지니며, 마디사이가 있고, 엽액에는 곁눈 등이 있지만 뿌리에는 잎, 마디, 곁눈 등이 없다는 사실을 명심하자.

인경(비늘줄기): 양파, 백합, 튤립 등은 둥근 땅속 줄기를 지니는데, 이는 실제로 커다란 눈(bud)들이고, 그 기부에는 부정근이 있다

그림 20.28 변형된 줄기의 유형.
a. 인경. *b.* 지하경. *c.* 포복경. *d.* 괴경. *e.* 덩굴손. *f.* 엽상경.

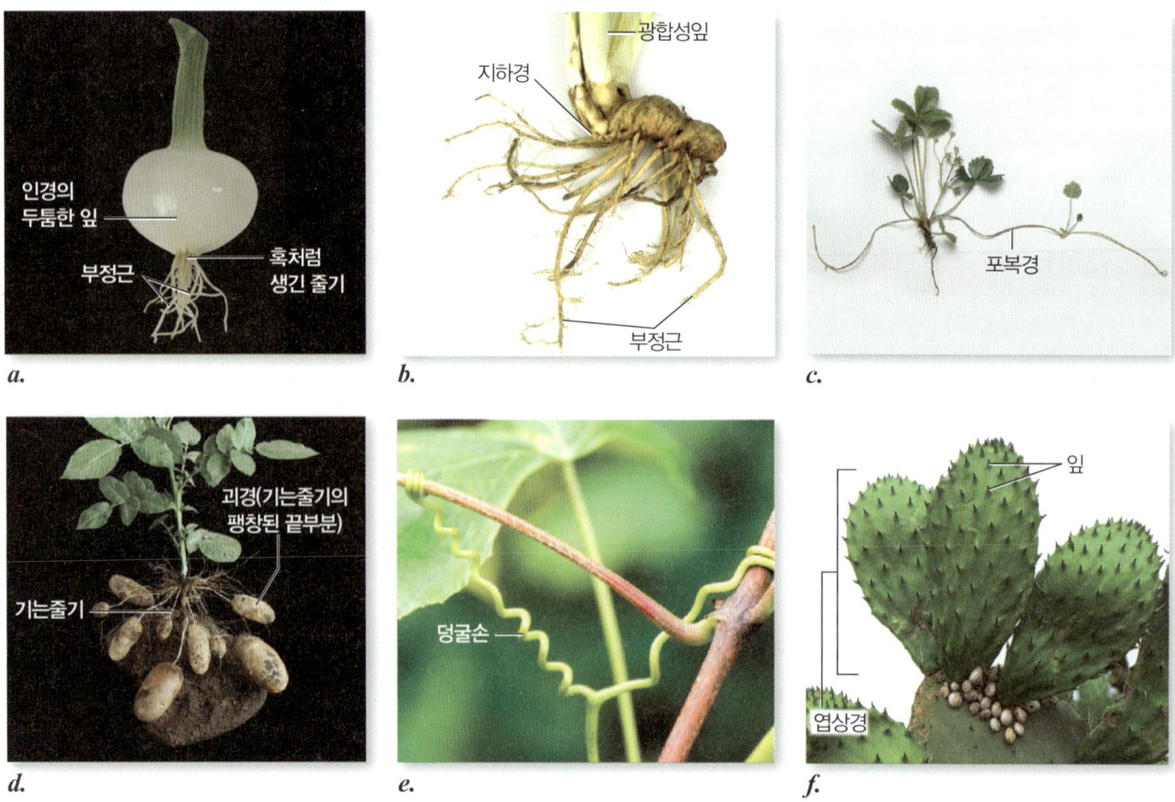

(**그림 20.28***a*). 대부분의 인경(bulbs)은 작은 혹같은 줄기에 붙어 있는 두툼한 잎으로 구성되어 있다. 대부분의 인경에서 다음 해 잎이 슈트 정단의 끝에서 나오고, 이들은 이전 해의 저장엽에 의해 보호된다.

구경: 크로커스, 글라디올러스와 대중적인 정원식물은 인경과 외견상 비슷한 구경(corms)을 생성한다. 그러나 구경을 반으로 자르면 두툼한 잎을 볼 수 없다. 그 대신 거의 모든 구경은 바깥에 종이처럼 생긴 기능을 하지 않는 갈색 잎을 몇 장 지닌 줄기로 구성되며, 이 아래에는 부정근이 달려 있다.

지하경: 다년생 초본류, 양치류, 독일붓꽃 등의 식물은 지하경(rhizomes)을 지니는데, 이들은 전형적으로 땅속에서 수평으로 자라는 줄기이며, 종종 토양 표면과 가까이 있다(**그림 20.28***b*). 각 마디는 곁눈이 있는 뚜렷하지 않은 비늘 같은 잎을 가진다. 훨씬 큰 광합성 잎은 지하경의 끝에 달린다. 부정근은 지하경의 전체 길이에 걸쳐서 밑부분에 생긴다.

포복경: 딸기류 식물은 긴 마디사이를 지닌 수평 줄기를 만드는데, 지하경과는 달리 땅 표면으로 자란다. 한 식물에서 여러 개의 포복경들이 뻗는다(**그림 20.28***c*). 일부 생물학자들은 포복경(runner)의 동의어로 기는줄기(stolon)란 용어를 사용하고, 다른 이들은 감자에서 보는 것과 같이 땅속에서 자라는 긴 마디사이(뿌리가 아닌) 줄기에 대해서 기는줄기란 용어를 고집한다. 그러나 감자 자체는 변형된 줄기의 또 다른 유형인 괴경(tuber)이다.

괴경: 감자식물에서 탄수화물은 지하경의 끝에 축적되는데, 이 부위가 부풀어 괴경(tubers)이 되고 괴경이 성숙한 후에는 지하경은 죽는다(**그림 20.28***d*). 감자의 "눈(eye)"은 비늘 같은 잎의 엽액에서 생성되는 곁눈이다. 이들 잎은 감자가 형성되기 시작할 때 존재하지만 곧 떨어진다. 성숙한 감자의 각 "눈"에 인접하여 있는 매우 작은 융기는 엽흔이다.

작물인 감자는 감자꽃에서 생산된 씨앗이 아니라 "씨감자(seed potato)"로 영양번식한다. 감자는 괴경을 몇 조각으로 잘라서 만드는데, 각 조각은 적어도 1개의 눈을 지녀야 한다. 이 조각을 심으면 자라서 새로운 감자 식물이 된다.

덩굴손: 포도와 양담쟁이 같은 많은 덩굴성 식물은 지지대를 감아서 기어오르는데 도움이 되는 덩굴손(tendrils)이라 알려진 변형된 줄기를 만든다(**그림 20.28***e*). 완두나 호박 같은 일부 다른 덩굴손은 실제로 변형된 잎이나 작은 잎(leaflet)이다.

엽상경: 선인장과 일부 식물들은 잎과 유사한 엽상경(cladophylls)이라는 광합성을 하는 납작한 줄기를 지닌다(**그림 20.28***f*). 선인장에서 진짜 잎은 가시로 변형되었다(20.5절 참조)

핵심 요약 20.4

슈트는 정단분열조직과 측생분열조직으로부터 자란다. 곁눈은 가지, 꽃, 잎 등으로 발달한다. 외떡잎식물에서 관다발조직은 줄기의 기본조직 내에 고르게 분포하고, 진정쌍떡잎식물에서 관다발조직은 링 모양으로 배열되어 링의 안과 밖에는 기본조직이 있다. 일부 식물은 지지, 영양생식, 양분저장 등을 위해 변형된 줄기를 만든다.

- 만약 초식동물이 슈트의 끝부분을 먹었다면 이 식물체는 어떻게 꽃을 피워서 생식을 할 수 있는지를 설명해 보자.

20.5 잎: 광합성 기관

학습 목표

1. 잎의 구조와 광합성에서의 기능을 연결할 수 있다.
2. 잎의 구조가 어떻게 기체 교환과 수분 손실에 영향을 미치는지를 설명할 수 있다.

잎(leaf)은 정단분열조직에 의해 원기로 발생하는데(**그림 20.20** 참조) 알다시피 생명에 매우 중요하다. 잎은 육상에서 광합성을 수행하는 주된 장소로서 먹이사슬(food chain)에서 기저부를 제공하며, 세포확장과 세포분열에 의해 커진다. 인간의 팔과 다리처럼 잎은 결정된 구조인데, 이 뜻은 성숙기에는 생장을 멈춘다는 의미이다. 잎이 식물에게 매우 중요하기 때문에 잎의 배열, 형태, 크기 그리고 내부 구조 등의 특성은 큰 의미가 있고, 식물 간에 많이 다를 수 있다. 환경에 적응하기 위해 잎은 서로 다른 형태로 발달한다.

잎은 슈트 정단분열조직이 신장한 것이다. 잎이 처음 원기로 출현하였을 때 이들이 잎이 될 것으로 예정된 것은 아니라는 실험결과가 보고되었다. 양치류와 콜레우스(coleus) 식물체로부터 분리한 매우 어린 잎원기를 배양하였을 때 잎이 아닌 슈트를 형성하였다. 이는 이들 잎원기 세포가 잎 발생 경로에 들어가기 전에 원기가 먼저 자리를 잡고 최초 세포분열이 일어나기 때문에 나타나는 현상으로 여겨진다.

잎의 외부 구조는 관다발의 형태를 반영한다

잎은 형태적으로 서로 다른 2가지로 구분되는데, 이는 진화적인 기원의 차이를 반영하는 것이다. **소엽**(microphyll)은 줄기의 관다발

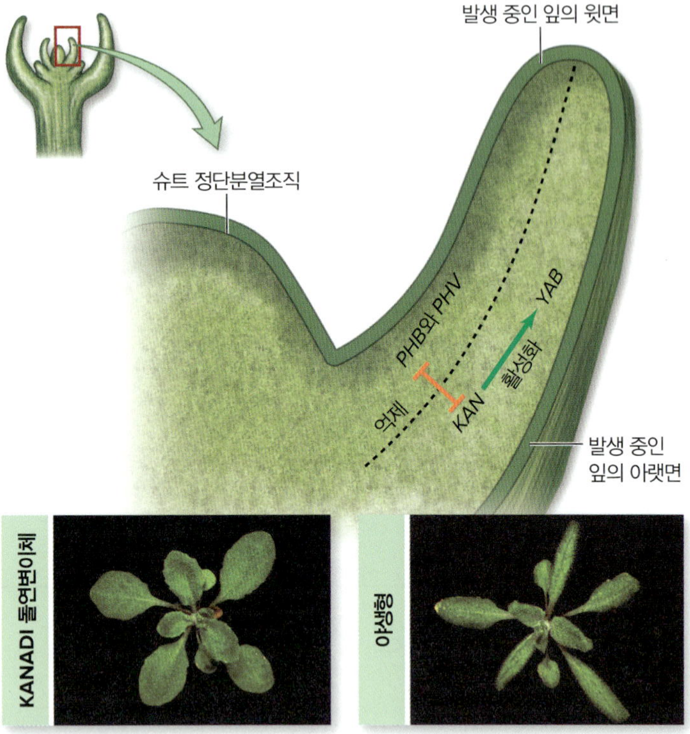

그림 20.29 잎의 위와 아래의 확립.
a. PHABULOSA(PHB), PHAVOLUTA(PHV), KANADI(KAN) 그리고 *YABBY(YAB)* 등 여러 유전자들이 편평한 애기장대 잎의 윗면과 아랫면을 뚜렷하게 구분하게 해준다. *PHB* 과 *PHV RNA*는 윗면 세포에 제한되어 있고, *KAN*과 *YAB RNA*는 잎의 아랫면 세포에서 발현된다. *PHB*와 *KAN*은 각각 잎의 서로 다른 부위에서 발현되도록 제한하는 길항관계를 지닌다. *KAN*은 *YABBY*의 발현을 유도하여 잎의 아래 부분 발달을 유도한다. *KAN*이 없으면 잎의 양면은 윗면처럼 발달한다.

에서부터 갈라진 하나의 잎맥을 가진 잎인데, 잎맥은 잎의 전체 길이로 뻗어 있지 않다. 소엽은 대부분 작고, 주로 석송문(phylum Lycophyta) 식물들과 관련이 있다. 대부분의 식물은 잎맥이 여러 개인 **대엽**(megaphyll)을 가지고 있다.

대부분의 진정쌍떡잎식물의 잎은 납작한 **잎새**(엽신, blade)와 가느다란 **잎자루**(엽병, petiole)를 지닌다. 잎새가 납작한 것은 방사대칭(radial symmetry)에서 등배대칭(dorsal-ventral symmetry)으로의 전환을 반영한 것이다. 잎이 편평해짐으로써 광합성 면적이 증가한다. 식물학자들은 뚜렷한 등배성이 결핍된 돌연변이체를 분석하여 이러한 전환이 어떻게 일어났는지에 대해 이해하기 시작했다(**그림 20.29**).

잎은 한 쌍의 **턱잎**(탁엽, stipule)을 갖고 있는데 이는 잎자루의 기부가 신장한 것이다. 턱잎은 잎 모양과 유사하거나 가시(아카시나무, *Robinia pseudo-acacia*)나 분비샘(자엽나무, *Prunus cerasifera*)과 같이 변형된 형태도 있고, 크기도 매우 다양하여 현미경으로 볼 수 있는 것부터 잎새의 절반에 이르는 것도 있다.

잎맥(엽맥, veins, 잎에서 관다발을 지칭하는 용어)은 물관부와 체관부로 구성되며 잎새 전체에 분포한다. 주맥은 대부분의 외떡잎식물에서는 평행맥이지만, 진정쌍떡잎식물의 잎맥은 복잡하게 그물 모양으로 얽혀 있다(**그림 20.30**).

a.
b.

그림 20.30 진정쌍떡잎식물과 외떡잎식물의 잎.
a. 스리랑카에서 유래한 진정쌍떡잎식물인 잎맥리카제비꽃의 잎은 망상형 잎맥을 갖고 있다. *b.* 캐비지야자나무와 같은 외떡잎식물의 잎은 평행맥을 지닌다. 진정쌍떡잎식물의 잎은 화학약품으로 탈색한 후 적색염료로 염색하여 잎맥이 더욱 뚜렷하게 관찰된다.

잎새는 형태가 매우 다양하게 나타나는데 타원형으로부터 깊숙이 갈라져서 서로 분리된 작은 잎으로 보이는 것도 있다. 라일락, 자작나무 등의 **단엽**(simple leaf, **그림 20.31***a*)은 잎새가 갈라지지 않지만 거치(teeth), 톱니를 지니고, 단풍나무나 참나무류의 잎처럼 다양한 크기의 열편을 지닌다.

서양물푸레나무, 네군도단풍, 호두나무 등의 **복엽**(compound leaf)은 잎새가 **작은 잎**(leaflet)으로 나누어져 있다(**그림 20.31***b*). 단

a. *b.*

그림 20.31 단엽과 복엽.
a. 로브르참나무(*Quercus robur*)의 단엽은 가장자리가 깊게 갈라져 있다. *b.* 흑호두나무(*Juglans nigra*)의 날개 모양의 복엽. 복엽은 잎자루가 줄기에 붙어 있는 지점에 있는 하나의 곁눈으로부터 발생한다.

과학적 사고

가설: 유전자 *UNIFOLIATA(UNI)*는 완두의 복엽 발달에 필요하다.
예측: 야생형 완두의 잎원기 발달 과정에서 *UNI* 유전자가 발현되나, *uni* 돌연변이체는 유전자를 발현시키지 못한다.

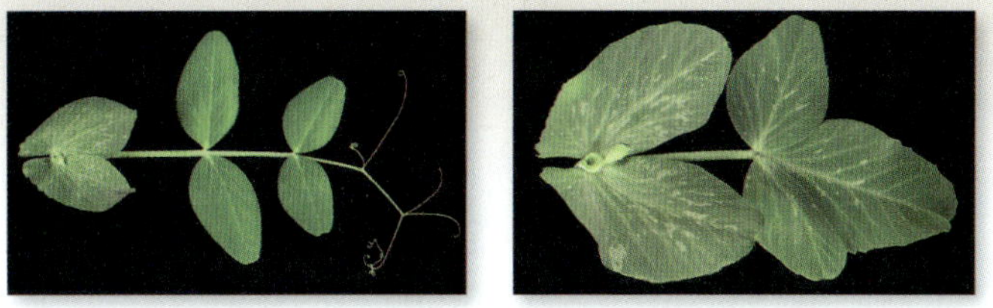

실험: 야생형과 돌연변이 완두 슈트의 얇은 절편을 잘라 슬라이드에 올려놓는다. *UNI* RNA에만 결합하는 색으로 표지된 단일 가닥 DNA 탐침을 이용하여 *UNI* RNA의 존재 여부를 확인한다. 현미경으로 표지된 절편을 관찰한다.

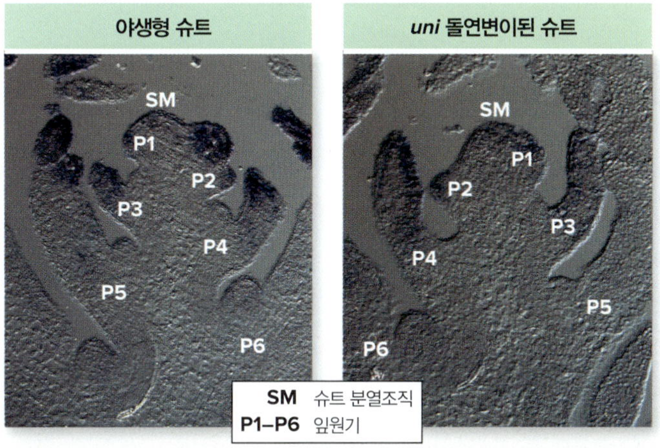

결과: *UNI* RNA가 야생형과 돌연변이체 둘 다에서 보였는데, 돌연변이체의 RNA 발현 수준은 야생형보다 낮았다.
결론: 돌연변이체의 *uni* 유전자는 야생형 유전자보다 낮은 수준으로 전사되므로 예측이 틀렸다고 결론을 내린다.
추가 실험: *uni* 유전자가 발현되지만, 복엽은 발생하지 않았다. 가설을 재설정하고 이 가설을 검정하기 위한 실험을 설계한다.

그림 20.32 잎 발달의 유전적 조절.

엽과 복엽의 발생 관계에 대해서는 아직 밝혀지지 않았는데, (1) 복엽은 고도로 갈라진 단엽이거나, (2) 복엽은 슈트 발생 프로그램을 이용하고, 각각의 작은 잎도 한때는 잎이었다는 2가지 설명이 논쟁 중이다. 이러한 의문을 풀기 위해서 연구자들은 복엽이 단엽으로 변환되는 단일돌연변이를 사용하고 있다(**그림 20.32**).

잎의 내부 구조는 기체 교환과 증산작용을 조절한다

잎의 전 표면은 투명한 표피로 덮혀 있으며, 대부분의 표피세포는 엽록체가 없다. 표피에는 밀납질의 각피층(cuticle layer)이 있고, 서로 다른 형태의 분비샘과 세포모들이 분포해 있다(20.2절 참조). 또한 대부분 잎의 하표피(가끔은 상표피)에는 좁은 틈(slit) 또는 입 모양의 많은 기공들이 분포하며, 이들은 공변세포로 둘러싸여 있다(**그림 20.33**).

상표피와 하표피 사이의 조직을 **엽육조직**(mesophyll)이라고 한다. 엽육조직에는 다양한 크기의 잎맥이 퍼져 있다.

대부분의 진정쌍떡잎식물 잎에는 2가지 뚜렷한 유형의 엽육조직이 있다. 상표피에 인접한 엽육조직은 촘촘히 쌓인 맥주통 또는 원통형의 엽록조직(chlorenchyma, 엽록체를 지닌 유조직) 세포들이 한 층 또는 여러(대개는 2개) 층으로 배열된 책상엽육조직(palisade mesophyll)으로 구성되어 있다(**그림 20.34**). 유칼립투스속 종을 포함한 일부 식물들은 수평으로 신장하기보다는 아래로 늘어진 잎을 가지고 있는데, 이들은 잎의 양면에 책상엽육조직을 지니고 있다.

거의 모든 진정쌍떡잎식물 잎은 하표피와 책상엽육조직 사이의 전 조직에 걸쳐 공극이 퍼져 있고 드문드문 분포한 해면엽육조직(spongy mesophyll)을 가지고 있다. 기공을 따라 서로 연결된 세포간극(intercellular space)은 기체 교환과 잎에서 수증기의 이동의 작용을 한다.

외떡잎식물 잎의 엽육조직은 종종 책상조직과 해면조직층으로 분화가 일어나지 않은 경우도 있고, 상표피와 하표피의 구분도 거의 없다. 대신 관다발을 감싸고 있는 세포가 뚜렷이 구별되며, 여기에서 이산화탄소 고정이 일어난다. 이러한 해부학적 차이는 종종 변형된 광합성경로인 **C_4 광합성**(C_4 photosynthesis)과 관련되어서, 이 경로는 산소에 대한 이산화탄소의 양을 최대로 하여 광호흡을 통한 에너지 손실을 감소시킨다(6장 참조). 잎의 해부학은 수분 소실, 기체 교환, 광합성 산물의 다른 기관으로의 이동 등에 대하여 균형을 맞추려는 요구와 직접적으로 관련이 있다.

변형된 잎은 매우 다양한 기능을 하는 기관이다

식물은 사막, 호수, 열대우림 등 매우 다양한 환경에서 모여살기

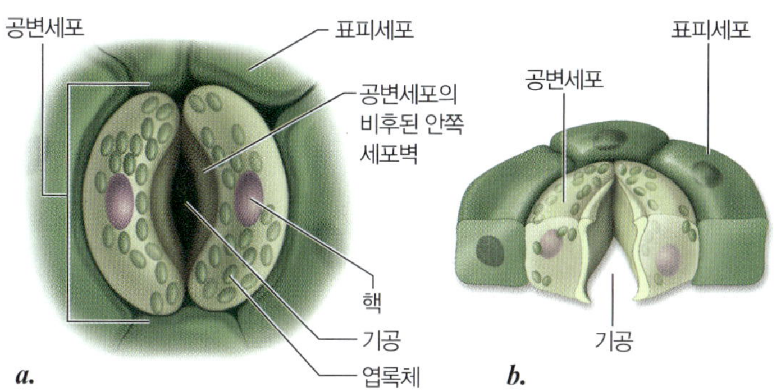

그림 20.33 기공.
a. 표면. *b.* 횡단면.

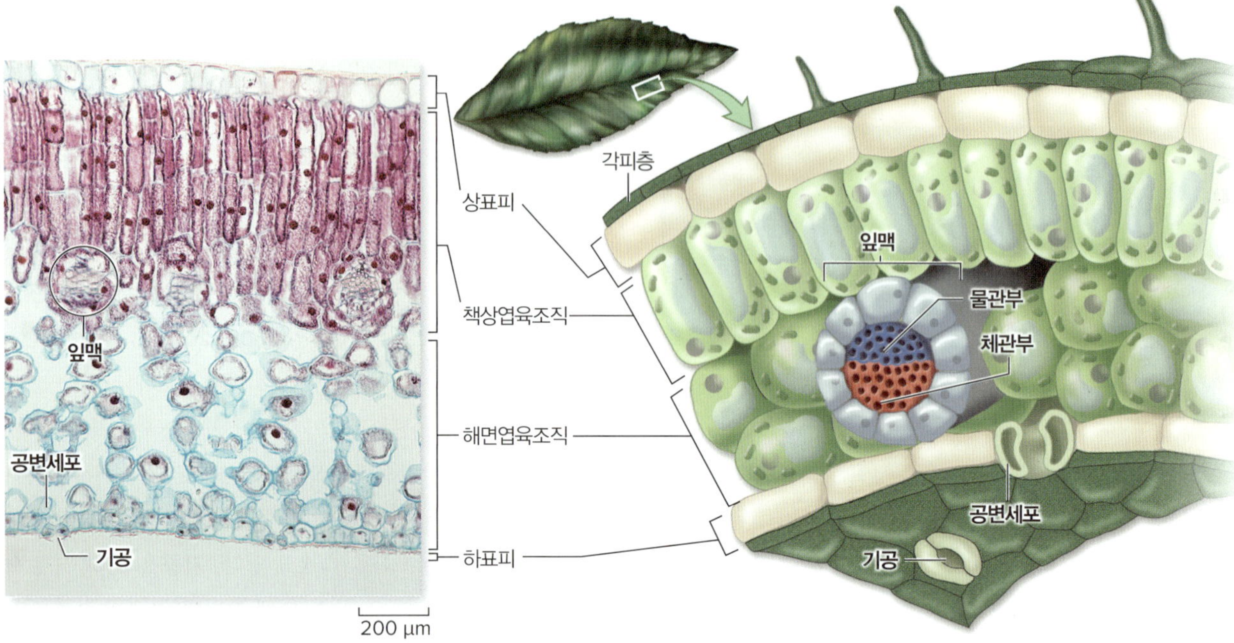

그림 20.34 진정쌍떡잎식물의 횡단면.
책상엽육조직과 해면엽육조직, 관다발 또는 잎맥의 배열과 기공을 감싼 한 쌍의 공변세포를 지닌 표피를 보여주는 진정쌍떡잎식물 잎의 횡단면.

때문에 독특한 서식지에 적응하기 위한 식물기관의 변형이 이루어진다. 특히 잎은 놀랄 만한 적응으로 진화되어 왔는데, 이들 변형된 잎들의 유형은 다음과 같다.

포엽: 포인세티아와 층층나무는 비교적 뚜렷하지 않고 작은 황록색의 꽃을 지닌다. 그러나 두 식물은 **포엽**(floral leaf, bract; 대개 포인세티아에서는 적색, 층층나무에서는 흰색 또는 분홍)이라 부르는 큰 변형된 잎을 지닌다. 이러한 포엽은 진정한 꽃을 둘러싸고 있으며 눈에 잘 띄는 꽃잎과 같은 기능을 한다. 그러나 다른 식물에서 포엽은 눈에 띄지 않을 정도로 아주 작다.

엽침: 많은 선인장과 다른 식물의 잎은 **엽침**(spines)으로 변형되어 있다(**그림 20.28***f* 참조), 선인장의 날카로운 엽침은 포식자를 저지할 수 있다. 엽침의 가시와 아카시나무의 변형된 가지의 일종인 **경침**(thorns), 그리고 표피 또는 표피 바로 밑의 피층이 밖으로 돌출 생장한 라즈베리의 피침(prickles)과는 혼동하지 말아야 한다.

생식엽: 칼란코에(kalanchoë) 같은 일부 식물은 잎 가장자리를 따라 작지만 완전한 소식물체(plantlets)를 만든다(생식엽, reproductive leaf). 각 소식물체는 잎에서 분리되면 독립적으로 완전한 크기의 식물체로 성장할 수 있다. 걷는 고사리(*Asplenium rhizophyllum*)는 엽상체 끝에 새로운 소식물체를 생성한다. 비록 많은 종에서 분리한 잎 조직으로부터 완전한 식물체를 재생할 수 있지만, 이러한 생체내(in vivo) 재생은 소수의 식물 종에서만 발견된다.

창문엽: 건조한 지역에서 자라는 몇몇 식물 속(genera)은 다즙의 비후된 원추형 모양이며, 끝부분이 투명한 잎을 지닌다(창문엽, window leaf). 잎들은 종종 바람에 의해 밀려온 모래에 묻히는데, 두꺼운 표피와 각피를 지닌 투명한 끝을 통해 속이 빈 내부로 빛이 전달된다. 이러한 전략으로 땅 표면 아래에서 광합성이 일어난다.

음엽: 빛이 잘 들지 않는 음지에서 만들어진 잎(음엽, shadow leaf)은 같은 나무에서 직접 광을 받은 잎보다는 표면적이 크고 얇으며 엽육조직이 적다. 이렇게 식물이 발달 과정에서 보여주는 가소성은 매우 놀랄 만한 일로 환경 신호가 잎의 발달에 크게 영향을 준다고 할 수 있다.

포충엽: 개화식물 중 약 200종이 곤충을 포획하는 잎을 가지고 있는데, 일부 식물 잎은 곤충의 연약한 부분을 소화한다. 포충엽(insectivorous leaf)을 가진 식물은 종종 특정 원소가 부족하거나 식물이 직접 이용하기 어려운 형태로 원소가 존재하는 산성의 늪지대에서 서식하는데, 이러한 환경은 식물이 생장과 번식을 하는 데 필요한 대사과정이 억제된다. 그러나 식물은 동물계로부터 영양분을 보충 흡수함으로써 이러한 요구가 충족된다.

낭상엽 식물(pitcher plant, 실례로 사라세니아속, 코브라백합

속, 벌레잡이통풀속)은 빗물이 모일 수 있는 원추형의 잎을 가지고 있다. 잎의 안쪽에는 아래로 향한 연약하지만 뻣뻣한 털이 잎 둘레로 배열되어 있다. 이러한 잎에 떨어진 곤충은 밖으로 탈출하는 것이 어려우며 결국에는 익사하게 된다. 박테리아나 식물의 소화효소가 곤충을 분해하면 잎은 배출된 영양분을 흡수한다. 끈끈이주걱속(*Drosera*) 같은 식물은 곤충을 잡는 끈끈한 점액을 분비하는 샘(gland)을 가지고 있고 곤충은 소화효소에 의해 분해된다.

파리지옥풀(*Dionaea muscipula*)은 주맥에 경첩같이 보이는 잎을 만든다. 만일 움직이는 곤충이 잎새의 미세한 털을 자극하면 잎의 양 반쪽이 마주보며 닫혀 버리고, 식물의 소화효소가 잡힌 곤충의 연약한 부분을 영양분으로 분해하고, 이는 잎 표면을 통해 흡수된다. 보통 질소가 가장 요구되는 성분이다. 신기하게도 파리지옥풀은 질소가 풍부한 환경에서는 살아남을 수 없는데, 이는 파리지옥풀이 정밀한 진화과정에서 곤충을 잡고 분해하는 능력을 획득한 대가로 다른 생화학적 특성을 잃어버린 것으로 판단된다.

핵심 요약 20.5

잎은 다양한 형태로 나타난다. 단엽은 분리되지 않지만, 복엽은 많은 분리된 작은 잎을 지닌다. 외떡잎식물은 전형적으로 평형맥을, 진정쌍떡잎식물은 그물맥의 잎을 지닌다. 엽육세포는 광합성을 수행한다. 외떡잎식물의 엽육조직은 구분되어 있지 않지만, 진정쌍떡잎식물에서는 책상엽육조직과 해면엽육조직으로 분리되어 있다. 잎은 생식, 방어, 수분 보전, 양분 섭취, 심지어 곤충의 포획을 위해 변형되기도 한다.

- 광합성과 관련하여 외떡잎식물과 진정쌍떡잎식물의 잎의 구조를 대조해 보자.

핵심 개념 요약

20.1 식물의 구조: 개요

■ 관다발식물은 뿌리와 줄기를 지닌다

근계는 기본적으로 땅속에 있으며, 뿌리는 식물을 고착하며, 물과 무기물을 흡수한다. 슈트계는 땅 위에 있으며, 잎과 꽃을 지탱한다(**그림 20.1**).

■ 뿌리와 슈트는 세 유형의 조직으로 구성된다

조직의 3가지 유형은 표피조직, 기본조직, 그리고 관다발조직이다.

■ 새로운 생장은 분열조직에서 일어난다

분열조직 세포는 미분화된 세포로서 무한으로 분열할 수 있고 다양한 유형의 분화된 세포를 만들 수 있다(**그림 20.3**). 정단분열조직은 줄기의 정단부와 뿌리의 끝 부근에 위치한다. 측생분열조직은 2기 생장을 하는 식물에서 발견되며, 줄기나 뿌리의 지름을 크게 한다.

20.2 식물의 조직

■ 표피조직은 환경과 접하는 보호층을 형성한다

표피조직은 1차적으로 표피이고, 표피는 대개 한 층의 세포 두께이며, 수분 소실을 저지하도록 지방산이나 밀납으로 된 각피로 덮혀 있다. 표피의 공변세포는 기공을 통한 물의 소실을 제어하고 세포모는 초식동물과 수분 소실로부터 식물을 보호한다. 뿌리털은 뿌리의 흡수면적을 증가시키는 데 도움이 되는 표피세포의 구조물이다.

■ 기본조직의 세포는 저장, 광합성, 지지 등의 다양한 기능을 한다

기본조직은 주로 유조직세포로 구성되며, 이 세포는 저장, 광합성, 분비의 기능을 한다. 후각조직세포는 유연한 지지, 후벽조직세포는 견고한 지지 기능을 한다.

■ 관다발조직은 식물체 전체에 물과 양분을 운반한다

물관부 조직은 헛물관과 물관요소라 불리는 죽은 세포를 통해 물을 수송한다. 물관은 헛물관으로부터 진화되었으며, 지름이 더 커서 더 많은 물을 더욱 빨리 수송한다.

체관부 조직은 체관요소와 체세포라 불리는 살아 있는 세포를 통해 용해된 수크로스 같은 탄수화물을 수송한다. 이들 세포는 핵이 없어서 일부 대사과정을 이웃하는 세포에 의존한다.

20.3 뿌리: 고착과 흡수

뿌리는 슈트 이후에 진화되었고 육상생활에서의 주요 발명품이란 것을 염두에 두어야 한다.

■ 뿌리는 지하부로의 생장 및 물과 용질을 흡수할 수 있도록 적응되었다

발달하는 뿌리는 4구역으로 구분된다. (1) 뿌리골무는 뿌리를 보호한다. (2) 세포분열대는 정단분열조직을 지닌다. (3) 신장대는 토양 속에 뿌리를 신장시킨다. (4) 성숙대의 세포는 분화가 되어 있다(**그림 20.14**). 성숙대는 관다발 중심주가 중앙에 있고, 내초가 이를 감싸는 방사체제를 지니는데, 내초는 곁뿌리와 관다발형성층을 생성할 수 있다. 내피는 내초와 기본조직 사이에 있는데, 관다발 중심주로의 이입을 제어한다. 뿌리 표면의 표피는 기본조직으로 들어가는 것을 조절한다.

■ 변형된 뿌리는 특수한 기능을 수행한다

대부분의 식물은 작은 곁뿌리들을 지닌 하나의 커다란 뿌리를 형성하는 직근계나 비슷한 굵기의 많은 작은 뿌리들로 이루어진 수근계를 생성한다. 부정근은 지지, 안정성, 산소 획득, 물과 양분 저장, 숙주식물에 기생 등을 하기 위해 변형되기도 한다.

20.4 줄기: 지상부의 지지

■ 줄기는 잎과 꽃을 달고 식물체의 무게를 지탱한다

잎은 줄기의 마디에 붙어 있다. 엽액은 줄기와 잎 사이의 부위이며, 곁눈은 진정쌍떡잎식물의 엽액에서 발생한다.

외떡잎식물 줄기의 관다발은 무작위적으로 흩어져 있는 반면, 진정쌍떡잎식물에서는 관다발이 환상으로 배열되어 있다.

관다발형성층은 안쪽의 물관부와 바깥쪽의 체관부 사이에서 발달하는데 2기 생장을 하도록 한다(**그림 20.24**).

■ 변형된 줄기는 영양번식과 양분저장을 한다

인경, 구경, 지하경, 포복경, 괴경, 덩굴손 그리고 엽상경 등은 변형된 줄기의 예이다. 감자 괴경은 식량의 공급원인 동시에 새로운 식물체를 번식시키는 수단이다.

20.5 잎: 광합성 기관

잎은 광합성을 수행하는 주된 부위이다. 잎의 배열, 형태, 크기, 내부 구조와 같은 잎의 특징은 환경에 의해 엄청나게 변할 수 있다.

■ 잎의 외부 구조는 관다발의 형태를 반영한다

관다발은 외떡잎식물에서는 평행하나 진정쌍떡잎식물에서는 분지된 그물망을 형성한다. 대부분의 진정쌍떡잎식물의 잎은 납작한 잎새와 가느다란 잎자루로 구성되지만, 외떡잎식물에서는 대부분 잎자루가 없다.

잎새는 단엽이거나 복엽(작은 잎으로 갈라짐)이다.

■ 잎의 내부 구조는 기체 교환과 증산작용을 조절한다

잎의 조직은 공변세포를 지닌 표피, 관다발조직, 그리고 광합성이 일어나는 엽육조직을 포함한다.

수평 방향으로 배치된 진정쌍떡잎식물의 잎에서 엽육조직은 상표면 가까이에 책상조직세포, 하표면 근처에는 해면조직 세포로 구분되어 있다.

외떡잎식물 잎의 엽육조직은 종종 구분되어 있지 않다.

■ 변형된 잎은 매우 다양한 기능을 하는 기관이다

잎은 형태가 매우 다양하고, 많은 상이한 기능을 하기 위해 적응되었다. 잎은 생식, 방어, 저장, 무기물 흡수, 심지어 곤충으로부터 질소를 얻기 위한 곤충 포집 등을 위해 변형되었다.

연습문제

■ 1단계: 이해력 확인하기

1. 다음 중 성숙기에 살아 있는 원형질체가 없는 세포는 무엇인가?
   a. 유조직 b. 동반세포
   c. 후각조직 d. 후벽조직

2. 떡갈나무에서 양분의 이동통로가 되는 세포는 무엇인가?
   a. 헛물관 b. 물관
   c. 동반세포 d. 체관요소

3. 뿌리털은 다음 중 어느 부위에서 생성되는가?
   a. 세포분열대 b. 신장대
   c. 성숙대 d. a, b, c 중 2개 이상

4. 줄기에는 있지만 뿌리에는 없는 것은 무엇인가?
   a. 물관요소 b. 마디
   c. 표피 d. 기본조직

5. 분열조직 세포의 설명 중 옳지 않은 것은 무엇인가?
   a. 분열 중의 분열조직 세포 중 하나는 분열조직으로 남고, 다른 하나는 분화를 한다.
   b. 분열조직 세포는 보호를 위해 2차 세포벽을 지닌다.
   c. 엽원기는 슈트 정단분열조직을 보호한다.
   d. 뿌리 정단분열조직은 뿌리골무로 보호를 받는다.

6. 진정쌍떡잎식물과는 달리 외떡잎식물의 줄기에서 없는 것은 무엇인가?
   a. 관다발 b. 유조직
   c. 수(pith) d. 표피

7. 다음 중 공변세포의 기능은 무엇인가?
   a. 이산화탄소의 흡수
   b. 곤충과 초식동물의 퇴치
   c. 잎 조직의 지지
   d. 물의 흡수

8. 책상유조직과 해면유조직은 전형적으로 어느 식물의 엽육에서 발견되는가?
   a. 외떡잎식물
   b. 진정쌍떡잎식물
   c. 외떡잎식물과 진정쌍떡잎식물
   d. 외떡잎, 진정쌍떡잎 모두 아님
9. 관다발식물에서 뿌리와 줄기 체제의 차이점은 무엇인가?
   a. 근계는 2차 생장을 할 수 없다.
   b. 근계는 2차 생장을 하지만 수피를 만들지 않는다.
   c. 근계는 뚜렷한 세포 신장대를 갖고 있으나 슈트계는 그렇지 않다.
   d. 근계는 양분을 저장할 수 있으나 줄기는 그렇지 못하다.
10. 관다발식물의 줄기에 대한 설명 중 옳지 않은 것은 무엇인가?
   a. 줄기는 마디와 마디 사이를 포함하는 반복되는 단편으로 구성되어 있다.
   b. 1기 생장은 슈트 정단분열조직에서만 일어난다.
   c. 관다발조직은 줄기의 외부 쪽으로 배열되거나 또는 줄기 전체에 흩어져 있다.
   d. 줄기가 기공을 가질 수 있다.
11. 다음 중 식물세포의 유형과 그 기능이 잘못 연결된 것은 무엇인가?
   a. 물관부-무기물 양분 이동
   b. 체관부-수피의 일부분 차지
   c. 세포모-증산을 감소시킴
   d. 후각조직-광합성 수행

■ 2단계: 적용력 평가하기

1. 15년 전 당신의 부모님은 정원에서 자라는 큰 나무의 낮은 가지에 그네를 매달았다. 오늘 밖으로 나가서 그네에 앉았더니 그네의 높이가 15년 전 처음 앉았던 때의 그네 높이와 같았다. 나무가 자람에도 불구하고 땅에서부터 그네의 높이가 높아지지 않은 이유는 무엇인가?
   a. 나무의 몸체는 2기 생장을 할 수 없다.
   b. 나무의 몸체는 식물체의 1기 생장계의 일부이나 그 부위에서는 더 이상의 신장이 일어나지 않는다.
   c. 나무는 정단분열조직이 없어서 더 이상 키가 크지 않는다.
   d. 나무가 자라면서 그네가 높아지지 않는 것은 불가능하기 때문에 착각한 것이다.
2. 식물의 독특한 특성은 무한생장이다. 무한생장이 가능한 이유에 대한 설명 중 맞는 것은 무엇인가?
   a. 1기 생장을 하기 위한 분열조직 세포 부위가 식물체의 전체에 있기 때문이다.
   b. 모든 종류의 세포들이 종종 분열조직을 만든다
   c. 분열조직 세포가 지속적으로 스스로를 대체한다.
   d. 모든 세포가 무한 분열을 한다.
3. 식물 뿌리의 내초를 표피층에 이식하면 뿌리의 생장에 어떠한 영향을 미치겠는가?
   a. 뿌리의 성숙대에서 2기 생장이 일어나지 않는다.
   b. 뿌리의 정단분열조직이 표피조직 대신 관다발조직을 만든다.
   c. 내초는 정상적으로 뿌리의 표피층 가까이에 위치하기 때문에 아무런 변화가 없다.
   d. 곁뿌리가 뿌리 바깥지역에서 자라고 이는 관다발과 연결되지 않는다.
4. 최근 많은 채소들이 수경재배로 자라기 때문에 뿌리가 주로 용액 속에 있다. 다음의 뿌리 구조 중 더 이상 수경재배에서 이점이 없는 부위는 무엇인가?
   a. 표피
   b. 물관부
   c. 뿌리골무
   d. 수피
5. 감자의 껍질을 벗길 때 대부분 제거되는 조직은 무엇인가?
   a. 표피조직
   b. 관다발조직
   c. 기본조직
   d. a, b 둘 다 맞다.
   e. a, b, c 모두 맞다.
6. 떡갈나무의 나이는 ____________에 의해 형성된 ____________인 나이테의 수를 세면 알 수 있다.
   a. 정단분열조직; 1기 물관부
   b. 관다발형성층; 2기 체관부
   c. 코르크 형성층; 표피조직
   d. 관다발형성층; 2기 물관부
7. 뿌리골무와 곁뿌리가 지닌 서로 비슷한 측면은 무엇인가?
   a. 둘 다 근계의 흡수면적을 증가시킨다.
   b. 둘 다 대개 수명이 길다.
   c. 둘 다 다세포이다.
   d. b, c 둘 다 맞다.
8. 다음 중 식물의 기관이 형성되는 기작은 무엇인가?
   a. 분열조직의 세포분열
   b. 조직에서 세포가 적절한 위치로 이동
   c. 전구세포(precursor cell)의 염색체 제거
   d. a, b 둘 다 맞다.
9. 떡갈나무에서 중심부로부터 가장자리로 갈 때 존재하는 세포 유형의 순서로 맞는 것은 무엇인가?
   a. 수, 2기 물관부, 1기 물관부, 관다발형성층, 1기 체관부, 2기 체관부, 코르크형성층, 코르크층
   b. 수, 1기 물관부, 2기 물관부, 관다발형성층, 2기 체관부, 1기 체관부, 코르크형성층, 코르크층
   c. 수, 1기 물관부, 2기 물관부, 관다발형성층, 2기 체관부, 1기 체관부, 코르크층, 코르크형성층
   d. 수, 1기 체관부, 2기 체관부, 관다발형성층, 2기 물관부, 1기 물관부, 코르크형성층, 코르크층
10. 여러분은 최근 산의 경치가 멋진 집을 샀지만 이웃이 시야를 가리는 나무를 심었다. 직접 나무를 제거하지는 않고 여러 마리의 호저를 훈련시켜 어두워질 때 이들이 정원에 들어가서 은밀하게 행동하도록 하였다.

나무를 효과적으로 죽이기 위해 호저를 훈련시킬 때 어느 부위를 완전히 제거하도록 해야 하는가?

a. 관다발형성층 b. 코르크층
c. 코르크형성층 d. 1기 체관부

■ 3단계: 사고력 함양하기

1. 평소에 보지 못했던 채소를 받았을 때 외부 특징과 현미경을 통해 횡단면을 관찰하여 그것이 뿌리인지 혹은 줄기인지 어떻게 구별할 수 있는가?
2. 습기가 많은 토양에서 수확한 감자의 괴경에 간혹 많은 피목(lenticel)들이 발견된다. 이 피목의 환경에 대한 적응력은 무엇인가?
3. 식물의 기관은 많은 변화를 통해 환경의 변화에 적응한다. 상상력을 동원하여 변형된 뿌리, 줄기 또는 잎을 설계해 보고 이 변형된 기관이 왜 최적의 선택이었는지 예를 들어 설명하시오.
4. 물관세포가 분화되지 않은 옥수수 돌연변이체를 발견하였다. 이 돌연변이가 식물체의 기능에 미치는 영향에 대해 설명하시오.
5. 지구상의 인류가 증가함에 따라 이들을 먹여 살릴 식량 생산을 위한 노력이 절대적으로 요구된다. 이를 위해 완전한 맞춤작물을 육성할 경우, 이 식물이 지니게 되는 특성은 무엇이겠는가?

21 식물의 수송

도입

육상식물은 2가지 중요한 도전에 직면한다. 물과 양분의 균형을 유지하는 것과 위로 생장하는 데 있어서 몸체를 충분히 구조적으로 지탱을 해주는 것이다. 관다발계는 물, 무기물, 유기분자 등을 식물체 전체, 때로는 장거리로 운반한다. 관다발조직의 2기 생장이 교목들을 높게 자라게 하는 반면, 초본식물들에서는 물의 균형이 이들을 위로 뻗게 한다. 이번 장에서는 물, 무기물, 유기분자들이 키가 작거나 큰 식물의 슈트와 뿌리 사이에서 어떻게 이동하는지를 설명한다.

21.1 수송 기작

학습 목표

1. 수분퍼텐셜에 근거하여 물의 이동 방향을 예측한다.
2. 세포의 수분퍼텐셜을 계산한다.

교목에서 물은 뿌리에서부터 10층 높이의 나무 꼭대기까지 어떻게 올라갈까? 식물은 근육조직이 없어서 순환계를 통해 수액을 퍼올릴 수가 없다. 그럼에도 불구하고 물은 세포의 원형질체 사이의 세포간극을 통해, 원형질연락사(세포간 통로)를 통해, 식물체 전체에 뻗어있는 상호연결된 통수요소를 통해 이동한다(**그림 21.1**). 물은 처음에 뿌리로 들어가서 식물체의 가장 안쪽에 있는 관다발조직인 물관부로 이동한다. 물은 여러 요인의 조합에 의해서 물관부를 통해 위로 올라가고, 대부분은 잎의 기공을 통해 나간다(**그림 21.2**).

국지적 변화가 장거리 물질 수송을 야기한다

물 분자와 용해된 무기염류의 가장 긴 장거리 여행은 물관부에서 일어난다. 물은 뿌리 세포의 세포막을 가로질러 중심주의 물관부 내로 이동한다. 예를 들어 미국삼나무의 경우, 일단 물이 물관부 내로 들어가면 물은 위로 100 m나 올라갈 수 있다(**그림 21.2**). 이 힘의 대부분은 **증산작용**(transpiration, 기공에서의 물의 증발)에 의한 장력이다. 이 장력은 물 분자끼리 서로 붙으려는 경향(응집)과 물 분자가 헛물관이나 물관의 벽에 붙기(부착) 때문에 생겨난다. 이 결과, 위로 뻗는 기다란, 안정된 물기둥이 생긴다.

장거리 수송은 체관부에서도 일어나는데 이 내용은 21.6절에서 다룬다. 물관부 수송과는 달리 체관부 수송은 양방향이다(**그림 21.2**).

삼투압은 아쿠아포린에 의해 증가된다

만약 물속에 하나의 식물세포가 놓여 있다면 세포 내의 용질 농도는 외부 용액의 용질 농도보다 높아서, 물은 **삼투**(osmosis)에 의해 세포 내로 들어간다(4장 참조). 그러나 막을 가로지른 삼투 속도는 제한적이다.

오랫동안 과학자들은 물이 삼투압으로 예측한 속도보다 더 빨리 이동되는 것을 알고 고민해왔다. 오늘날 우리는 물의 세포 내외로의 이동 속도가 4장에서 처음 배운 아쿠아포린(aquaporin)이라는 막의 수분 통로에 의해 빨라진다는 것을 알고 있다(**그림 21.3**). 이 수송통로는 식물과 동물에 모두 있다. 식물에서 아쿠아포린은 액포막과 원형질막에 모두 존재하여 막을 가로지른 대량 수송을 가능하게 한다.

애기장대에서는 적어도 30여 종의 상이한 유전자가 아쿠아포린 유사 단백질을 암호화한다. 아쿠아포린은 물의 이동 속도를 빨리할 뿐 이동 방향은 바꾸지 않는다. 이들은 세포 내 수분 균형을 유지하고 물관부로 물을 이동시키는 데 중요하다.

수분퍼텐셜과 삼투압 기울기는 식물에서 국지적인 이동이나 장거리 이동을 이해하는 데 기본이 된다. 다음으로는 식물의 조직과 기관 내 혹은 이들 간의 수송을 알아본다.

수분퍼텐셜은 식물체를 통해 물의 이동을 조절한다

식물학자들은 식물체 내 물의 행동에 관한 힘을 설명하는 데 퍼텐셜이란 용어를 쓴다. **퍼텐셜**(potential)은 자유에너지(일을 할 수 있는 능력)를 표현하는 한 가지 방법이다. **수분퍼텐셜**(water potential)은 그리스어 대문자 Ψ(psi, 싸이)와 아래 첨자 W로 약술(Ψ_w)하며, 물이 흐르는 방향을 예측하는 데 사용된다. 중요한 점은 물이 높은 수분퍼텐셜을 지닌 세포나 용액에서 낮은 수분퍼텐셜을 지닌 세포나 용액으로 이동한다는 것을 기억하는 것이다. 수분퍼텐셜은 **메가파스칼**(megapascal, MPa)이라 부르는 압력 단위로 측정된다. 부엌이나 욕실의 수도꼭지가 최대로 틀어져 있는 경우 수분퍼텐셜은 0.2~0.3 MPa(30~45 psi)이 된다.

수분퍼텐셜과 세포의 팽압

주변의 용액보다 더욱 낮은 Ψ_w을 지닌 세포로 물이 들어올 때, 식물세포벽은 세포의 팽창을 제한한다. 세포는 삼투현상에 의해 물이 세포 안으로 들어옴에 따라 팽창되어 세포벽을 압박하여 세포의 팽압(tugor pressure)이 증가하기 때문에 세포는 부풀게 된다. 반대로, 세포를 매우 높은 농도의 수크로스액에 넣어 둔다면 세포로부터 물이 빠져나와 팽압은 떨어진다. 세포가 쭈그러지며 세포막이 세포벽으로부터 떨어지게 되는데, 이런 현상을 **원형질분리**(plasmolysis)라 부르며, 세포가 너무 많은 물을 잃어버리면 이 세포는 죽는다. 세포의 부피가 조금만 변해도 팽압에는 큰 변화가 생기며, 팽압이 0(zero)

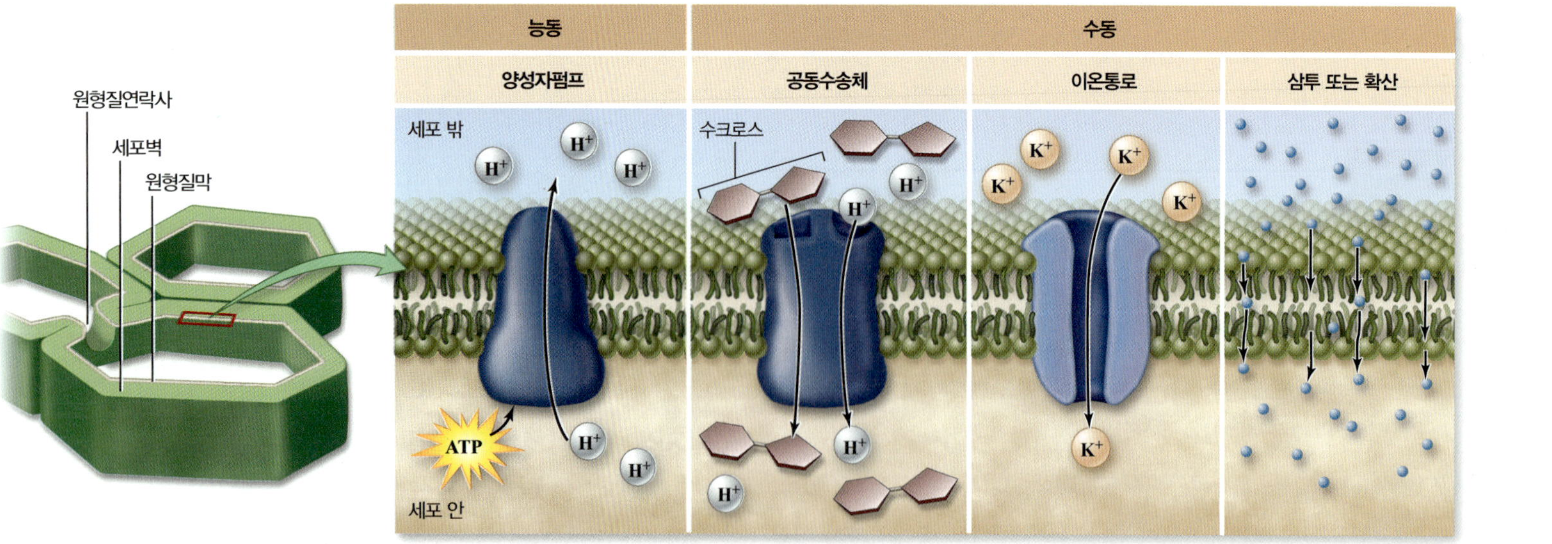

그림 21.1 세포간 수송.
물, 무기물, 유기분자는 막을 횡단하여 확산되거나 막결합 수송단백질에 의해 수동적 또는 능동적으로 수송되기도 하고, 원형질연락사를 통해 이동하기도 한다. 막 수송에 관한 자세한 내용은 4장을 참조한다.

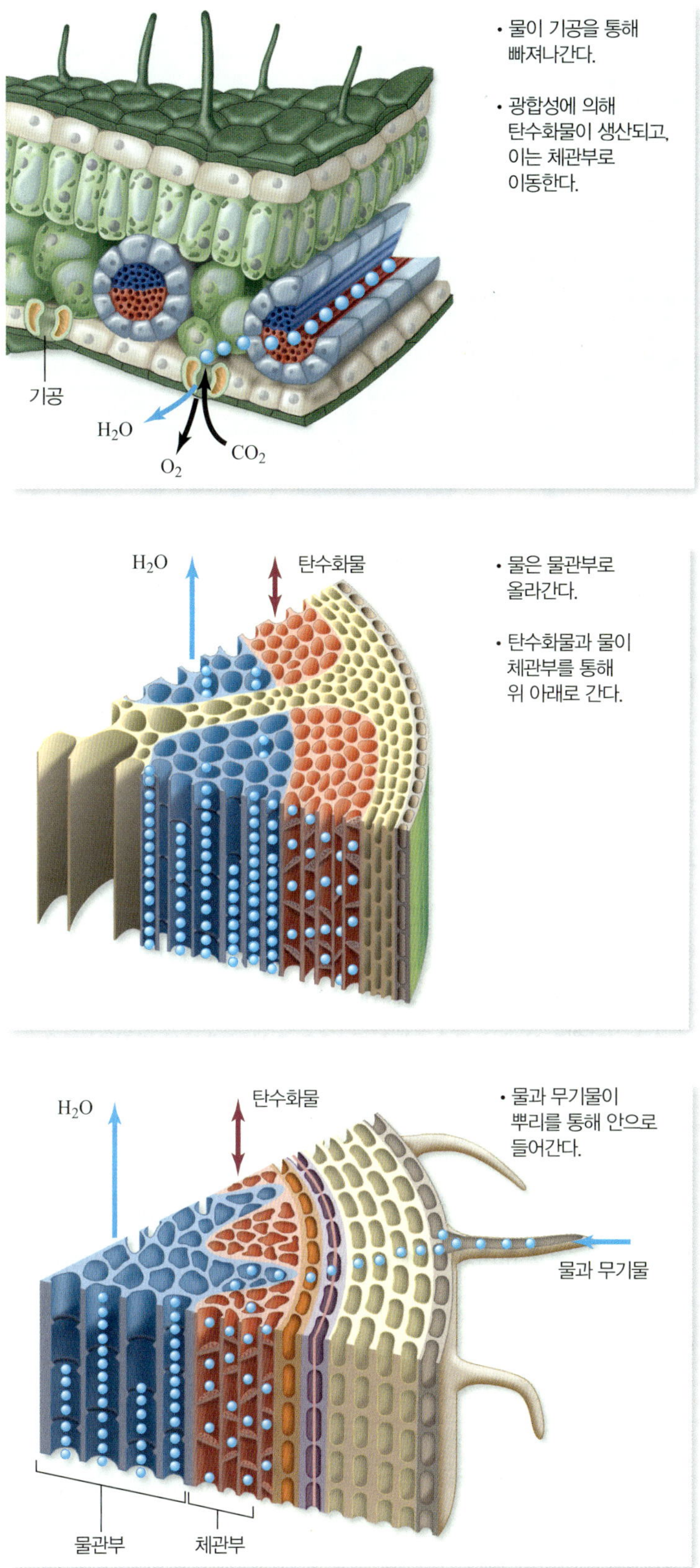

그림 21.2 식물체에서 물과 무기물의 이동은 한쪽 방향인데 반해, 탄수화물은 양방향으로 이동한다.

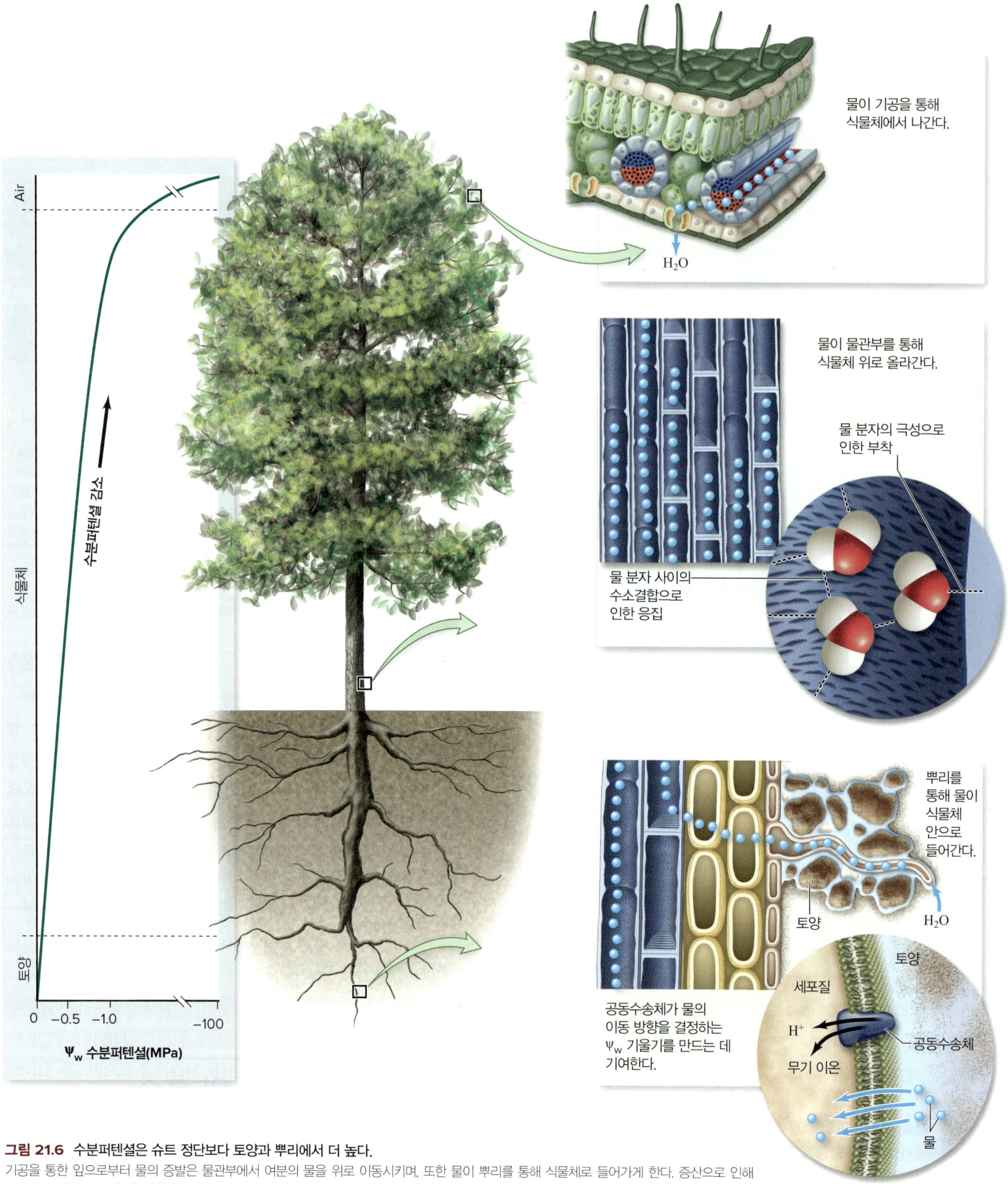

그림 21.6 수분퍼텐셜은 슈트 정단보다 토양과 뿌리에서 더 높다.
기공을 통한 잎으로부터 물의 증발은 물관부에서 여분의 물을 위로 이동시키며, 또한 물이 뿌리를 통해 식물체로 들어가게 한다. 증산으로 인해 잎의 수분퍼텐셜은 상당량 떨어진다.

그림 21.7 물과 무기물은 뿌리털이 풍부한 부위로 들어간다.

식물에 의해 흡수되는 물의 대부분은 뿌리의 뿌리털을 통해 들어온다(**그림 21.6, 21.7**). 20장에서 살펴본 것처럼 뿌리털은 생장하고 있는 뿌리 끝 바로 위쪽에 있는 뿌리의 표피세포가 신장하여 만들어진다.

많은 식물 종에서 물과 무기물의 흡수를 위한 표면적은 균근의 곰팡이류(mycorrhizal fungi)와 상호작용함으로써 더욱 증가된다. 이 곰팡이류는 뿌리털보다 흡수 망을 훨씬 더 확장시키며, 특히 토양의 인(phosphorus)을 흡수하는 데 도움이 된다.

일단 뿌리털을 통해 흡수된 물과 무기물은 관다발조직에 도달할 때까지 여러 세포층을 횡단해서 이동해야 하는데, 물과 용해된 이온은 물관부로 들어가 식물 전체로 이동한다.

세포를 통한 3가지 수송 경로가 있다

물과 무기물은 뿌리의 관다발조직에 도달하는데 다음과 같은 3가지 경로를 이용한다(**그림 21.8**). **아포플라스트 경로**(apoplast route)는 세포벽과 세포 사이의 공간을 통해 이동하는 수단으로 막을 통한 수송은 이루어지지 않는다. **심플라스트 경로**(symplast route)는 물이 원형질연락사로 연결되는 세포 간에 연속된 세포질로 이동하는 것인데, 일단 물 분자가 세포 안에 있으면 이들은 원형질막을 횡단할 필요가 없이 원형질연락사를 통해 세포 사이를 이동할 수 있다. **막횡단 경로**(transmembrane route)는 세포 사이와 세포 내 액포막을 횡단하는 막 수송으로, 이 경로에서는 세포들이 어떤 물질이 들어가고 나가는지를 가장 잘 조절할 수 있다. 이들 3가지 경로는 서로 배타적이지 않으며, 물 분자들은 뿌리의 내피에 도달할 때까지 어느 때라도 경로를 바꿀 수 있다.

> **?** **탐구문제** 물이 이동할 때는 어떤 경로가 가장 빠를 것인가? 이 경로가 무기물이 식물체 내로 이동하는데 항상 최선의 경로인가?

내피를 통한 수송은 선택적이다

분자들이 내부로 이동하면 결국 내피에 도달하게 되고, 카스파리띠에 의해 세포벽을 통한 수송은 차단된다. 20장에서 살펴본 것처럼 원통형 내피의 모든 세포는 방수성 물질인 수베린(suberin)으로 덮인 연결된 세포벽을 가진다(**그림 21.9**). 물관부에 도달하기 위해 분자들은 내피세포의 원형질막과 원형질체를 통과해야만 한다. 내피는 독특한 구조를 가지고 피층, 표피와 함께 물과 영양분의 이동을 조절함으로써 수분퍼텐셜을 조절하여 뿌리 밖으로 물이 새어 나가지 않도록 돕는다.

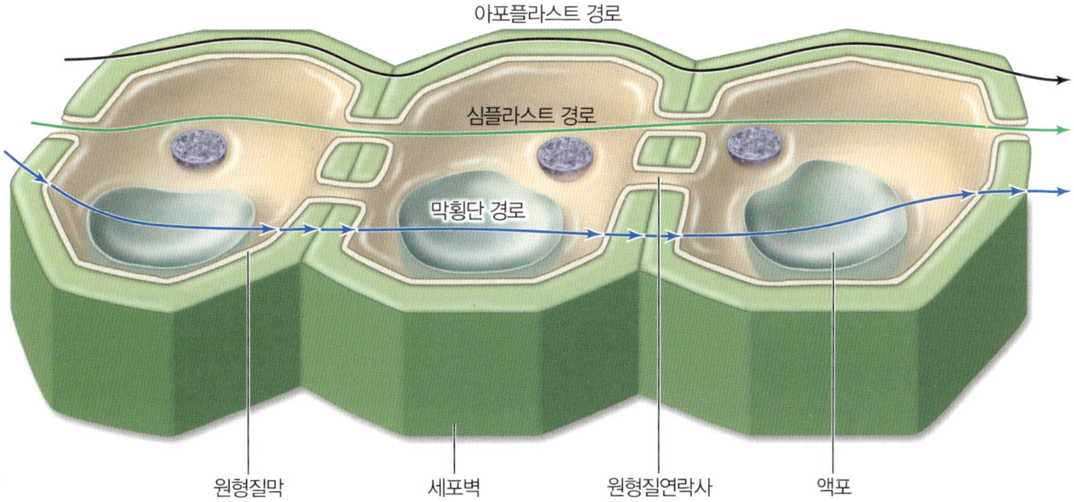

그림 21.8 세포 사이의 수송 경로.

그림 21.9 **뿌리에서 무기물의 수송경로.** 무기물은 뿌리의 표면에서 흡수된다. 피층을 통과할 때는 세포벽이나 세포간 공간을 따라 가기도 하고, 직접 원형질막이나 원형질체를 통해 가는데, 한 세포에서 이웃 세포로 원형질연락사를 거쳐 이동한다. 그러나 내피에 도달하게 되면 세포벽을 통한 흐름은 카스파리띠에 의해 차단되기 때문에 물관부에 도달하기 전에 내피세포의 원형질막과 원형질체를 통과해야 한다.

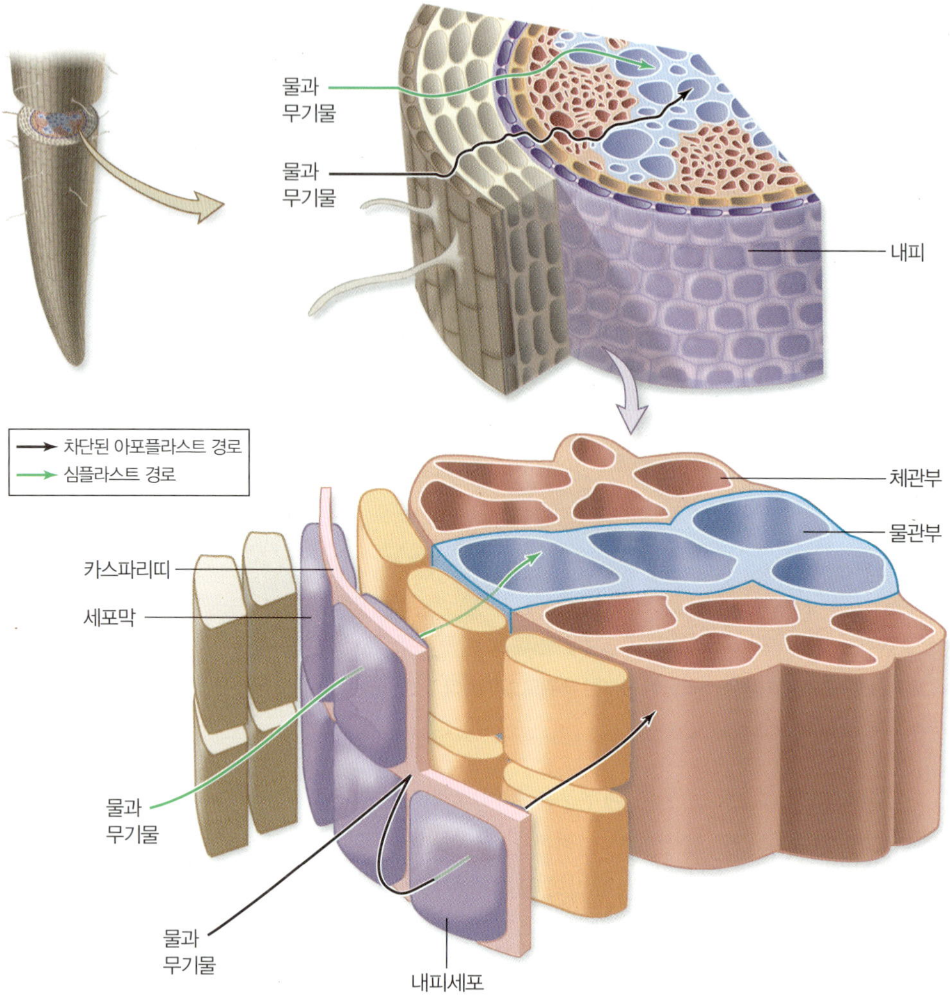

토양수의 무기이온 농도는 식물체의 그것보다 대체로 훨씬 낮기 때문에 중심주의 용질 농도를 증가시키기 위해 뿌리세포가 능동수송을 통해 이들 무기이온을 흡수하여 내피를 가로지른다. 내피세포의 원형질막은 다양한 단백질 수송통로를 가지고 있으며, 이들 통로를 통해 양성자펌프는 더 큰 농도 기울기라 할지라도 이 기울기에 역행하여 특정 이온을 수송할 수 있다(**그림 21.1** 참조). 일단 관다발 중심주에 들어가면 식물 영양분인 이온은 물관부를 통해 식물체 전체로 이동한다.

핵심 요약 21.2

물과 무기물은 토양으로부터 식물체로 들어가는데, 특히 뿌리털이 풍부한 부분을 통한다. 수분의 3가지 수송 경로는 세포벽을 통한 아포플라스트 경로, 원형질연락사를 통한 심플라스트 경로, 세포막과 액포막을 통한 막횡단 경로이다. 카스파리띠는 물과 영양분을 내피 세포막을 통해 이동하도록 하여 선택적 조절을 하게 한다.

- 3가지 물의 수송 경로에서 어느 경로가 카스파리띠에 의해 내피를 통과하지 못할까?

21.3 물관부 수송

학습 목표

1. 물관부에서 물의 수송에 대한 수분퍼텐셜의 영향을 분석할 수 있다.
2. 물의 특성이 어떻게 증산작용을 촉진시키는지를 설명할 수 있다.

내피 세포막을 횡단한 수용액은 식물의 관다발조직에 들어가 물관부의 헛물관(tracheids)과 물관(vessels)으로 이동한다. 이온이 능동적으로 또는 촉진확산을 통해 뿌리 내로 들어감에 따라 이온의 존재로 인해 뿌리의 수분퍼텐셜이 감소한다. 그러면 물이 삼투압에 의해 식물체 내로 이동하여 팽압이 증가하게 된다.

뿌리압은 증산이 낮거나 일어나지 않을 때라도 존재한다

뿌리압(root pressure)은 흔히 밤에 나타나는데, 이는 잎의 증산작용이 매우 저조하거나 없을 때 뿌리에 계속해서 이온이 축적됨으로써 생긴다. 이러한 축적은 세포 내에 이온 농도를 점점 더 높여 이로 인한 삼투현상에 의해 뿌리털세포로 더 많은 물이 들어가게 된다. 이온 수송은 뿌리의 Ψ_s를 더욱 감소시킨다. 그 결과 증산작용에 의해 물을 위로 당기지 않고도 물이 식물체로 들어가 물관부 기둥을 통해 올라가게 된다.

특정 조건에서는 뿌리압이 너무 강해 식물 줄기의 절단면으로부터 물이 수 시간 혹은 수일 동안 흘러나오기도 한다. 뿌리압이 매우 높을 때 뿌리압은 물이 잎으로까지 올라가도록 해주는데, 이곳에서

일액현상(guttation)이라 부르는 과정을 통해 물이 액체 상태로 빠져나온다. 일액현상은 물을 아주 높이 또는 빠른 속도로는 이동시키지 못하며, 기공을 통하지 않고 이 과정에서만 쓰이는 가느다란 잎맥의 말단 가까이 있는 특정한 세포 집단(배수조직, hydathode)을 통해 일어난다. 아침에 식물 잎에서 이슬(dew)이라 불리는 작은 물방울을 보게 되면 이는 주로 응집에 의한 것인데, 어떤 물방울은 일액현상에 의한 결과이다.

그러나 뿌리압만으로는 물관부 수송을 설명하기에 불충분하며, 증산작용이 뿌리에서 잎으로 물과 이온을 수송하는 주된 동력이 된다.

뿌리에서 슈트까지의 수분퍼텐셜 기울기가 수송을 가능하게 한다

수분퍼텐셜은 물의 세포막 횡단뿐만 아니라 식물 전체를 통한 이동을 조절해 준다. 뿌리는 물이 들어가는 지점으로, 물은 토양의 수분퍼텐셜이 뿌리보다 더 클 때만 토양으로부터 식물체로 이동한다. 비료를 너무 많이 주거나 가뭄 상태일 때 토양의 Ψ_w는 낮아지고 물이 식물체로 들어가는 것이 제한된다. 식물체에서 물은 Ψ_w 기울기를 따라 토양(습한 상태에서 Ψ_w는 0에 가까움)에서 수분퍼텐셜이 점점 더 큰 음(negative)의 값을 가지는 순서대로 뿌리, 줄기, 잎, 대기 순으로 이동한다(**그림 21.6** 참조).

잎에서 물이 증발하게 되면 물관부에서 음의 압력, 즉 장력이 생기고, 이는 실제로 뿌리로부터 줄기로 물을 위로 끌어올린다. 증산작용의 원동력은 잎 내부의 100% 상대습도와 기공 밖의 100% 상대습도보다 훨씬 낮은 습도 사이의 습도 기울기(humidity gradient)이다. 물관부에서 위로 확산하는 분자가 증발하는 물 분자를 대체한다.

물관과 헛물관으로 인해 대량 수송이 가능하다

물은 분자 간의 수소결합을 형성하려는 경향인 응집력(cohesion force)으로부터 생기는 고유의 **인장 강도**(tensile strength)를 가진다(1장 참조). 이들 두 요소는 물관부에서 다량의 물의 흐름을 설명하는 응집력-장력 이론(cohesion-tension theory)의 기본이 된다. 물기둥의 인장 강도는 기둥의 직경과 반비례하는데, 물기둥의 직경이 작을수록 인장 강도는 더 커진다. 식물의 헛물관과 물관은 직경이 매우 작기 때문에 물의 응집력은 중력에 의한 끌어당김보다 더 크게 된다. 또한 물 분자는 헛물관이나 물관벽에 부착하여 긴 물기둥을 더욱더 안정시킨다.

더 좁은 물기둥이 더 큰 인장 강도를 가진다면 많은 식물에서 헛물관보다 더 큰 지름을 지닌 물관이 발견되는 것은 흥미로운 일이다. 직경의 차이는 물기둥의 장력보다는 물기둥에 있는 물의 양에 더 큰 영향을 미친다. 초당 물기둥 내에서 이동하는 액체의 양은 일정한 압력에서 r^4에 비례하는데, r은 물기둥의 반경이다. 반지름이 2배 증가하면 물기둥을 통해 이동하는 물의 양은 16배로 증가한다. 물관부의 횡단면적이 같다면 직경이 더 큰 물관을 가진 식물이 좁은 헛물관을 가진 식물에 비해 더 많은 물을 줄기로 끌어올릴 수 있게 된다.

자료 분석 만약 돌연변이로 물관부 내 물관의 반경이 3배 증가하였다면, 이 식물에서 물의 이동에 어떻게 영향을 미치겠는가?

자료 분석 화석과 현존하는 관다발식물을 비교 분석하면 헛물관의 최대 지름은 80 μm로 나타난다. 그러나 물관의 지름은 500 μm까지 이른다. 최대 지름의 물관은 가장 큰 헛물관에 비해 같은 시간 동안 얼마나 많은 물을 이동시킬 수 있는가? 이상적인 조건에서 계산하시오. 자라고 있는 식물에서는 어떤 다른 요인이 헛물관과 물관을 통한 수송에 영향을 미치겠는가?

공동현상의 효과

인장 강도는 물기둥의 연속성에 의존하는데, 물관이 파괴되거나 잘려 물기둥에 기포가 유입되면 연속성과 응집력이 깨지게 된다. 이때 기체가 들어 있는 방울은 팽창하여 헛물관이나 물관을 막게 되는데, 이러한 현상을 **공동현상**(cavitation)이라고 한다. 공동현상은 물의 이동을 정지시켜 탈수로 인해 식물의 일부 혹은 전체가 죽게 된다(**그림 21.10**).

한 통로가 막히면 또 다른 경로를 이용할 수 있는 것과 같은 해부학적 적응으로 공동현상의 문제점을 보완할 수 있다. 각각의 헛물관과 물관요소들은 벽공에 의해 다른 헛물관 혹은 물관과 연결되어 있으며 일반적으로 기포는 이 구멍들보다 크기가 더 크기 때문에 기포는 벽공을 통과하지 못하고 결국 수송을 더 이상 막을 수 없다. 동결

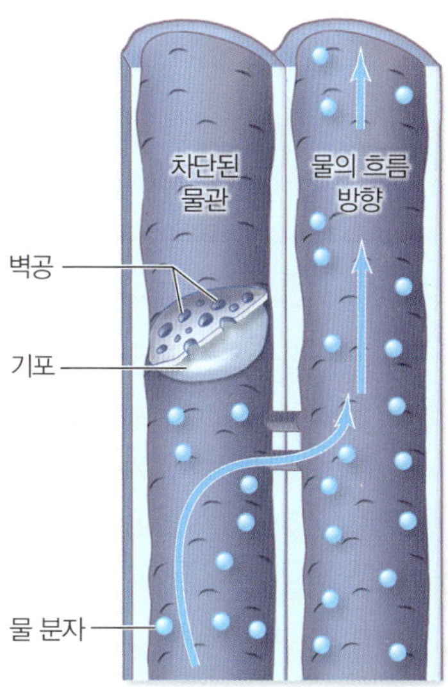

그림 21.10 공동현상. 기포는 물기둥의 인장 강도를 깨뜨린다. 기포는 벽공보다 더 커서 바로 위쪽의 헛물관이나 물관으로의 수송을 차단한다. 그러면 물은 주변의 헛물관이나 물관으로 흐른다.

이나 가뭄 조건 또는 세포의 변형, 특히 계절별 온도 변화도 물관부 세포에 작은 기포를 만들 수 있다. 공동현상은 더욱 오래된 물관부에서 종종 물의 흐름이 멈추는 원인 중의 하나이다.

무기물 수송

무기물을 대량 수송하기 위해서는 헛물관과 물관의 존재가 필수적이다. 능동수송에 의해 뿌리로 들어온 무기물은 결국 물관부를 통해 식물의 대사가 활발한 다른 장소로 이동한다. 어떤 계절에는 물관부 내에 인, 포타슘, 질소 그리고 간혹 철이 풍부하다. 많은 식물에서 이러한 양상의 이온 농도는 이들 필수영양소를 보존하게 한다. 이들 영양소는 잎이나 잔가지와 같은 성숙한 낙엽성 부위로부터 분열조직 부위와 같은 활발히 생장하는 부위로 이동한다.

물관부를 통해 재배치된 무기물은 물관부에서 일반적으로 위로 이동하여야 함을 기억하자. 일단 물관부를 떠나면 모든 무기물이 물관으로 다시 들어가지는 않는데, 필수영양소인 칼슘은 식물의 특정 부위에 축적되면 다른 곳으로 수송되지 않는다. 일부 다른 영양소들은 체관부를 통해 수송될 수 있다.

핵심 요약 21.3

일액현상은 뿌리압이 높고 증산작용이 낮을 때 일어난다. 공통적으로 이 현상은 온대에서 대기가 서늘하고 습도가 높은 밤에 일어난다. 물이 지닌 높은 인장 강도는 물 분자 상호간의 응집과 물과 물관부 세포벽과의 부착으로부터 생겨나는데, 둘 다 수소결합의 효과이다. 수분퍼텐셜의 기울기는 물관부에서 물이 위쪽으로 올라가는 원인이 된다. 물의 이동을 멈추게 하는 공동현상은 물 수송계의 응집을 깨뜨리는 기포로부터 생겨난다.

- 일액현상에서 증산작용이 있을 때와 전반적인 물관부 수송에 관해서 토양과 뿌리세포 사이의 수분퍼텐셜의 차이가 어떤 역할을 하는지 비교해 보자.

21.4 증산율

학습 목표

1. 상이한 환경조건에서의 기공 상태를 비교할 수 있다.
2. 어떠한 기작들이 내부 및 외부 조건에 반응하여 기공 열림을 조절하는지를 설명할 수 있다.

식물의 뿌리에서 흡수된 물의 90% 이상은 최종적으로 대기로 소실된다. 물은 잎맥의 끝부분에서 엽육세포로 이동하여 결국 이들 세포의 표면에서 잎의 공기주머니로 들어가 증발한다. 20장에서 살펴본 것처럼 이 세포간극들은 기공을 통해 잎 바깥의 대기와 접하고 있다.

기공은 물과 이산화탄소의 수요에 대한 균형을 맞추기 위해 열리거나 닫힌다

물은 식물 대사에서 필수적이지만 계속해서 식물체에서 대기로 소실된다. 동시에 광합성을 위해서는 대기로부터 CO_2가 엽록조직 세포로 들어와야 한다. 따라서 식물은 2가지 다소 상충되는 요구, 즉 대기로 물의 소실을 최소화하는 요구와 이산화탄소를 받아들여야 하는 요구에 직면하게 되는데, 이러한 요구를 충족시키기 위해 기공이나 표피와 같은 특수한 구조가 진화되었다.

증산율은 습도나 낮 시간을 포함하는 일기 조건에 따라 달라진다. 다른 부분에서 언급한 것처럼 잎에서의 증산작용은 밤에 감소하는데, 이때 기공은 닫히고 잎과 대기 사이의 증기압 기울기(vapor pressure gradient)는 작아진다. 낮 동안 태양은 잎의 온도를 올리는 반면, 증산작용은 증발 효과로 잎을 서늘하게 해준다.

단기적으로는 기공을 닫으면 물의 손실을 막을 수 있는데, 많은 식물에서 수분 스트레스를 받을 때 이러한 현상이 나타난다. 그러나 CO_2가 들어올 수 있도록 기공은 최소한의 시간 동안은 열려야 한다. CO_2가 세포간극에 들어오면 식물세포에 들어가기 전에 물에 녹아서 광합성에 사용된다. 기체는 주로 기공 아래의 세포간극의 벽에서 물에 녹게 되는데, 뿌리로부터 잎에 도달하는 연속적인 물의 흐름으로 이 벽은 습한 상태를 유지한다.

공변세포의 팽압이 기공 개폐의 원인이다

기공의 양쪽에 있는 2개의 소시지 모양의 공변세포는 모양에서뿐만 아니라 엽록체를 가진 표피세포라는 점에서 다른 표피세포와는 다른 특징을 지닌다. 공변세포는 안쪽이 두텁고 그 외의 부분은 더 얇은 독특한 세포벽 구성으로 인해서 팽창할 때는 불룩해져 휘어진다.

한쪽 끝이 함께 묶여 있는 약간 부풀려져 있는 2개의 길쭉한 풍선으로 이러한 모델을 만들어 보자. 2개의 열린 끝을 함께 잡으면 두 풍선 사이에는 공간이 거의 생기지 않는다. **그림 21.11**에서 보는 것처럼 공기가 빠지지 않은 상태에서 접착테이프로 두 풍선 주위를 감은 채 각각을 약간 더 부풀린 다음, 열린 끝부분을 다시 잡으면 가운데에 "공간"이 있는 도넛 모양의 "공변세포" 쌍을 잡고 있는 것처럼 된다. 실제로 공변세포는 공기가 아니라 물의 유입과 유출에 의하여 열리고 닫힌다.

그림 21.11 불균등한 세포벽 두께로 인해 공변세포가 팽창할 때 기공이 열린다.

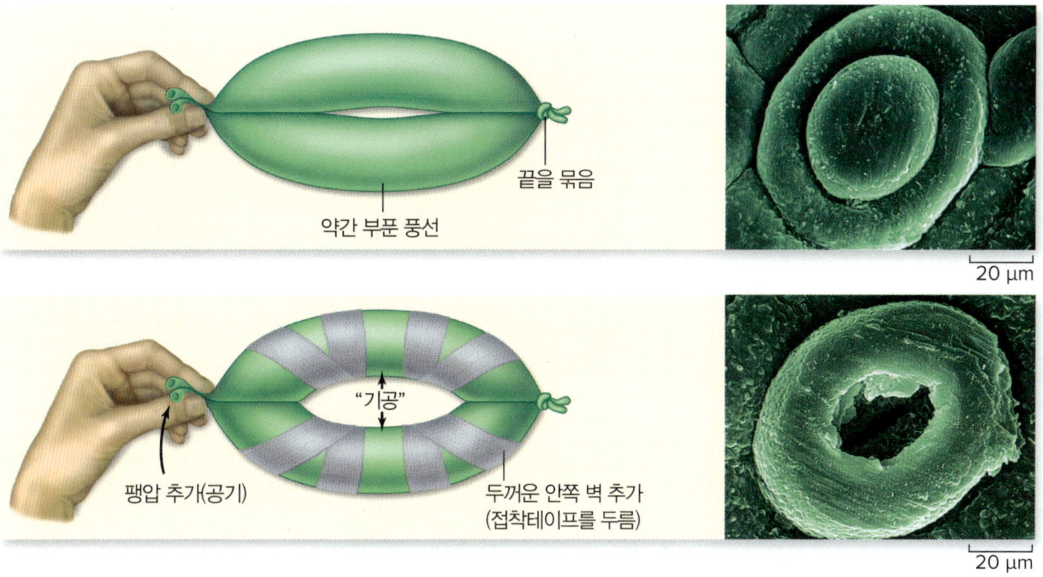

공변세포에서 팽압은 포타슘(K^+), 염소(Cl^-), 말산(malate)을 능동수동에 의하여 유입시킴으로써 만들어진다. 용질의 농도가 증가함에 따라 공변세포의 수분퍼텐셜이 감소하게 되고 삼투현상에 의해 물이 들어오게 되어, 이들 세포는 물이 많아져 팽창되고 기공은 열리게 된다(**그림 21.12**). 공변세포막을 횡단하여 이온을 수송하는 데 필요한 에너지는 **그림 21.1**에서 보여준 ATP-구동 양성자 펌프(ATP-driven H^+ pump)에서 온다.

많은 식물 종들에서 공변세포는 물의 이용에 상관없이 규칙적으로 광합성을 시작하는 아침에는 팽창되고 저녁에는 수축된다. 낮 동안에는 광합성을 하는 공변세포에 수크로스가 축적되고 저녁에는 공변세포가 수크로스를 능동수송으로 퍼냄으로써 공변세포는 팽압을 잃고 닫히게 되는 것이다.

환경요인이 증산율에 영향을 미친다

기온과 풍속이 높아지면 물 분자가 더 빠르게 증발하기 때문에 증산율이 증가한다. 습도가 증가하면 잎과 대기 사이의 수분퍼텐셜 차이가 감소하지만, 대기의 상대습도 95%에서도 증기압 기울기로 인해 완전한 증산을 유지할 수 있다. 재앙 수준으로 물 공급이 충분치 않아 식물체가 전체적으로 시들 때 공변세포는 팽압을 잃게 되고, 결과적으로 기공은 닫히게 된다. 증산율의 변동은 기공을 열고 닫음으로써 조절된다.

실험 결과 여러 가지 경로로 기공의 개폐가 조절된다는 사실이 밝혀졌다. 23장에서 다룰 식물호르몬의 한 종류인 **앱시스산**(abscisic acid, ABA)은 1차적인 역할로써 공변세포 밖으로 K^+가 빠르게 이동하도록 하는데, 이로 인해 가뭄에 반응하여 기공이 닫히게 된다. ABA는 공변세포의 원형질막에 있는 수용체 부위에 결합해 K^+, Cl^-, 말산 이온통로를 여는 신호전달 경로를 촉발하고, 이어지는 물의 소실로 팽압은 감소하고 공변세포는 닫힌다(**그림 21.13**).

CO_2 농도, 빛, 온도 등도 기공의 개폐에 영향을 준다. 많은 식물 종에서 CO_2 농도가 높으면 공변세포는 기공을 닫는다. 그럴 때는 CO_2 추가가 필요하지 않으며, 공변세포가 닫힐 때 물은 보존된다. 정확한 기작은 아직도 규명 중이지만 ABA에 의한 기공 닫힘에 사용된 신호전달경로와 일부 유사점이 있는 것으로 보인다.

청색광은 기공 열림을 조절해준다. 이 빛은 태양광으로 인해 생긴

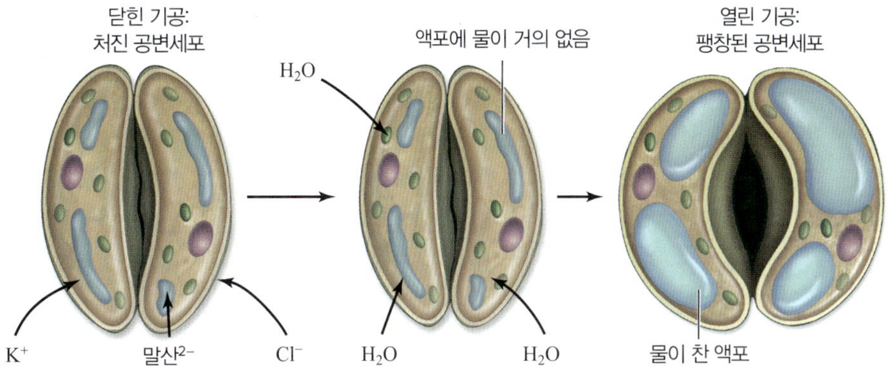

그림 21.12 기공은 어떻게 열릴까?
공변세포에서 능동수송으로 양성자 이온이 빠져나가면, K^+, Cl^-가 안으로 들어오고 삼투현상에 의해 물이 들어와 공변세포의 팽압이 증가한다. 증가된 팽압으로 공변세포가 부풀고 안쪽의 두꺼운 세포벽으로 인해 각 공변세포가 바깥으로 휘어져 기공이 열린다.

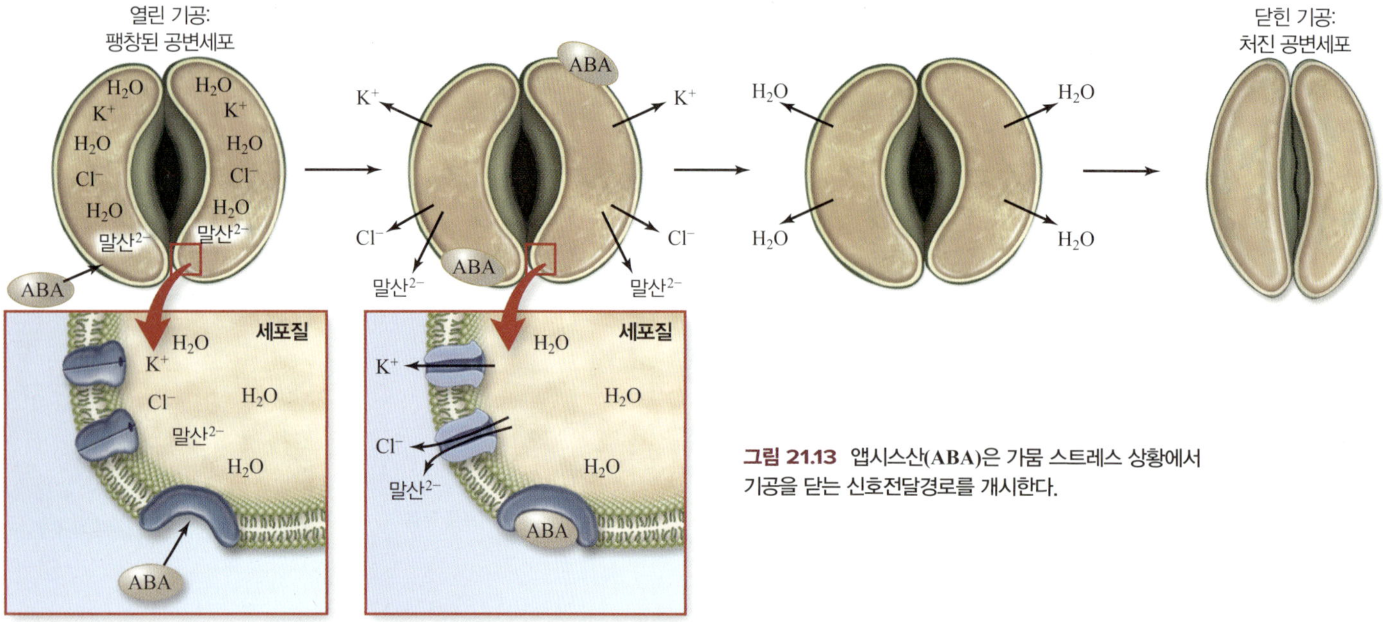

그림 21.13 앱시스산(ABA)은 가뭄 스트레스 상황에서 기공을 닫는 신호전달경로를 개시한다.

증발로 열을 식힐 필요성이 클 때 팽압을 증가시켜 기공이 열리게 해준다. 농도 기울기를 거스르는 K^+ 수송은 빛에 의해 촉진되며, 특히 청색광은 양성자(H^+) 수송을 촉진시켜 K^+(포타슘 이온) 통로가 열리도록 하는 양성자 기울기를 형성해 준다.

온도가 34℃를 넘게 되면 물 부족을 막기 위해 기공이 닫힌다. 충분한 기체 교환을 위해 이들 기공은 어두워지고 기온이 떨어질 때 열린다. 일부 식물은 밤에 CO_2를 모아 낮 시간 동안 광합성에 이용되는 변형된 형태로 전환되기도 한다. 6장에서 다룬 선인장과 같은 다육식물에서 일어나는 크레슐산 대사(Crassulacean acid metabolism, CAM)에서는 밤에 기공이 열려 CO_2를 받아들여서 유기화합물로 저장한다. 이 화합물은 낮에 탈탄산 반응을 통해 기공이 닫혀 있을 때도 고정할 수 있는 CO_2 공급원을 제공한다. 따라서 CAM 식물은 건조한 환경에서도 물을 보존할 수 있다.

핵심 요약 21.4

기공의 공변세포가 능동수송으로 이온을 받아들일 때, 수분퍼텐셜은 감소하고, 삼투현상에 의해 물을 흡수한다. 공변세포가 부풀면 모양이 변해 기공이 열린다. 식물이 수분 스트레스에 놓이게 되면 기공이 닫히고, 이산화탄소가 필요하거나 증산량이 수분 손실량을 초과하지 않을 때 기공이 열린다. 증산율은 높은 풍속, 고온, 낮은 습도에서 증가한다.

- 28℃인 낮에 청색광에 의해 공변세포에서 일어나는 사건의 배열을 보여주는 모식도를 그려보자. 그 외 어떤 요인들이 이 결과물을 바꿀 수가 있을까?

21.5 수분 스트레스 반응

학습 목표

1. 식물 생존을 높이는 가뭄, 홍수, 그리고 염에 대한 내성의 적응에 대해 평가할 수 있다.

식물은 다른 장소로 이동이 불가능하므로 수분 이용 능력이 변하거나 염도가 바뀔 때 이러한 외부 환경의 변화에 대처할 수 있도록 적응되어 왔다.

가뭄에 대한 식물의 적응은 수분 손실을 제한하는 전략을 포함한다

식물에서 수분 손실률을 제어하는 많은 기작들이 진화하였다. 기공의 개폐를 조절하는 것은 물 이용도에 대한 즉각적인 반응이며, 형태적 적응은 가뭄 기간에 대한 장기적인 해법이 된다. 그 실례로 일부 식물에서는 휴면이 그해의 건기 때에 진행된다. 또 다른 기작은 잎을 탈락시킴으로써 증산을 줄이게 된다. 이런 이유로 낙엽성 식물은 주기적으로 극심한 가뭄이 있는 지역에 흔하게 존재한다.

비교적 기공의 수가 적고, 흔히 잎의 아랫면에만 기공이 존재하는 두텁고 딱딱한 잎에서는 기공이 많은 크고 유연한 잎에서보다 수분 손실이 훨씬 천천히 일어난다. 양털같은 세포모(털)로 가득 덮인 잎은 태양광을 더 많이 반사하여, 잎이 받는 열을 식히는 증산작용의

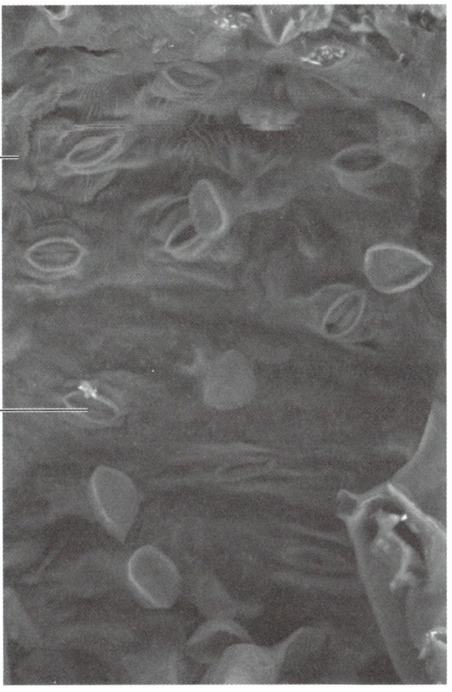

그림 21.14 가뭄으로부터의 잎의 해부학적 보호.
잎의 횡단면에서 보는 것처럼 깊이 함몰된 기공, 풍부한 세포모, 다층표피는 이 잎에서 물의 손실을 최소화한다.

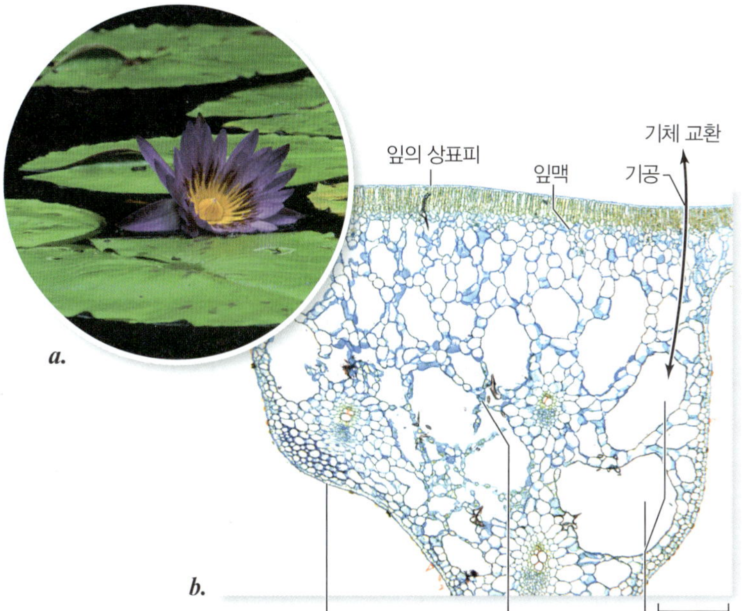

그림 21.15 통기조직.
통기조직은 수생식물의 기체 교환을 용이하게 해준다. ***a.*** 수련은 연못 표면에 떠 있어 산소를 모아서 물속의 식물체 부위로 수송한다. ***b.*** 수련 잎에 있는 큰 기낭(air space)이 부유를 돕는다. 이러한 비어 있는 공간을 형성하는 특수화된 유조직을 통기조직이라 한다. 잎의 상표피에만 존재하는 기공을 통해 기체 교환이 이루어진다.

필요성이 감소한다.

건조 혹은 반건조 지역의 식물에서는 흔히 기공이 잎 표면에서 틈이나 구멍으로 깊이 파묻혀 있다(**그림 21.14**). 이런 함몰로 인해 물의 표면장력이 달라지고 수분 손실률이 줄어든다.

현재 가뭄 내성에 관련된 유전자에 관한 연구가 진행 중이다. 애기장대에서 *enhanced drought tolerance*(*edt1*) 유전자는 뿌리 길이를 증가시키고, 기공 밀도를 감소시키며 가뭄 조건에서 ABA 수준을 증가시켜 기공을 닫게 한다. 실험에서 *edt1*을 지닌 식물체는 대조군 식물을 죽이는 가뭄 조건에서 회복되었다.

전사인자인 *edt1*은 뿌리에서 세포벽을 느슨하게 하는 많은 유전자를 발현하도록 한다. 이들 단백질의 작용은 1기 뿌리의 길이 신장을 촉진하고 또한 곁뿌리 생산을 자극한다. 뿌리 구조에서의 이러한 변화는 물의 흡수를 위한 표면적을 넓힐 것이다.

홍수에 대한 식물의 반응은 단기적 식물호르몬 변화와 장기적 적응을 포함한다

식물이 너무 많은 물을 받아들일 수도 있는데, 이 경우 결국은 "익사(drown)"하게 된다. 홍수는 토양의 가용 산소를 빠르게 고갈시켜 뿌리로 무기물과 탄수화물이 이동되는 것을 방해하여 종종 비정상적인 생장을 초래한다. 홍수에 처한 식물에서는 호르몬 수준이 변하는데, 뿌리의 신장 억제에 관여하는 호르몬인 에틸렌(ethylene)은 증가하는 반면, 새로운 뿌리 생장을 촉진시키는 지베렐린(gibberellin)과 사이토키닌(cytokinin)은 감소하게 된다(23장 참조). 이러한 호르몬의 변화로 비정상적인 생장 양상이 나타난다.

산소 고갈은 세포호흡을 감소시키기 때문에 가장 심각한 문제이다. 정지된 물은 흐르는 물보다 훨씬 적은 양의 산소를 포함하고 있는데, 일반적으로 홍수 때 정지된 물은 식물에게 더욱 해롭다. 식물이 휴면일 때 일어나는 홍수는 활발히 생장할 때의 홍수보다 훨씬 덜 해롭다.

산소 고갈로 나타나는 뿌리의 물리적 변화는 식물체 내 물의 흐름을 정지시키는 것이다. 뿌리 내로 물을 흡수하기 위한 농도 기울기를 유지하기 위하여 능동수송이 필요함을 기억해 보자. 저산소 조건은 능동수송을 수행하기 위한 ATP 생산을 제한한다. 역설적으로 식물의 뿌리가 물속에 있더라도 그 잎은 마르게 되는 현상이 나타난다. 식물은 더 큰 피목(lenticel, 기체 교환을 용이하게 함; **그림 20.27** 참조)을 형성하거나 기체 교환을 위해 홍수 수위보다 위쪽으로 부정근(adventitious root)을 뻗어서 홍수에 반응하기도 한다.

어떤 식물들은 간헐적인 홍수에 살아남을 수 있는 데 비해 다른 식물들은 담수에서 살아가도록 적응되어왔다. 물에서 자라는 식물 중에 가장 흔한 적응 형태 중의 하나는 내부에 큰 기낭(air space)을 가진

그림 21.16 **맹그로브나무는 어떻게 침수된 부위에 산소를 보낼 수 있을까?** 흑맹그로브(*Avicennia germinans*)는 주로 물에 잠겨 있는 지역에서 자라 식물체의 많은 부위가 물속에 있다. 그러나 호흡근이라고 부르는 변형된 뿌리가 물 위로 뻗어 있고 큰 피목을 가지기 때문에 물에 잠긴 식물체 부위에 산소가 공급된다. 산소는 피목을 통해 뿌리로 확산해 들어가 풍부한 통기조직을 통해 식물의 나머지 부분으로 이동한다.

성긴 유조직인 **통기조직**(aerenchyma)을 만드는 것이다(**그림 21.15**). 통기조직은 수련이나 많은 다른 수생 식물에서 매우 뚜렷하게 나타나는데, 이들 식물에서 산소는 물 위의 식물 부위로부터 통기조직에 있는 통로를 경유하여 아래쪽으로 수송된다. 이러한 산소 공급은 물속에 잠긴 식물 부위에서도 세포호흡이 일어날 수 있게 해준다.

일부 식물은 정상적으로 통기조직을 형성하나 주기적으로 홍수를 맞는 일부 다른 식물들은 필요할 때 그것을 만들 수 있다. 옥수수에서는 홍수로 인해 증가된 에틸렌이 통기조직 형성을 유도한다.

고농도 염에 대한 식물의 적응은 염의 제거법을 포함한다

식물의 조상인 조류(algae)는 육지로 이동하기 전의 해수 환경에서 담수 환경으로 적응했다. 이러한 적응에는 염분의 균형을 조절하는 데 있어서 주요한 변화가 포함되었다.

해수에서의 생장

해수로 침수되는 지역에서 자라는 맹그로브(mangroves)와 같은 식물은 물에 잠긴 부분에 산소를 공급해야 할 뿐 아니라 염분의 균형도 조절해야 한다. 염분이 식물체 내로 들어오면 이는 배제되거나, 능동적으로 분비되거나, 또는 희석되어야 한다. 흑맹그로브(*Avicennia germinans*)는 진흙 위에 공기로 채워진 긴 스펀지 같은 뿌리를 낸다. **호흡근**(pneumatophores, 20장 참조)이라 불리는 이들 뿌리는 물 위 부위에 커다란 피목을 가지는데, 이를 통해 산소가 들어온 다음 물에 잠긴 뿌리로 수송된다(**그림 21.16**). 더욱이 일부 맹그로브 종들에서는 다육성의 잎에 많은 양의 물이 함유되어 있어서 들어온 염을 희석시킨다. 이러한 상황에서 자라는 많은 식물들은 다량의 염분을 분비하거나 뿌리 수준에서 염분 유입을 차단하기도 한다.

염분 토양에서의 생장

흔히 관개(irrigation)에 의해 염분이 축적되면 토양 염도가 증가한다. 현재 전 세계 경작면적의 23%는 높은 수준의 염도를 나타내고 있으며, 작물 수확량을 감소시킨다. 염분 토양의 낮은 수분퍼텐셜로 인해 작물은 수분 스트레스를 받게 되는데, **염생식물**(halophyte)이라고 부르는 일부 식물들은 고농도의 염분을 가진 토양에서도 잘 견뎌낸다. 염분 내성이 더욱 큰 식물의 육종을 목표로 내염성 기작이 연구되고 있다. 실제로 전체 유전체의 염기서열 분석과 비교유전체학(comparative genomics)은 어느 야생 콩 품종에서 G*mCHX1*라 불리는 내염성 유전자를 밝혀냈다. 일부 염생식물은 뿌리 내에 유기분자를 고농도로 생산하여 토양과 뿌리 사이의 수분퍼텐셜 기울기를 변화시킴으로써 물이 뿌리 내로 유입되도록 한다.

핵심 요약 21.5

가뭄에 대한 적응은 휴면, 잎의 탈락, 수분 소실을 최소화하는 잎, 함몰된 기공 등을 포함한다. 식물체가 홍수에 노출되면 산소 고갈로 인해 세포호흡률이 낮아져서 무기물과 탄수화물 수송이 저해되고, 호르몬 농도가 바뀌게 된다. 식물체가 염분 환경에 노출되면 염분 흡수를 막거나 염분을 흡수한 후 이를 분비하거나 희석하게 된다.

- 가뭄, 홍수, 염분 내성에서 각각 한 가지 적응을 선택하여, 각각의 적응이 어떻게 식물의 생존을 높이는지를 설명해 보자.

21.6 체관부 수송

학습 목표

1. 압류설을 설명할 수 있다.
2. 체관부 수송과 물관부 수송을 비교할 수 있다.

식물의 잎이나 다른 녹색 부분에서 만들어진 탄수화물의 대부분은 체관부를 통해 식물의 여러 부위로 이동된다. **전류**(translocation)로 알려진 이러한 과정은 뿌리와 왕성하게 생장하고 있는 식물의 다른 부위에서 필요한 탄수화물의 단위체를 공급한다. 탄수화물은 괴경(tuber) 등의 저장기관에는 녹말(starch)과 같은 형태로 농축되거나, 수크로스와 같은 수송 가능한 분자로 전환되어 체관부를 통해 수송된다. 여기에서는 탄수화물과 영양분이 풍부한 **수액**(sap)이 식물체를 통해 이동하는 경로에 대해 알아본다.

과학적 사고

가설: 완두의 꼬투리에서 배아가 발생할 때 당이 체관을 통해 발생 중인 배아로 수송될 것이다.

예측: 방사성 표지된 당이 완두의 발생 중인 배아에 축적될 것이다.

실험: 건강한 완두 잎에 방사성 이산화탄소($^{14}CO_2$)를 처리한다. 처리 후 1시간과 12시간이 지났을 때 식물체 위에 사진필름을 놓고 필름을 현상한다.

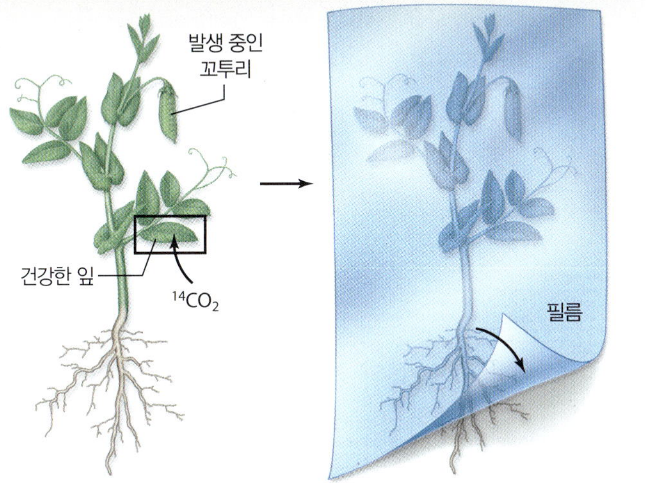

결과: 1시간 후 방사성은 처리 부위 근처에 집중되어 있으나 12시간 후에는 방사성이 발생 중인 배아에 집중되어 있다.

결론: 광합성 동안 $^{14}CO_2$는 당에 끼어들어가 꼬투리 안에 있는 발생 중인 배아로 전달되었다.

추가 실험: 당근은 개화까지 2년이 걸린다. 첫해에는 지하근인 당근이 발달하고 다음해 생식에 사용될 당이 저장된다. 당근식물의 첫해에는 당이 발달 중인 저장근으로 전달된다는 가설은 어떻게 조사할 수 있을까?

그림 21.17 열매 발생 동안 체관부에서 수크로스의 흐름.

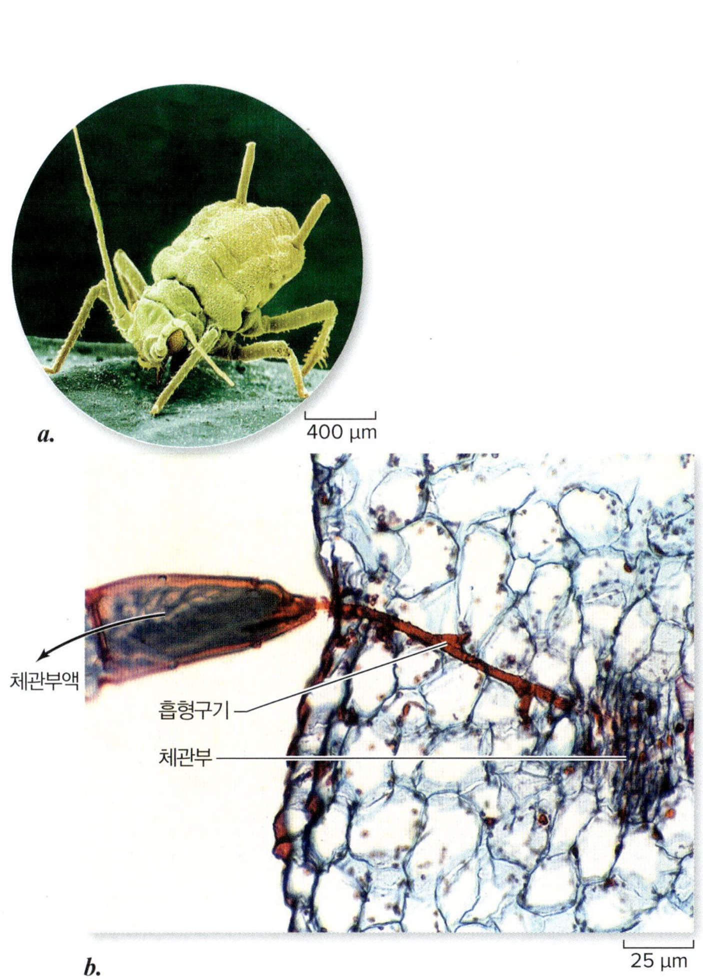

그림 21.18 체관부에서 먹이 섭식.
a. 잎의 가장자리에 보이는 진딧물들은 체관부에서 영양이 풍부한 내용물을 흡침(stylet)이라 부르는 흡형구기로 찔러 양분을 뽑아낸다. ***b.*** 흡침을 자르고 진딧물을 떼어내면 식물체에 남아 있는 흡침을 통해 수액이 흘러나오는데 이 수액을 모아서 분석할 수 있다.

유기분자는 식물의 위와 아래로 이동된다

방사성 표지를 이용하여 체관부에서 당과 여타 물질들의 이동을 추적할 수 있다(**그림 21.17**). 방사성 이산화탄소($^{14}CO_2$)는 광합성에 의해 포도당으로 고정되고, 이 포도당 분자들은 2당류인 수크로스를 만들고 수크로스는 체관부를 통해 수송된다. 이러한 연구는 수크로스가 체관부에서 위아래 모두로 이동됨을 보여주고 있다.

먹이로 식물 수액을 빨아먹는 곤충의 한 종류인 진딧물은 체관부 수송을 이해하는 데 유용한 도구로 이용되어 왔다. 진딧물은 흡형구기(piercing mouthpart)를 잎과 줄기의 체관부 세포 안으로 찔러 넣어 풍부한 당을 얻는다. 먹이를 섭취하고 있는 진딧물의 구기를 자르고 진딧물을 제거하면 잘린 입 부위를 통해 체관부로부터 액이 계속 흘러나와 분석을 위한 순수한 액을 얻을 수 있게 된다(**그림 21.18**). 수크로스는 체관부의 주된 용질이다. 식물학자들은 진딧물을 이용하여 결정적인 시료를 얻고 방사성 추적자로 이를 표지하여 체관부 내 물질이 50~100 cm/h의 속도로 빠르게 이동함을 알게 되었다.

체관부는 식물호르몬도 수송하는데, 환경 신호는 호르몬을 식물체에서 빠르게 전류할 수 있다(23장 참조). 덧붙여 mRNA도 체관부를 통해 이동한다는 사실이 밝혀졌고, 이 사실로부터 세포들 사이에 장거리 통신 기작이 있음을 인식하게 되었다. 또한 체관부를 통해 당류, 아미노산, 유기산, 단백질, 이온 등 다른 분자들도 수송된다.

자료 분석 어느 해바라기 잎에서부터 그 위 25 cm에 있는 발달 중인 꽃눈까지 한 분자의 수크로스가 이동하는 데 얼마나 많은 시간이 걸리는지를 계산하시오.

팽압의 차이가 체관부 수송을 일으킨다

체관부를 통한 탄수화물의 이동에 대해 가장 널리 받아들여지고 있는 이론은 **압류설**(pressure-flow hypothesis)이다. 용해된 탄수화물은 공급처(source)로부터 흘러나와 소비되는 장소인 수용처(sink)로 이동되어 이곳에서 하적되어 사용된다. 탄수화물의 공급처는 잎의 엽육조직 같은 광합성 조직이다. 뿌리의 피층 같은 영양 저장조직은 공급처가 되기도 하고 수용처가 되기도 한다. 뿌리와 줄기의 생장점과 발달 중인 열매도 수용처가 된다. 공급처와 수용처는 식물의 일생에 걸쳐 바뀔 수 있다. 수요가 변하면 체관부에서 흐름의 방향도 바뀔 수 있다.

탄수화물(대부분이 수크로스)은 **체관부 적재**(phloem loading)라고 부르는 과정에 의해 공급처에 있는 가느다란 잎맥의 체관으로 들어간다. 일부 수크로스는 심플라스트 경로를 통해 엽육세포로부터 동반세포(companion cell)와 체세포로 들어간다(**그림 21.8** 참조). 상당량의 수크로스는 아포플라스트 수송으로 체세포에 도달한 다음 수크로스-양성자 공동수송체(sucrose-H^+ symporter)를 통해 막을 횡단하여 이동한다(4장 참조). 이 에너지 요구단계는 양성자펌프에 의해 이루어지는데(**그림 21.1** 참조), 체관에 인접한 동반세포와 유조직세포는 이러한 수송에 필요한 ATP 에너지를 제공한다. 물관이나 헛

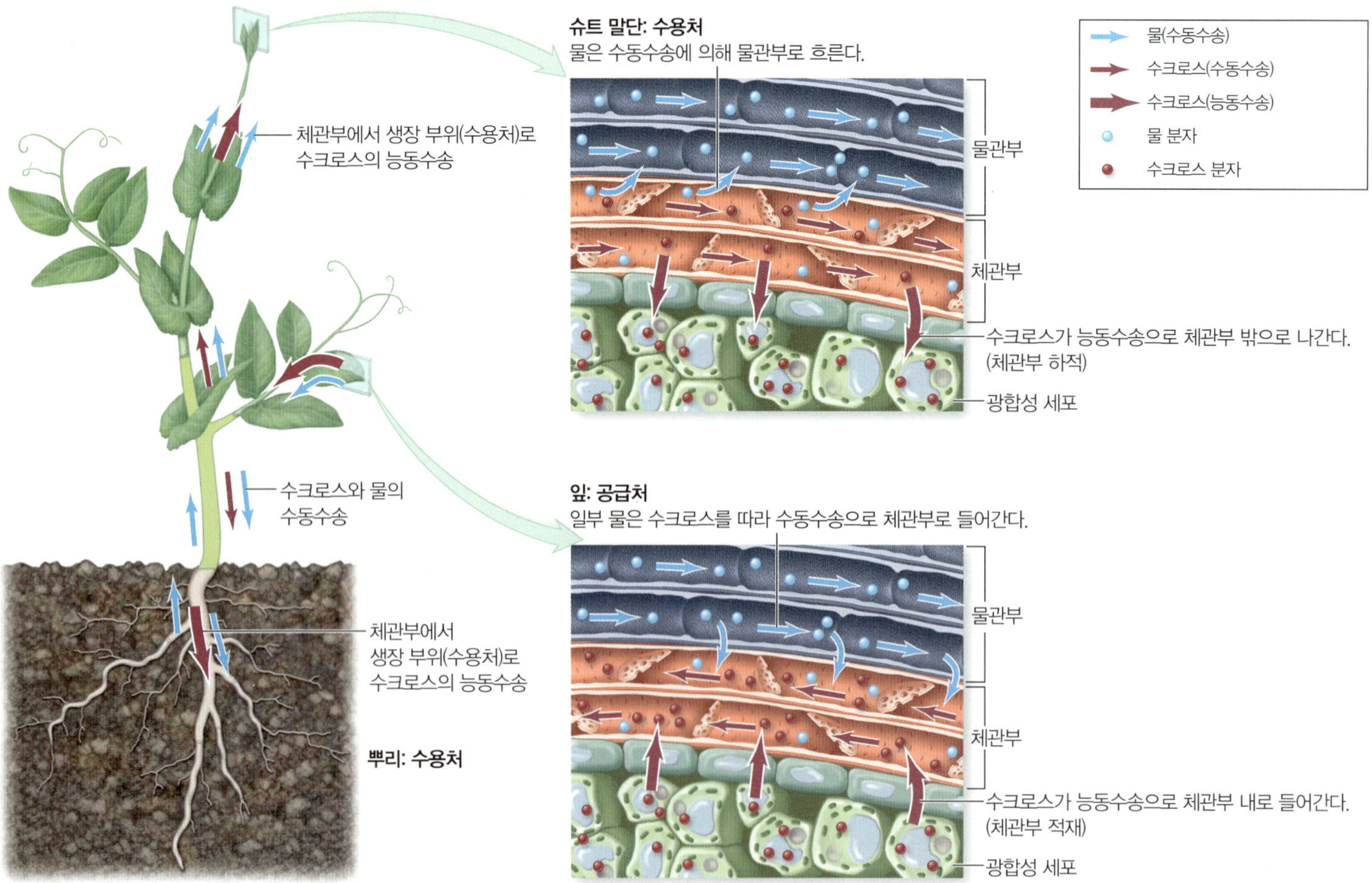

그림 21.19 대량 수송의 모식도.
이 모식도에서 붉은색 점은 수크로스 분자를 나타내고, 파란색 점은 물 분자를 표시한다. 수크로스 분자는 식물의 잎이나 기타 조직의 엽육세포로부터 빠져나와 체관부의 통도 세포로 들어간 후에 대량 수송을 통해 다른 부위로 이동하여 필요한 곳에서 하적된다.

물관과는 달리 체세포는 능동수송에 참여하는 살아 있는 세포이다.

추가적인 에너지 요구없이 체관에서 대량 수송이 이루어진다. 체관과 이웃한 물관부세포가 지닌 수분퍼텐셜의 차이로 인해 삼투현상으로 체관에 물이 유입된다. 결과적으로 체관의 팽압이 증가하고 이 압력으로 식물 체관계의 흐름이 이루어진다. 수용처에서는 체관으로부터 수크로스와 호르몬이 능동수송으로 빠져나가고 삼투현상에 의해 물도 따라 나간다. 결국 수용처에서는 팽압이 떨어져 공급처의 더 큰 압력으로부터 수용처의 더 약한 압력으로 대량 수송이 진행된다(**그림 21.19**). 수용처에서 물의 대부분은 확산에 의해 물관부로 되돌아가고 여기서 물은 다시 재순환되거나 증산작용에 의해 소실된다.

체관 내에서는 수크로스와 다른 탄수화물의 수송에 에너지가 요구되지 않는다. 그러나 수송을 유도하는 데 필요한 압력은 에너지 의존적인 적재와 체관으로부터 이들 물질의 하적에 의해 생겨난다.

핵심 요약 21.6

전류란 체관부를 통하여 용해된 탄수화물과 여타 물질이 식물체의 한 부위에서 다른 부위로 이동하는 것이다. 체관부의 수액에는 수크로스와 다른 당류, 호르몬, mRNA, 아미노산, 유기산, 단백질, 이온 등이 들어 있다. 압류설에 의하면 탄수화물은 체관에 적재되어 수분퍼텐셜의 차이를 만든다. 이 결과 물이 체관으로 들어가고, 압력이 생겨서 체관부를 통하여 수액이 이동한다.

- 물관부 수송과 체관부 수송을 이끄는 기작의 2가지 차이점은 무엇일까?

핵심 개념 요약

21.1 수송 기작(그림 21.2)

■ 국지적 변화가 장거리 물질 수송을 야기한다

물의 특성, 삼투현상, 그리고 세포 활성으로 물의 이동 방향을 예측할 수 있다.

■ 삼투압은 아쿠아포린에 의해 증가된다(그림 21.3)

아쿠아포린은 원형질막에 존재하는 수분 통로이며 막을 가로지른 물의 이동을 단순확산보다 더욱 빠르게 한다.

■ 수분퍼텐셜은 식물체를 통해 물의 이동을 조절한다

식물체에서 물을 수송하는 주요 힘은 증산작용에 의해 물을 당기는 것이다. 응집, 부착, 삼투현상 모두 물의 이동에 기여한다.

수분퍼텐셜은 압력퍼텐셜과 용질퍼텐셜의 합이다. 물은 수분퍼텐셜이 높은 부분에서 수분포텐셜이 낮은 부분으로 흐른다.

21.2 물과 무기물의 흡수

뿌리털과 균근의 곰팡이는 물과 무기물의 흡수를 위해 표면적을 넓힌다.

■ 세포를 통한 3가지 수송 경로가 있다

아포플라스트 경로는 세포벽과 세포 사이의 공간을 통한 통로이고, 심플라스트 경로는 원형질연락사로 연결되는 세포와 세포질을 통한 통로이다. 막횡단 경로는 역시 세포질을 통하지만 막을 횡단하여 막에서 물질의 출입이 조절된다.

■ 내피를 통한 수송은 선택적이다

내피에 있는 카스파리띠는 물과 영양분이 세포막을 가로질러 이동하게 해서 물과 영양분이 물관부로 선택적으로 흐르도록 한다.

21.3 물관부 수송

■ 뿌리압은 증산이 낮거나 일어나지 않을 때라도 존재한다

뿌리압은 이온이 능동수송으로 뿌리 세포 내로 들어가서 생기는데, 이로 인한 삼투현상에 의해 뿌리 세포 안으로 물이 들어가게 된다. 일액현상은 높은 뿌리압의 결과로써 물이 어쩔 수 없이 식물체 밖으로 나올 때 일어난다.

물은 수소결합으로 인한 응집력과 부착력이라는 특성에 의해서 높은 인장 강도를 지닌다.

■ 뿌리에서 슈트까지의 수분퍼텐셜 기울기가 수송을 가능하게 한다

물은 토양의 수분퍼텐셜이 뿌리의 수분퍼텐셜보다 더 클 때 식물체 내로 이동한다. 잎에서 물이 증발하면 물관부에서 음의 압력이 생기고, 이로 인해 물을 위로 끌어올린다.

■ 물관과 헛물관으로 인해 대량 수송이 가능하다

물관부의 물관이나 헛물관에 의해 수송되는 물의 부피는 직경에 대한 함수이다. 직경이 작을수록 인장 강도는 커진다. 그러나 더 큰 지름의 물관을 통해 더 많은 양의 물이 수송될 수 있다.

공동현상은 물기둥 안에 기포가 생길 때 일어나고, 이 때문에 물의 이동이 멈춘다.

21.4 증산율

■ 기공은 물과 이산화탄소의 수요에 대한 균형을 맞추기 위해 열리거나 닫힌다

뿌리에서 흡수되는 물의 90% 이상은 기공을 통해 대기로 소실된다. 기공은 광합성을 위해 이산화탄소를 받아들여야 하므로 열려야 하는데, 이를 통해 증산 작용으로 인한 증발이 일어나며 잎의 온도가 떨어진다(**그림 21.12**).

■ 공변세포의 팽압이 기공 개폐의 원인이다

공변세포가 이온을 흡수하여 팽압이 증가할 때 기공이 열린다. 팽창한 공변세포는 모양이 변해 두 세포 사이에 구멍이 생긴다. 공변세포가 팽압을 잃어 수축될 때 기공은 닫힌다.

■ 환경요인이 증산율에 영향을 미친다

온도와 풍속이 올라가고 습도가 낮아짐에 따라 증산율은 증가한다. 고온이거나 이산화탄소의 농도가 증가할 때는 기공이 닫힌다.

21.5 수분 스트레스 반응

■ 가뭄에 대한 식물의 적응은 수분 손실을 제한하는 전략을 포함한다

식물에서 수분 손실을 최소화하는 적응들은 기공 닫힘, 휴면 시작, 수분 손실을 막기 위한 잎의 특성 변화, 잎의 탈락 등을 포함한다.

■ 홍수에 대한 식물의 반응은 단기적 식물호르몬 변화와 장기적 적응을 포함한다

홍수는 세포호흡에 필요한 산소 이용도를 감소시켜 비정상적인 생장을 초래하고 수송 기작의 효율을 감소시킨다.

다습한 환경에 적응된 식물은 다양한 전략을 보여주는데, 피목, 호흡근과 같은 부정근, 침수된 부위의 산소 공급을 위한 통기조직 등이 포함된다.

■ 고농도 염에 대한 식물의 적응은 염의 제거법을 포함한다

해수에서 발견되는 식물은 이들이 흡수한 염분을 배제하거나 분비하거나 또는 희석할 것이다.

염생식물은 뿌리에 고농도의 유기분자를 가지고 있어서, 이를 통해 뿌리의 수분퍼텐셜을 낮추어 염분 토양에서 물을 흡수한다.

21.6 체관부 수송

■ 유기분자는 식물의 위와 아래로 이동된다

유기 영양분이 체관부를 통하여 식물의 잎에서 다른 부위로 이동하는 것을 전류라고 한다. 체관부를 통해 이동하는 수액에는 당류, 식물호르몬, mRNA, 및 기타 물질이 들어 있다. 탄수화물은 능동수송으로 체관 내로 수송되어야 한다.

■ 팽압의 차이가 체관부 수송을 일으킨다

광합성 잎과 같은 탄수화물 공급처에서 체관부 내로 당의 능동수송은 수분퍼텐셜의 감소를 야기한다.

물이 체관부 내로 이동함에 따라 생긴 팽압이 내용물을 비광합성 조직인 수용처로 이동하게 하고, 이곳에서 내용물이 하적되어 사용되거나 저장된다.

연습문제

■ 1단계: 이해력 확인하기

1. 다음 중 능동수송의 기작은 무엇인가?
   a. 양성자펌프 b. 이온통로
   c. 공동수송 d. 삼투현상
2. 식물세포의 수분퍼텐셜은 무엇인가?
   a. 막전위와 중력의 합
   b. 막전위와 중력의 차이
   c. 압력퍼텐셜과 용질퍼텐셜의 합
   d. 압력퍼텐셜과 용질퍼텐셜의 차
3. 물 분자 사이의 수소결합으로 생기는 것은 무엇인가?
   a. 침수 b. 부착
   c. 증발 d. 응집
4. 세포벽을 통한 물의 이동은 무엇인가?
   a. 아포플라스트 b. 심플라스트
   c. a, b 모두 맞다. d. a, b 둘 다 아니다.
5. 카스파리띠는 뿌리의 어느 부위에서 발견되는가?
   a. 피층 b. 표피조직
   c. 내피 d. 물관부
6. 물관부에서 기포의 형성을 무엇이라 부르는가?
   a. 교반 b. 응집
   c. 부착 d. 공동현상
7. 일액현상이 가장 잘 나타날 것 같은 날은 언제인가?
   a. 추운 겨울 날 b. 시원한 여름 밤
   c. 따뜻하고 맑은 날 d. 따뜻하고 흐린 날
8. 공변세포가 어떠할 때 기공이 열리겠는가?
   a. 포타슘을 받을 때 b. 포타슘을 잃을 때
   c. ABA를 받을 때 d. 염소를 잃을 때
9. 다음 중 염분이 많은 환경에 적응한 것이 아닌 것은 무엇인가?
   a. 염분의 분비
   b. 뿌리의 수분퍼텐셜 저하
   c. 염분의 배제
   d. 호흡근 형성
10. 다음 중 식물이 에너지를 사용해야 하는 경우는 무엇인가?
   a. 증산
   b. 체관부 수송
   c. 증산과 체관부 수송 둘 다
   d. 증산과 체관부 수송 둘 다 아님

■2단계: 적용력 평가하기

1. 다음 중 잘못된 내용은 무엇인가?
   a. 물은 수분퍼텐셜이 낮은 부위로 이동한다.
   b. 물관부는 물질을 식물체 위쪽으로 수송하는 데 비해 체관부는 식물체 아래쪽으로 수송한다.
   c. 물관부에서 물의 이동은 부분적으로 물의 응집력과 부착력 때문이다.
   d. 막을 횡단하는 물의 이동은 흔히 용질의 농도 차이에 의한다.
2. 기공을 여는 조절기작을 없애서 기공이 계속 닫히도록 하면 그 식물체에는 어떤 일이 일어날 것으로 예상할 수 있는가?
   a. 당 합성이 서서히 줄어들 것이다.
   b. 물의 수송이 서서히 줄어들 것이다.
   c. 식물체가 뜨거워질 것이다.
   d. 위의 모든 일이 기공이 계속 닫힌 결과일 것이다.
3. 용질 퍼텐셜이 −0.4 MPa이고, 압력 퍼텐셜이 0.2 MPa인 세포를 0.5 MPa의 압력을 가한 순수한 물로 채운 통에 둔다면 어떻게 되겠는가?
   a. 물이 세포 밖으로 빠져나간다.
   b. 물이 세포 안으로 들어온다.
   c. 세포가 쭈그러진다.
   d. 세포가 터진다.
4. 세포막에서 아쿠아포린을 제거할 수 있다면 다음 중 어떤 결과가 나타나겠는가?
   a. 물이 더 이상 막을 횡단하지 못한다.
   b. 식물은 더 이상 막을 횡단하는 물의 이동 방향을 조절할 수 없다.
   c. 포타슘의 공동수송이 더 이상 일어날 수 없다.
   d. 팽압이 증가한다.
5. 다음 중 카스파리띠를 제거한 결과는 무엇인가?
   a. 물과 무기물 영양분이 물관부에 도달하지 못할 것이다.
   b. 물관부로 들어가는 물질에 대한 선택성이 낮아질 것이다.
   c. 물과 무기물 영양분이 물관부에서 빠져나와 다시 토양으로 들어갈 것이다.
   d. 물과 무기물 영양분이 내피 세포벽을 더 이상 통과할 수 없을 것이다.

■3단계: 사고력 함양하기

1. 실내 화초에 너무 자주 비료를 주면, 토양에 수분이 있어도 식물이 시드는 것을 보게 된다. 수분퍼텐셜의 관점에서 어떤 일이 일어난 것인지 설명하시오.
2. 중요한 아쿠아포린 단백질 유전자가 돌연변이된 식물체는 어떻게 알아낼 수 있는가?
3. 식물의 물 수송 기작을 동물에서의 기작과 비교하여 설명하시오.
4. 교목 수간(나무줄기)의 지름을 측정해 보면 낮 동안 줄어드는 것을 알 수 있는데, 아랫부분보다 윗부분이 먼저 줄어드는 것을 볼 수 있다. 이러한 관찰이 증산작용으로 수간을 통해 물을 위로 끌어올린다는 가설을 어떻게 지지하는지 설명하시오.
5. 당근은 2년생 식물로 생장 첫해에는 씨앗이 발아하여 굵은 저장근을 가진 식물을 만든다. 둘째 해는 저장근으로부터 슈트가 나오고 꽃자루를 생성하며, 수정 후 종자를 형성함으로써 생활사를 다시 시작한다. 당근의 2년 생활사 동안의 봄, 여름, 가을의 당근 식물을 그리고 각 계절의 탄수화물 공급과 수용에 대해 설명하시오.

22

식물영양과 토양

도입

식물의 생장과 발달에는 방대한 에너지가 요구되는데 이번 장에서는 식물이 살아가는 데 태양에너지 외에 무엇이 더 필요한지를 알아본다. 동물과 마찬가지로 식물도 건강하게 성장하기 위해서는 다양한 영양분을 필요로 하며, 주요 영양분이 결핍되면 식물의 생장이 지연되고, 병에 더 잘 걸리거나 심지어 죽을 수도 있다. 식물은 영양분을 주로 광합성과 토양으로부터 얻는다. 토양은 영양분의 공급원인 동시에 식물이 사용 가능한 형태의 영양분을 얻는 데 도움을 주는 박테리아와 곰팡이의 서식처이기도 하다. 식물은 대기 중의 질소를 직접 아미노산으로 전환시킬 수 없기 때문에 충분한 양의 질소를 획득하기 어렵다. 어떤 식물은 동물을 잡아 소화액을 분비하여 필요한 질소를 직접 획득하기도 한다.

22.1 토양: 식물이 의존하는 기질

학습 목표

1. 토양이 음전하, 양전하 이온과 상호작용하는 방식을 설명할 수 있다.
2. 토양의 특성이 뿌리에 의한 영양분 흡수에 어떻게 영향을 미치는지 설명할 수 있다.
3. 토양 침식을 감소시킬 수 있는 경작 방식에 대하여 서술할 수 있다.

식물을 지탱하는 많은 활동은 표층의 풍화된 바깥층인 토양에 의존한다. **토양**(soil)은 모래, 다양한 크기의 암석, 진흙, 토사, **부식토**(humus, 주로 분해된 유기물), 다양한 형태의 무기물과 유기물 같은 구성요소로 이루어져 있으며, 토양 입자 사이의 공간에는 물과 공기가 들어 있다.

토양은 무기물, 유기물, 물, 공기 그리고 생물체로 구성된다

토양에 포함된 무기물은 암석의 조성에 따라 달라지며, 지구의 표층에는 약 92종의 원소가 존재한다(1장 참조). 대부분의 원소는 **무기물**(minerals)이라 불리는 무기 화합물의 형태로 발견되며, 대부분의 암석은 여러 종류의 무기물로 이루어져 있다.

토양에는 유기물 잔해를 분해하여 재사용하는 많은 미생물들이 살고 있는데, 박테리아만을 고려하면 한 숟가락의 토양에 대략 10^8~10^9개가 존재한다. 예를 들면, 1만 m^2의 밀밭 토양 속에 존재하는 생명체의 양은 양(sheep) 100마리 무게에 버금가는 양의 탄소(약 5톤)에 해당한다.

식물 뿌리는 다양한 크기의 무기물 입자(대부분 직경 2 mm 이하), 살아 있는 생명체, 그리고 부식토가 섞여 있는 **표토**(topsoil)에 뻗어 있다(**그림 22.1**). 표토의 특징은 모래, 실트(silt), 점토의 상대적인 양에 따라 결정된다. 토양의 성분은 생명체가 사용할 수 있는 토양 속의 물과 영양분의 정도를 결정한다. 점토는 물과 영양분에 강하게 결합하지만, 모래는 잘 결합하지 못한다. 점토 입자는 모래와 같은 큰 입자보다 훨씬 높은 부피당 표면적 비를 가지기 때문에, 점토가 많은 토양은 식물에게 적은 영양분과 낮은 물 가용성을 제공한다.

토양의 특성에 따라 물과 무기물의 가용성이 다르다

토양 입자 사이의 공간이나 틈에 있는 물에 녹아 있는 무기물만이 뿌리로 흡수될 수 있다. 일반적으로 무기물과 유기토양은 음전하를 띠므로 양전하를 가진 분자나 이온을 끌어당기며, 남아 있는 음이온은 토양수와 뿌리세포 사이에 전하 기울기를 유발하기 때문에 양이온들은 일반적으로 세포 밖으로 나오는 경향을 보인다. 양성자 이온펌프는 뿌리 밖으로 수소 이온을 내보내 강한 막전위를 형성하게 하며, 이러한 강한 전기화학적 기울기는 포타슘 이온과 다른 이온들이 이온통로를 통해 뿌리 내로 들어가게 해준다. 일부 이온, 특히 음이온은 공동수송체(cotransporter)를 이용한다(**그림 22.2**). 뿌리에서 유지되는 막전위와 뿌리 안팎의 수분퍼텐셜(water potential)의 차이는 무기물의 뿌리 수송에 영향을 준다(21장 참조).

토양 부피의 절반 정도는 공기와 물로 채워진 공간으로 수분조건에 따라 달라진다(**그림 22.3**). 토양수의 일부는 식물이 이용할 수 없는데, 예를 들어 모래흙에 있는 대부분의 물은 중력 때문에 즉시 흘러내려간다. 섬세한 입자를 포함하는 토양에서는 물이 입자에 단단히 결합하기 때문에 식물이 사용할 수 있는 나머지 물의 일부는 지름이 50 μm보다 작은 토양의 틈에 들어가게 되는데, 이 물은 식물이 쉽게 이용할 수 있다. 이러한 물이 증발되거나 뿌리로 흡수되어 고갈되고 토양에 더 이상의 물이 첨가되지 않는다면 식물은 결국 시들어 죽는다. 식물의 뿌리는 주변의 물을 고갈시키기 때문에 토양의 수분퍼텐셜이 감소하게 되는데, 결국 멀리 있는 토양수가 더 높은 수분퍼텐셜을 가지기 때문에 더 많은 물이 뿌리 쪽으로 이동하게 된다.

토양은 매우 다양한 조성을 가지며, 토양이 식물체에 제공하는 영양분의 양은 토양에 따라 다르다. 토양의 산성도와 염도도 식물의 영양분과 물의 이용에 영향을 줄 수 있다.

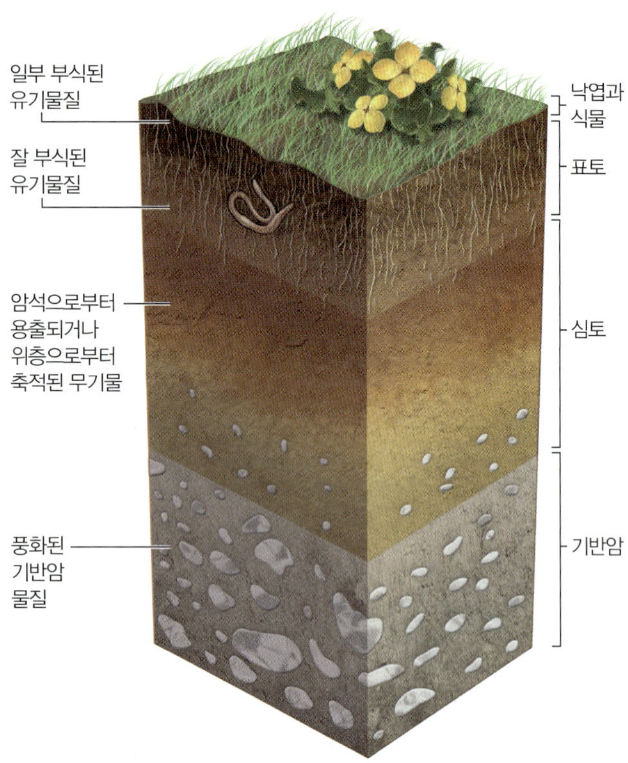

그림 22.1 표토에서 자라는 뿌리.
낙엽과 동물사체는 표토라고 부르는 토양의 가장 위층을 덮는다. 표토는 뿌리, 작은 동물, 부식토와 같은 유기물과 다양한 크기의 무기물 입자를 포함한다. 심토는 표토의 아래층이며 큰 무기물 입자를 포함하지만, 유기물질은 거의 없다. 심토의 아래층은 오랜 시간과 풍화를 거쳐 토양으로 형성되는 기반암으로 이루어져 있다.

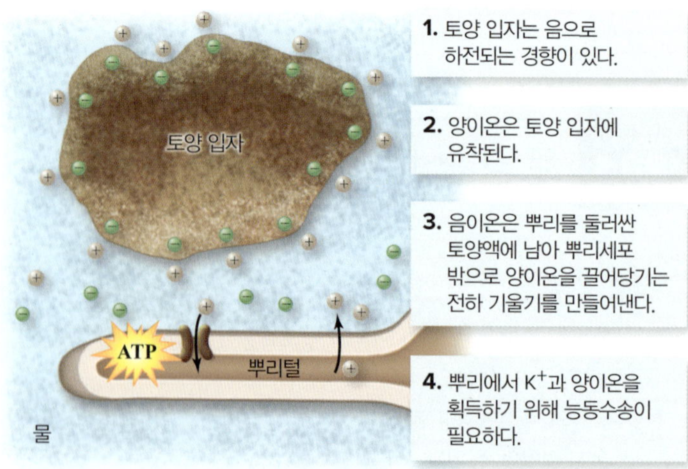

그림 22.2 물질 수송에서 토양 전하의 기능.
양으로 하전된 이온이 뿌리털로 들어가기 위해서는 능동수송이 필요하다.

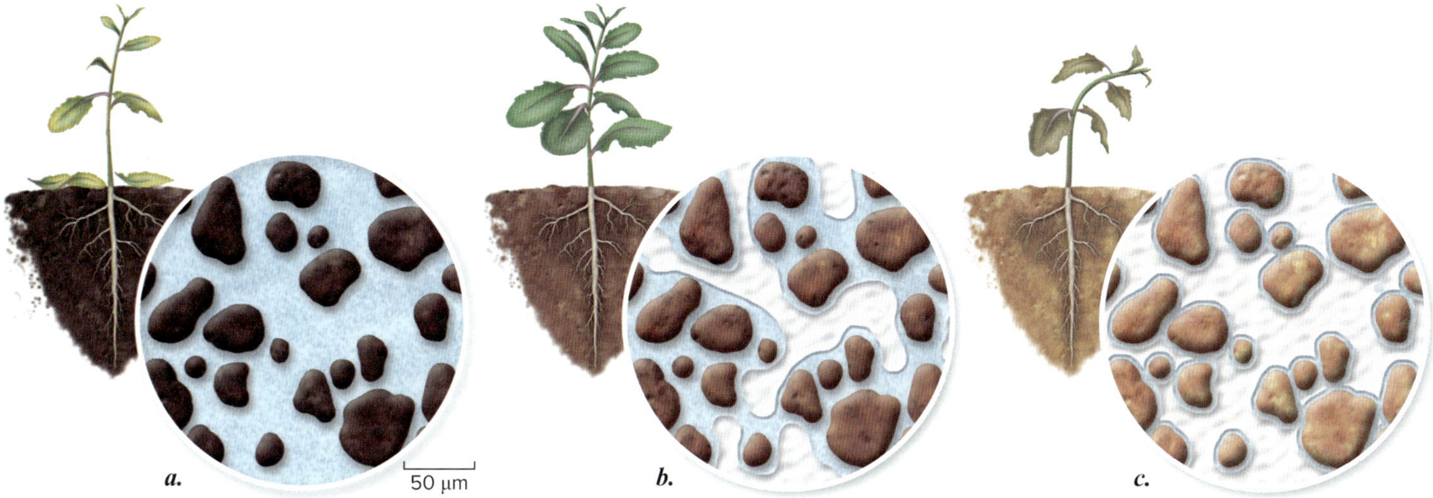

그림 22.3 **토양 입자 사이의 공간을 채우는 물과 공기.**
a. 토양에 공기 순환을 위한 공간이 없으면 뿌리는 호흡을 할 수 없다. *b.* 토양에 있는 공기와 물 사이의 균형이 뿌리 생장에 필수적이다. *c.* 물이 없으면 토양의 수분퍼텐셜은 감소되고, 식물의 증산작용이 억제된다.

경작으로 인해 토양이 감소되고 영양분이 고갈된다

침식이나 잘못된 조경으로 표토가 유실되면 토양의 보습력과 보유한 영양분에 나쁜 영향을 미친다. 미국의 경우 1년에 500억 톤의 표토가 사라지는 것으로 보고되고 있다.

1930년대 미국의 대초원지대의 예에서 볼 수 있듯이 작물의 수확 등으로 식생 피복(vegetative cover)이 제거되면 물과 바람에 의한 토양 침식이 급격히 진행되기도 한다. 이 지역은 잘못된 경작과 몇 년간의 가뭄의 결과로 토양이 바람에 의한 침식에 극히 민감해져 건조지대로 변하게 되었다(**그림 22.4***a*).

토양의 보존을 위하여 간작(intercropping), 보전 경작(conservation tillage), 무경간 농법(밭을 갈지 않고 도랑에 씨를 심어 농사를 짓는 방법) 등의 새로운 경작 방식들이 도입되고 있다.

농장, 잔디밭 또는 정원에서 비료를 과다하게 사용하면 심각한 수질 오염과 호수의 조류 부영양화와 같은 부작용을 야기할 수 있다(38장 참조). 생태계의 파괴를 최소화하면서 작물 생장을 개선하기 위해서는 토양의 영양분 수준을 유지하고, 호수나 시내 그리고 강으로 흘러 들어가는 영양분의 양을 줄여나가야 한다.

한 가지 방법인 위치특이 농경법(site-specific farming)에서는 컴퓨터와 GPS로 조절되는 비료 측정기(variable-rate fertilizer applicator)를 도입하여 토양 시료를 분석해 국지 토양의 영양분 수준을 파악하여 적절한 양의 비료를 투여하는 것이다. 또 다른 방법인 통합영양관리법(integrated nutrient management)은 풋거름, 동물 비료, 무기물 비료를 이용하여 영양분 투입을 최대화하는 방법이다. 풋거름과 동물의 분뇨는 미생물들에 의해 분해되면서 영양분이 서서히 방출되기 때문에 영양분들이 침출되기 전에 이용될 수 있다는 장점을 지니고 있다. 지속농업(sustainable agriculture)은 2가지 보전 방식을 접목한 것이다.

그림 22.4 **토양 파괴.**
a. 가뭄과 잘못된 경작법으로 인해 1930년대 미국 남서부의 대초원지대에 있는 농장에서 풍화 침식이 발생하였다. *b.* 이라크의 습지는 염도가 높은 사막으로 변하였다.

토양의 pH와 염도는 토양의 물과 무기물 가용성에 영향을 미친다

토양과 뿌리 사이의 수분퍼텐셜 차이 혹은 이온 기울기의 균형이 바뀌면 식물이 물과 무기물을 흡수하는 능력이 바뀌게 된다. 산성 토양과 염토는 식물의 생장을 방해할 수 있다.

산성 토양

토양의 pH는 풍화된 암석으로부터 무기물이 빠져나오는 것에 영향을 준다. 예를 들면 많은 식물에 독성이 있는 알루미늄은 낮은 pH에서 암석으로부터 녹아 나오는데, 알루미늄은 다른 영양분들과 결합하여 식물이 흡수할 수 없도록 만들기도 한다.

대부분의 식물은 거의 중성 pH에서 가장 잘 자라지만, 전 세계 경작지의 약 26%는 산성이다. 아메리카 대륙의 열대지방의 경우 토양의 68%가 산성이다. 콜롬비아의 산성 토양에서 알루미늄 독성은 옥수수 수확량을 4배나 감소시킨다(**그림 22.5**).

콜롬비아에서는 육종을 통해 알루미늄 내성 식물을 개발하여 작

과학적 사고

배경 정보: 산성 토양에서는 Al^{3+}이 알루미늄의 일반적 형태이며, 식물에 강한 독성을 띤다. 석회를 뿌리면 토양의 pH는 증가하고, Al^{3+}은 독성이 덜한 알루미늄의 형태로 전환되고 뿌리 생장은 촉진된다.

가설: 알루미늄 내성 밀은 뿌리 주변의 pH를 증가시켜 식물 생장을 촉진할 수 있다.

예상: 밀의 유묘(seedling)가 있는 배양액에 알루미늄을 첨가하면, 내성 식물이 있는 배양액의 pH가 민감성 식물이 있는 배양액보다 더 높게 증가할 것이다.

실험: 생장–민감형 밀(S)과 생장–내성형 밀(T)을 pH 4.5인 배지에 각각 준비한다. 0, 25, 50, 100 μM Al^{3+}을 배양액에 각각 첨가한 후, 24시간 후에 배양액의 pH를 측정한다.

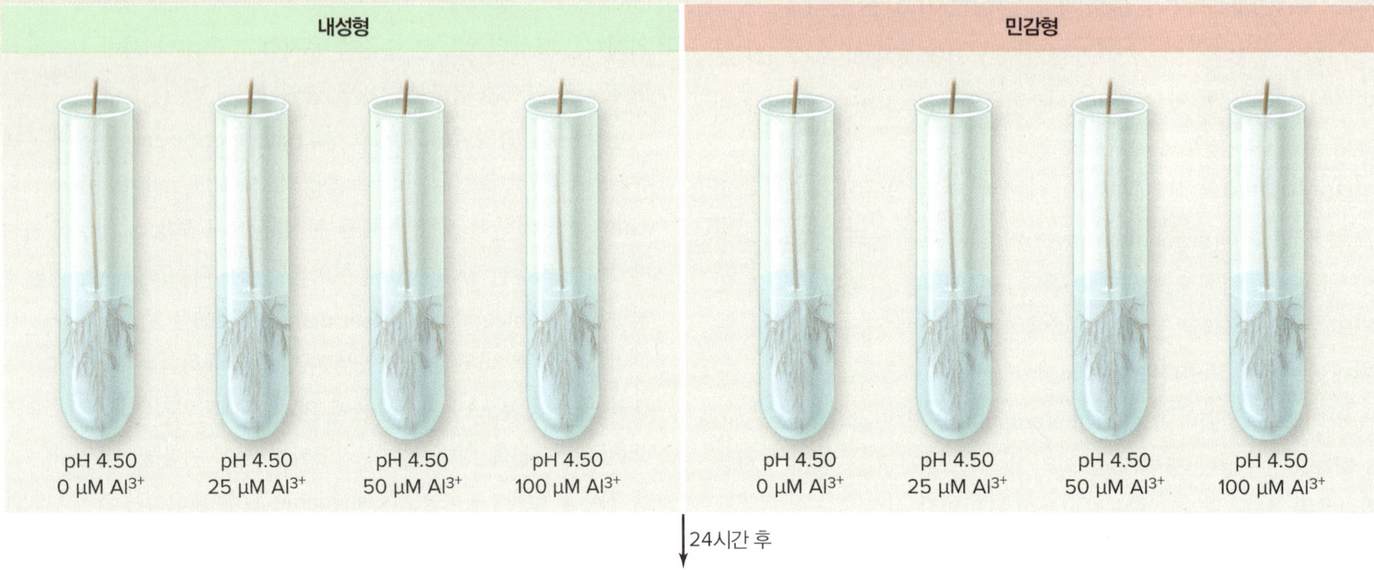

결과:

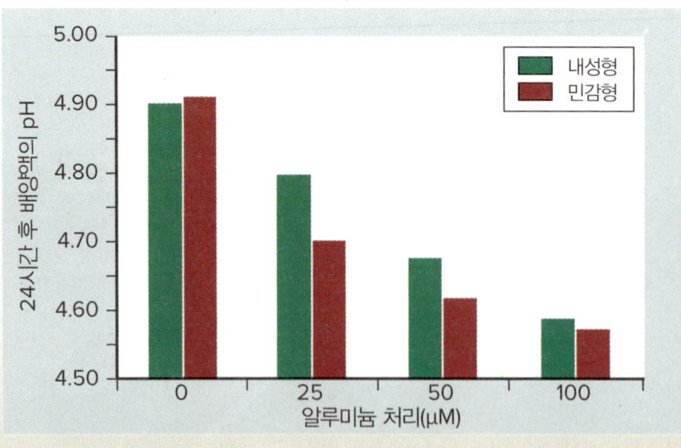

결론: Al^{3+}가 없을 때에는 민감형 식물과 내성형 식물 모두 뿌리 주변의 pH를 증가시킨다. 25와 50 μM Al^{3+} 조건에서는 내성형 식물이 민감형 식물보다 높은 pH를 유지한다.

추가 실험: 배양액의 pH와 식물 생장 사이의 연관성을 증명하기 위하여, 다른 pH 배양액에서의 뿌리 생장 속도를 측정한다. pH가 뿌리 생장에 긍정적 영향을 준다고 가정하면서, 배양 24시간 후에 pH에 따른 뿌리 신장 속도를 보여주는 그래프를 그려본다. 위의 막대 그래프에 있는 pH 값을 사용한다.

그림 22.5 알루미늄 독성을 낮추기 위해 뿌리는 pH를 변하게 한다.

물 수확량의 33%를 증가시켰으며, 일부 시험장(test field)에서는 민감성 식물 수확량에 비해 70% 정도까지 증가시킨 바 있다. 독성 금속을 흡수하는 식물의 능력은 오염된 토양을 정화하는 데 활용할 수 있다(22.5절 참조).

염도

토양에 Na^+ 또는 Cl^-와 같은 염분 이온이 축적되면 수분퍼텐셜이 변하여 식물이 팽압(turgor pressure)을 잃어버리게 된다. 경작지의 약 23%는 식물 생장을 제한할 정도의 염도를 가지고 있다. 염토는 관개로 인해 염분이 축적된 건조한 지역에서 흔히 나타나며, 이런 지역에서는 강수량이 염분을 제거할 만큼 충분하지 못해 토양에 염분이 점차 축적된다.

토양 염화의 가장 두드러진 예는 메소포타미아의 "문명의 요람(cradle of civilization)"을 들 수 있는데, 한때 비옥했던 시절에는 비옥한 초승달지대(Fertile Crescent, 나일강, 티그리스강과 페르시아만을 연결하는 고대 농업 지대)로 불렸으나, 현재는 대부분 사막으로 변해 있다. 사막화는 이라크 남부에서 가속화되었는데, 1990년대에 댐 건설로 수로가 변하여 20,000 km^2의 습지대 대부분이 염도가 높은 사막으로 변하였다(**그림 22.4*b***). 댐들은 나중에 제거되어 물이 다시 습지대로 들어오게 되었으며, 습지대로의 회복은 아니더라도 물의 유입이 염도를 낮추게 될 것을 희망하고 있다.

핵심 요약 22.1

표토는 무기물 입자, 살아 있는 생물체, 부식토로 구성되어 있다. 뿌리는 양성자(H^+)를 뿌리 밖과 토양으로 이동시키기 위해 양성자 이온펌프를 사용한다. 그 결과 전기화학적 기울기가 형성되어 양전하를 띠는 무기물 이온은 이온통로를 통해 뿌리 내로 들어간다. 침식에 의한 표토의 소실은 간작, 혼합 작물 심기, 보전 경작, 무경간 농법에 의해 감소될 수 있다.

■ 수분퍼텐셜에 대한 지식을 적용하여, 뿌리에 가까이 있는 물이 고갈되면 무엇이 일어날지 설명해 보자.

22.2 식물영양

학습 목표

1. 다량영양소와 미량영양소를 구분할 수 있다.
2. 과학자들이 식물에게 필요한 영양분을 어떻게 결정하는지 설명할 수 있다.
3. 강화식품 연구의 목적을 설명할 수 있다.

표 22.1 식물의 필수 영양분

원소	기본 흡수형태	건중량의 % 근사치	주요 기능의 예
다량영양소			
탄소	CO_2	44	유기물의 주요 성분
산소	O_2, H_2O	44	유기물의 주요 성분
수소	H_2O	6	유기물의 주요 성분
질소	NO_3^-, NH_4^+	1~4	아미노산, 단백질, 뉴클레오타이드, 핵산, 엽록소, 조효소, 효소의 성분
포타슘	K^+	0.5~6	단백질 합성, 기공 개폐
칼슘	Ca^{2+}	0.2~3.5	세포벽 성분, 막구조와 투과성 유지, 일부 효소의 활성화
마그네슘	Mg^{2+}	0.1~0.8	엽록소 성분, 많은 효소의 활성화
인	$H_2PO_4^-$, HPO_4^-	0.1~0.8	ADP, ATP, 핵산, 인지질, 일부 조효소의 성분
황	SO_4^{2-}	0.05~1	일부 아미노산, 단백질, 조효소 A(CoA)의 성분
미량영양소(농도는 ppm)			
염소	Cl^-	100~10,000	삼투압과 이온 균형
철	Fe^{2+}, Fe^{3+}	25~300	엽록소 합성, 사이토크롬, 질소고정효소
망간	Mn^{2+}	15~800	일부 효소의 활성제
아연	Zn^{2+}	15~100	많은 효소의 활성제, 엽록소 형성
붕소	BO_3^-, $B_4O_7^-$, $H_2BO_3^-$	5~75	탄수화물 수송, 핵산 합성
구리	Cu^{2+}, Cu^+	4~30	일부 효소의 활성제 혹은 구성요소
몰리브덴	MoO_4^-	0.1~5	질소고정, 질산염의 환원

a. *b.* *c.* *d.*

그림 22.6 식물의 무기물 결핍.
a. 건강한 토마토 식물, *b.* 망간이 결핍된 토마토 잎, *c.* 구리가 결핍된 토마토 잎, *d.* 인이 결핍된 토마토 잎

식물영양의 주요 공급원은 태양에너지를 이용해 대기 중의 이산화탄소를 단순당(simple sugar)으로 고정하는 광합성 과정이다. 이산화탄소는 기공을 통해 들어온다.

하지만 이산화탄소와 빛에너지는 식물이 필요로 하는 모든 분자들을 합성하기에 충분하지 못하다. 식물이 상대적으로 많은 양을 필요로 하는 영양분은 **다량영양소**(macronutrient), 적은 양을 필요로 하는 영양분을 **미량영양소**(micronutrient)라 한다(**표 22.1**).

? **탐구문제** 나무 줄기를 구성하는 대부분 물질의 근원은 무엇인가?

식물은 9종의 다량영양소와 7종의 미량영양소를 필요로 한다

9종의 다량영양소는 모든 유기물에서 발견되는 3가지 원소인 탄소, 산소, 수소에 더하여 질소(아미노산의 주성분), 포타슘, 칼슘, 마그네슘(엽록소 성분), 인산과 황으로, 이들 영양분들은 각각 식물체 건중량의 1% 정도 되는데, 탄소의 경우에는 월등히 더 높다.

7종의 미량영양소는 염소, 철, 망간, 아연, 붕소, 구리 및 몰리브덴으로 식물체에 1 ppm에서 수백 ppm 정도 포함되어 있다. **그림 22.6**에서 보는 것처럼 미량영양소들 중 어느 하나라도 결핍될 경우 식물 생장에 심각한 영향을 줄 수 있다. 대부분의 다량영양소는 지난 세기에 발견되었으나, 미량영양소는 미량의 물질을 분석할 수 있는 기술 발달로 인해 최근에 발견되었다.

식물의 영양요구량은 식물의 뿌리를 영양분이 함유된 물에 담가 재배하는 수경재배(hydroponics)를 통해 측정할 수 있다. 조사를 위해 배양액에 모든 필수 영양분을 적절한 비율로 포함시키고, 확인하고자 하는 영양분은 제외시킨 다음 식물의 생장 패턴과 잎의 색깔 변화를 조사함으로써 배제된 영양분의 필수 영양분 여부를 검증한다(**그림 22.7**). 미량영양소가 얼마나 적은 양이 필요한지를 몰리브덴을

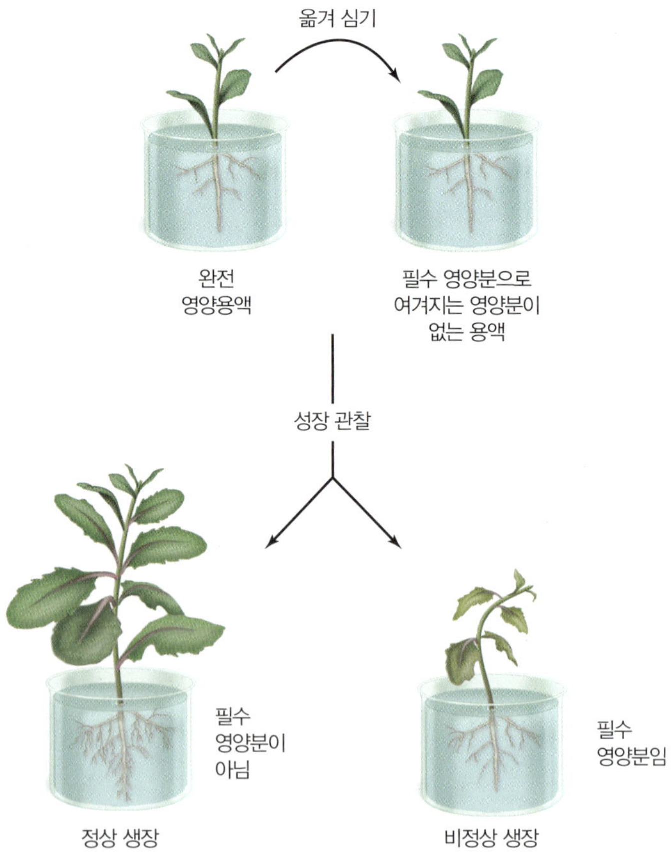

그림 22.7 식물에게 필요한 영양분을 확인하는 방법.
유묘를 완전 영양용액에서 키운 다음 필수 영양분이 없는 용액으로 유묘를 옮긴다. 잎의 탈색이나 생장저해와 같은 비정상적인 생장을 보여주는 증상이 있는지를 확인한다. 만약 유묘가 정상이라면 빠진 영양분은 필수 영양분이 아니지만, 유묘의 생장이 비정상이라면 결핍된 영양분은 생장에 필수적이다.

그림 22.8 수경재배.
토양은 영양분을 제공하고 식물의 지지층으로 작용하지만, 이 두 기능은 수경재배 시에 바뀔 수 있다. 사진에서 보는 것처럼 토마토 식물은 공중에 매달려 있고 뿌리는 영양용액에 담겨 있다.

예로 들어 보면, 호주에서 몰리브덴이 심각하게 결핍된 토양에는 10년에 한 번 1만 m^2에 약 34 g의 몰리브덴만 첨가해주면 된다.

대부분의 식물은 수경재배를 통해 잘 재배할 수 있으며, 비용이 많이 들어도 효율적인 생산과 식품 안전성 때문에 상업적 목적으로 이용되기도 한다(**그림 22.8**).

작물의 생산량과 영양분은 식량안보에 영향을 미친다

영양분 수준과 작물 생산량은 인류의 주요 과제이며, 기아를 피하려는 **식량안보**(food security)는 전 세계적인 문제로 대두되고 있다. 특히 개발도상국에서 작물의 영양가 증가는 인류 건강에 큰 도움을 주게 될 것이다.

강화식품(food fortification)은 사람의 식생활 소비에 이용할 목적으로 식물의 뿌리와 줄기에 무기물의 흡수와 저장을 증가시키는 방법에 관해 연구하는 것이다. 그 실례로 인산이 토양에 더 잘 용해된다면 인산의 흡수를 증가시킬 수 있는데 인산을 용해하는 유기산인 구연산(citrate)을 분비하는 식물이 유전적으로 조작되어 만들어졌다. 구연산염은 알루미늄에 결합하여 알루미늄이 식물로 흡수되는 것을 막아주기도 한다.

철, 망간, 아연과 같은 영양분의 경우는 세포막 수송의 제한인자로 작용한다. 이들의 세포막 수송단백질을 암호화하는 유전자를 다른 종에서 분리하여 작물로 도입하는 연구가 진행되고 있다. 이러한 연구가 성공적으로 이루어지면 아침에 먹는 시리얼을 공장에서 가공하면서 추가 영양분을 넣는 것이 아니라, 시리얼을 만드는 작물이 농장에서 재배되는 동안 추가 영양분으로 강화될 수 있을 것이다.

핵심 요약 22.2

식물은 9개의 다량영양소와 7개의 미량영양소를 필요로 한다. 어떤 영양분이 생장에 필요한지 알아보기 위해 식물을 수경재배한다. 과학자들은 영양분 흡수와 저장을 높여 식량 작물의 영양 구성을 향상시키는 연구를 진행 중이다. 이러한 식품강화 방법들은 인간이 굶어 죽지 않도록 식량안보를 향상시킬 수 있다.

■ 토양에 마그네슘이 부족하면 왜 식량 생산이 제한될까?

22.3 특수 영양 전략

학습 목표

1. 식물영양을 위한 질소고정 박테리아의 중요성을 설명할 수 있다.
2. 균근 곰팡이가 식물에게 어떻게 도움을 주는지 설명할 수 있다.
3. 식충식물이 곤충으로부터 어떻게 영양분을 흡수하는지 서술할 수 있다.

일부 식물들은 부족한 영양분을 다른 개체와의 상호작용, 기생 또는 포식을 통해 얻는 방향으로 진화하였다. 대표적인 예로는 질소를 들 수 있다. 식물이 아미노산을 만들기 위해서는 암모니아(NH_3)나 질산염(NO_3^-)이 필요하지만, 대기 중 대부분의 질소는 질소가스(N_2)의 형태로 존재한다. 식물은 질소가스를 암모니아로 전환하는 생합성 경로를 가지고 있지 않지만, 일부의 박테리아는 이러한 능력을 가지고 있다.

어떤 박테리아는 식물의 뿌리에 질소를 공급해 준다

공생관계는 일부 식물들과 질소가스를 전환할 수 있는 박테리아 사이에서 이루어졌다. 이러한 박테리아의 일부는 식물의 뿌리와 서로 도와가며 살고 있으며, 어떤 박테리아들은 **뿌리혹**(nodule)이라 불리는 식물의 조직에서 서식한다(**그림 22.9**). 콩과식물(legume)과 몇몇 다른 식물들은 뿌리혹을 만드는데, 이러한 박테리아들과 공생하기 위해 식물이 에너지를 소비하지만 토양에 질소가 결핍된 경우에는 식물에게 커다란 도움이 된다. 질소 수준이 높을 때는 콩과식물의 뿌리털은 에너지 보존을 위해 박테리아의 신호에 반응하지 않는다.

그림 22.9 질소고정 뿌리혹.
알팔파의 뿌리털은 질소를 고정하는 뿌리혹박테리아를 가지고 있다.

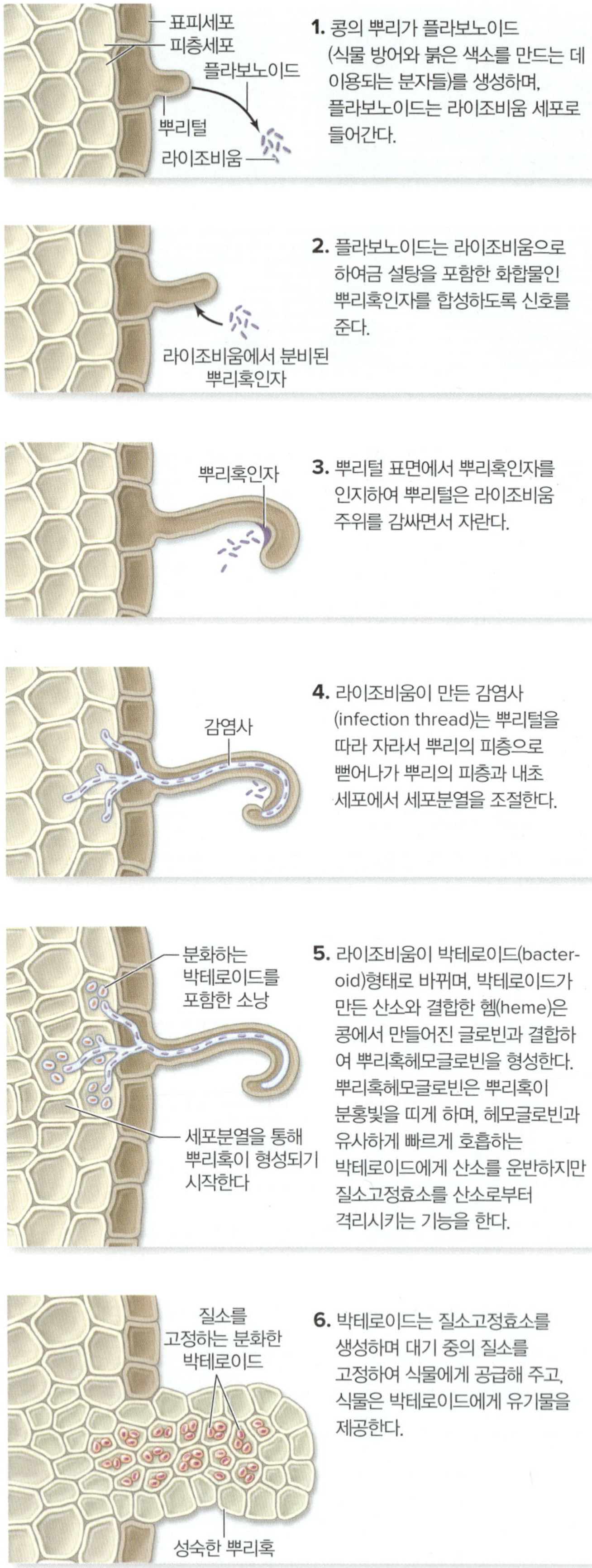

그림 22.10 뿌리혹 형성을 유도하는 뿌리혹박테리아 라이조비움.

질소고정은 세포에서 일어나는 반응들 중에서 에너지를 가장 많이 소비하는 과정이다. 질소가스에 있는 3중결합의 강도 때문에 질소가스(N_2)에 수소가스(H_2)가 결합되는 것은 쉽지 않다. 질소고정효소(nitrogenase)는 암모니아 2분자를 만들기 위해 16개의 ATP를 필요로 한다. 질소고정효소가 없다면 450°C 500기압에서 암모니아를 만드는 것이 가능하지만, 이는 식물이 살 수 있는 조건과는 거리가 멀다.

뿌리혹박테리아(*Rhizobium* bacteria)는 질소고정자로서 많은 에너지를 소비하는 생활방식 때문에 산소와 탄수화물을 필요로 한다. 탄수화물은 식물의 관다발 조직을 통해 공급되고 동물의 헤모글로빈과 구조적으로 유사한 뿌리혹헤모글로빈(leghemoglobin)이 식물에서 만들어져 박테리아의 산소 가용성을 조절한다. 산소가 없으면 박테리아는 죽지만, 산소는 질소고정효소의 활성을 방해하므로 박테리아 내에서 질소고정효소는 산소로부터 격리되어 있다. 뿌리혹헤모글로빈은 산소와 결합할 뿐만 아니라, 질소고정효소의 활성과 세포내 호흡 모두를 최적화하기 위해 뿌리혹 내 산소의 가용성을 조절해 준다.

콩과식물과 질소고정 박테리아는 어떻게 공생하는 것일까(**그림 22.10**)? 박테리아와 식물 사이에 이루어지는 많은 신호교환은 각 개체가 상대방의 존재를 알 수 있게 할 뿐만 아니라, 박테리아가 특정 콩과식물에게 맞는 종인지를 확인할 수 있게 해준다. 이렇게 고도로 진화된 공생 관계는 정확한 종 간의 일치에 의존하며, 대두와 완두는 모두 콩과식물이지만, 각각은 다른 질소고정 박테리아를 필요로 한다.

균근 곰팡이는 육상식물의 영양분 흡수를 도와준다

질소는 식물이 다른 생물의 도움 없이 얻기 힘든 유일한 영양분은 아니다. 질소고정 박테리아와의 공생관계는 콩과식물에 제한되어 있지만, 균근 곰팡이와의 공생은 관다발식물의 90%에서 발견된다. 균근 곰팡이는 식물로 인산이 전달되는 것을 강화해 주며 일부 미량영양소들의 흡수를 촉진시켜 준다. 그리고 균근 곰팡이는 영양분 흡수

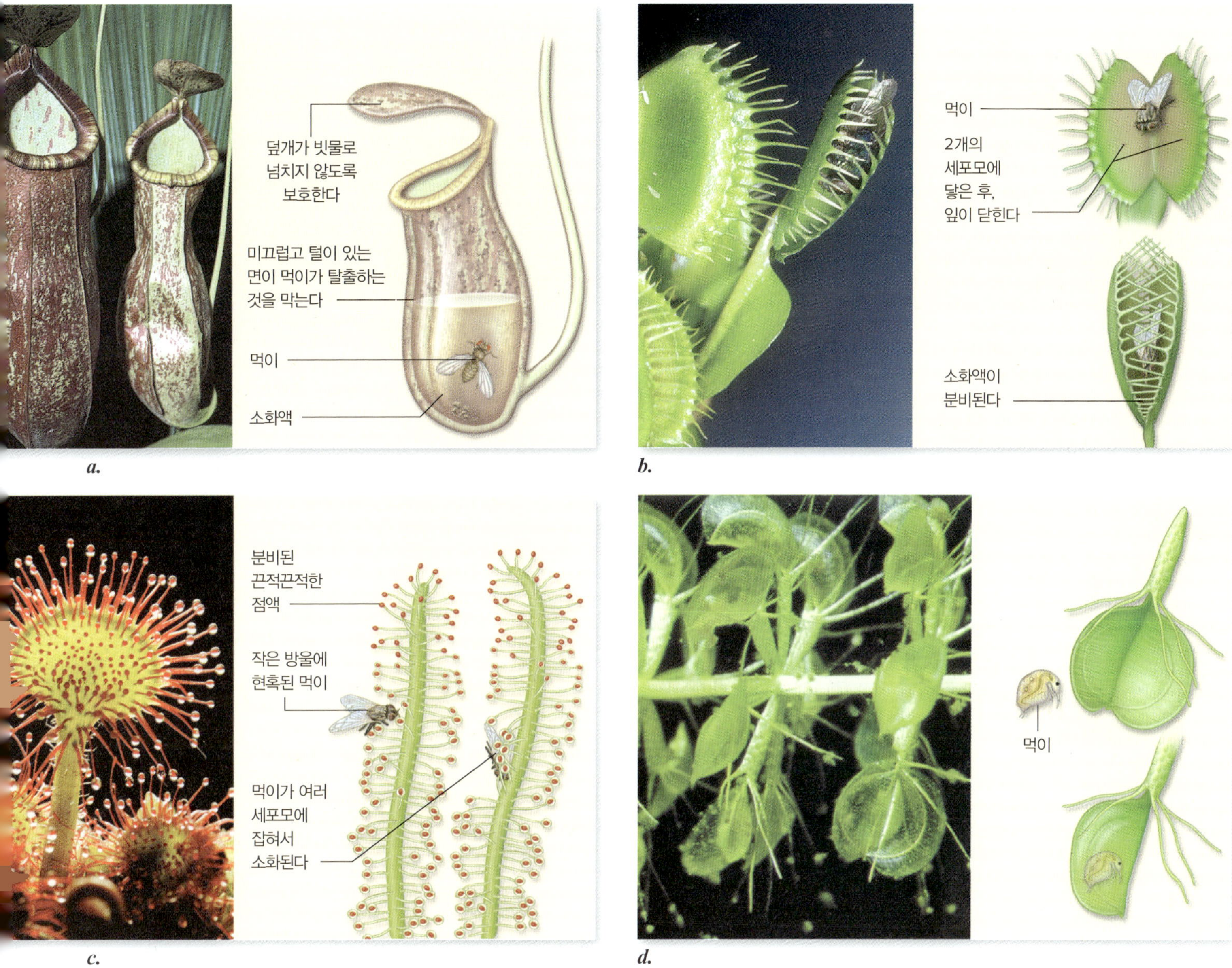

그림 22.11 영양 적응.
a. 다양한 무척추동물과 원생생물로부터 양분을 얻는 벌레잡이통풀(*Nepenthes*) 안으로 들어온 벌레는 갇혀서 소화된다. *b.* 파리지옥풀(*Dionaea*)에서는 파리가 변형된 잎의 2개 이상의 세포모와 접촉하면 짧은 시간 내에 덫이 닫힌다. 식물은 소화효소를 분비하여 파리로부터 질소 함유 화합물을 추출하여 흡수한다. *c.* 끈끈이주걱(*Drosera*)은 끈적끈적한 분비물로 벌레를 잡아 벌레로부터 영양분을 얻기 위해 소화효소를 분비한다. *d.* 파리지옥풀과 가까운 벌레먹이말(*Aldrovanda*)은 수생동물을 잡아 소화한다. 이 수생식물의 조상은 육상식물이다.

를 가능케 하는 표면적을 늘려주기도 한다.

곰팡이는 뿌리가 없이 육지로 처음 올라온 초기의 식물을 도왔을 것으로 여겨지고 있으며, 식물과 균근 곰팡이 사이의 공생에 관련된 신호전달 과정이 뿌리혹박테리아와 콩과식물의 공생으로 이어졌음을 암시하는 증거들이 있다.

식충식물은 동물로부터 영양분을 얻는다

일부 식물들은 동물에서처럼 다른 개체로부터 직접 질소를 얻을 수 있다. 보통 유기질소가 부족한 산성 토양에서 자라는 식충식물은 주로 곤충과 같은 작은 동물을 직접 잡아 소화함으로써 질소를 공급받으면서 열악한 환경에서 생존할 수 있다. 식충식물은 먹이를 유인하고 잡기 위해 변형된 잎을 가지고 있으며, 특별한 샘에서 분비한 효소로 먹이를 소화한다.

벌레잡이통풀(*Nepenthes* spp.)은 밝고 꽃 같은 항아리 모양의 잎, 향기 그리고 당분이 많은 분비물로 곤충을 유인한다(**그림 22.11***a*). 곤충이 항아리 안으로 들어오면 곤충은 물과 소화효소로 가득 차 있는

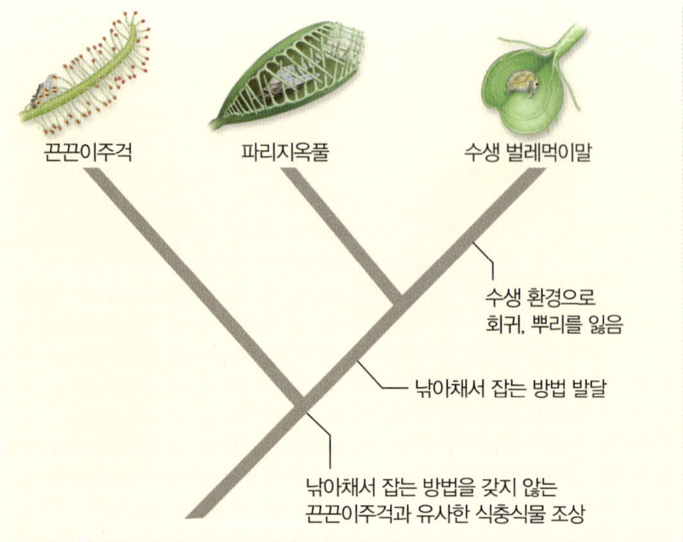

그림 22.12 식충식물들의 계통학적 유연관계.
낚아채서 잡는 방법은 파리지옥풀과 수생 벌레먹이말의 공통조상에 의해 획득되었다. 벌레잡이통풀은 이 계통의 분기와 관련이 없다.

그림 22.13 수정난풀.
미국 북동부 산림에서 발견되는 수정난풀은 엽록소가 없어 다른 식물의 뿌리와 결합한 균근 곰팡이의 침투를 통해 영양분을 획득한다.

아래쪽으로 미끄러져 내려간다. 이러한 수동적인 기작을 통해 벌레잡이통풀은 지속적으로 질소를 제공받게 된다.

해변의 습지에서 자라는 **파리지옥풀**(*Dionaea muscipula*)은 잎의 윗부분에 있는 2개 이상의 민감한 털에 무언가가 닿으면 잎의 두 쪽이 빠르게 닫힌다(**그림 22.11***b*). 이때 매우 빨리 닫히는 속도에 대해 다윈을 비롯한 많은 생물학자들이 궁금해 하였는데, 팽압의 변화로 잎이 닫히게 되지만 속도는 볼록한 부분과 오목한 부분 사이에서 낚아챌 수 있는 잎의 곡선형 구조에서 기인한다.

일단 파리지옥풀이 잎 안쪽으로 먹이를 감싸면, 잎 표면에서 분비된 효소가 먹이를 소화한다. 파리지옥풀은 잎을 닫기 위해 단순히 팽압을 낮추는 것뿐만 아니라 생장의 변화를 필요로 하는데, 잎의 바깥 표면의 세포들은 잎이 닫힐 때마다 비가역적으로 크기가 증가하게 된다. 결과적으로 파리지옥풀이 잎을 열고 닫을 수 있는 횟수에는 제한이 있다.

다른 식충식물인 *끈끈이주걱*(*Drosera* spp.)의 세포모(glandular trichome)는 작은 동물을 잡기 위해 끈적끈적한 점액과 함께 소화효소를 분비하지만 잎이 빨리 닫히지는 않는다(**그림 22.11***c*). 파리지옥풀과 *끈끈이주걱*은 파리잡이 계통의 특징인 낚아채서 잡는 기작(snap-trap mechanism)을 갖지 않는 공통조상을 가진다(**그림 22.12**).

수생 벌레먹이말(*Aldrovanda vesicular*)은 파리잡이의 가까운 친척이며, 파리지옥풀처럼 감각모와 낚아채서 잡는 기작을 사용하여 작은 동물을 잡아 소화하는, 뿌리가 없는 식물이다(**그림 22.11***d*). 분자 계통 연구에 따르면 파리지옥풀은 *끈끈*이주걱과 자매 종이다. 낚아채서 잡는 기작은 *끈끈*이주걱 조상의 자손들에서 한 번만 진화한 것처럼 보이며, 따라서 벌레먹이말의 공통조상은 물로 돌아간 육상식물이었을 것임에 틀림없다.

수생식물인 통발(*Utricularia*)은 벌레먹이말과는 다른 기원을 가지며, 생명체를 잡는 다른 기작을 가지고 있다. 스프링 같은 작은 문의 재빠른 움직임에 의해 작은 동물은 방광처럼 생긴 잎으로 쓸려 들어가며, 잎은 이런 동물을 소화한다.

기생식물은 다른 식물의 자원을 착취한다

지구상에는 적어도 3000종 이상의 기생식물이 분포하고 있으며, 그들은 광합성 종과 비광합성 종으로 구분된다. 기생식물은 숙주식물의 관다발에 침입하여 영양분을 섭취할 수 있는 구조를 지니고 있다. 그 실례로 숙주식물의 주변을 감싼 갈색의 노끈처럼 보이는 새삼(*Cuscuta* spp.)을 들 수 있는데, 새삼은 엽록소가 없기 때문에 필요한 모든 영양분을 숙주식물에 의존한다.

기생식물인 수정난풀(*Hypopitys uniflora*)도 엽록소가 없는데, 이 식물은 숙주에 있는 균근 곰팡이의 균사를 통해 숙주식물에 달라붙는다(**그림 22.13**). 수정난풀의 지상 부위는 꽃이 피는 줄기 부분이다.

핵심 요약 22.3

콩과식물과 같은 어떤 식물은 질소고정 박테리아가 자라는 뿌리혹을 만든다. 질소고정 박테리아는 식물이 생장에 사용할 수 있는 질소 화합물을 공급한다. 균근 곰팡이는 식물의 뿌리와 연계하여 살며, 인산 흡수에 중요하다. 식충식물은 주로 질소 함량이 낮은 토양에 살고, 잡아서 소화시키는 곤충으로부터 질소를 얻는다.

- 균근 곰팡이와 라이조비움이 어떻게 그들의 동반자 식물에게 영양분을 제공하는지 비교, 대조해 보자.

22.4 탄소-질소 균형과 지구의 변화

학습 목표

1. 대기 중의 이산화탄소의 증가가 C_3 식물의 광합성 효율에 미치게 될 효과에 대해 예측할 수 있다.
2. 식물의 높은 탄소-질소 비율이 초식동물에 미치는 영향을 설명할 수 있다.
3. 온도가 높아지면 호흡률이 증가하는 이유를 설명할 수 있다.

유엔 기후변화에 관한 정부간 협의체(Intergovernmental Panel on Climate Change, IPCC)는 현재 대기 중의 이산화탄소 농도가 지난 2천만 년 중 가장 높은 것으로 보고하였다. 지난 250년 동안 화석연료의 시용 증가에 비례하여 대기 중의 이산화탄소는 46%나 증가하였다.

이산화탄소 증가의 장기적 효과는 매우 복잡하여 완전히 밝히기 어렵지만 지구 기온의 상승과 관련이 높다. IPCC는 2100년까지 지표면의 평균온도가 1990년에 비해 1.4~5.8℃까지 상승할 것이라 예상하고 있다. 여기서는 이산화탄소의 증가가 식물 내에서 탄소와 질소의 균형과 같은 영양분의 균형에 어떤 영향을 미치는지 알아보고자 한다.

식물에서 탄소-질소 비율은 식물의 생장뿐만 아니라 초식동물에게도 중요하다. 이 비율이 변화되면 인간의 영양과 함께 식물-해충 상호작용이 변화될 수 있다.

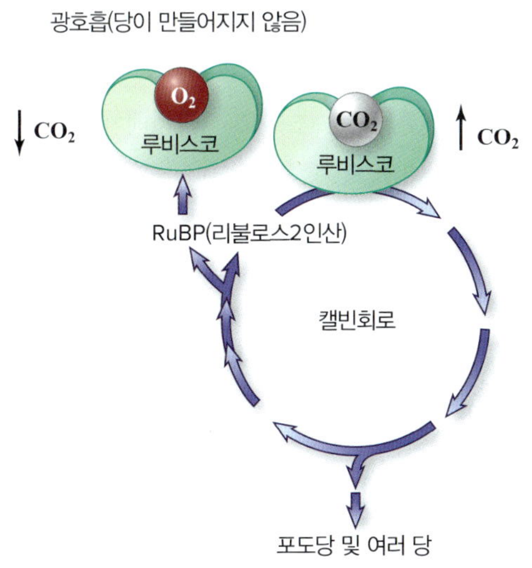

그림 22.14 광호흡.
이산화탄소와 산소는 캘빈회로의 첫 단계를 차지하는 효소의 동일한 부위에서 경쟁한다. 만약 이산화탄소가 결합하면, 포도당과 수크로스를 만들 수 있는 3탄당이 생성된다. 산소가 결합하면, 광호흡이 일어나 유용한 산물의 생성 없이 5탄당을 분해하기 위해 에너지를 소모한다. 산소에 대한 이산화탄소 비가 증가하면 캘빈회로는 더 많은 당을 생산한다.

대기 중 이산화탄소의 증가는 식물의 광합성과 탄소 수준을 변화시킨다

광합성과 대기 중의 이산화탄소의 상대적 농도의 관계에 대해 알아보기 위해 다음과 같은 2가지 질문에 대해 알아보자. (1) 이산화탄소가 증가하면 광합성 속도가 증가하는가? (2) 이산화탄소가 증가하면 식물에서 탄수화물과 단백질의 비가 변화하는가?

광합성 속도

광합성 과정에서 대기의 이산화탄소는 캘빈회로를 거쳐 당으로 고정된다(6장 참조). 캘빈회로의 첫 단계는 지구상에서 가장 많은 단백질인 루비스코(rubisco, ribulose 1,5-bisphosphate carboxylase/oxygenase)에서 시작한다. 이 효소의 활성부위는 이산화탄소 또는

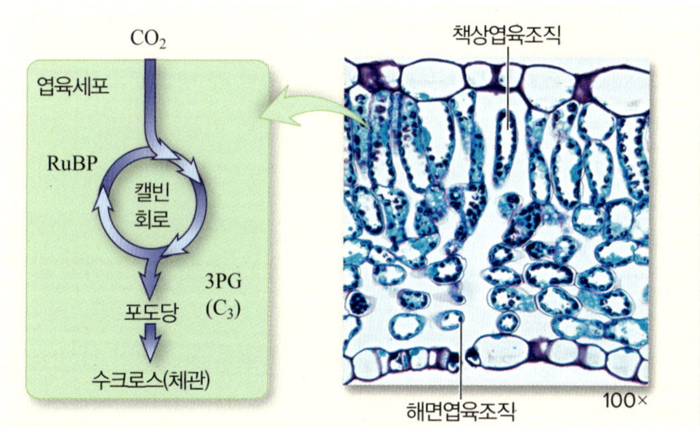

a. C_3 잎

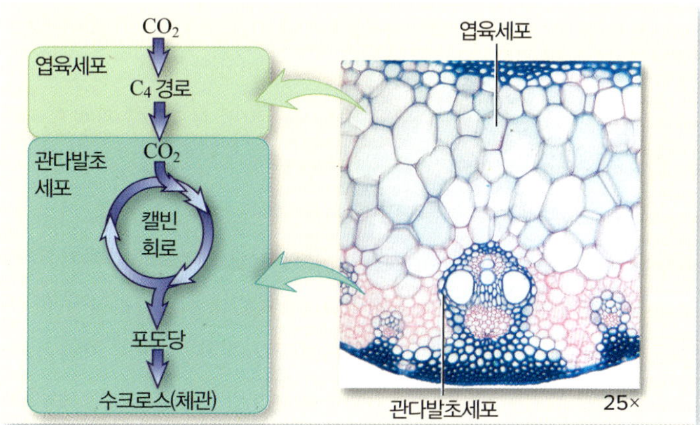

b. C_4 잎

그림 22.15 광호흡 줄이기.
C_4 식물은 산소가 적은 관다발조직을 둘러싼 세포에게만 캘빈회로를 제한함으로써 광호흡을 줄인다. ***a.*** C_3 광합성은 엽육세포에서 일어난다. ***b.*** C_4 광합성은 잎의 깊은 내부로 탄소를 이동시키는 추가적인 생화학 경로를 이용한다.

a.

b.

그림 22.16 이산화탄소를 증가시키는 실험.
듀크의 실험용 숲의 FACE에 있는 이산화탄소 고리는 일반 환경과 이산화탄소가 증가된 환경에서 자란 식물에 대한 생태계 수준의 비교를 가능케 한다. ***a.*** 각 원형의 직경은 30 m이다. ***b.*** 면밀하게 관찰되는 환경하에서 원형으로 배치된 탑들은 이산화탄소를 안쪽으로 배출한다.

산소와 결합할 수 있으며, 이산화탄소 또는 산소는 5탄당인 RuBP (ribulose 1,5-bisphosphate)에 결합한다(**그림 22.14**). 결과적으로 이산화탄소는 포도당과 수크로스를 합성하는 데 이용될 수 있는 3탄당을 생성하는 데 이용된다. 대조적으로 산소는 영양분이나 에너지 저장이 이루어지지 않는 광호흡(photorespiration)에 쓰이게 되는데, 광호흡을 통해서는 식물에서 사용할 수 있는 형태의 화학퍼텐셜 에너지가 생성되지 않는다.

그림 22.15에서 보는 것처럼 C_4 식물은 광호흡을 줄이기 위한 해부학적, 생화학적 전략을 진화시켰다. C_4 식물에서 이산화탄소는 다른 경로를 통해 관다발조직을 둘러싸고 있는 세포로 이동할 때까지 캘빈회로에 들어가지 않는다. 이 세포에서 이산화탄소는 산소에 비해 상대적으로 증가하게 되고, 산소보다 많은 이산화탄소는 루비스코의 결합 부위와 상호작용하게 된다. 결과적으로 탄소고정이 광호흡보다 더 선호되며 당이 만들어질 수 있다.

이산화탄소의 양이 증가하면 C_3 식물에서 캘빈회로는 좀 더 효율적으로 운영될 수 있기 때문에 지구상의 이산화탄소의 증가가 광합성을 증가시켜 식물 생장이 증가할 것이라는 가설은 합리적이다. 토양에 있는 영양분의 가용성이 동일하다고 가정하면, 빨리 자라는 식물은 질소를 포함한 화합물(예, 단백질)과 토양으로부터 얻는 무기물을 상대적으로 적게 포함하게 되어 질소에 대한 탄소의 비율이 증가하게 되는데, 이산화탄소가 증가한 환경에서 자란 식물에 대한 장기적인 연구가 이러한 예측을 증명하게 될 것이다.

식물영양에 미치는 이산화탄소 농도의 영향을 알아보는 최선의 방법은 이산화탄소 수준을 정확하게 조절해 주면서 식물을 기르는 것이다. 식물 생장실의 화분에 심은 식물을 이용한 실험도 하나의 접근 방식이지만, FACE(Free Air CO_2 Enrichment) 연구로 불리는 이산화탄소가 풍부한 자연지역에서 더 많은 정보를 얻을 수 있다. 그 실례로 **그림 22.16**에서 보는 것처럼 듀크의 실험용 숲에는 중심 쪽으로 이산화탄소를 방출하는 탑들이 원형으로 배치되어 있다. 이 원형의 직경은 30 m이며 생태계 수준에서 연구를 가능하게 해줄 수 있는데, 이런 시설로 생태계에서 변화된 대기 조건의 효과에 대한 장기 연구가 가능하다.

여러 연구들로부터 복합적인 결과가 얻어지고 있는데, 유럽의 시설에서 자란 감자는 이산화탄소의 농도가 2배가 되었을 때 광합성 효율이 40%나 높아진 것으로 보고되었다. 화분에서 자란 식물은 종종 초기에 광합성률의 증가를 보이다가 루비스코 생성의 감소로 인해 장기적으로는 광합성률의 감소를 보인다. 듀크의 실험용 숲에서 3년 이상 관찰한 결과 플로리다의 오크 관목은 이산화탄소의 증가에 대한 다른 반응을 보였는데, 토양이 생장의 증가를 지원할 만큼의 충분한 질소를 가지고 있으면 식물은 이산화탄소가 많을 때 생체량이 증가하는 것으로 나타났다. C_3 식물은 C_4 식물에 비해 생체량이 더 많이 증가하고 질소를 고정하는 콩과식물(특히 대두)은 토양의 질소에 의존하는 식물보다 더 많은 생체량의 증가를 보였다. 일반적으로 이산화탄소가 증가하면 생체량은 증가하지만 탄소-질소 비율도 증가한다.

단백질-탄수화물 비율

앞에서 질소의 가용성이 식물 생장을 제한한다는 것을 살펴보았다. 이산화탄소의 양이 증가하면 잎에서 질소와 다른 다량영양소는 상대적으로 적은 양으로 나타난다. 이런 상황에서 초식동물들은 적절한 영양분, 특히 단백질을 얻기 위해 더 많이 먹어야 한다. 이산화탄소가 증가하는 상황은 농업에서 중요한 문제일 수 있고, 인류의 건강에 영향을 줄 수 있다. 초식동물이 더 많은 먹이를 섭취한다면, 곤충이 많아지는 것은 인간에게 심각한 손해를 야기할 수 있다. 작물에서 질소가 감소하면 인류의 식단에서 단백질 결핍이 발생할 수도 있다.

일부 식물에서는 상대적인 질소의 감소가 이산화탄소 고정의 증가로 예상되는 감소량보다 훨씬 더 크게 나타나는데, 단백질로 만들어지는 질소의 추가적인 감소는 질산염을 1차적인 질소원으로 이용하는 식물에서 광호흡의 감소에 의한 것이다. 질소원으로 암모니아를 이용하는 식물에서는 이러한 감소가 나타나지 않는다. 일부 식물에서 에너지를 낭비하는 광호흡은 질소를 단백질로 전환시키기 위해 실제로 필요할 수도 있다.

이러한 예는 탄소와 질소의 수준을 조절하는 생화학적 경로들이 얼마나 상호의존적인지를 보여준다. 지구의 변화가 생태계 수준의 문제이기는 하지만, 장기적인 효과를 예상하기 위해서는 식물영양의 생리학적 복잡성을 이해하는 것이 필요하다.

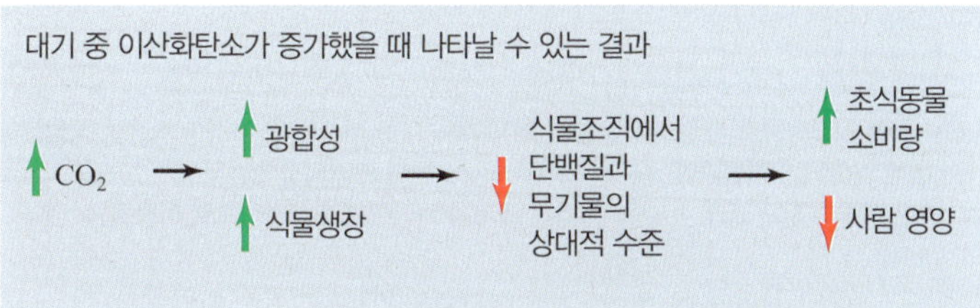

기온 상승은 식물의 호흡과 탄소 수준에 영향을 미친다

하루에 광합성에 의해 만들어지는 탄수화물의 절반 정도는 같은 날 식물 호흡에 의해 소비된다. 앞서 알아본 바와 같이 호흡에 사용할 수 있는 탄수화물의 양은 대기 중 이산화탄소와 광합성의 영향을 받을 수 있다. 게다가 향후 100년 동안의 기온 상승은 다른 방식으로 호흡률에 영향을 줄 수 있으며, 호흡률이 변하면 전체적인 영양분 균형과 식물 생장에 영향을 줄 수 있다.

? **탐구문제** 왜 식물의 호흡은 기온 변화에 의해 영향을 받는가?

오래전부터 생물학자들은 다양한 식물 종에서 호흡률이 온도에 민감하다는 사실을 알았다. 왜 호흡률은 온도에 따라 변할까? 중요한 요인은 효소 활성에 미치는 온도의 효과(2장 참조)인데, 이 효과는 매우 낮은 온도와 단백질 변성을 야기하는 매우 높은 온도에서 특히 중요하다.

온도 변화에 따른 호흡률의 반응은 장기적이기보다는 단기적이다. 특히 온도 변화 이후에 발달한 잎과 뿌리에서 시간이 흐를수록 호흡률이 온도 상승에 순응한다는 연구 결과가 늘어나고 있다. 장기간에 걸쳐 상승한 온도에서 식물은 이전의 낮은 온도에서의 호흡률과 같은 정도로 호흡을 할 것이다.

핵심 요약 22.4

대기의 이산화탄소가 증가하면, 사용할 수 있는 토양 영양분이 변하지 않는 한 식물에서 광합성 속도와 질소에 대한 탄소의 비율은 증가할 것으로 기대된다. 식물에서 질소에 대한 탄소의 비율이 높아지면 초식동물은 단백질 요구를 충족시키기 위해 더 많이 먹어야 하고, 이는 인류의 건강에 영향을 줄 수 있다. 기온이 상승하면, 효소 활성이 증가하여 호흡률과 탄수화물 분해를 가속화시킨다.

- 질소에 대한 탄소의 비율은 식물과 초식동물(인간 포함)에 어떻게 영향을 줄까?
- 작물에서 질소에 대한 탄소의 비율을 낮게 유지하기 위해 어떤 전략이 유용할까?

22.5 식물환경정화

학습 목표

1. 식물환경정화의 개념을 서술할 수 있다.
2. 포플러 나무가 식물환경정화에 어떻게 사용되는지 설명할 수 있다.
3. 식물환경정화의 장점과 단점을 비교하여 설명할 수 있다.

일부 식물의 뿌리는 세포막에 분포하는 통로(channel)와 수송단백질(transporter)이 특이성을 지니지 않아 알루미늄과 같은 중금속이나 다른 독성물질을 받아들일 수 있다. 대부분의 경우 독성물질의 흡수는 식물에 치명적이거나 생장을 저해하지만, 일부 식물은 이러한 물질을 식물체 내에 격리하거나 대기 중으로 방출하는 능력을 지니는 방향으로 진화해 왔다. 이러한 식물들은 오염물질을 농축하거

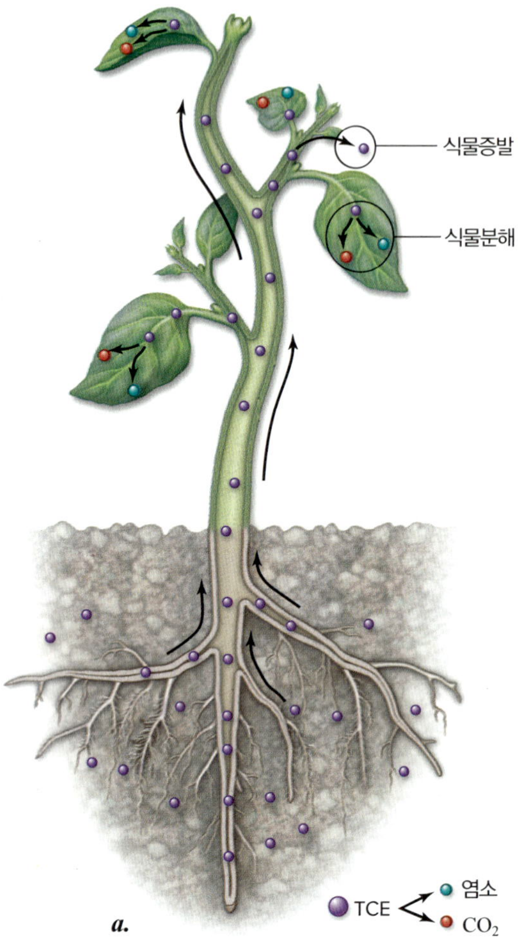

그림 22.17 식물환경정화.
식물은 토양으로부터 영양분과 독성물질을 흡수하는 데 동일한 기작을 사용한다. ***a.*** 식물은 TCE를 흡수하여 이산화탄소와 염소로 분해한 후 대기 중으로 방출한다. 이러한 과정을 **식물분해**(phytodegradation)라 한다. TCE의 일부는 물관을 타고 재빠르게 이동함으로써 기체의 형태로 기공을 통해 방출되는 **식물증발**(phytovolatilization) 전에 분해되지 않는다. ***b.*** 납과 같은 중금속을 포함한 다른 독성물질은 식물로 흡수되지만 분해되지 않는다. 이러한 **식물축적**(phytoaccumulation)은 독성물질을 쉽게 수확할 수 있는 줄기에 저장한다면 효과적으로 이용될 수 있다.

나 분해시켜주는 **식물환경정화**(phytoremediation)에 이용될 수 있다. 식물환경정화 과정에서는 살아 있는 생명체를 환경의 오염물질을 제거하거나 독성을 없애는 데 사용한다(**그림 22.17**).

식물환경정화는 해양과 토양 오염물질의 방제에 다양한 방법으로 적용할 수 있다. 어떤 식물은 뿌리에서 오염물질을 분해하는 물질을 분비할 수 있다. 그리고 종종 식물에 유해한 화학물질이 뿌리로 들어가 줄기로 전달되어 저장되기도 하는데, 이렇게 저장된 물질은 식물을 수확한 후 말려서 처리할 수 있어 유해물질의 제거에 이용될 수 있다.

예를 들어 우크라이나 체르노빌에서 원자로 참사 이후, 해바라기를 이용하여 호수에서 방사성 세슘(Cs)을 효과적으로 제거한 바 있다. 해바라기는 세슘을 흡수하여 저장할 수 있는데, 호수 표면에 띄워졌던 해바라기는 중량의 85%까지는 물이 차지하기 때문에 이를 회수하여 말리면 방사성 세슘과 같은 독극물을 좁은 지역으로 제한하여 처리할 수 있는 것이다.

이 절에서는 다양한 토양 식물환경정화의 예를 살펴볼 것이다.

포플러를 이용하여 TCE를 제거할 수 있다

TCE(trichloroethylene)는 얼룩 제거제, 엔진의 기름 제거제, 페인트와 화장품의 성분, 심지어 사람과 동물의 마취제로 널리 사용되는 휘발성 용매인데, 불행히도 TCE는 발암물질이며 만성적으로 TCE에 노출되면 간이 손상된다.

1980년 미국 환경보호국(Environmental Protection Agency, EPA)은 미국 내의 오염방지사업을 위한 대형 기금(Superfund)을 조성한 바 있는데, 슈퍼펀드가 적용된 오염지역의 40%가 TCE 오염을 포함하고 있었다. 그렇다면 전투기 청소를 위해 TCE를 사용하고 있던 캘리포니아주의 오렌지카운티(Orange County, California)에 있는 19 km^2에 달하는 해군 비행장의 토양은 어떻게 정화할 수 있을까? 휘발성의 TCE는 쓰레기 매립지에 모아둘 수는 있지만 제거할 수는 없다. 그렇다고 오염물질을 태우면 대기 중으로 해로운 물질들이 퍼져나갈 것이다. 그래서 토양의 TCE를 제거하기 위해 식물을 이용하는 방법이 제안되었다.

일부 식물은 토양으로부터 독극물을 흡수하여 식물체 내에 농축하여 저장할 수 있기는 하지만, 식물이 오염물질을 흡수하여 독성이 없는 물질로 분해할 수 있다면 더욱 효과적일 수 있다(**그림 22.18**). 포플러 나무가 토양으로부터 TCE를 흡수하여 이산화탄소와 염소로 분해함으로써 그러한 해결 방안을 제공하였다.

다른 식물들도 TCE를 분해할 수 있지만, 포플러는 식물이 크고 빠른 증산작용을 하는 장점을 지니고 있다. 5년생 포플러는 하루에 100~200 L의 물을 뿌리로부터 흡수하여 잎으로 이동시킬 수 있는데, 증산작용을 적게 하는 식물은 하루에 그 정도의 TCE를 제거할 수 없다.

포플러를 이용한 TCE 제거가 성공적인 해결책처럼 보이지만, 이 방법에도 일부 한계점이 있다. 포플러에서 모든 TCE가 분해되는 것은 아니며, 포플러의 빠른 증산작용 과정에서 일부 TCE는 잎을 통해 대기로 빠져나간다. 공기 중에서 TCE는 9시간의 반감기를 가지기 때문에 포플러를 모든 TCE로 오염된 지역에 심기 전에 더 많은 위험성 평가가 이루어져야 한다.

식물에 남아 있는 TCE는 빠르게 분해되며 나무는 정화가 끝난 후에 사용이 가능하며, 이 나무를 종이로 가공한다면 남아 있는 TCE를 모두 제거할 수 있다. 일반 포플러에 비해 4배 정도 많은 TCE를 분해할 수 있도록 유전적으로 변형된 포플러가 개발되기도 했다.

식물환경정화 계획에 의해 얼마나 많은 오염물질이 제거될 수 있는지 추산되어야 하지만, 그 효과를 예측하는 것은 쉽지 않다. 유전자 변형이 내포하고 있는 위험성과 오염물질에 의한 위험성을 비교하여 따져볼 필요가 있다.

식물을 이용하여 TNT를 제거할 수 있다

식물환경정화는 TCE와 같은 휘발성 화학물질뿐만 아니라 폭발성을 지닌 TNT(trinitrotoluene)나 중금속을 포함한 다른 환경 오염물질 제거에도 이용될 수 있다. 1980년대까지 수류탄이나 폭탄 제조에 널리 사용되어 온 TNT는 노란색 고체로 TNT 제조공장 주변에서 TNT 오염이 발견되었다.

일부 지역의 토양에서 폭발할 수 있을 만큼 많은 TNT가 발견되었기에, 이를 소각하여 제거할 수 없는 상황이 생겨났다. 또 다른 문제로는 TNT가 지하수로 침투할 수 있다는 것인데, TNT는 발암물질

그림 22.18 TCE의 식물환경정화.
미공군은 텍사스주의 포트워스에 있는 공군기지로 사용되던 장소에서 TCE를 제거하기 위해 식물환경정화 기술을 시험하고 있다.

이며 간질환과 관련이 있기 때문에, 이는 우려해야 하는 문제이다.

TNT는 토양의 표층 가까이 있어 빨리 씻겨나가는 경향이 있는데, 강낭콩(*Phaseolus vulgaris*), 포플러, 이삭물수세미(*Myriophyllum spicatum*)는 소량의 TNT를 흡수하여 분해할 수 있지만, 고농도의 TNT는 이들 식물에게 유독하게 작용하기 때문에 문제가 되고 있다.

식물을 이용하여 중금속 제거 비용을 절감할 수 있다

비소, 카드뮴, 납을 포함한 **중금속**(heavy metals)은 토양에 계속 남아 있어 적은 양도 동물에게 유독하다. 많은 식물들도 중금속의 독성에 민감하지만, 탄광 근처에 서식하는 식물 종들은 일부 중금속을 식물 내에 격리하여 저장하는 방향으로 진화되었다(**그림 22.17***b*).

현재까지 400여 종의 식물들이 토양으로부터 독성 금속을 받아들여 축적할 수 있음이 밝혀졌다. 그 실례로 브로콜리와 겨자의 합성종인 갓(*Brassica juncea*)은 줄기에 많은 양의 납을 효과적으로 축적할 수 있으나, 식물체가 작고 천천히 자라기 때문에 흡수한 납이 포화되어 버린다는 단점이 있다.

납이나 카드뮴은 어떻게 토양으로부터 식물의 잎으로 이동하는 것일까? 뿌리세포의 세포막에는 토양으로부터 물관으로 금속을 탑재하는 금속 수송단백질이 분포하고 있다. 앞에서 언급한 바와 같이 구연산(citrate)은 물관에서 금속 수송단백질의 효율을 증가시킬 수 있으며, 식물체 내로 들어온 금속들은 잎에서 액포 안으로 격리된다. 잎의 표피세포가 변형된 세포모(trichome)는 납과 카드뮴을 격리할 수 있다.

이러한 식물들의 중금속 축적은 토양 오염의 제거에 유용하지만, 동물들이 오염지로 이동하여 납이나 카드뮴이 축적된 식물을 뜯어먹

을 수 있으므로 금속으로 오염된 토양에 대한 완전한 해결책이 될 수 없다. 중금속을 축적한 건조 식물을 수확하여 중금속을 제거하는 것은 쉬운 일이 아니지만, 여전히 식물환경정화의 유망한 기술로 대두되고 있다. 식물환경정화 기술을 이용할 경우 드는 비용은 오염된 토양을 파내어 다른 곳에 버리는 정화법보다 50~80% 정도 낮은 것으로 알려져 있다.

식물환경정화는 1998년 스페인 아즈날콜라르(Aznalcóllar) 탄광 사고로 인한 오염에 대한 해결책이 될 수 있다. 탄광에서 나온 비소, 카드뮴, 납과 아연을 포함한 슬러지를 보관하던 댐이 무너져 500만 m^3의 슬러지(침전물, sludge)가 43 km^2의 땅으로 유출되었다(**그림 22.19**). 대부분의 슬러지는 수거하여 노천 탄광에 버려졌다. 식물환경정화법으로 남아 있는 오염된 토양을 정화하고 있다.

슬러지 유출 이후로, 일부 금속을 과축적하는 능력을 가진 3종의 식물을 해당 지역에서 재배하고 있다. 이들 식물은 상당히 크고 많은 양의 금속을 축적할 수 있다. 토착종을 이용하면 토양정화를 위해 외래종을 도입함으로써 발생되는 문제를 줄일 수 있다.

a.

b.

c.

그림 22.19 아즈날콜라르 탄광사고.
a. 탄광 슬러지를 보관하던 인공 호수의 제방이 무너져 중금속을 포함한 500만 m^3의 슬러지가 주변 국립공원과 강으로 유출되었다. *b.* 많은 양의 슬러지는 기계적으로 제거되었다. *c.* 식물환경정화는 남아 있는 중금속을 제거하기 위한 좋은 해결책으로 여겨진다.

핵심 요약 22.5

식물환경정화는 식물을 사용하여 오염물질을 식물 내에 농축하거나 분해한다. 포플러는 토양에 오염된 TCE를 흡수하여 독성이 없는 부산물로 분해할 수 있다. 오염된 토양을 제거하는 다른 방법들과 비교할 때 식물환경정화는 비용이 덜 든다. 식물환경정화의 불리한 점은 식물이 많은 양의 독성화합물을 흡수한 지역에서 동물이 그 식물을 먹는다면 해를 입을 수 있다는 것이다.

- 어린 포플러 유묘를 TCE가 오염된 지역에 심어왔다. 잠재적인 안전상의 우려와 유해한 영향을 최소화할 수 있는 전략을 알아보자.

핵심 개념 요약

22.1 토양: 식물이 의존하는 기질

■ 토양은 무기물, 유기물, 물, 공기 그리고 생물체로 구성된다

표토는 무기물 입자, 살아 있는 생명체, 부분적으로 분해된 유기물인 부식토의 혼합물이다. 토양에서 미생물은 영양분 재순환을 위해서 중요하다.

■ 토양의 특성에 따라 물과 무기물의 가용성이 다르다

무기물과 유기 토양 입자는 전형적으로 음전하를 띠어서 양전하 이온을 뿌리로부터 끌어낸다. 따라서 양전하 이온은 뿌리로 능동수송에 의해 이동한다. 뿌리에서 양성자 이온펌프는 H^+를 내보내 무기물 이온을 뿌리로 당길 수 있는 전기화학적 기울기를 만든다.

대략적으로 토양 부피의 반은 공기와 물로 채워진 구멍으로 되어 있다. 토양에 붙어 있는 물은 구멍을 통해 빠져나가거나 구멍에 잡혀 있어 뿌리가 흡수할 수 있다.

■ 경작으로 인해 토양이 감소되고 영양분이 고갈된다

토양 침식을 통한 표토의 소실은 물을 잡고 있는 능력과 영양분 가용성을 감소시킨다. 토양 침식을 감소시키기 위해 간작, 보전 경작, 무경간 농법 등의 경작 방식이 개발되어 왔다.

비료, 살충제, 제초제의 과다한 사용은 토양 오염을 일으킨다.

■ 토양의 pH와 염도는 토양의 물과 무기물 가용성에 영향을 미친다

산성 토양에서는 알루미늄과 같은 무기물이 식물에 독성을 보이는 수준으로 방출된다.

염분성 토양은 수분퍼텐셜을 변화시켜 식물에서 물과 팽압의 소실을 유발한다. 염분성 토양은 관개를 하는 지역에서 일반적이다.

22.2 식물영양

■ 식물은 9종의 다량영양소와 7종의 미량영양소를 필요로 한다

식물이 필요로 하는 9종의 다량영양소는 탄소, 산소, 수소, 질소, 포타슘, 칼슘, 마그네슘, 인, 황이다. 7종의 미량영양소는 염소, 철, 망간, 아연, 붕소, 구리, 몰리브덴이다.

■ 작물의 생산량과 영양분은 식량안보에 영향을 미친다

식량 작물에서 영양분 수준을 높이기 위한 식물 교배 노력의 목적은 건강상의 이점을 제공하고 식량안보를 개선하는 것이다.

22.3 특수 영양 전략

■ 어떤 박테리아는 식물의 뿌리에 질소를 공급해 준다

콩과식물과 같은 일부 식물은 단백질 합성을 위해 필요한 질소를 얻기 위해 질소고정 박테리아와 공생관계를 가진다. 그 대신 식물은 박테리아에게 탄수화물을 공급한다.

■ 균근 곰팡이는 육상식물의 영양분 흡수를 도와준다

90% 이상의 식물이 균근 곰팡이와 공생하여 살아간다. 균근 곰팡이는 뿌리계의 표면적을 증가시켜 인과 미량영양소의 흡수를 촉진한다.

■ 식충식물은 동물로부터 영양분을 얻는다(그림 22.11)

산성 환경과 질소가 빈약한 환경에서 사는 식물은 곤충과 같은 작은 동물을 잡아서 소화함으로써 무기물 영양분을 얻는다.

■ 기생식물은 다른 식물의 자원을 착취한다

일부 기생식물은 엽록소를 생성하지만, 다른 기생식물은 생성하지 않는다. 기생식물은 숙주식물로부터 탄수화물을 포함한 영양분을 얻는다.

22.4 탄소-질소 균형과 지구의 변화

■ 대기 중 이산화탄소의 증가는 식물의 광합성과 탄소 수준을 변화시킨다

이산화탄소 농도가 증가하면 광합성 속도는 증가하고, 결과적으로 생체량이 증가한다. 하지만 생성되는 식물 조직은 더 많은 탄수화물과 더 적은 단백질을 가지는 쪽으로 변하면서 질소에 비해 상대적으로 높은 탄소를 가지게 된다.

식물의 영양적 가치가 감소하면, 동물은 동일한 양의 영양분을 얻기 위해 더 많은 식물을 먹게 된다. 그 결과 더 많은 식물이 초식동물에 의해 소비된다.

■ 기온 상승은 식물의 호흡과 탄소 수준에 영향을 미친다

대기의 온도가 높아지면 효소의 반응 속도는 증가하며, 호흡도 증가한다. 호흡 과정에서 탄수화물이 분해되기 때문에, 높은 온도는 식물 영양분 균형을 추가적으로 변화시킬 수 있다.

22.5 식물환경정화

식물환경정화는 토양이나 물에서 독성 오염물질을 제거하기 위해 식물을 사용한다(**그림 22.17**).

■ 포플러를 이용하여 TCE를 제거할 수 있다

토양에서 TCE를 제거하고, TCE를 비독성인 이산화탄소와 염소 화합물로 전환시키기 위해 포플러가 사용되어 왔다.

■ 식물을 이용하여 TNT를 제거할 수 있다

일부 식물은 토양에서 낮은 수준의 TNT를 흡수하여 분해할 수 있다. 하지만 높은 수준의 TNT는 식물에게도 유독하다.

■ 식물을 이용하여 중금속 제거 비용을 절감할 수 있다

식물은 높은 수준의 오염물질을 지상부에 축적하고 저장할 수 있으며, 이들 식물을 수확하여 제거할 수 있다. 하지만 동물이 이 식물을 먹는다면, 동물은 고농도의 독성 화합물에 노출될 수 있다.

식물환경정화는 오염된 토양을 제거하는 것보다 비용이 적게 든다.

연습문제

1단계: 이해력 확인하기

1. 다음 중 표토에서 발견되지 않는 것은 무엇인가?
   a. 부식토　b. 기반암
   c. 박테리아　d. 공기
2. 무기물 토양 입자는 일반적으로 어떠한 전기적 성질을 띠고 있는가?
   a. 음으로 하전되어 있다.
   b. 양으로 하전되어 있다
   c. 전하를 띠지 않는다.
3. 토양 부피를 차지하는 공기와 물의 양은 얼마인가?
   a. 10%　b. 25%
   c. 50%　d. 75%
   e. 90%
4. 다음 중 미량영양소는 무엇인가?
   a. 질소　b. 칼슘
   c. 인　d. 철
5. 콩과식물 뿌리의 뿌리혹이 가지고 있는 것은 무엇인가?
   a. 박테리아　b. 곰팡이
   c. 조류　d. 식물세포
6. 광호흡은 어떤 상황에서 일어나는가?
   a. 포도당이 이산화탄소와 결합할 때
   b. 루비스코가 산소와 결합할 때
   c. RuBP가 당으로 바뀔 때
   d. 태양이 당을 분해할 수 있는 에너지를 공급할 때
7. C_4 식물에서 캘빈회로가 일어나는 곳은 어디인가?
   a. 표피세포　b. 관다발조직
   c. 관다발초세포　d. 엽육세포
8. 포플러로 토양의 TCE를 제거할 때 발생할 수 있는 문제점은 무엇인가?
   a. 일부 TCE는 증산작용을 통해 대기 중으로 방출된다.
   b. 포플러 나무는 천천히 자란다.
   c. 대부분의 TCE는 제거되기 전에 토양에서 씻겨나간다.
   d. TCE는 엽록소 생성을 저해한다.

2단계: 적용력 평가하기

1. 식물에게 필요한 영양분을 결정하는 실험에서 배양액에 붕소가 없으면 식물이 죽어버리지만 5 ppm 정도 있으면 잘 사는 것이 관찰되었다. 이것은 붕소가 무엇임을 의미하는가?
   a. 필수 다량영양소　b. 비필수 미량영양소
   c. 필수 미량영양소　d. 비필수 다량영양소
2. 다양한 농도의 다량영양소가 식물 생장에 미치는 영향을 결정하는 실험에서 다음 다량영양소 중 가장 조절하기 어려운 것은 무엇인가?
   a. 탄소　b. 질소
   c. 포타슘　d. 인
3. 다음 중 콩의 질소 가용성을 감소시킬 수 있는 것은 무엇인가?
   a. 식물이 플라보노이드를 만들 수 없을 때
   b. 뿌리혹 인자가 형성되었을 때
   c. 토양에 산소가 존재할 때
   d. 뿌리혹헤모글로빈이 만들어졌을 때
4. 식물의 영양분 흡수를 증가시키기 위해 다음 중 어떤 방법이 가장 효과적인가?
   a. 영양분의 용해도를 감소시킨다.
   b. 양이온 형태의 영양분을 만든다.
   c. 토양을 자주 갈아준다.
   d. 뿌리세포의 세포막 수송단백질의 밀도가 증가한 유전자 변형 식물을 심는다.
5. 감자에 들어 있는 무기물의 농도가 아래와 같을 때, 감자 1톤을 먹는다면 다음의 무기물을 얼마나 섭취할 수 있는지 계산하시오.
   a. 4~30 ppm의 구리
   b. 15~100 ppm의 아연
   c. 0.5~6%의 포타슘
   d. 25~300 ppm의 철

3단계: 사고력 함양하기

1. 일반적인 경작 방식에서는 해로운 곰팡이를 죽이기 위해 토양을 훈증한다. 그러나 훈증제는 선택적이지 못해 토양에 있는 대부분의 미생물을 죽일 수 있다. 훈증법이 토양에 미치는 단기적인 영향과 장기적인 영향은 무엇인가?
2. 토마토 유묘(seedling)의 정상적인 생장에 필요한 붕소의 양을 결정하는 실험방법에 대하여 설명하시오.
3. 온실에서 물과 영양분을 뿌리에 지속적으로 공급하는 수경재배를 통해 상추를 생산하는 사업을 준비 중이다. 온실에 사용할 장비를 디자인할 때, 공기와 물에서 어떤 요인을 모니터하고 조절할 필요가 있는가? 그 이유는 무엇인가?

23

식물의 감각 체계

도입

모든 생물은 환경을 인식하고 상호작용한다. 식물의 생존과 생장은 물, 바람, 빛과 같은 비생물적 요인들로부터 크게 영향을 받는다. 이는 식물의 생장에 영향을 미치는 특정 환경에서 종 내에서 일어나는 성체 변이의 많은 부분을 설명할 수 있다. 이번 장에서는 식물이 어떻게 이런 환경 요인들을 인식하고, 이런 신호에 대해 적절히 반응하여 최적의 생리적 생장 또는 발생 반응을 유도하는지에 대해 알아본다. 이들 반응은 눈으로 관찰할 수 있다 하더라도 반응 기작은 세포 수준에서 일어난다. 신호는 수용체 분자의 구조적 변화를 일으켜 이후의 신호분자들과 상호작용할 수 있도록 한다. 호르몬은 환경 반응에 대한 내부 신호에서 중요한 역할을 하며, 환경 변화에 대해 여러 호르몬이 반응한다.

23.1 빛에 대한 반응

학습 목표

1. 피토크롬과 엽록소를 비교할 수 있다.
2. 피토크롬에 의한 생장 반응들을 열거할 수 있다.
3. 굴광성을 정의할 수 있다.

6장에서 식물이 빛에너지를 화학적 결합 에너지로 전환하는 과정인 광합성(photosynthesis)에 대하여 자세하게 살펴보았다. 빛에너지를 흡수할 수 있는 분자인 색소 중에서 엽록소(chlorophyll)가 광합성의 주요 색소이다. 식물들은 다른 색소들도 함유하고 있는데, 이런 색소들의 기능 중 하나는 빛을 감지하고 정보를 전달해줌으로써 빛에 대한 식물의 반응을 매개하는 것이다.

빛을 포함한 여러 환경 요인들이 식물에서 개화 및 중요한 발생을 시작하게 한다. **광형태형성**(photomorphogenesis)은 빛에 의해 촉발되는 방향성이 없는 발생으로, 꽃의 형성과 같이 복잡한 형태 변화를 초래한다.

그에 비해 굴광성(phototropism)은 빛에 대한 방향성이 있는 생장 반응이다. 이 2가지 작용은 식물이 불리한 환경 조건에서 유리한 환경 조건으로 이동할 수 없는 것에 대한 보상 작용이다.

P_{fr}는 광반응 유전자의 발현을 촉진한다

색소를 함유하고 있는 단백질인 **피토크롬**(phytochrome, P)은 모든 식물과 일부 녹조류에 존재하지만 원생생물, 세균, 균류에는 없다. 피토크롬 시스템은 녹조류에서 유래한 것으로 보이며, 식물의 공통 조상에도 존재한 것으로 보인다.

피토크롬 분자는 2개의 상호 전환 가능한 형태로 존재한다. 첫 번째 형태인 $\mathbf{P_r}$은 660 nm의 파장의 적색광(red light)을 흡수하고, 두 번째 형태인 $\mathbf{P_{fr}}$은 730 nm의 근적외선(far-red light)을 흡수한다. 햇빛은 근적외선보다 적색광이 더 많다. P_r은 생물학적으로 비활성인데 적색 광자가 존재할 때 활성 형태인 P_{fr}로 전환된다. 근적외선 광자가 존재할 경우 P_{fr}은 다시 P_r로 변환된다. 즉, P_{fr}이 존재할 때 피토크롬의 영향을 받는 생물학적 반응이 일어난다. 대부분의 P_{fr}이 P_r로 대체되면 반응은 일어날 수 없다(**그림 23.1**).

P_{fr}의 양은 또한 분해를 통해 조절된다. 유비퀴틴(ubiquitin)은 단백질을 분해하는 큰 복합체인 **프로테아좀**(단백질분해효소복합체, proteasome)으로 운반하기 위해 P_{fr}을 표지하는 단백질이다(14장 참조). 프로테아좀은 중앙에 채널을 가지고 있어 단백질이 통과할 때 아미노산으로 분해되고 이는 다른 단백질을 만들 때 사용된다(14장 참조). P_{fr}을 표지하고 재순환시키는 과정은 세포에서 피토크롬 양을 유지하기 위하여 정교하게 조절된다.

피토크롬은 크기가 작고 빛에 민감한 **색소포**(chromophore)와 이보다 더 큰 **아포단백질**(apoprotein)의 2부분으로 구성되어 있다. 아포단백질은 빛에 반응하는 유전자의 발현을 촉진한다(**그림 23.2**). 애기장대(*Arabidopsis*) 게놈의 7%에 이르는 2500개 이상의 유전자가 피토크롬 중 하나가 적색광에 반응하여 입체 구조 변화가 일어나면서 시작되는 생물학적 반응에 관여한다. 피토크롬은 유전자 발현으로 이어지는 수많은 신호전달경로에도 관여한다. 일부 경로는 단백질 카이네이스(protein kinase)나 G 단백질을 포함한다(7장 참조).

피토크롬은 세포질에서 발견되나 빛에 반응하는 유전자를 전사하기 위해 핵으로 들어간다. P_r은 P_{fr} 형태로 전환되어 핵에 들어갈 수 있으며, 핵에서 이 P_{fr}이 다른 단백질과 결합하여 전사 복합체를 형성한 후 빛에 의해 조절되는 유전자가 발현되도록 한다(**그림 23.3**). 피토크롬의 단백질 결합 부위(**그림 23.2**)는 전사인자와 상호작용을 위해서 필수적인 부위이다.

피토크롬은 단백질 카이네이스 신호경로에도 관여한다. 피토크롬이 P_{fr}로 전환될 때, 아포단백질의 단백질 카이네이스 영역은 N-말단에서 세린을 인산화하며(자기인산화), 빛 신호과정 내의 다른 단백질이 세린을 인산화하기도 한다(**그림 23.4**). 인산화는 연속적인 신호반응을 시작하며 전사인자를 활성화시켜 빛에 의해 조절되는 유전자의 전사가 일어난다.

피토크롬은 여러 신호전달경로에도 관여하지만 애기장대의 경우처럼 7%나 되는 게놈 유전자 발현에 직접 관여하지는 않는다. 오히려 피토크롬은 광형태형성과 굴광성을 유도할 수 있는, 복잡한 형태의 상호작용을 조절하는 핵심 조절 유전자의 발현을 개시하도록 한다. 이 과정에서 유전자 발현은 첫 단계일 뿐이며, 호르몬도 중요한 역할을 한다.

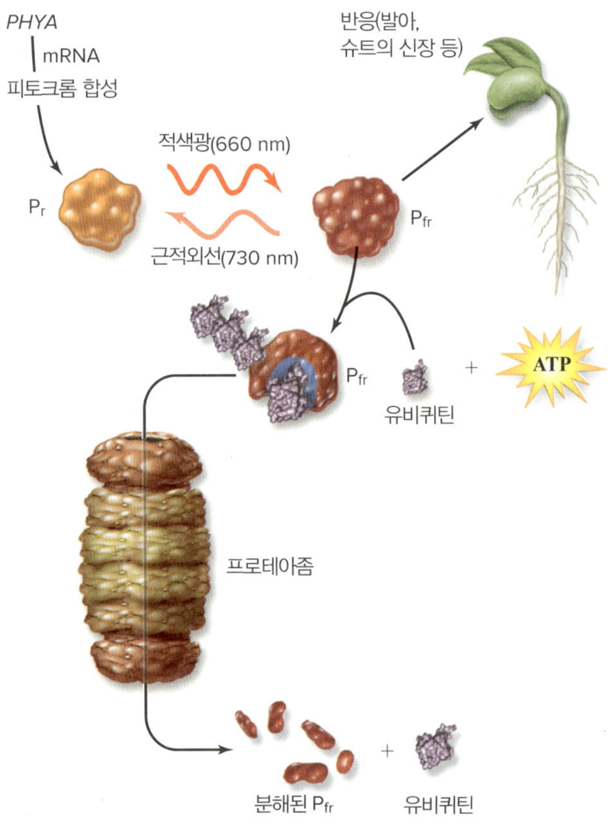

그림 23.1 피토크롬의 작용.
*PHYA*는 애기장대의 5개 피토크롬 유전자 중 하나이다. P_r이 적색광에 노출될 때 활성 형태인 P_{fr}로 전환되며, 근적외선에 노출될 때 P_{fr}은 P_r로 전환된다. P_{fr}의 양은 프로테아좀에서 단백질의 분해로 조절되는데, 이때 유비퀴틴 단백질이 관여한다.

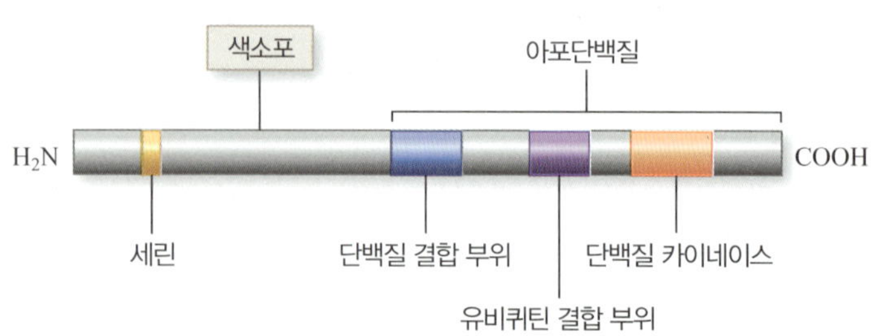

그림 23.2 피토크롬.
피토크롬 분자는 각각 역할이 다르다. 색소포가 적색광과 근적외선의 상대적 양에 따라 반응할 때 피토크롬의 입체적 구조 변화가 일어난다. 이런 구조 변화는 피토크롬이 신호전달 과정에 관여하는 다른 단백질과 결합하는 것에 영향을 준다. 유비퀴틴 결합부위는 분해를 위해, 단백질 카이네이스 부위는 인산화를 통한 또 다른 신호전달을 위해 필요하다.

그림 23.3 핵으로 들어간 P_{fr}에 의한 유전자 발현 조절.

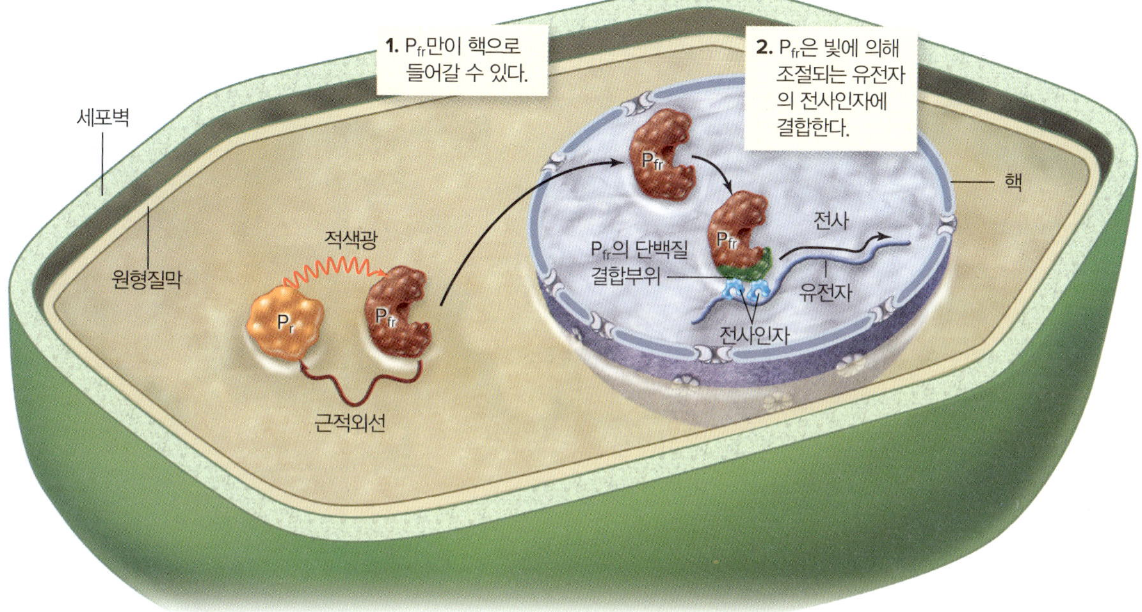

> **?** **탐구문제** 피토크롬의 단백질 카이네이스 영역에 돌연변이가 있는 식물의 종자가 발견되었다. 이 종자가 발아할 때 적색광 매개 반응이 나타날 것으로 기대할 수 있겠는가? 설명하시오.

피토크롬은 하나의 분자로 알려져 있으나 기능이 다른 여러 개가 확인되었다. 애기장대에서는 PHYA에서 PHYE까지의 5가지 유형이 규명되었으며, 각각은 빛에 의한 생장과 발생의 조절에서 서로 중복되긴 하지만 뚜렷한 역할을 한다.

피토크롬과 엽록소는 여러 형태를 가지며 적색광을 흡수할 수 있는 색소이다. 두 색소는 매우 특이적이고 좁은 범위의 빛을 흡수한다. 중요한 차이점은 색소가 빛을 정보원으로 사용하는지 아니면 에너지원으로 사용하는지 여부이다. 6장에서 엽록소가 에너지를 전환하는 데 사용되는 전자전달연쇄(electron transport chain)의 첫 번째 단계라는 것을 배웠다. 그러나 피토크롬은 유전자 발현과 궁극적으로 발생학적 변화를 초래하는 신호전달경로에서 적색광과 근적외선의 상대적인 양에 대한 정보를 전달하는 첫 번째 단계이다(**그림 23.4**). 피토크롬은 정보를 전환하고 엽록소는 에너지를 전환한다.

그림 23.4 직간접적으로 빛에 의해 조절되는 유전자 발현을 유도하는 P_{fr} 카이네이스 도메인에 의한 P_{fr} 인산화. 이 예에서 신호가 단백질 복합체로부터 전사인자의 방출을 유도한다.

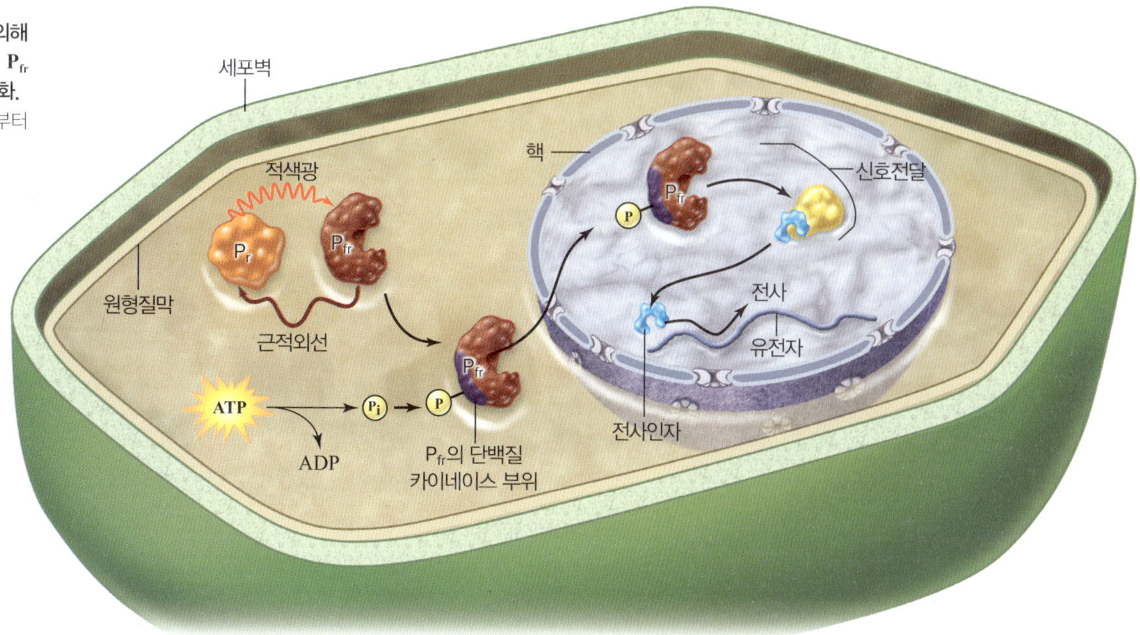

식물의 생장 반응은 피토크롬의 활동과 연관되어 있다

피토크롬은 종자 발아, 슈트 생장 및 주변 식물에 의한 밀집 감지 등을 포함하는 식물 생장 반응에 관여한다.

종자 발아

종자 발아는 많은 식물에서 근적외선에 의해 억제되고, 적색광에 의해 촉진된다. 엽록소가 적색광은 강하게 흡수하고 근적외선은 흡수하지 않기 때문에, 지붕 모양으로 우거진 녹색 잎을 통과하는 빛에는 소량의 적색광만이 포함된다. 근적외선은 P_{fr}을 생물학적으로 불활성 형태인 P_r로 전환함으로써 종자 발아를 억제하게 된다.

결과적으로 겨울에 잎이 떨어진 낙엽식물 아래에 있는 종자들은 잎이 분해된 후 봄에 발아가 더 잘되게 되는데, 이때 종자가 햇빛과 다량의 적색광에 직접 노출되기 때문이다. 이런 적응이 더 큰 나무의 잎이 어린 식물을 가리고 광합성에 필요한 빛을 감소시키기 전에 어린 식물이 생길 기회를 크게 향상시킨다.

자료 분석 햇빛은 근적외선에 대한 적색광의 비율이 1.2인 반면, 우거진 잎 아래의 빛은 0.13이다. 근적외선에 대한 적색광의 비율 차이가 어떻게 발생하고, 서로 다른 환경에서 식물 생장에 어떻게 영향을 미치는지 설명하시오.

그림 23.5 빛과 *det2* 유전자에 의해 조절되는 애기장대의 황백화 현상. *det2*는 암실에서 자라는 식물의 황백화에 필요하다.

슈트의 신장

황백화 현상(etiolation)은 어두운 조건에서 생장하기 시작하는 어린 식물의 슈트 신장반응이다. 이는 식물이 죽기 전에 빛에 도달하도록 돕는 에너지 보존 전략이다. 이러한 어린 식물은 적색광이 없기 때문에 연한 색을 띠고 가늘다. 어두운 조건에서는 에너지를 마디사이 신장에 사용하고, 빛을 받으면 잎을 녹색으로 변화시킨다. 이들은 적색광에 노출될 때 정상적인 형태를 띠며 P_{fr}의 양을 증가시킨다. 이 전략은 어린 식물이 땅속이나 나뭇잎 밑에서 싹이 나올 때 유리하다.

탈황백화(de-etiolated, *det2*) 돌연변이 애기장대 식물은 황백화 반응을 거의 보이지 않고, 어두운 조건에서 어린 식물이 신장되지 않는다(**그림 23.5**). 이 *det2* 돌연변이체는 브라시노스테로이드(brassinosteroid) 호르몬 합성에 필요한 효소에 결함이 있다. 그래서 연구자들은 식물이 피토크롬을 통해 빛에 반응할 때 브라시노스테로이드가 중요한 역할을 할 것이라고 제안하였다(23.5절 참조).

식물 밀집 탐지

적색광과 근적외선은 식물의 생장 공간에 대한 신호도 보내는데, 잎에 의한 그늘은 적색광에 대한 근적외선의 양을 증가시킨다. 식물은 어떻게든 이웃 식물로부터 반사되어 오는 근적외선 양을 감지하게 된다. 식물들은 더 가까이 모여 있을 때 적색광보다 근적외선을 더 많이 감지하여 더 빨리 키가 클 수도 있는데, 이런 전략은 햇빛에 대한 경쟁에서 우위를 점하게 해준다. 그러나 줄기 둘레에 햇빛 차단 가리개를 두르면 줄기 신장이 더 이상 일어나지 않는다.

빛은 방향성 생장에 영향을 준다

굴광성(phototropism)은 슈트가 빛을 향해 자라게 함으로써 한 종 내에서도 다양한 식물 형태를 만들게 한다. 굴성은 환경 신호와 세포의 감지, 생화학적 경로 전달 및 식물 생장과 관계를 연결하려는 시도이기 때문에 흥미롭다.

줄기의 양성 굴광성

굴광성 반응은 성장하는 식물의 줄기나 그 밖의 부위가 청색광(460 nm 범위)을 향해 휘어지는 현상을 말한다(**그림 23.6**). 줄기는 일반적으로 양성 굴광성으로 광원을 향해 자라며, 뿌리는 대부분 빛에 반응하지 않거나 아주 예외적인 경우에 약한 음성 굴광성 반응을 보인다.

줄기의 굴광성은 식물이 빛에 더 많이 노출되도록 해주는 유리한 적응으로 식물의 기관 발달에도 중요하며 결과적으로 식물의 외적 형

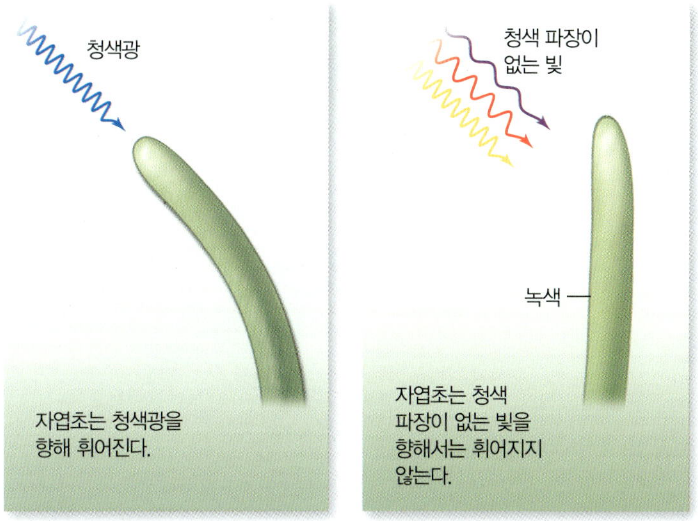

그림 23.6 굴광성.
청색광을 향해 자라는 귀리의 자엽초. 그림의 색은 자엽초에 비치는 빛의 색깔을 보여주며, 화살표는 빛의 방향을 보여준다.

태를 결정한다. 식물의 잎도 굴광성 반응을 보이는데 잎의 위치는 광합성 효율에 있어 중요하다. 다음 절에서 논의될 **옥신**(auxin)이라는 식물 호르몬은 전부는 아니라도 대부분의 굴광성 반응에 관여한다.

청색광 수용체

최근에 확인된 식물의 청색광 수용체에 대한 연구는 빛 신호가 어떻게 굴광성 반응과 연결되는지에 관한 흥미로운 발견들을 선도하고 있다. 청색광 수용체인 **포토트로핀 1**(phototropin 1; PHOT1)은 비굴광성 돌연변이체 분석을 통하여 확인되었다.

PHOT1 단백질은 2개의 빛 감지 영역을 가지며, 청색광에 반응하여 입체구조의 변화가 일어난다. 이러한 변화는 카이네이스 계통의 단백질을 활성화시킨다. PHOT1과 이와 유사한 PHOT2는 식물에서 독특한 수용체 카이네이스이다. PHOT1의 한 부분은 카이네이스로 자기인산화 반응을 한다(**그림 23.7**). PHOT1은 옥신 수송에 관여된 두 단백질에 영향을 미쳐 슈트에서 옥신의 흐름을 조절하는 것처럼 보인다. 이렇게 함으로써 PHOT1은 옥신의 분포를 조절하고 활발하게 신장하는 슈트의 부위를 변경시킬 수 있다. 슈트는 모든 부위가 아닌 한쪽 부위로만 신장하게 되면 휘어지는데, 이러한 휘어짐은 빛을 향해서이다.

일주기성 생체시계는 광독립적이지만 빛에 의해 변화된다

자연계에 짧거나 훨씬 더 긴 리듬이 존재하지만 **활동일주기**(circadian rhythm)는 진핵생물에서는 특히 일반적인 현상이다. 이것은 정확히 24시간은 아닐지라도 지구에서의 낮/밤 주기와 관련된다.

프랑스의 천문학자인 메랑(Jean de Mairan)이 1729년 처음으로 생체리듬을 발견하였다. 그는 밤이 되면 잎을 닫는 민감한 식물인 미모사(*Mimosa pudica*)를 완전 암 상태에 두었을 때도 마치 밤/낮에 노출되었을 때와 같이 "수면"과 "기상" 상태를 계속한다는 것을 발견하였다. 이것은 생체리듬의 4가지 특징 중 하나로, 활동일주기는 외부의 자극이 없이도 계속된다는 것이다. 생체리듬을 가진 식물은 이를 계속하기 위해서 실제로 밤/낮 주기를 경험할 필요가 없다는 것이다.

활동일주기는 대략 24시간 동안이며, 주기는 다시 설정되거나 바뀔 수 있다. 암 상태로 유지된 식물은 주기가 계속된다고 하더라도 점차 실제 밤/낮과는 멀어지는 탈동조화(desynchronized)가 일어난다. 이 주기는 자연환경에서 피토크롬과 청색광 수용체의 작용으로

그림 23.7 청색광 수용체.
청색광은 PHOT1의 빛 감지 영역을 자극하고, 이 영역이 PHOT1의 카이네이스 부위를 자극하여 자기인산화 반응을 일으킨다. 이것은 굴광성을 유도하는 신호전달경로의 첫 단계이다.

하루 주기로 바뀔 수 있다.

사람을 포함한 다른 진핵생물도 활동일주기를 가진다. 여러분도 비행기로 여러 국가를 가로질러 날아갈 때 시차(jet lag)로 인해 생체 리듬이 중단되는 경험한 적이 있을 것이다. 시차는 새로운 시간대에 적응하면 다시 회복된다.

활동일주기의 또 다른 특징은 "시계"가 온도 차이에도 불구하고 이를 상쇄할 수 있어 지속 시간이 변하지 않는다는 것이다. 대부분의 반응속도는 온도에 따라 변화가 심하기 때문에 생화학 반응의 측면에서 이런 특징은 독특한 것이다. 생체시계는 많은 생물에 존재하며, 여러 번에 걸쳐 독립적으로 진화되어 나온 것으로 보인다.

이번 장의 앞부분에서 논의된 잎 운동의 가역적인 활동일주기 변화는 전형적인 세포의 팽압(turgor pressure) 변화에 의해 일어난다(23.3절 참조)

핵심 요약 23.1

환경 신호에 따라 식물은 생장하고 발생한다. 적색광 수용체인 피토크롬은 정보를 전환하는 반면 엽록소는 에너지를 전환한다. 피토크롬은 종자발아, 슈트 신장 및 기타 생장패턴에 영향을 미친다. 굴광성은 빛에 대한 방향성 생장이며 청색광 수용체에 의해 조절된다. 활동일주기는 24시간 주기로 낮/밤 주기를 동반한다.

- 색소로써 피토크롬과 엽록소를 둘 다 가진 것에는 어떤 이점이 있을까?

23.2 중력에 대한 반응

학습 목표

1. 중력을 수용하는 세포의 구조를 설명할 수 있다.
2. 줄기와 뿌리가 어떻게 중력에 반응하여 휘어지는지에 대해 설명할 수 있다.

화분의 식물을 넘어진 채로 두면 슈트는 휘어져 위쪽을 향해 자라는데, 이는 들판에서 자라던 식물이 폭풍에 의해 넘어져도 마찬가지이다. 이것이 **굴중성**(gravitropism), 즉 지구 중력장에 대한 식물의 반응에 대한 일례이다(**그림 23.8**). 식물은 또한 빛에 반응하여 자라기 때문에 굴광성과 분리하여 굴중성을 연구하는 것이 중요하다.

그림 23.8 중력에 대한 식물의 반응.
이 식물은 수평으로 놓아 7일 동안 자라도록 하였는데, 슈트는 음성 굴중성 반응을 보였다.

식물은 중력장에 맞추어 자란다

굴중성 반응(gravitropic response)은 종자 발아 시에 일어나며 뿌리는 아래로, 슈트는 위로 자란다. 왜 슈트는 음성 굴중성 반응(중력 반대 방향으로의 생장)을, 뿌리는 양성 굴중성 반응을 보일까? 옥신은 굴중성 반응에서 중요한 역할을 하지만 중력 정보를 식물 전체를 통해 전달하는 유일한 방법이 아닐 수 있다.

우주 왕복선과 국제 우주 정거장의 무중력 환경에서 실험을 수행할 기회가 생긴 것이 이 분야의 연구를 촉진하였다. 굴중성 돌연변이체에 대한 분석도 또한 굴중성에 대한 우리의 이해를 증진시켰다. 연구자들은 굴중성 반응을 일으키는 4가지 일반적인 단계를 제안하였다.

1. 중력이 세포에 의해 감지된다.
2. 중력을 감지한 세포에서 기계적 신호가 생리적 신호로 전달된다.
3. 생리적 신호는 세포 내부와 외부의 다른 세포로 전달된다.
4. 뿌리나 슈트의 "위(up)"와 "아래(down)" 방향에 있는 세포에 영향을 미쳐 차등적인 세포 신장이 일어난다.

현재 중력 감지와 관련한 단계에 대해서 연구자들 사이에 이견이 있다. 슈트에서 중력은 관다발조직을 싸고 있는 내피세포에서 줄기의 길이 방향을 따라 감지되고(**그림 23.9***a*), 바깥쪽 외피 세포로 신호가 전달된다. 뿌리에서는 뿌리골무가 중력을 감지하며, 이 신호가 신장대에서 차등적인 세포 신장과 분열을 촉발한다(**그림 23.9***b*).

슈트와 뿌리에서 녹말을 함유한 색소체인 전분체(amyloplast)가 중력장 중심으로 가라앉고, 이것이 중력을 감지하는 것으로 보인다. 전분체는 세포골격인 액틴 필라멘트와 상호작용한다. 옥신은 전분체를 갖는 중력 감지 세포에서 생장이 일어나는 부위로 신호를 전달하는 역할을 한다. 그러나 전분체와 옥신의 관계는 완전히 규명되지 않았다.

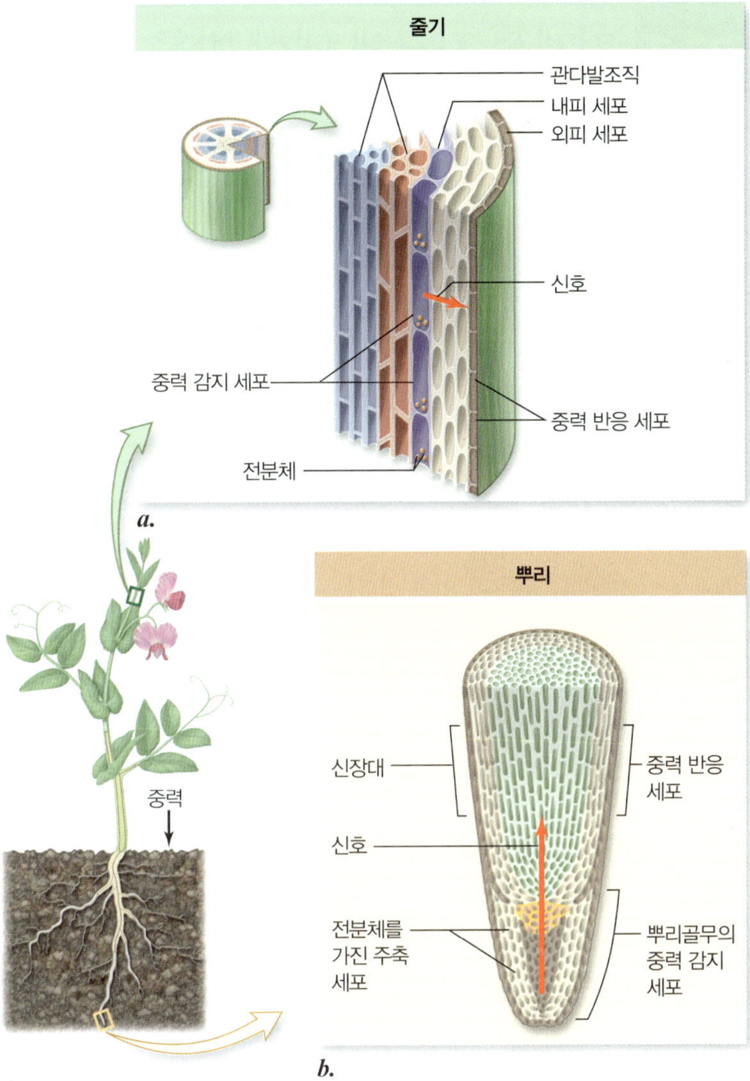

그림 23.9 뿌리와 슈트에서 중력 감지 부위와 반응 부위.

탐구문제 식물에서 가장 높은 농도의 옥신은 어디에서 찾을 수 있는가?

줄기는 중력 중심의 반대방향으로 자란다

줄기 하부에서는 옥신 농도의 증가로 상부보다 더 많은 세포의 생장이 유발된다. 이 결과로 중력의 힘에 대항하여, 다시 말해 **음성 굴중성 반응**(negative gravitropic response)으로 줄기가 위로 휘어지게 된다. 뿌리에서는 이러한 호르몬 농도 차이에 대한 관련 증거가 많지 않다. 그럼에도 불구하고 수평으로 놓여진 뿌리의 상부는 하부보다 더 빨리 성장하여 뿌리가 궁극적으로는 아래로 자라도록 하는데, 이를 **양성 굴중성 반응**(positive gravitropic response)이라 한다.

애기장대 돌연변이체인 *scarecrow*(*scr*)와 *short root*(*shr*)는 비정

그림 23.10 굴중성에 요구되는 줄기 내피층의 전분체.
a. 애기장대 *scr*, *shr* 돌연변이체들은 내피가 충분히 분화되지 않아 뿌리가 비정상적으로 발달한다. *b.* 내피의 결함은 줄기로 확장되어 야생형 줄기의 양성 굴중성 반응이 일어나지 못하게 된다.

상적 뿌리 표현형으로 처음 확인되었으나, 슈트의 굴중성과도 관련이 있다(**그림 23.10**). 이 유전자들은 정상적인 내피의 발생을 위해 필요하다(**그림 20.16** 참조). 완전한 기능을 갖춘 내피가 없으면 줄기의 정상적인 굴중성 반응이 결여된다. 이 내피 세포는 줄기에 전분체를 가지고 있으나, 돌연변이체의 줄기 내피는 중력을 감지하는 전분체를 만들지 못한다.

뿌리는 중력 중심 방향으로 자란다

뿌리의 중력 감지 세포들은 뿌리골무에 있으며, 실제 비대칭 생장을 하는 세포들은 뿌리골무와 가장 가까운 신장대 말단에 있다. 이 거리에서 정보가 어떻게 전달되는지는 흥미로운 질문이다. 옥신이 관여하는 것으로 보이나 옥신의 수송이 억제되어도 굴중성 반응이 신장대 말단에서 여전히 일어난다. 또 세포막의 극성에 관여하는 일종의 전기적 신호전달에 대한 가설도 있는데, 이것은 우주왕복선에서 실험한 바 있으나 아직 정확한 기작은 밝혀져 있지 않다.

뿌리골무와 신장대 사이가 비록 먼 거리 신호는 아니지만 옥신이 뿌리의 굴중성에 필수적인 역할을 한다는 사실이 옥신 돌연변이체에서 확인되었다. 옥신의 유입과 유출에 영향을 주는 돌연변이는 이 호르몬의 방향성 수송을 변경시킴으로써 굴중성 반응을 없앨 수 있다.

열대우림에서 어떤 식물의 뿌리는 정상적인 굴중성 반응을 보이는 대신 이웃 식물 줄기 위로 자란다. 이는 잎이 무성한 숲의 상부를 빗물이 통과하면서 나무 줄기를 타고 흘러내리는 동안 영양분을 녹이게 되는데, 이 물은 식물이 뿌리를 내린 열대우림 토양보다 더 영양분이 풍부하기 때문이다. 이러한 관찰을 현재의 가설로 설명하는 것은 어려운 일이다. 뿌리는 슈트보다 옥신에 더 민감하고, 실제로 옥신은 뿌리 하부의 생장을 억제하여 결과적으로 양성 굴중성 반응을 초래한다고 생각되기 때문이다. 아마도 이러한 열대식물에서는 뿌리의 옥신에 대한 민감도가 감소된 것으로 보인다.

핵심 요약 23.2

굴중성은 식물의 중력에 대한 반응이다. 슈트의 내피 세포와 뿌리의 뿌리골무 세포에서 전분체는 바닥에 가라앉아 식물이 중력의 방향을 감지할 수 있게 한다. 이에 따라 줄기의 아래쪽과 뿌리의 위쪽에 있는 세포가 다른 세포보다 빨리 생장하여 줄기는 위쪽으로, 뿌리는 아래쪽으로 생장한다.

■ 궤도를 도는 우주선과 같은 무중력 조건에서 자라는 식물의 형태는 어떻게 될까?

23.3 기계적 자극에 대한 반응

학습 목표

1. 접촉형태형성을 정의할 수 있다.
2. 굴촉성을 접촉 반응과 비교할 수 있다.
3. 민감한 식물의 잎 운동이 굴성의 예가 아닌 이유에 대해 설명할 수 있다.

식물이 접촉이나 기계적 자극에 반응하는 것은 식물 종과 자극에 따라 다르다. 식물은 어떤 경우에 기계적 스트레스에 반응하여 영구적으로 형태가 변화되는데, 이런 과정을 **접촉형태형성**(thigmomorphogenesis)이라고 부른다. 이런 변화는 이번 장 첫 사진처럼 항상 한 방향으로 바람이 부는 곳에서 자라는 나무에서 볼 수 있다. 미모사 잎을 접촉하면 아래로 처지는 것과 같이 반응이 가역적이면서 단기간에 일어나는 것도 있다. 이 반응은 굴성이 아니며 세포 내부의 수분 압력 변화에 의해 발생되는 팽압 때문에 일어나는 현상이다.

접촉은 비가역적 생장 반응을 일으킨다

굴촉성(thigmotropism)은 식물이 물체, 동물, 다른 식물 또는 바람 등과 접촉하여 반응하는 방향성 생장을 말한다. 접촉 반응은 생장 방향이 자극 방향과 관계없이 동일하다는 것을 제외하고는 굴촉성과 매우 유사하다.

키가 크고 가는 식물은 짧고 넓은 마디사이(절간, internode)를 가진 식물에 비하여 바람이나 폭풍이 불 때 부러지기 쉽다. 규칙적으로 부는 바람이나 식물 사이 마찰과 같은 환경 신호가 형태 변화를 유도하여 더 굵고 더 짧은 마디사이가 만들어지도록 한다. 어떤 경우에는 손가락으로 반복적으로 접촉해도 식물의 생장을 변화시킬 수 있다.

덩굴손(tendril)은 변형된 줄기로, 식물이 스스로 지지하는 데 사용한다(**그림 23.11**). 덩굴손이 물체와 접촉하면 특수한 표피세포가 이를 감지하고 불균등한 생장을 촉진하여 그 물체를 돌돌 감게 되는데, 어떤 경우에는 이 과정이 3~10분밖에 걸리지 않는다. 옥신과 에틸렌 호르몬이 이 덩굴손 운동과 관련이 있는 것으로 보이며, 접촉 없이도 이를 유도할 수 있다. 흥미롭게도 일부 종에서는 덩굴손이 자극 부위를 향해 감겨 있지만(굴촉성 생장), 다른 종에서는 물체와 접촉하는 덩굴손의 측면에 상관없이 덩굴손이 항상 시계 방향으로 감긴다. 으아리, 메꽃, 실새삼과 같은 식물에서는 잎자루나 변형되지 않은 줄기가 다른 줄기나 물체를 휘감는다.

가장 극적인 접촉반응은 파리지옥풀(Venus f1ytrap)에서 볼 수 있

그림 23.11 굴촉성.
덩굴식물은 굴촉성 반응으로 줄기가 물체와 접촉할 때 이것을 감게 된다.

다. 22장에서 설명한 것처럼 이 식물의 변형된 잎은 접촉 자극에 반응하여 닫히면서 곤충이나 다른 단백질원을 포획한다. 이 식물의 잎은 0.5초 이내에 닫힐 수 있고, 이 과정에는 확장된 표피세포나 엽육세포가 작용하게 된다. 잎의 모양이 볼록한 상태에서 오목한 상태로 바뀌는 형태이기 때문에 닫히는 속도가 빨라지게 된다.

이 반응에서 특히 놀라운 것은 바깥쪽 세포들이 생장한다는 것이다. 촉발 세포모(trigger hair)와 접촉하면 잎을 통하여 이동하는 전기 신호에 반응하여 세포벽이 부드러워지고, 세포 내부의 고압(팽압)이 부드러워진 세포벽을 밀어 세포를 확장시킨다. 이런 생장 기작은 다른 팽압운동과 구별되는데, 그 이유는 전기 신호로 인해 새로 유입된 물이 아닌 이미 세포 내부에 존재하는 물로 인한 것이기 때문이다.

파리지옥풀의 덫에 먹이가 잡히면 24시간 후에 내부의 세포 생장을 통하여 다시 열리게 된다. 이 생장 반응은 잎이 죽기 전에 4번 정도 촉발될 수 있는데, 이것은 덫을 만드는 데 많은 에너지가 필요하기 때문인 것으로 보인다.

애기장대가 식물의 접촉 반응을 연구하는 모델로 중요하게 이용되는데 접촉 후 10~30분 사이에 100배 이상 발현되는 유전자가 확인되었다. 이 유전자는 많은 식물의 생리적 과정에 관여하는 Ca^{2+}과 결합하는 칼모듈린 유사단백질을 생성한다. 환경신호에서 생장반응으로 이어지는 경로를 이해하는데 있어 분자유전학적 접근법의 중요성을 고려할 때, 접촉유전자는 식물의 접촉에 대한 반응을 이해하는 첫 단계의 의미를 갖는다.

접촉과 기타 자극에 의한 가역적 반응은 팽압에 의한 것이다

굴성과 달리 접촉에 의한 식물의 운동은 생장 반응이 아닌 특정 세포의 가역적 팽압 변화에 의해 일어난다. 21장에서 설명된 팽압은

그림 23.12 민감한 식물 미모사(신경초).
a. 미모사의 잎은 여러 개의 작은 잎으로 나뉘며, 각 작은 잎의 기저부는 엽침이라는 부풀어 오른 구조를 이루고 있다. ***b.*** 팽압의 변화로 작은 잎이 자극에 반응하여 접하게 된다. 잎이 접촉되면(가운데 두 잎) 이온이 엽침 바깥쪽 부위로 이동하여 삼투압이 유발되며, 안쪽의 팽압 감소로 잎이 접히게 된다.

물이 세포로 들어가면서 발생되는, 살아 있는 세포 내의 압력이다. 물이 이 팽창된 세포를 빠져나가면 세포가 찌그러지면서 식물 운동이 일어나며, 반대로 물이 다시 유입되어 세포가 팽창되면 운동이 또한 일어날 수 있다.

콩과식물(Fabaceae)을 포함한 많은 식물의 잎은 접촉이나 자극에 반응하는 운동성을 보인다. 자극 후 잎의 방향 변화는 잎의 기저부에 있는 양쪽으로 부풀어 오른 모양의 엽침(pulvinus)에서 빠른 팽압 변화와 연관이 있다. 미모사(*Mimosa pudica*)와 같이 엽침을 가진 잎이 바람, 열, 접촉 또는 강한 빛에 자극을 받으면 전기신호가 일어난다. 이 전기신호는 화학신호로 전환되는데, 이때 포타슘 이온은 한쪽 면의 엽침 세포에서 빠져나와 다른 쪽의 세포 사이 공간으로 이동하여, 엽침 한쪽 면의 삼투압을 빠르게 유발되도록 한다.

한쪽 면의 엽침에서 팽압이 상실되면 잎이 접힌다. 민감한 식물의 경우 접촉 후 1~2초 이내로 매우 빠르게 접힌다(**그림 23.12**). 잎이 접힌 지 15~30분이 지나면 물이 다시 세포로 들어와 잎이 원래 상태로 돌아간다.

어떤 팽압 운동은 빛에 의해 촉발된다. 예를 들어, 일부 식물의 잎은 태양을 따라가는데 잎새(leaflet blade)는 태양에 직각 방향으로 향한다. 그러나 어떻게 방향을 파악하는지는 거의 알려진 것이 없다. 이런 잎은 한 시간에 15° 정도로 매우 빠르게 움직일 수 있다. 이런 움직임이 광합성을 최대로 하게 해주며, 이는 태양을 추적하기 위해 고안된 태양 전지판과 유사하다(**그림 23.13**).

가장 잘 알려진 팽압에 의한 가역적 변화 중 일부는 낮에는 열리고 밤에 닫히는 또는 그 반대인 잎과 꽃에서 볼 수 있는 활동일주기이다. 예를 들면, 분꽃은 오후에 피고 달맞이꽃은 밤에 핀다. 앞서 설명했듯이 민감한 식물 잎도 또한 밤에 닫힌다. 콩잎은 낮에는 엽침이

그림 23.13 향일성.
해바라기는 매일 태양의 움직임을 따라 움직인다.

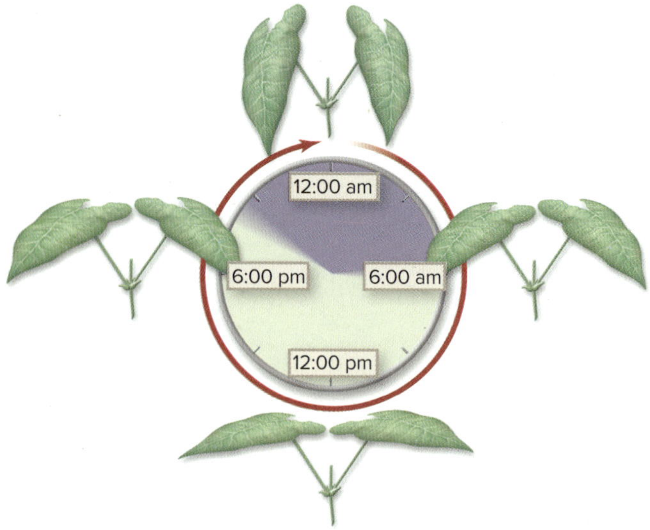

그림 23.14 콩잎의 수면 운동.
콩잎의 잎새는 낮에는 수평 방향으로, 밤에는 수직 방향으로 향한다.

팽창하여 수평을 유지하고, 밤에는 엽침이 팽압을 상실하여 아래로 처진다(**그림 23.14**). 이런 수면 운동은 밤에는 증산작용에 의한 수분 손실을 감소시켜 주고, 낮에는 잎 표면을 최대로 하여 광합성에 유리하게 해준다.

핵심 요약 23.3

접촉형태형성은 기계적 스트레스(바람 등의 물리적 접촉)에 대한 생장형태의 변화이다. 굴촉성은 방향성 생장이지만 접촉 반응은 방향성이 없다. 굴성은 비가역적 생장반응이지만 미모사처럼 접촉유도식물의 운동은 가역적이며 팽압의 변화에 의한다.

- 자극 받은 잎이 접히는 것은 어떤 이점이 있을까?

23.4 물과 온도에 대한 반응

학습 목표

1. 휴면을 유도하는 환경적 요인들을 열거할 수 있다.
2. 종자의 휴면이 왜 중요한 진화적 혁신인지를 설명할 수 있다.
3. 낮은 온도와 높은 온도에 의해 가장 직접적인 영향을 받는 생물 분자들의 유형에 대해 설명할 수 있다.

때때로 식물이 생장의 방향을 변형시킨다고 해도 혹독한 환경으로부터 충분히 보호받지 못하는 경우가 있다. 온대기후에서 계절적 변화와 같은 부적합한 환경 조건이 되면 식물은 생장을 멈추고 휴면(dormancy)에 들어가는데, 이것이 생존에 유리하기 때문이다. 가장 극단적 예가 종자의 휴면이지만, 이런 역경이 지나가기를 기다리는 중간 단계도 있다.

식물은 또한 일시적인 고온과 한파 기간에 발생할 수도 있는 단기간의 온도 변화에도 적응해 왔다. 이런 전략에는 세포막 구성의 변화와 열충격 단백질(heat shock protein) 생성이 포함된다.

휴면은 물, 온도, 빛에 대한 반응이다

온대지역에서 휴면은 겨울과 관련이 있으며, 이 시기에는 결빙 온도로 인해 물을 이용할 수 없어 식물 생장이 불가능하게 된다. 겨울 동안 낙엽수와 관목 식물의 눈(buds)은 휴면 상태를 유지하며, 정단 분열조직은 접힌 비늘 내부에 잘 보호되어 있다. 다년생 초본은 영양분을 저장한 통통한 줄기나 뿌리를 가지고 땅속에서 겨울을 보낸다. 대부분의 1년생 식물들은 종자로 겨울을 난다. 휴면은 보통 가을에 낙엽수에서 낙엽이 떨어지면서 시작된다.

기관 탈리

낙엽은 보통 식물이 휴면에 들어갈 때 떨어진다. 잎이나 꽃잎이 떨어지는 과정을 **탈리**(abscission)라고 한다.

탈리는 휴면 이전에도 유용할 수 있다. 예를 들어, 더 이상 광합성을 하지 않는 그늘진 곳의 잎이 떨어질 수 있다. 잎이 변화된 꽃잎은 한번 수분이 일어나면 노화가 시작된다. 난꽃은 꽃가게에서 오랫동안 신선하게 유지된다. 그러나 일단 수분이 일어나면 호르몬 변화가 유발되어 꽃잎이 노화된다. 이러한 전략은 꽃잎이 수분 매개자를 더 이상 유혹할 필요가 없으므로 에너지 자원의 배분 측면에서 합리적이다. 그러므로 기관 탈리의 이점은 바로 영양 저장소를 버리고 자원을 보존하는 것이다.

온대지역의 낙엽수는 봄에 새로운 잎을 만들고 가을에 떨어뜨린다. 그러나 열대지역의 일부 식물에서 잎을 만들고 떨어뜨리는 것은 건기와 우기와 관련이 있다. 대부분의 침엽수와 같은 상록수는 보통 2~7년 주기로 잎의 일부를 새 잎으로 바꾼다.

탈리는 잎자루 기저부에 있는 **탈리대**(abscission zone)에서 일어나는 변화이다(**그림 23.15**). 어린 잎은 탈리대의 특수 세포층 발달을 억제하는 호르몬(특히 사이토키닌)을 생산한다. 잎이 노화됨에 따라 호르몬 변화가 일어나고, 두 층의 세포가 분화하게 된다. 세포 여러 개 정도의 너비를 가지는 **보호층**(protective layer)은 잎자루 기저부의 줄기 쪽에서 발생한다. 이 세포들은 수분이 침투할 수 없는 지방

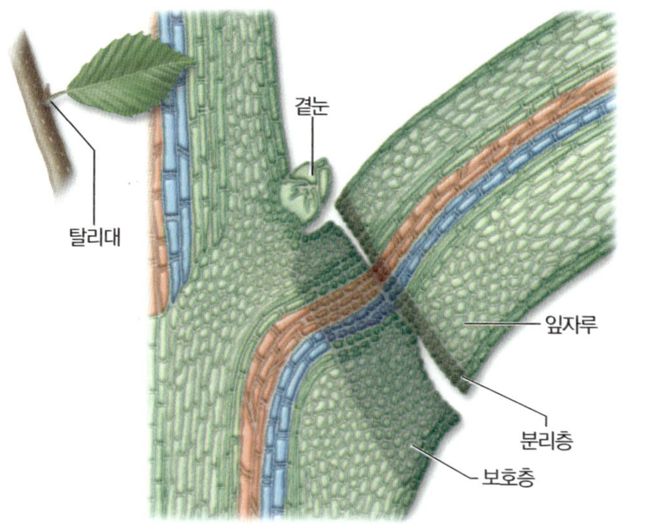

그림 23.15 잎의 탈리.
식물 잎 탈리대에서의 호르몬 변화가 탈리를 유발한다. 탈리대의 두 층의 세포가 보호층과 분리층으로 분화된다. 분리층의 펙틴이 분해되면 바람이나 비에 의해 잎이 줄기에서 쉽게 분리된다.

성 물질인 수베린(suberin)을 가지고 있다. **분리층**(separation layer)의 세포들은 잎새 쪽에서 발생한다. 분리층 세포들은 분열하고 팽창하여 젤리처럼 된다.

온도가 내려가며 일조량이 감소하는 등 여러 환경 변화가 일어나면, 효소가 분리층 세포의 중엽에 있는 펙틴을 분해한다. 이렇게 되면 바람과 비에 의해 줄기로부터 잎이 쉽게 분리된다. 이때 줄기에는 세균이나 기타 유해균의 침입으로부터 보호할 수 있는 밀봉된 엽흔(leaf scar)이 남게 된다.

탈리대가 발달함에 따라 잎에 존재하던 녹색의 엽록소는 파괴되어, 그동안 강한 녹색에 가려졌던 노랗고 주황색의 카로티노이드와 같은 다른 색소들이 나타난다. 동시에 수용성인 적색 또는 청색 색소인 **안토시아닌**(anthocyanin)과 **베타시아닌**(betacyanin)이 잎의 액포에 집적되어 가을의 단풍 색깔을 나타내게 된다(**그림 23.16**).

종자 휴면

종자식물의 혁신적인 진화는 발아 조건이 최적일 때까지 기다릴 수 있는 종자의 휴면이다. 호르몬인 앱시스산(abscisic acid, ABA)의 양이 증가하면서 일어나는 복잡한 과정을 거쳐서 종자는 휴면 상태가 된다(**그림 23.17**). 종자가 탈수되면서 RNA와 단백질 합성이 감소하고, 종피(seed coat)가 경화되어 배아를 타임캡슐로 포장하게 된다.

종자는 때로는 수백 년을 기다릴 수도 있다. 계절적으로 건조한 기후에서 종자의 휴면은 보통 건조기, 주로 여름에 일어난다. 생존 조건이 좀 더 좋아질 경우 강우가 발아를 촉발한다.

종자는 1년생 식물이 계절적으로 건조한 지역에서 생장에 필요한

그림 23.16 탈리 동안 식물 잎 색깔의 변화.

물이 충분하지 않은 건조기를 지나는 이상적 방법이다. 비가 오면 종자가 발아하여 식물이 빠른 속도로 자라는데, 이는 물이 있는 상대적으로 짧은 기간에 적응한 형태이다.

적당한 시간이 지난 후 유리한 환경 조건에서 새싹, 땅속 줄기와 뿌리는 휴면 상태에서 벗어날 수 있으나 요구 조건은 종에 따라 다르다. 예를 들어, 일부 잡초 종자는 1년 중 서늘한 시기에 발아하고 좀 더 따뜻한 시기에는 발아가 억제된다. 낮의 길이도 휴면에 크게 영향을 미친다. 예를 들어, 온대지역의 나무는 낮의 길이가 짧을 때 휴면하는 것이 일반적이나, 낮의 길이가 계절에 상관없이 일정한 열대지역의 나무에서는 드물다.

식물은 극한 온도에서 생존할 수 있다

온도가 급격히 변하면 휴면이 불가능해진다. 그렇다면 식물은 어떻게 극한 온도를 극복할 수 있을까? 몇 가지 신속한 대응 전략을 포함한 여러 가지 적응을 통해서 식물은 갑작스런 추위나 극심한 열을 극복할 수 있다.

추위

식물의 막 지질 조성을 알면 식물이 추위에 민감한지, 견딜 수 있는지 알 수 있다. 포화 지방산은 좀 더 서로 가까이 밀착할 수 있기 때문에 불포화 지방산보다 더 높은 온도에서도 고체로 존재할 수 있다(4장 참조). 따라서 막 지질이 더 불포화될수록 식물은 추위에 더 잘 견딘다. 더 높은 함량의 포화 지방산을 가지도록 형질전환된 애기장대는 추위에 더 민감한 것으로 증명되었다.

추위가 오면 불포화효소(desaturase)가 포화 지질의 단일결합을

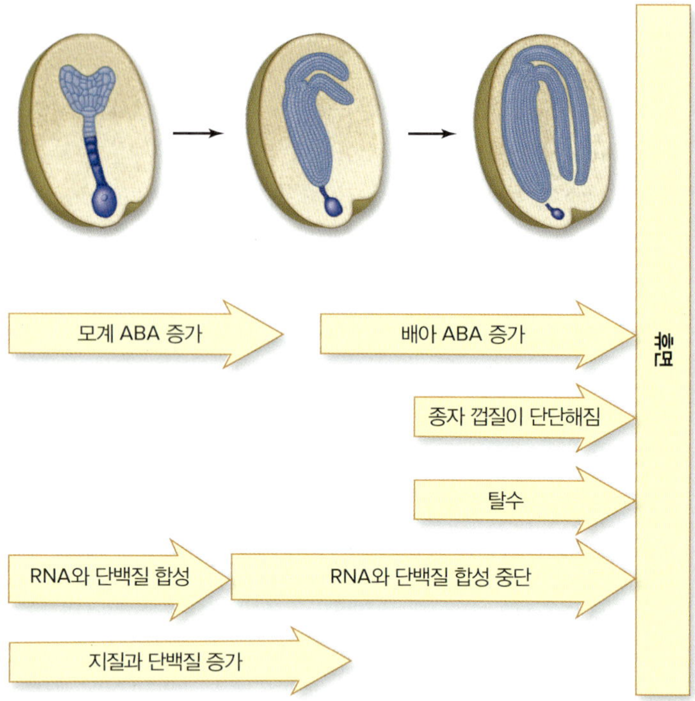

그림 23.17 종자의 휴면.
영양분의 집적, 종자 껍질 형성 및 탈수가 휴면 유도의 필수 단계이다. 또한 모계(maternal)와 배아 조직으로부터의 ABA가 휴면에 필요하다.

2중결합으로 전환시킨다. 이 과정을 통해서 막이 단단해지면서 기능을 수행할 수 없게 되는 온도를 더 낮출 수 있다.

불포화가 많이 된 세포막도 식물을 결빙 온도에서 보호하는 데는 충분하지 못하다. 결빙 시에는 얼음 결정(ice crystal)이 형성되고 세포는 물질대사에 필요한 물이 충분하지 않아 탈수로 죽게 된다. 그러나 일부 식물은 과냉각(supercooling)할 수 있는 능력이 있어 -40℃에서도 생존할 수 있다. 과냉각은 얼음 결정이 만들어지는 것이 제한되었을 때에 일어나며, 얼음 결정은 세포외 공간에서 만들어지기 때문에 세포소기관에는 영향을 미치지 않는다. 또한, 이런 식물의 세포는 점진적인 탈수에도 견딜 수 있다.

온도가 내려감에 따라 냉각 또는 결빙에 대한 내성을 얻는 것은 용질의 농도 증가로 설명할 수 있다. 부동 단백질(antifreeze proteins)은 얼음 결정이 만들어지는 것을 막는다. 얼음 결정은 식물 잎에서 자연적으로 발견되는 세균을 핵으로 하여 형성될 수 있기 때문에 유전자 변형으로 얼음 결정을 만들지 못하게 할 수 있다. 이런 변형된 세균을 잎에 살포하면 일부 작물들의 서리 피해를 방지할 수 있다.

고온

단백질은 고온에서 변성되고 기능을 상실하기 때문에 식물에 해

가 될 수 있다. 온도가 갑자기 5~10℃ 상승하면 열충격 단백질(heat shock proteins, HSPs)이 생성된다. 이 단백질들은 다른 단백질을 안정화시켜 고온에서도 변성되거나 잘못 접히지 않게 해준다. 어떤 경우에는 온도 상승에 의해서 만들어지는 열충격 단백질이 추위와 같은 다른 스트레스로부터도 식물을 방어할 수 있다.

식물은 온도를 점진적으로 올릴 경우, 치명적인 온도에서도 생존할 수 있다. 이런 식물은 내열성을 가지게 된다. 애기장대의 *HOT* 돌연변이체와 같이 내열성을 가지지 못한 돌연변이체를 분리하여 온도 적응에 대하여 더 많이 알 수 있게 되었다. *HOT* 유전자 중 하나가 열충격 단백질을 만든다. 다른 *HOT* 유전자 연구를 통하여 내열성은 열충격 단백질 합성 외에도 막을 안정화시키거나 단백질 활성과도 관련이 있음이 밝혀졌다.

핵심 요약 23.4

온도 저하 및 빛과 물의 유용성 감소 등의 계절적 변화는 식물의 휴면을 유도한다. 낙엽수에서 잎이 떨어지는 것은 휴면의 시작이다. 종자의 휴면은 최적조건이 될 때까지 발아를 막는다. 저온에서는 막 지질이 단단해지기 시작하며 얼음 결정은 조직 내에 형성된다. 고온에서 단백질은 변성된다.

■ 활엽수가 가을에 잎을 떨어뜨리는 것은 어떤 이점이 있을까?

23.5 호르몬과 감각 체계

학습 목표

1. 호르몬의 특성에 관해 설명할 수 있다.
2. 옥신과 사이토키닌을 비교하여 설명할 수 있다.
3. 호르몬이 어떻게 유전자 전사에 영향을 미칠 수 있는지 설명할 수 있다.

형태를 변화시키는 감각 반응은 복잡한 생리적 네트워크에 의존한다. 이 절에서는 많은 내부의 신호전달경로에 관여하는 식물 호르몬에 대해 알아본다. 호르몬은 내부적으로 조절되는 발생뿐만 아니라 환경에 대한 반응에도 관여한다(24장 참조).

생장 조절 호르몬은 환경 변화에 반응한다

호르몬은 생물의 어느 한 부위에서 소량, 종종 미세한 양으로 생산된 다음 생리 및 발생 반응이 일어나는 다른 부위로 운반되는 화학물질이다. 호르몬 작용은 호르몬과 정보를 받는 조직 모두로부터 영향을 받는다.

동물에서 호르몬은 샘(gland)이라고 부르는 일정한 기관에서 생성된다. 식물의 경우에는 특화된 조직에서 생성되지는 않는다. 옥신(auxin), 사이토키닌(cytokinin), 스트리고락톤(strigolactone), 지베렐린(gibberellin), 브라시노스테로이드(brassinosteroid), 올리고사카린(oligosaccharin), 에틸렌(ethylene), 앱시스산(abscisic acid, ABA)과 같은 8종류의 주요 식물 호르몬이 확인되었다(**표 23.1**). 최근의 연구는 호르몬의 생합성과 신호전달 과정과 관련된 호르몬 수용체의 특성을 분석하는 데 집중하고 있는데, 호르몬의 기능에 대한 분자적 기초의 많은 부분은 아직 밝혀지지 않았다.

호르몬은 매우 많은 측면에서 식물의 기능과 발생에 관여하기 때문에 이 책에서는 호르몬 활성과 식물 생리의 구체적인 측면을 통합하고자 하였다. 여기에서는 이러한 호르몬들에 대한 간략한 개요를 알아본다.

옥신은 줄기의 신장과 체제를 형성한다

백여 년 전에 최초로 발견된 식물 호르몬인 **옥신**(auxin)은 식물 세포벽의 유연성을 증가시키며, 줄기 신장에 관여한다. 세포가 팽압으로 커지게 되면 세포벽도 더 유동성이 있어야 하는데, 이때 옥신이 세포벽을 유연하게 해준다. 옥신과 옥신의 식물 생장에서의 역할에 대한 발견은 정교한 실험 설계의 좋은 예이다.

옥신의 발견

위대한 진화학자인 다윈(Chales Darwin)은 인생의 후반기에 식물 연구에 몰두하였다. 1881년에 찰스 다윈과 그의 아들 프랜시스 다윈(Francis Darwin)은 〈식물 운동의 힘(The Power of Movement of Plants)〉에서 생장하는 식물의 빛에 대한 반응인 굴광성에 대해 체계적인 실험 결과를 보고하였다. 그들은 발아하는 귀리와 카나리갈풀(canary grass)의 어린 식물을 실험 재료로 이용하여 관찰하였다.

찰스 다윈과 프랜시스 다윈은 빛이 주로 한 방향에서 비칠 경우 어린 식물이 그쪽으로 강하게 휘어지는 것을 발견하였다. 슈트의 끝을 가는 유리관으로 덮으면 슈트는 마치 덮지 않은 것처럼 구부러졌다. 그러나 빛을 차단시킬 수 있는 금속 포일 캡을 사용한다면 슈트는 구부러지지 않았다(**그림 23.18**). 또한 슈트 끝부분의 바로 아래 줄기에 차광 깃(collar)을 사용하여 빛을 차단하더라도 깃 윗부분이 구

표 23.1 주요 식물 호르몬의 기능

호르몬		주요 기능	식물 내 생산 및 발견 부위
옥신	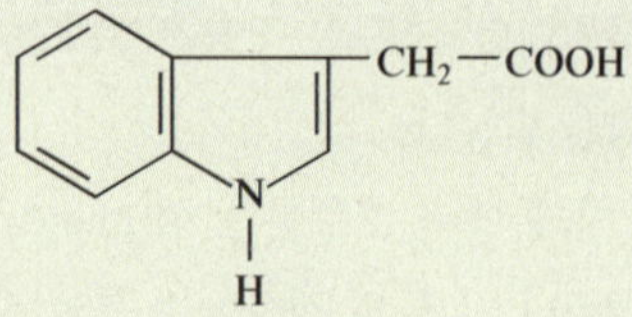	줄기의 신장과 생장 촉진, 부정근 형성, 잎의 탈리 억제, 세포분열 촉진(사이토키닌과 함께), 에틸렌 생산 유도, 곁눈 휴면 촉진	정단분열조직, 미성숙 부위
사이토키닌	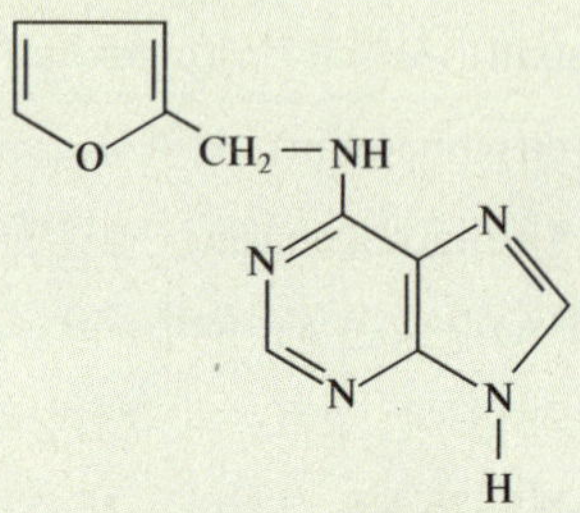	옥신 존재 시 세포분열 자극, 엽록체 발달 촉진, 잎의 노화 지연, 눈 형성 촉진	뿌리의 정단분열조직, 미성숙 과실
스트리고락톤	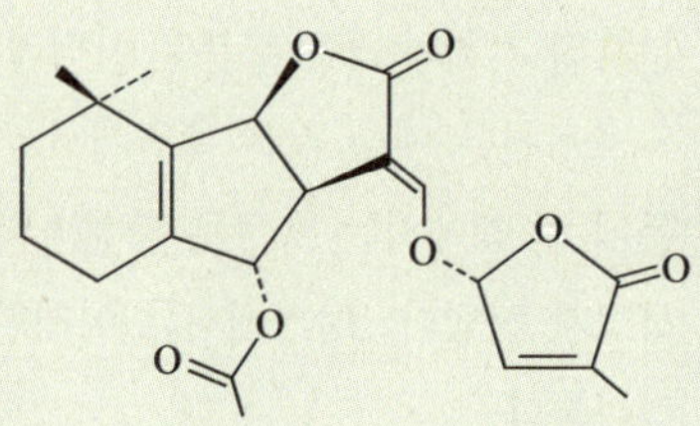	곁눈 생장 억제, 2차 생장의 양성 조절, 옥신에 의해 수위 조절	뿌리, 형성층
지베렐린	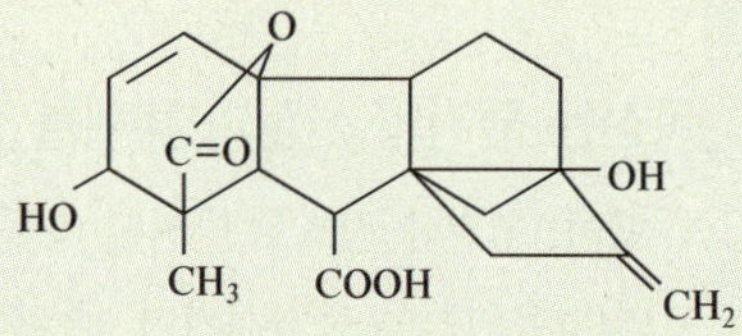	줄기 신장 촉진, 종자 발아 시 효소 생산 자극	뿌리와 슈트의 말단, 어린 잎, 종자
브라시노스테로이드	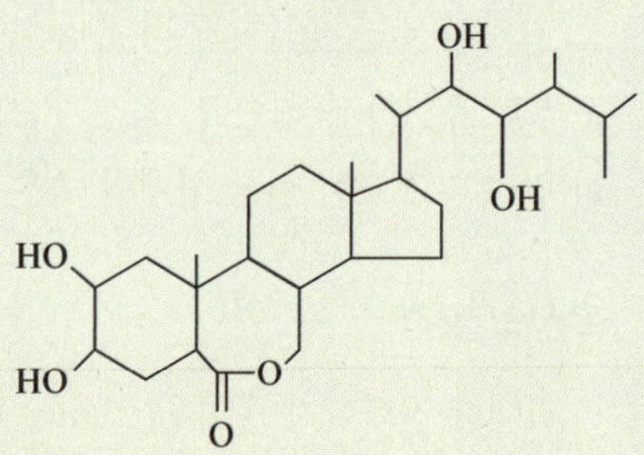	옥신과 지베렐린의 기능과 중복	화분, 미성숙 종자, 슈트, 잎
올리고사카린	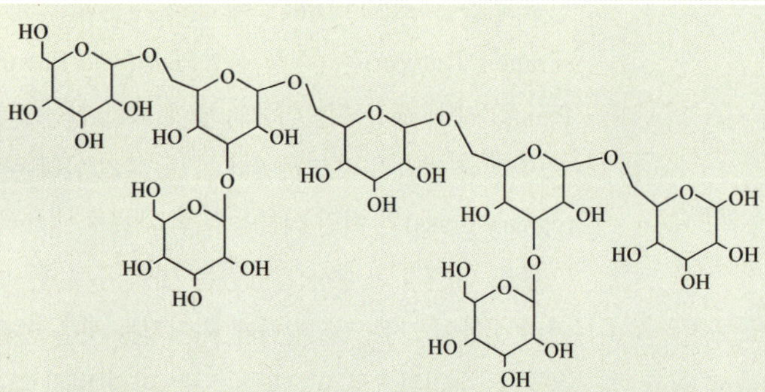	병원균 방어, 생식기관 발달	세포벽
에틸렌	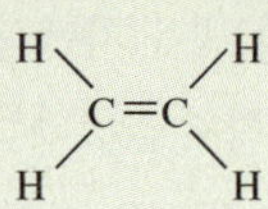	잎, 꽃, 과실의 탈리 조절, 과실 성숙 촉진	뿌리, 슈트 정단분열조직, 잎마디, 노화된 꽃, 익은 과실

표 23.1 주요 식물 호르몬의 기능(계속)

호르몬		주요 기능	식물 내 생산 및 발견 부위
앱시스산	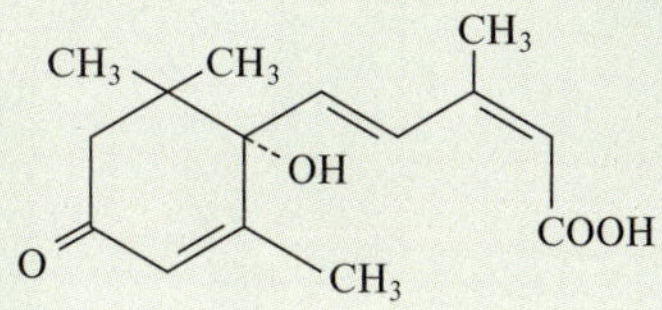	눈 생장 억제, 기공 개폐 조절, 종자 휴면 조절, 다른 호르몬 영향 억제	잎, 과실, 뿌리, 뿌리골무, 종자

부러지는 것을 막지 못한다는 것도 발견하였다.

다윈은 이에 대하여 슈트가 한 방향에서 빛을 받았을 때, 슈트 끝의 어떤 원인 물질로부터 아래쪽으로 전달되는 "영향(influence)"에 반응하여 빛을 향해 휘어진다는 가설로 설명하였다.

약 30년 후에 식물생리학자인 덴마크의 보이센-옌센(Peter Boysen-Jensen)과 헝가리의 팔(Arpad Paal)은 독자적으로 슈트를 휘어지게 하는 물질이 화학물질이라고 설명하였다. 그들은 발아하는 어린 식물의 끝을 절단한 후 나머지 어린 식물과 분리되도록 작은 한천 조각을 끼워 넣고 그 위에 놓으면 어린 식물이 변함없이 생장하는 것을 보여주었다. 이것은 어린 식물의 끝에서 한천을 통해 휘어지는 부위까지 어떤 물질이 이동했다는 증거이다.

? **탐구문제** 팔이 발견한 것을 이용하여 어린 식물이 어떻게 빛을 향해 구부러질 수 있는지 설명하는 기작을 제안하시오.

1926년 네덜란드의 식물생리학자인 벤트(Frits Went)는 팔의 실험을 더 진전시켰다. 그는 정상적으로 빛이 조사된 귀리 어린 식물의 끝부분을 절단하여 한천 위에 놓았다. 또 암실에서 자란 다른 귀리 어린 식물의 끝을 유사한 방법으로 절단하였다. 벤트는 이 한천을 한 토막 잘라내어 암실에서 자란 어린 식물의 절단된 부위 가장자리에 올려놓았다(**그림 23.19**). 이 어린 식물은 빛에 노출된 적이 없지만, 한천 토막이 놓인 위치와는 반대 방향으로 구부러졌다.

벤트는 실험 대조군으로 절단된 어린 식물 줄기 위에 순수한 한천 토막을 올려 놓았으나, 어떤 효과나 한천이 놓인 방향으로의 약간의 구부러짐도 관찰하지 못했다. 마지막으로 그는 빛을 보고 자란 어린 식물의 아래쪽 부위를 일부 절단하여 이것을 암실에서 자란 끝부분이 절단된 귀리 어린 식물의 절단된 부위 위에 올려놓았으나 역시 아무런 변화를 관찰하지 못했다.

이러한 실험 결과를 통해 벤트는 빛에 노출된 귀리의 어린 식물로

과학적 사고

가설: 식물의 슈트 끝(shoot tip)은 빛이 오는 방향을 감지한다.
예측: 어린 식물의 슈트 끝은 차단하지 않을 경우 한 방향으로부터 오는 빛을 향해 자랄 것이다.
실험: 아무 것도 처리하지 않은 어린 식물(***a***), 차광 캡으로 끝을 싼 어린 식물(***b***), 투명 캡으로 끝을 싼 어린 식물(***c***), 아랫부분을 차광 깃으로 싼 어린 식물(***d***) 등 4개의 처리군을 준비한다.

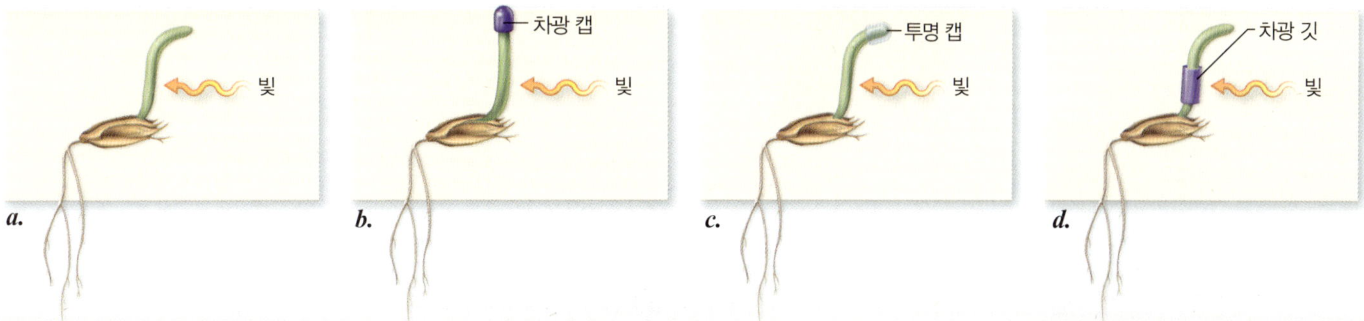

결과: ***a.*** 어린 식물은 빛을 향하여 정상적으로 휘어진다. ***b.*** 어린 식물 끝을 차광 캡으로 감쌀 경우 휘어지지 않는다. ***c.*** 투명 캡으로 감싼 경우에는 휘어진다. ***d.*** 차광 깃을 어린 식물 아래쪽에 설치하면 어린 식물은 빛을 향해 휘어진다.
결론: 빛에 반응하여 휘어지게 한 어떤 '영향'이 어린 식물의 끝에서 아래쪽으로 전달되었다.
추가 실험: 만약 슈트 끝에서 빛에 대한 반응이 슈트의 한쪽에서 다른 쪽으로 신호가 이동한다면 이를 어떻게 알 수 있는가? (힌트: **그림 23.19**)

그림 23.18 슈트 끝의 단일 방향 빛 감지.

그림 23.19 **벤트의 실험.**
벤트는 옥신이라고 명명한 물질이 세포의 신장을 증진하며, 이 물질이 귀리의 어린 식물에서 빛 방향의 반대쪽에 축적된다고 결론을 내렸다.

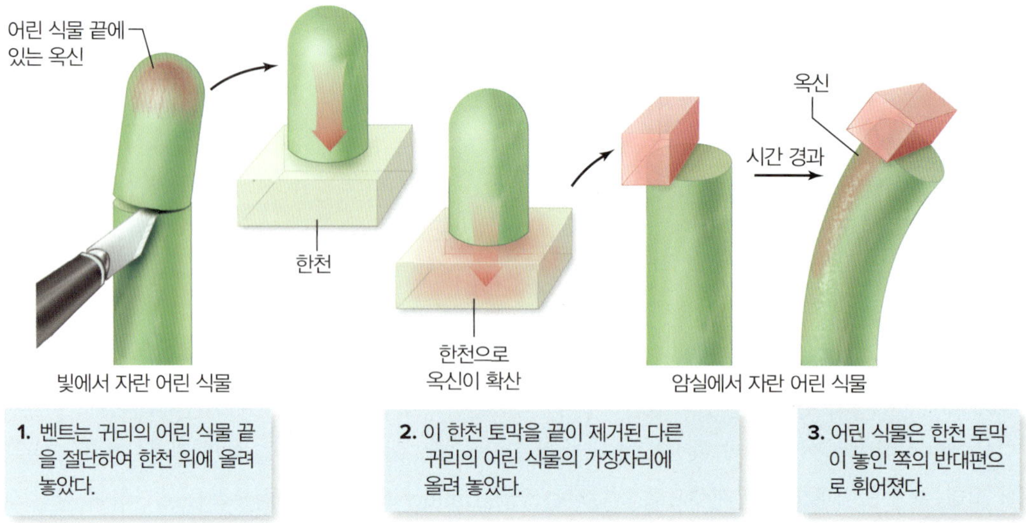

부터 한천으로 확산된 물질이 어린 식물을 구부러지게 했다는 것을 알 수 있었다. 또한 이 화학물질이 반대쪽보다 이것이 흘러내린 쪽의 세포들을 더 생장시켰음을 보여주었다(**그림 23.20**). 다시 말해 이 화학물질이 세포 신장을 증진했다는 것이다. 그는 이 물질을 **옥신**(auxin)이라고 명명하였다.

자료 분석 벤트의 실험은 구부러진 줄기와 구부러지지 않은 줄기를 구별할 수 있는 실험자의 능력에 달려 있다. 줄기가 구부러진 정도를 어떻게 정량화시킬 수 있는지 설명하시오.

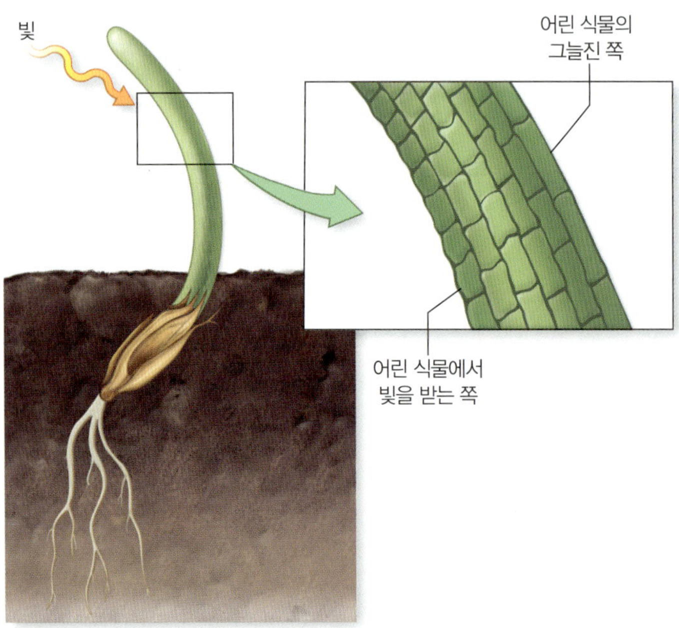

그림 23.20 **빛의 반대쪽 세포를 신장시키는 옥신.**
어두운 쪽의 세포들에 옥신이 더 많고, 생장이 빨라 빛을 향해 식물이 휘어지게 한다. 추가 실험을 통해 왜 빛이 조사되지 않은 쪽에서 옥신이 더 많은지 정확히 보여주었다.

옥신의 효과

옥신은 식물의 생장과 신장을 촉진하여 식물이 환경에 유리하도록 적응시키는 작용을 한다. 환경적인 신호는 식물체의 옥신 분포에 직접 영향을 미친다. 그렇다면 환경, 특히 빛은 어떻게 영향을 주는 것일까? 이론적으로 빛은 옥신을 파괴할 수도, 옥신에 대한 세포의 민감도를 감소시킬 수도 있으며, 옥신 분자를 빛으로부터 먼 슈트의 그늘진 부분으로 이동시킬 수도 있는데, 이 마지막 가능성은 사실로 판명되었다.

미국 식물생물학자인 브릭스(Winslow Briggs)는 슈트의 빛이 조사되는 쪽과 그 반대쪽 사이 중간에 수직으로 얇고 투명한 운모판을 삽입하였다(**그림 23.21**). 그는 한 방향에서 비치는 빛이 운모판이 삽입된 슈트를 휘어지게 하지는 못한다는 것과 또한 운모판을 중심으로 빛을 비춘 부위와 비추지 않은 부위 모두 옥신의 양이 같음을 알게 되었다. 그는 한 방향에서 비치는 빛에 반응하는 정상적인 식물은 빛의 반대쪽으로 옥신을 이동시키며, 운모판이 결국 옥신 이동을 막았다는 결론을 얻었다.

옥신의 효과는 다양하다. 옥신은 관다발형성층과 관다발조직의 활성을 증진시킨다. 또한 화분(pollen)에도 다량 들어 있어 과실 발생에도 중요한 역할을 한다. 합성 옥신도 상업적으로 동일한 목적으로 사용된다. 수정이 되지 않아 씨앗이 없으면 과실은 정상적으로 자라지 않지만, 때때로 옥신을 처리하면 과실이 자란다. 어떤 종에서는 수분(pollination)이 옥신 분비를 촉발하여 수정이 일어나기 전이라도 과실이 자라도록 한다.

옥신의 작용

오랜 연구에도 불구하고 옥신의 작용에 대한 분자적 기초는 아직

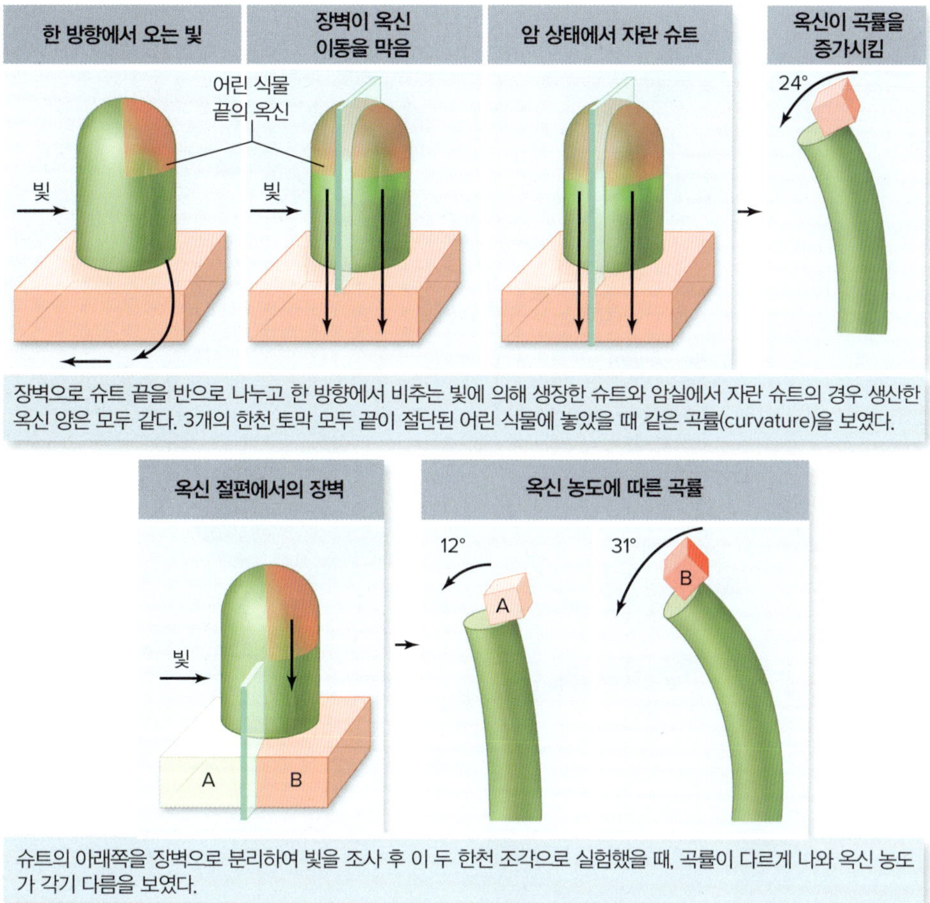

그림 23.21 굴광성과 옥신: 브릭스의 실험.
한 방향으로부터 오는 빛이 슈트 끝의 어두운 쪽에 옥신이 축적되게 한다. 슈트 끝에 삽입한 장벽을 통해 빛이 옥신의 생산률보다 이것의 전이에 영향을 준다는 것이 밝혀졌다.

완전히 규명되지 않았다. 가장 흔한 옥신은 **인돌아세트산**(indoleacetic acid, IAA)으로 아미노산인 트립토판(tryptophan)을 닮았으며, 식물에서 인돌아세트산이 이 아미노산으로부터 합성되는 것으로 보인다(**그림 23.22**). 다른 종류의 옥신도 있으나 IAA가 가장 흔한 자연계 옥신이다.

옥신 결합 단백질(auxin-binding protein, ABP1)이 막수용체에 결합하면 세포의 세포주기 진입을 조절하는 신호전달 과정을 시작한다. ABP1 경로는 세포분열에서 옥신의 역할에 필수적이다.

최근 유전자 발현 과정에서 옥신에 의해 유도되는 빠른 변화를 중재하는 두 종류의 단백질인 옥신 반응 인자(auxin response factors, ARFs)와 Aux/IAA 단백질이 확인되었다. ARFs는 DNA에 결합하여 전사를 증진하거나 억제할 수 있다. Aux/IAA 단백질은 옥신 반응 경로에서 약간 초기에 작용하며, *ARF* 유전자 발현을 활성화시키는 단백질에 결합하여 이를 억제한다.

ARF 유전자는 Aux/IAA 단백질이 유비퀴틴과 결합하여 프로테아좀(proteasome)에서 분해될 때 활성화된다. ARF 단백질에 결합한 옥신은 Aux/IAA가 ARF 활성을 억제하기 때문에 옥신 신호전달에 반응하여 유전자 발현을 시작하기에는 충분하지 않다. 그렇다면 식

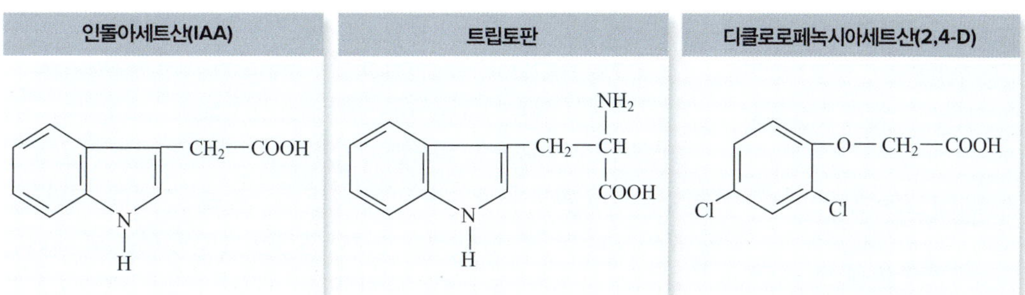

a. *b.* *c.*

그림 23.22 옥신의 종류.
a. 인돌아세트산은 자연계에서 생산되는 주요 옥신이다. ***b.*** 식물은 트립토판으로부터 IAA를 생산한다. ***c.*** 2,4-디클로로페녹시아세트산(2,4-dichlorophenoxyacetic acid)은 합성 옥신이며 제초제로 널리 이용된다.

그림 23.23 옥신이 조절하는 유전자 발현.
옥신은 유비퀴틴 경로를 활성화하여 Aux/IAA에 의해 억제된 ARF 전사인자를 방출하도록 한다. 이 결과로 옥신에 의해 유전자 발현이 유도된다.

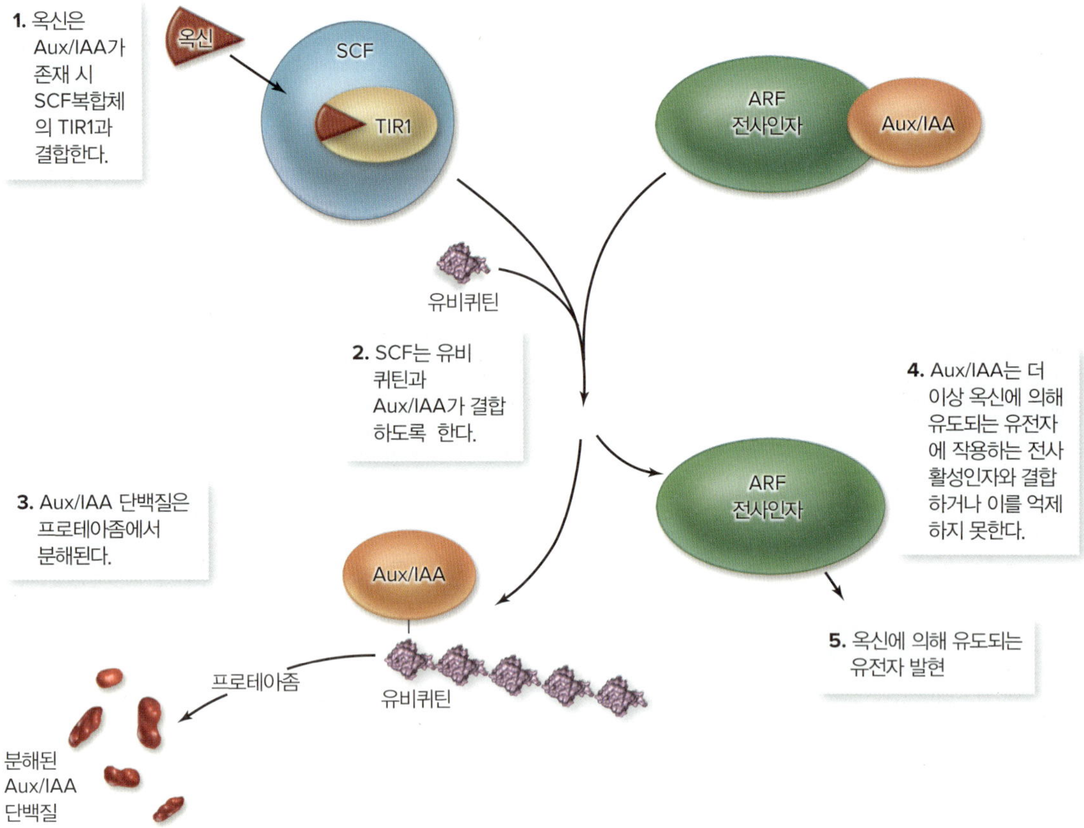

물이 어떻게 옥신을 감지하고, Aux/IAA 단백질을 분해하는 것일까?

옥신 수용체를 어렵게 찾아내 식물이 어떻게 옥신을 감지하고 반응하는지를 알 수 있게 되었다. 옥신은 수송억제자 반응단백질 1(transport inhibitor response protein 1, TIR1)이라 불리는 단백질에 직접 결합한다. 이 TIR1은 옥신 수용체로 진핵생물에서 발견되는 SCF라 불리는 단백질 복합체의 일부분인데, SCF는 *Skp*, *Cullin*, *F-box*의 3개 소단위를 말한다. 옥신은 Aux/IAA 단백질이 존재할 때 SCF 복합체의 TIR1에 결합한다. 옥신이 일단 결합하면 SCF 복합체는 유비퀴틴 경로를 통하여 Aux/IAA 단백질을 분해한다.

옥신을 인지하고 옥신에 의해 유도된 유전자 발현에는 다음과 같은 5단계가 있다(**그림 23.23**).

1. 옥신이 SCF 복합체의 TIR1과 결합한다.
2. 활성화된 SCF가 Aux/IAA 단백질에 유비퀴틴을 결합시킨다.
3. Aux/IAA 단백질이 프로테아좀에서 분해된다.
4. Aux/IAA 단백질은 더 이상 ARF 전사 활성인자와 결합하여 이를 억제하지 못한다.
5. ARF 전사인자는 옥신 반응 유전자의 전사를 촉진한다.

동물 호르몬과 달리 식물에서는 예측 가능한 반응을 끌어내기 위해 신호가 특정 세포로 보내지는 것이 아니다. 이는 다수의 옥신 감지 부위가 존재하기 때문일 것이다. 옥신도 식물의 독특한 호르몬으로 식물의 기저부로 수송된다. 애기장대(*Arabidopsis*)에서 옥신 수송과 관련된 두 집단의 유전자가 확인되었다. 23.2절에 설명된 것과 같이 한 종류의 단백질(*PIN*)은 옥신의 정단-기저(top-to-bottom) 수송과 관련되고, 다른 2개의 단백질은 뿌리골무에서 중력에 반응하는 생장 조절에 관여한다.

옥신의 직접적인 효과 1가지는 세포벽의 유연성을 증가시킨다는 것인데, 2차 세포벽이 없는 어린 세포에서만 작용한다. 이 효과가 유전자 발현과 관련되는지는 확실하지 않다. **산성생장설**(acid growth hypothesis)은 옥신을 세포벽 확장과 연관시킨 모델이다(**그림 23.24**). 이 가설에 따르면 옥신이 세포질에서 세포벽 공간으로 수소 이온(H^+)을 활발하게 수송하게 한다. 따라서 pH가 낮아지고 세포벽 섬유 사이 결합을 끊을 수 있는 효소가 활성화된다.

이 가설은 여러 실험을 통하여 지지되어 왔다. 세포벽 산성화를 막는 완충액이 세포 확장을 막고, 세포에서 수소 이온을 방출하는 다른 화합물 또한 세포벽을 확장할 수 있다. 마지막으로, 수소 이온의 이동은 옥신 처리에 반응하여 일어나는 것으로 관찰되었다. 파리지옥풀의 포획 작용은 산성 생장 반응과 관련이 있으며, 이는 세포가 0.5초 만에 성장하여 덫을 닫도록 한다.

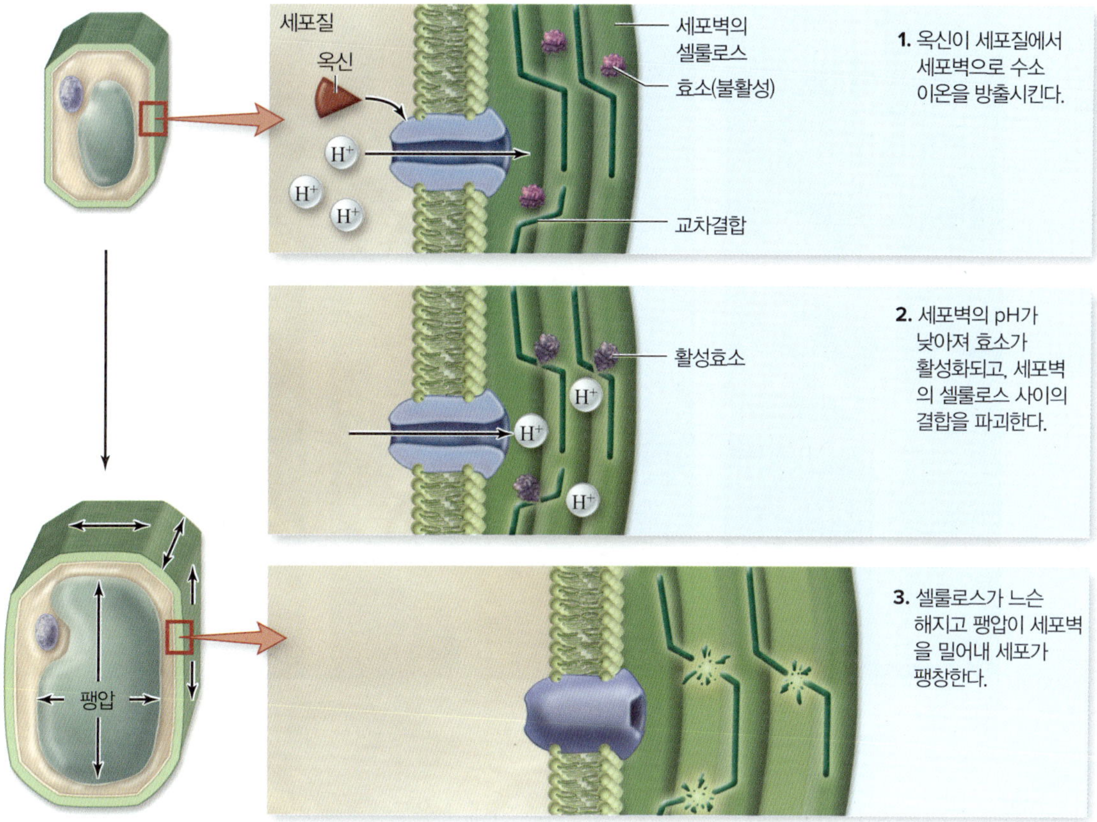

그림 23.24 산성생장설. 옥신이 세포로부터 수소 이온을 방출하도록 자극하여 세포벽의 pH 농도가 달라지게 한다. 이로 인해 효소의 활성이 최적화되고, 세포벽의 결합을 파괴하여 세포벽이 팽창하게 된다.

합성 옥신

나프탈렌 아세트산(naphthalene acetic acid, NAA), **인돌 부틸산**(indolebutyric acid, IBA)과 같은 합성 옥신은 농업 및 원예 작물에서 탈리(abscission) 방지를 위해 많이 사용되고 있다. 합성 옥신은 사과가 익기 전에 떨어지는 것을 막고, 크리스마스 트리로 판매되는 호랑가시나무의 빨간 열매가 운송 중에 떨어지지 않도록 한다. 또한 파인애플의 개화 및 결실을 촉진하고, 꺾꽂이용 식물의 발근을 유도하는 데도 사용된다.

합성 옥신은 일상적으로 잡초 방제에도 이용되는데, 제초제로 사용할 때에는 식물에 자연적으로 존재하는 천연 IAA보다 더 높은 농도로 사용한다. 가장 중요한 합성 옥신 제초제의 하나는 **2,4-디클로로페녹시아세트산**(2,4-dichlorophenoxy acetic acid)이라고 부르는 **2,4-D**이다(**그림 23.22***c* 참조). 2,4-D를 이용하면 잔디밭에서 잎이 넓은 쌍떡잎식물을 선택적으로 제거할 수 있는데, 쌍떡잎 잡초의 줄기는 축성장(axial growth)을 못하게 된다.

2,4,5-T라고 알려진 제초제 2,4,5-트리클로로페녹시아세트산(2,4,5-trichlorophenoxy acetic acid)은 2,4-D와 가깝다. 이 제초제로는 잡초와 함께 목본식물의 어린 식물을 광범위하게 제거할 수 있다. 2,4,5-T는 베트남 전쟁 동안 'Agent Orange'로 알려진 고엽제로서 악명이 높았다. 2,4,5-T가 제조될 때 미량의 다이옥신이 발생되

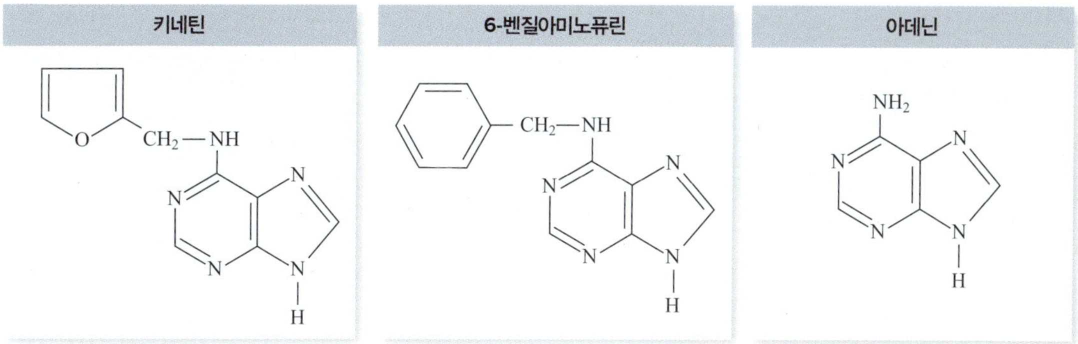

그림 23.25 사이토키닌. 흔히 사용되는 합성 사이토키닌인 키네틴(kinetin)과 6-벤질아미노퓨린(6-benzylamino purine, BAP). 이들은 모두 구조적으로 퓨린의 아데닌 염기와 유사하다.

그림 23.26 곁눈 생장을 자극하는 사이토키닌. ***a.*** 정단분열조직이 온전할 경우 끝눈(apical bud)에서 생성되는 옥신이 곁눈 생장을 억제할 것이다. ***b.*** 끝눈이 제거될 경우 사이토키닌이 곁눈을 생장시켜 가지를 만든다. ***c.*** 끝눈을 제거하고 절단면에 옥신을 처리하면 곁눈의 생장이 억제된다.

어 불가피하게 오염되는데, 이 다이옥신은 몇 ppb(parts per billion)에 해당하는 양으로도 간과 폐 질환, 백혈병, 유산, 기형아 출산, 심지어는 실험실 동물의 사망까지도 초래하였다. 2,4,5-T는 1979년에 미국 내 사용이 거의 금지되었다.

사이토키닌은 세포분열과 분화를 자극한다

사이토키닌(cytokinin)은 식물에서 자연적으로 만들어지는 생장 호르몬이다. 1913년경 오스트리아의 식물학자인 하버란트(Gottlieb Haberlandt)는 관다발식물의 다양한 조직으로부터 미지의 화학물질이 존재한다는 것을 입증하였는데, 이를 절단된 감자의 괴경(tuber)에 사용하면 어린 세포를 분열조직으로 만들며, 코르크형성층의 분화를 유도할 수 있었다. 다른 연구에서는 조직배양하는 식물 조직 덩어리에서 기관 분화를 촉진하는 데 사용하는 코코넛 밀크에도 사이토키닌이 함유된 것으로 이후에 밝혀졌다. 캘러스(callus)로부터 조직을 분화시키는 데 중요한 역할을 하는 사이토키닌이 후속 연구의 초점이 되었다.

사이토키닌은 식물 호르몬으로, 옥신과의 조합을 통하여 세포분열과 분화를 촉진한다. 대부분의 사이토키닌은 뿌리끝 분열조직에서 만들어져 식물 전체로 수송된다. 발생하는 과실은 중요한 사이토키닌 합성 장소이다. 이끼에서 사이토키닌은 배우체에서 영양아(vegetative bud) 형성을 유발한다. 모든 식물에서 사이토키닌은 다른 호르몬과 함께 작용하여 생장 양상을 조절하는 것으로 보인다.

사이토키닌은 아데닌 유도체로 보이는 퓨린이며(**그림 23.25**), 다른 합성된 물질들도 사이토키닌과 유사한 효과를 보인다. 사이토키닌은 곁눈이 가지로 생장하는 것을 촉진한다(**그림 23.26**). 반대로 사이토키닌은 곁뿌리 형성을 억제하고, 옥신은 이들 형성을 촉진한다.

이런 관계로 사이토키닌과 옥신의 균형은 다른 요인들과 함께 식물의 형태를 결정하게 된다. 식물 잎을 따서 사이토키닌을 처리하면 잎의 황백화 현상이 지연되는데, 이는 사이토키닌이 노화 방지 호르몬으로 기능하는 것이다.

제한된 배지에서 자라는 식물 조직의 생장과 분화에 대한 사이토키닌의 작용 효과에 대한 연구가 많이 이루어져 왔다. 식물 조직은 옥신과 사이토키닌의 상대적 양에 따라 슈트, 뿌리 또는 미분화 조직을 형성할 수 있게 된다(**그림 23.27**).

초기 조직 배양실험에서 코코넛 밀크는 필수 요소였는데, 후에 이 코코넛 밀크에는 식물의 성장에 필요한 아미노산과 다른 환원된 질소 화합물이 풍부할 뿐 아니라 사이토키닌도 함유되어 있음을 알게 되었다. 사이토키닌은 특히 세포분열에 필요한 단백질을 합성하거나 활성을 촉진시킨다.

사이토키닌은 또 병원균에 의해 식물에 사용되기도 한다. 예를 들어, 아그로박테리움(*Agrobacterium*)은 식물 게놈에 자신의 유전자를 삽입하여 사이토키닌과 옥신 생산량을 증가시키고, 이를 통해 대량의 세포분열을 유도하여 **뿌리혹병**(crown gall)이라는 종양을 형성한다(**그림 23.28**). 어떻게 이러한 호르몬-생합성 유전자가 결국 세균

그림 23.27 조직 배양에서 기관 재분화에 영향을 주는 사이토키닌과 옥신의 상대적인 양.
담배 식물에서 ***a.*** 옥신의 비율이 높으면 뿌리가 발달된다. ***b.*** 사이토키닌 비율이 높으면 슈트가 발달된다. ***c.*** 중간 농도에서는 미분화 세포가 형성된다. 사이토키닌과 옥신 비율에 대한 배양 조직의 반응은 종 특이적이다.

그림 23.28 근두암종(crown gall tumor, 뿌리혹병).
사이토키닌은 병원균이 식물에 대응하는 데 이용될 수 있다. 이 경우, 세균인 아그로박테리움은 자신의 DNA 조각을 식물 게놈에 삽입한다. 이 DNA는 사이토키닌과 옥신 합성에 필요한 효소의 유전자를 포함하고 있다. 식물에서 이 호르몬의 양이 증가되면 엄청난 세포분열이 일어나 종양을 형성하게 된다.

에서 활용되었는지는 진화적인 측면에서 매우 흥미로운 질문이며, 공동 진화가 식물에 항상 유리하게 작용하지는 않는다.

스트리고락톤은 곁눈의 생장을 억제한다

식물 형태는 부분적으로 곁눈의 생장에 의해서 결정되며, 수십 년 동안 분지가 자라는 것은 옥신과 사이토키닌의 길항작용에 기인한다. 완두콩(*Pisum sativum*), 페튜니아(*Petunia hybrida*)와 애기장대(*Arabidopsis*)에서 분지 돌연변이체가 연구되면서 뿌리에서 위로 이동하는 신호가 곁눈 생장을 억제하는 것으로 밝혀졌다(옥신은 슈트 끝에서 아래로 이동한다). 이 신호는 새로운 식물 호르몬인 스트리고락톤(strigolactones)으로 확인되었다. 스트리고락톤은 청색광을 흡수하고 광합성에서 중요한 역할을 하는 색소인 카로티노이드(carotenoid)에서 유래된다(**그림 23.29**).

옥신은 분지에 관련된 2개의 스트리고락톤 유전자인 *MAX3*과 *MAX4*의 전사를 직접 조절할 수 있다. 두 유전자는 프로모터에 옥신 반응 요소를 가지고 있다. 식물을 옥신으로 처리하면 *MAX3*과

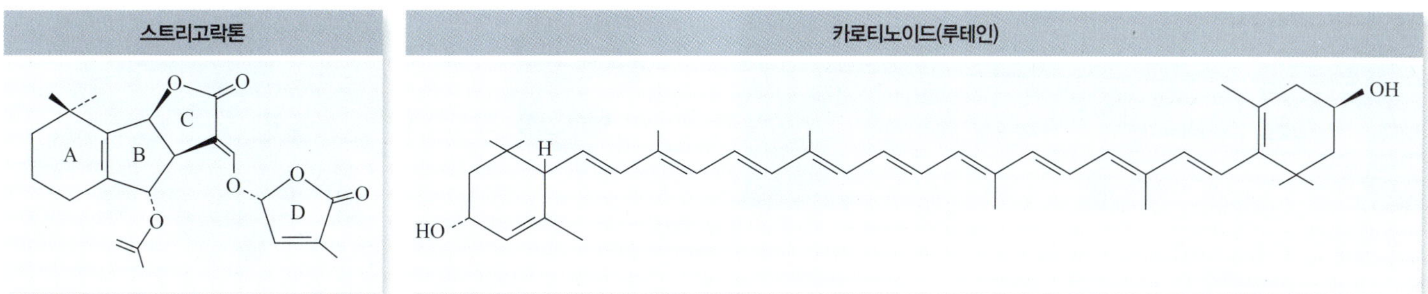

그림 23.29 카로티노이드에서 유래된 식물 호르몬인 스트리고락톤.

*MAX4*의 발현이 증가한다.

식물에서 스트리고락톤의 새로운 역할은 계속 규명되고 있으며, 가장 최근에는 스트리고락톤이 옥신과 협력하여 관다발형성층을 조절하는 것으로 나타났다.

지베렐린은 생장과 양분 이용을 촉진한다

지베렐린(gibberellins)이란 이름은 곰팡이 종류인 *Gibberella fujikuroi*에서 유래되었으며, 이 곰팡이는 벼의 키를 비정상적으로 크게 한다. 1920년대에 일본의 식물병리학자인 구로사와(Eiichi Kurosawa)가 이 "키다리병(bakanae, foolish seedling)" 질병에 관해서 연구하였다. 그는 *Gibberella*를 배양하여 얻은 물질을 벼에 처리하여 키다리병 식물을 생산하였다. 1939년에 일본 화학자에 의해 이 물질의 화학 구조식이 밝혀졌고, 1954년에 영국 화학자가 이를 재확인하였다.

이러한 물질이 처음에는 신기하게 생각되었으나, 결국 100여 종 이상이나 되는 집단으로 식물 호르몬에 포함되었다. 이들은 모두 산성이며 약자인 GA(gibberellic acid의 경우)로 쓰고, GA_1, GA_2 등으로 구분한다.

지베렐린은 줄기와 뿌리의 정단 부위에서 합성되며, 줄기의 신장에 중요한 역할을 한다. 신장 효과는 옥신이 있을 때 증진된다. 난쟁이(dwarf) 돌연변이 식물에 이 호르몬을 처리하면 많은 식물에서 정상적인 생장과 발생이 회복되는 것으로 알려져 있다(**그림 23.30**). 일부 난쟁이 돌연변이체는 충분하지 않은 양의 지베렐린을 생산하며, 어떤 돌연변이체는 지베렐린에 반응하지 못한다.

지베렐린이 결핍된 옥수수 돌연변이체를 통하여 많은 종류의 지베렐린이 복잡한 합성 경로의 중간 산물이라는 것이 밝혀졌다. 많은 지베렐린이 GA_1 생산 과정의 중간체 형태이나, 일부는 특정한 생물학적 역할을 가진 것으로 보인다.

지베렐린은 또한 식물 생장과 발생의 다른 많은 측면에도 영향을 미친다. 어떤 경우에는 GA가 저온이나 빛에 대한 요구를 대체함으로써 종자 발아를 서두른다. 지베렐린은 상업적으로 마디사이 길이를 신장시켜 포도의 꽃 사이의 공간을 더 늘리는 데 사용되는데, 이로써 과실은 자랄 수 있는 공간을 더 갖게 된다. 그 결과 포도알과 포도송이도 더 커지게 된다(**그림 23.31**).

지베렐린은 신호전달 과정을 거쳐 세포 반응을 유도하여 유전자의 전사가 일어나도록 한다. GA 수용체는 이미 밝혀졌는데 GA가 수용체에 결합하면 GA 의존적 전사인자에서 억제인자가 제거된다. 이 전사인자는 유전자 발현에 직접적으로 영향을 미칠 수 있다.

지베렐린은 식물체 내에서 호르몬으로 기능을 하지만, 양치류(ferns)에서는 페로몬으로도 작용한다. 양치식물에서는 한 배우체로부터 방출되는 지베렐린과 유사한 화합물이 이웃한 배우체의 수컷 생식기관 발달을 촉발시킬 수 있다.

브라시노스테로이드는 동물 호르몬과 구조적으로 유사하다

식물학자들은 **브라시노스테로이드**(brassinosteriods) 호르몬에 대하여 40년 동안 알고 있었으나 최근에 와서야 식물 호르몬으로 받아

그림 23.30 지베렐린의 효과.
돌연변이 완두콩 식물(왼쪽)은 지베렐린 생합성에 결함이 있다. 이런 유형의 돌연변이체는 슈트 끝에 지베렐린을 처리하면 회복될 수 있다(오른쪽). 지베렐린을 감지하는 데 결함이 있는 것으로 확인된 다른 돌연변이체는 지베렐린을 처리해도 반응하지 않는다.

그림 23.31 포도송이 내 공간을 넓게 해주는 지베렐린 처리.
포도알 사이의 공간이 더 넓어져서 포도가 더 커지게 된다(오른쪽).

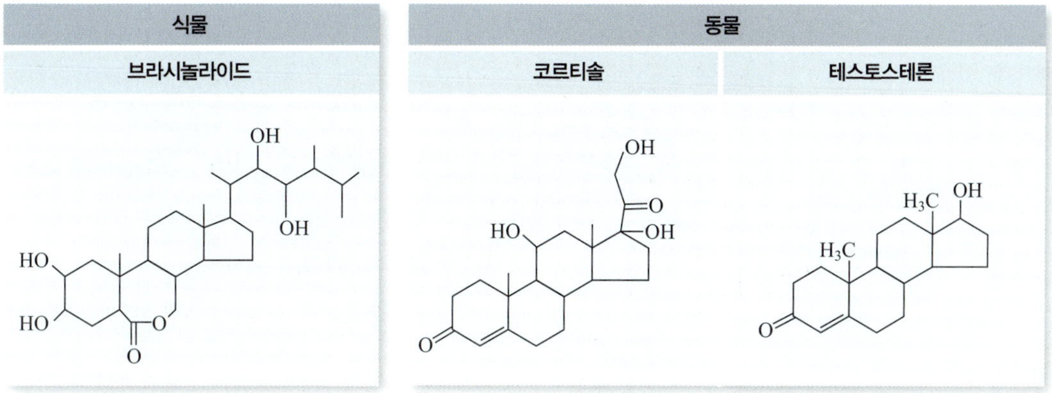

그림 23.32 브라시노스테로이드. 브라시놀라이드와 브라시노스테로이드는 동물의 스테로이드 호르몬과 구조적으로 유사하다. 코르티솔, 테스토스테론, 에스트라디올은 동물의 스테로이드 호르몬이다.

들였다. 이 물질은 배추속(*Brassica*) 화분에서 처음 발견되어 이렇게 이름 지어졌다. 과거에는 옥신 및 지베렐린과 같은 식물 호르몬들과 기능적으로 중복되어 중요하게 다루어지지 않은 것으로 보인다. 이들 세 종류의 호르몬 사이에 부가적인 효과가 보고되었다.

분자유전학적 연구를 통해 이 호르몬이 어떻게 만들어지고, 신호전달 과정에서 어떻게 기능하는가를 더 잘 이해할 수 있게 되었다. 이 호르몬이 특히 흥미로운 것은 동물의 스테로이드 호르몬과 유사하다는 것이다(**그림 23.32**). 이 호르몬의 합성경로에 관여하는 효소의 유전자 중 하나가 테스토스테론과 이와 관련된 스테로이드의 합성에 사용되는 효소와 매우 유사하다. 조류(algae)에서도 이 호르몬이 확인되었으며, 식물에서는 흔하게 발견된다. 따라서 이 호르몬의 기원이 진화 측면에서 식물과 동물이 분리되기 이전이라고 보는 것이 타당하게 받아들여질 수 있다.

브라시노스테로이드는 신장, 세포분열, 줄기의 구부러짐, 관다발 조직 발달, 노화 지연, 막의 극성, 생식적 발육과 같은 광범위한 생리적 효과를 보여준다. 환경 신호가 이 호르몬의 작용을 촉발한다. 예를 들면, 청색광이 줄어들면 브라시노스테로이드 농도가 증가되어 **배축**(hypocotyl)이 신장되지만, 또 다른 그늘 내성 기작(shade tolerance mechanism)을 초래한다(**그림 23.33**).

브라시노스테로이드에 대한 반응이 변화된 돌연변이체가 확인되었지만 신호전달경로는 밝혀지지 않았다. 진화적 관점에서 볼 때 이 호르몬의 신호전달경로를 동물의 스테로이드 신호전달경로와 비교하는 것은 매우 흥미로울 것이다.

올리고사카린은 방어 신호 분자로 작용한다

식물의 세포벽은 셀룰로스뿐만 아니라 **올리고당**(oligosaccharides)이라 부르는 많은 복잡한 탄수화물로 구성되어 있다. 세포벽 구성 물질은 벽의 구조 물질로서뿐만 아니라 병균이 침입하여 벽을 분해할 때 신호전달 분자로도 작용한다는 일부 증거가 있다. 호르몬과 같은 역할을 할 것으로 여겨지는 올리고당을 **올리고사카린**(oligosaccharins)이라고 부른다.

올리고사카린은 병원균이 분비하는 효소에 의하여 세포벽에서 방출될 수 있는데, 이런 탄수화물이 과민반응(hypersensitive response, HR)과 같은 방어 반응 신호라고 여겨지고 있다.

또 다른 올리고사카린은 옥신 자극에 의한 완두 줄기의 신장을 억제한다. 이 분자들은 기존의 식물 호르몬보다 10~100배 더 낮은 농도에서 활성이 나타났으며, 옥신과 사이토키닌 비율이 어떻게 배양에서 기관 형성에 영향을 줄 수 있는지를 보여주었다(**그림 23.27** 참조).

올리고사카린은 재분화된 담배 조직의 표현형에도 영향을 주어 꽃을 재발생시킬 수 있는 조직에서 뿌리 형성을 억제하고 꽃 생성을 자극한다. 배양 결과가 어떻게 생체내 시스템으로 전환되는지는 여전히 질문으로 남아 있다.

에틸렌은 과실의 성숙을 유도하고 방어를 돕는다

식물 호르몬으로의 역할이 인정되기 오래전에 가스 상태의 탄화수소 **에틸렌**(ethylene, H_2C-CH_2)은 19세기의 가로등이었던 가스등에서 새어 나와 식물을 고사시키는 것으로 알려져 있었다. 그러나 에틸렌은 식물 대사의 자연스러운 산물로, 소량으로 다른 식물 호르몬과 작용한다.

옥신이 줄기의 정단분열조직에서 아래로 수송될 때 곁눈 주위 조직에서 에틸렌 생성을 자극하여 생장을 지연시킨다. 에틸렌은 아마도 유사한 방법으로 줄기와 뿌리의 신장을 억제할 것이다. 에틸렌 수용체가 확인되었는데, 이것은 광합성 생물의 진화 초기에 진화한 것으로 보이며, 세균에서 확인된 환경감지(environmental-sensing) 단백질과 같은 특징을 지닌다.

에틸렌은 과실 발생에 중요한 역할을 한다. 첫째, 수분된 꽃과 과실 발생 시에 많은 양이 생성되는 옥신은 에틸렌 생성을 자극하고, 이렇게 생성된 에틸렌은 과실 성숙을 촉진시킨다. 복잡한 탄수화물

과학적 사고

질문: 브라시노스테로이드(BRs)가 청색광이 매개된 그늘 회피를 조절하는가?

가설: 낮은 청색광 조건에서 배축 신장에 BR 신호전달이 필요하다.

예상: BR 신호전달이 감소된 식물은 일반적인 청색광 조건의 식물보다 낮은 청색광 조건에서 더 짧은 배축을 가질 것이다.

실험: BR 억제인자인 브라시나졸(brassinazole, Brz)이 처리된 애기장대 야생형뿐만 아니라 BR 신호전달 장애(bri1-1)를 갖거나 생합성 장애(rot3-1)를 가지는 돌연변이체를 모든 영역대의 빛 조건과 낮은 청색광 조건에서 키워서 5일 후에 배축 길이를 측정한다.

결과: 낮은 청색광 조건에서는 야생형(WT)에 비해 BR 신호전달을 감소시키는 3가지 처리 모두에서 배축 신장 정도가 감소하였지만, 일반적인 수준의 청색광 아래서는 배축의 길이에 영향을 미치지 않았다.

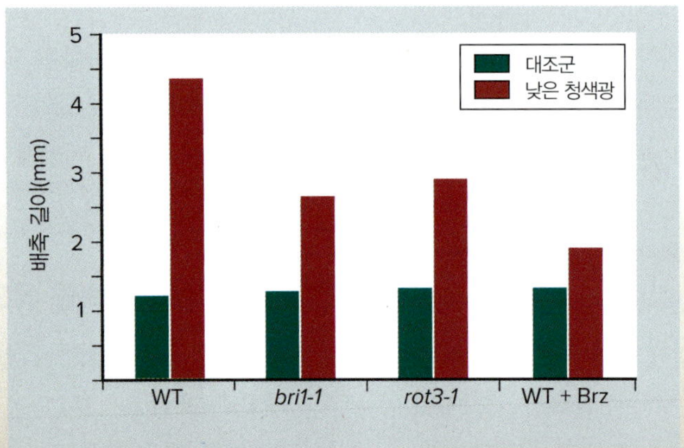

추가 질문: 야생형과 *bri1-1*의 배축 길이 증가 백분율을 비교해 보자. BR 신호전달을 억제해도 낮은 청색광 아래에서는 배축 신장을 완전히 억제하지 못하는 이유는 무엇일까?

그림 23.33 **브라시노스테로이드 조절을 통해 배축 신장에 영향을 미치는 청색광.**

이 단순당으로 분해되고, 엽록소가 분해되며, 세포벽은 연해지고, 성숙한 과실에서 나는 풍미와 향과 관련된 휘발성 화합물이 생성된다.

에틸렌을 식물 호르몬으로 인식하게 한 첫 번째 관찰 중 하나는 오렌지에서 나오는 가스로 바나나를 조기 숙성시킨 것이다. 이런 관계는 에틸렌이 상업적으로 중요하게 사용되도록 하였다. 예를 들어, 토마토는 녹색일 때 수확하여 에틸렌을 사용하여 나중에 인공적으로 숙성시키며, 레몬과 오렌지도 같은 방법으로 빨리 숙성시킬 수 있다. 이산화탄소는 숙성을 정지시키는 반대 효과를 나타내는데, 시장에 도달할 때까지 숙성을 지연시키기 위해 과일 상자에 이산화탄소 가스를 주입하여 운송하기도 한다.

또한 생물공학적 방법으로 에틸렌 합성 유전자 중 하나가 클로닝되었으며, 이것의 안티센스 서열이 토마토 유전체로 삽입되었다(**그림 23.34**). 안티센스 서열은 센스 서열과 상보적이기 때문에 이 형질전환 식물에서 에틸렌 합성 유전자의 센스와 안티센스 서열이 전

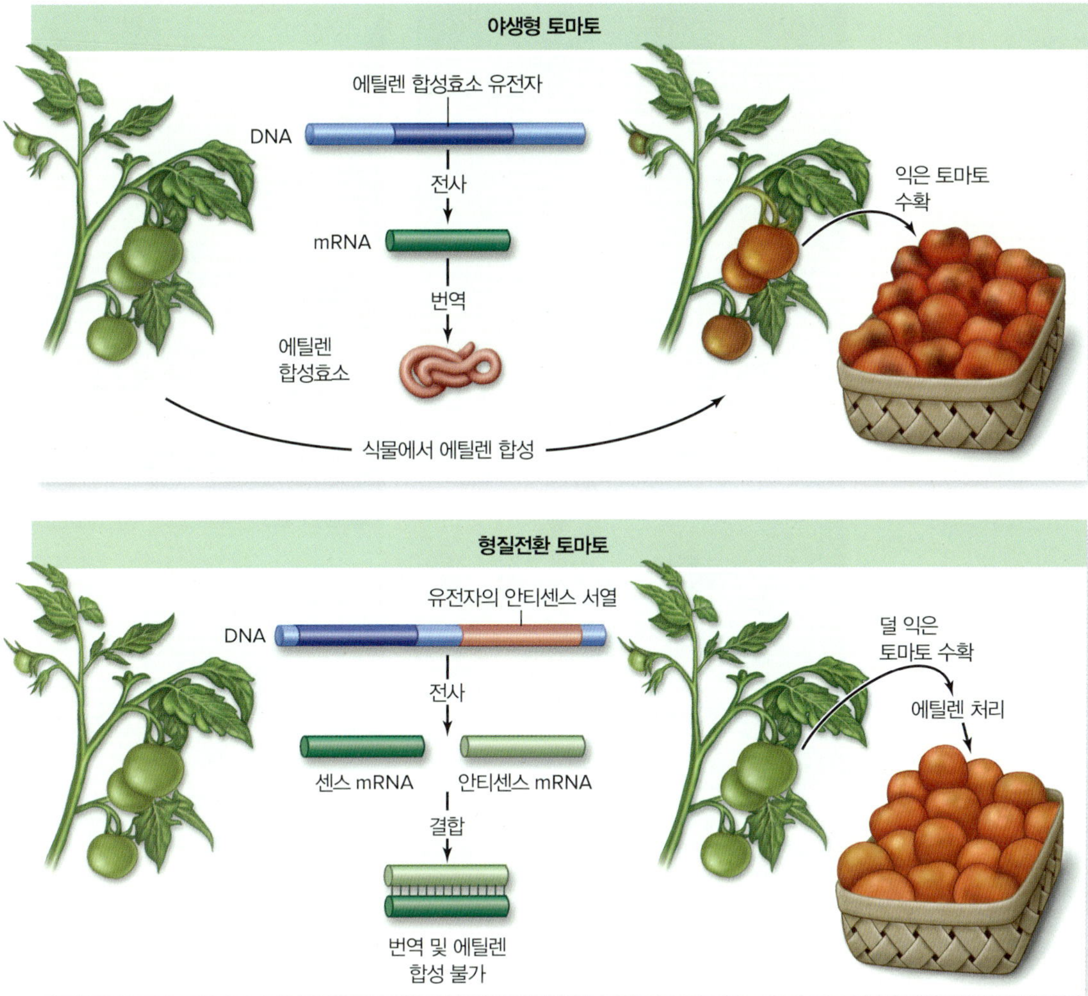

그림 23.34 **과실 성숙의 유전적 조절.** 에틸렌 합성 유전자의 안티센스 서열은 에틸렌 생성과 형질전환 과실이 익는 것을 막는다. 이 안티센스 서열은 에틸렌 합성 유전자에 대하여 상보적이다. 전사가 일어난 후 안티센스 mRNA는 센스 mRNA와 짝을 이루게 되고, 이 2중가닥은 정상적인 단백질로 번역이 되지 못한다. 따라서 에틸렌이 생성되지 못해 과실은 익지 않는다. 과실은 익지 않은 상태여서 운송 중에도 단단하며, 나중에 에틸렌에 노출시켜 익게 할 수 있다. 즉, 일반 토마토는 시장에 도착하면 벌써 썩거나 손상되어 있으나, 형질전환 토마토는 신선도가 더 오래간다.

사되고, 이들의 mRNA 가닥은 서로 쌍으로 결합한다. 이 결합이 단일가닥의 RNA를 필요로 하는 번역과정을 차단한다. 그 결과 에틸렌이 합성되지 못하여 형질전환된 토마토는 숙성되지 못한다. 이런 방법으로 숙성되지 않아 썩지 않는 녹색의 토마토가 운송될 수 있으며, 후에 에틸렌을 처리하여 토마토를 숙성시킬 수 있다.

에틸렌은 생태적인 측면에서도 중요한 역할을 한다. 식물이 오존, 독성 화학물질, 극한 기온, 건조, 병원균이나 초식동물의 공격 및 여타 스트레스에 노출될 때 에틸렌 생산이 급격히 증가된다. 식물은 에틸렌 생성을 증가시켜 상처를 받은 잎이나 과실을 떨어뜨린다. 오존 노출과 연관된 손상 중 일부는 식물에서 생성되는 에틸렌 때문이다.

초식동물이나 병원균의 공격으로 식물이 에틸렌을 생성하는 것은 식물 방어 기작을 활성화시키기 위한 신호가 될 수도 있고, 또한 해충에 유독한 분자를 생성하는 것일 수도 있다.

앱시스산은 생장을 억제하고 휴면을 유도한다

앱시스산(abscisic acid, ABA)은 주로 성숙한 녹색 잎, 과실과 뿌리골무에서 합성되는 것으로 보인다. 이 호르몬의 이름은 목화에 처리했을 때 과실 탈리를 촉진시켰기 때문에 붙여졌다. 그러나 이 과정에서 ABA가 중요한 역할을 했다는 증거는 거의 없었다. 실제로 에틸렌이 노화와 탈리를 촉진하는 화학물질이다.

ABA는 겨울을 나는 휴면아인 겨울 눈(winter bud) 형성을 유도하는 것으로 여겨진다. 이때 잎원기(leaf primordia)가 아린(bud scale)으로 전환된다(**그림 23.35**). 에틸렌과 같이 ABA도 휴면 곁눈 생장을 억제한다. ABA는 눈(bud)의 생장과 신장을 억제하여 지베렐린 효과를 방해할 수 있으며, 옥신에 대응하여 노화를 촉진할 수도 있다.

ABA는 종자 휴면에 중요한 역할을 하며, 발아하는 동안은 지베렐린에 대하여 길항적(antagonistic)으로 작용한다. 옥수수 자루 내에서 배아 발생이 일어나면서 ABA의 양이 증가하는데 이는 휴면을 유도하고 이삭발아(vivipary)라 불리는 조기 발아를 억제한다(**그림 23.35**). ABA는 또한 기공의 개폐 조절 작용에서도 중요하다(**그림 23.35**).

그림 23.35 앱시스산의 효과.

a. 앱시스산(ABA)은 미국 참피나무의 겨울 눈 형성에 중요한 역할을 한다. 이 눈은 겨울 동안 휴면 상태로 남아 있게 되고, 잎이 변형된 아린이 눈을 보호하여 건조하지 않게 한다. ***b.*** ABA는 종자의 휴면에도 필요하다. 옥수수 이삭발아 종자 돌연변이체는 ABA가 결여되어 옥수수 자루에 붙은 채 발아된다. ***c.*** ABA는 또 공변세포(guard cell) 외부로 K^+의 이동에 관여하여 기공 개폐에 영향을 미친다.

모든 식물에서 발견되는 이 ABA는 식물계의 진화 초기부터 생장 조절 물질로서 작용해 왔다. ABA의 생리적, 생화학적 효과에 대해서는 알려진 바가 거의 없지만, 이러한 효과는 매우 빨라서 불과 1~2분 안에 일어나기 때문에 유전자 발현과는 적어도 일부는 관련이 없어야만 한다.

애기장대의 모든 유전자의 염기서열이 밝혀짐에 따라 어떤 유전자가 ABA에 반응하여 전사되는지 쉽게 확인할 수 있다. ABA는 식물이 스트레스, 특히 건조 스트레스를 받으면 그 수치가 크게 증가하는데, 다른 호르몬과 마찬가지로 ABA도 그 작용 양상이 더 잘 이해될 때 상업적으로 더 중요하게 사용될 수 있을 것이다.

핵심 요약 23.5

호르몬은 식물의 한 부위에서 소량 생산되어 다른 부위로 이동한 후 그곳에서 생리적 또는 발생학적 반응을 일으키는 화학물질이다. 옥신과 사이토키닌은 분열조직에서 만들어져서 생장을 촉진한다. 그러나 옥신은 세포를 신장시켜 생장을 자극시키는 반면 사이토키닌은 세포 분열을 자극한다. 이와는 반대로, 앱시스산은 생장을 억제하고 휴면을 촉진한다.

- 높은 조도와 낮은 조도에서도 정확하게 동일한 키를 가지는 새로운 돌연변이 식물을 확인하였다. 영향을 받을 수 있는 호르몬을 나열하고, 어떤 호르몬 생합성경로 또는 신호전달경로가 새로운 돌연변이 식물에서 변경되었는지를 확인할 수 있는 실험을 설계해 보자.

핵심 개념 요약

23.1 빛에 대한 반응

■ P_{fr}은 광반응 유전자의 발현을 촉진한다

피토크롬 분자는 2개의 상호 전환 가능한 형태로 존재한다. 비활성 형태인 P_r은 적색광을 흡수하여 활성 형태인 P_{fr}로 변환된다. P_{fr}은 근적외선을 흡수하여 비활성 형태인 P_r로 변환된다. P_{fr}은 핵으로 들어가서 다른 단백질과 결합하여 전사 복합체를 형성한 후 빛에 의해 조절되는 유전자를 발현하도록 해준다. P_{fr}은 또한 전사인자들의 연쇄반응을 활성화시킬 수 있다.

■ 식물의 생장 반응은 피토크롬의 활동과 연관되어 있다

P_{fr}은 종자 발아, 슈트 생장 및 주변 식물에 의한 밀집 감지 등에 관여한다. 근적외선은 P_{fr}을 비활성화시켜 종자 발아를 억제하고, 적색광은 P_r을 활성화시켜 종자 발아를 촉진한다.

밀집된 식물은 이웃 식물로부터 반사되어 오는 상당량의 근적외선을 받게 된다. 이러한 식물은 키가 더 커져서 햇빛에 대한 경쟁에서 우위를 점한다.

■ 빛은 방향성 생장에 영향을 준다

굴광성은 청색광에 대한 줄기의 방향성 생장이다. 포토트로핀은 청색광 수용체이다.

■ 일주기성 생체시계는 광독립적이지만 빛에 의해 변화된다

활동일주기는 피토크롬과 청색광 수용체들의 작용을 통하여 대략 24시간 주기로 작동된다. 빛이 없는 경우, 주기가 탈동조화될 수 있지만, 빛이 있으면 다시 작동된다.

23.2 중력에 대한 반응

■ 식물은 중력장에 맞추어 자란다

굴중성은 중력장에 대한 생장 반응이다.

특정 식물세포는 전분체가 아래 방향으로 가라앉을 때 중력을 감지한다. 중력 감지 이후에 생리적 신호가 다른 세포에서의 세포 신장을 초래한다.

■ 줄기는 중력 중심의 반대방향으로 자란다

슈트는 중력의 반대로 휘어져서 음성 굴중성을 나타낸다. 옥신이 누워 있는 줄기의 밑면에 누적되면 줄기 밑면의 세포가 신장하여 줄기가 위로 휘어지게 된다.

■ 뿌리는 중력 중심 방향으로 자란다

뿌리는 중력 방향으로 휘어져서 양성 굴중성을 나타낸다. 뿌리골무가 수평으로 놓이면 뿌리 윗면의 세포가 신장하여 뿌리가 아래로 휘어지게 된다.

23.3 기계적 자극에 대한 반응

■ 접촉은 비가역적 생장반응을 일으킨다

굴촉성은 식물이 물리적 자극 방향이나 또는 그 반대 방향으로 자라는 비가역적인 방향성 생장으로 생장 형태가 변화하는 접촉형태형성을 초래한다.

접촉 반응은 자극 방향과 관계없고 일반적으로 팽압 변화에 의해서 생성된다.

■ 접촉과 기타 자극에 의한 가역적 반응은 팽압에 의한 것이다

접촉에 의한 반응은 팽압 변화에 의해 일어난다. 자극을 받으면 전기신호가 일어나고 이는 엽침 세포에서 포타슘 이온과 물이 빠져나오게 한다. 팽압이 상실되면 잎이 움직인다.

빛도 팽압 변화를 유도하여 잎이 태양을 추적하고, 꽃이 피며, 잎이 수면 운동을 하도록 해준다.

23.4 물과 온도에 대한 반응

■ 휴면은 물, 온도, 빛에 의한 반응이다

휴면 반응은 식물이 환경 스트레스에 노출될 때 일어나는 생장 중지 과정이다. 낙엽수는 가을에 계절적인 잎의 탈리가 일어난다. 종자 휴면은 환경 조건이 최적일 때까지 발아를 연기한다.

■ 식물은 극한 온도에서 생존할 수 있다

식물은 추위에 반응하여 세포막의 불포화 지질을 증가시키고, 얼음 결정이 세포외 공간에만 만들어지도록 제한하며, 부동 단백질을 생성한다.

식물은 온도가 갑자기 상승하면 열충격 단백질을 생성하여 다른 단백질을 안정화시킨다.

23.5 호르몬과 감각 체계

■ 생장 조절 호르몬은 환경 변화에 반응한다

호르몬은 식물의 어느 한 부위에서 소량 합성된 다음 생리 또는 발생 반응이 일어나는 다른 부위로 운반된다.

■ 옥신은 줄기의 신장과 체제를 형성한다

옥신은 식물의 미성숙한 부위와 정단분열조직에서 합성된다. 옥신은 단백질에 결합하여 DNA 전사에 영향을 미친다. 옥신은 줄기 신장, 부정근 형성, 세포분열과 곁눈 휴면을 촉진한다. 또한 잎의 탈리를 억제하고 에틸렌 생성을 유도한다.

■ 사이토키닌은 세포분열과 분화를 자극한다

사이토키닌은 뿌리정단분열조직과 미성숙된 과일에서 합성되는 퓨린으로, 세포분열, 엽록체 발생과 싹이 만들어지는 것을 촉진한다. 사이토키닌은 또한 잎의 노화를 억제한다.

■ 스트리고락톤은 곁눈의 생장을 억제한다

스트리고락톤은 뿌리에서 합성되어 위로 이동한 후 곁눈 생장과 형성층 발생을 조절한다.

■ 지베렐린은 생장과 양분 이용을 촉진한다

지베렐린은 뿌리와 슈트의 정단 부위, 어린 잎과 종자에서 합성되며 줄기의 신장과 발아 종자에서 효소 생성을 촉진한다. 지베렐린은 양치류에서 페로몬으로 작용한다.

■ 브라시노스테로이드는 동물호르몬과 구조적으로 유사하다

브라시노스테로이드는 꽃가루, 미성숙 종자, 슈트과 잎에서 합성되는 스테로이드로, 생장과 노화 및 생식적 발육과 연관된 광범위한 효과를 보여준다.

■ 올리고사카린은 방어 신호 분자로 작용한다

병원균이 분비하는 효소에 의하여 세포벽에서 올리고사카린이 방출될 수 있는

데, 이런 탄수화물은 병원균 방어 반응을 유도한다. 올리고사카린은 또한 옥신 자극에 의한 줄기의 신장을 억제하고, 뿌리 형성을 억제하며, 꽃 생성을 자극한다.

■ 에틸렌은 과실의 성숙을 유도하고 방어를 돕는다

뿌리, 슈트의 분열조직, 노화된 꽃, 그리고 숙성된 과실에서는 에틸렌이 생성되는데, 이 기체는 잎, 꽃, 그리고 과실의 탈리를 조절하고, 과실 성숙을 촉진하며, 줄기와 뿌리의 신장을 억제한다. 에틸렌은 초식 동물이나 병원균의 공격에 대한 방어 반응을 활성화한다.

■ 앱시스산은 생장을 억제하고 휴면을 유도한다

성숙한 녹색 잎, 과실, 뿌리골무와 종자에서 ABA를 합성한다. ABA는 눈(bud) 생장과 다른 호르몬의 영향을 억제하고, 종자 휴면을 유도하며, 기공 개폐를 조절한다.

연습문제

■ 1단계: 이해력 확인하기

1. 다음 중 청색광에 의해 자극을 받는 것은 무엇인가?
   a. 종자의 발아
   b. 식물의 밀집 탐지
   c. 굴광성
   d. 슈트의 신장
2. 줄기와 뿌리는 각각 어떤 반응을 보여주는가?
   a. 양성 굴광성 반응과 무굴광성 반응
   b. 음성 굴광성 반응과 무굴광성 반응
   c. 무굴광성 반응과 양성 굴광성 반응
   d. 무굴광성 반응과 음성 굴광성 반응
3. 줄기에서 중력을 감지하는 세포는 어느 것인가?
   a. 외피(epidermis)
   b. 피층(cortex)
   c. 주피(periderm)
   d. 내피(endodermis)
4. 추위는 식물의 어느 부위에 가장 직접적인 영향을 주는가?
   a. 핵 단백질
   b. 액포 봉입체(inclusion)
   c. 세포골격
   d. 막 지질
5. 다음 중 종자가 휴면 상태로 갈 때 일어나지 않는 일은 무엇인가?
   a. 종자의 물이 소실된다.
   b. 배아의 앱시스산 양이 감소한다.
   c. 종피가 단단해진다.
   d. 단백질 합성이 중단된다.
6. 난쟁이 돌연변이는 다음 중 어떤 호르몬에 의해 때때로 정상적인 성장이 유도되는가?
   a. 올리고사카린 b. 앱시스산
   c. 에틸렌 d. 지베렐린

■ 2단계: 적용력 평가하기

1. 종자를 연속으로 적색광/근적외선에 노출시킨다면 다음의 어떤 처리 방법이 종자를 발아시키는가?
   a. 적색광, 근적외선
   b. 근적외선, 적색광
   c. 적색광, 근적외선, 적색광, 근적외선, 적색광, 근적외선, 적색광, 근적외선
   d. a와 c 모두 맞다.
2. 탈황백화 돌연변이(de-etiolated mutant, *det2*) 애기장대 종자를 파종하여 암실에 둘 경우 어떤 일이 일어나는가?
   a. 종자는 정상적으로 발아하나, 식물체는 빛을 찾는 동안 키가 크지 않고 웃자라지 않는다.
   b. 종자는 빛이 없기 때문에 발아에 실패한다.
   c. 종자는 발아하고, 식물체는 빛을 찾는 동안 키가 크고 웃자란다.
   d. 종자는 발아하고, 식물체는 암실에서 탄수화물을 생산하지 못하므로 즉시 죽게 된다.
3. 찰스 다윈과 프랜시스 다윈이 식물의 굴광성 연구에서 발견한 것은 무엇인가?
   a. 빛에 의존하는 생장에는 옥신이 역할을 한다.
   b. 식물 슈트 끝에서 빛이 탐지된다.
   c. 식물 슈트 끝 아래에서 빛이 탐지된다.
   d. 적색광만 굴광성을 자극하였다.

4. 다음 중에서 옥신에 의해 유도되는 유전자 발현을 억제할 수 있는 결함은 무엇인가?

   a. ARF 전사인자가 Aux/IAA 단백질에 결합할 수 없다.
   b. TIR1의 옥신 결합 부위에 결함이 있다.
   c. Aux/IAA 단백질에 결함이 생겨 유비퀴틴과 결합하는 것이 억제되지만, ARF 전사인자와는 결합할 수 있다.
   d. b와 c가 모두 맞다.

5. 익지 않은 과일을 대량 구매한 후 풍선처럼 부풀어 오른 자루에 이 과일을 저장함으로써 식료품 예산을 줄이기 위한 기발한 아이디어가 있다고 하자. 다음 중 이 아이디어는 어떤 것인가?

   a. 자루가 빛을 차단하여 과일이 익지 않을 것이다.
   b. 자루가 과일을 차갑게 하여 익지 않을 것이다.
   c. 자루 안의 높은 CO_2 농도가 과일이 익는 것을 방해한다.
   d. 자루 안의 높은 O_2 농도가 과일이 익는 것을 방해한다.

6. 다음 중 우주 공간의 우주선(Space Shuttle)에서 생장한 식물에서 관찰되지 않는 것은?

   a. 굴광성　　b. 광형태형성
   c. 생체리듬　　d. 굴중성

■ 3단계: 사고력 함양하기

1. 감자를 한 봉지 사서 어두운 찬장에 오랫동안 두면, 감자에서 길고 하얀 싹이 나오고 작은 잎도 달려 있을 것이다. 이 과정을 무엇이라고 하며, 왜 감자가 이렇게 되는지에 대해 설명하시오.
2. 이 책에서 주성(taxis)을 찾아보고, 굴성(tropism)과 비교하여 차이점을 설명하라.
3. 굴중성에 대한 현재의 모델은 세포의 하부에 전분체가 가라앉는 것을 통해 세포가 중력을 감지하는 것으로 설명하고 있다. 이런 입자의 침전을 수반하지 않는 중력 감지에 대한 기작을 제안해 보시오.
4. 어린 식물(seedling)을 심어 작물을 키우는 농부가 밭에 이식하기 위해 온실에서 몇 주 동안 매일 어린 식물을 부드럽게 솔질한다고 했을 때, 이것의 이점은 무엇인가?

V 식물의 형태와 기능

24

식물의 생식

도입

현화(속씨)식물의 놀라운 진화적 성공은 이들의 새로운 생식 전략과 관련이 있다. 이번 장에서는 속씨식물의 생식 전략에 대해 학습하고, 이들의 독특한 특징인 꽃과 과실이 진화적 성공에 어떻게 기여하였는지에 대해 알아본다. 이는 부분적으로 식물의 배우자를 광범위하게 퍼뜨려 유전적 다양성을 높이는 식물과 동물 사이의 공동 진화에 관한 이야기이다. 일단 수정이 되면 일련의 발생 과정이 환경적 요인과 조화를 이루어 유예기간을 거쳐 다음 세대의 발아와 성숙으로 이어진다. 그러나 어떤 안정적인 환경에서는 유전적으로 현재의 상태를 유지하는 것이 유리한 경우가 있는데, 그 예로 클론 개체를 번식시키는 무성생식 방법을 들 수 있다. 어떤 속씨식물에서는 유성생식으로의 비정상적인 전환이 즉시 모식물의 노화와 죽음을 유발하기도 한다.

24.1 생식과 발생

학습 목표

1. 속씨식물의 일반적인 생활주기에 대해 설명할 수 있다.
2. 생장상 변화를 정의할 수 있다.
3. 생장상 변화를 연구하는 데 사용된 2개의 애기장대 돌연변이를 식별할 수 있다.

이번 장에서는 영양생장 식물과 개화와 관련된 매우 정교한 구조의 생성 과정에 대해 알아본다(**그림 24.1**). 고등식물은 감수분열에 의한 반수체(x) 포자를 생성하는 포자체($2n$) 세대와 수정에 의한 2배체($2x$) 배아를 생성하는 배우체(n) 세대를 번갈아 보여준다.

식물은 동물과 마찬가지로 생식적으로 성숙하게 하는 발생 과정에서의 변화를 겪는다. 예를 들어 동물에서 생식적으로 성숙하지 못한 유년기에서 성숙한 개체로의 전환은 올챙이에서 개구리로 전환되거나, 나비의 유충이 성숙하여 나비가 되는 것처럼 변태(metamorphosis)의 과정을 거치는데, 식물에서도 이와 유사한 과정을 거치면

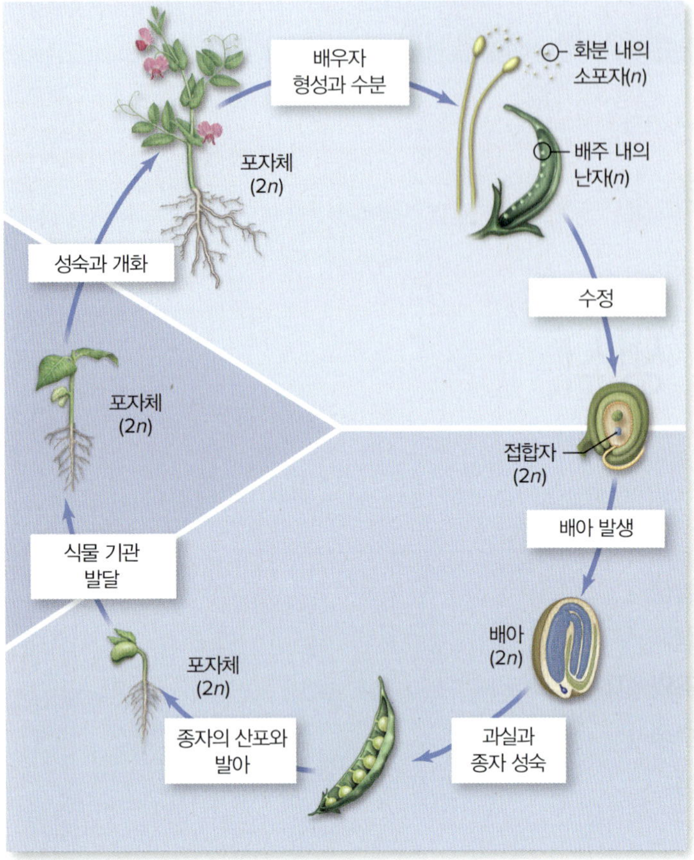

그림 24.1 현화식물(속씨식물)의 생활주기.

서 생식기관인 꽃을 생성한다. 그러나 올챙이가 꼬리를 잃고 어린 개구리가 되는 것과는 다르게 식물은 자기가 가지고 있는 분열조직(meristem)에서 꽃이라는 새로운 기관을 만들게 된다.

식물에서는 매우 세밀하게 조절되는 과정에 의해 언제 어느 곳에 꽃이 만들어질지가 결정된다. 또한 식물은 종종 개화(flowering)를 조절하는 내부 또는 외부 신호에 대응할 수 있는 능력을 가지고 있어

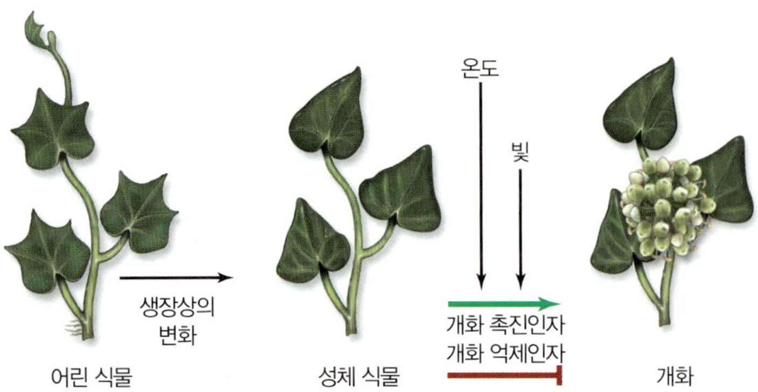

그림 24.2 개화 유도 관련 인자들.
정단분열조직에서 꽃이 피기 시작하도록 하는 환경적 신호와 내부적으로 일어나는 과정들을 보여준다. 생장상이 변화되는 동안 식물은 개화 신호에 감응하는 능력을 갖추게 된다.

야 한다. 식물이 번식할 수 있는 능력을 갖추면, 빛, 온도, 내부의 촉진 또는 억제 신호 등의 복합적인 요인들이 꽃의 개화 시기를 결정한다(**그림 24.2**). 이러한 신호들은 꽃받침, 꽃잎, 수술 및 심피 등의 꽃 기관 형성을 지정하는 유전자들을 발현시킨다. 세포들은 일단 특정한 꽃의 기관으로 발달되도록 명령을 받으면, 또 다른 일련의 발생 과정들이 일어나 꽃의 3차원적인 구조를 결정하게 된다. 다음 절에서 이러한 과정들에 대해 알아본다.

개화 능력으로의 전이는 생장상 변화를 뜻한다

대부분의 어린 식물은 모든 환경적인 요건들이 최적이라 하더라도 개화할 수 없다. 내부의 발생적 변화를 통해 식물이 외부 또는 내부의 요인들에 반응할 수 있도록 하여 개화를 촉발하는데, 이러한 전이를 **생장상 변화**(phase change)라고 한다.

생장상 변화는 형태적으로 뚜렷할 수도 있고, 아주 미묘할 수도 있다. 겨울철에 상수리나무를 보면, 낮은 줄기에 있는 잎은 봄에 새싹이 밀어낼 때까지 붙어 있지만, 위쪽 줄기에 있는 잎은 더 일찍 떨어진다(**그림 24.3***a*). 이러한 낮은 줄기는 어린 분열조직에서 비롯되었다. 이들은 환경적 신호에 반응하지 않으며, 나중에 낙엽으로 지는 것은 이들이 어린 줄기로서 생장상 변화를 일으키지 않았다는 것을 보여주는 것이다. 비록 아래쪽 줄기들이 오래된 것들이기는 하지만, 이들의 유조직 상태는 처음 시작될 때 확립되어 변하지 않는다.

담쟁이덩굴(ivy)은 뚜렷한 어린 식물과 성체 식물의 생장상을 지니고 있다(**그림 24.3***b*). 어린 분열조직에 의해 생성된 줄기 조직은 부정근(adventitious roots)을 생성하여 벽에 붙어 있을 수 있다. 담쟁이덩굴로 뒤덮인 아주 오래된 벽돌 건물을 보면 가장 윗부분의 줄기들은 벽에서 떨어져 있는 것을 볼 수 있는데, 이것은 생장상이 성체 식물로 변하여 부정근을 생성할 수 있는 능력을 상실하였기 때문이다.

식물이 성숙된 상태로 발달하였더라도 이들 생식기관은 생성될 수도 있고 그렇지 않을 수도 있다는 점에 유의해야 한다. 개화 유도에는 다른 요인들이 필요하다.

돌연변이를 통해 생장상의 조절에 관해 알 수 있다

일반적으로 식물을 성체에서 어린 식물로 전환시키는 것이 실험적으로 생장상을 변화시키는 것보다 더 수월하다. 식물 호르몬인 지베렐린(gibberellin)을 처리하거나 아주 심하게 가지치기를 하면 생장상을 전환시킬 수 있다. 후자의 경우, 진달래와 같은 특정 관목의 경우에는 줄기를 자르면 성장이 촉진되면서 새로운 영양생장이 일어난다.

애기장대(*Arabidopsis*)의 ***emf***(*embryonic flower*) 돌연변이체에

a.

b.

그림 24.3 생장상 변화.
a. 상수리나무의 낮은 줄기들은 발달과정상의 어린 식물 상태를 유지하며, 겨울에도 잎이 줄기에 붙어 있는 것을 볼 수 있다. 낮은 줄기에 있는 잎들은 탈리층(abscission layer)을 만들 수 없어 가을에 줄기로부터 떨어지지 않는다. 이러한 가시적 변화는 생장상 변화의 흔적이지만 실제 검증은 식물이 개화할 수 있는지 여부이다. ***b.*** 어린 식물 담쟁이(오른쪽)는 부정근을 만들고 잎차례가 호생(어긋나기)이다. 성숙한 담쟁이(왼쪽)는 부정근이 없고, 잎차례가 나선상이며 개화할 수 있다.

서는 개화가 바로 개시되는데(**그림 24.4**), 이는 야생형 대립인자(wild-type allele)가 개화를 억제하고 있다는 가설을 증명해 주는 것이다. 야생형 식물이 성숙하면 *EMF* 발현이 줄어들게 되는데, 이러한 사실은 개화는 항상 대기 상태에 있으며, 개화를 지연하는 기작이 진화적으로 만들어졌음을 보여주는 것이다. 개화의 지연은 식물이 생식에 할당된 에너지를 더욱 많이 저장하는 것이라고 여겨진다.

어린 식물에서 성체 식물로의 전이를 유도하는 실례 중 하나는 많은 식물 종에서 발견된 개화에 필요한 유전자를 과다발현(overexpression)시킨 것에서 비롯된다. 이런 유전자 중 하나인 *LEAFY*(*LFY*)를 애기장대에서 클로닝하고, 그 프로모터를 바이러스 프로모터로 바꾸어서 항상 높은 수준의 전사가 일어나도록 하였다. 이를 식물을 재발생시키는 데 사용되는 배양된 버드나무 세포에 형질전환시킨 결과, *LFY* 유전자가 과다발현된 버드나무는 수 주 내에 꽃을 피웠다. 버드나무는 통상 꽃을 피우려면 몇 년이 걸리는 식물이다(**그림 24.5**).

생장상 변화에는 충분히 강한 촉진 신호와 이러한 신호를 수용할 수 있는 능력이 요구된다. 생장상 변화는 정단조직에서 수용체를 생성하도록 하여 특정 강도의 신호를 인지하도록 한다. 그렇지 않으면, 촉진 신호의 증가나 억제 신호의 감소가 생장상 변화를 촉발할 수 있다.

앞에서 언급된 것과 같이 생장상 변화는 어린 식물을 성체 식물로 전이시키지만, 개화에 반드시 요구되는 것은 아니다. 생식 능력은 실제적인 생식기관의 발생과는 구별되며, 개화는 다음 절에서 논의하는 여러 가지 요인들에 의해 일어날 수 있다.

그림 24.4 ***EMF*에 의한 조기 개화 억제.**
EMF 단백질이 결핍된 돌연변이 식물은 발아하자마자 바로 개화한다. 이때 꽃은 기형적인 심피와 뿌리 쪽에 가까운 결함 있는 꽃의 구조를 가진다.

핵심 요약 24.1

속씨식물의 생활주기에서 수정되면 종자에서 배아가 생성되고, 배아는 궁극적으로 꽃을 피우는 식물로 발전하며, 꽃은 다시 한 번 배우자를 생성한다. 생장상 변화는 영양생장에서 생식생장으로의 전환이다. 애기장대에서 배아 개화 돌연변이체(*emf*)를 발현시키거나 또는 *LEAFY* 유전자(*LFY*)를 과다발현시키면 조기에 개화된다.

- 진화론적으로, 식물에서 왜 꽃의 형성이 기본 상태인가?

a.

b.

그림 24.5 개화 유전자의 과다발현에 의한 생장상 변화.
a. 일반적으로 버드나무는 몇 년을 자라야 꽃을 피운다. 성숙한 버드나무 숲이 보인다. ***b.*** 위 사진은 성숙한 버드나무의 정상적인 개화이다. 아래 사진은 애기장대의 개화 유전자인 *LFY*를 과다발현시킨 형질전환된 버드나무의 조기 개화이다.

24.2 꽃의 생성

학습 목표

1. 유전적으로 조절되는 개화 경로 4가지를 열거하여 설명할 수 있다.
2. 개화 결정에 대해 설명할 수 있다.
3. 꽃 분열조직 결정 유전자와 꽃 기관 결정 유전자 사이의 관계를 설명할 수 있다.

개화에 대해 유전적으로 조절되는 4가지 경로가 밝혀졌는데, (1) 광 의존형(light-dependent) 경로, (2) 온도 의존형(temperature-dependent) 경로, (3) 지베렐린 의존형(gibberellin-dependent) 경로, (4) 자율적(autonomous) 경로이다. 식물은 주로 1가지 경로에 의존하지만, 4가지 경로가 모두 존재한다.

개화가 환경적 인자에 의해 영향을 받는 방식에는 상당한 차이가 있다. 일부 식물은 빛의 지속 시간에 반응하여 더 길거나 또는 더 짧은 낮 시간대에 개화하고, 일부는 빛의 양에 둔감하다. 온도도 또한 중요한 신호가 될 수 있다. 개화를 위해 일정 기간 동안 종자나 어린 싹을 저온으로 처리해야 하는데, 이를 **춘화처리**(vernalization)라고 한다. 춘화처리가 필요한 식물은 추운 겨울보다는 추운 겨울이 지난 후에 개화하는데, 이는 생식적 성공률을 향상시킨다. 개화에 대해 중복된 경로가 존재한다는 것은 새로운 세대를 보장하는 데 도움이 된다.

빛 의존적 경로는 광주기에 의해 조절된다

개화는 광합성을 통해 축적된 많은 에너지를 요구하기 때문에 모든 식물은 개화하기 위해 빛을 필요로 한다. 하지만 이것은 **광주기**(photoperiod) 또는 빛 의존형 개화 경로와는 구별된다. 대부분 식물의 생장과 발달에서 나타나는 여러 가지 현상들은 24시간의 하루 중 밤과 낮의 길이의 차이에 의해 좌우된다.

광주기에 대한 민감성은 식물이 밤과 낮의 길이가 상대적으로 차이가 나는 계절적인 변화에 감응하도록 한다. 낮의 길이는 계절에 따라서 변한다. 겨울과 여름 사이의 낮 길이의 변화가 가장 심한 곳은 적도로부터 멀리 떨어진 극지방이다. 빛을 신호로 사용하면 식물들은 비생물적 환경 조건이 최적이고, 수분 매개자가 존재하며, 다른 식물과 자원에 대한 경쟁이 감소할 때 개화할 수 있다. 예를 들어, 숲에 있는 수명이 짧은 봄 초본 식물은 하늘을 가리는 나뭇잎이 나와서 광합성에 필요한 햇빛을 차단하기 전에 개화한다.

단일식물과 장일식물: 낮의 길이에 대한 식물의 개화 반응은 여러 가지의 기본적 범주로 나누어 볼 수 있다. **단일식물**(short-day

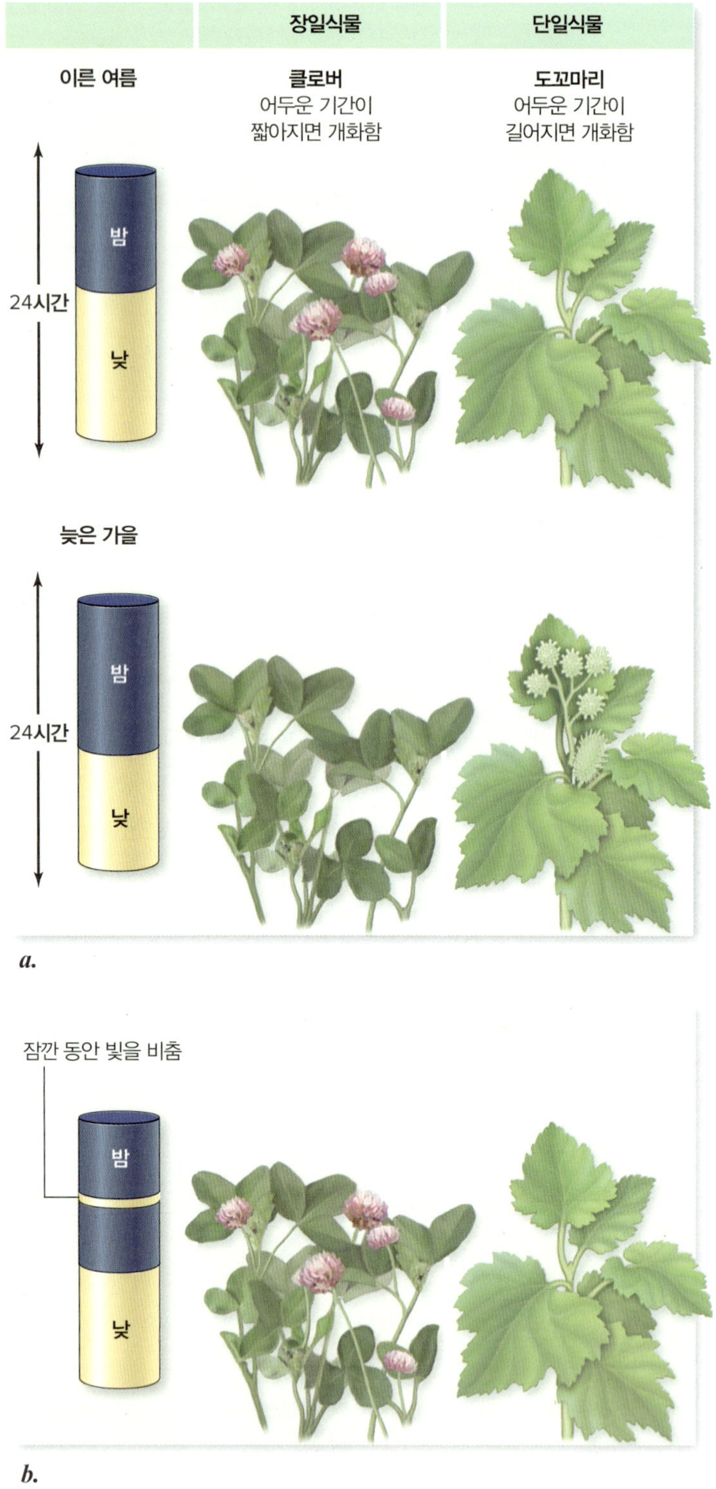

그림 24.6 낮의 길이에 따른 개화.
a. 클로버는 봄에 밤의 길이가 짧아지는 것에 감응하여 개화하는 장일식물이다. 도꼬마리는 가을에 밤의 길이가 길어지는 것에 감응하여 개화하는 단일식물로 북반구에 널리 분포한다. *b.* 늦은 가을의 긴 밤에 잠깐 불을 켜서 인위적으로 방해를 받으면, 도꼬마리는 개화하지 못하지만 클로버는 개화한다. 각 경우에 장일과 단일이라는 용어는 낮의 길이를 나타내는 용어이지만, 사실상 개화의 시기를 결정하는 빛에 의해서 방해받지 않는 어둠의 길이를 의미한다.

plants)에서는 낮의 길이가 어떤 임계 기간(critical length)보다 짧아지면 개화하는 데 비해(**그림 24.6**), **장일식물**(long-day plants)은 낮의 길이가 길어지면 개화한다. 금어초, 장미와 많은 열대식물과 같은 **중일식물**(day-neutral plants)은 낮의 길이와 관계없이 정상적인 성장에 필요한 빛을 받으면 개화한다. 담쟁이덩굴을 포함한 어떤 식물들은 2가지의 한정적인 광주기를 갖는데, 이들은 낮의 길이가 너무 길거나 짧아도 개화하지 않는다.

우리는 장일과 단일이라는 용어를 사용하지만 실제로 식물의 개화를 결정하는 것은 밤의 길이이다. 따라서 완전한 장일식물은 실제로 짧은 밤에 반응하고, 단일식물은 긴 밤에 반응한다. 완전한 장일식물들은 자신들에게 요구되는 최대한의 밤의 지속 시간보다 밤의 길이가 짧아지면 개화하는 데 비해, 완전한 단일식물들의 개화를 위해서는 밤의 지속 시간이 자신들에게 요구되는 밤의 길이보다 길어야 한다.

일부 장일 또는 단일식물들은 절대적으로 낮의 지속 시간에 의존하지는 않지만, 낮의 길이에 따라 매우 신속히 또는 천천히 개화한다. 이러한 식물들은 광주기 이외의 다른 개화 경로에도 또한 의존적인 것들로서 **조건적**(facultative) **장일** 또는 **단일식물**이라고 부른다. 조건적 장일식물의 예로는 완두를 들 수 있다.

중위도 지방에서는 대부분의 장일식물들이 봄이나 초여름에 개화하는데, 클로버, 붓꽃, 상추, 시금치, 접시꽃 등을 들 수 있다. 단일식물들은 보통 늦은 여름이나 가을에 개화하는데, 국화, 미역취, 포인세티아, 콩, 돼지풀과 같은 잡초류 등을 들 수 있다. 상업적으로 식물을 재배하는 사람들은 특정한 시기에 개화시키기 위해 식물들의 이러한 낮 길이에 대한 반응(일장 감응)을 이용한다. 그 실례로 광주기를 온실에서 인위적으로 조절하여 포인세티아(poinsettias)를 한겨울 크리스마스 시기에 맞추어 개화시키는 것을 들 수 있다(**그림 24.7**). 어떤 식물들의 지리적 분포는 이들의 낮 길이에 대한 개화 반응에 따라 결정된다.

광신호 기작: 광주기(photoperiod)는 여러 가지 형태의 피토크롬(phytochrome)이나 청색광 감응(blue light-sensitive) 분자인 크립토크롬(cryptochrome)에 의해 감지된다. 피토크롬이나 크립토크롬 등의 광수용체 물질들의 입체구조 변화는 개화로 이르게 하는 일련의 과정을 촉발시킨다. 빛과 활동일주기(circadian rhythm) 간의 관계는 개화를 촉진하거나 억제하는 식물의 내부적인 시계에 의해 조절된다. 분자적인 수준에서 어떻게 빛에 감응하여 개화하는지에 대한 모든 단계를 알 수는 없지만, 이러한 조절 기작은 매우 복잡한 것으로 알려져 있다.

적색광 수용체와 청색광 수용체인 피토크롬과 크립토크롬은 각각 *CONSTANS*(*CO*)라고 부르는 유전자를 통해 개화를 조절하는데, *CO* 유전자는 개화에 필요한 유전자들을 발현시키는 데 필요한 전사인자를 암호화한다. 이러한 일련의 신호전달 과정은 앞서 설명한 것 같이 *LFY* 유전자를 발현시킨다. *LFY*는 분열조직이 개화할 수 있도록 전환되는 과정에 관여하는 주요 유전자 중의 하나이다.

그림 24.7 개화 시기 조절.
온실에서 광주기를 조절하여 단일식물인 포인세티아를 크리스마스 시기에 맞추어 개화시킨다. 개화가 유도된 후에도 꽃을 생성하기 위해서는 여러 가지의 발생 과정들이 반드시 일어나야만 한다.

CO 단백질의 양적 수준은 활동일주기에 따라 유지되며, 전사 단계와 번역후 조절 단계에서의 2단계로 조절된다. 밤에 *CO* mRNA의 양적 수준이 낮으면, 새벽에 피토크롬이 전사를 증가시킨다. CO 단백질의 양은 크립토크롬에 의해서도 영향을 받는데 낮 동안에 유비퀴틴에 의한 CO 단백질의 분해를 억제한다. 이러한 CO 단백질의 중복 제어는 흥미로운데, 이는 *CO* 유전자가 항상 발현되는 형질전환 식물을 분석해서 발견하였다. 형질전환 식물에서 단백질 수준은 여전히 활동일주기에 따르는데 CO 단백질은 낮의 길이를 감지하여 잎으로부터 줄기로 신호를 전달하여 개화에 필요한 유전자들을 전사하도록 하는 중요한 단백질이다.

개화를 조절하는 어떤 유전자도 클로닝되기 훨씬 이전에 개화 호르몬인 플로리젠(florigen)이 개화를 촉진한다고 제안되면서, 개화를 촉진하거나 억제하는 물질들에 대한 많은 증거들이 제시되었다. 최근 증거에 따르면 FT(flowering locus T) 단백질이 오랫동안 찾기 어려웠던 플로리겐인 것으로 보인다. *CO*는 잎에서의 FT 양을 조절하고, FT는 체관부를 통해 정단분열조직으로 이동하여 개화를 발생시키는 *LFY*를 포함하는 부가적인 유전자 발현을 시작하게 한다.

온도 의존형 개화경로는 저온과 관련된다

저온은 여러 식물에서 개화를 가속화하거나 개시해 준다. 빛과 마찬가지로 저온은 식물이 최적의 시간에 개화하도록 한다. 일부 식물은 개화하려면 일정 기간의 저온 기간을 거쳐야만 하는데, 이러한 현상을 춘화처리(vernalization)라고 부른다. 춘화 현상은 1930년대에 우크라이나 과학자인 리센코(Trofim. D. Lysenko)가 겨울밀(winter wheat)이 들판에서 썩는 문제를 해결하는 연구를 통해 발견하였다. 겨울밀은 일정 기간 저온을 거치지 않으면 개화하지 않기 때문에 리센코는 종자를 저온에서 처리한 후 봄에 파종하였다. 이러한 종자들은 성공적으로 발아하고 성장하여 곡물을 생산하였다.

리센코의 이러한 발견은 과학적인 측면에서 매우 중요한 발견이었지만, 그는 겨울밀이라는 한 종(species)을 단순히 환경을 변화시켜서 봄밀(spring wheat)이라는 새로운 종으로 전환시켰다는 잘못된 결론을 내렸다. 리센코의 생각은 쉽게 자연을 조절하여 생산성을 높일 수 있다는 그 당시 공산주의의 사상에 의해 지지받았지만, 이러한 공산주의의 사상은 구소련 연방에서 많은 합법적인 유전학자 박해를 포함한 불행한 정치적 파급 효과를 가져왔다. 더욱이, 1960년대 중반까지 구소련에서는 유전학과 다윈의 진화론은 의심받았다.

지베렐린 의존형 경로는 높은 호르몬 농도를 요구한다

일부 식물에서 지베렐린(gibberellin) 농도를 낮추면 개화가 지연된다. 이것은 지베렐린 신호전달경로가 개화를 촉진하는 것을 의미한다. 지베렐린은 *LFY* 유전자 프로모터에 결합하는데, 이것은 지베렐린이 *LFY* 유전자 발현 증가를 유도한다는 모델을 지지한다. 증가된 지베렐린은 *LFY* 수준을 증가시켜 개화에 직접적인 영향을 미친다.

자율적 개화 경로는 환경적 요인에 비의존적이다

개화에 이르는 자율적(autonomous) 경로는 모든 경로에 필요한 기본적인 영양 조건 이외에는 다른 외부적 요인을 필요로 하지 않는다. 개화 촉진과 억제 신호 사이의 균형은 개화가 자율적 경로와 또한 다른 경로로 일어날 때 조절할 수 있다.

개화의 결정은 환경을 바꾸어주어 발생적 운명이 바뀌었는지를 확인함으로써 기관이나 전체 식물체 수준에서 검증할 수 있다. 애기장대에서 개화 결정은 *LFY* 유전자 발현의 증가와 관련이 있으며, 이것은 이미 두 번째 개화 유전자인 *APETALA1*(*AP1*)이 발현되는 시기에 일어난다. 4가지의 모든 개화 경로가 *LFY* 유전자 발현의 증가

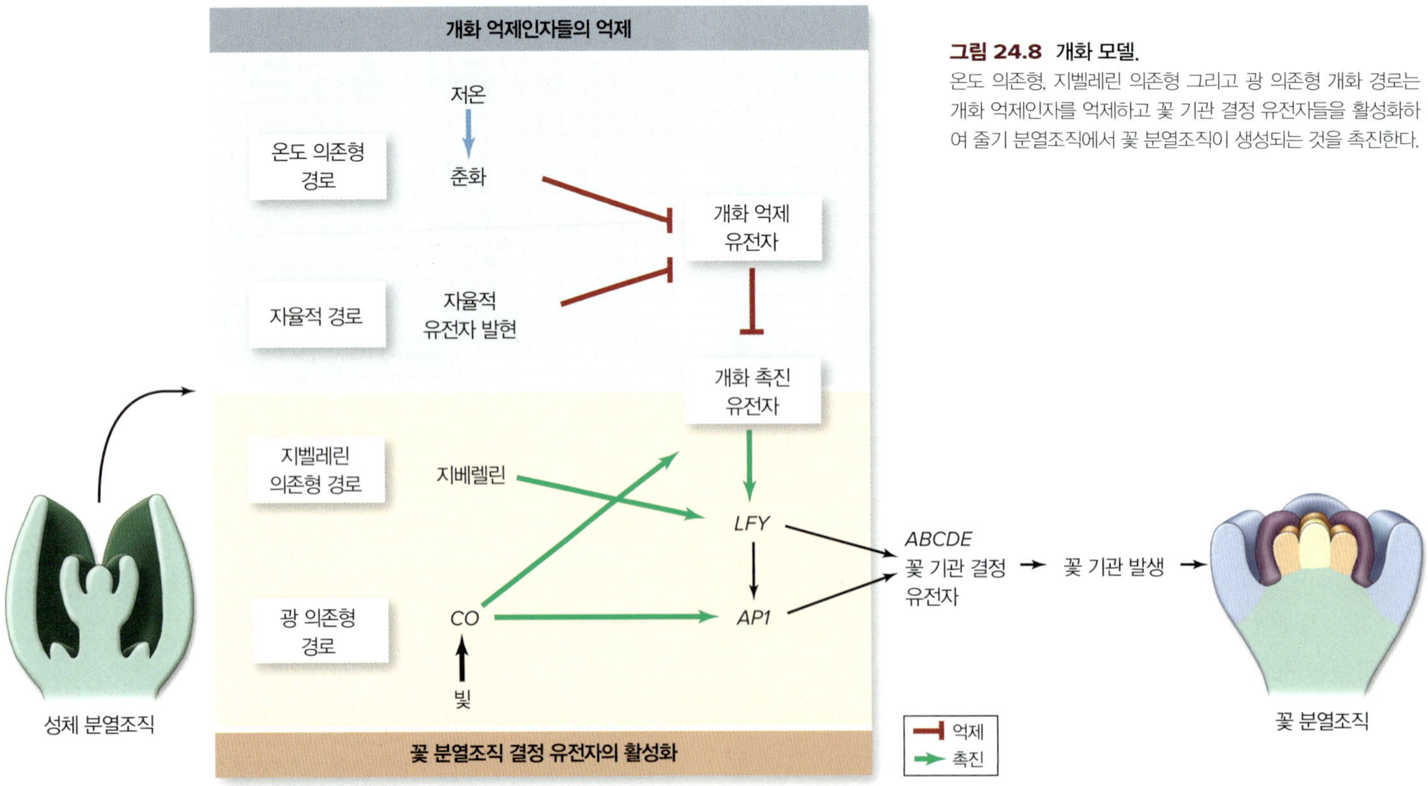

그림 24.8 개화 모델.
온도 의존형, 지벨레린 의존형 그리고 광 의존형 개화 경로는 개화 억제인자를 억제하고 꽃 기관 결정 유전자들을 활성화하여 줄기 분열조직에서 꽃 분열조직이 생성되는 것을 촉진한다.

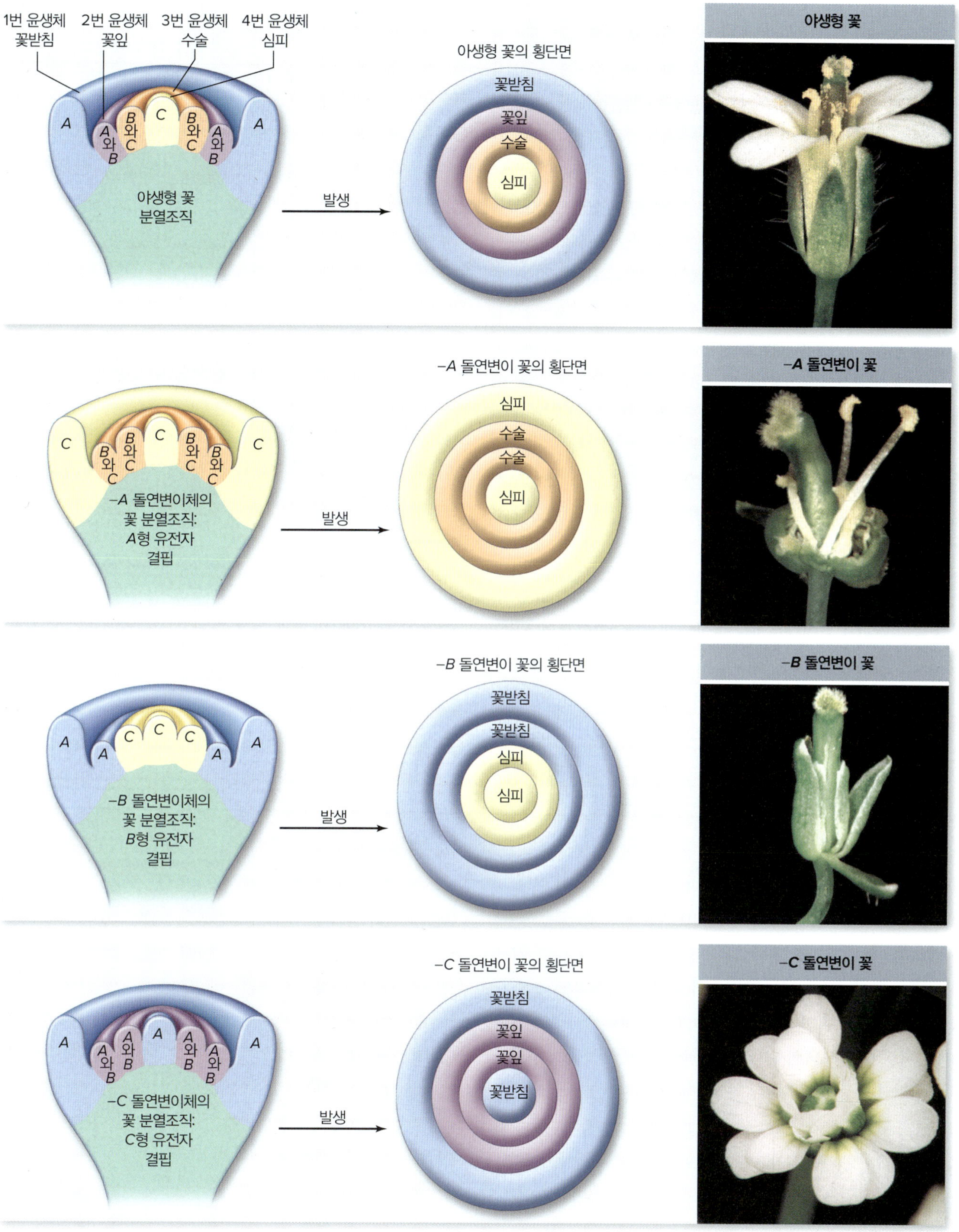

그림 24.9 **꽃의 기관을 지정하는 ABC 모델.**
윤생체를 지정한 문자들은 어떤 형의 유전자가 활성화되어 있는지를 보여준다. *A* 기능을 잃으면($-A$), *C*는 첫 번째와 두 번째 윤생체로 확장한다. *B* 기능이 소실되면($-B$), 바깥 2개의 윤생체들이 *A* 기능을 갖고, 내부에 있는 2개의 윤생체들은 *C* 기능만을 가지며, 윤생체의 어느 것도 2개의 유전자 기능을 갖지 못한다. *C* 기능이 소실되면($-C$), *A*는 내부의 2개 윤생체로 확장된다. 이러한 새로운 유전자 발현 조합은 각 윤생체의 꽃 기관 형성을 변경시킨다.

로 초점이 모여지는 것처럼 보이므로 개화 결정은 이러한 경로들 사이의 다양한 균형을 가지는 식물에서 일어나야만 한다(**그림 24.8**).

> **?** **탐구문제** 식물이 *LFY*의 발현에 모두 영향을 미치는 4가지 뚜렷한 경로를 갖는 것이 왜 유리하겠는가?

꽃 분열조직 결정 유전자는 꽃 기관 결정 유전자를 활성화시킨다

애기장대와 금어초는 개화 유전자들을 분리하고, 이들의 상호작용을 연구하는 데 아주 좋은 모델 식물들이다. 앞에서 설명한 개화에 이르는 4가지 경로를 통해 꽃 분열조직 결정 유전자들의 발현을 억제하거나 촉진하여 성숙한 줄기의 분열조직을 꽃 분열조직(floral meristem)으로 전환시킨다(**그림 24.8**). 이러한 유전자는 줄기 분열조직을 꽃 분열조직으로 전환시키고, 꽃 기관 결정 유전자들을 발현시킨다. 꽃 기관 결정 유전자들은 중심이 같은 4개의 윤생체(whorls)를 결정하기 위하여 윤생체의 중심으로 꽃 분열조직을 이동시켜 꽃받침(sepal), 꽃잎(petal), 수술(stamen), 심피(carpel) 등이 형성될 수 있도록 유도해 준다.

ABC 모델: 3종류의 꽃 기관 결정 유전자들이 어떻게 4가지 별개 형태의 꽃의 기관을 결정하는지를 설명하기 위해 ABC 모델(ABC model)이 제안되었다(**그림 24.9**). ABC 모델은 3종류(*A*, *B*, *C*)의 유전자들이 꽃의 기관을 이루는 4개의 윤생체를 결정한다는 것을 보여준다. 돌연변이체들의 분석을 통해 다음과 같은 사실이 밝혀졌다.

1. *A*형 유전자는 독자적으로 꽃받침을 결정한다.
2. *A*형과 *B*형 유전자는 함께 꽃잎을 결정한다.
3. *B*형과 *C*형 유전자는 함께 수술을 결정한다.
4. *C*형 유전자는 독자적으로 심피를 결정한다.

ABC 모델의 장점은 꽃 기관 결정 유전자 돌연변이를 서로 다른 조합으로 만들어 이들을 완전히 시험할 수 있다는 것이다. 각 부류(class)에 속한 유전자들은 2개의 윤생체에서 발현되어 4가지 서로 다른 조합의 단백질을 만든다. 이들 중 어느 하나라도 결핍되면 예상되는 위치에 기형적인 꽃 기관이 형성된다.

ABC 유전자 결정: 꽃 기관 결정에 관여하는 유전자들은 대부분 확인되지 않았다. 이들 유전자 목록이 중요하지는 않지만, 이들 대다수가 *MADS*-박스 전사인자라는 점은 중요한 점이다. 이 유전자는 다른 꽃 기관을 만드는 데 필요한 유전자를 활성화시키는 작용을 한다.

이 유전자들 중에 *AP2*와 *PI*라는 2가지 유전자는 진화적 관점에서 흥미로운데, 이들은 중복과 다양화에 의해서 생성된 것으로 보인다. 속씨식물이 생겨나기 전에 *MADS*-박스 유전자가 중복되어 *PI*와 고대 *AP3*(*paleoAP3*)라 불리는 유전자가 생겼다. 고대 속씨식물에서 이런 유전자는 수술(stamen) 발생에 영향을 미쳤고, 이 기능은 지금도 유지되고 있다.

고대 *AP3* 유전자는 양귀비과의 일원들이 마지막으로 진정쌍떡잎식물(eudicots; 사과, 토마토, 애기장대와 같은 식물)과 공통된 조상을 공유한 후에 *AP3*와 *AP3* 복제물을 생산하기 위해 중복되었다. 이러한 진정쌍떡잎식물은 이들의 마지막 공통된 조상에서 고대 *AP3*의 중복 꽃잎 발생의 정확한 형태의 기원 둘 다에 의해 유전체 수준에서 구별된다(**그림 24.10**). 계통발생적 추론은 *AP3*가 꽃잎 발생에 역할을 하게 되었다는 것이다.

ABC 모델의 수정: ABC 모델만으로는 꽃 분열조직에서 꽃의 기관 결정을 모두 설명하기 어렵다. 심피 결정에 필수적인 *D*형 유전자가 발견되었다. 하지만 이러한 발견도 왜 *A*, *B*, *C* 유전자 기능이 결핍된 식물들이 잎으로만 이루어진 4개의 윤생체를 만들지 않고, 꽃받침으로만 이루어진 4개의 윤생체를 만드는지를 설명해주지 못한다. 꽃의 기관들은 잎에서 진화한 것으로 생각되기 때문에 꽃 기관 결정 유전자들이 제거된다면 꽃받침으로만 된 윤생체가 아닌 잎으로 이루어진 윤생체들이 만들어질 것으로 예측된다.

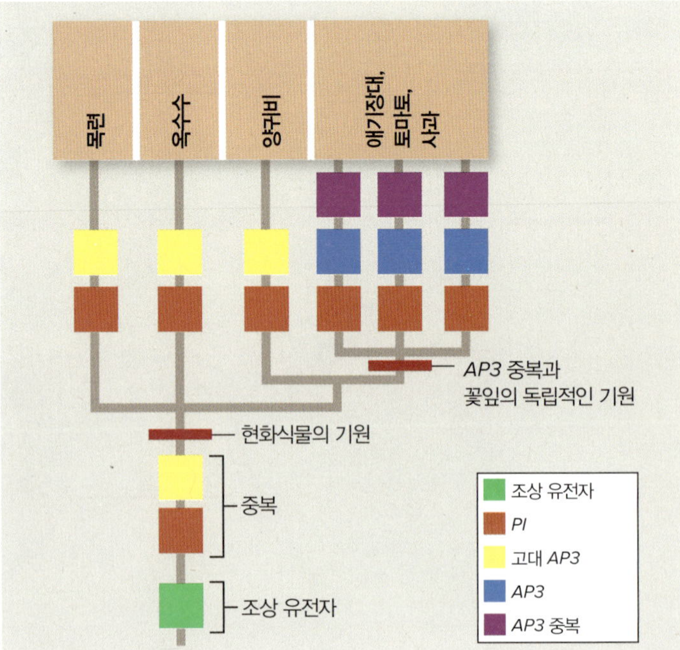

그림 24.10 유전자 중복을 통한 꽃잎 진화.
2개 유전자의 중복을 통해 진정쌍떡잎식물에서 *AP3* 유전자가 생성되어 꽃잎 발생에 역할을 하게 되었다.

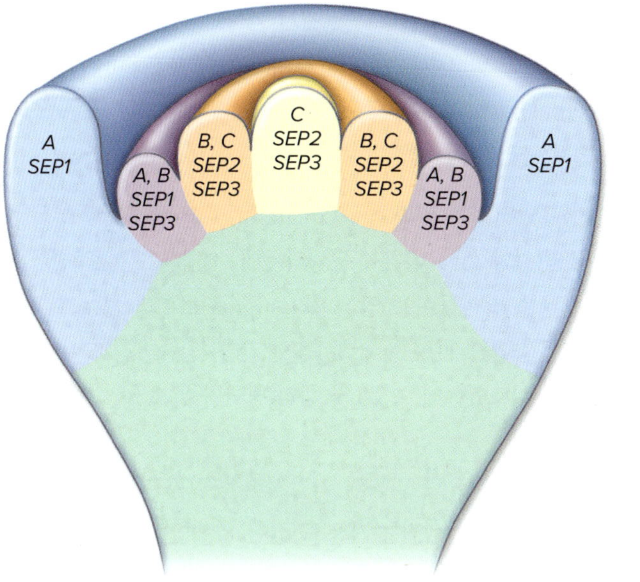

그림 24.11 꽃 기관 결정에 필요한 *E*형 유전자.
3개의 *SEP* 유전자들이 모두 돌연변이 되면, 잎으로만 구성된 4개의 윤생체가 만들어진다.

이에 대한 답은 최근에 발견된 *SEPALATA1*(*SEP1*) 유전자부터 *SEPALATA4*(*SEP4*) 유전자로 이루어진 *E*형 유전자에 의해 설명된다. 3중 돌연변이체(*sep1 sep2 sep3*)와 *sep4* 돌연변이체는 모두 잎으로만 된 4개의 윤생체를 만든다. *SEP* 유전자에 의해 암호화된 단백질들은 *A*, *B*, *C* 유전자에 의해 암호화된 단백질과 상호작용할 수 있어 꽃 기관 발생에 필요한 유전자의 전사에 영향을 미칠 수 있다. *SEP* 유전자의 발견은 이러한 *E*형 유전자를 포함하는 새로운 꽃 기관 결정 모델을 제시하였다(**그림 24.11**).

? **탐구문제** 개화 억제 유전자가 없고, 춘화처리와 자율적 개화 유전자가 개화를 촉진하는 유전자 발현을 유도한다면 식물이 다른 시간대에 꽃을 피울 것으로 예상하는가?

ABCDE 유전자들이 실제로는 꽃의 형성 초기에 작용한다는 것을 인식하는 것이 중요하다. 이러한 꽃 기관 결정 유전자들은 꽃의 3차원 구조를 실제로 결정하는 많은 유전자들을 작동시키는 전사인자이다. 즉, 꽃잎에 색깔을 입히는 유전자들은 꽃잎 세포의 액포에 안토시아닌 색소를 집적시키도록 하는 복잡한 화학적 경로에 관련된 유전자들이다. 이러한 색소들은 오렌지색, 빨간색, 또는 분홍색으로 실제 색상은 pH에 의해서도 영향을 받는다.

핵심 요약 24.2

개화를 유도하는 4가지 경로인 광 의존형 경로, 온도 의존형 경로, 지베렐린 의존형 경로, 자율적 경로가 밝혀졌다. 개화 결정은 슈트가 꽃을 만들려는 시점인데, 꽃 분열조직 결정 유전자는 꽃 발생을 조절하는 꽃 기관 결정 유전자를 작동시킨다.

- 빛 의존적 개화 경로를 가지는 식물에서 낮의 길이 또는 밤의 길이가 개화를 결정하는지 여부를 어떻게 시험할 수 있을까?

24.3 꽃의 구조와 진화

학습 목표

1. 전형적인 속씨식물 꽃의 부위를 열거할 수 있다.
2. 좌우대칭과 방사상대칭을 구별할 수 있다.
3. 소배우체와 대배우체를 구별하여 설명할 수 있다.

꽃이라는 생식 구조를 만드는 복잡하고 정교한 과정은 종종 동물의 변태와 비교된다. 그것은 실제로는 변태이지만, 반수체의 배우자를 생성할 수 있는 배우체가 발생하도록 하는 대포자 모세포가 체세포분열에서 감수분열로 이동하는 미묘한 변화가 아마도 더 중요할 것이다. 수술의 꽃밥에서 꽃가루 형성에 대해서도 마찬가지이다.

꽃은 배우자를 생산할 반수체 세대를 수용할 뿐만 아니라, 다른(또는 때로는 같은) 식물에서 나온 수컷과 암컷 배우자가 서로 만날 가능성을 높이는 기능도 한다.

속씨식물은 꽃을 진화시켰다

속씨식물(또는 피자식물, angiosperm)의 다양성은 부분적으로 수분(pollination)의 효율성을 향상시키는 매우 다양한 꽃의 표현형의 진화에 기인한다. 24.2절에서 설명한 것과 같이 꽃의 기관은 잎으로부터 진화되었다. 일부 초기 속씨식물에서는 꽃의 기관들이 잎에서와 같은 나선상의 발생 패턴을 유지하고 있다. 이러한 경향은 4개의 특징적인 윤생체로 발달을 유도하였다. 완전화(또는 갖춘꽃, complete flowers)는 4개의 윤생체(꽃받침, 화관, 수술군 및 암술군)로 이루어져 있으며(**그림 24.12**), 불완전화(또는 불완전꽃, incomplete floweres)는 4개의 윤생체 중 하나 혹은 그 이상이 결핍되어 있다.

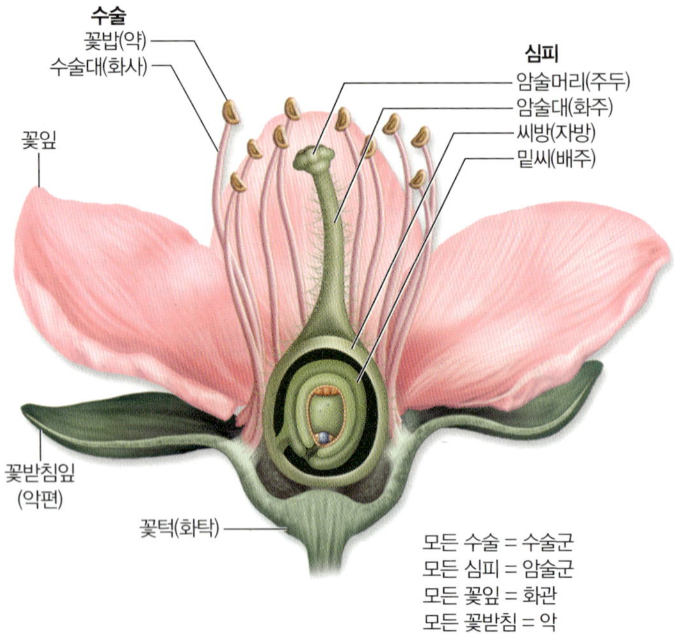

그림 24.12 완전한 속씨식물 꽃.

꽃의 형태

완전화와 불완전화 모두에서 꽃받침은 일반적으로 가장 바깥의 윤생체에 형성된다. **악**(calyx, 모든 꽃받침)은 편평한 꽃받침잎(sepal)으로 구성되어 있는데, 꽃받침잎은 꽃봉오리 내에 있는 꽃을 보호한다. 꽃잎(petal)은 합쳐져서 **화관**(corolla)을 이룬다. 많은 꽃잎은 꽃가루 매개자들을 유인하는 기능을 가진다. 비록 꽃 기관의 이들 2개의 외부 윤생체들은 배우자 생성이나 수정에 직접 관여하지는 않지만, 이들은 성공적인 생식에서 중요한 역할을 한다.

웅성 구조(male structures): 수술군(androecium)은 꽃의 웅성기관인 **수술**(stamen)을 통칭하는 용어이다. 수술은 속씨식물의 소포자낭(microsporangium)을 가지고 있는 특화된 구조이며, 겉씨식물(또는 나자식물)에는 화분 구과(pollen cone) 안에 소포자낭을 가지고 있는 유사한 구조가 있다. 현존하는 대부분의 속씨식물은 가느다란 실 같이 생긴 화사(filament)가 있는 수술을 가지고 있는데, 4개의 소포자낭이 수술의 정단에 위치한 **꽃밥**(anther)에 들어 있다. 일부 원시 속씨식물은 납작하고 잎과 같은 수술을 가지고 있는데, 이들은 소포자낭이 상단부 또는 하단부에 달려 있다.

자성 구조(female structure): 암술군(gynoecium)은 꽃의 모든 자성기관을 통칭하여 부르는 용어이다. 대부분 꽃에서 속씨식물에 특이한 암술군은 1개의 심피(carpel) 혹은 2개 이상이 융합된 심피를 가지고 있다. 1개의 심피나 융합된 심피는 각각 홑암술(simple pistil)이나 겹암술(compound pistil)이라고 부른다. 토마토나 오렌지와 같이 우리에게 익숙한 식물들의 꽃들은 겹암술을 지니고 있으며, 미나리아재비(buttercup)나 바위채송화(stonecrops)와 같이 덜 특화된 꽃들은 서너 개 이상 많은 수의 홑암술로 구성된 심피를 갖는다.

종자로 발달하는 **밑씨**(배주, ovule)는 암술 아래쪽의 부풀려진 부위인 **씨방**(자방, ovary)에서 생성되는데, 씨방은 보통 꼭대기 정상에서 꽃가루를 받아들이는 암술머리(stigma)로부터 가늘게 내려오는 목같이 생긴 암술대(화주, style)를 가진다. 암술머리가 여러 개로 분리되는 경우도 있는데, 이는 몇 개의 심피가 특정 암술을 구성하는지를 보여준다.

심피는 본질적으로 밑씨의 가장자리를 감싸고 있는 둘둘 말려진 꽃잎이다. 첫 번째 심피는 세로로 접힌 잎새(엽신, leaf blade)일 수 있다. 털이 나 있는 잎 가장자리는 과실이 발달할 때까지는 실제로 융합되지 않지만 털들은 서로 맞물려 있어서 화분을 받아들인다. 진화과정 동안 털들이 암술머리 부위에 국한되었고, 암술대가 만들어졌으며, 심피의 가장자리 부위들이 융합되어 최종적으로 암술이 되었다. 현대의 많은 속씨식물에서 심피는 상당히 변형되어 있으며, **암술**(pistil)을 잘라 열어보기 전까지는 시각적으로 서로 구별이 되지 않는다.

꽃의 특화 경향

현대 속씨식물의 다양성은 2가지 주요한 진화적 경향에 의해 이루어졌는데, 첫째, 꽃 부위가 서로 뭉치거나 융합되고, 둘째, 꽃 부위가 소실되거나 작아진 것이다(**그림 24.13**).

더욱 진화된 속씨식물에서 각 윤생체의 부위 수는 다수에서 소수로 감소하였다. 원시 속씨식물들에서 모든 꽃 부위들이 붙어 있는 나선상의 패턴은 진화과정 중에 각 수준에서 하나의 윤생체로 되었다. 많은 꽃들에서 중앙 축이 짧아지고, 윤생체들은 서로 가깝게 위치한다. 일부 진화적인 계통에서 하나 이상의 윤생체들이 융합되어 때때로 관에 연결되었다. 속씨식물의 어떤 종들에서는 다른 윤생체들이

그림 24.13 꽃의 특화 경향.
전형적인 진정쌍떡잎식물인 야생 제라늄(*Geranium maculatum*). 초기 속씨식물에 비해 꽃잎은 5개로, 수술은 10개로 축소되었다.

그림 24.14 난꽃의 대칭적 구조.
꽃은 기본적으로 방사대칭이지만, 난과식물은 좌우대칭인 꽃을 가진다.

서로 융합된 경우도 있다.

윤생체 전체가 꽃에서 소실될 수도 있는데 꽃받침, 꽃잎, 수술, 심피, 또는 이들 중 몇 가지가 소실될 수도 있다. 이러한 변형은 종종 수분(pollination) 기작과 관련이 있는데, 초본류와 같은 식물들의 화분 산포(pollen dispersal)는 동물에 의존하기보다 바람에 의해 이루어진다.

꽃의 대칭적 경향

꽃의 다른 진화 경향으로 꽃의 대칭(symmetry)을 들 수 있다. 미나리아재비와 같이 원시적인 식물의 꽃은 방사대칭으로 꽃의 중앙한 점을 중심으로 모든 면이 같은 길이와 모습을 가진다. 이에 비해 많이 진화된 꽃들은 좌우대칭으로 하나의 평면을 따라 동등한 2개의 부분으로 나눌 수 있다. 그 예로 금어초, 민트, 난을 들 수가 있다(**그림 24.14**). 좌우대칭의 꽃들은 제비꽃과 완두 등에서도 볼 수가 있다. 이러한 부류의 꽃은 보통 고도로 정밀한 수분 체계를 가지고 있다.

좌우대칭은 독립적으로 여러 번 일어났다. 금어초에서는 *CYCLOIDEA* 유전자가 꽃의 대칭을 조절하며, 이 유전자가 결핍되면 꽃이 방사대칭이 된다(**그림 24.15**). 이렇게 하나의 유전자를 실험적으로 변형시키는 것만으로도 꽃의 형태를 극적으로 변형시킬 수 있다. 동일한 유전자나 또는 기능적으로 유사한 유전자들이 다른 식물 종에서도 자연적으로 동시에 발생하였는지 여부는 아직 확실하게 밝히지 못하고 있다.

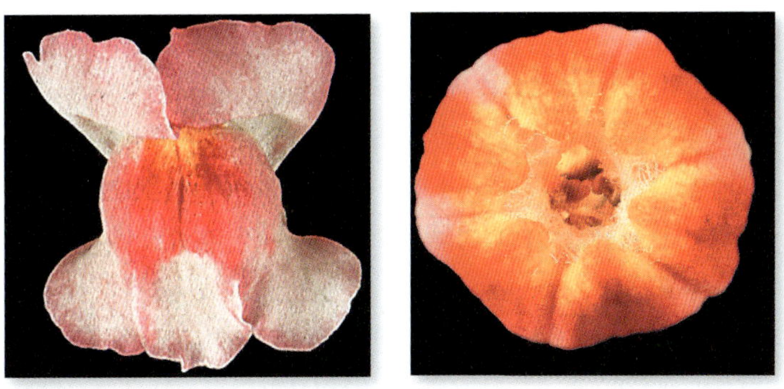

a. ***b.***

그림 24.15 꽃의 좌우대칭의 유전적 조절.
a. 금어초(*Antirrhinum*종)의 꽃은 일반적으로 좌우 대칭이다. ***b.*** *CYCLOIDEA* 유전자가 꽃의 좌우대칭을 조절하는데, 이 유전자의 돌연변이 *cycloidea* 유전자를 가진 금어초의 꽃은 방사대칭이다.

꽃의 형태에 대한 인간의 영향

꽃의 다양성은 대부분 수분과 관련된 자연선택(natural selection)의 결과이지만, 인위선택(artificial selection)에 의한 육종도 꽃의 형태 변이에 많은 영향을 끼쳤다. 사람들은 실용적이거나 예쁜 형질을 가진 꽃을 선택해 왔는데, 이러한 형질들은 야생에서 식물이 적응하는 데에는 크게 도움이 되지 않을 수도 있다. 그 실례로 옥수수는 사람의 미각을 만족시키기 위해 교배되었다. 사람의 개입에 의해 각 세대마다 생식이 확실하게 성공하지만, 현대 옥수수 품종들은 자연 환경에서 초식동물로부터 그 조상과 같은 보호를 받지 못하고, 종자를 퍼뜨리는 기작도 많이 달라졌다.

꽃의 배우체에서 배우자가 형성된다

생식의 성공은 꽃의 배낭과 화분립에서 발견되는 배우자인 난자와 정자의 성공적인 융합에 달려 있다. 식물의 생식주기(sexual life cycle)는 2배체의 포자체 세대에서 반수체의 배우체로 이어지는 **세대교번**(alteration of generations)에 의해 특징지어진다. 속씨식물에서 배우체 세대는 매우 작고 모식물의 포자체 조직 내에 완전히 둘러싸여 있다. 수(웅성)배우체 또는 소배우체들이 **화분립**(pollen grain)이며, 암(자성)배우체 또는 대배우체들이 **배낭**(embryo sac)이다. 화분립과 배낭은 속씨식물의 꽃에 있는 특이한 조직에서 별도로 생성된다.

동물과 같이 속씨식물들은 수배우체와 암배우체를 생성하는 기관이 분리되어 있지만(**그림 24.16**), 속씨식물의 생식기관은 다음과 같은 2가지 점에서 동물과는 다르다. 첫째, 암, 수 생식기관이 통상 같은 꽃 내에 존재하며, 둘째, 속씨식물의 생식기관은 성숙한 개체의 영구적인 조직이 아니라는 것이다. 속씨식물의 꽃과 생식기관은 계절적으로 수분(pollination)에 가장 유리한 시기에 생성된다. 어떤 경우에는 생식기관이 단 한 번만 생성되어도 부모식물이 죽게 된다. 24.1절에서 설명한 것과 같이 속씨식물의 생식세포(germ line)는 발달 초기에 따로 만들어지지 않고 생육 후기에 생장상 변화에 의해 형성된다.

화분 형성

꽃밥(약, anther)에는 4개의 소포자낭이 있는데, 이들은 소포자 모세포(또는 화분 모세포, $2x$)를 만든다. 소포자 모세포는 감수분열을 통하여 소포자(x)를 생성한다. 소포자는 체세포분열과 세포벽 분화

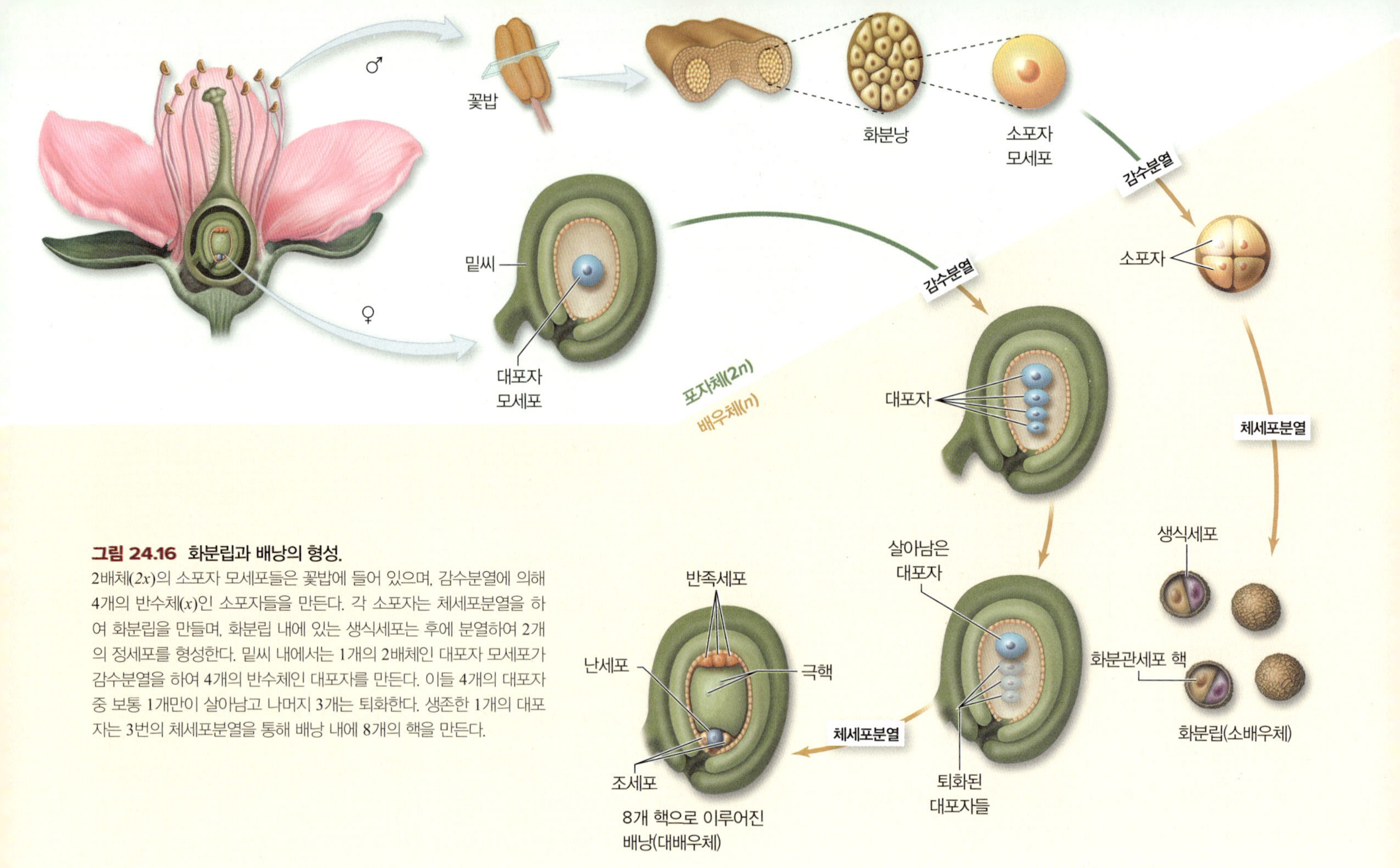

그림 24.16 화분립과 배낭의 형성.
2배체(*2x*)의 소포자 모세포들은 꽃밥에 들어 있으며, 감수분열에 의해 4개의 반수체(*x*)인 소포자들을 만든다. 각 소포자는 체세포분열을 하여 화분립을 만들며, 화분립 내에 있는 생식세포는 후에 분열하여 2개의 정세포를 형성한다. 밑씨 내에서는 1개의 2배체인 대포자 모세포가 감수분열을 하여 4개의 반수체인 대포자를 만든다. 이들 4개의 대포자 중 보통 1개만이 살아남고 나머지 3개는 퇴화한다. 생존한 1개의 대포자는 3번의 체세포분열을 통해 배낭 내에 8개의 핵을 만든다.

를 통하여 화분이 된다. 각 화분립의 내부에는 생식세포가 있는데, 생식세포는 후에 분열하여 2개의 정세포(sperm cell)가 된다.

화분립은 식물마다 특이한 형태를 가진다. 24.5절에서 더 자세하게 설명하겠지만, 수정을 위해서는 화분관이 신장하여 암술대를 관통하여 씨방에 도달해야 한다. 대부분의 화분립에는 1개의 주름이나 구멍이 나 있는데 이곳을 통하여 화분관이 신장한다. 3개의 주름이 난 화분립도 있다(**그림 24.17**).

그림 24.17 화분립.
a. 나팔백합(*Lilium candidum*)은 화분관이 화분립의 한쪽 면에 나타나는 홈이나 주름으로부터 나온다. ***b.*** 해바라기(*Hyoseris longiloba*)에서는 3개의 구멍이 화분립의 화려한 모습에 감추어져 있다. 화분관은 이 구멍 중 어느 한 곳을 통해서도 자랄 수 있다.

배낭 형성

난자는 속씨식물 꽃의 밑씨에서 발생된다. 밑씨 안에는 대포자 모세포가 있고, 화분 생성처럼 대포자 모세포는 감수분열을 통하여 4개의 반수체인 대포자들을 만든다. 그러나 대부분의 식물에서는 4개의 대포자 중 1개만 생존하고, 나머지는 밑씨에 의해 흡수된다. 살아남은 1개의 대포자는 커지면서 반복적인 체세포분열을 거쳐 8개의 반수체 핵을 가지게 되는데, 이들은 7개의 세포로 된 배낭 내에 둘러싸이게 된다.

배낭 안에서 8개의 핵은 매우 정확한 위치에 각기 존재한다. 1개의 핵은 난세포(egg cell)의 배낭 입구 근처에 위치한다. 2개의 다른 핵은 배낭의 중앙에서 융합되어 결국 하나의 핵으로 존재하는데, 이는 **극핵**(polar nuclei)이라고 한다. 또 다른 2개의 핵은 난세포의 측면에 있는 조세포(synergids)에 각각 들어 있다. 나머지 3개의 핵은 난세포의 반대편 낭의 끝쪽에 위치한 반족세포(antipodal cells)에 있다(**그림 24.18**).

화분립에 있는 2개의 정세포와 난자와 극핵을 융합하는 첫 단계는 암술머리 위에 도달한 화분이 발아하여 배낭을 향하여 신장하는 것이다.

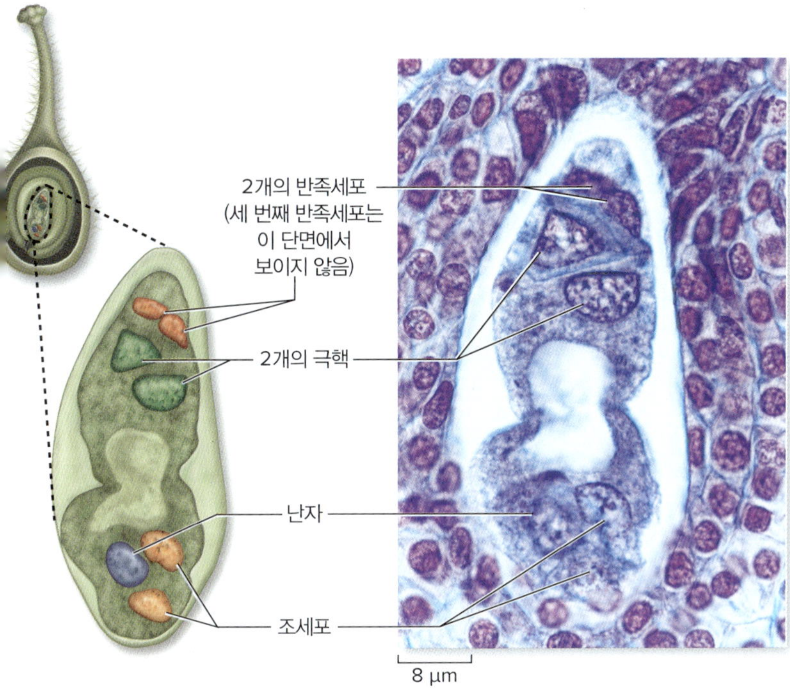

그림 24.18 백합의 성숙한 배낭.
반수체인 대포자가 체세포분열을 통해 8개의 핵을 만든다. 이 핵 중에서 1개는 난자에 있으며, 2개는 극핵이 되고, 2개는 조세포에, 그리고 나머지 3개는 반족세포에 있다. 현미경 사진은 인위적으로 색을 표시한 것이다.

핵심 요약 24.3

속씨식물의 꽃은 중심이 같은 4개의 윤생체인 꽃받침, 화관, 수술군 및 암술군으로 이루어져 있다. 좌우대칭인 꽃은 하나의 평면을 따라 동등한 2개의 부분으로 나눌 수 있고, 방사대칭 꽃은 모든 평면에서 균등하게 나눠질 수 있다. 꽃의 소포자 모세포는 감수분열을 통해 소포자를 생성하고, 소포자는 체세포분열을 통해서 소배우체(화분립)가 된다. 대포자 모세포도 유사한 과정을 거쳐 대포자를 생성하고, 그 결과 대배우체(배낭)를 생성한다.

■ 꽃이 진화적으로 유리한 점은 무엇일까?

24.4 수분과 수정

학습 목표

1. 자가수분이 유리한 조건에 대해 설명할 수 있다.
2. 타가수분을 촉진하는 3가지 진화 전략에 대해 설명할 수 있다.
3. 중복수정의 산물들을 나열할 수 있다.

수분(pollination)은 화분이 암술머리에 도달하는 것을 지칭하는 말인데, 바람이나 동물에 의해 꽃으로 이동되거나 꽃 자체 내에서 유래할 수도 있다. 자기 꽃의 꽃밥에서 유래한 화분이 같은 꽃의 암술머리에 도달할 때 이를 **자가수분**(self-pollination)이라 하며, 이는 **동계교배**(inbreeding) 형태이다. 이에 비해 다른 꽃의 꽃밥으로부터 유래한 화분에 의해 수분이 일어나면 **타가수분**(cross-pollination) 또는 **이계교배**(outcrossing)라고 한다.

이와 같이 속씨식물의 수분에서는 화분립과 밑씨 사이에 직접적인 접촉은 일어나지 않는다. 화분이 암술머리에 도달하면 발아하여 화분관이 아래쪽으로 신장하며, 정핵을 배낭으로 전달한다. 중복수정(double fertilization)이 일어난 후, 배아(embryo)와 배젖(또는 배유, endosperm)의 발생이 시작되며, 과실 내에서 종자가 성숙하고 발아하여 또 다른 생활주기가 시작된다.

속씨식물에서 성공적인 수분은 곤충, 새 또는 동물과 같은 **수분매개자**(pollinator)들을 어떻게 잘 유인하여 이들이 같은 종 내로 자신의 화분을 전달해 주는가에 달려 있다. 동물들이 화분을 퍼뜨릴 때, 동물들은 자신의 짝짓기 상대자를 활발하게 찾는 것처럼 속씨식물들의 짝짓기를 시키는 것이다.

식물과 수분매개자들과의 관계는 매우 복잡하다. 둘 중 하나에 돌연변이가 생기면 생식에 문제가 되는데, 식물이 잘못된 시기에 개화하면 수분매개자들은 방문하지 않게 된다. 또한 꽃이나 수분매개자의 형태가 바뀌면, 그 결과 수분의 물리적 장벽이 생길 수 있다. 꽃의 형태는 수분매개자들과 함께 공동으로 진화한 것이 확실한데, 그 결과 4가지의 뚜렷한 윤생체가 그냥 시작되어 발생한 것을 넘어 매우 복잡하고 다양한 표현형들이 만들어지게 된 것이다.

초기 속씨식물은 풍매식물이다

초기 속씨식물들은 바람에 의해 수동적으로 수분이 되는 풍매식물이었다. 겉씨식물인 요즘의 침엽수처럼 많은 양의 화분들이 바람에 날려 인접한 곳에 있는 같은 종의 밑씨 근처에 도달했다.

풍매수분(wind-pollinated)을 하는 식물들은 서로 인접하여 생장하면서 수분의 성공률을 높이는 시스템을 갖게 되는데, 그렇지 않으면 적절한 거리에 도달하는 화분의 비율이 매우 낮게 된다. 대부분의 풍매수분 식물들의 화분은 대개 100 m 이내의 거리를 이동한다. 이는 곤충이나 새 또는 다른 동물들에 의해 화분이 이동하는 거리보다는 상대적으로 짧은 거리이다.

꽃과 수분매개 동물은 공동 진화하였다

수분매개자들이 속씨식물의 꽃을 방문하여 식물에서 식물로 화분

그림 24.19 호박벌에 의한 수분.
호박벌(*Bombus*종)이 꿀을 수집하는 동안 화분이 벌의 몸통에 들러붙는다. 화분은 벌이 다른 꽃을 방문할 때 효과적으로 이동된다.

그림 24.20 벌새와 꽃.
넓은 꼬리 벌새(*Selasphorus platycercus*)가 미국 콜로라도주 록키마운틴 국립공원의 붉은 샐비어(*Salvia*종)에서 꿀을 취한다. 새의 부리에 붙은 화분을 주목해 보자. 이런 종류의 벌새들은 자신의 부리 길이와 비슷한 길고 구부러진 꽃에서 꿀을 취한다.

을 옮겨주는 것은 이들의 진화적인 성공에 중요한 역할을 하였다. 초기의 속씨식물과 아마 이들의 조상들도 충매수분(insect-pollinated)을 했다는 것이 분명해 보이며, 곤충과 식물의 공동 진화는 이들의 1억 년이 넘는 진화 과정에서 매우 중요한 일이었다. 이러한 상호작용은 꽃의 특화 정도를 높이는 데 중요하게 작용하였으며, 꽃이 더 특화될수록 꽃과 곤충이나 다른 동물들과의 관계도 좀 더 특화되었다.

꿀벌

충매수분을 하는 속씨식물 중 가장 많은 종류가 벌에 의해 수분된다(**그림 24.19**). 대부분의 곤충과 마찬가지로 벌은 처음에는 냄새로 음식을 찾고, 다음에는 꽃의 모양, 색깔, 질감으로 꽃을 향하게 된다.

벌들이 특징적으로 찾는 꽃들은 흔히 푸른색이나 노란색이다. 이러한 꽃들은 화밀(nectar)이 있는 쪽으로 점이나 줄무늬 등이 있는데, 화밀은 흔히 꽃의 특수화된 부위에 존재한다. 어떤 벌들은 화밀을 수집하여 성숙한 벌이나 유충의 먹이로 이용한다. 대략 20,000여 종의 벌들이 꽃을 방문하여 화분을 얻는데, 화분은 발생 중인 유충에서 양분으로 이용된다.

사회적(social) 또는 어느 정도 사회적(semisocial) 생활을 하는 벌들과 다른 벌들의 둥지에서 기생하는 약 1000여 종의 벌들을 제외하고, 대부분의 벌 종들은(약 18,000종) 독립적으로 생활한다. 온대 지방에서 독립적으로 생활하는 벌들은 1년에 한 세대만을 생산한다. 그리고 이들이 성숙한 벌로서 활동하는 시기는 1년 중 몇 주밖에 되지 않는다.

독립적 벌들은 종종 그들의 유충 시기의 먹이로 특정 식물류의 꽃만을 이용한다. 이러한 꽃과 벌 사이의 고도의 지속적 관계는 시간이 흐르면서 꽃과 벌 모두에게 약간의 변형이 일어나게 해준다. 예를 들어, 하루 중 꽃이 개화하는 시간은 벌이 나타나는 시간과 관련이 있고, 벌의 입 부분은 관으로 된 꽃에 적합하도록 변형되었으며, 벌의 화분 수집 장비는 자신들이 방문하는 식물의 꽃밥에 적합하도록 적응되었다. 이러한 관계가 정립되고 나면 꽃에게는 수분 그리고 벌에게는 지속적인 먹이 제공이라는 두 생물체 간의 "특수한" 효율적인 기작이 제공된다.

벌 이외의 수분 매개 곤충

벌 이외에 꽃을 방문하는 곤충 중에 일부 곤충은 특별히 주목할 만하다. 나비가 주기적으로 방문하는 패랭이꽃은 나비가 편히 앉게 하기 위한 평평한 "착륙 플랫폼(landing platform)"을 가지고 있다. 이들은 꿀로 채워진 가늘고 긴 튜브를 지니고 있는데, 이것은 나비류와 나방류들이 속한 인시류(Lepidoptera) 곤충들의 긴 나선상의 주둥이에 적합한 구조이다.

흰독말풀(*Dotura stramonium*), 달맞이꽃(*Oenothera biennis*) 등과 같이 나방(moth)들이 방문하는 꽃들은 대개 흰색, 노란색 등 연한 색이며, 향이 진하고, 밤에도 쉽게 꽃을 찾을 수 있다.

새

몇 가지 흥미로운 식물군은 새들에 의해 수분이 되는데, 이러한 새들에는 북미와 남미의 벌새(humming birds)와 아프리카의 태양조(sunbirds)가 있다(**그림 24.20**). 이러한 식물은 새들이 자신들이 충족할 만큼의 먹이를 찾지 못하면 방문을 중단하기 때문에 많은 양의 화분을 만들어야만 한다. 그러나 곤충에 의해 수분되는 꽃들은 많은 양의 꿀을 생산할 필요가 없는데, 그 이유는 한 마리의 곤충이 자신이 필요한 만큼의 에너지를 1개의 꽃에서 충분히 얻을 수 있으면 다른

a.

b.

그림 24.21 벌이 꽃을 보는 방식.
a. 페루산 달맞이꽃(*Ludwigia peruviana*)은 정상의 빛에서는 꽃이 노랗게 보이지만, ***b.*** 자외선만을 선택적으로 투과시켜서 보면 다르게 보인다. 꽃잎의 바깥 부위는 노란색과 자외선을 모두 반사하여 소위 '벌의 보라색(bee's purple)'으로 보인다. 꽃의 중앙 부위는 노란색만을 반사하므로 어두운 색으로 나타난다. 벌에게 이 꽃은 중앙이 뚜렷한 과녁 모양을 가진 꽃으로 보인다.

그림 24.22 자작나무(*Betula*종)의 수꽃과 암꽃.
자작나무는 자웅동주 식물이다. 수꽃은 밑으로 길게 늘어진 노란 수꽃대(tassel)를 가지고 있으며, 암꽃은 작고 노란 솔방울과 같은 것들이 송이 형태로 있다.

꽃을 방문하지 않으므로 효과적으로 타가수분(cross-pollination)을 할 수 없기 때문이다. 이러한 차별적 선택압들이 어떻게 벌새와 태양조에 특화된 꽃에서 균형을 이루게 되는 것일까?

이에 대한 대답은 꽃 색깔의 진화에 있다. 자외선은 곤충에게 잘 보인다. 6장의 광합성에서 설명한 노란 오렌지색의 카로티노이드(carotenoid)는 해바라기와 겨자 등을 포함한 많은 꽃들의 색깔에 관여한다. 카로티노이드는 노란색과 자외선을 모두 반사하는데, 이러한 결합은 소위 '벌의 보라색(bee's purple)'이라는 특이한 색이 된다. 이러한 노란색 꽃의 특이한 생김새는 일반적으로 사람에게는 잘 보이지 않지만 벌이나 다른 곤충들에게는 잘 보이는데(**그림 24.21**), 이는 과녁(bull's eye)이나 활주로(landing stripe) 모양으로 보이는 것 같다.

이와는 대조적으로 붉은색은 대부분의 곤충에게 특이한 색으로 보이지 않지만, 새에게는 매우 잘 보이는 색이다. 대부분의 곤충에게 포인세티아(poinsettias) 위쪽의 붉은색 잎은 다른 초록색 잎과 마찬가지로 보인다. 결과적으로 꽃이 많은 양의 꿀을 생산하여 벌새는 유인하지만, 곤충은 이 식물을 그냥 지나쳐 간다. 따라서 붉은색은 벌새들에게 많은 양의 꿀이 있는 것을 알리고, 곤충에게는 눈에 띄지 않게 만든다. 과실의 붉은색도 새에게 잘 보이므로 종자의 이동에 기여한다.

다른 매개 동물

박쥐나 작은 설치류 동물들도 수분을 매개한다. 이러한 수분을 위한 신호들도 종특이적이다. 예를 들면, 소노란(Sonoran) 사막의 사

그림 24.23 풍매수분 식물.
매우 가느다란 수술대(화사)에 달려서 흔들거리는 큰 노란 꽃밥들은 바람에 의해 화분을 산포시킨다. 후에 이 꽃들은 바람에 의해 날리는 화분을 잘 받을 수 있도록 긴 털 같은 암술머리를 가진 암꽃이 된다. 많은 초본류들은 이와 같이 자웅이숙이다.

와로 선인장(*Carnegeia gigantea*)은 새와 곤충뿐만 아니라 밤에 꿀을 찾아 방문하는 박쥐, 새, 곤충 등에 의해서도 수분이 된다.

이러한 동물들은 또한 수분으로 생성되는 종자나 과실이 확산되는 것을 돕기도 한다. 원숭이들은 오렌지색이나 노란색에 끌리므로 이들의 습성은 이런 색의 과실을 가진 식물을 퍼뜨리는 데 효과적이다.

어떤 현화식물은 풍매수분을 이용한다

속씨식물 중 많은 그룹이 풍매수분을 하는데, 이들은 대부분 초기 속씨식물의 특징을 지니고 있다. 이러한 식물들로는 떡갈나무류, 자작나무류, 미루나무류, 초본류, 사초과 식물들, 쐐기풀류 등이 있다. 이러한 식물들의 특징은 꽃이 작고 초록색을 띠며, 향기가 없고, 화관(corolla)이 작거나 없다는 것이다(**그림 24.22**, **24.23**). 이러한 식물에서는 많은 꽃들이 뭉친 수꽃대(tassel)가 늘어져 있으면서 바람에 흔들리며 화분을 자유롭게 흩날린다.

풍매수분 식물은 수꽃(웅화)을 지닌 개체들과 암꽃(자화)을 지닌 개체들이 서로 떨어져 있거나, 한 개체에 있어도 수꽃과 암꽃이 물리적으로 떨어져 있는 것들이 많다. 옥수수가 좋은 예로, 화분을 생산하는 수꽃대는 꼭대기 끝에 위치하며, 암술을 가진 암꽃은 곁가지 밑에 위치한다. 화분을 생성하는 꽃과 밑씨를 가진 꽃이 위치적으로 떨어져 있는 것은 한 꽃의 화분이 다른 꽃에 도달하여 수정이 이루어지게 되어 발생하는 타가수분의 기회를 증가시키려는 전략이다. 일부 풍매수분 식물, 특히 나무나 관목과 같은 식물들은 잎이 나오기 전인 봄에 개화하는데, 이는 잎에 의해 풍매수분이 방해받는 것을 피하기 위한 전략이다. 풍매수분 식물은 자신들의 생존을 위해 수분매개자를 필요로 하지 않는데, 이것은 식물의 또 다른 생존 전략이다.

자가수분은 안정된 환경에서 유리하다

지금까지 타가수분의 예들을 설명하였는데, 이러한 타가수분은 식물과 일부 진핵생물에게 유리한 기작이다. 그럼에도 불구하고 속씨식물 중에서 자가수분을 하는 식물이 있는데, 특히 온대지방에는 이러한 식물이 많이 있다. 대부분의 자가수분 식물은 작고, 상대적으로 눈에 안 띄는 꽃을 가지고 있으며, 때때로 꽃봉오리가 펴지기 전에도 화분을 직접 자신의 암술머리에 뿌린다.

타가수분이 식물과 동물의 생존에 중요한 유전적 기작이라면, 왜 많은 식물들이 자가수분을 하는 것일까 하는 의문이 생긴다. 생물학자들은 자가수분을 하는 속씨식물들이 많은 데 대하여 다음과 같은 2가지 이유를 들고 있다.

1. 자가수분은 특정 상황에서 생태적인 이점이 있는데, 이는 자가수분에서는 종자를 생산하기 위해 동물이 방문할 필요가 없다는 것이다. 결과적으로, 자가수분 식물은 수분매개자를 유인하는 데 드는 에너지를 절약할 수 있으며, 극지방이나 고도가 매우 높은 지방과 같이 곤충 등의 동물이 없거나 매우 적은 지역에서도 자랄 수 있다.

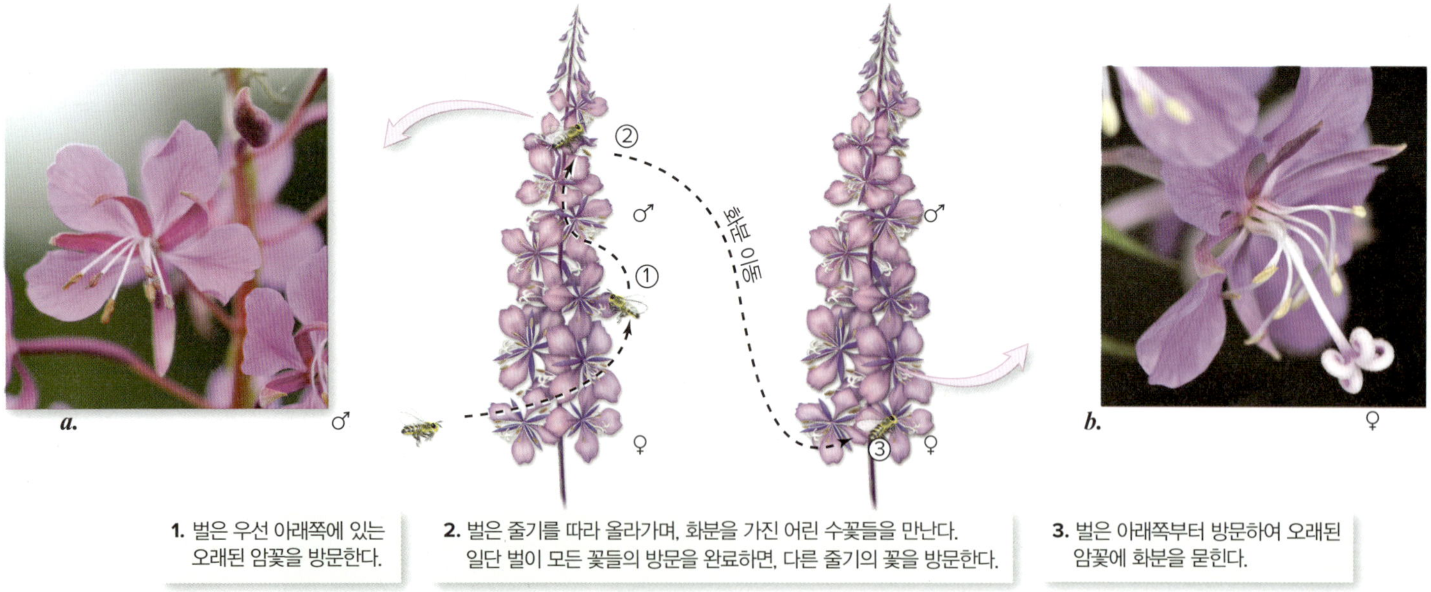

그림 24.24 분홍바늘꽃(*Epilobium angustifolium*)의 자웅이숙.

타가수분 식물인 분홍바늘꽃은 약 200여 년 전인 1790년대에 수분 과정이 밝혀진 첫 번째 식물이었다. 첫째, 꽃밥에서 화분이 떨어져 나오면 암술대가 수술 위로 신장하고, 4개의 암술머리 열편(lobes)이 구부러지면서 화분을 받을 수 있도록 한다. 결과적으로 꽃은 처음에는 기능적으로는 수꽃이고, 2일 뒤에는 암꽃이 된다. 꽃은 연속적으로 줄기를 따라서 피는데, 맨 아래부터 먼저 피고 먼저 화분을 받음으로써 타가수분이 조장된다. 줄기를 따라 위로 올라가며 벌은 화분을 분리하는 수꽃의 꽃밥을 만나 몸에 화분이 묻게 되며, 그들이 방문하게 되는 아래쪽에 있는 암꽃에 수분을 시킨다. ***a***는 수꽃이며, ***b***는 암꽃이다.

2. 유전적인 조건을 살펴볼 때 자가수분 식물은 타가수분 식물에 비해 유전적으로 더 균일한 자손을 생산할 수 있다. 9장에서 설명한 것 같이, 감수분열에서 재조합(recombination)이 일어나기 때문에 자손들은 부모와 유전적으로 동일하지 않다는 것을 생각해 보면, 자가수분 자손들은 특정 서식지(habitat)에 잘 적응한 개체들로 이루어져 있는 셈이다.

타가수분 식물이 자가수분을 하면 많은 수의 잘못 적응된(ill-adapted) 개체들이 만들어질 수 있는데, 그 이유는 자가수분에 의한 열성 대립유전자(recessive allele)들의 조합을 가지기 때문이다. 그러나 이러한 조합 중 어떤 것들은 특정 서식지에서는 오히려 이점이 되는 경우도 있는데, 이런 서식지에서는 식물이 계속해서 자가수분을 하는 것이 유리하다.

몇가지 진화적 전략은 타가수분을 촉진한다

앞에서 살펴본 것처럼 타가수분은 일부 예외적인 경우를 제외하면 모든 진핵생물의 적응과 진화에 매우 중요하다. 보통 꽃들은 수술과 암술을 같이 가지고 있어서 자가수분의 기회가 많다. 따라서 타가수분의 효율을 높이는 일반적인 전략은 암술과 수술을 서로 분리하는 것이며, 다른 전략으로는 자가불화합성(self-incompatibility)으로 자가수분을 억제하는 것이다.

시간 또는 공간적으로 분리되는 암 · 수 구조

버드나무나 뽕나무와 같은 많은 식물에서 암꽃과 수꽃은 다른 개체에서 핀다. 이렇게 암꽃과 수꽃이 서로 다른 식물에 있는 경우를 **자웅이주**(dioecious)라고 하는데, 이는 "두 집(two houses)"을 의미한다. 자웅이주 식물은 절대로 자가수분을 할 수 없어서 전적으로 타가수분에만 의지해야 한다. 이와는 달리 떡갈나무, 자작나무, 옥수수, 호박 등과 같은 식물은 한 식물체 내에서 암꽃과 수꽃이 따로 피는데, 이러한 식물들을 **자웅동주**(monoecious)라고 하며, 이는 "한 집(one house)"을 의미한다(**그림 24.22**). 자웅동주 식물에서 수꽃과 암꽃이 다른 시간대에 피기도 하는데, 이와 같은 시간의 격리는 타가수분의 가능성을 높여준다.

보통의 경우와 같이, 기능성 암술과 수술이 모두 특정 식물 종의 꽃에 존재하지만 이들이 성숙 시기를 달리하기도 하는데, 이런 식물들을 **자웅이숙**(dichogamous)이라고 한다. 암술의 암술머리가 성숙하여 화분을 받아들일 수 있기 전에 수술이 먼저 성숙하여 화분을 뿌리면 이 꽃은 이때 수꽃으로 작용한다. 수술이 화분 뿌리기를 완료하고, 암술머리가 성숙하여 화분을 받아들이면 이 꽃은 암꽃으로 작용하게 된다(**그림 24.24**; **그림 24.23** 참조). 이렇게 암술과 수술의 성숙 시기가 다르게 되면 자웅이주와 같은 효과를 가지게 되어 타가수분율이 높아진다.

많은 꽃들은 구조적으로 암술머리와 수술이 서로 접촉되지 않도록 만들어져 있다. 이러한 구조적 배열을 가진 꽃들은 암술머리에 자신의 화분을 받기보다는 다른 꽃의 화분을 받게 되는 경향이 있어 타가수분 확률이 높아지게 된다.

자가불화합성

꽃의 암술머리와 수술이 동시에 성숙할 경우, 속씨식물에 널리 퍼

a. *b.*

그림 24.25 유전적 조절에 의한 자가수분 차단.
a. 배우체 자가불화합성은 반수체인 화분의 유전자형에 의해 결정된다. *b.* 포자체 자가불화합성은 반수체인 화분의 유전자형이 아니라 화분을 생산한 2배체인 화분친(pollen parent)의 유전자형에 의해 조절된다. 화분은 S_1S_2 화분친에 의해 생산된 단백질을 가지고 있다. 두 경우 모두 화분과 암술머리의 인식은 많은 대립유전자를 가진 *S* 유전자 자리에 달려 있다. *S* 유전자에 아래 첨자로 나타낸 숫자는 *S* 대립유전자형을 나타낸다. 배우체 자가불화합성에서는 화분관이 신장된 후 멈추게 되며, 포자체 자가불화합성에서는 화분관이 발아되지 않는다.

그림 24.26 화분관의 형성과 중복수정.
화분이 암술머리에 도달하면 화분관세포가 화분관을 형성하면서 배낭을 향하여 신장한다. 화분관이 신장하는 동안 생식세포는 분열하여 2개의 정세포를 만든다. 화분관이 배낭에 도달하면, 화분관은 조세포 중 하나로 들어가서 정세포가 방출된다. 중복수정이라고 부르는 과정에서 정세포 중 하나는 난세포와 결합하여 배아($2n$)를 형성하고, 다른 하나의 정세포는 2개의 극핵들과 결합하여 3배체($3n$)의 배젖을 형성한다.

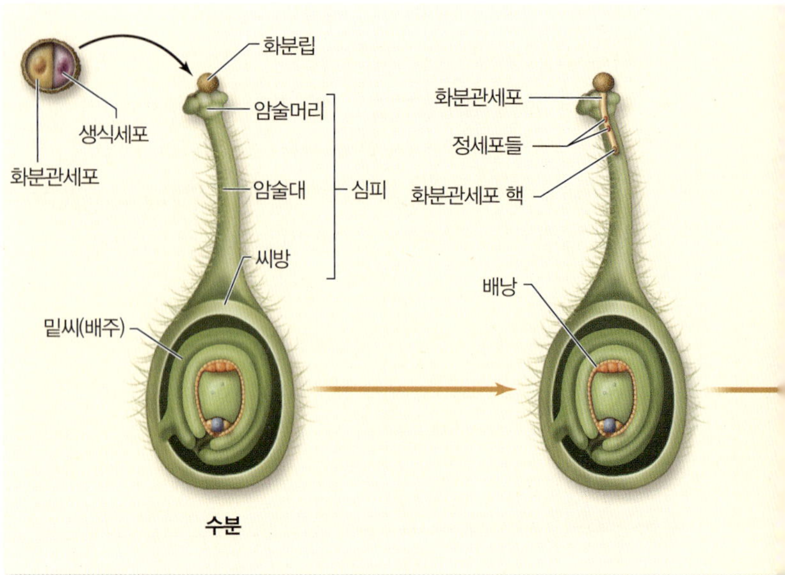

져 있는 유전적 **자가불화합성**(self-incompatibility)은 타가수분을 높인다. 자가불화합성은 유전적으로 관련이 있는 화분이 암술머리에 도달하여 수분이 되었을 때 화분관의 신장을 중단시키는 것이다(**그림 24.25**).

자가불화합성은 *S*(self-incompatibility) 유전자 자리에 의해 조절되는데, *S* 유전자 자리의 많은 대립유전자들이 화분과 암술머리 사이의 인식 반응의 조절에 관여한다. 자가불화합성에는 배우체 자가불화합성과 포자체 자가불화합성의 2가지 유형이 있다. **배우체 자가불화합성**(gametophytic self-incompatibility)은 반수체인 화분의 *S* 유전자 자리와 2배체인 암술머리의 *S* 유전자 자리의 관계에 의해 결정된다. 암술머리에 있는 *S* 유전자의 두 대립유전자 중 하나라도 화분의 *S* 유전자의 대립유전자와 일치하면, 화분관 신장이 배낭에 도달하기 전에 정지하게 되다. 페튜니아(petunias)는 배우체 자가불화합성을 나타낸다.

포자체 자가불화합성(sporophytic self-incompatibility)은 브로콜리에서 볼 수 있는데, 화분의 *S* 대립유전자가 아니라 화분친(pollen parent)의 2개의 *S* 대립유전자들이 중요하게 작용한다. 암술머리의 대립유전자들이 화분친의 대립유전자 2개 중 어느 하나라도 일치하면, 반수체의 화분은 발아하지 않게 된다.

화분 인식(pollen-recognition) 기작은 겉씨식물의 한 공통 조상으로부터 유래하였을 가능성이 있는데, 석탄기의 화분 화석은 겉씨식물의 화분 인식 시스템이 고도로 진화된 것이라는 가설을 뒷받침해 준다.

속씨식물은 중복수정을 한다

속씨식물의 수정은 복잡하고 어느 정도 비정상적인 과정으로 2개의 정세포가 중복수정(double fertilization)이라고 부르는 특이한 과정에 필요하다. 중복수정은 2가지 중요한 발생을 유발하는데, (1) 난자의 수정과 (2) 배아에 영양분을 공급하는 영양물질로 구성된 배젖(endosperm)의 형성이 그것이다.

하나의 화분립이 바람이나 동물 등에 의해 수분되거나 또는 자가수분되어 암술머리를 둘러싸고 있는 끈적끈적한 당분 물질에 닿으면, 암술대를 통하여 화분관(pollen tube)이 신장하게 된다(**그림 24.26**). 화분관은 당분 물질에 의해 영양분을 공급받으면서 씨방의 밑씨(ovule)에 도달할 때까지 신장한다. 화분관이 신장하는 동안 화분립 내의 생식세포는 분열하여 2개의 정세포를 만든다.

화분관이 신장하여 밑씨의 배낭에 도달하여 들어가면 난세포 옆에 있는 핵 중 하나는 퇴화하고 화분관이 그 세포로 들어간다. 화분관의 끝이 터지면서 2개의 정세포가 방출되는데, 그중 하나는 난세포와 수정을 하여 접합자(zygote)를 생성하며, 다른 정세포는 배낭의 중앙에 위치한 2개의 극핵과 결합하여 3배체($3x$)의 배젖핵을 형성한다. 이러한 1차적 배젖핵은 배젖으로 발전하여 양분 공급원이 된다.

수정이 끝나고 배아는 여러 번의 세포분열을 거치며 발달하면서 보호조직이 배아를 둘러싸 종자(seed)가 형성된다. 종자는 또 다른 조직에 싸여서 과실이 만들어지는데, 이러한 속씨식물의 전형적인 구조는 유전적 다양성의 유지를 위해 장거리로 종자를 퍼뜨리기 위한 수단으로 진화된 것이다.

핵심 요약 24.4

자가수분은 수분매개자가 없거나 식물이 안정적인 환경에 적응했을 때 이점이 있으며, 균일한 자손 생산에 유리하다. 타가수분을 촉진하는 기작에는 분리된 수꽃과 암꽃의 생성, 암꽃과 다른 시간대에 성숙하는 수꽃, 그리고 유전적으로 조절되는 자가불화합성이 있다. 중복수정은 2배체인 배아와 3배체인 영양을 공급하는 배젖을 생성한다.

■ 자가수분 식물의 자손이 왜 모두 동일하지 않은지 설명해 보자.

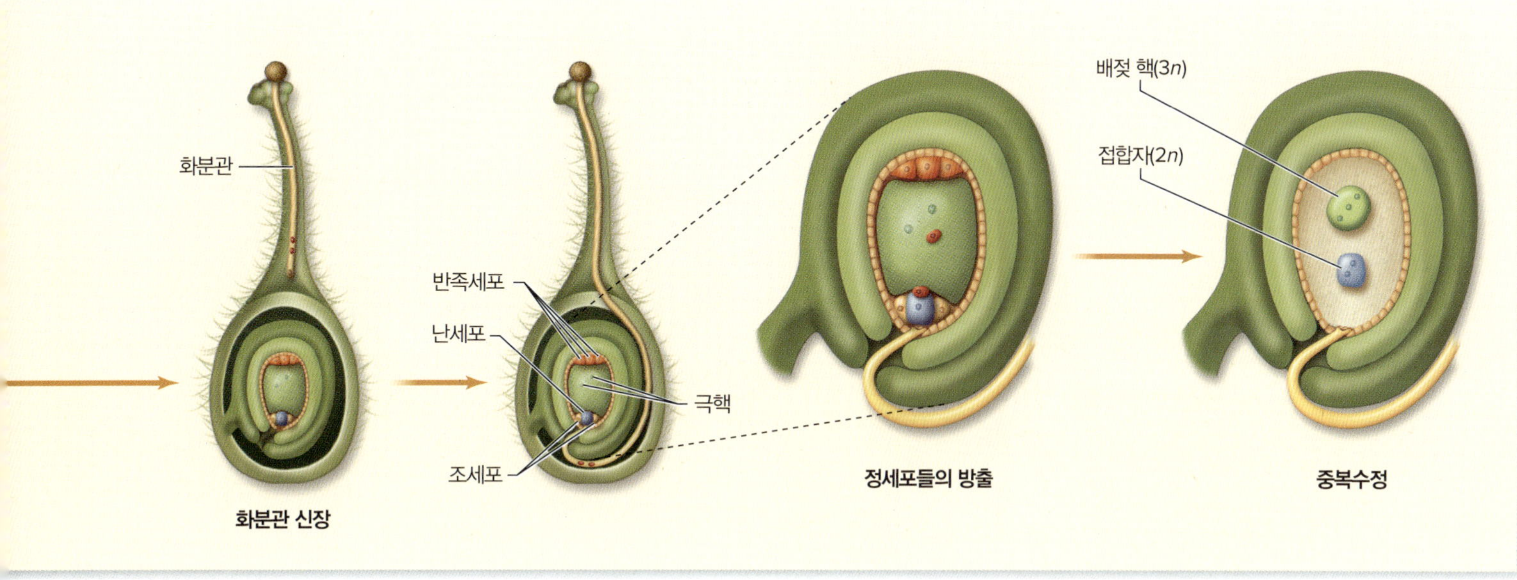

24.5 배아 발생

학습 목표

1. 배아 발생 과정에서 확립된 식물체의 2개의 축에 대해 설명할 수 있다.
2. 배아에서 발생하는 3가지 조직 시스템에 대해 설명할 수 있다.
3. 종자 발생에 필요한 3가지 중요한 사건에 대해 서술할 수 있다.

배아 발생은 난세포가 수정되면 시작된다. 화분립에서 성장하는 화분관은 1개의 조세포를 통하여 속씨식물 배낭에 들어가서 2개의 정세포를 방출한다(**그림 24.26**). 1개의 정세포는 극핵을 가지는 중앙세포와 수정하고, 그 결과로 세포분열을 통해 배아를 위한 양분 공급원인 **배젖**(endosperm)을 생성한다. 다른 1개의 정세포는 난자와 수정하여 접합자를 생성하고, 이어서 세포분열이 일어나서 **배아**(embryo)를 만든다.

접합자의 분열을 통해 3차원적 체제가 형성된다

속씨식물에서 접합자(수정란)는 첫 번째 분열을 해서 비대칭적인 2개의 다른 운명을 가질 세포를 생성한다(**그림 24.27**). 한 딸세포는 작고 조밀한 세포질을 가지며 배아가 될 운명으로, 서로 다른 면에서 반복적으로 분열을 시작하여 구형 세포 덩어리를 형성한다. 좀 더 큰 또 다른 딸세포는 분열을 반복해서 **배병**(suspensor)이라는 긴 구조체를 형성하는데, 이는 배아와 종자의 영양 조직을 연결한다. 배병은 또한 발달하고 있는 배아에 영양분이 도달할 수 있는 경로를 제공한다. 이때 뿌리-슈트 축도 생성되는데, 배병 주변 세포는 뿌리를 형성하고 축의 다른 끝에 위치한 세포는 궁극적으로 슈트가 된다.

식물 배아 발달에서 비대칭성을 확립하는 기작을 연구하는 것은 어렵다. 그 이유는 접합자가 포자체 조직(밑씨와 심피 조직)에 둘러싸인 암컷 접합체 내에 박혀 있기 때문이다. 첫 번째 접합자의 비대칭적 분열을 세포 생물학적으로 이해하기 위하여 생물학자들은 갈조류인 푸쿠스(*Fucus*)를 연구하였다. 하지만 갈조류와 속씨식물의 마지막 공통 조상은 단세포 생물체였기 때문에 갈조류로부터 속씨식물의 비대칭적 분열에 대해 너무 많이 추론하는 것은 주의해야 한다. 그럼에도 불구하고, 비대칭적 분열은 훨씬 이전으로 확장할 수 있는데, 원핵생물조차도 비대칭적 분열을 할 수 있었다.

푸쿠스에서의 접합자 발생

갈조류인 푸쿠스에서 난자는 수정 전에 방출되어 접합자를 둘러싸는 여분의 조직이 없으므로 발생 과정을 관찰하기가 용이하다. 접합자의 한쪽 측면에서 발생하는 돌출부는 수직축을 형성하는데 세포분열이 일어나면서 원래의 돌출 부위는 좀 더 작은 2개의 딸세포가 된다. 좀 더 작은 세포는 조류를 고정시키는 헛뿌리(rhizoid)로 발달하고, 좀 더 큰 세포는 포자체의 주요 몸체 또는 엽상체(thallus)로 발달한다(**그림 24.28**).

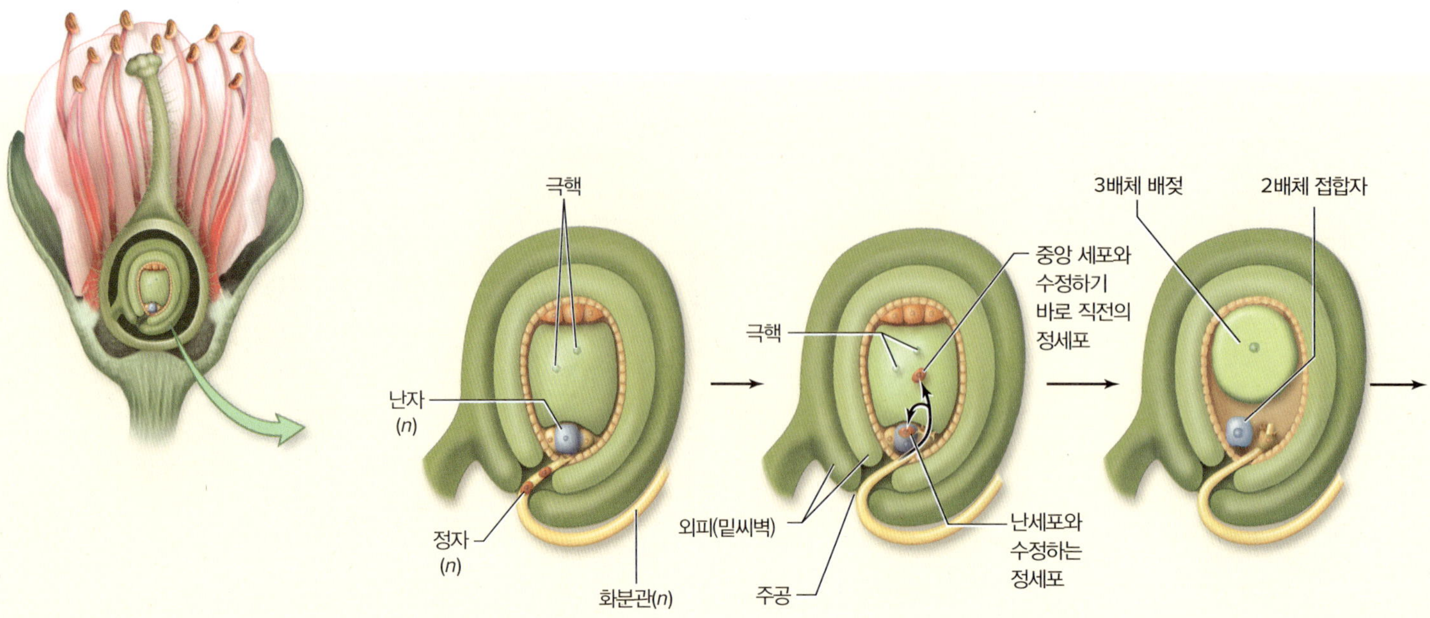

그림 24.27 속씨식물 배아의 발생 단계.
첫 번째 세포분열이 비대칭적이다. 분화는 수정 후 거의 즉시 시작한다.

속씨식물에서의 비대칭성 확립

유전적 접근을 통해 속씨식물에서의 비대칭적 발생을 연구하는 것이 가능하다. 돌연변이체에 대한 연구를 통해 발생 과정에서 무엇이 잘못되었는지를 알게 되어 종종 정상적인 발생 기작을 유추할 수 있게 한다. 예를 들어, 애기장대(*Arabidopsis thaliana*)의 배병 돌연변이체는 배아가 비정상적으로 발달하여 배병에서 배아와 유사한 발생이 일어난다(**그림 24.29**). 이런 돌연변이체를 분석하여 배아가 존재함으로써 배병이 2차적인 배아로 발달하는 것을 억제한다는 결론에 도달하였다.

간단한 체제가 배아 발생 동안 나타난다

식물에서 3차원적인 모양과 형태는 세포분열의 양과 패턴을 조절해서 만든다. 앞에서 어떻게 수직축(뿌리-슈트 축)이 아주 초기 단계에서 확립되는지에 대해서 설명하였는데, 방사상 축(내부-외부 축) 확립도 동일하다. 첫 번째 세포분열에서 한 줄의 세포가 생성되지만, 곧 세포들은 다른 방향으로 분열하여 세포로 속이 꽉 찬 3차원적인 구형을 만든다. 뿌리-슈트 축은 세포가 분열하면서 길어지고, 새로운 세포벽은 뿌리-슈트 축에 수직으로 형성되며, 뿌리-슈트 축을 따라서 새로운 세포가 쌓인다.

그림 24.28 푸쿠스 접합자의 비대칭적 세포분열.
접합자에서 물질이 균등하지 않게 분포되면 첫 번째 세포분열이 일어날 곳이 돌출하게 된다. 그 결과 작은 세포는 분열하여 조류를 고정시키는 헛뿌리를 생성하고, 큰 세포는 분열하여 조류의 몸체 또는 엽상체를 형성한다. 정자가 진입하는 지점이 작은 헛뿌리 세포가 형성될 위치를 결정하지만, 빛과 중력은 이를 수정하여 갈조류를 고정시킬 수 있는 곳에서 헛뿌리가 아래쪽을 향하도록 한다. 칼슘이 매개된 전류를 통해 전하를 띤 분자들의 내부 기울기가 설정되면 이는 헛뿌리가 형성될 세포벽을 약화시킨다. 이렇게 생성된 2개 세포의 운명은 세포벽 성분에 의해서 "기억 속에" 유지된다.

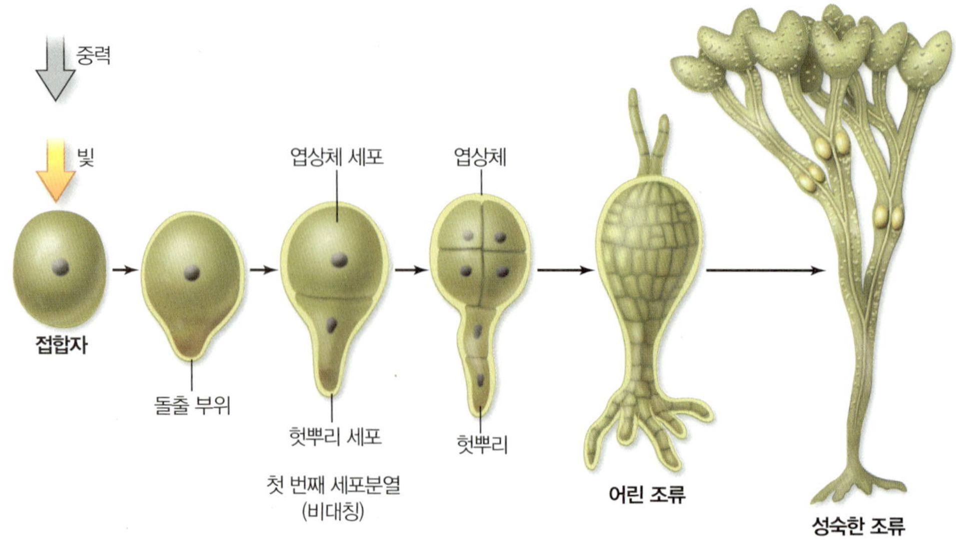

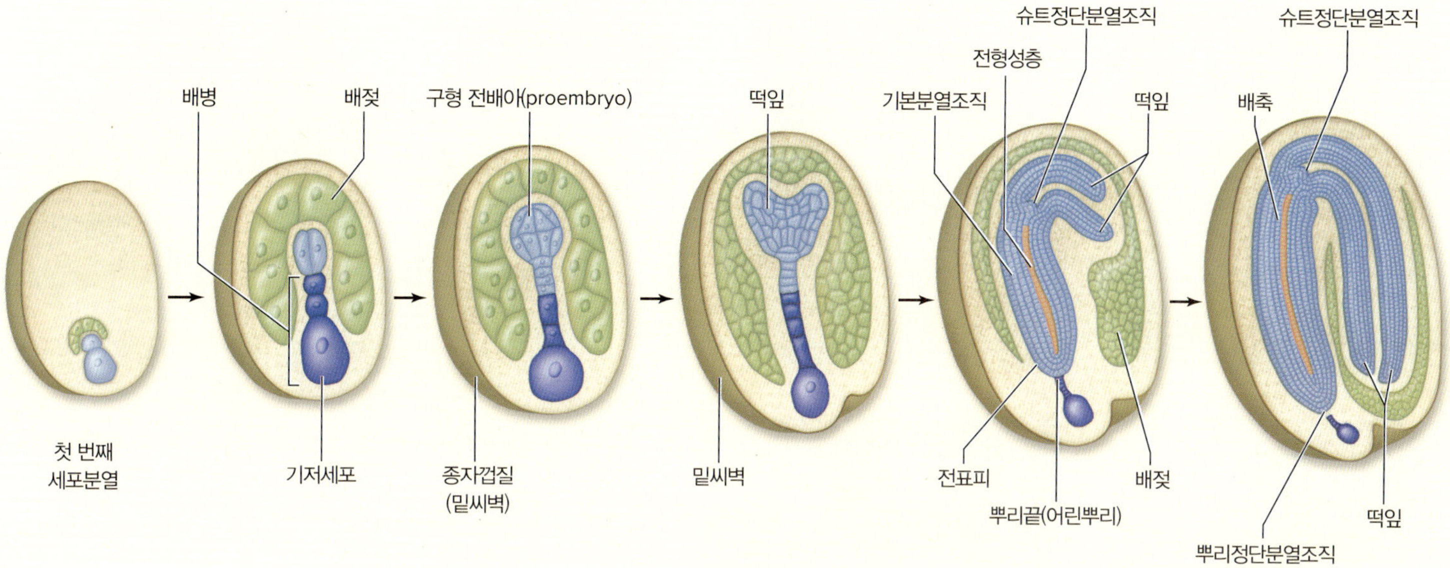

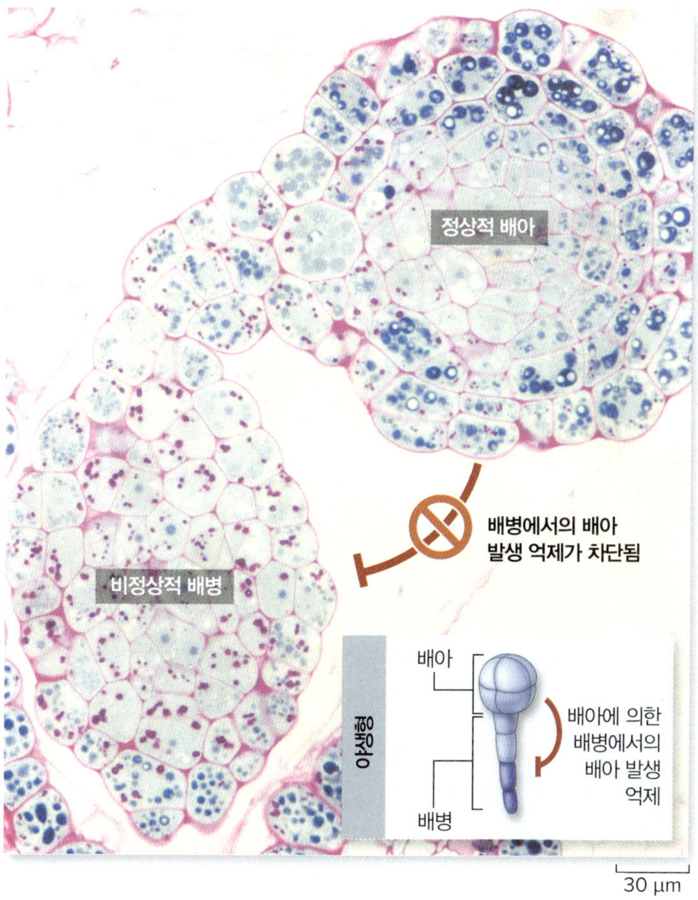

그림 24.29 배아에 의한 배병의 2차적 배아로의 발달 억제.
이 애기장대의 배병 돌연변이체(*sus*)는 배아 발생에 결함이 있다. 배아 발생이 중단되어 배병에서 배아와 유사한 발생이 일어난다. *SUS* 단백질이 배병세포에서의 배아 발생을 억제하는 데 필요하다.

적절한 3차원적인 모양을 유지하기 위해서는 초기 발달에서 세포가 방사상 평면의 2방향으로 분열해야만 한다. **그림 24.30**은 생겨나고 있는 식물의 체제(body plan)이다. 뿌리와 슈트의 끝에 있으며 세포가 왕성하게 분열하는 정단분열조직은 구형 단계에서 뿌리–슈트 축을 만들고, 이로부터 3개의 기본적 조직인 **표피**(dermal) **조직**, **기본**(ground) **조직**, **관다발**(vascular) **조직**이 만들어진다(20장 참조). 이러한 조직은 뿌리–줄기 축을 중심으로 방사 형태로 구성된다.

> **자료 분석** 애기장대의 배병이 아닌 배아만을 여러 다른 평면으로 나누고 광학현미경으로 보았더니, 128개의 세포가 있는 것이 관찰되었다. 첫 번째 세포분열을 통해 배아와 배병이 확립된 후에 만약 배아 세포가 동일한 속도로 분열한다면 세포분열은 동시에 몇 번이나 일어났겠는가?

뿌리와 슈트 형성

슈트와 뿌리는 모두 정단분열조직이지만 이들이 형성되는 것은 독립적으로 조절된다. 애기장대에서 줄기가 형성되기 위해서는 슈트메리스템레스(*SHOOTMERISTEMLESS*, *STM*) 유전자가 필요하다. STM 단백질을 만들지 못하는 식물은 생존 가능한 슈트를 생성할 수 없지만 뿌리는 생성할 수 있다(**그림 24.31**).

STM 유전자는 호미오박스(homeobox) 영역을 가진 전사인자를 암호화한다. 이 유전자는 동물의 체제를 확립하는 데 중요한 혹스(*Hox*) 유전자와 공통적인 진화적 기원을 갖는다. 그러나 동물과 비교해서 혹스(*Hox*) 유사 유전자는 식물 체제를 조절하는 데 좀 더 제

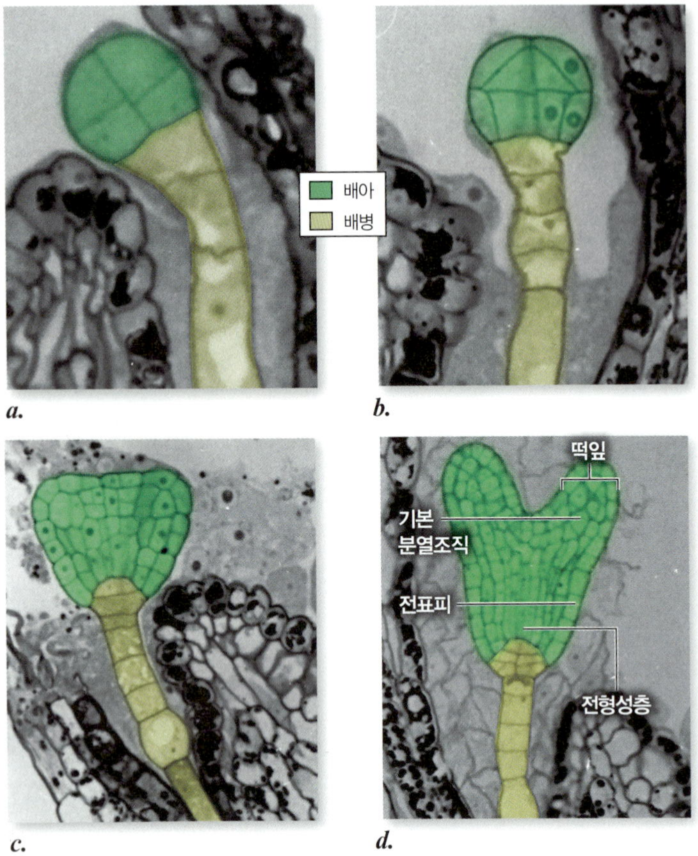

그림 24.30 애기장대의 초기 발생 단계.
a. 초기 세포분열이 배아와 배병을 생성한다. *b.* 구형 단계는 뿌리-슈트 축과 방사상 축 모두를 따라 일어나는 세포분열 결과이다. 뿌리와 슈트의 정단분열조직 확립을 포함하는 세포 분화가 이 단계에서 일어난다. *c, d.* 심장 모양 단계. 떡잎(종자잎)이 보이기 시작하고, 3가지 조직이 계속 분화한다.

그림 24.31 슈트 형성에 필요한 슈트메리스템레스(*SHOOTMERISTEMLESS*).
슈트 특이적 유전자가 뿌리정단분열조직 형성을 지정하지만, 뿌리 발생에는 필요하지 않다. 애기장대의 *stm* 돌연변이체(위쪽 그림)는 정상적인 뿌리 분열조직을 가지고 있지만, 2개의 떡잎 사이의 슈트 분열조직을 생성하는 데는 실패하였다. 비교를 위해 *stm* 돌연변이체 아래에 *STM* 야생형 그림을 넣었다.

한적인 역할을 한다. 또 다른 전사인자를 암호화하는 다른 유전자들도 또한 식물의 패턴 형성에 중요한 역할을 한다.

애기장대에서 뿌리가 형성되기 위해서는 호빗(*HOBBIT*) 유전자가 필요하다(**그림 24.32**). 호빗(*hobbit*) 돌연변이체는 슈트분열조직은 만들지만, 뿌리 분열조직은 만들지 않는다. 호빗 뿌리에서 세포분열은 잘못된 방향으로 일어난다. 호빗 돌연변이를 가진 식물에는 식물 호르몬인 옥신(auxin)에 의해서 유도되는 유전자의 생화학적 억제인자가 누적된다. 돌연변이체의 표현형에 근거하면, 호빗 유전자는 옥신 유도 유전자에 대한 억제인자가 생성되는 것을 억제하는 것으로 보인다. 좀 더 간단하게 설명하면, 호빗 단백질은 옥신으로 하여금 뿌리 분열조직을 만들기 위한 정확한 세포분열에 필요한 하나 이상의 유전자 발현을 유도할 수 있게 한다. 옥신은 23장에서 설명한 식물 발생과 기능을 조절하는 8종류의 호르몬 중 하나이다.

? **탐구문제** **그림 24.32*e*에서 돌연변이체가 왜 배아 뿌리를 발생시킬 수 없었는지에 대해 설명하시오.**

옥신이 유전자 발현을 유도하는 한 가지 방법은 전자인사를 활성화시키는 것이다. 모노테로스(*MONOPTEROS*, *MP*) 유전자는 옥신 유도 전사인자(**그림 24.32** 참조)를 암호화하는데, 애기장대의 호빗과 마찬가지로 뿌리 형성에는 필요하지만 줄기 형성에는 필요하지 않다. MP 단백질은 일단 활성화되면 다른 유전자의 프로모터에 결합하여 뿌리 분열조직 형성에 필요한 하나 이상의 유전자의 전사를 유도한다.

? **탐구문제** **MP 단백질이 더 이상 억제인자에 결합할 수 없는 *MP* 유전자 돌연변이를 가진 식물의 표현형을 예측하시오.**

3종류의 조직 형성

1차 분열조직(primary meristem)이라 불리는 3종류의 기본적 조직은 식물 배아가 아직도 구형(구형 단계로 불리며, **그림 24.30** 참조)일 때 분화한다. 식물 배아 발생에는 세포 이동이 없다. **전표피**(protoderm)는 식물 배아의 가장 바깥쪽에 세로로 구성되며 **표피조직**(dermal tissue)이 된다(20장 참조). 이런 세포들은 거의 항상 몸체 표면에 수직인 세포판에서 분열하여 세포의 단일 바깥층을 계속 유지한다. 표피조직은 탈수와 병원균의 공격으로부터 식물을 보호한다. 기체 교환을 쉽게 하고, 수분 상실을 최소화하기 위해서 개폐되는 기공은 표피조직에서 유래한다.

기본분열조직은 궁극적으로 영양분과 수분을 저장하는 **기본조직**(ground tissue) 세포로 구성된 배아 내부의 대부분을 생성한다.

마지막으로 배아 중심의 전형성층은 수분과 영양분 수송을 책임질 미래의 **관다발조직**(vascular tissue)을 생성한다.

그림 24.32 애기장대 배아 뿌리 발생의 유전적 조절.
a. 호빗 단백질은 옥신 반응의 억제인자를 제한하여 옥신 유도 뿌리 발생이 일어나도록 한다. *b.* 모노테로스 단백질은 억제인자가 결합된 상태에서는 전사인자로 작용할 수 없다. 옥신이 모노테로스에서 억제인자를 떼어 내면, 모노테로스가 뿌리 발생 유전자 전사를 활성화시킨다. *c.* 야생형 어린 식물은 배아 발생 중에 정상적인 뿌리 발생이 시작되기 위해서 옥신 유도 유전자가 필요하다. *d.* 호빗(*hobbit*) 돌연변이 어린 식물은 뿌리라기보다는 몽당한 토막을 가지고 있는데, 그 이유는 비정상적인 세포분열이 뿌리 분열조직이 생성되지 못하게 하기 때문이다. *e.* 모노테로스 돌연변이 어린 식물도 또한 뿌리 발생을 할 수 없다.

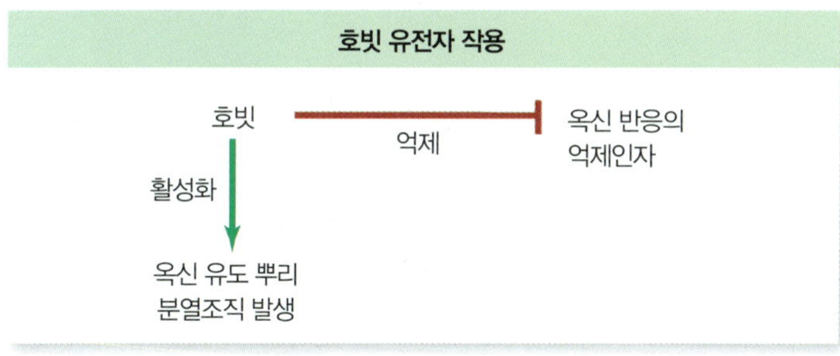

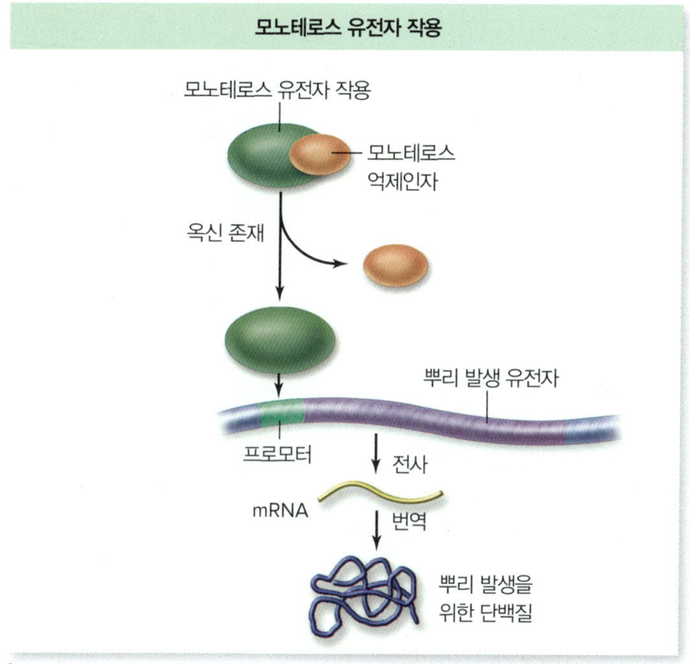

그러나 일반적으로 세포의 운명은 배아 특이적 유전자가 발현되지 않는 배아 발생 이후에 좀 더 제한된다. 예를 들면, 애기장대의 리피 코틸리돈(*LEAFY COTYLEDON*) 유전자는 배아 발생 초기와 후기에 활성을 띠고, 배아의 환경을 유지하는 역할을 한다. 15장에서 설명한 DNA 재조합 기술을 사용하여 발생 후기에 이 유전자를 켤 수 있는데, 이 유전자가 켜지면 배아가 잎을 형성할 수 있다.

형태형성

구형 단계에서 한 속씨식물군(**그림 24.30***c*, *d*의 애기장대와 같은 진정쌍떡잎식물)에서는 2개의 돌출 부위를 가진 심장 모양의 배아를 발생하고, 또 다른 속씨식물군(외떡잎식물)에서는 한쪽 측면에 1개의 돌출 부위를 가진 하나의 구형 배아를 발생시킨다. 이러한 돌출 부위는 **떡잎**(cotyledons, "첫 번째 잎")으로 배아 세포에 의해 생성되며, 구형 단계 동안 생성되기 시작하는 뿌리정단분열조직에서는 생성되지 않는다. 이런 과정을 형태형성(형태 발생)이라 부르며, 이는 세포분열의 방향(면)과 속도 변화에서 비롯된 것이다(**그림 24.34** 참조).

식물 몸체의 형태는 주로 세포가 분열하는 평면에 의해서 결정된다. 또한 세포가 형성된 후에는 팽압이 세포를 팽창시키는 것과 같이 세포 모양의 변화에 의해서도 조절된다(**그림 24.33**). 세포판의 위치가 세포분열 방향을 결정하고, 미세소관과 액틴 모두가 세포판의 위치를 정하는 역할을 한다. 식물 호르몬과 다른 요인들이 원형질막 내부의 미세소관 다발의 방향성에 영향을 미친다. 또 이러한 미세소관은 새로운 세포의 바깥쪽에 세포벽이 형성됨에 따라 세포벽에 셀룰

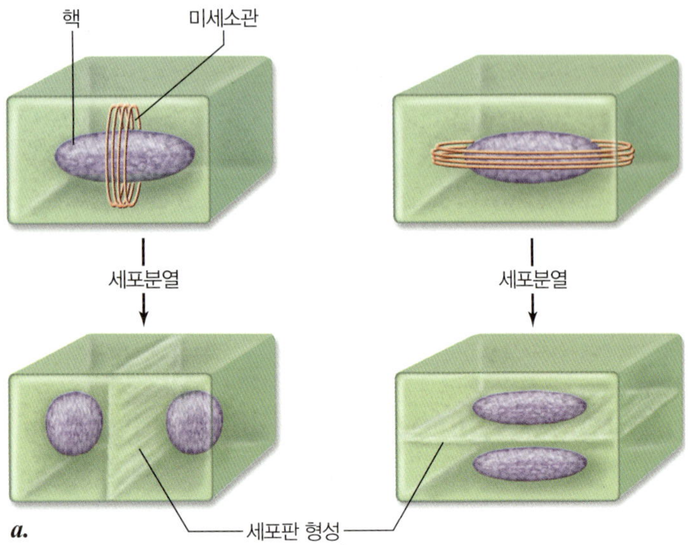

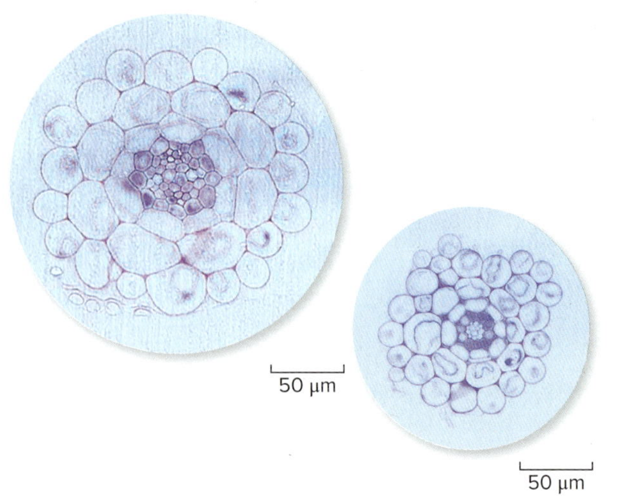

그림 24.34 체관부 발생에 필요한 우든렉(*WOODEN LEG*). 야생형 애기장대(왼쪽)보다 *wol* 돌연변이체(오른쪽)는 관다발조직이 적고, 모두 물관부이다.

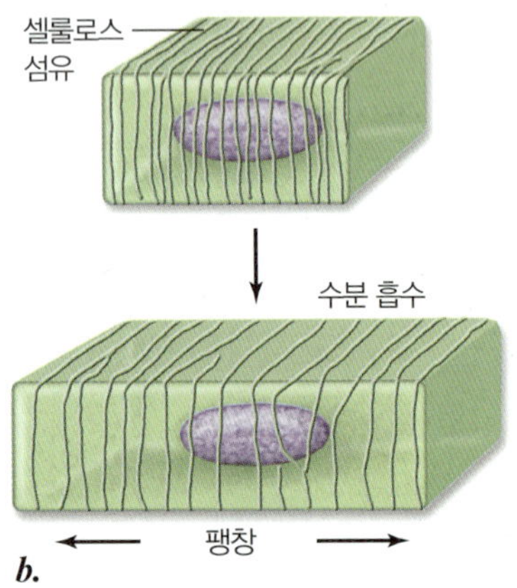

그림 24.33 세포분열과 팽창. ***a.*** 미세소관의 방향성이 세포판 형성의 방향성을 결정하고, 새로운 세포벽의 방향성을 결정한다. ***b.*** 식물세포의 모든 측면이 동일한 양의 셀룰로스로 강화되지는 않았다. 물이 흡수되면서 세포는 세포벽이 덜 강화된 방향으로 팽창한다.

로스가 쌓이도록 한다(**그림 20.2** 참조). 세포의 6개의 측면 중 4면이 셀룰로스로 더 두껍게 강화되면, 세포는 덜 강화된 나머지 2면 방향으로 팽창하고 성장하는 경향이 있다(**그림 24.33***b*).

분열을 할 수 있지만, 세포분열 평면이나 세포 팽창 방향을 조절할 수 없는 돌연변이체로부터 세포 수준에서의 형태형성에 관한 많은 것을 알게 되었다. 호빗 돌연변이체의 뿌리 분열조직 발생이 결여된 것은 그러한 예 중 하나일 뿐이다. 전형성층이 뿌리에서 분화되기 시작하면서 뿌리 표면과 평행한 중요한 세포분열은 우든렉(*WOODEN LEG*, *WOL*) 유전자에 의해 조절된다(**그림 24.34**). 이러한 분열이 없다면 세포들이 모여 원통형을 이룬 체관부가 만들어지지 않을 것이다. 관다발조직에서 물관부만 형성되면, 이는 뿌리에 "목질화 다리(wooden leg)"가 생기는 셈이다.

배아 발생 초기에 대부분의 세포는 잎을 포함하여 다양한 범위의 세포와 기관을 만들 수 있다. 발생이 진행되면서 다양한 잠재력을 가진 세포는 주로 분열조직에 국한된다. 많은 분열조직은 배아 발생이 끝날즈음 형성되고 종자는 휴면 상태가 된다. 발아 후 정단분열조직은 계속 분열하여 뿌리와 슈트 끝이 자라도록 한다. 예를 들어, 옥수수의 정단분열조직 세포는 매 12시간마다 분열하여, 왕성하게 성장하는 옥수수 식물은 하루에 50만 개의 세포를 생성한다. 측생분열조직(lateral meristem)은 일부 식물의 둘레를 증가시킬 수 있는 반면, 잔디 줄기의 절간분열조직(intercalary meristem)은 식물이 길게 자라도록 한다.

영양분 저장소는 배아 발생 동안 형성된다

속씨식물에서는 배아가 발달하는 동안 (1) 영양분 공급의 발달, (2) 종자 껍질의 발달, (3) 종자를 감싸는 과실의 발달 등 3가지 중요한 사건이 일어난다. 저장된 양분은 발아하는 동안 배아를 지원하면서 광합성을 수행할 수 있게 한다. 속씨식물은 중복수정을 하여 영양분을 공급하기 위한 배젖을 만들고, 겉씨식물의 경우에는 대배우체가 영양원이 된다. 종자 껍질은 (부모 포자체로부터) 밑씨 조직의 분화 결과인데 배아 주변에 딱딱한 보호 외피를 형성한다. 그 후에 종자는 휴면 상태에 들어가고, 이는 배아 발생이 끝났음을 알리는 것이다. 속씨식물에서 과실은 밑씨를 둘러싸는 심피의 벽에서 발생한다. 과실의 발생뿐만 아니라 종자의 발생과 발아는 24.6절에서 다루고, 여기에서는 영양분 저장에 중점을 둔다.

배아 발생 전반에 걸쳐 녹말, 지질 및 단백질이 합성된다. 종자 저장 단백질은 매우 풍부해서 이들을 암호화하는 유전자들은 식물분자생물학자들의 첫 번째 클로닝 표적이었다. 영양원을 공급하는 것은 배아의 생존을 향상시키려는 진화적 경향의 한 부분이다.

속씨식물에서 포자체는 배병을 통해서 영양분을 전달한다. (겉씨

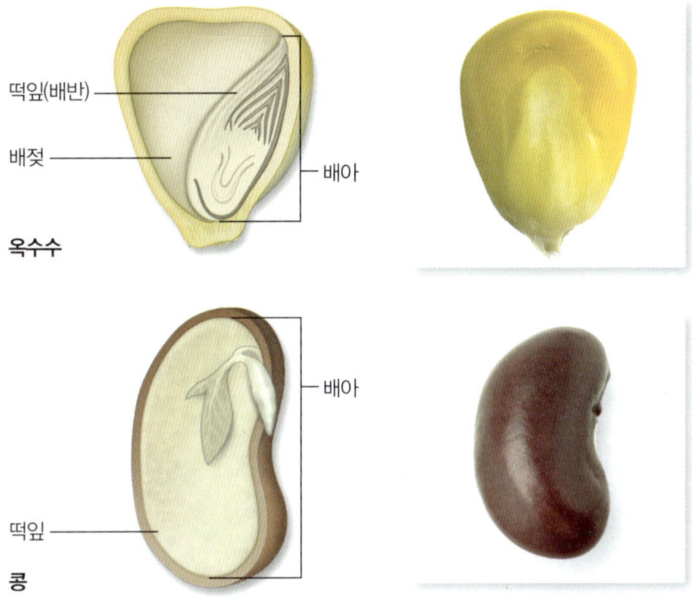

그림 24.35 옥수수와 콩의 배젖.
옥수수 알맹이는 성숙한 후에도 배젖을 가지고 있는 반면, 콩의 배젖은 사라진다. 콩 배아의 떡잎은 영양소 저장 기능을 대신한다.

식물에서 배병은 단지 배아가 대배우체 영양원에 더 가까이 갈 수 있도록 밀어주는 역할을 한다.) 이것은 속씨식물에만 존재하는 배젖의 발생과 동시에 일어난다[중복수정이 겉씨식물인 **마황**(*Ephedra*)에서 관찰되었지만]. 배젖 형성은 광범위하거나 또는 최소일 수 있다.

코코넛의 배젖에는 액체인 "젖(milk)"이 함유되어 있으며, 옥수수의 배젖은 단단하다. 옥수수의 배젖은 열로 팽창하여 터져서 팝콘에서 먹을 수 있는 하얀 부위를 이룬다. 완두콩과 콩에서 배젖은 배아가 발생하는 동안 모두 소진되고, 영양분은 두껍고 다육질인 떡잎에 저장된다(**그림 24.35**).

광합성 기구가 빛에 반응하여 만들어지기 때문에 포자체가 광합성을 할 수 있을 때까지 발아를 도와줄 수 있는 영양분을 종자에 저장하는 것은 매우 중요하다. 흙에 너무 깊이 묻힌 종자는 표면이 햇빛에 도달하기 전에 세포호흡으로 저장된 영양소를 모두 소진하게 된다.

핵심 요약 24.5

식물은 배아 발생 동안에 뿌리-슈트 축과 방사상 축이 형성된다. 배아에서 형성된 3종류의 조직은 전표피, 기본분열조직, 그리고 전형성층인데, 이들은 3종류의 성숙된 조직을 만든다. 배아가 형성되는 동안 배아를 위한 영양소 공급이 배젖 형태로 만들어지고, 종자 껍질이 밑씨조직에서 형성되며, 과실이 심피 벽에서 발생한다.

- 겉씨식물 종자의 영양 조직과 속씨식물 종자의 영양 조직은 어떻게 다를까?

24.6 발아

학습 목표

1. 종자 발아 과정을 설명할 수 있다.
2. 콩(진정쌍떡잎식물)과 옥수수(외떡잎식물)의 슈트 출현 형태를 비교하여 설명할 수 있다.

조건이 만족스러우면 배아는 이전의 건조된 상태를 벗어나, 영양소 저장소를 활용하여 생장을 재개한다. **발아**(germination)는 여러 단계로 된 과정이지만, 보통 종자 껍질을 뚫고 **어린뿌리**(radicle, 첫 번째 뿌리)가 나타나는 것으로 정의된다.

외부 신호 및 조건이 발아를 유발한다

종자가 수분을 흡수하고 그 대사가 재개되면 발아가 시작된다. 종자가 흡수할 수 있는 물의 양은 경이롭고, 삼투압은 종자 껍질을 깨뜨리기에 충분한 힘을 만들 수 있다. 이 시점에서, 발달하는 배아에 산소가 공급 가능한지가 중요하다. 왜냐하면 동물과 마찬가지로 식물도 세포호흡에 산소가 필요하기 때문이다. 벼와 같은 일부 식물은 혐기성 조건에 대해 내성이 생겼지만, 물속에서 성공적으로 발아하는 종자를 생산하는 식물은 거의 없다.

휴면 종자가 충분한 수분 공급을 받아 호흡하고, 단백질과 RNA를 합성하며, 정상적인 대사를 한다고 해도 환경으로부터의 추가적인 신호 없이는 발아하지 못할 수도 있다. 이런 신호는 정확한 빛의 파장과 강도, 일련의 추운 날들, 또는 단순히 발아에 적합한 온도에서의 시간 경과일 수 있다. 많은 식물의 종자는 저온처리(stratified), 즉 저온에서 일정한 기간 동안 보관하지 않으면 발아하지 않는다. 이 현상은 계절적으로 추운 지역에서 자라는 식물의 종자가 겨울이 지나갈 때까지는 발아하는 것을 억제하여, 가혹하게 추운 조건에서 연약한 어린 식물을 보호한다.

특정 종은 상대적으로 좁은 최적 조건의 범위를 가질 수도 있지만, 발아는 넓은 온도 범위(5~30°C)에서 일어날 수 있다. 일부 종자는 가장 좋은 조건에서도 발아하지 않는다. 일부 종에서 계절 종자의 상당한 부분이 긴 기간 동안 휴면 상태를 유지하여 미래의 식물 개체군에게 진화적으로 큰 중요성을 가지는 유전자풀(gene pool)을 제공한다. 지역의 토양에 발아되지 않은 종자가 존재할 때 이를 **종자은행**(seed bank)이라고 한다.

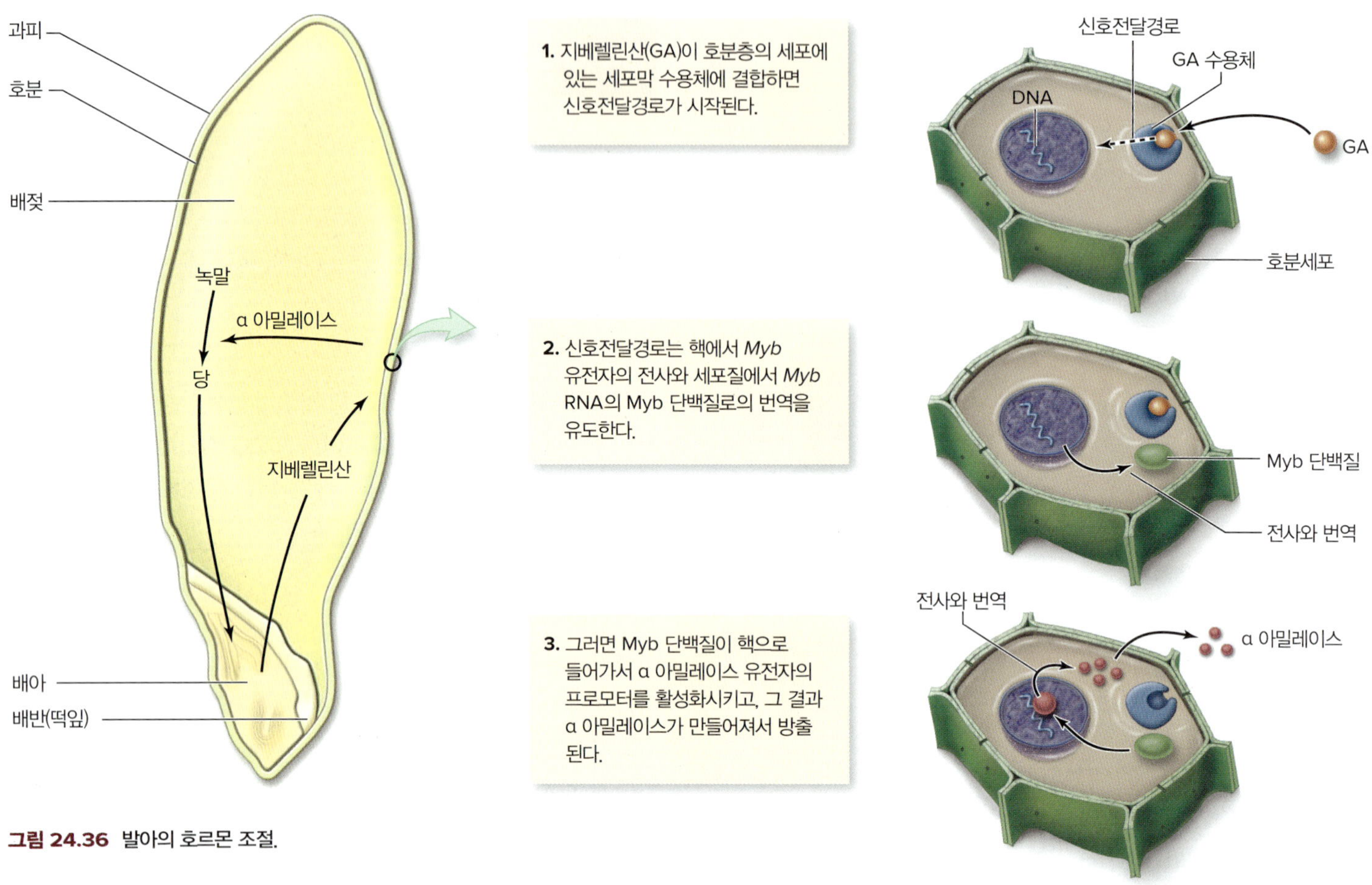

그림 24.36 발아의 호르몬 조절.

영양분 저장소는 성장하는 어린 식물을 지탱한다

내부와 외부의 요구조건이 모두 충족될 때 발아가 일어난다. 발아와 초기 어린 식물 성장에는 전분체(무색 색소체)에 녹말로 저장된 대사 영양분과 단백질체를 활용할 필요가 있다. 저장된 고체 지방과 오일도 세포호흡을 통해 에너지를 생성하는 글리세롤과 지방산을 만들기 위해 발아 중에 쉽게 분해될 수 있다. 이들은 또한 포도당으로도 전환될 수 있는데, 식물의 종류에 따라 일부 영양분은 배아 또는 배젖에 저장될 수 있다.

시리얼 곡물의 알갱이에서 외떡잎은 **배반**(scutellum)이라고 부르는 상대적으로 거대한 구조로 변형된다(**그림 24.36**). 배반에 저장된 풍부한 영양분은 발아 중 우선 사용되고, 나중에 어린 식물이 성장하는 동안 배반은 배젖에서 배아의 나머지 부분까지 영양분 도관 역할을 한다.

발아하는 식물이 저장된 녹말을 이용하는 것은 호르몬이 식물 발달을 어떻게 조절하는지에 대한 가장 좋은 예 중 하나이다(**그림 24.36**). 종자가 수분을 흡수하는 것에 대해 반응하여 배아는 지베렐린산을 생성한다. 이 호르몬은 배젖의 **호분**(aleurone)이라 불리는 바깥층에 신호를 전달하여 α 아밀레이스를 생성한다. 이 효소는 배젖의 녹말, 주로 아밀로스를 배반을 통해 배아로 전달되는 당으로 분해한다. 휴면을 유도하는 데 중요한 또 다른 식물 호르몬인 앱시스산은 녹말 분해를 억제할 수 있다. 발아하기 시작하는 종자가 수분을 흡수할 때 앱시스산 수준이 감소할 수 있다. (식물 호르몬의 작용은 23장을 참조한다.)

어린 식물은 성장하는 방향을 잡으면서 광합성을 개시한다

포자체가 종자 껍질을 뚫고 나오면서 환경에 따라 뿌리는 아래로, 슈트는 위로 자란다. 새로운 생장은 가혹한 환경으로부터 보호된 연약한 분열조직에서 비롯된다. 슈트는 광합성을 하게 되고, 생장과 발달의 후배아 단계(postembryonic phase)가 진행된다. **그림 24.37**은 진정쌍떡잎식물과 외떡잎식물에서 식물 몸체의 발아 과정과 그 후의 발달 과정을 보여준다.

새로운 슈트와 뿌리 끝은 외떡잎식물에서 추가적인 조직층인 슈트를 감싸는 **자엽초**(coleoptile)와 어린뿌리(radicle)를 감싸는 **유근초**(coleorhiza)에 의해서 보호된다. 다른 보호 전략으로는 구부러진 슈트가 나와서 좀 더 강한 세포벽을 가지는 조직이 토양을 통과하는

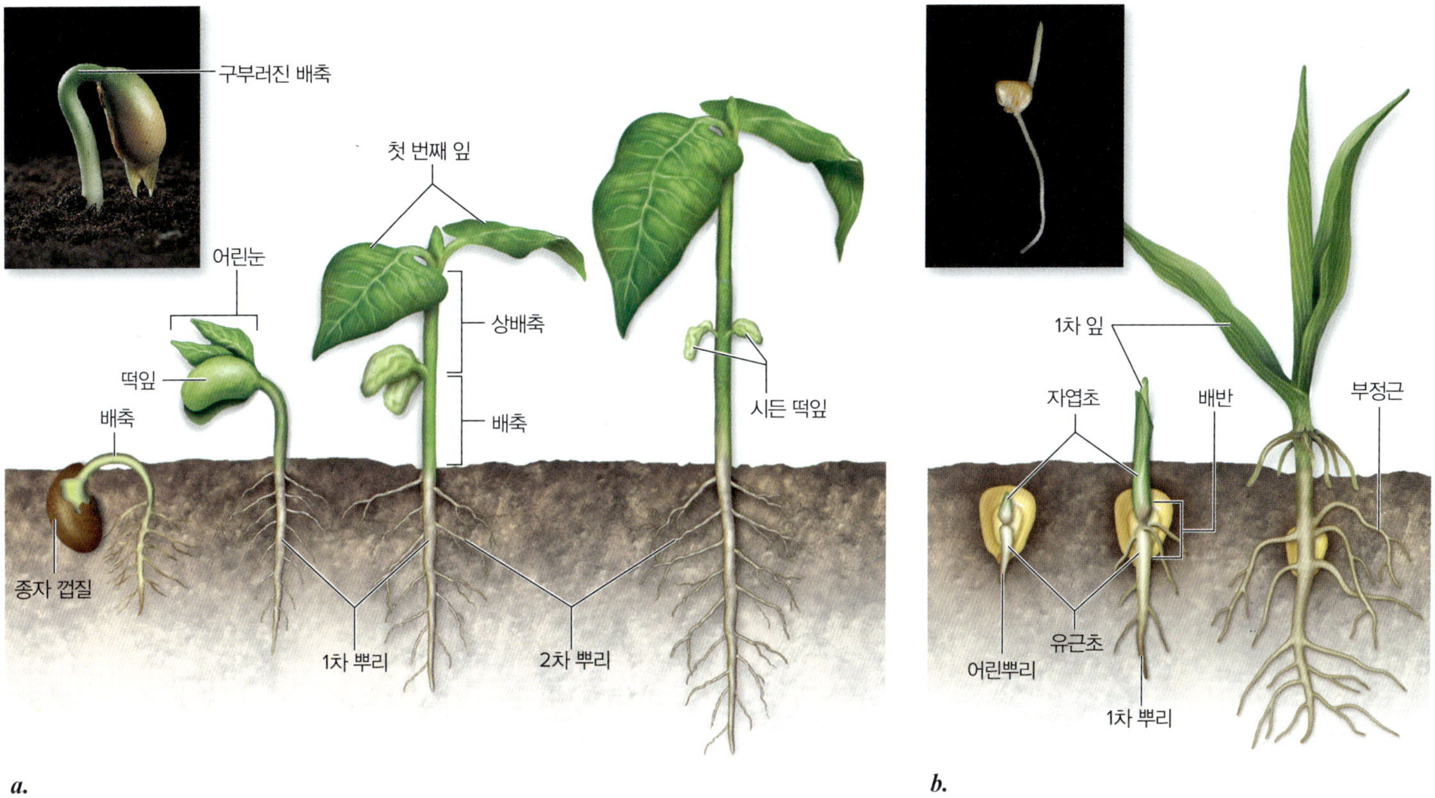

그림 24.37 발아.
a. 진정쌍떡잎식물인 일반 콩(*Phaseolus vulgaris*)과 ***b.*** 외떡잎식물인 옥수수(*Zea mays*). 배축(떡잎 아랫부분)이 구부러져서 토양에서 나오면서 섬세한 콩 슈트끝을 보호한다. 옥수수의 어린 뿌리는 콩과 옥수수 모두에서 발견되는 뿌리골무 외에도 유근초라는 보호층 조직에 의해서 보호된다. 자엽초라고 불리는 세포의 외피는 배축 조직보다는 새롭게 싹트는 옥수수 슈트끝을 보호한다.

과학적 사고

가설: 선형 세포모(trichome, 세포 표면의 작은 털)는 매미충(leafhopper)이 알팔파 식물에서 먹고 번식하는 것을 억제한다.
예상: 선형 세포모가 없는 식물보다 있는 식물에서 매미충 생존율과 번식률이 낮을 것이다.
실험: 상자에 선형 세포모가 있는 알팔파 품종을 배치한다. 두 번째 상자에는 동일한 품종이지만 세포모가 제거된 식물을 배치한다. 각 상자에 동일한 수의 매미충을 놓는다. 일정한 시간이 경과한 후에 돌아와서 각 상자에서 생존한 매미충의 수를 센다.

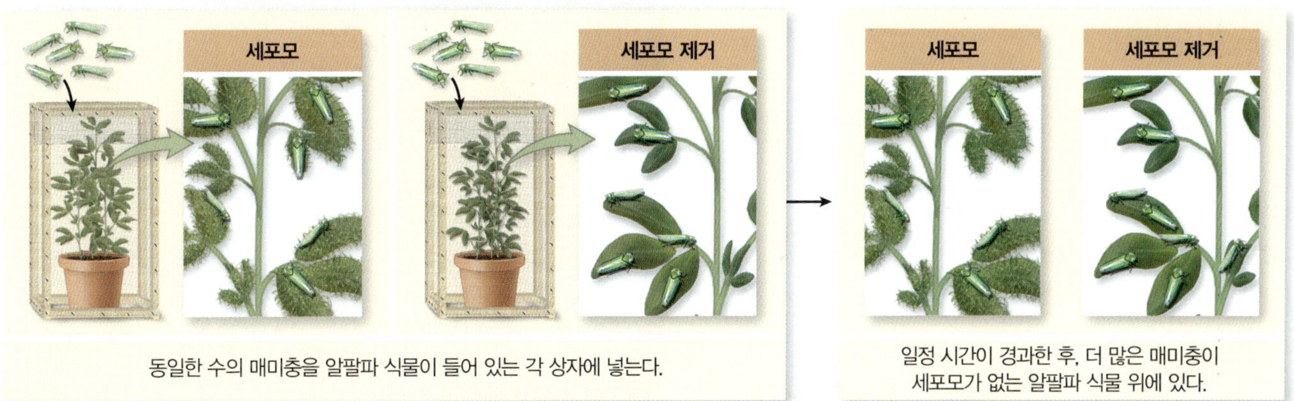

결과: 세포모가 있는 식물이 들어 있는 상자에는 살아 있는 매미충이 더 적었다.
결론: 가설은 지지되었다. 세포모가 있는 식물에서 매미충의 생존율 및 번식률은 세포모가 없는 식물에서보다 더 낮다.
추가 실험: 일반적인 세포모 또는 선형 세포모가 매미충을 저지할 수 있는지 여부를 결정하는 실험을 설계한다.

그림 24.38 선형 세포모가 식물을 곤충으로부터 보호할 수 있다.

것이다.

발아하는 동안 종자에서 배아 뿌리와 슈트가 나오는 것은 종에 따라 크게 다르다. 대부분의 식물은 슈트가 나오기 전에 뿌리가 나와서 어린 식물을 토양에 고정시킨다(**그림 24.37**). 완두콩과 같은 식물에서는 떡잎이 토양 아래에 있을 수도 있고, 콩, 무와 양파와 같은 식물은 떡잎이 땅 위에 있다. 떡잎은 초록색이 되어 어린 식물이 확립되면서 어린 식물의 영양에 기여하거나 또는 상대적으로 빠르게 시들 수 있다. 종자의 발아부터 어린 식물이 확립되는 기간은 식물의 생존에 대단히 중요하다. 어린 식물은 이 기간 동안 질병과 곤충 손상 및 가뭄에 취약하다(**그림 24.38**). 토양 조성과 pH도 또한 새롭게 발아된 식물의 생존에 영향을 미칠 수 있다.

핵심 요약 24.6

발아하는 동안 종자와 배아는 수분을 흡수하고, 호흡을 증가시키며, 단백질과 RNA를 합성한다. 종자의 대사 영양분에는 녹말, 고체 지방과 오일이 포함된다. 어린 식물이 발아하는 동안 콩과 같은 진정쌍떡잎식물에서는 떡잎과 종자 껍질이 지면으로 나와서 광합성을 할 수 있게 된다. 옥수수와 같은 외떡잎식물에서는 떡잎과 종자 껍질이 땅 속에 남아 있을 수도 있다.

■ 어린 식물이 발아하는 동안 종자가 땅 속에 있으면 어떤 이점이 있을까?

24.7 무성생식

학습 목표

1. 무수정생식을 정의할 수 있다.
2. 영양생식에 관련된 식물의 기관을 열거하여 설명할 수 있다.
3. 원형질체 재생 과정에 대해 설명할 수 있다.

자가수분은 유전적 다양성을 낮추어 주지만, 무성생식(asexual reproduction) 과정 중에는 체세포분열만 일어나기 때문에 유전적으로 동일한 개체들만 생산할 수 있다. 이들은 비교적 변하지 않는 환경에 적응한 개체들에서 자가수분이 유리한 것과 같은 이유로 감수분열 과정이 없어도 잘 유지된다. 조건이 급격하게 변한다면, 자연선택에 따른 개체변이가 적어 이러한 종들의 생존 가능성이 낮아질 수 있다.

무성생식은 농업과 원예에서 특정한 형질을 가진 개체들을 번식시키는 데 사용되는데, 이러한 형질은 유성생식을 하거나 심지어 자가수분을 하는 동안에도 변형될 수 있기 때문이다. 그 실례로 장미와 감자 등은 대부분 영양(무성)생식에 의해 번식된다.

아포믹시스는 2배체 배아의 발생을 포함한다

일부 감귤류, 왕포아풀(kentucky bluegrass)과 같은 특정 초본류, 민들레와 같은 식물들은 종자 내의 배아가 부모 식물로부터 무성생식에 의해 생성될 수 있다. 이러한 종류의 무성생식은 **아포믹시스**(apomixis, 무수정생식)로 알려져 있다. 이러한 방법으로 생성된 종자는 부모와 유전적으로 동일한 개체들을 만들어 낸다.

이러한 식물들은 밑씨에 있는 2배체 세포들을 복제하여 번식하지만, 이들도 일반적으로 유성생식과 관련된 적응처럼 종자를 퍼뜨리는 장점을 갖고 있다. 식물의 무성생식은 변이에 대한 여지가 거의 없는 척박하거나 극한적인 환경에서 더욱 흔하게 나타난다. 그 예로, 온대지방보다 극지방에 무성생식에 의해 번식하는 식물들이 훨씬 많이 분포하고 있다.

영양생식은 비생식조직을 통해 이루어진다

영양생식(vegetative reproduction)이라 불리는 무성생식의 가장 일반적인 형태에서, 새로운 식물 개체는 성숙한 식물의 조직으로부터 단순히 복제(클론, clone)된다(**그림 24.39**). 식물의 영양생식은 여러 가지 유형으로 나타난다.

그림 24.39 영양생식.
원예식물인 칼란코에 잎의 갈라진 틈을 따라 작은 식물들이 달려 있다. 이러한 작은 식물들은 땅으로 떨어져서 새로운 식물로 자라는데, 이것은 영양생식에서 흔치 않은 방법이다.

포복경(runner) 또는 **기는줄기**(stolon): 어떤 식물들은 포복경(기는줄기라고도 함)으로 번식한다. 포복경은 가늘고 긴 줄기로서 토양의 표면을 따라 생장한다. 예를 들면, 재배 딸기는 잎, 꽃, 뿌리 포복경의 매 마디마다 생성된다. 각각의 두 번째 마디를 지나자마자 포복경의 위쪽이 도드라지고 두껍게 된다. 이렇게 두꺼워진 부분으로부터 부정근이 생성되고, 새로운 줄기가 나타나며, 포복경은 계속하여 신장한다.

근경(rhizomes): 지하의 수평적 줄기 또는 **땅속줄기**(rhizome)도 초본류(grasses)나 사초류(sedges) 식물들에서는 중요한 생식기구이다. 땅속줄기는 부모 식물의 근처 부위에서 자라는데 각 마디에서 새로운 슈트가 나타나서 개화할 수 있다. 많은 잡초들의 유해한 특징들은 이러한 생장 유형에서 유래하며, 붓꽃과 같은 정원식물들 중 많은 수가 거의 땅속줄기를 통해서 번식한다. 구경(corm)과 인경(bulb)은 지하의 수직적 줄기이다. 괴경(tuber)은 또한 저장과 번식을 위한 특화된 줄기로 땅속줄기의 말단 저장부위이다. 감자(*Solanum* 종)는 1개 이상의 "눈(eye)"을 가진 괴경 조각에서 인위적으로 번식시킬 수 있는데, 감자의 눈 또는 "종자 조각(seed piece)"은 성장하여 새로운 식물체를 이룬다.

흡반(suckers): 벚나무, 사과나무, 산딸기, 나무딸기 등과 같은 일부 식물의 뿌리는 **흡반** 또는 싹을 만들어서 번식한다. 시중에서 판매되는 바나나는 종자로부터 번식하는 것이 아니라 지하의 줄기에서 나온 싹으로부터 발생된 흡반을 이용하여 번식한다. 민들레의 뿌리는 뽑을 때 끊어지면 각 뿌리 조각에서 새로운 식물이 만들어진다.

부정 소식물체(adventitious plantlets): 일부 식물에서 잎은 생식기구이다. 그 예로 원예식물인 칼란코에 (*Kalanchoë daigremontiana*, **그림 24.39**)를 들 수 있다. 이는 많은 사람들에게 "모 식물(maternity plant)" 또는 "천손초(mother of thousands)"로 잘 알려져 있는데, 이러한 이름은 이 식물의 잎을 따라 있는 틈(notch)에 위치한 분열조직에서 수없이 많은 작은 식물체가 생

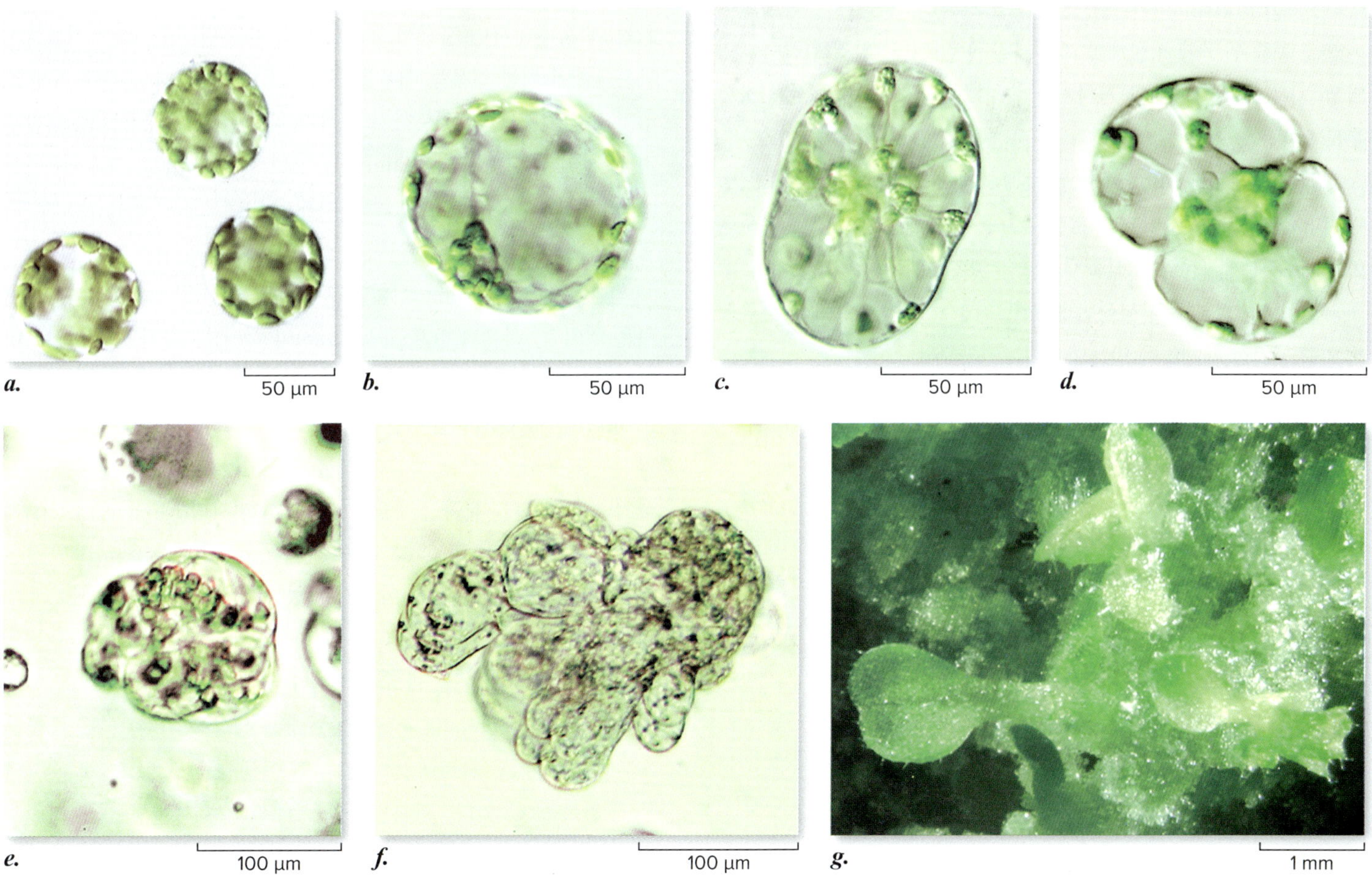

그림 24.40 원형질체 재생.
담배 세포 콜로니와 캘러스를 통한 원형질체로부터 소식물체 재생의 주요 단계. ***a.*** 하바나산 담배(*Nicotiana tabacum*) 잎에서 신선하게 분리된 원형질체. ***b.*** 세포벽 형성(2일차). ***c.*** 첫 번째 세포분열 준비(2~3일). ***d.*** 첫 번째 세포분열 완료(2~3일). ***e.*** 작은 콜로니 형성(7일차). ***f.*** 약 50개 세포의 콜로니(9일차). ***g.*** 슈트 재발생(20일차). 전체 식물을 만들기 위해서 재발생된 슈트에서 뿌리를 내리게 하는 것은 쉽다.

성되기 때문이다. 모 식물체는 일반적으로 이러한 작은 식물체에 의해 번식되는데, 이들은 성숙하면 땅에 떨어져서 뿌리를 내리게 된다.

식물은 실험실에서 분리된 세포로부터 만들어질 수 있다

생장 호르몬을 첨가한 영양배지에서 식물세포나 조직으로부터 완전한 식물체를 복제할 수 있는데, 이러한 방법도 무성생식의 일종이라 할 수 있다. 잎, 줄기 및 뿌리의 조직들은 배양을 통해 기관 분화를 거쳐 뿌리와 슈트를 생성한다. 각 세포로부터도 배양을 통하여 완전한 식물을 만들어 낼 수 있다.

조직에서 분리된 각 세포를 효소를 이용하여 세포벽을 분해하면 원형질막으로만 둘러싸인 **원형질체**(protoplast)를 분리할 수 있다. 식물세포는 동물세포에 비해 매우 높은 발생적 유연성을 가지고 있으며, 모든 식물세포들은 아니지만 많은 종류의 식물세포들은 배양에 의해 완전한 생물체 또는 기관으로 분화될 수 있다.

단일 식물세포를 배양하면 세포벽이 재생되고, 세포분열이 일어나면서 **캘러스**(callus)가 생성된다(**그림 24.40**). 캘러스가 형성되면 배양을 통해 완전한 식물체를 재생시킬 수 있는데, 완전한 식물체의 발생은 배아 발생 단계를 거치거나 슈트나 뿌리 형성을 바로 시작할 수도 있다.

조직배양(tissue culture)은 농업이나 원예에서 많이 이용되고 있다. 바이러스 없는 산딸기나 사탕수수 등을 분열조직 배양을 통하여 만들 수 있는데, 감염된 식물체라도 분열조직에는 바이러스가 존재하지 않는다. 다른 무성생식법과 함께 이러한 방법을 통해서도 유전적으로 동일한 개체들을 만들어 낼 수 있다.

핵심 요약 24.7

아포믹시스에서 배아는 수정 대신 체세포분열로 만들어진다. 무성적인 영양생식은 식물의 영양기관의 일부에서 이루어진다. 포복경, 기는 줄기, 근경, 흡반과 부정 소식물체 등이 그 예이다. 실험적으로 각 세포의 세포벽을 제거하여 원형질체를 만든 후 체세포분열을 유도하면 캘러스라는 미분화된 세포들을 얻을 수 있다. 이를 자극하여 식물로 분화시킬 수 있다.

■ 어떤 조건하에서 영양생식이 생존에 이점이 있을까?

24.8 식물의 수명

학습 목표

1. 초본류와 목본류 다년생의 차이에 대해 설명할 수 있다.
2. 다년생 식물과 1년생 식물을 정의할 수 있다.
3. 2년생 식물의 생활주기에 대해 서술할 수 있다.

식물들은 종에 따라 매우 다양한 수명을 가진다. 식물의 수명은 생식 전략과 관련이 있을 수도 있으며, 그렇지 않을 수도 있다. 목본식물(woody plant)들은 아주 오랜 기간 동안 2기 생장을 하는데, 이들은 제한적이거나 2기 생장을 전혀 하지 않는 초본류들보다는 수명이 길다. 그 예로 브리슬콘 소나무(Bristlecone pine)는 4000년 이상 살 수 있다.

초본류 중에는 매년 새로운 줄기가 땅 위로 나오는 것들도 있는데, 이들의 지하 부위는 목본 구조를 가지고 있다. 이외의 다른 초본류는 매년 발아하여 자라서 개화한 다음 죽는다. 단명하는 식물들이 목본식물이 되는 경우는 매우 드문데, 그 이유는 2기 생장에 의해 조직이 축적될 시간이 충분하지 못하기 때문이다. 초본류들은 생활주기의 길이에 따라 1년생(annual), 2년생(biennial), 또는 다년생(perennial)으로 나눌 수 있는데 비해 일반적으로 목본류는 모두 다년생이다(**그림 24.41**).

복제되어 번식을 하는 식물들에서 수명을 결정하는 일은 매우 어려운 일이다. 사시나무(*Populus tremuloides*)는 자신의 뿌리로부터 무성생식에 의해 나온 거대한 클론(clone)을 형성하는데, 총체적으로 하나의 사시나무 클론은 지구상에서 가장 거대한 생물체를 형성할지도 모른다. 다른 무성생식 식물들은 이것보다 적은 면적을 차지하지만 수천 년을 살아갈 수도 있다. 모하비 사막(Mojave Desert)에 생존하는 크레오소트(Creosote) 관목(*Larrea tridentata*)의 경우 12,000년이 넘었다는 사실이 확인되었다.

다년생 식물은 여러 해 동안 산다

다년생 식물(perennial plants)은 매년 생장을 하며, 이들 중에는 초본류(삼림지대, 습지대, 초원지대의 야생화들)도 있고, 목본류(나무나 관목들)도 있다. 관다발식물들 대부분은 다년생이다. 다년생 식물들은 일반적으로 여러 해 동안 개화하면서 종자와 과실을 생산한다.

다년생 초본류는 줄기들이 2기 생장을 하는 경우가 매우 드물며, 줄기는 매년 일정 기간 동안 급속히 성장하여 영양분을 축적한 후 죽

a.

b.

그림 24.41 1년생 식물과 다년생 식물.
식물들의 수명은 매우 다양하다. ***a.*** 사막의 1년생 식물들은 대개 한 세대를 불과 몇 주만에 마감하며, 한번 개화한다. ***b.*** 사진에서 보는 캘리포니아의 시에라네바다산맥(Sierra Nevada)에서 자라고 있는 거대한 주목(*Sequoiadendron giganteum*)은 2000년 이상 되었으며, 매년 꽃을 피운다.

는다. 영양분은 식물의 뿌리나 땅속줄기에 저장되는데, 이러한 땅속줄기는 땅위줄기(above-ground stem)들에 비해 매우 비대해진다.

수목(tree)과 관목(shrub)들은 일반적으로 반복하여 개화하지만, 여기에도 예외는 있다. 대나무는 여러 해 동안 생식하지 않은 채로 살지만, 개화하고 나면 노화되어 죽는다. 열대식물 중 *Tachigali versicolor*라는 나무는 개화하여 노화하기 전까지는 매우 높게 자라지만 일단 개화하고 나면 죽게 된다. 이 나무가 생장하는 데 막대한 에너지가 소모되는 것을 고려하면 이러한 생식 전략은 매우 특이하다고 할 수 있다.

수목들과 관목들은 **낙엽성**(deciduous)이거나 **상록성**(evergreen)이다. 낙엽성 수목(또는 관목)들은 한 해 중 특정한 시기에 모든 잎을 떨어뜨리고 일정 기간 잎이 없는 상태를 유지한다. 반면 상록성 수목(또는 관목)들은 잎이 1년 중 항상 떨어지지만, 이들은 잎이 없는 나목 상태로 있는 기간이 없다. 북반구의 온대지방에서 소나무가 매우 친숙한 상록수이지만, 열대 또는 아열대지방에서는 일부 계절적 가뭄이 심한 지역을 제외하고는 대부분의 속씨식물들이 상록성 식물이다. 건조지역에서는 많은 속씨식물들이 낙엽성으로 가뭄이 심한 기간 동안에는 잎을 떨어뜨려 물을 보존한다.

1년생 식물은 1년 동안 자라고, 생식하고, 죽는다

1년생 식물들은 한 생육 기간 내에 자라서 꽃을 피우고, 과실과 종자를 맺으며, 이러한 과정이 완료되면 죽는다. 옥수수, 밀, 콩과 같은 많은 작물이 1년생이다. 1년생은 좋은 조건에서, 그리고 물이나 양분의 유용성에 비례해서 빨리 성장한다. 해바라기나 거대 돼지풀(ragweed)과 같은 일부 1년생 식물의 측생분열조직(lateral meristem)은 식물체 지지를 위한 2기 조직을 생산하지만, 대부분의 1년생은 전적으로 낙엽성이다.

전형적인 1년생 식물들은 일단 개화하고 나면 죽게 되는데, 이는 호르몬 신호에 의해 꽃이나 배아가 발생하기 위해 양분을 재할당하여 부모식물이 굶어 죽기 때문에 나타나는 현상이다. 이러한 사실은 강낭콩 집단에서 강낭콩을 계속해 따주는 집단과 강낭콩을 따지 않고 내버려 둔 두 집단을 비교함으로써 입증할 수 있다. 강낭콩을 계속 따준 식물체들은 내버려 둔 집단에 비해 성장을 계속하여 훨씬 긴 기간 동안 강낭콩을 생산한다. 식물을 죽음으로 이르게 하는 과정을 **노화**(senescence)라고 부른다.

2년생 식물은 2년의 생활주기를 갖는다

2년생 식물(biennial plants)은 1년생 식물보다 훨씬 흔하지 않지만, 이들은 생활주기를 완성하는 데 2년이 걸린다. 2년생 식물들은 첫해에는 광합성에 의해 생산된 산물을 땅속의 저장기관에 저장하며, 둘째 해에는 땅속 기관에 저장된 에너지를 이용하여 꽃대를 형성한다. 당근, 양배추, 사탕무와 같은 작물들은 2년생들이지만, 이들을 식재료로 이용하기 위해서는 꽃이 피기 전인 첫해에 수확하는데, 이는 이들이 과실이나 종자보다는 잎이나 뿌리를 이용하는 작물들이기 때문이다.

2년생 야생 식물로는 달맞이꽃, 야생당근(*Daucus carota*), 버바스컴(*Verbascum thapsis*)과 같은 식물을 들 수 있다. 2년생으로 여겨지는 많은 식물들이 실제로 3년 이상까지 개화하지 않는 경우도 있지만, 모든 2년생 식물들은 죽기 전에 단 한번 꽃을 피운다.

핵심 요약 24.8

다년생 목본식물은 2기 생장을 하지만, 다년생 초본식물은 일반적으로는 2기 생장을 하지 않는다. 다년생 식물은 해마다 계속 자라는 반면, 1년생 식물은 생장한 계절 이후에는 죽게 된다. 2년 생활주기를 갖는 식물은 첫해에는 양분이 만들어져서 땅속의 저장기관에 저장하고 둘째 해에는 저장된 에너지를 이용하여 꽃대를 형성한다.

- 1년생 주기와 비교하여 2년생 생활주기의 장단점은 무엇인지 설명해 보자.

핵심 개념 요약

24.1 생식과 발생

식물 생활주기는 세대교체에 특징이 있다(**그림 24.1**)

■ 개화 능력으로의 전이는 생장상 변화를 뜻한다

생장상 변화는 식물이 외부와 내부 신호에 반응하여 개화를 시작하도록 준비시킨다. 외부 요인에는 빛, 온도가 있고, 내부 요인에는 호르몬 생성이 있다.

■ 돌연변이를 통해 생장상의 조절에 관해 알 수 있다

애기장대를 이용한 실험에서 생장상 변화 유전자에 돌연변이가 생기면 식물이 정상보다 일찍 개화한다. 이는 개화를 지연하는 기작이 진화되어 온 것을 암시한다.

24.2 꽃의 생성

개화에 대해 유전적으로 조절되는 4가지 경로가 밝혀졌다. 개화 촉진 신호와 개화 억제 신호 사이의 균형이 개화를 조절한다.

■ 빛 의존적 경로는 광주기에 의해 조절된다(그림 24.6)

빛 의존적 경로는 24시간 중 식물이 경험하는 밤의 길이에 따라 개화한다. 식물은 개화 반응에 따라 단일, 장일, 또는 중일식물이 될 수 있다.

■ 온도 의존형 개화경로는 저온과 관련된다

일부 식물은 개화를 유도하기 위해 춘화처리, 즉 종자나 식물을 저온에 노출시켜야 한다.

■ 지베렐린 의존형 경로는 높은 호르몬 농도를 요구한다

지베렐린 농도가 낮아지면 이런 경로를 따르는 식물에서 개화가 지연된다. 지베렐린은 생장상 변화와 관련된 유전자 발현에 영향을 미치는 것으로 보인다.

■ 자율적 개화 경로는 환경적 요인에 비의존적이다

자율적 개화 경로는 중일식물의 전형이다. 개화 촉진 신호와 개화 억제 신호 사이의 균형이 꽃 발달을 조절한다.

■ 꽃 분열조직 결정 유전자는 꽃 기관 결정 유전자를 활성화시킨다

ABC 모델에 따르면 꽃 기관 결정 유전자들이 활성화되면 4개의 꽃 기관이 발달한다. *A*형 유전자는 독자적으로 꽃받침을 결정하고, *A*형과 *B*형 유전자는 함께 꽃잎을 결정하며, *B*형과 *C*형 유전자는 수술을 결정한다. 그리고 *C*형 유전자는 독자적으로 심피를 결정한다.

24.3 꽃의 구조와 진화

■ 속씨식물은 꽃을 진화시켰다

꽃의 기관은 잎으로부터 진화되었다.

완전화는 4개의 꽃기관에 해당하는 4개의 윤생체인 꽃받침, 화관, 수술군 및 암술군을 가진다(**그림 24.12**).

불완전꽃은 1개 이상의 윤생체가 결핍되어 있다.

속씨식물은 방사대칭형 또는 좌우대칭형 꽃을 가진다.

■ 꽃의 배우체에서 배우자가 형성된다(그림 24.16)

꽃밥에서 감수분열을 통해 소포자가 생성되고, 이는 체세포분열을 거쳐 수배우체 또는 소배우체인 화분립을 생성한다.

각 화분립은 생식세포를 가지고 있는데, 이는 나중에 분열하여 2개의 정세포와 화분관세포를 생성한다.

밑씨에서 감수분열을 통해 대포자가 생성되고, 이는 체세포분열을 거쳐 암배우체 또는 대배우체인 배낭을 생성한다.

배낭에는 7개의 세포가 존재한다. 한 세포는 난세포이고, 또 다른 한 세포는 2개의 극핵을 가지고 있는데 이는 수정된 후에 3배체 배젖으로 발달한다.

24.4 수분과 수정

■ 초기 속씨식물은 풍매식물이다

바람에 의한 수분은 수동적인 과정으로 화분이 멀리 날아갈 수 없었다. 결과적으로 수분이 일어나기 위해서 식물들은 상대적으로 가까이 있어야만 했다.

■ 꽃과 수분매개 동물은 공동 진화하였다

동물 수분매개자는 화분을 먼 거리까지 전달할 수 있는 효과적인 수단을 제공한다. 동물에 의해 수분되는 꽃은 수분매개자를 유도할 수 있는 냄새와 시각적 신호를 생성한다.

■ 어떤 현화식물은 풍매수분을 이용한다

많은 풍매수분 식물은 독립된 개체 또는 각 개체의 독립된 부위에 수꽃과 암꽃을 가지고 있다. 꽃들은 많은 수가 무리를 지어 있으며 바람에 노출된다.

■ 자가수분은 안정된 환경에서 유리하다

안정된 환경에 적응한 식물은 타가수분보다는 자가수분으로 더 성공적인 균일한 자손을 가질 수 있는 이점이 있다. 그러나 자가수분으로 생성된 자손이 유전적으로 동일한 것은 아니다.

자가수분은 동물 수분매개자가 거의 없는 지역에서 선호된다.

■ 몇 가지 진화적 전략은 타가수분을 촉진한다

타가수분은 수꽃과 암꽃이 다른 식물에 있거나 같은 식물에서 있어도 물리적으로 분리되어 있는 식물 또는 두 꽃이 서로 다른 일정에 따라 성숙하는 식물에서 촉진된다.

자가불화합성은 화분관의 신장을 억제하여 자가수정을 중단시킨다(**그림 24.25**).

■ 속씨식물은 중복수정을 한다(그림 24.26)

중복수정은 2배체 접합자와 접합자에 영양을 공급하는 3배체 배젖을 생성한다.

24.5 배아 발생

■ 접합자의 분열을 통해 3차원적 체제가 형성된다

개화식물에서 접합자는 분열하여 배젖으로 둘러싸인 배아를 생성한다(**그림 24.27**). 초기 분열에서 뿌리-슈트 축과 방사상 축이 확립된다.

모델 식물의 발생 돌연변이체를 통해서 무엇이 잘못될 수 있는지를 밝혀내면, 정상적인 조건에서는 발생이 어떻게 진행되는지를 유추할 수 있다.

■ 간단한 체제가 배아 발생 동안 나타난다(그림 24.30)

슈트와 뿌리의 정단분열조직이 발달하여 표피, 기본분열조직, 및 전형성층으로 분화하고, 이들은 성체 식물에서 3종류의 조직이 된다.

형태형성은 1개 또는 2개의 떡잎을 포함하는 3차원적 배아를 생성한다.

■ 영양분 저장소는 배아 발생 동안 형성된다

배아가 형성되는 동안 배아를 위한 영양분 공급이 확립된다. 속씨식물에서는 중복수정을 하여 배젖을 만들고, 겉씨식물에서는 대배우체가 영양원이 된다. 그리고 종자 껍질이 형성되고 과실이 발달한다.

24.6 발아

종자 발아는 종자 껍질을 뚫고 어린뿌리가 나타나는 것으로 정의된다.

■ 외부 신호 및 조건이 발아를 유발한다

종자는 발아하기 위해 수분을 흡수해야 한다. 발아하는 종자의 높은 대사율을 지원하기 위해서는 풍부한 산소가 필요하다.

특정 파장의 빛, 적절한 온도와 저온처리와 같은 환경적 신호가 종종 발아에 필요하다.

■ 영양분 저장소는 성장하는 어린 식물을 지탱한다

발아는 녹말, 고체 지방 및 오일과 같은 저장된 영양분을 필요로 하는 고에너지 과정이다.

배젖은 녹말 저장소로 작용한다. 저장된 녹말을 사용하기 시작하면 배아에서는 식물 호르몬인 지베렐린산을 생성한다. 이 호르몬은 아밀레이스를 생성하여 아밀로스를 분해한다(**그림 24.36**). 녹말 대사는 휴면을 유도하는 식물 호르몬인 앱시스산에 의해 억제될 수 있다.

■ 어린 식물은 성장하는 방향을 잡으면서 광합성을 개시한다

대부분의 식물에서 뿌리는 슈트가 나타나기 전에 나와서 어린 식물을 고정시킨다.

많은 진정쌍떡잎식물에서 줄기는 토양을 뚫고 나오면서 휘어져서 생장하는 줄기 끝을 보호한다(**그림 24.37**). 외떡잎식물에서는 새로운 슈트와 뿌리를 보호하기 위한 추가적인 조직을 생성한다.

콩과 같은 진정쌍떡잎식물의 경우, 어린 식물이 나올 때 떡잎은 종종 생장하는 슈트와 함께 토양 위로 나오고, 옥수수와 같은 외떡잎식물의 경우, 떡잎은 토양 아래에 머무르게 된다.

슈트가 광합성을 시작하면, 어린 식물은 생장과 발달의 배아 이후 단계로 진입한다.

24.7 무성생식

무성생식은 후손이 체세포분열로만 생성되기 때문에 유전적으로 동일한 개체들을 생산할 수 있다.

■ 아포믹시스는 2배체 배아의 발생을 포함한다

아포믹시스는 밑씨에서 수정보다는 체세포분열로 배아를 생성하는데, 이 배아는 종자로 발달한다.

■ 영양생식은 비생식조직을 통해 이루어진다

포복경, 근경, 흡반과 부정 소식물체와 같은 영양체에서 새로운 개체의 클론이 생성될 수 있다(**그림 24.39**).

■ 식물은 실험실에서 분리된 세포로부터 만들어질 수 있다

세포벽을 제거하면 원형질체가 생성되는데, 이 원형질체를 체세포분열을 일으키도록 유도하여 캘러스를 생성할 수 있다. 캘러스를 적절히 처리하면 완전한 세포로 분화할 수 있다.

24.8 식물의 수명

■ 다년생 식물은 여러 해 동안 산다

다년생 식물은 휴면을 겪을 수는 있지만 여러 해 동안 살 수 있다.

■ 1년생 식물은 1년 동안 자라고, 생식하고, 죽는다

옥수수, 밀, 콩과 같은 많은 작물은 1년생 식물로 매년 다시 심어야 한다.

■ 2년생 식물은 2년의 생활주기를 갖는다

2년생 식물은 첫해에 성장하여 양분을 저장한다. 둘째 해에는 꽃을 피우고 종자를 생산한다. 당근과 같은 2년생 작물은 보통 첫해에 수확한다.

연습문제

■ 1단계: 이해력 확인하기

1. 형태형성은 다음 중 어떤 발생인가?
   - a. 생장 형태
   - b. 생식 구조
   - c. 생장상 변화
   - d. 분열조직
2. 춘화처리는 다음의 어느 조건에 따른 것인가?
   - a. 수분
   - b. 가뭄
   - c. 저온
   - d. 고온
3. 광주기는 무엇에 의해 감지되는가?
   - a. 피토크롬과 크립토크롬
   - b. 피토크롬과 엽록소
   - c. 크립토크롬과 엽록소
   - d. 피토크롬, 크립토크롬, 엽록소
4. 다음 중 꽃의 기관이 아닌 것은 무엇인가?
   - a. 꽃받침
   - b. 수술
   - c. 심피
   - d. 포엽
5. 대포자들이 생성되는 곳과 생성 방법은 무엇인가?
   - a. 꽃밥에서 체세포분열에 의해
   - b. 꽃밥에서 감수분열에 의해
   - c. 밑씨에서 체세포분열에 의해
   - d. 밑씨에서 감수분열에 의해

6. 수술이 가지고 있는 것은 무엇인가?

a. 암술대　　b. 암술머리
c. 화사　　d. 심피

7. 벌에 의해 수분되는 꽃과는 달리 새에 의해 수분되는 꽃들의 특징은 무엇인가?

a. 강한 향을 뿜는다.
b. 착륙지를 갖는다.
c. 꽃 중심에 과녁 모양을 갖는다.
d. 붉은색이다.

8. 속씨식물 접합자의 첫 번째 체세포분열 후에 생성되는 2개의 세포 중에서 더 큰 세포는 무엇이 되는가?

a. 배아　　b. 배젖
c. 배병　　d. 주공

9. 배젖은 무엇이 합쳐져서 생성되는가?

a. 중앙세포와 정세포　　b. 정세포와 조세포
c. 난세포와 정세포　　d. 배병과 난세포

10. 배아 발생의 구형 단계에서 정단분열조직은 무엇을 확립하는가?

a. 배아-배병 축　　b. 내부-외부 축
c. 배아-배젖 축　　d. 뿌리-슈트 축

11. 1차 분열조직이 아닌 것은 무엇인가?

a. 코르크 형성층　　b. 기본분열조직
c. 전형성층　　d. 전표피

12. 종자 발아 중에 호분에서 녹말 분해를 시작하는 신호를 생성하는 호르몬은 무엇인가?

a. 앱시스산　　b. 에틸렌
c. 지베렐린산　　d. 옥신

13. 생장하는 옥수수 어린 식물의 슈트 끝을 보호하는 것은 무엇인가?

a. 배축　　b. 상배축
c. 자엽초　　d. 어린눈

14. 무성생식이 가장 일반적일 것 같은 생태계는 무엇인가?

a. 북극 툰드라　　b. 온대 초원
c. 열대 우림　　d. 낙엽 숲

15. 원형질체는 무엇이 결실된 식물세포인가?

a. 핵　　b. 세포벽
c. 원형질막　　d. 원형질

16. 다음 중 다년생 식물에 해당하는 것은?

a. 항상 초본류　　b. 항상 목본류
c. 초본류 또는 목본류　　d. 초본류도 목본류도 아님

17. 노화(senescence)란 무엇을 말하는가?

a. 식물의 나이듦　　b. 생식 생장
c. 수분　　d. 저장 영양소 축적

■ 2단계: 적용력 평가하기

1. S_2S_5 유전자형을 가진 식물의 화분이 S_1S_5 유전자형을 가진 꽃에서 성공적으로 수분이 일어나는 조건은 무엇인가?

a. 암꽃으로부터 생성된 화분을 수꽃에 수정시키면 성공한다.
b. 식물이 배우체 자가불화합성을 가진다면, 생성되는 화분의 절반은 성공적으로 수정이 된다.
c. 식물이 포자체 자가불화합성이면, 생성되는 화분의 절반은 성공적으로 수정이 된다.
d. S_2S_5 식물의 화분은 S_1S_5 식물체에 절대로 성공적으로 수정될 수 없다.

2. 이번 학기에 친구가 생물학을 같이 수강하고 있는데, 단일식물과 장일식물에 대해 알고 있다. 그는 각 식물형을 하나씩 구매하여 자신이 직접 장일식물의 개화를 유도하며 차이를 보기로 하였다. 우선 두 식물을 같은 조건에 놓고 광 조건을 10시간으로 하여 단일식물을 개화시키고, 장일식물은 개화를 시키지 않기로 하였다. 친구의 실험에서 반대의 결과가 나타나게 하려면 어떻게 해야 하겠는가?

a. 광 조건을 늘려서 빛에 노출되는 시간을 늘려준다.
b. 광 조건을 줄여서 빛에 노출되는 시간을 줄여준다.
c. 밤중에 잠깐 동안 두 식물체를 빛에 노출시킨다.
d. a, b, c 모두 맞지 않다.

3. 아이오와 주에 있는 Team Corn이라는 곡물회사는 옥수수 종자를 생산하는데, 자신들이 생산하는 종자들이 모두 잡종강세(hybrid vigor)를 보이게 하기 위해 채종포(fields of seed corn)의 식물들을 모두 타가수정시키기로 하였다. 이를 위해 그들은 옥수수 식물들의 수술대를 모두 제거하였다. Team Corn 회사를 망하게 하기 위해 유전자 변형 식물체를 생성하려고 한다면 어떤 식물체를 만들면 되는가?

a. 암술머리 표면에서 화분이 성장하지 못하도록 Z 유전자를 가진 식물체를 만든다.
b. S 유전자를 가진 식물체를 만들어 화분관 신장이 일어나지 못하도록 한다.
c. B형의 호미오틱 유전자들을 식물 꽃에서 발현하도록 한다.
d. A형의 호미오틱 유전지들을 식물 꽃에서 발현하도록 한다.

4. 옥수수와 같은 자웅동주 식물은 암꽃과 수꽃을 지니고 있다. 꽃 발달에 대한 분자생물학적 기작을 알고 있을 때, 다음의 어느 방법이 단일 성(single-sex)의 꽃을 생성하게 하는가?

a. B형 유전자들이 암술을 형성하는 윤생체에서 발현되어 수꽃을 만든다.
b. A형 유전자들을 꽃잎이 되는 윤생체에서 소실시킴으로써 C형과 B형 유전자들이 꽃잎 윤생체에서 꽃잎 대신 수술을 만들도록 한다.
c. B형 유전자들이 꽃잎이 되는 윤생체에서 발현하여 암꽃을 만든다.
d. a, b, c 모두 맞다.

5. 식물과 동물의 배우자 형성의 가장 근본적인 차이점은 무엇인가?

a. 식물은 배우자를 체세포조직에서 만드는 데 비해 동물은 생식조직에서만 배우자를 생성할 수 있다.
b. 식물은 체세포분열에 의해 배우자를 만들지만 동물은 감수분열에 의해 배우자를 만든다.
c. 식물은 오직 1개의 배우자를 생성하지만 동물은 배우자를 많이 생성한다.

d. 식물은 2배체의 배우자를 만들지만 동물은 반수체의 배우자를 생성한다.

6. 다음 중 우든렉(*WOODEN LEG*) 유전자가 결핍된 식물일 것 같은 것은 무엇인가?

a. 수분을 잎으로 운반할 수 없는 식물
b. 물관부와 체관부가 결핍된 식물
c. 광합성 산물을 운반할 수 없는 식물
d. a, b, c 모두 맞다.

7. 슈트메리스템레스(*STM*) 유전자와 모노프테로스(*MP*) 유전자의 기능이 뒤바뀐다면 식물 발달에 어떤 변화가 생기겠는가?

a. 배아-배병 축이 역전될 것이다.
b. 배아-배병 축이 중복될 것이다.
c. 뿌리-슈트 축이 역전될 것이다.
d. 뿌리-슈트 축이 중복될 것이다.

8. α 아밀레이스 유전자의 기능이 상실되는 돌연변이는 종자 발아에 어떤 영향을 미치는가?

a. 종자가 수분을 흡수할 수 없을 것이다.
b. 배아가 굶어 죽을 것이다.
c. 종자 껍질이 깨지지 않을 것이다.
d. 종자가 조기에 발아할 것이다.

9. 애기장대 배병 유전자의 기능이 상실되는 돌연변이는 종자 내 2개의 배아 발달을 초래한다. 이 유전자의 발현을 초기 야생형 배아에서 분석한 결과, 발달하고 있는 배병 세포에서 배병 유전자로부터 전사되는 mRNA 수준이 높다는 것을 발견하였다. 배병 단백질의 기능은 무엇인가?

a. 배병 단백질은 배아 조직의 발달을 촉진할 것 같다.
b. 배병 단백질은 배병 조직의 발달을 촉진할 것 같다.
c. 배병 단백질은 배병에서의 배아 발달을 억제할 것 같다.
d. 배병 단백질은 배아에서의 배병 발달을 억제할 것 같다.

■ 3단계: 사고력 함양하기

1. 외떨어진 곳에 온실을 지어 포인세티아를 재배하고자 한다. 그러나 온실 근처에 고속도로가 생겨 포인세티아가 꽃을 피우지 못하였다. 그 이유에 대해 설명하시오.

2. 여러분이 북반구의 온대 지방에 산다면, 시금치 샐러드를 초봄에 수확하는 것이 여름에 수확하는 것보다 더 유리할까?

3. 야생 매발톱꽃은 꽃의 형태가 타가수분의 구조를 지니고 있다. 그러나 암술머리에 화분을 받아들이는 기간 중에 식물이 수정되어 있지 않으면 자가수분이 일어날 수 있다. 자가수분 후에 타가수분이 일어나면 자가수분의 화분이 밑씨에 도달하기 전에 타가수분의 화분이 먼저 도달한다. 이러한 생식 전략의 적응적 중요성을 설명하시오.

4. 지구의 대부분 지역에서 상업적인 감자 품종들은 식물의 괴경으로부터 무성생식으로 유래한 씨감자를 이용한다. 그러나 동남아시아나 안데스 지방에서는 감자를 종자로부터 재배한다. 감자를 종자로부터 재배하는 것과 괴경으로부터 유래한 씨감자를 이용하는 것을 비교하여 설명하시오.

5. 푸쿠스(*Fucus*)에서 접합자가 발생하는 동안 헛뿌리(rhizoid)의 방향성을 결정하는 데 빛과 중력 중에서 어떤 것이 더 중요한지를 결정하는 실험을 고안하시오.

VI 동물의 구조와 기능

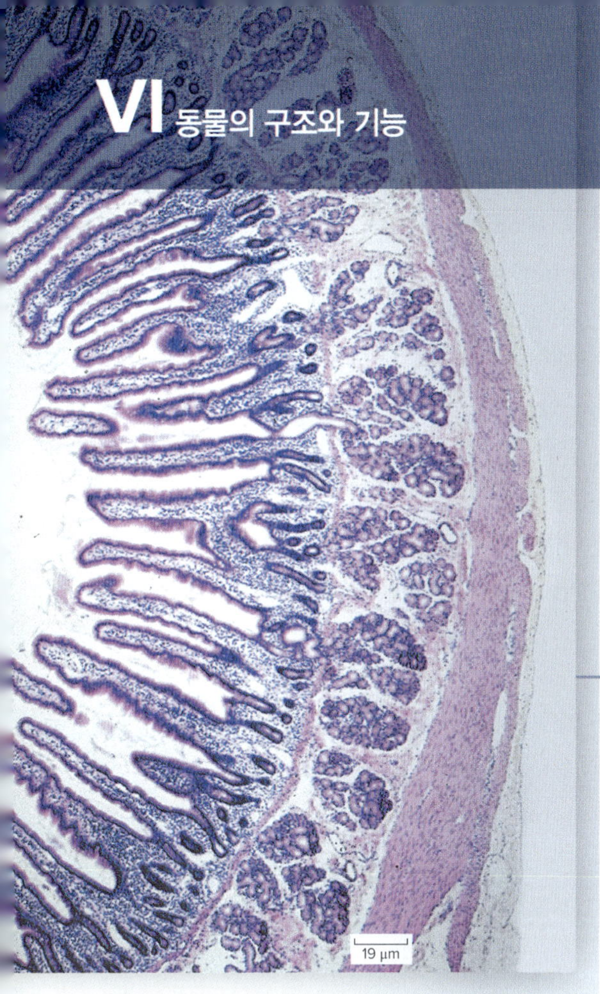

25

동물의 몸과 조절의 원리

도입

사람들은 동물을 생각할 때 집에서 키우는 개나 고양이 그리고 동물원, 농장, 수족관에 있는 동물이나 야생동물을 생각한다. 동물의 다양성에 대하여 생각할 때 사람들은 포식자인 사자와 호랑이, 초식동물인 사슴과 영양, 또는 위험한 상어와 장난치기 좋아하는 돌고래 간의 차이점을 떠올린다. 이러한 차이점에도 불구하고 이들은 모두 척추동물이다. 하지만 지렁이, 곤충, 거미류, 갑각류와 같은 그룹을 포함하는 동물계에는 더 큰 다양성이 존재한다. 척추동물뿐만 아니라 이 그룹의 동물들 또한 모두 동일한 기본조직으로 만들어져 있다. 이번 장에서는 먼저 모든 동물에 존재하는 조직에 대하여 알아본다. 그 다음으로는 인간을 포함하는 척추동물의 생물학과 신체의 흥미로운 구조에 대하여 자세히 다룬다. 나아가 복잡한 기능계를 조절하고 제어하는 원리에 대하여 알아본다.

25.1 동물의 몸 구조

학습 목표

1. 동물의 몸을 이루는 조직 단계를 열거하여 설명할 수 있다.
2. 척추동물의 조직 유형을 설명할 수 있다.

동물의 몸은 (1) 세포, (2) 조직, (3) 기관, (4) 기관계의 네 단계로 조직화되어 있다. 동물 그룹에 따라 해면동물처럼 몇 가지의 세포 유형으로 구성되어 있는 경우도 있으며, 포유류처럼 200가지 이상의 서로 다른 유형의 세포들로 구성되어 있는 경우도 있다.

조직은 단일 유형 및 기능의 세포군이다

해면동물을 제외한 모든 동물에서 세포들은 조직(tissue)으로 구성되어 있다. 조직은 하나의 공통 배아에서 기원한 유사한 세포들로 이루어지며 특수한 기능을 수행한다. 세포외물질의 성질과 양에 따라 4가지 기본 조직 유형인 **상피**(epithelial), **결합**(connective), **근육**(muscle), **신경**(nervous)조직으로 이루어져 있다. 진정한 조직은 자포동물과 좌우대칭동물(**그림 25.1**)에서 발견된다. 해파리를 포함하는 자포동물은 2개의 배엽층인 **내배엽**(endoderm)과 **외배엽**(ectoderm)으로부터 발생하므로 **2배엽성**(diploblastic)으로 알려져 있다. 그 외 다른 모든 동물 그룹은 세 번째의 배엽층인 **중배엽**(mesoderm)을 가진 **3배엽성**(triploblastic)이다. 중배엽이 있으므로 더 많은 유형의 조직이 발달할 수 있으며, 좌우대칭동물들이 2배엽성인 자포동물보다 더 다양하고 복잡한 구조를 형성하는 이유이기도 하다(**그림 25.1**). 자포동물은 내배엽과 외배엽 사이에 중교(mesoglea)을 가지고 있다(**그림 25.3**). 중교는 골격 역할을 담당하며 근육과 신경 다발을 포함하고 있다. 중교는 완전한 비세포성에서부터 세포와 다른 물질의 복합체에 이르기까지 다양하며 중배엽에서 유래한 것으로 볼 수도 있다. 이러한 점은 3배엽성 동물의 계통발생학적 위치에 의문을 제기한다.

기관과 기관계는 특수화된 기능을 수행한다

기관(organ)은 경계가 뚜렷한 독립된 구조이다. 기관은 여러 가지 유형의 조직들로 구성되며 기능적 단위를 이룬다(**그림 25.2**). 예를 들어 심장은 심장근육조직, 결합조직 및 상피조직으로 이루어져 있다. 또한 신경조직은 뇌와 척수를 심장과 연결하여 심장 박동수를 조절하는 데 관여한다.

기관계(organ system)는 몸의 주요 활동을 수행하기 위하여 협력

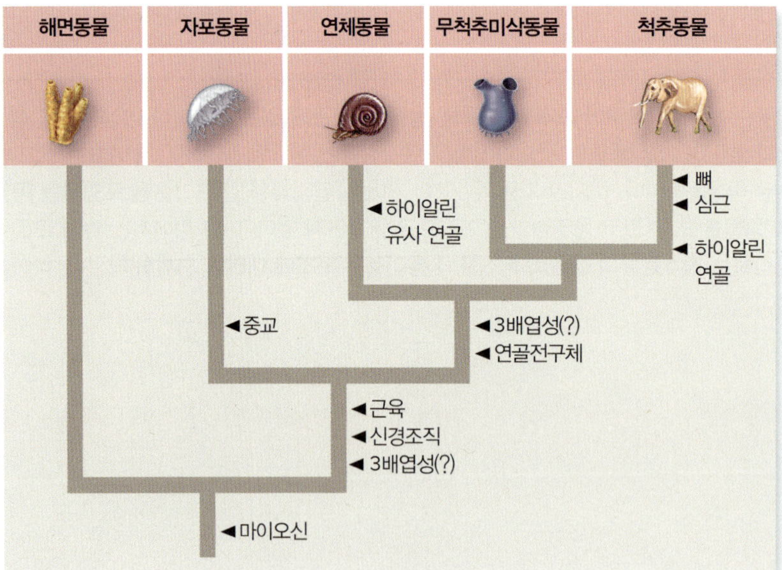

그림 25.1 자포동물 조직.
이 계통발생도는 주요 동물 그룹에서 조직의 가설적 진화에 대하여 설명해 주고 있으며, 이는 분자생물학적, 해부학적 자료에 기반하고 있다. 진정한 수축용 근육조직은 해면동물에서는 발견되지 않지만 자포동물과 좌우대칭동물에서 발견된다. 하지만 중요한 수축 단백질인 마이오신은 해면동물에서 발견된다. 따라서 근육조직은 해면동물 이전에 발생하여 자포동물과 좌우대칭동물로 분화한 것으로 생각된다. 신경조직 또한 자포동물과 좌우대칭동물이 분화하기 전에 발생하였다. 3배엽성이 어디에서 발생하였는지는 다소 불분명하다. 몇 가지의 증거에 의하면 3배엽성은 자포동물과 좌우대칭동물이 분화하기 전에 발생하였으며, 이후 자포동물에서는 소실된 것으로 보인다. 자포동물의 내배엽과 외배엽 사이에 있는 층인 중교가 있다는 것은 이 주장을 지지해 준다. 반면, 3배엽성은 좌우대칭동물을 규정하는 특징이라는 것을 지지하는 다른 종류의 증거들도 있다. 좌우대칭동물을 구성하는 조직의 복잡성과 다양성은 이 주장을 지지해 준다. 하이알린 연골(hyaline cartilage), 뼈(bone), 심근(cardiac muscle)은 척추동물을 규정하는 데 도움이 된다.

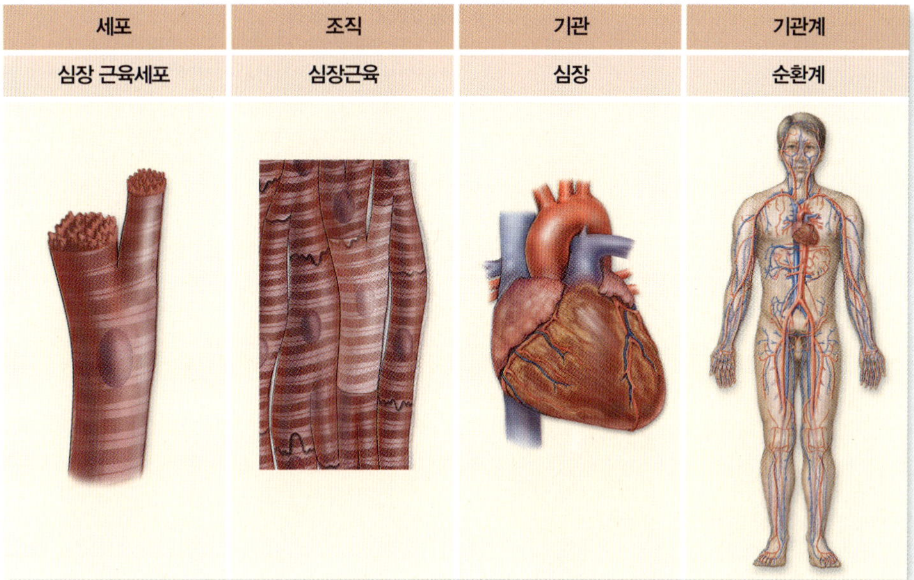

그림 25.2 신체의 구성 단계.
유사한 유형의 세포들이 모여 조직을 형성한다. 함께 작용하는 조직들이 모여 심장과 같은 기관을 형성한다. 심장은 1차적으로 상피조직으로 둘러싸인 심장근육으로 구성된다. 기관계는 유기적으로 함께 작동하는 여러 개의 기관으로 되어 있으며, 신체에서 필요한 하나의 기능을 수행한다. 기관계의 한 예로 순환계는 심장, 혈관, 혈액으로 구성된다.

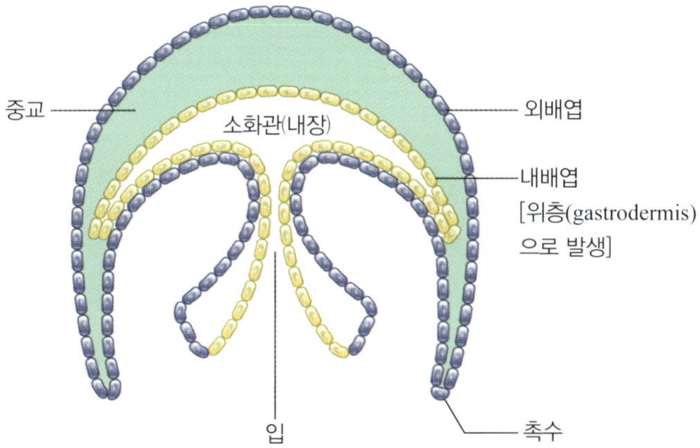

그림 25.3 자포동물의 구조.

하는 기관들의 모임이다. 예를 들어, 순환계는 심장과 혈관(동맥, 모세혈관 및 정맥)으로 구성된다(32장 참조). 이 기관들은 협력하여 혈액을 수송하고 물질들을 온몸에 전달해 준다.

핵심 요약 25.1

신체를 구성하는 세포는 조직, 그리고 기관과 기관계로 조직화되어 있다. 동물을 구성하는 주요 조직 유형은 상피조직, 결합조직, 근육조직, 신경조직이다.

■ 기관은 하나 이상의 조직으로 만들어질 수 있을까?

25.2 상피조직

학습 목표

1. 상피조직의 구조와 기능에 대하여 서술할 수 있다.
2. 상피조직에 있는 세포 유형을 구분하여 설명할 수 있다.
3. 다양한 상피조직의 구조와 기능을 비교할 수 있다.

상피조직은 수많은 기능을 수행한다. 기관과 신체 공간의 표면을 감싸고 있고, 몸의 바깥 표면(피부)을 구성하며, 또한 샘(glands)을 구성하는 주요 조직이다. 결합조직과 더불어 상피조직은 막을 형성한다. 상피조직은 3가지의 배엽층인 내배엽, 중배엽, 외배엽으로부터 유래할 수 있다. 예를 들어, 해파리의 체벽(**그림 25.3**)은 양분을 흡수하는 내배엽으로부터 유래한 상피조직이다. 척추동물의 피부를 이루는 표피(epidermis)는 외배엽에서 유래하였으며, 혈관을 이루는 상피조직은 중배엽에서 유래하였다.

상피 구조는 기능을 결정한다

상피조직은 세포층으로 구성되어 있다. 세포들은 피부에서처럼 외부 바깥쪽으로 노출되어 있거나 소화관이나 혈관과 같은 관의 빈 공간 쪽으로 노출되는 면을 가지고 있다. 상피조직의 다른 쪽 표면은 기저막(basement membrane)에 부착해 있다(**그림 25.4*a***). 기저막은

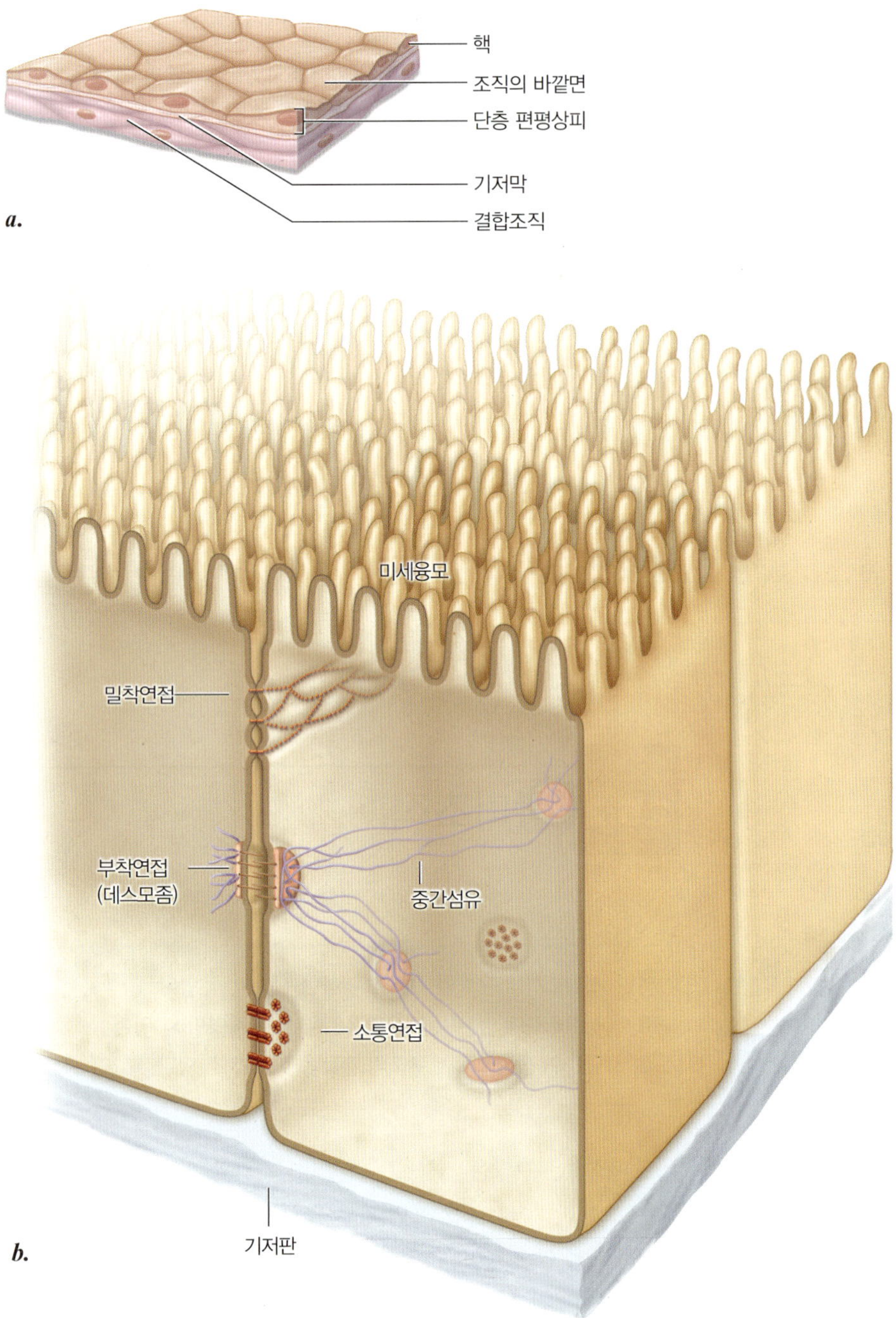

그림 25.4 상피조직.
a. 이 단층 편평상피는 바깥면과 기저막 및 그 밑에 있는 결합조직과의 관계를 나타낸다. ***b.*** 내장의 상피조직 세포에 대한 모식도는 일반적인 세포연접들의 구조와 위치를 비교 설명해 준다. 주요 세포연접 유형에는 밀착연접, 부착연접(데스모좀), 소통연접(간극연접)이 있다.

매우 얇고 미세한 층으로 상피조직의 세포들에 의해 만들어진 조그마한 단백질 섬유와 당단백질들로 이루어져 있으며, 상피조직을 밑에 있는 결합조직에 연결하는 역할을 한다.

상피조직은 세포외물질이 거의 없으며, 세포들은 **밀착연접**(tight junction)과 **데스모좀**(desmosome, 부착연접)(**그림 25.4*b***)이라는 2가지 부착 구조물에 의해 단단하게 연결되어 있다. 이러한 구조적 특징에 의해 상피조직은 보호, 분비, 흡수, 샘 등의 기능을 수행할 수 있으나 혈관이 상피조직으로 침투하지는 못한다. 혈관은 기저막의 바로 아래에 있는 결합조직에서 발견된다(**그림 25.4**). 산소, 이산화탄소, 양분은 확산으로 기저막을 통과하여 상피조직의 세포들에게 전달된다. 이러한 확산은 상피조직 세포들 사이에 있는 **간극연접**(gap junction)이라는 작은 구멍에 의해 촉진된다. 간극연접이 있음에도 불구하고 확산은 단지 몇 개의 세포층에서만 일어날 수 있으므로 대부분 상피조직의 두께를 제한하는 요인으로 작용한다. 상피조직은 외부 환경(피부)과 내부 환경(혈관과 소화관)이 물리적으로 접촉하고 있기 때문에 손상된 세포들을 빠른 속도로 대체할 수 있는 매우 뛰어난 분열 능력을 가지고 있다.

표 25.1 상피조직

단층상피

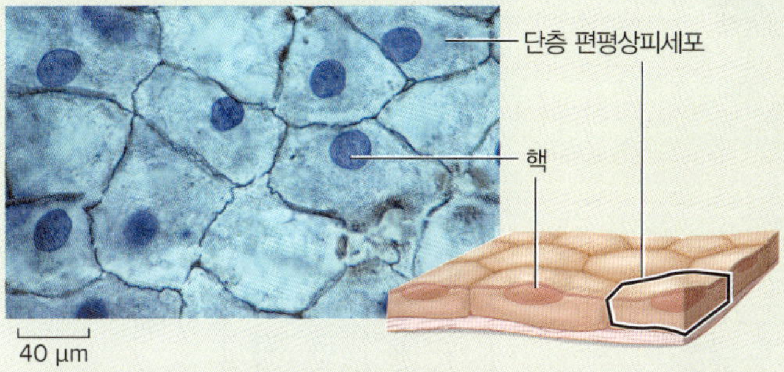

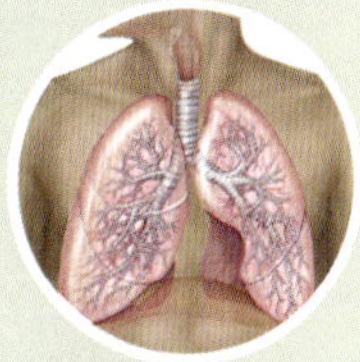

편평상피
주요 위치: 폐의 내벽, 모세혈관과 혈관 내벽
기능: 확산이 쉽게 일어날 수 있는 얇은 세포층을 형성
특징적 세포 유형: 상피세포

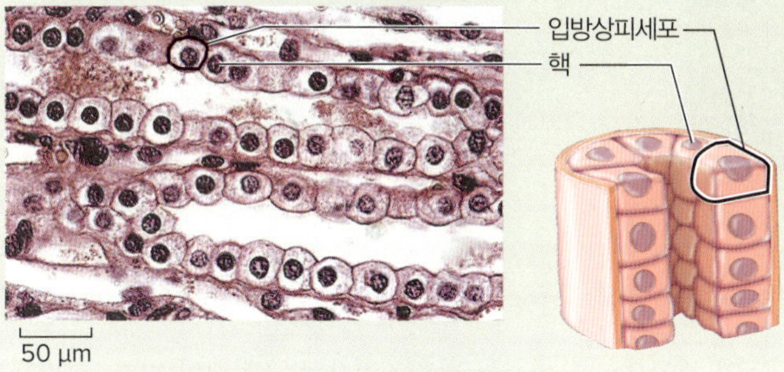

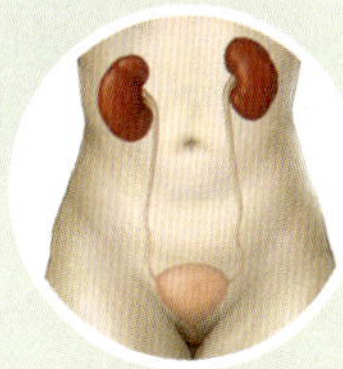

입방상피
주요 위치: 일부 샘과 신장 세관의 내벽, 난소의 외벽
기능: 특수한 수송 통로에 많고, 분비와 흡수 기능
특징적 세포 유형: 샘세포

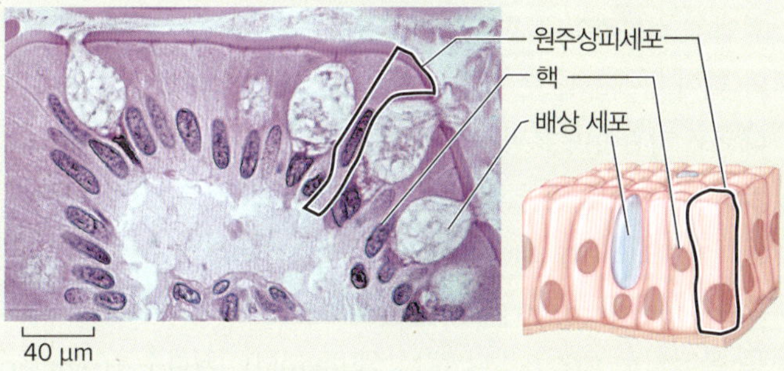

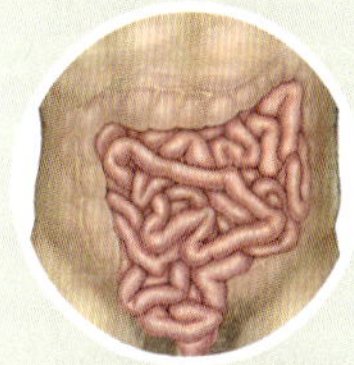

원주상피
주요 위치: 위, 장 및 호흡관 일부 내벽
기능: 두꺼운 세포층을 이루어 보호, 분비 및 흡수 기능
특징적 세포 유형: 상피세포

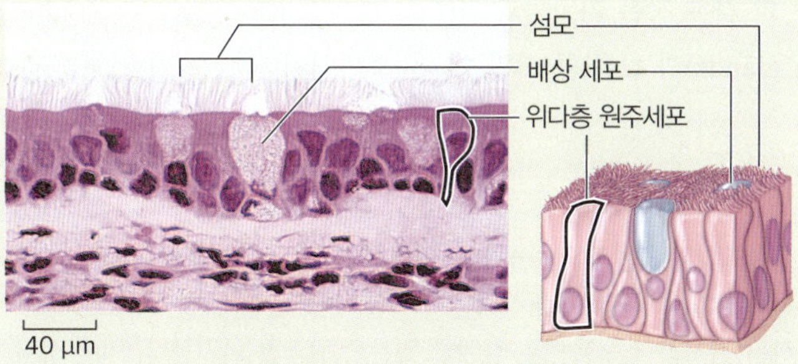

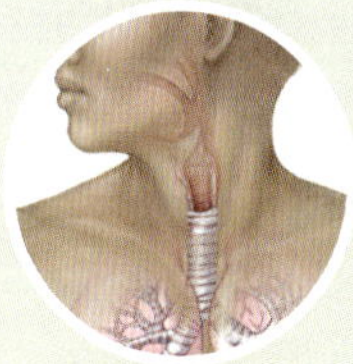

위다층 원주상피
주요 위치: 호흡기관의 일부 내벽
기능: 점액 분비, 점액 이동을 일으키는 섬모들이 조밀하게 있으며 보호 기능
특징적 세포 유형: 샘세포, 섬모상피세포

다층상피

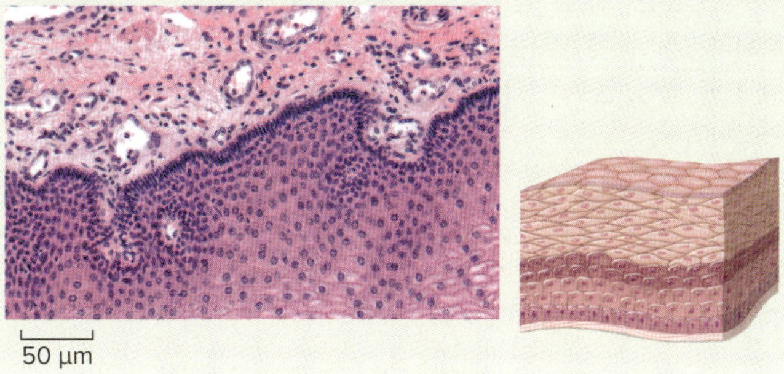

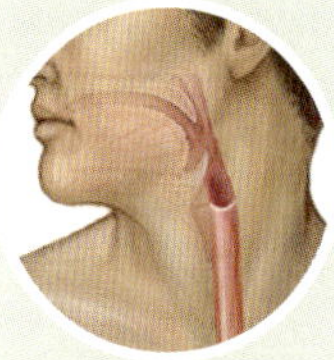

편평상피
주요 위치: 피부 표면, 입의 내면
기능: 단단한 세포층을 이루어 보호 기능
특징적 세포 유형: 상피세포

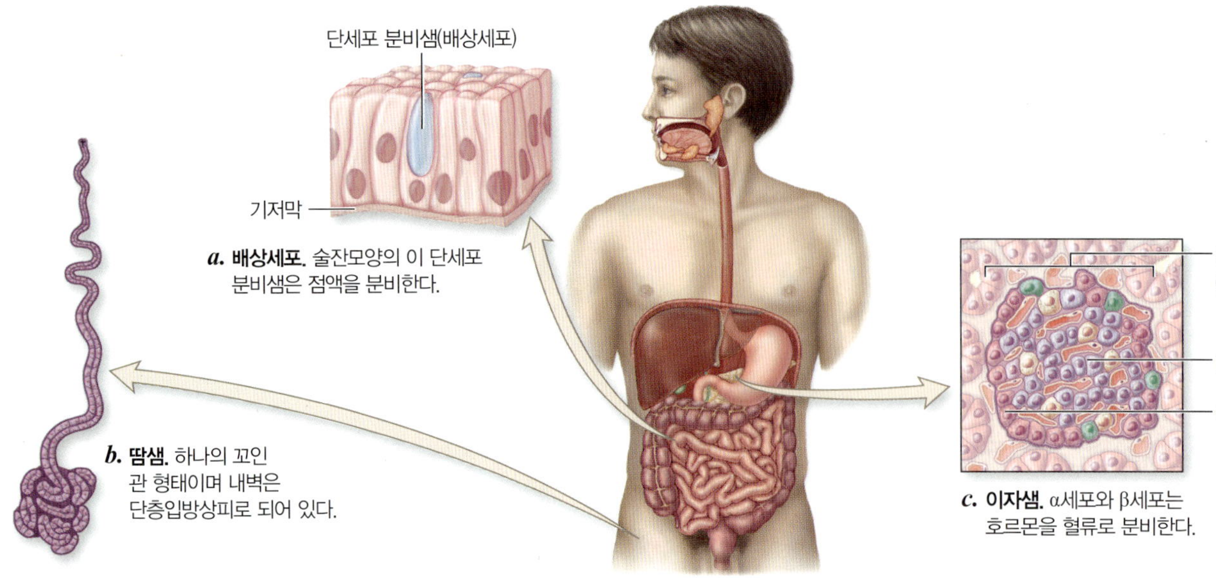

a. **배상세포.** 술잔모양의 이 단세포 분비샘은 점액을 분비한다.

b. **땀샘.** 하나의 꼬인 관 형태이며 내벽은 단층입방상피로 되어 있다.

c. **이자샘.** α세포와 β세포는 호르몬을 혈류로 분비한다.

그림 25.5 분비선 유형.
a. 단세포 외분비샘, *b.* 다세포 외분비샘, *c.* 내분비샘

세포층과 모양: 상피조직은 조직학적으로 세포층의 수와 세포 모양으로 분류된다. **표 25.1**은 척추동물의 다양한 상피조직을 나타낸다. **단층상피**(simple epithelium)는 하나의 세포층으로 되어 있다. 모든 세포는 기저막에 부착되어 있으며 정단표면(apical end)을 가지고 있다. **다층상피**(stratified epithelium)는 2개 이상의 세포층으로 구성되어 있으며, 한 층은 기저막에 부착되어 있지만 다른 한 층은 바깥이나 빈 공간 쪽으로 열려 있으며, 그 사이에 하나 이상의 세포층이 존재한다.

입방(cuboidal) 세포는 높이가 너비만큼 크다. 예를 들어, 신장의 세관에 있는 세포들이 단층입방(simple cuboidal) 세포이다. **단층원주상피**(simple columnar epithelium)는 너비보다 높이가 긴 세포들로 구성되어 있으며 내장에서 발견된다. **단층편평상피**(simple squamous epithelium) 조직은 어떤 기하학적 모양을 갖추지 못한 편평한 세포들로 구성되어 있다. 이러한 세포들은 폐의 폐포나 모세혈관 표면에서 발견된다. 단층상피는 모두 기체, 양분 및 물의 빠르고 효율적인 확산을 위해 만들어졌다. 다층편평상피(staratified squamous epithelium)는 많은 척추동물 피부의 표피에서 발견된다. 바깥층은 케라틴(keratin)이라는 단백질로 채워져 있어서 보호기능을 수행한다. **위다층상피**(pseudostratified epithelium)는 척추동물의 호흡계의 일부에서 발견되며 여러층으로 되어 있는 것 같지만 그렇지 않다. 모든 세포들은 기저막에 부착해 있으며 세포의 일부분만 바깥면에 드러나 있다.

분비샘: 분비샘(glands)은 대사산물을 생성하여 그것을 관이나 혈액 등의 체액으로 분비하는 상피조직으로 구성되어 있다. 분비샘은 점액을 소화관이나 호흡관으로 분비하는 배상 세포(goblet cell)와 같이 단세포일 수 있다(**그림 25.5**). 그러나 대부분의 분비샘은 다세포 기관이며 분비 방식에 따라 분류된다. **외분비샘**(exocrine glands)은 직접 관을 통해 분비물을 목적지에 분비한다. 예를 들어, 침샘(salivary glands), 땀샘(sweat glands)이 외분비선이다. 내분비샘(endocrine glands)은 분비물을 혈액으로 분비하여 최종 목적지로 이동시킨다. 갑상샘(thyroid), 뇌하수체(pituitary)와 같은 작은 기관들과 간(liver), 췌장(pancreas), 부신(adrenal glands)과 같은 큰 기관들이 내분비선이다.

핵심 요약 25.2

상피조직은 일반적으로 장벽을 형성하며 모든 몸의 표면을 감싸는 막과 분비샘을 포함한다. 상피는 조직을 밑에 있는 결합조직에 부착시키는 기저막과 자유로운 상태로 있는 정단표면을 가진다. 어떤 상피는 보호 방어를 할 수 있도록 특수화되어 있으며, 어떤 상피조직은 기관의 빈 공간 표면을 감싸고 있어 수송과 분비를 할 수 있도록 특수화되어 있다. 단층상피는 하나의 세포층으로 되어 있으며 모양에 따라 편평, 입방, 원주, 위다층으로 분류될 수 있다. 다층상피는 주로 편평상피이다.

■ 분비샘에 있는 상피는 소화관에 배열해 있는 상피와 어떻게 다른 기능을 할까?

25.3 결합조직

학습 목표

1. 결합조직의 구조와 기능에 대하여 서술할 수 있다.
2. 결합조직의 유형을 구분할 수 있다.
3. 결합조직을 구성하는 세포들을 나열하여 설명할 수 있다.

결합조직은 동물의 몸에서 가장 다양하고 풍부한 조직이다(**표 25.2**). 이름에서 알 수 있듯이 결합조직은 다른 모든 조직들을 연결하고 지지하는 역할을 한다. 결합조직은 3배엽성 동물의 중배엽에서 유래하며, 상피조직과는 어느 정도 정반대의 특징을 가진다. 대부분의 결합조직 세포는 서로 연결되어 있지 않으며 **기질**(matrix)이라는 다량의 세포외물질에 의해 지지되어 있다. 기질은 단백질성 섬유와 다양한 분자의 **기본물질**(ground substance)을 포함하며 종종 유동적인 상태로 되어 있다. 2배엽성으로 알려진 동물들은 내배엽과 외배엽 사이에 **중교**(mesoglea)라는 젤라틴성 물질을 가지고 있으며, 이 물질들은 구조와 기능적인 면에서 결합조직과 매우 유사하다(**그림 25.3** 참조).

척추동물의 결합조직은 보통 2가지 이상의 독특한 세포 유형을 가지며 혈관이 고도로 발달되어 있다. 주요 결합조직은 **일반결합조직**(connective tissue proper)과 **특수결합조직**(special connective tissue)으로 구분된다.

일반결합조직은 성글거나 조밀한 상태로 존재한다

성긴결합조직과 조밀결합조직이 발생하는 동안 섬유아세포(fibroblast)라 불리는 세포들은 세포외물질을 만들고 분비한다. 성긴결합조직에는 비만세포(mast cell)와 면역 활동을 하는 대식세포(macrophage) 등과 같은 다른 종류의 세포들도 존재한다.

성긴결합조직

성긴결합조직(loose connective tissue)은 많은 양의 기본물질을 함유하고 있는 기질과 기질 내부에 흩어져 있는 세포들로 구성되어 있다. 젤라틴성의 물질은 성글게 흩어져 있는 단백질 섬유에 의해 강화되는데, 이러한 단백질 섬유에는 그물망과 같은 구조를 형성함으로써 조직을 지지하는 콜라겐(collagen), 조직에 탄력을 주는 엘라스틴(elastin), 콜라겐 망을 지지하는 데 기여하는 레티쿨린(reticulin)이 있다. 간식으로 먹는 젤리에 쓰이기도 하는 젤라틴은 1차적으로 동물의 성긴결합조직에서 추출한 세포외물질이다.

지방세포(adipose cells)는 양분 저장에 중요한 기능을 수행하며 성긴결합조직에서 발견된다. 피부 밑이나, 골수, 신장 주변과 같은 몸의 일부에서 지방세포들이 모여 **지방조직**(adipose tissue)을 형성한다(**그림 25.6**).

각 지방세포는 세포 내에 있는 저장 소포(storage vesicle)에 트라이글리세라이드(triglycerides) 덩어리를 저장한다. 에너지가 필요할 때 지방세포는 저장되어 있는 트라이글리세라이드를 가수분해하여 지방산을 만들어 혈액으로 내보내며, 이는 근육, 간 및 다른 기관들에 있는 세포들에 의해 산화되어 에너지를 얻는 데 사용된다. 지방세포는 분열하지 못하며 성인에서 지방세포의 수는 일반적으로 고정되어 있다. 체중이 늘면 지방세포는 커지며, 반대로 체중이 줄면 이 세포의 크기가 줄어든다.

조밀결합조직

조밀결합조직(dense connective tissue)에는 기본물질이 적게 들어 있으며, 콜라겐 섬유들이 조밀하게 얽혀 있어 성긴결합조직에 비해 강하다. 조밀결합조직은 규칙적 조밀결합조직과 불규칙적 조밀결합조직으로 나뉜다. **규칙적 조밀결합조직**(dense regular connective tissue)에 있는 콜라겐 섬유는 밧줄 가닥처럼 평행하게 배열되어 있다. 이러한 구조는 근육과 뼈를 연결하는 힘줄(tendon)과 뼈와 뼈를 연결하는 인대(ligament)에서 볼 수 있다.

그에 비해 **불규칙적 조밀결합조직**(dense irregular connective tissue)에 있는 콜라겐 섬유는 여러 방향으로 불규칙하게 배열해 있다. 이러한 결합조직은 신장과 부신의 피막과 같은 기관의 단단한 외피를 만들며, 또한 근육, 신경, 뼈를 감싸기도 한다.

특수결합조직은 독특한 특징을 가진다

특수 결합조직에는 연골, 뼈, 혈액이 포함되며, 각 조직은 특수한

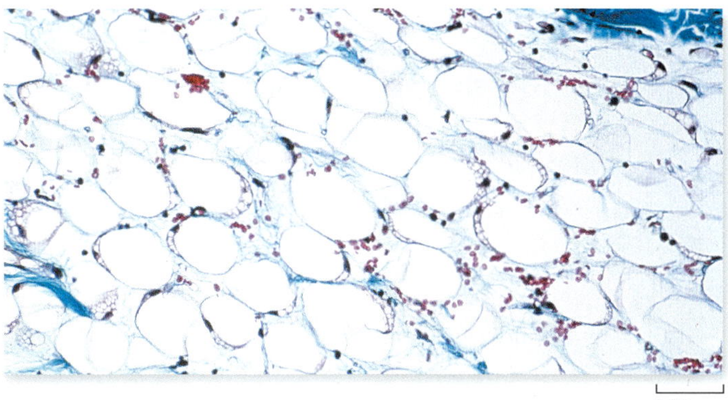

그림 25.6 지방조직.
지방은 성긴결합조직의 한 종류인 지방조직의 소구체(globules) 안에 저장된다. 몸무게가 늘거나 줄 때 지방 소구체의 크기가 커지거나 작아진다. 체중의 감소에 의해 지방세포의 수가 줄지는 않는다.

표 25.2 결합조직

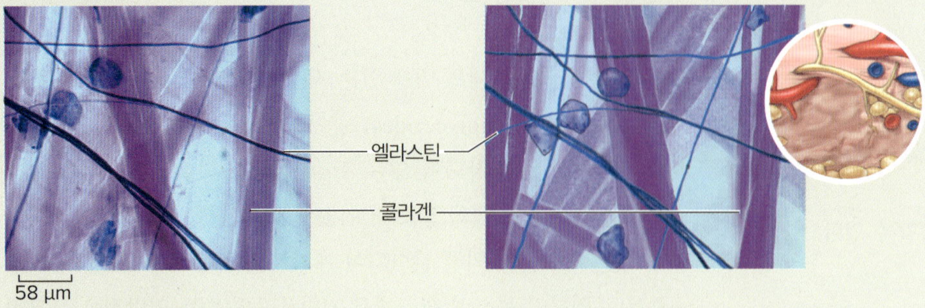

성긴결합조직
주요 위치: 피부 밑, 기관들 사이
기능: 지지, 절연, 양분 저장, 상피에 양분 공급
특징적 세포 유형: 섬유아세포, 대식세포, 비만세포, 지방세포

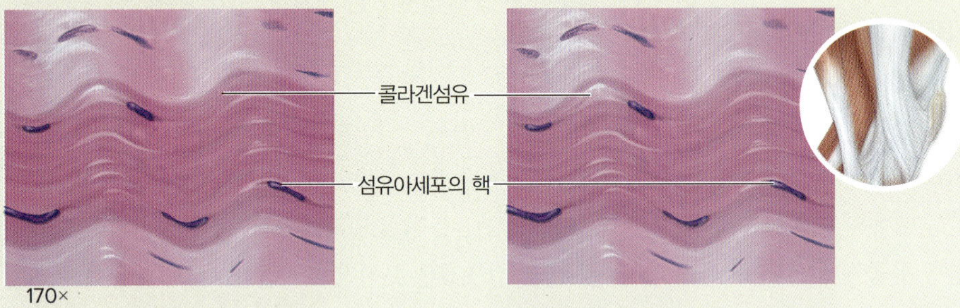

조밀결합조직
주요 위치: 힘줄, 신장, 간, 근육의 외막, 피부의 진피
기능: 강하고 유연한 연결부를 제공
특징적 세포 유형: 섬유아세포

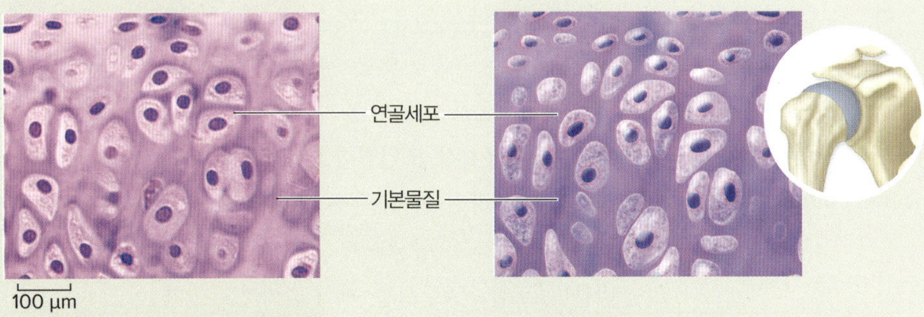

연골
주요 위치: 추간판, 무릎과 기타 관절, 귀, 코, 기관지 고리
기능: 유연한 지지, 충격 흡수, 마찰 감소
특징적 세포 유형: 연골세포

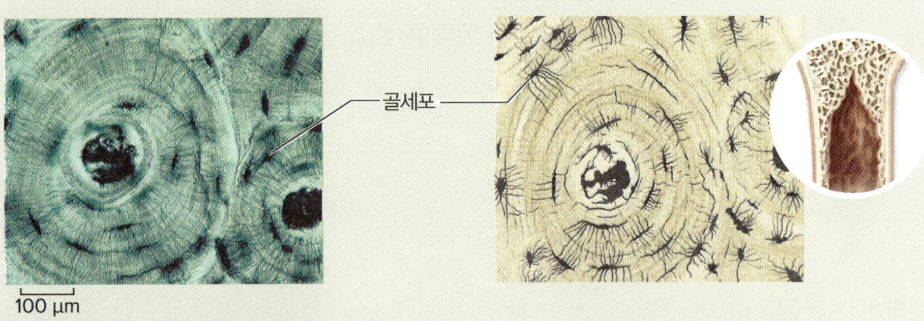

뼈
주요 위치: 대부분의 골격
기능: 내부 기관 보호, 근육이 부착하는 지지대 제공
특징적 세포 유형: 골세포

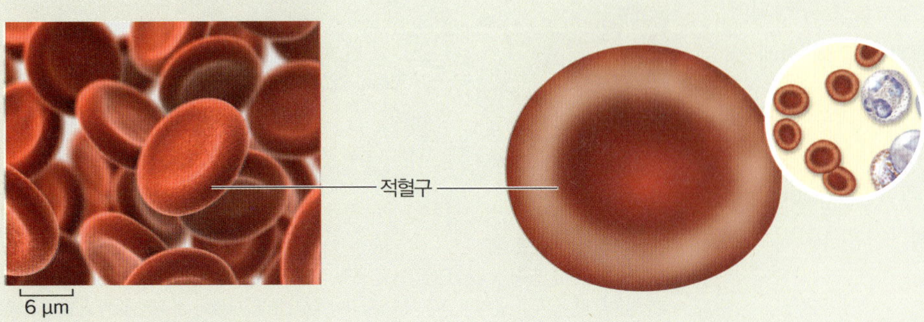

혈액
주요 위치: 순환계
기능: 면역계 통로, 양분과 노폐물의 운반, 기관들 사이의 1차적 소통 수단
특징적 세포 유형: 적혈구, 백혈구

기능을 수행할 수 있도록 독특한 세포와 세포외기질을 가진다.

연골

연골(cartilage)은 **콘드로이틴**(chondroitin)이라는 당단백질이 기본물질을 형성하는 특수화된 결합조직이다(**표 25.2**). 콘드로이틴은 척추동물에만 있는 것은 아니다. 이 물질은 자포동물(cnidarians)과 좌우대칭동물(bilaterates)이 분기하기 전에 발생한 것으로 보인다. 더욱이 연골은 콜라겐과 같은 다양한 단백질 섬유의 유무에 따라 미성숙(immature) 혹은 성숙(mature, 하이알린) 연골 형태로 좌우대칭동물 전체에 걸쳐 존재한다(**그림 25.1**). 척추동물의 하이알린 연골에서는 콜라겐이 평행한 형태로 조밀하게 있다. 연체동물의 두족류(cephalopod molluscs)는 하이알린 연골과 조직학적으로 매우 유사한 연골을 가지고 있다. 연골은 늘어나지 않지만 단단하고 유연한 조직으로, 성긴 혹은 조밀결합조직보다 훨씬 질기며 강한 장력을 가진다.

연골은 현대의 무악류(agnathans)와 연골어류(cartilaginous fishes)의 골격구조를 구성한다. 그러나 대부분의 척추동물에서 연골은 자유로운 움직임을 가능하게 해주는 관절에 있는 뼈의 표면이나 다른 곳에 한정적으로 분포한다. 예를 들어 사람의 경우, 코의 끝, 외이, 척추의 추간원판(intervertebral disks), 후두(larynx) 등 여러 구조물들이 연골로 되어 있다.

연골세포(chondrocytes)는 연골의 기본물질 내에 있는 **골소강**(lacunae)이라는 공간 속에 있다. 이 세포들은 혈관이 없는 연골 기질 내에서도 생명 활동을 수행하는데, 이는 산소와 양분이 주변 혈관으로부터 연골을 구성하는 기본물질을 통해 확산되어 들어오기 때문이다. 확산이 가능한 이유는 연골조직의 기질은 뼈처럼 석회질화되어 있지 않고 수화되어 있기 때문이다.

뼈

뼈(bone)는 척추동물에만 있으며, 뼈 기질은 인산칼슘(calcium phosphate) 결정으로 되어 있다. 다른 동물 그룹은 탄산칼슘(calcium carbonate)이 단단한 구조를 형성한다. **골세포**(osteocytes)는 세포외기질이 인산칼슘 결정으로 인해 단단하게 되었지만 살아 있는 상태로 있다. 혈관은 중심관을 따라 뼈 속으로 분포하여 양분을 제공하고 노폐물을 제거해 준다. 골세포의 세포질 돌기는 **골소관**(canaliculi)이라는 작은 관을 통해 인접한 골세포와 연결된다. 골세포는 이 세포질 연결망을 통해 중심관 내에 있는 혈관과 소통하게 된다. 뼈에 대한 자세한 내용은 근육과 함께 29장에서 다룬다.

태아 발생과정에서 척추동물의 여러 부속지 중에서 지느러미, 팔, 다리의 뼈들은 연골로 먼저 모형이 만들어진다. 연골 기질은 이후 특정한 부위에서 석회질화되며, 연골세포는 더 이상 기질을 통한 확산에 의해 산소와 양분을 얻을 수 없다. 죽어가고 퇴화하는 연골은 살아 있는 뼈에 의해 대체된다.

혈액

혈액(blood)은 세포외물질인 혈장(fluid plasma)이 풍부하기 때문에 결합조직으로 분류된다. 많은 혈장 단백질이 혈구세포에 의해 만들어진다는 점에서 다른 결합조직과 구별된다. 혈액을 구성하는 세포로는 **적혈구**(erythrocyte, red blood cell)와 **백혈구**(leukocyte, white blood cell)가 있다. 혈액에는 골수세포의 조각들인 **혈소판**(platelet, thrombocyte)도 들어 있다. 혈액에 대한 자세한 내용은 32장에서 다룬다.

핵심 요약 25.3

결합조직은 성글게 분포하는 세포들 사이에 기질을 형성하는 세포외물질이 풍부하게 존재한다는 것이 특징이다. 일반결합조직은 성글거나 조밀한 형태로 분류된다. 특수결합조직은 세포들 사이에 독특한 세포외기질을 가진다. 연골의 기질은 유기물질로 되어 있는 반면 뼈의 기질은 칼슘 결정으로 되어 있다. 혈액의 기질은 액상의 혈장으로 되어 있다.

- 혈액은 왜 결합조직으로 분류될까?

25.4 근육조직

학습 목표

1. 근육세포의 독특한 특징에 대하여 설명할 수 있다.
2. 2가지 유형의 근육세포를 구분할 수 있다.

근육조직은 화학적 에너지를 기계적 에너지로 전환함으로써 힘을 발생시킬 수 있다는 특징을 가지고 있다. 근육조직의 존재는 후생동물(metazoans)의 가장 뚜렷한 특징 중 하나이다. 근육조직은 내부적으로 유발되는 움직임과 행동을 할 수 있게 해준다는 점에서 식물과 균류와 같은 다른 다세포 개체들과 구별된다. 근육조직에 있는 수축단백질들 중의 하나인 마이오신(myosin)은 해면동물에서 처음 발생하였으며, 아마도 물 흐름을 조절하는 데 어떤 역할을 한 것으로 보인다(**그림 25.1**).

대부분의 동물 근육은 평활근과 가로무늬근으로 나누어지는데, 이 이름은 현미경 상에서의 모습에서 유래하였다. **평활근**(smooth muscle)은 진화적으로 가장 먼저 발생한 유형으로, 균일하고 "매끈한(smooth)" 모습이다(**표 25.3**). **가로무늬근**(횡문근, striated muscle)은 단백질 섬유가 매우 규칙적으로 배열되어 있기 때문에 "줄무늬(striped)"가 나 있는 것처럼 보인다. 이러한 구조는 신경계의 조절이 필요한 복잡한 움직임이 가능하도록 하며 평활근보다 빠른 움직임과 강한 힘을 발생할 수 있도록 해 준다. 심근(cardiac muscle)은 가장 나중에 발생한 유형으로, 척추동물의 심장에서만 관찰되며 줄무늬 형태를 보인다.

평활근은 대부분의 기관에서 발견된다

척추동물에 있는 평활근은 내장기관에서 볼 수 있으며 **내장근**(visceral muscle)이라고도 불린다. 평활근 조직에서는 1개의 핵을 가진 긴 방추형의 세포들이 판을 이루고 있다. 일부 조직에서 세포들은 신경 자극에 의해서만 수축하며, 이후 그 판에 있는 모든 세포들이 한 단위로 수축한다.

척추동물에서 이러한 유형의 근육은 혈관벽에 배열해 있으며 밝은 빛에 수축하는 눈의 홍채를 이루고 있다. 소화관 벽을 이루는 평활근과 같은 다른 평활근 조직에서는 세포 자체가 자발적인 전기적 파동을 만들어 느리지만 일정한 수축운동을 유발한다. 이때 신경은 활동을 유발시키기보다는 조절만 해준다.

골격근은 몸을 움직인다

척추동물에 있는 **골격근**(skeletal muscle)은 다른 동물들에 있는 가로무늬근과 유사하다. 골격근은 의지에 따라 조절할 수 있으며 운동하는 데 작용한다. 골격근을 구성하는 세포들은 길고 관 모양이어

표 25.3 근육조직

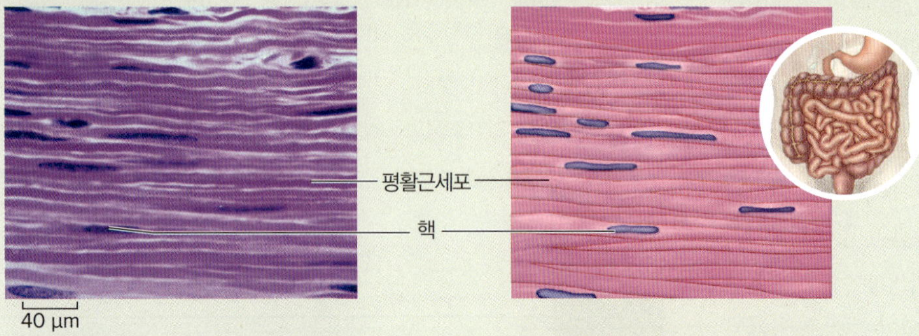

평활근
주요 위치: 혈관벽, 위벽, 내장벽
기능: 중추신경계의 지시에 의한 주기적이고 불수의적인 수축
특징적 세포 유형: 평활근세포

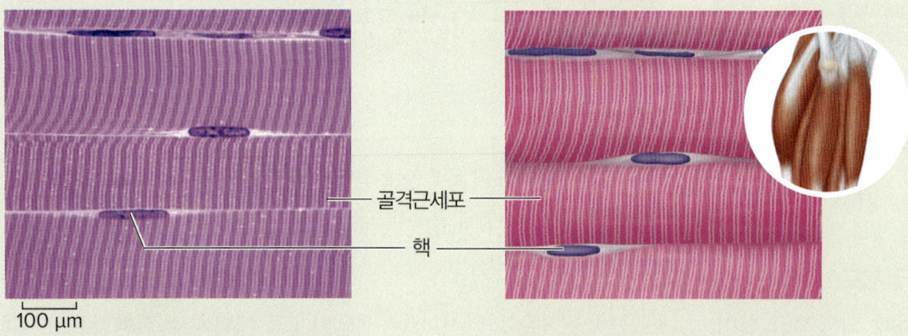

골격근
주요 위치: 수의근
기능: 걷기, 들어 올리기, 말하기 등 수의적 운동
특징적 세포 유형: 골격근세포

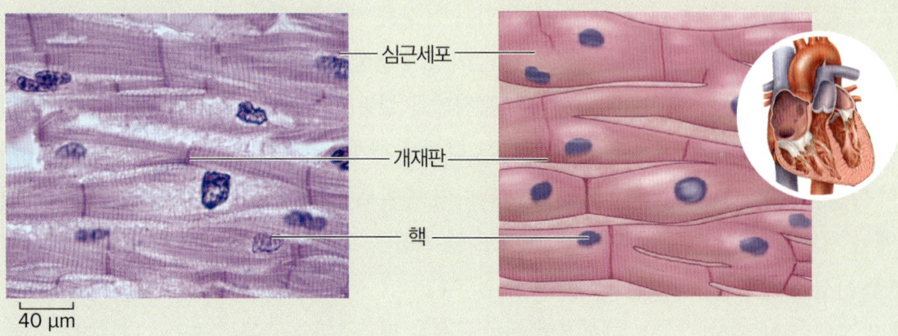

심근
주요 위치: 심장벽
기능: 세포들이 고도로 상호연관되어 있어 수축을 일으키는 신호를 신속하게 전파시킴
특징적 세포 유형: 심근세포

서 **근섬유**(muscle fiber)라고 한다.

골격근의 근섬유는 발생 도중에 여러 세포들의 끝과 끝이 서로 융합하여 만들어진다. 이러한 발생학적 과정 때문에 성숙한 근섬유는 다핵을 가진다. 골격근의 구조와 기능에 대한 자세한 내용은 29장에서 다룬다.

심장은 심근으로 구성되어 있다

척추동물의 심장은 골격근을 구성하는 섬유와는 매우 다르게 배열된 가로무늬근세포로 이루어져 있다. 근육의 길이에 따라 매우 길고 다핵인 세포를 가지는 골격근과는 달리, **심근**(cardiac muscle)은 짧고 단핵인 세포가 서로 연결되어 있다. 이렇게 연결된 모습이 현미경 상에서 어두운 선으로 나타나는데, 이 선을 **개재판**(intercalated disk)이라고 부른다. 실제로 이 선들은 인접한 세포들을 연결하는 간극연접(gap junctions) 부분이다. 3장에서 언급한 바와 같이, 간극연접은 작은 물질이나 이온들을 세포에서 다른 세포로 이동시킬 수 있는 구멍을 가지고 있다. 이와 같은 세포 간 연결로 인해 심근세포들은 하나의 기능적 단위를 이룰 수 있다.

일부 특수화된 심근세포는 전기적 파동을 자발적으로 발생시킬 수 있지만, 주로 신경계가 파동률을 조절한다(**그림 25.7**). 이 파동은 간극연접을 통해 세포에서 세포로 전파되어 심근을 구성하는 모든 세포들이 동시에 작용하여 심장의 수축을 유발시킨다. 32장에서 이 과정에 대하여 자세하게 다룬다.

과학적 사고

질문: 심장 박동은 신경계에 의한 것인가, 아니면 심장 자체로부터 비롯된 것인가?
가설: 심장의 세포는 신경계에 의한 자극 없이 활동전위를 발생시킬 수 있다.
예측: 심장 박동이 심장의 세포들에 의한 것이라면, 분리된 심장에서도 박동이 지속되어야 한다.
실험: 떼어 낸 개구리 심장에 양분과 산소를 공급해 준다.

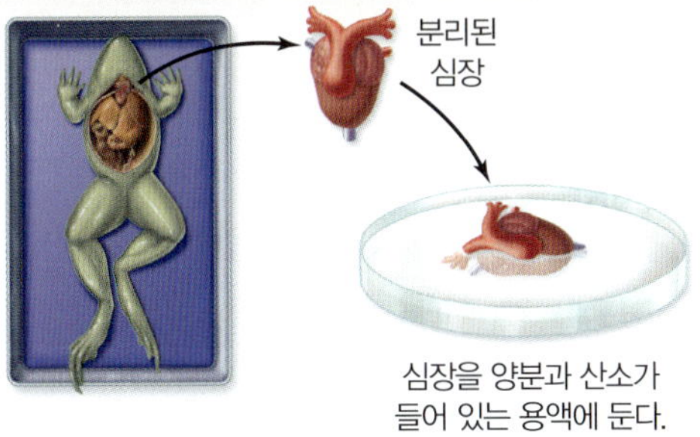

결과: 심장은 신경계와의 연결 없이 지속적으로 수축한다.
결론: 심장 박동은 본질적으로 심장 자체에 의한 것이다.
추가 실험: 이 실험에서 얻은 결론을 **그림 26.11**에서 설명한 내용과 연관시켜 생각할 수 있을까?

그림 25.7 심장 박동의 근원.

핵심 요약 25.4

근육은 몸을 움직이게 하는 모터이다. 근육은 수축하여 길이를 변화시킬 수 있다. 근육조직에는 평활근, 골격근, 심근이 있다. 평활근은 다양한 내장 기능을 수행한다. 골격근은 척추동물의 몸을 움직일 수 있게 해준다. 심근은 근육질의 펌프인 심장을 형성한다.

■ 심근세포가 간극연접을 가지고 있는 것이 왜 중요할까?

25.5 신경조직

학습 목표

1. 뉴런의 기본 구조에 대하여 설명할 수 있다.
2. 신경교세포의 기능에 대하여 설명할 수 있다.

신경조직은 뉴런과 이를 지지하는 세포들로 구성되어 있다. 뉴런은 전기화학적 충격을 만들고 전도할 수 있도록 특수화되어 있다. 신경조직은 조절의 수단으로 근육과 기관계와 함께 진화적으로 같이 발생하였다(**그림 25.1** 참조).

뉴런은 전기 자극을 전도하는 길쭉한 세포이다

대부분의 **뉴런**(neuron)은 세포체, 수상돌기, 축삭의 세 부위로 구성되어 있다(**그림 25.8**). **세포체**(cell body)에는 핵이 있고, **수상돌기**(가지돌기, dendrite)는 가늘고 여러 갈래로 갈라져 있으며 들어오는 자극을 받아 세포체로 전기적 자극을 전달한다. **축삭**(axon)은 한 가닥의 세포질 연장부로서 세포체로부터 생산된 자극을 외부로 전달한다. 대부분의 축삭과 수상돌기는 몇 mm 길이이지만, 어떤 것은 매우 긴 경우도 있다. 예를 들어, 발의 근육을 조절하는 뉴런의 세포체

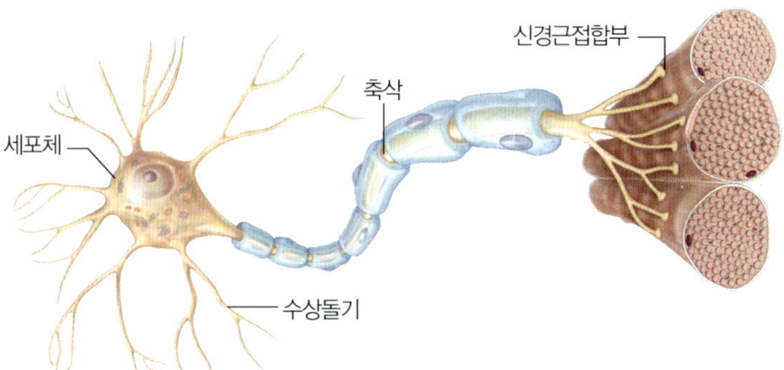

그림 25.8 수상돌기, 세포체, 축삭을 가진 전형적인 뉴런.

는 척수(spinal cord)에 있기 때문에 축삭의 길이는 발까지 약 1 m에 이른다.

신경교세포는 뉴런을 지지해 준다

신경교세포(neuroglia) 또는 교세포(glial cell)는 전기적 자극을 전도하지는 않는다. 대신 뉴런을 지지하고 보호하며 양분 공급을 도와주는 역할을 한다. 신경교세포는 또한 신경전달을 조절해 주는 역할을 수행한다. 이 세포에 대한 자세한 내용은 26장에서 다룬다.

핵심 요약 25.5

신경조직은 뉴런과 신경교세포로 구성되어 있다. 뉴런은 전기적 신호를 받아서 전달하도록 특화되어 있다. 일반적으로 뉴런은 핵을 가지고 있는 세포체, 들어오는 신호를 받는 수상돌기, 세포체로부터 전기적 자극을 전도하는 축삭으로 구성된다. 신경교세포는 뉴런을 지지하고 보호하는 역할을 한다.

- 부피에 대한 표면적 비율은 세포의 크기를 제한한다고 3장에서 배웠다. 뉴런은 어떻게 이를 극복하고 1 m 길이에 이를 수 있을까?

25.6 척추동물 기관계의 개요

학습 목표

1. 척추동물의 다양한 기관계에 대하여 설명할 수 있다.
2. 기관계들의 기능적 구성에 대하여 설명할 수 있다.

척추동물의 주요 기관계에 대해서는 26~35장에서 자세하게 알아본다(**그림 25.9**). 각 장에서 구조와 기능의 밀접한 관계를 볼 수 있으며, 다음과 같이 기능적 측면에서 그룹으로 나누어 기관계들을 알아본다.

- 소통과 통합
- 지지와 운동
- 조절과 유지
- 방어
- 생식과 발생

소통과 통합은 주변 환경을 인지하고 반응한다

2가지 기관계가 외부와 내부의 자극을 탐지하고 신체의 반응을 조율하는 데 관여한다. **신경계**(nervous system)는 뇌, 척수, 신경, 감각기관 등으로 구성되어 있으며, 내부 감각의 상호작용과 빛, 소리, 접촉과 같은 외부 자극을 탐지한다. 그리고 이러한 정보들은 수집, 통합되어 적절한 반응으로 나타나게 된다.

감각계(sensory system)는 신경계의 한 부분으로 27장에서 자세하게 다룬다. 감각계는 시각, 청각, 후각 등과 같은 외부 자극을 감지하는 조직과 기관들을 포함한다.

내분비계(endocrine system)는 신경계와 병행해서 작용하며 모든 기관계에서 일어나는 수많은 화학적 과정을 조절하고 미세 조정하는 화학적 신호를 보낸다(28장 참조).

골격의 지지와 운동은 모든 동물에 필수적이다

근골격계(musculoskeletal system)는 밀접하게 연관되어 있는 2개의 기관계로 이루어져 있다. 근육(muscle)은 운동하는 데 가장 중요한 역할을 하고 있다는 것은 분명하지만, 이것을 끌어당기는 기반 같은 것이 없으면 작용할 수 없다. 골격계(skeletal system)는 대부분의 근육이 끌어당기는 단단한 뼈대 역할을 한다. 척추동물은 내골격(internal skeleton)을 가지고, 곤충과 같은 다른 많은 동물들은 외골격(external skeleton)을 가지며, 지렁이의 경우는 유체골격(hydrostatic skeleton)을 가진다. 이러한 근육과 골격의 두 기관계를 통해 동물은 섬세하게 조절할 수 있는 다양한 운동을 할 수 있다.

신체의 화학적 조절과 유지는 지속적 생명 활동을 가능하게 한다

조절과 유지에 관련된 기관계는 양분 획득, 노폐물 처리, 물질 분배 및 내부 환경의 유지에 관여한다. **소화계**(digestive system)에 관한 30장에서는 어떻게 음식을 섭취하고 양분을 흡수하는지와 고형의 노폐물을 제거하는 방법에 대하여 설명한다. **순환계**(circulatory system)의 심장과 혈관은 혈액을 내보내고 분배함으로써 양분과 여러 물질을 신체 전반에 제공한다. 신체는 **호흡계**(respiratory system)를 통해 산소와 이산화탄소를 교환한다.

마지막으로 척추동물은 체액의 농도를 아주 정밀하게 조절하는데, 이런 기능은 **비뇨계**(urinary system)에 의해 수행된다. 이에 대한 자세한 내용은 33장에서 다룬다.

신체는 공격자와 침입자로부터 자신을 방어할 수 있다

모든 동물은 박테리아, 바이러스, 곰팡이, 원생생물 등 다른 동물들에 의해 공격을 받는다. 첫 번째 방어기작은 **피부계**(integumentary system)이다. 첫 번째 방어기작을 뚫고 들어온 병원체는 **면역계**

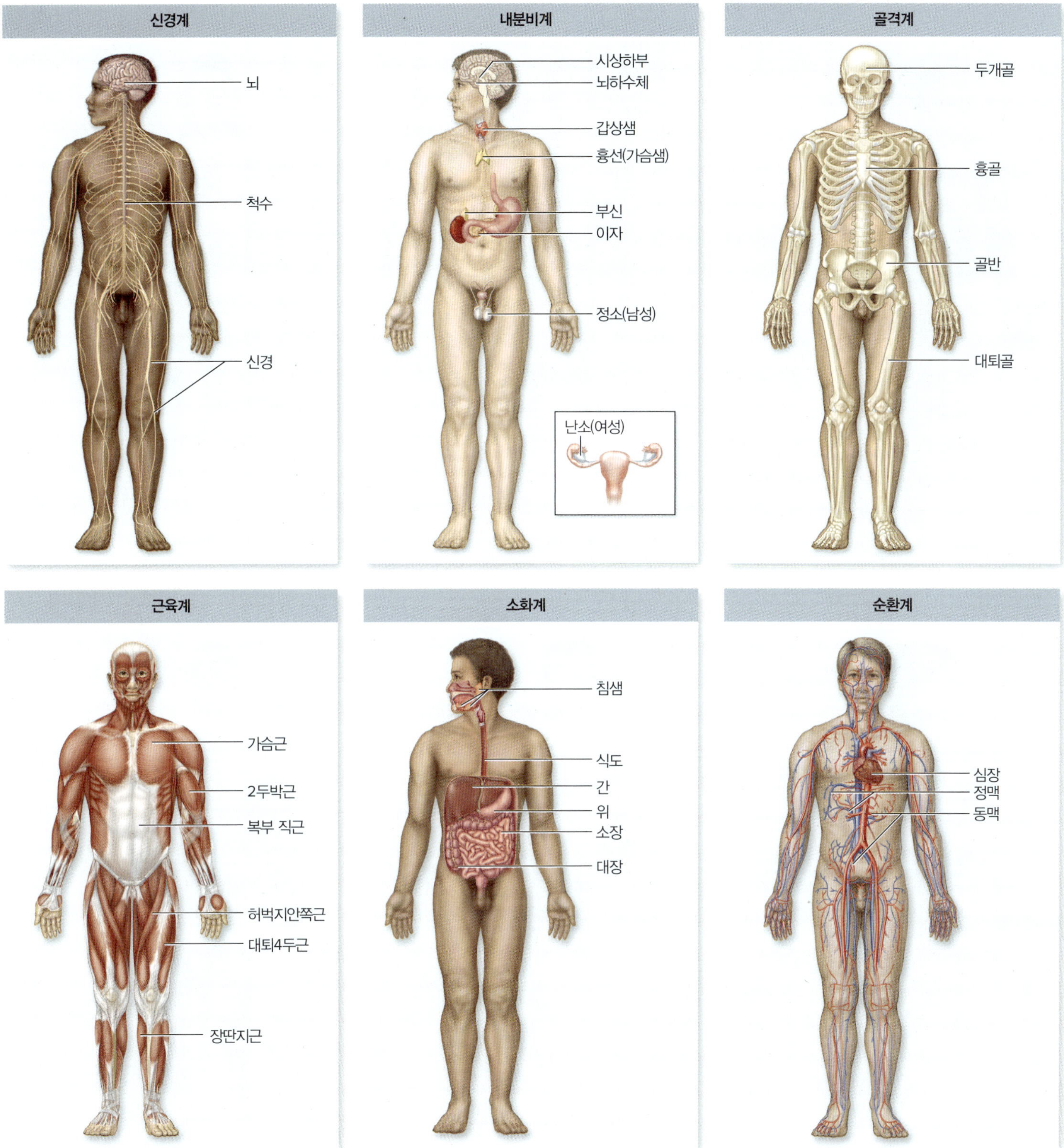

그림 25.9 **척추동물 기관계.**
남성과 여성의 생식계를 포함하여 인체의 기본적인 11개의 기관계를 나타냈다.

(immune system)와 직면하게 되는데, 면역계는 항체와 병원체를 공격할 수 있는 특수화된 세포를 만들어 몸을 보호한다.

생식과 발생은 종족 보존을 가능하게 한다

척추동물의 생물학적 연속성은 **생식계**(reproductive system)로

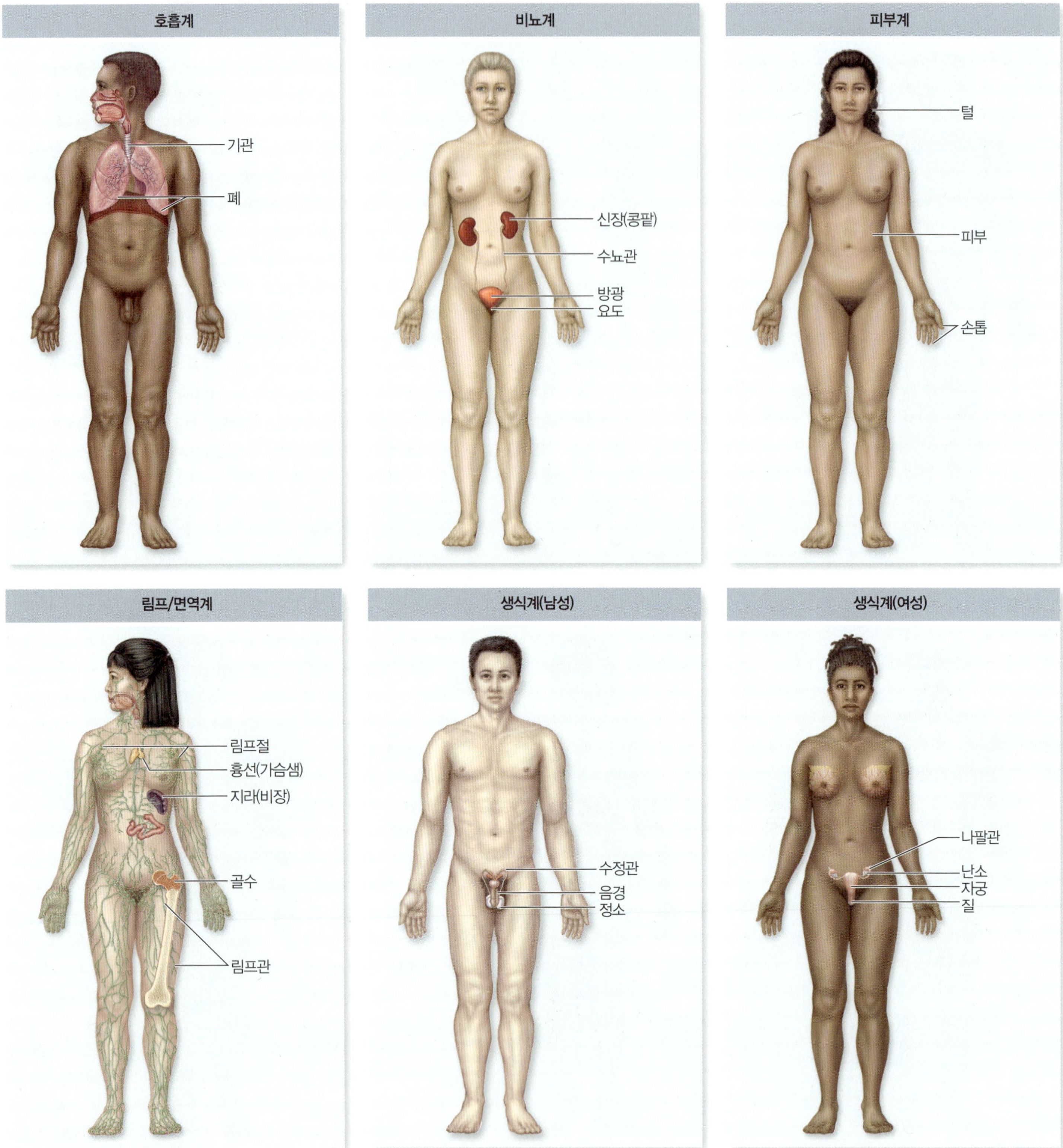

그림 25.9 척추동물 기관계(계속).

인해 가능하다. 수컷과 암컷의 생식계는 암수 배우자를 생성하는 기관과 배우자들이 성장하여 배우자들끼리 접합하는 데 관여하는 분비샘(glands) 및 관(tubes)들로 이루어져 있다. 많은 척추동물의 암컷 생식계에는 배아와 태아의 발달에 관여하는 기관들 또한 포함된다.

두 배우자(gametes)가 융합하여 **접합체**(zygote)가 된 후, 일련의 세포분열과 발생 과정이 일어나 초기의 2배체 세포는 다세포인 성체로 발달한다.

핵심 요약 25.6

척추동물 기관계는 신경계, 내분비계, 골격계, 근육계, 소화계, 순환계, 호흡계, 비뇨계, 피부계, 림프/면역계, 생식계로 이루어져 있다. 이 기관계는 기능적으로 소통과 통합, 지지와 운동, 조절과 유지, 방어, 생식과 발생으로 나누어진다.

■ 서로 다른 기관계들 사이에 겹치는 부분이 있을까?

25.7 항상성

학습 목표

1. 항상성에 대하여 설명할 수 있다.
2. 음성피드백이 어떻게 반응을 제한하는지에 대하여 설명할 수 있다.
3. 길항작동기가 어떻게 조절점에서 체계를 유지할 수 있는지에 대하여 설명할 수 있다.

동물이 진화하면서 몸 구조도 점점 분화(특수화)되었다. 각 세포는 신체 내에서 정확한 기능을 수행할 수 있도록 세밀하게 조정된 정교한 기계라고 볼 수 있다. 그러한 세포 기능의 분화는 외부 상태가 아주 작은 범위 내에서 안정화되어 있을 때만 가능하다. 온도, pH, 포도당과 산소의 농도 등 여러 요소들이 상대적으로 일정하게 유지되어야 세포들이 효과적으로 작용하고 서로 간에 적절하게 상호작용할 수 있다. 내부 상태의 동적인 불변성을 **항상성**(homeostasis)이라고 한다. **동적**(dynamic)이라는 용어는 상태가 항상 변함이 없다는 것이 아니라 좁은 범위 내에서 변동을 거듭한다는 것을 의미한다. 항상성은 생명 현상에 필수적이며, 척추동물 신체의 거의 모든 조절 기작은 항상성 유지와 연관되어 있다.

음성피드백 기작은 범위 내로 값을 유지시킨다

생물들이 내부 항상성을 유지하는 하나의 방법은 음성피드백에 의해 제한되는 조절 시스템을 사용하는 것이다. **음성피드백**(negative feedback)은 어떤 과정의 최종 산물이 그 과정을 제한하는 생화학적 기작이다. 이 기작이 생리학적으로 작용하기 위해서는 세포나 막수용체 같은 감지기(sensor)를 이용하여 내부와 외부 상태 모두를 감지할 수 있어야 한다. 만약 주변 상태가 설정점(set point)에서 너무 멀어지게 되면 생화학적 반응이 시작되어 상태를 변화시켜 설정점에 이르도록 해준다.

이 과정은 실내 난방기의 온도조절계의 작동과 유사하다. 온도조절계의 온도를 설정하면, 온도가 하강할 때 그 변화는 온도 감지 기계에 의해 감지되고 온도조절계에 있는 통합시스템이 이 값을 설정값과 비교하게 된다. 감지된 정보가 설정점보다 낮게 내려갈 때, 통합시스템이 전기 회로를 연결하면 난방기에 전류가 흘러 열이 더 발생하게 된다. 방의 온도가 설정점보다 올라갔을 때는 전기 회로가 차단되어, 더 이상 열을 생산하지 못하게 된다. **그림 25.10**에 음성피드백 순환을 요약하였다.

이와 비슷하게 사람은 체온, 혈당량, 전해질(이온) 농도, 힘줄의 긴장도 등에 대한 설정점을 가지고 있다. 통합중추는 보통 뇌의 특정

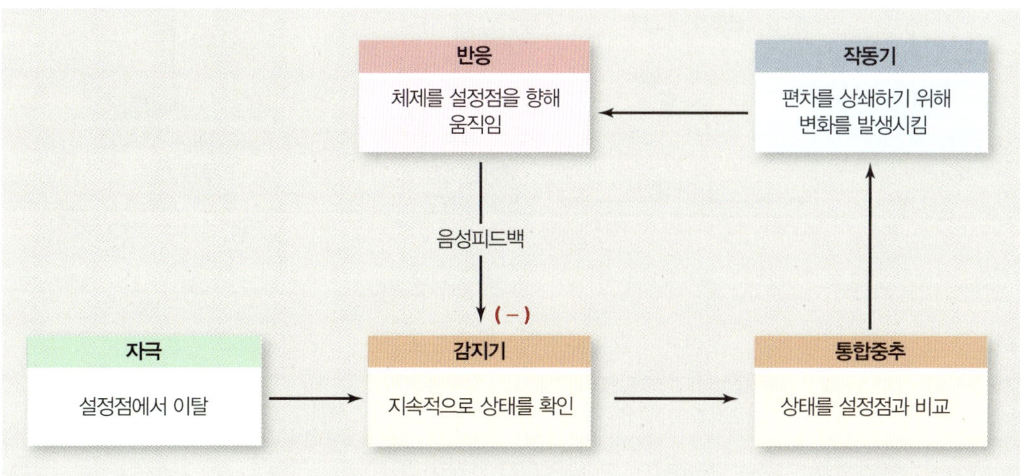

그림 25.10 음성피드백 기작에 대한 일반화된 도표.
음성피드백 기작은 내부 환경의 동적 불변성인 항상성을 유지한다. 환경의 변화는 감지기에 의해 탐지되어 통합 중추로 보내져 설정점과 비교된다. 설정점과의 차이는 내부 조건들을 설정점에 다시 도달하게 하는 반응들을 유도한다. 감지기에 대한 음성피드백은 반응을 종결시킨다.

부분이나 척수이지만, 어떤 경우에는 내분비선에 있는 세포들일 수 있다. 몸의 상태가 변할 때 **작동기**(effector)라고 하는 특정 표적 기관의 활성을 증가 혹은 감소시키는 신호를 보낸다. 작동기는 일반적으로 근육이나 분비샘이며, 이것들의 활동에 의해 상태가 설정점으로 되돌아가게 된다.

포유류와 조류는 **내온성**(endothermic)으로 외부 온도와 상관없이 체온을 일정하게 유지할 수 있다. 사람의 경우 체온이 37℃가 넘는 경우, **시상하부**(hypothalamus)의 뉴런이 체온의 변화를 감지한다. 시상하부는 운동뉴런의 조절을 통해 땀, 혈관의 확장 및 다른 기작을 작동시켜 열의 손실을 촉진한다. 이 반응은 체온 증가를 막아주는 역할을 한다.

길항작동기는 반대로 작용한다

항상성을 유지하는 음성피드백 기작들은 종종 서로 반대로 작용하여 미세한 조절을 할 수 있도록 해준다. 대부분의 내부 환경 요소들은 길항(반대)작용을 하는 여러 작동기들에 의해 조절되는 경우가 많다. 길항적 작동기에 의한 조절은 때때로 밀고 당기는 방법으로 설명될 수 있다. 어떤 한 작동기의 활성이 증가할 때, 그에 반대로 작용하는 길항작동기의 활성은 감소하게 된다. 이러한 방식은 하나의 작동기를 활성 혹은 불활성시켜 조절하는 것보다 더 세밀하게 조절할 수 있게 해준다.

난방의 예에서, 방 온도는 난방기를 켜거나 끔으로써 혹은 에어컨을 켜거나 끔으로써 유지될 수 있다. 하지만 만약 온도조절계가 에어컨과 난방기 모두를 조절한다면 훨씬 안정적으로 온도를 조절하는 것이 가능하다. 난방기는 에어컨이 꺼질 때 켜지게 되며 에어컨은 난방기가 꺼질 때 켜지게 된다(**그림 25.11***a*).

체온을 조절해 주는 길항작동기도 이와 마찬가지이다. 체온이 떨어졌을 때, 시상하부는 피부의 혈관을 수축시키고 열을 생성하는 데 도움이 되는 몸의 떨림과 같은 여러 반응들을 통합 조절한다. 이러한 반응은 체온을 높이게 되어 초기에 발생한 변화로부터 항상성을 유지하게 해준다(**그림 25.11***b*).

양성피드백 기작은 변화를 촉진한다

일부 상황에서 동일한 방향으로 더 큰 변화를 촉진시키는 **양성피드백**(positive feedback) 기작이 사용된다. 양성피드백 순환에서 작동기는 조절되는 변수를 설정점으로부터 훨씬 더 멀어지게 한다. 그

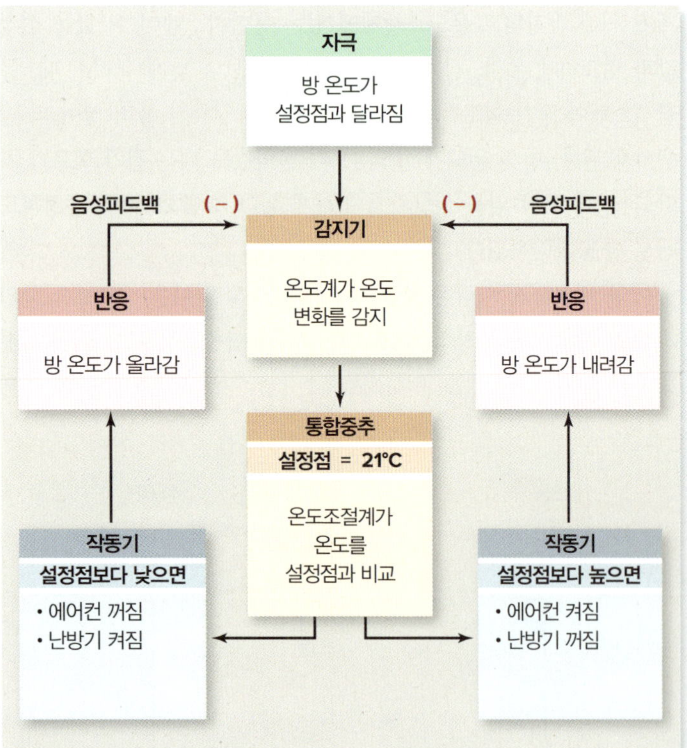

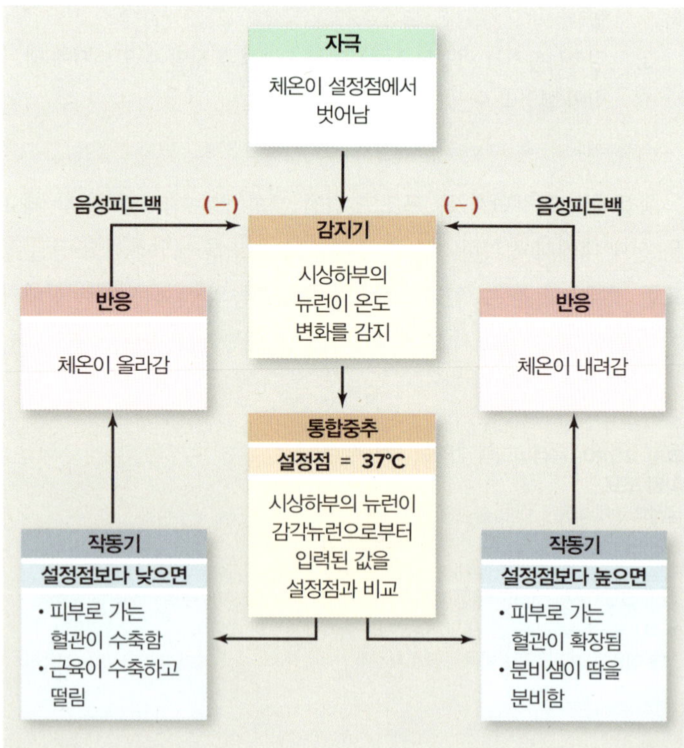

그림 25.11 방과 신체의 온도는 음성피드백과 길항작동기에 의해 유지된다.
a. 온도계가 설정점과 비교하여 낮은 온도를 감지하면, 난방기는 켜지고 에어컨은 꺼진다. 만약 온도가 너무 높으면, 에어컨은 켜지고 난방기는 꺼진다. ***b.*** 뇌의 시상하부는 체온의 변화를 감지한다. 비교측정기(시상하부에 있음)는 정보를 처리하며 혈관, 땀샘, 골격근과 같은 작동기를 활성화시킨다. 음성피드백은 체온과 설정점의 차이를 줄인다. 최종적으로 비교측정기에 의한 작동기의 자극도 줄어들게 된다.

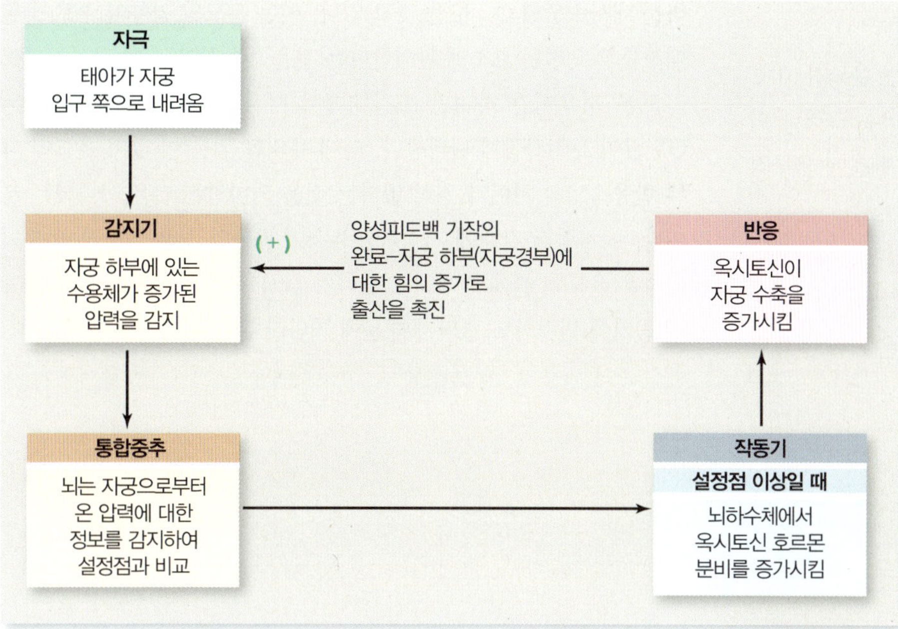

그림 25.12 분만 시의 양성피드백.
자궁수축은 척추동물 신체에서 양성피드백의 몇 가지 예 중 하나이다.

결과, 양성피드백이 있는 체계는 매우 불안정적이며 폭발을 유발하는 불꽃과 유사하다. 이러한 체계는 항상성을 유지하기 어렵다.

그럼에도 불구하고 그런 체계는 어떤 생리학적 기작에 중요한 요소로 작용한다. 예를 들어, 양성피드백은 혈액 응고 과정에 일어난다. 하나의 응고 요소가 다른 요소를 연쇄적으로 활성화시켜 혈전 형성이 매우 빠르게 일어날 수 있게 해준다. 양성피드백은 분만 시에 자궁의 수축에도 중요한 역할을 한다(**그림 25.12**). 태아에 의해서 유도된 자궁의 확장이 수축을 자극하게 되고 그 수축은 더욱 자궁의 확장을 유발한다. 이러한 순환 사이클은 자궁에서 태아가 나올 때까지 계속된다.

신체 내에서 대부분의 양성피드백 체계는 항상성을 유지하는 데 더 큰 기작의 일부로 작용한다. 앞에서 설명한 예에서, 혈전의 형성은 출혈을 멈추게 함으로써 혈액 양을 일정하게 유지시켜 주며, 태아의 방출은 자궁의 수축을 줄여주게 되고 순환과정을 멈추게 된다.

핵심 요약 25.7

항상성이란 생물의 내적 상태의 동적인 안정성을 의미한다. 음성피드백 기작은 온도, pH와 같은 다양한 내부 요소들의 변화를 설정점으로 조정해 줌으로써 신체 상태가 정상적 범위 내에서 유지되도록 해준다. 서로 길항적으로 작용하는 작동기들은 개별적으로 작용하는 것보다 효과적이다. 변화를 더욱 촉진시키는 양성피드백 기작은 그렇게 일반적이지는 않지만 혈액 응고, 출산과 같은 특별한 기능을 하는 데 중요한 역할을 한다.

■ 길항작동기와 음성피드백은 함께 작용할까?

25.8 체온의 조절

학습 목표

1. Q_{10}과 그의 중요성에 대하여 설명할 수 있다.
2. 체온 조절에 근거한 생물들의 분류 방법에 대하여 설명할 수 있다.
3. 체온의 항상성 기작에 대하여 서술할 수 있다.

온도는 모든 개체들이 대처해야만 하는 환경의 가장 중요한 요소 중 하나이다. 이는 25.7절에서 다룬 항상성 조절의 원칙이 적용되는 좋은 예이기도 하다. 어떤 생물들은 환경의 온도와 일치하는 체온을 갖고 있는 데 비해 다른 생물들은 자신의 체온을 조절한다. 먼저 온도의 중요성에 대하여 알아보자.

Q_{10}은 온도 민감도의 측도이다

모든 화학반응의 속도는 온도의 영향을 받는다. 온도가 올라가면 반응속도가 빨라지고, 온도가 내려가면 느려진다. 효소에 의해 촉매되는 반응도 같은 역학적 효과를 나타내지만, 효소 자체도 온도의 영향을 받는다.

2가지 다른 온도에서 반응의 속도를 조사하여 이러한 온도 의존성을 수치화할 수 있다. 온도가 10℃ 차이 나는 두 반응에서 측정한 반응속도의 비율을 효소의 Q_{10}이라고 한다.

$$Q_{10} = R_{T+10}/R_T$$

대부분 효소의 Q_{10} 값은 2 정도로 나타나는데, 이는 온도가 10℃ 증가할 때마다 반응속도가 2배가 된다는 것을 의미한다. 그러나 이러한 현상은 고온에서는 효소의 구조가 영향을 받기 때문에 영구적으로 계속될 수 없다.

Q_{10}의 개념은 일반적인 대사과정에도 적용될 수 있다. 이때 동일한 방정식을 사용하지만 단일 반응의 속도 대신에 전체적 대사반응 속도가 사용된다. 이를 적용해 보면 대부분의 개체들은 2~3에 해당하는 대사속도의 Q_{10} 값을 갖고 있다. 이는 온도의 영향이 주로 물질대사를 일으키는 효소에 관여한다는 것을 의미한다.

드문 경우이긴 하지만 조간대에서 서식하는 무척추동물에서는 Q_{10} 값이 1에 가깝게 나타난다. 이에 유의할 점은 이 값이 온도에 따른 반응속도의 차이가 전혀 없다는 것을 의미하는 것은 아니라는 것이다. 이처럼 조간대에 서식하는 무척추동물의 경우 그들은 비교적 차가운 온도의 물에 잠기기도 했다가 다시 직사광선과 더 높은 온도의 공기에 번갈아 노출되기 때문에 커다란 온도 변화에 직면해 있다.

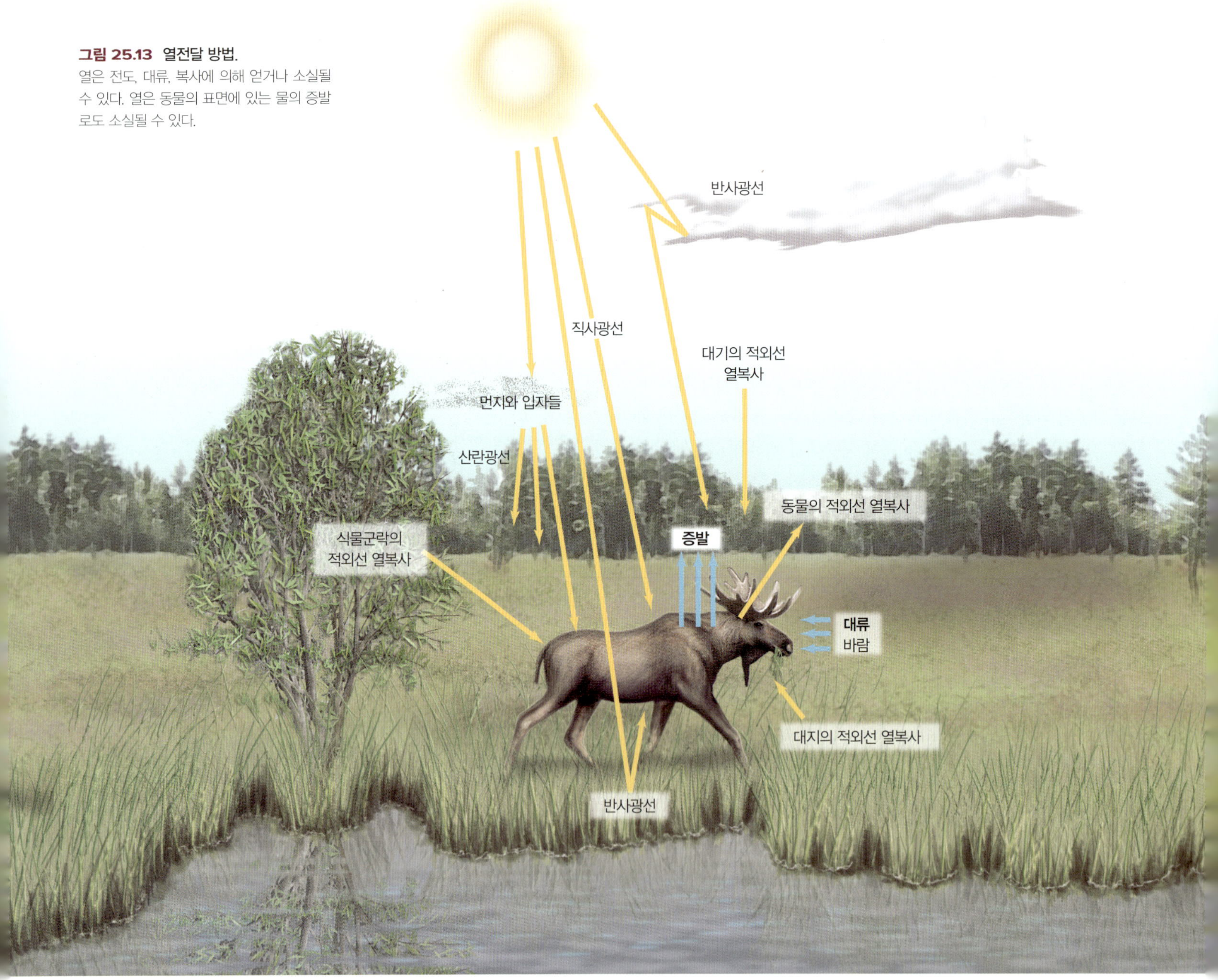

그림 25.13 열전달 방법. 열은 전도, 대류, 복사에 의해 얻거나 소실될 수 있다. 열은 동물의 표면에 있는 물의 증발로도 소실될 수 있다.

이 개체들은 아마도 단일 대사과정에서 최적 온도가 다른 다양한 효소의 진화를 통해 이러한 큰 온도 변화에 대응하도록 적응하였을 것이다. 이것은 특정 온도에서 한 효소가 활성이 저하된 다른 효소를 대신할 수 있도록 해준다.

온도는 내외적인 요인에 의해 결정된다

체온은 단순해 보이지만 많은 요인에 의해 영향을 받는다. 이러한 요인들에는 행동뿐만 아니라 내부 및 외부 요인이 모두 포함된다. 열역학 제2법칙에 의하면 100% 효율적인 에너지 전달은 없다. 따라서 대사과정을 구성하는 반응들은 이처럼 비효율적이기 때문에 열을 지속적으로 생산하게 된다. 이 열은 소멸되거나 체온을 올리는 데 사용될 수 있다.

전반적인 물질대사의 반응속도와 체온은 서로 연관되어 있다. 체온이 낮으면 효소의 온도 의존성 때문에 높은 대사 속도를 보일 수 없다. 반대로 높은 대사 속도는 냉각이 요구될 정도로 몸을 가열할 수 있다.

따라서 생물들은 체온, 물질대사 및 환경과 관련된 내외적 요인들을 처리해야 한다. 체온에 대한 가장 간단한 모델은 다음과 같다.

$$\text{체온} = \text{생산된 열} + (\text{얻은 열} - \text{잃은 열})$$

이를 더 간소화하면 다음과 같다.

$$\text{체온} = \text{생산된 열} + \text{전달된 열}$$

여기에서 주목할 점은 전달된 열은 양의 값일 수도 음의 값일 수도 있으며, 이는 가열 또는 냉각에 사용될 수 있다는 것이다. 생물학적 시스템과 관련된 열 전달은 다음과 같이 복사, 전도, 대류, 증발의 4가지 기작으로 구분된다(**그림 25.13**).

- **복사**(radiation): 태양과 같은 전자기 복사에 의한 열전달에는 직접적인 접촉이 필요하지 않다. 열은 복사에 의해 뜨거운 몸체에서 더 차가운 몸체로 전달된다.
- **전도**(conduction): 두 물체 간의 직접적인 열전달을 전도라고 한다. 글자 그대로 접촉해 있는 두 물체의 분자들 사이에 운동 에너지(kinetic energy)가 직접 전달되는 것을 의미한다. 에너지는 뜨거운 물체에서 더 차가운 물체로 전달된다.
- **대류**(convection): 대류는 발생한 열이 기체나 액체의 이동에 의해 전달되는 것이다. 이러한 이동은 외부에서 발생하거나(바람), 가열 및 냉각과 관련된 밀도의 차이 때문에 생길 수도 있다. 예를 들어, 가열된 대기는 밀도가 작아져 상승한다. 이는 물에서도 마찬가지이다.
- **증발**(evaporation): 모든 물질은 기화열, 즉 액체에서 기체로 상(phase)이 변하는 데 필요한 에너지의 양을 가진다. 1장에서 살펴본 것처럼 물은 높은 기화열을 가지고 있으며, 많은 동물들은 이러한 물의 특성을 다른 물질의 온도를 낮추는 데 사용한다.

다른 요인들

앞에 나열된 방법들에 의한 전체 열전달률은 이러한 물리적 과정들에 영향을 미치는 여러 가지 요인들에 따라 달라질 수 있다. 이러한 요인에는 표면적, 온도차, 특이적인 열전도율 등을 들 수 있다. 차례대로 알아보면, 전체 질량에 비해 표면적이 클수록 열전도는 커진다. 따라서 작은 생물들은 체중에 비해 큰 표면적을 가지며 주변 환경에서 더 쉽게 열을 얻거나 잃는다. 표면적의 비는 팔다리를 뻗거나 움츠리는 것과 같은 자세의 변화를 통해 어느 정도 영향을 받을 수 있다.

온도 차이도 중요하다. 주위와 체온의 차이가 클수록 열전달이 많아지며, 주위와 체온의 차이가 적으면 적을수록 적은 양의 열이 손실되거나 얻어지게 된다.

마지막으로 열전도율(heat conductance)이 높은 동물은 주변 온도와 비슷한 체온을 가지려는 경향이 있다. 온도를 조절하는 동물의 경우 열전도율이 낮은 물질로 몸을 감싸고 있어 체온 조절에 이점을 가진다. 이는 단열재로 작용한다. 단열 물질로는 깃털, 모피, 지방층 등을 들 수 있다. 행동을 통해 체온을 조절하는 동물의 경우 열전도율이 높으면 열전달이 극대화될 수 있다.

생물들은 열의 원천에 따라 분류된다

생리학자들은 오랫동안 동물들이 체온을 일정하게 유지하는지 아니면 체온이 환경에 의해 변하는지에 따라 동물을 분류하였다. 체온을 특정 설정점에 근접하게 유지하는 동물들을 **항온동물**(homeotherms)이라 부르고, 환경에 따라 체온이 변하는 동물을 **변온동물**(poikilotherms)이라고 부른다.

항온동물은 그들의 체온을 주변 온도보다 높게 유지하려는 경향이 있기 때문에 온혈(warm-blooded) 동물이라 하고, 변온동물은 냉혈(cold-blooded)동물이라 한다. 이 용어의 문제점은 온도가 안정적인 환경에서 변온동물은(예를 들어, 심해의 많은 어류들) 항온동물보다 더 일정한 체온을 갖는다는 것에 있다.

체온 조절에 의한 이분법적 분류의 한계점들로 인해 체열이 어떻게 생성되는가에 근거한 다른 관점이 대두되었다. 체열을 생산하고 그 온도를 주변 온도보다 높게 유지하기 위해 물질대사를 이용하는 동물을 **내온동물**(endotherms)이라고 부른다. 그에 비해 체열을 생

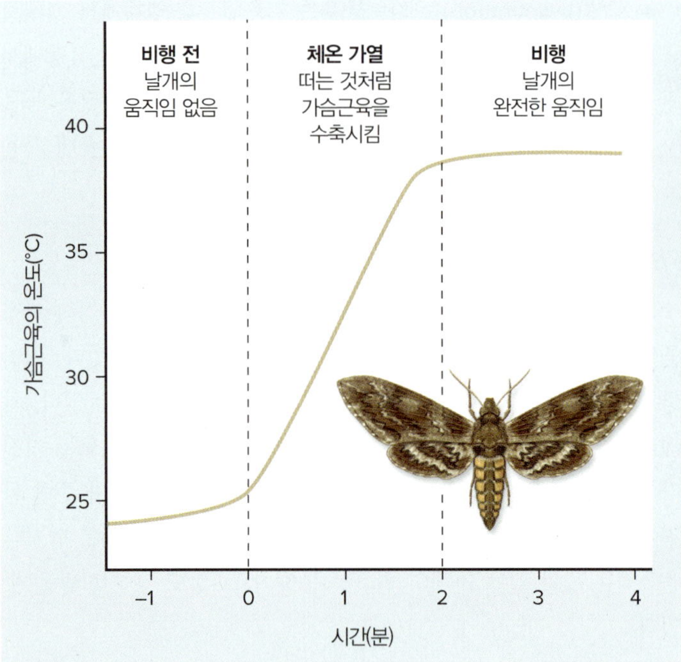

그림 25.14 곤충의 체온 조절.
박각시나방과 같은 어떤 곤충들은 비행을 위한 준비 운동으로 가슴근육을 수축시킨다.

? 탐구문제 근육 온도는 왜 2분 후에 더이상 높아지지 않는가?

산하기 위해 물질대사를 사용하지 않고 주변 온도에 맞추어 체온을 조절하는 동물을 **외온동물**(ectotherms)이라고 부른다. 내온동물들은 절연 기작으로 인해 낮은 열전도율을 가지는 경향이 있고, 외온동물은 열전도율이 높고 절연성이 없는 경향이 있다.

이 두 용어는 생리와 적응의 이상적인 종점을 나타낸다. 많은 동물들은 이 극단 사이에 있으며 **이온동물**(heterotherms)이라고 간주될 수 있다. 특정 동물이 각 그룹의 특징을 나타내는 경우 어떻게 분류할지는 판단의 문제이다.

외온동물은 행동을 통해서 체온을 조절한다

낮은 대사율에도 불구하고 외온동물은 행동을 통해 체온을 조절할 수 있다. 대부분의 무척추동물들은 체온을 조절하기 위하여 행동을 이용한다. 예를 들어, 대부분의 나비들은 날기 전에 특정 체온에 도달해야 하기 때문에 서늘한 아침에 몸의 방향을 햇빛 흡수가 극대화되도록 맞춘다. 나방과 다른 많은 곤충들은 떨림 반사(shivering reflex)를 사용하여 가슴비행근육을 따뜻하게 하여 비행을 할 수 있도록 한다(**그림 25.14**).

포유류와 조류 이외의 다른 척추동물들은 외온성(ectothermic)이며, 이들의 체온은 주변 환경의 온도에 다소 의존적이다. 그렇다고 해서 이 동물들이 비교적 일정하고 높은 체온을 유지할 수 없다는 것을 의미하지는 않는다. 하지만 이를 위해 이 동물들은 행동을 이용해야 한다. 많은 외온성 척추동물들은 항온형 외온동물(homeothermic ectotherms)로서 온도 항상성을 유지할 수 있다.

예를 들어, 참치, 황새치 및 일부 상어와 같은 특정 대형 어류는 신체의 일부를 수온보다 상당히 높은 온도로 유지할 수 있다. 이들은 **역류 열 교환**(countercurrent heat exchange)을 통해 이를 가능하게 한다. 이 순환 적응은 정맥의 차가운 혈액이 근처에 위치해 있는 동맥의 따뜻한 혈액으로부터 유래된 열의 발산을 통해 따뜻해질 수 있도록 한다. 그 동맥들은 몸 중앙에서 따뜻한 혈액을 운반한다(**그림 25.15**).

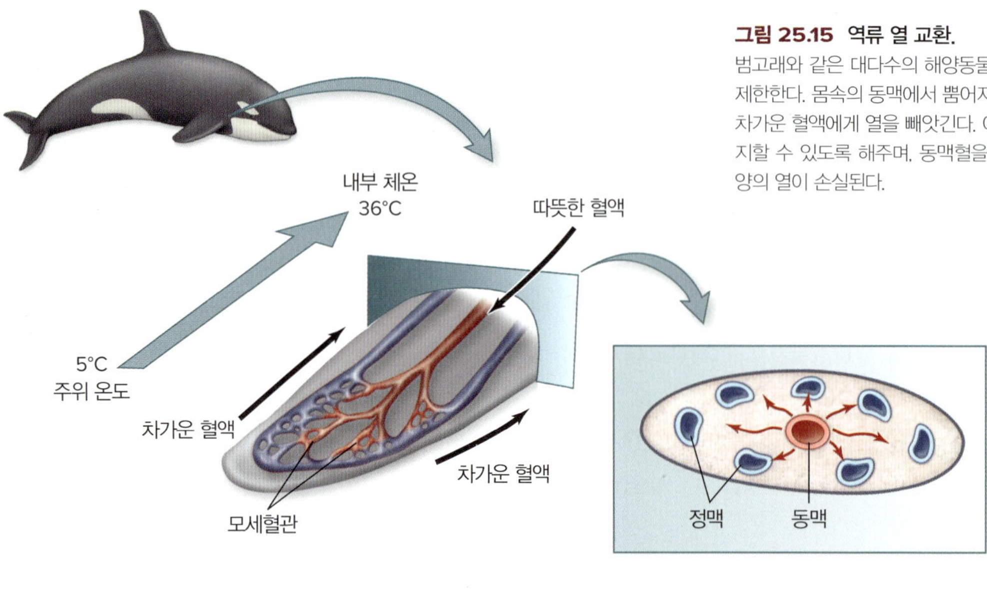

그림 25.15 역류 열 교환.
범고래와 같은 대다수의 해양동물들은 역류 열 교환을 이용하여 차가운 물에서 열 손실을 제한한다. 몸속의 동맥에서 뿜어져 나오는 따뜻한 혈액은 피부의 정맥으로부터 되돌아오는 차가운 혈액에게 열을 빼앗긴다. 이 현상은 정맥혈을 데워 찬물 속에서 체온을 일정하게 유지할 수 있도록 해주며, 동맥혈을 냉각시켜 동맥혈이 신체의 말단에 도달할 때 보다 적은 양의 열이 손실된다.

파충류들은 햇빛이 있거나 그늘이 있는 다양한 장소로 이동하는 행동을 통해 체온을 일정하게 유지하려고 한다. 이것이 바로 종종 햇볕을 쬐고 있는 도마뱀을 볼 수 있는 이유이다. 일부 파충류들은 혈류의 흐름을 조절함으로써 행동에 의한 조절의 효과를 극대화할 수 있다. 해양성 이구아나는 심장 박동을 높이고 낮출 수 있을 뿐만 아니라 혈관의 이완이나 수축의 정도를 조절하여 열전도에 의한 열전달을 할 수 있는 혈액의 양을 조절할 수 있다. 이들은 육지에 있을 때 심장 박동을 증가시키고 혈관을 확장시켜서 가열을 최대화할 수 있는 반면, 먹이를 위해 물속으로 들어갈 때 심장 박동을 낮추고 혈관을 수축시켜서 냉각을 최소화할 수 있다.

일반적으로 외온동물은 낮은 대사율을 갖고 있는데, 이는 적은 양의 에너지(음식)를 섭취할 수 있다는 이점을 가진다. 도마뱀(외온동물)은 비슷한 크기의 쥐(내온동물)가 섭취하는 에너지의 10% 정도를 필요로 하는 것으로 추정된다. 이러한 상충 관계로 인해 외온동물은 장시간의 고에너지 활동을 할 수 없다.

내온동물은 보존하거나 발산할 내부 대사열을 생성한다

내온동물은 높은 대사율을 통해 생성된 내부 열을 추울 때 체온을 올리는 데 사용하는 반면, 높은 온도에서는 발산(dissipation)시켜야 한다.

열전달에 영향을 미치는 가장 간단한 반응은 동물의 표면으로 가는 혈류의 양을 조절하는 것이다. 혈관의 확장은 표면으로 흐르는 혈액의 양을 증가시켜 열의 교환과 발산을 증가시킨다. 그에 반해 혈관의 수축은 표면으로 가는 혈액의 양을 줄이고 열 교환을 감소시켜 전도로 인해 손실되는 열의 양을 제한한다.

주변 온도가 상승할 때 많은 내온동물들은 땀을 흘리거나 숨을 헐떡이는 형태로 증발시켜 온도를 낮추는 증발 냉각(evaporative cooling)을 이용한다. 사람을 포함한 일부 포유류는 땀을 흘리는데, 이때 몸 표면에 있는 땀샘으로부터 능동적인 수분의 배출이 일어난다. 물이 증발할 때 피부는 냉각되며 이러한 냉각 효과는 피부 표면 주위에 있는 모세혈관을 통해 내부로 전달될 수 있다. 숨을 헐떡이는 것은 증발 냉각을 하기 위해 호흡기 표면을 이용하는 일부 포유류와 조류의 적응 현상과 유사하다. 동물은 증발 냉각의 효과를 위해 수분의 손실을 견뎌야 한다.

내온성의 이점은 지속적인 고에너지 활동이 가능하다는 데 있다. 내온동물은 높은 대사율로 인해 상대적으로 지속적이고 많은 양의 에너지(음식)를 섭취해야 한다.

몸 크기와 절연

몸의 크기는 동물의 생리에 영향을 미치는 하나의 중요한 특성이

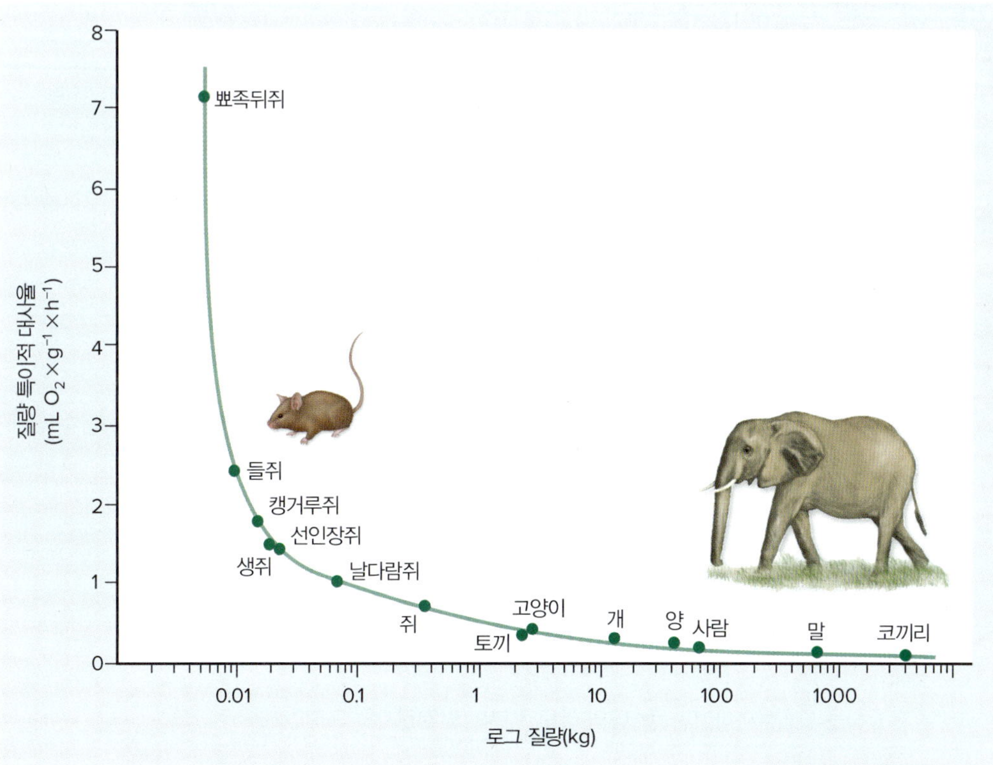

그림 25.16 포유류의 체중과 대사율의 관계. 작은 동물은 큰 동물에 비해 단위 체중당 훨씬 높은 대사율을 갖는다. 그림에서 질량 특이적 대사율(단위 질량당 O_2 소비량)을 체중에 대해 나타냈다. 체중을 나타내는 축은 로그 단위임을 유의하자.

자료 분석 이 그래프는 덥거나 추운 환경에서 더 작거나 큰 포유류가 직면한 여러 가지 문제 중 무엇을 예측하는가?

다. 또한 체중의 변화는 대사율에 큰 영향을 미친다. 작은 동물들은 거대한 동물들보다 단위 체중당 훨씬 많은 에너지를 소비한다. 이러한 관계는 포유동물의 크기 대 물질대사 비율의 불균형(nonproportionality)을 보여주는 그래프에 잘 나타나 있다(**그림 25.16**).

높은 대사율을 갖는 작은 동물들의 경우 표면적이 부피에 비해 상대적으로 크다. 그들은 추운 환경에서 넓은 표면적으로 인한 열전도성 손실을 감당할 수 있는 충분한 내부 열을 생산할 수 없기 때문에 큰 문제가 될 수 있다. 따라서 추운 환경에 있는 작은 내온동물들은 체온을 유지하기 위해 상당한 양의 단열재가 필요하다. 단열재의 양은 계절과 지역에 따라 다양할 수 있으며 북쪽 지방과 겨울철에는 더욱 두꺼운 털을 가진다.

반대로 더운 환경에 사는 큰 동물들은 그와 반대되는 문제를 가진다. 이들의 대사율은 상대적으로 낮더라도 훨씬 적은 표면적을 갖고 있으므로, 열전도를 통해 발산시키기에는 많은 양의 열을 생산한다. 따라서 코끼리가 대류에 의한 열 손실을 늘리기 위해 귀를 펄럭이는 것과 같이, 더운 환경에 사는 내온동물들은 보통 단열재를 거의 갖고 있지 않으며 열을 발산할 수 있는 행동을 이용한다.

열발생

온도가 치명적인 한계점까지 내려갈 때, 보통의 내온성 반응으로는 동물을 따뜻하게 할 수 있을 만큼 충분하지 않다. 이런 경우 동물은 일반적인 에너지 대사를 사용한 **열발생**(thermogenesis)에 의존한다. 열발생에는 떨림 열발생과 비떨림 열발생이 있다.

비떨림(nonshivering) 열발생에서는 ATP 대신 열을 생산하는 데 지방대사를 이용한다. 비떨림 열발생은 몸 전체에서 일어나는데, 어떤 포유류들은 이를 위해 특별한 지방 형태인 갈색 지방을 사용한다. 이 갈색 지방은 목 또는 어깨 사이에 소량으로 축적된다. 이 지방은 주변에 혈관이 잘 발달되어 있어서 열이 생성되는 곳에서 먼 곳으로 효율적으로 전달될 수 있다.

떨림(shivering) 열발생은 근육을 사용하여 유용한 일을 하지 않고 열을 발생시킨다. 이는 앞에서 언급한 바와 같이 나비가 비행근육을 따뜻하게 하는 예처럼 일부 곤충과 내온성 척추동물에서 일어난다. 떨림 열발생은 길항근(antagonistic muscle)을 사용하여 이동을 거의 하지 않은 채 열을 생산할 수 있는 ATP 가수분해를 이용한다.

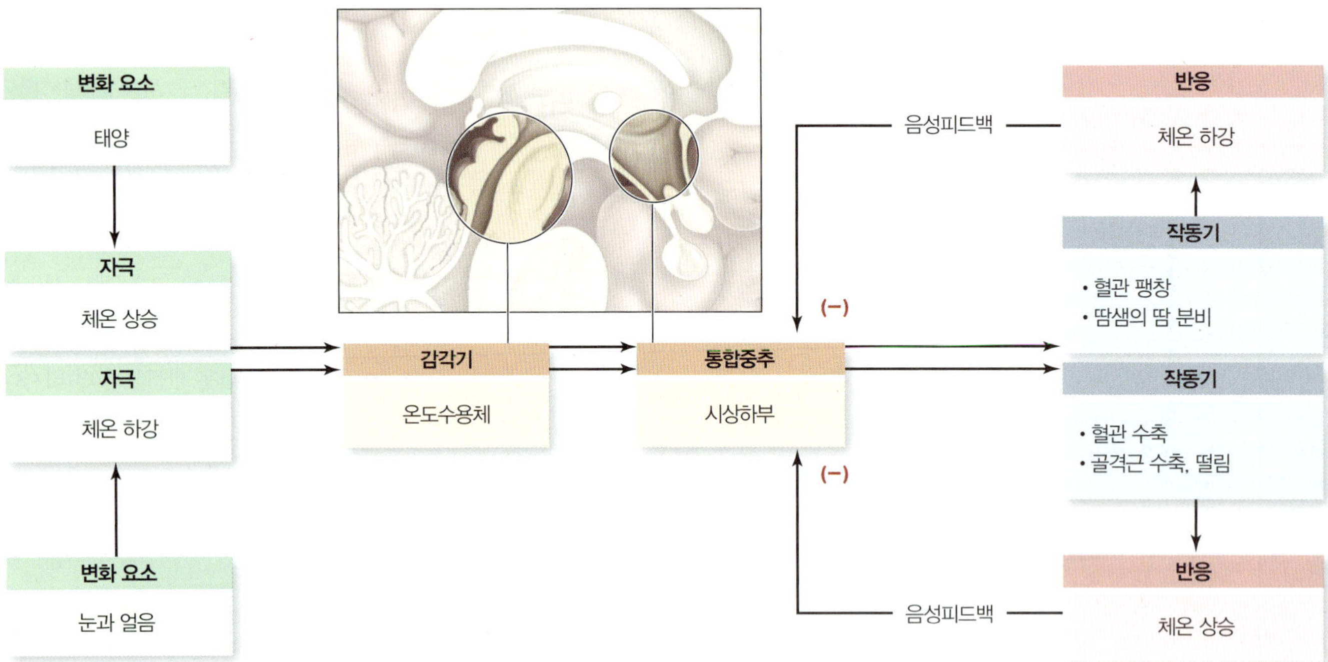

그림 25.17 시상하부에 의한 체온 조절.
뇌와 복부의 안쪽에 있는 중추 온도수용체가 내부 체온의 변화를 감지한다. 이러한 온도수용체들은 시상하부에 있는 뉴런과 시냅스를 형성하여 통합중추로서 작동한다. 그 후 시상하부는 교감신경을 통해 혈관과 땀샘과 같은 반응 기관을 제어한다. 시상하부는 또한 갑상샘을 자극하는 호르몬 분비를 유도하여 티록신을 생산하게 함으로써 물질대사를 조절한다.

자료 분석 발열인자는 온도 상승 또는 고열을 유발하는 화합물이다. 이 시스템의 어느 부분이 발열인자의 표적인가?

포유류의 체온은 시상하부에 의해 조절된다

비교적 일정한 체온을 유지하는 포유류는 전반적인 통제 체계가 필요하다(**그림 25.17**에 요약). 이 체계는 열을 생산하는 난로와 열을 제거하는 냉방 장치와 연결된 온도조절 장치를 갖고 있는 가정식 냉난방 시스템과 비슷한 기능을 한다. 이 시스템은 필요에 따라 냉방과 난방을 교대로 사용하여 설정된 특정 온도로 체내 온도를 유지한다.

혈액의 온도가 37°C를 초과하면 시상하부의 뉴런들이 온도 변화를 감지하며(26, 27장 참조), 시상하부의 **열손실 센터**(heat-losing center)를 자극하게 된다. 이곳의 신경들은 말초혈관의 팽창을 통해 더 많은 혈액이 표면으로 흘러가게 하여 열을 소실시킨다. 또한 다른 신경들은 땀 형성을 촉진하여 증발성 냉각을 유도하며, 물질대사를 촉진하는 호르몬의 생성 또한 억제한다.

체온이 37°C 이하로 떨어지면 시상하부가 일련의 길항 효과를 야기한다. 이 과정은 **열생성 센터**(heat-promoting center)에 의해 통제되는데, 이 센터는 열전달을 줄이기 위해 혈관을 수축하고 증발성 냉각을 방지하기 위해 땀을 흘리는 것을 방지하는 신경들로 구성되어 있다. 자극을 받으면 부신수질은 에피네프린을 생성하고 뇌하수체 전엽은 갑상샘자극호르몬(TSH)을 생성함으로써 물질대사를 촉진한다. TSH는 갑상샘을 자극하여 물질대사를 촉진시키는 티록신을 생성하게 하여 간접적으로 이 일에 가담한다(28장 참조). 에피네프린과 자율신경은 지방조직을 자극하여 열발생을 유발함으로써 내부 열을 생성한다. 다시 체온이 상승하면, 시상하부에 대한 음성피드백 작용으로 열생성 반응이 감소된다.

고열

온도를 높이는 물질들을 **발열인자**(pyrogens)라고 부르는데, 이것들이 우리가 **고열**(fever)이라고 부르는 상태를 만든다. 고열은 신체의 정상 설정치보다 더 높게 온도를 재설정한 결과이다. 많은 수의 그람음성 박테리아들은 발열인자로 작동하는 내독소(endotoxin)라 불리는 세포벽의 구성 성분을 가지고 있다. 순환하고 있는 백혈구에 의해 만들어지는 물질도 발열인자로 작용한다. 발열인자들은 시상하부에 작용하여 설정온도를 높여준다.

고열의 중요한 의미는 증가된 온도가 박테리아의 성장을 억제하는 것에 있는 것으로 보인다. 일부 외온동물이 발열인자에 반응한다는 관찰이 이에 대한 증거이기도 하다. 사막 이구아나에게 발열성 박테리아(pyrogen-producing bacteria)를 주입했을 때 햇빛에서 더 오랜 시간을 보냄으로써 온도를 상승시켰다. 이들은 행동을 통해서 고열을 유도한 것이다.

이러한 관찰은 의학적인 치료의 대상이었던 고열을 재평가하는 계기가 되었다. 고열은 감염에 대한 정상적인 반응이며, 고열을 낮추고자 하는 의학적 치료는 이러한 자연적 방어체계에 대항하는 것일 수 있다. 그러나 극단적으로 높은 고열은 발작에서부터 망상에 이르는 증상을 유발하기 때문에 위험할 수 있다.

휴면

내온동물은 대사율과 체온을 동시에 낮추어 **휴면**(torpor)이라 불리는 수면 상태를 만들 수 있다. 휴면은 동물이 물질대사를 낮춤으로써 음식물 섭취의 필요성을 줄인다. 벌새와 같은 조류는 야간에 체온을 25°C까지 낮출 수 있다. 이러한 방법은 작은 내온동물에서 찾아볼 수 있으나, 큰 포유류들은 질량이 너무 커서 급속한 냉각이 불가능하다.

동면(hibernation)은 깊은 휴면 상태가 몇 주, 심지어는 몇 달까지 지속되는 극단적인 경우를 일컫는 말이다. 이 경우 동물의 체온은 상당 기간 동안 정상적인 설정온도보다 20°C 이상 낮게 떨어질 수 있다. 실질적으로 동면하는 동물들의 크기는 중간 정도인 것 같다. 작은 내온동물은 물질대사율을 낮추더라도 저장할 수 있는 것보다 더 많은 에너지를 빠르게 소비한다.

매우 큰 포유류들은 동면을 하지 않는 것으로 여겨진다. 오랜 기간 동안 곰이 동면을 한다고 생각해 왔지만, 실제로는 체온이 몇 도 정도 내려갈 뿐이다. 대신 곰들은 장기적인 겨울잠(prolonged winter sleep)을 잔다. 곰은 많은 열량이 저장되어 있고 열 손실률이 낮기 때문에 동면과 같은 추가적인 에너지 절약이 필요하지 않은 것으로 보인다.

핵심 요약 25.8

효소의 Q_{10} 값은 온도가 10°C 상승할 때 효소의 활성이 어떻게 변하는지를 나타내준다. Q_{10}의 개념은 생물의 전반적인 물질대사에도 적용될 수 있다. 체온은 생성되는 열과 전달된 열의 합과 같다. 열은 전도, 대류, 복사, 증발에 의해 전달될 수 있다. 열을 생성하여 주위보다 체온을 높게 유지할 수 있는 동물을 내온동물(endotherms)이라고 한다. 주변 온도에 체온을 맞추는 동물을 외온동물이라고 한다. 두 유형 모두 체온을 조절할 수 있지만, 외온동물은 주로 행동으로 체온을 조절한다. 포유류는 시상하부에 의해 물질대사율을 조절함으로써 일정한 체온을 유지한다. 음성피드백 조절이 필요에 따라 온도를 높이거나 낮추는 작용을 한다.

- 냉혈과 온혈이라는 용어는 시대에 맞지도 않으며 정확하지도 않다. 그 이유는 무엇일까?

핵심 개념 요약

25.1 동물의 몸 구조

■ 조직은 단일 유형 및 기능의 세포군이다

성체 척추동물의 주요 조직으로 상피조직, 결합조직, 근육조직, 신경조직이 있다.

■ 기관과 기관계는 특수화된 기능을 수행한다

기관은 여러 조직들의 그룹으로 이루어진 구조적, 기능적 단위이다. 기관계는 기관들의 그룹으로 이루어지며 집합적으로 하나의 기능을 수행한다.

25.2 상피조직

■ 상피 구조는 기능을 결정한다

상피조직 세포들은 서로 단단하게 결합되어 있으며 선택적 보호막을 형성한다. 상피조직 세포들은 끊임없이 대체되며 상처 치유 과정에서 재생될 수 있다. 상피는 밑에 있는 결합조직에 부착된 기저 표면과 자유 정단 표면을 가지고 있다. 상피는 일반적으로 하나의 세포층으로 되어 있는 단층과 여러 세포층으로 되어 있는 다층으로 나누어진다. 이것은 다시 세포의 모양에 따라 추가적으로 편평상피, 입방상피, 원주상피로 나누어진다(**표 25.1**). 척추동물의 분비샘은 함입된 상피에서 형성된다.

25.3 결합조직

■ 일반결합조직은 성글거나 조밀한 상태로 존재한다

결합조직은 단백질과 기본물질로 구성된 세포외기질에 있는 다양한 세포를 포함하고 있다. 일반결합조직은 성긴결합조직과 조밀결합조직으로 나누어진다.

■ 특수결합조직은 독특한 특징을 가진다

연골, 단단한 뼈, 혈액과 같은 특수결합조직은 독특한 세포와 기질을 가진다(**표 25.2**). 연골은 연골세포에 의해 형성되며, 뼈는 골세포에 의해 만들어진다. 모든 결합조직은 중배엽에서 유래하며 세포외기질 내에 여러 종류의 세포들을 포함한다.

25.4 근육조직(표 25.3)

■ 평활근은 대부분의 기관에서 발견된다

불수의적 평활근은 내장에서 발견되는데, 단핵이고 방추사 모양의 긴 세포들로 구성되어 있다.

■ 골격근은 몸을 움직인다

수의적 골격근 혹은 가로무늬근은 보통 힘줄에 의해 뼈에 붙어 있으며, 세포(섬유)는 다핵을 가지고 있고 수축성 근원섬유를 포함한다.

■ 심장은 심근으로 구성되어 있다

심근은 상호협동적으로 작용하게 해주는 간극연접에 의해 서로 연결되어 있는 가로무늬 근육세포로 구성되어 있다.

25.5 신경조직

■ 뉴런은 전기 자극을 전도하는 길쭉한 세포이다

뉴런은 핵을 가진 세포체, 전기 자극을 받는 수상돌기, 자극을 멀리 전달하는 축삭으로 되어 있다.

■ 신경교세포는 뉴런을 지지해 준다

신경교세포는 뉴런의 환경을 조절하는 데 도움을 준다.

25.6 척추동물 기관계의 개요(그림 25.9)

■ 소통과 통합은 주변 환경을 인지하고 반응한다

소통과 통합에 관련된 기관계는 신경계, 감각계, 내분비계이다.

■ 골격의 지지와 운동은 모든 동물에 필수적이다

근골격계는 근육과 그들이 작용하는 골격으로 구성되어 있다.

■ 신체의 화학적 조절과 유지는 지속적 생명 활동을 가능하게 한다

소화계, 순환계, 호흡계, 비뇨계는 영양분 섭취와 노폐물 제거를 수행한다.

■ 신체는 공격자와 침입자로부터 자신을 방어할 수 있다

피부계는 공격에 대한 장벽을 형성하고, 면역계는 외부 병원체에 역습을 일으킨다.

■ 생식과 발생은 종족 보존을 가능하게 한다

모든 척추동물은 성적인 번식이 가능하다.

25.7 항상성

항상성이란 내부 환경의 동적인 불변성을 말하며 생명에 필수적이다.

■ 음성피드백 기작은 범위 내로 값을 유지시킨다

음성피드백 기작은 감지기, 통합센터 및 설정점으로부터의 편차에 반응하는 작동기가 포함된다.

■ 길항작동기는 반대로 작용한다

음성피드백 기작은 대개 서로 밀고 당기는 길항적 쌍으로 일어난다.

■ 양성피드백 기작은 변화를 촉진한다

양성피드백 기작에서 한 방향의 변화는 같은 방향으로 더 많은 변화를 가져온다.

25.8 체온의 조절

■ Q_{10}은 온도 민감도의 척도이다

Q_{10}은 10℃ 차이 나는 두 반응에서 반응 속도의 비율이다. 화학반응의 경우, Q_{10}은 약 2이다. 대부분의 생물은 약 2~3의 Q_{10} 값을 가지며, 이것은 온도가 주로 효소 반응에 영향을 미친다는 것을 나타낸다.

■ 온도는 내외적인 요인에 의해 결정된다

내부 요인에는 물질대사율이 포함되며, 외부 요인은 열전달에 영향을 미친다. 열은 전도, 대류, 복사, 증발을 통해 전달된다(**그림 25.13**).

■ 생물들은 열의 원천에 따라 분류된다

내온동물은 높은 대사율을 가지고 내부적으로 열을 발생시킨다. 외온동물은 낮은 대사율을 가지며 체온을 주변 온도에 맞춘다.

■ **외온동물은 행동을 통해서 온도를 조절한다**

외온동물은 체온을 변화시키기 위해 주위 환경으로 이동한다(**그림 25.14**와 **25.15**).

■ **내온동물은 보존하거나 발산할 내부 대사열을 생성한다**

내온동물은 대사율, 혈류, 발한 또는 헐떡임에 변화를 주어 온도를 조절한다. 열발생은 온도가 임계 수준 아래로 떨어지면 일어난다.

■ **포유류의 체온은 시상하부에 의해 조절된다(그림 25.17)**

시상하부는 열손실 및 열축진 센터를 통해 작동하여 혈액 온도를 설정점 근처로 유지한다. 고열은 체온이 상승하는 것이다. 휴면은 수면 상태와 관련이 있으며 대사율이 낮아진 상태이다.

연습문제

■1단계: 이해력 확인하기

1. 다음 중 상피조직의 기능이 아닌 것은 무엇인가?
   a. 장벽, 경계선을 형성한다.
   b. 소화관에서 영양분을 흡수한다.
   c. 중추신경계에서 정보를 전송한다.
   d. 폐에서 기체 교환을 한다.
2. 다음 중 외온동물에 대한 설명으로 옳은 것은 무엇인가?
   a. 체온을 조절할 수 없다.
   b. 물질대사 에너지를 이용하여 내부 온도를 조절한다.
   c. 행동을 이용하여 체온을 조절할 수 있다.
   d. 열을 발생시키는 것이 아니라 소멸시킴으로써 체온을 조절한다.
3. 결합조직은 다양한 그룹의 세포를 가진다. 이들의 공통점은 무엇인가?
   a. 입방형
   b. 호르몬을 생산하는 능력
   c. 수축능력
   d. 세포외기질의 존재
4. 다음 중 골격근 세포가 전형적인 포유동물 세포와 다른 점은 무엇인가?
   a. 다핵이다.
   b. 미토콘드리아를 가진다.
   c. 원형질막이 없다.
   d. 배아 조직으로부터 유래되지 않았다.
5. 다음 중 평활근이 있는 부위는 무엇인가?
   a. 혈관 내벽　　b. 홍채
   c. 소화관의 벽　　d. a, b, c 모두
6. 다음 중 신경교세포의 기능으로 옳은 것은 무엇인가?
   a. 말초신경에서 중추신경으로 신호를 전달한다.
   b. 뉴런을 지지 보호한다.
   c. 근수축을 자극한다.
   d. 기억을 저장한다.
7. 다음 중 골격근 세포의 설명으로 옳은 것은 무엇인가?
   a. 성장으로 인한 다핵성의 거대 세포
   b. 작은 세포들의 융합에 의한 다핵성의 거대 세포
   c. 다수의 간극연접으로 연결된 작은 세포
   d. 단핵을 가진 거대 세포
8. 결합조직은 구조와 분포가 다양하지만 다른 종류의 조직을 연결하는 공통적인 특징을 지니고 있다. 다음 중 결합조직에 속하지 않는 것은 무엇인가?
   a. 혈액　　b. 근육
   c. 지방　　d. 연골

■2단계: 적용력 평가하기

1. 신체의 모든 기관들의 공통점은 무엇인가?
   a. 동일한 종류의 세포를 가진다.
   b. 다양한 종류의 조직으로 구성되어 있다.
   c. 외배엽에서 유래되었다.
   d. 순환계의 일부로 분류될 수 있다.
2. 류마티스 관절염은 자가면역질환의 일종으로 몸에 있는 자신의 관절을 공격하는 질병이다. 관절 주변에 존재하며 관절염의 증상을 유발하는 세포는 무엇인가?
   a. 골세포　　b. 적혈구
   c. 연골세포　　d. 혈소판
3. 지구에 외계 바이러스가 침입했다고 가정해 보자. 이 바이러스가 뉴런 구조를 공격하여 신경계를 손상시킬 때, 어떤 구조가 공격에 영향을 받지 않을까?
   a. 축삭
   b. 수상돌기
   c. 신경교세포
   d. a, b, c 모두 바이러스의 공격을 받는다.

4. 항상성에 대한 설명으로 옳은 것은 무엇인가?

 a. 동적인 과정이다.
 b. 신체의 내부 환경을 유지한다.
 c. 생명에 필수적이다.
 d. a, b, c 모두

5. 다음 중 양성피드백에 대하여 정확하게 설명하는 시나리오는 어느 것인가?

 a. 방 온도가 상승하면, 난방기는 따뜻한 공기 방출을 증가시킨다.
 b. 물을 많이 섭취하면, 소변을 많이 만들어 낸다.
 c. 휘발유 값이 오르면, 운전자는 여행 기간을 줄인다.
 d. 추울 때 몸을 떤다.

6. 3가지 유형의 근육이 가지는 공통점은 무엇인가?

 a. 가로무늬를 가진 구조
 b. 전기적인 자극에 반응하는 막
 c. 수축하는 능력
 d. 자가 흥분

■ 3단계: 사고력 함양하기

1. 내장에서 양분 흡수에 영향을 주면서, 또한 피부에 문제를 일으키는 새로운 질병을 발견했다고 가정하자. 하나의 질병이 같은 조직을 포함하는 것이 가능한가? 어떻게 가능할 수 있는가?
2. 어떤 기관계가 조절과 유지에 관여하는가? 왜 그들이 연관되어 있다고 생각하는가?
3. 우리 모두는 굶주린 경험이 있다. 굶주림은 양성피드백 자극인가 아니면 음성피드백 자극인가? 이 자극에 대한 반응과 관련된 단계를 설명하시오.
4. 항상성이 동적 과정으로 설명되는 이유는 무엇인가? 이 과정에서 음성피드백은 어떻게 작동하는가? 길항적 작동기들은 어떻게 일정한 수준을 유지할 수 있는가? 그리고 이것은 동적 과정의 개념과 어떤 관련이 있는가?

VI 동물의 구조와 기능

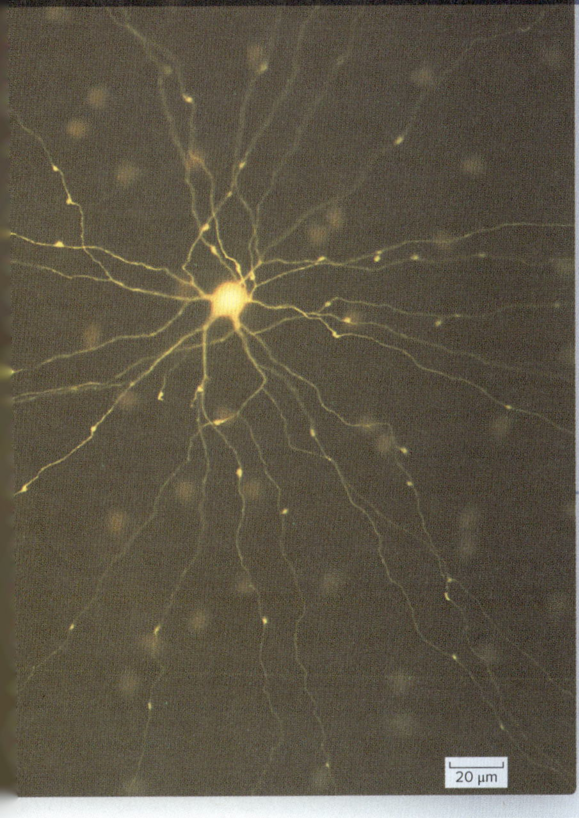

26 신경계

도입

해면동물을 제외한 모든 동물은 몸의 상태와 외부의 환경에 대한 정보를 수집하고 종합하고 처리하여 몸의 근육과 분비샘에 명령을 내리기 위해 신경망을 이용한다. 25장에서 살펴본 것처럼 동물 몸의 항상성은 작은 범위 내로 한정하여 상태를 유지시켜 주는 음성피드백 기작에 의해 이루어진다. 음성피드백은 적절한 자극의 감지뿐 아니라 반응을 시작하기 위한 정보의 소통을 의미하기도 한다. 신경계는 빠른 의사소통 방법을 가지고 있다. 25장에서 설명했듯이, 신경조직에는 의사소통을 수행하기 위한 감각 및 운동 기능을 하는 뉴런이라고 불리는 매우 특수화된 세포가 들어 있다.

26.1 신경계의 구성

학습 목표

1. 척추동물의 신경계가 어떻게 구성되어 있는지 설명할 수 있다.
2. 뉴런의 구조가 어떻게 기능에 영향을 미치는지 서술할 수 있다.
3. 신경계를 구성하는 다양한 세포 유형에 대해 설명할 수 있다.

동물은 환경의 자극에 대해 반응할 수 있어야 한다. 파리는 파리채를 피하고 가재는 촉각으로 먹이를 감지하고 그 먹이를 향해 움직인다. 이를 위해 동물들은 자극을 감지하는 **감각수용기**(sensory receptors)와 그 자극에 반응하는 **운동실행기**(motor effectors)를 가져야 한다. 대부분의 무척추동물과 모든 척추동물에서 감각수용기와 운동실행기는 신경계에 의해 연결되어 있다.

중추신경계는 명령 센터이다

25장에서 살펴본 것처럼 신경계는 뉴런(neuron)과 지지세포(supporting cell)로 이루어져 있다. **그림 26.1**은 3가지 종류의 뉴런을 보여준다. 척추동물에서 **감각뉴런**[sensory neuron 또는 afferent neuron(구심성 뉴런)]은 자극을 감각수용기로부터 뇌와 척수로 이루어진 **중추신경계**(central nervous system, CNS)로 전달한다. **운동**

뉴런[motor neuron 또는 efferent neuron(원심성 뉴런)]은 자극을 중추신경계로부터 근육이나 분비샘과 같은 실행기로 전달한다. 세 번째 종류의 뉴런은 대부분의 무척추동물과 모든 척추동물의 신경계에 존재하는 **연합뉴런**(interneuron 또는 association neuron)이다. 연합뉴런은 척추동물의 뇌와 척수에 있으며, 복잡한 반사작용이나 학습 및 기억과 같은 고도의 연합적 기능을 수행하도록 돕는다.

말초신경계는 정보를 수집하고 반응을 수행한다

척추동물의 감각뉴런과 운동뉴런은 함께 **말초신경계**(peripheral nervous system, PNS)를 구성한다. 골격근이 수축하도록 자극하는 운동뉴런은 **체성신경계**(somatic nervous system)이고, 평활근, 심근, 분비샘의 활동을 조절하는 운동뉴런은 **자율신경계**(autonomic nervous system)이다.

자율신경계는 **교감신경계**(sympathetic)와 **부교감신경계**(parasympathetic)로 구분된다. 이 두 신경계들이 많은 기관계의 조절에서 서로 균형을 잡아준다. **그림 26.2**는 척추동물 신경계의 구성 요소들 간의 관계를 보여준다.

뉴런의 구조는 그 기능을 뒷받침한다

뉴런은 모양이 여러 가지이지만 통일된 기능적 구조를 가진다(**그림 26.3**). **세포체**(cell body)는 핵을 포함하고 있는 확장된 부분이다. 세포체에서 뻗어 나간 하나 또는 그 이상의 세포질 돌기가 **수상돌기**(dendrite)이다. 운동뉴런과 연합뉴런은 고도로 복잡하게 갈라진 수상돌기를 지니고 있어 여러 뉴런으로부터 동시에 정보를 받을 수 있다. 어떤 뉴런은 수상돌기로부터 가시처럼 뻗은 **수상돌기 가시**(dendritic spine)를 지녀 자극을 받는 면적을 넓힌다.

세포체의 표면은 수상돌기에 도달하는 정보들을 통합한다. 막의 흥분이 충분하면 충격파(impulse)가 일어나 세포체에서 **축삭**(axon)을 따라 자극이 전도된다. 각 뉴런은 세포체에서 뻗어나간 1개의 축삭만 가지지만 축삭의 말단은 갈라져서 여러 개의 세포들을 자극하

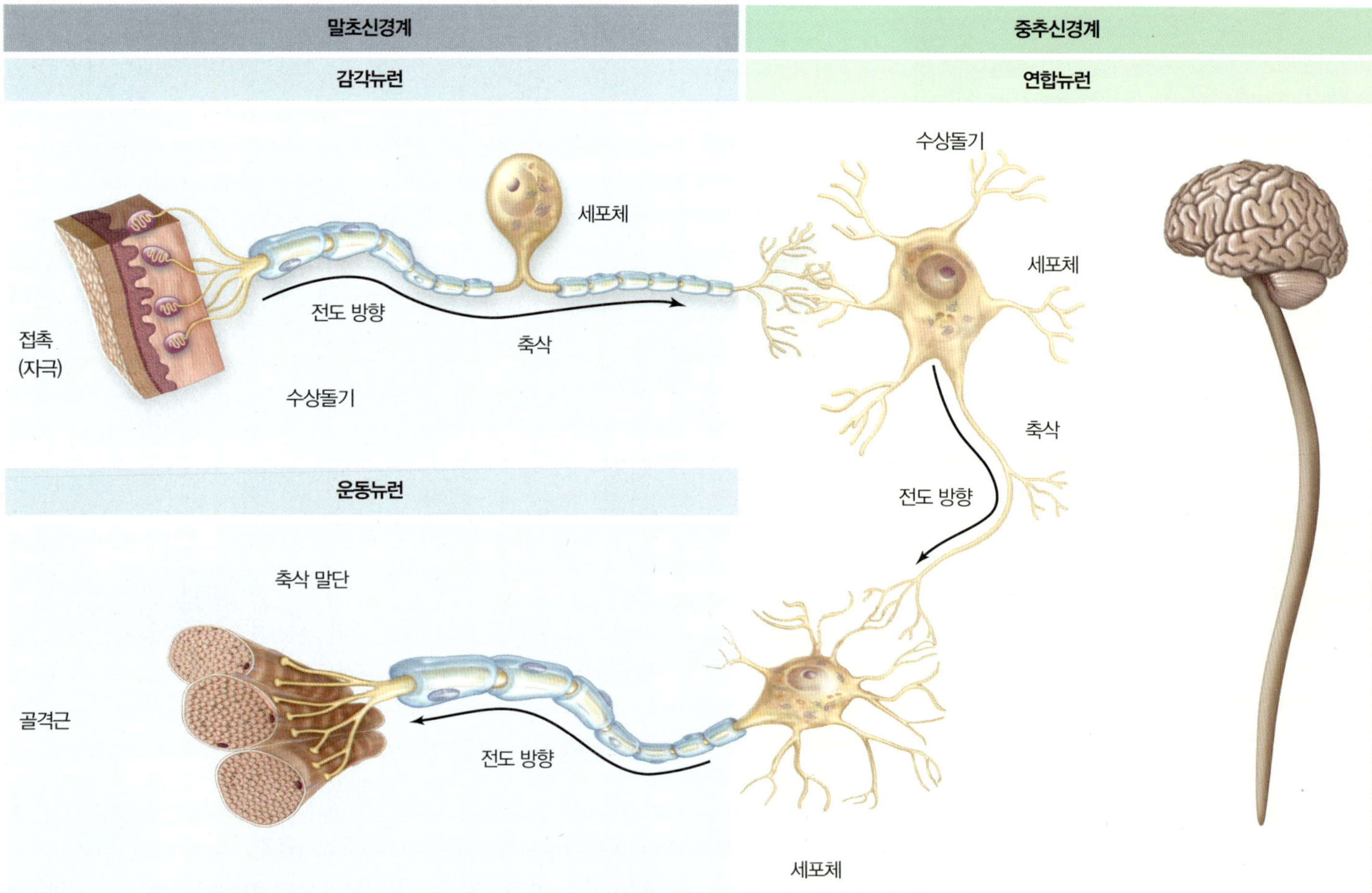

그림 26.1 뉴런의 3종류.
뇌와 척수는 척추동물의 중추신경계(CNS)를 형성하고, 감각뉴런과 운동뉴런은 말초신경계(PNS)를 형성한다. 말초신경계의 감각뉴런은 환경의 정보를 중추신경계로 전달한다. 중추신경계의 연합뉴런은 감각뉴런과 운동뉴런을 연결해 준다. 말초신경계의 운동뉴런은 근육과 분비샘(실행기)으로 자극을 전달하거나 명령을 내린다.

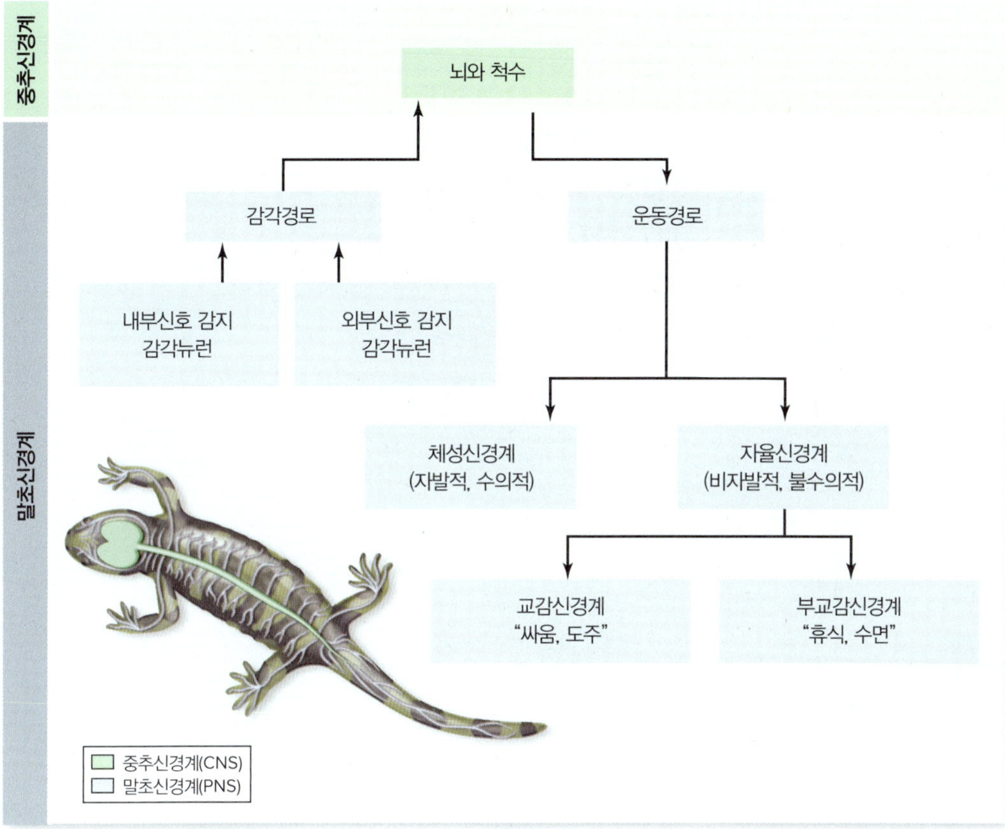

그림 26.2 척추동물 신경계의 구성. 주요 구성은 중추신경계와 말초신경계이다. 뇌와 척수는 중추신경계(CNS)를 구성한다. 말초신경계(PNS)는 중추신경계 이외 모든 것을 포함하고 감각경로와 운동경로로 구분된 다. 감각경로는 외부나 내부의 자극을 감지한다. 운동경로는 수의근을 활성화시키는 체성신경계와 불수의근을 활성화시키는 자율신경계로 구분된다. 교감신경계와 부교감신경계는 반대 작용을 일으키는 자율신경계의 하위 단위이다.

게 된다. 축삭은 매우 길 수도 있는데, 우리의 발 근육을 조절하는 축삭은 길이가 1 m가 넘고, 기린의 두개골부터 골반까지 연결된 축삭은 약 3 m나 된다.

신경교세포는 뉴런을 지지한다

뉴런은 신경교(neuroglia)세포라고 불리는 세포들에 의해 구조적, 기능적으로 지지된다(**그림 26.4**). 이런 지지세포들은 뉴런보다 크기는 1/10 정도이고, 수는 10배 이상 많으며, 뉴런에 영양 공급, 노폐물 제거, 축삭 내 자극이동 유도, 면역 기능의 제공 등 여러 가지 기능을 한다(**그림 26.4**).

척추동물에서 가장 중요한 2가지 종류의 신경교세포는 **슈반세포**(Schwann cell)와 **희돌기교세포**(oligodendrocyte)로, 이 세포들은 많은 뉴런들의 축삭을 감싸는 **미엘린초**(수초, myelin sheath)를 만든다. 슈반세포는 PNS의 미엘린초를 만들고, 희돌기교세포는 CNS의 미엘린초를 만든다. 발생 도중에 이 세포들은 축삭을 여러 겹으로 둘러싸서 여러 층의 막으로 된 절연 피복체인 수초를 만든다(**그림 26.3**).

수초를 가진 축삭은 미엘린화되었다고 한다. CNS에서 미엘린화된 축삭은 **백질**(white matter)을 이루고 미엘린화되지 않은 수상돌기와 세포체는 **회백질**(gray matter)을 이룬다. PNS에서 미엘린화된 축삭들이 함께 다발로 묶여서 신경을 형성한다.

수초는 1~2 μm의 간격으로 떨어져 있는데, 이 부분을 **랑비에결절**(nodes of Ranvier)이라고 부른다(**그림 26.3**). 26.2절에서는 자극 전도에서 수초의 역할을 설명한다. 다른 신경교세포 종류로는 성상세포, 뇌실막세포, 미세아교세포가 있다.

성상세포(astrocyte, 별 모양 세포): **혈뇌 장벽**(blood-brain barrier) 형성에서 뇌의 모세혈관을 도와 화합물이 혈액에서 CNS로 이동되는 것을 선택적으로 제한해 준다. 또한 여분의 포타슘 이온을 세포외액에서 제거하도록 돕는다. 26.3절에서는 신경의 흥분과 관련된 포타슘 균형의 중요성을 알아본다.

뇌실막세포(ependymal cell): 뇌와 척수의 중심관을 줄지어 둘러싼 섬모세포들이다. 이곳에서는 CNS에 영양분을 공급하는 뇌척수액을 생산한다.

미세아교세포(microglia, 소교세포): 면역 반응을 돕고 세포 파편이나 죽은 세포, 바이러스 및 박테리아와 같은 외래 침입자를 제거하는 대식세포 역할을 한다. 이들의 역할은 혈액에서 발견되는 다양한 대식세포의 역할과 비슷하다.

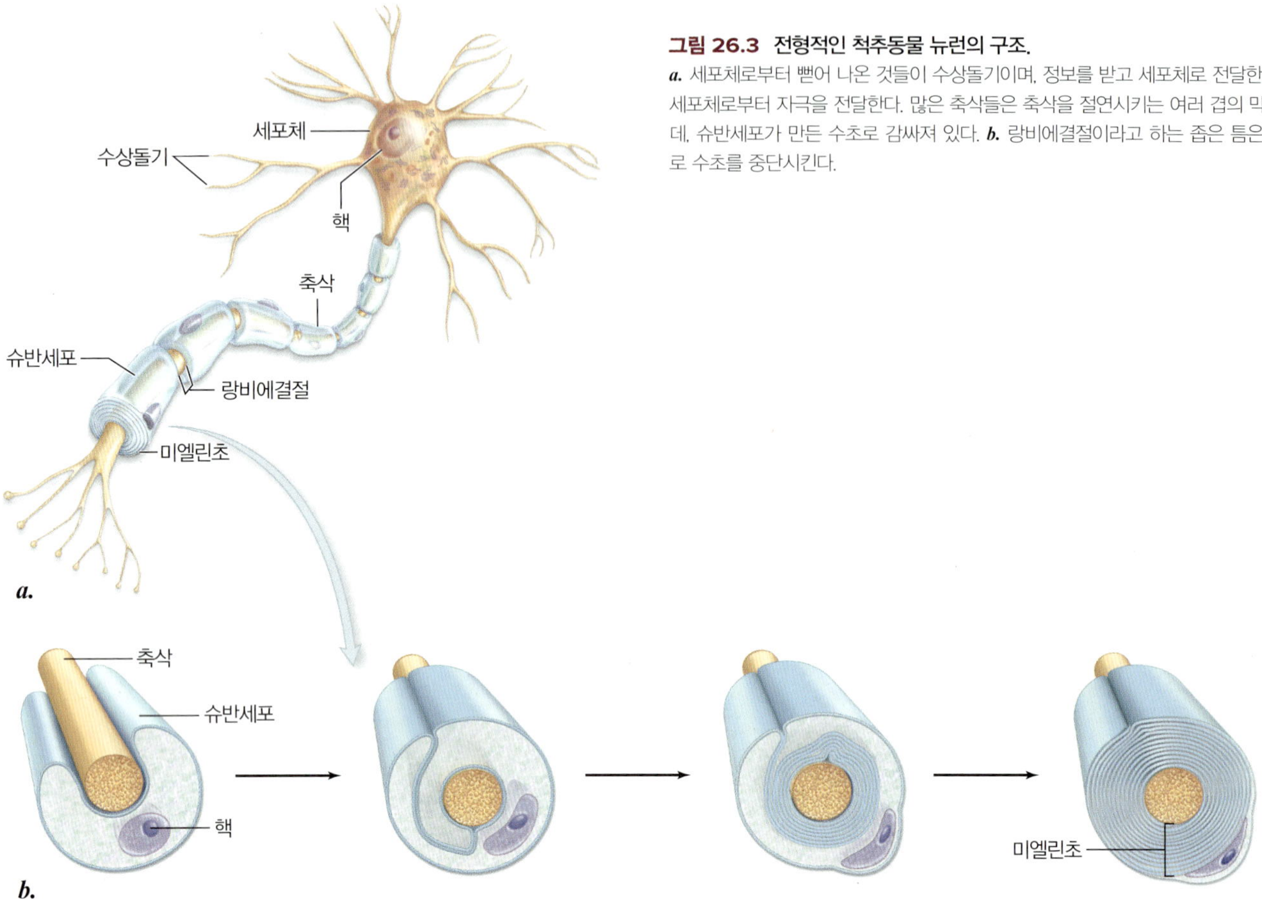

그림 26.3 전형적인 척추동물 뉴런의 구조.
a. 세포체로부터 뻗어 나온 것들이 수상돌기이며, 정보를 받고 세포체로 전달한다. 단일 축삭은 세포체로부터 자극을 전달한다. 많은 축삭들은 축삭을 절연시키는 여러 겹의 막을 지니고 있는데, 슈반세포가 만든 수초로 감싸져 있다. ***b.*** 랑비에결절이라고 하는 좁은 틈은 일정한 간격으로 수초를 중단시킨다.

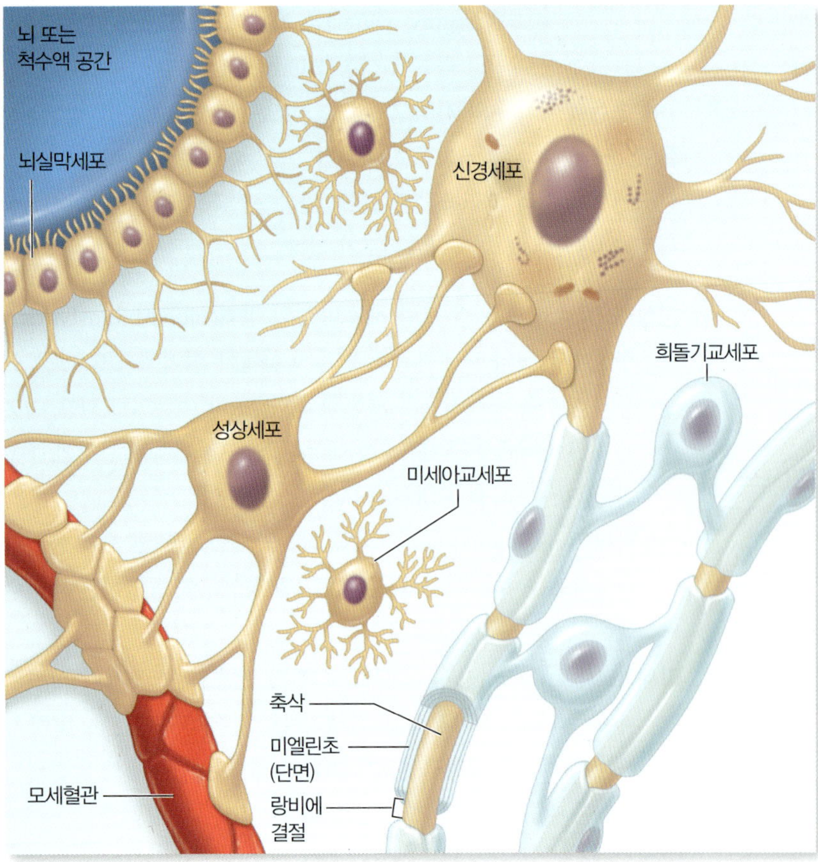

그림 26.4 중추 신경계의 신경교세포.
PNS에서 발견된 슈반세포 외에도 여러 다른 유형의 신경교세포가 CNS에 존재한다. 여기에는 희돌기교세포, 성상세포, 뇌실막세포 및 미세아교세포가 포함된다.

핵심 요약 26.1

척추동물의 신경계는 중추신경계(CNS)와 말초신경계(PNS)로 구성된다. PNS는 체성신경계와 자율신경계로 구성되는데, 자율신경계는 또다시 교감신경과 부교감신경으로 구분된다. 뉴런은 세포체와 정보를 받는 수상돌기 및 신호를 보내는 단일 축삭으로 구성된다. 뉴런은 다양한 신경교세포의 지원을 받아 신경계 기능을 수행한다.

■ PNS의 어느 부분이 의식적(자발적)으로 통제되고 있을까?

26.2 신경자극의 전달 기작

학습 목표

1. 뉴런 안팎에서 중요한 이온들과 이들의 상대적 농도를 비교할 수 있다.
2. 휴지전위의 생성에 대해 설명할 수 있다.
3. 전압개폐성 이온통로의 작용이 어떻게 활동전위를 생성하는지 설명할 수 있다.

뉴런의 기능은 세포막을 가로질러 전위를 만들어내고 이 전위를 변화시켜 신호를 전파하는 능력에 달려 있다. 세포는 수용액에 있기 때문에 전하가 이온에 의해 전달되고, 세포는 원형질막을 통과하는 중요한 이온의 농도를 조절한다.

뉴런이 자극을 받으면 원형질막의 전기적 변화가 한 세포에서 다른 세포로 전파된다. 이 신호는 다양하고 특수한 막 수송 단백질의 특성에 의존한다. 먼저 우리는 막전위를 생성하는 대부분의 동물세포 원형질막에서 공통된 몇 가지 기본적인 전기적 특성에 대해 살펴본 후, 뉴런이 축삭을 따라 전위의 변화를 통해 신호(활동전위)를 보내는 기작에 대해 알아본다.

원형질막을 가로지르는 전기적 차이가 존재한다

이온이 이온통로(ion channel)라는 특수한 막 단백질을 통해 세포막을 통과할 수 있음을 4장에서 살펴보았다. 이 이온통로는 K^+나 Na^+ 등과 같은 특정 이온을 통과시키며, 이때 통로는 누출통로(항상 열려 있음)이거나 개폐(관문)통로(자극에 반응하여 열림)이다.

반대 부호로 분리된 전하는 작업을 수행할 수 있는 전위차를 나타낸다. 이는 손전등 배터리의 양극 사이에 존재하는 전기적 전위차와 유사하여 한쪽은 양극이고, 다른 한쪽은 음극이다. 이와 마찬가지로 세포의 전위차도 원형질막을 가로질러 존재한다. 세포에서 세포질과 접해 있는 안쪽 막은 음극이고, 바깥쪽 막은 양극이다. 세포는 크기가 매우 작기 때문에 그의 막전위도 매우 작다. 많은 척추동물에서 뉴런의 휴지막전위는 $-40 \sim -90$ mV(또는 0.04~0.09 V)이다. 이 장에 있는 예와 그림들의 경우 평균 휴지막전위 값을 -70 mV로 사용하였다. 음의 부호를 쓰는 것은 세포 안쪽이 바깥쪽에 대해 음극이기 때문이다.

막전위의 원인 인자

세포의 안쪽은 3가지 이유 때문에 바깥쪽에 비하여 음의 전하를 띤다.

1. 4장에서 살펴본 것처럼 **소듐-포타슘 펌프**(sodium-potassium pump)는 2개의 K^+ 이온을 세포 내부로 운반할 때마다 3개의 Na^+를 세포 외부로 퍼낸다(**그림 4.13** 참조). 이 과정은 세포 안이 고농도의 K^+와 저농도의 Na^+, 세포 밖은 반대의 농도 차이를 만들어내고 유지시켜 준다.
2. 세포막에는 K^+ 이온통로가 Na^+ 이온통로보다 더 많아서 K^+의 투과성이 더 높다. **이온통로**(ion channel)는 막 단백질로서 막에 구멍을 형성하여 특정 이온이 지속적으로 확산을 통해 막을 통과하게 한다. K^+ 이온통로가 더 많기 때문에 K^+의 투과성이 더 높고, 세포 외부로 확산되어 나가게 된다.
3. 막을 중심으로 여러 종류의 이온 및 분자의 분포가 다르다. 특히 음으로 하전된 단백질은 세포 내부에서 훨씬 더 높은 농도로 존재한다.

휴지전위: 두 힘 사이의 균형

휴지전위(resting potential)는 가장 먼저 Na^+-K^+ 펌프와 K^+의 높은 막투과성 때문에 발생한다. 펌프는 K^+ 2개가 안으로 들어올 때마다 Na^+ 3개를 막 밖으로 내보내 세포 밖에서 소량의 양이온 불균형을 형성한다. 그러나 이 과정은 작은 효과를 불러일으킬 뿐이고, 펌프에 의해 형성된 농도 기울기가 중요한 역할을 한다. K^+의 농도는 세포 바깥보다 안쪽이 훨씬 높아서 열려 있는 K^+ 이온통로를 통하여 K^+가 세포 밖으로 확산된다. 원형질막은 전기적 균형을 맞추어 줄 수 있는 음이온(주로 유기 인산, 아미노산, 단백질)에 대한 투과성이 없기 때문에 K^+의 확산이 막 바깥쪽은 양전하를, 막 안쪽은 음전하를 띠게 한다. 이러한 전기적 차이는 K^+ 이온을 세포 안으로 다시 당기는 인력으로 작용한다. 확산력과 이 전기력 사이의 균형은 **평형전위**(equilibrium potential)를 생성한다(**표 26.1**). 각 힘에 대한 결과는 네른스트 방정식(Nernst equation)으로 도출해낼 수 있는데, 이는

표 26.1 세포질과 세포외액의 이온 조성

이온	세포외액의 농도(mM)	세포질 농도(mM)	비율(세포외액: 세포질)	평형전위(mV)
Na^+	150	15	10 : 1	+60
K^+	5	150	1 : 30	−90
Cl^-	110	7	15 : 1	−70

평형전위를 위한 양적 표현이다. 이 방정식은 단일 이온의 반응을 가정하였으며, 양전하를 띤 이온은 +1로 나타낸다. K^+ 이온에 대한 네른스트 방정식은 다음과 같다.

$$E_K = 58\text{ mV}\ \log([K^+]_{out}/[K^+]_{in})$$

계산된 K^+의 평형전위는 측정값인 −70 mV와 유사한 −90 mV이다(**표 26.1** 참조). Na^+의 계산값은 측정값과 매우 큰 차이가 있는 +60 mV이지만, 세포로 되돌아간 소량의 Na^+ 누출량은 K^+의 평형전위 값을 측정된 −70 mV로 낮추어 준다. 뉴런의 휴지막전위는 전압계나 한 쌍의 전극으로 측정, 관찰 또는 그래프화할 수 있는데, 이때 전극의 하나는 세포 안에, 나머지 하나는 세포 밖에 위치시킨다(**그림 26.5**).

다른 세포들과 비교할 때 뉴런이 가지는 독특한 특징은 휴지막전위를 만들고 유지하는 것이 아니라 자극에 반응하여 휴지막전위가 갑작스럽고 일시적으로 교란되는 것이다. 2가지 유형의 변화가 관찰될 수 있는데, 그것은 **차등전위**(graded potential)와 **활동전위**(action potential)이다. 차등전위는 막전위에 대한 작은 연속적 변화이며, 활동전위는 역치값 변화에 의해 유발된 막전위의 일시적인 붕괴이다. 활동전위는 축삭을 따라 전파되는 실제적 신호가 된다.

막전위의 변화는 막 투과성의 변화 때문이다

휴지막전위는 누출통로(leakage channel)를 통한 K^+의 막 투과성으로 인해 나타난다. 전위의 변화는 개폐통로라는 다른 통로들의 작용 때문인데, 이런 개폐통로들은 문처럼 작동하여 자극에 반응하여 열리거나 닫힐 수 있다. 우리가 볼 수 있는 2가지 유형의 개폐성 통로는 화학 신호에 반응하는 **화학개폐성 이온통로**(chemically gated channel) 또는 **리간드개폐성 이온통로**(ligand-gated channel)와 막전위의 변화에 응답하는 **전압개폐성 이온통로**(voltage-gated

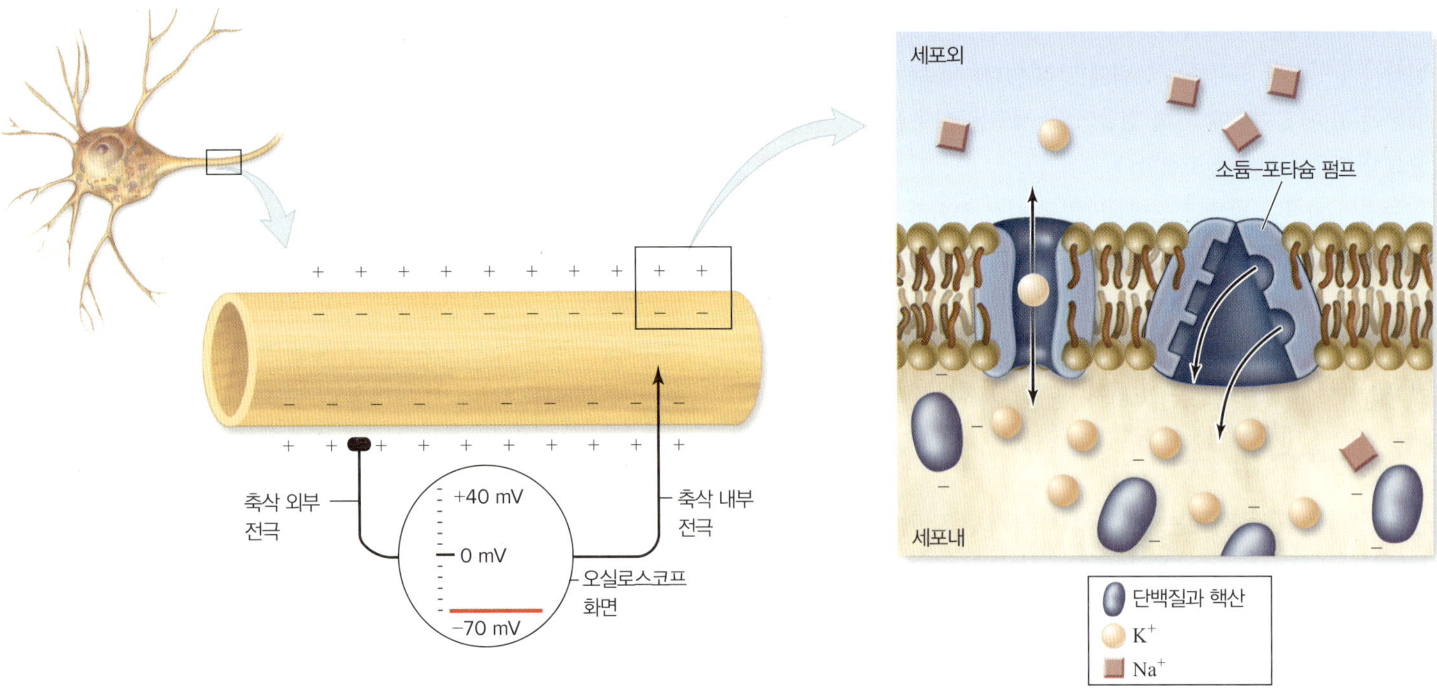

그림 26.5 휴지막전위의 형성.
한 전극은 축삭 내에, 다른 한 극은 막 외부에 위치한 전압계. 막 외부에 대한 내부의 상대적 전위차는 −70 mV이다. K^+는 막 안쪽의 농도가 바깥쪽의 농도보다 높기 때문에 이온통로를 통해 세포로부터 확산되어 나온다. 세포 내의 음전하를 띤 단백질과 핵은 세포외로 나가지 못하고 K^+ 같은 양이온을 세포 바깥으로부터 끌어당긴다. 이러한 세포의 전기적 평형과 확산력이 휴지막전위를 생성한다. Na^+-K^+ 펌프는 Na^+의 세포 안으로의 누출에 대한 반대 작용으로 세포 평형을 유지하고, 2개의 K^+가 들어올 때마다 3개의 Na^+를 내보냄으로써 휴지막전위에 기여한다.

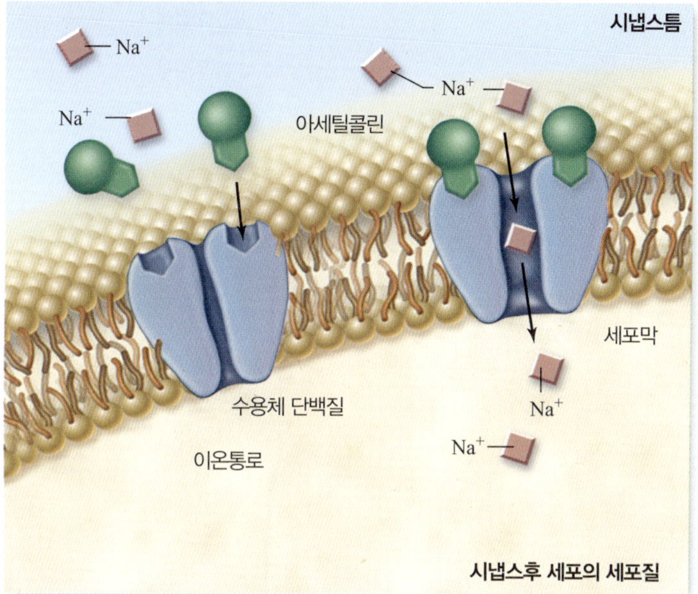

그림 26.6 화학개폐성 이온통로.
아세틸콜린(ACh) 수용체는 신경전달물질에 결합할 수 있는 화학개폐성 이온통로이다. ACh의 결합은 통로를 열고 Na^+ 이온이 세포 안으로 확산되어 들어가도록 한다.

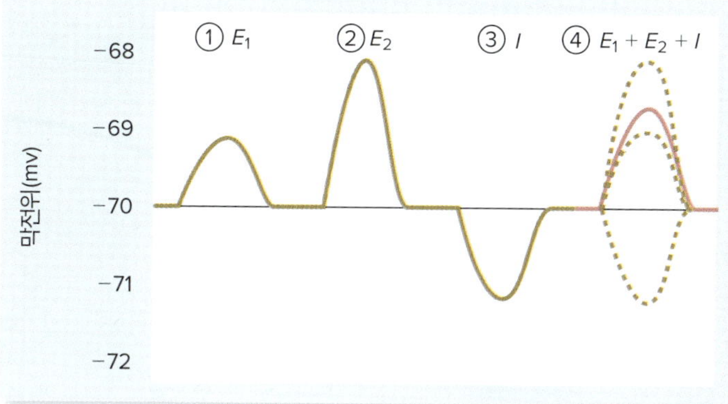

그림 26.7 차등전위.
차등전위는 화학개폐성 통로의 열림에 의해 생성된 역치 이하 전위들을 합친 것이다. (1) 약한 흥분 자극 E_1은 (2) 강한 자극인 E_2보다 작은 탈분극을 일으킨다. (3) 억제 자극 I는 과분극을 만든다. (4) 차등전위는 합해질 수 있으므로 이 3개의 자극이 가까이 일어날 경우 차등전위가 합해져 극성 변화는 3개의 변화가 합해진 것과 같게 된다.

자료 분석 E_1, E_2 그리고 I를 조합하여 만들 수 있는 모든 전위값을 그려보시오.

channel)가 있다. 리간드개폐성 이온통로는 차등전위를 발생시켜 축삭에서 활동전위의 개시 여부를 결정하고, 전압개폐성 이온통로는 활동전위를 유지한다.

차등전위: 탈분극과 과분극

대부분의 뉴런에서 수상돌기의 개폐성 이온통로는 신호전달 분자의 결합에 반응한다(**그림 26.6**, **그림 7.4*a*** 참조). 막의 리간드개폐성 통로는 호르몬, 신경전달물질과 같은 화학물질에 의해 활성화되거나 열려 세포막의 투과성을 변화시키고 막 전압의 변화를 초래한다.

투과성 변화는 막전위의 탈분극이나 과분극으로 측정될 수 있다. **탈분극**(depolarization)은 막전위를 덜 음성이나 더 양성으로 만들고, **과분극**(hyperpolarization)은 막전위를 더 음성으로 만든다. 예를 들면, 막전위가 −70 mV에서 −65 mV로 되게 만든 투과성 변화는 탈분극이고, −75 mV에서 −80 mV로 변화시킨다면 과분극이다.

이러한 막전위의 작은 변화는 자극의 강도나 수용체에 결합하는 리간드의 양에 따라 달라지기 때문에 차등전위라고 한다. 이 막전위는 그들의 발생 지점으로부터 퍼져나가면서 진폭이 줄어든다. 탈분극 전위나 과분극 전위는 두 파동이 간섭에 의해 중첩되어 더 큰 파동을 형성하거나 서로를 상쇄하는 것처럼, 함께 작용하여 그 효과를 증폭시키거나 감소시킬 수 있다. 이러한 차등전위가 합쳐질 수 있는 능력을 **가중**(summation)이라고 한다(**그림 26.7**). 이 주제는 활동전위의 특성에 대해 논의한 다음에 알아본다.

소듐 이온과 포타슘 이온이 세포막을 가로질러 이동할 때 활동전위가 발생한다

일정 수준의 탈분극에 도달하면(포유동물의 일부 축삭의 경우 −55 mV) 세포체로부터 축삭이 뻗어 나오는 부위(축삭둔덕)에서 신경 충격, 즉 활동전위가 생긴다. 활동전위의 그래프 표현은 **상승기**(rising phase), **하강기**(falling phase), **과도하강기**(undershoot phase)의 세 단계로 구분된다(**그림 26.8**). 뉴런의 휴지막전위는 −70 mV임을 기억하자. 종종 **역치 자극**(threshold stimulus)이라고 불리는 충분한 강도의 탈분극 자극이 신경세포에 주어지면 화학개폐성 Na^+ 통로가 열린다. **역치 전위**(threshold potential)가 −55 mV에 도달하면 전압개폐성 통로가 열려 Na^+이 빠르게 세포 안으로 유입된다. 이것을 탈분극이라 하며, 그래프상에서 상승기로 나타난다. Na^+의 유입이 지속됨에 따라 막전위는 +35 mV와 +40 mV 사이에 도달하는데, 이것이 **활동전위**(action potential)로서 뉴런이 축삭을 따라 신호를 전파시키는 힘으로 작용한다. 그런 후 Na^+ 통로는 빠르게 닫히고, 동시에 K^+ 통로가 열리면서 K^+가 세포 밖으로 확산되어 나감으로써 막을 **재분극**(repolarizing)시키며 하강기를 맞게 된다. K^+ 통로는 휴지막전위를 복원하는 데 필요한 것보다 더 오랫동안 열려 있어, 과분극(hypolarization) 상태가 된다. 이 단일 활동전위에 의한 전체적인 일련의 단계에는 1/1000초가 소요된다.

활동전위의 특성

활동전위(**그림 26.8**)는 독립적이고, 실무(all-or-none)적인 사건이

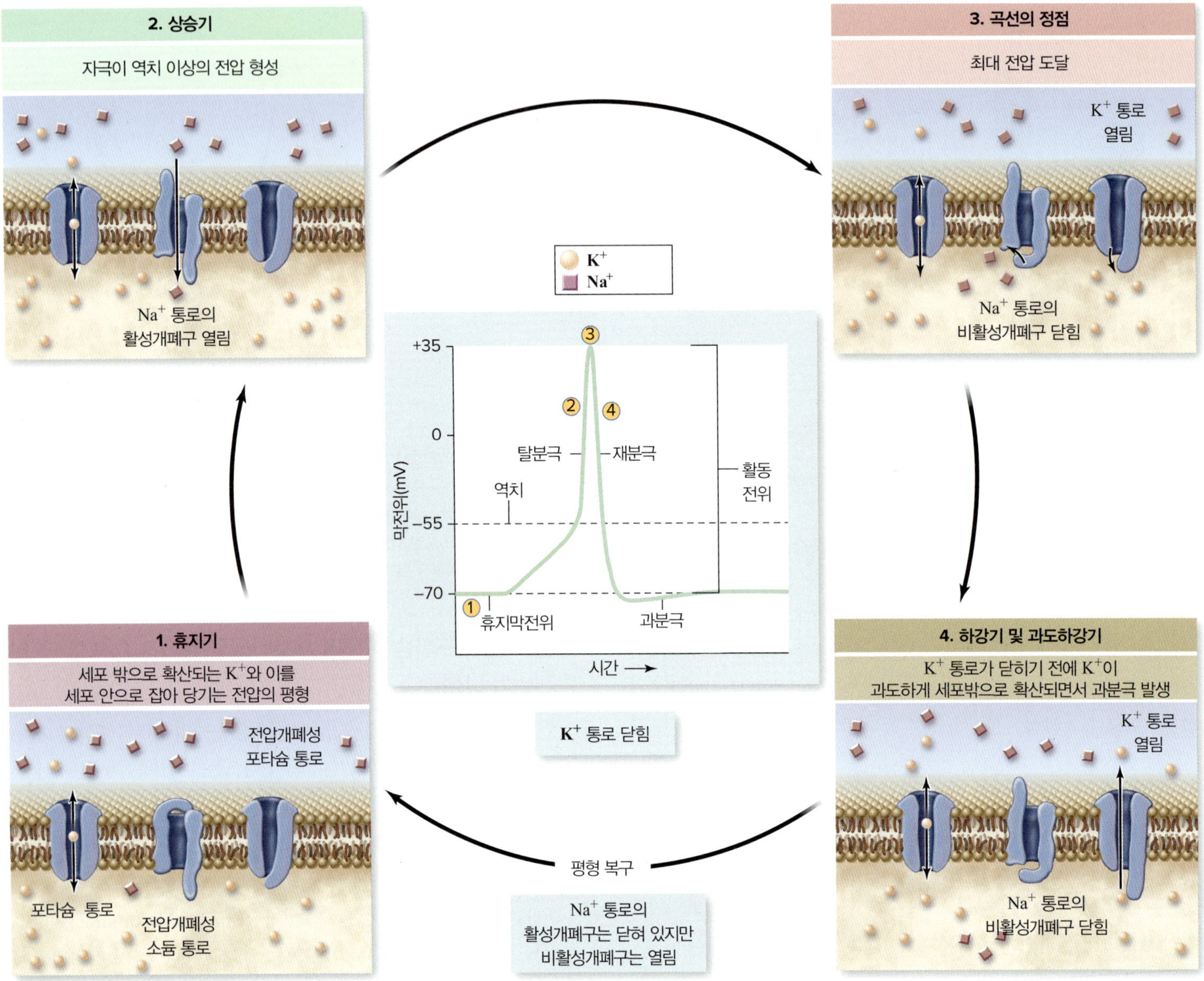

그림 26.8 활동전위.
(1) 휴지막전위에서 전압개폐성 이온통로는 닫혀 있지만 자극에 대해 약간의 K^+ 누출이 일어나고, 세포는 탈분극되기 시작하며, 역치 수준에 도달하면 활동전위가 생성된다. (2) 전압개폐성 소듐 통로가 열리므로 Na^+ 이온이 축삭 안으로 확산되고 신속한 탈분극이 일어나게 된다(곡선의 상승기). (3) 곡선의 정점에서 Na^+ 통로는 닫히고, 닫혀 있던 전압개폐성 K^+ 통로가 열리기 시작한다. (4) K^+ 통로가 열린 상태에서 K^+가 축삭 밖으로 확산되므로 재분극이 일어난다. 막이 원래의 휴지막전위로 되돌아가기 전에 과도 하강이 나타난다.

다. 활동전위는 역치 전압에 도달하면 발생하지만, 막전위가 역치 이하이면 발생하지 않는다. 활동전위는 차등전위처럼 서로 누적되거나 간섭하지 않는다. Na^+ 통로는 닫힌 다음 다시 열릴 때까지 불활성화 상태로 유지되면서 어떠한 가중에도 기여하지 못한다. 이렇게 막이 자극되지 못할 때를 절대불응기(absolute refractory)라고 한다. 자극이 감소된 진폭의 활동전위를 생성하는 동안 상대불응기(relative refractory)도 존재한다.

활동전위의 생성은 전체적으로 이온의 수동수송으로부터 기인한다. 그러나 각 활동전위 생성의 끝부분에서는 세포질이 휴지기 때보다 Na^+를 조금 더 많이 포함하고, K^+를 조금 더 적게 포함한다. 비록 단일 활동전위에 의해 이동한 이온의 수가 Na^+와 K^+ 농도에 비해 상대적으로 아주 적지만, 결국에는 이들이 효과를 만들어낸다. 소듐-포타슘 펌프의 지속적인 활동이 이러한 변화들을 정상으로 바꾸어 놓는다. 따라서 활동전위 생성에 능동수송이 필요하지는 않지만, 이온 농도 기울기의 유지에 필요하게 된다.

활동전위는 축삭을 따라 전파된다

축삭을 통한 활동전위의 움직임은 축삭의 시작부터 끝까지 흐르는

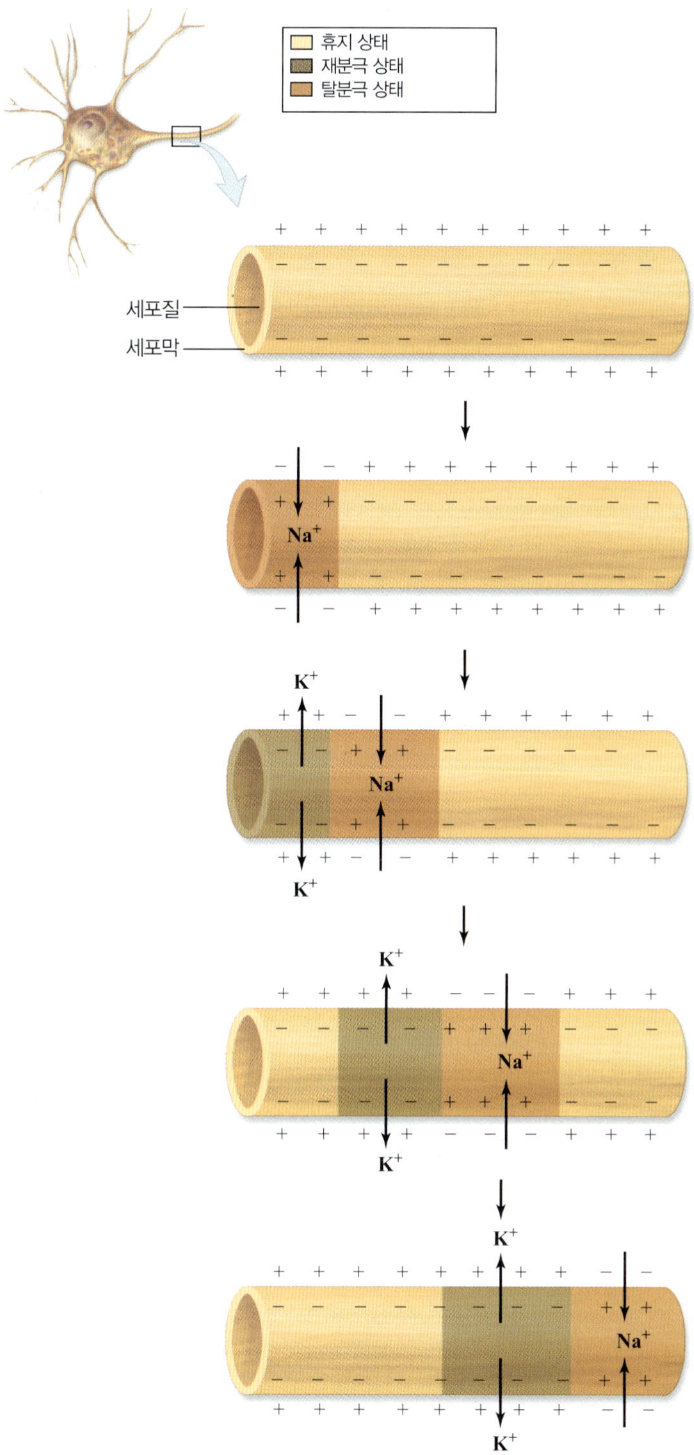

그림 26.9 미엘린화되지 않은 축삭에서 활동전위의 전파. 축삭의 한 부분에서 활동전위가 발생하고 막의 극성이 바뀌게 되면, 이것은 다음 부위의 탈분극 자극으로 작용하게 된다. 이런 식으로 활동전위가 축삭 막을 따라 생겨나게 된다.

이온에 의해 생성되는 것이 아니라, 활동전위가 축삭의 시작 부위에서 발생하여 축삭 막을 따라 이웃한 지점에서 다시 발생하는 것이다.

상승기 동안 막은 활동전위의 반대 극성을 띠게 된다. Na^+의 유입에 의한 양전하는 막의 다음 인접 부위를 역치까지 탈분극시켜 자신의 활동전위를 생성한다(**그림 26.9**). 한편 막의 이전 부위는 휴지막 전위로 재분극된다. 직전에 활성화된 Na^+ 통로는 여전히 불활성 상태이고 자극에 반응할 수 없기 때문에 그 신호는 반대 방향으로 전파되지 않는다.

활동전위의 전파는 경기장에서 파도타기 응원을 하는 것과 같다. 관객이 자리를 지키면서 자리에서 일어나는 것(탈분극), 손을 드는 것(활동전위의 절정), 다시 앉는 것(재분극)을 통해 물결은 경기장을 타고 움직이지만 사람들은 그 자리에 있다.

신경자극의 전도 속도를 증가시키는 2가지 방법이 있다

활동전위는 감소되지 않고 전도되기 때문에 축삭 말단에 도달한 마지막 활동전위는 처음 시작할 때의 활동전위와 크기가 같다. 동물은 신경자극의 속도를 증가시키는 2가지 방법을 발달시켜 왔다. 전도의 속도는 축삭의 직경이 크거나 축삭이 미엘린화되어 있으면 훨씬 빨라진다(**표 26.2**).

축삭 지름의 증가는 저항의 전기적 특성 때문에 신경자극의 속도를 증가시켜 준다. 전기적 저항은 지름의 역할을 하는 횡단면의 면적과 반비례하기 때문에 더 큰 지름의 축삭은 전류의 흐름에 더 작은 저항을 갖게 된다. Na^+에 의해 운반된 양전하는 큰 지름의 축삭에서 더 멀리 흘러서, 역치보다 높은 전압을 Na^+ 유입의 근원지로부터 더 멀리 이동하게 한다.

큰 지름의 축삭은 무척추동물에서 처음 발견되었다. 예를 들어 오징어의 탈출 반응은 소위 거대 축삭(giant axon)에 의해 조절된다. 이 큰 축삭은 오징어의 다른 작은 축삭들보다 신경자극을 빨리 전달하여서 빠른 탈출 반응을 가능하게 한다. 오징어의 거대 축삭은 호지킨(Alan Lloyd Hodgkin)과 헉슬리(Andrew Huxley)가 수행했던 신경전달의 선구적 연구에서 사용되었다.

미엘린화된 축삭은 미엘린화되지 않은 축삭보다 자극을 더 빨리 전도하는데, 이는 미엘린화된 축삭에서는 활동전위가 랑비에결절에서만 생기기 때문이다. 하나의 활동전위는 다음 부위의 탈분극 자극

표 26.2 여러 축삭의 전도 속도

	축삭 지름 (μm)	미엘린	전도 속도 (m/s)
오징어의 거대 축삭	500	없음	25
사람 다리 근육의 큰 운동신경 축삭	20	있음	120
사람 피부의 압각수용기의 축삭	10	있음	50
사람 피부의 온도수용기 축삭	5	있음	20
사람 내장 기관의 운동 축삭	1	없음	2

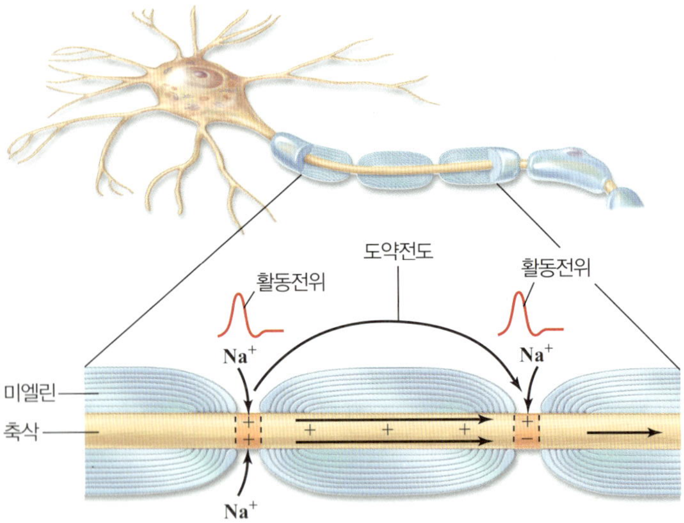

그림 26.10 미엘린화된 축삭에서의 도약전도.
미엘린화된 축삭에서 활동전위는 랑비에결절에서만 만들어진다. 한 결절은 다음 결절을 탈분극시키므로 활동전위는 한 결절에서 생긴 후 건너뛰어 다음 결절에서 생기게 된다. 이런 식으로 미엘린화된 축삭에서의 도약전도는 미엘린화되지 않은 축삭에서보다 빠르게 일어난다.

으로 작용하지만, 한 결절에서의 탈분극은 다음 결절로 신속히 퍼져 전압개폐성 통로를 열게 한다. 이처럼 한 결절에서 다음 결절로 도약하는 전도를 **도약전도**(saltatory conduction)라고 한다(**그림 26.10**).

도약전도가 어떻게 신경전달을 빠르게 하는지 알아보기 위하여 파도타기 응원의 모습을 다시 연상해 보자. 파도는 좌석에 앉아 있는 한 무리의 사람들이 일어서고, 이 행동은 다음 부분의 사람들이 일어나도록 자극한다. 파도는 관중석의 빈 구역을 건너뛰기 때문에 비어 있는 구역이 많을수록 빨리 지나간다. 파도는 빈 구역의 사람들이 일어나길 기다릴 필요가 없기 때문에 다음 집단의 구역으로 쉽게 이동한다. 활동전위가 노출된 결절들 사이의 비전도 구역을 뛰어넘는 것도 이와 마찬가지다.

핵심 요약 26.2

뉴런은 세포 내부에서 K^+ 농도가 높고, 세포 외부에서는 Na^+ 농도가 높은 상태를 유지한다. 세포 외부로의 K^+의 확산은 약 −70 mV의 휴지막전위를 발생시킨다. 리간드개폐성 이온통로가 열리게 되면 세포막을 탈분극시키거나 과분극시켜 차등전위를 발생시킬 수 있다. 활동전위는 막전위가 역치값을 초과할 때 발생한다. 전압개폐성 Na^+ 통로가 열리면 탈분극이 발생하고, 뒤따라 K^+ 통로가 열리면 재분극이 유도된다.

- 어떻게 양이온만이 활동전위 동안 막의 탈분극과 재분극을 일으킬까?

26.3 시냅스: 뉴런과 다른 세포 사이의 소통

학습 목표

1. 전기적 시냅스와 화학적 시냅스의 차이를 구별할 수 있다.
2. 다양한 신경전달물질들을 열거하여 설명할 수 있다.
3. 중독성 약물이 신경계에 미치는 영향에 대해 설명할 수 있다.

축삭을 따라 내려간 활동전위는 축삭 가지의 말단에 도달한다. 이 가지들은 뉴런의 수상돌기나, 근육세포, 또는 분비샘 세포와 연접부를 이룬다. 이와 같은 세포간 연접부를 **시냅스**(synapse)라고 부른다. 시냅스까지 활동전위를 전달하는 축삭을 가지는 뉴런을 **시냅스전 세포**(presynaptic cell)라고 하고, 시냅스 반대쪽에서 신호를 받는 세포를 **시냅스후 세포**(postsynaptic cell)라고 한다.

과학적 사고

질문: 뉴런들 사이 또는 뉴런과 근육 사이의 의사소통은 화학적 전달일까? 아니면 전기적 전달일까?
가설: 뉴런과 심장근육 사이의 신호전달은 화학적이다.
예상: 한 심장에서 나온 화학물질이 나머지 심장의 활성에 영향을 미칠 것이다.
실험: 두 마리의 개구리 심장을 하나는 미주신경이 붙은 채로, 나머지 하나는 제거된 채로 각각 식염수에 넣었다. 미주신경을 자극하여 흘러나온 액체를 다른 쪽 심장으로 옮겼다.

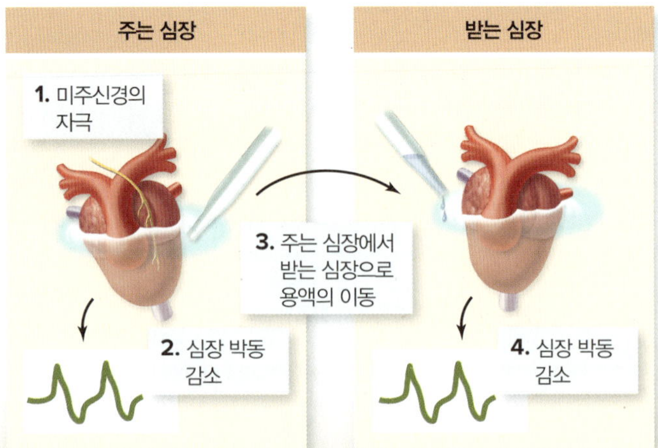

결과: 미주신경에 의해 자극받지 않은 심장도 자극받은 것처럼 심박수가 감소하였다.
결론: 신경은 심박수를 낮추는 화학 신호를 분비한다.
추가 실험: 이 결론은 **그림 25.7**의 실험에 어떻게 적용될 수 있을까?

그림 26.11 시냅스 신호전달.

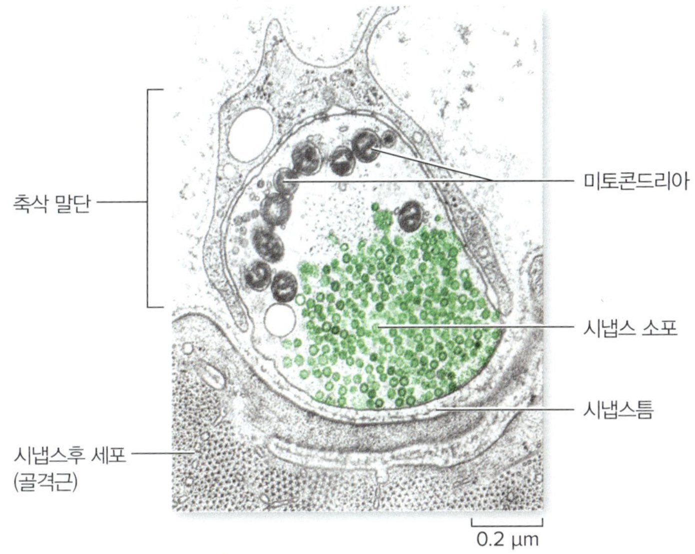

그림 26.12 시냅스틈.
신경근시냅스를 보여주는 전자현미경 사진. 사진상 초록색은 시냅스 소포이다.

전기적 시냅스와 화학적 시냅스가 있다

동물의 신경계는 전기적 시냅스와 화학적 시냅스라는 2가지 유형의 기본적 시냅스가 있다. **전기적 시냅스**(electrical synapses)는 시냅스전 뉴런과 시냅스후 뉴런 사이에 생긴 간극연접(gap junction)에 의해 직접적으로 세포질이 연결되어 있는 경우이다(3장 참조, **그림 3.28**). 활동전위를 포함하여 막전위의 변화가 한 세포에서 다른 세포로 직접 빠르게 간극연접을 통해 전달된다. 전기적 시냅스는 무척추동물 신경계의 특징으로 척추동물에서는 드물다.

척추동물의 시냅스는 대부분 **화학적 시냅스**(chemical synapses)이다(**그림 26.11**). 광학현미경으로 시냅스를 보면 시냅스전 세포와 시냅스후 세포가 서로 닿아 있는 것처럼 보이지만, 전자현미경으로 보면 이 두 세포들은 대부분 **시냅스틈**(synaptic cleft)이라고 부르는 좁은 공간을 가지고 있다(**그림 26.12**).

시냅스전 축삭의 말단은 부풀어 있으며 많은 **시냅스 소포**(synaptic vesicle)를 지니고 있는데, 이 소포 안에는 화학물질인 **신경전달물질**(neurotransmitter)이 들어 있다. 활동전위는 축삭의 말단에 도달하면 전압개폐성 Ca^{2+} 통로가 열리도록 자극하고, Ca^{2+}이 급속하게 축삭 안으로 확산해 들어가게 한다. 이와 같은 Ca^{2+}의 유입은 시냅스 소포의 막이 축삭의 원형질막에 융합하게 만들고, 그 결과 세포외배출(exocytosis)에 의해 시냅스 소포의 내용물이 방출된다(4장 참조; **그림 26.13**).

시냅스전 축삭의 활동전위 빈도가 높을수록 더 많은 소포들이 신경전달물질을 방출하게 된다. 방출된 신경전달물질은 시냅스틈의 반대쪽으로 신속하게 확산하여 시냅스후 세포의 원형질막에 있는 화학개폐성 또는 리간드개폐성 수용체 단백질에 결합하게 된다. 이 수용체들의 활동은 시냅스후 세포막에 차등전위를 만든다.

신경전달물질들은 전기적 시스템에서와는 다르게 그 활동의 지속성에 대한 엄격한 조절이 필요한 화학적 신호이다. 신경전달물질들은 새롭게 전달되는 신호들을 받아들이기 위해 시냅스틈에서 빠르게 제거되어야 하는데, 이것은 시냅스틈에서의 효소 분해, 뉴런에 의한 신경전달물질 분자들의 재흡수 그리고 신경교세포(glial cell)에 의한 흡수 등을 포함하는 다양한 기작들에 의해 이루어진다.

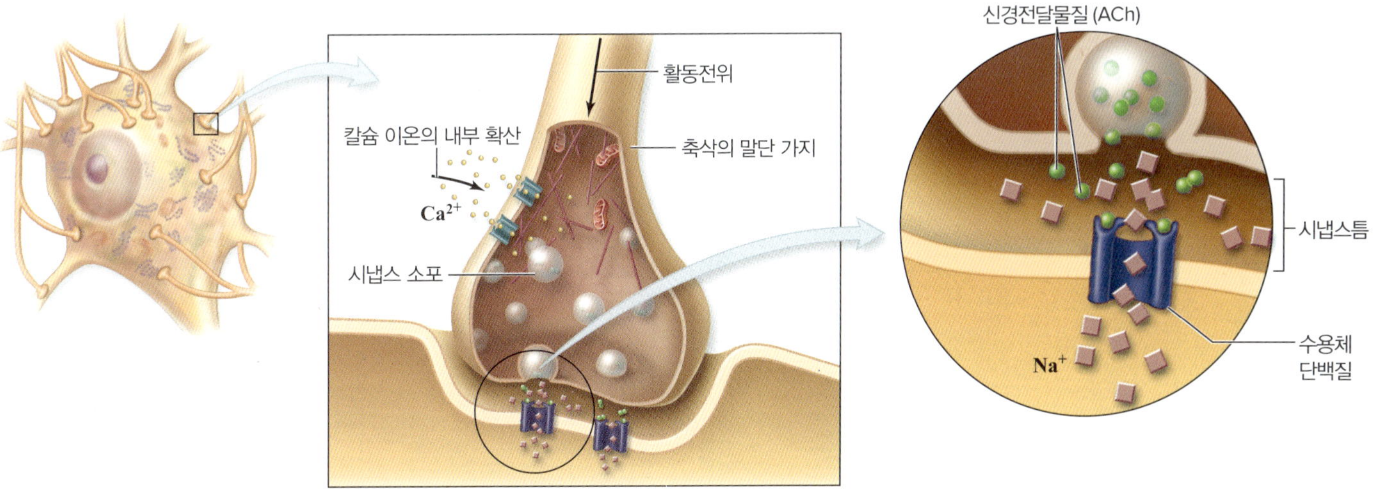

그림 26.13 신경전달물질 방출.
축삭의 말단에 도달한 활동전위는 Ca^{2+}의 유입을 촉진하고, 이는 시냅스 소포가 세포막에 융합하도록 만들면서 신경전달물질(이 그림의 경우 아세틸콜린)의 방출을 일으킨다. 이 신경전달물질은 시냅스틈을 지나 확산하여 시냅스후 막의 화학개폐성 수용체나 리간드개폐성 수용체에 결합한다.

표 26.3	신경전달물질의 유형	
신경전달물질 종류	**예**	**구조**
아세틸콜린		
	아세틸콜린	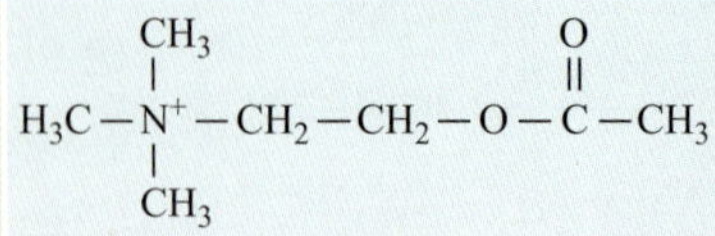
아미노산		
	글루탐산	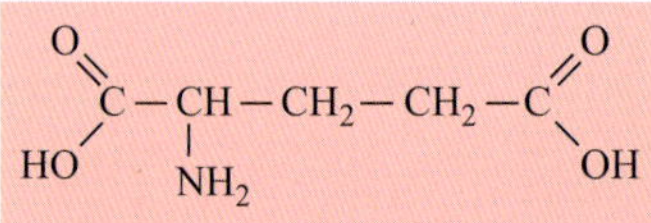
	글리신	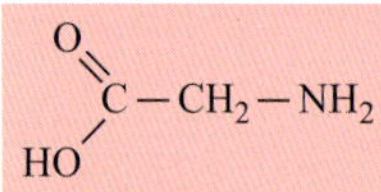
	가바(GABA)	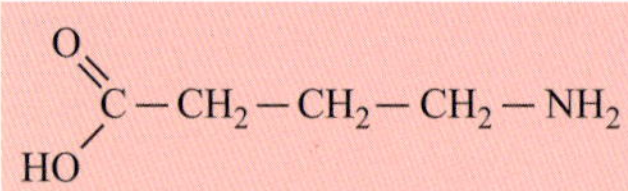
생체 아민		
카테콜아민	에피네프린	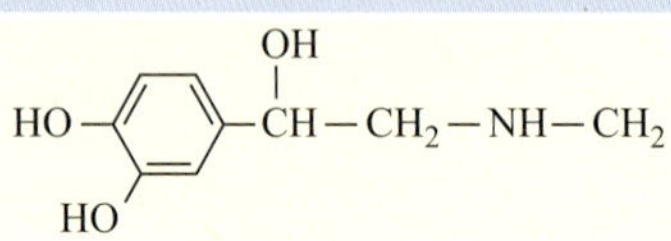
	노르에피네프린	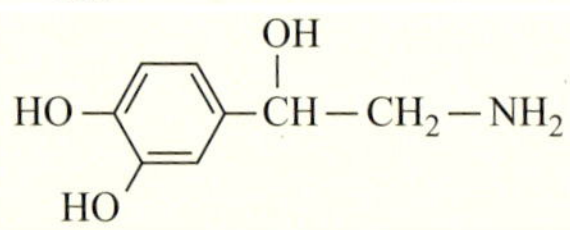
	도파민	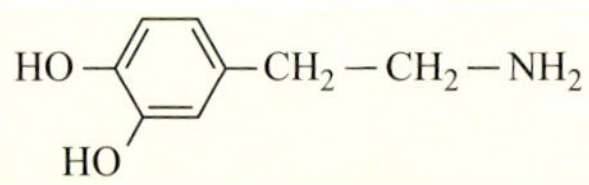
	세로토닌	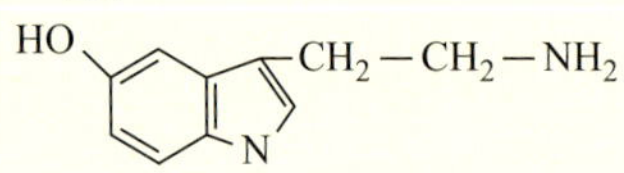
신경펩타이드		
	물질 P	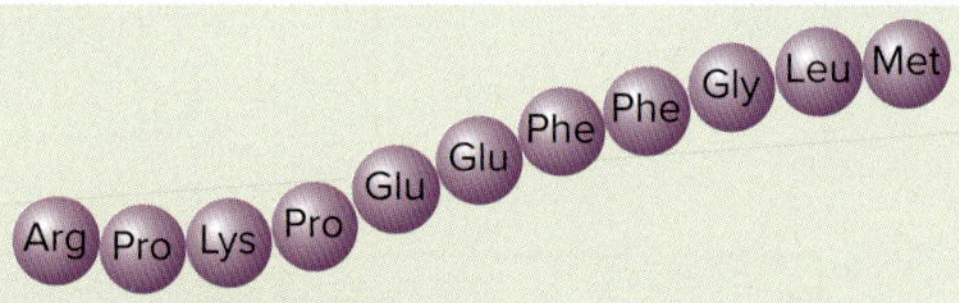
	엔케팔린	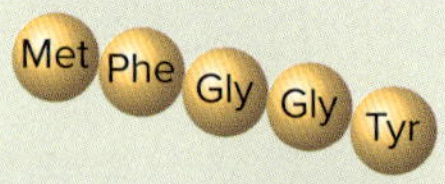
	엔돌핀	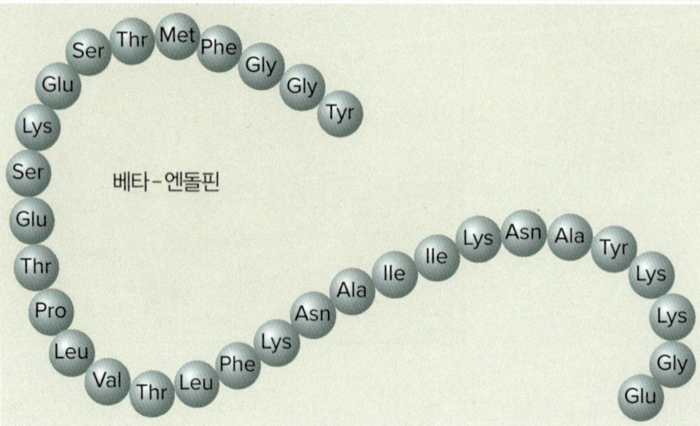

몇몇 종류의 신경전달물질들이 밝혀져 있는데, 이들은 서로 다른 방법으로 작용한다. 다음에서 몇 가지 중요한 신경전달물질들의 작용에 대해 알아본다.

여러 종류의 화학물질이 신경전달물질로 작용한다

한 가지의 화학적 성질로 신경전달물질을 규정할 수는 없지만, 화학적 유사성에 따라 그들을 구분할 수 있다(**표 26.3**). 아세틸콜린과 같은 몇몇 화합물들은 신경계에서 쓰임새가 넓은데, 특히 근육과 연결되는 신경에서 많이 이용된다. 다른 신경전달물질들은 중추신경계와 같이 매우 특이적인 연결부에서만 발견된다. 여기에서는 신경전달물질이 흥분성인지 억제성인지, 즉 활동전위에 기여하는지 또는 저해하는지 여부를 알아본다. 그리고 같은 신경전달물질이 다른 수용체와 결합할 때 어떤 다른 결과를 얻을 수 있는지를 알아본다.

아세틸콜린

아세틸콜린(acetylcholine, ACh)은 운동뉴런과 근섬유 사이의 시냅스를 통과하는 신경전달물질이다. 이런 시냅스를 **신경근접합부**(neuromuscular junction)라고 한다(**그림 26.14**; **그림 26.13**도 참조). 아세틸콜린은 시냅스후 막의 수용체 단백질에 결합하여 이 단백질의 이온통로가 열리게 한다(**그림 26.6**). 그 결과 시냅스후 막의 해당 부위가 탈분극을 일으키는데(**그림 26.15**), 이 탈분극을 **흥분성 시냅스후 전위**(excitatory postsynaptic potential, EPSP)라고 한다. 흥분성 전위가 충분히 커지면 Na^+와 K^+의 전압개폐성 통로를 개방시켜 활동전위를 일으킨다. 이 경우 시냅스후 세포는 골격근섬유인데, 이 세포가 만드는 활동전위는 29장에서 논의되는 기작을 통해 근육 수축을 자극하게 된다.

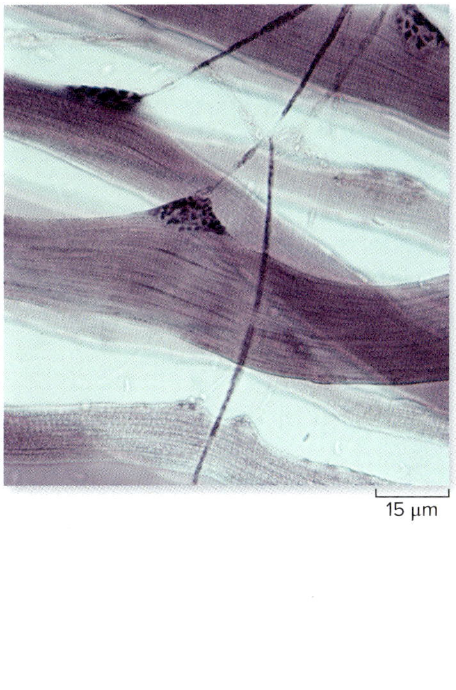

그림 26.14 신경근접합부.
축삭들과 근섬유들 사이의 접촉 부위를 광학현미경으로 관찰한 사진.

15 μm

근육이 이완되기 위해 ACh는 시냅스틈에서 제거되어야 한다. 시냅스후 막에 존재하는 **아세틸콜린 가수분해효소**(acetylcholinesterase, AChE)는 아세틸콜린을 제거한다. 가장 빠르게 작용하는 효소 중 하나인 이 효소는 ACh를 불활성 단편으로 자른다. 신경가스나 살충제 파라티온은 AChE의 억제물질이기 때문에 인체 내에서 이 물질들은 심한 경련성 마비를 일으키거나 호흡 근육이 마비될 경우에는 사망하게 만든다. ACh가 운동뉴런과 골격근세포 사이의 신경전달물질로 작용하지만, 여러 뉴런들은 아세틸콜린을 다른 뉴런들의 수상돌기나 세포체 시냅스에서의 신경전달물질로 이용하기도 한다.

아미노산

글루탐산(glutamate)은 척추동물의 CNS에서 주요 흥분성 신경전달물질이다. 흥분성 신경전달물질들은 EPSP를 만들어 활동전위를 자극하도록 작용한다. 헌팅턴병(Huntington disease)으로 고통받는 사람들의 뇌에 존재하는 몇 가지 뉴런들을 보면 글루탐산에 과민반응하여 신경 퇴행을 일으키게 변하고 있다.

글리신(glycine)과 GABA(γ-aminobutyric acid)는 억제성 신경전달물질이다. 이런 신경전달물질들은 Cl^-가 농도 기울기에 따라 뉴런 내로 확산되어 들어가도록 Cl^-에 대한 리간드개폐성 통로를 개방시킨다. Cl^-는 음전하를 띠므로 막 안쪽을 휴지기보다 더 음성으로 만든다(예를 들면 −70 mV에서 −85 mV로, **그림 26.15**). 이러한 과분극을 **억제성 시냅스후 전위**(inhibitory postsynaptic potential, IPSP)라고 하며, 이는 신체 운동의 신경 조절이나 뇌의 기능에 매우 중요하다. 약제인 디아제팜[diasepam 또는 Valium(발륨)]은 GABA가 수용체에 결합하는 것을 촉진하여 시냅스에 있는 GABA의 효율성을 증가시켜 진정 효과 및 기타 다른 효과들을 일으킨다.

생체 아민류

생체 아민류(biogenic amines)에는 호르몬인 에피네프린(아드레날린)과 신경전달물질인 도파민, 노르에피네프린, 세로토닌이 있다. 에피네프린, 노르에피네프린 및 도파민은 아미노산인 타이로신으로부터 만들어지며, **카테콜아민**(catecholamine)으로 분류된다. 세로토닌은 다른 아미노산인 트립토판으로부터 생긴다.

에피네프린(epinephrine)은 호르몬으로 혈액으로 방출되는 데 비해 **노르에피네프린**(norepinephrine)은 자율신경계 뉴런의 시냅스에서 방출된다. 이러한 신경전달물질들의 표적 수용체에 대한 효과는 빠르고 강한 심장박동, 혈당 농도의 증가, 근육과 심장으로 혈류 전환 등으로 나타난다.

도파민(dopamine)은 뇌의 특정 구역에서 몸의 운동이나 다른 기능을 조절하는 중요한 신경전달물질이다. 도파민을 방출하는 특정

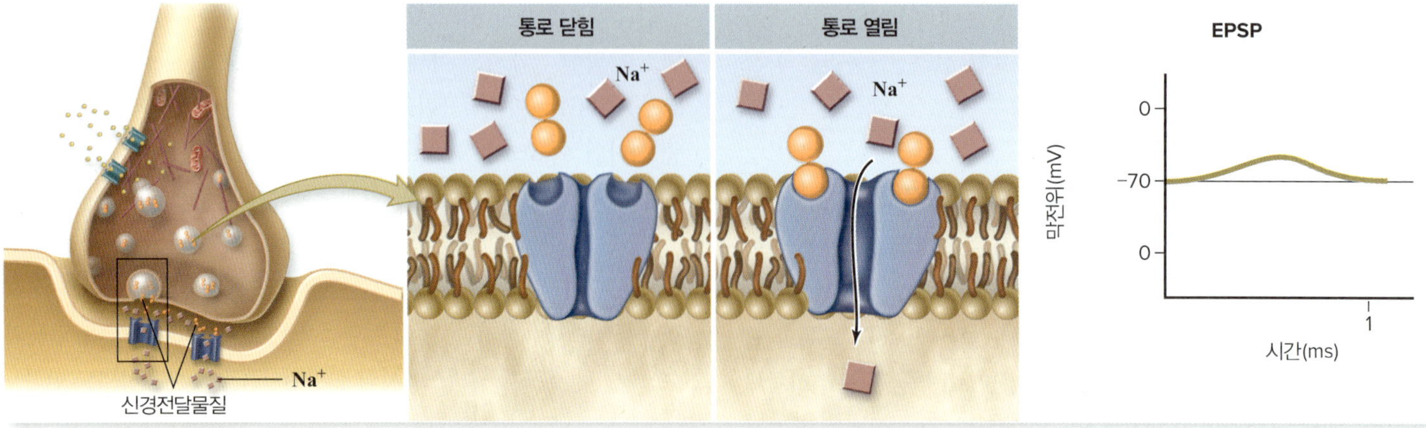

a.

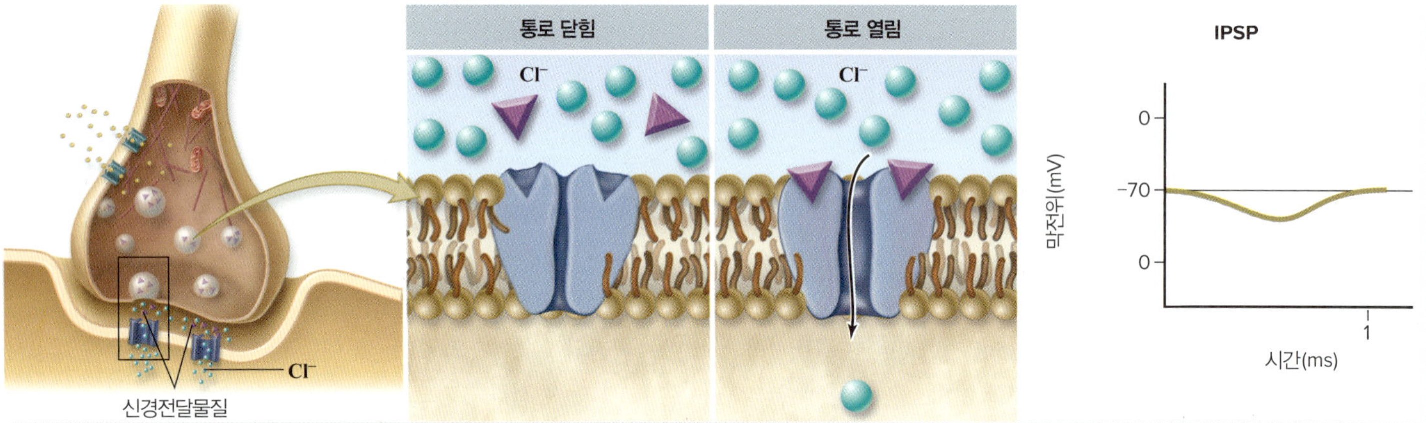

b.

그림 26.15 서로 다른 효과를 갖는 신경전달물질.
a. 흥분성 신경전달물질은 탈분극이나 흥분성 시냅스후 전위(EPSP)를 일으킨다. ***b.*** 억제성 신경전달물질은 과분극이나 억제성 시냅스후 전위(IPSP)를 일으킨다.

자료 분석 만약 세포체가 2개의 뉴런으로부터 **그림 26.15**의 오른쪽에 보이는 자극을 동시에 받는다면 막전위의 종합적 결과는 어떻겠는가?

뉴런의 퇴화가 일어나면 파킨슨병의 근육 떨림이 일어나는데, 이러한 사람들은 도파민 전구체인 L-도파(L-dopa, L-3,4-dihydroxyphenylalanine의 약어)로 치료한다. 추가적인 연구들로 뇌에서 도파민 방출 뉴런의 과다 활동이 정신분열증(schizophrenia)과 관계 있다는 것이 밝혀졌다. 그 결과 항도파민 클로르프로마진(chlorpromazine, 상품명 Thorazine)과 같이 도파민 생산을 억제하는 약물들이 조현병 환자들을 돕기도 한다.

세로토닌(serotonin)은 수면이나 여러 가지 정서 상태 조절과 관련된 신경전달물질이다. 세로토닌을 방출하는 뉴런의 활동 부족은 우울증의 한 원인이 된다. 플루옥세틴(fluoxetine, 상품명 Prozac) 등의 항우울증 약품은 시냅스틈에서 세로토닌의 제거를 막는다. 이러한 약품들은 **선택적 세로토닌 재흡수 억제제**(selective serotonin reuptake inhibitors, SSRIs)라고 부른다.

기타 신경전달물질

축삭은 시냅스에서 **신경펩타이드**(neuropeptide)라는 여러 가지 폴리펩타이드도 방출한다. 이러한 신경펩타이드들은 전형적인 신경전달물질의 기능을 나타내거나 시냅스후 뉴런에 좀 더 미세하게 장시간 작용하기도 한다. 후자의 경우에는 **신경조절물질**(neuromodulator)이라고도 한다. 하나의 축삭은 보통 한 종류의 신경전달물질만 방출하지만, 신경조절물질을 함께 방출하는 것도 많이 있다.

물질 P(substance P)는 통증 자극에 의해 활성화되는 감각뉴런에 의해 CNS 시냅스에서 방출되는 중요한 신경펩타이드이다. 그러나 통증 인지는 주변 여건에 따라 매우 달라질 수 있다. 예를 들면, 몸을 다친 축구 선수가 경기가 끝나기 전까지는 통증을 전혀 느끼지 못할 수도 있다.

통증 인지 정도는 **엔케팔린**과 **엔돌핀**이라는 신경펩타이드의 영향에 따라 달라진다. **엔케팔린**(enkephalin)은 뇌에서 척수로 내려오는 축삭에서 방출되며, 통증 정보가 뇌로 가는 것을 억제한다. **엔돌핀**(endorphin)은 뇌간의 뉴런에서 방출되며, 역시 통증 인지를 억제한다. 아편(opium)이나 이의 유도체인 모르핀(morphine)이나 헤로인(heroin)은 엔케팔린이나 엔돌핀 수용체에 결합할 수 있는 유사한 화학적 구조를 가지므로 진통 효과를 나타낸다. 이러한 이유로 엔케팔린과 엔돌핀은 **내재적 아편**(endogenous opiates)이라고도 한다.

일산화질소(NO)는 최초로 알려진 신체 조절작용을 하는 가스이다. 일산화질소는 기체이기 때문에 막을 통과해 확산하므로 소포에 저장될 수 없다. 일산화질소는 필요할 때마다 아미노산인 아르기닌으로부터 만들어지며, 시냅스전 축삭에서 확산되어 나와 인접 세포의 지질막을 통과해 들어간다. 말초신경계에서 일산화질소는 위장관, 음경, 호흡기 통로, 뇌혈관에 분포된 뉴런에서 방출된다. 이러한 자율성 뉴런들은 표적기관에서 평활근의 이완을 일으킨다. 이 때문에 음경의 해면조직이 혈액으로 채워져 발기를 일으킬 수 있다. 실데나필[sildenafil, 상품명 비아그라(Viagra)]이라는 약품은 음경에서 일산화질소의 방출을 촉진시켜 발기 시간을 늘려준다. 일산화질소는 뇌에서도 신경전달물질로 방출되며, 학습과 기억의 과정에도 관여한다.

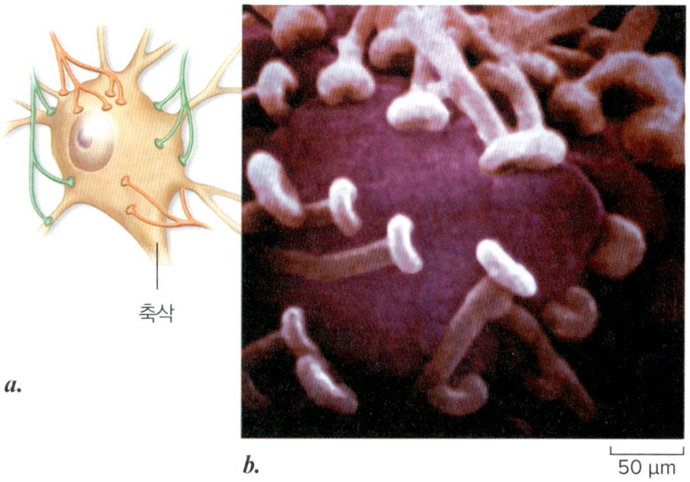

그림 26.16 뉴런의 세포체에서 EPSP와 IPSP의 통합.
a. 일부 축삭에 의해 만들어지는 시냅스는 흥분성이고(초록색), 다른 축삭에 의해 형성된 시냅스는 억제성(붉은색)이다. 입력되어 들어온 모든 정보가 합쳐진 결과가 시냅스후 세포의 축삭 막이 활동전위를 만들기에 충분한 탈분극의 형성 여부를 결정한다. *b.* 많은 시냅스를 가지는 신경세포체 사진

시냅스후 뉴런은 다양한 시냅스로부터 온 정보를 통합한다

많은 시냅스전 뉴런으로부터 오는 서로 다른 종류의 정보(input)는 척추동물의 뇌와 척수에 있는 시냅스후 뉴런의 활동에 영향을 미친다. 그 실례로 척수의 한 운동뉴런은 시냅스전 축삭에서 오는 5만 개의 시냅스와 접촉하기도 한다.

각 시냅스후 뉴런은 흥분 시냅스와 억제 시냅스를 함께 받아들이게 된다(**그림 26.16**). 이 시냅스들로부터 오는 EPSP(탈분극)와 IPSP(과분극)는 뉴런의 세포체에 도달할 때 상호작용을 한다. 작은 EPSP들은 합쳐져 막전위를 역치에 가깝게 상승시키고, IPSP들은 EPSP의 탈분극 효과를 상쇄시키는데, 이러한 과정을 **시냅스 통합**(synaptic integration)이라고 한다.

활동전위의 실무율 특성 때문에, 시냅스후 뉴런은 켜지고 꺼지는 스위치와 같다. 정보는 시간의 흐름에 따라 항상 켜 있는 상태로 암호화되지만, 각 뉴런은 신호를 받을 때 켜지거나 꺼질 수밖에 없다.

뉴런의 점등 상태를 결정하는 것은 매우 복잡하며, 많은 시냅스전 뉴런들과 연관되어 있다. 막이 역치 전위에 도달하는 두 가지 방법이 있는데, 그 하나는 서로 다른 수상돌기들이 EPSP를 만들어 시냅스후 세포에서 역치 전위가 되도록 합하는 방법이고, 다른 하나는 하나의 수상돌기가 반복적인 EPSP를 만들어 역치 전위가 되도록 하는 방법이다. 전자는 **공간적 가중**(spatial summation)이라고 부르며, 후자는 **시간적 가중**(temporal summation)이라고 부른다.

공간적 가중에서 같은 시간에 서로 다른 시냅스전 뉴런에서 발생하여 수상돌기로 향하게 되는 차등전위들은 합쳐져 역치 이상의 전위를 형성한다. 이 입력은 모두 EPSP 형태로 되어야 할 필요는 없다. EPSP나 IPSP의 합으로 생성된 전위는 역치 전위보다 크기만 하면 된다. 축삭의 기부에 있는 막이 역치 이상으로 탈분극화될 때, 활동전위를 만들어내고 신경자극이 축삭 아래로 전도된다. 시간적 총합에서 하나의 수상돌기는 역치 이상이 되도록 EPSP를 만들어 합쳐질 수 있는 여유의 시간이 주어지면 활동전위를 생성할 수 있는 탈분극이 생길 수 있다. 전형적인 EPSP는 15 ms 동안 지속될 수 있고, 시간적 가중이 발생하기 위해 다음 자극이 더 짧은 시간 안에 도착해야 한다. 이때 축삭의 기부막이 역치 이상으로 되기 충분한 EPSP가 생성되면 자극이 전도된다.

이 2가지의 가중 방법의 차이점은 땅의 구멍을 흙으로 메우는 것과 같다. 여러 개의 삽을 가지고 구멍이 채워질 때까지 흙을 넣을 것인가, 아니면 하나의 삽으로 더 빠른 속도로 구멍을 채울 것인가 하는 것이다. 구멍이 채워지고 나면, 축삭은 켜지게 될 것이다.

신경전달물질은 약물 중독에 영향을 준다

신경계의 일부 세포들은 화학적으로 전달되는 신호를 생산하는 자극에 장시간 노출되면 그 자극에 반응하는 능력을 잃게 되는데, 이 과정을 **습관성**(habituation)이라고 부른다. 사람은 이렇게 감각을 잃는 것에 익숙해지는데, 그 실례로 의자에 오래 앉아 있으면 나중에는 이 사실을 인지하지 못하게 된다.

몇몇 신경세포들은 이런 감수성을 잃어버리기 쉽다. 시냅스 안의

수용체 단백질이 높은 농도의 신경전달물질 분자에 장시간 노출되면, 이 신경세포는 막의 수용체 단백질의 수를 감소시킨다. 이러한 피드백은 세포 활동을 효율적으로 만드는 모든 뉴런의 정상적인 기능이다. 이 경우 세포는 자극을 위한 신경전달물질이 충분하기 때문에 수용체의 수가 감소되도록 조절한다. 약물에 의해 만들어진 인공적인 신경전달물질 효과의 경우, 오랜 시간의 약물 사용은 같은 효과를 얻기 위해 점점 더 많은 약물을 필요로 하게 되는 중독을 의미한다.

코카인

코카인(cocaine)은 비정상적으로 많은 양의 신경전달물질이 시냅스에 장시간 머무르게 해준다. 코카인은 **변연계**(limbic system)인 뇌의 쾌감 경로에 있는 신경세포들에 영향을 준다(26.4절 참조). 이 세포들은 도파민을 신경전달물질로 이용하는데, 코카인은 보통 시냅스틈에서 도파민 제거 역할을 하는 시냅스전 막의 운반 단백질에 단단히 결합한다. 결국 도파민은 시냅스틈에 잔류하면서 수용체를 계속 자극하게 된다. 새로운 신호가 도달할 때마다 도파민이 계속 추가되어 쾌감 경로가 더욱 자주 작동된다(**그림 26.17**).

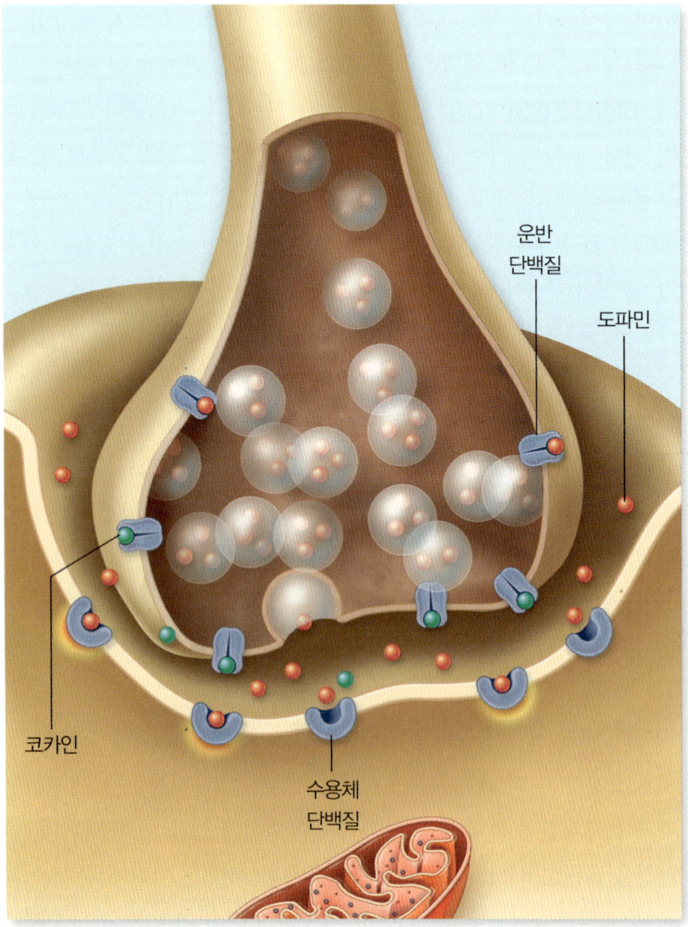

그림 26.17 시냅스에서 코카인의 작용.
코카인이 도파민 운반체에 결합하면 신경전달물질은 시냅스에 오래 머물면서 계속 시냅스후 세포를 자극한다. 이를 통해 코카인이 쾌감을 증진시킨다.

니코틴

니코틴(nicotine)은 코카인과 반대로 시냅스전 막의 단백질과는 결합하지 않는 것으로 알려져 왔다. 대신 니코틴은 뇌의 시냅스후 뉴런에 있는 특정 수용체와 직접 결합한다. 정상적으로는 뇌에 니코틴이 존재하지 않기 때문에 그곳에 왜 수용체가 있는지는 의문이다.

연구자들은 니코틴 수용체가 신경전달물질인 아세틸콜린과 결합하는 수용체의 한 종류라는 것을 알아냈다. 니코틴은 초식 곤충의 중추신경계에 영향을 주어 식물을 보호하는 데 도움을 주는 담배의 2차 화합물로 진화된 물질이다. 니코틴이 사람의 일부 아세틸콜린 수용체에 결합할 수 있게 된 것은 자연계에서 하나의 우연에 불과하다. 신경생물학자들은 흡연자와 비흡연자의 뇌에 있는 신경세포들을 비교하였을 때, 그들에게서 니코틴 수용체의 수와 수용체를 만드는 RNA 농도에 변화가 있다는 사실을 발견했다. 뇌는 2가지 방식의 "볼륨 낮추기(turning down the volume)"에 의해 니코틴에 대한 장기간 노출에 적용하는데, 그것은 (1) 니코틴이 결합할 수 있는 수용체 단백질의 수를 줄이는 것과 (2) 니코틴 수용체의 활성화 양상을 변화시켜 주는 것이다.

다음 절에서 뉴런과 시냅스의 생리 화학적 성질들을 종합해 보고, CNS로 시작해서 PNS로 넘어가는 척추동물 신경계의 구조를 알아본다.

핵심 요약 26.3

전기적 시냅스는 두 뉴런 사이의 세포질을 직접적으로 연결한 것과 같다. 화학적 시냅스는 뉴런 사이의 시냅스틈을 가로지르는 화학물질들을 가진다. 신경전달물질에는 아세틸콜린, 에피네프린, 글리신, GABA, 생체 아민, 물질 P 및 일산화질소가 포함된다. 많은 중독성 약물들은 일반적으로 신경전달물질이 시냅스에서 막 수송 단백질과 결합하는 곳에 결합한다.

- 담배를 피우는 것은 왜 그렇게 끊기 어려울까?

26.4 중추신경계: 뇌와 척수

학습 목표

1. 척추동물 뇌의 구조에 대해 서술할 수 있다.
2. 사람 대뇌의 특징에 대해 서술할 수 있다.
3. 단순 반사의 작동 방식에 대해 설명할 수 있다.

척추동물의 복잡한 신경계는 오랜 진화적 역사를 가지고 있다. 여기에서는 척추동물의 중추신경계를 다루기에 앞서 무척추동물들에 대해 간략히 알아본다.

동물이 복잡해질수록 신경 시스템도 복잡해졌다

무체강 무척추동물들 중에서 해면동물은 유일하게 신경이 없다. 가장 간단한 신경계는 자포동물(cnidarians)에서 볼 수 있는데(**그림 26.18**), 모든 뉴런이 유사하고 서로 연결되어 그물 모양의 **신경망**(nerve net)을 이룬다. 이 신경에는 연합 활동도 없고, 조절 작용도 없다.

가장 간단한 연합작용이 나타나는 신경계는 편형동물(flatworms)의 신경계이다. 편형동물에서는 몸을 따라 2개의 신경삭(nerve cords)이 있고, 이 신경삭에서 말초신경이 근육으로 뻗어나간다. 두 신경삭은 몸의 앞쪽에서 수렴하여 확대된 신경 조직체를 이루는데, 여기에 뉴런들을 연결시키는 연합뉴런(interneurons)이 있다. 이 신경 조직체는 원시적인 뇌로, 이 때문에 자포동물보다 복잡한 근육 반응의 조절이 가능해진다.

추후에 일어난 신경계에서 모든 진화적 변화들은 편형동물에서부터 존재한 특징들이 정교화되어 나타난 것으로 여겨진다. 예를 들면, 체강 무척추동물 중에서 지렁이는 중추신경계가 말초신경에 의해 몸의 모든 부위와 연결되어 있는 신경계를 보여준다. 절지동물에서는

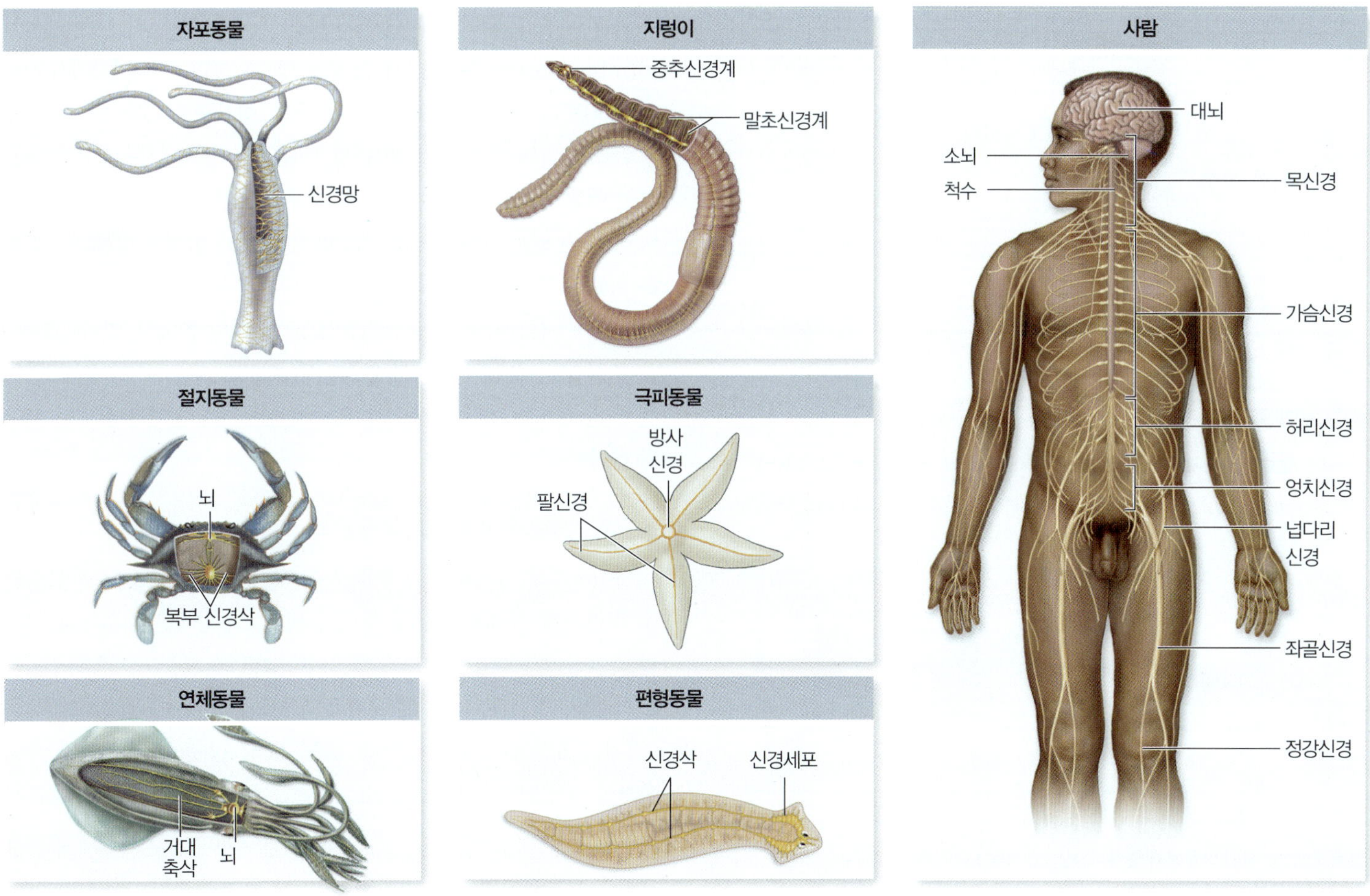

그림 26.18 신경계의 다양성.
동물의 신경계는 간단한 신경망에서 1차적인 뇌를 갖는 한 쌍의 신경삭으로부터 정교한 뇌와 감각기관까지 다양하다. 좌우대칭동물은 신경조직과 감각기관들이 신경삭 전단부에 집중된 것과 관련이 있다. 이 진화 과정을 두부 형성(두화, cephalization)이라 한다.

복잡한 반응에 대한 중앙 통제가 신경삭의 전단부에서 주로 이루어진다. 이 부위는 진화에 따라 점차 많은 연합뉴런을 가지게 되었고, 뇌의 주요 정보 고속도로로 발달하게 되었다.

척추동물의 뇌는 기본적인 세 부위로 나뉜다

5억 년 전에 살았던 무악어류(agnathans) 뇌는 척추동물 뇌의 초기 진화 단계를 보여준다. 이 뇌는 크기는 작지만, 오늘날의 척추동물 뇌의 특징인 3가지 부위로 이루어져 있었다(**그림 26.19**, **표 26.4** 참조).

1. **후뇌**(hindbrain 또는 rhombencephalon)
2. **중뇌**(midbrain 또는 mesencephalon)
3. **전뇌**(forebrain 또는 prosencephalon)

물고기의 후뇌

후뇌(hindbrain)는 오늘날의 어류와 마찬가지로 초기 어류의 뇌에서도 주요 부위였다. **소뇌**(cerebellum), **뇌교**(pons) 그리고 **연수**(medulla oblongata)로 구성된 후뇌는 척수의 연장부로 볼 수 있으며, 주로 운동 반사를 조절한다. 척수의 위와 아래에 있는 많은 축삭들이 후뇌로 연결되며, 후뇌는 다시 근육으로부터 오는 감각 신호들을 통합하고, 운동 반응의 양상을 조정한다.

이와 같은 조정의 대부분은 소뇌라고 부르는 후뇌의 작은 연장 부위에서 이루어진다. 보다 발달된 척추동물에서 소뇌는 운동을 조절하는 중추로 중요한 역할을 하며, 어류에서보다 크기도 커진다. 모든 척추동물에서 소뇌는 팔다리의 움직임과 위치, 해당 근육의 이완과 수축 상태, 몸의 자세 등에 대한 자료들을 처리한다.

물고기의 중뇌와 전뇌

어류에서 뇌의 나머지 부분은 감각 정보를 인지하고 처리한다. 중뇌(midbrain)는 주로 시각 정보를 받고 처리하는 **시각개**(optic tectum)로 구성되는데 비해, 전뇌는 후각 정보를 처리한다.

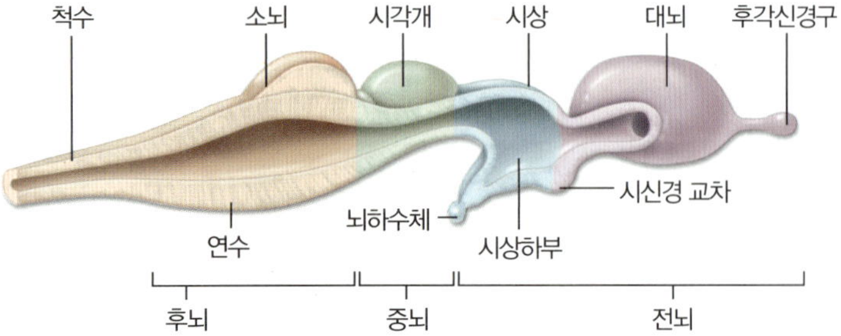

그림 26.19 원시 어류에서 볼 수 있는 척추동물 뇌의 기본 구조.
비율은 다르지만 척추동물처럼 원시 어류의 뇌 또한 세 부분으로 나누어져 있다. 후뇌는 어류 뇌의 가장 큰 부위를 차지하고 있다. 중뇌는 어류에서 주로 시각 정보 처리에 관여하고, 전뇌는 후각 정보를 처리한다. 육상 척추동물에서 전뇌는 신경 정보 처리에서 훨씬 중심적 역할을 하게 된다.

표 26.4 중추신경계의 하부 단위

주요 부위	기능
척수	척수 반사, 감각 정보와 운동 정보의 중계
뇌	
후뇌	
연수	감각핵, 망상활성화계, 자율기능
뇌교	망상체 활성화계, 자율기능
소뇌	운동의 조화, 균형
중뇌	눈과 귀의 반사
전뇌	
간뇌	
시상	상행 감각신경과 하행 운동신경의 중계, 자율기능
시상하부	자율기능, 신경 내분비 조절
종뇌(대뇌)	
대뇌 기저핵	운동 조절
뇌량	두 대뇌 반구의 연결 및 정보 중계
해마(변연계)	기억, 감정
대뇌피질	고도의 인지 기능, 감각 정보의 통합 및 해석, 운동 명령의 체계화

어류의 뇌는 일생 동안 계속 성장하는데, 이러한 지속적인 성장은 보통 어릴 때 뇌의 성장이 멈추는 다른 척추동물들의 뇌와 대조적이다. 사람의 뇌는 어릴 때 계속 성장하지만, 한번 발생이 정지되면 새로운 뉴런이 만들어지지 않는다. 예외적인 하나는 해마(hippocampus)에서 볼 수 있는데, 해마는 장기기억으로 남겨야 할 것과 잊어야 할 것을 조절한다. 성인의 뇌에서 신경발생(neurogenesis, 새로운 뉴런의 생산)의 정도는 논란이 많으며, 앞으로 연구가 활발하게 진행될 분야 중 하나이다.

최근의 척추동물에서 중요해진 전뇌

양서류부터 시작하여 파충류에 이르면서 감각 정보의 처리는 더욱 뚜렷하게 전뇌(forebrain)로 집중된다. 이 양상은 척추동물 뇌의 발달 과정에서 주요한 진화적 경향이다(**그림 26.20**).

파충류, 양서류, 조류 및 포유류의 전뇌는 기능이 뚜렷하게 다른 2가지의 요소로 구성되어 있다. **간뇌**(diencephalon)는 시상과 시상하부로 구성된다. **시상**(thalamus)은 들어오는 감각 정보를 통합해 대뇌로 보내는 중추이고, 시상하부(hypothalamus)는 기본적 본능과 정서에 관여하면서 뇌하수체의 분비작용을 조절한다. **종뇌**(telencephalon 또는 "end brain")는 전뇌의 앞쪽에 위치하며, 주로 연합 활동을 관장한다. 포유동물에서는 종뇌를 대뇌라고 부른다. 종뇌의 구

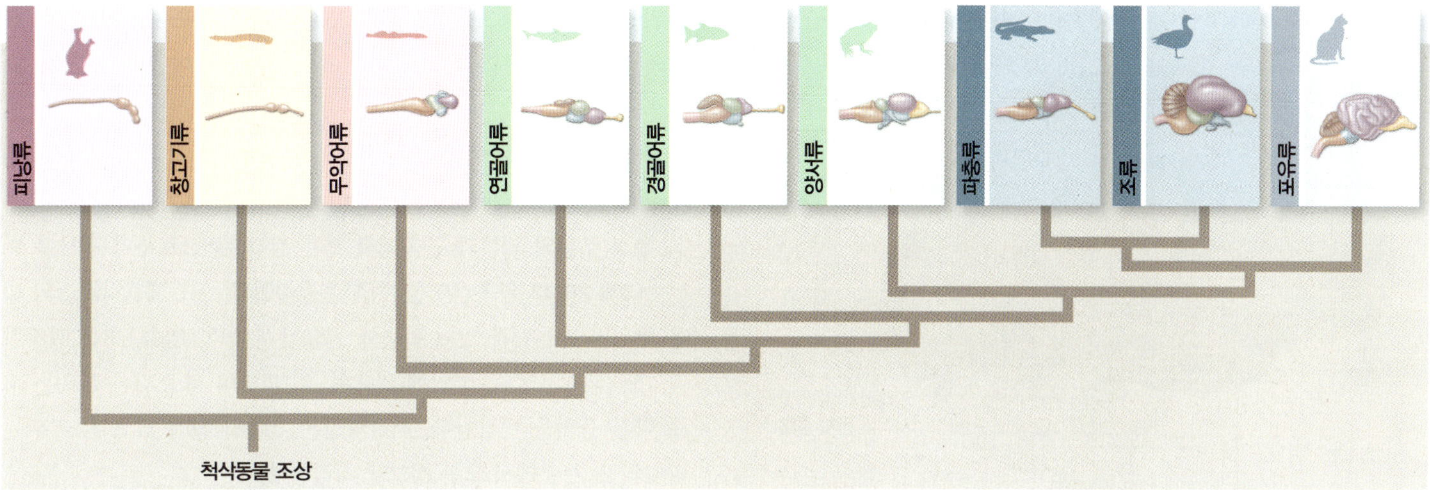

그림 26.20 척추동물 뇌의 진화.
척추동물의 진화에 따라 뇌의 각 부위의 상대적 크기가 변화해 왔다. 상어와 그 외 어류에서는 후뇌가 우세하며, 뇌의 나머지 부위는 주로 감각 정보의 처리에 관여한다. 양서류와 파충류에서는 전뇌가 훨씬 크게 발달해 있으며, 연합 행동을 관장하는 대뇌도 크기가 더 크다. 파충류에서 진화한 조류에서 대뇌 발달은 더욱 뚜렷하다. 포유류에서 대뇌는 시각개(optic tectum)를 덮고 있고, 뇌의 가장 큰 부위를 차지한다. 대뇌 발달은 사람에게서 가장 두드러지며, 나머지 뇌의 대부분을 둘러싸고 있다.

조는 나중에 사람 뇌에서 다루게 될 것이다.

대뇌의 확대

여러 척추동물에서 뇌와 몸의 질량 사이의 관계를 조사해 보면, 어류와 파충류 사이에서 큰 차이가 나타나고, 조류와 포유류 사이에서 큰 차이가 보인다. 포유류는 몸의 크기에 비해 상대적으로 매우 큰 뇌를 가지고 있는데, 이는 돌고래와 인간에서 더 확실하다.

포유류에서 뇌 크기의 증가는 뇌의 중요 부위인 대뇌의 확대를 반영하고 있다. 포유류의 **대뇌**(cerebrum)는 연관, 연합 및 학습의 중추이다. 대뇌는 시상에서 감각 자료를 받아 축삭을 통해 척수에 운동 명령을 전달한다.

척추동물에서 중추신경계는 뇌와 척수로 구성되는데(**표 26.4**), 이 두 부위는 대부분의 정보 처리가 이루어지는 곳으로서 주로 연합뉴런과 신경교세포로 이루어져 있다. 상행 신경이 감각 정보를 뇌로 전달하고, 하행 신경에 의해 뇌로부터 신경 자극이 척수의 운동뉴런과 연합뉴런에 전달되어 몸의 근육 운동을 조절한다.

인간의 전뇌는 뛰어난 정보 처리 능력을 나타낸다

사람의 대뇌는 매우 커서 뇌의 나머지 부분을 덮고 있는 것처럼 보인다. **대뇌 반구**(cerebral hemispheres)는 좌우로 나누어져 있으며, 이 두 반구는 **뇌량**(corpus callosum)으로 연결되어 있다(**그림 26.21**). 반구는 **전두엽**(frontal lobes), **두정엽**(parietal lobes), **측두엽**(temporal lobes), **후두엽**(occipital lobes)으로 구분된다.

각 대뇌 반구는 몸의 반대쪽으로부터 감각 입력을 받고 그쪽의 운동을 조절한다. 그 실례로 오른쪽 손을 만지면 왼쪽 대뇌 반구가 이를 인지하고, 오른쪽 손의 움직임을 지시한다. 뇌졸중(stroke)으로 한쪽 대뇌 반구가 손상되면 그 반대쪽에서 반신 마비가 일어난다.

대뇌피질

대뇌 활동의 대부분은 표면에서 불과 수 mm 두께 층인 회백질(gray matter)에서 일어나는데, 이 얇은 회백질 층을 **대뇌피질**(cerebral cortex)이라고 부른다. 대뇌피질에는 신경세포가 조밀하게 들어

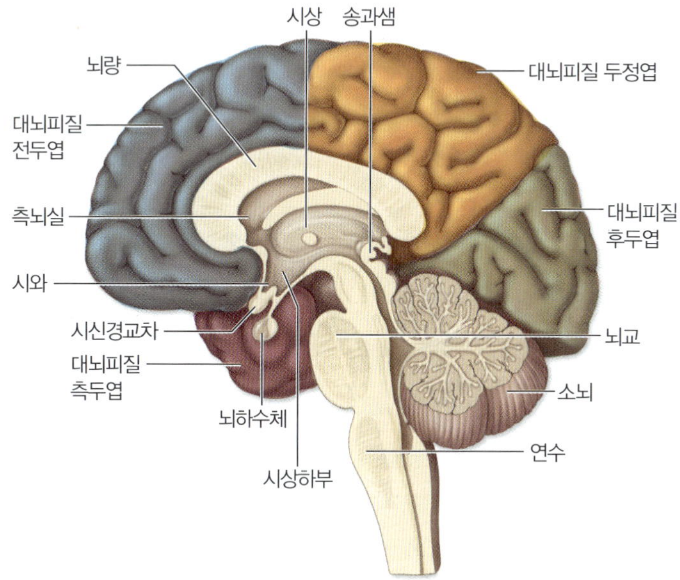

그림 26.21 사람 뇌의 단면.
이 시상 절단면(sagittal section)에서 대뇌 반구와 2개의 대뇌 반구를 연결하는 섬유 다발인 뇌량을 볼 수 있다.

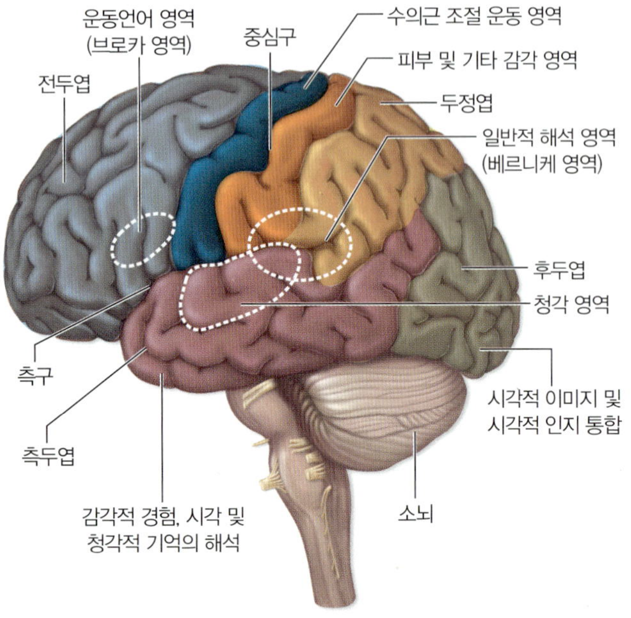

그림 26.22 대뇌.
대뇌에 있는 대뇌엽의 위치와 특수화된 기능을 보여준다.

차 있다. 사람의 대뇌피질에는 100억 개 이상의 신경세포가 있으며, 이는 뇌 전체 뉴런의 약 10%에 해당된다. 대뇌피질 표면은 고도로 주름져 있는데, 사람에게서 특히 심하며, 이러한 주름은 피질의 표면적을 3배로 증가시켜 준다.

대뇌피질의 활동은 운동, 감각 및 연합 활동 중의 하나로, 각 부위는 특정 기능을 담당한다(**그림 26.22**). **1차 운동피질**(primary motor cortex)은 중심구(central sulcus) 바로 앞에 위치하는 전두엽의 뒤쪽 부위의 **뇌회**(gyrus 또는 convolution)를 따라 분포해 있으며, 이 표면의 각 지점은 몸의 특정 부위의 운동과 연관되어 있다(**그림 26.23** 오른쪽).

중심구 바로 뒤쪽에 있는 두정엽의 앞쪽 끝에는 **1차 체성감각피질**(primary somatosensory cortex)이 놓여 있다. 이 부위의 각 지점은 몸 특정 부위의 피부와 근육에서 오는 감각뉴런으로부터 정보를 받는다(**그림 26.23** 왼쪽). 이들 주요 운동피질과 주요 체감각피질의 넓은 부위가 손놀림과 언어 활동에 필요한 손가락, 입술, 혀를 관장한다. 청각피질은 측두엽 안에 있으며, 이 피질의 서로 다른 부위는 서로 다른 음역을 관장한다. 시각피질은 후두엽 안에 있고 각 부위는 망막의 각 부분에서 오는 정보를 처리한다.

이들 운동피질이나 감각피질이 있지 않은 대뇌피질 부위는 **연합피질**(association cortex)인데, 고도의 정신적 활동을 담당하며, 사람의 경우 매우 커서 대뇌피질 표면의 95%를 차지한다.

기저핵

대뇌의 백질부(white matter) 안에 회백질의 섬이 깊이 묻혀있는데, 이는 일부 세포들과 이들의 수상돌기들이 몇 개의 집단을 이루어 모여 있는 곳이다. 이 뉴런 세포체 집단들을 모두 합해 **기저핵**(basal nuclei)이라고 부르는데, 상행 신경에서 오는 감각 정보와 대뇌피질이나 소뇌로부터 나가는 운동 명령을 받는 곳이다.

기저핵에서 나온 명령은 척수로 보내진 다음, 이곳에서 몸의 운동 조절에 관여한다. 기저핵의 특정 부위가 손상되면 파킨슨병(Parkinson disease)의 특징인 근육 떨림이 생긴다.

그림 26.23 1차 체성감각피질(왼쪽)과 1차 운동피질(오른쪽).
대뇌피질의 각 부위가 신체 각 부위와 연관되어 있다. 감각과 조절에 관여하는 대뇌피질 부위의 크기에 비례해 신체 부위가 그려져 있다. 예를 들어, 손의 감각과 운동 조절 부위, 인후의 운동 조절 부위는 넓은 부분을 차지하고 있으나, 인후의 감각에 관여하는 부위는 미미하다.

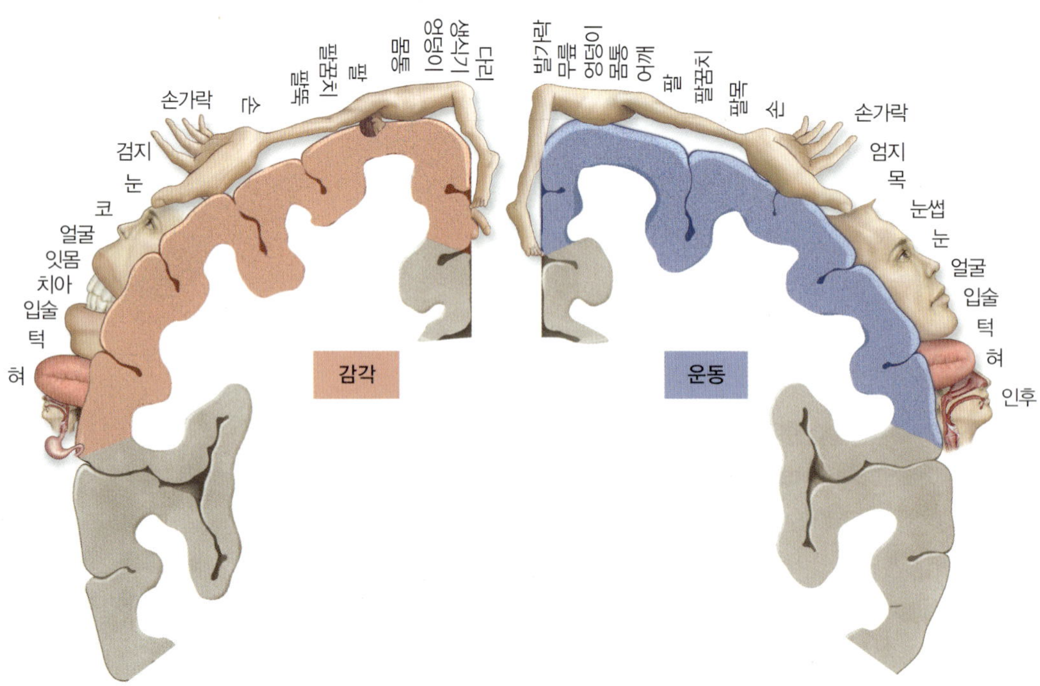

시상과 시상하부

시상(thalamus)은 뇌의 1차적 감각 통합 부위이다. 시각, 청각, 신체 감각 정보는 시상으로 보내지고, 시상에서 감각신경은 연합뉴런과 시냅스를 이룬다. 감각 정보는 시상을 경유하여 대뇌피질의 후두엽, 측두엽, 두정엽으로 각각 중계된다. 이들 감각 정보들은 시상 안의 서로 다른 뉴런 세포체 집단에 의해 다루어진다.

시상하부(hypothalamus)는 내장 활동을 통합하고, 체온, 배고픔과 포만감, 갈증 그리고 대뇌변연계와 함께 여러 가지 정서 상태를 조절하는 데 도움을 준다. 또한, 시상하부는 뇌하수체를 조절하고, 뇌하수체는 여러 내분비선을 조절한다. 대뇌피질 및 **뇌간**(brain stem)의 여러 조절 중추들과도 연결되어 있는 뇌하수체는 여러 가지 체내 자극과 감정에 대하여 신경적, 내분비적 반응을 조정하는 데 도움을 준다.

해마(hippocampus)와 **편도체**(amygdala)는 시상하부와 함께 **대뇌변연계**(limbic system)의 주요 구성 부분으로서, 정서적 반응에 관여하는 부위이다. 해마는 기억의 형성에도 중요한 부위로 여겨지고 있다.

인간 두뇌의 복잡한 기능은 특정 영역에서 조절될 수 있다

사람의 뇌에 대한 연구는 어렵지만, 많은 과학자에게 매력적인 연구 분야가 되어 왔다. 수면(sleep)과 각성(waking) 사이의 구분, 언어의 학습과 사용, 공간 인지, 기억들에 대한 연구가 활발하게 이루어지고 있다. 이들에 대한 완전한 이해는 매우 어렵지만, 한 가지 일반화할 수 있는 것은 기능의 영역화(regionalization)이다.

각성과 수면

뇌간에는 **망상체**(reticular formation)라고 부르는 뉴런 집단이 있다. 망상체의 한 부분인 **망상활성화계**(reticular-activating system)는 의식(consciousness)과 경계경보(alertness)를 조절한다. 모든 감각 경로는 이 계로 들어가서 뇌로 가는 정보가 조사되고, 중요한 자극이 구별된다. 망상활성화계가 자극을 받아 각성되면, 뇌의 여러 부위의 활동 수준이 증가된다. 망상체로부터 피질이나 뇌의 다른 부위로 가는 신경 경로는 마취제에 의해 억제될 수 있다.

망상활성화계는 수면과 깨어 있는 상태 모두를 조절한다. 밝은 곳보다 어두운 곳에서 잠들기 쉬운 것은 망상활성화계를 자극하는 시각 자극이 거의 없기 때문이다. 이 계의 활동성은 세로토닌(serotonin)에 의해 감소된다. 세로토닌은 뇌의 활동성을 떨어뜨려 잠들게 한다.

뇌의 상태는 전기 활동을 기록하는 뇌전도(electroencephalogram, EEG)를 통해 알 수 있다. 눈을 감은 채 쉬고 있으나 깨어 있는 사람은 **알파파**(alpha waves)라고 부르는 크고 느린 파장을 나타낸다. 눈을 뜨고 경계하고 있을 때는 EEG 파장은 더 빠르고(**베타파**, beta waves) 동시화되지 않은 여러 파장으로 나타나는데, 이는 여러 가지 감각이 입력되기 때문이다. **세타파**(theta waves)와 **델타파**(delta waves)는 여러 가지 수면 단계에 나타난다. 사람이 눈을 감은 채 빠르게 눈동자를 움직이는 REM 수면기에 있을 때 측정된 EEG는 각성 상태에서 휴식하고 있는 사람의 것과 유사하다.

언어

두 대뇌 반구는 구조적으로 비슷하지만 서로 다른 활동을 담당한다. 가장 잘 연구된 기능의 측면화의 예는 언어이다.

좌측 대뇌 반구는 오른손잡이 사람 중 90%, 그리고 왼손잡이 사람 중 2/3에서 "우세한" 반구이다. [여기에서 **우세**(dominant)라는 말은 대부분의 언어에 관련된 신경 활동이 수행되는 대뇌 반구를 의미한다.] 그중 여러 다른 부위가 언어 조절을 하는데(**그림 26.22**), 두정엽에 있는 베르니케 영역(Wernicke's area, **그림 26.22**)은 언어 이해 및 생각을 말로 표현하는 데 있어서 중요하다. 얼굴 운동 조절 피질 근처의 브로카 영역(Broca's area)은 언어 소통에 필요한 운동 명령을 만드는 데 관여한다.

이 부위가 손상되면 **실어증**(aphasias)을 일으킨다. 베르니케 영역이 손상된 사람은 말은 빠르고 잘하지만, 의미 없이 단어들을 마구 쏟아내는데, 말을 할 때 단어들이 "모래알"처럼 흩어진다.

공간 인지

언어를 맡고 있는 우세적 대뇌 반구가 순차적인 논리로 문장을 만드는 작업을 담당하고 있는데 비해, 비우세적 대뇌 반구는(대부분의 사람에서 우측 대뇌 반구) 그림을 그리거나 퍼즐을 맞출 때 필요한 지각과 같은 공간적 논리를 담당하며, 음악적 능력과도 1차적으로 연관되어 있다. 좌측 대뇌 반구의 브로카 언어영역(Broca's speech area)이 손상된 사람의 경우, 말할 수는 없지만 노래하는 능력은 남아 있을 수도 있다.

비우세적 대뇌 반구의 손상은 공간을 제대로 인식하지 못하게 되고 노래와 같은 음악 활동에 지장을 준다. 더 특별한 경우 하측두 피질(inferior temporal cortex)의 손상은 안면인식 장애를 야기하여 얼굴을 떠올리는 능력을 잃게 한다. 그러나 읽기, 쓰기, 말하기 이해력은 정상으로 남아 있으며, 환자들은 목소리를 인식하는 방법으로 여전히 지인들을 인식할 수 있다. 비우세적 대뇌 반구들은 비언어적 경험에 의한 기억의 통합에도 중요하다.

기억과 학습

뇌와 관련된 가장 큰 미스테리는 기억과 학습의 본질이다. 기억은 뇌를 가로질러 여러 곳에서 나타난다. 특정한 피질 부위가 특정한 기억을 갖는다고 볼 수 없는데, 이는 피질이 비교적 광범위하게 손상되어도 선택적인 기억이 제거되지 않기 때문이다. 측두엽과 같은 뇌의 한 부분이 제거되어 기억이 손상되더라도 기억 전체를 잃어버리지는 않는다. 많은 기억들은 손상에도 불구하고 남아 있어 그에 대한 능력은 시간이 지남에 따라 점차 회복된다.

기억 중에서 단기기억과 장기기억은 근본적으로 차이를 보인다. 짧은 시간 동안만 지속되는 단기기억(short-term memory)은 전기쇼크를 가하면 쉽게 지워지지만, 이때 장기기억(long-term memory)은 그대로 남는다. 이 결과는 단기기억이 일시적 신경 흥분의 형태로 저장된다는 것을 알려준다. 이와는 달리 장기기억은 뇌의 일부 신경 연결이 구조적으로 변화하여 형성된다.

측두엽의 두 부위인 해마와 편도체는 단기기억과 이를 장기기억으로 통합하는 데 관여한다. 이 부위들이 손상되면 최근의 사건을 장기기억으로 저장하지 못한다.

시냅스 가소성

학습과 기억의 기본 바탕에는 시간에 따른 시냅스 기능의 변화가 있다. 이 시냅스 가소성(synaptic plasyicity)의 2가지 예로 장기강화(long-term potentiation, LTP)와 장기억압(long-term depression, LTD)을 들 수 있다. LTP의 기작은 복잡해서 완전히 이해하지 못하고 있다. 한 가지 잘 연구된 형태는 글루탐산을 신경전달물질로 방출하고, *N*-메틸-D-아스파르트산(*N*-methyl-D-aspartate, NMDA) 형태의 수용체를 갖는 시냅스와 관련이 있다는 것이다. 같은 시냅스가 반복적으로 자극되거나, 이웃한 시냅스가 자극될 때, 시냅스후 막은 과도하게 탈분극된다. 이로 인해 Mg^{2+}에 의해서 NMDA 수용체의 억제가 풀리면, 글루탐산과 결합하여 Ca^{2+}의 유입을 야기하여, 칼슘/칼모듈린 의존성 단백질 인산화 효소 II(CaMK II)를 포함하는 신호전달경로를 자극한다. 이 경로는 다른 형태의 수용체인 α-아미

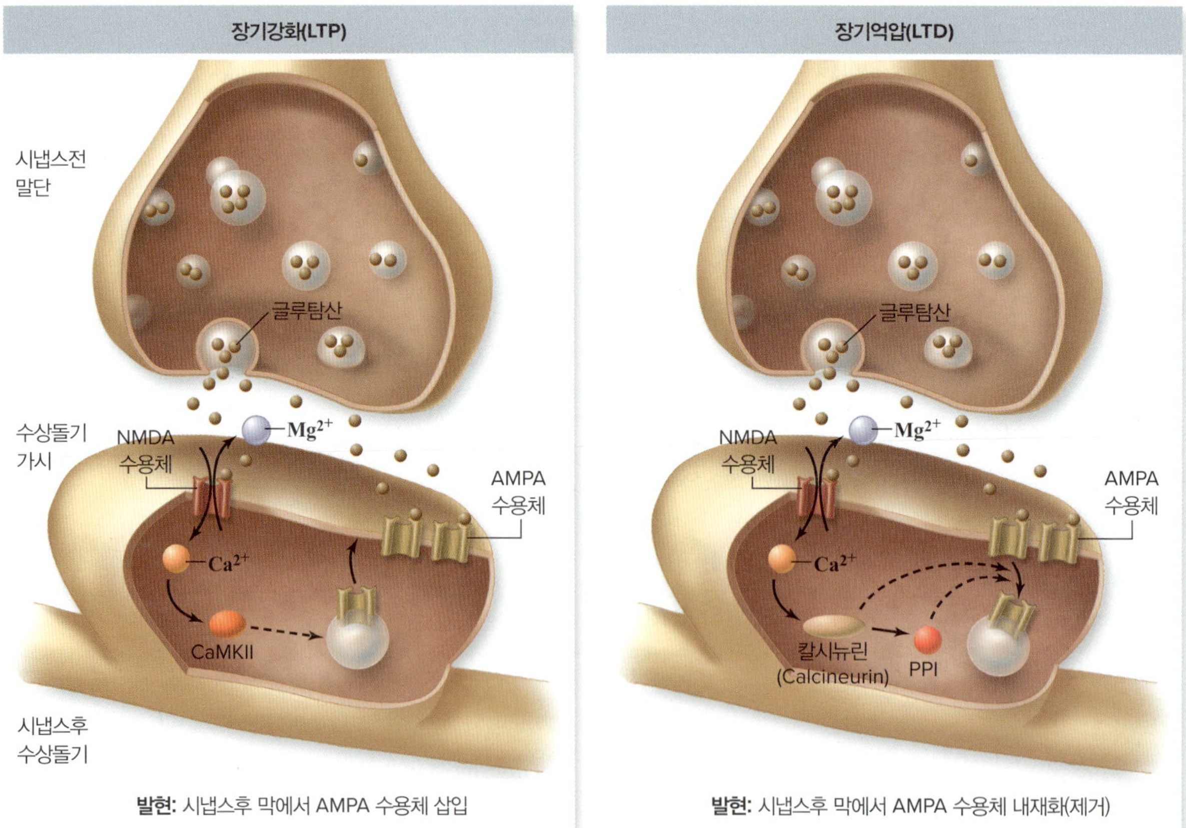

a. *b.*

그림 26.24 LTP와 LTD에 의한 시냅스 기능 조절.
a. 글루탐산이 NMDA 수용체에 결합하여 시냅스후 막이 과도하게 탈분극되면, 유입된 Ca^{2+}가 AMPA 수용체의 삽입을 야기한다. 이는 추후 자극에 대해 시냅스가 더 강하게 반응하도록 한다. ***b.*** 시냅스후 막이 크게 탈분극되지 않거나 글루탐산이 적으면, NMDA수용체와 결합한 글루탐산은 AMPA 수용체를 제거하는 경로를 작동시킨다. 이것은 추후 자극에 대해 시냅스의 민감성을 떨어뜨린다. CaMKII: 칼모듈린-의존성 단백질 인산화효소2.

노-3-하이드록실-5-메틸-4-이소옥사졸-프로피온산(α-amino-3-hydroxyl-5-methyl-4-isoxazole-propionate, AMPA) 수용체가 시냅스후 막에 삽입되고, 시냅스를 추후 자극에 더 민감하도록 만든다(**그림 26.24**).

만약 NMDA 수용체의 자극이 약하고 시냅스후 막이 덜 탈분극된다면, LTD가 발생할 수 있다. 이 경우 서로 다른 Ca^{2+} 의존성 신호전달경로는 AMPA 수용체를 막으로부터 잃게 된다. 이를 종합해 볼 때 이 두 기작은 미래의 자극에 대해 시냅스를 더 민감하거나 덜 민감하게 만들 수 있다는 것을 알 수 있다.

알츠하이머병: 뇌 뉴런의 퇴화

과거에는 뇌의 기억과 사고 과정의 기능을 잃는 **알츠하이머병**(alzheimer disease)에 대해서 거의 알려지지 않았다. 과학자들 사이에 그 병과 원인의 생물학적 본질에 대해 의견이 일치하지 않았으며, 2가지 가설이 제시되어 왔다. 하나는 뇌에 있는 신경세포들이 외부의 영향으로 죽는다는 것이고, 다른 하나는 내부의 영향으로 죽는다는 것이다.

첫 번째 가설에서 베타-아밀로이드(ß-amyloid)라고 하는 외부 단백질들이 비정상적인 형태로 존재하고 덩어리나 플라크(plaques)를 형성한다. 플라크는 뇌를 채우고 신경세포들을 손상시켜 죽게 한다. 그러나 이러한 아밀로이드 플라크들은 알츠하이머병을 앓지 않은 사람들의 부검에서도 나타난다.

두 번째 가설은 신경세포가 비정상적인 형태의 타우(tau)라는 내부 단백질에 의해 죽는다는 주장이다. 타우 단백질은 정상적인 상태에서 단백질을 운반하는 미세소관을 유지하는 기능을 한다. 비정상적인 형태의 타우 단백질은 정상적인 신경세포의 기능을 방해하는 얽힌 형태의 나선형 구조물을 형성한다. 현재는 신경의 실질적인 죽음과 타우 단백질의 얽힘 사이의 관계가 명확해지고 있다.

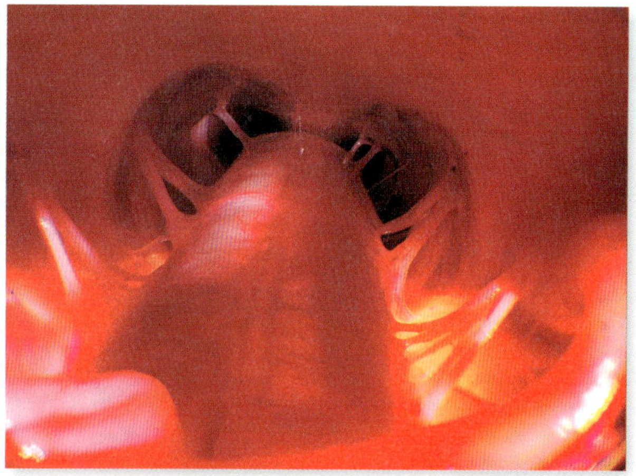

그림 26.25 사람의 척수.
척수로부터 쌍으로 된 척수신경이 뻗어나가는 것을 볼 수 있다. 척수신경과 뇌신경을 통해 중추신경계는 신체 나머지 부위와 소통을 하게 된다.

척수는 메시지를 전달하고 일부 반응을 직접 제어한다

척수(spinal cords)는 뇌에서 척추를 따라 내려가는 일종의 신경 케이블이다(**그림 26.25**). 척수는 **뇌척수막**(meninges)으로 싸여 있고, 다

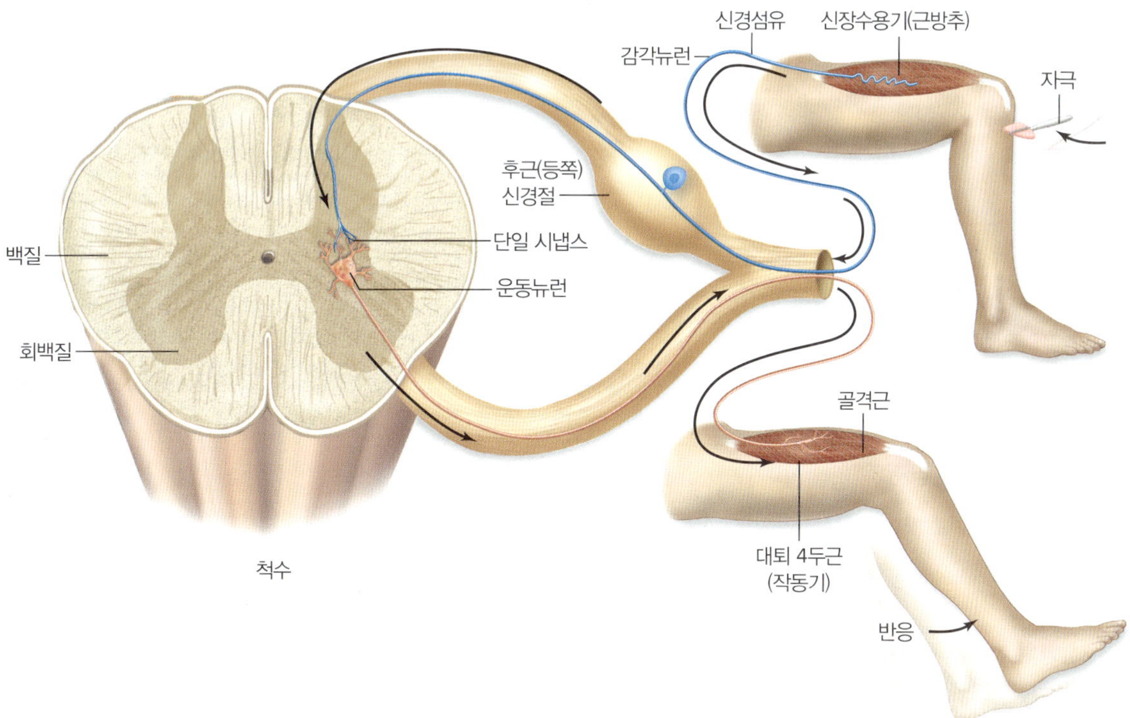

그림 26.26 무릎반사 작용.
무릎반사는 가장 간단한 반사작용으로 감각뉴런과 운동뉴런만 관여한다.

그림 26.27 피부척수반사. 이 반사는 무릎반사에 비해 더 복잡하다. 감각뉴런과 운동뉴런에 첨가하여 연합뉴런도 필요하기 때문이다. 연합뉴런은 근수축을 위해 감각뉴런과 운동뉴런을 연결한다. 다른 연합뉴런들은 반대 작용을 하는 길항근이 이완하도록 운동뉴런들을 억제한다.

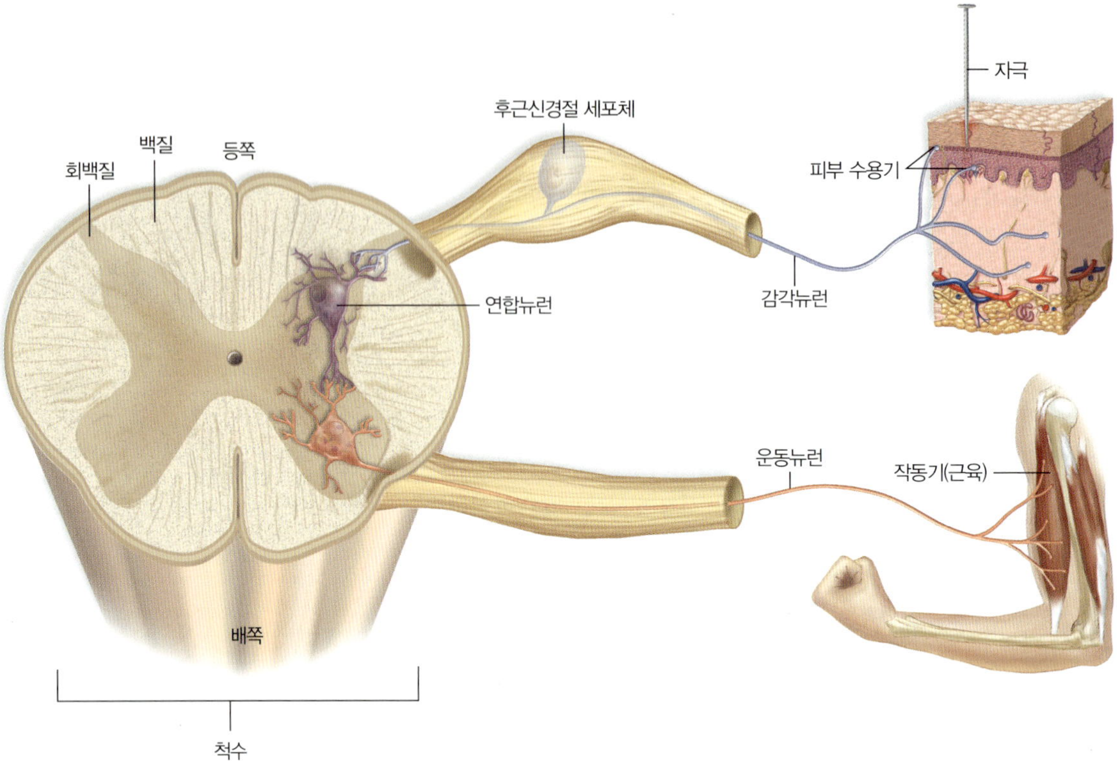

시 척주에 의해 둘러싸여 보호된다. 척수의 안쪽에는 두 구역이 있다.

안쪽 구역은 회백질로 주로 연합뉴런, 운동뉴런, 신경교세포의 세포체로 이루어져 있다. 바깥쪽 구역은 백질(white matter)로 축삭의 케이블이 분포되어 있는데 등쪽 척수에는 감각 축삭이, 그리고 배쪽 척수에는 운동 축삭이 달리고 있다. 여기에는 다른 신경세포의 수상돌기들도 들어있다. 몸과 뇌로부터 오는 정보는 척수의 위아래로 달리기 때문에 척수는 몸의 "정보 고속도로"라고 할 수 있다.

척수는 정보를 중계하는 일 외에 근육의 갑작스런 불수의적 운동인 **반사**(reflex)를 수행한다. 반사란 자극에 대한 신속한 운동 반응으로 감각뉴런이 정보를 척수에서 운동뉴런에 직접 전달하면서 발생한다. 몸에서 흔한 반사 중 하나는 눈을 감는 것인데, 이 반사는 눈을 보호한다. 벌레나 먼지가 눈에 접근하면, 눈꺼풀은 무슨 일이 일어났는지도 모르는 사이에 감긴다. 이러한 반사는 대뇌가 눈이 위험하다는 것을 인식하기 전에 일어난다.

반사는 몇 개의 뉴런만을 통해서만 정보를 보내기 때문에 매우 빠르게 진행된다. 무릎반사(knee-jerk reflex, **그림 26.26**)와 같은 몇 가지 반사들은 단일 시냅스 반사궁(reflex arcs)이다. 이 경우 감각뉴런은 척수에서 운동뉴런과 직접 시냅스를 이루고, 운동뉴런의 축삭은 바로 근육으로 뻗어 있다.

그러나 척추동물에서 대부분의 반사들은 감각뉴런과 운동뉴런 사이에 연결된 하나의 연합뉴런이 관여한다(**그림 26.27**). 뜨거운 난로에서 손을 떼거나 바람에 눈을 감는 행동들은 정보가 감각뉴런으로부터 1개 이상의 연합뉴런을 거쳐 운동뉴런으로 전달되는 것과 연관되어 있으며, 운동뉴런은 적합한 근육이 수축하도록 자극한다. 감각뉴런도 신호를 뇌로 보내기 위해 다른 연합뉴런들과 연결되어 있다. 그래서 뜨거운 난로에서 손을 치우더라도 여전히 고통을 느끼게 된다.

척수의 재생

과거에 과학자들은 끊어진 척수를 치료하기 위해 몸의 다른 부위의 신경을 연결하여 척수가 재생될 수 있는 안내자 역할을 하도록 시도했었다. 그러나 대부분의 실험들은 실패로 돌아갔다. 이는 이식된 신경을 따라 축삭이 재생되었지만 척수 조직을 뚫고 들어가지 못했고, 신경의 성장을 방해하는 요인이 척수에 존재했기 때문이었다.

섬유아세포생장인자(FGF)가 신경의 성장을 자극한다는 것이 발견된 이후, 쥐를 이용하던 신경생물학자들은 섬유아세포생장인자가 섞인 피브린을 이용하여 척수에 이식한 신경을 붙이는 것을 시도했다. 3개월 후 연결된 신경을 가진 쥐가 하반신을 움직이기 시작했으며, 염색법을 통해 확인 결과 척수신경이 끊어진 양쪽 끝에서부터 자라난 것을 볼 수 있었다.

많은 과학자들은 사람에 있어서도 비슷한 치료가 이용될 수 있는 가능성에 고무되었다. 그러나 사람의 경우 대부분의 척수 부상은 완전히 절단된 척수와는 관련이 없으며, 보통 다른 조직의 손상으로 인해 신경이 상처를 입은 경우이다. 그리고 쥐들이 신경 연결을 통해 다시 움직일 수 있는 능력을 얻었다 하더라도 실험 결과는 가까스로 걷거나 서 있을 정도였다.

핵심 요약 26.4

척추동물의 뇌는 3개의 주요 영역인 후뇌, 중뇌, 전뇌로 나뉜다. 전뇌의 일부인 대뇌는 2개의 반구로 구성되어 있는데, 대뇌피질의 회백질이 백질과 기저핵이라고 하는 회백질 부분을 덮고 있다. 척수는 뇌로 가는 또는 뇌에서 오는 정보를 전달한다. 반사는 척수가 직접 감각 정보를 처리하여 운동 반응을 일으킨다.

■ 반사작용의 이점은 무엇일까?

26.5 말초신경계: 척수신경과 뇌신경

학습 목표

1. 말초신경계의 구조에 대해 설명할 수 있다.
2. 감각뉴런과 체성뉴런의 작용에 대해 설명할 수 있다.
3. 체성신경계와 자율신경계를 구별하여 설명할 수 있다.
4. 자율신경계의 교감신경 및 부교감신경 차이에 대해 설명할 수 있다.

말초신경계(PNS)는 신경과 **신경절**(ganglia)로 이루어져 있다. 신경은 케이블 모양의 축삭 집단으로(**그림 26.28**), 그 속에는 보통 감각뉴런과 운동뉴런이 들어있다. 신경절은 중추신경계(CNS) 밖의 뉴런의 세포체들이 모인 부위이다. 말초신경계의 기능은 환경으로부터 정보를 받아들여 중추신경계로 전달하며, 근육세포와 같은 작동기에 반응을 전달하는 것이다.

PNS에는 체성신경계와 자율신경계가 있다

척수에서 척수신경은 감각신경과 운동신경으로 갈라져 구분된다. 감각뉴런의 축삭들은 척수의 등쪽 표면으로 들어가서 척수신경의 **후근**(dorsal root)을 이루고, 운동신경은 척수의 배쪽 표면에서 나와 척수신경의 **전근**(ventral root)을 이룬다. 감각뉴런들의 세포체는 각 단계의 척수 밖에서 함께 모여 **후근신경절**(dorsal root ganglia)을 구성한다. 그에 비해 체성 운동뉴런들의 세포체는 척수 안에 들어 있어 신경절을 이루지 않는다.

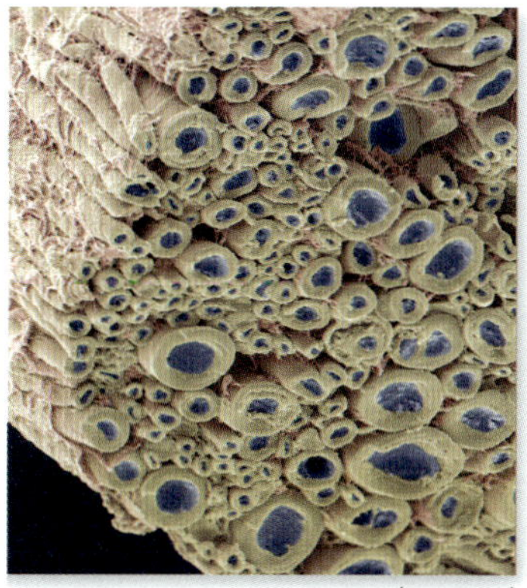

그림 26.28 말초신경계의 신경. 미엘린화된 축삭을 포함하는 신경섬유의 단면을 보여주는 전자현미경 사진. 신경은 축삭 다발로 결합조직으로 묶여 있다. 미엘린초(노란색)가 축삭(파란색)을 둘러싸고 있다.

26.1절에서 살펴본 것처럼 체성 운동뉴런은 골격근을 자극하여 수축시키고, 자율 운동뉴런은 평활근, 심근, 샘과 같은 불수의적 작동기에 뻗어 있다. 체성신경계와 자율신경계의 비교는 **표 26.5**에 나와 있다. 각 신경계에 대해 알아보자.

체성신경계는 움직임을 제어한다

골격 근육은 아세틸콜린(ACh)의 방출을 통해 체성 운동신경에 의해 흥분된다. 골격근세포의 니코틴성 수용체는 ACh과 결합하는데, 이 수용체들은 근육 섬유의 빠른 탈분극을 위한 소듐 이온통로가 된다(**그림 26.6** 참조). 빠르고 연속적인 자극은 골격 근육이 빠르게 움직일 수 있게 해준다.

그러나 특정 근육이 자극되어 수축할 때, 이의 길항근(antagonist)은 억제되어야 한다. 그 실례로 팔을 구부리기 위해 굴근(flexor muscle)이 자극을 받는 동안 길항적인 신근(extensor muscle)은 억제되어야 한다(29장 참조). 하행 운동 축삭은 길항근에 뻗어 있는 척수 운동뉴런의 과분극(IPSPs)을 일으켜 억제 작용을 한다.

표 26.5 체성신경계와 자율신경계의 비교

특징	체성신경계	자율신경계
작동기	골격근	심근 평활근 위장관 혈관 기도 외분비선
운동신경에 대한 효과	흥분	흥분 또는 억제
작동기 세포의 신경 분포	항상 1개	일반적으로 2개
작동기까지의 뉴런의 수	1개	2개
신경전달물질	아세틸콜린	아세틸콜린, 노르에피네프린

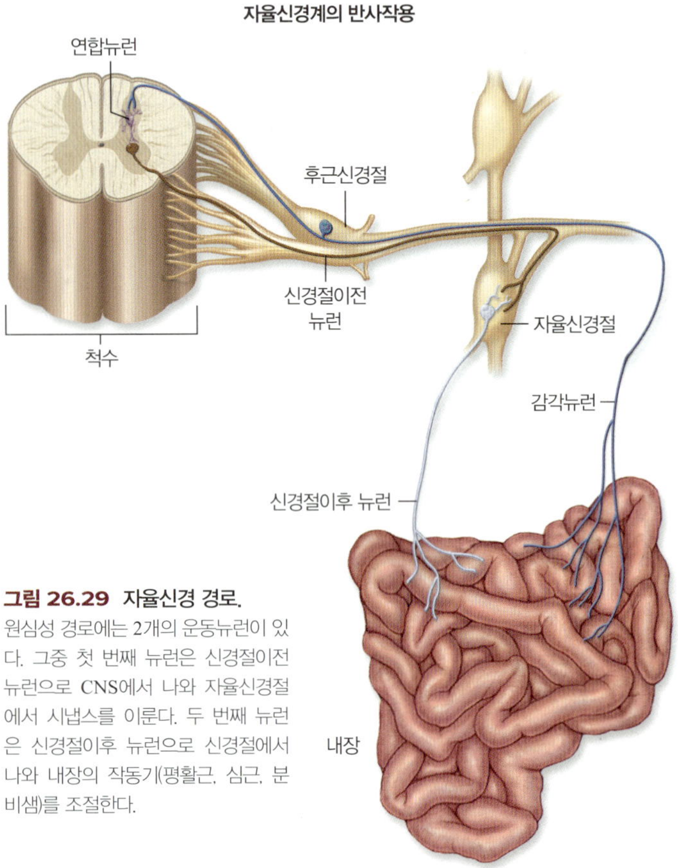

그림 26.29 자율신경 경로. 원심성 경로에는 2개의 운동뉴런이 있다. 그중 첫 번째 뉴런은 신경절이전 뉴런으로 CNS에서 나와 자율신경절에서 시냅스를 이룬다. 두 번째 뉴런은 신경절이후 뉴런으로 신경절에서 나와 내장의 작동기(평활근, 심근, 분비샘)를 조절한다.

자율신경계는 2가지 방식으로 불수의근 기능을 조절한다

자율신경계는 **교감신경**(sympathetic nerve)과 **부교감신경**(parasympathetic nerve) 그리고 이 신경계들을 조절하는 후뇌의 연수(medulla oblongata)로 구성된다. 교감신경과 부교감신경은 서로 다르지만 몇 가지 특징을 공유한다. 이 두 종류의 신경에서 원심성(efferent) 운동 경로는 2개의 뉴런으로 이루어져 있다. 첫 번째 뉴런의 세포체는 CNS에 있고, 자율신경절로 축삭을 뻗는다. 이 뉴런을 **신경절이전 뉴런**(preganglionic neuron)이라고 하는데, 이 뉴런들은 시냅스에서 아세틸콜린을 방출한다.

두 번째 뉴런의 세포체는 자율신경절에 있고, 축삭은 평활근, 심근 또는 샘세포와 시냅스를 이룬다(**그림 26.29**). 이 두 번째 뉴런은 **신경절이후 뉴런**(postganglionic neuron)이라고 한다. 부교감신경의 신경절이후 뉴런은 시냅스에서 아세틸콜린을 방출하고, 교감신경의 신경절이후 뉴런은 노르에피네프린을 방출한다.

교감신경

교감신경에서 신경절이전 뉴런은 척수의 흉부(thoracic region)와 요추부(lumbar region)에서 나온다(**그림 26.30** 왼쪽). 이 뉴런들의 축삭들 대부분은 척수 바로 밖에 두 줄로 평행으로 있는 신경절에서

그림 26.30 자율신경계의 교감신경과 부교감신경. 교감신경의 신경절이전 뉴런은 척수의 흉부와 요추부에서 나오고, 부교감신경의 신경절이전 뉴런은 뇌와 척수의 천골 부위에서 나온다. 교감신경의 신경절은 척수 가까이 위치하고 있는 반면, 부교감신경의 신경절은 작용하는 기관 가까이 위치하고 있다. 대부분의 내부 기관들은 두 신경 모두의 지배를 받는다.

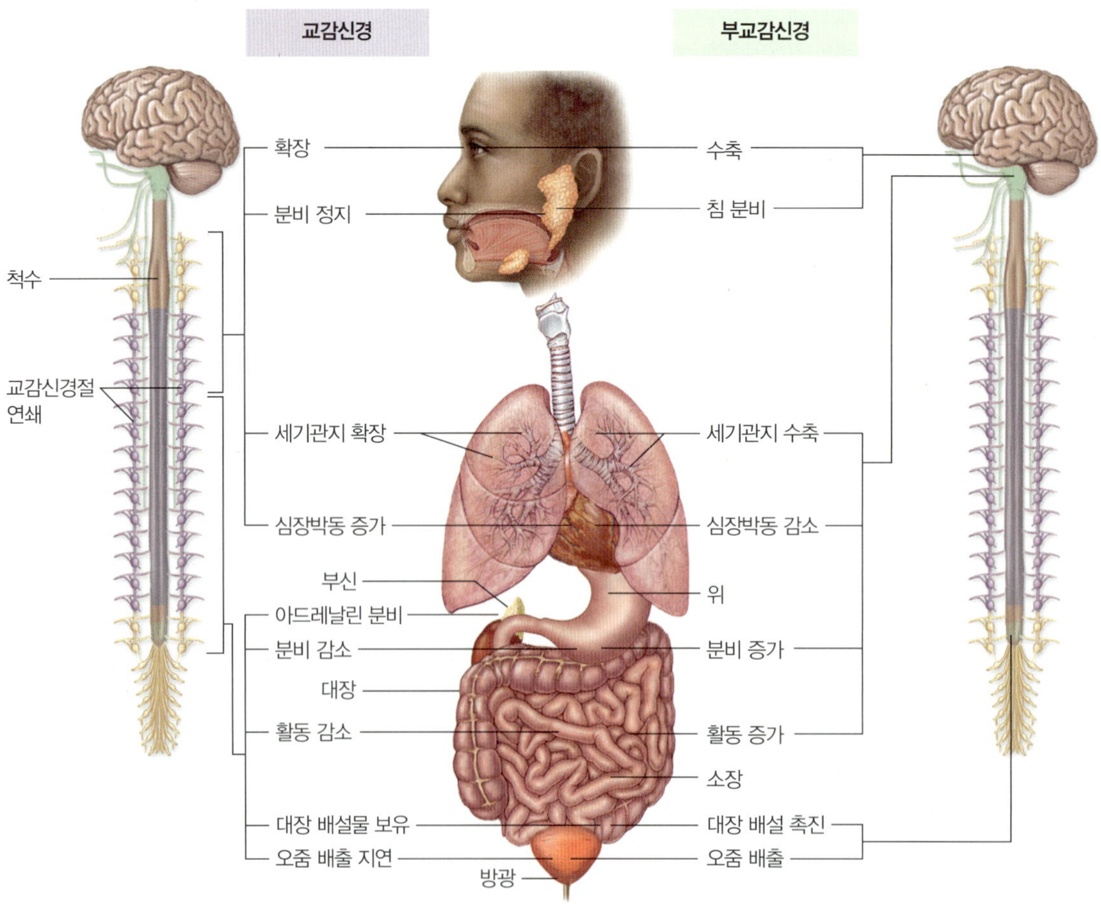

표 26.6	표적 조직의 자율신경 지배	
표적 조직	**교감신경의 자극**	**부교감신경의 자극**
눈의 동공	확장	수축
샘		
침샘	혈관 수축, 분비 감소	혈관 확장, 분비 증가
위샘	분비 억제	위 활동 자극
간	포도당 분비 자극	포도당 분비 억제
땀샘	땀 분비	없음
위장관		
괄약근	강해짐	약해짐
소화관벽	운동성 감소	운동성 증가
쓸개	이완	수축
방광		
근육	이완	수축
괄약근	수축	이완
심근	박동 및 강도 증가	박동 감소
폐	세기관지 확장	세기관지 수축
혈관		
근육	확장	없음
피부	수축	없음
내장	수축	확장

시냅스를 이룬다. 이 구조는 보통 **교감신경절연쇄**(sympathetic chain of ganglia)라고 부르는데, 교감신경절연쇄에는 신경절이후 뉴런들의 세포체들이 있고, 여기에서 나오는 축삭들은 여러 내장기관으로 뻗는다. 그러나 이런 일반적 양상에서 벗어나는 예외들이 있다. 일부 신경절이전 교감뉴런의 축삭은 교감신경절에서 시냅스를 이루지 않고 교감신경절을 지나쳐 부신에서 끝난다(28장 참조). 활동전위에 반응하여 부신수질 세포는 에피네프린(아드레날린) 호르몬을 분비한다. 동시에 노르에피네프린이 신경절이후 뉴런의 시냅스에서 방출된다. 26.3절에서 살펴본 것처럼 2가지 신경전달물질들은 모두 대사량과 혈류량을 증가시켜 몸이 활동하도록 준비시킨다.

부교감신경

교감신경의 활동은 부교감신경과는 길항적이다. 부교감신경의 신경절이전 뉴런은 뇌 및 척수의 천골 부위(엉치뼈, sacral region)에서 나온다(**그림 26.30** 오른쪽). 따라서 부교감신경은 교감신경절연쇄 같은 구조를 이루지 않는다. 그 대신 신경절이전 축삭(이 중 다수는 미주신경 안에 있음)이 내부 기관 부근이나 그 안에 있는 신경절에서 끝난다. 그런 다음, 신경절이후 뉴런이 시냅스에서 아세틸콜린을 방출하여 내부 기관을 조절한다. 부교감신경은 심장박동을 느리게 하고, 소화기관의 분비작용과 활동을 증가시킨다. **표 26.6**은 교감신경과 부교감신경을 비교해 나타내었다.

G 단백질은 자율신경 신호에 대한 세포 반응을 중재한다

아세틸콜린(ACh)은 어떻게 다른 곳에서 흥분 효과를 나타낼 때 심장에서는 심장박동 속도 완화라는 억제 효과를 나타낼 수 있는 것일까? 그에 대한 답은 간단하다. 이는 각각의 경우에 관련된 세포들이 서로 다른 효과를 만들어내는 서로 다른 ACh 수용체를 가지고 있기 때문이다. 신경근접합부에서 ACh 수용체는 막을 탈분극화시키는 Na^+의 유입을 가능하게 하는 리간드개폐성 Na^+ 통로이다. 심장의 경우 심장 박동원 세포에서의 억제 효과는 ACh가 **무스카린성 수용체**(muscarinic receptor)에 결합함으로써 K^+ 통로를 열리게 하여 K^+이 밖으로 빠져나가고 세포가 과분극되기 때문에 일어난다(**그림 26.31**). 무스카린성 수용체는 **G 단백질**(G protein)의 도움으로 2차전달자를 이용하는 특별한 수용체 그룹에 속한다. 이 수용체는 리간드(이 경우 ACh)가 결합함으로써 활성화되고, G 단백질을 활성화시킨 후, 반응 단백질(effector protein)을 차례로 활성화시키는데, 이 경우는 K^+ 통로가 된다.

이런 유형의 시스템은 다른 기관에서 G 단백질이 다른 반응 단백질에 작용할 때 흥분 효과가 일어날 수 있도록 한다. 그 실례로 위(stomach)로 뻗은 부교감신경은 위액 분비와 위 수축을 증진시킨다.

그림 26.31 부교감신경의 ACh 작용에 필요한 G 단백질의 활동.

ACh가 그의 수용체에 결합하면 G 단백질 복합체의 분리가 일어나고, 일부 인자가 방출된 다음, 막 안에서 이동하여 이온통로를 이루는 다른 단백질에 결합한다. 그림은 심장에서의 ACh의 영향을 보여주는 것으로, 심장에서 G 단백질 인자들은 K^+ 통로를 열리게 하여 포타슘이 밖으로 확산되고 과분극이 일어나게 함으로써 심장박동이 느려진다.

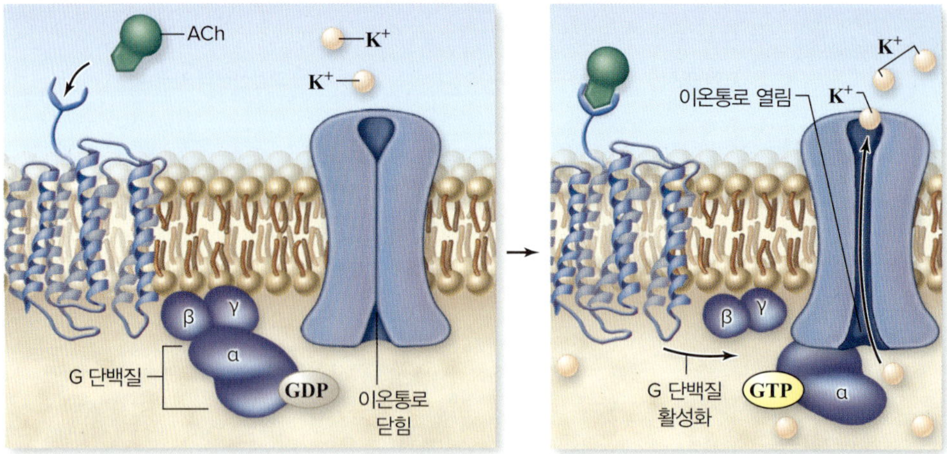

교감신경의 영향에도 G 단백질연결수용체(G protein-coupled receptors)가 관여한다. 교감신경 말단에서 나오는 노르에피네프린이나 부신수질에서 나오는 에피네프린은 표적세포를 활성화하는 데 G 단백질이 필요하다. 이러한 상호작용들은 호르몬의 작용과 함께 28장에서 상세히 다룬다.

뇌신경은 감각뉴런과 운동뉴런을 가진다

지금까지는 척수신경과 관련하여 논의하였다. 하지만 두뇌의 아래에는 12쌍의 뇌신경(cranial nerve)이 존재한다(**그림 26.32**). 이것들은 이름과 로마 숫자(I~XII)를 함께 사용하여 나타낸다. 그들 중 일부는 감각 입력(sensory input)과 운동 명령(motor output)을 모두 가지는 혼합 신경이지만, 다른 것들은 순수하게 냄새 및 후각 신경(I), 시각 및 시신경(II)과 같은 특별한 감각과 연관되어 있다. **표 26.7**은 모든 뇌신경의 이름 및 번호, 기능을 보여준다. 다른 신경과 달리 미주신경(X)은 머리와 목을 훨씬 넘어 가슴과 복부에 있는 장기를 자극한다(**그림 26.33**). 또한 미주신경은 주로 항상성 유지에 도움이 되는 자율신경섬유를 가지는 뇌간에 위치함으로써 심장박동, 호흡, 소화 및 호르몬 방출 조절에 도움을 준다.

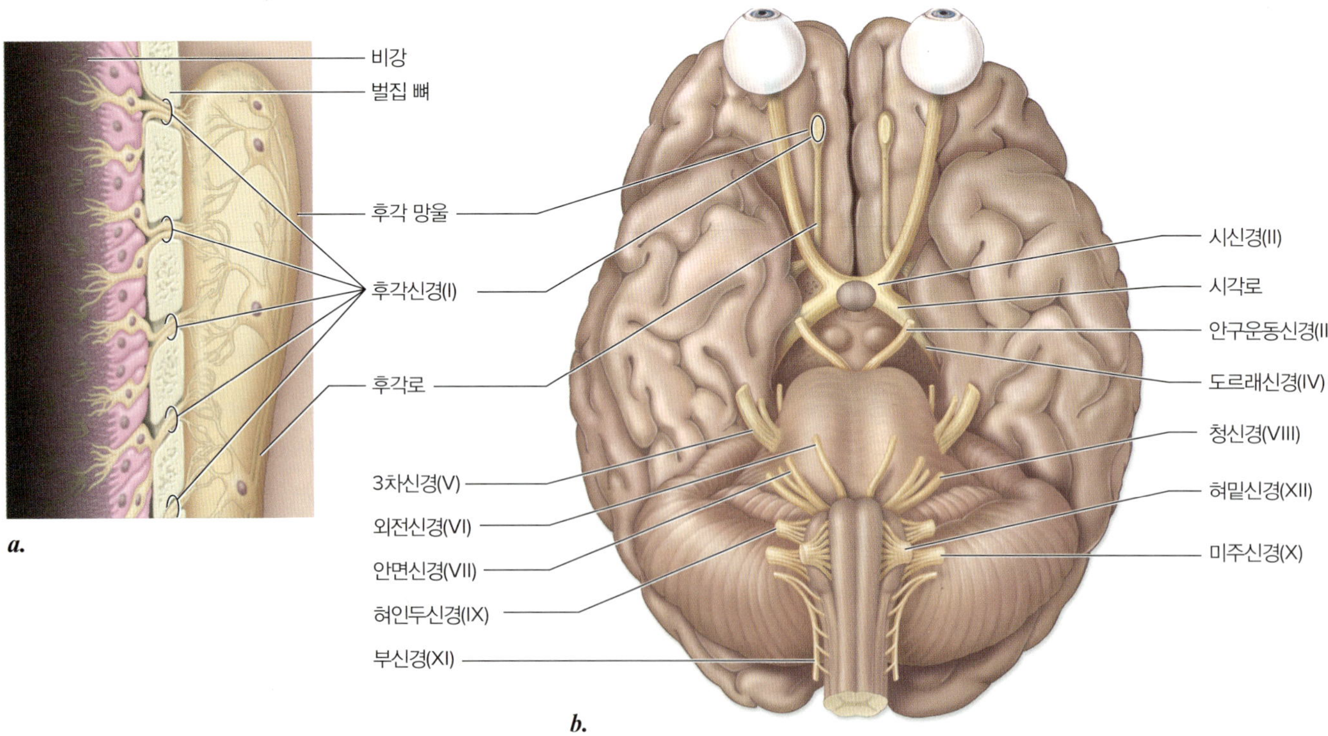

그림 26.32 뇌의 기저부에서 나타낸 뇌신경 12쌍의 이름 및 번호.

표 26.7	뇌신경 기능	
번호	이름	기능
I	후각신경	냄새 감각
II	시신경	시각
III	안구운동신경	일부 눈 근육 및 눈꺼풀 움직임
IV	도르래신경	일부 눈 근육 조절
V	3차신경	씹는 운동 및 얼굴 감각
VI	외전신경	일부 눈 근육 조절
VII	안면신경	얼굴 근육 조절, 침 분비, 피부 감각
VIII	청신경	청각과 평형 감각
IX	혀인두신경	침 분비, 맛과 내장 및 피부 감각
X	미주신경	심장 및 내장의 운동 조절, 가슴과 인후두 및 복부 내장의 감각
XI	부신경	인후두 및 어깨로 운동뉴런을 통한 자극 전달
XII	혀밑신경	혀, 골격근, 내장의 운동 조절 및 피부와 내장의 감각

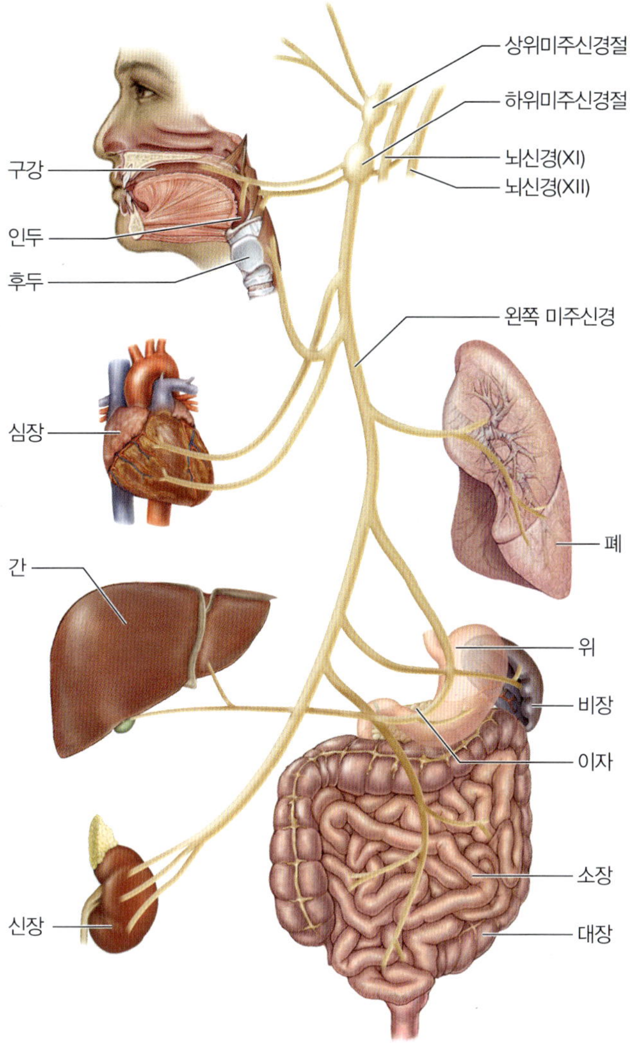

그림 26.33 뇌신경(X)인 미주신경은 내장기관을 관장한다.

핵심 요약 26.5

PNS는 체성신경계(수의적) 및 자율신경계(불수의적)로 구성된다. 척수 및 뇌 신경은 감각 기관에서 CNS로 정보를 전달하는 감각뉴런과 CNS에서 근육세포와 같은 표적기관까지 명령을 전달하는 운동뉴런을 포함한다. 자율신경계에서 교감신경은 싸움 또는 도망(fight-or-flight)을 위한 신체 반응을 활성화시키고, 부교감신경은 주로 휴식과 소화를 촉진시킨다.

- 교감신경 및 부교감신경의 분업이 단일 시스템을 갖는 것보다 유리한 이유는 무엇일까?

핵심 개념 요약

26.1 신경계의 구성

■ 중추신경계는 명령 센터이다

CNS는 뇌와 척수로 구성되며, 이곳에서 입력된 감각이 통합되고 반응이 생성된다.

■ 말초신경계는 정보를 수집하고 반응을 수행한다

PNS는 자극을 CNS로 전달하는 감각뉴런과 CNS로부터 작동기로 자극을 전달하는 운동뉴런으로 구성되어 있다.

체성신경계는 주로 골격근에 작용하는데, 자율신경계는 불수의적이며, 서로 길항적인 교감신경계와 부교감신경계로 구성된다.

■ 뉴런의 구조는 그 기능을 뒷받침한다

뉴런은 세포체, 정보를 받는 수상돌기 및 세포로부터 신경 자극을 전달하는 긴 축삭을 가진다.

■ 신경교세포는 뉴런을 지지한다

신경교세포는 신경계의 세포를 보조한다. 슈반세포(PNS)와 희돌기세포(CNS)는 축삭을 둘러싸고 있는 미엘린초를 생산한다(**그림 26.3**).

26.2 신경자극의 전달 기작

■ 원형질막을 가로지르는 전기적 차이가 존재한다

소듐–포타슘 펌프는 Na^+를 세포 외부로, K^+를 세포 안으로 이동시킨다. 또한 K^+의 누출은 세포 외부로 양전하를 이동시키는데, 세포 밖으로 확산되는 K^+와 음전하에 의해 끌어당겨지는 K^+ 사이의 균형으로 휴지막전위가 형성된다.

■ 막전위의 변화는 막 투과성의 변화 때문이다

막전위는 이온통로의 작용에 의해 달라질 수 있다. 이온통로는 화학적 또는 전기적 자극에 반응한다. 차등전위는 가중(summation)으로 인해 정해진다.

■ 소듐 이온과 포타슘 이온이 세포막을 가로질러 이동할 때 활동전위가 발생한다

활동전위는 실무율(all-or-nothing)을 따르는데, 전압개폐성 이온통로의 신속하고 순차적인 개방으로 인해 발생된다(**그림 26.8**).

■ 활동전위는 축삭을 따라 전파된다

활동전위 동안 Na^+가 유입되면 인접한 막 부분이 탈분극되어 또다시 그곳의 활동전위가 발생된다(**그림 26.9**).

■ 신경자극의 전도 속도를 증가시키는 2가지 방법이 있다

신경자극의 속도는 축삭의 지름이 증가함에 따라 빨라지고, 결절에서 결절로 뛰어넘는 도약전도가 일어날 때 빨라진다(**그림 26.10**).

26.3 시냅스: 뉴런과 다른 세포 사이의 소통

활동전위는 축삭돌기 끝부분인 시냅스에서 끝나는데, 시냅스는 축삭돌기와 다른 세포 사이의 틈새를 말한다.

■ 전기적 시냅스와 화학적 시냅스가 있다

전기적 시냅스는 간극연접으로 이루어지고, 화학적 시냅스는 신경전달물질을 방출하여 시냅스를 가로지른다(**그림 26.13**).

■ 여러 종류의 화학물질이 신경전달물질로 작용한다

신경전달물질 분자에는 아세틸콜린, 아미노산, 생체 아민, 신경 펩타이드 및 NO와 같은 가스가 포함된다.

■ 시냅스후 뉴런은 다양한 시냅스로부터 온 정보를 통합한다

흥분성 시냅스후 전위(EPSPs)는 막을 탈분극시키고, 억제성 시냅스후 전위(IPSPs)는 막을 과분극시킨다. 합산된 효과는 활동전위를 생성할 수도 생성하지 않을 수도 있다.

■ 신경전달물질은 약물 중독에 영향을 준다

중독성 약물은 종종 신경전달물질을 모방하거나 신경전달물질의 재흡수를 방해한다.

26.4 중추신경계: 뇌와 척수

■ 동물이 복잡해질수록 신경 시스템도 복잡해졌다

신경계는 연결된 신경망, 신경이 뭉쳐진 신경다발로부터 조절 중추 형태로 발전되었다(**그림 26.18**).

■ 척추동물의 뇌는 기본적인 세 부위로 나뉜다

척추동물의 뇌는 후뇌, 중뇌, 전뇌로 이루어져 있다(**그림 26.19**). 전뇌는 간뇌와 종뇌로 또다시 나뉜다. 포유류에서 대뇌라고 부르는 종뇌는 연상과 학습의 중추이다.

■ 인간의 전뇌는 뛰어난 정보 처리 능력을 나타낸다

대뇌는 우반구와 좌반구로 나누어지며(**그림 26.21**), 이는 또다시 전두엽, 두정엽, 측두엽, 후두엽으로 세분화된다(**그림 26.22**). 대뇌는 기저핵뿐만 아니라 1차 운동 및 체성 감각의 피질을 포함한다.

변연계는 시상하부, 해마 및 편도체로 구성되며 감정적인 상태를 조정한다.

■ 인간 두뇌의 복잡한 기능은 특정 영역에서 조절될 수 있다

뇌간에 있는 망상활성화계는 의식과 각성을 제어한다. 단기기억은 일시적인 신경자극으로 저장될 수 있는 반면, 장기기억은 신경 연결의 변화를 요구한다.

■ 척수는 메시지를 전달하고 일부 반응을 직접 제어한다

반사는 자극에 대한 갑작스럽고 비자발적인 근육 운동 반응이다(**그림 26.26**, **그림 26.27**).

26.5 말초신경계: 척수신경과 뇌신경

■ PNS에는 체성신경계와 자율신경계가 있다

감각축삭(들어가는)은 척수신경의 후근을 형성한다. 세포체는 후근신경절에 존재한다.

운동축삭(나가는)은 척수신경의 전근을 형성한다. 세포체는 척수에 위치한다.

■ 체성신경계는 움직임을 제어한다

체성 운동뉴런은 자발적(수의적) 명령과 불수의적 반사에 반응하여 골격 근육을 자극한다.

■ 자율신경계는 2가지 방식으로 불수의근 기능을 조절한다

교감신경은 척수의 흉부 및 요추 부위에서 시작되며, 척수의 바깥쪽에 위치한 신경절에서 시냅스를 이룬다(**그림 26.29**). 부교감신경은 뇌 및 척수의 천골 부위에서 시작하고 내부 기관 근처 또는 내부 기관의 신경절에서 종결된다(**그림 26.30**, **표 26.6**).

■ G 단백질은 자율신경 신호에 대한 세포 반응을 중재한다

아세틸콜린(ACh)의 결합은 G 단백질을 활성화시킴으로써 K^+ 통로를 열어서 K^+를 유출시키고, 막의 과분극 및 심박수 감소를 일으킨다.

■ 뇌신경은 감각뉴런과 운동뉴런을 가진다

12쌍의 뇌신경이 뇌의 아래쪽에서 나온다. 뇌신경은 체성 및 자율신경의 운동뉴런뿐만 아니라 특별하거나 일반적인 감각뉴런을 가진다.

연습문제

▪1단계: 이해력 확인하기

1. 휴지기 신경세포의 상태를 가장 적합하게 기술한 것은 무엇인가?

   a. 신경세포의 내부가 외부보다 더 음이온화되어 있다.
   b. 신경세포의 외부가 내부보다 더 음이온화되어 있다.
   c. 신경세포의 내부와 외부는 통일하게 이온화되어 있다.
   d. 포타슘 이온은 휴지기에 신경세포 안으로 새어 들어간다.

2. 다음 중 의식적으로 조절되지 않는 것은 무엇인가?

   a. 운동신경세포　　b. 체성신경계
   c. 자율신경계　　d. 골격근

3. 싸움-도주 반응은 무엇에 의해서 조절되는가?

   a. 교감신경계
   b. 부교감신경계
   c. 신경절이후 세포에서 분비되는 아세틸콜린
   d. 체성신경계

4. 억제성 신경전달물질의 특성은 무엇인가?

   a. 시냅스후 세포막을 과분극시킨다.
   b. 시냅스전 세포막을 과분극시킨다.
   c. 시냅스후 세포막을 탈분극시킨다.
   d. 시냅스전 세포막을 탈분극시킨다.

5. 백질은 ＿＿＿＿＿＿＿＿＿＿, 회백질은 ＿＿＿＿＿＿＿＿＿＿

   a. 축삭을 구성하고, / 세포체와 수상돌기를 구성한다.
   b. 미엘린화되어 있고, / 미엘린화되어 있지 않다.
   c. CNS에서 발견되며, / 역시 CNS에서 발견된다.
   d. a, b, c의 모두 맞다.

6. 활동전위가 일어나는 동안에 대한 설명으로 옳은 것은 무엇인가?

   a. 상승기는 Na^+의 유입에 기인한다.
   b. 하강기는 K^+의 유입에 기인한다.
   c. 하강기는 K^+의 유출에 기인한다.
   d. a와 c 모두 맞다.

7. 기능적인 반사작용에 필요한 것은 무엇인가?

   a. 감각신경세포와 운동신경세포만이 필요하다.
   b. 감각신경세포, 시상 및 운동신경세포가 필요하다.
   c. 대뇌피질과 운동신경세포가 필요하다.
   d. 대뇌피질과 시상만이 필요하다.

▪2단계: 적용력 평가하기

1. 신경세포막을 통과하는 이온의 이동에 관한 실험을 할 때, 신경 세포막을 통과하는 이온 농도의 평형을 결정하는 데 기여하는 요소는 다음 중 무엇인가?

   a. 이온 농도 기울기　　b. 이온 pH 기울기
   c. 이온 전기 기울기　　d. a와 c 모두 맞다.

2. Na^+/K^+ATP 가수분해 펌프에 대한 설명 중 옳은 것은 무엇인가?

   a. 활동전위 시작에 필요하지 않다.
   b. 휴지막전위의 장기간 유지에 중요하다.
   c. 시냅스에서만 중요하다.
   d. 기울기 전위차를 자극하는 데 사용된다.

3. 식중독을 야기하는 보튤리늄(botulinum) 독소의 유도체인 보톡스(botox)는 신경근접합부에서 아세틸콜린의 방출을 억제한다. 이와 같은 처리가 어떻게 원하는 성형 효과를 낼 수 있을까?

   a. 자율신경계의 부교감신경을 억제함으로써
   b. 자율신경계의 교감신경을 억제함으로써
   c. 안면근육을 마비시켜 얼굴의 주름을 감소시킴으로써
   d. 안면근육을 수축시키고 피부를 당겨 주름을 감소시킴으로써

4. 화학적 시냅스를 구성하는 단백질 중 어떤 단백질이 돌연변이될 때 분비 혹은 반응 없이 신호를 받는 것에만 영향을 미치겠는가?

   a. 시냅스후 세포의 막단백질
   b. 시냅스전 세포의 단백질들
   c. 시냅스후 세포의 세포질 단백질
   d. a와 b 모두 맞다.

5. 손가락에 날카로운 가시가 박혔을 때, 가시가 박힌 작은 부위에서 통증 수용체가 신호를 내보낸다. 그러나 이 부위는 신호를 반복적으로 빠르게 내보낸다(아프게 느껴진다). 이러한 예는 무엇을 의미하는가?

   a. 시간적 가중　　b. 공간적 가중
   c. 습관화　　d. 재분극

6. 당신이 지금 이 문장을 읽고 있을 때, 신경계에서 가장 활성화되는 부위는 어디인가?

   a. 체성신경계　　b. 교감신경계
   c. 부교감신경계　　d. 정답 없음

7. 단백질 결합 수용체는 어떤 작용으로 신경계에 관여하는가?

   a. 신경전달물질의 방출을 조절하여
   b. 활동전위 기간 중 Na^+ 통로의 개폐를 조절하여
   c. 활동전위 기간 중 K^+ 통로의 개폐를 조절하여
   d. 신경절이후 세포의 신경전달물질 수용체로 작용하여

▪3단계: 사고력 함양하기

1. TEA(tetraethylammonuim)는 전압개폐성 K^+ 통로의 기능을 방해하는 약물이다. 신경세포에 의해 야기된 활동전위에 TEA가 미치는 영향은 무엇인가? 만일 TEA가 흥분성 신경전달물질을 방출하는 시냅스전 세

포에 특이적으로 작용할 수 있다면, TEA는 해당 신경전달물질이 시냅스후 세포에 미치는 효과를 어떻게 바꾸겠는가?

2. 탈분극, 재분극, 과분극 상태에서 Na^+통로와 K^+통로의 상태를 기술하시오.

3. 흥분성 시냅스후 세포막전위(EPSP)를 일으키는데 요구되는 과정을 기술하시오. 억제성 시냅스와는 어떻게 다른가?

4. 여러분의 친구가 카페인을 매우 좋아한다. 나중에 그 친구가 과거에 느꼈던 카페인 효과를 얻기 위해서는 카페인이 함유된 음료수를 더 많이 마셔야 된다는 불평을 늘어놓았다. 여러분이 생물학 성적이 우수한 학생이라면 짐작하고 있었던 결과라고 이야기할 수 있다. 그 이유는 무엇인가?

27 감각계

도입

동물은 몸과 외부 환경의 변화에 대한 정보 또는 자극을 받는다. 이는 감각기관에서 관찰되는 자유신경말단 및 보다 전문화된 뉴런과 같은 다양한 수용기세포를 사용함으로써 이루어진다. 먼저 접촉, 압력, 온도 및 통증과 같은 일반적인 감각에 대해 알아본 후 특수 감각(청각, 미각, 후각, 시각)과 중추신경계와의 연관성을 알아본다. 이러한 감각들이 좋아하는 음악을 듣고, 음식을 즐길 수 있도록 해주며, 무지개나 일몰과 같은 장관을 감상할 수 있게 함으로써 이루어지는 우리 삶의 풍요로움을 생각해 보자.

이번 장에서는 척추동물로 초점을 확대하여 몇몇 동물종의 감각계를 살펴본 후 눈의 진화에 대한 내용으로 마무리한다.

27.1 감각수용기의 개요

학습 목표

1. 감각수용기의 2개 범주를 설명할 수 있다.
2. 감각 정보가 감각뉴런에서 중추신경계로 전달되는 방법을 설명할 수 있다.
3. 이온통로의 작동에 대해 서술할 수 있다.

감각수용기(sensory receptors)에 대해 생각할 때 주변 환경에 대해 정보를 제공하는 시각, 청각, 미각, 후각, 촉각들의 감각을 떠올리게 된다. 확실히 이러한 외부 정보는 동물의 생존 및 번성에 결정적인 요인이 되지만, 감각수용기는 근육의 움직임, 몸의 위치, 혈압과 같은 내적인 상황에 대한 정보도 제공해 준다. 여기에서는 감각정보가 전달되는 방법을 알아보기 전에 먼저 두 종류의 수용기를 살펴본다.

감각수용기는 내 · 외부 자극을 감지한다

감각수용기는 동물의 생존 및 번성에 결정적인 요인이 된다. 이러한 수용기는 **외부수용기**(exteroceptor)와 **내부수용기**(interceptor)로 나뉜다. 외부수용기는 일반적이고 특별한 자극에 관여하는 외부 환경에서 시각, 청각, 미각, 후각, 촉각을 감지하는 수용기이다. 체내 환경을 감지하는 것 또한 중요하다. 내부수용기는 체내에서 발생하는 자극을 인지하여 신체의 위치와 생리적인 변화를 감지한다. 또한 실제적 또는 잠재적 조직 손상과 관련된 신호를 통증의 형태로 전송한다.

감각 정보는 4단계로 전달된다

감각뉴런에 의해 접하게 되는 감각 정보는 4단계에 걸쳐 중추신경계(CNS)로 전달된다(**그림 27.1**).

1. **자극**(stimulation): 물리적 자극은 감각뉴런 또는 관련된 감각수용기에 영향을 준다.
2. **변환**(transduction): 자극 에너지는 감각뉴런의 수상돌기에서 차등전위로 변환된다.
3. **전송**(transmission): 활동전위는 감각뉴런의 축삭돌기에서 발생하여 구심성 신경 경로를 따라 중추신경계로 전달된다.
4. **해석**(interpretation): 뇌는 구심성 자극에 의해 생성된 전기화학적 작용들로부터 감각 인식을 만든다. 실제로 5가지 감각은 감각기관에서 인지되는 것이 아니라 뇌에서 인지되는 것이다.

감각변환은 이온통로를 통해 일어난다

감각세포는 세포막에 자극에 의해 열리는 **자극개폐성 이온통로**(stimulus-gated ion channel)를 가지고 있기 때문에 자극에 반응할 수 있다. 감각 자극은 감각 시스템에 의존하여 이온통로를 열고 닫을 수 있다. 대부분의 경우에 감각 자극은 수용기세포의 탈분극화(depolarization)를 유도하며, 이것은 신경전달물질에 반응하여 시냅스후 세포에서 생성되는 흥분성 시냅스후 전위(excitatory postsynaptic potential, EPSP, 26장 참조)와 유사하다. 자극에 대해 감각수용기에서 발생하는 탈분극은 **수용기 전위**(receptor potential)라고 한다(**그림 27.1**).

EPSP와 같이 수용기 전위는 차등전위로 감각 자극이 크면 클수록 탈분극의 정도도 커진다. 수용기 전위는 자극의 근원으로부터 멀수록 크기가 감소한다. 이것은 감각뉴런의 세포체로 도달하는 작고 무시할 만한 자극들을 막아주게 된다. 수용기 전위나 총체적인 수용체 전위가 탈분극의 임계점을 발생시킬 만큼 충분히 크다면 활동전위가 감각 축삭돌기 따라 중추신경계로 전파된다(**그림 27.1**).

감각 자극이 크면 클수록 수용기 전위의 탈분극은 더욱 커지고, 활동전위의 빈도도 높아진다. (활동전위의 빈도는 자극의 합이 아니라, 자극의 강도에 있음을 기억하자.)

일반적으로 자극 강도와 활동전위 빈도는 로그(log) 관계를 나타낸다. 예를 들면, 다른 자극보다 10배 더 큰 감각 자극은 다른 자극의 2배 정도의 활동전위를 생성한다. 이러한 관계는 중추신경계가 들어오는 신호의 빈도에 근거하여 감각 자극의 강도를 이해하게 한다.

수용기는 6가지로 분류될 수 있다

다음 절에서 우리는 6가지 종류의 수용기인 온도수용기, 통증수용기, 전자기수용기 기계수용기, 화학수용기, 광수용기의 구조와 기능 및 일반 감각과 특수 감각에서의 역할을 알아본다.

핵심 요약 27.1

모든 감각수용기는 내부수용기 또는 외부수용기로 분류할 수 있다. 감각정보가 중추신경계에 전달되는 4단계는 자극, 변환, 전송 및 중추신경계에서의 해석이다. 이온통로는 자극에 반응하여 열리거나 닫혀 막 전위를 변경한다. 막 전위가 임계값을 초과하면 활동전위가 생성된다.

■ 왜 자극의 강도와 활동전위의 빈도 사이의 관계를 로그로 나타낼까?

27.2 온도수용기, 통증수용기, 전자기수용기: 온도, 통증, 자기장

학습 목표

1. 수용기의 6가지 종류 중 처음 3가지를 나열할 수 있다.
2. 3가지 수용기의 기능을 설명할 수 있다.
3. 온도수용기와 통증수용기와의 관계를 서술할 수 있다.

온도수용기는 열에너지 변화를 감지한다

온도수용기(thermoreceptors)는 온도 변화에 민감하게 반응하는 비특이적 감각수용기(자유신경말단)로 간주된다. 2가지 종류가 있는데, 온수용기와 냉수용기이다. 벼룩이나 모기와 같은 무척추동물은 내온성(온혈) 사냥감과 숙주인 조류와 포유류를 찾기 위해 온도감각을 이용한다. 잠재적인 먹이 또는 숙주가 가까울 때 그들은 몸의 열을 감지한다. 일부 온도수용기는 1 ℃ 미만의 변화를 감지할 수 있다.

척추동물은 피부의 진피에 대부분의 온도수용기를 가지고 있다. 자극을 받았을 때 Na^+와 Ca^{2+} 통로가 서로 다른 수준으로 개방되어 앞에서 설명한 것처럼 변환을 시작한다. 냉수용기는 표피 바로 아래에 위치하여 있고 표면이 더 넓으며 온수용기보다 훨씬 많이 분포하고 있다. 온수용기는 좀 더 깊은 진피에 위치한다.

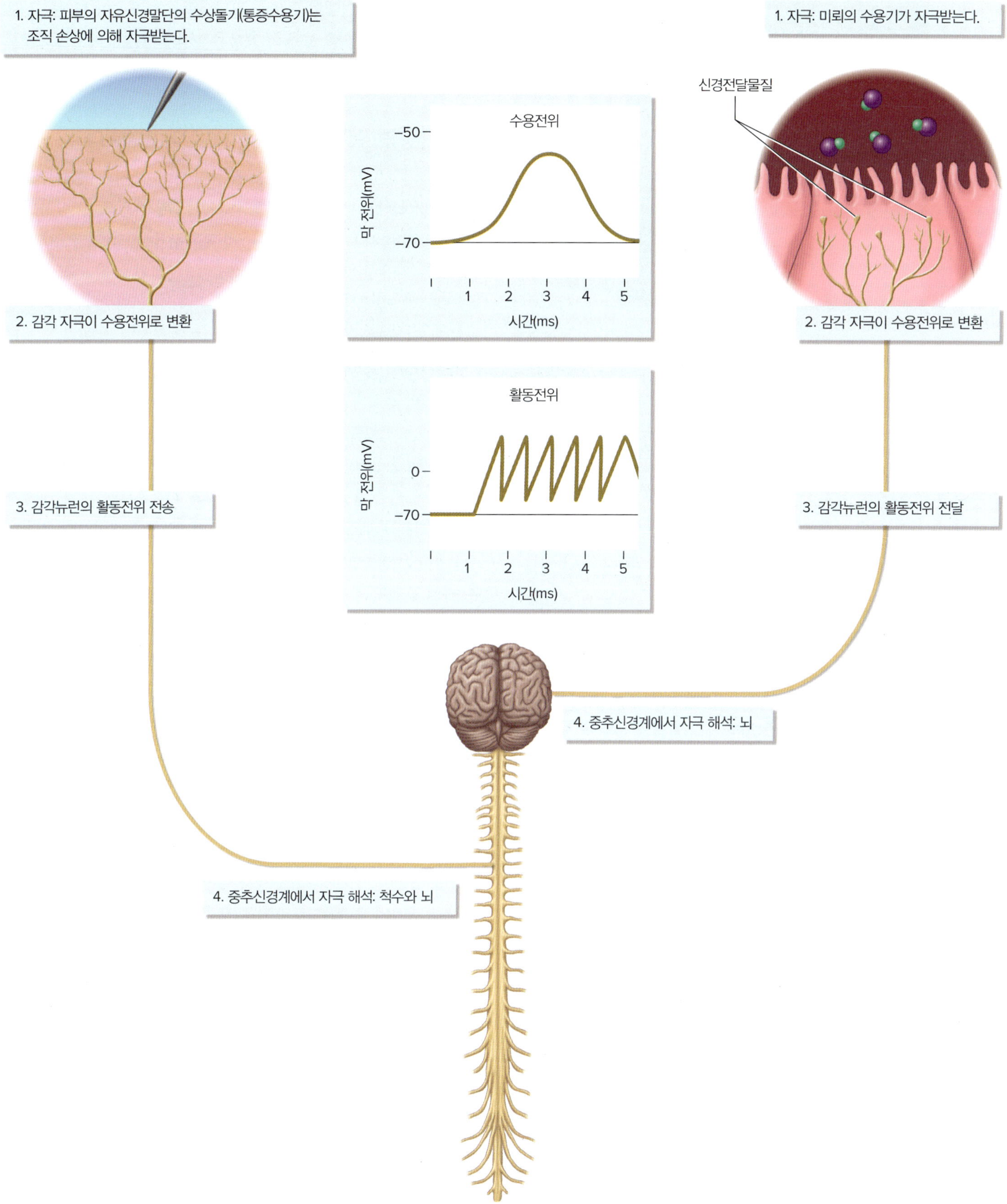

그림 27.1 감각 정보의 경로.
감각 자극은 수용기 전위로 변환되어, 해석을 위해 뇌로 이동되는 감각신경 활동전위를 발생할 수 있다.

그림 27.2 보이는 열.
방울뱀의 콧구멍과 눈 사이의 오목한 부분에 소공 기관이 열려 있다. 외부의 일부를 잘라낸 그림에서 그 기관이 막에 의해 구별되는 2개의 소실로 구성되어 있음을 볼 수 있다. 살모사는 적외선(열)을 감지하는 능력을 가지고 있다.

포유류에서 냉수용기와 온수용기는 구조적으로 구별된다. 냉수용기는 전도 속도를 증가시키는 얇은 미엘린 수초가 있는 뉴런과 관련이 있는 반면 온수용기는 수초가 없고 느린 속도로 신호를 전달한다. 온도수용기는 무해한 온도 변화를 감지하기 위한 것이다. 사람에서는 냉수용기가 10~25 ℃에서 가장 활동적이고 온수용기는 25~45 ℃에서 가장 활동적이다. 만약 온도가 이 범위를 넘어서면, 잠재적으로 손상을 입어 통증경로가 열리게 된다. 연구결과에 따르면 Na^+와 Ca^{2+}의 흐름을 위한 일시적 수용기 전위(transient receptor potential, TRP) 이온통로가 열리기 때문이다. 할라피뇨나 하바네로스 같은 매운 고추는 화학물질인 캡사이신이 온도를 상승시키는 동일한 수용기를 활성화시키기 때문에 열을 감지한다. 만약 캡사이신 농축액의 농도가 충분히 높다면 통증이 유발된다. 반대로 냉수용기를 활성화시키는 화학물질인 멘톨은 차가움을 인식하는 수용기에 반응하며, 이러한 멘톨을 함유한 진통약의 반응은 왜 멘톨이 기침 진정에 이용될 수 있는가를 알려준다.

어떤 뱀들은 먹이를 발견하기 위해 온수용기를 이용한다. 살모사(방울뱀을 포함한)는 눈과 콧구멍 사이에 소공 기관(pit organ, 뱀의 입 근처에 있는 작은 열 감지기관)이 있다(**그림 27.2**). 이 기관들은 뇌의 시각 처리 센터로 연결되어 있다. 이 뱀들은 온도 변화를 감지할 뿐만 아니라 적외선을 통해 열 화상을 형성할 수 있는 것으로 보인다. 즉, 그들은 "열"을 볼 수 있다. 이것은 어둠 속에서 사냥하는 능력을 제공하는 감각 통합의 놀라운 예이다.

온도수용기는 또한 조류와 포유류 뇌의 시상하부에서 발견된다. 이것은 순환하는 혈액의 온도를 모니터링하여 체온이 항상성 범위 내에 유지되도록 한다. 조류와 포유류는 내온성이기 때문에 체온을 일정하게 유지하는 것이 필수적이다.

통증수용기는 실제 또는 잠재적 손상에 반응한다

통증으로 인식되는 자극을 전달하는 수용기는 **통증수용기**(nociceptor)라고 한다(라틴어로 *nocere*는 "해치다" 또는 "상처를 입히다"를 의미한다). 이러한 수용기 중 일부는 피부 및 기타 조직에서 발견되는 자유신경말단이며 실제 또는 잠재적인 조직 손상에 의해 자극받는다. 앞에서 설명한 냉수용기 및 온수용기와 같은 다른 수용기의 과도한 자극은 통증으로 인식되는 신호를 보낼 수 있다.

척추동물의 통증수용기는 2가지 주요 신경전달물질인 물질 P(substance P, 통각의 전달물질)와 글루탐산을 이용해 다른 통증경로의 감각뉴런과 신호를 주고받는다. 이들은 척수를 통해 신호를 전달한다. 조직이 손상되면 프로스타글란딘이 분비되어 통증수용기의 민감도와 그에 따른 통증의 강도가 증가한다. 이부프로펜과 아스피린의 진통 효과는 프로스타글란딘의 생성을 억제하는 능력의 기능이다.

포유류는 엔돌핀(endorphins)과 엔케팔린(enkephalins)이라고 하는 자연적인 "진통제"를 생성한다. 이들 신경전달물질은 척수의 아편 유사 수용기와 결합하여 물질 P의 방출을 억제한다. 이 같은 기작은 모르핀 및 헤로인과 같은 마약의 강력한 진통 효과를 야기한다. 글루탐산의 약리학적인 조작은 학습, 기억 및 불안장애에서의 기능 때문에 잠재적 통증 억제제로서의 역할은 더욱 어려운 것으로 입증되었다.

진화론적인 관점에서 보면 고통은 위험을 나타내는 것이므로 좋다고 할 수 있다. 선천성 무통각증(congenital insensitivity to pain, CIP)으로 알려진 질병이 있으며, 이로 인해 영향을 받는 사람들은 통증을 느낄 수 없으므로 조직 손상에 반응하지 않는다. 대부분의 경우 Na^+ 통로의 오작동으로 인해 발생한다. 그러나 어떤 경우에는 엔돌핀의 과잉생산과도 관련이 있다.

전자기수용기는 전류와 자기장을 감지한다

전류를 감지할 수 있는 척추동물들

공기는 전기를 쉽게 전달하지 않지만, 물은 좋은 전도체이다. 모든 수중동물은 근육수축을 통해 전류를 발생시킨다. 어류의 많은 무리들이 이러한 전류를 감지할 수 있다. 심지어 전기 물고기는 특화된 전기 기관으로부터 전기 방전을 생성할 수 있는 능력을 가지고 있다. 전기물고기는 먹잇감이나 배우자의 위치 확인이나 물이 탁한 환경에서 3차원적 상을 그리기 위해 약한 방전을 사용한다.

연골어류(상어, 가오리, 홍어)는 **로렌치니 기관**(ampullae of Lorenzini)이라고 하는 전기수용기(electroreceptors)를 가지고 있다. 수용기세포는 젤리가 가득 찬 도관을 통해 몸 표면에 있는 구멍으로 열리는 낭(sacs)에 위치하고 있다. 젤리는 매우 좋은 전도체이며 도관이 열릴 때 음전하는 바닥쪽의 수용기를 탈분극시키며, 신경전달물질의 방출 및 감각신경의 활성을 증가시킨다. 그 실례로 이것은 상어가 먹잇감의 근육수축에 의해 발생되는 전기장을 감지하도록 해준다. 로렌치니 기관이 경골어류의 진화과정에서 사라졌음에도 불구하고 전기수용기는 유사한 감각 구조로 발달된 경골어류의 일부에서 나타나고 있다. 전기수용기는 알을 낳는 포유동물인 오리너구리의 주둥이에서 독립적으로 다른 시간대에 진화되었다, 주둥이의 수용기는 새우나 어류가 근육을 수축함으로써 생성하는 전류를 감지할 수 있기 때문에 오리너구리는 밤이나 탁한 물에서 먹잇감을 감지할 수 있다.

자기장을 감지할 수 있는 동물들

뱀장어, 상어, 꿀벌과 많은 새들은 지구의 자기력선을 따라 항해한다. 일부 박테리아도 방향을 잡기 위해 그러한 힘을 사용한다.

아무것도 보이지 않는 어두운 새장에 새들을 가두어 두더라도 1년 중 적절한 시기에 정상적으로 이주하기 위한 방향으로 꼬리를 세우고 움직임을 시도한다. 그러나 새장이 강철에 둘러싸여 자기장이 감추어지면 새들은 이러한 행동을 하지 않는다. 더욱이 어두운 새장의 자기장이 인위적인 자석에 의해 시계 방향으로 120° 빗겨나게 되면 북쪽으로 향하던 새들은 동남동쪽으로 향하게 된다. 이러한 척추동물에서의 자기수용기(magnetic receptors)의 성질은 주요 연구 대상이 되고 있다. 조류에는 2가지 시스템이 있는데 하나는 시각계의 특수 색소를 사용하고 다른 하나는 신경계에 관련된 요소를 포함한다. 이 2가지 시스템은 모두 자성에 민감하며 자기장에 의한 항해를 가능하게 하기 위해 함께 작용한다.

핵심 요약 27.2

수용기의 종류는 온도수용기, 통증수용기, 전자기수용기가 포함되지만 이외에 다른 종류도 존재한다. 온도수용기는 몸 내부와 외부의 온도 변화를 감지한다. 온도의 급격한 변화로 온도수용기가 과도하게 자극되면 통증수용기가 작용하여 통증을 유발할 수 있다. 열을 감지하는 것은 포식자가 먹이를 찾는 데 도움이 될 수 있다. 통증수용기는 통증으로 인식된 신호를 전달한다. 전자기수용기는 일부 동물에게 전류를 감지하고 자기장을 감지할 수 있게 해준다.

■ 열 감지기관이 외온성 동물 먹이를 사냥하는 데 유용할까?

27.3 기계수용기 I: 접촉, 압력, 몸의 자세

학습 목표

1. 기계수용기가 어떻게 접촉을 감지하는지에 대해 설명할 수 있다.
2. 자기수용기 및 압력수용기를 구별하여 설명할 수 있다.

기계수용기(mechanoreceptors)는 "밀어내기"나 "끌어오기"에서 오는 압력이나 물이나 공기를 통한 진동에서 오는 압력 등 물리적 또는 기계적 힘에 의해 자극을 받는다. 이러한 수용기는 접촉 및 청각 감각을 발생시키고 균형 및 신체 위치에 대한 압력을 감지한다. 여기에서는 접촉, 몸의 자세, 압력 및 장력에 관련된 수용기를 알아본다.

다양한 수용기들이 세기에 따른 접촉을 감지한다

피부에는 여러 유형의 기계수용기가 존재하는데, 일부는 진피에 존재하며 일부는 피하조직 아래에 존재한다(**그림 27.3**). 이러한 수용기들은 세포막의 기계적인 변형에 반응하여 열리는 이온통로가 있는 감각세포를 포함하며, 그들은 다양한 형태의 물리적인 접촉을 감지한다.

미세한 접촉에 반응하는 형태적으로 특수화된 수용기들은 대부분 손가락 끝과 얼굴 같은 부위에 밀집되어 있다. 그들은 피부 자극을 매우 정확하게 감지할 수 있는 곳에 위치한다. 이러한 수용기는 간헐적 또는 지속적으로 활성화될 수 있는데, 간헐적으로 활성화되는 수용기는 모낭수용기와 마이스너소체(Meissner corpuscle)를 포함하며, 손가락, 손바닥, 젖꼭지와 같은 털이 없는 표면에 존재한다.

장력수용기(tonic receptor)는 진피에 위치하는 루피니소체(Ruffini's corpuscle)와 피부 표면 근처에 위치하는 메르켈판(Merkel's disk)을 포함한다. 이러한 수용기들은 접촉의 정도와 접촉 기간을 감지한다.

피부 깊은 곳에 있는 피하조직에는 파치니소체(Pacinian corpuscle)라고 하는 간헐적으로 활성화되며, 압력에 민감한 수용기가 존재한다. 이러한 수용기들은 결합조직 세포층의 피막과 세포외액에 의해 둘러싸인 구심성 축삭의 말단을 구성하고 있다. 지속적인 압력이 이들 소체에 전해지면 탄력성을 지닌 피막은 그 압력을 대부분 흡수하고, 축삭돌기는 자극 생성을 멈춘다. 파치니소체는 피부에 진동하는 물체가 놓였을 때 반복적으로 발생할 수 있는 압력의 개시와 마감을 감지한다.

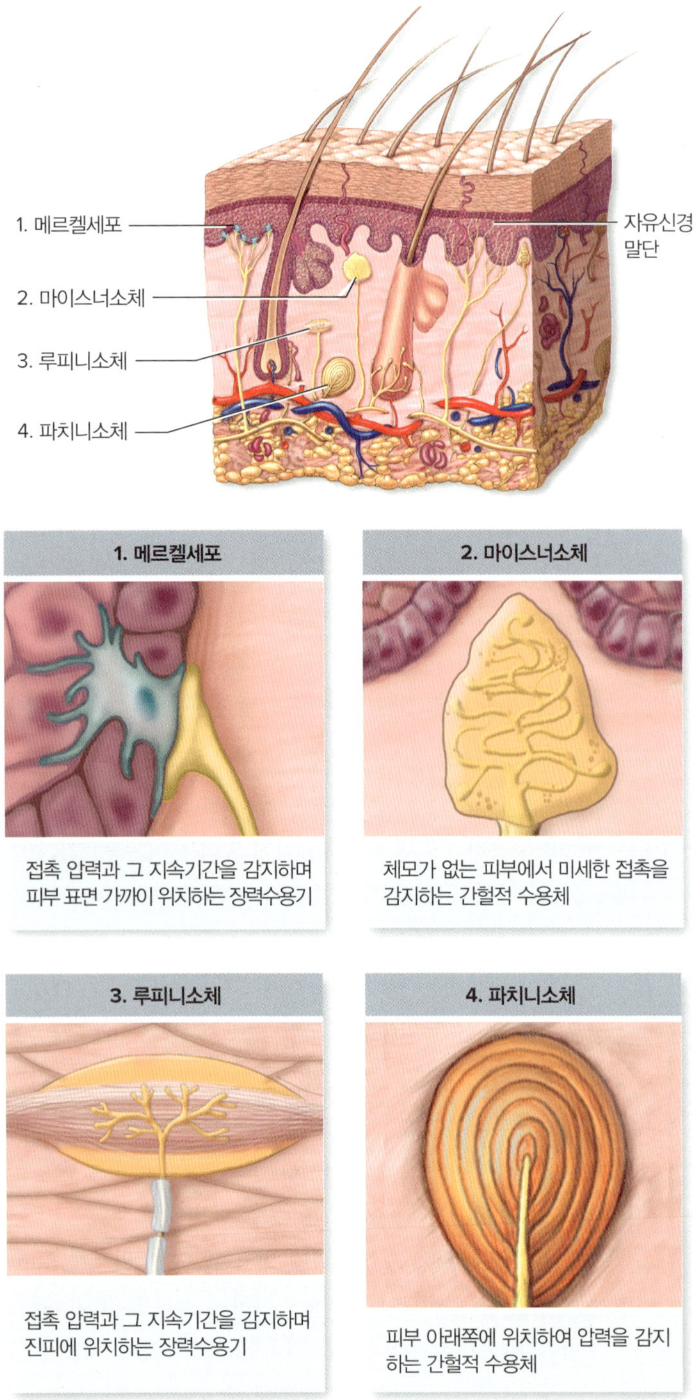

그림 27.3 사람 피부의 감각수용기.
피부수용기는 여러 지지 구조와 관련된 자유신경말단이나 감각 수상돌기일 수 있다.

촉각과 관련된 무척추동물의 기계수용기는 넓은 다양성을 나타낸다. 귀뚜라미와 바퀴벌레의 섬유상 감각모는 기류를 감지하여 경보 동작에 사용된다. 일부 거미는 먹이 탐지를 위해 기류를 감지한다. 직접 접촉이 아닌 기류를 사용하면 "먼 거리"를 감지할 수 있다. 이 기작은 나중에 설명하게 되는 물고기의 측선계와 유사하다. 어떤 종의 파리와 벌들은 잠재적인 먹이원에 접근할 때만 자극받는 촉각수용기가 있다. 이것은 27.5절에서 다룬다.

근육의 길이와 신장력은 고유수용기에 의해 감지된다

모든 동물은 시간과 장소에 대한 지속적인 "감각"이 필요하다. 이것은 **고유감각**(proprioception) 또는 제6감이라고 알려져 있다. 척추동물의 대부분 고유수용기(proprioceptors)는 골격근과 연관되어 있으며 신체 위치에 대한 정보를 제공한다. **근방추**(muscle spindle)는 감각신경에 의해 둘러싸여 자극이 되는 여러 개의 얇은 근섬유로 이루어져 있으며, 근육이 신장될 때 활성화된다(**그림 27.4**). 근육이 수축하면 방추체도 수축하여 감각뉴런이 뇌와 척수에 정보를 지속적으로 공급한다. 26장에서 설명한 무릎반사(knee-jerk reflex)는 슬개건이 방추를 늘린 결과이다. 이에 대한 대응반응은 신근(extensor muscle)의 수축으로 다리가 갑자기 홱 "들려지게" 된다.

근육이 수축할 때 근육에 붙어 있는 힘줄에 긴장이 가해지며, 다른 종류의 고유수용기인 **골지힘줄기관**(Golgi tendon organ)은 이러한 긴장을 감지한다. 긴장이 너무 높아지면 근육을 자극시키는 운동신경

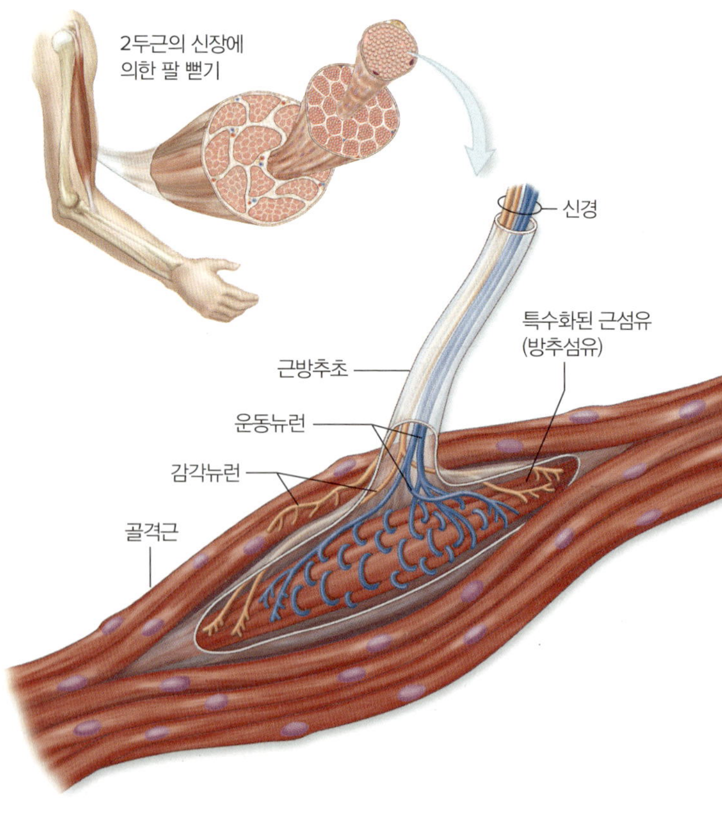

그림 27.4 근방추의 작용.
근방추는 골격근 내에 묻혀 있는 신장수용기(stretch receptor)이다. 근육의 신장은 방추 섬유를 길게 하고 그들을 둘러싸고 있는 감각 수상돌기 말단을 자극한다. 이것은 감각뉴런을 연합뉴런 또는 때때로 운동뉴런과 시냅스되어 있는 중추신경계로 자극을 전달하게 해준다.

을 억제하여 반사작용을 유도한다. 이러한 반사작용은 근육에 붙어있는 힘줄이 손상을 받을 정도로 강하게 수축하지 않도록 해준다.

걷는 것과 같이 간단해 보이는 움직임조차도 고도로 통합되고 조정된 노력을 필요로 한다. 이를 위해 어떤 근육들은 이완될 것이고 다른 근육들은 적절한 양의 힘을 생성해야 한다. 따라서 방추체와 골지 힘줄기관은 모든 움직임을 조절하기 위해 뇌 및 척수와 함께 작동해야 한다.

*PIEZO2*라고 불리는 유전자는 고유수용기와 일부 촉각과 관련된 기계수용기의 기능에 중요한 역할을 하는 것으로 확인되었다. 이 유전자의 돌연변이는 쥐와 사람에게서 처음 발견되었다. 이러한 피험자들은 기어다니고 걷는 것과 관련된 운동능력의 발달이 지연되었고 고유수용기로부터 필요한 정확한 입력이 불가능해 달리거나 점프할 수 없었다.

또한 심장 및 혈관은 운동과 관련된 신체 위치의 변화에 관한 정보를 뇌로부터 받을 것이다. 이것은 심박수와 혈류에서 필요한 변화를 수용하기 위한 것이다.

대부분의 무척추동물에는 척추동물에서 발견되는 근방추 및 골지 힘줄기관과 동일한 기능을 하는 수용기 기관이 있다. 무척추동물의 고유수용기의 예로는 갑각류, 환형동물, 거미에서 발견되는 운동수용기 기관(motor receptor organs, MROs)이 있다. 그러나 정확한 기능과 신체에서의 위치는 다양하다.

압력수용기는 혈압을 감지한다

압력수용기(baroreceptor) 또는 신장수용기는 혈액의 대동맥과 경동맥의 벽에 가하는 힘의 양에 반응한다. 혈압이 높아질수록 이러한 혈관이 늘어난다. 이것은 압력수용기가 척수에 신호를 보내는 속도를 증가시킨다. 그리고 나서 척수의 운동뉴런들은 심장과 상호작용한다. 심박수가 혈압에 비례하기 때문에 압력반사(baroreflex) 기작은 혈압을 변화시키는 가장 즉각적인 방법이다. 혈압이 증가하면 부교감신경이 심박수를 늦출 수 있다. 반대로 압력수용기가 혈압의 저하를 감지하면 교감신경이 심박수를 증가시킨다.

핵심 요약 27.3

기계수용기의 막이 변형되면 신경자극이 발생한다. 고유수용기는 근육의 길이와 신장을 감지하고, 압력수용기는 동맥의 혈압을 감지한다.

■ 왜 근육의 신장을 감지하는 것이 중요할까?

27.4 기계수용기 II: 청각, 진동, 균형

학습 목표

1. 주변의 음파가 어떻게 내이에서 활동전위의 생성을 유도하는지 설명할 수 있다.
2. 수중동물과 육상동물의 청각을 비교하여 설명할 수 있다.
3. 몸의 균형과 움직임이 청각과 연계된 구조에서 어떻게 감지되는지 서술할 수 있다.

음파를 감지하는 듣기는 실제로 공기 중에서보다 물속에서 더 잘 작용한다. 왜냐하면 물이 압력 파장(pressure waves)을 더 효율적으로 전달하기 때문이다. 이러한 제한점에도 불구하고 듣기는 환경을 모니터하거나, 다른 구성원과 연락을 위해서 또는 위험의 근원을 감지하기 위해서 육상 척추동물에 의해 널리 사용되고 있다.

소리는 물이나 공기와 같은 매질을 통해서 전달되는 진동이나 파장의 결과이다. 음파의 감지는 수중동물에서 처음 진화된 특수화된 기계수용기의 작용을 통해 가능하다. 소리의 감지에 관여하는 세포들은 진화적으로 중력감지 시스템과 관련이 있다.

어류의 측선계는 낮은 빈도의 진동을 감지한다

듣기에 더하여 어류의 측선계(lateral line system)는 압력 파장과 낮은 빈도의 진동을 반사하는 물체를 통해 원거리 접촉을 감지할 수 있게 해준다. 이것은 어류가 먹이를 감지할 수 있게 해줄 뿐만 아니라 떼를 지어 헤엄을 칠 수 있게 한다. 눈먼동굴물고기는 측선수용기를 따라 흐르는 물 흐름의 패턴 변화를 모니터함으로써 환경을 감지할 수 있다.

측선계는 양서류 유생에서도 발견되지만 변태 과정에서 소실되며, 육상 척추동물에는 존재하지 않는다. 측선계와 더불어 어류의 듣는 감각이 귀에 있는 감각 구조에 의해 이루어진다.

측선계는 어류 몸체의 양 옆면을 따라 피부 안쪽에 배열된 관 및 머리의 여러 관 내에 위치하는 모세포(hair cell)로 이루어져 있다(**그림 27.5***a*). 모세포의 표면 돌기들은 젤라틴으로 된 막으로 돌출되어 있는데, 이를 팽대마루(cupula)라고 한다. 모세포는 뇌로 자극을 전달하는 감각신경의 지배를 받는다.

모세포는 부동섬모(stereocilia)라고 하는 여러 개의 털같이 가는 돌기와 **운동섬모**(kinocilium)라는 더 긴 돌기를 가지고 있다(**그림 27.5***b*). 부동섬모는 액틴 섬유를 포함한 미세융모로 이루어져 있으며, 운동섬모는 미세소관을 포함하는 섬모이다. 어류 주변의 환경을

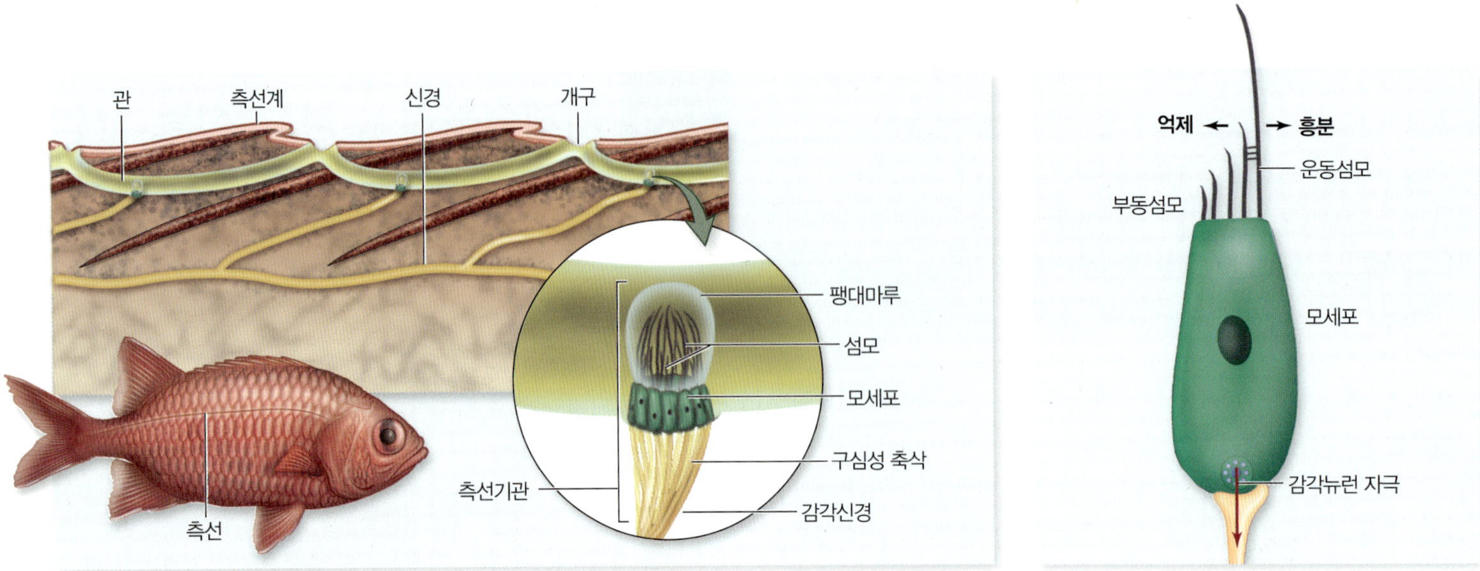

a. *b.*

그림 27.5 측선계.
a. 측선계는 어류의 피부 표면 아래에 몸을 따라 이어져 있는 관으로 구성되어 있으며, 이러한 관 내부는 젤라틴 팽대마루로 돌출되어 있는 섬모를 가진 모세포를 포함하는 감각 구조이다. 관에서 물을 통해 전해진 압력파는 섬모를 휘게 하고, 모세포와 연결된 감각뉴런을 탈분극시킨다. *b.* 모세포는 젤라틴 막으로 돌출된 머리카락 모양의 섬모를 가진 기계수용기이다. 측선계와 척추동물 내이의 막성 미로의 모세포는 부동섬모라고 부르는 여러 개의 작은 섬모와 하나의 긴 운동섬모를 가지고 있다. 부동섬모가 운동섬모의 방향으로 휘어질 때 모세포는 연결된 감각뉴런을 탈분극시키는 화학전달물질을 분비한다. 섬모가 반대로 휘면 억제 효과를 나타낸다.

? 탐구문제 어떻게 상어의 측선은 다쳤거나 허우적거리는 물고기를 감지하는가?

통해 전달된 진동은 팽대마루의 운동을 유도하여 돌기가 휘어지게 된다. 부동섬모가 운동섬모의 방향으로 휘어지면 그에 연결된 감각신경은 자극되어 수용기 전위가 발생된다. 그 결과 감각신경에 의해 생성된 활동전위의 빈도가 증가하게 된다. 그에 비해 부동섬모가 반대 방향으로 휘어지게 되면 감각신경의 활성이 억제된다.

귀의 구조는 진동 감지를 위해 특수화되어 있다

귀의 구조는 측선계에서와 같이 기계적 감각세포를 기반으로 하

그림 27.6 사람 귀의 구조와 기능.
사람 귀의 구조는 기능적인 부분을 연계하여 확대한 그림으로 나타냈다(*a~d*). 외이도를 통해 지나온 음파는 고막의 진동을 생성하고 내막(난원창)을 거슬러 중이의 이소골(추골, 침골, 등골)의 움직임을 유발한다. 이러한 진동은 달팽이기관의 전정관과 고실관 안의 유체를 따라 압력파를 생성한다. 이러한 압력파는 모세포의 섬모를 휘어지게 하고 감각뉴런으로부터 신호를 생성한다.

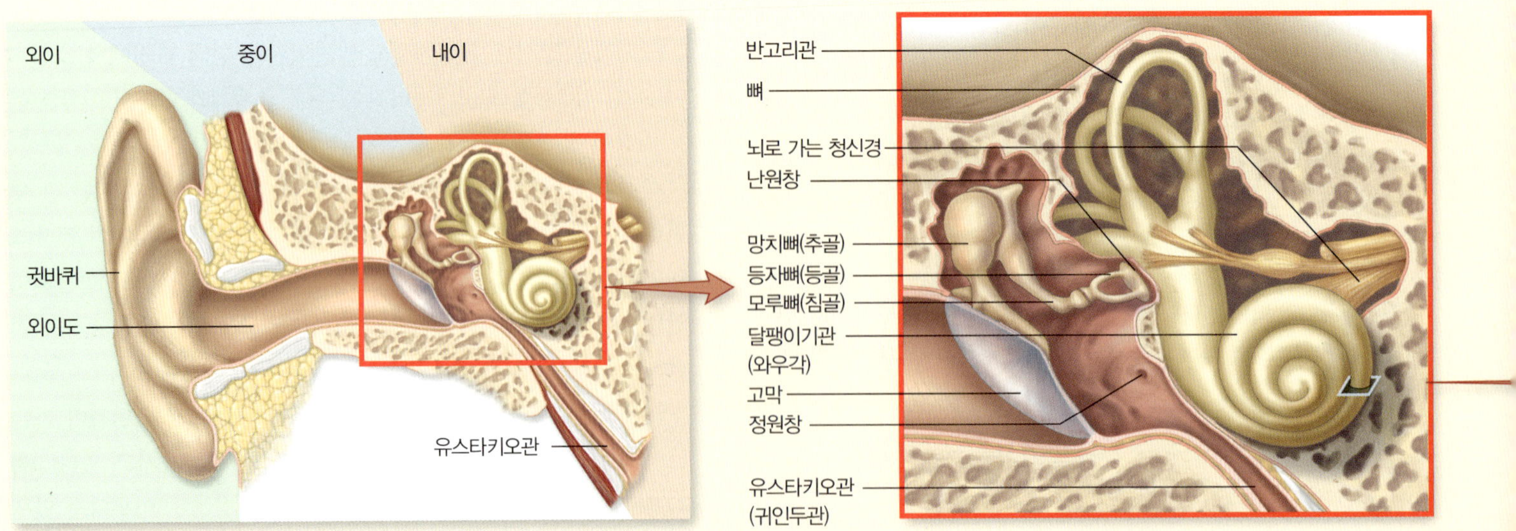

a. *b.*

여 압력 파장을 신경자극으로 전달되도록 한다. 우선 물에서 압력 파장을 감지하는 측선(lateral line)과 관련이 있는 어류의 귀의 구조를 살펴본 다음, 육상 척추동물의 귀의 구조가 어떻게 공기중의 압력 파장을 감지할 수 있는지에 대해 알아본다.

어류의 청각 구조

어류의 몸은 주로 물로 구성되어 있기 때문에 음파는 물을 통해 쉽게 어류의 몸체로 전달될 수 있는데, 소리를 감지하기 위해서는 다른 밀도를 가진 물체가 필요하다. 많은 어류에서 이러한 기능은 **이석**(otoliths 또는 ear rocks)이라고 하는 탄산칼슘 결정으로 이루어진 평형석에 의해 이루어진다. 이석은 막으로 된 관에 액체로 채워진 **미로**(labyrinth)의 이석 기관에 포함되어 있다. 이러한 관상 기관은 다른 척추동물에도 존재한다. 어류에서 이석이 이석기관 안에 있는 모세포를 진동시킬 때 활동 전위가 생성된다. 표면에 돌출된 부동섬모 때문에 모세포라고 부른다.

육상 척추동물의 청각 구조

육상 척추동물의 귀에서 공기 중의 진동은 **외이**(outer ear)의 한 부분인 외이도를 통해 고막(eardrum 또는 tympanic membrane)으로 이동한다. 고막의 진동은 **중이**(middle ear)라고 부르는 골질강(bony cavity)에 위치하는 1개 또는 그 이상의 작은 뼈의 움직임을 유발한다.

양서류와 파충류는 **등골**[stapes, 등자뼈(stirrup)]이라는 하나의 중이 뼈를 가지고 있다. 이 뼈는 포유동물의 등골과 상동성을 갖고 있다. 포유동물은 **추골**[malleus, 망치뼈(hammer)]과 **침골**[incus, 모루뼈(anvil)]을 더 가지고 있다(**그림 27.6***a*, *b*). 이 2개의 뼈는 척추동물 진화에서 가장 매력적인 이야기이다.

화석기록은 근대의 포유동물이 가지고 있는 추골과 침골이 단궁형 파충류의 아래턱에서 유래되었음을 보여주고 있다(**그림 27.7**). 진화가 진행되면서 이러한 뼈들은 점진적으로 작아지고, 등골 근처에 놓이게 되었다. 근대 포유동물에서 그들은 완전하게 아래턱 뼈로부터 분리되었고 중이 안으로 이동되었다.

중이는 유스타키오관(Eustachian tube)을 통해 목구멍과 연결되어 있고, 이는 중이와 외부 환경 사이의 기압을 균일하게 한다. 비행기를 타거나 산을 오를 때 귀가 먹먹해지다가 펑 뚫리는 것은 고막 양면 사이의 압력을 같게 하면서 나타나는 현상이다.

등골은 **내이**(inner ear)로 뻗어 있으며 유동성 있는 막인 난원창(oval window)에 진동을 일으킨다. 난원창은 고막보다 지름이 더 작기 때문에 진동이 단위 면적당 더 강하게 생성되어 내이로 전달된다. 내이는 달팽이관(cochlear duct)이라고 부르는 막으로 이루어진 미로를 포함하는 뼈 구조의 **와우각**(달팽이기관, cochlea)으로 이루어져 있다. 달팽이관은 와우각 구조의 한가운데 위치하고 있으며, 상부는 전정관(vestibular canal), 하부는 고실관(tympanic canal)으로 이루어져 있다(**그림 27.6***c*). 달팽이관, 전정관 그리고 고실관은 모두 액체로 채워져 있다. 난원창은 상단의 전정관으로 열려 있는데, 등골이 진동을 발생시킬 때 액체의 압력파가 생성된다. 이러한 압력파는 아래의 고실관으로 이동하며, 정원창(round window)이라는 다른 유동성 있는 막을 밀어냄으로써 다시 중이강으로 압력을 전달한다.

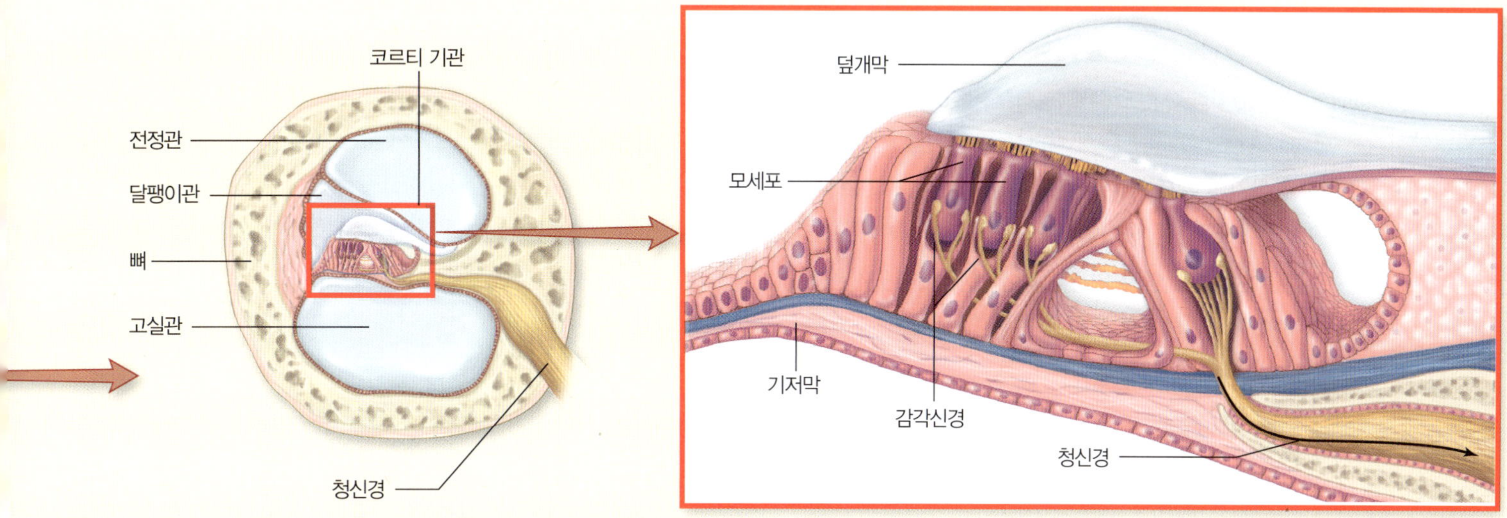

c. *d.*

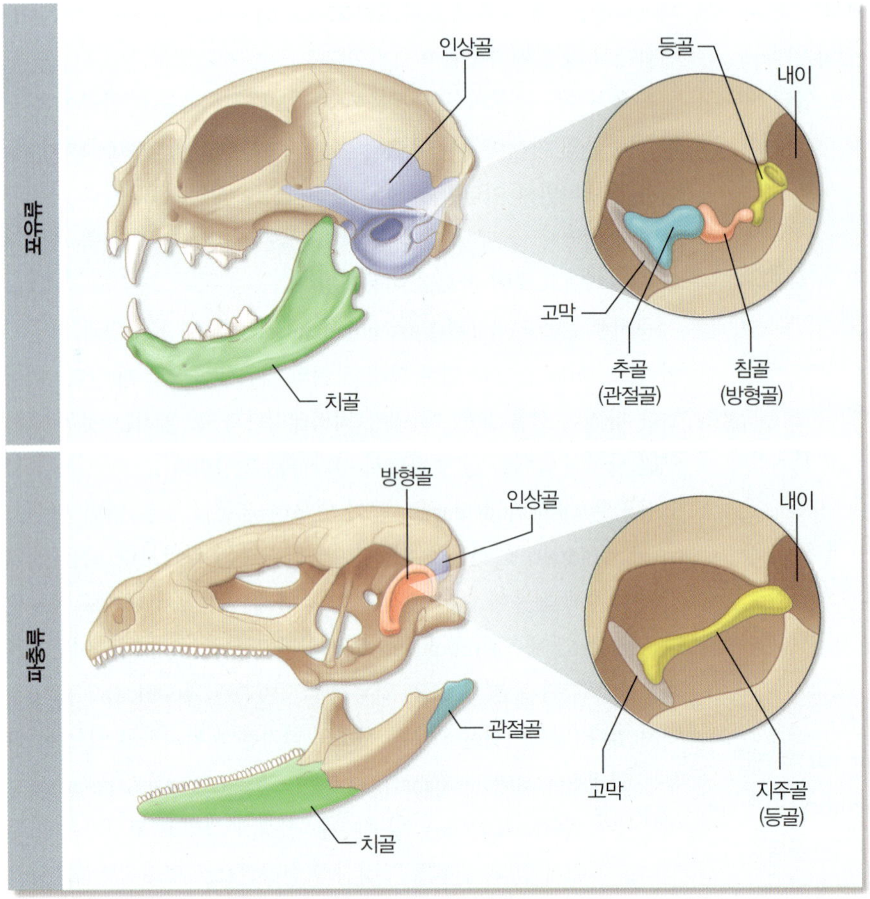

그림 27.7 포유동물 내이의 진화.
포유동물의 내이의 뼈인 등골은 파충류 선조로부터 유래되었다. 포유류의 등골은 파충류의 유일한 내이 뼈인 지주골(columella)과 상동성이다. 또 다른 포유류의 내이 뼈인 추골과 침골은 각각 파충류의 관절골과 방형골에서 유래되었다. 관절골과 방형골은 파충류 턱의 후부 영역이다. 포유류에서 뼈는 더 작아지고 귀로 이동하였다.

달팽이관에서 변환이 일어난다

압력파가 달팽이관에서 정원창을 통해 이동할 때, 이는 달팽이관으로의 진동을 유발한다. 달팽이관 아래쪽의 유연한 기저막(basilar membrane)은 이 압력파에 반응하여 진동한다. 기저막의 표면에는 감각 모세포(sensory hair cell)가 있고, 모세포의 부동섬모는 덮개막(tectorial membrane)이라는 젤라틴 막으로 뻗어 있다. 기저막, 감각신경과 연결된 모세포, 그리고 덮개막으로 구성된 감각장치를 코르티 기관(organs of Corti)이라고 한다(**그림 27.6**d).

기저막이 진동할 때 모세포의 섬모는 기저막의 움직임에 반응하여 덮개막에 대해서 휘어지게 된다. 부동섬모의 휘어짐은 모세포를 탈분극시킨다. 반대 방향으로의 휘어질 때는 막이 재분극되거나 과분극된다. 이어서 모세포는 뇌로 뻗어 있는 감각신경에서 활동전위의 생성을 자극하고 뇌에서 소리로 해석되어 감지된다.

달팽이관에서의 진동 위치

젤라틴 성분에 묻혀 있는 달팽이관의 기저막은 악기의 줄과 같이 다양한 길이와 강도의 탄력성 있는 섬유로 구성되어 있다. 달팽이관의 난원창 근처에 있는 기저막의 섬유는 짧고 견고하며, 달팽이관의 먼 끝쪽에 있는 섬유는 5배 더 길고 100배 더 유동성이 있다. 따라서 기저막의 공명주파수는 달팽이관의 끝쪽(정단부)보다 난원창 쪽(기부)에서 더 높게 나타나기에, 난원창 쪽은 더 높은 음조이고 끝쪽은 더 낮은 음조이다.

소리 에너지 파동이 난원창으로부터 달팽이관으로 들어갈 때 음파는 기저막의 길이를 따라 움직이며 상하 운동을 시작한다. 그러나 이러한 파동은 음파의 주파수와 가까운 공명주파수를 가진 기저막의 일부에 대부분 에너지를 나누어줌으로써 그 위치에서 기저막의 최대 편향(deflection)이 나타난다(**그림 27.8**). 그 결과 모세포의 탈분극은 그 위치에서 최대가 되며, 그 위치에서의 구심성 축삭이 다른 위치의 축삭보다 더 강하게 자극된다. 이러한 활동전위가 뇌에 도달하게 되면 특정한 주파수 또는 음조로 해석된다.

육상 척추동물의 청력 범위

기저막의 유동성은 어린 아이의 경우 약 20~20,000 Hz의 주파수 범위에 해당하는 소리를 들을 수 있게 제한된다. 높은 음조를 듣기 위한 우리의 능력은 중년을 지나면서 점차 쇠퇴하게 된다. 다른 척추동물은 20 Hz보다 낮거나 20,000 Hz보다 높은 주파수의 소리를 감

그림 27.8 달팽이관에서의 주파수 위치.
펼쳐진 달팽이관을 그림에 나타냈기에 기저막의 전체 길이를 볼 수 있다. 기저막의 섬유는 음높이와 관련하여 서로 다른 음역대에 반응하여 진동한다. 따라서 최대 진동을 발생하는 기저막 부분은 음역대에 따라 달라진다. ***a.*** 고주파음은 기부의 기저막을 진동시키는 반면, 중간주파수(***b***)와 낮은 주파수(***c***)는 정단부 쪽으로 진동을 유발한다.

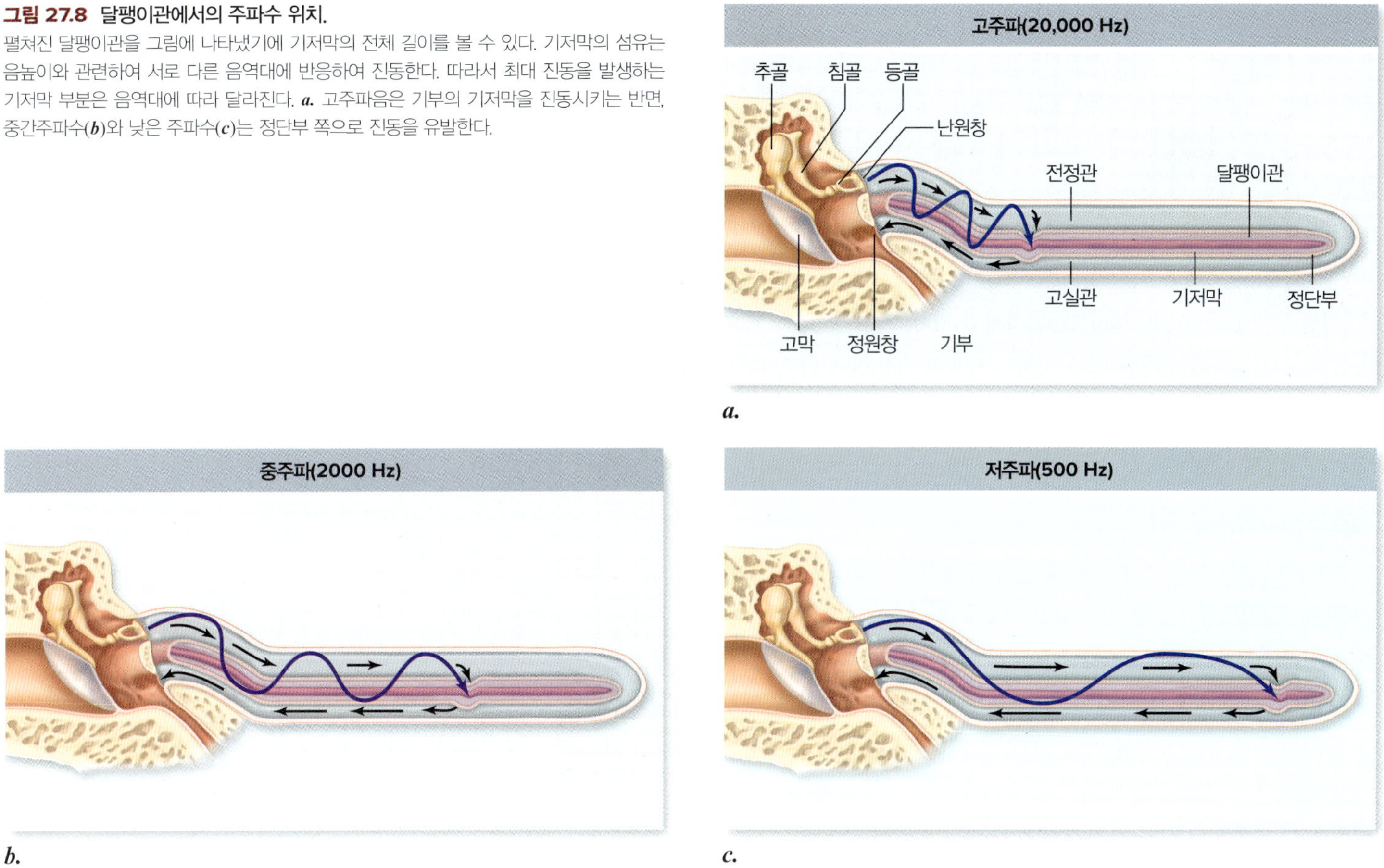

지할 수 있다. 예를 들어, 개는 사람에게는 들리지 않는 40,000 Hz의 개 호출용 호루라기 소리를 감지할 수 있다.

모세포는 뇌의 원심성 축삭에 의해 자극될 수 있으며, 이러한 자극은 모세포를 덜 민감하게 만들 수 있다. 뇌에서의 수용기 민감성에 대한 조절은 배경 잡음 가운데에서 특정한 청각신호(예를 들어, 한 사람의 목소리)에 집중할 수 있도록 개인의 능력을 증가시킬 수 있는데, 이것은 원심성 축삭이 효과적으로 잡음을 "끄기" 때문이다.

일부 척추동물들은 소리로 탐색할 수 있다

육상의 척추동물은 머리의 양옆에 위치한 2개의 귀를 가지고 있기 때문에 청각에 의해 제공된 정보는 소리가 발생된 지점의 방향을 결정하는 데 사용될 수 있다. 그러나 소리의 근원은 다양한 강도를 가지고 있으며, 주변에 있는 물체에 의해 다양한 정도로 약해지거나 반사된다. 이러한 이유로 청각만으로는 정확한 거리의 측정이 어렵다.

어두운 환경에서 먹이를 획득하며 살아가는 몇몇 포유동물은 어둠의 한계를 피해갈 수 있다. 완전히 어두운 곳에서 날아다니는 박쥐는 날아가는 길에 놓여 있는 물체를 쉽게 피할 수 있으며, 지름이 1 mm보다 작은 선을 피해갈 수 있다. 땅속에 사는 두더지는 바다 속에 사는 고래와 돌고래들이 하는 것처럼 빛이 없는 곳에 적응되어 소리로 물체의 존재와 거리를 정확하게 알 수 있다.

이런 포유동물은 소리를 내고 그것이 물체까지에 도달하여 다시 돌아오는 데까지 걸린 시간을 측정하는데, 이러한 과정을 **반향정위**(echolocation)라고 한다. 예를 들어, 박쥐는 2~3 ms 간격으로 1초에 수백 번의 소리를 반복해서 생성한다. 각 소리가 물체에 부딪히고 돌아오는 시간을 측정함으로써 박쥐는 놓여 있는 물체의 위치, 움직임의 방향, 빠르기를 계산할 수 있다. 인간의 발명품인 음파탐지기(sonar)와 전파탐지기(radar)는 반향정위와 동일한 원리로 만들어졌다.

청각 음파탐지기와 같이 구현된 3차원 이미지 기술은 매우 복잡하다. 박쥐는 먹잇감을 추적하여 공중에서 낚아챌 수 있으며, 서로 다른 곤충들을 구별할 수도 있다.

중력과 균형은 청각과 연관된 체계를 통해 감지된다

진동을 감지하기 위한 방법으로 내부 탄산칼슘 결정을 사용하는 진화적인 전략은 공간과 가속되는 움직임에서 몸의 위치를 감지하는 감각기관의 발달을 가능하게 해왔다.

대부분의 무척추동물은 **평형낭**(statocyst)이라는 감각구조에 의해 중력에 반응하여 적응할 수 있다. 평형낭은 일반적으로 탄산칼슘의 결정이 포함된 젤라틴 막에 파묻혀 있는 섬모를 가진 모세포로 구성되어 있다. 이러한 평형석(이석, statoliths)은 동물의 위치가 변화할 때 젤라틴 막의 무게를 증가시킴으로써 섬모를 휘어지게 하고, 그에 연결된 감각신경을 활성화시킨다.

유사한 구조가 척추동물의 내이에 있는 막성 미로에서 발견된다. 미로(labyinth)는 뼈와 간질액(interstitial fluid)의 이온 성분과 유사한 외림프액(perilymph fluid)에 둘러싸여 있다. 내부의 작은 방과 관은 세포 간질액과 유사한 이온 성분인 내림프액(endolymph fluid)으로 채워져 있다. 이러한 구조의 복잡성에도 불구하고 전체적인 구조는 매우 작으며, 인간에서는 그 크기가 완두콩만 하다.

미로와 반고리관의 구조

대부분의 척추동물에서 중력에 대한 수용기는 **난형낭**(utricle)과 **구형낭**(saccule)이라고 부르는 막성 미로를 지닌 2개의 소실로 이루어져 있다(**그림 27.9**). 이들 구조 안에는 어류의 측선계에서와 유사한 부동섬모와 운동섬모를 가진 모세포가 있다. 머리카락 모양의 돌기는 탄산칼슘 결정을 포함한 이석 막인 젤라틴 막에 박혀 있다. 이 기관은 난형낭과 구형낭 안에 다르게 위치하고 있기 때문에 난형낭은 달리는 차 안에서와 같은 수평적인 가속에 더 민감하고, 구형낭은 엘리베이터 안에서와 같은 수직적인 가속에 더 민감하다. 두 경우 모두 가속은 난형낭을 휘어지게 하고, 결과적으로 그에 연결된 감각신경에 활동전위를 발생시킨다.

난형낭과 구형낭의 막성 미로에는 3개의 **반고리관**(semicircular canal)이 연결되어 있으며, 3개의 고리는 어떠한 방향에서의 가속도 감지할 수 있도록 서로 다른 방향으로 자리잡고 있다(**그림 27.10**). 도관의 끝에 팽대부(ampullae)라고 부르는 부풀어 있는 방으로 모세포의 섬모가 튀어나와 있다. 섬모의 끝은 각 반고리관의 내림프액 속으로 돌출된 팽대마루(어류의 측선계에 있는 것과 유사함)라고 하는 젤라틴 성분의 돛대 모양을 한 쐐기에 박혀 있다.

전정기관의 작용

머리가 회전할 때 반고리관 안의 유체는 팽대마루를 밀고 섬모를 휘어지게 한다. 이러한 휘어짐은 모세포의 탈분극화와 과분극화를 일으키고 섬모가 휘어지는 방향에 의존한다. 이것은 어류에서 측선계가 작용하는 것과 유사하다. 부동섬모가 운동섬모 방향으로 휘어지게 되면 수용기 전위가 생성되면서 그에 연결된 감각신경에서 활동전위의 생성을 자극한다.

구형낭과 난형낭 그리고 반고리관은 통합적으로 **전정기관**(vestibular apparatus)이라고 한다. 구형낭과 난형낭은 선형 가속의 인지를 제공하고, 반고리관은 각도가 있는 가속의 감지에 관여한다. 뇌는 몸의 균형과 평형을 유지하기 위해 전정기관으로부터 오는 정보를 이용한다.

핵심 요약 27.4

음파는 중이의 이소골을 진동시킨다. 내이의 액체가 차례로 진동하여 모세포가 휘어지고 활동전위가 발생한다. 육상동물은 공기중의 음파가 내이의 액체로 전달되어야 한다. 육상 척추동물의 전정기관 모세포는 가속과 균형감각을 제공한다.

■ 측선계는 왜 양서류 성체에게는 유용하지 않을까?

27.5 화학수용기: 맛, 냄새, pH

학습 목표

1. 5가지 미각 범주를 설명할 수 있다.
2. 미뢰와 후각뉴런의 기능에 대해 설명할 수 있다.

화학수용기(chemoreceptors)라고 하는 감각세포들은 세포외액에서 특별한 화학물질 또는 리간드(ligands)가 붙을 수 있는 막 단백질을 지니고 있다. 이러한 화학적 상호작용에 의해 감각신경 세포막은 탈분극되고 활동전위를 생성한다. 화학수용기들은 맛과 냄새를 구별하고, 혈액과 뇌척수액(cerebrospinal fluid)의 화학적 성분을 감지하는 데 중요하게 작용한다.

미각은 잠재적인 음식을 감지하고 분석한다

색을 인지하는 것처럼 맛을 인지하는 것은 신체적, 정신적 요인의 조합으로 나타난다. 맛은 일반적으로 단맛, 신맛, 짠맛, 쓴맛, 감칠맛의 5개의 범주로 구분되는데, 여기에서 감칠맛(우마미, umami)은 고기, 치즈 그리고 걸쭉한 죽과 같은 단백질이 풍부한 음식에서 풍성한 맛을 제공하는 글루탐산염 및 기타 아미노산에서 느껴지는 맛을 의미한다. 구심성 신경과 연결된 화학 민감성 상피세포들의 집합체인 미뢰(맛봉오리, taste buds)는 척추동물에서 맛에 대한 감각을 매개한다. 어류의 미뢰는 몸 표면 전체에 산발적으로 분포해 있으며,

그림 27.9 난형낭과 구형낭의 구조와 기능.

a. 사람 내이의 막성 미로 내의 난형낭과 구형낭의 상대적인 위치. 확대 그림은 모세포를 덮고 있는 이석을 포함한 젤라틴 기질을 보여준다. ***b.*** 머리를 앞쪽으로 숙일 때, 중력은 움직임의 방향에 대해 기질을 비틀기 때문에 모세포에 있는 부동섬모가 휘어지게 됨으로써 감각뉴런을 자극한다.

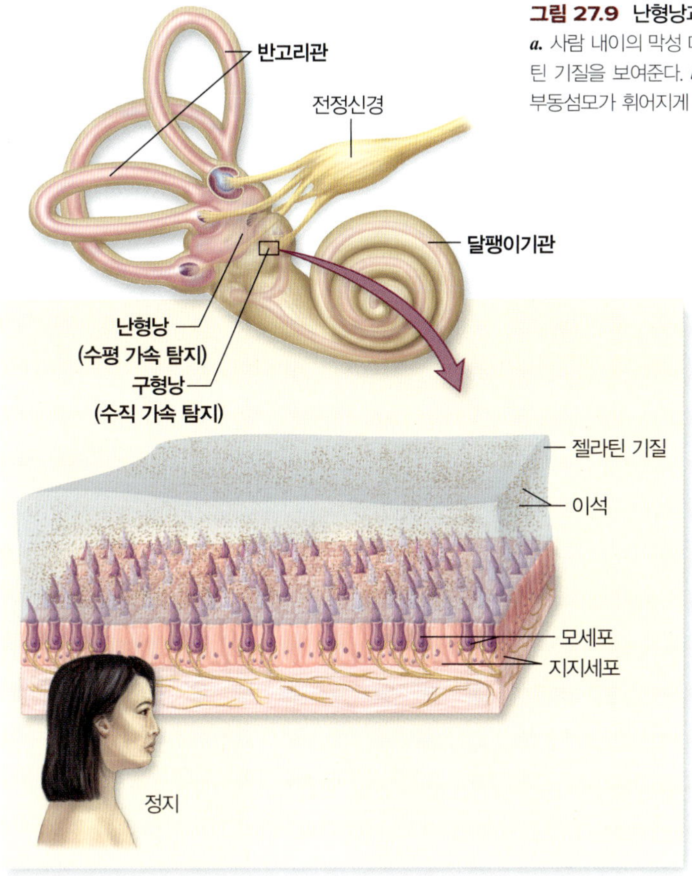

a.

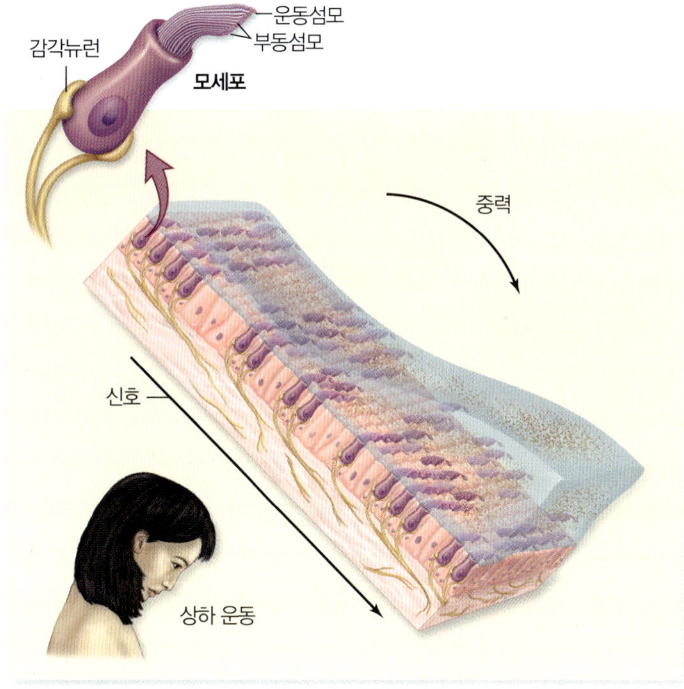

b.

그림 27.10 반고리관의 구조.

내이의 나머지 부분과 관련된 반고리관의 위치. ***a.*** 하나의 팽대부의 절단면의 확대는 팽대마루로 모세포의 섬모가 어떻게 들어오는지 보여준다. ***b.*** 하나의 반고리관에 대해 그 방향으로의 가속은 팽대마루의 휘어짐을 야기함으로써 모세포를 자극한다. 내이는 세 개의 반고리관을 가지고 있으며, 회전에 대한 각 축을 담당하고 있다.

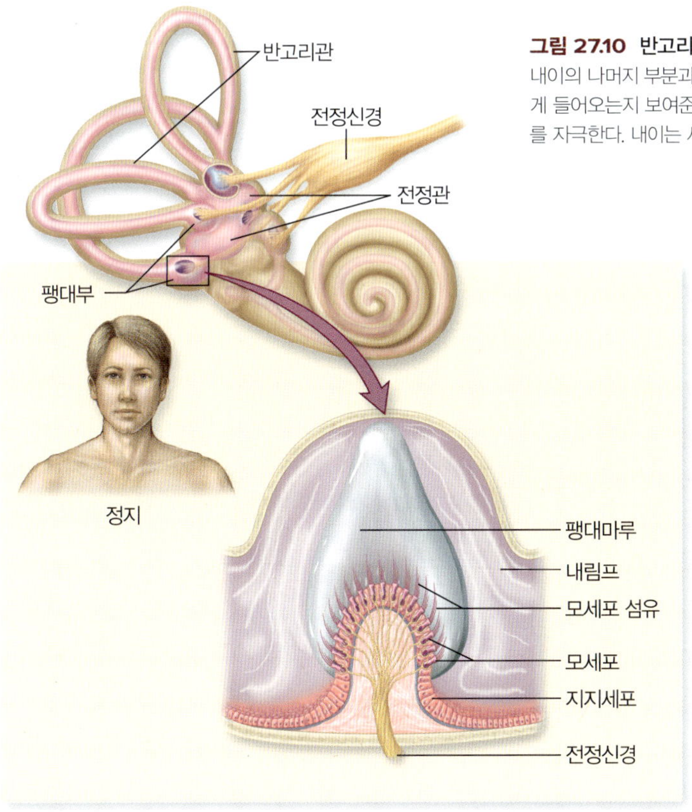

a.

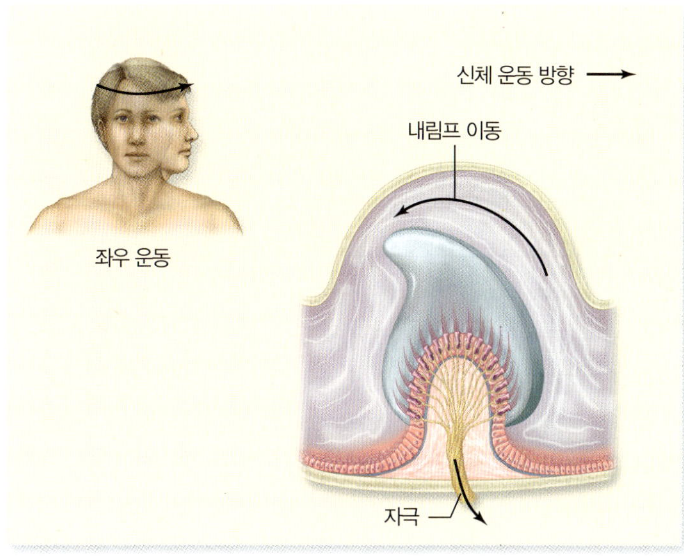

b.

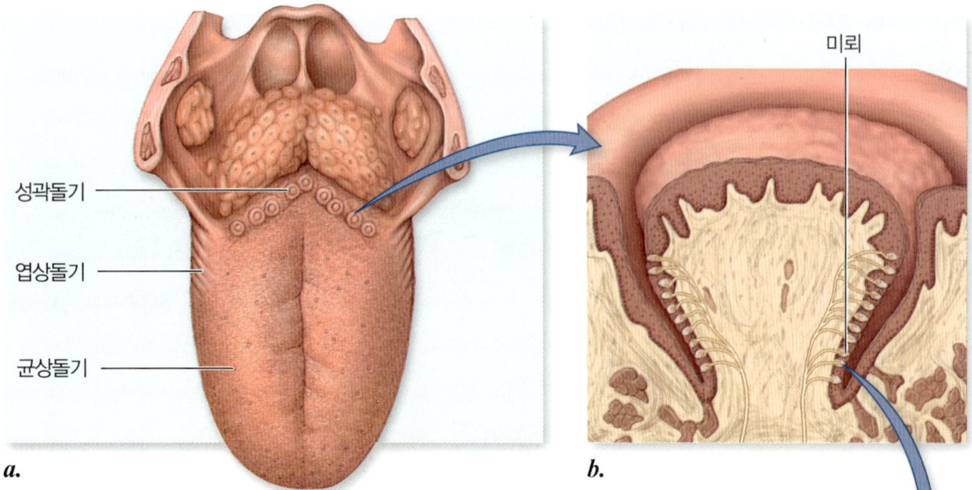

a. *b.*

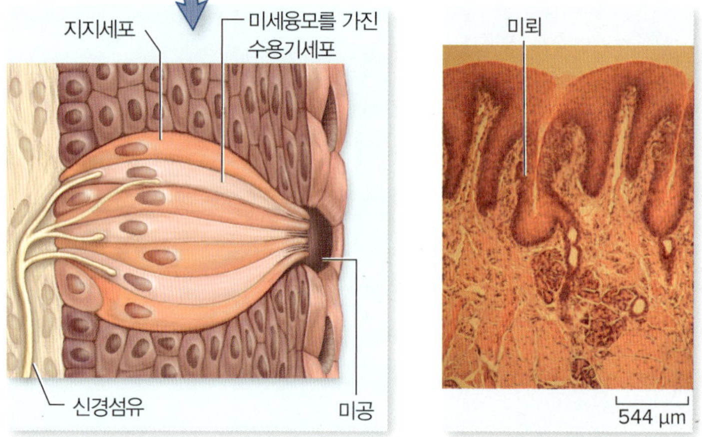

c. *d.*

그림 27.11 미각.
a. 사람의 혀는 미뢰가 존재하는 돌기를 가진다. 서로 다른 유형의 미뢰들이 혀의 각 부분에 위치한다. *b.* 미뢰의 집합체는 돌기 내에 존재한다. *c.* 개개의 미뢰는 원추형으로 이루어진 집합체이며, 미공을 통해 입과 연결되는 화학민감성 수용기이다. *d.* 돌기에 존재하는 미뢰의 현미경 사진.

이들은 척추동물 중에서 가장 민감한 화학수용기를 가지는 것으로 알려져 있다. 그들은 특히 아미노산에 민감하게 반응하는데, 그 실례로 메기는 10억 개당 100개의 비율(10,000 L의 물에서 1 g에 해당)보다 적은 농도에서 2개의 서로 다른 아미노산을 구별할 수 있다. 수생 환경에서 맛을 감지하는 능력은 종종 탁한 환경 내에서 먹이의 존재를 감지할 수 있게 해주기 때문에 바닥에 서식하는 물고기에게 매우 중요하다.

모든 육상 척추동물의 미뢰는 혀와 구강의 상피조직에 발달하며, 돌기(papillae)라는 솟아 있는 부분에 존재한다(**그림 27.11**). 미뢰는 50~100개 정도의 미각세포로 구성된 양파 모양의 구조이다. 각 세포는 미공(taste pore)이라고 부르는 구멍이 돌출된 손가락 모양의 미세융모를 가진다(**그림 27.11***c*). 음식물은 침에 의해 분해되고, 미공을 통해 미각세포와 접촉한다.

짠맛과 신맛을 생성하는 화학물질은 미뢰 내에서 직접 이온통로에 작용한다. 짠맛은 Na^+로부터 기인하며, Na^+는 Na^+ 통로를 통해 미뢰 내의 수용기세포에서 다른 세포들로 확산된다. Na^+의 유입은 막을 탈분극시키고, 뇌로 자극을 보내는 감각뉴런을 활성화시켜 주며, 신경전달물질을 방출하도록 유도한다. 신맛을 인지하는 세포들도 인지하는 이온이 H^+인 것만 제외하면 짠맛과 비슷한 방식으로 작용한다. 신맛은 H^+가 이온통로를 통해 확산될 때 막을 탈분극시킬 수 있는 양성자의 증가와 관련이 있다.

단맛, 쓴맛, 감칠맛의 인지 기작은 각 물질들에 특이적인 G 단백질연결수용체(G protein-coupled receptor, 7장 참조)와 결합하여 이루어진다. 이들 수용기의 특징과 분포에 대한 연구는 많이 이루어져 있으며, 최근에는 미뢰 내의 개개의 수용기세포가 단 하나의 수용체만을 발현한다고 발표된 바 있다. 이것은 세포들이 각각 단맛, 쓴맛, 감칠맛에 대한 수용기라는 것을 의미한다. G 단백질연결수용체의 활성화는 감각뉴런을 활성화하는 수용기세포로부터 신호전달물질을 방출시켜 뇌로 자극을 보내는 하나의 신호전달 체계를 자극한다. 냄새에 관련된 정보를 운반하는 다른 감각뉴런과의 상호작용은 다음에 다룬다. 이 모델에서 다른 맛을 인지하는 것은 수용기세포가 활성화되는 것에 기반하여 뇌에 암호화 되어 있다.

척추동물과 같이 절지동물도 미각 화학수용기를 가진다. 예를 들어, 파리는 먹이를 찾는 방식 때문에 다리에 위치한 감각모(sensory

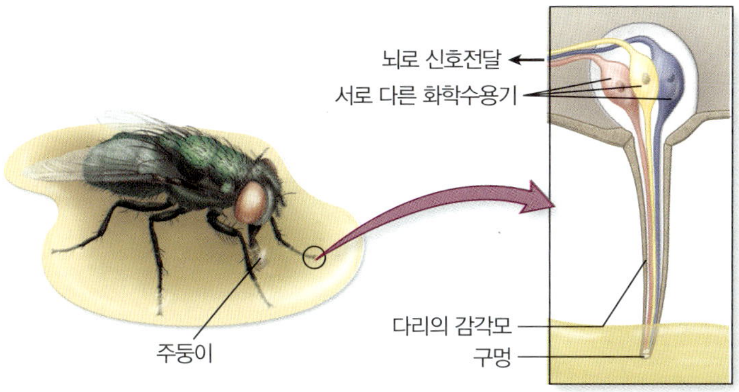

그림 27.12 다리를 이용해 맛을 인지하는 곤충.
검정파리류에서 화학수용기는 다리의 감각모로 뻗어 있다. 서로 다른 화학수용기는 다른 음식물 분자를 감지한다. 파리가 음식물과 만났을 때 다리를 통해 음식물 분자를 맛보고, 음식물을 향해 자신의 주둥이(구기)를 뻗는다.

hair)에 미각수용기를 가진다. 감각모는 이러한 화학수용기로부터의 자극을 통합하여 설탕, 소금 그리고 다른 맛을 감지할 수 있는 다양한 화학수용기를 가진다(**그림 27.12**). 먹이가 되는 음식을 만나면 관상의 구기를 음식을 향해 뻗는다.

후각은 엄청난 종류의 복합분자들을 구별할 수 있다

육상 척추동물에서 냄새의 감각(후각, olfaction)에는 비강의 윗부분에 위치한 화학수용기가 관여한다(**그림 27.13**). 이러한 수용기들은 수상돌기 끝 부분에 있는 섬모가 코의 점막으로 돌출해 있고, 축삭은 대뇌피질로 직접 뻗어 있다. 육상 척추동물은 어류가 맛을 인지할 때와 매우 유사한 방식으로 냄새를 지각한다.

육상 척추동물은 공기에 둘러싸여 있기 때문에 후각은 공기로 운반되는 입자들을 감지하기 위해 특수화되어 있다. 그러나 이러한 입자들은 후각신경인 수용기를 활성화시키기 전에 먼저 세포외액에서 용해되어야 한다. 후각은 여러 포유류에서 극도로 예민해 단 하나의 후각 자극 분자로도 주어진 수용기를 흥분시키기에 충분할 수도 있다.

사람은 5개 맛의 범주만을 감별하지만 이와 다르게 냄새는 수천 가지를 식별할 수 있다. 최근에는 수천 개의 유전자들이 서로 다른 냄새에 대한 수용기 단백질을 암호화하고 있을 가능성이 제기되었다. 주어진 냄새에 반응하는 특정 후각신경 단위는 지문처럼 제공되고, 뇌는 그 냄새를 식별할 수 있다.

내부 화학수용기는 pH 및 다른 특성들을 감지한다

몸 내부의 감각수용기는 혈액, 뇌척수액과 같은 체액으로부터 파생된 다양한 화학물질을 감지한다. 이들 수용기에는 대동맥소체와 경동맥소체의 **말단 화학수용기**(peripheral chemoreceptor), 연수 내의 **중추 화학수용기**(central chemoreceptor)가 있다. 말단 화학수용

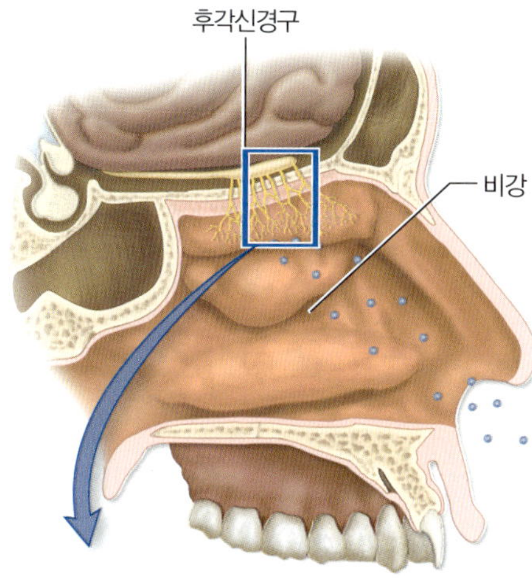

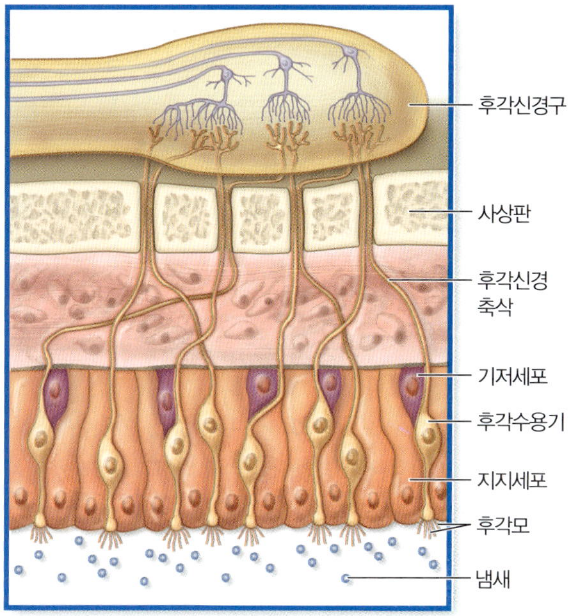

그림 27.13 후각.
인간은 비강 통로에 존재하는 후각뉴런(수용기세포)을 이용해 냄새를 감지한다. 이 뉴런의 축삭은 직접 뇌로 자극을 전달한다. 기저세포는 죽거나 상처 입은 세포를 대체할 새 후각뉴런을 재생시킨다. 후각뉴런의 수명은 약 1달 정도이다.

? **탐구문제** 미각과 후각은 어떤 면에서 유사한가? 또 어떤 면이 다른가?

기는 1차적으로 혈장의 pH를 감지하고, 중추 화학수용기는 뇌척수액의 pH에 민감하게 반응한다. 호흡률이 너무 낮아 혈장 CO_2 농도가 증가할 때 더 많은 탄산이 생성되고 혈액의 pH는 떨어진다. CO_2는 뇌척수액으로 들어갈 수 있고, 낮은 pH는 중추 화학수용기를 자극한다. 이 자극은 간접적으로 뇌간의 호흡조절 센터에 영향을 미쳐 호흡률을 증가시킨다. 대동맥소체는 혈액의 낮은 산소 농도에 반응한다. 그러나 사람이 산소 분압이 낮아지는 높은 고도의 지역으로 가지 않는 한 이 효과는 그리 중요하게 작용하지 않는다.

핵심 요약 27.5

사람이 감별할 수 있는 5가지 맛은 단맛, 신맛, 짠맛, 쓴맛 및 감칠맛(아미노산)이다. 맛과 냄새 화학수용기는 신체 외부의 화학물질을 감지한다. 후각수용기는 수천 가지의 다른 냄새를 식별할 수 있다. 몸 내부의 화학수용기는 체내 산-염기의 균형을 모니터링하고 호흡의 조절을 돕는다.

- 발에 미각수용기가 있는 곤충의 장점은 무엇일까?

27.6 시각

학습 목표

1. 무척추동물과 척추동물의 눈을 비교할 수 있다.
2. 척추동물이 어떻게 상에 초점을 맞추는지에 대해 설명할 수 있다.
3. 광수용기의 기능에 대해 설명할 수 있다.

거의 모든 동물들은 광수용기를 가지고 있다. 이것은 자연선택이 우주의 가장 근본적인 특성인 빛의 유무에 대한 탐지를 강하게 선호했음을 시사한다.

광수용기는 다양한 구조를 가진다

빛은 **광수용기**(photoreceptor)에 의해 포착된다. 모든 광수용기는 빛의 수준과 파장의 변화를 감지하기 위해 시각색소인 **옵신**(opsin)을 사용한다. 이러한 옵신의 보존은 동물의 진화 초기에 발생했으며, 다른 분자에서는 볼 수 없는 독특한 특성을 가지고 있다(**그림 27.26** 참조). 광파는 멀리 이동할 때 흩어진다. 따라서 광수용기가 있는 기관은 빛을 감지할 수 있을 뿐만 아니라 광원으로부터의 거리를 감지하는 능력을 발전시켰다.

무척추동물의 눈

많은 무척추동물들은 광수용기가 안점(eyespot)에 모여 이루어진 단순한 시각 체계를 가진다. 단순한 안점은 눈의 색소층이 눈의 한쪽 면에 있게 함으로써 빛 자극 방향에 민감해지게 한다. 편형동물은 안점의 안쪽과 뒤쪽에 색소로 된 차단막을 가지고 있기에 앞쪽으로 오는 빛에 의해서만 광수용기가 자극되어 반응한다(**그림 27.14**). 편형동물은 가장 적은 빛의 자극을 받은 광수용기세포 방향으로 회전하고 유영한다. 안점이 빛의 방향을 인지할 수 있지만, 시각 이미지를 구성하는 데 사용하지는 못한다.

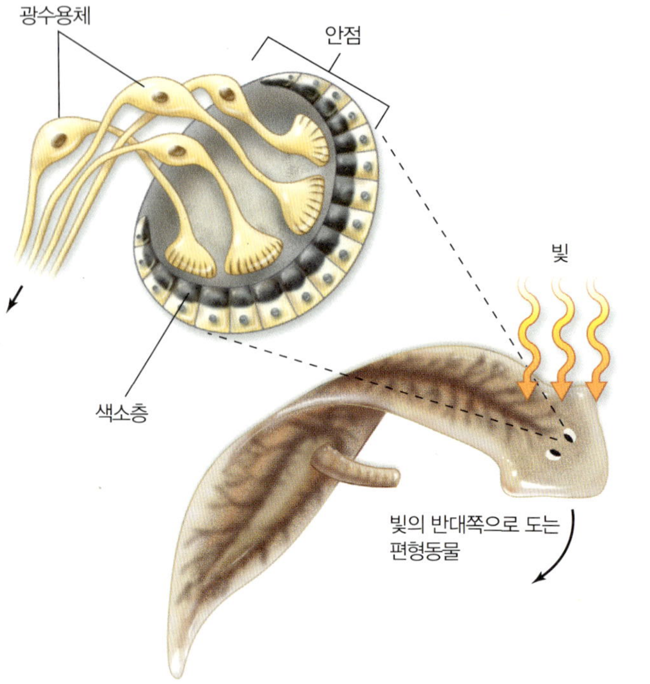

그림 27.14 편형동물의 안점.
안점의 한쪽에 있는 색소층이 동물 뒤쪽에서 오는 빛을 가림으로써 안점은 빛의 방향을 탐지할 수 있다. 따라서 앞쪽으로 오는 빛이 더 빨리 인지되며, 편형동물은 빛의 반대쪽으로 도는 반응을 한다.

환형동물, 연체동물, 절지동물, 척삭동물은 잘 발달되어 이미지의 형성이 가능한 눈을 가지도록 진화되어 왔다. 이미지 형성이 가능한 이들의 눈은 구조적으로 매우 비슷하지만, 이것은 수렴진화(convergent evolution)의 한 예로 독자적으로 진화해왔다고 여겨지고 있다(**그림 27.15**). 흥미롭게도 이들 모두의 광수용기는 같은 빛 포획 분자를 사용하며, 이는 이러한 역할을 하는 대체 분자가 많지 않음을 시사한다. 더욱 중요한 것은, 이제 동일한 유전자가 모든 그룹에서 눈의 발달을 개시한다는 것을 알게 되었다는 것이다.

이것은 그들의 공통된 조상은 기초적인 시각 체계를 가지고 있었다는 것을 암시하며, 27.7절에서 더 자세히 설명할 복잡한 이미지를 형성하는 눈으로 독립적 진화가 일어난 것을 의미한다.

척추동물의 눈의 구조

인간의 눈은 척추동물 눈의 전형적인 구조이다(**그림 27.16**). 눈의 흰 부분은 **공막**(sclera)으로, 질긴 결합조직으로 이루어져 있다. 빛은 투명한 **각막**(cornea)을 통해 눈으로 들어오면서 집중되기 시작한다. 초점 조절은 빛이 밀도가 다른 매질로 이동할 때 굴절되기 때문에 일어난다. 눈의 색깔이 있는 부분은 **홍채**(iris)라고 부르며, 밝은

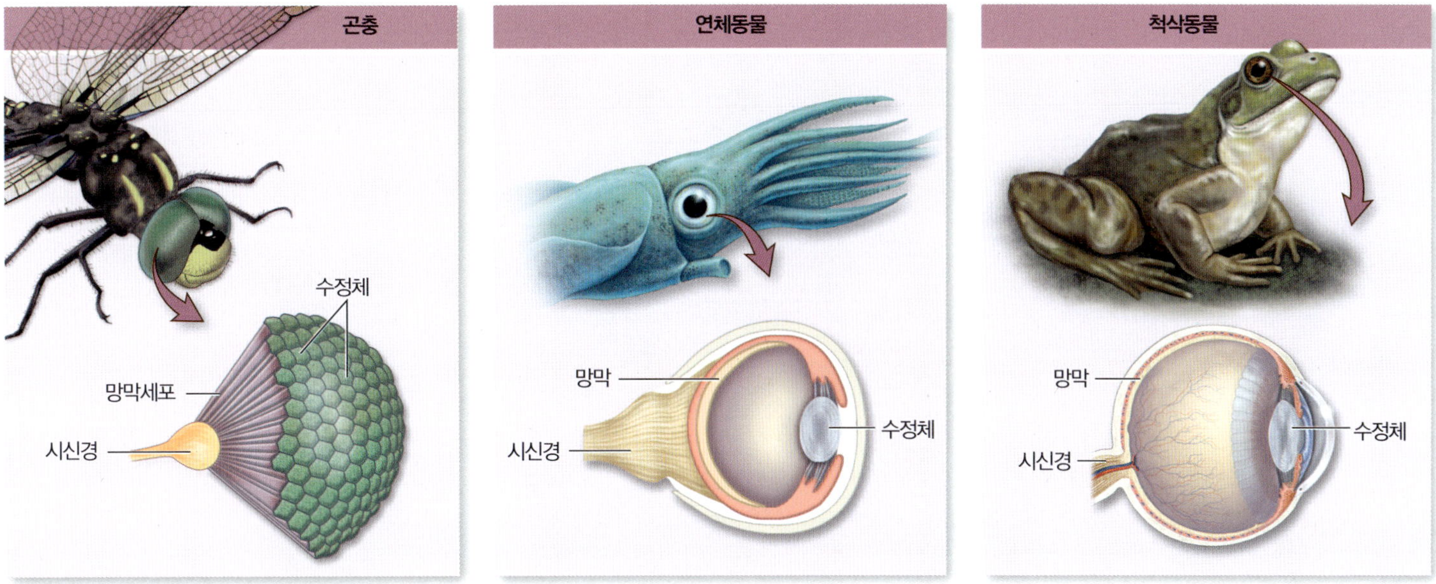

그림 27.15 3종류 동물문의 눈의 구조.
겉보기에는 비슷하지만 각 눈의 구조는 매우 다르다(연체동물과 척삭동물 눈의 자세한 비교는 **그림 27.26** 참조). 각 눈은 개별적으로 진화되었으며, 겉보기에 복잡한 구조이지만 더 단순한 구조로부터 진화되어 왔다.

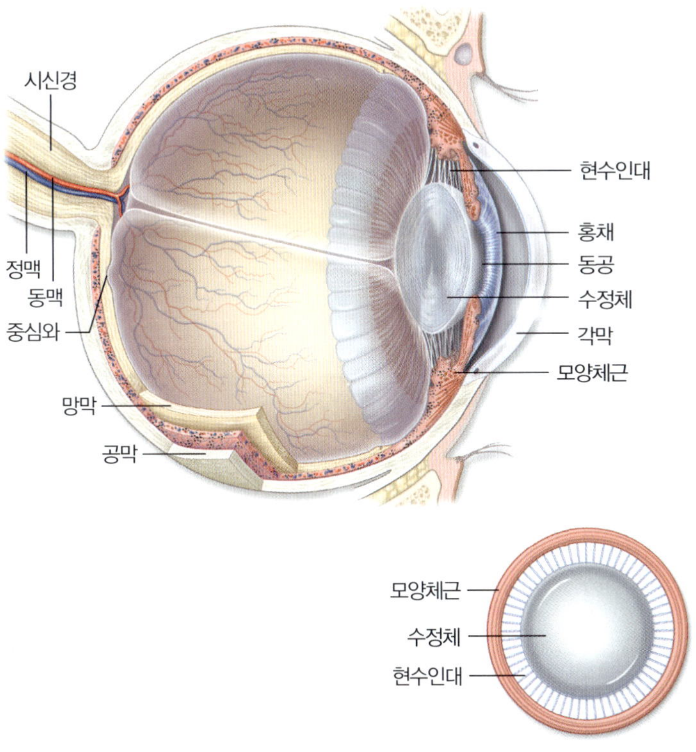

그림 27.16 사람 눈의 구조.
투명한 각막을 통해 들어온 빛은 수정체를 통해 눈 뒤쪽 표면의 망막에 모인다. 망막은 광수용기(간상세포와 원추세포)를 가진다. 각 눈에서 시야의 중심은 중심와에 초점을 맞춘다. 원근 조절은 모양체근의 수축과 이완에 의해 이루어지고, 모양체근은 수정체의 굴절률을 조절해 준다.

빛에서 홍채 근육의 수축은 동공의 크기를 감소시킨다. 빛은 동공(pupil)을 통해 수정체(lens)를 통과하는데, 수정체는 눈의 뒤쪽에 있는 망막으로 빛의 초점이 형성되도록 조절하는 투명한 구조이다. 수정체는 진대에 의해 모양체근(ciliary muscle)에 부착되어 있다.

수정체의 형태는 현수인대(suspensory ligament)의 수축 정도에 의해 많은 영향을 받는다. 현수인대는 수정체를 둘러싸고 그것을 모양체근에 부착시킨다. 모양체근이 수축했을 때 현수인대는 이완하고 수정체는 더 둥글어지며 빛을 더 강하게 굴절시켜 주는데, 이 작용에 의해 가까운 곳의 물체를 볼 수 있게 된다. 원거리를 볼 때 모양체근은 이완하고 현수인대는 수축한다. 수정체는 더 얇아지고 빛을 덜 굴절시키며 망막에 상이 맺힌다. 근시 또는 원시인 사람들은 망막에 상을 맺을 때 원근 조절을 적절히 하지 못한다(**그림 27.17**). 흥미롭게도 양서류 또는 어류에서는 수정체의 모양이 바뀌지 않는데, 이러한 동물들은 카메라의 렌즈 초점을 손으로 조절하듯이 그들의 수정체를 안과 밖으로 이동시켜 원근 조절을 한다.

척추동물의 광수용기는 간상세포와 원추세포이다

척추동물의 망막은 두 종류의 광수용기세포를 포함하는데, 이들을 간상세포와 원추세포라고 한다(**그림 27.18**). 시각세포의 끝부분을 구성하는 가늘고 긴 모양에서 그 이름을 따온 **간상세포**(rods)는 조명이 흐릿할 때 명암을 인식한다. 그에 비해 **원추세포**(cones)는 원뿔 모양의 생김새를 가지며 빛의 선명도와 색깔을 인지한다. 사람의 망막에는 약 1억 개의 간상세포와 300만 개의 원추세포가 분포하고 있다. 대부분의 원추세포는 **중심와**(fovea)로 알려진 망막의 중심부에 위치하며, 중심와는 눈이 선명한 이미지를 형성하는 곳이다. 중심와

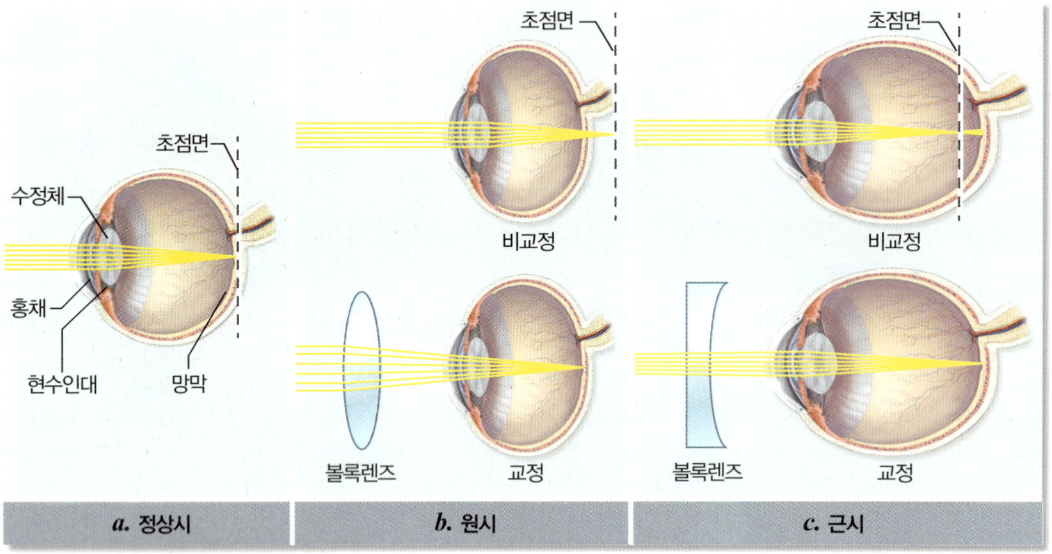

그림 27.17 사람 눈의 원근 조절.
a. 정상인의 경우 수정체의 굴절을 통해 근거리상과 원거리상이 모두 망막에 맺힌다. 정상인이 물체로부터 6 m 또는 그 이상 떨어져 서 있을 때 수정체는 볼록해지고 상은 망막에 맺힌다. *b.* 원시인 경우 수정체로부터 망막까지 거리가 너무 가깝기 때문에 상이 망막 뒤쪽에 맺힌다. 교정 렌즈는 빛의 각도를 조절해준다. *c.* 근시인 경우 상은 망막의 앞쪽에 맺히고 흐릿하게 나타난다.

에는 간상세포가 거의 존재하지 않는다.

간상세포와 원추세포의 구조

간상세포와 원추세포는 같은 기본 구조를 가진다. 미토콘드리아가 풍부한 안쪽 분절(inner segment)은 신경전달물질로 가득찬 많은 소낭을 가지며, 좁은 관을 통해 바깥쪽 분절(outer segment)로 이어진다. 바깥쪽 분절은 많은 평평한 디스크가 쌓인 구조로, 빛을 포획하는 분자 또는 광색소(photopigments)는 이 디스크들의 막에 존재한다(**그림 27.18**)

간상세포에서 광색소는 **로돕신**(rhodopsin)이라고 부른다. 로돕신은 시스-레티날(cis-retinal) 분자와 결합된 옵신(opsin) 단백질로 이루어져 있는데, 시스-레티날은 식물의 광합성 색소인 카로틴으로부터 유래된 바이타민 A로부터 생성된다.

원추세포의 광색소는 **포톱신**(photopsin)이라고 부르는데, 구조적으로 로돕신과 매우 유사하다. 인간은 3종류의 원추세포를 가지는데, 그들의 포톱신은 근소하게 다른 아미노산 서열로 이루어진 단백질과 이에 결합된 시스-레티날로 구성되어 있다. 이러한 차이점은 색소에 의해 최대로 흡수될 수 있는 전자기 스펙트럼의 범위와 최대 흡수 파장에 따라 나타난다(**그림 27.19**). 로돕신에서 시스-레티날의 최대 흡수 파장은 500 nm이다. 그에 비해 세 종류의 원추세포의

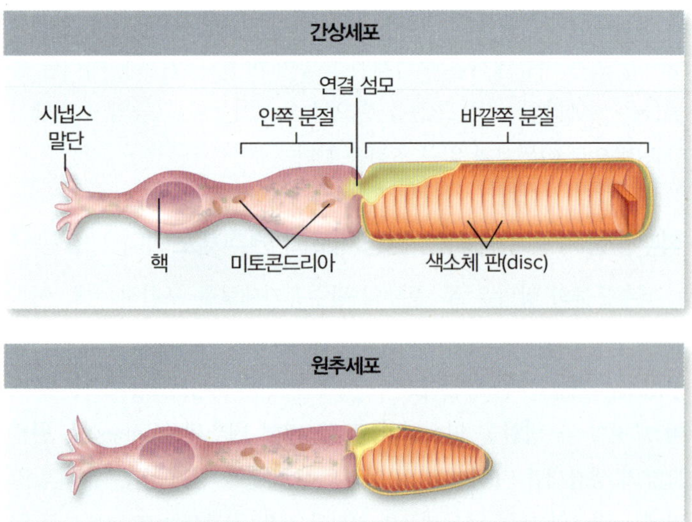

그림 27.18 간상세포와 원추세포.
이 세포에서 색소를 포함하는 바깥쪽 분절은 좁은 관인 나머지 부분과 구획되어 있다.

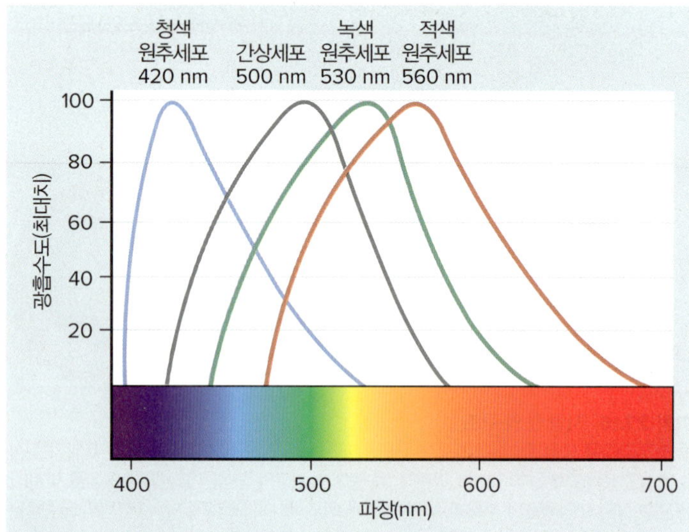

그림 27.19 색 시각.
간상세포의 로돕신에서 시스-레티날의 흡수 스펙트럼은 500 nm이다. 그러나 청색 원추세포는 420 nm에서, 녹색 원추세포는 530 nm에서, 적색 원추세포는 560 nm에서 최대 흡수 스펙트럼을 가진다. 뇌는 이 3가지 원추세포의 복합적 활성화에 의해 모든 다른 색을 인지한다.

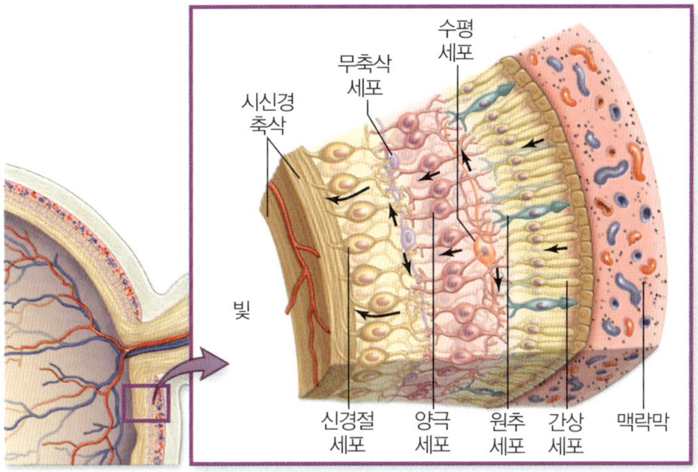

그림 27.20 망막의 구조.
간상세포와 원추세포는 망막의 앞쪽이 아닌 뒤쪽에 있다. 빛이 간상세포와 원추세포에 도달하기 전에 빛은 망막의 신경절세포, 무축삭세포, 양극세포, 수평세포를 통과한다. 광수용기가 활성화되면 그들은 양극세포를 활성화시키고, 그것은 신경절세포를 활성화시킨다. 망막에서 감각기 정보의 흐름은 빛의 흐름과 반대이다.

포톱신의 최대 흡수 파장은 420 nm(청색), 530 nm(녹색) 그리고 560 nm(적색)이다. 포톱신의 빛을 흡수해서 나타내는 이러한 차이점은 각 원추세포가 서로 다른 색을 감지하도록 한다. 그래서 그들은 단순하게 청색, 녹색 그리고 적색 원추세포로 언급되기도 한다.

눈의 안쪽 표면인 **망막**(retina)은 3층의 세포들로 이루어져 있다. 안구의 바깥 표면에 가장 가까운 층은 간상세포와 원추세포로 이루어져 있으며(**그림 27.20**), 다음 층은 **양극세포**(bipolar cells)로 이루어져 있다. 그리고 눈의 공동(cavity)에 가장 가까운 층은 **신경절세포**(ganglion cells)로 이루어져 있다. 따라서 빛이 광수용기에 도달하기 위해서는 신경절세포와 양극세포를 통과해야만 한다. 양극세포와 연결된 간상세포와 원추세포, 그리고 신경절세포와 연결된 양극세포는 시신경을 경유해 뇌로 자극을 전달한다. 신경절세포가 뇌로 활동전위를 보낼 수 있는 망막의 신경 단위이기 때문에 망막에서 감각기 정보의 흐름은 망막을 통한 빛의 통로와 반대가 된다.

신경절세포는 눈의 안쪽에 위치하고 있기 때문에 시신경은 망막을 통해 안으로 들어와야 하므로 맹점이 형성된다(**그림 27.16** 참조). 이러한 맹점은 얼굴 앞에서 손가락을 좌우로 흔들어 보면서 확인할 수 있다. 손가락 끝에 색깔 있는 물체를 씌우고 왼쪽 눈을 감은 채로 손가락 끝 아래의 멀리 떨어진 지점에 초점을 맞추어 보자. 천천히 손가락을 오른쪽으로 움직이는 동안 눈은 먼 곳에 위치한 지점에 초점을 맞춘 상태로 유지한다. 그러면 한 지점에서 손가락 위에 있는 색깔 있는 점이 더 이상 보이지 않는 것을 알 수 있게 된다. 연체동물의 눈의 구조는 망막 앞쪽이 아닌 뒤쪽에 결합한 감각신경을 가짐으로써 이러한 문제를 피할 수 있다(**그림 17.15** 참조).

과학적 사고

가설: 새는 자외선 범위의 빛을 볼 수 있다.
예상: 새는 깃털에서 얼마나 많은 자외선이 감지되는지에 따라 다르게 반응할 것이다.
실험: 붉은날개앵무새의 깃털은 자외선 빛을 적절이 발산한다. 붉은날개앵무새를 각각 다른 수컷에 노출시켰다. 이때 수컷 중 몇몇은 UV 빛을 차단하는 필터 뒤에 두었고, 다른 몇몇은 UV빛을 그대로 발산하게 두었다.

결과 및 결론: 암컷들은 UV를 발산하는 수컷 근처에서 많은 시간을 보냈다. 암컷들은 UV 범위의 빛을 볼 수 있을 뿐만 아니라 깃털에서 UV를 발산하는 수컷을 선호했다.
추가 실험: 왜 암컷이 UV를 발산하는 수컷을 선호하는지에 관한 2가지 가설은 무엇일까? 이러한 가설을 검증하기 위해 어떤 실험을 할 수 있을까?

그림 27.21 새의 자외선 감지.
사람은 근자외선 범위의 색을 구별할 수 없는 반면, 많은 동물들은 그것이 가능하다. 이 사진은 사람에 의해 감지될 수 없는 수컷 붉은날개앵무새(*Aprosmictus erythropterus*)의 근자외선 형태를 보여주는 사진이다.

자료 분석 근자외선을 감지할 수 있는 동물의 경우, 이 수용체의 최대 흡광치는 **그림 27.19**의 여러 광수용기들과 관련이 있는가? (전체 전자기 스팩트럼은 **그림 6.4** 참조)

망막은 2가지의 부가적인 유형의 뉴런을 가지는데 수평세포(horizontal cells)와 무축삭세포(amacrine cell)이다. 망막 중심부에서 광수용기에 의한 수평세포의 자극은 주변부의 광수용기의 반응을 억제한다. 이러한 측면 억제(lateral inhibition)는 대조적이며 선명한 이미지를 나타나게 해준다.

대부분의 척추동물들은 많은 곤충과 무척추동물처럼 낮에 색을 인지할 수 있다. 실제로 꿀벌은 일부 조류, 파충류 그리고 다른 척추동물들처럼 사람의 눈으로 볼 수 없는 근자외선(near-ultraviolet) 범위의 빛을 볼 수 있다(**그림 27.21**). 색을 인지하려면 둘 이상의 광색소가 서로 다른 수용기세포에 존재해야 한다. 그러나 색을 인지하는 모든 동물들이 인간이나 영장류처럼 3가지 원추세포를 가지는 것은 아니다. 예를 들면 어류, 바다거북, 조류는 4종류 또는 5종류의 원추세포를 가진다. 여분의 원추세포는 이러한 동물들이 근자외선을 보고 색의 음영을 구별할 수 있게 한다. 그에 비해 다람쥐나 개와 같은 많은 포유류들은 2종류의 원추세포를 가지는데, 이들은 여러 색을 구별하는 데 더 많은 한계를 가지고 있다.

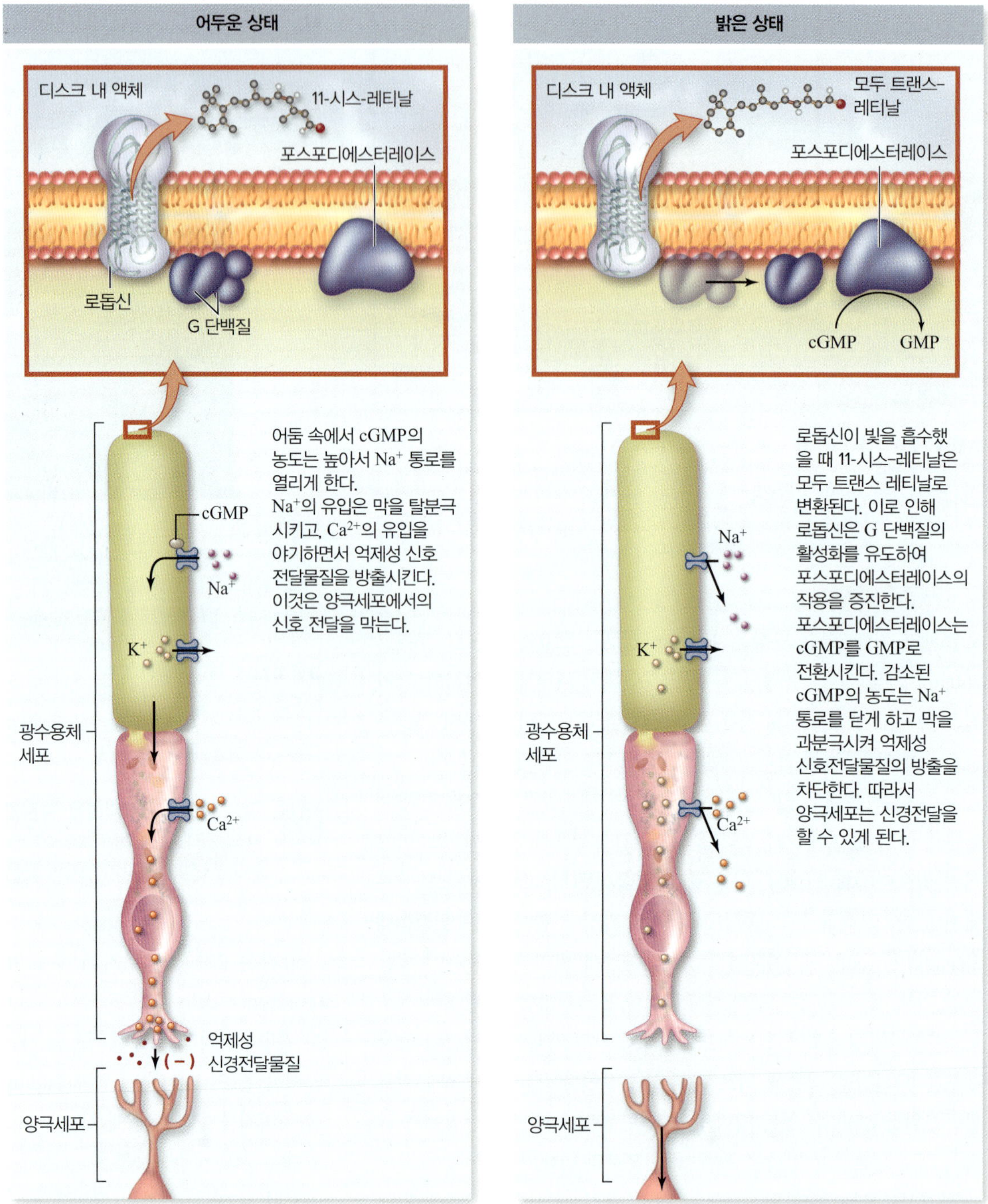

그림 27.22 척추동물 눈에서의 신호 변환. 빛이 없을 때 cGMP는 Na^+ 통로를 열고, Na^+의 유입은 억제성 신호전달물질의 분비를 유도한다. 빛은 로돕신에 있는 레티날에 의해 흡수되고, 그의 구조를 변화시켜 로돕신이 G 단백질과 결합하도록 한다. 활성화된 G 단백질은 cGMP를 GMP로 바꾸어주는 포스포디에스터레이스를 자극한다. cGMP의 손실은 Na^+ 통로를 닫게 하고, 억제성 신경전달물질의 방출을 막아주면서 양극세포가 신경절세포를 자극하도록 유도한다.

? **탐구문제** 추가적인 종류의 원추세포는 색을 구별하는 데 어떤 영향을 주는가?

광수용기에서의 감각 변환

빛 에너지로부터 신경자극으로의 변환은 감각자극이 인지되는 것과 반대의 순서를 따른다. 어둠 속에서 광수용기세포는 억제성 신경전달물질(inhibitory neurotransmitter)을 방출한다. 억제성 신경전달물질은 양극신경세포를 과분극시켜주며, 이는 양극세포가 신경절세포로 흥분성 신경전달물질을 방출하는 것을 막게 된다.

광수용기세포에 의한 억제성 신경전달물질의 생성은 리간드개폐성 Na^+ 통로에 의해 일어난다. 어둠 속에서 Na^+ 유입을 허용하는 이러한 많은 통로들을 열려 있다. 암 전류(dark current)라고 부르는 빛의 부재 시 Na^+의 흐름은 광수용기세포의 막을 탈분극시킨다. 이 상태에서 억제성 신경전달물질을 생성하는 세포는 양극세포의 막을 과분극시킨다.

암 전류의 조절은 광수용기세포에 존재하는 Na^+ 통로에 대한 리간드인 cGMP(cyclic guanosine monophosphate)에 의존한다. 어둠 속에서는 cGMP의 농도가 높고 통로는 열린다. 이 체계는 광색소의 특징과 구조에 의해 빛에 민감하게 만든다. 눈에 존재하는 광색소는 사실상 빛의 흡수에 의해 활성화되는 G 단백질연결수용체(G protein-coupled receptor) 단백질이다.

빛이 있을 때 이 과정은 반대로 작용한다. 광색소가 빛을 흡수할 때 시스-레티날은 이성질화되어 수용기 단백질(옵신)로부터 분리되는 표백반응(bleaching reaction)이 일어난다. 그 결과 수용체 단백질인 옵신은 형태가 변하고 연결된 G 단백질이 활성화된다. 활성화된 G 단백질은 그들이 반응 단백질인 포스포디에스터레이스(phosphodiesterase)를 활성화시키고, cGMP를 GMP로 잘라준다. cGMP의 손실은 cGMP 개폐성 Na^+ 통로를 닫게 하고 암 전류를 감소시킨다(**그림 27.22**). 옵신은 100개 이상의 조절성 G 단백질과 결합하고 있으며, 이것이 활성화될 때 G 단백질의 소단위체(subunits)를 방출하고, 이 소단위체는 수백 개의 포스포디에스터레이스 효소를 활성화시킨다. 효소는 수천 개의 cGMP를 GMP로 전환시키고 1초당 약 1000개의 비율로 Na^+ 통로를 닫고 암 전류를 억제한다.

하나의 빛 광자 흡수는 K^+ 투과도의 변화 없이 100만 개 이상의 Na^+ 유입을 막기에, 광수용기세포는 과분극되어 억제성 신경전달물질을 덜 방출하게 된다. 억제 상태에서 벗어나면 양극세포가 흥분성 신경전달물질을 방출하여 신경절세포를 활성화시키고 뇌로 자극을 전달한다(**그림 27.23**).

시각화 과정은 대뇌피질에서 일어난다

신경절세포의 축삭을 따라 이동하는 활동전위는 시상의 **외측슬상핵**(lateral geniculate nuclei)을 통해 대뇌 후두엽의 시각피질로 전달된다(**그림 27.23**). 뇌는 이러한 정보를 눈의 수용장(receptive field)이라는 특이한 영역에서 빛으로써 해석한다. 망막을 가로지른 신경절세포 사이에서 활성화의 패턴은 수용장의 지도에 차례로 기록되면서 망막과 뇌가 시각적 공간에 물체의 상을 갖게 한다.

각 신경절세포에서 자극의 빈도는 각 지점에서의 빛의 세기에 대한 정보를 제공한다. 동시에 3가지 유형의 원추세포와 연관된 신경절세포의 상대적인 활성은 색에 대한 정보를 제공해 준다.

시력

수용기, 양극세포 및 신경절세포 사이의 관계는 망막의 여러 부위에서 다르게 나타난다. 중심와(fovea)에서 각 원추세포는 양극세포와 일대일의 관계를 만드는데, 각 양극세포는 1개의 신경절세포와 연접되어 있다. 이러한 순서 관계는 중심와에서 시각의 높은 예민성

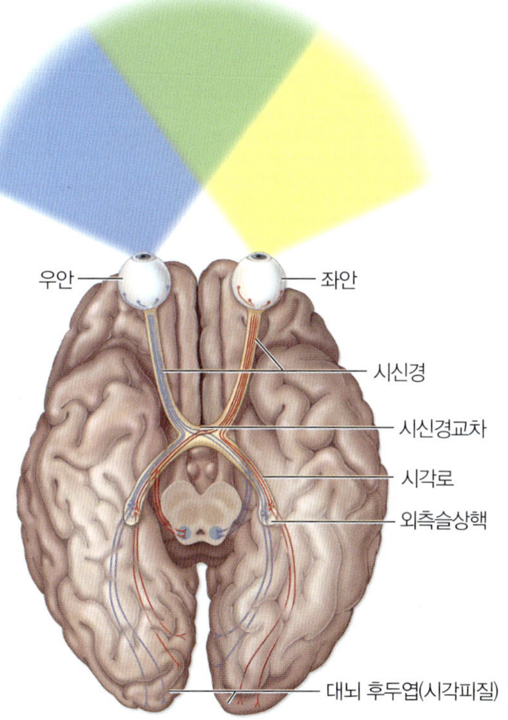

그림 27.23 시각 정보의 경로.
시신경에서 활동전위는 망막에서 외측슬상핵으로 그리고 그곳에서 후두엽의 시각피질로 전달된다. 시신경의 절반(망막의 안쪽 부위에서 생기는 내측섬유)은 시신경교차에서 다른 쪽으로 가로질러 가기 때문에 각 대뇌 반구는 두 눈으로부터 정보를 받는다.

을 야기한다.

중심와의 바깥에서 많은 간상세포는 하나의 양극세포에 연접할 수 있다. 이러한 수렴성은 신경 활성의 가중(summation)을 가능하게 하기에, 시력과 색감을 포기하는 대신에 중심와 외부의 망막 영역이 중심와보다 희미한 빛에 더욱 민감하게 한다. 이것이 밤에 희미한 별과 같은 물체들을 똑바로 보지 않을 때 더 잘 볼 수 있는 이유가 된다. 사람은 눈의 주변부를 탐지기로 사용하고, 중심와를 조사관으로 이용한다.

색맹(color blindness)은 유전적으로 하나 이상의 원추세포 유형이 결실되어 생긴다. 정상적인 색각을 가지고 있는 사람들은 3색형 색각자(trichromats)로, 3가지 원추세포를 모두 가지고 있다. 2가지의 원추세포만을 가진 사람은 2색형 색각자(dichromats)이다. 예를 들어, 적록색맹(red-green color blindness)인 사람들은 적색 원추세포가 없어서 녹색과 적색을 구별하기 어렵다. 한 가지 유형의 원추세포 부족으로 나타내는 색맹은 반성 열성형질(11장 참조)이며, 남성에게서 더 많이 나타난다. 적록색맹은 원추세포의 1가지 유형에 대한 흡수 스펙트럼의 민감도 곡선이 이동되어 동일한 전자기파에 의해 다른 원추세포가 자극되기에 적색과 녹색 사이의 구분이 불가능해져 나타나는 것이다.

양안시각

사람을 포함한 영장류와 대부분의 포식동물은 2개의 눈을 가지고 있으며, 얼굴의 양쪽에 하나씩 위치하고 있다. 두 눈이 한 물체에 초점을 맞출 때 두 눈의 시선이 조금씩 다른 각도를 가지기 때문에 각각의 눈에 보여지는 상은 조금씩 다르다. 시차(parallax)라고 부르는 상에 대한 약간의 차이는 3차원적 상을 인지하고 깊이를 감지하기 위한 능력인 **양안시각**(binocular vision)을 가능하게 해준다. 눈이 앞으로 향하고 겹치는 부분을 극대화할 때 입체시(stereoscopic vision)가 발생한다.

그와 대조적으로 피식동물은 일반적으로 머리의 양옆에 눈이 위치하므로 양안시각이 없는 대신 전체적인 수용장은 커진다. 자연선택에서 많은 피식 종들은 입체시보다도 잠재적 포식동물의 탐지를 선호하는 쪽으로 진화되어 나온 것으로 여겨진다. 미국 멧도요새(*Scolopax minor*)의 눈은 두개골의 완전한 반대편에 위치하고 있기 때문에 머리의 회전 없이 360°를 관찰할 수 있다.

대부분의 새들은 측면에 눈을 가지고 있으며, 각 망막에 2개의 중심와를 가지고 있다. 하나의 중심와는 포유동물의 망막에서 단일 중심와 같이 선명한 정면 시각을 제공하고, 다른 중심와는 더 선명한 측면 시각을 제공한다.

핵심 요약 27.6

많은 무척추동물들은 이미지를 형성하지 않고 빛을 감지하는 안점을 가지고 있다. 환형동물, 연체동물, 절지동물, 척삭동물은 이미지를 형성하는 눈을 독립적으로 진화시켜 왔다. 척추동물의 눈은 동공을 통해 빛을 인식한 다음 광수용기가 있는 망막에 조절이 가능한 수정체로 초점을 맞춘다. 광수용기의 간상세포와 원추세포는 시스-레티날이 있는데 이 시스-레티날은 양극세포와 신경절세포를 간접적으로 활성화시킨다. 신경절세포는 궁극적으로 뇌의 후두엽에 활동전위를 보낸다.

- 적록색맹인 사람은 이 두 색을 구별하는 방법을 배울 수 있을까? 그렇게 생각한 이유는 무엇인가?

27.7 눈의 진화와 발달

학습 목표

1. 파리의 겹눈, 사람의 눈 및 유형동물의 안점이 어떻게 진화론적 공통점을 가지는지 설명할 수 있다.

눈은 가장 복잡한 기관 중 하나이다. 생물학자들은 수세기 동안 눈을 연구해 왔다. 실제로 그러한 복잡한 구조가 어떻게 진화할 수 있는지 설명하는 것은 다윈에게 큰 도전 과제 중 하나였다. 적절한 기능을 위해 눈과 같은 구조의 모든 부분이 요구된다면, 자연선택은 어떻게 그런 구조를 만들 수 있을까?

다윈은 예를 들어 빛과 어둠을 구별하는 능력을 제공하는 중간 구조조차도 시각적 능력이 없던 조상의 상태와 비교하였을 때 유리할 것이고, 따라서 이러한 구조들은 자연선택에 의해 정해질 것이라고 하였다. 이런 방식으로 기능의 점진적인 개선에 의해 자연선택은 복잡한 구조를 만들 수 있었을 것이다.

형태학적 및 분자적 증거가 눈의 진화를 뒷받침한다

역사적으로 형태학적 증거는 다양한 동물 계통의 눈이 수렴진화의 예임을 제안하고 있다. 그러나 1990년대 초, 생물학자들은 척추동물과 곤충에서 눈의 발달에 대해 연구했는데, 각각의 경우에서 수정체 형성에 중요한 전사인자를 암호화하는 유전자가 발견되었다. 쥐의 유전자에는 ***Pax6***이라는 이름이 붙여졌고, 파리의 유전자에는 *eyeless*라는 이름이 붙여졌다. *eyeless* 유전자의 돌연변이는 전사인자의 생산이 결핍되었고, 따라서 눈의 발달이 이루어지지 않아 그러한 이름을 갖게 되었다.

이들 유전자의 서열이 분석 되었을 때 서로 매우 유사하다는 것이 밝혀졌다. 본질적으로, 상동성인 *Pax6* 유전자의 역할은 곤충과 척추동물 모두에서 수정체 형성을 유발하는 것이다. 스위스의 생물학자 게링(Walter Gehring)이 이 상동성 실험을 하였는데, 그는 척추동물의 *Pax6* 유전자를 이식한 초파리를 만들었다. 이 초파리에서 *Pax6* 유전자는 초파리의 다리 조절인자에 의해 발현되었기에 다리에 눈의 구조를 형성하였다(**그림 27.24**).

이러한 결과는 진화생물학계에 충격을 가져다주었다. 곤충과 척추동물은 500만 년 이상 전에 공통조상으로부터 분리되었다. 게다가 척추동물과 곤충에서 눈의 구조 차이가 큰 점을 감안할 때, 눈은 독립적으로 진화하여 완전히 다른 유전자에 의해 발달 과정이 조절될 것이라고 생각하였다. 그러나 눈의 발달은 같은 상동 유전자에 의해 영향을 받았고, 이 유전자들은 유사하여 척추동물 유전자가 곤충에서 정상적으로 기능하는 것처럼 보였기에, 이것은 완전히 예상하지 못한 것이었다.

*Pax6*에 관해서는 동굴에서 발견되는 눈이 없는 어류에까지 이어진다. 어두운 동굴에 사는 어류들은 시각 이외의 감각에 의존할 필요가 있다. 동굴어류들은 *Pax6* 유전자의 발현이 크게 줄어들어 눈이 발달하기는 하지만 금방 퇴화된다.

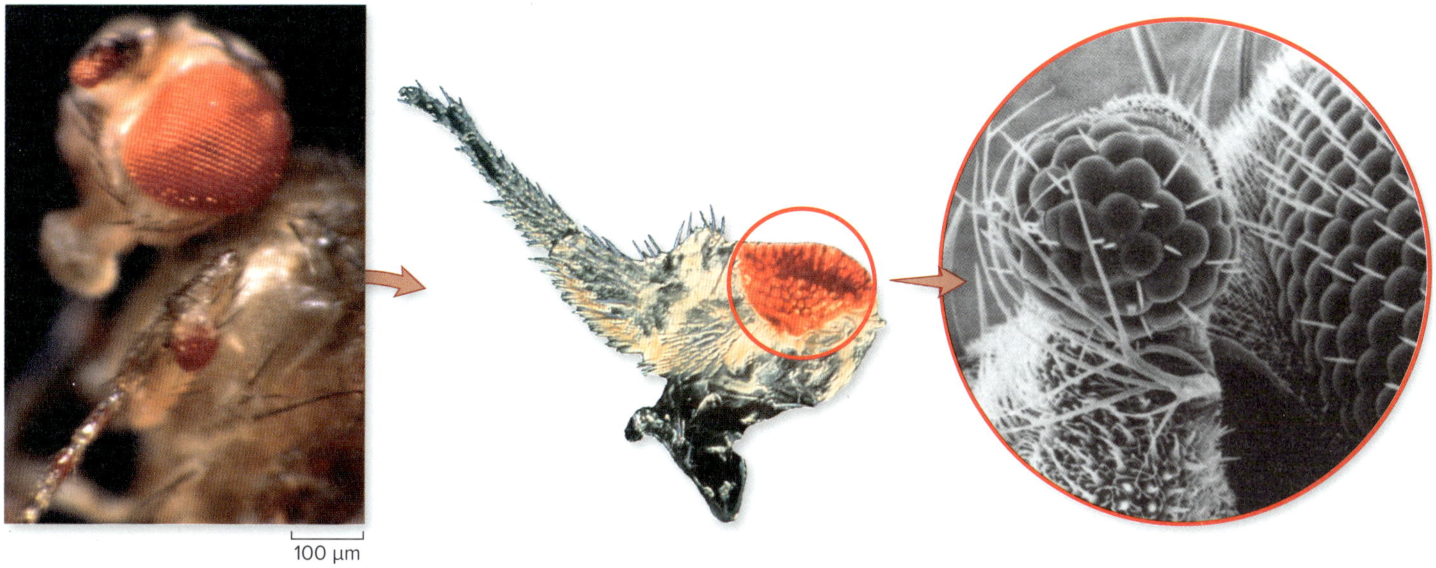

그림 27.24 쥐의 *Pax6* 유전자로 인한 파리의 다리에서 눈의 형성.
*Pax6*와 *eyeless*는 기능적으로 상동성이다. *Pax6* 핵심조절 유전자는 초파리에서 겹눈의 발달이나 쥐에서 간단한 눈을 발달시킬 수 있다.

유형동물은 눈의 발생을 위해 *Pax6* 유전자를 이용한다

좌우대칭동물(거울 이미지 대칭을 가진 동물)에 대한 연구는 *Pax6* 유전자에 대한 놀라운 결과를 가져왔다. 아주 간단한 유형동물인 *Lineus sanguineus*도 눈의 발달을 위해 *Pax6* 유전자를 이용한다. *Pax6*의 상동유전자가 클로닝되었고, 이 유전자는 안점이 발달하는 부위에서 발현되었다.

유형동물은 머리 부분이 제거되어도 재생이 가능하다. 실험을 통해 머리 부분을 제거하였고, 생물학자들은 안점의 재생을 관찰하였다. 동시에 제자리혼성화(in situ hybridization)를 통해 *Pax6* 상동유전자의 발현이 관찰되었다. *Pax6* 유전자 발현을 관찰하기 위해, *Pax6* RNA와 상보적인 염기서열을 갖는 안티센스 RNA 서열을 만들고 표지하였다. 재생하는 유형동물에 안티센스 *Pax6* 탐침을 처리하였을 때, 안티센스 RNA는 *Pax6* RNA 전사체와 결합하여 현미경하에서 유색반점으로 볼 수 있었다(**그림 27.25**).

좌우대칭동물의 눈 발달에 대한 *Pax6*의 역할을 뒷받침하는 증거는 계속 늘어나고 있지만 예외도 있다. 편형동물인 플라나리아는 반으로 절단될 때 눈을 재생할 수 있지만, 재생과 관련하여 *Pax6* 유전자의 발현은 없다. 그러나 이러한 *Pax6* 관련 유전자는 중추신경계에서 발현된다. *Pax6*에 반응하는 요소인 P3 인핸서도 확인되었고, 플라나리아에서 활성인 것으로 나타났다(**그림 27.26**).

자포동물은 눈의 발생을 위해 다른 *Pax* 유전자를 이용한다

Pax 유전자는 상상했던 것보다 훨씬 일찍 진화역사에서 눈 발생에 관여했다. 해파리를 포함하는 방사대칭의 자포동물에서 해파리의

과학적 사고

가설: *Pax6*는 유형동물 안점의 재생에 필요하다.
예상: 안점은 *Pax6*가 발현되는 곳에서 재생될 것이다.
실험:

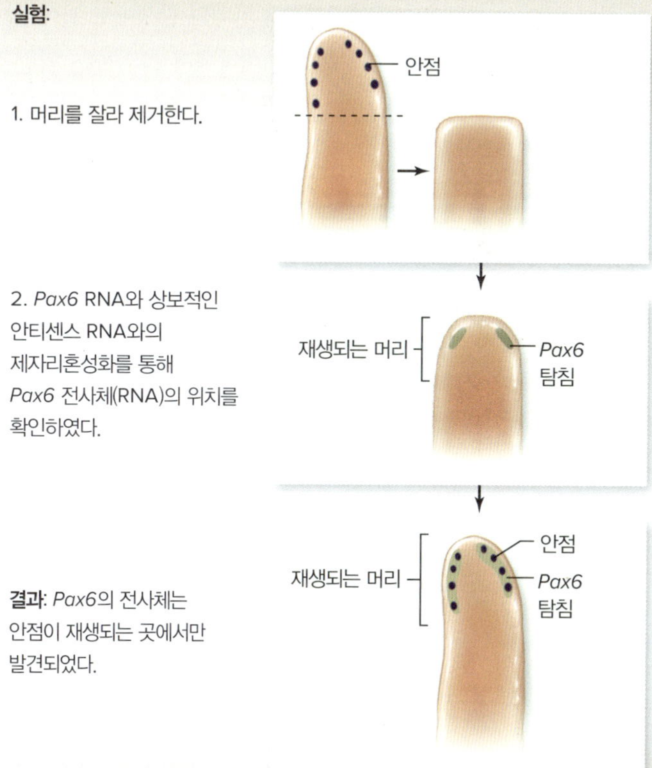

결론: *Pax6*는 안점이 재생되는 곳에서 발현되며 아마도 안점의 재생에 필요할 것이다.
추가 실험: 안점의 재생에 *Pax6*의 발현이 필요하다는 확신을 주는 추가적인 증거는 무엇일까?

그림 27.25 유형동물 안점의 재생과 *Pax6* 발현의 상관관계.

2가지 다른 집단인 히드라충강과 입방해파리강은 눈 발생을 위하여 *PaxA*와 *PaxB* 유전자에 의존한다. 게링은 해파리의 *PaxA* 유전자를 초파리에서 오발현(misexpressing)시키는 유전자 변형 초파리 실험을 반복했는데(**그림 27.24** 참조), 이것 역시 초파리의 다리에 겹눈을 만들었다.

더 많은 *Pax* 그룹 유전자가 분석됨에 따라 흥미로운 계통발생이 나타났다(**그림 27.26**). 초기의 유전자가 중복된 후 눈 발생을 위해 서로 다른 동물 계통에서 서로 다른 *Pax* 유전자의 구성원이 사용되었다. 가장 단순한 동물인 해면동물에서 발현하는 *Pax* 유전자에 대한 자세한 내용은 *Pax* 유전자의 미스터리와 눈의 기원을 해결하는데 도움이 될 것이다.

눈 발생은 단 한번의 시작으로 진화했을지도 모른다

이러한 발견에 대해 몇 가지 설명이 가능하다. 하나는 원래 믿었던 것처럼, 다른 종류의 동물들의 눈은 정말 독립적으로 진화했다는 것이다. 그러나 만약 이것이 사실이라면 왜 *Pax* 유전자는 구조적으로 비슷하고 그렇게 많은 다른 집단에서 비슷한 역할을 할 수 있을까? 눈의 독립적인 진화에 대한 반대론자들은 *Pax6* 유전자가 눈의 발생뿐만 아니라 많은 생물의 이마(forehead) 전체의 발생에도 관여한다고 말한다. 결과적으로 좌우대칭동물의 이마에서 조절하는 역할을 했다면, 아마도 눈 발생에 역할을 하기 위해 독립적으로 몇 번이고 반복적으로 추천되었을 것이다. 이것은 플라나리아에 대한 데이터와 해파리의 눈 발생에 관여하는 *PaxA*와 *PaxB*의 역할과 일치한다.

많은 생물학자들은 이 해석이 가능성이 낮다고 생각한다. 너무나 많은 생물에서 *Pax6*를 눈의 발생에 일관성 있게 사용하는 것, 그리고 각각의 경우에 같은 역할을 한다는 사실, DNA 서열과 기능적 대체성이 뛰어나다는 점은 초기의 공통조상이 단 한번 *Pax6*를 눈 발생에 사용했다는 것을 시사한다. 초파리 눈의 발생에서 *Pax6*를 해파리의 *PaxA*로 대체할 수 있다는 점은 이 생각을 뒷받침하는 강력한 증거가 되고 있다.

눈의 발달을 위해 다른 *Pax* 유전자군을 사용하는 것도 단일 기원과 일치한다. 초기 중복 후, 모든 *Pax* 유전자는 안점이나 빛 인식 기능과 같은 기능을 제공하였고, 그 후 각 유전자는 특정 기능에 특화되었다고 주장할 수 있다. 서로 다른 계열에서 이 보조기능은 다르게 진화했지만 공통점이 있다. 이 결론에 대한 지지는 눈의 발생에 있어 다른 유전자들도 보존된다는 발견에서 비롯된다.

서로 다른 집단의 눈 사이에 큰 차이가 있는 것을 볼 때 어떻게 이런 일이 있을 수 있을까? 한 가지 가설은 이러한 집단의 공통된 조상이 완전히 눈이 멀지 않았다는 것이다. 오히려 일종의 기초적인 시각 시스템을 가지고 있었을지도 모른다. 그것은 단지 색소화된 광수용

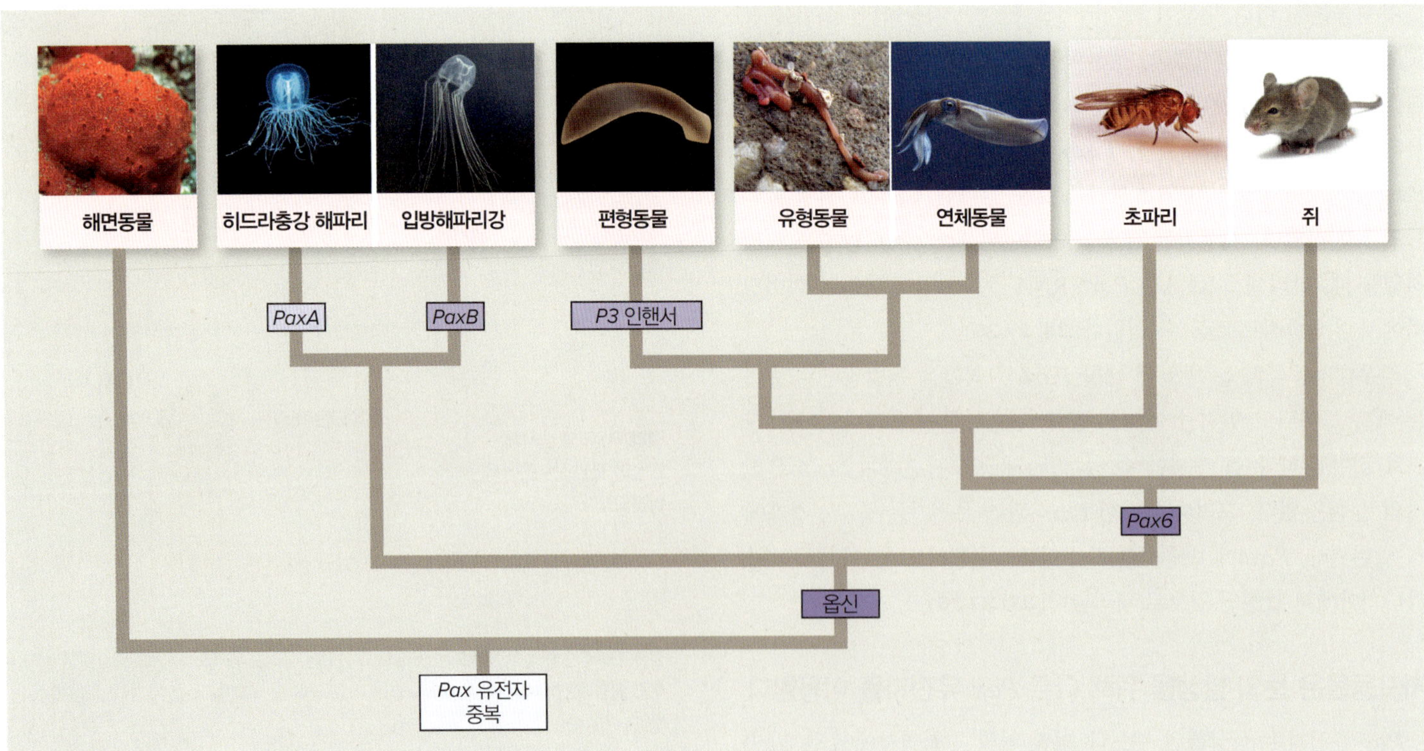

그림 27.26 눈 발생을 위해 서로 다른 동물 계통에서 사용된 3개의 다른 *Pax* 유전자.

기세포에 불과할 수도 있고, 어쩌면 빛과 어둠을 구별할 수 있는 조금 더 정교한 기관일 수도 있다. 정확한 표현형이 무엇이든 중요한 것은 *Pax* 유전자나 관련 유전자들을 눈 발생에 사용한, 일종의 기본적인 시각 시스템이 존재했다는 것이다. 그 후 이 조상의 후손들은 독립적으로 다양해졌고, 오늘날 다른 생물의 집단들이 보여주는 정교하고 복잡한 영상을 형상화하는 눈을 진화시켰다.

부드러운 구조는 화석이 되지 않는다. 그러므로 생물의 진화 역사에서 광수용기가 어디에서 처음 발생했는지는 논란의 여지가 있다. 분자 및 계통학적 증거를 바탕으로 한 지배적인 가설은 그것이 자포동물(방사대칭동물)과 좌우대칭동물의 분리 이전인 500만 년보다 더 오래 전이었다는 것이다(**그림 27.26**).

핵심 요약 27.7

다양한 분야의 접근 방식을 통해 전세계 생물의 다양성에 대한 진화적 역사를 명확하게 설명할 수 있다. *Pax6* 유전자와 많은 상동유전자는 결과는 매우 다양하지만 눈의 발생이 단일 진화적 기원을 가질 수 있음을 나타낸다.

■ 결함이 있는 *Pax6* 돌연변이가 왜 동굴어류에서 남아있을까? 이 물고기들이 빛이 있는 서식지에 들어간다면, 어떤 일이 일어날까?

핵심 개념 요약

27.1 감각수용기의 개요

■ 감각수용기는 내 · 외부 자극을 감지한다

외부 수용기는 외부 환경으로부터의 자극을 감지하는 반면, 내부 수용기는 내부 환경으로부터의 자극을 감지한다.

■ 감각 정보는 4단계로 전달된다

감지된 감각 정보는 자극, 변환, 전송 및 해석의 4단계로 전달된다.

■ 감각 변환은 이온통로를 통해 일어난다

감각 변환은 수용기에서 차등전위를 생성한다. 단일 전위 또는 전위의 합은 역치값을 초과하여 활동전위를 생성할 수 있다. 자극 강도와 활동전위 빈도는 로그 관계에 있다.

■ 수용기는 6가지로 분류될 수 있다

27.2 온도수용기, 통증수용기, 전자기수용기: 온도, 통증, 자기장

■ 온도수용기는 열에너지 변화를 감지한다

온도수용기는 감각뉴런의 노출된 수상돌기 말단으로 TRP 이온통로를 포함하며, 추위 또는 열에 반응한다.

일부 뱀은 온도수용기를 사용하여 먹이를 감지한다. 살모사의 소공 기관은 사용되는 열을 감지하여 열 이미지를 형성한다.

■ 통증수용기는 실제 또는 잠재적 손상에 반응한다

통증수용기는 피부에 위치한 자유신경말단으로, 손상으로 인한 자극에 반응하며 통증으로 인식된다. 척추의 통증수용기는 신경전달물질, 물질 P 및 글루탐산을 사용한다. 엔돌핀과 엔케팔린이라고 불리는 자연 진통제는 물질 P의 방출을 차단한다.

■ 전자기수용기는 전류와 자기장을 감지한다

연골어류 및 오리너구리의 전기수용기는 전류를 감지할 수 있다. 많은 동물들은 시각 및 신경계에서 자기적으로 민감한 요소를 사용하여 자기력선을 따라 이동하는 것으로 보인다.

27.3 기계수용기 I: 접촉, 압력, 몸의 자세

■ 다양한 수용기들이 세기에 따른 접촉을 감지한다

피부의 다양한 수용기는 막의 기계적 뒤틀림에 반응하여 접촉을 전달한다(**그림 27.3**).

■ 근육의 길이와 신장력은 고유수용기에 의해 감지된다

고유수용기는 신체 부위의 상대적 위치 또는 움직임과 근육의 신장 정도에 대한 정보를 제공한다.

■ 압력수용기는 혈압을 감지한다

27.4 기계수용기 II: 청각, 진동, 균형

청각의 음파 또는 압력파 감지는 물에서 가장 잘 작동하며 방향에 대한 정보를 제공한다.

■ 어류의 측선계는 낮은 빈도의 진동을 감지한다(그림 27.5)

■ 귀의 구조는 진동 감지를 위해 특수화되어 있다

육상 척추동물의 외이는 고막으로 소리를 보낸다(**그림 27.6**). 진동은 중이뼈를 통해 난원창과 달팽이관으로 옮겨져, 코르티 기관이 이를 변환한다.

■ 달팽이관에서 변환이 일어난다

달팽이관의 기저막은 다른 주파수의 소리에 반응하는 섬유로 구성되어 있다(**그림 27.8**).

■ **일부 척추동물들은 소리로 탐색할 수 있다**

반향정위는 박쥐, 고래 및 다른 종들이 소리로 탐색할 수 있게 한다.

■ **중력과 균형은 청각과 연관된 체계를 통해 감지된다**

균형과 운동은 평형석을 포함하는 젤라틴 막에 파묻힌 모세포의 섬모에 의해 감지된다(**그림 27.9**). 구형낭과 난형낭은 신체 위치와 일정한 움직임을 감지하며, 반고리관은 가속도를 감지한다(**그림 27.10**).

27.5 화학수용기: 맛, 냄새, pH

■ **미각은 잠재적인 음식을 감지하고 분석한다**

미뢰는 돌기에 위치한 화학민감성 상피세포들의 집합체이다(**그림 27.11**). 맛은 단맛, 신맛, 짠맛, 쓴맛, 감칠맛의 5가지 범주로 분류된다.

■ **후각은 엄청난 종류의 복합분자들을 구별할 수 있다**

냄새 또는 후각은 비강의 상부에 위치한 화학수용기가 관여한다(**그림 27.13**). 그들의 축삭은 대뇌 피질에 직접 연결된다.

■ **내부 화학수용기는 pH 및 다른 특성들을 감지한다**

대동맥의 내부 화학수용기는 혈액 pH의 변화를 감지하고, 연수의 중추 화학수용기는 뇌척수액의 pH에 민감하다.

27.6 시각

■ **광수용기는 다양한 구조를 가진다**

4개의 문(환형동물, 연체동물, 절지동물, 척삭동물)은 독립적으로 진화된 이미지 형성이 가능한 눈을 가지고 있다(**그림 27.15**).

척추동물의 눈에서, 빛의 양은 홍채에 의해 조절되어 동공을 통해 들어간다. 모양체근에 의해 조절되는 수정체는 망막에 초점을 맞춘다(**그림 27.16**).

■ **척추동물의 광수용기는 간상세포와 원추세포이다**

간상세포는 명암을 인식한다. 원추세포는 시력과 색깔 인지에 관여한다(**그림 27.18**).

망막에서 광수용기는 양극세포와 시냅스를 이루고, 이는 다시 신경절세포와 시냅스로 연결된다. 신경절세포는 활동전위를 뇌로 보낸다(**그림 27.20**).

■ **시각화 과정은 대뇌피질에서 일어난다(그림 27.23)**

높은 시력을 담당하는 망막 영역인 중심와에서 각 원추세포는 중심와 바깥 영역과는 달리 단일 양극세포/신경절세포로 연결된다.

영장류와 대부분의 포식자들은 양안시로 각 눈의 이미지를 겹쳐 3차원 이미지를 만든다.

27.7 눈의 진화와 발달

■ **형태학적 및 분자적 증거가 눈의 진화를 뒷받침한다**

생쥐의 유전자를 초파리 유전체에 삽입한 형질전환 실험에서 *Pax6*가 눈을 발생시킬 수 있음을 보여 주었다(**그림 27.24**).

■ **유형동물은 눈의 발생을 위해 *Pax6* 유전자를 이용한다**

좌우대칭동물에서 눈 발생에 대한 *Pax6* 유전자의 추가적인 증거는 유형동물에서 비롯되지만, 플라나리아를 포함하여 예외가 존재한다(**그림 27.25**).

■ **자포동물은 눈의 발생을 위해 다른 *Pax6* 유전자를 이용한다**

해파리는 눈 발생에 *Pax6*이 아닌 *PaxA* 및 *PaxB* 유전자에 의존하고, 눈 발생에 또 다른 보존된 유전자를 사용한다(**그림 27.26**).

■ **눈 발생은 단 한번의 시작으로 진화했을지도 모른다**

어느 먼 시점 *Pax* 유전자는 시각 체계의 일부였으며, 그 후 특정 *Pax* 유전자군이 기능적 측면에서 갈라지면서 여러 차례 분화되었다.

연습문제

■ **1단계: 이해력 확인하기**

1. 감각수용기에 의해 내외적 환경에 대한 정보를 받는 방법이 아닌 것은 무엇인가?

   a. 압력의 변화　　b. 빛과 열의 변화
   c. 분자적 농도의 변화　　d. a, b, c 모두 받는다.

2. 다음 중 인식의 단계를 옳게 나타낸 것은 무엇인가?

   a. 해석, 자극, 변환, 전송　　b. 자극, 변환, 전송, 해석
   c. 해석, 변환, 자극, 전송　　d. 변환, 해석, 자극, 전송

3. 모든 감각수용기에서 열림과 닫힘에 의해 신경자극을 개시할 수 있는 것은 무엇인가?

   a. 전류에 의해 열리는 이온통로　　b. 외부수용기
   c. 내부수용기　　d. 자극에 의해 열리는 이온통로

4. 동화에서 잠자는 공주는 손가락에 따끔한 통증을 느낀 후 잠에 빠졌다. 통증에 반응한 수용기는 무엇인가?

   a. 기계수용기　　b. 통증수용기
   c. 열수용기　　d. 접촉수용기

5. 귀에서 움직임에 의해 소리를 감지하는 것은 무엇인가?

   a. 기저막　　b. 덮개막
   c. 유스타키오관　　d. 반고리관의 유체

6. 육상 척추동물의 전정기관의 모세포가 하는 일은 무엇인가?

   a. 몸 안의 온도변화를 측정한다.
   b. 매우 낮은 범위에서 소리를 감지한다.
   c. 가속이나 균형의 감각을 감지한다.
   d. 혈압의 변화를 감지한다.

7. 눈의 간상세포와 원추세포 내에 포함된 광색소는 다음 중 무엇인가?

a. 카로틴 b. 시스-레티날
c. 광색소 d. 클로로필

8. 다음 중 환경에 대한 정보를 얻기 위해 척추동물에 의해 사용되는 방법이 아닌 것은 무엇인가?

a. 적외선
b. 자기장
c. 전류
d. a, b, c 모두가 각각의 수용기를 위해 사용되는 방법이다.

9. 시각 정보를 인지하고 해석하는 뇌엽은 다음 중 무엇인가?

a. 후두엽
b. 전두엽
c. 두정엽
d. 측두엽

10. *Pax6*에 대한 설명 중 틀린 것은 무엇인가?

a. *Pax6*는 쥐와 파리에서 비슷한 기능을 한다.
b. *Pax6*는 유형동물에서 안점 형성에 관여한다.
c. *Pax6*는 초파리의 눈 형성에 필요하다.
d. *Pax6*는 플라나리아에서 안점 형성에 필요하다.

2단계: 적용력 평가하기

1. 환형동물, 연체동물, 절지동물과 척삭동물의 감각계가 공통적으로 가지고 있는 것은 무엇인가?

a. 미각에 대한 동일한 자극을 사용한다.
b. 진동을 감지하기 위한 신경을 사용한다.
c. 독립적으로 진화된 이미지 형성 눈을 가지고 있다.
d. 먹이를 감지하기 위해 피부에 화학수용기를 사용한다.

2. 동물들은 청각 신호의 방향보다 시각 신호의 방향을 더욱 쉽게 구별한다. 그 이유는 무엇인가?

a. 빛은 직선으로 이동하기 때문이다.
b. 바람은 너무 심한 배경 잡음을 생성하기 때문이다.
c. 소리는 물속에서 더 빠르게 이동하기 때문이다.
d. 눈은 귀보다 더 민감하기 때문이다.

3. 일부 조류들은 3가지 색을 인지할 수 있는 사람보다 더 많은 색을 인지할 수 있다. 5종류의 색을 인지할 수 있는 새는 사람과 어떻게 다른가?

a. 전혀 다른 광수용기세포를 가지고 있다.
b. 새들은 4가지의 다른 색상을 볼 수 있다.
c. 5가지 파장의 빛을 감지하는 광수용기가 있다.
d. 새들은 어둠 속에서는 볼 수 없지만, 사람과 같이 주간에 색을 인지할 수 있다.

4. 일부 곤충, 새, 파충류에서 자외선을 볼 수 있는 능력에 대한 설명으로 옳은 것은?

a. 그들 종에 의한 공통적인 식습관을 나타낸다.
b. 원추세포의 민감성에서 수렴진화의 예이다.
c. 편형동물로부터 유래된 조상의 상태이다.
d. 야간활동을 위한 적응이다.

3단계: 사고력 함양하기

1. 혈액의 pH가 너무 낮아질 때 과산증이라 알려진 잠재적으로 치명적인 상황이 나타난다. 이러한 상황에 대한 반응에서 몸은 호흡률을 변화시킨다. 몸은 이러한 변화를 어떻게 감지하는가? 호흡률은 어떻게 변화시키는가? 이것은 pH를 어떻게 증가시키는가?

2. 척추동물의 눈의 기능은 몸 안에서 발견되는 다른 과정들과 비교해서 평범하지 않다. 예를 들어, 감각정보의 흐름 방향은 망막을 통해서 받아들이는 빛의 통로와 실제로는 반대이다. 눈의 구조를 통해 빛과 정보의 이동을 포함하는 일련의 과정들을 설명하고, 왜 그들이 반대 방향을 움직이는지 설명하시오. 또한 이러한 일련의 사건들을 연체동물의 눈의 기능과 관련하여 비교하시오.

3. 우주 비행사의 이석 기관이 어떻게 무중력을 감지하는가? 우주 비행사는 움직임에 대한 주관적인 판단을 가지는가? 반고리관이 무중력에서 각 가속을 동일하게 잘 인지하는가?

4. 주요 생물 구성원 사이의 표현형에 대한 다양성은 여러 가지 방법으로 설명할 수 있다. 그런 다양성의 원인 중 하나는 발생을 조절하는 유전자의 차이로 인해 생긴다는 것이고, 다른 하나는 유전체의 여러 부분에서 발현을 조절하는 유전자의 작은 집단에 의해 생긴다는 것이다. 이러한 관점에서 우리가 현재 이해하고 있는 견해를 평가하시오.

VI 동물의 구조와 기능

28

내분비계

도입

당뇨병은 잘 먹는 사람들이 말라가며 죽어가는 질병이다. 이 질병은 로마와 그리스 철학자들에 의해 수로가 열리는 것처럼 과도한 소변이 생성되어 살이 녹아내리는 것으로 묘사되었다. 1922년까지 어린이들에게 당뇨병 진단은 죽음을 의미했다. 그 해에 밴팅(Frederick Banting)과 베스트(Charles Best)는 췌장으로부터 인슐린 분자를 추출하였으며, 이 인슐린을 혈류를 통해 주입하자 이 질병의 증상이 확연하게 호전되었다. 이것은 내부 기관들이 혈액을 통해 분비되는 효과적인 조절 화학물질을 생성한다는 새로운 발견이었다.

척추동물의 조직과 기관들은 많은 조절 기작을 통해 항상성을 유지하는 데 협력한다. 신경계와 내분비계의 두 시스템은 인체 기관을 조절하는 데 오로지 헌신적으로 작용한다. 두 체계 모두 기관의 세포 또는 세포내 수용체 단백질에 결합함으로써 인체 기관을 조절하는 조절 분자들을 분비한다. 이번 장에서는 내분비계의 조절 분자와 그들을 생산하는 세포와 분비샘에 대해 살펴보고 어떻게 인체 활동을 조절하는지 알아본다.

28.1 화학적 전령에 의한 인체 반응 조절

학습 목표

1. 인체 반응 조절에서 호르몬의 역할에 대해 서술할 수 있다.
2. 다양한 호르몬의 유형에 대해 설명할 수 있다.
3. 지용성 호르몬과 수용성 호르몬을 구분할 수 있다.

세포의 신호전달에는 직접 접촉(direct contact), 시냅스 신호(synaptic signaling), 내분비 신호(endocrine signaling), 국소분비 신호(paracrine signaling)가 관여한다. 앞서 7장에서 세포 신호에 대한 세포적, 분자적 세부사항들을 알아보았다. 여기서는 먼저 신호전달 방법에 관여하는 3가지 기작에 대해 알아본다.

26장에서 살펴본 것처럼 신경의 축삭돌기는 신경전달물질(neurotransmitters)이라고 부르는 화학적 전령(chemical messenger)을 시냅스의 틈으로 분비한다. 이 화학물질들은 시냅스후 세포막까지 짧은 거리만 분비되기 때문에 시냅스 전달은 일반적으로 신경전달물질을 받는 시냅스후 세포에만 영향을 끼친다.

그에 비해 **호르몬**(hormones)은 세포외액으로 분비되어 혈액을 통해 이동함으로써 먼 거리까지 역할을 수행할 수 있다. 호르몬을 분비할 수 있도록 특화된 기관을 **내분비샘**(endocrine glands)이라고 한다. 간, 신장과 같은 몇몇 기관들은 호르몬을 생산하면서 다른 기능들도 수행한다. 호르몬을 생산하는 기관들과 조직들을 통칭하여 **내분비계**(endocrine system)라고 한다.

혈액은 인체 내 모든 세포로 호르몬을 운반하지만, 주어진 호르몬에 정확하게 부합하는 수용체(receptor)를 가진 표적세포만이 그에 반응할 수 있다. 호르몬 수용체 단백질은 신경전달물질 수용체와 유사한 방식으로 작용한다. 수용체 단백질은 호르몬에 특이적으로 결합하고 호르몬에 대한 반응을 생성하는 신호전달경로(signal transduction pathway)를 활성화시킨다. 호르몬과 그들의 수용체 간의 특이적인 상호작용은 호르몬이 낮은 농도에도 활성화될 수 있도록 해준다. 10^{-10}~10^{-8} M 사이의 농도로 혈액을 순환하는 호르몬을 찾는 것은 어렵지 않다. 신경전달물질과 호르몬처럼 분비되는 화학적 전령과 함께 어떤 분자들은 국소적인 조절자로 기관 내 근접세포에 분비되어 역할을 한다. 이러한 화학물질들을 **국소분비 조절자**(paracrine regulator)라고 한다. 내분비호르몬과 유사한 방식으로 작동하지만, 표적에 도달하기까지 혈액을 통해 이동하지 않으며, 그 결과 기관 내 세포가 다른 세포를 조절하게 된다.

세포는 **자가분비**(autocrine signaling)라고 하는 자기 자신의 행동에 영향을 미치는 신호전달분자를 분비할 수도 있다. 이는 면역계에서 매우 흔하게 나타나며, 생장인자를 분비하여 자신의 성장을 자극하는 암세포에서도 발견된다.

화학적 전달은 생물체 내의 세포에만 국한되지 않는다. **페로몬**(pheromone)은 환경으로 분비되어 종 내 개체 사이에 전달되는 화학물질이다. 이들은 동물 간의 소통을 돕고, 행동이나 전달자의 생리를 변화시킬 수 있지만, 한 동물의 정상적인 대사조절에는 관여하지 않는다.

그림 28.1은 내부 조절에 이용되는 화학적 전령의 다양한 유형을 비교해 보여준다.

어떤 분자들은 순환하는 호르몬과 신경전달물질로 작용한다

내분비샘에서 생산된 호르몬은 혈액으로 운반되어 인체 내 멀리 떨어진 많은 표적세포의 활성을 조절할 수 있게 하지만, 이 분자들의 역할은 이것이 전부가 아니다. 내분비샘에서 생성되어 호르몬으로 사용되는 분자는 신경세포에 의해서도 생성되어 신경전달물질로도 이용된다. 예를 들어, 호르몬 노르에피네프린(norepinephrine)은 부신에 의해 혈액 내로 분비되지만, 교감신경의 끝에서 신경전달물질로도 분비된다. 노르에피네프린은 호르몬으로 작용하여 스트레스에 대한 반응으로 심장, 간, 혈관의 활성을 도와준다.

신경도 혈액을 통해 운반되는 일종의 **신경호르몬**(neurohormones)을 분비할 수 있는데, 그 실례로 신경호르몬인 항이뇨호르몬(antidiuretic hormone)은 뇌의 신경세포에서 분비된다. 뇌의 몇몇 특정 부위는 신경전달물질을 분비하는 뉴런뿐 아니라, 신경호르몬을 생성하는 뉴런을 포함하고 있기 때문에, 신경세포는 신경계 너머로 화학적 전령을 운반할 수 있다.

많은 내분비샘의 분비 활동은 신경계에 의해 조절되는데, 시상하부는 뇌하수체 전엽 분비샘의 호르몬 분비를 조절하고, 뇌하수체 후엽의 호르몬을 생성한다.

하지만 많은 종류의 호르몬 분비는 신경조절로부터 독립적이다. 예를 들어, 췌장에서 분비되는 인슐린과 부신 피질에서 분비되는 알도스테론은 혈중 당과 포타슘 이온의 농도가 증가하면 자극되어 분비된다.

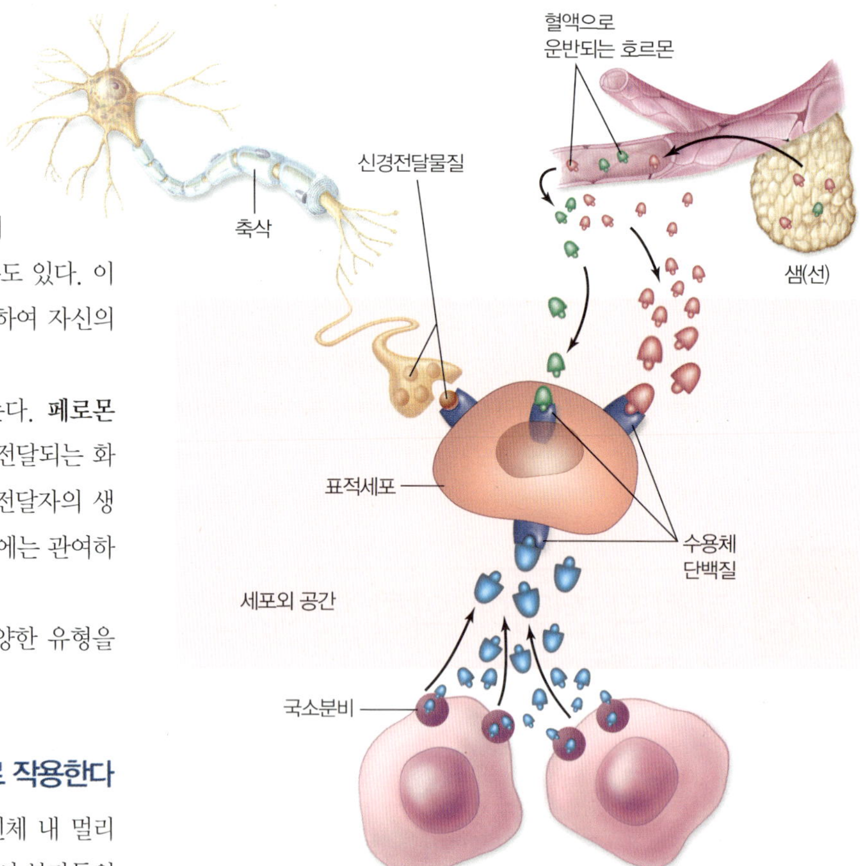

그림 28.1 화학적 전령의 여러 가지 유형.
기관들의 기능은 신경, 국소분비, 내분비 조절인자의 영향을 받는다. 화학적 조절자의 각 유형은 표적기관의 세포 표면이나 세포내 특이적 수용체 단백질에 결합한다.

내분비샘은 3가지 유형의 호르몬을 생성한다

내분비계(**그림 28.2**)는 갑상샘, 뇌하수체, 부신 등과 같은 호르몬을 분비하는 모든 기관을 포함한다(**표 28.1**). 이러한 기관들 내 세포들은 세포외 체액으로 호르몬을 분비하고 이를 모세혈관과 주변으로 확산시키는데, 이러한 이유로 호르몬은 내분비라고 부른다. 반면 외분비샘(exocrine gland)은 상피 표면으로 물질을 분비한다. 예를 들어, 침샘은 녹말 분해 효소인 아밀레이스가 포함된 타액을 구강으로 분비한다.

호르몬으로 작용하는 분자들은 2가지 기본적인 특징을 나타내야 한다. 먼저 표적까지 조절 정보를 전달하기 위해 구조가 복잡하다. 이산화탄소나 Ca^{2+} 같은 이온 등의 간단한 분자는 호르몬으로 작용하지 않는다. 두 번째로는 표적세포에 도달하기까지 파괴되지 않기

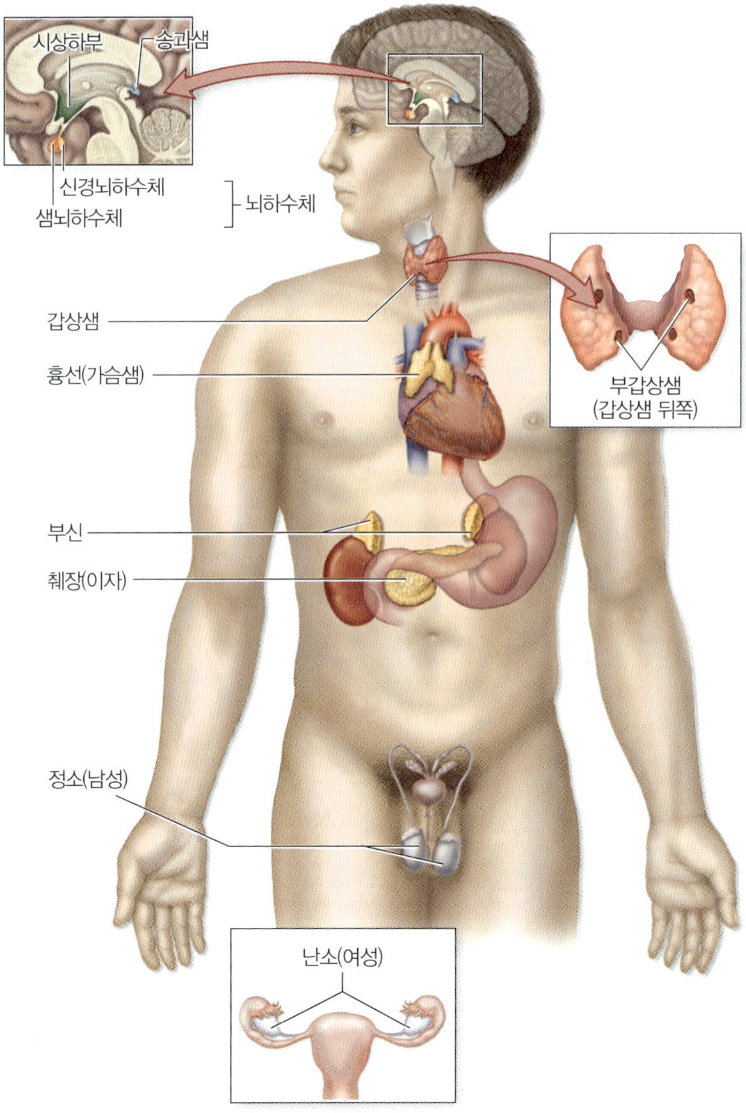

그림 28.2 사람의 내분비계.
주요 내분비샘을 나타내었다. 많은 기관들이 1차적 기능과 함께 호르몬을 분비한다.

위해 충분한 안정성을 가져야 한다. 다음 3가지 부류의 화학적 분자들은 이러한 요구에 충족된다.

1. **펩타이드와 단백질**: 아미노산 사슬로 이루어져 있는 중요한 펩타이드 호르몬의 예로는 항이뇨호르몬(antidiuretic hormone, 9개 아미노산), 인슐린(insulin, 51개 아미노산), 생장호르몬(growth hormone, 191개 아미노산) 등을 들 수 있다. 이 호르몬들은 DNA에 암호화되어 있어, 다른 펩타이드 분자들의 전사와 번역 기작과 같은 방식으로 생성된다. 가장 복잡한 구조는 탄수화물이 부착된 2개의 펩타이드 사슬로 구성된 당단백질(glycoprotein)로, 그 예로는 갑상샘자극호르몬(thyroid-stimulating hormone)과 황체형성호르몬(luteinizing hormone)이 있다.
2. **아미노산 유도체**: 특정 아미노산의 효소적 변형에 의해 만들어진 호르몬으로, 이 그룹은 26장에서 살펴본 생체 아민(biogenic amines)을 포함하며, 부신 수질(adrenal medulla), 갑상샘(thyroid), 송과샘(pineal glands)에서 분비되는 호르몬이 이에 해당된다. 부신 수질에서 분비된 호르몬은 타이로신(tyrosine)에서 유래된다. **카테콜아민**(catecholamines)으로 알려진 것들로는 에피네프린(아드레날린)과 노르에피네프린(노르아드레날린)이 포함된다. 타이로신에서 유래된 다른 호르몬으로는 갑상샘에서 분비되는 **갑상샘호르몬**(thyroid hormones)이 있다. 송과샘은 트립토판에서 유래된 **멜라토닌**(melatonin)이라는 다른 아민계 호르몬을 분비한다.
3. **스테로이드**: 콜레스테롤이 효소적 변형에 의해 만들어진 지질로, 여기에는 테스토스테론(testosterone), 에스트라디올(estradiol), 프로게스테론(progesterone), 알도스테론(aldosterone), 코르티솔(cortisol) 등이 포함된다. 스테로이드 호르몬은 정소(testes), 난소(ovaries), 태반(placenta), 부신 피질(adrenal cortex)에서 분비되는 성스테로이드와 부신 피질에서만 분비되는 코르티코스테로이드(corticosteroid; mineralocorticoid와 cortisol)로 세분된다.

호르몬은 지용성 호르몬과 수용성 호르몬으로 나눌 수 있다

호르몬이 표적세포까지 수송되고 결합하는 방식은 그들의 화학적 성질에 따라 다르다. 호르몬은 지질에 용해되는 지용성(liphophilic, 비극성)과 물에 용해되는 수용성(hydrophilic, 극성)으로 구분된다. 지용성 호르몬에는 스테로이드호르몬과 갑상샘호르몬이 있으며, 대부분의 다른 호르몬은 수용성이다.

이러한 구분은 호르몬이 어떻게 표적세포를 조절하는지를 이해하

표 28.1 포유동물의 주요 내분비샘과 호르몬*

내분비샘과 호르몬	표적 조직	주요 작용	화학적 특성
시상하부			
방출호르몬	샘뇌하수체 	샘뇌하수체 호르몬 방출 촉진	펩타이드
억제호르몬	샘뇌하수체 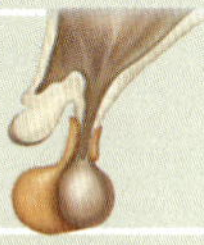	샘뇌하수체 호르몬 방출 억제	펩타이드 (프로락틴 억제인자인 도파민 제외)
신경뇌하수체(뇌하수체 후엽)			
항이뇨호르몬 (ADH, 바소프레신이라고도 함)	신장 	오줌으로부터 물의 재흡수로 수분 보유	펩타이드(9개 아미노산)
옥시토신(OT)	자궁 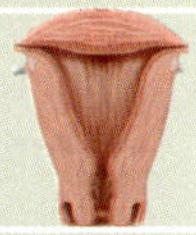	수축 자극	펩타이드(9개 아미노산)
	젖샘(유선) 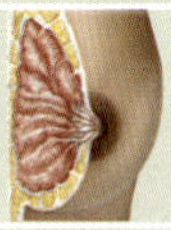	젖 분비 촉진	
샘뇌하수체(뇌하수체 전엽)			
부신피질호르몬 (ACTH)	부신 피질 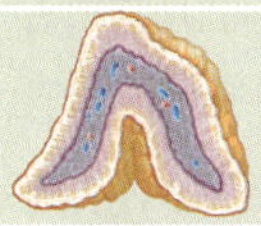	코르티솔과 같은 부신피질호르몬 분비 자극	펩타이드(39개 아미노산)
멜라닌자극호르몬(MSH)	피부 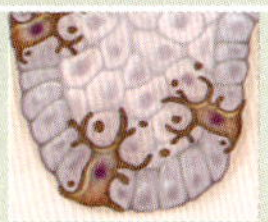	파충류와 양서류의 색 변화 및 포유류의 여러가지 기능 자극	펩타이드(13개와 22개 아미노산의 2가지 유형)
생장호르몬(GH)	여러 기관들 	뼈 성장, 단백질 합성, 지방 분해를 통한 생장 촉진	단백질
프로락틴(PRL)	젖샘 	젖 생산 자극	단백질
갑상샘자극호르몬(TSH)	갑상샘 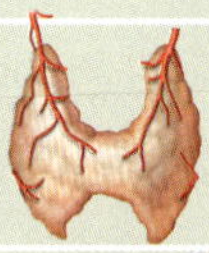	티록신 분비 자극	당단백질
황체형성호르몬(LH)	생식샘 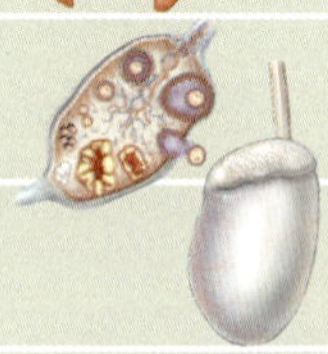	여성의 배란과 황체형성 자극, 남성의 테스토스테론 분비 자극	당단백질
난포자극호르몬(FSH)	생식샘	남성의 정자형성 자극, 여성의 난포 발달 자극	당단백질
갑상샘			
갑상샘호르몬 (티록신과 3요오드티로닌)	대부분의 세포 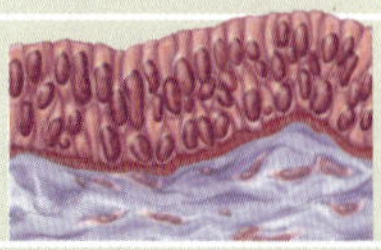	대사율 자극, 정상적인 생장과 발달에 중요	아미노산 유도체(요오드화)
칼시토닌	뼈 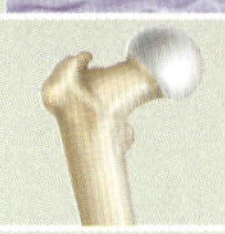	뼈로부터 칼슘 소실 방지	펩타이드(32개 아미노산)

*이들은 내분비샘에서 방출되는 호르몬이다. 호르몬은 또한 간, 신장, 소장과 같은 내분비샘이 아닌 기관에서도 분비될 수 있다.

표 28.1	포유동물의 주요 내분비샘과 호르몬(계속)		
내분비샘과 호르몬	**표적 조직**	**주요 작용**	**화학적 특성**
부갑상샘			
부갑상샘호르몬(PTH)	뼈, 신장, 소화관 	뼈의 분해를 자극하여 혈중 칼슘 농도 증가, 신장에서 칼슘 재흡수 자극, 바이타민 D 활성	펩타이드(34개 아미노산)
부신 수질			
에피네프린(아드레날린), 노르에피네프린(노르아드레날린)	평활근, 심장근, 혈관 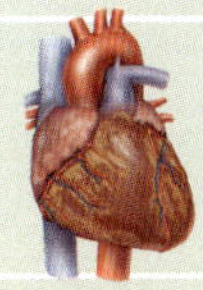	스트레스 반응 개시; 심장박동률, 혈압 및 대사율 증가; 혈관 확장, 지방 사용, 혈당 증가	아미노산 유도체
부신 피질			
당질코르티코이드 (예, 코르티솔)	여러 기관들 	장기간 스트레스에 적응, 혈당 증가, 지방 사용	스테로이드
무기질코르티코이드 (예, 알도스테론)	신관 	혈액 내 Na^+와 K^+ 평형 유지	스테로이드
췌장(이자)			
인슐린	간, 골격근, 지방조직 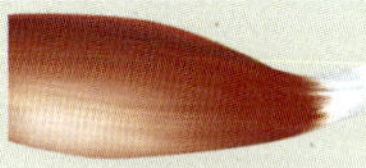	혈당 저하, 글리코젠, 지방 및 단백질 합성 자극	펩타이드(51개 아미노산)
글루카곤	간, 지방조직 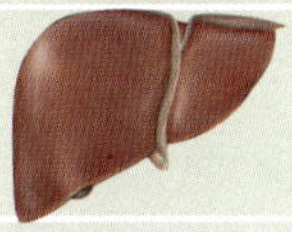	혈당 상승, 간에서 글리코젠 분해 자극	펩타이드(29개 아미노산)
난소			
에스트라디올	일반적 	여성의 2차 성징 발달 자극	스테로이드
	여성 생식 구조물	사춘기 생식기관 발달 자극, 매달 임신을 위한 자궁 준비	
프로게스테론	자궁 	임신을 위한 준비	스테로이드
	젖샘(유선) 	발달 자극	
정소			
테스토스테론	다양한 기관 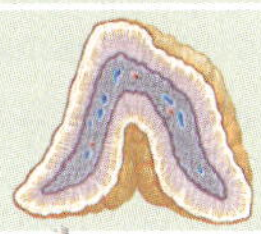	남성의 2차 성징 발달 자극, 사춘기에 급성장	스테로이드
	남성의 생식 구조물 	생식기관 발달 자극, 정자형성 과정 자극	
송과샘			
멜라토닌	생식샘, 뇌, 색소세포 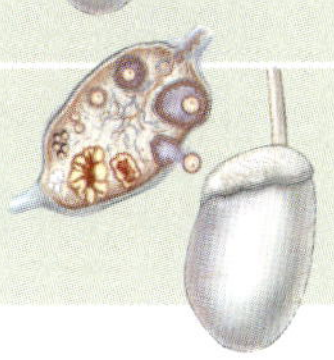	생체리듬 조절	아미노산 유도체

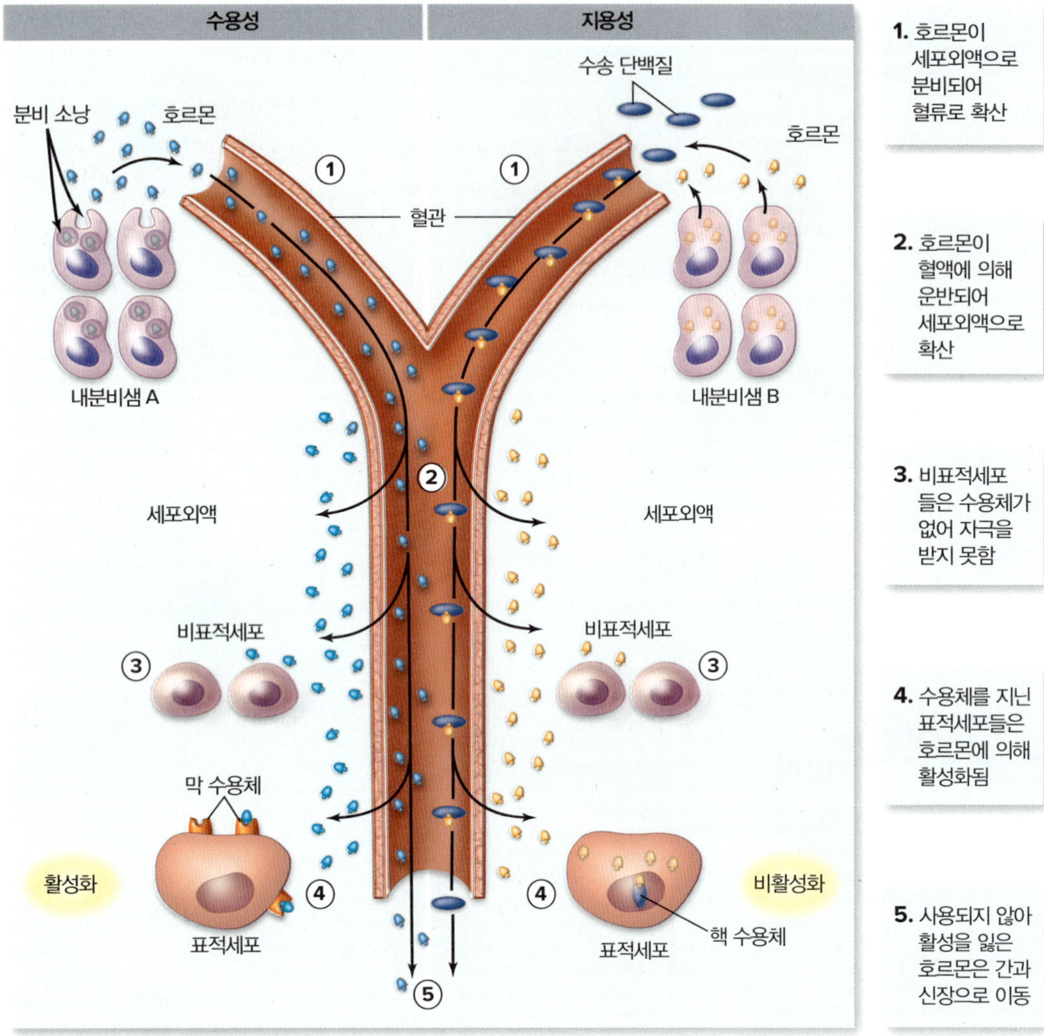

그림 28.3 호르몬의 생애. 내분비샘은 혈액을 통해 수송되는 수용성과 지용성 호르몬을 모두 생성한다. 지용성 호르몬은 혈액 내에 녹아 들어가기 위해 수송 단백질과 결합한다. 표적세포들은 수용성 호르몬을 위해 막 수용체를, 지용성 호르몬을 위해 세포내 수용체를 가진다. 호르몬은 표적세포에서 파괴되거나, 간이나 신장의 혈액에서 제거된다.

는 데 중요하다. 수용성 호르몬은 혈액에 자유로이 녹을 수 있지만, 표적세포의 막을 통과할 수는 없기 때문에 그들은 세포막 바깥의 수용체들을 활성화시켜야 한다. 그에 비해 지용성 호르몬은 수송 단백질(transport protein)에 붙어 혈액을 돌아다니는데(**그림 28.3**), 그들이 지닌 지용성은 세포막을 통과해 세포내 수용체에 결합할 수 있게 해준다.

2가지 유형의 호르몬 모두 사용되고 나면, 보통 파괴되거나 불활성화되어 담즙이나 소변으로 배출된다. 수용성 호르몬이 지용성 호르몬보다 더 빨리 불활성화되는데, 지용성 호르몬이 대체로 며칠이나 몇 주 동안 활성화되는 데 비해 수용성 호르몬은 상대적으로 짧은 시간(수 분~수 시간) 동안 작용하는 경향이 있다.

국소분비 조절인자는 조직 내에서 강력한 효과를 발휘한다

국소분비 조절(paracrine regulation)은 대부분의 기관과 면역계 세포들 사이에서 일어난다. 특정 기관에서 성장과 세포분열을 촉진하는 **생장인자**(growth factors) 단백질은 국소분비 조절인자들 중에서 가장 중요하다. 생장인자는 일생동안 체세포분열을 조절하는 데 중요한 역할을 수행한다(8장 참조). 예를 들어, **신경생장인자**(nerve growth factor)가 뉴런의 생장과 생존을 자극하는 데 비해, **표피생장인자**(epidermal growth factor)는 피부의 체세포분열과 인접한 조직세포의 발달을 촉진시킨다. **인슐린 유사 생장인자**(insulin-like growth factor)는 발달 중의 뼈에서 세포분열을 자극할 뿐 아니라, 많은 다른 조직의 단백질 합성도 촉진시켜 준다. **뉴로트로핀**(neurotropin)은 신경계를 조절하는 생장인자이며, **사이토카인**(cytokine; 34장 참조)은 면역계에서 세포분열과 분화를 조절하는 특수화된 생장인자이다.

생장인자 기능의 중요성은 생장인자나 그들의 수용체를 암호화하는 유전자에 손상이 생기면 비정상적 세포분열이나 암으로 유도될 수 있는 것에서 알 수 있다.

혈관의 국소분비 조절

신경전달물질로 기능하는 일산화질소(NO) 가스(26장 참조)는 혈관의 내피세포에서 생성된다. 일산화질소는 혈관의 평활근층으로 분비되어 혈관 확장을 촉진시켜주기 때문에 국소분비 조절인자이다. 일산화질소의 주요 역할 중 하나는 동맥을 확장하여 혈압을 조절해 주는 것이다. 혈관의 내피세포에는 혈관수축(vasoconstriction)을 자극하는 **엔도셀린**(endothelin)과 혈관확장(vasodilation)을 촉진하는 **브래디키닌**(bradykinin)을 포함하여 많은 국소분비 조절인자가 존재한다. 국소분비 조절은 자율신경에 의한 혈관의 조절을 도와주어 압력의 증가 및 산소의 감소와 같은 국소적 조건에 혈관이 반응하도록 해준다.

프로스타글란딘

특별한 국소분비 조절인자의 다양한 그룹은 **프로스타글란딘**(prostaglandins)이다. 프로스타글란딘은 5개의 탄소 고리를 포함하는 20개의 탄소로 이루어진 긴 지방산이다. 이 분자는 호르몬이나 다른 자극으로 인해 세포막의 인지질에서 분비된, 전구체인 **아라키돈산**(arachidonic acid)에서 유래된다. 프로스타글란딘은 지용성 분자이지만, 스테로이드 호르몬과는 달리 운반 단백질(carrier protein)이 없다. 이것은 세포외액에서 이동하는 거리를 제한하고, 그들의 활동을 인접한 세포에 국한시킨다.

프로스타글란딘은 대부분의 기관에서 생성되고, 다양한 조절 기능에 관여한다. 몇몇 프로스타글란딘은 평활근 수축을 촉진시킨다. 이러한 작용은 배우자 수송(gamete transport), 출산, 배란과 같은 생식 기능을 조절해 준다. 프로스타글란딘의 과잉 생산은 조산, 자궁내막증, 생리불순을 유도할 수도 있다. 또한 이들은 평활근에 영향을 미쳐 폐와 신장 조절에도 관여한다.

어류에서 프로스타글란딘은 호르몬과 국소분비 조절인자 모두로 기능하는 것으로 알려져 왔다. 배란기 동안 어류의 난소에서 생성된 프로스타글란딘은 뇌로 전달되어 산란 행동에 관여할 수 있다.

프로스타글란딘은 조직의 손상된 부위에서 생성되어 붓고, 아프고, 열이 나는 등의 염증반응을 촉진한다. 이러한 프로스타글란딘의 효과는 잘 연구되어 왔으며, 아스피린(aspirin)과 같이 프로스타글란딘의 합성을 저해하는 약물은 이러한 증상들을 완화시키는 데 도움을 준다.

아스피린은 세계적으로 가장 널리 사용되는 **비스테로이드성 항염증약**(nonsteroidal anti-inflammatory drugs, NSAIDs)로, 이러한 종류의 약에는 인도메타신(indomethacin)과 이부프로펜(ibuprofen)이 있다. 이 약들은 사이클로옥시제네이스 1과 2(cyclooxygenase 1 and 2; COX-1과 COX-2)를 저해함으로써 작용한다. 항염증 효과는 아라키돈산이 프로스타글란딘으로 전환되는데 필수적인 COX-2를 방해함으로써 나타나는데, 이를 통해 프로스타글란딘의 작용으로 인한 염증과 이와 관련된 통증이 줄어든다. 불행하게도 COX-1의 저해는 위장관 출혈과 응고 시간 연장 등 원치 않는 부작용 등을 초래한다.

최근 개발된 진통제는 **COX-2 저해제**(COX-2 inhibitors)라 불리는 것으로, COX-1이 아닌 COX-2만 선택적으로 억제한다. COX-2 저해제는 관절염 환자와 진통제를 정기적으로 사용해야 하는 사람들에게는 잠정적으로 큰 이점을 제공할지 모르지만, 심혈관계에서 프로스타글란딘이 다른 측면에서 영향을 끼칠 수 있을지도 모른다는 우려가 제기되고 있다. 몇몇 COX-2 저해제들은 심장발작과 심장마비의 위험성이 확인되어 시장에서 퇴출되었다. 그러나 일부 저해제들은 아직도 사용되고 있으며, 다른 것들은 FDA 승인을 바탕으로 다시 도입되었다. 위장관 부작용들을 감소시킬 수 있는 것을 제외하고는, COX-2 저해제가 이전의 비스테로이드성 항염증약보다 통증에 더 효과적인 것은 아니다.

핵심 요약 28.1

호르몬은 특정 표적세포의 활동을 조정한다. 내분비호르몬의 3가지 화학적 부류는 펩타이드 및 단백질, 아미노산 유도체, 스테로이드이다. 스테로이드와 같은 지용성 호르몬은 막을 통과할 수 있지만 혈액내 운반체가 필요하고, 친수성 호르몬은 혈액에서 쉽게 이동하지만 막을 통과할 수는 없다. 국소분비 조절자들은 생산되는 기관 내에서 활동한다.

■ 호르몬과 신경전달물질은 어떻게 다를까?

28.2 호르몬의 작용

학습 목표

1. 스테로이드 호르몬의 기능을 설명할 수 있다.
2. 펩타이드 호르몬에 의해 전달되는 신호가 어떻게 세포막을 통과하는지 설명할 수 있다.
3. 수용체의 다양한 유형들에 대해 서술할 수 있다.

28.1절에서 언급한 바와 같이, 호르몬은 지용성(친유성)과 수용성(친수성)으로 구분되며, 이러한 성질은 호르몬의 기능을 제한한다. 수용성 호르몬은 막을 통과할 수 없으므로 막 수용체를 통해 작용해

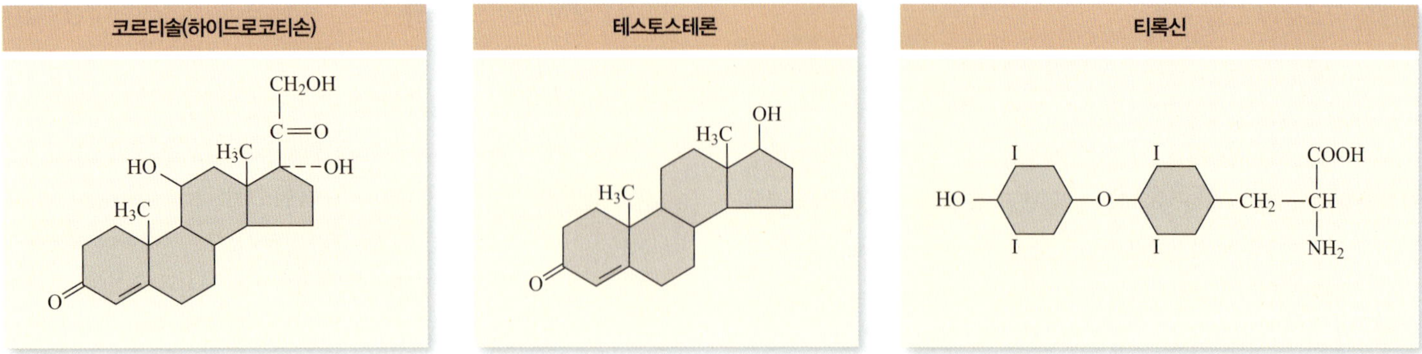

그림 28.4 지용성 호르몬의 화학적 구조.
스테로이드 호르몬은 콜레스테롤로부터 만들어진다. 스테로이드 호르몬인 코르티솔과 테스토스테론의 화학적으로 약간 다른 구조는 인체에 다른 효과를 나타낸다. 갑상샘호르몬인 티록신은 타이로신 아미노산에 요오드가 결합된 구조이다.

야 하고, 지용성 호르몬은 막을 통과하여 세포내 수용체에 결합하여 유전자 발현에 영향을 줄 수 있다. 수용성 호르몬은 짧은 기간 동안 빠르게 작용하는 반면, 지용성 호르몬은 더 느리지만 더 긴 기간 동안 작용한다. 이것은 지나치게 단순화시켜 나누어 놓았지만, 설명하기에 좋은 기준이 된다.

지용성 호르몬은 긴 시간, 빠르게 작용한다

지용성 호르몬은 모든 스테로이드(steroid) 호르몬과 갑상샘(thyroid)호르몬을 포함하며(**그림 28.4**), 레티노이드(retinoid)나 바이타민 A와 같은 다른 지용성 조절 분자들을 포함한다. 지용성 호르몬은 원형질막의 지질 부분이 장벽이 되지 않기 때문에 세포내로 들어갈 수 있다. 한 번 세포내로 들어가면, 지용성 조절 분자는 유전자 발현을 조절할 수 있다. 그들은 유전자 발현의 변화를 일으키기 때문에 상대적으로 느리게 반응하지만 수 시간에서 수일 정도의 지속시간을 갖는다.

빠른, 비유전적 효과

세포내 수용체를 통해 유전자 발현을 변화시키는 스테로이드 호르몬의 작용에도 불구하고, 이 호르몬은 또한 빠른 효과를 나타낼 수 있다. 이러한 효과는 몇 초에서 몇 분의 시간 단위로 발생하며, 전사 또는 번역의 영향을 받지 않는다.

이처럼 급속한 반응은 실제 분명히 일어나지만, 정확한 메커니즘과 수용체의 특성은 잘 모른다. 이것은 고전적인 세포내 수용체의 원형질막으로의 이동과 비표준적인 막 수용체에 대한 결합, 두 가지 메커니즘을 포함하는 것으로 보인다. 각각의 경우에, 호르몬 수용체와 결합은 G 단백질 및 수용체타이로신카이네이스(receptor tyrosine kinases, RTK)를 매개로 한 신호전달경로를 활성화할 수 있다. 스테로이드 호르몬에 대한 이들 막 수용체의 특성은 활발히 연구되고 있는 분야이다.

지용성 호르몬은 유전자 발현에 직접적으로 영향을 미친다

긴 지속시간 및 유전자 발현 효과에 대한 지용성 호르몬의 고전적인 작용 방식은 잘 알려져 있다. 이 호르몬들은 혈액 내에서 녹기 쉽게 하고, 잔존 시간을 늘려 주는 수송 단백질에 결합하여 순환한다(**그림 28.3** 참조). 호르몬들이 그들의 표적세포에 도달하면, 수송 단백질로부터 분리되어 세포의 원형질막을 통과하여 세포내로 들어가(**그림 28.5**) 세포내 수용체 단백질과 결합한다.

어떤 스테로이드 호르몬은 세포질에서 그들의 수용체와 결합하여 호르몬-수용체 복합체(hormone-receptor complex) 상태로 핵으로 들어간다. 또 다른 스테로이드와 갑상샘호르몬은 그들의 수용체 호르몬과 만나기 전에 핵으로 바로 들어간다. 이들이 수용체를 핵 내에서 찾든가 수용체와 함께 세포질에서 핵으로 이동해 들어오게 되든가 간에 그 이후의 과정은 유사하다.

호르몬-수용체 복합체는 DNA의 특별한 위치에도 결합할 수 있다. **호르몬 반응요소**(hormone response element, HRE)로 알려져 있는 DNA 부위는 호르몬에 반응하는 유전자의 프로모터에 위치해 있다. 호르몬-수용체 복합체의 결합은 그 자리를 활성화시켜 전사에 직접적인 영향을 미치거나 어떤 경우에는 전사를 억제시킨다. 따라서 수용체는 호르몬-활성화 전사인자(hormone activated transcription factors)의 기능을 하게 된다(7장과 14장 참조).

지용성 호르몬 자극에 대한 세포의 반응은 호르몬-활성화 전사인자에 반응하여 생성된 단백질에 의해 발생한다. 예를 들어, 닭의 간세포내에서 에스트로젠이 수용체에 결합하면 비텔로제닌(vitellogenin)단백질을 생산하고, 이것은 난소로 이동하여 달걀의 노른자를 형성한다. 그에 비해 사람의 뇌하수체에서, 갑상샘호르몬이 수용체에 결합하면 갑상샘자극호르몬(thyrotropin) 유전자의 발현을 억제

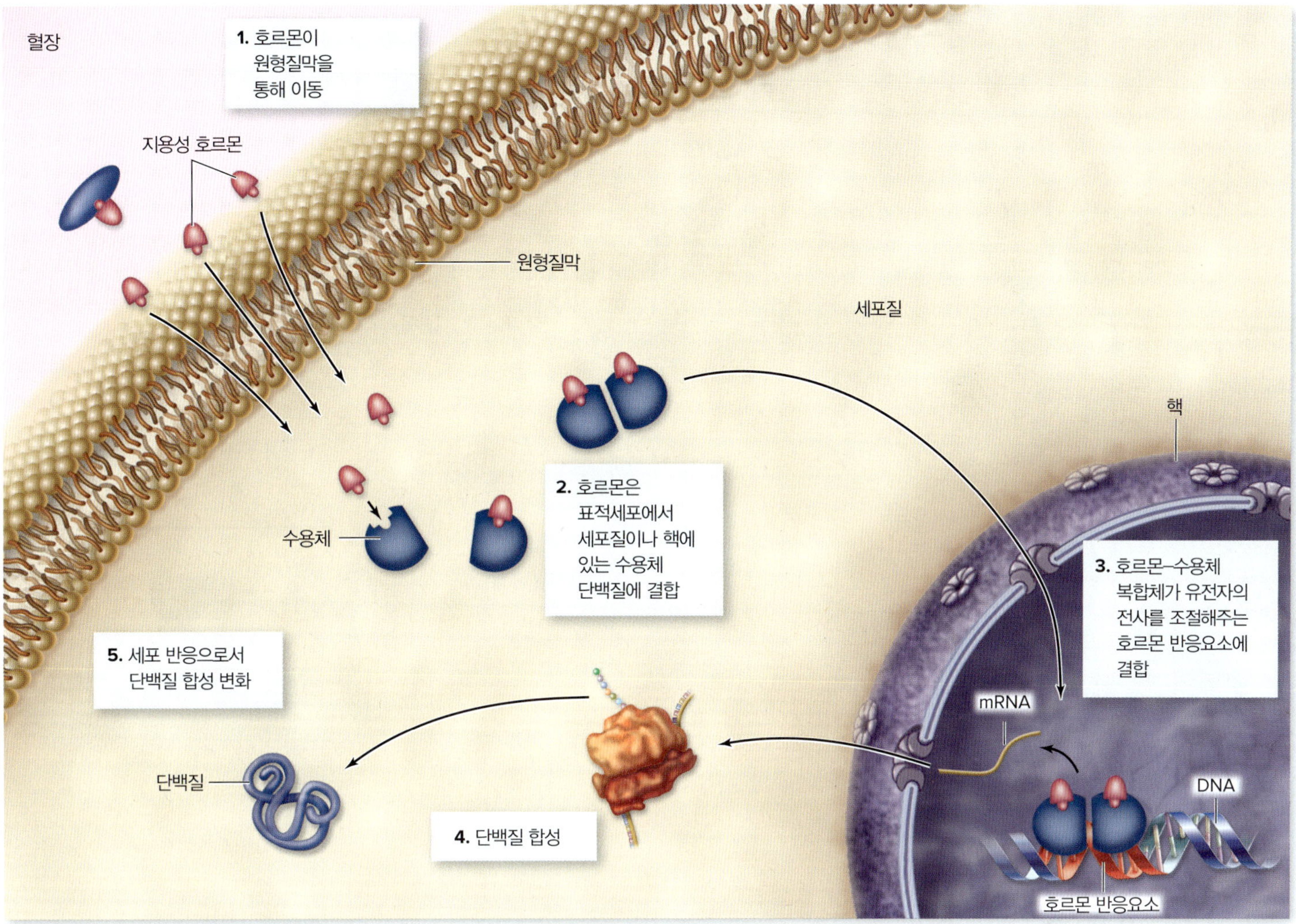

그림 28.5 지용성 호르몬의 작용 메커니즘.
지용성 호르몬은 세포의 원형질막으로 확산되어 들어가 세포내 수용체 단백질과 결합한다. 호르몬-수용체 복합체는 DNA의 특정 부분(호르몬 반응요소)에 안착하여 mRNA 생산을 조절한다. 이런 호르몬에 대한 수용체는 대부분 핵 안에 존재하는데, 만약 세포질 내에서 수용체와 결합했다면, 이러한 호르몬-수용체 복합체는 함께 핵 안으로 들어간다.

하는 음성피드백의 메커니즘이 일어난다(28.3절 참조).

수용성 호르몬은 수용체타이로신카이네이스를 활성화시킬 수 있다

너무 크거나 극성을 가져 표적세포의 원형질막을 통과할 수 없는 호르몬은 모든 종류의 펩타이드, 단백질, 당단백질 호르몬 그리고 카테콜아민(catecholamine) 호르몬을 포함한다. 이 호르몬들은 원형질막의 외부 표면에 위치한 수용체에 결합하고, 세포질 단백질과 상호작용할 수 있는 세포내 수용체를 통해 작용한다(7장 참조). 수용체타이로신카이네이스(RTK)는 중요한 호르몬 수용체 종류이다. RTK를 통한 신호는 종종 인산화에 의해 단백질 기능을 조절하는 세포내 인산화효소(kinase, 카이네이스)의 활성화를 초래한다. 이것은 세포 기능에 광범위한 영향을 줄 수 있다.

RTK에 결합하는 호르몬에 대한 첫 번째 반응은 일반적으로 2량체를 형성함으로써 활성화된 수용체가 스스로를 인산화시킨다. 이 같은 자가인산화(autophosphorylation)는 인산화된 타이로신 부위에 결합하는 세포내 단백질을 통해 신호전달경로를 시작한다(**그림 28.6**). 예를 들어, 펩타이드 호르몬인 인슐린이 수용체에 결합할 때 뒤따르는 반응은 원형질막에 배치되어 있는 포도당 수송 단백질로 하여금 포도당 수송을 용이하게 한다. 생장호르몬은 인산화된 타이로신 결합 단백질(phosphotyrosine binding protein)이 인산화 연쇄반응을 시작한다는 점을 제외하고는 유사한 메커니즘으로 작동된다(8장 참조).

수용성 호르몬은 G 단백질연결수용체를 활성화시킬 수 있다

호르몬 막 수용체의 중요한 또 다른 큰 부류는 G 단백질연결수용

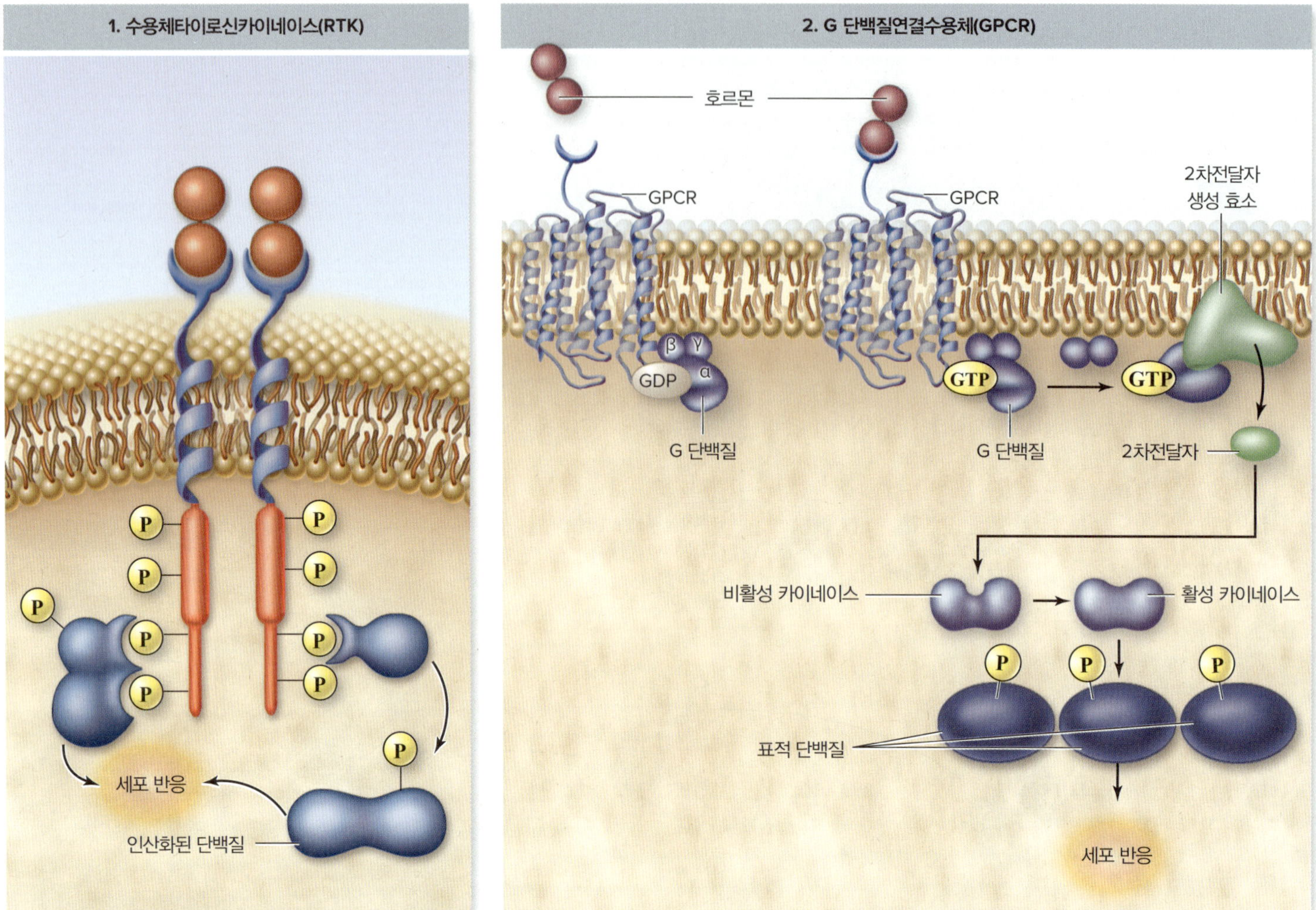

그림 28.6 수용성 호르몬의 작용.
수용성 호르몬은 세포내로 들어갈 수 없기 때문에 막을 관통하는 수용체 단백질을 통해 작용해야 한다. (1) 수용체타이로신카이네이스(RTK)는 리간드와 결합한 후 자가인산화되며, 세포내 단백질이 인산화된 타이로신 부위와 상호작용하여 세포내 신호전달을 발생시킨다. (2) G 단백질연결수용체는 G 단백질을 매개로 반응 단백질을 활성화시키며, 2차전달자를 생성한다. 2차전달자는 단백질 카이네이스를 활성화시켜 다른 단백질들을 인산화시키고, 그들의 활성을 조절한다.

체(G protein-coupled receptor, GPCR)이다. 7장에서 보았듯이 GPCR은 표적세포내에서 2차전달자(second messengers)의 활성을 증가시키는 기작을 통해 종종 작동한다. 세포내 여러 종류의 다양한 분자가 2차전달자로 작용할 수 있다.

1960년대 초반 서덜랜드(Earl Sutherland)는 간세포(liver cells)에서 에피네프린 수용체의 활성이 세포내 2차전달자로 작용하는 **cAMP**(cyclic adenosine monophosphate)를 증가시킴을 밝혔다. 또 다른 중요한 호르몬 조절 2차전달자로는 **이노시톨 3인산**(inositol triphosphate, IP3)과 DAG(diacylglycerol)가 있다(7장 참조).

G 단백질의 작용

GPCR의 기능은 막 단백질인 G 단백질의 활성을 통해 2차전달자를 생성하는 효소인 반응 단백질(effector)을 자극하는 것이다. 호르몬이 GPCR에 결합하면 GDP를 GTP와 교환하여 G 단백질을 활성화시킨다. 활성화된 G 단백질은 수용체로부터 2차전달자 생성 효소로 이동한다(**그림 28.6**). 그 후, 활성화된 효소는 세포 내로 신호를 전파할 수 있는 2차전달자를 생성한다.

에피네프린의 경우 G 단백질은 ATP로부터 2차전달자인 cAMP를 만드는 촉매제인 아데닐사이클레이스(adenylyl cyclase)를 활성화시킨다. 2차전달자가 원형질막의 안쪽 표면에 형성되면, 세포질로 확산되어 단백질 카이네이스에 결합하여 이를 활성화시킨다.

단백질 카이네이스에 의해 인산화되는 단백질의 종류는 세포 유형, 효소, 막 수송 단백질과 전사인자에 달렸다. 이런 다양성은 호르몬이 서로 다른 조직에서 다른 반응을 할 수 있게 해준다. 예를 들어, 간세포에서는 cAMP 의존적 단백질 카이네이스(cAMP-dependent protein kinases)는 글리코젠을 포도당으로 전환하는 효소를 활성화시킨다. 그에 비해 심근세포는 cAMP의 증가가 심근세포의 수축력과 수축 빈도를 증가시키는 다른 종류의 세포내 단백질을 발현시킨다.

활성과 억제

호르몬에 대한 세포 반응은 호르몬 수용체에 의해 활성화되는 G 단백질의 종류에 따라 다르게 나타난다. 어떤 수용체들은 2차 전달자 생성 효소를 활성화시키는 G 단백질과 연결되어 있고, 다른 수용체는 2차전달자 생성을 억제하는 G 단백질과 연결되어 있다. 결과적으로 어떤 호르몬은 자신의 표적세포의 단백질 카이네이스를 자극하고, 다른 것은 표적세포를 억제한다. 단일 호르몬이라도 수용체가 다른 세포 유형에 존재하는 다른 종류의 G 단백질과 결합되어 있다면 서로 다른 활성을 나타낼 수 있다.

예를 들어, 간에 있는 에피네프린 수용체는 앞에서 언급한 바와 같이 아데닐사이클레이스를 통해 cAMP를 생성한다. cAMP는 글리코젠으로부터 포도당의 생성을 촉진하는 단백질 카이네이스를 활성화시킨다. 그에 비해 평활근에서 에피네프린 수용체는 다른 G 단백질을 자극시켜 IP3 생성 효소인 포스포리페이스 C(phopholipase C)를 활성화시킨다. 결과적으로 에피네프린은 평활근에서 IP3에 의해 세포내 칼슘 이온의 분비를 조절하여 근수축을 일으킨다.

수용성 호르몬은 단기적 효과를 낸다

수용성 호르몬의 수용체 결합은 가역적이고 일반적으로 매우 짧게 일어난다. 호르몬은 수용체로부터 바로 분리되거나 표적세포에 결합한 후 빠르게 비활성화된다. 이에 부가하여 표적세포들은 2차 전달자와 단백질 카이네이스를 빠르게 비활성화시키는 특수한 효소들을 포함하고 있다. 결과적으로 수용성 호르몬들은 세포 내에서 즉각적인 반응을 일으킬 수 있지만, 그 활성의 지속시간은 짧다. 수용성 호르몬의 이러한 단기적인 효과는 지용성 호르몬의 더 느리지만 오래 지속되는 효과를 보완하여 동물에게 유연한 조절 메커니즘을 제공한다.

핵심 요약 28.2

지용성 호르몬은 표적세포막을 통과하여 세포내 수용체 단백질에 결합할 수 있다. 호르몬-수용체 복합체는 표적 유전자의 프로모터에 있는 호르몬 반응요소에 결합하여 느리지만 장기적인 효과를 낸다. 이 호르몬은 또한 빠르면서 단기적인 효과를 가질 수도 있다. 수용성 호르몬은 RTK 또는 GPCR과 같은 막 수용체에 결합한다. 이로 인해 신속하지만 단기적인 효과가 발생한다.

- 왜 펩타이드 호르몬은 스테로이드 호르몬과 같이 유전자 발현에 직접 영향을 미치지 않을까?

28.3 뇌하수체와 시상하부: 인체 조절 중추

학습 목표

1. 뇌하수체의 구조에 대해 설명할 수 있다.
2. 시상하부와 뇌하수체 후엽, 전엽 사이의 관계에 대해 서술할 수 있다.
3. 분비호르몬과 억제호르몬의 역할을 비교하여 설명할 수 있다.

뇌하수체(pituitary gland 또는 hypophysis)는 시상하부로부터 후뇌부의 아래쪽에 위치한 시신경교차(optic chiasm)까지 자루 모양으로 달려 있다. 시상하부(hypothalamus)는 인체의 기능 조절에서 중요한 역할을 수행하는 중추신경계(CNS)의 일부로 그 구조는 26장에서 다뤘다. 여기에서는 인체 작용에서 항상성과 변화를 가져오기 위해 어떻게 함께 작용하는지를 자세히 알아본다.

뇌하수체는 복합 내분비샘이다

현미경 관찰을 통해 내분비샘이 두 부분으로 나눠져 있음을 알 수 있다. 그중 하나는 선상(glandular)인 **뇌하수체 전엽**(anterior pituitary 또는 adenohypophysis)이며, 다른 부분은 섬유상(fibrous) **뇌하수체 후엽**(posterior pituitary 또는 neurohypophysis)이다. 뇌하수체의 두 부분은 배아 발생 기원을 달리하며, 서로 다른 호르몬을 분비하고, 서로 다른 조절계에 의해 조절된다. 모든 척추동물에 두 영역이 보존되어 있다는 것은 각각의 기능이 오래되었고 중요하다는 것을 의미한다.

뇌하수체 후엽은 2가지 신경호르몬을 저장하고 분비한다

뇌하수체 후엽은 시상하부 안의 세포체에서 뻗어 나오는 섬유상관으로 뇌하수체의 줄기를 따라 신장되어 있는 축삭을 포함하기 때문에 섬유 모양을 나타낸다. 이러한 해부학적인 관계는 뇌하수체 후엽이 배아 발달 과정에서 형성된 결과로 나타나는 것이다. 시상하부를 형성하는 제3뇌실(third ventricle)의 바닥은 뇌하수체 후엽을 생성하기 위해 아래쪽으로 자라며, 시상하부와 뇌하수체 후엽은 축삭관에 의해 직접 연결되어 있다.

항이뇨호르몬

뇌하수체 후엽의 내분비 역할은 주목할 만한 의학적 사건이 보고된 1912년에 처음으로 밝혀졌다. 머리에 총을 맞은 남자가 하루 24

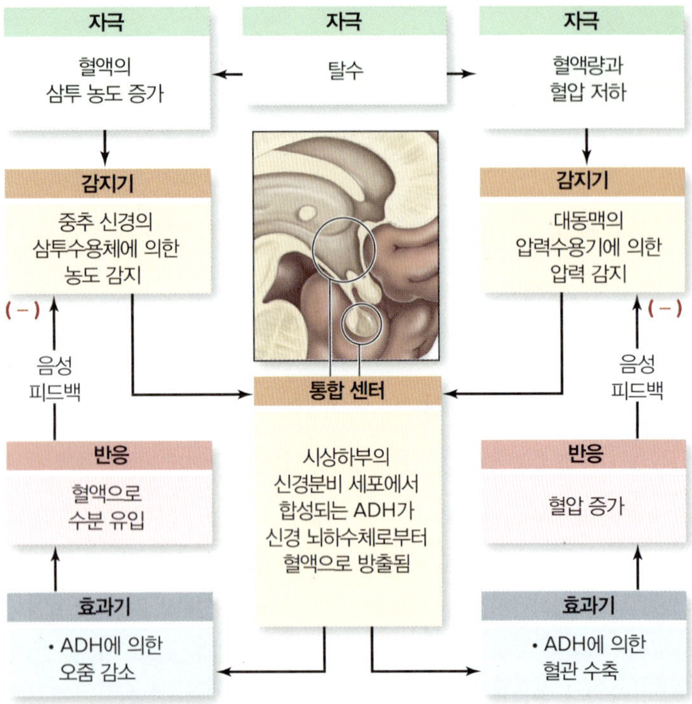

그림 28.7 항이뇨호르몬의 효과.
탈수는 혈액의 삼투 농도를 증가시켜 혈압을 낮추기 때문에 ADH를 분비하기 위한 뇌하수체 후엽을 자극하여 ADH를 분비한다. ADH는 신장에 의한 물의 재흡수를 증가시키고, 혈관 수축을 유발하여 혈압을 증가시킨다. 감소된 혈액 삼투압과 증가된 혈압은 항상성 유지를 위한 완벽한 음성피드백 고리를 만든다.

시간 동안 대략 30분마다 소변을 누었는데, 총알은 뇌하수체 후엽에 박혀 있었다. 후속 연구를 통해 뇌하수체의 이 부분을 제거할 경우 동일한 증상이 나타나는 것이 증명되었다.

1950년대 초반에 연구자들은 뇌하수체 후엽에서 **항이뇨호르몬**(antidiuretic hormone, ADH) 펩타이드를 분리하였다. 항이뇨호르몬은 신장에 의한 물의 재흡수를 자극함으로써(**그림 28.7**) 이뇨를 억제해준다. ADH가 소실되면 총에 맞았던 남자처럼 신장은 많은 물을 재흡수하지 못하여 과도한 양의 오줌이 생성된다. 알코올은 항이뇨호르몬을 억제하기 때문에 알코올의 섭취는 소변을 자주 보게 만든다. 신장 기능에서 항이뇨호르몬의 역할은 33장에서 다룬다.

옥시토신

뇌하수체 후엽은 항이뇨호르몬과 함께 두 번째 신경호르몬으로 9개의 아미노산으로 구성된 **옥시토신**(oxytocin)을 분비한다. 포유동물에서 옥시토신은 젖 분비 반사를 자극한다. 젖을 빠는 동안 젖꼭지에 있는 감각수용기는 시상하부로 자극을 보내고, 옥시토신의 방출을 자극한다. 옥시토신은 분만하는 동안 여성의 자궁 수축의 자극에 필요하고, 임신을 유지하는 동안에도 분비된다.

옥시토신 분비는 분만 후에도 젖을 먹이는 여성에게 지속적으로 일어난다. 그 결과 젖을 먹이는 엄마의 자궁은 젖을 먹이지 않은 엄마의 자궁보다 더 빨리 수축되면서 정상적인 크기로 되돌아간다.

뇌하수체 후엽 신경호르몬과 관련된 **아르지닌 바소토신**(arginine vasotocin)은 포유동물이 아닌 종에서 유사한 효과를 나타낸다. 예를 들면, 닭과 바다거북에서 아르지닌 바소토신은 알을 낳는 동안 수란관 수축을 활성화시킨다.

최근 옥시토신은 생식 행동의 주요한 조절인자로서 알려졌는데, 남녀 모두에서 암수 한 쌍의 결합을 촉진시켜 줄 뿐만 아니라(cuddle hormone이라고 불림) 흥분과 오르가즘을 포함한 성적 반응을 조절하는 데 관여하는 것으로 여겨지고 있다. 옥시토신의 이러한 효과는 신경전달물질이 중추신경계 안에서 국소분비 방법으로 작용하는 것과 매우 유사하다.

시상하부의 신경호르몬 생성

항이뇨호르몬과 옥시토신은 실제로 시상하부에 위치한 신경세포체에서 생성된다. 이 2가지 신경호르몬은 시상하부에서 뇌하수체 후엽으로 축삭을 따라 이동하여 그곳에 저장된다. 항이뇨호르몬의 경우 혈장의 삼투압 증가로, 옥시토신의 경우 아기의 수유와 같은 적절한 자극에 반응하여 신경호르몬은 뇌하수체 후엽에서 혈액으로 분비된다.

이러한 반사 조절은 신경과 내분비계를 모두 포함하기 때문에 항이뇨호르몬과 옥시토신은 **신경내분비 반사**(neuroendocrine reflex)에 의해 분비되는 것으로 볼 수 있다.

뇌하수체 전엽에서는 7가지 호르몬을 생성한다

뇌하수체 후엽과는 달리 뇌하수체 전엽은 뇌의 발달로부터 생성되지 않는다. 대신 배아의 입천장에 있는 상피조직 주머니로부터 발달한다. 뇌하수체 전엽은 뇌와의 근접성에도 불구하고 신경계의 일부가 아니다.

뇌하수체 전엽이 상피조직으로부터 형성되었기 때문에 뇌하수체 전엽은 독립적인 내분비샘이다. 뇌하수체 전엽은 최소 7개의 필수적인 호르몬을 생성하며, 이 호르몬들은 대부분 표적기관의 성장을 자극할 뿐만 아니라 추가적인 내분비샘으로부터 다른 호르몬의 생성과 분비에 관여한다. 따라서 뇌하수체 전엽의 여러 호르몬은 총체적으로 **자극호르몬**(tropic hormone) 또는 **트로핀**(tropin)이라고 한다. 자극호르몬은 표적 샘(gland)에서 생성되는 호르몬 분비를 자극하기 위해 또 다른 내분비샘에 작용한다.

뇌하수체 전엽에서 다른 세포 유형에 의해 생성되고 분비되는 호르몬은 구조적으로 유사한 **펩타이드 호르몬**, **단백질 호르몬**, **당단백질 호르몬**으로 분류할 수 있다.

펩타이드 호르몬

뇌하수체 전엽의 **펩타이드 호르몬**(peptide hormones)들은 단일 전구체 단백질로부터 나뉘며, 공통적인 서열을 공유하고, 크기는 40개의 아미노산 이하이다.

1. **부신피질자극호르몬**(adrenocorticotropic hormone, ACTH 또는 corticotropin): 부신 피질(adrenal cortex)을 자극하여 사람의 코르티솔(cortisol)과 다른 척추동물의 코르티코스테론(corticosterone)을 포함하는 부신피질호르몬(corticosteroid hormones)을 생성한다. 이 호르몬들은 포도당의 항상성을 조절해 주며, 스트레스에 대한 반응에 중요하다.
2. **멜라닌세포자극호르몬**(melanocyte-stimulating hormone, MSH): 멜라닌 색소의 합성과 확산을 자극한다. 멜라닌 색소는 일부 어류, 양서류와 파충류의 어두운 표피 색깔과 포유류에서 머리카락의 색을 조절해 준다.

단백질 호르몬

단백질 호르몬(protein hormone)은 단일 사슬의 약 200여 개의 아미노산으로 구성되어 있으며, 유의미한 구조적 유사성을 공유한다.

1. **생장호르몬**(growth hormone, GH): 근육, 뼈 및 다른 조직의 생장을 자극하며, 적절한 대사조절을 위해 필수적이다.
2. **프로락틴**(prolactin, PRL): 포유동물에서 젖을 생성하기 위해 젖샘(mammary gland)을 자극하는 것으로 가장 잘 알려져 있다. 뿐만 아니라 이 호르몬은 상피세포를 가로지르는 이온과 물의 수송 조절, 아기를 키우는 데 필요한 여러 기관의 자극 및 부모의 양육 행동 활성화를 포함한 많은 다른 표적기관에 다양한 효과를 가지고 있다.

당단백질 호르몬

가장 크고 복잡한 호르몬으로 알려진 당단백질(glycoprotein)은 100여 개의 아미노산으로 이루어져 있으며, 당의 잔기가 공유결합되어 있는 알파 소단위와 베타 소단위를 포함한 2량체이다. 알파 소단위(α subunit)는 3가지의 호르몬 모두에 공통적이고, 베타 소단위(ß subunit)는 호르몬에 따라 서로 다르며, 다른 표적 특이성을 지닌 각각의 호르몬에 존재한다.

1. **갑상샘자극호르몬**(thyroid-stimulating hormone, TSH 또는 thyrotropin): 티록신 호르몬을 생성하기 위해 갑상샘을 자극한 후, 핵 수용체에 작용함으로써 발달과 대사 작용을 조절한다.
2. **황체형성호르몬**(luteinizing hormone, LH): 난소에서 에스트로젠과 프로게스테론의 생성을 자극하며, 여성의 생식주기에서 배란을 위해 필요하다(35장 참조). 남성에서는 테스토스테론을 생성하기 위해 정소를 자극하고, 정자의 생성과 남성의 2차 성징 발달을 위해 필요하다.
3. **난포자극호르몬**(follicle-stimulating hormone, FSH): 여성에서 난포의 발달을 위해 필요하며, 남성에서는 정자의 발달을 위해 필요하다. FSH는 여성에서는 테스토스테론을 에스트로젠으로, 남성에서는 테스토스테론을 디히드록시테스토스테론으로의 전환을 유도한다. FSH와 LH는 총체적으로 **성선자극호르몬**(gonadotropin)으로 언급된다.

시상하부 신경호르몬은 뇌하수체 전엽을 조절한다

뇌하수체 후엽과 달리 뇌하수체 전엽은 뇌로부터 유래되지 않으며, 시상하부로부터 축삭을 받지도 않는다. 그럼에도 불구하고 시상하부는 뇌하수체 전엽 호르몬의 생성 및 분비를 조절한다. 이러한 조절은 신경 축삭을 사용하는 것보다는 자체적으로 호르몬을 분비하는 것이다.

시상하부 안의 신경세포는 신경호르몬인 **방출호르몬**(releasing hormone)과 **억제호르몬**(inhibiting hormone)을 분비하며, 이 호르몬들은 시상하부의 바닥에 있는 모세혈관으로 확산된다(**그림 28.8**). 이러한 모세혈관은 뇌하수체의 줄기 내로 이어져 있는 세정맥으로 흘러나가 뇌하수체 전엽의 두 번째 모세혈관으로 간다. 이러한 혈관계는 **시상하부-뇌하수체 문맥계**(hypothalamohypophyseal portal system)로 알려져 있다. 문맥계에서 2개의 모세혈관이 정맥으로 이어져 있는데, 호르몬은 첫 번째 모세혈관으로 들어가고, 정맥은 이 호르몬을 두 번째 모세혈관으로 운반한다. 여기에서 호르몬은 뇌하수체 전엽으로 들어가게 된다.

방출호르몬

시상하부에 의해 문맥계로 분비되는 각 신경호르몬은 뇌하수체 전엽에서 특정한 호르몬의 분비를 조절한다. 분비호르몬은 다른 호르몬의 분비를 자극하는 펩타이드 신경호르몬들이다. 특별히 **갑상샘자극호르몬 방출호르몬**(thyrotropin-releasing hormone, TRH)은 TSH의 분비를 자극하고, **부신피질자극호르몬 방출호르몬**(corticotropin-releasing hormone, CRH)은 ACTH의 분비를 자극한다. **생식샘자극호르몬 방출호르몬**(gonadotropin-releasing hormone, GnRH)은 FSH와 LH의 분비를 자극한다. 생장호르몬에 대한 분비호르몬인 **생장호르몬 방출호르몬**(groth hormone-relasing hormone, GHRH)이 발견되었고, TRH, 옥시토신, 혈관활성 장내펩타이드(vasoactive intestinal peptide) 모두가 프로락틴에 대한 방출호르몬으로 작용함이 밝혀졌다.

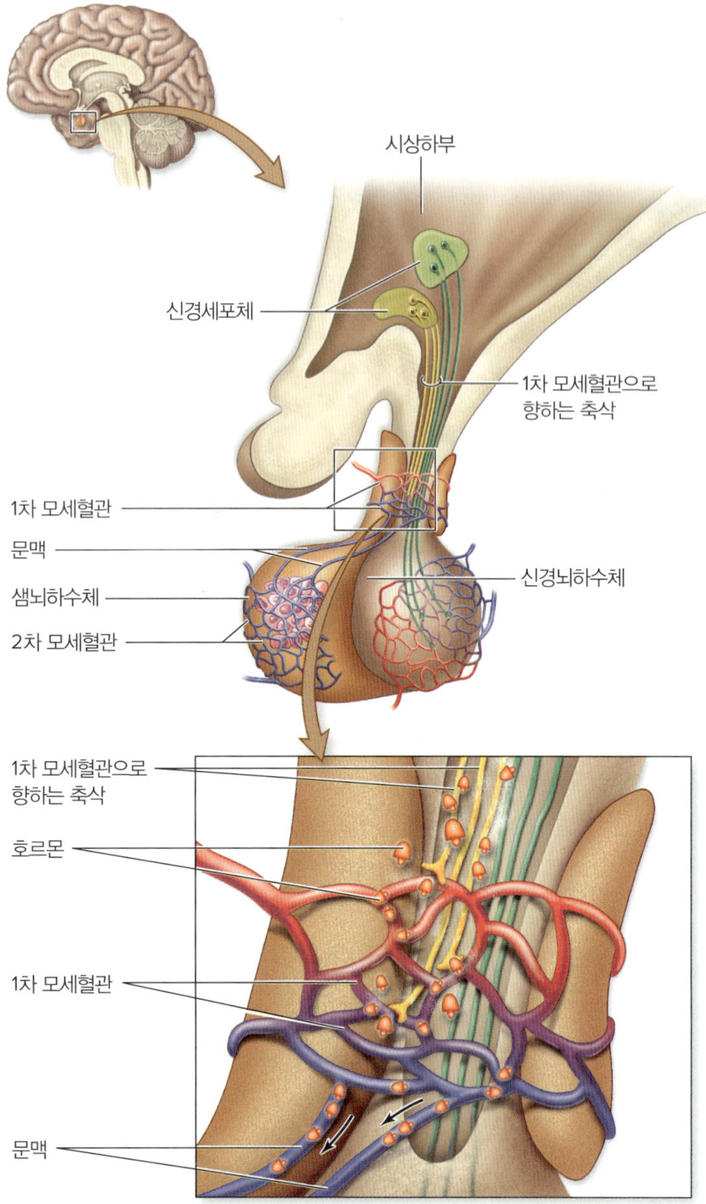

그림 28.8 시상하부에 의한 뇌하수체 호르몬 조절.
시상하부에서 신경세포는 문맥 혈관에 의해 뇌하수체로 직접 운반되는 호르몬을 분비한다. 그곳에서 호르몬들은 샘뇌하수체에서 호르몬의 분비를 자극하거나 억제한다.

억제호르몬

시상하부는 특정한 뇌하수체 전엽 호르몬의 분비를 억제하는 신경호르몬을 분비한다. 현재까지 3가지 호르몬이 발견되었는데, 이들은 생장호르몬의 분비를 억제하는 **소마토스타틴**(somatostatin) 혹은 **생장호르몬 억제호르몬**(growth hormone-inhibiting hormone, GHIH)과 프로락틴의 분비를 억제하는 **프로락틴 억제인자**(prolactin-inhibiting factor, PIF)와 신경전달물질 도파민, 그리고 MSH의 분비를 억제하는 **MSH 억제호르몬**(MSH-inhibiting hormone, MIH)이다.

말초 내분비샘에서의 피드백은 뇌하수체 전엽 호르몬을 조절한다

시상하부 호르몬은 뇌하수체 전엽에서의 분비를 조절하고, 이어서 뇌하수체 전엽 호르몬은 다른 내분비샘의 분비를 조절하기 때문에 시상하부는 몸 전체에 대한 호르몬 분비에 영향을 주는 것으로 여겨진다. 그러나 이것은 내분비 조절의 결정적인 양상을 간과한 것으로, 시상하부와 뇌하수체 전엽은 스스로 분비하도록 자극하는 다양한 호르몬에 의해 부분적으로 조절된다. 대부분의 경우 이러한 조절은 억제성이다(**그림 28.9**). 이러한 유형의 조절시스템을 음성피드백(negative feedback)이라고 부르며, 표적세포 호르몬을 상대적으로 일정한 수준으로 유지하게 해준다.

음성피드백의 예: 갑상샘 조절

음성피드백 기작의 중요성에 대해 살펴보기 위해 갑상샘의 호르몬 조절에 대해 알아본다. 시상하부는 시상하부-뇌하수체 문맥계로 TRH를 분비하여 뇌하수체 전엽을 자극함으로써 TSH가 분비되도록 한다. TSH는 **티록신**(thyroxine) 분비를 위해 갑상샘을 자극한다. 대사율에 대한 티록신과 다른 갑상샘호르몬의 영향은 29.4절에서 다룬다.

티록신의 많은 표적기관 중에 시상하부와 뇌하수체 전엽 자신들이 있다. 티록신은 그들이 분비하는 TRH와 TSH의 분비를 억제하기 위해서 작용하는데, 이러한 음성피드백 억제는 티록신의 수준을

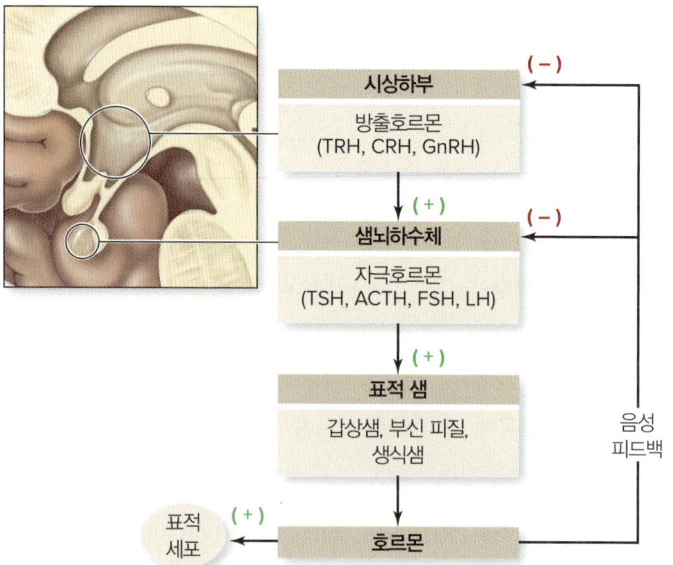

그림 28.9 음성피드백 억제.
일부 내분비샘에 의해 분비된 호르몬은 시상하부 방출호르몬과 뇌하수체 자극호르몬의 분비를 억제하기 위해 피드백된다. 모식도에 부신피질자극호르몬(ACTH), 부신피질자극호르몬 방출호르몬(CRH), 난포자극호르몬(FSH), 생식샘자극호르몬 방출호르몬(GnRH), 황체형성호르몬(LH), 갑상샘자극호르몬 방출호르몬(TRH), 갑상샘자극호르몬(TSH)을 나타냈다.

유지하는 항상성을 위해 필수적이다.

티록신은 요오드를 포함하고 있으며, 요오드가 없으면 갑상샘은 티록신을 생성하지 못한다. 요오드의 원천이 되는 물고기가 없는 중앙 초원과 같은 지역에 사는 사람들은 티록신을 만들기 위한 요오드가 부족하다. 그래서 시상하부와 뇌하수체 전엽은 정상인보다 음성피드백 억제가 덜 일어나게 되는데, 이렇게 축소된 억제 현상은 TRH와 TSH가 많이 분비되는 결과를 초래한다.

TSH의 양이 많아지면 더 많은 티록신을 만들기 위해 갑상샘 세포를 확대시킨다. 요오드가 없기 때문에 갑상샘이 점점 커지면서 갑상샘종(goiter)이 발생하게 된다(**그림 28.10**). 갑상샘종의 크기는 음식물에서 요요드를 섭취함으로써 줄어들 수 있기 때문에 대부분의 나라에서는 식용 소금에 요오드를 추가함으로써 갑상샘종을 예방하고 있다.

양성피드백의 예: 배란

양성피드백(positive feedback)은 항상성으로부터 일탈을 유발하기 때문에 표적 샘에 의한 시상하부와 뇌하수체 전엽의 조절에서 양성피드백은 흔하게 나타나지 않는다. 양성피드백은 동일 방향으로 변화를 유도하는데, 그 예로 난소로부터 성숙된 난자가 배출되는 **배란**(ovulation)의 조절을 들 수 있다.

난모세포가 성장할 때 주변의 난포세포(follicle cell)는 스테로이드 호르몬인 에스트로젠의 생성을 증가시켜서 혈액에 에스트로젠의 양이 점점 많아진다. 에스트로젠의 수준이 최고에 이르면 난모세포가 배란을 하도록 시상하부에 신호를 보낸다. 에스트로젠은 시상하부와 뇌하수체에 양성피드백을 나타냄으로써 뇌하수체 전엽으로부터 LH 파동이 일어난다. 이러한 LH 파동은 난포세포를 터지게 하여 수정이 일어나는 곳인 수란관으로 난모세포를 방출한다. 양성피드백 주기는 난소에서 난포세포의 남은 조직이 황체로 되어 FSH와 LH의 분비를 억제하는 프로게스테론과 에스트로젠을 분비하기 때문에 끝나게 된다. 이 과정은 35장에서 자세히 다룬다.

그림 28.10 갑상샘종을 가진 여성.
이 질병은 음식에 요오드가 부족해서 발생된다. 그 결과 티록신 분비가 낮아지고, TSH의 음성피드백 억제가 덜 일어난다. 증가된 TSH의 분비는 추가적인 티록신을 생성하기 위해 갑상샘을 확대하도록 자극한다.

뇌하수체 전엽의 호르몬들은 직·간접적으로 작용한다

20세기 초반에 실험적 기술들이 발달하여 **뇌하수체 적출술**(hypophysectomy)에 의해 뇌하수체의 수술적 적출이 가능해졌다. 뇌하수체가 적출된 동물에서는 성장과 발달의 저하, 대사작용 저하, 불임 등을 포함하는 많은 결함이 나타났다. 이러한 강력하고도 다양한 효과들은 뇌하수체가 주된 분비샘이라는 것을 인식시켜 주었다. 실제로 이들 중 대부분은 **직접적인 효과**(direct effects)로, 뇌하수체 전엽 호르몬은 간, 근육 그리고 뼈와 같은 비내분비(nonendocrine) 표적기관의 수용체를 직접활성화시킨다. 그러나 뇌하수체 전엽에서 생성되는 자극호르몬은 갑상샘, 부신, 생식샘과 같은 다른 내분비샘을 활성화시키는 능력을 통한 **간접적인 효과**(indirect effects)도 가지고 있다. 7가지의 뇌하수체 전엽 호르몬 중에서 생장호르몬, 프로락틴, MSH는 직접적인 효과를 통해 작용하는 데 반해 ACTH, TSH, LH, FSH와 같은 자극호르몬들은 독립적 표적기관으로써 내분비샘을 가지고 있다.

생장호르몬의 효과

뇌하수체 전엽의 중요성은 몸 전체나 일부가 과도하게 성장하는 특성을 지닌 **거인증**(gigantism)으로 설명할 수 있다. 키가 가장 큰 사람으로 기록된 와들로(Robert Wadlow)는 거인증을 보였다(**그림 28.11**). 1928년에 태어난 그는 키가 약 3 m, 몸무게는 약 220 kg이었으며, 22세에 감염으로 죽기 전까지 계속 성장했다.

거인증은 성장기 어린이에서 과도한 생장호르몬(GH)의 분비에 의해 일어나는 것으로 알려져 있으며, 반대로 GH의 분비 결핍은 정상적인 신장에 도달하지 못하는 **뇌하수체 왜소증**(pituitary dwarfism)을 나타낸다.

GH는 단백질 합성과 근육 및 결합조직의 성장을 자극하며, 연골 말단 성장판에서 세포분열을 자극함으로써 뼈의 신장을 간접적으로 촉진시켜 준다(29장 참조). 연구자들은 이러한 자극이 혈장 없이 일어날 수 없음을 확인하였으며, 이러한 사실은 GH가 뼈에서 그 효과

그림 28.11 거인증.
일리노이주 알톤의 와들로가 온타리오주 윈저 공항에서 찍은 사진. 19세 때 모습으로 그는 2 m 62 cm이며, 옆에 서 있는 아버지는 1 m 80 cm이다. 정상으로 태어난 그는 어릴 때 생장호르몬 분비 뇌하수체 암에 걸려 22년 동안 계속 성장하여 그의 키는 2 m 72 cm에 달했다.

를 발휘하기 위해서는 다른 호르몬과 공동으로 작용해야 함을 의미한다. GH는 **인슐린 유사 생장호르몬**(insulin-like growth hormone)의 생산을 자극하는데, 이 호르몬은 GH의 자극에 반응하여 간과 뼈에서 생성된다. 또한 골단 성장판(epiphyseal growth plate)에서 세포분열을 자극하여 뼈를 신장시켜 준다.

GH는 청소년 성장에서 가장 극적인 효과를 나타내지만, 성인에서도 단백질, 지방, 탄수화물 대사를 조절하는 기능을 한다. 최근에 식사하는 동안 위에서 생성되는 **그렐린**(ghrelin)이라고 부르는 펩타이드 호르몬이 GH의 강력한 자극제로 알려짐으로써 음식 섭취와 GH 생성 간의 중요한 연관성이 확인되었다.

사춘기 시절에 골격 성장판은 연골을 뼈로 전환시키기 때문에, GH는 성인의 키를 더 자라게 하지는 못한다. 성인에서 과도한 GH 분비는 튀어나온 턱, 길어진 손가락, 두꺼운 피부와 얼굴 모양이 기형으로 나타나는 **말단비대증**(acromegaly)이라는 거인증으로 나타난다. GH 조절에 대한 지식은 소마토스타틴(somatostatin)의 활성이나 그렐린의 유사체를 통해 그의 분비를 조절할 수 있는 약의 개발에 이용되어, 거인증은 오늘날 흔하게 나타나지 않고 있다.

유전적으로 GH 유전자를 추가적으로 복제하여 발현되도록 변형된 동물은 정상보다 더 크게 자란다. GH의 유전자 조작을 통한 농업적 적용이 활발하게 이루어지고 있으며, GH가 젖소의 우유 생산, 돼지에서 무게 증가 촉진, 물고기의 길이 증가에 관여한다는 사실이 밝혀졌다. GH의 성장 촉진 작용은 척추동물들에 보존되어 있는 것으로 여겨진다.

뇌하수체 전엽의 다른 호르몬들

생장호르몬과 같이 프로락틴(prolactin)은 내분비샘이 아닌 기관에 작용한다. 그러나 GH와는 다르게 프로락틴의 작용은 매우 다양하다. 포유동물에서 우유의 생성을 자극하는 것 외에도 프로락틴은 조류(birds)에서는 새끼의 영양 공급과 보육을 위한 중요한 조직(새끼에게 먹이는 소낭유와 새끼를 품는 포란반)을 조절한다.

양서류에서 프로락틴은 도롱뇽을 육상 형태에서 수중 번식이 가능한 성체로의 변태를 촉진시켜 준다. 이러한 생식 작용과 더불어 프로락틴은 포유동물에서 육아, 조류에서 알 품기 그리고 양서류에서 물속에서의 헤엄과 같은 행위를 가능하게 해준다.

프로락틴은 포유동물의 신장(kidneys), 어류의 아가미, 해양 조류의 염류샘에 작용하여 전해질 균형에 다양한 영향을 미친다. 이러한 다양성은 프로락틴이 막을 가로지르는 염분과 물의 움직임을 조절하는 고전적 기능을 가지고 있지만, 새로운 척추동물 종의 출현으로 다양해졌음을 의미한다. 비교내분비학(comparative endocrinology)에서 호르몬 진화 기작을 확실하게 밝히기 위해 다양한 종에 걸친 호르몬 작용에 대한 연구가 진행되고 있다.

생장호르몬이나 프로락틴과는 다르게 다른 뇌하수체 호르몬들은 상대적으로 적은 표적기관에 작용한다. TSH는 갑상샘을 자극하고, ACTH는 부신 피질을 자극한다. 생식샘자극호르몬인 FSH, LH는 생식샘(gonads)에 작용한다. FSH와 LH 모두 생식샘에 작용하지만, 남성과 여성의 생식샘에서 서로 다른 표적세포에 작용한다(35장 참조). 이러한 호르몬들은 표적 내분비샘을 활성화시키기 위한 공통적인 특성을 공유하고 있다.

마지막으로 뇌하수체 호르몬인 MSH는 흑색 색소인 **멜라닌**(melanin)을 포함한 멜라닌보유세포(melanophores)의 활성을 조절한다. MSH에 반응하여 멜라닌은 파충류, 양서류, 어류의 피부를 검게 하는 세포들을 통해 퍼져나간다. 멜라닌 보유세포가 없는 포유동물은 멜라닌세포(melanocytes)라고 부르는 유사한 세포를 가지고 있다. MSH는 검은색 머리카락을 가진 사람의 머리카락을 어둡게 할 수 있지만 빨간색 머리카락의 경우에는 그렇게 하지 못한다. MSH는 피부를 어둡게 하지만, 피부 색소 침착에는 개인차가 있다.

핵심 요약 28.3

뇌하수체 후엽은 신경 조직으로부터 발생하고, 뇌하수체 전엽은 상피 조직에서 발생한다. 시상하부의 축삭은 뇌하수체 후엽으로 연장되어 있으며, 신경호르몬을 생성한다. 시상하부의 신경세포들은 또한 뇌하수체 호르몬을 분비하거나 억제하는 인자를 분비한다. 방출호르몬은 호르몬의 분비를 자극하는데, TRH는 TSH 방출을 유도한다. 억제호르몬은 분비를 억제하는데, GHIH는 GH 방출을 억제한다.

■ 뇌하수체 종양으로 거인증인 사람이 GHIH로 치료받을 수 있을까? 어떤 결과를 예측할 수 있을까?

28.4 주요 말초 내분비샘

학습 목표

1. 주요 말초 내분비샘에 대해 설명할 수 있다.
2. Ca^{2+} 항상성의 구성 요소에 대해 설명할 수 있다.
3. 혈당에서 췌장호르몬의 작용에 대해 설명할 수 있다.

뇌하수체에서 주요 호르몬들이 많이 만들어지지만, 내분비샘은 다른 곳에도 많이 존재한다. 어떤 것은 뇌하수체의 자극호르몬에 의해 조절되지만, 부신 수질 및 췌장과 같은 기관들은 뇌하수체와 관계없이 독립적으로 작용한다. 일부 내분비샘들은 소화관의 제일 앞 분절인 원시 인두(primitive pharynx)로부터 유래하여 발달하였다(35장 참조). **갑상샘**(thyroid gland)과 **부갑상샘**(parathyroid gland)을 포함한 내분비샘은 탄수화물, 지방, 단백질 및 미네랄 대사와 같은 음식물 섭취와 관련된 과정을 조절하는 호르몬을 생성한다.

갑상샘은 기초대사와 발달을 조절한다

갑상샘은 척추동물 종들에서 형태적으로 다르게 나타나지만, 항상 목 근처 심장 앞쪽에서 발견된다. 사람의 경우 나비넥타이와 같은 모양으로, 목 앞쪽 후두융기(Adam's apple) 아래에 존재한다.

갑상샘은 1차적으로 티록신(thyroxine)과 더 적은 양의 3요오드티로닌(triiodothyronine), (이 둘을 총괄하여 갑상샘호르몬이라고 부름) 그리고 칼시토닌(calcitonin)을 분비한다. 앞에서 살펴본 것처럼, 갑상샘호르몬은 몸에서 유일하게 요오드를 포함하고 있는 분자로 티록신은 4개의 요오드 원자를 포함하고, 3요오드티로닌은 3개의 요오드를 포함하고 있다.

갑상샘과 관련된 질환

갑상샘호르몬은 몸의 대부분의 세포에 존재하며 많은 세포내 단백질의 생성과 활성에 영향을 주는 핵 수용체에 결합함으로써 작용한다. 갑상샘호르몬의 중요성은 사람의 갑상샘 질환에 대한 연구에서 명백하게 나타났다. 갑상샘기능저하증(hypothyroidism)을 가진 성인은 티록신의 생산 부족으로 인해 탄수화물과 지방을 이용하는 능력이 감소하여 낮은 대사작용을 한다. 그 결과 종종 피로를 느끼고, 과체중에 추위를 탄다. 갑상샘기능저하증은 성장과 뇌 발달 및 성적 성숙에 영향을 주기 때문에 유아와 아이들에 특히 관련되어 있다. 다행스럽게도 갑상샘호르몬은 작고 단순한 분자이기 때문에 갑상샘기능저하증을 가진 사람들은 알약을 통해 티록신을 섭취할 수 있다.

그에 비해 갑상샘기능항진증(hyperthyroidism)을 가진 사람들은 티록신의 과다 생성으로 인한 몸무게 저하, 신경과민, 높은 대사량 및 흥분 등 상반되는 증상을 나타낸다. 약으로 갑상샘에서 갑상샘호르몬 합성을 막는 것이 가능하지만, 어떤 경우에는 갑상샘의 일부를 수술이나 방사선 치료로 제거해야만 한다.

갑상샘호르몬의 작용

갑상샘호르몬은 대부분의 세포에서 탄수화물과 지방 대사에 관여하는 효소를 조절하며, 몸의 기초대사율을 유지하기 위해 이들을 연료로 사용하도록 촉진한다. 갑상샘호르몬은 종종 다른 호르몬과 공동 작용하거나 **상승작용**(synergistically)하여 생장호르몬, 에피네프린 및 성스테로이드의 활성을 촉진시켜 준다. 이러한 작용을 통하여 갑상샘호르몬은 대사적으로 요구되는 활성을 충족시키는 데 세포 에너지가 적절하게 사용될 수 있도록 해준다.

상대적으로 높은 대사율을 나타내는 사람의 경우 갑상샘호르몬이 혈액에서 항상 높은 수준을 유지한다. 한편, 활동에서 계절적 주기를 겪는 파충류, 양서류 및 어류에서는 혈액의 갑상샘호르몬 수준이 성장, 생식 발달, 이주 및 번식과 같은 대사 활성기간 동안 증가하고, 추운 계절의 비활성 기간에는 감소한다.

갑상샘호르몬의 가장 극적인 효과는 성장과 발달의 조절에서 관찰된다. 그 실례로 발달 중인 사람에서 갑상샘호르몬은 신경세포의 성장을 촉진하고, 중추신경계의 성숙을 자극한다. 갑상샘기능저하증을 가지고 태어난 아이들은 성장이 부진하며, **크레틴병**(cretinism)이라는 심각한 정신장애를 겪는다. 이러한 질병은 초기에 갑상샘호르몬 수준을 측정하여, 필요 시 갑상샘호르몬을 처방함으로써 치료가 가능하다.

발생 과정에서 갑상샘호르몬의 중요성은 양서류에서 밝혀졌다. 갑상샘호르몬은 수중에 살며 초식성인 올챙이가 육지에 살며 육식성

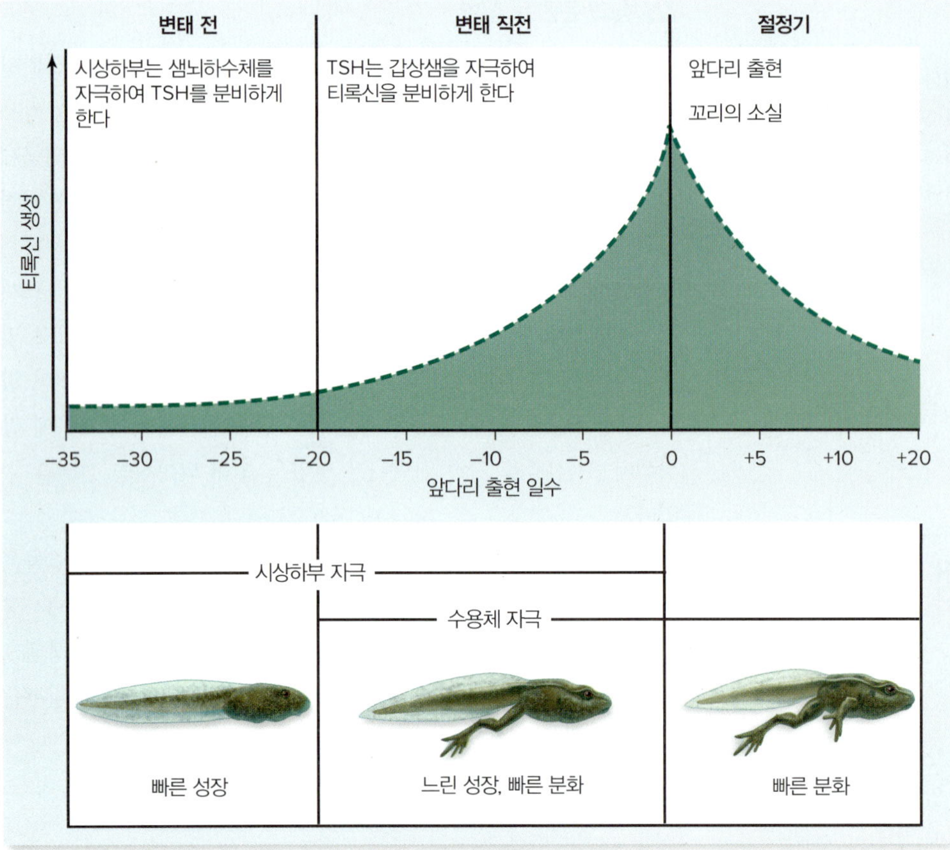

그림 28.12 티록신에 의한 양서류의 변태. 변태 단계 전에 있는 올챙이에서 시상하부는 샘뇌하수체를 자극하여 TSH를 분비하도록 한다. TSH는 갑상샘을 자극하여 티록신을 분비하게 한다. 티록신은 수용체에 결합하고 변태에 필요한 유전자를 발현시키기 시작한다. 변태가 진행되면서 티록신은 최고 수준에 도달하며, 그 후에 앞발이 생기고 꼬리는 사라진다.

자료 분석
뇌하수체를 외과적으로 제거하는 뇌하수체 절제술(hypophysectomy)을 올챙이 초기에 시행한다면, 이것이 티록신 수치와 변태에 어떠한 영향을 미치겠는가? 한편 올챙이 후기에 시행한다면 어떠한 영향이 있겠는가?

인 개구리로 변화되는 과정인 변태(metamorphosis)에 작용한다(**그림 28.12**). 올챙이로부터 갑상샘호르몬이 제거되면 개구리로 변하지 못한다. 반대로 미성숙한 올챙이에게 갑상샘의 조각을 먹이면 빠른 시기에 변태를 겪으면서 작은 개구리가 된다. 이것은 변태가 갑상샘호르몬의 강력한 작용에 의해 다양한 유전자의 발현이 조절됨으로써 유도될 수 있음을 보여준다.

칼슘의 항상성은 여러 호르몬에 의해 조절된다

칼슘은 뼈의 구조적 성분이면서, 근육 수축과 같은 이온 매개성 작용을 하는 척추동물 몸의 주요한 구성 성분이다. 갑상샘과 부갑상샘은 칼슘의 항상성을 조절하기 위해 바이타민 D와 함께 작용한다.

갑상샘에 의한 칼시토닌 분비

갑상샘은 갑상샘호르몬 외에 혈액에서 칼슘의 적절한 농도를 유지하는 데 필요한 펩타이드 호르몬인 **칼시토닌**(calcitonin)을 분비한다. 혈액의 칼슘(Ca^{2+}) 농도가 너무 높을 때, 칼시토닌은 뼈로 칼슘의 유입을 자극하여 혈액내 칼슘 이온 농도를 낮춘다. 칼시토닌은 일부 척추동물의 생리에 중요하지만, 성인의 경우에는 칼시토닌에 의한 칼슘 이온 농도의 조절이 덜 중요하다. 그러나 칼시토닌은 빠르게 성장하는 아이들의 뼈의 재구성에 중요한 역할을 한다.

부갑상샘호르몬(PTH)

부갑상샘은 갑상샘에 붙어 있는 4개의 작은 샘이다. 부갑상샘은 크기가 작기 때문에 20세기가 될 때까지 연구자들은 부갑상샘을 중요하게 생각하지 않았다. 이 기관은 개를 대상으로 한 실험으로부터 내분비 기능을 가진다는 것을 처음 알게 되었다. 개에서 부갑상샘을 제거하면, 개의 혈액 내 Ca^{2+} 농도는 정상 수치의 반 이하로 떨어지며, 부갑상샘 추출물을 투여하면 Ca^{2+} 농도는 정상으로 되돌아온다. 그러나 너무 많은 추출물이 투여되면, 개의 Ca^{2+} 농도는 정상보다 훨씬 더 높아지고 뼈에서 인산칼슘 결정이 용해된다. 부갑상샘이 뼈의 칼슘 분비를 자극하는 호르몬을 생성하는 것이 명백하게 밝혀졌다.

부갑상샘에서 생성되는 호르몬은 **부갑상샘호르몬**(parathyroid hormone, PTH)이라는 펩타이드이다. PTH는 혈액에서 Ca^{2+} 농도 감소에 반응하여 합성되고 분비된다. 혈액 내의 Ca^{2+} 농도가 현저하게 감소되면 심각한 근육 경련을 유발하기 때문에, 이러한 감소가 일어나지 않게 한다. 정상적인 혈액의 Ca^{2+} 농도는 심장을 포함한 근육의 기능과 신경 및 내분비계의 적절한 기능에도 중요하다.

PTH는 뼈 기질의 인산칼슘 결정을 용해하기 위해 뼈에 있는 파골세포(osteoclast)를 자극하여 혈액으로 Ca^{2+}을 분비한다(**그림 28.13**). PTH는 오줌에서 Ca^{2+}의 재흡수를 위해 신장을 자극하고, 장에서 음식물로부터 칼슘 흡수를 위해 필요한 바이타민 D의 활성을 유도한다.

바이타민 D

바이타민 D는 자외선에 반응하여, 콜레스테롤 유도체로부터 피부에서 생성된다. 열대지방 사람들은 바이타민 D를 생성하기에 충분한 햇빛에 노출되지만, 온대지역에서는 피부에서 생성되는 것만으로는 부족하여 음식물을 통한 섭취가 필수적이기 때문에 바이타민 D를 필수 바이타민이라고 부른다. 피부로부터 혈액으로 확산된 바이타민 D는 실제로 비활성 호르몬 형태이다. 활성화된 형태로 되기 위해서는 2개의 수산기(−OH)를 얻어야 하는데, 그중 하나는 간의 효소에 의해 추가되고, 다른 하나는 신장의 효소에 의해 얻는다.

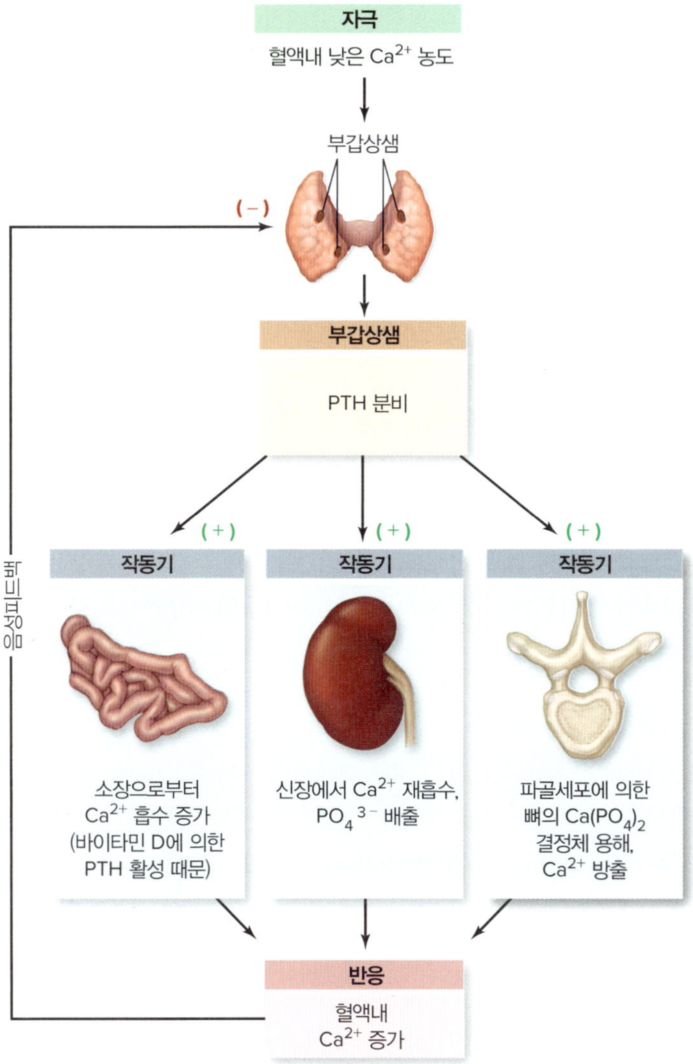

그림 28.13 부갑상샘호르몬(PTH)에 의한 혈액 내의 Ca^{2+} 농도 조절. 혈액 내의 Ca^{2+} 농도가 낮을 때 부갑상샘으로부터 PTH가 분비된다. PTH는 뼈의 직접적인 용해와 신장에서 Ca^{2+}의 재흡수를 자극한다. PTH는 활성 형태의 바이타민 D의 생성을 자극함으로써 Ca^{2+}의 장 흡수를 간접적으로 촉진한다.

마지막 단계에 필요한 효소는 PTH에 의해 자극되며, 1,25-디하이드록시바이타민 D(1,25-dihydroxyvitamin D)라고 알려진 활성화된 바이타민 D를 생성한다. 이 호르몬은 Ca^{2+}의 소장 흡수를 자극하고, 혈중 Ca^{2+} 농도를 증가시켜 줌으로써 뼈에서 적절한 정도의 무기화(mineralization)가 일어나게 해준다. 바이타민 D의 결핍은 구루병(rickets)이라고 부르는 부실한 뼈 형성을 유도한다.

이런 필수 호르몬의 적절한 양을 유지하게 하기 위하여 미국과 일부 다른 나라에서는 바이타민 D를 상업적으로 생산되는 우유에 첨가하고 있다. 이는 대구 간유(cod liver oil)의 복용을 통해 바이타민 D를 섭취하는 것보다 훨씬 더 좋은 방법이다.

부신은 카테콜아민과 스테로이드 호르몬을 분비한다

두 신장 위쪽에 위치하는 부신(**그림 28.14**)은 각각 내부의 **부신 수질**(adrenal medulla)과 외부의 **부신 피질**(adrenal cortex)로 이루어져 있다.

부신 수질

부신 수질은 자율신경계의 교감신경절의 축삭돌기로부터 받은 신경 신호에 대한 반응으로, 카테콜아민 에피네프린(catecholamine epinephrine)과 노르에피네프린(norepinephrine)을 분비한다. 이들 호르몬의 역할은 교감신경절에 의해 유도된 반응과 비슷한 "경고" 반응을 유발하여 인체가 극단적인 작용에 대비하도록 돕는다. 이 호르몬의 효과에는 심장박동수의 증가, 혈압 상승, 기관지 확장, 혈당 상승, 피부와 소화기로 가는 혈류량 감소, 심장과 근육의 혈류량 증가 등이 있다. 분비된 에피네프린의 역할은 호르몬처럼 교감신경계에 의해 분비된 신경전달물질을 보충해주는 것이다.

부신 피질

부신 피질로부터 유래된 호르몬은 모두 스테로이드이며 총괄적으로 **코르티코스테로이드**(corticosteroid)라고 부른다. 부신 피질에서 분비되는 **코르티솔**[cortisol 또는 하이드로코르티손(hydrocortisone)]과 관련된 스테로이드들은 인체 내의 다양한 세포에서 포도당의 항상성을 유지시켜 준다. 포유류에서 이 호르몬들은 당질코르티코이드(glucocorticoids)라고 부르며, 뇌하수체 전엽의 ACTH에 의해 우선적으로 분비가 조절된다.

당질코르티코이드는 근육 단백질을 아미노산으로 분해시켜, 혈액을 통해 간으로 이동하게 한다. 이들은 간을 자극하여 아미노산을 포도당으로 변환시키는 포도당 신생과정(gluconeogenesis)에 필요한 효소들을 생성하게 한다. 단백질로부터의 포도당 합성은 매우 긴 시

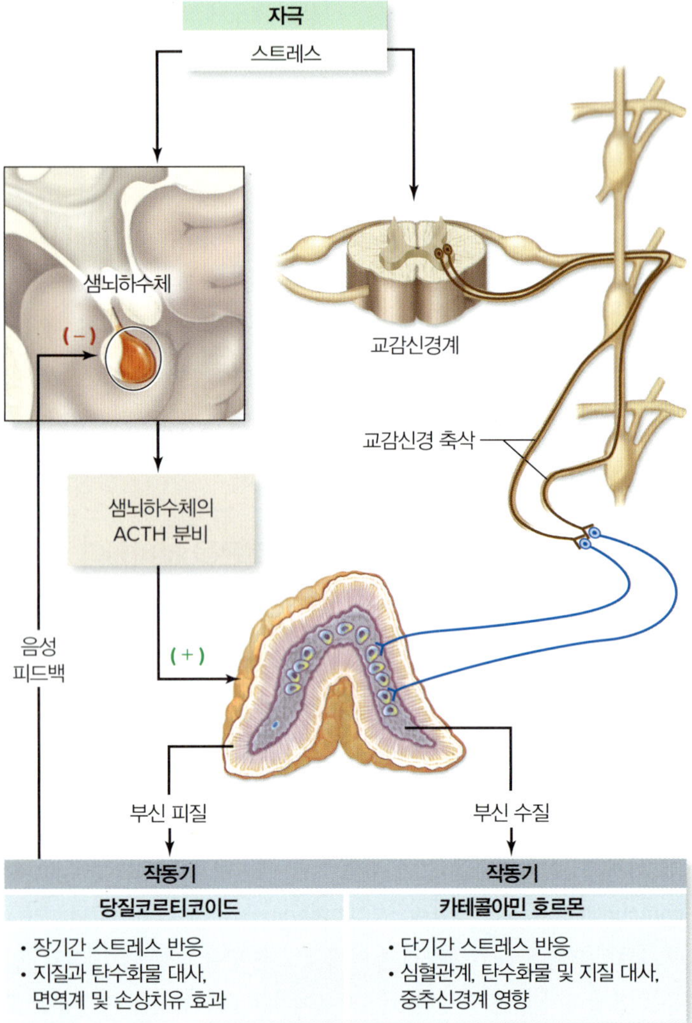

그림 28.14 부신.
부신 수질은 스트레스에 대한 반응을 시작하는 카테콜아민 에피네프린과 노르에피네프린을 생산한다. 부신 피질은 당질코르티코이드, 코르티솔을 포함한 스테로이드 호르몬을 생산한다. 스트레스 반응에서 코르티솔 분비는 포도당의 생산을 증가시키고, 면역 반응을 활성화한다.

간의 단식 또는 운동으로 혈당 수치가 매우 위험한 정도까지 내려갔을 때 특히 중요하다.

당질코르티코이드는 일상의 포도당과 단백질 조절에 중요하지만, 이들은 부신수질호르몬과 비슷하게 스트레스에 대한 반응으로 다량 분비된다. 스트레스를 받는 동안 이들은 단백질과 지방 합성 대신 포도당의 생성을 활성화한다.

포도당 대사조절 외에도 당질코르티코이드는 면역 반응의 일부 양상을 조절한다. 이러한 활성의 생리학적 의미는 아직 명확하지 않은데, 이것은 당질코르티코이드가 장기 스트레스처럼 장기간 높은 농도로 유지되었을 때만 나타나기 때문인 것으로 여겨진다. 당질코르티코이드는 류마티스성 관절염(rheumatoid arthritis) 같은 면역기능장애를 가진 사람에게서 면역시스템을 억제시키기도 하며, 장기와 조직 이식거부로부터 면역시스템을 보호해주기도 한다. 프레드니손(prednisone) 같은 코르티솔 유도체는 항염증 약품으로 광범위하게 사용되고 있다.

다른 주요 코르티코스테로이드인 **알도스테론**(aldosterone)은 미네랄 균형의 조절을 돕기 때문에 무기질코르티코이드(mineralocorticoid)로 분류된다. 부신 피질로부터 알도스테론의 분비는 33장에서 설명한 레닌-안지오텐신 시스템의 산물인 안지오텐신 II와 혈액 내의 높은 K^+ 농도에 의해 활성화된다. 안지오텐신 II는 혈압이 떨어졌을 때 알도스테론의 분비를 활성화시켜 준다.

원뇨로부터 Na^+의 재흡수가 일어나지 않으면 혈중 Na^+의 농도가 감소되는데, 알도스테론의 1차적인 역할은 신장을 자극하여 오줌으로부터 Na^+을 재흡수시키는 것이다. Na^+은 세포외액의 주요 성분으로 정상적인 혈압과 혈액량을 유지하는 데 필요하며, 신경과 근육에서 활동전위를 생성하는 데도 필요하다. 알도스테론이 없으면 신장은 소변으로 다량의 Na^+을 잃게 된다.

소변으로부터 Na^+의 알도스테론 유도성 재흡수는 소변으로 K^+의 분비를 유도하여, 신경과 근육의 전기적 신호의 이상을 가져다주는 K^+의 혈액내 축적을 막아준다. 이러한 알도스테론의 필수적인 기능 때문에, 부신을 제거하거나 알도스테론의 분비에 이상이 생겼을 때 이를 치료하지 않으면 치명적일 수 있다.

췌장 호르몬은 탄수화물 대사의 1차 조절인자이다

췌장(이자, pancrease)은 위와 인접해 있고, 췌장관에 의해 소장의 십이지장(duodenum)과 연결되어 있다. 췌장은 중탄산이온(bicarbonate ion)을 분비하고, 췌장관을 통해 소장으로 다양한 소화효소를 분비한다(30장 참조). 췌장은 오랫동안 유일한 외분비샘으로 여겨졌었다.

인슐린

1869년 독일 의과대학 학생 랑게르한스(Paul Langerhans)는 췌장에 흩어져 있는 몇몇 특이한 세포 다발을 발견하였는데, 이 다발은 그의 이름을 따서 **랑게르한스섬**(islets of Langerhans)이라 명명되었으며, 지금은 이자섬(pancreatic islets)으로 더 잘 알려져 있다. 그 후 연구자들은 외과적으로 췌장이 제거되면 소변에서 당이 발견되는 것을 관찰하였다. 이는 당뇨병(diabetes mellitus)을 검증하는 데 이용되었으며 결국 췌장, 특히 랑게르한스섬에서 생성되는 호르몬이 당뇨병을 막아주는 것을 발견하게 되었다.

그 호르몬인 **인슐린**(insulin)은 랑게르한스섬의 베타세포(ß-cell)에서 분비된다. 인슐린은 1992년에 밴팅(Frederick G. Banting)과

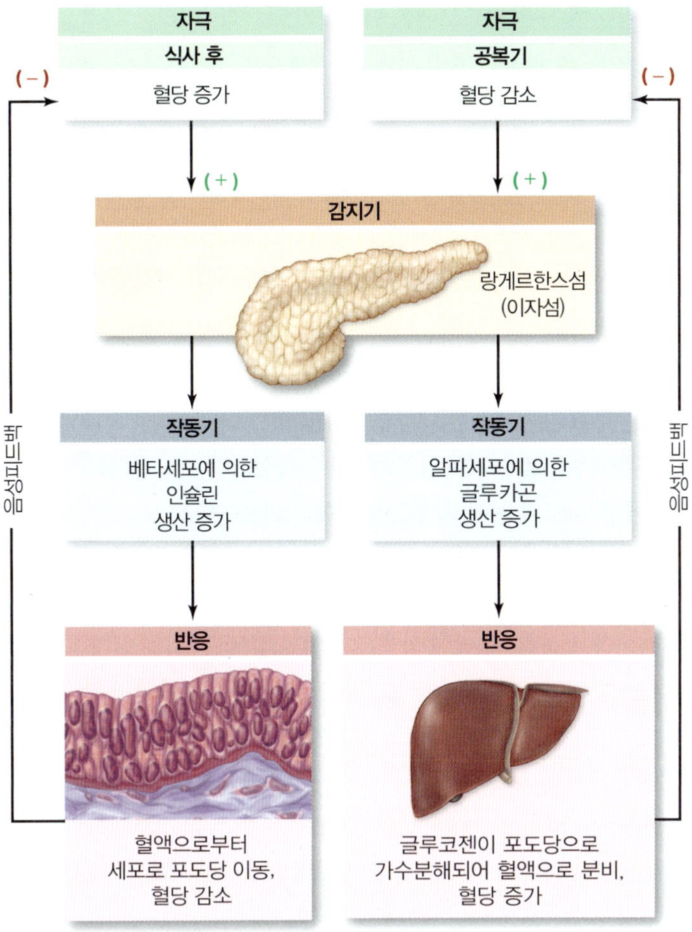

그림 28.15 혈당에 대한 인슐린과 글루카곤의 길항적 작용.
인슐린은 식사 후 혈당을 골격근, 지방세포, 간의 세포에 제공한다. 공복시에는 글루카곤이 간에서 글리코젠의 가수분해를 촉진시켜, 당이 혈액으로 분비될 수 있게 한다. 이러한 길항적 작용을 통해 혈당 농도의 항상성이 유지된다.

베스트(Charles H. Best)에 의해 성공적으로 분리되었다. 1922년 1월 11일 그들은 소의 이자에서 정제하여 순수 분리한 추출물을 체중이 25 kg까지 감소하여 생존 가능성이 없는 13세 당뇨병 소년에게 주사하였다. 한 번의 주사로 소년의 혈당 수치가 25% 감소하였다. 더 강한 추출물을 주사했을 때 소년의 혈당은 곧 정상에 가까운 수치로 떨어졌다. 이는 성공적인 인슐린 치료의 첫 번째 사례였다.

글루카곤

랑게르한스섬은 다른 호르몬도 생성하는데, 랑게르한스섬의 알파세포(α-cell)는 인슐린과 길항적으로 작용하는 **글루카곤**(glucagon)을 분비한다(**그림 28.15**). 사람이 탄수화물을 섭취하면 혈당 농도가 증가한다. 혈당은 직접적으로 베타세포에 의한 인슐린 분비를 촉진시키고, 알파세포에 의한 글루카곤의 분비를 저해한다. 인슐린은 간, 근육, 지방세포로 당 공급을 촉진시키며, 간과 근육은 글리코젠 형태로, 지방세포는 지방의 형태로 당을 저장한다. 공복기에 혈당 농도가 떨어질 때 인슐린 분비는 감소하고 글루카곤 분비는 증가한다. 글루카곤은 간에 저장된 글리코젠과 지방조직에서 지방의 가수분해를 증진시키는데, 그렇게 생성된 당과 지방산은 혈액으로 분비되고, 세포에 공급되어 에너지로 이용된다.

당뇨병의 치료

많은 호르몬들이 세포로의 당(glucose) 이동에 관여하지만, 인슐린이 혈액에서 세포로 당 이동을 촉진하는 유일한 호르몬이다. 이러한 이유로 인슐린 신호전달이 저해되면 심각한 결과가 초래될 수 있다. 인슐린을 분비하는 베타세포가 결핍된 **제1형 당뇨병**(type I diabetes) 또는 인슐린 의존성(insulin-dependent) 당뇨병을 가진 사람은 결과적으로 인슐린을 생성하지 못한다. 이러한 환자들의 치료를 위해서는 인슐린을 주사해 주어야 하는데, 인슐린은 펩타이드 호르몬이라 구강섭취 시 분해될 수 있기 때문에 피하주사를 해야만 한다.

과거에는 돼지나 소의 췌장에서 추출한 인슐린만 사용 가능했지만, 오늘날에는 인슐린 의존성 당뇨병을 지닌 사람은 유전적으로 설계된 박테리아에서 생성된 인간의 인슐린을 주입할 수 있다. 랑게르한스섬의 이식 가능성에 대한 연구가 활발히 이루어지고 있는데, 이는 지속적인 치료를 가능하게 한다.

대부분의 당뇨병 환자들은 **제2형 당뇨병**(type II diabetes) 또는 인슐린 비의존성(non-insulin-dependent) 당뇨병을 가지고 있다. 그들은 보통 혈중 인슐린 수치가 정상이거나 심지어 정상보다 높다. 이러한 사람들은 인슐린 주입을 필요로 하지 않고, 식이요법이나 운동을 통해 당뇨병을 제어할 수 있다. 제2형 당뇨병은 특히 선진국에서 흔하게 나타나며, 제2형 당뇨병과 비만 사이에는 연관성이 있는 것으로 보여진다.

18세 이상 성인에서 당뇨병의 전 세계 유병률은 9%로 추정된다. 세계보건기구(WHO)는 2015년 당뇨병으로 인해 160만 명이 사망했으며, 2030년에는 당뇨병이 일곱 번째 주요 사망 원인이 될 것으로 추정하고 있다. 미국 질병관리본부(CDC)는 당뇨병 진단을 받은 성인(18~79세)의 수가 지난 20년 동안 3배가 되었다고 추산하고 있다.

핵심 요약 28.4

주요 말초 내분비샘은 갑상샘, 부갑상샘, 부신 및 췌장이다. 칼슘 항상성은 칼시토닌, 부갑상샘호르몬 및 바이타민 D의 작용으로 이루어진다. 부신은 스트레스 호르몬을 생성한다. 췌장에서 인슐린과 글루카곤은 길항적으로 작용하여 혈당을 정상 수준으로 유지시킨다.

- 혈당을 일정하게 유지하기 위해 신체에 2가지 호르몬이 필요한 이유는 무엇일까?

28.5 다른 호르몬들의 효과

학습 목표

1. 발생에서 성스테로이드의 역할에 대해 설명할 수 있다.
2. 내분비계가 근원이 아닌 호르몬들을 나열할 수 있다.
3. 탈피와 변태에 관여하는 곤충 호르몬에 대해 설명할 수 있다.

다양한 척추동물과 무척추동물 몸에서 일어나는 과정들은 호르몬이나 다른 화학적 전달자들에 의해 조절되며, 여기에서는 그중 중요한 것들에 대해 알아본다.

성스테로이드는 생식과 발생을 조절한다

척추동물에서 난소(ovaries)와 정소(testes)는 에스트로젠, 프로게스테론 그리고 테스토스테론을 포함한 성스테로이드 호르몬(sex steroid hormone)을 생성하는 중요한 내분비샘이다(35장 참조). 에스트로젠과 프로게스테론은 1차적인 여성스테로이드이고, 테스토스테론과 그의 유도물은 1차적인 남성스테로이드 또는 안드로젠(androgens)이다. 두 호르몬 타입은 남녀 모두에서 발견된다.

배아 발생 동안 남성 배아에서 테스토스테론의 생성은 남성 생식기 발달에 중요하며, 포유동물에서 성스테로이드는 사춘기에 2차 성징 발달에 필수적이다. 이러한 특징들은 여성에서는 유방, 체모 그리고 남성에서는 근육량의 증가를 포함한다. 근육량의 증가 효과 때문에 운동 선수들은 안드로젠을 남용하기도 한다. 이러한 목적을 위한 스테로이드의 사용은 주요 스포츠 단체에서 규제되고 있으며, 이는 다른 많은 심각한 부작용뿐만 아니라 간 이상의 원인이 될 수 있다.

여성에서 성스테로이드는 성주기 유지에 특히 중요하다. 난자에서 생성된 에스트로젠과 프로게스테론은 난소주기와 월경주기의 중요한 조절자이다. 임신 동안 태반에서 생성된 에스트로젠은 자궁 내벽을 유지하고, 발생 중인 배아를 보호하며 영양분을 제공해 준다.

멜라토닌은 생체주기 조절에 매우 중요하다

다른 주요 내분비샘은 대부분 척추동물 뇌의 제3뇌실 꼭대기에 위치한 송과샘(**그림 26.21** 참조)이다. 송과샘이란 이름은 완두콩만한 크기에 솔방울 같은 모양 때문에 붙여진 이름이다.

송과샘은 원시 척추동물의 두개골 꼭대기에 있는 빛에 민감한 눈 안쪽에서 발달되었는데, 이미지를 형성하지는 않지만 때때로 세 번째 눈이라고 불린다. 이 송과샘은 원시 어류(원구류)와 현대 몇몇 파충류에 아직도 존재하고 있다. 그러나 다른 척추동물의 송과샘은 뇌 속 깊이 묻혀 있으면서 멜라토닌 호르몬 분비에 의해 내분비샘으로 기능을 한다.

멜라토닌(melatonin)은 멜라닌 과립의 확산 감소로 하등 척추동물의 피부를 하얗게 만드는 능력 때문에 이름 붙여졌다. 그러나 지금은 그것이 혈액을 통해 전달되는 중요한 시간 신호가 된다는 사실이 밝혀져 있다. 어둠 속에서는 혈액 내 멜라토닌 수준이 증가하고, 낮 동안에는 감소한다.

멜라토닌의 분비는 시상하부의 **시교차상핵**(suprachiasmatic

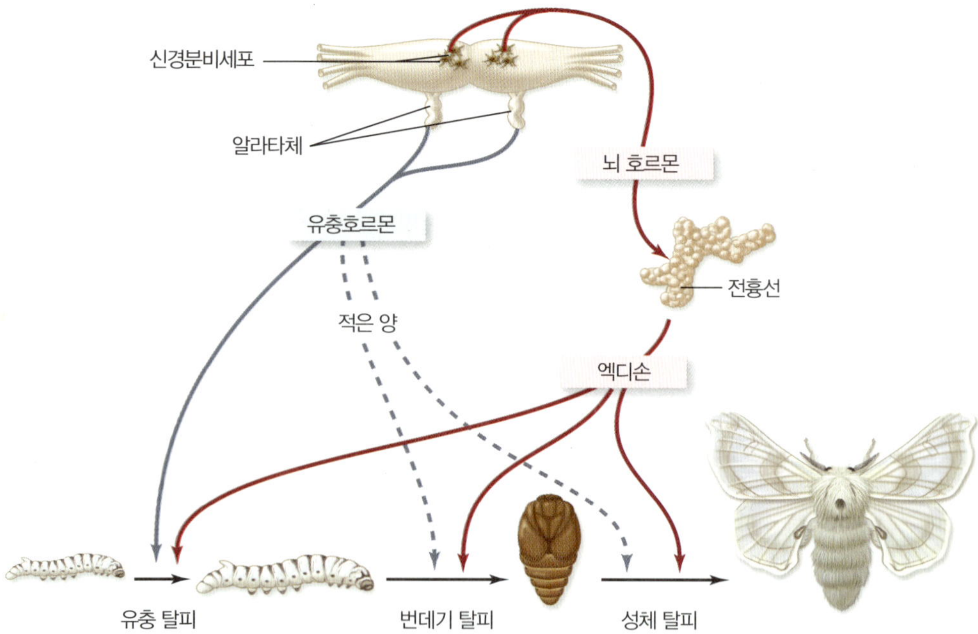

그림 28.16 호르몬에 의한 누에나방(*Bombyx mori*)의 변태 조절.
탈피호르몬인 엑디손은 탈피가 일어나는 시기를 조절해 준다. 뇌 호르몬은 전흉선의 엑디손 생성을 자극한다. 유충호르몬에 의해 탈피가 결정되는데, 유충호르몬은 뇌에 가까운 가슴 부위에 위치한 알라타체에서 생성된다. 높은 수준의 유충호르몬은 번데기의 형성을 저해하며, 낮은 수준의 유충호르몬은 번데기의 탈피와 변태를 유도한다.

? 탐구문제 유충호르몬은 살충제로 사용되었다. 이것은 곤충의 수명주기에 어떤 영향을 미치는가? 이것은 치명적이겠는가?

nucleus, SCN)의 활성에 의해 조절된다. SCN은 척추동물에서 주요한 생물학적 시계로 작용한다. SCN의 조절을 통해 송과샘에서 멜라토닌의 분비는 어둠 속에서 활성화된다.

이 멜라토닌 분비의 일주기는 수면(sleep)과 각성(wake), 온도 순환을 조절한다. 시차나 야간 근무로 인한 일주기의 혼란은 때때로 멜라토닌 투여로 최소화할 수 있다. 멜라토닌은 특정 짝짓기 시기를 가지는 몇몇 척추동물 종에서 생식주기를 조절하는 데 도움이 된다.

어떤 호르몬들은 내분비샘에서 생성되지 않는다

다양한 호르몬들이 내분비샘이 아닌 기관에서 분비된다. 흉선(가슴샘, thymus)은 많은 척추동물에서 T 세포를 생성하고, 포유류에서는 T 세포를 성숙시키는 곳으로 면역계를 조절하는 많은 호르몬들을 분비한다.

심장의 우심방은 **심방나트륨이뇨호르몬**(atrial natriuretic hormone)을 분비하는데, 이는 신장이 소변으로 염분과 물을 배출하는 것을 조절한다. 이 호르몬은 염분과 물이 유지되는 것을 촉진하는 알도스테론과 반대로 작용한다.

신장은 골수가 적혈구를 생성하는 것을 조절하는 호르몬인 **적혈구생성촉진인자**(erythropoietin)를 분비한다. 간, 위 그리고 소장과 같은 다른 기관들도 호르몬을 분비하며, 앞에서 언급한 것처럼 피부는 바이타민 D를 분비한다.

곤충 호르몬은 탈피와 변태를 조절한다

대부분 무척추동물들도 호르몬을 생성하여 생식, 성장과 체색 변화를 조절한다. 곤충에서 효과적인 호르몬의 작용은 양서류 변태에서 갑상샘호르몬의 역할과 비슷하다.

곤충은 배아 발생 이후 동안 성체로 되기까지 굳어진 외골격은 팽창되지 않는다. 이 문제를 극복하기 위해 곤충은 연속적인 탈피(molting)를 통해 그들의 오래된 외골격을 탈각시키면서 더 큰 새 외골격을 만든다(**그림 28.16**). 곤충들은 유충 상태에서 탈피를 하면서 성체로 변화하는데, 이 과정을 변태(metamorphosis)라고 한다.

호르몬 분비는 곤충에서 탈피와 변태 모두에 영향을 미친다. 탈피에 앞서 뇌 표면에 있는 신경분비세포에서는 작은 펩타이드인 **전흉선자극호르몬**(prothoracicotropic hormone, PTTH)을 분비하고, 이것은 흉선에 있는 **탈피호르몬**[molting hormone 또는 **엑디손**(ecdysone)]을 생성하는 전흉선을 자극한다(**그림 28.16**). 높은 수준의 엑디손은 탈피를 일으키는 원인이 되는 생화학적, 행동적 변화를 유발한다.

뇌 가까이에 위치하는 **알라타체**(corpora allata)라는 다른 내분비샘 한 쌍은 **유충호르몬**(juvenile hormone)을 생성한다. 높은 수준의 유충호르몬은 성체로의 변화를 막고, 애벌레에서 애벌레로의 탈피를 일으킨다. 그러나 유충호르몬의 농도가 낮으면 탈피는 변태를 유도한다(**그림 28.17**).

암세포는 호르몬 생성을 변화시키거나 변화된 호르몬 반응을 보인다

호르몬과 국소분비인자는 세포분열과 성장을 조절해 준다. 정상적으로 호르몬 생성은 정밀하게 조절되지만, 신호전달 체계에서 기능 이상이 일어나기도 하는데, 조절되지 않은 호르몬 자극은 심각한 물

과학적 사고

가설: 유충호르몬이 엑디손에 의한 유전자 발현을 저해한다.
예측: 유충으로부터 분리한 성충판(imaginal disc)에 엑디손과 함께 유충호르몬의 양을 증가시키면서 처리하면 엑디손의 자극으로 인한 전사가 감소되어 나타난다
실험: 3령 후기 초파리 유충으로부터 분리한 성충판을 엑디손이 있는 상태에서, 한 곳은 유충호르몬을 첨가하고 다른 곳은 첨가하지 않은 채 배양하였다. ^{3}H-UTP로 표지된 RNA를 이용하여 유전자 발현량을 측정하였다.

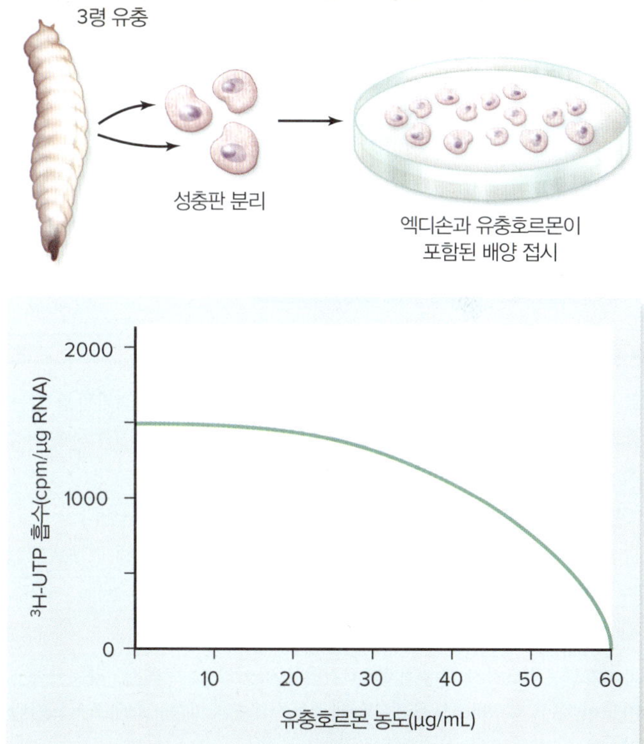

결과: 그래프는 엑디손이 단독으로 존재할 경우 ^{3}H-UTP가 비교적 높게 나타남을 보여준다. 유충호르몬의 양이 증가함에 따라 RNA 합성이 감소하였다.
결론: 유충호르몬은 성충판에서 엑디손이 조절하는 RNA 합성을 저해한다.
추가 실험: 분리된 성충판을 이용한 이 시스템을 어떻게 변태 과정을 분석하는 데 이용할 수 있을까?

그림 28.17 초파리(*Drosophila*)의 성충판에서 RNA 합성에 대한 엑디손과 유충호르몬의 영향.

리적 결과를 초래할 수 있다.

뇌하수체 전엽이나 갑상샘과 같은 내분비샘에서 발달한 종양은 지나치게 많은 양의 호르몬을 생성할 수 있고, 거대증이나 갑상샘기능항진증의 원인이 된다. 자연발생적인 돌연변이는 호르몬 자극이 없음에도 불구하고 표적세포 반응의 활성화와 함께 세포 간 신호전달 단백질이나 수용체에 손상을 줄 수 있다. 그 예로 생장인자 수용체(growth factor receptors)의 돌연변이는 종양 발생을 일으키는 과도한 세포분열을 야기할 수 있다. 유방이나 전립샘과 같은 스테로이드성 반응 조직에서 발생하는 일부 종양은 호르몬 자극에 민감할 수 있기 때문에, 스테로이드 호르몬 생성을 중단하면 종양의 성장을 감소시킬 수 있다.

발생과 분화에서 호르몬의 중요한 영향은 디에틸스틸베스트롤(diethylstibestrol, DES)의 경우에서 볼 수 있다. DES는 유산을 방지하기 위해 1940~1970년에 임산부들에게 공급된 합성 에스트로젠이다. 태아 시기에 DES에 노출된 딸들에게서 나중에 자궁경부암(cervical cancer) 발생 가능성이 높아진다는 사실이 밝혀졌다. 따라서 호르몬 처리로 인한 발생에서의 변화를 밝히는 데는 많은 시간이 요구된다.

핵심 요약 28.5

테스토스테론은 배아가 남성으로 발달하게 한다. 사춘기 때 생산된 테스토스테론과 에스트로젠은 2차 성징을 나타나게 한다. 여성의 월경주기는 성호르몬 균형에 의해 조절된다. 흉선, 심장의 우심방 및 신장은 주요 기능은 아니지만 호르몬을 분비한다. 곤충에서 탈피 호르몬은 탈피를 유도하며, 낮은 수준의 유충호르몬은 변태를 유발한다.

■ 심방나트륨이뇨호르몬은 혈액량을 줄인다. 이것이 혈압에 영향을 줄까?

핵심 개념 요약

28.1 화학적 전령에 의한 인체 반응 조절

호르몬은 혈액에 의해 운반되는 신호 분자이며, 먼 곳에 표적기관을 갖는다. 국소분비 조절자는 국소적으로 작용하며, 환경으로 방출되는 페로몬은 같은 종의 개체들 간에 의사소통을 한다.

■ 어떤 분자들은 순환하는 호르몬과 신경전달물질로 작용한다

노르에피네프린은 교감신경의 신경전달물질이며, 부신에 의해 혈액으로 방출되는 호르몬이기도 하다.

■ 내분비샘은 3가지 유형의 호르몬을 생성한다

내분비호르몬의 3가지 부류는 TSH 같은 펩타이드 및 단백질, 티록신과 같은 아미노산 유도체, 에스트로젠 및 테스토스테론과 같은 스테로이드이다(**표 28.1**).

■ 호르몬은 지용성 호르몬과 수용성 호르몬으로 나눌 수 있다

지용성 호르몬은 지질에 용해되어 세포막을 통과할 수 있고, 수용성 호르몬은 물에 용해되어 세포막을 통과할 수 없다.

■ 국소분비 조절인자는 조직 내에서 강력한 효과를 발휘한다

국소분비 조절은 대부분의 기관과 면역계의 세포들 사이에서 일어난다. 프로스타글란딘은 염증반응과 관련되어 있어, 비스테로이드성 염증약(NSAIDs)의 타겟이 된다.

28.2 호르몬의 작용

■ 지용성 호르몬은 긴 시간, 빠르게 작용한다

지용성 호르몬은 세포내 수용체를 통해 긴 시간 작용할 수 있다. 또한 세포막 수용체를 통해 빠른 효과를 낼 수도 있다.

■ 지용성 호르몬은 유전자 발현에 직접적으로 영향을 미친다

지용성 호르몬은 혈액 내에서 운반 단백질과 결합하여 이동한다(**그림 28.3**). 그들은 세포 속으로 들어가 세포내 수용체를 활성화시킨다. 호르몬-수용체 복합체는 프로모터상에 있는 호르몬 반응요소에 결합하여 전사를 조절한다.

■ 수용성 호르몬은 수용체타이로신카이네이스를 활성화시킬 수 있다

수용성 호르몬은 세포막 수용체와 결합한다(**그림 28.6**). 수용체의 타이로신 부위가 자가인산화되면, 세포내 단백질들이 인산화된 타이로신 잔기에 결합함으로써 세포내 신호전달이 이루어진다.

■ 수용성 호르몬은 G 단백질연결수용체를 활성화시킬 수 있다

G 단백질연결수용체는 반응 단백질을 활성화시켜 2차 신호전달자들을 생성한다. 수용성 호르몬들은 지용성 호르몬들보다 빠르고 짧게 작용한다.

■ 수용성 호르몬은 단기적 효과를 낸다

호르몬의 결합은 가역적이며 주로 잠시 동안 일어난다. 호르몬과 2차 신호전달자들은 빠르게 불활성화된다.

28.3 뇌하수체와 시상하부: 인체 조절 중추

■ **뇌하수체는 복합 내분비샘이다**

뇌하수체 전엽은 상피조직으로부터 유래하며 선상(glandular)조직으로 이루어져 있고, 뇌하수체 후엽은 신경 조직으로부터 유래하며 섬유상(fibrous) 형태를 지닌다.

■ **뇌하수체 후엽은 2가지 신경호르몬을 저장하고 분비한다**

뇌하수체 후엽은 시상하부로부터 시작된 축삭을 포함하며, 이곳에서 신경호르몬들이 분비된다. 물의 재흡수에 관여하는 ADH와 옥시토신이 있다.

■ **뇌하수체 전엽에서는 7가지 호르몬을 생성한다**

뇌하수체 전엽에서 만들어지는 호르몬에는 펩타이드, 단백질 그리고 당단백질 호르몬들이 존재한다. 이 호르몬들은 성장을 촉진하고, 다른 내분비샘을 자극하는 자극(tropic)호르몬들이다(**표 28.1**).

■ **시상하부 신경호르몬은 뇌하수체 전엽을 조절한다**

시상하부에서 생성되는 방출, 억제호르몬들은 문맥을 통해 뇌하수체 전엽으로 들어와 뇌하수체 전엽 호르몬을 생산해낸다(**그림 28.8**).

■ **말초 내분비샘에서의 피드백은 뇌하수체 전엽 호르몬을 조절한다**

뇌하수체 전엽의 활성은 음성피드백으로 조절된다. 예를 들어, TSH가 갑상샘을 자극하여 분비된 티록신이 TSH의 생산을 억제시킨다(**그림 28.9**).

■ **뇌하수체 전엽의 호르몬들은 직 · 간접적으로 작용한다**

GH, 프로락틴, MSH는 비내분비 조직에 직접적으로 작용하고, 나머지 호르몬인 ACTH, TSH, LH, FSH는 자극호르몬으로서 표적기관인 내분비샘을 갖는다.

28.4 주요 말초 내분비샘

일부 내분비샘은 뇌하수체의 자극호르몬에 의해 조절받고, 다른 일부는 뇌하수체와 상관없이 독립적으로 작용한다.

■ **갑상샘은 기초대사와 발달을 조절한다**

갑상샘호르몬인 티록신과 3요오드티로닌은 척추동물에서 기초대사를 조절하고, 양서류에서 변태를 촉발한다(**그림 28.12**).

■ **칼슘의 항상성은 여러 호르몬에 의해 조절된다**

칼시토닌은 혈중 칼슘 농도를 낮추고, 부갑상샘호르몬은 혈중 칼슘 농도를 높인다(**그림 28.13**).

■ **부신은 카테콜아민과 스테로이드 호르몬을 분비한다**

카테콜아민인 에피네프린과 노르에피네프린은 "경고" 반응을 촉발시킨다(**그림 28.14**). 코르티코스테로이드는 포도당의 항상성을 유지시키고, 일부 면역 반응을 조절한다.

■ **췌장 호르몬은 탄수화물 대사의 1차 조절인자이다**

혈당은 길항작용을 하는 호르몬에 의해 조절된다. 췌장은 혈당을 낮추는 인슐린과 혈당을 높이는 글루카곤을 분비한다(**그림 28.15**). 제1형 당뇨병은 인슐린 생성 세포의 소실 때문이고, 제2형 당뇨병은 인슐린 저항성 때문에 발생한다.

28.5 다른 호르몬들의 효과

■ **성스테로이드는 생식과 발생을 조절한다**

성스테로이드는 성적 성숙과 생식을 조절한다. 난자에서 생성되는 에스트로젠과 프로게스테론은 성주기를 조절하고, 정소는 테스토스테론을 생산한다.

■ **멜라토닌은 생체주기 조절에 매우 중요하다**

송과샘은 멜라토닌을 분비하여 색소 과립의 확산과 수면-각성의 일주기를 조절한다.

■ **어떤 호르몬들은 내분비샘에서 생성되지 않는다**

흉선에서 분비된 호르몬들은 면역시스템을 조절한다. 우심방에서는 심방나트륨이뇨호르몬을 분비하여 알도스테론과 길항작용을 한다. 피부에서는 바이타민 D가 생성된다.

■ **곤충 호르몬은 탈피와 변태를 조절한다**

곤충에서 엑디손은 탈피를 자극하고, 유충호르몬 탈피의 양상을 조절한다. 엑디손 농도가 높고 유충호르몬 농도가 낮을 때 변태가 일어난다.

■ **암세포는 호르몬 생성을 변화시키거나 변화된 호르몬 반응을 보인다**

유방 및 전립선에서와 같이 호르몬에 의해 표적화된 세포로부터 발생하는 암은 여전히 그 호르몬에 의해 자극될 수 있다.

연습문제

■ **1단계: 이해력 확인하기**

1. 다음 중 호르몬에 대해 가장 잘 설명한 것은 무엇인가?
   a. 호르몬은 상대적으로 불안정하고, 생성되는 분비샘에 인접한 지역에서만 작용한다.
   b. 호르몬은 분비샘에서 분비되고, 오래 지속되는 화학물질이다.
   c. 모든 호르몬은 지질 용해성이다.
   d. 호르몬은 환경으로 분비되는 화학적 전령이다.

2. 스테로이드 호르몬에 대한 설명 중 옳은 것은 무엇인가?
   a. 운반체 없이 막을 통해 확산될 수 있다.
   b. 유전자 발현에 직접적인 영향을 미친다.
   c. 막 수용체와 결합한다.
   d. a와 b 모두 맞다.

3. 2차전달자를 활성화시키는 것은 무엇인가?
   a. 스테로이드 호르몬　　b. 티록신

c. 수용성 호르몬　　　　　　　　d. a, b, c 모두 맞다.

4. 지용성 호르몬에 대해 바르게 설명한 것은 무엇인가?
   a. 혈액 내에서 자유롭게 녹을 수 있다.
   b. 혈류 내에서 수송 단백질을 필요로 한다.
   c. 표적세포내로 들어갈 수 없다.
   d. 수용체에 결합 후 빠르게 불활성화된다.

5. 기관이 내분비계로 분류되는 조건은 무엇인가?
   a. 콜레스테롤을 생산한다.
   b. 아미노산을 호르몬으로 전환할 수 있다
   c. 호르몬이 결합하는 세포내 수용체가 있다.
   d. 순환계로 호르몬을 분비한다.

6. 뇌하수체에서 분비되는 호르몬은 2가지 서로 다른 근원을 가진다. 시상하부의 신경에 의해 생성된 것은 ____________ 을(를) 통해 분비되고, 뇌하수체 내에서 생성된 것은 ____________ 을(를) 통해 분비된다.
   a. 시상; 해마
   b. 신경뇌하수체; 샘뇌하수체
   c. 우측 뇌하수체; 좌측 뇌하수체
   d. 피질; 수질

7. 다음 중 생장호르몬 생성과 관련 없는 것은 무엇인가?
   a. 혈액내 칼슘 조절　　　　　　b. 뇌하수체 위축
   c. 젖소의 우유 생산량 증가　　　d. 말단비대증

2단계: 적용력 평가하기

1. 친구가 근육을 만들기 위해 아나볼릭 스테로이드(anabolic steroid)를 사용하고 있다. 여러분은 스테로이드의 지속적인 사용은 세포 기능에서 심각한 변화를 유발할 수 있음을 알고 있다. 이것은 부분적으로 이러한 호르몬들이 어떠한 작용을 한다는 사실에 바탕을 둔 것인가?
   a. 유전자 발현을 조절하는 작용
   b. 2차전달자를 활성화시키는 작용
   c. 단백질 카이네이스로 작용
   d. G 단백질연결수용체를 통해 작용

2. 파티를 좋아하는 사람이 술을 마실 때, 자주 소변이 마렵다고 불평한다. 여러분은 그에게 알코올이 어떤 호르몬의 분비를 억제하기 때문이라고 설명해 줄 수 있는가?
   a. 신장에서 물의 재흡수를 증가시키는 티록신
   b. 신장에서 물의 재흡수를 감소시키는 티록신
   c. 신장에서 물의 재흡수를 증가시키는 ADH
   d. 신장에서 물의 재흡수를 감소시키는 ADH

3. 사람과 다른 포유동물에 해가 없이 절지동물의 내분비계를 손상시킬 수 있는 약을 제조하려고 할 때, 표적이 될 수 있는 물질은 무엇인가?
   a. 인슐린　　　　　　　　　　b. ADH
   c. 유충호르몬　　　　　　　　d. 코르티솔

4. 포유동물에서 털 색깔은 멜라노코르틴(melanocortin) 수용체라고 부르는 호르몬 수용체에 의해 조절된다. 이 수용체가 MSH 호르몬과 결합할 때 색소세포는 어두운 진정멜라닌(eumelanin)을 생성한다. 그 수용체가 MSH의 결합을 방해하는 MSH 길항제와 결합할 때, 색소세포는 노랑/빨강 페오멜라닌(pheomelanin)을 만든다. 적갈색의 사냥개에서 전반적으로 붉은 털 색깔을 가진 개체는 어떤 돌연변이 때문인가?
   a. 길항제의 결합을 막는 수용체
   b. MSH와의 결합을 막는 수용체
   c. 수용체와 더욱 효율적으로 결합하는 MSH 단백질
   d. 수용체와 더 이상 결합을 하지 못하는 길항제

5. 뇌하수체에 영향을 주는 종양은 모든 경우는 아니지만, 일부 뇌하수체에서 분비되는 호르몬의 감소를 유발한다. 그러한 종양을 가진 환자는 피로, 체중 감소 및 저혈당 증세를 나타낸다. 이것은 무엇의 생성이 부족하기 때문인가?
   a. GH가 부족하여 근육 양을 감소시킨다.
   b. ACTH가 부족하여 당질코르티코이드의 생성을 감소시킨다.
   c. TSH가 부족하여 티록신의 생성을 감소시킨다.
   d. ADH가 부족하여 과다한 오줌을 생성한다.

6. 식사 사이의 공복기가 길어질 때, 인체는 무엇을 생성할 것인가?
   a. 혈당 증가를 위한 인슐린
   b. 혈당 증가를 위한 글루카곤
   c. 혈당 감소를 위한 인슐린
   d. 혈당 감소를 위한 글루카곤

7. 가벼운 바이타민 D 결핍은 골다공증 및 뼈의 미네랄 밀도의 감소를 유발한다. 이것은 무엇의 증가된 농도와 관련되어 발생하는 것 같은가?
   a. 혈청 Ca^{2+} 증가 및 뼈 손실을 유발하는 칼시토닌
   b. 혈청 Ca^{2+} 증가 및 뼈 손실을 유발하는 PTH
   c. 혈압을 낮추고 뼈 손실을 일으키는 ADH
   d. 혈당과 뼈 손실을 감소시키는 인슐린

3단계: 사고력 함양하기

1. 호르몬 생성의 억제가 암의 성장을 어떻게 막을 수 있는가?

2. 간이나 심장과 같은 2개의 다른 기관이 에피네프린과 같은 특정 호르몬에 민감하다고 가정하자. 두 기관의 세포들은 호르몬에 대한 동일한 수용체를 가지고 있고, 호르몬과 수용체의 결합은 두 기관에서 동일한 2차전달자를 생성한다. 그러나 이 호르몬은 두 기관에서 다른 효과를 가진다. 어떻게 이러한 현상이 일어날 수 있는지 설명하시오.

3. 혈액 Ca^{2+} 농도와 혈당 수준과 같은 많은 생리적 요소들은 반대 효과를 나타내는 2개의 호르몬에 의해 조절된다. 한 방향으로 생리적 요소들을 변화시키는 단일 호르몬을 사용하는 대신 이러한 방식으로 조절할 때 얻을 수 있는 이점은 무엇인가?

29

근골격계

도입

운동 능력은 인간의 일상생활에서 매우 큰 부분을 차지하고 있지만 사람들은 이를 당연한 일로 여기는 경향이 있다. 이런 운동 능력은 경첩 역할을 하는 반경직성 골격계인 관절과 이 골격을 당길 수 있는 근육계의 조합에 의해 가능해진다. 동물의 이동은 몸의 모양에 변화를 가져오는 근육 활동으로 여겨지며, 그 결과 외부 환경으로 힘이 전달된다. 말이 경주에서 달릴 때 말의 다리는 앞뒤로 움직여 발이 땅에 닿을 때 그 힘으로 몸을 앞으로 빠르게 움직이게 한다. 비슷한 방식으로 새나 나비가 날아올라 비행할 때, 새의 날개는 공기에 힘을 발휘하며, 헤엄치는 물고기의 움직임은 물을 밀어낸다. 이번 장에서는 동물의 움직임을 가능하게 하는 근육계와 골격계의 특성에 대해 알아본다.

29.1 골격계의 유형

학습 목표

1. 유체골격, 외골격 및 내골격을 비교할 수 있다.
2. 유체골격을 가진 동물들의 이동 방식에 대하여 설명할 수 있다.

근육은 움직임을 일으키는 변화를 생성하기 위해 무언가를 끌어당겨야 한다. 이러한 움직임에 필요한 지지 구조 형태를 골격계(skeletal system)라고 한다. 동물학자들은 동물의 골격계를 **유체골격**(hydrostatic skeleton), **외골격**(exoskeleton) 및 **내골격**(endoskeleton)의 3가지 유형으로 구분한다.

유체골격은 체벽 내의 수압을 이용한다

유체골격(hydrostatic skeleton)은 지렁이와 달팽이와 같은 연체 육상 무척추동물과 해파리와 오징어 같은 연체 수중 무척추동물에서 주로 발견된다.

지렁이의 근골격계 활동

이 동물들에서 체액으로 채워진 체강은 체벽 내에서 두 종류의 근육으로 둘러싸여 있다. 환상근(circular muscles)은 체절 내에 반복적으로 존재하며 몸의 길이를 늘일 수 있고, 종주근(longitudinal muscles)은 환상근과 반대로 작용한다.

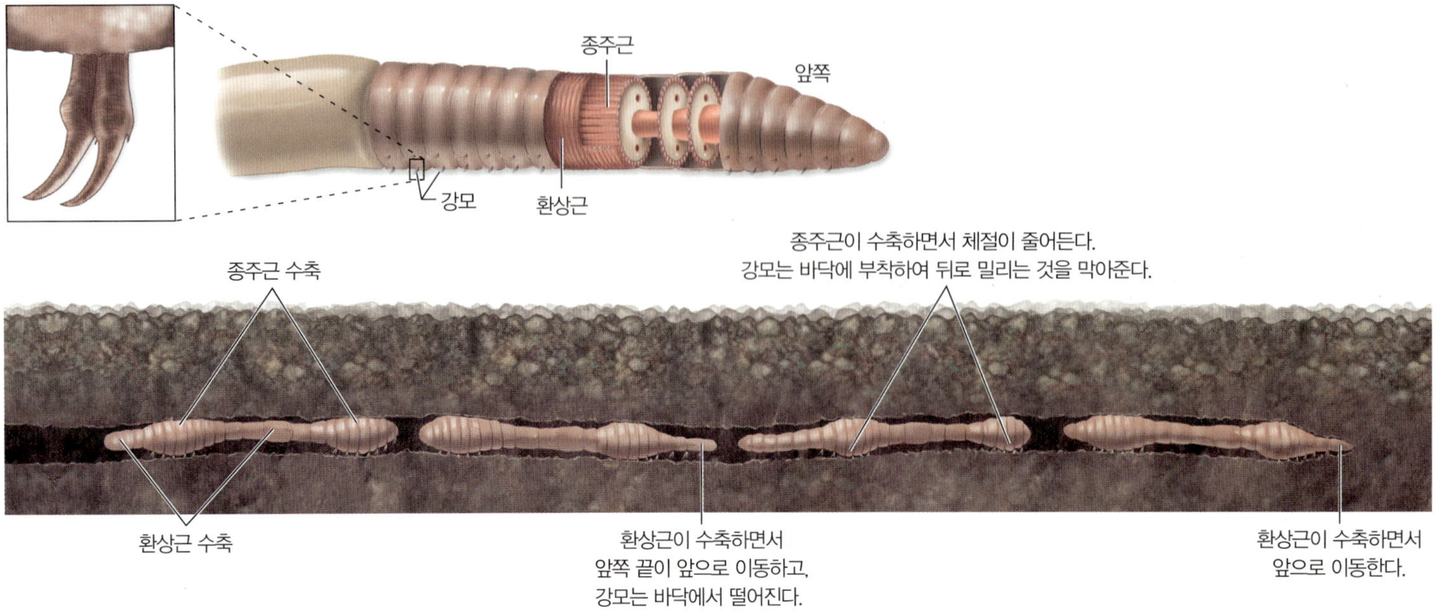

그림 29.1 지렁이의 이동.
지렁이의 유체골격은 근육을 사용하여 체절화된 체강 내 체액을 움직임으로써 동물의 모양을 변화시킨다. 환상근이 수축하면 액체의 압력이 올라간다. 동시에 종주근은 이완되어 몸은 더 길고 얇아진다. 종주근이 수축하고 환상근이 이완하면 지렁이의 아래 표면에 있는 강모는 쭉 뻗어 뒤로 밀리는 것을 방지한다. 환상근과 종주근의 수축 파동으로 지렁이는 앞으로 이동하게 된다.

몸의 중심 공간에서 체액에 작용하는 근육을 유체골격이라고 부른다. 이동이 시작되면(**그림 29.1**) 앞쪽의 환상근이 수축하면서 체액을 누르고, 몸의 앞부분이 가늘어지면서 체벽이 앞쪽으로 뻗어나가게 된다.

지렁이 몸체 아래쪽에는 짧은 털 모양의 강모(chaetae)가 있다. 환상근이 움직일 때 강모는 몸 가까이 끌어올려져서 땅과의 접촉이 느슨해진다. 환상근의 운동은 체절에서 체절로 뒤로 전달되면서, 뒤쪽으로의 수축성 파동을 만들어낸다.

이러한 파동이 지속되면 앞쪽의 환상근은 이완하게 되며, 종주근이 수축하면서 지렁이의 앞쪽은 두껍고 짧아지고 강모가 돌출하며 바닥과 다시 접촉하게 된다. 이때 강모는 몸이 뒤로 미끄러지는 것을 방지한다. 이러한 이동은 환상근과 종주근이 교대로 수축함으로써 진행된다.

외골격은 단단한 외부 덮개로 이루어진다

외골격(exoskeleton)은 몸을 싸고 있는 단단하고 굳은 껍질이다. 갑각류나 곤충과 같은 절지동물은 다당류인 **키틴**(chitin)으로 이루어진 외골격을 가진다(**그림 29.2**). 3장에서 살펴본 것처럼 키틴은 균류나 몇몇 원생생물의 세포벽에서뿐만 아니라 절지동물의 외골격에서도 발견된다.

키틴성 외골격은 구부러짐을 방지하므로 몸의 골격틀로서 작용한다. 또한 내부 기관을 보호하고 외골격 껍질 내에 존재하는 근육이

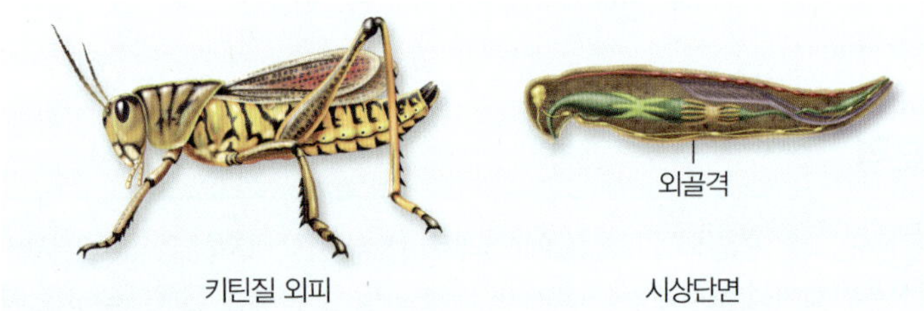

그림 29.2 외골격.
메뚜기 같은 절지동물의 단단하고 굳은 외피가 외골격이며 키틴으로 구성되어 있다.

붙는 자리도 제공한다. 그러나 성장을 위해서는 주기적으로 외골격을 벗어내고 탈피를 해야 한다. 이 시기에 새로운 외골격이 생성되기 전에는 포식자들에게 공격받기 쉽다. 탈피 중인 게와 바닷가재는 종종 이 과정이 완료될 때까지 숨어 지낸다.

외골격은 또 다른 한계를 가진다. 키틴성 틀은 내부에 존재하는 뼈만큼 강하지 않다. 이 자체도 곤충의 크기에 제한을 주지만 더 중요한 사실이 있다. 곤충은 작은 관으로 연결되어 있는 몸의 구멍을 통해 호흡하는데, 크기가 커지면 동물의 증가한 체중에 맞게 충분한 산소 공급을 할 수 없게 된다. 세 번째 한계는 근육이 외골격 내에만 있는 경우 내골격을 가진 동물에서처럼 더 큰 움직임을 만들기 위해 근육의 크기가 커지거나 힘을 증가시킬 수 없다는 것이다.

내골격은 단단한 내부 구조로 이루어진다

척추동물과 극피동물에서 발견되는 **내골격**(endoskeleton)은 몸의

틀을 형성하고 근육이 부착되는 표면을 제공하는 단단한 내부 골격이다. 바다성게와 말똥성게 등의 극피동물은 탄산칼슘염의 결정 형태인 방해석(calcite) 성분으로 만들어진 골격을 가진다. 이러한 칼슘 성분은 칼슘인산염에 기초한 뼈와는 다르다.

척추동물의 골격조직

척추동물의 내골격은 좀 더 단단하고 특수화된 결합조직인 연골이나 뼈를 따라 분포하는 섬유성 조밀 결합조직을 포함한다(25장 참조). 연골은 관절에서 뼈의 끝부분을 연결하는 중요한 기능을 지닌 강하면서도 유연한 조직이다. 상어와 같은 몇몇 크고 활동적인 동물들은 연골로만 구성된 골격을 가지고 있기도 하지만, 척추동물 골격계의 주요 구성 요소는 뼈이다. 뼈는 연골에 비해 매우 강하지만 유연하지는 않다. 키틴과는 다르게 연골과 뼈는 비세포성 기질뿐만 아니라 살아 있는 세포를 가지고 있다. 그러므로 뼈 조직은 대사활동과 신체적 스트레스에 따른 재구성 능력을 가진다.

척추동물의 골격 비교

고양이와 사람 모두 기본적인 척추동물 골격 상태를 나타낸다(**그림**

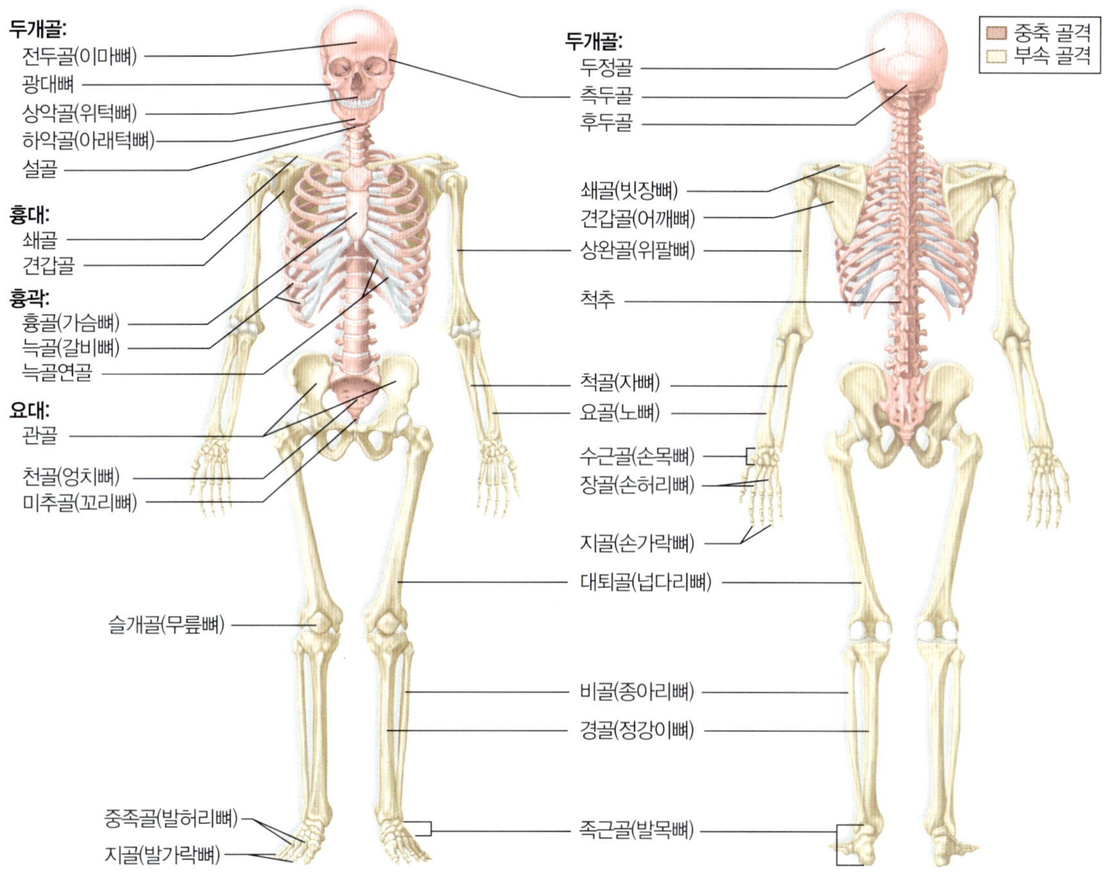

a.

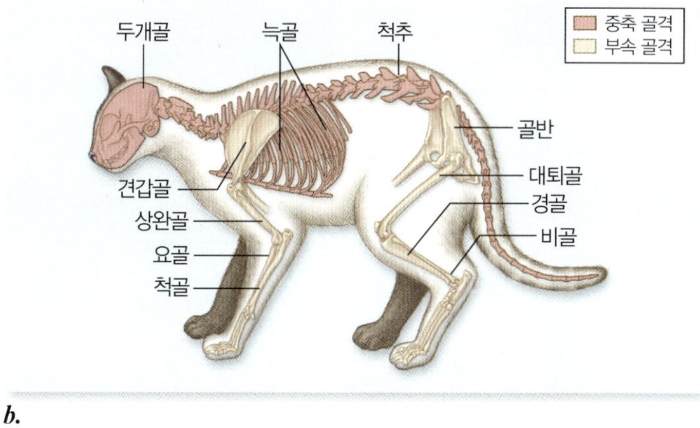

b.

그림 29.3 내골격.
척추동물의 골격은 모두 공통된 구조에서 변형된 것이다. 고양이와 인간 모두 다리나 뒷다리에 대퇴골, 경골 및 비골을 가지고 있다. 크기와 모양의 차이는 운동 유형을 결정하는 요인이다. 고양이는 4개의 다리(2개의 앞다리와 2개의 뒷다리)로 걷고 사람은 2개의 다리로 걷는다. ***a.*** 인간 골격. ***b.*** 고양이 골격.

29.3*a*와 *b*). 이 둘을 비교하면, 공통적으로 어떻게 변형이 일어났는지 알 수 있다. 성인의 골격은 206개의 뼈와 연골, 힘줄, 인대, 관절로 구성되어 있다. 이것은 중축골격(axial skeleton)과 부속골격(appendicular skeleton)으로 나누어진다. 중축골격은 두개골, 척추, 흉곽을 포함한다. 부속골격은 팔과 다리를 나타내는 부속지(appendages)에서 그 이름이 유래하였다. 부속골격은 어깨, 엉덩이, 손, 발 등의 뼈를 포함한다. 중축골격은 초기 수생 척추동물에서 처음 발생하였다. 부속지는 지느러미에서 시작하여 육상과 하늘에서 움직이는 데 필요한 팔다리와 날개로 진화하였다.

핵심 요약 29.1

유체골격을 가진 경우, 환상근 수축으로 체내의 체액에 압력이 가해져 몸이 길어지게 된다. 종주근은 몸을 짧게 하여 그 동물을 앞으로 끌어당긴다. 무척추동물의 외골격은 단단한 키틴으로 되어 있다. 이들은 성장하기 위해서 탈피를 해야만 한다. 내골격은 연골이나 무기질화된 뼈를 따라 있는 조밀한 섬유성 결합조직으로 구성되어 있다.

■ 외골격이 육상 무척추동물에게 어떤 제한을 부여할까?

29.2 뼈

학습 목표

1. 막내 발달과 연골내 발달을 비교 설명할 수 있다.
2. 긴뼈의 성장 방식에 대하여 설명할 수 있다.
3. 뼈의 재구성 방식에 대하여 설명할 수 있다.

뼈는 단단하지만 탄력 있는 조직으로, 척추동물의 독특한 특징이다. 이 결합조직은 5억 2천만 년 전에 처음으로 나타났는데, 현재 연골어류를 제외한 모든 척추동물에서 발견된다.

뼈 조직은 고도로 구조화되어 있다

긴뼈의 구조

전형적인 긴뼈인 상완골을 **그림 29.4**에 나타냈다. 뼈는 조밀섬유성결합조직인 **골막**(periosteum)으로 둘러싸여 있다. 긴뼈의 양쪽 끝은 관절 연골로 싸여 있는 **골단**(epiphysis)을 가진다. 뼈의 축은 **골간**

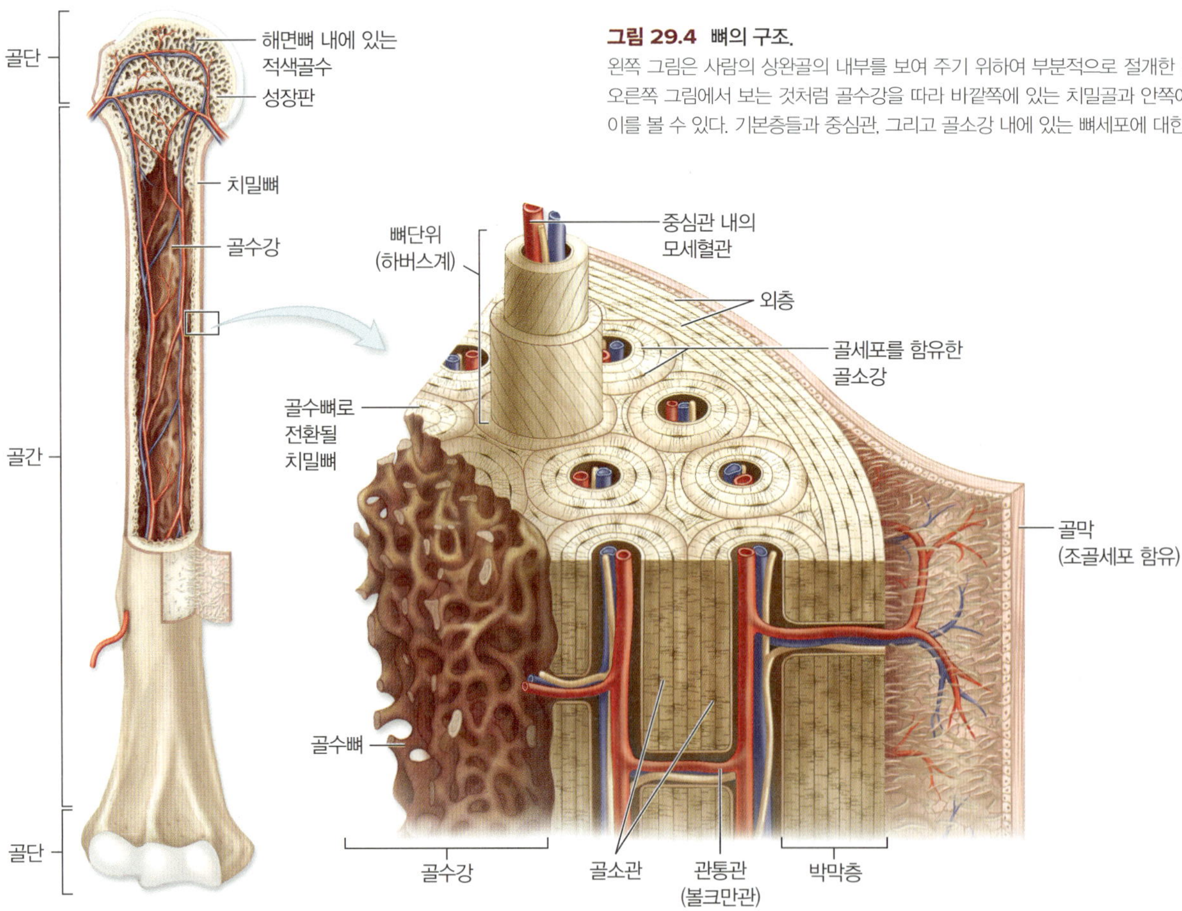

그림 29.4 뼈의 구조.
왼쪽 그림은 사람의 상완골의 내부를 보여 주기 위하여 부분적으로 절개한 것이다. 잘라낸 부분을 확대하면, 오른쪽 그림에서 보는 것처럼 골수강을 따라 바깥쪽에 있는 치밀골과 안쪽에 있는 해면골 사이의 구조적 차이를 볼 수 있다. 기본층들과 중심관, 그리고 골소강 내에 있는 뼈세포에 대한 자세한 것을 볼 수 있다.

(diaphysis)이라고 서로 불린다. 골단과 골간은 성장판이라고도 불리는 **골단판**(epiphyseal plates)에서 서로 붙어 있다. 이것은 성장 과정 동안 새로운 뼈가 침착되는 연골을 포함하고 있기 때문에 그렇게 명명되었으며, 뼈의 길이 성장이 일어나는 곳이다. 사람은 보통 18~20세 정도에 이 연골성 판이 완전한 뼈가 되고 성장을 멈춘다.

뼈의 종단면을 보면 바깥쪽에는 **치밀뼈**(compact bone)가 있으며 안쪽에는 **해면뼈**(spongy bone)가 있다는 것을 알 수 있다. 치밀뼈는 칼슘인산염으로 되어 있는 세포외기질과 콜라겐이 빈 공간 없이 조밀하게 밀집되어 있다. 이것은 골격에 힘과 지지력을 가지게 해준다. 해면뼈는 무게를 줄이면서 압축력에 대한 저항력을 제공하는 **뼈잔기둥**(trabeculae)이 그물망 모양으로 배열해 있으며, 다공성 혹은 스폰지 모양을 하고 있다. 골수강은 혈액 세포를 생산하기 위해 골수를 담고 있다. 모든 척추동물의 뼈는 운동과 신진대사 요구에 따라 다양한 비율로 치밀뼈, 해면뼈 및 골수를 가진다. 예를 들어, 조류는 얇은 층의 치밀뼈를 가지며 골수가 거의 없다. 이러한 진화적 변화는 체중을 줄여 보다 적은 에너지를 사용하게 함으로써 효과적으로 날 수 있게 해 준다.

미세구조

뼈는 결합조직의 한 구성 요소로, 25장에서 간단하게 살펴보았다. 성숙한 뼈를 이루는 세포는 **골세포**(osteocytes)라고 한다. 치밀뼈에서 골세포는 세포외기질에 박혀 있는 **골소강**(lacunae)에서 발견되며, 혈관과 신경이 있는 중심관 주변에 동심원 형태로 배열되어 있다. 골세포는 **골소관**(canaliculi)이라고 하는 작은 관들의 네트워크를 통해 양분과 노폐물을 교환한다.

이 기능적 단위, 즉 **뼈단위**[osteon, 하버스계(Haversian system)]는 뼈의 전체 길이에 따라 뻗어 있다. 중심관들은 이와 수직으로 배열되어 있는 관통관(볼크만관, Volkmann's canals)에 의해 연결되어 있다. 해면뼈에서 골세포는 뼈단위로 배열되어 있지는 않지만 소통과 교환을 할 수 있도록 골소관을 가지고 있다.

뼈는 2가지 발달 방식에 의해 분류할 수 있다

뼈 조직 자체는 몇 가지 다른 방식에 의해 여러 유형으로 분류될 수 있다. 가장 일반적인 체계는 뼈의 발달 방식에 기초하는 것이다.

막내 발달

막내 발달(intramembranous development)에서는 뼈가 결합조직 층 내에 형성된다. 두개골과 턱의 외부를 만드는 많은 편평한 뼈들이 막내성이다(**그림 29.5**).

전형적으로 막내 뼈는 피부의 진피에 있는 특정 구역에서 발생한다. 배아 발생 과정 중 진피는 콜라겐 섬유를 따라 미분화된 간충직 세포들과 그들로부터 유래한 다른 세포들로 이루어진 느슨한 조직인 **간충조직**(mesenchyme)으로 형성된다. 미분화된 간충직 세포들의 일부는 **조골세포**(osteoblast)라고 하는 특수화된 세포로 분화한다. 이 조골세포는 콜라겐성 섬유를 따라 배열하고 알칼리성 인산가수분해요소(alkaline phosphatase)를 분비하여 **수산화인회석**(hydroxyapatite)이라고 불리는 결정질 형태의 인산칼슘염이 형성된다. 이 결정들은 섬유를 따라 합쳐져서 섬유들을 감싸게 된다.

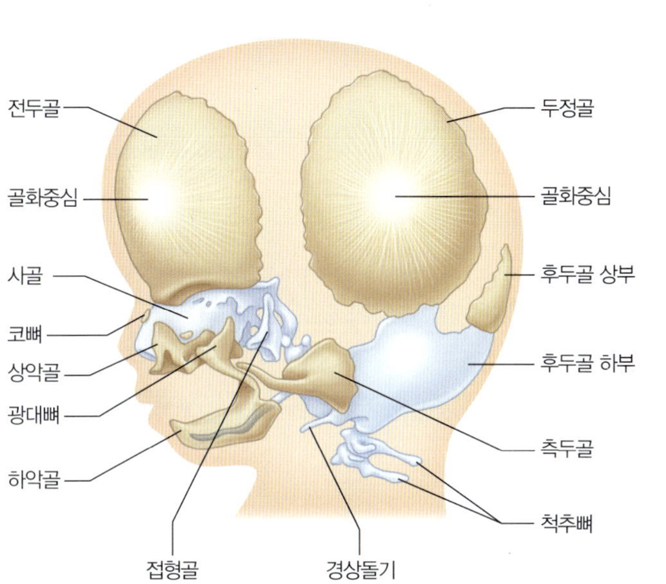

그림 29.5 두개골의 막내 발달.
대부분의 두개골은 막내 골화 방식으로 발생한다. 성장하는 뼈들은 결국 만나 봉합선(suture)이라는 섬유질 관절을 만든다.

결정들은 뼈를 단단하게 해주지만, 콜라겐의 늘어나는 능력에 의한 탄성이 없다면 뼈는 단단하지만 위험할 정도로 부서지기 쉽다. 전형적인 뼈에서 수산화인회석은 콜라겐과 거의 같은 부피지만 뼈 무게의 약 65%를 차지한다.

막내 뼈는 자라면서 모양의 변화가 필요하다. 진흙으로 작은 그릇을 만든 다음 그 크기를 키운다고 생각해 볼 때, 간단히 진흙을 바깥에 덧붙여서는 되지 않는다. 그릇의 공간을 넓히기 위해서는 내부의 진흙을 제거해야 한다. 이와 마찬가지로, 뼈도 성장할 때 어느 부위에는 기질을 더하고, 어느 부위에서는 제거하는 재구성 과정이 필요하다. 이 부분이 파골세포(osteoclast)들이 들어가는 곳이다. 이 특이한 세포는 백혈구의 한 종류인 **단핵구**(monocyte)들이 융합하여 만들어진 거대 다핵세포로 뼈 기질을 파괴하는 일을 한다.

연골내 발달

연골내 발달(endochondral development)에 의해 형성된 뼈는 신체 깊은 곳에 위치하여 신체의 구조적 틀을 형성하는 전형적인 뼈이

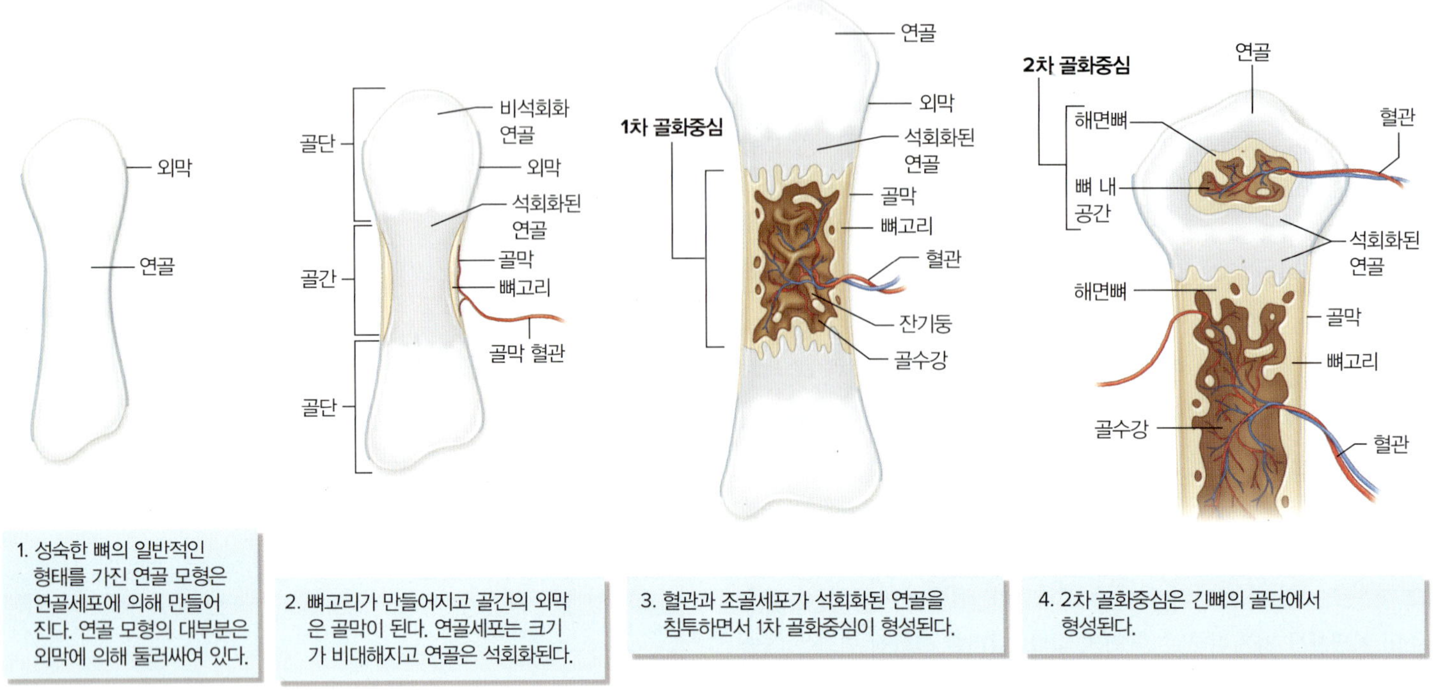

그림 29.6 긴뼈의 연골내 발달.

다. 척추뼈, 갈비뼈, 어깨뼈, 골반뼈, 팔다리의 긴뼈 및 두개골의 가장 안쪽 부위가 이에 해당한다. 연골내 뼈(endochondral bone)는 최종적으로 형성될 뼈의 대체적인 모양을 한 아주 작은 연골성 모형에서 시작된다(**그림 29.6**). 이러한 종류의 뼈 발달은 연골성 모형의 외부에 뼈를 더하고, 내부의 연골은 뼈로 대체하면서 이루어진다. 이러한 단계는 **그림 29.6**에 자세하게 설명되어 있다.

모형의 외부에 만들어진 뼈는 연골을 싸고 있는 섬유성 외막(sheath)에서 생성된다. 이 외막은 단단하고, 콜라겐 섬유로 만들어지며, 또한 미분화된 간충직 세포들을 포함한다. 조골세포들은 외막의 가장 깊숙한 부분에서 섬유를 따라 나온다. 그 후 뼈는 외막과 연골성 기질 사이에 형성된다.

바깥쪽의 뼈가 형성될 때, 안쪽의 연골은 석회화되기 시작한다. 이 과정에서 칼슘 공급원은 연골세포인 것으로 보인다. 석회화가 지속되면 내부의 연골성 조직은 파편 조각으로 부서진다. 현재 골막(periosteum)이라고 불리는 껍질로부터 나온 혈관은 바깥쪽의 뼈 외피를 통과하여 연골 모형의 내부로 들어가고 파편을 제거하는 통로가 된다. 갇힌 조골세포는 골세포로 변형되고, 뼈 재구성을 위한 파골세포는 막내 발생 뼈와 마찬가지 방식으로 세포 융합에 의해 생성된다. 뼈의 두께 성장은 골막 바로 아래에 뼈 층을 추가하면서 일어난다. 부러진 뼈는 연골내 골화와 매우 유사한 과정으로 치유된다.

뼈 재구성은 스트레스나 질병에 대한 반응이다

죽은 동물의 골격을 제외하고는 골격을 거의 볼 수 없기 때문에 뼈는 바뀔 수 없는 것으로 생각하기 쉽다. 그러나 근육, 피부, 및 기

과학적 사고

가설: 뼈 재구성은 외부 압력에 반응하여 뼈를 강하게 한다.
예상: 더 격렬한 운동에 사용된 뼈는 더 많은 뼈를 침착하여 더 강해질 것이다.
실험: 실험용 생쥐에게 쳇바퀴를 제공하여 하루에 몇 시간씩 달리게 하였다. 쳇바퀴를 주지 않은 생쥐를 대조군으로 사용하였다.

결과: 10주 후, 운동한 생쥐는 4지 뼈가 두껍게 발달하였다.
추가 실험: 현대의 마이크로 전자기학으로는 쥐의 4지 뼈에 이식할 수 있을 정도로 작은 스트레스 센서를 만들 수 있다. 이러한 센서를 이용한 실험은 얼마만큼의 스트레스가 뼈로 대체되는지를 수치화할 수 있고, 힘의 방향과 크기 사이의 상관관계가 어떻게 뼈로 대체되어 어느 정도 뼈 재형성이 진행되는지 정확히 조사할 수 있다.

그림 29.7 뼈 재구성에 대한 운동의 효과.

a.

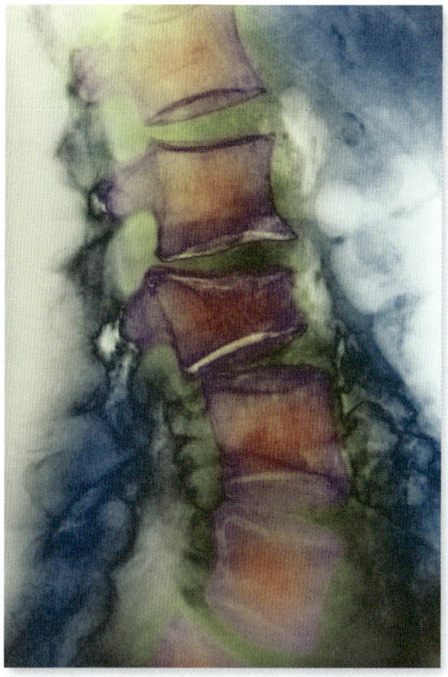
b.

그림 29.8 골다공증.
a. 정상 뼈 사진(오른쪽)과 골다공증 뼈 사진(왼쪽). *b.* 골다공증이 척추에 미치는 영향에 대한 사진. 건강한 척주에서 척추뼈가 서로 고르게 겹쳐 쌓여 있는 것과 대비된다.

타 신체 조직들이 환경의 스트레스에 따라 바뀔 수 있는 것처럼, 뼈 또한 필요에 따라 바뀔 수 있는 역동적인 조직이다.

뼈 재구성의 효과는 운동시킨 설치류의 뼈 두께를 조사함으로써 알아볼 수 있다. 팔다리뼈에 지속적으로 가해지는 스트레스는 뼈가 추가적으로 침착되어 더 두껍고 강한 뼈가 되도록 한다(**그림 29.7**).

이와 같은 현상은 더 강하고 두꺼운 팔뼈를 가진 역도 선수와 승마 선수에서 보여진다. 승마 선수의 대퇴부는 받고 있는 힘 때문에 내측에서 훨씬 두꺼워진다.

이러한 현상은 의학적으로 중요한 의미를 가진다. 뼈의 무기질 밀도가 감소하는 골다공증(osteoporosis, **그림 29.8**)은 심신을 쇠약하게 하고 잠재적으로 생명을 위협하는 질병으로 미국에서 1000만 명 이상의 사람들이 피해를 입고 있으며 3400만 명의 사람들이 추가적으로 고위험 상태에 처해 있다. 이 질병은 1차적으로 폐경기를 지난 여성들에게 영향을 미치지만 또한 영양부족과 질병을 앓고 있는 사람들에게도 영향을 미친다. 한 가지 치료법으로 골 침착을 자극하여 골다공증의 영향을 막기 위한 역도요법(weight lifting)이 있다.

핵심 요약 29.2

막내성 뼈는 결합조직 층 내에서 형성된다. 연골내 발생 뼈는 나중에 뼈 조직으로 대체되는 연골성 모형에서 발생한다. 골단은 연골내 발생 뼈의 연골성 성장판이다. 골단의 연골이 석회화되면 뼈 성장은 멈춘다. 뼈 재구성은 체중이나 근육 사용에 따라 뼈에 가해지는 반복적인 스트레스에 반응하여 일어나며, 뼈가 그 스트레스에 적응할 수 있게 한다.

- 의사가 골다공증 진행을 늦추는 방법으로 가벼운 역도를 권장할 수 있는 이유는 무엇일까?

29.3 관절

학습 목표

1. 관절의 다양한 유형을 정의할 수 있다.

동물 골격의 움직임은 근육에 의해 이루어진다. 척추동물에서 움직임은 연접부나 2개의 뼈가 만나는 부분의 관절과 연관되어 있다.

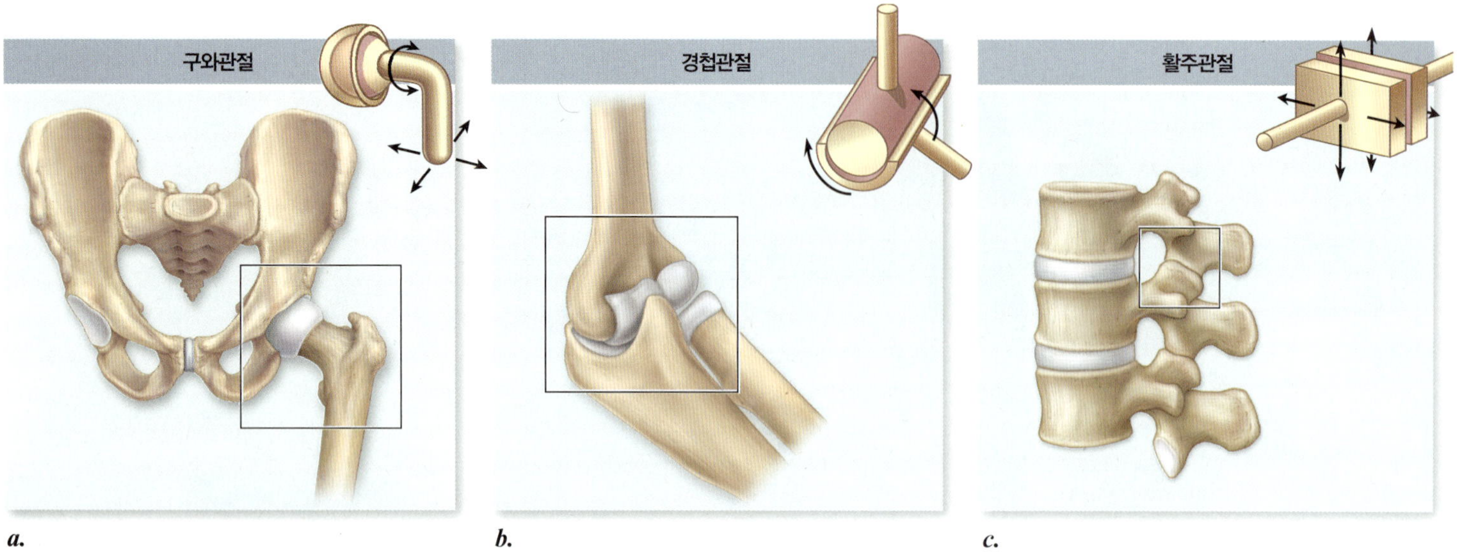

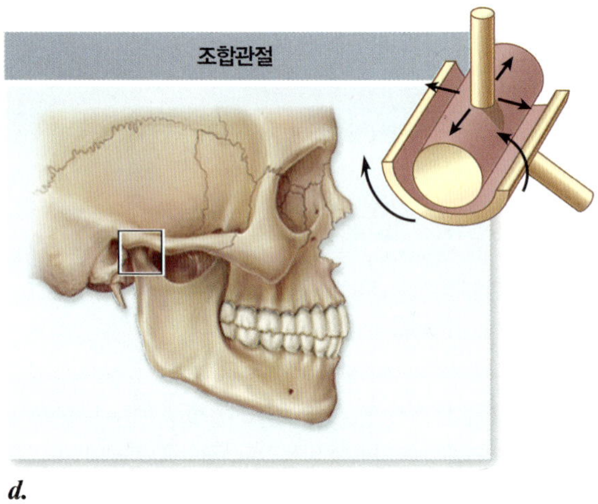

그림 29.9 관절 운동의 유형.
a. 고관절과 같은 구와관절은 엉덩이 소켓 내에서 다리의 움직임과 꼬임 동작이 가능하게 한다. ***b.*** 경첩관절은 이름에서 알 수 있듯이 한쪽 면에서만 움직일 수 있게 한다. ***c.*** 측면 척추관절(중앙이 아닌)에서 볼 수 있는 활주관절은 한쪽 표면이 다른 쪽 면으로 미끄러질 수 있도록 해준다. 전방과 후방 돌기는 반대 방향으로 향하고 있으며 서로 미끄러질 수 있음을 유의하자. ***d.*** 조합관절은 회전과 좌우 미끄러짐 모두가 가능한 포유류의 턱관절과 같이 하나 이상의 관절 유형을 가진다.

움직일 수 있는 관절은 유형에 따라 동작 범위가 다르다

골격 내에 있는 움직일 수 있는 관절은 각각 특징적인 동작 범위를 가진다. 기본적인 관절의 운동 유형은 **구와**(ball-and-socket), **경첩**(hinge), **활주**(gliding), **조합**(combination)과 같이 4가지로 구분된다.

구와관절(ball-and-socket joints)은 고관절과 같은 것으로 다리 위쪽 뼈는 골반 내에 있는 소켓에 맞는 구형을 형성한다. 이 유형의 관절은 모든 방향으로 움직일 수 있다(**그림 29.9***a*).

가장 간단한 유형의 관절은 **경첩관절**(hinge joints)로, 팔꿈치처럼 앞 팔이 좌우로는 움직일 수 없고 앞뒤로만 움직일 수 있도록 제한된다(**그림 29.9***b*).

활주관절(gliding joints)은 많은 비포유류성 척추동물의 두개골에서 발견되며, 또한 포유류를 포함하는 많은 척추동물의 측면 척추돌기들 사이에도 존재한다(**그림 29.9***c*). 척추돌기는 짝을 이루고 각 척추의 정면과 배후에서 반대 방향으로 뻗어 있다. 앞쪽에 있는 돌기는 약간 아래쪽에 있고, 각각 뒤쪽 돌기의 아래 표면을 따라 미끄러질 수 있다. 이 활주관절은 척추뼈 사이에 일정한 유연성을 허용하면서 척추에 안정성을 부여한다.

조합관절(combination joints)은 2가지 이상의 관절 운동 특성을 가진다. 전형적인 포유류의 턱관절이 좋은 예이다. 대부분의 포유류는 음식을 씹어서 작은 조각으로 만든다. 음식을 잘 씹기 위해서는 위아래 치아가 가장 잘 접촉할 수 있도록 아래턱이 좌우로 잘 움직여야 한다. 아래턱은 앞뒤로도 어느 정도 움직일 수 있다. 동시에 턱관절은 입을 열고 닫는 것과 같은 경첩 기능도 가져야만 한다. 따라서 포유동물의 관절 구조는 활주를 위한 상부와 회전을 위한 하부의 경첩관절이라는 2개의 구획을 이용한다(**그림 29.9***d*).

핵심 요약 29.3

관절 유형으로 구와관절, 경첩관절, 활주관절, 조합관절이 있다.

- 사람의 골격에 있는 다양한 관절 유형을 설명해 보자.

29.4 근육 수축

학습 목표

1. 구부리기와 펴기의 동작과 반대 근육 그룹 간의 관계를 서술할 수 있다.
2. 근수축의 활주 기작을 설명할 수 있다.
3. 느린-연축섬유와 빠른-연축섬유를 구분할 수 있다.

척추동물뿐만 아니라 무척추동물은 환경 내에서 움직이거나(가로무늬근 또는 골격근) 몸 내부의 물질을 이동시키는 근육조직(민무늬근 또는 평활근)을 가지고 있다. 메뚜기와 같은 절지동물은 척추동물처럼 배열된 부속지와 골격근을 가지고 있다(**그림 29.10**). 여기서는 척추동물의 골격근의 구조와 기능에 중점을 두고 설명한다.

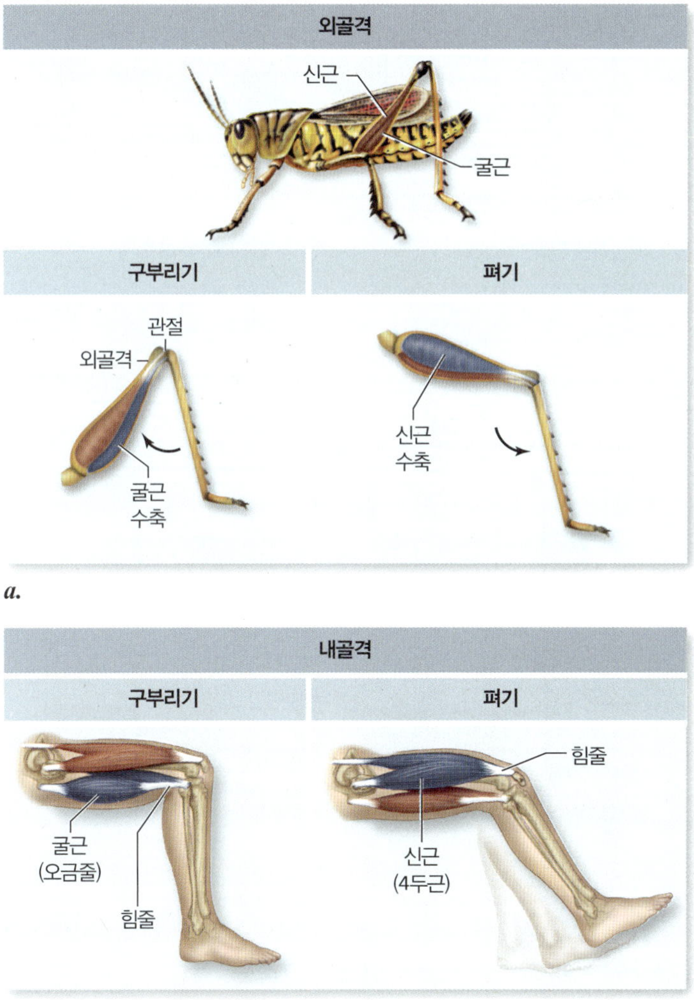

그림 29.10 다리의 굴근과 신근.
길항근은 반대로 작용하며 절지동물과 인간에 있다. 인간에서 허벅지의 오금줄(굴근)은 3개의 근육으로 구성되어 있으며 아래쪽 다리가 윗다리에 비해 뒤로 움직이게 하는 반면, 대퇴부의 4두근(신근)은 4개의 근육으로 구성되어 있으며 아래쪽 다리를 앞으로 당긴다.

근육 수축은 몸을 움직인다

근육 움직임

외골격과 내골격 모두에서 근육은 수축할 때 관절을 교차하는 골격의 움직임을 만들어 낸다. 근육은 일반적으로 서로 반대되는 그룹으로 배열된다. 예를 들어, 인간에서 오금줄(hamstrings)의 수축은 관절에서 각도를 줄이는 **구부리기**(flexion) 운동을 일으킨다(**그림 29.10**). **신근**(extensors)이라고 하는 대퇴부에 있는 4두근(quadriceps)의 수축은 관절의 각도를 넓힌다. 오금줄이 굴곡을 위해 수축하는 동안, 4두근은 이완해야 한다. **펴기**(extension)를 위해서는 반대로 되어야 한다. 이러한 길항적 관계는 걷기와 같은 복잡하고 조화로운 움직임을 일으키기 위해서 신경계에 의해 정밀하게 통제되어야 한다.

척추동물 근육은 종종 힘줄(tendons)로 뼈에 붙어 있다. **이는곳**(origin)은 움직일 때 고정된 상태로 있는 뼈에 부착한 힘줄 부위이다(**그림 29.11**). **닿는곳**(insertion)은 수축하는 동안 실제로 움직이는 뼈에 붙어 있다.

골격근이 힘을 발생시키는 것에는 2가지 방식이 있다. 실제로 근육 수축이 일어나는 유형을 **등장성 수축**(isotonic contraction)이라고 한다. ("iso"는 같다는 의미이며 "tonic"은 긴장을 의미한다.) 근육

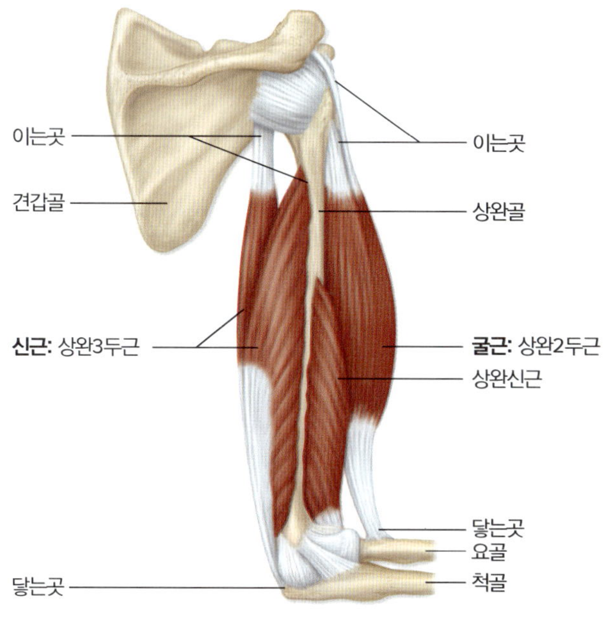

그림 29.11 근육의 이는곳과 닿는곳.
2두근과 3두근의 이는곳과 닿는곳을 보여주는 사람 팔.

이 짧아지고 힘을 발생시킬 때, 움직임 전체의 긴장감은 동일하게 유지된다. 예를 들어, 여러분이 체육관에 가서 2두근(bicep) 강화법으로 5 kg짜리 아령을 어깨 쪽으로 들어 올릴 때 2두근이 짧아지고 쪼그라드는 것을 보고 느낄 수 있다. **등척성 수축**(isometric contraction)에서는 근육이 짧아지지 않고 힘을 발생시킨다. ("metric"은 측정을 의미한다.) 이것은 무게가 있는 것을 들고 있을 때 발생한다. 근육은 과도하게 늘어나는 것에 저항하고 무게의 중력을 견딜 수 있는 힘을 발생시켜야 한다. 근육은 짧아지지 않지만 시간이 지남에 따라 긴장이 증가하고 무게가 점점 무거워지는 것처럼 느낀다. 대부분의 움직임은 실제로 등장성 수축과 등척성 수축의 조합으로 일어난다.

골격근은 조직화된 구조를 가진다

25장에서 살펴본 바와 같이, 각 골격근은 수많은 근섬유(muscle fibers)로 이루어져 있다. 각 근섬유는 가늘고 긴 구조의 **근원섬유**(myofibrils) 4~20개를 다발로 둘러싸고 있다. 각 근원섬유는 굵고 가는 **근필라멘트**(myofilaments)로 구성되어 있다(**그림 29.12**).

현미경상에서 근원섬유는 어둡고 밝은 띠가 번갈아 나타나 골격근 섬유가 가로무늬를 가진 것으로 보이게 한다. 굵은 근필라멘트는 겹으로 쌓여 **A대**(A band)라고 불리는 어두운 띠를 형성한다. 가는 필라멘트는 **I대**(I band)라는 밝은 띠로 나타난다.

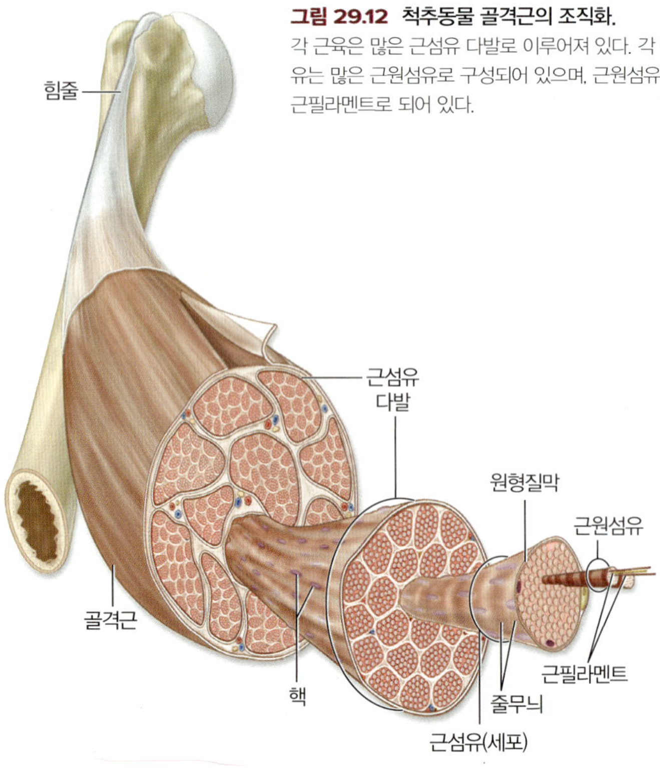

그림 29.12 척추동물 골격근의 조직화.
각 근육은 많은 근섬유 다발로 이루어져 있다. 각 섬유는 많은 근원섬유로 구성되어 있으며, 근원섬유는 근필라멘트로 되어 있다.

근원섬유 내에 있는 각 I대는 전자현미경상에 나타나는 모양에 따라 **Z선**(Z line)이라고 하는 단백질 판에 의해 반으로 나누어진다. 가는 필라멘트는 이 판에 고정되어 있다. 근원섬유의 전자현미경 사진(**그림 29.13**)에서, 근원섬유의 구조는 Z선에서 Z선까지 반복적으로 보인다. 이러한 반복구조는 **근절**(sarcomere)이라고 하며, 근수축의 최소 단위이다.

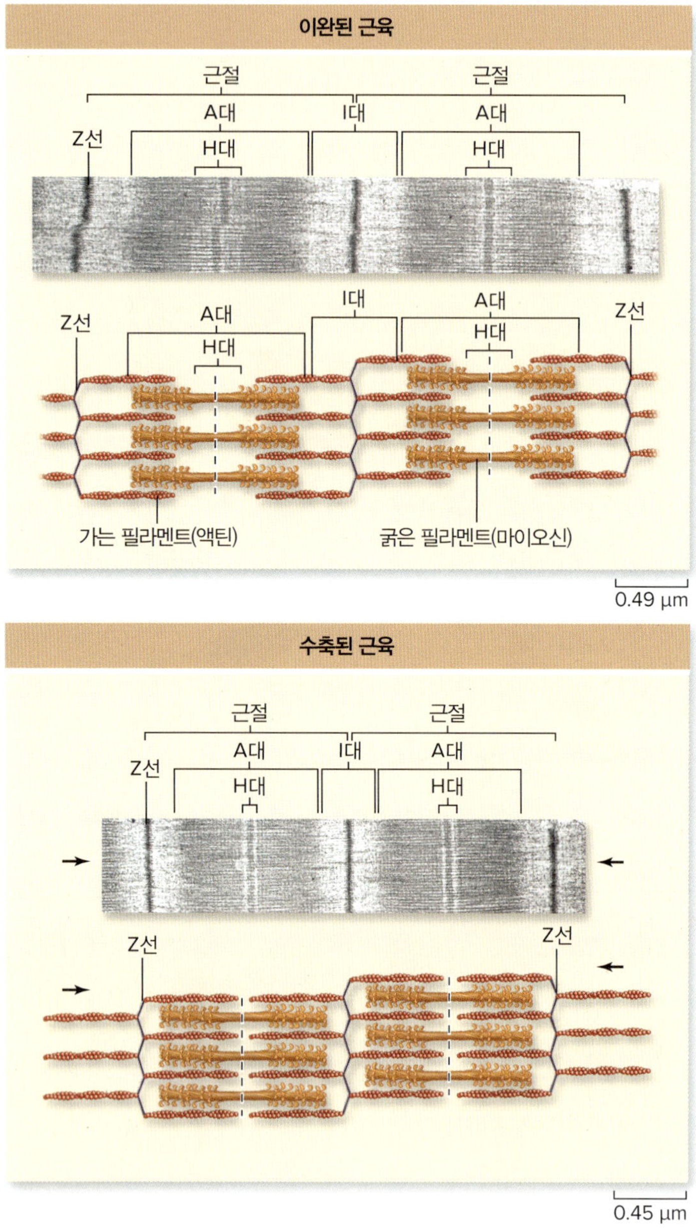

그림 29.13 이완되고 수축된 근육에서 근절의 구조.
근절 2개의 현미경 사진 및 굵은 필라멘트와 가는 필라멘트로 도식화한 그림이다. Z선은 각 근절의 경계선을 형성하고, A대는 굵은 필라멘트를 나타낸다. 가는 필라멘트는 I대 내에 있으며 굵은 필라멘트와 얽혀 있는 A대로 확장되어 있다. H대는 A대의 중앙 부위로 더 밝게 보이며 굵은 필라멘트만 포함된다. 위쪽 그림은 근육이 이완된 것을 보여준다. 아래쪽 그림의 수축된 근육에서는 I대와 H대가 더 짧아짐으로써 Z선이 서로 더 가깝게 이동하였다. A대는 길이가 변하지 않는 굵은 필라멘트를 포함하므로 길이가 변하지 않는다.

근섬유는 겹쳐 있는 필라멘트가 함께 활주하며 수축한다

가는 필라멘트는 A대의 굵은 필라멘트와 겹치지만, 휴식 상태에 있는 근육에서는 A대의 중심까지 완전히 돌출하지 않는다. 결과적으로 H대(H band)라고 하는 A대의 중앙 부분은 굵은 필라멘트와 가는 필라멘트가 겹쳐 있는 양쪽 부분보다 밝게 보인다. 이러한 근절의 모습은 근육이 수축할 때 변한다.

근원섬유가 수축하고 짧아짐으로 인해 결국 근육은 수축하고 짧아진다. 이 현상이 일어날 때 근필라멘트는 짧아지지 않으며 대신 굵은 필라멘트와 가는 필라멘트는 서로에 대해 상대적으로 미끄러진다(**그림 29.13**). 가는 필라멘트는 A대 깊숙이 활주하여 근절이 최대로 짧아지면서 H대는 좁아지고 거의 사라진다. 이것은 또한 Z선이 서로 더 가까워짐에 따라 I대를 더 좁게 만든다. 이것이 수축에 대한 필라멘트 활주 기작이다.

활주 필라멘트 기작

전자현미경 사진을 통해 굵은 필라멘트에서 가는 필라멘트로 확장해 가는 교차다리(cross-bridges)가 밝혀졌고, 이를 통해 필라멘트가 미끄러질 수 있다는 기작이 제안되었다. 이것이 어떻게 이루어지는지를 이해하기 위해서는 굵은 필라멘트와 가는 필라멘트를 분자 수준에서 확인할 필요가 있다. 생화학적 연구를 통해 각각의 굵은 필라멘트는 많은 수의 마이오신(myosin)이라는 단백질로 구성되어 있다는 것이 밝혀졌다. 마이오신 단백질은 2개의 소단위로 구성되어 있는데, 각각은 긴 필라멘트에서 튀어 나온 머리를 가진 골프채 모양이며 서로 꼬여 있다. 굵은 필라멘트는 많은 수의 마이오신이 섬유 길이를 따라 튀어나온 머리들로 정렬된 구조를 보인다(**그림 29.14**). 마이오신 머리는 전자현미경상에서 보이는 교차다리를 형성한다.

각각의 가는 필라멘트는 주로 2중나선 모양으로 꼬인 많은 수의 구형 액틴 단백질로 이루어진 2개의 섬유로 구성되어 있다(**그림 29.15**). 근절을 분자적 수준에서 살펴본다면 **그림 29.16**과 같은 구조로 나타낼 수 있다.

마이오신은 ATP 형태로 있는 화학에너지를 기계적 에너지로 바꿀 수 있는 **모터 단백질**(motor protein)의 한 종류이다(3장 참조). 이것은 교차다리 주기라고 하는 일련의 사건들에 의해 발생한다(**그림 29.17**). 마이오신 머리가 ATP를 ADP와 P_i로 가수분해할 때, 마이오

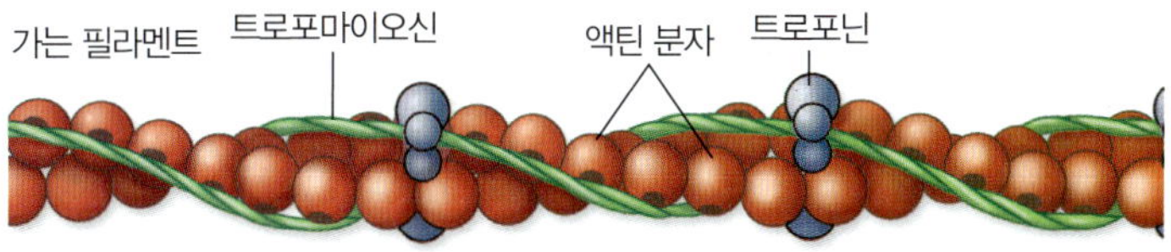

그림 29.15 가는 필라멘트는 구형의 액틴 단백질로 이루어진다.
두 줄의 액틴 단백질들은 함께 꼬여 나선 모양의 가는 필라멘트를 형성한다. 트로포마이오신과 트로포닌 단백질은 액틴 가닥과 연결되어 있으며 근육 수축에 관여한다. 이 단백질들은 뒷부분에서 설명한다.

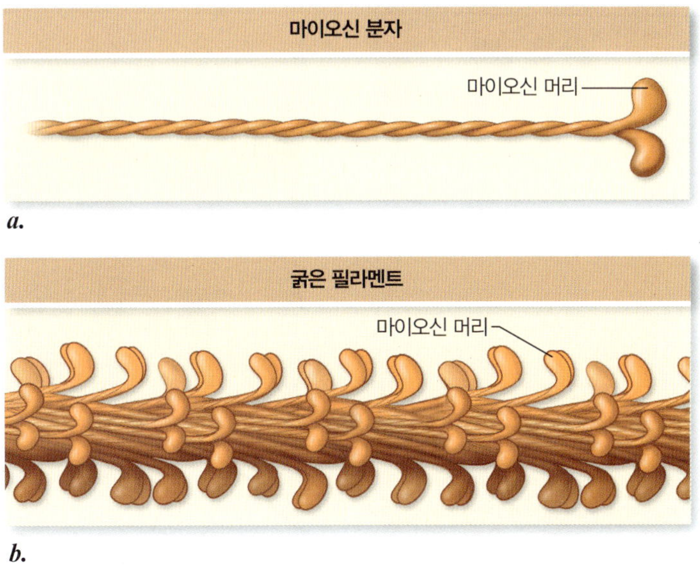

그림 29.14 굵은 필라멘트는 마이오신으로 구성되어 있다.
a. 각 마이오신 분자는 골프채 모양을 하면서 서로를 감싸는 2개의 폴리펩타이드 사슬로 이루어져 있다. 각 사슬의 끝에는 "머리"라고 불리는 구형 부위가 있다. ***b.*** 굵은 필라멘트는 일정한 간격으로 머리가 튀어나온 마이오신 분자들의 다발로 이루어져 있다.

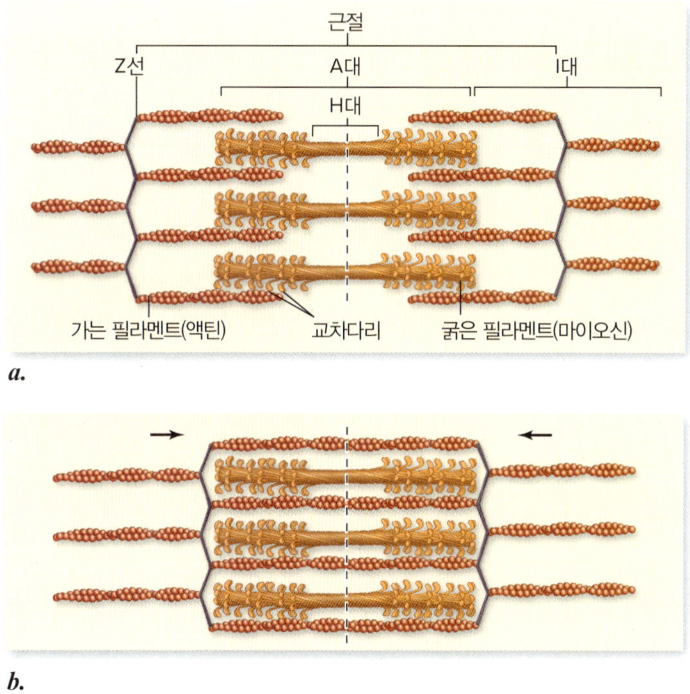

그림 29.16 가로무늬근의 근절에서 굵은 필라멘트와 가는 필라멘트의 결합.
a. 굵은 필라멘트의 양 끝에 있는 머리는 반대 방향으로 향하므로 교차다리는 가는 필라멘트와 근절의 양쪽에 있는 Z선을 중심 쪽으로 당긴다. ***b.*** 이러한 필라멘트의 활주가 근육의 수축을 일으킨다.

신의 구조가 변하면서 나중에 힘을 제공하기 위해 활성화된다. ADP와 P_i 모두 마이오신 머리에 부착되어 있어 이러한 활성화된 구조를 유지하게 한다. 이 작용은 스프링으로 된 쥐덫과 유사하게 설명하기도 한다. 이러한 위치에서 마이오신 머리는 액틴과 결합하여 교차다리를 형성할 수 있다. 마이오신 머리가 액틴에 결합할 때, P_i를 떨어뜨리고 또 다른 구조적 변화를 일으킨다. **파워스트로크**(power stroke) 과정에서 가는 필라멘트가 근절의 중앙 쪽으로 당겨지며, 이때 ADP를 잃는다(**그림 29.17**). 파워스트로크의 마지막 단계에서 마이오신 머리는 새로운 ATP 분자와 결합한다. 이러한 교차다리 주기는 근육이 수축되도록 자극하는 한 반복한다. 이러한 일련의 사건들은 로프를 두 손으로 번갈아 가며 당기는 것과 같이 생각될 수 있다. 마이오신 머리는 손이고 액틴 섬유는 로프이다.

사망 시 세포는 더 이상 ATP를 생성할 수 없으므로 교차다리 주기가 끊어지지 않아서 **사후강직**(rigor mortis)이라고 불리는 근육의 강직 현상을 유발한다. 그러나 살아 있는 세포는 항상 마이오신 머리가 액틴으로부터 떨어져 나오는 데 필요한 충분한 ATP를 가지고 있다. 그렇다면 어떻게 교차다리 주기가 중지되어 근육이 이완될까? 이제 수축과 이완의 조절에 대하여 알아보자.

수축은 신경 자극 이후 칼슘 이온의 방출에 달려 있다

근육이 이완될 때 마이오신 머리는 ADP와 P_i가 결합해 있는 활성화된 상태로 존재하지만 마이오신 머리는 액틴과는 결합할 수 없다. 이완된 상태에서 액틴에 있는 마이오신 머리의 부착 부분은 가는 필라멘트에서 **트로포마이오신**(tropomyosin)으로 알려진 단백질에 의해 물리적으로 차단되어 있다. 따라서 교차다리는 형성되지 못하고 필라멘트는 활주하지 못한다.

수축이 일어나기 위해서 트로포마이오신은 마이오신 머리가 액틴 결합 부위에 결합할 수 있도록 이동해야만 한다. 이를 위해서는 트로포마이오신과 액틴을 함께 잡아주는 조절 단백질 복합체인 **트로포닌**(troponin)의 작용이 필요하다. 트로포닌과 트로포마이오신 사이의 조절 작용은 근섬유 세포질의 칼슘 이온(Ca^{2+}) 농도에 의해 조절된다.

세포질의 Ca^{2+} 농도가 낮을 때는 트로포마이오신이 교차다리 형성을 방해한다(**그림 29.18***a*). Ca^{2+} 농도가 올라가면 Ca^{2+}이 트로포

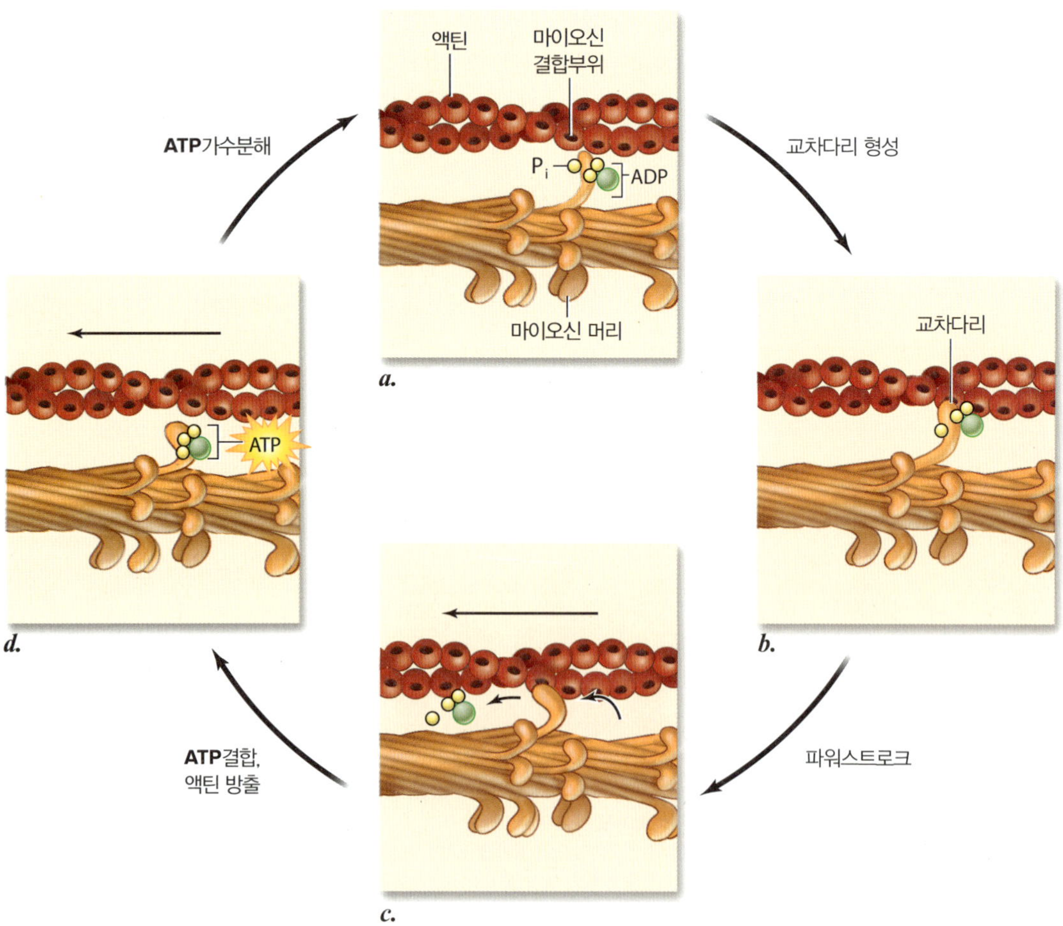

그림 29.17 근수축에서 교차다리 주기. ***a.*** 마이오신에 의한 ATP 가수분해는 마이오신 머리를 활동적 상태가 되도록 구조적 변화를 일으킨다. ADP와 P_i는 마이오신 머리에 결합된 채로 있으며 액틴에 결합할 수 있다. ***b.*** 마이오신은 액틴과 결합하여 교차다리를 형성한다. ***c.*** 파워스트로크 동안 마이오신은 ADP와 P_i를 방출하여 원래의 형태로 되돌아간다. ***d.*** ATP는 마이오신 머리에 결합하여 교차다리를 끊는다. ATP 가수분해는 마이오신 머리를 활동적 상태로 되돌려 주어 교차다리 주기를 다시 시작할 수 있게 한다.

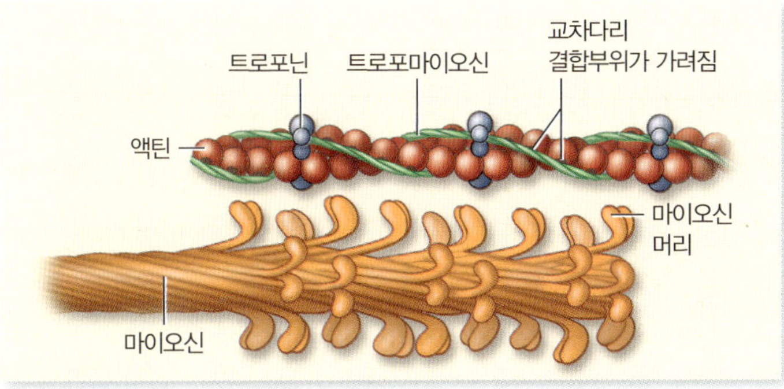

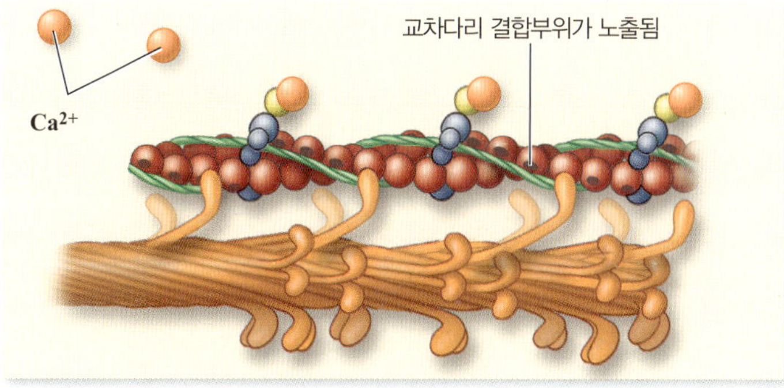

그림 29.18 칼슘에 의한 가로무늬근의 수축 조절.
a. 근육이 휴식 상태에 있을 때, 트로포마이오신 단백질의 긴 필라멘트는 액틴 분자에 있는 마이오신 결합 부위를 차단한다. 마이오신은 이 부위에서 액틴과 교차다리를 형성할 수 없기 때문에 근육 수축은 일어날 수 없다. ***b.*** Ca^{2+}이 트로포닌 단백질에 결합하면, Ca^{2+}-트로포닌 복합체는 트로포마이오신을 옮김으로써 액틴에 있는 마이오신 결합 부위를 노출하여 교차다리가 형성되므로 근육 수축이 일어난다.

닌과 결합하여 구조를 변화시켜 트로포닌-트로포마이오신 복합체를 이동시킨다. 이러한 형태의 변화는 액틴의 마이오신 결합 부위를 노출시켜 준다. 따라서 교차다리가 형성되어 파워스트로크를 할 수 있기에 근육 수축이 일어난다(**그림 29.18***b*).

근육은 Ca^{2+}의 안정적인 공급이 필요하다. 근섬유는 **근소포체**(sarcoplasmic reticulum, SR)라는 변형된 소포체에 Ca^{2+}을 저장한다(**그림 29.19**). 근섬유가 수축되도록 자극하면 근섬유막이 탈분극된다. 이것은 세포막의 함입에 의해 생긴 **가로세관**(transverse tubules, T tubules)을 통해 근섬유로 깊이 전송된다. 가로세관의 탈분극은 근소포체에 있는 Ca^{2+} 채널을 열리게 하여 Ca^{2+}이 세포질로 방출되게 한다. Ca^{2+}은 근원섬유로 확산되어 트로포닌과 결합하여 구조를 변화시켜 수축이 일어나게 된다. 근육 수축에 Ca^{2+}이 관련된 기작은 **흥분-수축 연결**(excitation-contraction coupling)이라고 불리는데, 이는 Ca^{2+}의 방출이 운동뉴런에 의한 근섬유의 흥분과 근육의 수축을 연결하기 때문이다.

운동뉴런으로부터의 신경 자극

근육은 운동뉴런에 의해 수축되도록 자극된다. 골격근을 자극하는 운동뉴런은 **체성운동뉴런**(somatic motor neurons)이라고 한다. 체성운동뉴런의 축삭돌기는 뉴런의 세포체에서 뻗어 나와 분지를 이루어 여러 개의 근섬유와 시냅스를 형성한다. 이러한 뉴런과 근육세포 사이의 시냅스들을 **신경근접합부**(neuromuscular junctions)라고 한다(**그림 29.19**). 하나의 축삭돌기는 많은 근섬유를 자극할 수 있다. 몇몇 동물에서 근섬유는 하나 이상의 운동뉴런에 의해 흥분이 될 수 있다. 그러나 사람의 경우 각 근섬유는 하나의 축삭돌기 분지를 가진 하나의 시냅스를 형성한다.

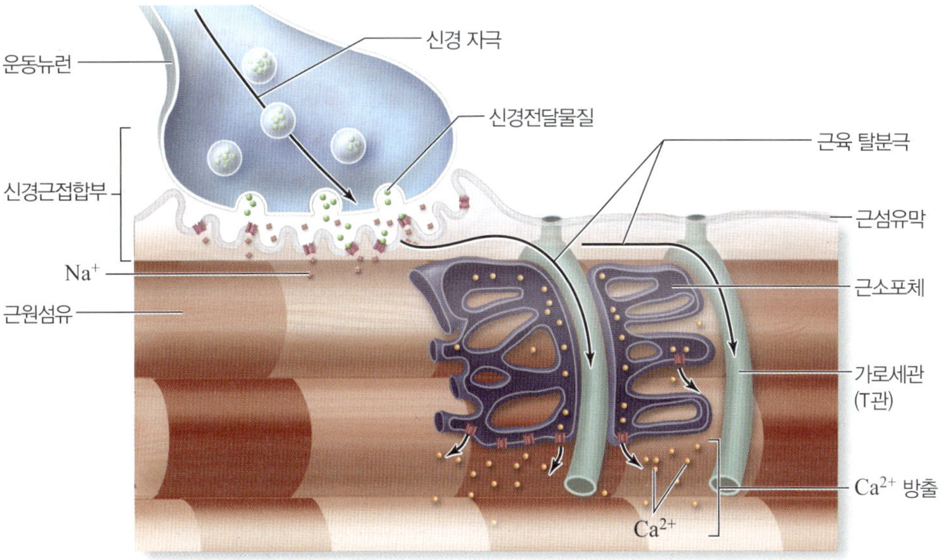

그림 29.19 근원섬유, 가로세관, 근소포체 사이의 관계.
신경근접합부에서 방출된 신경전달물질이 화학개폐성 Na^{+} 채널에 결합하여 근육세포막이 탈분극하게 된다. 이 탈분극은 근육세포막과 가로세관을 따라 전달되어 근소포체에서 Ca^{2+}이 방출되도록 자극한다. Ca^{2+}은 세포질을 통해 근원섬유로 확산되어 수축을 일으킨다.

체성운동뉴런이 전기화학적 자극을 전달할 때, 다음과 같은 순서로 시냅스를 만들어 신경을 통하게 하여 근섬유의 수축을 자극한다.

1. 신경근접합부에서 운동뉴런은 신경전달물질인 아세틸콜린(acetylcholine, Ach)을 방출한다. 아세틸콜린은 근세포막에 있는 수용체와 결합하여 Na^+ 채널을 연다. Na^+의 유입은 근세포막을 탈분극시킨다.
2. 자극은 근섬유막을 따라 퍼지고 가로세관을 통해 근섬유 안으로 이동한다.
3. 가로세관은 자극을 근소포체 쪽으로 전달하고, Ca^{2+} 채널을 열어 Ca^{2+}을 방출한다. Ca^{2+}은 트로포닌과 결합하여 액틴 필라멘트상에 있는 마이오신 결합 부위를 노출시켜 근육 수축을 자극한다.

운동뉴런으로부터의 자극이 중단되면 아세틸콜린 방출이 중단되면서 근섬유에서 자극 생성이 멈춘다. 이후 근소포체에 있는 또 다른 막 단백질은 ATP 가수분해 에너지를 이용하는 능동수송을 통해 Ca^{2+}을 근소포체 안으로 다시 퍼 들인다. 트로포닌은 더 이상 Ca^{2+}과 결합해 있지 않으며, 트로포마이오신은 억제 위치로 돌아가게 되고 근육은 이완하게 된다.

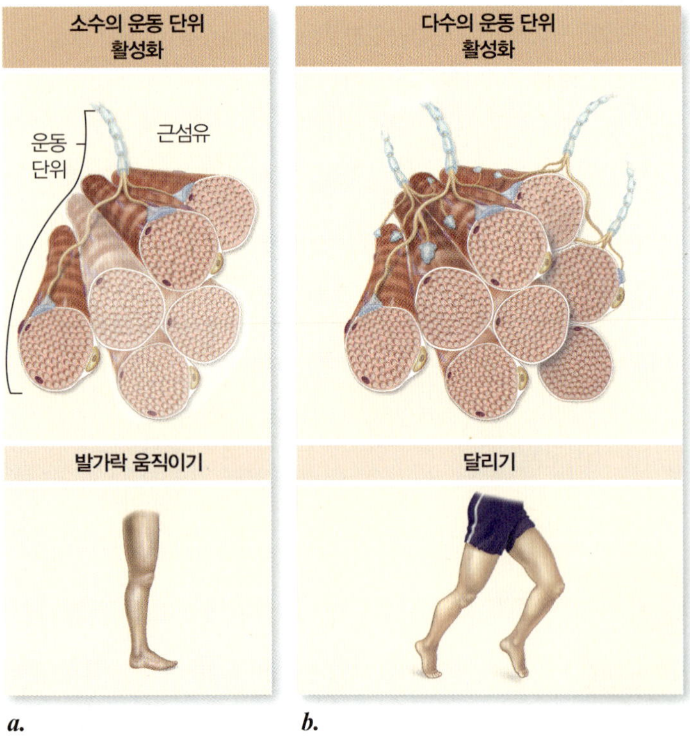

그림 29.20 운동뉴런의 수와 크기.
운동 단위는 운동뉴런과 그것이 연결되어 있는 모든 근섬유들로 구성된다. ***a.*** 정확한 근육 수축은 더 작은 운동 단위를 필요로 한다. ***b.*** 큰 근육 운동은 더 큰 운동 단위를 필요로 한다. 더 많은 운동뉴런이 활성화 될수록 더 강한 수축이 일어난다.

운동 단위와 동원

하나의 근섬유는 자극의 빈도에 따라 다양한 장력을 발생시킬 수 있다. 전체 근육의 반응은 관여하는 개개 섬유 수와 그들의 장력 정도에 따라 달라진다. 운동뉴런 그 자체와 운동뉴런의 모든 축삭 가지에 의해 연결되어 있는 근섬유 집합을 **운동 단위**(motor unit)라고 정의한다(**그림 29.20**).

운동뉴런이 자극을 생성할 때마다 운동 단위에 있는 모든 근섬유들은 함께 수축한다. 근육은 운동 단위로 나누어짐으로써 근육의 수축 강도가 미세하게 조절될 수 있으며, 이것은 협동적인 움직임을 가능하게 해준다. 눈을 움직이는 것과 같이 섬세한 조절이 필요한 근육은 더 작은 운동 단위들을 가진다(뉴런당 적은 수의 근섬유). 다리의 큰 근육에서처럼 정확한 조절은 덜 필요하지만 대신 더 많은 힘이 필요한 근육은 운동뉴런당 더 많은 섬유들을 가진다.

주어진 근육에서 힘을 증가시키기 위해 신경계는 더 많은 운동 단위를 이용할 것이다. 이러한 현상은 **동원**(recruitment)이라고 알려져 있다.

근섬유의 2가지 주요 유형은 느린-연축섬유와 빠른-연축섬유이다

분리된 골격근은 인위적인 전기적 충격으로 자극하며 연구할 수 있다. 한 번의 전기 충격으로 자극 받은 근육은 연축(twitch)이라는 반응으로 빠르게 수축하고 이완한다. 자극 전압을 높이면 연축의 강도는 최고까지 증가한다. 두 번째 전기 충격이 첫 번째 충격 바로 직후에 주어지면, 첫 번째 반응에 부분적으로 첨가되어 두 번째 연축이 만들어지게 된다. 이러한 누적된 반응을 가중(summation)이라고 한다(**그림 29.21**).

전기 충격의 빈도가 증가하면 수축의 강도가 증가함에 따라 연속적인 연축 사이의 이완 시간이 짧아진다. 결국에는 특정 자극 빈도에서 눈에 보이는 이완은 연속적인 경련들 사이에 발생하지 않는다. 수축은 신체의 정상적인 근육 수축에서처럼 완만하고 지속적으로 이어진다. 이러한 지속된 수축을 **강축**(tetanus)이라고 부른다(파상풍으로 알려진 이 질병은 파상풍 환자들의 근육이 수 분간 경직되는 고통스러운 상태로 되기 때문에 붙여진 이름이다).

골격근섬유는 수축 속도를 기준으로 **느린-연축섬유**(slow-twitch fiber)와 **빠른-연축섬유**(fast-twitch fiber)로 나눌 수 있다.

느린-연축섬유

느린-연축섬유(slow-twitch fibers, 지근섬유, 느린 산화)는 모세혈관이 풍부하고, 수많은 미토콘드리아와 산소호흡 효소 및 고농도의 **마이오글로빈**(myoglobin) 색소를 가진다. 마이오글로빈은 적혈

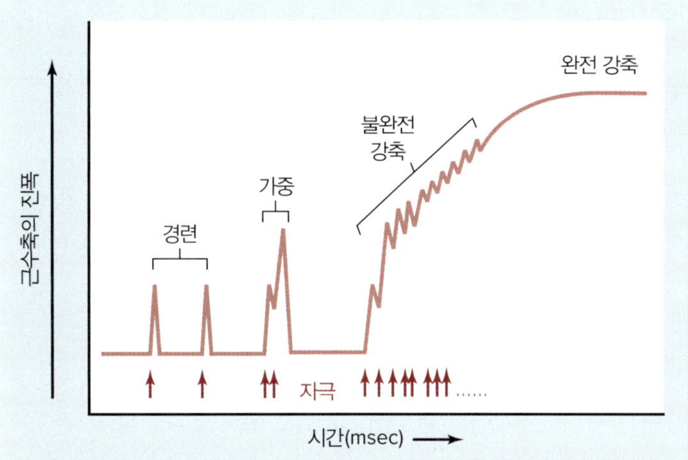

그림 29.21 가중.
근육 연축은 가중되어 지속적인 강직성 수축을 일으킨다. 이러한 유형은 근육이 전기적으로 혹은 자연적으로 뉴런에 의해 자극될 때 만들어진다. 완만하고 지속적인 수축인 강축은 몸에서 일어나는 정상적인 근육 수축 유형이다.

? 탐구문제 가중된 근육 수축의 최대 강도를 결정하는 것은 무엇인가?

구 세포에 있는 헤모글로빈과 비슷한 붉은 색소이지만, 마이오글로빈의 높은 산소 친화도는 느린-연축섬유로의 산소 전달을 증가시켜 준다. 느린-연축섬유는 높은 마이오글로빈 함유량 때문에 **적색섬유**(red fiber)라고도 부른다. 이들 섬유는 피로감 없이 오랜 기간 동안 계속해서 작동할 수 있다.

빠른-연축섬유

두꺼운 **빠른-연축섬유**(fast-twitch fibers, 속근섬유, 빠른 당분해)는 느린-연축섬유보다 미토콘드리아와 모세혈관이 적으며 마이오글로빈도 많이 가지고 있지 않다. 그래서 이들 섬유는 **백색섬유**(white fibers)라고도 부른다. 빠른-연축섬유는 저장되어 있는 많은 양의 글리코젠과 고농도의 해당 효소들을 이용하여 무산소성으로 호흡할 수 있다. 닭과 칠면조에서 볼 수 있는 어두운 색 고기와 흰색 고기는 1차적으로 각각 적색섬유와 백색섬유를 가진 근육으로 구성되어 있다. 빠른-연축섬유는 빠른 힘의 발생에 적합하며 근력 운동에 의해 더 두껍고 강하게 성장할 수 있다. 그러나 빠른-연축섬유는 느린-연축섬유의 특성인 지구력이 부족하다.

느린-연축섬유와 빠른-연축섬유 외에도 사람의 근육에는 중간 형태가 있는데, 이들 섬유는 빠른 수축 속도를 가지지만 산화능력이 높고 피로에 더 강하다. 지구력 훈련은 근육에서 이러한 섬유의 비율을 증가시킨다.

일반적으로 단거리 선수들은 빠른-연축섬유를 더 많이 가지는 경향이 있는 반면, 장거리 선수는 느린-연축섬유를 더 많이 가진다. 이러한 차이는 동물 세계에서도 비슷하다. 생활 방식이 다른 관련 종들을 비교해 보면, 먹이를 잡거나 포식자를 피하기 위해 짧고 빠른 속도로 움직이는 종들은 더 많은 빠른-연축섬유를 가지는 경향이 있는 반면, 느리지만 오랫동안 이동하는 종들은 느린-연축섬유를 더 많이 가진다.

근육의 물질대사는 부과되는 요구에 따라 달라진다.

휴식 상태에 있는 골격근은 대부분의 에너지를 지방산의 산소호흡으로부터 얻는다(5장 참조). 운동으로 근육이 사용되는 동안 근육에 저장되어 있는 글리코젠과 혈액에 의해 전달된 포도당이 에너지원으로 사용된다. 세포호흡에 의해 얻은 에너지는 ATP를 만드는 데 사용되고, ATP는 근육 수축 동안 교차다리의 움직임과 근육 이완 동안 근소포체 안으로 Ca^{2+}을 퍼 들이는 데 이용된다.

심폐계(cardiopulmonary system)가 근육에 산소 공급을 증가시키는 데 시간이 필요하기 때문에 골격은 보통 힘든 운동까지의 초기 45~90초 동안 무산소호흡을 한다. 운동이 지나치게 격렬하지 않으면, 처음 2분 운동 후에 골격근이 필요한 에너지 요구량 대부분을 산소호흡이 제공할 것이다. 그러나 더 격렬한 운동을 하게 되면 산소호흡에 의해 제공될 수 있는 것보다 더 많은 ATP가 필요하게 되며, 이 경우 무산소호흡에 의해 ATP가 지속적으로 제공된다.

신체 훈련은 유산소호흡 능력과 근력을 증가시킨다

근육 피로(muscle fatigue)는 사용 정도에 따라 근육이 힘을 발생시키는 능력이 감소하는 것을 나타낸다. 피로는 매우 다양하며 여러 가지 원인으로 발생할 수 있다. 수축의 강도와 수축의 기간이 관련된다. 또한 피로는 유산소 혹은 무산소호흡으로 일어나는 세포의 물질대사에 영향을 받는다. 짧은 기간 동안 격렬한 활동을 한 경우 피로는 오래 지속되는데, 이는 무산소호흡에 의한 젖산(lactic acid)의 축적 때문으로 여겨진다. 최근의 자료에 의하면 크레아틴 인산(creatine phosphate)의 분해에 의해 생긴 무기인산(P_i)의 축적도 무산소 물질대사 동안에 일어날 수 있다고 보고되고 있다. 장기간 낮은 강도의 활동에서 오는 피로는 글리코젠의 고갈에 의해 나타나는 것으로 보인다.

근육 글리코젠이 고갈되면 운동이 제한되기 때문에 여분의 근육 글리코젠을 저장하도록 적응하면 신체의 지구력이 향상될 것이다. 숙련된 운동선수들은 지방산의 유산소호흡에 의해 얻은 에너지의 비율이 증가하여 축적된 근육 글리코젠의 고갈이 느려진다. 운동선수들은 또한 근육에 더 많은 혈관화(vascularization)가 되어 있어 산소 운반과 젖산 제거 모두를 쉽게 한다. 지구력 훈련을 받은 운동선수의 유산소 능력은 훈련 받지 않은 사람들보다 매우 높기 때문에 운동선수들은 근육 피로가 일어나기 전에 더 오랜 시간 동안 더 많은 운동을 수행할 수 있다.

지구력 훈련은 근육의 크기를 증가시키지는 않는다. 근육의 증가는 역기 운동과 같이 근육이 높은 저항에 대항하여 작동하는 고강도의 운동을 지속할 때에만 일어난다. 저항성 훈련은 빠른-연축섬유의 두께를 증가시키며, 이는 골격근이 세포분열과 세포 수의 증가가 아닌 세포의 크기가 증가되는 비대(hypertrophy)로 인해 성장하도록 해준다.

핵심 요약 29.4

길항근은 서로 반대로 작용하며, 근육이 수축할 수는 있지만 밀어낼 수 없기 때문에 나타나는 근육의 중요한 특징이다. 근육의 근원섬유 내에 있는 필라멘트의 활주에 의해 수축이 일어난다. 이 과정에는 모터 단백질인 마이오신이 포함되며, 마이오신은 액틴 섬유에 교차다리를 형성한다. 수축 과정은 근소포체에서 방출된 Ca^{2+}에 의해 조절된다. Ca^{2+}는 트로포닌에 결합하여 액틴에서 마이오신 결합 부위를 노출시켜 이용할 수 있게 한다. 느린-연축섬유는 더 오랜 기간 동안 활동을 지속할 수 있다. 빠른-연축섬유는 글리코겐을 사용하여 신속하게 힘을 생성한다.

■ 마이오글로빈과 미토콘드리아의 증가는 느린-연축섬유에 어떤 이점을 부여할까?

29.5 척추동물 골격의 진화와 이동 방법

학습 목표

1. 이동에 사용되는 구조의 형태가 어떻게 진화되었는지에 대하여 설명할 수 있다.
2. 마찰과 중력이 이동에 미치는 영향에 대하여 서술할 수 있다.
3. 날개로 어떻게 날아오를 수 있는지에 대하여 설명할 수 있다.

동물들은 다세포 생물 중 한 장소에서 다른 장소로 이동할 수 있는 능력을 가진 유일한 생물이다. 이동에는 추진기작(propulsive mechanism)과 조절기작(control mechanism)이 필요하다. 다양한 추진기작이 있으며, 대개 필요한 힘을 생성하기 위해 근육을 수축시키는 것이 대부분이다. 궁극적으로 이동에 사용되는 근육을 활성화하고 조정하는 것은 신경계이다. 큰 동물의 이동 활동은 흔들리는 부속지를 이용한 **부속지 운동**(appendicular locomotion)이나 파동, 진동 또는 연동과 같이 몸체를 움직이는 **축 운동**(axial locomotion)에 의해 이루어진다.

동물의 이동은 여러 가지 형태로 이루어지지만, 일반적인 원칙은 모든 그룹에서 동일하게 유지된다. 이동하는데 물리적 제약으로 작용하는 중력(gravity)과 마찰(friction)은 정도만 다를 뿐 모든 환경에서 동일하다.

4지동물에서 본 골격 진화

육지와 하늘에서 번창하기 위해 척추동물의 골격에는 큰 다양성이 요구되었다. 이것은 동물들이 공간과 시간을 통해 그들의 신체를 움직이는 방식뿐만 아니라 다양한 신체 부위가 서로 어떻게 움직이는지를 나타내준다. 예를 들어, 4지동물에 있는 머리는 흉대(pectoral girdle)와의 연결이 끊어졌다. 이것은 먹이, 감각 입력, 복잡한 의사소통을 위한 머리의 독립적인 움직임을 제공한다. **그림 29.22**는 육상 척추동물의 계통발생에 따른 척추동물의 골격 특성들을 보여준다.

유영 동물들은 물을 거슬러 이동할 때 마찰에 맞서야 한다

헤엄치는 동물들에서는 물의 부력이 중력의 효과를 줄여준다. 결과적으로 이동을 저지하는 주요 힘은 마찰 항력(frictional drag)이기 때문에 물을 뚫고 가기 위한 힘을 줄이기 위해서는 몸의 모양이 중요하다.

어떤 해양 무척추동물은 수압 추진력(hydraulic propulsion)을 이용하여 이동한다. 예를 들어, 가리비는 껍데기의 양면을 함께 힘차게 파닥이고, 오징어와 문어들은 배의 추진기와 같이 물을 분출한다.

그에 비해 많은 무척추동물과 모든 수생 척추동물은 헤엄을 친다. 유영은 몸의 일부를 사용하여 물을 밀어내는 것과 관련이 있다. 극단적 예로 뱀장어와 바다뱀은 온몸을 사용하여 물결 모양으로 파동치며 헤엄친다(**그림 29.23***a*). 뱀장어같이 유영할 때 생기는 물결 모양의 신체 파동은 왼쪽과 오른쪽 축 근육 조직 사이에서 번갈아 가며 일어나는 근육 수축의 파동에 의해 만들어진다. 각 체절이 순차적으로 물을 밀 때, 이동하는 파동이 뱀장어를 앞으로 나아가게 한다.

다른 유형의 물고기는 뱀장어와 비슷한 기작을 사용하지만 꼬리 지느러미를 사용하는 몸의 뒷부분에서 거의 모든 추진력이 만들어진다(**그림 29.23***b*). 이것은 또한 추진력의 손실은 없으면서 신체의 앞

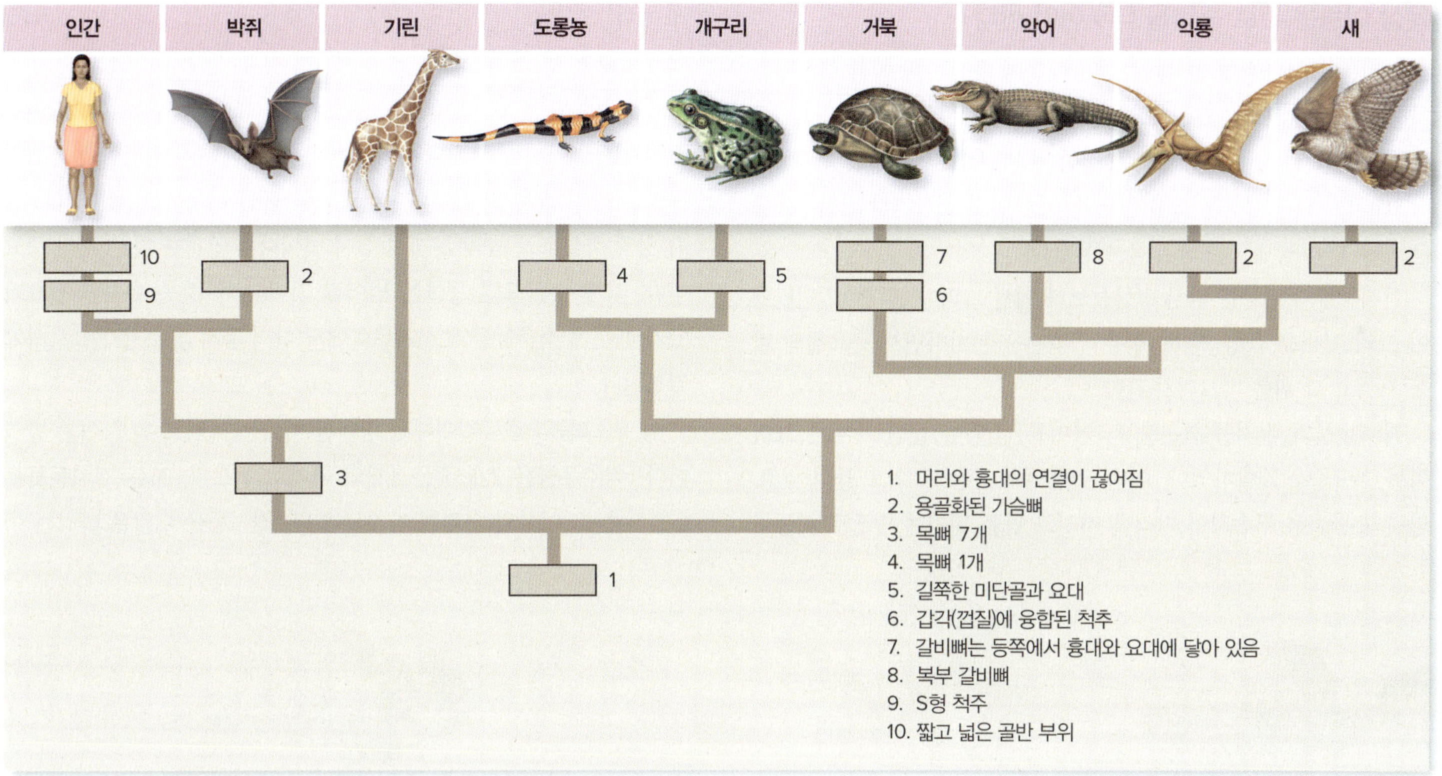

그림 29.22 **척추동물의 주요 그룹을 정의하는 데 도움이 되는 몇 가지 주요 골격 혁신.**
개구리는 점프를 하기 위해 긴 요대를 가지고 있다. 조류, 익룡, 박쥐는 비행 근육의 부착을 위한 용골형의 가슴뼈를 가지고 있다. 인간은 직립보행을 위해 짧은 요대와 S형의 척주를 가진다.

부분이 특화될 수 있게 해준다. 악어와 같은 파충류들은 같은 방법으로 꼬리의 파동을 사용하여 헤엄친다.

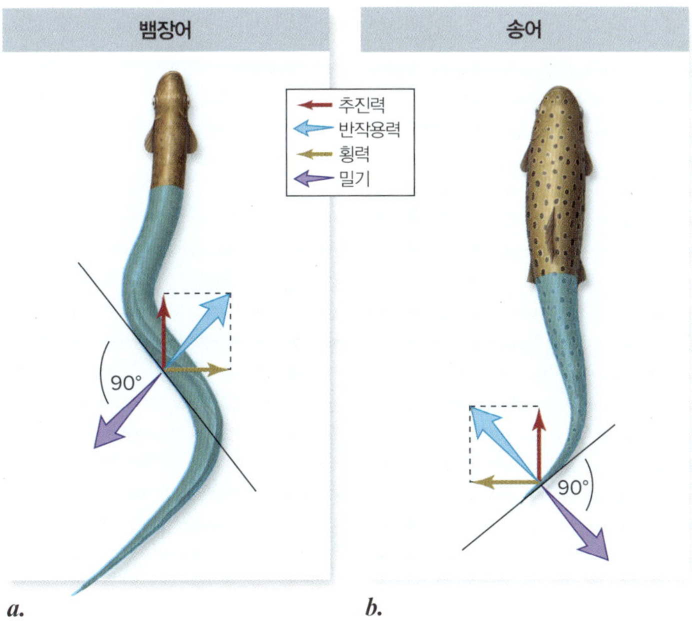

a. *b.*

그림 29.23 유영하는 물고기의 운동.
a. 뱀장어는 전신으로 물을 밀어낸다. *b.* 송어는 몸의 뒤쪽 절반만으로 물을 밀어낸다.

고래와 바다사자와 같은 다른 해양 포유류들은 진화적으로 수생 생활 양식으로 되돌아갔으며(**그림 17.11** 참조) 유사한 이동 방식으로 수렴진화하였다. 해양 포유류들은 물고기와 같이 몸의 파동을 이용하여 유영한다. 하지만 다른 물고기들과는 달리 파동은 상하로 일어나며 좌우로 일어나지 않는다. 이런 차이는 과거 진화의 역사가 어떻게 후속 진화론적 변화를 형성할 수 있는지를 보여준다. 포유동물의 척주(vertebral column)는 딱딱하지만 좌우로 약간의 유연성을 가진 척추로 이루어져 물고기와 구조적인 차이를 보인다. 이런 이유에서 고래의 조상은 수생 서식지로 되돌아와 등배(top-to-bottom)의 유연성을 사용하는 헤엄에 적응하도록 진화되었다.

많은 육상 척추동물은 대개 그들의 가지의 움직임을 통해 수영을 할 수 있다. 오리와 거위같이 유영하는 대부분의 새들은 일반적으로 물갈퀴가 달린 뒷다리를 가지고 물을 밀어내어 스스로 추진해 나간다. 개구리와 대부분의 수생 포유류 또한 그들의 뒷다리와 물갈퀴가 달린 발로 수영을 한다. 4지를 가진 척추동물은 앞다리를 가지고 수영하는데, 지느러미 모양의 발(flipper)을 가지고 공중에서 나는 것과 매우 유사한 움직임으로 물속을 이동한다. 그 예로 바다거북, 펭귄, 물개 등을 들 수 있다.

육상 이동은 주로 중력을 다루어야 한다

공기는 물보다 밀도가 훨씬 낮기 때문에 육상 이동에서 대항하는 마찰력도 매우 적다. 그보다도 비수중생물에게는 땅 위를 움직이든 공기 중을 날든 중력에 대항하는 것이 가장 큰 과제이다.

3개의 주요 육상동물 그룹인 연체동물, 절지동물 그리고 척추동물은 서로 다른 방법으로 땅 위를 이동한다.

연체동물의 이동은 다른 그룹들보다 훨씬 느리다. 달팽이, 민달팽이 그리고 다른 육상 연체동물은 점액질을 분비하면서 근육질의 발을 가지고 그 위를 미끄러져 간다.

척추동물과 절지동물(곤충류, 거미류, 갑각류)들만 재빠른 표면 이동 수단들을 개발하였다. 이 두 그룹에서 몸은 땅 위로 들려 있고, 일련의 관절성 부속지인 다리를 가지고 땅을 밀치며 앞으로 이동하게 된다.

동물들은 두 다리만으로 또는 100개 이상의 다리로 걸을 수 있지만, 동일한 일반 원칙으로 모든 다리를 이용하여 이동한다. 다리는 추진력뿐만 아니라 지지력을 제공해야 하기 때문에 이러한 불균형의 지속 시간이 짧은 경우가 아니라면 연속적인 이동을 통해 다리의 지지 영역 바깥으로 몸의 무게 중심이 벗어나지 않도록 하는 것이 중요하다. 그렇지 않으면 동물은 넘어질 것이다. 안정을 유지할 필요가 있기 때문에 척추동물과 절지동물에서 다리 움직임 순서가 유사하게 결정된다.

이 두 그룹의 걸음걸이에서 명백한 차이는 다리 수의 차이를 반영한다. 척추동물은 2개 혹은 4개의 다리로 걸으며, 모든 절지동물은 6개 혹은 그 이상의 다리를 가지고 있다. 절지동물의 많은 다리는 이

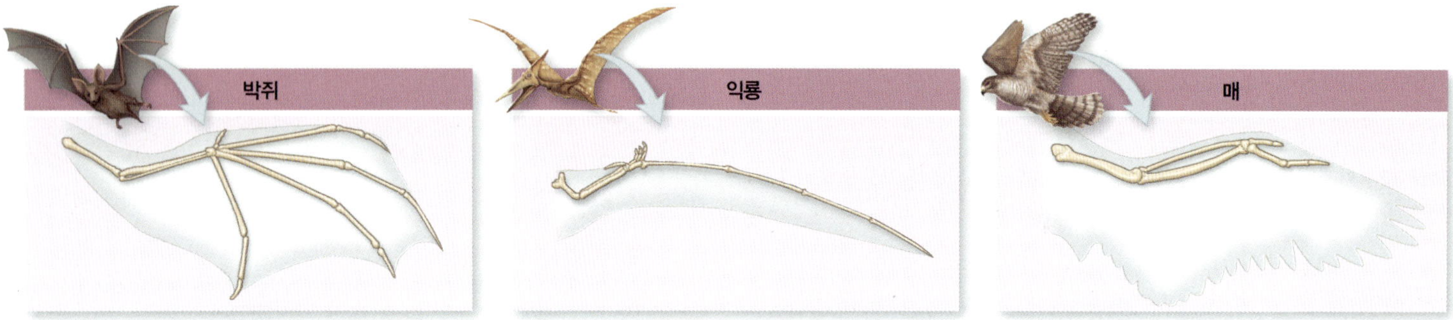

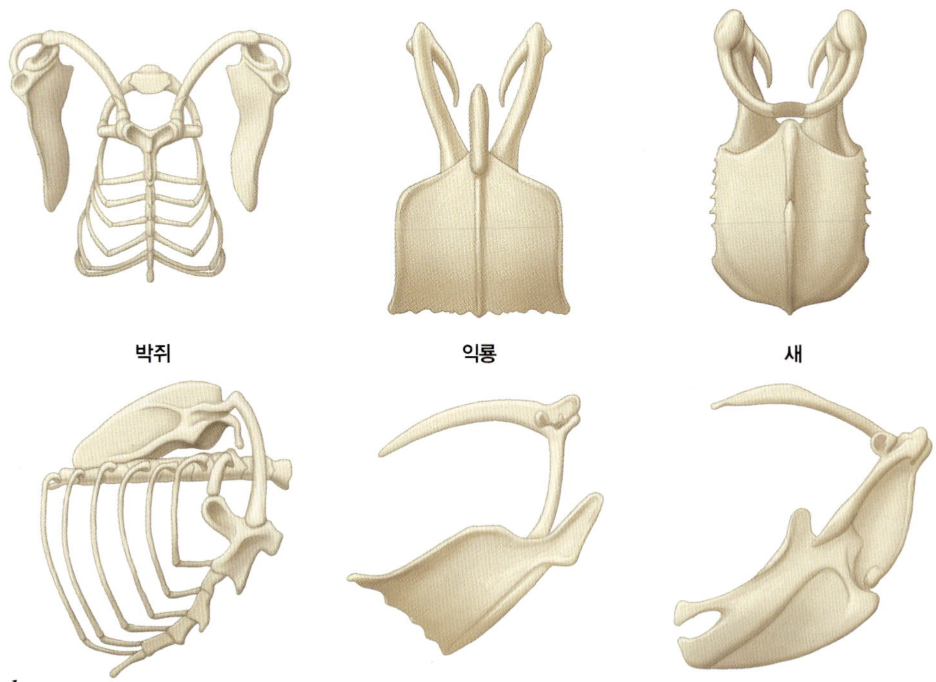

그림 29.24 척추동물 날개의 수렴진화.
a. 박쥐, 익룡 및 새에서 날개의 수렴진화는 서로 다른 뼈의 적응을 포함한다. ***b.*** 박쥐, 새 및 익룡 용골(가슴뼈의 확장)의 비교해부학.

동 중에 안정성을 증가시키지만 얻을 수 있는 최대 속도는 줄어드는 것으로 보인다.

도롱뇽에서 대부분의 포유동물에 이르기까지 네발짐승의 기본 걷기 패턴은 왼쪽 뒷다리, 오른쪽 앞다리, 오른쪽 뒷다리, 왼쪽 앞다리가 앞으로 가는 것이다. 말이 질주하는 것과 같이 네 발 포유동물이 최고로 달리는 속도는 동물이 어떤 시점에 단 하나의 다리에 몸을 지탱하거나 다른 시점에는 전혀 그렇지 않을 경우도 포함한다. 이것은 포유류가 4지와 척추의 구조 변화를 진화시켜 일련의 도약을 가능하게 했기 때문이다. 인간의 두발직립보행(bipedalism)은 골격의 여러 가지 변형으로 가능하게 되었다. 짧고 넓은 골반 부위와 S자 모양의 척추가 이 변화에 포함된다(**그림 29.22**).

캥거루, 토끼, 개구리와 같은 척추동물들은 효율적으로 도약한다. 개구리는 길쭉한 미단골(urostyle)과 요대(pelvic girdle)를 사용한다(**그림 29.22**). 그러나 높이뛰기 세계에서 진정한 챔피언은 곤충이다. 메뚜기와 같은 많은 곤충은 엄청난 다리 근육을 가지고 있으며, 몇몇 작은 곤충들은 자신의 몸길이의 100배 이상 높이로 뛰어오를 수 있다.

비행은 공기를 사용해 몸을 지탱한다

비행의 진화는 **수렴진화**(convergent evolution)의 전형적인 예로 곤충에서 한 번, 척추동물들 사이에서 세 번, 총 네 번의 진화가 독립적으로 일어났다. 척추동물의 3가지 비행 동물들은 앞다리를 날개 구조로 변형시켰다. 그러나 그들은 자연선택이 서로 다른 진화 과정을 통해 어떻게 비슷한 구조를 만들어 내는지를 설명해 주는 다른 방식으로 이루어졌다(**그림 29.24*a***). 새와 익룡(공룡과 함께 번성했던 멸종된 파충류) 모두에서 날개는 단일 지지대에서 만들어졌지만, 새에서는 요골, 척골 및 손목뼈가 늘어난 것인 반면, 익룡에서는 네 번째 손가락뼈가 연장되어 날개가 되었다. 대조적으로 박쥐에서 날개는 손가락뼈에서 연장된 여러 개의 뼈에 의해 지지된다. 두 번째 차이점은 익룡과 박쥐의 날개는 피부에서 형성된 막으로 구성되는 반면, 조류는 파충류 비늘에서 변형된 깃털을 사용한다는 점이다. 그러나 이 세 그룹 모두는 비행 근육의 부착을 위해 용골형의 흉골을 가지고 있다(**그림 29.24*b***).

모든 그룹에서 비행은 거의 동일한 방식으로 이루어진다. 추진력은 공기에 대항하여 날개를 아래로 밀어내면서 얻어진다. 이것만으로도 곤충은 공기 중에 떠 있기에 충분하다. 더 큰 척추동물은 더 큰 양력이 필요하며, 이는 날개 표면 위쪽이 아래쪽보다 더 돌출됨으로써 가능하다. 이는 공기가 표면 꼭대기 위를 지나갈 때 더 빨리 움직이기 때문이다. 공기와 같은 유체는 움직이는 것이 더 빠르면 내부 압력은 감소한다. 따라서 날개 위에서는 낮은 압력이, 날개 아래에서는 높은 압력이 존재한다. 이것은 비행기의 날개에 이용되는 것과 같은 원리이다.

새와 대부분의 곤충들에서 날개를 올리거나 내리는 것은 신근(extensor muscles)과 굴근(flexor muscles)의 교대 수축에 의해 이루어진다. 파리, 모기, 말벌, 꿀벌, 딱정벌레들을 포함하는 4가지 곤충강에 속하는 동물들은 초당 100~1000번 이상의 빈도로 날갯짓을 한다. 이는 신경이 자극을 전달하는 것보다 빠른 것이다.

이러한 곤충들에서 비행 근육은 날개에 전혀 붙어 있지 않고 오히려 흉부의 딱딱한 벽에 붙어 있으며 이것은 수축할 때 안팎으로 비틀어진다. 이 근육들이 그렇게 빠르게 수축할 수 있는 이유는 한 근육 세트의 수축이 다른 세트로 이어져 신경 자극이 도달하는 것을 기다리지 않고 바로 수축을 촉진하기 때문이다.

비행성이 아닌 많은 종에서 1차적으로 피부의 날개짓으로 표면적을 늘리고 하강률을 늦춤으로써 먼 거리를 활공할 수 있는 능력을 증진시키는 적응이 일어났다. 활주동물(gliders)은 여러 방식으로 이러한 활동을 할 수 있도록 진화되어 왔다. 그 실례로 날다람쥐와 뱀 그리고 도마뱀이 몸을 따라 피부가 퍼덕이는 것, 개구리 발가락 사이 물갈퀴 그리고 몇몇 도마뱀들 체벽 아래 넓혀진 갈비뼈들의 진화 등을 들 수 있으며, 이들은 날아갈 수 있는 커다란 표면이 연결된 피부를 가지고 있다.

핵심 요약 29.5

척추동물의 골격은 육상에서 살아가는 데 적응하였다. 운동은 보통 부속지인 신체 부위로 인해 물, 공기 또는 땅에 대해 생성되는 마찰 및 압력과 관련되어 있다. 걷고 달리거나 날기 위해서는 몸을 중력으로부터 지탱해야 한다. 날개의 상단과 하단에 흐르는 공기 사이의 압력 차로 인해 몸을 들어 올릴 때 비행이 이루어진다. 상동구조와 비상동구조 모두에서 운동을 위한 극복 방법들이 여러 차례 수렴진화하였다.

- 일련의 도약에 의한 이동이 다리를 교대로 움직여 이동하는 것보다 어떤 방식에서 유리할까?

핵심 개념 요약

29.1 골격계의 유형

■ 유체골격은 체벽 내의 수압을 이용한다

근육 수축으로 지렁이는 체액을 다른 부위로 밀어 넣어 움직이도록 한다(**그림 29.1**).

■ 외골격은 단단한 외부 덮개로 이루어진다

단단한 키틴으로 구성된 외골격은 생물이 성장할 수 있도록 탈피해야 한다(**그림 29.2**).

■ 내골격은 단단한 내부 구조로 이루어진다

척추동물의 내골격은 인산칼슘으로 무기질화될 수 있는 살아 있는 결합조직이다(**그림 29.3**).

29.2 뼈

■ 뼈 조직은 고도로 구조화되어 있다

긴뼈는 골막으로 덮여 있다. 뼈의 축은 골간이며 뼈의 끝 부분은 골단이라고 한다.

뼈는 골간과 골단이 접하는 부위인 성장판에서 길어진다.

뼈는 치밀뼈와 해면뼈라는 2가지 유형으로 구분된다. 치밀뼈에 있는 골세포는 뼈단위(하버스계)로 조직화된다. 뼈의 안쪽은 골수강으로 혈구세포 생성을 위한 골수를 담고 있다.

■ 뼈는 2가지 발달 방식에 의해 분류할 수 있다

막내 발달에서 뼈는 결합조직 층 내에서 형성된다(**그림 29.5**). 연골내 발달에서 뼈는 연골성 모형 안에 채워진다.

조골세포는 뼈 발달을 시작하며, 골세포는 조골세포로부터 형성된다. 파골세포는 뼈를 파괴하고 흡수한다.

뼈는 길어지고 넓어지며 자란다. 골단이 발달한 이후 남아 있는 연골은 뼈 표면 사이에서 완충대 역할을 한다.

■ 뼈 재구성은 스트레스나 질병에 대한 반응이다

뼈 구조는 사용 정도와 뼈에 가해지는 힘에 따라 두껍거나 얇아질 수 있다(**그림 29.7**).

29.3 관절

■ 움직일 수 있는 관절은 유형에 따라 동작 범위가 다르다

구와관절은 모든 방향으로 움직일 수 있다. 경첩관절은 제한된 움직임을 할 수 있다. 활주관절은 미끄러질 수 있으며 안정성과 유연성을 제공한다. 조합관절은 회전과 활주를 할 수 있게 해준다(**그림 29.9**).

29.4 근육 수축

■ 근육 수축은 몸을 움직인다

근육은 일반적으로 반대 그룹과 함께 발견된다. 굴근은 관절에서 각도를 줄이고 신근은 각도를 넓힌다.

대부분의 운동은 원하는 행동을 위해 근육을 켜고 끄는 데 필요한 고도로 조율된 신경 조절이 필요하다. 등장성 수축은 2두박근 운동을 할 때처럼 근육이 짧아지며 움직임을 유발한다. 등척성 수축은 옆에 있는 물건을 들 때처럼 근육이 짧아지지는 않지만 장력이 증가할 때 일어난다. 대부분의 운동은 등장성과 등척성 수축의 조합에 의해 이루어진다.

■ 골격근은 조직화된 구조를 가진다

■ 근섬유는 겹쳐 있는 필라멘트가 함께 미끄러지며 수축한다

액틴과 마이오신 필라멘트의 겹치는 정도에 따라 현미경상에서 근원섬유의 여러 가지 다른 띠가 보인다(**그림 29.13**). 근육 수축은 액틴과 마이오신 필라멘트가 교차다리를 형성하고 서로 상대적으로 활주할 때 일어난다.

ATP가 ADP와 P_i로 가수분해될 때, 마이오신의 구형 머리는 액틴과 교차다리를 형성한다. 연결될 때, 마이오신 머리는 가는 필라멘트를 근절의 중앙으로 당긴다. 그런 다음 머리는 새로운 ATP와 결합하여 액틴과의 연결이 끊어진다(**그림 29.17**).

■ 수축은 신경 자극 이후 칼슘 이온의 방출에 달려 있다

트로포닌에 의해 액틴에 부착되어 있는 트로포마이오신은 교차다리 형성을 차단한다. 신경 자극은 근소포체에서 세포질로 칼슘을 방출시키고, 트로포닌-칼슘 복합체가 형성되며 이 복합체는 트로포마이오신의 위치를 바꾸어 줌으로써 교차다리가 형성될 수 있도록 해준다(**그림 29.18**과 **그림 29.19**).

운동 단위는 하나의 운동뉴런과 그 가지에 의해 신경이 작용하는 모든 근섬유들로 구성된다(**그림 29.20**).

■ 근섬유의 2가지 주요 유형은 느린-연축섬유와 빠른-연축섬유이다

연축은 단일 근육 자극에서 수축과 이완 사이의 간격이다. 두 번째 연축이 첫 번째 연축에 부분적으로 첨가될 때 가중이 일어난다. 강축은 연축 사이에 이완이 없는 상태이다(**그림 29.21**).

골격근 섬유의 주요 2가지 유형은 느린-연축섬유(지구력)와 빠른-연축섬유(순발력)이다.

■ 근육의 물질대사는 부과되는 요구에 따라 달라진다

휴식할 때 골격근은 지방산 분해를 통해 에너지를 얻는다. 활성 상태에서는 포도당과 글리코젠으로부터 에너지를 얻는다.

근육 피로는 사용함에 비례해서 힘을 발생시키는 근육의 능력이 점점 감소하는 것이다.

지구력 훈련은 근육 크기를 증가시키지 않는다. 높은 저항에 대항하는 고강도 운동은 근육의 크기를 증가시킨다(비대).

29.5 척추동물 골격의 진화와 이동 방법

■ 4지동물에서 본 골격 진화

척추동물 골격은 육상 생활에 적응하기 위해 큰 변화를 겪었다(**그림 29.22**).

■ 유영 동물들은 물을 거슬러 이동할 때 마찰에 맞서야 한다

척추동물은 물에서 몸의 일부나 전부를 밀어냄으로써 수중 운동을 한다. 많은 척추동물은 추진을 위해 몸통이나 꼬리를 물결 모양으로 흔들지만, 어떤 동물은 팔다리를 사용한다(**그림 29.23**).

■ 육상 이동은 주로 중력을 다루어야 한다

대부분의 육상 동물들은 몸통을 바닥에서 들어 올리고 부속지로 바닥을 밀면서 움직인다. 걷거나 달리는 육상 동물들은 움직이는 데 근본적으로 동일한 기작을 사용한다.

■ 비행은 공기를 사용해 몸을 지탱한다

추진력은 날개가 공기를 밀어 낼 때 발생한다. 더 큰 생명체에 필요한 양력은 공기가 볼록한 날개의 위아래로 흘러가면서 생기는 압력 차에 의해 발생한다. 비행과 활공 모두에서 수렴진화는 서로 다른 진화 경로를 거쳤지만 동일한 결과를 가져왔다.

연습문제

1단계: 이해력 확인하기

1. 외골격과 내골격의 차이점은 무엇인가?
   a. 외골격은 단단하고 내골격은 유연하다.
   b. 내골격은 척추동물에서만 발견된다.
   c. 외골격은 칼슘으로 구성되어 있고, 내골격은 키틴으로 구성되어 있다.
   d. 외골격은 부드러운 조직의 외부에 있고, 내골격은 내부에 있다.
2. 지렁이는 유체골격을 사용하여 어떻게 이동하는가?
   a. 이들의 뼈는 물로 채워져 있으며 골격의 무게를 제공한다.
   b. 신체 구조의 변화는 물로 채워진 체액을 압박하는 근육 수축으로 인해 발생한다.
   c. 근육에는 수액포(water vacuole)가 들어 있으며, 수액포가 채워지면 단단한 내부 구조가 형성된다.
   d. 유체라는 용어는 단순히 수분이 많은 환경을 의미한다. 그들은 절지동물처럼 운동을 일으킨다.
3. 뼈는 기본 뼈대에 따라 2개의 기작 중 하나에 의해 발달한다. 두 기작이 맞게 짝지어진 것은 무엇인가?
   a. 막내 발달과 막외 발달
   b. 연골내 발달과 연골외 발달
   c. 막외 발달과 연골외 발달
   d. 연골내 발달과 막내 발달
4. 근수축의 근활주 기작을 가장 잘 설명한 것은 무엇인가?
   a. 액틴과 마이오신 필라멘트는 짧아지지 않으면서 서로를 활주하여 지나간다.
   b. 액틴과 마이오신 필라멘트는 짧아지면서 서로를 활주하여 지나간다.
   c. 서로를 활주하여 지나갈 때, 액틴 필라멘트는 짧아지지만 마이오신 필라멘트는 짧아지지 않는다.
   d. 서로를 활주하여 지나갈 때, 마이오신 필라멘트는 짧아지지만 액틴 필라멘트는 짧아지지 않는다.
5. 운동 뉴런은 무엇을 분비하여 근수축을 자극하는가?
   a. Ca^{2+}
   b. ATP
   c. 아세틸콜린
   d. 호르몬
6. 근육 대사 작용에 대해 잘못 설명한 것은 무엇인가?
   a. 휴식 상태에 있는 골격근은 대부분의 에너지를 근육에 저장된 글리코젠과 혈액의 포도당으로부터 얻는다.
   b. ATP는 크레아틴 인산으로부터 분리된 인산과 ADP의 결합으로 빠르게 얻을 수 있다.
   c. 운동 강도는 산소 소비의 최대 비율과 연관되어 있다.
   d. 근소포체로 Ca^{2+}을 다시 퍼 들이기 위해서는 ATP가 필요하다.
7. 하나의 근육세포 내에서 한 번의 수축 주기 동안 ATP 사용에 대하여 알아보려고 할 때, 어떠한 과정을 이용하는 것이 좋은가?
   a. 가중(summation)
   b. 연축(twitch)
   c. 계단현상(treppe)
   d. 강축(tetanus)
8. 다음을 순서대로 배열한 것은 무엇인가?
   1. 근소포체에서 Ca^{2+}를 방출한다.
   2. 마이오신은 액틴과 결합한다.
   3. 뉴런으로부터 활동전위가 도달한다.
   4. Ca^{2+}는 트로포닌에 결합한다.

   a. 1, 2, 3, 4
   b. 3, 1, 2, 4
   c. 2, 4, 3, 1
   d. 3, 1, 4, 2

■2단계: 적용력 평가하기

1. 두 사람의 X선 사진을 찍었다. 한 사람은 30년 동안 무거운 것을 들어 올리면서 보디빌더를 해왔고, 다른 사람은 대부분의 시간을 앉아서 생활하며 지내왔다. 이 두 사람의 X선 사진은 어떻게 다를 것이라고 예상되는가?

   a. 차이가 없을 것이다. 그들 모두 나이에 비례하여 자연적으로 뼈가 두꺼워져 젊은 사람보다 뼈가 두꺼울 것이다.
   b. 차이가 없을 것이다. 생활 방식은 뼈 밀도에 영향을 주지 않는다.
   c. 물리적 스트레스의 영향으로 앞 사람의 뼈가 더 두꺼울 것이다.
   d. 앉아서 생활하는 습관 때문에 뼈에 지방조직이 축적되어 두 번째 사람의 뼈가 더 두꺼울 것이다.

2. 쥐에서 Ca^{2+} 저장에 문제가 있는 질병을 찾았다고 할 때, 이러한 Ca^{2+} 저장의 불능이 근수축에 미칠 영향은 무엇인가?

   a. Ca^{2+}는 트로포마이오신에 결합할 수 없으며, 이를 통해 트로포닌이 이동하여 교차다리를 위한 결합 부위를 드러낼 수 없게 한다.
   b. Ca^{2+}는 이온은 트로포닌에 결합할 수 없으며, 이를 통해 트로포마이오신이 이동하여 교차다리를 위한 결합 부위를 드러낼 수 없게 한다.
   c. Ca^{2+}는 이온은 트로포마이오신에 결합할 수 없으며, 이를 통해 트로포닌이 ATP를 방출할 수 있게 한다.
   d. Ca^{2+}는 이온은 트로포닌에 결합할 수 없으며, 이를 통해 트로포마이오신이 ATP를 방출할 수 있게 한다.

3. 공간에서 손을 움직일 때 근육은 어떻게 작용하는가?

   a. 수축에 의해
   b. 관절을 가로질러 두 뼈에 부착됨으로써
   c. 길이가 늘어나서
   d. a, b 둘 다 맞다.

4. 골세포는 뼈 속에서 어떻게 살아남을 수 있는가?

   a. 뼈는 죽었거나 휴면 상태에 있는 세포들로만 구성되어 있다.
   b. 하버스관은 골세포에게 영양분을 제공하는 혈관을 가진 뼈 구조이다.
   c. 골세포는 뼈에서 튀어 나와 주변 체액과 물질을 교환할 수 있는 막 연장 부위를 가지고 있다.
   d. 뼈는 중앙이 비어 있고 압력이 낮으므로 혈액으로부터 체액을 끌어들여 골세포에 영양분을 공급한다.

5. 추진력을 얻기 위해 네 발을 이용하여 수중에서 헤엄치는 것은 공기를 뚫고 비행하는 것과 유사하다. 그 이유는 무엇인가?

   a. 조류는 2가지 모두를 할 수 있는 척추동물의 유일한 부류이다.
   b. 둘 다 앞다리와 뒷다리의 협동적 이동이 관여한다.
   c. 둘 다 마찰력에 의해 유발되는 강한 힘에 대응해야 한다.
   d. 둘 다 중력을 거슬러 공기나 물을 밀어냄으로써 양력을 발생시키는 것이 관여한다.

6. 아세틸콜린(Ach) 분비가 저해되면 어떤 일이 일어나겠는가?

   a. 체성운동뉴런이 활성화되지 않는다.
   b. 체성운동뉴런 자극이 근섬유 수축으로 이어지지 않는다.
   c. 마이오신 분자가 ADP를 방출하지 못한다.
   d. 소듐 이온의 유입이 근육세포막의 탈분극을 유도할 것이다.

■3단계: 사고력 함양하기

1. 지구보다 중력이 큰 행성에서 이용할 우주 탐험선을 설계하고자 할 때, 유체골격과 외골격 중 어느 것을 선택할 것인가? 그 이유는 무엇인가?
2. 있는 힘껏 달리기 시작한 다음, 이어서 가벼운 달리기를 했다. 이렇게 운동이 바뀌는 동안 골격근이 이용하는 에너지원은 어떻게 바뀌는가? 그 이유는 무엇인가?
3. 신경가스 사린(methylphosphonofluoridic acid, sarin)은 아세틸콜린을 분해하는 데 필요한 아세틸콜린에스터레이스(acetylcholinesterase)의 작용을 억제한다. 이러한 사실에 근거하면, 이 신경가스가 근육의 기능에 미치는 영향은 무엇인가?
4. 자연선택이 여러 유형의 척추동물에서 날개의 진화를 선호한다면, 같은 방식으로 구축된 구조를 만들지 않는 이유는 무엇인가?

30

소화계

도입

식물과 광합성 생물은 무기물로부터 필요한 유기물을 만들 수 있는 독립영양생물이다. 사진에서 보는 원숭이와 같은 동물은 종속영양생물로 다른 생물체로부터 유기물을 섭취해야 한다. 종속영양생물이 섭취한 분자들이 체내로 흡수되기 위해서는 작은 분자로 소화되어야 한다. 소화 산물은 세포호흡을 통해 필요한 에너지를 만드는 데 이용되거나 조직을 구성하는 거대분자를 만드는 데 이용된다. 이번 장에서는 동물의 소화과정을 살펴본다.

30.1 소화계의 종류

학습 목표

1. 특수화된 소화계의 특성에 대해서 설명할 수 있다.
2. 척추동물의 소화관의 구성 요소를 나열할 수 있다.
3. 위장관의 조직층에 대해 설명할 수 있다.

종속영양생물(heterotroph)은 먹이원에 따라 3가지로 구분된다. 식물만 먹는 동물을 **초식동물**(herbivore)이라고 하며, 풀을 먹는 달팽이와 수액을 빨아먹는 곤충 외에 소, 말, 토끼, 참새 같은 척추동물들을 들 수 있다. 다른 동물을 먹는 오징어, 게, 곤충, 고양이, 독수리, 송어, 개구리 등은 **육식동물**(carnivores)이라 하고, 식물과 다른 동물을 모두 먹는 동물을 **잡식동물**(omnivores)이라 한다.

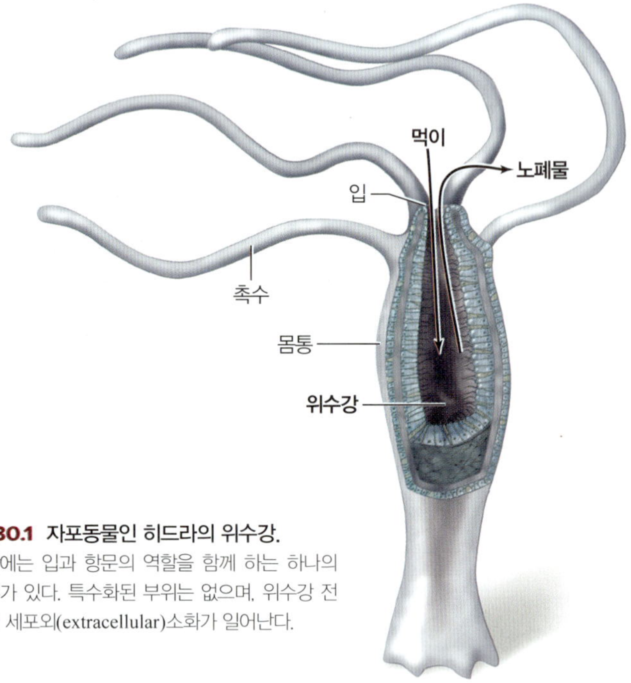

그림 30.1 자포동물인 히드라의 위수강.
위수강에는 입과 항문의 역할을 함께 하는 하나의 개구부가 있다. 특수화된 부위는 없으며, 위수강 전체에서 세포외(extracellular)소화가 일어난다.

무척추동물의 소화계는 자루 혹은 관 모양이다

단세포생물이나 해면동물(sponges)은 먹이를 세포 내에서 소화한다. 다세포생물은 먹이를 소화강(digestive cavity)내의 세포 밖에서 소화하는데, 이 경우 소화 효소가 외부와 이어진 소화강으로 분비된다. 자포동물(cnidarians)과 플라나리아 같은 편형동물은 입과 항문의 역할을 함께하는 하나의 개구부를 지닌 소화강을 가진다. **위수강**(gastrovascular cavity)이라 부르는 이 소화계는 특수화되어 있지 않으며 모든 세포가 전체 소화 과정에 관여한다(**그림 30.1**).

특수화는 소화관이 입과 항문으로 구분될 때 나타나는데, 이때 먹이는 한쪽 방향으로만 이동한다. 특수화된 소화관 중 가장 원시적인 소화관은 선형동물(선형동물문)에서 볼 수 있는데 단순히 상피 막으로 둘러싸인 관 모양의 **장**(gut)을 가진다. 지렁이(환형동물문)는 섭취, 저장, 분쇄, 소화, 흡수를 담당하는 각기 다른 부위의 특수화된 소화관을 가진다. 모든 척추동물을 비롯한 많은 고등동물에서 이와 유사한 특수화를 보인다(**그림 30.2**).

섭취된 먹이는 소화관의 특정 부위에 저장되거나 물리적 분쇄가 일어난다. 물리적 분쇄는 척추동물의 입에 위치한 치아의 저작 작용(chewing action), 또는 지렁이나 새의 모래주머니의 마쇄 작용(grinding action)을 통해 일어난다. 그런 다음 화학적 소화가 일어나서 다당류와 2당류, 지방과 단백질 등의 거대분자가 가장 작은 구성단위로 분해된다.

화학적 소화는 가수분해 작용(hydrolysis reaction)을 통해 음식물을 단당류, 아미노산, 지방산으로 분해한다. 이러한 화학적 소화의 산물은 장의 상피를 통해 **흡수**(absorption)되어 혈액으로 들어간다. 그리고 흡수되지 않은 분자들은 동물에 의해 사용되지 못하므로 항문을 통해 배출된다.

척추동물의 소화계는 식습관에 의해 형성된 고도의 특수 구조를 가진다

사람 및 다른 척추동물의 소화계는 관 모양의 위장관(tubular gastrointestinal tract)과 부속기관으로 구성된다(**그림 30.3**).

소화관

위장관의 시작 부위는 입(mouth)과 인두(pharynx)이며, 인두는 구강과 비강에 모두 연결된 공통의 통로이다. 인두는 근육성 관인 식도(esophagus)로 연결되고 식도는 1차적 소화가 일어나는 위(stomach)와 연결된다.

음식물은 위에 연결된 소장(small intestine)으로 넘어가며 여러 가지 소화 효소에 의해 소화가 일어나고, 소화 산물은 섭취된 물, 무기질과 함께 소장벽에서 흡수되어 혈관으로 들어간다. 흡수되지 않고 남은 물질은 대장(large intestine)으로 내려가는데 그곳에서 잔여

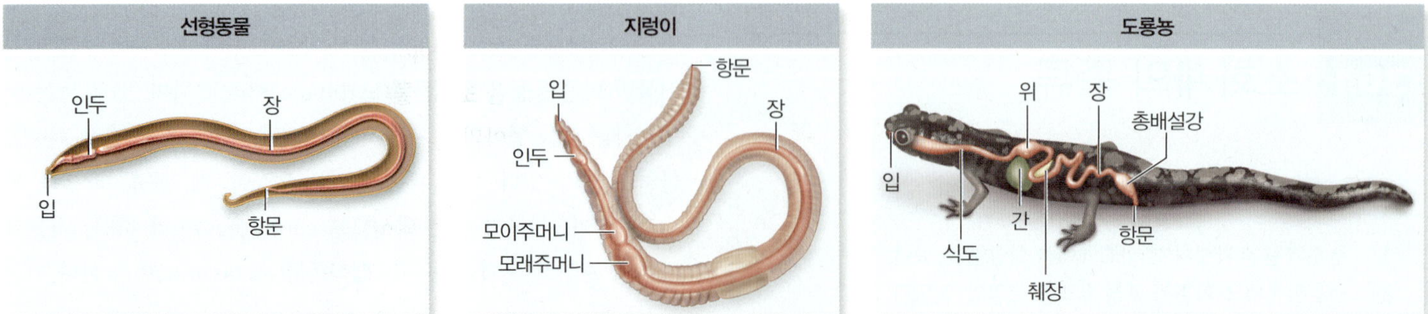

그림 30.2 선형동물, 지렁이, 척추동물의 소화관.
먹이가 소화관을 따라 한쪽 방향으로 이동하며, 각 부위마다 다른 기능을 하도록 특수화되어 있다.

수분과 무기질이 흡수된다.

포유동물 외에 대부분의 척추동물에서는 대장에서 나가는 배설물이 총배설강(cloaca)으로 들어가며(**그림 30.2**), 비뇨계와 생식계의 산물도 여기에 모인다. 포유동물에서 비뇨생식계 산물은 대장에서 나오는 배설물과는 분리되며, 대장 배설물은 직장으로 들어가서 항문을 통해 배출된다.

부속 소화 기관으로 **담즙**(bile, 지방을 유화시키는 녹색의 액체)을 생성하는 간(liver)과 담즙을 저장하고 농축하는 담낭(쓸개, gallbladder), 그리고 췌장(이자, pancreas)이 있다. 췌장은 **췌장액**(pancreatic juice)을 만드는데, 소화 효소와 중탄산염 완충액을 포함하고 있다. 담즙과 췌장액은 소장의 첫 번째 영역인 십이지장(duodenum)으로 분비된다.

소화관의 조직

척추동물의 관 모양 위장관은 층상 구조를 가진다(**그림 30.4**). 가장 안쪽 층은 **점막**(mucosa)으로 내강과 직접 접하는 상피이다. 그 다음은 결합 조직으로 이루어진 **점막하층**(submucosa)이다.

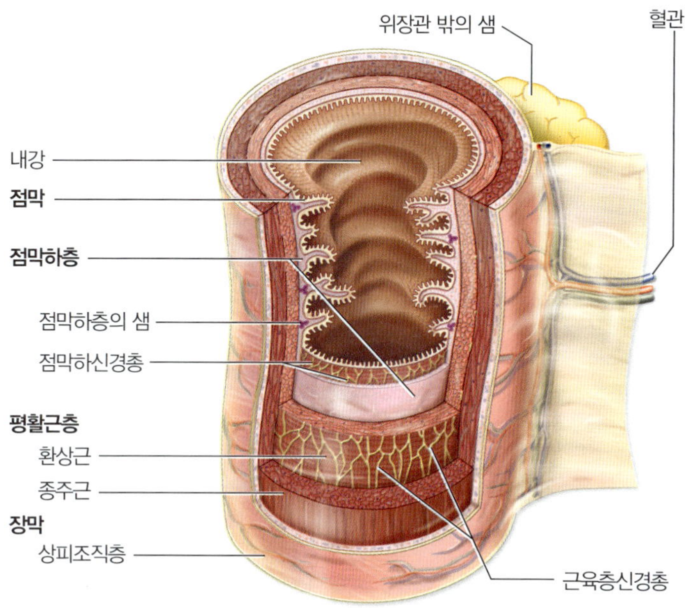

그림 30.4 위장관의 층상 구조.
점막은 내강을 둘러싸는 상피로 되어 있고, 점막하층은 결합조직으로, 평활근층은 평활근으로 이루어져 있다. 샘에서는 물질의 분비가 일어나 관을 통해 위장관의 특정 부위로 배출한다.

점막하층 바로 바깥 부분은 2중의 평활근으로 이루어진 **평활근층**(muscularis)이다. 안쪽의 평활근은 환형으로 배열되어 장의 내경을 수축시키는 역할을 하고 바깥쪽의 평활근은 세로로 배열되어 장을 종방향으로 수축하여 길이를 짧게 한다. 소화관의 가장 바깥쪽에는 관의 외부 표면을 덮는 상피조직층인 **장막**(serosa)이 있다. 근육층 사이에 서로 얽힌 신경망은 **신경총**(plexuses)이라 하며 점막하층에 위치하여 위장관 활동을 조절하는 데 도움을 준다.

이번 장에서는 척추동물 소화계의 구조 및 기능에 대해 좀 더 자세히 알아보고, 마지막으로 척추동물 소화계의 다양성에 대해 논의하며 마친다.

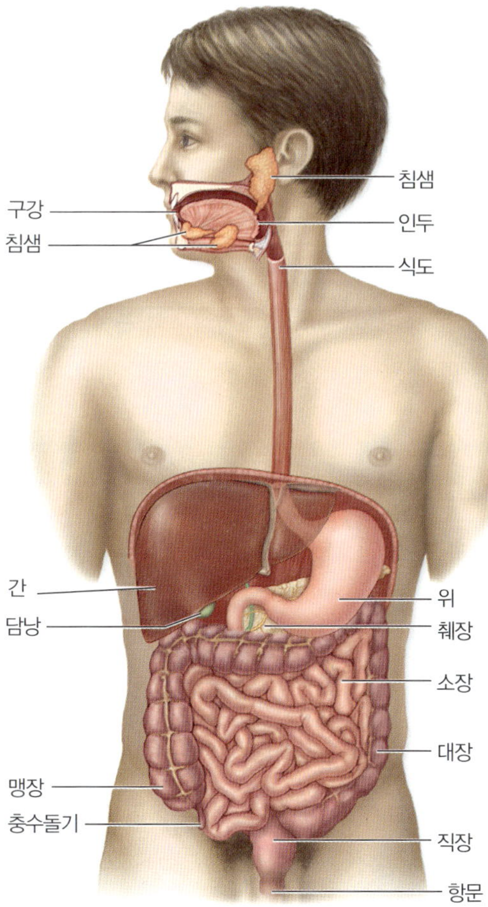

그림 30.3 사람의 소화계.
사람의 소화계는 구강, 식도, 위, 소장, 대장, 직장, 항문으로 이루어지고 부속기관의 도움을 받는다.

핵심 요약 30.1

소화계가 특수화됨에 따라 음식물이 출입구와 배출구를 통해 한쪽 방향으로 흘러가며, 각 영역은 다른 특수한 역할을 하도록 분화되었다. 척추동물의 소화계는 입, 인두, 식도, 위, 소장, 대장, 총배설강 혹은 직장, 항문 그리고 부속기관을 포함한다. 관 모양의 위장관 조직층은 점막, 점막하층, 평활근층, 그리고 장막으로 구성된다.

■ 한쪽 방향의 소화계의 장점은 무엇일까?

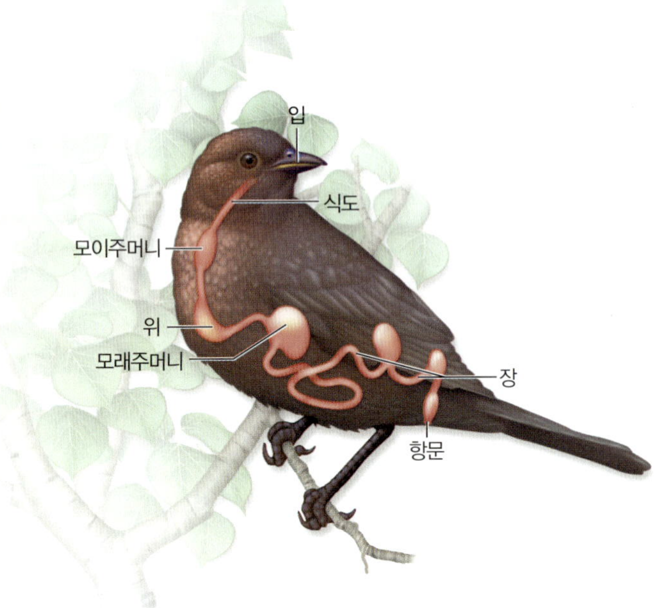

그림 30.5 조류의 소화관.
조류는 이가 없지만 모래주머니라 부르는 근육 주머니를 가지고 있어 먹이를 부수는 역할을 한다. 조류는 모래나 조약돌을 삼켜 모래주머니에 저장하여 장에 들어가기 전의 먹이를 분쇄한다. 먹이는 모이주머니에 저장된다.

30.2 입과 치아: 먹이 포획과 처리

학습 목표

1. 적응에 따른 척추동물의 치아 형태의 변이를 설명할 수 있다.
2. 소화 과정에서 입의 역할을 설명할 수 있다.

척추동물에서 소화계의 특수화는 이들이 살아가는 방식을 반영한다. 조류는 이가 없지만 음식을 부수는 2개의 방으로 구분된 위를 가지고 있다(**그림 30.5**). 이중에 하나인 **모래주머니**(gizzard)는 삼킨 모래와 근육 운동으로 씨앗이나 딱딱한 식물조직을 소화하기 쉬운 작은 덩어리로 마쇄(grinding)한다.

척추동물의 치아는 먹이 종류에 따라 적응되었다

많은 척추동물은 먹이를 잘게 부수고 액상의 분비물과 혼합하는 **저작**(mastication 또는 chewing) 기능을 하는 치아를 가진다(**그림 30.6**). 육식 포유동물의 이는 갈기에 알맞은 편평한 표면이 아니라 자르고 찢기에 적합한 구조를 지니고 있다. 소화효소가 먹이인 동물세포에 직접 작용하므로, 육식동물은 종종 먹이를 뜯어먹지만 씹지는 않는다. 그에 비해 풀을 먹는 초식동물은 혹위(rumens)나 맹장(cecum)에 있는 세균들이 분해하기 전에 먼저 식물 조직의 셀룰로스 세포벽을 분쇄해야 한다. 이런 동물은 갈기에 적합한 많은 융기를 가진 크고 편평한 치아를 가진다.

사람의 치아는 식물성 및 동물성 음식을 모두 먹을 수 있도록 특수화되어 있다. 사람의 앞쪽 치아는 육식동물과 유사하고 뒤쪽에 있는 치아는 초식동물과 유사하다(**그림 30.6**). 위턱과 아래턱에 있는 앞니 4개는 날카로워서 물어뜯는 데 사용되고, 앞니 양 옆에 있는 송곳니는 음식을 찢는 데 이용된다. 송곳니 뒤쪽에 있는 2개의 작은어금니와 3개의 어금니는 표면이 납작하고 융기가 있어 음식을 갈고 부수는 역할을 한다.

입은 음식 섭취 및 초기 과정을 담당한다

입안의 혀는 음식물과 침(saliva)을 섞어준다. 사람은 3쌍의 침샘(salivary glands)이 있고 점막층에 있는 관을 통해 침이 입안으로 분비된다. 침은 음식을 축축하고 매끄럽게 하여 쉽게 삼킬 수 있게 하고 식도의 조직에 걸리지 않고 잘 지나가도록 해준다.

침에는 가수분해효소인 아밀레이스(amylase)가 있어 다당류(polysaccharide)인 녹말을 2당류(disaccharide)인 엿당(맥아당, maltose)으로 분해한다. 그러나 사람은 음식을 오래 씹지는 않기 때문에 입에서의 소화는 매우 미미하다.

침샘의 자극

침샘의 분비 작용은 신경계에 의해 조절되며, 사람의 침은 입안이 비어 있을 때 분당 약 0.5 mL씩 지속적으로 분비되어 입안을 항상 축축한 상태로 유지한다.

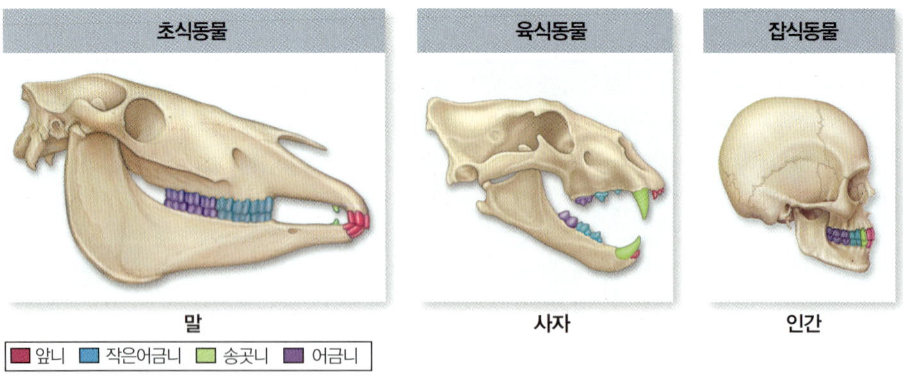

그림 30.6 식습관에 따른 치아.
초식동물, 육식동물 및 잡식동물의 치아는 그들의 식습관에 적합하도록 진화하였다.

탐구문제 왜 모든 동물이 아무것이나 먹을 수 있는 잡식성 동물의 치아를 갖지 않는지 설명해 보시오.

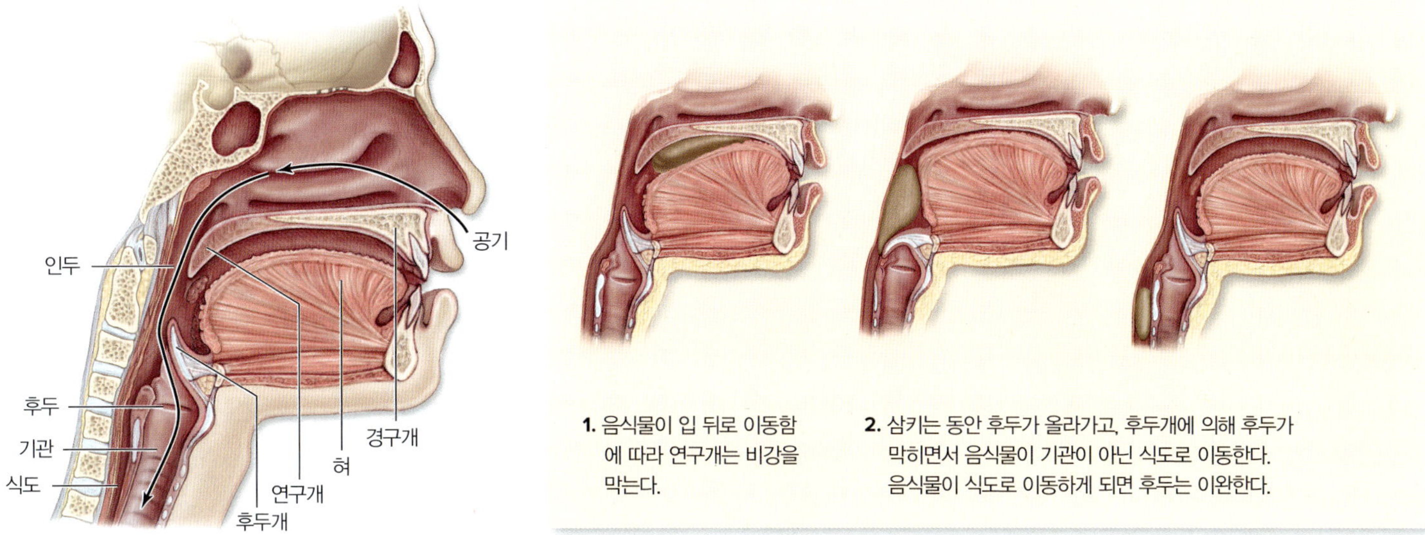

그림 30.7 삼킴 작용.
머리부터 인후까지의 횡단면(왼쪽). 음식물을 삼키는 동안(오른쪽) 혀가 입천장을 밀어 올리고 연구개는 비강을 막는다. 후두가 올라감으로써 후두개는 기관을 막아 음식이 기도로 들어가는 것을 방지한다.

? **탐구문제** 사레가 걸리게 되면 어떤 문제가 생기겠는가?

입 속으로 음식이 들어오면 침의 분비가 촉진되는데, 이는 후각 뉴런(olfactory neuron)뿐만 아니라 입안의 미뢰가 뇌에 자극을 전달하고, 뇌는 다시 침샘을 자극하기 때문이다(27장 참조). 가장 강력한 자극은 산성 용액으로, 예를 들어 레몬주스는 침의 분비 속도를 8배 증가시킨다. 많은 동물의 경우 음식을 보고, 듣고, 냄새 맡는 것으로 침의 분비가 크게 증가하지만, 사람은 음식에 대하여 생각하거나 말하는 것만으로도 이런 효과가 나타난다.

삼키기

삼킴 과정(연하, swallowing)은 자발적(voluntary)인 행동으로 시작되지만 불수의적(involuntary) 조절을 받으며 지속된다. 음식을 삼킬 때, 혀는 입 뒤로 음식을 보낸다. 포유동물의 경우 삼킴 과정은 연구개(soft palate)가 올라가며 인두(pharynx)의 후벽을 밀면서 시작된다(**그림 30.7**). 연구개가 들어 올려지면서 비강을 막아 음식이 비강 쪽으로 들어가지 않는다. 인두에 대한 압박이 가해지면 자율적이고 불수의적인 반응, 즉 삼킴 반사(swallowing reflex)가 유도되고, 이 반사작용은 한 번 시작되면 멈추지 않는다.

인두 벽에 있는 뉴런은 뇌의 삼킴 중추에 자극을 전달하고, 자극을 받은 뇌에서 나오는 전기 자극은 운동뉴런을 따라 전달된다. 이 자극은 근육을 수축시켜 **후두**(larynx)를 들어 올리고 기관으로 연결되는 입구인 성문(glottis)을 **후두개**(epiglottis) 쪽으로 밀게 된다. 이러한 작용이 음식물을 기도로 들어가지 않고 식도로 내려가게 한다.

핵심 요약 30.2

치아가 있는 척추동물에서 치아의 모양은 먹이에 따라 적응한다. 초식동물은 음식을 갈기 위해서 크고 평평한 이를 가지고 있는 반면, 육식동물은 찢기 위해서 뾰족한 이를 가진다. 입은 섭취한 음식의 맛을 느끼고, 분해하며, 삼키기 전에 침을 분비하여 소화를 시작하는 초기 과정을 담당한다.

■ 소화 과정에서 치아의 유형에 따른 입의 역할을 설명해 보자.

30.3 식도와 위: 소화의 시작

학습 목표

1. 식도를 통한 음식물의 이동에 대해 설명할 수 있다.
2. 위에서 일어나는 소화 과정을 설명할 수 있다.

삼킨 음식은 인두와 위를 연결하는 식도(esophagus)라고 부르는 근육으로 된 관으로 들어간다. 식도는 처리된 음식 **덩어리**(bolus)를 근육의 작용으로 잘 이동시켜 소화의 초기 단계를 수행하는 위로 운반한다.

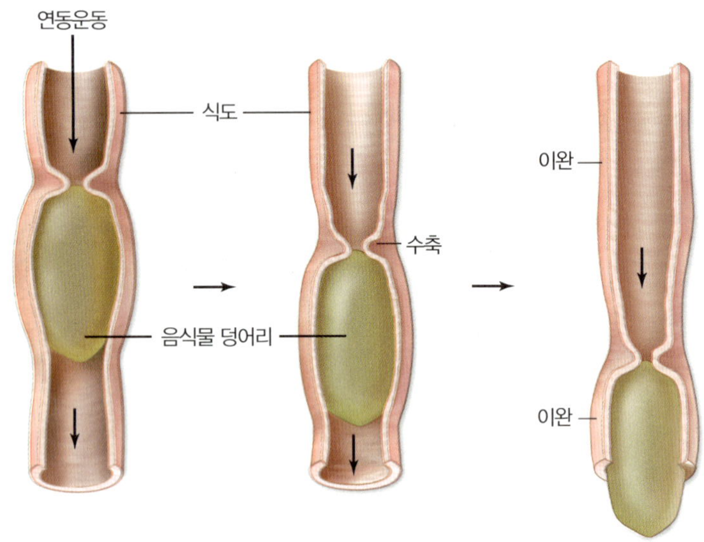

그림 30.8 식도와 연동운동.
음식물이 식도로 들어간 후, 연동운동이라고 부르는 율동적인 근육 수축에 의해 음식물이 위로 내려간다.

식도는 근육을 수축시켜 음식물을 이동시킨다

성인 식도의 길이는 약 25 cm이다. 식도의 위쪽 1/3은 삼킬 때 수의적 조절이 이루어지는 골격근으로 싸여 있고, 아래쪽 2/3은 불수의적인 평활근으로 싸여 있다. 삼킴(연하) 중추는 이러한 근육을 자극하여 한쪽 방향으로 연속적인 수축 파동을 일으켜 음식을 식도에서 위로 이동시킨다. 이러한 율동적인 근수축 파동을 **연동운동**(peristalsis)이라고 하며(**그림 30.8**), 이는 사람이나 다른 척추동물이 거꾸로 매달려도 음식을 삼키는 것을 가능하게 한다.

많은 척추동물에서 식도에서 위까지 음식의 이동은 환상의 평활근인 **괄약근**(조임근, sphincter)에 의해 조절되는데, 괄약근은 음식으로 인한 압력에 반응하여 열리게 되고, 괄약근의 수축은 위 속의 음식이 식도로 역류하는 것을 막아준다. 설치류와 말은 이 부분에 진정 괄약근이 있기 때문에 먹이를 토할 수 없으며, 사람은 진정 괄약근이 없다. 음식을 삼킬 때를 제외하고 식도는 보통 닫혀 있다.

위 내에서 음식물은 산에 의해 분해된다

위(stomach)는 소화관 중 주머니 모양의 부분이다(**그림 30.9**). 위의 내벽에는 많은 주름이 있어서 비어 있을 때는 접혀 있고 음식으로 채워져 있을 때는 풍선처럼 확장된다. 사람의 위는 비어 있을 때 약 50 mL의 용량이지만 음식으로 가득 채우면 2~4 L까지 담을 수 있다. 팽창 능력이 큰 위를 가지는 것은 한꺼번에 많은 먹이를 산발적으로 먹는 육식동물에게 중요한 생존 전략이다.

위의 분비 시스템

위는 3중으로 된 평활근층을 가지며, 이는 점막의 위분비샘(gastric gland)에서 분비되는 산성의 **위액**(gastric juice)과 음식물을 혼합한다. 외분비샘에는 **점액분비세포**(mucus-secreting cell), 염산(HCl)을 분비하는 **벽세포**(parietal cell), **펩시노겐**(pepsinogen)을 분비하는

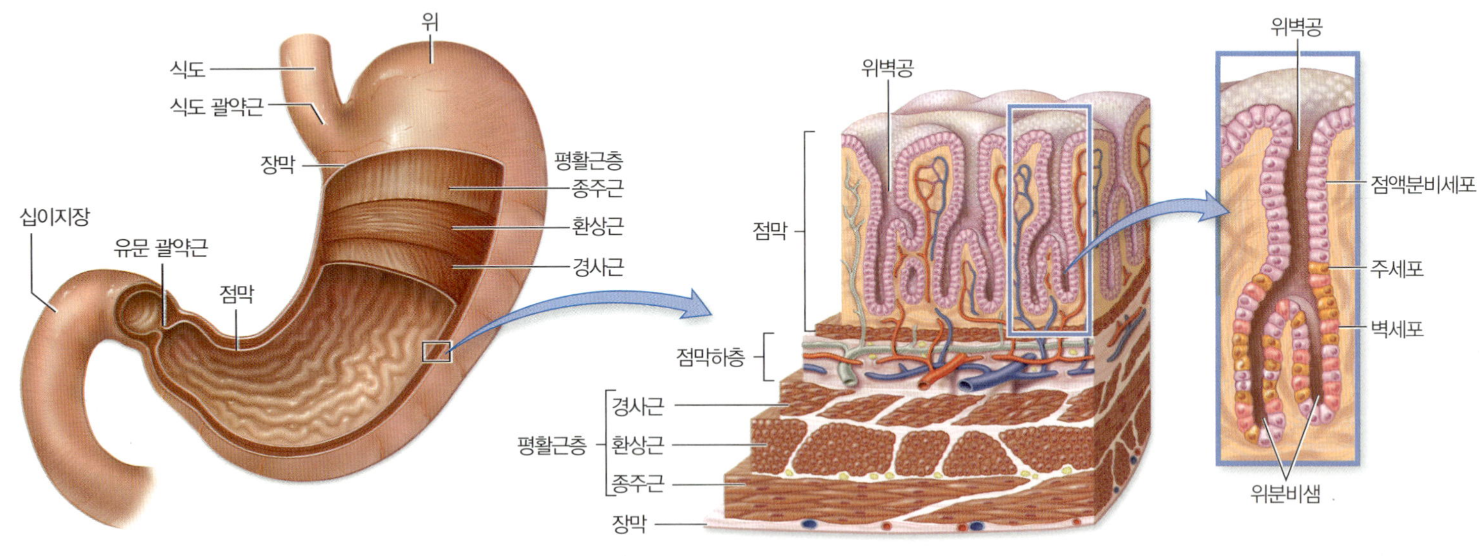

그림 30.9 위와 십이지장.
음식물은 식도에서 위로 들어가고, 유문 괄약근이라는 고리 모양의 평활근은 소장의 윗부분인 십이지장으로 음식이 내려가는 것을 조절한다. 위의 상피벽에는 위분비샘을 포함하는 깊은 주름인 위벽공(gastric pit)이 산재해 있다. 위분비샘은 점액분비세포와 펩시노겐을 분비하는 주세포, 염산을 분비하는 벽세포로 이루어져 있다. 위벽공은 위분비샘의 입구 부분이다.

? 탐구문제 소화계는 스스로 분비한 강산의 위액으로부터 어떻게 손상 받지 않을 수 있는가?

주세포(chief cell) 등 3종류의 분비 세포가 있다. 펩시노겐은 단백질분해효소(protease)의 일종인 **펩신**(pepsin)의 불활성화 형태이다.

펩시노겐은 활성 부위를 막고 있는 44개의 아미노산이 추가적으로 있다. 염산은 펩시노겐의 44개 아미노산을 제거하고, 아미노산이 제거된 펩시노겐은 활성 부위가 노출된 단백질분해효소인 펩신을 생성한다. 펩시노겐은 주세포 밖에서 펩신으로 전환되므로, 이를 분비하는 주세포는 펩신에 의해 소화되지 않는다. 위의 점액은 점액분비세포에서 생산되고 내벽을 둘러싸 위벽이 소화되는 것을 막아준다.

벽세포는 염산 외에도 장에서 바이타민 B_{12} 흡수에 필요한 폴리펩타이드(polypeptide)인 **내인인자**(intrinsic factor)를 분비한다. 바이타민 B_{12}는 적혈구 생산에 필요하므로 충분한 내인인자가 없는 사람은 **악성 빈혈**(pernicious anemia)이 발생할 수 있다.

산의 작용

사람의 위는 매일 2 L의 염산과 다른 물질들을 분비하여 강한 산성의 위액을 생성한다. 위액의 염산 농도는 약 10 mM이며 pH 2 정도로, 정상 pH가 7.4인 혈액보다 약 25만 배 높은 산성을 띠게 된다.

높은 산도 때문에 음식물 속의 단백질이 소화되기 쉽게 변성되고, 펩신이 최대로 활성화된다. 활성화된 펩신은 음식물이 소장으로 이동하기 전까지 단백질을 중간 분해산물인 짧은 폴리펩타이드 사슬로 분해한다. 이렇게 부분적으로 소화된 음식과 위액의 혼합물을 **유미즙**(chyme)이라 한다. 사람의 위에서 단백질은 부분적으로 소화되고, 탄수화물이나 지방은 거의 소화되지 않는다.

위 안의 산성 용액은 음식과 함께 들어온 대부분의 세균을 죽이지만, 살아남은 일부 세균은 장, 특히 대장으로 들어가서 자라고 증식한다. 실제로 척추동물은 장내에 세균 군집(colony)을 유지하고 있으며, 이 세균은 배설물의 주요 구성 성분이다. 또한 세균은 반추동물의 소화관에 서식하면서 셀룰로스를 소화하는 데 중요한 역할을 한다(30.8절 참조).

궤양

위산이 과다하게 분비되면 위와 십이지장의 벽이 손상되고 궤양(ulcer)을 일으킨다. 한때 매운 음식이 궤양의 가장 흔한 원인으로 알려졌으나, 현재는 헬리코박터균(*Helicobacter pylori*)의 감염에 의한 것으로 알려져 있다.

*H. pylori*는 산을 중화할 수 있는 완충액을 분비함으로써 높은 산성 환경인 사람의 위 속에서 살아남을 수 있다. 미국의 경우 이 균에 감염된 사람이 40세 이하에서 약 20%, 60세 이상에서는 50%로 매우 흔하게 나타나지만, 대부분의 사람은 궤양이 발생하지 않는다. 하지만 *H.pylori*는 위나 십이지장의 점액층을 감소시키거나 약화시켜 산성 분비물에 의한 상피층의 손상을 유발한다. 항생제 치료로 이런 감염에 대한 증상을 완화시키고 궤양을 낫게 할 수 있다.

위에서 소장으로의 이동

유미즙은 **유문 괄약근**(pyloric sphincter)을 통과하여 위를 떠나 소장으로 들어간다(**그림 30.9**). 소장에서는 탄수화물, 지방, 단백질의 최종 소화가 일어나며, 소화 산물인 아미노산과 포도당 등은 혈액으로 흡수된다. 유미즙 내 물 일부와 아스피린이나 술 같은 소량의 물질만이 위 벽을 통해 흡수된다.

핵심 요약 30.3

평활근의 수축과 이완으로 인한 연동 파동은 음식물을 식도에서 위로 이동시킨다. 위액에는 강한 위산과 펩신이라는 단백질분해효소가 있어 단백질을 짧은 폴리펩타이드로 분해한다. 이후 산성의 유미즙은 유문 괄약근을 통과하여 소장으로 진입한다.

■ 치킨 샌드위치(닭가슴살, 마요네즈, 빵)를 먹었다고 가정할 때, 이 음식 중 어느 것이 위에서 소화가 시작될까?

30.4 장: 분해, 흡수, 배출

학습 목표

1. 소장과 대장의 구조를 비교할 수 있다.
2. 흡수된 영양분이 혈액이나 림프로 이동하는 방법에 대해 설명할 수 있다.

소장의 용량은 제한적이기 때문에 소화 과정에는 많은 시간이 소요된다. 따라서 효율적인 소화를 위해서는 위에서 소장으로 한 번에 비교적 소량의 유미즙만 이동해야 한다. 신경과 호르몬에 의해 조절되는 위와 장의 활동은 30.6절에서 다룬다.

소장의 구조는 소화와 흡수를 위하여 특수화되었다

소장(small intestine)의 길이는 사람의 경우 약 4.5 m 정도이며, 부검 시에는 근육이 이완되어 6 m에 이른다. 소장의 앞쪽 25 cm 부위를 **십이지장**(duodenum)이라 하며, 나머지 부분은 **공장**(jejunum)과 **회장**(ileum)으로 구분한다.

십이지장은 위로부터 산성의 유미즙을 받고, 췌장으로부터 소화

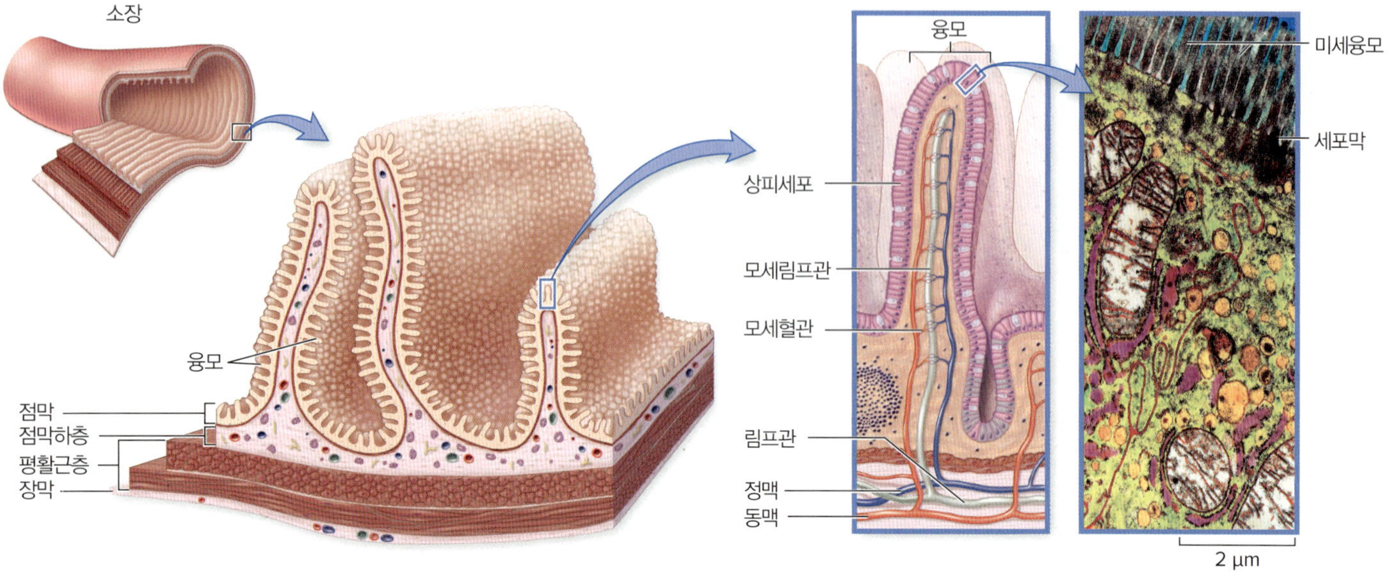

그림 30.10 소장.
융모가 많은 주름진 상피는 표면적을 증가시킨다. 현미경 사진은 많은 미세융모를 가진 상피세포를 보여준다.

효소와 중탄산염을, 그리고 간과 담낭으로부터 담즙을 받는다. 췌장액 속의 소화 효소들은 큰 분자를 작은 분자로 분해시키는데, 이러한 소화는 주로 십이지장과 공장에서 일어난다.

소장의 상피벽에는 **융모**(villi)라는 작은 손가락 모양의 돌기들이 있다(**그림 30.10**). 융모를 구성하고 있는 상피세포의 정단면(apical surface)은 원형질막이 접혀 형성된 **미세융모**(microvilli)로 덮여 있다. 미세융모는 매우 작아 전자현미경으로만 관찰이 가능한데, 현미경으로 보면 솔(brush)처럼 보이므로 소장의 내측 표면을 **브러시 보더**(brush border)라고 부른다.

융모나 미세융모는 소장의 표면적을 넓게 하는데 사람의 경우 300 m^2 정도로, 이는 테니스장의 면적보다 크다. 이러한 넓은 표면적을 통해 소화 산물의 흡수가 효과적으로 일어난다.

많은 소화 효소는 상피세포의 원형질막 안에 들어 있으므로 미세융모도 소화에 참여한다. 이 브러시 보더 효소 중에는 2당류인 젖당이나 설탕을 가수분해하는 효소가 있다. 많은 사람들이 성인이 된 후 젖당분해효소를 생산하는 능력을 소실하여 젖당을 소화할 수 없게 되는데, 이를 **젖당불내성**(lactose intolerance)이라 한다. 입안의 침샘 아밀레이스의 활동으로 시작된 소화는 브러시 보더 효소에 의해 완성된다.

흡수된 영양소는 혈관이나 림프관으로 이동한다

단백질과 탄수화물은 효소의 작용으로 각각 아미노산과 단당류로 분해되어 흡수되는데, 능동수송(active transport) 및 촉진확산(facilitated diffusion)을 통해 소장의 브러시 보더를 통과한 후 상피세포 내로 들어간다(**그림 30.11***a*). 포도당은 소듐 이온(Na^+)과 함께 공동수송(2차 능동수송이라고도 함)된다. 대부분의 과일에 존재하는 과당은 촉진확산에 의해 수송되고, 대부분의 아미노산은 다양한 운반체를 통하여 능동수송되는데, 일부 운반체 단백질은 소듐 이온과 함께 공동수송(cotransport)되고, 일부는 아미노산만을 운반한다. 상피세포의 꼭대기면을 통과하여 들어온 단당류와 아미노산은 세포질을 거쳐 기저측막(basolateral membrane)을 거쳐 융모 내 모세혈관으로 이동한다.

소화 산물은 혈액을 통해 운반되는데, 장에서 간문맥(hepatic portal vein)을 통해 간으로 이동한다. 소장은 간문맥에 의해 간과 연결되어 있고, 간은 지방을 제외한 대부분의 소화 산물이 거치는 1차 기관이다.

지방의 소화 산물은 다른 방식으로 흡수된다(**그림 30.11***b*). 트라이글리세라이드(triglycerides)는 지방산(fatty acids)과 모노글리세라이드(monoglycerides)로 분해되는데, 이들은 극성을 띠지 않으며 단순 확산을 통해 상피세포로 이동된다. 이들은 소장의 상피세포 안에서 다시 트라이글리세라이드로 재조립되어 단백질과 결합해 **킬로마이크론**(chylomicron)이라는 작은 입자를 형성한다. 킬로마이크론은 부피가 커서 소장의 모세혈관으로 들어가지 못하기 때문에, 간문맥으로 들어가는 대신 모세림프관으로 흡수되어 목 근처의 정맥을 통해 혈액으로 들어간다(31장 참조). 지방이 많은 식사를 한 다음 혈액을 채취해 보면 이러한 킬로마이크론 때문에 혈액이 뿌옇게 보인다.

하루에 소장을 통과하는 액체는 대단히 많은 양으로 약 9 L에 이른다. 이 액체의 대부분은 흡수되는데, 이 중 약 8.5 L가 소장에서 흡

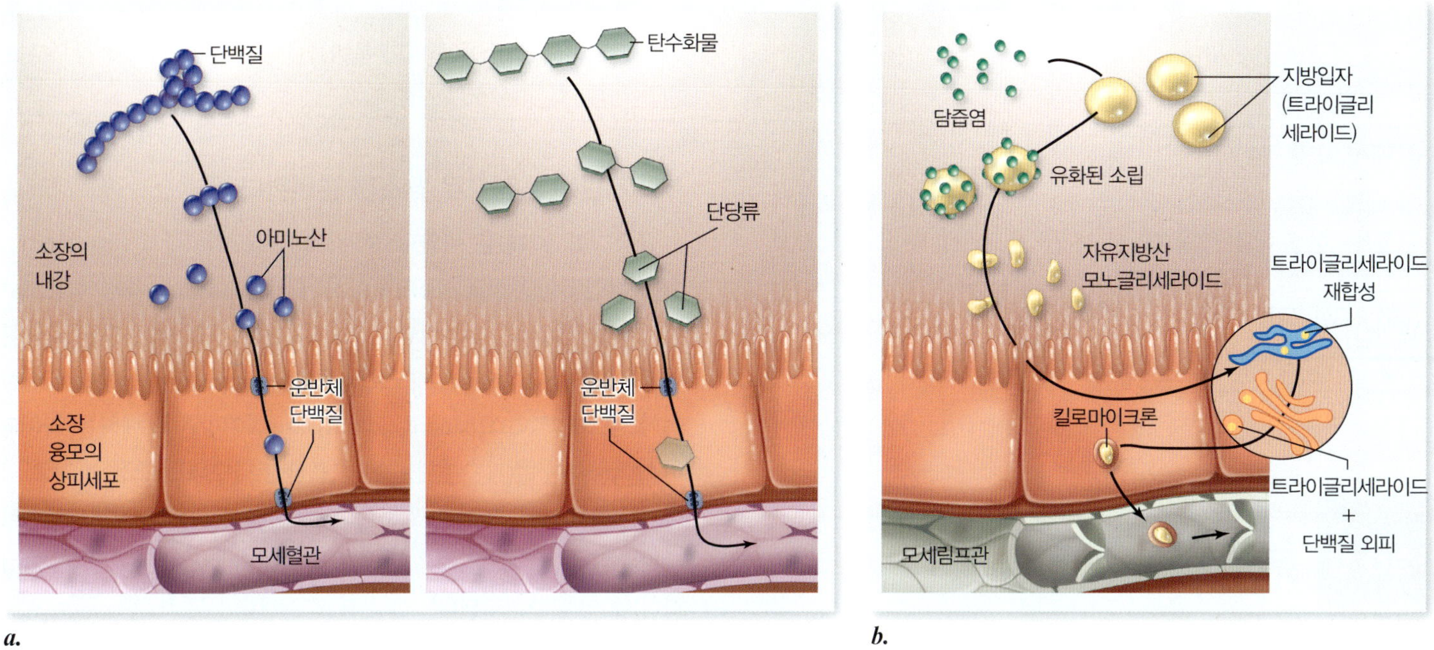

그림 30.11 소화 산물의 흡수.
a. 단당류와 아미노산은 모세혈관으로 흡수된다. *b.* 지방산과 모노글리세라이드는 장 상피세포에서 흡수된 후 다시 트라이글리세라이드로 전환되어 단백질로 싸인다. 그후 킬로마이크론을 형성하여 모세림프관으로 들어간다.

수되고 350 mL는 대장에서 흡수되며, 약 50 g의 고형물과 100 mL의 액체만이 배설물로 배출된다. 사람 소화관의 액체 흡수율은 99%로 매우 높은 수준이다.

대장은 노폐물을 제거한다

대장(large intestine 또는 colon)은 소장보다 훨씬 짧으며 소화관의 마지막 약 1 m 부위를 차지한다. 대장은 길이 때문이 아니라 지름이 커서 대장이라는 이름이 붙여졌다. 소장과 대장이 만나는 부위에는 **맹장**(cecum)과 **충수돌기**(appendix)가 있는데, 이들은 흔적 구조로 남아 있다(**그림 30.12**). 대장에서는 소화가 일어나지 않으며 소장에서 온 액체의 4% 정도만 흡수한다.

대장은 소장만큼 감겨 있지 않고 내면에 융모도 없어 흡수 표면적이 소장의 1/30에 불과하다. 대장의 기능은 수분과 남은 전해질, 그리고 바이타민 K와 같은 세균 대사산물을 흡수하는 것이다. 또한 대장은 노폐물이 체외로 배출되도록 준비한다.

많은 세균들이 대장에서 살고 있는데, 과잉의 세균들은 **배설물**(feces)로 배출된다. 대장 내에서는 세균에 의한 발효로 가스가 만들어지는데, 그 양은 하루 약 500 mL 정도이다. 이 비율은 콩이나 다른 채소를 섭취하는 경우 증가하게 되는데, 소화되지 않는 식물의 섬유질은 대장 내 세균의 발효에 좋은 기질로 작용하기 때문이다.

사람의 대장은 비교적 섬유질이 많은 음식을 처리하도록 진화되어

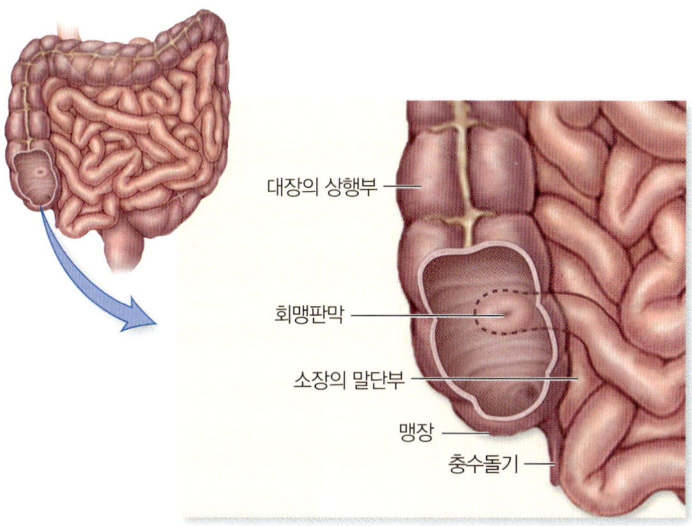

그림 30.12 사람의 대장과 소장의 연결 부위.
대장은 맹장에서 시작한다. 인간의 맹장은 다른 포유동물에 비해 작다. 흔적 구조인 충수돌기가 맹장에서 돌출해 있다. 일반적으로 충수돌기 내부의 물질로 인해 염증이 생기면, 맹장염이 유발된다.

왔으며, 섬유질이 적은 음식의 섭취는 대장 내에서 음식의 이동 속도를 저하시켜 대장암의 발병과 관련이 있을 것으로 생각되고 있다.

대변은 대장의 연동수축(peristaltic contraction)을 통해 직장(rectum)으로 이동하여 항문(anus)을 통해 배출된다. 항문에는 2개의 괄약근이 있는데, 하나는 평활근으로 이루어져 있으며 직장 내면의 압력에 반응하여 불수의적으로 열린다. 다른 괄약근은 가로무늬

근으로 되어 있고 대뇌에 의해 수의적으로 조절되므로 의식적으로 배변을 지연시킬 수 있다.

핵심 요약 30.4

소장은 대부분의 소화가 일어나는 장소이며, 내부표면은 융모로 덮여 있어 넓은 흡수 표면적을 가진다. 대장은 물, 전해질 및 박테리아 대사 산물을 흡수한다. 포도당과 아미노산은 능동수송 및 촉진확산에 의해 흡수되며, 지방은 단순확산에 의해 흡수된다.

■ 왜 지방은 소장 상피세포를 통과하는 수송이 필요하지 않을까?

30.5 부속기관의 기능

학습 목표

1. 부속기관의 명칭과 역할을 설명할 수 있다.
2. 항상성을 유지하기 위한 간의 역할을 설명할 수 있다.
3. 췌장의 혈당 농도 조절 기작을 설명할 수 있다.

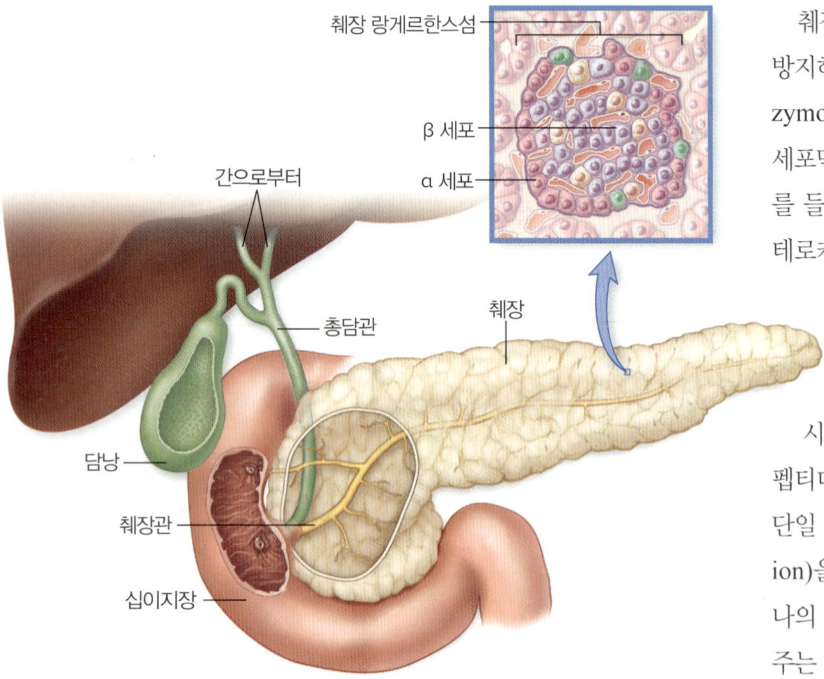

그림 30.13 췌장.
췌장관과 담관은 십이지장으로 연결되어 있다. 췌장은 췌장관을 통해 췌장액을 분비하고 췌장의 랑게르한스섬은 혈중으로 호르몬(α세포는 글루카곤, β세포는 인슐린)을 분비한다. 간은 담즙 색소(간에서 나온 노폐물)와 담즙염을 포함한 담즙을 분비한다. 담즙염은 지방을 분해하는 역할을 한다. 담즙은 농축되어 담낭에 저장되어 있다가 십이지장에 지방성 음식이 들어오면 분비된다.

소화 활동을 지원하는 중요한 기관으로 췌장, 간, 담낭이 있다. 이들은 여러 가지 효소를 포함한 분비물을 관을 통해 직접 소장으로 보낸다.

부속기관은 소장으로 효소를 분비한다

췌장(**그림 30.13**)은 위와 소장의 경계부에 위치한 큰 샘(gland)으로 **췌장관**(pancreatic duct)을 통하여 십이지장으로 췌장액을 보낸다. 따라서 췌장은 외분비샘의 기능을 한다. 췌장액은 단백질을 분해하는 **트립신**(trypsin), **키모트립신**(chymotrypsin), 녹말을 분해하는 **췌장 아밀레이스**(pancreatic amylase), 지방을 분해하는 **라이페이스**(lipase, 지질가수분해효소)를 포함한 다수의 효소를 가지고 있다. 위의 펩신처럼, 이들 효소는 주로 비활성 형태로 십이지장으로 분비된 후 트립신(트립신은 장의 브러시 보더 효소에 의해 먼저 활성화됨)에 의해 활성화된다.

췌장의 효소는 단백질을 폴리펩타이드로, 다당류를 작은 당류로, 지방을 지방산과 모노글리세라이드로 분해한다. 단백질과 탄수화물의 소화는 미세융모 효소에 의해 완료된다. 췌장액은 중탄산염($NaHCO_3$)을 가지고 있는데, 이 중탄산염은 위로부터 온 염산을 중화하여 유미즙이 십이지장에서 약알칼리성을 띠도록 한다. 소화 효소와 중탄산염을 합성하는 분비 세포의 무리를 **샘꽈리**(acini)라 한다.

췌장의 샘꽈리에서 분비되는 효소는 췌장 자체가 소화되는 것을 방지하고 효소가 적절한 환경에서 활성화되도록 비활성형(효소원, zymogen)으로 방출된다. 이러한 효소의 대부분은 장의 상피세포의 세포막에 박혀 있는 효소(브러시 보더 효소)에 의해 활성화된다. 예를 들어, 췌장에서 분비된 트립시노겐(trypsinogen, 비활성형)은 엔테로카이네이스(enterokinase, 브러시 보더 효소)에 의해 절단되어 활성을 띤 트립신이 된다. 트립신은 특정 아미노산 잔기에서 폴리펩타이드 사슬을 절단함으로써, 단백질을 큰 단편 조각으로 자르는 단백질분해효소이다. 폴리펩타이드는 브러시 보더 효소인 카복시펩티데이스(carboxypeptidase) 및 아미노펩티데이스(aminopeptidase)에 의해 추가로 분해된다. 최종적으로 단일 아미노산과 짧은 사슬 아미노산은 촉진확산(facilitated diffusion)을 통하여 상피조직으로 흡수되어 순환계로 들어간다. 이는 하나의 거대분자에 일련의 효소가 협동적으로 작용하는 것을 잘 보여주는 하나의 예시이다. 이를 통해 전체 소화 과정이 얼마나 복잡한지 상상할 수 있다.

췌장은 외분비 역할 외에도 내분비샘으로 작용하여 포도당과 다른 영양소의 혈중 농도를 조절하는 여러 호르몬을 혈관으로 분비한다. 이 호르몬은 췌장 전반에 분포하는 내분비 세포 무리인 **랑게르한**

스섬(islets of Langerhans)에서 생산된다. 가장 중요한 2가지 췌장 호르몬인 인슐린과 글루카곤은 28장에 설명되어 있으며, 이 절의 뒷부분에서 자세히 설명한다.

간(liver)은 신체에서 가장 큰 장기이며, 축구공 크기에 무게는 약 1.5 kg이다(**그림 30.3** 참조). 간은 해로운 물질의 해독, 단백질 합성 및 글리코젠 저장 등 많은 역할을 한다. 만성적인 알코올 남용은 간의 해독 능력에 무리를 주어 간경화를 유발하고 결국 간 기능 저하를 야기한다.

간의 주요 분비액은 담즙인데, 담즙은 **담즙 색소**(bile pigments)와 **담즙염**(bile salts)으로 구성된 액체 혼합물로, 음식을 소화시킬 때 십이지장으로 분비된다. 담즙 색소는 간에서 파괴된 적혈구로 인한 노폐물로서, 소화에 관여하지 않고 궁극적으로 대변으로 제거된다. 간에서 생성된 담즙 색소의 배설이 억제되면, 색소는 혈액에 축적되고 조직이 노랗게 보이는 **황달**(jaundice)을 유발한다.

반대로 담즙염은 지방이 효소에 의해 소화가 잘 될 수 있도록 매우 중요한 역할을 한다. 지방은 물에 녹지 않기 때문에, 물기가 많은 유미즙 내에서 지방 방울 형태로 소장에 들어간다. 담즙염은 부분적으로 지용성이자 수용성으로 세제처럼 작용할 수 있어서, 큰 방울의 지방을 분산시켜 미세한 작은 방울의 현탁액으로 만든다. 이런 유화 작용은 라이페이스가 작용하는데 더 큰 표면적을 만들어주어 지방의 소화가 빠르게 일어난다.

담즙은 간에서 만들어진 후 담낭(gallbladder)에 저장되고 농축된다. 지방질이 많은 음식물이 십이지장에 도달하면 신경 및 내분비 반사 작용을 일으켜 담낭이 수축되고 담즙이 총담관(common bile duct)을 통해 십이지장으로 분비된다(반사 작용은 30.6절 참조). 담석(gallstone)이란 콜레스테롤이 경화된 침전물로, 담석이 담관을 막게 되면 담낭 수축 시 심한 통증이 종종 등 쪽에서 느껴지고 심각하게 폐쇄되었을 경우는 외과적으로 담낭을 제거해야 한다.

간은 항상성을 유지하기 위해 물질을 변형시킨다

간과 췌장은 소화 효소의 생산 외에 중요한 기능을 담당하고 있는데, 간은 독소를 분해하는 주요 기관이며 췌장은 혈당 수치를 조절하는 호르몬을 분비한다. 이 호르몬은 부분적으로 간세포에 작용한다.

간문맥을 통해 혈액은 위와 소장으로부터 직접 간으로 운반되며, 소장에서 흡수된 물질은 간에서 화학적으로 변형된 후 신체의 나머지 부분에 도달한다. 예를 들어, 섭취한 알코올 및 기타 약물은 간세포로 흡수되어 대사되기 때문에 알코올 및 약물 남용은 흔히 간을 손상시킨다.

간은 또한 독성 물질, 살충제, 발암 물질 및 기타 독극물을 덜 유독한 형태로 전환한다. 예를 들어, 간은 장내 세균에 의해 생성된 독성 암모니아가 혈액에 고농도로 녹아 있어도 안전한 요소(urea)로 전환한다.

또한 간은 체내에서 생성되는 많은 화합물의 농도를 조절하는데, 예를 들어 스테로이드 호르몬은 간에서 활성이 낮고 수용성인 형태로 바뀐 후, 담즙에 포함되어 대변을 통해 제거되거나 혈액에 의해 신장으로 운반되어 소변으로 배설된다.

간은 혈장에서 발견되는 대부분의 단백질을 생산한다. 혈장 단백질의 총 농도는 혈액과 조직액(interstitial fluid) 사이의 삼투 균형을 유지하기 위해 일정한 농도로 유지되어야 한다. 혈장 단백질의 농도가 너무 낮아지면 간경변(cirrhosis)과 같은 간질환이 발생할 수 있으며, 이때 체액은 조직에 축적되어 **부종**(edema)을 일으킨다.

혈당은 인슐린과 글루카곤에 의해 유지된다

뇌의 뉴런은 혈장에서 얻은 포도당의 호기성 호흡을 통해 생산되는 에너지를 주로 사용한다. 따라서 금식이나 오랜 운동 중에 혈당이 너무 떨어지지 않도록 유지하는 것이 매우 중요하다. 치료받지 않은 당뇨병 환자의 경우처럼 지나치게 높은 혈당 농도는 조직 손상을 일으키므로, 혈당 농도가 너무 높지 않도록 유지하는 것 역시 중요하다.

탄수화물이 풍부한 식사 후에 간과 골격근은 과도한 포도당을 혈액으로부터 제거하고, 이를 다당류 글리코젠으로 저장한다. 이 과정은 췌장의 랑게르한스섬에 있는 β세포에서 분비된 인슐린 호르몬에 의해 촉진된다(**그림 30.14**).

식사 사이 또는 금식이나 운동 중에 혈당치가 낮아지면 간은 혈액으로 포도당을 분비한다. 이 포도당은 부분적으로 간의 글리코젠이 포도당 6-인산으로 분해되어 얻어지는 것이며, 이 과정을 **글리코젠 분해**(glycogenolysis)라 한다. 이어서 포도당 6-인산에서 인산기가 제거된 포도당은 혈액으로 분비된다. 골격근은 인산기 제거에 필요한 효소가 없어 글리코젠을 저장하고 있어도 혈액으로 포도당을 분비할 수 없지만, 포도당 6-인산은 해당과정(glycolysis)의 첫 번째 반응 산물이므로 골격근은 포도당을 직접적으로 에너지 대사에 사용할 수 있다. 간의 글리코젠 분해는 랑게르한스섬의 α세포에서 분비되는 글루카곤에 의해 촉진된다(**그림 30.14**).

금식이나 운동이 계속되면 간은 아미노산이나 젖산과 같은 다른 분자를 포도당으로 전환하기 시작하는데, 이를 **포도당신생과정**(gluconeogenesis, "포도당의 새로운 형성"이라는 의미)이라 한다. 포도당신생과정에 이용되는 아미노산은 근육 단백질로부터 나오므로 장기간의 금식은 심각한 근육 소모를 유발한다.

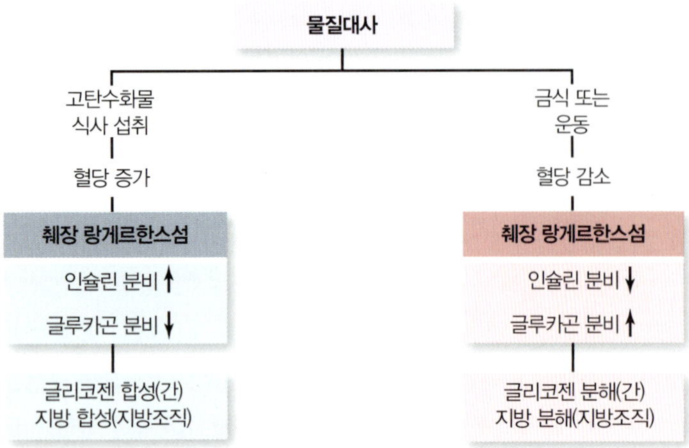

그림 30.14 인슐린과 글루카곤의 작용.
식사 후 췌장의 β 세포에서 인슐린의 분비는 글리코젠 및 지방의 저장을 촉진한다. 단식 또는 운동을 할 때에는 췌장의 α 세포에서 글루카곤 분비가 증가하고 인슐린 분비는 감소되어, 글리코젠과 지방의 분해(가수 분해 반응을 통한)가 촉진된다.

핵심 요약 30.5

소화는 췌장의 효소와 간에서 분비된 담즙염의 협동으로 이루어진다. 간은 잠재적으로 해로운 독소를 중화시키고 스테로이드 호르몬을 변형시키며, 중요한 혈장 단백질을 생성한다. 췌장 호르몬과 간은 혈당 농도를 조절하는데, 인슐린은 간에서 글리코젠과 지방의 형성을 촉진하며, 글루카곤은 간의 글리코젠 분해를 자극하여 포도당을 혈액으로 방출한다.

■ 간문맥의 가장 중요한 이점은 무엇일까?

30.6 신경 및 호르몬의 소화관 조절

학습 목표

1. 신경계가 소화 활동을 자극하는 방법에 대해 설명할 수 있다.
2. 주요 엔테로가스트론에 대하여 설명할 수 있다.

위장관의 활동은 신경계와 내분비계에 의해 조절된다. 예를 들어 신경계는 시각, 후각, 음식의 섭취에 반응하여 침과 위액 분비를 자극한다. 음식이 위에 도달하면 음식 내 단백질이 위에서 분비되는 **가스트린**(gastrin)이라는 호르몬의 분비를 자극하고, 이어서 가스트린은 위샘으로부터 펩시노겐과 염산의 분비를 자극한다(**그림 30.15**). 분비된 염산은 위액의 pH를 낮추고, 낮아진 pH는 음성피드백 순환(negative feedback loop)에 따라 가스트린이 더 이상 분비되지 않도록 억제한다. 이러한 방식으로 위액의 분비는 긴밀하게 조절된다.

유미즙이 위에서 십이지장으로 넘어가면 위의 수축이 억제되어, 넘어간 유미즙이 처리되기 전까지 추가적인 유미즙이 십이지장으로 유입되지 못한다. 이와 같은 위 활동의 억제는 신경 반사 및 혈액으로 분비된 십이지장 호르몬에 의해 매개된다. 이러한 호르몬들을 통칭 **엔테로가스트론**(enterogastrones)이라 한다.

주요 엔테로가스트론으로 **콜레시스토키닌**(cholecystokinin, CCK), **세크레틴**(secretin), **위억제펩타이드**(gastric inhibitory peptide, GIP)가 있다. 지방 함량이 많은 유미즙은 CCK와 GIP 분비를 강하게 자극하고 산도가 높은 유미즙은 주로 세크레틴 분비에 영향을 미친다. 3가지 엔테로가스트론은 모두 위 운동성(gastric motility; churning action, 교반 작용)과 위액 분비를 억제하므로, 지방을 함유한 음식은 지방이 없는 음식에 비해 오랫동안 위에 머물 수 있도록 하여 소장에서 거대한 지방 분자의 소화에 좀 더 많은 시간을 할애하도록 한다.

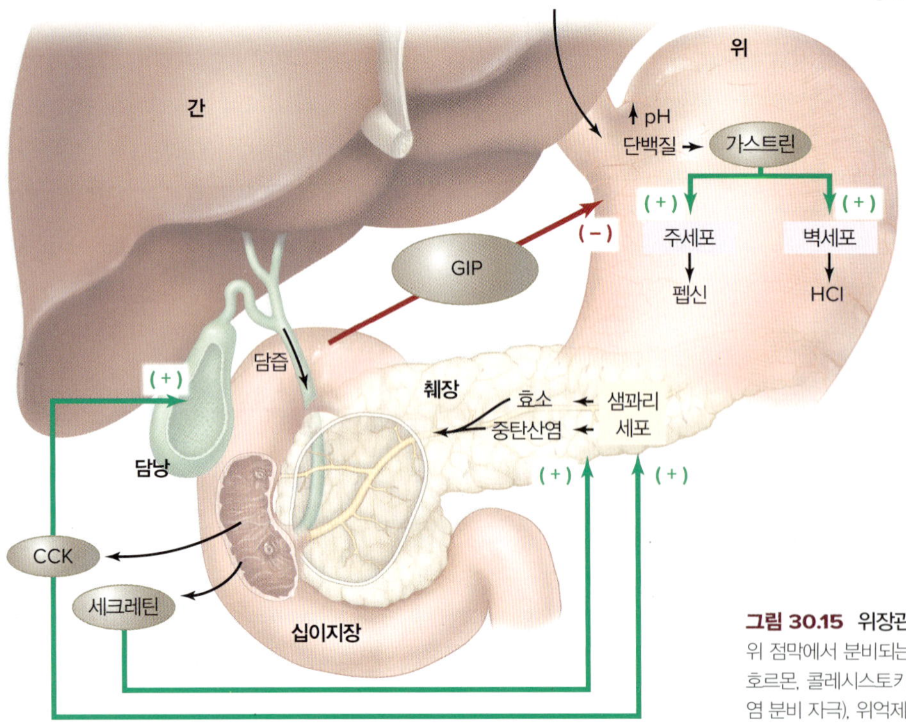

그림 30.15 위장관에 대한 호르몬 조절.
위 점막에서 분비되는 가스트린은 펩시노겐과 염산의 분비를 자극한다. 십이지장은 3가지 호르몬, 콜레시스토키닌(CCK, 담낭 수축과 췌장효소 분비 자극), 세크레틴(췌장의 중탄산염 분비 자극), 위억제펩타이드(GIP, 위액 분비 억제)를 분비한다.

표 30.1 호르몬과 소화효소

호르몬들					
호르몬	**종류**	**분비장소**	**자극원**	**작용**	**비고**
가스트린	폴리펩타이드	위의 유문부	위 내로 음식물 유입	위에서 염산과 펩시노겐의 분비를 자극	분비기관과 작용기관이 동일함
CCK	폴리펩타이드	십이지장	십이지장 내 지방성 유미즙	담낭의 수축 및 췌장의 소화 효소 분비 자극	가스트린과 구조적으로 유사함
GIP	폴리펩타이드	십이지장	십이지장 내 지방성 유미즙	위의 음식물 배출 억제	인슐린 분비도 자극함
세크레틴	폴리펩타이드	십이지장	십이지장 내 산성 유미즙	췌장의 중탄산염 분비 자극	최초로 발견된 호르몬(1902년)

효소들			
분비 장소	**효소**	**기질**	**소화 산물**
침샘	아밀레이스	녹말, 글리코겐	2당류
위	펩신	단백질	짧은 펩타이드
췌장	라이페이스	트라이글리세라이드	지방산, 모노글리세라이드
	트립신, 키모트립신	단백질	펩타이드
	DNA 분해효소	DNA	뉴클레오타이드
	RNA 분해효소	RNA	뉴클레오타이드
소장(브러시 보더)	펩티데이스	짧은 펩타이드	아미노산
	핵산내부가수분해효소	DNA, RNA	당, 핵산 염기
	락테이스, 말테이스, 수크레이스	2당류(젖당, 엿당, 설탕)	단당류

CCK와 세크레틴은 위 활동을 억제할 뿐 아니라 소화에 중요한 조절 기능을 한다. CCK는 췌장의 소화 효소 분비를 자극하고 담낭 수축을 촉진한다. 담낭이 수축하면 많은 담즙이 십이지장으로 흘러 나와 지방의 유화 작용을 촉진하여 지방의 소화를 돕는다. 세크레틴의 다른 중요한 기능은 췌장으로부터 중탄산염을 방출하게 하여 유미즙의 산도를 떨어뜨린다. 세크레틴은 첫 번째로 발견된 호르몬이기도 하다. **표 30.1**에 호르몬과 소화 효소의 작용을 요약하여 나타냈다.

핵심 요약 30.6

시각, 후각, 미각과 같은 감각 정보는 침샘과 위의 활동을 자극하며, 위 내로의 음식물 유입 역시 위 활동을 촉진한다. 주요한 엔테로가스트론은 콜레시스토키닌(CCK), 세크레틴, 위억제펩타이드(GIP)가 있으며, 이들은 유미즙이 십이지장에 전달되는 속도를 조절하고, 췌장의 효소와 담즙의 분비를 촉진한다.

■ 후각 상실은 소화에 어떤 영향을 미칠까?

30.7 음식 에너지, 에너지 소비, 필수 영양소

학습 목표

1. 기초대사율과 운동의 효과에 대하여 설명할 수 있다.
2. 식욕과 몸무게를 조절하는 호르몬을 나열할 수 있다.
3. 필수 영양소를 열거할 수 있다.

음식 섭취의 기본적인 역할은 에너지를 제공하는 것과 동물이 필요하지만 스스로 합성할 수 없는 물질을 제공하는 것이다.

동물은 휴식을 취할 때에도 대사를 위한 에너지가 필요한데, 이를 최소한의 에너지 소모율, 즉 **기초대사율**(basal metabolic rate, BMR)이라 한다. 기초대사율은 한 개체에서 비교적 일정하게 나타나며, 나이, 성별, 체격에 따라 다르다.

운동은 대사율을 높인다

격렬한 신체 활동은 대사율을 기초 수준 이상으로 높인다. 따라서 인체가 하루에 소비하는 에너지양은 BMR뿐 아니라 신체 활동 정도에 따라 결정된다. 만약 하루에 섭취한 에너지가 소모한 에너지보다

과학적 사고

질문: 왜 *ob/ob* 생쥐는 비만일까?
가설: 렙틴의 생산 부족은 식욕을 자극하고, 그 결과 과식을 하게 되었다.
실험: 돌연변이 쥐에게 렙틴을 주사한다.
결과: 렙틴을 주사한 쥐는 단 2주 만에 특별한 부작용 없이 체중의 30%가 감소하였다.

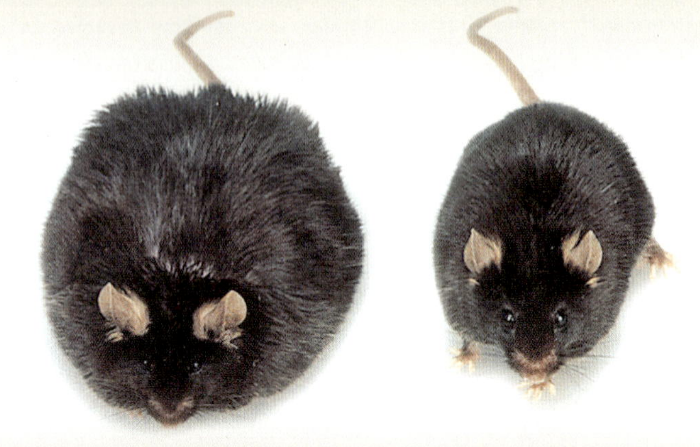

추가 질문: 렙틴 효과의 분자적 기작은 무엇인가? 다른 유전자의 돌연변이도 같은 작용을 할 수 있을까?

그림 30.16 렙틴 호르몬의 영향.

많으면 여분의 에너지는 글리코젠이나 지방으로 저장된다(**그림 30.14**). 글리코젠으로 저장될 수 있는 에너지는 한계가 있어 계속적으로 섭취되는 과잉의 음식 에너지는 주로 지방으로 축적된다.

섭취한 음식의 에너지는 **킬로칼로리**(kilocalories, 1 kilocalorie = 1000 calories; 영양학자들은 주로 kilocalorie 대신에 대문자 C로 표기하는 Calorie를 주로 사용함)로 측정된다. 음식물이 지닌 에너지는 음식을 연소시켰을 때(태웠을 때) 발생하는 열로 측정할 수 있다. "탄다(burned)"는 것은 말 그대로 시험 장치인 칼로리미터(calorimeter) 내부 또는 몸속에서 음식물이 소화되고 세포호흡을 통해 산화되는 것을 의미한다. 칼로리 섭취는 생활 방식에 따라 어떤 음식을 먹는지, 얼마만큼 에너지를 소비하는지에 따라 변화할 수 있다.

사람의 하루 에너지 소비량은 1300~5000 kcal인데, 이는 개인의 BMR과 신체 활동의 정도에 따라 다르다. 섭취한 에너지가 필요한 대사율을 초과하게 되면 지방이 축적되어 비만(obesity)을 일으키고 건강을 해친다. 미국에서는 40~59세 성인 중 약 39%가 비만으로 분류되고, 20~40세 성인까지 포함시키면 비만인구의 비율은 다소 줄어들지만, 여전히 35% 수준에 이른다.

신경 내분비계는 음식 섭취를 조절한다

쥐에게 금식(fasting)과 과식(overfeeding)을 시킨 실험에서 금식 후 음식의 섭취량이 증가하였다. 증가한 섭취량은 줄어들었던 체중을 다시 기준치로 회복시켰으며, 그 후 음식 섭취량은 다시 감소하였다. 이 실험을 통해 음식 섭취량과 에너지 균형 사이에 조절 기작이 있을 것으로 생각하였고, 이러한 현상을 설명하기 위해 지방 조직에서 생산되는 호르몬인 **포만인자**(satiety factor)의 존재가 제안되었다. 또한 시상하부(hypothalamus)와 섭식 행동(feeding behavior)의 관련성이 제기되었다.

설치류를 이용한 또 다른 연구들을 통해 비만을 유도하는 많은 유전자가 밝혀졌으며, 현대 분자유전학을 이용하여 이러한 유전자를 복제하였고, 섭식과 에너지 균형 간의 대략적인 모델이 드러났다. 이 모델은 지방 조직과 섭식 행동으로부터 나오는 구심성 신호(afferent signaling)가 중추신경계(central nervous system, CNS)로 가고, 중추신경계로부터 나온 원심성 신호(efferent signaling)는 에너지 소비, 저장, 생식, 섭식 등을 하나로 통합한다. 앞으로 이 모델과 관련한 호르몬과 이들이 전체 조절 회로에 어떻게 기여하는지 알아보도록 한다.

렙틴

비만 관련 동물 모델 중 하나인 비만 생쥐는 *ob*(obese에서 기원)라는 단일 유전자의 돌연변이에 의해 생겨났다. 이 돌연변이 유전자에 대하여 열성 동형접합을 지니고 있는 동물은 야생형에 비해 비만이 된다(**그림 30.16**). 이 극적인 표현형에 관여하는 유전자는 렙틴(leptin)이라는 펩타이드 호르몬을 암호화하고 있음이 밝혀졌고, 돌연변이 개체의 비만은 부족한 렙틴 생산에 그 원인이 있는 것으로 생각되었다. 역시나 *ob/ob* 동물에게 렙틴을 주사하면 과식하지 않고 체중도 줄었다(**그림 30.16**). 이 실험을 통해 렙틴은 주요한 포만인자이며, 식욕 조절의 열쇠라는 것이 밝혀졌다. 렙틴 수용체(*db*) 유전자 역시 발견되었으며, 섭식을 조절하는 시상하부의 뇌신경에서 발현된다.

렙틴은 에너지 감지, 음식 섭취 및 에너지 소비를 조절하는 회로의 구심성 신호에서 주요 분자로 여겨진다. 음식을 먹게 되면 지방 조직에서 렙틴을 만든다. 렙틴 수치는 섭식 행동 및 체지방량과 상관성이 있다. 식이 제한은 렙틴 수치를 낮추어 음식 섭취가 필요하다는 신호를 뇌에 전달하고, 반대로 금식 후 식사를 다시 하게 되면 렙틴 수치가 급격하게 증가하고 식욕이 감퇴된다. 이 조절 회로의 원심성 부분은 복잡하며, 중추신경계에 의한 에너지 소비, 에너지 저장 및 섭식 행동을 제어한다. 생식 역시 이러한 체제의 조절을 받고 있어 기아 상태에서는 생식 기능이 억제된다.

사람의 렙틴 유전자도 밝혀졌으며 쥐의 렙틴과 동일한 기능을 한다. 하지만 인간에 대한 최근의 연구에 따르면 *ob* 유전자의 활성과 렙틴의 혈중 농도가 마른 사람에 비해 비만인 사람에게서 높았으며, 비만인 사람에게서 생산된 렙틴 역시 정상이었다. 돌연변이가 쥐와 달리 대부분의 사람 비만은 지방 세포에서 렙틴의 생산이 감소해서라기보다는 뇌에서 렙틴 작용에 대한 민감성 감소(저항성)로 인해 발생할 것으로 생각된다. 사람의 렙틴에 대한 연구는 진행 중이며 학계의 과학자와 제약업계의 깊은 관심을 받고 있다.

인슐린

ob 유전자의 기능상실 돌연변이와 관련된 고도의 비만은 다른 호르몬 신호가 렙틴 신호를 대체할 수 없다는 것을 보여주지만, 관련된 다른 호르몬들도 있다. 인슐린 역시 포만 신호를 나타내는데, 인슐린 수치는 금식 시 떨어지고, 비만으로 인해 올라간다. 28.4절에서 설명한 바와 같이 인슐린의 주된 역할은 혈당의 항상성 유지이고, 에너지 균형 조절 회로에서의 그 역할은 매우 복잡하다.

장 호르몬(엔테로가스트론)

장에서 생성되는 많은 호르몬은 섭식에 즉각적으로 반응하고 소화를 조절하며, 그중 일부 호르몬은 음식 섭취 조절과 관련이 있다.

호르몬 GIP와 CCK는 시상하부에 수용체가 있으며, 렙틴 또는 인슐린과 유사한 억제 신호를 뇌로 보낸다. 이러한 장 호르몬의 수치는 렙틴 및 인슐린과 같은 양상으로, 섭식 행동에 따라 달라진다.

장 호르몬 그렐린(ghrelin)은 식욕 억제 호르몬과는 반대 효과를 나타낸다. 그렐린은 시상하부에 그 수용체가 발현되고, 음식 섭취를 촉진하는 것으로 보인다. 쥐를 이용한 연구에서 그렐린 투여로 비만이 유발되고, 섭식 직전 그렐린 수치가 올라가 이것이 섭식 행동을 시작하는 것과 관련한 것으로 보인다. 심각한 비만의 치료법 중 하나인 위장 접합술(gastric bypass surgery)은 그렐린의 농도를 감소시키며, 이것이 수술 후 식욕이 억제되는 원인 중 하나로 생각된다.

신경펩타이드

섭식과 에너지의 균형에 대한 원심성 조절 기작(efferent control, 중추신경계로부터 나오는 신호)은 구심성 조절 기작(afferent control, 말초의 신호가 중추신경계로 들어감)에 비해 명확하지 않다. 중심 조절 기관은 시상하부이고 2개의 뇌 신경펩타이드, 신경펩타이드 Y(neuropeptide Y, NPY)와 알파 멜라닌세포 자극호르몬(α-melanocyte-stimulating hormone, α-MSH)이 관련한다. 두 펩

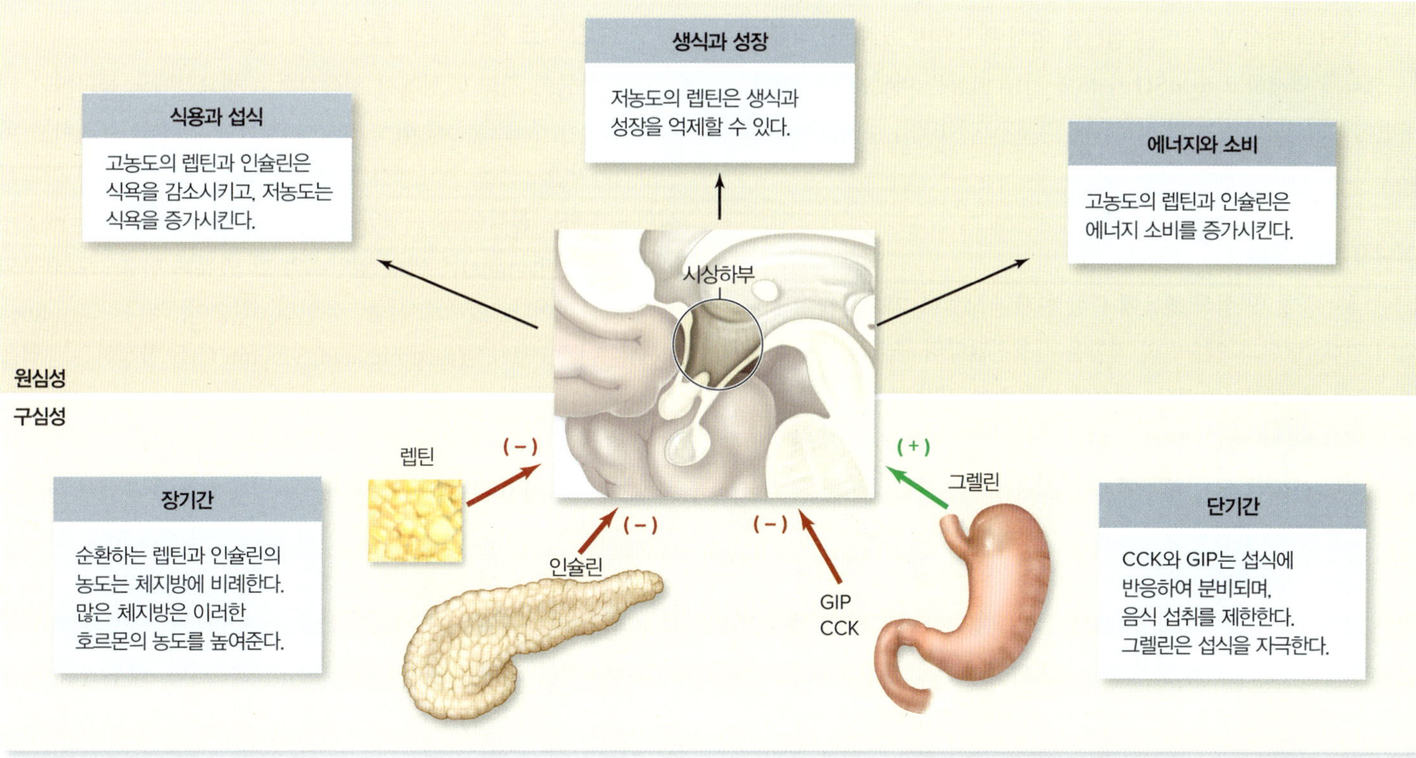

그림 30.17 섭식 행동을 조절하는 호르몬.
섭식 행동은 지방 조직량과 관련한 장기 조절 및 섭식 행동과 관련한 단기 조절을 받고 있다. 이러한 조절은 중추신경계를 통해 이루어지며, 뇌의 시상하부가 중요한 역할을 한다.

? 탐구문제 시상하부의 GIP와 CCK 센서가 작동하지 않는다고 가정하자. 이것은 렙틴 생산량에 어떤 영향을 미칠까?

표 30.2 사람에게 필요한 주요 바이타민

바이타민	기능	주요 함유식품	결핍 증상
바이타민 A(레티놀)	시각색소를 만들고 상피조직 유지에 이용됨	녹색채소, 유제품, 간	야맹증, 거친 피부
바이타민 B 복합체			
B_1	세포호흡 시 CO_2 제거에 필요한 조효소	육류, 곡류, 콩류	각기병, 심장 쇠약, 부종
B_2(리보플라빈)	대사에 필요한 조효소 FAD, FMN의 일부분	여러 가지 식품	피부 약화 및 감염, 눈의 염증
B_3(나이아신)	조효소 NAD^+와 $NADP^+$의 일부분	간, 저지방 육류, 곡류	펠라그라(홍반병), 신경 염증, 정신질환
B_5(펜토텐산)	탄수화물 대사와 지방 대사를 연결해주는 조효소 A의 일부분	여러 가지 식품	드물게 피로, 신체 조정 소실
B_6(피리독신)	아미노산 대사 여러 과정의 조효소	곡류, 야채, 육류	빈혈, 경련, 신경과민
B_{12}(시아노코발라민)	핵산 합성의 조효소	적색육류, 유제품	악성 빈혈
바이오틴	아미노산 및 지방 대사의 조효소	육류, 야채	드물게 우울증 및 구역질
엽산	아미노산 및 핵산 대사의 조효소	녹색채소	빈혈, 설사
바이타민 C	콜라겐, 뼈 및 치아의 시멘트질, 혈관의 결합조직 합성에 중요하며, 감염에 대한 저항력 유지	과일, 녹색잎 채소	괴혈병, 피부 및 혈관 약화
바이타민 D(칼시페롤)	칼슘 흡수 및 뼈 형성 촉진	유제품, 대구간유	구루병, 골격 기형
바이타민 E(토코페롤)	지방산과 세포막의 산화 방지	마가린, 씨앗, 녹색잎 채소	드묾
바이타민 K	혈액 응고	녹색잎 채소	심한 출혈

타이드는 서로 길항적으로 작용하는데, NPY는 섭식 활동을 유도하고 α-MSH는 이를 억제한다.

α-MSH의 형성 및 분비는 렙틴에 의해 촉진되며, α-MSH의 투여는 섭식을 억제하고 α-MSH 수용체 기능 이상은 비만을 야기한다. 반면에 NPY의 발현은 렙틴에 의해 억제되고 NPY를 투여하면 섭식 활동이 촉진된다.

에너지 균형 모델

에너지 균형 및 섭식 행동에 관한 현재의 모델이 **그림 30.17**에 요약되어 있다. 렙틴과 인슐린의 역할은 신호전달망의 구심성 부분을 장기적으로 조절하는 것이다. 섭식에 반응하여 지방 조직과 췌장에서 렙틴과 인슐린이 각각 생성되는데, 음식을 먹는 행동 그 자체에 반응하는 것이 아니라 섭식 행동에 따른 작용에 반응하는 것이다. 즉, 순환성 렙틴의 농도는 지방 조직량과 관련되는데 극단적인 예로, 비만인 사람에게서는 높은 렙틴 수치를 볼 수 있다. 고농도의 렙틴과 인슐린은 시상하부에 작용하여 α-MSH 수치를 증가시키고 NPY 수치를 감소시켜, 그 결과 식욕을 억제하고 에너지 소비를 증가시켜 생식과 성장을 야기한다. 저농도의 렙틴과 인슐린은 시상하부에 작용하여 α-MSH 수치를 감소시키고 NPY 수치를 증가시킨다. 만약 렙틴의 농도가 매우 낮은 상태가 지속된다면 성장과 생식이 저해될 수 있다.

장 호르몬 CCK 및 GIP는 섭식에 반응하여 생성되며, 에너지 균형 조절 회로의 구심성 부분을 단기적으로 조절한다. 이들의 작용은 렙틴과 인슐린과 유사하다. 장 호르몬 그렐린 역시 섭식을 자극하는 단기적 조절자이다.

필수 영양소는 체내에서 합성되지 않는다

많은 동물이 진화 과정에서 계속적으로 필요함에도 불구하고 대사에 필요한 주요 물질의 합성 능력을 잃었다. 건강을 유지하는 데 필수적이지만 스스로 체내에서 합성하지 못하므로 음식으로 반드시 섭취해야 하는 물질을 필수 영양소(essential nutrients)라 한다.

바이타민(vitamins)은 필수 영양소의 한 종류로 미량으로 요구되는 유기물질이다. 실례로 사람, 유인원, 원숭이, 기니피그(guinea pigs)는 아스코르브산(ascorbic acid, vitamin C)을 합성하는 능력을 상실하였다. 따라서 섭식으로부터 충분한 바이타민 C를 공급받지 못하면 결합조직이 퇴화되는 치명적인 질환인 괴혈병(scurvy)에 걸리게 된다. 사람에게 필요한 13가지 바이타민을 **표 30.2**에 나타내었다.

일부 필수 영양소는 미량보다 좀 더 많은 양이 필요하다. 많은 척추동물은 20가지 아미노산 중 1가지나 그 이상을 합성하지 못한다. 이 **필수 아미노산**(essential amino acids)은 반드시 음식을 통해 공급되어야 한다. 사람은 9개의 아미노산이 필요하다. 매우 엄격한 채식주의자는 한 음식에 들어 있는 필수 아미노산이 다른 음식을 보완할 수 있도록 식단을 선택해야 한다. 또한 채식주의자는 바이타민 B와 같이 식물에 많은 양이 들어 있지 않은 특정 바이타민을 공급받기 위하여 보충제가 필요할 것이다.

모든 척추동물은 일부 긴사슬 불포화 지방산의 합성 능력을 소실하여, 음식을 통해 이들을 섭취해야 한다. 반대로 척추동물은 합성할 수 있으나 다른 동물은 합성하지 못하는 필수 영양소도 있는데, 예를 들어 척추동물은 스테로이드 호르몬의 주재료인 콜레스테롤을 합성할 수 있지만, 일부 육식성 곤충류는 합성하지 못한다.

또한 음식물을 통해 칼슘, 마그네슘, 인과 같은 필수 미네랄과 아연, 몰리브덴과 같이 아주 소량만 요구되는 **미량원소**(trace elements)를 섭취할 수 있다. 동물은 식물에서 직접, 또는 식물을 섭취한 동물로부터 미량원소를 얻을 수 있다.

핵심 요약 30.7

기초 대사율은 휴식 상태에서 최소로 필요한 에너지 소비량이다. 운동은 기초대사율을 높이지 않지만 신체의 총 에너지 소비량을 증가시킨다. 비만은 섭취한 음식의 에너지량이 소비한 에너지량을 지속적으로 초과하여 발생한다. 식욕을 조절하는 호르몬으로 렙틴, 인슐린, CCK 및 GIP를 포함한 엔테로가스트론, 그렐린, 시상하부와 관련한 신경펩타이드가 있다. 사람의 필수 영양소는 13가지 바이타민, 필수 미네랄, 필수 아미노산, 필수 지방산이다.

■ 비만인이 정상 렙틴 수치를 가질 수 있는 이유는 무엇일까?

30.8 척추동물 소화계의 다양성

학습 목표

1. 척추동물이 셀룰로스를 소화하는 방법을 설명할 수 있다.
2. 되새김질이 어떻게 작용하는지 서술할 수 있다.
3. 분자 수준에서 초식동물의 수렴진화에 대해 설명할 수 있다.

대부분의 동물은 셀룰로스 소화에 필요한 효소가 없지만, 일부 동물은 소화관에 셀룰로스를 숙주동물이 흡수할 수 있는 물질로 전환시키는 세균이나 원생생물을 가지고 있다. 인간의 위장관에 사는 미생물은 영양적으로 큰 역할을 하지 못하지만, 흰개미나 바퀴벌레와 같은 곤충과 일부 초식동물에서는 위장관 내 미생물이 영양에 필수적이며, 숙주와 미생물 사이에 이익을 주고받는 공생의 대표적인 예를 보여준다(37장 참조).

식물성 셀룰로스는 특히 소화시키기 어려워 초식동물은 육식동물에 비해 훨씬 긴 소화관으로 오랫동안 소화할 시간을 갖는다(**그림**

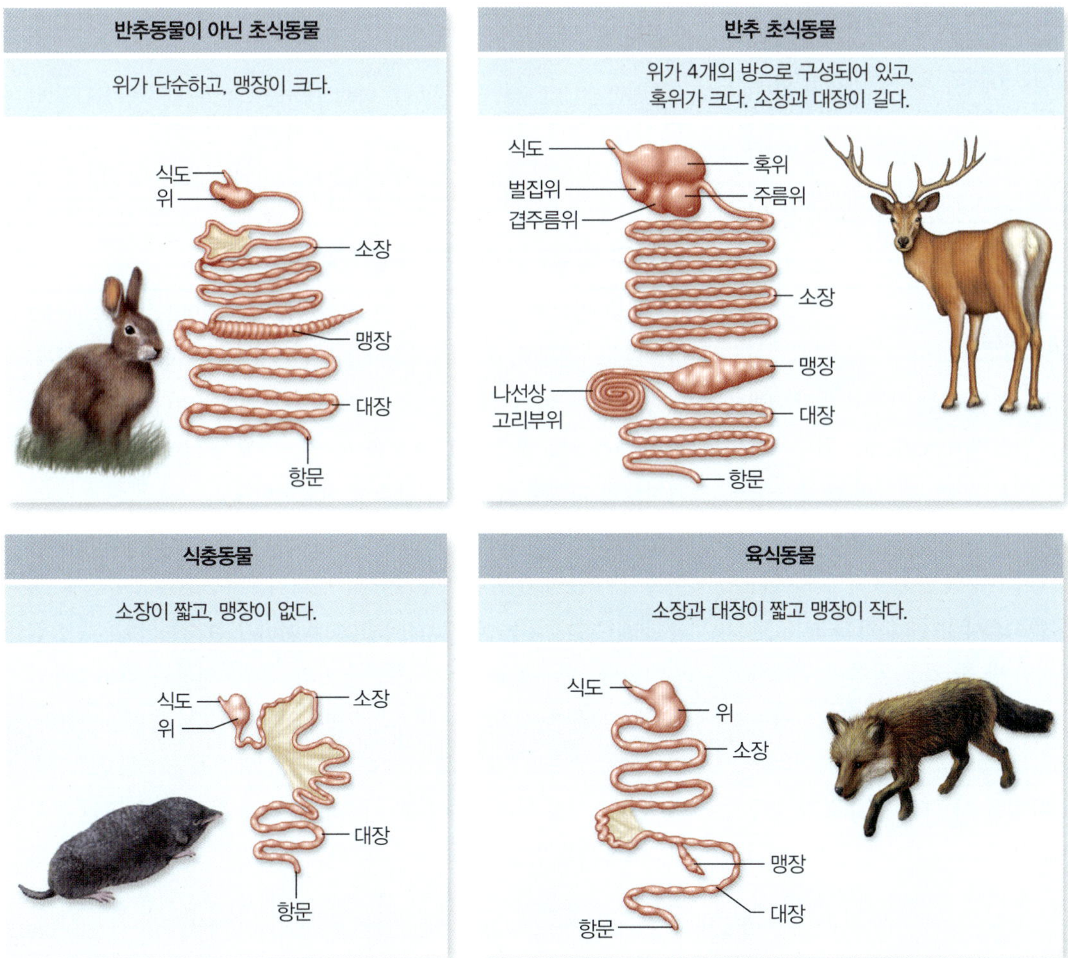

그림 30.18 포유류의 소화계 및 이에 따른 먹이.
토끼와 사슴 같은 초식동물은 식물을 분해하기에 특화된 구획을 포함한 긴 소화관을 갖는다. 셀룰로스가 없는 동물성 물질은 상대적으로 소화되기 쉬워서 곤충을 먹는 들쥐나 여우 같은 육식동물은 특화된 주머니가 많지 않은 짧은 소화관을 갖는다.

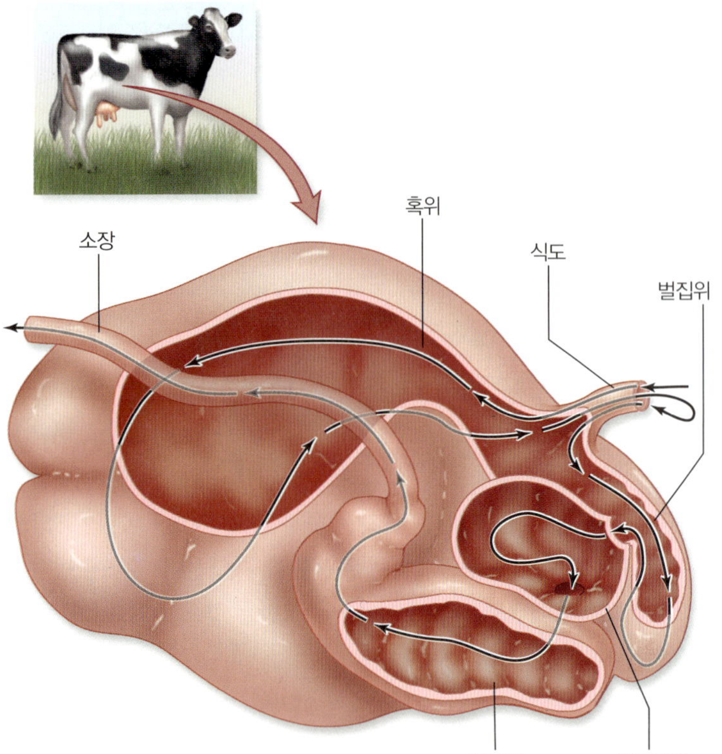

그림 30.19 4개의 방으로 이루어진 반추동물의 위.
반추동물이 먹은 식물은 혹위로 들어가 부분적으로 소화된다. 혹위는 세균을 포함하고 있어 셀룰로스를 분해한다. 두 번째 방인 벌집위로 이동하기 전에 음식물은 역류되어 되새김되고, 그 후 뒤쪽 방인 겹주름위와 주름위로 이동된다. 주름위만 사람의 위처럼 위액을 분비한다.

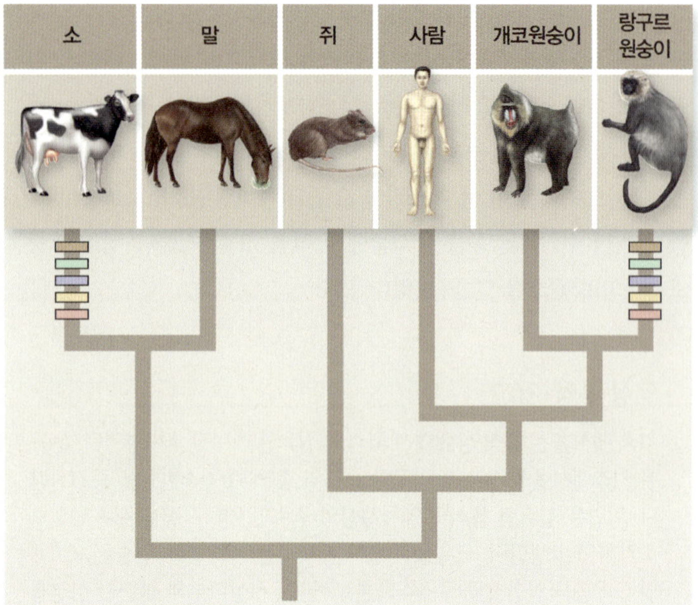

그림 30.20 반추동물(소)과 랑구르원숭이(***Presbytis entellus***)에서 볼 수 있는 라이소자임의 수렴진화.
두 그룹에서 독립적으로 5개의 아미노산이 변화하는 진화가 일어났다.

자료 분석 만약 라이소자임의 분자생물학적 자료를 이용하여 계통발생을 구성해 본다면 어떠한 모양이겠는가?

30.18). 초식동물의 소화관은 식물성 물질의 소화를 향상시키기 위해 변해왔다.

반추동물은 역류된 음식물을 다시 씹는다

소나 사슴 같은 반추동물은 4개의 방으로 된 위를 가지고 있다(**그림 30.19**). 처음 3개의 방은 혹위(rumen), 벌집위(reticulum), 겹주름위(omasum)로 구성되어 있고, 이어서 진짜 위에 해당하는 주름위(abomasum)가 있다.

혹위(rumen)는 약 190 L의 먹이를 담을 수 있고 발효가 일어나는 장소로서, 장내 세균과 원생생물이 셀룰로스나 다른 분자를 보다 단순한 화합물로 전환시킨다. 혹위는 4개의 방 중 가장 앞쪽에 위치하여 혹위 내 음식을 역류시키고 다시 씹도록 하는데, 이 과정을 **반추**(rumination) 또는 "되새김질(chewing the cud)"이라 한다. 이러한 과정을 통해 음식물에 함유된 억센 섬유질을 더 작은 입자로 분해하고 미생물이 접촉할 표면적을 넓혀준다.

되새김질한 음식물은 추가적인 세균에 의한 소화를 위해 다시 삼켜져 벌집위로 이동하고, 다시 겹주름위, 주름위로 이동한다. 음식물은 주름위에서 위액과 섞인다. 이러한 과정은 셀룰로스를 소화하는데 있어, 말과 같이 혹위가 없는 초식동물에 비해 훨씬 효과적이다.

앞창자 발효는 여러 번 수렴진화하였다

4개의 방으로 된 위는 한 번 진화하였지만, 하마, 랑구르원숭이, 나무늘보, 캥거루, 호아친새(hoatzins)와 같은 초식동물은 세균에 의한 발효를 높이기 위해 큰 위를 가지도록 진화하였다. 많은 경우 이런 종들은 발효에 필요한 충분한 시간을 위해 음식이 위를 천천히 통과하도록 다양한 해부학적 구조로 진화하였다.

반추동물과 주로 나뭇잎을 먹고 사는 랑구르원숭이에서 발견되는 분자적 수준의 수렴진화에 주목할 만하다. 대부분의 포유동물 침과 눈물에서 발견되는 라이소자임(lysozyme)과 효소는 세균의 침입을 방어한다. 반추동물과 랑구르원숭이의 경우, 변형된 라이소자임이 위에서 세균을 소화하는 새로운 역할을 맡게 된다. 5개의 동일한 아미노산이 변화되었고(**그림 30.20**), 그 결과 반추동물과 랑구르원숭이의 라이소자임 분자는 이들과 가까운 종보다 서로 간에 훨씬 유사하다. 수렴진화의 많은 경우와는 달리, 이와 같은 예는 동일한 유전적 변화를 통해 멀리 떨어진 종 사이에서도 수렴진화가 발생할 수 있음을 보여준다.

일부 초식동물은 소화를 위한 대체 전략을 가지고 있다

설치류나 말, 사슴이나 토끼 등의 동물에서는 셀룰로스의 소화가 커다란 맹장에 있는 미생물에 의해 이루어진다(**그림 30.18**). 맹장은 위(stomach) 뒤에 위치하기 때문에 내용물의 역류는 불가능하다.

설치류와 토끼류 포유동물은 반추동물의 소화 정도와 비슷한 효율을 가지기 위해 셀룰로스 소화를 위한 다른 방법을 진화시켰다. 식분(coprophagy)이라 부르는 대변을 먹는 방법을 이용하여 음식물이 다시 소화관을 통과할 수 있도록 하고, 이는 맹장 내 세균에 의해 생산된 영양분을 흡수하도록 한다. 따라서 식분 동물이 대변을 먹는 것을 막으면 건강을 해치게 된다.

곤충을 먹거나 육식을 하는 동물은 셀룰로스가 없는 먹이를 섭취하므로, 맹장이 없거나 매우 작다.

바이타민 K

동물의 대사작용에서 장내 세균이 하는 또 다른 역할은 바이타민 K를 합성하는 것이다. 모든 포유동물은 혈액응고에 필수적인 바이타민 K의 합성을 장내 세균에 의존하고 있다. 이런 세균이 부족한 조류는 필요한 적정량의 바이타민 K를 음식물을 통해 섭취해야 한다.

사람의 경우 항생제를 장기간 복용하면 장내 세균총이 크게 감소하므로 추가적인 바이타민 K의 공급이 필요할 수 있다. 유익한 균을 가지는 장내 세균총이 정상으로 회복되면 바이타민 K를 다시 합성할 것이다.

핵심 요약 30.8

많은 초식동물의 소화관은 셀룰로스를 소화시킬 수 있는 미생물들을 가지고 있다. 소화계는 여러 개의 발효 공간을 가지도록 진화하였다. 반추동물은 부분적으로 소화시킨 음식물을 혹위에서 다시 역류시켜 입에서 추가적인 소화를 하도록 한다. 독립적으로 발생한 동일한 변화로 인해 멀리 떨어져 있는 종간에 소화 효소가 비슷하게 진화하였다.

- 서로 다른 종에서 동일한 돌연변이를 기대할 수 있을까? 그 이유는 무엇이며, 만약 기대할 수 없다면 그 이유는 무엇일까?

핵심 개념 요약

30.1 소화계의 종류

■ 무척추동물의 소화계는 자루 혹은 관 모양이다

자포동물과 편형동물에서는 하나의 입구만 지닌 불완전한 소화계인 위수강을 볼 수 있다(**그림 30.1**). 반대로 완전한 소화계에서는 입으로부터 항문까지 한 쪽 방향성을 지닌 특화된 소화기관을 볼 수 있다.

■ 척추동물의 소화계는 식습관에 의해 형성된 고도의 특수 구조를 가진다

위장관은 입, 인두, 식도, 위, 소장 및 대장, 총배설강 또는 직장, 그리고 항문으로 구성되어 있다(**그림 30.3**). 위장관의 4개의 층상 구조는 점막, 점막하층, 평활근층, 그리고 장막으로 되어 있다(**그림 30.4**).

30.2 입과 치아: 먹이 포획과 처리

■ 척추동물의 치아는 먹이 종류에 따라 적응되었다

치아가 없는 조류는 모래주머니가 있어 주머니 내 작은 돌멩이가 음식을 분쇄한다. 포유동물의 치아는 식습관을 반영하여 진화되었다(**그림 30.6**).

■ 입은 음식 섭취 및 초기 과정을 담당한다

침샘은 아밀레이스를 포함한 침을 분비하여 섭취한 음식물을 촉촉하게 하고 소화가 시작되도록 한다. 삼킴 작용은 한번 시작되면 불수의적이다(**그림 30.7**).

30.3 식도와 위: 소화의 시작

■ 식도는 근육을 수축시켜 음식물을 이동시킨다

규칙적인 근육의 수축과 이완을 연동운동이라고 하고, 이는 음식물 덩어리가 위에 도달하도록 한다.

■ 위 내에서 음식물은 산에 의해 분해된다

위에서 염산은 음식을 분해하고 펩시노겐을 활성형 단백질분해효소 펩신으로 전환시킨다. 음식과 위액의 혼합물을 유미즙이라 하며, 이는 유문 괄약근을 통과하여 소장으로 이동한다.

30.4 장: 분해, 흡수, 배출

■ 소장의 구조는 소화와 흡수를 위하여 특수화되었다

손가락처럼 뻗어 나와 있는 융모는 소장의 표면적을 넓게 해준다(**그림 30.10**). 십이지장은 췌장과 간으로부터 소화를 돕는 분비액을 받는다.

■ 흡수된 영양소는 혈관이나 림프관으로 이동한다

아미노산과 단당류는 능동수송 및 촉진확산을 통해 상피세포로 들어간 후(**그림 30.11**), 혈관으로 유입된다. 지방산과 모노글리세라이드는 단순확산으로 상피세포 내로 들어가 킬로마이크론 형태로 다시 조립되어 림프순환계로 유입된다.

혈관으로 유입된 흡수된 분자들은 간문맥을 통해 간으로 이동한다.

■ 대장은 노폐물을 제거한다

대장은 물을 흡수하고 노폐물을 농축하여 배출하기 전까지 직장에 보관한다.

30.5 부속기관의 기능

■ 부속기관은 소장으로 효소를 분비한다

소화 부속기관으로 침샘, 췌장, 간, 그리고 담낭이 있다(**그림 30.13**). 췌장은 소화 효소 및 중탄산염을 분비하고, 간은 담즙(담낭에 저장되어 있음)을 분비한다. 담즙은 지방을 소립 형태로 분산시킨다.

■ 간은 항상성을 유지하기 위해 물질을 변형시킨다

간은 해독, 스테로이드 호르몬 수치 조절, 혈장 단백질 생산에 관여한다.

■ 혈당은 인슐린과 글루카곤에 의해 유지된다

인슐린은 혈당을 낮추고, 글리코겐의 저장을 증가시킨다. 글루카곤은 혈당을 높이고 글리코겐의 분해를 촉진한다.

30.6 신경 및 호르몬의 소화관 조절

위장관의 활동은 신경 및 내분비계에 의해 조절된다.
십이지장 호르몬은 유미즙이 십이지장으로 이동하는 것을 조절한다. 지방이 많이 함유된 유미즙은 CCK와 GIP의 분비를 자극하고, 유미즙의 낮은 pH는 세크레틴의 분비를 촉진한다. 이어서 CCK는 췌장 소화 효소 및 담즙의 분비를 자극하고 세크레틴은 중탄산염의 분비를 촉진한다.

30.7 음식 에너지, 에너지 소비, 필수 영양소

■ 운동은 대사율을 높인다

기초대사율은 휴식기의 최소 에너지 소비량이다. 신체 활동은 대사율을 증가시킨다.

■ 신경 내분비계는 음식 섭취를 조절한다

렙틴과 인슐린 호르몬, 엔테로가스트론, 신경펩타이드는 음식 섭취를 조절한다(**그림 30.17**).

■ 필수 영양소는 체내에서 합성되지 않는다

필수 영양소는 동물이 합성할 수 없는 영양소를 말한다. 사람은 13개의 바이타민(**표 30.2**), 필수 아미노산, 필수 미네랄, 필수 지방산이 필요하다.

30.8 척추동물 소화계의 다양성

■ 반추동물은 역류된 음식물을 다시 씹는다

4개의 방으로 된 반추동물의 위는 혹위, 벌집위, 겹주름위, 주름위로 구성되어 있다. 음식물은 혹위에서 먼저 가공된 후 다시 씹기 위해 역류된다.

■ 앞창자 발효는 여러 번 수렴진화하였다

많은 종에서 볼 수 있는 거대한 앞창자는 장내 세균의 발효를 위한 충분한 공간을 제공한다. 일부 초식동물들 간에 라이소자임의 동일한 변화가 독립적으로 발생한 수렴진화를 볼 수 있다.

■ 일부 초식동물은 소화를 위한 대체 전략을 가지고 있다

일부 초식동물에서는 맹장에서 세균에 의한 셀룰로스의 소화가 일어난다.

연습문제

■ 1단계: 이해력 확인하기

1. 단백질 및 탄수화물의 소화와 지방의 소화의 차이점은 무엇인가?
   a. 지방의 소화는 소장에서, 단백질과 탄수화물의 소화는 위에서 일어난다.
   b. 지방은 지방산과 모노글리세라이드의 상태로 세포로 들어가 흡수를 위해 변형되지만, 아미노산과 포도당은 더 이상 변형되지 않는다.
   c. 지방은 간문맥으로, 소화된 단백질과 탄수화물은 림프계로 들어간다.
   d. 소화된 지방은 대장에서 흡수되고 소화된 단백질과 탄수화물은 소장에서 흡수된다.

2. 주된 소화가 위에서 이루어진다고 생각하지만 실제로 대부분의 화학적 소화가 일어나는 부위는 무엇인가?

   a. 입　　b. 충수돌기
   c. 십이지장　　d. 대장

3. 소장의 점막을 통해서 흡수된 포도당과 아미노산은 어떻게 되는가?
   a. 순환계로 직접 흡수된다.
   b. 체내 세포로 이동하기 전에 글리코겐과 펩타이드로 바뀐다.
   c. 간문맥을 통해 간으로 직접 수송된다.
   d. 담즙에 의한 추가적인 소화가 일어난 후 순환계로 간다.

4. 다음의 짝지음 중 옳지 않은 것은?
   a. 지방 수송/림프계
   b. 포도당 수송/림프계
   c. 아미노산 수송/순환계
   d. a, b, c 모두 맞다.

5. 장내 미생물은 무엇의 흡수와 소화를 도와주는가?

   a. 셀룰로스의 소화　　b. 포도당 생산
   c. 바이타민 K의 합성　　d. a와 c 모두 맞다.

6. ______________ 와(과) ______________ 은(는) 단백질, 지방, 탄수화물을 소화시키기 위해 필요한 화학물질을 분비하는 중요한 소화기관이다.

a. 간; 췌장
b. 간; 담낭
c. 신장; 충수돌기
d. 췌장; 담낭

7. 다음 중 인슐린의 대표적인 역할은 무엇인가?

a. 글리코젠의 분해를 통해 혈당을 증가시킨다.
b. 글루카곤의 생산을 자극하여 혈당을 증가시킨다.
c. 글리코젠을 형성하여 혈당을 감소시킨다.
d. 세포 내로 포도당의 흡수를 촉진하여 혈당을 증가시킨다.

■2단계: 적용력 평가하기

1. 소장은 흡수를 위해 특수화되어 있다. 그 이유는 무엇인가?

a. 소화계의 마지막 부분으로 음식물이 가장 오래 머물러 있다.
b. 길이에 따라 주머니 모양으로 확장될 수 있어 음식물을 모을 수 있다.
c. 배출구가 없어 음식이 오랜 시간 남아 있다.
d. 표면적이 매우 넓어서 음식물과 접촉을 많이 할 수 있다.

2. 대장은 배설물을 고형 상태로 농축시켜 몸 밖으로 배출시키는 기능을 하는데, 어떻게 이러한 기능을 할 수 있는가?

a. 점액층의 세포를 추가적으로 더한다.
b. 물을 흡수한다.
c. 염분을 분비한다.
d. a, b, c 모두 맞다.

3. 어떤 분자는 불활성 상태로 분비되는데, 이와 관련하여 맞는 것은 무엇인가?

a. 에너지 및 물질의 소모가 덜하다.
b. 활성화되기 위하여 물과 결합해야 한다.
c. 분자의 활성을 조절하기 위함이다.
d. 분자가 분비되는 샘이 막히지 않도록 하기 위함이다.

4. 비만인 사람에서 렙틴의 농도가 높은 이유는 무엇인가?

a. 렙틴은 섭식을 자극하기 때문
b. 뇌에 있는 렙틴 수용체에 어떤 문제가 발생하고, 이로 인한 렙틴 작용이 줄어드는 것을 보상하기 위해
c. 체중의 증가로 인해
d. 렙틴은 부신 피질에서 기계적 자극에 반응하기 때문

■3단계: 사고력 함양하기

1. 다른 포유동물과 달리 조류는 모이주머니를 가지는데, 이러한 차이를 가지는 이유는 무엇인가?

2. 렙틴을 가지고 새로운 비만 치료법을 개발한다고 가정해 보자. 렙틴을 생산하는 신체의 부위는 어디이며, 렙틴의 기능은 무엇인가? 이 치료법이 혈중 렙틴의 농도를 증가시키는가 또는 감소시키는가? 이 치료법이 신체의 다른 기관계에도 영향을 미치겠는가?

3. 혈장 단백질과 담즙 생산의 감소는 알코올 및 약물 남용과 어떤 관련성이 있는가?

4. 유사한 위장 구조를 갖게 되는 많은 수렴진화의 경우와는 달리(30.8절 참조), 반추동물과 랑구르원숭이는 같은 결과를 얻기 위해 같은 방법으로 효소 라이소자임을 변형시켰다. 이 경우와 다른 수렴진화와 차이점은 무엇인가?

5. 조류는 치아를 가지고 있지 않다. 포유동물에서 볼 수 있는 치아의 다양성과 견줄 만한 다른 종류의 음식 처리에 대한 적응을 가지고 있다고 생각하는가? 그렇다면 적응의 차이점은 무엇인가?

31 호흡계

도입

동물의 몸을 이루는 모든 세포는 주위 환경과 물질교환을 해야 한다. 이러한 교환은 단세포생물의 경우 외부 환경과 세포막을 통해 직접적으로 일어나게 되지만, 다세포생물은 외부 환경과 직접 접촉이 아닌 수송과 교환을 위한 특별한 체계를 지니게 된다. 이러한 특별한 체계는 대량수송을 가능하게 하지만 원형질막을 통한 수송이라는 속성에는 변함이 없다. 물질 수송이 일어나는 표면적의 증가는 동물계에서 볼 수 있는 구조적 적응으로 볼 수 있다. 포유동물의 폐에서 일어나는 외부 공기와 혈액 사이의 접촉은 표면적의 증가와 관련된 효율성을 보여주는 대표적인 예이다. 숨을 들이마시는 순간 많은 산소 분자가 80 m^2에 이르는 폐포의 막을 지나 모세혈관 속으로 수송된다. 이번 장과 32장에서 몸속의 여러 기관계와 조직에 산소와 영양분을 공급하는 호흡계와 순환계에 대해 알아본다.

31.1 호흡 표면을 통한 기체 교환

학습 목표

1. 막을 통한 기체 교환을 서술할 수 있다.
2. 피크의 확산법칙을 설명할 수 있다.
3. 기체 확산을 최대화하는 진화적 전략들을 비교할 수 있다.

모든 다세포동물이 직면하는 주요한 생리적인 과제 중 하나는 충분한 산소 획득과 과잉의 이산화탄소를 처리하는 것이다.

무척추동물은 상피(epithelium), 기관(tracheae)과 아가미(gills)를 포함해 여러 종류의 호흡기관을 가진다. 어류나 양서류 유생과 같은 일부 척추동물은 아가미를 사용하지만, 성숙한 양서류는 보조 호흡기관이나 주된 외호흡기관으로 피부나 다른 상피를 이용한다.

많은 양서류, 파충류, 조류, 포유류는 폐로 외호흡을 한다. 수생동물이나 육상동물 모두에서 혈관을 가진 호흡기관의 역할은 산소를 혈액으로 확산시키고 이산화탄소를 혈액 밖으로 배출하는 것이다. 몸속 조직에서는 기체 확산의 방향이 호흡기관과 반대로 일어난다.

이번 장에서는 혈액과 조직 사이에 기체 확산의 원리에 따른 호흡계의 기작, 구조 그리고 진화를 다룬다.

호흡은 3단계에 걸쳐 일어난다

가장 넓은 의미에서 호흡이라는 단어는 생물체가 대사과정을 위해 고에너지 분자(주로 ATP)를 만드는 것을 말한다. 동물에서 이것은 산소를 필요로 하고 3개의 뚜렷한 단계가 있다. **외호흡**(external respiration)은 **환기**(ventilation)라고도 불리며, 기체를 교환하기 위해 산소를 운반하는 매개체(공기 또는 물)가 호흡막을 통과하는 과정이다. 즉 동물과 환경 사이의 기체 교환이다. 호흡막은 동물의 다양한 구조를 포함한다(**그림 31.1**).

척추동물에서 **내호흡**(internal respiration)은 호흡 기관과 모든 조직 사이의 혈액 내 산소와 이산화탄소의 수송이다. 산소는 궁극적으로 **세포호흡**(cellular respiration)에 사용된다(5장 참조).

기체 교환은 막을 통한 확산과 관련된다

원형질막(plasma membrane)은 안정화를 위해 수분으로 둘러싸여 있기 때문에 기체 교환의 외부 환경은 항상 물이다. 이는 육상 척추동물에게도 적용되어 공기 중의 산소는 호흡 표면(respiratory surface)을 덮는 체액의 얇은 막에 용해된다.

척추동물의 경우 기체는 호흡 표면을 막처럼 덮은 수분층으로 확산한다. 확산 과정은 수동적으로 산소와 이산화탄소의 농도차에 의해서만 일어난다. 용해되는 기체의 농도는 압력으로 나타낼 수 있다.

일반적으로 두 부위의 확산 속도는 **피크의 확산법칙**(Fick's Low of Diffusion)에 의해 결정된다. 기체의 확산 속도(R)는 막 내외의 압력 차이(Δp)와 확산이 일어나는 부위의 면적(A)에 정비례하며, 확산 거리와는 반비례한다. 특정 분자의 확산 상수 D(diffusion constant)는 분자의 크기, 막 삼투성(membrane permeability), 온도와 관련이 있다. 피크 법칙의 공식은 다음과 같다.

$$R = \frac{DA\,\Delta p}{d}$$

진화 과정에서 일어난 호흡기작의 주요 변화는 확산 속도(R)를 최대화하는 것이었다(**그림 31.1**). 확산속도는 (1) 표면적(A)의 증가, (2)

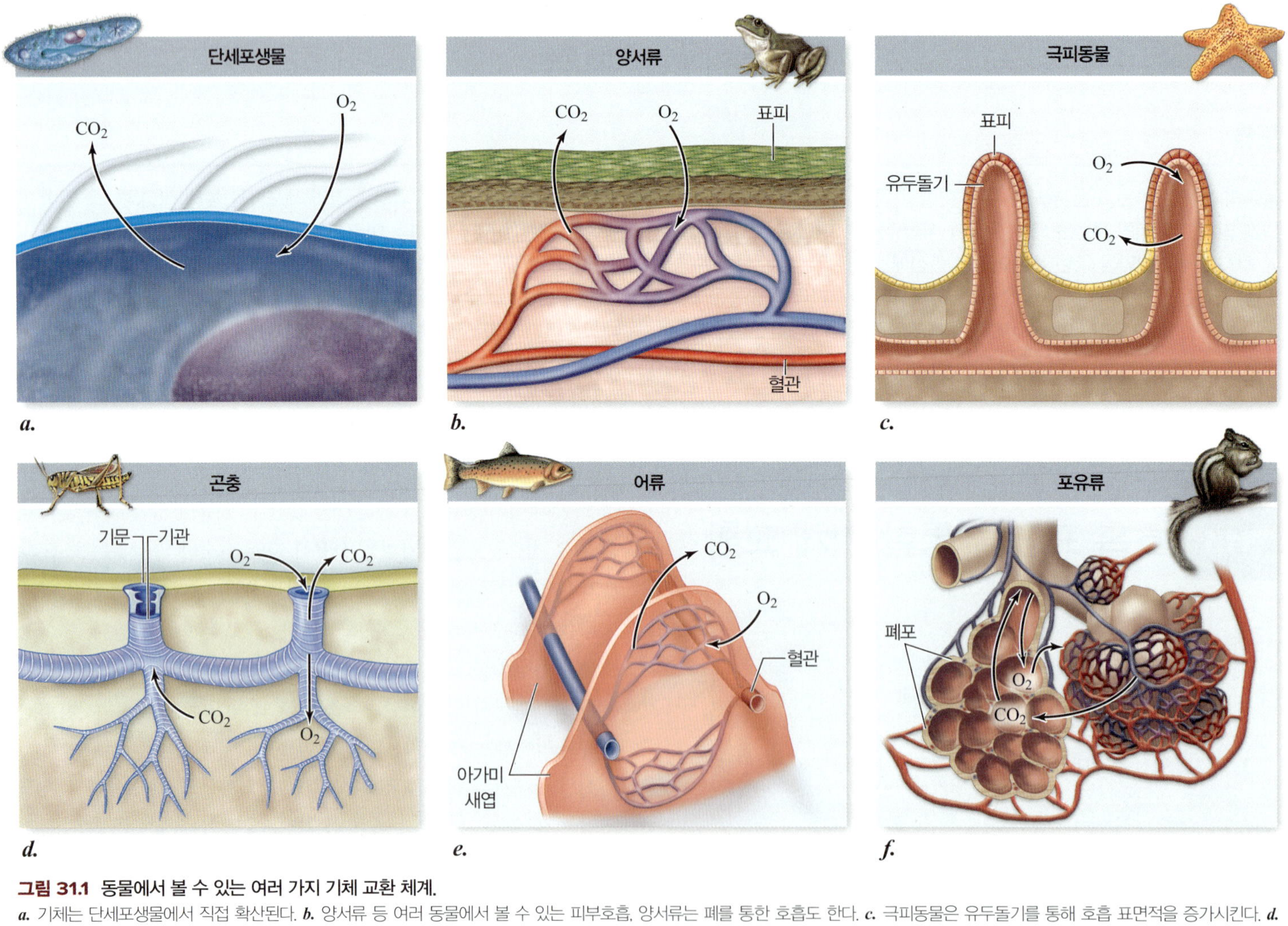

그림 31.1 동물에서 볼 수 있는 여러 가지 기체 교환 체계.
a. 기체는 단세포생물에서 직접 확산된다. *b.* 양서류 등 여러 동물에서 볼 수 있는 피부호흡. 양서류는 폐를 통한 호흡도 한다. *c.* 극피동물은 유두돌기를 통해 호흡 표면적을 증가시킨다. *d.* 곤충의 기관계. *e.* 어류의 아가미에서 볼 수 있는 표면적 증대와 역류 교환. *f.* 포유동물 폐의 폐포는 표면적 증대는 있으나 역류 교환은 없다. 들이마신 공기는 약간의 CO_2를 함유하지만 폐에서의 농도가 더 높기에 내쉴 때 더 많은 CO_2가 배출된다. O_2는 들이마시는 공기에서 농도가 높아 산소의 유입으로 이어진다.

거리(d)의 감소, (3) 농도차(Δp)의 증가로 최적화될 수 있고 호흡계의 진화는 이러한 모든 요인의 변화에 의해 발생하였다.

자료 분석 막의 면적 증가와 막 내외의 압력차 증가, 이 둘 중에 어느 것이 확산 속도를 높이는가?

진화적 전략으로 기체 확산을 최대화시킨다

약 0.5 mm 이상 떨어진 거리에서는 세포호흡에 필요한 산소를 단순확산(simple diffusion)만으로 얻을 수 없다. 이러한 제약 때문에 주변 환경에서 단순확산으로만 산소를 얻는 생물은 몸이 일정 크기 이상으로 커질 수 없다. 세균, 고세균, 원생생물 그리고 군집성 단세포생물은 크기가 작기 때문에 단순확산만으로도 필요한 산소를 얻을 수 있으나(**그림 31.1***a*), 대부분의 다세포동물에서는 기체 교환을 원활하게 할 수 있는 구조적 적응이 필요하다.

산소 농도차의 증가

대부분의 무척추동물은 특별한 호흡기관이 결여되어 있지만 확산을 향상시키는 방법을 발전시켜 왔다. 이들 중 다수는 섬모를 이용해 수류(water current)를 만들고, 호흡기 표면이 지속적으로 새로운 물에 접촉하도록 함으로써 외부 산소 농도가 감소되지 않도록 한다. 이는 피크의 확산법칙에서 농도차(Δp)를 최대화하여 확산 속도를 증가시키는 방법이다.

표면적의 증가와 확산 거리 감소

연체동물, 절지동물, 극피동물과 같은 일부 무척추동물과 척추동물은 확산이 용이하도록 표면적을 증가시키는 아가미나 기관, 폐와 같은 호흡기관을 가진다(**그림 31.1**). 이런 적응 또한 물이나 공기 같은 외부 환경이 혈액이나 혈림프처럼 항상 몸속 구석구석을 순환하는 내부 체액에 가깝도록 하는 것이다. 따라서 호흡기관은 표면적(A)을 최대화하고 확산 거리(d)를 감소시켜 확산 속도를 증가시킨다.

핵심 요약 31.1

기체는 반드시 용해되어야만 막을 가로질러 확산된다. 확산 방향은 막 사이의 농도차(기울기)에 의해 결정된다. 피크의 확산법칙에 따르면 확산 속도는 막 내외의 압력 차이와 확산이 일어나는 부위의 면적이 클수록 증가하고, 확산 거리가 증가할수록 감소한다. 따라서 진화 전략은 압력 차이와 면적을 늘리고 기체의 이동거리를 줄이는 것을 목표로 한다.

■ 섬모를 지속적으로 이용하게 되면 어떤 요인이 영향을 받게 될까?

31.2 아가미, 피부호흡, 기관계

학습 목표

1. 아가미의 작용에 대해 설명할 수 있다.
2. 역류 교환의 장점에 대해 설명할 수 있다.

아가미(gills)는 물에 사는 동물이 지닌 특별한 구조이다. 아가미는 극피동물의 유두돌기(papulae)처럼 단순하거나(**그림 31.1***c*), 어류의 아가미처럼 대단히 복잡하기도 하다(**그림 31.1***e*). 아가미는 물속에서 보다 많은 산소를 얻을 수 있도록 표면적을 넓혀 확산 속도를 증가시킨다. 척추동물에서 볼 수 있는 아가미에 대해 알아보자.

일부 척추동물과 무척추동물에서는 수분을 가진 몸체 표면에서 기체 교환이 이루어진다. 그 실례로 피부를 통한 기체 교환은 많은 양서류에서 흔히 볼 수 있다. 곤충 같은 딱딱한 외골격을 갖는 육상 절지동물은 기관호흡을 한다(**그림 31.1***d*).

어류와 양서류 유생은 외부 아가미가 있다

외부 아가미(external gills)는 몸 표면에 노출된 구조로 척추동물의 경우 여러 종류의 어류, 양서류의 유생, 일생 동안 유생의 특징을 갖는 액솔로틀(axolotl) 같은 양서류에서 볼 수 있다(**그림 31.2**).

외부 아가미의 단점은 산소가 풍부한 맑은 물과 접촉하기 위해 끊임없이 움직여야 하며, 많이 갈라진 아가미는 움직일 때 거센 저항을 받게 된다는 것이다. 작은 동물을 제외하고는 이런 형태의 호흡은 효

그림 31.2 외부 아가미를 가진 양서류.
이 액솔로틀(*Ambystoma mexicanum*)과 같이 평생을 물 속에서 사는 수생 양서류는 산소를 얻기 위해 외부 아가미를 사용한다.

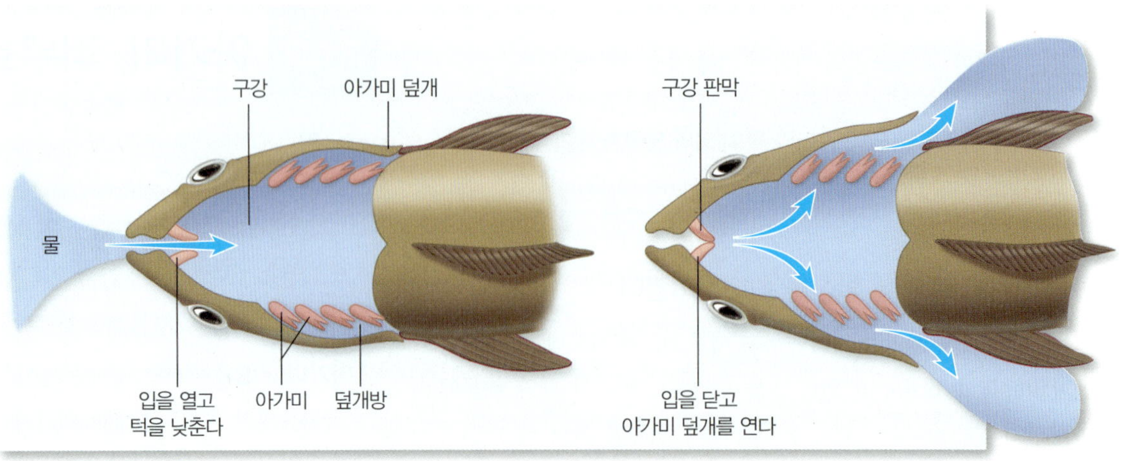

그림 31.3 경골어류의 호흡 방법.
아가미는 구강과 덮개방 사이에 위치하며, 호흡은 두 단계로 일어난다. 입안의 구강 판막을 열고 턱을 아래로 낮추어 물이 구강 안으로 들어오게 한다. 구강 판막을 닫고 아가미 덮개를 열면서 물이 아가미를 통과하여 밖으로 나가게 한다.

과적이지 못하다. 또 다른 단점은 기체 교환을 위한 얇은 상피가 쉽게 손상될 수 있다는 점이다. 이러한 이유로 아가미가 있는 대부분의 생물은 몸 안의 보호구역에 아가미를 보유한다.

아가미방은 무척추동물의 아가미를 보호한다

어떤 수생동물은 움직일 수 없는 아가미에 물을 펌프질하기 위한 수단으로 **아가미방**(branchial chamber)을 특별하게 진화시켰다. 연체동물의 **내부 외투강**(mantle cavity)은 밖으로 열리며, 그 안에 아가미를 가지고 있다. 외투강 근육 벽의 수축은 입수관을 통해 물을 빨아들이고 출수관을 통해 물을 내보낸다.

갑각류(crustaceans)의 경우 아가미방은 대부분 몸통과 딱딱한 외골격 사이에 위치하며, 그 속에 아가미가 있고 다리 아래 표면으로 열려 있다. 다리를 움직이면 물이 아가미방으로 들어오면서 아가미 위로 물 흐름이 생긴다.

경골어류의 아가미는 아가미 덮개로 덮여 있다

경골어류(bony fishes)의 아가미는 구강(oral cavity)과 **덮개방**(opercular cavity) 사이에 위치한다(**그림 31.3**). 이 2개의 방이 펌프처럼 작용하여 물을 입속으로, 그리고 아가미 덮개를 통해 밖으로 이동시킨다.

참치와 같이 쉬지 않고 헤엄치는 일부 경골어류는 움직이지 못하는 아가미 덮개를 가진다. 이런 어류는 입을 부분적으로 열고 헤엄쳐 물이 계속 아가미를 지나가게 한다. 이를 **파상환기**(ram ventilation)라고 한다. 그러나 대부분의 경골어류는 움직일 수 있는 유연한 아가미 덮개를 가진다. 상어에 업혀 다니는 빨판상어의 경우 헤엄치는 동안은 파상환기를 사용하지만 헤엄치지 않을 때에는 아가미 덮개의 펌프작용을 이용한다.

어류의 두부 양쪽에는 3~7개의 아가미궁(gill arch)이 있다. 각 아가미궁은 두 줄의 **아가미사**(gill filament)로 구성되고, 각 아가미사는 얇은 막상의 **판**(새엽, lamellae)을 가진다(**그림 31.4**). 물은 새엽

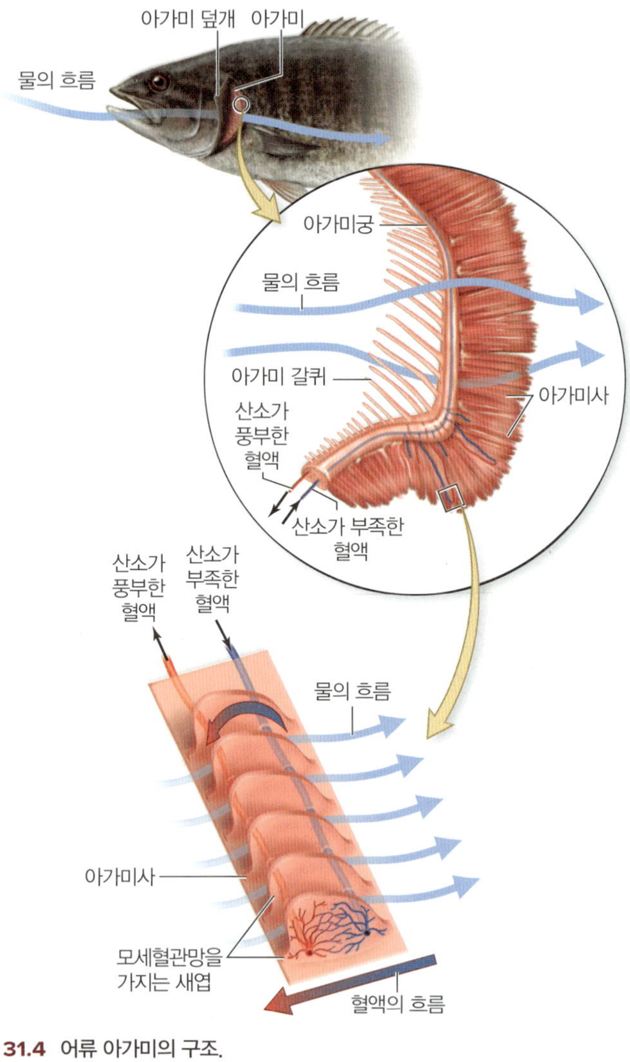

그림 31.4 어류 아가미의 구조.
물은 아가미궁에서 아가미사를 지나간다(그림에서 왼쪽에서 오른쪽으로). 물은 항상 새엽을 통과하는 혈액의 방향과 반대로 흐른다. 물과 혈액의 역류에 의해 아가미의 작용이 성공적으로 이루어진다.

을 지나 한쪽 방향으로만 흐른다.

각 새엽 안에서 혈액은 물과 반대 방향으로 이동하는데, 이러한 움직임을 **역류**(countercurrent flow)라 한다. 이는 전체 확산 경로를 따라서 산소 농도 차이를 유지시켜 줌으로써, 결국 Δp를 증가시켜 혈액의 산소화를 극대화시켜 준다. 반대 방향 흐름의 장점은 **그림 31.5***a*에서 보는 것처럼 아가미 새엽 전체에 걸쳐 산소 농도기울기를 혈액과 물 사이에 유지시켜 준다는 것이다. 이를 통해 산소는 새엽 전체 부위에서 계속 확산해 들어가며 아가미를 떠나는 혈액과 아가미로 들어오는 물이 가진 산소 농도가 거의 비슷하게 된다.

같은 방향으로 혈액과 물이 흐르는 것을 **동류**(concurrent)라 한다(**그림 31.5***b*). 이 경우 물속의 산소가 혈액으로 이동함에 따라 아가미 새엽을 지난 후의 농도차는 급격히 떨어지게 되고 물속과 혈액 속의 산소 농도가 같아지게 될 때 산소 확산은 중단된다.

기체의 역류 교환으로 어류의 아가미는 호흡기관 중에서 가장 효율적이라고 할 수 있다.

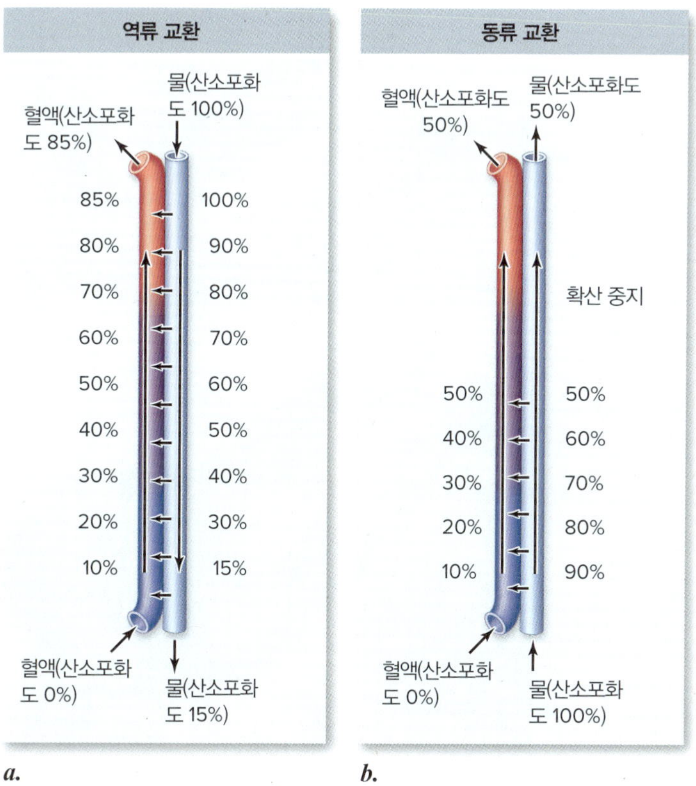

그림 31.5 역류 교환.
이 과정은 혈액에 산소를 공급하는 데 가장 효율적이다. ***a.*** 혈액과 물의 흐름이 반대 방향일 때, 물과 혈액 사이의 초기 산소 농도 차는 크지 않지만 물에서 혈액으로 산소를 확산시키기에 충분하다. 혈액 속으로 산소가 확산되어 혈액의 산소 농도가 증가할 때도 혈액은 더 높은 산소 농도를 가진 물과 만난다. 항상 물속의 산소 농도가 더 높기 때문에 확산은 계속된다. 이 예에서 혈액은 85%의 산소 농도를 획득한다. ***b.*** 혈액이 물과 같은 방향으로 흐르면 산소는 처음에는 빠르게 물에서 혈액 내로 확산되지만 확산율은 확산이 진행될수록 점점 느려지게 되고 결국 물과 혈액의 산소 농도는 같아지게 된다. 이 예에서 혈액의 산소 농도는 50%를 넘을 수 없다.

자료 분석 역류 교환에서 혈관을 따라 가장 많은 산소가 물에서 혈액으로 확산되는 곳은 어디인가? 동류 교환에서 이러한 현상이 발생할 수 있는 곳은 어디인가?

산소는 어류의 제한적인 혈액 기체이다

대부분의 어류는 아가미에 신경상피세포를 가지고 있어 물속의 산소 농도를 감지한다. 이것은 물의 산소 농도가 깊이, 온도 및 유량에 따라 다르기 때문에 중요하다. 이러한 화학수용체들은 뇌에 신호를 보낼 수 있으며, 이는 행동 변화, 호흡률 증가, 산소 농도가 떨어질 때 기체 교환을 위해 더 많은 모세혈관망을 보충하는 것을 자극할 것이다. 이러한 이유로 산소가 물고기의 "제한적인 혈액 기체"로 알려져 있다고 할 수 있다. 즉, 산소 농도는 호흡계를 움직인다.

피부호흡에는 항상 수분이 필요하다

일부 척추동물은 산소와 이산화탄소를 피부 표면을 통해 확산시킬 수 있다(**그림 31.1***b* 참조). 양서류와 일부 거북류 같은 수생동물의 경우 많은 혈관으로 이루어진 얇은 상피를 가진다. 피부를 통한 산소와 이산화탄소의 교환 과정을 **피부호흡**(cutaneous respiration)이라고 한다. 양서류에서는 폐 이외에 피부호흡으로 호흡을 보충하거나 대체하기도 한다.

육상 파충류는 건조하고 질기며 비늘로 덮인 피부를 가진다. 이는 건조는 막지만 양서류와 같은 피부호흡은 불가능하다. 그러나 일부 수생 파충류는 피부호흡을 하기도 한다. 예를 들어, 자라는 폐를 사용하지 않은 상태로 여러 시간 강바닥에 움직이지 않고 잠수할 수 있다. 움직일 때는 피부호흡으로 조직에 충분한 산소를 제공한다. 보통 담수거북도 잠수할 때 피부호흡을 한다. 겨울철에 이들은 공기 없이 며칠 동안 잠수한 상태로 있을 수 있다. 호주거북은 한 단계 더 발전시켜 배설강에 물을 보내고, 그곳에서 특별한 진피 유두를 거쳐 피부호흡이 일어난다.

절지동물은 기관계가 존재한다

절지동물은 단일 호흡기관을 가지지 않는다. 대부분의 육상 절지동물의 기관계는 작고, 가지가 많은 큐티클 막으로 덮힌, 공기 통로인 **기관**(trachea)으로 이루어져 있다(**그림 31.1***d* 참조). 이 기관은 몸 구석구석으로 기체를 운반하기 위해 더 작은 기관지(tracheole)로 세분되며, 기관지는 각 세포와 직접 접촉하고 산소는 원형질막을 통해 직접 확산된다.

공기는 **기문**(spiracle)이라고 부르는 외골격(exoskeleton) 내에 특화된 개구부를 통해 기관으로 들어가고 대부분의 육상 절지동물에서 기문은 밸브로 개폐가 가능하다. 이 기문을 닫음으로써 수분 손실을 막는 능력은 절지동물이 육상에서 번성하는 데 중요한 적응이라 볼 수 있다.

핵심 요약 31.2

아가미는 기체 교환을 위한 넓은 표면적을 제공하는 매우 세분화된 구조물이다. 역류에서 아가미 속의 혈액은 물과 반대 방향으로 흘러 농도차를 유도하고 기체 교환을 극대화한다. 일부 양서류들은 피부호흡에 의존한다. 고도로 세분화된 기관계는 절지동물에서 진화했으며, 이들은 육상 생활에 적응하기 위하여 밸브를 통해 기문 개폐를 조절한다.

■ 역류 시스템에 대한 해부학적 요구 사항은 무엇일까?

31.3 폐

학습 목표

1. 공기 중에서 폐가 아가미보다 좋은 점에 대해 설명할 수 있다.
2. 양서류와 파충류의 호흡기작을 비교할 수 있다.
3. 조류의 호흡에 대해 서술할 수 있다.

수생 환경에서의 호흡기인 아가미는 높은 효율성에도 불구하고 다음과 같은 이유로 육상동물에게는 유용하지 못하다.

1. **공기는 물보다 부력이 작다.** 아가미의 섬세한 막 모양의 새엽은 구조적인 강도가 약하여 물속에서만 지탱될 수 있다. 어류가 물 밖으로 나오게 되면 산소는 넘쳐나지만 아가미 조직은 붕괴되어 곧 질식사하게 된다. 아가미와 달리 기관이나 폐와 같은 내부에 있는 공기 통로는 몸이 구조적 지지 역할을 하게 된다.
2. **수분은 증발한다.** 대기는 호우 직후를 제외하고는 수증기로 포화되는 일은 없다. 따라서 육상생물은 끊임없이 공기 중으로 수분을 잃게 된다. 아가미가 공기에 노출되면 엄청난 수분 손실 면적을 가지게 된다.

폐는 가지 쳐진 관상 통로를 따라 공기를 이동시킴으로써 수분 증발을 최소화한다. 절지동물의 기관계는 또한 수분 증발을 최소화하기 위해 내부의 관을 사용한다.

공기는 폐에 도달하기 전에 수증기로 포화되어 있는 얇은 젖은 막에서 기체 교환이 일어난다. 물이 한쪽 방향으로만 흘러가는 아가미와는 달리 폐에서는 공기가 동일한 통로를 따라 들어가고 나가는 쌍방향통행이다. 이어 살펴볼 조류는 매우 우수한 호흡계를 가지고 있다.

공기 호흡은 기체의 분압을 이용한다

건조한 공기는 질소 78.09%, 산소 20.95%, 아르곤 0.93%와 불활성 기체 그리고 이산화탄소 0.03%를 포함하고 있다. 고도가 높아지면 공기량은 감소하지만, 이 조성은 대류로 인해 100 km의 고도 이하에서는 일정하다.

해수면의 기압은 760 mmHg이고 이 압력을 1기압이라 한다. 전체 기압은 대기 중에 존재하는 각 기체의 **분압**(partial pressure)을

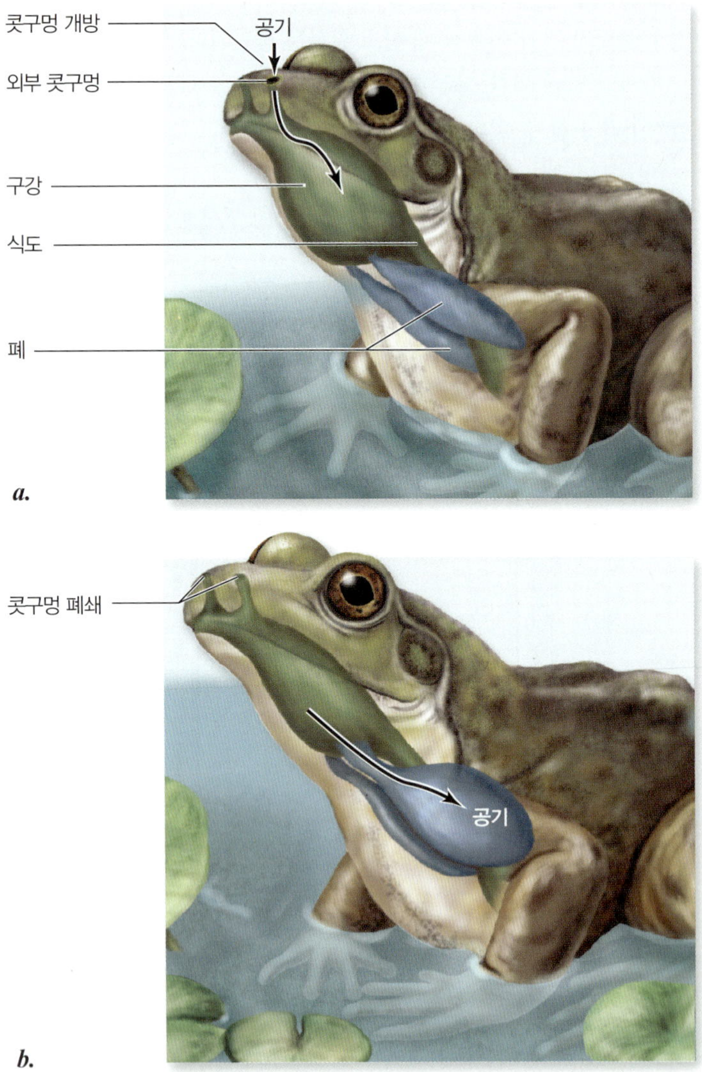

그림 31.6 양서류의 폐.
개구리의 폐는 장에서 나온 주머니 모양이고 구강의 양압에 의해 공기로 채워진다. ***a.*** 구강이 확장되고 콧구멍을 통해 공기가 들어간다. ***b.*** 콧구멍을 닫고 구강이 압축되면서 양압을 형성해 폐를 채운다. 양서류는 다른 척추동물과 비교하여 기체 교환을 위해 넓은 표면적을 제공하는 구조물이 폐 안에 존재하지 않는다. 그래서 다른 척추동물의 폐만큼 효율적이지 못하다.

합한 것과 같다. 해수면에서 N_2, O_2, CO_2의 분압은 P_{N_2}, P_{O_2}, P_{CO_2}로 나타내며 다음과 같다.

$$P_{N_2} = 760 \times 78.09\% = 593.5 \text{ mmHg}$$
$$P_{O_2} = 760 \times 20.95\% = 159.2 \text{ mmHg}$$
$$P_{CO_2} = 760 \times 0.03\% = 0.2 \text{ mmHg}$$

사람은 6000 m 이상 고도에서는 오래 생존할 수 없다. 이런 고도에서도 20.95%의 산소가 존재하지만 대기압이 약 380 mmHg이고 P_{O_2}는 80 mmHg(380 × 20.95%)이므로 해수면에서의 산소 양의 절반에 해당한다.

다음에는 양서류와 파충류를 시작으로 폐를 가진 척추동물에 대해 알아본다. 그 다음 포유동물의 폐와 아주 특별한 폐를 가진 조류에 대해 알아본다.

양서류와 파충류는 다른 방식으로 호흡한다

양서류의 폐는 장에서 팽창되어 나온 주머니 모양이다(**그림 31.6**). 주름에 의해 이 주머니의 내부 표면적이 증대되어 있지만, 양서류의 폐는 다른 육상 척추동물에 비해 기체 교환을 위한 표면적이 훨씬 작다. 양서류의 폐는 구강(oral cavity)이나 인두(pharynx) 뒤쪽과 연결되어 있고 각 폐의 입구는 성문(glottis)이라는 밸브에 의해 조절된다.

양서류는 다른 육상 척추동물과는 다른 방식으로 호흡한다. 양서류는 공기를 폐로 밀어넣는데, 구강을 공기로 채우고(**그림 31.6***a*), 입과 콧구멍을 닫아 풍선을 채우는 압력탱크와 같은 원리로 폐 속으로 공기를 밀어넣는다(**그림 31.6***b*). 이를 **양압식 호흡**(positive press- ure breathing)이라고 한다. 사람의 경우 인공호흡이 이에 해당된다.

대부분의 파충류는 근육을 수축하여 흉곽을 확장시키는 방법으로 호흡한다. 이렇게 함으로써 폐 속의 압력이 대기압보다 낮아져 폐 속으로 더 많은 공기가 이동된다. 이를 **음압식 호흡**(negative pressure breathing)이라 한다. 이는 빨대로 물을 빨아들이는 것처럼 밀어넣는 공기보다 끌어당겨진 공기 때문에 발생하게 된다.

포유동물의 폐는 크게 증가된 표면적을 가진다

조류나 포유류 같은 항온동물은 높은 대사율(metabolic rate)을 가지기 때문에 더 많은 산소를 필요로 한다(5장 참조). 이러한 척추동물은 양서류나 파충류 같은 외온성 척추동물에 비해 호흡계가 좀 더 복잡하고 효율적이며, 체온 유지를 위한 세포호흡의 증가를 위해 더 효율적인 호흡계의 진화가 일어났다.

포유류의 폐는 수백만 개의 포도 모양을 한 작은 주머니 형태의

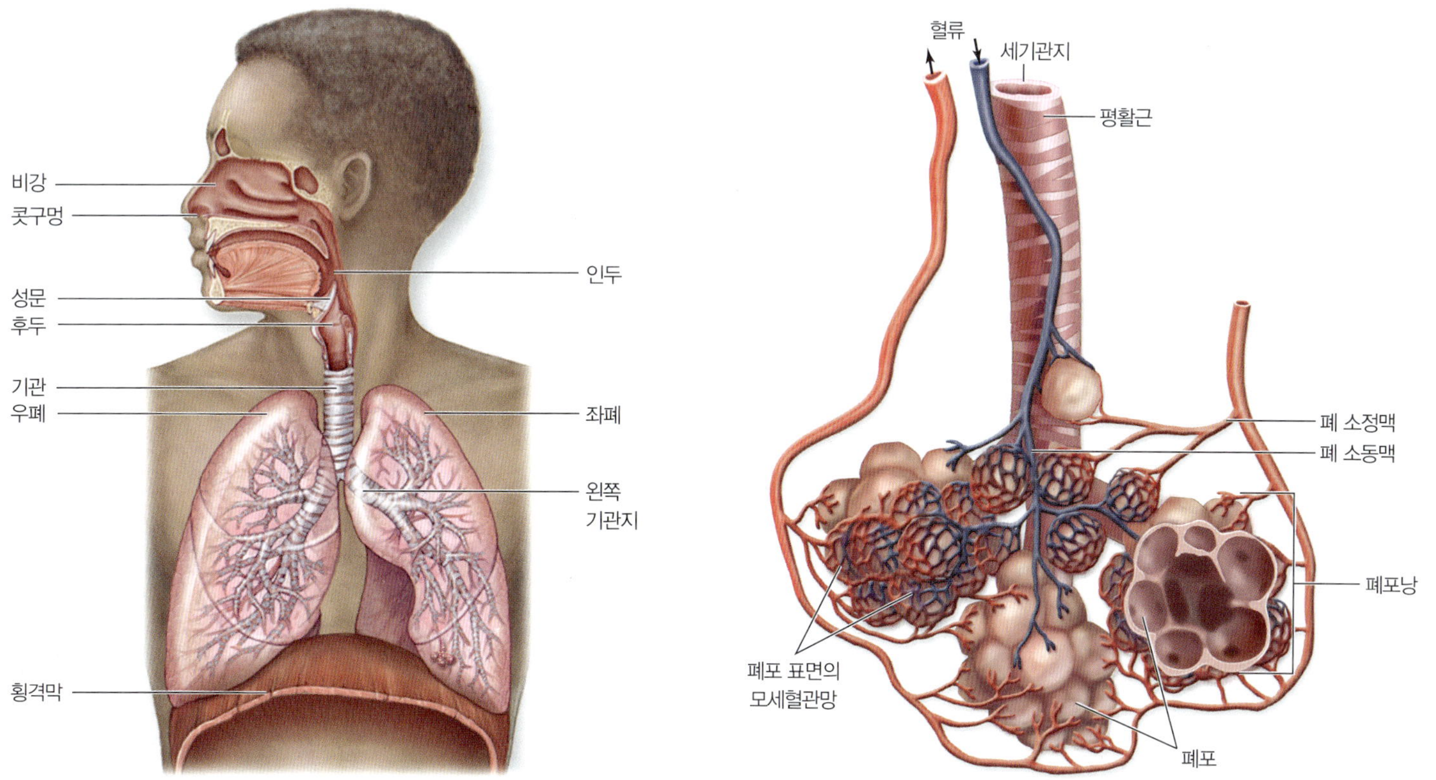

그림 31.7 사람의 호흡계와 포유동물 폐의 구조.
포유동물의 폐는 수백만 개의 폐포가 세기관지 끝에 모여 있기 때문에 커다란 표면적을 가져 혈액과의 기체 교환이 효율적으로 일어나게 된다.

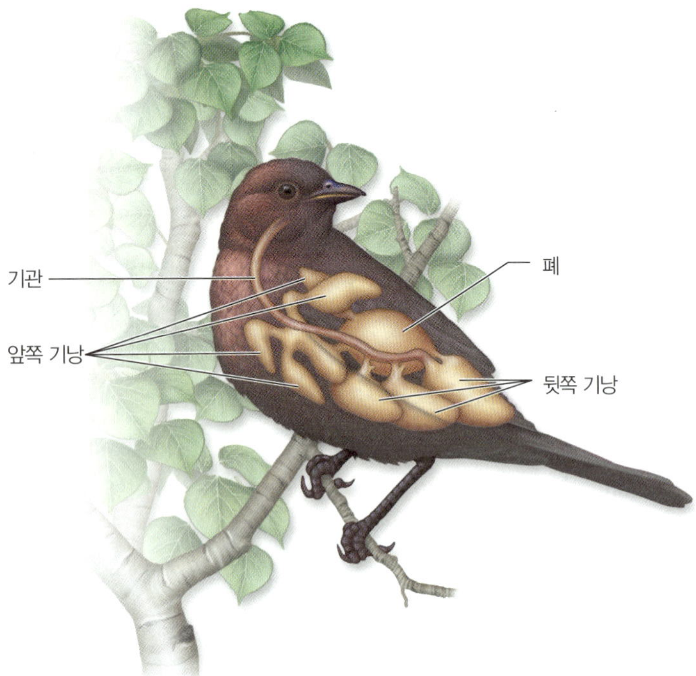

a.

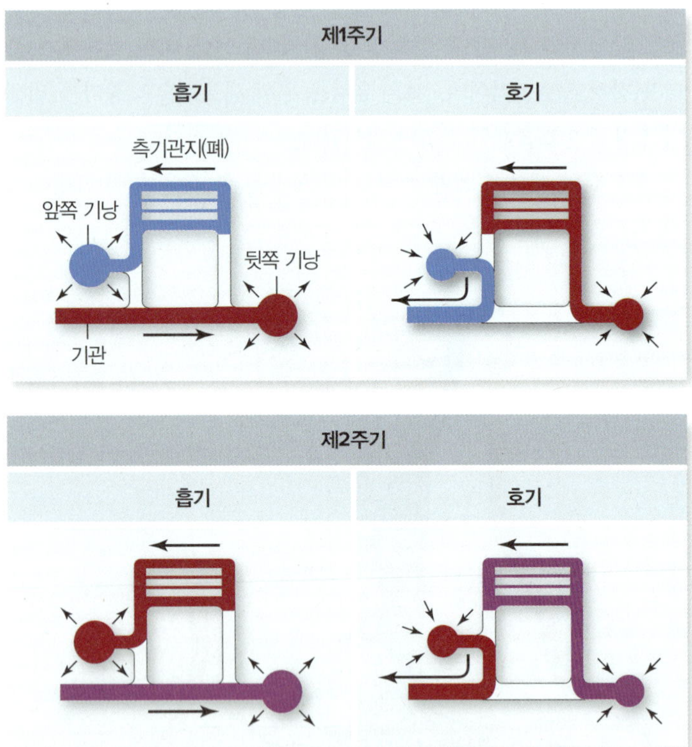

b.

그림 31.8 조류의 호흡.
a. 조류는 앞쪽과 뒤쪽으로 나누어진 기낭을 가진다. 이 기낭은 내부 기관들 사이의 뼈 안으로 뻗어 있다. ***b.*** 호흡은 2가지 주기로 이루어진다. 제1주기: 들어마신 공기(붉은색으로 표시)는 기관으로부터 뒤쪽 기낭으로 들어간 다음(뒤쪽 기낭이 공기로 확장된다) 폐로 들어간다(뒤쪽 기낭이 공기가 빠져 오므라든다). 제2주기: 폐로부터 공기가 앞쪽 기낭으로 들어간 다음 기관을 통해 밖으로 나간다. 폐를 통과하는 공기는 항상 뒤쪽에서 앞쪽으로(그림에서는 오른쪽에서 왼쪽으로) 이동한다. 이러한 주기는 항상 동시에 일어난다. 들어마시는 공기가 뒤쪽 기낭으로 들어가고 동시에 이전에 호흡했던 폐 안의 공기가 앞쪽 기낭으로 들어간다. 숨을 내쉴 때는 뒤쪽 기낭에 있던 새로운 공기가 폐로 이동하고 동시에 앞쪽 기낭에 있던 공기가 몸 밖으로 배출된다. 동시에 또 다른 들이마신 공기(보라색)가 제1주기를 통해 이동한다.

폐포(alveoli)로 차 있어 기체 교환을 위한 표면적을 크게 넓히고 있다(**그림 31.7**). 각 폐포는 세포 하나 두께의 상피로 구성되어 있고 세포 하나 두께의 벽을 가지는 모세혈관으로 둘러싸여 있다. 따라서 기체 확산 거리(d)는 0.5~1.5 μm 정도로 매우 작다.

입과 코로 들어온 공기는 인두(pharynx)를 거쳐 후두(larynx)로 가서 **성문**(glottis)을 통과한 다음, C자 모양의 연골로 지탱되는 기관으로 간다. **기관**(trachea)이라는 용어는 구조가 전혀 상동이지 않은 척추동물과 곤충 모두에 사용된다. 포유동물의 기관은 오른쪽과 왼쪽의 두 갈래로 나뉘어 기관지(bronchi)가 되고 이는 더 갈라져 세기관지(bronchiole)가 되어 공기를 폐포로 전달하게 된다.

폐포는 모세혈관망(capillary network)으로 둘러싸여 있으며, 모든 공기와 혈액 사이의 기체 교환은 폐포의 벽을 가로질러 일어난다. 많은 세기관지와 엄청난 양의 폐포가 양서류, 파충류보다 호흡 표면적을 훨씬 더 증가시켜 준다. 사람은 각 폐에 약 3억 개의 폐포를 가지고 있으며 확산이 일어나는 전체 면적은 80 m^2이고 이는 몸 표면적의 42배에 해당한다. 폐포와 모세혈관 사이에서 일어나는 기체 교환의 상세한 내용은 31.4절에서 다룬다.

조류의 호흡계는 매우 효율적이다

조류의 호흡계는 모든 육상 척추동물의 호흡계 중 가장 효율적인 독특한 구조이다. 포유동물의 끝이 막힌 폐포와는 달리 새의 폐는 측기관지(parabronchi)라는 작은 기체 통로에서 기체 교환이 일어난다. 공기는 측기관지를 통해 한쪽 방향으로 지나가고 이런 흐름은 어류의 아가미를 통한 물의 단일 방향 흐름과 같다.

양서류, 파충류, 포유류의 폐는 완전히 비어 있는 경우가 없기 때문에 육상 척추동물에서는 신선한 공기가 산소가 없는 공기와 섞이게 된다. 그러나 조류에서는 신선한 공기만 폐의 측기관지로 들어가고 산소가 없는 공기는 다른 통로를 통해 폐에서 빠져나간다. 공기가 부기관지를 일방통행으로 통과하는 것은 기낭의 작용 때문이다(**그림 31.8***a*). 기낭은 앞쪽과 뒤쪽의 2가지가 있는데, 팽창할 때 공기를 흡입하고 수축할 때 공기를 폐 안으로 밀어넣는다.

조류의 호흡은 2주기로 이루어진다(**그림 31.8***b*). 각 주기는 흡기 시기와 호기 시기를 가지지만, 한 주기에서 흡입된 공기는 밖으로 나가지 않고 제2주기로 간다. 들이쉴 때 앞쪽 기낭과 뒤쪽 기낭이 확장되면서 공기를 안으로 넣는다. 그러나 흡입된 공기는 뒤쪽 기낭으로만 들어가고, 앞쪽 기낭은 폐에서 나온 공기로 채워진다. 내쉴 때 앞쪽 기낭에 있던 공기는 몸 밖으로 밀려 나가며 뒤쪽 기낭에 있던 공기는 폐로 밀려 들어간다. 이 과정은 제2주기에서도 반복된다.

이와 같은 공기의 일방통행은 호흡 효율성을 증가시켜 주는데, 폐를 통한 혈액의 흐름은 공기의 흐름에 대하여 90°의 각도를 이룬다.

이 횡류(crosscurrent flow)는 어류 아가미에서 180°를 이루는 역류만큼 효율이 높지는 않지만 포유류의 폐보다는 공기로부터 산소를 얻을 수 있는 능력이 훨씬 더 크다.

이와 같은 호흡 적응 덕분에 참새가 6000 m의 고도에서도 활동할 수 있는 반면, 비슷한 크기와 대사율을 가지는 생쥐는 이와 같은 고도에서 아주 짧은 시간 내에 산소 부족으로 죽게 된다.

핵심 요약 31.3

폐는 증발을 최소화하면서 기체 교환을 위한 넓은 표면적을 제공하며, 아가미와는 달리 붕괴를 막는 구조적인 지지대가 있다. 양서류는 공기를 폐로 밀어넣는다. 대부분의 파충류와 모든 조류, 포유류는 흉곽을 확장시켜 폐로 공기를 끌어들인다. 조류의 호흡기 시스템은 폐를 통한 공기의 효율적인 일방통행 흐름 및 혈액의 횡류를 가지고 있다.

■ 조류의 고효율적인 폐의 진화를 가져오는 것은 어떤 선택압일까?

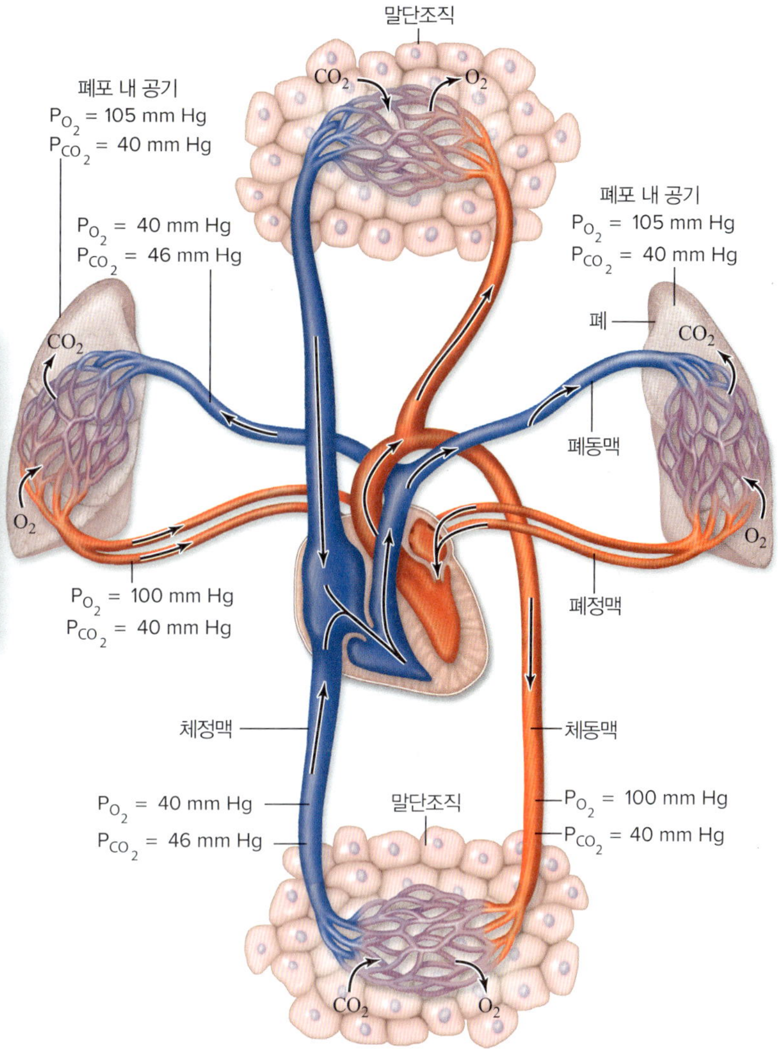

그림 31.9 폐와 순환계의 모세혈관에서의 기체 교환. 폐에서의 기체 교환으로 산소를 공급받은 혈액이 체동맥에 의해 운반된다(이때 CO_2의 농도는 낮다). 조직에 산소를 공급하고 정맥으로 들어온 혈액은 산소 농도가 낮고 CO_2 농도가 높다. 폐포 내의 O_2 및 CO_2는 대기 중의 O_2 및 CO_2와 상당히 다르다. 이러한 차이는 해부학적 사강과 각 호흡과 교환되는 비교적 적은 양의 신선한 공기 때문이다(1회 호흡 공기량과 폐활량을 비교하여).

31.4 포유류 호흡기관의 구조, 기작, 조절

학습 목표

1. 횡격막과 늑간근의 수축과 이완이 어떻게 호흡에 작용하는지 설명할 수 있다.
2. 호흡 조절과 관련된 신경계에 대해 설명할 수 있다.
3. 주요 호흡 질병들의 특징에 대해 설명할 수 있다.

폐에는 수십억 개의 모세혈관이 존재하고, 이는 폐포당 100개에 해당된다. 그래서 하나의 폐포는 전체 표면이 혈액으로 둘러싸인 미세한 공기방울의 모습이다. 기체 교환은 이 접점에서 빠르게 일어난다.

순환계를 돌고 온 혈액은 산소를 소모하고 약 40 mmHg의 분압을 갖는다. 반대로 폐포의 산소분압(P_{O_2})은 약 105 mmHg로 피크 법칙의 Δp에 해당하는 농도차는 65 mmHg가 되어 산소를 혈액 쪽으로 이동하게 한다. 기체 교환 결과 폐를 떠나는 혈액의 P_{O_2}는 약 100 mmHg가 된다. 이렇게 폐는 완전하지는 않지만 혈액으로 산소를 공급하는 일을 매우 효율적으로 수행한다. 원형질에서 P_{CO_2}의 변화와 혈액 내에서의 P_{O_2}의 변화는 **그림 31.9**와 같다.

폐의 구조는 호흡 순환을 도와준다

사람 및 다른 포유동물의 경우 폐의 바깥쪽은 **장측 흉막**(visceral pleural membrane, 흉막강의 안쪽 막)이라는 얇은 막으로 덮여 있고(**그림 31.10**), 흉강 내벽은 **체측 흉막**(parietal pleural membrane, 흉막강의 바깥쪽 막)으로 싸여 있으며, 두 막 사이의 공간은 **흉막강**(pleural cavity)이라 부른다. 흉막강은 정상적일 경우 매우 작고 체액으로 채워져 있다. 체액은 두 막 사이에서 폐와 흉강을 효과적으로 연결하게 된다. 흉막은 각 폐를 따로 싸고 있어 하나의 폐의 막에 구멍이 생겨 손상되더라도 다른 폐는 여전히 기능할 수 있다. 흡기(inhalation) 동안 **외늑간근**(external intercostal muscle)과 **횡격막**

그림 31.10 흉막강.
흉막 사이의 공간을 흉막강이라고 한다. 왼쪽과 오른쪽에 각각 하나씩 존재한다.

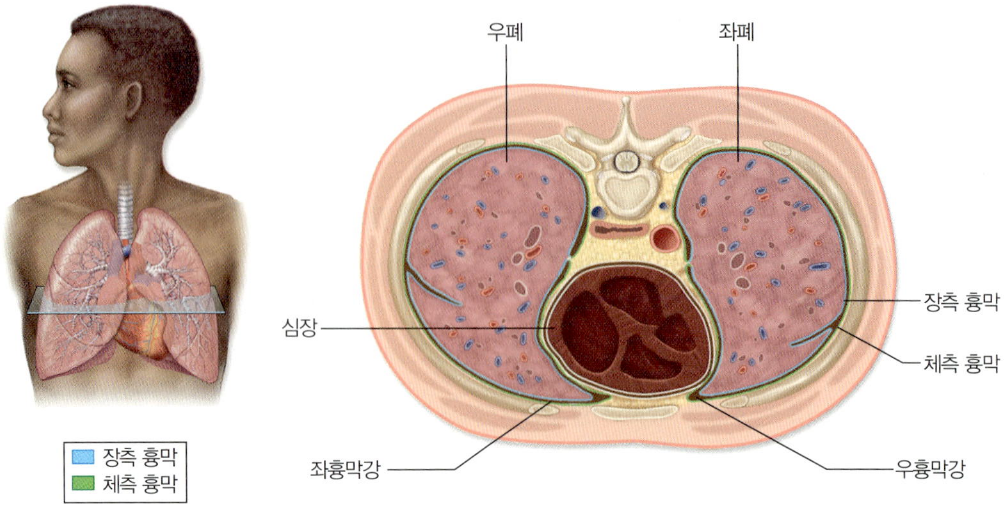

(diaphragm)의 근육수축으로 가슴 내의 용적이 증가된다. 늑골 사이의 외늑간근의 수축은 늑골을 들어 올리고 흉곽을 확장시킨다. 복강과 흉강을 구분하는 가로무늬근인 횡격막의 수축으로 횡격막은 내려가고 더 편평한 모양이 된다. 이는 흉곽과 폐의 용적을 크게 하여 음압식 호흡을 가능하게 하고 복부기관에는 압력을 가하게 된다(**그림 31.11**).

흉곽과 폐는 탄성을 지녀 외늑간근과 횡격막이 이완하면 이들이 제자리로 돌아가면서 숨을 내쉬게 된다. 그러나 풍선을 불 때와 같이 숨을 크게 내쉴 때는 복부 근육을 수축시켜 많은 양의 숨을 내쉴 수 있다(**그림 31.11**).

환기 효율성은 폐의 용량과 호흡률에 달려 있다

호흡하는 동안 폐의 용적 변화를 나타내는 용어는 여러 가지이다. 휴식 중인 사람의 경우, 각 호흡 동안 폐로 들어오고 나가는 공기의 양을 **1회 호흡량**(tidal volume)이라고 한다(**그림 31.12**). 건강한 성인의 평균 1회 호흡량은 약 500 mL이다. 1회 호흡량 중 약 150 mL는 관상통로(기관, 기관지 및 기관세지)에 들어 있기 때문에 그만큼은 기체 교환을 하지 못한다. 이렇게 **해부학적 사강**(anatomical dead space)에 있는 공기는 흡기 때 신선한 공기와 섞인다. 이 점이 포유동물의 호흡이 일방통행의 공기 흐름을 가지는 조류의 호흡보다 효율성이 떨어지는 이유가 된다.

다른 폐의 부피와 용량은 임상적으로 관련이 있기 때문에 고려할 필요가 있다. **흡기예비량**(inspiratory reserve volume, IRV)은 1회 호흡량 이상으로 흡입할 수 있는 공기의 양이다. **호기예비량**(expiratory reserve volume, ERV)은 1회 호흡량을 초과하여 내쉴 수 있는 공기의 양이다. IRV와 ERV가 함께 **폐활량**(vital capacity), 즉 폐에 들어갔다가 다시 나올 수 있는 최대 공기의 양을 구성한다. 폐활량은 젊은 남성에서 평균 4.6 L이고 젊은 여성에게서는 평균 3.1 L이다. **그림 31.12**는 폐의 총 평균 용량이 폐활량보다 더 큰 것을 나타낸다. 이는 폐의 붕괴를 방지하기 위해 항상 배출되지 않는 공기, 즉 **잔류량**(residual volume)을 유지해야 하기 때문이다.

호흡의 속도와 깊이는 일반적으로 혈액 P_{O_2}와 P_{CO_2}를 정상 범위 내로 유지한다. 만일 호흡이 충분치 않아 정상적인 혈액 내 산소분압을 유지하지 못하면(혈액 P_{CO_2}의 상승이 가장 좋은 지표임) 호흡 저하가 발생하고, 과도한 호흡으로 이산화탄소의 분압이 비정상적으로 낮아지게 되면 **과호흡**(hyperventilating)이 나타난다.

적당한 운동을 할 때 증가되는 호흡은 과호흡이라 할 수 없다. 왜냐하면 빠르고 힘찬 호흡은 높은 물질대사율과 잘 맞고, 혈액 기체량도 정상이기 때문이다.

환기는 중추신경의 지배를 받는다

호흡은 연수(medulla oblongata)에 위치한 **호흡 조절중추**(respiratory control center)의 뉴런에서 시작된다. 이 뉴런은 횡격막과 외늑간근에 신호를 보내 수축하도록 자극함으로써 숨을 들이쉬게 한다. 이 뉴런의 자극을 중지하면 근육은 이완되고 숨을 내쉬게 된다. 호흡근육은 골격근이지만 이 근육들은 보통 자율신경의 지배를 받는다. 그러나 수의적으로 이 근육들을 멈추거나 움직여서 호흡을 정지시키거나 빠르게 할 수도 있다.

연수의 뉴런은 혈액 내 산소와 이산화탄소의 농도를 항상 일정하게 유지시키도록 반응해야 한다. 숨을 한참 동안 참은 뒤에는 숨을 가쁘게 쉬게 되는데, 이는 혈액 내 기체의 변화에 의해 유도되며, 이는 산소 농도의 하락보다는 이산화탄소 농도의 증가 때문에 일어난다. 혈액과 체액 안의 이산화탄소의 양은 산소 양에 비해 더 빈틈없이 탐지되어 호흡에 더 큰 영향을 미친다.

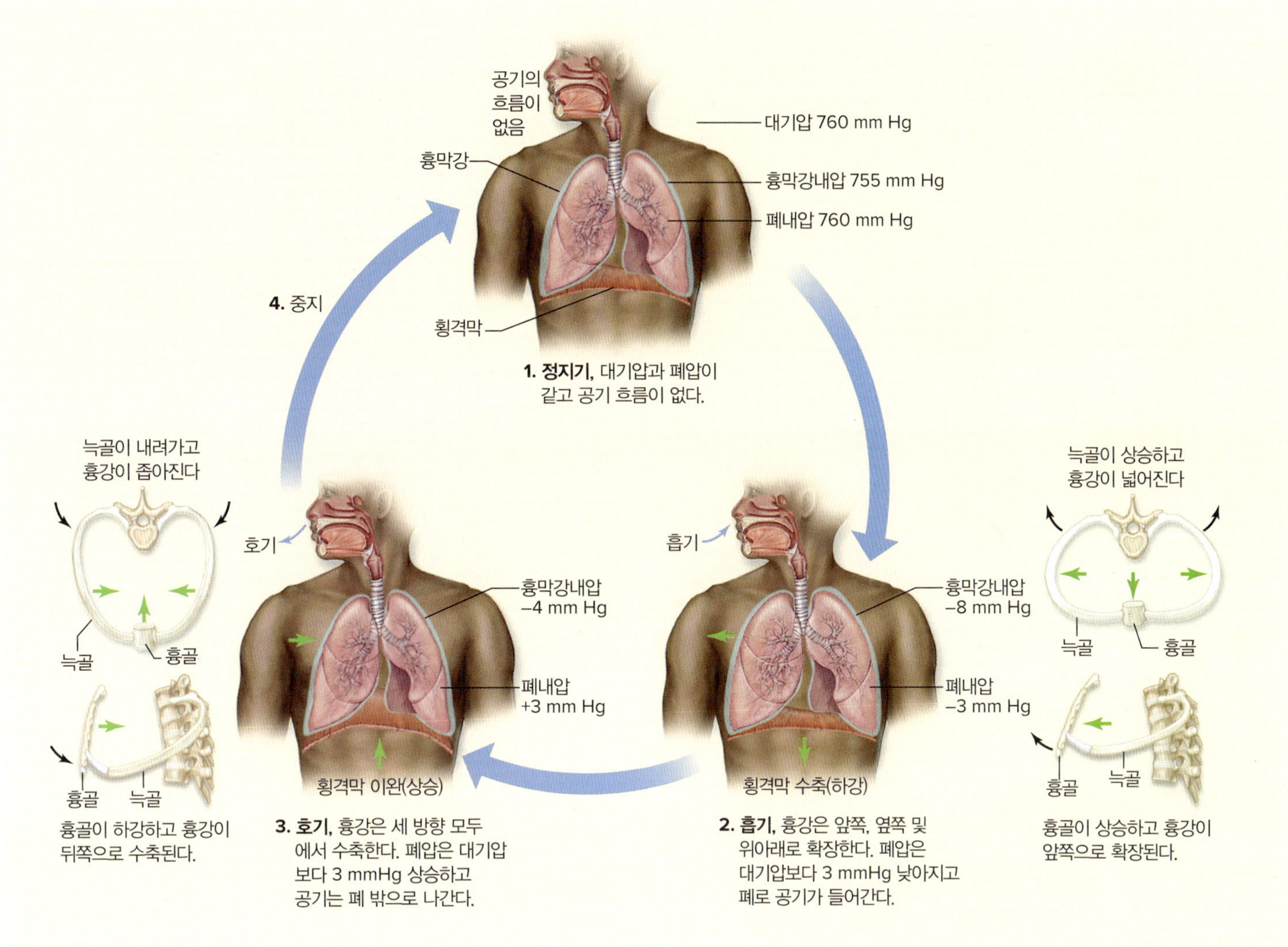

그림 31.11 호흡주기.
호흡주기는 흡기(들숨)와 호기(날숨)를 포함한다. 각각 호흡기 근육과 공기 압력차이를 이용하여 일어난다. 횡격막이 수축되면 흡기가 발생한다. 이것은 폐의 팽창을 유발하여 대기압 이하로 압력이 떨어지면서 공기가 유입된다. 반대의 경우 호기가 발생한다.

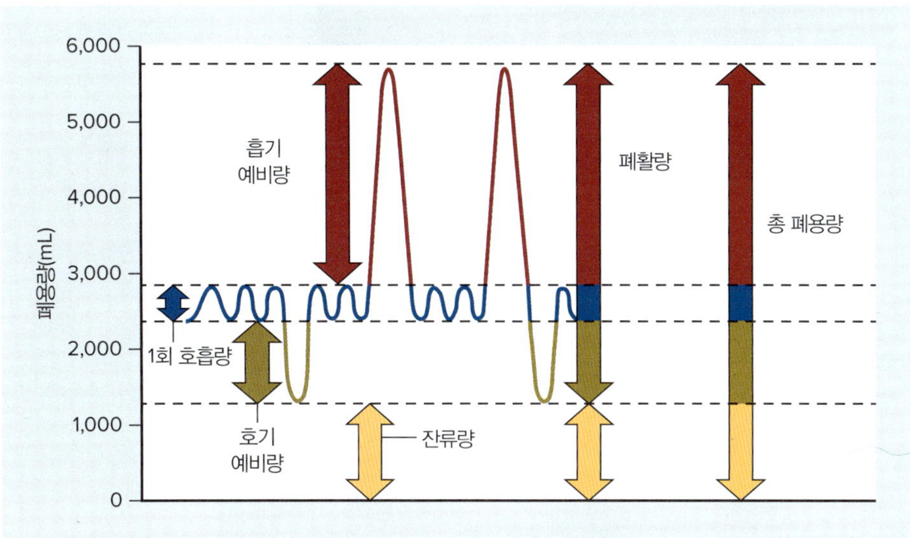

그림 31.12 호흡용적 및 호흡량.
폐용량(lung volume)에는 1회 호흡량, 흡기예비량, 호기예비량, 잔류량이 포함된다. 폐활량은 1회 호흡량, 흡기예비량, 호기예비량의 합이다. 총 폐용량(lung capacity)은 폐활량과 잔류량의 합이다.

포유류의 혈액 내에서 이산화탄소는 제한적 기체로 작용한다

대부분의 육상 포유류에게 공기중의 산소 함량은 상당히 일정하다. 따라서 산소의 감소로 인해 호흡이 시작되는 어류와 달리, 포유류의 호흡 개시는 P_{CO_2}의 증가로 표시되는 혈액 내 이산화탄소의 증가가 주요 원인이다. P_{CO_2}의 상승은 탄산(H_2CO_3)의 증가를 야기하는데 탄산은 혈액의 pH를 낮추는 작용을 한다. 혈액의 pH 하락은 **대동맥소체**(aortic body)와 **경동맥소체**(carotid body)의 화학감지뉴런을 자극한다(**그림 31.13***b*). 이 말초 수용기는 호흡조절중추에 신호를 보내 호흡하도록 한다. 뇌 또한 뇌척수액(cerebrospinal fluid, CSF)의 pH 하락으로 인해 자극 받는 중추 화학수용기(central chemoreceptor)를 가지고 있다(**그림 31.13***a*). 따라서 이산화탄소가 포유류에서 혈액 내 "제한적인" 기체라는 것은 분명하다.

사람은 수의적으로 계속 숨을 몰아쉬는 과호흡 상태를 오랫동안 지속할 수 없다. 과호흡으로 인한 혈장 내 이산화탄소 분압의 감소와 혈장과 뇌척수액 내의 pH 증가는 호흡을 일으키는 반사를 소멸시킨다. 과호흡을 한 사람은 숨을 오래 참을 수 있는데, 이는 혈액 내 산소 농도의 증가 때문이 아니라 감소된 이산화탄소 농도가 복귀되는

과학적 사고

질문: 뇌척수액(CSF)의 pH, 호흡률, 혈액의 P_{CO_2} 사이의 관계는 무엇인가?
가설: 뇌척수액의 pH는 호흡률의 영향을 받는다.
예상: 뇌척수액의 낮은 pH(HCO_3^- 증가로 인함)는 호흡 증가를 자극하고 이로 인해 P_{CO_2}는 감소할 것이다.
실험: 만성폐쇄성 폐질환 환자의 뇌척수액의 HCO_3^- 농도는 정상보다 높다. 이러한 환자의 뇌척수액을 정상 농도의 HCO_3^-와 바꾸어 주면서 P_{CO_2}를 측정한다.

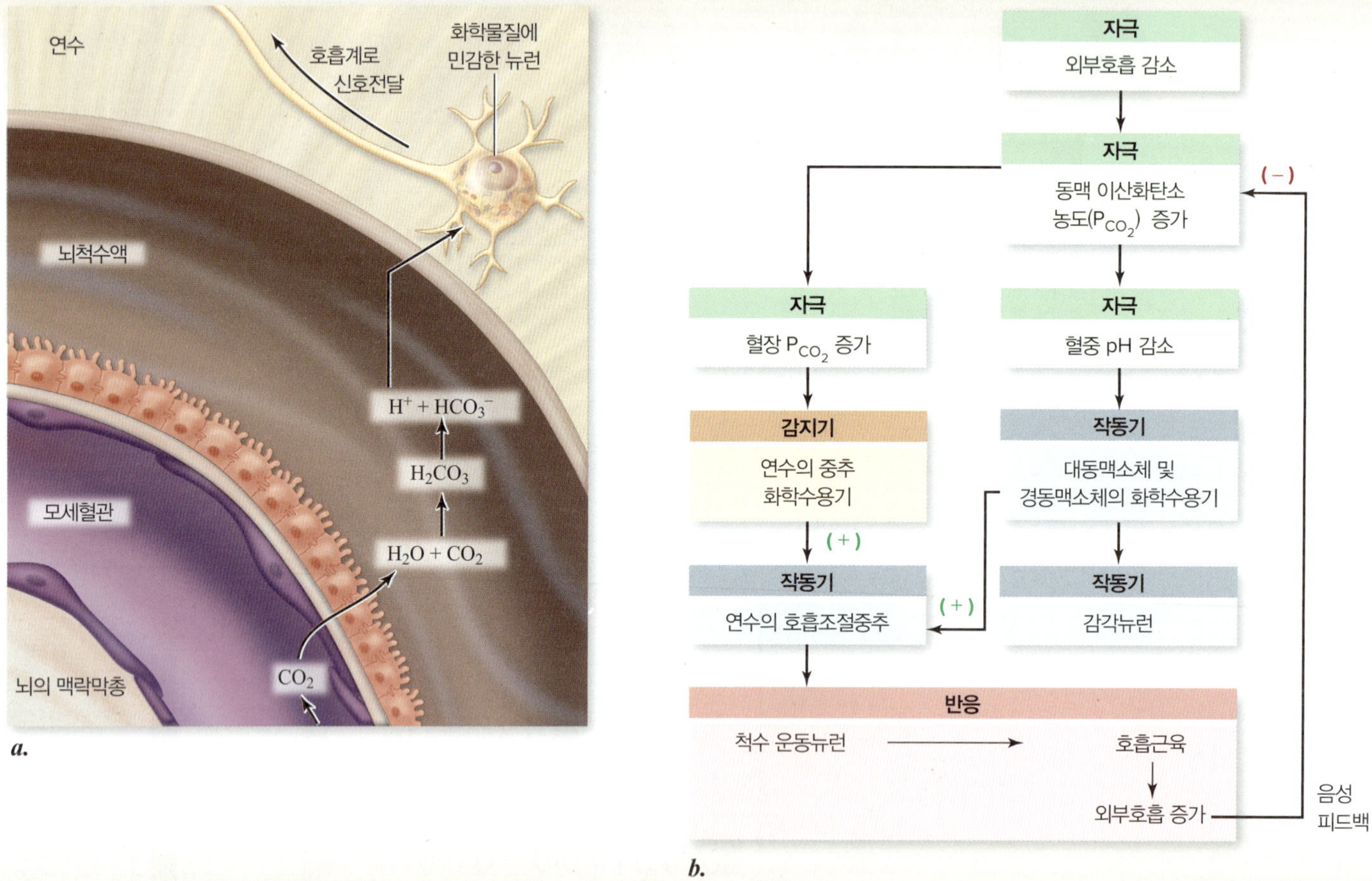

결과: HCO_3^-의 농도를 낮춘 결과, 호흡이 증가했으며 P_{CO_2}가 낮아졌다.
결론: 낮은 pH(HCO_3^- 농도의 변화에 의한)는 뇌에 있는 H^+ 화학수용기에 의해 감지된다. 뇌는 연수에 있는 호흡조절중추에 자극을 주어 호흡이 증가하도록 한다. 마찬가지로, 부적절한 호흡이나 증가된 조직 대사로 혈액 내의 CO_2의 농도가 증가할 때도 혈액과 뇌척수액의 pH가 낮아진다. 이는 뇌에 있는 중추 화학수용기와 대동맥소체와 경동맥소체에 있는 말초 화학수용기를 자극한다. 수용기는 뇌간에 신호를 보내어 호흡을 증가시키고 P_{CO_2}를 정상 농도로 낮춘다.

그림 31.13 pH에 민감한 화학수용기에 의한 호흡 조절.

데 오래 걸리기 때문이다.

실제로 정상적인 폐를 가진 사람의 경우 P_{O_2}는 높은 산에 올라갔을 때만 중요한 호흡 자극 요인이 된다. 고산병 징후는 힘 없음, 두통, 메스꺼움, 구토, 뇌 기능 감소 등으로 나타난다. 이러한 징후들은 산소 부족과 관련되어 있고 산소를 공급해주면 이러한 증상은 사라지게 된다.

호흡기 질병은 기체 교환을 제한한다

만성폐쇄성 폐질환(chronic obstructive pulmonary disease, COPD)은 장기적으로 공기의 흐름을 방해하는 질병이다. 주요 COPD로는 **천식**(asthma), 기관지염(chronic bronchitis), 폐기종 등을 들 수 있다. 천식은 히스타민과 다른 염증성 화학물질의 방출로 유발되는 알레르기성 질환으로, 심한 기관지 협착을 유발하고 때로는 질식하게 한다. 다른 COPD는 보통 담배 연기나 공기오염, 공기 중의 자극물에 대한 직업적 노출이 원인이 되어 발생한다.

폐기종

폐기종(emphysema)에서는 폐포 벽이 파괴되어 폐는 커져 보이나 폐포의 수는 더 줄어든 상태로 폐에 섬유가 형성되고 탄력성은 감소하게 된다. 흡입하는 동안 공기 통로는 적당히 열리지만 공기가 나갈 때는 방해를 받게 된다. 폐기종을 가진 사람은 호흡하는 데 보통 사람의 3~4배의 에너지를 써야 하므로 쉽게 지치게 된다. 폐기종 원인의 80~90%가 흡연이다.

? **탐구문제** 피크의 확산법칙에 근거하여 폐기종은 폐 안팎으로의 기체 확산에 어떤 영향을 미치는가?

폐암

폐암(lung cancer)은 다른 어떤 종류의 암보다 위험하다. 폐암의 가장 중요한 원인은 흡연이고, 공기오염이 그 뒤를 잇는다. 폐암은 COPD를 동반한다.

폐종양의 90% 이상이 기관지의 점막에서 시작되며, 종양이 기관지 벽을 침범하여 그 주변에서 자라게 되어 기도를 누르게 되고 폐에서 먼 부위부터 파괴가 시작된다. 종양이 자라남에 따라 종종 기침이 나게 되지만, 기침은 흡연자에게는 흔한 현상이라 무시하게 된다. 따라서 이 심각한 문제의 첫 번째 신호는 피를 토하는 것이 되기도 한다.

폐암은 매우 빨리 전이되어 보통 진단될 때쯤에는 다른 기관에 전이되어 있다. 전이된 폐암이 회복될 가능성은 진단 후 5년 이상 생존하는 환자의 비율이 3%일 정도로 매우 희박하다.

핵심 요약 31.4

사람의 경우, 각 호흡 동안 폐로 들어오고 나가는 공기의 양인 1회 호흡량은 약 500 mL이다. 150 mL는 기체가 교환되지 않는 관상통로(해부학적 사강)에 남아 있다. 호흡의 길이와 속도는 주로 이산화탄소 농도를 조절하는 연수에 위치한 호흡 조절중추의 뉴런에 의해 조절된다. COPD와 같은 질병은 공기 흐름을 방해하여 기체 교환을 제한한다. 폐암은 흡연과 관련이 있고 생존율이 낮다.

■ 포유류와 조류의 호흡은 어떤 점에서 다를까?

31.5 체액의 기체 운반

학습 목표

1. 헤모글로빈의 구조에 대해 서술할 수 있다.
2. 다양한 환경조건에 대한 헤모글로빈의 산소 친화력에 대해 예측할 수 있다.
3. 혈액 내에서의 이산화탄소 수송에 대해 설명할 수 있다.

혈장 내에서 용해되는 산소의 양은 31.4절에서 설명한 것처럼 폐포에 있는 공기의 P_{O_2}에 직접적으로 의존한다. 포유동물의 폐가 정상적으로 작동할 때 폐를 떠나는 혈장은 이론적으로 볼 때 거의 공기의 P_{O_2}만큼 용존산소를 가진다. 산소는 물에 잘 녹지 않기 때문에 혈장은 1 L당 최대 3 mL의 산소만 함유할 수 있다. 그러나 혈액은 1 L당 200 mL의 산소를 함유한다. 이는 산소가 혈장이 아니라 적혈구 안의 헤모글로빈 분자에 결합되어 운반되기 때문이다.

호흡색소는 산소와 결합하여 운반된다

헤모글로빈(hemoglobin)은 4개의 폴리펩타이드와 **헴 그룹**(heme group)이라는 4개의 유기화합물로 구성된 단백질이다. 각 헴 그룹의 중심에는 1개의 철(iron) 원자가 있으며, 철 원자는 산소 한 분자와 결합할 수 있다(**그림 31.14**). 따라서 각 헤모글로빈 분자는 4개의 산소 분자를 운반할 수 있다.

폐에서 산소와 결합한 헤모글로빈은 산소헤모글로빈(oxyhemoglobin)으로 밝은 적색을 띤다. 몸의 다른 부위에서 혈액이 모세혈관을 통과할 때 산소헤모글로빈의 일부는 산소를 방출하면서 **디옥시헤모글로빈**(deoxyhemoglobin)으로 된다. 디옥시헤모글로빈은 암적색을 띠며, 조직과 섞여 있을 때는 연한 푸른빛을 띤다. 심혈관계 모식

그림 31.14 헤모글로빈 단백질의 구조.
헤모글로빈은 2개의 α사슬(파란색)과 2개의 β사슬(노란색)로 구성된 4개의 폴리펩타이드를 가지고 있다. 각 사슬에는 헴 그룹(흰색)이 연결되어 있고, 각 헴 그룹은 중앙에 철 원자(붉은색 원)를 갖는데 이곳에 산소 분자가 결합하게 된다.

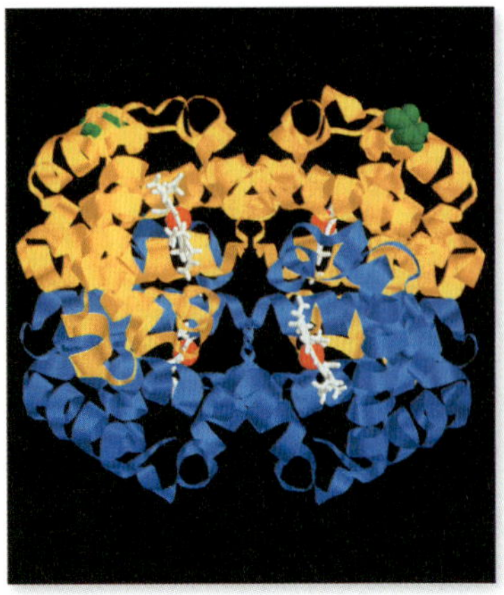

도에서 산소를 운반하는 붉은색의 혈관과 산소가 소모된 푸른색의 혈관을 볼 수 있다.

일반적으로 헤모글로빈 및 글로빈 단백질은 모든 생명체에서 볼 수 있다. **헤모사이아닌**(hemocyanin)과 **헤메리트린**(hemerythrin)이라는 두 종류의 산소 운반체가 있으며, 보다 제한적인 계통 발생이 있다. 헤모사이아닌은 절지동물문 및 연체동물문에서 발견되며, 산소 결합 원자가 철이 아니라 구리(copper)이다. 이 두 그룹의 헤모사이아닌은 관련된 산화효소에서 진화한 것으로 보이지만, 상동성은 없다. 헤메리트린은 주로 여러 종류의 벌레들에서 발견되는 철-결합 단백질이다.

이러한 모든 산소 운반 단백질은 고대의 것으로 캄브리아기 이전의 시기이다. 그들의 진화는 광합성으로 인한 산소 농도의 상승에 대한 반응으로 생각된다. 활성산소가 증가함에 따라, 매우 반응성이 높은 이 분자를 분리할 수 있는 생물에 강한 진화압력이 있었다. 에너지 대사가 산소를 최종 전자 수용체로 사용할 수 있도록 진화함에 따라, 다세포 생물에서 산소를 운반하기 위한 추가적인 진화압력이 더해졌다.

우리는 헤모글로빈의 기능을 더 자세히 알아보겠지만, 헤모사이아닌도 간단히 알아볼 필요가 있다. 헤모사이아닌은 세포와 관련이 없지만, 순환하는 혈액에서 알려진 가장 큰 단백질과 복합체를 형성할 수 있다. 연체동물의 헤모사이아닌은 최대 100개의 산소 결합 부위를 가질 수 있다. 이 큰 크기로 인해 상대적으로 낮은 몰 농도로 산소 분자를 운반할 수 있게 되어 삼투압에 큰 영향을 미치지 않는다. 이러한 복합체들은 또한 어떤 단백질에서나 볼 수 있는 가장 높은 수준의 협동성을 보여준다. 이 모든 것들이 그들을 낮은 산소환경에서 매우 효율적인 산소 운반체로 만든다.

헤모글로빈과 마이오글로빈은 산소를 저장한다

폐포(alveoli)를 떠난 혈액 내의 P_{O_2}는 100 mmHg로, 이때의 적혈구 안의 약 97%의 헤모글로빈은 산소헤모글로빈 상태이다(산소헤모글로빈 포화도 97%).

휴식 상태에서 정맥에 있는 산소분압은 약 40 mmHg로, 이와 같이 낮은 P_{O_2}에서 헤모글로빈의 포화도는 75%가 된다. 따라서 쉬고 있는 사람은 산소헤모글로빈 중 22%는 조직으로 산소를 방출한 셈이 된다(97−75%). 다시 말해 1/5의 산소가 조직으로 넘겨지고 나머지 4/5는 혈액에 남아 있다. 이러한 변화를 그래프로 나타낸 것을 산소헤모글로빈 해리곡선(oxyhemoglobin dissociation curve)이라 한다(**그림 31.15**).

이와 같이 많은 잔여량의 산소 저장은 중요한 기능을 한다. 이렇게 운동할 때나 쉬고 있는 동안 혈액은 몸이 산소가 필요할 때 사용될 수 있다. 운동할 때 근육의 가속화된 대사는 더 많은 산소가 필요하기 때문에 정맥혈의 P_{O_2}는 감소한다. 예를 들어 정맥혈의 P_{O_2}가 20 mmHg로 감소할 경우 헤모글로빈 포화도는 35%가 된다(**그림 31.16**). 동맥혈은 항상 97%의 산소헤모글로빈을 포함하므로 조직으로 넘겨지는 산소의 양은 쉬고 있을 때의 22%보다 많은 62%가 된다(97−35%).

이와 같은 기능과 함께 산소 저장은 호흡이 억제되거나 심장이 멎을 때 4~5분 동안 생명 유지에 필요한 산소를 공급할 수 있도록 해준다.

두 번째 산소 저장고는 근육에 존재하는 산소 결합 분자인 마이오글로빈이다. 마이오글로빈은 산소와 결합하는 철 원자를 가진 하나의 폴리펩타이드 사슬로 이루어져 있다. 마이오글로빈은 산소를 방출하는 낮은 산소 분압에서도 오히려 산소를 취하여 보유할 수 있다. 깊은 바다에서 잠수하는 포유동물인 코끼리물범은 근육에 높은 농도로 산소를 저장해 둔 마이오글로빈을 가지고 있어 오랫동안 물속에 머물 수가 있다.

자료 분석 위의 정보를 바탕으로, 건강한 사람이 400 m 달리기와 같은 격렬한 운동을 마친 후 100% 산소를 호흡하면 큰 이익을 볼 수 있는가?

헤모글로빈의 산소 친화력은 pH와 온도의 영향을 받는다

혈액 내 산소 수송은 온도와 pH를 포함하여 여러 조건에 의해 영향을 받는다. 조직에서 생긴 CO_2는 물(H_2O)과 결합하여 탄산(H_2CO_3)으로 되고, 탄산은 해리되어 탄산수소 이온(HCO_3^-)과 H^+로 되면서 혈액의 pH를 낮추어준다. 이 반응은 주로 적혈구 안에서 일어나며 적혈구 안에서 하락된 pH는 헤모글로빈의 산소 친화력을 감소시켜서 산소가 쉽게 떨어져 나가게 한다.

보어효과(Bohr effect 또는 Bohr shift)라고 부르는 헤모글로빈의

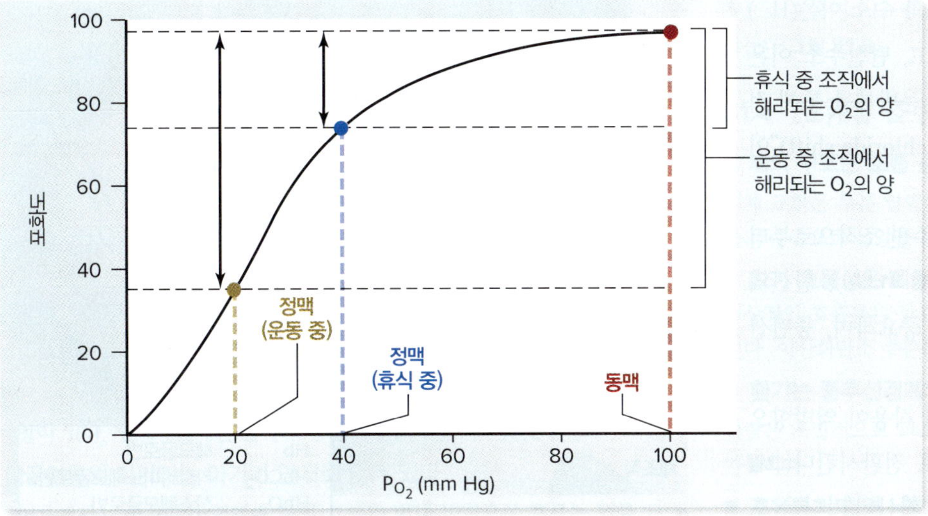

그림 31.15 산소헤모글로빈 해리곡선.
폐에서 헤모글로빈은 산소와 결합하고, 산소를 공급받은 혈액은 동맥에 의해 몸의 세포로 운반된다. 세포호흡으로 인해 혈액으로부터 산소가 소모된 뒤, 정맥으로 들어가는 혈액은 적은 양의 산소를 함유하게 된다.

자료 분석 얼마나 많은 산소가 조직에서 소모되었는지 어떻게 알 수 있는가?

산소 친화력에 대한 pH의 효과는 헤모글로빈에 대한 H^+와 CO_2의 결합 때문에 생기며, 산소헤모글로빈 해리곡선이 오른쪽으로 밀려가는 양상으로 나타난다(**그림 31.16***a*).

온도 상승도 헤모글로빈의 산소 친화력에 대해 비슷한 영향을 끼친다(**그림 31.16***b*). 골격근은 운동할 때 이산화탄소를 빨리 만들어내고 활발하게 활동하는 근육은 열을 내므로 운동할 때 혈액은 헤모글로빈에서 분리되는 산소의 비율을 더 높여준다.

이산화탄소는 주로 탄산수소 이온의 형태로 수송된다

혈액 내 CO_2의 약 8%는 단순히 혈장에 녹아 있고, 20%는 헤모글로빈에 결합되어 있다. CO_2는 헤모글로빈의 단백질 부위에 결합하고 헴 그룹의 철에는 결합하지 않으므로 산소와 경쟁하지는 않지만 헤모글로빈의 모양을 변화시켜서 산소 친화력을 낮추어준다.

나머지 72%의 CO_2는 적혈구 안으로 확산해 들어가며, 여기에서 탄산무수화효소(carbonic anhydrase)가 CO_2와 물을 결합시켜 탄산

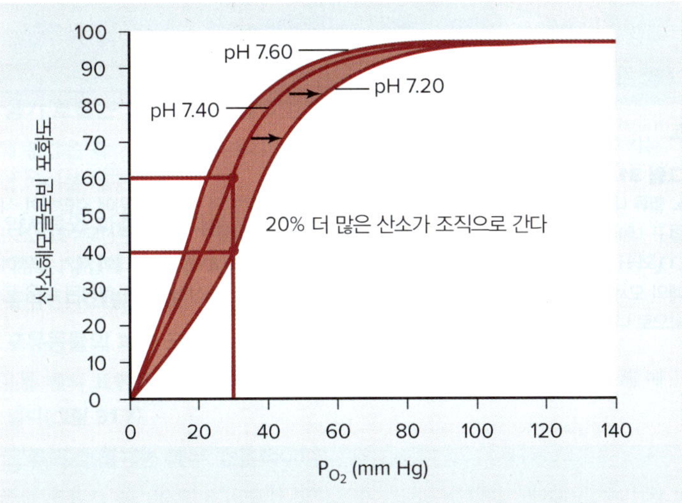

a. pH 영향

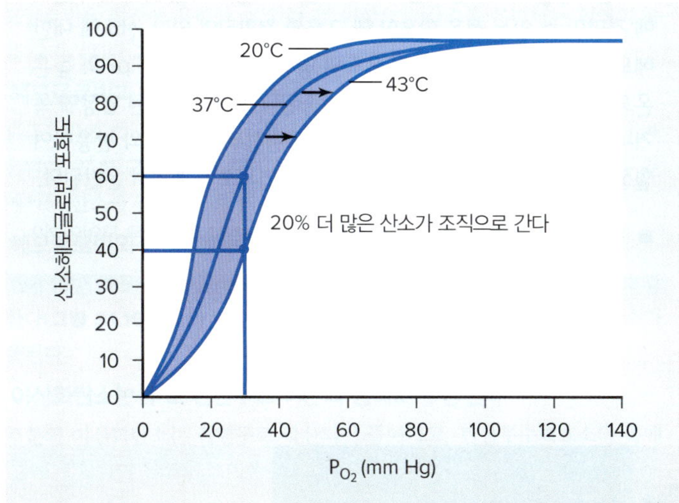

b. 온도 영향

그림 31.16 산소헤모글로빈 해리곡선에 끼치는 pH와 온도의 영향.
혈액의 낮은 pH(*a*)와 높은 온도(*b*)는 산소헤모글로빈 해리곡선을 오른쪽으로 이동시키며 산소의 해리를 촉진한다. 위의 예에서 산소헤모글로빈의 포화도는 60%에서 40%로 낮아지면서 20% 더 많은 산소가 조직으로 운반된다.

자료 분석 주어진 P_{O_2}에 대하여 산소헤모글로빈 포화 백분율은 온도 변화에 따라 어떻게 달라지는가?

탐구문제 고혈압이 운동 중 조직에서 산소를 해리하는 데 어떤 영향을 미치는가?

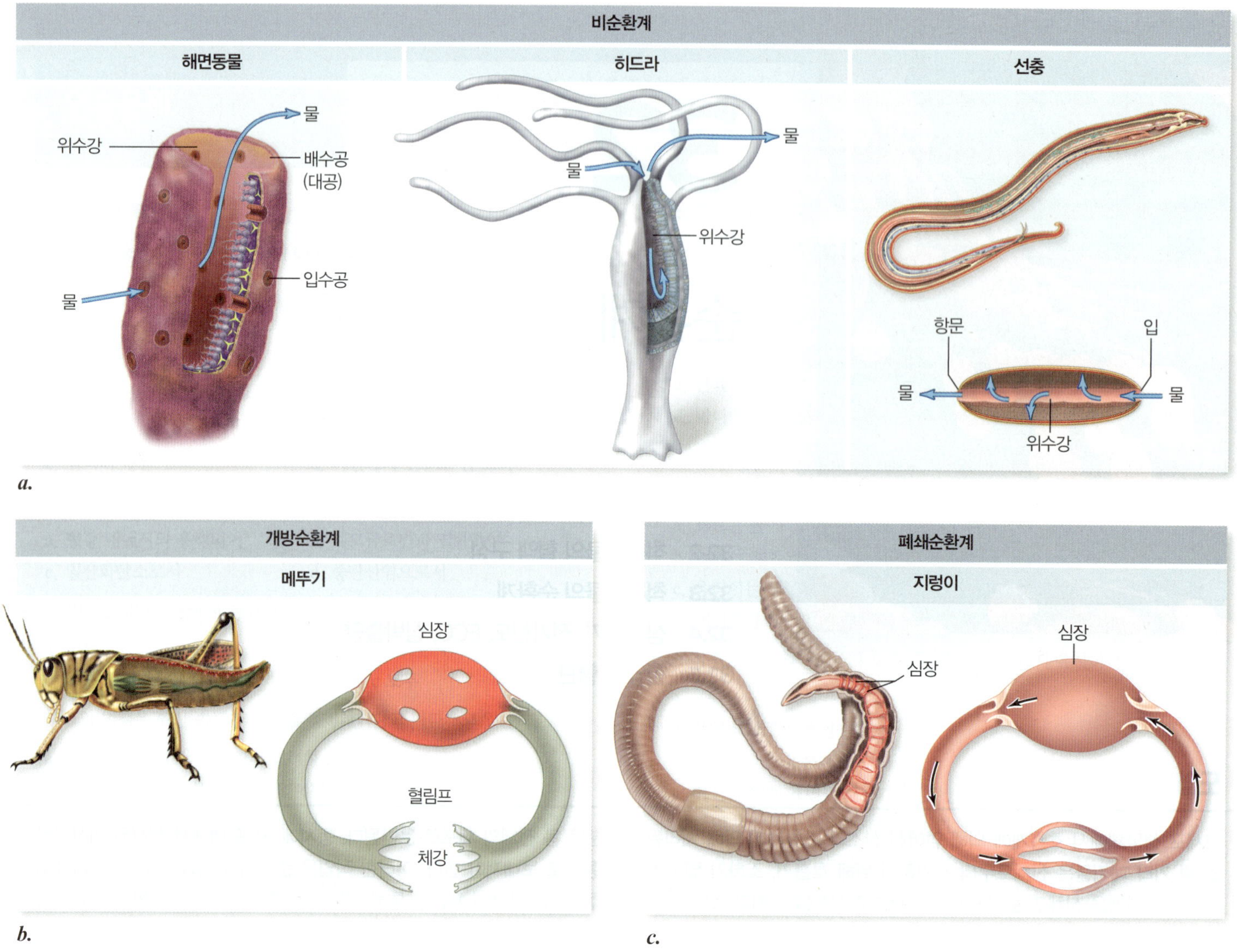

그림 32.1 동물계의 순환계.

a. 해면동물(왼쪽)은 분리된 순환계를 갖고 있지 않고, 많은 입수공과 하나의 배수공을 통해서 물을 순환시킨다. 히드라(가운데)의 위수강은 소화강에서 확산에 의해 조직세포에 직접 영양분을 보내는 소화계 및 순환계의 두 기능을 한다. 선충류(오른쪽)는 아주 가늘어 소화관이 순환계로도 이용될 수 있다. 동물의 크기가 커지면서 영양분을 조직으로 보내고 조직에서 노폐물을 받아들이는 분리된 순환계가 필요해진다. *b.* 곤충의 개방순환계에서 혈림프는 관형 심장에서 체강으로 밀려가고, 혈관으로 돌아오는 재순환을 한다. *c.* 지렁이의 폐쇄순환계에서 심장에서 밀려 나온 혈액은 혈관계에 머무르다가 심장으로 가게 된다. 모든 척추동물은 폐쇄순환계를 갖는다.

접 교환하기 어렵다. 그래서 산소 및 영양소가 순환계에 있는 내액(internal fluid)에 의하여 주위 환경과 소화강에서 몸의 세포로 운반된다.

개방순환계는 단일 방향으로 유체가 이동한다

순환계는 개방순환계(open circulatory system)와 폐쇄순환계(closed circulatory system)로 구분된다. **그림 32.1***b*에서처럼 대부분의 연체동물(mollusks)과 절지동물(arthropods)의 개방순환계에는 순환액과 체조직의 세포외액 사이에 구분이 없다. 따라서 이러한 액체를 **혈림프**(hemolymph)라고 부른다.

곤충에서는 근육질의 관 혹은 **심장**(heart)이 혈림프를 체강이나 체강 내의 망상구조의 관들로 보낸다. 이후 이들은 다시 몸 중앙의 체강으로 흘러간다.

폐쇄순환계는 폐쇄된 관 속에서 유체가 이동한다

폐쇄순환계에서는 순환액을 심장에서 멀리 보냈다가 다시 심장으로 되돌아오게 해주는 혈액이 혈관 내에 분포하고 있다(**그림 32.1***c*). 문어 같은 두족류(cephalopods) 연체동물 및 환형동물(annelids) 등의 몇몇 무척추동물 그리고 모든 척추동물은 폐쇄순환계를 갖고 있다. 지렁이 같은 환형동물에서는 등쪽 혈관이 규칙적으로 수축하여 펌프의 역할을 한다. 혈액은 또한 펄스 역할을 하는 5개의 작은 동맥을 통해 배쪽 혈관으로 들어간 후, 뒤쪽으로 이동하여 등쪽 혈관을 다시 만나 심장으로 되돌아온다. 각 동맥에서 모세혈관이 가지를 뻗어 지렁이의 조직에 산소와 영양소를 공급하고 노폐물을 제거해 준다.

핵심 요약 32.1

대부분의 무척추동물에서 개방순환계는 혈림프를 조직으로 내보내고 이들은 다시 중앙의 체강으로 들어간다. 폐쇄순환계는 심장과 같은 근육성 기관을 통해 액체를 순환시킨다. 무척추동물의 혈림프는 순환계와 세포외액 모두에 존재한다.

■ 곤충의 개방순환계에서 어떻게 혈림프가 심장으로 되돌아올까?

32.2 척추동물의 혈액 구성

학습 목표

1. 순환하는 혈액의 기능에 대하여 서술할 수 있다.
2. 혈구세포의 형태를 구분할 수 있다.
3. 혈액응고 과정에 대해 설명할 수 있다.

혈액은 척추동물의 결합조직으로, **혈장**(plasma)이라고 불리는 액상 기질과 **혈소판**(platelets) 및 그 밖의 다양한 형태의 세포를 포함하고 있다. **그림 32.2***a*와 **32.2***b*는 포유류와 어류의 혈액 조성 차이를 보여준다.

순환하는 혈액은 다음과 같은 여러 가지 기능을 지니고 있다.

1. **수송**: 세포의 대사에 필수적인 모든 물질은 혈액을 통하여 운반된다. 적혈구는 헤모글로빈에 결합되어 있는 산소를 운반하고, 영양분은 혈장에 의해 때로는 운반체와 결합하여 운반된다. 대사작용에서 만들어진 노폐물은 혈액이 간과 신장을 통과할 때 제거된다.
2. **조절**: 순환계는 내분비샘에서 만들어진 조절호르몬을 운반하고, 체온 조절에도 관여한다. 상피 아래 체표면 근처에 있는 혈관이 필요에 따라 수축하거나 이완되면 열이 보존되거나 방출된다.

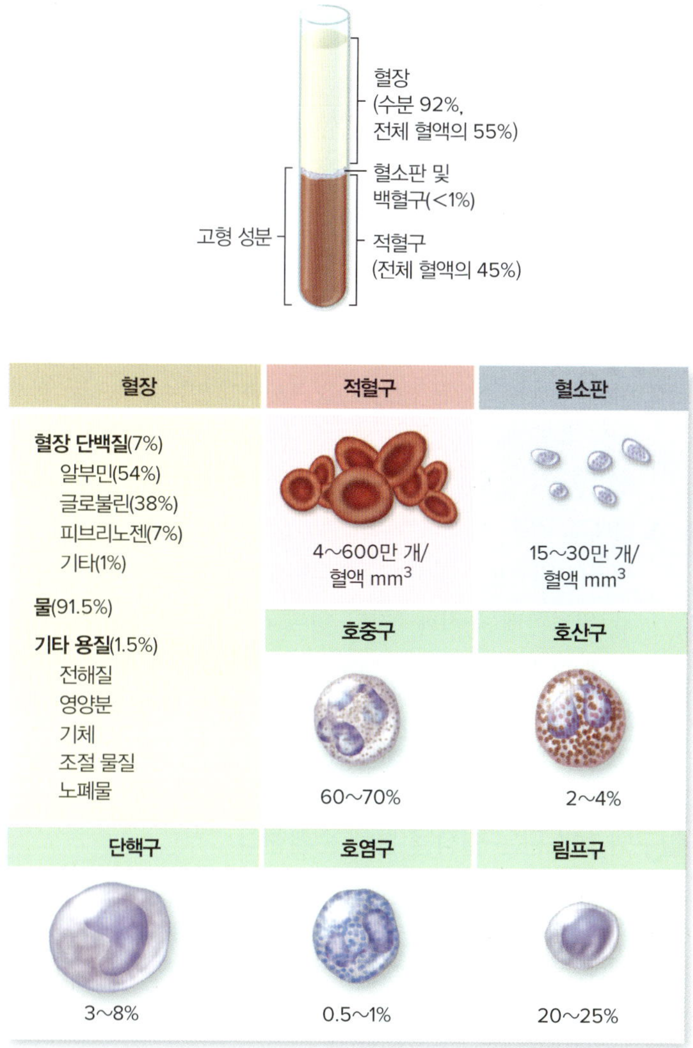

a.

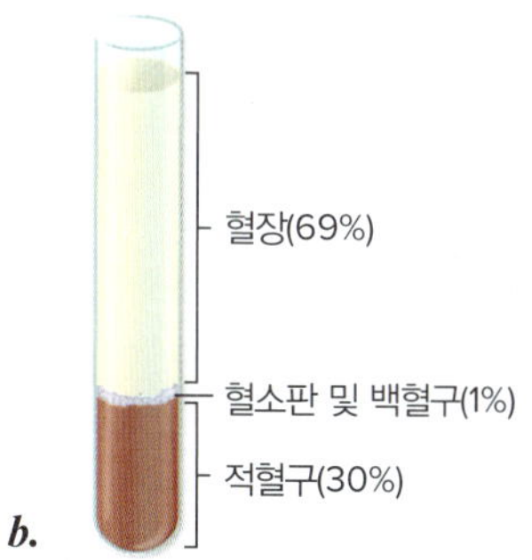

b.

그림 32.2 혈액의 구성.
a. 포유류의 혈액. *b.* 어류의 혈액.

3. **방어**: 순환계는 외상 및 몸 안으로 들어오는 미생물 또는 독소에 대항하여 신체를 방어한다. 혈액 응고는 혈관이 파손되었을 때 혈액의 손실을 막아 준다. 백혈구는 바이러스 및 세균과 같은 침입자를 무력화시킨다(34장 참조).

혈장은 액상 기질이다

혈장(blood plasma)은 혈액 속의 고형 성분인 혈구와 혈소판이 현탁되어 있는 액상 기질이다. 혈장은 92%가 물로 구성되지만, 다음과 같은 용질들을 함유하고 있다.

1. **영양소, 노폐물, 호르몬**: 혈장에는 섭취한 음식물의 소화에 의해 만들어진 포도당, 아미노산 및 지방산 그리고 바이타민 등 세포가 사용할 영양소들이 녹아 있다. 또한 세포의 대사작용 결과로 만들어진 질소화합물 및 이산화탄소 같은 노폐물도 혈액에 녹아 있다. 내분비샘에서 분비되는 호르몬도 혈류를 통해 표적 세포로 운반된다.
2. **이온**: 혈장은 희석된 염(salts)을 포함하고 있는 용액으로, 혈장에는 주로 Na^+, Cl^-, HCO_3^-가 많이 분포하고 있다. 그 외에 혈장은 Ca^{2+}, Mg^{2+}, Cu^{2+}, K^+, Zn^{2+}도 소량 함유하고 있다.
3. **단백질**: 간은 거의 대부분의 혈장 단백질을 생산한다. 혈장 단백질의 대부분을 차지하는 **알부민**(albumin)은 혈액의 삼투압을 일정하게 유지해 주며, 알파(α) 및 베타(ß) **글로불린**(globulins)은 지방 및 스테로이드 호르몬을 운반해 준다. **피브리노젠**(fibrinogen)은 혈액응고에 필요한 단백질이며, 피브리노젠이 제거된 혈장은 **혈청**(serum)이라고 부른다.

혈구와 혈소판은 혈장을 통해 순환한다

고형 성분인 혈구(blood cell)와 세포 조각(cell fragment)에는 적혈구, 백혈구, 혈소판이 포함된다. **표 32.1**은 각 고형 성분의 기능을 나열한 것이다.

적혈구

혈액 1 μL에는 약 500만 개의 **적혈구**(red blood cells 또는 erythrocytes)가 들어 있다. 혈액의 전체 부피에서 적혈구가 차지하는 부분을 **헤마토크리트**(hematocrit)라고 하는데, 사람의 헤마토크리트는 약 45%이다.

적혈구는 가운데가 움푹 파인 도넛 모양이다. 성숙한 포유동물의 적혈구는 핵을 지니지 않는다. 척추동물의 적혈구는 산소와 결합하여 이를 운반하는 단백질인 헤모글로빈(hemoglobin)을 함유하고 있으며, 그에 대해서는 앞 장의 호흡에 자세하게 기술되어 있다. 척추동물에서 헤모글로빈은 적혈구에서만 볼 수 있으며, 무척추동물은 적혈구와 헤모글로빈은 갖고 있지 않으나 헤모사이아닌(hemocyanin)이라는 단백질이 산소를 운반한다.

백혈구

백혈구(white blood cells 또는 leukocytes)는 사람의 혈액 세포 중 1% 미만이며, 적혈구 1000개당 1개 또는 2개의 백혈구가 있다. 백혈구는 적혈구보다 크며 핵을 가지고 있다.

적혈구처럼 혈액 내에 한정되어 있는 것이 아니라, 모세혈관에서 나와 세포 간 공간을 통해 주위의 조직액으로 이동할 수 있다.

백혈구의 형태는 다양하며, 34장에 설명한 것처럼 몸 안에 침입한 미생물 및 이물질에 대항하는 역할을 한다. **과립형 백혈구**(granular leukocyte)에는 **호중구**(neutrophil), **호산구**(eosinophil), **호염구**(basophil)가 있다. 이들의 이름은 세포질 내에 있는 과립의 염색 특성에 따라 붙여진 것이다. **무과립형 백혈구**(nongranular leukocyte)에는 단핵구(monocyte)와 **림프구**(lymphocyte)가 있다. 사람 백혈구의 경우 호중구가 가장 많고 이어서 림프구, 단핵구, 호산구 및 호염구의 순으로 존재한다.

혈소판

혈소판(platelet)의 지름은 약 3 μm이며, 골수(bone marrow)에 있는 큰 세포가 핵을 잃어버리면서 만들어진 세포 조각을 일컫는다. 액틴과 마이오신을 함유하고 있는 혈소판은 상처에 대한 반응으로 방출되며 혈액 응고 과정에 필수적이다. 피브린과 함께 작용하여 혈소판 마개를 형성하고, 상처의 가장자리를 수축하여 당긴다.

표 32.1 혈액의 고형 성분

성분	기능
적혈구	산소와 이산화탄소의 운반
백혈구	
과립형 백혈구	
호중구	식세포작용
호산구	앨러지 반응과 기생충 감염에 중요
호염구	염증 반응시 혈관 확장을 위해 히스타민 방출
무과립형 백혈구	
림프구	항체를 만들어 외부 침입자를 죽이거나 파괴
단핵구	혈액을 떠나 다른 조직으로 이동이 가능한 크기가 큰 대식세포
혈소판	혈액 응고에 관여

혈액 응고는 효소 연쇄반응의 한 예이다

혈관이 터지거나 상처가 나면, 혈관벽에 있는 평활근이 수축하여 혈관이 수축하게 되면서 혈소판이 상처 부위에 축적되고 서로 결합하여 주위 조직에 붙으면서 마개(plug)를 형성한다(**그림 32.3**). 효소 연쇄반응(cascade of enzyme reaction)은 혈소판, 혈장에 있는 응고 인자 그리고 손상된 조직에서 방출되는 물질에 의하여 시작된다.

혈관에 상처가 생기면 간에서 **프로트롬빈**(prothrombin)이 혈액으로 방출된다. 프로트롬빈이 트롬빈(trombin)으로 활성화되면, 피브

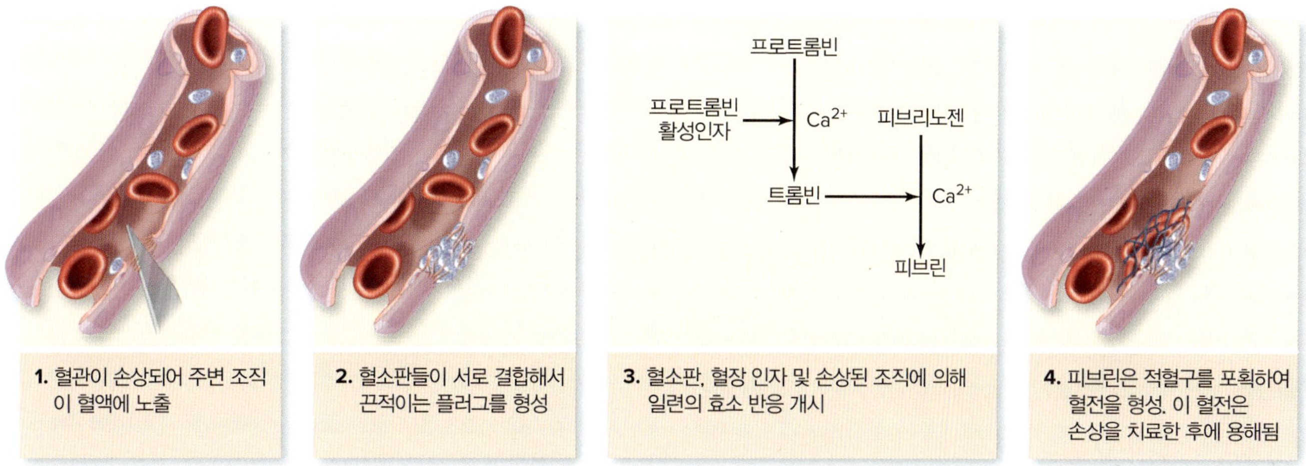

그림 32.3 혈액 응고.
피브린은 혈장에서 수용성 단백질인 피브리노젠으로부터 형성된다. 이 반응은 효소인 트롬빈에 의해 촉매되며, 트롬빈은 혈소판, 혈장 인자 및 손상된 조직에서 방출된 분자의 존재하에 프로트롬빈이라는 비활성 효소로부터 전환된다. 트롬빈의 활성화는 혈관이 손상될 때 혈전을 생성하는 일련의 효소 반응의 마지막 단계이다.

리노젠(fibrinogen)이 트롬빈에 의해 불용성의 **피브린**(fibrin)으로 전환되면서 응집되어 혈액 응고가 일어난다. 혈소판 마개(platelet plug)는 피브린 섬유에 의하여 더 강해지면서 단단한 덩어리를 형성한다. 혈소판 마개 및 피브린망에 갇힌 적혈구에 의해 혈전(blood clot)이 형성된다.

일단 조직 손상이 치유되면 혈액 응고 덩어리의 용해과정이 일어

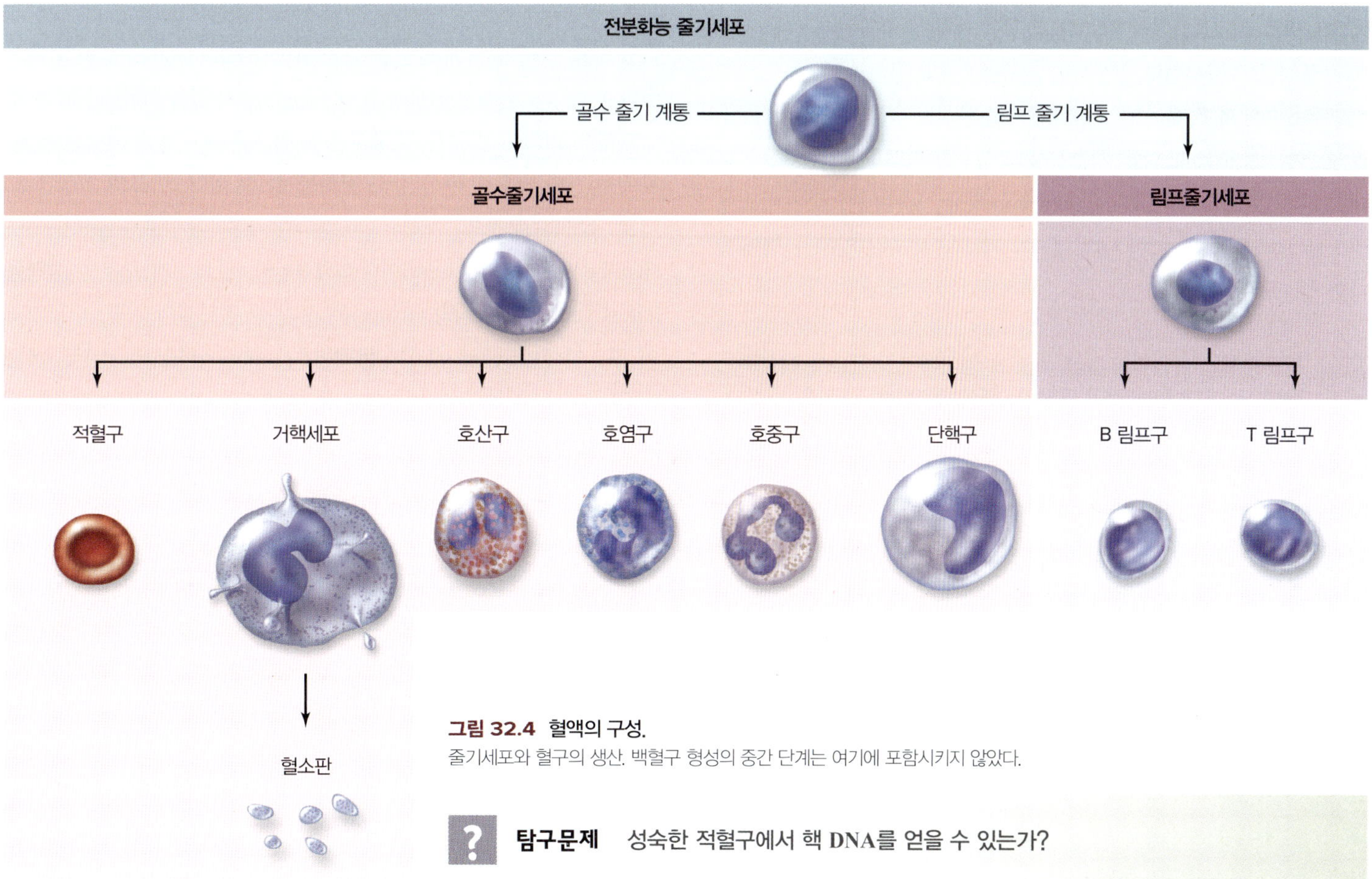

그림 32.4 혈액의 구성.
줄기세포와 혈구의 생산. 백혈구 형성의 중간 단계는 여기에 포함시키지 않았다.

? 탐구문제 성숙한 적혈구에서 핵 DNA를 얻을 수 있는가?

나는데, 이 과정에서 응고 덩어리가 떨어져 혈류를 따라 흐르게 되면 뇌혈관을 막을 수 있어 뇌졸중(stroke)이나 심장에서 심장마비를 일으킬 수도 있다.

혈구는 줄기세포에서 만들어진다

혈액의 세포는 모두 일정한 수명이 있어 계속적으로 보충되어야 한다. 노화된 세포 조각들은 지라(비장, spleen)에 있는 식세포(phagocytic cell)에 의하여 분해되지만, 철분이나 아미노산 같은 물질은 새로운 세포를 만드는 데 이용된다. 새로운 세포를 만드는 것은 골수에서 이루어진다(29장 참조).

모든 세포는 **전분화능 줄기세포**(pluripotent stem cell)에서 발생한다. 골수(bone marrow)에서 혈구가 만들어지는 과정은 **혈구생성**(hematopoiesis)이라고 부르는데, 이 과정에서 제한적 운명을 갖는 2가지 줄기세포(stem cell)가 만들어진다. 림프줄기세포(lymphoid stem cell)에서는 림프구(lymphocytes)가 만들어지고, 골수줄기세포(myeloid stem cell)에서는 림프구 이외의 다른 혈구가 만들어진다(**그림 32.4**).

혈액 내에 이용 가능한 산소의 양이 감소하면, 신장에서 당단백질(glycoprotein)인 **적혈구생성소**(erythropoietin)가 분비되어 **적혈구생성**(erythropoiesis)이라 불리는 과정을 통해 골수줄기세포에서 적혈구 생성을 촉진시킨다.

포유동물에서 적혈구는 성숙하면서 순환계로 방출되기 전에 핵을 잃게 된다. 그에 비해 다른 척추동물의 성숙한 적혈구에서는 핵이 그대로 존재한다. **거핵세포**(megakaryocyte)는 골수에서 줄기세포가 혈소판 모세포로 되는 한 예인데, 이 세포는 세포질 일부가 떨어져 나와 혈소판이 된다.

? **탐구문제** 올림픽과 몇몇 스포츠 경기에서 약물로서 적혈구 생성소를 사용하는 것이 금지된 이유는 무엇 때문인가?

핵심 요약 32.2

순환계의 역할은 물질의 운반, 체온과 신체 기능의 조절 및 보호이다. 혈액내 고형 성분은 적혈구, 백혈구 그리고 혈소판이다. 혈액 응고는 피브리노젠으로부터 불용성 피브린을 형성하기 위해 혈장 인자들과 혈소판에 의해 개시되는 효소의 연쇄반응을 포함한다.

■ 혈전은 어떻게 만들어질까?

32.3 척추동물의 순환계

학습 목표

1. 창고기류에서 조류 및 포유류에 이르기까지 심방으로 구성된 심장의 진화에 대해 설명할 수 있다.
2. 조류와 포유류에서 순환계를 통한 혈액의 흐름에 대해 기술할 수 있다.

크고 복잡한 심장과 폐쇄순환계의 진화로 효율적인 순환이 이루어지게 되었다. 척추동물은 순환기와 호흡기를 연결하는 일련의 순환과정으로 진화해왔고, 이에 따라 물에 사는 동물과 육지에 사는 동물들의 다양화와 몸 크기의 진화가 일어났다.

어류는 아가미를 통해 더 효율적으로 순환계를 발전시켰다

척추동물의 조상인 척삭동물(chordates)은 현재 창고기류(lancelets)에서 볼 수 있는 관형 심장(tubular heart)과 유사한 단순한 관형 심장을 갖고 있었던 것으로 여겨지고 있다. 이들에게서 심장은 단지 다른 동맥보다 근육이 더 발달한 배쪽 동맥(ventral artery)에 지나지 않았으며, 수축에 의해 단순한 연동파(peristaltic wave)를 만들 뿐이었다.

어류의 아가미 발달은 더 효율적인 펌프를 요구하게 되었으며, 어류에서 진짜 방으로 된 심장의 진화를 볼 수 있다. 어류의 심장은 실제로 4개의 구조가 차례로 배열되어 2개의 펌프실(pumping chamber)을 가진 관(tube)이다(**그림 32.5**). 앞의 2개 구조인 **정맥동**(sinus venosus)과 **심방**(atrium)은 첫 번째 펌프실이 되고, 다른 2개의 구조인 **심실**(ventricle)과 **동맥원추**(conus arteriosus)는 두 번째

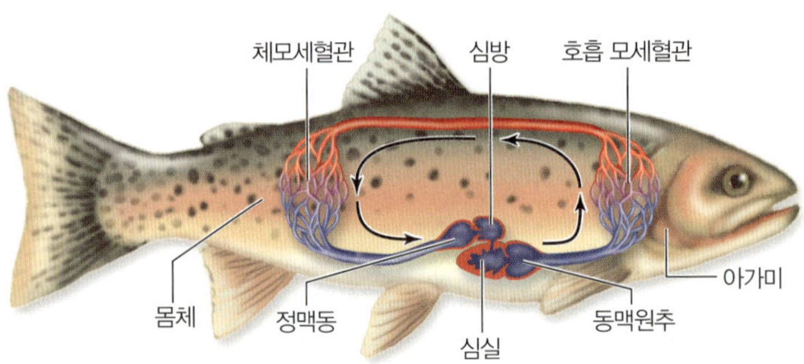

그림 32.5 어류의 심장과 순환.
정맥동, 심방, 심실 및 동맥원추의 순으로 되어 있는 어류의 심장은 심방 및 심실의 두 곳에서 혈액을 펌프한다. 혈액은 심장을 떠나 아가미를 지나서 전신으로 간다. 산소가 풍부한 혈액은 붉은색으로, 산소가 부족한 혈액은 푸른색으로 표시하였다.

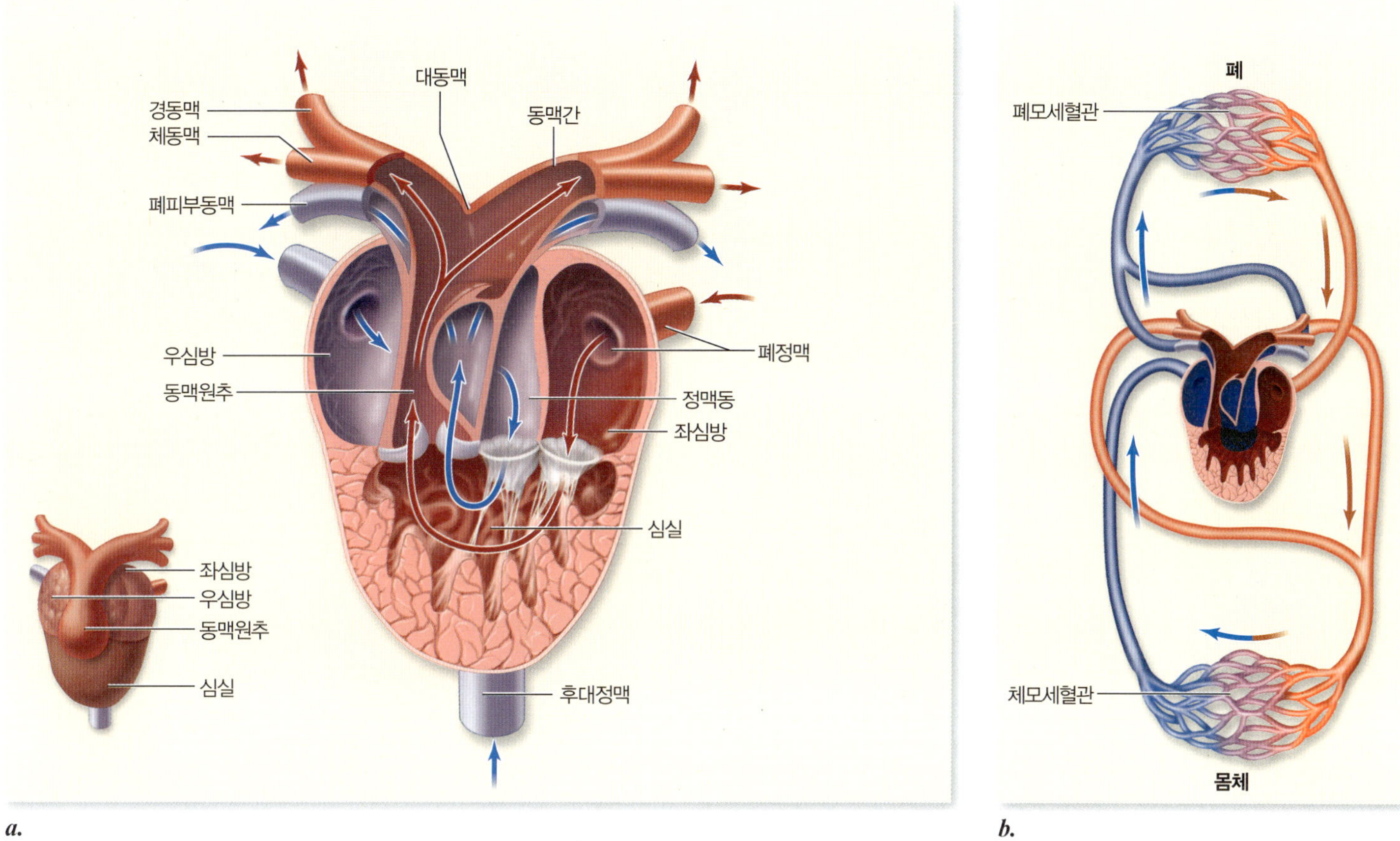

그림 32.6 양서류의 심장과 순환.
a. 개구리는 2개의 심방과 하나의 심실로 된 3방 심장으로 혈액을 폐와 전신으로 보낸다. *b.* 서로 섞일 가능성이 있으나, 산소를 얻은 혈액(붉은색 선)과 산소를 잃은 혈액(푸른색 선)은 온몸을 돌아 폐로 갈 때 거의 섞이지 않는다. 또한 피부를 통한 기체 교환으로 혈액은 산소를 얻게 된다.

펌프실을 이룬다. 정맥동이 먼저 수축하면, 이어서 심방, 심실, 그리고 동맥원추의 순으로 수축한다.

모든 척추동물에서 이러한 구조를 비교해 보면 위치적인 차이에도 불구하고, 이 심박동의 순서는 그대로 유지되고 있다. 어류에서 수축을 일으키는 전기 자극은 정맥동에서 시작되고 다른 척추동물에서 전기 자극은 정맥동과 유사한 구조인 **동방결절**(sinoatrial node, SA node)에 의하여 시작된다(**그림 32.8** 참조).

정맥동에서 나온 혈액은 아가미를 지나면서 산소를 흡수한다. 아가미를 지난 혈액은 동맥의 네트워크를 통해서 몸의 다른 부위로 흐르고, 최종적으로 정맥동으로 돌아온다. 이 단순한 순환에는 심각한 문제가 있는데, 혈액이 아가미에 있는 모세혈관을 지나며서 혈압이 급격히 떨어진다는 것이다. 혈압이 떨어지면 아가미에서 몸의 다른 곳으로 가는 순환이 지연되어 조직으로의 산소공급이 제한될 수 있다.

양서류와 대부분의 파충류는 분리된 순환계인 폐를 가진다

양서류에 폐(lung)가 생긴 것은 두 번째의 펌핑 회로의 형성으로 혈액순환 형태에 큰 변화를 가져 왔다(31장 참조). 혈액이 심장에 의해 **폐동맥**(pulmonary arteries)을 통해 폐로 들어가면 혈액은 몸의 다른 조직으로 가지 않고 **폐정맥**(pulmonary veins)을 통하여 심장으로 다시 돌아온다. 혈액은 다시 심장을 떠나 다른 조직을 순환하게 된다. 이것을 **2중순환**(double circulation)이라고 한다. **폐순환**(pulmonary circulation)에 의해 혈액은 심장과 폐 사이를 순환하고, **체순환**(systemic circulation)을 통해 혈액은 심장을 통해 온몸을 순환한다. 이 부분은 이 장의 마지막에서 자세히 알아본다.

양서류의 순환

폐에서 산소를 얻은 혈구는 다른 조직에서 돌아오는 산소를 잃은 혈구와 심장에서 섞이지 않고 직접 조직으로 간다. 양서류의 심장은 현저하게 이러한 혼합을 줄일 수 있는 2가지의 구조적 특성을 지니고 있다(**그림 32.6**). 첫째, 심방이 2개의 소실로 나뉘어져 있어 우심방은 체순환에서 산소를 잃은 혈액을 받아들이고, 좌심방은 폐에서 오는 산소를 얻은 혈액을 받아들인다. 따라서 이 두 종의 혈액은 심방에서 섞이지 않는다.

양서류의 심장에는 하나의 심실이 있기 때문에 폐순환과 체순환의 분리가 완전하지는 않다. 각 방의 혈액이 심실로 들어가면서 섞이는 정도는 심실 벽에 있는 판과 판막에 의해 감소한다. 동맥원추가 판막에 의하여 부분적으로 분리되고, 판막이 산소를 잃은 혈액이 폐동맥으로 가게 해주고, 산소를 얻은 혈액이 체순환의 중요한 동맥인 **대동맥**(aorta)으로 흐르게 해준다.

물에 사는 양서류는 표피를 통한 확산으로 추가적인 산소를 얻을 수 있다. 따라서 양서류는 혈액을 폐와 피부로 보낼 수 있는 **폐피부회로**(pulmocutaneous circuit)를 가진다. 피부 호흡은 거북 같은 많은 수생 파충류에서도 볼 수 있다.

파충류의 순환

파충류에서는 추가적 진화로 심장에서 혈액이 섞이는 것이 더 감소되었다. 파충류는 2개의 분리된 심실 이외에 심실을 부분적으로 나누는 격벽(septum)을 가진다. 이러한 분리는 악어류에서는 완전한데, 완전한 격벽에 의해 나누어진 2개의 심실을 가진다. 파충류 순환계의 또 다른 진화는 동맥원추가 심장을 떠나는 큰 동맥에 연결되어 있는 것이다.

포유류, 조류 및 악어류는 4개의 방이 왼쪽과 오른쪽으로 나눠져 있다

포유류, 조류(birds) 및 악어류는 2개의 분리된 심방과 2개의 분리된 심실로 구성된 4개의 방으로 이루어진 심장을 갖고 있다(**그림 32.7**). 조류와 악어류의 심장은 약간의 차이를 보이지만, 전반적으로는 아주 비슷하다. 이는 조류와 악어류의 가까운 진화과정을 생각하면 놀라운 일이 아니다(**그림 32.8**).

4방체계를 통한 순환

척추동물에서 혈액은 단일 방향의 연속적인 전도 시스템에서 흐른다. 4개의 심방은 "2중 펌프"에 의해 혈액의 역류가 방지된다(**그림 32.7**). 3개의 방이 있는 심장(양서류와 대부분의 파충류)을 가진 척추동물과 마찬가지로 기체 교환과 관련하여 **폐순환**(pulmonary)과 **체순환**(systemic)을 생각해 보자. 폐순환은 심장과 폐 사이의 혈액 흐름인데 반해, 체순환은 심장과 다른 모든 신체 조직 사이의 혈액 흐름이다. "순환"계이기 때문에 진정한 시작이나 끝이 없다. 그러나 시작해야 할 논리적인 장소는 바로 심방이다. 심방은 2개의 큰 정맥인 **상대정맥**(superior vena cavae)과 **하대정맥**(inferior vena cavae)에서 산소가 부족한 혈액을 공급받는다. 그런 다음 **3첨판**[tricuspid valve 또는 right atrioventricular(AV), 우측 방실판]을 통해 **우심실**(right ventricle)로 혈액을 밀어 넣는다. 우심실의 혈액은 폐판막을 통해 좌우로 분기되는 **폐동맥**(pulmonary trunk)으로 밀어 넣어지고 이후 각각 오른쪽 및 왼쪽 폐로 혈액을 운반한다. 폐에서 이산화탄소를 배출하고 산소를 흡수한 혈액은 다시 심장으로 돌아온다. 왼쪽 및 오른쪽 폐정맥은 혈액을 왼쪽 심방으로 전달한다. 혈액은 **2첨판**(bicuspid, 좌측 방실판)을 통과해 **좌심실**(left ventricle)로 들어간다. 의학적으로 2첨판은 **승모판**(mitral valve)으로 알려져 있다. 좌심실의 혈액은 **대동맥 판막**(반월판, aortic valve)을 통해 가장 큰 전신 동맥인 **대동맥**(aorta)으로 들어간다. 이후 이들 산소가 풍부한 혈액은 모든 신체 조직으로 전달되고 기체 교환이 다시 일어난다. 산소는 조직에서 해리되고 세포 호흡으로 인해 생긴 이산화탄소는 혈장과 적혈구로 들어간다. 그런 다음 혈액은 전신의 정맥을 통해, 즉 상대정맥과 하대정맥을 통해 다시 우심방으로 이동함으로써 혈액 순환이 완성된다.

포유동물과 조류에서 **2**중 순환계의 증가된 효율은 내온성의 진화에 중요한 것으로 생각된다. 설정점(set point)에 대해 내부 체온을 유지하는 데 필요한 높은 대사 속도를 지원하려면 보다 효율적인 순환이 필요하다.

척추동물 심장의 진화역사에서 정맥동은 심장박동 신호가 개시되는 위치인 박동원(pacemaker)으로 사용되었다. 정맥동은 어류 심장의 주요 방을 구성하지만, 양서류에서는 그 크기는 줄어들었고 파충류에서는 더 줄어들었다(**그림 32.8**). 포유류와 조류에서 정맥동은 더 이상 별도의 방으로 존재하지 않지만, 일부 조직은 우심방의 벽에 남아 있다. 이 조직을 동방결절[sinoatrial(SA) node]이라고 하는데, 32.4절에서 설명된 대로 심장박동이 시작되는 부위이다.

핵심 요약 32.3

심장은 척삭동물의 혈관 근육 부위에서 시작하여 어류의 2방 심장, 양서류와 파충류의 3방 심장, 그리고 악어, 조류 및 포유류의 4방 심장으로 진화했다. 산소가 부족한 혈액은 우심방에서 우심실로 그리고 폐로 폐순환한 후 좌심방으로 이동한다. 산소가 공급된 혈액은 좌심방에서 좌심실로 그리고 전신으로 체순환한 후 우심방으로 이동한다.

- 생리학적으로 심실의 분리는 어떤 장점이 있을까?

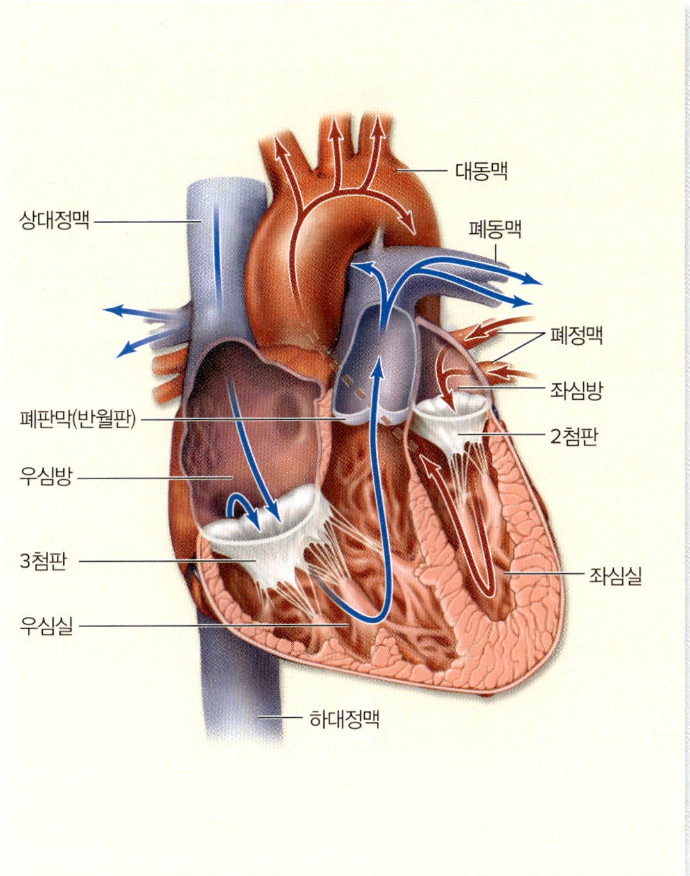

a.

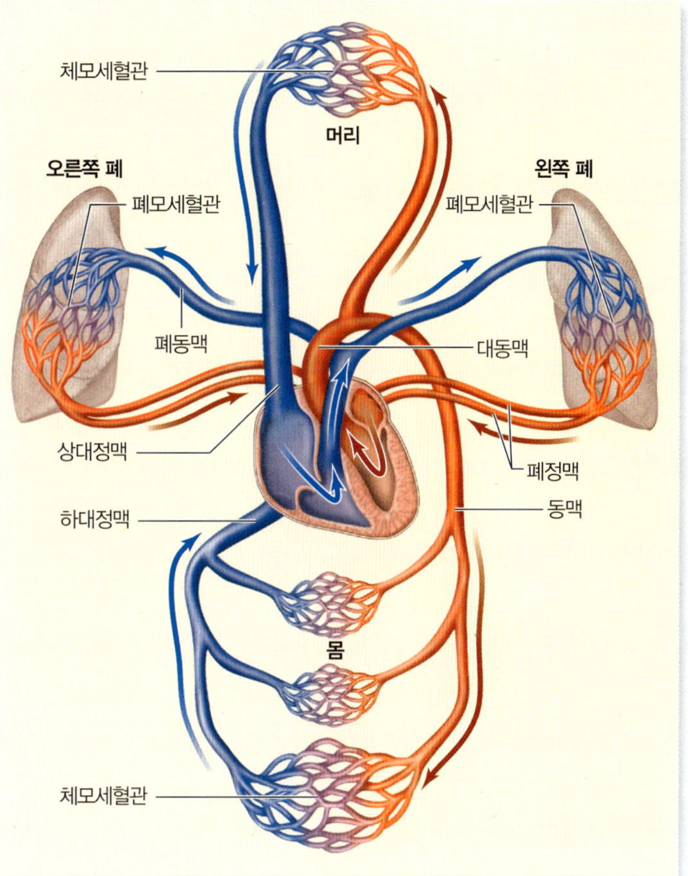

b.

그림 32.7 포유류와 조류의 심장과 순환.
a. 4방체계 심장을 흐르는 혈액의 경로. *b.* 우측 심장은 산소를 잃은 혈액을 받아 폐로 보낸다. 좌측 심장은 산소를 얻은 혈액을 받아서 온몸으로 보낸다. 이 과정에서 폐순환과 체순환은 완전히 분리되어 있다.

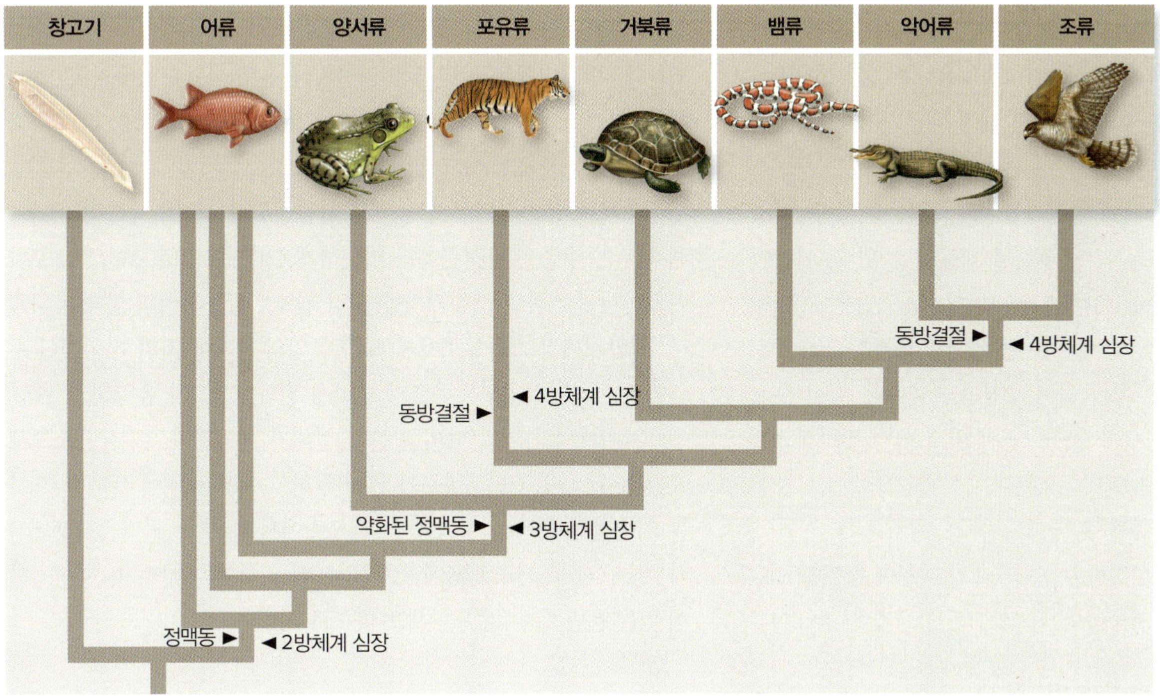

그림 32.8 척추동물의 심장의 진화.
포유류와 조류의 4방체계 심장은 유사하지만 각각 따로 진화하였다.

32.4 심장주기, 전기전도, ECG, 심박출량

학습 목표

1. 심장주기에 대해 설명할 수 있다.
2. 동방결절의 자율박동 세포의 역할에 대해 설명할 수 있다.

포유류, 조류 그리고 악어류의 심장은 2번의 수축 주기로 혈액을 밀어낸다. 하나는 심방의 수축으로 혈액을 심실로 보내는 것이고, 다른 하나는 심실의 수축으로 혈액을 폐순환 및 체순환으로 보내는 것이다. 심박동에 의해 진행되는 2번의 수축기와 휴식기를 합쳐 심장주기라고 한다.

심장주기가 심혈관계를 작동시킨다

일반적으로 심장박동이라고 하는 심장주기(cardiac cycle)는 사람에서 분당 평균 70회 발생한다. 심장주기는 두 단계가 있는데, 심장근육이 수축하는 **수축기**(systole)와 이완하는 **확장기**(diastole)이다. 즉 심장주기는 4개의 방 모두에서 일어나는 심장근육의 수축기와 확장기로 정의할 수 있다.

또한, "룹-둡"이라고 하는 2가지 주요 소리가 심장박동과 관련되어 있는데, 이들 소리는 밸브를 닫는 동안 발생되는 혈액의 난기류때문이다. 첫 번째 소리인 "룹"은 AV(방실판, 즉 2첨판 및 3첨판) 밸브가 닫혔음을 나타낸다. 이 소리는 두 소리 중 더 깊고 부드러운데, 심실 비우기의 시작과 일치한다(**그림 32.9**). 그 다음에는 더 크고 짧은 "둡" 소리는 폐 및 대동맥 판막의 닫힘 및 심실 채우기의 시작과 관련이 있다.

이들 심장 소리는 흉골 부위에 청진기를 대면 들을 수 있다. 이것은 의사에게 잠재적으로 중요한 의료 정보를 제공할 수 있다. 이상이 있는 경우 **웅얼거리는**(murmur) 것처럼 들리는데, 그 원인은 종종 판막이 빨리 닫히거나 단단히 닫히지 않는 등 혈액의 역류를 일으키는 판막 결함과 관련되어 있다. 예를 들어, 2첨판 탈출증은 심실 수축 중에 2첨판의 양 끝단 중 하나가 늘어나면서 발생한다. 결과적으로 좌심방으로 혈액이 간헐적으로 역류되는데, 그 증상으로는 심장떨림, 통증, 불안 및 피로가 포함될 수 있다.

각 "룹-둡" 소리가 1회의 심장박동을 나타내기 때문에 **청진법**(auscultation) 심박수의 측정이 가능하다.

심장을 통한 전기전도는 심장근육을 조절한다

다른 형태의 근육처럼 심근의 수축은 막의 탈분극에 의해 촉진된다(26, 29장 참조). 골격근육은 운동 신경세포에서 온 신경자극만이 탈분극을 시작하지만 심장은 자율박동섬유(autorhythmic fiber)라고 하는 특이한 "자기-흥분" 근육세포를 갖고 있어 신경의 활성화가 없이도 주기적으로 작동한다.

자율박동 세포 중에 가장 중요한 것은 32.3절에서 언급한 것처럼 동방결절이다(**그림 32.10**). 우심방의 벽에 있는 동방결절은 자동적으로 활동전위를 만들어 다른 자율박동 세포보다 더 빠른 속도로 심장의 운동을 위한 박동원으로서의 역할을 한다(**그림 26.33** 참조).

박동원에 의해 시작된 탈분극(depolarization)은 좌심방의 심근섬유로, 또는 우심방과 방실결절[AV(atrioventricular) node]로 전달된다. 탈분극은 우측과 좌측의 심방을 거의 동시에 둘러 싸면서 한 근육섬유에서 다른 근육섬유로 아주 빠르게 펴져나간다. 탈분극이 빨리 퍼지는 것이 가능한 것은 특별한 전도성의 섬유가 있고 심장세포가 개재판(intercalated disk) 내에 있는 간극연접(gap junction)들과 결합되어 있기 때문이다(26장 참조).

심방과 심실을 분리하는 얇은 결합조직은 근육섬유를 통하여 한 방에서 다른 방으로 흥분이 퍼지는 것을 막아주므로 방실결절이 신경자극을 심방에서 심실로 전도하는 유일한 경로이다. 방실결절의 섬유가 탈분극의 전도 속도를 낮추어, 심실의 수축을 약 0.1초 지연시키는데, 이러한 지연에 의해 심방이 수축을 마치고, 심실이 수축하기 전에 심실로 혈액을 보내게 된다.

방실결절에서 탈분극은 방실다발(atrioventricular bundle), 또는 히스다발(bundle of His)이라는 섬유를 따라 두 심실로 빠르게 전도되는데, 방실다발은 탈분극을 퍼킨지 섬유(Purkinje fibers)로 중계하고, 퍼킨지 섬유는 좌우측 심실에 있는 심장근육 세포를 직접 자극하여 거의 동시에 수축이 일어나게 한다.

심근세포가 자극되어 만들어진 활동전위가 심장수축을 일어나게 해주는데, 수축은 골격근육과 비슷하게 Ca^{2+} 및 트로포닌/트로포마이오신계에 의하여 조절되지만(29장 참조), 활동전위의 형태는 다르다. 전압개폐성 소듐통로에서 Na^{+} 유입의 증가에 따라 지속적인 수축이 일어나면서 Ca^{2+} 통로가 열리게 된다. Ca^{2+}가 유입되면, Na^{+} 통로가 비활성화되고 막의 탈분극 상태가 유지된다. 이는 근소포체에 있는 더 많은 Ca^{2+} 통로가 열리게 하고 세포질 내에 추가된 Ca^{2+}는 지속적인 수축을 야기한다. 세포질에서 Ca^{2+}는 골격근세포에서와 마찬가지로 근소포체에 있는 펌프에 의하여 제거되고, 원형질막에 있는 운반체가 Ca^{2+}을 세포 밖으로 퍼낸다.

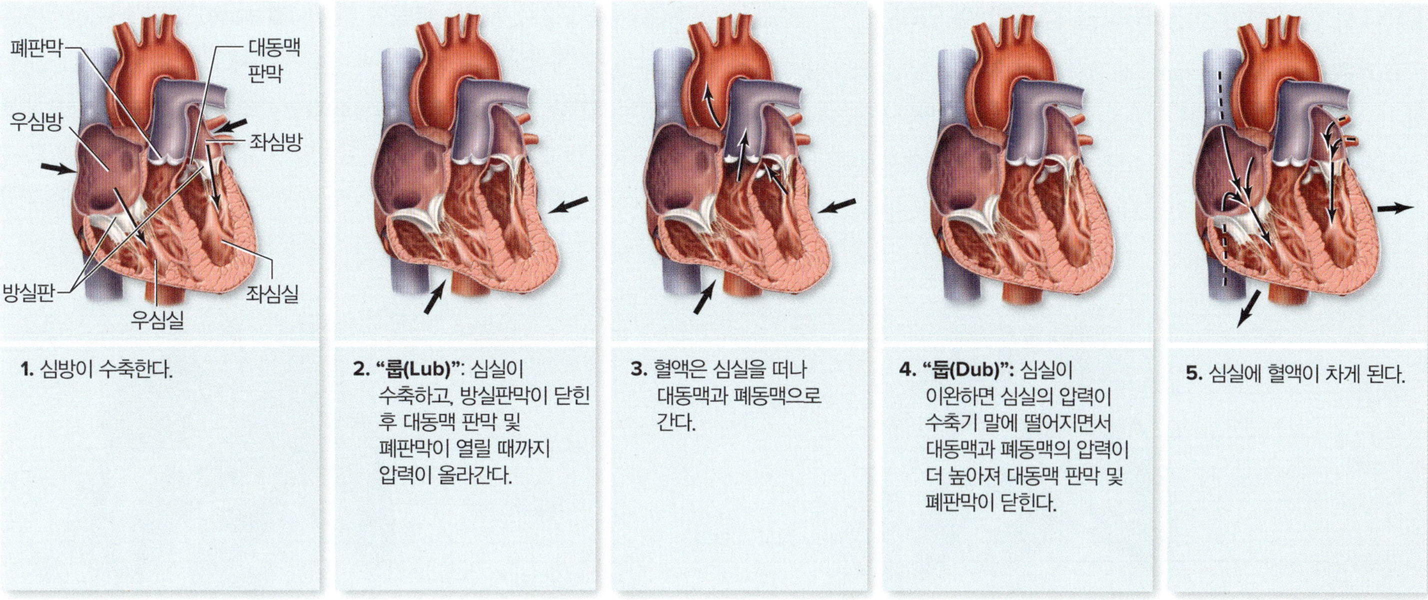

a.

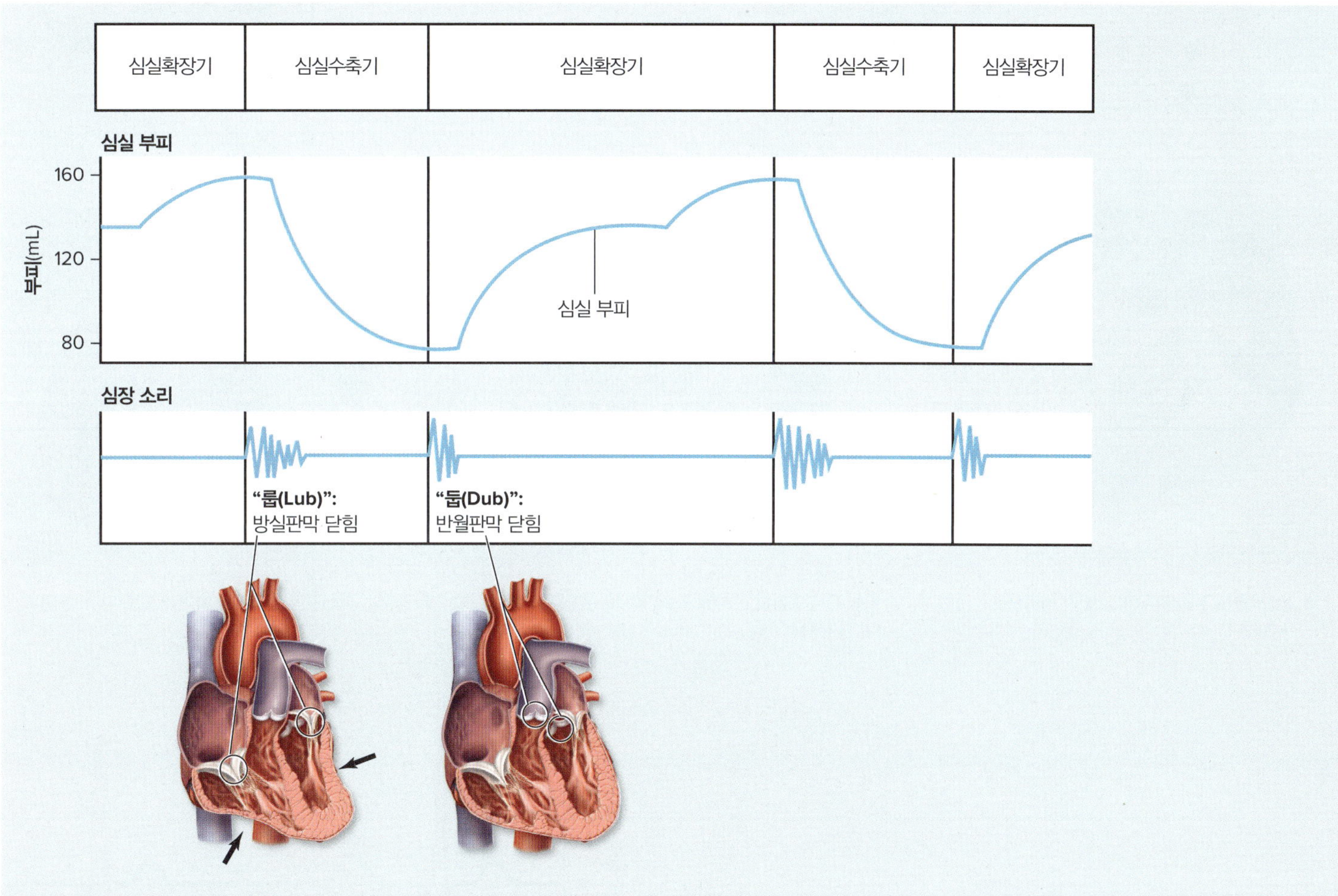

b.

그림 32.9 심장주기.

a. 심방 및 심실의 수축과 이완에 의해 심장을 통해 혈액이 흐른다. *b.* 좌심실의 심장주기 동안의 혈압 및 혈류량의 변화.

ECG로 잠재적인 심장 이상을 검사할 수 있다

ECG(electrocardiogram, 심전도)는 심장주기 동안 심방 및 심실에서 심장근육의 전기적 활동을 그래픽으로 표현한 것이다. 심장의 전기자극은 피부 표면 근처의 다른 신체 조직과 체액으로 퍼진다. 피부에 놓인 전극은 이러한 신호를 잡아서 증폭 및 기록할 수 있다. ECG에는 3가지 뚜렷한 파동이 있다(**그림 32.10**). **P파**(P wave)는 심방이 수축 직전에 탈분극되거나 수축기 상태로 들어가는 시간을 나타낸다. **QRS 복합체**(QRS complex)는 심실 수축기 이전의 심실 탈분극을 나타낸다. 심실, 특히 좌심실이 두껍고 훨씬 더 큰 힘으로 수축하므로 P파보다 상당히 크다. 이 시점에서 심방은 현재 확장기에

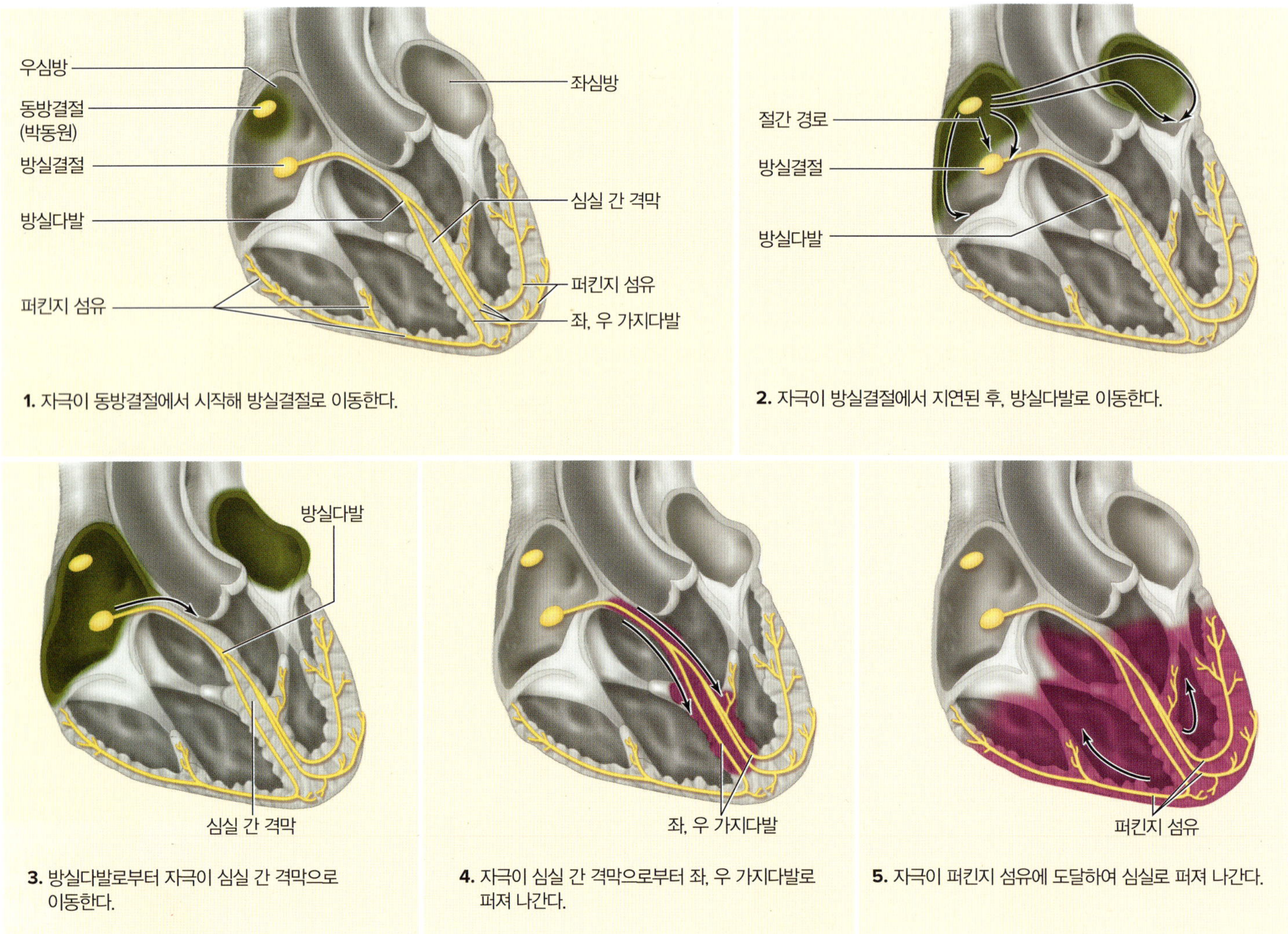

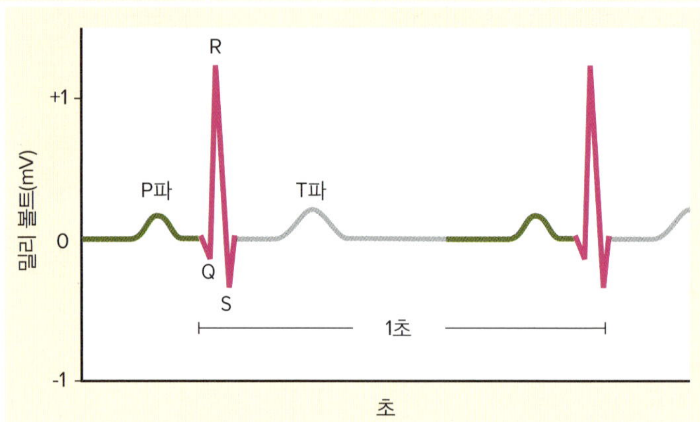

그림 32.10 심장에서 전기적 흥분의 경로.
심장이 수축하고 있는 동안 일어나는 반응들은 심전도(ECG 또는 EKG라고도 함)로 전기적 활동을 측정하는 것과 상관관계가 있다. 심방의 탈분극/수축은 초록색으로 표시했고, 심전도(역시 초록색)는 P 파형에 해당한다. 심실의 탈분극/수축은 붉은색으로 표시했고, 심전도(역시 붉은색)는 QRS 파형에 해당한다. 심전도의 T 파형은 심실의 재분극에 해당한다. 심방이 재분극되어 생기는 파형은 QRS 파형에 가려진다.

표 32.2	운동에 따른 심박출량의 변화			
기관/기관계	**휴식기의 혈액량**	**일반적인 운동에서의 혈액량**	**휴식기의 심박출량(%)**	**일반적인 운동에서의 심박출량(%)**
뇌	700 mL/min	750 mL/min	14.0%	4.3%
심장(관상동맥)	200 mL/min	750 mL/min	4.0%	4.3%
피부	300 mL/min	1900 mL/min	6.0%	10.9%
신장	1100 mL/min	600 mL/min	22.0%	3.4%
근육	1000 mL/min	12,500 mL/min	20.0%	71.4%
소화	1350 mL/min	600 mL/min	27.0%	3.4%
기타	350 mL/min	400 mL/min	7.0%	2.3%

있지만 재분극은 QRS 복합체에 의해 가려져 있다. **T파**(T wave)는 심실의 재분극의 결과이며, 또한 4개의 방 모두가 이완 상태(확장기)인 시간이다. 흥미롭게도, 심실로 들어오고 나가는 혈액의 대부분은 T파 도중에 발생한다. ECG는 매우 유용한 진단 도구이다. 파동의 크기, 모양 또는 시기의 이상은 전도 시스템(동방 및 방실결절 또는 퍼킨지 섬유) 또는 심장근육의 잠재적인 문제를 나타낸다.

심박출량은 에너지 수요에 따라 다양하다

심박출량(cardiac output, CO)은 분당 각 심실에서 방출되는 혈액의 양으로, **박출량**(stroke volume, SV)에 심박수(heart rate, HR)를 곱하여 계산한다. 박출량은 각 심실에서 1회당 방출되는 혈액의 양이다. 휴식 시 분당 70회의 심박수와 1회당 70 mL의 박출량을 가정할 때 계산된 심박출량은 다음과 같다.

$$CO = SV \times HR$$
$$CO = 4{,}900\ mL/min = 4.9\ L/min$$

흥미롭게도 이것은 평균적인 성인이 가지는 총 혈액량과 거의 일치한다. 따라서 거의 모든 혈액이 매 1분마다 심장을 통과한다.

심박출량은 신체의 혈류 요구량에 따라 달라지며 박출량, 심박수 또는 이 둘의 변화에 따라 달라진다. 운동은 박출량과 심박수 모두를 증가시켜, 결국 심박출량을 증가시킨다. 이는 또한 운동 시 몸의 여러 부위로 보내지는 혈액량과 심박출량 비율이 달라지는 것을 의미한다. 휴식이나 운동 중에 뇌는 거의 같은 양의 혈액을 공급받지만, 심장은 항상 심박출량에 비례해서 혈액을 받는다(**표 32.2**). 즉, 뇌의 에너지 요구는 거의 일정하지만 심장의 요구는 운동에 따라 변한다.

핵심 요약 32.4

심장주기는 수축기 및 확장기로 구성된다. 심실은 수축기에서 수축하고 확장기에서 이완한다. 우심방의 동방결절은 먼저 심방을 자극한 다음 방실결절로 이동하여 심실을 자극하는 탈분극 파동을 시작한다. ECG는 심장 근육의 전기적 활동을 측정한다. 심박출량은 심박수와 박출량을 곱해서 구한다. 운동을 많이 할수록 신체의 요구를 충족시키기 위해 심박출량이 증가한다.

■ 심방의 수축과 심실의 수축 사이에 지연이 없으면 어떻게 될까?

32.5 혈압과 혈관

학습 목표

1. 혈압을 정의하고 어떻게 측정하는지를 서술할 수 있다.
2. 혈관의 4가지 조직 층을 설명할 수 있다.
3. 동맥, 모세혈관, 그리고 정맥의 차이를 설명할 수 있다.
4. 림프계가 어떻게 작동하는지를 서술할 수 있다.

우리는 이미 혈액이 **동맥**(arteries)을 통해 심장을 떠나는 것을 알고 있다. 심장에 가까운 동맥의 압력은 의학적 검사를 위해 측정될 수 있다. 이들은 지속적으로 분기되어 신체의 각 기관에 들어가는 속이 빈 "나무"를 형성한다. 동맥이라는 나무의 가장 가느다란 가지는 **세동맥**(arterioles)이다. 동맥에서 나온 혈액은 **모세혈관**(capillaries)으로 들어간다. 모세혈관은 매우 좁고 얇은 관으로 이루어진 격자 모양의 망을 이룬다. 모세혈관을 통과한 후, 혈액은 **세정맥**(venules)으

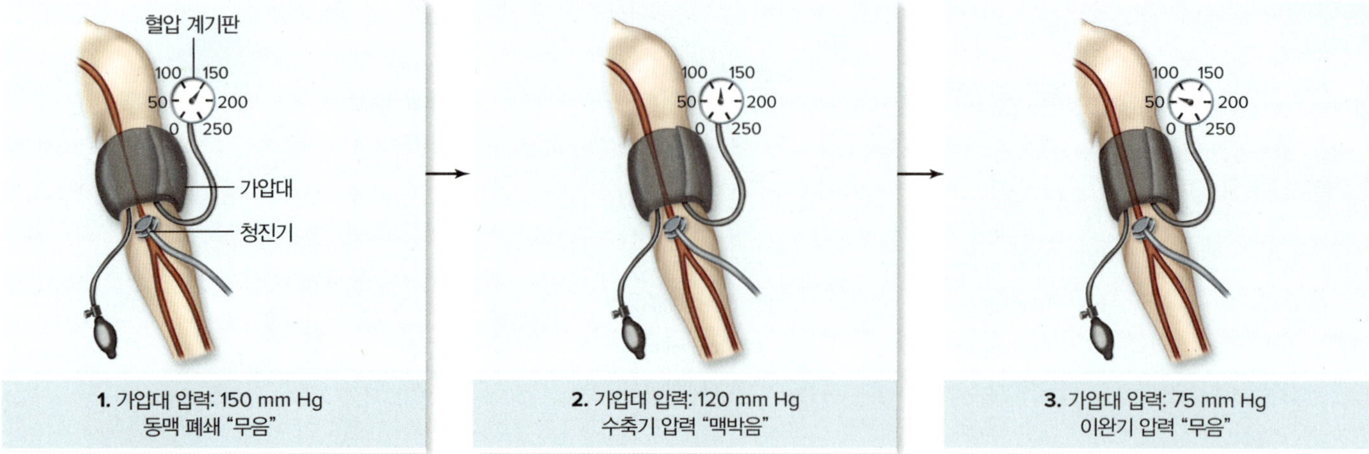

a.

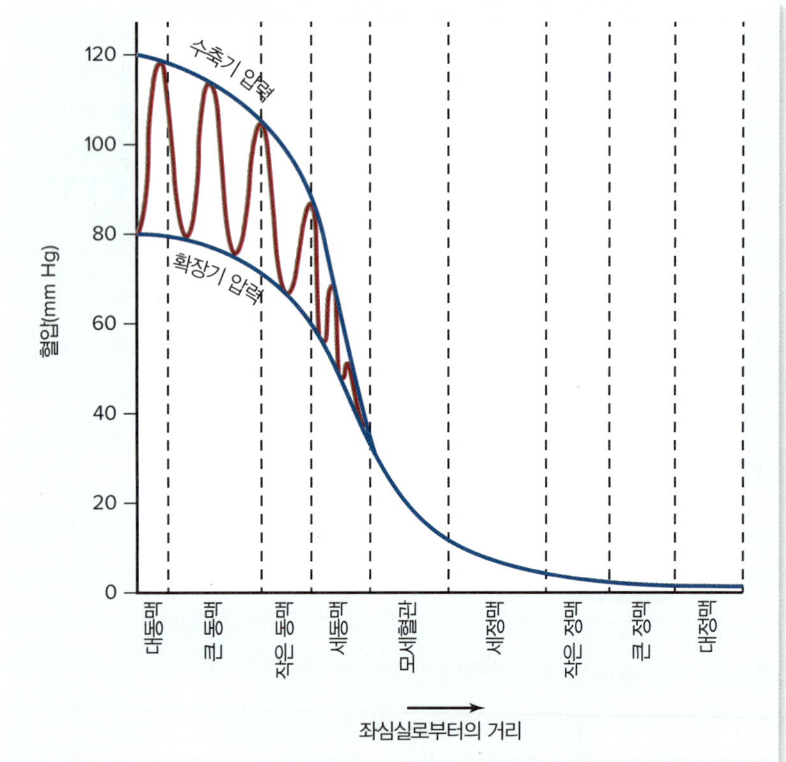

b.

그림 32.11 **혈압의 측정.**
가압대를 단단히 묶어 위쪽 팔의 동맥에 흐르는 혈류를 멈추게 한다. 가압대를 서서히 풀면, 최고혈압(수축기)은 가압대 압력보다 크게 되고 혈액은 순간적으로 통과하여 청진기로 들을 수 있는 맥박음이 발생한다. 이때의 압력이 수축기 압력으로, 최고혈압으로 기록된다. 가압대 압력은 계속 떨어지지만 혈압은 한동안 가압대 압력보다 더 크게 나타난다. 결국 가압대 압력보다 조금 더 높은 혈압에서 마지막 맥박 소리를 듣게 되고, 그 이후엔 소리가 사라지게 된다. 소리가 들리지 않을 때의 압력이 확장기 압력으로 최저혈압으로 기록된다.

로 수집되어 **정맥**(veins)이라고 불리는 더 큰 혈관으로 이어지고, 그 혈액은 심장으로 되돌아간다.

동맥의 혈압은 측정할 수 있다.

혈액이 혈관을 통과함에 따라 혈관 벽에 힘이 가해진다. 이것을 **혈압**(blood pressure)이라고 하며 이론적으로 모든 혈관에서 측정할 수 있다. 그러나 임상에서의 혈압은 좌심실이 수축하고 이완될 때 대동맥 벽에 가해지는 힘을 나타낸다. 손목이나 목에서 감지할 수 있는 맥박은 혈류의 압력 변화로 인해 탄력적인 동맥이 주기적으로 수축하고 확장함으로써 발생한다. 다양한 조건에 따라 압력이 증가 또는 감소할 수 있기 때문에 의사는 심혈관 건강의 일반적인 지표로 혈압을 이용한다.

대동맥에 쉽게 접근할 수 없으므로 혈압은 청진 방법을 통해 간접적으로 측정할 수 있다. **혈압계**(sphygmomanometer)는 팔꿈치 위의 팔 안쪽에 있는 상완 동맥의 혈압을 측정한다(**그림 32.11**). 팔 윗부분을 감싸는 가압대(cuff)는 팔의 아래쪽 부분으로의 혈액 흐름을 막

그림 32.12 압력수용기 반사.
a. 일반적인 반사궁의 모식도. *b.* 자율감각 자극(파란색)이 곧바로 수용체에서 중추신경계로 보내진다. 자율운동 신호(초록색)는 방실결절 및 동방결절과 심장근육으로 전달된다. 부교감 신경자극은 심박수를 감소시켜 혈압을 감소시킨다. 심박수와 혈압의 증가는 교감자극(빨간색)에서 비롯된다.

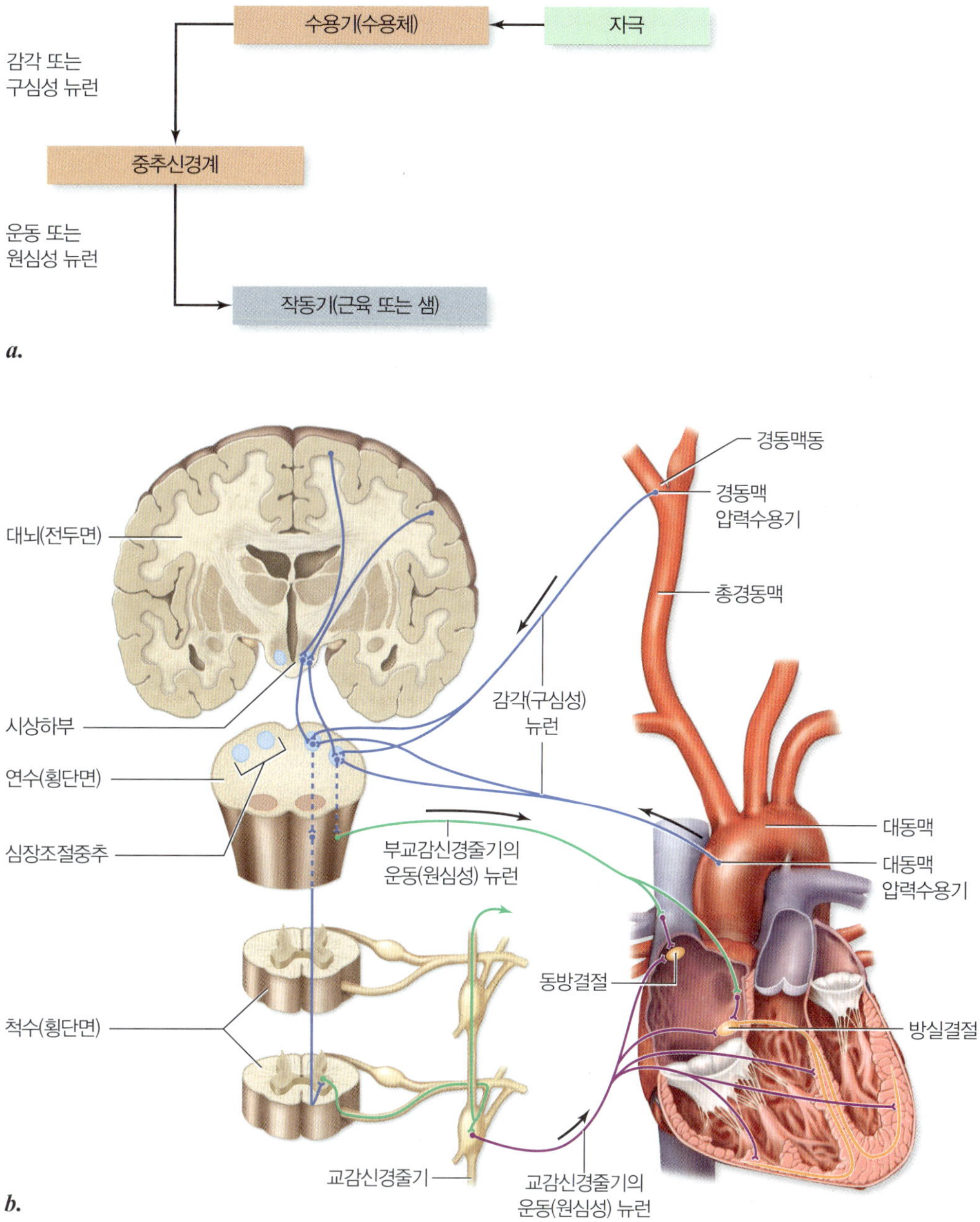

기 위해 조일 수 있다. 가압대가 천천히 풀리면 결국 심장에 의해 생성된 혈압이 가압대의 수축 압력보다 커지고 동맥을 통해 혈액이 흐르기 시작하여 청진기를 사용하여 감지할 수 있는 소리가 발생한다. 이 맥박 소리가 시작되는 지점은 심실이 수축하는 최고 압력 또는 **수축기 혈압**(systolic pressure)을 나타낸다. 가압대가 더 풀리면 가압대의 압력이 심장주기 내 혈압보다 낮아지는 시점에 도달한다. 이 시점에서 맥박 소리가 더 이상 들리지 않는데, 이때가 심장 박동 사이의 최소 압력 또는 심실이 이완되는 **확장기 혈압**(diastolic pressure)을 나타내는 시점이다.

혈압은 수축기 혈압 대 확장기 혈압의 비율로 기록되며, 건강한 20대의 평균 혈압은 120/80(mmHg)이며, 정상 범위는 110~140/70~80 mmHg이다. **고혈압**(hypertension)은 수축기 혈압이 140 mmHg보다 크거나 확장기 혈압이 90 mmHg보다 클 때로 정의한다.

압력수용기 반사는 혈압의 항상성을 유지한다

동맥 혈압(BP)은 2가지 요인, 즉 혈관계의 심박출량(CO)과 혈류에 대한 저항(R)에 따라 달라진다. 이 관계는 다음과 같이 표현될 수 있다.

$$BP = CO \times R$$

그러므로 심박수나 혈액량의 증가로 인한 심박출량 증가 또는 혈관 수축에 의한 혈류의 저항성 증가로 혈압이 상승할 수 있다. 반대로, 심박수가 느려지거나 혈액량이 감소하면(예, 탈수 또는 과도한 출혈) 혈압이 떨어진다.

동맥 혈압의 변화는 대동맥궁과 경동맥에 위치한 **압력수용기**(baroreceptors)에 의해 감지된다(27장 참조). 이 센서는 동맥의 팽창 및 수축에 민감한 신장수용기이다. 압력수용기가 혈압 강하를 감지하면 심장조절중추에 대한 자극이 감소하여, 심장 및 기타 표적기관에 대해 교감 신경자극이 증가하고, 부교감 신경자극이 감소한다. 이것은 심박출량을 증가시키기 위해 심박수와 박출량을 증가시키며, 또한 피부와 내장에서 혈관 수축을 일으켜 저항을 증가시킨다. 이러한 기작들은 합동하여 혈압을 높이는데, 그 결과 혈압 증가 방향으로 작동하는 피드백 고리가 완성된다(**그림 32.12**).

압력수용기가 혈압 상승을 감지하면 심장조절중추에 대한 자극이 증가한다. 이것은 심장의 교감 자극을 줄이고 부교감 신경자극을 증가시킴으로써 심장 박동수와 박출량을 낮추어 심박출량을 줄인다. 또한 심장조절중추는 피부와 내장에서 혈관의 확장을 유발하는 신호를 보내 저항을 낮추기도 한다. 이들은 합동하여 혈압을 낮추고, 이 방향으로 작동하는 피드백 고리를 완성한다. 따라서 압력수용기 반사(reflex)는 혈압 변화에 반응하는 음성피드백 고리를 형성한다(**그림 32.12**).

혈액의 양과 압력은 호르몬에 의해 조절된다

혈압은 심박출량에 영향을 줄 수 있기 때문에 전체 혈액량에 부분적으로 의존한다. 다른 모든 것이 동일하게 유지될 때, 혈액량이 줄면 혈압이 감소한다. 혈액량 조절에는 (1) 항이뇨호르몬, (2) 알도스테론, (3) 심방나트륨이뇨호르몬 및 (4) 일산화질소 등이 영향을 끼친다.

바소프레신(vasopressin)이라고 하는 **항이뇨호르몬**(antidiuretic hormone, ADH)은 혈장의 삼투압 증가에 대한 반응으로 뇌하수체 후엽에 의해 분비된다(28장 참조). 예를 들어, 탈수는 혈액량을 감소시킨다. 시상하부의 삼투압 수용체는 갈증을 촉진하고 뇌하수체 후엽에서 ADH 분비를 자극한다. ADH는 차례로 신장을 자극하여 혈액에 더 많은 물을 유지시키고 소변을 더 적게 배설하게 한다. 따라서 탈수된 사람은 물을 더 많이 마시게 되고 소변을 더 적게 배출시켜 혈액량을 늘려 항상성을 회복시킨다.

신장에서 혈류가 감소할 때마다 신장세포가 혈액으로 레닌(renin)이라는 효소를 방출한다. 레닌은 혈액 단백질인 안지오텐신을 활성화시켜 몸 전체의 혈관 수축을 자극해서 부신피질에서 **알도스테론**

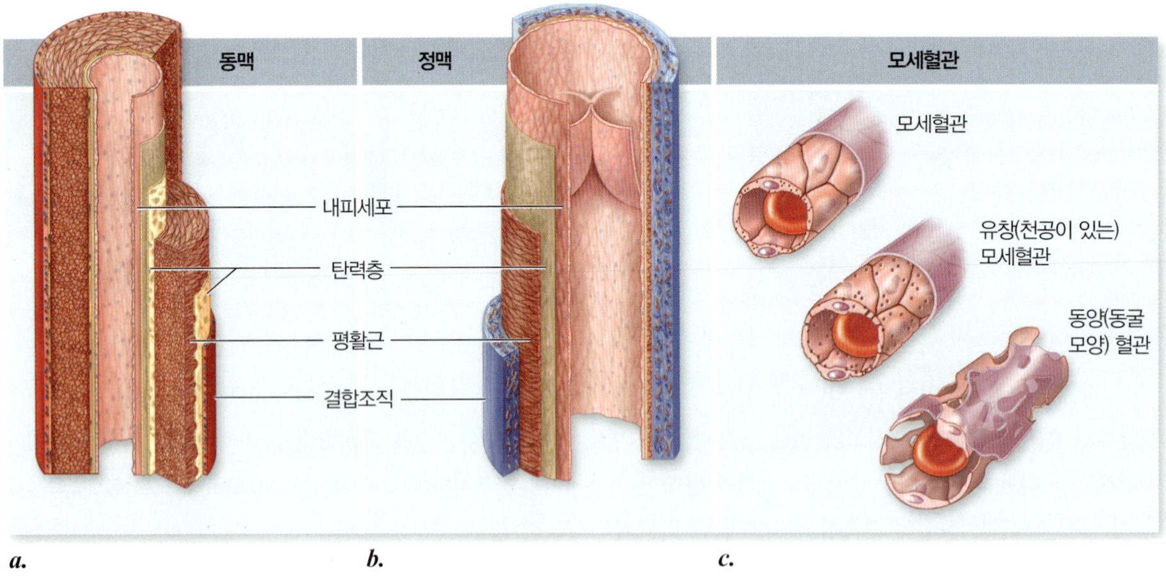

그림 32.13 혈관의 구조.
동맥(***a***)과 정맥(***b***)은 같은 조직층을 지니고 있으나, 동맥의 평활근층이 더 두껍고, 2개의 탄력층이 있다. 모세혈관(***c***)은 내피세포로 된 1개의 층만 갖는다(그림은 실제의 크기가 아니다).

자료 분석 혈관의 지름이 60 μm이고 같은 시스템의 모세관의 지름이 4 μm일 때, 이 둘의 혈류에 대한 저항의 차이는 얼마인가?

(aldosterone)을 분비시킨다. 이 스테로이드 호르몬은 신장에 작용하여 혈액에서 Na^+과 물의 보유를 촉진시킨다(28장 참조).

과량의 Na^+이 존재하면 부신에서 알도스테론 분비가 감소되고 신장에 의해 더 적은 양의 Na^+이 유지된다. 소변으로 Na^+의 배출은 다른 호르몬인 **심방나트륨이뇨호르몬**(atrial natriuretic hormone)에 의해 촉진된다. 이 호르몬은 증가된 혈액량으로 인한 신장수용기에 반응하여 심장의 우심방에서 분비된다. 심방나트륨이뇨호르몬의 작용은 음성피드백을 통해 혈액량과 혈압을 낮춘다.

일산화질소(NO)는 혈관의 내피세포에 의해 생성되는 기체이다. 28장에서 설명했듯이, 이것은 혈관의 여러 국소분비(paracrine) 조절인자 중 하나이다. 용액에서 NO는 혈관의 세포층을 통해 바깥쪽으로 통과하여 평활근을 이완시키고 혈관을 확장시킨다. 1세기 이상 심장병 환자들은 흉통을 완화하기 위해 니트로글리세린을 처방받아 왔는데 최근에서야 이 니트로글리세린이 일산화질소를 방출하여 작용한다는 것이 밝혀졌다.

더 큰 혈관들은 4개의 조직층으로 구성된다

동맥, 세동맥, 정맥 및 세정맥은 동일한 기본 구조를 지니고 있다(**그림 32.13**). 가장 안쪽에는 **내피**(endothelium)가 있으며, 이 내피를 얇은 탄력 섬유층, 평활근육층 그리고 결합조직층이 둘러싸고 있다. 이와 같이 혈관벽은 혈액과 조직 사이에 물질의 교환을 최소화할 수 있을 만큼 충분히 두터운 구조를 이루고 있다.

그에 비해 모세혈관벽은 내피세포로만 되어 있어 혈장의 분자들과 이온은 확산하여 모세혈관벽의 세포 사이에 있는 구멍을 통해 여과된 후, 내피를 통해 혈관 밖으로 나갈 수 있다. 따라서 혈액 및 조직액 사이의 기체와 대사산물의 교환은 모세혈관을 통해 일어날 수 있다.

동맥과 세동맥은 압력을 견딜 수 있게 진화했다

큰 동맥은 혈관벽에 다른 혈관보다 더 탄력이 있는 섬유를 지녀 심박동에 의하여 밀려나오는 혈액이 있을 때마다 이완되었다가 수축한다. 작은 동맥과 세동맥은 큰 동맥에 비해 탄력성이 낮지만 비교적 두꺼운 평활 근육층을 지녀 혈관이 터지는 것을 막아준다. 혈관이 좁으면 좁을수록 혈액의 흐름에 대한 마찰 저항은 더 커진다. 실제로 한 혈관의 지름이 다른 혈관의 1/2이면, 이 혈관은 다른 혈관보다 16배나 높은 마찰저항을 갖게 된다. 혈류 저항은 혈관의 반지름의 4제곱에 반비례한다. 따라서 작은 동맥과 세동맥은 혈류에 대하여 큰 저항을 갖게 된다.

세동맥의 평활근층이 수축하면 **혈관수축**(vasoconstiriction)이 일어나고, 혈관수축은 마찰 저항을 크게 증가시켜 혈류량을 감소시킨다. 세동맥의 평활근층이 이완하면 **혈관이완**(vasodilation)이 일어나, 마찰 저항이 감소되면서 조직으로 가는 혈류량이 증가된다. 세동맥의 만성적 혈관수축은 고혈압의 원인이 된다.

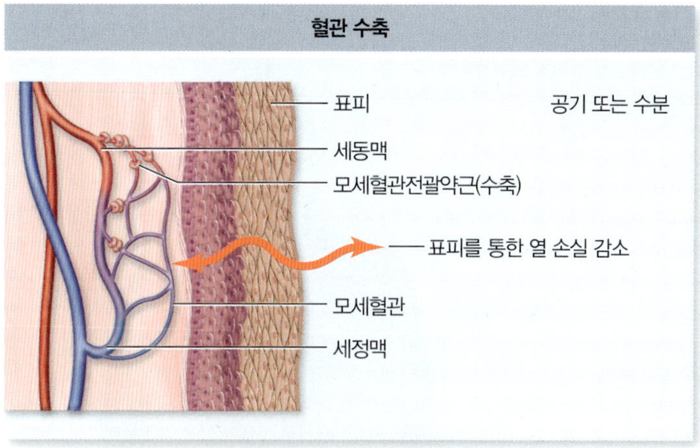

a.

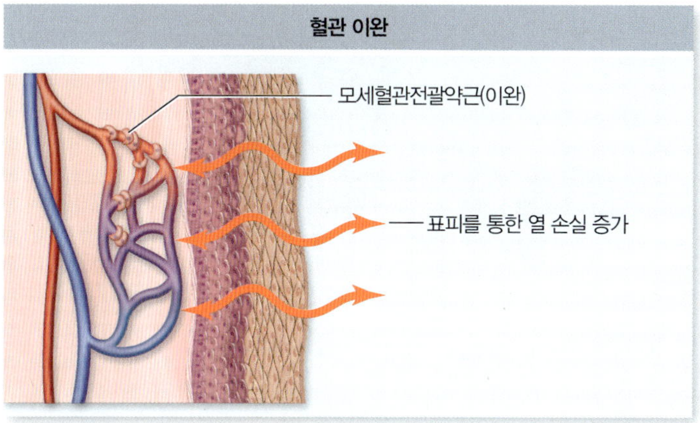

b.

그림 32.14 열 교환 조절.
체표면에서 열을 획득하거나 발산하는 양은 체표면을 흐르는 혈류량에 의해 조절된다. ***a.*** 동물의 체온이 주위 온도보다 낮으면 체표면의 혈관을 수축함으로써 혈류량을 제한하여 열손실을 최소화한다. ***b.*** 동물의 체온이 주위 온도보다 높으면 체표면의 혈관이 이완되어 혈류량과 열 교환이 증가한다.

혈관수축과 혈관이완은 외온동물 및 내온동물에서 체온을 조절하는 중요한 수단이 된다(**그림 32.14**). 동물은 피부의 혈류량을 증가시켜 열 교환 속도를 증가시키는데, 열 교환 속도가 증가하면 열을 방출하고 획득하는 데 유리하게 된다. 반대로 동물이 열 교환을 최소화할 필요가 있으면, 추운 날씨에 일어나는 것처럼 피부로 혈액을 적게 보내게 된다.

모세혈관은 물질 교환을 위해 광대한 망을 형성한다

모세혈관은 수적으로 많고 광범위하게 분지되어 몸 안의 각 세포

그림 32.15 한 방향으로 흐르는 정맥혈.
정맥 판막이 혈액을 정맥을 통해 한쪽 방향으로 흘러 심장으로 가도록 한다.

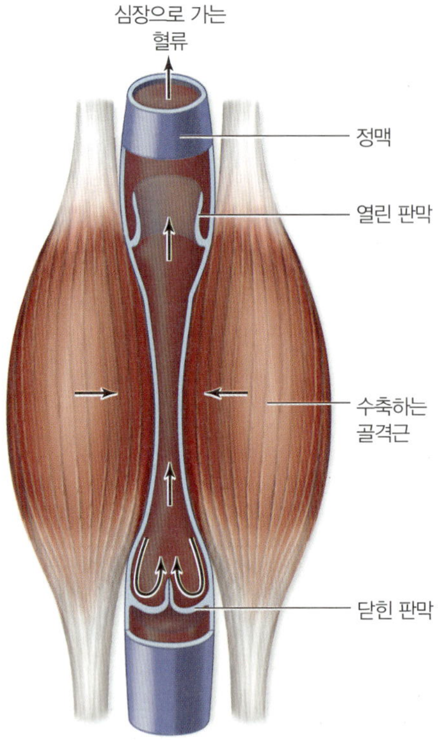

는 모세혈관에서 100 μm 이내에 있다. 평균적으로 모세혈관은 길이가 약 1 mm 정도이고 지름은 8 μm 정도로 적혈구의 지름 5~7 μm보다 약간 크다. 이렇게 지름이 비슷하지만 정상적인 적혈구는 아무 어려움 없이 모세혈관을 흐를 수 있을 만큼의 충분한 유연성이 있다.

각 모세혈관은 매우 좁지만 아주 많은 모세혈관들이 있어 모세혈관이 다른 어떤 혈관보다 총 단면적이 가장 크다. 따라서 모세혈관을 흐르는 혈액은 서서히 흘러 주위에 있는 세포외액과 물질을 교환하는 시간을 더 많이 갖게 된다. 혈액이 모세혈관의 끝에 도달하면 혈액에서 산소와 영양소가 방출되고 이산화탄소와 다른 노폐물을 얻게 된다. 혈액이 소동맥과 모세혈관을 지날 때 압력과 속도를 잃지만 정맥에서는 단면적이 감소하면서 혈류 속도가 증가하게 된다.

세정맥과 정맥은 근육이 적은 혈관벽을 가진다

세정맥과 정맥은 동맥과 같은 조직층을 가지지만, 더 얇은 평활근을 지니고 있다. 정맥의 압력은 동맥 압력의 약 1/10밖에 되지 않기 때문에 근육이 많이 요구되지 않는다. 심혈관계에서 혈액의 대부분은 정맥에 있다. 정맥은 확장되어 추가적으로 혈액을 더 가지고 있을 수 있는데, 우리가 오랫동안 서 있으면 다리에 있는 정맥이 확장되어 있는 것을 볼 수 있다.

정맥의 압력만으로는 혈액을 팔과 다리에서 심장까지 보내기에 충분하지 않기 때문에 압력을 도와주는 다른 요인들이 있다. 그 실례로 정맥 주위에 있는 골격근이 수축하여 정맥을 눌러 혈액 이동을 도와주는데, 이를 **정맥 펌프**(venous pump)라고 부른다. **정맥 판막**(venous valves)의 도움으로 혈액은 정맥을 한 방향으로 이동시켜 심장으로 되돌아가게 해준다(**그림 32.15**). 정맥이 혈액으로 너무 심하게 확장되면 정맥 판막은 더 이상 작동하지 못하여 혈액이 정맥에 몰리게 되는데, 이 상태를 하지정맥류(varicose veins)라고 한다.

림프계는 심혈관계를 떠나는 체액을 다룬다

심혈관계는 모든 혈관이 서로 연결되어 있기 때문에 폐쇄계라고 부른다. 그러나 혈장에 있는 많은 양의 물과 용질은 모세혈관 벽을 통해 여과되어 조직(간질)액이 된다. 대부분의 조직액은 혈압이 높은 세동맥 말단 근처에 있는 모세혈관에서 분비되는데, 그 모세혈관은 세정맥 말단에 있는 모세혈관과 연결되어 있다(**그림 32.16**).

유동액은 삼투에 의해 돌아오지만(4장 참조) 대부분의 혈장 단백질들은 크기가 커서 모세혈관의 구멍을 통하여 빠져나갈 수 없다. 따라서 혈장의 단백질 농도는 조직액의 단백질 농도보다 높게 되어 물이 조직액에서 모세혈관으로 이동하게 하는 삼투압 기울기를 만들어 준다.

모세혈관의 혈압이 높으면 많은 조직액이 축적되는데, 그 예로 임신부는 태아를 갖고 있는 자궁이 복강에 있는 정맥을 누르게 되고 임신부의 하지에 있는 모세혈관의 혈압을 증가시켜 조직이 부어오르게 되는데, 이를 **부종**(edema)이라고 한다.

부종은 혈장 단백질의 농도가 너무 낮을 때도 생긴다. 그 결과 유동액이 삼투압에 의해 모세혈관으로 돌아가지 못하고 조직액으로 남아 있게 된다. 혈장 단백질 농도가 낮은 것은 간 질환(liver disease) 때문일 수 있는데, 이는 혈장 단백질의 대부분이 간에서 생산되기 때문이다. 또한 부종은 굶주림처럼 단백질을 충분히 섭취하지 않는 경우에도 발생할 수 있다.

정상적인 상태에서도 모세혈관에서 여과된 유동액 양이 삼투압에 의해 모세혈관으로 돌아오는 유동액의 양보다 더 많은데, 나머지 양은 **림프계**(lymphatic system)라고 하는 개방순환계에 의해 최종적으로 심혈관계로 되돌아간다.

림프계는 모세림프관, 림프관, 림프절 및 지라(비장)와 갑상샘을 포함하는 림프기관으로 이루어져 있다. 조직에 있는 과량의 유동액은 투과성이 높은 모세림프관으로 흘러 들어가는데, 이를 **림프**(lymph)라고 부르며, 점차 커지는 림프관으로 이동한다. 림프관은 정맥과 유사하여 한쪽 방향으로 향한 판막을 갖고 있다(**그림 32.15**와 유사). 림프는 최종적으로 2개의 림프관으로 들어가고, 쇄골 밑에 있는 좌측 및 우측 쇄골하정맥으로 가게 된다.

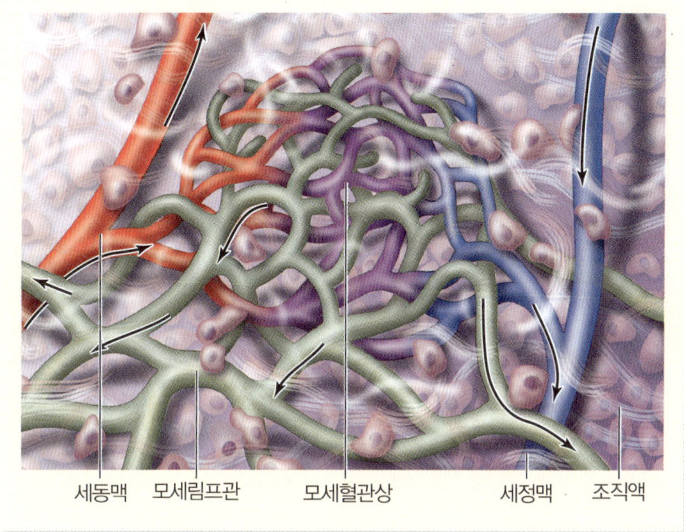

a.

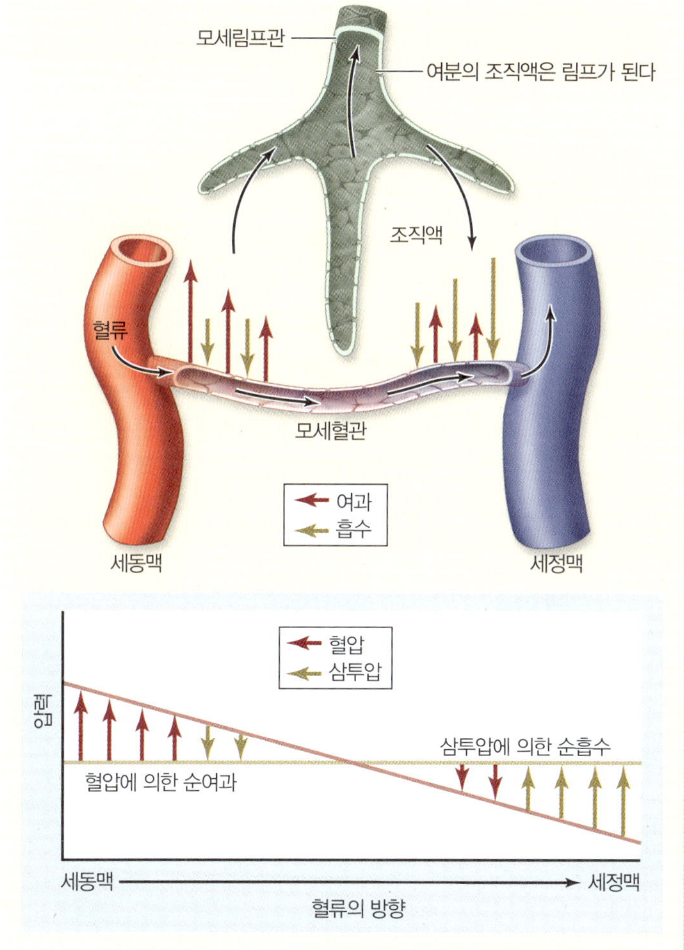

b.

그림 32.16 혈액, 림프 및 조직액의 관계.
a. 순환계 및 림프계의 혈관. 화살표는 혈관 속 혈액이 흐르는 방향을 가리킨다. *b.* 단백질이 없는 혈장이 여과되어 모세혈관 밖으로 나가 조직을 감싸는 조직액이 된다. 조직액의 상당량은 더 높은 단백질 농도를 갖는 혈장의 삼투압에 의해 모세혈관으로 돌아간다. 여분의 조직액은 개방된 모세림프관으로 가서 최종적으로는 순환계로 간다.

포유류에서 림프는 골격근이 림프관을 누를 때 이동하는데, 이는 정맥에서 혈액이 흐르게 하는 정맥 펌프와 유사한 기작이다. 림프관이 율동적으로 수축하는 경우도 있는데, 많은 어류, 모든 양서류 및 파충류, 조류의 배아 및 일부 성숙한 조류에서 림프는 **림프심장**(lymph heart)에 의하여 이동한다.

림프가 림프절과 림프기관을 통과할 때 이 기관의 통로에 있는 식세포에 의하여 변하게 되며(3장 참조), 림프절과 림프기관은 **림프구 분열중심**(germinal center)을 지니고 있어 여기서 림프구의 활성화와 증식이 일어난다.

심혈관 질환은 혈류 흐름에 영향을 끼친다

심혈관 질환은 미국에서 사망률이 가장 높은 질환이다. 약 8000만 명 이상이 심혈관 질환을 갖고 있으며, 매년 60만 명 이상이 사망하고 있다. 심혈관 질환은 동맥이 막히거나 터져서 발생한다.

죽상경화증(atherosclerosis)은 동맥에 지방, 콜레스테롤 또는 섬유나 세포의 잔해가 축적되어 동맥혈관이 굳어져 발생하는 질환으로, 이러한 축적물들은 혈관의 마찰저항을 증가시켜 혈액의 흐름을 막게 된다(**그림 32.17**). 동맥의 내면은 동맥경화증 결과로 생긴 혈전으로 더 좁아질 수 있으며, 심한 경우에는 동맥이 완전히 막히게 된다.

혈청 내의 총 콜레스테롤 및 여러 콜레스테롤 운반 단백질의 농도 등 많은 요인들에 의해 콜레스테롤이 혈관에 축적될 수 있다. 콜레스테롤은 물에 잘 녹지 않기 때문에 혈액 내에서 콜레스테롤은 지질단백질 복합체의 형태로 운반된다. 지질단백질은 밀도의 차이에 따라 "나쁜 콜레스테롤"이라고 부르는 저밀도지질단백질(low-density lipoprotein, LDL)과 "좋은 콜레스테롤"이라고 부르는 고밀도지질단백질(high-density lipoprotein, HDL)로 구분된다. 이렇게 구분하는 이유는 HDL은 콜레스테롤 순환에서 콜레스테롤을 제거하기 위해 간으로 운반하고, LDL은 콜레스테롤을 온몸의 세포로 가져가는 운반체이기 때문이다. 세포가 충분한 양의 콜레스테롤을 가질 때 문제가 발생하는데, 이 경우 LDL 수용체의 양이 감소하고, 따라서 순환하는 LDL의 농도가 높아져 결국 혈관에 쌓이게 되기 때문이다.

죽상경화증은 유전적 요인, 흡연, 고혈압 및 콜레스테롤의 영향으로 촉진된다. 담배를 피우는 사람의 경우 금연을 하는 것이 동맥경화증의 위험을 감소시키는 가장 효과적인 방법이다.

칼슘이 동맥의 벽에 축적될 때 **동맥경화증**(arteriosclerosis)이 발생하기도 한다. 이 경우 동맥의 혈류량이 제한될 뿐만 아니라 정상 동맥처럼 확장할 수가 없게 되는데, 혈관의 유연성이 감소하면 심장은 혈류량을 유지하기 위해 더 힘차게 혈액을 밀어내고 이에 따라 혈압이 올라가기 때문이다.

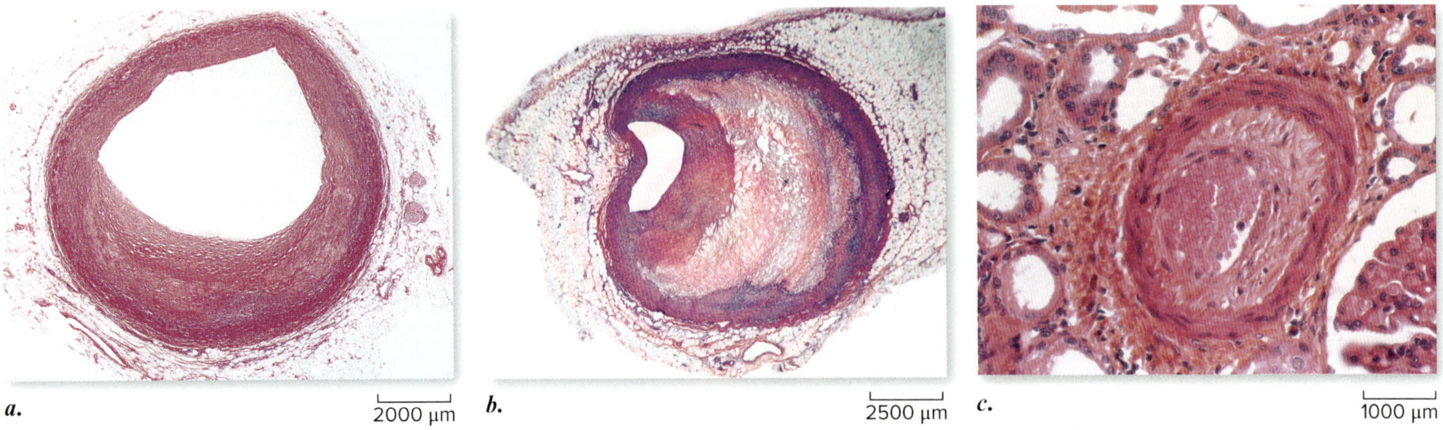

그림 32.17 동맥경화증.
a. 관상동맥이 약간 막혀 있다. *b.* 동맥이 심한 동맥경화증을 보인다. 동맥의 내측 벽이 심하게 막혀 있다. *c.* 관상동맥이 완전히 막혀 있다.

심장마비(heart attack 또는 myocardial infarction, 심근경색증)는 미국에서 전체 사망의 약 1/5에 달하는 심혈관계 질병의 주원인이다. 심장마비는 심근의 한 곳 또는 여러 곳에 혈액이 충분히 공급되지 않아 그 부위의 심근세포가 죽게 되어 발생한다. 심장마비는 관상동맥에서 혈액응고로 인해 생길 수 있고 동맥경화증으로 혈관이 막히면서 생길 수 있다. 심장마비의 회복은 손상을 입은 심장의 부위가 아주 적어 심장이 수축할 수 있을 경우에 가능하다.

협심증(angina pectoris)은 단어 자체가 "흉통(chest pain)"을 의미하는 말이다. 협심증의 원인은 심장마비에서와 유사하나, 심장마비처럼 심하지는 않다. 통증이 심장뿐만 아니라 가끔 좌측 팔과 어깨에서 나타날 수도 있다. 협심증은 심장에 혈액 공급이 불충분하지만, 아직 심근세포가 죽을 정도는 아니라는 위험을 알리는 신호이다.

뇌졸중(stroke)은 뇌의 혈액 공급에 문제가 생기면서 발생한다. 출혈성(hemorrhagic) 뇌졸중은 뇌에 있는 혈관이 파열되어 발병하며, 허혈성(ischemic) 뇌졸중은 혈전이나 동맥경화증으로 뇌동맥의 혈류가 막혀 발병한다. 뇌졸중의 정도는 손상의 심각성 및 뇌의 어느 부위에서 뇌졸중이 발생하였는가에 따라 차이가 있다.

핵심 요약 32.5

혈압은 수축기 혈압 대 이완기 혈압의 비율로 표현되며 혈압계로 측정된다. 혈압은 심박출량과 동맥 수축으로 인한 혈류 저항에 따라 달라진다. 혈액량은 항이뇨호르몬, 알도스테론 및 심방나트륨이뇨호르몬에 의해 조절된다. 일산화질소는 혈관 확장을 일으켜 혈류 저항을 감소시킨다. 혈관의 4개의 층은 (1) 내피, (2) 탄성층, (3) 평활근, (4) 결합조직이다. 반대로, 모세혈관에는 내피만이 있다. 동맥은 정맥보다 더 많은 압력을 견딜 수 있도록 혈관벽에 근육이 더 많다. 큰 동맥에는 반동을 위해 더 많은 탄성 섬유가 있다. 림프라고 불리는 여분의 조직액은 일방통행 시스템인 림프계를 통해 심혈관계로 되돌아간다.

■ 림프계와 순환계 사이에는 어떤 관련성이 있을까?

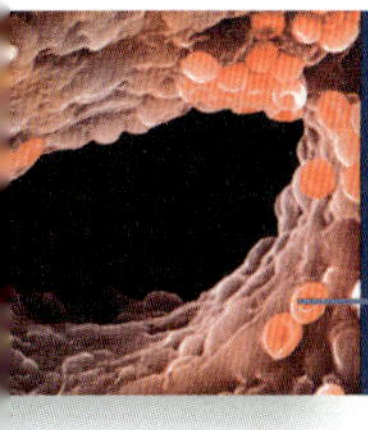

핵심 개념 요약

32.1 무척추동물의 순환계

■ 개방순환계는 단일 방향으로 유체가 이동한다

해면동물은 통로를 통해 물을 통과시키고 자포동물은 위수강을 통해 물을 순환시킨다. 작은 동물은 체액을 순환에 사용할 수 있다.

■ 폐쇄순환계는 폐쇄된 관 속에서 유체가 이동한다

폐쇄순환계는 혈액과 같은 순환액이 있으며, 혈관에 싸여 운반된다.

32.2 척추동물의 혈액 구성

■ 혈장은 액상 기질이다

혈장은 92%의 물과 영양소, 호르몬, 이온, 혈장 단백질 및 노폐물로 구성된다 (**그림 32.2**).

■ 혈구와 혈소판은 혈장을 통해 순환한다

혈액세포는 적혈구, 백혈구 및 혈소판을 포함한다. 적혈구는 산소 수송을 위한 헤모글로빈이 포함되어 있으며, 백혈구는 면역계의 일부이다. 혈소판은 혈액 응고를 시작하는 데 도움을 준다(**그림 32.3**).

■ 혈액 응고는 효소 연쇄반응의 한 예이다

혈액 응고가 시작되면, 혈장에 용해된 피브리노겐이 효소 연쇄반응을 통해 불용성 단백질인 피브린으로 바뀐다. 상처가 치유되면서 응고된 혈전이 용해된다.

■ 혈구는 줄기세포에서 만들어진다

혈구는 혈액생성 작용에 의해 골수의 전분화능 줄기세포에서 유래한다(**그림 32.4**).

32.3 척추동물의 순환계

■ 어류는 아가미를 통해 더 효율적으로 순환계를 발전시켰다

어류는 아가미를 통한 혈류 효율을 높이기 위해 2개의 방으로 구성된 선형 심장을 가지고 있다. 혈액은 아가미로부터 신체의 나머지 부분으로 순환한다 (**그림 32.5**).

■ 양서류와 대부분의 파충류는 분리된 순환계인 폐를 가진다

폐순환은 혈액을 폐로 내보내고 체순환은 혈액을 신체로 내보낸다.

양서류의 심장에는 폐와 신체로의 혈류를 분리하는 2개의 심방과 1개의 심실이 있다(**그림 32.6**). 대부분의 파충류 심장에는 심실을 부분적으로 분리하여 심방에서 나온 혈액의 혼합을 감소시키는 격막이 있다.

■ 포유류, 조류 및 악어류는 4개의 방이 왼쪽과 오른쪽으로 나눠져 있다

4방체계의 심장에는 2개의 심실이 있다(**그림 32.7**). 포유류의 심장과 조류의 심장 사이의 극단적인 유사성은 수렴진화의 예이다.

32.4 심장주기, 전기전도, ECG, 심박출량

■ 심장주기가 심혈관계를 작동시킨다

심장을 통한 단일 방향 혈액의 흐름은 2개의 방실판에 의해 유지된다(**그림 32.9**). 확장기 동안 심실은 이완되고 심방은 수축되며, 수축기 동안 심실은 수축된다.

■ 심장을 통한 전기전도는 심장근육을 조절한다

수축은 박동원인 동방결절에 의해 시작되고, 그 자극은 방실결절로 이동한다 (**그림 32.10**).

■ ECG로 잠재적인 심장 이상을 검사할 수 있다

ECG는 P, QRS, T 등 3가지 파동으로 구성되어 심장의 전기적 활동을 측정한다. 파동의 이상은 건강에 이상이 있음을 의미한다.

■ 심박출량은 에너지 수요에 따라 다양하다

심박출량은 매 심박동마다 좌심실에서 내보내는 혈액의 양을 나타낸다. 심박출량은 체내 혈류 요구의 정도에 따라 변한다.

32.5 혈압과 혈관

■ 동맥의 혈압은 측정할 수 있다

혈압계는 수축기와 이완기의 혈압을 측정한다. 혈압은 수축기 대 이완기의 비율로 표시된다

■ 압력수용기 반사는 혈압의 항상성을 유지한다

■ 혈액의 양과 압력은 호르몬에 의해 조절된다

■ 더 큰 혈관들은 4개의 조직층으로 구성된다

동맥과 정맥은 내피, 탄성섬유, 평활근, 결합조직으로 구성된다(**그림 32.13**). 모세혈관에는 한 층의 내피층만 있다.

■ 동맥과 세동맥은 압력을 견딜 수 있게 진화했다

동맥과 세동맥은 혈액 흐름을 제어하고 혈압 변화를 조절하기 위해 두꺼운 근육층과 탄성섬유를 가지고 있다.

■ 모세혈관은 물질 교환을 위해 광대한 망을 형성한다

모세혈관은 신체 조직과의 물질 교환이 이루어지는 순환계의 한 영역이다 (**그림 32.14**).

■ 세정맥과 정맥은 근육이 적은 혈관벽을 가진다

혈액이 정맥을 통해 심장으로 되돌아오는 것은 골격근 수축과 단일 방향 판막에 의해 촉진된다(**그림 32.15**).

■ 림프계는 심혈관계를 떠나는 체액을 다룬다

모세혈관에서 여과된 혈장액은 별도의 단일 방향 림프계를 통해 되돌아온다 (**그림 32.16**). 림프계는 쇄골하정맥의 혈액 순환과 연계된다.

■ 심혈관 질환은 혈류 흐름에 영향을 끼친다

죽상경화증은 동맥에 지방이 축적되어 나타나는 질환이다. 심장마비는 심장근육에 혈액의 공급이 부족하기 때문에 발생한다. 뇌졸중은 뇌로의 혈액 공급이 차단되어 발생한다.

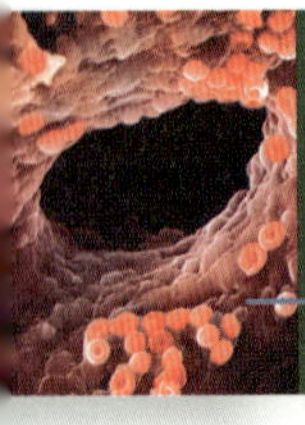

연습문제

▪1단계: 이해력 확인하기

1. ECG가 측정하는 것은 무엇인가?
   a. 심장주기 동안에 전기적 포텐셜 변화
   b. 이완기에서 심실의 칼슘 이온 농도
   c. 수축기 동안에 심방의 수축
   d. 수축 주기 동안에 펌핑되는 혈액량
2. 심장 수축기는 심장 기능에 매우 중요한데, 이것은 무엇으로부터 시작되는가?
   a. 방실결절의 활성화
   b. 동방결정의 활성화
   c. 전압개폐성포타슘통로의 개방
   d. 반월판의 개방
3. 다음 중 혈액 순환에 대한 일련의 순서로 옳은 것은 무엇인가?
   a. 심장 → 동맥 → 세동맥 → 모세혈관 → 세정맥 → 림프 → 심장
   b. 심장 → 동맥 → 세동맥 → 모세혈관 → 정맥 → 세정맥 → 심장
   c. 심장 → 동맥 → 세동맥 → 모세혈관 → 세정맥 → 정맥 → 심장
   d. 심장 → 세동맥 → 동맥 → 모세혈관 → 세정맥 → 정맥 → 심장
4. 다음 중 옳지 않은 것은 무엇인가?
   a. 동맥만이 산소를 함유한 혈액을 운반한다.
   b. 동맥과 정맥에는 평활근이 있다.
   c. 동맥과 정맥 모두 모세혈관으로 분지된다.
   d. 모세혈관전괄약근은 모세혈관을 통한 혈류를 조절한다.
5. 림프계가 순환계와 같은 점은 무엇인가?
   a. 감염균을 걸러내는 결절을 가지기 때문에
   b. 동맥 네트워크를 가지기 때문에
   c. 모세혈관을 가지기 때문에
   d. 폐쇄계이기 때문에
6. 다음 중 구조와 기능이 틀리게 짝지어진 것은 무엇인가?
   a. 적혈구/산소 수송 b. 혈소판/혈액응고
   c. 혈장/노폐물 수송 d. a, b, c 모두 맞다.
7. 혈압은 언제 측정되는가?
   a. 수축기 혈압이 가압대에 의한 압력보다 높아 동맥을 통해 맥박이 뛸 때
   b. 혈압이 수축기 혈압 아래로 떨어져 맥박이 멈출 때
   c. 가압대 압력이 최고 혈압보다 높아 동맥을 통해 혈액이 이동하지 않을 때
   d. 수축기 압력과 같아 가압대의 압력 감소가 멈출 때
8. 혈전(피딱지)의 구성성분은 무엇인가?
   a. 피브린 b. 피브리노젠
   c. 프로트롬빈 d. a, b, c 모두 맞다.

▪2단계: 적용력 평가하기

1. 척추동물의 심장에서는 심방이 상부 쪽에서 수축하고 심실은 하부 쪽에서 수축하는데 이것이 어떻게 이루어지는가?
   a. 동방결절로부터의 탈분극은 위에서부터 심방을 가로질러 진행되고, 방실결절로부터의 탈분극은 심실 조직 위로 방출되기 전에 심실의 바닥으로 전달된다.
   b. 동방결절의 탈분극은 뇌에서 내려오는 운동 뉴런에서 시작되고, 방실결절에서 탈분극은 척수에서 나오는 운동뉴런에서 시작된다.
   c. 중력은 동방결절로부터의 탈분극을 심장의 꼭대기에서 아래로 전달하고, 횡격막의 수축은 방실결절에서 아래에서 위로 탈분극을 전달한다.
   d. 이 문제는 옳지 않다. 동방결절과 방실결절 모두 아래로부터 수축된다.
2. 좌심실의 심장 근육에서 생성되는 CO_2 분자는 몸을 떠나기 전에 다음 구조 중 어느 것을 통과하지 못하는가?
   a. 우심방 b. 좌심방
   c. 우심실 d. 좌심실
3. 양서류와 포유동물의 심장의 차이점은 무엇인가?
   a. 양서류의 심장에서는 산소화 및 탈산소화 혈액이 단일 심실에서 완전하게 혼합된다는 점
   b. 양서류의 심장에서는 2개의 결절이 있어서 심장 전체에서 수축이 일어난다는 점
   c. 양서류 심장의 심실에서는 내부 채널이 혈액의 혼합을 감소시킨다는 점
   d. 양서류의 심장에서는 대동맥이 피부를 통과해 확산에 의해 얻어진 산소를 펌핑한다는 점
4. 세동맥의 평활근육 층의 수축에 대해 옳게 설명한 것은 무엇인가?
   a. 혈류의 마찰 저항을 증가시킨다.
   b. 피부를 통한 열교환을 증가시키기 위한 하나의 방법이다.
   c. 기관에 혈류를 증가시킬 수 있다.
   d. a, b, c 모두 맞다.

▪3단계: 사고력 함양하기

1. 사람은 특히 혈압이 너무 낮아지면 혈압을 유지하기 위한 여러 가지 기작을 가지고 있다. 신장과 내분비계가 어떻게 혈압을 유지하는 데 도움이 되는지 설명하시오.
2. 혈액, 림프 및 혈림프의 차이점은 무엇인가?
3. 4개의 방을 가진 심장의 진화는 내온성의 진화와 어떤 관련성이 있는가?
4. 누군가에게 인공심장박동기를 외과적으로 이식해야 할 정도의 임상적 증상이 있다면 이 증상에 대해 어떻게 생각하는가?

33

삼투조절과 비뇨계

도입

우리 체중의 대부분을 차지하고 있는 것은 물이지만, 우리는 매우 건조한 환경에서 살아가고 있다. 사진에 보이는 건조한 사막에 서식하는 캥거루쥐는 물을 마실 필요가 거의 없는 것으로 알려져 있으며, 음식물을 산화시켜서 생기는 부산물로부터 충분한 물을 얻는다. 어류는 담수와 해수에서 모두 살 수 있지만, 물을 얻거나 잃어버리는 상황에 직면하여 살고 있다. 생물이 이런 서로 다른 환경에서 생존하는 것이 가능한 이유는 혈액과 세포외액 사이의 삼투압을 정교하게 조절하기 때문이다. 체액과 그 성분을 조절하는 것은 항상성(체내의 상태를 적절한 범위 안에서 유지하도록 하는 생명체의 능력)의 한 예이다. 이번 장에서는 포유류의 비뇨계를 포함해서 동물들의 삼투조절계에 대해 알아본다. 비뇨계는 체액의 물과 이온의 양을 유지하는 역할을 한다.

33.1 삼투농도와 삼투평형

학습 목표

1. 삼투평형의 중요성에 대해 설명할 수 있다.
2. 삼투조절 방법에 따라 생물을 분류할 수 있다.

다세포동물의 체내에서의 물은 세포의 안쪽과 바깥쪽에 분포하고 있다(**그림 33.1**). 삼투평형을 유지하기 위해, 동물의 혈장을 포함한 세포외액은 환경으로부터 물을 흡수하고, 환경으로 여분의 물을 배출할 수 있어야 한다. 항상성(homeostasis)을 유지하기 위해 세포외액과 외부 환경 사이에서 무기 이온들이 교환되어야 한다. 신체와 외부 환경 사이에서 물과 전해질(electrolytes)의 교환은 특수한 상피세포에서 일어나는데, 대부분의 척추동물에서는 신장의 여과과정을 통해 일어난다.

대부분의 척추동물은 세포외액의 총 용질 농도와 특정 무기 이온의 농도에 대해 항상성을 유지한다. 세포외액에서 소듐 이온(Na^+)은 주요 양이온이고, 염소 이온(Cl^-)은 주요 음이온이다. 2가 양이온인 칼슘 이온(Ca^{2+})과 마그네슘 이온(Mg^{2+}) 및 1가 양이온인 포타슘(K^+) 등의 다른 이온들도 중요한 작용을 하며, 일정한 농도로 유지된다.

삼투압은 농도 차이의 척도이다

4장에서 삼투(osmosis)는 반투막을 통한 물의 확산이라고 공부했다. 삼투 현상에서 물은 항상 더 묽은(용질의 농도가 더 낮은) 용액에서 덜 묽은(용질의 농도가 더 높은) 용액 쪽으로 이동한다. 용액의 삼투압은 삼투에 의해 물을 흡수하고자 하는 경향의 척도로, 이는 물의 이동으로 인해 생기는 압력에 균형을 맞추기 위해서 필요한 압력의 크기이다.

용질(solute)의 농도가 더 높은 용액은 더 높은 삼투압(osmotic pressure)을 나타내며, 삼투압은 용액 1 L당 삼투 활성을 가진 용질의 몰(mole) 수인 **삼투농도**(osmolarity)로 나타낸다. 용액에서 물질이 2개 이상의 삼투 활성을 가진 입자로 나누어진다면 삼투농도는 몰농도(M)와 다르다는 것에 유의해야 한다. 예를 들면, 1 M의 설탕(sucrose) 용액은 1 Osm(오스몰)이지만 1 M의 소금(NaCl) 용액은 소금이 삼투 활성을 갖는 2개의 이온(Na^+, Cl^-)으로 나누어지기 때문에 2 Osm이 된다.

용액의 **긴장성**(tonicity)은 삼투에 의해 세포의 부피를 변화시킬 수 있는 용액의 척도이다. 동물 세포가 **고장액**(hypertonic solution)에 놓이면 주위 용액으로 물이 빠져나가 세포가 쭈그러진다. 반면 **저장액**(hypotonic solution)에 놓이면 주위로부터 물을 흡수해 팽창한다. 세포가 등장액(isotonic solution)에 있을 때는 물의 순이동이 일어나지 않는다. 의학적 치료에서 생리식염수(0.9% NaCl)와 5% 포도당 수액과 같은 등장액이 상처 난 조직을 세척하는 데 사용되고, 혈관 주사액으로도 이용된다.

삼투순응자는 해양 환경에 서식한다

대부분의 해양 무척추동물에서 체액의 삼투농도는 해수와 같다(마그네슘과 같은 특별한 이온의 농도는 같지 않다). 세포외액이 해수와 등장액이기 때문에 삼투농도 기울기가 없으며, 물이 신체를 나가거나 흡수되는 경우가 없다. 이러한 생물을 **삼투순응자**(osmoconformers)이라고 부르며, 이러한 동물들은 주변의 환경과 삼투평형을 이루고 있다.

척추동물 중에서는 원시 먹장어만이 엄밀하게 삼투순응형 동물이라 할 수 있다. 상어와 연골어류(Chondrichthyes)에 속하는 동물들은 혈중 NaCl의 농도가 바닷물보다 더 낮지만 바닷물과 이들의 체

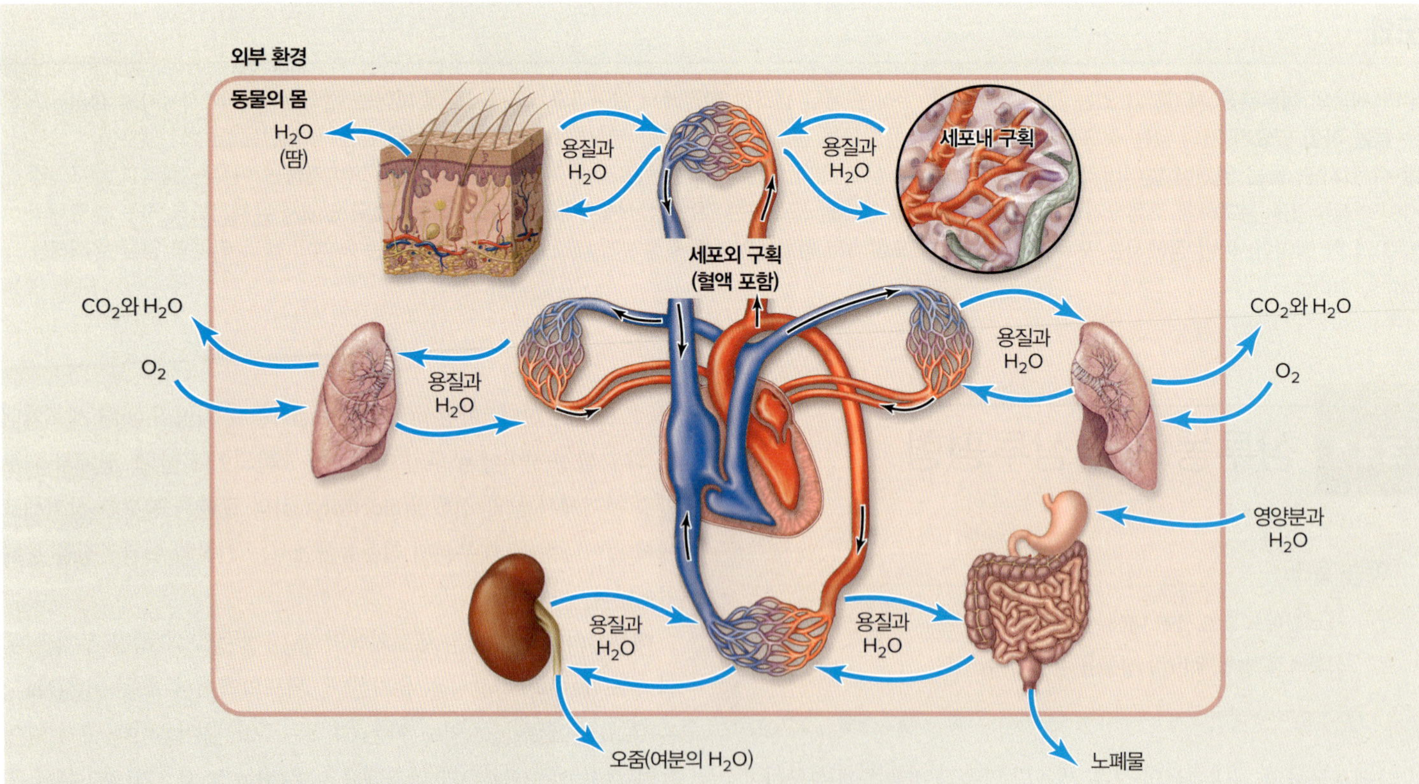

그림 33.1 몸의 세포내·외 구획 및 외부 환경과의 상호작용.
물은 환경으로부터 들어오기도 하고 환경으로 손실되기도 한다. 상피조직을 통해 몸의 세포외액과 환경 사이에 물과 용질의 교환이 일어나고, 신장에서 물과 용질이 혈액 밖으로 여과될 수 있다. 항상성을 유지하기 위해 몸 전체에 들어오고 나가는 물과 용질의 양이 균형을 이루어야 한다.

액은 등장액이다. 33.4절에서 설명하겠지만 전체 삼투농도의 차이는 요소(urea)의 유지를 통해 이루어진다.

삼투조절자는 체내 삼투압을 조절한다

다른 모든 척추동물은 주변 환경과 농도 차이가 나도 상대적으로 일정한 혈중 삼투농도를 유지하는 **삼투조절자**(osmoregulator)이다. 체액의 삼투농도를 일정하게 유지함으로써 척추동물들은 다양한 서식지에서 생존할 수 있지만, 이런 불변성을 가지기 위해서는 지속적인 조절이 필요하다.

담수에 사는 척추동물은 주변의 물보다 체액의 용질 농도가 더 높다. 다시 말해 주변 환경에 비해 고장액이다. 세포의 삼투압이 높기 때문에 물이 신체로 들어가려는 경향을 보인다. 따라서 이들은 가능한 한 물이 생체로 들어오는 것을 막고, 들어온 여분의 물은 제거하는 방향으로 적응되어 왔다. 반대로 무기 이온은 주변 환경으로 나가려는 경향이 있어, 담수에 사는 척추동물은 이온들을 생체 내로 능동적으로 이동시켜야 한다.

그에 비해, 대부분의 해양에 사는 척추동물들은 주변 환경에 비해 저장액으로, 체액이 주위 바닷물의 삼투농도의 1/3 정도이다. 따라서 이러한 동물들은 삼투에 의해 물을 잃어버릴 위험이 있기 때문에 탈수를 막기 위해 수분의 보전이 용이하도록 적응되어 왔다. 이들은 해수를 마시고, 여분의 이온은 신장과 아가미를 통해 방출하여 수분을 보전한다.

육상 척추동물의 체액은 주위의 공기보다 물의 농도가 더 높기 때문에 피부와 폐에서의 증발로 인해 물을 잃어버리는 경향이 있다. 양서류뿐만 아니라 파충류, 조류, 포유류들은 모두 생존 기간 내내 이 문제에 직면하게 된다. 비뇨계/삼투조절계는 이러한 척추동물들이 물을 보전할 수 있도록 진화되어 왔다.

핵심 요약 33.1

조직이 대사기능을 하기 위해서는 삼투 평형이 유지되어야 한다. 생리학적인 대사들은 대부분의 척추동물이 혈중 삼투농도와 이온의 농도를 비교적 일정하게 유지하도록 해준다. 해양 무척추동물은 삼투순응자이며, 체액은 주변 환경과 등장액이다. 대부분의 척추동물은 삼투조절자이며, 체액은 주변 환경과 비교했을 때 고장액이거나 저장액이다.

- 삼투가 일어나는 동안 물은 삼투농도가 높은 곳으로 이동할까? 아니면 낮은 곳으로 이동할까?

33.2 질소 노폐물: 암모니아, 요소, 요산

학습 목표

1. 질소 노폐물의 종류에 따른 상대적인 독성과 용해도를 설명할 수 있다.

삼투농도를 조절하는 문제는 대사 노폐물에 의해 복잡해진다. 아미노산과 핵산은 분해 과정에서 질소 노폐물(nitrogenous wastes)이라고 불리는 질소를 함유하는 부산물을 생성하는데, 이는 몸 밖으로 배출해야만 한다. 척추동물에서 질소 노폐물은 다양한 형태로 생성된다(**그림 33.2**).

암모니아는 독성이 있기에 빠르게 제거되어야 한다

아미노산과 핵산 대사의 첫 단계는 탈아미노화(deamination)로, 간에서 아미노기($-NH_2$)를 제거한 후 H^+와 결합시켜 **암모니아**(ammonia, NH_3)로 만드는 것이다. 암모니아는 세포에 상당한 독성을 나타내기 때문에 매우 낮은 농도로 존재해야 안전하다. 경골어류나 양서류의 올챙이 등은 암모니아의 배출이 큰 문제가 되지 않는데, 이는 암모니아의 대부분을 아가미를 통해 확산으로 배출하고, 일부는 매우 묽은 오줌으로 배출하기 때문이다.

요소와 요산은 독성이 적지만, 용해도에 차이가 있다

연골어류, 양서류, 포유류에서 질소 노폐물은 훨씬 독성이 적은 **요소**(urea)의 형태로 배출된다. 요소는 물에 잘 녹기 때문에 오줌으로 다량이 배출될 수 있다. 요소는 간에서 생성되어 혈류를 따라 신장에 모여 배출된다.

파충류, 조류, 곤충류는 물에 소량만 녹는 **요산**(uric acid)의 형태로 질소 노폐물을 배설한다. 요산은 용해도가 매우 낮기 때문에 침전되어 물이 거의 없는 형태로 배출된다. 요산은 **구아노**(guano)라는 새의 배설물 속의 흰색 물질을 형성한다. 요산을 만들기 위해서는 에너지가 필요하지만 물을 보전하는 것으로 벌충할 수 있다.

이런 동물들은 요산을 만드는 능력이 중요한데, 그 이유는 알이 껍질로 싸여 있고, 알 속에서 배아가 자라면서 질소 노폐물이 쌓이기 때문이다. 요산의 생성은 에너지를 필요로 하는 긴 과정이지만 결정화되어 침전되는 물질이 만들어진다. 고체 침전물 형태의 요산은 알 속에 있더라도 배아의 발생에 아무런 영향을 주지 않는다.

그림 33.2 질소 노폐물. 아미노산과 핵산이 대사될 때 부산물로 암모니아가 만들어지며, 이는 독성이 매우 강하지만 경골어류는 아가미를 통해 제거할 수 있다. 포유류는 암모니아를 독성이 약한 요소로 전환시킨다. 조류와 육상 파충류는 암모니아를 물에 녹지 않는 요산으로 전환시킨다. 요산을 생성하는 과정은 3가지 과정 중 가장 많은 에너지를 소모하지만 대부분의 물이 보전된다.

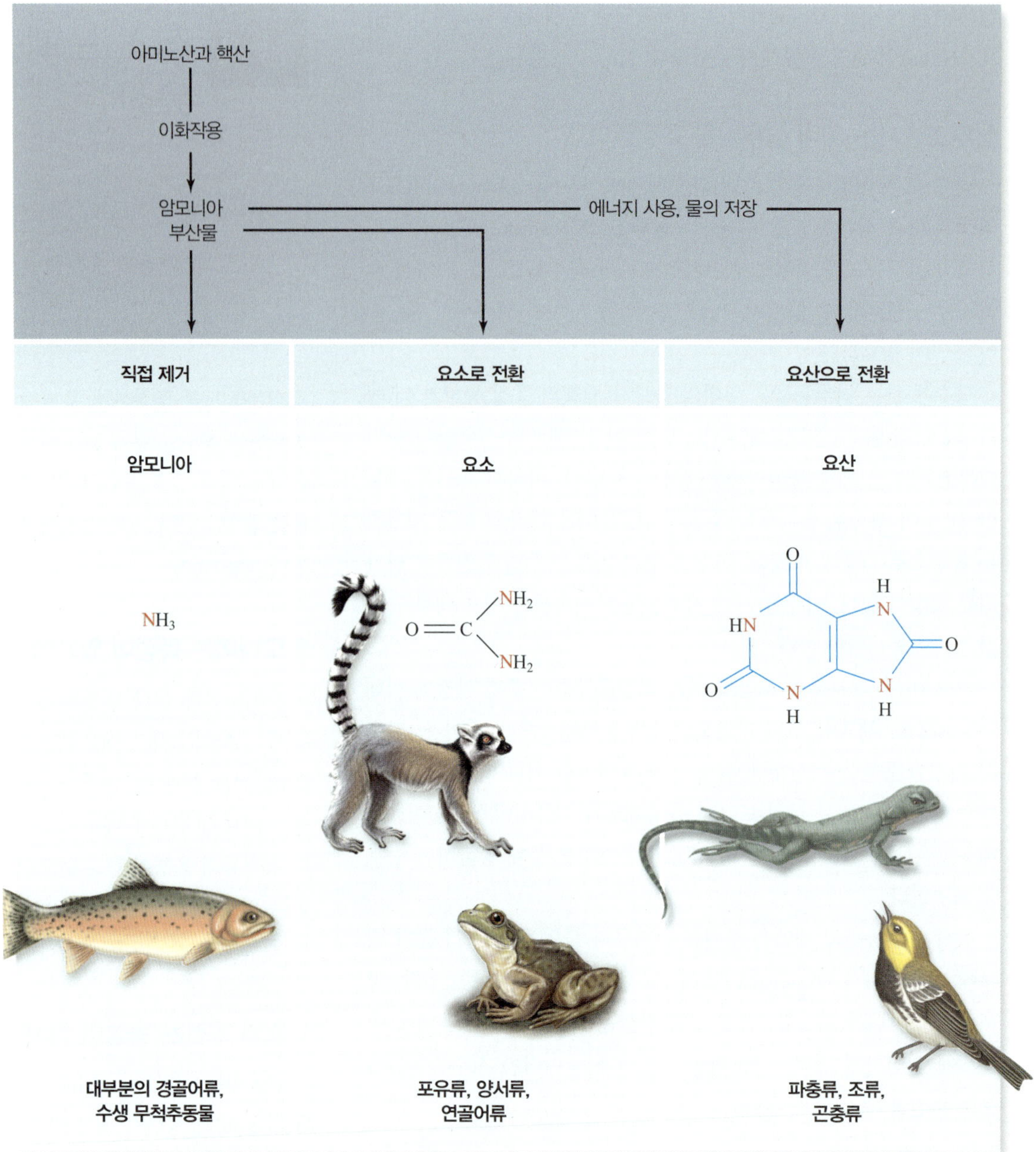

포유류도 약간의 요산을 생성하지만, 이는 아미노산이 아닌 퓨린 뉴클레오타이드가 분해되어 생기는 노폐물이다. 대부분의 포유동물은 **요산분해효소**(uricase)를 가지고 있는데, 이것은 요산을 물에 더 잘 녹는 물질인 **알란토인**(allantoin)으로 바꾸어준다. 사람, 유인원, 달마시안(개) 등은 이 효소가 결핍되어 있기 때문에 요산을 배설해야 한다. 사람은 관절에 요산이 과다하게 축적되면 **통풍**(gout)이 생긴다.

핵심 요약 33.2

아미노산과 핵산의 대사 과정으로 인한 부산물로 암모니아가 생성된다. 경골어류와 아가미가 있는 양서류 등은 암모니아를 배출하고, 다른 척추동물은 요산(파충류와 조류) 및 요소(포유류와 양서류 성체)와 같은 독성이 적은 형태로 질소 노폐물을 전환시킨다. 대부분의 포유류(사람, 유인원, 달마시안 제외)는 요산분해효소에 의해 요산이 분해되어 소량의 요산만을 생산한다.

■ 질소 노폐물이 문제인 이유는 무엇일까?

33.3 삼투조절 기관

학습 목표

1. 무척추동물의 삼투조절 기관에 대해 설명할 수 있다.
2. 재흡수와 분비를 정의할 수 있다.

동물에서 질소 노폐물과 수분 균형의 문제에 대처하기 위한 다양한 기작들이 진화되어 왔다. 여러 동물에서 체내의 수분이나 염분의 배출은 배설계(excretory system)를 통한 대사 노폐물의 제거와 관련되어 있다. 단세포 원생생물은 이 목적을 위해 스펀지처럼 수축할 수 있는 수축포(contractile vacuole)를 이용한다. 다른 다세포 동물들은 배설 세뇨관계를 이용하여 체액과 노폐물을 배출한다. 무척추동물에서는 더 정교한 시스템이 발견되며, 척추동물의 배설계는 훨씬 더 복잡하다.

무척추동물은 특수한 세포와 세관들을 이용한다

편형동물(flatworms)에서는 **원신관**(protonephridia)이라는 세관이 전구같이 생긴 불꽃세포(flame cell)로 온 몸에 걸쳐 뻗어 있다(**그림 33.3**). 이런 단순한 배설구조는 생체의 바깥으로 열려 있지만 안쪽으로는 열려 있지 않다. 불꽃세포 안의 섬모의 움직임은 몸으로부터 체액을 끌어들이면서 물과 대사물질은 다시 재흡수되고, 배출될 물질은 배설공을 통해 바깥으로 나간다.

다른 무척추동물들은 몸의 안과 밖으로 다 열려 있는 세관(tubule)을 가지고 있다. 지렁이에서는 이 세관들을 신관(nephridia)이라고 한다(**그림 33.4**). 신관은 깔때기 모양의 **신구**(nephrostomes)를 통해 체강으로부터 체액을 여과한다. **여과**(filtration)라는 용어가 사용되는 이유는 압력하에서 체액이 형성되고, 이 체액이 작은 구멍을 통과하므로 구멍의 크기보다 더 큰 물질은 체액에 남게 되기 때문이다. 이렇게 여과된 액체는 체강에 있는 액체와 등장액이지만 신관의 세관을 통과하면서 NaCl이 능동수송으로 재흡수된다.

세관으로부터 체액으로 물질이 이동되는 것을 **재흡수**(reabsorption)라고 한다. 여과액으로부터 염이 재흡수되기 때문에 배출되는 오줌은 체액보다 더 묽은 저장액이다. **촉각선**(antennal gland)이라고 부르는 연체동물의 신장이나 갑각류의 배설기관도 여과에 의해 오줌을 만들고 이온을 재흡수한다.

곤충은 독특한 삼투조절 기관을 가지고 있다

곤충의 배설기관은 말피기관(Malphighian tubules; **그림 33.5**)으

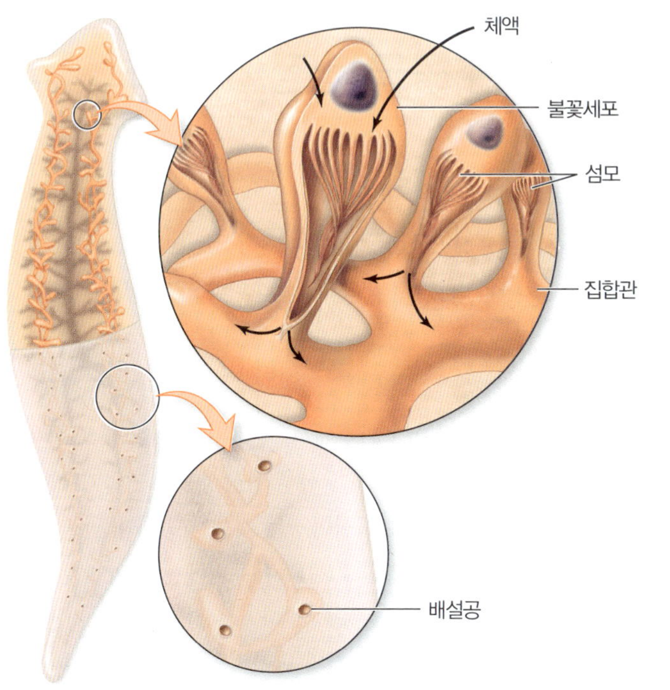

그림 33.3 편형동물의 원신관.
그물처럼 뻗은 세뇨관, 전구 모양의 불꽃세포, 배설공이 원신관을 구성한다. 불꽃세포 내부의 섬모가 움직여 몸으로부터 체액을 흡수한다. 배설물은 몸 밖으로 나 있는 구멍을 통해 배출된다.

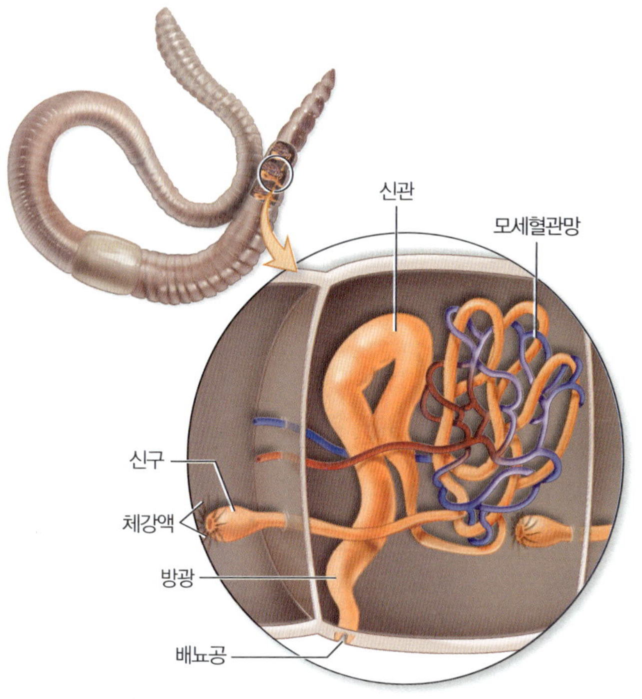

그림 33.4 환형동물의 신관.
환형동물과 같은 대부분의 무척추동물은 신관(주황색)을 가지고 있다. 체강액에서 걸러진 여과액은 깔때기 모양의 신구를 통해 관으로 구성되어 있는 신관으로 들어간다. 염분은 신관에서 재흡수될 수 있으며, 남겨진 체액인 오줌은 배뇨공을 통해 밖으로 배출된다.

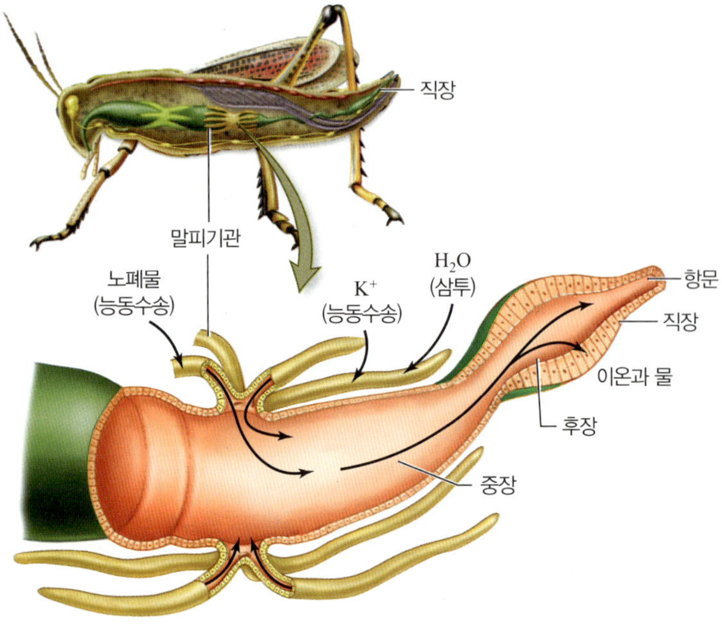

그림 33.5 곤충의 말피기관.
곤충의 말피기관은 소화관의 돌출부위로, 순환계로부터 물과 노폐물을 모은다. K^+가 말피기관으로 분비되고 물은 삼투 작용에 의해 관 안으로 들어온다. 이 물(화살표)의 상당량이 후장벽을 통해 재흡수된다.

로, 이는 후장(hindgut)의 앞쪽에서 갈라져 나온 소화관의 돌출부이다. 체강의 혈액과 말피기관 사이에는 압력차가 없기 때문에 말피기관에서는 오줌이 여과에 의해 만들어지지 않는다. 대신 노폐물과 K^+가 능동수송에 의해 관속으로 분비된다.

분비(secretion)는 재흡수와 반대 방향으로 발생하는데, 이온이나 분자들이 체액에서 관속으로 이동한다. K^+의 분비는 삼투농도 기울기를 만들고, 이로 인해 물이 삼투에 의해 체내의 개방순환계로부터 말피기관 안으로 들어가게 된다. 대부분의 물과 K^+는 후장의 상피를 통해 순환계로 재흡수되고, 작은 분자들과 노폐물만 변과 함께 직장에서 배출되기 때문에 곤충에서 말피기관은 매우 효율적인 수분 보전 수단이다.

척추동물의 신장은 여과와 재흡수를 한다

곤충의 말피기관과는 달리 척추동물의 **신장**(콩팥, kidney)은 압력으로 혈액을 여과하여 세뇨관액을 만든다. 여과액은 모두 단백질 분자보다 작은 수용성 물질들이며, 여과액에는 포도당, 아미노산, 바이타민과 같은 작은 분자들이나 Na^+, K^+, Cl^-와 같은 중요한 이온들이 포함되어 있다. 이 분자나 이온들과 대부분의 물은 세뇨관에서 혈액으로 재흡수되고 노폐물만 남게 되며, 추가적인 노폐물이 세뇨관의 여과액에 더해지고 최종적으로 만들어진 오줌이 몸에서 배출된다.

척추동물의 신장에서 너무 커서 여과되지 않는 혈장의 단백질을 제외한 거의 모든 물질을 여과하고 난 다음, 에너지를 사용하여 몸이 필요로 하는 물질들을 다시 재흡수하는 것이 불합리해 보일지도 모른다. 그러나 이러한 시스템은 특별히 의식하지 않아도 중요한 분자들은 남아 있게 하고, 노폐물만 배출할 수 있게 해준다. 우리 몸에 필요한 물질의 선택적인 재흡수는 커다란 유연성을 가져다준다. 다양한 척추동물들이 서식지에 따라 제각기 다른 물질들을 재흡수할 수 있도록 진화되어 왔다. 이러한 유연성은 척추동물들이 다양한 환경에서 살아갈 수 있도록 해준 요인이다. 다음 절에서는 척추동물의 신장의 기능에 대해서 알아본다.

핵심 요약 33.3

많은 무척추동물들이 세뇨관계를 이용하여 액체를 여과하여 이온이나 물은 재흡수하고, 노폐물은 배출한다. 곤충은 세뇨관으로 K^+와 노폐물을 분비하여 배설액을 만드는데, 이때 삼투로 인해 물도 나간다. 척추동물의 신장은 여과액을 생성하여 세뇨관으로 보내고, 오줌으로 전환한다.

■ 말피기관과 신장의 기능에서 유사한 점은 무엇일까?

33.4 척추동물 신장의 진화

학습 목표

1. 담수어류와 해수어류의 삼투 적응을 비교할 수 있다.
2. 척추동물의 신장의 진화에서 헨레고리의 역할에 대해서 설명할 수 있다.

척추동물은 삼투 평형의 관점에서 여러 가지 위험에 노출되어 있는 다양한 환경에서 살고 있지만, 삼투 항상성을 유지하기 위한 시스템의 진화는 다양한 환경에서 살아가는 것을 가능하게 만들었다. 가장 기초적인 것으로는 특별한 기관의 세포막에서 물과 이온의 움직임을 조절하는 간단한 화학작용이 있다. 신장은 복잡한 기관으로서 **네프론**(nephrons)이라는 수천 개의 반복적인 단위들로 이루어져 있으며, 각 네프론은 신장의 수질을 관통하는 굽어진 관 구조를 이룬다(**그림 33.6**). 혈압은 혈액을 사구체(glomerulus)라는 모세혈관 덩어리의 바깥으로 밀어내어 관 구조가 시작되는 보먼주머니(Bowman's

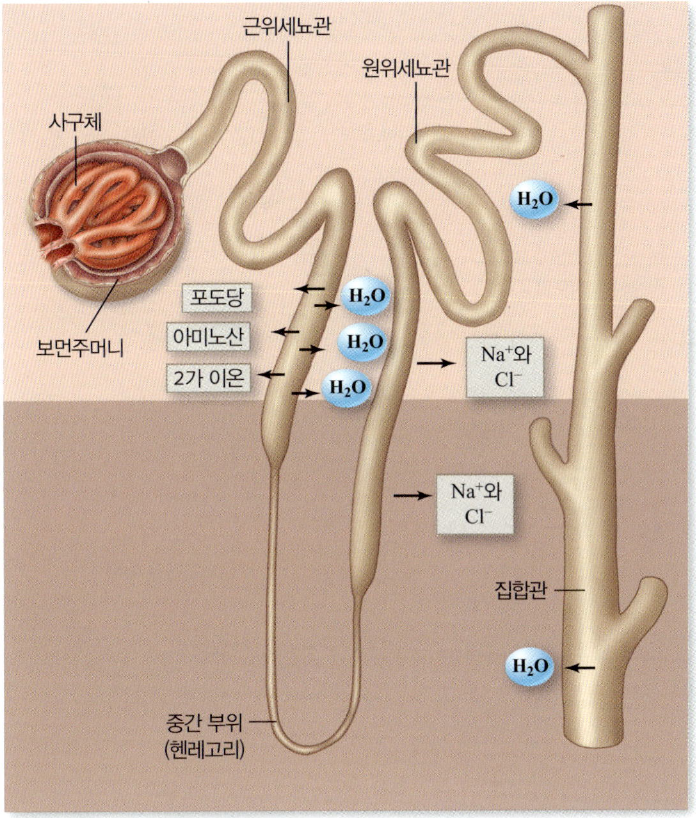

그림 33.6 척추동물의 네프론 구조.
네프론 세뇨관은 척추동물 신장의 기본 구조이다. 당, 아미노산, 물, 주요 1가 이온과 2가 이온은 근위세뇨관에서 재흡수되고, 물과 Na^+, Cl^-와 같은 1가 이온들은 헨레고리에서 재흡수된다. 원위세뇨관과 집합관에서도 호르몬의 영향을 받아 물과 1가 이온(Na^+, Cl^-)들이 재흡수될 수 있다.

자료 분석 당뇨병은 신장에서 재흡수될 수 있는 것보다 더 높은 혈당 농도를 유지하고 있다. 이것이 물을 얻거나 잃게 하는가?

capsule) 속으로 들어가게 한다. 이런 과정을 통해 혈액이 여과되어 물이나 작은 분자, 이온 등은 세뇨관으로 들어가고, 세포와 큰 분자들은 혈액 속에 남게 된다. 여과액이 네프론을 따라 이동하는 동안 유용한 영양물질과 이온 등은 혈액 속으로 재흡수되고, 물과 대사 노폐물들은 오줌으로 남는다. 이 과정의 자세한 내용은 33.5절에서 설명한다.

모든 척추동물의 신장은 기본적인 구조는 동일하지만 다른 환경 요인들에 의해 일부 차이가 생기도록 진화되었다. 원래 **사구체 여과액**(glomerular filtrate)은 혈액과 등장액이기 때문에, 모든 척추동물은 이온과 물을 동일한 비율로 재흡수하여 오줌을 등장성으로 만들 수 있다. 또는 상대적으로 물을 적게 재흡수하여 혈액보다 저장액의 오줌을 만들 수도 있다. 조류와 포유류만이 사구체 여과액에서 상대적으로 많은 물을 재흡수하여 혈액보다 고장성인 오줌을 만들 수 있다. 신장은 다양한 삼투환경에서 척추동물이 살아갈 수 있게 해주는 놀라운 삼투 기계이다.

담수어류는 전해질은 보전하고 물은 배출해야 한다

신장은 담수 경골어류(bony fishes)에서 진화한 것으로 추정되고 있다. 담수어류의 체액은 주변의 물보다 고장액이기 때문에 2가지 심각한 문제를 안고 있다. (1) 주변 환경으로부터 물이 체내로 들어오려는 경향과 (2) 전해질이 몸 바깥으로 빠져나가려는 경향을 보인다는 것이다.

담수 경골어류는 첫 번째 문제의 해결을 위해 물을 마시지 않고 체액보다 저장성의 묽은 오줌을 다량 배설한다. 두 번째 문제는 네프론의 세뇨관을 통해 이온을 재흡수함으로써 해결한다. 또한 아가미 표면을 통해 주변의 물에서 이온들을 혈액으로 능동수송한다(**그림 33.7**, 왼쪽).

해수 경골어류는 전해질은 배출하고 물은 보전해야 한다

대부분의 동물이 바다에서 처음 진화해온 것으로 보이지만, 해수 경골어류는 담수어류 조상으로부터 진화한 것으로 추정된다. 담수에서 바다로 서식처를 옮기면서 몸의 체액이 해수보다 저장액이기 때문에 심각한 문제에 직면하게 되었다. 결국 물은 삼투에 의해 아가미를 통해 빠져나가고, 오줌으로 소실되었다. 물이 계속 손실되는 것을 보상하기 위해 해수어류는 다량의 바닷물을 마신다(**그림 33.7**, 오른쪽)

해수어류가 마시는 바닷물 속의 2가 양이온(주로 Ca^{2+}, Mg^{2+})은 소화관 속에 잔류하다 항문을 통해 배출된다. 그러나 일부는 1가 이온(K^+, Na^+, Cl^-)들처럼 혈액 안으로 흡수된다. 대부분의 1가 이온들은 아가미 표면을 통해 혈액 밖으로 능동수송되며, 혈액 안으로 들어온 2가 이온들은 네프론의 세뇨관으로 분비되어 오줌으로 배출된다. 이런 2가지 방식으로 해수 경골어류가 마신 바닷물로부터 얻은 이온들이 배출된다. 해수어류가 배출하는 오줌은 체액과 등장성으로 담수어류의 오줌보다 고장성이지만, 조류나 포유류의 오줌보다는 저장성이다.

연골어류는 전해질은 배출하고 요소는 보전해야 한다

상어나 가오리 등의 판새류(elasmobranchs)는 연골어류(cartilaginous fish)의 아강에 속한다. 판새류는 해수 환경에 살면서 생기는 삼투문제를 다른 방식으로 해결한다. 판새류는 해수에 비해 저장성의 체액을 가지고 있어 계속적으로 해수를 마시거나 이온들을 능동적으로 배출하는 것 대신에 네프론 세뇨관에서 요소를 재흡수하여 포유류보다 100배나 높은 혈중 요소 농도를 유지한다.

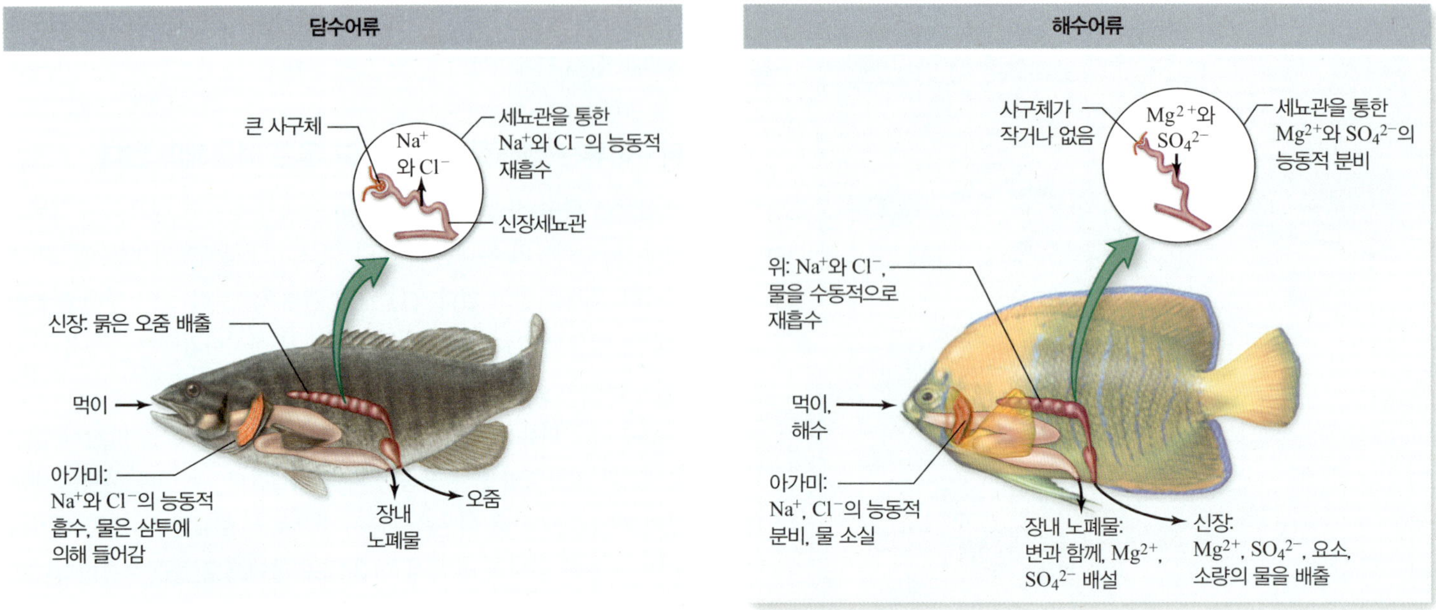

그림 33.7 담수와 해수 경골어류의 삼투 조절.
담수 경골어류의 체액은 주변에 비해 고장성인 반면 해수 경골어류는 바닷물에 비해 저장성이다. 물의 유입과 이온의 손실을 보상하기 위해 담수 경골어류는 묽은 오줌을 배설하고 물을 마시지 않으며, 네프론 세뇨관을 통해 이온들을 재흡수한다. 삼투현상으로 물이 손실되는 것을 보상하기 위해 해수 경골어류는 해수를 마시고, 아가미와 신장의 상피조직을 통해 능동수송으로 과다한 이온들을 배출한다.

이 고농도의 요소는 혈액을 주변 해수와 거의 등장액으로 만들어준다. 등장액 사이에서는 물의 순이동이 일어나지 않기 때문에 물이 소실되지 않는다. 따라서 연골어류는 삼투 평형을 맞추기 위해 해수를 마시거나 아가미나 신장을 통해 다량의 이온들을 배출할 필요가 없다. 연골 어류의 효소와 조직은 높은 요소 농도에 견딜 수 있도록 진화되어 왔다

양서류와 파충류는 주변 환경에 삼투적응을 한다

최초의 육상 척추동물은 양서류이며, 양서류의 신장은 담수어류의 신장과 같다. 양서류는 대부분의 시간을 담수에서 보내고, 뭍에서는 주로 습지에 머물기 때문에 이런 현상은 놀라운 것이 아니다. 양서류는 매우 묽은 오줌을 만들고 피부를 통해 주위의 물에서 Na^+를 능동수송으로 흡수하여 보충한다.

파충류는 다양한 환경에서 서식하는데, 주로 담수에서 사는 것들은 담수어류나 양서류와 비슷한 서식처에 살기 때문에 비슷한 신장을 가지고 있다. 악어, 바다거북, 바다뱀, 바다도마뱀 등의 해양 파충류는 담수에 사는 파충류와 비슷한 신장을 가지고 있지만 이들과는 반대의 문제에 직면하고 있다. 즉, 물이 빠져나가고 염분이 들어오는 문제이다. 해양 파충류는 해수 경골어류처럼 바닷물을 마시고 등장성의 오줌을 배설한다. 해양 파충류는 코나 눈 주위에 있는 염류샘을 통해 여분의 염분을 배출한다.

육상 파충류의 신장은 네프론 세뇨관을 통해 많은 물과 염분을 재흡수하여 건조한 환경에서 혈액량을 유지한다. 어류나 양서류와 마찬가지로 이들도 혈장보다 진한 오줌을 만들지는 않는다. 그러나 실제로는 오줌을 배설하지 않고 소화관과 배설관의 공통 출구인 총배설강(cloaca)으로 보낸 다음, 그곳에서 추가적으로 물을 재흡수하고 노폐물을 변과 함께 배출한다.

포유류와 조류는 농축된 오줌을 배출하고 수분을 보전할 수 있다

포유류와 조류는 체액보다 높은 삼투농도를 가진 오줌을 만들 수 있는 유일한 척추동물이다. 따라서 체내에 더 많은 물을 보유하기 위해 소량의 물과 노폐물을 배출한다.

사람의 신장은 혈장보다 4.2배나 더 높은 농도의 오줌을 만들 수 있지만, 일부 다른 포유동물의 신장은 훨씬 더 효율적으로 물을 보전할 수 있다. 예를 들어, 낙타, 모래쥐, 주머니쥐는 혈장보다 각각 8배, 14배, 22배 높은 오줌을 만들 수 있다. 캥거루쥐의 신장은 매우 효율이 높아 물을 전혀 마시지 않아도 되며, 음식과 세포의 산소호흡에서 나오는 물만으로 필요한 양을 충분히 공급 받는다.

고장성 오줌의 생산은 포유류와 조류에만 있는 네프론의 **헨레고리**(loop of Henle) 부위에서 이루어진다(**그림 33.6**과 **33.11**). 농도의 정도는 헨레고리의 길이에 따라 달라지는데, 대부분의 포유동물은

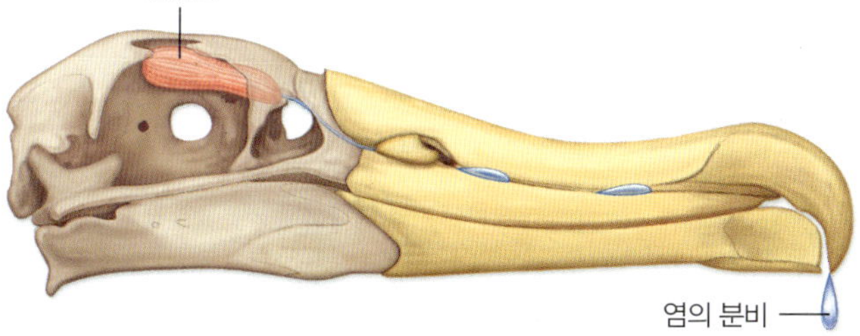

그림 33.8 해양 조류에서 과다한 염의 배출.
해양 조류는 해수를 마시고 과다한 염분은 염류샘을 통해 배출한다. 이 염류샘에서 분비된 매우 짠 용액은 부리 아래로 떨어진다.

짧은 고리를 가진 네프론과 긴 고리를 가진 네프론을 모두 가지고 있다. 그러나 조류는 긴 고리를 가진 네프론이 거의 없기 때문에 포유류만큼 농축된 오줌을 만들지 못하고 기껏해야 혈장보다 2배 정도 농도가 높은 오줌을 만들 수 있다. 해양 조류는 물의 손실을 막기 위해 바닷물을 마시고, 눈 주위에 있는 염류샘을 통해 여분의 염분을 배출한다(**그림 33.8**).

약간 고장성인 조류의 오줌은 소화관에서 온 변과 함께 총배설강에 모이게 되며, 필요시 총배설강의 벽을 따라 여분의 물이 더 흡수되어 반고체의 흰색 배설물의 형태로 배출된다.

핵심 요약 33.4

담수어류의 신장은 많은 양의 매우 묽은 오줌을 배설해야 한다. 해수 경골어류는 바닷물을 마시고 등장성의 오줌을 배설하며, 연골 어류는 요소를 보유하여 물의 손실을 막는다. 포유류와 조류에서는 헨레고리에서 오줌의 물을 재흡수하여 체액보다 고장성의 오줌을 만든다.

- 포유류와 조류는 헨레고리가 있는 네프론을 가지고 있지만 파충류는 가지고 있지 않다. 이러한 차이점은 진화학적 관점으로 어떻게 설명할 수 있을까?

33.5 포유류의 신장

학습 목표

1. 여과, 재흡수 및 분비 과정에 대해 설명할 수 있다.
2. 신장의 주요 구성 요소의 명칭에 대하여 설명할 수 있다.
3. 네프론의 주요 부분에 대해 설명할 수 있다.

사람의 신장은 몸의 뒤쪽 아래에 위치한 주먹만한 크기의 기관으로 신동맥(renal artery)으로부터 혈액을 공급받고, 이 혈액을 이용하여 오줌을 만든다. 오줌은 **요관**(ureter)을 통해 각각의 신장으로부터 흘러나와 **방광**(urinary bladder)으로 전달되며, 방광에서 **요도**(urethra)를 거쳐 몸 밖으로 배출된다(**그림 33.9**).

신장에서 요관의 입구는 깔때기 형태의 구조를 가지는 **신우**(콩팥깔대기, renal pelvis)에 연결되어 있다. 신우는 컵 모양의 공간을 가지고 있어 신장 조직에서 나온 오줌을 받는다. 신장조직은 바깥쪽인 **신피질**(콩팥겉질, renal cortex)과 안쪽인 **신수질**(콩팥속질, renal medu- llar)로 구분된다.

신장은 **그림 33.10**에 요약된 것처럼 3가지 기본적인 기능을 한다.

1. **여과**: 혈액 속의 유체는 세뇨관 시스템(tubule system) 안으로 여과되어 세포와 큰 단백질들만 혈액에 남고, 여과액은 물과 혈액 속 용질들로 구성된다. 이 여과액은 신장의 나머지 부분에 의해 오줌으로 배출된다.
2. **재흡수**: 재흡수는 세뇨관 내에 있는 여과액으로부터 포도당, 아미노산 및 다양한 종류의 무기염류와 같은 중요한 용질을 세포외액으로 보내는 선택적인 이동으로, 이 용질들은 세뇨관주위 모세혈관을 통해 혈류로 다시 돌아간다. 재흡수는 용질에 따라 능동수송이나 수동수송을 이용할 수 있다. 물도 재흡수되며, 물의 재흡수는 물의 손실 정도를 조절해 준다.
3. **분비**: 분비는 혈액에서 세포외액으로의 용질의 이동으로, 분비된 물질은 세뇨관 시스템 내의 여과액으로 들어가게 된다. 체내 물질을 유지하는 재흡수와는 달리 분비는 체외로 배출되는 것으로, 이를 통해 독성 물질을 제거할 수 있다.

네프론은 신장의 여과 단위이다

현미경적 수준에서 볼 때, 각각의 신장은 기능을 하는 **네프론**(nephrons)을 약 100만 개 정도 가진다. 포유류의 신장은 수질 내부로 깊게 들어간 긴 고리를 가지는 **수질인접 네프론**(juxtamedullary nephron)과 짧은 고리를 가지는 **피질 네프론**(cortical nephron)이 있으며, 고리의 길이가 가지는 중요성은 뒤에서 알아본다.

여과액의 생성

각 네프론은 긴 세뇨관과 작은 혈관들로 구성되어 있다(**그림 33.11**). 혈액은 **구심성 세동맥**(afferent arteriole)을 따라 흘러서 피질에 있는 모세혈관 다발인 **사구체**(glomerulus)로 들어간다. 여기에서

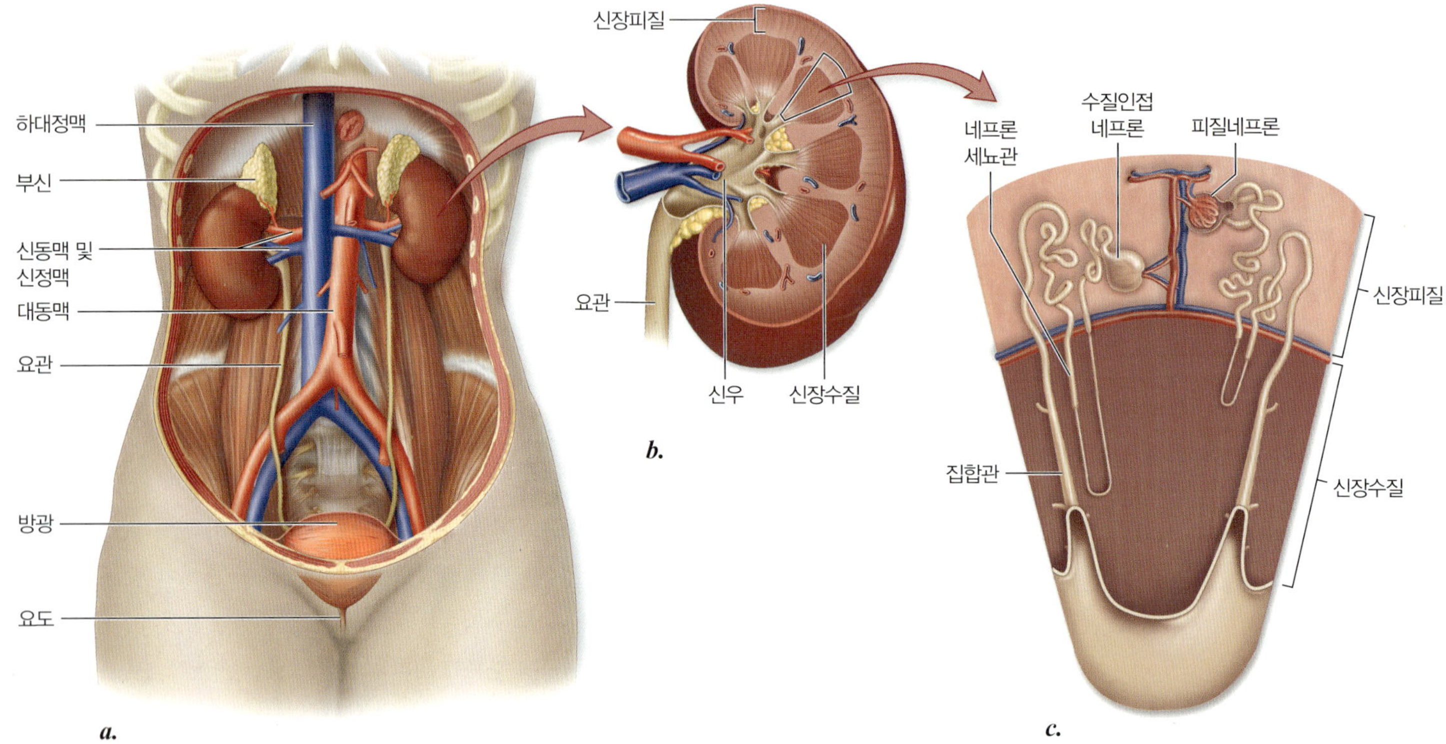

그림 33.9 사람의 신장.
a. 비뇨계의 각 기관의 위치. *b.* 내부 구조를 보여주는 신장의 단면. *c.* 포유류 신장에서 네프론의 위치. 피질 네프론은 주로 신장의 피질에 위치하며, 수질인접 네프론은 신장 수질 안으로 깊게 뻗어 있는 긴 고리를 가지고 있다.

혈압에 의해 혈액이 다공성 모세혈관 벽을 통과하여 여과된다. 혈구 세포와 혈장 단백질들은 크기가 너무 커서 이 사구체 여과액으로 들어갈 수 없지만, 물과 용존 분자들로 구성된 혈장의 대부분은 이 단계에서 혈관계를 떠나게 된다. 이 여과액은 바로 네프론 세뇨관의 가장 앞부분인 **보먼주머니**(Bowman's capsule)로 들어간다. 보먼주머니는 마치 손을 감싸고 있는 크고 부드러운 풍선처럼 사구체를 감싸고 있으며, 좁은 구멍을 가지고 있어 사구체 여과액이 네프론 세뇨관 시스템으로 들어갈 수 있다.

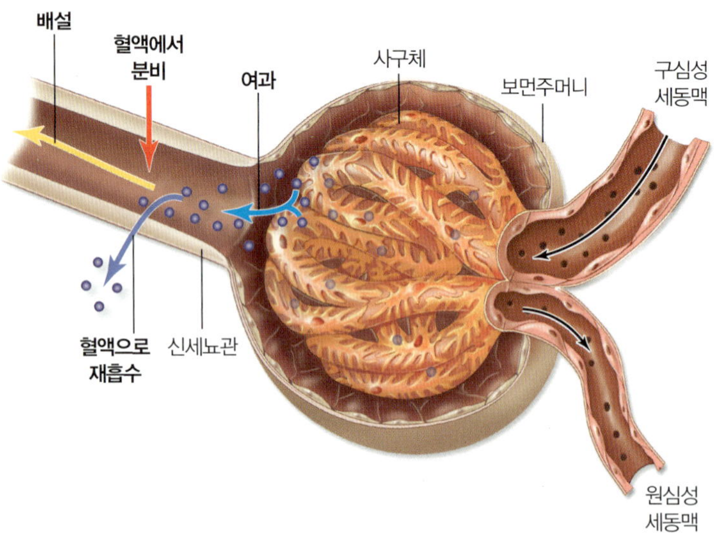

그림 33.10 신장의 3가지 기능.
분자들은 사구체로부터 여과되거나 세뇨관주위 모세혈관에서 세뇨관으로 분비되어 오줌으로 들어간다. 여과액으로 들어간 분자들은 세뇨관주위 모세혈관으로 재흡수되어 다시 혈액으로 되돌아갈 수 있다. 신장을 나간 오줌은 요관을 통해 방광으로 가서 우리 몸에서 배출된다.

사구체 바깥으로, 여과되지 않은 혈액 구성 성분들은 **원심성 세동맥**(efferent arteriole)을 따라 흘러 세뇨관을 둘러싸고 있는 **세뇨관주위 모세혈관**(peritubular capillaries)으로 들어가게 된다. 이것은 2개의 모세혈관이 연속적으로 있는 신체 내의 여러 장소들 중 하나일 뿐이다. 수질인접 네프론에서 원심성 세동맥과 세뇨관주위 모세혈관은 헨레고리를 둘러싸는 모세혈관인 **수질모세혈관**(vasa recta capillaries)으로 흘러 들어간다. 뒤에서 설명하겠지만 세뇨관주위 모세혈관은 재흡수와 분비작용을 위해 필요하다.

여과액은 보먼주머니로 들어간 후 피질에 존재하는 네프론의 일부인 **근위세뇨관**(proximal convoluted tubule)으로 들어간다. 피질 네프론에서 유체는 **헨레고리**(loop of Henle)를 따라 흐르는데, 헨레고리는 수질 안으로 조금 내려갔다가(하행) 피질 쪽으로 올라온다(상행). 수질인접 네프론에서는 헨레고리가 수질 안으로 더 깊게 들

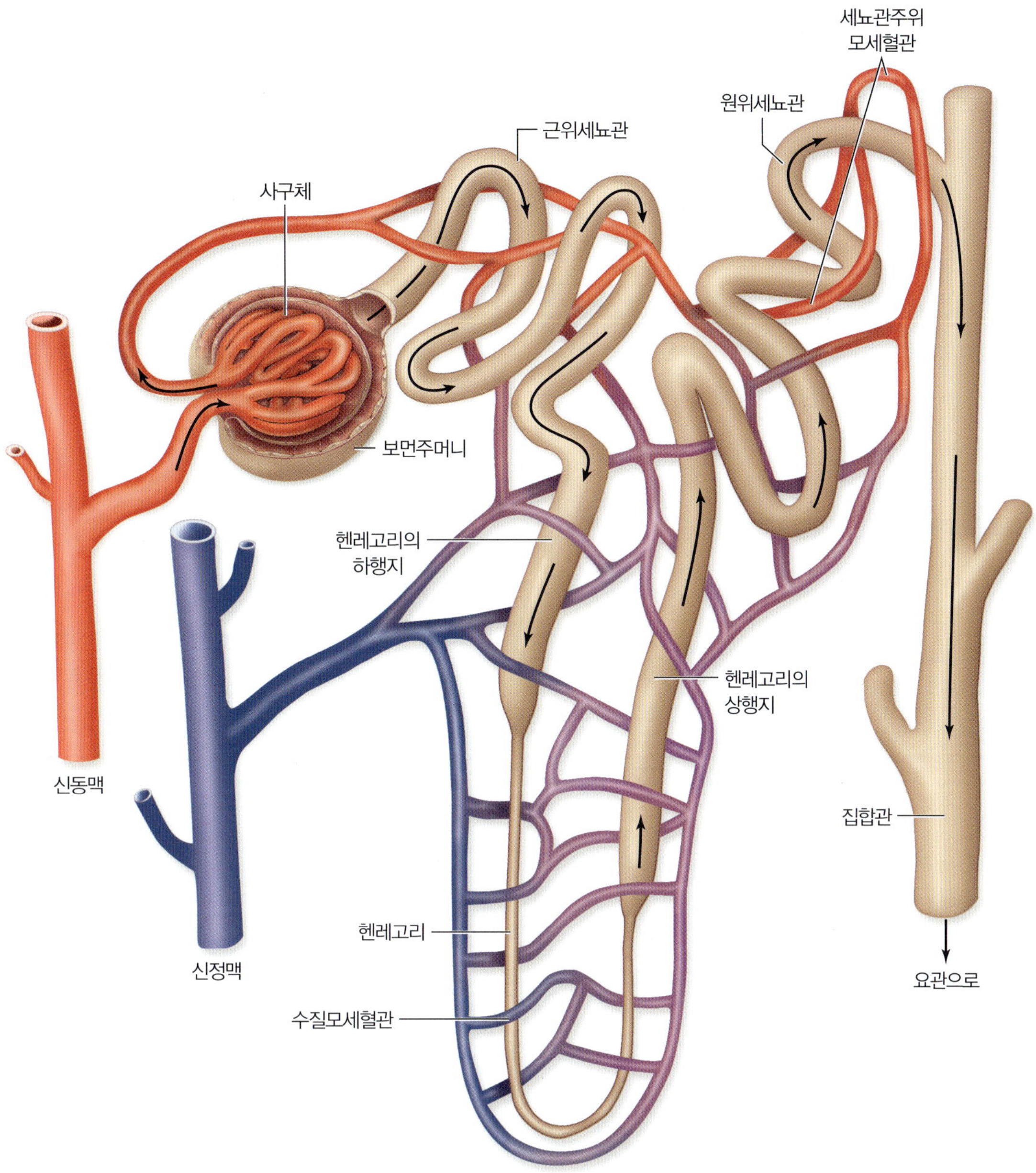

그림 33.11 포유류 신장의 네프론. 네프론 세뇨관은 피질에서 세뇨관주위 모세혈관에 의해 둘러싸여 있으며, 수질모세혈관은 수질에서 헨레고리를 둘러싸고 있다. 이 모세혈관계는 여과액으로부터 재흡수된 분자와 이온을 운반한다.

어갔다가 피질쪽으로 다시 올라온다. 피질 네프론에서보다 수질인접 네프론에서 더 많은 물이 재흡수될 수 있다. 유체는 헨레고리를 통해 수질 깊은 곳까지 이동하며, 다시 피질로 상행한다. 앞서 설명한 것처럼 포유류와 조류의 신장만 헨레고리를 가지고 있기 때문에 조류와 포유류에서만 오줌이 농축될 수 있다.

오줌의 집적

헨레고리를 지난 여과액은 피질에 있는 **원위세뇨관**(distal convoluted tubule)으로 들어가고, 이어서 **집합관**(collecting duct)으로 흘러 들어간다. 집합관은 다시 수질로 내려가고, 여기서 다른 집합관들과 합쳐져 오줌을 신우로 보내게 된다.

물, 일부 영양분 및 이온은 재흡수되며 다른 분자는 분비된다

사구체로 들어가 여과된 물과 용질의 대부분은 재흡수를 통해 다시 혈액으로 돌아가야 한다. 그렇지 않으면 동물이 오줌을 배출하는 것은 말 그대로 죽음으로 향하는 길이 될 것이다. 그 실례로 사람에서는 매일 약 2000 L의 혈액이 신장을 통과하는데, 180 L의 물이 혈액을 떠나 사구체 여과액으로 들어간다.

물

사람은 약 5 L 정도의 혈액을 가지고 있으며, 하루에 약 1~2 L의 오줌을 생산하기 때문에 혈액은 하루에도 몇 번씩 여과되고, 여과액의 대부분은 재흡수되어야 한다. 물은 근위세뇨관에서 여과액으로부터 재흡수되며, 헨레고리의 하행 부분과 집합관을 통과하면서 재흡수된다. 집합관에서의 선택적인 재흡수는 헨레고리에 의해 만들어진 삼투농도차에 의해 일어난다.

포도당과 기타 영양분

체내에 필요한 포도당, 아미노산, 그 외 다른 분자들의 재흡수는 능동수송(active transport)과 2차 능동수송(공동수송)에 의해 일어난다. 모든 운반체-매개 수송(carrier-mediated transport)에서처럼 매개체가 포화되었을 때 최대 수송률에 도달하게 된다(4장 참조).

근위세뇨관에서 포도당 수송체의 경우 혈액 내(나중에는 사구체 여과액에서) 혈당치가 약 180 mg/100 mL가 되는 경우 포화된다. 혈당이 이 양을 초과하게 되면, 치료를 받지 않은 당뇨병 환자에서처럼 여과액에 남아 있는 포도당은 오줌으로 배출된다. 실제로 오줌에 포도당이 존재하면 당뇨병으로 진단된다.

노폐물의 분비

이물질과 체내 특정 노폐물은 모세혈관과 신장 세뇨관 막을 통과해 여과액으로 분비된다. 이 과정은 재흡수와 비슷하지만 반대 방향으로 진행된다.

일부 분비된 분자들은 신장을 한 번 통과하는 사이에 혈액에서 빠르게 빠져나가 오줌으로 배출된다. 네프론에서 분비되는 이런 빠른 배출은 왜 매일 많은 양으로 페니실린을 반복 투여해야 하는지에 대한 설명이 된다.

독소와 과다한 이온의 배출은 항상성을 유지해준다

신장의 주된 기능은 동물이 먹고 마시는 것들 중 독성이 있는 물질들을 제거해 주는 것이다. 더욱이 33.2절에서 살펴본 것처럼 오줌에는 질소 노폐물이 있는데, 이것은 아미노산과 핵산의 이화작용에 의한 산물이다. 또한 오줌에는 과다한 K^+, H^+ 그리고 혈액으로부터 제거된 여러 이온들도 존재한다.

일반적으로 오줌의 높은 H^+ 농도(pH 5~7)로 인해 혈액의 산-염기 평형이 좁은 범위(pH 7.35~7.45)에서 유지된다. 또한 오줌에서 물의 배출은 혈액량과 혈압을 유지하는 데 기여하는데(32장 참조), 배설되는 오줌의 양이 많을수록 혈액량은 적어진다.

신장 기능의 목적은 내부 환경을 일정하게 유지해 주는 항상성의 유지이다. 질병으로 인해 신장 기능에 장애가 생기면, 혈액 내 질소 노폐물의 농도가 증가하고, 전해질과 산-염기 평형이 교란되며, 혈압 조절에 이상이 생긴다. 이러한 잠재적인 치명적 변화로 인해 인체 생리학적인 측면에서 신장의 중요성이 강조된다.

포유류의 네프론의 각 부위는 특수한 수송 기능을 수행한다

앞서 살펴본 것처럼 약 180 L의 등장성 사구체 여과액이 매일 사람 신장의 보먼주머니로 들어간다. 네프론 세뇨관을 지난 다음 여과액은 혈액으로 다시 재흡수되지 않으면 180 L의 오줌으로 배출되는데, 이는 사실상 불가능하다. 물은 오직 삼투에 의해서만 세포막을 지날 수 있으며, 삼투는 두 등장액 사이에서는 일어나지 않기 때문에, 물의 재흡수를 위해 사구체 여과액과 혈액 사이에 삼투 기울기를 형성하는 일련의 과정이 필요하다.

근위세뇨관

여과액에 있는 거의 대부분의 영양분은 근위세뇨관을 통해 다시 혈액으로 재흡수된다. 그리고 보먼주머니로 여과된 물과 NaCl의 약 2/3가 근위세뇨관 벽을 통해 바로 재흡수된다.

이 재흡수는 여과액으로부터 세뇨관주위 모세혈관으로 Na^+의 능동수송에 의해 일어난다. Cl^-는 전기적 인력에 의해 Na^+를 따라 수동적으로 이동하고, 물은 삼투압 때문에 이 둘 모두를 따라 이동한다. 여과액으로부터 NaCl과 물이 비례적으로 제거되기 때문에, 세뇨관에 남아 있는 여과액은 여전히 혈장과 등장액이 된다.

NaCl과 물의 초기 재흡수 이후 네프론 세뇨관에는 초기 여과액의 1/3만 남게 되지만 여과액은 아직도 많은 양(원래 여과액 180 L 중의 60 L)이다. 이렇게 많은 오줌을 배출하는 동물은 없으며, 따라서 남은 물의 대부분은 재흡수되어야만 하고, 주로 집합관의 벽을 통해 재흡수된다.

헨레고리

헨레고리의 기능은 피질과 수질 사이에 더 큰 삼투 기울기를 형성하는 것이다. 삼투 기울기는 집합관에서 삼투에 의해 물이 재흡수되도록 해준다. 헨레고리의 상행지와 하행지는 서로 구조적으로 다르며 이온들과 물에 대한 투과성도 다르다. 이로 인해 피질과 수질 사이에 더 큰 삼투 기울기가 만들어진다(**그림 33.12**). 헨레고리의 구조는 역류계(25장 참조)의 또 다른 예가 되는데, 이것은 조직액의 삼투농도가 증가되도록 해준다. 헨레고리의 기능을 이해하기 위해서 헨레고리의 상행지부터 살펴본다.

1. 전반적으로 상행지는 물을 통과시키지 않는다. 상행지의 두꺼운 부분은 세뇨관 밖으로 Na^+를 능동수송하고, Cl^-는 이를 따라 수동적으로 이동한다. 상행지의 얇은 부분은 Na^+와 Cl^- 모두를 통과시킨다.
2. 하행지는 얇으며 물은 통과시키지만, NaCl은 통과시키지 않는다. 상행지로부터 나온 Na^+와 Cl^- 때문에 조직액의 삼투농도는

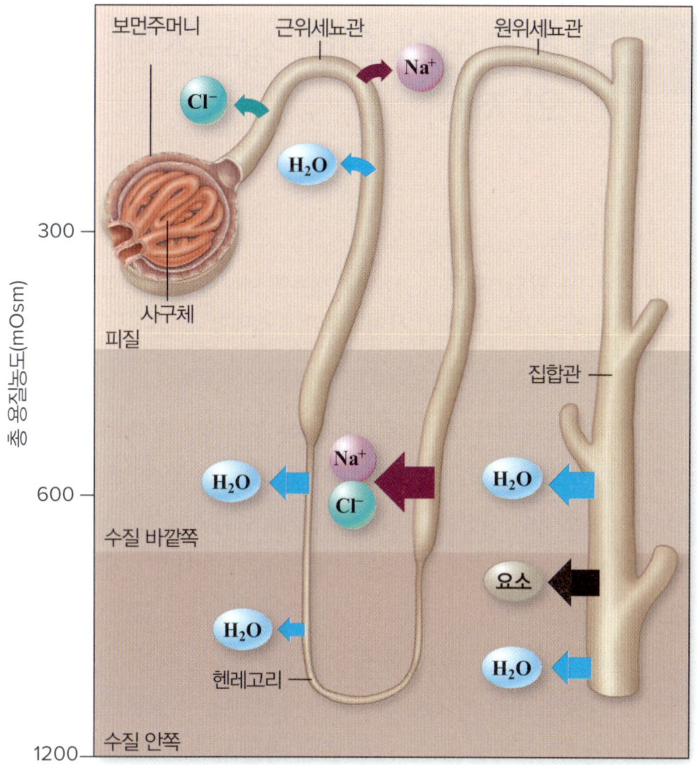

그림 33.12 포유류 신장에서 염과 물의 재흡수.
근위세뇨관의 밖으로 Na^+의 능동수송이 일어나면서 Cl^-와 물도 수동적으로 이동하게 된다. 헨레고리의 상행지에서 NaCl이 능동적으로 배출되면서 헨레고리의 하행지와 집합관에서 물의 재흡수를 위해 필요한 삼투 기울기가 만들어진다. 헨레고리의 상행지와 하행지는 삼투 기울기를 증가시키는 역류증폭계를 형성한다. 신장의 피질에서 수질까지의 삼투농도의 변화는 그림의 왼쪽에 수치로 표시하였다.

하행지 내부의 삼투농도보다 높기 때문에 물은 삼투압에 의해 하행지에서 빠져나간다. 따라서 헨레고리가 바닥을 돌아 올라오면 세뇨관 안의 삼투농도가 증가되기 때문에 상행지의 얇은 부분에서는 확산에 의해 NaCl이 빠져나간다.

3. 상행지에서 Na^+의 능동수송과 이에 따른 Cl^-의 수동 이동이 일어남으로써 주변 조직의 삼투농도가 높아지므로 하행지에서의 물의 소실이 더욱 촉진되어 하행지 내 여과액의 농도는 고리를 내려갈수록 더욱 높아진다. 헨레고리의 길이가 길면 길수록 상행지와 하행지가 서로 상호작용하는 구간은 길어지며, 결국 여과액의 농도는 더 높아진다. 사람의 신장에서 헨레고리로 들어가는 사구체액의 농도는 300 mOsm(밀리오스몰)이며, 이 농도는 신장 수질 안쪽의 헨레고리의 가장 긴 지역의 바닥 부분에서 1200 mOsm 이상으로 증가한다.
4. 헨레고리의 상행지에서 빠져나온 NaCl은 주변의 조직액에서 수질모세혈관으로 재흡수되며, 그 결과 NaCl은 수질에서 빠져나가는 혈액에서 수질로 들어오는 혈액으로 확산될 수 있다. 수질모세혈관도 역류 교환의 기능을 하는데, 이는 앞서 살펴본 바와 같이 몸체가 큰 수중 척추동물의 지느러미에서 나타나는 열 교환을 위한 혈액의 역류(25장 참조)와 산소 교환을 증가시키기 위해 아가미에서 나타나는 물과 혈액의 역류(31장 참조)와 비슷하다고 볼 수 있다. 수질모세혈관의 경우, 이러한 교환은 모세혈관을 통한 혈액의 흐름에 의해 헨레고리에 의해 형성된 삼투 기울기가 파괴되지 않도록 해주기 때문에, 선택적으로 물을 재흡수하는 집합관의 능력에 아무런 영향을 미치지 않는다.

헨레고리의 상행지와 하행지에서는 여과액이 반대 방향으로 흐르기 때문에, 고장성의 신장 수질을 형성하는 헨레고리의 작용을 역류증폭계라고 한다. 이를 통해 형성된 삼투 기울기는 세뇨관 시스템에서 밖으로 빠져나온 염의 능동수송에 의해 생성되는 것보다 더 크다. 이 시스템은 확산에 의해 삼투 기울기가 파괴되는 것을 방지하고 지속적으로 염을 수질로 보낸다.

신장 수질의 높은 염 농도는 주로 역류증폭계에 의한 NaCl 축적의 결과라고 볼 수 있지만, 요소 또한 수질의 총 삼투농도에 영향을 준다. 헨레고리의 하행지와 집합관은 둘 다 요소를 통과시킬 수 있으며, 이것은 확산에 의해 네프론에서 빠져나간다.

원위세뇨관과 집합관

NaCl이 상행지에서 빠져나오기 때문에 원위세뇨관에 도달해서 신장 피질에 있는 집합관으로 들어가는 여과액은 농도가 100 mOsm에 불과한 저장액이 되며, 이 묽은 용액이 들어 있는 집합관은 수질 안으로 빠르게 내려간다. 신장 수질의 고장성 조직액 때문에 생기는 차이가 큰 삼투 기울기에 의해서 물은 집합관에서 빠져나와 주변의 혈관으로 들어가게 된다.

삼투 기울기는 보통 일정하게 유지되지만 원위세뇨관과 집합관에서의 물의 투과성은 항이뇨호르몬(antidiuretic hormone, ADH)에 의해 조절된다(28장, 32장 참조). 동물이 물을 보전할 필요가 있을 때 뇌하수체 후엽에서 더 많은 ADH를 분비하며, 이 호르몬은 집합관의 원형질막에 존재하는 물 통로(aquaporin)의 수를 증가시켜 준다. 이는 집합관에서 물의 투과성을 높여주기 때문에, 많은 물을 재흡수시키고 적게 배출시켜 더 고장성의 오줌을 배출하게 한다.

신장은 수분의 평형 조절 이외에도 재흡수와 분비를 통해 혈액 내 전해질의 균형을 조절한다. 예를 들어, 신장은 근위세뇨관에서 K^+를 재흡수하고 원위세뇨관에서 항상성을 유지하는 데 필요한 양만큼 K^+를 분비한다(**그림 33.13**). 또한 신장은 오줌으로 H^+를 배출하고 HCO_3^-를 재흡수해서 산-염기 평형을 유지한다.

원위세뇨관과 집합관에서 NaCl의 재흡수는 우리 몸의 필요에 따라 결정되며, 이는 호르몬인 **알도스테론**(aldosterone)의 조절을 받

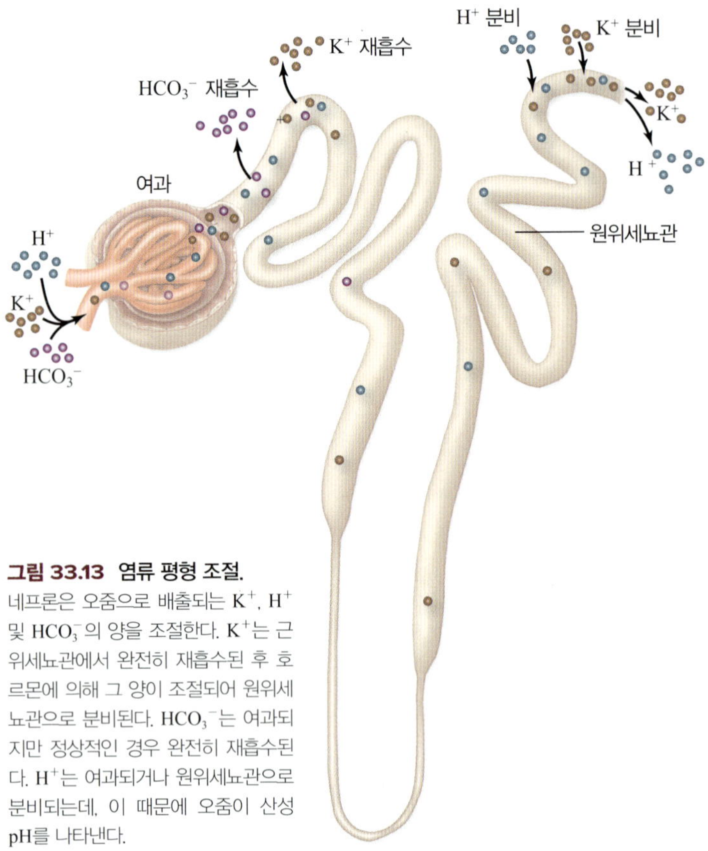

그림 33.13 염류 평형 조절. 네프론은 오줌으로 배출되는 K^+, H^+ 및 HCO_3^-의 양을 조절한다. K^+는 근위세뇨관에서 완전히 재흡수된 후 호르몬에 의해 그 양이 조절되어 원위세뇨관으로 분비된다. HCO_3^-는 여과되지만 정상적인 경우 완전히 재흡수된다. H^+는 여과되거나 원위세뇨관으로 분비되는데, 이 때문에 오줌이 산성 pH를 나타낸다.

는다. NaCl에 관해서는 알도스테론이 더 중요하지만, ADH와 알도스테론 모두 원위세뇨관과 집합관에 영향을 준다. 다음 절에서는 배설에 영향을 주는 호르몬 조절에 대해 더 자세히 알아본다.

핵심 요약 33.5

액체 성분과 일부의 염은 혈액에서 빠져나와 여과(수동) 또는 분비(수송)를 통해 신장의 세뇨관 시스템 안으로 이동한다. 이때 중요한 염분과 물은 재흡수를 통해 다시 혈액으로 되돌아간다. 포유류의 신장은 수질과 피질로 구분되며, 약 100만 개의 네프론으로 구성되어 있다. 네프론은 사구체, 보먼주머니, 근위세뇨관, 헨레고리, 원위세뇨관 및 집합관으로 구성되어 있다.

- 만니톨(mannitol)이라는 화합물은 여과는 되지만 재흡수되지는 않는다. 이것이 오줌 생성량에는 어떤 영향을 줄까?

33.6 호르몬에 의한 삼투조절 기능의 제어

학습 목표

1. ADH, 알도스테론 및 ANH의 작용에 대해 설명할 수 있다.
2. 혈액의 삼투압과 혈압 사이의 관계를 설명할 수 있다.

포유류와 조류에서 오줌으로 분비되는 물의 양, 즉 오줌의 농도는 우리 몸의 변화하는 요구에 따라 다양해진다. 앞으로 이 기작에 대해서 설명하겠지만, 신장은 우리 몸이 물을 보전해야 할 필요가 있을 때 고장성 오줌을 배출한다. 동물이 물을 많이 마시면 신장은 저장성 오줌을 배출한다.

그 결과 혈액의 양, 혈압 및 혈장의 삼투농도는 아무리 많은 물을 마셔도 신장에 의해 비교적 일정하게 유지된다. 신장은 혈장의 K^+와 Na^+ 농도, 혈액의 pH를 매우 좁은 범위 내에서 조절해준다. 신장의 이와 같은 항상성 기능은 주로 호르몬에 의해 조절된다.

항이뇨호르몬은 수분을 보전한다

항이뇨호르몬(antidiuretic hormone, ADH)은 시상하부에서 생성되어 뇌하수체 후엽에서 분비된다. 혈장의 삼투농도가 증가하면 ADH가 분비된다. 사람이 탈수 상태가 되거나 짠 음식을 먹었을 때 혈장의 삼투농도는 증가한다. 시상하부에 있는 삼투수용기는 증가된 활동전위를 통합 중추로 보냄으로써 증가한 혈액 삼투농도에 반응해, 결국 이는 갈증을 느끼게 하고 ADH의 분비를 증가시켜 준다(**그림 33.14**).

ADH는 신장의 원위세뇨관과 집합관 벽이 물을 더 잘 투과시킬 수 있도록 만든다. 아쿠아포린(aquaporin)이라는 물 수송 통로 단백질(4장 참조)은 원위세뇨관과 집합관의 상피에 있는 세포내 소낭의 막에 존재하는데, ADH는 세포외배출과 비슷하게 세포막과 소낭 막의 융합이 활발히 일어나도록 해준다. 세포막에 위치하는 아쿠아포린은 신장 수질의 고장성 상태에 반응하여 세뇨관 바깥으로 물이 빠져나가도록 해주며, 이 물은 혈액으로 재흡수된다.

ADH의 분비가 감소하면, 세포막의 아쿠아포린은 떨어져 나와 새 세포소낭을 형성한다. 이 작용에 의해 원위세뇨관과 집합관의 세포막에서 아쿠아포린은 제거되며, 이로 인해 이들의 물에 대한 투과성은 낮아지기 때문에 더 많은 물이 오줌으로 배출된다.

ADH가 최대로 분비될 때 사람은 하루에 매우 농축된 오줌 약

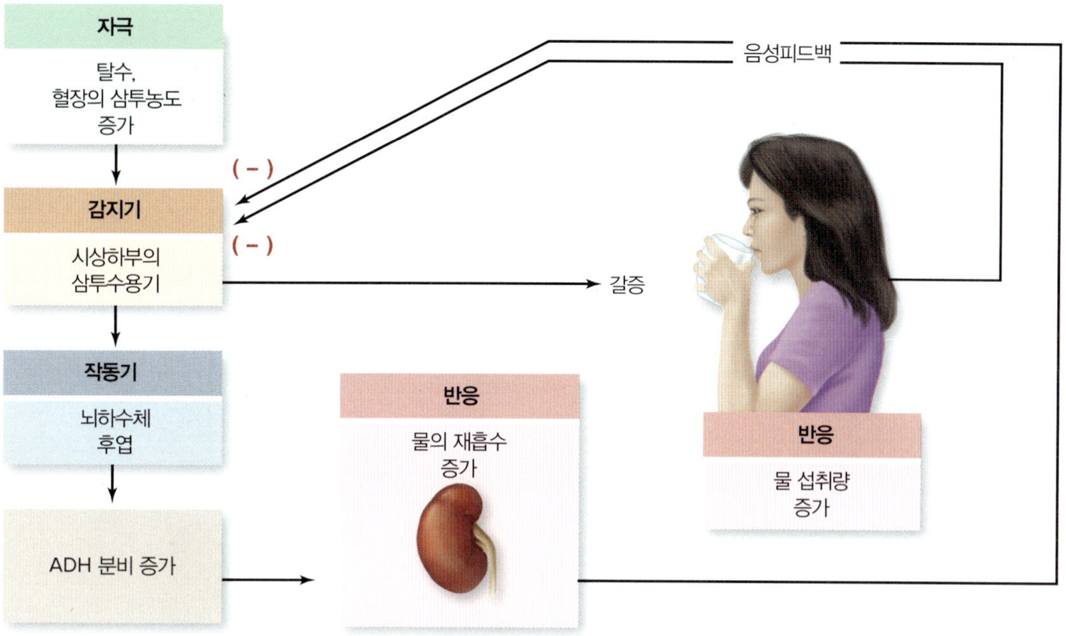

그림 33.14 항이뇨호르몬에 의한 신장에서의 물의 재흡수 촉진. 이 작용은 음성피드백 작용을 따르며, 이는 혈류량과 삼투농도의 항상성을 유지하는 데 도움을 준다.

600 mL를 배출한다. 뇌하수체의 손상으로 ADH가 부족한 사람은 **요붕증**(diabetes insipidus)을 겪으면서 매우 희석된 오줌을 다량으로 끊임없이 배출한다. 이런 사람은 매우 심각한 탈수 증세를 겪을 위험이 높으며, 혈압이 위험한 수준으로 떨어지게 된다.

ADH 작용을 통한 항상성은 ADH의 분비를 억제하는 일반적인 약물인 에탄올(ethanol)과 카페인(caffeine)에 의해서도 영향을 받는다. 이것이 과음에 의해 탈수 증세가 나타나는 이유가 된다.

알도스테론과 심방나트륨이뇨호르몬은 Na^+ 농도를 조절한다

Na^+이 혈장의 주된 용질이기 때문에, 혈중 Na^+의 농도가 낮아지면 혈액의 삼투농도 또한 낮아진다. 이와 같은 삼투농도의 감소는 ADH의 분비를 억제하여 이로 인해 집합관에 많은 물이 남게 되어 오줌으로 배출된다. 그 결과 혈액의 양과 혈압은 감소하게 된다.

세포 밖 Na^+의 감소는 삼투에 의해 세포로 더 많은 물이 이동하도록 하는데, 이것이 부분적으로 혈장 삼투농도의 감소를 상쇄시켜주지만 혈류량과 혈압은 더 감소시킨다. Na^+가 과도하게 부족해지면 혈류량이 너무 낮아져 혈압이 생명을 유지하기에 부족한 상태가 된다. 이러한 이유로 염은 생명을 유지하는 데 중요하다. 많은 동물들은 염분 결핍을 겪고 있으며, 마치 사슴이 소금 덩어리를 찾아 핥는 것처럼 적극적으로 염분을 찾으려 한다.

혈중 Na^+ 농도의 감소는 부신 피질에서 분비되는 **알도스테론**(aldosterone)의 영향으로 신장에 의해 정상적으로 보상된다. 알도스테론은 원위세뇨관과 집합관에서 Na^+를 재흡수할 수 있도록 자극하여 오줌으로 배출되는 Na^+의 양을 감소시킨다. 실제로 알도스테론이 최대로 분비되는 상태에서는 Na^+가 오줌으로 거의 배출되지 않는다. Na^+의 재흡수에 이어 Cl^-와 물도 재흡수되기 때문에 알도스테론은 염분과 물의 유지를 촉진시키는 효과를 가진다. 이를 통해 알도스테론은 혈류량과 삼투농도, 그리고 혈압의 유지를 돕는다.

혈중 Na^+ 농도의 감소에 반응하여 발생하는 알도스테론의 분비는 간접적이다. 혈중 Na^+ 감소는 혈류량의 감소를 동반하기 때문에, 사구체인접장치(juxtaglomerular apparatus)라고 부르는 세포 집단을 지나는 혈액의 흐름도 줄어들게 된다. 사구체인접장치는 신장에서 원위세뇨관과 구심성 세동맥 사이에 위치한다(**그림 33.15**).

혈류가 감소되면 사구체인접장치는 **레닌**(renin)이라는 효소를 혈중으로 분비한다(**그림 33.16**). 레닌은 안지오텐시노겐(angiotensinogen) 단백질로부터 폴리펩타이드인 안지오텐신 I(angiotensin I)의 생성을 촉매하며, 안지오텐신 I은 다른 효소에 의해 안지오텐신 II (angiotensin II)로 바뀌는데, 이것은 혈관을 수축시키고 부신 피질로부터 알도스테론이 분비되도록 자극한다. 따라서 혈류량과 혈압의 항상성은 위와 같이 레닌-안지오텐신-알도스테론 시스템의 활성화에 의해 유지될 수 있다. 또한 알도스테론은 Na^+의 재흡수를 자극하면서, 원위세뇨관과 집합관으로의 K^+ 분비를 촉진하기도 한다. 결과적으로 알도스테론은 혈중 K^+의 농도를 감소시켜, 섭취하는 음식에 의해 변화하는 K^+의 양에 대응하여 혈중 K^+ 농도를 일정하게 유지할 수 있도록 도와준다. 알도스테론을 생성할 수 없는 사람들은 오줌을 통한 염분과 물의 과다손실과 함께 혈중 K^+의 증가 때문에 죽음에 이를 수도 있다.

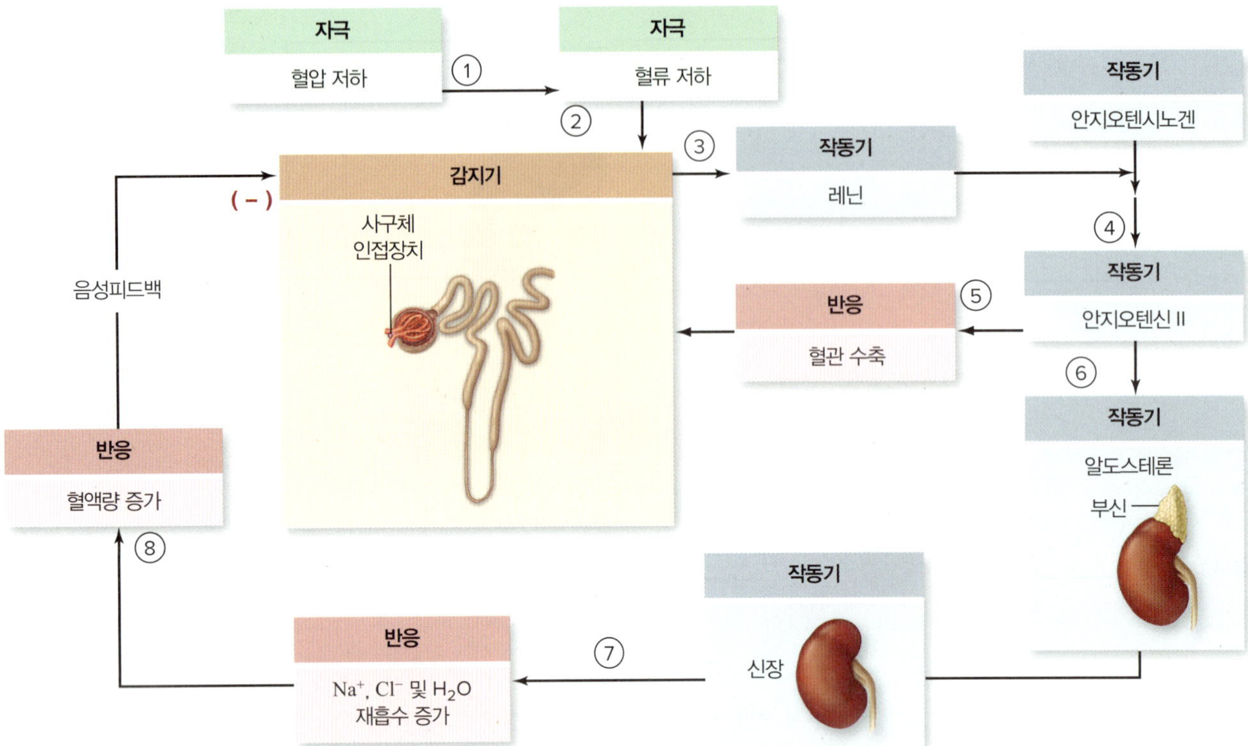

그림 33.15 혈액량 감소에 의한 레닌-안지오텐신-알도스테론 시스템의 활성화.
(1) 낮은 혈류량과 혈중 Na^+ 농도의 감소는 혈압을 낮추어준다. (2) 감소된 혈류는 사구체인접장치를 지나며, (3) 이는 안지오텐시노겐으로부터 안지오텐신 I으로의 생산을 촉매하는 레닌을 혈액으로 분비하도록 촉진한다. (4) 안지오텐신 I은 활성화 형태인 안지오텐신 II로 전환된다. (5) 안지노텐신 II는 혈관 수축을 촉진하며, (6) 부신 피질에서 알도스테론의 분비를 촉진한다. (7) 알도스테론은 원위세뇨관에서의 Na^+의 재흡수를 촉진시킨다. Na^+의 재흡수가 증가하면 그에 따라 Cl^-과 물의 재흡수가 일어난다. (8) 이것은 혈액량을 증가시킨다. 혈액량의 증가는 알도스테론의 분비를 억제하는 심방나트륨이뇨호르몬의 분비를 촉진한다. 위와 같은 두 시스템이 항상성을 유지하기 위해 함께 작용한다.

그림 33.16 신장으로 가는 혈류의 감소에 의한 고혈압 유발.

과학적 사고

질문: 죽상경화증(atherosclerosis)과 혈압 증가 사이에는 어떤 관계가 있을까?

가설: 신동맥 내의 경화성 혈전 축적은 신장으로 가는 혈류를 감소시키고, 그 결과 여과압이 감소할 것이다. 이 시스템은 혈압이 증가되는 반응을 할 것이다.

예측: 신동맥으로 가는 혈류가 감소하면 이것은 신동맥의 플라그의 축적과 비슷한 효과를 나타낼 것이며, 혈압의 상승을 야기할 것이다.

실험: 혈류를 제한하기 위해 신동맥을 클램프로 고정시키기 전, 클램프를 했을 때, 클램프를 제거한 뒤의 혈압을 측정한다.

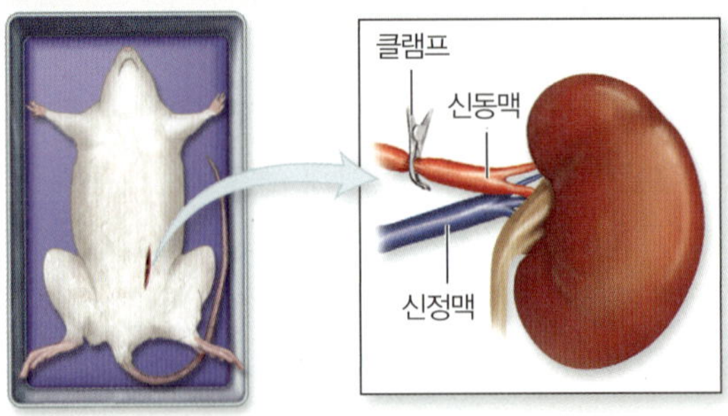

결과: 신동맥을 클램프로 고정시키면 혈압은 증가한다. 증가한 혈압은 클램프를 풀어주면 다시 낮아진다.

결론: 신장으로 가는 혈류를 제한하면 항상성 유지 반응에 따라 혈압이 증가한다.

추가 실험: 혈압의 증가가 레닌-안지오텐신 시스템과 관련이 있다면, 이 단백질들의 양과 기능적인 측면에서 어떤 변화를 예상할 수 있을까?

염과 물의 보전을 촉진하는 알도스테론은 32장에서 다루었던 다른 호르몬인 **심방나트륨이뇨호르몬**(atrial natriuretic hormone, ANH)과 반대로 작용한다. 심장의 우심방에서 분비되는 이 호르몬은 심방을 팽팽하게 만드는 혈류량의 증가에 반응하여 분비된다. 이런 상태에서는 부신 피질에서 분비되는 알도스테론은 감소하며, ANH의 분비는 증가하기 때문에 오줌을 통한 염과 물의 배출은 증가하고 혈액량은 감소하게 된다.

핵심 요약 33.6

ADH는 원위세뇨관과 집합관 세포에 아쿠아포린이 삽입될 수 있도록 자극하여 물의 투과성을 증가시켜 물의 재흡수를 증가시킨다. 알도스테론은 원위세뇨관과 집합관에 작용하여 Na^+, Cl^- 및 물의 재흡수를 촉진시키며 세뇨관으로 K^+의 분비를 증가시킨다. ANH는 Na^+와 Cl^-의 재흡수를 감소시킨다. 혈중 삼투농도가 증가하면 ADH의 분비에 의해 더 많은 물을 보전하게 되며 혈압이 증가하게 된다. 반대로 혈중 삼투농도가 감소하면 ADH 분비는 억제되고, 물의 보전도 감소하며, 혈압 역시 감소하게 된다.

- 물 수송 통로인 아쿠아포린의 기능을 억제하는 화합물의 효과는 무엇일까?

핵심 개념 요약

33.1 삼투농도와 삼투평형

■ 삼투압은 농도 차이의 척도이다

삼투압은 삼투에 의해 물을 흡수하려는 용액의 성질이다. 삼투농도는 용액 1 L 당 용질의 몰수이다. 고장액에 세포를 담그면 물을 잃고, 저장성 용액에 세포를 담그면 물을 얻는다. 등장액에서 세포는 평형을 이룬다.

■ 삼투순응자는 해양 환경에 서식한다

삼투순응자들은 주변 환경과 삼투 평형을 이루고 있다. 대부분의 해양 무척추동물은 삼투순응형 동물이다.

■ 삼투조절자는 체내 삼투압을 조절한다

담수 척추동물의 조직은 주위 환경에 비해 고장성이며 해양 척추동물의 조직은 저장성이기 때문에, 이들은 모두 삼투농도를 유지해야 한다. 육상 척추동물은 모두 삼투조절자이며 물을 보전하기 위한 적응력을 가지고 있다.

33.2 질소 노폐물: 암모니아, 요소, 요산

■ 암모니아는 독성이 있기에 빠르게 제거되어야 한다

동물이 아미노산과 핵산을 대사할 때 유독한 질소 노폐물을 만든다(**그림 33.2**). 어류와 양서류에서는 풍부한 물이 그들의 체내에서 암모니아를 빠르게 내보내며, 이들은 아가미를 통해 제거된다.

■ 요소와 요산은 독성이 적지만, 용해도에 차이가 있다

포유류는 암모니아를 독성이 적은 요소로 전환시킨다. 요소는 물을 적게 필요로 하지만, 요소로 전환시키기 위해서는 에너지가 필요하다. 조류와 육상 파충류는 암모니아를 요산으로 전환시킨다. 요산은 독성이 가장 적고 제거하는 데에 필요한 물이 가장 적지만 에너지가 가장 많이 필요하다.

33.3 삼투조절 기관

■ 무척추동물은 특수한 세포와 세관들을 이용한다

편형동물은 체내에서 물을 배출하기 위해 불꽃 세포와 연결된 관형의 원신관을 이용한다(**그림 33.3**). 다른 무척추동물은 여과와 재흡수를 위해 그들 몸의 안과 바깥쪽으로 모두 신관을 개방한다(**그림 33.4**).

■ 곤충은 독특한 삼투조절 기관을 가지고 있다

곤충은 요산과 노폐물을 말피기관을 통해 배설기관으로 분비하며, 물과 염분은 배설하기 전에 흡수한다(**그림 33.5**)

■ 척추동물의 신장은 여과와 재흡수를 한다

척추동물의 신장은 여과와 분비, 물과 중요한 염분의 선택적인 재흡수 과정을 통해 오줌을 만든다.

33.4 척추동물 신장의 진화

신장은 피질과 수질, 체액을 조절하는 네프론이라는 수천 개의 단위들로 구성되어 있다(**그림 33.6**).

■ 담수어류는 전해질은 보전하고 수분은 배출해야 한다

담수어류는 묽은 저장성의 오줌을 대량 배출하고 이온을 재흡수함으로써 고장성을 유지한다(**그림 33.7**).

■ 해수 경골어류는 전해질은 배출하고 물은 보전해야 한다

해수어류는 많은 양의 바닷물을 마시고 이온들은 아가미를 통해 능동수송함으로써 저장성을 유지한다. 그들의 오줌은 혈액과 등장성이다.

■ 연골어류는 전해질은 배출하고 요소는 보전해야 한다

연골어류는 요소를 보전하며 전해질을 능동적으로 밖으로 배출하기 때문에 주변 환경과 등장액이다. 이들은 등장성 오줌을 만든다.

■ 양서류와 파충류는 주변 환경에 삼투적응을 한다

담수 양서류나 파충류의 신장은 담수어류의 신장처럼 작용하며, 해양 파충류의 신장은 해수 경골어류처럼 작용한다. 육상 파충류는 고장성 오줌을 만들 수 없다.

■ 포유류와 조류는 농축된 오줌을 배출하고 수분을 보전할 수 있다

포유류와 조류는 고장성의 오줌을 배설하고 물을 보전할 수 있다. 오줌의 농도는 헨레고리의 길이에 따라 달라진다.

33.5 포유류의 신장

■ 네프론은 신장의 여과 단위이다

혈액은 혈압에 의해 사구체의 모세혈관을 통해 여과된다. 여과액은 보먼주머니, 근위세뇨관, 헨레고리, 원위세뇨관 및 집합관을 통과한다(**그림 33.11**) 혈액은 사구체의 구심성 세동맥에서 시작해 원심성 세동맥, 세뇨관주위 모세혈관, 수질모세혈관까지 전달된다.

■ 물, 일부 영양분 및 이온은 재흡수되며 다른 분자는 분비된다

포도당, 아미노산 및 많은 다른 분자들은 능동수송에 의해 재흡수된다. 물은 근위세뇨관과 집합관에서 삼투적으로 재흡수된다. 이물질과 일부 노폐물은 모세혈관에서 세뇨관 쪽으로 능동수송을 통해 분비된다.

■ 독소와 과다한 이온의 배출은 항상성을 유지해준다

신장은 질소 노폐물과 과다한 이온 및 독소를 포함한 많은 해로운 물질들을 제거하기 때문에 항상성에 중요하다.

■ 포유류의 네프론의 각 부위는 특수한 수송 기능을 수행한다

영양소와 NaCl의 재흡수는 근위세뇨관에서 일어난다. 헨레고리는 피질에서 수질로 가면서 삼투농도를 증가시켜 농도 기울기를 만든다. 농도 기울기는 집합관에서 물을 선택적으로 재흡수할 수 있도록 한다. 헨레고리가 길수록 더 농축된 오줌을 만든다(**그림 33.12**).

33.6 호르몬에 의한 삼투조절 기능의 제어

■ 항이뇨호르몬은 수분을 보전한다

시상하부에서 생성되는 ADH는 집합관의 투과도를 증가시켜(**그림 33.14**) 물의 재흡수를 증가시킨다.

■ 알도스테론과 심방나트륨이뇨호르몬은 Na^+ 농도를 조절한다

낮은 Na^+ 농도는 ADH 분비를 억제하고, 알도스테론은 원위세뇨관에서 Na^+의 재흡수를 촉진시킨다. ANH는 알도스테론과 반대로 작용한다.

연습문제

■ 1단계: 이해력 확인하기

1. 척추동물에서 농도가 일정하게 유지되지 않는 이온은 다음 중 무엇인가?
   a. Cl^-　　b. Na^+
   c. Ca^{2+}　　d. F^-
2. 말피기관의 여과 능력에 대한 실험을 진행하려고 할 때 다음 중 연구할 생물은 무엇인가?
   a. 개미　　b. 조류
   c. 포유류　　d. 지렁이
3. 상어의 혈액은 주위의 바닷물에 대해 등장성이다. 혈액에서 무엇이 재흡수되기 때문인가?
   a. 암모니아　　b. 요산
   c. 요소　　d. NaCl
4. 배설기관의 중요한 기능은 물질대사 과정에 의해 생산된 여분의 질소를 제거하는 것이다. 다음 생물 중 질소를 가장 효율적으로 배출하는 것은 무엇인가?
   a. 개구리　　b. 담수어류
   c. 이구아나　　d. 낙타
5. 신장의 기능은 무엇인가?
   a. 신장은 신체로부터 유해한 물질을 제거한다.
   b. 신장은 신체가 물을 이용할 수 있도록 보전한다.
   c. 신장은 혈액에서 염의 농도를 조절한다.
   d. a, b, c 모두 맞다.
6. 사람은 질소 노폐물을 어떤 형태로 배출하는가?
   a. 요산 결정체
   b. 단백질을 포함한 화합물
   c. 암모니아
   d. 요소
7. 삼투조절자는 체액의 농도를 주변 환경에 비해 어떻게 되도록 유지하는가?
   a. 등장성
   b. 고장성
   c. 저장성
   d. 고장성, 저장성 또는 등장성

■ 2단계: 적용력 평가하기

1. 무척추동물과 척추동물의 배설기관을 비교해 볼 때, 어떤 결론을 내릴 수 있는가?

   a. 둘 다 체액을 여과하고 물과 용질을 재흡수한다.
   b. 둘 다 여과하는 과정으로 세뇨관계를 이용한다.
   c. 둘 다 삼투 평형을 조절하기 위해 이온과 물을 재흡수한다.
   d. 척추동물만 체액을 여과하여 물과 이온을 재흡수한다.

2. 어떤 바이러스에 감염될 때, 사구체를 통해 여과된 체액으로부터 이온의 재흡수가 억제된다면, 이 바이러스는 어디에 있는 세포를 공격하겠는가?

   a. 보먼주머니 b. 사구체
   c. 세뇨관 d. 집합관

3. 이뇨제는 오줌 생산량을 증가시킴으로써 고혈압 치료에 사용되는 약물이다. 이뇨제의 신장에서의 작용 기작은 무엇이겠는가?

   a. ADH 분비를 증가시킴
   b. 헨레고리나 근위세뇨관에서 NaCl의 재흡수를 억제시킴
   c. 집합관의 투과도를 증가시킴
   d. 근위세뇨관에서 NaCl의 재흡수를 증가시킴

4. 카페인은 ADH 분비를 억제한다. 시험을 보기 전에 많은 양의 커피를 마셨다면 시험을 보는 동안 어떤 일이 일어나겠는가?

   a. 집합관에서 재흡수되는 물의 양이 증가한다.
   b. 집합관에서 재흡수되는 물의 양이 감소한다.
   c. 근위세뇨관에서 포도당의 재흡수가 증가한다.
   d. 근위세뇨관에서 포도당의 재흡수가 감소한다.

5. 혈압이 떨어질 때 Na^+의 재흡수를 조절하는 경로를 그리고자 한다. 다음의 일들이 일어난 순서로 옳은 것은 무엇인가?

   1. 알도스테론이 분비된다.
   2. 신장의 세뇨관에서 Na^+를 재흡수한다.
   3. 레닌이 분비된다.
   4. 사구체인접장치가 혈압이 떨어지는 것을 인식한다.
   5. 안지오텐신 II가 생성된다.

   a. 1, 3, 5, 2, 4 b. 4, 2, 3, 1, 5
   c. 4, 3, 5, 1, 2 d. 2, 4, 3, 1, 5

6. 아주 다른 환경에서 발견되는 서로 다른 종의 포유류에서 신장의 기능을 연구하기 위하여 사막에서 온 종과 열대환경에서 온 종을 비교하고 있다. 사막에서 온 종은 어떨 것으로 생각되는가?

   a. 열대에서 온 것보다 헨레고리가 더 짧다.
   b. 열대에서 온 것보다 헨레고리가 더 길다.
   c. 열대에서 온 것보다 근위세뇨관이 더 짧다.
   d. 열대에서 온 것보다 원위세뇨관이 더 길다.

■ 3단계: 사고력 함양하기

1. 다음 호르몬이 작용하는 네프론의 부위를 말하고, 그 호르몬이 언제, 어떻게 작용하는지 설명하시오.

   a. 항이뇨호르몬(antidiuretic hormone)
   b. 알도스테론(aldosterone)
   c. 심방나트륨이뇨호르몬(atrial natriuretic hormone)

2. 의사가 혈액순환 상태 때문에 어떤 환자의 신장이 제대로 작용하지 못한다고 생각한다. 의사는 신장을 통과하는 혈류량(신장 혈류 속도)이 정상범위인지 측정하고자 한다. 다음의 정보를 이용하여 정상적인 신장 혈류 속도를 계산하시오.

   환자의 체중은 90 kg이다. 정상 총혈액량은 80 mL/kg이고, 정상적인 심장은 1분당 한 번 꼴로 총 혈액을 박출한다(심박출량). 또한 정상적인 신장 혈류 속도는 심박출량의 21%라고 추정한다.

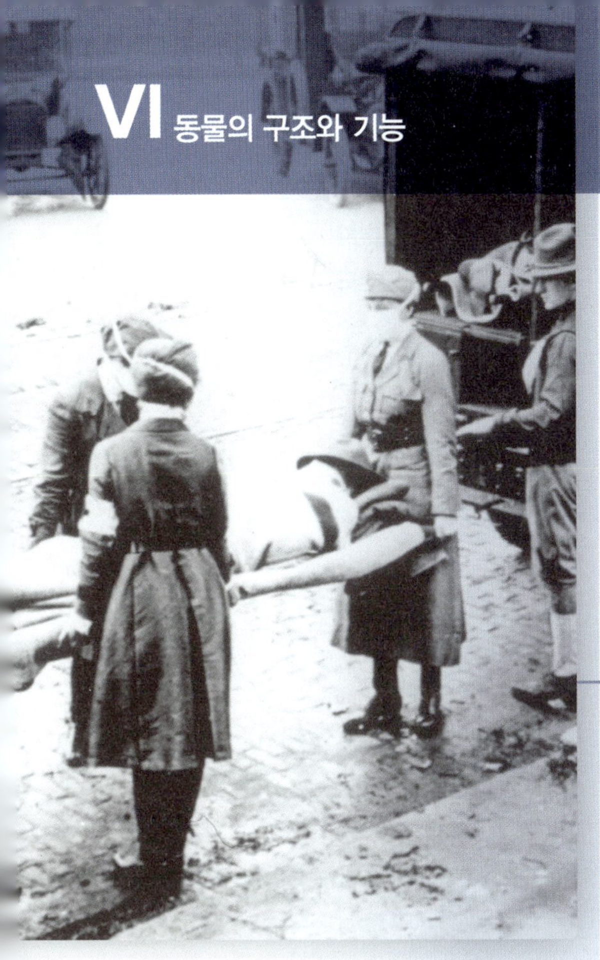

34

면역계

도입

인체는 자신의 몸에 있는 세포 수보다 10배 많은 세균을 가지고 있다. 미생물 대부분은 유익하지만, 인체가 나쁜 세균에 대항하여 자신을 지키는 것은 중요하다. 인체는 또한 환경에 존재하는 다양한 병원체로부터 끊임없이 도전을 받는다. 인체는 다양한 종류의 효과적인 방어 수단을 진화시켜 왔기 때문에 미생물이 범람하는 환경에서도 생존하고 번성할 수 있었다. 방어 수단은 또한 비정상적인 인체 세포도 통제할 수 있다. 이런 방어 수단이 작동하지 않을 때 일어나는 결과가 사진에 나와 있다. 1918년 독감의 세계적 유행(pandemic)으로 약 5000만 명 이상이 사망하였다.

34.1 선천성 면역

학습 목표

1. 선천성 면역과 적응성 면역을 구분할 수 있다.
2. 선천성 면역이 병원체를 인식하는 방법을 설명할 수 있다.
3. 염증반응을 서술할 수 있다.

오랫동안 미생물 침입에 대한 척추동물의 반응은 특이적 방어와 비특이적 방어로 구분됐다. 현재는 이러한 구분이 너무 단순할 뿐만 아니라 면역체계를 정확히 규정하지 못하는 것으로 본다. 지금은 선천성 면역과 적응성 면역의 2가지로 구성된 통합된 반응으로 본다. 면역체계 기능의 핵심은 비자기(nonself) 세포와 자기(self) 세포를 구별하는 능력이고, 두 종류의 면역이 이를 전혀 다른 방식으로 수행한다.

선천성 면역은 그람 음성(gram-negative)균의 지질다당류와 같은 특정 병원체에 보존된 특이적 분자를 인식한다. 보존된 단백질에 결합하는 수용체 단백질은 적응 면역의 유전자 재배열과 같은 방식으로 만들어지지는 않지만 침입한 병원체를 인식한다. 선천성 면역의 특징은 감염 부위로 세포를 신속히 불러들여 병원체에 맞서는 수용성 항미생물(antimicrobial) 단백질을 사용한다는 것이다.

선천성 면역은 진화적으로 오래되었으며, 몇몇 단백질은 최근 자포동물에서 발견되었다. 앞으로 설명할 보체계는 투구게(horseshoe crab)에서 발견되어 보체계가 이전에 생각한 것보다 오래되었음이 밝혀졌다. 이는 다른 선구동물에서 보체가 없는 것은 소실로 인한 것임을 암시한다. 이를 종합하면 모든 좌우대칭동물(bilaterian)의 조상은 선천성 면역을 갖추었음을 암시한다.

적응성 면역은 유전자 재배열의 특징을 갖는데, 사실상 침입하는 모든 병원체를 구별할 수 있는 다양한 분자를 만들 수 있다. 이것이 바로 침입하는 병원체에 대해 늦지만 매우 특이적인 반응을 일으키고, 2차 반응에서 신속한 반응을 일으키는 백신 접종의 기반이 된다. 이번 장에서는 선천성 면역과 적응성 면역이 어떻게 연관되었는지를 논의한다. 먼저 체내로 접근하기 위해서 병원체가 넘어야 할 장벽에 대해 알아본다.

피부는 감염에 대한 장벽이다

인체의 가장 큰 기관인 피부는 성인 몸무게의 15%를 차지한다. 피부는 거의 침투 불가능한 물리 장벽을 제공할 뿐만 아니라 화학 무기로 표면을 방어한다. 피지샘과 땀샘은 피부 표면을 pH 3~5로 만들어 많은 병원성 미생물의 생장을 저해한다. 땀에는 또한 라이소자임이라는 효소가 있어 세균의 세포벽을 분해한다. 표피세포 또한 다양한 항미생물 펩타이드를 생산한다.

피부에는 또한 많은 상재균총(normal flora), 비병원성 세균, 곰팡이가 있는데, 이들은 인체의 다양한 피부 환경에 적응해 있다. 피부에 정착하려고 하는 병원성 세균은 일반적으로 상재균총과 경쟁하지 못한다. 피부의 표피는 약 10~30개의 세포 두께로, 종이 한 장의 두께 정도이다. 바깥층 세포는 신체 활동으로 받은 마찰과 스트레스로 벗겨지고, 손상되고, 닳는다. 세포는 끊임없이 탈락하여 표피 가장 안쪽 층에서 생겨난 새로운 세포로 대체된다.

점막 상피 표면 또한 병원체의 침입을 막는다

피부 외에도 미생물과 바이러스에 의한 침투가 가능한 소화관, 호흡관, 비뇨생식관이 보호되어야 한다. 이 관들은 외부 환경에 노출되어 있다. 각각의 관들은 상피세포로 싸여 있고 피부처럼 끊임없이 교체된다.

상피세포 사이에 존재하는 특화된 세포에 의해 분비되어 형성된 점액층은 모든 상피 표면을 덮고 있다. 병원체는 점액층에 갇히고 각 관에서 독특한 메커니즘으로 제거된다.

음식에 존재하는 미생물 대부분은 침(라이소자임), 위의 높은 산성도, 창자의 소화 효소에 의해 죽는다. 더욱이 위장관에는 다양한 비병원성 상재균총이 있어 병원성 침입자의 생장을 억제한다. 비병원성 생물은 병원체를 압도할 뿐만 아니라 해로운 병원체를 제거하는 물질을 분비한다.

흡입된 공기에 포함된 미생물은 생장에 유리한 덥고 습한 폐에 도착하기 전에 작은 기관지와 기관세지에 있는 점액에 갇힌다. 이 경로를 덮고 있는 상피세포의 섬모는 끊임없이 목구멍 쪽으로 점액을 쓸어낸다. 점액이 삼켜지면 폐 밖으로 나온 침입자는 소화관으로 넘겨진다. 흡연이 해로운 이유 중 하나는 니코틴이 호흡계의 섬모를 마비시켜 호흡 경로의 자체 정화가 이루어지지 않는다는 것이다.

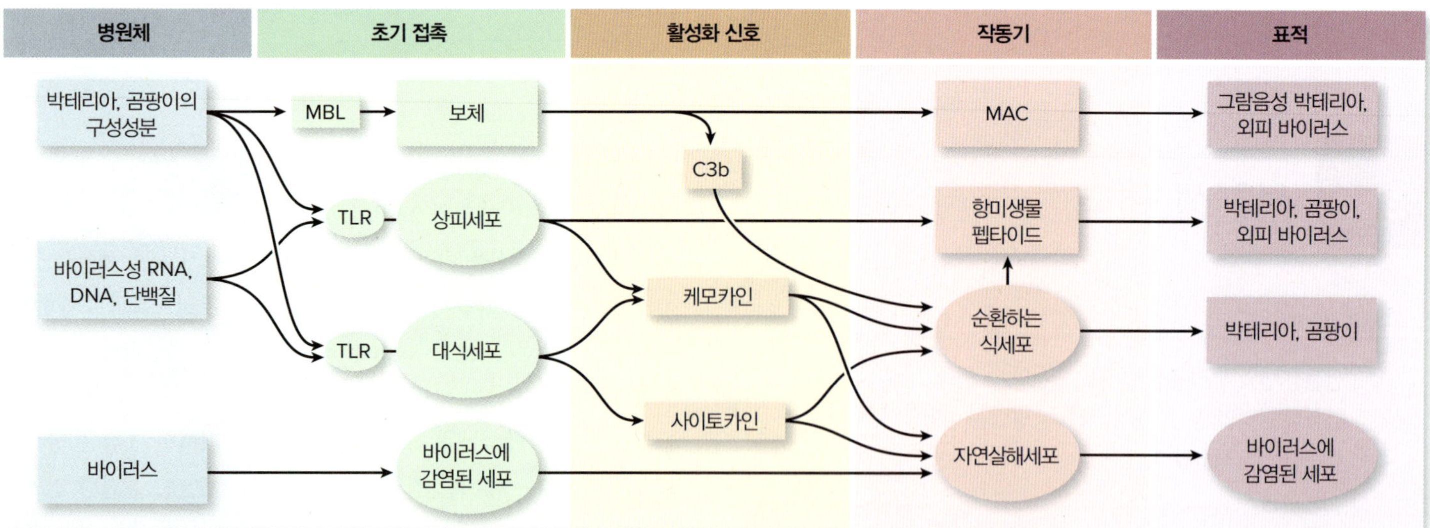

그림 34.1 선천성 면역의 개요.
병원체는 막에 결합한 Toll 유사수용체(TLR) 또는 수용성 만노스 결합 렉틴(MBL) 수용체에 결합하는 분자를 가진다. 이로 인해 식세포를 유인하는 사이토카인과 케모카인, 항미생물 펩타이드, 보체 경로의 막공격복합체(membrane attack complex, MAC)의 생산과 자연살해세포(NK 세포)의 활성화를 일으킨다.

질 분비액(vaginal secretion)은 끈적끈적한 산성으로 상재균총의 생장을 촉진하여 외부 침입을 억제한다. 남성과 여성 모두에서 산성의 오줌은 요관(urinary tract)에서 잠재적 병원체를 끊임없이 제거한다. 병원체 침입에 대한 이런 물리적, 화학적 방어체계 외에도 인체는 구토, 설사, 기침, 재채기 같은 방어 메커니즘을 이용해 잠재적 병원체를 물리친다.

선천성 면역은 병원체 유형에 따른 특징적인 분자를 인식한다

선천성 면역은 수용성 인자와 다양한 혈액 세포가 관여하는 병원체 침입에 대한 반응이다. 이 반응은 병원체에 존재하는 특정 분자에 대한 인식으로 시작한다. 이 분자는 한 그룹의 병원체에서 특징적인 병원체 연관분자패턴(pathogen-associated molecular patterns, PAMP)으로 불린다. 예로는 그람음성균 세포벽의 지질다당류(LPS), 세균 세포벽의 펩타이도글리칸, 바이러스 DNA와 RNA가 있다. 이들 분자 각각에 결합하는 여러 가지 수용체 단백질이 있다. 일부 수용체는 수용성 단백질이고, 일부 수용체는 혈액 세포 표면의 막 단백질이다.

Toll 유사수용체

척추동물의 선천성 면역에 관여하는 수용체 일부는 계통분류상 널리 분포한다. 자세히 다룰 것 중 하나는 Toll 수용체로 초파리에서 처음 발견되었다. Toll 유사수용체(Toll-like receptor, TLR)는 모든 좌우대칭동물에서 발견되며, 선구동물과 후구동물의 분기 이전에 나타났다. 초파리에서 Toll은 등–배 형성(dorsal-ventral patterning)에 관여하며, 곰팡이 감염에 대한 반응도 매개한다.

TLR의 수는 계통마다 다양하다. 후구동물 중에는 극피동물에 많은데 200개 이상이고, 척추동물에는 10개 뿐이다. 선구동물 중에는 연체동물과 선충류에서 각각 1개이고, 환형동물에서는 100개 이상이다. 몇몇 계통에서 TLR이 선택적으로 많은 이유는 명확하지 않다. 척추동물에서 TLR은 크고 통합된 면역반응 일부로 진화해 왔다.

TLR은 다양한 백혈구에서 발견되는 막 수용체로 특이적 PAMP에 결합한다. 알려진 표적으로는 그람음성 LPS, 세균 지질단백질, 세균 펩타이도글리칸 절편, 효모 세포벽 성분, 세균 DNA의 메틸화되지 않은 CpG 모티프와 바이러스 RNA가 있다. 이들은 진화의 오랜 기간 척추동물을 감염해온 여러 병원체를 포함한다.

TLR의 결합 부위는 수용체마다 다른 모양으로 접히는 류신 풍부 반복배열(leucine-rich repeat) 때문에 형성된다. 이로써 각각 다른 분자를 인식하는 다양한 결합 부위가 만들어진다. PAMP는 한 종류의 병원체에서는 공유되지만 다른 종류와는 구분되는 특성이 있어서, 수용체 하나는 한 무리의 병원체를 인식할 수 있다. 예를 들어, LPS를 인식하는 TLR은 그람음성균 대부분을 인식할 수 있다.

과학적 사고

가설: 디펜신 펩타이드(defensin peptide)는 바이러스에 대항하는 활성을 가진다.
예상: 시험관 내에서 인간 호중구 디펜신-1(human neutrophil defensin 1, HNP-1)과 함께 배양된 바이러스는 감염력이 감소될 것이다.
실험: 여러 바이러스들을 HNP-1과 함께 배양하여 mL당 플라크 형성 단위(plaque-forming unit, PFU/mL)로 표현되는 표준 감염성 측정법을 이용하여 검증한다.

바이러스	1 mL당 PFU 평균 감소값(log_{10})		
	25 μg/mL	50 μg/mL	100 μg/mL
단순포진 바이러스-1	2	2.9	3
단순포진 바이러스-2	0.8	1.2	2
수포성구내염 바이러스	0.4	0.7	0.9
인플루엔자 바이러스	0.4	0.5	0.7
거대세포 바이러스	−0.02	0.09	0.3

결과: HNP-1은 표에 나타난 것과 같이 다양한 바이러스에 대항하는 활성을 가진다.
결론: HNP-1은 여러 외피 바이러스에서 감염을 낮추는 활성을 가지며, 효과는 바이러스마다 차이가 있다.
추가 실험: 이러한 활성의 메커니즘은 어떻게 이루어지는 것일까?

그림 34.2 바이러스에 대한 디펜신의 활성.

선천성 면역계의 수용체가 활성화되면 선천성 면역과 적응성 면역의 반응을 모두 촉진하는 신호전달체계를 작동하여 선천성 면역과 적응성 면역을 연결한다. 이런 반응에는 염증반응, 항미생물 펩타이드의 생산, 면역세포를 유인하는 사이토카인의 생산이 있다. 이 모두가 감염에 대한 선천성 면역반응을 구성한다.

세포질 수용체

Toll과 TLR 단백질의 발견 이후 세포질에 존재하는 또 다른 수용체가 발견되었다. 이들 내부 수용체 또한 독특한 병원체 분자에 결합하고 식세포작용으로 세포질에 침입한 병원체를 인식한다. 이들 수용체는 또한 바이러스 RNA에 대해서도 반응한다.

수용성 수용체

수용성 수용체는 혈청에 존재하여 순환하며 특이적 병원체 분자에 반응하는데, 세균의 세포벽에서 발견되는 만노스(mannose)에 결합하는 렉틴(lectin)이 그 예이다. 만노스 결합 렉틴(mannose-binding lectin, MBL) 단백질은 나중에 살펴볼 보체계의 활성화에 중요하다.

선천성 면역은 병원체에 대해 다양한 반응을 유도한다

TLR 같은 선천성 면역 수용체가 병원체를 인식하면 조율된 반응을 유도하는 신호전달체계(7장 참조)가 작동한다. 이에는 신호 분자의 분비, 항미생물 펩타이드의 생산, 보체 활성화가 있다. **그림 34.1**에 이 반응을 간단히 표현하였다. 항미생물 펩타이드는 피부에서 일반적으로 발견되는 것과 유사하다. 작동 방식이 다른 몇 종류의 펩타이드가 존재한다. 잘 연구된 것 중 하나가 디펜신(defensin)이다. 디펜신의 시스테인은 병원체 표면의 양전하를 띤 아미노산과 상호작용하여 그람음성균의 외막에 결합하여 막을 파괴하고 식세포작용을 촉진한다. 이러한 작용들은 또한 외피를 가진 바이러스에 대해서도 효과적이다(**그림 34.2**). 이 반응으로 유도된 항미생물 효소 라이소자임도 세균의 세포벽을 분해한다.

인체 방어의 중요한 역할을 하는 선천성 면역으로 유도되는 또 다른 단백질은 **인터페론**(interferon)이다. 분비되는 인터페론은 다양한 기능을 갖는 중요한 신호 분자이다. 2종류의 인터페론(1형과 2형)은 각각 수용체가 달라 서로 다른 신호전달체계를 활성화한다. 1형 인터페론은 바이러스가 세포를 감염할 때 주변의 감염되지 않은 정상세포를 보호하는 신호전달자로 기능한다. 바이러스는 여전히 주변 세포로 침투할 수 있지만, 인터페론은 RNA 분해를 유도하여 세포의 단백질 합성을 억제한다. 이로써 세포는 죽게 되지만, 바이러스의 합성과 전파 또한 억제된다.

2형 인터페론, 즉 사람의 감마 인터페론(IFN-γ)은 T 림프구(34.2절에서 설명)와 자연살해세포 같은 특정 백혈구에서만 생산된다. IFN-γ의 분비는 감염과 암에 대한 면역 방어의 일부이다.

비특이적 방어 분자 외에도, 선천성 면역의 활성화는 나중에 따로 설명할 정도로 중요한 2가지 반응인 염증반응의 활성화와 보체계의 활성화로 연결된다. TLR과 내부 수용체로부터의 신호는 다양한 종류의 사이토카인과 신호 조절 분자의 분비를 일으킨다. 이는 비특이적 포식세포를 유인하고, 염증을 유발하며, 적응 면역체계에 신호를 보낸다.

식세포는 선천성 면역과 관련이 있다

가장 중요한 선천성 방어에는 침입한 병원체를 비특이적으로 죽이는 세포가 있다. 이들은 일종의 백혈구로, 인체를 순환하며 조직 내 병원체를 공격한다(혈액과 혈액 세포에 대해서는 32장 참조). 3종류의 백혈구가 알려져 있으며, 각각 다른 방식으로 침입한 미생물을 죽인다.

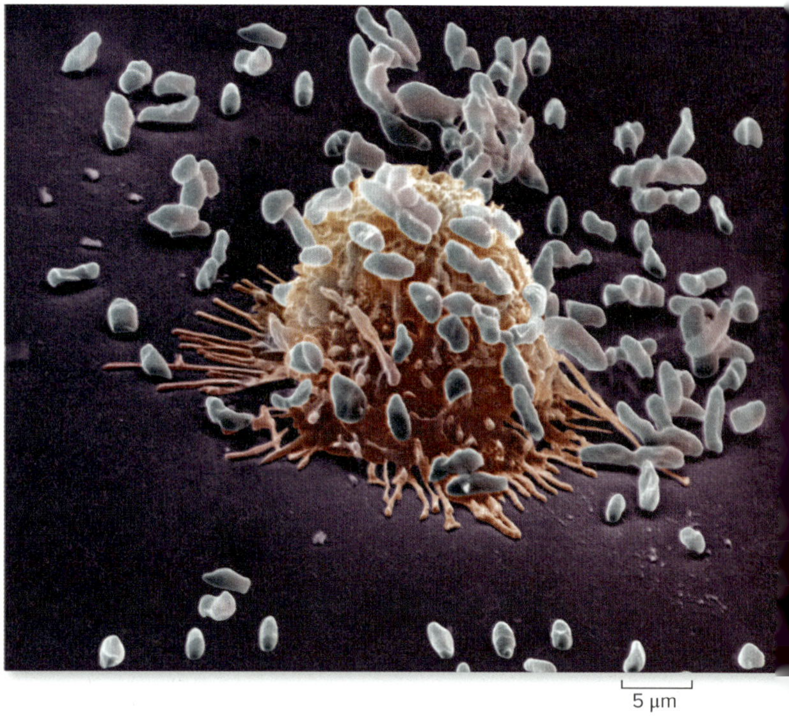

그림 34.3 대식세포의 작용.
주사전자현미경 사진은 대식세포가 길고 끈적끈적한 세포질 돌기로 '낚시'하는 것을 보여준다. 돌기와 닿은 세균이 대식세포로 끌려와 포식된다.

대식세포

대식세포(macrophage, 일명 "대식가")는 크고 불규칙한 모양을 한 세포로 식세포작용으로 미생물을 삼켜서 죽인다(**그림 34.3**). 일단 대식세포 내부로 들어오면, 막으로 싸인 포식소체(phagosome)는 라이소솜(lysosome)과 융합한다. 이로 인해 미생물을 죽이고 분해하는 라이소솜 효소가 활성화된다. 이에 더하여 대량의 **자유라디칼**(free radical)이 포식소체 안에서 생산된다. 이 자유라디칼은 반응성이 매우 높아 병원체를 파괴한다.

세균 외에도 대식세포는 바이러스, 세포 찌꺼기, 폐의 먼지 입자를 삼킨다. 대식세포는 조직을 적시고 있는 세포외액을 끊임없이 돌아다닌다. 혈액에 있는 미분화된 대식세포인 단핵구는 감염에 반응하여 모세혈관의 내피세포 사이를 빠져나와 결합조직으로 들어간다. 감염 부위에서 단핵구는 활성화되고, 포식기능이 있는 대식세포로 성숙한다.

호중구

호중구(neutrophil)는 순환하는 백혈구 중 가장 많으며, 말초혈액 백혈구의 50~70%를 차지한다. 손상되거나 감염된 조직에 첫 번째로 나타나는 세포이다. 대식세포처럼 모세혈관의 내피세포 사이를 빠져나와 감염된 조직으로 이동한 뒤 식세포작용으로 다양한 병원체

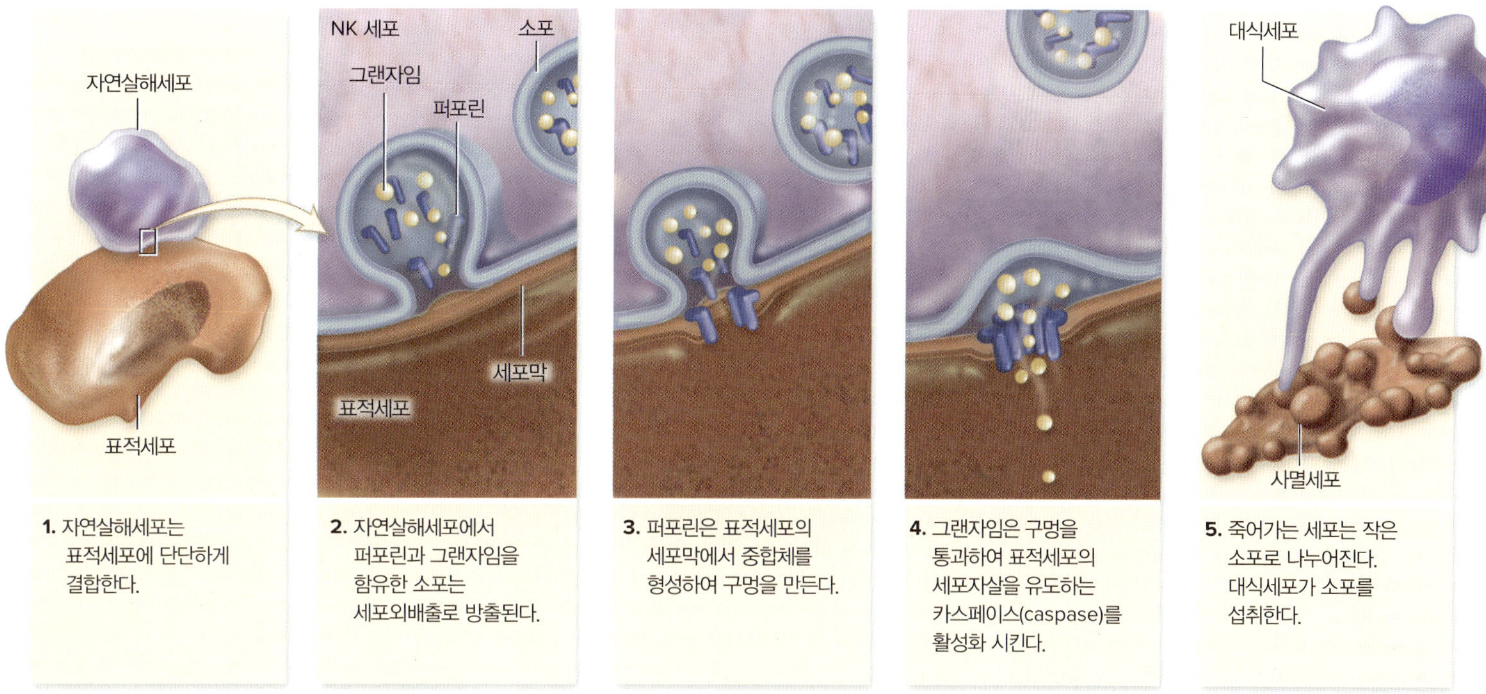

그림 34.4 **자연살해세포가 표적세포를 제거하는 방법.**
자연살해세포는 바이러스로 감염된 세포를 세포예정사, 즉 세포자살로 죽인다. 죽게 될 세포에 구멍을 만드는 단백질을 분비하고, 이 구멍으로 물질을 확산시켜 세포자살을 일으키게 된다.

? 탐구문제 자연살해세포가 바이러스로 감염된 세포를 단순히 터트려 세포 내용물이 조직으로 흘러나오도록 하여 죽인다면 어떤 일이 발생하는가?

를 섭취한다. 병원체를 파괴하는 메커니즘은 대식세포와 유사한데 활성산소종(reactive oxygen radical)을 더 많이 만든다. 호중구는 또한 디펜신 펩타이드를 생산한다.

자연살해세포

자연살해세포(natural killer cell, NK cell)는 침입한 미생물을 공격하지 않는다. 대신 바이러스로 감염된 인체 세포를 죽인다. 식세포작용으로 죽이지 않고, 표적세포의 세포자살을 유도한다. NK 세포로부터 분비된 퍼포린(perforin)이란 단백질은 표적세포의 막에 구멍을 만든다. 다른 NK 생산 단백질인 그랜자임(granzyme)은 이 구멍으로 들어가 표적세포에서 세포자살을 유도하는 단백질을 활성화한다(**그림 34.4**). 대식세포는 세포자살로 생성된 막으로 싸인 세포 찌꺼기를 섭취한다.

NK 세포는 종양 세포가 종양으로 감지될 정도로 분열하기도 전에 종양 세포를 공격한다. NK 세포에 의한 감시는 암에 대한 인체의 가장 강력한 방어 중 하나이다. 그래서 보통 NK 세포는 면역 감시를 맡는다고 한다.

염증반응은 감염 또는 조직 손상에 대한 비특이적 반응이다

염증반응에 인체의 몇몇 기관계가 관여하기도 하므로 염증반응은 국소적(localized) 또는 전신적(systemic)일 수 있다. 급성 반응은 일반적으로 빠르게 시작하지만, 상대적으로 짧은 기간 지속된다.

감염되거나 손상된 어떤 세포는 히스타민(histamine), 프로스타글란딘(prostaglandin), 브래디키닌(bradykinin) 같은 화학적 경고 신호를 내보낸다(28장 참조). 이들은 국소 혈관의 확장을 일으킨다. 이는 염증 부위로 혈류를 증가시켜 염증의 2가지 전형적인 증상인 발적과 발열을 일으킨다. 또한 모세혈관의 투과도를 증가시켜 염증의 3번째 증상인 감염된 조직의 부종(edema)을 일으킨다. 부종은 신경말단을 압박하여 다른 매개체와 함께 염증의 마지막 두 증상인 통증과 잠재적 기능상실을 일으킨다.

모세혈관 투과도의 증가는 호중구가 혈액에서 조직액으로 이동하는 것을 촉진하고, 이동한 호중구는 병원체를 섭취하고 분해한다. 일부 감염과 관련된 고름은 죽어가는 병원체, 조직 세포, 호중구의 혼합물이다. 호중구는 또한 몇 시간 뒤 유인되는 단핵구에 대한 신호분자도 분비한다. 단핵구가 대식세포로 분화하면 마찬가지로 병원체와 죽은 세포의 찌꺼기를 섭취한다(**그림 34.5**). 염증반응은 급성기 반

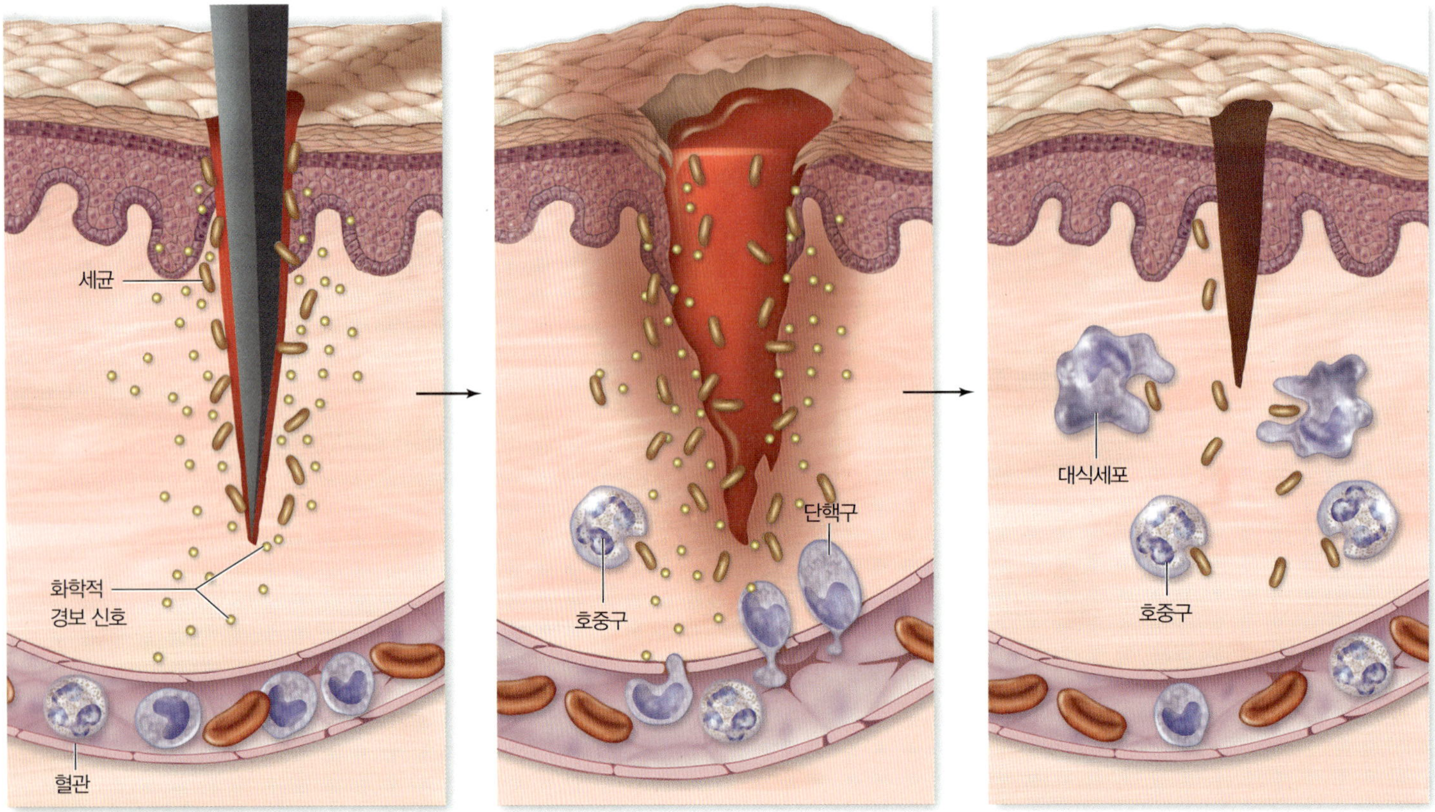

그림 34.5 **국소적 염증반응.**
침입한 병원체가 상피 표면을 뚫으면, 히스타민과 프로스타글란딘 같은 화학적 경고 신호가 손상된 세포로부터 발생하여 주변 혈관이 확장되고 투과도가 증가한다. 혈류의 증가로 붓고, 호중구에 이어 대식세포와 같은 식세포가 집결하여 침입한 병원체를 공격하고 포식한다.

응을 동반한다. 이 반응의 특징은 체온의 상승, 즉 발열이다(25장 참조). 표면에 TLR을 가진 대식세포가 침입한 병원체에 결합하면, **인터루킨-1**(interleukin-1, IL-1)이라는 사이토카인이 분비되어 혈액을 따라 뇌로 운반된다. IL-1은 시상하부의 신경세포가 체온을 정상 체온인 37°C보다 조금 올리도록 한다. 체온의 상승은 식세포의 활동을 촉진하고 몇몇 미생물의 생장을 저해한다.

발열은 식세포작용을 자극하고 간과 비장(spleen)이 철을 저장하도록 하여 인체 방어에 기여한다. 이로써 세균의 생장에 많은 양이 필요한 철의 혈중 농도가 감소한다. 그러나 매우 높은 열에서는 중요한 효소가 변성되기 때문에 위험하다. 일반적으로 39.4°C 이상은 인체에 유해하며, 40.6°C 이상은 치명적이다.

염증반응 동안 간세포에서는 급성기 단백질이 분비되는데, 때로는 정상 혈청 농도의 1000배 이상에 이르기도 한다. 이 단백질들은 여러 종류의 미생물에 결합하여 호중구와 대식세포 같은 식세포의 포식을 촉진한다.

보체는 막공격복합체를 형성한다

척추동물의 세포성 방어는 혈장에서 자유롭게 움직이는 약 30종의 단백질로 이루어진 **보체계**(complement system)라는 효과적인 화학적 방어에 의해 촉진된다. 대체로 비활성화 상태이지만 염증반응 동안에는 조직으로 이동할 수 있다. 보체는 선천성 면역의 수용성 감지자 중 하나인 만노스 결합 렉틴 단백질(MBL)에 의해 활성화되거나, 병원체 표면의 전하를 띤 물질이 관련된 일련의 반응을 통해 활성화된다.

보체계가 활성화되면 보체 단백질은 응집하여 **막공격복합체**(membrane attack complex, MAC)를 형성하는데, 이는 병원체의 원형질막 또는 외피를 갖는 바이러스의 지질막에 박혀 구멍을 형성한다. 세포외액이 이 구멍을 통해 병원체 내부로 유입되어 병원체는

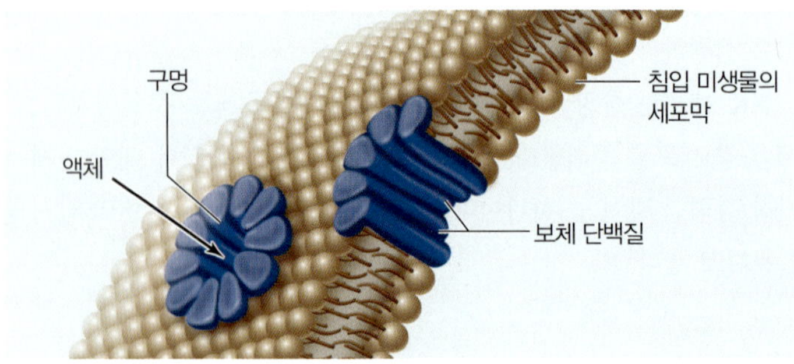

부풀어 오르고 터지게 된다. 보체 단백질의 활성화는 항체가 병원체에 결합할 때 특이적 방식으로 일어난다(34.4절 참조).

다른 보체 단백질, 특히 **C3b**는 침입한 병원체의 표면을 덮는다. 식세포작용을 하는 호중구와 대식세포는 C3b에 대한 수용체가 있어, 병원체에 결합하여 식세포작용과 파괴를 촉진한다. 이 방식은 MAC가 들어갈 외막이 없는 병원체를 제거할 때 특히 효율적이다. 일부 보체 단백질은 비만세포와 호염구로부터 히스타민과 기타 매개체를 분비하여 모세혈관을 확장하고, 투과도를 증가시킨다. 다른 보체 단백질은 투과도가 더 높은 혈관을 통해 호중구와 같은 식세포를 감염 부위로 유인한다.

핵심 요약 34.1

선천성 면역은 매우 오래되었으며 분자 패턴을 인식한다. 적응성 면역은 특이적 병원체를 공격하기 위해 유전자 재배열을 이용한다. 선천성 면역이 인식하는 분자 패턴에는 세균의 지질다당류와 펩타이도글리칸, 바이러스 RNA와 DNA가 있다. 염증반응은 히스타민 분비로 시작하며 다양한 분자와 신호를 이용해 호중구를 유인하고, 투과도를 높이며, 보체계를 활성화하고, 발열을 일으킨다.

■ 선천성 면역은 비특이적일까?

34.2 적응성 면역

학습 목표

1. 적응성 면역의 특징을 설명할 수 있다.
2. 림프구가 수용체를 획득하는 과정을 서술할 수 있다.
3. 체액성 면역과 세포성 면역을 구분할 수 있다.

감염성 질병을 겪지 않고 어린 시절을 보낸 사람은 거의 없다. 효과적인 백신이 만들어진 1991년 이전에는 대부분의 아이들이 10대가 되기 전에 수두(chicken pox)를 앓았다. 수두와 몇몇 질병은 한번 회복되면 대부분의 사람에서 다시 걸리지 않았기 때문에 유년기 질병으로 여겨졌다. 이들은 수두를 유발하는 바이러스인 수두대상포진 바이러스(*varicella-zoster* virus)에 면역이 생겼고 면역체계가 정상인 동안 면역력을 유지하였다. 유사한 방식으로 비병원성 수두 바이러스로 접종을 하면 면역이 생긴다. 이 면역력은 획득면역이라는 적응성 면역의 방어 메커니즘으로 생긴다.

면역은 오래전부터 알려졌지만, 메커니즘은 최근에 이해되기 시작했다

감염성 질병을 한 번 겪은 사람은 동일한 질병이 다시 발발할 때 종종 보호된다는 것이 2000년 이상 동안 알려져 왔다. 그러나 면역에 관한 과학적 연구는 1796년 영국의 의사 제너(Edward Jenner)가 천연두에 대한 면역 실험을 할 때 비로소 시작되었다.

제너와 천연두 바이러스

천연두 바이러스(*variola* virus)에 의해 발병하는 천연두는 1700년대 이전에는 흔하고 치명적인 질병이었다. 수두처럼 천연두를 이겨낸 사람도 천연두에 다시 걸리는 경우가 거의 없었고, 가볍게 앓고 면역력을 얻으려고 일부러 접종하는 방법이 사람들에게 알려졌다. 그러나 제너는 소의 젖을 짜는 여성들이 우두라는 가벼운 질병을 앓으면 천연두에 거의 걸리지 않는다는 점을 파악하였다.

제너는 우두가 천연두에 대한 면역을 부여한다는 아이디어를 검증하는 실험에 착수하였다. 제너는 건강한 아이에게 우두 추출액을 접종한 후 천연두 추출액으로 감염시켰다. 예상한 대로 아이는 병에 걸리지 않았다. (제너의 실험은 지금 기준으로는 비윤리적으로 보일 수도 있다.) 후에는 훨씬 더 위험이 적은 방식의 우두 접종으로 천연두를 예방하였다(**그림 34.6**).

지금은 천연두와 우두가 비슷한 표면을 가진 2종의 서로 다른 바이러스에 의해 발병함이 알려져 있다. 우두 바이러스를 접종한 제너의 환자는 이후 천연두 바이러스 감염으로부터 보호되는 효과적인 방어를 구축하였다.

그림 34.6 면역학의 탄생.
1790년대, 제너가 우두를 접종하여 천연두로부터 환자를 보호하는 모습을 그린 그림이다.

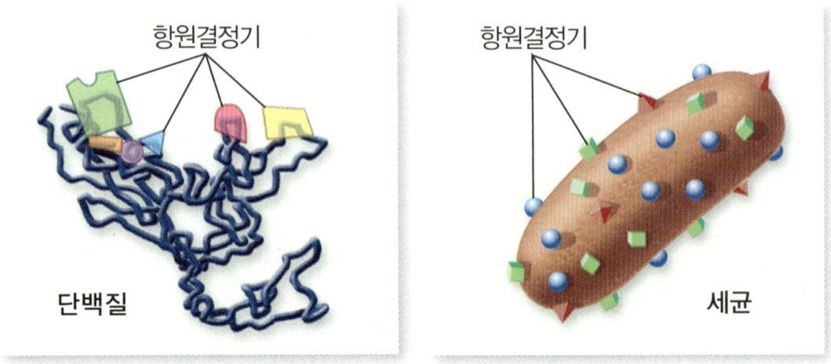

a. *b.*

그림 34.7 항원 하나에 여러 항원결정기가 존재한다.
a. 결합한 탄수화물을 갖는 단백질은 항원결정기라 불리는 항원 결정부위를 여러 개 가지며, 각각은 독특한 면역반응을 일으킨다. *b.* 세균과 같은 병원체는 표면에 많은 단백질을 가지며, 동일한 것이 여러 개일 수 있다. 단백질과 세균이 같은 척도에서 그려져 있지 않음에 주의한다.

위험한 것에 대한 저항성을 얻기 위해 해가 없는 것을 접종하는 제너의 방법을 **백신 접종**(vaccination)이라 한다. 최근 말라리아, 헤르페스(herpes), 기타 질병에 대한 백신 개발에서도 종종 우두 바이러스와 연관되었지만 위험하지 않은 우두 바이러스(*vaccinia* virus)를 사용한다.

파스퇴르와 조류 콜레라

감염성 병원체에 대한 노출이 어떻게 질병에 저항성을 제공하는지는 오랜 시간이 흐른 뒤 알려졌다. 이 질문에 답하기 위한 중요한 진전이 반세기가 지난 후 저명한 프랑스 과학자 파스퇴르(Louis Pasteur)에 의해 만들어졌다. 파스퇴르는 조류를 감염시키는 조류 콜레라를 연구하고 있었다. 병에 걸린 닭으로부터 세균을 분리하여 배양하였는데, 이 세균을 건강한 닭에 접종하면 질병을 일으켰다.

파스퇴르는 2주간 휴가를 가기 전에 우연히 세균 배양액을 선반에 놓아두었다고 전해진다. 휴가에서 돌아와 건강한 닭에 오래된 배양액을 접종하였는데, 접종받은 닭은 가볍게 앓다가 회복된 것을 보고 세균이 약해진 것을 알았다. 그러나 놀랍게도 이 닭들은 이후 대조군 닭에서 질병을 일으키는 신선한 콜레라 세균으로 접종하여도 질병에 걸리지 않았다. 명백히, 세균이 닭을 먼저 죽이지 않는다면 세균의 어떤 물질이 면역력을 부여함을 알 수 있다. 현재는 세균 표면의 분자가 닭에서 능동면역을 유발했음이 알려져 있다.

항원은 특이적 면역반응을 유도한다

항원(antigen)은 특이적 면역반응을 일으키는 분자이다. 가장 효과적인 항원은 단백질 같이 크고 복잡한 분자이다. "이질성(foreignness)"이 클수록, 즉 숙주로부터 계통분류학적으로 거리가 멀수록, 유도되는 면역반응은 더 강하다.

표 34.1 면역계 세포

세포 유형		기능
보조 T 세포 (T_H 세포)	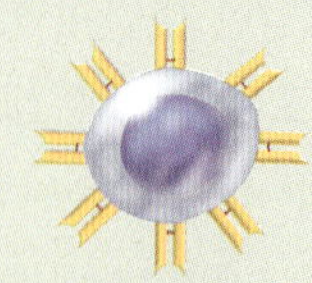	항원제시세포의 외부 펩타이드를 특이적으로 인식하여 B 세포 또는 대식세포를 활성화하는 사이토카인 분비를 유도한다.
세포독성 T 세포 (T_C 세포)	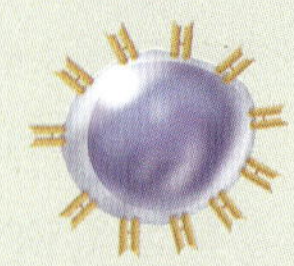	바이러스로 감염된 세포 또는 암세포와 같은 "변형된 자기" 세포를 특이적으로 인식하여 살해한다.
B 세포	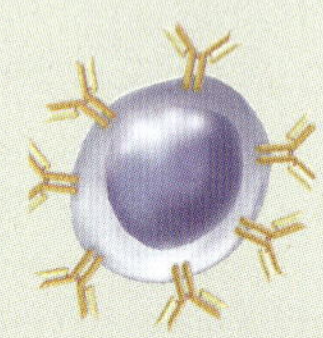	막에 결합한 항체를 이용하여 수용성 항원에 특이적으로 결합한다. T_H 세포에 대한 항원제시세포로 작용한다. 활성화되어 형질세포와 기억세포로 분화된다.
형질세포		활성화된 B 세포로부터 분화한다. 항원에 특이적인 항체를 분비하는 기능을 수행한다.
자연살해세포		바이러스로 감염된 세포 또는 암세포를 신속히 인식하고 살해한다.
단핵구		대식세포의 전구세포로 혈액에 존재한다.
대식세포	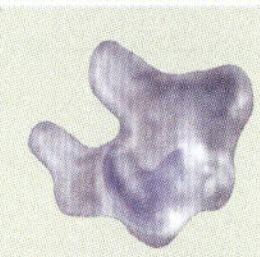	인체 방어를 담당하는 첫 번째 세포로, 조직에 존재하는 식세포이다. T_H 세포에 대한 항원제시세포로 기능한다.
호중구	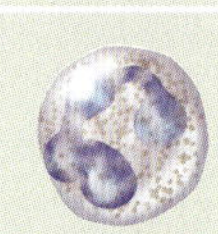	인체 방어를 담당하는 첫 번째 세포로 식세포이다. 염증 조직으로 이동하기 전까지 대부분 혈액에 존재한다.
호산구	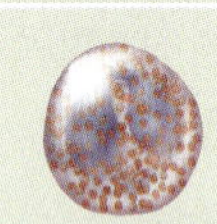	기생충 제거에 중요하며 만성 염증성 질환에 관여한다.
호염구		염증을 촉진하는 히스타민과 같은 매개물을 분비하는 순환계 세포이다.
비만세포	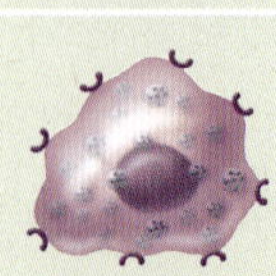	점막 표면 아래 존재하며 염증을 촉진하는 히스타민과 같은 매개물을 분비한다. 염증반응과 앨러지 반응을 모두 촉발한다.
수지상세포	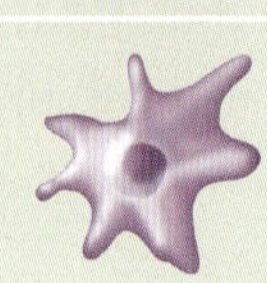	항원과 접촉한 적이 없는 T_H 세포에 대한 주요 항원제시세포이다. 항원 경험이 없는 T_C 세포의 활성을 돕는다.

항원은 미생물 또는 바이러스의 성분일 수도 있고, 수혈된 적혈구 또는 이식된 조직의 단백질이나 당단백질일 수도 있으며, 음식 또는 꽃가루의 성분일 수도 있다. 커다란 항원은 많은 **항원 결정부위**(antigenic determinant) 또는 **항원결정기**(epitope)를 가지고 있어 각각은 독특한 면역반응을 일으킬 수 있다(**그림 34.7**).

조혈작용은 면역세포를 생산한다

혈액에서 발견되는 모든 세포는 **조혈작용**(hematopoiesis), 즉 조혈모세포의 분열과 분화로 생긴다(32장 참조). 발생학적으로 조혈모세포는 난황낭(yolk sac)에서 처음 나타나며, 이후 태아의 간과 비장으로 이동하고, 최종적으로 골수로 이동한다. 줄기세포는 림프구 선조세포(lymphoid progenitor)와 골수 선조세포(myeloid progenitor)를 생성한다. 림프구 선조세포는 B 림프구, T 림프구, 자연살해세포를 생성한다. 골수 선조세포는 적혈구, 혈소판, 그 외 모든 면역계 세포를 생성한다(**그림 32.4** 참조).

림프구는 적응성 면역을 책임지고, **그림 32.4**에 그려진 나머지 백혈구는 특이적 반응에서 보조적인 역할을 하거나 선천성 면역에 관여한다. **단핵구**(monocyte)는 대식세포로 분화하여 **호중구**(neutrophil)과 함께 식세포로 작용한다. **호산구**(eosinophil)는 세포막에 삽입된 퍼포린 구멍을 통해 소화효소를 분비하거나, 식세포작용으로 기생충을 제거한다. 또한 천식(asthma)과 염증성 장 질환(inflammatory bowel disease) 같은 만성 염증 질병을 악화시킨다.

호염구(basophil)와 **비만세포**(mast cell)는 병원체를 제거하는 과정에서 보체 단백질과의 결합에 반응하여 히스타민과 프로스타글란딘 같은 염증 매개체를 분비한다. 이들 세포, 특히 비만세포는 앨러지(allergy) 반응 동안 활성화되는데, 이들이 분비한 염증 매개체가 앨러지 증상을 일으킨다.

수지상세포(dendritic cell)는 T 세포 활성화에 중요한 포식세포이다. 수지상세포는 선천성 면역과 적응성 면역을 연계한다. 수지상세포는 다양한 TLR로 병원체를 인식하고 사이토카인 분비와 염증반응을 촉진한다. 따라서 수지상세포는 항원을 제시할 뿐만 아니라 선천성 면역의 수용체를 통해 병원체 패턴도 인식한다. 이 세포들의 기능이 **표 34.1**에 요약되어 있다.

림프구는 적응 면역반응을 실행한다

적응성 면역의 특징은 다음과 같다.

1. 항원 인식의 특이성
2. 특이적으로 인식할 수 있는 항원의 다양성
3. 항원에 대해 다시 노출되었을 때 처음보다 더 빠르고 강하게 반응하도록 하는 기억
4. 자기 항원을 비자기 항원과 구별하는 능력

적응 면역반응에 관여하는 혈액 세포는 림프구 선조세포로 불리는 줄기세포에서 유래하는 백혈구이다(**그림 32.4** 참조). **림프구**(lymphocyte)는 표면에 있는 수용체 단백질로 항원의 특이적 항원결정기를 인식하여 수용성 또는 세포 표면의 항원에 대한 면역반응을 일으킨다(**그림 34.8**). 이 반응은 또한 34.1절에서 다룬 선천성 면역에서 온 신호 때문에 영향을 받는다. 선천성 면역은 새로운 병원체에 의한 감염 초기에 주로 작동하고, 적응성 면역은 감염 후기에 주로 작동한다.

림프구와 항원 인식

림프구 하나에서 수용체 단백질은 모두 동일한 항원결정기 특이성을 가지며, 또 다른 림프구가 동일한 특이성을 갖는 경우는 드물다. 이는 면역반응의 엄청난 다양성을 만들어 어떤 항원에서도 최소한 몇 개의 항원결정기는 인식된다.

항원을 한 번도 만난 적이 없는 림프구를 **항원 경험이 없는 림프구**(naive lymphocyte)라 한다. 항원 경험이 없는 림프구가 외부 항원에 결합하면, 림프구는 활성화되고 분열하여 동일한 항원 특이성을 갖는 세포 클론을 만드는데, 이 과정을 **클론선택**(clonal selection)이라 한다. 이들 세포 일부는 항원에 즉시 반응하고, 나머지는 기억세포(memory cell)가 되어 수년간 또는 남은 평생 체내에 존재한다. 동일한 항원에 다시 노출되면 기억세포는 쉽고, 빠르게 활성화된다.

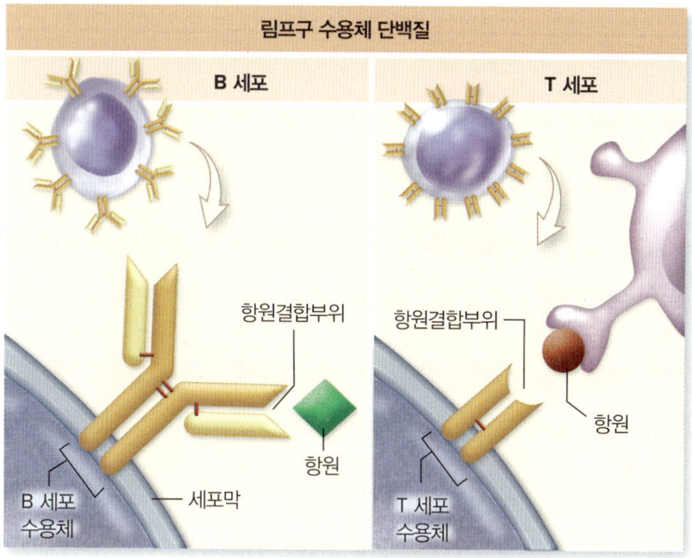

그림 34.8 B 세포 수용체와 T 세포 수용체는 항원에 결합한다.
B 세포 수용체는 특징적인 Y형 모양인 면역글로불린(Ig) 분자이다. 모든 B 세포는 표면에 한 종류의 Ig를 가지고 있어 하나의 항원 결정부위에만 결합한다. T 세포 수용체는 Ig 분자보다 단순하지만, 여전히 특이적 항원 결정부위에 결합한다. T 세포는 다른 세포에 결합한 항원에만 결합한다.

B 세포

B 림프구(B lymphocyte), 즉 **B 세포**(B cell)는 항원에 반응하여 **항체**(antibody), 즉 **면역글로불린**(immunoglobulin, Ig)이라는 단백질을 분비한다. 항원이 B 세포의 막에 있는 면역글로불린에 결합하면 항원 인식이 발생한다. 항원에 대한 결합은 34.4절에서 설명하는 다른 신호들과 함께 신호체계를 활성화하여, B 세포의 막에 있는 항체에 의해 인식된 항원결정기에 특이적인 항체를 분비하는 **형질세포**(plasma cell)를 생성한다. 항체 분비를 유도하는 B 세포 매개 반응을 **체액성 면역**(humoral immunity)이라 한다.

T 세포

T 림프구(T lymphocyte), 즉 **T 세포**(T cell)로 불리는 또 다른 림프구는 항체를 분비하지는 않지만, 대신 다른 세포의 반응을 조절하거나 특이적 항원을 가진 세포를 직접 공격한다. 이 세포들은 적응성 면역의 다른 영역인 **세포매개면역**(cell-mediated immunity)에 참여한다. 세포매개면역과 체액성 면역의 과정은 34.3절과 34.4절에서 자세히 살펴본다.

? **탐구문제** 제너는 천연두에 대한 면역반응을 유도하기 위해 우두 바이러스를 사용하였다. 이로부터 두 바이러스의 항원에 대해 알 수 있는 것은 무엇인가?

적응성 면역은 능동적이거나 수동적이다

면역은 여러 가지 방식으로 획득된다. 첫째, 병원체에 감염되어 질병에 걸렸을 때 면역을 획득할 수 있다. 또는 병원체의 일부나 병원성이 약한 병원체로 면역 접종을 받아 면역을 획득할 수 있다. 이 두 경우는 **능동면역**(active immunity)을 유도하여 특이적 림프구를 활성화하고 기억세포를 생산한다. 둘째, 다른 사람으로부터 항체를 얻어 면역을 획득할 수 있다. 이는 태어나기 전에 가능한 것으로, 모체에서 생산된 항체가 태반을 통해 태아에 전달될 때 가능하다. 이런 방식으로 얻은 면역을 **수동면역**(passive immunity)이라 하는데, 이 경우 기억세포가 만들어지지 않는다. 이 면역은 항체가 체내에 존재하는 동안에만 유지된다. 항체도 다른 단백질들처럼 시간이 지나면 파괴된다.

면역체계에는 두 종류의 기관이 있다

면역체계의 기관은 골수와 흉선의 **1차 림프기관**(primary lymphoid organ)과 림프절, 비장, 점막연관림프조직(mucosa-associated lymphoid tissue, MALT)의 **2차 림프기관**(secondary lymphoid organ)으로 구성된다(**그림 34.9**).

1차 림프기관

줄기세포가 있는 **골수**(bone marrow)는 B 세포가 성숙하는 곳이기도 하다. 조혈작용으로 가장 미성숙한 B 세포인 선조 B 세포가 만들어진 후, 이 세포는 골수에서 성숙한다. 골수에서 면역글로불린 유전자의 DNA 재배열(34.4절에서 설명)이 일어나 B 세포 각각의 특이성이 결정된다. 모든 B 세포는 표면에 항원결정기 결합의 특이성이 같

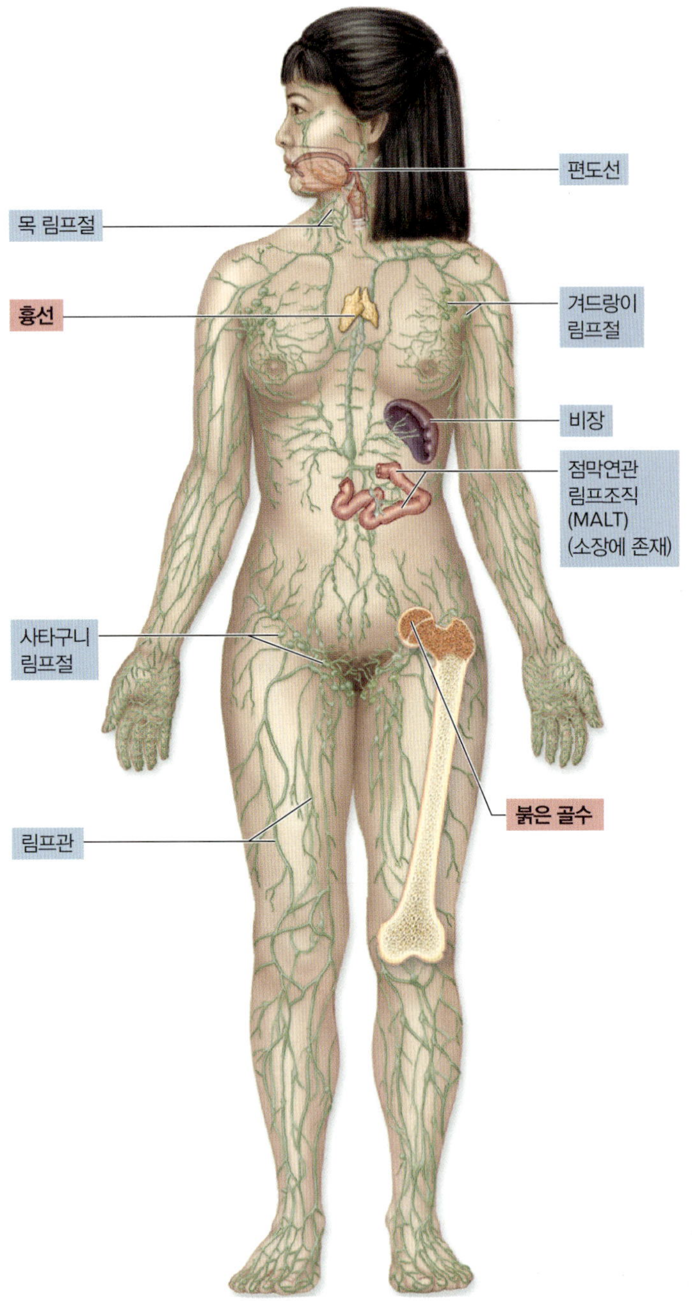

그림 34.9 특이적 면역체계의 기관.
면역체계 기관에는 2종류가 있다. 1차 림프기관(붉은색)에서는 B 림프구와 T 림프구가 성숙하여 특이적 수용체를 갖고, 2차 림프기관(파란색)에서는 항원을 수집하여 항원 경험이 없는 성숙한 림프구와 만나게 함으로써 림프구를 자극한다.

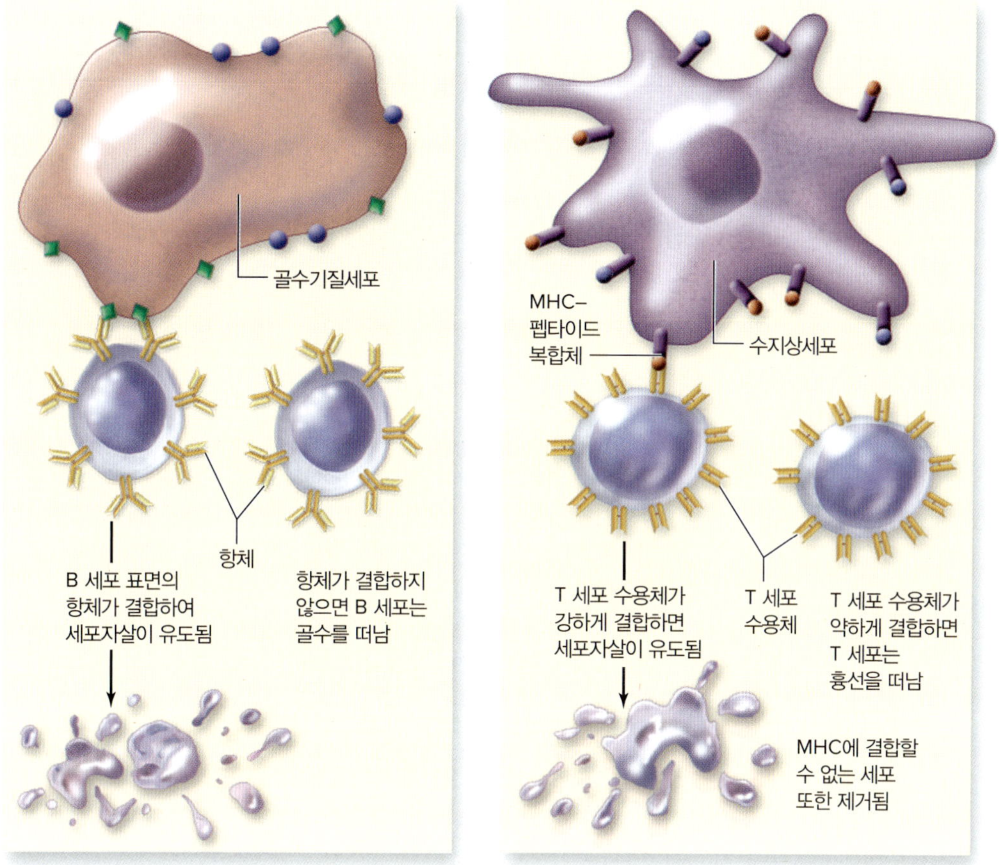

a. *b.*

그림 34.10 **1차 림프기관에서 자기물질과 반응하는 림프구의 선별.**
B 림프구와 T 림프구가 특이적 수용체를 획득한 후, 자기와 반응하는 세포는 세포자살에 의해 제거된다. ***a.*** 성숙 중인 B 세포 표면의 Ig가 골수기질세포의 항원결정기에 결합하면 세포는 세포자살을 하게 된다. B 세포 중 10%는 Ig가 기질세포의 항원결정기를 인식하지 못하여 골수로부터 방출된다. ***b.*** 성숙 중인 T 세포의 흉선에서 TCR이 수지상세포의 자기 MHC/자기 펩타이드 복합체와 너무 강하게 결합하면 T 세포는 세포자살을 하게 된다. MHC와 전혀 결합하지 않는 세포 또한 제거된다. 성숙 중인 T 세포의 2~5% 정도가 MHC-펩타이드 복합체와 적절한 친화도로 결합하여 흉선으로부터 방출된다. 이 세포들은 자기 MHC/외부 펩타이드 복합체와 높은 친화도로 결합한다.

은 약 10^5개의 Ig 분자를 갖는데, 이 특이성은 각 B 세포마다 다르다.

자기 항원에 결합하는 림프구는 세포자살을 하게 된다(**그림 34.10***a*). 나머지 림프구는 골수에서 나와 혈액과 림프를 순환하며 2차 림프기관을 거치는데, 여기에서 항원을 만난다.

골수에서 생성된 후, 선조 T 세포는 심장 바로 위에 있는 **흉선**(가슴샘, thymus)으로 이동한다. 신생아에서 매우 큰 흉선은 10대에 축소하기 시작하여 지속해서 작아진다.

T 세포의 항원 수용체를 **T 세포 수용체**(T-cell receptor), 즉 TCR이라 한다. TCR은 T 세포가 흉선에서 성숙할 때 선조 B 세포의 Ig 유전자에서처럼 유전자 재배열로 생산된다. T 세포는 세포 하나당 10^5개의 동일한 TCR을 갖는데, TCR은 T 세포마다 다르다.

B 세포는 온전한 항원의 항원결정기를 인식하는데, 항원결정기는 단백질일 수도 있고 아닐 수도 있다. 반면에 T 세포는 단백질의 펩타이드 절편만 인식하는데, 이 펩타이드 절편은 인체의 거의 모든 세포 표면에 존재하는 자기 단백질과 결합해 있어야 한다. 이 단백질은 **주조직적합성복합체**(major histocompatibility complex, MHC) 유전자에 암호화되어 있다. MHC는 34.3절에서 자세히 설명한다.

흉선에서 선별되는 동안 T 세포는 흉선 세포와 만나는데, 흉선 세포 표면에는 모든 자기 MHC 단백질이 발현된다. T 세포의 TCR이 자기 펩타이드와 결합한 자기 MHC 단백질 복합체에 너무 강하게 결합하면, 자기 분자를 인식하는 이 T 세포는 세포자살을 하게 된다(**그림 34.10***b*). 반대로 MHC 복합체에 결합하지 않는 T 세포도 제거된다. 흉선으로 이동한 선조 T 세포의 약 5% 정도만이 엄격한 두 단계 선별을 통과하여 세포자살을 피한다.

2차 림프기관

2차 림프기관의 위치는 인체의 모든 항원을 거르는 것을 촉진한다. 예를 들어, 피부에 박힌 가시에 부착된 세균은 조직을 적시고 있는 림프로 들어간다. 림프는 림프관을 통해 혈액으로 돌아온다(32장 참조). 이 과정 동안 림프관 연결부위에 위치한 수천 개의 림프절에서 림프가 걸러진다(**그림 34.9** 참조).

1차 림프기관을 떠나 림프절에 들어온 항원 경험이 없는 성숙한 B 림프구와 T 림프구 또는 림프절에 있던 기억세포가 항원을 만나면 활성화된다. 활성화된 B 세포와 T 세포의 클론 후손과 활성화된 B 세포에서 분비된 항체는 림프절을 떠나고, 림프가 심장 근처 혈관으로 되돌아올 때 혈액으로 돌아온다.

림프절에서 항원에 반응한 림프구는 림프절에 혈액을 제공하는 모세혈관 밖으로 나와 림프절 조직으로 들어간다. 이것이 감염에 따른 "비대한 림프절(swollen gland)"의 원인이다. 국소적인 림프절 비대는 림프구의 방대한 유입에 따른 것이다.

어떤 항원은 주로 혈액에서 발견되거나, 조직과 혈액 모두에서 나타난다. 이런 예로 치명적인 뇌수막염의 원인이 되는 세균 *Neisseria meningitidis*가 있다. 이런 항원에 대한 면역반응은 비장(spleen)에서 일어난다.

비장 동맥은 비장으로 혈액을 공급하고 소동맥으로 나누어진다. 비장의 기본조직으로 이동한 항원은 소동맥을 둘러싼 백색 수질에 있는 B 세포와 T 세포에 의해 인식된다. 림프절에서처럼 백색 수질의 림프구는 활성화된다. 항체 및 활성화된 림프구 일부는 비장 정맥을 통해 빠져나간다.

마지막으로 중요한 2차 림프기관은 **점막연관림프조직**(mucosa-associated lymphoid tissue, MALT)으로 편도선, 맹장과 점막 표면 아래의 결합조직에 있는 많은 소포(follicle)를 포함한다. 소포는 림프구(주로 B 세포이고 T 세포가 일부 있음)와 대식세포로 구성된다. 점막을 통과한 항원은 즉시 소포의 림프구와 만나 체내 깊은 곳으로의 이동이 중단된다.

침입한 생물이 점막 표면의 선천성 면역 방어와 MALT 림프구의 특이적 반응을 피해도 여전히 다른 2차 림프기관의 반응 때문에 통제될 수 있다.

두 종류의 적응성 면역이 진화했다

자기와 비자기를 구분하는 능력이 있는 적응성 면역은 척추동물에서 한 차례 진화한 것으로 보인다. 이번 장에서 설명한 적응성 면역은 약 4억 년 전 연골어류에서 처음 진화하였다.

상어와 가오리(ray)는 흉선, 비장, 좀 더 산재한 MALT를 갖는다. 이들은 TCR을 가진 T 세포의 세포매개면역과 Ig를 분비하는 B 세포의 체액성 면역을 갖추었다. 조혈작용이 일어나는 골수는 양서류에서 처음 나타나며, 그 기능은 종에 따라 차이가 있다. 림프절은 조류에서 처음 나타나며 포유동물과 조금 차이가 있다.

최근 또 다른 적응성 면역이 무악어류(jawless fish)에서 발견되었다. 이 시스템에서는 아미노산 류신이 풍부한 다양한 반복배열을 가진 수용체 단백질이 사용된다. 이 수용체는 B 세포의 면역글로불린처럼 기능하지만, 단백질 구조는 전혀 다르다. 가변 림프구 수용체(variable lymphocyte receptor, VLR)를 가진 세포가 무악어류의 적응면역체계를 형성한다. VLR 단백질의 수는 면역글로불린의 수와 비교할 정도이다. 그러나 VLR의 다양성은 척추동물에서 사용된 재조합 메커니즘에 의한 것이 아니다(34.4절 참조).

무악어류의 림프성 세포 한 부류는 B 세포와 관련된 첫 번째 세포이다. 처음에는 흉선이 없어서 무악어류에서는 T 세포가 없을 것으로 생각하였다. 그러나 턱이 있는 척추동물의 흉선에 해당하는 부위에서 VLR을 가진 또 다른 림프성 세포가 T 세포에서 발견되는 단백질을 발현하는 것이 확인되었다. 따라서 다양한 수용체를 만드는 방법은 독립적으로 진화하였지만, 수용체를 가진 세포는 공통조상으로부터 유래하였다.

핵심 요약 34.2

적응성 면역은 각각의 병원체를 인식하고 특이적 반응을 일으킨다. 골수에서 생성된 림프구는 1차 림프기관에서 특이적 수용체를 얻고 자기반응에 대한 선별 과정을 거친다. 항원 경험이 없는 성숙한 림프구는 순환하며 2차 림프기관에서 외부 항원을 만난다. B 세포는 순환하는 항체를 생산한다(체액성 면역). T 세포는 병원체를 죽이거나 다른 세포를 도와 병원체에 반응한다(세포매개면역).

- 어떤 유형의 줄기세포가 면역체계에서 발견될까?

34.3 세포매개면역

학습 목표

1. 세포독성 T 세포의 기능을 서술할 수 있다.
2. 보조 T 세포의 역할을 설명할 수 있다.

T 세포는 **세포독성 T 세포**(cytotoxic T cell, T_C)와 **보조 T 세포**(helper T cell, T_H)로 구분된다. 이들은 세포 표면 표지자에 의해 식별된다. T_C 세포는 세포 표면에 CD8 단백질을 가지고 있어 $CD8^+$ 세포로 불린다. T_H 세포는 세포 표면에 CD4 단백질을 가지고 있어 $CD4^+$ 세포로 불린다.

활성화되기 위해 이들 T 세포는 반드시 MHC 단백질에 결합한 펩타이드 절편을 인식해야만 하는데, 이 두 세포는 (1) 세포에 분포한 서로 다른 종류의 MHC 단백질 인식과 (2) 활성화된 T 세포의 기능 차이에 의해 구분된다.

MHC는 자기와 비자기를 구별하는 정보를 제공한다

대부분의 척추동물 세포 표면에는 MHC에 의해 암호화되는 당단백질이 발현된다. 사람에서 MHC 복합체에 의해 암호화되는 이 단백질은 **인체 백혈구 항원**(human leukocyte antigen, HLA)이라고 한다. MHC 단백질을 암호화하는 유전자는 다형성(polymorphic, 많은 대립유전자가 존재하는)이 매우 높다. 예를 들어, HLA 단백질은 500개의 대립유전자가 존재하기도 하는 매우 다형적인 유전자에 의해 결정된다. 두 사람에서 대립유전자의 조합이 같은 경우는 매우 드물어서 HLA는 사람마다 지문처럼 차이가 있다.

조직세포의 MHC 단백질은 개인의 면역체계 특히 T 세포를 구별하는 표지자로, **자기(self)와 비자기(nonself)를 구분하는 능력**을 가지고 있다.

MHC 단백질에는 두 종류가 있다. **1형 MHC 단백질**(MHC class I protein)은 핵을 가진 모든 세포에 존재한다. 그러나 **2형 MHC 단백질**(MHC class II protein)은 항원제시세포(1형 MHC 단백질도 가지고 있음)에서만 존재한다. 이에는 대식세포, B 세포, 수지상세포가 포함된다(**표 34.2**). T_C 세포는 1형 MHC 단백질에 결합한 펩타이드에 반응하고, T_H 세포는 2형 MHC 단백질에 결합한 펩타이드에 반응한다.

대부분의 경우 MHC에 결합한 펩타이드는 자기 자신의 자기 단백질에서 유래한다. 이런 이유로 T 세포는 흉선에서 선택되는데, 자기 MHC의 자기 단백질에 강하게 결합하는 세포는 제거된다. 이런 방식으로 T 세포는 성숙하는 1차 림프기관 밖에서 바이러스 감염 또는 암처럼 자기 MHC에 외부 단백질의 펩타이드를 만났을 때 정상적으로 활성화된다.

세포독성 T 세포는 바이러스에 감염된 세포와 종양세포를 제거한다

활성화된 세포독성 T 세포는 바이러스로 감염된 세포 또는 종양세포 같은 "변형된 자기(altered-self)" 세포를 인식한다. 세포독성 T 림프구는 1형 MHC 단백질에 결합한 내부 항원의 펩타이드를 인식한다. 내부 항원의 펩타이드는 세포질(cytosol)에서 만들어져 특별한 수송 단백질에 의해 거친면 소포체로 운반되어 1형 MHC 단백질에 결합한다. 이 단백질들은 내막계(endomembrane system)를 따라 세포 표면으로 이동한다.

내부 항원은 자기 단백질, 바이러스에 감염된 세포에서 생산된 바이러스 단백질, 또는 암세포에서 생산된 비정상적인 단백질이다. T_C 세포는 자기 1형 MHC에 결합한 비정상적인 단백질의 펩타이드에만 반응한다. 34.2절에서 설명한 대로 T 세포 활성화는 2차 림프기관에서 일어난다. 예를 들어, 림프절에서 T 세포가 항원제시세포(antigen-presenting cell)를 만난다. 특히 수지상세포는 T_C 세포를 활성화하는 항원을 제시한다.

모든 바이러스가 수지상세포를 감염시키지는 않기 때문에 수지상세포는 반드시 바이러스 또는 종양 세포를 섭취하고, 교차제시(cross-presentation)란 메커니즘에 의해 바이러스 또는 종양 펩타이드를 1형 MHC 상에 제시한다. T_C 세포의 TCR과 CD8이 수지상세포에 결합하면 T_C 세포의 클론 증식(clonal expansion)을 유도하여 활성화된 T_C 세포와 기억 T_C 세포를 생산한다(**그림 34.11**). 그 뒤 활성화된 T_C 세포는 체내를 순환하며 자기 1형 MHC에 동일한 외부 펩타이드를 제시하는 표적 숙주세포에 결합한다(**그림 34.12**).

표적세포의 세포자살은 NK 세포에 의한 것과 유사한 방식으로 유도된다. T_C 세포는 퍼포린 단위체를 분비하여 표적세포의 막에 구멍을 만든다. 그랜자임이 들어가 카스페이스(caspase)를 활성화하면 표적세포의 세포자살이 일어난다.

보조 T 세포는 면역반응을 조절하는 단백질을 분비한다

활성화된 보조 T 세포(T_H 세포)는 저분자 단백질인 **사이토카인**(cytokine)을 분비한다. 많은 종류의 사이토카인이 알려져 있는데, 다수가 T_H 세포에 의해 분비된다. 사이토카인은 많은 세포(특히 면역체계의 세포)의 막에 있는 특이적 수용체에 결합함으로써 세포의 활성화와 분화를 촉진하는 신호체계가 시작된다.

사이토카인은 매우 강력하여 극소량으로 분비되어 대체로 주변 세포에만 결합한다. IL-1은 예외적으로 시상하부까지 이동하여 발열 반응을 유도한다. 서로 다른 T_H 세포가 세포 수용체에 특이적인 사

표 34.2 림프구의 항원 인식

	수용성 또는 입자 항원의 항원결정기를 인식함	자기 MHC 단백질에 결합한 항원을 인식함	인식되는 MHC 단백질 유형	인식되는 MHC가 발현된 세포의 유형
B 세포	예	아니오	없음	해당 없음
T_H ($CD4^+$) 세포	아니오	예	2형	항원제시세포: 수지상세포, B 세포, 대식세포
T_C ($CD8^+$) 세포	아니오	예	1형	핵을 가진 모든 세포

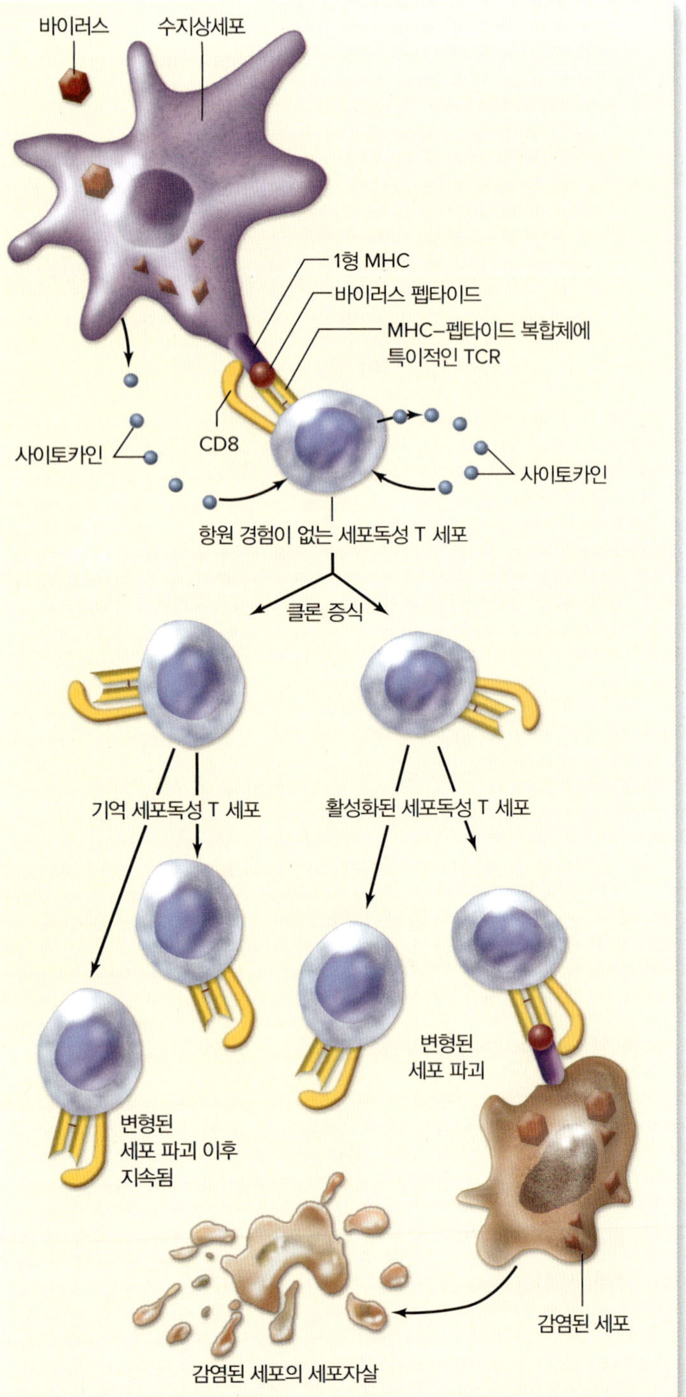

그림 34.11 세포독성 T 세포는 "변형된-자기" 세포의 세포자살을 유도한다. 항원 경험이 없는 세포독성 T 세포는 2차 림프기관의 수지상세포에서 자기 1형 MHC 단백질에 제시된 외부 항원을 인식하여 활성화된다. 이로 인해 클론은 증식하고 기억세포와 활성화된 세포로 분화한다. T_C 세포의 활성화된 후손은 동일한 자기 1형 MHC 펩타이드를 가진 (2차 림프기관 밖의) 주변의 세포 모두에서 세포자살을 유도한다. 이들은 대체로 바이러스에 감염된 세포 또는 암세포이다.

이토카인을 분비하는데, T_H 세포와 여기서 분비된 사이토카인이 면역반응의 체액성 또는 세포매개 여부를 결정한다.

T_H 세포는 항원제시세포로 들어온 외부 항원에 반응한다. 대식세포 또는 수지상세포는 식세포작용 또는 세포내섭취로, B 세포는 수용체매개 세포내섭취(receptor-mediated endocytosis)로 항원을 획득한다. 일단 세포 안으로 들어오면, 항원은 강한 산성을 지닌 엔도솜(endosome) 또는 라이소솜에서 분해된다. 항원의 펩타이드는 2형 MHC 단백질과 결합하고, 2형 MHC-펩타이드 복합체는 항원제시세포의 세포 표면으로 이동하여 제시된다. T_H 세포는 2차 림프기관에서 항원제시세포를 만나 이 복합체와 결합한다. T_H 세포의 CD4 단백질은 2형 MHC의 보존 영역에도 결합한다.

항원 경험이 없는 T_H 세포는 CD28 단백질을 발현하는데, 이 T 세포가 활성화되면 B7 단백질과 결합한다. B7은 항원제시세포에만 있는데 수지상세포에서 고농도로 존재한다. 이런 제한으로 필요할 때만 T_H 세포가 활성화된다. 이런 세밀한 조절은 분비되는 사이토카인의 강력함 때문에 필요하다.

T_C 세포처럼 활성화된 T_H 세포는 동일한 TCR 특이성을 갖는 작동(effector) T_H 세포와 기억 T_H 세포의 클론을 만든다. 대부분의 작동세포는 림프기관을 떠나 체내를 순환한다.

T 세포는 이식거부를 유발하는 주요 세포이다

T 세포가 신장과 같은 이식조직에서 제시된 비자기 MHC-펩타이드 복합체를 만나면, T 세포 대부분에서 TCR은 이 복합체에 약하게 결합한다. 이는 교차반응의 예이다. 비자기 MHC-펩타이드 복합체의 구조는 자기 MHC-외부-펩타이드 복합체의 구조와 상당히 유사하다. 결과적으로 T 세포는 외래 조직 세포에 결합한다.

TCR과 비자기 MHC-펩타이드 복합체의 결합은 상대적으로 약하지만, 모든 세포의 표면에서 MHC 단백질이 고농도로 존재하기 때문에 T 세포와 이식세포의 결합은 많이 존재한다. 이는 T 세포를 활성화해 외부 조직을 공격하기 시작한다.

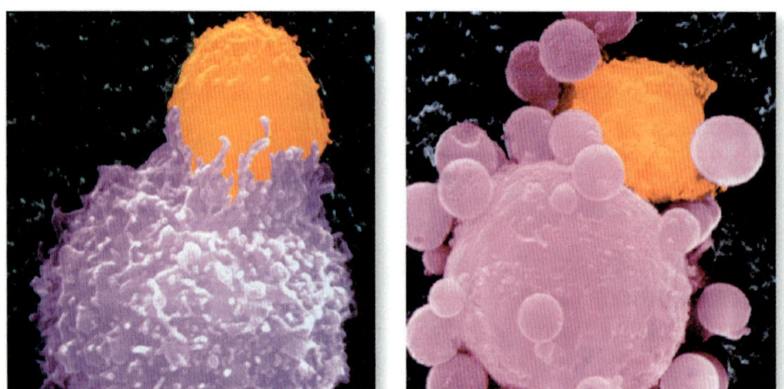

그림 34.12 세포독성 T 세포는 암세포를 파괴한다.
a. 세포독성 T 세포(주황색)는 암세포(자주색)와 접촉한다. *b.* T 세포는 암세포를 "변형된 자기"로 인식하고 암세포의 세포자살을 유도한다.

MHC 단백질의 유전적 특징 때문에 두 사람의 관계가 가까울수록 MHC 단백질의 차이가 적어 이식된 조직에 대한 수용성이 높아진다. 결과적으로 장기이식을 받아야 하는 환자에 대한 공여자로 친척을 찾게 되고, 대립유전자 일치 여부를 조사하기 위한 HLA 검사를 한다.

이식의 면역거부를 억제하기 위해 다양한 약물이 사용된다. MHC가 일치하지 않는 조직을 이식 받은 사람 대부분은 남은 평생 이 약물을 복용한다. 효과적인 약물인 사이클로스포린(cyclosporin)은 림프구 활성화를 억제한다.

선천성 면역체계의 세포는 사이토카인을 분비한다

T_H 세포 외 많은 세포가 사이토카인을 잘 조절된 방식으로 분비한다. 예를 들어, 항원의 식세포작용 또는 TLR과 PAMP 분자의 결합으로 활성화된 대식세포는 인터루킨-12(IL-12)와 같은 사이토카인을 분비하는데, IL-12는 T_H 세포에 결합하여 활성화를 촉진한다. PAMP와 결합한 TLR을 가진 대식세포는 종양괴사인자-α(tumor necrosis factor-α, TNF-α)와 같은 사이토카인을 분비한다. 이 사이토카인들은 혈관에 결합하여 국소적 또는 전신적으로 혈관 투과도를 높인다. 이는 선천성 면역반응을 적응성 면역반응과 연계시킨다.

핵심 요약 34.3

T 세포는 자기 MHC 단백질에 제시된 외부 항원의 펩타이드에 반응한다. 활성화된 T_C 세포는 변형된 자기 세포(바이러스로 감염된 세포 또는 종양 세포)의 세포자살을 유도한다. T_H 세포는 사이토카인을 분비하여 세포매개반응 또는 체액성 면역반응을 촉진한다.

■ T 세포 수용체는 Toll 유사수용체와 어떻게 다를까?

34.4 체액성 면역과 항체 생산

학습 목표

1. 항체 다양성이 생성되는 방식을 설명할 수 있다.
2. 5종의 면역글로불린을 열거할 수 있다.
3. 백신 접종이 어떻게 질병을 예방하는지 설명할 수 있다.

항원에 대한 B 세포 수용체는 원형질막에 내재한 단백질로 존재하는 면역글로불린 분자이다. 34.2절에 설명한 대로 각각의 B 세포는 항원의 특정 항원결정기에 동일한 특이성을 보이는 약 10^5개의 면역글로불린 분자를 갖는다. 항원 경험이 없는 B 세포는 2차 림프기관에서 항원을 만난다. B 세포의 면역글로불린 분자가 항원의 특이적 항원결정기에 결합하고 B 세포가 T_H 세포로부터 분비된 사이토카인 같은 추가 정보를 받으면, B 세포는 활성화되어 형질세포와 기억세포로 분화한다(**그림 34.13**).

각각의 형질 B 세포는 B 세포의 막에 결합한 항체와 동일한 특이성을 갖는 수용성 항체를 생산하는 공장이 된다. 항체는 세포외액뿐만 아니라 림프와 혈액의 순환계로 들어가 항원의 적합한 항원결정기에 결합한다. 항원은 다양한 항원결정기를 가질 수 있어 다른 B 세포가 동일한 항원의 다른 항원결정기를 인식할 수 있다.

면역글로불린이 항원을 감싸면, 다른 여러 세포와 과정이 활성화되어 항원을 제거한다. 파스퇴르가 닭에서 관찰했던 조류 콜레라에 대한 면역은 항체와 항체를 분비하는 B 세포가 지속해서 존재했기 때문이다.

면역글로불린은 가변부위와 불변부위를 가진다

각각의 면역글로불린 분자는 2개의 동일한 짧은 폴리펩타이드인 **경쇄**(light chain)와 2개의 동일한 긴 폴리펩타이드인 **중쇄**(heavy chain)로 구성된다(**그림 34.14**). 면역글로불린 분자의 4개의 사슬은 2황화결합(disulfide bond)으로 연결되어 Y 모양의 분자를 형성한다(**그림 34.14***a*). 각 분자의 가지는 Fab 부위로, 줄기는 Fc 부위로 불린다(**그림 34.14***b*). Fab와 Fc 용어는 면역글로불린 구조에 관한 초기 연구에서 유래했다. 연구자들은 단백질분해효소로 항체를 처리하여 "항원결합(antigen binding)" 부위인 Fab와 "결정화되는(crystallizable)" 부위인 Fc의 2조각으로 분해하였다("F"는 Fragment를 뜻함). 이는 기능적으로도 중요한 의미가 있는데, 동일한 유형의 항체 모두에서 Fc 부위는 사실상 같지만 Fab 부위는 각 항체마다 독특하다.

항체 특이성: 가변부위

많은 면역글로불린 분자의 아미노산 서열을 비교하여 항원결정기에 대한 면역글로불린의 특이성은 Fab 부위의 아미노 말단 절반에 위치함이 증명되었다. Fab의 아미노 말단 절반에서는 면역글로불린마다 아미노산 서열이 달라 **가변부위**(variable region)라 불린다. 경쇄와 중쇄 모두 가변부위를 갖는다.

면역글로불린의 나머지 부위는 아미노산 서열이 면역글로불린마다 상대적으로 일정하여 **불변부위**(constant region)라 불린다(**그림 34.14**). 경쇄와 중쇄 모두 불변부위를 갖는다. 포유류 면역글로불린

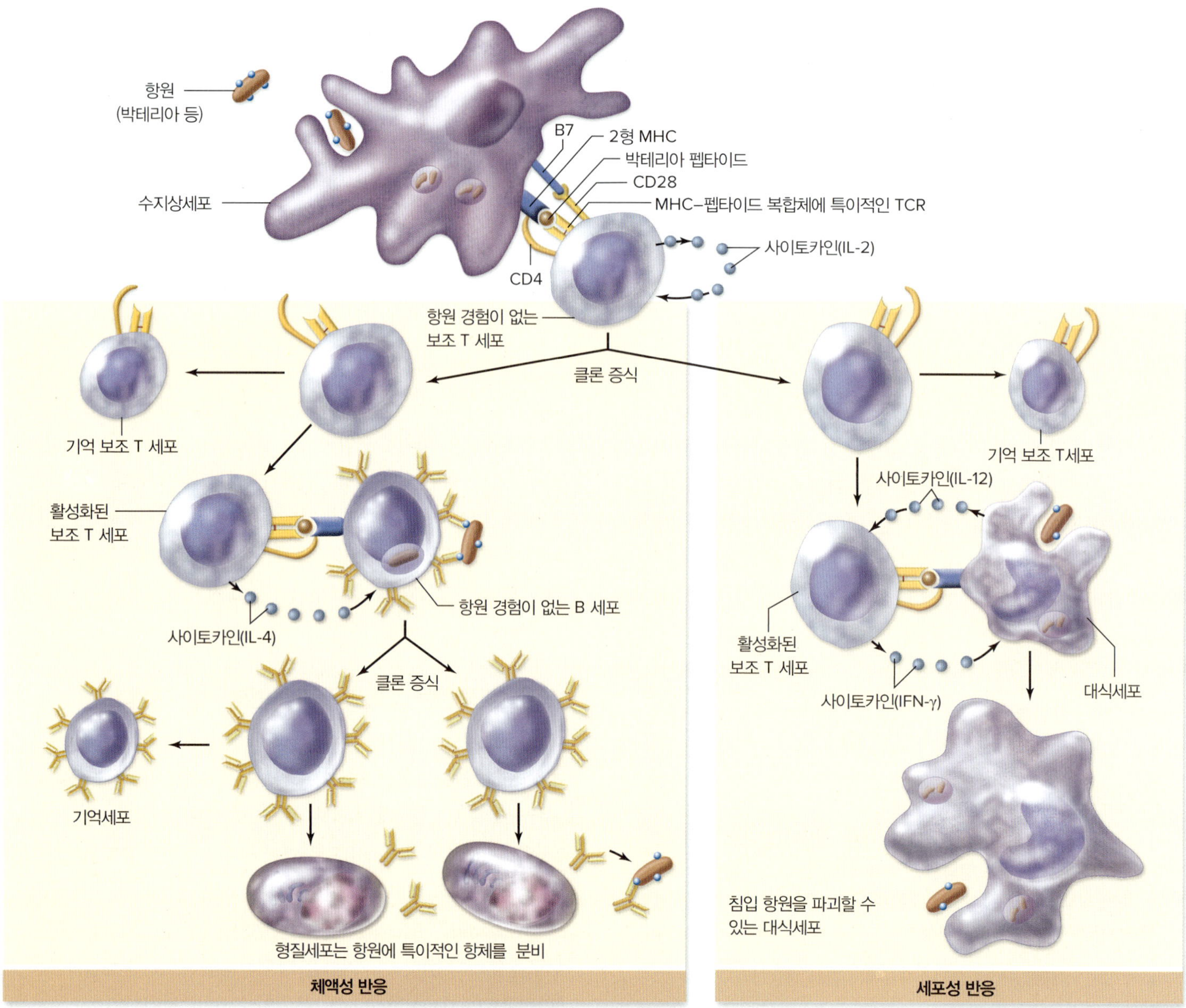

그림 34.13 보조 T 세포는 세포매개면역반응과 체액성 면역반응을 촉진하는 사이토카인을 분비한다.
항원 경험이 없는 보조 T 세포는 수지상세포의 자기 2형 MHC 단백질에 제시된 외부 펩타이드에 결합한 TCR에 의해 활성화된다. 이로 인해 클론은 증식하고 기억세포와 활성화된 세포로 분화한다. T_H 세포는 B 세포에 의해 제시된 동일한 항원을 인식하면 체액성 면역반응을 촉진한다. T_H 세포로부터 인터루킨-4(IL-4) 같은 사이토카인이 분비되면 B 세포를 자극하여 기억세포와 항원에 대해 항체를 분비하는 형질세포를 생산한다. T_H 세포는 또한 인터페론-γ(IFN-γ)를 분비하여 대식세포와 같은 세포 반응에 관여하는 세포를 자극한다. 대식세포는 다른 사이토카인을 분비하여 T_H 세포를 자극한다.

경쇄의 불변부위는 기능이 동일한 2개의 아미노산 서열 κ(카파)와 λ(람다)를 갖는다. 중쇄의 불변부위는 μ(뮤), δ(델타), γ(감마), α(알파), ε(입실론)의 5개 서열로 구성된다. 각각의 중쇄가 특정 유형의 경쇄와 결합하면 IgM, IgD, IgG, IgA, IgE와 같은 한 종류의 면역글로불린이 만들어진다.

항체와 항원의 결합

중쇄와 경쇄의 가변부위는 함께 접혀 **항원결합부위**(antigen-binding site)를 형성한다(**그림 34.14**). 항원결합부위 표면의 아미노산뿐만 아니라 그 크기와 모양이 항원의 항원결정기에 대한 면역글로불린의 특이성을 결정한다.

하나의 면역글로불린은 2개의 동일한 반쪽으로 구성되기 때문에 면역글로불린 하나는 2개의 동일한 항원결정기에 결합하지만, 공간 제약 때문에 일반적으로 하나의 항원에 2개가 동시에 결합하지는 않는다. 이는 항원 분자의 교차결합(crosslinking)을 만들어 항원-항체 복합체가 형성된다(**그림 34.15*a***).

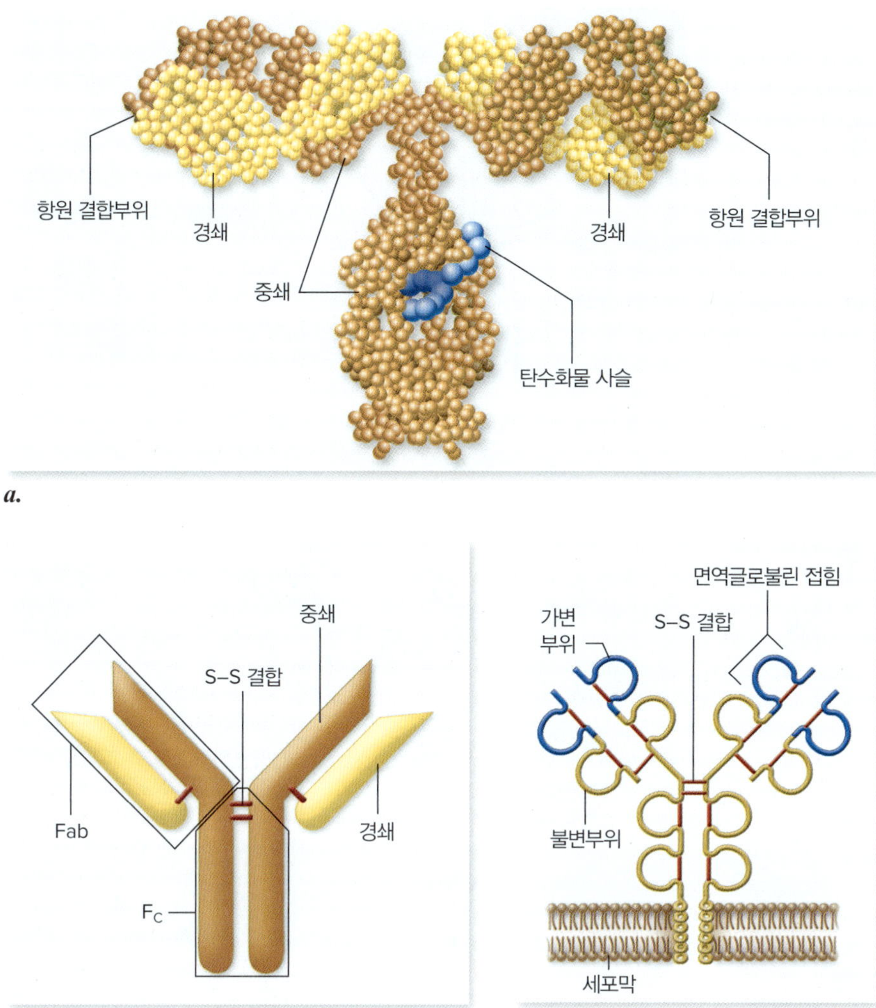

그림 34.14 면역글로불린 분자의 구조. ***a.*** 면역글로불린(Ig) 분자의 구조에서 펩타이드 사슬의 아미노산은 작은 구로 표현된다. Ig는 2개의 중쇄(갈색)와 2개의 경쇄(노란색)로 구성된다. 4개의 사슬은 Y형을 이루는데, Y의 팔에 있는 2개의 동일한 항원결합부위, Fab 부위, Fc 부위로 구분된다. 2개의 Fab 부위는 유연한 연결부위에 의해 Fc 부위와 결합하고 있다. ***b.*** 좀 더 간단한 그림에서는 중쇄(갈색)와 경쇄(노란색)를 막대 모양으로 표현했다. 동일한 구조를 갖는 절반의 분자 각각은 2황화결합으로 연결되어 있고, 각 절반 부위의 중쇄와 경쇄도 2황화결합으로 연결되어 있다. ***c.*** 막 단백질로 나타낸 Ig 분자. 이 그림에서는 중쇄와 경쇄의 구조를 자세히 나타내었다. 각 사슬은 면역글로불린 접힘 모티프를 가진 약 110개의 아미노산으로 구성된 영역 여러 개로 이루어져 있다. 이 영역들은 구형 구조가 2황화결합으로 유지되는 루프로 표현하였다. 각 Fab의 아미노 말단 부위는 항원결정기에 결합하는 가변부위(파란색)이고, 나머지 부위는 불변부위이다.

항체의 종류별 기능: 불변부위

각 면역글로불린의 특이성은 가변부위에 의해 결정되지만, 면역글로불린의 기능은 중쇄 불변부위, 특히 Fc 부위의 불변부위에 의해 결정되는 항체의 종류에 의존한다.

많은 세포는 Fc 수용체를 가지고 있어 면역글로불린의 특정 종류에 결합한다. 그러므로 면역글로불린이 항원결합부위를 통해 항원에 결합하면 식세포와 같은 또 다른 세포가 면역글로불린의 Fc 부위에 결합하여 항원 가까이 이동한다(**그림 34.15***c*). Fc 수용체에 대한 항원-항체 복합체의 결합은 이 세포들을 활성화한다. 이런 방식으로 특이적 면역글로불린은 비특이적 세포를 항원과 결합해 항원을 제거하도록 한다.

5종류의 면역글로불린은 각각 다른 기능을 수행한다

5종류의 항체는 중쇄 불변부위의 서열과 구조에 의해 구분된다. 5종류의 항체는 개인을 보호하는 각각 다른 기능을 갖는다. 항체의 종류별 특징은 **표 34.3**에 요약하였다.

항체는 침입한 병원체를 직접 죽이지는 않는다. 대신 항체는 다른 비특이적 세포 또는 보체계를 활성화해 병원체의 파괴를 일으킨다.

IgM은 항원 경험이 없는 모든 성숙한 B 세포의 표면에 있는 수용체로, 면역반응 동안 분비되는 첫 번째 유형의 항체이다. B 세포의 막에 있는 IgM은 단위체이지만 분비되는 것은 5량체(pentamer)로 분자량은 약 900 kDa이다. 커다란 크기로 순환하는 데 제약이 있지만, 5량체이기에 커다란 항원의 응집(**그림 34.15***a*)과 수용성 항원의 침강(**그림 34.15***b*)에 효율적이다. 항원과 결합한 IgM은 또한 Fc 말단에서 보체 단백질의 결합으로 촉발된 보체 단백질 연쇄반응을 활성화한다.

IgD 또한 항원 경험이 없는 성숙한 B 세포 표면에 IgM과 함께 존재한다. 2개의 IgD 분자가 교차결합하면 B 세포는 활성화되지만, 정상 상태에서 IgD의 분비는 일어나지 않는다. B 세포가 활성화되면, IgD는 더는 세포 표면에 존재하지 않는다. IgD의 다른 기능은

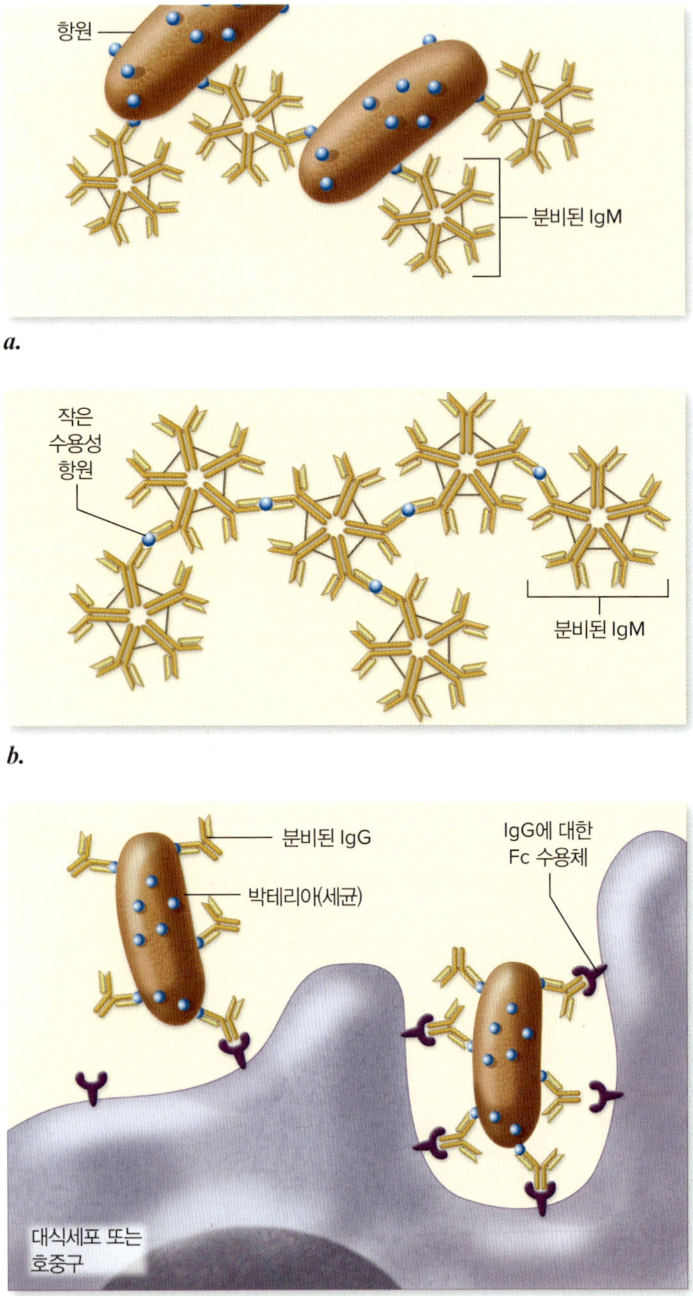

그림 34.15 항체가 항원에 결합하면 항원의 응집, 침강, 중화가 일어난다.
a. 분비된 IgM이 큰 입자형 항원에 결합하면 항원의 뭉침, 즉 응집이 일어난다. *b.* 분비된 IgM이 작은 수용성 항원에 결합하면 침강이 일어난다. 높은 농도(혈장 Ig의 75%)로 인해 분비된 IgG 또한 항원을 응집시키거나 침강시킨다. 그러나 IgG는 5량체인 IgM만큼 침강에 효율적이지는 않다. *c.* 분비된 IgG는 항원을 감싸, 즉 중화하여 숙주와의 결합을 방해한다. IgG에 대한 Fc 수용체(FcR)가 있는 대식세포와 호중구는 항원-항체 복합체에 결합하여 포식하고 파괴한다.

불분명하다.

IgG는 혈장의 주요한 항체로, 조직 대부분에서 혈장 항체의 약 75%를 차지한다. 2차 면역반응(항원에 대한 후속 노출로 촉발되는 반응)에서 생산되는 항체의 가장 흔한 유형이다. IgG는 바이러스,

표 34.3 5종의 면역글로불린

종류		기능
IgM	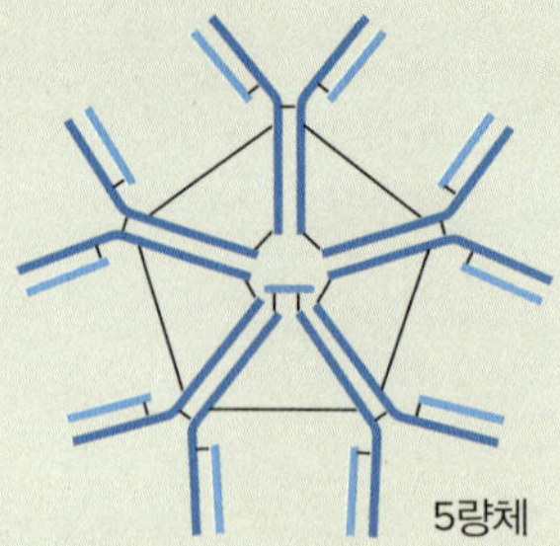	1차 면역반응 동안 분비되는 첫 번째 항체로서 응집반응과 침강반응을 촉진하고 보체를 활성화한다.
IgD	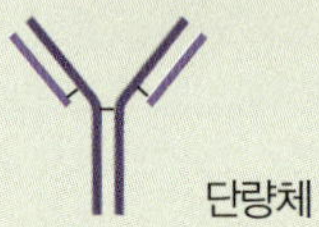	B 세포 표면에만 존재하며, 항원 수용체로 작용한다.
IgG	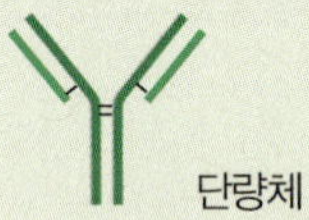	2차 반응 동안 분비되는 주요 항체로서, 항원을 중화하고, 식세포작용을 촉진하고, 보체를 활성화한다.
IgA	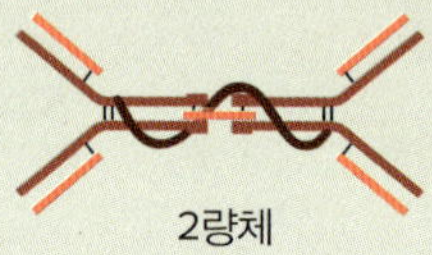	인체 분비물에 존재하는 항체의 주요 유형으로서 MALT의 형질세포에서 분비되는 주요 항체이다.
IgE		Fc는 비만세포와 호염구에 결합한다. 가변부위에 앨러젠이 결합하면 앨러지 반응을 유발하는 매개체가 분비된다.

세균, 세균 유래 독소와 같은 항원에 결합하여 항원을 중화시킴으로써 항원이 숙주에 결합하지 못하도록 한다. 대식세포와 호중구는 Fc 수용체가 있어 항원과 결합한 IgG를 인식하여 식세포작용으로 항원을 제거한다(**그림 34.15***c*). IgG는 또한 태아에게 수동면역을 제공한다. IgG는 모체로부터 태반을 통해 이동한다. 마지막으로 IgG 또한 보체를 활성화해 병원체를 제거하지만, IgM만큼 효율적이지는 않다.

IgA는 침, 눈물과 소화관, 기관지, 비뇨생식관을 덮고 있는 점액 같은 외부로 분비되는 분비액 속의 주요 항체이다. IgA는 주로 이들 표면을 보호하며, 보통 2량체로 분비된다. 점막 아래 위치한 MALT에 있는 많은 형질세포에서 이들 관의 상피세포를 통해 내강(lumen)으로 IgA를 분비한다. 내강에서 IgA는 항원과 결합하여 항원을 중화시킨다. 더욱이, 점막을 통과한 병원체는 점막의 소포에서 분비된 IgA와 결합하여 상피세포를 통해 내강으로 이동한다. 내강에서 병원체는 선천성 면역으로 제거된다. IgA는 또한 모체의 젖에 존재하여 신생아에게 수동면역을 제공한다.

IgE는 혈장에 매우 낮은 농도로 존재한다. 분비되면 대부분은

IgE의 Fc를 인식하는 비만세포와 호염구에 결합한다. 일반적으로 해가 없는 항원이 비만세포와 호염구의 IgE에 결합하면 콧물이 흐르거나 눈이 가려워지는 것과 같은 앨러지 증상이 나타난다(34.5절 참조). IgE는 또한 기생충 감염에 반응하여 분비된다. 이 경우 분비된 IgE는 기생충의 항원결정기에 결합하고, IgE는 호산구의 Fc 수용체에 의해 인식된다. 호산구는 기생충에 만들어진 퍼포린 구멍을 통해 소화효소를 분비하여 기생충을 죽인다.

면역글로불린의 다양성은 DNA 재배열로 만들어진다

척추동물의 면역체계는 제시된 거의 모든 비자기 분자를 외부 물질로 인식할 수 있다. 사람이나 생쥐의 B 세포는 10^{10}개 이상의 다양한 항원결합부위를 생산할 수 있다. 한 사람에서 항원의 항원결정기에 특이적인 모든 항체가 만들어지지는 않지만, 일부 항원결정기를 인식하는 항체들은 꽤 만들어지기 때문에 효과적인 면역반응이 일어난다. 척추동물은 어떻게 항원 인식의 다양성을 만드는가?

해답은 가변부위의 독특한 유전자 방식에 있다. 면역글로불린의 각 사슬에 있는 가변부위는 하나의 DNA 부위에 암호화되지 않고, 대신에 가변부위를 만들어내는 2~3개의 분리된 DNA 절편을 결합하여 합성된다. 이 과정을 DNA 재배열이라 하는데, 감수분열에서 일어나는 교차와 비슷하지만 동일한 염색체의 유전자 자리(locus)에서 일어나고, 부위 특이적(site-specific)이라는 차이가 있다.

선조 B 세포가 골수에서 성숙할 때, 중쇄와 경쇄의 가변부위는 재배열된다. 재배열된 DNA가 전사될 때, 유전자 자리에 따라 중쇄 또는 경쇄의 면역글로불린 폴리펩타이드로 번역되는 mRNA가 만들어

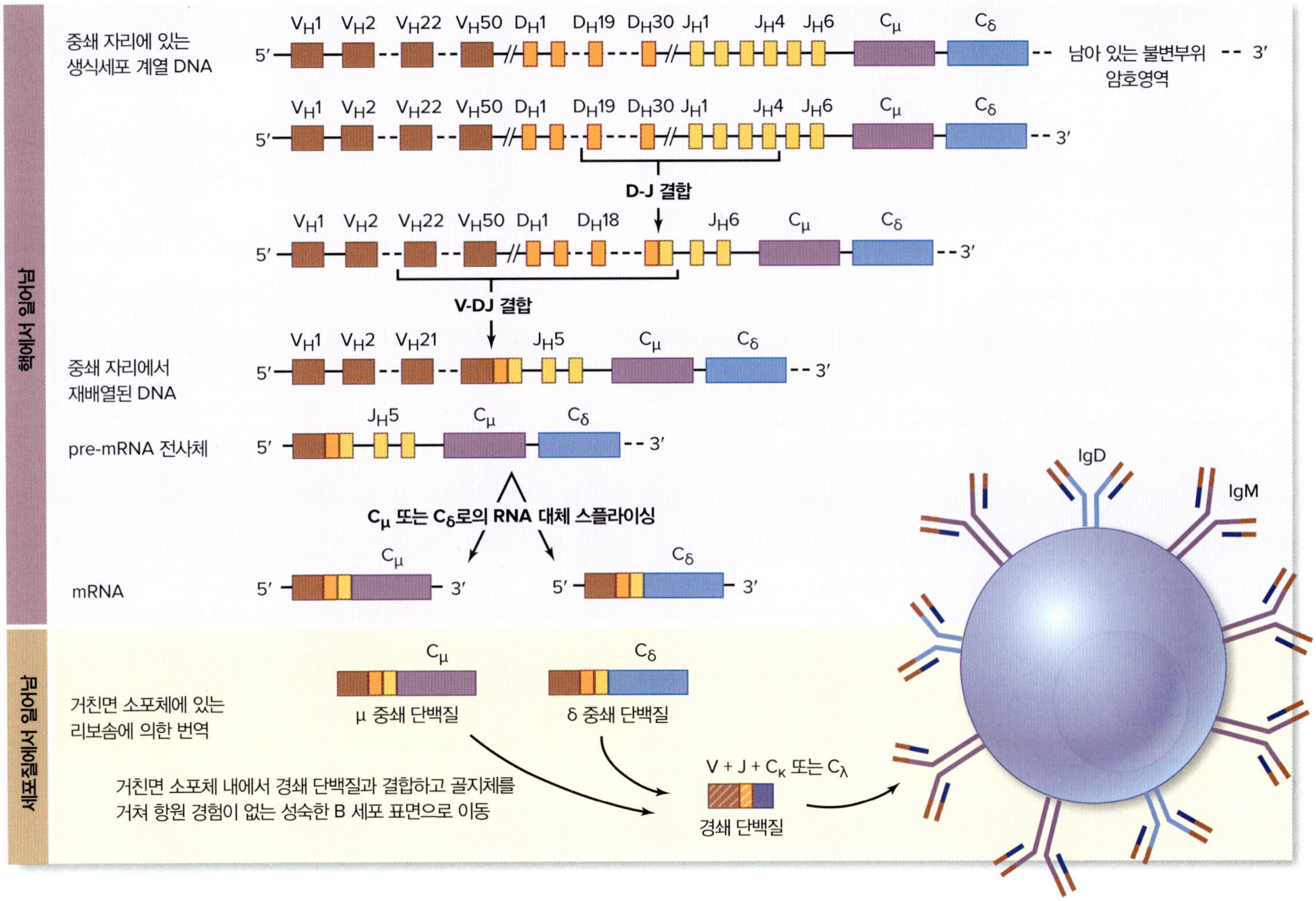

그림 34.16 면역글로불린 다양성은 DNA 절편의 재배열로 형성된다.
면역글로불린(Ig) 단백질은 DNA의 여러 절편인 V, D, J 절편과 불변부위에 의해 암호화되어 있다. 골수에서 성숙하는 동안 DNA는 정확한 순서대로 재배열되고 결합한다. 먼저 D 절편과 J 절편이 결합하고, 이후 DJ는 V 절편에 결합한다. 다른 세포는 다른 V, D, J 절편을 선택하여 Ig 다양성이 나타난다. 전사는 재배열된 VDJ에서 시작하여 불변부위까지 진행된다. Pre-mRNA 스플라이싱으로 가변부위는 μ 또는 δ 불변부위와 결합한다. 이 전사체가 RER 표면의 리보솜에 의해 번역되어 만들어진 중쇄 폴리펩타이드는 경쇄 폴리펩타이드(V, J, C로 암호화됨)와 결합한다. 형성된 단백질은 세포 표면으로 수송되어 항원 경험이 없는 성숙한 B 세포는 IgM(μ 불변부위)과 IgD(δ 불변부위)를 갖는데, 가변부위가 같아 항원 특이성도 같다.

진다. 세포는 한 쌍의 상동 염색체를 가지지만 DNA 재배열은 하나의 상동 염색체에서만 일어나며, 이를 **대립유전자 배제**(allelic exclusion)라 한다. 따라서 B 세포 하나는 하나의 특이성만 갖는 면역글로불린을 만든다.

가변부위 DNA 재배열

몇몇 사람의 면역글로불린 중쇄 유전자의 염기서열 분석으로 이 유전자에는 약 50개의 DNA 절편인 V 절편, 약 30개의 작은 절편인 D 절편, 6개의 작은 절편인 J 절편이 순서대로 있음이 확인되었다. 각각의 V 절편은 대략 같은 크기이지만, 뉴클레오타이드 서열은 모두 달라 암호화하는 아미노산은 다르다. D와 J 절편에서도 마찬가지이다.

면역글로불린 DNA 재배열은 부위 특이적 재조합(site-specific recombination)으로 D 절편 하나를 J 절편 하나와 연결하는 것으로 시작한다(**그림 34.16**). 동일한 염색체의 2곳 사이에서 일어난 재조합으로 중간에 있는 DNA는 결실되어 이후 분해된다. 또 하나의 부위 특이적 재조합으로 재배열된 DJ 절편이 V 절편에 결합하고 중간에 있는 DNA는 결실된다. V, D, J의 선택은 세포마다 무작위로 일어난다.

V, D, J의 조합으로 약 9000개의 중쇄 가변부위 서열이 생성된다. 비슷한 방식으로 경쇄 가변부위가 형성되는데, 경쇄 가변부위는 V 절편과 J 절편으로만 구성된다.

또 다른 과정으로 가변부위 서열은 더 다양화된다. DNA 절편이 서로 결합할 때, 몇 개의 뉴클레오타이드가 각 절편의 끝에서 삽입되거나 결실되어 약간 불완전한 결합이 일어나 번역틀(reading frame)이 달라진다. B 세포는 성숙하는 동안 중쇄 가변부위와 경쇄 가변부위의 어떤 조합이라도 발현한다. 마지막으로, 체세포 과다변이(somatic hypermutation)로 인해 돌연변이 비율이 높다. 이 모든 것을 고려하면 10^{10}개 이상의 가변부위가 만들어진다.

전사와 번역

가변부위를 암호화하는 DNA 재배열이 끝나면, pre-mRNA 전사체 형성은 재배열된 가변부위의 5′ 말단에서 시작하여 불변부위 엑손(exon)으로 진행된다. 더 자세히 표현하면, 경쇄를 암호화하는 pre-mRNA 전사체는 재배열된 VDJ에서 시작하여 μ와 δ 불변부위를 암호화하는 엑손으로 진행한다(**그림 34.16**).

RNA 전사체의 대체 스플라이싱(alternative splicing)으로 재배열된 VDJ의 3′에 남아 있는 불필요한 J 절편이 제거되고 δ 또는 μ 중 하나의 서열이 제거되어 VDJ 가변부위와 μ 또는 δ 중 하나의 불변부위 엑손만 있는 전사체를 만든다. 번역 후 μ 또는 δ 중쇄 폴리펩타이드가 경쇄 폴리펩타이드와 결합하여 거친면 소포체에 존재한다. 따라서 항원 경험이 없는 성숙한 B 세포는 표면에 IgM과 IgD를 발현하는데, 동일한 항원-결합 특이성을 갖는다(**그림 34.16**).

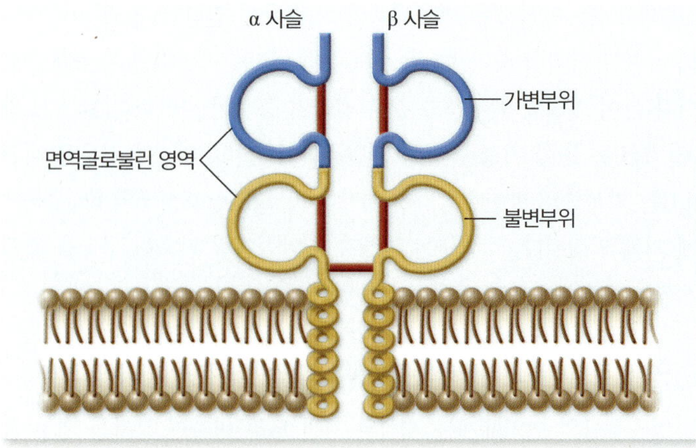

그림 34.17 면역글로불린 Fab와 유사한 TCR의 구조.
TCR은 2황화결합(붉은색)으로 연결된 2개의 사슬(일반적으로 α와 β)로 구성된다. 각 사슬은 Ig Fab에서처럼 2개의 면역글로불린 영역을 갖는다. 각 사슬의 아미노 말단은 가변부위로 MHC-펩타이드 복합체에 결합하고, 막 쪽에는 불변부위가 있다. Ig와는 달리 TCR은 분비되지 않는다.

T 세포 수용체

이제 T 세포 수용체로 돌아가서 B 세포의 면역글로불린과의 유사성을 살펴보자. TCR의 구조는 본질적으로 면역글로불린 분자의 Fab 부위와 같다(**그림 34.17**).

TCR은 2개의 단위체를 갖는 단백질로, 약 95%의 TCR은 α 사슬 하나와 β 사슬 하나로 구성된다. 두 폴리펩타이드의 아미노 말단 절반이 자기 MHC-펩타이드 복합체에 결합하는 가변부위이고 막 쪽 절반은 불변부위이다. TCR의 가변부위 유전자 자리 또한 다양한 DNA 절편(V, D, J 또는 V, J)을 가지며 면역글로불린 유전자 절편과 비슷한 방식으로 효소에 의해 연결된다. 구조와 DNA 재배열의 유사성은 면역글로불린처럼 다양한 TCR을 생산한다.

> **? 탐구문제** Ig와 TCR의 공통된 구조 및 생성 메커니즘이 B 림프구와 T 림프구의 진화 및 Ig와 TCR 단백질에 대해 제시하는 것은 무엇인가?

항원에 대한 2차 반응은 1차 반응보다 더 효과적이다

특정 항원이 체내로 들어오면, 적절한 수용체를 가진 항원 경험이 없는 림프구와 우연히 만나 면역반응을 일으킨다. 병원체가 처음 침입하면 몇 개의 B 세포 또는 T 세포만이 수용체로 병원체의 항원결정기 또는 자기 MHC에 결합한 외부 펩타이드를 인식한다. 따라서

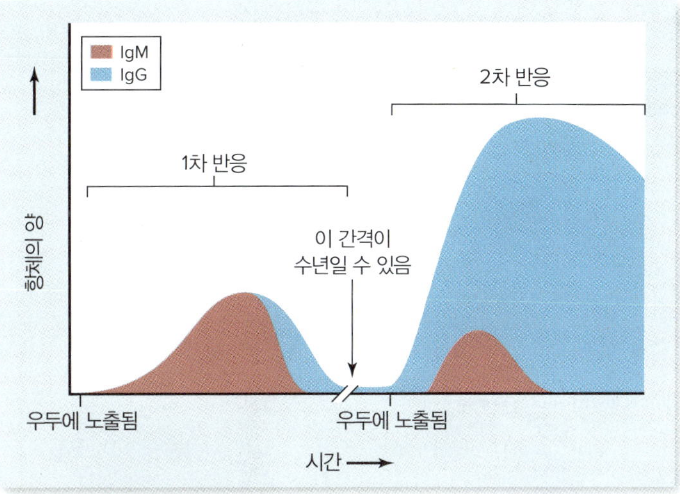

그림 34.18 능동면역의 개발.
제너의 환자에게 형성된 천연두에 대한 면역은 우두 접종으로 인해 우두뿐만 아니라 천연두 항원에도 결합하는 수용체를 가진 기억세포를 포함하는 림프구 클론이 형성되었기 때문이다. 2차 노출은 기억세포를 자극하여 동일한 특이성을 갖는 항체를 1차 면역 때보다 대량으로 빠르게 생산한다. 1차 반응 동안 생산된 첫 번째 항체는 IgM(붉은색)이지만, 1차 반응 말기에는 IgG(파란색)가 분비된다. 2차 반응 동안 분비되는 항체 대부분은 IgG이지만, MALT에서 항원 자극으로 활성화된 B 세포에서 분비되는 항체는 IgA이고, 앨러지와 같은 상황에서 분비되는 항체는 IgE이다.

단지 몇 개의 세포가 면역반응을 일으키는 첫 번째 접촉에서는 질병의 증상이 나타난다. T 세포와 B 세포의 클론 증식이 일어나고 IgM 항체가 분비되기까지 며칠이 걸린다(**그림 34.18**).

1차 반응 동안 많은 기억세포가 만들어지기 때문에 동일한 병원체가 다시 침입하면 면역체계는 준비가 되어 있다. 기억세포는 항원 경험이 없는 림프구보다 빠르게 활성화되기 때문에, 2차 면역반응은 1차 면역반응보다 빠르게 시작되고 정점에 이른다. 클론 증식이 추가로 일어나 대량의 항체가 분비되는데, 일반적으로 IgG이지만 IgA와 IgE 또한 분비될 수 있다(**그림 34.18**). 생산될 면역글로불린의 종류는 2차 반응 동안 B 세포에 결합하는 활성화된 T_H 기억세포에서 유래한 사이토카인에 의해 결정된다.

면역글로불린은 종류마다 기능이 다르므로 면역반응 동안 다른 면역글로불린이 생산되는 것은 유익하다. 동일한 항원에 대한 두 번째 노출에서 기억세포는 활성화되어 IgM 이외의 항체를 분비하지만, 다른 항원 경험이 없는 B 세포는 항원을 처음 인식하기 때문에 활성화되어 IgM을 분비한다.

기억세포는 수십 년을 생존할 수 있는데, 이것이 백신 접종 후 수두에 걸린 경우가 드문 이유이다. 백신은 1차 반응을 유도하여 이후 병원체에 노출될 때 빠르고 강한 2차 반응을 일으켜 질병 증상이 나타나기 전에 감염을 종료시킨다. 유년기에 질병을 일으키는 바이러스는 해가 지나도 변화가 거의 없는 표면 항원을 가지기 때문에 동일한 항체가 수십 년 동안 효과적이다.

핵심 요약 34.4

항체는 가변부위로 항원을 인식하고 결합한다. 가변부위는 독특한 DNA 절편의 연결로 암호화되어 항원 인식의 다양성을 제공한다. 항체에는 또한 IgA, IgD, IgE, IgG, IgM의 5종류의 불변부위가 있어 기능을 결정한다. 백신 접종은 인공적으로 항원을 제시하여 1차 반응을 유도한다. 이후 항원을 가진 병원체와 만나면 병원체는 2차 반응으로 신속히 제거된다.

■ Ig 수용체는 TLR 수용체와 어떻게 다를까?

34.5 자가면역과 과민반응

학습 목표

1. 자가면역질환을 정의할 수 있다.
2. 앨러지 반응의 메커니즘을 설명할 수 있다.

때로 면역체계는 질병의 치료가 아닌 원인이 된다. 외부 항원에 대한 부적절한 또는 과도한 반응뿐만 아니라 자기 항원에 대한 부적절한 반응이 일어나 조직 손상을 일으킨다.

성숙한 동물의 면역체계는 정상적으로는 자기 자신의 조직에 반응하지 않는다. 자기 세포에 대한 수용성을 **면역내성**(immunological tolerance)이라 한다. 태아의 면역체계는 발달함에 따라 내성을 거쳐 자기 분자에 대한 반응 능력을 상실한다.

1차 림프기관에서 선택되는 동안 자기 반응성이 있는 모든 T 세포와 B 세포가 세포자살을 하는 것은 아니다. 건강한 정상인도 잠재적으로 자기 반응성인 성숙한 림프구를 갖는 것으로 알려져 있다. 그러나 이 세포들의 활성은 조절되고 억제되어 자기 항원에 반응하지 않는다. 이러한 조절과 억제가 무너지면, 자기 항원에 대한 체액성 또는 세포매개 면역반응이 나타나 심각하거나 때로는 치명적인 질병을 일으킨다.

또한 외부 항원에 대한 면역반응이 항원을 실제로 제거하는 것보다 더 강하게 일어나는 경우 항원에 대한 반응은 부적절해 보인다. 따라서 항원을 제거하는 국소적 염증반응 대신에, 강력한 조직 손상이 일어나 때론 죽음에 이른다.

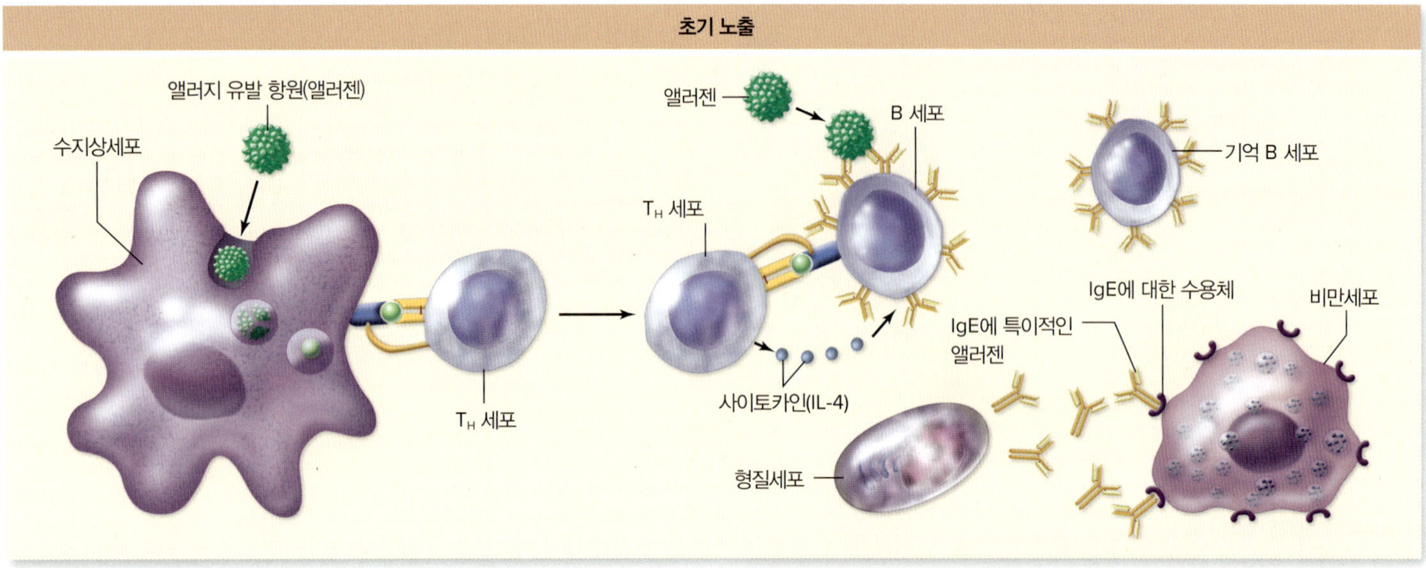

그림 34.19 앨러지 반응.
앨러젠에 대한 초기 노출에서 B 세포는 활성화하여 IgE 항체를 분비한다. 이들 항체의 혈장 농도는 매우 낮지만 비만세포 또는 호염구의 Fc 수용체에 결합한다. 앨러젠에 대한 후속 노출에서 앨러젠은 비만세포와 호염구에 있는 동일한 항원결정기 특이성을 갖는 인접한 2개의 IgE 분자의 가변부위와 교차하여 결합한다. 이로 인해 세포로부터 히스타민과 기타 염증 매개체가 분비되어 앨러지 증상이 일어난다.

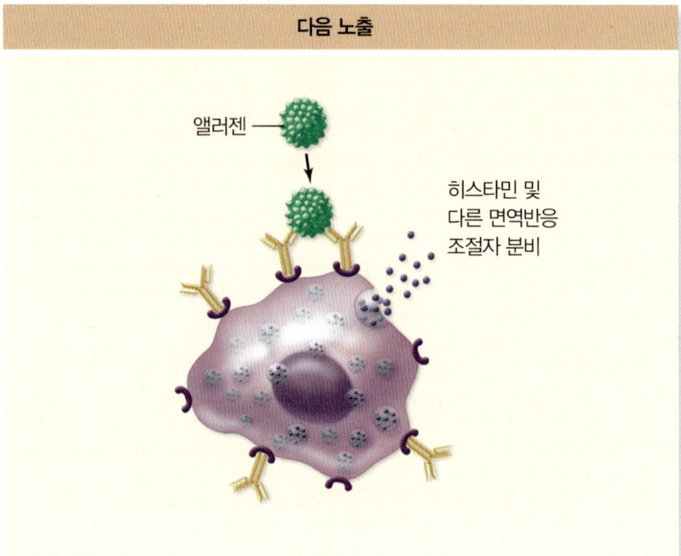

자가면역질환은 자신의 조직에 대한 면역계 공격의 결과이다

자가면역질환은 면역내성의 실패로 일어난다. 자기반응 T 세포가 활성화되면 자기반응 B 세포는 자가항체를 분비하여 염증과 장기 손상을 일으킨다. 자가면역질환으로 알려져 있거나 자가면역질환으로 의심되는 80가지 이상의 질병이 있으며, 이는 인구의 8%에 영향을 준다. 이유는 모르지만 자가면역질환자의 78%는 여성이다.

자가면역질환은 다양한 메커니즘으로 일어난다. 예를 들어, 자기 항원은 정상적으로는 면역체계로부터 숨겨져 있다. 나중에 노출되면 면역체계는 이 항원을 외부 물질로 간주한다. 예를 들어, 갑상선 소포 안에 있던 단백질은 갑상선의 자가면역 파괴를 일으킨다(하시모토 갑상선염, Hashimoto thyroiditis). 눈에서 분비되는 항원에 의해서는 교감성 안염(sympathetic ophthalmia)이 일어난다.

면역 공격은 염증을 일으키고 염증은 조직과 기관 손상을 일으키기 때문에, 자가면역질환의 증상을 완화하기 위해 면역체계는 억제되어야만 한다. 면역억제는 일반적으로 코르티코스테로이드(corticosteroid)와 아스피린 같은 비스테로이드성 항염증제를 투여하여 이루어진다.

앨러지는 항원에 대한 IgE 분비로 야기된다

가장 흔한 형태의 앨러지는 즉시형 과민반응이다. 일반적으로 앨러젠으로 불리는 항원에 반응하여 IgE가 과도하게 생산된 결과이다. 즉시형 과민반응을 일으키는 앨러젠에는 다양한 음식, 곤충의 독소, 이끼, 동물 털, 꽃가루 등이 있다. 가장 흔한 앨러지로는 꽃가루 앨러지가 있는데, 돼지풀(*Ambrosia* species) 또는 다른 식물의 꽃가루로 인해 발생한다. 앨러지는 앨러젠에 반응하여 수 초에서 수 분 내에 발생하기 때문에 "즉시형"으로 명명되었다.

앨러젠에 노출되면 첫 번째 또는 처음 몇 번 동안 앨러젠은 B 세포에 결합하고 활성화해 앨러젠 특이적 면역글로불린이 분비되기 시작한다. 활성화된 T_H 세포가 IL-4와 같은 사이토카인을 분비하여 B 세포와 결합하면 IgE 항체가 분비된다. B 세포는 IgG 분비에서 IgE 분비로 빠르게 전환한다.

IgG와 다르게 IgE는 빠르게 비만세포와 호염구에 결합한다. 동일한 앨러젠에 다시 노출되면, 앨러젠은 비만세포와 호염구에 결합한 동일한 IgE의 가변부위에 특이적으로 결합한다. 이 결합으로 세포는 히스타민(histamine), 프로스타글란딘(prostaglandin), 기타 화학적 매개물을 분비하여 앨러지 증상을 일으킨다(**그림 34.19**).

전신적 아나필락시스(systemic anaphylaxis)에서 빠른 염증반응과 화학적 매개물의 분비로 앨러지 반응은 심각하고 치명적일 수 있다. 혈압이 급격히 떨어지고, 목이 부어 기도를 막고, 기관세지가 수축하여 폐로 공기 흐름이 일어나지 않는다. 이런 증상을 종합하여 **아나필락시스 쇼크**(anaphylactic shock)라 한다. 즉각적인 의학적 치료가 없으면 20~30분 이내에 사망할 수도 있다.

다행히도 앨러지가 있는 사람 대부분은 가려운 두드러기 또는 가벼운 천식의 호흡기 수축 같은 **국소적 아나필락시스**(local anaphylaxis)만을 경험한다. 음식 앨러젠으로 인한 설사는 또 다른 형태의 국소적 아나필락시스이다.

앨러지는 전통적으로 항히스타민제로 치료되는데 수용체에 결합하여 비만세포로부터 분비되는 히스타민을 억제한다. 비만세포와 호염구의 활성화를 막아 매개체를 분비하지 못하도록 하는 다양한 약물이 개발되었다. 저과민성(hyposensitization) 치료는 또 다른 선택이다. 앨러지가 있는 사람에게 수개월 동안 농도를 높여가며 앨러젠(allergen)을 주사하는 것이다. 이 치료로 앨러지 비염(allergic rhinitis) 또는 천식이 있는 사람에서 IgE보다 IgG가 더 분비되어 앨러지 증상이 서서히 감소하였다.

지연형 과민반응은 T_H 세포와 대식세포에 의해 매개된다

지연형 과민반응은 T_H 세포와 대식세포에 의해 매개되어 항원에 대한 2차 노출 후 약 48시간 안에 증상이 나타난다. [첫 번째 노출은 훨씬 더 느린 1차 반응(34.4절에서 설명)을 일으키는데, 증상의 발현이 없는 경우가 많다.] 지연형 과민반응 중 하나가 접촉성 피부염인데, 덩굴옻나무(poison ivy), 귀금속의 니켈, 몇몇 화장품 성분과 같은 다양한 물질에 의해 야기된다. 덩굴옻나무와 접촉하면 피부로 들어온 성분이 피부 단백질과 결합하여 이 단백질을 외부 물질로 여기게 한다. 지연형 과민반응은 침입한 항원이 일반적으로 림프절인 2차 림프기관으로 이동하여, T_H 세포가 활성화되는 것을 필요로 한다. 이 활성화된 T_H 세포가 체내를 순환하며 항원을 섭취한 대식세포를 만나면, T_H 세포는 대식세포를 활성화하는 사이토카인을 분비한다. 대식세포는 또 다른 사이토카인을 분비하여, 덩굴옻나무의 경우 피부에 가려운 두드러기가 생긴다. T_H 세포의 활성화와 이후 대식세포의 활성화까지 걸리는 시간이 항원에 대한 반응이 지연된 이유이다.

핵심 요약 34.5

자가면역, 앨러지(즉시형 과민반응), 지연형 과민반응은 모두 부적절하거나 증진된 면역반응의 예이다. 자가면역은 자기 내성의 상실로 발생한다. 앨러지는 앨러젠이 비만세포의 막에 있는 IgE와 결합하였을 때 나타나는 빠른 반응과 관련 있다. 병원체 또는 덩굴옻나무와 같은 자극물에 대한 지연형 과민반응은 T_H 세포와 대식세포에 의해 매개된다.

■ 앨러지는 자가면역질환과 어떻게 다를까?

34.6 의학적 치료와 진단의 항체

학습 목표

1. ABO식 혈액형에서 항원-항체 반응을 설명할 수 있다.
2. 단일클론항체를 정의할 수 있다.
3. 진단에 사용되는 단일클론항체를 설명할 수 있다.

척추동물 면역체계는 질병의 의학적 치료에 다양한 영향을 준다. 2가지 예로 혈액형과 수혈에서의 영향, 진단과 치료에서 단일클론항체의 사용에 대해 알아본다.

혈액형은 적혈구 표면에 제시된 항원을 의미한다

혈액형은 적혈구 표면의 특정 항원에 의해 결정된다. 이 항원들은 임상적으로 중요한데, 수여자와 공여자 사이에 혈액형이 맞아야 수혈할 수 있다.

ABO식 혈액형

10장에서 **ABO식 혈액형**을 공부하였다. 적혈구 표면의 단백질-당 복합체는 항원으로 기능하는데, 존재하는(없을 때는 O형) 당에 따라 항원이 달라진다. 면역체계는 자신의 적혈구 항원에는 내성이 있지만, 다른 항원에는 항체를 만들어 응집하고 외부 적혈구를 파괴한다. 명백히 상재균총의 일부 세균 탄수화물에 반응하여 만들어지는 IgM 항체는 또한 적혈구의 단당류 차이를 인식한다. 자신의 세포에 존재하는 탄수화물 패턴에 대해서는 항체를 만들지 않는다.

Rh 인자

혈액에 존재하는 또 다른 중요한 항원은 Rh 항원, 즉 **Rh 인자**(Rh

factor)이다. 이 단백질은 적혈구 표면에 있거나(Rh 양성) 없다(Rh 음성). Rh 음성인 사람이 Rh 양성 혈액을 수혈받으면 수혈된 세포의 외부 Rh 단백질에 대한 항체를 만든다.

Rh 음성인 여성이 Rh 양성인 태아를 임신하면 신생아에서 신생아 용혈 질병(hemolytic disease of newborn, HDN)이 일어날 수 있다. 첫 번째 아이에서는 대체로 이상이 없다. 그러나 첫째 아이를 출산할 때, Rh 음성인 여성의 면역체계는 태아의 혈액에 노출된다. 결과적으로 여성은 Rh 항원에 대한 항체와 기억 B 세포를 생산한다. 다음번 임신에서 태아 혈액에 노출되면, 기억세포의 활성화로 IgG 항체가 분비되고 태반을 통과하면 태아의 적혈구 세포가 파괴된다.

혈액형 검사는 외부 혈액 항원에 대해 생산된 순환하는 IgM 항체를 이용하여 판정된다. A형 혈액을 B형 또는 O형인 사람의 혈청과 혼합하면, 혈청의 항A 항체가 A형 적혈구 세포를 응집시킨다. A형 혈액을 A형 또는 AB형의 혈청과 혼합하면 응집이 일어나지 않는다.

비슷한 방식으로 Rh 음성의 혈청을 적혈구 세포에 혼합했을 때 적혈구가 응집되면 Rh 양성 적혈구임을 의미한다. 이 경우 혈액은 수혈에 적합하지 않다.

수혈 이전의 혈액형 검사는 수혈 수여자에서 부적합 세포의 파괴를 예방할 수 있다. ABO식, Rh식을 포함하여 200가지 이상의 혈액형이 파악되었다. ABO식, Rh식 이외의 혈액형은 드문데, 부적합의 위험이 있는 사람은 수술 전에 자신의 혈액을 **자가헌혈**(autologous blood donation) 방식으로 비축할 필요가 있다.

수혈반응은 적합하지 않은 혈액을 수혈한 결과이다

20세기 초 혈액형 검사가 도입되기 이전에는 수혈반응에 따른 사망 때문에 혈액 수혈은 마지막 수단이었다. ABO식 혈액형이 부적합한 혈액을 받으면 즉각적인 수혈반응이 일어난다. 전형적으로 수혈 시작 후 5~8시간 이내에 수혈받은 적혈구 세포의 급격한 혈관 내 용혈이 일어난다. 용혈은 외부 항원에 대한 IgM의 결합과 보체계 활성의 결과이다. 이 결과로 적혈구 세포막에 막공격복합체(MAC)가 형성되고 세포의 빠른 삼투성 용해(osmotic lysis)가 일어난다.

적혈구로부터 방출된 헤모글로빈은 **빌리루빈**(bilirubin)으로 전환되는데, 세포에 독성이 있어 장기 손상, 특히 신장 손상을 일으킨다. 이 경우 주요한 치료법은 수혈을 즉시 중단하고 정맥으로 용액을 대량 투여하여 빌리루빈을 씻어내는 것이다.

단일클론항체는 진단과 치료의 중요한 도구이다

알려진 항원에 대한 항체를 얻기 위해서는 화학적으로 항원을 분리하여 실험동물(척추동물)에 주사한다. 몇 번의 면역 접종 후 주기적으로 혈액을 채취하면 항원에 대한 혈청 항체가 분리된다. 그러나 항원은 전형적으로 많은 항원결정기를 가지고 있어, 이 방식으로 얻은 항체는 **다클론**(polyclonal), 즉 다양한 특이성을 가진 B 세포에 의

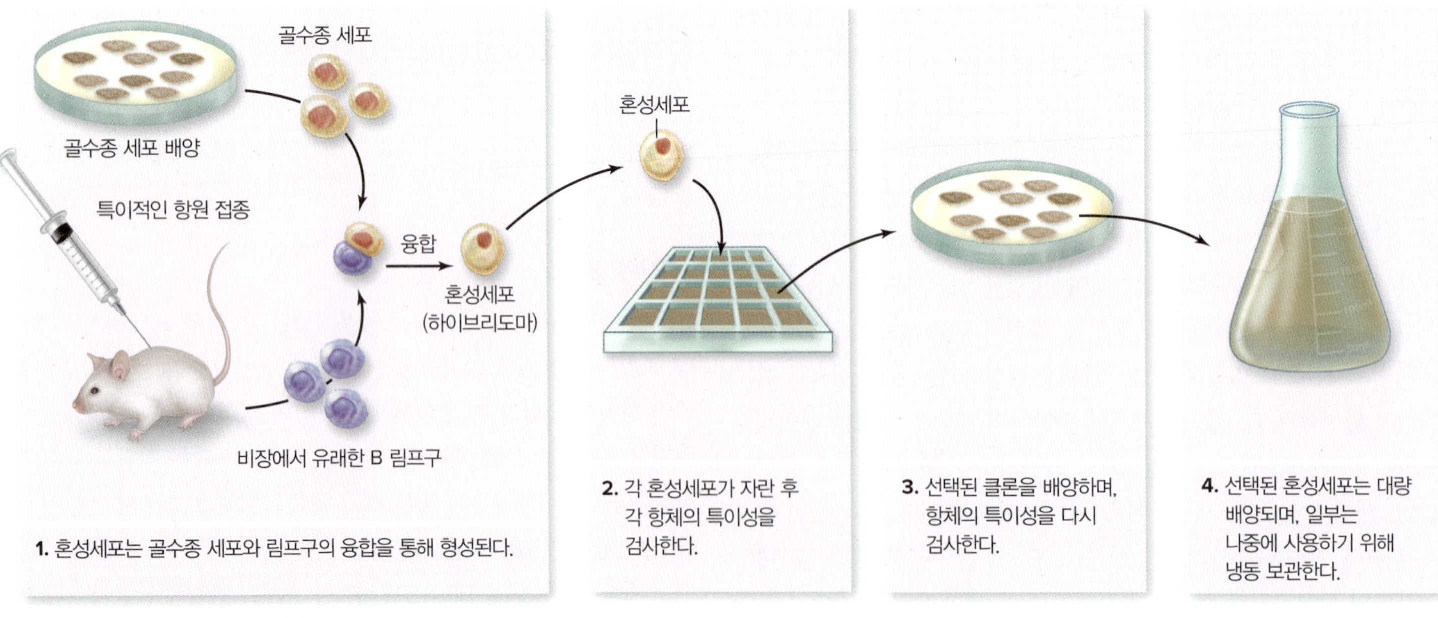

그림 34.20 단일클론항체의 생산.
이 항체는 한 종류의 특이성만 가지며 "혼성세포(하이브리도마, hybridoma)" 세포에 의해 생산된다. 이는 특정 항원 결정부위에 특이적인 B 세포와 Ig를 분비하지 않지만, 무한히 분열하는 B 세포의 종양인 골수종 세포와의 융합에 따른 결과이다. 혼성세포 생산 후, 각 혼성세포에서 생산되는 항체가 원하는 항원에 대해 특이적인지 검증한다. 선별된 혼성세포는 항체 생산을 위해 대량으로 배양되고 나중에 사용하기 위해 얼린다.

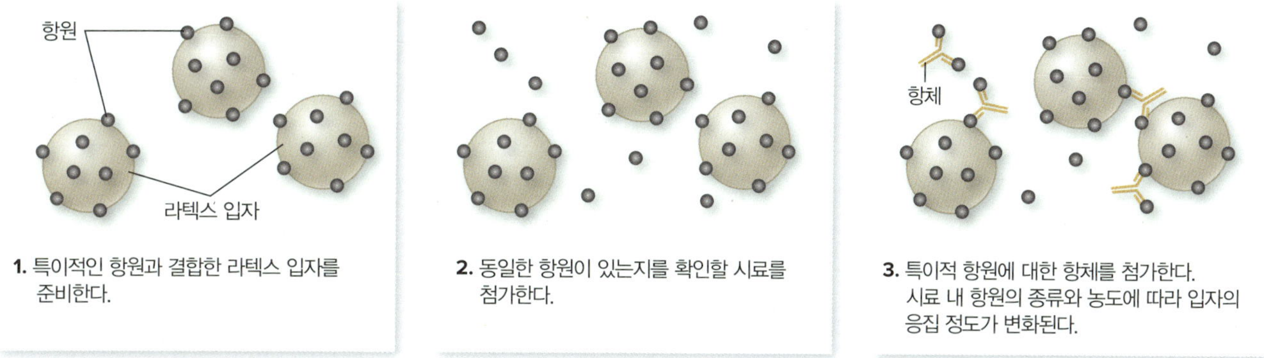

그림 34.21 항원을 검출하기 위한 단일클론항체의 사용.
임신진단검사와 같은 많은 임상 검사에서 단일클론항체를 사용한다. 특정 항원이 부착된 라텍스 입자에 이 항원에 대한 항체와 시료를 첨가한다. 시료에 추정 항원이 없으면 항체는 입자를 응집시킨다. 시료에 이 항원이 있으면 항체와 결합하여 항체에 의한 입자의 응집을 저해한다.

자료 분석 소변에 있는 고농도의 hCG는 응집 검사에서 어떻게 확인되는가?

해 분비된 항체이다. 다클론 항체는 특정 항원결정기에 대한 민감도(sensitivity)를 낮추어, 다른 항원에 있는 유사한 항원결정기와 교차반응(crossreactivity)을 일으킬 수 있다.

반면에 **단일클론항체**(monoclonal antibody)는 하나의 항원결정기에만 특이적이다. 단일클론항체를 얻기 위해서는 일반적으로 생쥐를 항원으로 몇 차례 면역 접종하고 희생시켜 항원의 항원결정기에 특이적인 B 림프구를 생쥐의 비장에서 확보한다. 이 B 세포는 배양 중 곧 죽기 때문에 1975년 처음 개발된 기술을 사용하여 다발성 골수종(myeloma) 세포와 융합시킨다. 골수종 세포는 면역글로불린 분비를 제외하고는 형질세포의 모든 특징을 갖는데, 가장 중요한 특징은 무제한 분열할 수 있다는 점이다. B 세포와 골수종 세포의 융합으로 **혼성세포**(hybridoma cell)가 만들어지는데, 무제한 분열하면서 하나의 B 세포에서 유래하는 동일한 특이성을 가진 단일클론항체를 지속해서 분비한다(**그림 34.20**).

단일클론항체와 진단검사

단일클론항체를 대량으로 얻게 되면서 좀 더 민감한 임상 시험 검사의 개발이 가능해졌다. 예를 들어, 임신진단검사에서 임신 초기 분비되는 인간융모성생식샘자극호르몬(human chorionic gonadotrophin, hCG)에 대한 단일클론항체가 사용된다. 이 검사에서 hCG로 덮인 라텍스 입자(hCG-coated latex particle)를 소변 시료와 항hCG 항체에 넣는다. 소변에 hCG가 있으면 hCG는 항체가 hCG 입자에 결합하는 것을 막아 응집을 방해하는데, hCG의 존재로부터 임신했음이 판정된다(**그림 34.21**).

후천성면역결핍증(acquired immunodeficiency syndrome, AIDS)은 T_H 세포가 파괴되는 특징을 가지고 있다. 질병의 진행정도는 환자의 백혈구가 T_H 세포의 표지인 CD4에 대한 단일클론항체에 반응하는 것으로부터 T_H 세포 수의 감소를 추적하여 측정된다.

핵심 요약 34.6

혈장의 혈액형 항체로 인해 과거의 혈액 수혈은 위험하고 종종 치명적이었다. O형 적혈구에는 표면 항원은 없고, O형인 사람의 혈청에는 항A 항체와 항B 항체가 있다. A형인 사람은 항B 항체를, B형인 사람은 항A 항체를 생산한다. AB형 혈청에는 항A 항체와 항B 항체가 모두 없지만, 적혈구는 두 항원을 모두 가지고 있다. 단일클론항체는 하나의 항원결정기에만 특이적이다. 혼성세포 기술로 진단검사와 종양 제거에 사용할 단일클론항체를 생산한다.

■ 진단검사에서 다클론항체보다 단일클론항체를 사용하는 이유는 무엇일까?

34.7 면역체계를 회피하는 병원체

학습 목표

1. 병원체가 어떻게 항원 특이성을 바꾸는지 설명할 수 있다.
2. 면역체계가 어떻게 병원체의 진화에 영향을 주는지 서술할 수 있다.

병원체가 숙주에 정착하여 성공적으로 병원체를 재생산하는 감염을 일으키기 위해서는, 병원체는 반드시 비특이적 면역체계와 특이적 면역체계 모두를 회피하여야 한다. 병원체의 특이적 항원결정기에 대해 성립된 면역으로 인한 선택압력(selective pressure)에 반응하여, 많은 병원체는 표면 항원의 구조를 바꾸어 더는 인식되지 않도록 한다. 이는 자연선택의 한 형태로, 변형된 표면 항원을 가진 병원체가 생존하고 지속해서 감염시킬 수 있도록 한다. 일부 병원체는 단순히 파괴를 피하는 쪽으로 진화하였고, 또 다른 병원체는 면역체계 세포를 죽인다.

많은 병원체가 면역 감시를 피하고자 표면 항원을 교체한다

인플루엔자 바이러스(influenza virus)는 표면 항원을 바꾸어 면역 인식과 파괴를 피하는 가장 잘 알려진 예이다. 바이러스의 이런 특성으로 독감 바이러스에 대해 매년 예방 접종을 받는 것을 추천한다.

인플루엔자 바이러스의 두 단백질인 혈구응집소(hemagglutinin, HA)와 뉴라민가수분해효소(neuraminidase, NA)는 감염된 세포와 인플루엔자 바이러스의 외피에 발현된다. 인플루엔자 바이러스의 RNA 유전체는 교정(proofreading) 능력이 없는 바이러스 RNA 중합효소에 의해 복제된다. 결과적으로 HA와 NA 유전자의 점돌연변이를 포함하여 돌연변이가 시간에 따라 누적된다. 이를 **항원연속변이**(antigen drift)라 한다.

드물지만 더 극적인 변화인 **항원불연속변이**(antigen shift)로 새로운 종류의 인플루엔자 바이러스가 갑자기 출현하는데, 전혀 다른 HA와 NA 단백질이 발현된다. 이런 변화로 인구 집단은 감염에 특히 취약해진다. 가장 흔한 종류의 바이러스를 이용하여 매년 새로 개발된 백신으로 면역 접종을 함으로써 순환하는 바이러스에 의한 감염이 있기 전에 인구 집단의 면역력을 확보한다.

항원불연속변이와 그에 따른 면역 결핍이 조류 인플루엔자(bird flu)에 관심을 가지는 이유이다. 조류 인플루엔자를 일으키는 인플루엔자 바이러스의 한 종류가 고병원성 H5N1 변이주(variant)이다. 인류는 이 형태에 대한 면역이 전혀 없으며, 현재 H5N1 바이러스는 감염된 조류와의 접촉을 통해서만 사람에게 감염되고 사람 사이의 전파는 일어나지 않는다. H5N1 바이러스는 인체 감염에서 높은 치사율을 보여 관심을 끌고 있다. H1N1 바이러스는 돼지에서 사람으로 전파되어 높은 감염성을 보였다. 조류, 돼지, 인체를 감염하는 바이러스에서 유래한 유전자를 가진 H1N1 바이러스는 WHO가 2009년 5월 선언한 2009~2010년의 세계적 유행병을 일으켰다. 2015년 고병원성 조류 인플루엔자의 발발은 미국에서 닭과 칠면조 사육을 황폐화시켰다. 감염을 막기 위해 수천 마리의 조류가 살처분되었다.

많은 다른 병원체가 면역체계에 의한 공격을 피하고자 표면 항원을 변경하거나 바꾼다. 또 다른 예로 매년 대부분 5세 미만인 아프리카 어린이 약 50만 명이 말라리아로 사망한다. 말라리아는 원생동물 기생체인 말라리아원충(*Plasmodium*)이 원인균으로, 이에 감염된 얼룩날개모기(*Anopheles*)에 물려 발병한다. 이 원생동물은 몇 개의 생활사 단계에서 숙주의 면역체계를 피해 간세포 또는 적혈구에 숨는다. 더욱이 생활사 단계 중 발현되는 일부 단백질을 변형할 수도 있다. 어떤 항*Plasmodium* 약물의 지속적인 사용으로 다중내성(multidrug-resistant) 개체가 나타났다. 특정 생활사 단계에 효과적인 면역을 유도하여 말라리아원충을 제거하는 백신 개발이 진행 중이다.

? 탐구문제 백신을 사용하여 천연두 바이러스는 제거되었지만, 독감(인플루엔자)은 제거되지 않는 이유는 무엇인가?

면역계 공격을 피하고자 세균은 많은 메커니즘을 개발하였다

식중독의 흔한 원인균인 살모넬라균(*Salmonella typhimurium*)은 2종류의 편모 단백질을 교대로 발현하기 때문에 한 편모 단백질에 대한 항체는 다른 편모 단백질을 인식하지 못해 세균에 대한 식균작용을 촉진하지 못한다.

결핵균(*Mycobacterium tuberculosis*)은 대식세포로 포식되면 포식소체(phagosome)와 라이소솜의 융합을 억제한다. 결핵균은 대식세포 내에서도 꽤 성공적으로 증식한다.

수막염균(*Neisseria meningitidis*) 또는 임질균(*Neisseria gonorrhoeae*)과 같이 점막 표면에 침입하는 세균은 점막 표면을 보호하는 IgA 항체를 분해하는 효소를 분비한다. 많은 병원성 세균의 바깥쪽 협막은 식세포작용을 유도하는 보체 단백질 C3b의 결합을 방해하여 식세포작용을 늦춘다. 이러한 메커니즘을 사용하는 세균은 생존할 가능성이 크기 때문에, 면역반응은 이런 메커니즘의 진화를 선호하는 선택압력으로 작용한다.

HIV 감염은 T_H 세포를 죽여 면역억제를 일으킨다

척추동물 방어를 무력화하는 메커니즘 중 하나는 적응 면역체계 자체를 공격하는 것이다. $CD4^+$ T_H 세포는 면역체계의 활동에서 중요한 역할을 담당한다. 이 세포들이 분비하는 사이토카인은 직접 또는 간접적으로 면역체계의 모든 다른 세포의 활동에 영향을 준다.

인간면역결핍바이러스(human immunodeficiency virus, HIV)는 T_H 세포를 직접 공격한다. HIV는 T_H 세포의 CD4 단백질에 결합하여 세포내섭취로 세포 안으로 들어간다. (단핵구도 CD4를 발현하기 때문에 HIV는 단핵구도 감염시킨다.) HIV에 감염된 세포는 죽기 전 복제된 바이러스를 방출하여 다른 $CD4^+$ 세포가 감염된다(**그림 34.22**). 시간이 지남에 따라 감염된 사람에서 T_H 세포의 수는 감소한다.

T_H 세포 수가 급격히 떨어지고 다른 질병과 함께 기회감염(opportunistic infection, 면역기능이 감소한 사람에게 증상이 나타나는 것)이 증가하면 AIDS에 걸린 것으로 본다.

HIV 감염의 진행

HIV 감염 초기에 면역체계는 바이러스에 대한 항체와 세포독성 T 세포로 감염된 세포를 제거함으로써 감염을 통제한다. 얼마 동안 혈청 내 HIV 수는 일정 수준 이상 증가하지 않고 T_H 세포의 수도 의미 있게 감소하지는 않는다. T_H 세포에서 HIV가 복제하면서 HIV는 T_H 세포 일부를 죽이지만, 항원 자극으로 다른 많은 T_H 세포가 분열한다. 그러나 결국은 T_H 세포가 증식하는 속도보다 더 빠르게 HIV가 T_H 세포를 죽인다. HIV가 암호화한 단백질에 의해 1형 MHC 발현이 감소한 감염된 세포는 T_C 세포에 의해 인식되어 죽는 경우가 줄게 된다. 마지막으로 HIV는 레트로바이러스이어서, 감염된 세포의 유전체 안으로 자신을 통합시켜 잠복 형태로 숨을 수 있다. 세포가 분열하면 HIV 유전체 안으로 자손 세포로 전달되기에, 자손 세포에서는 어느 때에도 HIV를 생산할 수 있다.

HIV 감염에 의한 이런 통합된 반응의 효과로 인체 면역체계는 파괴된다. 감염에 대한 방어가 무너지면 흔한 감염도 치명적이며, 암 또한 쉽게 발병한다. 사실 AIDS는 이전에 건강했던 젊은이들이 면역억제된 사람에서 일반적으로 일어나는 폐포자충(*Pneumocystis jirovecii*)으로 유도된 폐렴 또는 드문 암인 카포시 육종(Kaposi's sarcoma)으로 죽으면서 질병으로 인식되었다.

HIV의 인체 영향

치료하지 않으면 AIDS의 사망률은 거의 100%이다. AIDS 증상을 보인 사람에서 치료 없이 몇 년 이상을 생존한 경우는 없었다. 그러나 AIDS는 감염성이 높은 것은 아니다. 사람 사이 전파는 정액과 혈액 같은 체액의 전이를 통해서 일어난다.

HIV는 최근에 발생한 인체 질병이지만, AIDS는 이미 인류 역사에서 가장 심각한 질병 중 하나이다. 2015년 WHO는 3670만 명이 HIV에 걸려 있으며, 사하라 남부 아프리카(약 2500만 명)와 동남아시아(340만 명)에서 감염자가 많다. 2015년 동안 세계적으로 180만 명이 새로 감염되었으며, 100만 명이 AIDS로 사망한 것으로 WHO는 추정하였다.

이 통계에는 사실 좋은 소식도 숨겨 있다. 이 모든 수치는 2013년

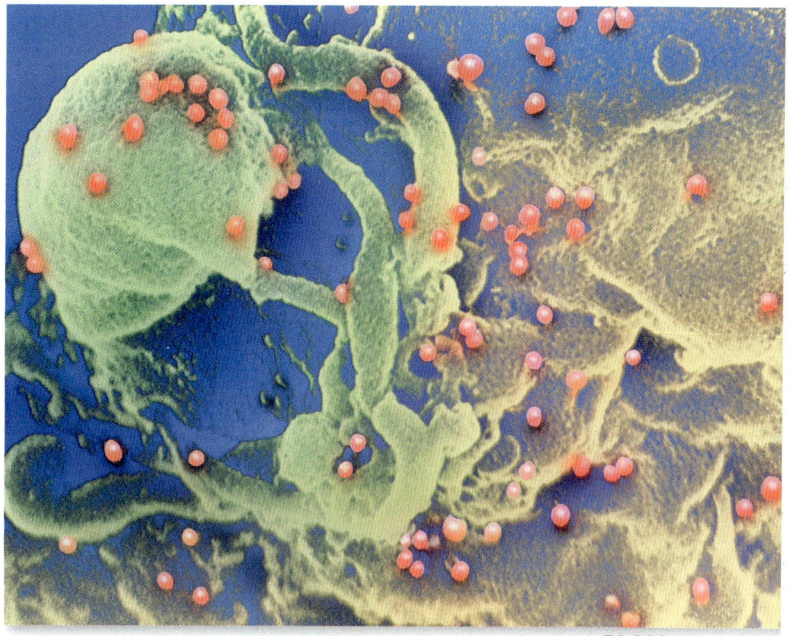

50,000×

그림 34.22 AIDS를 유발하는 바이러스 HIV.
감염된 $CD4^+$ T_H 세포로부터 분비되는 바이러스는 곧 주변 T_H 세포를 차례로 감염시킨다. 주사전자현미경 사진에서 붉은색으로 보이는 각각의 바이러스는 매우 작다. 2억 개 이상의 바이러스가 이 문장 끝의 마침표에 들어간다.

자료보다 낮아진 것이다. 레트로바이러스 저해제와 복합 약물치료의 효과는 질병을 통제하여 이제는 HIV에 감염되어도 살아갈 수 있다. 지난 수년간 레트로바이러스 저해제를 사용하여 AIDS와 함께 사는 사람은 약 33% 정도 증가하였다(2015년 기준 1700만 명). WHO와 기타 국제기구는 치료를 위한 목표치를 설정하였고, 이는 가용성(availability)에 영향을 준 것으로 보인다. 2003년 처음 설정한 후로, 매년 AIDS 관련 사망은 약 43% 감소하였다. 이는 고무적이지만 여전히 많은 사람들이 고통받고 있으며, HIV 감염의 위험을 제거하기까지는 갈 길이 멀다.

핵심 요약 34.7

인플루엔자 바이러스는 흔히 표면의 항원결정기를 바꾸어 특이적 면역체계의 인식을 회피한다. HIV는 T_H 세포를 감염시키고 파괴하여 면역체계를 무력화시킨다. AIDS와 관련된 질병은 종종 면역체계 파괴의 결과이다.

- 소아마비(Polio)는 백신이 성공적으로 개발된 질병이다. 폴리오 바이러스가 인플루엔자 바이러스와 다른 점은 무엇일까?

핵심 개념 요약

34.1 선천성 면역

■ 피부는 감염에 대한 장벽이다

물리적 장벽으로도 작용하는 피부는 낮은 pH, 땀으로 분비되는 라이소자임, 비병원성 생물 집단을 가지고 있어 병원체를 물리친다.

■ 점막 상피 표면 또한 병원체의 침입을 막는다

소화관, 호흡관, 비뇨생식관의 상피는 점액을 분비하여 미생물을 잡는다.

■ 선천성 면역은 병원체 유형에 따른 특징적인 분자를 인식한다

Toll 유사수용체는 LPS와 펩타이도글리칸과 같은 분자를 인식하는 류신 풍부 영역을 가진다.

■ 선천성 면역은 병원체에 대해 다양한 반응을 유도한다

병원체 특이적 분자와의 결합은 항미생물 펩타이드와 사이토카인의 생산, 보체 활성화 및 기타 반응을 자극한다.

■ 식세포는 선천성 면역과 관련이 있다

대식세포와 호중구는 식세포작용과 관련 있다(**그림 34.4**). 자연살해세포는 세포자살을 유도한다.

■ 염증반응은 감염 또는 조직 손상에 대한 비특이적 반응이다

히스타민은 모세혈관의 혈액 흐름과 투과도를 증가시킨다(**그림 34.5**). 급성기의 열은 포식활동을 촉진하여 미생물의 생장을 저해한다.

■ 보체는 막공격복합체를 형성한다

보체는 침입한 세포에 구멍을 형성하고, 병원체를 C3b 단백질로 덮고, 세포가 파괴되도록 인식시킨다.

34.2 적응성 면역

■ 면역은 오래전부터 알려졌지만, 메커니즘은 최근에 이해되기 시작했다

천연두와 조류 콜레라에 대한 제너와 파스퇴르의 연구는 이전에 노출되었던 질병으로 인해 후속 감염이 방지됨을 보였다.

■ 항원은 특이적 면역반응을 유도한다

림프구의 막 수용체는 항원을 인식하여 특이적 면역반응을 유도한다(**그림 34.8**).

■ 조혈작용은 면역세포를 생산한다(표 34.1)

■ 림프구는 적응 면역반응을 실행한다

항원 경험이 없는 림프구는 외부 항원에 결합한 후 분열하여 활성화된 세포 클론과 기억세포를 생산한다.

체액성 면역은 B 세포에 의한 면역글로불린의 생산이다. 세포매개면역은 다른 세포의 면역반응을 조절하거나 세포를 직접 공격하는 T 세포가 관여한다.

■ 적응성 면역은 능동적이거나 수동적이다

■ 면역체계에는 두 종류의 기관이 있다

면역체계의 기관에는 1차 림프기관과 2차 림프기관이 있다(**그림 34.9**).

■ 두 종류의 적응성 면역이 진화했다

무악어류는 면역글로불린이 아닌 류신이 풍부한 반복 구조를 가진 단백질로 적응성 면역을 수행한다. 이 단백질은 B 세포 및 T 세포와 관련된 세포에서 생산된다.

34.3 세포매개면역

■ MHC는 자기와 비자기를 구별하는 정보를 제공한다

세포 대부분은 MHC에 의해 인식되는 당단백질을 가진다. 사람에서 이 단백질은 인체 백혈구 항원(HLA)으로 불린다. 1형 MHC 단백질은 핵이 있는 모든 세포에서 발견되며, 식세포작용으로 세포 안으로 유입된 항원을 제시한다. 2형 MHC 단백질은 항원제시세포에서만 발견된다.

■ 세포독성 T 세포는 바이러스에 감염된 세포와 종양세포를 제거한다

T_C 세포는 바이러스에 감염된 세포와 종양세포를 인식한다. NK 세포와 유사한 방식으로 세포를 파괴한다(**그림 34.11**).

■ 보조 T 세포는 면역반응을 조절하는 단백질을 분비한다

T_H 세포는 외부 항원에 반응하여 사이토카인을 분비하고 세포매개반응과 체액성 면역반응 모두를 촉진한다. 활성화된 T_C 세포와 T_H 세포는 그 기능을 실행하는 작동세포와 기억세포 모두를 생산한다.

■ T 세포는 이식거부를 유발하는 주요 세포이다

■ 선천성 면역체계의 세포는 사이토카인을 분비한다

대식세포는 IL-12와 TNF-α를 분비한다.

34.4 체액성 면역과 항체 생산

■ 면역글로불린은 가변부위와 불변부위를 가진다

B 세포는 항원의 특이적 항원결정기에 결합한 막 Ig 분자에 의해 활성화된다. 활성화된 B 세포는 항체를 분비하는 형질세포와 기억세포를 생산한다.

면역글로불린은 2개의 경쇄와 2개의 중쇄 폴리펩타이드로 구성되며 Fab에 결합부위가 있다(**그림 34.14**). 항체는 항원을 응집하거나, 침강하거나, 중화한다(**그림 34.15**).

■ 5종류의 면역글로불린은 각각 다른 기능을 수행한다(표 34.3)

■ 면역글로불린의 다양성은 DNA 재배열로 만들어진다

Ig 다양성은 DNA 재배열로 만들어진다(**그림 34.16**). T 세포 수용체(TCR)는 Ig의 Fab 하나와 유사하다. 이들 다양성 또한 DNA 재배열의 결과이다.

■ 항원에 대한 2차 반응은 1차 반응보다 더 효과적이다

병원체에 대한 두 번째 노출에서, 신속한 2차 면역반응은 기억세포에 의한 것이다(**그림 34.18**).

34.5 자가면역과 과민반응

■ 자가면역질환은 자신의 조직에 대한 면역계 공격의 결과이다

자기 세포에 대한 수용을 면역내성이라 한다. 자가면역은 면역내성의 실패이다.

■ 앨러지는 항원에 대한 IgE 분비로 야기된다

즉시형 과민반응은 앨러젠과 IgE의 결합으로 인한 히스타민 분비로 일어난다(**그림 34.19**). 아나필락시스는 신속한 염증과 화학물질을 분비하는 심각한 반응이다.

■ **지연형 과민반응은 T_H 세포와 대식세포에 의해 매개된다**

증상은 2차 노출 후 48시간쯤 뒤에 나타난다.

34.6 의학적 치료와 진단의 항체

■ **혈액형은 적혈구 표면에 제시된 항원을 의미한다**

ABO식 혈액형 항원, Rh 인자 항원 등이 혈액형을 결정한다.

HLA 항원은 장기이식에서 공여자와 수여자 사이의 조직 적합성을 확인하는 데 사용된다.

■ **수혈반응은 적합하지 않은 혈액을 수혈한 결과이다**

혈액형이 알려지기 전에는 많은 사람들이 수혈로 사망하였다.

■ **단일클론항체는 진단과 치료의 중요한 도구이다**

단일클론항체는 하나의 항원결정기에 특이적이며, 진단검사에 사용되거나 면역독소 생산에 사용된다.

34.7 면역체계를 회피하는 병원체

■ **많은 병원체가 면역 감시를 피하고자 표면 항원을 교체한다**

인플루엔자 바이러스에서 나타나는 것과 같이 항원연속변이와 항원불연속변이는 면역 감시를 피하기 위한 표면 항원의 변화이다.

■ **면역계 공격을 피하고자 세균은 많은 메커니즘을 개발하였다**

일부 세균은 식균작용을 늦추거나 다른 항원을 발현하여 정상 면역체계를 저해하는 메커니즘을 개발하였다.

■ **HIV 감염은 T_H 세포를 죽여 면역억제를 일으킨다**

T_H 세포의 파괴는 감염에 맞서 싸우는 인체 능력을 낮추어 AIDS를 일으킨다.

연습문제

1단계: 이해력 확인하기

1. 다음 중 바이러스에 감염된 인체 세포를 탐색하고 죽이는 세포는 무엇인가?
   a. 대식세포
   b. 자연살해세포
   c. 단핵구
   d. 호중구
2. 다음 중 적응 면역체계에 의해 인식되는 것은 무엇인가?
   a. 항원
   b. 인터루킨
   c. 항체
   d. 림프구
3. 다음 중 보조 T 세포에 의해 인체의 적응 면역체계를 활성화하는 신호로 쓰이는 것은 무엇인가?
   a. B 세포
   b. 인터루킨-1
   c. 보체
   d. 히스타민
4. 다음 중 세포독성 T 세포를 활성화하는 것은 무엇인가?
   a. 히스타민
   b. 인터루킨-1
   c. 인터루킨-2
   d. 인터페론
5. 다음 중 선천성 면역반응을 일으키는 수용체에 대한 설명으로 옳은 것은 무엇인가?
   a. 특이적 항원을 인식하는 항체이다.
   b. 특이적 항원을 인식하는 T 세포 수용체이다.
   c. 병원체 연관 분자 패턴을 인식한다.
   d. 전혀 특이적이지 않다.
6. 다음 중 면역체계가 자신의 MHC 단백질을 인식하지 못하는 질병은 무엇인가?
   a. 앨러지
   b. 자가면역질환
   c. 즉시형 과민반응
   d. 지연형 과민반응
7. 면역체계를 억제하는 질병이 발견되었다고 가정할 때, 보조 T 세포 또는 세포독성 T 세포가 아닌 B 세포에 특이적으로 영향을 주는 질병임을 암시하는 것은 무엇인가?
   a. IL-2의 생산 감소
   b. 인터페론의 생산 감소
   c. 형질세포 수의 감소
   d. IL-1의 생산 감소

2단계: 적용력 평가하기

1. 새로 근무하기 시작한 연구실의 실험 안내서에 감염성 인자를 다루기 전에 손 또는 피부에 상처가 있는지 확인하라는 내용이 있었다. 이로써

알 수 있는 미생물 감염에 대항하는 표피의 기능은 무엇인가?

a. 피부 표면을 산성으로 만듦
b. 박테리아를 공격하기 위해 라이소자임을 분비함
c. 미생물을 잡기 위해 점액을 분비함
d. a, b, c 모두 맞다.

2. T 세포 수용체와 면역글로불린을 비교한 것으로 옳은 것은 무엇인가?

a. 단백질의 구조는 다르지만, 다양성은 유사한 메커니즘으로 생성됨
b. 단백질의 구조는 같지만, 다양성은 다른 메커니즘으로 생성됨
c. 단백질의 구조는 같으며, 다양성은 유사한 메커니즘으로 생성됨
d. 단백질의 구조는 다르며, 다양성은 다른 메커니즘으로 생성됨

3. 다음 중 혈액형이 AB형일 때 옳은 것은 무엇인가?

a. 항A 항체와 응집함
b. 항B 항체와 응집함
c. 항A 항체와 항B 항체 모두와 응집함
d. 항A 항체와 항B 항체 모두와 응집하지 않음

4. 공부하다가 종이에 손을 베었을 때 나타나는 현상을 순서대로 쓰시오.

a. 손상된 표피세포가 히스타민을 방출함
b. 박테리아가 손상된 피부로 침투함
c. 보조 T 세포가 활성화됨
d. 대식세포가 박테리아를 섭취함

5. 앨러지 반응을 일으키는 항체를 제거하여 앨러지를 치유하려고 할 때, 표적이 되는 항체는 무엇인가?

a. IgG
b. IgA
c. IgE
d. IgD

6. 인플루엔자 바이러스에 대해 반복적으로 면역 접종을 받아야 하는 이유는 무엇인가?

a. 보조 T 세포를 공격하여 면역체계를 억제하기 때문이다.
b. 표면 단백질을 바꾸어 면역 인식을 회피하기 때문이다.
c. 면역반응을 사실상 일으키지 않기 때문이다. 독감은 사실 염증반응이다.
d. 너무 작아서 좋은 항원으로 작용하지 못하기 때문이다.

7. 체내로 약물을 안전하게 전달하는 인공세포를 디자인할 때, 면역체계를 회피하는 데 필요한 물질은 무엇인가?

a. MHC-1
b. IL-1
c. 항원
d. 보체

■3단계: 사고력 함양하기

1. 화장품 회사의 판매 부서에서 면역 증진 효과가 있는 피부 로션을 광고하려고 한다. 로션은 식물 추출물인데 수분이 많은 염기성 용액이다. 이 제품의 면역 증진 효과 가능성에 대해 설명하시오.

2. 고양이가 기숙사 친구를 할퀴었다. 친구의 피부가 붉어지고 열이 나며 만지면 아파졌다. 친구는 치명적인 감염에 걸렸다고 생각한다. 친구의 분노를 가라앉히기 위해 선천성 방어체계에 관해 설명하려고 한다. 피부에 일어나고 있는 현상에 관해 설명하시오.

3. 어떤 사람은 감기에 걸린 적이 없다고 주장한다. 세포 표면 수용체의 차이가 이유임을 증명하는 방법에 대해 설명하시오.

4. Toll 유사수용체는 다양한 생물에서 발견되는데, 선구동물, 후구동물, 자포동물이 그 예이다. 더욱이 신호체계 일부는 보체계 일부처럼 다양한 생물에서 발견된다. 선천성 면역의 진화와 관련하여 알 수 있는 사실은 무엇인가?

35

생식계

도입

봄에 들려오는 새소리나 창밖에서 들려오는 벌레들의 울음소리, 연못가에서 들리는 개구리의 울음소리, 얼어붙은 북극에서 들려오는 늑대의 울부짖는 소리 등은 진화적으로 종족을 보존하기 위한 매우 중요한 행동들이다. 몇몇 동물들에서 볼 수 있는 현란한 체색들과 마찬가지로 이런 특이한 울음소리들은 짝을 유혹하기 위한 기능을 가지고 있다. 성에 대한 것보다 더 많은 생각을 하게 되는 주제는 거의 없으며, 성충동보다 더 강한 것도 거의 없다. 이번 장에서는 사람을 포함한 척추동물의 성과 생식을 다룬다.

35.1 동물의 생식 전략

학습 목표

1. 무성생식과 유성생식의 차이점을 구별할 수 있다.
2. 자웅동체의 다양한 유형에 대해 서술할 수 있다.
3. 성을 결정하는 여러 가지 요인에 대해 설명할 수 있다.

인간을 포함한 대부분의 동물은 유성생식을 한다. 9장에서 살펴본 것처럼 유성생식(sexual reproduction)에는 완전한 한 세트의 염색체를 가진 반수체 배우자(haploid gamete)를 생성하기 위해 세포분열, 감수분열 등의 형태가 필요하다. 정자와 난자(ovum)를 포함한 이 반수체 배우자들은 수정에 의해 2배체(diploid)의 완벽한 염색체를 갖게 된다. 배우자의 수정에 의해 생성된 2배체의 수정란인 접합자(zygote)는 체세포분열을 통해 새로운 다세포 생물체로 발생한다.

생식은 무성적으로 일어날 수 있다

무성생식(asexual reproduction)은 세균, 고세균, 원생생물, 자포동물 및 피낭동물을 포함한 다세포동물뿐만 아니라 다른 여러 종의 동물에서도 중요한 생식법이다. 무성생식이란 하나의 모세포로부터 체세포분열을 통해 유전적으로 동일한 세포가 만들어지는 과정이다. 단세포생물에서 각 개체는 분열(fission)에 의해 분리되어 동일한 개체가 생성된다. 출아(budding)로 번식을 하는 자포동물은 모체의 한

14×

그림 35.1 자포동물의 출아.
자포동물은 출아법에 의한 무성생식을 한다. 사진의 오른쪽 아랫부분이 새로 만들어진 개체이다.

부분이 분리되어 새로운 개체로 분화한다(**그림 35.1**). 새로운 개체는 따로 떨어져 독립된 생활을 하거나 모체의 몸에 붙어 군체(colony)를 형성하기도 한다.

절지동물에서 흔하게 볼 수 있는 **단성생식**(parthenogenesis)은 암컷이 생산한 미수정란으로부터 자손이 생겨나는 방식을 일컫는다. 어떤 종은 전적으로 단성생식만을 하지만, 어떤 종은 유성생식과 단성생식을 번갈아 하면서 2배체와 반수체 자손을 만든다. 예를 들면, 꿀벌에서 여왕벌은 단 한 번의 짝짓기를 통해서 정자를 몸속에 보관하고, 정자의 방출을 조절할 수 있다. 여왕벌이 정자를 방출하지 않으면, 알은 단성생식을 해서 반수체인 수벌로 발생되지만, 정자를 방출하여 수정이 되면 수정된 알은 2배체인 암컷 일벌로 발생된다(**그림 35.2**). 그러나 수정란이 적당한 호르몬에 노출되면 여왕벌로 발생한다. 메뚜기, 귀뚜라미 및 많은 다른 곤충에서 수컷들은 하나의 성염색체만을 가지고 있는 '반접합성(hemizygous)'이다(**그림 35.3**). 모든 난자세포는 X 염색체를 가지고 있지만, 정자세포는 X 염색체를 가지고 있는 것과 없는 것의 두 종류로 나뉜다. X 염색체가 없는 정자세포가 난자와 수정하면 반접합성 수컷이 되며, X 염색체를 가진 정자세포와 수정을 하면 암컷이 된다.

1958년 러시아의 생물학자는 척추동물 중에 특이한 생식 방법으로 살아가는 동물을 발견하였다. 작은 도마뱀 종류인 *Lacerta*속에 속하는 일부 개체군에서 모든 개체가 암컷으로만 구성되어 있는 것을 확인하고, 이 관찰 결과를 통해 이 도마뱀의 알은 미수정란이지만 발생이 가능할 것이라고 생각하였다. 즉, 이 도마뱀은 정자 없이도 생식이 가능한 단성생식의 일종인 무성생식을 한 것이다. 후속 연구를 통해 도마뱀뿐만 아니라 몇몇 종의 어류와 도롱뇽도 단성생식을

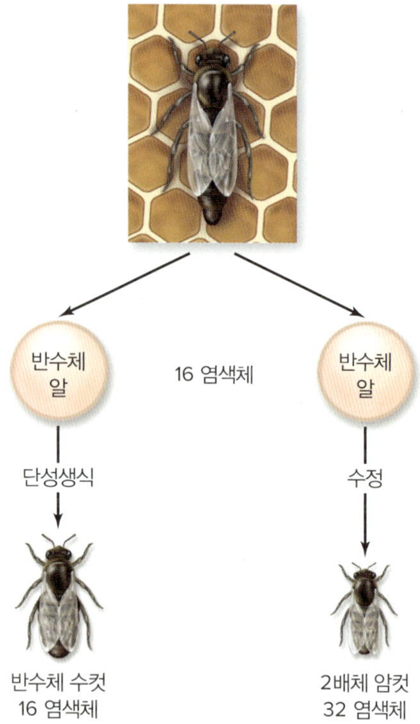

그림 35.2 반수체-2배체 체계.
많은 종의 벌과 개미는 성염색체가 없다. 수컷은 수정되지 않은 알에서 발달하여 반수체가 된다. 암컷은 수정란에서 자라기 때문에 2배체이다.

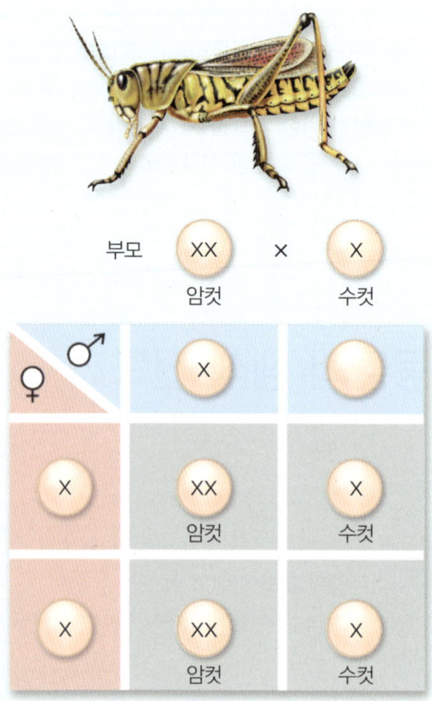

그림 35.3 반접합체 체계.
메뚜기에는 성염색체가 한 종류, 즉 X 염색체만 있다. 수컷은 X 염색체를 가진 것과 없는 것, 2종류의 정자를 만든다. 그러므로 수컷은 반접합체 동물이다. 암컷은 2개의 X 염색체를 가지고 있고, 각각의 난자는 X 염색체를 가지고 있다.

한다는 사실이 밝혀졌다. 또한 최근 연구를 통해 일부 갑각류, 상어, 뱀과 같은 동물들은 대개 유성생식을 하지만 필요에 따라 단성생식으로 번식할 수 있다는 것이 밝혀졌다.

일부 종에서는 한 개체가 암컷과 수컷 모두가 될 수 있다

생식 전략의 또 다른 유형으로는 한 개체 내에 정소와 난소를 지니고 있어 정자와 난자 모두 생산이 가능한 **자웅동체**(hermaphroditism)가 있다. 촌충은 자웅동체이기 때문에 다른 개체를 만나지 않고 자가수정이 가능하다. 그러나 대부분의 자웅동체는 생식을 위해 성이 다른 개체가 필요하다. 예를 들면, 지렁이는 생식을 위해 수컷의 역할을 하는 지렁이와 암컷의 역할을 하는 지렁이가 필요하며, 교미 후에는 각각 수정된 알을 가지고 헤어진다.

순차적 자웅동체(sequential hemaphroditism)라 부르는 성전환이 일어나는 어류도 있다. 예를 들어, 산호초 물고기 중에는 자성선숙(protogyny, 암컷으로 태어났지만 수컷으로 성전환)과 웅성선숙(protandry, 수컷으로 태어났지만 암컷으로 성전환)을 일으키는 종도 있다. 자성선숙을 하는 어류의 경우 성전환은 사회적 조절하에 일어나게 된다(**그림 35.4**). 이 어류의 경우 보통 무리 지어 생활하며, 생식은 보통 한 마리나 몇 마리의 커다란 수컷에 의해 이루어진다. 이 집단에서 수컷이 제거되면, 집단 내 가장 큰 암컷이 빠르게 우성의 수컷으로 성전환된다.

그림 35.4 자웅동체와 자성선숙.
무지개양놀래기(*Thalassoma bifasciatium*) 암컷은 때때로 수컷으로 전환하는 자성선숙 동물이다. 사진의 작은 암컷 물고기 무리 중에서 성전환 전에 암컷이었던 커다란 수컷 물고기가 보인다.

? **탐구문제** 어떤 종이 암컷일 때는 작고 수컷일 때는 크기가 커지는 것에 적응한 이유는 무엇인가? 어떤 상황에서 반대 조건인 웅성선숙이 진화할 수 있겠는가?

성은 유전과 환경 요인에 의해 결정될 수 있다

한 개체의 성은 배아의 발생 과정 동안 결정되는데, 그 방법은 종에 따라 다양하다.

온도 민감성 성결정

많은 종의 어류와 파충류에서 성은 발생 과정 동안 주변 환경의 온도에 의해 결정된다. 일부 종은 차가운 온도에서는 수컷으로, 따뜻한 온도에서는 암컷으로 발생된다. 그러나 어떤 종은 차가운 온도와 따뜻한 온도에서 수컷으로 발생하고, 중간 온도에서 암컷으로 발생하기도 한다.

계통학적 분석에서 온도 민감성 성결정은 유전적으로 성이 결정되는 조상으로부터 여러 번에 걸쳐 진화되어 나온 것으로 밝혀졌다. 이들 종에서 성을 결정하는 분자적 기작이 밝혀지기는 했으나, 진화 과정에서 이런 형질이 종종 나타나는 이유는 아직 정확하게 밝혀지지 않고 있다. 한 가지 가능성은 암컷이 적절한 조건에 난자를 둠으로써 자식의 성을 결정하는 것이 유리하다는 것으로, 이 가설은 아직 논쟁 중에 있다.

유전적 성결정

모든 조류, 포유류 및 대부분의 척추동물은 유전자에 의해 성이 결정된다. 포유류와 일부 다른 동물에서 수컷은 X와 Y 염색체를, 암컷은 2개의 X 염색체를 가지고 있다. 그러나 조류의 경우에는 암컷이 이형접합(heterozygous) 염색체를 가지고 있다.

사람의 성 분화 과정

수정 후 40일까지는 여성과 남성의 생식계는 비슷하다. 이 시기 동안 앞으로 정자나 난자가 될 세포는 난황낭에서 배아의 생식소로 이동하여 여성의 경우에는 난소를, 남성의 경우에는 정소를 형성한다(**그림 35.5**). 이러한 이유로 배아의 생식소를 '미분화(indifferent)' 생식소라고 부른다.

남성으로 될 배아의 경우, Y 염색체상에 위치한 유전자가 미분화 생식소를 정소로 분화시킨다. 여성의 경우에는 Y염색체의 유전자와

과학적 사고

가설: 포유류의 성은 Y 염색체에 있는 유전자에 의해 결정된다.

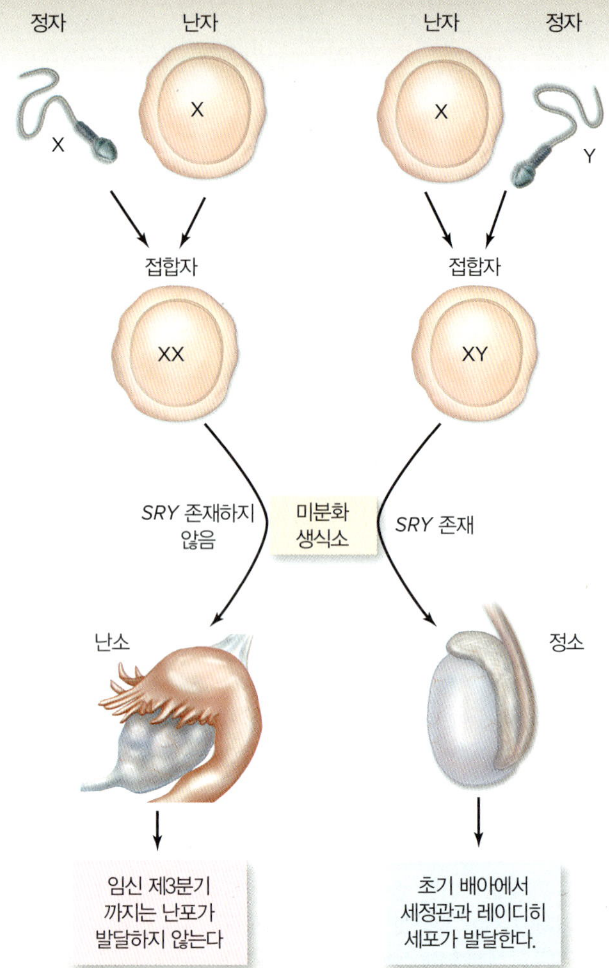

예상 1: Y 염색체가 없는 개체는 암컷으로 발생한다.
실험: 비정상적인 성염색체 조성을 가진 사람들을 비교한다.
결과: 터너 증후군은 XO(X 염색체를 1개만 가짐)형이고 여성으로 발생한다. 클라인펠터 증후군은 XXY형이고 남성으로 발생한다.
예상 2: Y 염색체의 *SRY* 유전자는 수컷 형질을 나타내는 데 중요하다.
실험: XY형이지만 *SRY* 유전자에 돌연변이가 일어난 생쥐를 조사한다.
결과: 이 생쥐는 암컷으로 발생한다.

그림 35.5 포유류의 성결정.
포유류에서 Y 염색체에 있는 성결정 부위를 *SRY*라고 부른다. Y 염색체와 *SRY*가 있으면 정소가 형성되고, 이들이 없을 때 난소가 형성된다.

그 유전자에 의해 만들어지는 단백질이 없기 때문에 생식소는 난소가 된다. 성결정에서 매우 중요한 역할을 하는 유전자는 *SRY*(sex-determining region of the Y chromosome)로 알려져 있다.

배아 시기에서 정소가 형성되면 정소는 남성의 외부 생식기와 부속 생식기관의 발달을 촉진시키는 호르몬인 테스토스테론(testosterone)과 그 외의 다른 호르몬들을 분비하기 시작한다.

SRY 유전자가 결핍된 배아는 여성의 외부 생식기와 부속 생식기관을 발달시키게 된다. 모든 포유류에서 *SRY* 유전자가 존재하지 않는 경우 배아는 암컷의 생식기관을 형성하게 된다.

핵심 요약 35.1

유성생식은 같은 종의 다른 개체에서 나온 생식세포의 융합을 말한다. 일부 종에서 무성생식은 분열, 출아, 단성생식에 의해 이루어진다. 자웅동체는 한 개체가 정소와 난소를 모두 갖는다. 순차적 자웅동체는 개체의 성이 한 성에서 다른 성으로 변할 수 있다. 성은 유전자 또는 배아 시기 때 주변 환경의 온도에 의해 결정될 수 있다.

■ 왜 자연선택은 유전에 의한 성결정을 선호할까?

35.2 척추동물의 수정과 발생

학습 목표

1. 태생, 난생 및 난태생을 구별하여 설명할 수 있다.
2. 체내수정의 장점에 대해 설명할 수 있다.

척추동물의 유성생식은 척추동물이 육지로 이주하기 전 바다에서 진화하기 시작했다. 해수 경골어류에서 대부분의 암컷은 한꺼번에 많은 알을 산란한다. 이 알들이 모여 있는 물에 수컷이 정자를 방출하게 되면 배우자(gamate)의 결합이 일어나게 되는데, 이러한 과정을 체외수정(external fertilization)이라고 한다.

바닷물이 배우자에게 나쁜 환경은 아니지만 배우자들을 빠르게 분산시키기 때문에 암컷의 산란과 수컷의 정자 방출은 거의 동시에 일어나야 한다. 그래서 해수 어류는 자신의 알이나 정자를 한정된 시기에 그리고 빠른 시간 내에 방출해야 한다. 해수 어류 중에는 1년에 한 번만 생식을 하는 종도 있고, 몇 번씩 생식하는 종도 있다. 바다에는 동시 생식을 위한 신호로 이용되는 몇몇 계절적 요인이 있는데, 그중 가장 많이 알려져 있는 신호로 달의 주기(cycle of the Moon)가 있다. 달은 한 달에 한 번씩 지구에 가깝게 접근하는데, 이때 증가하는 중력에 의해 조류가 약간 상승한다. 많은 해양 생물들이 달의 주기에 따른 조류의 차이를 생식과 연결시켜 배우자를 방출하게 된다.

척추동물이 육지로 올라와 생활하게 되면서 작고, 연약한 배우자는 견디기 어려운 건조라는 새로운 위험 요인에 노출되었다. 육지에서 배우자는 바로 건조한 환경에 의해 죽어버리기 때문에 배우자를 가까이 방출하는 것만으로는 생식이 가능하지 않게 되었다. 이러한 문제를 해결하기 위해 육상의 척추동물(일부 어류 포함)은 암컷의 생식기관으로 수컷의 배우자를 직접 주입시키는 체내수정(internal fertilization)으로 진화가 일어나도록 선택압(selective pressure)이 강하게 작용하였다. 그래서 성체는 육지 환경에 완전히 적응하였지만, 수정은 여전히 건조하지 않은 환경에서 이루어질 수 있는 것이다.

체내수정을 하는 동물은 자손의 발생을 위해 3가지 전략을 가지고 있다

체내수정을 하는 척추동물은 배아와 태아의 발생을 위해 **난생**, **난태생**, **태생**의 3가지 방법을 갖고 있다.

1. **난생(oviparity)**: 일부 경골어류, 대부분의 파충류, 일부 연골어류 및 일부 포유류와 모든 조류에서 볼 수 있는 생식 방법으로, 체내수정 후 알은 모체의 외부에 방출되어 발생한다.
2. **난태생(ovoviviparity)**: 일부 경골어류(몰리, 거피, 모기물고기 포함)와 일부 연골어류 그리고 많은 파충류의 생식 방법으로, 수정란은 모체에 남아 난황으로부터 공급되는 영양분을 이용해 발생하게 된다. 발생이 완전히 끝난 어린 새끼가 부화되어 모체로부터 나온다.
3. **태생(viviparity)**: 대부분의 연골 어류, 일부 양서류, 일부 파충류 및 거의 대부분의 포유류의 생식 방법으로(**그림 35.6**), 수정란은 어미의 몸속에서 발생을 하며, 난황 대신 모체의 혈액을 통해 직접 영양분을 공급받는다. 모체와 태아 사이에 기체교환이나 영양분을 공급받을 수 있는 구조인 태반은 포유류뿐만 아니라 일부 어류와 도마뱀에서도 진화되어 왔다.

생식계의 진화

태생과 난태생은 포유류에서는 한 번, 어류, 양서류 및 파충류에서는 각각 여러 번에 걸쳐서 진화하였다(**그림 35.7**). 출생은 한번 진화하면 사라지지 않는 한쪽 방향의 진화로 여겨진다. 암컷의 몸 안에서 이루어지는 체내수정은 양막류(파충류, 조류 및 포유류로 구성된 생물군)에서는 한 번의 진화로 이루어졌지만, 어류와 양서류에서는 여러 번의 진화에 의해 이루어졌다.

체내수정에서는 정자가 수컷에서 암컷의 체내로 전달되어야 한다. 도룡뇽은 한쪽 방향으로 진화되었다. 수컷이 정포(spermatophore)라고 부르는 젤라틴의 주머니에 정자를 넣어두면, 암컷은 총배설강을 정포 위에 위치시키고 몸을 낮춘 후 정포를 몸 안으로 집어넣는다. 다른 척추동물은 정자를 몸에 직접 삽입할 수 있도록 다양한 방식의 삽입기관(intromittent organ)이 발달되어 왔다. 연골어류에서는 변형된 배지느러미(pelvic fin), 일부 개구리와 무족 양서류에서는 변형된 총배설강(cloaca; 생식과 배설을 같이 담당하는 체내 공간), 거북, 악어, 포유류에서는 서로 다른 배아 구조로부터 유래한 음경(penises), 뱀과 도마뱀에서는 좌우에 하나씩 있는 한쌍의 반음경(hemipenises)을 갖도록 진화되었다. 삽입기관을 상실한 조류와 옛 도마뱀에서는 체내수정을 위해 암컷과 수컷은 총배설강을 서로 맞대고 수컷의 정자를 암컷으로 전달한다.

그림 35.6 몸속에 살아 움직이는 새끼를 지닌 태생 어류. 어린 새끼는 어미의 몸속에서 발생을 마친 후에 작지만 성체가 될 수 있는 상태로 태어난다. 사진에서 방금 출생한 새끼 레몬상어(*Negaprion brevirostris*)가 어미와 탯줄로 연결되어 있는 것을 볼 수 있다.

대부분의 어류와 양서류는 체외수정을 한다

체내수정이 여러 번에 걸쳐 일어났지만, 대부분의 어류와 양서류는 다른 척추동물과는 달리 체외수정에 의해 생식을 한다.

어류

대부분의 경골어류는 체외수정을 하며, 알은 짧은 발생기간 동안 배아에게 필요한 양만큼의 난황을 가지고 있다. 난황이 공급하는 영양분이 고갈되면, 어린 물고기는 주위의 물로부터 먹이를 찾아야 한다. 발생은 매우 빠른 속도로 진행되며, 어린 물고기는 빠르게 성숙한다. 단 한 번의 짝짓기로 수천 개에서 수백만 개의 알이 수정되지만, 많은 수정란이나 갓 부화된 새끼들은 미생물 감염이나 포식자에 의해 죽게 되어 성체로 자라는 개체의 수는 매우 적다.

경골어류와는 대조적으로 대부분의 연골어류는 체내수정을 한다. 어린 새끼의 발생은 대체로 태생이며, 암컷은 잘 발생한 몇몇의 자손만을 출산하게 된다.

양서류

양서류의 생활사는 물과 가까운 곳에서 이루어지며, 대부분의 양

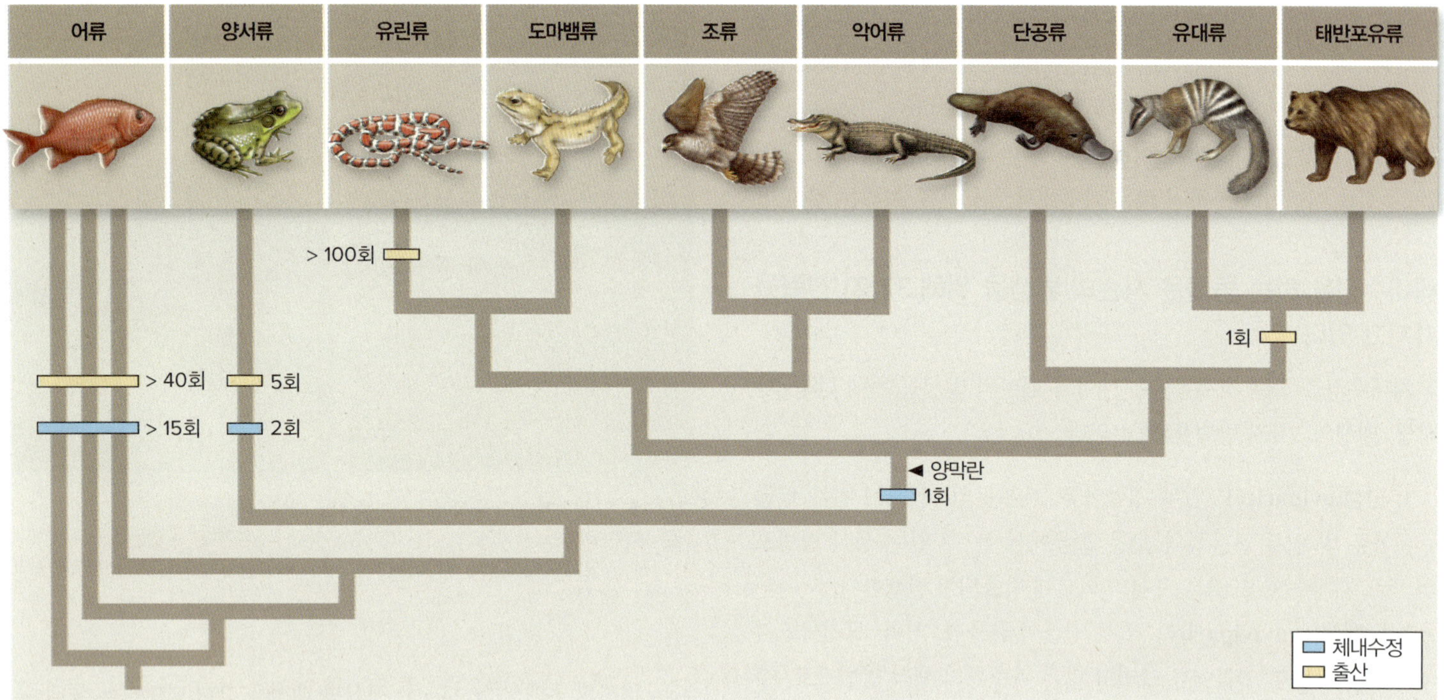

그림 35.7 척추동물의 체내수정과 진화.
어류와 유린류에서 새끼를 낳는 출산이 여러 번에 걸쳐 진화되었지만, 두 집단의 대부분의 종은 알을 낳는다. 출산으로부터 알을 낳는 진화의 역전 현상은 매우 드물게 일어난다. 어류와 유린류에서 나타낸 숫자는 계통학적 분석에 의한 추정치이다. 일부 집단에서는 정보가 부족해 정확한 수치로 나타내지 못했다.

? 탐구문제 왜 새끼를 낳는 것에서 알을 낳는 것으로의 진화가 드물다고 생각하는가?

서류는 체외수정을 한다. 암컷과 수컷의 배우자는 총배설강을 통해 방출된다. 개구리와 두꺼비 중에는 수컷이 암컷의 배를 꽉 움켜잡고 알이 물속으로 방출되도록 하여 그 위에 정액을 뿌리는 종류가 있다 (**그림 35.8**).

대부분 양서류의 알은 물속에서 발생을 하지만, 몇몇 종에서는 예외적인 현상을 볼 수 있다. 예를 들면, 어떤 종은 어미 개구리의 등에서 발생을 하고, 어떤 종은 수컷의 울음 주머니에 올챙이를 담고 있기도 하며, 어린 개구리가 부모 개구리의 입을 통해 빠져나오는 경우도 있다.

파충류와 조류는 체내수정을 한다

모든 조류와 파충류의 80%는 난생이다. 체내에서 수정된 알이 어미의 몸 밖으로 방출되어 발생한다. 체내수정은 양막류(조류, 파충류, 포유류)에서 한 번 일어났다. 이것은 양막란의 복잡성과 안정성에 기인한 것으로 보인다(**그림 35.7**).

파충류

대부분의 난생 파충류는 산란 후에 알을 내버려 둔 채 떠나는데, 알은 난소로부터 이어지는 암컷 생식관의 일부인 수란관을 지날 때 형성된 가죽처럼 질긴 외피로 둘러싸여 있다. 난태생인 다른 종의 파충류는 어미의 몸속에서 알이 배아로 발생되며, 일부 종은 태생이다.

조류

대부분의 수컷 조류는 음경을 가지고 있지 않지만(백조, 거위, 타조 등 몇몇 조류는 총배설강 벽이 변형되어 삽입기관 역할을 함), 모든 조류는 체내수정을 한다.

알이 수란관을 지날 때 분비선은 알부민 단백질(알의 흰자)과 석회질성의 매우 딱딱한 외피를 분비하는데, 이는 파충류의 알과 구별되는 특징이다. 현생 파충류는 외온동물(ectotherms)인데 비해 조류는 내온동물(endotherms)이다(25장 참조). 따라서 대부분의 조류는 산란 후 알을 따뜻하게 유지시키기 위해 알을 품는다(**그림 35.9**). 대부분의 조류에서 알 껍질을 깨고 나온 어린 새끼는 발생이 진행되는 과정 중이기 때문에 도움을 받지 못하면 생존할 수 없으며, 어미 새로부터 먹이를 받아먹고 보호받으면서 점차 성숙한 개체로 자란다.

파충류와 조류의 알이 외피로 싸여 있는 것은 이들이 육상에서 살아가기 위한 가장 중요한 적응 중 하나라고 할 수 있다. 파충류와 조

그림 35.8 **체외수정되는 개구리의 알.**
개구리는 교미할 때 수컷이 암컷을 꽉 붙들어 많은 양의 성숙한 알을 낳도록 유도하고, 그 알 위에 정자를 방출한다.

류의 알은 **양막**(amnion)으로 둘러싸인, 액체로 꽉 찬 공간 안에서 배아가 발생하기 때문에 **양막란**(amniotic eggs)이라고 한다. 양막란의 또 다른 배외막으로는 외피의 바로 안쪽에 있는 **장막**(chorion)과 **난황낭**(yolk sac) 및 **요막**(allantois)이 있다. 배외막과 함께 석회질의 딱딱한 외피는 건조한 곳에서도 알이 발생을 할 수 있도록 보호해 주는 역할을 한다. 조류와는 달리 어류와 양서류의 알은 단 1개의 배외막인 난황낭만을 가지고 있기 때문에 알은 건조로부터 보호받기 위해서 반드시 수중 환경에 있어야 한다.

사람을 포함한 태생 포유류도 배외막을 가지고 있다.

포유류는 일반적으로 알을 낳지 않고 새끼를 낳는다

포유류는 1년에 한 번만 생식을 하는 계절형 번식동물이 있는 반면, 연중 여러 번의 생식주기를 갖는 동물도 있다. 후자 가운데 암컷의 경우 일반적으로 생식주기를 갖지만, 수컷은 일생 동안 거의 일정한 생식력을 갖는다.

암컷의 생식주기

암컷의 생식주기는 난소에서 성숙한 난자를 주기적으로 방출하는 배란(ovulation) 과정을 포함하고 있다. 대부분의 포유류 암컷은 "교

그림 35.9 남아메리카의 영국 해외보호국인 포클랜드 제도의 뉴아일랜드(New Island, Falkland Islands)의 보금자리에 있는 성체 바위뛰기 펭귄(*Eudyptes chrysocome*).

미기(in heat)"라고 부르는 배란기에만 수컷을 받아들인다. 이러한 성적 수용시기를 **발정기**(estrus)라고 하며, 이러한 생식주기를 발정주기라고 부르기도 한다. 생식주기는 임신이 될 때까지 계속된다.

대부분의 포유류에서 발정주기 중 뇌하수체 전엽에서 분비되는 난포자극호르몬(follicle-stimulating hormone, FSH)과 황체형성호르몬(luteinizing hormone, LH)의 분비 변화가 난세포 발달과 난소에서 분비되는 호르몬의 변화를 일으킨다(28장 참조). 사람과 유인원은 호르몬 분비와 배란이라는 관점에서 다른 포유류의 발정주기와 유사한 월경주기를 갖는다. 발정주기를 갖는 포유류와는 달리 사람과 유인원 암컷은 자궁내벽이 떨어져 나갈 때 출혈이 동반되는데, 이러한 과정을 **월경**(menstruation)이라고 하고 월경주기 동안에도 성교는 가능하다.

토끼와 고양이는 유도 배란을 한다는 점에서 다른 포유류와 구별된다. 이들의 암컷은 성적 활성도와 무관하게 주기적인 배란을 하는 것이 아니라 교미 직후에만 LH 분비를 일으키는 반사 자극에 의해 배란을 하게 된다.

단공류, 유대류 및 태반 포유류

가장 원시적 포유류인 **단공류**(monotremes, 오리너구리와 바늘두더지)는 진화적으로 이들보다 이전 단계인 파충류와 마찬가지로 난생이다. 단공류의 알은 둥지(**그림 35.10***a*) 혹은 특수화된 주머니에서 부화하며, 부화한 새끼는 어미의 피부에 있는 유선을 핥아서(젖꼭지가 없음) 젖을 섭취한다.

그 외의 모든 포유류는 태생이며 새끼를 양육하는 방법에 따라 크게 두 집단으로 나눌 수 있다. 주머니쥐와 캥거루가 포함된 집단인 **유대류**(marsupials)의 경우 크기가 매우 작은 불완전한 태아를 출산

그림 35.10 포유류의 생식.
a. 단공류는 둥지에 알을 낳는다. 사진은 오리너구리(*Ornithorhynchus anatinus*)가 방금 부화한 새끼와 같이 있는 모습이다. ***b.*** 붉은 캥거루(*Macropus rufus*)와 같은 유대류는 주머니 속에서 발생을 끝내는 작은 크기의 자손을 낳는다. ***c.*** 새끼 사슴에게 젖을 먹이는 점박이 암사슴(*Axis axis*) 같은 태반 포유류의 경우, 새끼는 오랜 기간 동안 어미의 자궁 내에서 자라기 때문에 좀 더 발생된 상태로 태어난다.

a. ***b.*** ***c.***

하며, 태아는 어미의 피부 주머니 속에서 어미의 유선이 있는 젖꼭지로부터 영양 공급을 받으면서 완전한 태아로 발생한다(**그림 35.10***b*)

태반포유류(**그림 35.10***c*)의 태아는 오랜 기간 동안 어미의 자궁 속에서 발생을 한다. 태아는 배외막(장막)과 어미의 자궁내벽에서 기원된 태반으로부터 영양분을 공급받는다. 태반에서는 태아의 혈관과 모체의 혈관이 가까이 근접해 있기 때문에 태아는 모체의 혈액으로부터 확산되는 영양분을 공급받게 된다.

핵심 요약 35.2

난생 종은 알을 낳는다. 파충류와 조류의 양막란은 배아를 건조로부터 보호한다. 난태생 종의 암컷은 그들의 체내에 수정된 알을 간직하고 알이 부화하면 완전히 발달된 새끼를 낳는다. 대부분의 포유류는 태생으로, 어미의 몸으로부터 영양을 공급받는 새끼를 낳는다. 체내수정은 배아가 어미의 체내에서 발달함으로써, 외부 환경으로부터 보호를 받는다.

- 어떤 상황에서 발정주기가 유리할까?

35.3 남성 생식기관의 구조와 기능

학습 목표

1. 정자형성과정에 대해 설명할 수 있다.
2. 정액의 개념과 성교 과정에서 정액의 방출에 대해 서술할 수 있다.
3. 남성 생식기관의 기능을 조절하는 호르몬에 대해 설명할 수 있다.

남성의 생식계의 구조는 포유류 수컷의 전형적인 생식기관과 유사하다(**그림 35.11**). 배아에서 정소가 형성될 때 정자를 형성하는 세정관(seminiferous tubules)이 만들어지는데, 이 과정은 수정 후 43~50일 정도에 시작된다. 약 9~10주에 세정관 사이의 간질조직에 레이디히 세포(Leydig cell)가 위치하게 되고, 여기에서 남성 호르몬인 테스토스테론(또는 안드로젠)이 분비되기 시작한다. 배아 발생 동안 테스토스테론이 분비되면 미분화생식소가 **음경**(penis)과 **음낭**(scrotum)을 포함한 남성 외부 생식기로 분화되며, 이후 정소는 음낭 속으로 이동하게 된다. 테스토스테론이 분비되지 않으면 여성의 외부 생식기가 만들어진다. 테스토스테론은 남성의 2차 성징을 유도하여, 수염이 나거나 굵은 목소리, 체모를 만들게 해준다.

성인의 정소는 주로 심하게 꼬인 세정관으로 구성되어 있다(**그림 35.12**, 왼쪽). 정소는 복강에서 만들어지지만, 출산 직전 서혜관을 통해 아래로 내려와 음낭 속으로 들어가 복강 밖에 매달려 있게 된

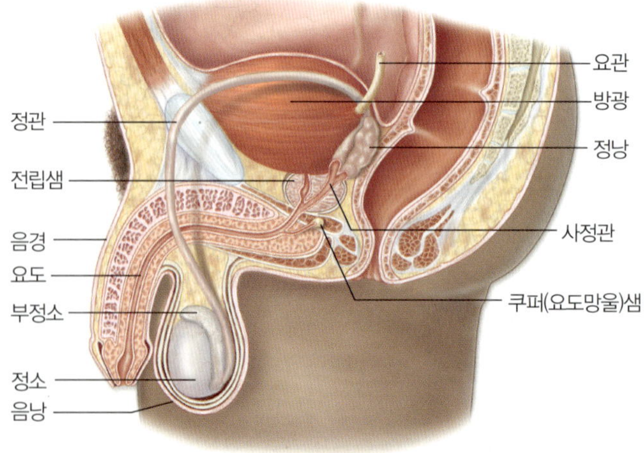

그림 35.11 남성 생식기관의 구성.
음경과 음낭은 외부 생식기이고, 정소는 생식소이다. 다른 기관은 정액의 생산과 사정을 돕는 부속 생식기관이다.

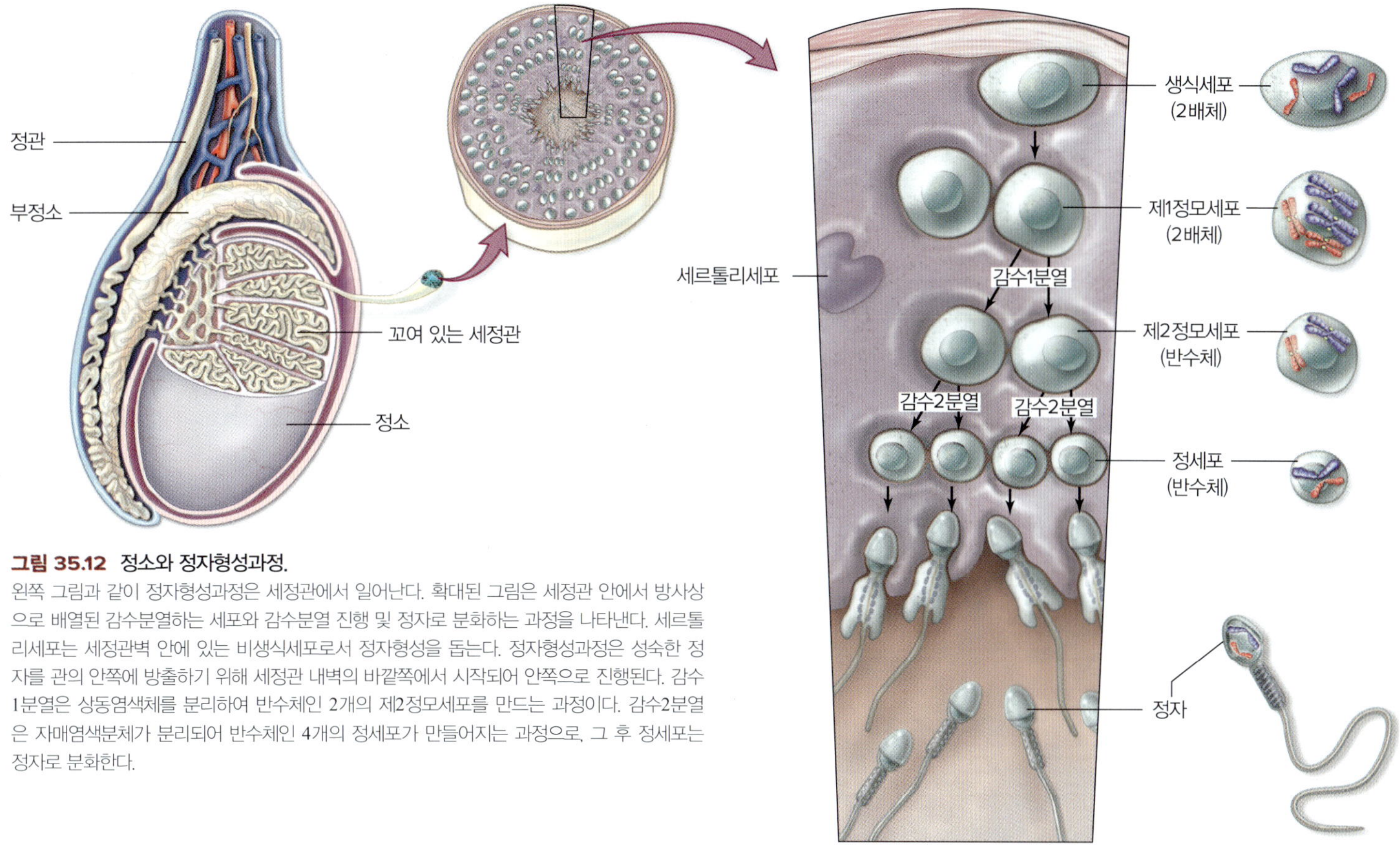

그림 35.12 정소와 정자형성과정.
왼쪽 그림과 같이 정자형성과정은 세정관에서 일어난다. 확대된 그림은 세정관 안에서 방사상으로 배열된 감수분열하는 세포와 감수분열 진행 및 정자로 분화하는 과정을 나타낸다. 세르톨리세포는 세정관벽 안에 있는 비생식세포로서 정자형성을 돕는다. 정자형성과정은 성숙한 정자를 관의 안쪽에 방출하기 위해 세정관 내벽의 바깥쪽에서 시작되어 안쪽으로 진행된다. 감수1분열은 상동염색체를 분리하여 반수체인 2개의 제2정모세포를 만드는 과정이다. 감수2분열은 자매염색분체가 분리되어 반수체인 4개의 정세포가 만들어지는 과정으로, 그 후 정세포는 정자로 분화한다.

다. 음낭은 정소의 온도를 체온인 37°C보다 낮은 34°C로 유지하도록 해주는데, 이는 정상적인 정자 형성이 낮은 온도에서 이루어지기 때문이다.

정자는 수백만 개가 생성된다

세정관의 벽에는 정원세포 혹은 **생식세포**(germ cell)와 이를 지지하는 세르톨리 세포(Sertoli cell)가 존재한다. 세정관 내벽의 바깥쪽에 있는 생식세포는 2배체인데, 이 세포는 감수분열을 통해 배우자를 형성하는 유일한 세포이다(9장 참조). 발생 중인 배우자 세포는 반수체로 세정관의 중심으로 이동한다.

세포분열을 통한 정자 형성

정원세포는 체세포분열을 통해 2개의 2배체 세포를 만든다. 2개의 세포 중 하나는 감수분열을 통해 4개의 반수체 세포가 되고, 나머지 하나는 정원세포로 남아 있는다. 이런 방식으로, 모든 정원세포가 정자를 만들기 위해 고갈되지 않는다. 성인 남성은 평균적으로 매일 1~2억 마리의 정자를 평생 동안 생성한다.

감수분열을 하는 2배체 딸세포를 제1정모세포라고 부른다. 사람의 세포에는 23쌍의 염색체(총 46개의 염색체)가 존재하는데, 각 염색체는 복제된 2개의 염색분체로 이루어져 있다. 감수1분열에서 상동염색체 쌍이 분리되면서 반수체인 제2정모세포가 2개 만들어진다. 그러나 각 염색체는 여전히 2개의 복제된 염색분체로 구성되어 있다.

각 세포는 감수2분열이 일어나면서 염색분체가 분리되어 반수체인 2개의 **정세포**(spermatids)를 형성하게 되어, 결국 제1정모세포 하나에서 총 4개의 정세포가 만들어진다(**그림 35.12**, 오른쪽). 이 세포들은 세정관의 생식세포를 구성하고 있으며, 배우자를 "발생(germinate)"시킨다.

정자형성을 돕는 지지조직

생식상피 외에도 세정관의 내벽에는 세르톨리세포 같은 비생식세포가 존재한다. 이 세포는 발생 중인 정자를 돌보고, 정자형성과정에 필요한 물질을 분비한다. 세르톨리세포는 정자가 지닌 여분의 세포질을 흡수함으로써 정세포를 **정자**(spermatozoa, sperm)로 바꾸어주는 역할을 한다.

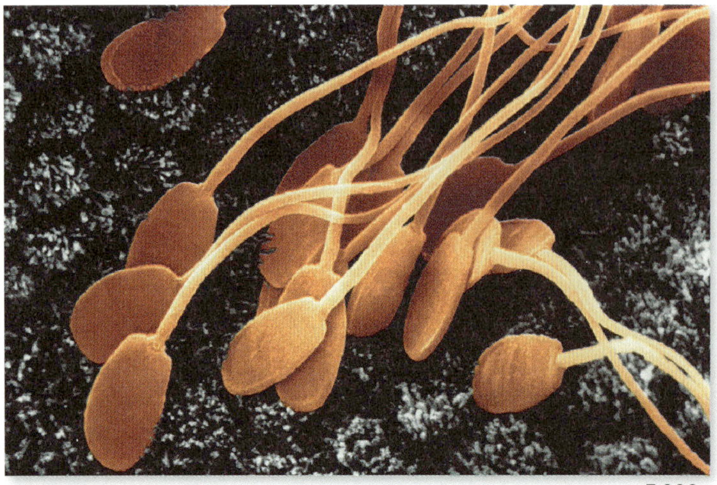
a. 5,000×

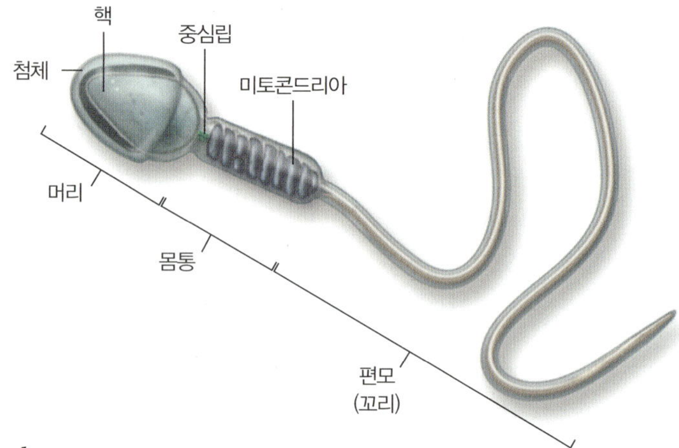

b.

그림 35.13 사람의 정자.
a. 정자(노란색)를 보여주는 주사전자현미경 사진. *b.* 정자세포의 주요 구성

정자의 구조

정자는 머리와 몸통, 편모(꼬리)로 된 비교적 단순한 세포이다(**그림 35.13**). 머리에는 핵이 들어 있으며, 골지체로부터 유래된 첨체(acrosome)가 이 부분을 덮고 있다. 첨체에는 난자를 둘러싼 보호층을 뚫기 위한 효소가 들어 있다. 몸통과 꼬리는 움직이기 위한 운동성을 제공해주는데, 꼬리에는 편모가 있고, 몸통 안에는 편모를 만드는 기저체로 작용하는 중심립과 편모운동에 에너지를 제공하는 미토콘드리아가 존재한다.

남성의 부속 생식기관은 정자의 운반을 도와준다

세정관에서 정자가 만들어진 후, 정자는 길게 꼬인 관인 **부정소**(epididymis)로 이동한다. 정자는 부정소에 도착할 때까지 운동성이 없으며, 운동성을 가지려면 적어도 18시간 동안은 부정소 내에 머물러야 한다. 부정소에서 정자는 또 하나의 긴 관인 **정관**(vas deferens)으로 이동하며, 이 관은 서혜관을 통해 복강으로 들어간다.

정액의 생성

정액은 정자와 분비액의 혼합물이다. 정소에서 뻗어 나온 정관은 정낭에서 나온 한 쌍의 관과 합쳐지며(**그림 35.11**), 정낭은 정액의 약 60%를 차지하는 과당이 풍부한 액체를 생산한다. 이 지점에서 정관은 사정관으로 연결되고, 방광의 기저부에 위치한 전립샘으로 들어간다.

사람의 경우 **전립샘**(prostate gland)은 해면조직으로 구성되어 있으며, 크기는 골프공 정도이다. 우유처럼 흰 알칼리성의 액체를 생성하며, 이 액체는 정액의 30%를 차지한다. 전립샘에서는 사정관과 방광에서 뻗어 나온 요도가 합쳐진다. 요도는 정액을 음경의 끝을 통해 체외로 배출시키는 역할을 한다. 완두콩만한 한 쌍의 쿠퍼샘은 정액의 나머지 10%를 차지하는 분비물을 생성하며, 이는 요도를 통해 분비되어 성교 전에 음경의 끝 부분을 매끄럽게 만들어 준다.

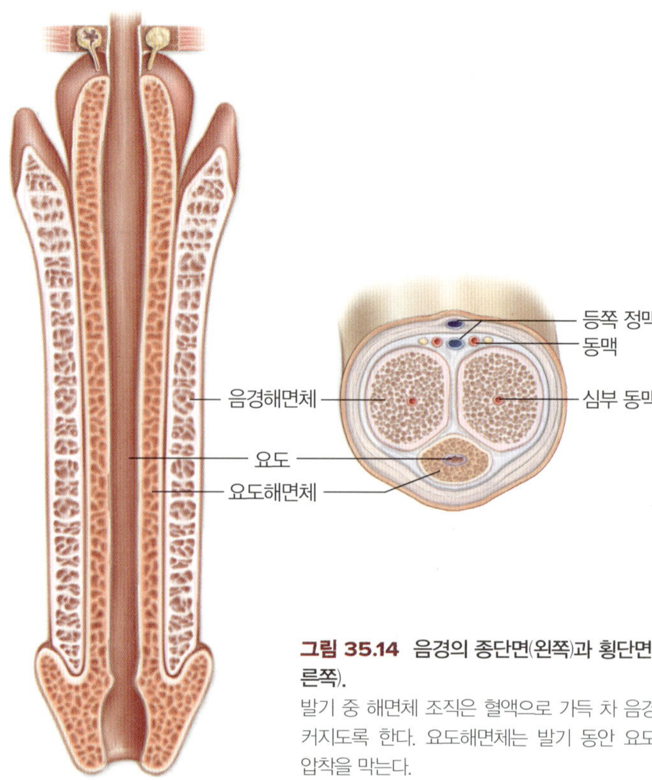

그림 35.14 음경의 종단면(왼쪽)과 횡단면(오른쪽).
발기 중 해면체 조직은 혈액으로 가득 차 음경이 커지도록 한다. 요도해면체는 발기 동안 요도의 압착을 막는다.

표 35.1	포유류의 생식 호르몬
	남성
난포자극호르몬(FSH)	세르톨리 세포를 통해 정자형성을 자극한다.
황체형성호르몬(LH)	레이디히 세포에 의해 테스토스테론의 분비를 자극한다.
테스토스테론	남성의 2차 성징, 부속 생식기관, 정자형성과정의 유지 및 발달을 자극한다.
	여성
난포자극호르몬(FSH)	난포의 성장과 에스트라디올의 분비를 자극한다.
황체형성호르몬(LH)	배란, 난포의 황체로의 전환, 황체에서 에스트라디올과 프로게스테론의 분비를 자극한다.
에스트라디올(에스트로젠)	여성의 2차 성징 유지와 발달을 자극하고, 매달마다 임신을 위한 자궁의 준비를 촉진한다.
프로게스테론	임신을 위한 자궁 준비를 완료하고, 여성의 2차 성징 유지를 돕는다.
옥시토신	자궁 수축과 모유 분출 반사를 자극한다.
프로락틴	모유 생산을 자극한다.

음경의 구조와 발기

요도 외에도 음경에는 등쪽 면에 위치한 발기조직인 음경 해면체 2개와 배쪽 면에 요도 해면체 1개가 있다(**그림 35.14**). 음경의 발기는 자율신경계의 부교감신경계에 의해 산화질소(NO)가 방출되면서 음경의 소동맥이 이완되어 일어난다. 발기조직은 충혈이 되어 단단해지고, 발기 조직의 압력이 증가하면 정맥을 누르게 되어, 혈액이 음경으로 들어올 수는 있으나 나가지는 못하게 된다.

대부분의 포유류의 음경에는 음경골(baculum)이라는 뼈가 있는데, 이 뼈는 발기 과정에서 음경이 딱딱해지도록 해주는 역할을 하며, 사람에는 존재하지 않는다.

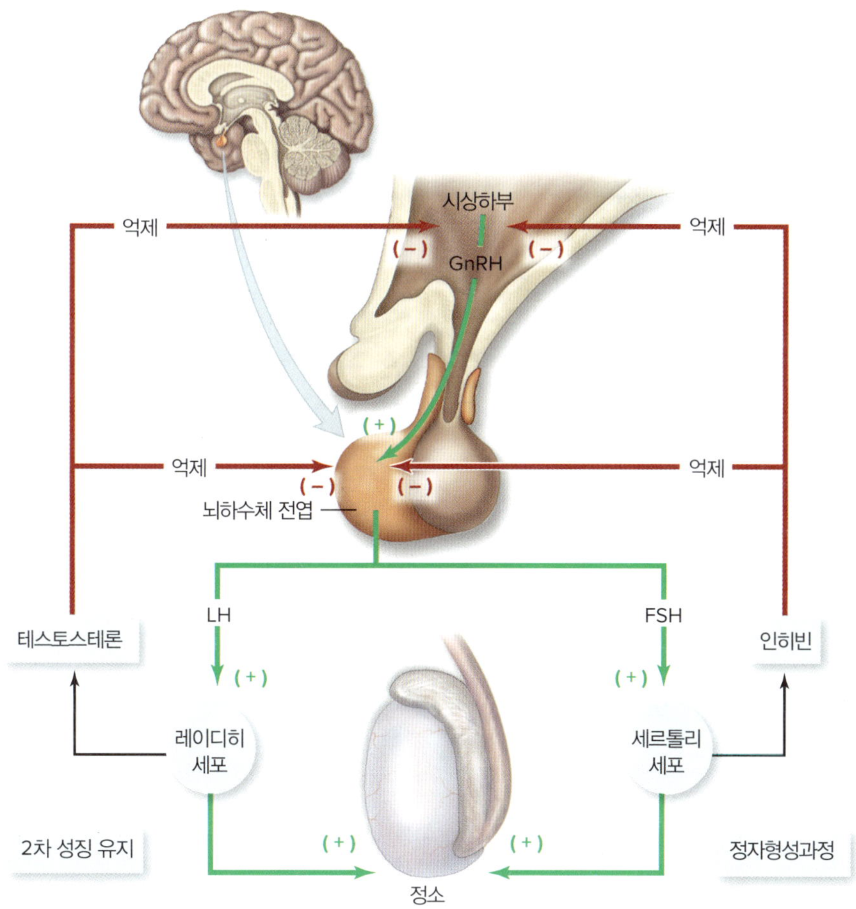

그림 35.15 정소와 뇌하수체 전엽 사이의 호르몬의 상호작용. 시상하부에서 GnRH가 분비되면 뇌하수체 전엽에서 LH와 FSH를 생산하도록 자극한다. LH는 레이디히 세포를 자극하여 테스토스테론을 분비한다. 테스토스테론은 2차 성징의 유지와 발달에 관여하고 정자형성을 자극한다. 또한 FSH는 세르톨리 세포를 자극하여 인히빈을 분비하도록 한다. 테스토스테론과 인히빈은 음성피드백 억제 기작에 의해 각각 LH와 FSH의 분비를 억제한다.

? 탐구문제 정소가 수술로 제거(거세)되었을 때 뇌가 영향을 받는 이유는 무엇인가?

사정

발기와 지속적인 성적 자극으로 사정이 되면서 대략 3억 개의 정자가 들어 있는 2~5 mL의 정액이 방출된다. 수정을 위해서는 많은 정자가 필요한데, 이는 하나의 정자만으로는 난자로 가는 여정을 완수하여 수정할 가능성이 매우 낮고, 한 마리의 정자가 난자로 들어가기 전에 많은 정자의 첨체가 난자와 접촉해야 하기 때문이다. 정자의 수가 1 mL당 2천만 마리 이하인 남성은 일반적으로 불임인 것으로 알려져 있다. 많은 수의 정자지만 사정된 정액의 약 1%밖에 차지하지 않는다.

호르몬은 남성 생식기관의 기능을 조절한다

28장에서 살펴본 것처럼 뇌하수체 전엽에서는 두 종류의 생식샘자극호르몬인 난포자극호르몬(FSH)과 황체형성호르몬(LH)이 분비된다. 이 호르몬들은 여성의 몸에서 작용하는 역할에 따라 이름이 붙여진 것이지만, 남성에서도 생식기관의 기능을 조절한다(**표 35.1**). 남성에서 FSH는 세르톨리 세포를 자극하여 정자 발달을 촉진시키고, LH는 레이디히 세포에서 테스토스테론의 분비를 자극한다.

FSH와 LH의 분비 조절은 음성피드백 억제 원리를 통해 이루어진다(**그림 35.15**). 시상하부 호르몬인 생식샘자극호르몬 방출호르몬(gonadotropin-releasing hormone, GnRH)은 뇌하수체 전엽을 자극하여 FSH와 LH를 분비하도록 한다. FSH는 세르톨리 세포가 FSH의 분비를 억제하는 펩타이드 호르몬인 인히빈(inhibin)을 방출하도록 해준다. 마찬가지로 LH는 테스토스테론의 분비를 촉진하며, 테스토스테론은 뇌하수체 전엽에 직접 작용하거나, 간접적으로 시상하부에서 분비되는 GnRH의 분비를 감소시킴으로써 LH의 분비를 억제시킨다.

음성피드백 억제의 중요성은 정소를 제거함으로써 알 수 있으며, 테스토스테론과 인히빈이 분비되지 않는다면 뇌하수체 전엽에서 FSH와 LH의 분비량이 현저히 증가하게 된다.

핵심 요약 35.3

정소의 세정관 내에 있는 각각의 정원세포는 체세포분열을 한다. 2개의 딸세포 중 하나는 감수분열을 통해 반수체인 4개의 정자를 만든다. 정액은 정소에서 나오는 정자와 정낭과 전립샘에서 나오는 액체로 구성되어 있다. 성적인 자극은 음경을 발기시키는 원인이 되며, 지속적인 자극은 정액의 방출을 야기한다. 정소에서 정자의 생산과 테스토스테론의 분비는 뇌하수체 전엽의 FSH와 LH에 의해 조절된다.

- 자연선택은 더 많은 정자를 생산하는 수컷을 선호할까? 그 이유를 설명해 보자.

35.4 여성 생식기관의 구조와 기능

학습 목표

1. 난모세포의 생성과정을 서술할 수 있다.
2. 여성의 생식주기와 배란을 설명할 수 있다.
3. 여성의 생식기관 기능을 조절하는 호르몬에 대해 설명할 수 있다.

그림 35.16은 여성 생식기관의 구조를 보여준다. 정소에 비해 난소는 매우 느리게 발달한다. 테스토스테론이 없는 여성은 남성에서 음경과 음낭이 만들어지는 부분이 **음핵**(clitoris)과 대음순(labia majora)으로 발달한다. 따라서 음핵과 음경, 대음순과 음낭은 상동기관이라고 할 수 있다. 음핵은 음경과 마찬가지로 음핵해면체를 포함하고 있어 발기가 가능하다.

난소는 난포라고 부르는 미세구조를 가지며, 난포는 난자가 될 제1난모세포(primary oocyte)와 작은 **과립세포**(granulosa cell)로 구성되어 있다.

사춘기가 되면 과립세포에서 여성호르몬인 에스트라디올(또는 에스트로겐)이 분비되기 시작하면서 **초경**(menarche)이 일어나고, 월경주기가 시작된다. 에스트라디올은 유방의 발달과 음모 등 여성의 2차 성징이 일어나도록 자극한다. 또한 에스트라디올은 다른 스테로이드 호르몬인 프로게스테론과 함께 나팔관(수란관, 난관), 자궁, 질과 같은 부속 생식기관을 유지하는 데 도움을 준다.

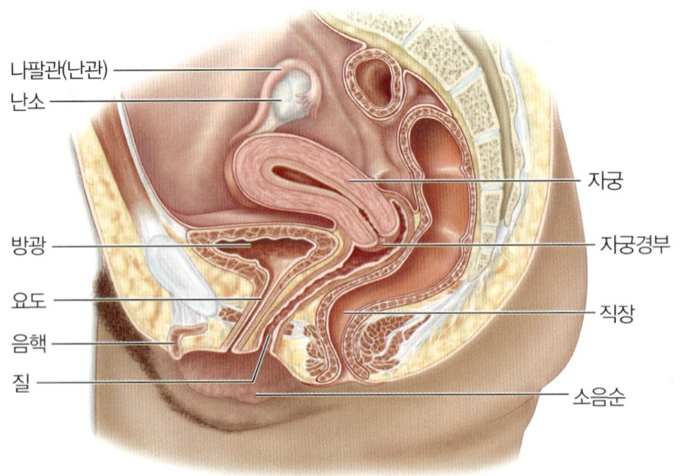

그림 35.16 여성 생식기관의 구성.
난소는 생식소이고, 나팔관은 배란된 난자를 받으며, 자궁은 수정된 난자가 배아로 발생하는 장소이다.

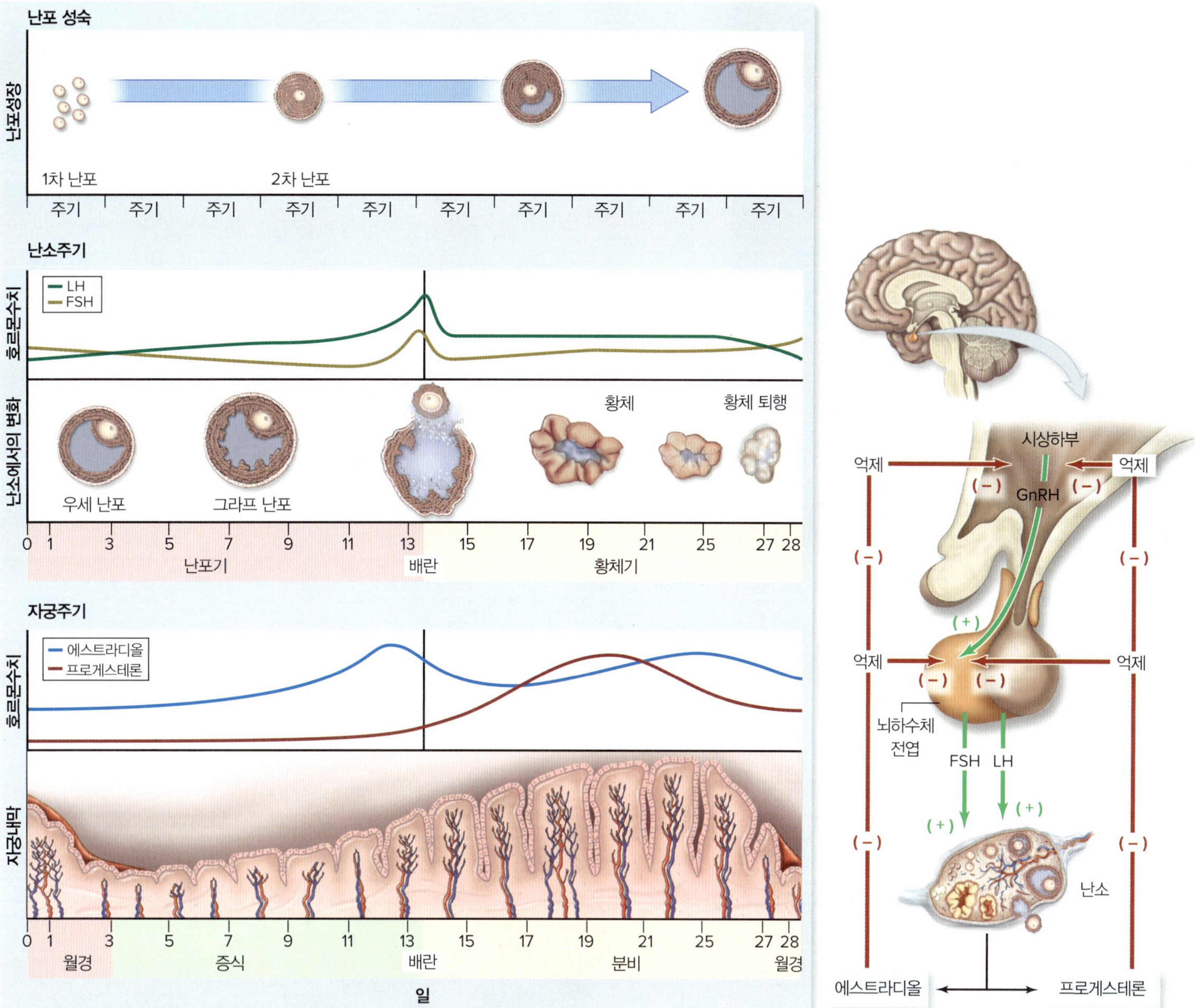

그림 35.17 사람의 월경주기.

왼쪽: 월경주기 동안 호르몬 양의 변화는 배란(중간) 및 자궁내막의 성장(아래) 및 관련이 있다. 자궁내막이 두터워지는 것은 증식기 동안의 에스트라디올에 의한 자극 때문이다. 에스트라디올과 프로게스테론은 분비기 동안에 자궁내막을 조절하고 유지한다. 이 두 호르몬 양의 감소에 의해 월경이 시작된다. 배란 준비가 되기 전까지 난포는 발달하는 데 수개월이 걸린다(위). 오른쪽: 뇌하수체 전엽에서의 에스트라디올과 프로게스테론의 생산은 음성피드백에 의해 조절된다.

자료 분석 월경주기의 어느 시점에서 FSH의 수치가 LH의 수치보다 높은가?

대개 하나의 난자가 한 번의 월경주기마다 생산된다

출생 시에 여성의 난소에는 감수1분열 전기까지 진행된 **제1난모세포**(primary oocyte)를 가진 100만 개 정도의 난포가 있다. 제1난모세포가 들어 있는 난포 가운데 일부는 매 주기마다 발달하도록 자극을 받지만, 난포의 성숙과정은 몇 달 동안 진행되므로, 특정 시기의 난소에는 여러 가지 성숙 단계의 난포가 존재한다. 여성의 월경주기는 약 한 달(평균 28일)이며, 난소의 활성도에 따라 난포기와 황체기로 구분되며, 두 시기는 배란을 기준으로 나눈다(**그림 35.17**).

각 월경주기가 시작될 때, 몇 달 전부터 발달된 그룹 내에서 1개의 우성 난포가 선택되고 발달하면서 그 그룹의 나머지 난포는 퇴화되

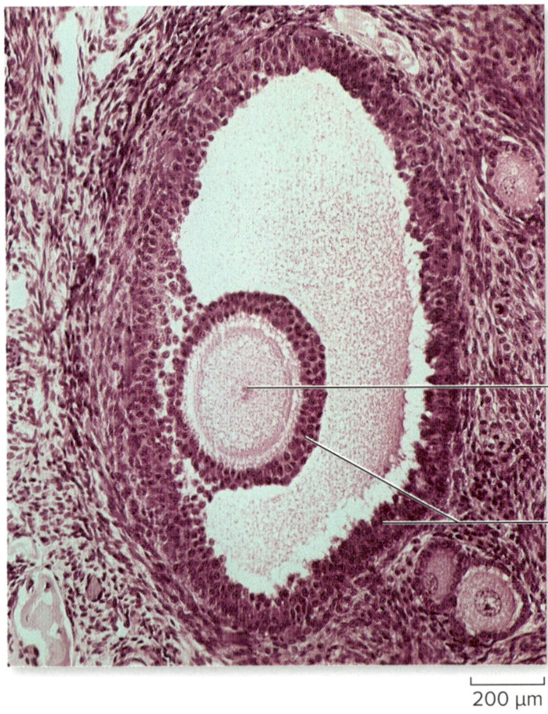

그림 35.18 고양이 난소의 성숙한 그라프 난포.
제2난모세포를 둘러싼 과립막세포를 주목하자. 이 세포는 배란 시에도 난세포를 둘러싸고 있으며, 정자가 제2난모세포의 원형질막에 도달하기 위해서는 이 세포층을 뚫고 들어가야 한다.

기 시작한다.

난포기

난포기(follicular phase) 동안 1개의 우세한 난포만이 FSH의 자극에 의해 **후기 3차 난포**(late tertiary) 또는 **그라프 난포**(Graafian follicle)로서 완전하게 성숙한다. 이 난포는 난소 표면에 얇은 벽의 주머니를 형성한다. 자궁은 단순 원주상피막으로 이루어진 자궁내막(endometrium)을 지니며, 난포기 동안 에스트라디올은 자궁내막을 증식시키고, 이 시기가 자궁내막의 **증식기**(proliferative phase)이다(**그림 35.17**).

그라프 난포 안의 제1난모세포는 난포기 동안 감수1분열을 마친다. 이때 크기가 같은 2개의 딸세포가 만들어지는 대신, 큰 딸세포인 제2난모세포(secondary oocyte, **그림 35.18**)와 작은 딸세포인 **극체**(polar body)가 만들어진다. 따라서 제2난모세포는 제1난모세포의 세포질 거의 대부분을 받게 되어(불균등 세포질분열), 수정된 후에 난모세포가 초기 배아를 형성할 기회를 높여주는 반면에, 극체는 나중에 붕괴된다.

그 후 제2난모세포는 감수2분열을 시작하지만, 감수2분열 중기에 머무르게 된다. 이때 잠재적으로 난자가 될 난모세포가 배란기에 난

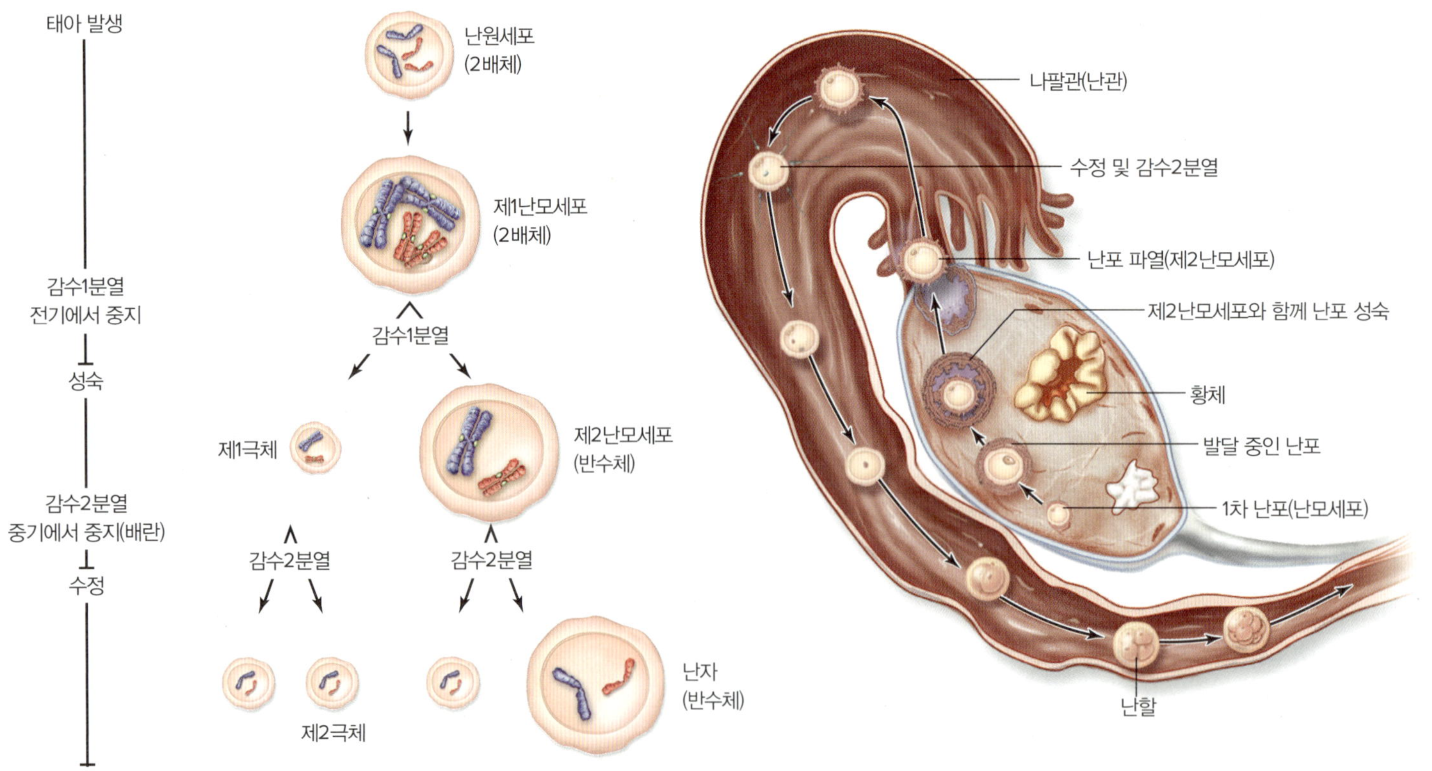

그림 35.19 사람의 난자형성과정에서의 감수분열.
제1난모세포는 2배체이다. 감수1분열이 끝나면 극체는 분해되고, 제2난모세포는 배란기에 방출된다. 제2난모세포는 수정 후에 감수2분열을 마치고, 제2극체와 반수체 알인 난자를 만든다. 반수체 난핵과 반수체 정핵은 융합하여 2배체 접합자를 만든다.

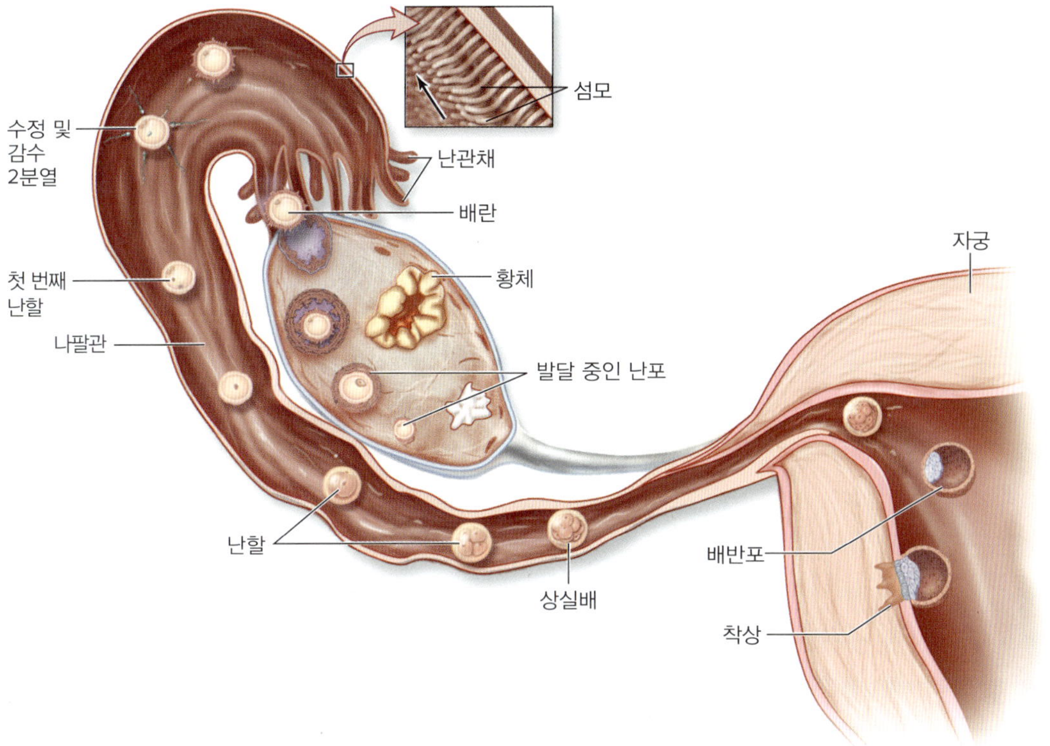

그림 35.20 난자의 이동.
난포 안에서 만들어져 배란기에 방출된 제2난모세포는 나팔관 안으로 들어가 나팔관 벽에 있는 섬모의 움직임에 의해 이동한다. 질의 위쪽으로 이동한 정자는 나팔관 안에서 제2난모세포와 융합함으로써 수정이 일어나며, 곧 감수분열이 끝나게 된다. 이렇게 만들어진 접합자는 나팔관 안에서 여러 번의 체세포분열을 한다. 자궁에 도달할 무렵 접합자는 배반포라고 부르는 속이 빈 공 모양의 세포가 된다. 배반포는 자궁벽에 착상한 후 계속 발생을 진행한다. 난자와 연속적인 발달 과정은 그림보다 훨씬 작지만 확대하여 나타냈다.

소로부터 방출되지만, 나팔관에서 수정하지 못하면 감수2분열을 마치지 못하게 된다.

배란

난포기 동안 혈중 에스트라디올의 양이 증가하면 뇌하수체 전엽에서 LH가 분비되도록 자극한다. 급격하게 분비된 LH는 배란기에 완전히 성숙한 그라프 난포를 터뜨려 제2난모세포를 방출하도록 한다.

방출된 난모세포는 나팔관 입구를 둘러싼 섬모 근처의 복강으로 들어간다. 나팔관 내벽의 섬모들은 난모세포를 나팔관을 따라 자궁으로 이동시켜 주는 역할을 한다.

수정되지 않은 난모세포는 배란 후 하루 이내에 퇴화되며, 수정이 되면 완전하게 감수2분열이 일어나면서 성숙한 난자와 제2극체가 형성된다(**그림 35.19**). 난자와 정자의 핵이 융합하여 2배체 접합자가 만들어진다. 수정은 보통 나팔관의 상단 1/3 지점을 통과하는 시점에 이루어지며, 사람의 경우 접합자는 약 3일 내에 자궁에 도착하고, 그 후 2~3일 안에 자궁내벽에 착상하게 된다(**그림 35.20**).

황체기

그라프 난포는 배란 후 LH의 자극으로 **황체**(corpus luteum)로 변하게 된다. 이런 이유로 월경주기의 후반부를 **황체기**(luteal phase)라고 한다. 황체는 에스트라디올과 또 다른 스테로이드 호르몬인 프로게스테론을 분비한다. 황체기 동안 에스트라디올과 프로게스테론의 높은 혈중 농도는 음성피드백 억제작용을 통해 뇌하수체 전엽에서 분비되는 FSH와 LH의 분비를 억제해 준다(**그림 35.17**). 황체기 동안의 억제작용은 월경주기의 중간에서 에스트라디올이 LH 분비를 자극하여 배란이 일어나게 하는 것과 대조적이다. 배란 후 에스트라디올과 프로게스테론의 억제 효과는 자연적인 피임과정으로 작용해 더 이상의 난포가 발달하는 것을 막고 배란이 지속되지 못하도록 한다.

황체기 동안 에스트라디올과 프로게스테론의 분비는 자궁내벽에서 혈관과 샘조직(glandular) 발달 및 글리코젠의 축적이 일어나도록 한다. 자궁내막의 샘조직 형성과 기능 때문에 이 시기를 **분비기**(secretory phase)라고 한다. 이런 변화는 자궁에 배아가 착상할 수 있도록 도와준다.

수정이 일어나지 않으면 황체기가 끝날 무렵에 LH와 FSH의 분비가 감소하여 황체가 퇴화한다. 황체에서 생성되는 에스트라디올과 프로게스테론은 황체 유지에 필요한 LH의 분비를 억제한다. 황체의 소멸은 황체기 말기에 에스트라디올과 프로게스테론의 혈중 농도를 급격히 감소시켜 출혈과 함께 자궁내막이 떨어져 나가도록 한다. 이 과정이 월경이며, 이 시기를 **월경기**(menstrual phase)라고 한다.

배란된 난모세포가 수정이 되면 작은 배아는 배아의 융모막에서 LH와 유사한 **인간융모성생식샘자극호르몬**(human chorionic gonadotropin, hCG)을 분비함으로써 황체의 퇴화를 막는다. 황체를 지

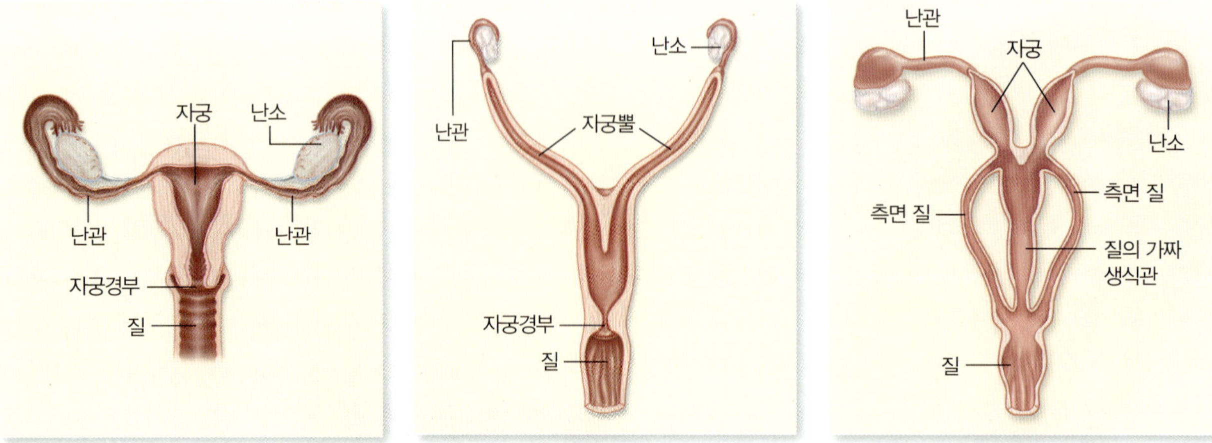

a. *b.* *c.*

그림 35.21 포유류 자궁의 비교.
a. 사람 및 영장류. *b.* 고양이, 개, 소. *c.* 유대류.

속시킴으로써 hCG는 에스트라디올과 프로게스테론의 농도를 높게 유지하도록 하고 임신이 끝나거나 월경이 일어나는 것을 막아준다. hCG는 모체가 아닌 태아의 융모막에서 분비되므로, 모든 임신 진단에 사용되고 있다.

포유류의 발정주기

발정주기를 가지는 포유류는 월경을 하지 않는다. 이런 포유류에서는 주기적으로 자궁내막이 벗겨지지만 출혈은 일어나지 않는다. 발정주기는 발정전기, 발정기, 발정후기, 발정사이기의 4단계로 구분된다. 이는 월경주기에서 증식기, 중기(배란기), 분비기, 월경기에 해당된다.

여성의 부속 생식기관은 정자를 받아들이고, 배아에 영양분을 공급하고 보호해준다

나팔관(자궁관 또는 난관이라고도 부름)은 난자를 난소로부터 자궁까지 이동시켜 준다. 사람의 **자궁**(uterus)은 근육질이고 과일인 서양 배와 같은 모양을 하고 있으며 자궁경부를 거쳐 질로 이어진다(**그림 35.21***a*).

질의 입구는 **처녀막**(hymen)으로 덮여 있으며, 이 막은 격렬한 운동이나 성관계에 의해 파열된다. 후자의 경우 첫 경험 시에 처녀막이 파열되며 고통스러울 수도 있다.

성적 자극에 의해 소음순과 음핵 그리고 질은 남성의 발기 조직처럼 혈액이 가득 차게 된다. 음핵은 감각뉴런이 많이 분포하고 있어 매우 민감하기 때문에 여성의 성적 자극에 중요한 역할을 한다. 성적 자극이 주어지면 질 입구 부분에 있는 바르톨린선(Bartholin's gland)이 점액을 분비하여 음경의 삽입을 용이하게 해준다. 사정된 정자는 질 입구로부터 나팔관까지 멀리 거슬러 올라가 제2난모세포와 만나 수정하게 된다.

영장류를 제외한 다른 포유류의 암컷은 매우 복잡한 생식관을 가지고 있으며, 자궁은 자궁뿔의 형태로 나누어지며, 각각의 자궁뿔은 난관으로 이어진다(**그림 35.21***b*, *c*). 예를 들어 고양이, 개, 소와 같은 동물의 경우, 자궁경부는 하나지만 격벽으로 분리된 2개의 자궁뿔을 가지고 있다. 주머니쥐와 같은 유대류는 더욱 확실히 분리되어 있어 2개의 자궁뿔과 2개의 자궁경부, 2개의 질을 지니고 있다. 수컷 유대류는 갈라진 음경을 가지고 있어 2개의 질에 동시에 삽입할 수 있다.

핵심 요약 35.4

제1난모세포는 난소의 난포 안에 존재한다. 사춘기 때 일부 난모세포는 FSH에 의해 매 월경 주기 때마다 발달하도록 자극받는다. 각각의 제1난모세포에서는 불균등 세포질분열에 의해 1개의 난자와 3개의 극체를 생성한다. 난포기 동안 우세 난포는 성숙한다. 배란은 LH에 의해 유발된 이 난포 안에 존재하는 제2난모세포의 방출이다. 제2난모세포는 수정이 일어나야 분열을 완료한다. 황체기에는 추가 난모세포의 발달이 억제된다. 만약 수정이 일어나지 않으면, 자궁내막은 월경 출혈로 인해 상피세포들이 탈락한다.

- 임신당 1명 이상의 자손이 자연선택에 의해 선호될까? 어떤 조건에서 그렇게 될까?

35.5 피임과 불임치료

학습 목표

1. 여러 가지 피임법의 특징을 비교할 수 있다.
2. 불임의 원인에 대해 서술할 수 있다.

대부분의 척추동물에서 교미는 생식과 연관되어 있다. 교미 기간 동안에만 허용되는 성적 수용성(receptivity)은 암컷이 지니고 있는 본능적인 행동이다. 사람과 일부 유인원의 암컷의 경우, 생식주기 내내 성적 수용성을 가질 수 있으며, 성적 행위를 받아들이는 성적 수용성의 확대는 2차적 기능, 즉 두 개체 사이의 유대 및 정서적 관계를 강화시키는 힘을 가지게 해준다.

모든 커플이 성행위를 할 때마다 임신이 되기를 바라는 것은 아니지만, 성적 행위는 사람의 정서 생활에 있어서 반드시 필요하며 중요한 부분을 차지하고 있다. 역사적 사실을 살펴보면, 옛날부터 사람들이 성행위는 계속하면서도 임신을 조절하기 위해 다양한 시도를 했다는 것을 알 수 있다. 임신을 막는 것을 피임(contraception)이라 부른다. 생리학적으로 수정이 아닌 자궁내벽에 착상이 된 상태로 약 일주일 이상 지난 것을 임신으로 본다. 일반적으로 사용되는 피임법은 자궁내벽에 수정란이 착상되기 전에 이루어진다.

이와 반대로, 일부 커플들은 아이가 생기기를 간절히 바라지만 여러 가지 이유로 임신이 되지 않는 불임이 나타나기도 한다. 이러한 불임 부부가 아이를 가질 수 있게 하는 기술도 계속해서 발전하고 있다.

피임은 수정이나 착상 방지를 목적으로 한다

문화나 종교, 개인에 따라 장단점을 가진 다양한 피임법이 임신을 막기 위해 사용되고 있다(**표 35.2**). 경구피임약과 같은 많은 방법이 의도한 대로 사용한다면 매우 효과적일 수 있지만, 실제로 사용자는 약을 먹는 것을 잊거나, 의사와의 진료 예약을 놓치거나, 피임약을 잘못 사용하기 때문에 신뢰성이 떨어진다.

금욕

성행위를 아예 하지 않는 일명 금욕(abstinence)이 가장 믿을 만한 피임법이다. 이 방법은 수많은 피임법 가운데 가장 확실하다. 그

표 35.2 피임 방법

장치	작용	실패율*	장점	단점
경구 피임약	주로 배란을 억제하는 호르몬(프로게스테론 유사제를 단독으로 쓰거나 다른 호르몬과 복합 처방함)	유형에 따라 9%	편리, 고효율, 난소암과 자궁내막암 방지	정기적 복용, 경미한 부작용(신약은 줄어듦), 여성(특히 35세 이상의 흡연 여성)에게 부적절
콘돔	음경을 둘러싸는 얇은막, 질벽을 둘러싸는 여성용 콘돔	18%	간편, 효율, 저비용, 성병 예방	남성의 협조 필요, 성감 감퇴
피임용 격막	자궁 입구를 막는 부드러운 고무캡. 정자가 난자로 전달되는 것을 차단, 살정제 포함	12%	위험한 부작용 없음, 제대로 사용 시에는 신뢰할 수 있음, 자궁경부암과 성병 예방	착용 시 주의 필요, 삽입과 제거가 불편함, 성교 시에 빠질 가능성 있음
자궁내 피임장치 (IUD)	자궁내 플라스틱 혹은 철로 된 재질 사용, 착상 방지. 일부 제품은 구리 함유 또는 호르몬 방출	1%	편리, 고효율, 반영구적	월경 시 과다출혈 및 통증 가능, 천공, 감염, 분리, 골반염, 불임의 위험이 있음, 임신을 원하는 사람에게 부적절, 임신 시 위험
경부 덮개	피임용 격막의 축소판으로 정자가 난자로 전달되는 것을 차단, 살정제 포함	피임용 격막 사용시와 유사	위험한 부작용 없음, 상당히 효과적, 피임용 격막보다 오래 착용 가능	삽입과 착용 시 문제, 크기 제한
거품, 크림, 젤리형의 질 삽입용 좌약	성교 전에 질 안으로 살정제를 삽입하여 정자가 자궁으로 들어가는 것을 방지	10~28%	알레르기 반응이 없는 사람 사용 가능, 성병 예방, 부작용 없음	비교적 신뢰도가 낮음, 때때로 지저분함, 반드시 성관계 5~10분 전에 사용해야 함
이식용 피임제	외과적으로 피하에 호르몬을 방출하는 캡슐을 이식하여 배란 방지	0.05%	매우 안전, 편리, 효과적, 오래 지속, 경구 피임약과 같은 효과	불규칙적인 기간, 삽입과 제거에 외과 수술 필요, 작은 흉터 발생
주사용 피임제	매 3개월마다 호르몬을 주사하여 배란 방지	6%	편리, 고효율, 때때로 월경 시 출혈이 심한 것 외에는 심각한 부작용 없음	때때로 월경 시 심한 출혈

* 실패율은 매년 100명의 사용자당 임신 횟수로 계산하였음.
출처; Data from American College of Obstetricians and Gynecologists: Contraception, Patient Education Pamphlet No. AP005. ACOG, Washington, D.C., 1990

러나 이 피임법은 계속 실천하기에 가장 제한적이고 어려운 방법이다. 성충동은 억제하기가 힘들어 부부가 피임법으로 금욕을 실행하다가 실패하면 원치 않는 임신이 일어날 수 있기 때문이다.

정자 전달의 차단

정자가 자궁에 도달하지 못하면 수정은 일어날 수 없다. 정자의 전달을 막는 한 가지 방법은 콘돔이라고 하는 얇은 막으로 음경을 감싸는 것이다. 일부 남성의 경우 성행위 시 쾌감이 줄어든다고 하여 콘돔을 선호하지 않는다. 이론적으로 이 피임법은 쉽게 사용할 수 있고 확실한 효과를 나타내지만, 실제적으론 정확하게 콘돔을 사용하지 않거나 불연속적으로 사용함으로써 매년 3~15% 정도의 실패율을 보인다. 그럼에도 불구하고 콘돔은 미국에서 가장 많이 사용되고 있는 피임법이다. 콘돔은 또한 AIDS의 전염이나 다른 전염성 성병(sexually transmitted diseases, STDs)을 차단하는 방법으로 널리 사용되고 있으며, 미국에서는 매년 수십억 개의 콘돔이 판매되고 있다.

정자가 자궁으로 들어오는 것을 막는 두 번째 방법은 자궁경부를 덮어씌우는 것이다. 자궁경부에 꽉 끼도록 만들어진 덮개는 한번 장착하고 나면 며칠 동안 사용할 수 있으며, 고무로 만든 반구형의 피임용 격막은 성관계를 갖기 전에 삽입시켜 사용한다. 자궁경부의 크기는 사람마다 서로 다르기 때문에 반드시 의사와 상담 후 경부 덮개 또는 피임용 격막의 크기를 결정하여 장착해야 한다. 피임용 격막을 사용하는 여성들 가운데 매년 12% 정도는 임신을 한다. 경부 덮개가 피임용 격막에 비해 낮은 실패율을 보인다.

정자 제거

세 번째 피임법은 사정 후 정자를 제거하는 방법이다. 이 방법은 성관계 직후, 즉 정자가 자궁으로 들어오기 전에 질 부분을 씻어내는 것이다. 이러한 피임법을 질세척(douche)이라고 한다. 질세척은 사정 직후 곧바로 화장실로 달려가 완전하게 씻어야 하기 때문에 쉽게 적용하기 어려우며, 실제로 질세척은 정자를 질과 자궁으로 밀어 올려서 임신을 시킬 가능성이 높기 때문에 실패율이 매우 높다(연간 40%).

질세척 대신 사용하는 방법으로 질 속으로 전달된 정자를 죽이는 젤리나 거품 형태의 살정제가 있다. 이 약품은 성관계 바로 직전에 주입하며, 실패율은 매년 10~28% 정도이다. 콘돔이나 피임용 격막과 함께 살정제를 사용하면 각각의 방법을 따로 사용하는 것보다 효과가 더 높게 나타난다.

배란 억제

1960년대 이후 미국 사회에서는 여성들이 매일 피임약을 섭취하는 경구 피임법이 증가하기 시작했다. 피임약 성분에는 프로게스테론 유사제가 포함되어 있으며, 일부 피임약에는 에스트로젠이 함께 들어 있는 경우도 있다. 앞에서 프로게스테론과 에스트라디올이 배란주기의 황체기 동안 음성피드백 작용에 의해 FSH와 LH의 분비를 억제시켜 난포의 발달과 배란이 일어나지 못하도록 차단시키는 기작에 대해 설명한 바 있다. 이 호르몬들은 자궁내벽을 두껍게 만들기도 한다. 피임약 속에 들어있는 호르몬 또한 같은 효과를 보여 배란을 차단시키기 때문에 수정될 난자가 없게 되는 것이다.

여성은 보통 3주일간 호르몬 성분의 피임약을 복용하며 4주째에는 호르몬이 포함되지 않은 피임약을 복용해 호르몬의 혈중 농도를 떨어뜨려 월경이 일어나게 한다.

경구피임약은 완벽히 사용했을 때 실패율이 매년 1%밖에 되지 않기 때문에 피임에 매우 효과적이지만, 실제로는 약 9%의 여성들이 실패한다. 다른 형태의 경구 피임법으로는 피하에 호르몬 제제의 캡슐을 삽입시키는 방법이 있다. 이 이식한 캡슐은 실패율이 1%도 되지 않는다.

피임약이나 캡슐을 사용하는 여성들 가운데 소수의 여성에게서 혈액 응고나 메스꺼움과 같은 부작용이 나타난다. 이러한 부작용은 에스트로젠의 양을 줄이거나 다른 프로게스테론 유사제가 포함되어 있는 새로운 피임약을 사용하는 것으로 줄일 수 있다. 새로운 피임약은 자궁내막암, 난소암이나 심혈관계 질환과 골다공증(나이 든 여성의 경우) 등의 발병률을 감소시키기 때문에 또 다른 이득을 가져다주기도 하지만 유방암과 자궁경부암의 발병률을 증가시킬 수 있다.

흡연 여성, 특히 35세 이상의 흡연 여성에게는 경구피임약의 위험성이 매우 높아진다. 이러한 피임법의 상대적인 장점과 단점에 대해 각자가 결정할 수 있도록 의사와 상담을 해야 하지만, 많은 여성들이 경구용 피임약의 부작용보다 장점이 많다는 데 동의하고 있다.

배아의 착상 방지

코일이나 불규칙한 형태의 물체인 자궁내 피임기구(intrauterine device, IUD)의 삽입은 배아의 착상을 막기 때문에 효과적인 피임법이다. IUD의 실패율은 단 1% 정도이며, 이렇게 높은 효과는 한번의 삽입으로 피임 효과가 지속되는 편리함 때문이다. 이 방법의 단점은 IUD를 사용하는 여성의 1/3 정도가 경련, 통증, 때로는 출혈을 경험하기 때문에 지속적으로 사용할 수 없다는 점이다. 또한 IUD의 삽입 시에 자궁내 감염이 일어날 수 있다.

착상을 막는 또 다른 방법은 일반 피임약에 비해 50배의 에스트로젠이 들어 있는 "사후피임약(morning-after pill)"을 복용하는 것이다. 이 약은 일시적으로 난자의 발달을 차단하고, 수정과 수정란의 착상을 막아주며, 실패율은 1~10%이다.

그림 35.22 불임 시술.
a. 정관절제법.
b. 난관결찰법.

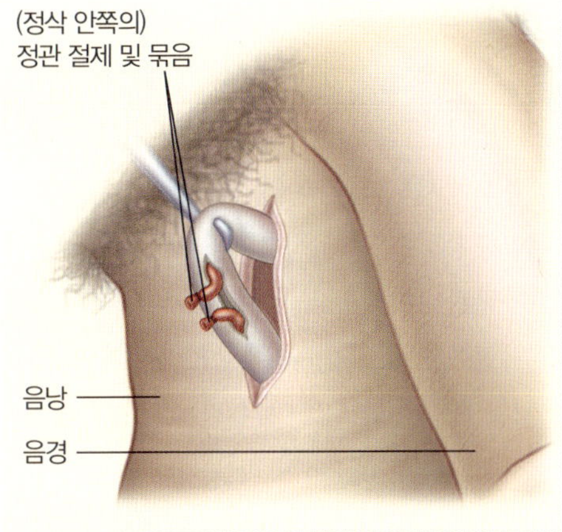

a.

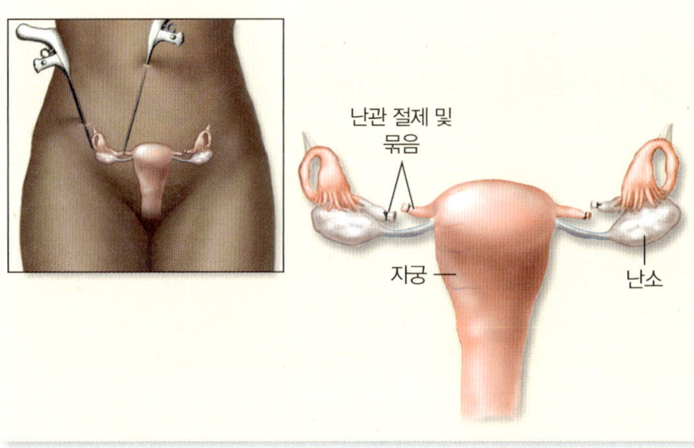

b.

많은 여성들이 심한 부작용 때문에 고농도의 호르몬이 들어 있는 이 약의 복용을 꺼린다. 이 약은 일반적인 피임을 위해 개발된 것이 아니고, 긴급 상황에서 사용되도록 고안된 것이다.

불임 시술

불임 시술은 생식샘으로부터 생식세포가 이동하는 관의 일부를 제거하는 수술(**그림 35.22**)로 거의 100%의 피임효과를 나타낸다. 불임 시술은 남성과 여성에게 모두 적용할 수 있는 피임법으로 남성의 경우에 정자가 정액 속으로 들어가지 못하도록 차단시키고, 여성의 경우에는 배란된 난모세포가 자궁으로 들어가지 못하도록 한다.

남성에게 시술하는 정관절제술(vasectomy)은 각 정소에서 빠져나오는 정관을 자르거나 일부를 결찰하는 방법이다. 이와 비슷한 방법으로 여성이 하는 난관결찰술(tubal ligation)은 각 난관의 일부를 제거한 다음 관을 묶는 방법이다. 매우 드물긴 하지만 잘려진 관이 다시 연결되어 수정 능력을 되찾기도 한다. 이런 일은 정관절제술에서 보다 흔하게 일어나지만, 둘 다 매우 낮은 비율로 일어난다. 두 방법 모두 수술을 통해 수정 능력을 가지도록 되돌릴 수 있는데, 절제된 정관의 경우 비용이 많이 들고 실패할 가능성이 높다.

불임은 남성과 여성 모두에서 일어난다

피임을 하지 않은 상태에서 성관계를 가지는데 12개월 동안 임신이 되지 않는다면 불임으로 판정된다. 불임인 부부들 중 40%는 남성의 문제이며, 45%는 여성, 15%는 명확한 이유가 밝혀지지 않았다. 이와 같은 통계 자료는 비록 불임에 관해 많은 연구가 진행되었지만, 아직도 연구해야 할 점이 많이 남아 있음을 의미한다.

여성 불임

여성에서 불임은 난모세포의 생성 과정부터 접합자의 착상 과정까지의 단계 중 어느 한 단계에서 잘못되는 경우에 생긴다. 가장 흔한 경우는 배란이 잘못되거나, 수정이나 착상에 실패하여 불임이 일어나기도 한다.

전 세계적으로 가장 많이 나타나는 불임의 원인은 골반염(pelvic inflammatory disease, PID)이다. 이 질병은 다양한 세균의 감염에 의해 발생하여 나팔관을 차단시키며, 그로 인해 정자의 통과나 수정란의 자궁으로의 이동이 차단된다.

자궁내막조직이 비정상적인 장소에 생기는 자궁내막증(endometriosis)은 PID와 유사한 방법으로 불임을 야기한다. 신체는 자궁내막조직과 반응하여 흉터 조직을 만들어 둘러싸며, 증식된 흉터 조직은 자궁으로의 난자 이동을 막는다.

또 다른 불임의 원인으로는 여성이 나이가 들거나 조기 폐경(premature ovarian failure, POF) 때문에 나타난다. 출산력은 여성의 나이가 들어감에 따라 급격히 감소하고, 염색체 비분리 현상과 같은 유전적 이상도 증가한다(11장 참조). 40세 이전에 난자 공급이 감소된다면 POF를 의심해 볼 필요가 있다.

배란을 조절하는 호르몬의 분비가 중단되는 것도 여성 불임의 원인 중 하나이다. GnRH의 분비가 감소하면 배란이 중단되고, 저생식샘자극호르몬생식샘저하증(hypogonadotropic hypogonadism)이 발생된다. 이는 시상하부나 뇌하수체에 손상을 입게 되거나 시상하부에서 분비되는 호르몬의 균형이 깨져 일어나게 된다. 예를 들어, 당뇨병이나 갑상샘 질병, 그리고 부신에서의 과도한 안드로젠 분비는 시상하부의 호르몬 피드백 과정에 영향을 미치게 되고 정상적인 기능을 중단시키므로, 이는 바로 GnRH 분비량을 감소시켜 불임을 유도하게 된다. 과도한 운동이나 거식증(anorexia)은 GnRH 분비량을 감소시켜 불임의 원인이 될 수 있다.

호르몬의 불균형은 주로 황체기에 발생한다. 황체기 동안 프로게스테론이 제대로 분비되지 않으면 자궁벽이 비후되지 않는다. 만약 자궁벽이 준비되지 않으면 착상이 이루어지 않거나 자연유산이 될 가능성이 매우 높다.

남성 불임

남성에서 불임은 주로 사정액 내의 정자의 수가 적거나 생존성과 운동성이 떨어지기 때문에 생겨난다. 불임은 감염에서부터 호르몬 불균형까지 다양한 원인으로 생긴다. 남성에서의 분석은 정자의 수집 방법이 비외과적이기 때문에 더 용이하다. 정자의 수나 생존성, 형태 및 운동성 등은 쉽게 분석할 수 있다.

불임은 자가면역에 의해 정자의 수가 감소하거나, 정액 생성에 관여하는 생식샘의 비정상적 기능에 의해서도 일어날 수 있다. 정관이나 세정관의 손상도 불임의 원인이 된다. 정자 성숙 과정이 잘못되어도 불임이 될 수 있다.

이 모든 가능성을 배제해도 남성 불임의 5%는 원인이 밝혀지지 않은 불임이다. 다른 환경에 있는 집단에서도 비슷한 불임률을 보이는 것으로 보아, 원인이 유전적 문제일 가능성이 있다. 초파리에서 1500개의 열성유전자가 남성의 생식 능력에 영향을 주는 것으로 밝혀졌으며, 사람에서도 유사한 유전자가 불임을 일으키는지 연구 중에 있다.

불임 치료는 보조 생식기술을 포함한다

불임 치료법에는 호르몬 요법과 **보조생식기술**(assisted reproductive technology, ART)이 있다. 현재 알려져 있는 보조기법은 매우 다양하며 계속해서 발전하고 있다.

호르몬 요법

여성 불임은 배란에 문제가 생겨 나타나는 경우가 대부분이기 때문에 정상 월경주기의 한 시점에서 FSH와 LH의 농도를 높여주는 것으로 치료하게 된다. 월경주기의 호르몬 조절이 복잡하다는 점을 생각해 볼 때, 많은 방법이 존재하는 것은 놀랄 일이 아니다. 현재 가장 많이 쓰이는 약은 클로미펜(clomiphene)이 주성분인 클로미드(Clomid)로, 에스트로젠 수용체의 경쟁적 억제제이다. 이 약제는 난소에서 에스트라디올 생산을 조절하는 음성피드백 작용을 방해해서 FSH와 LH 수준을 높여준다. 만약이 방법이 성공적이지 않다면 생식샘자극호르몬(gonadotropins)을 주사해서 난소를 자극시키면 된다.

보조 생식기술

생식을 돕는 가장 단순한 기법은 인공수정이며, 이는 수정이 일어나도록 여성의 생식관 내 적절한 위치에 정자를 주입하는 기술이다. 가축에서도 널리 이용되는 인공수정은 사람에게도 이용되고 있다. 인공수정은 또한 정자와 난자를 모두 나팔관내로 주입하는 **생식세포 자궁관내이식**(gametic intrafallopian transfer, GIFT)이라고 불리는 기법에 의해 불임 치료에도 사용하였다.

1978년 최초의 "시험관 아기"가 태어나면서 생식 방법의 새로운 시대가 열렸다. 이 방법을 개발한 사람도 얼마나 다양하게 이 기술이 적용될 것인지를 예측하지 못했다. 체외수정의 기본 원리는 **시험관 수정**(in vitro fertilization, IVF)이고, 발생 중인 배아를 착상시키는 것은 **배아 이식**(embryo transfer, ET)이라고 한다. 시험관 내에서 정자가 난자와 성공적으로 수정하지 못할 경우에는 정자를 난자에 직접 삽입하는 **세포질내 정자주입**(intracytoplasmic sperm injection, ICSI) 방법을 사용한다.

보조 기법의 대표적인 부작용은 다태아(multiple births)가 생길 가능성이 있다는 것이다. 이는 최소한 하나의 배아가 제대로 착상하여 발달할 수 있도록 하기 위해서 여러 개의 수정된 배아를 산모의 자궁 속에 넣기 때문에 일어나는 현상이다. 사람의 발생에 대해 많은 연구가 이루어져서 초기 배아의 성장을 지켜볼 수 있게 되었고, 그 결과 가장 좋은 배아만을 선별하여 이식함으로써 다태아라는 문제점도 감소시킬 수 있게 되었다.

정자나 난자 심지어 인간 배아까지 냉동시켜 보관할 수 있는 기술이 가능하기 때문에 난모세포를 채취하는 등의 외과적인 방법의 횟수도 줄일 수 있게 되었다. 냉동된 정자, 난자, 배아를 사용하여 출생이 이루어질 수 있는데, 시험관 수정에서 자궁으로 이식된 하나의 배아를 제외하고 나머지는 얼린 상태로 보관한다. 만약 이식된 배아가 착상에 실패하게 되면, 보관했던 다른 배아를 녹여 이식하면 된다.

핵심 요약 35.5

임신은 금욕, 차단식 피임법, 호르몬 억제, 불임 시술 등 다양한 피임방법으로 예방할 수 있다. 일부 방법은 다른 방법들보다 사람의 실수에 더 취약하기 때문에 성공률이 더 낮다. 불임은 배란을 유도하기 위한 호르몬 요법이나 보조 생식기술의 사용에 의해 치료할 수 있다. 이러한 보조 기술에는 체외수정이나 세포질내 정자주입이 포함된다.

■ 왜 남성 피임약은 없을까?

핵심 개념 요약

35.1 동물의 생식 전략

■ 생식은 무성으로 일어날 수 있다

유성생식은 반수체 배우자(난자와 정자)를 생성하는 감수분열이 필요하다. 배우자의 수정에 의해 2배체의 접합자가 생성된다.

무성생식은 부모 개체와 같은 유전자를 가지는 자손을 생산한다.

출아는 모체의 한 부분이 분리되어 동일한 새로운 개체로 분화하는 것이다. 단성생식에서 암컷은 수정되지 않은 난자로부터 자손을 생산한다.

■ 일부 종에서는 한 개체가 암컷과 수컷 모두가 될 수 있다

자웅동체에서 개체는 정소와 난소를 동시에 가지고 있거나 성별을 바꿀 수 있다.

■ 성은 유전과 환경 요인에 의해 결정될 수 있다

일부 동물에서는 개체가 배아 시기에 경험하는 온도에 의해 성별이 결정된다. 포유류에서는 Y 염색체의 존재에 의해 유전적으로 성별이 결정된다(**그림 35.5**).

35.2 척추동물의 수정과 발생

■ 체내수정을 하는 동물은 자손의 발생을 위해 3가지 전략을 가지고 있다

체내수정을 하는 척추동물은 배아의 발생을 위해 난생, 난태생, 태생의 3가지 방법을 갖고 있다. 체내수정과 출산 모두 여러 번 진화했다.

■ 대부분의 어류와 양서류는 체외수정을 한다

대부분의 어류와 양서류는 난자와 정자를 물에 방출하고, 여기서 우연히 결합하여 접합자를 형성한다. 소수의 수정란만 자라서 성숙하게 된다.

■ 파충류와 조류는 체내수정을 한다

파충류와 조류의 배아는 양막과 배외막으로 둘러싸인, 액체로 채워진 공간 및 건조를 막기 위한 껍질 안에서 발달한다.

■ 포유류는 일반적으로 알을 낳지 않고 새끼를 낳는다

포유류도 양막류이지만 대부분의 동물은 태생이다. 대부분의 포유류는 발정주기가 있으며, 영장류는 월경주기가 있다.

35.3 남성 생식기관의 구조와 기능

■ 정자는 수백만 개가 생성된다

반수체 정자는 세르톨리 세포의 도움을 받아서 정원세포의 감수분열에 의해 생성된다(**그림 35.12**). 1개의 정원세포는 4개의 정자를 생성한다. 정자는 첨체가 있는 머리, 미토콘드리아가 있는 몸통, 편모가 있는 꼬리의 3부분으로 구분한다.

■ 남성의 부속 생식기관은 정자의 운반을 도와준다

정액은 쿠퍼샘, 전립샘, 정낭의 분비액과 정자의 복합물이다.

음경의 요도는 정자와 소변 모두를 운반하고, 발기 조직, 혈관 및 신경으로 이루어진 2개의 다발을 포함하고 있다(**그림 35.14**). 사정은 평활근의 수축에 의해 음경에서 정액을 방출하는 것이다.

■ 호르몬은 남성 생식기관의 기능을 조절한다

남성의 생식 기능은 호르몬인 FSH와 LH 및 음성피드백 작용에 의해 조절된다(**그림 35.15**, **표 35.1**).

35.4 여성 생식기관의 구조와 기능

■ 대개 하나의 난자가 한 번의 월경주기마다 생산된다

여성의 음핵 및 대음순은 음경 및 음낭과 동일한 배아의 기원을 가진다. 이것들은 테스토스테론이 없을 때 발달한다.

성인 여성은 FSH가 난포의 발달을 자극하고, 난포는 에스트로젠을 생성한다. LH는 배란과 황체의 발달을 자극하여 프로게스테론과 더 많은 에스트로젠을 생성한다. 에스트로젠과 프로게스테론은 자궁내막을 발달시키고 유지하기 위해서 필요하다(**그림 35.17**).

난소주기는 난포기, 배란기, 황체기로 구분된다. 자궁주기는 난소주기를 반영하여 월경, 증식, 분비의 3시기로 구분한다.

출생 시에 모든 제1난모세포는 감수1분열에서 정지되어 있다. 각각의 난모세포는 1개의 난자와 3개의 극체를 생성할 수 있다. 매달 1개의 난모세포는 제1감수분열을 완성한다. 제2난모세포는 감수2분열부터 시작하며 수정이 될 때까지 정지되어 있다(**그림 35.19**).

수정란, 즉 접합자는 자궁벽에 착상하여 배반포로 발달한다. 여기에서 hCG를 생성하여, 황체를 유지하고 월경을 방지한다.

수정과 착상이 일어나지 않으면 호르몬 생산량이 감소하고, 월경기간 동안, 자궁 내에 두꺼워져 있던 자궁내막이 정상으로 돌아간다.

■ 여성의 부속 생식기관은 정자를 받아들이고, 배아에 영양분을 공급하고 보호해준다

수란관은 난자를 난소에서 자궁으로 운반한다. 질은 정자를 받아들이며, 정자는 자궁경부를 통해 자궁으로 들어간다(**그림 35.21**). 다른 생식기관들은 성적 반응에 관여한다.

35.5 피임과 불임치료

■ 피임은 수정이나 착상 방지를 목적으로 한다

임신은 금욕이나, 정자가 난자에 도달하는 것을 막거나, 사정 후에 정자를 파괴하거나, 배란이나 배아의 착상을 방지하거나 불임 시술 등을 통해 예방할 수 있다. 어떤 방법은 다른 방법보다 실제로 더 성공적이다.

■ 불임은 남성과 여성 모두에서 일어난다

여성에서 불임은 난모세포의 생성과정부터 접합자의 착상 과정까지의 단계 중 어느 한 단계에서 잘못되는 경우에 생긴다. 남성의 불임은 대개 정자 수나 생존성 또는 운동성의 감소, 호르몬 불균형, 또는 정자 전달 체계의 손상 때문에 발생한다.

■ 불임 치료는 보조 생식기술을 포함한다

호르몬 요법은 배란에 이상이 있거나 정자 생산의 문제를 해결하는 데 사용할 수 있다. 보조 생식기술은 인공수정, 체외수정, 배아 이식, 세포질내 정자주입 등을 포함한다.

연습문제

1단계: 이해력 확인하기

1. 바닷가의 조류가 있는 곳에 사는 어떤 생명체를 발견했는데, 이 생명체는 부속지가 떨어져 나와 점차 자라서 원래와 같은 완벽한 개체로 생장한다. 이것은 무엇의 예인가?

   a. 유성생식　　b. 분열
   c. 출아　　d. 단성생식

2. 만약 1번 문제의 생명체가 단성생식을 한다면, 이 종에 대해 알 수 있는 사실은 무엇인가?

   a. 성의 구별이 없다
   b. 모든 개체는 암컷이다.
   c. 각 개체는 미수정란으로부터 발생한다.
   d. a, b, c 모두 맞다.

3. 다음 중 2배체로서의 첫 단계를 의미하는 것은 무엇인가?

   a. 정자　　b. 난자
   c. 배우자　　d. 접합자

4. 정자형성이 일어나는 장소는 어디인가?

   a. 전립선　　b. 쿠퍼샘
   c. 요도　　d. 세정관

5. FSH와 LH가 생산되는 곳은 어디인가?

   a. 난소　　b. 정소
   c. 뇌하수체 전엽　　d. 부신

6. 배우자 형성은 감수2분열이 끝나야 완성되는데, 여성에서는 언제 일어나는가?

   a. 태아 발생 동안　　b. 사춘기가 시작될 때
   c. 수정 후　　d. 착상 후

7. 첨체에 있는 단백질에 돌연변이가 일어났다면, 다음 중 어떤 것에 영향을 주는가?

   a. 수정　　b. 정자의 운동
   c. 감수분열　　d. 정액 생성

8. 사람의 경우 수정은 ____________에서 일어나고, 접합자의 착상은 ____________에서 일어난다.

   a. 세정관; 자궁　　b. 질; 난관
   c. 난관; 자궁　　d. 요도; 자궁

9. 수컷 포유류의 정소는 음낭 안에 매달려 있다. 그 이유는 무엇인가?

   a. 정자 생성의 최적 온도가 몸 중심부의 체온보다 낮기 때문이다.
   b. 정자 생성의 최적 온도가 몸 중심부의 체온보다 높기 때문이다.
   c. 골반 내에 정소이 자리 잡을 공간이 부족하기 때문이다.
   d. 사정 시 정자를 방출하기 쉽기 때문이다.

2단계: 적용력 평가하기

1. 발정주기와 월경주기의 큰 차이점은 무엇인가?

   a. 발정주기에서 성적 수용성은 배란기에만 일어나지만, 월경주기에서는 성적 수용성이 아무 때나 나타난다.
   b. 발정주기는 파충류에서 나타나지만, 월경주기는 포유류에서 나타난다.
   c. 발정주기는 FSH에 의해 결정되지만, 월경주기는 LH에 의해 결정된다.
   d. 발정주기는 매달마다 나타나지만, 월경주기는 비주기적으로 나타난다.

2. 다음 중 정자형성과정과 난자형성과정의 가장 큰 차이점은 무엇인가?

   a. 정자형성과정에서는 체세포분열이 일어나지만, 난자형성과정에서는 감수분열이 일어난다.
   b. 정자형성과정은 연속적이지만, 난자형성과정은 그렇지 않다.
   c. 전구세포당 만들어지는 배우자 수는 정자형성과정이 난자형성과정보다 더 적다.
   d. a, b, c 모두가 정자형성과정과 난자형성과정의 중요한 차이점이다.

3. 환경적인 요인에 의해 성별이 결정되는 종에 대한 설명으로 옳은 것은 무엇인가?

   a. 성별은 배아 발생 동안 결정된다.
   b. 환경 조건에 의해 각 개체의 성별이 결정된다.
   c. 항상 자웅동체성이다.
   d. a와 b 모두 맞다

4. 체내수정과 체외수정을 하는 종에 대한 설명으로 옳은 것은 무엇인가?

   a. 양막란을 만드는 모든 종은 체내수정을 한다.
   b. 양막란을 만들지 않는 모든 종은 체외수정을 한다.
   c. 새끼를 낳는 모든 종은 음경 혹은 다른 삽입기관을 가지고 있다.
   d. 알을 낳는 모든 종은 체외수정을 한다.

3단계: 사고력 함양하기

1. 수컷 배아의 *SRY* 유전자에 돌연변이가 일어나서 기능성 단백질을 만들지 못한다고 가정할 때, 배아에서 어떤 변화가 일어날 것이라고 예상되는가?
2. 양서류와 대부분의 어류들은 체외수정을 하는 반면에 도마뱀, 조류, 포유류는 체내수정을 하는 이유가 무엇이라고 생각하는가?
3. 포유류의 수컷과 암컷에서 FSH 작용과 LH 작용의 유사성은 무엇인가? 또 차이점은 무엇인가?
4. hCG 수용체를 차단함으로써 피임하는 방법을 개발하려고 한다. 이것이 가능하겠는가? 가능하다고 생각하는 이유는 무엇인가?
5. 암컷에서만 단성생식이 일어나는 이유는 무엇인가?

36

개체와 개체군의 생태학

36.1 환경의 도전
36.2 개체군: 특정 지역에 존재하는 단일 종 집단
36.3 개체군의 특성과 역학
36.4 생활사와 생식비용
36.5 개체군의 생장과 환경적 제한
36.6 개체군을 조절하는 요인들
36.7 인구 증가

도입

생태학은 생물과 생물 또는 생물과 환경의 관계를 연구하는 학문 분야로서 복잡하지만 흥미롭고 인간사회를 위해 매우 중요한 연구 분야 중 하나이다. 이번 장에서는 전반적인 생태학적 원리를 알아보기 위해 생물이 어떻게 환경에 반응하며, 이 반응이 개체군의 특성에 어떤 영향을 주어 개체군의 행태를 변화시키는지에 대해 알아본다. 다음 장에서는 다양한 생물종이 공존하고 있는 군집과 그들 사이의 상호작용을 알아보고, 전체 생태계와 생물권의 기능을 알아본 다음, 지구 전체적인 문제와 현재 인류가 당면하고 있는 과제들에 대해 알아본다.

36.1 환경의 도전

학습 목표

1. 생물체들이 서식 환경에서 직면하는 도전을 열거할 수 있다.
2. 개체들이 환경 변화에 반응하는 방식에 대해 서술할 수 있다.
3. 개체들이 환경 조건에 적응하는 방식에 대해 설명할 수 있다.

물리적 환경과 그의 특징은 특정 기후나 지역에 사는 생물들의 종류를 결정하는 요인이 되는데, 중요한 물리적 환경 요소로 다음과 같은 것들을 들 수 있다.

온도: 대부분의 생물은 좁은 온도 범위에 적응되어 있기 때문에 그 온도 범위보다 높거나 낮은 온도에서는 잘 살지 못한다. 생장기의 식물은 특히 온도에 민감하다.

물: 모든 생물의 생활에는 물이 필요하다. 많은 육상 환경은 물이 풍부하지 않기 때문에 강수량이 생물의 서식 환경을 결정하는 주요 원인이 된다.

햇빛: 거의 모든 생태계는 광합성으로 포획된 에너지에 의존하기 때문에 태양광의 유용성이 생태계가 유지할 수 있는 생물량에 영향을 줄 수 있다. 특히 해수면 아래 생태계에서는 더욱 그렇다.

토양: 토양의 물리적 안정성, pH, 질소나 인과 같은 무기질은 식물의 생장을 좌우할 수 있는 중요한 요인이다.

그림 36.1 수분 획득을 위한 노력.
서남 아프리카의 나미브(Namib) 사막에 서식하고 있는 딱정벌레의 일종인 *Onymacris unguicularis*가 복부를 위로 들어올려 주변 안개로부터 수분을 모으고 있다. 이렇게 모은 수분은 방울이 되어 몸을 타고 내려와 입으로 들어간다.

생물 개체는 다양한 환경을 접해도 체내 환경을 큰 변화 없이 일정하게 유지할 수 있는 **항상성**(homeostasis)의 능력을 가진다. 즉, 생물은 능동적으로 생리적, 형태적, 행동적 과정을 변화시켜 항상성을 유지하고 있다. 예를 들어, **그림 36.1**의 딱정벌레(beetle)는 주위 수분의 양이 급격히 변화하는 환경에서 항상성을 유지하기 위해 특이한 행동을 한다. 어떤 동물과 식물들은 주변의 온도, 염도 등 환경 변화에 스스로 자신의 몸과 생리적 기능을 적응하기만 하는데, 이런 생물들을 순응자(conformer)라고 부른다.

환경 변이에 대한 반응은 단기적일 수도 장기적일 수도 있다. 여기서 단기적이란 개체가 짧게는 몇 분에서 길게는 살아가는 동안 환경 변화에 대처하는 방식을 말한다. 장기적이란 주어진 환경에 더욱 잘 적응하는 개체가 살아남아 이들만의 개체군이 만들어지는 자연선택(natural selection)의 과정을 의미한다.

생물은 그들이 생존하는 동안 환경 변화에 반응하는 능력이 있다

생물은 하루 동안, 한 계절 동안 혹은 일생에 걸쳐 그 개체가 견딜 수 있는 범위 내의 변화에 대처하며 살아가고 있다. 생물들은 그렇게 대처할 수 있는 생리적, 형태적 그리고 행동 능력을 지니고 있는데, 이러한 능력들은 오랜 기간 특정 환경에 적응하며 정착된 자연선택의 결과이기 때문에 서식하던 환경을 떠나 다른 환경에서 사는 것은 쉽지 않다.

생리적 반응들

많은 생물들은 생리적 조절을 통해 환경의 변화에 반응할 수 있다. 예를 들어, 사람들은 더우면 땀을 흘리고, 증발되는 수분을 통해 열을 방출하여 몸을 식힌다. 아주 높은 산에 올라가는 사람은 처음에는 낮아진 기압과 산소량 때문에 가슴이 두근거리고 구역질, 고열, 두통 등으로 고생하기도 하며, 정신이 혼미해지고 심한 경우 폐수종(pulmonary edema) 등의 심각한 고산병을 경험하지만, 수일이 지나면 여러 가지 생리적 변화를 통해 차츰 괜찮아진다(**표 36.1**).

표 36.1	높은 고도에서 생리적 변화
호흡 속도가 증가한다.	
적혈구의 생산 증가로 혈액내 헤모글로빈의 양이 증가한다.	
헤모글로빈 결합 능력의 감소로 조직 내에서의 산소 해리 속도가 증가한다.	
미토콘드리아, 모세혈관, 근육 마이오글로빈의 밀도가 증가한다.	

일부 곤충은 겨울철에 체내 글리세롤(glycerol)을 혈액에 첨가하여 혈액이 어는 것을 방지할 수 있고, 또 다른 곤충은 저장된 체내 글리코겐을 알콜로 전환하여 세포막이 얼지 않도록 하는 능력을 가지고 있다.

형태적 능력

추운 환경에 서식하는 동물들은 일정한 체온을 유지하기 위해 에너지 소비를 최소화하도록 적응되어 있다. 포유동물의 겉 가죽은 겨울에 훨씬 두꺼워져 체온을 유지하는 단열효과를 높인다(**그림 36.2**). 늑대의 털은 여름보다 겨울에 3배는 더 두꺼워지고, 단열효과는 2배 더 높아진다.

환경조건에 반응하여 형태를 바꾸는 생물의 능력은 꽤 광범위하다. 예를 들어, 식물은 수분이 부족한 곳에서는 뿌리를 넓게 퍼트리고 그늘진 곳에서는 잎을 크게 키운다. 동물 역시 그들의 신체에 변

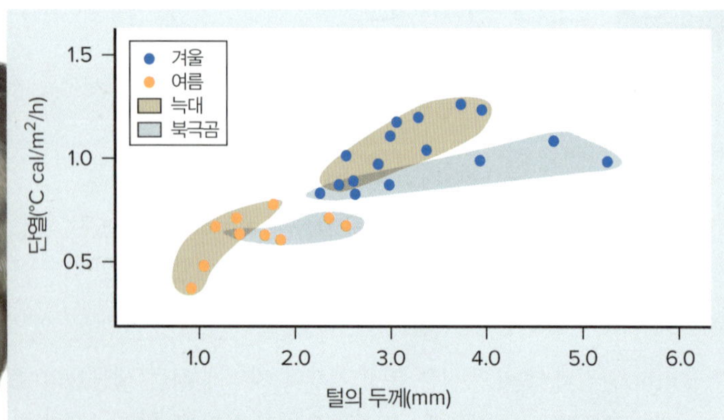

그림 36.2 형태적 적응.
북미지역 포유동물의 털 두께는 단열효과에 중요한 영향을 미친다.

화를 주기도 한다. 포식자의 출현에 반응하여(일반적으로 냄새로 발견) 달팽이는 등껍질을 두껍게 만들고 물벼룩은 뾰족한 가시를 만들고 올챙이는 헤엄을 잘 치기 위해 두꺼운 꼬리를 만든다.

동일한 유전자형이 다양한 표현형을 만들어 내는 능력을 **반응규격**(norm of reaction)이라고 한다. 반응규격의 존재는 몇 가지 중요한 결과로 이어진다. 이러한 유연한 표현형은 한 종이 다른 환경에서 발견되는 경우 매우 유용하다. 특히, 이동하거나 쉽게 움직일 수 없는 정주형 동물에게 더욱 유용하다. 하지만 이 개체 간의 표현형의 다양함이 유전적 차이에서 오는 것이 아니라는 것을 유념해야 한다. 개체들은 유전적으로는 동일하더라도 다른 환경에서 생장할 수 있다. 물론, 이러한 표현형의 차이는 유전자에 의해 전달되지 않기 때문에 다음 세대에 나타나지 않는다.

만약 이러한 표현형의 유연함이 도움이 된다면, 왜 모든 특성들이 이렇게 유연하지 않을까? 당연하게도 그러한 유연함은 비용이 들기 때문이다. 유전적으로 한 가지 종류의 표현형을 가지도록 되어 있는 개체들은 다양한 반응규격에서 오는 이점들을 상쇄할 수 있는 장점을 가진다. 이것이 최근에 활발히 연구되고 있는 분야이다.

그림 36.3 행동적 반응.

푸에르토리코의 도마뱀(*Anolis cristatellus*)은 자주 햇볕에 나가 일광욕을 하는 방법으로 체온을 높인다. 그러나 그늘진 숲에서는 이런 행동이 불가능하기 때문에 체온을 주변 온도와 비슷하게 유지시키는 행동적 반응을 나타낸다.

탐구문제 주어진 조건하에서, 도마뱀은 몸의 생리적 기능을 최적화할 수 있는 온도를 유지하기 위해 그들의 체온을 조절한다. 그렇다면 햇빛에 노출된 서식지에서의 도마뱀과 그늘진 숲에서의 도마뱀의 회피행동은 다르게 나타나겠는가?

자료 분석 그래프 내의 직선의 기울기는 도마뱀 행동에 대해서 무엇을 말해주는가?

행동적 반응

환경이 변화하면 동물들은 다른 서식지를 찾아 나섬으로써 부적절한 환경을 벗어날 수 있다. **그림 36.3**에서 볼 수 있듯이, 열대 도마뱀류는 햇볕과 그늘 사이를 오가며 체온을 유지한다. 그러나 깊은 숲에 서식하는 도마뱀은 행동으로 체온을 조절하는 데 한계가 있기 때문에 주변 환경의 온도에 체온을 맞추는 순응자로 생활하게 된다.

이러한 행동적 적응이 매우 극단적인 경우도 있다. 북아메리카의 사막에 사는 빨판두꺼비(*Scaphiophus*속)는 매년 땅속 1 m 깊이까지 파고 들어가 9개월간 머무르며 대사율을 크게 낮춘 채 몸에 저장된 지방에 의존하여 산다. 습도가 높고 시원한 계절이 오면 땅속에서 나와서 번식을 시작한다. 새로 태어난 어린 빨판두꺼비는 신속히 성숙한 다음 다시 땅속으로 들어간다.

자연선택은 주어진 환경 조건에 진화적으로 적응하도록 이끈다

한 개체가 지닌 생리, 형태, 행동을 변화시키는 능력은 자연선택의 결과로 생긴 일종의 진화적 적응이다. 자연선택의 결과는 서로 다른 환경에서 사는 비슷한 종들을 비교하면 확인할 수 있다. 예를 들면, 이미 언급한 바와 같이 사람들은 높은 고도에 생리적으로 순응할 수 있을 뿐 아니라 몇 집단은 높은 고도에 적응하도록 진화하였다. 유전학 연구에 따르면 높은 고도에 사는 사람들은 그 환경에 더 잘 적응하기 위하여 최근까지도 유전적 변화를 통해 진화해왔다고 보고되었다. 이러한 연구들은 최근 인간 개체군(human population)에 대한 자연선택이 작용한 좋은 증거이다.

고산지대에 사는 대부분의 티베트인들의 산소흡수 관련 유전자에 2개의 특수 변형 유전자가 있다는 것을 예로 들 수 있다. 이러한 유전변이는 낮은 고도에 사는 사람들에게는 거의 나타나지 않는다. 이 결과는 자연선택이 매우 짧은 시간 동안 높은 빈도의 유전적 변이를 만들어 냈다는 것을 보여준다. 티베트인이 히말라야에 살기 시작한 것은 단 몇 천 년도 되지 않았기 때문이다. 연구자들은 최근 산소흡수와 전달에 이 개체군에서 최근 진화된 또 다른 유전적 변이를 발견하기도 했다.

한 종 내에서 개체군들뿐만 아니라, 계통적으로 가까운 종들도 그들이 서식하는 특정 환경에 매우 잘 적응하여 진화해왔다. 예를 들어, 서로 다른 기후에서 사는 동물들은 여러 가지 차이를 보인다. 그 실례로 추운 기후에 사는 포유동물은 열손실이 일어나는 표면적을 줄이기 위해 귀나 다리 등 말단 부위가 짧아지는데 이를 **"앨런의 법칙**(Allen's rule)"이라고 한다. 서로 다른 기후에 사는 도마뱀들은 온도에 대한 생리적 적응 방식이 다르다. 사막 도마뱀의 경우 북유럽

도마뱀은 도저히 살 수 없는 고온에서 아무렇지 않게 살 수 있지만, 북유럽에 사는 도마뱀은 사막 도마뱀이 절대로 다닐 수 없는 낮은 온도에서도 잘 다니면서 먹이를 잡아먹을 수 있다.

물이 거의 존재하지 않는 곳에서 완벽하게 적응한 생물종들도 있다. 잘 알려진 낙타와 같은 사막의 동물은 물을 마시지 않고도 오래 걸을 수 있다. 믿기 어려운 일이지만 사막 기후에 적응한 개구리도 있다. 대부분의 개구리는 물이 쉽게 투과할 수 있는 축축한 피부를 가지기 때문에 건조한 곳에서는 살지 못한다. 하지만 사막 개구리들은 특수 샘에서 왁스 물질을 분비하여 피부를 통한 수분 손실을 95%까지 막아내기 때문에 물의 공급 없이 건조한 기후에서 서식할 수 있다.

이런 환경에 대한 적응력은 실험으로도 확인할 수 있다. 예를 들어, 대장균 균주를 고온(42℃)에서 배양하면 시간이 지나면서 먹이를 이용하는 속도가 증가한다. 약 2000세대 뒤에 대장균들의 평균 먹이 이용 속도는 처음보다 약 30% 이상 증가한 수치가 된다.

핵심 요약 36.1

생물에게 환경적 요인은 온도, 물, 햇빛의 유용성 그리고 토양의 질 등이 있다. 환경이 변화하면 생물들은 생리적, 행태적, 행동적 반응들을 보인다. 환경 적응력은 시간에 따라 개체군에게 영향을 미치기도 한다.

■ 시간이 지날수록 따뜻해지는 환경에서는 생물들이 어떤 반응을 보일까?

36.2 개체군: 특정 지역에 존재하는 단일 종 집단

학습 목표

1. 개체군과 다개체군을 비교하여 설명할 수 있다.
2. 종의 지리적 분포 범위가 시간이 흐르며 변화하는 원인에 대해 설명할 수 있다.

모든 생물들은 같은 시간, 같은 지역에 존재하는 단일 종 개체들의 모임인 **개체군**(population)의 일원으로 살아간다. 여기에서는 개체군의 생장과 쇠퇴 그리고 그 속도에 초점을 맞추어 개체군의 특성에 대해 알아본다. 최근 몇 세기 동안 폭발적으로 증가한 인구 증가도 하나의 중요한 예가 될 것이다.

그림 36.4 악마의 구멍에 사는 송사리과 물고기(*Cyprinodon diabolis*). 이 물고기는 지구상에 존재하는 척추동물 중 가장 좁은 분포 범위를 가지고 있다.

개체군이란 좁은 의미와 넓은 의미로 정의될 수 있다. 지구의 인구, 흰개미의 소화기관에 서식하는 원생생물의 집단, 어느 숲에 사는 사슴 집단 등을 모두 개체군으로 정의할 수 있다. 또한 개체군은 산악지대, 호수에 서식하는 송어 집단처럼 경계가 분명한 경우도 있고, 이 숲과 저 숲을 쉽게 뛰어다니는 사슴처럼 경계가 불분명한 경우도 있다.

개체군 생태학에서는 (1) 개체군이 차지하는 범위, (2) 범위 내에서 개체군이 차지하는 분포 양상, (3) 개체군의 크기와 시간에 따른 변화가 중요한 3가지 특징이다.

개체군은 제한된 지리적 범위 안에 국한되어 있다

전 세계에 걸쳐 모든 서식지에 널리 분포하는 개체군은 절대로 존재할 수 없다. 대부분의 종은 제한된 지리적 범위 안에 국한되어 있으며, 어떤 종은 좁은 곳에서만 발견되기도 한다. 그 예로 **그림 36.4**에서 보는 작은 송사리과 물고기(Devil's hole pupfish)는 미국 네바다주 남쪽에 있는 어느 한 작은 샘물에서만 발견되는 종이다. 그리고 소코로 등각류(*Thermosphaeroma thermophiles*)는 뉴멕시코의 한 샘물에서 산다. 그에 비해 돌고래류 중 가장 흔한 종인 *Delphinus delphis*는 전 세계의 모든 주요 바다에서 쉽게 발견된다.

앞에서 살펴본 것처럼 생물은 사는 곳의 환경에 적응해야 한다. 북극곰은 북극의 저온에 견디도록 적응되어 있으며, 어떤 원핵생물은 옐로스톤국립공원 온천의 끓는 물에서도 살 수 있다. 각 개체군은 특정 온도, 습도, 먹이 등이 서식의 필수 조건들이며, 이러한 조건이 맞아야 번식하며 살 수 있다. 물리적 환경 요건뿐 아니라 다른 생물인 포식자(predators), 경쟁자(competitors), 기생자(parasites) 등도 개체군의 서식에 영향을 미칠 수 있다.

이러한 분포 범위는 시간이 지남에 따라 확장하기도, 축소하기도 한다

개체군의 분포 범위는 시간이 지남에 따라 변화하는데 이는 크게

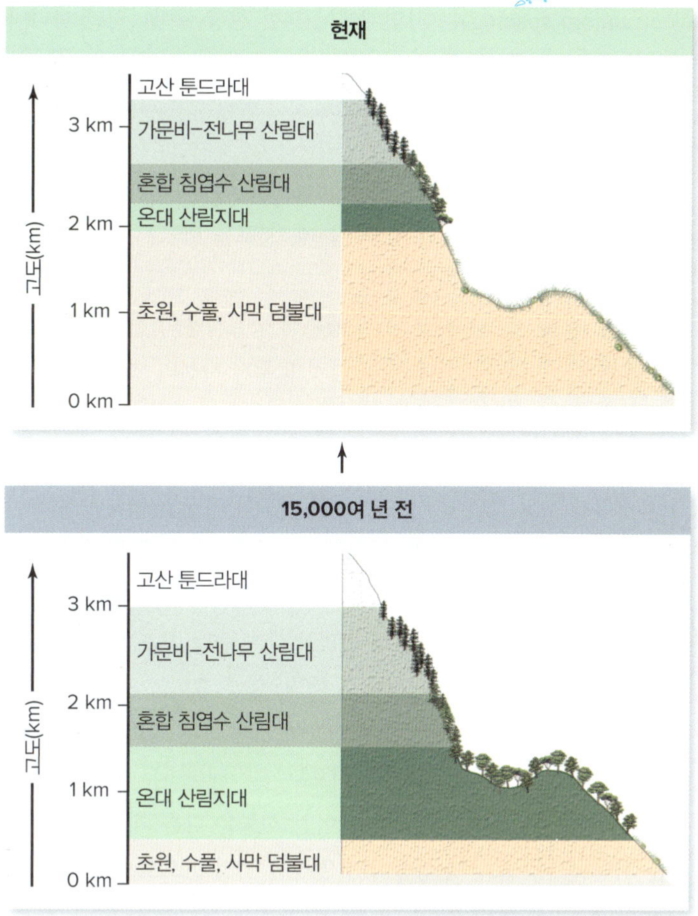

그림 36.5 북아메리카 남서부 산악지역에서 고도의 변화에 따른 개체군의 분포 범위. 15,000년 전의 빙하기는 오늘날보다 추웠다. 기후가 따뜻해지면서 추운 온도에서 잘 자라는 나무 종은 고도가 높은 곳에서만 서식할 수 있게 되었다.

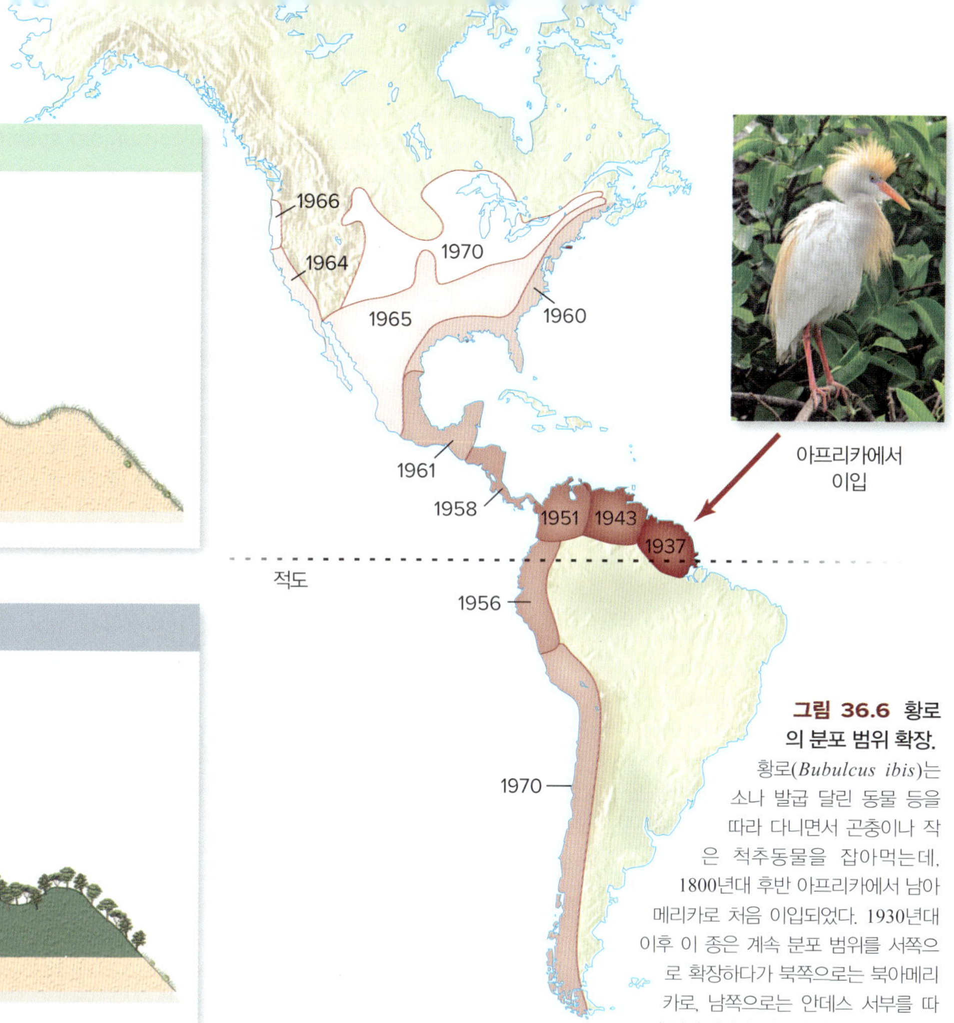

그림 36.6 황로의 분포 범위 확장. 황로(*Bubulcus ibis*)는 소나 발굽 달린 동물 등을 따라 다니면서 곤충이나 작은 척추동물을 잡아먹는데, 1800년대 후반 아프리카에서 남아메리카로 처음 이입되었다. 1930년대 이후 이 종은 계속 분포 범위를 서쪽으로 확장하다가 북쪽으로는 북아메리카로, 남쪽으로는 안데스 서부를 따라 남아메리카 남부까지 확장하였다.

2가지 이유 때문이다. 첫 번째 이유는 바로 환경 변화이다. 그 예로 약 10,000년 전 빙하기 말에 빙하가 후퇴하면서 북아메리카의 여러 식물과 동물 개체군은 북쪽으로 확장되었다. 그와 동시에 기후가 따뜻해지면서 생물의 종들은 이들이 살기 적합한 고도로 이동하였다(**그림 36.5**).

개체군이 이전에는 분포하지 않았던 지역으로 분포 범위를 확장할 수도 있다. 예를 들면, 황로(cattle egret)는 아프리카가 원래 서식지인데, 1800년대 후반에 3500 km나 되는 대서양을 횡단해 남아메리카 북부에 처음 나타났다. 황로들은 강한 바람을 타고 대서양을 건넌 것으로 추정되고 있는데, 그 후 분포 범위를 확장하여 현재는 미국 대부분의 지역에서 발견되고 있다(**그림 36.6**).

인간의 영향

인간의 활동으로 환경이 파괴되고 변화되면서 많은 종(특히 코요테 같은 종)들은 서식 영역을 그들이 원래 살지 않던 지역까지 확대해 나가고 있다. 게다가 인간은 많은 종들의 분산을 도와주는 운반체 역할을 하기도 한다. 사람들이 특정 종을 이식하거나 이식된 종이 새로운 환경에서 빠른 속도로 번식하여 우점종이 된 예도 있다. 그 실례로 셰익스피어가 작품에서 언급한 모든 종류의 새들을 알리기 위해 1896년 뉴욕으로 100마리의 찌르레기가 도입되었다. 이 개체군은 점차적으로 확산되어, 1980년 조사 결과 이 찌르레기가 미국 전역에 분포하는 것으로 나타났다. 수 많은 동물과 식물 개체군이 인간의 손에 의해 자리 이동을 하고 그 예는 해마다 증가하고 있다. 불행하게도 이렇게 이입되는 개체군이 성공적으로 번성할수록 원래 그 지역에 있던 다른 개체군이나 군집들은 점차 쇠락해 갈 수밖에 없다.

분산의 기작

개체들이 다른 지역으로 이동하는 방식은 여러 가지가 있다. 대륙에서 멀리 떨어진 외딴 섬에 사는 도마뱀들은 어떻게 그곳에 정착하였을까? 놀랍게도 알 자체가 물에 떠서 이동했거나 떠다니는 식물체가 알들을 그 섬으로 이동시킨 예도 있다. 포유류인 박쥐들은 날아서 외딴 섬에 정착할 수 있다.

그림 36.7 식물 종자의 적응.
종자들은 여러 가지 산포 방법을 진화시켜 왔다. 일부 종자는 바람에 날려 먼 거리를 날아가 정착하며, 부착 과일이나 육질과에 들어 있는 종자는 동물에 의해 산포되기도 한다.

식물의 종자는 대부분 분산에 아주 적합한 형태를 가지고 있는데(**그림 36.7**), 바람을 타고 이동할 수 있는 종류가 있는가 하면, 동물의 가죽이나 깃털에 잘 붙어 멀리 이동하는 종류도 있고, 포유류나 조류의 먹이가 되어 소화기관을 거쳐 배설한 자리에 싹을 틔우는 경우도 있다. 겨우살이(*Arceuthobium*)의 경우 열매의 아래쪽이 터지면서 튕겨져 나가는 방식으로 분산할 수 있다. 종자가 아주 먼 지역까지 퍼지면서 새로운 곳으로 집단을 번성시킬 확률은 높지 않지만, 긴 시간을 고려한다면 이러한 방식으로 겨우 이주한 몇몇 종자들이 성공적으로 번성하여 현존하는 많은 식물의 분포를 만들었을 가능성은 충분하다.

개체군 내에서 개체들은 다양한 공간 분포 패턴을 보인다

개체군 구조의 또 다른 주요 특징은 개체들의 분포 방식으로, 그 방법은 무작위적일 수도 있고, 균등할 수도 있으며, 여러 군(clump)을 형성하며 분포할 수도 있다.

무작위적 분포

개체군 내에서 개체들 간에 또는 개체들과 환경 사이에 강한 상호작용이 없을 때 개체들은 무작위적으로 분포할 수 있는데, 무작위적 분포(random spacing)는 자연계에서 흔한 현상은 아니지만 파나마 우림지역에 사는 몇 종의 나무는 무작위적 분포 양상을 보인다.

균등 분포

개체군 내에서의 균등 분포(uniform spacing)는 일반적으로 자원 확보를 위한 경쟁의 결과로 생겨나는데, 분포를 만드는 경쟁의 종류는 생물군에 따라 매우 다양하다.

동물의 경우 균등 분포는 대개 행동적 상호작용의 결과로 나타난다. 동물들은 수컷이 또는 수컷과 암컷 모두가 자신의 영역을 강하게 방어하며 다른 개체의 접근을 막는다. 영역 내에는 주로 먹이나 물, 피신처, 배우자 등이 있고, 개체들은 불필요한 경쟁을 막기 위해 일정한 거리를 두고 영역이 서로 겹치지 않도록 자신의 영역을 구축한다. 영역을 방어하지 않는 동물들도 동종이든 타종이든 다른 동물들이 자신의 영역 안에 들어오는 것을 그다지 반기지 않는다.

식물에서도 자원을 위한 경쟁 결과로 흔히 균등 분포가 나타난다. 그 예로 조밀하게 자라는 식물들은 햇빛, 양분 그리고 물을 더 얻기 위해 경쟁한다. 이때 다른 식물에 그늘이 지게 하는 직접적 방법이나 공유 지역에서 물과 양분을 경쟁적으로 흡수해버리는 간접적 방법 등으로 균등 분포를 이루게 된다. 어떤 식물은 다른 개체에 독성을 주는 화학물질을 토양에 방출하여 일정한 거리 안으로 접근하지 못하게 한다. 이 모든 방법들은 개체들이 일정한 거리를 유지하면서 공존하는 균등 분포를 가능하게 하는 기작이 된다.

군상 분포

개체들은 자원의 불균등한 분포 때문에 무리를 이루면서 분포하는 경우가 있다. 특정 토양이나 습도 등의 환경 요소를 선호하는 생물일 경우 군상 분포(clumped spacing)를 가지는 경우가 흔하다.

사회적 상호작용도 군상 분포를 유발할 수 있다. 많은 동물들은 단순히 가족이 떼를 지어 다니거나 가족끼리 모여 역할을 분담하는 등 다양한 필요성 때문에 무리를 짓는 경우가 많다. 이렇게 무리를 짓게 되면 약한 동물은 포식자의 위험에서 보호받고, 같이 이동하면서 각종 환경의 저항과 도전을 비교적 적은 에너지로 견딜 수 있으며 중요한 정보를 얻기도 편하게 된다.

개체군을 자세히 살펴보면 대부분의 개체군에서 안쪽은 밀도가 매우 높지만 바깥쪽으로 갈수록 밀도가 낮아지는 것을 볼 수 있다. 개체군의 밀도가 다른 것은 환경 조건이 달라지기 때문인데, 개체군의 중심이 선호하는 특정 환경의 중심에 있고 바깥으로 갈수록 완벽한 환경 조건에서 멀어지기 때문이다. 개체군의 끝은 더 이상 개체들이 살 수 없는 환경 조건을 가진 경우가 많기에, 개체군 분포의 변두리를 형성하게 되는 것이다.

다개체군은 각 개체들을 때때로 교환하는 여러 개의 구별되는 개체군들로 구성된다

여러 개체군들이 서로 연결되어 개체들을 교환하면서 상호작용하는 경우가 흔하다. 이러한 개체군은 **다개체군**(metapopulation)이라고 정의하는데, 적합한 서식지가 작은 섬처럼 드문드문 떨어져 분포하고, 그 사이 공간은 서식공간이 아니거나, 이동이 쉽지 않아 각 서식지가 서로 밀접하게 연결되어 있지 않은 형태를 말한다.

분산과 서식지 점유

다개체군 안에서 개체군들이 상호작용을 하는 정도는 개체의 이동을 의미하는 분산(dispersal)의 정도에 따라 다르게 나타나고 이 관계가 항상 대칭적인 것은 아니다. 일반적으로 개체군의 크기가 커지면 개체군 내의 개체들이 떠나는 경향이 많아지고, 개체군의 크기가 줄어들면 떠나는 수보다 새로 이주해 오는 개체들이 많아지게 된다.

다개체군 지역 내에서 좋은 서식지들이 모두 한꺼번에 개체들에 의해 점유되는 것은 아니다. 개체군 내의 개체들은 전염병이나 산불, 병목현상으로 유전적 다양성이 심각하게 결여된 경우 등 여러가지 원인에 의해 절멸할 수 있다(16장 참조). 그러나 비어 있는 서식지는 다른 개체군들로부터 분산하는 개체들이 다시 점유하여 서식하게 된다. 주로 다개체군에서 서식하고 있는 서식지의 숫자는 "현재 점유하고 있는 서식지의 멸종률"과 "비어 있는 서식지가 점유되는 비율"에 의해 결정된다.

공급원-수용처 다개체군

다개체군에서 어떤 서식지는 장기간 개체군이 유지되기에 손색이 없을 정도로 풍부한 조건을 제공하지만, 어떤 서식지는 환경 요인 등이 불안정하여 제대로 유지되지 못하는 경우도 있다. 이런 개체군은 **공급원-수용처 다개체군**(source-sink metapopulations)이라고 하는데, 좋은 조건(source)에 서식하는 개체군은 열악한 조건(sink)의 서식지로 개체들을 이동하게 해준다. 열악한 조건에 서식하는 개체군들이 지속적으로 개체를 공급받지 못할 경우, 그 개체군은 마이너스 생장을 기록하게 되고 이것이 심화되면 개체는 절멸하게 된다.

다개체군의 역학적 변화의 대표적인 예는 핀란드의 표범나비(Granville fritillary butterfly)에서 볼 수 있다(**그림 36.8**). 학자들은 약 1600개 지역의 서식지에서 이들 개체군을 조사한 결과, 매년 200여 서식지의 개체군이 절멸하지만, 이들 중 114개 서식지가 새로운 개체들로 점유되는 것을 발견하였다. 개체군이 절멸하는 이유는 주로 개체군의 크기가 너무 작거나, 이입자(immigrants)를 받아들이기에 너무 격리된 지역에서 서식하는 개체군이거나, 이용할 자원이 많지 않거나(예를 들어, 초원에 꽃의 수가 너무 적음), 개체군의 유전적 다양성이 너무 낮은 경우 등으로 나타났다.

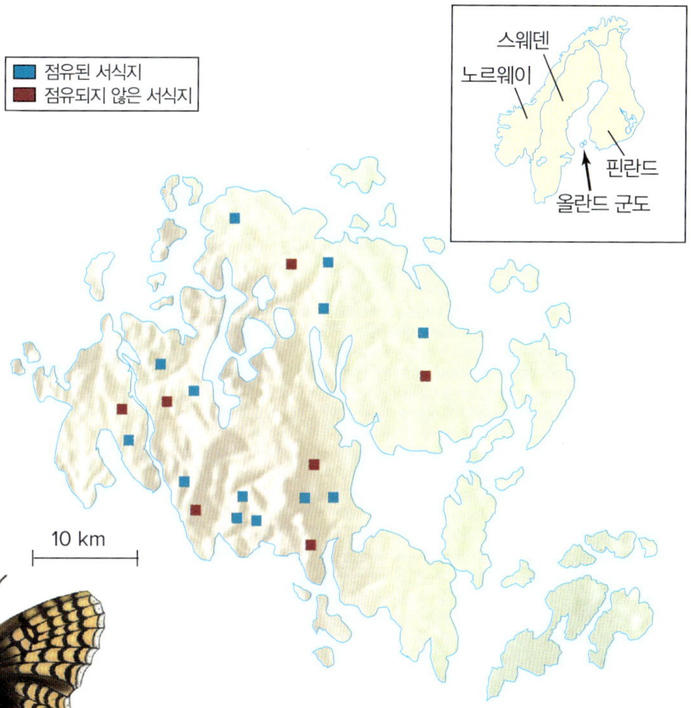

그림 36.8 나비의 다개체군.
핀란드 남서부에 있는 올란드 군도(Åland Islands)에서 표범나비(*Melitaea cinxia*)는 다개체군으로 존재한다. 아주 오랜기간을 존속할 만큼 큰 개체군은 없으나, 몇몇 개체군은 다른 개체군으로부터 개체들이 계속 이입되면서 존속할 수 있다. 또한 새로운 개체군이 계속 만들어지면서 기존 개체군의 절멸을 막아주곤 하는데, 근래에는 절멸의 빈도가 새로운 개체군 생성보다 많아지고 있다.

핀란드 표범나비를 연구한 학자들은 새로운 정착보다 절멸의 수가 많은 것은 매우 건조한 여름이 길게 이어지기 때문이라고 보았다. 스스로 존속할 수 있을 만큼 충분히 큰 개체군은 없었기 때문에, 핀란드 남서부의 종이 지속적으로 유지되기 위해서는 새로운 개체군이 계속 생기고 기존의 개체군이 이입자로 보충되는 다개체군 연결망의 지속적인 존재가 필요하다. 만약 여름처럼 좋지 못한 날씨가 지속된다면 이 핀란드 표범나비는 부분적으로 절멸할 수도 있게 된다.

다개체군은 종의 분포에 대한 2가지 중요한 의미를 가진다. 첫째, 빈 지역으로의 지속적 정착으로 절멸을 방지해 주는데, 이러한 분산이 없으면 각 개체군은 결국 사라지고 전 지역에서의 소멸이 발생한다. 두 번째, 공급원-수용처 다개체군으로 그 종은 더 넓은 지역을 점유할 수 있기 때문에, 자연서식지가 점차 작은 지역들로 파편화되어가는 요즘에 다개체군 연구는 보전생물학(conservation biology)에서 매우 중요한 분야라 할 수 있다.

핵심 요약 36.2

개체군은 같은 시간, 같은 지역에 존재하는 단일 종 개체들의 모임이다. 개체군의 범위와 서식 영역은 시간이 지남에 따라 달라진다. 개체군들은 때때로 서로 연결되어 개체들을 교환하면서 상호작용하여 연결망을 구축하거나 다개체군을 이루기도 한다. 개체군 안에서 개체들의 분포 방식은 무작위적, 균등 또는 여러 군(clump)을 형성하며 분포할 수도 있다. 그리고 분포는 자원에 대한 접근성에 따라 결정되곤 한다.

■ 만약 개체군들이 서로 개체들을 교환할 수 없다면, 그 종의 지리적 분포는 어떻게 변화할까? 어떤 종류의 다개체군이 존재하는지에 따라 답은 어떻게 달라질까?

36.3 개체군의 특성과 역학

학습 목표

1. 개체군통계학을 정의할 수 있다.
2. 한 종의 개체군통계학에 영향을 미치는 요인들에 대해 설명할 수 있다.
3. 생존곡선의 중요성에 대해 설명할 수 있다.

시간이 흐르면서 개체군의 역학적 특성은 여러 가지 요인에 의한 영향을 받게 된다. 그중에서 가장 중요한 원인은 성체(adults)와 어린 개체(juveniles), 그리고 젊은 개체(young)의 비율을 나타내는 연령 분포(age distribution)이다.

개체군통계학(또는 인구통계학, demography)이란 개체군의 양적인 특성과 변화에 대해 통계적인 연구를 하는 분야이다. 시간에 따른 개체군 변화 양상은 2가지 측면에서 연구가 가능하다. 하나의 개체군 전체를 포괄적 수준으로 보거나 개체군을 여러 부분으로 쪼개어 분석하는 방법이다. 포괄적 수준에서 개체군의 특성을 알아보려면, 전체 개체군이 커지는지, 작아지는지, 또는 일정한 상태로 유지되는지를 측정하는 것이 연구의 시작이 될 수 있다. 쉽게 말해, 출생자 수가 사망자 수보다 많아지면 개체군은 생장하고, 그 반대이면 줄어든다. 그러나 개체군을 여러 부분으로 쪼개어 살펴보고 싶다면 개체군을 연령별로 나누어 출생률과 사망률을 별도로 조사하는 방법을 취해야 한다.

성비와 세대기간은 개체군 생장 속도에 영향을 준다

개체군의 성비(sex ratio)는 개체군의 생장에 중요한 영향을 미친다. 한 개체군의 출생률은 보통 암컷의 수와 직접적인 관련이 있는데, 특히 하나의 수컷이 여러 암컷과 교배하는 일부다처 종의 개체군에서 출생률은 수컷의 수보다 암컷의 수가 매우 중요하게 작용한다. 많은 종들에게 수컷들은 암컷을 차지하기 위해 심한 경쟁을 하며, 수컷 무리 중 일부만이 암컷을 차지하는 특권을 누린다. 이런 끊임없는 경쟁에 의해 수컷들이 제거되기 때문에 성비는 암컷에 치우치는 경우가 많으며, 개체군의 변화에 별다른 영향을 미치지 않는다. 이와 달리 일부일처제(monogamous)의 종에서는 수컷의 수적 감소가 출

그림 36.9 몸의 크기와 세대기간 사이의 관계. 약간의 예외는 있으나 일반적으로 몸 크기가 큰 생물이 세대기간도 길다.

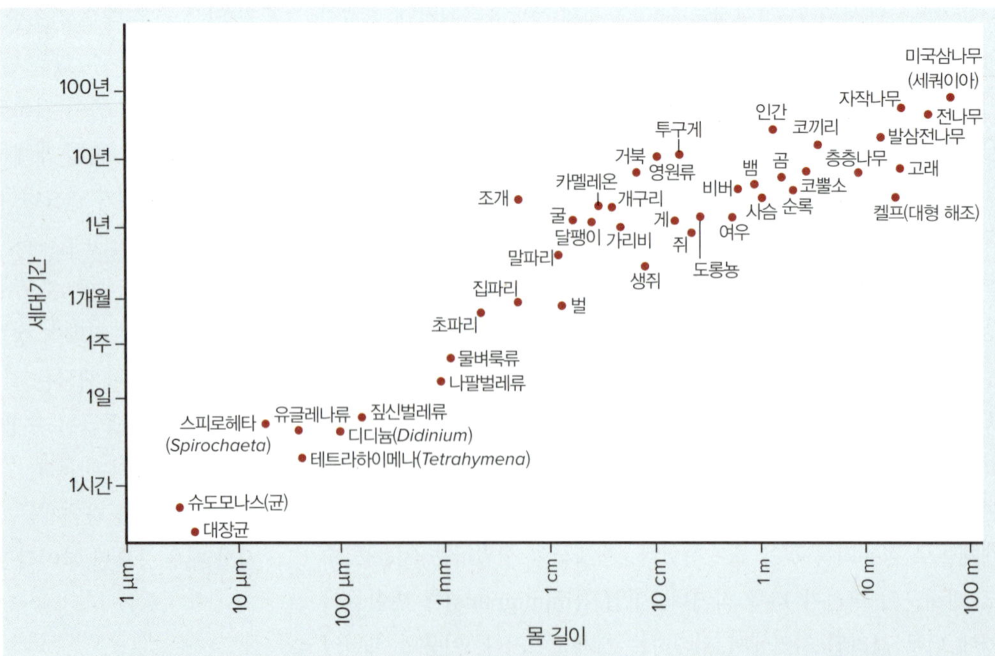

? **탐구문제**
만약 자원이 더 풍부해진다면, 개체군의 크기가 큰 종과 작은 종 중에서 어느 것의 개체군 크기가 더 빠르게 증가할 수 있겠는가?

자료 분석
몸의 크기로 세대기간을 잘 유추할 수 있는가?

생 수 감소와 직접적인 연관이 있을 수 있다.

세대기간(generation time)은 한 개체의 출생과 그 자손의 출생 사이의 평균 간격으로 개체군 생장 속도에 중요한 영향을 준다. 종마다 세대기간은 큰 차이를 보인다. 몸의 크기 차이는 세대 간의 차이를 어느 정도 설명해 주기도 하는데, 코끼리의 한 세대는 대략 생쥐 100세대에 해당된다(**그림 36.9**). 그러나 작은 크기가 항상 짧은 세대를 뜻하는 것은 아니다. 그 예로 영원류(newts)는 생쥐보다 크기가 훨씬 작지만 세대기간은 더 길다.

일반적으로 세대가 짧은 개체군은 세대가 긴 개체군보다 크기가 증가하는 속도가 빠르다. 이와 반대로, 세대기간과 수명(life span)은 보통 밀접하게 관련되어 있으므로, 짧은 세대기간을 가지는 개체군에서 출생률이 갑자기 감소한다면 크기가 빨리 줄어들 수도 있다.

연령구조는 각 동령군의 상대적 개체수를 뜻한다

동일 연령의 개체들을 동령군(cohort)이라고 부르며, 대부분의 종에서 한 개체가 생식하거나 사망할 확률은 연령에 따라 다르게 나타난다. 그 결과 한 개체군 내에서 각 동령군은 각기 다른 출생률(birth rate)과 사망률(death rate)을 갖는다. 출생률은 **생식률**(fecundity rate)과 동일한 의미로 단위 시간 내에 생산된 자손의 수로 나타낼 수 있으며, **사망률**(mortality rate)은 이 기간에 사망한 개체 수로 나타낼 수 있다.

각 동령군의 상대적 개체 수를 개체군의 **연령구조**(age structure)라 한다. 서로 다른 동령군은 각각 다른 출생률과 사망률을 가지므로 젊은 개체의 비율이 높은 개체군은 신속히 생장하는데, 여러 개발도상국의 인구가 그 예이다. 반대로 개체군에서 늙은 개체들의 비율이 높다면 현재의 서부 유럽 국가들이나 일본과 같이 개체군의 크기는 감소하게 된다.

생명표는 출생부터 사망까지 한 동령군의 운명을 표로 나타낸 것으로 매년 생존과 번식의 가능성을 보여준다

자연계에서 개체군이 어떻게 변하는지 평가하기 위해서 생태학자들은 **생명표**(life table)를 이용한다. 생명표는 출생부터 사망까지 한 동령군의 운명을 표로 나타낸 것으로, 매년 태어나는 자손의 수와 사망하는 개체의 수를 보여준다. **표 36.2**는 초원 지역에 서식하는 초본인 새포아풀이라는 식물의 생명표를 분석한 예로, 843개체를 대상으로 얼마나 많은 개체가 정해진 기간 생존하고, 생존 개체가 얼마나 많은 자손을 낳는가를 보여주고 있다.

표 36.2에서 첫째 열은 동령군의 연령(연구 시작부터 3달 단위로 나타냄)을 나타내며, 둘째와 셋째 열은 생존 개체의 수와 아직 생존하고 있는 원래의 동령군의 비율을 나타낸다. 다섯째 열은 한 연령이 시작될 때는 생존했으나 이 연령이 끝날 때는 사망한 개체의 비율을 나타내는 **사망률**(mortality rate)을 보여준다. 일곱째 열은 각 생존 개체가 그 연령 동안 생산한 종자의 평균 수를 나타내고, 마지막 열은 원래의 동령군의 생존율에 비례해서 생산된 종자의 수를 나타낸다.

생명표를 보면 여러 가지를 알 수 있는데, 새포아풀의 경우 사망률과 생존 개체당 생산한 자손의 수는 연령 증가와 함께 계속 증가한다. 마지막 칸에 누적 수를 표시하여 원래 동령군의 개체당 생산한 총 자손의 수를 알 수 있다. 그 수는 2에 가까운데, 이는 이 동령군의 각 개체는 평균 2개체를 생산하였음을 뜻한다. 이 수가 1.0일 경우는 개체군이 커지지도 않고 줄어들지도 않음을 의미한다.

자료 분석 만약 새포아풀이 원하지 않는 잡초여서 한 나이대의 집단을 제거하기 원한다면, 개체당 가장 많은 열매를 생산하는 나이대에 집중해야 하는가? 상황에 따라 답이 달라질 수 있겠는가?

표 36.2 843개의 어린 개체로부터 시작되는 새포아풀 동령군의 생명표

나이 (3개월 간격)	각 나이가 시작되었을 때 살아 있는 개체의 수	처음 시작 개체수와 비교하여 살아 있는 개체수의 비율	각 나이대에서 죽은 개체수	각 나이대에서의 사망률	각 나이대에서 생산한 종자의 수	생존한 개체당 종자의 수(생식력)	동령군 한 개체당 생산한 종자수 (생식력×생존율)
0	843	1.000	121	0.144	0	0.00	0.00
1	722	0.856	195	0.270	303	0.42	0.36
2	527	0.625	211	0.400	622	1.18	0.74
3	316	0.375	172	0.544	430	1.36	0.51
4	144	0.171	90	0.626	210	1.46	0.25
5	54	0.064	39	0.722	60	1.11	0.07
6	15	0.018	12	0.800	30	2.00	0.04
7	3	0.004	3	1.000	10	3.33	0.01
8	0	0.000	–		총=1665		총=1.98

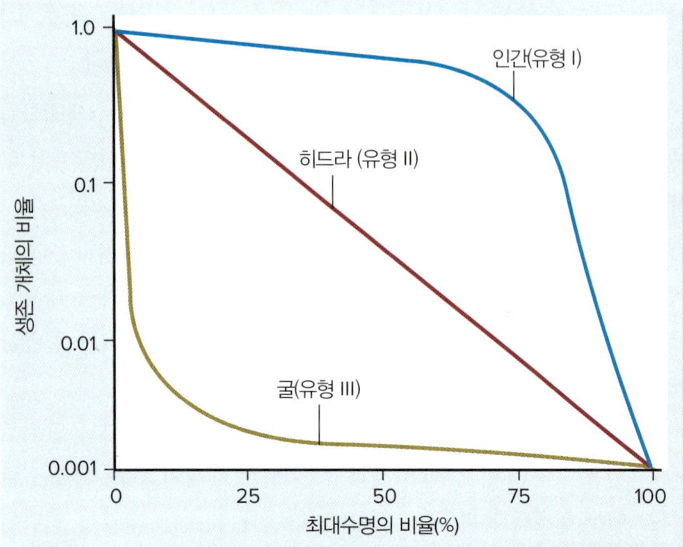

그림 36.10 생존곡선.
Y축의 생존자 빈도는 로그 값으로 표시한 것이며 이것이 일반적인 방법이다. 인간은 유형 I, 히드라는 유형 II, 굴은 유형 III의 생활 주기를 갖는다.

대개의 경우 생명표 분석은 이보다 복잡한데, 이는 수명이 짧은 생물들을 제외하고는 마지막 개체가 사망할 때까지 한 동령군의 운명을 추적하기가 어렵기 때문이다. 이런 경우 각 연령군을 대상으로 별도의 조사를 하고 이를 나중에 통합하여 분석할 수는 있지만, 세대가 긴 경우 개체군의 생장과 감소에 영향을 주는 요인이 많기 때문에 해석이 복잡한 경우가 많다.

생존곡선은 연령에 따라 생존율이 어떻게 변하는지 보여준다

원래 개체군이 주어진 연령까지 생존하는 비율을 **생존율**(survivorship)이라고 한다. 개체군의 연령 분포 양상을 나타내는 한 가지 방법은 **생존곡선**(survivorship curve)을 이용하는 것으로 **그림 36.10**에서 보는 바와 같이 히드라(hydra)는 모든 연령에서 개체들의 사망 확률이 동일하여 생존곡선이 직선으로 나타난다(II형). 굴(oyster)은 막대한 수의 자손을 낳고 이 중 소수만 살아남아 생식하기 때문에 개체가 한 번 살아남아 태어난 연령에 도달하면 사망률은 매우 낮게 나타난다(III형). 사람은 여러 동물과 원핵생물처럼 태어난 이후에 생애의 마지막에 사망률이 급격히 높게 나타난다(I형).

이들 3가지 유형은 대표적인 예에 불과하며, 많은 생물들은 이보다 더 복잡한 양상을 나타낸다. 새포아풀의 생존곡선은 II형 생존곡선과 유사하다(**그림 36.11**).

핵심 요약 36.3

개체군통계학이란 개체군의 양적인 특성과 변화에 관해 통계적인 연구를 하는 분야이다. 개체군의 연령 구조, 수명, 성비, 세대기간, 생존율과 사망률을 특징으로 들 수 있다. 특히 연령 구조와 동령군의 생존율과 사망률은 전체 개체군 크기에 영향을 미친다.

- 생존률이 높은 개체군이 생존률이 낮은 개체군보다 항상 생장률이 높을까? 설명해 보자.

36.4 생활사와 생식비용

학습 목표

1. 생물의 생활사에서 생식 절충에 대해 설명할 수 있다.
2. 자원을 생식에 할당하는 데 생기는 이득과 손실에 대해 설명할 수 있다.

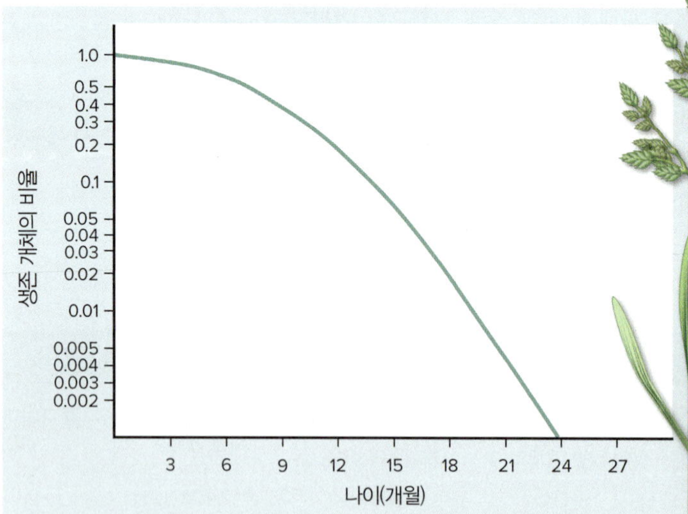

그림 36.11 새포아풀의 생존곡선.
몇 달이 지나면서 사망률은 일정 속도로 증가한다.

? **탐구문제** 여러분이 새포아풀을 관상식물로 방에서 키우고 싶다고 가정해 보자. 그리고 가능한 한 길게 사는 식물을 사기를 원한다고 가정해 보자. 몇 살의 식물을 사야 할까? 이 생존곡선의 형태가 답에 어떤 영향을 미치겠는가?

자연선택은 다음 세대에 생존하는 자손의 수를 최대화할 수 있는 형질이 선택되는 진화적 과정을 의미한다. 이는 얼마나 오랫동안 살 수 있을지와 얼마나 많은 자손을 생산할 수 있을지에 영향을 받는다.

생물들이 태어나자마자 생식하며 많은 자식을 낳고, 모든 힘을 쏟아 새끼를 돌보는 일들을 쉬지 않고 하는 것이 과연 가능할까? 그리고 쉬지 않고 포식자를 피하고, 먹이를 구하며, 다른 개체와 경쟁하는 것이 가능할까? 그에 대한 대답은 한마디로 '아니오'가 될 것이다. 왜냐하면 모든 개체들이 이렇게 하기에는 에너지로 쓸 수 있는 가용 자원이 많이 부족하기 때문이다. 따라서 모든 개체들은 가용 자원을 최대로 얻어서 이를 효과적으로 분배하여 생존과 생식에 이용하려 한다.

한 생물의 완전한 생활주기를 생활사(life history)라고 하는데, 모든 생활사에서 절충(trade-off)이라는 것이 매우 중요하다. 자원은 제한되어 있기에 현재의 생식을 증가시키기 위해 어떠한 투자가 있었다면 그 개체의 생존율과 장래의 생식은 당연히 감소될 것이다. 현재 많은 열매를 만드는 전나무는 현재의 생식은 성공적일지 몰라도 생장 속도는 느려지며, 생장 속도가 느려지는 바람에 장래에 생산할 솔방울의 수도 감소하게 된다. 이와 유사하게 매년 더 많은 자손을 생산하는 새는 그 해에 사망 가능성이 증가하며, 이듬해에 지금보다 더 적은 수의 알을 생산하게 될 가능성도 높아진다(**그림 36.12**).

목도리딱새(collared flycatcher)의 둥지에 있는 알의 수를 변화시켜 위의 이론을 증명한 실험이 있었다(**그림 36.13**). 새끼의 숫자를 인위적으로 줄였을 때, 부모 새는 이번 번식에 투자하는 노력 혹은 에너지가 줄어 이듬해에 더 많은 알과 새끼를 생산하였고, 반면에 둥지에 새끼 숫자를 늘린 경우에 이듬해 더 적은 알과 새끼를 생산하는 결과를 보였다. 생태학자들은 현재의 생식 노력 때문에 장래의 생식 잠재력이 감소하는 것을 **생식비용**(cost of reproduction)이라고 한다.

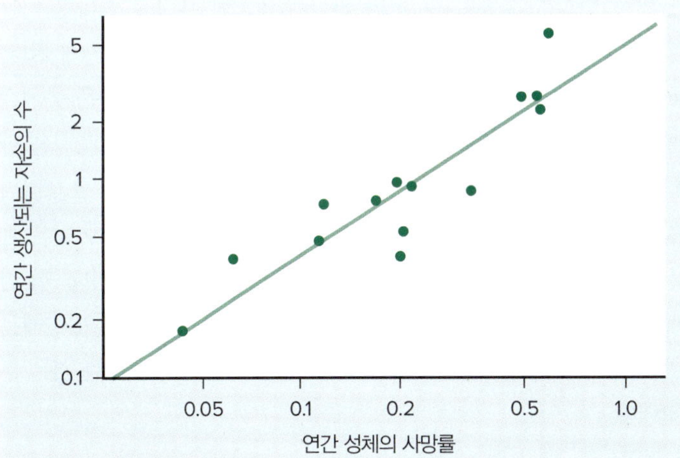

그림 36.12 생식의 대가.

많은 종의 조류에서 생식력이 높을수록 사망률은 그에 비례하여 높아진다. 이는 많은 자손을 생산하는 참새에서부터 아주 적은 수의 자손만을 가지는 알바트로스에 이르기까지 나타나는 일반적인 현상이다. 1년에 평균보다 더 많은 자손을 기르는 조류는 그 해나 이듬해에 사망할 가능성이 평균보다 높아진다.

탐구문제 이 그래프는 한 해에 더 많은 자손을 낳는 것에 에너지를 쓰는 조류들은 사망률이 높다는 관계를 보여준다. 진화적 적응에 근거하여 다른 설명이 가능하겠는가?

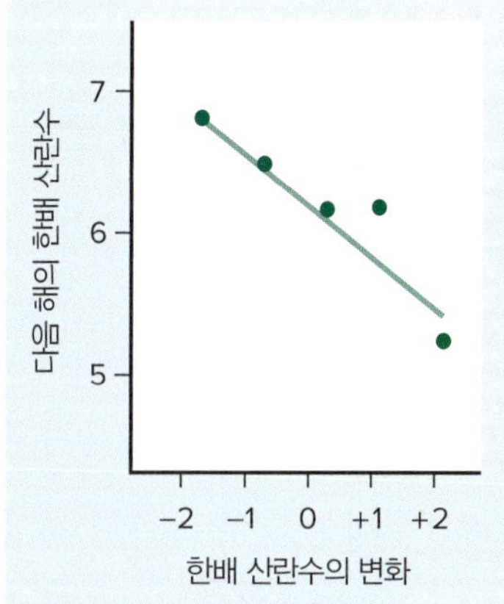

그림 36.13 일생 동안 생식의 횟수.

목도리딱새(*Ficedula albicollis*)의 둥지에 알을 추가시키면, 새끼를 돌보는 암컷의 생식 노력이 증가하지만 이듬해에 낳는 알의 수는 줄어든다. 이 실험으로 현재의 생식 노력과 장래의 번식성공도 사이에는 절충이 이루어진다는 것을 알 수 있다.

자료 분석 둥지에 임의로 알을 추가시키는 것과 알을 감소시키는 것 중 어느 방법이 더 큰 변화를 나타내겠는가?

자연선택이란 최고의 번식성공도를 가지는 생활사가 집단 내에서 우세해지는 진화적 과정이다. 생식비용이 낮으면 낮을수록 개체는 많은 자손을 생산할 수 있으며, 낮은 생식비용은 자원이 풍부해야 가능해진다. 전체 사망률이 높을 때에도 생식비용은 낮아진다. 다시 말해 개체들은 다음 산란 시기까지 생존할 가능성이 낮으므로 현재의 생식 노력을 최대화하려 하고 이러한 노력에 에너지를 쏟아 부어도 장래의 생존율은 크게 변하지 않는다는 것이다.

생식비용이 높을 때는 현재의 생식을 최소화하고, 생장과 생존율을 높임으로써 일생 중 후반부의 번식 성공을 높여 생애 평균 번식성공도를 높이는 것이 가장 효율적인 방법으로 많은 동물들이 취하는 전략이다. 이러한 상황은 생식비용이 개체의 생존 능력에 심각하게 영향을 주고 장래 생산될 자손의 수를 감소시킬 경우에 일어나게 된다.

절충은 자손의 수와 자손당 받게 되는 투자 사이에서 발생한다

자연선택의 관점에서 태어난 자손의 수보다는 생식할 때까지 생존하는 수가 더 중요한데, 자손에 투입할 자원이 한정되어 있기 때문

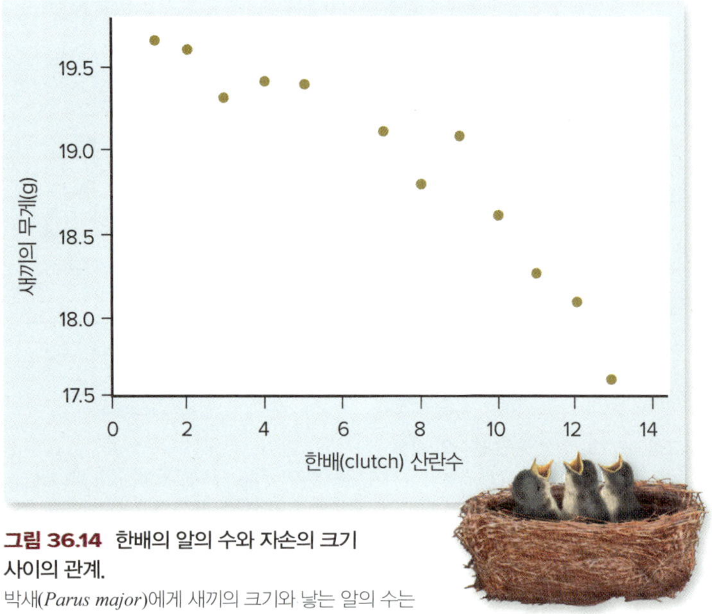

그림 36.14 한배의 알의 수와 자손의 크기 사이의 관계.
박새(*Parus major*)에게 새끼의 크기와 낳는 알의 수는 반비례한다. 먹여 길러야 할 새끼의 수가 많을수록 새끼 한 마리당 돌아가는 식량은 적어지게 된다.

자료 분석 부모에게 가장 큰 에너지를 소비하게 만드는 한배 산란수는 몇 개인가?

탐구문제 자연선택의 관점에서 몸의 크기는 작지만 많은 자손의 수를 가지는 것과 몸의 크기는 크지만 적은 수의 자손을 가지는 것 중 어느 것이 유리하겠는가?

에 자손의 수와 각 자손의 크기 사이에는 어느 정도 절충(trade-off)이 있어야 한다(**그림 36.14**). 이 절충은 얼룩도마뱀(side-blotched lizards)에서 실험적으로 증명된 바 있다. 이 도마뱀은 한 번에 평균 4~5개의 알을 산란하는데, 생식주기 초기에 일부 알을 외과적으로 제거하면 암컷은 1~3개의 알만 산란하지만 이 알들의 난황은 많아져서 낳은 알과 부화되어 나온 새끼의 크기는 정상보다 커진다(**그림 36.15**).

얼룩도마뱀뿐만 아니라 다른 여러 종에서 입증된 것처럼 자손의 크기는 생존율에 결정적으로 영향을 주어 몸이 클수록 생존 가능성이 커진다. 생존 가능성이 적은 자손을 많이 낳는 것이나, 한 마리의 강한 자손만 낳는 것이나, 자연선택에서 최고의 전략으로 보기는 어렵다. 오히려 보통보다 약간 크고, 약간 적은 수의 알을 낳는 것이 생존 자손 수를 최대화하는 방법이 될 수 있다.

일생 동안의 생식 횟수는 추가적인 절충의 대상이 된다

연령과 번식력 사이의 절충은 생활사에서 중요한 역할을 한다. 일년생 식물과 대부분의 곤충은 그들의 모든 자원을 단 한 번의 번식에 집중하고 바로 죽는다. 이러한 생활사를 **1회번식**(semelparity)이라

그림 36.15 어린 도마뱀의 크기 변이.
외과적 방법으로 발생 중인 난자를 일부 제거한 암컷이 낳은 자손(가운데)은 모든 난자가 발생되도록 한 후 얻은 자손(오른쪽)보다 크다. 난황과 자손의 크기 사이의 인과적 관계는 난황의 일부를 실험적으로 제거한 후에 태어난 자손(왼쪽)으로 확인할 수 있다.

고 하고, 이와 달리 여러 계절에 걸쳐 여러 번 자손을 생산하는 것을 **반복번식**(iteroparity)이라고 한다.

연중 번식하는 종이 한 번의 번식에 과도한 투자를 한다면 이는 이 종의 생존과 미래의 번식 성공에 아주 나쁜 영향을 미치게 된다. 1회번식은 보통 수명이 짧고 생산된 자손의 생존율이 낮은 종에서 볼 수 있으며, 열악한 기후에 자라는 식물들은 대개 이런 생식을 한다. 예를 들어, 산란을 위해 태평양에서 엄청난 에너지를 소모하며 강을 거슬러 올라가는 연어들처럼 한 번의 생식에 엄청나게 많은 손실이 수반되는 종에서는 1회번식이 적합한 전략이 될 수 있다. 한 번에 최고의 생식력을 위해 투자 가능한 모든 자원을 투입하였기 때문에 이런 종에서 반복번식이나 번식 후 오랜 생존을 기대하는 것은 무리이다.

최초 생식 연령은 수명과 연관되어 있다

포유동물이나 여러 동물 중에서 수명이 긴 종은 수명이 짧은 종보다 첫 생식이 다소 늦게 이루어진다. 생식은 일생 중 어떠한 과정보다 많은 자원 손실을 요구하는 과정이기 때문에, 이런 종에서 어린 개체들은 생식을 경험하기 전에 많은 다른 경험을 할 수 있다. 즉, 수명이 긴 동물에서는 생식보다는 생존과 생장에 투자되는 에너지가 우선된다고 말할 수 있다. 그에 비해 수명이 짧은 동물에서는 시간이

관건이며, 어린 개체의 경험보다는 신속한 생식이 더 중요하기 때문에 이른 시기에 생식을 시작하게 된다.

핵심 요약 36.4

생활사는 생식비용과 생존율 사이의 절충에 밀접한 관계가 있다. 자연선택의 관점에서도 이 절충은 최대한 낳을 수 있는 알의 개수보다 적게 낳는 것부터 한 번의 번식에 모든 에너지를 쏟아붓는 전략까지 다양한 형태로 나타난다. 자연선택은 평생의 번식성공률을 최대화하는 것을 선호한다.

- 만약 한 종은 포식률이 높은 지역에서 서식하고 다른 종은 포식자가 거의 없는 곳에 서식한다면 두 종의 생활사는 어떻게 달라질까?

36.5 개체군의 생장과 환경적 제한

학습 목표

1. 지수생장에 대해 설명할 수 있다.
2. 개체군들이 영원한 지수생장을 할 수 없는 이유에 대해 설명할 수 있다.
3. 환경수용력과 이것의 변화를 일으키는 요인에 대해 설명할 수 있다.

개체군에서 아무리 많은 자손이 생겨나도 개체군은 변하지 않고 거의 일정한 크기를 유지하는 경우가 흔하다. 이는 다윈의 자연선택 이론으로 어느 정도 설명될 수 있다. 이는 많은 개체들이 자손을 생산하지만, 이들 모두 생식이 가능한 연령까지 생존하는 것은 아니기 때문이다. 개체군의 특성을 보다 잘 이해하기 위해서는 일단 개체군이 어떻게 생장하며 어떤 환경적 요인들이 이를 제한하는지 살펴볼 필요가 있다.

지수적 생장 모델은 제한 없이 증가하는 개체군에 적용된다

개체군 증가 속도 r은 출생률(b)에서 사망률(d)을 뺀 값에다 순이입(i; rate of movement into the area)에서 순이출(e; rate of movement out of the area) 값을 뺀 값과 합한 것으로서 다음과 같이 나타낼 수 있다.

$$r = (b - d) + (i - e)$$

개체들의 이동은 개체군 증가 속도에 큰 영향을 주는데 20세기 말 미국에서의 인구 증가가 그 실례로, 이민자의 수가 원주민들의 출산 수보다 많은 것이 인구 증가의 실질적인 원인이 되었다.

가장 간단한 생장 모델은 개체군이 제한 없이 최대 속도로 생장하고 이입 속도와 이출 속도가 동일하다고 가정할 때이다. 이와 같은 증가 속도를 **생물적 잠재능**(biotic potential)이라고 하며, 한 종의 개체군이 제한 없이 생장하는 속도를 지칭하는데, 수학적으로는 다음과 같은 식으로 나타낸다.

$$\frac{dN}{dt} = r_i N$$

이 식에서 N은 개체군 안의 개체 수이고, dN/dt는 단위 시간당 개체 수의 변화 속도이며, r_i은 해당 개체군의 내재적 자연 증가 속도이다.

한 개체군의 생물적 잠재능은 지수적으로 나타나는데(**그림 36.16**의 붉은색 선), 증가 속도가 일정할 때에도 실제 개체 수는 개체군의 크기가 증가하면서 가속적으로 증가된다. 지수적 생장(exponential growth)의 결과는 개체군의 폭발로 나타난다.

이론적으로 세대마다 120개의 알을 낳는 파리 한 쌍은 1년에 5조 이상의 자손을 생산할 수 있으며, 10년이 지나면 이 자손들은 지구 전체의 표면을 2 m 두께로 덮을 수 있다. 그러나 실제로 이런 무제한적 생장은 개체군이 자원이 풍부한 새로운 서식지로 막 이주한 경우에서나 볼 수 있는 일이다. 자연계에서 볼 수 있는 몇몇 예로, 유럽에서 건너와 봄철 북미의 초원이나 들판 어느 곳에서나 피어나는 민들

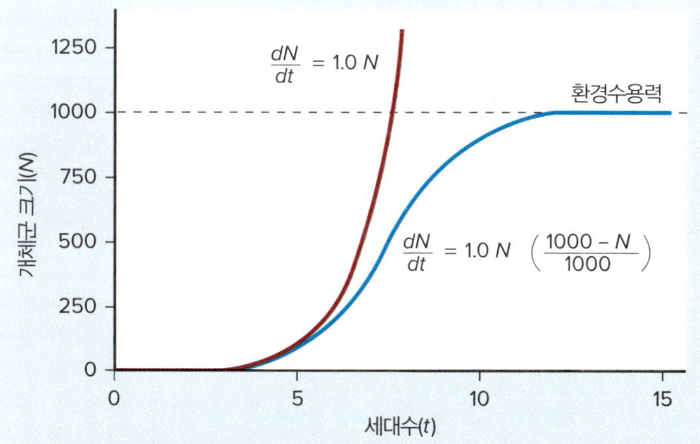

그림 36.16 개체군 생장의 2가지 모델.
붉은색 선은 생장률(r)이 1인 개체군의 지수생장 모델이다. 푸른색 선은 환경수용력이 1000, 생장률이 1인 개체군의 로지스트형 생장 모델이다.

자료 분석 생쥐의 한 개체군에서 한 쌍의 쥐는 4마리의 새끼를 낳고, 또 다른 개체군에서 한 쌍은 5마리를 낳는 경우를 생각해 보자. 만약 이 개체군 증가율이 변하지 않고 지속된다면, 10세대 이후 5마리를 낳는 개체군의 크기는 4마리를 낳는 개체군보다 얼마나 더 크겠는가?

례를 들 수 있으며, 연못에서 생기기 시작하는 조류(algae)나 전혀 포식자가 없는 섬 지역으로 고양이나 새들이 도입되는 경우에도 적용될 수 있다.

환경수용력

개체군이 아무리 빠르게 생장해도 결국은 공간, 햇빛, 수분, 양분 등의 중요한 환경요소의 결핍으로 더 이상 생장하기 어려운 한계가 생기게 된다. 결국은 일정한 서식지의 **환경수용력**(carrying capacity) 수준에서 더 이상 증가하지 않고 안정을 유지하게 된다. 환경수용력은 K로 표시하며 환경이 지탱할 수 있는 최대 개체수를 의미한다.

로지스트형 생장 모델은 환경수용력 수준에서 안정을 유지할 때 나타난다

개체군이 환경수용력에 도달하면서 새로운 개체가 이용할 수 있는 자원이 점점 부족해지기 때문에 개체군의 생장 속도는 확연히 느려진다. 이러한 개체군의 생장 곡선은 다음과 같은 로지스트형 생장 등식(logistic growth equation)으로 요약될 수 있다.

$$\frac{dN}{dt} = rN\left(\frac{K-N}{K}\right)$$

이 개체군 생장 모델에서 개체군 생장 속도(dN/dt)는 자연적 증가 속도($r \times N$, 어느 시기에 존재하는 개체 수)와 같고, 이용할 수 있는 자원의 양에 의해 조절되며, 이 조절은 아직 이용되지 않은 환경수용력의 비율, 즉 $(K-N)/K$와 rN의 곱으로 이루어진다. 개체군의 크기가 증가하여 N이 증가하게 되면, r에 곱해지는 비율(남아 있는 이용 가능한 자원)이 점점 작아지므로 개체군 증가 속도는 감소하게 된다.

시간에 따른 개체 수의 변화를 그래프로 나타내면 S자형 곡선을 얻을 수 있는데, 이 곡선은 대다수 생물 개체군의 특징을 나타낸다. 이 곡선은 S자 모양이므로 **S자형 생장곡선**(sigmoidal growth curve)이라고 부른다. 개체군의 크기가 환경수용력에서 안정화되면 생장 속도는 느려지게 되면서 결국 멈추게 된다(**그림 36.16**의 푸른색 선).

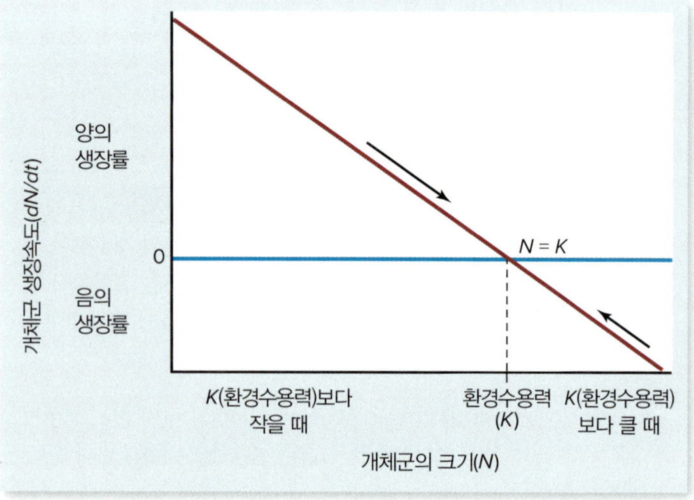

그림 36.17 개체군 생장 속도와 개체군 크기 사이의 관계. 환경수용력(K)에서 멀리 있는 개체군은 높은 생장 속도를 가질 것이다. 개체군이 K보다 크기가 작으면 양의 생장률을 보이고, K보다 크면 음의 생장률을 보인다. 개체군이 K에 근접하면 생장 속도도 0에 가까워진다.

? **탐구문제** 왜 생장률은 0에 수렴하는가?

수학적 관점에서 보면 N값이 K에 근접하게 되면 개체군 생장 속도는 느려지기 시작하고 N과 K가 같으면 결국 생장률(dN/dt)은 0이 된다(**그림 36.17**). 반대로, 개체군 크기가 환경수용력을 초과하면 $K-N$가 음수가 되어 음의 생장 속도를 보인다. 개체군의 크기가 한계수용력으로 줄어들어감에 따라 이 감소율은 계속 감소하고 $N=K$일 때 0에 도달한다.

개체군은 그 초기 개체수가 환경수용력보다 크거나 작은 것에 관계없이 시간이 지남에 따라 환경수용력으로 수렴되는 경향을 보인

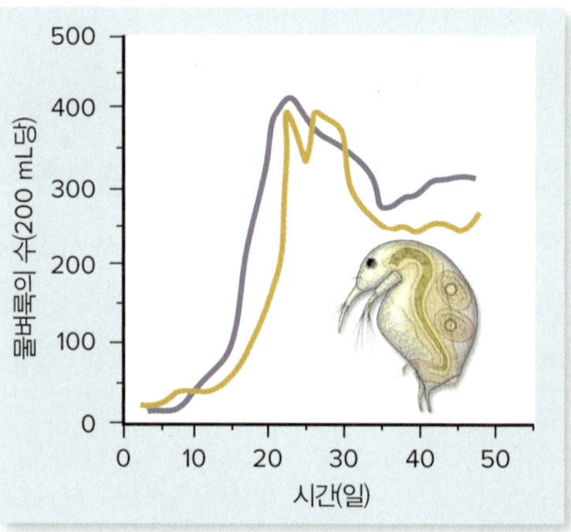

그림 36.18 로지스트형 생장을 보이는 개체군들. ***a.*** 알래스카의 세인트폴 섬의 물개(*Callorbinus hrsinus*) 개체군. ***b.*** 물벼룩(*Bosmina longirostris*)의 두 실험실 개체군. 개체군은 처음에는 환경수용력을 초과할 정도까지 크기가 증가하였으나, 개체군 크기가 약간 감소된 후 일정하게 유지된다.

다. 이 같은 이유로 로지스트형 생장은 일정한 크기로 개체군이 돌아가려는 경향을 보인다. 이런 관점에서, 대부분의 시간 동안 개체군은 한계수용력에 가까운 수가 될 것으로 보이기 때문에 평형상태로 도달할 것이다.

많은 경우에 실제 개체군들은 실험실에서뿐만 아니라 자연계에서도 로지스트형 생장 곡선을 나타내지만(**그림 36.18***a*) 다른 양상을 나타내는 경우도 많다(**그림 36.18***b*).

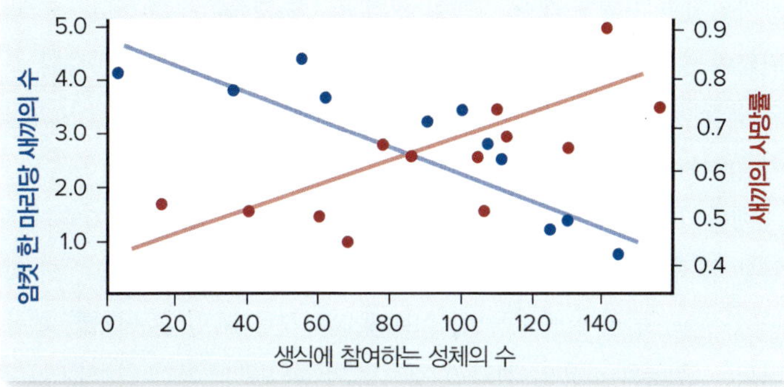

그림 36.20 만다르트섬(Mandarte Island)에 사는 멧종다리(*Melospiza melodia*)의 밀도 의존성.
개체군 크기가 증가하면서 번식성공도는 떨어지고 사망률은 증가한다.

탐구문제 만약 연구자들이 조류에게 이용 가능한 먹이를 제공하면 어떤 일이 생기겠는가?

핵심 요약 36.5

지수생장은 개체군에서 증가율이 일정비율로 계속 유지될 때 개체 수가 급격하게 증가하는 개체군 생장을 의미한다. 지수생장은 결국 자원 이용에 의해 제한된다. 개체군이 특정한 지점에서 안정화되는 수를 그 종의 한계수용력이라 정의할 수 있다. 개체군은 때때로 그 서식환경의 환경수용력까지 증가할 수 있다.

- 환경수용력에 변화를 줄 수 있는 요인은 어떤 것들이 있을까? 그리고 그 개체군은 어떻게 반응할까?

36.6 개체군을 조절하는 요인들

학습 목표

1. 밀도 의존적 요인과 밀도 비의존적 요인의 차이점을 비교할 수 있다.
2. 개체군들의 크기가 주기적으로 변하는 이유에 대해 설명할 수 있다.
3. 종들의 생활사 적응이 개체군들의 환경수용력에 따라 얼마나 다르게 나타나는가에 대해 설명할 수 있다.

개체군의 크기가 시간이 흐름에 따라 변화하는 데에는 많은 요인들이 영향을 준다. 몇몇 요인들은 개체군의 크기와 밀접한 관계가 있기 때문에 **밀도 의존적**이라고 하고, 천재지변 등의 요인에 의해 개체군의 크기가 변한다면 이는 **밀도 비의존적**이라고 한다. 많은 개체군의 크기는 주기적으로 증감하게 되는데 이는 밀도 의존적 또는 비의존적 요인들의 상호작용에 따른 것이다.

밀도 의존적 효과는 번식과 생존이 개체군 크기에 의해 영향을 받을 때 발생한다

개체군의 크기에 따라 생장 속도가 달라지는 것은 **밀도 의존적 효과**(density-dependent effect) 때문에 나타난다. 개체군 크기가 증가하면 생식률이 감소하거나 사망률이 증가하고, 또는 2가지 모두가 일어나는데, 이런 현상을 **음성피드백**(negative feedback)이라고 한다(**그림 36.19**).

개체군은 여러 가지 과정으로 조절되는데, 개체군이 환경수용력에

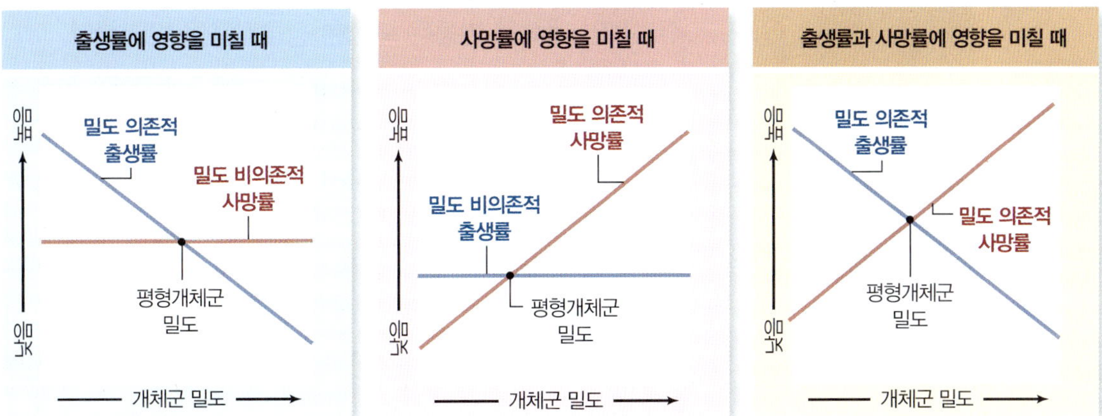

그림 36.19 밀도 의존적 개체군 조절.
밀도 의존적 요인들이 출생률이나 사망률, 또는 둘 다에 영향을 줄 수 있다.

탐구문제 왜 출생률은 밀도 의존적인 경향을 보이는지 설명하시오.

가까워지면 자원에 대한 경쟁이 치열해져 출생률이 감소하고 사망의 위험이 증가한다(**그림 36.20**). 또한 개체군이 증가하면 포식자의 주의를 끌게 되어 사망률이 증가하고, 밀도로 인해 환경에 독성 노폐물이 축적된다.

행동의 변화도 개체군 생장 속도에 영향을 미치는데, 그 실례로 일부 설치류 종에서는 개체군이 생장하면서 반사회적이 되고, 더 많이 싸우고, 번식이 줄어들며, 스트레스 현상을 보인다. 이러한 행동 변화는 호르몬 작용의 결과인 것으로 추정되나 궁극적 원인은 아직 확실하게 밝혀지지 않고 있으며, 단지 자원이 귀한 상황에서 더 많은 자원을 차지하기 위한 적응 반응으로 설명되고 있다. 또한 밀집된 개체군에서는 개체들이 더 좋은 조건을 찾아 다른 곳으로 이동하므로 개체군 생장 속도가 감소할 수도 있다(**그림 36.21**).

모든 밀도 의존적 요인들이 개체군 크기에 부정적 효과를 나타내는 것은 아니다. 어떤 경우에는 개체군 크기가 증가함에 따라 생장 속도가 증가하기도 한다. 이런 현상을 **앨리 효과**(Allee effect)라고 부르는데, **양성피드백**(positive feedback)의 한 예가 된다. 앨리 효과는 여러 가지 유형으로 나타나는데, 가장 뚜렷한 것은 보통 드문드문 분포한 개체들로 이루어진 개체군의 경우 배우자를 찾기가 무척 어렵지만, 개체군이 커지면서 이러한 문제를 어느 정도 해결할 수 있게 되는 것이다. 몇몇 종에서는 개체군이 커지면 포식자를 피하거나 생식에 유리하게 작용하는 경우들을 드물게 볼 수 있다. 앨리 효과는 서식지 파괴나 남획 등으로 급격히 그 수가 감소하고 있는 멸종위기 종의 회복이 어려운 이유를 잘 설명해 준다.

밀도 비의존적 효과는 환경 교란과 천재지변 등과 관련 있다

개체군의 생장 속도는 종종 로지스트형 생장 등식에 맞지 않는 경우도 있다. 이러한 양상은 개체군 생장이 **밀도 비의존적 효과**(density-independent effects)를 따르기 때문에 나타나는 현상이다.

그림 36.21 밀도 의존적 효과.
이주성 메뚜기(*Locusta migratoria*)의 출현은 아프리카와 유라시아 지역의 끔찍한 재앙이다. 개체군 밀도가 높아지면 이들은 각 개체의 호르몬과 신체적 특성이 변화하고, 이 영향으로 떼를 지어 이주한다.

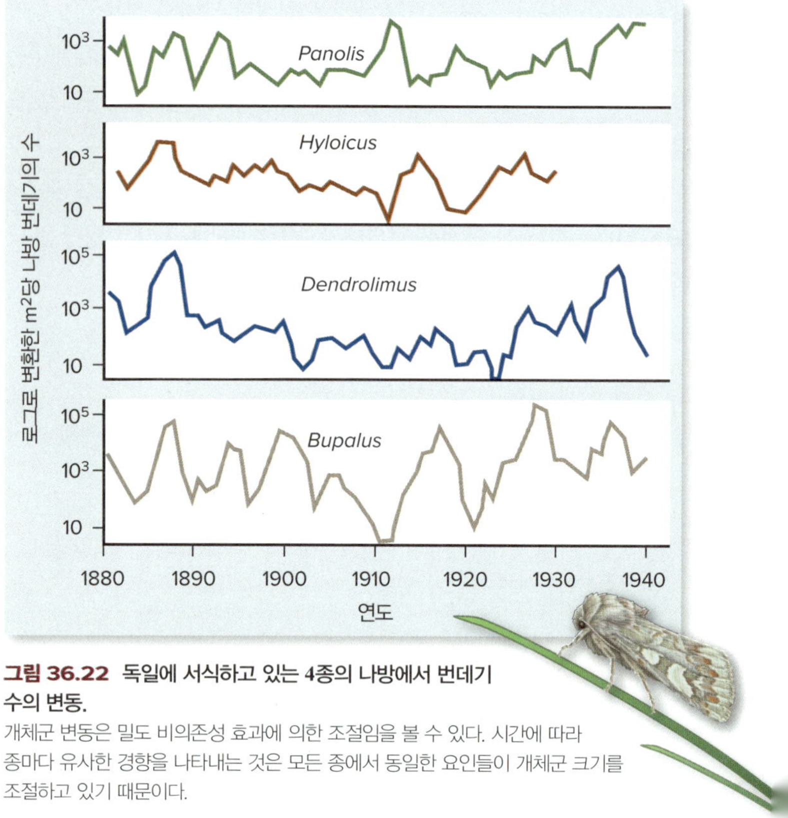

그림 36.22 독일에 서식하고 있는 4종의 나방에서 번데기 수의 변동.
개체군 변동은 밀도 비의존성 효과에 의한 조절임을 볼 수 있다. 시간에 따라 종마다 유사한 경향을 나타내는 것은 모든 종에서 동일한 요인들이 개체군 크기를 조절하고 있기 때문이다.

즉, 개체군의 생장 속도가 개체군 크기와 관련되지 않은 어떤 요인에 의해 제한될 경우 밀도 비의존적 효과가 나타난다.

밀도 비의존적 효과를 만드는 요인들은 여러 가지가 있다. 대개 극히 추운 겨울, 가뭄, 폭풍, 화산 폭발 등과 같은 외부 환경 요인들로, 개체군의 크기와 관련 없는 조건의 영향을 받는다.

이러한 현상들이 비교적 자주 나타나는 지역의 개체군은 독특한 생장 양상을 나타내는데, 환경 조건이 온화하면 개체군은 신속히 증가하고, 조건이 열악해지면 크게 감소한다(**그림 36.22**). 그리고 이러한 개체군은 로지스트형 등식의 특징인 S자형 생장 곡선을 만들지 않는다.

주기적인 개체군 변동은 복잡한 상호작용을 반영한다

어떤 개체군에서는 밀도 의존적 효과가 개체군의 생장을 평형 상태에 이르도록 하는 것이 아니라 증감이 주기적으로 나타나도록 만드는 경우도 있다. 생태학자들은 1820년대부터 눈신토끼(*Lepus americanus*) 개체군의 주기를 연구한 결과, 눈신토끼 개체군이 10여 년의 주기를 가지고 변하는 것을 발견하였다. 이 주기 내에서 개체군 크기는 대략 10~30배 변동하는 것으로 나타났는데(**그림 36.23**), 이 주기는 먹이가 되는 식물과 포식자의 출현이라는 2가지 요인에 의해 만들어지는 것이었다.

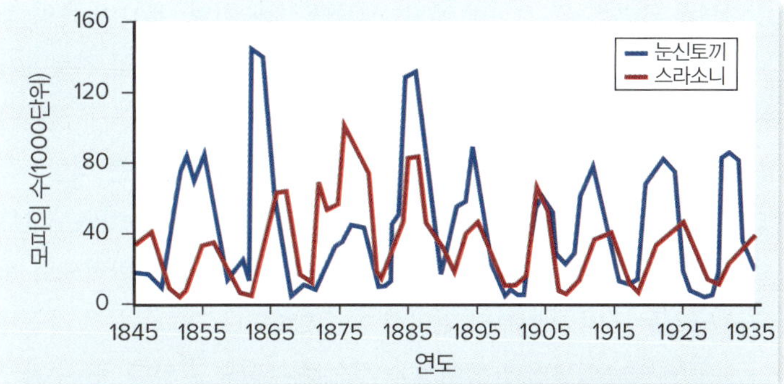

그림 36.23 눈신토끼와 스라소니의 개체군 주기.
이 자료는 캐나다 허드슨만 지역에서의 모피 생산량 기록에 기초를 둔 것이다. 스라소니 개체군 변동은 눈신토끼의 개체군 변동을 뒤따라가고 있다.

? 탐구문제 가상 실험에서 연구자들이 눈신토끼 개체를 지속적으로 많게 유지한다고 가정해 보자. 스라소니 개체군에게는 무슨 일이 일어나겠는가? 반대로 스라소니 개체군을 지속적으로 많은 상태로 유지한다고 가정하면 눈신토끼 개체군은 어떤 변화가 생기겠는가?

먹이식물: 눈신토끼가 좋아하는 먹이는 버드나무나 자작나무의 작은 가지이다. 눈신토끼 밀도가 증가하면서 나뭇가지는 감소하기에, 눈신토끼는 섬유질이 많은 열악한 먹이를 먹을 수밖에 없게 된다. 그 결과 출생률이 낮아지고 어린 개체들의 생존율이 떨어질 뿐만 아니라 개체들의 생장 속도는 느려지게 된다. 또한 먹이를 찾는 데 많은 시간을 소비해야 하기 때문에 포식자에게 더 잘 노출될 수 있다. 그 결과 눈신토끼의 수적 감소가 나타나고, 이에 반응하여 2~3년이 걸려 버드나무나 자작나무의 가지들이 다시 원상태로 무성하게 되는 것이다.

포식자: 눈신토끼의 주요 포식자는 캐나다 스라소니이다. 스라소니 개체군의 변동은 스라소니의 먹이가 되는 눈신토끼 개체군 변동 주기를 그대로 따른다(**그림 36.23**). 눈신토끼가 증가하면 스라소니도 따라서 증가하고, 눈신토끼가 감소하면 스라소니도 감소한다.

어떤 요인이 포식자-피식자(predator-prey)의 변동을 일으키는 것일까? 눈신토끼의 증가가 식물을 과하게 소비하기 때문일까(눈신토끼-식물 주기), 아니면 스라소니의 증가가 눈신토끼를 과하게 포획하기 때문일까(눈신토끼-스라소니 주기)? 1992년에 크랩스(Charles Krebs)가 캐나다의 유콘(Yukon) 지역에서 연구한 야외 실험이 그 해답을 보여 주었다.

실험 지역에서 먹이가 부족하지 않도록 먹이를 추가로 제공하고 포식자를 제거하면, 눈신토끼의 수는 10배로 증가하고 그 상태를 유지하며 주기가 없어졌다. 그러나 2가지 요인 중 한 가지만 작용하도록 할 경우, 즉 포식자는 제거하고 먹이를 추가로 제공하지 않거나, 먹이는 제공하지만 포식자가 존재하도록 하면 주기는 다시 진행되었다. 따라서 2가지 요인 모두 주기에 영향을 주는 것이다.

개체군 집단의 주기는 자연계에서 그리 흔히 볼 수 있는 현상은 아니라고 알려져 있었지만, 과학자들이 오랜 시간에 걸쳐(25년 이상) 조사한 약 700개의 연구 결과를 종합해 본 결과 이러한 주기가 그간 생각했던 것보다 꽤 자주 나타난다는 것을 알 수 있었다. 그 연구 결과 중 약 30%(포유류, 조류, 어류, 갑각류)는 앞서 제시된 스라소니의 연구에서처럼 극단적이지는 않지만 어느 정도의 주기를 가지고 있는 것으로 나타났다. 이러한 주기 변화가 밀도 의존적 요인에 관련되어 나타나는 경우가 많았지만 날씨 등 밀도 비의존적 요인으로 변화하는 경우도 상당히 많았다.

자원 이용 가능성은 생활사 적응에 영향을 준다

어떤 종은 환경수용력 부근에서 평형 상태를 이루는 개체군 크기를 그대로 유지하지만, 다른 어떤 종의 개체군 크기는 크게 변동하고 흔히 환경수용력보다 훨씬 적은 경우가 있다. 개체군에 영향을 주는 선택 요인은 종마다 크게 다르게 나타난다. 환경수용력 부근의 개체군은 제한된 자원을 얻기 위해 심한 경쟁을 하기도 하지만, 이와는 달리 환경수용력보다 훨씬 적은 개체군에게 자원은 언제나 쉽게 이

표 36.3 *r*-선택 생활사 적응과 *K*-선택 생활사 적응

적응	*r*-선택 개체군	*K*-선택 개체군
최초 생식 연령	이르다	늦다
수명	짧다	길다
성숙 시간	짧다	길다
사망률	대개 높다	대개 낮다
한 번의 생식으로 생산되는 자손의 수	많다	적다
일생 동안의 생식 횟수	적다	많다
어버이 양육	없다	대개 오래 한다
자손이나 알의 크기	작다	크다

용될 만큼 풍부하다.

앞에서 살펴본 것처럼 자원이 제한되어 있으면 생식비용은 매우 높아지게 되며, 이러한 상황에서는 효율적으로 경쟁하고 효과적으로 자원을 이용하는 개체들만이 선택될 것이고, 개체들이 전체적으로 낮은 생식률을 가지게 된다. 이러한 개체군의 개체들은 환경수용력(*K*) 부근에서 생존을 위해 심하게 경쟁하고 있다고 볼 수 있기 때문에 소위 ***K*-선택**(*K-selected*)되었다고 말할 수 있다. **표 36.3**은 대표적인 *K*-선택된 종들을 보여주는데, 코코넛야자나무, 두루미, 고래, 사람 등은 대표인 *K*-선택 종이다.

이와는 달리 환경수용력에 훨씬 못 미치는 개체군에서는 자원이 항상 풍부하다. 이 경우에는 생식비용이 낮기 때문에 많은 자손을 생산할 수 있는 개체들이 1차적으로 선택되는데, 이러한 개체군을 ***r*-선택**(*r*-selected) 개체군이라고 한다. 진딧물, 생쥐, 바퀴벌레, 민들레 등은 대표적인 *r*-선택 생활사를 보이는 생물들이다.

완전한 *r*-선택이나 완전한 *K*-선택의 특징을 나타내는 개체군은 사실상 없다고 할 수 있으며(**표 36.3**), 대부분의 자연 개체군은 2가지 선택 사이의 중간 단계의 생활사를 보인다.

핵심 요약 36.6

특히 개체군 크기가 클 때 자원의 접근성 같은 밀도 의존적 요인들이 더 큰 영향을 미치고, 천재지변 같은 밀도 비의존성 요인들은 개체군의 크기와 관계없이 작동한다. 개체군 밀도는 자원의 변화와 포식자들의 효과 같은 복잡한 상호작용 때문에 주기적으로 변한다. 밀도 의존적 조절에 영향을 받는 개체군은 종종 그들의 한계수용력에 머물게 된다. 한계수용력에 미치지 못한 개체군에서는 자원이 풍부할 경우 높은 번식률이 자연선택에서 유리하다.

- 개체군은 동시에 밀도 의존적 양성피드백과 음성피드백 현상을 나타낼 수도 있을까?

36.7 인구 증가

학습 목표

1. 시간에 따른 인구 생장률의 변화에 대해 설명할 수 있다.
2. 인구 생장에 대한 연령 분포의 영향에 대해 서술할 수 있다.
3. 생물권과 인간 복지에 위협이 되는 급속한 인구 증가와 자원소비의 영향에 대해 설명할 수 있다.

사람은 적은 수의 자녀만 낳고, 생식을 늦게 하며, 부모 양육의 강도가 높은 점 등의 특징을 가지고 있어 *K*-선택 생활사의 전형이라 볼 수 있다. 이러한 생활사의 특징은 제한된 자원이 인구를 조절했던 인류의 초기 역사부터 진화하였다. 인류 역사에서 인구는 식량, 질병, 포식자에 의해 조절되어 왔다. 홍수, 전염병, 가뭄 등 많은 외부 요인들이 인류 개체군 생장에 크게 영향을 주었지만, 전반적으로 개체군 크기는 역사 초기부터 완만하게 증가하였다. 2000년 전 지구상의 인구는 약 1억 3천만 명이었을 것으로 추산되고 있다. 이 수가 2배로 되는데 약 1000년이 걸린 반면 다시 그 2배가 된 것은 1650년으로, 이때 인구는 5억 명 정도로 16세기 동안 인구는 굉장히 완만하게 증가하였다. 이런 점에서 볼 때 하나의 개체군으로서의 인간 집단은 전형적으로 *K*-선택인 많은 다른 종들과 크게 다르지 않다.

인구는 기하급수적으로 증가해왔다

1700년대 초부터 시작된 각종 기술의 발전으로 사람에게 식량은

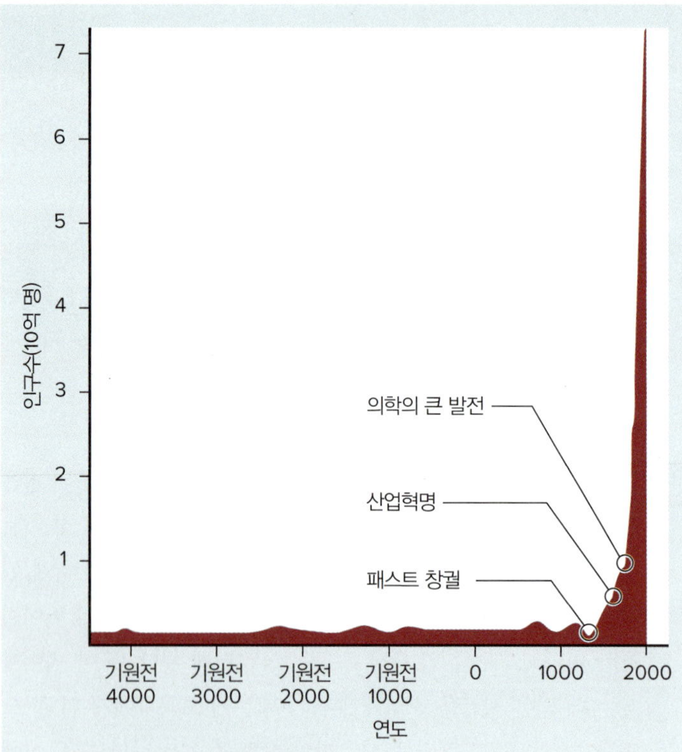

그림 36.24 인류 개체군 크기의 역사.
1300년대 창궐한 페스트에 의한 죽음처럼 일시적인 사망률의 증가는 지속적인 영향을 거의 주지 않는다. 1800년대 산업혁명으로 시작된 폭발적 인구증가로 현재의 인구는 70억 명이며, 이 속도로 가면 인구는 63년 후 약 2배가 될 것이다.

? **탐구문제** 개체군 생장에 대해 배웠던 것에 근거하여, 인간 개체군의 크기가 어떻게 될 것이라 예상하는가?

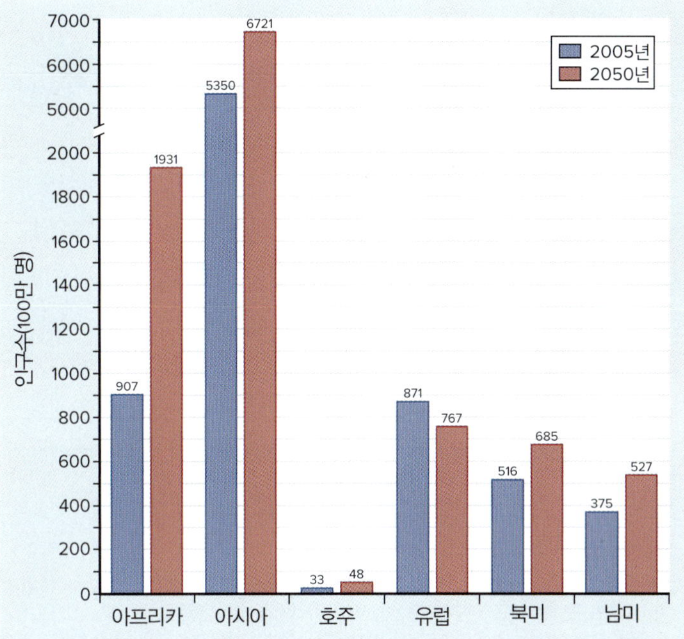

그림 36.25 2050년 예상되는 인구 생장.
대다수 선진국의 인구는 약간 증가하거나 그대로 머물 것이지만, 대부분의 미개발 국가가 지구의 인구 증가를 주도하게 될 것으로 예측된다.

더 이상 큰 문제가 되지 않게 되었고, 개발된 무기로 포식자를 제압할 수 있게 되었으며, 여러 가지 질병을 치료할 수 있는 능력도 갖추게 되었다. 동시에 주거지의 개발과 저장 능력 증진으로 기후의 불확실성까지 극복할 수 있게 되었다. 이러한 변화로 인류는 서식지의 환경 수용력을 스스로 증가시켜 로지스트형 생장의 억제로부터 벗어나 S자형 생장곡선의 지수생장기(exponential phase)에 돌입하게 되었다.

인구 증가를 제한할 위협들이 없어지면서 인구는 지난 300여 년간 폭발적으로 증가하였다. 해당 기간에 출생률이 감소하였음에도 불구하고, 사망률은 더 큰 폭으로 감소하였다. 출생률과 사망률의 차이는 매년 약 2% 정도의 인구생장률을 만들어 냈다. 현재는 1.1% 정도로 많이 줄어들었다.

연간 인구 생장 속도 1.1%는 그리 크다고 볼 수 없으나 문제는 70억에 이르는 현재의 인구이다(**그림 36.24**). 현재의 생장 속도로 미루어 매년 7500만 명이 새로 추가된다고 가정할 때, 63년 내에 지구의 인구는 현재의 배가 될 것이며, 현재 인구 수준과 생장률 모두 미래에 심각한 결과를 가져올 것이다.

인구 피라미드는 출생률과 사망률의 경향을 보여준다

인구는 지금도 계속 빠르게 증가하고 있으나, 이 증가가 전 지구에서 균등하게 일어나는 것은 아니다. 아프리카나 아시아, 중남미의 인구는 엄청난 속도로 증가하지만(**그림 36.25**) 유럽의 몇몇 국가의 인구는 감소하고 있다.

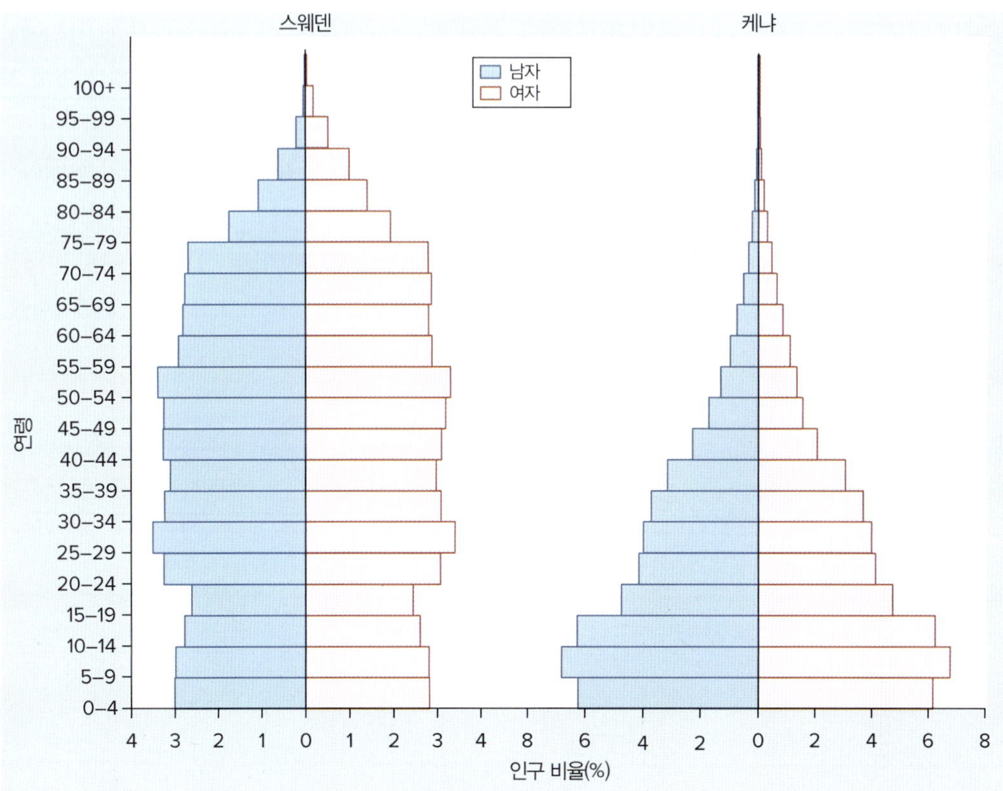

그림 36.26 2016년의 스웨덴과 케냐의 인구 피라미드 비교.
연령대에 따른 인구 피라미드로, 케냐의 피라미드는 가임 연령이 안 된 인구수가 많아 아래쪽이 넓다. 이들이 출산 시기에 이르면 인구는 빠르게 증가할 것이다. 스웨덴의 피라미드는 중간 연령대가 증가한 모습인데, 이는 20세기 중반의 "베이비붐(baby boom)"의 결과이다. 또한 수명이 길어졌기 때문에 노인층도 높은 분포를 보인다.

탐구문제 20년 후 연령별 인구분포를 예상해 보시오.

미래의 인구 증가 속도는 **인구 피라미드**(population pyramid)로 평가할 수 있는데, 이는 각 연령군의 인구수를 막대그래프로 나타낸 것이다(**그림 36.26**). 편의상 남자는 왼쪽, 여자는 오른쪽에 나타냈다. 인구 피라미드는 성별에 따른 인구의 연령 구성을 나타내며, 대개 여성 노인이 남성 노인보다 수가 많은데, 이는 평균적으로 여성의 수명이 남성보다 길기 때문이다.

인구 피라미드를 보면 통계적으로 출생률과 사망률의 추이를 예측해볼 수 있다. 일반적으로 직사각형 형태의 피라미드는 증가하지도 감소하지도 않는 안정된 상태를 보여준다. 삼각형 피라미드는 미래의 급격한 인구 생장을 의미하며, 역삼각형 피라미드는 출생률 감소로 빠른 인구 감소의 조짐이 있다고 말할 수 있다.

2016년의 스웨덴과 케냐의 인구 피라미드를 비교해 볼 때 두 나라에서 매우 다른 연령 분포가 나타난다(**그림 36.26**). 스웨덴은 거의 직사각형의 인구 피라미드를 보이는데, 이는 출생률이 감소하고 노인의 수명이 길어졌기 때문이다. 그에 비해 케냐는 삼각형의 인구 피라미드를 나타내며, 이는 짧은 수명과 높은 출생률로 인해 장래에 인구가 폭발적으로 증가할 것임을 예고하는 것이다. 15세 미만의 인구가 스웨덴에서는 17%에 불가하지만 케냐는 40%가 넘는다. 출산율(여성당 자손 수)의 경우 스웨덴은 1.9이지만 케냐는 4.5이다. 그 결과 케냐의 인구는 30년 이내에 배로 될 것으로 예상되는데 비해 스웨덴의 인구는 그 상태를 유지할 것으로 예상된다.

인류의 미래 생장률은 정해져 있지 않다

급격히 증가하는 지구의 인구는 아마도 우리 인간을 비롯한 지구의 모든 생물이 처한 가장 큰 도전이 될 것이다. 지구의 인구는 매년 7500만 명씩 증가하고 있는데(5일에 100만 명, 분당 150명), 특히 빠른 증가를 보이는 나라의 인구 증가는 무척 놀라운 수준이다(**표 36.4**). 인도의 인구는 2002년 10억 5천만 명 정도였는데, 2050년경에는 16억 명을 돌파할 것으로 추정되고 있다.

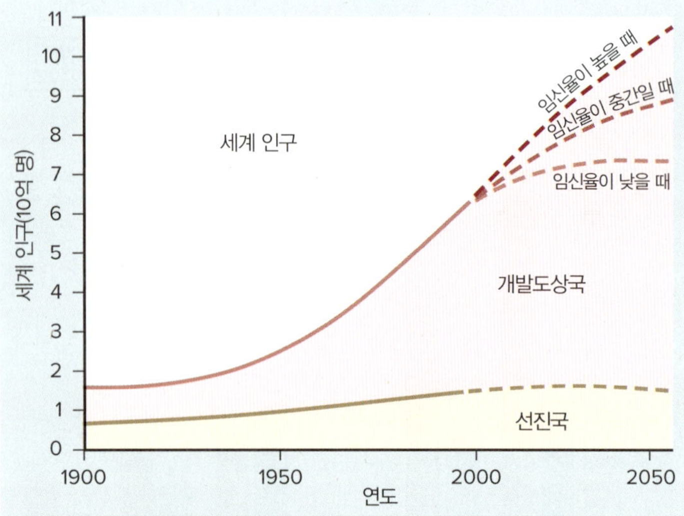

그림 36.27 인구 생장 분포.
전 세계의 인구 증가는 1950년부터 개발도상국에서 주도하기 시작하였다. 이 국가들의 연령 분포를 보면 앞으로도 인구는 꾸준히 늘어날 것임을 쉽게 예측할 수 있다. 최근 UN이 발표한 자료에 따르면 2050년 지구의 인구는 73~107억 명에 이를 것으로 예측된다. 현재 임신율에 기초하여 예측해 볼 때, 2050년 이후의 인구 증가율은 아마도 완만한 증가나 아주 느린 증가 또는 가장 바람직한 것으로 약간 감소 추세에 접어들 것으로 생각된다.

인구 증가 문제의 핵심 요소는 국가 간의 불균등 분포이다. 1990년대에 추가된 10억 명 중 90%는 개발도상국에 살고 있으며(**그림 36.27**), 선진국이 전체 인구에서 차지하는 비율은 점차 떨어졌다. 1950년대에는 세계 인구의 1/3이 선진국에 살았으나 1996년에는 그 비율이 1/4로 떨어졌고, 2020년에는 1/6로 떨어질 것으로 예상되고 있다. 세계 인구 증가의 중심은 인구 증가를 제어할 능력이 적은 국가에서 나타날 것으로 예상되기 때문에 문제가 더욱 심각하다.

개발도상국의 인구 증가는 이들 국가에서 빈부의 격차를 심화시키는 주요 요인이다. 오늘날 선진국에 살고 있는 인구는 약 19% 정도로, 이들의 1인당 국민 소득은 22,060달러 정도지만 나머지 81%의 개발도상국 사람들의 1인당 평균 소득은 3,580달러에 불과하다.

표 36.4 2016년 선진국과 개발도상국의 인구자료 비교

	미국(선진국)	브라질(개발도상국)	에티오피아(후진국)
출산율	1.8	1.8	4.3
인구 생장률	0.77	0.80	2.89
현재 속도로 2배가 되는 시간(년)	90	86	24
유아사망률(신생아 1000명당)	6	19	53
평균수명(년)	80	74	61
1인당 GDP(US 달러)*	57.436	15,242	1,946
15세 미만 인구(%)	19	23	41

* GDP(gross domestic product): 국내총생산

이들의 약 1/4 정도는 하루에 1달러 벌기도 벅찬 사람들이다. 지구에서 생산되는 에너지의 80% 정도가 선진국에서 소비된다는 사실로 미루어 보아 이는 심각한 불균형이다.

현재 70억 명 지구의 인구가 별 문제 없이 유지될 수 있을지 아무도 예상할 수 없다. 앞으로 인구가 더 증가할 것으로 생각되는데, 과연 그 많은 인구가 지구에서 버텨낼 수 있을까? 38장에서 다룰 내용이지만 지구 생태계는 많은 인구 때문에 상당한 스트레스를 받고 있다. 지구의 수용 능력(carrying capacity)은 무한정 증가될 수 없으며, 이미 그 수용 능력이 한계점에 다다른 것 같다.

현재 지구 전체 육지에서 만들어지는 생물학적 총 생산량의 45%와 전 세계 담수의 절반이 인류를 위해 사용되지만, 인류의 1/4~1/8 정도는 영양결핍 상태이다. 1798년 멜서스(Thomas Malthus)가 그의 유명한 저서 〈인구의 원리에 대한 논평(Essay on the Principle of Population)〉에서 예측하였듯이 지구의 몇몇 지역에서는 사망률이 증가하고 있다. 예를 들어, 아프리카 사하라 남쪽 지역의 인구는 AIDS의 영향으로 현재의 13억 3천만에서 2025년에는 약 10억 5천만 명 정도로 21%의 인구가 감소할 것으로 예측되고 있다. 러시아 역시 질병 때문에 사망률이 급격히 증가할 것으로 예상되는 지역이다.

사망률의 급격한 증가를 막기 위해서는 출생률을 크게 감소시키는 것 말고는 별 다른 대책이 없다. 이렇듯 개발도상국이 처한 어려운 상황을 개선하기 위해 전 세계적으로 출생률을 감소시키는 움직임이 벌어지고 있다.

현재 인구 증가율은 감소하고 있다

지구의 인구 증가율은 1965~1970년에 최고조를 이루어 2.0% 정도였는데, 2015년에는 약 1.1% 정도에 그치고 있다. 그러나 이미 지구에는 많은 인구가 살고 있기 때문에 1.1%는 적지 않은 증가율이고, 이를 인구수로 환산하면 매년 7천 500만 명 정도가 새로 태어난다고 볼 수 있다. 이는 1960년대 매년 5천 300만 명이 태어나던 시절과 비교해도 무척 많이 증가된 수치이다.

대부분의 국가들은 인구 증가 속도를 낮추는 데 관심을 가지고 있으며, 이러한 관심으로 여러 현상들이 나타나고 있다. 예를 들면, 1984년부터 2014년까지 아프리카 케냐에서는 한 부부당 8.0명에 이르던 자식의 수가 4.3명으로 크게 줄었고, 그에 따른 인구 증가율도 4.0%에서 2.6%로 크게 줄었다. 이러한 노력이 지속된다면 지구의 인구는 89억 명에서 안정기에 접어들 것으로 예측된다. 지구에서 자신들이 누릴 수 있는 삶의 질을 유지하며 살아갈 수 있는 인구의 한계는 얼마가 될까? 분명한 것은 지금의 인구는 그 한계를 넘었다는 것이다.

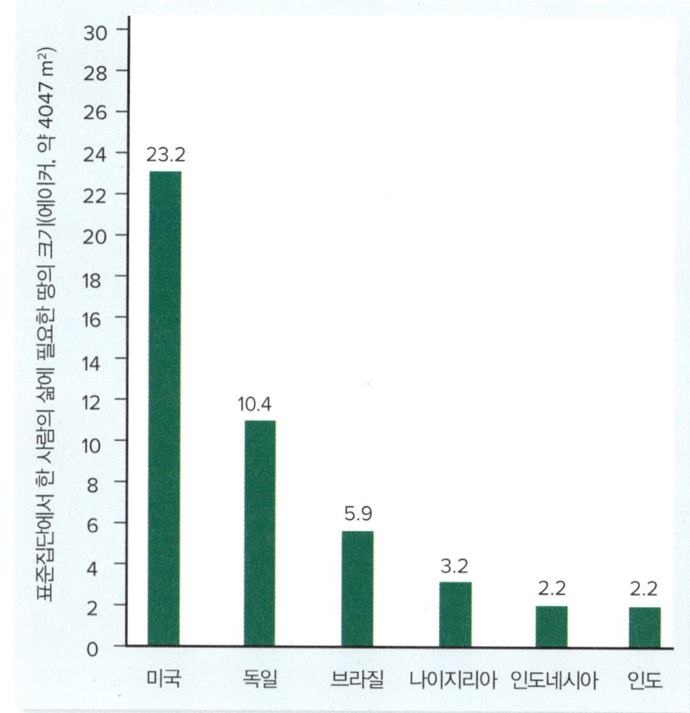

그림 36.28 국가별 생태 발자국 비교.
생태 발자국은 한 사람이 일생을 살기 위해 요구되는 식량 생산을 위한 토지면적, 숲의 생산량, 거주지, 화석 연료 연소에서 발생하는 이산화탄소, 이산화탄소를 흡수하기 위해 필요한 숲의 크기 등을 토지 면적으로 환산한 값이다.

? 탐구문제 만약 인도의 인구가 미국의 인구보다 약 4배쯤 많다고 가정한다면, 어떤 나라가 전반적인 생태 발자국이 더 크겠는가?

선진국에서의 소비가 자원을 더 많이 고갈시킨다

개체군의 크기는 사용 가능한 자원의 양을 결정하는 가장 중요한 요소이지만 1인당 사용량 또한 간과할 수 없는 요소이다. 이런 면에서 선진국 국민들은 인구가 많지는 않지만 지구 자원의 대부분을 소모하고 있기 때문에 자원 사용에 관한 문제에 보다 많은 관심을 기울여야 한다. 실제로 세계 인구의 20%밖에 되지 않은 선진국 사람들이 전 세계 자원의 86%를 소비하고 있으며, 세계 이산화탄소 배출량의 53%에 대한 책임이 있다. 그에 비해 전 세계 인구의 약 20% 정도인 최빈국들은 다 합쳐도 겨우 1.3%의 자원 소비량을 나타내며 약 3% 정도의 이산화탄소를 배출한다. 이는 선진국에서 태어날 아이들은 후진국에서 태어나는 아이들보다 향후 훨씬 많은 자원을 소비한다는 의미가 되기도 한다.

이러한 불균형을 수치화하는 방법은 **생태 발자국**(ecological footprint)을 측정하는 것인데, 이는 특정 인구가 그들의 표준 생활을 유지하기 위해 요구되는 생산지의 양을 의미한다. 이는 먹거리(동물과 식물) 생산에 필요한 토지, 삼림에서 얻을 수 있는 산물, 주거지, 화석 연료 때문에 방출되는 이산화탄소를 흡수할 수 있는 삼림의 크기 등을 모두 합쳐 토지 면적으로 환산한 값이다. **그림 36.28**의 그래프에서 보는 것처럼 미국 국민 1인당 생태 발자국의 크기는 인도의 1인당 수치의 10배가 넘는다.

이러한 측정법에 의거하여 많은 연구자들은 인간이 사용하는 자원의 양은 자연이 지속적으로 재생되며 공급할 수 있는 양의 약 1/3 정도 초과했다고 말하고 있다. 그에 부가하여 개발도상국의 생활수준이 향상되면 그들의 소비 역시 증가할 텐데, 그렇다면 앞으로 지구가 2개 정도는 더 있어야 된다는 계산이 나오게 된다.

지속가능한 세상을 만드는 것이 우리 인류가 직면한 가장 시급한 과제이기 때문에 우리의 후세들이 누릴 삶의 질은 인구 증가의 감소와 1인당 자원 소비량에 달려 있다고 해도 과언이 아니다.

핵심 요약 36.7

역사적으로 *K*-선택의 특징을 보이는 인간 개체군은 지속적으로 증가했다. 과거 400여 년 동안 자원을 조절하면서 인간 개체군은 기하급수적으로 증가했다. 이러한 추세라면 63년 후쯤에는 인구가 지금의 2배가 될 것이다. 인구 피라미드는 각 연령군의 인구수를 막대그래프로 나타낸 것이다. 하단이 넓은 모양의 인구 피라미드는 바닥부터 맨 위까지 비슷한 원통형 구조의 피라미드보다 더 빠른 인구 생장을 보인다. 현재 인구 증가율은 점차적으로 감소하고 있는 추세이지만, 선진국의 자원의 사용량이 높아 예의주시해야 한다.

■ 전 지구적 인구 증가율을 감소시키는 것이 중요할까? 아니면 선진국의 자원 소비를 감소시키는 것이 중요할까?

핵심 개념 요약

36.1 환경의 도전

가장 중요한 환경적 요인은 온도, 물, 햇빛, 토양 등이다. 각 개체들은 내부적 항상성을 유지하려고 한다.

■ **생물은 그들이 생존하는 동안 환경 변화에 반응하는 능력이 있다**

대부분의 개체는 급작스러운 온도나 물 유용성 변화와 같은 그들의 자연 서식지의 변이에 대처할 수 있다.

■ **자연선택은 주어진 환경 조건에 진화적으로 적응하도록 이끈다**

진화하는 동안 생리적, 형태적, 행동적 적응은 생물들이 그들이 살고 있는 환경에 더 잘 적합하게 진화하도록 만든다.

36.2 개체군: 특정 지역에 존재하는 단일 종 집단

■ **개체군은 제한된 지리적 범위 안에 국한되어 있다**

■ **이러한 분포 범위는 시간이 지남에 따라 확장하기도, 축소하기도 한다**

대부분의 개체군들은 환경이 변하면서 시간이 지남에 따라 확장하거나 축소하는 제한된 지리적 범위를 가지고 있다.

분산 기작은 몇몇 종들이 그들의 범위를 확장하거나 경계를 넘게 만들기도 한다. 인간의 활동은 해로운 영향을 주는 몇몇 종들의 분포를 확산시키기도 한다.

■ **개체군 내에서 개체들은 다양한 공간 분포 패턴을 보인다**

개체군 내에서 개체들은 무작위적일 수도 있고, 균등할 수도 있으며, 여러 군(clump)을 형성하며 분포할 수도 있다. 특히 임의적이지 않은 분포는 일반적으로 자원 확보를 위한 경쟁의 결과나 자원의 분포를 반영한 결과일 수 있다.

■ **다개체군은 각 개체들을 때때로 교환하는 여러 개의 구별되는 개체군들로 구성된다**

다개체군에서 개체군 간 개체들의 교환 정도는 개체군들이 크고 잘 연결되어 있을 때 더 잘 일어난다.

다개체군은 비어 있는 지역에 다시 서식하는 것을 가능하게 하면서 멸종을 줄이는 완충지역 역할을 한다.

36.3 개체군의 특성과 역학

■ **성비와 세대기간은 개체군 생장 속도에 영향을 준다**

많은 수의 암컷, 짧은 세대기간, 혹은 두 요인 모두는 더 빠른 인구 생장을 이끌 수 있다.

■ **연령구조는 각 동령군의 상대적 개체수를 뜻한다**

개체군 내의 서로 다른 동령군은 각각 다른 출생률과 사망률을 가지므로 연령구조는 개체군의 생장 속도에 중대한 영향을 준다.

■ **생명표는 출생부터 사망까지 한 동령군의 운명을 표로 나타낸 것으로 매년 생존과 번식의 가능성을 보여준다**

■ **생존곡선은 연령에 따라 생존율이 어떻게 변하는지 보여준다(그림 36.10, 그림 36.11)**

어떤 개체군에서는 생존율이 노년에 도달할 때까지 높은 경우도 있고, 아주 어린 개체일 때 생존율이 아주 낮은 경우도 있다.

36.4 생활사와 생식비용

자원이 제한되어 있기 때문에 번식은 비용이다. 현재의 번식에 할당된 자원은 미래의 번식과 생존을 향상시키기 위해 사용될 수 없다(**그림 36.13**).

■ 절충은 자손의 수와 자손당 받게 되는 투자 사이에서 발생한다

생식비용이 높은 경우에는 번식을 늦추거나 생존 가능성이 더 높은 큰 크기의 새끼를 적게 낳는 것이 유리하다.

■ 일생 동안의 생식 횟수는 추가적인 절충의 대상이 된다

1회번식은 단 한 번의 생식에 집중하는 것이고, 반복번식은 여러 해에 걸쳐 여러 번 자손을 생산하는 것이다.

■ 최초 생식 연령은 수명과 연관되어 있다

수명이 긴 종은 수명이 짧은 종보다 첫 생식이 다소 늦게 이루어진다.

36.5 개체군의 생장과 환경적 제한

■ 지수적 생장 모델은 제한 없이 증가하는 개체군에 적용된다

개체군 증가 속도 r은 출생률(b)에서 사망률(d)의 차이로 정의된다.
지수적 생장은 개체군이 자원이나 또는 다른 종에 의해 제한을 받지 않는 때 발생한다(**그림 36.16**).

■ 로지스트형 생장 모델은 환경수용력 수준에서 안정을 유지할 때 나타난다

로지스트형 생장은 개체군이 환경수용력에 도달하면서 개체군의 생장 속도가 현저히 느려지는 것을 뜻한다. 개체군이 환경수용력을 완전히 넘어섰다가 다시 안정되는 경우도 있다.

36.6 개체군을 조절하는 요인들

■ 밀도 의존적 효과는 번식과 생존이 개체군 크기에 의해 영향을 받을 때 발생한다

밀도 의존적 효과는 개체군 사이의 경쟁의 증가나 질병의 영향과 관계있다.
개체군 크기가 안정되려면, 출생률은 감소하고 사망률은 증가하거나 둘 다 일어나야 한다.

■ 밀도 비의존적 효과는 환경 교란과 천재지변 등과 관련 있다

밀도 비의존적 요인은 개체군 크기에는 상관없이 자연적인 환경 변화가 개체군 수를 줄이는 현상 등을 말한다.

■ 주기적인 개체군 변동은 복잡한 상호작용을 반영한다

때때로, 개체군 크기는 먹이의 양과 포식과 같은 요인들의 상호작용으로 주기적으로 증감하는 형태를 보인다(**그림 36.23**).

■ 자원 이용 가능성은 생활사 적응에 영향을 준다

환경수용력 부근에 있는 개체군은 제한된 자원을 차지하기 위한 경쟁에 적응한다. 환경수용력보다 훨씬 적은 개체군은 풍부한 자원을 쉽게 이용할 수 있어서 높은 생식력을 나타낸다.

36.7 인구 증가

■ 인구는 기하급수적으로 증가해왔다

과거 300년 동안 인간은 각종 기술의 발전으로 환경수용력을 증가시켰고, 사망률 또한 낮췄다.

■ 인구 피라미드는 출생률과 사망률의 경향을 보여준다

연령이 낮은 인구가 상대적으로 많은 개체군은 이 개체들이 번식 가능한 나이에 도달할 때 높은 인구 생장률을 갖게 될 가능성이 높다.

■ 인류의 미래 생장률은 정해져 있지 않다

인간 개체군은 고르지 않게 분포하고 있다. 개발도상국의 높은 생장률은 가난으로 이어지고, 대부분의 자원은 산업화된 나라들에 의해 사용된다.

■ 현재 인구 증가율은 감소하고 있다

낮은 생장률에도 지구의 인구는 70~100억으로 유지될 가능성이 높다.

■ 선진국에서의 소비가 자원을 더 많이 고갈시킨다

선진국에서 자원의 소비율은 매우 높다. 지속가능한 미래는 인구 생장과 개인의 자원 소비, 둘 다를 제한하는 것이 필요하다.

연습문제

■ 1단계: 이해력 확인하기

1. 공급원-수용처 다개체군이 다른 형태의 다개체군과 다른 점은 무엇인가?
   a. 개체들의 교환은 공급원-수용처 다개체군에서만 일어난다.
   b. 공급원-수용처 다개체군에는 음의 생장률을 가진 집단들이 있다.
   c. 공급원-수용처 다개체군에서 절멸이란 없다.
   d. 공급원-수용처 다개체군의 모든 집단들은 결국 절멸할 것이다.

2. 개체들이 사회적으로 상호작용할 수 있는 능력은 개체군 내에서 개체가 어떻게 분포할 때 최대로 발휘될 수 있는가?
   a. 서식 환경에서 무작위적으로 분포할 때
   b. 서식 환경에서 균등하게 분포할 때
   c. 서식 환경에서 군상으로 분포할 때
   d. a, b, c 모두 옳지 않다.

3. 생태학에서 생식비용이란 무엇인가?
   a. 현재 생식에 대한 투자로 인한 미래에 얻을 수 있는 생식 산물의 감소
   b. 성공적인 생식을 위한 모든 활동에 들어가는 칼로리의 양
   c. 알과 자손에 들어가는 칼로리의 양
   d. a, b, c 모두 옳지 않다.
4. 자손의 수와 몸 크기 사이의 생활사 절충이란 무엇인가?
   a. 자손의 수가 많아지면 자손의 크기도 증가한다.
   b. 자손의 수가 많아지면 자손의 크기는 감소한다.
   c. 자손의 수가 많아지면 성체의 크기도 증가한다.
   d. 자손의 수가 많아지면 성체의 크기는 감소한다.
5. 지수적 생장과 로지스트형 생장의 차이점은 무엇인가?
   a. 지수적 생장은 출생률과 사망률에 따라 달라지지만 로지스트형 생장은 그렇지 않다.
   b. 로지스트형 생장에서 이입과 이출은 별로 중요하지 않다.
   c. 둘 다 밀도의 영향을 받지만 로지스트형 생장은 아주 천천히 영향을 받는다.
   d. 로지스트형 생장만 출생과 사망이 밀도에 의해 영향을 받는다.
6. 로지스트형 개체군 생장 모형 $dN/dt = rN[(K-N)/K]$은 생장이 가능한 어떤 최고 수준이 정해져 있을 때의 개체군 생장을 예측할 수 있도록 해준다. N이 K값에 가까워질수록 일어날 수 있는 일은 무엇인가?
   a. dN/dt가 급격히 증가한다.
   b. dN/dt가 0에 가까워진다.
   c. dN/dt가 아주 느리게 증가한다.
   d. 개체군이 멸종 위기에 직면한다.
7. 다음 중 개체군 생장에 미치는 밀도 의존적 요인의 예가 되는 것은 무엇인가?
   a. 강추위
   b. 폭풍우
   c. 개체수에 비해 더위를 피할 곳이 턱없이 부족한데, 날씨가 비정상적으로 더워질 때
   d. 가뭄

2단계: 적용력 평가하기

1. 개체군의 크기가 홍수 같은 자연재해 때문에 급격히 줄어든다면 어떤 현상이 일어나는가?
   a. 집단의 크기가 환경수용력보다 훨씬 작기 때문에 집단 생장률이 증가할 것이다.
   b. 개체들이 배우자를 찾기가 어려워지므로 집단 생장률이 감소할 것이다.
   c. a와 b 현상 모두 가능하므로 집단의 생장률이 증가할지 감소할지는 예측할 수 없다.
   d. a, b, c 모두 맞다.
2. 어느 개체군의 주변에 포식자가 많아진다면 어떤 현상이 일어날까?
   a. 개체는 생존율을 최대화하기 위해 생식에 대한 투자를 줄일 것이다.
   b. 개체들은 적은 수의 새끼를 낳을 것이고 새끼에 대한 투자도 줄일 것이다.
   c. 다음 번식기까지 생존할 확률이 적기 때문에 생식에 집중 투자를 할 것이다.
   d. 개체들은 모두 생식을 중단할 것이다.
3. 어느 개체군에서 개체들이 균등 분포를 하고 있다면 다음 중 옳은 것은?
   a. 개체군의 크기가 환경 수용력에 훨씬 못 미칠 것이다
   b. 자연선택의 영향으로 자원을 확보하기 위한 경쟁에 유리한 형질이 진화할 것이다.
   c. 타 집단에서 개체들이 이주하기 때문에 개체군의 멸종을 걱정하지 않아도 된다.
   d. a, b, c 모두 옳지 않다.
4. 인간이 포식자들을 제거하면 다음 중 옳은 것은?
   a. 새로운 포식자가 그 서식지로 들어오기 전에는 피식자 개체군들이 지수적 생장을 계속할 것이다.
   b. 서식지의 환경수용력이 높아질 것이다.
   c. 피식자들이 이전에 제거된 포식자들에 의해 조절되었었다면 피식자 개체군의 크기는 증가할 것이다.
   d. 앨리 효과(Allee effect)가 생길 것이다.

3단계: 사고력 함양하기

1. **그림 36.8**을 보고 다음에 대해 답하시오. 어느 개체군이 다개체군의 일부인 경우와 다른 개체군들과 별다른 상호작용을 하지 않는 경우, 개체군 사이에 생기는 진화적 분화과정이 어떻게 달라지는가?
2. **그림 36.13**을 보고 다음에 대해 답하시오. 개체들은 현재의 생식 노력과 미래 생식 성공(생식비용)을 절충시키는데, 그렇다면 나이가 많은 개체와 어린 개체들이 할 수 있는 최적의 생식 방식이 같다고 생각할 수 있는가?
3. **그림 36.14**를 보고 다음에 대해 답하시오. 한 부모가 생산할 수 있는 자손의 수는 종종 자손의 크기와 절충이 될 수 있는 형질인데, 많은 환경에서 적절한 수 그리고 적절한 크기의 자손이 선호된다. 만약 자손의 개체 크기가 그 개체의 질적인 면(개체의 생존율)과 전혀 관계가 없다면 부모는 자손의 수를 어떻게 조절할 수 있는가? 현재의 최적 자손의 수가 늘어날 것인가 아니면 줄어들 것인가?
4. **그림 36.26**을 보고 다음에 대해 답하시오. 세대기간이 늘어난다면 개체군의 생장에 어떠한 영향을 미치는지 생각해 보자. 각각의 암컷이 일생 동안 생산할 수 있는 자손의 수를 줄이는 것과 같은 효과인가? 어느 것이 개체군 생장에 더 큰 영향을 미치게 되겠는가?

37

군집생태학

도입

한 장소에서 함께 사는 모든 생물들을 군집이라고 한다. 열대우림에 사는 많은 종들도 하나의 군집이다. 지구상의 모든 서식 가능한 장소는 각각 특정한 생물 구성을 가진다. 시간이 지나면서 각 종들은 군집 내의 생활에 복잡한 방식으로 적응하면서 함께 진화하고 군집의 특성과 안정성을 부여하는 관계를 만들어간다. 이때 경쟁과 상호부조는 중요한 역할을 한다. 이번 장에서는 이러한 현상들과 군집생태학의 다른 요인들에 대해 알아본다.

37.1 군집: 함께 사는 종

학습 목표

1. 군집에 대해 정의할 수 있다.
2. 군집의 구성이 지리적 경관에 따라 어떻게 변화될 수 있는가에 대해 설명할 수 있다.

지구상의 거의 모든 장소는 종에 의해 점유되어 있다. 아마존(Amazon)의 열대우림과 같은 지역에는 많은 종들이 분포하고 있으며, 옐로우스톤(Yellowstone)에 있는 간헐천의 끓는 물에는 몇 가지 종들만이 분포해 있다. **군집**(community)이란 어느 특정 지역에 사는 종들을 일컫는 말이다(**그림 37.1**). 군집은 그들을 구성하는 종들에 의해 또는 **종풍부도**(species richness)나 에너지의 생산량을 나타내는 **1차 생산력**(primary productivity)과 같은 특성들에 의해서 특징지어진다.

군집 구성원들 간의 상호작용으로 여러 가지 생태적, 진화적 과정이 일어난다. 포식과 상리공생 등과 같은 이러한 상호작용들은 개체군의 크기 증가나 감소와 같은 특정 종의 개체군 생물학과 생태계의 에너지와 영양분의 순환방식에 영향을 준다. 더욱이 군집의 내용은 여러 방식으로 한 종의 자연선택 양상에 영향을 주어 진화과정에 영향을 미치게 된다.

과학자들은 자세한 관찰이나 대규모의 실험과 같은 방법을 통해 생물군집을 연구한다. 어떤 경우에는 군집 전체를 조명하고, 어떤 경우에는 상호작용하는 몇몇 종들만을 주목한다.

그림 37.1 아프리카의 사바나 군집.
군집은 그 지역에 살고 있는 식물, 동물, 균류, 원생생물, 원핵생물 등의 모든 종들로 구성되어 있다.

군집은 공간과 시간에 따라 변한다

대개의 경우 종들은 환경 조건의 변화에 독립적으로 반응하는 것으로 보인다. 그 결과 군집 구성은 어떤 종이 나타나고, 어떤 종은 사라지면서 점점 변화하게 된다.

이러한 양상의 가장 유명한 예는 애리조나의 산타 카탈리나 산맥(Santa Catalina Mountains)에서의 습도 기울기에 따른 나무의 수 변화이다. **그림 37.2**는 서로 다른 종의 나무 수는 독립적으로 변화하며, 그 결과 서로 다른 지역에서의 나무 군집은 완전히 구별되지 않고 하나의 연속성을 나타낸다는 것을 보여준다.

고생물학적인 연구를 통하여 이와 유사한 양상을 시간적 차이를 두고 볼 수 있다. 그 실례로 북아메리카에서 과거 2만 년 동안에 나타난 나무와 소형 포유류에 대한 화석기록이 있다. 선사시대의 군집은 오늘날과 큰 차이를 보인다. 오늘날 함께 나타나는 여러 종들이 과거에는 함께 존재하지 않았다. 반대로 동일 군집 내에서 나타났던 종들은 오늘날에는 대개 분포 지역이 중복되지 않는다. 이러한 발견은 빙하기의 도래와 퇴조 기간 동안 기후가 변함에 따라 종들의 분포도 함께 이동하지 않고 독립적으로 분포하고 이동했음을 시사하는 것이다.

그럼에도 불구하고 어떤 경우에 한 군집 안의 종의 수는 동시적 양상으로 지리적 변화를 보인다. 이런 경우는 대개 환경이 갑작스럽게 변화하는 지역인 **추이대**(ecotone)에서 나타난다. 그 실례로 미국 서부에서는 국부적으로 사문석(serpentine) 토양이 나타나는데, 이러한 토양은 정상 토양과는 여러 가지로 차이를 나타낸다(니켈, 크롬, 철의 농도가 높거나, 구리나 칼슘의 농도가 낮다). 이렇게 서로 다른 토양에 사는 식물 종들을 비교하면 각각은 독특한 군집을 나타내며, 짧은 거리에서 갑작스런 군집의 변화를 보인다(**그림 37.3**). 육지와 수중 서식지가 접한 곳이나 숲과 초지가 만나는 지역과 같이 매우 상이한 서식지들이 만나는 곳에는 유사한 전이대(transition)가 보인다.

핵심 요약 37.1

군집은 한 지역에서 발생하는 모든 종으로 구성된다. 대부분의 경우 군집 구성원의 수는 공간과 시간에 따라 독립적으로 달라진다. 군집의 구성은 또한 매우 건조한 지역에서 매우 습한 지역까지 환경 요인에 따라 점진적으로 변한다.

- 군집에서 시간이 지남에 따라 동물 또는 식물의 풍부도에 큰 변화를 기대할 수 있을까? 있다면 그 이유는 무엇일까?

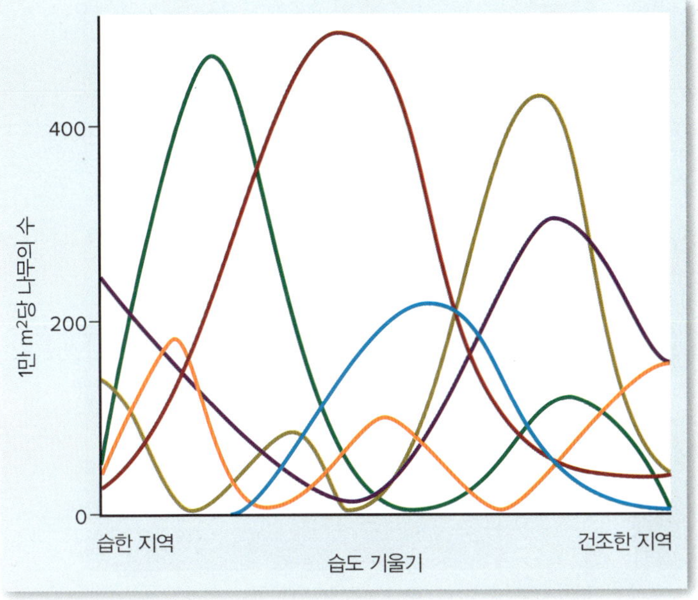

그림 37.2 애리조나 남동부 산타 카탈리나 산맥에서의 습도 기울기에 따른 나무의 수. 각각의 선은 다른 종의 나무의 풍부도를 나타낸다. 종에 따른 나무의 수는 서로 독립적으로 변화한다. 따라서 군집 구성은 습도 기울기에 따라 연속적으로 변화한다.

탐구문제 왜 종은 수분 변화에 대해 다른 반응 형태를 보이는가?

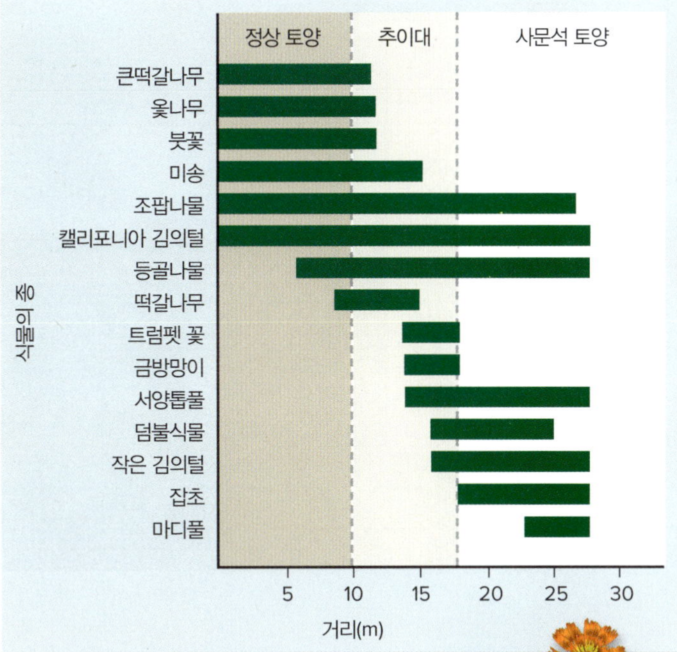

그림 37.3 추이대에서의 군집 구성의 변화. 정상 토양과 사문석 토양의 식물 군집은 큰 차이를 나타내며, 짧은 거리에서 갑작스러운 군집의 변화가 생긴다.

자료 분석 이 현장 연구에서 사문석 토양은 정상 토양에 얼마나 가까운가?

탐구문제 두 군집 유형 간에 급격한 전이대(추이대)가 있는 이유는 무엇인가?

37.2 생태적 지위

학습 목표

1. 생태적 지위와 자원 분할에 대해 정의할 수 있다.
2. 기본 생태적 지위와 실제 생태적 지위의 차이점에 대해 설명할 수 있다.
3. 다른 종의 존재가 종의 실제적 지위에 어떻게 영향을 미치는지에 대해 설명할 수 있다.

생태계 내의 모든 생물은 살아가면서 여러 가지 도전에 직면한다. 어떤 생물이 생태계에서 차지하는 **생태적 지위**(niche)는 그들이 살고 있는 환경 내의 자원을 이용하는 모든 방법의 총합이다. 한 종의 생태적 지위는 공간 이용, 먹이 소비, 온도 범위, 짝짓기를 위한 적절한 조건, 수분 요구량 등의 여러 가지 요소로 설명될 수 있다.

때때로 다른 종들이 있거나 없기 때문에 생물 종들은 그 지역의 모든 생태적 지위를 차지하지 못한다. 종들은 다양한 방법으로 다른 종들과 상호작용을 하는데, 그 방법은 긍정적일수도 있고, 부정적일 수도 있다. 일반적으로 두 종이 동일한 자원을 서로 이용하려고 시도하는 현상을 **종간 경쟁**(interspecific competition)이라고 한다. 이 경쟁은 두 종이 이용하기에 충분한 자원이 없을 때 같은 자원을 이용하기 위해 싸우는 것이다. 자원을 둘러싼 싸움을 **간섭 경쟁**(interference competition)이라고 하며, 공동 자원을 소비하는 경쟁을 **소비 경쟁**(exploitative competition)이라고 한다.

기본 생태적 지위는 잠재적이며 실제 생태적 지위는 현실적이다

생리적 내성 한계와 자원 요구에 따라 한 종이 이용할 수 있는 전

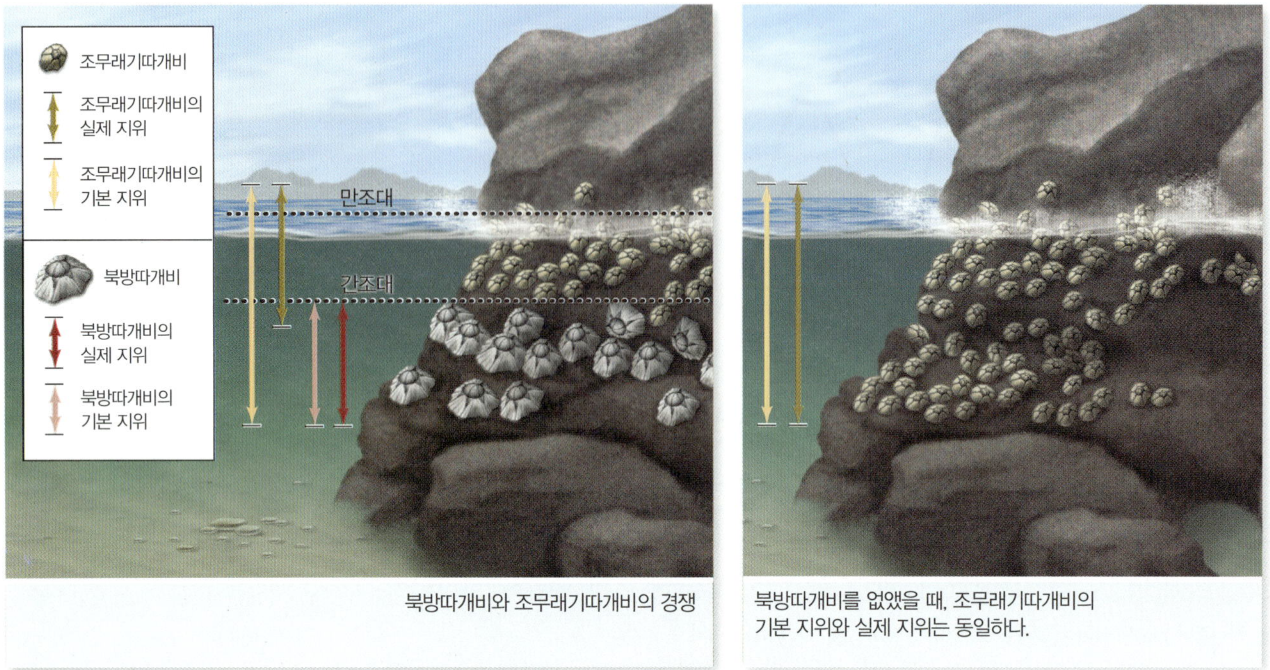

그림 37.4 따개비 두 종의 경쟁.
조무래기따개비는 얕은 곳이나 깊은 곳 모두에서 살 수 있으나, 깊은 곳에서는 북방따개비가 조무래기따개비를 몰아낸다.

체 생태적 지위를 **기본 생태적 지위**(fundamental niche)라고 하고 두 종이 실질적으로 차지할 수 있는 지위를 **실제 생태적 지위**(realized niche)라고 한다. 종간 상호작용으로 한 종의 실제 생태적 지위는 기본 생태적 지위보다 훨씬 작게 나타난다.

생태적 지위를 차지하기 위한 종간 경쟁

고전적 연구에서 스코틀랜드의 해안에 살고 있는 따개비 2종 사이에서의 종간 경쟁을 조사하였다. 2종의 따개비 중 조무래기따개비(*Chthamalus stellatus*)는 간조 시 노출되는 얕은 물에 서식하고, 북방따개비(*Semibalamus balanoides*)는 간조 시에도 거의 노출되지 않는 조하대 부위에 서식한다(**그림 37.4**). 이러한 지역에서는 살 수 있는 공간을 얻기가 매우 어렵다. 물이 깊은 부위에서는 북방따개비가 조무래기따개비를 바위에서 떨어뜨리거나 경쟁에서 항상 앞서게 되는데, 이는 간섭 경쟁에 따른 것이다.

그러나 코넬(Joseph connell)이 그 부위에서 북방따개비를 제거했더니 조무래기 따개비가 그 부위에 살기에 생리적인 문제는 없음을 알아냈다. 이와는 대조적으로 북방따개비는 조무래기따개비가 사는 수심이 얕은 부위에서는 생존하지 못한다. 왜냐하면 북방따개비는 따뜻한 장소에서 생리적 적응을 갖지 못했기에 조무래기따개비가 이 장소를 차지하게 된다. 따라서 조무래기따개비의 기본 생태적 지위는 얕은 지역과 깊은 지역 모두이지만 깊은 지역에서는 북방따개비와의 경쟁에서 밀리므로 실제 생태적 지위는 이보다 훨씬 좁게 된다. 그와 대조적으로 북방따개비의 실제 생태적 지위와 기본 지위는 일치한다.

생태적 지위를 제한하는 다른 요인

경쟁 외의 과정도 종의 실제 생태적 지위를 제한할 수 있다. 예를 들면 **서양고추나물**(*Hypericum perforatum*)이라는 식물은 캘리포니아의 방목장에 도입된 이후 딱정벌레에 의해서 조절되기 전까지는 광범위하게 퍼져나갔다. 그러나 딱정벌레가 들어오게 되면서 이 식물의 개체군 크기는 빨리 감소하였고, 지금은 딱정벌레가 살지 못하는 그늘이 있는 장소에서만 찾아볼 수 있다. 이 경우 포식자의 존재가 식물의 실제 생태적 지위를 제한한 것이다.

어떤 경우에는 다른 종의 부재가 더 작은 실제 생태적 지위로 이끌 수 있다. 많은 북아메리카 식물들은 곤충에 의한 수분에 의존하며, 미국 농업을 위한 곤충의 수분의 가치는 1년에 90억 달러 이상으로 추정되고 있다. 하지만 수분하는 개체군들은 현재 몇 계절 동안 감소하고 쇠퇴하였다. 환경보호가들은 이 곤충들이 서식지에서 사라진다면 많은 식물 종의 실제 생태적 지위가 감소하거나 전체적으로 사라질 것을 염려하고 있다. 이러한 경우에 다른 종의 부재가 비교적 작은 실제 생태적 지위의 원인이 된다.

경쟁 배타는 제한된 자원을 두고 종들이 경쟁할 때 나타난다

러시아의 생태학자 가우스(Georgii Gause)는 1934년과 1935년에

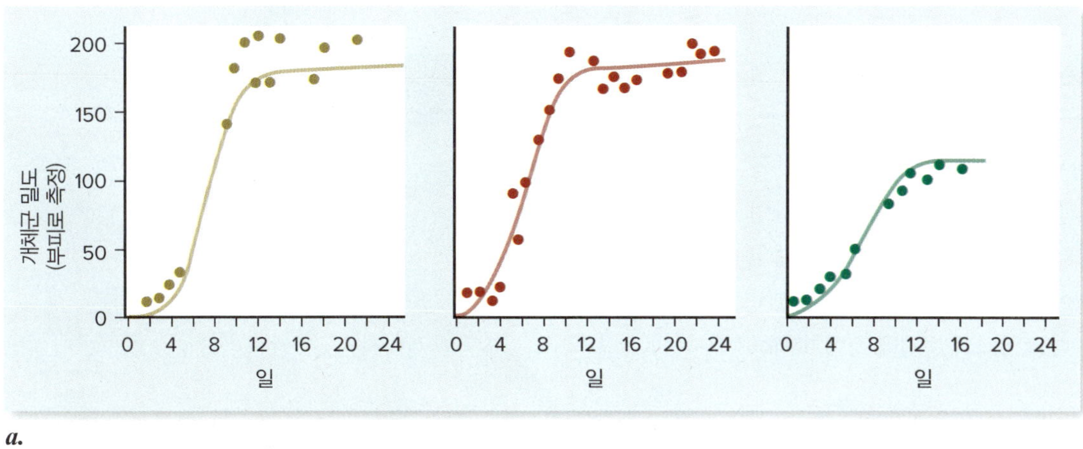

그림 37.5 **짚신벌레 3종 사이의 경쟁 배타.**
짚신벌레는 작은 원생생물을 잡아먹는 맹렬한 포식자이다. ***a.*** 짚신벌레 3종은 시험관 배양액 속에서 단독으로 있을 때 잘 자란다. ***b.*** 그러나 실제 생태적 지위가 동일한 *P. caudatum*과 *P. aurelia*를 함께 배양하면 먹이 자원 때문에 *P. caudatum*은 사라진다. ***c.*** *P. caudatum*과 *P. bursaria*는 실제 생태적 지위가 달라서 경쟁을 피할 수 있어 공존할 수 있다.

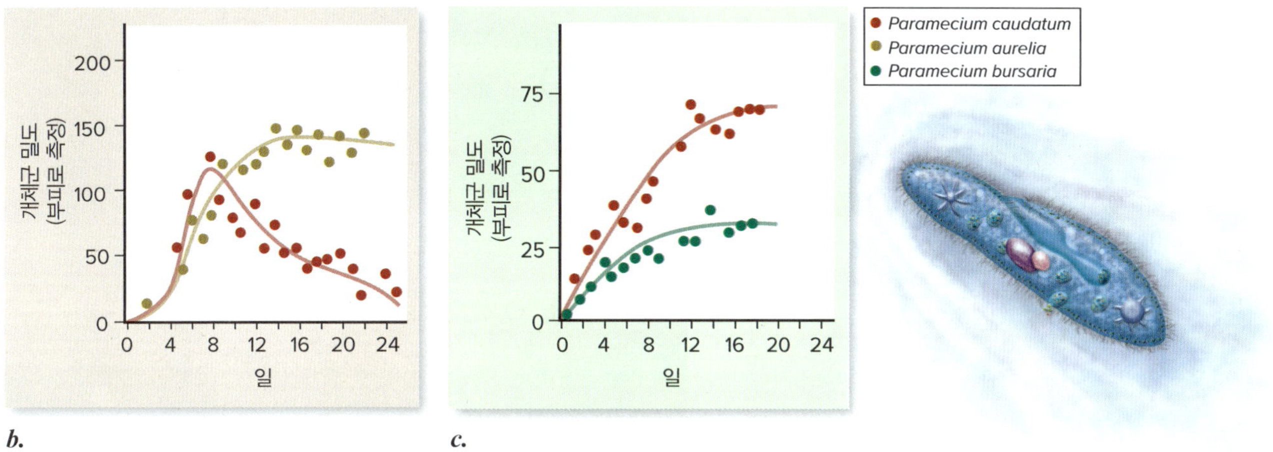

? **탐구문제** 이 그래프는 *P. caudatum*과 *P. bursaria*가 자원을 놓고 경쟁한다는 것을 의미하는가? 증거가 있다면 어떤 증거가 있는가?

3종의 짚신벌레(*Paramecium*)를 대상으로 경쟁에 대하여 연구하였다. 이 짚신벌레들은 시험관 안의 배양액 속에서 세균과 효모를 먹으며 자란다(**그림 37.5***a*). 그러나 *P. aurelia*와 *P. caudatum*을 같은 시험관에서 배양하면, 항상 *P. caudatum*은 멸종하고 *P. aurelia*만 살아남는데(**그림 37.5***b*), 그 원인은 *P. aurelia*가 경쟁자인 *P. caudatum*보다 한정된 자원을 더 잘 이용하여 6배나 더 빨리 성장하기 때문이다. 이는 소비 경쟁의 실례이다.

이러한 실험을 통해 가우스는 **경쟁 배타**(competitive exclusion)의 원리를 창안하였다. 이 원리는 만약 두 종이 한정된 자원을 두고 경쟁한다면 자원을 더 효율적으로 이용하는 종이 다른 종을 그 지역에서 제거하게 된다는 이론으로, 자원이 한정되어 있을 때는 동일한 생태적 지위를 갖는 어떤 두 종도 공존할 수 없다는 것을 보여준다.

생태적 지위의 중복과 공존

가우스는 다른 실험에서 *P. caudatum*을 제3의 종인 *P. bursaria*와 함께 배양했다. 그는 이 두 종 모두 공급이 제한된 세균을 먹기 위해 경쟁할 것이고, 그가 이전에 했던 실험에서와 마찬가지로 한 종이 이기는 결과가 나올 것으로 예측했다. 그러나 예상과는 달리 각 종은 시험관 내에서 먹이 자원을 분배하면서 살아갈 수 있었다.

종들의 공존에 대한 설명은 간단하다. 산소 농도와 세균의 밀도가 높은 시험관 위쪽에서는 세균을 먹이로 더 잘 이용하는 *P. caudatum*이 우점하지만, 산소 농도가 낮아서 효모가 번식하기에 알맞은 시험관 아래쪽에서는 효모를 먹이로 더 잘 이용하는 *P. bursaria*가 우점하였다. 두 종의 기본 생태적 지위는 시험관 전체이지만, 각각의 실제 생태적 지위는 시험관의 일부였다. 두 종은 생태적 지위가 겹치지 않기 때문에 서로 살아남을 수 있다(**그림 37.5***c*). 두 종은 경쟁자가 있을 때 자란 것보다 경쟁자 없이 생장할 때 3배나 더 높은 밀도에 도달하였다.

다듬어진 경쟁 배타 원리

가우스의 경쟁 배타의 원리는 '자원이 한정되어 있을 때 동일한 생태적 지위를 가진 두 종은 오랫동안 공존할 수 없다'로 표현할 수 있다. 그러나 분명히 어떤 종들은 같은 자원을 두고 경쟁하면서 공존할 가능성이 있거나 공존하고 있다. 이에 대해 가우스의 가설은 두 종이 오래도록 공존할 경우 자원이 한정되어 있는 것이 아니거나 그들의 생태적 지위가 한 가지 이상의 특성에서 차이를 보일 때라고 예상하고 있다. 그렇지 않을 때는 한 종이 다른 종과의 경쟁에서 이겨 다른 종은 멸종할 수밖에 없을 것이다.

경쟁은 자원을 분할한다

가우스의 경쟁 배타 원리로 매우 중요한 결론을 맺을 수 있는데, 그것은 한정된 자원에 대한 경쟁이 치열하면 한 종이 다른 종을 절멸시키거나 자연선택으로 그들 사이의 경쟁이 감소하게 된다.

생태학자 맥아더(Robert MacArthur)는 숲에서 작은 벌레를 먹고 사는 명금류인 개개비(warblers) 5종을 관찰한 결과 모두 동일한 자원을 두고 경쟁하는 것을 발견했다. 한 종은 가지 끝에서 곤충을 잡아먹고, 두 번째 종은 잎이 무성한 곳에서, 세 번째 종은 아랫부분의 가지에서, 네 번째 종은 나무의 높은 곳에서, 다섯 번째 종은 나무의 꼭대기에서 먹이를 잡는다. 따라서 각 종의 개개비는 가문비나무의 다른 부분을 활용하도록 진화했다. 그들은 서로 직접적인 경쟁을 피하기 위해 틈새 시장을 세분화했다. 이 틈새 부문을 자원 분할이라 한다.

자원 분할(resource partitioning)은 대개 같은 지리적 지역을 차지하는 유사한 종들 사이에서 나타난다. 이러한 동소종(sympatric species)들은 서식지 내 다른 구역에 살거나, 서로 다른 먹이나 다른 자원을 이용하면서 경쟁을 피한다(**그림 37.6**). 이 자원 분할 양상은 초기엔 유사했던 종들이 경쟁 압력을 줄이기 위해 자원 이용에서 분화된 자연선택 결과로 여겨진다. 이것은 18장에서 살펴본 형질 치환 과정이다. 각각의 종은 다른 종의 구성원과 경쟁할 필요가 없기 때문에 자연선택은 다른 종과 가장 다른 개체를 선호한다. 결과적으로 자연선택은 두 종 간의 차이를 유발한다.

동일한 서식지를 차지하는 두 종이 다른 서식지를 차지하는 같은 종보다 형태와 자원 이용에서 뚜렷하게 차이나는 경우가 많다. 동소종 사이에서 차이가 뚜렷하게 나타나는 **형질치환**(character displacement)은 서식지를 분할하기에 용이한 기작으로 자연선택되어 왔다고 볼 수 있고, 그 결과 경쟁이 감소된다. 핀치새 두 종은 이소적일 때 부리 크기가 서로 유사하고(**그림 37.7**), 두 종이 동소적인 섬에서는 각각의 부리 크기가 다르게 되었는데, 한 종은 큰 종자를 먹기에 적합하게, 그리고 다른 종은 작은 종자를 먹기에 적합하게 진화되었다.

그림 37.6 동소적 도마뱀류의 자원 분할.
카리브 섬에서 도마뱀류(*Anolis*종)를 조사한 결과 이들은 여러 방법으로 서식지에서 자원을 분할하는 것으로 나타났다. ***a.*** 어떤 종은 나무의 수관부를 이용하며, ***b.*** 어떤 종은 주변의 나뭇가지를 이용하고, ***c.*** 어떤 종은 나무줄기의 밑 부분을 이용하며, ***d.*** 어떤 종은 개활지의 초원을 이용한다. 두 종이 나무의 동일한 곳을 이용할 때는 서로 다른 크기의 곤충을 잡아먹으며, 용도에 따라 미소 서식지(microhabitat)를 나누어 생활한다. 예를 들면 한 종은 그늘에서만 살며, 다른 한 종은 햇빛이 비추는 곳에서만 살아간다.

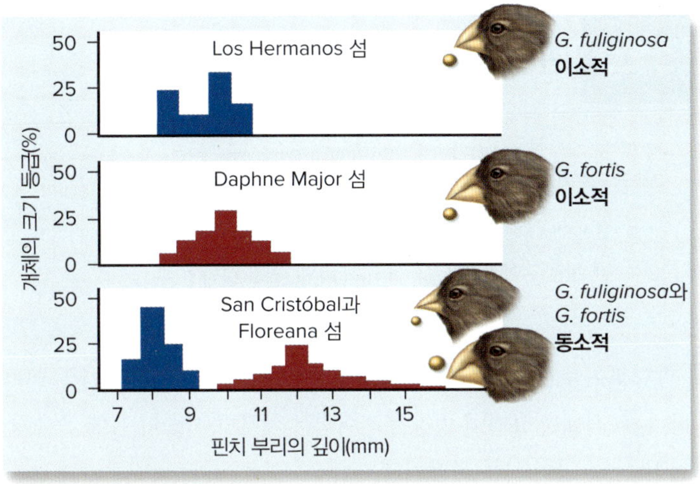

그림 37.7 **핀치새의 형질치환.**
두 종의 핀치새(*Geospiza*속)는 이소적인 곳에서는 부리의 크기가 비슷하고 동소적인 곳에서는 부리 크기에 차이를 보인다.

? 탐구문제 두 종이 동소종인 경우 왜 같은 크기의 부리를 가지는가?

이와 같은 형질치환은 적응 방산에서 중요한 역할을 할 수 있으며, 18장에서 논의된 바와 같이 새로운 종이 다른 환경에 적응하도록 유도한다.

종간 경쟁은 알아내기 어렵다

두 종이 경쟁하는지를 알아내는 것은 쉬운 일이 아니다. 두 종이 같은 자원을 이용한다해도 공급이 충분할 경우에는 경쟁 관계인지 알기 어렵다. 만약 두 종의 개체군 크기가 한 종이 큰 개체군을 갖는 곳에서 다른 종은 작은 개체군을 갖는 식으로 서로 음성적 관계를 가지고 있다면, 이들은 동일한 한정된 자원에 대하여 경쟁한다기 보다는 동일한 환경 특징에 대하여 독립적으로 반응하는 것이다. 즉, 한 종은 따뜻한 기후에서 가장 잘 자라고 다른 종은 추운 기후에서 가장 잘 자라는 것과 같다.

경쟁에 대한 실험적 연구

경쟁의 존재에 대한 가장 명확한 증거는 현장 연구를 통해 얻어진다. 두 종이 각각 단독으로 존재하거나 함께 존재하도록 실험을 설계해서 한 종의 존재가 다른 종의 개체군에 음성적 영향을 주는지를 알아볼 수 있다.

그 실례로 북아메리카의 사막에 사는 여러 가지 종자를 먹는 설치류를 들 수 있다. 연구자들은 50 m × 50 m의 사육장을 만들고 캥거루쥐(kangaroo rats)가 종자를 먹는 설치류에 주는 영향을 조사하였다. 사육장의 절반에는 캥거루쥐를 넣지 않았고, 모든 사육장의 벽에는 적당한 크기의 구멍을 뚫어 설치류들이 드나들게 했다. 이 구멍은 너무 작아서 설치류 이외의 캥거루쥐는 들어갈 수 없었다. 캥거루쥐가 없는 곳에서 다른 설치류의 수가 굉장히 증가하였기 때문에, 이 결과는 캥거루쥐가 다른 설치류와 경쟁하여 그들의 개체군 크기를 제한한다는 것을 시사한다(**그림 37.8**).

그 외의 여러 비슷한 실험으로 동식물 종들 사이에서 종간 경쟁이 일어나는 것이 발견되었다. 경쟁의 영향은 개체군 크기 외에도 행동이나 개체의 생장 속도와 같은 개체군의 생물학적 양상에서도 볼 수 있다. 가령 카리브해의 세인트 마틴(St. Maarten) 섬에 *Anolis*속의 도마뱀 2종이 서식하는데, 이 중에서 *A. gingivinus* 한 종만을 12 m × 12 m 사육장 안에 넣어두면 지상 가까이에서 보통 발견되는 *A. pogus*와 함께 넣어두는 것보다 더 빨리 자라고 더 낮은 곳에 분포하게 된다.

과학적 사고

질문: 설치류들 사이에서는 종간 경쟁이 일어날까?
가설: 큰 캥거루쥐는 다른 종에 음성적인 영향을 미칠 것이다.
실험: 사막에 큰 사육장을 짓고, 캥거루쥐를 몇몇 사육장으로부터 제거한다.
결과: 캥거루쥐가 없을 때, 다른 설치류의 수는 캥거루쥐가 있는 사육장의 것보다 많이 남아 있었고 빠르게 증가하였다.

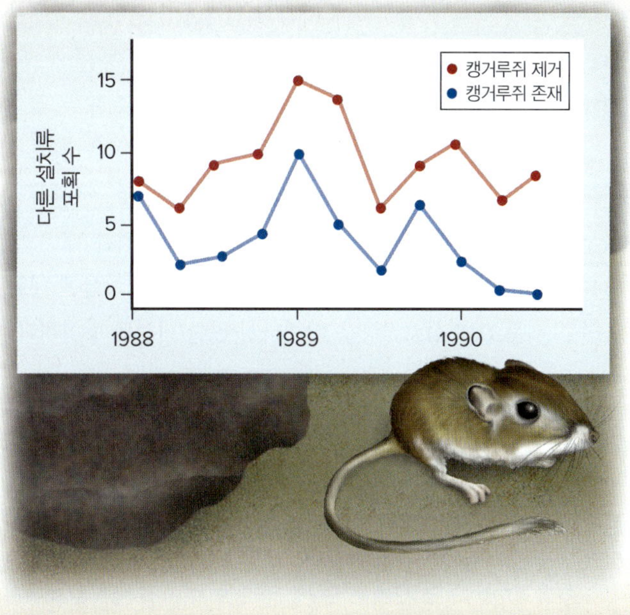

해석: 두 사육장에서 개체군 크기가 증가하거나 감소하는 이유는 무엇일까?

그림 37.8 **종간 경쟁의 탐지.**
이 실험은 캥거루쥐의 제거가 다른 설치류의 개체군 크기에 어떤 영향을 주는가를 알아보는 것이다. 캥거루쥐를 제거한 직후에 다른 설치류 수는 캥거루쥐가 존재하는 사육장보다 증가하였다. 개체군 크기는 두 경우가 동조를 이루며 변화하는데, 이는 기후의 변화를 반영하고 있는 것과 같다.

? 탐구문제 캥거루쥐를 제거했을 때, 왜 다른 설치류의 수는 증가했는가?

실험 연구의 한계

실험 연구는 공존하는 종 간의 상호작용을 이해하는 강력한 수단으로, 현재 상태학자가 일반적으로 수행한다. 그럼에도 불구하고 실험 연구에는 한계가 존재한다.

첫째, 현장 실험 결과를 해석할 때 주의해야 한다. 다른 종에 대한 한 종의 부정적인 영향이 경쟁이 있다는 것을 자동적으로 나타내지는 않는다. 예를 들면 많은 물고기가 비슷한 크기의 다른 물고기의 개체 수에 부정적인 영향을 미치지만, 이는 경쟁이 아니라 각 종의 성체가 다른 종의 새끼를 잡아먹기 때문이다.

또한, 한 종의 존재는 포식자나 기생충을 유인할 수 있으며, 이 또한 두 번째 종을 잡아먹는다. 이 경우 두 종이 경쟁하지 않더라도 첫 번째 종에 이끌려온 포식자나 기생충으로 인해 두 번째 종은 첫 번째 종의 존재하에 더 작은 개체군을 가질 것이다. 사실, 앞에서 기술한 캥거루쥐 배제 연구는 사육장이 매우 인접해 있어 모든 사육장에 동일한 포식자와 기생충이 존재해서 나타난 결과일 수 있다. 따라서 실험 연구는 한 종이 다른 종에 미치는 영향을 관찰하는 생태학적 메커니즘에 대한 상세한 조사와 결합할 때 가장 효과적이다.

둘째, 실험 연구가 항상 가능한 것은 아니다. 예를 들어, 코요테 개체 수는 회색 늑대가 감소함에 따라 지난 3세기 동안 미국에서 증가했다. 이런 경향이 종들이 경쟁한다는 표시일까? 동물의 크기와 각 개체가 차지하는 넓은 지리적 영역으로 인해, 한 종 또는 두 종만 있는 울타리 영역을 포함하는 조작 실험 및 통계 분석을 위해 여러 번 반복 실험을 하는 것은 가능하지 않다. 마찬가지로, 천천히 자라는 나무에 대한 연구는 성체 나무 간의 경쟁을 감지하는 데 수 세기가 필요할 수 있다. 이런 경우 각 종의 생태학적 요구 사항에 대한 자세한 연구는 종 간의 상호작용을 이해하기 위한 최선의 방법이다.

핵심 요약 37.2

생태적 지위는 종이 환경 자원을 사용하는 모든 방법의 총체이다. 기본 생태적 지위는 개입 요인이 없는 경우 종이 사용할 수 있는 전체 지위이다. 실제 생태적 지위는 안정적인 집단을 형성할 수 있는 실제 환경 조건의 총합이다. 종간 상호 작용은 종의 일부 자원 사용을 제한하기 때문에 실제 생태적 지위는 일반적으로 기본 생태적 지위보다 작다. 자원 분할을 통해 2개의 동소종이 생태적 지위를 점유할 수 있으므로 경쟁이 줄어든다.

- 어떤 상황에서 동일한 생태적 지위를 가진 두 종이 무기한 공존할 수 있을까?

37.3 포식-피식의 상호관계

학습 목표

1. 포식에 대해 정의할 수 있다.
2. 한 개체군이 가지는 포식의 효과에 대해 설명할 수 있다.

포식(predation)은 어떤 생물이 다른 생물을 소비하는 것을 의미하며, 포식에는 표범이 영양을 잡아먹는 것부터 사슴이 봄에 풀을 뜯어 먹는 것 등이 모두 포함된다.

짚신벌레(*Paramecium*)를 잡아먹는 포식자 디디늄(*Didinium*)을 실험실 조건에 놓아두면 피식자인 짚신벌레를 모두 잡아먹고 나서 먹을 것이 없게 되면 자신도 죽고 만다(**그림 37.9**). 그러나 짚신벌레를 위한 은신처를 제공하게 되면 낮은 수치이지만 멸종하지는 않는다. 낮은 수의 짚신벌레 개체군으로 인해 이를 먹이로 삼는 디디늄 포식자 개체군이 감소하는데, 이러한 일이 발생하면 피식자 개체군은 복구될 수 있다.

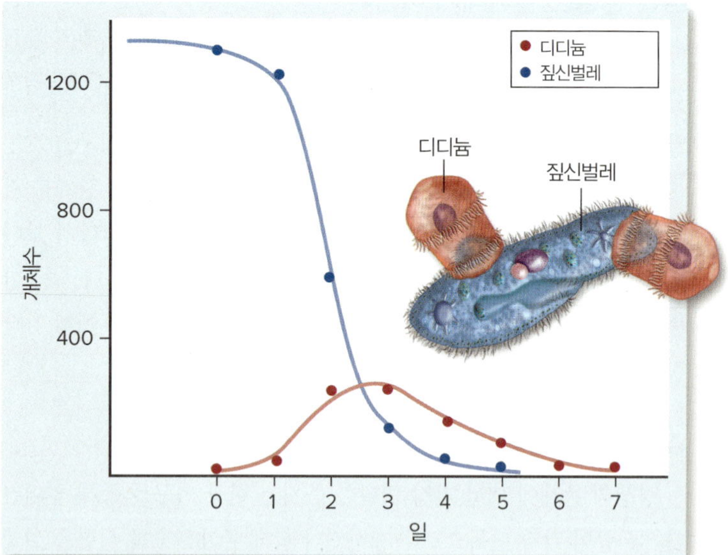

그림 37.9 시험관 안의 포식자와 피식자.
짚신벌레 개체군이 들어있는 시험관에 디디늄을 넣으면 처음에 디디늄은 증가하고 짚신벌레는 계속적으로 감소한다. 그러나 짚신벌레 개체군이 사라지고 나면 디디늄 개체군도 사라진다.

? 탐구문제 위 실험에서 짚신벌레 개체군의 멸종을 막으려면 어떻게 해야 할까?

포식은 피식자 개체군에 큰 영향을 미친다

자연계에서 포식자는 대개 피식자 개체군에 큰 영향을 준다. 그러나 앞의 예에서와 같이 상호작용은 2가지 방향으로 나타난다. 피식은 포식 개체군의 역동성에 영향을 미치게 되며, 이러한 상호작용의 결과는 복잡하고 다양한 요인에 따라 달라진다.

피식자 개체군의 급격한 증가와 절멸

포식자와 피식자의 상호관계에 있어 가장 극적인 예는 사람이 포식자를 한 지역에 넣어주거나 제거할 때 나타난다. 예를 들면 미국 동부에서 대형 육식동물을 제거했을 때, 흰꼬리사슴(white-tailed deer) 개체군이 폭발적으로 증가해 식생이 파괴된 적이 있다. 그와 유사하게 미국 서해안에서 해달이 멸종 수준으로 감소되었을 때, 성게 개체군이 폭발적으로 증가하였다.

그와 반대로 전 세계의 많은 섬들에 쥐, 개, 고양이가 유입되면, 토종 동물상의 파괴가 일어나는 것이 알려져 있다. 그 실례로 갈라파고스 군도의 여러 섬에 쥐, 개, 고양이를 유입시키자 거북이가 멸종 위기에 처하게 되었다. 이들이 거북의 알과 어린 새끼들을 잡아먹었기 때문이었다. 유사하게 뉴질랜드에서는 몇몇 종의 새들과 양서류가 쥐에 의해서 그 수가 감소되고 있다. 뉴질랜드 근처에 있는 스태펜(Stephens) 섬에서는 굴뚝새가 등대를 지키던 고양이 한 마리에 의해 멸종되었다.

포식의 역할에 대한 고전적인 예로는 19세기 호주의 프리클리페어 선인장(prickly pear cactus)을 들 수 있다. 포식자의 부재로 선인장은 급격하게 확산되었고, 1925년에 12만 km^2의 방목장은 빠져나갈 수 없을 정도의 가시로 인해 목장 운영이 힘들어졌다. 선인장의 개체수를 조절하기 위해, 1926년에 아르헨티나의 자연 서식지로부터 포식자인 나방(*Cactoblastis cactorum*)이 도입되었다. 1940년부터 선인장 개체군은 크게 줄었으며, 현재는 작은 개체군으로 유지되고 있다.

포식과 공진화

포식은 피식자 개체군에 강한 선택압(selective pressure)을 가하며, 잡힐 가능성을 줄여주는 형질은 강하게 선택된다. 이러한 형질의 선택은 포식자 개체군의 적응을 불러일으킨다. 이와 같은 방식으로 방어 효율을 높이는 자연선택과 포식 효율을 높이는 자연선택이 함께 **공진화**(coevolution)된다. 무기 경쟁(arms race)은 포식자와 피식자들이 지속적으로 보다 나은 방어와 이러한 방어를 피하는 좋은 공격 수단을 지속적으로 진화시키면서 공진화하게 된다.

식물의 적응은 초식동물에 대한 방어이다

식물은 초식동물로부터 자신을 방어하기 위한 여러 가지 기작을 진화시켜 왔다. 그중 가장 뚜렷한 것은 가시나 바늘 모양의 돌기 등과 같은 형태적 방어이다. 분비샘, 끈적끈적한 말단부 등을 가진 식물의 털은 초식 곤충의 접근을 막는다. 잔디 같은 식물들은 잎에 규소를 침적시켜 먹기에 너무 질기게 만듦으로써 스스로를 보호한다.

화학적 방어

형태적 적응만큼 중요한 것은 화학적 방어인데, 식물에서 널리 발생되는 화학적 방어는 훨씬 더 광범위하다. 식물은 초식동물과 싸우기 위해 놀라운 화학적 적응을 나타낸다. 그 실례로 최근의 연구에서 애벌레에 의해 공격당한 야생 담배 식물은 공기 중으로 특정 화학물질을 방출하는데, 이 물질이 애벌레를 먹이로 하는 곤충 종들을 불러들여 애벌레들을 공격하게 한다는 사실이 밝혀졌다.

초식동물에 저항하기 위한 식물의 화학적 방어로 가장 잘 알려져 있고, 중요한 것은 **2차 화합물**(secondary chemical compound)이다. 이는 주요 대사과정의 구성 요소인 1차 화합물(primary compound)과 구별된다. 많은 식물과 조류는 구조적으로 다양한 2차 화합물을 포함하고 있으며, 이것들은 대부분의 초식동물들에게 독성을 가지거나 곤충 유충의 정상적인 성장을 방해한다. 결과적으로 대부분의 초식동물들은 이러한 화합물을 가진 식물들을 피하는 경향이 있다.

배추과 식물(Brassicaceae)은 겨자기름(mustard oils)이라는 화학물질을 만드는데, 이 물질은 겨자, 양배추, 무, 양고추냉이 등과 같은 식물의 자극성 향과 맛을 낸다. 사람들이 즐기는 이 맛은 많은 곤충들에게는 독이 있는 화학물질의 존재를 알리는 신호가 된다. 그와 유사하게 박주가리과와 협죽도과 식물은 유액을 만들어내는데, 이 유액에는 독성이 있어서 초식동물들이 먹는 것을 막는다. 또한 이 식물들에는 척추동물의 심장에 유독한 영향을 끼치는 강심성 배당체(cardiac glycoside)가 들어있다.

공진화하는 초식동물들

일부 초식동물들은 특정 종류의 2차 화합물로 보호받는 식물군에서 산다. 이러한 초식동물들은 특정 식물을 아무 탈 없이 먹을 수 있어서 이 식물들을 독점적인 먹이원으로 이용한다.

예를 들어, 배추흰나비의 유충은 겨자기름을 함유하는 식물들을 독점적으로 먹을 수 있다(**그림 37.10**). 그와 유사하게 왕나비의 유충은 박주가리나 개정향풀 등을 먹는다. 이 동물들이 어떻게 식물의 화학적 방어를 피할 수 있으며, 그러한 전문화된 형태의 진화적 전구체와 생태학적 결과는 무엇인가?

a.

b.

그림 37.10 초식 곤충과 숙주.
a. 배추흰나비(*Pieris rapae*)의 초록색 애벌레는 은폐색을 가진다. 식물은 겨자기름으로 초식동물에 대항하지만 이 애벌레는 겨자기름을 분해할 수 있다. *b.* 배추흰나비 성체.

우리는 이러한 특정 형태의 진화에 대한 잠재적인 설명을 제공할 수 있다. 겨자기름을 생산하는 능력이 서양풍조목과 겨자과의 조상에서 진화한 후, 식물은 그 지역의 다른 식물을 먹고 있던 대부분의 또는 모든 초식동물로부터 한동안 보호받았다. 어느 시점에서 특정 곤충 그룹(예, 양배추나비)은 겨자기름을 분해하여 자신을 해치지 않으면서 이런 식물을 먹는 능력을 진화시켰다. 이러한 새로운 기능을 획득한 나비들은 다른 초식동물과 경쟁하지 않고도 새로운 자원을 사용할 수 있었다. 18장에서 보았듯이, 활용도가 낮은 자원에 노출되면 종종 진화적 다양화와 적응방산이 나타난다.

a. b.

그림 37.11 파랑어치(blue jay)는 왕나비에 독이 있다는 것을 학습한다.
a. 왕나비를 먹어본 경험이 없는 파랑어치는 왕나비를 먹는다. *b.* 왕나비를 먹은 지 몇 분이 지나면 토한다. 이러한 경험을 한 새는 다시는 주황색과 검정색을 띠는 곤충을 잡아먹으려 하지 않을 것이다.

동물의 적응은 포식자를 방어한다

2차 화합물이 풍부한 식물을 먹고 사는 동물은 다른 이익을 얻는다. 예를 들면, 왕나비 유충은 박주가리를 먹은 후 이 식물의 초식동물 방어 물질인 강심성 배당체를 분해하지 않고 이를 지방체에 농축시켜 저장한다. 유충 단계에서 축적된 이 물질은 번데기를 거쳐 성체는 물론 다음 세대의 알에게까지 전달되기 때문에 포식자로부터 보호될 수 있다.

강심성 배당체의 합체는 포식자로부터 모든 발생 단계의 왕나비를 보호해 준다. 새가 왕나비를 먹으면 곧 토하게 되며, 이런 경험을 갖게 된 새는 왕나비의 특징인 주황색과 검정색의 무늬를 가진 모든 곤충을 피하게 되는 것이다(**그림 37.11**). 어떤 종의 새는 보호하는 화학물질을 참아내는 능력이 있도록 진화하기도 한다. 이들은 왕나비를 먹는다.

화학적 방어

동물들은 방어를 위해 여러 가지 자극적 물질들을 사용한다. 벌, 말벌, 육식성 노린재류, 전갈, 거미 등의 절지동물은 자신을 방어하고 먹이를 죽이기 위해 화학물질을 사용한다. 해양 무척추동물, 개구리, 뱀, 도마뱀, 어류 등의 척추동물에서도 여러 가지 화학적 방어방법이 진화해왔다.

독을 뿜는 열대 개구리는 피부가 밝은색을 띠며, 피부 점막에는 알칼로이드(alkaloids) 독소가 들어있다(**그림 37.12**). 이 알칼로이드 독소는 개구리를 먹으려 하는 동물들에게는 혐오스럽고 치명적인 것이다. 또한 이 독소는 매우 유독하여 소량을 주사해도 사람이 죽을

그림 37.12 척추동물의 화학적 방어.
중남부 아메리카의 삼림에 많이 서식하는 독개구리과(Dendrobatidae)의 개구리는 척추동물에게 매우 유독하다. 이 개구리류는 화려한 색으로 자신이 유독하다는 사실을 알린다. 포식자는 본능과 학습으로 이러한 화려한 색깔의 개구리류를 먹지않는다.

그림 37.13 은폐색과 형태.
이 자벌레(*Menophra abruptaria*)의 유충은 나뭇가지와 구별하기 힘들다.

수 있다. 200종 이상의 알칼로이드가 이러한 개구리에서 추출되었고, 일부는 신경근 연구에 중요하게 이용되고 있다. 그와 유사하게 해양동물, 독성 있는 파충류, 조류, 현화식물들로부터 암이나 다른 질병의 치료를 위한 새로운 약물의 발견 혹은 항생물질로의 이용을 위한 연구가 진행 중이다.

보호색

박주가리를 먹는 곤충들은 대개 생태학적 전략인 밝은 경고색(warning coloration)을 띠어 독이 있음을 나타낸다.

선명한 체색은 포식자에게 독과 침이 있음을 알리는 동물의 일반적인 특징이며, 화학적 방어전략이 없는 동물은 화려한 색을 띠지 않는다. 이들은 은폐색(cryptic coloration)을 이용하여 주위 환경과 조화를 일으켜서 포식자로부터 몸을 숨긴다(**그림 37.13**, **그림 37.10** 참조). 은폐색을 가진 동물들은 대개 무리지어 살지 않는다. 이는 한 개체가 발견되면 다른 개체의 존재를 알리는 단서가 될 수 있기 때문이다.

의태를 통해 한 종은 다른 종의 방어전략을 활용할 수 있다

진화과정 동안 많은 종들은 혐오스러움을 나타내는 경고색과 닮은 것을 가지게 된다. 의태(mimic)는 혐오스러운 모델을 닮음으로써 이점을 얻게 되는데, 의태에는 베이츠 의태(Batesian mimicry)와 뮐러 의태(Müllerian mimicry)가 있다.

베이츠 의태

베이츠 의태(Batesian mimicry)는 1857년에 이를 기록한 영국의 박물학자 베이츠(Henry Bates)의 이름에서 유래한 명칭이다. 그는 남아메리카의 아마존 지역을 탐사했는데, 새에게 맛이 있는 곤충이 밝은 체색을 가진 맛이 나쁜 종을 닮아 있다는 것에 주목하였다.

이들 곤충의 포식자는 먹이를 찾기 위해 시각적 신호를 사용해야 한다. 그렇지 않으면 유사한 색상 형태는 잠재적 포식자에게 중요하지 않다. 베이츠 의태가 후각과 같은 비시각적 단서를 포함할 수 있음을 나타내는 증거 역시 늘어나고 있다.

베이츠 의태의 모델이 되는 나비들은 그 애벌레가 한 종류 혹은 몇 안되는 식물군을 먹는다. 그들이 먹는 식물군은 독성 화학물질에 의해 강력하게 보호된다. 모델 나비는 이 식물의 독성 분자를 몸에 통합한다. 반대로 의태 나비는 유충의 먹이 습관이 그렇게 제한되지 않는 그룹에 속한다. 이 나비의 유충들은 독성 화학물질에 의해 보호되지 않는 여러 다른 식물군을 먹는다. 의태에 관한 연구는 산호랑나비(tiger swallowtail, *Papilio glaucus*)에서 잘 연구되었는데, 이는 미국 동부에서 캐나다에 이르기까지 널리 분포하는 북미 나비의 한 종이다(**그림 37.14***a*). 독성이 있는 미국호랑나비(pipevine swallowtail, *Battus philenor*)가 발견되는 곳에서 암컷 산호랑나비는 다형성이며 1가지 색채 형태를 갖는데, 미국호랑나비와 매우 비슷하다.

a. 베이츠 의태

b. 뮐러 의태

그림 37.14 의태.
a. 베이츠 의태. 미국호랑나비는 유충 시기에 먹이로 먹은 식물에서 강심성 배당체를 얻어 몸에 축적시켜 포식자로부터 몸을 보호한다. 미국호랑나비는 자신이 유독함을 알리는 경고색을 나타낸다. 산호랑나비는 미국호랑나비의 베이츠 의태종이다. ***b.*** 뮐러 의태. *Heliconius erato*와 *H. melpomene* 그리고 *H. sapho*와 *H. cydno*는 동소종이다. 이 나비류는 모두 맛이 나쁘다. 이들 동소종들은 유사한 체색 양상을 진화시켜 포식을 최소화한다. 즉, 포식자는 한 종만 경험하여도 비슷한 모든 종을 회피하는 학습을 하게 된다.

산호랑나비의 유충은 튤립, 사시나무 체리 등 다양한 나무를 먹는데 새는 유충과 성충 모두를 싫어한다. 흥미롭게도 베이츠 의태는 유충에서는 보이지 않는다. 미국호랑나비 유충이 화려한 경고색을 띠는 데 비해 산호랑나비 유충은 새의 배설물처럼 잎에 은폐되어 있다.

뮐러 의태

다른 종류의 의태로 **뮐러 의태**(Müllerian mimicry)가 있다. 뮐러 의태는 독일의 생물학자 뮐러(Fritz Müller)의 이름에서 딴 명칭으로, 뮐러는 이런 종류의 의태를 1878년에 처음 보고하였다. 뮐러 의태에서는 모델 동물과 서로 유연관계가 없는 몇 종의 동물들이 서로 유사하게 닮는다(**그림 37.14***b*). 비슷한게 닮은 이들이 모두 독이 있거나 위험하다면 포식자가 이를 회피하는 학습을 신속히 하므로 서로 이익을 얻는다. 어떤 포식자 집단은 선천적으로 이러한 종들을 회피하도록 진화가 일어나며 위험한 먹이들 다수가 비슷할수록 더 빨리 일어난다.

베이츠 의태나 뮐러 의태에서 의태종과 모델은 모양뿐만 아니라 행동도 유사해야 한다. 가령 말벌과 유사한 여러 가지 곤충들은 행동도 말벌처럼 이리저리 활발하게 날아다닌다.

핵심 요약 37.3

포식은 한 생물체가 다른 생물체에 의해 소비되는 것이다. 포식자가 많으면 먹이 개체군을 멸종시킬 수 있다. 반대로 포식자가 없으면 먹이 개체군이 폭발하여 자원을 고갈시키는 경우가 많다. 먹이 종은 맛이 없거나 유독하거나, 또는 방어적인 구조나 외부 형태와 같은 방어적 적응으로 진화할 수 있다.

- 유독하지 않은 주홍색 왕뱀은 유독한 동부 산호뱀과 비슷한 붉은색, 검은색, 노란색 띠를 가지고 있다. 이들이 보이는 의태는 어떤 것일까?

37.4 개체군 사이의 상호작용

학습 목표

1. 공생의 유형들에 대해 설명할 수 있다.
2. 상리공생 개체들 사이에 일어나는 공진화 방법에 대해 설명할 수 있다.
3. 하나의 생태적 과정의 발생이 다른 생태적 과정에 어떻게 동시에 영향을 미치는지에 대해 설명할 수 있다.

군집을 이루어 함께 사는 식물, 동물, 원생생물, 균류, 그리고 원핵생물들은 수백만 년 이상 계속 변화하고 서로 적응해 왔다. 예를 들어, 많은 현화식물의 특징은 동물에 의한 식물의 배우자 산포와 관계를 맺고 진화해 왔다(**그림 37.15**). 동물들도 마찬가지로 그들이 찾는 꽃으로부터 먹이나 다른 자원을 효율적으로 얻을 수 있는 특징을 진화시켜 왔다.

공생에는 장기적인 상호작용이 포함된다

공생(symbiosis)은 공진화의 한 유형으로, 둘 이상의 생물이 상호작용하면서 거의 영구적인 관계를 갖게 되는 경우를 일컫는다.

지의류(lichens)는 공생의 대표적인 예로, 균류(fungi)가 녹조류(green algae)나 남세균(cyanobacteria)과 연합하여 공생하고 있는 경우이다. 식물의 뿌리와 균류와의 연합인 균근(mycorrhizae)도 공생의 예이다. 균류는 식물의 특정 영양분의 흡수를 돕고, 식물은 균류에게 탄수화물을 제공한다. 이와 비슷하게 콩과 식물의 뿌리에 공생하여 대기 중의 질소를 고정하는 뿌리혹박테리아(root nodules)는 숙주식물이 공기 중의 질소를 이용할 수 있게 해준다. 열대 지방에서는 잎사귀개미가 너무 많아서 1년에 특정 지역의 식물 전체 잎의 1/4

그림 37.15 박쥐에 의한 수분.
여러 가지 꽃들은 화분을 옮겨주는 다른 종들과 공진화하였다. 곤충 이외에 새, 박쥐, 주머니쥐, 도마뱀 등이 일부 식물 종들의 수분매개자 역할을 한다.

이상을 없애 버린다. 그들은 이 잎을 직접 먹지 않는다. 오히려 그들은 잎을 지하 둥지로 가져가 씹은 후 특정 균류의 포자를 접종한다. 이 곰팡이는 개미에 의해 키워지고 특별히 준비된 한 장소에서 다른 장소로 옮겨져 자라며 증식한다. 그 다음에 곰팡이는 개미와 애벌레의 주요 먹이가 된다. 잎사귀개미와 이 균류의 관계는 공생의 훌륭한 예이다. DNA를 사용한 최근의 계통발생 연구와 분자 시계 추정(19장 참조)은 이러한 공생관계가 아마도 5천만 년 전에 유래했음을 시사한다.

공생의 유형은 (1) 두 종 모두 이익을 얻는 **상리공생**(mutualism), (2) 한 쪽은 이익을 얻으나 상대방은 해를 입는 **기생**(parasitism), (3) 한 종은 이익을 얻으나 상대 종은 이익이나 해가 없는 **편리공생**(commensalism)으로 구분된다.

그림 37.16 개미와 아카시아나무의 상리공생.
*Pseudomyrmex*속의 개미는 라틴아메리카 아카시아나무의 속이 빈 가시 속에서 산다. 잎의 기부에 생기는 화밀과 소엽 끝의 벨트체는 개미의 먹이가 된다. 개미는 그 대신 아카시아나무에 유기물 영양을 제공하고 다른 초식동물의 접근을 막아주며, 다른 식물이 햇빛을 가리지 않게 해준다.

상리공생은 두 종 모두에게 이익이다

상리공생(mutualism)은 종 사이의 공생관계에서 두 종 모두 이익을 얻는 것으로, 생물군집의 구조를 결정하는 데 중요한 역할을 한다.

상리공생과 공진화

상리공생의 대부분 사례들은 현화식물과 이 식물을 찾는 동물 사이에 발생하는데, 거기에는 곤충과 새, 심지어 박쥐도 포함된다. 현화식물의 진화 과정에서 꽃의 특징은 꽃 화분매개자의 특징과 연계하여 진화한다. 동시에 특정 종류의 꽃에서 음식이나 기타 물질을 얻는 것이 전문화되면서 동물의 형질도 변화하였다.

상리공생의 다른 사례는 개미와 진딧물에서 찾을 수 있다. 진딧물은 살아 있는 식물체의 체관부로부터 체액을 취하는 작은 곤충이다. 그들은 일정량의 설탕 및 다른 양분을 체액으로부터 취하는데, 많은 양을 그들의 항문을 통하여 배출한다. 어떤 개미는 이들 분비물을 취하는데, 이로 인해 진딧물을 보호하게 된다.

개미와 아카시아나무

개미와 아카시아속 식물의 한 종 사이에서 대표적인 상리공생 관계를 볼 수 있다. 이 아카시아나무는 탁엽(stipule)이라는 잎의 일부가 쌍을 이룬 가시로 변형되어 있다. *Pseudomyrmex*속의 침개미는 이 가시만을 서식처로 이용한다(**그림 37.16**). 식물의 다른 가시처럼 아카시아의 가시도 초식동물을 물리치는 데 이용된다.

아카시아의 소엽 끝에는 벨트체(Beltian body)라는 단백질이 풍부한 부위가 있다. 벨트체라는 이름은 19세기 후반의 영국 자연학자 토마스 벨트(Thomas Belt)의 이름을 따서 붙여졌다. 벨트체는 개미의 주요 먹이원이 되며(개미의 1차적 먹이로서 제공됨), 개미가 살지 않는 아카시아 종에서는 나타나지 않는다. 이에 더하여 이 식물은 잎의 기부 근처의 샘에서 화밀을 분비한다. 개미들은 이 화밀도 먹으며, 이 화밀과 벨트체를 유충에게 먹인다.

개미와 유충은 부푼가시 안에서 보호받고, 당이 풍부한 화밀과 단백질이 풍부한 벨트체를 얻는다. 그렇다면 식물은 얻는 것은 무엇일까?

초식동물이 개미가 사는 아카시아의 가지나 잎에 내려앉으면 개미는 즉시 초식동물을 공격한다. 개미는 숙주식물이 다른 식물과 경쟁하는 것을 돕는다. 또한 개미는 심지어는 저지대의 중앙아메리카의 열대우림에서도, 다른 식물의 가지를 잘라서 아카시아가 자랄 수 있게 햇빛이 들어오는 공간을 만들어준다. 실제로 아카시아나무에서 개미 집단을 제거하면 숲에서 아카시아나무는 다른 식물과 경쟁에서 살아남지 못한다. 개미는 둥지에 유기물을 운반해 오는데, 개미가 먹고 남은 이 유기물과 배설물은 아카시아나무의 훌륭한 질소원이 된다.

상리공생이 아닐 수도 있는 상리공생

아프리카에서도 개미와 아카시아의 상리공생이 발견된다. 케냐에는 여러 종의 아카시아 개미가 있으며, 하나의 나무에는 한 종의 개미만 서식한다. 그중 한 종인 *crematogaster nigriceps*는 다른 두 종과의 경쟁에서 열세인데, 이 종은 다른 종의 개미가 침입하는 것을 막기 위해 다른 나무의 가지와 접촉할 수 있는 아카시아의 가지를 잘라서 침입자가 건너오지 못하게 한다. 이 행동은 개미에게는 이익을 주지만 나무에게는 해를 입힌다. 꽃이 생산될 조직을 파괴해 나무의 생식을 방해하기 때문이다. 이 경우는 원래 상리공생의 관계로 시작된 진화가 기생의 관계로 변형된 것이라고 볼 수 있다.

그림 37.17 외부 기생.
노란색 덩굴인 현화식물 새삼은 진화 과정에서 잎과 엽록체를 잃어버린 기생식물이다. 새삼은 숙주식물로부터 영양분을 얻어서 자란다.

기생은 다른 종의 희생으로 이익을 얻는다

기생(parasitism)은 피식자에게는 해롭고, 기생생물에게는 이익이 있는 경우를 일컫는다. 많은 경우에 기생충은 숙주를 죽이기 때문에 기생의 생태적 효과는 포식과 유사하다고 볼 수 있다.

외부 기생

한 생물의 표면에서 기생하는 기생자를 외부 기생생물(ectoparasite)이라고 한다(**그림 37.17**). 외부 기생은 동물과 식물에서 모두 잘 알려져 있다. **포식 기생충**(parasitoid)은 살아 있는 숙주에 알을 낳는 곤충이다. 포식기생은 말벌(wasps)에서 흔하며, 말벌의 유충은 숙주의 몸을 먹고 자라며 종종 죽이기도 한다.

내부 기생

동물의 몸속에서 기생하는 동물은 **내부 기생생물**(endoparasite)이다. 내부 기생은 일반적으로 외부 기생보다 더 특수화된 양상을 보인다. 기생생물과 숙주의 생활이 밀접히 연관되어 있을수록 기생생물은 형태적으로나 행동적으로 더 많은 변이를 일으키며 진화하는 것으로 여겨진다. 생물의 몸속은 외부보다 훨씬 안정된 환경을 유지하는데, 그 결과 내부 기생자의 몸은 보통 단순화되어 있어 불필요한 구조가 소실되어 있다.

기생충과 숙주의 행동

많은 기생충은 한 가지 이상의 숙주를 거쳐야 성장하고 생식할 수 있는 복잡한 생활주기를 가진다. 최근에 기생충이 숙주의 행동을 변화시켜 다음 숙주로의 이동을 쉽게 한다는 사실이 밝혀졌다. 예를 들어, 여러 기생충은 숙주가 포식자에게 먹히기 쉽도록 만들고 숙주가 이 포식자에게 먹히면 포식자를 감염한다.

그림 37.18 기생충에 의한 숙주 행동의 조절.
기생충이 중간 숙주인 개미의 뇌로 들어가면, 이 개미는 풀의 끝으로 기어 올라가서 풀을 뜯는 초식동물에 쉽사리 먹히므로 기생충이 곤충에서 포유류의 몸으로 들어가게 된다.

가장 유명한 예의 하나가 기생성 편충류(*Dicrocoelium dendriticum*)인데, 이 기생충은 개미를 중간 숙주로 삼으며, 소나 사슴과 같은 대형 초식동물을 최종 숙주로 삼는다. 정상적으로는 소가 개미를 먹지는 않기 때문에 기생충이 개미에서 소로 전달되기는 어렵다. 그러나 이 편충류는 특별한 적응 능력을 진화시켰다. 개미가 이 편충류에 감염되면, 편충류 중 하나가 개미의 뇌로 들어가서 초식동물이 풀을 뜯는 해가 질 무렵에 식물의 꼭대기로 올라가 아래턱으로 풀잎에 몸을 고정하도록 한다(**그림 37.18**). 그 결과 개미는 풀과 함께 먹히고 이 초식동물은 감염된다.

편리공생은 한 종은 이익을 얻으나 다른 종은 이익도 해도 없다

편리공생(commensalism)은 한 종은 이익을 얻으나 상대방 종은 이익도 해도 없다. 자연계에서는 가끔 한 종이 다른 종에 달라붙는 경우를 볼 수 있다. 예를 들면, 착생식물(epiphytes)은 다른 식물의 가지에 부착하여 자란다. 이 경우 숙주식물은 해가 없는 반면, 착생식물은 이익을 얻는다. 그 실례로 스페인 이끼는 미국 남부지방에 있는 나무에 붙어 산다. 이 식물과 다른 속(파인애플과)의 식물들은 햇

그림 37.19 편리공생의 예.
스페인 이끼(*Tillandsia usneoides*)는 나무를 기질로써 이용하여 이익을 얻지만 나무에는 보통 긍정적 영향도 부정적인 영향도 주지 않는다.

그림 37.20 편리공생, 상리공생 혹은 기생?
이 새는 초식동물의 몸에 붙은 기생충을 쪼아 먹기 때문에 상리공생 관계라고 볼 수 있다. 그러나 이 새는 때로는 숙주의 피부에 생긴 딱지까지 쪼아 먹어서 피가 나오게 하므로 기생관계라고 볼 수도 있다. 만약 숙주가 기생충이나 새에 의해 해를 입지 않는다면, 이 새와 초식동물의 관계는 편리공생이라고 할 수 있다.

빛을 받기 위해 나무에 붙어 자라지만 나무에 해를 입히지는 않는다(**그림 37.19**).

그와 유사하게 따개비와 같은 해양동물들은 고래와 같은 동물에 의해 다른 장소로 운반된다. 이러한 것을 "승객(passenger)"이라고 하며, 이들은 한 장소에 정착되는 것보다 움직이는 동물에 부착하여 살 때 포식자로부터 더 많이 보호를 받고 새로운 먹이원에 도달하기 쉬워진다. 숙주의 이동으로 얻게 되는 물의 순환의 증가는 특히 승객이 여과섭식자일 때 매우 중요한 의미를 가지는데, 만약 기생종의 개체가 크게 증가하지 않는 한 숙주종은 여기에 영향을 받지 않는다.

편리공생이 아닐 수 있는 편리공생

가장 잘 알려진 편리공생의 예 중의 하나는 이번 장 첫 페이지 사진에 나오는 소형 열대어류(흰동가리)와 말미잘의 관계이다. 말미잘에 접근하는 다른 어류는 말미잘의 촉수가 쏘는 공격을 받지만 이 소형 어류는 촉수 사이에서 살 수 있도록 진화했다. 흰동가리는 말미잘이 먹다 남은 먹이 부스러기를 먹으며, 이러한 놀라운 환경에서도 다치지 않고 살아간다.

육상에서는 소나 영양 등의 초식동물과 이들의 몸에 앉는 새 사이에서 편리공생을 볼 수 있다(**그림 37.20**). 이 새들은 숙주의 몸에 있는 기생충이나 다른 곤충을 쪼아 먹으면서 산다.

공생의 경우, 숙주가 이익을 얻는지 또는 아무런 이익이 없는지를 알아내기 어려워 편리공생과 상리공생의 구분이 모호한 경우가 많다. 말미잘은 그 촉수의 먹이가 제거됨으로써 이익을 얻을 수 있는데, 이를 통해 다른 먹이원을 용이하게 붙잡을 수 있기 때문이다. 그와 유사하게 방목지 포유류와 이삭을 먹는 조류 사이에 편리공생적 관계가 성립된다고 생각하지만, 이는 실제로는 상리공생의 한 예이다. 포유류는 새들로 하여금 기생충과 다른 곤충들을 몸에서 제거하게 함으로써 이익을 얻게 된다. 그리고 조류는 안정적인 먹이원을 얻음으로써 이익을 얻게 된다.

편리공생은 쉽게 기생으로 변할 수 있다. 소등쪼기새(oxpecker)는 기생충을 먹는 것뿐만 아니라 숙주의 상처에 생긴 딱지를 떼어내기도 한다. 상처 딱지를 떼어내면 새들은 상처로부터 흘러나오는 피를 마신다. 경우에 따라 가뭄기간 동안과 같이 조건이 좋지 않을 때, 집요한 공격으로 인한 누적 효과는 초식동물을 약하게 만들 수도 있다.

생태적 과정은 상호작용의 효과를 가진다

지금까지 종들 사이의 상호관계에 대해 살펴보았다. 하지만 자연계에서는 보통 한 가지 이상의 상호작용들이 동시에 나타난다. 많은 경우 다른 상호작용이 작용할 경우 한 가지 상호작용은 수정되거나 거꾸로 작용하기도 한다.

경쟁을 줄이는 포식

자원이 제한될 때 우세한 경쟁자는 다른 종을 군집에서 제거하게 된다. 그러나 포식자는 경쟁종들의 개체수를 감소시켜 이와 같은 경쟁 배타를 막거나 크게 약화시킬 수 있다.

하나의 군집내에서 포식자는 한 종 이상의 동식물을 먹고 산다. 이때 포식자의 먹이선택은 부분적으로 피식자의 상대적인 수에 따라 달라진다. A종이 흔할 때 포식자는 A종을 먹고 살지만, A종이 희귀

과학적 사고

질문: 포식이 종간 경쟁에 영향을 미칠까?

가설: 포식자가 없다면, 피식자 개체군은 먹이원이 고갈될 때까지 증가할 것이다. 그리고 몇몇의 종들은 서로 배타적으로 경쟁하게 될 것이다.

실험: 포식자인 불가사리(*Pisaster ochraceus*)를 제거하고, 피식자 개체군을 계속 모니터링한다.

결과: 불가사리가 없을 때, 홍합 개체군은 폭발적으로 증가하였고 공간이 점유되면서 군집 내의 많은 종들이 제거되었다.

해석: 불가사리를 다시 실험 장소에 투입하면 어떤 일이 일어날까?

그림 37.21 포식이 경쟁을 감소시킨다.
a. 워싱턴대학의 페인(Robert Paine)이 수행한 실험에서 연안생태계의 주요 포식자인 불가사리(*Pisaster*)를 제거하였다. ***b.*** 그 결과 홍합이 폭발적으로 생장을 일으켜 7종의 토착종을 몰아내는 결과가 나타났다.

해지면 B종을 먹고 살게 된다. 그와 유사하게 주어진 피식종은 더 풍부하게 증가하는 종의 초기 먹이원이 될 것이다. 그 결과 우세 경쟁종이 다른 경쟁종보다 압도적으로 많아지지는 않게 된다.

이러한 양상은 해양의 조간대 군집에서 흔히 특징적으로 나타난다. 그 예로 불가사리는 2매패류를 선택적으로 포식함으로써 2매패류가 이 서식지에서 독점적으로 되지 못하게 한다(**그림 37.21**). 이때 불가사리를 제거하면 종 다양성은 급격하게 떨어지고 소수의 2매패류가 해저 군집에서 우점하게 된다.

포식은 자연군집내 경쟁을 줄이므로 늑대나 퓨마와 같은 포식자를 인위적으로 제거하려는 것은 잘못된 일이다. 이로 인해 군집내 생물의 다양성이 감소될 수 있다.

경쟁에 대비되는 기생

기생생물(parasites)은 동소종들에게 차별적으로 영향을 주어 종간 상호작용 결과에 영향을 준다. 한 고전적 실험은 바구미 두 종 *Tribolium castaneum*과 *T. confusum*을 대상으로 이들의 세포내 기생충과의 상호작용을 연구하였다. 기생충이 없을 때 *T. castaneum*이 우점하고 *T. confusum*은 소멸된다. 그러나 기생충이 있으면 반대로 *T. castaneum*이 소멸된다.

이와 유사한 기생충의 영향은 여러 종에서 발견되고 있다. 예를 들어, 37.2절에서 언급한 카리브해의 세인트 마틴 섬에서 *Anolis*속의 도마뱀류에서 경쟁적으로 열세인 종은 사람의 말라리아 질병과도 관련이 있는 도마뱀 말라리아에 저항성이 있으나 다른 종은 약하다. 그래서 도마뱀 말라리아 기생충이 있는 곳에서는 두 종이 공존할 수 있지만 다른 곳에서는 우세종이 열세종을 제거한다.

간접 효과

한 종이 다른 종과 직접적인 상호작용을 하지는 않지만 제3의 종과의 상호작용을 통하여 간접적으로 영향을 주는 경우도 있는데, 이러한 영향을 간접 효과(indirect effect)라고 한다.

예를 들어, 앞에서 언급한 사막의 설치류는 종자를 먹는데, 이 군집의 개미들도 종자를 먹기 때문에 양자는 경쟁할 것으로 예측할 수 있다. 그러나 사육장에서 설치류를 모두 제거하고 다시 돌아가지 못하게 하면, 개미 개체군은 처음에는 증가하다가 나중에는 감소한다(**그림 37.22**).

초기의 증가는 경쟁자 제거에 대한 예상되는 결과였다. 그렇다면 왜 반전이 되었을까? 답은 자연 생태계의 복잡성이다. 설치류는 큰 씨앗을 선호하는 반면 개미는 작은 씨앗을 선호한다. 또한 이 생태계

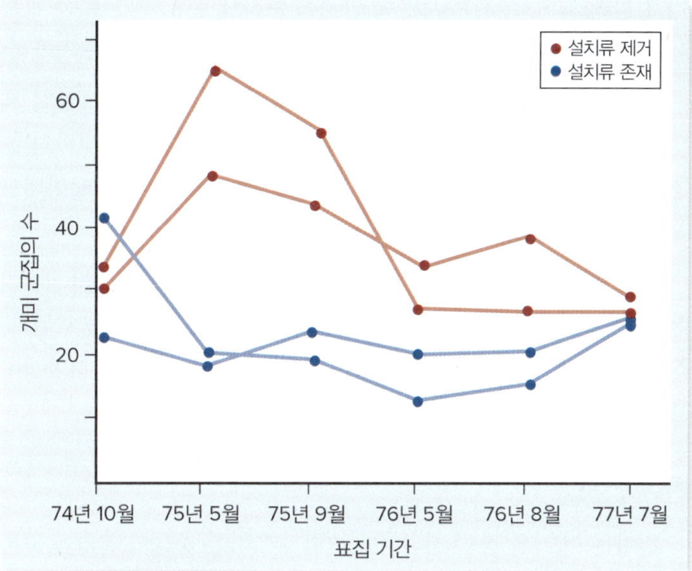

a.

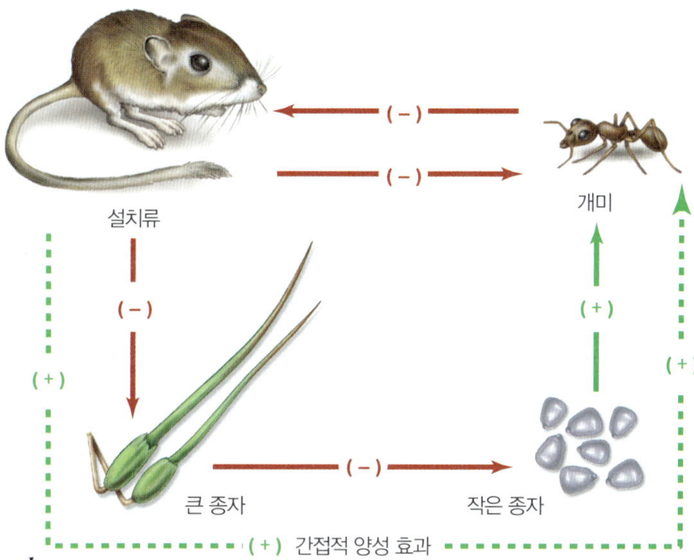

b.

그림 37.22 생태 군집에서 직접적인 영향과 간접적인 영향.
a. 설치류가 제거된 사육장의 개미는 대조군 사육장의 개미와 비교해 볼 때 처음에는 개체군이 증가하다가 나중에는 감소하였다. *b.* 설치류와 개미는 둘 다 종자를 먹기 때문에 설치류는 개미에게 영향을 줄 수 있고 또한 개미도 설치류에게 영향을 줄 수 있다. 설치류는 크기가 큰 종자에게 영향을 미치며, 대형 종자를 맺는 식물의 수는 개미가 먹는 작은 종자를 맺는 식물에 영향을 미치게 된다. 따라서 설치류의 섭식은 작은 종자의 수를 증가시키게 되며, 이는 개미 개체군에 도움을 주는 영향이 된다. 결과적으로 설치류의 존재가 간접적으로 개미 개체군에 도움이 되는 영향을 주게 된다.

자료 분석 (*b*)의 순서도를 바탕으로 설치류를 제거할 때, 개미 군집이 먼저 증가한 후 감소하는 이유가 무엇인지 설명하시오.

탐구문제 식물의 경쟁이 설치류가 개미에게 미치는 긍정적인 영향을 매개한다는 가설을 어떻게 실험하겠는가?

그림 37.23 핵심종의 예.
비버는 댐을 만들어서 연못의 흐름을 바꾸어서 다양한 식물과 동물종들을 위한 새로운 서식지를 만든다.

에서는 종자가 큰 식물이 종자가 작은 식물에 비해 경쟁력이 우수하다. 따라서 설치류를 제거하면 씨앗이 큰 식물의 수가 증가하여 개미가 먹을 수 있는 작은 씨앗의 수가 감소하기에 개미의 개체수도 감소한다. 요약하면, 설치류가 개미에 미치는 영향은 복잡한 것으로 자원 경쟁으로 직접적이고 음성적인 부정적인 효과를 일으키기도 하고, 식물과의 경쟁을 통해 간접적이면서 긍정적인 효과를 일으키기도 한다.

핵심종은 군집에 중요한 영향을 미친다

군집의 구성에 특별히 강한 영향을 주는 종을 **핵심종**(keystone species)이라고 한다. 불가사리와 같은 포식자는 한 종의 피식자가 독점하지 못하도록 하여 군집내 종 다양성을 유지시키는 핵심종의 역할을 한다.

여러 가지 다양한 종류의 핵심종이 있다. 몇몇 종들은 새로운 서식지를 만드는 방법으로 환경을 변화시킬 수 있다. 예를 들어, 비버는 흐르는 하천을 작은 저수지로 바꾸어 물의 흐름과 범람 지역을 바꾼다(**그림 37.23**). 마찬가지로 악어는 호수 바닥에 깊은 구멍을 뚫는다. 가뭄 시기에 이 구멍은 물이 남아 있는 유일한 지역이기 때문에 가뭄이 끝나고 호수가 다시 물로 채워질 때까지 수생생물이 멸종하지 않고 지속될 수 있다.

핵심 요약 37.4

공생의 유형에는 두 종이 모두 이익을 얻는 상리공생, 한쪽은 이익을 얻고 다른 쪽은 중립적으로 영향을 받는 편리공생, 다른 하나를 희생시키면서 이익을 얻는 기생이 포함된다. 상리공생 관계인 종들은 꽃의 모양과 이를 먹고 수분시키는 동물의 특징과의 관계처럼 상호간에 공진화가 일어난다. 생태적 상호작용은 군집 내의 많은 과정에 영향을 미치는데, 예를 들어 포식과 기생은 자원 경쟁을 약화시킨다.

■ 포식자의 존재가 피식자의 개체군에 어떻게 긍정적인 영향을 미칠 수 있을까?

37.5 생태적 천이, 교란, 종풍부도

학습 목표

1. 천이를 정의하고, 1차 천이와 2차 천이를 구별할 수 있다.
2. 초기 이입자들이 다른 종들의 출현에 어떻게 영향을 미치는지에 대해 서술할수 있다.
3. 교란이 종 풍부도에 어떻게 양성적이거나 음성적인 영향을 미치는지에 대해 설명할 수 있다.

한 지역의 기후가 계속 일정해도 군집은 점점 복잡해져 가는데, 이 과정을 **천이**(succession)라고 한다. 이 과정은 증가하는 종에 의해 빈터나 나무가 없는 곳이 천천히 채워지는 과정을 일컫는다.

천이는 종 구성에 변화를 준다

삼림이 벌채된 후 그대로 두면 식물은 점차 그 지역을 메워간다. 기존의 군집이 교란되었으나 토양이 남아 있는 지역에서 나타나는 이와 같은 천이를 **2차 천이**(secondary succession)라고 한다.

그에 비해 **1차 천이**(primary succession)는 바위나 생물이 없는 불모지 또는 개빙구역 등 생물체가 조금씩 그 지역으로 이동하여 그 자체의 성질이 변화되는 곳에서 시작된다. 1차 천이는 빙하의 퇴조, 해양에서 솟아오른 화산섬 등에서 시작된다(**그림 37.24**).

이전에 빙하가 있었던 지역은 1차 천이의 예가 될 수 있다(**그림 37.24**). 토양의 pH는 바위 속의 탄산염 때문에 염기성이고 질소 농도는 낮다. 이러한 조건에서 자랄 수 있는 최초의 식물은 지의류이다. 지의류(lichens)는 산을 분비하여 암석을 부수고 pH를 낮추며, 토양 입자가 생기게 만든다. 그 후 새로 생긴 토양에 이끼(mosses)가 자라게 되며, 이끼는 토양에 양분을 축적시켜서 오리나무속 관목들이 자랄 수 있는 조건을 만들어준다. 대기 중의 질소를 고정할 수 있는 공생 세균을 가지는 오리나무류는 100여 년이 지나는 동안 토양에 질소를 농축하고, 낙엽의 분해로 토양의 pH는 더욱 낮아진다. 결국 가문비나무가 자라면서 그늘을 만들고 오리나무류를 몰아내고 울창한 가문비나무숲을 이루게 된다.

이와 유사한 예로 영양물질이 부족한 **빈영양호**(oligotrophic lake)는 점차 유기물이 축적되면서 **부영양호**(eutrophic lake)로 변화된다. 이러한 변화와 함께 군집의 구성도 변하는데, 처음에는 종 다양성이 증가하다가 나중에는 감소한다.

천이의 원인

천이는 어느 한 종이 서식지를 변화시켜 다른 종들이 살기에 좋은 상태를 만들기 때문에 일어난다. 천이 과정에는 다음과 같은 동적 개념이 있다.

1. **정착**(establishment): 초기의 천이는 특징적으로 불모지에서 견딜 수 있는 비생물적 조건에 내성이 있는 *r*-선택을 하는 잡초 식물이 생육한다(*r*-선택종 및 *K*-선택종, 36장 참조).
2. **촉진**(facilitation): 잡초가 많은 초기 천이 단계는 잡초가 적은 다른 종을 선호하는 서식지의 지역적 변화를 도입한다. 따라서 빙하 천이에서의 이끼의 질소는 오리나무가 잘 자랄 수 있도록 한다(**그림 37.24**). 유사하게, 오리나무에 의해 생성된 질소의 축적은 가문비나무 정착에 필요하지는 않지만 곤충의 공격에 더 잘 저항할 수 있는 더 튼튼한 가문비나무 숲을 유도한다.
3. **억제**(inhibition): 때로는 한 종에 의한 서식지의 변화가 다른 종을 선호하면서 변화를 일으킨 원래 종의 성장을 억제하기도 한다. 예를 들어, 오리나무는 산성 토양에서 이를 대체하는 가문비나무와 솔송나무만큼 잘 자라지 않는다.

천이과정을 통하여 환경이 더 우호적으로 되므로 종의 수는 증가한다. 그러나 어떤 경우에는 생태계가 성숙하면서 *r*-선택종(*r*-selection species)에서 *K*-선택종(*K*-selection species)으로 대치되고, 우세 경쟁자가 다른 종을 밀어내어 종 다양성을 감소시키기도 한다.

동물 군집의 천이

천이가 진행되면서 한 군집의 동물의 종도 변화한다. 이는 식생이 변화하고 종마다 요구하는 서식지의 종류가 다르기 때문에 생긴다.

한 가지 뚜렷한 예는 인도네시아의 크라카타우(Krakatau) 섬에서 볼 수 있는데, 이 섬은 1883년에 화산 폭발로 생물상이 완전히 파괴

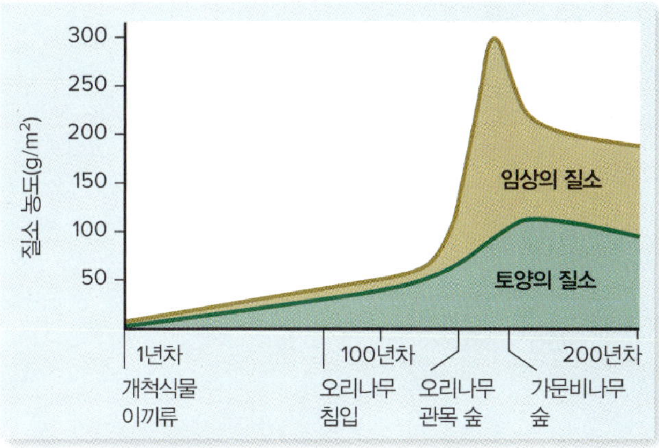

a.

그림 37.24 알래스카의 글래시어 베이(Glacier Bay) 공원의 1차 천이. *a.* 초기에 알래스카 빙하의 빙퇴석에는 토양 질소가 거의 없다. *b.* 이처럼 노출된 토양에 처음 진입하는 개척자는 질소를 고정하는 공생성 미생물을 가지는 이끼(지의류 등)이다. *c.* 20년 이내 에 어린 오리나무 관목들이 정착하면서 질소고정이 급격하게 이루어진다. 그리고 곧 울창한 오리나무 관목 숲을 이룬다. *d.* 가문비나무가 성숙한 오리나무들을 몰아내고 숲을 이루게 된다.

b.

c.

d.

되었다. 폭발 후 화산재뿐이었으나 그 후 식생이 유입되고 빠른 천이가 시작되었다. 폭발 후 이듬해에 소수의 풀이 나타났고, 15년이 지나지 않아 해안 식생이 형성되었으며, 안쪽은 조밀한 초원을 이루었다. 1930년에는 섬 전체가 숲으로 덮히게 되었다(**그림 37.25**).

크라카타우의 동물상은 식생과 함께 변화하였다. 폭발 9개월 후 발견된 동물은 거미 한 마리뿐이었으나, 1908년에는 3일 동안의 조사로 200종의 동물이 발견되었다. 대부분의 경우 최초의 동물은 초지에 사는 동물들이었지만 나무가 자리를 잡으면서 얼룩말비둘기와 긴꼬리까치(포식성 조류의 일종)와 같은 초기 개척자들 중 일부가 사라지고 과일박쥐 및 과일을 먹는 새와 같은 숲에 서식하는 종으로 대

a.

b.

그림 37.25 화산 폭발 후의 천이. 1883년 크라카타우 섬의 화산 폭발로 섬의 모든 생명체가 전멸하였다. *a.* 이 사진은 그 후에 다시 일어난 소형 폭발을 찍은 것이다. *b.* 크라카타우 섬에는 다시 숲이 생기고 동물이 서식하게 되었다.

체되었다.

동물종의 천이는 식생의 천이에 의해 일어났지만 동물 군집의 구성 변화가 역으로 식물의 출현에도 영향을 주었다. 특히, 동물에 의해 퍼지는 식물종들은 그들의 수분 매개자가 정착할 때까지 크라카타우 섬에 분포할 수 없었다. 예를 들어, 과일박쥐는 크라카타우 섬을 점령하는 속도가 느려서 박쥐를 통해 수분을 전달하는 식물종은 거의 없었다.

교란은 군집 구조에서 중요한 역할을 한다

전통적으로 많은 생태학자들은 생물군집은 평형(equilibrium) 상태에 있어 사람이나 자연에 의해 교란되어도 신속히 원래의 상태로 복귀한다고 생각해 왔다. 이러한 안정성은 대개 종간 경쟁 과정 때문이라고 여겨졌다.

최근에 이러한 생각은 재고되고 있으며, 과학자들은 기후 변화(climate changes), 종의 침입(species invasions), 교란(disturbance) 등으로 군집은 계속 변한다고 인식하게 되었다. 그 결과 많은 생태학자들은 안정보다는 변화를 강조하는 비평형(nonequilibrium) 모델을 중요시하게 되었다. 특히 군집 구조의 결정에 대한 교란의 역할에 대한 연구가 집중되고 있다.

교란은 광범위하거나 국지적일 수 있다. 산림의 화재나 가뭄, 홍수 등과 같은 심각한 교란은 넓은 지역에 영향을 준다. 동물도 심한 교란을 일으킬 수 있다. 매미나방은 나뭇잎을 모두 먹어서 산림을 황폐화시킬 수 있다. 규제되지 않은 사슴 개체군은 폭발적으로 성장할 수 있으며, 과도하게 방목된 사슴들은 산림을 파괴시킬수 있다. 반면 국지적 교란은 나무가 넘어지거나, 동물이 땅을 파서 구멍을 만들고 식물을 뿌리째 뽑히게 하는 것과 같이 작은 지역에만 영향을 미칠 수 있다.

중간교란 가설

교란이 한 지역의 종 다양성을 높이는 경우도 있다. **중간교란 가설**(intermediate disturbance hypothesis)에 의하면 적당한 수준의 교란을 받은 군집은 교란이 거의 없거나 많은 군집보다 종 다양성이 높아진다는 것이다.

이러한 양상을 일으키는 요인은 2가지로 나타나는데, 첫째로 적당한 교란을 받은 군집에서는 여러 가지 천이 단계의 서식지가 존재하기 때문에 종의 다양성이 높아진다. 전체 지역 내에서 모든 범위의 종이 있기 때문에 종 다양성이 높다. 예를 들면, 가끔씩 발생하는 간헐적인 교란의 패턴은 다른 종의 침입을 허용하여 열대우림에서 간격(gaps)을 제공한다(**그림 37.26**). 결국 거주하는 종의 간격은 천이과정을 통해 진행될 것이다. 한 나무는 다른 나무로 교체되고, 지붕처럼 우거진 나무가 다시 간격을 점유할 때까지 우점하지만 산림에서 연령의 차이가 다양하면 다양한 다른 종들이 공존할 것이다.

그림 37.26 중간교란.
파나마 열대우림 안의 쓰러진 나무 하나가 작은 공간을 만들었다. 이 공간은 우림에 높은 종 다양성을 유지하는 데 중요한 역할을 한다. 이 경우 숲의 빽빽한 나뭇가지 사이에서 햇빛을 좋아하는 식물이 발아할 수 있게 되기 때문이다.

둘째로 적당한 수준의 교란은 군집이 천이의 최종 단계에 도달하는 것을 막아서 소수의 우점종이 다른 종을 밀어내는 것을 막아주게 된다. 그러나 과도한 교란은 군집이 계속 초기 천이 단계에 머물게 해서 종의 다양성이 낮게 유지된다.

생태학자들은 많은 군집들에서 교란이 예외적인 것이 아니라 일반적이라는 것을 점점 더 깨닫고 있다. 결과적으로 군집은 예측 가능한 최종 상태 또는 "절정"에 이르는 연속적인 궤적을 따라 거침없이 움직이고, 군집은 다른 생물종을 더 이상 폭넓게 수용하지 않는다. 오히려 군집이 종종 연속적인 변화에 대응하기 때문에 미래의 군집 상태를 예측하는 것이 어려울 수 있다. 군집의 구조화에서 교란이 하는 역할을 이해하는 것은 현재적 관점의 생태학에서 중요한 영역이다.

핵심 요약 37.5

군집은 천이라는 시간의 경과를 통해 변한다. 1차 천이는 생명이 없는 황무지에서 발생한다. 2차 천이는 기존의 군집이 방해받은 곳에서 발생한다. 초기에 정착한 종은 다른 종들이 정착할 수 있는 방식으로 환경을 변화시키고 새로 도입된 종들은 이미 존재하는 종에 부정적인 영향을 미칠 수 있다.

- 군집의 관점에서 볼 때 숲을 개간하는 것이 개별 나무를 선별적으로 수확하는 것보다 더 좋을까? 좋다면 그 이유는 무엇일까?

핵심 개념 요약

37.1 군집: 함께 사는 종

군집은 주어진 생태적 지위를 차지하는 다양한 종의 그룹을 말한다.

■ 군집은 공간과 시간에 따라 변한다

종은 일반적으로 환경 조건에 독립적으로 반응하며 군집 구성은 공간과 시간에 따라 점진적으로 변한다. 하지만 조건이 빠르게 변하는 위치에서의 종 구성은 가까운 곳에서도 크게 변한다.

37.2 생태적 지위

■ 기본 생태적 지위는 잠재적이며 실제 생태적 지위는 현실적이다

생태적 지위는 종이 환경 자원을 사용하는 모든 방법의 총합이다. 기본 생태적 지위는 간섭없이 어떤 종이 사용할 수 있는 전체적인 지위이다. 실제 생태적 지위는 안정적인 집단을 형성 할 수 있는 실제의 환경 조건이다. 일부 자원에 대한 생물 종의 사용이 종간 상호 작용에 의해 제한되기 때문에 실제 생태적 지위는 대개 기본 생태적 지위보다 더 작다.

■ 경쟁 배타는 제한된 자원을 두고 종들이 경쟁할 때 나타난다

경쟁 배타의 원리는 자원이 제한적이라면 두 종이 동시에 같은 생태적 지위를 차지할 수 없다는 것으로, 오히려 한 종은 제거 된다는 것이다.

■ 경쟁은 자원을 분할한다

서로 다른 자원(분할)을 사용함으로써 동소종은 서로 경쟁하는 것을 피할 수 있고 실제 생태적 지위를 축소하여 공존할 수 있다.

■ 종간 경쟁은 알아내기 어렵다

실험을 통해 종들이 경쟁한다는 가설을 검증할 수 있지만 실제적인 한계가 있다. 종의 생태에 대한 자세한 지식은 실험 결과와 가능한 상호작용을 평가하는데 중요하다.

37.3 포식-피식의 상호관계

■ 포식은 피식자 개체군에 큰 영향을 마친다

포식은 한 생물체가 다른 생물체에 의해 소비되는 것을 말하는 것으로, 한 동물이 다른 동물을 먹이로 하는 것뿐만 아니라 동물이 식물을 먹는 것도 해당된다. 먹이종은 포식되는 것을 막기 위해 자연선택을 통해 적응해왔다. 반대로 포식자는 대항 적응을 진화시켜, 결국에는 진화론적인 "군비 경쟁"으로 이어진다.

■ 식물의 적응은 초식동물에 대한 방어이다

식물은 초식동물로부터 회피하기 위해 2차 화합물을 생산한다. 때때로 초식동물은 화합물을 섭취하는 능력을 진화시키고 자신의 방어를 위해 사용한다.

■ 동물의 적응은 포식자를 방어한다

동물의 적응에는 화학 방어 및 경고색 또는 은폐색과 같은 방어색이 포함된다.

■ 의태를 통해 한 종은 다른 종의 방어전략을 활용할 수 있다

베이츠 의태에서 무독성 종은 유독한 종과 유사한 경고색을 나타낸다. 한편, 뮐러 의태에서는 모두 독성이 있는 두 종이 유사한 경고색으로 진화하는 것을 말한다.

37.4 개체군 사이의 상호작용

■ 공생에는 장기적인 상호작용이 포함된다

많은 공생관계의 종들은 공진화하였으며 영구적인 관계를 가진다.

■ 상리공생은 두 종 모두에게 이익이다

아카시아 나무와 개미의 공생에서 나무는 개미에게 양분과 서식지를 제공하고, 개미는 초식동물로부터 나무를 보호한다.

■ 기생은 다른 종의 희생으로 이익을 얻는다

많은 생물체는 기생 방식의 생활을 가지고 있으며, 하나 이상의 숙주종 내부에 서식해 그 결과 상처나 손상 또는 질병을 유발한다.

■ 편리공생은 한 종은 이익을 얻으나 다른 종은 이익도 해도 없다

편리공생 관계의 예로는 큰 식물에서 자라는 착생식물과 바다 동물에서 자라는 따개비가 있다.

■ 생태적 과정은 상호작용의 효과를 가진다

많은 과정들이 동시에 발생할 수 있기 때문에 종은 직접적인 상호작용뿐만 아니라 군집 내 다른 종에 대해 영향을 미칠 수 있다.

■ 핵심종은 군집에 중요한 영향을 미친다

핵심종은 종 간의 경쟁을 줄이거나 새로운 서식지를 만들기 위해 환경을 변경하여 보다 다양한 군집을 유지시키는 종이다.

37.5 생태적 천이, 교란, 종풍부도

■ 천이는 종 구성에 변화를 준다

1차 천이는 생물이 없는 불모의 환경에서 시작되는 반면에, 2차 천이는 화재, 또는 기타의 사건으로 인해 기존 군집이 파괴된 후에 발생한다.

■ 교란은 군집 구조에서 중요한 역할을 한다

군집의 구성은 천이를 "재설정"하는 지역 및 전체적인 교란의 결과로서 변한다. 이러한 교란의 중간 수준은 2가지 방법으로 종풍부도를 극대화할 수 있다. 교란은 서로 다른 종을 품고 있는 서로 다른 서식지 조각들의 집합을 만들고 경쟁적으로 우월한 소수의 종만이 지배할 수 있는 천이의 마지막 단계에 도달하지 못하도록 한다.

연습문제

1단계: 이해력 확인하기

1. 생태 군집에 서식하는 종이 시 · 공간적으로 독립적으로 변화한다고 주장하는 연구에서 의미하는 것으로 옳은 것은?
   a. 생태 군집의 개별적 개념을 지지한다.
   b. 생태 군집의 총체적 개념을 지지한다.
   c. 종 상호작용은 군집에서 종들이 공존하는 단 하나의 결정요인을 제안한다.
   d . a, b, c 모두 옳지 않다.
2. 만약 두 종이 자원을 무한히 공유하고 실제 생태적 지위가 매우 유사하다면, 어떻게 될까?
   a. 두 종은 공존할 것이다.
   b. 두 종은 멸종할 것이다.
   c. 제한된 자원을 가장 능률적으로 사용하는 종은 다른 종이 멸종하도록 만든다.
   d. 두 종은 다른 종보다 더 유사해질 것이다.
3. 포식자와 피식자 간의 공진화의 개념에 따르면, 피식자 종이 포식자에 대항하여 방어법을 진화시킬 때, 이후에 진행되는 과정은?
   a. 포식자는 멸종될 것이 기대된다.
   b. 피식자 집단은 증가한다.
   c. 포식자 집단은 증가할 것이다.
   d. 포식자는 자연선택에 의해 진화할 것이다.
4. 포식으로부터 보호하는 종의 효과인 의태는 반드시, 무엇을 포함해야 하는가?
   a. 맛있는 종의 경우에는 맛 없는 종처럼 보인다.
   b. 은폐색을 가진다.
   c. 보고 따라서 행동한다.
   d. 오직 독이 있거나 위험한 종에게만 발생한다.
5. 편리공생의 예로 적절한 것은?
   a. 숙주의 위장에 사는 촌충
   b. 바다 말미잘의 촉수 사이에 사는 흰동가리
   c. 아카시아나무와 아카시아개미
   d. 꽃으로부터 꿀을 얻는 벌
6. 군집의 구성에 영향을 주는 종은 무엇이라고 하는가?
   a. 포식자　　b. 1차 천이종
   c. 2차 천이종　　d. 핵심종
7. 포식자가 서로 경쟁하는 종에서 상위의 경쟁자를 우선적으로 먹을 때, 일어나는 것은?
   a. 하위의 경쟁자는 멸종할 것이다.
   b. 상위 경쟁자는 계속될 것이다.
   c. 경쟁종의 공존은 더욱 지속될 것이다.
   d. a, b, c 모두 옳지 않다.
8. 서식지의 1차 천이를 일으키는 첫 번째 개척종의 특징으로 옳은 것은?
   a. 보통 사나운 경쟁자들이다.
   b. 그들의 서식지를 변함없이 유지하려 하고 지속된다.
   c. 다른 종의 침입을 선호하는 방식으로 그들의 서식지를 바꾸려 할 것이다.
   d. 반드시 2차 천이에 성공할 것이다.

2단계: 적용력 평가하기

1. 기본 생태적 지위보다 작은 종의 실제 생태적 지위의 원인은 무엇인가?
   a. 포식　　b. 경쟁
   c. 기생　　d. a, b, c 모두 맞다.
2. 포식종의 존재로 인해 나타나는 현상으로 옳은 것은?
   a. 항상 피식종의 멸종을 가져온다.
   b. 포식종과 경쟁하는 종에는 해로운 효과를 가짐으로써 먹이종에게는 긍정적 영향을 미칠 수 있다.
   c. 마지막 단계의 천이에 도달하는 것을 나타내는 것이다.
   d. a, b, c 모두 옳지 않다.
3. 동소종에 의한 자원 분할에 대한 설명으로 옳은 것은?
   a. 항상 종들이 동일한 생태적 지위를 가질 때 발생한다.
   b. 포식자가 존재하면 발생하지 않을 수도 있다.
   c. 기본 생태적 지위와 실제 생태적 지위가 같은 결과이다.
   d. 육식동물보다 초식동물에서 더 흔하다.
4. 기생이 포식과 다른 이유는 무엇인가?
   a. 기생은 숙주종에서 기생충의 방어적응을 위한 선택을 유도하지 않는다.
   b. 기생자와 숙주종은 진화적 "군비경쟁"을 결코 하지 않는다.
   c. 기생하는 종들은 숙주종에 강력한 영향을 주지 않기 때문이다.
   d. a, b, c 모두 옳지 않다.
5. 한 군집에서 한 종(A)의 존재가 다른 종(B)에서 이익이 될 수 있는 경우는 다음 중 어느 것인가?
   a. 편리공생의 관계가 둘 사이에 존재한다.
   b. 첫 번째 종(A)은 두 번째 종(B)의 포식자를 잡아먹는다.
   c. 첫 번째 종(A)은 두 번째 종(B)에 의해 먹히는 종과 경쟁하는 종을 잡아먹는다.
   d. a, b, c 모두 옳다.

■3단계: 사고력 함양하기

1. 경쟁은 전통적으로 한 종이 다른 종에 미치는 영향을 의미한다. 다소 크거나 수명이 길어 실험적 방법으로 접근하기에 어려운 생물체에 대한 경쟁의 영향을 연구하는 대안적 방법은 무엇인가?
2. **그림 37.9**를 보자. 만약 단일 피식종인 짚신벌레가 포식자의 선호도에 따라 여러 종으로 대체된다면, 그 시스템의 역학관계를 어떻게 예측할 수 있겠는가? 즉, 시스템이 소멸될 것으로 보는가?
3. **그림 37.22**에서 설명된 실험에서 설치류의 제거에 따른 개미 군체수의 증가 이후의 감소현상을 설명하는 또 다른 가설이 있는가? 만약 그렇다면, **그림 37.22**에 가정된 기작을 어떻게 시험할 수 있겠는가?
4. **그림 37.7**을 보자. 갈라파고스 군도에서 두 종의 핀치의 부리 크기 분포 유형을 검토하시오. 이 유형으로부터 도출될 수 있는 하나의 가설은 형질치환인데, 다른 가설이 있는가? 그리고 그것을 어떻게 검증할 수 있겠는가?
5. 어떤 종이 통합된 전체 군집으로서 기능을 수행하는 반면 같은 지역의 다른 종은 더 개별적인 행동을 한다는 것이 가능한가? 만약 그렇다면 어떤 요인들이 특정 종의 기능을 결정한다고 할 수 있겠는가?

38

동적 생태계

도입

지구는 물질에 대해 상대적으로 폐쇄된 시스템이지만 에너지 면에서는 개방된 체계이다. 왜냐하면 지구는 태양으로부터 에너지를 받고 적외선 형태로 열에너지를 안정적으로 우주로 내보내기 때문이다. 생태계의 생물들은 물질의 순환에 연계하여 에너지를 획득하고 소비하면서 복잡한 방식으로 상호작용한다. 인간을 포함한 모든 생물들은 생명 유지를 위한 필수적인 요소들을 얻기 위해 식물, 조류, 동물, 균류 및 원핵생물들과 같은 생물들의 특수화된 능력에 의존한다. 종간 상호작용은 물질과 에너지가 생태계를 통해 어떻게 이동하고 군집이 어떻게 구성되는지를 결정한다.

38.1 생물지구화학적 순환

학습 목표

1. 생태계를 정의할 수 있다.
2. 생물체에 중요하게 작용하는 4가지 화학물질의 순환과 상호작용에 대해 설명할 수 있다.
3. 인간의 활동에 의한 순환주기의 교란에 대해 서술할 수 있다.

생태계(ecosystem)는 특정 장소에서 상호작용하며 사는 모든 생물과 생물이 사는 무생물 환경으로 구성된다. 생태계는 본질적으로 물질과 에너지 흐름이 다양하게 나타나는 동적 체계이다. 여기에서는 생태계의 물질부터 알아본다.

생태계 내 물질 순환의 원자구성

물질이 생물학적 과정을 거치는 동안 탄소, 산소와 같이 그 물질을 구성하는 원소들은 서로 결합하여 새로운 화합물을 형성하고, 그 화합물들이 분해되어 이용되는 동안 그들의 구성비를 유지한다. 지구에는 근본적으로 생물학적으로 중요한 한정된 수의 원소들이 존재하며 이 원자들은 순환된다.

생물체는 이전에 토양, 대기, 기타 무생물적 환경요소 및 다른 생물체에 존재했던 원자로부터 그들의 몸을 구성한다. 생물체가 죽게 되면, 생물체를 구성하던 원자들은 다른 생물체에 의해 이용되거나 무생물 환경으로 돌아간다. 물질을 구성하는 원자들의 순환 때문에 당신은 살아있는 동안 한때 시저(Julius Caesar)나 클레오파트라(Cleopatra)가 지녔던 탄소나 산소 원자를 가질 수도 있다.

다양한 화학 성분의 원자들은 **생물지구화학적 순환**(biogeochemical cycles)을 통해 생태계 내에서 이동하는데, 생물지구화학적 순환에서는 화학적 성분의 순환이 생물학적 유기체뿐만 아니라 무생물적인 지질계, 그리고 그들과의 상호작용도 포함된다는 것을 강조한다. 또한 생물지구화학적 순환은 생화학 반응이 일어나는 몇 초부터 암석이 변화하는 수천 년 시간까지 다양한 시간의 규모에서 일어나는 과정을 포함한다. 생물지구화학적 순환은 생태계와 그 밖까지 포함하는 다양한 공간 규모에서 일어나는 과정을 포함하는데, 그 순환은 종종 생태계의 경계를 넘어 서로 교차되기도 한다. 그 예로 한 생태계는 다른 생태계와 연계하여 탄소를 내보내거나 받아들일 수 있다.

여기에서는 물과 함께 몇몇 주요 성분의 순환, 그리고 산림 생태계에서 일어나는 생물지구화학적 순환의 예를 살펴본다.

유기물의 기반인 탄소는 대부분의 생태계를 통해 순환한다

탄소는 생물의 주요 구성 물질이다. 왜냐하면 탄소 원자는 모든 유기 화합물의 틀을 형성하는 데 기반이 되며, 사람 몸의 무게 중 약 20% 정도를 차지하기 때문이다(2장 참고). 생태계의 일상적인 동적 변화에서 이산화탄소(CO_2)는 생물체의 환경에서 가장 중요한 탄소 화합물이다. 이산화탄소는 대기의 0.03%를 차지하고 있는데 이것은 대기가 약 7조 5천억 톤의 탄소를 포함한다는 의미이다. **수생 생태계**(aquatic ecosystem)에서 이산화탄소는 물과 반응하여 탄산수소 이온(HCO_3^-)을 형성한다.

탄소의 순환

그림 38.1에서 보는 것처럼 탄소 순환은 복잡하지 않다. 육상 생태계(terretrial ecosystem)에서 식물과 광합성 생물들은 그들을 구성하는 탄소를 포함한 유기화합물을 합성하기 위해서 이산화탄소를 활용하는데(6장 참조), 이 과정을 탄소고정(carbon fixation)이라고 한다. 고정이란 말은 기체의 구성물질을 비(非)기체 물질로 전환시키는 과정을 말한다.

동물들은 광합성 생물의 섭취를 통해 유기화합물을 흡수하여 탄소 원자를 사용함으로써 자신의 조직을 만든다. 광합성 생물과 동물

그림 38.1 탄소 순환.
식물과 조류는 광합성을 통해 탄소를 유기화합물의 형태로 획득한다. 생물의 호흡과 인간의 연료 소비에 의해 탄소는 이산화탄소(CO_2)나 탄산수소 이온(HCO_3^-) 형태로 되돌아간다. 산소가 없는 연못바닥의 진흙 속에 사는 미생물인 메테인생성균은 메테인(CH_4)가스를 생성하여 대기 중으로 방출하며, 이 메테인가스는 무생물적으로 이산화탄소로 산화된다(초록색 원으로 표시).

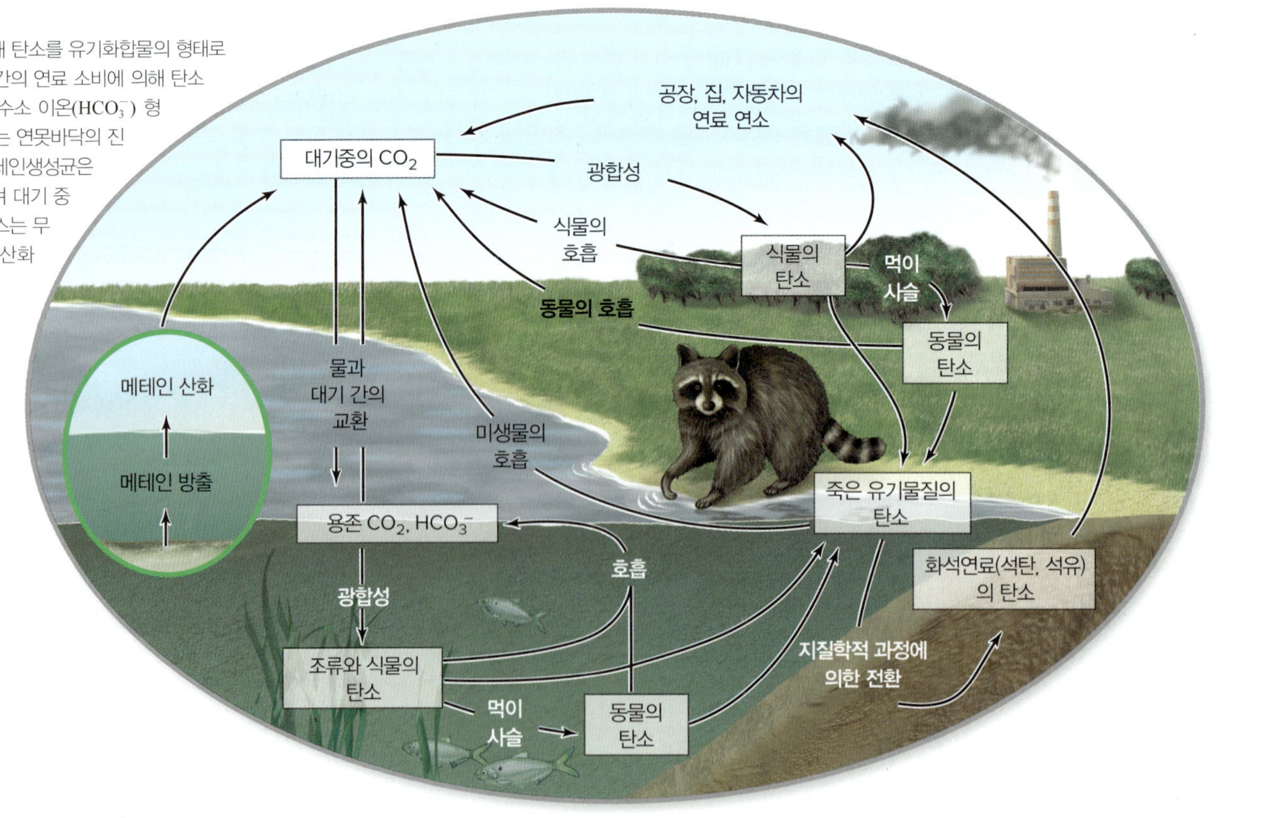

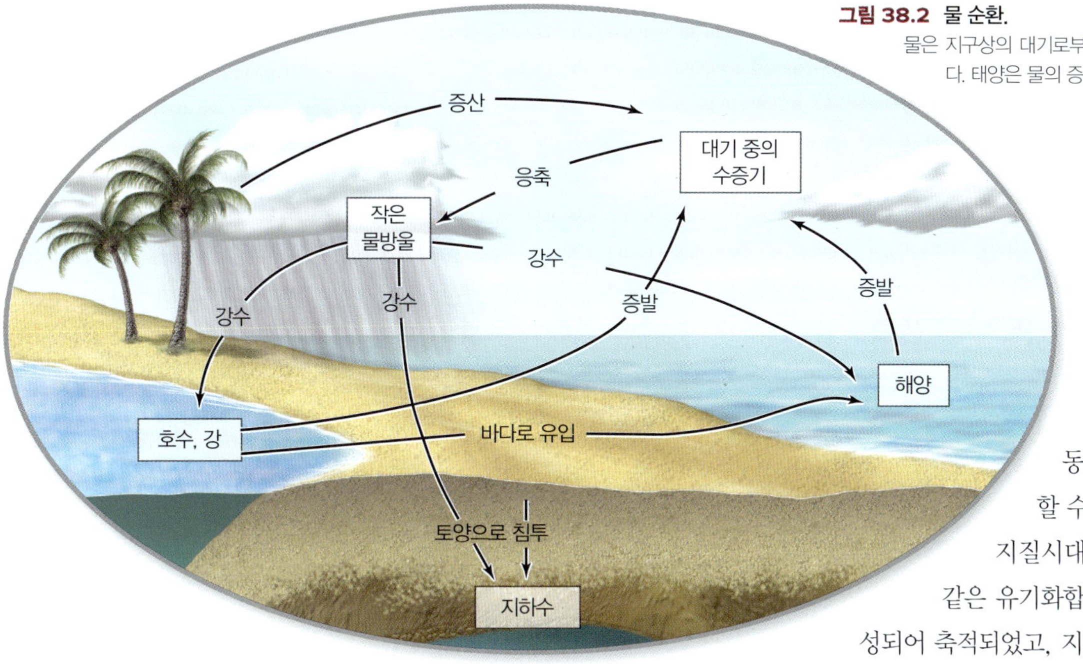

그림 38.2 물 순환.
물은 지구상의 대기로부터 지표면으로 순환하며, 그 역으로도 순환한다. 태양은 물의 증발에 필요한 많은 에너지를 제공해준다.

들은 사는 동안 산소 세포호흡(aerobic cellular respiration)을 통해 유기화합물을 분해함으로써 에너지를 획득하면서 CO_2를 생성한다. 부패하는 생물체들 역시 CO_2를 생성한다. CO_2 형태로 돌아간 탄소 원자는 새로운 유기화합물을 합성하기 위해 다시 광합성에 사용될 수 있다.

수생 생태계에서 탄소 순환은 기본적으로 육상과 유사하지만 무기탄소가 수중에 용존 CO_2와 HCO_3^-의 형태로 존재하며, 이들은 조류와 수중식물의 광합성을 위해 탄소의 원천으로 이용된다.

메테인 생산자

5장에서 본 것과 같이 무산소 세포호흡(anaerobic cellular respiration)을 통해 유기화합물을 분해하는 미생물은 전 지구적인 탄소 순환에 관여한다. 그 예로 메테인을 만드는 미생물인 **메테인생성균**(methanogens)은 CO_2 대신 메테인가스(methane, CH_4)를 생성한다. CH_4의 주요 원천은 습지 생태계(wetland ecosystem)로 메테인생성균은 습지내 산소가 없는 침전물 속에 산다. 메테인은 대기 속에 포함되는 경우 비생물적 방식으로 CO_2로 산화되지만 산소와 격리되어 있는 경우에는 장시간 동안 CH_4 상태를 유지한다.

대기 중 이산화탄소의 증가

전 지구적 탄소 순환에는 오랜 시간이 걸리는데, 일부 순환과정은 다른 과정들보다 더 빠르게 진행된다. 이러한 속도의 차이는 연간 비교 시 미미한 수준으로 한 해 동안 유기화합물에서 분해되어 나오는 CO_2의 양은 새로운 유기화합물이 합성될 때 사용되는 CO_2의 양과 거의 같다.

그러나 미미한 차이가 여러 해 동안 지속된다면 커다란 결과를 초래할 수 있다. 현재 지구의 석탄 매장량은 지질시대를 거쳐 형성되었다. 셀룰로스와 같은 유기화합물은 분해되는 것보다 더 빨리 합성되어 축적되었고, 지질학적 과정에 의해서 변형되었다. 대부분의 과학자들은 세계의 매장된 석유도 이러한 방법으로 만들어지게 된 것으로 믿고 있다.

인류에 의한 화석연료의 사용은 탄소 순환에 큰 불균형을 가져다 주었다. 화석연료의 사용으로 인해 화석연료에 수백만 년에 걸쳐 축적된 탄소는 급격하게 대기로 돌아가게 되는데, 그 결과 대기 위쪽의 CO_2의 농도가 상승하고, 이는 지구온난화(global warming)의 원인이 되고 있다.

물 이용은 육상생태계에서 중요하다

그림 38.2에서 보는 바와 같이, 물 순환은 모든 생물지구화학적 순환 중에서 가장 익숙한 순환이다. 모든 생명체들은 물에 의존하고 있으며, 성인은 몸무게의 약 60%가 물로 이루어져 있다. 생태계에서 이용 가능한 물의 양은 종종 산림과 사막의 차이처럼 그곳에 존재하는 생물체의 다양성과 양을 결정한다.

생물지구화학적 순환 각각은 독특한 특징을 가지는데, 물 순환의 특징은 물은 원소가 아닌 화합물이기 때문에 합성되고 분해될 수 있다는 것이다. 물은 산소 세포호흡(5장 참조)이 진행되는 동안 합성되며, 광합성 동안 화학적으로 분해된다(6장 참조). 이러한 과정의 비율은 일반적으로 동일하기 때문에 결과적으로 생물체를 통해 순환되는 물의 양은 상대적으로 일정하게 유지된다.

물 순환

물 순환의 핵심은 지구 표면에서 액체 상태의 물이 대기 중으로 증발하는 것이다. 액체에서 기체로의 변화에는 열에너지가 필요한데, 이는 태양 복사열이 지구 표면에 도달할 때 급격한 증발(evaporation)이 일어나는 원인을 설명해준다.

증발은 해양, 호수, 강의 표면에서 직접 발생하지만 지구상의 생태계에서는 물의 약 90%가 식물의 증산 작용을 통하여 대기로 증발된 것이다. 교목, 초본류 그리고 다른 식물들은 뿌리를 통해 토양으로부터 물을 얻으며, 그 물은 잎과 다른 표면을 통해 증발되는데, 이 과정을 증산(transpiration)이라고 한다(21장 참조).

물은 증발되어 대기 중의 다른 가스처럼 기체 상태로 존재하지만 액체 형태로 다시 응축될 수 있다. 수증기의 응축은 작은 물방울과 결정이 되어 구름을 형성하고, 물방울과 결정이 충분히 커지면 그들은 눈이나 비로 지구 표면으로 떨어진다.

지하수

하천, 호수, 연못에서 보는 표층수 외에 눈에 잘 띄지 않는 물로 지하수가 있는데, 지하수는 **대수층**(aquifers)이라고 부르는 바위, 모래, 자갈로 이루어진 투과성의 지하층에 형성된다. 많은 지역에서 지하수는 물의 주요 저장고이다. 미국의 경우 담수의 95% 이상이 지하수이다.

지하수는 위층과 아래층의 2개 층으로 구분된다. 지하수 중 위쪽 부위는 지하수면을 이루며, 식물이 이용할 수 있는 물로 하천을 이루게 된다. 아래쪽의 갇혀 있는 물은 일반적으로 인간에 의해 끌어올려지기 전에는 지상으로 올라올 수 없다. 지하수면은 토양을 통해 침투하는 강수나 연못, 호수, 시내 등에서 아래로 스며드는 물로 보충된다. 깊은 곳에 있는 대수층의 물은 지하수면으로부터 천천히 보충된다. 지하수는 지표수에 비하여 훨씬 천천히 흐르고, 장소에 따라 하루에 수 mm~1 m 정도를 흐르는 경우도 있다.

미국에서 이용되는 물의 25%는 지하수이며, 마시는 물의 50%가 지하수이다. 지하수는 매우 천천히 흐르기 때문에 지하수가 많이 사용되면서 화학적 오염이 심각한 문제로 내두되고 있다. 살충제, 제초제, 비료 등은 지하수 오염의 주요 원인 물질이다. 지하수는 양이 많고 순환 속도가 느리며, 접근하기 어렵기 때문에 대수층으로부터 오염물질을 제거하는 것은 실제로 불가능하다.

물 순환의 변화에 따른 생태계의 변화

물은 생태계의 본질을 바꿀 수 있는 중요한 결정적 요인이다. 이러한 변화는 지구의 지질 역사 중에 수시로 일어나고 있다.

한 예로, 거대한 떼를 지어 풀을 뜯어 먹는 영양이 살고 있는 탄자니아의 세랭게티(Serengeti) 초원의 생태계를 살펴보자. 오늘날의 반건조한 목초지인 세랭게티는 2천 5백만 년 전에는 열대우림 지역이었다. 습기의 원천인 열대우림과 인도양 사이에 킬리만자로산(Mount Kilimanjaro)이 솟아오르면서 인도양에서 부는 바람을 위쪽으로 밀어내고, 이것은 공기가 열대우림에 도달하기 전에 공기를 냉각시키는 원인이 되었다. 그 결과 땅은 더 건조해지고 숲은 초원으로 변하게 되었다.

그림 38.3 **산림 파괴에 따른 물 순환 교란.**
열대우림의 남벌은 브라질의 아마존 지역의 심한 침식에서 보는 것처럼 생태계에 심각한 결과를 가져올 수 있다.

오늘날 인류의 활동은 물의 순환(water cycle)을 더욱 심하게 변화시켜 생태계를 완전히 바꿀 수 있다. 예로 벌채에 의한 열대우림의 변화를 살펴보면, 열대우림과 같은 밀도가 높은 산림 생태계는 비의 90% 이상이 식물에 의하여 흡수되고 다시 대기로 증발된다. 열대우림 속의 많은 식물들은 이러한 작용을 통해 자신들이 필요로 하는 비를 만드는 셈이다.

식물에서 대기로 나간 수분은 비의 상태로 다시 지표면으로 되돌아오지만, 삼림이 벌채되면 물 순환이 파괴되면서 수분은 대기로 돌아가지 않는다. 물은 구름으로 올라가서 산림으로 다시 떨어지는 대신 바다로 유출되어 버린다. 오늘날 이러한 변화가 열대우림 지역에서 많이 일어나고 있다(**그림 38.3**). 예로 20세기에 들어와 브라질의 넓은 지역에서 우거진 숲이 반건조 사막으로 변하면서 원래 서식지에 살던 고유 동식물종들이 없어졌다.

질소 순환은 미생물에 의한 질소고정에 의존한다

질소는 단백질과 핵산 등의 구성 성분으로 모든 생물체에게 필수적인 요소이며 단백질 무게의 16%를 이룬다. 많은 생태계에서 질소는 생물체가 필요로 하는 원소들 중 비교적 적게 요구되는 화학 원소지만, 대기 부피의 78%가 질소로 이루어져 있다.

질소 이용

질소는 대기 중에는 다량으로 존재하는데 어째서 생물체에서는 소량으로 사용될까? 대부분의 동식물들은 대기 중에 존재하는 질소 가스(N_2)의 형태를 직접 사용할 수 없기 때문이다.

동물에서 궁극적인 질소 원천은 식물이나 조류 혹은 다른 미생물에 의해 합성된 질소 함유 유기화합물들이다. 예를 들면, 초식동물들은 식물이나 조류를 먹고 아미노산으로 소화하여 자신에게 필요한 단백질을 합성한다.

식물과 조류는 그들의 조직과 단백질을 합성하기 위해 다수의 간단한 질소 함유 화합물을 사용한다. 그중 흔하게 이용되는 2가지 질소원은 암모니아(NH_3)와 질산 이온(NO_3^-)이다. 22장에서 살펴본 것처럼 원핵생물은 암모니아와 질산 이온을 대기에 있는 질소 분자(N_2)로부터 합성할 수 있다. 이로 인해 대기의 질소를 식물과 조류가 이용할 수 있게 된다(**그림 38.4**). 또 다른 원핵생물은 NH_3와 NO_3^-를 생물이 직접 이용할 수 없는 N_2로 전환한다. 이러한 미생물의 2가지 활동의 균형이 식물과 조류의 질소 접근 가능성을 결정해준다.

미생물의 질소고정, 질화작용 그리고 탈질화작용

N_2로부터 시작되는 질소 화합물의 합성은 **질소고정**(nitrogen fixation)으로 알려져 있다. 이 과정의 첫 번째 단계는 N_2로부터 NH_3를 합성하는 것이고, 종종 생화학자들은 질소고정이라는 용어를 이 단계를 특정지어 사용하기도 한다. NH_3가 합성된 후, 다른 원핵생물들은 그 일부를 NO_3^-로 산화시키는데, 이러한 과정을 **질화작용**(nitrification)이라고 한다.

원핵생물의 특정 속(genera)은 질소고정 효소 복합체로 알려진 효소계(*nif* 유전자 복합체)를 이용해 질소고정을 하는 능력을 가지고 있다. 대부분의 미생물들은 독립적으로 생활을 하지만, 일부 종들은 콩과식물, 오리나무, 도금양 그리고 다른 식물의 뿌리와 공생관계를 갖는다.

그에 더해 박테리아와 고세균을 포함한 원핵생물들은 NO_3^-를 N_2로 전환시킬 수 있는데, 이러한 작용을 **탈질화작용**(denitrification)이라고 한다. 암모니아는 NO_3^-로 변했다가 다시 N_2로 바뀌는 과정을 통해 간접적으로 탈질화작용에 참여할 수 있다.

질소 노폐물과 비료로의 사용

대부분의 동물들은 물질대사를 통해 단백질을 분해할 때 질소를 NH_3의 형태로 배출한다. 인간 및 다른 포유류들은 질소를 요소(urea)의 형태로 오줌으로 배설하며(33장 참조), 많은 종류의 미생물들은 요소를 NH_3로 전환시킨다. 동물의 배설물로부터 만들어진 NH_3는 식물과 조류에게 필요한 질소 원천으로 재사용될 수 있다.

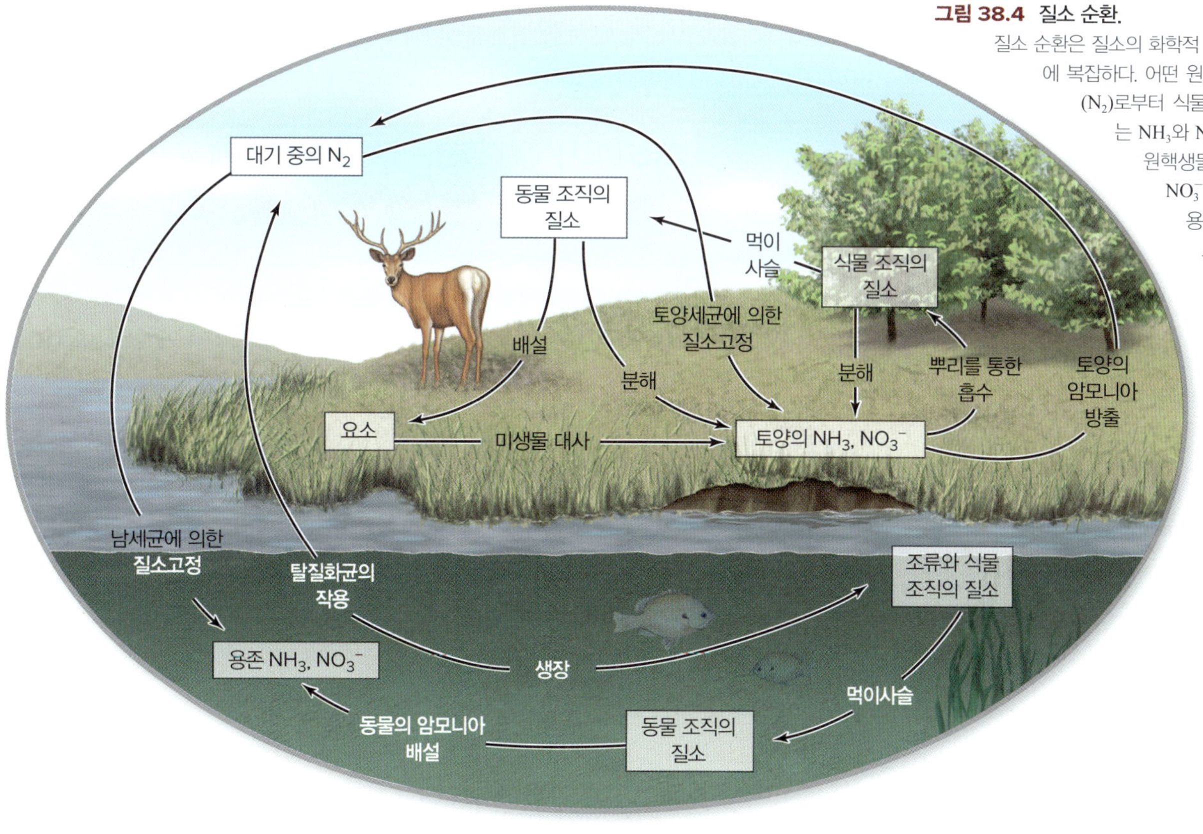

그림 38.4 질소 순환.
질소 순환은 질소의 화학적 상태가 다양하게 변하기 때문에 복잡하다. 어떤 원핵생물들은 대기에 있는 질소(N_2)로부터 식물들이나 조류가 이용할 수 있는 NH_3와 NO_3^- 형태로 전환시킨다. 다른 원핵생물들은 질소화합물인 NH_3와 NO_3^-를 분해하여 생물이 직접 이용할 수 없는 N_2로 전환한다. 암모니아 가스는 토양으로부터 직접 대기 중으로 들어갈 수도 있다.

그림 38.5 인 순환.
탄소, 물 및 질소에 비해 인은 액체와 고체 상태로만 나타나기 때문에 대기 중으로 들어갈 수 없다.

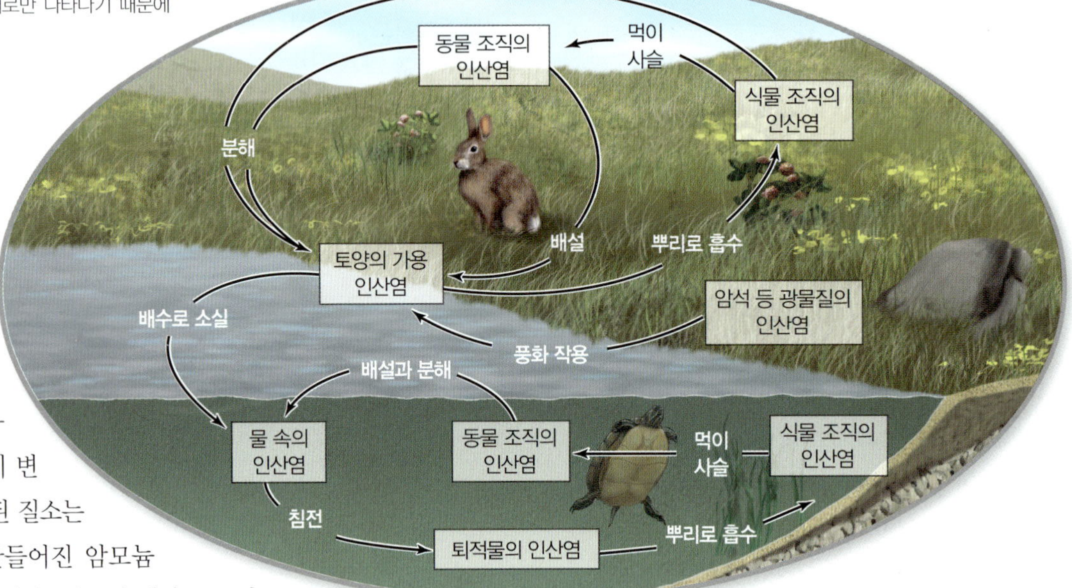

인간은 농지와 잔디에 비료를 사용함으로써 지구의 질소 순환을 빠르게 변화시키고 있다. 비료에 포함된 고정된 질소는 대기 중 질소로부터 상업적으로 만들어진 암모늄(NH_4^+)염과 같이 작물이 이용할 수 있다. 비료의 생산으로 인간은 질소가스 양의 2배에 해당하는 양의 질소를 토양과 물로 보내고 있다.

인은 대기가 아닌 육상 및 수생 생태계를 통해 순환한다

인(phosphorus)은 모든 생물에서 많은 양이 요구되는 원소로 핵산(nucleic acid), 세포막의 인지질(phospholipids) 그리고 ATP (adenosine triphosphate)와 같은 화합물의 구성분이 된다.

인은 탄소, 물, 질소와는 달리 주요한 가스 형태를 갖지 않으며 대기를 통해 순환하지 않는다(**그림 38.5**). 이러한 점에서 인의 순환은 칼슘, 실리콘 등과 같은 무기물의 순환과 유사하다. 질소 순환과 비교해 볼 때 인 순환의 특징은 생태계에서 얻은 산화 상태인 인산 이온(phosphate, PO_4^{3-})으로만 존재한다는 점이다.

인의 이용

식물과 조류는 토양이나 물에 용해된 인산 이온(PO_4^{3-})을 사용하여 이를 유기화합물로 전환시키고, 동물들은 식물이나 조류에 있는 인산을 이용하여 자신에게 필요한 인산화합물을 만든다. 생물체가 죽게 되면, 몸의 유기화합물이 분해되는데, 이러한 과정을 인의 재무기질화(phosphate remineralization)라고 한다. 이렇게 인산 이온 이온으로 방출된 인은 식물과 조류에 의해 사용될 수 있다.

인 순환에서 화학적 및 물리적 과정은 매우 중요하다. 인산 이온은 음이온의 형태로 토양에 소량으로 존재하는데, 이는 인산염이 비교적 불용성이고 특정 종류의 암석에만 존재하기 때문이다. 토양에서 씻겨나간 인산 이온은 대부분 단일 방향으로 이동하는데, 하천을 통해 바다로 흘러나가 침전하게 된다.

비료로서의 인

작물의 대량 생산을 위한 인류의 활동이 전지구적 인 순환을 크게 변경시켰다. 전형적으로 비료는 작물에게 PO_4^{3-}를 제공하기 위해 만들어졌는데, PO_4^{3-}는 일반적으로 인산염이 풍부한 암석과 동물의 뼈로부터 얻어진다. 세탁용 세제는 생태계에 PO_4^{3-}를 추가시키는 잠재적인 요인인데, 현행법은 낮은 인산염의 세제 사용을 권고하고 있다.

생태계에서 제한 양분은 필요량보다 적게 공급된다

생태계의 사슬은 가장 약한 연결고리만큼만 강하다. 생태계에 있는 식물과 조류는 생장하기 위해 다양한 물질을 필요로 하며, 결국 동물들에게 먹이로 제공된다. 특정 생태계에서 식물과 조류에게 하나의 원소 공급이 필요보다 부족해지면, 그 원소는 생태계 사슬을 약화시키는 제한 양분으로 작용하게 된다.

제한 양분(limiting nutrient)의 순환은 양분을 이용할 수 있는 비율을 결정하기 때문에 특히 중요하다. 질소와 인의 순환에 대해 자세하게 살펴보았는데, 이는 이 성분들이 생태계에서 제한 양분이기 때문이다. 질소는 해양의 약 2/3 정도와 많은 육상 생태계에서 제한 양분이 된다.

철(Fe)은 전 세계 1/3의 해양에서 조류 집단(식물성 플랑크톤)의 제한 양분이다. 이러한 해양에서 철의 주요 원천은 바람에 의해 운반되는 토양의 먼지인 것으로 보이는데, 바람이 철분 가득한 먼지를 가지고 올 때 사용 가능한 화학적 형태를 가진 철을 이용해 조류 집단

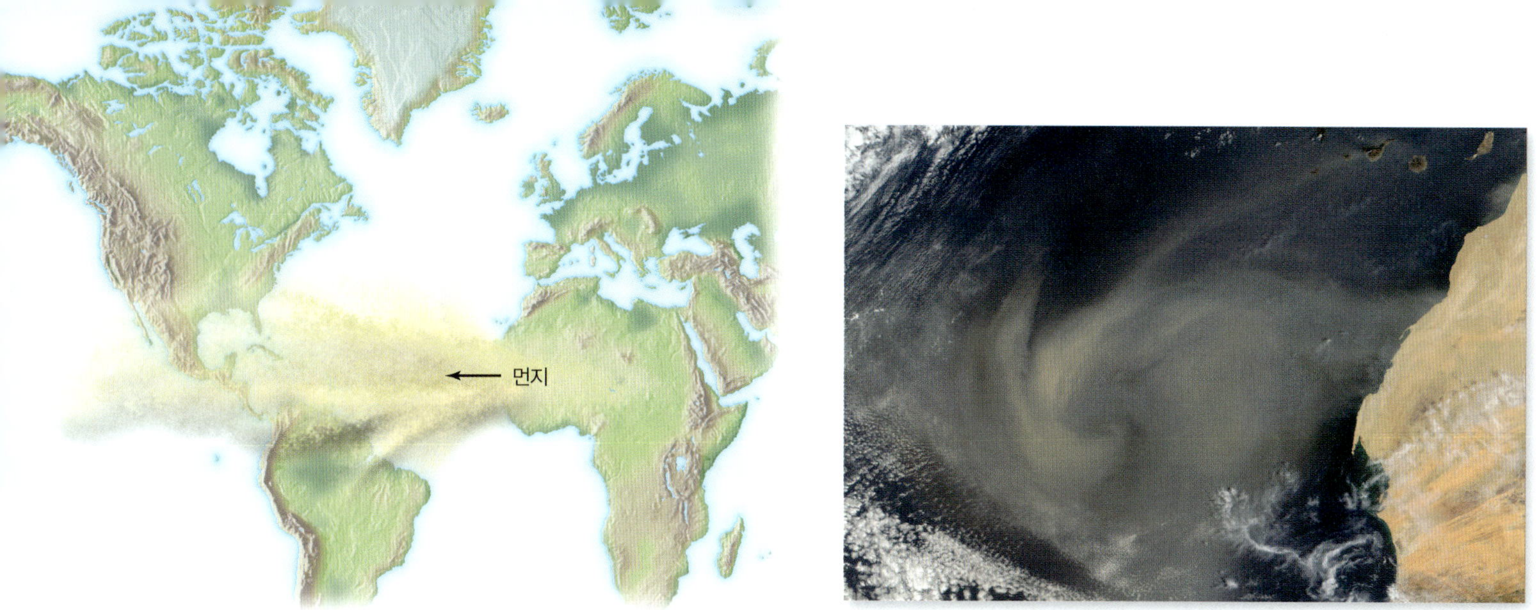

그림 38.6 세계는 하나.
매년 철을 풍부하게 함유한 먼지 수백만 톤이 사하라 사막과 근처의 사헬(Sahel) 지역으로부터 무역풍을 타고 서쪽으로 이동한다. 해양학자들은 이 먼지가 철분이 부족한 태평양을 포함하는 해양의 비료로 작용하는 것으로 추정하고 있다. 따라서 북아프리카의 사막의 크기 증가가 지구 다른 편의 생태계에 영향을 줄 수 있다.

은 급증하게 된다. 이러한 방법으로 사하라 사막의 모래 폭풍은 전 세계 바람에 먼지를 증가시켜 태평양의 조류 생산을 증가시킬 수 있다(**그림 38.6**).

인간에 의한 영양공급으로 증가한 생산량이 항상 좋은 것만은 아니다. 왜냐하면 그것이 한 개체의 폭증을 이끌지만, 이 종과 관련된 다른 종에게는 부정적 영향을 줄 수 있기 때문이다. 유사한 현상은 육상 생태계에서도 발생하는데, 캘리포니아 남부 저목 수풀지대에는 자동차 배기가스에서 발생한 질소의 증가로 이를 선호하는 외부 식물종이 원래 존재하던 식물종을 대체한 일이 있다.

숲 생태계 내의 생물지구화학적 순환은 실험적으로 연구되었다

미국 북서부 뉴햄프셔에 있는 허바드 브룩(Hubbard Brook) 시험림에서 산림 생태계에서의 양분 순환에 대한 많은 정보가 얻어졌다. 허바드 브룩은 온대 낙엽수림으로 덮힌 산맥 내 큰 유역의 중심 하천이다. 여러 지류를 통해 산비탈을 흘러 내려온 물은 계곡을 통해 허바드 브룩으로 흐른다. 처음 연구가 시작되었을 때 6개의 지류에 물의 흐름과 양분의 농도를 측정하는 장치를 설치하였다.

허바드 브룩 주변의 숲은 양분 보유에 효과적인 곳으로, 연중 소

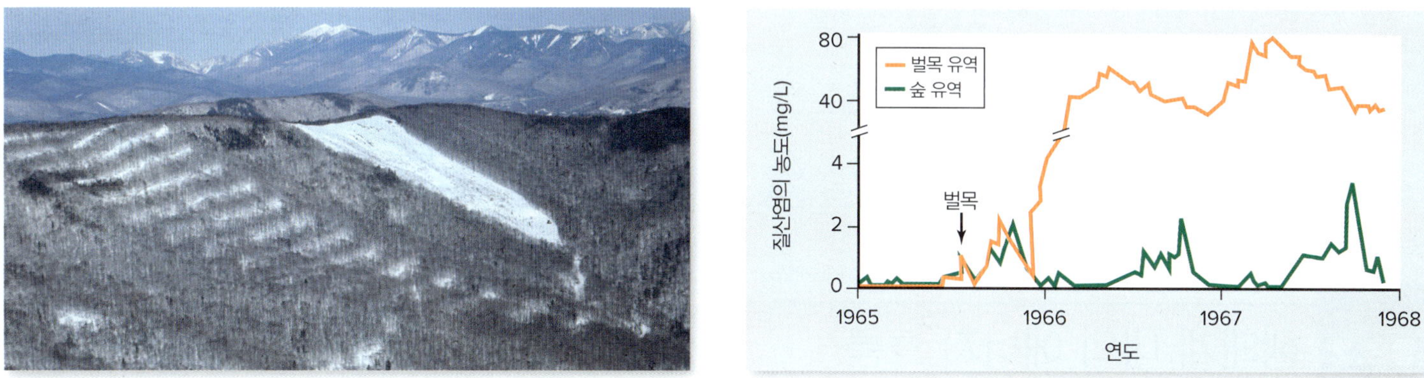

a. *b.*

그림 38.7 허바드 브룩 실험.
a. 약 15만 4천 m^2에 해당하는 숲을 벌목하고, 수년에 걸쳐 유출수의 양을 조사하였다. *b.* 벌목은 흘러내리는 유출수를 통해 생태계로부터 많은 양분의 소실을 야기하였다. 주황색 곡선은 벌목된 계곡으로 흐르는 물의 질산염 농도를 보여준다. 초록색 곡선은 벌목되지 않은 계곡의 질산염 농도 변화를 보여준다 .

자료 분석 주변의 교란되지 않은 지역의 유출수보다 삼림 벌채 지역의 질산염 유출수가 몇 배나 더 큰가?

량의 양분만이 강수에 의해 외부로부터 계곡 내로 유입된다. 지류에 의해 유입되는 양은 극히 적게 나타나는데, 이는 유입과 유출이 전체 양분의 규모에 비해 매우 적기 때문이다.

1965년과 1966년에 연구자들은 6개의 계곡 중 한 계곡의 모든 나무들을 베어낸 다음 재성장을 막았다(**그림 38.7***a*). 이러한 효과는 매우 극적이었으며, 계곡에서 유출되는 물의 양은 40% 증가하였다. 이는 식생에 의해 저장되고 대기로 증발되던 물이 유출된 것을 의미한다. 많은 양의 양분도 본 유역의 체계에서 벗어나 유출되었다. 예를 들어, 칼슘의 손실 비율은 9배 증가되었다. 물의 유출로 인의 손실은 증가되지 않았는데, 이는 인은 토양 내 불용성 화합물에 의해 묶여 있기 때문인 것으로 여겨진다.

질소의 농도 변화는 교란된 계곡에서 특히 두드러지게 나타났다(**그림 38.7***b*). 교란되지 않은 숲의 계곡에서는 1년에 1만 m^2당 약 5 kg의 NO_3^-가 축적되지만, 벌목된 생태계에서는 1년에 1만 m^2당 약 53 kg의 NO_3^-가 소실되어 개울에서의 NO_3^- 농도는 급격하게 증가되었다. 나무를 베어낸 계곡의 비옥도는 급격하게 감소하였고, 질산염의 방출은 하류에 거대한 녹조현상(algal blooms)과 하류의 범람 위험성을 증가시켰다.

이 실험은 전 세계적으로 산림이 벌목되고 있는 현시점에도 매우 교훈적인 실험 결과로 받아들여지고 있다.

핵심 요약 38.1

생태계는 생물체와 특정 공간에 존재하는 무생물체로 이루어져 있다. 생물지구화학적 순환은 원소가 어떻게 이러한 구성요소들 사이를 이동하는지 설명한다. 탄소, 질소, 인의 순환 방식은 물의 순환과 마찬가지로 생태계에서 매우 중요하다. 인간은 이러한 순환을 인공비료, 숲 파괴, 물의 전환, 화석연료 사용 등을 통해 교란시킨다.

- 동물성 비료의 사용이 정제된 화학 비료에 비해 생태계에 미치는 영향이 더 적을까? 그렇지 않을까? 왜 그런지 설명해 보자.

38.2 생태계 내의 에너지 흐름

학습 목표

1. 영양단계에 대해 서술할 수 있다.
2. 에너지와 열을 구별할 수 있다.
3. 영양단계를 통한 에너지 흐름을 설명할 수 있다.

생태계의 동적 특성은 물질뿐만 아니라 에너지도 포함한다. 에너지는 물질과는 매우 다른 원리를 따르며, 결코 순환되지 않는다. 대신에 지구로 도달하는 태양의 복사에너지는 지구 생태계에 대해 한 방향으로만 진행한다. 복사에너지가 열로 전환되어 우주로 다시 돌아가기 전까지 지구는 에너지에 대해 열린계(open system)가 된다.

에너지는 생성되거나 파괴되지 않고 형태를 바꾼다

에너지는 왜 물질과는 다른 것일까? 이 질문에 대한 대답의 핵심은 에너지가 빛에너지, 화학에너지, 운동에너지, 열에너지와 같은 여러 가지 형태로 존재한다는 것이다. 에너지는 열역학 제1법칙(First Law of Thermodynamics)에 의거하여 생물권에서 파괴되거나 창조되지 않지만 형태는 자주 변한다.

두 번째 핵심으로 생물체는 열을 어떤 다른 형태의 에너지로도 전환할 수 없다는 것이다. 따라서 생물체가 만약 화학에너지나 빛에너지를 열로 전환시킨다면, 그것은 한 방향으로만 진행되며, 원래 형태의 에너지로 다시 돌아갈 수 없다.

생물체는 열을 제외한 여러 형태의 에너지를 이용한다

지구가 왜 에너지에 대해 열린계인지를 이해하기 위해서는 2가지 원리를 알아야 한다. 첫째, 생물체는 확실한 형태의 에너지만을 이용한다는 것이다. 동물들은 생존을 위해 먹이로부터 화학에너지를 얻어야 하며, 식물은 빛으로부터 에너지를 얻어야 한다. 동물과 식물 중 어느 하나도 에너지의 원천으로 열을 이용하지 않는다.

두 번째 원리로는 생물체가 화학에너지나 빛에너지를 이용할 때, 그중 일부는 열로 전환된다는 것이다. 열역학 제2법칙(Second Law of Thermodynamics)에서 시간이 지나면서 엔트로피(entropy)는 증가하는 경향이 있으며, 일부 열로 전환되는 것은 필수적이라고 명시되어 있다. 다시 말해 동물과 식물은 삶을 유지하기 위해서 화학에너지와 빛을 필요로 하지만, 이런 형태의 에너지를 사용할 때 그 일부를 열로 전환한다는 것이다. 열을 그대로 유지할 수 없으며, 원래의 형태로 되돌릴 수도 없다.

다행스럽게도 생물체에게 지구는 에너지에 대해 열린계로 작용한다. 빛은 매일 태양으로부터 지구에 도달하며, 식물과 다른 광합성 생물들은 새롭게 도달하는 빛으로 유기물을 합성하며 살아간다. 그리고 동물은 광합성 생물을 먹고 유기화합물 형태로 이 화학에너지를 이용하여 살아간다. 빛에너지와 화학에너지는 매 단계마다 부분적으로 열로 전환되는데, 실제로 빛에너지와 화학에너지는 궁극적으로는 열로 전환된다. 이 열은 보이지 않는 공간으로 퍼져나가 지구를 떠나게 된다. 생명체가 존속하려면 항상 새로운 빛에너지가 필요하

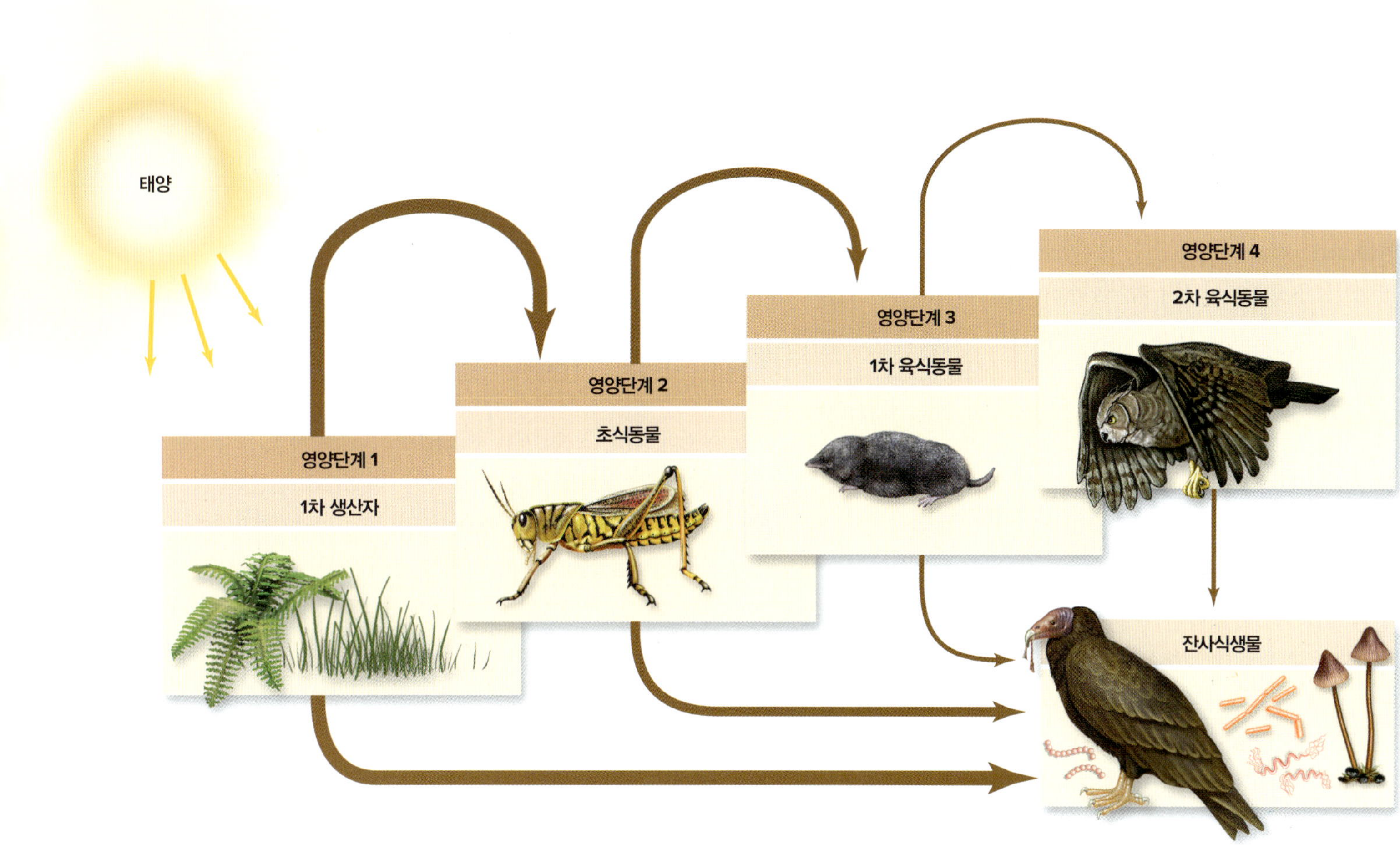

그림 38.8 생태계 내 영양단계.
1차 영양단계에 위치한 식물은 태양으로부터 직접 에너지를 얻는다. 메뚜기처럼 식물을 먹는 초식동물은 2차 영양단계에 속한다. 초식동물을 먹는 뾰족뒤쥐 같은 육식동물은 1차 육식동물로 3차 영양단계에 속한다. 부엉이와 같은 육식동물을 먹는 상위 육식동물은 2차 육식동물로 4차 영양단계에 속한다. 잔사식생물은 모든 영양단계 생물을 먹이로 한다.

게 된다.

지구의 복사에너지의 흐름에서 들어오는 에너지 양과 나가는 에너지 양은 같아야 한다. 그러나 인간의 활동으로 나가는 에너지의 흐름이 지연되면 대기의 조성은 바뀌게 되는데, 이러한 현상을 온실효과(greenhouse effect)라고 한다. 이렇게 열이 지구에 계속 축적된다면 지구온난화(global warming)가 야기될 것이다.

에너지는 생태계의 영양단계를 통해 흐른다

5장에서 독립영양생물과 종속영양생물의 개념에 대해 알아보았다. **독립영양생물**(autotrophs)은 CO_2, 물, 질소(NO_3^-)와 같은 무기물을 이용하여 유기물을 합성한다. 몇몇 독립영양생물은 에너지원으로 빛을 사용하는데, **광독립영양생물**(photoautotrophs)이라고 한다. 이들은 광합성 생물체로 식물, 조류, 남세균(cyanobacteria)을 포함한다. 다른 독립영양생물로는 **화학독립영양생물**(chemoautotrophs)을 들 수 있는데, 심해의 열수구에 사는 화학독립영양생물은 황화수소를 산화하여 에너지를 얻는다. 모든 화학독립영양생물은 원핵생물이다. 광독립영양생물들은 대부분의 생태계에서 가장 중요하다. 이번 절에서는 이들을 중심으로 에너지 흐름에 대해 알아본다.

종속영양생물(heterotrophs)은 무기물로부터 유기물을 합성하지 못하기 때문에 유기물을 먹으며 살아간다. 이들은 자신에게 유용한 유기생물을 분해하여 살아가는 데 필요한 에너지를 얻는다(5장 참조). 동물, 균류 그리고 많은 미생물들이 종속영양생물에 포함된다.

자연환경에서 살 때 종들은 서로를 먹는 순서대로 정렬이 된다. 예를 들면 곤충류는 식물을 먹고, 뾰족뒤쥐류는 곤충을 먹으며, 매는 뾰족뒤쥐류를 잡아먹는다. 이때 먹이는 식물 → 곤충 → 설치류 → 매의 순서로 4종을 통해 지나가게 되는데, 이러한 종의 순서를 먹이사슬(food chain)이라고 한다.

전체 생태계에서 많은 종들은 유사한 역할을 하는데, 전형적으로 하나의 종이 하나의 역할에만 관여하는 경우는 없다. 그 예로 한 종의 곤충이 아니라 약 30여 종의 곤충들, 그리고 약 10여 종의 포유동물들이 식물을 먹이로 섭취한다. 생태학자들은 이러한 복잡한 특징들을 체계화시켜 제한된 수의 먹이단계를 **영양단계**(trophic levels)로 나타내고 있다(**그림 38.8**).

영양단계의 정의

생태계에서의 첫 번째 영양단계는 모든 독립영양생물을 포함하고, 이들은 **1차 생산자**(primary producers)라고 하며, 종속영양생물은 **소비자**(consumers)라고 한다. 1차 생산자를 직접적으로 먹는 모든 종속영양생물은 같은 영양단계에 위치하게 되는데, 이들은 **초식동물**(herbivores)이라고 한다. 초식동물을 먹거나, 기생하는 종속영양생물들은 총괄하여 **1차 육식동물**(primary carnivores)이라고 하고, 1차 육식동물을 먹이로 하는 동물들은 **2차 육식동물**(second carnivores)이라고 한다.

생태계에 대한 연구는 생명체가 먹이를 기반으로 간단히 선형적으로 정렬되지 않는다는 점을 고려해야 한다. 예를 들어, 일부 동물은 1차 생산자와 다른 동물을 모두 먹는다. 그러한 동물을 **잡식동물**(omnivores)이라고 한다. 마찬가지로 일부 육식동물은 초식동물과 하위 육식동물을 모두 먹는다. 그럼에도 불구하고, 영양단계의 선형성은 많은 목적에 유용한 구성 원리이다. 여기서는 이 접근 방식을 따르고 있지만, 이것은 단순화된 개념이라는 점을 명심해야 한다. 동물은 종종 여러 영양단계에서 먹이를 먹기 때문에 생태계는 먹이사슬보다 먹이그물(food web)과 더 비슷하기도 하다.

소비자 단계에 추가되는 것은 **잔사식생물**(detritivores) 영양단계이다. 이들은 이미 죽은 생물체의 남은 부분을 먹는다는 점에서 다른 영양단계의 생물과 구별된다. 잔사(detritus)는 죽은 생물체를 말한다. 잔사식생물은 생태계의 폐기물을 먹고 산다. 잔사식생물의 하위 범주는 **분해자**(decomposers)이다. 분해자는 대부분이 미생물로, 죽은 생물체에서 유기물을 분해하며 살아간다.

영양단계의 개념

영양단계는 생물의 모든 개체군으로 구성되어 있다. 예를 들면, 1차 생산자 영양단계는 생태계 내의 모든 독립영양생물 종들 전체 개체군을 포함한다.

생산량(productivity)은 생물이 영양단계에서 새로운 유기물을 합성하는 속도를 나타내며, **1차 생산량**(primary productivity)은 1차 생산자의 생산량을 의미한다. 1차 생산자의 분석에서 중요한 것은 광합성에는 새로운 유기물이 합성되는 것뿐만 아니라 산소 세포호흡에 의해 유기물이 분해되면서 에너지를 방출하는 것이다(5장 참조). 이와 관련하여 1차 생산자의 **호흡**(respiration)은 유기화합물을 분해하는 비율을 나타낸다. **1차 총생산량**(gross primary productivity, GPP)은 1차 생산자가 새로운 유기물을 합성하는 총량(raw rate)이다. 그에 비해 **1차 순생산량**(net primary productivity, NPP)은 GPP에서 1차 생산자의 호흡량을 뺀 값으로, NPP는 초식동물이 먹이로 이용할 수 있는 유기물을 나타낸다.

종속영양생물 영양단계의 생산력은 **2차 생산량**(secondary productivity)이라고 한다. 예를 들어, 생태계의 모든 초식동물에서 개별 성장과 번식을 통해 새로운 유기물이 만들어지는 속도는 초식동물 영양단계의 2차 생산량이다. 각 종속영양생물 영양단계는 2차 생산량을 갖는다.

영양단계의 에너지 처리 방법

지구상으로 들어오는 태양에너지 중에서 1차 생산자에게 포획되는 양은 매우 작다. 연중 숲이나 해양에 도달하는 에너지 중 1% 정도가 포획된다. 태양에너지 포획량이 1%에도 미치지 못하는 경우도 있으며, 어떤 조건에서는 5% 정도가 되기도 한다. 광합성에 의해 화학결합으로 포획되지 않은 에너지는 바로 열로 전환된다.

1차 생산자는 호흡을 통해 자신이 지닌 화학에너지를 방출하기 위해 유기화합물을 분해한다. 이 화학에너지는 체내에서 에너지를 필요로 하는 여러 반응에서 사용되는 ATP 생성에 이용한다. 호흡에 의해 방출되는 화학에너지도 결국은 열로 전환된다.

생물은 열을 생존에 사용할 수 없다. 따라서 에너지가 열로 바뀔 때마다 생물에게 유용한 많은 에너지를 소실하게 된다. 생태계에 도달하는 태양에너지의 약 99%가 열로 전환되는데, 이는 그 에너지가 광합성에 이용되지 못하기 때문이다. 그리고 광합성에 의해 포획된 에너지의 일부도 1차 생산자의 호흡에 의해 열로 소실되기 때문에 생태계 내의 모든 종속영양생물들은 1차 생산자에 남아 있는 화학에너지에 의존해 살 수밖에 없다.

영양단계 사이의 에너지 소실의 예

한 종속영양생물의 영양단계에서 다음 단계로 넘어갈 때 화학에너지의 상당부분이 전환된다. 이러한 원리는 중요한 결과를 보이는데, 1차 육식동물이 이용할 수 있는 화학에너지 양은 초식동물들이 이용할 수 있는 에너지 양보다 훨씬 적고, 2차 육식동물이 이용할 수

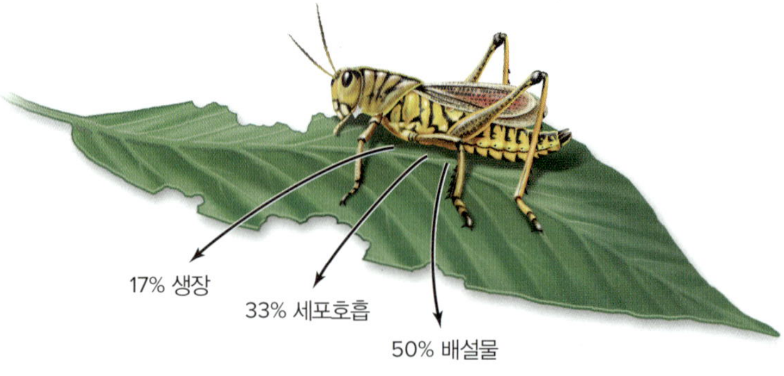

그림 38.9 종속영양생물의 먹이 에너지 이용: 왜 섭취한 모든 에너지가 다음 영양단계에서 사용되지 않나.
종속영양생물은 먹은 에너지의 소량만 흡수한다. 가령, 초식곤충이 섭취한 에너지 중 약 50%는 배설물 상태로 소실되고 33%는 세포호흡에 소비되어 결국 열로 전환되므로 1차 육식동물로 전달되지 못한다. 따라서 약 17%만이 곤충의 생체량으로 전환되어 다음 영양단계에서 이용되지만, 다음 단계 생물에 먹히기 전에 죽는다면 이 비율조차도 확실치 않다.

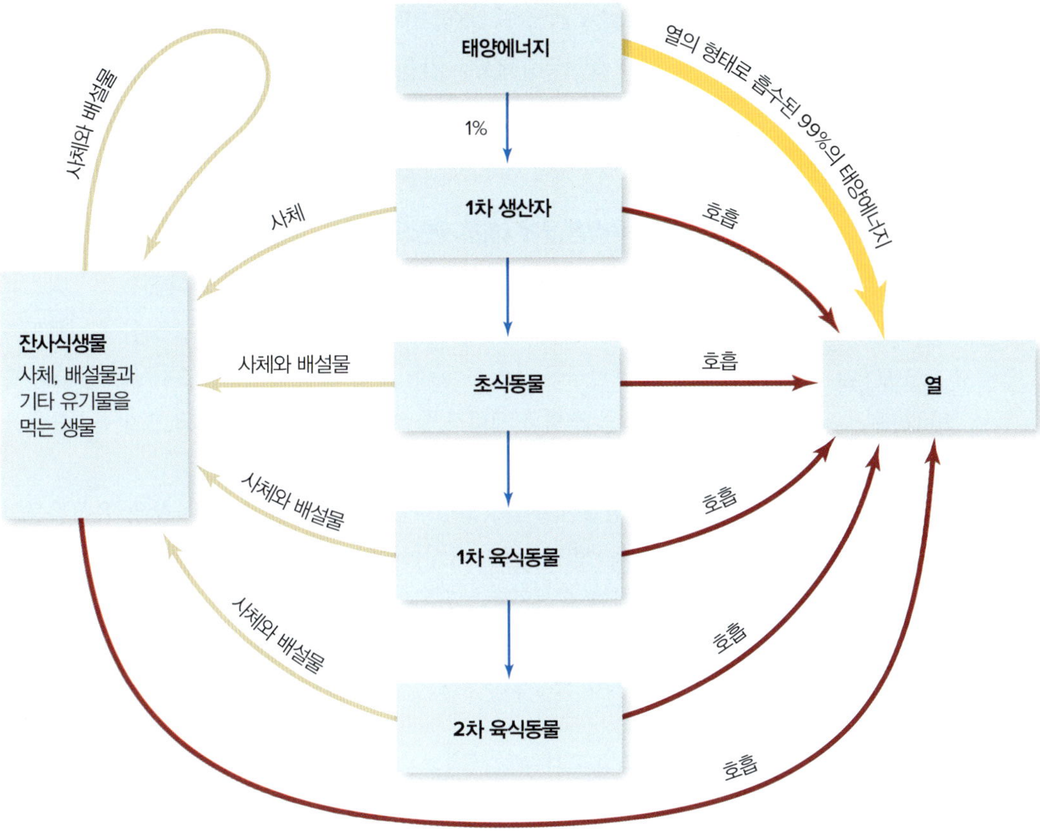

그림 38.10 **생태계를 통한 에너지의 흐름.** 파란색 화살표는 빛으로 생태계에 들어온 에너지의 흐름을 나타내며, 화학에너지로 연속적인 영양단계를 거친다. 각 단계의 에너지가 전환되는 것은 각 영양단계에서 사용 가능한 에너지가 그 전 단계에서 사용 가능한 에너지보다 적다는 것을 의미한다. 붉은색 화살표는 열로 전환되는 에너지를 나타낸다. 갈색 화살표는 잔사식생물에만 유용한 배설물이나 다른 유기물로의 에너지 전환을 나타낸다. 잔사식생물은 육식동물에 먹힐 수도 있기 때문에 일부 화학결합 에너지는 상위 영양단계로 되돌아간다.

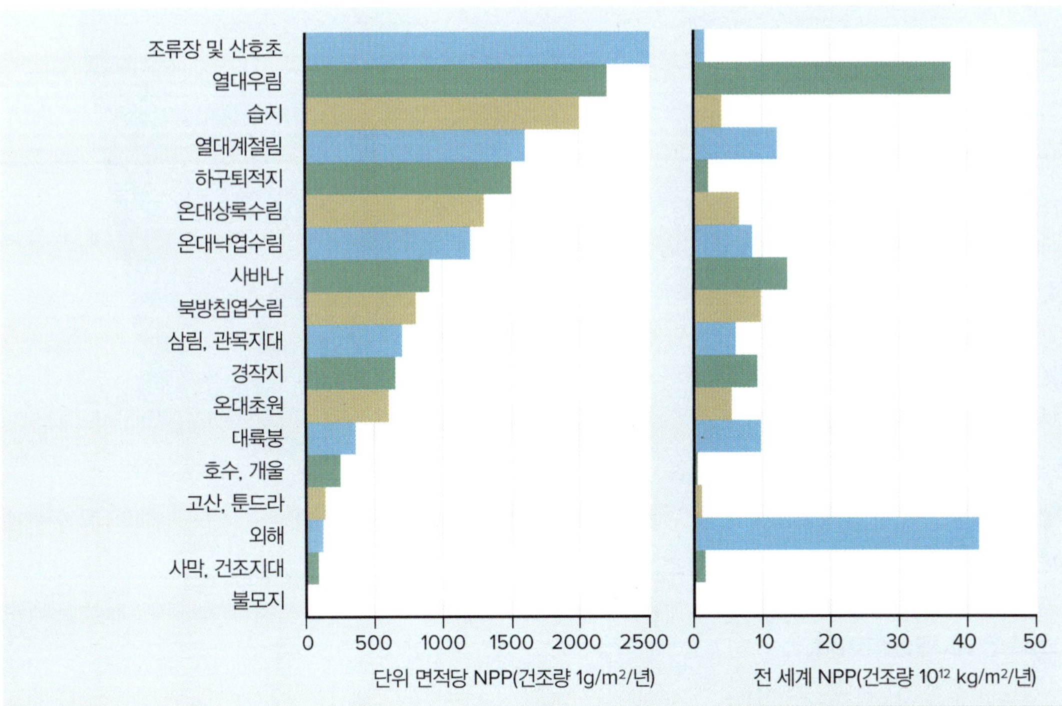

그림 38.11 **생태계의 연간 생산성.** 왼쪽 그래프는 생태계 유형에 따른 연간 단위 면적당 평균적인 1차 순생산량(NPP)을 나타내며, 오른쪽 그래프는 전 세계에 분포한 생태계 유형에 따른 자료량을 보여 준다. 이는 각 생태계의 연간 단위 면적당 1차 순생산량(NPP)을 전 세계에 분포한 생태계의 총면적으로 곱한 것이다. 따라서 만약 습지와 같은 특별한 경우라면 m^2를 기준으로 했을 때 매우 생산적인 생태계일지라도 세계적인 생산성을 크게 증가시키지 않을 수 있다. 반면에 외해(open ocean)와 같은 매우 광범위한 생태계는 m^2당 생산성이 낮아도 세계적인 생산성을 크게 증가시킬 수 있다.

자료 분석 단위 면적당 NPP와 전 세계 NPP 사이에 서식지 유형간 관계가 있는가?

있는 화학에너지 양은 1차 육식동물들이 이용할 수 있는 에너지 양보다 훨씬 적다는 것이다.

화학에너지의 양이 한 영양단계에서 다음 단계로 넘어갈 때 줄어드는 이유는 무엇일까? 이를 초식동물 영양단계에서의 에너지의 이용을 예로 알아본다(**그림 38.9**). 식물의 잎을 먹는 곤충과 같은 초식동물은 먹이를 섭취한 후에 배설물을 배출하며, 배설물을 구성하는 화합물에 있는 화학에너지는 1차 육식동물 영양단계를 따라 이동하지 않는다. 초식동물에 의해 동화된 음식물의 화학에너지는 손상된 조직의 복구, 몸의 움직임 및 다른 기능을 위한 세포호흡에 의해 방출된다. 이 방법으로 사용되는 에너지는 열로 전환되면서 육식동물의 영양단계에 따라 이동되지 않는다. 일부 화학에너지는 초식동물의 몸조직을 만들거나 육식동물의 먹이로 제공될 수 있다. 그러나 일부 초식동물은 육식동물에 의해 먹히기보다는 오히려 질병 또는 사고로 죽는다. 결과적으로 잎에서 획득한 초기의 화학에너지의 일부만이 초식동물의 몸조직을 만들고 이것이 1차 육식동물에 먹히게 된다. 그러나 다량의 화학에너지는 배설물이나 열 그리고 육식동물에게 먹히지 않는 초식동물의 몸체로 전환된다. 이러한 과정은 일련의 영양단계에 있는 각 단계에서 반복된다(**그림 38.10**).

생태학자들은 영양단계에 따른 화학에너지의 이용률은 약 10% 정도로 추정하고 있으며, 어떤 경우에는 그 비율이 높아 이용률이 30%에 이르는 경우도 있다.

에너지의 마지막 생성물인 열

근본적으로 생태계에서 광합성에 의해 포획된 모든 화학에너지는 여러 영양단계에서 사용되면서 열로 방출된다. 생태계에 있는 잔사식생물들도 모든 사체, 배설물 및 이용 가능한 물질을 대사 과정을 통해 다른 영양단계에서와 같이 열로 배출한다.

생태계 생산량

생태계는 매우 다양한 1차 순생산량(NPP)을 갖는다. 열대우림이나 습지는 연간 2000 g/m^2의 유기물을 생산하는 생산성이 높은 생태계이다(**그림 38.11**). 그에 비해 온대림의 생산량은 연간 1200~ 1300 g/m^2이며, 사바나는 900 g/m^2, 사막은 90 g/m^2 정도이다. 이러한 일반적인 생태계의 유형은 **생물군계**(biomes)라고 한다.

영양단계의 수는 에너지 이용성으로 인해 제한적이다

섭취된 에너지가 화학에너지로 저장되는 비율은 생물마다 다르며, 1차 생산자로부터 초식동물 그리고 육식동물로 이동하면서 기하급수적으로 감소하게 된다. 그 예로 1차 생산자가 생태계에서 1000단위의 에너지를 얻는다면 다음 단계인 초식동물에서는 그중 10%인 100단위가 화학에너지로 저장되며, 1차 육식동물에는 10단위, 그리고 2차 육식동물에서는 같은 기간에 1단위만 저장하게 된다. 즉, 평균적으로 볼 때 한 영양단계에서 다음 영양단계로 넘어가는 유기물의 에너지 양은 10% 정도가 되는 것이다.

상위 육식동물에 대한 제한요인

영양사슬(trophic chain)에서 화학에너지의 기하급수적인 감소는 영양사슬의 길이와 생태계 내에서 유지될 수 있는 상위 육식동물의 수를 제한하는 요인이 된다. 추정 모델에 따르면 2차 육식동물은 광합성으로 포획된 에너지 중 약 1/1000을 받게 되고, 3차 육식동물은 1/10,000을 받게 된다.

각 영양단계에서 일어나는 화학에너지 소실은 상위 육식동물의 수를 제한한다. 상위 육식동물의 영양단계에서는 적은 양의 에너지만 받지만 육식동물의 몸체는 커지면서 한 개체 유지에 많은 에너지가 요구된다. 이러한 2가지 요인에 의해 상위 포식자들의 개체군에

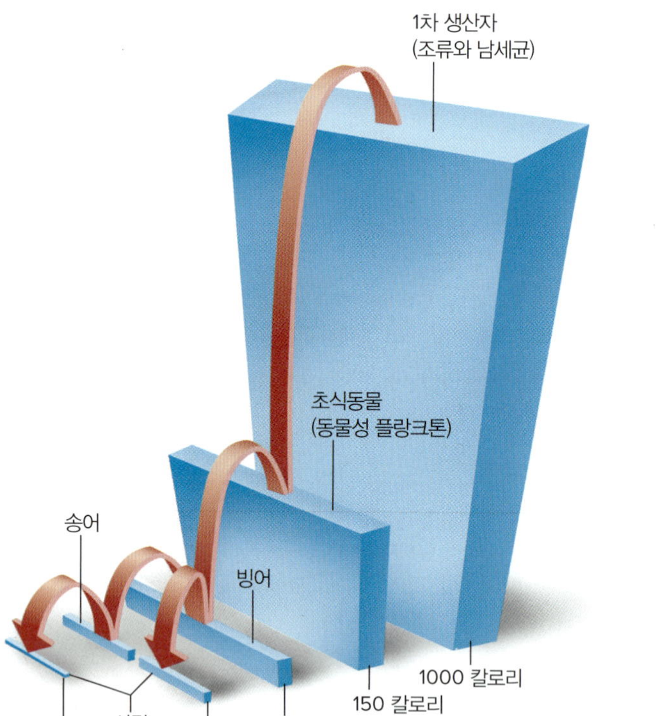

그림 38.12 카유가 호수에서의 영양단계에 따른 에너지 흐름.
독립영양 플랑크톤(조류와 남세균)은 태양에너지를 저장하고, 초식동물인 동물성 플라크톤들은 이들을 먹고산다. 이들 둘은 빙어에 의해 소비되고, 빙어는 송어에 먹힌다. 사람이 송어보다 빙어를 먹을 때 단위시간당 생산되는 물고기의 양이 최소 5배 이상이지만, 사람은 보통 송어를 선호한다.

탐구문제 사람에게 도달되는 적은 열량을 위해 왜 많은 양의 조류가 필요한가?

서 그 수는 적어지게 된다.

가장 긴 영양사슬은 해양에서 볼 수 있다. 연어를 비롯한 다른 해양 포식자들은 3단계 또는 4단계의 육식동물이 될 수 있다. 그러한 긴 영양사슬을 밝히려는 연구가 진행되고 있지만 아직 확실하게 밝혀지지 못하고 있다.

소비자로서의 인간: 사례 연구

뉴욕주의 카유가 호수(Cayuga Lake)의 에너지 흐름은 영양단계에서 에너지의 흐름이 인간의 음식 공급에 어떻게 영향을 주는지 설명해준다(**그림 38.12**). 연구자들은 조류와 남세균과 같은 1차 생산자가 고정하는 에너지 1000 cal 중 약 150 cal가 소형 종속영양생물의 몸으로 전환되는 것으로 계산하였다. 이 중에서 약 30 cal는 생태계의 주요 1차 육식동물인 빙어(smelt)의 몸으로 전환되었다.

사람이 이 빙어를 먹으면 생태계에서 원래 고정한 에너지 1000 cal 중 약 6 cal를 얻게 되며, 송어가 빙어를 먹고 사람이 다시 송어를 먹게 되면 사람은 1차 생산자에 의해 고정된 에너지 중 1.2 cal만을 이용하게 된다. 사람이 동물을 먹지 않고 식물이나 다른 1차 생산자들을 먹으면 개체군에서 더 많은 에너지를 이용할 수 있다. 즉, 육식동물을 소비하는 것보다 초식동물을 소비할 때 더 많은 에너지를 이용할 수 있는 것이다.

생태 피라미드는 영양단계의 관계를 보여준다

생태계에서의 영양단계를 상자들이 쌓이는 것으로 생각해보면 피라미드 모양이다. 위쪽의 상자는 생태계의 에너지 흐름이 상위 단계로 가면서 줄어드는 불변적인 규칙에 따라 아래쪽의 상자보다 더 좁게 나타난다. 이렇게 상자들로 쌓여 있는 모양을 도표로 나타낸 것을 에너지 흐름 피라미드 또는 생산량 피라미드라고 하며, 생태 피라미드(ecological pyramid)의 예가 된다(**그림 38.13***a*).

생태 피라미드에는 여러 가지 유형이 있으며, 이 피라미드 모형은 생산량뿐만 아니라 곡물의 현존량이나 개체의 수를 나타내는 데 이용될 수 있다.

생체량 피라미드(pyramid of biomass)에서 상자의 넓이는 현존량으로 그려지는데, 낮은 생산량을 가진 영양단계는 같은 기간에 상대적으로 적은 생체량을 가지게 된다. 결국 생체량 피라미드는 수직으로 곧게 나타나며, 단계별 상자의 폭은 위로 올라갈수록 좁아지게 된다(**그림 38.13***b*). 일부 생태계에서의 생체량 피라미드는 반대되는 형태를 보이기도 하는데, 이는 한 영양단계가 그 아래의 영양단계보다 높은 생체량을 가지고 있음을 보여주는 것이다(**그림 38.13***c*).

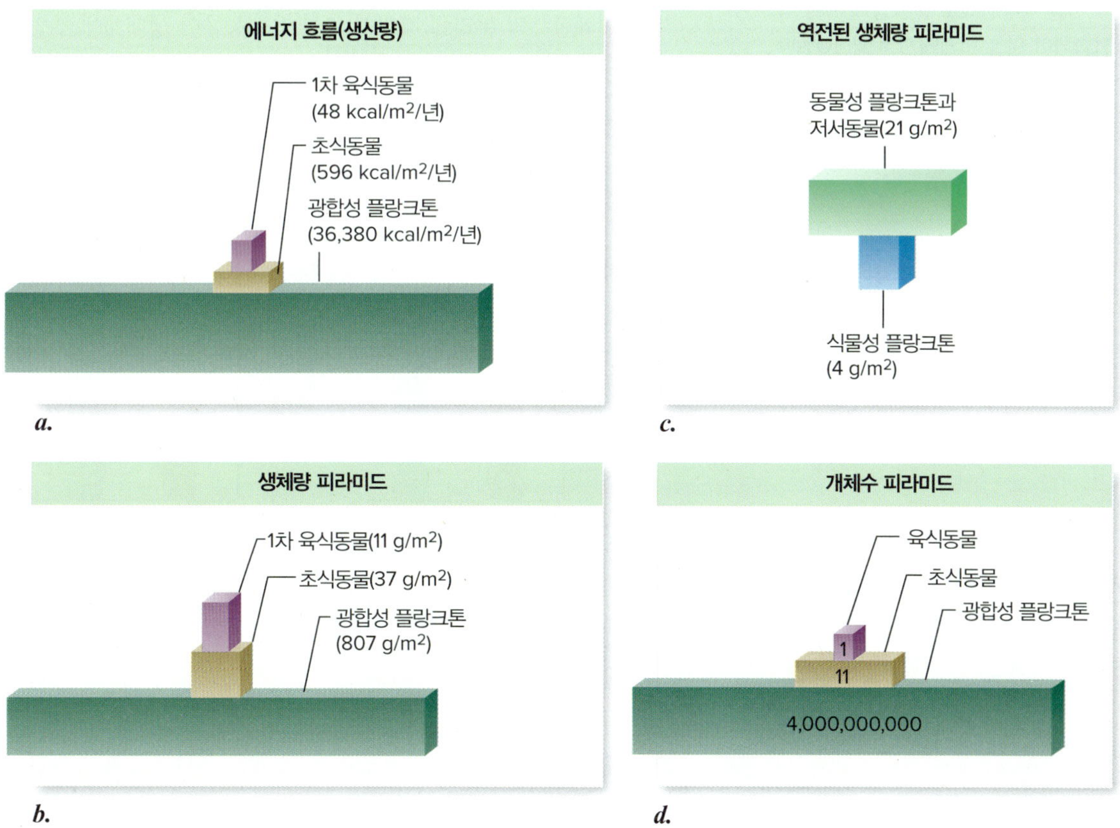

그림 38.13 생태 피라미드. 생태 피라미드에서 생태계 안의 연속적인 영양단계는 쌓여 있는 상자로 나타냈으며, 상자의 넓이는 다양한 영양단계 안에서의 생태적 특성의 규모로 나타냈다. 생태 피라미드는 몇 가지 다양한 특성들을 보일 수 있다 ***a.*** 에너지 흐름(생산량) 피라미드, ***b.*** 일반적인 형태의 생체량 피라미드, ***c.*** 역전된 생체량 피라미드, ***d.*** 개체수의 피라미드.

? 탐구문제
역전된 생체량 피라미드의 존재를 어떻게 설명할 수 있는가?

어떻게 에너지 흐름과 반대되는 피라미드가 가능한 것일까? 수생 생태계에서는 가끔 역전된 생체량 피라미드가 생길 수 있다. 1차 생산자가 단세포 조류(식물성 플랑크톤)이고, 이를 먹는 초식동물이 쌀알만 한 크기의 요각류(copepods) 동물일 경우, 이런 생태계에서 조류는 매우 빠르게 증식하지만 동물이 먹는 속도도 같기 때문에 조류 세포의 개체군은 더 커질 수가 없다. 하지만 이러한 식물성 플랑크톤의 빠른 증식속도로 인해 이들보다 개체수와 생체량이 큰 종속영양 생물 개체군을 지탱할 수 있게 된다. 이런 경우 생체량 피라미드는 역전된 모양이지만 에너지 피라미드는 역전될 수 없다는 사실에 유념해야 한다. 한 영양단계의 에너지 중 일부만 다음 단계의 생체량으로 전환되기 때문에 영양단계에서 에너지의 분포는 항상 피라미드형으로 나타나게 된다.

개체수의 피라미드에서 상자의 넓이는 다양한 영양단계에 존재하는 개체수에 비례하는 것이다(**그림 38.13***d*). 이러한 피라미드들은 항상은 아니지만 대개 위쪽이 좁은 모양으로 나타난다.

핵심 요약 38.2

생태계의 영양단계에는 1차 생산자, 초식동물, 1차 육식동물 및 2차 육식동물이 포함된다. 분해자는 모든 단계에서 사체를 소비한다. 에너지가 한 단계에서 다른 단계로 이동할 때 일부는 필연적으로 열로 손실되어 회수할 수 없다. 광합성 1차 생산자는 약 1%의 태양에너지를 화학에너지로 포획한다. 이 에너지가 다른 영양단계를 통과함에 따라 각 단계에서 열, 배설물 및 사체로 전환되며 다음 단계에서는 약 10%만 사용할 수 있다.

■ 탄소 원자와 같은 물질과 에너지가 생태계에서 이동하는 다양한 방식을 설명해 보자.

38.3 영양단계 사이의 상호작용

학습 목표

1. 영양연쇄반응이 지닌 의미에 대해 설명할 수 있다.
2. 하향효과와 상향효과를 구별할 수 있다.

먹이사슬을 보면 서로 다른 영양단계에 있는 종들 사이에 상호작용이 있음을 알 수 있다. 1차 육식동물은 피식자들에게만 영향을 주는 것이 아니라 피식자(prey)가 먹는 식물이나 조류에도 간접적으로 영향을 준다. 한 영양단계의 영향이 위쪽과 아래쪽 영양단계에 미치는 이런 현상을 **영양연쇄반응**(trophic cascade)이라고 한다. 이 영향이 포식자로부터 하위 영양단계로 내려갈 때 이 연쇄반응은 **하향효과**(top-down effect)라고 한다.

반대로 1차 생산량의 증가는 초식동물에게 더 많은 먹이를 제공할 뿐만 아니라 간접적으로 육식동물에게도 더 많은 먹이를 제공하게 된다. 1차 생산자에서부터 더 높은 영양단계로 올라갈 때 이 연쇄반응은 **상향효과**(bottom-up effect)라고 한다.

하향효과는 상위 영양단계의 변화가 1차 생산자에게 영향을 줄 때 발생한다

하향효과는 담수 생태계에서 실험적으로 확인이 되었다. 한 계류에 망을 설치하여 구역으로 나누어 실험이 이루어졌는데, 실험 구역 중 일부 구역에는 무척추동물을 먹이로 하는 송어를 넣고 다른 구역에는 넣지 않았다. 10일 후 송어가 들어있는 구역의 무척추동물의 수는 송어를 넣지 않은 대조군의 절반으로 줄어들었으나, 이 구역의 무척추동물이 먹는 조류(algae)의 생체량은 대조군보다 5배 많게 나타났다(**그림 38.14**).

영양연쇄반응의 논리에 따라서, 2차 육식동물이 생태계에 투입되

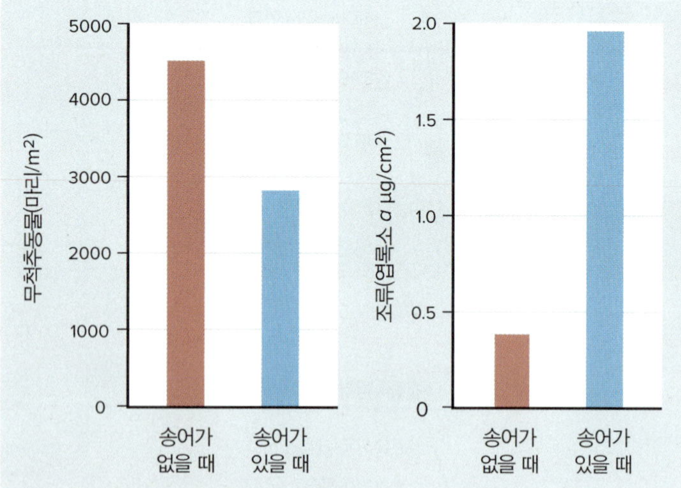

그림 38.14 단순한 영양연쇄에서의 하향효과.
뉴질랜드의 하천에서 송어가 있는 하천에는 송어가 없는 하천보다 초식성 무척추동물의 수가 적고 조류는 많다

? **탐구문제** 송어가 있는 하천에 더 많은 조류가 있는 이유는 무엇인가?

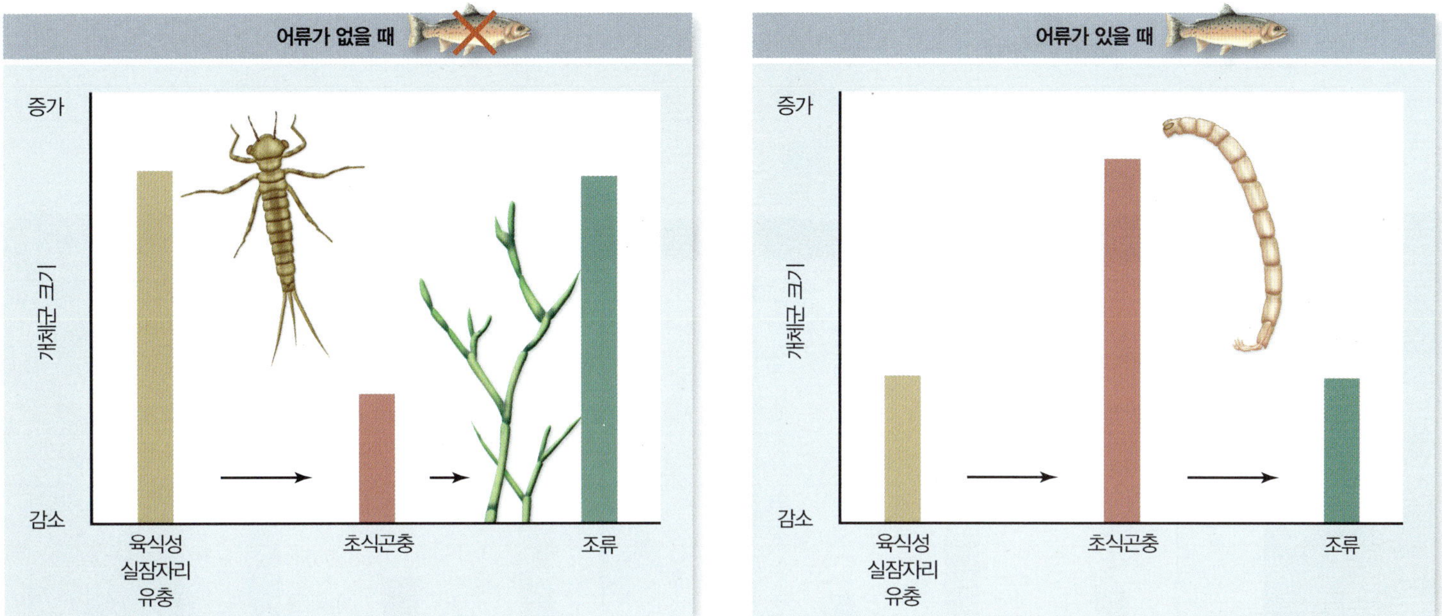

그림 38.15 **4단계 영양연쇄에서의 하향효과.**
대형 육식성 어류가 있는 계류에는 실잠자리 유충과 같은 1차 포식자의 수가 적고, 초식성 곤충(예: 수서곤충인 깔다구 유충)이 많으며, 조류가 적다(오른쪽 그래프).

? **탐구문제** 이 실험에서는 물고기 존재가 조류를 적게 하고 **그림 38.14**에서의 실험에서는 많게 하는지 그 이유를 설명하시오. 물고기를 잡아먹는 뱀이 추가된다면 어떤 영향을 기대할 수 있겠는가?

었을 때도 영양 연쇄반응이 나타날 수 있다는 것을 알 수 있다. 이 경우 상위 포식자는 하위 포식자 개체군을 조절하고 이는 다시 초식 동물의 수를 늘려 1차 생산자의 수가 줄어들게 될 것이다.

앞에서 수행한 것과 비슷한 실험을 캘리포니아의 한 계류에서 수행한 바가 있다. 이 경우 대형 육식 어류가 들어간 구역에서는 실잠자리 유충(nymphs)과 같은 곤충을 잡아먹는 소형 포식자의 수는 크게 감소하면서 조류를 먹고 사는 곤충 같은 초식동물의 수는 증가하게 되어 조류의 생체량이 감소하게 된다(**그림 38.15**).

규모가 큰 생태계에서 일어나는 영양연쇄반응은 실험으로 확인하기 쉽지 않기 때문에 그러한 연쇄반응을 완전하게 파악할 수 없다. 그럼에도 불구하고 많은 대규모 생태계에서의 연쇄반응들이 생태학자들에 의해 밝혀졌다. 극적인 예 중 하나가 북아메리카 서쪽 해안을 따라 나타나는 해달과 성게 그리고 해조류 숲(kelp forest)이다(**그림 38.16**).

해달은 성게를 먹고, 성게는 어린 해조류를 먹는다. 해달이 풍부할 때 해조류 숲은 번성하는데, 이는 성게의 수가 상대적으로 적기 때문이다. 하지만 해달의 수가 줄어들게 되면 성게의 수가 늘어나고 해조류 숲은 손상이 된다. 그림에는 범고래도 나타냈는데 지난 수년간 범고래가 해달을 잡아먹어 왔으며, 이 때문에 해달의 개체군은 줄어들었다.

인간의 육식동물 포획은 하향효과를 일으킨다

많은 생태계에서 하향효과는 인간의 행동에 의한 것이라 여겨지고 있다. 유명한 박물학자인 레오폴드(Aldo Leopold)는 그의 책 〈모래 나라 연감(Sand County Almanac)〉에서 영양연쇄반응이 과학적으로 입증되기 이전에 이러한 효과에 대해 다음과 같이 서술한 바 있다.

"나는 주(state)마다 늑대를 말살하는 것을 보아왔다. 나는 늑대가 사라진 많은 산의 모습을 관찰해 왔고, 남쪽 사면이 새로운 사슴 발자국들로 뒤덮여 있는 것을 보았다. 나는 먹이가 될 수 있는 모든 덤불과 어린 나무들이 사슴에게 뜯어 먹힌 것을 보았는데, 이 나무들은 생기를 잃고 결국 죽어갔다. 나는 먹이가 될 만한 모든 나뭇잎들이 말안장 높이까지 뜯긴 것을 보았다"

포식자의 제거가 더 낮은 영양단계에 영향을 미치는 유사한 많은 예들이 있다. 한 예로 파나마의 바로콜로라도 섬(Barro Colorado Island)에서 포식자의 부재는 결과적으로 이들보다 낮은 단계의 포식자들인 원숭이, 페커리, 붉은긴코너구리, 아르마딜로 등의 수가 더 많아지게 되는 결과를 가져오게 되었다. 낮은 단계의 포식자들이 먹을 수 있는 것들을 모두 먹어치웠기 때문에 지상에 둥지를 트는 새들은 공격에 취약해졌고, 많은 종들이 감소하였다. 그 결과 적어도 15종의 새들이 섬에서 완전히 사라지게 되었다.

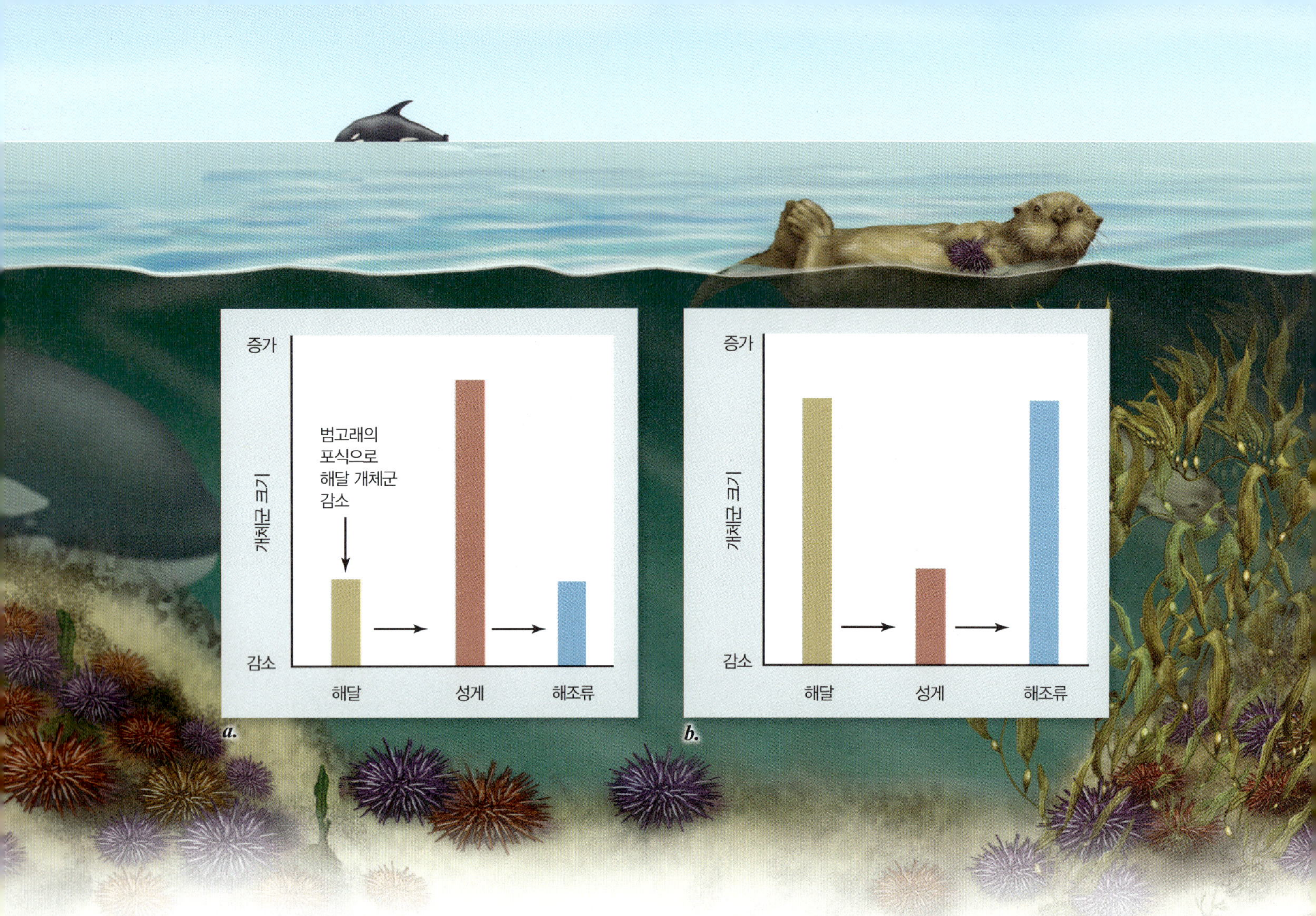

그림 38.16 대규모 생태계에서의 영양연쇄.
북미의 서쪽 해안을 따라 해달/성게/해조류의 관계가 2가지 상태로 존재한다. ***a.*** 해달의 낮은 개체군 수가 성게의 개체군 수를 높게 하고 성게는 해조류 개체군의 증가를 억제한다. ***b.*** 해달의 높은 개체군 수가 성게의 증가를 억제해서 많은 해조류가 증가한다. 최근의 가설에 따르면 다른 포유동물보다는 해달을 잡아먹는 범고래 수의 변화가 현재 생태계의 상태를 유지해주는 것으로 여겨지고 있다(*a*).

그와 유사하게 세계의 대양에서는 세치류(billfish)와 대구(cod)와 같은 거대 포식자의 과도한 포획으로 그 수가 평균 10% 감소하였고, 몇몇의 지역에서는 대구의 먹이인 새우, 게와 같은 개체군들이 더 풍부해졌다.

상향효과는 1차 생산자의 변화가 상위 영양단계에 영향을 줄 때 나타난다

상향효과는 1차 생산량이 증가하여 먹이사슬의 윗방향으로 흐를 때 나타나는데, 이는 초식동물의 먹이가 증가하는 것뿐만 아니라 이들을 잡아먹는 육식동물의 수를 증가시킨다. 상향효과를 예측하기 위해 생태학자들은 생물들의 생활사를 고려해야 한다. 다양한 생태계 유형에서의 상향효과 모델이 **그림 38.17**에 제시되어 있다.

모델에 따르면 1차 생산량이 낮으면 생산자 개체군은 중요한 초식동물 개체군을 지지할 수 없게 된다. 1차 생산량이 증가함에 따라 초식동물 개체군은 생태계의 특성을 갖추기 시작한다. 1차 생산량의 증가분은 초식동물에 의해 왕성하게 소비되면서 1차 생산자의 개체군을 유지하는 수준에서 그 규모가 커지게 된다.

1차 생산량이 계속 증가하면서 초식동물 개체군은 1차 육식동물들을 지지할 수 있을 정도로 충분히 커지게 된다. 이와 같이 1차 생산량의 지속적인 증가는 초식동물의 개체군만을 증가시키는 것이 아니라 포식자 개체군도 증가시킨다.

상향효과의 실험적 증거는 강에 둘러쳐진 울타리 안에서 실행된 연구를 통해 만든 모델에 의해 예측되었다(**그림 38.18**). 울타리가 세워진 장소에서 2차 육식동물인 큰 물고기들은 제외시킨 다음, 울타리 안의 지역별로 다양한 덮개를 덮어 그 구역에 들어오는 햇빛의 양을 다르게 조절하였다.

그 결과 덮개를 하지 않은 구역의 1차 생산량이 가장 많았고, 덮개로 어둡게 한 곳에서 1차 생산량이 가장 적게 나타났다. 조도의 증가로 인해 1차 생산량이 증가함에 따라 1차 생산자의 생체량도 증가하였으며, 육식동물의 생체량도 증가하였다. 그러나 생산자와 육식동물 사이의 영양단계에 있는 초식동물의 밀도는 **그림 38.17**의 모델에서 예측한 바와 같이 크게 증가하지 않았다(그림의 빨간색 선).

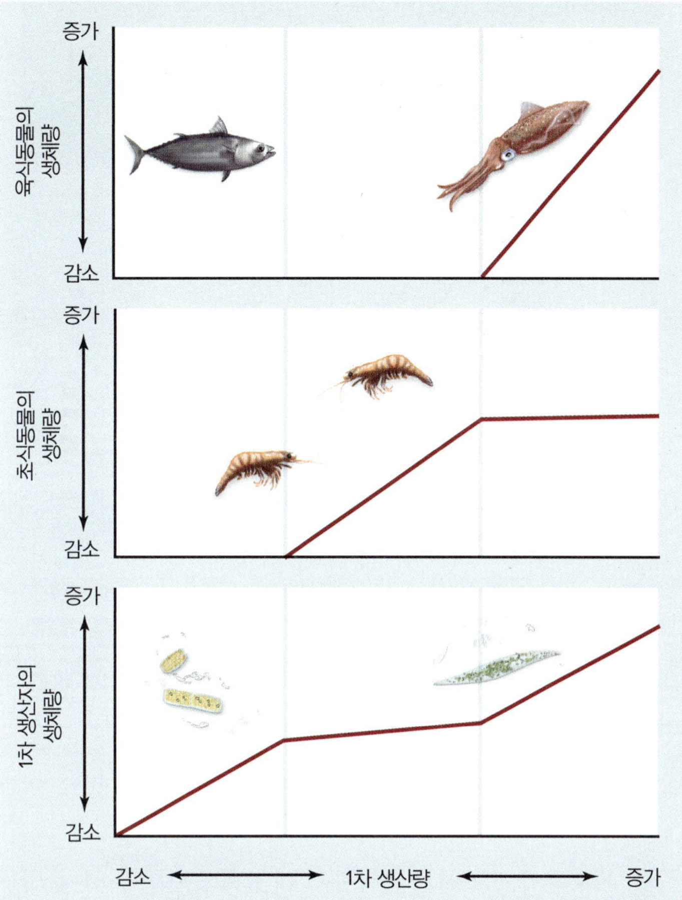

그림 38.17 상향효과 모델.
1차 생산량이 적을 때 초식동물 개체군은 개체군의 유지에 충분한 먹이를 얻을 수 없다. 그리고 초식동물이 없으면 규조류와 같은 1차 생산자의 현존량은 생산량이 증가하는 만큼 증가한다. 일부 역치(그래프의 첫 번째 수직선 참조)에서 1차 생산량의 증가는 초식동물의 개체군 수와 생체량을 증가시킨다. 1차 생산자의 생체량은 1차 생산량이 증가하는 것만큼 증가하지 않는데, 이는 증가하는 생산량이 초식동물에 의해 먹이로 이용되기 때문이다. 또 다른 역치(그래프의 두 번째 수직선 참조)에서 1차 육식동물의 개체군이 지속될 수 있다. 이 역치에서 1차 생산량이 증가함에 따라 육식동물은 초식동물의 증가된 생산량을 섭식하게 되며, 육식동물 생체량이 증가하는 동안 초식동물 개체군의 생체량은 상대적으로 일정하게 유지된다. 1차 생산자의 생체량은 더 이상 초식동물 개체군의 증가에 의해 제한되지 않고, 1차 생산량과 함께 증가한다. 이 모델을 이해하는 열쇠는 생산량과 현존 생체량 사이의 개념에 대한 차이를 아는 데 있다.

탐구문제 1차 생산자의 생체량이 1차 생산량이 증가함에 따라 어떻게 일정하게 유지될 수 있는가?

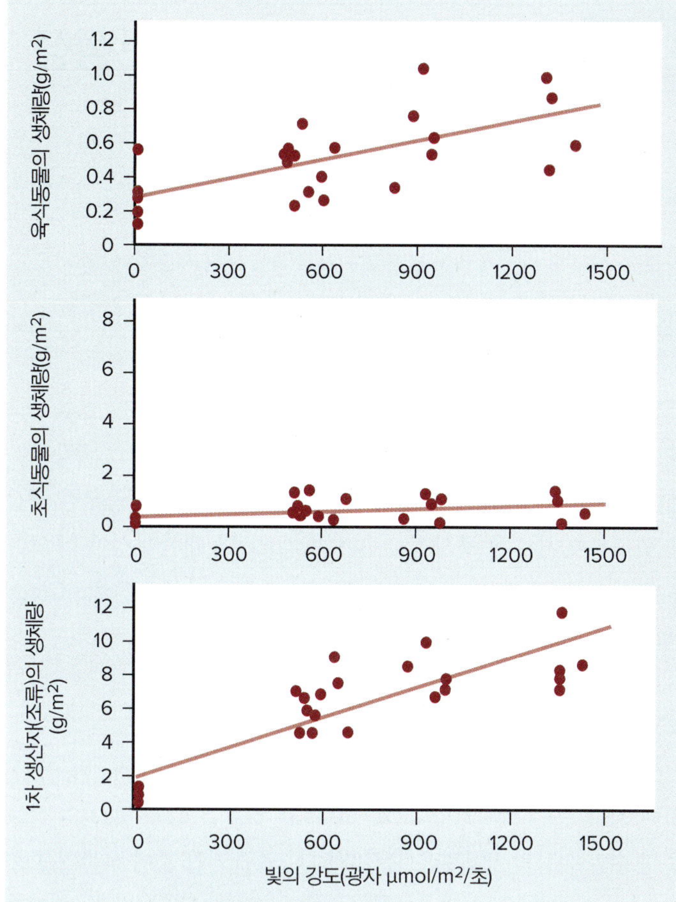

그림 38.18 하천 생태계에서 상향효과의 실험적 연구.
캘리포니아 북부 일강(Eel River)에서 연구된 생태계에서는 **그림 38.17**의 붉은색 그래프의 패턴을 보였다. 빛의 강도가 증가함에 따라 1차 생산량과 1차 생산자의 생체량이 증가하였다. 육식동물 개체군의 생체량도 증가하였다. 그러나 초식동물의 생체량은 1차 생산량이 증가한 만큼은 증가하지 않았는데, 그 이유는 초식동물 생산량이 증가한 만큼 육식동물에 의해서 소비되었기 때문이다.

자료 분석 세 그래프의 회귀선 각도는 무엇을 의미하는가?

탐구문제 이 실험 생태계에서 2차 육식동물이 모든 빛의 강도에 존재한다고 가정하자. 1차 생산자, 초식동물 및 1차 육식동물의 생체량이 빛의 강도가 높아짐에 따라 어떻게 변할 것으로 예상하는가?

핵심 요약 38.3

여러 영양단계에 있는 여러 종의 개체군은 서로 영향을 준다. 그리고 이러한 효과는 단계별로 이동한다. 하향효과는 육식동물의 변화가 하위 영양단계에 영향을 줄 때 관찰된다. 상향효과는 반대로 1차 생산자의 변화가 상위 영양단계에 영향을 줄 때 관찰된다.

- 상향효과와 하향효과가 동시에 일어날 수 있을까?

38.4 생물다양성과 생태계 안정성

학습 목표

1. 생태계의 안정성을 정의할 수 있다.
2. 생태계 기능에 대한 종풍부도의 효과에 대해 서술할 수 있다.
3. 영양단계에서 종풍부도에 기여하는 요인들을 열거할 수 있다.

37장에서 군집 내 종의 수를 나타내는 **종풍부도**(species richness)에 대해 살펴보았다. 생태학자들은 오랫동안 군집 사이의 종풍부도 차이의 중요성에 대해 논쟁해왔다. 한 가지 이론은 종이 풍부한 군집은 안정성이 커서 종 구성이 더 일정하고 교란에 대한 내성이 더 크다는 것이다. 이 가설은 미네소타 대학의 시더크릭 자연사(Cedar Creek Natural History) 지역에서 자세히 연구되었다.

종풍부도는 안정성을 증가시킨다: 시더크릭 연구

미네소타 연구진들은 207개의 작은 토지 구역(8~16 m^2)을 설정하여 11년 동안 조사하였다(**그림 38.19***a*). 그들은 각 구역 안의 식물 종의 수와 식물의 생체량을 측정하였다. 연구 기간 중에 식물의 종풍부도는 군집의 안정성과 관련되어 종이 다양한 구역일수록 해마다 생체량 변동이 적었다. 더욱이 두 해의 가뭄에서 생체량 감소는 종풍부도와 역의 관계를 나타냈는데, 이는 분포하는 종이 더 많은 구역이 가뭄의 영향을 덜 받은 것을 보여준다.

이러한 결과는 구역 내에 여러 다른 종들의 종자를 뿌린 실험에서도 확인되었는데, 종이 풍부한 구역일수록 매해의 생체량이 10년 동안 계속 증가하는 것으로 나타났다.

이와 관련된 실험에서 다른 종의 종자를 여러 구역에 뿌려주었을 때, 이 종들이 그 구역에서 뿌리내릴 가능성은 종풍부도와 역의 관계를 나타냈는데(**그림 38.19***b*), 이는 종이 풍부한 군집일수록 새로운 종의 침입에 대한 저항성이 더 높다는 것을 보여주는 것이다.

종 다양성은 생태계의 다른 과정에도 영향을 준다. 시더크릭의 다른 연구에서는 종의 수가 다른 147개의 실험 구역을 설정하고 생장 정도와 토양으로부터의 질소 흡수량을 조사하였다. 그 결과 종이 많은 구역일수록 질소 흡수량과 생산된 총 생산량이 많았다. 생물 다양성 증가가 생산량 증가와 연결되었던 것이다.

실험실 연구에서도 이와 유사한 결과가 나오고 있다. 1 m^2인 생장실 안의 생태계에서 온도, 빛, 공기 흐름, 기체의 농도를 조절하였다. 그리고 여러 가지 식물, 곤충, 기타 동물을 넣어서 9종, 15종, 31종으로 구성된 생태계를 만들었다. 시더크릭의 연구에서와 같이, 생산된 생체량은 소비된 이산화탄소의 양과 종 다양성이 클수록 증가하였다.

그러나 건강한 생태계가 다양성에 의존한다는 결론을 모든 생태학자들이 인정하는 것은 아니다. 비평가들은 이러한 생물 다양성 연구의 타당성과 관련성에 의문을 제기하며, 구역 안에 더 많은 종을 추가할수록 한 종의 생산성이 증가할 확률이 높다고 주장한다. 생산성이 높은 특정 종의 존재가 아닌 높은 종풍부도 자체에서 높은 생산성 결과를 나타내기 위해 실험 구역들은 "과잉 생산"을 보여야 한다. 다시 말해, 실험 구역의 생산성은 가장 생산적인 단일 종이 단독으로 자랐을 때보다 커야 한다.

과학적 사고

질문: 종풍부도가 군집의 외래종 침입에 영향을 줄까?

가설: 외래종의 침입 정도는 군집 내 종풍부도가 높을수록 낮을 것이다.

실험: 식물종의 수가 다른 여러 실험 구역에 같은 수의 외래식물 종자를 뿌린다.

a.

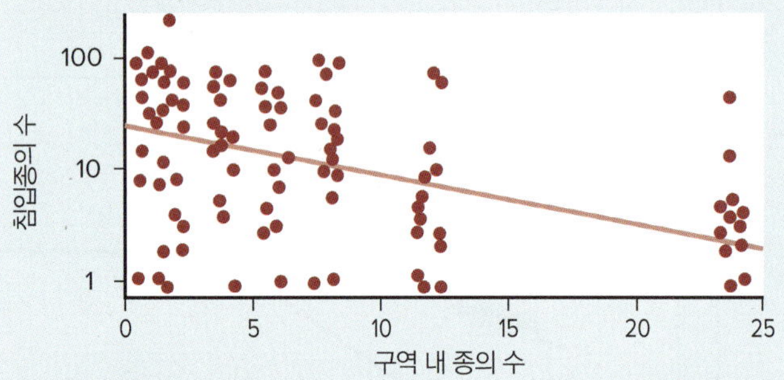

b.

결과: 침입종 수의 변동이 크긴 하지만, 종 수가 많은 구역의 침입종 수가 적다.

결론: 똑같은 종풍부도를 가진 군집에서 침입종 수의 변동이 큰 이유를 어떻게 설명하겠는가?

그림 38.19 생태계의 안정성에 대한 종풍부도의 영향.
a. 시더크릭 실험의 구역 중 하나. ***b.*** 군집의 안정성은 종 침입에 대한 종 다양성의 영향을 보고 측정할 수 있다. 각각의 점은 각 실험구에서 나온 자료이다. 종이 많은 구역일수록 인접 경작지로부터의 외래종 침입을 덜 받는다.

자료 분석 그래프를 통해 구역 내 종의 숫자가 주어졌을 때 침입한 종의 수를 얼마나 잘 예측할 수 있는가?

이 점에 대해서는 여전히 논쟁의 여지가 있지만 시더크릭과 다른 곳에서의 최근 연구는 과잉 생산의 증거를 보여주며 지역 사회의 종풍부도가 생산성과 안정성을 향상시킨다는 주장을 뒷받침하고 있다.

종풍부도는 생태계의 특성에 영향을 받는다

군집 내의 종풍부도에 영향을 미치는 많은 요인들이 밝혀지고 있으며, 계속 제안되고 있다. 37장에서 핵심종의 소실과 물리적인 교란에 대해 살펴보았다. 여기에서는 그에 더해 1차 생산량, 서식지 이질성 그리고 기후 요인 등 3가지 요인에 대해 알아본다.

1차 생산량

생태계마다 1차 생산량(primary productivity)이 다르게 나타난다(**그림 38.11**). 생산량과 종 다양성은 비례하지 않으며, 중간적인 생산량을 가진 생태계가 가장 많은 종을 가지는 경향을 보인다(**그림 38.20***a*).

그 이유는 아직 논란거리이지만, 한 가지 가능한 설명은 생산량의 크기가 포식자의 수와 관련이 있기 때문이라는 것이다. 1차 생산량이 낮으면 초식동물이 거의 없어 식물들 중 우세종이 대부분의 종을 멸종시키게 된다. 그에 비해 1차 생산량이 높으면 초식동물들이 많아지면서 포식에 내성이 강한 종만 살아남게 되어 종 다양성이 감소하게 된다. 그 결과 중간 정도의 생산량과 포식성이 공존하게 되면서 이것이 가장 높은 식물종들이 분포하게 된다는 것이다.

서식지 이질성

다양한 토양이나 지형을 가진 환경은 다양한 서식처, 기후, 은신처 등을 제공하므로 더 많은 종을 유지할 수 있다. 일반적으로 동물의 종 다양성은 식물의 종 다양성을 반영하는 경향이 있다. 또한 한 지역의 동물 풍부도는 그 지역에 분포하는 식물종의 풍부도에 영향을 받는데, 그 예는 **그림 38.20***b*에서 볼 수 있다. 그림에서 보는 것처럼 아메리카 남서부 여러 지역의 도마뱀 종의 수는 그 지역의 식물의 구조적 다양성에 따라 다르게 나타난다.

기후 요인

생태계에 대한 기후 요인의 역할은 측정하기가 더욱 어렵다. 기후에 따라 계절마다 다른 종이 서식할 것이므로, 일정한 기후보다는 계절적 기후 환경에서 더 많은 종들이 공존할 것으로 기대할 수 있다. 그러나 달리 생각하면 안정된 환경은 변동이 심한 곳에서 살지 못하는 특수한 종을 살 수 있게 한다. 북아메리카 서해안의 포유동물 종들의 수는 지역적 온도 변화와 역상관관계를 보이는데, 온도 변화가 심하면 포유동물 종의 수가 적게 나타나므로 후자의 언급을 지지한다(**그림 38.20***c*).

이유는 불명확하지만 열대지역은 높은 종 다양성을 보인다

생물학자들은 온대지방보다 열대지방에 더 다양한 동식물이 서식한다는 것을 알고 있었다. 극지방에서부터 열대로 가면서 종풍부도는 증가하는데, 이와 같은 종 다양성 기울기(species diversity gradient)는 식물, 새, 포유류, 파충류 등에서 이미 기록된 바 있다(**그림 38.21**).

열대지방에 종 다양성이 높은 이유는 불명확하나, 여러 가설들 중 다음과 같은 5가지 제안들이 일반적으로 논의되고 있다.

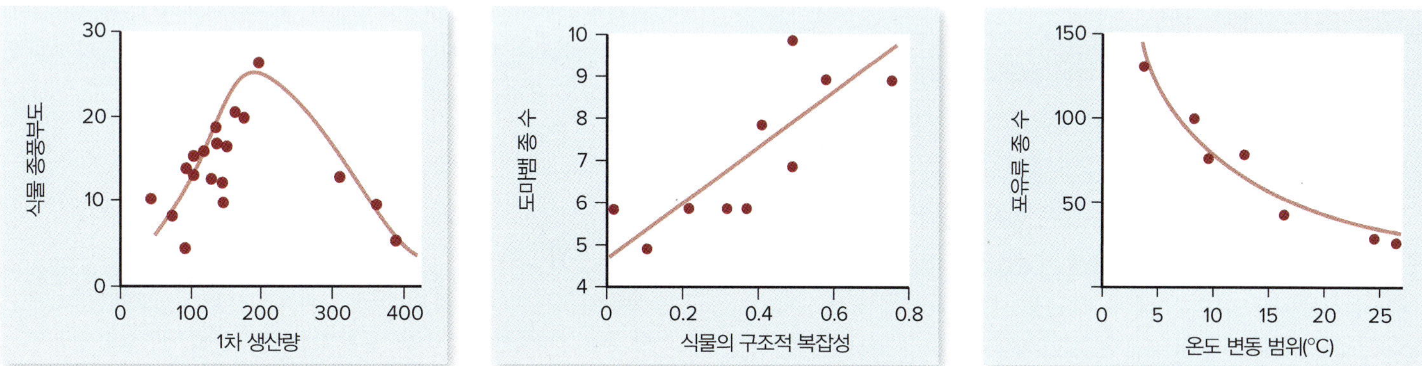

a. *b.* *c.*

그림 38.20 종풍부도에 영향을 주는 요인들.
a. **생산량**: 남아프리카 산악지대의 식물 군집에서 종풍부도는 중간 수준의 생산량(생체량)을 나타내는 군집에서 최댓값을 보인다. *b.* **공간 이질성**: 남서아메리카 사막에서 도마뱀의 종 다양성은 식물의 구조적 복잡성(다양성)에 비례한다. *c.* **기후**: 북아메리카 서해안에서 포유동물의 종 다양성은 월 평균 온도의 변동 폭과 반비례한다.

? **탐구문제** (a) 왜 종풍부도는 중간 생산량에서 최대가 되는가? (b) 왜 구조적으로 복잡한 지역에서 더 많은 종이 존재하는가? (c) 왜 온도의 변동이 적은 지역에서 더 많은 종이 서식하는가?

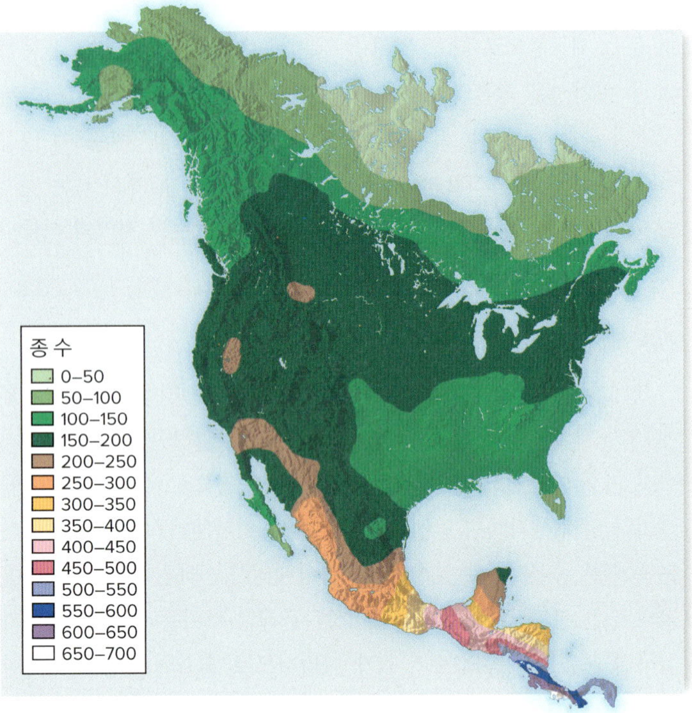

그림 38.21 종풍부도와 위도 분포.
북아메리카와 중앙아메리카에서 새의 종의 수는 열대지역으로 갈수록 크게 증가한다. 극지방에서 발견되는 새는 100종도 안되지만, 중앙아메리카 남부에는 600종이 넘는 새가 살고 있다.

열대지역의 진화적 연령

온대지방은 계속된 빙하작용의 영향을 받은 반면, 열대지방은 오랫동안 교란되지 않은 채 진화해왔기 때문에 종의 수가 더 많다는 제안이다. 열대지방의 군집 연령이 길수록 그 속에서 복잡한 개체군은 상호작용으로 공진화(coevolution)하며 큰 다양성을 이루게 되었다.

그러나 최근의 연구에 의하면 열대 군집의 장기간 안정성은 너무 과장되었다고 한다. 깊은 토양 속의 꽃가루를 조사한 결과 빙하기에 열대삼림은 그 규모가 지금보다 훨씬 작았음을 보여주고 있다. 따라서 열대지방의 종풍부도는 장기간 지속되어 온 것은 아닌 것으로 여겨지고 있다.

반면, 최근의 계통분류 연구는 많은 동식물이 열대지역에서 함께 진화해오다 온대지역에서 서식하게 되었음을 보여준다. 그 결과, 이러한 동식물들이 열대지역에서 보다 장기간 지속되어 오게 되었고, 종풍부도는 결국 더 오랜 기간 동안 다양화가 일어난 것이 반영된 것이라는 설명이다.

높은 생산량

두 번째로 설득력 있는 가설은 열대지역이 온대지역보다 더 많은 태양복사를 받기 때문에 열대에 더 많은 종이 있다는 것이다. 핵심은 1년 내내 성장하는 계절에 더 많은 태양에너지가 열대식물의 전반적인 광합성 활동을 크게 증가시킨다는 것이다.

열대림의 총 자원을 파이로 시각화하고 종의 생태적 지위를 파이의 조각으로 시각화하면, 큰 파이가 더 많은 조각을 만들어 내는 것을 알 수 있다. 그러나 앞에서 언급했듯이 많은 현장 연구에 따르면 종풍부도가 중간 수준의 생산량에서 가장 높다는 것이 밝혀졌다. 따라서 생산량 증가는 종풍부도를 높이지 않고 낮게 할 것으로 예상된다.

기후의 안정성과 지속성

계절 변화는 열대에도 존재하지만 일반적으로 온대지역보다는 적다. 이러한 감소된 계절성은 자원을 분할하여 경쟁을 줄이도록 생태적 지위를 세분화하는 특수화된 종의 출현을 촉진할 수 있다. 예상 결과는 열대지방에서 더 많은 수의 더 세분화된 종이 존재하는 것인데, 그것은 실제로 우리가 관찰할 수 있다. 이 가설에 대한 많은 현장 실험이 수행되었으며 거의 모든 결과가 가설을 지지한다. 즉 온대 지역보다 열대 지역에서 좁은 범위의 생태적 지위가 많이 나타나고 있다.

포식

여러 연구에서 열대지방에서 포식이 더 심한 것으로 보고되고 있다. 이론적으로 포식이 심할수록 생태적 지위의 중복이 일어나 종 풍부도가 증가하며 종간 경쟁의 중요성은 감소될 수 있다.

공간 이질성

앞에서 살펴본 바와 같이 공간적 이질성(spatial heterogeneity)은 종풍부도를 증가시킨다. 열대삼림은 구조적 복잡성으로 인해 다양한 미소 서식지(microhabitats)를 만들어 다양한 종이 서식할 수 있는 환경을 제공해 준다. 열대삼림에서 수직으로 길게 뻗은 식생을 통과하는 빛은 강도와 파장이 여러 범위로 나누어져 다양한 광환경을 만들게 된다. 이로써 종다양성이 풍부해진다.

핵심 요약 38.4

생태계는 구성이 비교적 일정하고 교란에 저항할 수 있으면 안정적이다. 모든 생태학자들이 이러한 결론에 동의하지는 않지만, 실험 현장 연구는 종이 풍부한 지역이 새로운 종의 침입에 더 잘 저항할 수 있을 뿐만 아니라 1차 영양단계에서 생체량(biomass)이 증가한다는 결론을 뒷받침한다. 종풍부도는 열대지방에서 가장 크며, 그 이유는 서식지 변화, 증가된 햇빛 및 장기적인 기후, 그리고 계절적 안정성을 들 수 있다.

- 대기오염의 증가로 지표면에 도달하는 햇빛의 양이 줄어든다면 1차 생산자에게 어떤 영향을 줄까?

38.5 섬 생물지리학

학습 목표

1. 종과 면적의 관계에 대해 서술할 수 있다.
2. 면적과 고립도가 정착과 멸종에 미치는 영향에 대해 설명할 수 있다.

생태학적으로 명백한 사실 중 하나는 작은 섬보다 큰 섬에서 더 많은 종들이 서식한다는 점이다. 1967년에 프린스턴 대학의 맥아더(Robert MacArthur)와 하버드 대학의 윌슨(Edward O. Wilson)은 종의 수와 면적 관계(species-area relationship)에서 종의 멸종과 정착 가능성이 면적과 격리의 영향을 받아 나타나는 결과라고 제안하였다.

평형 모델은 멸종과 정착의 균형을 나타낸다

맥아더와 윌슨은 종들이 지속적으로 섬으로 분산하기 때문에 섬은 더 많은 종을 포함하는 경향을 나타낼 수 있다고 설명했다. 그러나 새로운 종이 추가되는 동시에 다른 종은 멸종되기도 한다. 섬이 수용할 수 있는 종의 수는 제한되어 있기 때문에 원래 아무 종도 없던 섬에 종의 수가 증가하면서 정착률(rate of colonization)은 감소하고 멸종률(rate of extinction)은 증가한다.

그 결과 어느 시점에서 멸종수와 정착수는 동일하게 되기에 종의 수는 일정하게 된다. 따라서 어떤 종들은 멸종하고 새로운 종들이 정착하면서 종의 구성은 변화하지만 각 섬마다 일정하게 지속되는 평형 종 수가 있다(**그림 38.22***a*).

맥아더와 윌슨의 평형 모델(equilibrium model)에 따르면 섬의 종풍부도는 정착과 멸종 사이의 동적 평형에 따라 이루어진다. 그리고 섬의 크기와 육지로부터의 거리도 섬의 종풍부도에 영향을 미친다. 작은 섬은 개체군들의 크기가 작기 때문에 멸종률이 높게 나타난다. 또한 육지로부터 거리가 먼 섬일수록 정착하는 종의 수가 적게 된다. 따라서 육지로부터 멀리 떨어지고, 크기가 작은 섬일수록 섬에 분포하는 종의 수는 적게 나타난다(**그림 38.22***b*).

이 단순한 모델이 예측하는 바는 실제로 현장에서 조사된 자료와 잘 일치한다. 그 예로 아시아 쪽 태평양의 섬에 분포하고 있는 새의 종풍부도는 섬의 크기와 양(+)의 상관관계를 보이고 육지와의 거리에 대해서는 음(−)의 상관관계를 보이는 것으로 조사되었다(**그림 38.22***c*).

검증 중인 평형 모델

대학원생이었던 윌슨과 심버로프(Dan Simberloff)는 1960년대 중반에 플로리다 키스(Florida keys)제도에 있는 작은 맹그로브 섬에서 평형 모델에 대한 연구를 수행하였다. 그들은 섬에서 생물상을 조사한 후 훈증 소독(fumigation)을 통해 동물들을 모두 제거한 다음, 동물들을 재정착시키고 정기적으로 조사를 하였다. 이들의 연구와 이와 유사한 다른 연구들이 모두 평형 모델을 지지하는 경향을 보였다.

장기간에 걸친 현장 연구는 맥아더와 윌슨이 처음 구상했던 것보다 훨씬 더 복잡한 양상을 보였다. 그들의 모델은 특정 종이 멸종하고 다른 종들이 이입하여 높은 수준의 종 순환이 일어날 것을 예측하였다. 그러나 섬에 사는 조류와 거미의 집단에서는 해가 거듭되어도 이러한 순환 현상이 거의 나타나지 않는다는 사실이 확인되었다. 게다가 섬에 이입하고 이출하는 종 중에는 높은 개체군을 형성하지 않

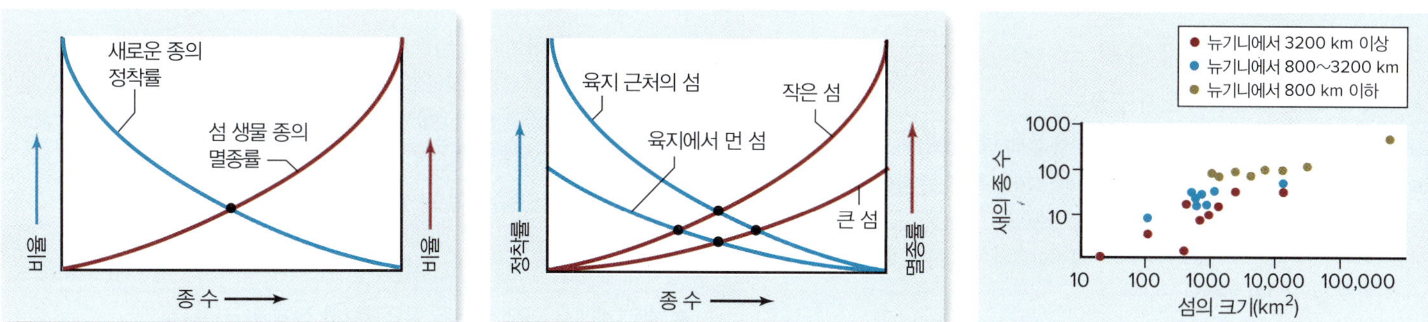

a. *b.* *c.*

그림 38.22 섬 생물지리학의 평형 모델.
a. 섬의 종풍부도는 새로운 종의 정착률과 기존 종의 멸종률이 동일할 때 평형(검은색 점)에 도달한다. *b.* 정착률, 섬의 크기, 육지로부터의 거리에 따른 평형 변화. 종풍부도는 섬의 크기가 클수록 커지며, 육지로부터 거리가 멀수록 줄어든다. 작은 섬에서는 멸종률이 높아서 평형점은 왼쪽으로 이동한다. 이와 유사하게 육지에서 떨어진 섬일수록 정착률이 낮아 평형점은 역시 왼쪽으로 치우친다. *c.* 정착종의 공급처라 할 수 있는 본토(큰 섬)로부터의 거리 영향은 뚜렷하며, 면적이 비슷할 경우 멀리 떨어진 섬일수록 종풍부도가 떨어진다.

는 종들도 포함하고 있다. 섬에 분포하고 있는 종 중 상당 비율은 많은 개체군을 유지하면서 거의 멸종하지 않는다.

이러한 연구들은 비교적 짧은 기간에 이루어졌는데, 평형 모델은 여러 세기에 걸친 섬의 종풍부도 결정에 대해 좋은 예시가 될 수 있을 것이다.

진화적인 종-면적 관계

맥아더와 윌슨의 이론은 정착화와 멸종이라는 2가지 생태적 과정 사이에 발생하는 평형에 근거한다. 그러나 많은 섬들은 적응방산(adaptive radiations)으로 유명하여 적응방산을 통해 조상종은 다양한 생태적 지위를 갖도록 적응된 후손을 낳는다(18장 참조). 어떻게 종분화가 평형이론과 관련될까?

이 주제는 최근 큰 관심이 되고 있다. 섬 면적은 멸종률(섬 크기가 증가함에 따라 멸종률이 낮음)뿐만 아니라 종의 비율에도 영향을 미친다는 것이 밝혀졌다. 즉, 큰 섬에서 종분화가 잘 일어난다. 이것이 발생하는 이유는 분명하지 않지만 아마도 2가지 요인의 영향을 받을 것으로 생각된다. 첫 번째, 섬이 클수록 개체군이 강이나 다른 장벽에 의해 둘로 나뉘어 이소적 종분화가 촉진될 가능성이 높아진다(18장 참조). 두 번째, 더 큰 섬은 생태학적으로 더 다양한 경향이 있으며, 더 많은 생태적 지위를 제공하여 종들이 공존을 허락하는 상태로 진화할 기회를 갖는다.

진화적 다양화는 고립된 섬에서 더욱 중요한데, 다시 2가지 이유가 있다. 먼저, 본토 근처의 섬에서는 본토로부터 반복적으로 정착화가 발생함으로써 유전자 흐름이 일어나 종분화를 방해하는 경향이 생긴다. 둘째, 고립된 섬이 많을수록 정착 개체수가 줄어들기 때문에 이용가능한 생태적 지위가 많아져 새로 출현한 종이 점유할 수 있는 지위가 늘어난다.

진화생물학자들은 생태학적, 진화적 요인의 상대적 중요성에 대한 이해와 이들의 상호작용 방식을 이해하여 다양한 섬에서 종의 풍부도를 결정하기 위해 지속적으로 노력하는 중이다.

핵심 요약 38.5

종-면적 관계는 더 넓은 면적의 섬이 더 많은 종을 포함한다는 것을 관찰한 것이다. 섬의 종풍부도는 정착과 멸종 사이의 역동적 균형을 통해 결정되는 것으로 보인다. 본토와의 거리는 또한 정착과 멸종률에 영향을 미치므로 본토에서 멀리 떨어진 작은 고립된 섬에서는 더 적은 종이 발견된다.

■ 크기가 큰 섬보다 작은 섬에 더 많은 종이 살기 위해서는 어떤 조건이 만족되어야 할까?

핵심 개념 요약

38.1 생물지구화학적 순환

■ **생태계 내 물질 순환의 원자 구성**

화학물질의 원자는 생물지구화학적 순환을 통해 이동한다.

■ **유기물의 기반인 탄소는 대부분의 생태계를 통해 순환한다**

탄소 순환은 보통 호흡과 광합성을 통해 고정되는 이산화탄소를 포함한다. 탄소는 탄산염과 메테인에도 존재한다. 화석연료가 연소하면 탄소 순환의 균형은 깨지게 된다(**그림 38.1**).

■ **물이용은 육상 생태계에서 중요하다(그림 38.2)**

물은 증발과 증산을 통해 대기로 유입되어 강수로 지표면에 되돌아간다. 물은 광합성 과정에서 분해되며, 세포 호흡과정에서 생성된다. 대수층의 지하수를 포함하여 지구의 많은 물이 오염되고, 인간 활동이 생태계의 물 공급을 변화시킨다(**그림 38.3**).

■ **질소순환은 미생물에 의한 질소고정에 의존한다**

질소는 대기의 78%를 구성하고 있지만, 일반적으로 공급이 가장 어려운 원소이다. 질소는 질소고정 미생물에 의해 사용 가능한 형태로 전환되어야 한다. 비료에 질산염을 사용하면 가용 질소가 2배가 된다(**그림 38.4**).

■ **인은 대기가 아닌 육상 및 수생 생태계를 통해 순환한다**

또 다른 제한 원소인 인은 암석의 풍화에 의해 방출된다. 인은 대양으로 흘러들어가 심해퇴적물로 쌓인다. 사람들은 인산염을 비료로 사용한다(**그림 38.5**).

■ **생태계에서 제한 양분은 필요량보다 적게 공급된다**

질소와 같은 제한 원소의 순환에 따라 양분을 사용할 수 있는 속도가 결정된다.

■ **숲 생태계 내의 생물지구화학적 순환은 실험적으로 연구되었다**

진행 중인 실험에 따르면 생태계의 심각한 교란은 무기물의 고갈과 물 부족을 야기하게 된다.

38.2 생태계 내의 에너지 흐름

■ **에너지는 생성되거나 파괴되지 않고 형태를 바꾼다**

에너지는 빛, 저장된 화학결합, 운동 및 열과 같은 형태로 존재하며, 어떤 전환에서든 일부 에너지는 소실된다.

■ **생물체는 열을 제외한 여러 형태의 에너지를 이용한다**

열역학 제2법칙은 빛이나 화학에너지를 사용할 때 일부는 회수할 수 없는 열로 전환된다는 점을 설명하고 있다.

■ **에너지는 생태계의 영양단계를 통해 흐른다**

유기화합물은 독립영양생물에 의해 합성되며, 독립영양생물과 종속영양생물에 의해 사용된다. 에너지가 생물체에서 생물체로 전달되는 단계를 영양단계라고 하며, 진행성 영양단계를 통한 순서를 먹이사슬이라고 한다(**그림 38.8**).

기본 영양단계에는 1차 생산자가 포함된다. 1차 생산자를 소비하는 초식동물이 다음 단계이며, 그들은 차례로 1차 육식동물에 의해 섭취되며, 2차 육식동물이 섭취할 수 있다. 잔사식생물은 폐기물과 죽은 유기체의 잔해를 먹는다.

지구에 들어오는 태양에너지의 약 1%만이 광합성에 의해 사용된다. 에너지가 각 영양단계를 통해 이동할 때, 이전 영양단계의 에너지는 조금(10%) 남는다(**그림 38.10**).

■ **영양단계의 수는 에너지 이용성으로 인해 제한적이다**

영양단계 사이의 기하급수적인 에너지 감소는 먹이사슬의 길이와 육식동물의 수를 제한한다.

■ **생태 피라미드는 영양단계의 관계를 보여준다**

에너지 흐름, 생물체 또는 다수의 유기체를 기반으로 한 생태 피라미드는 일반적으로 위로 갈수록 좁아진다. 적어도 하나의 영양단계가 그 이하의 단계보다 큰 생물량 또는 더 많은 유기체를 갖는 경우, 역피라미드가 가능하다(**그림 38.13**).

38.3 영양단계 사이의 상호작용

■ **하향효과는 상위 영양단계의 변화가 1차 생산자에게 영향을 줄 때 발생한다**

영양연쇄반응 또는 하향식 효과는 상위 영양단계에서 가해진 변화가 하위 단계에 영향을 미칠 때 발생한다(**그림 38.15**).

■ **인간의 육식동물 포획은 하향효과를 일으킨다**

늑대나 다른 포식자 등의 육식동물을 제거하면 사슴 개체수의 증가와 같이 영양단계가 낮은 종의 개체수 증가를 초래한다.

■ **상향효과는 1차 생산자의 변화가 상위 영양단계에 영향을 줄 때 나타난다**

생산자의 증가는 초식동물의 출현 또는 증가로 이어질 수 있다. 그러나 생산자의 추가적인 증가는 초식동물의 비슷한 증가 없이 육식동물의 증가로 이어질 수 있다(**그림 38.17**).

38.4 생물다양성과 생태계 안정성

■ **종풍부도는 안정성을 증가시킨다: 시더크릭 연구**

시더크릭 연구에 따르면 종풍부도가 높을수록 생체량의 연간 변동이 적고 가뭄과 외래종 침입에 대한 내성이 커진다.

■ **종풍부도는 생태계의 특성에 영향을 받는다**

1차 생산량, 서식지 이질성, 기후 요인은 모두 생태계의 종 수에 영향을 미친다(**그림 38.20**).

■ **이유는 불명확하지만 열대지역은 높은 종 다양성을 보인다**

열대지역은 장기간의 진화, 많은 햇빛으로 인한 생산성 증가, 적은 계절변화, 경쟁을 줄이는 포식의 증가, 공간적 이질성으로 인해 종 다양성이 풍부하다(**그림 38.21**).

38.5 섬 생물지리학

종-면적 관계는 더 넓은 섬이 더 많은 종을 포함하는 것을 반영한다.

■ **평형 모델은 멸종과 정착의 균형을 나타낸다(그림 38.22).**

섬이 작을수록 멸종률이 높아 종의 수가 줄어든다. 본토 근처의 섬은 정착률이 높기 때문에 먼 섬보다 더 많은 종을 갖게 된다. 멸종률이 정착률과 균형을 이루면 평형에 도달한다.

■ **진화적인 종-면적 관계**

종의 정착과 멸종에 더해 종분화는 섬에서 평형을 이루는 종의 수를 결정한다.

연습문제

■ 1단계: 이해력 확인하기

1. 다음 중 지하수에 대한 설명으로 틀린 것은 무엇인가?
   a. 미국에서 지하수는 인구의 50%에게 식수로 제공된다.
   b. 지하수는 재충전될 수 있는 것보다 빨리 고갈되고 있다.
   c. 지하수는 오염되고 있다.
   d. 지하수로부터 오염원의 제거는 쉽게 이루어질 수 있다.

2. 광합성 생물체에 대한 설명으로 맞는 것은 무엇인가?
   a. 이산화탄소를 고정한다.
   b. 이산화탄소를 방출한다.
   c. 산소를 고정한다.
   d. a와 b가 모두 맞다.
   e. a와 c가 모두 맞다.

3. 어떤 박테리아는 질소를 고정하는 능력이 있다. 이것이 의미하는 바는 무엇인가?
   a. 그들은 암모니아를 질화물과 질산염으로 바꾼다.
   b. 그들은 대기 질소가스를 생물학적으로 사용 가능한 형태의 질소로 바꾼다.
   c. 그들은 질소화합물을 분해시키고 암모늄이온으로 방출시킨다.
   d. 그들은 질산염을 질소가스로 바꾼다.
4. 질소는 많은 생태계에서 제한 원소이다. 그 이유는 무엇인가?
   a. 공기 중에 탄소보다 질소가 적기 때문이다.
   b. 질소 원소는 모든 유기생물체에서 빠르게 사용되기 때문이다.
   c. 질소 접근성은 비료의 사용으로 인한 오염으로 줄어들었기 때문이다
   d. 대부분의 생물체는 질소를 원소 형태로 사용하지 못하기 때문이다.
5. 다음 중 인 순환에 대해 맞는 설명은 무엇인가?
   a. 인은 식물과 조류에 의해 고정된다.
   b. 암석으로부터 방출된 대부분의 인은 강에 의해 바다로 이동한다.
   c. 동물들은 식물과 조류를 먹음으로써 인을 얻을 수 없다.
   d. 비료 사용은 전 지구적인 인의 순환에 영향을 미치지 않는다.
6. 한 영양단계로부터 위의 단계로의 에너지 이동에 얼마의 에너지가 손실되는가?
   a. 1%　　b. 10%
   c. 90%　　d. 50%
7. 생태계에서 역전된 생태 피라미드는 보통 다음 중 어느 것을 포함하는가?
   a. 에너지 흐름(energy flow)
   b. 생체량(biomass)
   c. 에너지 흐름과 생체량
   d. a, b, c 모두 옳지 않다.
8. 영양단계 구조에서 상향효과를 발생시키는 것은?
   a. 더 높은 영양단계로의 에너지 흐름 제한
   b. 더 낮은 영양단계에 대한 상위 포식자의 행동
   c. 상위 소비자에 대한 기후적 교란
   d. 생태계에서 잔사식생물의 안정성
9. 종 다양성에 대한 설명으로 옳은 것은?
   a. 적도에서 북극으로 갈수록 증가한다.
   b. 적도에서 북극으로 갈수록 감소한다.
   c. 적도에서 북극까지 동일하게 유지된다.
   d. 적도 북쪽으로는 증가하고 적도 남쪽으로는 감소한다.
10. 섬 생물지리학의 평형 모델이 제안하는 것과 다른 것은 무엇인가?
   a. 큰 섬은 작은 섬보다 더 많은 종을 가진다.
   b. 섬의 종풍부도는 정착과 멸종에 의해 결정된다.
   c. 작은 섬에서는 멸종의 비율이 적다.
   d. 본토와 섬이 가까울수록 정착률은 높아질 것이다.

▪2단계: 적용력 평가하기

1. 허바드 브룩 시험의 연구결과를 토대로 시험림 유역에서 벌목의 영향으로 예측되는 것은 무엇인가?
   a. 시험림 유역에서 물과 양분의 소실 증가
   b. 시험림 유역에서 물과 양분의 소실 감소
   c. 인의 이용 가능성 증가
   d. 질소의 이용 가능성 증가
2. 영양연쇄반응에 따르면, 생태계 내에서 육식동물의 제거는 어떤 결과를 가져올까?
   a. 초식동물과 초목의 수가 줄어들 것이다.
   b. 초식동물의 수는 줄고, 초목의 수는 늘어날 것이다.
   c. 초식동물과 초목의 수는 늘어날 것이다.
   d. 초식동물은 늘고 초목은 줄어들 것이다.
3. 시더크릭(Cedar Creek)의 실험에서 종의 다양성이 증가할 때 침입종의 수가 줄어든 것이 의미하는 것은 다음 중 무엇인가?
   a. 낮은 종 다양성은 생태계의 안정성을 증가시킨다.
   b. 생태계 안정성은 1차 생산량만의 기능이다.
   c. 중간교란 가설은 높은 안정성의 결과를 보인다.
   d. a, b, c 모두 옳지 않다.

▪3단계: 사고력 함양하기

1. 외온동물(ectotherms)은 높고 일정한 체온(열발생)을 유지하기 위해 섭취한 음식 에너지를 사용하지 않는다는 점을 감안할 때, 외온 초식동물과 육식동물이 지배하는 생태계의 먹이사슬이 내온 초식동물과 육식동물이 지배하는 생태계와 비교할 때 어떨 것으로 기대하는가?
2. 일반적으로 투입된 에너지는 낮은 영양단계(1차 생산자)에서 가장 높고, 영양단계를 거치면서 낮아지게 되는데, 그렇다면 어떻게 많은 호수에서 동물성 플라크톤의 현존량이 식물성 플랑크톤의 현존량보다 크게 나타날 수 있는가?
3. 생태학자들은 종종 생태계 종의 손실(환경오염, 서식지 붕괴, 인간의 간섭 등으로 인한)에 대해 염려하는데, 이는 종 자체의 손실보다 그것이 생태계에 미치는 영향 때문이다. **그림 38.17**을 참고하여 그 이유를 설명하시오.
4. 식물의 구조적 복잡성이 증가하면 도마뱀들의 큰 종풍부도를 이끌 수 있는 몇 가지 상세한 방법을 설명하였다(**그림 38.20*b***). 이러한 방법들이 실험될 수 있겠는가? 있다면 어떻게 가능한지 설명하시오.

정답

20장

핵심 요약

20.1 1기 생장은 슈트와 뿌리의 정단분열조직을 사용하여 가지뿐만 아니라 식물의 키를 증가시킨다. 2기 생장은 측면분열조직이 식물의 둘레 증가에 상당한 기여를 하며, 훨씬 더 큰 포자체를 생성한다.

20.2 물관은 물을 수송하며 목부의 일부이다. 세포는 죽었고 벽만 남아 있다. 원통형의 중첩된 물관은 물을 뿌리에서 식물의 잎으로 이동시킨다. 체관요소는 체관의 일부이며, 영양분을 운반한다. 체관요소는 살아 있지만, 핵이 없다. 그들은 몇 가지 대사 기능을 수행하기 위해 인접한 동반세포에 의존한다. 물관과 마찬가지로 체관요소도 원통형이 중첩된 모양이다.

20.3 물이 풍부하다면 뿌리털이 적은 돌연변이 식물이 생존할 수 있을 것이다.

20.4 슈트 정단이 없으면, 잎겨드랑이(엽액)에 있는 곁눈이 자랄 것이다. 이 슈트는 결국 꽃을 피우고 번식한다.

20.5 진정쌍떡잎식물의 잎과 달리 외떡잎식물의 잎은 책상조직과 해면조직으로 나뉘지 않는다. 대신 관다발조직을 둘러싼 세포는 탄소고정에 특화되어 있다. 이러한 해부학적 변화는 산소 농도가 낮은 잎의 일부분에서 탄소고정이 일어나 광합성의 효율성을 증가시킨다.

탐구문제 및 자료 분석

465쪽 탐구문제: 육상생활 방식에 적응할 수 있는 표피조직의 3가지 특성에는 공변세포, 세포모, 뿌리털이 있다. 공변세포는 기공이라고 하는 표피 개구부의 측면에 있으며, 기공의 열림과 닫힘을 조절한다. 물이 부족하면 기공이 닫혀 물을 보전한다. 세포모는 줄기, 잎 및 생식기관의 표피에서 머리카락처럼 나온 파생물이다. 세포모는 잎 표면을 식히고 기공에서 물의 증발을 줄이는 데 도움이 된다. 뿌리털은 어린뿌리에 있는 특정 세포에서 나온 것이며 물 흡수를 위한 표면적을 증가시킨다.

470쪽 자료 분석: 분열조직 세포는 분열할 때마다 하나의 딸세포가 새로운 조직에 기여하고 다른 하나는 분열조직 세포로 유지된다. 따라서 100개의 뿌리 골무세포를 교체하기 위해 각 세포는 10번 분열해야 한다.

연습문제

▪1단계: 이해력 확인하기

1. d 2. d 3. c 4. b 5. b 6. c 7. a 8. b 9. b 10. b 11. d

▪2단계: 적용력 평가하기

1. b 2. c 3. d 4. c 5. d 6. d 7. c 8. a 9. b 10. a

▪3단계: 사고력 함양하기

1. 뿌리에는 깊은 곳에서 나온 측면 뿌리가 있을 수 있지만, 마디의 곁눈에서 나온 잎이 없다. 관다발조직은 뿌리와 줄기에서 다른 양상을 보일 것이다. 만약 중심에 카스파리띠로 둘러싸인 내초를 가진 관다발 중심주가 있으면 뿌리를 보고 있는 것이다.
2. 피목은 가스 교환을 증가시킨다. 젖은 토양에서는 가스를 교환할 기회가 감소한다. 피목은 감소한 가스 교환을 보상할 수 있는데, 이는 진화로 적응된 것이다.
3. 이 질문의 답은 여러 가지가 있다. 뿌리 변형은 건조한 조건에서 물 흡수를 위한 표면적을 증가시킬 수 있으며, 잎 변형은 O_2 대비 CO_2 수준을 최적화하여 기공을 통한 수분 손실의 균형을 더 잘 맞출 수 있다. 슈트 변형은 영양물질 저장을 증가시킬 수 있다.
4. 물이 부족할 때마다 옥수수가 시들게 될 것이다. 큰 단면적의 물관이 없으면 식물에 물을 수송하기 위한 관이 충분하지 않다.
5. 맞춤 작물은 빠르게 성장하고, 최소한의 물을 사용하며, 최적화된 광합성을 위한 잎의 해부학과 생리학을 가지며, 인간의 먹이 공급원으로 사용할 수 있는 변형된 뿌리 또는 슈트를 가질 것이다.

21장

핵심 요약

21.1 물리적 압력에는 중력과 증산뿐만 아니라 팽창하는 세포가 세포벽을 압박하는 팽압이 포함된다. 팽압 및 기타 물리적 압력의 증가는 수분퍼텐셜의 증가와 관련이 있다. 용질 농도는 물이 삼투를 통해 세포에 유입 또는 유출되는지 여부를 결정한다. 삼투를 막기 위해 세포막에 미치는 가장 작은 압력을 만드는 데 필요한 용질 농도가 용질퍼텐셜이다. 수분퍼텐셜은 물리적 힘과 용질퍼텐셜 압력의 합이다.

21.2 아포플라스트 경로이다. 카스파리띠는 내피세포의 세포벽을 통한 물 이동을 차단한다.

21.3 증산작용의 원동력은 잎 내부의 100% 습도와 외부 습도 사이의 기울기이다. 외부 습도가 낮으면 증산 속도가 높은데, 이는 주로 뿌리를 통해 흡수할 수 있는 물의 양에 의해 제한된다. 일액현상은 증산작용이 낮을 때 발생하지만, 수분퍼텐셜 차이로 인해 이온이 계속 뿌리로 이동한다. 그다음 더 많은 물이 뿌리로 들어가 액체를 밀어 올릴 수 있다. 이 밀어 올리는 힘은 증산으로 인해 당기는 힘과 대조적이다.

21.4 모식도는 청색광으로 시작하여 양성자 수송을 유발하고 기울기를 생성하여 K^+ 채널이 열리게 된다. 이는 물의 유입, 공변세포의 팽창 증가 및 기공의 개방으로 이어진다. 온도를 높이면 건조한 상태일 때와 마찬가지로 기공의 개방을 억제할 수 있다.

21.5 가뭄 내성: 깊숙히 박혀 있는 기공은 함몰된 부위에서 수분 장력이 변하기 때문에 증산을 통한 수분 손실을 줄인다.

홍수 내성: 호흡근은 산소를 교환하는, 범람한 물 위에서 자라는 변형된 뿌리인데, 수중 뿌리에 한해서 생긴다.

염분 내성: 뿌리에서 높은 농도의 유기 분자가 생성되면 뿌리 내부의 수분퍼텐셜을 변화시켜 염분 토양에서라도 물을 흡수하게 된다.

21.6 체관부 수송은 양방향일 수 있는 반면에, 물관부 수송은 항상 식물의 뿌리에서 슈트까지 이동한다. 물관부 수송은 증산에 의존하여 물과 용해된 미네랄을 위쪽으로 이동시킨다. 체관부 수송은 각 공급처 및 수용처에서 싣고 내리기 위해 능동수송에 의존한다.

탐구문제 및 자료 분석

491쪽 자료 분석: 평형 이전에 용질퍼텐셜은 용액에서 -0.5 MPa이고 세포에서 -0.2 MPa이다. 용액에는 세포보다 더 많은 용질이 포함되어 있기에 물은 세포가 원형질분리가 일어날 때까지 세포에서 빠져나온다. 세포의 초기 팽압(Ψ_p)=0.5 MPa이고, 용액의 팽압은 0 MPa이다. 평형상태에서 용액과 세포 모두 동일한 수분퍼텐셜(Ψ_w)을 갖는다. 평형에 도달하기 전 $\Psi_{세포}=-0.2$ MPa$+$0.5 MPa$=$0.3 MPa이고, 평형상태에서는 $\Psi_{세포}=\Psi_{용액}=-0.5$ MPa이므로, 세포의 $\Psi_w=-0.5$ MPa이다. 평형상태에서 원형질분리가 일어난 세포의 $\Psi_P=$0 MPa. 마지막으로 $\Psi_w=\Psi_p+\Psi_s$를 이용하면, 세포에서 $\Psi_w=-0.5$ MPa, $\Psi_P=0$ MPa, $\Psi_s=-0.5$ MPa이다.

493쪽 탐구문제: 세포를 통한 물 이동의 가장 빠른 경로는 방해가 가장 적은 심플라스트 경로이다. 어떤 물질이 세포에 들어오고 나가는지를 가장 많이 조절할 수 있는 경로는 막관통 경로이며, 따라서 무기질 영양분을 식물로 이동시키는 가장 좋은 경로이다.

495쪽 자료 분석: **#1** 물관(도관)이나 헛물관(가도관)을 통해 이동할 수 있는 부피는 r^4에 비례한다. 돌연변이로 인해 물관의 반지름 r이 3배 증가하면 물의 이동은 81배 증가한다($r^4=3^4=81$). 더 큰 지름의 물관을 가진 식물은 훨씬 더 많은 물을 옮길 수 있다.

#2 물관이나 헛물관을 통해 이동할 수 있는 부피는 r^4에 비례한다. 따라서 물관이 헛물관보다 $500^4/80^4=1525$배 더 빠르다. 식물의 맥락에서 온도, 습도 및 공변세포가 열려 있는지 여부는 증산 속도에 영향을 미친다. 공동현상을 포함한 구조적인 고려 사항도 증산 속도에 영향을 미칠 수 있다.

502쪽 자료 분석: 체관 내 물질은 50~100 cm/hr의 속도로 이동할 수 있다. 따라서 설탕은 15~30분 안에 25 cm를 움직일 수 있다. 즉, 25 cm/(50 cm/hr)=0.5시간=30분, 또는 25 cm/(100 cm/hr)=0.25시간=15분

연습문제

■1단계: 이해력 확인하기

1. a 2. c 3. d 4. a 5. c 6. d 7. b 8. a 9. d 10. b

■2단계: 적용력 평가하기

1. b 2. d 3. b 4. a 5. b

■3단계: 사고력 함양하기

1. 뿌리세포 외부의 용질 농도가 세포 내부보다 크다. 따라서 용질퍼텐셜은 세포 외부에서 더 음수이며 물은 뿌리세포에서 토양으로 이동한다. 물이 없으면 식물이 시들게 된다.
2. 막을 가로지르는 물의 이동 속도가 아쿠아포린 돌연변이체에서 감소할 것이기 때문에 시든 식물을 찾으면 된다.
3. 막 수송 수준에서 식물과 동물은 매우 유사하다. 식물 세포벽은 세포의 파열을 방지하므로, 식물세포는 대부분의 동물세포보다 더 많은 물을 흡수한다. 표피세포 수준에서는 동물 간에 상당한 차이가 있다. 양서류는 피부를 통해 물을 교환한다. 식물은 방수 표피조직을 가지고 있지만, 기공을 통해 수분을 잃는다. 인간은 땀을 흘리지만 개는 그렇지 않다. 일부 동물은 수생 환경에 있거나 염분이 높은 환경에 적응할 수 있는데, 식물과 마찬가지이다. 관다발식물은 물관부를 통해 식물체로 엄청난 양의 물을 이동하는데, 증산작용을 이용해 수송한다. 폐쇄순환계 동물은 몸 전체로 물을 이동시킬 수 있으며, 또한 삼투 조절을 담당하는 비뇨계를 통해 과도한 물을 배설할 수 있다.
4. 증산 속도는 밤보다 낮에 더 크다. 수분 손실은 기공이 있는 잎이 더 많이 달린 나무의 윗부분에서 먼저 발생하기 때문에, 물관부의 물 감소는 윗부분에서 먼저 관찰된 후 아래쪽 부분에서 관찰된다.
5. 1년차 봄–새로운 당근 묘목은 발생 중인 잎에서 광합성을 하고 설탕은 생장하는 끝부분으로 이동한다.
   1년차 여름–발달 중인 잎은 탄수화물의 원천이며, 이제는 발달하는 뿌리와 성장하는 어린 슈트 정단으로 이동한다.
   1년차 가을–당근 뿌리는 이제 슈트에서 생산되는 모든 탄수화물의 수용처이다.
   2년차 봄–뿌리에 저장된 탄수화물이 슈트가 있는 위로 이동하기 시작한다.
   2년차 여름–슈트가 개화하고, 발달하는 꽃은 뿌리와 잎의 광합성에서 나오는 탄수화물의 주요 수용처이다.
   2년차 가을–종자가 발생 중이며, 탄수화물의 주요 수용처이다. 뿌리에 저장된 탄수화물을 사용했으며, 광합성 과정에서 남은 탄수화물은 발생 중인 종자로 운반된다.

22장

핵심 요약

22.1 뿌리 주변의 수분퍼텐셜이 감소하고 물이 더이상 뿌리로 이동하지 않는다. 증산이 멈추고 식물은 생존을 유지하기 위한 물이 부족하게 된다.

22.2 마그네슘은 엽록소 분자의 중심에서 발견된다. 마그네슘이 충분하지 않으면 엽록소 결핍으로 인해 광합성이 감소하고 면적당 생산량이 감소하게 된다.

22.3 라이조비움과 콩과식물 뿌리는 박테리아가 감염사를 통해 뿌리에 들어가서 분화하고, 탄수화물과 교환하여 식물을 위한 NH_3를 생산하는 공생 관계를 가지고 있다. 질소고정 박테리아는 일반적으로 콩과식물로 제한되지만, 관다발식물의 90% 이상이 뿌리의 표면적을 확장하고 인산염 전달을 증진시키는 균근 진균과 공생 관계를 가지고 있다. 균근 공생이 먼저 존재했으며, 이 공생의 일부 신호전달경로는 라이조비움과 콩과식물 공생에서도 발견된다.

22.4 **#1** 생물체에서 탄소에 비해 질소의 양이 감소하면 단백질이 더 적게 생성된다. 예를 들어 식물은 높은 CO_2 대기와 낮은 CO_2 대기에서 같은 크기일 수 있지만, 상대적인 단백질량은 높은 CO_2 조건에서 더 낮게 나타난다. 인간을 포함한 초식동물의 경우 더 높은 농도의 CO_2에서 낮은 농도에서와 같이 동일한 양의 단백질을 얻으려면 더 많은 식물 물질을 소비해야 한다.

#2 하나의 전략은 토양에서 사용 가능한 질소의 양을 늘리는 것이다. 이것은 화학적으로 생산된 암모니아 비료를 사용하거나, 질소고정 콩과식물로 간작(間作)하거나, 토양을 기름지게 하기 위해 질소가 풍부한 유기물을 사용함으로써 달성할 수 있다. 또한 대기 중 CO_2의 상대적인 양을 줄이기 위한 노력도 도움이 될 것이다.

22.5 동물이 먹지 않는 큰 포플러 나무를 심으면 부분적인 해결책이 될 것이다. 식물환경정화를 받고 있는 지역에 울타리를 두르는 것도 또 다른 방법이지만 모든 동물, 특히 새들의 접근을 방지하는 것은 어려울 것이다. 일부 겨자종(배추속 식물종)을 포함하여 2차 화합물로 초식동물을 자연적으로 억제하는 식물은 식물환경정화에 효과적일 수 있다.

탐구문제 및 자료 분석

512쪽 탐구문제: 나무의 대부분은 광합성 과정에서 대기 중 CO_2와 토양의 H_2O로부터 생성된 탄수화물이다. 나무 질량에서 가장 큰 비율을 차지하는 것은 대기의 CO_2에서 비롯된다.

519쪽 탐구문제: 극한의 저온 및 고온에서는 식물 호흡에 관련된 효소가 변성된다. 식물은 장기적인 온도 변화에 적응하는 경향이 있으며 호흡 속도를 조절할 수 있다. 그러나 변화가 단기적이고 더 극적일 때, 특히 온도 변화가 효소를 변성시킬 만큼 충분히 클 경우에 호흡을 늦추거나 중단될 수 있다.

연습문제

■1단계: 이해력 확인하기

1. b 2. a 3. c 4. d 5. a 6. b 7. c 8. a

■ **2단계: 적용력 평가하기**

1. c 2. a 3. a 4. d

5. a. 1000 kg의 감자에 대한 미량 영양소 문제의 경우, 사용해야 하는 변환은 1 ppm이 1 mg/kg과 동일하다는 것이다. 구리 4 ppm은 4 mg/kg과 같다. 여기에 감자 1000 kg을 곱하면 4000 mg 또는 4 g의 구리가 최대 30,000 mg 또는 30 g이 된다.
   b. 아연 15 ppm은 15 mg/kg과 같다. 따라서 감자 1000 kg = 15,000 mg 또는 15 g에 해당하고, 100 ppm은 100,000 mg 또는 100 g에 해당한다.
   c. 칼륨의 경우 1000 kg에 대한 0.5%는 5 kg이다. 6%는 60 kg에 해당한다.
   d. 철분 25 ppm은 25 mg/kg과 같다. 따라서 1000 kg의 감자 = 25,000 mg 또는 25 g이고, 300 ppm은 300 g에 해당한다.

■ **3단계: 사고력 함양하기**

1. 훈증법은 장기적으론 질소고정에 중요한 세균을 파괴할 수 있다. 또한 식물에 영양분을 공급하는 다른 미생물도 파괴될 수 있다.
2. 붕소를 제외한 완전한 영양 용액과 다양한 농도의 붕소를 가진 완전한 영양 용액에서 토마토를 수경재배한다. 잎의 착색, 성장 속도(단위 시간당 새 잎의 수), 각 처리군 식물에서 생산되는 과일의 수와 크기를 비교한다. 연구가 끝날 때 각 처리군에서 식물의 건조 중량을 비교하는 것도 도움이 될 것이다.
3. 기타 입력 요인에는 다량 영양소와 미량 영양소가 모두 포함된다. 질소, 칼륨 및 인은 비료의 일반적인 다량 영양소이며, 미량 영양소와 함께 순환하는 물의 수준을 검사해야 한다. 공기 중의 CO_2 수준도 검사할 수 있다.

23장

핵심 요약

23.1 엽록소는 광합성에 필수적이고, 피토크롬은 빛을 신호로 사용하여 식물의 생장과 발달을 조절한다. 피토크롬 매개 반응은 식물을 빛 환경과 일치시켜 광합성이 극대화되어 식물에 유리하게 작용한다.

23.2 식물은 정상적인 중력 반응을 갖지 않을 것이다. 빛을 포함한 다른 환경 신호가 식물의 성장 방향을 결정할 것이다.

23.3 잎이 접히면 식물을 건드리는 초식동물이 놀랄 것이다. 결국 초식동물이 떠나고 식물은 보호된다.

23.4 겨울에는 더운 날을 제외하고는 잎이 광합성을 멈춘다. 잠시 날씨가 따뜻해지면 물이 잎으로 이동하여 광합성이 시작된다. 그러나 불행히도 온도가 내려가는 순간 잎이 얼어 영구적으로 손상되면, 봄이 왔을 때 잎사귀가 제 기능을 하지 못하고 나무가 죽을 것이다. 따라서 겨울에 잎을 떨어뜨리고, 얼어버릴 위험이 없는 봄에 새롭게 살아있는 잎을 생성하는 것이 나무에게 이점이 될 것이다.

23.5 지베렐린과 브라시노스테로이드가 후보일 가능성이 높다. 낮은 조도에서 자란 돌연변이 식물에 브라시노스테로이드 또는 지베렐린을 처리하는 것은 좋은 초기 실험이 될 것이다. 이 식물이 야생형 식물보다 키가 커진다면 이들은 호르몬 후보가 될 것이다. 반응이 없다고 해도 돌연변이가 호르몬 수용체에 있을 수 있기에 호르몬 경로를 확인해봐야 한다. 어떤 호르몬 수용체가 돌연변이 되었는지 결정하는 한 가지 방법은 돌연변이 식물을 지베렐린 또는 브라시노스테로이드에 대한 야생형 수용체로 형질전환시키는 것이다.

탐구문제 및 자료 분석

527쪽 탐구문제: 종자 발아, 슈트 신장 및 식물 밀집 탐지 등을 포함하여 많은 적색광 매개 반응은 피토크롬 작용에만 연결되어 있다. 유전자 발현을 유도하는 적색광 매개 반응 중 일부만이 단백질 카이네이스의 작용에 의존한다. 피토크롬이 Pfr 형태로 전환되면 단백질 카이네이스가 인산화를 촉발하고 차례로 특정 빛 조절 유전자의 번역을 촉발하는 신호전달 연쇄반응을 시작한다. 피토크롬의 단백질 카이네이스 도메인에 돌연변이가 있는 식물에서 모든 적색광 매개 반응이 중단되는 것은 아니다.

528쪽 자료 분석: 햇빛이 숲의 지붕을 통과할 때 적색광은 근적외선보다 더 빠른 속도로 잎에 흡수된다. 식물의 신호전달경로는 식물 성장과 발달을 조절하기 위해 피토크롬을 통해 적색 및 근적외선의 상대적인 양에 대한 정보를 통합한다. 예를 들어, 근적외선의 상대적인 양이 증가함에 따라 종자 발아가 억제되기에, 그늘 아래에서는 종자가 발아할 가능성이 작다. 햇빛이 감소하면 어린 식물은 광합성 감소로 인해 생존 가능성이 낮아졌을 것이다. 또는 태양광 감소에 대한 정보는 식물이 광합성을 하기 위해 태양광에 더 가까이 가도록 줄기가 빠르게 신장하는 신호를 보낼 수 있다.

531쪽 탐구문제: 옥신은 줄기와 잎이 빛을 향해 구부러지는 것을 포함하여 식물의 굴광성 성장 반응에 관여한다. 옥신은 식물세포의 가소성을 증가시켜 신장하도록 한다. 가장 높은 농도의 옥신은 태양에 최대로 노출된 줄기 끝에서 가장 많이 발생한다.

539쪽 탐구문제: 옥신 호르몬과 같은 화학물질은 줄기의 그늘진 쪽에서 세포의 신장을 유발하여 줄기가 빛을 향해 구부러지게 할 수 있다.

540쪽 자료 분석: 각도기를 사용하여 수직 또는 수평축을 기준으로 굽힘 각도를 간단히 결정할 수 있다.

연습문제

■ **1단계: 이해력 확인하기**

1. c 2. a 3. d 4. d 5. b 6. d

■ **2단계: 적용력 평가하기**

1. b 2. a 3. b 4. c 5. c 6. b 7. d

■ **3단계: 사고력 함양하기**

1. 이는 황백화 현상이다. 황백화는 어둠 속에서 자라는 식물이 죽기 전에 빛에 도달하도록 돕는 에너지 절약 전략이다. 빛을 사용할 수 있을 때까지 녹색이 되지 않고 줄기의 마디사이 신장에 에너지를 사용한다. 이 전략은 감자 슈트(싹)에 유용한데, 표면에 더 빨리 도달하도록 슈트는 신장한다. 이들은 흰색으로 남아있으며, 햇빛에 노출될 때 엽록소 생성을 시작한다.
2. 굴성은 빛과 같은 환경 신호에 반응하여 생물체가 성장하는 것을 말하며, 주성은 환경 신호에 대한 생물체의 움직임을 의미한다. 식물은 움직일 수 없기에 주성을 나타내지는 않지만, 굴성은 나타낸다.
3. 옥신은 중력으로 줄기의 아래쪽에 축적되면 아래쪽의 세포가 신장할 수 있다. 따라서 옥신 또는 옥신을 포함하는 소포가 중력장에 반응하면 녹말체 없이 중력 반응을 가질 수 있다.
4. 농부는 굴촉성 반응을 일으키고 있는데, 접촉에 반응하여 어린 식물의 마디사이 지름이 증가한다. 큰 줄기는 들판으로 옮겨졌을 때 바람과 비에 더 강하기에, 따라서 어린 식물이 부러질 가능성이 작다.

24장

핵심 요약

24.1 속씨식물이 개화하지 않으면 유성생식이 불가능하고 식물의 적응도가 0이 될 것이다.

24.2 조명이 설치된 식물생장실에서 빛을 조절함으로써 개화를 촉진하는 실험을 설정할 수 있다. 그런 다음 밤 동안에 빛을 잠깐 노출하여 밤의 길이를 중단할 수 있다. 낮의 길이가 결정적인 요인일 경우 짧은 빛의 섬광은 개화에 영

향을 주지 않을 것이다. 그러나 밤의 길이가 결정적인 요인일 경우 짧은 빛이 결과에 영향을 미칠 수 있다. 예를 들어, 단일식물(긴 밤이 필요한 식물)의 경우 밤을 방해하면 개화가 방지된다. 빛으로 밤을 방해하든 말든 식물이 꽃을 피우면 장일식물(짧은 밤의 식물)일 수 있다. 이 경우 밤의 길이를 증가시킨 두 번째 실험을 설정하는 것이 좋은데, 그러면 식물은 개화하지 않을 것이다.

24.3 꽃은 수분매개자를 끌어들여 번식 확률을 높일 수 있다.

24.4 감수분열에 의해 배우자가 형성될 때 새로운 대립유전자 조합이 생길 수 있다.

24.5 겉씨식물에서 암배우체는 배아의 영양 공급원이다. 대조적으로, 속씨식물은 중복수정으로 인해 배아의 영양 조직인 배젖을 생성한다.

24.6 종자가 땅에 있으면 뿌리가 확립될 때까지 어린 식물에 더 큰 안정성을 제공할 수 있다.

24.7 조건이 일정하고 식물이 이러한 조건에 잘 적응했을 때는 유전적 변이가 유리하지 않을 것이다. 오히려, 영양생식이 현재 상태에 잘 적응된 유전자형이 유지되도록 보장할 것이다.

24.8 2년 생활사는 생명체가 두 번째 시즌 동안 번식하는데 사용할 영양분을 상당량 저장할 수 있다. 이 전략의 단점은 식물이 두 번의 성장기 사이의 겨울 동안 살아남지 못할 경우, 적응도가 0으로 감소한다는 것이다.

탐구문제 및 자료 분석

562쪽 탐구문제: 꽃 생산은 최대 4개의 유전적으로 조절되는 경로를 사용한다. 이러한 경로는 식물이 성체 크기에 도달했을 때, 온도와 빛 수준이 최적일 때, 그리고 영양 상태가 개화를 지원하기에 충분할 때 꽃을 피우도록 한다. 이러한 모든 요소가 결합되었을 때 개화의 성공과 식물 종의 후손 세대 생존이 보장된다.

563쪽 탐구문제: 일단 춘화처리가 되고 영양이 최적 상태가 되면 식물이 성체 크기에 도달하지 못하더라도 꽃 억제 유전자가 없이 개화할 수 있다. 즉 개화가 정상보다 일찍 발생할 수 있다.

575쪽 자료 분석: 7번의 세포분열이 일어났다. 하나의 세포가 분열하여 2개의 세포를 생산하고, 분열 시마다 2배씩 증가하므로 7번 분열을 거쳐 총 128개를 생산한다.

576쪽 탐구문제: **#1** 모노프테로스는 뿌리 발생 유전자를 전사하는데 필요한 전사인자인데, 이 유전자의 돌연변이체는 기능적 모노프테로스 단백질을 만들지 않기에 뿌리가 발달하지 않는다.

#2 모노프테로스를 억제할 수 없다면 옥신이 있을 때마다 뿌리가 발생한다. 즉 식물의 뿌리는 예상치 못한 곳에서 자랄 수 있다.

연습문제

▪1단계: 이해력 확인하기

1. a 2. c 3. a 4. d 5. d 6. c 7. d 8. c 9. a 10. d 11. a 12. c 13. c 14. a 15. b 16. c 17. a

▪2단계: 적용력 평가하기

1. b 2. c 3. b 4. a 5. b 6. c 7. c 8. b 9. c

▪3단계: 사고력 함양하기

1. 포인세티아는 단일식물이다. 새로운 고속도로의 자동차 조명은 긴 밤을 중단시켜서 개화를 방해할 것이다.
2. 시금치는 장일식물이며, 식물의 생식기관이 아닌 영양기관을 수확하려고 한다. 여름에는 낮이 길어지면서 시금치가 꽃을 피우지만 봄에는 잎만 나온다. 초봄에 시금치를 기르고 수확하면, 꽃이 피고 노화가 일어나기 전에 잎사귀를 수확할 수 있다.
3. 자가수분은 수분이 없는 것보다 낫고, 타가수분은 다음 세대의 유전적 다양성을 증가시킨다. 콜럼바인의 꽃 구조는 타가수분을 선호하기에, 자가수분은 일종의 백업 옵션이다. 이 백업 옵션을 사용하는 경우 다른 식물의 꽃가루관이 같은 식물의 꽃가루관보다 암술대를 통해 더 빠르게 성장할 수 있기에 타가수분이 자가수분을 중단시킬 수 있는 기회가 한 번 더 있다.
4. 종자에서 자란 감자는 덩이줄기에서 자란 감자보다 새 감자를 생산하는 데 더 오래 걸린다. 종자는 재배 기간 사이에 저장하기 쉽고 통감자보다 훨씬 적은 저장 공간을 차지한다. 종자 재배 감자는 무성으로 번식된 감자 괴경보다 유전적 다양성이 더 크다. 따라서 환경 조건이 해마다 다를 경우, 다양한 식물의 변이는 다른 환경 조건에서 이점을 가질 것이기 때문에 종자 재배 감자가 더 나은 수확량을 보일 수 있다. 반면에 괴경에서 자란 감자는 동일하다. 환경 조건이 해당 유전자형에 최적인 경우, 괴경 재배 감자가 다양한 종자 재배 감자보다 수확이 좋을 것이다. 그러나 환경 조건이 무성생식 감자에 최적이 아니면, 종자 재배 감자가 더 높은 수확량을 가질 수 있다.
5. 바닥에 푸쿠스 접합체를 놓고 빛을 위 방향 또는 아래 방향에서 비춘다. 빛이 더 중요하다면, 중력이 지시하는 반대 방향임에도 불구하고 헛뿌리는 빛을 향해 형성될 것이다. 중력이 더 중요하다면 헛뿌리는 빛의 방향에서 멀어질 것이다.

25장

핵심 요약

25.1 기관은 여러 유형의 조직으로 만들어질 수 있다. 예를 들어, 심장에는 근육조직, 결합조직 및 상피조직이 포함되어 있다.

25.2 샘조직의 상피는 분비 기능을 하지만, 장의 상피세포는 정단쪽 표면에 융모를 가지고 있어 물질을 흡수하는 면적이 증가한다.

25.3 혈액은 혈장과 같은 세포외물질(ECM)이 풍부하기 때문에 결합조직의 한 형태로 분류한다.

25.4 심장세포의 기능은 전기적으로 연결되어야 하는데, 간극연접은 세포 사이에 이온이 흐를 수 있게 한다.

25.5 뉴런의 길이는 1 m나 될 수 있지만, 이는 길이를 따라 물질을 확산시킬 수 있는 매우 가느다란 실과 같은 구조이다. 뉴런은 미세소관을 따라 세포체에서 시냅스로 단백질을 이동시키기 위해 특수한 수송체계를 가지고 있다.

25.6 기관계는 겹칠 수 있다. 예로 호흡계 및 순환계는 겹칠 수 있으며, 이러한 시스템은 상호 의존적이다.

25.7 함께 작용한다.

25.8 온도를 조절하기 위해 대사 열을 생성하는 능력을 가지고 있는지에 대한 차이가 있어야 한다. 따라서 외온성 및 내온성이란 용어가 냉혈과 온혈 대신 사용된다.

탐구문제 및 자료 분석

610쪽 탐구문제: 2분 동안 떨면 흉부 근육이 완전히 수축할 수 있을 만큼 충분히 예열된다. 예열 후 날개를 완전히 작동하도록 하는 근육 수축은 운동에너지로 활용되기 때문에 떨림으로 인해 발생하는 열에너지는 더이상 필요하지 않다.

611쪽 자료 분석: 상대적으로 더 큰 표면적을 가진 작은 포유류는 열을 쉽게 발산하므로 따뜻한 환경에서는 도움이 되지만 추운 환경에서는 해롭다. 추운 환경에서 작은 포유류는 체온을 유지하기 위해 피난처를 찾거나 단열재로 털을 사용하는 등의 적응이 필요하다. 부피가 크고 상대적으로 표면적이 작은 커다란 포유류는 체온을 잃는 데 훨씬 더 오래 걸리므로, 추운 환경에 더 잘 적응한다. 더운 환경은 같은 이유로 그들에게 더 큰 문제를 유발한다.

612쪽 자료 분석: 발열인자는 시상하부의 조절 중추를 표적으로 한다. 그들은 “설정점”을 높여서 일관되게 더 높은 체온을 유도한다.

연습문제

1단계: 이해력 확인하기

1. c 2. c 3. d 4. a 5. d 6. b 7. b 8. b

2단계: 적용력 평가하기

1. b 2. c 3. c 4. d 5. a 6. c

3단계: 사고력 함양하기

1. 내장과 피부 모두 상피조직을 포함하기에 가능하다. 따라서 상피세포에 영향을 미치는 질병은 소화계와 피부 모두에 영향을 미칠 수 있다. 예를 들어, 낭포성섬유증은 상피 막의 이온 수송체계에 영향을 미치기에 폐, 장 및 땀샘에서 나타난다.
2. 신경계와 내분비계는 조절과 유지에 관여한다. 그들은 내부 및 외부 환경을 감지하는 작용을 하며 항상성을 유지하기 위해 변화에 반응하도록 신체를 조절한다. 소화계, 순환계 및 호흡계도 조절 및 유지에 관여한다. 그들은 모두 신체에 필요한 영양소를 공급하기 때문에 함께 작용한다. 소화계는 음식에서 영양분을 얻는 일을 담당하고, 호흡계는 산소를 공급하고 노폐물(이산화탄소)을 제거하며, 순환계는 영양분을 몸의 세포로 운반하고 대사성 노폐물을 제거하는 작용을 한다.
3. 굶주림은 음성피드백 자극이다. 굶주림은 개인이 먹도록 자극하여 배고픔을 제거한 후 포만감을 유발한다. 즉 굶주림은 자극이고, 식사는 자극을 제거하는 반응이다.
4. 내부 환경은 끊임없이 변화한다. 하루의 일과 중에서 근육 활동은 체온을 높이지만, 앉아서 먹거나 쉬면 체온이 내려간다. 신체는 활동이나 환경의 변화에 대해 지속적으로 조절해야 한다.

26장

핵심 요약

26.1 체성신경계는 의식적으로 통제된다.

26.2 세포 안쪽으로 향하는 양의 전류(Na^+의 유입)는 막을 탈분극하고, 바깥쪽으로 향하는 양의 전류(K^+의 유출)는 막을 재분극한다.

26.3 담배에는 복합 니코틴이 있어서 일부 아세틸콜린 수용체에 결합할 수 있다. 이것은 수용체 수 및 반응의 변화를 포함하는 근본적인 습관화를 유발하여, 고전적인 중독증상으로 이어진다.

26.4 반사 경로를 사용하면 정보가 실제로 뇌에 도착하기도 전에 손상을 입히는 자극에 빨리 반응할 수 있다.

26.5 이 두 시스템은 반대 방향으로 작동한다. 이것은 직관적이지 않은 것처럼 보일 수 있지만, 대부분 항상성의 기초이다.

탐구문제 및 자료 분석

623쪽 자료 분석: 3종류를 합산한 것이 그림에 표시되어 있다. 다른 가능한 조합별 전위 합은 다음 그래프와 같다.

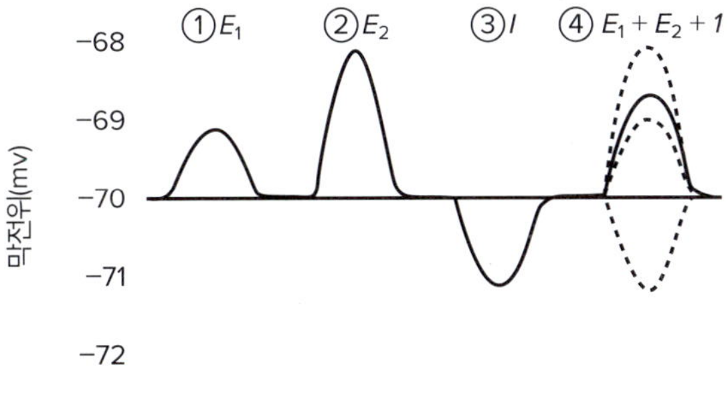

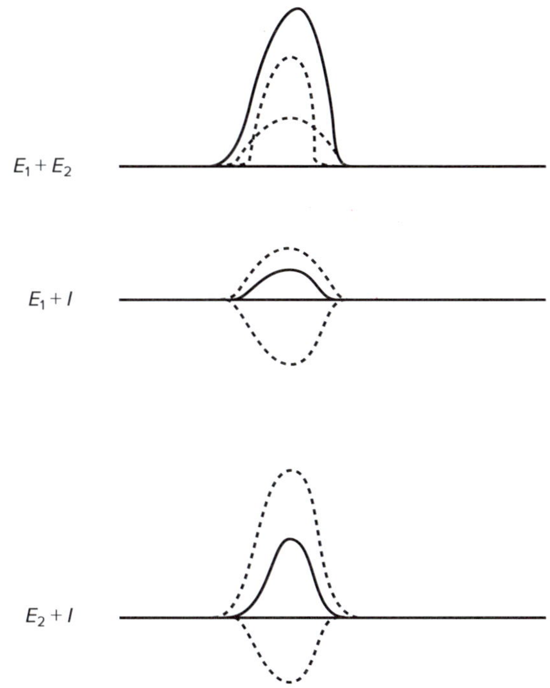

630쪽 자료 분석: 그림에 표시된 흥분성 및 억제성 전위는 합산되어 휴지막 전위에 가까운 막전위를 나타낼 것이다.

연습문제

1단계: 이해력 확인하기

1. a 2. c 3. a 4. a 5. d 6. d 7. a

2단계: 적용력 평가하기

1. d 2. b 3. c 4. a 5. a 6. c 7. d

3단계: 사고력 함양하기

1. TEA는 K^+ 통로를 차단하여 K^+가 세포 밖으로 나가지 못하도록 하여 휴지전위로 되돌아가지 못하도록 한다. 전압개폐성 Na^+ 통로는 여전히 작동하고 Na^+는 여전히 세포로 흘러 들어가지만 재분극은 일어나지 않는다. Na^+는 +60mV인 Na^+에 대한 전기화학적 평형에 도달할 때까지 계속해서 세포로 유입된다. 막전위가 +60mV에 도달한 후에는 Na^+의 순이동이 없지만 막은 휴지막 전위로 다시 재분극할 수 없기에, 뉴런은 더이상 작용할 수 없다.

   시냅스전 세포에 TEA를 처리했을 때 시냅스후 세포에 미치는 영향 역시 비슷하다. 시냅스전 세포는 탈분극되고 시냅스 소포에 저장된 신경전달물질이 소진할 때까지 계속 방출할 것이다. 결과적으로 시냅스후 세포는 시냅스전 세포의 신경전달물질의 저장소가 고갈될 때까지 지속적으로 자극될 것이다. 그러나 시냅스후 세포는 막을 재분극할 수 있기에, 휴지막 전위로 돌아갈 것이다.
2. 탈분극: Na^+ 통로 열림, K^+ 통로 닫힘
   재분극: Na^+ 비활성개폐구 닫힘, K^+ 통로 열림
   과분극: Na^+ 활성개폐구 닫힘, 비활성개폐구 열림, K^+ 통로 닫힘
3. (1) 활동전위는 축삭의 끝에 도달하고, Ca^{2+} 통로가 열린다.
   (2) Ca^{2+}는 시냅스에서 시냅스 소포가 축삭의 막과 융합되도록 한다.
   (3) 시냅스 소포는 신경전달물질을 방출한다.
   (4) 신경전달물질 분자는 시냅스틈을 통해 확산된다.
   (5) 시냅스후 수용체 단백질은 신경전달물질과 결합한다.

(6) 시냅스후 막이 탈분극된다.

(7) 이것이 억제성 시냅스라면 수용체 단백질과 신경전달물질은 시냅스후 막이 과분극되게 한다.

4. 자극에 반복적으로 노출된 세포는 반응 능력을 잃을 수 있다. 이것을 습관화라고 한다. 친구의 시냅스후 세포는 자극 신호가 매우 풍부하기 때문에 반응하는 수용체 단백질의 수를 줄였을 수 있다. 결과적으로 동일한 결과를 얻기 위해 더 많은 자극이 필요하게 된다.

27장

핵심 요약

27.1 자극 강도의 로그값과 활동전위의 빈도가 서로에 대해 대응하면 직선이 된다. 이를 로그 관계라고 한다.

27.2 외온성 생물체의 체온은 주변 온도와 반드시 같지는 않다. 예를 들어, 추운 날에 파충류는 햇볕을 쬐는데, 태양이 동물의 체온을 주위 온도보다 더 올려 따뜻하게 할 수 있다. 이 상황에서 예를 들어 살모사의 열을 감지하는 기관은 환경과 먹이 사이의 온도 차이를 구별할 수 있기에 사냥에 여전히 효과적일 것이다.

27.3 자기수용기는 근육의 신장을 감지하고 이후에 생물체 각 부분의 상대적인 위치와 움직임에 대한 정보를 중추신경계로 전달한다. 이 지식은 중추신경계에 매우 중요하다. 즉 적절한 근육에 신호를 보내 반응하거나 균형, 이동 조절 및 반사 반응을 하도록 함으로써 자극에 응답할 수 있어야 한다.

27.4 측선계는 생물체가 환경의 압력과 진동의 미세한 변화를 감지할 수 있도록 함으로써 어류와 양서류 유충의 청각을 보완한다. 이것은 물의 밀도에 의해 촉진되므로, 수중 환경이 아니라면 육상 양서류 성체는 더이상 이 시스템을 사용할 수 없다. 육지에서 음파는 측선계와 유사한 구조에 의해 진동 또는 압력파로 감지하는 것보다 청각으로 더 쉽게 감지된다.

27.5 집파리와 같은 많은 곤충은 발에 화학수용기를 가지고 있어 주변 환경으로 이동할 때 먹이의 존재를 감지할 수 있다. 따라서 이 곤충은 걷고 있으면서 "맛"을 볼 수 있으며, 식용 물질을 만나면 주둥이를 내려 음식을 섭취할 수 있다.

27.6 완전한 적록 색맹이 있는 사람(적색 또는 녹색 원추세포만이 부족한 사람과 달리 적색 또는 녹색 원추세포가 없는 사람)은 이러한 색을 구별하는 방법을 배울 가능성이 거의 없다. 사람이 스펙트럼의 적색-녹색 영역에서 색상을 인식하려면 적색 및 녹색 원추세포가 모두 필요하다. 두 원추세포가 없으면 망막과 뇌 사이의 신호를 비교할 수 있는 기준점이 없게 된다. 채도 또는 물체 모양 및 크기와 같은 다른 단서가 있는 경우 색맹이 덜 심각한 사람은 이러한 색상을 구별하는 방법을 배울 수 있다. 그러나 다른 단서가 없으면 부분적인 적록 색맹인 개인도 이러한 색을 구별하기가 매우 어려울 것이다.

27.7 어둠 속에서는 눈이 필요하지 않다. 아마도 동굴 물고기는 눈이 생성되지 않았을 때 에너지를 덜 소비하기에 선택적인 이점을 제공했을 것이다. 빛이 있는 서식지에서는 기능적인 *Pax6*를 생성하는 돌연변이가 선택될 가능성이 크며, 시간이 지남에 따라 더 많은 물고기가 눈을 가질 것이다. *Pax6* 기능을 복원하는 돌연변이의 확률은 매우 낮지만, 실제 일어날 수 있는 일이다.

탐구문제 및 자료 분석

656쪽 탐구문제: 부상을 당한 물고기는 요동치면서 주위에 진동을 일으켜 수압의 급격한 변화를 일으키기에 감지된다. 물고기의 측선계는 수압의 변화에 반응하여 뇌에 신호를 보내는 감각세포로 채워진 관으로 구성된다.

663쪽 탐구문제: 미각과 후각 모두 화학수용기를 감각수용기로 사용하는데, 특정 단백질이 수용체에 결합하면 활동전위를 유발하여 감각 신호를 뇌에 전달한다. 두 시스템에서 화학물질은 검출되기 전에 먼저 세포외액에 용해되어야 한다. 두 시스템의 주요 차이점은 후각계는 신호 경로가 시상을 통해 전달되지 않는다는 것이다. 대신 활동전위는 후각피질로 직접 전달된다. 또 다른 차이점은 미각수용기는 수만 또는 수십만 개인 데 반해, 후각수용기는 수천만 개로 더 많이 생긴다는 것이다.

667쪽 자료 분석: 자외선은 그림 27.19의 청색광보다 파장이 짧기에 최대 흡수는 청색 원추세포의 최대 흡수인 420 nm 왼쪽으로 나타난다. 그림 6.4에 따르면 전자기 스펙트럼의 UV 부분은 10~400 nm 사이이며, 이는 시각 스펙트럼의 끝부분이다. 최대 흡수는 이 범위 내에서 나타나는데, 아마도 "근자외선"으로 간주되는 400 nm에 가까운 곳에 나타날 것이다.

668쪽 탐구문제: 추가적인 원추세포는 두 가지 방법으로 색각을 향상시킬 수 있다. 첫째, 일부 동물에서 자외선을 감지하는 것과 같이 다른 원추세포에 의해 감지되지 않는 색상 스펙트럼 영역에 감지할 수 있다. 또한 다른 원추세포가 민감하게 작용하는 지역에서도 색 차별을 강화할 수 있다. 가령 그림 27.19에서 노란색을 고려해보라. 사람은 3종류의 원추세포를 가지고 있으며, 각각은 약 520 nm 파장의 스펙트럼에 민감한 정도가 다양하다. 사람의 뇌는 3종류 원추세포의 반응을 통합하여 색상을 노란색으로 해석한다. 그러나 최대치의 감도가 520 nm 영역에 있는 네 번째 원추세포가 있다고 상상해보자. 그 원추세포의 출력은 다른 3종류의 원추세포가 할 수 없는 추가적인 식별을 제공하므로, 네 번째 원추세포가 없는 개인이 구별할 수 없는 색상 음영을 식별할 수 있다.

연습문제

1단계: 이해력 확인하기

1. d 2. b 3. d 4. b 5. a 6. c 7. b 8. d 9. a 10. d

2단계: 적용력 평가하기

1. c 2. a 3. c 4. b

3단계: 사고력 함양하기

1. 혈액의 pH가 산성이 되면 순환계와 신경계의 화학수용기가 뇌에 알려서 호흡률을 높이도록 신체가 반응한다. 이는 폐를 통한 이산화탄소의 방출을 증가시키는데, 혈중 이산화탄소 수치가 감소하면 탄산이 감소하여 pH가 상승한다.
2. 망막에 도달하여 시신경에 활동전위를 생성하기 위해서는 빛이 먼저 신경절과 양극세포를 통과하여 양극성 세포와 시냅스를 이루는 간상세포와 원추세포에 도달해야 한다. 양극세포는 신경절 세포와 시냅스하고 있다. 이들은 차례로 활동전위를 뇌에 보낸다. 망막은 3개의 층으로 구성되어 있으며, 간상세포와 원추세포는 동공에서 가장 멀리 위치하기 때문에 빛은 가장 깊게 이동하여 반응을 시작한 후, 이 반응은 더 표면으로 이동하여 광학 신호를 생성하게 된다.
3. 이석이 모세포 쪽으로 내려가게 하는 중력이 없으면 이석 기관이 제대로 기능하지 않는다. 이석 막은 모세포에 안착하지 않으며 중력의 당김에 대해 수평 혹은 수직으로 움직이는 신체에 반응하여 이동하지 않을 것이다. 결과적으로, 모세포는 구부러지지 않아 수용체 전위를 생성하지 않을 것이다. 우주 비행사는 볼 수 있기에 움직이는 느낌을 받을 수 있다. 주변 물체와 관련하여 자신이 움직이는 것을 볼 수 있지만, 눈을 감으면 주변 환경과 관련하여 움직이는지 알 수 없을 것이다. 그들의 자기수용기는 여전히 작용할 것이기 때문에 팔이나 다리를 움직일 때 감지할 수 있겠지만, 공간을 통해 움직이는 신체의 감각을 갖지 못할 것이다.
   반고리관은 무중력의 조건에서 제대로 작동하지 않는다. 반고리관의 유체는 여전히 움직일 수 있어서 각운동의 일부 감각은 작용하겠지만, 반고리관의 완전한 기능을 위해서는 유체의 방향 이동을 돕기 위한 중력이 필요하다. 후자의 관점이 현재까지의 설명이다.

4. 많은 예가 작은 유전자 집단에서 있는데, 생물체의 주요 그룹 사이에서 표현형의 다양성을 생성하는 이 집단의 명백한 역할은 다른 유전자의 발현을 변경하는 것이다. 예로서 이미지를 형성하는 눈의 진화를 보면, 동물계에서 광범위하게 나타나는 눈이 독립적으로 여러 번 진화했다는 견해와 달리, 최근 연구에 따르면 유연관계가 매우 먼 분류군(예, 곤충과 척추동물)의 이미지 형성 눈은 *Pax6* 유전자의 공통 기원으로 거슬러 올라갈 수 있다. 이 견해가 옳다면, 주요 발생 양상을 조절하는 유전자는 변이 형태로 발현하지만, 장기간에 걸쳐 매우 잘 보존된 것처럼 보인다.

28장

핵심 요약

28.1 신경전달물질은 시냅스에서 방출되어 시냅스후 막에 작용하지만, 호르몬은 순환계로 들어가 몸 전체로 전달된다.

28.2 펩타이드 호르몬은 세포에 직접 들어가지 않는다. 그들은 신호전달경로를 시작하기 위해 막수용체와 상호작용한다. 이것은 유전자 발현에 영향을 미칠 수 있지만, 세포에 들어가 DNA와 직접 상호작용하는 스테로이드 호르몬 수용체의 방식은 아니다.

28.3 생장호르몬억제호르몬(GHIH)은 순환하는 생장호르몬(GH)의 양을 낮출 수 있지만, 치료로서 원치 않는 부작용이 있을 수 있다.

28.4 길항 효과가 있는 2가지 호르몬으로 인해 신체는 세밀하게 혈당 수준을 조절할 수 있다.

28.5 혈액량을 줄이면 혈압도 낮아진다.

탐구문제 및 자료 분석

694쪽 자료 분석: 매우 초기 올챙이에서 뇌하수체 절제를 수행하면 전체 신호전달 축이 중단되고 변태가 차단된다. 후기에 수술을 하면, TSH 신호가 이미 시작되었기 때문에 뇌하수체 호르몬이 더이상 필요하지 않아서 변태를 막을 수 없다.

698쪽 탐구문제: 살충제로 유충호르몬을 사용하는 것은 치명적이지는 않지만, 변태를 막아서 성적으로 성숙해지는 것을 차단하므로, 효과적으로 곤충이 불임이 되도록 만든다. 그러나 유충 형태가 피해를 주는 곤충의 경우, 다음 세대를 방지한다고 해서 현재 세대의 피해를 막을 수는 없으며 실제로 피해를 증가시킬 수 있다.

연습문제

■1단계: 이해력 확인하기

1. b 2. d 3. c 4. b 5. d 6. b 7. a

■2단계: 적용력 평가하기

1. a 2. c 3. c 4. b 5. b 6. b 7. b

■3단계: 사고력 함양하기

1. 일반적인 호르몬이나 국소분비 조절인자의 표적세포가 암이 되면 전달자(신호 분자)에 과민 반응을 보일 수 있다. 이것은 차례로 세포를 과잉 생산하여 종양 형성을 초래할 수 있다. 해당 조직에 특이적인 호르몬(예, 유방 또는 전립선 조직의 성 스테로이드)의 생성을 차단함으로써 종양의 성장 속도를 늦추고 크기를 줄일 수 있다.
2. 호르몬에 의해 촉발된 2차 전달자는 각 세포의 다른 기능으로 인해 세포 내부에 서로 다른 표적을 가지고 있기에, 동일한 호르몬이 2개의 기관에 다른 방식으로 영향을 미칠 수 있다. 에피네프린은 물질대사를 증가시켜 심장 세포에 영향을 미치므로 수축이 더 빠르고 강해진다. 그러나 간세포는 수축하지 않으므로 간세포의 2차 전달자는 글리코겐을 포도당으로 전환한다. 그렇기에 호르몬은 신체에 매우 가치 있을 뿐만 아니라 경제적이다. 하나의 호르몬이 생성되고 하나의 수용체가 만들어지고 하나의 2차 전달자 시스템이 사용될 수 있지만, 세포 내부에는 2개의 다른 표적이 있을 수 있다.
3. 효과가 느리고 작용 범위가 더 넓은 티록신과 같은 호르몬의 경우 하나의 호르몬을 사용하는 음성피드백 시스템으로 적절히 조절할 수 있다. 그러나 범위가 매우 좁고 해당 범위 내에서 지속적으로 변하는 특정 매개 변수의 경우 상하로 조절하는 시스템이 바람직하다. 예를 들면 혈액 내 Ca^{2+} 또는 포도당이 너무 많거나 너무 적으면 신체에 치명적인 영향을 미칠 수 있으므로, 이러한 경우는 매우 좁은 범위 내에서 수준이 조절되어야 한다. 만약 음성피드백 고리에만 의존한다면 매우 좁은 범위 내에서 적정 한도를 유지하는 데 필요한 빠른 "켜짐" 및 "꺼짐" 응답이 제대로 실행되기 어렵다.

29장

핵심 요약

29.1 육상 무척추동물은 외골격으로 인해 3가지 제한이 있다. 첫째, 외골격을 가진 동물은 외골격을 탈피해야만 성장할 수 있으므로 포식에 취약하다. 둘째, 외골격에 작용하는 근육은 제한된 공간 내에 갇혀 있기 때문에, 강화 또는 성장할 수 없다. 마지막으로, 외골격은 많은 육상 무척추동물의 호흡계와 함께 이 동물이 성장할 수 있는 크기를 제한한다. 육상동물의 외골격이 강해지려면 표면적이 충분해야 하므로 동물이 커질수록 두께를 늘려야 한다. 더 두꺼운 외골격의 무게는 동물의 움직임 능력을 약하게 만들 것이다.

29.2 가벼운 역도 요법은 뼈가 힘과 스트레스에 반응하기 때문에 뼈의 침적(deposition)을 자극한다.

29.3 엉덩이와 같은 구와관절은 회전 및 비틀림 동작을 허용한다. 팔꿈치의 경첩관절은 한 평면에서 움직일 수 있다. 활주관절을 사용하면 척추처럼 뼈가 서로 지나갈 수 있다. 조합관절은 턱과 같은 넓은 범위의 움직임을 제공한다.

29.4 느린-연축섬유는 주로 힘보다는 지구력에 적합한 근육에서 발견된다. 마이오글로빈은 포도당의 분해(산소호흡)를 위해 근육에 산소를 제공하므로 무산소호흡보다 높은 ATP 수율을 느린-연축섬유에 제공한다. 미토콘드리아의 증가는 또한 세포호흡의 가용성을 증가시킴으로써 근육의 ATP 생산성을 증가시켜 느린-연축섬유에서 지속적인 호기성 활동을 가능하게 한다.

29.5 다리를 번갈아 가며 이동하려면 더 큰 신경계 조율과 균형이 필요하며, 동물은 안정성을 유지하기 위해 지속적으로 무게 중심을 탐지해야 한다. 또한, 일련의 도약은 다리를 번갈아 가며 이동하는 것보다 단위 시간당 더 많은 지면을 커버하며(빠른 속도), 에너지를 소비한다.

탐구문제 및 자료 분석

717쪽 탐구문제: 자극 빈도를 최대 속도로 높이면 근육 수축이 가중되어 최대의 증폭이 생성된다. 연속적인 수축 사이에 이완 시간이 거의 또는 전혀 생기지 않기 때문에 수축의 강도가 증가한다.

연습문제

■1단계: 이해력 확인하기

1. d 2. b 3. d 4. a 5. c 6. a 7. b 8. d

■2단계: 적용력 평가하기

1. c 2. b 3. d 4. b 5. d 6. b

■3단계: 사고력 함양하기

1. 비록 유체골격이 이동의 용이성과 움직임의 유연성 측면에서 장점이 있을

수 있지만, 외골격은 아마도 내부의 섬세한 기구를 보호하는 데 더 나은 역할을 할 것이다. 이는 지구상에서 이들 골격계에 대한 관찰과 일치한다. 벌레와 해양 무척추동물은 유체골격을 사용하지만, 절지동물("딱딱한 몸체")은 외골격을 사용한다. 벌레는 매우 유연하지만, 쉽게 부서진다.

2. 근육 활동의 처음 90초는 ATP를 생성하기 위해 세포가 빠른 에너지원(크레아틴 인산, 젖산 발효)을 사용하는 무산소호흡을 한다. 그 후, 호흡계 및 순환계는 근육에 더 많은 산소를 전달하기 시작하여 포도당에서 ATP를 생성하는, 훨씬 더 효율적인 방법인 산소호흡을 사용할 수 있다.
3. 아세틸콜린에스터레이스가 억제되면 아세틸콜린은 근육 수축을 계속 자극한다. 결과적으로 근육 경련이 일어나서 마비가 발생한다. 1995년 3월, 사린 가스가 도쿄의 지하철 시스템에 방출되어 12명이 사망하고 수백 명이 부상했다.
4. 자연선택은 목표 지향적이지 않다. 즉 진화는 환경 압력을 예상하지 않으며, 자연선택에 의해 진화로 생긴 구조는 이전 세대의 환경에 가장 적합한 구조이다. 척추동물의 날개 발달은 진화과정에서 여러 번 발생했기 때문에 새, 익룡, 박쥐는 모두 날개의 진화 과정에서 서로 다른 진화 압력에 직면했을 가능성이 있다.

30장

핵심 요약

30.1 한쪽 방향 소화계의 세포와 조직은 섭취, 소화 및 제거를 담당하는 부분이 특수화되어 있어 이 작용들이 함께 일어날 수 있기에 식품 가공 및 에너지 활용을 보다 효율적으로 한다. 그러나 위수강이 있는 경우 모든 세포는 소화의 모든 면에 노출되어, 전문화되어 있지 않다.

30.2 초식동물과 잡식동물은 어금니의 평평한 표면을 사용하여 음식을 씹어 작은 크기로 분해하고 타액을 분비하여 소화과정을 시작한다. 그러나 육식동물은 날카로운 이빨(송곳니와 고기를 찢을 수 있는 작은어금니)로 고기를 뜯어내고 살덩어리를 삼켜서 입에서 소화가 일어날 시간이나 기회를 거의 제공하지 않는다.

30.3 치킨 샌드위치에는 탄수화물(빵), 단백질(닭고기), 지방(마요네즈)이 들어 있다. 탄수화물의 분해는 입안의 타액 아밀레이스에 의해 시작되고, 단백질의 분해는 펩시노겐에 의해 위장에서 시작되고, 지방의 유화는 담즙의 유입과 함께 십이지장에서 시작된다. 따라서 닭고기는 위에서 분해되기 시작한다.

30.4 지방은 유화작용으로 인해 지방산과 모노글리세라이드로 분해되며, 둘 다 비극성 분자이다. 비극성 분자는 단순확산을 통해 상피세포에 들어갈 수 있다.

30.5 섭취한 물질 중 위험할 수 있는 화합물은 간문맥을 통해서 먼저 간에서 대사되기에 신체의 나머지 부분에 대한 위험을 줄일 수 있다.

30.6 음식물에 대한 시각, 미각 및 후각적 자극은 소화관이 소화효소와 호르몬 방출을 촉발하는 데 필요하다. 적절한 소화에 필요한 침과 위액은 후각에 의해 유발되기에 후각 장애의 영향을 받는다.

30.7 정상적인 렙틴 수준에서도 이 신호 분자에 대한 뇌의 민감도가 감소한 개인은 여전히 비만이 될 수 있다.

30.8 어떤 돌연변이가 성공하는지는 그 종이 받는 선택적인 압력에 달려 있다. 따라서 서로 다른 2종이 유사한 환경 조건에 노출된다면 동일한 돌연변이를 가질 수 있다. 이때 돌연변이는 유사하게 성공적이어야 한다. 두 종이 동일한 돌연변이를 갖지만 선택압이 다른 경우, 두 종 모두에서 돌연변이가 성공하지 못할 수도 있다.

탐구문제 및 자료 분석

728쪽 탐구문제: '열 가지 재주 있는 사람이 밥 굶는다'는 옛 속담을 생각해 보라. 잡식동물은 다양한 종류의 먹이를 잘 먹지만 특정 유형에 특화되어 있지 않아 효율성이 떨어진다. 그러나 절단과 갈기에 특화된 이빨을 가진 초식동물은 식물 재료를 먹는 데 더 효과적이며, 썰고 찢기에 특화된 이빨을 가진 육식동물은 근육조직을 더 효율적으로 먹을 수 있다. 따라서 어떤 종의 먹이가 한 가지 유형이면 그 목적에 특화된 치아를 갖는 것이 유리하다.

729쪽 탐구문제: 후두덮개가 후두와 기관을 제대로 막지 않으면 음식이 기도에 끼어 질식을 유발할 수 있다.

730쪽 탐구문제: 소화계는 위장의 산성 분비물로부터 소화관의 섬세한 조직을 보호하는 데 도움이 되는 점액층을 분비한다.

739쪽 탐구문제: 위억제펩타이드(GIP)와 콜레시스토키닌(CCK)은 음식을 섭취할 때 시상하부에 억제 신호를 보낸다. 시상하부 센서가 제대로 작동하지 않으면 렙틴 수치가 증가하고, 식욕을 잃게 된다.

742쪽 자료 분석: 라이소자임의 아미노산 서열은 반추동물과 랑구르원숭이 사이에서 수렴적으로 진화했다. 따라서, 라이소자임 분자 데이터만을 사용하여 계통발생을 구성했다면, 이들 종(반추동물과 랑구르원숭이)은 계통수에서 서로 인접해 있을 것이다.

연습문제

■1단계: 이해력 확인하기

1. b 2. c 3. c 4. b 5. d 6. a 7. c

■2단계: 적용력 평가하기

1. d 2. b 3. c 4. b

■3단계: 사고력 함양하기

1. 새는 주변 환경에서 얻은 먹이를 새끼에게 먹인다. 어미 새는 먹이를 모이주머니에 저장하여 둥지로 돌아왔을 때, 음식을 역류시켜 새끼들의 입으로 가져간다. 반면에 포유류는 어미의 젖샘에서 생산되는 젖을 새끼에게 먹인다. 새끼들은 어미의 젖꼭지를 물고 젖을 빨면서 먹는다. 포유류는 새끼에게 액체를 먹이기 때문에 소화계에 모이주머니가 필요하지 않다.
2. 렙틴은 지방세포에 의해 생성되며 섭식 행동에 대한 신호 역할을 한다. 낮은 혈중 렙틴 수치가 뇌에 섭식활동을 시작하라는 신호를 주기 때문에 비만 치료는 렙틴 수치를 높여 식욕을 감소시켜야 한다.
3. 간은 항상성을 유지하는 데 많은 중요한 역할을 한다. 그 두 가지 역할은 약물과 화학물질을 해독하고 혈장 단백질을 생성하는 것이다. 혈장 단백질 수치의 감소는 간 질환을 나타내며, 이는 알코올 또는 기타 약물 남용으로 인해 발생할 수 있다.
4. 집단 내에서 돌연변이된 대립유전자가 적응하도록 안내하는 선택압은 이 두 생물체 그룹에서 동일했다. 반추동물과 랑구르원숭이는 모두 장내 박테리아에 의해 분해되는 질긴 섬유질 식물을 먹는다. 이들은 박테리아를 소화시킴으로써 셀룰로스로부터 영양분을 흡수한다. 이 과정은 이러한 적응된 라이소자임을 사용함으로써 이루어진다. 침 및 기타 분비물에서 발견되는 정상적인 라이소자임은 비교적 중성 pH 환경에서 작동하지만, 이러한 장내 라이소자임은 산성 환경에 적응해야 했는데, 이는 수렴진화를 설명한다.
5. 포유류의 치열은 여러 먹이 유형을 처리하는 데 적응한 반면에, 새는 모래주머니에서 먹이 입자를 분해함으로써 여러 유형의 먹이를 처리할 수 있다. 조류 사료는 포유류 사료에 비해 상당히 다양하다. 일부 새는 육식동물이고, 다른 새는 식충동물 또는 과일을 먹으며, 또 다른 일부는 잡식동물이다.

31장

핵심 요약

31.1 피크의 법칙에 따르면 호흡 표면의 표면적을 늘리고, 호흡 가스 간의 농도 차이를 늘리고, 가스가 확산하는 거리를 줄임으로써 확산 속도(R)를 증가시킬 수 있다고 한다. 즉 $T=\frac{DA\Delta p}{d}$. 따라서 지속적으로 섬모를 움직이는 것은 농도 차이를 증가시킨다(Δp).

31.2 역류계는 Δp를 증가시켜 혈액의 산소 농도를 최대로 만든다. 따라서 전체 확산 경로에 걸쳐 혈액보다 물에서 더 높은 산소 농도를 유지해야 한다. 이 과정은 물이 혈류와 반대 방향으로만 흐르도록 함으로써 증진되는데, 물고기의 아가미 새엽에서 발견되는 얇은 막의 판(lamellae)을 통해 이를 달성한다.

31.3 새는 다른 육상 척추동물보다 더 효율적인 호흡계를 가지고 있다. 높은 고도에서 살거나 날아가는 새는 낮은 산소분압을 받기에, 폐에서 산소의 확산과 보유를 극대화할 수 있는 호흡계를 진화시켰다. 또한 효율적인 산소 교환은 비행 중에 중요하다. 즉 비행은 대부분의 이동 형태보다 더 많은 에너지를 소비하며 효율적인 산소 교환 없이 새는 짧은 거리도 안전하게 비행할 수 없다.

31.4 조류와 포유류의 호흡에는 구조적, 기능적 차이가 있다. 포유류와 조류 모두 폐가 있지만, 조류만이 공기주머니(기낭)를 가지고 있어 호흡기 안팎으로 공기를 이동시키는 데 사용하는 반면, 포유류만이 폐 안팎으로 공기를 이동시키는 데 사용되는 근육 횡격막이 있다. 포유류의 폐는 유연하며 폐의 폐포라고 하는 작은 폐쇄형 주머니 안에서 가스 교환이 발생한다. 대조적으로, 새의 폐는 딱딱하고 단방향인 측기관지에서 가스 교환이 발생한다. 또한 포유류의 공기 흐름은 양방향이기 때문에, 산소 및 탈산소화된 공기가 혼합되어 있지만, 조류의 단방향 공기 흐름은 모세혈관으로 들어가는 산소의 농도를 증가시킨다. 따라서 호흡에 있어 포유류는 조류보다 덜 효율적이다. 호흡할 때마다 조류는 포유류보다 더 많은 산소를 전달한다. 마지막으로 포유류는 1개의 호흡 주기만 가지고 있는데 반해, 조류는 2개의 완전한 주기를 가지고 있다.

31.5 대부분 산소는 헤모글로빈(산소 헤모글로빈 형성)과 결합하여 혈액으로 운반되는 반면 혈장에는 적은 비율만이 용해된다. 반면에 이산화탄소는 주로 탄산수소 이온(HCO_3^-)으로 운반된다(먼저 물과 결합하여 탄산을 형성한 다음 탄산수소 이온과 수소 이온으로 해리됨). 이산화탄소는 또한 혈장에 용해되어 헤모글로빈과 결합한다.

탐구문제 및 자료 분석

749쪽 자료 분석: 비율은 면적(A)에 압력 차이(Δp)를 곱한 함수이다. 따라서 둘 중 어느 쪽이든 더 많이 증가하면 확산 속도를 증가시키는 데 더 큰 영향을 미친다.

751쪽 자료 분석: O_2 농도의 차이가 가장 클 때 가스 교환이 가장 크다. 따라서 역류 교환의 경우 농도 차이는 전체적으로 거의 동일하므로 모세관의 길이를 따라 교환은 거의 동일하게 일어날 것이다. 그러나 가장 큰 차이는 15%(100% − 85%)인 상단에서 발생한다. 동류 교환에서 가장 큰 차이는 80%(90% − 10%)인 하단에서 생긴다.

759쪽 탐구문제: 피크의 확산 법칙에 따르면 용존 가스의 경우 확산 속도는 막의 두 면 사이의 압력 차이와 확산이 발생하는 면적에 정비례한다. 폐기종에서는 폐포벽이 파괴되고 폐포의 크기가 증가하여 가스 교환을 위한 표면적이 실질적으로 줄어든다. 따라서 폐기종은 가스의 확산을 감소시킨다.

760쪽 자료 분석: 실제로는 그렇지 않다. 건강한 사람은 강렬한 운동 후에도 혈액에 상당한 산소를 보유하고 있다.

761쪽 (그림 31.15) 자료 분석: 휴식 및 운동 중 동맥과 정맥 사이의 산소 함량 차이를 통해 조직에 얼마나 많은 산소가 배출되었는지를 알 수 있다.

761쪽 (그림 31.16) 자료 분석: 산소헤모글로빈의 포화도는 온도가 증가함에 따라 감소한다. 따라서 주어진 Po_2에 대해 산소는 높은 온도에서 더 많이 해리되어 더 낮은 포화도를 나타내고, 더 낮은 온도에서는 결합 상태를 유지하여 더 높은 포화도를 초래한다.

761쪽 탐구문제: 증가한다. 모든 pH 또는 온도에서 압력이 증가하면 O_2 포화율이 감소한다(조직에 더 많은 O_2가 전달됨).

연습문제

1단계: 이해력 확인하기

1. c 2. d 3. d 4. d 5. b 6. a 7. d 8. c

2단계: 적용력 평가하기

1. d 2. c 3. a 4. c 5. a 6. c

3단계: 사고력 함양하기

1. 어류의 아가미는 호흡 표면적을 넓힐 뿐만 아니라 역류계가 있어 전체 교환 경로에 걸쳐 산소 농도기울기를 유지하여 혈액에 산소를 공급하기 위한 가장 효율적인 시스템을 제공한다. 양서류 호흡계는 그다지 효율적이지 않은데, 그들은 양압 호흡을 한다. 조류의 폐는 표면적이 넓고 단일방향 공기 흐름이 있다는 점에서 매우 효과적이다. 반면에 포유류는 표면적이 크지만 강한 농도기울기를 유지하는 메커니즘이 없다.
2. 운동 중 세포호흡은 방출되는 이산화탄소의 양을 증가시켜 혈액의 pH를 감소시킨다. 또한 포도당 대사 중에 열이 방출되므로 세포호흡이 증가하면 온도가 상승한다. pH 감소와 온도 증가 모두 말단 조직의 산소 배출량을 약 20% 증가시킨다.
3. 단세포 원핵생물, 원생생물 및 많은 무척추동물은 주변 환경에서 직접 체표면으로 가스 교환이 발생할 수 있을 만큼 충분히 작다. 대부분 세포가 가스를 교환해야 하는 환경과 직접 접촉하지 않는 더 큰 생물체만이 가스 교환을 위한 특수 구조가 필요하다.

32장

핵심 요약

32.1 곤충의 심장이 수축하면 혈관을 통해 체강으로 혈림프를 밀어 넣는다. 심장이 이완하면 그에 따른 음압 기울기가 몸의 근육 수축과 결합하여 혈액을 심장으로 다시 끌어들인다.

32.2 혈관 손상 후 혈관 수축은 손상 부위에 혈소판이 축적되고, 그 후 혈소판 마개가 형성된다. 이것은 양성피드백 효소 연쇄반응을 유발하여 더 많은 혈소판, 응고 인자 및 기타 화학물질을 끌어들이고, 각 화학물질은 응고가 형성될 때까지 지속적으로 추가 응고 분자를 끌어당긴다. 효소 연쇄반응은 또한 혈액에서 피브리노겐을 피브린으로 만들어서 결국 혈소판 마개를 대체할 피브린 응고(혈전)를 형성하게 한다.

32.3 하나가 아닌 2개의 심실을 갖는 주요 이점은 산소화된 혈액이 탈산소화된 혈액과 분리된다는 것이다. 어류와 양서류의 경우 산소와 탈산소 혈액이 혼합되기에 몸의 세포에 전달되는 산소가 줄어들게 된다.

32.4 심방 수축 이후의 지연은 심실 수축 전에 방실판막이 닫히도록 한다. 그 지연이 없으면 심실의 수축으로 인해 혈액이 판막을 통해 심방으로 다시 올라가게 된다.

32.5 전신에서 가스 교환이 일어나는 동안 모세혈관에서 확산된 혈액의 약 90%만이 혈관으로 되돌아간다. 나머지는 림프관으로 이동한 다음 왼쪽 및 오른쪽 쇄골하정맥을 통해 순환계로 액체를 되돌린다.

탐구문제 및 자료 분석

769쪽 탐구문제: 생물체에 따라 다른데, 포유류에서는 적혈구의 성숙 과정에서 핵이 방출되어 핵 DNA를 얻을 수 없다. 다른 척추동물에서는 이렇게 되지 않으므로 핵 DNA는 성숙한 적혈구에 존재한다.

770쪽 탐구문제: 적혈구생성소(erythropoietin)는 골수성 줄기세포에서 적혈구 생성을 자극하는 호르몬이다. 더 많은 적혈구가 생성되면 혈액의 산소 운반 능력이 증가한다. 이것은 잠재적으로 운동 능력을 향상시킬 수 있기에 올림픽 및 기타 스포츠 경기 중에 적혈구생성소 사용을 금지하고 있다.

780쪽 자료 분석: 이 둘의 지름은 15배(60/4) 차이가 난다. 저항은 지름의 4제곱에 반비례하여 증가하기 때문에 저항의 차이는 15의 4제곱, 즉 15^4가 되며 이는 50,625배에 해당한다.

연습문제

■1단계: 이해력 확인하기

1. a 2. b 3. c 4. a 5. c 6. d 7. a 8. a

■2단계: 적용력 평가하기

1. a 2. b 3. c 4. a

■3단계: 사고력 함양하기

1. 항이뇨호르몬(ADH)은 뇌하수체 후엽에서 분비되지만, 표적세포는 신장에 있다. ADH의 존재에 반응하여 신장은 재흡수되는 물의 양을 증가시킨다. 이 물은 결국 혈장으로 돌아가 부피가 증가하고 그에 따라 혈압이 증가하게 된다. 다른 호르몬인 알도스테론은 또한 신장이 Na^+을 유지하도록 하여 혈압을 증가시킴으로써, 물을 혈액으로 다시 끌어들이는 농도기울기를 설정한다.
2. 혈액은 혈장(주로 단백질이 용해된 물로 구성됨)과 고형 요소(적혈구, 백혈구 및 혈소판)로 이루어져 있다. 림프는 간질액으로 구성되어 있으며 림프관과 기관에서만 발견된다. 혈액과 림프는 폐쇄순환계를 가진 생물체에서 발견된다. 혈림프는 개방순환계를 가진 생물체에서 발견되는 순환액(혈액)과 간질액이다.
3. 많은 사람은 내온성의 진화가 일정한 내부 온도를 유지하기 위한 적응이라기보다는 산소가 낮은 환경에서 기능에 대한 적응이라고 주장한다. 이것이 사실이라면 4개의 방으로 된 심장의 진화는 신체 조직에서 산소 가용성을 높이고 산소가 부족한 환경에서 매우 유익한 적응일 것이고, 그리고 내온성의 진화와 관련이 있을 것이다. 즉, 이 2가지 적응은 또한 더 효율적인 심장이 내온성에 수반되는 대사 활동 증가에 필요한 산소를 제공할 수 있다는 점에서 관련이 있다고 볼 수 있다.
4. 동방결절은 자연스러운 심박조율기 역할을 하기에, 오작동하는 경우 임상적 증상으로 심방과 심실 사이에 느리거나 불규칙한 심장 박동 또는 불규칙한 심전도가 예상된다.

33장

핵심 요약

33.1 물은 삼투압이 높은 지역으로 이동한다.

33.2 질소 폐기물은 독성이 있기에 문제가 된다.

33.3 둘 다 수분 유지에 관여한다.

33.4 헨레고리는 포유류와 조류 계통에서 독립적으로 발생했거나, 파충류 계통에서 손실되었음을 의미한다.

33.5 만니톨은 세뇨관 시스템 내 삼투압을 증가시켜 물의 재흡수를 감소시켜 물 손실을 초래할 것이다.

33.6 아쿠아포린 통로를 차단하면 집합관에서 물이 재흡수되지 않는다.

탐구문제 및 자료 분석

793쪽 자료 분석: 혈액 내 용질이 증가하면 재흡수되는 물의 양이 감소한다. [역자 주: 당뇨병 환자의 경우 오줌으로 빠져나가는 여과액 속의 당 성분이 많기에 집합관에서 수동적으로 이루어지는 물의 재흡수가 줄어들게 된다. 따라서 오줌을 자주 누게 되며, 갈증이 나서 물을 자주 마시게 된다.]

연습문제

■1단계: 이해력 확인하기

1. d 2. a 3. c 4. c 5. d 6. d 7. d

■2단계: 적용력 평가하기

1. d 2. c 3. b 4. b 5. c 6. b

■3단계: 사고력 함양하기

1. a. 항이뇨호르몬(ADH)은 시상하부에서 생성되며 뇌하수체 후엽에서 분비된다. ADH는 네프론의 집합관을 표적으로 하고 관 벽에 있는 물의 투과성을 증가시켜 소변에서 물의 재흡수를 자극한다. ADH 분비에 대한 주요 자극은 혈액의 삼투압 증가이다.
   b. 알도스테론은 혈중 Na^+ 농도의 감소에 반응하여 부신 피질에서 생성되고 분비된다. 알도스테론은 말단의 복잡한 세뇨관을 자극하여 Na^+을 재흡수하여 소변에서 Na^+의 배설을 감소시킨다. Na^+의 재흡수는 Cl^-와 물의 재흡수로 이어지므로 알도스테론은 염분과 물을 모두 보유하는 순효과를 갖게 된다. 그러나 알도스테론 분비는 혈액 삼투압 감소로 인해 자극되는 것이 아니라 혈액량 감소로 인해 자극된다. 사구체 인접장치라고 부르는 사구체 기저에 위치한 세포군은 혈액량의 감소를 감지한 후 레닌-안지오텐신-알도스테론 시스템을 자극한다.
   c. 심방나트륨이뇨호르몬(ANH)은 혈액량 증가에 대한 반응으로 심장의 우심방에서 생성되고 분비된다. ANH의 분비는 알도스테론 분비를 감소시킨다. ANH의 분비와 함께 원위세뇨관은 재흡수되는 Na^+의 양을 감소시키고, 마찬가지로 재흡수되는 Cl^-와 물의 양을 감소시킨다. 이에 대한 최종 결과는 혈액량 감소로 나타난다.
2. 환자의 신장이 순환 상태의 영향을 받지 않는 경우, 정상적인 신장 혈류 속도는 심장 박출량의 21%인 $7.2\ L/min \times 0.21 = 1.5\ L/min$이다.
   계산 과정은 다음과 같다.
   무게 $= 90\ kg$, 혈액량 $= 80\ mL/kg$
   몸무게 90 kg인 사람의 혈액량 $80\ mL/kg \times 90\ kg = 7200\ mL = 7.2\ L$
   1분 안에 총 혈액량을 펌핑하므로, 심장 유속은 7.2 L/min
   신장 유속은 심장의 21%인 $7.2\ L/min \times 0.21 = 1.5\ L/min$

34장

핵심 요약

34.1 그렇지 않다. 선천면역은 병원체에 공통적인 분자의 유형에 따라 약간의 특이성을 보여준다.

34.2 조혈 줄기세포

34.3 T 세포 수용체는 재배열되어 특이적 결합 능력을 가진 다양한 수용체를 생성한다. Toll 유사수용체는 재배열되지 않으며 특정 분자가 아닌 특정 분자 집단을 인식한다.

34.4 Ig 수용체는 재배열되어 다양한 특이성을 생성한다. TLR 수용체는 재배열되지 않고 특정 분자 집단에 결합한다.

34.5 앨러지는 면역 체계가 과도하게 반응하는 경우인 반면에, 자가면역질환은 면역 체계가 손상되는 것을 포함한다.

34.6 진단 키트는 항원의 단일 특정 항원결정기에 대해 개발되기 때문에 단클론항체를 사용한다. 또한 단클론항체는 동물을 면역화하고 혈액을 추출하여 혈청에서 항체를 분리하는 복잡한 과정을 거치지 않고, 세포를 배양하여 생산하기에 더 효율적이다.

34.7 소아마비(폴리오)와 독감(인플루엔자)의 주요 차이점은 바이러스가 변하는 속도이다. 폴리오 바이러스는 단일 RNA로 구성된 게놈을 가진 RNA 바이러스이다. 바이러스 표면 단백질은 빠르게 변하지 않으므로 백신을 통한 면역이 가능하다. 인플루엔자는 돌연변이율이 높은 RNA 바이러스로, 표면 단백질이 빠르게 변한다. 인플루엔자 바이러스는 여러 RNA로 구성된 게놈을 가지고 있어 다른 균주로 감염되는 동안 다른 바이러스 RNA와 재조합이 일어날 수 있다.

탐구문제 및 자료 분석

811쪽 탐구문제: 바이러스가 체내로 방출되어 수많은 세포를 추가로 감염시킬 수 있다.

816쪽 탐구문제: 우두에 대한 면역이 천연두에 대해서도 작용해야 할 만큼 두 바이러스의 항원 특성은 충분히 비슷해야 한다.

826쪽 탐구문제: B 세포 면역 글로불린(Ig)과 T 세포 수용체(TCR)의 형성에서 나타나는 일반적인 구조 및 메커니즘은 적응면역의 공통 조상형 세포로부터 오늘날 존재하는 두 세포 계통이 생겨난 것을 시사한다.

831쪽 자료 분석: 소변 시료에 있는 고농도의 hCG는 항체가 hCG 코팅 입자에 결합하는 것을 차단하여 응집을 방지한다.

832쪽 탐구문제: 인플루엔자는 표면 항원을 자주 변경하여 장기간 효과가 있는 백신을 생산할 수 없는 반면에, 천연두 바이러스는 훨씬 더 안정적인 구조를 가지고 있어서 백신을 사용할 수 있다.

연습문제

1단계: 이해력 확인하기

1. b 2. a 3. b 4. c 5. c 6. b 7. c

2단계: 적용력 평가하기

1. d 2. c 3. c 4. b, a, d, c 5. c 6. b 7. a

3단계: 사고력 함양하기

1. 이 로션을 면역 강화제로 광고하기는 어려울 것이다. 피부는 기름지고 산성이기 때문에 감염에 대한 장벽 역할을 하는데, 수분이 많은 알칼리성 로션을 바르면 피부 분비물의 보호 효과가 희석되어 면역 기능이 억제될 것이다. 아마도 다른 직업을 찾아야 할 듯싶다.
2. 상처가 염증 반응을 일으켰다. 일부 병원균이 피부의 상처를 통해 몸에 들어갔을 가능성이 매우 크지만 실제로는 조직 손상으로 인해 반응이 발생한다. 발적은 히스타민의 방출로 인해 혈관이 확장된 결과이다. 이것은 또한 따뜻한 혈액을 표면에 더 가깝게 보내 피부 온도를 증가시킨다. 혈관에서 액체가 누출되면 상처 부위가 부어오르고 피부의 통증 센서에 압력이 가해질 수 있다. 이 모든 것들은 방어 세포와 분자를 부상 부위로 끌어당겨 감염으로부터 방어하는 데 도움이 된다.
3. 먼저 바이러스가 결합하는 수용체를 결정해야 한다. 그런 다음 이 수용체의 구조를 민감성이 있는 개인과 없는 개인 간 비교해야 한다.
4. 이러한 자료는 선천면역이 매우 오래된 방어 기작이라는 것을 암시한다. 자포동물문에서 이러한 단백질의 존재는 이 단백질이 다세포성 생물이 진화한 직후에 발생했음을 나타낸다.

35장

핵심 요약

35.1 유전적 성 결정은 본질적으로 동등한 성비를 보장한다[역자 주: 그 유전자를 가진 쪽과 그렇지 않은 쪽으로 나누어지므로]. 성비가 같지 않을 때, 수가 많은 우세한 성에서 짝을 차지하기 위한 경쟁이 더 많이 일어나고 반대쪽 성에 의해 선택된다. 온도에 따른 성 결정은 한쪽 성이 선택되는 왜곡된 성비를 초래할 수 있다. 반면 유전적 성 결정은 집단 내에서 훨씬 더 큰 안정성을 제공할 수 있으며, 결과적으로 안정성을 제공하는 유전적 형질이 선택된다.

35.2 발정주기는 대부분의 포유류에서 일어나고, 대부분의 포유류 종은 상대적으로 복잡한 사회 조직과 짝짓기 행동을 가지고 있다. 성적 수용성 주기는 이러한 복잡한 짝짓기 시스템을 가능하게 했다. 특히, 수컷에 의한 영아살해가 위험한 사회 집단에서는 수컷이 재빨리 암컷 집단을 임신시킬 수 있는 능력을 제거할 수 있기에 암컷 간의 발정기가 일치하도록 선택되었다. 생리학적으로 발정주기는 성적인 수용성을 촉진하는 호르몬과 함께 난자의 성숙을 초래한다. [역자 주: 영아살해는 수컷이 자신의 유전자가 아닌 새끼를 죽이는 것인데, 이 경우 암컷은 수유에서 벗어나 빨리 발정기를 갖도록 함으로써 수컷이 적응도를 높이는 전략이다. 이에 대한 암컷의 대응 전략 중 하나가 암컷들이 모두 특정 시기에만 발정기를 갖는 것인데, 이 경우 영아살해를 한다고 해서 교미 기회가 더 많아지는 것이 아니므로 수컷들이 얻을 수 있는 이익이 별로 없게 된다.]

35.3 수컷이 짝을 놓고 경쟁하는 짝짓기 시스템에서는 성적 선택의 한 형태인 정자 경쟁이 매우 일반적이다. 이러한 사회 집단에서 여러 수컷이 한 암컷과 짝을 이룰 수 있으므로 가장 많은 수의 정자를 생산한 개체는 생식적 이점을 갖게 된다. 즉, 자손을 낳을 가능성이 더 크다.

35.4 대답은 상황에 따라 다르다. r-선택 종, 즉 생애 이른 시기에 번식하고 종종 새끼를 돌보는 데 많은 투자를 하지 않는 종에서는 임신당 여러 자손을 낳는 것이 분명 자연선택에 의해 선호될 것이다. 반면에 새끼에 대한 투자가 매우 높은 *K*-선택 종에서는 부모의 자원이 자손 간에 나뉘지 않으면(즉 특정 자손에게 집중되면) 자손의 생존 가능성이 더 크기에 하나의 자손을 출산하는 것을 선호할 수 있다.

35.5 피임약은 여성의 배란주기를 호르몬으로 조절함으로써 작동한다. 피임약은 프로게스테론을 지속적으로 방출하여 배란을 방지한다. 배란은 주기적인 사건이며 호르몬 조절하에 있기 때문에 이 과정을 인위적으로 조절하는 것이 상대적으로 쉽다. 또한 여성 피임약은 단일 난자의 배란을 중단하기만 하면 되는 반면에, 유사한 남성 피임약은 정자 생산(남성은 매일 수백만 마리의 정자를 생산함)을 완전히 중단해야 하기에, 남성의 이러한 호르몬 격변은 불임 또는 기타 견딜 수 없는 부작용을 유발할 수 있다.

탐구문제 및 자료 분석

839쪽 탐구문제: 모든 생물체의 궁극적인 목표는 상대적 적응도를 극대화하는 것이다. 작은 암컷은 번식할 수는 있지만 일단 매우 커지면 수컷이 됨으로써 번식 성공을 극대화할 수 있는데, 특히 몇몇 수컷이 모든 암컷과 짝짓기를 하는 경우에서 그렇다. 웅성선숙은 짝의 공급이 제한되고 상대적으로 공간이 적은 종에서 진화할 수 있다. 다른 수컷과 가까운 곳에 있는 수컷은 암컷을 기다리는 것보다 암컷이 되어 가용 수컷과 교미함으로써 번식 성공률이 더 높을 것이다.

842쪽 탐구문제: 난생에서 태생으로의 진화는 태반 또는 유사한 구조의 발달이 필요하기에 복잡한 과정인데, 한번 복잡한 구조로 진화하면 역진화가 발생하는 경우는 드물다. 아마도 더 중요한 것은, 태생은 특히 추운 날씨(또는 포식)로 인해 난자가 죽기 쉬운 환경에서 난생보다 몇 가지 장점이 있다는 것이다. 바다뱀과 같은 수생 파충류의 경우, 태생은 암컷이 바다에 머무를 수 있게 하고 해변으로 오지 않아도 되기에 어미와 알이 포식자에게 노출되는 것을 방지할 수 있다.

847쪽 탐구문제: 정상적인 상황에서 정소는 호르몬(테스토스테론 및 인히빈)을 생성하고, 이로 인해 뇌하수체 전엽에서 생성되고 분비되는 호르몬(황체형성호르몬 및 난포자극호르몬)을 음성피드백 기작으로 억제한다. 거세 후에는 테스토스테론과 인히빈이 더이상 생산되지 않으므로 뇌는 LH와 FSH를 과잉 생산하게 된다. 이러한 이유로 호르몬 요법은 일반적으로 거세 후에 처방된다.

849쪽 자료 분석: 월경주기에서 FSH는 한주기가 끝날 무렵부터 다음 주기가 시작되는 초기까지의 짧은 기간만 LH 수준을 초과한다(각각 약 27~28일 및 1~2일).

연습문제

1단계: 이해력 확인하기

1. c 2. d 3. d 4. d 5. c 6. c 7. a 8. c 9. a

2단계: 적용력 평가하기

1. a 2. b 3. d 4. a

3단계: 사고력 함양하기

1. *SRY*가 작용하지 않게 만드는 돌연변이는 배아가 발생 중에 남성 구조를 형성하는 신호가 결핍됨을 의미한다. 따라서 배아는 태어날 때 여성 생식기를 가질 것이다.
2. 체외수정에 의존하는 양서류와 어류는 물에 접근할 수 있다. 그러나 육상 생활을 하는 도마뱀, 새, 포유류는 물이 적은 환경에서 번식할 수 있도록 적응하였다. 이러한 적응에는 보호 껍질이나 체내 발생 또는 둘 다를 가진 알이 포함된다.
3. FSH와 LH는 남성과 여성 모두 뇌하수체 전엽에 의해 생성된다. 두 경우 모두 성호르몬과 배우자 형성과정에 작용한다. 차이점은 FSH는 남성에서는 정자 생성 및 여성에서는 난소 생성을 자극하는 반면, LH는 남성의 테스토스테론과 여성의 에스트라디올 생성을 촉진한다.
4. 실제로 가능하다. hCG 호르몬은 월경을 방지하기 위해 접합자에 의해 생성되며, 자궁내막을 두껍게 하여 임신을 유지해 준다. 따라서 hCG 호르몬 수용체를 차단하면 착상과 임신을 막을 수 있다.
5. 단성생식 종은 2배체로 남아있는 배우자로부터 번식한다. 정자는 반수체이지만, 난자는 수정 후에도 감수분열(반수체가 되는 것)을 완료하지 못한다. 따라서 외부 출처의 DNA 없이 난자만 발생할 수 있다[역자 주: 즉, 난자만이 $2n$을 유지할 수 있기 때문인데, 가끔 극체가 다시 난자의 세포질과 합쳐져서 단성생식이 일어나기도 함]. 또한 난자만이 발생에 필요한 세포 구조 및 영양물질을 가지고 있다. 따라서 암컷만 단성생식을 할 수 있다.

36장

핵심 요약

36.1 생물 종의 유형에 따라 다를 수 있다. 순응자는 체온을 조절하고 기타 생리적 조절을 통해 환경에 적응할 수 있다. 그러나 비순응자 종의 개체는 장기간에 걸쳐 변화하는 환경에 적응하지 못할 수도 있지만, 결국 전체로서의 집단은 자연선택으로 인해 적응할 것으로 예상한다.

36.2 만약 문제의 집단이 공급처-수용처(source-sink)의 다개체군으로 구성되었는데, 수용처 집단으로의 이주를 막는 것은 결국 수용처 집단의 멸종을 초래할 것이다. 공급처 집단은 서식지의 지리적 범위를 늘릴 것이다.

36.3 그것은 개체군의 초기 크기에 달려 있다. 생존율이 높은 소규모 개체군이 생존율이 낮은 대규모 개체군보다 반드시 빠르게 성장하는 것은 아니다.

36.4 포식 수준(피식률)이 높은 종은 포식의 선택적 압력하에서 적응도를 극대화하기 위해 더 이른 나이에 첫 번식을 하며, 더 짧은 출산 간격을 보일 가능성이 있다. 반면에 포식자가 거의 없는 종은 더 성숙해질 때까지 여유롭게 번식을 기다릴 수 있으며, 조기 사망 위험이 감소하기 때문에 출산하는 간격을 늘릴 수 있다(즉 각 자손에 더 많이 투자함).

36.5 개체군의 환경수용력에 영향을 미치는 다양한 요인이 있다. 예를 들어, 비교적 작은 규모의 기후 변화라도 사용 가능한 물과 식생(植生)은 물론 식생의 계절 변화 및 분포를 변경함으로써 환경수용력에 큰 영향을 미칠 수 있다. 그러나 환경 변화의 유형에 관계없이 대부분 개체군은 환경수용력이 있는 쪽으로 이동한다. 따라서 환경수용력이 낮아지면 개체군이 감소하고 환경수용력이 증가하면 개체군이 증가해야 한다.

36.6 개체군은 밀도에 따른 긍정적인 영향과 부정적인 영향을 모두 경험할 수 있지만, 동시에 경험하진 않는다. 낮은 식량 가용성 또는 높은 포식 압력과 같은 부정적인 밀도 의존 효과는 개체군 규모를 감소시킬 것이다. 반면에 앨리 효과에서 보듯이 밀도에 따른 긍정적 효과는 개체군 규모의 급격한 증가를 가져온다. 그러나 개체군이 동시에 증가하면서 감소할 수 없기에, 두 사건이 동시에 발생할 수 없다. 집단에 대한 선택적인 압력은 양성과 음성의 연속선상에 있으며, 개체군 크기를 형성하는 힘은 강도가 다양할 뿐만 아니라 음성에서 양성으로, 또는 그 반대로 방향을 변경할 수 있다.

36.7 이 둘은 밀접하게 연결되어 있으며 인구가 지구의 환경수용력을 초과하지 않는다면 둘 다 매우 중요하다. 인구가 증가할수록 지구의 환경수용력에 다다르게 된다. 소비가 증가하면 환경수용력이 낮아지므로, 인구와 자원 소비의 증가 추세는 모두 감소해야 한다.

탐구문제 및 자료 분석

861쪽 탐구문제: 많이 다를 것이다. 도마뱀이 얼마나 빨리 뛰는가는 체온과 연관이 있다. 연구자들은 그늘진 서식지의 도마뱀이 온도가 낮기에, 최대 달리기 속도가 느리다는 것을 보여주었다. 이러한 상황에서 도마뱀은 위협적인 포식자로부터 빠르게 도망치는 것보다는 숨기 등의 대안적인 탈출 전술을 종종 채택한다.

861쪽 자료 분석: 기울기 값이 크면(극단적으로 1.0) 기온이 상승하면 체온도 상승한다. 이것은 도마뱀이 환경 조건에 순응하고 있음을 나타낸다. 공기가 더 뜨거워지거나 차가워지면 도마뱀의 체온도 따라서 바뀐다. 반대로 낮은 기울기(극단 값 0.0)는 도마뱀의 체온이 기온의 영향을 받지 않음을 나타낸다. 이것은 도마뱀이 그늘 안팎으로 이동하여 체온을 조절하는 데 매우 효과적일 경우 발생할 수 있다.

866쪽 탐구문제: 더 작은 종은 한 세대의 기간이 짧기에 더 빨리 번식하는 경향이 있으므로 환경의 자원 증가에 더 빠르게 대응할 수 있다.

866쪽 자료 분석: 일반적으로 합리적인 예측을 할 수 있는데, 동물이 클수록 수명이 길어진다. 그러나 신체 크기와 관계없이 여전히 많은 변화가 존재한다는 것을 인식하는 것이 중요하다. 이 그래프는 산술적이 아니고 로그 척도를 나타낸다. 즉, 각 간격은 이전 간격보다 더 큰 범위를 포함한다(예로 간격이 1일에서 1주, 1개월, 1년으로 이동함). 그래프를 자세히 살펴보면 일부 종은 신체 크기가 비슷하지만, 수명이 매우 다르다는 것을 알 수 있다. 예를 들어, 거의 같은 크기인 생쥐와 영원류인 도롱뇽을 비교해보면, 생쥐의 수명은 몇 달이지만 도롱뇽은 몇 년 동안 생존한다.

867쪽 자료 분석: 표 49.2를 보면 개체당 가장 많은 종자를 생산하는 동령군은 나이가 많아서 그때까지 살아남는 개체는 거의 없기에 전체 개체군 번식에 거의 기여하지 않는다. 대신 나이 2에 속한 동령군는 생존 개체 수에 개체당 종자 수를 곱한 값이 가장 커서 번식에 크게 기여한다. 답변이 다를 수 있는 한 가지 상황은 가장 나이가 많은 개체가 개체당 엄청난 수의 종자를 생산하는 경우이다. 이 경우 오래된 개체가 몇 개밖에 되지 않더라도 여전히 개체군에 가장 중요한 기여를 할 수 있다. 이러한 현상은 일부 어류 및 기타 생물체에서 발생하는데, 가장 나이가 많은 개체가 수도 가장 많으며, 생성되는 알의 수가 신체 크기에 따라 기하급수적으로 증가한다.

868쪽 탐구문제: 초원 풀의 생존곡선에 따르면, 식물이 오래될수록 생존 가능성이 작아진다. 따라서 관상용 식물로서 가장 오래 생존할 수 있도록 아주 어린 식물을 선택하는 것이 좋다. 대부분의 개체가 노년까지 생존하다가 죽는 I형 모양의 생존곡선은 또한 어린 식물을 선택하도록 한다. 그러나 소수의 개체만이 노년까지 생존할 수 있는 III형 생존곡선은 초기 단계에서 살아남은 중년 식물을 선택하는 것이 노년까지 생존할 가능성이 더 크기 때문에 좋다.

869쪽 탐구문제: 아마도 환경의 일부 측면으로 인해 사망률이 높은 종에서는 미래의 번식 성공률을 낮추더라도 현재의 번식률 증가를 선호하는 쪽으로 자연선택이 작용할 것이다. 왜냐하면 내년에도 생존하리란 보장이 없기 때문이다. 반대로, 사망률이 낮은 종에서는 미래에 더 많은 번식을 하기 위해 현재 낮은 번식률을 선호하는 자연선택이 작용할 것이다.

869쪽 자료 분석: 평균 6개의 알에서 효과는 거의 같을 것이다. 알 2개를 추가하면 다음 해에 한배의 크기가 약 0.8로 줄어들고(평균 5개), 알 2개를 빼면 한배의 크기가 거의 똑같은 양으로 늘어난다(평균 7개). 그림에서 직선에서 벗어난 한 점은 알 하나를 추가할 때의 결과이다. 대부분 경우에 이것은 임의의 변동이며, 자연 상태의 개체군 연구에서 발생하는 일종의 비특이적 반응(잡음)이다. 예를 들어, 알을 추가한 둥지가 우연히 식량 공급원 근처의 나무에 있었기 때문에 알을 추가하는 효과가 다른 경우보다 크지 않을 수 있다. 이러한 종류의 자연적 변이는 자연 상태의 개체군 연구를 복잡하게 만들 수 있다.

870쪽 자료 분석: 다양한 요소가 에너지의 양에 영향을 미칠 수 있지만 한 가지 분명한 것은 생산되는 자손의 전체수이다. 한 마리 병아리의 3/4 크기인 2마리의 병아리는 1마리만 있는 외둥이보다 더 많은 먹이가 필요하다. 이 예에서 어린 새의 평균 크기는 한배 산란 수가 증가함에 따라 감소하지만, 감소량은 상대적으로 적음을 알 수 있다. 즉 한 둥지에 있는 13마리의 새끼는 여전히 외둥이 무게의 약 90%를 차지한다. 따라서 13마리의 새끼를 키우는 부모새는 1마리의 새끼를 키우는 부모보다 훨씬 더 큰 노력을 기울였을 것이다.

870쪽 탐구문제: 상황에 따라 다르다. 큰 개체만 번식할 가능성이 있는 경우(대형 수컷만 영역을 보유할 수 있는 일부 종의 경우), 몇 마리의 큰 자손이 선호된다. 또는 신체 크기가 생존이나 번식에 영향을 미치지 않는다면, 가능한 한 많은 자손을 생산하는 것이 다음 세대에서 개체의 유전자를 극대화할 수 있다. 대부분 경우는 자연선택에 의해 중간값이 선호된다.

871쪽 자료 분석: 첫 번째 개체군은 세대마다 수가 2배로 증가하는 반면(성체 2마리는 4마리의 자손을 낳음), 두 번째 개체군은 세대마다 2.5배씩 증가한다. 즉 한 세대가 지나면 두 번째 개체군은 규모가 25% 더 커지고(2.5/2). 두 세대가 지나면 첫 번째 개체군은 8마리인 반면 두 번째 개체군은 12.5마리가 되어서, 4.5마리의 차이를 갖게 된다. 10세대가 지나면 두 번째 개체군의 수는 19,073마리, 첫 번째 개체군은 1024마리로, 1863%의 차이를 보인다. 기하급수적인 성장에서는 매년(세대) 복리로 계산되는 작은 비율의 차이가 전체 수에 큰 차이를 가져올 수 있다.

872쪽 탐구문제: 개체군이 환경수용력 미만일 때 개체군의 규모는 증가하며, 환경수용력에 가까워짐에 따라 사망률 증가나 출생률 감소 또는 둘 다로 인해 생장률이 느려지다가, 환경수용력에 도달하면 0이 된다. 유사하게, 환경수용력을 훨씬 초과하는 개체군은 낮은 출생률 또는 높은 사망률로 인해 생장률이 크게 감소하며, 환경수용력에 도달함에 따라 0에 가까워진다.

873쪽 (그림 36.19) 탐구문제: 많은 이유가 존재하는데, 한 가지 가능성은 아마도 자원이 제한되어 암컷이 많은 자손을 낳을 수 없기 때문일 것이다. 또 다른 가능성은 개체군이 클수록 공간이 제한되어 개체들이 서로 상호작용하는 데 많은 시간을 보내기에, 그렇지 않다면 더 많은 새끼를 키우는 데 투자할 수 있는 에너지를 소모한다는 것이다.

873쪽 (그림 36.20) 탐구문제: 답은 먹이가 개체군 규모를 조절하는 요인인지 여부에 달려있다. 만약 그렇다면, 주어진 개체군 규모에서 생산되는 새끼의 수는 증가하고 사망률은 감소할 것이다. 그러나 물 가용성이나 포식자와 같은 다른 요인이 개체군 규모를 제한한다면 먹이 보충은 큰 효과가 없을 수 있다.

875쪽 탐구문제: 토끼 개체 수가 높게 유지되면 스라소니가 먹이 가용성에 반응하기 때문에 스라소니 개체 수도 높게 유지될 것으로 예상된다. 스라소니 개체 수가 높은 수준으로 유지된다면, (토끼가 번식하더라도 결국 스라소니의 먹이가 증가하기 때문에) 토끼 개체 수는 낮게 유지될 것으로 예상된다.

876쪽 탐구문제: 인구가 밀도 의존적 요인에 의해 조절되는 경우 인구가 환경수용력에 가까워짐에 따라 출생률이 감소하거나 사망률이 증가하거나, 또는 둘 다 일어날 것이다. 인구가 밀도와 무관한 요인에 의해 조절되고 환경 조건이 변하면 출생률과 사망률 모두 감소하거나, 사망률이 증가하거나, 둘 다에 영향을 받을 것이다.

877쪽 탐구문제: 답은 연령별 출생률과 사망률이 유지되는지 여부에 달려 있다. 그렇다면 스웨덴의 분포는 거의 동일하게 유지될 것이다. 대조적으로, 케냐의 분포는 출생률이 사망률을 훨씬 능가하기 때문에, 어린이의 출생률 급등은 이들이 청년기에 들어가 더 많은 자손을 낳기 시작함에 따라 점점 불균형이 증가할 것이다(피라미드의 아래쪽이 훨씬 더 커지게 될 것이다).

879쪽 탐구문제: 인구 규모와 개인별 생태 발자국은 이 질문에 답하는 데 중요한 요소이다. 인도의 인구가 미국의 4배이지만 미국에서 개인의 생태 발자국이 인도보다 10배 큰 경우, 미국은 더 큰 생태 발자국을 갖게 된다.

연습문제

■1단계: 이해력 확인하기

1. b 2. c 3. a 4. b 5. d 6. b 7. c

■2단계: 적용력 평가하기

1. d 2. c 3. b 4. c

■3단계: 사고력 함양하기

1. 고립된 개체군의 유전적 구성은 진화적 변화의 기본 메커니즘, 즉, 자연선택, 돌연변이, 동류교배, 유전적 부동 등에 기초하여 시간이 지남에 따라 변할 것이다. 이러한 과정은 다개체군에서도 동일하게 유전적 구성에 영향을 주지만, 결과는 훨씬 더 복잡할 것이다. 예를 들어, 공급처와 수용처 개체군 사이의 이주가 매우 활발하면, 낮은 적응도의 대립유전자(공급처에서는 이들에 대해 자연선택이 작용하지 않음)를 보유한 공급처 개체들이 규칙적으로 수용처 개체군으로 유입되기 때문에 유전자 흐름으로 인해 수용처 개체군이 지역적인 선택에 휩쓸릴 수 있다. 일부 상황에서는 분지가 느려지거나 중지될 수도 있다. 반면에, 수용처가 반복되는 개체군 감소를 겪어서 종종 매우 적은 수의 개체를 가지게 되면, 유전적 부동으로 인해 유전적 다양성을 상당히 잃을 수 있다. 공급처 개체군으로부터의 이주가 0보다 조금 큰 경우, 이러한 작은 개체군은 부동으로 인해 다개체군의 다른 집단과 실질적으로 갈라지기 시작할 수 있다. 차이점은 다개체군에서 이러한 집단은 개체 수가 적은 데다가 주변의 공급처로부터 복구될 가능성이 없기에, 멸종되기보다는 실제로 버티면서 분기될 수 있는 것이다.
2. 동물이 내년까지 살 확률은 나이가 증가함에 따라 감소하기에(그림 36.10에서 모든 곡선은 나이에 따라 감소함), 다른 조건이 같다면 나이 든 동물의 생식 비용은 젊은 동물에 비해 낮을 것이다. 그 이유는 생식 비용은 적응도의 변화로 측정되기 때문이다. 다음번의 번식까지 살아남을 기회가 거의 없는 아주 나이 든 동물을 생각해 보자. 미래의 성공이 어쨌든 0이 될 가

능성이 크기 때문에 현재의 생식에 모든 노력을 기울여야 할 것이다.

3. 자손의 크기가 자손의 질(생존율)에 영향을 주지 않는다면, 당연히 부모의 관심사는 가능한 한 많은 작은 자손을 생산하는 것이다. 그렇게 함으로써 다음 세대에 친족 개체의 수를 늘려 적응도를 극대화할 수 있을 것이다. 따라서 한배 크기가 더 큰 곡선이 X축의 오른쪽으로 이동할 것이다.
4. 평균 세대기간을 늘리고(개인이 처음 번식할 때의 나이가 증가함) 다른 모든 것을 동일하게 유지하면, 개체군 증가율이 감소할 것으로 예상할 수 있다. 이는 단순히 성인 연령대에서 자손을 생산하는 개체의 수가 줄어든다는 사실에서 비롯된다. 낮은 인구 출생률은 인구 증가율 감소로 이어질 것이다. 그러나 어느 쪽이 더 큰 영향을 미칠지는 말하기 어렵다. 세대기간의 변화(처음 번식하는 나이의 증가)가 모든 연령대에서의 번식 감소보다 개별 여성의 총 자손 수에 전체적으로 더 큰 영향을 미쳤다면, 개체군 생장률이 세대기간의 변화에 더 민감할 것이다. 그러나 다른 시나리오에서는 이 두 효과의 비교가 더 복잡해질 수 있다. 개체군 생장 조절은 한 가지 이상의 요인, 즉 번식력과 첫 번식 연령에서 올 수 있다.

37장

핵심 요약

37.1 답변은 군집의 서식지에 따라 다르다. 일부 서식지는 동물에게 더 우호적이고 다른 서식지는 식물에게 더 우호적이다. 대부분의 서식지에 있는 풍부한 식물과 동물도 밀접하게 연결되어 있다. 따라서 한 쪽의 풍부도 변화는 다른 쪽의 풍부도 변화에 영향을 미칠 것이다.

37.2 답은 기본 생태적 지위에 대해 이야기하는지, 아니면 실제 생태적 지위에 대해 이야기하는지에 달려 있다. 두 종은 확실히 같은 기본 생태적 지위를 가질 수 있고 무기한 공존할 수 있다. 왜냐하면 기본 생태적 지위 내에서 서로 다른 실제 생태적 지위를 가질 수 있기 때문이다. 동일한 실제 생태적 지위를 가진 두 종이 무기한 공존하기 위해서는 생태적 지위 내의 자원이 제한되지 않아야 한다.

37.3 이것은 베이츠 의태의 한 예로서, 무독성 종은 유독 종과 유사한 체색을 진화시킨다.

37.4 제한된 자원과 여러 먹이 종을 가진 생태계에서, 포식자가 없을 때 한 먹이 종은 우월한 경쟁을 통해 다른 먹이 종을 멸종시킬 수 있다(경쟁적 배제). 그러나 경쟁적 배제로 인해 멸종될 수 있었던 먹이 종은 특정 종을 잡아먹는 포식자가 있는 경우 군집에서 지속될 수 있다. 경쟁에서 배제될 가능성을 낮추는 포식자를 핵심 포식자로 부른다. [역자 주: 핵심 포식자는 다양한 생물종을 잡아먹기에 어떤 한 종이 경쟁에서 배제될 가능성이 작아진다.]

37.5 개별 나무의 선택적 수확은 군집의 관점에서 바람직할 것이다. 중도교란 가설에 따르면, 선택적 수확에서 발생하는 것과 같은 중간 정도의 교란은 개간과 같은 심각한 교란보다 종의 풍부함과 생물다양성을 증가시킨다.

탐구문제 및 자료 분석

885쪽 (그림 37.2) 탐구문제: 서로 다른 토양 유형은 매우 다른 적응이 필요하므로, 각 토양 유형에 따라 서로 다른 종이 적응한다.

885쪽 자료 분석: 일반 토양과 사문석 토양을 분리하는 영역인 추이대는 약 7~8 m 떨어져 있다.

885쪽 (그림 37.3) 탐구문제: 2개의 서로 다른 서식지가 서로 밀접하게 접촉하기 때문에 군집 간의 급격한 전환이 발생한다.

887쪽 탐구문제: 두 종 모두 같이 있을 때보다 홀로 있을 때 더 높은 개체군 밀도에 도달한다. 비록 다른 설명도 있겠지만 가장 가능성 있는 설명은 다른 종이 존재할 때 각각의 종은 자원을 놓고 경쟁하여 환경수용력이 제한된다는 것이다.

889쪽 (그림 37.7) 탐구문제: 아마도 자원 분포가 두 섬에서 동일하므로, 각 종이 따로따로 섬에 있을 때 서로 유사한 중간부리 크기가 선호될 것이다.

889쪽 (그림 37.8) 탐구문제: 캥거루쥐는 다른 모든 설치류 종과 자원을 두고 경쟁하면서 다른 설치류 개체군의 크기를 감소하게 했다. 캥거루쥐가 제거되었을 때 경쟁이 없는 상황에서 더 많은 자원을 사용할 수 있었기 때문에 다른 설치류 개체군의 크기는 증가할 수 있었다.

890쪽 탐구문제: 이것은 다양한 방법으로 수행될 수 있다. 한 가지 방법은 일부 짚신벌레에 포식자로부터 탈출할 수 있도록 피난처를 제공하는 것이다. 또 다른 방법은 디디니움의 개체 수를 제한하도록 디디니움의 포식자를 넣어주는 것이다(38장 참조).

899쪽 자료 분석: 설치류를 제거하면 더 많은 종자가 개미에게 제공되므로 처음에는 개미 집단에서 수가 증가한다. 그러나 시간이 지남에 따라 큰 종자가 많을수록 큰 종자를 생산하는 식물이 증가하게 되고, 이는 개미에게 더 유용한 작은 종자를 생산하는 식물의 수를 감소시킨다. 작은 종자의 수가 감소함에 따라 개미의 수가 감소한다.

899쪽 탐구문제: 실험 사육장에서 설치류를 제거하고 식물과 개미 모두에 미치는 영향을 측정함으로써 알 수 있다. 처음에는 설치류가 없기 때문에 개미가 사용할 수 있는 작은 씨앗의 수가 증가한다. 그러나 시간이 지남에 따라 큰 종자를 생산하는 식물은 작은 종자를 생산하는 식물에 대해 우월한 경쟁을 하므로, 생산되는 작은 종자가 줄어들면서 개미 개체 수는 감소하게 된다. [역자 주: 설치류가 큰 종자를 먹어서 이 식물을 수를 줄일 수 있기에 작은 종자를 만드는 식물이 생존하게 되고 결국 설치류는 식물의 경쟁에 개입하여 개미의 생존에 도움을 준다는 것이다.]

연습문제

■1단계: 이해력 확인하기

1. b 2. a 3. d 4. a 5. b 6. d 7. c 8. c

■2단계: 적용력 평가하기

1. d 2. b 3. d 4. d 5. d

■3단계: 사고력 함양하기

1. 생태적 제한에 대한 가설을 검증하는 데 실험은 유용한 수단이지만, 일반적으로 작은 지역에서 빠르게 번식하는 종에 국한된다. 종의 상호작용을 연구하는 대안적 방법으로 종이 상호작용하는 메커니즘에 대해 상세하게 연구하는 것이 포함되어 있다. 때로는 수명이 긴 종의 경우, 개체군 크기의 변화를 측정하는 데 매우 오래 걸리기 때문에, 대신 생장률 또는 번식률과 같은 다른 지표를 측정할 수 있다. 종간 상호작용을 평가하는 또 다른 방법은 여러 지역에서 한 종을 연구하는 것인데, 그중 일부에서만 두 번째 종이 나타난다. [역자 주: 어떤 지역에서는 A종만 있고 어떤 지역에서는 A종과 B종이 있을 때, 이 지역들을 비교 연구함으로써 A종과 B종의 상호작용을 규명할 수 있다.] 그러나 이러한 연구는 두 번째 종이 있거나 없는 차이 외에도 지역 간에 많은 중요한 차이가 있을 수 있기에 신중하게 해석되어야 한다.
2. 차별적으로 선호되는 여러 먹이 종을 추가하는 것은 단일 피식종 시스템에서 피식종를 위한 피난처를 두는 것과 같은 효과를 나타낼 수 있다. 즉 포식자가 가장 선호도가 높은 종을 먼저 먹어서 이 종이 희귀해지면, 포식자는 맛이 좋지 않거나 잡기 어려워도 덜 선호하는 종으로 먹이를 전환한다는 것이다. 이는 포식자가 매우 희귀한 선호 종을 쫓느라 비용을 지불하는 것보다 여전히 더 나은 이익을 제공하기 때문이다. 포식자가 쫓는 대상이 바뀌었으므로 선호도가 높은 종은 개체 수를 늘릴(반등할) 시간이 충분할 수 있다. 이러한 모든 역학은 포식자가 먹이의 개체 수를 줄이는 데 걸리는

시간 및 포식자의 압력이 제거된 후 먹이 개체군이 반등하는 데 걸리는 시간에 따라 달라진다.

3. 비록 이 시스템의 메커니즘이 알려져 있을 수 있지만, 생태계가 복잡하기 때문에 숨겨진 상호작용으로 인해 결과 해석이 다양하게 달라질 수 있다. 예를 들어, 큰 종자의 감소로 인해 작은 종자의 수가 증가하는 것 외에, 설치류의 다른 활동이 개미에게 긍정적인 영향을 미친다면 어떻게 될까? 이러한 특정 메커니즘을 검증하는 한 가지 방법은 설치류를 제거 또는 투입하는 것과 상관없이 실험적으로 작은 종자를 많이 넣어주고 그 결과를 분석하는 것이다. 현재의 가설이 옳다면, 설치류를 제거했을 때 개미의 수가 초기에 증가하다가 뒤이어서 감소하는 것과 달리, 개미 개체 수가 증가하고 지속될 것으로 예측한다. [역자 주: 설치류가 큰 종자를 먹이원으로 사용하기에 작은 종자를 생산하는 식물이 지속되어 결국 개미에게 도움이 된다는 현재 가설은 개미의 먹이원인 작은 종자를 계속 보급해주면 설치류가 없어도 개미 개체 수가 늘어날 것이기에 현재 가설을 지지하는 결과인 것이다.]
4. 그림 37.7에 표시된 패턴은 그 자체로 형질치환을 암시하지만, 대체 가설 또한 가능하다. 예를 들어, 한 종만 발견되는 두 섬에서 이용할 수 있는 종자의 분포가 두 종이 동소성일 때 발견되는 종자와 다른 경우 어떻게 될까? Los Hermanos 또는 Daphne Major 섬에서 크거나 작은 종자가 보이지 않고 중간 크기의 종자만 보였다면, San Cristóbal 섬에서의 부리 크기가 경쟁으로 인해 달라졌다고 결론을 내리기 어려울 것이다. 이것은 이소성과 동소성 조건에서 단지 부리 크기 분포를 비교한 형질치환 과정의 추론에서 볼 수 있는 일반적인 비판이다. 그러나 이 경우 갈라파고스 시스템은 매우 잘 연구되었기에, 사용 가능한 종자의 크기 분포가 크게 다르지 않다는 것이 확인되었다. 더욱이, 가뭄으로 인해 종자 크기가 변하면, 이에 대한 반응으로 자연선택에 의해 한 섬에 있는 새의 부리 크기가 변하는 것에서 볼 수 있듯이, 이러한 부리 패턴을 확립하고 유지하는 데 있어 경쟁의 역할은 더욱 뒷받침된다.
5. 생태계의 정의가 규모에 달려 있기 때문에 가능하다. 일부 생태계에는 그 안에서 작동하는 더 작은 생태계가 있을 수 있다. 예를 들어 열대우림 생태계에는 작은 수생 생태계, 토양 내 생태계, 개별 나무의 생태계가 있다. 연구에 따르면 대부분 종은 개별적으로 행동하지만 어떤 경우에는 종의 집단이 서로 의존하고 전체적으로 작용한다. 특히 별개의 생태계가 겹치는 추이대(전이대) 영역에서 이러한 종류의 2중 군집 구조를 기대할 수 있다.

38장

핵심 요약

38.1 그렇다. 분뇨와 같은 천연 물질을 사용한 비료는 화학 비료보다 생태계에 덜 방해가 된다. 예를 들어, 많은 화학 비료에는 분뇨보다 더 높은 수준의 인산염이 포함되어 있으므로 화학 비료는 자연적인 지구의 인 순환을 방해한다.

38.2 물질과 에너지는 모두 형태를 변화시킴으로써 생태계를 이동하지만 생성되거나 파괴될 수 없다. 즉 물질과 에너지는 모두 생태계 내의 영양단계를 통해 흐른다. 탄소 원자와 같은 물질의 흐름은 에너지 흐름보다 더 복잡하고 다단계적인데, 이는 탄소가 진정한 순환을 하기 때문이다. 탄소는 분명한 시작이나 끝이 없이 생태계를 통해 진정으로 순환한다. 탄소는 고체에서 기체 상태로 순환하고 다시 고체로 되는 과정에서 변한다. 반면에 에너지 흐름은 단일방향이다. 생태계에서 에너지의 궁극적인 원천은 태양인데, 태양에너지는 첫 번째 영양단계인 1차 생산자에 의해 포획되어 화학에너지로 변한다. 화학에너지는 저품질(실제 생물체 내에서 쓰일 수 없는) 에너지인 열만 남을 때까지 한 영양단계에서 다른 단계로 전달된다.

38.3 동시에 일어날 수 있다. 생태계에는 확실히 한 영양사슬의 상위 포식자가 낮은 영양단계에 영향을 미치고, 동일한 생태계 내에서 1차 생산자가 다른 영양사슬 내의 높은 영양단계에 영향을 미칠 수 있다.

38.4 1차 생산자가 포획한 햇빛의 양이 영향을 받았는지 여부에 따라 다르다. 현재 지구 대기의 태양에너지 중 약 1%만이 광합성을 위해 1차 생산자들에 의해 포획된다. 태양광이 지구 표면에 덜 도달하지만, 태양광 감소에 따른 에너지 포획이 증가한다면 1차 생산성은 영향을 받지 않아야 한다.

38.5 섬 생물 지리학의 평형 모델은 종풍부도와 섬 크기뿐만 아니라 본토로부터의 거리 사이의 관계를 설명한다. 본토에 더 가까운 작은 섬은 본토에서 멀리 떨어진 더 큰 섬보다 더 많은 종을 가질 것이다.

탐구문제 및 자료 분석

913쪽 자료 분석: 교란되지 않은 지역에서 유출된 질소 농도는 1~2 mg/L인 반면에, 삼림 벌채 지역의 유출물 내 질소 농도는 약 35~80 mg/L로 다양했다. 이것은 적어도 17배(2에서 35로) 이상 증가한 것으로, 산림 벌채 이후의 최댓값을 고려하면 더 커진다. 그림에서는 그렇게 큰 변화를 반영하지 않는 것 같지만, y축이 4~40 mg/L 구간에서 끊기는 것에 유의해야 한다. 즉, 두 자료의 값이 크게 다를 때 y축 척도에 변화를 주어 공간을 절약하기 위한 것이다. 끊어진 자료는 증가 추세가 지속된 것으로 이해하면 된다.

917쪽 자료 분석: 관계가 없다. 전 세계 NPP 총량에서 가장 높은 두 서식지는 단위 면적당 NPP가 크게 다른 서식지이다(열대우림에서 높고, 외해에서 낮음). 전체적으로 보면 서식지가 단위 면적당 NPP별로 가장 높은 곳에서부터 정렬된 것을 알 수 있는데, 세계 NPP를 보면 위에서 아래로 일반적인 경향성이 보이지 않는다.

918쪽 탐구문제: 먹이사슬의 각 연결고리에서 한 단계의 에너지 중 극히 일부만이 다음 단계의 생체량으로 전환된다. 즉 많은 에너지가 열 또는 배설물로 소실된다.

919쪽 탐구문제: 역피라미드에서 1차 생산자는 빠르게 번식하고 빨리 잡아먹히기 때문에 어느 시점에 종속영양 개체군에 비해 생체량이 적은 1차 생산자 집단이 존재할 수 있다.

920쪽 탐구문제: 송어가 조류를 먹이원으로 이용하는 무척추동물을 먹기 때문이다. 이런 무척추동물이 적을수록 조류가 더 많게 된다.

921쪽 탐구문제: 차이점은 이전 실험에서는 3단계가 있는데 이 실험에서는 4단계의 먹이사슬이 있다는 것이고, 이로 인해 조류의 수가 달라진다. 뱀은 물고기의 수를 줄여서 실잠자리가 증가하도록 하고, 그다음 깔따구의 수를 줄이고 조류(algae)를 증가시킬 수 있다. 즉, 먹이사슬의 낮은 단계에서는 "뱀과 물고기 모두 존재" 및 "뱀과 물고기 모두 부재" 조건에 대해 같은 결과가 나타난다. 두 경우 모두는 물고기만 있는 사육장에서의 결과(조류 감소)와는 다를 것이다.

923쪽 (그림 38.17) 탐구문제: 1차 생산량이 증가하더라도 초식동물은 조류 생물량의 대부분을 소비한다. 1차 생산량의 증가는 초식동물 개체 수 증가로 이어질 수 있다. 따라서 1차 생산량이 증가한 만큼 초식동물도 증가하기에, 조류의 생체량은 일정하게 유지될 수 있다.

923쪽 자료 분석: 선의 각도를 기울기라고 하는데, 기울기는 두 변수가 어떻게 관련되어 있는지를 나타낸다. 큰 기울기(큰 각도)는 위쪽 및 아래쪽 그림과 같이 x-변수가 증가함에 따라 y-변수도 증가함을 나타낸다. 작은 기울기(가운데 그림)는 x-변수가 증가함에도 y-변수는 거의 변하지 않기에 두 변수 간에 상관관계가 없음을 의미한다. 물론 여기에 표시되지 않은 음의 기울기는 x가 증가하고 y가 감소함을 나타낸다.

923쪽 (그림 38.18) 탐구문제: 2차 육식동물은 1차 육식동물의 생체량을 상대적으로 일정하고 낮은 수준으로 유지하게 할 것이고, 따라서 초식동물 생체량은 빛의 증가에 따라 증가하여 1차 생산자의 생체량을 낮고 일정한 수준으로 유지하게 할 것이다. 즉, 더 높은 빛의 강도에서 증가된 생산량이 먹이사슬로 흘러갈 것이다. 이 상황은 그림 38.17에서 네 번째 먹이사슬 단계(2차 육식동물)를 추가한 확장판으로 볼 수 있다.

924쪽 자료 분석: 그림 38.19*b*에서 알 수 있듯이 구역에 있는 종의 수와 침입하는 종의 수 사이에는 일반적인 음(−)의 관계가 있다(과학자들이 "통계적으로 유의미한" 관계라고 부름). 그럼에도 불구하고, 그림에서 알 수 있듯이 자료에는 상당히 많은 분산이 있다. 예를 들어 24종이 있는 구역들의 경우 침입종 수는 1부터 매우 많은 수까지 다양하다. 따라서 질문에 대한 답은 전체적으로 상관관계가 있지만, 변동이 너무 많기에 주어진 구역에 대해 정확히 예측하기는 어렵다고 할 수 있다. 일반적으로 더 많은 종이 있는 구역에 침입자가 있을 것이라고 예상하는 것은 정확할 수 있지만, 많은 종이 있는 구역 하나와 적은 종이 있는 구역 하나를 무작위로 선택하면 반대 결과가 생길 가능성이 매우 크다.

925쪽 탐구문제: (*a*) 아마도 중간 수의 포식자가 우월한 경쟁자들의 수를 낮추기에 충분하기 때문일 것이다. [역자 주: 우월한 경쟁자가 있을 경우, 다른 종의 생존을 위협하기에 종풍부도가 감소할 수 있다.] (*b*) 아마도 더 많은 서식지가 이용 가능하고, 따라서 환경에서 더 다양한 생존 방법이 있기 때문일 것이다. (*c*) 한마디로 말하기는 어려운데, 아마도 더 안정적인 환경은 전문화가 더 많이 일어나도록 하여 더 많은 종의 공존이 가능하기 때문일 것이다.

연습문제

▪1단계: 이해력 확인하기

1. d 2. d 3. b 4. d 5. a 6. c 7. b 8. a 9. b 10. c

▪2단계: 적용력 평가하기

1. a 2. d 3. d

▪3단계: 사고력 함양하기

1. 먹이사슬의 길이는 궁극적으로 생태계에 들어가는 에너지의 양 및 에너지가 각 상위 단계로 전달됨에 따라 사용 가능한 에너지의 손실(약 90%)에 의해 제한되기에, 외온성 동물이 지배하는 먹이사슬이 내온성−우세 먹이사슬보다 길 것이다. [역자 주: 내온성 동물에 비해 외온성 동물의 경우 사용하는 에너지양이 적기에 다음 영양단계로 넘어갈 수 있는 에너지의 여유분이 많게 된다.] 사실, 실제 먹이사슬에서 이에 대한 간접적 증거가 있으며 일부 생태 모델에서도 예측된다. 그러나 먹이사슬의 길이와 구조를 결정하는 모든 복잡한 요인 때문에 현실적으로 이것이 사실인지 판단하기는 어렵다. 더욱이, 자연생태계에서 실제 먹이사슬 길이를 측정하는 것은 많은 실질적인 어려움이 존재한다.
2. 이 장에서 지적한 바와 같이 생태계의 동적인 영양단계에서 에너지와 생체량 전달을 구별하는 것이 매우 중요하다. 식물성 플랑크톤의 현존량은 영양단계에 포함된 에너지를 측정하는 데 반드시 신뢰할 수 있는 척도는 아니다. 만약 식물성 플랑크톤이 생산되는 즉시 섭취된다면 엄청난 양의 에너지를 제공할 수 있지만, 이는 정적인 생체량 시료를 통해서는 직접 측정할 수 없다. 따라서 현존량을 통해 영양단계의 생산량을 측정하는 것은 불완전하다. [역자 주: 호수에서 광합성 플랑크톤이 매우 빠르게 증식하고 늘어나는 양만큼 식물성 플랑크톤이 즉시 먹이원으로 사용한다면, 식물성 플랑크톤의 생체량이 광합성 플랑크톤보다 많을 수 있다.]
3. 그림 38.17에서 알 수 있듯이 영양 구조와 역동성은 상호 연관되어 있으며 생태계 특성과 행동의 주요 결정 요소이다. 예를 들어, 특히 수가 많은 초식동물이 위협을 받으면 생태계의 1차 생산자가 만든 풍부한 에너지 중 상당량을 높은 영양단계(예, 육식동물)에서 사용할 수 없게 된다. 즉, 초식동물은 생태계를 통한 에너지 전환에 중요한 연결고리이다. 아래에서 위로, 또는 위에서 아래로 발생하는 연쇄효과는 생태계에서 에너지 전달의 특성이며, 현실은 특정 종에 미치는 영향이 해당 종 자체로 제한되지 않을 가능성이 크다.
4. 이 질문에 답하는 방법은 여러 가지가 있지만, 시작해야 할 분명한 출발점은 식물의 구조적 다양성(복잡성)이 식물을 직접 먹지 않는 동물에 잠재적으로 영향을 미치는 여러 가지 방법에 대해 생각하는 것이다. 예를 들어 식물은 은신처, 피난처, 먹이, 둥지를 위한 기질 등을 제공할 수 있다. 따라서 다양성이 증가하면 도마뱀이 서식지를 더 많은 방식으로 분할하고, 더 많은 종이 포식자로부터 탈출하거나 가혹한 물리적 요인(예, 추위 또는 더위)으로부터 피난처를 찾을 수 있으며, 잠재적인 피식자를 위한 더 큰 물질(예를 들어, 먹이원)을 제공할 수 있다. 이러한 상호관계에 대한 정확한 메커니즘을 알고 싶다면 특정 가설을 검증하기 위한 실험을 수행해야 한다. 예를 들어, 어떤 종은 특정 서식지에서 지속적으로 생존하기 위해 그 서식지가 구조적 복잡성을 가져야 한다면, 이를 검증하기 위해 서식지를 변형(식물 구조 감소)하고 원래 존재하는 종의 수가 감소했는지 또는 유지하지 못했는지 검증할 수 있다.

용어해설

ㄱ

가계도 pedigree 알비노나 혈우병과 같은 특정 유전형질에 대해 여러 세대에 걸친 교배와 자손을 나타내는 모식도.

가로무늬근(횡문근) striated muscle 골격성 수의근과 심장근육.

가수분해반응 hydrolysis reaction 물이 첨가되어 결합을 끊는 반응. 물이 제거되면서 분자가 결합하는 탈수반응의 역반응.

가중 summation 근육이 최대한 수축 상태를 유지하도록 하는 운동신경 세포의 반복적인 활성화.

각막 cornea 척추동물 눈의 투명한 외층.

각수(다리수염) pedipalps 거미류에서 발견되는 한 쌍의 특수 부속기; 수컷 거미에서는 교미기로, 전갈에서는 큰 집게로 특화됨.

각질층 stratum corneum 척추동물 몸체의 표피 외층.

각피(큐티클) cuticle 표피세포 외부 표면의 왁스 또는 지방층(큐틴이라고 불리는 물질로 형성됨).

각피질(큐틴) cutin 식물의 표피세포에 의해 생성되는 지방층. 표면에 큐티클을 형성.

간극연접 gap junction 동물세포에서 물질을 전달하는 인접한 세포 사이의 접합부.

간극유전자 gap gene 초파리의 체절형성 과정에서 배아를 큰 구획으로 나눌 수 있는 특정 유전자; *hunchback*은 간극유전자임.

간기 interphase 각 체세포분열 또는 감수분열 사이의 기간; 세포가 성장하고 DNA가 복제됨; G_1, S 및 G_2 단계를 포함.

간상세포 rod 척추동물 망막에 있는, 빛에 민감한 신경세포; 매우 희미한 빛에 민감해서 야간 시각 담당.

간충직 줄기세포 mesenchymal stem cell 결합조직을 발생시키는 줄기세포의 일종으로, 대부분 입증된 줄기세포치료에 사용됨.

감각 강모 sensory setae 곤충의 신경계에 부착된 억센 털로, 기계적 및 화학적 자극에 민감함; 더듬이와 다리에 가장 풍부함.

감각 이용 sensory exploitation 암컷에게 이미 존재하는 편향된 감각을 수컷이 이용하도록 하는 신호에 대한 진화.

감각(구심성)뉴런 sensory(afferent) neuron 감각 수용기에서 중추신경계 또는 중추신경절로 신경자극을 전달하는 뉴런.

감수1분열 meiosis I 감수분열 중 첫 번째 세포분열; 상동염색체가 분리되기 때문에 'reduction division'이라고도 불림. 딸세포는 반수체의 염색체를 가짐.

감수2분열 meiosis II 감수분열의 두 번째 단계. 감수1분열로부터 얻은 2개의 세포가 DNA 복제 없이 체세포분열과 유사한 분열을 거쳐 반수체 핵을 가진 4개의 딸세포를 생산함.

강 class 문과 목 사이의 분류학적 범주. 강은 하나 이상의 목으로 구성되며, 특정 문에 속한다.

강모 seta, pl. setae 환형동물에서 이동하는 도중 또는 굴을 뚫을 때 몸체를 고정시키는 데 도움이 되는 키틴질의 억센 털.

강모(剛毛) chaetae 각각의 체절마다 있는 키틴질의 짧고 뻣뻣한 털로서, 환형동물이 이동할 때 몸이 뒤로 밀리지 않게 지지함.

강직 tetanus 이완 없이 근육이 강력한 수축을 유지하는 상태.

강화 reinforcement 종 분화에서 두 개체군 구성원 간의 교배를 억제하는 선택으로 인해 개체군 간의 부분적인 생식 격리가 증가하여 궁극적으로 완전한 생식 격리를 일으키는 과정.

개방순환계 open circulatory system 혈액이 체강 내로 흘러 들어가서 체액과 혼합되어 다른 위치의 혈관으로 다시 들어가는 순환 시스템.

개시 tRNA initiator tRNA 번역의 시작 부분에 관여하는 tRNA 분자. 원핵생물의 개시 tRNA($tRNA^{fMet}$)는 *N*-포밀메싸이오닌으로, 진핵생물에서는 메싸이오닌으로 충전되어 있다.

개시인자 initiation factor 원핵생물의 폴리펩타이드 합성에서 개시복합체의 형성에 관여하는 여러 단백질 중 하나.

개시코돈 start codon AUG는 mRNA 번역의 시작 부위를 나타냄; 이 코돈은 또한 아미노산 메싸이오닌을 암호화함.

개체군(집단) population 같은 시기에 특정 지역을 점유하는 한 종의 개체 무리.

개체군통계학(인구통계학) demography 개체군(인구) 증가율과 연령 구조의 특성을 나타냄.

검정교배 testcross 유전자형을 모르는 우성 표현형 개체를 열성 동형접합 개체(tester)와 교배하는 것으로, 관련 유전자가 동형접합인지 또는 이형접합인지를 알아내기 위해 사용함.

겉씨식물(나자식물) gymnosperm 씨방에 싸여있지 않은 종자를 가진 식물; 침엽수는 겉씨식물.

격막연접 septate junction 동물세포에서 방수 장벽을 형성하는 밀착연접의 유형.

격벽 septum, pl. septa 2개의 공간 사이의 벽.

격벽형성 septation 원핵세포 분열에서 새로운 세포막과 세포벽이 형성되어 두 딸세포를 분리하는 격벽의 형성.

결실 deletion 염색체의 일부가 손실되는 돌연변이. 너무 많은 양이 손실될 경우 치명적임.

결절, 마디 node 1개 이상의 잎이 붙어있는 식물 줄기 부분. 절간(internode) 참조.

결정론적 발생 determinate development 각각의 배아 세포가 성체에서 어떤 종류의 조직을 형성할지 미리 운명이 결정된 동물 발생의 한 유형.

겹눈(복안) compound eye 많은 절지동물의 시각 기관으로, 홑눈(단안)이라고 하는 독립적 시각 단위가 모여서 구성됨.

경고색 aposematic coloration 밝은색을 이용하여 독성이 있음을 알리는 일부 생물체의 생태 전략.

경쟁 배타 competitive exclusion 생태학적 요구가 같은 두 종은 동일 지역에 무한정 같이 살 수 없으며, 가용한 희소 자원을 활용하는 데 있어 효율이 높은 종이 다른 종을 제외시킨다는 가설. 가우스의 원칙으로도 알려져 있음.

경쟁적 억제제 competitive inhibitor 효소에서 기질이 붙는 부위에 결합하여 기질과 경쟁하는 억제자.

곁눈(액아) axillary bud 식물에서 줄기와 잎의 엽액에서 발견되는 싹. 액아가 새로운 싹으로 발달하거나 꽃이 될 수 있음.

계 kingdom 분류 범주의 두 번째로 높은 단계.

계통분류학 systematics 진화론적 관계의 재구성과 연구.

계통수 phylogenetic tree 생물체 간의 유사점과 차이점을 분석하여 생성된 자손들의 계보 패턴. 현대 유전자 시퀀싱 기술은 개개 유전자의 진화적 이력을 나타내는 계통수를 만들어냄.

계통학(계통발생학) phylogeny 어떤 종들이 밀접하게 연관되어 있고, 어떤 순서로 관련 종들이 진화했는지를 포함한 생물체의 진화 역사; 종종 계통수의 형태로 표현됨.

계통학적 종개념 phylogenetic species concept(PSC) 계통 발생 관계에 기초하여 종을 정의하는 개념.

고대배수체 paleopolyploid 종의 게놈 진화 연구에서 배수성 분석에 사용된 고대의 배수체 생물.

고리형 AMP(cAMP) cyclic AMP(cAMP) 인산염 그룹의 원자가 고리를 형성하는 아데노신 1인산(AMP)의 한 형태. 거의 모든 생물체에서 발견되며, 다양한 종류의 대사 활동을 조절하는 세포내 2차전달자 역할을 함.

고막 tympanum 일부 곤충의 소리 수용기. 기관낭과 관련된 얇은 막으로, 복부의 양 측면에 쌍으로 존재.

고분자, 거대분자 macromolecule 매우 큰 생물학적 분자. 특히 단백질, 핵산, 다당류, 지질 및 이들의 복합체.

고세균역 Domain Archaea 분류체계의 3역에서 고도로 다양한 단세포 원핵생물인 고세균만을 포함하는 영역.

고유수용기 proprioceptor 척추동물에서 신체의 위치와 움직임을 감지하는 감각 수용체.

고장성(의) hypertonic 세포보다 높은 농도의 용질이 함유된 용액. 고장액 내의 세포는 삼투로 인해 물을 잃는 경향이 있음.

고전적 조건형성 classical conditioning 이전에는 반응과 관련이 없던 자극일지라도 반복적 제시를 통해 뇌로 하여금 자극과 반응 사이의 연관성을 형성하게 하는 경우.

고정된 행동유형 fixed action pattern 동물의 정형화된 행동 반응. 생태학자들은 프로그램화된 신경회로에 기반한 행동으로 간주함.

고착연접 anchoring junction 세포의 세포골격을 인접한 세포의 세포골격 또는 세포외기질에 기계적으로 부착시키는 세포 접합의 한 유형.

골세포 osteocyte 성숙한 조골세포.

골지체 Golgi apparatus(Golgi body) 진핵세포의 세포질에 존재. 납작한 막이 평평하게 포개진 구조로 세포에서 합성된 물질의 수집, 포장 및 분배 기능을 함.

골지힘줄기관 Golgi tendon organ 골격근에서 발견됨. 힘줄(건)에 가해지는 스트레스를 감지하는 감각 기관.

골편 ossicle 극피동물의 내골격을 구성하는 칼슘이 풍부한 판으로, 이동이 가능하거나 고정된 판.

골편 spicule 해면의 구조 성분으로서, 일부 해면의 간충질에서 만들어진 규산질 또는 탄산칼슘의 수많은 미세한 바늘.

곱셈법칙 product rule 곱의 규칙(rule of multiplication) 참조.

곱의 법칙 rule of multiplication 2개의 독립적인 사건에 대해 두 사건이 동시에 발생할 확률은 개별 확률의 곱으로 나타냄.

공동수송체 symporter 막을 가로질러 같은 방향으로 2개의 분자 또는 이온을 운반하는 세포막의 운반단백질.

공동우성 codominance 어떤 유전자에서 2개 이상의 대립유전자 각각은 서로에 대해서는 우성이 아니지만 다른 대립유전자들에 대해서는 우성인 경우. 공동우성 대립유전자에 대한 이형접합체의 표현형은 각각의 동형접합체 특징을 나타냄. 예를 들어, 사람의 혈액형에서 AA형과 BB형 사이에서는 AB형이 나옴.

공동현상 cavitation 식물과 동물에서 공기 방울에 의해 관이 막히는 현상으로, 관 속에 있는 용액의 응집을 파괴함. 동물에서 흔히 색전증이라 불림.

공변세포 guard cell 식물의 기공을 둘러싸는 소시지 모양의 세포; 공변세포는 기공을 열고 닫음.

공생 symbiosis 둘 이상의 서로 다른 생물체가 밀접하게 함께 사는 상태; 기생(생물체 중 어느 한쪽에 해로움), 편리공생(한쪽은 이익을 얻는 반면에, 다른 쪽은 영향이 없음), 상리공생(양쪽에 유익함)을 포함.

공업암화 industrial melanism 자연선택의 결과로 처음에 밝은색이었던 개체가 어두운색을 가진 개체로 되는 진화적 과정을 설명하는 용어.

공유파생형질 shared derived character 분류학에서 집단(여러 종)에 의해 공유되나 조상의 형질과 다른 형질 상태.

공진화 coevolution 서로 밀접하게 상호작용하는 2개 이상의 개체군 또는 종에서 각 집단은 다른 집단에 대해 강력한 선택압으로 작용하여 동시에 적응이 발생하는 현상.

공통서열 consensus sequence 유전체 서열분석에서, 각각의 DNA 단편 서열과 전반적으로 일치하는 서열. 서열을 비교하고 공통서열을 생성하는 데 컴퓨터 프로그램을 사용함.

공통원시형질 symplesiomorphy 분기학에서, 공통 조상의 형질에 대한 또 다른 용어.

공통파생형질 synapomorphy 계통분류학에서 분기군(clade)의 구성원이 공유하는 파생된 형질.

과 family 속 수준 이상의 유사한 종의 분류학적 체계.

과민반응 hypersensitive response 병원균에 대응하는 식물의 반응으로, 병원균의 확산을 막기 위해 자신의 세포를 선택적으로 죽임.

과분극 hyperpolarization 휴지전위보다 낮은 음전하를 띠는 막 전위 상태.

과오돌연변이 missense mutation 단일 아미노산의 변경을 초래하는 염기치환 돌연변이.

관다발조직 vascular tissue 액체를 수용하고 이동시키는 관과 관련.

관다발형성층 vascular cambium 관다발식물에서 원형의 분열조직 세포층으로, 이의 분열은 바깥쪽으로 2차적인 체관부를 생성하고 안쪽으로 2차적인 물관부를 생성함; 관다발형성층은 줄기 또는 뿌리 지름을 증가시킴.

관족 tube feet 극피동물에서 흡착을 통해 표면에 부착할 수 있는 수관계의 유연한 외부확장부.

괄약근(조임근) sphincter 척추동물에서 수축으로 인해 관 모양의 구멍을 막을 수 있는 고리 모양의 근육(예: 위와 소장 사이, 항문).

광계 photosystem 엽록소 및 다른 색소와 여기된 전자로 빛 에너지를 모으는 단백질의 조직화된 복합체. 식물은 엽록체의 틸라코이드막에 2개의 연결된 광계를 가짐. 광계 II는 NADPH로 전달된 전자를 보충하기 위해 여기된 전자를 전자전달계를 통해 광계 I으로 보냄. 광계 II에서 손실된 전자는 물의 산화로 인해 대체됨.

광비의존성 반응(암반응) light-independent reactions 광의존성 반응에서 생성된 ATP와 NADPH를 이용하여 CO_2에서 포도당과 같은 유기물을 만드는 캘빈 회로 반응. 탄소고정, 즉 무기 탄소(CO_2)에서 유기 탄소(최종적으로는 탄수화물)로의 전환을 포함.

광수용기 photoreceptor 빛에 민감한 감각세포.

광의존성 반응(명반응) light-dependent reactions 식물의 광합성에서 빛 에너지를 이용하여 ATP와 NADPH를 만들어내는 반응. 서로 연결된 2개의 광계 작용을 포함.

광자 photon 각각의 에너지양을 가진 빛의 입자. 빛의 파동 개념은 스펙트럼의 서로 다른 색깔을 설명하는 반면, 빛의 입자 개념은 광합성 동안 에너지 전달을 설명.

광전효과 photoelectric effect 빛이 전자를 여기시켜 전류를 생성하는 능력.

광주기(성) photoperiod 낮과 밤의 시간과 길이에 반응하는 생물학적 경향성; 계절을 감지하는 기작.

광형태형성 photomorphogenesis 식물의 빛에 의해 촉발되는, 방향성이 없는 발생.

광호흡 photorespiration RuBP의 산화를 촉매하는 효소인 Rubisco의 작용으로 CO_2를 방출함; 탄소고정을 되돌려 광합성을 감소시킬 수 있음.

괴사 necrosis 상해, 감염 또는 독소와 같은 세포 외부의 요인으로 인한 세포사멸로, 내재적 요인으로 인한 세포예정사(apoptosis)와는 대조적임.

교차 crossing over 감수분열 동안 상동염색체 간의 서로 상응된 염색체 분절의 교환을 의미하며, 상동염색체의 유전자 재조합을 담당함.

구과, 원뿔세포 cone (1) 식물에서 침엽수의 생식적 구조물. (2) 척추동물의 경우, 망막 내의 빛에 민감한 뉴런의 일종으로 색채 인식 및 물체의 정확한 식별과 관련되어 있음.

구부 oral surface 입이 발견되는 체표면; 방사대칭인 극피동물의 구조를 설명할 때 사용함.

구형단백질 globular protein 내부에 주로 소수성 아미노산이 있는 조밀한 3차 구조를 가진 단백질.

국소분비, 측분비 paracrine 효과가 국소적이고 짧은 시간 동안 작용하는 세포 사이의 화학적 신호전달 유형.

군집 community 공통적인 환경에 살면서 서로 상호작용하는 모든 종.

굴광성 phototropism 식물에서 빛 자극에 대한 생장 반응.

굴성 tropism 외부 자극에 대한 반응.

굴중성 gravitropism 식물에서 중력에 대한 생장 반응; 이전에는 굴지성(geotropism)이라 불렀음.

굴촉성 thigmotropism 식물체에서 물리적 접촉으로 인한 일부 구조의 불균등한 성장.

귀납적 추론 inductive reasoning 특수한 관찰들로부터 일반화를 이끌어 내는 논리적 적용. 과학에서 귀납적 추론은 검증 가능한 가설을 공식화하는데 사용함.

균근 mycorrhiza, pl. mycorrhizae 곰팡이와 식물 뿌리와의 공생체.

균독소 mycotoxin 곰팡이에 의해 생성되어 질병을 일으키는 화학 물질, 종종 단백질. 독소는 숙주를 감염시키는 곰팡이 또는 곰팡이에 오염된 식품을 섭취해서 생성될 수 있음.

균사 hypha, pl. hyphae 균류나 난균류가 가진 사상구조. 모여서 균사체를 형성.

균사체 mycelium, pl. mycelia 곰팡이에 존재하는 균사 덩어리.

그라나 granum, pl. grana 엽록체 틸라코이드막 시스템의 일부분으로, 서로 연결된 평평한 디스크(틸라코이드)가 차곡차곡 쌓인 원기둥 모양의 구조.

그람염색 Gram stain 바이올렛 염료를 유지하는지 여부에 따라 박테리아를 그람음성 또는 그람양성으로 나누는 염색기술. 착색의 차이는 세포벽 구조 때문임.

극상군락 climax vegetation 천이의 모든 단계를 거쳐 안정화된 식물의 자가 영속적 군락.

극성 polarity (1) 물과 같은 분자에서 전하 분포가 불균일한 것으로, 전체적으로 중성이지만 양전하의 영역과 음전하의 영역을 가짐. (2) 좌우대칭동물의 발생 중인 배아에서 축 방향의 차이를 의미하며, 이로 인해 앞-뒤축과 등-배축이 형성됨.

극성공유결합 polar covalent bond 원자의 전기음성도의 차이로 인해 전자가 불균등하게 분포하는 결합. 분자는 전기적으로 중성이나, 한 원자는 부분적으로 음전하를, 다른 원자는 부분적으로 양전하를 띤다.

극성화하다 polarize 분기학에서 형질 상태가 조상형인지 파생형인지 결정하는 것.

극성활성부위 zone of polarizing activity 척추동물에서 발달하는 사지 싹의 (뒤쪽) 영역으로, 앞-뒤축을 따라 손가락이 정확하게 생기도록 지시함.

극체 polar body 척추동물의 배우자 형성을 위한 감수분열 과정에서 생성된 작고 기능이 없는 세포.

극한생물 extremophile 극한의 환경에 사는 고생물체; 서로 다른 고생물 종은 온천(호열성 생물), 염분이 많은 환경(호염성 생물), 고도의 산성 또는 염기성 환경, 또는 대양 기저의 고압하에서 살 수 있음.

근계 root system 식물을 고정하고, 무기염류와 물을 흡수하는 식물체 부분.

근방추 muscle spindle 골격 근육 내에서 수축 상태를 모니터링하는 감각기.

근섬유 muscle fiber 자극을 받으면 수축하는 수많은 근원섬유가 포함된 긴 원통형의 다핵세포.

근섬유막 sarcolemma 근육세포의 특수화된 세포막.

근소포체 sarcoplasmic reticulum 근육세포의 소포체. 각 근원섬유 주위를 감싸는 막으로 구성됨.

근위세뇨관 proximal convoluted tubule 콩팥 세뇨관의 앞쪽 부분으로, 물과 중요한 용질의 재흡수가 일어남.

근절 sarcomere 골격근 수축의 기본단위; 2개의 Z선 사이에 나타나는 액틴과 미오신의 반복되는 띠.

근필라멘트 myofilament 근육 내에서 주로 액틴과 미오신으로 구성된 수축성 미세섬유.

글루카곤 glucagon 척추동물의 호르몬으로, 췌장에서 생성됨. 글리코겐을 포도당으로 분해하는 작용을 개시함.

글리세르알데하이드 3-인산 glyceraldehyde-3-phosphate(G3P) 해당과정의 중간 산물로, 과당1,6-2인산의 분해로 생김.

글리옥시좀 glyoxysome 지방을 탄수화물로 전환하는데 필요한 효소를 포함하는 작은 세포 기관 또는 미소체.

글리코젠 glycogen 동물성 전분; 동물, 박테리아, 균류에서 양분을 저장하는 분지형 다당류.

글리포세이트 glyphosate 방향족 아미노산을 만드는 식물 효소인 EPSP 합성효소를 억제하는 생분해성 제초제. 유전공학 기술을 통해 글리포세이트에 내성을 지닌 작물을 만들어냄.

기공 stoma, pl. stomata 식물에서 잎과 줄기의 표피에 있는 공변세포로 둘러싸인 작은 개구부; 물은 주로 기공을 통해 식물 밖으로 나옴.

기관 organ 구조 및 기능 단위로 묶인, 여러 조직으로 구성된 체내 구조.

기관 trachea, pl. tracheae 호흡관; 육상 척추동물에서 후두와 기관지 사이에 공기를 운반하는 기관(폐로 이어짐); 곤충 및 기타 육상 절지동물에서는 키틴질로 된 기관 체계.

기관세지 tracheole 육상 절지동물 호흡계의 가장 작은 가지. 기관세지는 기관으로부터 공기를 전달하고, 기관은 몸의 외부에 있는 기문과 연결됨.

기관지 bronchus, pl. bronchi 기관(호흡기관)의 아래쪽 끝에서 어느 한쪽 폐로 분기하는 호흡관 한 쌍.

기능유전체학 functional genomics 단지 유전자의 서열을 확인하는 것을 넘어서서 유전자와 그 생성물의 기능에 대해 연구하는 학문.

기문 spiracle 절지동물에서 기관(氣管)의 외부 개구부.

기본 생태적 지위 fundamental niche 이론적 혹은 추정적 지위(hypothetical niche)라고도 하며, 다른 상호작용 요소(예로서 경쟁 또는 포식)가 없는 경우 한 개체가 차지하는 전체적 지위.

기본분열조직 ground meristem 식물체(표피와 관다발 조직 제외)를 형성하는 1차 분열조직 또는 분열조직.

기본조직 ground tissue 식물에서 지지, 저장, 분비 및 광합성을 비롯한 많은 기능을 수행하는 조직의 유형; 다양한 종류의 세포들로 구성됨.

기생 parasitism 어떤 생물체가 다른 종의 생물체 표면이나 체내에 살면서 영양분을 얻는 생활 형태.

기저체 basal body 편모 또는 섬모가 뻗어 나오는 세포질 소기관으로, 자가생산이 가능한 9개의 3중체로 이루어진 원통형 미세소관을 의미함.

기질 matrix 미토콘드리아에서 크리스타로 둘러싸인 내부 공간의 용액으로, 산화적 호흡반응에 관여하는 효소 및 다른 분자들을 포함함; 보다 일반적으로는 한 기관의 조직 혹은 반응이 일어나는 조직의 일부분.

기질 substrate (1) 생물체가 부착하는 토대. (2) 효소가 작용하는 분자.

기화열 heat of vaporization 물질 1g을 액체에서 기체로 바꾸는 데 필요한 에너지의 양.

긴 말단반복서열 long terminal repeat(LTR) 특정 유형의 레트로트랜스포존(RNA 유래 전이인자). 끝부분에 반복적인 염기서열을 가짐.

긴 산재전이인자 long interspersed element(LINE) 인간과 기타 영장류에서 발견되는 커다란 전이인자의 유형으로, 전이에 필요한 모든 생화학적 장치를 포함.

긴장성 tonicity 용액이 삼투로 인해 세포의 부피를 변화시키는 경향을 나타내는 척도. 용질 농도가 세포와 용액에서 동일하면 세포 부피에 변화가 없으며, 이 용액은 등장성이라고 함.

꽃받침 sepal 현화식물에서 꽃 윤생체(floral whorl)의 가장 바깥쪽 부분.

꽃밥(리보스) anther 속씨식물의 꽃에서 꽃가루를 함유한 수술의 한 부분.

꽃잎 petal 보통 눈에 띄는 색깔을 가진 꽃 부분; 화관 단위 중 하나.

ㄴ

나노스 유전자 nanos 초파리에서 배아의 앞-뒤축을 예정화하는 유전자. 앞-뒤축은 바이코이드(bicoid)와 나노스(nanos) 단백질의 서로 반대되는 농도 기울기에 의해 형성됨.

나선-꺾임-나선 모티프 helix-turn-helix motif 조절단백질에서 흔히 발견되는 DNA-결합 모티프; 2개의 α-helix가 비나선(turn) 부분으로 연결됨.

나선형 난할 spiral cleavage 배아의 극축에 대해 비스듬한 각도로 분열이 일어나는, 일부 선구 동물의 난할 패턴; 분열하는 세포를 따라서 그려진 선은 나선을 형성함.

나선형 난할동물 spiralian 무척추동물 중 연체동물, 환형동물, 편형동물 등의 많은 동물이 나선형 난할을 함.

난생 oviparity 파충류처럼 모체 밖에서 알이 발생하는 번식 유형.

난소, 씨방 ovary (1) 동물에서 알(난)이 생성되는 기관. (2) 현화식물에서 밑씨를 포함하는 심피의 확대된 기저부; 씨방은 성숙 후에 과실이 됨.

난태생 ovoviviparity 모체의 자궁에 남아 있는 알에서 부화가 되는 번식 유형.

난할(분할) cleavage 척추동물에서 수정란이 연속적으로 빠르게 분열하는 과정으로, 속이 비어 있는 포배를 형성함.

난황낭 yolk sac 알의 난황을 둘러싸는 막으로, 혈관을 통해 영양분이 풍부한 난황을 배아에 연결함.

난황마개 yolk plug 배아 발생 과정에서 원장이 형성되는 동안, 양서류의 원구에서 발생하는 마개.

남세균 cyanobacteria 광합성 박테리아 그룹으로 "청록색 조류"라고도 하는데, 식물과 조류에 가장 풍부한 엽록소뿐만 아니라 다른 색소도 포함하고 있음.

낭배 gastrula 척추동물의 배아단계로, 1개의 세포층으로 이루어진 포배가 외배엽, 중배엽 및 내배엽으로 구성된 3개의 층을 가진 배아로 변하는 시기.

낭배형성 gastrulation 포배를 내배엽, 중배엽, 외배엽의 3개의 배엽을 가진 배아로 발생시키는 과정; 속이 빈 구조를 3층의 구조로 바꾸기 위해 수많은 세포 이동이 일어남.

낱눈 ommatidium, pl. ommatidia 절지동물의 겹눈에서의 시각적 단위; 빛에 민감한 세포와 이미지를 형성할 수 있는 렌즈가 포함됨.

내강 cisternal space 막으로 둘러싸인 구조물의 내부영역. 보통 소포체의 내부를 말하며, 루멘(lumen)이라고도 함.

내강 lumen 제한된 개구부를 일컫는 용어. 예로 진핵세포 소포체의 시스터나 공간, 혈관 내 혈류 통로, 소화 과정 동안 장내 물질의 이동 경로 등.

내배엽 endoderm 척추동물 배아 초기의 3가지 배엽 중 하나로, 내부 구조의 상피조직 및 대부분 소화관과 호흡관을 형성함.

내부자극수용기 interoceptor 몸체 자체와 관련된 정보와 체내 상태 및 위치를 감지하는 수용체.

내분비샘 endocrine gland 도관 없이 세포 외부로 호르몬을 분비하는 샘으로, 호르몬은 순환계로 확산됨.

내생균 endophyte 세포 안에서 발달하는 균근.

내생포자 endospore 매우 저항력이 강한 두꺼운 벽을 가진 박테리아의 포자. 열이나 건조와 같은 가혹한 환경 스트레스를 견딜 수 있으며, 조건이 좋아지면 발아가 가능함.

내온동물 endotherm 체온을 일정하게 유지할 수 있는 동물. 항온동물 참조.

내장 덩어리 visceral mass 동물의 체강 내 내장.

내초 pericycle 관다발식물에서 뿌리의 관다발 조직을 감싸고 있는 하나 이상의 세포층. 외부로는 내피로, 내부로는 체관부에 의해 경계를 이룸.

내피 endodermis 관다발식물에서, 뿌리와 일부 줄기에서 피층의 가장 안쪽 층을 형성하는 세포층.

내호흡 internal respiration 생물체 내의 기체 수송.

네프론 nephron 척추동물 콩팥의 기능적 단위; 혈액의 여과 및 선택적 재흡수에 관여하는 다수의 관 중 하나; 각 네프론은 보먼주머니와 이에 둘러싸인 사구체 및 길게 부착된 관으로 이루어짐. 사람에서는 이 관을 세뇨관이라고 부름.

노던 블롯 Northern blot 복잡한 혼합물에서 특정 mRNA의 염기서열을 확인하는데 사용되는 블롯팅 기술. 서던 블롯 참조.

노플리우스 nauplius 갑각류의 특징적인 유생 형태.

노화 senescence 나이 든, 혹은 늙는 과정.

녹말 starch 포도당의 불용성 중합체; 식물의 주요 양분 저장 물질.

농도기울기 concentration gradient 막의 내외처럼 한 장소로부터 다른 장소까지 물질의 농도 차이.

뇌량 corpus callosum 인간 및 다른 영장류에서 2개의 뇌반구를 연결하는 신경섬유 띠.

뇌실막세포 ependymal cells 중추신경계에서 발견되는 신경교세포로, 뇌척수액을 생산함.

뇌하수체 pituitary gland 시상하부 기저부의 내분비선으로 전엽과 후엽으로 구성됨. 뇌하수체 호르몬은 척추동물에 다양한 영향을 줌.

눈(싹) bud (1) 무성생식에 의해 뻗어 나온 싹으로, 새로운 개체로 발생함. (2) 식물에서의 배아 싹으로, 종종 어린 잎에 의해 보호됨.

뉴런(신경세포) neuron 신호전달에 특화된 신경세포; 세포체, 수상돌기 및 축삭을 포함.

뉴로트로핀 neurotropin 신경계의 중요한 조절인자인 생장인자.

뉴클레오솜 nucleosome 8개의 히스톤 단백질이 중심을 이루고, 이 주위를 DNA 이중나선이 감싸 이루어진 복합체.

뉴클레오타이드 nucleotide 인산염, 5탄당(리보스 또는 디옥시리보스)과 퓨린 또는 피리미딘으로 구성된 핵산의 단위.

능동수송 active transport 저농도 영역에서 고농도 영역으로 세포막을 가로지르는 이온 또는 분자의 이동(즉, 농도기울기를 거슬러 일어남). 이 수송 과정에는 에너지가 필요함.

니코틴아미드 아데닌 디뉴클레오타이드 nicotinamide adenine dinucleotide (NAD) NADH로 환원되는 분자. 산화된 분자로부터 고에너지 전자를 운반하여 세포의 ATP 생성경로로 전달함.

ㄷ

다계통(의) polyphyletic 계통발생 분류에서 어떤 집단의 모든 구성원이 가장 최근의 공통 조상을 포함하지 않는 집단.

다년생 perennial 1년 안에 생장하고 번식한 후 죽거나, 혹은 2년의 생활주기를 갖는 것과 비교하여 해마다 생장하는 식물.

다당류 polysaccharide 많은 수의 단당류 소단위체가 긴 사슬로 연결된 탄수화물; 예를 들어, 글리코젠, 전분 및 셀룰로스가 있음.

다량원소 macronutrient 질소, 칼륨, 칼슘, 인, 마그네슘, 황 등 식물의 생장에 다량으로 필요한 무기 원소.

다른자리입체성 부위 allosteric site 활성부위에서 떨어져 있는 효소의 일부분으로, 효소의 기능을 위한 스위치 역할을 함.

다른자리입체성 억제인자 allosteric inhibitor 효소의 다른자리입체성 부위에 결합하여 효소가 활성 상태로 되는 것을 방지하는 비경쟁적 억제제.

다른자리입체성 활성인자 allosteric activator 효소의 다른자리입체성 부위에 결합하여 효소를 활성 상태로 유지하는 물질.

다면발현성 pleiotropic 개별 대립유전자가 하나 이상의 표현형을 발현하는 상태.

다분화능 multipotent 여러 종류의 서로 다른 세포를 발생시킬 수 있는 줄기세포의 특징.

다불포화지방 polyunsaturated fat 하나 이상의 지방산 사슬에서 인접한 탄소 사이에 2개 이상의 2중결합을 갖는 지방 분자.

다운증후군 Down syndrome 추가로 1개 더 존재하는 21번 염색체(3염색체성 21)에 의해 발생하는 유전 질환. 이는 또한 21번 염색체에의 전좌에 기인하기도 한다. 전좌된 21번 염색체는 정상적인 2개의 21번 염색체와 함께 3염색체성을 나타냄. 이 증후군은 성장 감소, 특이한 안면 구조, 비교적 경미한 지적 장애 등을 나타낸다.

다유전자군 multigene family 서로 관련된 유전자들의 모음으로, 하나의 염색체 또는 다른 염색체들 상에 존재함.

다이서 dicer 2중가닥 RNA를 절단하여 세포에 작은 RNA 분자를 생성하는 효소. 다이서는 miRNA와 siRNA를 생성.

다인자유전 polygenic inheritance 인간의 키와 같이, 어떤 형질에 하나 이상의 유전자가 영향을 주는 유전 방식; 다인자유전은 불연속적인 값이 아닌 연속적인 표현형 범위를 나타냄.

다중내성 균주 multidrug-resistant(MDR) strain 하나 이상의 항생제에 내성이 있는 박테리아 균주; 예를 들어, MDR 포도상구균(*Staphylococcus*) 균주는 많은 감염 사망을 초래함.

다클론항체 polyclonal antibody 항원이 항원 표면의 서로 다른 부분에 각각 맞는 여러 종류의 항체를 유도하는 항체 반응.

다핵성 배반엽 syncytial blastoderm 초파리와 같은 곤충의 배아발생 과정에서 하나의 큰 세포질에 약 4000개의 핵을 포함하는 구조.

다형성 polymorphism 새로 발생하는 돌연변이보다 높은 빈도로 하나 이상의 대립유전자가 존재하는 집단.

다효소복합체 multienzyme complex 일련의 반응에서 각 단계를 촉매하는 여러 효소로 구성된 집합체. 이를 이용하면 전체 반응속도가 빨라져 더욱 효율적임.

단계통(의) monophyletic 계통 분류에서, 어떤 집단의 가장 최근의 공통 조상과 그 모든 후손을 포함하는 그룹. 분기군은 단계통군임.

단공류(동물) monotremes 알을 낳는 포유류.

단궁류 synapsids 안와 뒤쪽의 두개골에 한 쌍의 측두창(temporal opening)이 있는 초기 파충류 종류; 이 개구부에 턱 근육이 붙어 있음. 포유류의 초기 조상이 이 종류에 속함.

단당류 monosaccharide 더 작은 당으로 분해될 수 없는 간단한 당.

단량체 monomer 중합체를 구성하는 가장 작은 화학적 소단위체. 단당류인 α-포도당은 다당류인 녹말의 단량체.

단백질 protein 펩타이드 결합으로 연결된 아미노산 사슬.

단백질 미세배열(법) protein microarray 현미경 슬라이드 또는 실리콘 칩에 있는 단백질의 미세배열. 혼합물에서 특정 단백질의 존재 여부를 분석하기 위해 항체를 비롯한 다양한 탐침에 이용됨.

단백질 카이네이스 protein kinase 단백질에 인산염을 부착시켜, 단백질 활성을 변화시키는 효소.

단백질분해효소 protease 펩타이드 결합을 파괴하여 단백질을 분해하는 효소; 단백질분해효소는 세포에서 종종 리소좀과 같은 소낭에 분리되어 있음.

단백질체 proteome 특정 게놈에 암호화된 모든 단백질.

단백질체학 proteomics 단백질체에 대해 연구하는 학문. 이것은 기능유전체학과 관련이 있는데, 단백질체가 게놈에 암호화된 기능의 대부분을 담당하기 때문.

단복상 haplodiploidy 말벌처럼 반수체(수컷)와 2배체(암컷)인 개체가 모두 발생하는 특정 생물체에서 일어나는 현상.

단복상의 haplodiplontic 생활사 중 반수체(단상)와 2배체(복상) 단계가 모두 다세포인 경우.

단성생식(단위생식) parthenogenesis 진딧물, 꿀벌, 개미 및 일부 도마뱀처럼 수정 없이 난자가 발생하는 것.

단속평형 punctuated equilibrium 진화론적 변화의 메커니즘을 제시하는 가설. 진화는 짧은 기간에 급격한 변화 후 긴 기간 동안 거의 변화가 생기지 않는다는 이론.

단일수송체, 단일운반체 uniporter 한 종류의 분자 또는 이온만을 운반하는 세포막의 운반 단백질.

단일염기다형성 single-nucleotide polymorphism(SNP) 단 하나의 염기에 의해 개인 간의 차이를 나타내는 지점으로, 적어도 집단의 1% 이상에 존재하는 부위임. 미지의 유전자나 형질을 알아내기 위한 유전적 표지자로 사용될 수 있음.

단일염기변이 single nucleotide variation(SNV) 집단에서의 DNA 변이로, DNA의 단일 지점(염기)에 영향을 줌.

단지형 uniramous 단일 분지; 곤충의 부속지를 기술.

단핵구 monocyte 조직으로 이동한 후 식세포(대식세포)가 되는 백혈구의 한 유형.

단핵성 monokaryotic 균류에서 균사의 각 구획에 1개의 핵을 포함하는 경우.

담륜자(트로코포라 유생) trochophore 촉수담륜동물의 자유 생활 유생.

담자기 basidium, pl. basidia 담자균류에서 곤봉 모양의 특수 생식세포로서, 핵융합과 감수분열이 일어남.

담즙염(쓸개즙염) bile salts 척추동물의 간에서 분비되어 담낭에 임시 저장되는 유기염의 용액. 소장에서 지방을 유화시킴.

당단백질 glycoprotein 골지 복합체 내에서 짧은 당 사슬(다당류)이 붙어 변형된 단백질 분자.

당지질 glycolipid 골지 복합체 내에서 짧은 당 사슬(다당류)이 붙어 변형된 지질 분자.

당질피질 glycocalyx 원형질막의 외층에 박혀 있는 당지질 및 당단백질 상에 다당류가 존재하여, 그 결과로 세포 표면에 "당 코팅"이 존재함.

대공 osculum 여과된 물을 체외로 내보내는 해면동물의 특수화된 큰 구멍.

대뇌 cerebrum 척추동물 뇌(전뇌)의 일부로, 두개골의 위쪽을 차지하며, 뇌량에 의해 결합된 2개의 대뇌 반구로 구성됨. 뇌의 주요 연합 센터이며, 감각 입력을 조정하고 처리하며 운동 반응을 조정함.

대뇌변연계 limbic system 시상하부와 이를 대뇌피질의 일부 영역과 연결하는 뉴런의 네트워크를 함께 일컬음. 척추동물에서 통증, 분노, 성, 식욕과 갈증, 쾌락 등 내면에 깊숙이 자리한 동기와 정서를 담당함.

대뇌피질 cerebral cortex 대뇌를 덮고 있는 뉴런과 신경교세포의 얇은 표면층. 오직 포유동물에서 잘 발달되어 있는데, 특히 인간에서 두드러짐. 대뇌피질은 의식적인 감각과 자발적인 근육 활동을 담당하는 부분.

대동맥 aorta 척추동물에서 혈액 순환의 주요 동맥. 포유류는 산소로 포화된 혈액을 심장으로부터 폐를 제외한 신체의 모든 부위까지 운반.

대립유전자 allele 2개 또는 그 이상의 변이 형태로 존재하는 유전자에서, 그 중의 하나.

대립유전자 빈도 allele frequency 집단에서 어떤 대립유전자의 출현에 대한 척도로서, 전체 집단에서의 비율로 나타냄. 예를 들어, 출현 빈도 0.84(84%).

대멸종 mass extinction 비교적 갑작스럽고 급격히 종의 수가 감소하는 것; 예를 들어 공룡과 다양한 다른 생물들이 사라진 백악기 말기의 멸종 같은 경우.

대사과정 metabolism 살아있는 세포나 생물체 내에서 발생하는 모든 화학 작용의 총합.

대수층 aquifers 물에 대해 투과성이 있고 포화상태인 암석, 모래, 자갈로 이루어진 지하층으로, 지하수의 저수지 역할을 함.

대식세포 macrophage 분해된 세포의 잔해와 침입한 박테리아를 삼키고 소화할 수 있는 거대한 세포.

대엽 megaphyll 식물에는 줄기의 관다발에 연결된 여러 개의 잎맥을 가진 잎; 대부분의 잎은 대엽을 가지고 있음.

대진화 macroevolution 새로운 종의 창조와 오래된 종의 멸종.

대체 스플라이싱 alternative splicing 진핵생물체에서 하나의 1차 전사체로부터 서로 다른 엑손을 가진 여러 종류의 mRNA를 만드는 과정.

대핵 macronucleus 섬모충류에서 발견되는 2배체의 핵. 세포의 기능을 담당하는 단백질체를 만들기 위해 전사됨.

데스모솜 desmosome 세포골격과 캐드헤린 단백질을 연결하여 인접한 세포를 결합시키는 고착연접의 한 유형.

도메인, 역 domain (1) 식별 가능한 단백질의 모듈 부분으로, DNA 결합 도메인 혹은 조절 도메인처럼 단백질의 작용에서 특정 기능을 제공함. (2) 분류학에서는 계(kingdom)보다 상위 수준의 체계로, 현재 세균역, 고세균역, 진핵생물역의 3역 체계가 있음.

도약전도 saltatory conduction 매우 빠른 형태의 신경 충격 전도. 신경 충격이 절연된 부분을 건너 결절에서 결절로 도약하며 전도됨.

독립분리 independent assortment 양성잡종 교배에서, 각각 유전자에 대한 대립유전자의 무작위적 분리를 말함. 서로 다른 염색체상의 유전자는 감수 1분열 중기에 상동염색체 쌍의 무작위적인 배치로 인해 나타나고, 같은 염색체상의 유전자는 두 유전자 사이의 좌위가 충분히 멀리 떨어져 있어서 동일한 비율로 짝수나 홀수 차의 교차가 나타나기 때문임.

독립영양생물 autotroph 먹이원으로 단순한 무기 화합물만을 이용하여 필요한 모든 복잡한 유기 분자를 만들 수 있는 생물체.

독립의 법칙 Law of Independent Assortment 멘델의 두 번째 유전법칙. 비상동염색체 상의 유전자는 각각 독립적으로 조합을 이룸.

돌기 papilla 조직의 작은 돌출부. 동양혈관(洞様血管)

돌연변이 mutation 세포 DNA의 영구적인 변화; 뉴클레오타이드 서열의 변화, 유전자 위치의 변경, 유전자 손실 또는 중복 및 외래 염기서열의 삽입을 포함.

돌연변이(유발)원 mutagen DNA의 변화(돌연변이)를 유도하는 작용제; DNA를 손상시키는 물리적 제제(製劑)와 DNA의 염기를 바꾸는 화학적 제제가 포함됨.

동(洞) sinus 조직이나 뼈 안의 공간.

동계교배 inbreeding 유전적으로 연관성이 높은 식물 또는 동물끼리의 교배; 근친교배는 동질성을 증가시키는 경향이 있음.

동류교배 assortative mating 표현형이 유사한 개체가 더 자주 짝짓기를 하는 비무작위 짝짓기의 일종.

동맥원추 conus arteriosus 척추동물의 배아 심장에서 가장 앞쪽에 있는 방.

동물극 animal pole 난황이 비대칭적으로 분포하는 어류 및 수생 척추동물에서 상대적으로 난황이 적게 들어 있는 세포들로 구성된 포배기의 반구.

동반세포 companion cell 식물의 체관부에 있는 각각의 체관 세포와 연결된 특수한 유세포.

동소적 종분화 sympatric speciation 지리적으로 같은 영역 내의 개체군이 여러 종으로 분화하는 것.

동원체 centromere 염색체의 잘록한 부위로서, 특정 단백질에 결합하는 DNA 염기서열이 반복되어 있음. 이 단백질들은 세포분열 동안 미세소관이 부착하는 동원체를 구성함.

동위원소 isotope 양성자 수는 같지만 중성자 수는 다른 원소.

동정세포 choanocyte 해면동물에서 발견되는 특수한 편모 세포로서, 몸의 안쪽에 줄지어 존재함.

동질배수체 autopolyploid 같은 종의 복제된 유전체를 가지고 있는 배수체 생물로서, 감수분열의 오류로 인해 발생할 수 있음.

동핵성 homokaryotic 균류에서, 균사체 내에 동일한 유전적 구성의 핵을 갖는 것.

동형접합성 homozygous 하나의 유전자에 대해 동일한 대립유전자를 2개 갖는 경우, 대개 하나 이상의 특정 유전자 좌위에 적용됨; *W* 좌위에 대해 동형접합의 유전자형은 *W*/*W*, *w*/*w*

동형포자(의) homosporous 어떤 식물에서, 분화된 종류 대신 단 한 종류의 포자만 만들어냄. 이형포자와 비교.

동화작용 anabolism 물질대사에서 물질을 합성하는 과정으로, 생합성과 관련된 화학 반응.

두절(頭節) scolex 촌충의 앞쪽 끝에 있는, 부착 기능을 가진 기관.

두화(두부형성) cephalization 동물의 앞쪽 끝부분에 머리와 뇌 영역을 갖도록 진화한 것. 좌우대칭 체제의 결과라 간주됨.

두흉부 prosoma 거미류의 몸의 앞쪽 부분으로, 모든 부속기관이 존재함.

뒤틀림 torsion 복족류의 배아 발생 중 외투강 및 항문이 몸체의 뒤쪽에서 앞으로 이동하여 입의 위치에 더 가까워짐.

등껍질 carapace 갑각강 십각류의 두흉부를 덮고 있는 방패 같은 판. 거북의 등껍질 부분.

등장성(의) isotonic 세포와 같은 용질 농도를 갖는 용액. 등장액에 있는 세포는 동일한 양의 물을 얻거나 잃음.

디디옥시뉴클레오타이드 dideoxynucleotide 2번 및 3번 탄소 위치의 OH기가 모두 결핍된 뉴클레오타이드. DNA 염기서열결정법에서 종결자로 사용됨.

디옥시리보핵산 deoxyribonucleic acid(DNA) 모든 생물체의 유전물질로, 2개의 상보적 뉴클레오타이드 사슬이 2중나선을 형성함.

디펜신 defensin 항균성을 지닌 시스테인이 풍부한 작은 펩타이드.

땅속줄기(지하경) rhizome 관다발식물에서, 다소 수평적으로 신장하는 땅속줄기; 양분의 저장을 위해 확대되거나 식물 생식기능을 수행함.

떡잎(자엽) cotyledon 일반적으로 양분을 저장(쌍떡잎식물)하거나 양분을 흡수(외떡잎식물)하는 종자의 잎. 종자 발아 시 사용되는 양분을 공급함.

ㄹ

라스 Ras 세포의 신호전달과 관련된 광범위한 G 단백질의 일원. 이들은 막에 있는 수용체타이로신카이네이스(RTK)를 카이네이스 연쇄반응과 연결하는 스위치로서, 신호전달 체계에서 작용.

라이보자임 ribozyme 효소처럼 작용할 수 있는 RNA 분자로, 때로는 자기 자신을 조립하는 과정을 촉매(역자 주: 예로, 인트론 제거); rRNA는 단백질 합성을 위한 아미노산의 중합과정에서 리보자임으로 작용.

라이소솜 lysosome 진핵세포에서 골지체에 의해 생성된 소화효소를 함유한 막-결합 소포.

라이페이스(지질가수분해효소) lipase 지방의 가수분해를 촉매하는 효소.

락 오페론 *lac* operon 대장균에서 젖당을 분해하는 효소를 암호화하는 유전자를 포함하고 있는 오페론.

람다 파지 lambda phage 유전 연구에 널리 사용되어 왔으며, 흔히 DNA 라이브러리 벡터로 잘 알려진 박테리오파지.

랑비에결절 nodes of Ranvier 2개의 슈반세포 사이의 공백 지점으로, 축삭이 주변 조직액과 직접 접촉하는 마디를 의미함.

레디아 redia 간흡충류의 포자포낭(sporocysts)에서 생성된 두 번째 단계의 비섬모 유충.

레트로바이러스 retrovirus RNA 바이러스. 레트로바이러스가 세포에 들어가면 바이러스의 효소(역전사 효소)가 바이러스 RNA를 2중 DNA로 전사하고, 세포는 이를 마치 자신의 것처럼 복제하고 전사함.

령 instar 곤충에서 유충의 발달 단계.

루비스코(리불로스 2인산 카복실화효소/산소화효소) ribulose bisphosphate carboxylase/oxygenase(rubisco) 엽록체에서 CO_2와 RuBP를 결합시키는 탄소고정 반응을 촉매하는 효소로, 4개의 소단위로 구성됨.

류신지퍼 모티프 leucine zipper motif 서로 다른 2개의 단백질 소단위체가 연결되어 단일 DNA 결합 부위를 형성하는 조절 단백질의 모티프; 단백질은 류신('지퍼')을 포함하는 소수성 영역 사이의 연합에 의해 연결됨.

리간드 ligand 특정 수용체 단백질에 결합하여 세포에서 신호전달을 개시하는 신호분자.

리그닌(목질소) lignin 식물 세포벽을 더 단단하게 만드는 고분자형 중합체; 목재의 중요한 구성 요소.

리보솜 ribosome 단백질 합성을 수행하는 분자 기계; 세포에서 가장 복잡한 단백질의 응집체로, 3개의 rRNA 분자를 함유함.

리보솜 RNA ribosomal RNA(rRNA) 리보솜 단백질과 함께 리보솜에서 발견되는 RNA 분자; 인(nucleolus)에 있는 DNA로부터 전사.

리보솜 결합서열 ribosome-binding sequence(RBS) 원핵생물에서, mRNA의 5′말단의 잘 보존된 염기서열. 이는 작은 소단위체에 있는 rRNA의 3′말단에 상보적이며, 번역 개시 과정에서 리보솜이 부착하는 데 도움을 줌.

리보핵산(RNA) ribonucleic acid(RNA) 리보스 당 및 피리미딘 우라실의 존재를 특징으로 하는 핵산의 부류; mRNA, tRNA 및 rRNA를 포함.

리불로스-1,5-2인산 ribulose 1,5-bisphosphate(RuBP) 캘빈 회로에서 루비스코(rubisco) 효소에 의해 CO_2가 첨가되는 5탄당으로, 탄소고정이 수반됨.

리플리솜 replisome DNA 복제와 관련된 효소의 고분자 집합체. 단백질 합성에서 리보솜과 유사.

림포카인 lymphokine 림프구에 의해 분비되는 조절분자. 면역반응에서 보조 T 세포에 의해 분비된 림포카인은 세포 매개 면역반응을 개시함.

림프 lymph 동물에서 혈액으로부터 유래된 무색의 액체. 조직의 모세혈관 벽을 통한 여과로 인해 생성됨.

림프계 lymphatic system 동물에서 혈류(림프)로부터 조직 사이로 들어간 물을 회수하는 개방된 관류 시스템; 림프절, 비장, 가슴샘(흉선) 및 편도를 포함.

림프구 lymphocyte 백혈구의 한 종류로, 림프구는 면역을 담당; B 세포와 T 세포 두 부류가 있음.

ㅁ

마이오신 myosin 근원섬유의 두 단백질 구성 요소 중 하나(다른 하나는 액틴); 척추 근육의 주요 구성 요소. 힘을 발생시키기 위해 ATP 가수분해의 에너지를 사용할 수 있는 모터 단백질로서 작용함.

마이크로-RNA micro-RNA(miRNA) 유전자 발현 조절에 관여하는 매우 짧은 RNA의 부류. 이것들은 RISC의 일부로 작용. 소형간섭 RNA(siRNAs) 참조.

마이크로어레이 microarray 슬라이드글라스나 실리콘 칩에 있는 DNA 조각의 배열을 의미하며, 활성 유전자와 비활성 유전자를 구별하거나 독특한 염기서열의 존재를 확인하기 위해 표지된 mRNA 또는 DNA를 사용한 혼성 실험에 이용함.

막간 공간 intermembrane space 미토콘드리아에서 2개의 막 사이에 있는 외부 구획.

막관통영역 transmembrane domain 막에 박혀 있는 막관통단백질의 소수성 영역. 흔히 알파나선으로 이루어지지만, 원통형의 구멍을 형성하기 위해 베타 주름 병풍을 사용하는 경우도 있음.

막수용체 membrane receptor G 단백질연결수용체(GPCR), 뉴런의 리간드 개폐성 채널, 그리고 수용체타이로신카이네이스(RTK)처럼 신호 수용체는 대개 세포막에 내장된 단백질로 존재함.

막횡단경로 transmembrane route 식물 뿌리에서 세포막과 세포 내부의 액포막을 가로 지르는 물과 무기염류의 이동 경로.

말기 telophase 세포분열 단계의 하나로, 방추사가 분해되고, 각 딸세포의 핵막이 형성되며, 염색체가 풀리면서 흩어짐.

말단소체(텔로미어) telomere 전사되지 않는 염색체 양 말단 부분의 특화된 구조.

말피기관 Malpighian tubules 육상 절지동물에서 한쪽 끝은 막히고 다른 쪽은 후장 부위로 열려있는 관으로, 배설기관 기능.

망막 retina 척추동물 눈의 감광층; 신경 및 빛 수용체(간상 및 원추)의 여러 층을 포함; 수정체에 의해 형성된 이미지를 받아서 시신경을 통해 뇌로 전달됨.

망막아종 감수성 유전자 retinoblastoma susceptibility gene(Rb) 돌연변이가 일어났을 때 드문 형태의 망막 암을 형성하는 유전자; 최초로 발견된 종양 억제유전자.

맹장 cecum 척추동물에서 대장의 시작 부분에 있는 막힌 주머니.

먹이찾기 foraging 동물의 먹이 획득 방법과 먹이의 종류에 관해 영향을 주는 복잡하게 진화된 행동의 총칭.

메가파스칼 megapascal(MPa) 수분퍼텐셜의 압력에 사용되는 측정 단위.

메두사형 medusa 물 위를 떠다니는 우산 모양의 몸체. 해파리와 같은 자포동물에서 발견됨.

메테인생성균 methanogens 메테인을 생성하는 무산소성(혐기성) 고세균.

메틸화(반응) methylation DNA의 염기(주로 시토신)에 메틸기가 첨가된 것. 시토신 메틸화는 발현되지 않은 DNA와 관련이 있음.

메틸화-G-캡 methyl-G-cap 5′ 캡 참조.

멘델 비(比) Mendelian ratio 멘델이 그의 유전학 실험에서 관찰한 특징적인 우성-열성 표현형의 비율. 예를 들어 단성잡종교배에서 F_2의 생성은 3:1의 비율로 나타나고, 양성잡종교배에서는 9:3:3:1의 비율로 나타남.

멜라토닌 melatonin 송과선에 의해 분비되는 호르몬으로, 아미노산인 트립토판으로부터 합성됨.

면역글로불린 immunoglobulin 항체를 구성하는 단백질.

면역내성 immunological tolerance 면역계가 자기 항원에 반응하지 않는 것을 인식하는 과정.

면역반응 immune response 척추동물에서 이물질이나 생물체의 침입에 대한 방어 반응. 항체 또는 B 세포 참조.

모계유전 maternal inheritance 모계로부터 유전자를 물려받는 단성(uniparental) 유전의 한 형태; 예를 들어, 인간의 미토콘드리아와 그들의 게놈은 어머니로부터 물려받음.

모세혈관 capillary 가장 작은 혈관으로, 모세혈관의 매우 얇은 벽은 많은 분자에 대해 투과성이며, 혈액과 조직 사이의 교환을 담당함. 동맥과 정맥을 연결하는 혈관.

모세혈관앞조임근 precapillary sphincter 각 모세혈관 루프를 보호하는 고리 모양의 근육. 닫히면 모세혈관으로 혈액이 흐르지 않음.

모자이크발생 mosaic development 배아 발생 패턴 중 하나로, 난할에 의해 생성된 초기 세포는 난자로부터 각기 다른 발생적 신호(결정인자, determinant)를 받아서 다른 발생경로가 설정됨.

모티프 motif 기능에 관여하는 단백질의 하부구조로, 여러 단백질에서 찾을 수 있음. 예로 DNA에 결합하는 단백질에는 나선-꺾임-나선 모티프(helix-turn-helix motif)가 있음.

목 order 과(family) 수준보다 위에 있고, 강(class) 수준보다 아래에 있는 분류 범주.

몰 mole 해당 물질의 분자를 구성하는 모든 원자의 질량 총합을 그램 단위로 표시한 물질의 무게. 1몰의 화합물은 항상 6.023×10^{23}개의 분자를 포함함.

몰농도 molar concentration 순수한 물 1 L에 있는 물질의 몰수로 표시됨.

무교차 염색체분리 achiasmate segregation 감수1분열 동안 교차 없이 일어나는 상동염색체의 분리.

무기 인산 inorganic phosphate 유기 분자의 일부가 아닌 인산염 분자; 무기 인산염 그룹은 ATP의 합성과 분해 및 다른 많은 세포내 반응에서 추가되거나 제거됨.

무산소성(혐기성) anaerobic 혐기성 발효 또는 H_2S 광합성과 같이 산소 없이 일어날 수 있는 모든 과정.

무산소호흡(무기호흡) anaerobic respiration 양성자 기울기를 만들기 위한 전자전달계에서 산소가 아닌 무기물을 최종 전자 수용체로 사용하여 화학삼투를 통해 ATP를 합성하는 과정.

무성생식 asexual reproduction 부모와 유전적으로 동일한 개체를 만드는 과정으로, 개체의 모든 염색체는 단일 부모로부터 물려받고 감수분열 없이 오직 체세포분열만 일어남.

무체강동물 acoelomate 편형동물과 같이 체강이 없는 구조를 가진 동물.

무표현형 표지자 anonymous markers 검출 가능한 표현형을 유발하지 않지만, 유전체에서 분자 기법을 사용하여 검출할 수 있는 유전자 표지.

문 phylum, pl. phyla 강(class)과 계(kingdom) 사이에 있는 분류학의 주요 범주.

문강(吻腔) rhynchocoel 끈벌레(ribbonworms)의 진체강으로, 입주둥이(문초, proboscis)를 내미는 데 있어서 유체동력원으로 작용함.

물관 xylem 관다발식물에서, 길고 두꺼운 세포벽을 가진 도관세포로 구성되어 있으며, 물과 용질을 운반하는 특수화된 조직.

물관요소 vessel element 관다발식물의 물관부에서 물과 용질을 운반하는 기다란 세포. 성숙 시에 죽음.

물리지도 physical map 염색체 또는 게놈에서 DNA 내의 실제 표식을 기반으로 만든 DNA 서열 지도.

뮐러 의태 Müllerian mimicry 서로 관련이 없는 두 종이 닮아있어 일종의 집단 방어를 이루는 현상. (역자 주: 예로 독성이 있는 생물체끼리 서로 닮은 체색을 가지게 되는 뮐러 의태를 하면 포식자들은 회피 학습을 빠르게 할 수 있기에 결국 피식자들에게 이익이 된다.)

미각(尾脚) uropod 바닷가재와 대하의 복부의 끝에 있는 납작한 부속지. 빠른 속도를 내기 위한 꼬리 역할을 함.

미량영양소 micronutrient 철, 염소, 구리, 망간, 아연, 몰리브덴 및 붕소와 같이 식물 성장에 필요한 미량의 무기염류.

미생물막 biofilm 서로 다른 종으로 구성된 복잡한 세균 공동체. 치아의 치석은 미생물막임.

미세소관 microtubule 진핵세포에서 튜불린 단백질로 구성된 길고 속이 빈 원통형 단백질; 세포의 모양 유지, 세포분열 시 염색체의 이동, 섬모와 편모의 기능적 내부 구조를 제공함.

미세아교세포 microglia 중신경계에서 대식세포 역할을 하는 신경교세포.

미세융모 microvillus 상피세포의 세포질 돌출부로서, 미세융모는 소장의 표면적을 크게 증가시킴.

미소체 microbody 단일막에 싸여 있으며, 다양한 효소를 함유하는 세포소기관; 대개 소포체로부터 유래된 것으로, 퍼옥시좀 및 글리옥시좀이 포함됨.

미엘린초(수초) myelin sheath 척추동물의 말초신경계에서 운동뉴런의 긴 축삭을 둘러싼 지방층으로, 말이집이라고도 함.

미절(꼬리마디) telson 바닷가재와 대하의 꼬리 구조.

미토콘드리아 mitochondrion 세포의 발전소라고 불리는 세포소기관. 전자전달계와 ATP의 화학삼투적 합성을 담당하는 정교한 내막, 크렙스 회로의 효소를 포함하는 기질, 그리고 외막으로 구성됨.

밀착연접 tight junction 인접한 2개의 동물세포 사이에서 세포막이 실제로 융합된 것으로, 조직에서 물질이 새어 나오는 것을 방지함.

밑씨(배주) ovule 속씨식물에서 암(자성)생식세포를 생성하는 포자체(2배체) 구조.

ㅂ

바소체 Barr body 하나 이상의 X 염색체가 있는 세포의 간기 핵에서 강하게 염색된 소체로서, 응축되어 불활성화된 X 염색체를 나타냄. 초기 배아의 발생 후에 각 세포에는 오직 하나의 X 염색체만이 활성화됨.

바소프레신 vasopressin 콩팥의 수분량을 조절하는 뇌하수체 후엽 호르몬.

바이러스 virus 단백질로 둘러싸인 유전물질로 구성된 복잡한 생화학적 개체; 바이러스는 살아있는 숙주 세포에서만 증식할 수 있음.

바이러스 출현, 신형바이러스 emerging virus 한 생물체에서 발생하지만, 다른 생물체로 전달되는 모든 바이러스; 대개는 사람에게 전염된 경우를 가리킴.

바이로이드 viroid 염색체의 온전한 상태를 파괴함으로써 식물에 질병을 일으킬 수 있는 작고 나출된 RNA 분자.

바이리온 virion 단일 바이러스 입자.

바이오연료(생물연료) biofuel 지질학적 공정보다는 생물학적 공정을 통해 생산된 연료. 보통 식물재료, 농업, 상업 또는 산업폐기물로 만들어짐.

바이코이드 bicoid 초파리에서 앞-뒤축 예정화에 관여하는 유전자. 앞-뒤축은 바이코이드와 나노스(nanos) 단백질의 서로 반대인 농도기울기에 의해 형성됨.

바이타민 vitamin 특정 생물체에 의해 합성될 수는 없으나, 정상적인 대사 기능을 위해 소량으로 요구되는 유기 물질.

박동원 pacemaker 심장 박동을 시작하는 척추동물 심장의 흥분성 조직.

박테리오파지 bacteriophage 박테리아 세포를 감염시키는 바이러스. 파지라고도 함.

반고리관 semicircular canal 액체로 채워진 내이의 3개의 관. 평형 유지에 도움을 줌.

반보존적 복제 semiconservative replication DNA 2중가닥의 각 가닥이 완전히 새로운 상보적 가닥을 만들기 위한 주형으로 작용하여, 원래의 2중가닥이 2개의 새로운 DNA 분자 각각에서 보존되는 DNA 복제 방식.

반사 reflex 신경계에서, 연합뉴런을 거의 필요로 하지 않는 운동 반응; 반사는 감각뉴런, 때로는 (항상은 아니지만) 연합뉴런 및 하나 이상의 운동뉴런만을 포함한 가장 단순한 신경 경로에 속함.

반사궁 reflex arc 자극으로부터 반사 작용을 이끄는 체내의 신경 경로.

반수체 haploid 2배체($2n$)와는 대조적으로 한 세트의 염색체(n)만 존재.

반수체형 haplotype 보통 재조합을 거치지 않고 온전하게 유전되는 염색체의 영역으로, SNP의 분석에 근거하여 식별됨.

반응중심 reaction center 안테나 복합체에서 에너지를 받아 수용체 분자로 전달되는 전자를 여기시키는 광계의 막관통단백질 복합체.

발아 germination 포자 또는 종자에 의한 발생과 생장의 재개.

발정기 estrus 암컷의 최대 성 수용 기간. 난자의 배란과 관련됨.

발현벡터 expression vector 삽입된 DNA의 발현을 유도하는데 필요한 염기서열을 포함한 벡터(플라스미드 또는 파지) 유형.

발효 fermentation 산소의 관여 없이 유기물에서 에너지를 추출하는 효소 촉매 추출법.

방사능 radioactivity 불안정한 원자가 보다 안정된 형태로 붕괴하는 과정에서 핵입자와 빛을 방사하는 것.

방사대칭 radial symmetry 원형 평면을 갖는 구조 대칭의 한 유형으로, 중심을 지나도록 하여 어떤 방향으로 나누어도 동일한 두 부분이 얻어짐.

방사성 동위원소 radioactive isotope 불안정하며 방사성 붕괴를 통해 에너지를 방출하는 동위원소.

방사수관 radial canal 극피동물의 수관계에서 환상 수관에 연결된 5개의 방사 수관.

방사형 난할 radial cleavage 후구동물 배아의 난할 패턴. 난할이 배아의 극축에 평행하게 그리고 직각으로 일어남.

방실결절 atrioventricular(AV) node 동방결절로부터 심장 박동 자극을 받는 가늘고 긴 심근세포로서 히스속 다발을 통해 자극을 전도함.

방적돌기 spinnerets 거미의 복부 뒤쪽의 기관. 거미줄이 될 유동성 단백질을 분비.

방추사 확인점 spindle checkpoint 모든 염색체가 방추사에 부착되는 것을 점검하는 세 번째 세포분열 확인점. 이 확인점을 통과하면 후기가 진행됨.

방추사부착점 kinetochore 체세포분열이나 감수분열 시 방추사가 부착되는 동원체 내의 디스크 모양의 단백질 구조. 동원체 참조.

방추체 spindle apparatus 세포분열 동안 염색체의 분리를 수행하는 조립체; 미세소관(방추사)으로 구성되며, 전기에 세포의 적도면에서 조립됨.

방향성 선택 directional selection 일련의 표현형 중에서 한쪽의 극단적인 형태를 제거하는 선택이 작용하는 경우.

배란 ovulation 동물의 난소에서 난자의 방출.

배반 blastodisc 조류 발생에서 커다란 난황의 표면에서 나타나며, 난할을 거쳐 배아가 되는 원반형 지역.

배반 scutellum 곡류의 변형된 떡잎(자엽).

배병(배자루) suspensor 종자식물에서, 배병(胚柄)은 접합자의 첫 번째 분열로 생긴 두 세포 중 한 개에서 발생함. 속씨식물의 배병은 모체 조직에서 배에 이르는 영양관이 되고, 겉씨식물에서는 배를 양분 저장 위치에 좀 더 가깝게 위치시킴.

배설관 nephridium, pl. nephridia 무척추동물에서, 관 모양의 배설 구조.

배수성 polyploidy 하나 이상의 전체 염색체 세트가 2배체 게놈에 추가된 상태.

배아 embryo 접합자에서 세포분열이 일어나 다세포로 발생하는 단계.

배아줄기세포 embryonic stem cell(ES cell) 초기 배아에서 생성된 줄기세포로, 여러 성체 조직으로 분화될 수 있으며, 배반포에 이식하면 성체로 발생할 수 있음.

배엽층 germ layers 낭배 형성기에 만들어지며, 향후 형성될 조직을 만드는 3개의 세포층. 바깥쪽부터 외배엽, 중배엽 내배엽이라고 함.

배우자 접합 syngamy 2개의 반수성 세포(배우자)가 융합하여 2배체 접합체를 형성하는 과정; 수정.

배우자 gamete 반수체 생식세포.

배우자낭 gametangium, pl. gametangia 생식세포가 형성되는 세포 또는 기관.

배우체 gametophyte 식물에서 단상(n)인 배우체를 생성하는 세대로, 복상($2n$)의 포자체 세대와 번갈아 나타남.

배젖(배유) endosperm 속씨식물의 종자의 특성을 나타내는 저장조직, 배낭에서 극핵과 정핵이 수정되어 형성됨. 종자의 성숙 전이나 발아 동안에 포자체가 성숙함에 따라 분해됨.

백색체 leucoplast 식물세포에서 녹말 알갱이가 저장되는 무색의 색소체; 보통 빛에 노출되지 않은 세포에서 발견됨.

백혈구 leukocyte 헤모글로빈을 함유하지 않는 혈액 세포. 식세포나 항체 생성 림프구 등을 포함함.

번데기 pupa 곤충의 발생 단계로, 먹지 않고 움직이지도 않으며 고치나 다른 캡슐에 싸여진 채로 존재; 유충과 성체 사이의 단계.

번역 translation 아미노산 순서를 지정하는 mRNA를 이용하여 리보솜에서 단백질을 조립하는 과정.

번역억제단백질 translation repressor protein 전사 개시 부분에 결합하여 리보솜 부착을 막음으로써 mRNA의 번역을 막는 단백질.

번역틀 reading frame 번역 시 아미노산을 지정하는 트리플렛 코돈에서 뉴클레오타이드의 올바른 연속체. 유전자 코드에 공백이 없기에, 서열의 첫 번째 코돈에 의해 번역틀이 확립됨.

베이츠 의태 Batesian mimicry 먹기 좋고 독성이 없는 생명체가 맛없고 독성이 있는 다른 종류의 생명체를 닮는 생존 전략. 두 종 모두 경고색을 보임.

베타 병풍 β sheet 단백질 내 2차 구조의 하나로, 펩타이드 골격에서 아미노기와 카복실기 사이의 수소결합으로 안정화된 평면구조를 형성하기 위해 한 번 이상 접힌 형태를 말함. 베타 주름 병풍이라고도 함.

베타 산화 β oxidation 지방산이 2개 탄소 단위로 분해된 후 CoA와 결합하여 아세틸−CoA를 생성하는 산소 의존적 반응으로, 그다음 단계로 시트르산 회로로 들어감. 전체 지방산이 산화될 때까지 반복적으로 일어남.

벡터 vector 분자 생물학에서 숙주 세포에 도입된 재조합 DNA의 증식을 허용하는 플라스미드, 파지 또는 인공 염색체.

벨리저(유생) veliger 연체동물에서 담륜자(트로코포라) 단계 이후의 두 번째 유생. 발, 껍질, 외투막의 초기 모습이 관찰됨.

변성 denaturation 과도한 열, 극단적인 pH, 화학물질에 의한 변형, 또는 물질 사이의 소수성 상호작용을 방해하는 용매 내의 이온 세기나 극성의 변화로 인해 단백질 또는 핵산의 구조가 파괴되는 현상으로, 대개 생물학적 활성이 상실됨.

변수 variable 과정, 결과 또는 관찰에 영향을 미치는 요인. 과학자들은 실험에서 가설을 검증하기 위해 변수를 구분하고자 함.

변태 metamorphosis 올챙이에서 개구리로 변하는 것처럼 배아 발생 이후의 발달과정 중에 형태의 두드러진 변화가 일어나는 과정.

변형균 plasmodium 점균류 생활사의 한 단계로, 막으로 둘러싸인 다핵성의 원형질 덩어리.

병목효과 bottleneck effect 집단의 크기가 급격하게 줄어들 때 발생하는 유전적 다양성의 상실.

병원체 pathogen 감염된 숙주에서 질병을 일으킬 수 있는 감염물질로, 보통 미생물.

보먼주머니 Bowman's capsule 척추동물 콩팥에서, 사구체를 둘러싼 네프론의 공 모양의 단위.

보어효과 Bohr effect CO_2 농도 증가로 인해 나타나는 헤모글로빈에서의 산소의 방출.

보조 T 세포 helper T cell 세포 매개 면역반응과 체액성 면역반응을 동시에 일으키는 백혈구의 종류; 보조 T 세포는 AIDS바이러스(HIV)의 표적임.

보조색소 accessory pigment 엽록소 b와 카로티노이드를 포함한 광합성에 사용되는 2차 광흡수 색소. 엽록소 a의 흡수 스펙트럼을 보완함.

보조인자 cofactor 효소의 작용을 위해 필요한 하나 이상의 비단백질 성분으로, 대부분의 보조인자는 금속 이온이고, 또 다른 보조인자는 유기 조효소임.

보조활성자 coactivator RNA 중합효소 II 및 일반적인 전사인자로 구성된 전사복합체와 전사 활성인자를 연결하는 단백질.

보체계 complement system 박테리아와 곰팡이의 세포벽에 의해 활성화되는 단백질 집단으로 구성된 척추동물의 화학적 방어 체계.

복제단위 replicon DNA 복제원점과 이 원점에 의해 복제가 조절되는 DNA. 원핵생물 복제에서, 염색체와 복제원점은 단일 복제단위로 구성됨; 진핵세포의 염색체는 다수의 복제단위로 구성됨.

복제분기점 replication fork 복제 중인 DNA 분자에서 점점 커지는 복제기포의 Y자형의 끝부분.

복제수 변이 copy number variation(CNV) 집단 내에서 DNA의 커다란 부분에서 일어난 변이로서, 삽입, 결실, 역위, 전좌를 포함한다.

복제평판법 replica plating 세균의 콜로니를 한 플레이트에서 다른 플레이트로 옮겨서 원래 플레이트를 복사하는 방법; 페트리 접시상에서 생장하는 콜로니를 벨벳 천에 찍어낸 후, 다른 배지, 예를 들어 영양요구주임을 확인할 수 있는 물질이 첨가된 플레이트로 옮기는 기법.

부(富)영양화 eutrophic 무기염류와 유기물이 풍부하게 존재하는 호수를 일컬음.

부등교차 unequal crossing over 시냅시스에서 작은 영역에서의 잘못 정렬된 교차로 인해 2개의 상동염색체 사이에서 길이가 다른 분절을 교환하는 과정.

부레 swim bladder 경골어류에서만 발생하는 기관으로, 식도 또는 특수한 모세혈관 망을 통해 기체량을 증가 또는 감소시켜 부력을 조절하는 데 도움을 줌.

부분2배체 partial diploid(merodiploid) 숙주 유전자를 가진 F′ 플라스미드를 운반하는 대장균 세포를 나타낼 때 씀. 이것은 F′ 플라스미드에 의해 운반되는 유전자에 대해 세포 2배체를 만듦.

부분할 meroblastic cleavage 파충류, 조류 및 일부 어류의 알에서 일어나는 난할의 한 종류. 오로지 배반에서 발생함.

부생(腐生)성 saprotrophic 소화효소를 분비하여 체외에서 먹이를 소화시키는 것을 말하며, 종속영양 생물인 대부분의 균류가 이에 해당하는 부생생물(saprobe)이다.

부수체(위성) DNA satellite DNA 독특한 염기 조성을 가진 염색체의 비전사 영역; 짧은 염기서열이 나란히 수천 번 반복됨.

부식토 humus 표토에 존재하는 일부 분해된 유기 물질.

부유성 pelagic 일반적으로 대양에서의 자유 유영.

부정근 adventitious 뿌리에서 줄기가 나거나, 줄기에서 뿌리가 나는 것과 같은 비정상적인 장소에서 발생하는 구조를 나타냄.

부정소 epididymis 정자를 저장하는 곳; 정소 근처에 있는 수정관이 꼬인 부분.

부정합수선 mismatch repair 복제 오류를 수정하는 DNA 수선의 한 형태. 오류가 없는 주형가닥은 메틸화에 의해 판단함. (역자 주: 새로 복제된 가닥은 메틸화가 아직 진행되지 않아서 주형가닥과 구별됨.)

부착 adhesion 수소 결합으로 인해 다른 극성 화합물에 물이 달라붙는 경향성.

부착연접 adherens junction (1) 한 세포의 액틴 필라멘트와 인접한 세포의 액틴 필라멘트 또는 세포외기질을 연결하는 고착연접의 한 유형. (2) 수많은 생물의 세포 사이에서 발견되는 점착성 접합으로 Ca^{2+} 의존성 접합 분자인 캐드헤린이 관여함.

분기군 clade 한 조상과 그로부터 파생된 모든 후손으로 구성된 분류학적 집단.

분단성 선택 disruptive selection 중간 유형을 제거하는 방향으로 선택이 작용하는 경우.

분류군 taxon 종, 또는 속이나 과 등의 상위 분류군.

분류학 taxonomy 생물을 분류하는 과학. 분류학자들 사이의 합의로 두 생물체는 같은 이름을 가질 수 없으며, 모든 이름은 라틴어로 표기.

분리 segregation 자손에서 부모의 각 형질이 혼합되어 나타나는 것이 아니라, 부 또는 모 형질 중 하나가 표현되는 과정.

분리의 법칙 Law of Segregation 각 대립유전자는 배우자 형성 시 서로 분리된다는 멘델의 첫 번째 유전법칙.

분생자 conidia 무성생식으로 만들어진 곰팡이 포자.

분압 partial pressure 전체 기압을 구성하는 기체에서 질소, 산소 및 이산화탄소와 같은 각 개별 기체의 압력.

분열구 cleavage furrow 주로 동물세포의 세포질분열 과정에서 1개의 세포가 2개의 딸세포로 분리될 때 형성되는 홈.

분열조직 meristem 새로운 세포가 발생하는 미분화된 식물조직.

분자시계 방법 molecular clock method 진화론에서 분자의 진화 속도가 시간에 따라 일정하다고 본 방법론.

분자클로닝 molecular cloning 특정 DNA 서열의 분리 및 증폭.

분지도 cladogram 한 무리의 종 간 또는 다른 분류군 간의 진화적 관계를 나타내는 그림.

분지론 cladistics 생명체의 진정한 계통발생 관계와 혈통을 나타내는 계층구조를 만드는 데 사용되는 분류학 기법.

분화 differentiation 비교적 덜 특화된 세포가 보다 특화된 형태나 기능을 갖도록 점진적인 변화를 겪는 발달 과정.

불꽃세포 flame cell 편형동물 체내의 관의 망상구조에서 발견되는 특화된 세포로, 노폐물의 배출과 수분 조절에 관여.

불완전우성 incomplete dominance 2개 이상의 대립유전자가 명확한 우위를 보이지 않는 경우. 이형접합의 표현형은 동형접합 표현형의 중간형임. 예를 들어 붉은색 분꽃을 흰색과 교배했을 때 F_1에서 나타나는 분홍색.

불응기 refractory period 막이 추가적인 자극에 반응할 수 없는 탈분극 이후의 회복 기간.

불포화지방 unsaturated fat 1개 이상의 지방산이 탄소와 결합할 수 있는 수소의 최대 수보다 적게 결합한 지방 분자.

비결정론적 발생 indeterminate development 동물 발생의 한 종류로, 처음 몇 개의 배아 세포는 모두 동일한 딸세포인데, 그중 어느 하나라도 분리되어 완전한 생명체로 발생 가능할 때, 그들의 운명은 비결정적이라고 말함.

비경쟁적 억제자 noncompetitive inhibitor 활성부위 이외의 위치에 결합하여 효소의 모양을 변화시킴으로써 효소가 기질에 결합할 수 없도록 하는 억제자.

비극성 nonpolar 전자를 동등하게 공유하는 공유결합이거나 비극성 공유결합으로 결합된 화합물에서 나타남.

비극한성(非極限性) 고세균 nonextreme archaea 호극성균이 아닌 오늘날 지구상의 보다 온건한 환경에 사는 고세균 그룹.

비독성 병원균 avirulent pathogen 숙주 자원을 활용하지만 심각한 피해 또는 사망을 일으키지 않는 모든 종류의 병원성 생물체 또는 바이러스.

비만세포 mast cell 염증반응을 일으키는 분자가 포함된 과립을 가진 백혈구.

비분리 nondisjunction 상동염색체 또는 자매염색분체가 체세포분열 또는 감수분열 중 분리되지 못하여 이수성의 세포 또는 배우자를 형성.

비순환적 광인산화 noncyclic photophosphorylation 식물의 2가지 광계의 광의존적 반응 체계. 여기된 전자가 2개의 광계 사이를 이동하며 양성자 기울기를 형성하고, 이는 ATP의 화학삼투적 합성에 이용된다. 전자는 NADP를 NADPH로 환원시키고, 손실된 전자는 O_2를 생성하는 물의 산화로 보충됨.

비연합학습 nonassociative learning 동물이 두 자극 사이 또는 자극과 반응 사이의 연관성을 형성할 필요가 없는 학습된 행동.

비열 specific heat 물질 1 g을 1°C 높이거나 낮추기 위해 흡수되거나 손실되는 열의 양.

빈도의존적 선택 frequency-dependent selection 표현형이 모집단에서 얼마나 자주 또는 드물게 발생하는지에 따라 달라지는 선택 유형. (역자 주: 포식자가 흔한 표현형의 개체를 잡아먹는 경우 드문 표현형의 적응도가 높아지는 선택이 일어나기에 음성 빈도의존적 선택이라고 하고, 반대로 포식자가 드문 표현형의 개체를 잡아먹는 경우엔 흔한 표현형이 증가하므로 양성 빈도의존적 선택이라고 함.)

빗살아가미 ctenidia 연체동물의 호흡 아가미로, 혈관이 풍부한 외투막에서 돌출된 섬유로 구성되어 있음

뿌리 root 보통 지면 아래로 하강하는 식물체의 축으로, 식물체를 고정하고 물과 무기염류를 흡수함.

뿌리골무 root cap 식물의 뿌리가 토양을 통과할 때 뿌리 정단분열조직을 보호하는 뿌리 끝의 조직; 뿌리골무의 세포는 지속적으로 손실되고 교체됨.

뿌리압(근압) root pressure 식물에서 증산이 없을 때 뿌리의 용질 퍼텐셜에 대한 물의 압력; 종종 밤에 발생. 근압으로 인해 일액현상(이슬의 형태로 잎세포로 물이 나감)이 일어남.

뿌리털 root hair 식물에서 뿌리 끝 바로 뒤에 위치한 관 모양의 돌출부로, 표피세포에서 유래함; 뿌리털은 흡수 표면적을 크게 증가시킴.

뿌리혹 nodule 식물에서 질소고정세균을 가지고 있는 콩과식물의 뿌리혹과 같이, 유익한 박테리아를 둘러싸고 수용하는 특수한 조직.

ㅅ

사구체 여과액 glomerular filtrate 각 사구체의 모세혈관을 통과하여 빠져나간 액체.

사구체 glomerulus 보먼주머니에 둘러싸인 모세혈관의 덩어리.

사이클린 의존성 카이네이스(Cdk) cyclin-dependent kinase 세포주기의 진행을 조절하는 단백질 카이네이스 효소 집단으로, 사이클린과 결합할 때만 활성화됨. *cdc2* 유전자에 의해 생성된 cdc2 단백질은 최초로 발견된 Cdk 효소임.

사이클린 cyclin 세포주기에 따라 동시에 생성되는 단백질 집단으로, 세포분열 동안에 특정 시점에서 사이클린 의존성 카이네이스라 부르는 특정 단백질 카이네이스와 결합함.

사이토카인 cytokine 면역세포에 의해 분비되는 신호 분자로서, 다른 면역세포에 영향을 줌.

사이토크롬 cytochrome 광합성 및 세포호흡의 전자전달계에서 전자운반체 역할을 하는 철 함유 단백질 색소.

사이토크롬 b_6-f 복합체 cytochrome b_6–f complex 틸라코이드막에서 발견되는 양성자 펌프. 이 복합체는 스트로마에서 틸라코이드 내부로 양성자를 보내기 위해 들뜬 전자의 에너지를 사용함.

산 acid 물에서 해리되어 수소 이온(H^+) 농도를 증가시켜 pH를 낮추는 모든 물질.

산소부채 oxygen debt 운동 중 근육에서 생성된 젖산을 다시 포도당으로 전환하는데 필요한 산소량.

산소성(호기성) aerobic 자유 산소를 필요로 함. 기체 산소가 존재할 때 일어나는 생물학적 과정.

산소호흡(유기호흡) aerobic respiration 산소를 최종 전자 수용체로 사용하여 포도당을 완전히 산화시키는 과정. 산소는 ATP의 화학삼투 합성을 위한 양성자 농도기울기를 만드는 전자전달계에서 최종 전자 수용체로 작용함.

산화 oxidation 원자 또는 분자에 의한 전자의 손실; 물질대사에서 종종 산소의 획득 또는 수소의 손실과 관련됨.

산화적 인산화 oxidative phosphorylation 양성자 기울기의 에너지를 이용하여 ATP 합성효소에서 ATP를 합성. 양성자 기울기는 전자 전달로 인해 만들어지며, 산소가 필요함.

산화-환원 반응 oxidation-reduction reaction 생체 내에서는 쌍을 이루는 반응으로, 한 원자에서 잃어버린 전자(산화)가 다른 원자에서 얻어지는(환원) 반응. 줄여서 redox 반응이라고 함.

살리실산 salicylic acid 식물에서 전신획득저항성의 장거리 신호물질인 유기 분자.

삼투 osmosis 선택적으로 투과성인 막(물의 자유로운 통과는 허용하나 용질의 통과는 방지 또는 지연시키는 막)을 가로지르는 물의 확산; 압력이나 부피의 변화가 없는 상태에서 물은 저농도의 용질이 있는 쪽에서 고농도 쪽으로 이동함.

삼투농도 osmolarity 용액 1 L당 용질에 들어 있는 삼투적으로 활성화된 몰수의 측정법.

삼투순응자 osmoconformer 체액의 삼투 농도를 배지와 거의 같은 수준으로 유지하는 동물.

삼투압 osmotic pressure 선택적 투과성막에 의해 순수한 물과 분리된 용액에 의해 발생하는 압력 퍼텐셜. 용질 농도가 높을수록 용액의 삼투압이 커짐; 삼투퍼텐셜이라고도 불림.

삽입불활성화 insertional inactivation 전이인자(트랜스포존) 삽입에 의한 유전자 기능의 파괴.

상대생장 allometric growth 몸의 각 부분이 서로 다른 속도로 성장하는 패턴.

상동성, 상동염색체(의) homologous (1) 진화 기원이 동일한 유사한 구조. (2) 2배체 세포에서 같은 종류의 염색체 쌍을 나타냄.

상동염색체 homologue 2배체 세포에 있는 쌍을 이룬 염색체; 각 염색체는 각 배우자로부터 유래함.

상동이질형성 homeosis 정상적인 위치에서 발현되는 유전자를 다른 위치에서 발현시키는 공간 패턴의 변화로 인해 호미오돌연변이는 야생형 구조를 잘못된 위치에 발생시킴.

상리공생 mutualism 2개(또는 그 이상)의 생물체가 함께 살며, 모두 이익을 얻는 공생 관계.

상배축 epicotyl 떡잎이 부착된 바로 위의 영역.

상보성 complementary 유전정보에 대한 설명으로, 각각의 뉴클레오타이드 염기는 상보적인 염기와 쌍을 이룬다는 것.

상보적 DNA complementary DNA(cDNA) mRNA 전사체의 DNA 복사본으로, 역전사 효소의 작용으로 생성됨.

상사성 analogous 진화론적 기원은 다르지만, 기능 면에서는 비슷한 구조. 예로서 박쥐의 날개와 나비의 날개.

상사성 homoplasy 분류학에서 공통 조상으로부터 물려받지 않은 공유 형질; 수렴진화 또는 진화론적 반전에서 비롯됨. 예로 수렴 구조인 새의 날개와 박쥐의 날개.

상순, 윗입술 labrum 곤충과 갑각류에서 아래턱의 앞쪽 또는 윗쪽에 있는 윗입술.

상실배 morula 배아 발생 초기 단계의 공 모양의 구조. (역자 주: 난할 결과 생긴 할구들의 모습이 뽕나무 열매와 유사해서 생긴 명칭.)

상염색체 autosome 진핵생물에서 성염색체가 아닌 염색체를 말하며, 상염색체는 그 종의 수컷과 암컷 모두 같은 수와 종류로 존재함.

상위 epistasis 2개의 비대립 유전자 사이의 상호작용으로, 하나의 유전자가 다른 유전자의 표현형 발현을 변화시킴.

상처반응 wound response 식물에서 초식 동물이 잎을 뜯어 먹는 등 잎의 손상으로 인해 개시되는 신호전달경로. 초식 동물의 소화를 방해하는 단백질 분해 효소 억제제를 생성함.

상피 epithelium 동물에서 외부에 노출된 표면을 덮거나 도관 또는 빈 공간(강, cavity)을 덮는 조직의 한 형태.

상호교배 reciprocal cross 단일 형질과 관련된 유전적 교배. 부모의 성별이 바뀔 경우, 예를 들어, 흰색 꽃식물의 꽃가루가 보라색 꽃식물을 수정하는 데 사용된다면, 상호교배는 보라색 꽃식물의 꽃가루를 흰색 꽃식물을 수정하는 데 사용하는 것.

상호이타주의 reciprocal altruism 베푼 호의를 돌려받을 거라는 기대를 가지고 이타적인 행위를 하는 경우. 사회적 행동의 진화를 다루는 많은 이론

에서 핵심적이고 매우 논쟁적인 가정. 이타주의 참조.

상호재조합 reciprocal recombination 진핵생물에서만 발생하는 유전자 재조합 메커니즘으로, 2개의 염색체 사이에 서로 분절을 교환함; 감수분열 동안 상동염색체 사이의 일반적인 교환뿐만 아니라 비상동염색체에서도 일어남.

색소 pigment 빛을 흡수하는 분자.

색소체 plastid 광합성 진핵생물의 세포소기관이며, 식물과 녹조류에서는 녹말 저장소.

생물군계 biome 기후 및 토양 조건에 따른 주요 육지 생태계 중 하나. 가장 큰 생태 단위.

생물군집 biological community 한 장소에서 함께 사는 서로 다른 종의 모든 개체군. 예를 들어 산의 초원에 서식하는 모든 개체군.

생물다양성 biodiversity 한 지역에서 발견되는 종들의 수 및 각 종의 행동, 생태, 생리 및 기타 적응 범위를 나타내는 것.

생물지리학 biogeography 종의 지리적 분포에 관한 연구.

생물학적 종개념 biological species concept(BSC) 같은 그룹 내에서는 교배할 수 있으나 다른 그룹과는 생식적으로 격리된 개체의 집단으로 종을 정의하는 개념.

생식계열세포 germ-line cells 접합자(수정란)의 발생 동안 체세포로부터 분리되어 생식세포를 만들기 위해 감수분열을 하는 세포.

생식모세포 gametocytes 말라리아 포자소체 생활사에서 적합한 숙주에 침입했을 때 생식세포를 형성할 수 있는 세포.

생식적 격리 reproductively isolated 집단 내 개체가 서로 교배하지 않거나 생식 가능한 자손을 생산할 수 없는 경우.

생식적 격리 기작 reproductive isolating mechanism 종 간의 유전교환을 막는 장벽.

생장상 변화 phase change 꽃을 피우는 능력을 가진 식물에서 나타나는 발생 상의 변화.

생장인자 growth factor 막 수용체에 결합하여 세포의 생장 및 분열을 위한 세포내 신호전달 체계를 개시하는 단백질.

생체량 biomass 특정 집단, 지역 또는 기타 측정 단위 내의 살아있는 모든 생명체의 총 질량.

생태계 ecosystem 생물체와 무생물 환경을 포함하는 주요 상호작용 시스템.

생태적 지위 niche 환경 내에서 특정 종의 역할.

생태학 ecology 생물체 간의 상호작용과 물리적 환경에 관한 연구.

생태형 ecotype 지역적으로 적응이 일어난 생물의 변이체; 또 다른 생태형과 유전적으로 구별됨.

생화학적 경로 biochemical pathway 한 반응의 산물이 다음 반응의 기질이 되는 일련의 화학 반응. 크랩스 회로는 생화학적 경로임.

샤페론 단백질 chaperone protein 단백질을 정확한 방식으로 접거나, 잘못 접혔거나 변성된 단백질을 다시 접을 수 있는 효소 집단.

샷건 염기서열결정법 shotgun sequencing DNA가 무작위로 작은 조각으로 절단된 후 클로닝되어 DNA 염기서열을 결정하는 방법. 이후 컴퓨터를 사용하여 최종 서열을 조합함.

서던블롯 Southern blot DNA 단편을 겔 전기영동에 의해 분리하고, 단일가닥 DNA로 변성한 후, 한 장의 필터상에 '블롯팅(반점)'하는 기법; 특정 DNA 염기서열을 찾기 위해 이 필터에 표지된 프로브를 처리함.

서식지 habitat 생물체의 환경; 생물체가 주로 발견되는 장소.

서열표지부위 sequence-tagged site(STS) 유전체에서 고유한, 즉 하나밖에 없는 짧은 DNA 서열; 유전체 지도작성에 물리적 표지자로 사용함.

선구동물 protostome 입이 먼저 발생하고 항문이 나중에 생기는 좌우대칭 동물; 편형동물, 선형동물, 연체동물, 환형동물 및 절지동물.

선도가닥 leading strand 복제 원점으로부터 연속적으로 합성할 수 있는 DNA 가닥. 지연가닥과 비교.

선모 pilus, pl. pili 박테리아 세포에서 밖으로 길게 돌출된 부분으로, 유전물질을 한 세포에서 다른 세포로 옮기거나 기질에 부착하는 것을 가능하게 함.

선택 selection 일부 개체가 경쟁자보다 더 많은 자손을 남기는 과정으로, 그 개체의 유전적 특성은 후손을 덜 남기는 개체보다 다음 세대에 더 큰 비율로 나타나는 경향이 있음.

선택적 투과성 selectively permeable 어떤 막이 일부 물질에 대해 투과성이 있지만 다른 물질에는 투과성이 없는 경우.

섬모 cilium 진핵세포의 표면에서 뻗어 나온 짧은 돌기. 편모와 같이 내부는 미세소관의 9+2 배열로 동일한 구조를 가짐.

섬유아세포 fibroblast 평평하고 불규칙한 가지 모양의 결합조직 세포로서 구조적으로 강한 단백질을 세포 사이로 분비함.

성간 선택 intersexual selection 한쪽 성(性)의 구성원이 다른 쪽 성의 구성원을 선택하여 짝짓기하는 경우.

성내 선택 intrasexual selection 짝짓기에 성공하기 위해 한쪽 성별 내의 구성원들이 경쟁적으로 상호작용하는 경우.

성상세포 astrocytes 중추신경계에서 발견되는 신경교세포로 뇌-혈관 장벽을 유지하는 역할을 함.

성상체 aster 동물세포의 체세포분열에서 중심립으로부터 원형질막으로 방사상 형태로 확장된 미세소관 배열로, 아마도 방추사의 수축에 필요한 중심립을 지탱하는 역할을 함.

성숙대 zone of maturation 식물에서 신장대 뒤쪽에 있는 뿌리 부분; 이 영역의 세포는 특정 세포 유형으로 분화됨.

성연관(된) sex-linked Y 염색체에 없고, X 염색체상에 있는 유전자에 의해 결정되는 특성.

성염색체 sex chromosome 성에 관련된 염색체; 인간에서 성염색체는 X와 Y 염색체임.

성적 선택 sexual selection 배우자를 얻는 성공률이 가변적이어서 서로 다른 생식 결과가 나타나는 유형. (역자 주: 자손을 생산하기 위해서는 반드시 배우자를 확보해야 하기에 배우자 선택 방식이 진화에 큰 영향을 줌.)

성적이형성(性的異形性) sexual dimorphism 어떤 종의 성별에 따른 형태학적 차이.

성충판 imaginal disk 유충의 복부에 있는 다수의 세포 집단으로, 나중에 곤충 성체의 핵심부위를 형성함.

세균역 Domain Bacteria 분류체계의 3역에서, 광대한 그룹의 단세포 원핵생물인 박테리아만 포함하는 영역.

세대교번 alternation of generations 반수체(n, 배우체)가 융합하여 접합자를 형성한 후 발아하여 2배체($2n$, 포자체)를 생성하는 생식주기. 포자체로부터 감수분열에 의해 생성된 포자는 새로운 배우체를 생성함으로써 주기를 완료함.

세포골격 cytoskeleton 진핵세포의 세포질 내에 있는 단백질 미세섬유와 미세소관의 네트워크로, 세포의 모양을 유지하고, 세포소기관을 고정하며, 동물세포의 운동성에 관여함.

세포내공생 endosymbiosis 서로 다른 종류의 원핵세포 사이의 공생 과정을 통해 진핵 세포로 진화되었다는 이론.

세포내막계 endomembrane system 진핵세포에서 발견되는 연결된 막 구획 체계.

세포내섭취 endocytosis 원형질막의 함입을 통해 물질을 세포 안으로 흡수하는 것으로, 고형 물질의 경우는 식세포작용, 용해된 물질은 음세포작용이라 함.

세포독성 T 세포 cytotoxic T cell 세포매개 면역반응 동안에 활성화되는 T 세포로서, 감염된 세포를 인식하고 파괴함.

세포매개면역 cell-mediated immunity T 세포에 의해 매개되는 적응면역체계로서, 세포독성 T 세포 및 면역체계의 나머지 부분을 돕는 세포가 관여함.

세포모(毛) trichome 식물의 표피세포에서 외부로 자라는 털 모양의 구조; 분비모(glandular trichomes)는 곤충을 억제하는 기름이나 다른 물질을 분비.

세포벽 cell wall 식물, 일부 원생생물, 그리고 대부분의 박테리아 세포의 가장 바깥의 단단한 층으로, 세포벽이 원형질막을 둘러쌈.

세포분열대 zone of cell division 식물에서, 뿌리의 정단분열조직과 바로 뒷부분의 세포를 포함하는 어린뿌리의 부분; 이 부분의 세포는 12~36시간마다 분열함.

세포성 배반엽 cellular blastoderm 곤충의 배아발생에서 다핵성(합포체) 배반엽의 핵이 세포막 형성을 통해 세포로 분리되는 단계.

세포소기관 organelle 세포에서 특수화된 부분; 말 그대로 작은 세포질 기관.

세포예정사(세포자살) apoptosis 프로그래밍된 세포사멸의 과정으로, 죽어가는 세포가 오그라들고 수축함. 모든 동물세포의 발생에서 사용되며, 최종 조직에 존재하지 않을 세포를 계획적이고 질서 있게 제거함.

세포외배출 exocytosis 액포가 원형질막과 융합하여 액포의 내용물을 외부로 배출하는 용적수송의 일종.

세포운명결정 cell determination 세포가 특정한 발생 경로로 가도록 하는 분자적인 "결정" 과정. 이 과정은 분화 전에 발생하며 단계별로 진행됨.

세포주기 cell cycle 세포가 각 세대를 거칠 때마다 반복되는 성장과 분열.

세포질 cytoplasm 핵을 제외한 세포 안의 물질로 원형질이라고도 함.

세포질 cytosol 세포질의 액체 부분으로 용해된 유기분자 및 이온을 함유함.

세포질분열 cytokinesis 핵분열 후에 일어나는 세포질의 분열.

세포판 cell plate 분열 중인 식물세포와 일부 녹조류에서 말기 동안 방추사의 적도면에서 형성되는 구조.

세포-표면 수용체 cell-surface receptor 신호 분자와 결합하여 세포외 신호를 세포내 신호로 변환하는 세포 표면 단백질.

세포-표면 표지 cell-surface marker 세포막 외부 표면의 당단백질 또는 당지질로서, 식별자 역할을 함. 각 유형의 세포는 서로 다른 표지를 가지고 있음.

세포호흡 cellular respiration 물질대사 중 산화에 의한 에너지 획득과정으로, 궁극적으로 산소 분자에 의존하며, 시트르산 회로와 산화적 인산화에 의해 수행됨.

셀룰로스 cellulose 모든 녹색식물, 일부 녹조, 그리고 몇몇 다른 생물체에서 세포벽의 주요 성분. 포도당이 섬유상으로 결합된 불용성 탄수화물 복합체.

소뇌 cerebellum 척추동물의 뇌에서 중뇌(뇌간)의 위쪽과 전뇌의 뒤쪽에 위치하는 후뇌 부위. 몸의 위치와 움직임에 대한 정보를 통합하고, 근육 활동을 조정하며, 평형을 유지함.

소동맥 arteriole 동맥에서 모세혈관으로 이어지는 더 작은 동맥.

소듐-포타슘 펌프 sodium-potassium pump K^+와 Na^+을 교환하는 능동수송(ATP 이용)에 관여하는 막관통 채널로서, 두 이온은 각 농도기울기에 역행하여 이동함; 신경세포 및 기타 세포의 휴지막전위를 유지함.

소수성 hydrophobic 문자 그대로 "물을 두려워하는 것"으로, 물에 녹지 않는 비극성 물질을 말함. 물속에 있는 비극성 분자는 서로 결합하여 방울(액적)을 형성.

소수성배제 hydrophobic exclusion 비극성 분자가 물속에 있을 때 함께 응집하는 경향을 말하며, 배제는 이러한 비극성 분자들을 강제로 합치는 물의 작용을 말함.

소진화 microevolution 진화과정 그 자체를 말함. 한 종 내에서의 진화. 또한 적응이라고 함.

소포(소낭) vesicle 세포 안에 있는 작은 막으로 둘러싸인 주머니로, 물질 운반이나 저장 기능을 함.

소포체 endoplasmic reticulum(ER) 진핵세포의 세포질 내에서 그물 모양으로 배열된 통로와 내부적 연결을 형성하는 내막체계. 소포체는 거친면(조면) 소포체(RER)와 매끈면(활면) 소포체(SER)로 나누어짐.

소핵 micronucleus 모든 섬모류에서 발견되는 2배체 핵으로, 유성생식에만 사용되며 유전자는 전사되지 않음.

소형 간섭 RNA small interfering RNAs(siRNAs) 유전자 전사의 조절에 관여하고 바이러스 공격으로부터 세포를 보호하는 마이크로-RNA의 한 종류.

소형 핵RNA small nuclear RNA(snRNA) 진핵생물에서, 소형 핵리보핵산 단백질 복합체의 일부로서, 인트론의 5'말단 또는 동일한 인트론의 분지 부위와 염기쌍을 형성함으로써 인트론의 인식 및 절제를 용이하게 하는 작은 RNA 서열.

소형 핵리보핵산단백질입자 small nuclear ribonucleoprotein particles (snRNP) 진핵생물에서 snRNA와 단백질로 구성된 복합체로, 다른 snRNP와 함께 스플라이소솜을 형성하여 1차 전사체에서 인트론을 제거함.

속 genus, pl. genera 과 아래, 종 위에 있는 분류학적 집단.

속씨식물 angiosperms 종자식물의 다섯 문 중 하나인 현화식물을 의미함. 속씨식물에서는 수분 시 밑씨(배주)가 조직에 의해 완전히 둘러싸여 있음.

수 pith 줄기 또는 뿌리에서 관다발에 둘러싸인 중심부를 구성하는 기본조직.

수관계 water-vascular system 극피동물의 액체로 채워진 수압 체계; 몸을 지탱하고, 관족을 뻗음으로써 이동하는 독특한 방식을 가짐.

수동수송 passive transport 에너지 소비 없이 세포막을 가로지르는 물질의 이동방식.

수란관(난관) oviduct 척추동물에서 난자가 난소에서 자궁으로 이동하는 통로.

수렴진화 convergent evolution 직접 관련이 없는 생물체 사이에서 유사한 구조가 독립적으로 발달한 것을 의미하며, 유사한 환경에 사는 생물체에서 종종 발견됨.

수베린 suberin 식물에서 뿌리 내피의 카스파리안 대에 불투과성 장벽을 형성하는 지방산 사슬.

수분(授粉) pollination 꽃밥에서 암술머리로 꽃가루가 이동하는 것.

수분퍼텐셜 water potential 물 분자의 위치에너지. 수분퍼텐셜에 대한 원인(예를 들어, 중력, 압력, 용질 입자의 농도)과 관계없이, 물은 수분퍼텐셜이 높은 장소에서 낮은 데로 이동.

수상돌기 dendrite 자극을 전달하기 위해 뉴런의 세포체로부터 뻗어 나온 가지.

수소결합 hydrogen bond 수소와 극성 공유결합으로 형성된 약한 결합. 극성 공유결합에서 부분적으로 양전하를 띤 수소는 부분적으로 음전하를 띤 다른 원자에 끌림. 물 분자에서는 산소와 수소가 각각 서로 다른 물 분자와 수소결합 형성.

수술 stamen 꽃가루를 생산하는 꽃의 기관; 보통 꽃밥과 수술대로 이루어짐; 수술은 웅예군을 구성함.

수술군(웅예군) androecium 꽃에서 수술 전체를 일컫는 말.

수액 sap 목부 또는 체관의 수분함량.

수용체 단백질 receptor protein 리간드(신호분자)에 결합하여 신호전달경로를 시작할 수 있는 세포 단백질. 리간드의 성질에 따라 막 단백질 또는 세포내 단백질일 수 있음.

수용체-매개 세포내섭취 receptor-mediated endocytosis 특정 거대 분자가 특정 세포의 표면 수용체에 결합한 후, 클라트린으로 코팅된 홈(pit)에서 세포로 운반되는 과정.

수용체타이로신카이네이스 receptor tyrosine kinase(RTK) 활성화되었을 때 카이네이스 효소로 작용하는 막 수용체의 다양한 그룹으로, 타이로신을 인산화시킴. 이들의 활성화는 다양한 세포 반응을 유도함.

수정 fertilization 2개의 반수체 배우자 핵이 융합하여 2배체의 접합자 핵을 형성하는 과정.

수지상세포 dendritic cell 선천면역과 적응면역 사이를 연결하며, 항원제시세포로 작용하는 중요한 면역세포.

수직적 유전자전달 vertical gene transfer(VGT) 어떤 종에서, 한 세대에서 다음 세대로의 유전자 전달.

수축기 혈압 systolic pressure 심장 수축 정도 측정. 혈압 측정 중에 심실수축기에 모니터링됨.

수축포 contractile vacuole 원생동물과 일부 동물에서 액체로 채워진 투명한 주머니로서, 주기적으로 세포 내부의 물을 흡수한 후에 수축하여 구멍을 통해 외부로 방출하며, 주로 삼투 조절과 배설과정에서 작용함.

수평적 유전자전달 horizontal gene transfer(HGT) 종 간의 유전자 이동. 생명체의 역사에서 초기에 많이 일어남.

수화껍질 hydration shell 설탕 또는 Na^+ 및 Cl^- 이온과 같은 용해된 물질을 둘러싼 물 분자의 무리.

숙주범위 host range 특정 바이러스에 감염될 수 있는 생물체의 범위.

순종 true-breeding 한 세대에서 다음 세대에 걸쳐 균일하고 일관된 자손을 갖는 품종 또는 생물체. 이는 관련 형질에 대해 동형접합인 유전자형 때문.

순환계 circulatory system 체강류 동물에서 몸의 여러 부위로 체액을 운반하는 관의 망.

순환적 광인산화(반응) cyclic photophosphorylation 반응중심 엽록소에서 전자를 들뜨게 하는 빛의 흡수로부터 시작하는 반응. 들뜬 전자가 광계로 되돌아가는 과정에서 화학삼투에 의해 ATP를 생성함. 이 과정은 박테리아의 광계와 식물의 광계 I에서도 일어남.

슈도뮤레인 pseudomurein 고세균의 세포벽 구성요소; 구조와 기능면에서 펩타이도글리칸과 유사하지만 다른 성분을 포함하고 있음.

슈반세포 Schwann cell 말초신경계를 구성하는 모든 신경세포에서 뻗어 나온 축삭과 결합하여 지지하는 세포. (역자 주: 말초신경계 뉴런의 미엘린초를 형성하는 세포.)

슈트 shoot 관다발식물에서 줄기와 잎과 같은 지상 부분.

스트로마 stroma 엽록체에서 틸라코이드계를 둘러싸는 반액체형 물질. CO_2로부터 유기분자를 생성하는데 필요한 효소를 함유.

스트로마톨라이트 stromatolite 200만 년 이상 오래전에 만들어진 고대 박테리아의 화석화된 매트로, 현대의 박테리아와 비슷한 모습으로 남아 있음.

스펙트린 spectrin 원형질막 단백질을 적혈구 세포질의 액틴 필라멘트에 연결하는 단백질 지지대. 적혈구의 특징적인 오목한 양면을 만듦.

스플라이시오솜(이어맞추기복합체) spliceosome 진핵생물에서 1차 전사체를 성숙한 mRNA로 전환하기 위해 인트론의 절단 및 엑손의 결합을 담당하는 다수의 snRNP 및 다른 관련 단백질로 구성된 복합체.

스핑고지질 sphingolipid 탄화수소 세라마이드의 탄소 골격을 가진 인지질로, 대개 극성을 띠는 머리 부분 및 포화된 탄화수소 사슬 2개가 포함됨.

습관성 habituation 학습의 한 형태, 반복되는 자극에 대한 감소된 반응.

시냅스 소포 synaptic vesicle 신경의 축삭 말단에서 생성된 소포로, 신경전달물질을 담고 있음. 이 소포는 시냅스 전 뉴런의 막으로 이동하여 융합되며, 신경전달물질은 시냅스 틈으로 방출됨.

시냅스 synapse 뉴런과 다른 뉴런 또는 근육세포 사이의 연결점; 두 세포는 접촉하지 않고, 그 사이의 틈은 신경전달물질 분자에 의해 연결됨.

시냅스틈 synaptic cleft 인접한 두 뉴런 사이의 공간.

시냅시스(접합) synapsis 감수1분열 전에 상동염색체끼리 짝지어 쌍을 이루는 것; 시냅시스 형성과정 중에 교차가 일어남.

시냅시스복합체 synaptonemal complex 감수1분열의 전기에 2개의 상동염색체 사이에 형성되는 격자 모양의 단백질 복합체; 상동염색체를 서로 정확히 밀착 고정함으로써 비자매염색분체들에 있는 같은 유전자끼리 염기 사이에 쌍을 이루어 교차가 일어나도록 함.

시상(視床) thalamus 대뇌 바로 뒤쪽에 있는 척추동물 전뇌의 부분; 신경계의 다른 모든 부분에서 대뇌로 들어오는 정보의 흐름을 제어.

시상하부 hypothalamus 대뇌 반구 바로 아래, 시상 밑의 척추동물의 뇌 부위로, 신경 및 내분비 기능의 통합과 상관관계를 담당하는 자율신경계의 중추.

시스터나 cisterna 세포질을 통하여 물질을 이동시키는 수송소포를 만들기 위해 골지체의 끝부분에서 떨어져 나온 소포들의 집합체.

시스테민 systemin 식물에서 손상 또는 상처 입은 잎에 의해 생성되어 상처반응을 일으키는 18개 아미노산으로 구성된 펩타이드.

시험관내 돌연변이유발 in vitro mutagenesis 어떤 기능에 대한 돌연변이의 영향을 알아보기 위해 복제된 유전자의 각 부위에서 돌연변이를 만들어냄.

식량안보 food security 영양실조와 굶주림을 피할 수 있도록 충분하고 안전한 식품을 확보하는 것; 전 지구적 인간의 이슈.

식물극 vegetal pole 난황이 풍부한 세포로 이루어진 접합자의 반구.

식물수용체카이네이스 plant receptor kinase 리간드 결합으로 인해 활성화될 때 카이네이스 효소 활성을 갖는 식물의 막에 있는 수용체 집단. 이 수용체는 타이로신을 인산화시키는 동물의 수용체타이로신카이네이스(RTK)와 달리 세린 또는 트레오닌을 인산화시킴.

식물에스트로젠 phytoestrogen 동물의 에스트로젠과 구조적, 기능적으로 유사한 식물의 2차 대사산물 중 하나.

식물환경정화 phytoremediation 토양이나 물의 오염 물질을 제거하기 위해 식물을 이용하는 과정.

식세포 phagocytic cell 미생물 또는 다른 입자를 삼키는 모든 세포.

식세포작용 phagocytosis 고형물의 내포작용(세포내섭취); 세포막은 입자(다른 세포 포함) 주위를 에워싸고 접힌 후 섭취하여 소낭을 형성함.

신경 nerve 신경세포를 수반하는 신경섬유(축삭돌기)의 묶음으로, 결합조직에 의해 단단히 연결됨; 말초신경계에 위치.

신경고랑 neural groove 외배엽 세포층에 의해 배아의 장축을 따라 형성되는 긴 홈.

신경관 neural tube 신경판으로부터 형성되어 뇌와 척수로 분화되는 등쪽의 관.

신경관형성(신경배) neurulation 외배엽의 등쪽 띠가 두꺼워지면서 신경관으로 발달하는 초기 배아 발생 과정.

신경교세포 neuroglia 뉴런과 밀접하게 연결되어 있으며 뉴런에 영양을 공급함; 신경 전도와 무관함.

신경근접합부 neuromuscular junction 축삭의 끝부분이 근섬유에 접촉하여 형성된 구조.

신경능선 neural crest 신경관에서 유래하여 말초신경계 및 기타 다른 구조를 만드는, 이동하는 세포 집단.

신경삭 nerve cord 척삭동물의 뚜렷한 특징으로, 배아의 등쪽 표면 바로 아래에서 길게 위치함; 척추동물에서는 뇌와 척수로 분화됨.

신경전달물질 neurotransmitter 시냅스 틈을 가로질러 이동하는 뉴런의 축삭 말단에서 방출되는 화학물질로, 멀리 떨어진 특정 수용체와 결합하고 수용체의 성질에 따라 다음 뉴런이나 근육 또는 선세포를 탈분극시키거나 과분극시킴.

신경절 ganglion, pl. ganglia 신경세포체의 집합; 무척추동물에서는 통합중추; 척추동물에서는 중추신경계 밖에 위치한 신경세포체의 집합.

신관 nephridium 담수 무척추동물의 여과 시스템으로, 물과 노폐물이 막을 통해 체내에서 수집 기관으로 이동한 후, 구멍을 통해 외부로 배출됨.

신구(腎口) nephrostome 연체동물의 배설기관인 신관으로 이어지는 깔때기 모양의 구멍.

신장(콩팥) kidney 척추동물에서 혈액을 여과하여 질소성 노폐물을 제거하고 혈장 내 물과 용질의 균형을 조절하는 기관.

신장대 zone of elongation 식물에서 세포분열대 바로 뒤에 있는 어린뿌리 부분; 이 영역의 세포가 길어지면서 뿌리가 길어짐.

신장인자 elongation factor(EF-Tu) 대장균의 단백질 합성에서 GTP 및 충

전된 tRNA와 결합하는 인자로, 리보솜의 A자리에 충전된 tRNA를 결합하는 기능을 수행함. 그 결과로 폴리펩타이드 사슬이 신장됨.

신터니 보존 conservation of synteny 유연관계가 밀접한 종에서 DNA 분절의 배열이 진화적 시간에 따라 보존된 현상.

신호서열 signal sequence 번역을 위해 mRNA를 RER(거친면소포체)로 이끄는 mRNA의 5′ 말단에 있는 염기서열. 이 서열은 막 단백질 및 ER을 표적으로 하는 단백질에서 발견됨.

신호인식입자 signal recognition particle(SRP) 진핵생물의 세포질에 있는 단백질 복합체로, 폴리펩타이드의 신호서열을 인식하고 결합한 후 소포체 막의 수용체에 부착하여 통로를 형성함. 이러한 방식으로 폴리펩타이드는 소포체의 내강으로 방출됨.

신호전달 signal transduction 수용체 단백질에 결합한 리간드의 신호를 받아 세포 안에서 일어나는 반응. 신호전달경로는 신호분자에 대한 세포 반응을 일으킴.

실제 생태적 지위 realized niche 모든 생물학적 및 비생물학적 상호작용이 고려될 때 생물체가 차지하는 실제적 지위.

실험 experiment 가설에 대한 시험으로, 상반되는 예측인 가설은 대조군과 실험군에서 하나의 변수를 변경하면서 실험적으로 검증할 수 있음.

심방 atrium 일종의 대기실로, 심장에서는 정맥혈을 받아 두꺼운 벽의 심실로 전달하는 얇은 벽의 방을 의미하고, 귀에서는 고실관을 의미함.

심방성 펩타이드 atrial peptide 고혈압과 신부전 치료에 유용한 작은 폴리펩타이드 호르몬의 그룹. 심장의 심방에 있는 세포에 의해 생성.

심실 ventricle 심장의 근육으로 된 공간으로, 심방에서 혈액을 받아 폐나 몸의 조직으로 혈액을 공급함.

심플라스트 경로 symplast route 식물 뿌리에서 세포를 연결하는 원형질연락사(plasmodesmata)를 통해 세포질 내로 물과 무기염류를 이동시키는 통로.

심피 carpel 속씨식물에서 1개 이상의 배주(胚珠)를 둘러싼 잎 모양의 기관.

십이지장 duodenum 척추동물 소장의 윗부분.

쌍궁류 diapsids 두개골에 2개의 일시적인 구멍이 있는 파충류군. 하나는 측면, 다른 하나는 등 쪽에 존재; 이 계통의 한 종류는 공룡, 현대 파충류 및 조류를 발생시킴.

쌍떡잎식물 dicot 대개 2개의 떡잎, 그물 모양의 잎맥 및 4~5개의 꽃 부분을 가진 현화식물의 한 부류. dicot는 dicotyledon의 줄임말.

쌍지배유전자 pair-rule gene 간극유전자에 의해 조절되는 초파리 발생의 특정 유전자로, 체절형성 과정에서 배아를 세분화하는 줄무늬로 나타남.

ㅇ

아가미, 균습 gill (1) 수생 동물의 호흡 기관으로, 대개 신체 표면의 일부에서 외부로 돌출된 얇은 층으로 구성되고 풍부한 모세혈관을 가지고 있으며 표면적이 큼. (2) 담자균류에서 갓의 밑 부분에 있는 판.

아가미덮개 operculum 어류의 아가미방을 덮는 납작하고 뼈가 있는 외부 보호 덮개.

아데노신 3인산(ATP) adenosine triphosphate(ATP) 아데닌, 리보스, 3개의 인산염 그룹으로 구성된 뉴클레오타이드. ATP는 모든 생물체에서 세포 대사의 에너지 단위임.

아데닐산 사이클레이스 adenylyl cyclase ATP로부터 많은 양의 cAMP를 생산하는 효소. cAMP는 표적세포에서 2차전달자로 작용함.

아미노산 amino acid 단백질 구성의 단위체로서, 중심 탄소 원자에 카복실기(−COOH), 아미노기(−NH_2), 수소 및 측면사슬(R 그룹)이 결합되어 있음. 오직 측면사슬만이 아미노산 종류마다 다름.

아미노산수용고리 acceptor stem tRNA 분자의 3′ 말단으로, tRNA 충전반응 동안 아미노산이 부착되는 부분.

아미노아실-tRNA 합성효소 aminoacyl-tRNA synthetase tRNA 충전반응 동안 특정한 아미노산을 올바른 tRNA에 부착시키는 효소. 20종류의 아미노산 각각에 상응하는 효소가 있음.

아세틸 조효소 A acetyl-CoA 조효소 A에 연결된 아세틸기로 이루어진 대사 중간체. 지방산의 세포호흡과 β 산화에서 전이 반응으로 인해 생성됨.

아연집게 모티프 zinc finger motif 조절 단백질의 DNA 결합 모티프의 한 유형으로, 그 구조에 아연 원자를 포함함.

아종 subspecies 단일 종 내에서 독특한 형질을 지닌 개체군의 무리, 또는 특정 지역에 국한된 개체군.

아쿠아포린 aquaporin 물을 통과시키는 막 통로로서, 확산에 의한 것보다 더 쉽게 통과할 수 있음.

아포플라스트 경로 apoplast route 식물 뿌리에서 세포벽 및 세포 사이를 통해 물과 무기염류를 이동시키는 통로.

악(萼) calyx 꽃 윤생체의 가장 바깥쪽에 있는 모든 꽃받침.

안정화 선택 stabilizing selection 일련의 다양한 표현형에서 양 극단의 표현형을 모두 제거하는 자연선택.

안테나복합체 antenna complex 광자를 모으고 빛에너지를 반응 센터로 공급하는 광계에서 수백 개의 색소분자로 이루어진 복합체.

안티코돈 anticodon mRNA의 아미노산을 지정하는 코돈과 상보적인 염기쌍을 이루는 tRNA 분자의 끝에 있는 3개의 뉴클레오타이드 서열.

알, 난자 ovum, pl. ova 난세포; 암(자성)배우자.

알파나선 alpha(α) helix 단백질 2차 구조의 한 형태로서, 펩타이드 골격에서 아미노기와 카복실기 사이의 상호작용으로 인해 생긴 나선형 폴리펩타이드 사슬.

암 cancer 세포의 제한 없는 생장과 분열. 암은 세포분열 조절의 실패로 인해 발생함.

암술 pistil 씨방(ovary), 암술대(style), 암술머리(stigma)로 구성된 꽃의 중심기관; 암술은 하나 이상의 합쳐진 심피(carpel)로 구성되며, 기술적으로는 암술군(gynoecium)으로 더 많이 알려짐.

암술군(자예군) gynoecium 종자식물의 꽃에 있는 심피의 집합체.

암술대 style 꽃에 있는 얇고 가느다란 관모양의 조직으로, 씨방의 위쪽으로 자라며, 이곳을 통해 꽃가루관이 내려옴.

암술머리(주두), 안점 stigma (1) 현화식물에서 꽃가루가 달라붙는 심피의 부위 (2) 빛에 민감한 일부 조류(algae)의 눈.

암호가닥 coding strand DNA 2중가닥 중 유전자에 의해 암호화된 RNA 서열과 동일한 가닥으로, 주형가닥과 상보적이며, 전사에서 주형으로 사용되지 않음.

압력퍼텐셜 pressure potential 식물에서 세포벽에 대한 압력으로 인한 팽압.

압류설 pressure-flow hypothesis 식물에서 원천(source)으로부터 배출구까지 체관의 양분 이동을 설명하는 가설. 원천과 배출구의 수분퍼텐셜의 차이가 팽압을 유발시키고, 이것이 체관의 부피유동(용적수송, bulk flow)을 일으킴.

액틴 actin 근육을 구성하는 2가지 주요 단백질 중 하나. 다른 하나는 미오신.

액틴 필라멘트 actin filaments 세포 골격을 구성하는 3가지 요소 중 하나. 미세섬유라고도 함. 액틴과 미오신은 근육 섬유에서 발견됨.

액포 vacuole 세포질에 있는 막으로 둘러싸인 주머니로, 저장 또는 분해 목적으로 사용됨; 식물세포에서는 종종 물, 단백질 및 노폐물을 저장하는 큰 중심 액포를 포함.

액포막 tonoplast 물의 통로를 포함하며, 식물세포의 중심 액포를 둘러싸고 있는 막; 세포의 삼투압 균형 유지에 도움.

앱시스산(ABA) abscisic acid(ABA) 환경 스트레스에 대한 반응 및 종자나 새싹의 휴면 상태를 제어하는 식물호르몬.

야생형 wild type 유전학에서 자연환경에 있는 한 종의 대다수가 가진 표현형 또는 유전자형.

야행성 nocturnal 주로 밤에 활동하는 것.

양극성세포 bipolar cell 원추세포를 시각 시스템의 신경절 세포에 연결하는 특수한 신경세포. 양극세포는 원추세포로부터 과분극 자극을 받아 신경절 세포에 탈분극 자극을 전달.

양막 amnion 양막류 알의 배외막 중 가장 안쪽에 있는 막으로, 배아 주위에 액체가 채워진 주머니를 형성함.

양막란 amniotic egg 다소 불투명한 껍질에 의해 환경으로부터 격리되고 보호된 알로서, 발생하는 동안 외부로부터 물질 공급 없이 오직 산소만 필요로 하는 알.

양막류 amniote 양막을 포함하여 4개의 막으로 둘러싸인 알을 낳는 척추동물. 양막류에는 파충류, 조류, 포유류가 있음.

양성자펌프 proton pump 농도기울기에 역행하여 에너지를 소비하면서 양성자를 투과시키는 세포막의 단백질 통로; ATP의 화학삼투적 생성에 관여.

양성잡종 dihybrid 2개의 다른 유전자 좌위에서의 이형접합체. 예를 들어, $A/a\ B/b$.

양성잡종교배 dihybrid cross 예를 들어 꽃 색과 식물의 키와 같이, 2개의 다른 형질이 동시에 관여하는 교배

양성조절 positive control DNA에서 전사 개시의 빈도를 증가시켜 전사량을 억제하는 조절 유형; 활성자 단백질이 양성조절을 매개함.

양수검사 amniocentesis 간접적으로 태아를 검사하는 방법으로, 양수 시료에서 얻은 태아 세포를 배양하여 검사하거나 양수 자체를 검사함.

양육투자 parental investment 각각의 성이 자손 생산 및 양육에 투자하는 에너지와 시간.

양이온 cation 양전하를 띤 이온.

양적 형질 quantitative trait 하나 이상의 유전자의 영향에 의해 결정되는 형질; 대개 연속적인 변이를 나타낸다.

어댑터 단백질 adapter protein 신호전달을 위해 수용체 및 다른 단백질들 사이의 연결고리 역할을 하는 단백질의 종류.

어린 눈 plumule 2개의 어린잎을 가진 식물의 상배축.

어린뿌리 radicle 뿌리로 발달하는 식물 배아의 일부.

억제 repression 일반적으로 전사를 방지하여 유전자 발현을 조절. 특히, 대장균과 같은 세균에서는 억제인자 단백질에 의해 매개됨. 동화작용 오페론에서 억제인자는 보조억제인자가 있는 경우에 DNA에 결합하여 오페론을 억제함.

억제인자 inhibitor 효소에 결합하여 그 활성을 감소시키는 물질.

억제인자 repressor RNA 중합효소가 프로모터에 붙어서 구조 유전자를 전사하는 것을 방지함으로써 DNA로부터 전사를 조절하는 단백질. 작동유전자(operator) 참조.

에너지준위 energy level 원자 내의 전자가 가진 불연속적 에너지준위 혹은 양자(퀀텀) 에너지준위. 이를 바꾸기 위해 전자는 에너지를 흡수하거나 방출해야 함.

엑디손, 탈피호르몬 ecdysone 절지동물에서 탈피를 유발하는 호르몬.

엑손 exon RNA로 전사되고 단백질로 번역되는 DNA 분절. 인트론 참조.

엔돌핀 endorphin 척추동물의 뇌에서 생성된 작은 신경펩타이드 그룹 중 하나. 모르핀처럼 통증에 대한 지각을 조절.

엔탈피 enthalpy 화학 반응에서 분자 내 화학 결합에 포함된 에너지를 말하며, H로 나타냄. 세포 반응에서 자유에너지는 반응 분자의 엔탈피와 같음.

엔트로피 entropy 계(시스템)의 무질서도를 나타내는 척도. 계(시스템)에서 얼마나 많은 에너지가 분산(대개 고르게 퍼진 열로)되어 더이상 일을 할 수 없는지를 나타냄.

역수송체 antiporter 2개의 분자를 서로 반대 방향으로 운반하는 세포막의 운반 단백질.

역위 inversion 염색체의 한 분절에서 유전자 순서가 뒤바뀐 것; 해면의 배아 발생 단계에서 나타나는 것처럼 내부가 뒤집힌 것 또는 자포동물에서 자포의 발사.

역유전학 reverse genetics 연구자가 기능이 알려지지 않은 복제 유전자를 사용하여 돌연변이를 만든 후, 이를 다시 생물체로 도입하여 그 돌연변이의 영향을 평가하는 접근법.

역전사효소 reverse transcriptase 레트로바이러스에서 발견되는 바이러스 효소로, RNA 게놈을 DNA 사본으로 변환할 수 있음.

역치 threshold 뉴런이 탈분극하는데 필요한 최소한의 자극.

연골 cartilage 척추동물의 골격에 있는 결합조직. 연골은 배아, 매우 어린 척추동물, 그리고 상어 및 그들의 친척과 같은 일부 성체 척추동물 골격의 대부분을 형성함.

연관 비평형 linkage disequilibrium 집단 내에서 우연에 의한 것보다 더 높게 나타나는 2개 이상의 유전자 좌위에 대한 대립유전자의 연관.

연관유전자 linked genes 물리적으로 가까운 거리에 있어 함께 분리되는 경향이 있는 유전자들; 연관된 유전자들 사이에서 발생하는 재조합은 염색체에서 유전적 거리에 대한 지도를 만드는 데 사용함.

연동운동 peristalsis 동물에서 관의 길이 방향을 따라 수축 및 이완이 교대로 일어나는 근육 운동. 난관 또는 소화관과 같이 관에서 난자 또는 음식물을 통과시킴.

연속변이 continuous variation 사람의 키와 같이 연속적으로 일어나는 형질 변이를 의미하며, 하나 이상의 유전자에 의해 형질이 결정될 때 종종 발생함.

연역적 추론 deductive reasoning 구체적인 결과를 예측하기 위한 일반적인 원리의 논리적 적용. 과학에서 연역적 추론은 일반적인 아이디어의 타당성을 검증하는 데 사용.

연합뉴런 interneuron(association neuron) 감각뉴런과 운동뉴런 사이의 기능적 연결고리 역할을 하는 척수의 중간에서만 발견되는 신경 세포.

열 heat 분자의 불규칙한 운동의 척도; 열이 많을수록 운동도 많아짐. 열은 운동에너지의 한 형태.

열린번역틀 open reading frame(ORF) 번역틀 내에 종결코돈이 없는, 일련의 아미노산 서열을 암호화하는 DNA 영역.

열매, 과(실) fruit 속씨식물에서 씨를 함유한 성숙한 씨방 또는 씨방군.

열발생 thermogenesis 체온 조절을 위한 내온동물의 체내 열 발생.

열성 recessive 동형접합 조건일 때만 발현되며, 이형접합 조건에서는 우성 대립유전자의 발현으로 인해 "숨겨진" 대립 유전자.

열역학 thermodynamics 에너지 변환을 연구하는 학문으로, 에너지를 측정하는 가장 편리한 방법으로 열을 사용함.

열역학 제1법칙 First Law of Thermodynamics 에너지는 생성되거나 파괴되지 않고, 오직 한 형태에서 다른 형태로 변함. 따라서 우주의 에너지의 양은 변하지 않음.

열역학 제2법칙 Second Law of Thermodynamics 퍼텐셜 에너지가 열로 변환되는 것; 우주에서 에너지 변화가 일어날 때 무질서도(엔트로피)가 계속 증가하고 있기에, 질서보다 무질서가 생길 가능성이 높음.

염기 base 수소 이온(H^+)을 흡수하기 위해 물에서 해리되는 물질로서, H^+ 농도를 낮춤으로써 pH를 상승시킴.

염기쌍 base-pair 퓨린과 피리미딘으로 구성된 상보적 관계의 뉴클레오타이드 염기쌍.

염색분체 chromatid 단일 동원체에 의해 결합되어 있으며, 복제된 염색체의 2개의 딸가닥 중 하나.

염색질 chromatin 진핵생물의 염색체를 구성하는 DNA와 단백질의 복합체. 염색질은 간기의 핵에 풀어져서 퍼져 있다가 전기에 응축하여 염색체를 형성함.

염색질재구성복합체 chromatin-remodeling complex 히스톤과 DNA를 변형

시키는 대형 단백질 복합체. 염색질의 구조를 변화시킴으로써 뉴클레오솜을 이동 또는 전달함.

염색체 chromosome 한 세대에서 다음 세대로 유전정보를 물리적으로 전달하는 운반체. 박테리아에서 염색체는 하나의 원형 DNA로 구성되나, 진핵생물에서 각 염색체는 단일 선형 DNA 분자와 관련 단백질로 구성됨.

염색체돌연변이 chromosomal mutation 염색체 구조에 영향을 미치는 모든 돌연변이.

염색체설 chromosomal theory of inheritance 유전형질이 염색체에 의해 전달된다는 이론.

염생식물 halophyte 염분에 대해 내성을 가진 식물.

염증반응 inflammatory response 감염에 대한 일반적인 비특이적 반응. 미생물로 감염된 부위 및 죽은 조직 세포를 제거하여 조직을 재생할 수 있음.

엽록소 chlorophyll 광합성에서 빛을 흡수하는 색소의 주요 유형. 엽록소 *a*는 가시광선 스펙트럼의 보라색-파란색 및 적색 범위에서 빛을 흡수함. 엽록소 *b*는 엽록소 *a*의 부속 색소로, 청색과 적색 범위 내에서 빛을 흡수함. 두 색소 모두 녹색 범위인 500~600 nm의 빛을 흡수하지 못함.

엽록체 chloroplast 조류(藻類)와 식물에 존재하는 세포 형태의 소기관. 엽록소 및 다른 색소를 함유하고 광합성을 함.

엽시원체, 잎원기 leaf primordium, pl. primordia 정단분열조직으로부터 성장하여 나중에는 잎이 되는 부분.

엽육조직 mesophyll 잎의 표피 아래에 위치한 광합성 유조직.

영양단계 trophic level 생태계를 통한 에너지 이동의 단계.

영양막(층) trophoblast 척추동물 배아에서, 배반포의 바깥 외배엽 층; 포유동물에서는 융모막의 일부로, 자궁벽에 부착.

영양요구성돌연변이 nutritional mutation 아미노산이나 바이타민과 같은 중요한 화합물의 합성경로에 영향을 미치는 돌연변이; 영양요구성돌연변이를 가진 미생물은 빠진 영양소를 공급하는 배지에서만 생장함.

영양요구주 auxotroph 생존에 필요한 생화학적 경로에 영양물질이 필요하도록 발생한 돌연변이 또는 이 돌연변이를 가지고 있는 생명체.

영장류 primate 원숭이와 유인원(인간 포함).

오비탈 orbital 전자를 포함할 확률이 높은 원자핵 주변 영역으로, 전자의 위치는 이 확률 분포에 의해서만 표현될 수 있음

오존 ozone O_3. 태양의 자외선을 걸러내는 지구 대기의 성층권에 있는 층.

오줌 urine 콩팥에 의해 혈액에서 여과된 후 요도를 통해 제거되기까지 방광에 저장되는 액체 노폐물.

오카자키 절편 Okazaki fragment 지연가닥에서 불연속 복제로 인해 생성된 짧은 DNA 조각으로, 복제기구의 이동 방향과 반대로 멀어지는 방향으로 합성됨.

오페론 operon 인접한 구조 유전자들의 집단이 한 단위로, 하나의 mRNA 분자로 전사됨.

옥시토신, 자궁수축호르몬 oxytocin 출산 중 자궁 수축에 영향을 주며, 젖분비를 자극하는 뇌하수체 후엽의 호르몬.

옥신 auxin 세포의 신장을 조절하는 식물의 호르몬.

와블 염기쌍 wobble pairing tRNA 안티코돈의 5′말단 염기와 mRNA 코돈의 3′말단 염기 사이의 쌍 형성의 유연성. 이러한 유연성은 단일 tRNA가 하나 이상의 mRNA 코돈을 읽을 수 있게 함.

와우각(달팽이관) cochlea 육상 척추동물에서, 청력에 필수적인 기관이 들어있는 내이에서 관으로 된 공간.

완전한 소화계 complete digestive system 입과 항문을 모두 가지고 있어 섭취한 음식이 한쪽 방향으로 흐르게 되는 소화 체계.

완충제 buffer pH 변화에 저항하는 물질. 염기가 첨가되면 수소이온(H^+)을 방출하고, 산이 첨가되면 H^+을 흡수함.

외계유기물유입설 panspermia 유성 또는 우주 먼지가 지구에 상당한 양의 복잡한 유기 분자를 가져와 생명의 진화를 시작했을 것이라는 가설.

외골격 exoskeleton 절지 동물에서와 마찬가지로 몸체 바깥쪽에 있는 골격.

외교배 outcrossing 자기 자신이나 가까운 친척이 아닌 다른 개체와 교배.

외군 outgroup 연구하는 대상과 밀접한 관련이 있지만, 그 구성원이 아닌 종 또는 종 그룹.

외떡잎식물 monocot 배아는 단 하나의 떡잎만 있는 현화식물이며, 꽃 부분은 대개 3열이고, 잎은 전형적으로 평행맥. monocot는 monocotyledon의 줄임말.

외배엽 ectoderm 척추동물 배아 초기의 3가지 배엽 중 하나로, 외배엽은 신체의 외부 상피(피부, 모발, 손톱)와 감각 기관, 뇌 및 척수를 포함한 신경 조직을 형성함.

외부수용기 exteroceptor 외부 자극으로 인해 흥분되는 수용체.

외분비샘 exocrine gland 소화관이나 땀샘과 같이 관을 통해 분비물을 내보내는 유형의 샘.

외생균근 ectomycorrhizae 세포를 뚫고 들어가지 않고 외부로 발달하는 균근.

외온동물 ectotherms 파충류, 어류, 양서류 등과 같이 체온이 생물의 행동이나 주변 환경에 의해 조절되는 동물.

외투막 mantle 연체동물의 가장 바깥층에 있는 부드러운 체벽; 껍질을 분비함.

외호흡 external respiration 생물체와 환경 사이의 기체 교환.

요도 urethra 포유류에서 소변을 방광에서 외부로 운반하는 관.

요막 allantois 양막류의 알에 있는 막으로, 조류와 파충류에서 호흡과 배설 기능을 하고, 대부분 포유류에서 태반의 발달에 중요한 역할을 함.

요산 uric acid 파충류, 조류 및 곤충에서 주로 생성되는 불용성 질소성 노폐물.

요소 urea 척추동물의 간에서 형성된 유기분자; 포유류의 질소성 노폐물의 주요 형태.

용균, 분해 lysis 세포막의 파열에 의한 세포의 분해.

용균회로 lytic cycle 바이러스 복제 후에 숙주 세포가 죽어서(용해되어) 바이러스 입자를 방출하는 바이러스 주기.

용매 solvent 하나 이상의 용질이 용해된 배지.

용원성 바이러스 temperate virus 자신의 DNA를 숙주 세포의 DNA에 통합할 수 있는 바이러스로, 세포의 DNA가 복제될 때 같이 복제됨.

용원회로 lysogenic life cycle 바이러스성 DNA가 숙주 염색체에 통합되어 세포분열 중에 복제되는 바이러스 주기. 수평적 전달보다는 수직적 전달이 이뤄짐.

용적수송 가설 mass flow hypothesis 다른 말로 압류설이라고도 하며, 식물의 체관에서 물질이 이동하는 전반적인 과정.

용질 solute 일부 용액에 용해된 분자; 대개 용질은 유사한 극성의 용액에서만 용해됨; 예를 들어, 포도당(극성)은 물(극성)에 용해(수소결합을 형성)되지만, 식물성 기름(비극성)에는 용해되지 않음.

용질퍼텐셜 solute potential 물에 용해된 용질의 존재로 인해 발생하는 삼투압; 삼투현상이 멈출 때까지 반대되는 압력을 가하여 측정함.

우성 dominant 이형접합 또는 동형접합 상태에 있을 때 발현되는 대립유전자.

운동(원심성)뉴런 motor(efferent) neuron 신경자극을 중추신경계에서 반응기(근육이나 분비샘)로 전달하는 뉴런.

운동성변화, 무방향운동 kinesis 자극 강도에 의존하는 동물의 활동 수준의 변화. 운동에너지 참조.

운동에너지 kinetic energy 운동의 에너지.

운반 RNA transfer RNA(tRNA) 2개의 기능적 부위를 갖는 작은 RNA(약 80개 뉴클레오타이드로 구성)의 부류; 한 부위에서, 활성화 효소에 의해 특정 아미노산이 첨가되는 반면, 다른 부위는 그 아미노산에 특이적인 안티코돈을 갖음.

운반단백질 carrier protein 막을 통과할 수 없는 특정 분자와 결합하여 막을

통과하게 하는 막단백질.

원(原)종양유전자 proto-oncogene 돌연변이가 일어났을 때 종양유전자로 작용할 수 있는 정상 세포의 유전자.

원구 blastopore 척추동물 발생에서, 낭배기 배아의 원장과 외부를 연결하는 구멍.

원기 primordium 식물에서 정단분열조직에 의해 생성된 어린 슈트 돌출부; 원기는 잎, 다른 슈트 또는 꽃으로 분화됨.

원시형질 plesiomorphy 분기학에서 조상의 형질 상태를 나타내는 또 다른 용어.

원원류(原猿類) prosimians 유인원의 자매군인 포유류; 원원류는 '원숭이 전에'를 의미함. 여우원숭이, 로리스(늘보원숭이), 안경원숭이가 포함됨.

원위세뇨관 distal convoluted tubule 신장(콩팥) 세뇨관 시스템의 일부로, 헨레고리와 집합관 사이에 위치함.

원자 atom 해당 원소의 모든 특성을 포함하는 최소단위로, 물질의 구성 요소.

원자가전자 valence electron 원자의 최외각 에너지 단계의 전자.

원장 archenteron 척추동물 배아의 낭배기에서 형성되는 주요 공간으로, 나중에 소화관으로 발달함. 내배엽 세포로 이루어져 있고, 바깥쪽으로 열린 구멍이 있음.

원조 primitive streak 조류, 파충류, 포유류의 초기 배아에서 외배엽과 중배엽의 등쪽에 길게 생긴 줄 모양의 선. 다른 생물체에서는 원구에 해당.

원핵생물 prokaryote 막으로 둘러싸인 핵 또는 세포소기관이 없는 세포.

원형질막 plasma membrane 세포질을 둘러싸고 있는 막. 단백질이 삽입된 인지질 2중층으로 구성.

원형질분리 plasmolysis 고장액에서 식물세포가 세포벽에서 분리되며 수축하는 것.

원형질연락사 plasmodesmata 식물에서 인접 세포 간의 세포질 연결.

월경 menstruation 임신이 되지 않았을 때 혈액이 풍부한 자궁의 내막이 주기적으로 탈락하는 현상.

웨스턴 블롯 Western blot 혼합물에서 특정 단백질 서열을 확인하는 데 사용되는 블롯팅 기술. 서던 블롯 참조.

위(胃)층 gastrodermis 진정후생동물에서 내배엽으로부터 발달하는 소화조직의 층.

위상이성질체효소 topoisomerase DNA가 풀려서 생기는 비틀림을 완화하기 위해 DNA의 위상 상태를 바꿀 수 있는 효소군.

위유전자 pseudogene 전사되지 않는 유전자의 사본.

위족 pseudopod 세포체에서 일시적인 세포질 돌출부.

위치에너지(퍼텐셜에너지) potential energy 지금 사용하지는 않지만 쓸 수 있는 에너지; 잠재적으로 사용 가능한 형태의 에너지; 종종 '위치의 에너지 (energy of position)'라고 불림.

유대류 marsupials 새끼가 발생 초기, 때로는 수정 후 8일 이내에 태어나 주머니 속에서 자라는 포유동물.

유도(작용) induction (1) 기질에 반응하는 효소의 생산; 유도자가 억제자에 결합함으로써 오페론의 전사가 일어나는 기작. 이화작용 오페론에서 볼 수 있으며, 유도작용의 결과로 화합물을 분해하는 효소를 생산함. (2) 배아 발생과정에서, 한 세포의 발달이 인접한 세포와의 상호작용으로 인해 영향을 받는 과정.

유도자 배제 inducer exclusion 대장균에서 포도당 억제 기작의 일부로, 포도당은 젖당이 세포 안으로 들어오지 못하게 하여 락 오페론이 활성화되지 못하도록 함.

유비퀴틴 ubiquitin 사실상 모든 진핵세포에서 분해될 단백질에 표지자로서 부착되는 76－아미노산을 가진 단백질.

유성생식 sexual reproduction 수정(2배체 세포 생성)과 염색체 수의 감소 (반수체 세포 생성)를 통해 자손을 생산하는 과정.

유영각(游泳脚) swimmerets 바닷가재와 대하에서 복부 표면의 선을 따라 나타나는 부속지. 번식과 더불어 헤엄치는 데 사용됨.

유전상담 genetic counseling 자손의 유전적 결함에 대한 위험성 평가 및 태아 시기의 검사 등을 통해, 부모에게 이러한 위험과 상태에 대한 정보를 제공하는 과정.

유전자 gene 유전의 기본 단위; 단백질, tRNA 또는 rRNA 분자를 암호화하거나 그러한 서열의 전사를 조절하는 염색체상의 DNA 염기서열. 운명 지어져 있음.

유전자 대 유전자 반응 gene-for-gene response 식물의 방어 기작으로, 바이러스, 박테리아 또는 곰팡이 병원균에 의해 암호화된 특정 단백질이 식물 유전자에 의한 단백질에 결합하여 식물에서 방어 반응을 일으킴.

유전자 제거 생쥐 knockout mice 재조합 DNA 및 배아줄기 세포를 사용하여 알려진 유전자를 불활성화시킨('녹아웃'된) 생쥐.

유전자 흐름 gene flow 한 개체군에서 다른 개체군으로 대립유전자가 이동하는 것.

유전자발현 gene expression 유전자형에서 표현형으로의 전환; DNA가 RNA로 전사된 후, 단백질 산물로 번역되는 과정.

유전자전환 gene conversion 세포에서 하나의 상동염색체가 오류 검출 및 복구 체계에 의해 다른 상동염색체의 염기서열과 동일하게 변화.

유전자지도 genetic map 재조합빈도에 따라 염색체상에 유전자의 상대적 위치를 나타낸 지도.

유전자풀 gene pool 한 종 내에 존재하는 모든 대립유전자.

유전자형 genotype 단일 형질 또는 집합적 형질의 바탕이 되는 유전적 구성.

유전자형 빈도 genotype frequency 전체 모집단에서 어떤 유전자형의 출현을 나타냄. 이는 전체 집단에서의 비율로 표현되는데, 예를 들면 열성 동형접합자의 출현 빈도는 0.25(25%).

유전적 부동 genetic drift 시간 경과에 따른, 우연에 의한 무작위적 대립유전자의 비율 변동.

유전적 표지 genetic marker 개인 간의 차이를 탐지하고 식별하는데 이용하는 유전적 표지.

유전좌위, (유전자)자리 locus 유전자가 존재하는 염색체의 위치.

유전체, 게놈 genome 한 생물체의 전체 DNA 서열.

유전체 각인 genomic imprinting 멘델 유전법칙의 예외로, 일부 포유류에서 어떤 대립유전자에 의한 표현형이 그 대립유전자를 부모 중 한쪽에서 받은 경우에만 나타나고 다른 쪽에서 받았을 경우에는 나타나지 않는 현상.

유전체모음 genomic library 한 개체의 전체 유전체를 나타내는 DNA 모음.

유전체학 genomics 개별 유전자가 아닌 유전체에 대한 학문.

유조직세포 parenchyma cell 식물세포의 가장 일반적인 유형; 얇은 벽, 큰 액포 및 기능성 핵의 특징을 가짐.

유주포자(遊走子) zoospores 운동성 포자.

유체골격 hydrostatic skeleton 내골격 또는 외골격이 없는 연약한 몸체를 가진 대부분의 무척추동물의 골격으로, 체내에 있는 물의 비압축성을 이용하여 골격처럼 사용함.

유충, 유생 larva 변태를 겪는 생물체에서 발견되는 성체와 닮지 않은 발생단계. 배아는 변태 과정 동안 유충을 거쳐 성체로 발달함.

융모, 융털 villus, pl. villi 척추동물 소장에서 미세한 손가락 모양의 돌출부로, 소장의 흡수 표면적을 증가시킴.

융모막시료채취 chorionic villus sampling 태반의 융모막에서 태아 세포를 채취하는 기법. 덜 침습성인 이 기법은 양수검사보다 임신 초기에 사용될 수 있음.

음낭 scrotum 대부분의 포유동물에서 고환이 들어 있는 주머니.

음성조절 negative control DNA에서 전사 개시의 빈도를 감소시켜 전사량을 억제하는 조절 유형; 억제 단백질이 음성조절을 매개함.

음성피드백 negative feedback 어떤 물질의 양이나 활동의 증가로 인해, 증가하는 과정을 저해하는 항상성 조절 메커니즘; 되먹임억제라고도 함.

음(세포)작용 pinocytosis 세포에서 내포작용(endocytosis)으로 인한 액체 흡수 과정.

음이온 anion 음으로 하전된 이온.

의사유성생식 parasexuality 어떤 균류에서, 서로 다른 반수체 핵의 융합 및 분리로 인해 재조합된 핵을 만드는 것.

의체강 pseudocoelom 중배엽과 내배엽 사이에서 발생하는 체강으로서, 성체에서는 중배엽과 내배엽 유래 조직 사이에서 발생함.

의태 mimicry 어떤 개체가 더 강하거나 보호받는 개체(모델)의 형태, 색깔, 특정 행동을 닮는 것.

이류교배 disassortative mating 표현형이 서로 다른 개체가 더 자주 짝짓기를 하는 비무작위 짝짓기의 일종.

이성질체 isomer 원자의 구성은 동일하지만 구조와 배열이 다른 분자 그룹; 예를 들어 포도당과 과당.

이소적 종분화 allopatric speciation 지리적으로 고립된 개체군들이 서로 다르게 분화하는 것.

이수성 aneuploidy 염색체를 잃거나 얻은 세포를 가진 개체의 상태. 인간의 다운증후군은 21번 염색체가 추가되어 나타나는 이수성의 예.

이시성 heterochrony 유전적 변형으로 인한 발생 시기의 변화; 예를 들어, 식물의 개화를 지연시키는 돌연변이.

이온통로 ion channel 인지질 2중층을 통해 이온의 통과를 허용하는 막 단백질. 이들은 대개 각 이온에 대해 특이적이며, 세포막 또는 내부 막에서도 발견됨.

이온화 방사선 ionizing radiation 돌연변이 유발성이 강한 고에너지 방사선으로, DNA와 반응하는 자유라디칼을 생산함; X선 및 γ선을 포함.

이질배수체 allopolyploid 둘 이상의 다른 종의 유전체(게놈)를 포함하는 배수성 생물체.

이질염색질 heterochromatin RNA로 전사되지 않는 진핵세포 염색체 부분; 간기에도 응축된 상태로 있으며, 조직학적 기법으로 강하게 염색됨.

이타성 altruism 다른 사람의 이익을 위해 자기를 희생하는 것. 이타적인 개인의 적합도는 감소하는 반면, 받는 사람의 적합도를 증가시키는 행동.

이핵성 heterokaryotic 균류에서 같은 균사체 내에 2개 이상의 유전적으로 구별되는 유형의 핵이 존재.

이형접합(의) heterozygous 동일한 유전자에 대해 서로 다른 2개의 대립유전자를 갖는 경우, 대개 하나 이상의 특정 유전자 좌위에 적용됨; 예를 들어, *W* 좌위에 대해 이형접합의 유전자형은 *W*/*w*.

이형접합자 우세 heterozygote advantage 이형접합자는 동형접합자에 비해 선택적 이점이 있음. 예를 들어, 말라리아에 저항성을 가지는 이형접합 낫모양적혈구 빈혈증.

이형포자(의) heterosporous 관다발식물 중 두 종류의 포자, 즉 소포자와 대포자를 가지는 경우.

이화물질활성화단백질 catabolite activator protein(CAP) cAMP에 결합한 후 DNA에 결합하여 전사를 활성화하는 단백질. cAMP의 수치는 포도당 수치와 역관계에 있으며, 대장균의 CAP/cAMP는 락(락토스)오페론을 활성화함. cAMP 반응단백질(CRP)이라고도 함.

이화작용 catabolism 세포에서 복잡한 분자가 더 단순한 화합물로 분해되는 결과를 가져오는 물질대사 반응으로, 종종 에너지의 방출과 함께 일어남.

인 nucleolus 진핵세포에서 rRNA를 합성하는 장소; 여러 벌의 rRNA 유전자로부터 전사된 rRNA로 구성된 구형체.

인돌부틸산 indolebutyric acid(IBA) 농업에서 과일의 형성과 성숙을 조절하는데 사용되는 합성 옥신.

인돌아세트산 indoleacetic acid(IAA) 빛과 같은 환경 요인에 반응하여 식물체의 발달을 유도하는 옥신 계열의 식물호르몬.

인두 pharynx 많은 동물에서 입의 뒷부분에 놓인 근육구조; 소화관으로 음식을 밀어 넣는 데 도움이 됨.

인두낭 pharyngeal pouches 수생 및 해양 척삭동물 및 척추동물에서 인두열이 되는 배아의 한 부분으로, 육상 척추동물은 외부로 열린 개구부를 발생시키지 않음.

인두열 pharyngeal slits 척삭동물의 특징 중 하나; 인두와 식도에서 외부로 연결된 통로를 형성하는 앞쪽 부분의 양 측면에 있는 개구부.

인산가수분해효소 phosphatase 카이네이스의 반대 작용으로, 단백질로부터 인산기를 제거하는 많은 효소 중 하나.

인산디에스터결합 phosphodiester bond 핵산 분자의 골격에 있는 2개의 당 사이의 결합; 인산기는 1쌍의 에스터 결합을 통해 5탄당을 연결함.

인산화 phosphorylation 유기 분자에 인산기를 첨가하는 화학 반응. ADP의 인산화로 ATP가 생성됨. 많은 단백질은 또한 인산화에 의해 활성화되거나 불활성화됨.

인원류 hominoid 호미니드와 유인원(apes)의 총칭; 원숭이류와 인원류는 진원류(anthropoids)에 속한다.

인원류(호미니드) hominid 사람과(Hominidae)에 속하는 영장류, 호모 사피엔스만이 현존하는 대표적인 호미니드임.

인위배수체 synthetic polyploid 조상 종과 가장 밀접하게 관련된 생물들을 교배시킨 다음, 자손을 조작하여 생성된 배수체.

인위선택 artificial selection 인간의 선택적 번식으로 인한 개체군의 유전적 구조의 변화. 많은 동물 품종과 작물의 변종이 인위선택을 통해 생산됨.

인장 강도 tensile strength 물질의 응집력의 척도; 물질이 분리되는 것에 대한 저항. 식물의 좁은 물관 내의 물기둥은 인장력이 있어 끊어지지 않고 유지됨.

인지질 phospholipid 지방과 구조가 비슷하지만 글라이세롤 골격에 붙어있는 지방산이 2개이고, 골격의 나머지 부분에 인산화된 분자가 연결됨; 극성을 띠는 친수성 '머리'(인산염 그룹)와 비극성 소수성 '꼬리'(지방산)를 포함.

인지질 2중층 phospholipid bilayer 세포막의 주요 구성 요소; 인지질은 자연스럽게 2중층을 형성하는데, 소수성 지방산은 내부를 향하고 친수성 인산기는 양쪽의 바깥을 향함.

인터페론 interferon 척추동물에서, 바이러스에 감염된 세포에서 생산하는 바이러스 증식 억제 단백질.

인테그린 integrin 세포가 기질에 부착하는 데 관여하는 세포 표면의 단백질 그룹. 결합 조직과 같은 조직에서 세포외 기질을 통해 이동하는 세포에 중요함.

인트론 intron 진핵세포에서 DNA로부터 전사는 되지만 단백질로 번역되기 전에 효소에 의해 제거되는 mRNA 부분. 엑손 참조.

인핸서 enhancer 조절 단백질이 결합하는 DNA 부위로서, 프로모터로부터 떨어져 있으며 유전자의 전사를 위한 시작 부위.

일반전사인자, 보편전사인자 general transcription factor 프로모터에서 RNA 중합효소 II에 의한 개시복합체의 형성에 필요한 전사인자로, 기본 수준의 전사를 담당함.

일반형질도입 generalized transduction 원핵생물에서 유전자전달의 한 형태로, 어떠한 유전자도 세포 사이에서 전이될 수 있음. 운반체로 용균성 박테리오파지를 사용하는데, 비리온 안에 우연히 숙주 DNA가 포함되어 전달됨.

일액(溢液)현상 guttation 뿌리압으로 인해 잎에서 액체 상태의 수분이 나오는 현상. 물은 손실량이 낮음.

입수관 inhalant siphon 쌍각 조개류 연체동물에서 유입되는 물이 체내에 들어오는 관.

입체시 stereoscopic vision 각각의 눈에 의해 동시에 뇌로 전달되는 2차원의 상을 단일 3차원의 상으로 지각하는 능력.

잎겨드랑이(엽액) axil 식물에서 잎자루와 줄기 사이의 각.

잎맥, 정맥 vein (1) 식물에서 줄기와 잎의 관다발. 줄기와 잎을 지탱하고 물질을 전달하는 틀 구조. (2) 동물의 조직에서 심장으로 혈액을 운반하는 혈관.

잎새(엽신) blade 잎의 넓고 확장된 부분. 라미나(lamina)라고도 함.

잎자루(엽병) petiole 잎의 줄기.

잎차례(엽서) phyllotaxy 식물에서, 줄기의 잎 배열이 나선형인 경우 순차적으로 나는 잎은 서로 137.5°의 각을 이루는데, 이는 자연에서 발견되는 황금비율과 관련이 있음.

ㅈ

자가불화합성 self-incompatibility 자가수정을 방지하여 타가교배를 촉진하는 식물의 유전체계.

자가수정 self-fertilization 하나의 자웅동체로부터 생성된 난자와 정자의 결합.

자궁 uterus 포유류에서 임신 중에 발생하는 배아를 수용하고 양육하는 방 모양의 구조.

자궁내막 endometrium 포유류의 자궁내막; 에스트로젠과 프로게스테론의 분비에 반응하여 두꺼워지며 월경 시 제거됨.

자낭 ascus, pl. asci 자낭균류의 특성을 가진 특화된 세포로, 2개의 반수성 핵이 융합한 후 감수분열로 즉시 분열하는 접합체를 생산함. 성숙기에 자낭포자를 생성함.

자낭균류 ascomycetes 진정한 균류를 구성하는 커다란 집단. 격벽으로 분리된 균사를 가짐. 무성적으로 분생포자(conidiospore)를 생성하고 유성적으로 자낭 내에 자낭포자(ascospore)를 생성함.

자매염색분체 sister chromatid 동원체로 연결된 각 염색체의 복제 사본 중 하나로, 체세포분열 중 염색체 복제로 형성됨; 이와 유사하게, 감수분열에서 4분염색분체(2가염색체)의 각 상동염색체를 구성하는 2개의 동일한 복사본.

자연살해세포, NK세포 natural killer cell 침입하는 미생물 대신, 감염된 세포를 죽이는 세포.

자연선택 natural selection 서로 다른 비율로 유전자형을 재생산(생식)함; 환경 요인으로 인해 생기며, 진화적인 변화를 가져옴.

자웅동주 monoecious 같은 개체 내에 수꽃과 암꽃이 분리된 식물.

자웅동체 hermaphroditism 수컷과 암컷의 기능적 생식기관을 모두 가지고 있는 상태.

자웅이숙(雌雄異熟) dichogamous 꽃의 암술과 수술이 다른 시기에 성숙하는 식물.

자웅이주 dioecious 암, 수의 생식기관이 각각 다른 개체에 존재하는 경우.

자유라디칼 free radical 1개 이상의 쌍을 이루지 않은 전자를 가진 이온화된 원자. 이는 원자에서 방출된 이온화 방사선에 의해 에너지를 가진 전자로 인함. 자유라디칼은 DNA와 같은 다른 분자들과 격렬하게 반응하여 돌연변이에 의한 손상을 일으킴.

자유에너지 free energy 일을 할 수 있는 에너지.

자유에너지감소성 exergonic 반응물보다 생성물에 더 적은 자유에너지가 포함되어 있어 반응 동안에 자유에너지가 방출됨.

자유에너지증가반응 endergonic 생성물이 반응물보다 많은 에너지를 포함하는 화학 반응. 외부 에너지원으로부터 자유에너지가 유입되어야 반응이 진행됨.

자율신경계 autonomic nervous system 척추동물 말초신경계의 불수의적 신경과 신경절로서, 심장, 땀샘, 내장기관 및 평활근을 조절함.

자포 nematocyst 해파리를 포함하는 자포동물문의 자세포에서 발견되는 작살 모양의 구조; 방출된 자포는 먹이를 찌르고 잡는 것을 도움.

작동유전자 operator 전사 개시를 방지하거나 감소시키기 위해 억제자가 결합할 수 있는 DNA 상의 조절 부위.

작동적 조건형성 operant conditioning 올바른 행동 반응 후에만 보상이 따르는 학습 기작.

작용 스펙트럼 action spectrum 다양한 파장의 빛에 대한 광합성의 효율을 측정한 것. 식물에서는 엽록소의 흡수 스펙트럼에 해당함.

작용기 functional group 탄화수소에 부착된 분자 그룹으로, 화학적 성질 또는 반응성을 나타냄. 예로는 하이드록실기(−OH), 카복실기(−COOH) 및 아미노기($-NH_2$) 등이 있음.

작은 잎(소엽) microphyll 식물에서 단 하나의 잎맥으로 줄기의 관다발에 연결되는 잎; 특히 석송은 소엽을 가지고 있음.

잔기량 residual volume 최대 호기량을 내쉰 후 폐에 남아 있는 공기의 양. 항상 폐에 잔존하는 공기량.

잡종화(혼성화) hybridization 유전적 조성이 다른 부모의 교배.

장란기 archegonium 선태류 및 일부 관다발식물의 다세포성 난자 생성 기관.

장막(융모막) chorion 파충류, 조류, 포유류의 배아를 둘러싸고 있는 2중막의 외막. 태반 포유류에서는 태반의 구조를 형성함.

장애 가설 handicap hypothesis 수컷들은 생존에는 불리하지만 과장되고 부풀린 형질을 진화시키고, 암컷은 그런 큰 결함을 가진 수컷을 선택함으로써 그들의 자손이 이 우수한 유전자를 물려받는다는 것을 확신한다는 가설. (역자 주: 생존에 불리함에도 살아남았기에 우수하다고 표현함.)

장정기 antheridium 정자 생성 기관.

재분극 repolarizing 탈분극 후 신경 내의 이온이 휴지전위 때의 분포로 돌아가는 것.

재스몬산 jasmonic acid 식물의 상처 반응의 일부인 유기 분자로, 단백질 분해효소 억제자를 생산하는 신호 역할을 함.

재조합 DNA recombinant DNA 실험실에서 서로 다른 2종의 DNA 단편을 합친 단일 분자.

재조합빈도 recombination frequency 검정교배에서 재조합 자손의 수를 전체 자손으로 나눈 값. 이 값은 백분율로 변환되고 각 1%는 지도단위라고 함.

저온처리(층적화) stratified 식물 종자를 일정 기간 낮은 온도에서 (층을 쌓아) 보관하는 것; 많은 식물의 종자는 저온 상태를 지나고 난 후에 제대로 발아가 이뤄짐.

저장성(의) hypotonic 세포보다 용질 농도가 낮은 용액. 저장액 내의 세포는 삼투로 인해 물을 흡수하는 경향이 있음.

적응 adaptation 특정 환경에서 생물체가 생존하고 번식하도록 촉진하는 구조, 생리 또는 행동.

적응도 fitness 한 개체가 다음 세대에 유전적으로 기여한 것. 상대적응도란 집단 내의 다른 개체와 비교한, 한 개체의 적응도를 말함.

적응방산 adaptive radiation 분화되지 않은 형질을 가진 원시조상으로부터 파생된 다양한 형태의 진화.

적혈구 erythrocyte 붉은색의 혈액 세포, 헤모글로빈의 운반체.

적혈구생성 erythropoiesis 골수에서의 혈액 세포의 생성.

전기 prophase 응축된 염색체가 보이고 핵막이 소실되면서 끝나는 세포분열 단계. 방추사의 조립은 전기 동안 이루어짐.

전기음성도 electronegativity 원자가전자에 대한 핵의 친화도를 나타내는 성질; 전기음성도가 큰 핵은 전기음성도가 작은 핵보다 전자를 더 강하게 당김.

전능성 totipotent 완전한 유전적 잠재력을 가진 세포. (역자 주: 포유류의 경우 태반과 태아를 형성할 수 있는 포배 초기의 세포들이 이에 해당되며, 내세포덩어리(ICM)는 태반을 형성할 수 없기에 '전능한' 대신에 '전분화능' 줄기세포라고 함.)

전령 RNA messenger RNA(mRNA) 구조 유전자에서 전사된 RNA; 단백

질을 합성하기 위해 리보솜에서 번역되는 RNA 분자. DNA의 한 가닥에 대해 상보적임.

전립샘 prostate gland 포유류 수컷의 요도 기저부에 있는 분비선으로, 정자가 방출될 때 자극 효과를 주는 알칼리성 액체를 분비함.

전분체 amyloplast 식물의 색소체의 일종으로, 전분(녹말) 저장을 목적으로 함.

전분화능 pluripotent 개체를 구성하는 세포 중 어떤 것이라도 만들어낼 수 있는 세포를 일컫는 말. 대개 줄기세포의 능력을 말할 때 사용함.

전사 transcription 효소-촉매 반응으로 DNA 가닥에 상보적인 RNA 분자를 생산하는 것.

전사기포 transcription bubble RNA 중합효소, DNA 주형 및 RNA 전사물을 함유하는 지역으로, DNA의 일부가 풀어져 '기포' 모양을 형성.

전사단위 transcription unit 프로모터와 종결자 사이의 DNA 영역.

전사복합체 transcription complex RNA 중합효소II 복합체에 필수 활성자, 보조활성자, 전사인자 및 또 다른 인자들이 더해져 활발히 DNA를 전사하는 복합체.

전사인자 transcription factor RNA 중합효소가 진핵세포 프로모터 영역에 결합한 후 안정화되어 전사 과정을 시작하는데 필요한 일련의 단백질.

전사체 transcriptome 특정 시기에 세포 또는 조직에 존재하는 모든 RNA.

전사후조절 posttranscriptional control 유전자 발현을 조절하는 기작이 mRNA의 전사가 완료된 후에 작동하는 것.

전신획득저항성 systemic acquired resistance(SAR) 식물에서 며칠~몇 주까지 지속되는 병원체 또는 해충의 공격에 대한 장기적인 반응. 식물이 이후의 다양한 병원체에 의한 공격에도 신속하게 대응할 수 있음.

전압개폐성 이온통로 voltage-gated ion channel 이온의 막 투과 경로로, 세포막 내외의 전압 또는 전하 차이의 변화로 인해 열리거나 닫힘.

전이 metastasis 암세포가 원점에서 체내의 다른 위치로 이동하는 과정; 1차 종양으로부터의 이동의 결과로 2차 위치에 있는 암세포 집단.

전이 transposition 전이인자(트랜스포존)가 DNA 서열의 한 지점에서 다른 지점으로 이동하는 유전적 재조합의 유형.

전이인자 transposable elements 염색체의 한 위치에서 다른 위치로 이동할 수 있는 DNA 조각. 또한, 트랜스포존(transposon) 또는 이동성유전인자(mobile genetic element)라고도 함.

전자량 보정 dosage compensation 유성염색체 수에 상관없이 유전자의 발현이 남성과 여성에서 동일하게 유지되는 현상. 포유류에서 암컷의 X 염색체가 불활성화되는 경우는 유전자량 보정에 의해 이뤄짐.

전자전달연쇄 electron transport chain 미토콘드리아나 엽록체 막에서 막-연관 전자운반분자를 통해 양성자 펌프까지 여기된 전자의 이동 경로. 화학삼투 참조.

전정기관 vestibular apparatus 척추동물에서 머리의 균형과 방향을 제시하는 내이의 복잡한 감각기.

전좌, 전류(轉流) translocation (1) 유전학에서, 비상동염색체 사이의 염색체 분절이 상호교환되는 것. (2) 식물에서, 수용성 양분의 원거리 수송(대부분 설탕)으로, 주로 체관에서 일어남.

전중기 prometaphase 전기와 중기 사이의 과도기. 방추사가 자매염색분체의 방추사부착점(kinetochore)에 부착함.

전표피(前表皮) protoderm 피부조직을 만드는 1차 분열조직.

전할(완전난할) holoblastic cleavage 척추동물에서 배아 전체에 걸쳐 동일하게 일어나는 난할로, 그 결과 포배기에서 균일한 크기의 세포를 만듦.

전(前)형성층 procambium 관다발식물에서 1차 관다발조직을 만드는 1차 분열조직.

절간(節間) internode 식물에서 연속된 두 마디 사이의 줄기 영역.

절간분열조직 intercalary meristem 옥수수나 속새류와 같은 일부 식물 줄기에서 발생하는 분열조직의 유형; 절간의 신장을 담당.

절제수선 excision repair DNA 합성과정에서 손상을 복구하는 비특이적 기작. 손상된 부위 또는 불일치 부위를 절제한 후, DNA 중합효소에 의해 제거된 부위를 대체함.

점돌연변이 point mutation 염색체 DNA 분자에서 1개 뉴클레오타이드의 변경.

점진진화 gradualism 종의 변화는 한 세대에서 다음 세대로 지각하지 못할 정도의 매우 느린 방식으로 변하지만, 수천, 수백만 년에 걸쳐 축적되어 주요한 변화로 이어진다는 관점.

점착세포 colloblast 빗해파리류의 구성원에서 발견되는 특수 유형의 세포로, 동물 플랑크톤과 접촉하면 파열되어 먹이를 포획하는 데 도움이 되는 접착성 물질을 방출함.

접촉형태형성 thigmomorphogenesis 물리적 스트레스(예, 일정한 바람)로 인한 식물의 발달 변화.

접합 conjugation 유전물질이 한 세포에서 다른 세포로 옮겨지는 동안 2개의 단세포 생물이 일시적으로 결합하는 것으로, 박테리아, 원생생물 및 특정 해조류와 균류에서 나타남.

접합균류 zygomycetes 접합포자낭(zygosporangia)이라고 불리는 생식 구조가 주된 특징인 균류의 일종으로, 접합포자낭은 단순한 생식기관 2개가 융합되어 생김.

접합자(접합체) zygote 수컷 및 암컷 배우자의 융합(수정)으로 생긴 2배체($2n$) 세포.

접합자낭 oocyst 포자충 생활사에 있는 접합자로, 탈수 또는 다른 손상으로부터 보호하는 단단한 껍질에 싸여있음.

접합전격리기작 prezygotic isolating mechanism 접합자가 형성되기 전에 일어나는 생식적 격리의 유형; 이러한 기작은 서로 다른 서식지의 지리적 격리에서부터 결합이 불가능한 생식세포 자체에 의한 것까지 다양할 수 있음.

접합후격리기작 postzygotic isolating mechanism 접합자가 만들어지지만 생식 능력이 있는 성체로 발달할 수 없는 생식 격리 유형. 이들 기작은 접합자 또는 배아가 생존하지 못하는 것에서부터 불임의 성체에 이르기까지 다양함.

정20면체 icosahedron 20개의 정삼각형으로 구성된 구조; 바이러스에서 흔히 볼 수 있으며, 바이러스 캡시드의 한 종류를 형성.

정관 vas deferens 포유류의 정소에서 요도로 정자를 운반하는 관.

정단분열조직 apical meristem 관다발(유관속)식물에서 뿌리 또는 줄기의 끝에서 자라는 지점.

정단외배엽융기 apical ectodermal ridge 척추동물 발생에서 4지싹을 몸 축에 대해 먼 쪽으로 성장시키는 부위.

정세포 spermatid 동물에서 정모세포의 감수분열로 유래한 4개의 반수체(n) 세포; 각각의 정세포는 정자로 분화함.

정소 testis, pl. testes 포유류에서 정자를 생산하는 기관.

정액 semen 파충류와 포유류에서 정자를 포함한 액체로, 수컷의 오르가즘 동안 음경에서 방출됨.

정자 경쟁 sperm competition 암컷의 난자와 수정하는 정자 간의 경쟁.

정자 spermatozoa 수컷 생식세포; 보통 암컷 생식세포보다 작으며 운동성이 있음.

정체 stasis 진화가 거의 일어나지 않는 기간.

제자리형광혼성화 fluorescent in situ hybridization(FISH) 염색체상의 특정 DNA 염기서열을 찾아내기 위해 형광 표지된 특정 탐침을 사용하는 세포학적 방법.

제한효소 restriction enzyme 회문 구조를 가진, 혹은 그 근처의 특정 염기서열을 인식하여 DNA 2중나선을 절단하는 효소; 또한 제한효소라고도 불림.

제한효소단편길이다형성 restriction fragment length polymorphism(RFLP) 제한효소는 매우 특정한 DNA 서열을 인식함. 한 유전자에 대한 대립유전자들, 또는 그 주변의 염기서열은 염기쌍에 있어서 차이를 나타내므로, 한 대립유전자 근처의 DNA는 다른 대립유전자 근처의 DNA와 다른 길이의 단편으로 절단되기에 전기영동에서 크기에 따라 서로 다르게 분리됨.

조골세포 osteoblast 뼈를 형성하는 세포.

조류(藻類) alga, pl. algae 다세포로 된 생식기관(sex organ)이 없는 단세포 또는 단순 다세포 광합성 생물.

조류학자 phycologist 조류(藻類)를 연구하는 과학자.

조상형질 유사성 ancestral similarity 전체 그룹의 가장 최근 공통조상으로부터 유래한 종간의 유사성.

조절단백질 regulatory protein 프로모터에 결합하여 DNA 전사를 시작하는 RNA 중합효소의 활성을 조절하는 단백질 집단.

조직 tissue 구조적 및 기능적 단위로 조직화된 유사한 세포의 집단.

조직 특이적 줄기세포 tissue-specific stem cell 근육이나 상피와 같은 특정 조직의 세포로 발생할 수 있는 줄기세포; 이 세포들은 성체가 되어서도 없어지지 않고 지속됨.

조직계 tissue system 식물에서 3가지 유형의 조직; 그 조직이 뿌리와 슈트의 구석구석까지 뻗어 있기 때문에 계라고 불림.

조직친화성 tissue tropism 다세포 숙주 안의 특정 세포에 대한 바이러스의 친화성; 예를 들어, B형 간염 바이러스는 간세포를 표적으로함.

조직플라스미노겐활성인자 tissue plasminogen activator(TPA) 혈전을 분해하는 사람의 단백질; 뇌경색 3시간 이내에 TPA를 사용하면 장애를 예방할 수 있음.

조혈작용 hematopoiesis 혈액 세포가 형성되는 골수에 있는 세포.

조효소 coenzyme 효소 촉매 과정에서 보조 역할을 하는 NAD와 같은 비단백질 유기분자를 의미하며, 종종 전자공여자 또는 수용자로 작용함.

종 species, pl. species 생물체의 일종; 종은 이탤릭체로 쓴 이명법으로 표기함. (역자 주: 상호교배로 생식이 가능한 집단, 그러나 다른 집단의 구성원과는 생식적 격리가 일어남.)

종간상동유전자 orthologues 조상에서 발견된 단일 유전자가 보존되었음을 나타내는 유전자. (역자 주: 서로 다른 종에서 같은 유전자가 발견되는 경우.)

종결돌연변이 nonsense mutation 한 코돈이 종결코돈으로 변경되는 염기치환 돌연변이로, 조기 종결로 인해 끝이 잘린 짧은 단백질이 생산됨.

종결코돈 nonsense codon tRNA에 의해 인식되지 않는 3개의 코돈(UAA, UAG 및 UGA) 으로, mRNA에서 '정지' 신호로 작용하여 번역을 종료함.

종결코돈 stop codon mRNA 번역이 종결되는 시점을 나타내는 UAA, UAG 및 UGA의 3개 코돈.

종내상동유전자 paralogues 조상의 유전자가 중복되어 생긴 어떤 개체 내의 두 유전자.

종뇌 telencephalon 대뇌 및 그와 관련된 구조를 포함한 뇌의 가장 앞쪽 부분.

종분화 speciation 한 종을 다른 종으로 변화시키거나, 하나의 조상 종으로부터 2개의 종을 나눔으로써 새로운 종이 발생함.

종속영양생물 heterotroph 광합성이나 무기물을 통해 스스로 에너지를 얻을 수 없는 생물체로, 다른 식물이나 동물을 섭취하여 그 유기물 분해하여 화학 에너지를 얻음.

종양억제유전자 tumor-suppressor gene 정상적으로는 세포분열을 억제하는 기능을 가진 유전자; 돌연변이 형태는 암의 무제한적인 세포분열을 유도할 수 있지만, 유전자의 두 복제본 모두가 돌연변이일 때만 가능.

종양유전자 oncogene 생장 조절 유전자에서 돌연변이가 일어난 것을 의미하며, 그 결과 "활성화된(on)" 유전자는 무제한으로 세포 성장과 분열을 유발함.

종자은행 seed bank 어떤 지역의 토양에서 발아하지 않은 씨앗. 화재 등의 사건이 일어난 후의 식물의 재생은 종자은행의 존재 여부에 달려 있음.

종피 seed coat 식물에서 밑씨(배주)의 외층. 휴면 중인 배를 보호하고 양분을 저장하는 비교적 불투과성인 장벽.

좌우대칭 bilateral symmetry 생명체를 반으로 나눴을 때 구조적으로 서로 거울 이미지를 형성함.

주공(珠孔) micropyle 종자식물의 난세포에서 화분관이 들어가는 입구.

주석 annotation 유전체학에서 암호화 영역 및 전사 영역의 인식을 돕기 위해 DNA 서열을 표지하고 동정하는 과정.

주성 taxis, pl. taxes 단순한 생물체에서 일어나는 환경 자극에 대한 지향성 운동.

주심(珠心) nucellus 어린 밑씨의 주요 부분을 이루는 조직으로, 여기서 배낭이 발달함; 대포자낭과 같음.

주조직적합성복합체 major histocompatibility complex(MHC) 면역체계가 '자기'를 식별하기 위해 사용하는 세포막과 결합된 세포 표면 표지 단백질. 각 개인의 모든 세포는 MHC 단백질이라고 불리는 동일한 '자기' 표지를 가지고 있음.

주피 periderm 코르크 형성층에 의해 만들어진 관다발식물의 외부 보호 조직으로, 2차 생장 중에 표피가 파괴될 때 이를 기능적으로 대체함; 주피는 코르크, 코르크 형성층 및 코르크 피층을 형성.

주행성 diurnal 낮에 활동하는 것.

주형가닥 template strand 전사에서 주형으로 사용되는 DNA 가닥. 이 가닥은 상보적인 mRNA 전사물을 만들기 위해 복사됨.

주홈 major groove DNA 나선의 2개의 홈 중 큰 부분으로, 쌍을 이룬 뉴클레오타이드의 수소결합에 접근할 수 있음; 조절 단백질은 큰 홈에 있는 주홈 내의 부분을 인식하고 결합할 수 있음.

줄기세포 stem cell 비교적 미분화된 동물 조직세포. 더 분화된 세포를 생성할 수 있음.

중간섬유 intermediate filaments 섬유상의 라민 단백질로 이루어진 세포 골격 요소. 미세섬유과 미세소관 사이의 중간 크기.

중교 mesoglea 표피와 위층(gastrodermis) 사이에 있는 젤라틴 물질 층; 이 층은 대부분의 진정후생동물에서 근육을 포함.

중교(간충질) mesohyl 해면 몸체의 동정세포층과 상피층 사이에서 발견되는 젤라틴의 단백질이 풍부한 기질; 다양한 종류의 아메바 세포가 간충질에서 발생할 수 있음.

중금속 heavy metal 비소, 카드뮴, 납 등 원자 번호가 높은 금속 원소. 많은 중금속은 소량이라도 동물들에게 유독함.

중기 metaphase 미세소관이 방추사로 조직화되고, 염색체가 적도면에 배열하는 체세포분열 또는 감수분열의 단계.

중배엽 mesoderm 낭배에서 형성되는 3개의 배엽층 중 하나; 근육, 뼈 및 기타 결합조직, 복막, 순환계, 그리고 대부분의 배설과 생식계를 발생시킴.

중복 duplication 염색체 일부분이 복제되는 돌연변이로서, 복제된 부분이 유전자 내에 있지 않다면 복제는 아무런 효과가 없을 수 있음.

중복수정 double fertilization 알세포와 정핵이 수정하여 접합자인 $2n$의 수정란을 형성함과 동시에 또 다른 정핵이 극핵과 수정하여 $3n$의 배젖을 형성함. 속씨식물의 독특한 특징.

중심 액포 central vacuole 식물세포에서 발견되는 커다란 얇은 막의 주머니로 단백질, 색소 및 노폐물을 저장하고 수분 균형에 관여함.

중심립 centriole 핵막 밖에 있는 세포질 소기관으로, 기저체와 구조가 동일함. 동물세포 및 다른 그룹의 편모 세포에서 발견됨. 체세포분열과 감수분열 중 방추사를 나누고 조직함.

중심와 fovea 원추세포가 고도로 밀집되어 선명한 시각을 형성하는 망막의 작은 함몰 부위.

중심주 stele 줄기와 뿌리의 관다발의 중심부.

중엽층 middle lamella 인접한 식물세포의 1차벽을 고정시키는 펙틴 화합물이 풍부한 세포간 물질의 층.

중추신경계 central nervous system(CNS) 대부분의 신경 연합이 일어나는 신경계의 부분. 척추동물에서는 뇌와 척수로 이루어지고, 무척추동물에서는 일반적으로 하나 이상의 신경삭 및 이와 연결된 신경절로 구성됨.

중합체 polymer 비슷하거나 동일한 소단위체들로 구성된 분자; 녹말은 포도당의 중합체.

중합효소연쇄반응 polymerase chain reaction(PCR) DNA 중합효소를 사용하여 관심 있는 염기서열을 반복적으로 복사하여 다량의 사본을 만드는 과정.

증산(작용) transpiration 식물의 수증기 손실; 대부분의 증산은 기공을 통해 발생.

지도단위 map unit 2개의 유전자 자리(유전좌위) 사이의 재조합빈도; 단위는 센티모건(cM) 또는 간단히 지도단위(m.u.)로 나타냄.

지방 fat 글리세롤과 3개의 지방산 분자로 구성된 분자.

지방세포 adipose cells 느슨한 결합 조직에서 발견되는 지방세포로, 대개 지방 조직에 존재함. 각 지방세포는 지방(트라이아실글리세라이드)을 저장할 수 있음.

지연가닥 lagging strand DNA 복제에서 불연속적으로 합성되는 가닥. DNA 중합효소의 5′−3′ 방향성 및 DNA의 역평행성으로 인해 생김. 선도가닥 참조.

지의류 lichen 균류와 녹조류 혹은 남조류와 같은 광합성 생물 사이의 공생체.

지질 lipid 물(극성)에서는 불용성이지만 비극성 유기 용매에는 쉽게 용해되는 비극성인 소수성 유기 분자; 지방, 기름, 왁스, 스테로이드, 인지질, 카로티노이드 등이 포함됨.

지질 2중층 lipid bilayer 세포막의 구조. 인지질의 두 층이 자동적으로 정렬하여 소수성 지방산 꼬리가 막의 중앙을 향하고 친수성 머리 그룹이 물에 노출됨.

지질 방울 lipid droplet 지질을 저장하는 데 쓰이는 세포소기관. 소수성 중성 지질이 인지질로 둘러싸여 물에 용해됨.

지질다당류 lipopolysaccharide 다당류 분자가 부착된 지질; 그람음성균의 외막층에서 발견됨; 외막층은 항생물질의 공격으로부터 세포벽을 보호함.

진동 선택 oscillating selection 환경에 따라 어떤 때는 한 표현형을, 다른 때는 또 다른 표현형을 교대로 선택하는 경우로, 예를 들어 가뭄 조건일 때와 습한 조건이 번갈아 일어나는 경우.

진원류 anthropoid 원숭이, 유인원 및 인간으로 구성된 포유동물 군의 구성원.

진정염색질 euchromatin 진핵세포에서 mRNA로 전사되는 염색체 부분; 간기 동안에 응축되지 않는 활성 유전자가 포함되어 있음.

진핵생물 eukaryote 막에 둘러싸인 세포소기관, 뚜렷한 핵, 그리고 핵 속에 단백질과 결합된 DNA로 이루어진 염색체를 가진 세포, 또는 그런 세포를 가진 개체.

진핵생물역 Domain Eukarya 분류체계의 3역에서, 원생생물, 곰팡이, 식물, 동물 등 진핵생물을 포함하는 영역.

진화 evolution 생명체 집단의 유전적 변화; 대개 진화는 단순한 것에서 복잡한 것으로 점진적 변화를 가져옴.

질화작용 nitrification 질산화작용이라고도 하며, 암모니아 또는 아질산염이 산화되어 식물에 의해 흡수되는 질소의 형태인 질산염을 생산함; 일부 박테리아는 질산화가 가능.

집단유전학 population genetics 인구 집단의 유전자 특성을 연구하는 학문.

집합관 collecting duct 내부 조건에 따라 물을 선택적으로 재흡수할 수 있는 콩팥 세뇨관의 마지막 부분.

짧은 산재전이인자 short interspersed element(SINE) 인간 및 다른 영장류에서 발견되며, 전이에 필요한 생화학적 체계를 포함하지 않는 모든 유형의 레트로트랜스포존.

ㅊ

창발성 emergent properties 각각의 구성 요소가 상호작용하는 방식에서 야기되는 새로운 특성. 창발성은 종종 개별 구성 요소에 대한 지식만으로는 추론할 수 없음.

창시자효과 founder effect 희귀한 대립유전자 또는 대립유전자의 조합이 새로운 집단에서 강화되는 효과.

책상엽육조직 palisade mesophyll 식물의 잎에서 엽록체를 함유한 엽육의 유세포 조직. 울타리조직이라고도 함.

책허파(서폐) book lung 일부 거미의 호흡계로, 잎 모양의 판으로 구성된 방에서 기체를 교환하는 독특한 시스템.

척삭 notochord 척추동물에서 몸체의 종축을 따라 뻗어나간 등쪽의 연골 막대로, 모든 척삭동물의 배아에서 원시 축 골격을 형성함.

척추동물 vertebrate 척주(spinal column)를 가진 척삭동물; 척추동물에서 척삭은 척추로 발달하는데, 이 척주(vertebral column)는 등쪽 신경삭을 보호하고 둘러싸는 일련의 척추뼈로 구성됨.

천공판 madreporite 극피동물의 표면에 있는 체(sieve)처럼 생긴 판. 이를 통해 수관계로 물이 들어감.

천이 succession 생태학의 관점에서, 시간이 지남에 따라 군집 내에서 일어나는 느리고 순차적인 변화.

체강 coelom 동물에서 전적으로 중배엽에서 발생하는 액체로 가득 찬 몸의 내강.

체관부 phloem 관다발식물에서 양분을 이동하는 조직. 기본적으로 체요소와 다양한 종류의 유조직세포, 후벽섬유, 후막세포 등으로 구성됨.

체성신경계 somatic nervous system 척추동물에서 골격근을 조절하는 말초 신경계의 뉴런들.

체세포 somatic cell 배우자를 형성하도록 예정된 세포(생식계열세포)를 제외한 다세포 생물의 세포.

체세포(사관세포) sieve cell 관다발식물의 체관에서 비교적 분화되지 않은 체역(sieve area) 및 체판(sieve plate)이 없고 끝이 뾰족한 세포벽을 가진 길고 가느다란 요소.

체세포 핵치환 somatic cell nuclear transfer(SCNT) 체세포의 핵을 핵이 제거된 난자 세포로 이식 후 발생을 진행하는 기법. 배아줄기세포 및 복제된 동물을 만드는 데 사용.

체세포돌연변이 somatic mutation 다세포 생물의 체세포 중 하나에서 발생하는 유전정보(돌연변이)의 변화. 다음 세대로 전달되지 않음.

체세포분열(유사분열) mitosis 체세포의 분열; 유전적으로 동일한 2개의 딸핵을 형성하기 위해 복제된 염색체가 분리되는 핵분열을 포함함.

체액성 면역 humoral immunity B 세포를 포함하는 적응면역 체계로, B 세포는 외래 항원에 특수하게 작용하는 용해성 항체를 생성함.

체절 somite 척추동물의 배아가 분화하는 동안 중배엽으로부터 나눠지는 구획이나 분절.

체절극성유전자 segment polarity gene 초파리의 체절형성과정에서 쌍지배유전자에 의해 형성된 부분을 더 세분화하여 띠 모양으로 발현되는 유전자.

체절형성유전자 segmentation gene 곤충의 체절화된 체제의 발생을 통제하는 3종류의 유전자로, 간극유전자, 쌍지배유전자, 체절극성유전자를 포함.

체절화 segmentation 발생 중인 동물체에서 반복적으로 구획된 단위; 체절은 체계가 중복되어있어, 효율적인 운동을 가능하게 함.

초나선꼬임 supercoiling 비틀림 변형(torsional strain)에 기인한 DNA 2중가닥의 공간적 꼬임. (역자 주: 2중가닥이 원래보다 더 많이 꼬이거나 덜 꼬였을 때(풀렸을 때) 축을 중심으로 발생하는 위상적 변화.)

촉매작용 catalysis 효소가 커다란 유기화합물의 소단위에 결합하여 화학 결합을 끊음으로써 작은 소단위로 분해하는 과정. 종종 에너지를 방출함.

촉수관 lophophore 나선형 동물(spiralian animals)들의 입을 둘러싸고 있는 말발굽 모양의 섬모 촉수관; 완족동물과 태형동물에서 볼 수 있음.

촉진확산 facilitated diffusion 운반단백질 또는 이온통로를 이용한 분자 또는 이온의 확산. 농도기울기가 필요하지만 에너지는 투입되지 않음.

총배설강 cloaca 몇몇 동물의 소화계, 생식계 및 비뇨기계의 산물이 공통으로 빠져나가는 공간. 다른 동물에서는 총배설강이 호흡관 역할을 할 수도 있음.

최소화 원칙 principle of parsimony 과학자들은 최소한의 가정(전제)만을 요구하는 가설을 선호해야 한다는 원칙.

추형동물 phoronids 촉수관을 가진 무척추동물 중 하나로, 이제는 완족동물로 분류됨; 부드러운 수중 바닥에 굴을 파고 키틴질 관을 분비하여 살아감; 물에 떠 있는 먹이를 먹기 위해 촉수관을 내밈.

축삭(돌기) axon 자극을 신경세포체로부터 멀리 전달하기 위해 뉴런에서 뻗어 나온 가지.

춘화처리 vernalization 식물과 종자에서 싹이 트거나 꽃을 피우는 데 필요한 저온 기간.

출수관 exhalant siphon 2매패류(쌍각연체동물)에서 몸 밖으로 물을 내보내는 수관.

충전반응 charging reaction 아미노아실-tRNA 합성효소가 ATP의 에너지를 사용하여 tRNA에 특정 아미노산을 정확히 부착시키는 반응.

측각 parapodia 환형동물 중 다모류에서 대부분의 체절마다 쌍을 이루어 붙어있는 측면 돌기.

측계통성 paraphyletic 계통 발생적 분류에서, 집단의 가장 최근의 공통 조상을 포함하지만, 그 집단의 모든 자손을 포함하지 않음.

측생분열조직 lateral meristem 관다발식물에서 2차 조직을 형성하는 분열조직; 관다발 형성층과 코르크 형성층.

측선계 lateral line system 어류의 감각계로, 측면의 선을 따라 존재하는 기계적 수용체로 인해 움직임에 민감함.

치료용 복제 therapeutic cloning 개인별 줄기세포를 생성하기 위해 체세포 핵이식 기법을 사용하는 것으로, 피부 이식과 같이 각 개인의 손상된 세포를 대체하기 위해 사용함.

치설 radula 대부분의 연체동물에서 발견된 줄 모양의 긁어내는 혀.

친수성 hydrophilic 문자 그대로 "물을 좋아하는 것"으로, 물에 용해되는 물질을 말함. 극성을 띠거나 대전된 것(이온)이어야 함.

ㅋ

카로티노이드 carotenoid 식물에서 발견되는 보조색소들로, 빛에너지를 흡수하는 것 이외에 항산화제 역할을 하여 자유라디칼에 의해 손상될 가능성을 제거함.

카스파리띠 Casparian strip 식물에서 뿌리 내피세포의 세포벽을 둘러싸는 띠. 인접 세포의 띠가 연결되어 물이 통과할 수 없는 층을 형성. 따라서 뿌리에 들어가는 모든 물은 세포막과 세포질을 통과해야 함.

카이네이스 연쇄반응 kinase cascade 연속적으로 서로 인산화하는 일련의 단백질 카이네이스; 카이네이스 연쇄반응은 신호전달 과정 중에 신호를 증폭시킬 수 있음.

카테콜아민 catecholamine 타이로신 아미노산이 변형되어 만들어지는 일련의 호르몬으로, 부신 수질에 의해 분비됨.

캐드헤린 cadherin Ca^{2+}을 매개체로 사용하여 세포 사이를 연결하는 큰 그룹의 막관통단백질. 이 단백질들은 같은 유형의 세포끼리 세포 간 접착을 담당.

캐스9(크리스퍼-연관단백질 9) Cas9(CRISPR-associated protein 9) 세균 면역의 CRISPR 시스템과 연관된 핵산분해효소. 이들은 DNA 서열을 편집하는 유전자 조작을 위해 변형됨.

캘러스(유합조직) callus 미분화된 조직. 조직 배양, 이식 및 상처치유에 사용되는 용어.

캘빈회로 Calvin cycle C_3 광합성의 암반응. 캘빈-벤슨회로라고도 함.

캠브리아 대폭발 Cambrian explosion 캠브리아기 초기에 동물의 다양성이 크게 증가함.

캡시드 capsid 바이러스의 가장 바깥쪽 단백질 덮개.

케라틴 keratin 표피조직에서 형성되는 질긴 섬유상의 단백질. 피부, 깃털, 머리카락 등으로 변형되거나, 뿔과 손톱 등 단단한 구조 형성.

코돈 codon 유전암호의 기본 단위로서, DNA 및 mRNA에서 하나의 아미노산을 암호화하는 인접한 3개의 뉴클레오타이드 서열.

코르크 형성층 cork cambium 주피(periderm)를 형성하는 측면 분열조직. 식물의 표면(바깥쪽)을 향한 코르크 조직과 안쪽을 향한 코르크 피층을 생산함.

코아세르베이트 coacervate 물에서 소수성 힘으로 인해 서로 결합된 지질 분자의 구형 응집체.

코헤신 cohesin 세포분열 동안 자매염색분체를 붙들고 있는 단백질 복합체. 동원체에서 코헤신이 분해되면 후기 때 염색체의 이동이 일어남.

콘덴신 condensin 체세포분열과 감수분열에서 염색체의 응축에 관여하는 단백질 복합체.

콘티그 contig 작은 단편들에서 서로 중복되는 염기서열을 분석하여 조립한 연속된 DNA.

퀴닌 quinine 말라리아 치료에 사용되는 기나(*Cinchona*) 나무껍질에서 발견되는 화합물.

크렙스 회로 Krebs cycle 시트르산 회로의 또 다른 이름. 트리카복실산(TCA) 회로라고도 함.

크리스타 crista 미토콘드리아의 주름지고 확장된 내막으로, 미토콘드리아에는 수많은 크리스타가 포함되어 있음.

크리스퍼 CRISPR Clustered Regular Interspersed Short Palindromic Repeats의 약자로서, 원핵생물의 DNA에서 발견되는 반복서열로 cas 효소와 함께 바이러스에 대응하는 적응면역의 기초를 형성함. 또한 분자 도구로서 유전체를 편집하는 데 사용함.

클라트린 clathrin 진핵세포 원형질막의 바로 안쪽에 있는 단백질로, 클라트린-피막홈(clathrin-coated pits)이라고 불리는 움푹 들어간 곳에 위치함.

클로닝 cloning 모든 세포가 동일한 뉴클레오타이드 서열의 복사본을 가지고 있도록 세포주 또는 배양물을 생산하는 과정으로, 유전공학의 필수 요소.

클론별 염기서열결정법 clone-by-clone sequencing 물리적 지도가 먼저 만들어진 후에 DNA 단편들의 서열을 결정하고 서로 겹치는 부분을 동정하는 유전체의 염기서열 결정법.

클론선택(법) clonal selection 항원 인식으로 인해 개시되는 면역세포 클론의 증식.

키아즈마(교차점) chiasma 감수분열 중 광학 현미경으로 볼 수 있는 X자 형태로서, 2개의 염색분체가 일부분을 교환한 교차의 증거. 교차점은 상동염색체가 분리될 때 염색체 팔의 끝부분으로 이동함.

키틴 chitin 견고하고 내성이 강한 질소 함유 다당류로서, 특정 곰팡이의 세포벽, 절지동물의 외골격 및 다른 무척추동물에서 표면 구조의 외배엽 표피를 형성함.

킬로칼로리 kilocalorie 물 1 kg의 온도를 1℃ 올리는 데 필요한 열의 양을 기술하는 단위; 때로는 1000 cal에 해당하는 Cal라고 불리기도 함.

ㅌ

타감작용 allelopathy 한 식물의 뿌리에서 방출된 물질이 근처에 있는 다른 종자의 발아를 막거나 이웃 식물의 생장을 억제하는 것.

탄소고정 carbon fixation 광합성 과정에서 CO_2가 유기화합물로 전환되는 과정. 광합성 암반응의 첫 단계로, 공기 중의 이산화탄소가 리불로오스 1,5-이인산과 결합함.

탄수화물 carbohydrate 탄소 원자에 수소와 산소 원자가 약 2:1의 비율로 결합되어 있는 선형 또는 원형의 유기화합물. 일반식으로 $(CH_2O)_n$을 갖는 화합물. 탄수화물에는 당류, 전분, 글리코겐 및 셀룰로스가 포함됨.

탈리(이층현상) abscission 관다발 식물에서 전문화된 세포(탈리대) 층 형성과 호르몬(에틸렌) 작용으로 인해 성장기의 마지막에 잎, 꽃, 과일 또는 줄기가 떨어지는 것.

탈분극 depolarization 원형질막을 통과하는 이온의 이동으로, 국소적으로 전위차를 제거함.

탈수반응 dehydration reaction 두 분자가 결합하여 하나의 큰 분자를 형성하는 동시에 물 분자를 방출하는 화학 반응의 한 유형. 한 분자는 수소 원자를, 다른 하나는 하이드록실기(−OH)를 내놓아, H 및 −OH는 결합하여 물 분자를 형성할 수 있음.

탈수소반응 dehydrogenation 수소 원자가 손실되는 화학 반응. 이것은 전자와 양성자의 손실을 동반한 산화 작용임.

탈아미노반응 deamination 아미노기를 제거하는 반응으로, 단백질이 분해되어 크렙스 회로에 사용될 수 있는 화합물로 전환됨.

탈억제 derepression 생화학적 동화작용에 필요한 효소를 암호화한 오페론에서 나타나는 현상으로, 경로의 최종 산물이 존재할 때는 억제되고 최종 산물이 없는 경우에는 억제되지 않음. 필요시에만 효소를 생산할 수 있음.

탈인산화(반응) dephosphorylation 인산기의 제거. 대개 탈인산화효소(phosphatase)에 의해 일어남. 많은 단백질은 탈인산화 반응에 의해 활성화되거나 비활성화될 수 있음.

탈피 ecdysis 곤충이나 갑각류에서 외피나, 큐티클층이 벗겨지는 허물벗기 현상

태반, 태좌 placenta, pl. placentae (1) 포유류에서 자궁 내막과 다른 막의 일부분으로부터 형성된 조직으로, 배아(나중에 태아)에 영양을 공급하거나 노폐물을 제거함. (2) 현화식물(꽃식물)에서 난세포 또는 종자가 부착되는 씨방의 벽 부분.

태반류 placentals 태반 포유류.

태생 viviparity 알이 모체 내에서 발생하고, 어린 개체가 독립생활이 가능할 정도로 자란 상태로 태어남.

턱(하악) mandibles 갑각류, 곤충, 그리고 다지류에서, 더듬이 바로 뒤에 있는 부속기관. 먹이를 붙잡거나, 쥐거나, 물고 씹는 데 사용됨.

턱잎(탁엽) stipules 일부 현화식물의 잎이나 줄기의 기저부에서 발생하는 잎 모양의 부속기.

텔로머레이스 telomerase 내부 RNA 주형을 사용하여 진핵생물 염색체에서 텔로미어를 합성하는 효소.

통기조직 aerenchyma 식물에서 커다란 공간이 있는 느슨한 유조직에 존재함. 주로 물에서 자라는 식물에 나타남.

통로단백질(이온통로) channel protein(ion channel) 친수성의 내부를 갖는 막관통단백질로서 막을 통과할 수 없는 물질이 이동할 수 있도록 수용성 통로를 제공함. 대개 K^+, Na^+ 또는 Ca^{2+}와 같은 특정 이온을 통과시킴.

통증수용기 nociceptor 통증 자극에 반응하여 수용체 역할을 하는 수상돌기.

투광층 photic zone 광합성이 일어나기에 충분한 빛이 있어서 순 1차 생산량이 양의 값을 가지는 수생 서식지 지역.

투명대 zona pellucida 포유류의 난자를 둘러싸는 외막.

튜불린 tubulin 미세소관의 실린더를 형성하는 구형 단백질의 소단위체.

트라이글리세라이드 triglyceride(triacylglycerol) 지방 분자로, 글리세롤과 3개의 지방산으로 구성됨.

트로포닌 troponin 골격근의 액틴 필라멘트를 따라 간격을 두고 위치한 구형 단백질 복합체; 근육 수축에서 칼슘-의존성 '스위치' 작용을 할 것으로 추정.

트로포마이오신 tropomyosin 가로무늬근의 액틴 필라멘트를 둘러싼 저분자량 단백질.

특수전사인자 specific transcription factor 기본 수준 이상으로 DNA 전사량을 증가시키기 위해 시간-조직 의존적 방식으로 작용하는 많은 수의 전사인자.

특수형질도입 specialized transduction 용원성(lysogenic) 박테리오파지를 운반자로 사용하여 박테리아에 몇 가지 특정 유전자를 전달하는 기법.

틀이동돌연변이 frameshift mutation DNA 염기배열에서 염기가 추가되거나 삭제되는 돌연변이. 이 변화는 돌연변이가 일어난 아래 부분의 염기로부터 해독틀을 변화시킴.

틸라코이드 thylakoid 엽록체에서 광합성의 명반응에 관여하는 광계를 포함하는, 평평한 디스크로 구성된 복잡하고 조직화된 내부 막.

ㅍ

파생형질 derived character 원시 형질로부터 유래한 형질로서, 분류학적 분석에 사용되는 형질.

파생형질 유사성 derived similarity 더 최근에 생겨난 유사성. 즉 전체 집단의 조상으로부터 물려받은 것이 아니며 단지 일부 종에 의해서만 공유됨.

파이코빌리 단백질 phycobiliprotein 남조류 및 일부 조류에서 발견되는 보조 색소. 파이코빌리 단백질의 복합체는 녹색 범위의 빛 에너지를 흡수함.

파이토알렉신 phytoalexin 식물의 감염 부위에서 생산되는 항균 화합물.

파지전환 phage conversion 숙주세포의 게놈에 통합된 바이러스의 DNA가 숙주세포의 기능을 의미심장하게 변화시키는 현상; 예를 들어 비브리오 콜레라균을 콜레라 독소를 방출하는 병원성 형태로 전환시키는 것.

파클리탁셀(택솔) paclitaxel(Taxol) 주목에서 생성된 2차 대사 산물. 미세소관에 결합하여 안정화시킴; 일부 암 치료에 사용됨.

팽대부(병낭) ampulla 극피동물에서 관족을 뻗기 위해 수축하는 관족의 기저에 있는 근육낭.

팽압 turgor pressure 식물세포 내부의 압력으로, 삼투압으로 인한 수분 흡수 때문에 생김. 세포막을 세포벽에 단단히 밀착시켜 세포를 단단하게 만듦. 정수압(hydrostatic pressure)이라고도 함.

퍼넷 사각형 Punnett square 유전 교배에서 나타날 수 있는 모든 유전자형과 표현형을 도식적으로 보여줌.

퍼옥시좀 peroxisome 카탈레이스에 의해 산화성이 높은 과산화수소의 분해에 중요한 역할을 하는 미소체.

페로몬 pheromone 같은 종에서 다른 개체의 행동 또는 생리적 과정에 영향을 미치는 한 개체에 의해 방출되는 화학물질로, 성적 유인, 길잡이, 경보의 기능을 수행함.

펩타이도글리칸 peptidoglycan 세균 세포벽의 구성 요소로, 단백질 교차결합으로 연결되어 있는 탄수화물 고분자로 구성됨.

펩타이드결합 peptide bond 단백질에서 탈수반응을 통해 아미노산을 연결하는 결합 유형.

펩타이드기전달효소 peptidyl transferase 번역과정에서, 신장하는 폴리펩타이드 사슬에서 새로운 아미노산과 이전 아미노산 사이의 펩타이드 결합의 형성을 촉매하는 효소. (역자 주: rRNA가 담당함.)

편리공생 commensalism 공생의 일종으로, 한 개체가 다른 개체에 붙어살거나 가까이 있으면서 이익을 얻는 관계. 숙주는 영향을 받지 않음.

편모 flagellum 세포의 표면에서 돌출되어 운동에 사용되는 긴 실 모양의 구조물.

편모조류군체 가설 colonial flagellate hypothesis 헤켈이 처음 제기한 가설로서, 원생생물 군체로부터 후생동물이 생겨났다는 이론인데, 깃편모충과 해면동물의 유사성에 의해 뒷받침됨.

편절 proglottid 수컷과 암컷의 생식기관을 모두 가진 촌충의 반복되는 마디 부위로, 궁극적으로 알과 배아를 만들어 배설물 형태로 숙주의 몸에서 떠남.

평형 equilibrium 안정적인 상태; 화학 반응의 경우, 순방향만큼이나 역방향으로도 급속히 진행되어 생성물이나 반응물의 농도에 더이상 순 변화가 발생하지 않는 지점. 생태학에서는 변화에 저항하는 안정적인 상태를 의미하며, 인간이나 자연현상에 의해 교란될 경우 원래의 상태로 빠르게 복구됨.

평형낭 statocyst 중력과 움직임에 민감한 감각 수용체.

폐쇄순환계 closed circulatory system 혈액이 다른 체액과 물리적으로 분리된 순환계.

폐포 alveolus, pl. alveoli 세기관지의 말단에 있는 작고 얇은 벽을 가진 기낭.

폐활량 vital capacity 최대한 들이마신 후 내쉴 수 있는 최대 공기량.

포괄적응도 inclusive fitness 한 개체의 자손으로 직접 전달된 유전자의 수와 이타주의에서 비롯된 친족(자손이 아님)에 의해 간접적으로 전달된 유전자 수의 총합으로 나타냄. (역자 주: 한 개체의 유전자를 퍼뜨리는 총체적 효과를 의미함.)

포도당 glucose 일반적인 6탄당($C_6H_{12}O_6$); 대부분의 생물체에서 가장 일반적인 단당류.

포도당 억제 glucose repression 대장균에서는 다른 당류가 존재할지라도 포도당을 우선 사용함; 즉, 다른 당을 분해하는 효소를 암호화하는 mRNA의 전사는 일어나지 않음.

포도당신생과정 gluconeogenesis 단백질이나 지방 등 탄수화물이 아닌 물질로부터 포도당을 합성함.

포배 blastula 척추동물에서 액체로 채워진 공간을 가진 공 모양의 초기 배아단계. 난할 이후 낭배형성 전의 척추동물 배아를 의미함.

포배강 blastocoel 척추동물 배아의 포배기 단계에서 중앙의 비어 있는 공간.

포복경(기는줄기) stolon 지표면을 따라 가로로 자라는 줄기로, 딸기의 포복경처럼 부정근을 형성.

포자 spore 다른 세포와의 융합 없이 성체로 발달 할 수 있는, 보통 단세포인 반수체 생식세포.

포자낭 sporangium, pl. sporangia 포자가 생성되는 구조.

포자체 sporophyte 세대교번이 이루어지는 식물의 생활사에서 2배체($2n$) 시기이며, 포자를 생산함.

포화지방 saturated fat 모든 탄소 원자가 가능한 최대 수의 수소 원자를 포함하는 지방산으로 구성된 지방.

폴리펩타이드 polypeptide 많은 아미노산의 결합으로 이루어진 분자; 대개 단백질처럼 복잡하지는 않음.

폴립형 polyp 히드라와 같은 자포동물에서 발견되는 체형으로, 전형적으로 고착형이며 원통형임.

표면장력 surface tension 액체 분자의 응집에 의한 액체 표면의 팽팽함. 물은 표면장력이 매우 높음.

표면적 대 부피 비율 surface area-to-volume ratio 세포와 같은 구조물의 표면적과 체적의 관계.

표피 epidermis 가장 바깥 세포층; 식물에서 잎, 어린 줄기 및 뿌리의 외부 1차 조직; 척추동물에서 혈관이 없는 외배엽 기원의 피부의 외층; 무척추동물에서 외배엽 상피.

표피세포 epidermal cell 식물에서 1기 식물체의 가장 바깥쪽 층을 집합적으로 형성하는 세포; 세포모(trichome) 및 공변세포와 같은 전문화된 세포를 포함함.

표피조직 dermal tissue 다세포 생물체에서 바깥층을 형성하고 환경과 접촉하는 조직의 일종으로 보호 기능을 가짐.

표현형 phenotype 유전자형의 실질적 발현을 뜻하며, 형질의 물리적 외관 또는 기능적 표현을 의미함.

퓨린 purine DNA와 RNA에서 발견되는 2가지 일반적인 종류의 뉴클레오타이드 염기 중 큰 것; 아데닌 또는 구아닌과 같은 2중 고리 구조를 갖는 질소성 염기.

프라이메이스 primase DNA 중합효소의 작용에 필요한 RNA 프라이머를 합성하는 효소.

프로모터 promoter 유전자로부터 전사를 시작하기 위해 RNA 중합효소가 인식하고 부착하는 DNA 서열; 전사 개시점으로부터 위쪽(상류) 부분에 위치함.

프로스타글란딘 prostaglandins 화학적 신호전달 기능을 하는 변형된 지방산 그룹.

프로테아좀 proteasome 단백질분해효소복합체로, 유비퀴틴과 결합된 단백질을 분해하는 큰 원통형 세포소기관.

프로파지 prophage 숙주세포의 게놈에 안정적으로 통합된 바이러스 게놈.

프리온 prions 감염력이 있는 단백질성 입자.

플라눌라 planula 자포동물 중 해파리의 유생으로, 섬모를 이용하여 자유유영을 함.

플라빈 아데닌 디뉴클레오타이드 flavin adenine dinucleotide(FAD, $FADH_2$) 수용성(막에 결합하지 않은) 전자 운반체(가역적으로 산화 및 환원될 수 있음)로 작용하는 보조인자.

플라스미드 plasmid 염색체 외 DNA의 작은 원형 단편으로, 염색체 DNA에서 유래되었을지라도 염색체 DNA와는 독립적으로 복제됨.

플라젤린 flagellin 박테리아 편모를 구성하는 단백질로, 수용성 환경에서 세포를 이동하게 함.

플랑크톤 plankton 현미경적 크기의 부유성 수생 생물.

피낭유충 metacercaria 주머니에 싸인 형태의 간흡충의 유충으로, 감염된 동물의 근육조직에서 발견됨. 이 근육을 먹게 되면 새로운 숙주의 소화관에서 이 주머니가 녹아 흡충이 방출됨.

피드백억제 feedback inhibition 어떤 분자의 농도가 증가하여 그 분자의 합성을 저해하는 조절 기작.

피루브산 pyruvate 해당과정의 최종 생성물인 3-탄소 분자; 각 포도당 분자는 2개의 피루브산을 생성함.

피리미딘 pyrimidine DNA와 RNA에서 발견되는 2가지 일반적인 종류의 뉴클레오타이드 염기 중 작은 것. 사이토신, 티민 또는 우라실과 같은 단일 고리 구조를 갖는 질소성 염기.

피막(박막) pellicle 유글레나류와 섬모류의 견고하면서 유연한 덮개.

피막, 협막 capsule 박테리아에서 세포벽을 둘러싸고 있는 젤라틴 층.

피목, 껍질눈 lenticels 줄기, 뿌리 및 다른 식물 부분의 코르크층에 있는 다공질 부분. 주피를 통해 내부조직과 대기 사이의 기체 교환 기능을 함.

피질(피층) cortex 구조물의 바깥층을 말하며, 동물에서는 기관의 외부를, 관다발식물에서는 줄기 또는 뿌리의 주요 지상 조직을 의미함.

피토크롬 phytochrome 빛의 흡수와 관련된 식물 색소; 적색~적외선 광에 대한 광수용체.

ㅎ

하디-바인베르크 평형 Hardy-Weinberg equilibrium 임의교배(무작위교배) 집단에서 근친교배, 자연선택, 혹은 다른 진화적 원동력이 없는 상태에서 대립유전자와 유전자형의 빈도는 일정하게 유지된다는 수학적 표현. 대립인자 a의 빈도가 p이고 대립인자 b의 빈도가 q라면, 한 세대의 무작위 교배 후 유전자형의 빈도는 항상 $p^2+2pq+q^2=1$.

하배축 hypocotyl 떡잎이 붙어 있는 부분 바로 아래의 영역.

하버스관 Haversian canal 뼈의 장축 방향으로 연결된 혈관과 신경 세포를 포함하는 좁은 관.

할구 blastomere 포배기의 각 세포.

합의 법칙 rule of addition 2개의 독립적인 사건에 대해 두 사건이 각각(따로따로) 발생할 확률은 개별 확률의 합으로 나타냄.

합체절 tagma, pl. tagmata 배아 시기에 2개 이상의 체절이 융합하여 생긴 절지동물의 복합 체절; 예, 머리, 흉부, 복부.

항문 anus 창자의 말단 개구부. 소화되고 남은 고체 잔류물은 항문을 통해 제거됨.

항상성 homeostasis 상대적으로 안정적인 체내 생리적 환경의 유지; 보통 피드백 조절로 인해 자가 조절됨.

항온동물 homeotherm 환경의 온도와 관계없이 안정적인 체온을 유지할 수 있는 조류 또는 포유류와 같은 개체. 내온동물 참조.

항원 antigen 면역반응을 자극하는 이물질, 대개 단백질 또는 다당류.

항원불연속변이 antigenic shift 특정 RNA 바이러스에서 나타나는 유전적 변화로, 2개의 서로 다른 바이러스 계통이 동일한 숙주를 감염시킬 때 유전체 분절을 뒤섞음으로써 나타남.

항원연속변이 antigenic drift 특정 RNA 바이러스에서 나타나는 유전적 변화로, 유전체 복제의 오류로 인한 무작위 돌연변이에 의해 야기됨.

항이뇨호르몬(ADH) antidiuretic hormone(ADH) 콩팥을 자극하여 물을 재흡수하는 뇌하수체 호르몬.

항체 antibody 림프구가 이물질(항원)에 반응한 후 생성되어 혈류로 방출되는 면역 글로불린 단백질.

해당과정 glycolysis 포도당의 혐기적 분해; 이 효소 촉매작용은 2분자의 순 ATP와 2분자의 피루브산을 생성.

해리 dissociation 단백질의 4차구조에서 3차구조를 바꾸지 않고 각 소단위체를 가역적으로 분리하는 경우, 또는 물에 이온성 화합물을 녹이는 것을 말하기도 함.

해면엽육조직 spongy mesophyll 엽록체를 가진 느슨하게 배열된 세포로 구성된 잎 조직. 책상엽육조직(울타리조직) 참조.

해면질 spongin 많은 종류의 해면동물에서 간충질 내의 구조 성분으로, 거친 단백질.

핵 nucleus 원자에서는 양전하를 띤 양성자와 전기적으로 중성인 중성자(수소 제외)를 포함한 중심핵; 진핵세포에서는 염색체 DNA를 저장하는 세포소기관; 중추신경계에서는 신경세포가 모여있는 곳.

핵 수용체 nuclear receptor 대게는 주로 세포질과 핵 모두에서 발견되는 스테로이드 호르몬을 위한 세포내 수용체를 의미함. 호르몬-수용체 복합체는 핵 안에서 유전자 발현을 조절함.

핵공 nuclear pore 핵 내외로 단백질과 핵산이 선택적으로 통과할 수 있게 하는, 작지만 복잡한 구멍.

핵막 nuclear envelope 진핵세포에서 핵의 경계선을 나타내는 구조. 인지질 2중층의 2중막 중에서 외막은 소포체와 연결됨.

핵산 nucleic acid 뉴클레오타이드 중합체를 말하며, 2중가닥인 디옥시리보핵산(DNA)과 전형적으로 단일가닥인 리보핵산(RNA)의 2종류로 구성됨.

핵산내부가수분해효소 endonuclease DNA 가닥의 안쪽에 위치한 뉴클레오타이드 사이에 포스포디에스터 결합을 끊을 수 있는 효소.

핵산말단가수분해효소 exonuclease DNA 가닥의 끝에 위치한 뉴클레오타이드 사이의 포스포디에스터 결합을 절단할 수 있는 효소. DNA 말단에서 뉴클레오타이드를 순차적으로 제거할 수 있게 함.

핵심혁신 key innovation 이전에 이용할 수 없었던 자원이나 환경의 다른 측면을 사용할 수 있도록 새롭게 진화된 특질.

핵양체 nucleoid 대개 원핵세포의 중심 부분에 존재하며, 단백질과 함께 응축된 DNA 형태의 게놈을 포함.

핵형 karyotype 광학 현미경으로 본 어떤 생물체의 염색체 형태.

행동생태학 behavioral ecology 행동이 어떻게 자연선택으로 인해 형성되는지에 대한 연구.

행동학 ethology 자연에서의 동물 행동 패턴에 대한 연구.

헛물관(가도관) tracheids 식물의 물관부에서 끝이 점점 가늘어지고 서로 겹쳐진 죽은 세포.

헤모글로빈 hemoglobin 척추동물의 적혈구에서 산소와 이산화탄소를 운반하는 구형 단백질; 무척추동물에서는 혈장에 존재.

헨레고리 loop of Henle 조류와 포유동물의 콩팥 세뇨관의 헤어핀 모양 부분. 사구체 여과액의 물과 염류가 확산으로 인해 재흡수됨.

혈소판 platelet 포유류에서 혈액 속을 순환하는 백혈구의 단편. 상처 부위에서 혈전을 형성하는 데 관여.

혈소판유래생장인자 platelet-derived growth factor(PDGF) 섬유아세포의 분열을 자극할 수 있는 신호전달분자(생장인자).

혈연선택 kin selection 친족 선택; 집단에서 친족과 관련된 개체의 빈도가 증가하여 친족집단의 구성원이 공유하는 대립유전자의 상대적 빈도가 증가함.

혈우병 hemophilia 혈액 응고와 관련된 단백질에 영향을 미치는 X염색체 연관 열성 유전 질환. 적절한 혈액 응고가 이뤄지지 않아 과다 출혈 유발.

혈장 plasma 척추동물 혈액의 액체; 대사산물, 호르몬 및 항체와 알부민 등 다양한 단백질을 포함; 혈액에서 혈구를 뺀 것.

협각, 집게발 chelicera, pl. chelicerae 말굽 게, 바다 거미 또는 거미류 같은 협각류 절지동물군의 첫 번째 부속지 쌍을 말하며, 협각류에서는 보통 집게 또는 송곳니의 형태를 취함.

형질 trait 유전학에서 여러 형태를 지닌 특성; 예를 들면, 완두 식물의 보라색 또는 흰색 꽃, 인간의 서로 다른 혈액형.

형질도입 transduction 바이러스가 유전물질을 한 박테리아 숙주에서 다른 박테리아 숙주로 옮기는 과정.

형질상태 character state 분기학에서 2개 이상의 구별 가능한 형질 중 하나. 예를 들면 양막류 척추동물에서 치아의 유무.

형질세포 plasma cell 항원과 상호작용하는 B 림프구의 증식 및 분화로 생성되는 항체 생산 세포.

형질전환 transformation 주위 환경으로부터 DNA를 직접 흡수함; 일부 세균에서는 자연적으로 일어남.

형질전환체 transgenic organism 교배에 의하지 않고, 유전공학 기법을 통해 유전자가 도입된 생물체.

형질주입 transfection 배양된 진핵세포의 형질전환(transformation) 기법.

형질치환 character displacement 다른 종에서는 사용하지 않는 자원을 사용하는 종에서 개체를 자연선택하는 과정. 이것은 사용하는 자원에 따라서 종의 차이를 가져오는 진화적 변화로 이어짐.

형태학 morphology 생물체의 형태와 구조를 연구하는 학문.

형태형성 morphogenesis 생물체의 체형, 즉 기관과 그 해부학적 특징의 발생; 세포분열, 분화, 세포 형태의 변화뿐만 아니라 세포예정사(apoptosis)까지 포함.

형태형성인자 morphogen 배아의 형성체 영역에서 생성된 신호 분자. 주변 세포에 형성체로부터 떨어진 거리에 관한 정보를 주어 발생하는 동안 세포의 상대적인 위치를 결정함.

호기예비량 expiratory reserve volume 1회 호흡량 이상으로 더 내쉴 수 있는 공기의 양.

호르몬 hormone 생물체의 한 부분에서 생산되어 멀리 떨어져 있는 표적 조직과 기관에서 특정 세포 반응을 일으키는 분자로, 대개 펩타이드 또는 스테로이드로 구성됨.

호미오박스 homeobox 호미오유전자에 있는 180개의 염기서열로, 전사인자에서 활성을 나타내는 60개의 아미노산 서열(homeodomain)을 암호화함.

호미오유전자 homeotic gene 발생 중인 배아에서 체절의 형태를 결정하는 일련의 주요 유전자 중 하나.

호분 aleurone 식물에서 종자에 있는 배젖의 바깥층으로, 호분은 발아 시에 α-아밀레이스를 생성하여 배젖의 탄수화물을 분해함으로써 배아에 영양분을 제공함.

호염구 basophil 백혈구의 일종으로, 염증 반응을 촉진하는 화학물질이 포함된 과립을 가지고 있음. 알레르기 반응에 중요함.

호중구 neutrophil 미생물 및 다른 이물질을 흡수하는 과립이 풍부한 백혈구; 호중구는 총 백혈구 수의 약 50~70%를 차지함.

혹스 유전자 hox gene 호미오박스를 포함한 유전자군으로, 발생 단계를 조절하며 대개 집단으로 구성됨. 계통 간에는 유전자 집단의 수에 변화가 있으나, 척추 및 무척추동물을 포함하는 많은 다세포 동물에서 보존되어 있음. 척추동물에는 4개의 집단으로 이루어진 유전자군이 있음.

혹위(반추위) rumen 셀룰로스의 소화가 일어나고, 부분적으로 소화된 물질을 다시 입으로 보내 되새김질하는 소 및 관련 포유류의 "여분의 위".

홑눈(단안) ocellus, pl. ocelli 대부분 무척추동물의 간단한 빛 수용체.

화관 corolla 꽃잎 전체를 말함. 눈에 띄는 색깔을 가진 꽃의 윤생체.

화분관 pollen tube 꽃가루의 발아 후 형성된 관; 수(웅성)배우체를 밑씨로 운반함.

화피(꽃덮개) perianth 현화식물에서 꽃잎과 꽃받침을 함께 이르는 말.

화학삼투 chemiosmosis 미토콘드리아와 엽록체에서 ATP가 생성되는 반응. 빛에 의해 흥분되거나(엽록체에서) 크렙스 회로(미토콘드리아에서)에 의해 산화되어 추출되는 에너지 전자는 양성자 펌프를 구동하여 양성자 농도기울기를 생성하는 데 사용됨. 양성자는 막을 가로질러 되돌아올 때 채널(ATP 합성효소)을 통과하여 ATP를 합성한다.

화학시냅스 chemical synapse 뉴런 간의 화학적 소통을 가능하게 하는 밀접한 연결. 첫 번째 뉴런에 의해 방출된 화학 신호(신경 전달 물질)는 두 번째 뉴런의 막 수용체에 결합함.

확산 diffusion 용해된 분자나 물질이 고농도 부위에서 저농도 부위로 이동하는 것.

확장기(이완기) 혈압 diastolic pressure 사람의 혈압 측정에서 심장 박동 사이의 최소 압력(심실의 재분극). 수축기 혈압 참조.

환경수용력 carrying capacity 서식지가 지원할 수 있는 최대 개체군 크기.

환원 reduction 원자가 전자 혹은 수소를 획득하는 것.

활동일주기 circadian rhythm 매일 24시간을 주기로 변하는 내인성 순환 리듬.

활동전위 action potential 막을 따라 전달되는 막전위로서 일시적이고, 가역적이며 실무율이 적용됨. 뉴런에서 활동전위는 신경 자극의 전달로부터 시작됨.

활성부위 active site 기질이 결합하는 효소 표면의 영역으로, 화학 반응에 필요한 활성화 에너지를 낮추고 이를 촉진함.

활성화 에너지 activation energy 화학 반응을 하기 위해 반응물 분자에 가해지는 에너지.

황록공생조류 zooxanthellae 산호의 조직 내에서 공생하는 광합성 원생생물.

황체 corpus luteum 난소에서 배란 후 파열된 난포에서 발생하는 구조.

황체기 luteal phase 여성 생식주기의 두 번째 단계. 성숙한 난자가 배란을 통해 나팔관으로 방출됨.

획득형질유전 inheritance of acquired characteristics 라마르크주의로도 알려짐; 개체의 일생 동안에 발달시킨 육체적 및 행동적 변화가 자손에게 유전적으로 전달된다는 이론으로, 이제는 받아들여지지 않음.

횡격막, 피임용 격막 diaphragm (1) 포유류에서 복부와 흉강을 분리하고 호흡 기능을 하는 근육조직. (2) 일시적으로 자궁 입구를 차단하여 성교 중에 정자가 들어가지 않도록 하는 피임 도구.

횡류 crosscurrent flow 조류(鳥類)의 폐에서 모세혈관은 공기의 흐름을 가로질러 90° 각도로 배열됨.

효소 enzyme 반응에 필요한 활성화 에너지를 낮추어 특정 화학 반응을 촉진하는 단백질.

효소-기질 복합체 enzyme-substrate complex 효소가 기질과 결합하여 형성된 복합체. 이 복합체는 기질과 결합되지 않은 효소와 비교하여 종종 변형된 구조를 가짐.

후각 olfaction 냄새를 맡는 기능.

후각조직세포 collenchyma cell 식물에서 후각조직이라는 지지 조직을 형성하는 세포로서, 줄기와 잎의 1기 생장 지역에서 종종 발견됨.

후구동물 deuterostome 좌우대칭 동물 중에서 항문이 먼저 생기고 입이 나중에 발생하는 동물. 극피동물과 척추동물은 후구동물임.

후기 anaphase 체세포분열과 감수2분열에서 자매염색분체가 분리되어 딸염색체가 세포의 반대편 극으로 이동하는 시기이며, 감수1분열에서는 복제된 상동염색체가 분리되는 시기.

후기촉진복합체(APC) anaphase-promoting complex(APC) 후기를 유발하는 단백질 복합체로서, 자매염색분체를 붙잡고 있는 단백질 복합체인 코헤신을 궁극적으로 파괴하는 일련의 반응을 일으킴. 자매염색분체는 방출되어 세포의 반대 극으로 이동함.

후두 larynx 울림통; 인두와 기관(氣管) 사이에 위치한 연골성 기관(器官). 척추동물에서 발성을 담당함.

후벽세포 sclereid 관다발식물에서 두껍고, 목질화된, 다공질의 2차벽을 가진 세포; 섬유처럼 길지 않음.

후벽조직세포 sclerenchyma cell 식물 조직을 강화하는 견고하고 두꺼운 벽의 세포.

후성유전 epigenetic inheritance 세포 또는 생물체 간에 DNA 염기서열의 변화를 포함하지 않은 채로 일어나는 형질의 유전. DNA 자체의 변화 없이 염색질 구조의 변화로 인해 매개됨.

후천성면역결핍증(AIDS) acquired immunodeficiency syndrome(AIDS) 보조 T 세포를 감염시키는 인간면역결핍 바이러스(HIV)에 의한 전염병.

후체구 opisthosoma 거미류의 몸의 뒤쪽 부분.

휴지막전위 resting membrane potential 휴지 상태에서 뉴런 내외의 전위 차(약 70 mV).

흔적구조 vestigial structure 현재 기능을 가지지 않고 진화적 유물로 생각되는 형태학적 특징; 예를 들어, 보아뱀에서 흔적만 남은 엉덩이뼈.

흡기예비량 inspiratory reserve volume 1회 호흡량 이상으로 흡입할 수 있는 공기의 양.

흡수 스펙트럼 absorption spectrum 색소분자에 대한 흡광도 대 파장의 관계를 나타낸 것으로, 색소에 의해 흡수되는 최대 파장을 나타냄. 예를 들어, 엽록소 a는 보라색 및 적색 영역에서 가장 강하게 흡수됨.

흡충섬모충 miracidium 간흡충의 섬모로 덮힌 1단계 유충. 알은 분변을 통과하며, 물속에 들어가면 숙주 달팽이에 먹혀 생활사를 계속한다.

흡침(문침) stylet 무척추동물의 일부 종에서 주로 구강 부분에 있는 찌르는 기관.

희돌기교세포(稀突起膠細胞) oligodendrocyte 중추신경계에서 미엘린를 생산하는 신경교세포.

히스톤 단백질 histone protein 전체적으로 양전하를 띤 8개의 단백질 소단위체를 말하며, 이들이 모여 복합체를 이룸. DNA 2중나선의 인산염은 음전하를 띠기에, 이 히스톤 복합체를 감싸 뉴클레오솜을 형성함.

힘줄 tendon 근육을 뼈에 연결하는 연골의 끈.

기타

1기 분열조직 primary meristem 정단분열조직에 의해 만들어진 3가지의 분열조직; 1기 분열조직은 표피, 관다발 및 기본조직을 생성.

1기 생장 primary growth 관다발식물에서 슈트와 뿌리의 정단분열조직에서 시작되는 생장; 결과적으로 길이가 증가.

1기 식물체 primary plant body 어리고 연약한 슈트와 뿌리로 구성된 식물의 일부로서, 정단분열조직으로부터 파생됨.

1기 조직 primary tissues 1기 식물체를 구성하는 조직.

1기 체관부 primary phloem 식물의 양분 공급에 관여하는 세포.

1부다처(제) polygyny 수컷이 둘 이상의 암컷과 짝을 이루는 교미 선택 방식.

1염색체성(의) monosomic 감수분열 중 상염색체 쌍의 비분리로 인해 그 염색체가 소실된 상태. 그 결과, 2배체 배아에선 그 염색체가 오직 1개만 존재함.

1차 면역반응 primary immune response 외부 항원에 대한 면역체계의 첫 번째 반응. 동일한 항원이 다시 침입하면, 1차 반응 동안에 생성된 기억세포는 보다 신속하게 반응함.

1차 배젖핵 primary endosperm nucleus 현화식물(꽃식물)에서, 정핵과 (보통) 2개의 극핵이 융합한 결과.

1차 비분리 primary nondisjunction 감수1분열 시 염색체가 제대로 분리되지 않음.

1차 생산량 primary productivity 한 군집의 광합성 생물체에 의해 생성되는 에너지의 양.

1차 세포벽 primary wall 식물에서, 세포가 생장하는 동안 형성되는 벽의 층.

1차 전사물 primary transcript RNA 중합효소에 의해 유전자로부터 복사된 초기 mRNA 분자; 유전자 전체를 복사한 것으로, 인트론 및 엑손을 포함함.

1차구조 primary structure 어떤 단백질의 특정 아미노산 서열.

1차유도 primary induction 3종류의 주요 1차 조직(내배엽, 중배엽, 외배엽) 사이의 유도.

1처다부(제) polyandry 한 암컷이 둘 이상의 수컷과 짝을 이루는 상태.

1회 호흡량 tidal volume 1회 호흡 시 흡입 및 방출되는 공기의 양.

2기 생장 secondary growth 관다발식물에서 측생분열조직의 세포분열로 인한 줄기와 뿌리의 직경이 증가함.

2기 식물체 secondary plant body 측생분열조직에서 형성된 2기 조직으로 구성된 식물체의 부분; 목본 식물의 오래된 줄기, 가지 및 뿌리.

2기 조직 secondary tissue 나무와 관목의 측생분열조직에서 형성된 조직.

2년생(식물) biennial 일생을 마치기 위해 2번의 생장기가 필요한 식물. 이 식물은 2년차에 꽃이 핌.

2당류 disaccharide 2개의 당이 공유결합으로 연결된 탄수화물.

2명법 binomial name 종을 나타내는 명명법으로, 속명과 종명으로 구성됨. 예를 들어, *Apis mellifera*(서양 꿀벌).

2배체 세대의 diplontic 오직 2배체 단계일 때만 다세포인 생활사의 한 전략.

2배체 diploid 한 쌍의 염색체($2n$)를 가지는데, 반수체(n)와는 대조적으로 동물에서의 염색체 수는 생식세포의 2배이고, 식물에서는 포자체 세대의 염색체 수임.

2분법 binary fission 하나의 세포 또는 몸을 동일하거나 거의 동일한 2개의 부분으로 나누는 무성생식.

2중나선 double helix 2개의 상보적 폴리뉴클레오타이드 가닥이 공통의 나선 축 주위를 감싸는 DNA의 구조.

2중흉부복합체 bithorax complex 초파리의 뒤쪽 체절을 특성화하는 데 관여하는 호미오유전자 집단 중 하나. 이 집단의 유전자에서 호미오박스가 발견됨.

2지형 biramous 갑각류의 부속지를 묘사하는 2분지.

2차 면역반응 secondary immune response 같은 병원균의 재침입 시 신속한 몸의 반응; 기억세포의 존재로 인해 빠르게 항체-생성 형질세포가 만들어 짐.

2차 세포벽 secondary cell wall 식물에서 세포벽의 가장 안쪽 층. 2차벽은 고도로 조직된 미세섬유 구조를 가지며, 종종 리그닌이 포함됨.

2차 유도 secondary induction 이미 분화된 조직 사이의 유도.

2차구조 secondary structure 단백질에서, 1차 구조의 $-$CO와 $-$NH기 사이의 수소결합 상호작용으로 형성되는 구조.

2차대사물질 secondary metabolite 생물체의 생장, 발달 또는 번식에 직접적으로 관여하지 않는 분자; 식물의 니코틴, 카페인, 탄닌, 멘톨 등의 분자들은 초식 동물이 식물을 먹는 것을 억제할 수 있음.

2차전달자 second messenger 표적세포의 막에 있는 수용체로부터 신호를 받아 세포질로 전달하는 작은 분자 또는 이온.

2핵성 dikaryotic 균류의 경우, 각각의 세포 안에 1쌍의 핵이 있음.

3′ 폴리-A꼬리 3′ poly-A tail 진핵생물에서는 mRNA의 3′ 말단에 1~200개의 아데닌 잔기가 첨가되어있음; 분해로부터 mRNA를 보호함으로써 mRNA의 안정성을 향상 시킴.

3배체 triploid 3세트의 염색체를 보유.

3염색체성 trisomic 감수분열 중 비분리로 인해 추가 염색체가 생겨 2배체 배아에 3개의 상염색체가 있는 상태. 인간에서, 상염색체의 크기가 작으면 생존 할 수 있음. 다운증후군은 21번 염색체가 3개임.

3차구조 tertiary structure 물과의 소수성 상호작용, 상이한 아미노산의 측쇄 사이의 이온결합과 공유결합, 그리고 반데르발스 힘으로 인해 생성된 단백질의 접힌 모양; 단백질이 변성으로 인해 비활성화되기도 함.

4차구조 quaternary structure 하나 이상의 폴리펩타이드 사슬로 구성된 단백질의 구조적 수준을 나타내는 용어로, 각 폴리펩타이드 사슬은 자체적으로 3차구조를 갖고 있음; 각각의 사슬은 소단위(subunit)이라고 불림.

5′ 캡 5′ cap 진핵세포에서 mRNA의 5′말단에 5′$-$5′결합으로 부착된 메틸화된 GTP로 구성된 구조. 5′ 캡은 mRNA 말단이 분해되지 않도록 하며 번역의 시작에 관여함.

5방사대칭 pentaradial symmetry 극피동물 성체에서 5부분으로 된 방사형 대칭 구조.

8전자 규칙 octet rule 원소의 화학적 결합 패턴을 설명하는 규칙. 바깥 전자껍질을 완성하기 위해 총 8개의 전자가 필요함.

A 자리 A site 리보솜에서 폴리펩타이드 사슬에 추가될 다음 아미노산을 운반하는 tRNA가 아미노아실(A) 자리에 결합함.

ABO식 혈액형 ABO blood group 단일 유전자 자리에서 3개의 대립유전자의 다른 조합에 의해 형성된 4가지 표현형. 혈액형은 적혈구 표면의 항원에 따라 A, B, AB 및 O형으로 나타남.

ATP 합성효소 ATP synthase 산화적 인산화과정에 의해 ATP를 생성하는 막단백질 복합체 효소로서, 양성자의 농도기울기 에너지를 사용하여 ADP + Pi → ATP 반응을 촉매함. 원핵생물뿐만 아니라 미토콘드리아와 엽록체에서도 발견됨.

B 세포 B cell 적합한 항원을 만났을 때, 특정 항체 단백질을 분비할 수 있는 림프구 유형.

b_6-f 복합체 b_6-f complex 사이토크롬 b_6-f 복합체 참조.

C_3 광합성 C_3 photosynthesis CO_2가 리불로오스 1,5-이인산(RuBP)과 결합하여 2개의 PGA(3-carbon phosphoglycerate) 분자를 형성하는 광합성 암반응의 주요 회로.

C_4 광합성 C_4 photosynthesis CO_2 고정의 첫 번째 생성물이 4-탄소 옥살아세트산 분자인 광합성 과정.

CAM 식물 CAM plant 밤에 C_4 탄소고정을 하고, 낮 동안에 저장된 말산으로 CO_2를 생성하여 수분의 손실을 최소화하는 식물.

CAM 식물 crassulacean acid metabolism(CAM) 밤에 기공을 통해 흡수된

CO_2가 낮 동안 광합성에 사용되는 이산화탄소 고정의 한 방식. 수분의 손실을 막기 위해 낮에는 기공을 닫음.

cAMP 반응 단백질(CRP) cAMP response protein(CRP) 이화물질활성화단백질(CAP) 참조.

$CD4^+$ 세포 $CD4^+$ cell 보조 T 세포의 하위 그룹으로서, 세포 표면에 CD_4 단백질이 존재하고 AIDS를 유발하는 HIV 바이러스의 표적이 됨.

cDNA 꼬리표 expressed sequence tag(EST) cDNA를 분명하게 식별할 수 있는 cDNA의 짧은 서열

DAG(다이아실글리세롤) diacylglycerol 포스포리페이스 C가 PIP_2를 절단할 때, 이노시톨-1,4,5-삼인산(IP_3)과 함께 방출되는 2차전달자. DAG는 세포에서 단백질 카이네이스를 활성화시켜서 다양한 효과를 나타낼 수 있음.

DNA 라이브러리 DNA library 벡터 내에 삽입된 모든 DNA 집합체. 이 벡터(플라스미드, 파지, 또는 인공염색체)는 전체 게놈과 같은 복잡한 DNA 혼합물 또는 특정 세포 유형의 모든 mRNA로 만든 cDNA를 모두 포함함.

DNA 연결효소 DNA ligase DNA에서 인접한 뉴클레오타이드 사이에 포스포디에스터 결합을 형성하는 효소.

DNA 자이레이스 DNA gyrase DNA 복제에 관여하는 위상이성질체화효소로서, DNA 가닥의 풀림으로 인한 비틀림 변형을 해소함.

DNA 중합효소 DNA polymerase 주형으로부터 DNA를 합성하는 효소로, 모두 5′에서 3′ 방향으로만 합성하며, 프라이머가 필요함.

DNA 지문 DNA fingerprinting 개인 간의 DNA 차이를 식별하기 위해 다양한 분자적 기술을 이용하는 식별 기법.

DNA 풀기효소 helicase DNA 복제를 촉진하기 위해 2중 나선에서 각 DNA 가닥을 푸는 효소군.

DNA-결합 모티프 DNA-binding motif DNA의 특정 염기서열에 결합하는 조절단백질의 한 부분.

E 자리 E site 리보솜에서 폴리펩타이드 사슬을 다음 아미노산에 넘긴 후 비어 있는 tRNA가 결합하는 출구 부위.

F 플라스미드 F plasmids 특정 박테리아 종에서 성선모를 생산할 수 있는 원형 DNA 조각.

F^+ 세포 F^+ 수정 능력을 가진 플라스미드를 포함하는 박테리아 세포.

F_1 세대(잡종 제1세대) first filial(F_1) generation 부모 세대(P)의 교배로 얻어진 자손; 교배 실험에서 부모는 대개 다른 표현형을 가짐.

F_2 세대 second filial (F_2) generation 잡종 제1대(F_1)의 구성원들 간의 교배에서 나온 잡종 제2대 자손.

G 단백질 G protein 구아노신3인산(GTP)에 결합하고 세포 표면 수용체의 기능을 돕는 단백질. 수용체가 신호분자에 결합하면 G 단백질은 GTP와 결합 후 활성화되어 세포 안의 연쇄반응을 시작.

G 단백질연결수용체 G protein-coupled receptor(GPCR) 반응 단백질(effector protein, 작동기라고도 함)을 활성화하기 위해 이종3량체(3가지 요소) G 단백질을 통해 작용하는 수용체. 반응기 단백질은 cAMP나 IP_3와 같은 2차 전령을 생산하는 효소로 작용.

G_0기 G_0 phase 세포가 활발하게 분열하지 않을 때의 세포주기.

G_1/S기 확인점 G_1/S checkpoint 세포가 분열할지 여부를 "결정"하는 1차 제어 지점. 출발(START) 및 제한 지점이라고도 함.

G_1기 G_1 phase 세포질 분열 이후부터 DNA 복제 전의 세포주기로, 첫 번째 "Gap (간극)" 단계라고 불림. 주로 이 단계에서 세포가 생장함.

G_2/M기 확인점 G_2/M checkpoint DNA가 제대로 복제되지 않았거나 손상되었을 경우 세포분열을 지연할 수 있는 2차 제어 지점.

G_2기 G_2 phase DNA 복제와 체세포분열 사이의 세포주기로, 두 번째 "Gap" 단계라고 불림. 이 단계에서 세포는 체세포분열을 준비.

Hfr 세포 Hfr cell 게놈에 F 플라스미드가 통합(삽입)되어 재조합빈도가 높은 *E.coli* 세포.

IP_3(이노시톨-1,4,5-3인산) inositol-1,4,5-trisphosphate 포스파티딜 이노시톨-4,5 2인산의 분해로 인해 생성된 2차 전령.

MADS 박스 유전자 MADS box gene 식물의 주된 호미오유전자로서, 공통된 모티프를 가진 것으로 확인된 유전자 집단; 적은 수의 MADS 박스 유전자가 동물에서도 발견됨.

MAP 카이네이스 mitogen-activated protein(MAP) kinase 유전자의 발현을 변화시키는 전사인자를 활성화시키는 모든 종류의 단백질 카이네이스. 미토겐은 세포분열을 자극하는 모든 분자를 말함. MAP 카이네이스는 카이네이스 연쇄반응으로 인해 활성화된다.

mRNA 전구체 스플라이싱 pre-mRNA splicing 진핵생물에서, 성숙한 mRNA를 생성하기 위해 1차 전사물로부터 인트론이 제거되는 과정; pre-mRNA 스플라이싱은 핵에서 일어남.

M기 M phase 염색체가 분리되는 세포분열의 단계. 방추사가 형성되어 염색체에 결합하고 자매염색분체가 분리됨.

M기 촉진인자 M phase-promoting factor(MPF) G_2/M 확인점에서 활성 상태인 Cdk 효소.

NAD^+/NADH NAD^+/NADH 니코틴아미드 아데닌 디뉴클레오타이드 참조.

NADH 탈수소효소 NADH dehydrogenase 미토콘드리아 내막에 위치한 효소로, NAD^+에 의해 피루브산에서 아세틸 CoA로의 산화를 촉매함. 이 반응은 해당작용과 시트르산 회로를 연결함.

P 자리 P site 리보솜의 펩티딜 자리로서, 신장하는 폴리펩타이드 사슬이 부착된 tRNA가 결합함.

p53 유전자 p53 gene DNA 손상을 감지했을 때, DNA의 상태를 확인하고 세포분열을 중단시키는 p53 단백질을 생산하는 유전자. 수많은 유형의 암은 이 p53 유전자의 손상이나 결핍과 관련되어 있음. 존재 여부뿐만 아니라

pH 척도 pH scale 산도와 염기도를 측정하는데 사용되는 척도로, H^+ 농도의 음의 로그값으로 정의됨. 범위는 0에서 14 사이. 7은 중성이고, 7보다 작으면 산성, 7보다 크면 염기성임.

R 플라스미드 R plasmid 저항성 플라스미드; 항생제 내성 유전자를 선택하여 한 세균에서 다른 세균으로 저항성을 전달할 수 있는 접합 플라스미드.

Rh식 혈액형 Rh blood group 사람과 붉은털원숭이(Rhesus, 이 이름으로부터 유래함)의 적혈구 표면에 있는 세포 표면 표지자(항원) 세트; 여러 대립 유전자가 있지만, 2가지 주요 유형, Rh(+) 및 Rh (−)으로 분류.

RNA 간섭 RNA interference mRNA 전사체가 번역되는 것을 막는 유전자 침묵(gene silencing)의 한 유형; 소형간섭 RNA(small interfering RNA, siRNA)는 mRNA에 결합하여 번역 전에 분해함.

RNA 스플라이싱 RNA splicing mRNA 1차 전사체의 인트론 서열이 제거되고 엑손끼리 연결되는 과정으로, 단백질 합성에 사용될 유전정보를 올바르게 연결하는 과정.

RNA 중합효소 RNA polymerase 주형으로 사용되는 DNA 분자에 상보적인 서열을 갖는 mRNA 분자를 만드는 효소. 전사 참조.

RNA 프라이머 RNA primer 복제과정에서 풀린 DNA에 상보적인 약 10개의 RNA 뉴클레오타이드 서열로, 복제분기점에 부착됨; DNA 중합효소는 DNA 뉴클레오타이드를 첨가하기 위한 출발점으로 RNA 프라이머를 사용함; 나중에 RNA 프라이머는 제거되고 DNA 뉴클레오타이드로 대체됨.

RNA-유도침묵복합체 RISC(RNA-induced silencing complex) 번역을 억제하거나 mRNA를 분해함으로써 유전자 발현에 영향을 줄 수 있는 단백질과 RNA의 복합체.

SARS(중증급성호흡기증후군) severe acute respiratory syndrome 코로나바이러스로 인한 사망률이 8%인 호흡기 감염.

STR(짧은염기서열반복구간) STR(short tandem repeat) 2~4개 염기가 반복된 부분으로, 서열 구성 및 반복 수가 개체 간에 서로 다른 유전적 변이의 한 형태. 이들은 유전자지도 작성 및 DNA 동정과 관련된 기술에 쓰임.

S기 S phase DNA 복제가 일어나는 세포주기.

T 세포 T cell 세포-매개 면역 및 B 세포와의 상호작용에 관여하는 림프구 유형. 'T'는 T 세포가 가슴샘(흉선, thymus)에서 생산된다는 사실을 의미.

TALE transcription activator-like effectors 특정 염기서열에 결합할 수 있는 단백질들로, 식물 병원균 산토모나스속에서 분리됨. DNA 결합 도메인과 핵산분해효소를 결합하여 DNA 편집에 사용(TALEN).

Taq 중합효소 Taq polymerase 호열성 세균인 *Thermus aquaticus*(Taq)로부터 분리된 DNA 중합효소; 이 중합효소는 고온에서 기능하며, DNA의 PCR 증폭에 사용.

TATA 박스 TATA box 진핵생물에서 전사 개시 부위의 위쪽에 위치한 서열. TATA 박스는 RNA 중합효소II를 위한 진핵세포 핵심 프로모터의 한 요소.

Ti 플라스미드 Ti(tumor-inducing) plasmid 식물 박테리아(*Agrobacterium tumefaciens*)에서 발견된 플라스미드로, 광엽 식물의 재조합 DNA를 도입하는 데 광범위하게 사용됨. 최근에는 이를 곡류 작물에 도입하는 것이 허용됨.

***trp* 오페론** *trp* operon 대장균에서 트립토판을 합성하는 효소를 암호화하는 유전자들을 포함하고 있는 오페론.

X 염색체 X chromosome 2개의 성염색체 중 하나; 포유류와 초파리에서 암컷은 2개의 X 염색체를 가짐.

X-연관 X-linked 성연관 참조.

Y 염색체 Y chromosome 2개의 성염색체 중 하나; 포유류와 초파리에서 수컷은 Y 염색체와 X 염색체를 가지고 있음; Y가 수컷을 결정함. (역자 주: 인간은 Y 염색체에 의해 성이 결정되지만, 초파리는 X 염색체와 상염색체의 비율로 인해 결정됨.)

찾아보기(한글)

ㄴ

ㄷ

ㄹ

ㅁ

ㅂ

ㅅ

ㅇ

ㅈ

ㅊ

ㅋ

ㅌ

ㅍ

ㅎ

기타

찾아보기(영문)

A

B

C

D

E

F

G

H

I

J

K

L

M

Q

R

S

T

U

V

W

X

Y

Z

기타

12판

RAVEN 핵심 생명과학

BIOLOGY

2021년 3월 31일 12판 1쇄 펴냄

지은이 Peter H. Raven 외 | **대표역자** 유시욱

펴낸이 류원식 | **펴낸곳** **교문사**

편집팀장 모은영 | **책임편집** 김경수 · 김보마 | **표지디자인** 신나리 | **본문편집** 다함

주소 (10881) 경기도 파주시 문발로 116(문발동 536-2)

전화 031-955-6111~4 | **팩스** 031-955-0955

등록 1968. 10. 28. 제406-2006-000035호

홈페이지 www.gyomoon.com | E-mail genie@gyomoon.com

ISBN 978-89-363-2164-2 (93470)

값 49,000원